JN225693

NHK

放送開始100年記念
NHK: 100 years of broadcasting

放送100年史

テレビ編 2
1953-2024

www.nhk.or.jp/archives/history

NHK編

1925年（大正14年）3月22日は、NHKの前身である社団法人東京放送局が、現在の東京都港区芝浦にあった学校の図書館の一角からラジオ放送を開始した、日本の放送史における記念すべき日です。関東大震災で根拠のない流言飛語が広がった反省も踏まえ、確かな情報を届ける手段が必要との思いが人々の間に広がった結果、震災の1年半後、放送という新たなメディアのスタートにつながったものと承知しています。

　その日の午前10時から放送した開局式で、初代総裁の後藤新平は、放送について「之を精妙に活用することは今後の国家、今後の社会に対して新たなる重大価値を加へ民衆生活の枢機を握るものである」と述べ、その重要性を訴えたと記録されています。

　それから100年という年月が過ぎ、その間テレビ放送が始まり、カラー化・衛星放送の開始・デジタル化・高画質化など、さまざまな技術革新が進みましたが、100年前に後藤が指摘した通り、視聴者・国民が基本的な情報を共有し、その相互理解を促すという放送の社会的・公共的な機能や役割は今もまったく変わっていません。

　むしろ、インターネット空間がアテンション・エコノミーに支配され、非常に偏った情報空間となってしまっている中で、確かな拠りどころとなる情報に対する人々のニーズは、これまで以上に高まっていると言っても過言ではないでしょう。

　NHKが次の100年も、公平公正で確かな情報や豊かで良い番組・コンテンツを間断なくお届けすることで視聴者・国民のお役に立ち、ひいては日本や世界の民主主義の発達に貢献し続けていくことを、私は強く願っています。これまでの歩みを記録したこの「NHK放送100年史」が、NHKの果たすべき役割を再確認する一助となることを心から念じています。

2025年（令和7年）3月22日

NHK会長　稲葉　延雄

この冊子の特長

放送100年を記念してNHK（日本放送協会）とその前身が放送してきた番組の歴史をまとめています。

ほぼ全ての定時番組とおもな特集番組を初めて網羅的に系統立てて掲載しています。
※地域放送・国際放送・スポーツ中継などは原則掲載していません。

「ラジオ編」「テレビ編」の2部構成で、放送史、定時番組の概要一覧、年表など、多角的に紹介しています。

二次元バーコードで連動するウェブサイトに番組動画や詳細情報を掲載しています。
番組検索や更新情報の確認にもご利用ください（https://www.nhk.or.jp/archives/history）。
※アドレスや掲載内容は本書発行後、変更になる場合があります。

NHK 放送100年史

NHKテレビ放送史

ジャンル別定時番組

01 ドラマ

02 クイズ・バラエティー

03 音楽

04 伝統芸能

05 ニュース

06 報道・ドキュメンタリー

07 紀行

08 教養・情報

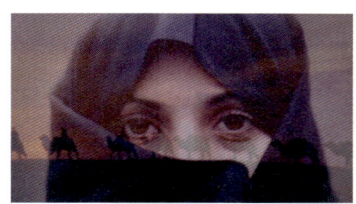

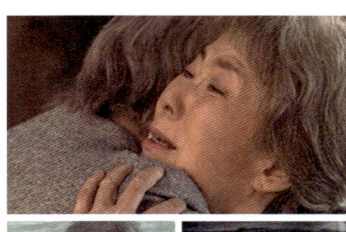

巻頭インタビュー

NHKラジオ放送史

ジャンル別定時番組

01 ドラマ

02 クイズ・バラエティー

03 音楽

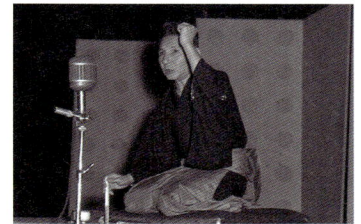

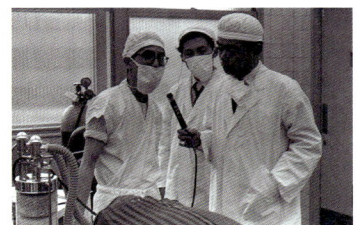

NHKテレビ放送史

20世紀最大の発明の1つと言われるテレビ放送が始まって70年。
激動する世界と日本の動きを伝え続け、娯楽と教養の"窓"として開かれたテレビの足跡をたどる。

01

テレビ草創期

テレビ開発、はじめの一歩

　1926年12月25日、くしくも大正天皇崩御の日に、一人の日本人研究者が世界で初めて映像の伝送と電子式ブラウン管での受像に成功した。浜松高等工業学校（現・静岡大学工学部）の助教授だった高柳健次郎である。石英板に書いた「イ」の字の映像を、機械式の円形撮像装置で読み取って、電子式のブラウン管に送り、映像を映し出した。テレビが小さな一歩を踏み出した瞬間である。そ

の前年に、NHKの前身である社団法人東京放送局が開局し、ラジオ放送が始まったばかりの頃の出来事である。

　NHKは技術研究所に高柳を迎え、1940年に予定されていた東京オリンピックでのテレビ放送の実現を目指した。1939年に日本初のテレビ公開実験を実施したが、日本を取り巻く国際情勢は悪化し、東京オリンピックの開催は返上される。1941年12月に太平洋戦争開戦、テレビ開発はストップした。

　終戦後、NHKはテレビの研究を再開。高柳は1950年4月にNHKほか、日本ビクター、東芝、日本コロムビアなどのメーカー各社が参加して発足した「テレビジョン学会」の会長に就任。日本オリジナルのテレビ開発に尽力する。

宣伝カーでテレビ放送開始を告知（1953年）

テレビ放送開始当時のNHK放送会館（東京都千代田区内幸町）

東京・新橋で街頭テレビをみる人々（1954年）

テレビ放送開始初日『道行初音旅』（1953年）

テレビ放送開始初日『今週の明星』笠置シヅ子（1953年）

テレビ本放送スタート

1952年4月、サンフランシスコ平和条約が発効し、日本は独立を回復。敗戦の混乱は徐々に収まってきたが、国民の暮らしはまだまだ苦しかった。

1953年2月1日、NHK東京テレビジョンが開局した。午後2時、東京・内幸町の放送会館第1スタジオからの開局式典に続いて、尾上梅幸、尾上松緑らの菊五郎劇団による舞台劇「道行初音旅」を生放送した。放送が終わると、直ちにテレビカメラなどの放送機材を、放送会館から約200メートル離れた日比谷公会堂に運び込んだ。午後7時30分から放送のラジオの歌謡番組『今週の明星』をテレビで同時生中継するためである。

開局当時のテレビ受信契約数はわずか866件。受信料は月額200円。テレビの台数は東京都内で1200台から1500台程度と推定され、その多くはアマチュアの自作受像機だったという。

大阪と名古屋でテレビ放送が始まったのは、東京に遅れること1年1か月。その時点での受信契約数は約1万

最初に映ったイの字（復元模型）

初期のテレビカメラ

6000件で、テレビ受信者の伸びは鈍かった。その最大の理由は、テレビ受像機の価格にあった。アメリカ製の17インチサイズのブラウン管テレビが25万円前後、国産の14インチでも17〜18万円もした。大学卒の初任給が8000円前後だった時代である。

高額なテレビに手が届かない庶民は、「街頭テレビ」に押し寄せた。日本初の民間テレビ局として日本テレビ放送網が開局したのは1953年8月。スポンサーからの広告費を収入源とする日本テレビは、テレビの魅力を知ってもらおうと、開局の日に新橋、渋谷、浅草など、都内と近郊53か所にテレビ受像機を設置した。NHKは本放送開始前から街頭での受像公開をおこなっていたが、さらに大がかりな街頭プロモーションだった。

NHKテレビ放送史

街頭テレビで人気を集めたのはプロレス、ボクシング、大相撲などのスポーツ。1954年2月に蔵前国技館で行われた力道山・木村政彦対シャープ兄弟のプロレス・タッグマッチを、NHKと日本テレビが同時中継した。この試合を見ようと、新橋駅西口広場に設置された街頭テレビに2万人が集まる。現在の大画面テレビとは比較にならない小型テレビを取り囲むように、黒山の人だかりができた。日本テレビではその様子をポラロイドカメラで撮影。中継映像にインサートし、「街頭のみなさん、押し合わないように願います。危ないところに上がらないでください」と注意を呼び掛けた。

開局当初の番組制作現場は、テレビスタジオもテレビカメラも十分に整ってはいなかった。テレビの制作担当者は、何から何まで初めて経験することばかりで試行錯誤の連続。しかし未知のメディアに挑戦するフロンティア精神に支えられ、従来のラジオにはないテレビの特徴、優位性を発揮できる「視覚」に訴える番組を次々に生み出していった。その代表格がテレビ実験放送時代に企画された『ジェスチャー』である。身振り手振りで答えを当てるクイズ番組は、テレビの特性を明快に示した。さらに落語、漫才といった語り芸がメインだった演芸番組には、奇術、曲芸、パントマイムなどの「見る演芸」が加わり、伝統芸能では舞踊や歌舞伎、能・狂言など「動く」面白さが求められた。

録画機器の登場

草創期のテレビ番組は基本的に生放送かフィルム番組。VTR（ビデオテープレコーダー）が普及する以前の映像記録は、フィルム録画機（「キネレコ」「キネコ」「キネスコープ」などと呼ばれる）が担った。特殊なブラウン管に映し出された映像を16ミリ映画フィルムで撮影し、音声もフィルムの片面にトーキー録音するというもの。

1954年10月、この録画機を使って歌舞伎座の舞台を録画して、4日後に放送。放送史上初めて、録画での放送が実現した。これ以降、プロ野球の時差放送や、大相撲の好取組を編集してダイジェスト版で放送するなど、弾力的な放送の道が開けた。また同時に、『ジェスチャー』『事件記者』『日本の素顔』など、草創期の人気番組の保存にも大きな役割を果たした。

VTRが初めてアメリカに登場したのが1956年。アンペックス社が2インチ（約5センチ）幅のオープンリールのビデオテープを使用するVTRを発表。音声の録音と同様の原理で映像を磁気テープに記録するVTRは、フィルム録画機で必要だったフィルム現像のプロセスがないため、収録後直ちに再生できる画期的な機材だった。

NHKではこのVTRを購入し、1958年7月に学校放送番組『英語教室』を初めて録画放送した。しかし約60分の録画ができる2インチテープの価格が1本約100万円と高価だった。大卒初任給が1〜2万円だった時代である。

当時は放送済みの録画テープは原則的に上書き消去のうえ、次の番組収録に再使用された。2インチVTRは、小型で安価なVTRが普及する1980年ごろまで番組収録の主力として使われ続けた。収録された番組がすべて消去されたのは経済的な理由だけではない。「放送」とは読んで字のごとく"送りっ放し"で、当時はテレビ番組を保存するという文化がそもそもなかった。1960年代から1970年代にかけての番組がほとんど保存されていない大きな理由はそのためである。

クイズ番組『ジェスチャー』(1954年)

ドラマ番組『事件記者』(1959年)

ドキュメンタリー番組『日本の素顔』(1958年)

1955年当時のスタジオ制作風景

1960年当時のテレビ中継のようす

1965年当時の広報映像

皇太子さま・美智子さま　ご結婚（1959年）

皇太子ご結婚とテレビの普及

　1950年代後半に入ると、日本は高度経済成長期を迎える。1956年度の経済白書が「もはや戦後ではない」と明記し、戦後復興の終了を宣言。庶民の間では冷蔵庫、洗濯機、白黒テレビが"三種の神器"と呼ばれ、豊かさやあこがれの象徴として語られた。テレビ開局の日に1000件に満たなかった受信契約数は、1955年10月に10万件を突破。1957年6月に50万件、1958年5月に100万件を突破して、順調な伸びを示した。

　1959年4月、皇太子明仁殿下と正田美智子さんのご結婚報道が、放送史に残るエポックとなる。ご結婚の日が近づくにつれ、「ご結婚テレビ中継」の文字が新聞、雑誌に躍

皇太子さま・美智子さま　ご結婚パレード（1959年）

り、人々はテレビの購入を急いだ。当時の白黒テレビは14インチ画面で6万円台。テレビ開局当時の3分の1程度に下がっていた。生産台数は前年の倍で月産20万台を超えたが、増産しても注文に追いつかない。受信契約数はご結婚1週間前の4月3日に200万件（普及率11%）を突破した。

　4月10日、皇居賢所に初めてテレビカメラが入った。婚儀のテレビ取材は1社に限定され、NHKが担当することになる。カメラマンはモーニング姿の正装で、テレビカメラを構えた。ご結婚後に両陛下にごあいさつされる「朝見の儀」の後、皇居宮内庁玄関から東宮仮御所までの馬車による祝賀パレードが中継のハイライトだ。NHKと民放各社は、テレビカメラ100台と放送要員約1000人を動員。当日実況にあたったNHKアナウンサーはテレビ、ラジオ合わせて41人。リハーサルなしのぶっつけ本番だった。

　こうして行われたテレビ放送始まって以来の大がかりな中継を、全国で1500万人（電通による試算）が視聴。テレビの普及に一気にはずみがつき、本格的なテレビ時代が幕を開けた。

高価だった2インチVTR（1958年）

NHKテレビ放送史

02
テレビ成長期

取り付けを待つ東京タワー送信アンテナ(1958年)

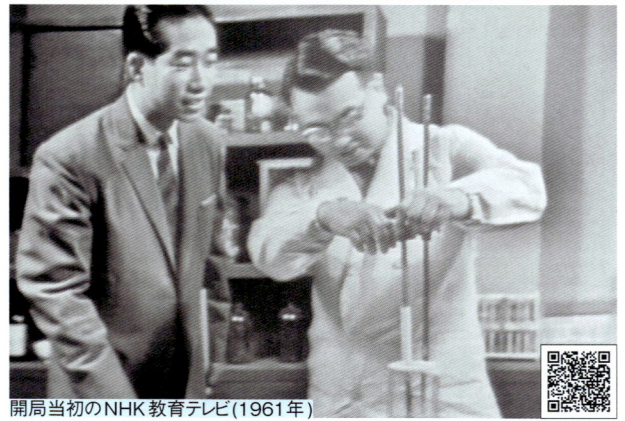
開局当初のNHK教育テレビ(1961年)

教育テレビの開局

　1959年1月10日、NHK教育テレビジョンが、日本最初の教育専門のテレビチャンネルとして開局。新設されたばかりの東京タワー・芝送信所から電波を飛ばし、東京を中心とする関東地域で放送が始まった。「教育テレビ」の誕生とともに、それまでの放送を「総合テレビ」と呼ぶようになり、NHKテレビ放送の2波体制が確立された。

　教育テレビは「組織的かつ体系的」な番組で、「テレビ独自の教育的効果」を上げることを目標にスタート。学校放送のほか、一般向けの教養番組や技能教育、職業教育の番組にも力を入れた。開局当初こそ1日平均4時間半足らずだった放送時間は、1962年度に10時間を超え、1968年度には1日18時間となった。

"政治"がお茶の間に

　1960年4月の番組改定で、総合テレビの夜間に『きょうのニュース』がスタートする。アナウンサーが進行役となり、当事者へのインタビューや写真、図表を使っての解説など、現在につながるニュース番組の原型が出来上がる。

　この年は日米安全保障条約の改定をめぐって世論が二分し、日本中が揺れた。5月19日、安保特別委員会は大混乱の中で新条約の質疑打ち切りを強行採決。自民党議員だけが出席して開かれた衆議院本会議で、20日未明に新条約を可決した。NHKは19日午後11時過ぎに定時番組を中断し、国会関係の緊急ニュースに変更。フィルムと中継で国会の混乱と国会周辺のデモを伝えた。

　5月に入ってから、連日10万人規模のデモ隊が国会を取り囲み、「安保反対」を叫んだ。6月15日にはついにデモ隊に死者が出る。日米安保条約は6月19日に自然成立。予定されていた米国アイゼンハワー大統領の初来日は中止になり、岸内閣は7月に総辞職する。

　同じ年の10月12日、東京・日比谷公会堂で行われた自民、社会、民社の3党の立会演説会で、1000人余りの聴衆とテレビカメラの前で、社会党委員長浅沼稲次郎が右翼団体に所属する少年に刺殺される事件が起こる。

社会党浅沼委員長刺殺事件(1960年)

『きょうのニュース』(1960年)

60年安保闘争　国会周辺デモ(1960年)

クイズ番組『私の秘密』

バラエティー番組『お笑い三人組』

学校放送番組『理科教室1年生』

ドラマ番組『バス通り裏』

強い照明が必要だった実験放送『希望のうた』(1952年)

大きなライトに囲まれた『お笑い三人組』収録風景(1964年)

高温の中で演じられた『娘道成寺』(1960年)

　その1か月後の11月には、2日にわたって初めての『3党主催テレビ・ラジオ討論会』がNHKのスタジオで行われる。この放送は、NHKの調査結果から約2000万人がテレビ・ラジオで視聴したと推定された。政治のニュースがお茶の間を席巻する1960年代の幕開けとなった。

カラー本放送スタート

　1960年9月10日、カラーテレビの本放送がスタート。カラーテレビの研究は、NHK放送技術研究所で1951年から始まった。1957年12月にNHKと日本テレビがカラーの実験放送を開始。1960年、日本はアメリカ、キューバに次いで世界で3番目のカラーテレビ放送実施国となった。

　当時のカラー受像機の価格は17（インチ）型で約40万円、21型で50万円前後の高価格。性能面では画面が暗く、NHKと民放ではカラーの色調が異なり、その色調整が面倒なことなどから、普及は伸び悩んだ。

　当初のカラー放送は1日1時間程度で、総合テレビの『私の秘密』『お笑い三人組』『バス通り裏』や、教育テレビの幼児番組『できたできた』、『理科教室1年生』など、少数の番組に限られていた。当時の白黒放送用の照明は1500ルクス程度だったのに対し、カラー放送用は1万ルクスを必要とした。照明が発する熱で、スタジオの温度は急上昇。ピアノは触れないほど熱くなり、ギターの音程が途中で狂うなどの問題も起こった。また床面や下方の色調を保つために照明を被写体に近づけて使用することが多く、リハーサルが30分も続くと出演者は汗だくになった。『娘道成寺』に出演した尾上梅幸は、「42度の高温の中で踊り続けるのは、まったくの苦しさで、心臓が破裂しそうな思いでした」と後に述懐している。その後、NHKの技術陣はメーカーの協力を得て熱線吸収ガラスを開発。照明器具のすべてに取り付けて、高温対策をおこなった。またカメラの高感度化も図られ、照明に必要なルクスも5000から2000へと下がっていった。

NHKテレビ放送史

"朝ドラ"と"大河"がスタート

1961年4月、総合テレビ月曜から金曜の午前8時40分からの20分番組で、連続テレビ小説の第1作『娘と私』が始まる。前年度まで午前8時15分から10時までは「放送休止」の時間帯。そもそも視聴習慣がない上に、主婦にとってはゆっくりテレビなど見る暇のない慌ただしい時間帯だ。はたして番組が受け入れられるのか不安視される中でのスタートとなった。

"朝ドラ"は、ラジオ番組「連続ラジオ小説」のテレビ版として企画され、ドラマでは添え物だったナレーションを前面に押し出した演出で、ラジオ同様の"ながら視聴"を可能にした。こうした工夫が功を奏し、翌1962年には第2作『あしたの風』を放送。月曜から土曜まで6日間の帯で、午前8時15分からの15分番組に模様替えし、その後に続く"朝ドラ"の放送フォーマットが出来上がった。

初のNHK大阪放送局制作の第4作『うず潮』で、関西新劇界の新人林美智子を起用。新人をヒロインに抜擢する「連続テレビ小説」のキャスティングは、この作品から始まった。そして1966年4月、第6作となる『おはなはん』の大ヒットで、"朝ドラ"の人気は不動のものとなる。

1963年4月、大型時代劇『花の生涯』が始まる。映画よりは一段格下と思われていたテレビ番組が、映画界のトップスターをそろえた配役で大きな話題を呼んだ。当時、急成長するテレビ業界に危機感を抱いた映画会社が、自社の専属俳優をテレビに出演させない五社(松竹・東宝・東映・大映・日活)協定を結んでいる中でのキャスティングだった。のちに「大河ドラマ」と呼ばれるドラマシリーズの第1作である。

翌1964年1月にスタートした第2作『赤穂浪士』では、映画界のトップスターだった長谷川一夫を初めてテレビに引っ張り出し、『花の生涯』をしのぐ豪華な顔ぶれとなった。初回視聴率は34.3%、ドラマのクライマックスとなる吉良邸討ち入りの回では53.0%を記録。『赤穂浪士』の大ヒットで、"1月から12月までの暦年放送""豪華なキャスティングによる時代劇"という、現在に続く「大河ドラマ」の原型が出来上がる。そもそも「大河ドラマ」というネーミングはNHKのものではない。『赤穂浪士』の放送を伝える新聞記事で使われた表現で、日曜夜8時からの大型時代劇はいつしか「大河ドラマ」と親しまれるようになった。

初の日米衛星中継が伝えた 衝撃の一報

1962年7月、送受信機を積んだ初の本格的通信衛星テルスター1号が打ち上げられた。アメリカから送信されたテレビ電波を中継し、フランスとイギリスで受信。大西洋を隔てた大陸間テレビ中継に初めて成功し、"通信衛星時代"が開幕する。日本でも1964年に予定されている東京オリンピックの衛星中継を目指し、研究開発を進めていた。

1963年11月、太平洋上空の通信衛星リレー1号を使って、日米間受信実験となる初の衛星中継番組『日米テレビ宇宙中継はじまる』が放送された。当時は「衛星中継」を「宇宙中継」と呼んでおり、「衛星中継」が使われるようになるのは、1969年のアポロ11号の月面着陸中継からである。実験放送当日にアメリカから飛び込んできたのは、ケネディ大統領暗殺の一報。予定されていたプログラム「ケネディ大統領からのメッセージ」に代わって伝えられたのは、「ケネディ大統領暗殺」のニュースだった。

連続テレビ小説 第1作『娘と私』(1961年)

連続テレビ小説 第2作『あしたの風』(1962年)

大河ドラマ 第1作『花の生涯』(1963年)

連続テレビ小説 第4作『うず潮』(1964年)

連続テレビ小説 第6作『おはなはん』(1966年)

大河ドラマ 第2作『赤穂浪士』(1964年)

初の日米宇宙中継(1963年)

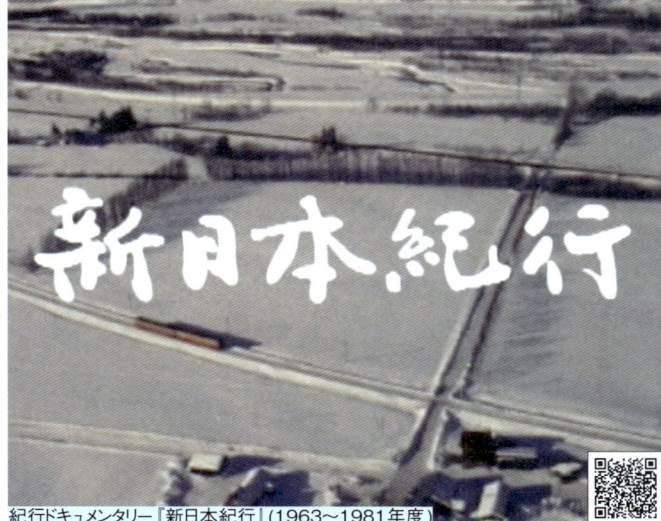

紀行ドキュメンタリー『新日本紀行』(1963〜1981年度)

社会派ドキュメンタリー『現代の映像』台風地帯
(1964年)

海外取材番組『アフリカ大陸を行く　シュバイツァー博士をたずねて』(1959年)

ヒューマンドキュメンタリー『ある人生』良寛先生(1964年)

世界が同時に見た東京オリンピック

　1964年10月10日から15日間、アジア初となるオリンピックが東京で開催された。「世界中の青空を、全部東京にもってきてしまったような、すばらしい秋日和でございます」という北出清五郎アナウンサーの言葉で、開会式のテレビ中継がはじまった。この模様は8月に打ち上げられたばかりの静止通信衛星シンコム3号を経由して、深夜のアメリカに同時中継され、"テレビオリンピック"時代の幕開けを世界に告げた。

　大会では開・閉会式、レスリング、バレーボール、体操、柔道など8競技がカラー放送されたほか、VTRで収録した競技のスローモーション再生や、手持ちの小型インタビューカメラ、帽子に装着して口元の声を拾う中継用接話マイクなど、新しいテレビ技術がいっせいに登場。東洋の魔女と呼ばれた日本女子バレーボールチームとソ連チームの決勝戦は、史上空前の視聴率85%を記録した。

フィルム番組の時代

　1964年4月、NHKは報道・教養番組の強化を打ち出し、総合テレビ午後7時30分のゴールデンタイムに紀行ドキュメンタリー『新日本紀行』、社会派ドキュメンタリー『現代の映像』、報道番組『NHK特派員報告』と『海外取材番組』の4本を並べた。さらに11月からはヒューマンドキュ

NHK短編映画『青函連絡船』(1959年)

メンタリー『ある人生』が午後10時台にスタート。報道・ドキュメンタリーと教養番組が、当時の"NHKらしさ"を醸成していく。

　これらの番組制作に使用されたのが16ミリフィルムである。NHKは開局にあたって映画用35ミリフィルムを採用せず、安価で機動性に優れた16ミリフィルムを選択。ニュース報道の現場や『NHK短編映画』(1954〜1958年度)、『日本の素顔』(1957〜1963年度)などのドキュメンタリー番組を通じて、フィルム撮影に習熟していった。当時のカメラはゼンマイ式で、いっぱいに巻くと約15秒間駆動する。つまりワンカット最大15秒。フィルムは1巻100フィート、時

NHKテレビ放送史

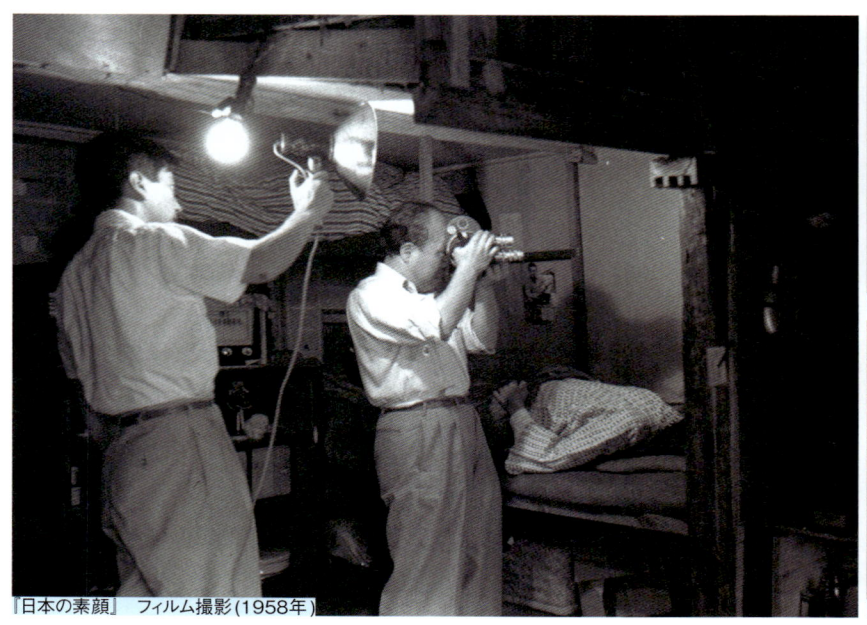
『日本の素顔』 フィルム撮影（1958年）

残りのフィルムのフィート（ft）を記録（1965年）

東大紛争 フィルム取材（1969年）

間にして3分弱。フィルムが切れたら、即座にフィルムチェンジが必要だ。フィルム代は1巻1万円と高価で、1番組に使用できる巻数も限られていた。カメラマンたちはフィルムに無駄が出ないように、残り分数を計算しながら、フィルムチェンジのタイミングを計った。読みを間違えるとシャッターチャンスを逃すことになる。ビデオと違い、撮り直しが利かないフィルムの現場で鍛えられたカメラマンたちの、シャッターチャンスの読みやワンチャンスをものにする現場力は、生放送の現場でも生かされた。16ミリフィルムでの制作は、小型VTRが普及する1980年ごろまで続くことになる。

朝の視聴習慣が定着

　1964年4月1日からNET（のちのテレビ朝日）で始まった『木島則夫モーニングショー』は、日本初の生放送のワイドショー番組。平日午前8時半からの1時間番組で、NHKが連続テレビ小説で独走する朝の時間帯に参入した。メインキャスターに起用されたのはNHKで『生活の知恵』

などを担当した元アナウンサーの木島則夫。現場中継を多用するなどニュース性を重視した構成と、出演者への人間味あふれるインタビューで、主婦層の支持を得た。この番組の成功で、民放各社は"朝"の開拓に向けて踏み出す。

　NHKは翌1965年4月、月曜から土曜まで放送する午前7時25分から8時までのニュースワイド番組『スタジオ102』をスタート。朝の連続テレビ小説『おはなはん』（1966年度）の大ヒットもあり、人々に朝の視聴習慣が定着した。

アポロ11号の月面着陸中継

　1960年代の掉尾を飾ったのは、アポロ11号による月面着陸の中継である。1969年7月21日、アームストロング船長とオルドリン飛行士が月面に立つ姿を超小型テレビカメラがとらえた。この中継映像により、世界で6億人が人類初の月面への第一歩を目撃した。NHKでは7月16日の打ち上げから25日の帰還までを、ニュースと特番でつぶさに伝えた。月面着陸の生中継では、「こちらヒューストン」「すべて順調」などと、現地からの音声を同時通訳で伝えた。NHKの調査では、月面着陸の瞬間を生中継で見た人は

ニュースワイド番組『スタジオ102』（1965〜1979年度）

アポロ11号 月面着陸（1969年）

特別番組『月に立つ宇宙飛行士』(1969年)

NHK・民放合わせて68.3%、同じ日にニュースを含めて見た人は90.8%にのぼった。38万キロの彼方からの映像は、tele（遠く）vision（見る）を象徴する出来事となり、人々にテレビの可能性を強烈に印象づけた。

1960年代の日本は、めざましい高度経済成長を遂げる。1965年にテレビの普及率は90%に達し、1967年12月には受信契約数は2000万件を突破。1968年には日本の国民総生産（GNP）が50兆円を超えて、アメリカに次ぐ世界第2の経済大国となる。

03
テレビ成熟期

カラー時代到来

1970年、日本万国博覧会（大阪万博）が大阪府吹田市の千里丘陵で、3月から9月までの半年間にわたって開催された。家庭には"新三種の神器"と言われたカー、クーラー、カラーテレビの"3C"が普及し、多くの国民が生活の豊かさを実感した。

カラーテレビの受信契約数は376万件で、世帯数に対する普及率はまだ15.6%にとどまっていた。各電機メーカーは、万博をカラーテレビ普及の起爆剤として、売り込みをかけた。翌1971年10月、秋の番組改編で総合テレビの全番組をカラー化。11月末にカラー契約件数が1000万の大台に乗り、テレビは本格的なカラー時代に突入する。

大阪万博　華やかに開幕（1970年）

NHKテレビ放送史

大型スペシャル番組と『NHK特集』の誕生

1960年代後半から1970年代前半にかけて、大型のシリーズ番組が次々に放送された。『明治百年』(1968年9月〜12月・15回)、『70年代われらの世界』(1970年4月〜1975年11月・47回)、『未来への遺産』(1974年3月〜1975年12月・17回)である。取材規模、制作体制、多彩な演出方法など、いずれもこれまでにない挑戦だった。

『明治百年』は、明治100年にあたる1968年に、その記念番組として企画されたドキュメンタリー番組である。異なる部局の壁を超えたプロジェクト方式を初めて採用し、報道局、芸能局、教育局から7人のディレクターが参加した。『70年代われらの世界』は、未来への提言や将来像を示すジャンルを超えたスペシャル番組。アニメーション、多元衛星中継、ドラマなど、さまざまな演出と最新映像技術を用いて、プロジェクト方式で制作された。『未来への遺産』は放送開始50周年記念番組。「文明はなぜ栄え、なぜ滅びたのか」をテーマに7つの取材班が44か国150か所の文化遺産を取材した紀行ドキュメンタリーである。

さまざまな手法でテレビの可能性を追い求め、プロジェクト方式で制作されたこれらの番組で培ったノウハウの蓄積は、1976年4月にスタートする『NHK特集』に結実する。『NHK特集』は13年間で1378本を放送。後の『NHKスペシャル』につながるNHKの看板番組となった。

あさま山荘事件の長時間生中継

1972年2月19日、逃走中の過激派集団5人が人質をとって、長野県軽井沢町の「あさま山荘」に立てこもった。連合赤軍による「あさま山荘事件」である。事件発生から10日目の28日午前10時、警察機動隊の人質救出作戦が始まる。クレーンによってつり下げられた鉄球で山荘の壁を壊し、催涙弾が撃ち込まれ、放水車が水を浴びせた。犯人側もライフルや拳銃で応戦し、機動隊員2人が殉職する悲劇が起こる。8時間に及ぶ攻防の末、日が暮れた午後6時過ぎに犯人全員を逮捕。人質を10日ぶりに救出した。NHKはこの模様を10時間以上にわたって中継し、その時点での長時間中継の新記録となった。この間の平均視聴率は、総合テレビで50.8%。NHKと民放合わせて89.7%を記録。日本中の人々をテレビの前に釘づけにした。

「あさま山荘事件」の長時間生中継は、その2年前に

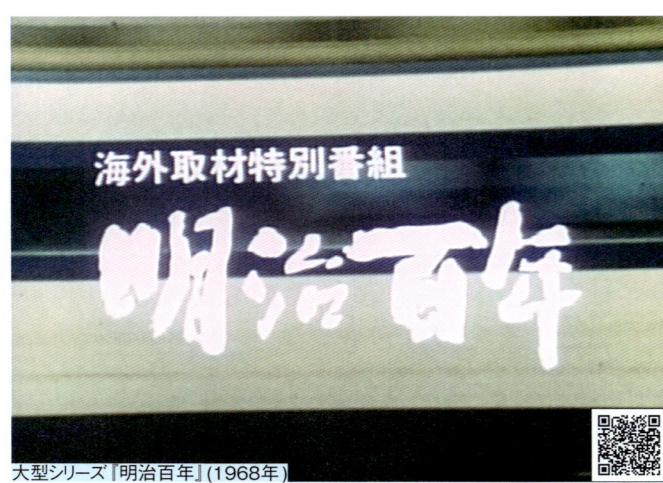
大型シリーズ『明治百年』(1968年)

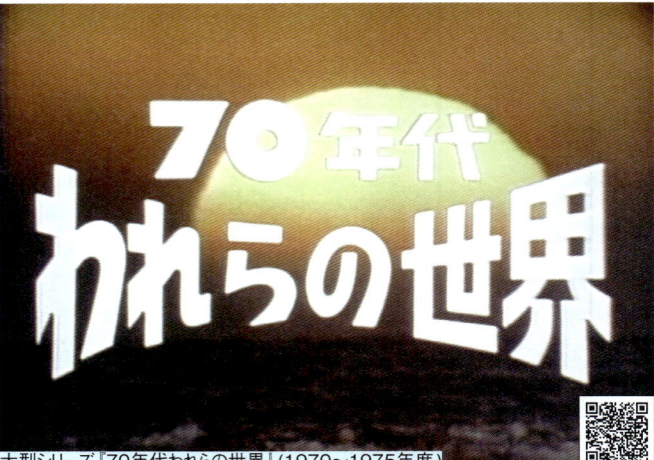
大型シリーズ『70年代われらの世界』(1970〜1975年度)

大型シリーズ『未来への遺産』(1974〜1975年度)

あさま山荘事件(1972年)

ENG以前のフィルム編集

カメラと携帯型VTRがつながるENG

『NHK特集　氷雪の春』(1976年)

『NHK特集　永平寺』(1977年)

発生した「よど号ハイジャック事件」の生中継とともに、いま進行中の出来事を「リアルタイム」で伝えるテレビの特性、底知れぬパワーを人々に印象づけた。娯楽メディアとして普及してきたテレビは、世間を揺るがす事件・事故の発生とともに報道メディアの色合いを強めていく。

フィルムからビデオへの転換

1970年代半ば、小型ビデオカメラと携帯型のVTRを組

『ニュースセンター9時』(1974～1987年度)

み合わせたテレビ取材システムENG（Electronic News Gathering）が、テレビの制作現場に導入された。ニュース取材はフィルムからビデオに切り替わり、テレビ報道が一変する。

ENGでは収録済みのビデオテープを、取材現場からFPU（マイクロ波無線中継装置）で伝送する。中継車と結んでそのまま生中継することも可能だ。それまでのフィルム取材に必要だったフィルム輸送、現像、編集というプロセスにかかる時間をすべてカットすることで、速報性と同時性を獲得。テレビ報道の可能性を一気に広げた。また一方で、映像と音声をビデオテープに同時収録できるメリットを生かし、現場で取材した記者がカメラの前で自らリポートするという、新しい「テレビジャーナリズム」を生み出した。こうした取材システムの変化を背景に、1974年4月、大型ニュース番組『ニュースセンター9時』が登場する。

ENGはニュース以外の番組制作でも変革をもたらした。1976年にスタートした『NHK特集』の第1弾「氷雪の春〜オホーツク海沿岸飛行〜」や、同じく『NHK特集』の「永平寺」（1977／第29回イタリア賞受賞作品）などのドキュメンタリー番組が、小型ビデオカメラの機動性と鮮明な映像を生かして新境地を開いた。

NHKテレビ放送史

「シルクロード」『おしん』がブームに

1980年4月7日、『NHK特集　シルクロード』シリーズの放送がスタートした。秘境シルクロードの全容を初めてテレビが紹介する、日中共同取材の紀行ドキュメンタリーである。数多くの関連出版物の発行や現地ツアーが企画されるなど、日本中にシルクロードブームを巻き起こす。4年にわたって放送された全30集は20%近い平均視聴率を挙げ、『NHK特集』最大のヒット作となる。

1983年4月、テレビ放送開始30年を記念した連続テレビ小説『おしん』がスタート。東京と大阪で半年ずつ分担して制作していた"朝ドラ"としては9年ぶりとなる、1年間通しての放送となった。ヒロインの少女時代を演じた小林綾子に注目があつまり、ドラマ人気に勢いがついた。年間平均視聴率52.6%、最高視聴率62.9%という驚異的な数字を記録。日本中を"おしん"ブームに巻き込んだ。『おしん』の人気は日本にとどまらず、タイ、アメリカ、中国など、世界70以上の国と地域で放送。イランでは最高視聴率90%を超えた。

04

衛星放送時代到来

"ニュース戦争"勃発

1984年は"ニューメディア元年"と呼ばれた。放送、通信、コンピューターなどの新しいエレクトロニクス技術で生まれたニューメディアは、「放送系」「通信系」「パッケージ系」に分類された。放送系では5月にNHKが衛星放送の試験放送をスタートさせた。

『きょうのスポーツとニュース』(1984〜1986年度)

『連続テレビ小説　おしん』(1983年度)

『NHKナイトワイド』(1987年度)

『NHK特集　シルクロード』(1980年度)

グリコ・森永事件（1984年）

豊田商事　悪徳商法（1985年）

日航ジャンボ機　墜落事故（1985年）

この年、民放では10月の番組改編で、夕方のニュース番組『JNNニュースコープ』（TBS）を50分に拡大。ローカルニュースと合わせて80分のニュース枠を編成した。翌1985年10月には、午後10時台に77分のワイドニュース番組『ニュースステーション』（テレビ朝日）がスタートし、さながら"ニュース戦争"の様相を呈した。

NHKは1984年4月、午後10時台に『きょうのスポーツとニュース』をスタート。1987年4月には同じ枠で『NHKナイトワイド』が始まる。総合キャスターをおき、「全国ネットとローカルニュース」「スポーツ」「気象情報」「解説」「海外情報」を伝えた。

このころ、「週刊文春」に連載された記事「疑惑の銃弾」シリーズが火をつけた「ロス疑惑」報道（1984）、劇場型犯罪という言葉が初めて使われた「グリコ・森永事件」（1984）、大勢のマスコミの眼前で白昼に起こった「豊田商事会長刺殺事件」（1985）、単独の航空機事故では史上最悪となった「日航ジャンボ機墜落事故」（1985）など、センセーショナルな映像が画面にあふれ、"ニュース戦争"はますます過熱した。

"昭和"の終焉

元号が昭和から平成に改まった1989年は、さまざまな意味で大きな節目となった年だ。

前年から続いていた昭和天皇の"ご容体報道"は、1月7日の昭和天皇崩御まで続いた。NHKは崩御以降、総合テレビとラジオ第1、FM、衛星第2の4波が特別編成に入り、教育テレビ、ラジオ第2、衛星第1は通常番組に戻った。民放各社はこの日から丸2日間、民放史上初のCM抜きの特別編成を組んだ。

同年6月24日、昭和の歌謡界を代表する歌手で、数多くの映画にも出演した美空ひばりがこの世を去った。このニュースは美空ひばりの歌に励まされ、戦後の苦しい時代を生きてきた多くの日本人に、昭和の終わりを印象づけた。NHKでは24日に『NHKスペシャル』枠で、追悼番組「美空ひばりさん・たくさんの歌をありがとう～"悲しき口笛"から"悲しい酒"まで～」を放送し、視聴率23.8％を記録。29日からは3夜連続で『NHKスペシャル　ひばりの時代～日本人は戦後こう生きた』を放送。美空ひばりの歌とともに歩んだ戦後日本の庶民の姿を振り返った。

昭和天皇崩御を伝えるニュース送出（1989年）

大喪の礼（1989年）

NHKテレビ放送史

衛星放送本放送スタート

1989年6月1日、NHK衛星放送が本放送を開始。難視聴地域の解消を目指すとともに、高画質、高音質、多チャンネルへの道を開いた。

衛星第1テレビジョンを"ワールドニュースとスポーツ"チャンネルと位置づけ、世界の放送局のニュース番組と、米大リーグ、NFLフットボール、NBAバスケットボールなどの、海外スポーツのビッグイベントを中心に放送。日本のプロ野球も、試合開始から終了まで完全中継した。また6月の天安門事件、10月のサンフランシスコ大地震、11月のベルリンの壁の崩壊など、国際的な大事件をリアルタイムで伝え、衛星放送の存在感を示した。

一方、衛星第2テレビジョンは"エンターテインメントとカルチャー"チャンネルとした。映画、コンサート、舞台中継、大型紀行番組やドキュメンタリーなどの衛星独自番組が全体の約40%を占めた。それ以外の時間帯は総合・教育テレビの同時または時差放送で編成し、難視聴地域の解消に努めた。衛星第2のスタートで長時間の舞台中継やオペラ、

Bモードの高音質を生かしたクラシック演奏会などの中継が可能になった。さらに大相撲の前相撲や将棋の名人戦など、一般には目に触れることのなかった中継番組も次々に開発された。

さらに、衛星放送の本放送開始の2日後の6月3日には世界で初めてハイビジョンの定時実験放送が開始された。

平成とともに"Nスペ"がスタート

1989年4月、総合テレビに『NHKスペシャル』が登場。1976年4月から13年続いた『NHK特集』を、柔軟で自由な編成、番組形式や演出の多彩さや大型化でさらにバージョンアップした。時代は元号が「昭和」から「平成」に移り、日本はバブル景気が今にもはじけそうなほど膨れ上がっていた。『NHKスペシャル』は「政治は改革できるか～リクルート事件の衝撃」の3回シリーズから放送を開始。「北極圏」(1989)、「驚異の小宇宙 人体」(1989)、「国際共同制作 核の時代」(1990)などの大型シリーズを連打し、その存在感を高めた。

衛星放送開局記念 空飛ぶスタジオ(1989年)

『NHKスペシャル 北極圏』(1989年)

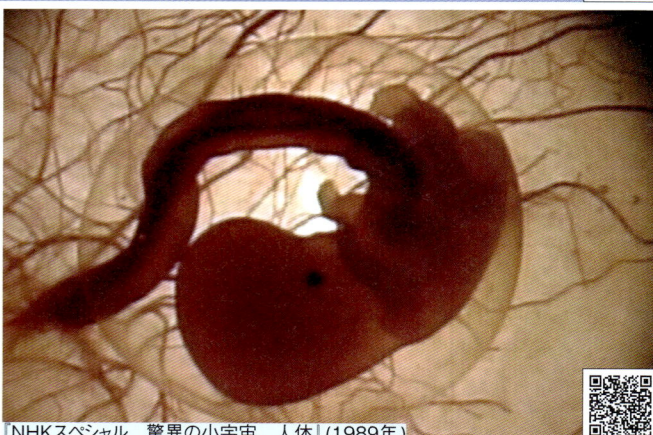

『NHKスペシャル 驚異の小宇宙 人体』(1989年)

阪神・淡路大震災（1995年）

湾岸戦争（1991年）

湾岸戦争を生中継

　1991年1月17日午前8時35分、アメリカABCテレビの記者が、多国籍軍によるイラク攻撃の一報を、首都バグダッドから発信。テレビが湾岸戦争を伝えた世界最初の電話リポートとなった。イラクの緊張が高まる中で、日本の報道機関は前日16日までに国外退去。バグダッドのホテルにとどまっていたのはABCとCNNなど、欧米の記者やカメラマン約40人だけ。続いてCNNも同様のリポートを放送。これを受けてNHKでは、8時43分「アメリカのABCとCNNテレビが『バグダッドに空襲』と伝えた」とニュース速報を流した。総合テレビは翌18日午前6時まで、21時間にわたって湾岸戦争関連のニュースを放送。1972年のあさま山荘事件を上回る長時間放送となった。

　CNNはパラボラアンテナを搭載した中継車から、通信衛星経由で放送局に電波を飛ばせる可搬型のSNG（Satellite News Gathering）をバグダッドに持ち込み、連日生中継をおこなった。1970年代にニュース取材に革命を起こしたENGと、1990年代に入って普及したSNGがドッキングし、世界中の出来事がどこからでも生中継できるようになった。

　NHKの衛星本放送開始のおよそ2年後、1991年4月に初の衛星民放テレビWOWOWが本放送を開始。さらに1992年には通信衛星（CS）を使った専門チャンネルが6社誕生。放送メディアが多様化し「多メディア・多チャンネル時代」に入った。

阪神・淡路大震災の長時間報道

　1995年1月17日午前5時46分、阪神・淡路大震災が発生。マグニチュード7.3、震度7の巨大地震は、死者・行方不明者6400余名、負傷者4万3700余名に上る甚大な被害をもたらした。地震発生時、総合テレビはまだ放送開始前。午前5時50分からの『気象情報』の送出に備えていた。NHK大阪放送局のニューススタジオから宮田修アナウンサーが地震発生の第1報を伝えたのは、午前5時49分、発生の3分後だった。その後、翌18日午前8時15分まで連続26時間余り、切れ目なく地震報道が続いた。1月17日から2月17日までの1か月間に、総合テレビで放送した震災関連ニュースや番組は全国放送で273時間15分、近畿ブロックでは354時間46分に上り、1991年1月の湾岸戦争報道の倍以上の規模となった。

NHKテレビ放送史

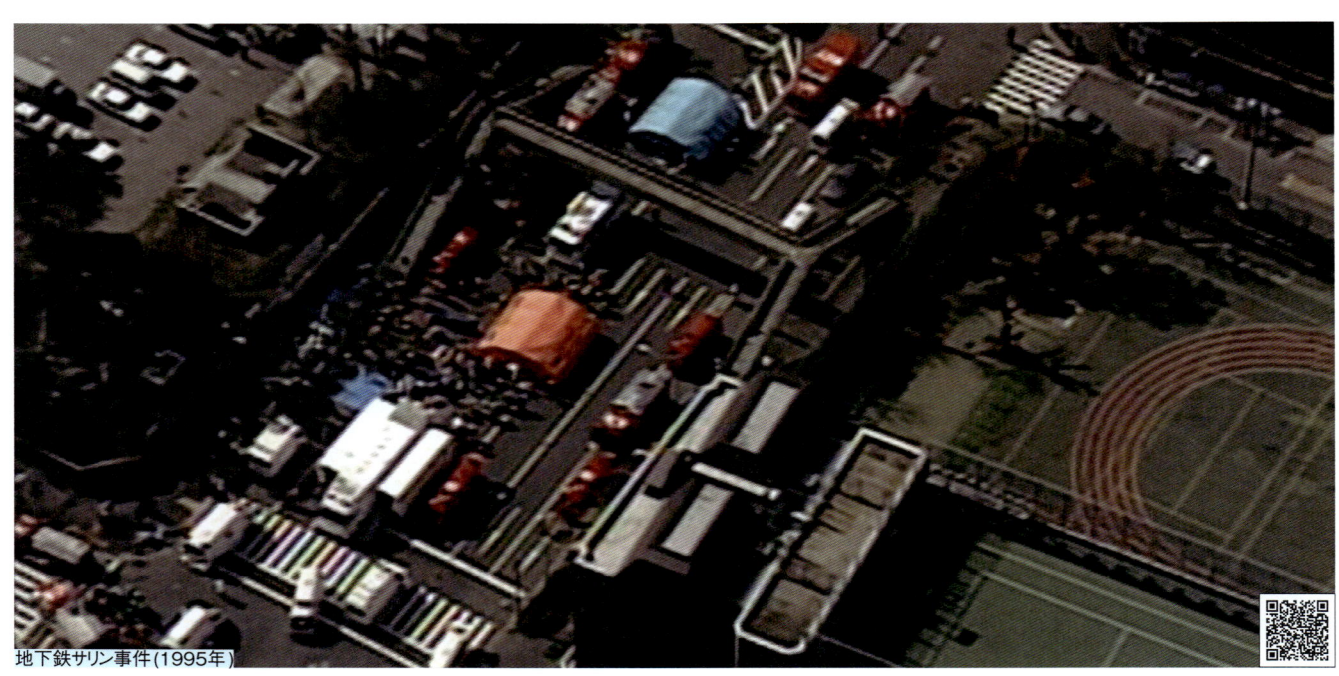

地下鉄サリン事件（1995年）

「オウム真理教事件」報道

阪神・淡路大震災の2か月後の3月20日、地下鉄サリン事件が発生。13人の死者と約5500人の重軽症者を出した。オウム真理教による無差別テロだった。警視庁は5月16日朝、山梨県上九一色村（当時）の教団施設を強制捜査。小部屋に隠れていた教団代表の麻原彰晃を逮捕した。この日、NHKと民放各社は大規模な取材体制を敷いた。地方局や系列局からの応援を含めて総勢3000人、中継車100台以上、ヘリ16機など、阪神・淡路大震災に次ぐ規模の取材となった。オウム真理教の報道に関しては、1994年6月の松本サリン事件で、新聞・テレビ等のメディアが、被害者の第一通報者を容疑者と断定するかのような報道を行う報道被害を出した。また民放ワイドショーにオウム真理教の幹部らが連日のように出演し、オウム側の会見が、一方的なプロパガンダの場になったとの批判も出た。さらにTBSが取材ビデオを放送前に教団側に見せ、それが坂本弁護士一家殺害事件にもつながるなど報道倫理が厳しく問われ、報道のあり方にさまざまな禍根を残した。

日本人メジャーリーガーの活躍

暗いニュースが続いた1995年だったが、1人の野球選手が海を渡り、アメリカ大リーグで大活躍し、多くの日本人を勇気づけた。近鉄バファローズからロサンゼルス・ドジャースに移籍した野茂英雄である。スピードボールとキレのあるフォークボールで三振の山を築く野茂の快投に、アメリカの野球ファンも熱狂。7月には日本人で初めてオールスターに選ばれるなど全米が注目した。初めてのシーズンは13勝をあげ、ナショナルリーグ・西地区の優勝に貢献、新人王にも輝いた。衛星第1では、5月3日（現地時間2日）の野茂のデビュー戦に始まり、野茂先発の全試合を中継。その活躍を日本に居ながらにして目撃しようという大リーグファンが急増し、衛星放送の普及にも貢献した。

2000年秋にオリックス・ブルーウェーブのイチロー選手が米大リーグのシアトル・マリナーズに移籍。開幕から「1番・ライト」に定着し、打撃と守備の双方で大活躍。2003年には読売ジャイアンツの松井秀喜が、FA権を行使してヤンキースに移籍。2004年10月にイチローが84年間破られることのなかったメジャー歴代シーズン最多安打記録を更新。松井のシーズンを通しての好調もあり、MLBに対する関心が大いに高まった。

長野五輪とサッカーW杯初出場

1998年2月に開催された冬季オリンピック長野大会は、初めてNHK・民放共同でオリンピックの放送権を獲得。NHKと民放に海外の3放送局が加わって、世界の放送局に提供する「国際映像」を制作した。日本国内はスキージャンプ団体の金メダルをはじめ、10個のメダルを獲得した日本選手の活躍で大いに沸いた。衛星第1では「BSは、ぜんぶやる」のキャッチフレーズで全競技を中継。開会式の視聴率は35.8％で、冬季オリンピックで過去最高を記録。中継はハイビジョンを中心に制作された。

6月には1998FIFAワールドカップフランス大会に、日本が初出場。放送権を保有するNHKは衛星第1で全64試合を生中継した。総合テレビでも12試合を生中継し、平均視聴率で日本対アルゼンチン戦が60.5％、日本対クロアチア戦が60.9％と、いずれも驚異的な高視聴率を記録し、年末の『NHK紅白歌合戦』を上回った。

05
デジタル放送の時代

BSデジタル放送スタート

　デジタル技術は、放送の多チャンネル化、高画質化、高機能化をもたらしただけでなく、通信やコンピューターと信号を共有することによって、放送と他の情報メディアとの連携や結合を可能にした。それによってインターネットによるオンラインサービスや双方向のデータ放送など新たなサービスも誕生した。

　2000年12月1日、「"見る"テレビから"使う"テレビ」をキャッチフレーズにBSデジタル放送がスタート。高画質・高音質のデジタルハイビジョン番組、5.1サラウンドステレオ、各種データ放送、リモコンによる双方向番組、電子番組ガイド（EPG）など、さまざまな高機能サービスの提供が始まった。

BSデジタル放送　開始（2000年）

　NHKはハイビジョンの中核的ソフトとして、世界で初めて本格的にハイビジョンによるニュースを開始。高画質でワイドというハイビジョンの特性が、ニュースにおいても臨場感を生み、視聴者や業界に強いインパクトを与えた。

　テレビ放送ではNHKのほかに、無料放送の民放キー局系5社（ビーエス日本、ビーエス朝日、ビーエス・アイ、ビー・エス・ジャパン、ビーエスフジ）と、有料放送のWOWOW、スター・チャンネルの合計8社が放送をスタートした。

アメリカ同時多発テロ

　2001年9月11日（日本時間午後10時前）、ニューヨーク・マンハッタンの世界貿易センタービルに、アメリカン航空機が激突した。NHKは『ニュース10』の放送で、煙を上げる世界貿易センタービルをとらえたCNNのニュース映像をリアルタイムで伝えた。キャスターの堀尾正明アナウンサーが、NHKアメリカ総局の中島将誉記者から電話リポートを受けているまさにそのとき、2機目の旅客機がビルに突っ込む。大きな炎があがる生の中継映像が映し出された。この時点では事故なのかテロなのかも不明、ニュース史に残る衝撃的な映像だった。

　その後、総合テレビ、ハイビジョン、衛星第1、衛星第2、ラジオ第1で、定時の番組をほとんど休止して、特設ニュースと定時ニュースの枠拡大で、この前代未聞の事件を伝えた。テロ発生の48時間後に43分拡大版で放送した『クローズアップ現代』の「見えない敵～同時多発テロの衝撃～」は、その時点で『クローズアップ現代』歴代3位の21.1%の高い視聴率となった。

9・11米国同時多発テロ（2001年）

NHKテレビ放送史

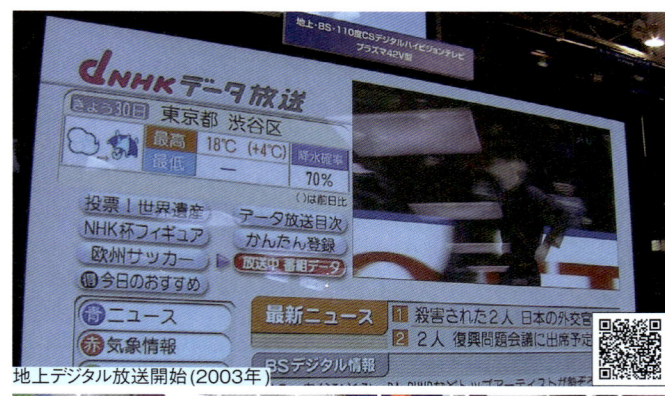
地上デジタル放送開始（2003年）

ワンセグ放送開始（2006年）

『あさイチ』（2010年度〜）

連続テレビ小説『ゲゲゲの女房』（2010年度）

『冬のソナタ』で韓流ブーム到来

　2003年4月、衛星第2放送の「海外連続ドラマ」枠で韓国ドラマ『冬のソナタ』の放送を開始し、大反響を呼んだ。翌2004年4月には総合テレビで放送したことでファンのすそ野を広げ、社会現象となるまでのブームとなる。10月には衛星第2で『宮廷女官　チャングムの誓い』を放送。『冬のソナタ』とはまたテイストの違う波乱万丈の歴史ドラマが大ヒット。韓国ドラマブームは、音楽や映画など文化全般に波及し、韓流ブームが起こった。

韓国ドラマ『冬のソナタ』ブーム（2004年）

地上デジタル放送スタート

　テレビが放送開始50年を迎えた2003年12月1日、地上デジタル放送が関東・中京・近畿の三大都市圏からス

タートし、テレビは新たなデジタル時代に入った。

　2006年4月、総合テレビの夜間編成を6年ぶりに刷新し、平日9時台に新しいニュース番組『ニュースウオッチ9』をスタート。またこの年、地上デジタル放送の携帯・移動端末向けサービス「ワンセグ」放送を開始。総合・教育の番組を同時放送するとともに、データ放送によってニュース、気象情報、番組関連情報を提供した。

朝の大改革

　2010年度の番組改定で、総合テレビの朝の時間帯を刷新。連続テレビ小説の放送時間を、15分繰り上げて午前8時からとし、8時15分から40〜50代の女性を主な対象とした生活情報番組『あさイチ』をスタートさせた。“朝ドラ”の放送時間の変更は、1962年以来48年ぶりだった。

　新編成の朝ドラ第1弾は『ゲゲゲの女房』。「ゲゲゲの鬼太郎」で知られる漫画家・水木しげるの妻の目から見た夫婦の物語である。放送開始時間の繰り上げは、視聴者に長年の視聴習慣の変更を強いることになり、その影響を不安視する声もあった。ところがスタート当初こそ低迷した視聴率は、回を追うごとに上昇。朝ドラに続く新生活情報番組『あさイチ』も好評で、新編成は視聴者に受け入れられた形となった。

東日本大震災と原発事故

　2011年3月11日、午後2時46分、三陸沖を震源として、国内観測史上最大のマグニチュード9.0の巨大地震が発

生。東日本大震災である。宮城県北部で最大震度7を観測、北日本と東日本の広い範囲で震度5弱以上の強い揺れが観測された。地震によって引き起こされた津波によって東北地方の太平洋沿岸を中心に未曽有の大被害に見舞われる。また、巨大津波で東京電力福島第一原子力発電所の非常用発電機が水没。「全電源喪失」という、日本の原発が初めて経験する最悪の事態に陥る。12日午後、1号機の原子炉建屋が水素爆発。14日に3号機、15日には4号機の原子炉建屋でも爆発が起きる。14日夜には2号機、3号機ともにメルトダウンが起きていたとみられている。

総合テレビでは国会中継中に緊急地震速報を流し、直ちに通常放送を中止。すべての放送波で緊急報道に切り替え、24時間体制で報道を続けた。翌日からは「安否情報」と「生活情報」を教育テレビや衛星波で放送。『おはよう日本』では、通常の番組に加えて午前0時を過ぎた深夜も、正時ごとにニュースを伝えた。『NHKニュース7』と『ニュースウォッチ9』も放送時間を拡大して、被災状況、福島第一原発事故の影響などを多角的に伝えた。

定時番組では震災2日後の13日に、『NHKスペシャル』で「緊急報告　東北地方太平洋沖地震」を放送。その後、"Nスペ"ではさまざまな角度からこの未曽有の災害を掘り下げて、1年に40本余りを放送。『クローズアップ現代』では3月21日に「"命の情報"がつかめない」で、行方不明者が1万人を超える実態を検証し、災害時における「情報」の重要さを訴えた。"クロ現"では51本の震災関連番組を放送した。

東日本大震災の障害者に向けた放送では、字幕制作専門のオペレーターの確保と、自動的に音声を認識して文字化する装置の一部活用で、ニュース番組に字幕を付与。手話ニュースも通常の1日1〜2回の放送を4回に増やした。

NHKは震災後2か月たった2011年5月に「東日本大震災プロジェクト」を発足。被災地を忘れないための放送、被災地に笑顔を届けるイベント、震災を記録・保存し、将来の防災を考える取り組みなど、放送・放送外を問わず幅広く、被災地の復興を支援する取り組みを開始する。

震災1年では復興支援ソング「花は咲く」を制作、放送した。作詞の岩井俊二と作曲の菅野よう子はともに宮城出身。被災県ゆかりの34組の著名人が出演し歌った。その後、「花は咲く」は大きな広がりを見せ、クラシック、ジャ

福島第一原発事故(2011年)

東日本大震災(2011年)

NHKテレビ放送史

4K・8K放送開始（2018年）

ズのジャンルを超えて、一流音楽家、ミュージシャンが演奏。羽生結弦選手はスケートで「世界へ届ける花は咲く」を披露し、『NHK紅白歌合戦』では4年連続で歌われた。

震災後1年を経た2012年1月より被災した人々の証言を伝える『証言記録　東日本大震災』を毎月1回放送。その5分ミニ番組『あの日　わたしは〜証言記録　東日本大震災〜』を随時編成し、その後も継続して放送している。家族を失い、生まれ育った土地をも失った被災者たちの言葉を鎮魂の記録として後世に伝えるとともに、今後、災害とどのように向きあえばいいのか、そのヒントを見いだしていく。

被災地に寄り添った東北関連番組は、復興ドキュメント『明日へ〜支えあおう』（『証言記録　東日本大震災』もこの枠で放送）、10年後の東北を担う若者を応援する『東北発☆未来塾』（2012〜2016年度）、タレントや歌手が被災地を訪ねて交流する『きらり！えん旅』（2012〜2018年度）、『青春リアル』（2009〜2012年度）の特別シリーズで始まった『福島をずっとみているTV』（2013〜2017年度）などを放送。2013年1月スタートの大河ドラマ『八重の桜』と同年4月にスタートした連続テレビ小説『あまちゃん』は、ともに東北を舞台とし、復興支援の力とした。『明日へ〜支えあおう』の後継番組『明日へ　つなげよう』や、毎年3月11日を中心に編成する震災関連特番等で、震災被害、原発事故の風化を防ぐとともに、息の長い被災地支援につなげている。

放送の完全デジタル化

2011年7月24日、東日本大震災の影響で延期となった

岩手、宮城、福島の3県を除き、44都道府県で地上アナログ放送を終了。デジタル放送に完全移行したことにより、総合テレビ・教育テレビともに、ハイビジョンによる高画質と、CDレベルの高音質での放送が可能となった。画面の縦横比は16：9となり、リモコンの「dボタン」でデータ放送やEPG（電子番組ガイド）などの付加情報がいつでも見られるようになった。

7月の地上波フルデジタル化に先立ち、衛星放送は4月から高画質のハイビジョンチャンネル「BS1」と「BSプレミアム」の2波とした。さらに地上波の総合テレビと教育テレビ（Eテレ）を合わせたテレビ4波について、既存の番組を含めたチャンネル間の再配置をおこない、各チャンネルの個性、役割を明確化した。

4K・8K放送スタート

2018年12月1日、スーパーハイビジョン（SHV）の本放送が始まり、新チャンネルBS4KとBS8Kがスタート。4Kは従来のハイビジョンの4倍の画素数にあたる800万画素。8Kはさらにその4倍で、3300万画素の超高精細映像と22.2マルチチャンネルの立体音響で、圧倒的な臨場感が特徴の「究極のテレビ」と言われ、BS8Kは世界で最初の8K放送となった。

4Kは、地上波・衛星波の中からドラマ・自然・紀行・スポーツなど多彩なコンテンツを選んで従来のハイビジョン放送との一体化制作を進め、SHVの先導役を果たす。8Kはその圧倒的な高画質・高音質による没入感、臨場感を、パブリックビューイング等で味わってもらい、認知度の向上に努めた。

新型コロナウイルスの影響

2019年12月、中国・武漢市で報告された新型コロナウイルスによる感染は、瞬く間に世界中に拡大。2020年3月11日にはWHOが「パンデミック(世界的大流行)」との認識を示す事態となった。日本でも4月7日に東京など7都道府県に緊急事態宣言が出され、16日からはその対象地域が全国に広がった。この影響で、スポーツや文化イベントの中止・延期が相次ぎ、3月8日初日の大相撲春場所が無観客で開催されたほか、3月24日には、東京オリンピック・パラリンピックが1年延期されることが決まった。さらに5月20日に"夏の甲子園"(第102回全国高校野球選手権大会)と、代表校49校を決める地方大会の戦後初の中止を決定。NHKでは予定されていたそれらの中継がすべて中止となった。

番組では3月25日放送の『うたコン』で、NHK大阪ホールからの公開生放送の予定を無観客に変更。『大河ドラマ』、『連続テレビ小説』等のドラマ収録が、密閉、密集、密接の"3密"を避ける感染防止の観点から、一時中止に追い込まれる。また、スタジオ番組を中心に、3密を避ける収録方法として「リモート出演」などの新しい演出方法も生まれた。

収録の一時中止の影響を受けて、前期の連続テレビ小説『エール』の最終回が11月27日にずれ込み、後期放送の『おちょやん』がほぼ2か月遅れのスタートとなる変則編成となった。大河ドラマ『麒麟がくる』も当初の年内終了予定が、2021年2月にずれ込んだ。

新型コロナウイルス　世界で感染拡大(2020年)

「NHKプラス」スタート、そして放送100年

2020年4月1日、インターネットによる常時同時配信・見逃し配信サービス「NHKプラス」がスタート。総合とEテレの番組を放送中から放送後1週間、PCやスマホでいつでもどこでも、何度でも視聴できるサービスの提供が始まり、テレビの視聴スタイルも大きく変わった。

NHKでは持続可能な社会の実現に貢献するため

に、2021年1月にNHK・SDGsキャンペーン「未来へ17action」を開始した。NHKの放送やイベントを通じて、「貧困をなくそう」「飢餓をゼロに」など17の持続可能な開発目標(SDGs)を「知ってもらい」、テーマの大切さに「気づいてもらい」、そして何か「行動を起こす」きっかけになることを目指して、番組やデジタルサービスを連動させて展開した。

NHKプラス配信開始(2020年)

2021年7月23日、史上初の開催延期から1年を経て、東京オリンピックが開催された。NHKでは総合、Eテレ、BS1、BS4K、BS8K、ラジオ第1の6波を使い、各波の特性を最大限生かしながら、長期間にわたる史上最大規模の放送を行った。総放送時間はBS1の402時間18分を筆頭に、6波で1475時間19分に達した。

NHKでは「ロボット実況・字幕」や「手話CG実況」など、デジタルによるユニバーサルサービスを提供。1964年の東京オリンピックから57年、令和の東京オリンピックでも放送技術のさらなる進歩と革新が図られた。

2023年2月、テレビ放送が始まった1953年2月から70年の節目を迎えた。2〜3月には、懐かしの名場面や貴重な映像を一挙に紹介する『TV70年！蔵出し映像まつり』や、「大河ドラマ」の誕生秘話を描く『テレビ70年記念ドラマ大河ドラマが生まれた日』などの特集番組を集中編成し、視聴者に感謝を伝えるとともに、テレビの果たすべき役割を考えた。

2023年12月、NHKの衛星放送は「NHKBS」と「BSプレミアム4K」の2波に再編された。それまでのBS1とBSプレミアムで放送していた多くの番組は、衛星波全体の再配置の中でNHKBSに凝縮された。BSプレミアム4Kは、それまでのBSプレミアムとBS4Kを再編統合し、自然、紀行、歴史、芸術、ドラマなど、超高精細映像の特徴を生かした見ごたえのあるコンテンツを提供する。それにともなってBSプレミアムは、2024年3月末で停波となった。

高度化したIoTやAIが社会をサポートする近未来に、テレビは視聴者にどのような幸せを届けることができるのか。放送100年を迎え、公共メディアとしてのテレビは立ち止まることなく、また新たな一歩を踏み出す。

01

ドラマ
大河ドラマ

01

大河ドラマの誕生

　1963年4月、のちに"大河ドラマ"と呼ばれる大型時代劇の第1作『花の生涯』の放送が始まる。総合テレビの日曜午後8時45分からの45分番組だった。原作は舟橋聖一の新聞連載小説。激動の幕末を舞台に、開国を主張し、桜田門外で水戸浪士の襲撃を受けて果てた大老、井伊直弼の生涯を描いた。

　この年は1953年にテレビ放送を開始して10周年。テレビの普及率はほぼ9割、受信契約件数は前年の3月に1000万を突破していた。当時の娯楽の主流は、1950年代に黄金期を迎えていた映画。その「映画に負けない日本一の大型娯楽時代劇を作れ」という当時のNHK芸能局長・長澤泰治の大号令で『花の生涯』の制作がスタートする。

　長澤は制作担当の合川明に、佐田啓二、長谷川一夫、京マチ子、淡島千景といった当時、人気絶頂だった映画スターの名前を列挙し、キャスティングするように求めた。芸能界には疎い報道出身の新任局長の無謀な要求に、「できっこないよ」と思いながらも、合川は出演交渉に映画会社を回った。京マチ子の出演交渉で京橋の大映本社を訪れた際は、「うちの重役スターを"電気紙芝居"に出すわけにはいかない」と、門前払いをくう。急成長するテレビ業界に危機感を抱いていた松竹、東宝、東映、大映、日活の各映画会社は、「専属俳優をテレビに出演させない」という項目を含む「五社協定」を結んでいたのだ。途方に暮れた合川ら制作担当者は、歌舞伎の世界に活

『赤穂浪士』(1964年) →P40

路を求めた。松竹の中でも歌舞伎は映画部とは別組織の演劇部の所属だったのである。その結果、「歌舞伎を一切休ませない」という条件で、尾上松緑（二代目）の出演許諾を得ることに成功する。

次のターゲットは佐田啓二。当時佐田は、1953年に公開された「君の名は」の春樹役で絶大な人気を誇り、松竹のトップスターに君臨していた。合川ら制作担当者は東京・田園調布にある佐田の自宅に足繁く通った。まだ幼かった中井貴惠、中井貴一の姉弟とトランプやボール遊びをしながら、佐田の帰りを待ったという。しかし何度足を運んでも色よい返事はもらえず、「もうあきらめます」と最後の挨拶に行ったその日に、「作品について詳しく聞かせてほしい」と切り出される。佐田はロサンゼルスの友人にアメリカのテレビ事情を聞き、「将来、娯楽の王様はテレビに変わる」と知らされたのだった。

佐田の出演が決まり「五社協定」の一角が崩れると、その後、雪崩を打つように映画スターの出演が決まった。主役の井伊直弼に尾上松緑、その懐刀の長野主膳に佐田啓二、そのほか淡島千景、香川京子、八千草薫、西村晃、中村芝鶴、北村和夫らが出演。映画に負けない豪華キャストをそろえ、世間を驚かせた。

初回の世帯視聴率は25.6%、放送が進むにつれ40%を超える視聴率を記録する人気となった。

こうして『花の生涯』が大成功を収めたことで、その後NHKのフラッグシップとなるドラマシリーズが、その第一歩を踏み出した。

02
大河ドラマの確立

『花の生涯』の翌年、1964年1月5日、第2作となる『赤穂浪士』がスタートする。

原作は、大佛次郎が四十七士のあだ討ち物語を新しい史観で描いた時代小説。赤穂藩の筆頭家老・大石内蔵助を中心に、主君の恨みを晴らそうとする四十七士の忍耐と苦渋の人間模様を、1年間をかけて丹念に描いた。

主役の大石内蔵助を演じたのは、テレビドラマ初出演の映画界の大御所長谷川一夫、その妻りくに山田五十鈴。そのほか淡島千景、尾上梅幸（七代目）、坂東三津五郎（八代目）、滝沢修、宇野重吉、林与一ら、映画、歌舞伎、新劇の各界から、人気、実力ともにトップクラスが顔をそろえた。さらに前年、「高校三年生」が大ヒットした新人アイドル歌手舟木一夫を矢頭右衛門七役に抜擢。女性や若年層も取り込み、前作『花の生涯』をしのぐ夢のキャスティングを実現させた。

作曲家の芥川也寸志が手がけた重厚なテーマ音楽も

話題になり、初回世帯視聴率は34.3%。ドラマのクライマックスとなる吉良邸討ち入りの回では53.0%に跳ね上がった。この数字は大河ドラマ史上最高視聴率で、現在もこの記録は破られていない。

『赤穂浪士』の大ヒットで、「暦年で年1作」という放送形式と、豪華キャストによる大型時代劇という現在の大河ドラマの原型ができあがった。

"大河ドラマ"というネーミングも、『赤穂浪士』の放送開始を報じた読売新聞が、「大河小説」になぞらえて初めて記事に使った言葉だった。この呼称は、徐々に視聴者に浸透していき、1970年代に入ると日曜夜の「大型時代劇」は、「大河ドラマ」の通称で呼ばれるようになる。

『花の生涯』（1963年）→P40

『太閤記』（1965年）→P40

第3作『太閤記』（1965）は、日曜午後8時15分からの45分番組。吉川英治の歴史小説を原作に、豊臣秀吉の生涯を一人の男の成長物語として生き生きと描いた。

第1回の冒頭は、前年に開通したばかりの東海道新幹線の実写映像から始まった。時代劇を期待していた視聴者の意表を突いたオープニングだ。番組を演出したのは、2年前まで教育局で『日本の素顔』や『現代の記録』などのドキュメンタリー番組を担当していた吉田直哉。物語の舞台を現代の風景で見せたり、城の石垣の積み方や武士の俸禄などについての解説を挿入するなど、斬新な演出が"社会科ドラマ"と話題になった。

主人公の秀吉役には新国劇から映画デビューして5年目の緒形拳、信長役には文学座の研究生だった高橋幸治、石田三成役には慶應義塾大学の学生だった石坂浩二を抜擢。前作『赤穂浪士』が各界のビッグネームをそろえたのに対し、ドラマ番組に異動したばかりの吉田は「こっ

大河ドラマ

『天と地と』（1969年）→P40

ちも新人だから、役者も新人で」と、フレッシュなキャスティングをおこなった。吉田の狙いは的中し、3人の人気は急上昇。高橋幸治の人気は際立ち、「信長を殺さないで」という視聴者からの投書がNHKに殺到。「本能寺の変」の回を2か月遅らせる異例の措置がとられた。3人は『太閤記』をきっかけにブレークし、テレビがスターを生み出すはしりとなった。

『太閤記』は現代的な視点から時代劇を「人間ドラマ」として描き、その後の大河ドラマの方向性を示した。平均視聴率では『赤穂浪士』と同等の31.2%を記録。『太閤記』の成功で、日曜夜の歴史ドラマ路線は確立された。

その4年後の1969年1月、第7作『天と地と』が、日曜午後8時15分からの45分番組で始まる。その後、新年度の番組改定により4月13日放送の第15回から開始時間が15分繰り上がり、午後8時のスタートとなる。以後、午後8時から8時45分までの放送時間が定着する。

『天と地と』は大河ドラマ初のカラー作品。上杉謙信と武田信玄、両名将の対比をドラマの中心に据えて、戦国時代を背景にした人間模様を描いた。

原作は海音寺潮五郎の同名小説。主役の上杉謙信を石坂浩二が、武田信玄を高橋幸治が演じた。ドラマのクライマックスとなる川中島合戦のロケは、"相馬野馬追"で知られる福島県相馬市の郊外で行われた。NHKでは初めてとなるカラーによるVTRロケを敢行。まだハンディカメラのない時代で、スタジオで使用する大型カメラを持ち込んでの撮影だった。参加した制作スタッフ150名、カラーテレビカメラ40台、中継車、VTR車各1台、クレーン車や小道具などを積んだトラック3台、さらに空撮用のヘリコプターを用意して、これまでにない規模のロケーションとなった。

03
マンネリを打ち破る挑戦

大佛次郎、吉川英治、司馬遼太郎、海音寺潮五郎、山本周五郎などの時代小説を原作に、日本人にはなじみの深い歴史的題材を選んでドラマ化してきた初期の大河ドラマは、1970年代も半ばとなるとそれまでの"定番"を打ち破る新たな切り口が模索された。

おなじみの忠臣蔵を、幕府の側用人柳沢吉保の視点から描いた第13作『元禄太平記』（1975）、「悪人」「怨霊」で語られることもあった平将門を、民衆のために立ち上がるヒーローとしてさわやかに描いた第14作『風と雲と虹と』（1976）、「経済」をキーワードに戦国時代を庶民の視点から描いた第16作『黄金の日日』（1978）、大河ドラマ初のオリジナル脚本で、初めての"明治もの"となった第18作『獅子の時代』（1980）、豊臣秀吉の正妻ねねを主人公に、女性の視点から変革の時代を見つめた第19作『おんな太閤記』（1981）など、次々に新機軸を打ち出した。

戦国時代を中心に、試行錯誤を続けてきた大河ドラマ

『元禄太平記』(1975年) →P41

『風と雲と虹と』(1976年) →P41

『黄金の日日』(1978年) →P41

『獅子の時代』(1980年) →P41

本の現代劇で、第22作から第24作は「近代大河3部作」とも呼ばれている。

　1984年1月に大河ドラマが「近代シリーズ」に路線変更すると、その4月から水曜夜8時に「新大型時代劇」と銘打って『宮本武蔵』がスタートする。これまで大河ドラマが担ってきた時代劇を放送する枠の新設である。翌1985年度に『真田太平記』、1986年度には『武蔵坊弁慶』を放送し、根強い時代劇ファンの渇望に応えた。

『おんな太閤記』(1981年) →P41

『山河燃ゆ』(1984年) →P41

『春の波涛』(1985年) →P41

『いのち』(1986年) →P42

は、1984年1月スタートの第22作『山河燃ゆ』で一新。時代劇に決別し、ドラマの舞台を近代に求めた。

　山崎豊子の小説「二つの祖国」を原作に、日系アメリカ人二世の兄弟の視点から、二・二六事件から東京裁判にいたる激動の昭和史を描いた。大河ドラマでは初めての「近・現代」路線だ。続く第23作『春の波涛』(1985)は、明治、大正期を舞台に、日本の女優第1号川上貞奴と、新演劇の旗手川上音二郎らの青春模様を描いた。第24作『いのち』(1986)は、橋田壽賀子のオリジナル脚

04
戦国時代の復活で
最高視聴率獲得

　1987年1月、大河ドラマに戦国時代劇が4年ぶりに復活。第25作『独眼竜政宗』が「新時代劇大河」というキャッチフレーズでスタートした。信長、秀吉、家康の三英傑と

『独眼竜政宗』(1987年) →P42

大河ドラマ

『武田信玄』(1988年)→P42

『琉球の風』(1993年)→P42　　『炎立つ』(1993〜1994年)→P42　　『花の乱』(1994年)→P42　　『八代将軍　吉宗』(1995年)→P42

同時代を生き、仙台62万石の礎を一代で築いた"奥州の暴れん坊"伊達政宗の波乱の生涯を描いたものである。

原作は山岡荘八の小説「伊達政宗」、脚本は連続テレビ小説『澪つくし』(1985年度)のジェームス三木。主演には連続テレビ小説『はね駒』(1986年度)でヒロインの夫役を演じて注目を集め、大型俳優として期待されていた28歳の渡辺謙を起用。秀吉を演じた勝新太郎をはじめ、津川雅彦、北大路欣也、岩下志麻などそうそうたる顔ぶれが脇を固めた。

ドラマのアバンタイトル(オープニングタイトルが出る前)に「解説コーナー」を設け、ドラマの時代背景や史実をわかりやすく紹介する演出を初めて取り入れた。第4回では「政宗と秀吉、家康の年齢差」を、放送の前年にプロ野球デビューして注目されていた西武ライオンズの清原和博と、球界の大スター長嶋、王の年齢差に置き換えて説明し、本編への導入とした。幼年時代のセリフ「梵天丸もかくありたい」が流行語になり、妻・愛姫の少女時代を"国民的美少女"として人気のあった後藤久美子が演じるなど、話題も豊富だった。平均視聴率は歴代大河最高の39.7%を記録。誰もが知る武将を主人公に据えた「戦国時代劇」という"直球勝負"で大成功を収める。

中井貴一を主役に抜擢した第26作『武田信玄』(1988)

も、最高視聴率42.5%を上げる大ヒット作品となった。

1990年代に入ると、衛星放送でも大河ドラマの放送が始まる。

第31作『琉球の風』(1993年1〜6月)は、陳舜臣の長編小説をドラマ化。16世紀末から17世紀にかけて、琉球が薩摩藩島津氏に支配されていった時代を描いた。第32作『炎立つ』(1993年7月〜1994年3月)は、平安末期に京から遠く離れた東北の都・平泉で花開いた奥州藤原氏の100年を描いた。2作とも地方からの視点で歴史を描いた作品である。また第33作『花の乱』(1994年4〜12月)では、それまで取り上げていなかった室町時代に焦点を当てるなど、3作連続でこれまでにない特異な歴史ドラマとなった。またこの期間、『琉球の風』が1993年1月からの半年、『炎立つ』が同年7月から翌年3月まで、『花の乱』が1994年4月から12月までと、2年間で3作品を放送する変則のスケジュールとなった。

第34作『八代将軍　吉宗』(1995)から1〜12月の1年間放送のパターンに戻る。享保の改革を断行するなど、江戸幕府中興の祖と呼ばれた徳川八代将軍吉宗の生涯を、『独眼竜政宗』のジェームス三木が描いた。

05／ ハイビジョン時代の大河ドラマ

2000年に入って初めて放送する大河ドラマは第39作『葵 徳川三代』(2000)。徳川の礎を築いた徳川家康、秀忠、家光の三代の治世と人生を壮大に描いた。作・脚本は3回目の大河ドラマとなるジェームス三木。本作は全編ハイビジョンで制作する初の大河ドラマとなった。高精細なハイビジョン画質に伴い、画面のヨコとタテの比率が4対3から16対9に移行する大変革であった。。

撮影段階での構図の変化はもちろんだが、城の風景などの実景映像や戦国大河のハイライトともいえる合戦シーンの映像など、それまでのドラマで蓄積した汎用性のある映像の再使用がすべてできなくなった。また小道具、大道具から役者のメイクにいたるまで、美術スタッフは高精細映像への対応を迫られた。江戸城や大坂城のシーンに数多く登場する障壁画は、たとえ役者の背景にすぎなくとも細部までくっきりと映し出されるため、これまでの泥絵の具による模写というわけにはいかない。専門家の指導のもとで日本画材による本格的な復元模写をおこなった。役者のメイク用にはハイビジョンに適したファンデーションなども開発された。かつらと地肌のつなぎ目をくっきり映し出してしまうのもメイク担当泣かせ。この作品では、石田三成以下五奉行が、家康に謹慎の意を表しててい髪になるシーンで、三成役の江守徹ら五奉行役の全員がかつらをやめ、実際にてい髪して本番に臨み、"役者魂"を見せた。

06／ ジンクスを打ち破った 幕末物のヒット

『葵 徳川三代』以降、戦国時代の有名武将を正面から描いた作品は影をひそめる。代わって第41作『利家とまつ　加賀百万石物語』(2002)や第45作『功名が辻』(2006)のように夫婦の姿に焦点をあてた物語や、第46作『風林火山』(2007)の山本勘助や第48作『天地人』(2009)の直江兼続のように有名武将の家臣、いわば脇役の視点から歴史を描いた作品も増えてくる。

戦国時代とともに、大河で取り上げることが多い時代が幕末だ。2000年代にも、幕末を駆け抜けたさまざまな人物が登場する。第43作『新選組！』(2004)は、幼少の

『利家とまつ　加賀百万石物語』(2002年)
→P43

『功名が辻』(2006年) →P43

『風林火山』(2007年) →P43

『天地人』(2009年) →P44

『葵　徳川三代』(2000年) →P43

大河ドラマ

ころからの大河ファンを自認する三谷幸喜が満を持して初めて手がけた作品。近藤勇の1日を1話完結で描くというスタイルに挑戦した。新選組の主要メンバーのみならず隊士たちの青春の日々を活写した群像劇には、三谷のホームグラウンドだった小劇場出身の役者たちがこぞって出演。また近藤勇と坂本龍馬が同時期に江戸に滞在していたという史実からイメージをふくらませ、若き日に両者が会っていたという大胆な展開も話題となった。

江戸城無血開城に貢献した大奥最後の御台所・天璋院篤姫の数奇な運命を描いたのが第47作『篤姫』(2008)だ。薩摩島津家の分家の姫から藩主の養女となり、十三代将軍家定の御台所となった篤姫。将軍世継ぎをめぐる政争の道具としての輿入れにもかかわらず、うつけと呼ばれた家定と心を通わせ夫婦の絆を強めていく姿に深い共感が広がった。家定の死後、大奥で采配を振るい、徳川家存続のために自ら江戸城を明け渡すことを決意。その凛とした生きざまを、大河史上最年少で主演をつとめた宮﨑あおいが熱演。これまで大河ドラマの視聴習慣のなかった女性たちを呼び寄せた。

一方、幕末の風雲児と呼ばれた坂本龍馬を等身大ヒーローとして描いたのが第49作『龍馬伝』(2010)。ミュージ

『新選組!』(2004年)→P43　　『平清盛』(2012年)→P44

シャンとしてもカリスマ的人気を誇る福山雅治が龍馬を演じたことが話題となった。この作品がユニークだったのは龍馬と同時期に土佐に生まれ、極貧から三菱財閥の礎を築いた経済人・岩崎弥太郎の視点から龍馬が語られたことだった。演出の大友啓史が最もこだわったのが「幕末生中継」というコンセプトが示す徹底的なリアリティー。セットや小道具の作り込み、大量のコーンスターチで再現したもうもうと舞い上がるほこりなど、汗にまみれ、ほこりにまみれ、時代を疾走していく人々の生きざまを、大河ドラマで初めて使われた「プログレッシブカメラ」が深みのある映像で描き出す。この作品では、初めて「人物デザイン監修」も導入している。香川照之が演じた弥太郎のふん装のすさまじいまでの汚れぶりは、登場人物をビジュアルで明確に訴えるという試みだった。

07 / 共感を呼んだ 女性主人公の力強い生き方

第51作『平清盛』(2012)は、第10作の『新・平家物語』(1972)以来40年ぶりに平安末期が舞台となった作品。平安京の内裏が焼け落ちた都の荒廃ぶりなど、時代の空気感を再現した画面には当初「映像が暗い」という批判もあったが、それに反論する熱狂的なファンの声も

『篤姫』(2008年)→P43

『龍馬伝』(2010年) →P44

あり、一部で論争も起こった。「たくましい平安」というコンセプトのもとに、リアルな平安時代を描く。そんな制作陣の意気込みが如実に表れたのが、宋船や大型和船など8隻の船を実際に製作したことだ。瀬戸内の海に再現された平安の船団は、CGやセットでは表現できないスケールと迫力をもたらし、海賊を束ねて武士の頂点に立った清盛の生涯を描くうえで外すことのできない演出だった。この海賊船(宋船)は後の大河ドラマ『おんな城主　直虎』や大河ファンタジー『精霊の守り人』にも再登場して話題となった。

　東日本大震災で深刻な被害に遭った東北の復興支援を目指して作られたのが第52作『八重の桜』(2013)である。幕末に敗戦を喫した会津出身の新島八重を主人公に、賊軍のらく印を押された絶望の淵から立ち上がり、その後の日本をリードしていく存在となるまでを描いた。幕末から明治まで「ならぬことはならぬ」の信念を貫き、苦しみを乗り越えたくましく花を咲かせた八重。その強い意志を綾瀬はるかがりりしく演じた。

　第50作『江　姫たちの戦国』(2011)は、三代将軍家光の生母となった浅井三姉妹の末娘・江の生涯を描いた。吉田松陰の妹として生まれ、幕末に国に殉じた志士たちの思いを新しい時代に引き継ごうと懸命に生きた女性を描いた第54作『花燃ゆ』(2015)。そして第56作『おんな城主　直虎』(2017)と、歴史の表舞台に出ることのなかった女性の生き方やその波乱万丈の人生にスポットを当て

『江　姫たちの戦国』(2011年) →P44

『八重の桜』(2013年) →P44

『おんな城主　直虎』(2017年) →P44

『花燃ゆ』(2015年) →P44

た作品も増えてきた。

　『おんな城主　直虎』は、幕末の大老・井伊直弼で知られる井伊家の礎を築いた直虎を主人公に、これまでの戦国ドラマではなじみのない遠江の小国、井伊家を舞台にした作品。井伊家の姫として生まれ、非業の死を遂げた男たちに代わって自ら城主となり、"井伊の赤鬼"の異名をとる井伊直政につなぐまでの直虎のドラマチックな人生を描いた。歴史ある井伊家を守り抜いた直虎を演じたのは、NHK初出演で主演をつとめた柴咲コウ。そして直虎を支え続けた家老小野政次を高橋一生が演じた。せい絶な処刑に至るまでの政次の孤高の生き方は、高橋一生の好演によってドラマの大きな見どころとなり、多くの女性たちをひきつけた。

大河ドラマ

08 大河の常識を打ち破る意欲作も

　第55作『真田丸』(2016)は、『新選組！』以来の三谷幸喜の脚本。真田幸村の名で知られる真田信繁が大坂の陣で散るまでを描いた物語だ。信繁はいわば「敗者の代表」。時代を作った人物より取り残された人の人生により興味を抱くという三谷ならではの作品である。放送初回から注目されたのは草刈正雄が演じた信繁の父・真田昌幸だった。信濃の小さな国衆である真田の生き残りを懸けて、知恵と技術を駆使する昌幸の強烈な個性を、草刈が重厚かつユーモラスに演じた。

　ちなみに三谷幸喜は終盤、「大坂冬の陣」で信繁が物見やぐらから徳川勢を見おろすシーンで井伊の赤備えに言及し、ここにいたるまでの物語を聞いてみたいといったセリフを差し挟んだ。翌年に放送を控えていた『おんな城主　直虎』へのエールだと評判になった。

　第57作『西郷どん』(2018)は、原作・林真理子、脚本・中園ミホの女性コンビで維新の立役者、西郷隆盛を描いた作品。歴史上、西郷が果たした偉業の数々を描くことはもとより、それ以上に注力したのは、いまだに誰もが「西郷さん」とさん付けで呼ぶ西郷の人望を表現すること。西郷を取り巻く人間模様や家族の物語を情感豊かに描くことで、優しさや親しみを感じられるドラマとした。主演の鈴木亮平は制作サイドから体重の増量は必要ないと言われながらも、25キロも増やして役づくりにつとめたことも話題となった。

　第58作『いだてん〜東京オリムピック噺（ばなし）〜』(2019)は、オリンピックを題材に明治から昭和までを描いた作品で、大河に昭和が登場するのは第24作『いのち』以来である。脚本は宮藤官九郎。主人公は前半が日本人でオリンピックに初参加した金栗四三、後半が日本にオリンピックを呼んだ田畑政治で、2人がリレーでドラマをつないだ。両者と交わるキーパーソンとしてオリンピックに情熱を注ぐ嘉納治五郎が登場し、知られざるオリンピックの歴史を描いた。ユニークだったのは、ストックホルムから東京までの道のりを描きながら、明治から昭和の風景、移り変わる庶民の暮らしを噺家・五代目古今亭志ん生に語らせたこと。エネルギーに満ちた時代の空気感、そこに生きた人々の熱い思いが軽快に描かれたが、これまでのイメージを覆した近代大河になじめないという旧来からの時代劇ファンの声もあった。その一方で、大胆な演出とタイムリーな話題で新たな視聴者層も掘り起こした。

　2020年1月にスタートした第59作『麒麟がくる』は、「本能寺の変」で織田信長を討ったことで知られる戦国武将明智光秀が主人公。謎に満ちた光秀の前半生にスポット

を当て、戦国の英傑たちの運命の行く末を描いた。脚本は池端俊策。主演に長谷川博己、織田信長を染谷将太が演じた。

　2020年は新型コロナウイルスが世界的な感染の広がりを見せ、日本では4月7日に緊急事態宣言が発出された。NHKでは4月1日から感染防止の観点から『麒麟がくる』の収録を一時休止。それに伴って6月7日放送の第21回をもって新規放送を一時中断した。翌週14日からは『戦国大河ドラマ名場面スペシャル』等の代替番組に切り替えた。8月には『麒麟がくる』の前半総集編を3回にわたって放送し、再開に備えた。

『真田丸』(2016年) →P44

『西郷どん』(2018年) →P44

『いだてん〜東京オリムピック噺（ばなし）〜』
(2019年) →P44

『麒麟がくる』(2020〜2021年) →P44

　放送は8月30日に第22回から再開し、最終回は2021年2月7日にずれ込んだ。『麒麟がくる』の後を受けて2021年2月14日にスタートした『青天を衝け』は、大河ドラマの記念すべき第60作。主人公は約500もの企業を育て、約600もの社会公共事業に関わった"日本資本主義の父"渋沢栄一。脚本は大森美香、主演は吉沢亮が演じた。スタート当初、埼玉県血洗島村を舞台にした栄一の青年期と、のちに栄一の主君となる徳川慶喜を取り巻く江戸の政をパラレルワールドのように展開させることで、主人公の成長と時代の鼓動を同時に描いた。慶喜を演じた草彅剛の演技力の高さや、徳川家康（北大路欣也）をナビゲーターに据え、難解な幕末をわかりやすく伝えたことなど、SNSなどを中心に話題となった。

　新型コロナウイルスの影響で変則的な放送日程を余儀なくされた大河ドラマだが、第61作『鎌倉殿の13人』(2022)からは、1月から12月までの通常スケジュールで放送された。『鎌倉殿の13人』の主人公は、武士の世を盤石にした鎌倉幕府二代執権北条義時。源平合戦から鎌倉幕府の誕生、源頼朝の死後に繰り広げられる激しい内部抗争を経て、義時が武士の頂点に上りつめるまでを描いた。脚本は3回目の「大河ドラマ」執筆となる三谷幸喜、主演は小栗旬。源頼朝（大泉洋）、北条政子（小池栄子）、北条時政（坂東彌十郎）、りく（宮沢りえ）など、個性豊かな登場人物たちが生き生きと描かれ、非情な粛清の物語というダークな一面もありながら、三谷の持ち味であるコメディー要素を取り入れた群像劇として話題を呼

んだ。

第62作『どうする家康』(2023)は、『徳川家康』(1983)、『葵　徳川三代』(2000)に次いで徳川家康を主人公に描く3作目の大河ドラマだ。タヌキ親父のイメージで語られることの多い従来の家康とは一線を画する新鮮な家康像を演じたのは嵐の松本潤。家康が直面する度重なるピンチの連続を波乱万丈のエンターテインメントとして描いたのは脚本の古沢良太。この作品では、デジタル空間とリアル空間をさまざまな手法でつないで映像化するバーチャルプロダクションも話題となった。

『青天を衝(つ)け』(2021年) →P45

『どうする家康』(2023年) →P45

『光る君へ』(2024年) →P45

『べらぼう』(2025年) →P45

第63作『光る君へ』(2024)は、世界最古の長編小説といわれる「源氏物語」の作者・紫式部の生涯を描いた作品。平安時代中期を舞台とした大河ドラマは平将門を主人公とした第14作『風と雲と虹と』(1976)以来、48年ぶり。主演は吉高由里子。脚本は第45作『功名が辻』(2006)以来の大石静。当時の史料が少なく不明なことも多いが、その分、想像力がかきたてられるとして「全編オリジナルストーリーの気概」で臨んだという。平安貴族の優雅な日常からどろどろの権力闘争まで史実を追いつつ、藤原道長(柄本佑)との身分を超えた深い絆と、たぐいまれな想像力で「源氏物語」を紡いでいく紫式部の姿が描かれた。

大河ドラマ第64作『べらぼう〜蔦重栄華乃夢噺〜』(2025)の主人公は、貧しい庶民の子に生まれ、貸本屋から始まり「江戸のメディア王」となった蔦屋重三郎。喜多川歌麿らを見いだし、謎の絵師・東洲斎写楽を世に送り出した人物である。その笑いと涙に満ちた謎の生涯を、『おんな城主　直虎』を手がけた森下佳子の脚本で描く。主演は横浜流星。

大河ドラマは「大型娯楽時代劇」として始まり、日本の歴史に材を求めながらも、常に現代の視点から人間のドラマをダイナミックに描いてきた。それは古典的な勧善懲悪型の時代劇や、チャンバラ活劇とは一線を画する新たなドラマ領域を開拓する挑戦でもあった。

また一方で、時代劇を日本の文化として継承する役割も担ってきた。時代劇はひとたび制作をやめると、殺陣、かつら、衣装、大道具、小道具など、時代劇特有のノウハウや人的資産が失われてしまう。大河ドラマは、そうした危機感への防波堤にもなってきた。

制作担当者は「大河ドラマはあくまでフィクション」と自由にドラマを紡ぎだすが、実際の歴史をベースに描く以上「大河ドラマでウソはつけない」とも語る。徹底した時代考証や、美術セットの"ホンモノ"へのこだわりはそのためだ。大河ドラマは『NHKスペシャル』『NHK紅白歌合戦』と並ぶNHKの看板番組として、常にドラマ作りの最高峰を求められている。

『鎌倉殿の13人』(2022年) →P45

大河ドラマ ｜ 定時番組

1960年代

花の生涯　〈第1作〉　1963年度
のちに大河ドラマとよばれるようになった大型娯楽時代劇の記念すべき第1作。激動の幕末を舞台に、攘夷（じょうい）論に反対しあくまでも開国を主張し、桜田門外で水戸浪士の襲撃をうけて果てた大老・井伊直弼。彼の生涯を数人の女性をからませて描いた。原作：舟橋聖一。脚本：北条誠。音楽：冨田勲。出演：尾上松緑（二代目）、淡島千景、香川京子、佐田啓二、八千草薫、中村芝鶴、北村和夫、西村晃ほか。

赤穂浪士　〈第2作〉　1963〜1964年度
赤穂藩の筆頭家老・大石内蔵助を中心に、主君の恨みを晴らそうとする四十七士の忍耐と苦渋の人間模様を描いた。歌舞伎、映画、新劇のベテラン俳優を起用し、原作の同名小説に忠実に、かつ新たな史観を加えた。重厚なテーマ音楽も話題になり、大河ドラマの原型ができあがった。原作：大佛次郎。脚本：村上元三。音楽：芥川也寸志。出演：長谷川一夫、山田五十鈴、滝沢修、林与一、志村喬、西村晃、淡島千景、中村賀津雄ほか。

太閤記　〈第3作〉　1964〜1965年度
豊臣秀吉が織田信長の家来から天下人になるまでを生き生きと描いた"人間秀吉"の物語。城の石垣の積み方や侍の給料のもらい方などの雑学的知識を紹介したり、物語の舞台を現代風景で見せるなど、吉田直哉による斬新な演出が評判になった。主演に新人を起用したことも話題を呼んだ。原作：吉川英治。脚本：茂木草介。音楽：入野義朗。出演：緒形拳、藤村志保、高橋幸治、石坂浩二、佐藤慶、片岡孝夫ほか。

源義経　〈第4作〉　1965〜1966年度
平安時代末期、源平戦乱の時代。数奇な運命に翻弄された悲劇の武将・源義経の生涯を描いた。京の五条の橋での弁慶との対決や屋島や壇ノ浦の合戦などの見どころが満載。美しくも波乱に満ちた義経の生涯を、23歳の尾上菊之助（七代目菊五郎）が好演。原作・脚本：村上元三。音楽：武満徹。語り：小沢寅三。出演：尾上菊之助（四代目）、緒形拳、藤純子、辰巳柳太郎、市村竹之丞、中村竹弥、芥川比呂志ほか。

三姉妹　〈第5作〉　1966〜1967年度
明治100年を迎える年に合わせ、幕末の動乱から明治維新までの時代を取り上げ、幕臣旗本の薄幸な三姉妹と純粋で反骨精神のおうせいな浪人・青江金五郎の、運命の変転を軸に描いた。歴史上の人物と、虚構の人物を取り混ぜ、時代に翻弄される人間模様が展開する。原作：大佛次郎。脚本：鈴木尚之。音楽：佐藤勝。語り：鈴木瑞穂。出演：岡田茉莉子、藤村志保、栗原小巻、山崎努、中村玉緒、観世栄夫、米倉斉加年、瑳峨三智子ほか。

竜馬がゆく　〈第6作〉　1967〜1968年度
幕末の風雲児・坂本竜馬の短くも激しく燃えた生涯を描く。土佐藩を脱藩した竜馬は、貿易商社・海援隊を設立。対立する人々の仲立ちに奔走し、薩長連合を成立させ、ついには徳川慶喜に大政奉還を決断させる。主人公のお国言葉によるセリフも評判に。原作：司馬遼太郎。脚本：水木洋子。音楽：間宮芳生。語り：滝沢修。出演：北大路欣也、浅丘ルリ子、森光子、高橋英樹、水谷良重、下川辰平ほか。

天と地と　〈第7作〉　1968〜1969年度
戦国の動乱の時代を背景に、川中島で戦った上杉謙信と武田信玄。両名将の対比を中心に据えて、人間が生きていくことの「すばらしさ」と「むなしさ」を描いた。初のカラー放送に対応するため、セットや小道具などが大幅に改められた。原作は海音寺潮五郎の同名小説。原作：海音寺潮五郎。脚本：中井多津夫ほか。音楽：冨田勲。語り：中村充。出演：石坂浩二、高橋幸治、中村光輝、新珠三千代、樫山文枝、浜畑賢吉、有馬稲子ほか。

樅ノ木は残った　〈第8作〉　1969〜1970年度
江戸前期、仙台藩で起きた伊達騒動を、独自の新解釈でつづった同名小説をドラマ化。命を懸けて伊達62万石の安泰を図った仙台藩家老・原田甲斐の苦悩と信念を貫く姿を描いた。吉永小百合と栗原小巻が対照的な女性を演じ、男性ファンの人気を二分した。原作：山本周五郎。脚本：茂木草介。音楽：依田光正。語り：和田篤。出演：平幹二朗、吉永小百合、栗原小巻、田中絹代、北大路欣也、森雅之、佐藤慶ほか。

1970年代

春の坂道　〈第9作〉　1970〜1971年度
徳川家康から始まる三代の将軍に側近として仕えた武人・柳生但馬守宗矩の生涯を描いた。柳生新陰流を確立し、剣と禅の道を政治や教育の場に生かし、平和思想に基づく歴史観や禅に根ざす日本人の精神文化にスポットをあてた。原作：山岡荘八。脚本：杉山義法。音楽：三善晃。出演：中村錦之助（初代）、小林千登勢、芥川比呂志、山村聰、市川海老蔵（十代目）、松本留美、長門勇、原田芳雄ほか。

新・平家物語　〈第10作〉　1971〜1972年度
平安時代末期、平家一門の政権獲得から栄華の時代、そして壇ノ浦で源氏に敗れるまでの盛者必衰を描いた歴史絵巻。大河ドラマ第10作の節目で、これまでの大河ドラマの主役級が勢ぞろいし、大掛かりなセットとともに話題になった。原作：吉川英治。脚本：平岩弓枝。音楽：冨田勲。語り：福本義典。出演：仲代達矢、中村玉緒、中村勘三郎（十七代目）、滝沢修、新珠三千代、若尾文子、佐久間良子、山崎努、山本学、中尾彬ほか。

国盗り物語　〈第11作〉　1972〜1973年度
群雄割拠の戦国時代、天下制覇の野望半ばにして倒れた、美濃のマムシと呼ばれた斎藤道三。その遺志を継いだ織田信長と明智光秀。この3人の戦国武将にスポットを当て、下克上の乱世を生き、国盗りに懸けた男たちをダイナミックに描いた。原作：司馬遼太郎。脚本：大野靖子。音楽：林光。語り：中西龍。出演：平幹二朗、山本陽子、高橋英樹、近藤正臣、池内淳子、三田佳子、松坂慶子、火野正平ほか。

勝海舟　〈第12作〉　1973～1974年度

幕末から維新へ向かう激動の時代、佐幕・勤皇の対立を超えて、世界の中の日本を見つめ、江戸城を無血開城へと導いた勝海舟の豪快な人間像を、維新の立役者たちとの交流をもとに描いた。途中、主演の渡哲也が急病で降板し、松方弘樹が代役を務めた。原作：子母沢寛。脚本：倉本聰ほか。音楽：冨田勲。語り：石野倬。出演：渡哲也、松方弘樹、丘みつ子、尾上松緑（二代目）、大原麗子、久我美子、大谷直子、江守徹ほか。

元禄太平記　〈第13作〉　1974～1975年度

五代将軍・綱吉のちょう愛を受け立身出世し、権勢と栄華を誇った側用人・柳沢吉保が大石内蔵助と対決し、綱吉の死により破局を迎えるまでの栄光と挫折のドラマ。武士道を貫いた内蔵助と、立身出世にまい進した吉保の生き方を中心に、元禄の世の人間模様を描いた。原作：南條範夫。脚本：小野田勇ほか。音楽：湯浅譲二。語り：福本義典。出演：石坂浩二、江守徹、小沢栄太郎、中村勘九郎（五代目）、竹脇無我、松坂慶子ほか。

風と雲と虹と　〈第14作〉　1975～1976年度

律令制度が崩壊し、武士が台頭する平安中期。腐敗した都の貴族社会に失望し、民衆のため、坂東（関東）に独立国を築こうと権力に立ち向かった風雲児・平将門と、それに呼応した藤原純友の理想を中心に描いた歴史ロマン。傀儡（くぐつ）、遊女、海賊、農民など、庶民階級も登場した。原作：海音寺潮五郎。脚本：福田善之。音楽：山本直純。語り：加瀬次男。出演：加藤剛、緒形拳、真野響子、吉永小百合、山口崇、草刈正雄ほか。

花神　〈第15作〉　1976～1977年度

一介の村医者から長州藩の討幕司令官になり、新政府で近代軍制を築いた大村益次郎を中心に、維新の原動力となった若者たちを描いた青春群像劇。「花神」は、人知れず野山に花を咲かせて去る神のことで、栄光を待たずに去ったヒーローを暗示した。原作：司馬遼太郎。脚本：大野靖子。音楽：林光。語り：小高昌夫。出演：中村梅之助、加賀まりこ、浅丘ルリ子、中村雅俊、松平健、篠田三郎、米倉斉加年ほか。

黄金の日日　〈第16作〉　1977～1978年度

戦国時代、自治都市・堺とフィリピン・ルソンの交易を開いた商人・呂宋助左衛門。自由で活気に満ちた堺に生まれ南蛮交易を夢見た青年が、大海に乗り出し豪商となり、権力に立ち向かっていく姿を通して、庶民の視点で戦乱の世を描いた。原作：城山三郎。脚本：市川森一ほか。音楽：池辺晋一郎。語り：梶原四郎。出演：市川染五郎（六代目）、栗原小巻、川谷拓三、根津甚八、丹波哲郎、鶴田浩二、松本幸四郎（八代目）ほか。

草燃える　〈第17作〉　1978～1979年度

鎌倉幕府を開いた源頼朝の妻であり、二代将軍・頼家と三代将軍・実朝の母である北条政子が、骨肉の争いに苦悩した生涯を縦軸に、関東に武家政権を築いた頼朝の時代から、北条氏が実権を握り政権を盤石にした承久の乱までの一大転換期を、新しい視点から描いた。原作：永井路子。脚本：中島丈博。音楽：湯浅譲二。語り：森本毅郎。出演：石坂浩二、松平健、岩下志麻、滝田栄、国広富之、松坂慶子ほか。

獅子の時代　〈第18作〉　1979～1980年度

明治維新前年のパリ万博で出会った、幕府随行員で会津藩の下級武士・平沼銑次。幕府に対抗して独自に参加した薩摩藩の苅谷嘉顕。近代国家樹立という志を掲げる架空の2人の生き様を軸に、幕末から明治にかけての激動の時代を描いた。作：山田太一。音楽：宇崎竜童。語り：和田篤。出演：菅原文太、加藤剛、大原麗子、鶴田浩二、大竹しのぶ、藤真利子、佐々木すみ江、尾上菊五郎、永島敏行、沢村貞子、日下武史ほか。

1980年代

おんな太閤記　〈第19作〉　1980～1981年度

戦国期から徳川初期までを生き抜いた豊臣秀吉の正妻・ねね。常に女性や庶民の立場から、時代の行く末を冷静に見通した波乱の生涯を中心に、変革の時代を女性の視点から描いた。橋田壽賀子が女性たちの心をきめ細かく映し出した一味違う戦国ドラマ。作：橋田壽賀子。音楽：坂田晃一。語り：山田誠浩。出演：佐久間良子、西田敏行、藤岡弘、フランキー堺、中村雅俊、滝田栄、赤木春恵、長山藍子、泉ピン子、夏目雅子ほか。

峠の群像　〈第20作〉　1981～1982年度

赤穂浪士の討ち入りを軸に、元禄時代と人々の姿を描いた。原作は元通産官僚の作家・堺屋太一。元禄を高度経済成長の「峠」を上り詰めた時代として捉え、赤穂藩断絶を企業倒産に見立て、経済の視点から「忠臣蔵」を見つめ直した。原作：堺屋太一。脚本：冨川元文。音楽：池辺晋一郎。語り：加賀美幸子。出演：緒形拳、丘みつ子、松平健、伊丹十三、多岐川裕美、隆大介、郷ひろみ、小林薫、古手川祐子、中村梅之助、宮内洋ほか。

徳川家康　〈第21作〉　1982～1983年度

幼少時代から青年時代にかけての人質生活をはじめ、幾多の辛苦をなめながら、織田信長、豊臣秀吉と同時代を生きた徳川家康。その家康が関ヶ原の戦い、大坂冬の陣・夏の陣を経て戦国乱世に終止符を打ち、天下泰平の偉業を成し遂げるまでを描いた。原作：山岡荘八。脚本：小山内美江子。音楽：冨田勲。語り：舘野直光。出演：滝田栄、役所広司、夏目雅子、武田鉄矢、大竹しのぶ、石坂浩二、藤真利子、八千草薫、長門裕之ほか。

山河燃ゆ　〈第22作〉　1983～1984年度

太平洋戦争を挟む激動の時代を生き抜いた日系アメリカ人の視点から、日米を舞台に、二・二六事件、太平洋戦争、日系人の強制収容、原爆投下、東京裁判へと続く昭和史を描く。初めて大河ドラマで太平洋戦争を描いた。原作：山崎豊子。脚本：市川森一ほか。音楽：林光。語り：和田篤。出演：松本幸四郎（九代目）、西田敏行、鶴田浩二、三船敏郎、沢田研二、大原麗子、島田陽子、多岐川裕美、児玉清、川谷拓三ほか。

春の波涛　〈第23作〉　1984～1985年度

日本の女優第1号として活躍した川上貞奴と新演劇の旗手・川上音二郎、電力王と呼ばれた実業家・福沢桃介と妻で福沢諭吉の次女・房子。明治・大正の文化や世相を時代背景に、4人の若者たちが織り成す青春模様を描いた愛と哀しみのドラマ。原作：杉本苑子。脚本：中島丈博。音楽：佐藤勝。語り：柳井恒夫。出演：松坂慶子、中村雅俊、風間杜夫、檀ふみ、伊丹十三、名取裕子、山本學、江波杏子、淡島千景、小林桂樹ほか。

大河ドラマ | 定時番組

いのち 〈第24作〉 1985〜1986年度

日本の戦後40年の歩みの中に「いのち」をいとおしみ、「心」を大切に生き抜く女医・岩田未希。妻、母、嫁としてのかっとうを抱えながら、医療に情熱を燃やす未希の人生を描く。農地改革と地主層の没落、高度成長期の農村、集団就職などの現代史を背景にした。作：橋田壽賀子。音楽：坂田晃一。語り：奈良岡朋子。出演：三田佳子、役所広司、伊武雅刀、泉ピン子、石野真子、渡辺徹、丹波哲郎、久我美子、大坂志郎ほか。

独眼竜政宗 〈第25作〉 1986〜1987年度

秀吉も家康も一目置いた豪気の男、"独眼竜"とおそれられ、知恵と才覚で仙台62万石を一代でつくりあげた伊達政宗の生涯を、現代的なタッチでロマン豊かに描いた。大河ドラマ歴代最高の平均視聴率39.7％を記録。原作：山岡荘八。脚本：ジェームス三木。音楽：池辺晋一郎。語り：葛西聖司。出演：渡辺謙、北大路欣也、岩下志麻、勝新太郎、桜田淳子、秋吉久美子、津川雅彦、三浦友和、竹下景子、大滝秀治ほか。

武田信玄 〈第26作〉 1987〜1988年度

国のために骨肉の情を断ち、組織力と統率力をもって信長・家康をも震撼させた武田信玄の生き様を、重厚かつ鮮烈に描いた。大合戦シーンと豪華俳優陣の戦国絵巻は人気を呼び、エンディングの「今宵はここまでに……」が流行語となる。原作：新田次郎。脚本：田向正健。音楽：山本直純。語り：若尾文子。出演：中井貴一、柴田恭兵、若尾文子、杉良太郎、平幹二朗、西田敏行、菅原文太、紺野美沙子、南野陽子、小川真由美ほか。

春日局 〈第27作〉 1988〜1989年度

戦国末期から徳川初期にかけ、徳川三代将軍・家光の乳母となり、やがて大奥を取り仕切る影響力を政治の場に発揮して、徳川三百年の泰平の礎を築いた春日局。激動の戦国時代に平和を求め、その理想実現のため力強く生き抜いた一人の女性・春日局の生涯を女性の視点から描いた。作：橋田壽賀子。音楽：坂田晃一。語り：奈良岡朋子。出演：大原麗子、佐久間良子、山下真司、江口洋介、江守徹、長山藍子、中村雅俊、東てる美ほか。

翔ぶが如く 〈第28作〉 1989〜1990年度

幕末から明治の変革の時代。西郷隆盛と大久保利通の友情と対立を軸に、近代国家づくりに奔走した人々を描いた。全体を幕末編と明治編の2部で構成した。語りやセリフに薩摩言葉を積極的に導入し話題になった。原作：司馬遼太郎。脚本：小山内美江子。音楽：一柳慧。語り：草野大悟（幕末編）、田中裕子（明治編）。出演：西田敏行、鹿賀丈史、田中裕子、富司純子、賀来千香子、緒形直人、小林稔侍、林隆三、加山雄三ほか。

1990年代

太平記 〈第29作〉 1990〜1991年度

鎌倉幕府を滅亡させ、建武政権に背いて室町幕府の初代将軍となった足利尊氏の生涯を中心に描いた。尊氏に人間的な弱さを巧みに描きこみ、表舞台の歴史を生きた人物以外にも、無名の多くの庶民の感情や行動をすくい上げることを重視した。原作：吉川英治。脚本：池端俊策。音楽：三枝成彰。語り：山根基世。出演：真田広之、沢口靖子、後藤久美子、片岡孝夫、陣内孝則、柳葉敏郎、宮沢りえ、フランキー堺、片岡鶴太郎ほか。

信長 KING OF ZIPANGU 〈第30作〉 1991〜1992年度

天下統一を目指し戦国の乱世を駆け抜けた織田信長。勇猛果敢な戦国武将でありながら、政治家、文化人としても最先端を走った信長の生涯と激動の時代を描いた。信長と深く関わったポルトガル人宣教師ルイス・フロイスが物語の案内役を務めた。作：田向正健。音楽：毛利蔵人。語り：ランシュー・クリストフ。出演：緒形直人、菊池桃子、仲村トオル、平幹二朗、林隆三、高橋惠子、鷲尾いさ子、宇津井健、的場浩司ほか。

琉球の風 〈第31作〉 1992〜1993年度

17世紀初頭、薩摩の侵攻で苦難に陥った琉球王国が舞台。近代琉球の発展に尽くす主人公・啓泰と琉球舞踊家の弟・啓山を中心に、若者たちの人間模様を描いた。大河ドラマ初の半年間放送。総集編の一部を沖縄言葉で放送した。原作：陳舜臣。脚本：山田信夫。音楽：長生淳。テーマ曲：谷村新司「階」。語り：北林谷栄。出演：東山紀之、渡部篤郎、原田知世、小林旭、工藤夕貴、萩原健一、小柳ルミ子、富司純子、沢田研二ほか。

炎立つ 〈第32作〉 1993年度

蝦夷地と呼ばれた東北の都・平泉に君臨した奥州藤原氏の四代にわたる興亡。平安時代前期の朝廷と奥羽の関わりから、奥州合戦で奥州藤原氏が滅亡するまでを描いた。撮影のオープンセットは終了後「歴史公園えさし藤原の郷」となった。原作：高橋克彦。脚本：中島丈博。音楽：菅野由弘。語り：寺田農。出演：渡辺謙、村上弘明、渡瀬恒彦、里見浩太朗、古手川祐子、佐藤浩市、野村宏伸、時任三郎、紺野美沙子ほか。

花の乱 〈第33作〉 1994年度

慈照寺銀閣をはじめ華麗な東山文化が花開いた室町後期。室町幕府第八代将軍・足利義政の妻・日野富子。夫に代わって政治を動かし、跡継ぎ問題で応仁の乱の原因を作った、希代の悪女と評された富子の葛藤の生涯を描いた。4月から12月まで9か月間の放送。作：市川森一。音楽：三枝成彰。語り：三田佳子。出演：三田佳子、市川團十郎、萬屋錦之介、京マチ子、奥田瑛二、草刈正雄、檀ふみ、野村萬斎、松たか子、市川新之助ほか。

八代将軍 吉宗 〈第34作〉 1994〜1995年度

紀州藩の三男として生まれ、徳川八代将軍に上り詰めた吉宗。享保の改革を断行するなど、江戸幕府中興の祖と呼ばれたその生涯を描いた。江守徹演じる近松門左衛門が番組中に登場し、庶民から見た将軍家や経済状況などを、パネルや表を使って解説して話題になった。作：ジェームス三木。音楽：池辺晋一郎。語り：江守徹。出演：西田敏行、中井貴一、大滝秀治、江守徹、小林稔侍、賀来千香子、山田邦子、斉藤由貴、細川俊之ほか。

秀吉 〈第35作〉 1995〜1996年度

戦国時代、尾張の貧しい農民の子として生まれ、織田信長の足軽から駆け上り、ついには天下人となった豊臣秀吉の生涯を、現代の視点から新解釈。映画を中心に活躍してきた竹中直人が、明るくエネルギッシュな新しい秀吉を演じ人気を博した。原作：堺屋太一。脚本：竹山洋。音楽：小六禮次郎。語り：宮本隆治。出演：竹中直人、沢口靖子、渡哲也、仲代達矢、高嶋政伸、市原悦子、赤井英和、村上弘明、野際陽子、古谷一行ほか。

毛利元就　〈第36作〉 1996～1997年度

「三矢の教え」で知られる戦国時代の豪傑・毛利元就。安芸の小領主の次男として生まれ、27歳で毛利家を相続。混迷の時代を我慢強く一心不乱に生き抜き、中国10か国を領する戦国大名になるまでの、75年の生涯をダイナミックに描いた。原作：永井路子。脚本：内館牧子。音楽：渡辺俊幸。語り：平野啓子。出演：中村橋之助、森田剛、富田靖子、松坂慶子、緒形拳、上川隆也、松重豊、恵俊彰、細川俊之、陣内孝則ほか。

徳川慶喜　〈第37作〉 1997～1998年度

多くの矛盾と変革のエネルギーが渦巻く幕末の混乱の時代、ひとつの時代の終わりを見届けた最後の将軍・徳川慶喜。江戸庶民や下級武士の生活を織り交ぜながら、国を背負い、命がけで時代と格闘した慶喜の苦悩と葛藤の半生を描いた。原作：司馬遼太郎。脚本：田向正健。音楽：湯浅譲二。語り：大原麗子。出演：本木雅弘、菅原文太、大原麗子、堺正章、若尾文子、石田ひかり、鶴田真由、清水美砂、佐藤慶、岸田今日子ほか。

元禄繚乱　〈第38作〉 1998～1999年度

華やかな文化が生まれた反面、たがが緩んだ元禄時代の世相と政治経済が乱れた五代将軍・徳川綱吉の治世への抗議をもくろむ大石内蔵助。赤穂浪士の討ち入りまでの日々を中心に、策略と陰謀の中で繰り広げられる人間模様を描いた。原作：舟橋聖一。脚本：中島丈博。音楽：池辺晋一郎。語り：国井雅比古。出演：中村勘九郎（五代目）、大竹しのぶ、村上弘明、松平健、石坂浩二、東山紀之、萩原健一、宮沢りえ、鈴木保奈美ほか。

葵　徳川三代　〈第39作〉 1999～2000年度

関ヶ原の合戦から、大坂冬の陣・夏の陣を経て徳川三百年の礎を築いた家康・秀忠・家光の三代を壮大なスケールで描いた歴史人間ドラマ。語りの水戸光圀が案内役となり、関連知識や情報を盛り込みながら物語を解説した。作：ジェームス三木。音楽：岩代太郎。語り：中村梅雀（二代目）。出演：津川雅彦、西田敏行、尾上辰之助（二代目）、岩下志麻、小川真由美、波乃久里子、尾上菊之助、草笛光子、江守徹、中村梅雀（二代目）ほか。

2000年代

北条時宗　〈第40作〉 2000～2001年度

鎌倉時代中期の権力闘争に明け暮れた北条政権時代、18歳の若さで鎌倉幕府の第八代執権となり、2度にわたる蒙古襲来という未曽有の難局に果敢に立ち向かった時宗の34年の生涯を、CGやデジタル合成技術、モンゴルロケも交えて国際色豊かに描く。原作：高橋克彦。脚本：井上由美子。音楽：栗山和樹。語り：十朱幸代。出演：和泉元彌、渡部篤郎、渡辺謙、浅野温子、富司純子、北大路欣也、柳葉敏郎、木村佳乃、西田ひかるほか。

利家とまつ　加賀百万石物語　〈第41作〉 2001～2002年度

激動の戦国時代を生き抜き、織田信長、豊臣秀吉という2人の天下人から男の中の男と称され、加賀百万石の礎を築いた藩祖・前田利家と、利家を支え続けた妻・まつ。夫婦の愛と戦国武将のサクセスストーリー、疾風怒とうの時代を生きた人々を壮大なスケールで描いた。作：竹山洋。音楽：渡辺俊幸。語り：阿部渉。出演：唐沢寿明、松嶋菜々子、反町隆史、香川照之、酒井法子、天海祐希、竹野内豊、加賀まりこ、菅原文太ほか。

武蔵　MUSASHI　〈第42作〉 2002～2003年度

戦国時代末期から江戸時代にかけての動乱の世を駆け抜けた剣豪・宮本武蔵。人間が持っている弱さを克服し、己の道を切り開く人間「武蔵」像を、お通との恋や又八との友情を軸に描いた。NHKテレビ放送開始50周年記念として放送。原作：吉川英治。脚本：鎌田敏夫。音楽：エンニオ・モリコーネ。語り：橋爪功。出演：市川新之助、堤真一、米倉涼子、松岡昌宏、渡瀬恒彦、内山理名、かたせ梨乃、ビートたけし、中村玉緒ほか。

新選組！　〈第43作〉 2003～2004年度

幕末、京都の治安を守り、最後まで未来を信じて生きた新選組局長・近藤勇とその仲間たちの青春群像を、三谷幸喜ならではの機知に富んだ大胆な創作を盛り込みながら描いた。作：三谷幸喜。音楽：服部隆之。テーマ曲独唱：ジョン・健・ヌッツォ。語り：沢口靖子。出演：香取慎吾、佐藤浩市、江口洋介、藤原竜也、山本耕史、オダギリジョー、中村勘太郎、石黒賢、沢口靖子、中村獅童、堺雅人、ささきいさお、野田秀樹ほか。

義経　〈第44作〉 2004～2005年度

平清盛と真の父子のような絆で結ばれた源氏の少年・牛若。やがて成長して源義経となり、平家を滅ぼしたのち、兄・頼朝に追われて悲運の最期を遂げるまでの物語。親子・兄弟・疑似家族などの絆とかっとうや苦悩を、新しい解釈を取り入れて描いた。原作：宮尾登美子。脚本：金子成人ほか。音楽：岩代太郎。語り：白石加代子。出演：滝沢秀明、松平健、松坂慶子、中井貴一、渡哲也、平幹二朗、上戸彩、石原さとみ、財前直見ほか。

功名が辻　〈第45作〉 2005～2006年度

戦国時代を駆け抜け土佐24万石の大名となる愚直な夫・山内一豊と、励ますことに特別な才がある妻・千代の愛と知恵の歴史を軸に、合戦に命を懸けた男たち、政略結婚の犠牲となった女たち、武士たちの悲哀など、戦国乱世の人間模様を描いた。原作：司馬遼太郎。脚本：大石静。音楽：小六禮次郎。語り：三宅民夫。出演：仲間由紀恵、上川隆也、舘ひろし、柄本明、西田敏行、武田鉄矢、前田吟、大地真央、和久井映見、玉木宏ほか。

風林火山　〈第46作〉 2006～2007年度

戦国時代、武田信玄に仕えた軍師・山本勘助の夢と野望に満ちた波乱の生涯を中心に、戦国の世を懸命に生き抜いた人々の姿を描く人間ドラマ。理想の主君・信玄、永遠のヒロイン・由布（ゆう）姫のために、無償の愛をささげる勘助の熱き戦いを描いた。原作：井上靖。脚本：大森寿美男。音楽：千住明。語り：加賀美幸子。出演：内野聖陽、市川亀治郎、Gackt、柴本幸、仲代達矢、池脇千鶴、千葉真一、佐々木蔵之介、谷原章介ほか。

篤姫　〈第47作〉 2007～2008年度

激動の幕末、薩摩藩島津家の1万石の分家に生まれながら、徳川十三代将軍の正室になる篤姫。夫・家定の死後は出家して天璋院となり、自らの信念を貫き、江戸城無血開城に大きな役割を果たした"薩摩おごじょ"の一生を描いた。原作：宮尾登美子。脚本：田渕久美子。音楽：吉俣良。語り：奈良岡朋子。出演：宮﨑あおい、瑛太、松坂慶子、高橋英樹、堺雅人、北大路欣也、小澤征悦、原田泰造、堀北真希、松田翔太ほか。

大河ドラマ | 定時番組

天地人　〈第48作〉　2008～2009年度

上杉家の一家臣でありながら豊臣秀吉や徳川家康を魅了し、恐れさせた知将・直江兼続。血生臭い欲望が渦巻く戦国の世で「愛」の兜（かぶと）を掲げ、一途に民と故郷を愛し「義」を貫いた兼続の愛と誇りと勇気の生涯を描いた。原作：火坂雅志。脚本：小松江里子。音楽：大島ミチル。語り：宮本信子。出演：妻夫木聡、北村一輝、常盤貴子、阿部寛、松方弘樹、長澤まさみ、高嶋政伸、田中美佐子、玉山鉄二、小栗旬、比嘉愛未ほか。

龍馬伝　〈第49作〉　2009～2010年度

幕末史の奇跡と呼ばれた風雲児・坂本龍馬。土佐に生まれた名もなき男が、幕末の動乱で薩長同盟に尽力し、明治維新を大きく進める原動力となった。龍馬33年の生涯を、幕末から明治にかけての屈指の経済人で三菱財閥の礎を築いた岩崎弥太郎の視線から描いた。作：福田靖。音楽：佐藤直紀。語り：香川照之。出演：福山雅治、香川照之、大森南朋、広末涼子、寺島しのぶ、真木よう子、貫地谷しほり、武田鉄矢、高橋克実ほか。

2010年代

江　姫たちの戦国　〈第50作〉　2010～2011年度

織田信長の妹・市を母に持つ浅井三姉妹。徳川二代将軍・秀忠の正室で、三代将軍・家光の生母となる三女・江の波乱万丈の生涯を、女性の視点から、ホームドラマやラブストーリーの要素を盛り込み、戦国の動乱と共にスケール感たっぷりに描いた。作：田渕久美子。音楽：吉俣良。語り：鈴木保奈美。出演：上野樹里、宮沢りえ、水川あさみ、向井理、鈴木保奈美、時任三郎、豊川悦司、岸谷五朗、北大路欣也、市村正親ほか。

平清盛　〈第51作〉　2011～2012年度

親を知らぬ清盛は、養父・平忠盛に一人前のサムライとして鍛えられ、やがて日本の覇者となる。これまで反英雄の印象が強かった清盛に新たな光を当て、争いよりも交易がこの国を豊かにすると信じる躍動感とエネルギーにあふれる男として描いた。作：藤本有紀。音楽：吉松隆。語り：岡田将生。出演：松山ケンイチ、松田翔太、岡田将生、上川隆也、深田恭子、杏、加藤浩次、玉木宏、阿部サダヲ、ムロツヨシ、武井咲、二階堂ふみほか。

八重の桜　〈第52作〉　2012～2013年度

幕末の会津藩で、砲術師範の娘として会津戦争を戦った「幕末のジャンヌ・ダルク」と呼ばれる新島八重の、数奇で波乱に満ちた生涯を描いた。会津武士道の魂を守り抜き、生涯自分の可能性に挑み続け、人々の幸福を願った八重とその仲間たちの愛と希望の物語。作：山本むつみ。音楽：坂本龍一、中島ノブユキ。語り：草笛光子。出演：綾瀬はるか、西島秀俊、長谷川博己、松重豊、風吹ジュン、長谷川京子、西田敏行、反町隆史ほか。

軍師官兵衛　〈第53作〉　2013～2014年度

戦国時代の三英傑に重用されながらも、あり余る才能のため警戒され、秀吉には「次の天下を狙う男」と恐れられた希代の天才軍師・黒田官兵衛。群雄割拠の戦国を生き抜き"生き残りの達人"とたたえられた官兵衛の鮮烈な生涯と乱世の終焉を描いた。作：前川洋一。音楽：菅野祐悟。語り：藤村志保、広瀬修子。出演：岡田准一、中谷美紀、寺尾聰、谷原章介、松坂桃李、江口洋介、片岡鶴太郎、黒木瞳、竹中直人、柴田恭兵ほか。

花燃ゆ　〈第54作〉　2014～2015年度

明治維新で活躍する志士を育てた吉田松陰の妹・文（ふみ）。長州藩の運命に翻弄されながらも、松陰の教えを胸に志を持って維新の世を力強く生きぬく。家族の強い絆と、松陰の志を継いで時代を切り開いていく若者たちの青春群像を描いた。作：大島里美ほか。音楽：川井憲次。語り：池田秀一。出演：井上真央、大沢たかお、伊勢谷友介、高良健吾、東出昌大、原田泰造、優香、瀬戸康史、佐藤隆太、檀ふみ、長塚京三、北大路欣也ほか。

真田丸　〈第55作〉　2015～2016年度

好奇心にあふれ、冒険を好み、戦国の世を駆け抜けた真田信繁（幸村）は、天才の父、秀才の兄の背を追いかけながら、乱世を生き延びていくために、迷い、悩み、苦しみながら成長する。大坂の陣で戦国時代最後にして最強の砦「真田丸」を作りあげるまでの人生を描く。作：三谷幸喜。音楽：服部隆之。語り：有働由美子。出演：堺雅人、大泉洋、長澤まさみ、木村佳乃、黒木華、高嶋政伸、高畑淳子、近藤正臣、内野聖陽、草刈正雄ほか。

おんな城主　直虎　〈第56作〉　2016～2017年度

戦国時代に男の名で家督を継いだ遠江・井伊家のおんな城主・井伊直虎。今川、武田、徳川の大国が虎視たんたんと領地をねらう中、資源も武力も乏しいこの土地で、頼るべきは己の知恵と勇気。仲間と力を合わせて国を治め、幼い世継ぎの命を守ってたくましく運命を切り開く女の激動の生涯を描いた。作：森下佳子。音楽：菅野よう子。語り：中村梅雀。出演：柴咲コウ、三浦春馬、高橋一生、杉本哲太、前田吟、小林薫ほか。

西郷どん　〈第57作〉　2017～2018年度

貧しい下級武士の家に育った西郷吉之助（隆盛）は、盟友・大久保一蔵との絆と反目、生涯の師となる島津斉彬との出会い、篤姫との淡い恋、そして2度の島流しなど、波乱の生涯のなかで揺るぎない「革命家」へと覚醒し、やがて明治維新を成し遂げていく。原作：林真理子。脚本：中園ミホ。音楽：富貴晴美。語り：西田敏行。出演：鈴木亮平、瑛太、黒木華、沢村一樹、藤木直人、風間杜夫、松坂慶子、渡辺謙、二階堂ふみほか。

いだてん～東京オリムピック噺～　〈第58作〉　2018～2019年度

日本人で初めてオリンピックに参加した金栗四三と、日本にオリンピックを招致した田畑政治。この2人がいなければ、日本のオリンピックはなかった。初参加で大惨敗を喫した1912年「ストックホルム」から、1964年の東京オリンピックが実現するまでの日本人の"泣き笑い"が刻まれた激動の半世紀を描いた。作：宮藤官九郎。音楽：大友良英。語り：森山未來。出演：中村勘九郎、阿部サダヲ、ビートたけし、役所広司ほか。

麒麟がくる　〈第59作〉　2019～2020年度

下克上の代名詞・美濃の斎藤道三を主君として勇猛果敢に戦場をかけぬけ、その教えを胸に、やがて織田信長の盟友となり、多くの群雄と天下をめぐって争う智将・明智光秀の謎めいた前半生に光を当て、戦国の英傑たちの運命の行く末を描いた。作：池端俊策。音楽：ジョン・グラム。語り：市川海老蔵。出演：長谷川博己、門脇麦、木村文乃、川口春奈、石川さゆり、染谷将太、高橋克典、吉田鋼太郎、堺正章、本木雅弘ほか。

2020年代

青天を衝け　〈第60作〉　2020〜2021年度
渋沢栄一は、藍玉づくりと養蚕を営む富農の家に生まれた。商才に長けた父の背中に学び、商売の面白さに目覚める。その後、尊王攘夷（じょうい）運動に傾倒するが徳川最後の将軍・慶喜と出会い、運命が大きく変わっていく。幕末から明治を駆け抜け、日本資本主義の礎を築いた渋沢の生涯を描く。作：大森美香。音楽：佐藤直紀。出演：吉沢亮、高良健吾、橋本愛、田辺誠一、満島真之介、草彅剛、堤真一、小林薫ほか。

鎌倉殿の13人　〈第61作〉　2021〜2022年度
頼朝の死後、頼朝の天下取りを支えていた家臣団13人は、激しい内部抗争を繰り広げる。その中で最後まで生き残り、ついに権力を手中に収めたのが、もっとも若かった北条義時である。源頼朝にすべてを学び、武士の世を盤石にした二代執権・北条義時が、いかにして武士の頂点に上り詰めたのかを描く。作：三谷幸喜。音楽：エバン・コール。出演：小栗旬、小池栄子、片岡愛之助、松平健、新垣結衣、佐藤浩市、西田敏行ほか。

どうする家康　〈第62作〉　2022〜2023年度
弱小国の主として乱世に生きる運命を受け入れ、仲間とともにピンチを切り抜けながら未来を切り開いた人物・徳川家康。その生涯を新たな視点からスピード感あふれる波乱万丈のエンターテインメントドラマとして描いた。家康を演じたのは嵐の松本潤。作：古沢良太。音楽：稲本響。語り：寺島しのぶ。出演：松本潤、有村架純、大森南朋、山田裕貴、岡田准一、北川景子、ムロツヨシ、松嶋菜々子、松重豊、野村萬斎、阿部寛ほか。

光る君へ　〈第63作〉　2023〜2024年度
主人公は、千年の時を超えるベストセラー「源氏物語」を書きあげた紫式部（吉高由里子）。光る君こと光源氏の恋愛ストーリー執筆の原動力は、秘めた情熱と想像力、そしてひとりの男性・藤原道長（柄本佑）への思いだった。貴族文化華やかなりし平安時代中期を舞台に脚本家・大石静が描く愛の物語。作：大石静。音楽：冬野ユミ。語り：伊東敏恵アナウンサー。出演：黒木華、井浦新、吉田羊、高畑充希、町田啓太、秋山竜次ほか。

べらぼう〜蔦重栄華乃夢噺〜　〈第64作〉　2024〜2025年度
吉原の貸本屋から始まり、"江戸のメディア王"として時代の寵児となった"蔦重（つたじゅう）"こと蔦屋重三郎。天下泰平、文化隆盛の江戸時代中期に、喜多川歌麿、山東京伝、葛飾北斎といった浮世絵師や作家などの才能を見いだした蔦重の波乱万丈の生涯を描く。作：森下佳子。主演は、大河ドラマおよびNHKドラマ初出演の横浜流星。ほかに渡辺謙、片岡愛之助、染谷将太、高橋克実、宮沢氷魚、小芝風花らが出演。

NHKフォトストーリー  ❻

07 → P067

1938年から1973年まで日比谷にあった東京放送会館（日本放送協会本部）正面玄関

放送会館第7スタジオ

テレビ放送をめざして技術研究所がつくられる（1930年）

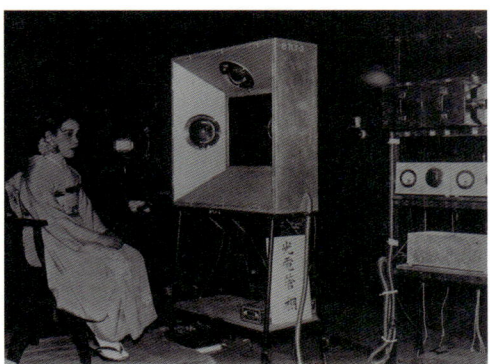
世界に先駆けて開発が進んだ浜松式テレビカメラの公開実験（1933年）

01

ドラマ
連続テレビ小説

01

連続テレビ小説の誕生

連続テレビ小説（通称"朝ドラ"）の第1作は、1961年4月にスタートした『娘と私』。総合テレビ月曜から金曜の午前8時40分から9時までの帯ドラマ（毎日同時間帯に放送されるベルト枠の連続ドラマ）である。

テレビ開局から約5年間は、テレビ放送の開始時間が午前11時台だったため、朝にテレビのスイッチを入れる視聴者の習慣がなかなか定着しなかった。ましてやテレビドラマは夜間にゆったり楽しむもので、通勤、通学を前にした慌ただしい朝にはなじまない、というのが大方の見方だった。そんな視聴率不毛の時間帯に、連続テレビ小説は果敢に挑んだ。

朝ドラが定時放送でスタートする3か月前、1961年1月

1日から3夜連続で、『連続テレビ小説　伊豆の踊子』が放送されている。午後10時15分からの25分番組で、「連続テレビ小説」とタイトルされた最初の番組だ。原作は川端康成、脚本は篠崎博。踊り子は小林千登勢、学生を山本勝が演じた。この番組は連続テレビ小説の可能性を探るためのパイロット版の役割を果たした。連続テレビ小説は『伊豆の踊子』の好評を受けて、4月の番組改定で定時化される。

「連続テレビ小説」という枠タイトルは、ラジオ番組『連続ラジオ小説』の"テレビ版"という発想から生まれた。放送時間を朝に設定したのは、朝刊の連載小説を意識してのものである。

しかし朝食の準備に追われる多忙な主婦たちに、テレビを見ている余裕などあるのだろうか。制作陣が抱いたそんな不安に対して考え出されたのが、それまでドラマの

『おはなはん』（1966年度）→P58

添え物だった「語り(ナレーション)」を前面に押し出す演出だった。「語り」によってドラマのあらすじや舞台設定、登場人物の心理や状況が伝われば、画面を見ずとも「ながら視聴」が可能になる。「語り」から原作の文学的な味わいも感じられ、小説とテレビドラマを無理なく結合する効果もあった。

『娘と私』が第1作に選ばれたのは、すでにラジオドラマで放送されていて、脚本化しやすかったという事情があった。作家獅子文六の自伝的小説が原作で、フランス人の先妻との間に生まれた一人娘麻里の結婚までを、父親の目を通して描いた物語である。『娘と私』は好評を呼び、後にテレビの新しい分野開拓の功績から放送作家協会賞を受賞した。

『娘と私』(1961年度) →P58

『たまゆら』中央・川端康成(1965年度) →P58

『あしたの風』(1962年度) →P58　『あかつき』右・武者小路実篤(1963年度) →P58

第2作『あしたの風』(1962年度)から、月曜から土曜の週6日、午前8時15分から8時30分までの放送となり、連続テレビ小説の基本的な放送スタイルが定着する。1958年に日本にもVTRが導入され、ようやく撮りだめができるようになっていた。1週間6本の制作は、準備やリハーサルなどに3日、1日に2日分を収録するという強行スケジュール。制作現場は同じセットを使用する場面をまとめて収録するなどの工夫をして、時間と経費の節約に努めた。

『あしたの風』は壺井栄、第3作『あかつき』(1963年度)は武者小路実篤、第4作『うず潮』(1964年度)は林芙美子と、小説を原作にドラマ化する文芸路線が続いた。第

5作『たまゆら』(1965年度)は川端康成が書き下ろしたオリジナル作品である。

『うず潮』は、初のNHK大阪放送局制作の連続テレビ小説。主人公には関西新劇界の新人林美智子を起用。一躍、脚光を浴びた林は、1965年末の第16回『NHK紅白歌合戦』の紅組司会を務めた。新人をヒロインに抜擢する連続テレビ小説のスタイルはこの作品から始まった。

02
連続テレビ小説の確立
『おはなはん』の大ヒット

1966年4月、第6作『おはなはん』がスタートする。林謙一の随筆「おはなはん一代記」を原案に、小野田勇が脚本を担当。陸軍将校の夫を亡くした女性が、2人の子どもを抱え、さまざまな困難に遭いながらも持ち前の明るさで、明治、大正、昭和を生き抜く女性の一代記である。

劇団民芸の新人女優だった樫山文枝が、ヒロインはなの10代から80代までを一人で演じた。樫山はその明るく茶目っ気のあるキャラクターが役柄とも重なって、たちまち人気者となる。軽快なテンポで始まる小川寛興によるテーマソングも視聴者の心をとらえた。主人公の夫役は、前年の大河ドラマ『太閤記』(1964〜1965年度)で信長を演じ、主役の緒形拳と人気を二分した高橋幸治。高橋にも注目が集まって、放送開始から2か月ほどで病死する設定だったが、視聴者の「助命嘆願」によりその死が先延ばしにされた。高橋への助命嘆願は、『太閤記』の信長役以来2度目だった。

『おはなはん』は最高世帯視聴率が50%を超える爆発的ヒットとなった。放送時間中は主婦の台所仕事が止まるために水道使用量が激減し、水道の出がよくなったという逸話が残っている。主婦層の圧倒的な支持を得た『おはなはん』の成功により、波乱に満ちた人生を生き抜く「女性の一代記」という朝ドラのスタンダードが確立された。

『うず潮』(1964年度) →P58　『旅路』(1967年度) →P58
『あしたこそ』(1968年度) →P58　『繭子ひとり』(1971年度) →P58

連続テレビ小説

『おはなはん』のあとを受けて始まった第7作『旅路』（1967年度）は、樫山と同じ劇団民芸の新人日色ともゑをヒロインに起用。『おはなはん』をしのぐ最高視聴率56.9％は、『おしん』に次ぐ、歴代朝ドラ2位の記録。この作品で連続テレビ小説の人気は不動のものとなった。

第8作『あしたこそ』（1968年度）は、朝ドラ初のカラー放送。作家森村桂の原作を橋田壽賀子が脚本化。橋田は4本の朝ドラの脚本を書いているが、その第1作である。現代を舞台にした初めての朝ドラだった。

1970年代に入ると、第11作『繭子ひとり』（1971年度）、第12作『藍より青く』（1972年度）、第13作『北の家族』（1973年度）、第14作『鳩子の海』（1974年度）のどれもが平均視聴率で47％前後を記録し、朝ドラ人気は黄金期を迎える。

『鳩子の海』では、ヒロイン鳩子の少女時代を演じた斎藤こず恵が、天才子役として一躍注目を集めた。斎藤は1976年に発表した「山口さんちのツトム君」でも大ヒットを飛ばし、お茶の間の人気者となった。

その後の朝ドラで、第31作『おしん』（1983年度）で社会現象ともなった小林綾子の人気や、第55作『ふたりっ子』（1996年度）の三倉茉奈、三倉佳奈のマナカナ姉妹など、ヒロインの子ども時代を演じる子役にも注目が集まり、ドラマ導入部の重要な推進力として意識されるようになる。

第15作『水色の時』（1975年度前期）より、それまで1年間だった放送期間が半年間になる。年度前期を東京制作、後期を大阪制作とする朝ドラの基本的な制作パターンがスタートした。

03

最高視聴率62.9％
朝ドラの金字塔『おしん』

『おしん』は、テレビ放送開始30周年の記念の年に放送。『鳩子の海』以来9年ぶりの1年間の放送となった。

作・脚本は銀河テレビ小説『となりの芝生』や大河ドラマ『おんな太閤記』（1980〜1981年度）でヒットを飛ばしていた橋田壽賀子。朝ドラは『あしたこそ』以来2回目の執筆だった。明治生まれの女性からの投書をきっかけに、義母の思い出話や自らの疎開先山形で耳にした地元のお年寄りの体験談などから着想を得て、明治、大正、昭和を生き抜いた女性の一代記を紡いだ。

物語は、山形県最上川上流の貧しい小作農の子として生まれた主人公おしんが、極貧の暮らしの中で米俵1俵と引き換えに材木問屋に奉公に出されるところから始

『おしん』（1983年度）→P60

『藍より青く』（1972年度）→P59

『北の家族』（1973年度）→P59

『鳩子の海』（1974年度）→P59

『水色の時』（1975年度）→P59

『マー姉ちゃん』(1979年度)→P59

『ロマンス』(1984年度)→P60

『心はいつもラムネ色』(1984年度)→P60

『いちばん太鼓』(1985年度)→P60

『凛凛と』(1990年度)→P61

『走らんか!』(1995年度)→P62

まる。

　おしんの少女期を無名の子役小林綾子、成年期を第23作『マー姉ちゃん』(1979年度前期)でヒロインの妹役でデビューした田中裕子、熟年期をベテラン女優の乙羽信子が演じた。1人のヒロインを3人がリレー形式で演じたのは朝ドラで初めてのことだった。

　チーフプロデューサーの小林由紀子は、高度経済成長の中で見失った"ほんとうの豊かさ"を問うこのドラマの意義には自信を持っていた。しかし、貧乏といじめがリアルに描かれる「暗いドラマを朝から放送していいのだろうか」と悩んだという。

　放送が始まってみると、粗末な"大根めし"を家族で分け合い、奉公先ではいじめにひたすら耐えるおしんの姿に、視聴者は涙をしぼりとられた。小林綾子のあどけない表情とけなげな演技は、たちまちお茶の間の話題を独占。新聞や週刊誌がそのただならぬ反響をこぞって報じた。奉公先に米1俵で売られたおしんを取り返してほしいと、米俵がNHKに届いたこともあった。おしん役が田中裕子に代わってからは、姑のいじめともとれる壮絶な仕打ちが話題となった。「暗いドラマ」は視聴者の批判を浴びることはなく、貧乏やいじめに耐えるおしんに視聴者は共感し、応援した。かつては「時計がわり」と揶揄されることもあった連続テレビ小説が、「思わず朝食の箸をとめる」ドラマとして再認識されたのである。

　『おしん』の平均視聴率は52.6％、最高視聴率は62.9％でテレビドラマ史上最高を記録。山形では「おしん酒」「おしんまんじゅう」などの土産物が続々と現れ、最上川の舟下り「芭蕉ライン」は「おしんライン」に改名された。ケガと病気に打ち勝って30歳で横綱となった隆の里を"お

しん横綱"と呼ぶなど、おしんの「辛抱」になぞらえてのネーミングも次々に生まれた。日本に起こったこうした社会現象を一つの症候群(シンドローム)ととらえ、アメリカの雑誌「タイム」が「おしんドローム」と表現。この言葉は1984年の第1回流行語大賞「新語部門」金賞を受賞した。

　『おしん』の人気は国内にとどまらなかった。海外で最初に放送したシンガポールでは視聴率が80％に達した。これが呼び水となって、その後、タイ、オーストラリア、アメリカ、中国など世界70以上の国と地域で放送。イランでは最高視聴率が空前絶後の90％を超えた。

　1993年3月、テレビ40周年企画『BS青春TVタイムトラベル』(衛星第2)でおこなわれた「もう一度ふれたいあの感動」の100万人ファン投票では、過去に放送されたNHKと民放番組の中で『おしん』が第1位に選ばれた。

　『おしん』の放送が終了すると、再び年間2作の制作ペースに戻り、第32作『ロマンス』が1984年4月にスタートした。

　『ロマンス』は日本映画の草創期である明治末期を舞台にしたドラマで、映画監督を目指す2人の青年が主人公。主演は榎木孝明と辰巳琢郎。『おはなはん』以降の連続テレビ小説で男性が主役を務めるのは初めてである。

　その後、第33作『心はいつもラムネ色』(1984年度後期)、第35作『いちばん太鼓』(1985年度後期)、第44作『凛凛と』(1990年度前期)、第53作『走らんか!』(1995年度後期)、第91作『マッサン』(2014年度後期)、第102作『エール』(2020年度前期)など、少数派ではあるが男性が主役を演じる朝ドラも制作されている。

連続テレビ小説

01.ドラマ　02.クイズ・バラエティー　03.音楽　04.伝統芸能　05.ニュース　06.報道・ドキュメンタリー　07.紀行　08.教養・情報　09.自然・科学　10.こども・教育　11.人形劇・アニメ　12.趣味・実用　13.大型特集番組等

『澪（みお）つくし』（1985年度）→P60

　第34作『澪つくし』（1985年度前期）は、"陸者（おかもの）"と"海者"が対立する千葉県銚子を舞台に、相いれぬ2つの世界の壁を越え、ひそかに愛をはぐくむ2人を描いた純愛物語。主演は新人の沢口靖子、相手役を川野太郎、脚本はジェームス三木。最高視聴率が55.3%を記録し、『おしん』人気とともに朝ドラは"第2期黄金時代"を迎える。

04 平成の連続テレビ小説

　第42作『青春家族』（1989年度前期）は、平成に元号が変わって最初の作品で、第35作『いちばん太鼓』を書いた井沢満のオリジナル脚本。キャリアウーマンの母と漫画家を夢見る娘を、いしだあゆみと清水美砂（現・美沙）がダブルヒロインで演じた。戦前戦後を生き抜く「女性の一代記」が中心だった"昭和の朝ドラ"から、新しい時代の朝ドラを模索する現代劇だった。

　第46作の『君の名は』（1991年度）は「連続テレビ小説30周年記念番組」と位置づけ、『おしん』以来8年ぶりの1年間の放送となった。その後、第52作『春よ、来い』（1994年度後期〜1995年度前期）が「NHK放送70周年」を記念して1年間の放送となる。

　1994年4月、衛星第2でも午前7時30分と午後11時から、

朝ドラを放送。さらに1996年からは土曜日の午前中に1週間分をまとめて放送した。

　第55作『ふたりっ子』（1996年度後期）は、性格の対照的な双子の姉妹・麗子と香子の波乱万丈の生涯と、それを見守る家族と周囲の人たちを描いて大ヒットした。主人公姉妹の少女時代を演じた三倉茉奈、三倉佳奈のかわいらしさと達者な演技が話題となって、ドラマの人気は急上昇。少女期はわずか8回で終了したが、その後もテンポの良さと盛りだくさんのエピソードは視聴者を飽きさせなかった。主人公の一人香子が女流棋士を目指すストーリーで、ドラマには将棋界から内藤國雄九段や谷川浩司竜王（いずれも当時）など、多くのプロ棋士が出演。最終回を含む2回には当時の名人羽生善治が登場し、棋士となった香子と対局するシーンが描かれた。また通天閣の歌姫・オーロラ輝子が劇中で歌った「夫婦みち」が反響

『青春家族』（1989年度）→P61　　『君の名は』（1991年度）→P61

『春よ、来い』（1994〜1995年度）→P62　　『ふたりっ子』（1996年度）→P62

を呼び、役を演じた河合美智子がオーロラ輝子名義でCD化。この曲のヒットで、1997年末の第48回『NHK紅白歌合戦』に出場した。少女時代を演じた「マナカナをもう一度見たい」という視聴者の声に応えて、番組終盤には麗子の双子の娘として再登場したことも話題となった。

　脚本の大石静は、この作品で優れたドラマ脚本に贈られる向田邦子賞と放送文化への貢献を顕彰する橋田賞をダブル受賞した。

『ちゅらさん』(2001年度) → P63

『さくら』(2002年度) → P63

　2000年代に入ると、朝ドラ64作目にして初めて沖縄を舞台にした『ちゅらさん』(2001年度前期)が登場。八重山諸島の小浜島の美しい自然の中で育ったヒロインが、明るさと思いやりの心で難局を乗り越え、成長していく姿を描いた。ヒロインはオーディションで選ばれた沖縄出身の国仲涼子。ほかに沖縄出身のお笑いコンビ・ガレッジセールのゴリや、沖縄芝居を代表する役者・平良とみなど、沖縄にゆかりの芸能人が多数出演。主題歌「Best Friend」も沖縄出身のKiroroが歌った。

　脚本は心温まるストーリーと、丹念な日常描写、多彩なキャラクター造形に定評のある岡田惠和。岡田の描く物語は幅広い共感を生み、この年の向田邦子賞、橋田賞をダブル受賞。『ちゅらさん』はその後、『ちゅらさん2』から『ちゅらさん4』まで続編3作を放送。さらに2003年度に

実施された『テレビ放送50年特別企画〜もう一度見たいあの番組リクエスト』で、応募総数113万5593通のリクエスト・ランキングで全番組・総合ランキングの1位に輝いた。

　第66作『さくら』(2002年度前期)から全編ハイビジョン映像による制作が始まる。

05
午前8時スタート、朝ドラ新時代

　2010年4月、朝ドラにとってエポックとなる編成上の大改革が行われた。第2作『あしたの風』以来定着していた午前8時15分の放送開始時間を8時に繰り上げたのだ。

　新編成の第1弾となったのが第82作『ゲゲゲの女房』(2010年度前期)。「ゲゲゲの鬼太郎」で知られる漫画家の水木しげるの妻の目から見た夫婦の物語を、さわやかな感動とともに描いた。初回視聴率はふるわず、長年の視聴習慣を変えるのは難しいのではないかと思われたが、その後、回を追うごとに視聴率は右肩上がりに上昇。2000年代後半は13〜15%前後だった平均視聴率が本作では18.6%、最終週は23.6%を記録した。その年の新語・流行語大賞の「年間大賞」を「ゲゲゲの〜」が受賞。ヒロインを演じた松下奈緒は、年末の第61回『NHK紅白歌合戦』で紅組司会者を務めた。いきものがかりが歌った主題歌「ありがとう」は、2011年の選抜高等学校野球大会の開会式入場行進曲に選ばれるなど数々の話題を提供し、新生「連続テレビ小説」は好調なスタートを切った。

『ゲゲゲの女房』(2010年度) → P64

連続テレビ小説

『てっぱん』(2010年度) →P64

広島県尾道と大阪を舞台にした第83作『てっぱん』の放送がスタートしたのは2010年9月27日。翌年3月末までの放送予定だったが、ドラマがラストへと向かう3月11日に東日本大震災が発生。災害報道を優先するため1週間にわたって放送を休止し、翌週に繰り下げる形で放送を再開。4月2日に最終回を迎えた。

続く第84作『おひさま』(2011年度前期)は、連続テレビ小説の放送開始50周年の記念作品。ヒット作『ちゅらさん』を生んだ岡田惠和が、2度目の朝ドラに挑んだ。同作もまたスタジオ収録中に震災を経験し、放送も当初予定から1週遅れてのスタートとなった。都道府県別の視聴率は、震災の被災地のひとつである福島県が首位で、ヒロイン

を演じた井上真央をはじめ、出演者も、毎朝の放送が被災地への励みになればと思いを込めて演じたという。

デザイナー・コシノ三姉妹の母・小篠綾子をモデルに、洋服作りに夢をかけたヒロイン・糸子を描いた第85作『カーネーション』(2011年度後期)は、朝ドラ初のギャラクシー賞(放送批評懇談会主催)を獲得。少女時代から糸子役を演じた尾野真千子が橋田賞新人賞など、数々の賞を受賞。晩年の糸子を生前の小篠綾子と親交のあった夏木マリが演じたことでも話題となった。

東日本大震災から1年を経ての放送となった第86作『梅ちゃん先生』(2012年度前期)は、戦後の庶民の底力を復興の糧にと制作された作品。ユニークなストーリーとシリアスな内容で賛否両論が巻き起こった第87作『純と愛』(2012年度後期)を経て、東日本大震災からの復興と応援を裏テーマに東北出身の宮藤官九郎がNHKで初めて書き下ろし、朝ドラにとっての大きな転機となった第88作『あまちゃん』(2013年度前期)へと続く。

大ブームを巻き起こした『あまちゃん』は、平均視聴率こそ前年と同程度だったが、関連記事の新聞掲載数は6倍。雑誌記事でも4.9倍と急増した。特に目立ったのはツイッター(現・X)等のSNSやファンサイトの盛り上がりで、

『おひさま』(2011年度) →P64

『カーネーション』(2011年度) →P64

『梅ちゃん先生』(2012年度) →P65

『純と愛』(2012年度) →P65

『あまちゃん』(2013年度) →P65

『ごちそうさん』(2013年度) →P65

『まれ』(2015年度) →P65

『マッサン』(2014年度) →P65

『花子とアン』(2014年度) →P65

ドラマ全編にちりばめられた小ネタの一つ一つに若い視聴者が敏感に反応。これまでの朝ドラとは違ったファンの"熱"を感じさせた。北三陸の方言「じぇじぇじぇ」が新語・流行語大賞の「年間大賞」を受賞。2013年の第64回『NHK紅白歌合戦』では「あまちゃん特別編」企画ステージが実現。劇中歌「潮騒のメモリー」をドラマ出演者の小泉今日子と薬師丸ひろ子が歌った。のちに第96作『ひよっこ』(2017年度前期)のヒロインとなる有村架純もこの番組でブレーク。放送終了後の視聴者の喪失感を表現した「あまロス」も流行語になるなど、社会現象ともいうべき盛り上がりを見せた。

『あまちゃん』人気を追い風に、以降の連続テレビ小説の注目度はさらに上がった。第89作『ごちそうさん』(2013年度後期)は、「食べることは生きること」をテーマに、食いしん坊のヒロイン・め以子と夫となる悠太郎のラブストーリーを描いた作品。同作ではキムラ緑子が演じた小姑・和枝の嫁いびりが話題を呼んだ。脚本を担当した森下佳子が向田邦子賞、橋田賞をダブル受賞した。

第90作『花子とアン』(2014年度前期)は、名作「赤毛のアン」を翻訳した村岡花子をモデルに吉高由里子がヒロインを演じた作品。美輪明宏のナレーションをはじめ、仲間由紀恵と吉田鋼太郎が演じた葉山蓮子とその夫の愛憎劇にも注目が集まり、過去10年の最高平均視聴率の記録を更新している。

第91作『マッサン』(2014年度後期)は国産ウイスキー造りを目指した夫婦の物語。19年ぶりの男性主人公、初の外国人ヒロインでも話題を呼び、ドラマの人気と比例するようにウイスキーの売れ行きも大きく上がった。

能登を舞台にヒロインが世界一のパティシエを目指した第92作『まれ』(2015年度前期)、女性事業家のさきがけ広岡浅子をモデルに描いた第93作『あさが来た』(2015

年度後期)も好調を維持。生活雑誌「暮しの手帖」の創刊者である大橋鎭子の生涯を描いた第94作『とと姉ちゃん』(2016年度前期)、子ども服メーカー・ファミリアの創業者坂野惇子をモデルにした第95作『べっぴんさん』(2016年度後期)、『ちゅらさん』『おひさま』に続く朝ドラ3作目の岡田惠和のオリジナル第96作『ひよっこ』(2017年度前期)、上方で寄席を経営し、"笑い"を初めてビジネスにしたヒロインを描いた第97作『わろてんか』(2017年度後期)、人気脚本家の北川悦吏子が初めて連続テレビ小説に挑んだ意欲作第98作『半分、青い。』(2018年度前期)、さらにインスタントラーメンを生み出した夫婦の二人三脚の物語を描いた第99作『まんぷく』(2018年度後期)と、若いSNS世代を取り込んだ朝ドラ人気のルネサンス期を形成する。

『あさが来た』(2015年度) →P65

『とと姉ちゃん』(2016年度) →P65

『べっぴんさん』(2016年度) →P65

『ひよっこ』(2017年度) →P65

『わろてんか』(2017年度) →P65

『半分、青い。』(2018年度) →P65

連続テレビ小説

『なつぞら』（2019年度）→P66

06
時代とともに歩む
連続テレビ小説

　2019年4月、連続テレビ小説は記念すべき第100作を迎えた。100作目となった『なつぞら』には、これまで朝ドラに出演したヒロインたちがさまざまな役で出演した。広瀬すず演じる主人公なつの母親役を第54作『ひまわり』のヒロイン松嶋菜々子が演じたのを筆頭に、ヒロインの脇を固める重要な役どころに『おしん』の小林綾子、第41作『純ちゃんの応援歌』の山口智子、第76作『どんど晴れ』の比嘉愛未、第77作『ちりとてちん』の貫地谷しほりをキャスティング。そのほかにも『おしん』の田中裕子、『ふたりっ子』の岩崎ひろみ、『雲のじゅうたん』の浅茅陽子、『鳩子の海』の藤田美保子、第28作『本日も晴天なり』の原日出子、第49作『ええにょぼ』の戸田菜穂、第70作『天花』の藤澤恵麻、『ふたりっ子』と第79作『だんだん』の三倉茉奈、第99作『まんぷく』の安藤サクラ、そして第1作『娘と私』の北林早苗が花を添え、"朝ドラ史"へのオマージュとした。

　『おはなはん』の樫山文枝の爆発的人気をきっかけに、朝ドラは新人の登竜門となった。『なつぞら』にゲスト出演した元ヒロインたちのほかにも、大竹しのぶ（第15作『水色の時』）、紺野美沙子（第26作『虹を織る』）、沢口靖子（第34作『澪つくし』）、斉藤由貴（第36作『はね駒』）、鈴木京香（第46作『君の名は』）、宮﨑あおい（第74作『純

情きらり』）、尾野真千子（『カーネーション』）ほか、現在も第一線で活躍する多くの才能を輩出している。

　朝ドラにはご当地ドラマの側面もある。『おはなはん』でロケ地となって大フィーバーが巻き起こった愛媛県大洲市を皮切りに、前述した『おしん』や『あまちゃん』のロケ地には多くの朝ドラファンが訪れた。ドラマに映し出される舞台地の風景、故郷を思い出させるお国言葉など、地方

『純ちゃんの応援歌』（1988年度）→P61

『どんど晴れ』（2007年度）→P64

『ちりとてちん』（2007年度）→P64

『本日も晴天なり』（1981年度）→P60

『ええにょぼ』（1993年度）→P62

『天花』（2004年度）→P63

『だんだん』（2008年度）→P64

『まんぷく』（2018年度）→P66

色豊かに描くことで、それぞれの地域の魅力を発信してきた。第80作の『つばさ』が埼玉を舞台に描かれたことで、朝ドラの舞台は全国47都道府県を一巡した。

『虹を織る』(1980年度) → P60

『はね駒』(1986年度) → P60

『ひまわり』(1996年度) → P62

『つばさ』(2009年度) → P64

　女性の一代記が朝ドラの定番として描かれるようになると、ヒロインの生き方や職業にも注目が集まった。大正から昭和の時代に飛行士を目指す女性を描いた第17作『雲のじゅうたん』(1976年度前期)。その後、新聞記者(第36作『はね駒』)、弁護士(第54作『ひまわり』)、大工(第58作『天うらら』)、気象予報士(第67作『まんてん』・第104作『おかえりモネ』)、落語家(第77作『ちりとてちん』)、ファッションデザイナー(第85作『カーネーション』)、医師(第49作『ええにょぼ』・第86作『梅ちゃん先生』)、パティシエ(第92作『まれ』)、アニメーター(第100作『なつぞら』)、陶芸家(第101作『スカーレット』)など、さまざまな職業が取り上げられた。戦後の女性の社会進出や1986年の男女雇用機会均等法の施行などを背景に、女性の生き方の変化や価値観の多様化がドラマにも色濃く反映している。

『雲のじゅうたん』(1976年度) → P59

『天うらら』(1998年度) → P62

『まんてん』(2002年度) → P63

『スカーレット』(2019年度) → P66

　第101作『スカーレット』(2019年度後期)では、『まんぷく』の安藤サクラ、『なつぞら』の広瀬すずに続き、3作連続でオーディションなしで戸田恵梨香がヒロインに選ばれた。放送が後半に差し掛かった2020年は新型コロナウイルスが世界的な感染の広がりを見せ、日本では1月に初めての感染者が確認されたことから、『スカーレット』では感染拡大防止の観点から報道陣には非公開でクランクアップを迎えた。

　2020年春に放送をスタートした第102作『エール』は、昭和の名曲の数々を生み出した作曲家古関裕而の人生をヒントに、福島出身の作曲家とその妻が互いを思いやりながら二人三脚で歩んだ人生を描いた。しかし、出演していた志村けんが、3月にコロナウイルス感染症による肺炎を発症。放送開始前日の3月29日に死去し、芸能界に激震が走った。4月1日から感染防止の観点から『エール』の収録を一時休止。それに伴って6月29日より新規放送を中断、第1話からの再放送に切り替えた。番組収録を6月中旬に再開し、放送も9月14日から再開された。最終回は11月27日にずれ込み、第103作『おちょやん』の放送スタートは11月30日となった。

『エール』(2020年度) → P66

『おちょやん』(2020〜2021年度) → P66

『純情きらり』(2006年度) → P64

『おかえりモネ』(2021年度) → P66

　また『エール』より、これまでの(月〜土)の放送を(月〜金)に変更し、土曜をその週のダイジェストとし、バナナマンの日村勇紀がナビゲーターとして1週間を振り返った。"なにわのお母ちゃん"と慕われた上方女優・浪花千栄子をモデルに描いた『おちょやん』では、語りの桂吉弥が土曜のナビゲーターを務めた。さらに東日本大震災から10年の節目に放送された第104作『おかえりモネ』では、舞台地である宮城出身のサンドウィッチマンがMCとして登場。ヒロインのモネが故郷に戻り、気象予報士として地域に貢献していくまでを、ご当地出身者ならではの視点で見守った。

連続テレビ小説

第105作『カムカムエヴリバディ』(2021年度後期)は、岡山、大阪、京都を舞台に3世代の女性たちが紡いでいく100年のファミリーストーリー。脚本は『ちりとてちん』(2007年度後期)を手がけた藤本有紀。昭和、平成、令和の各時代を生きる3人の主人公(安子、娘のるい、孫のひなた)を、上白石萌音、深津絵里、川栄李奈がそれぞれ演じるのは朝ドラ初の試み。物語は日本でラジオ放送が始まった1925年からスタートする。さまざまな試練にぶつかりながらも、自分らしい生き方を見いだしていく3人の姿を描いた。その傍らに常に寄り添う形で登場したのが、NHKの語学番組「英語会話」。番組タイトルは戦後に大ブームを巻き起こした平川唯一が講師をつとめた『英語会話』の主題歌からとったもの。ドラマではさだまさしが平川唯一役で出演、劇中に流れるテーマ曲(作曲:金子隆博)を日本ジャズ界のレジェンド渡辺貞夫が演奏するなど、多くの話題を提供。物語は、最終週に2025年という未来のエピソードを描いて感動のエンディングを迎えた。

2022年、沖縄本土復帰50年を記念して制作された番組が第106作『ちむどんどん』(2022年度前期)。沖縄が舞台になるのは『ちゅらさん』(2001年度前期)、『純と愛』(2012年度後期)以来。ヒロインの暢子は強いきずなで結ばれた4人兄妹の次女。ふるさとの「食」に自分らしい生き方を見いだし、傷つき励まし合いながらもおとなの階段を上っていく成長と家族の物語である。「ちむどんどん」とは沖縄の言葉で「胸がワクワクすること」。脚本は『マッサン』(2014年度後期)の羽原大介、主演は沖縄出身の黒島結菜。ほかにも暢子の母を仲間由紀恵、語りをジョン・カビラが担当。主題歌は三浦大知が"家族の光"をテーマに制作した「燦燦」(作詞:三浦大知・作曲:UTA・三浦大知)を歌うなど、沖縄出身者が多数かかわった。

第107作『舞いあがれ!』(2022年度後期)は、ものづくりの町・東大阪と、長崎の五島列島が舞台。母の故郷・五島列島で大空に舞い上がる「ばらもん凧」にみせられ、空高く飛びたいという夢を抱いた少女の成長物語だ。脚本は桑原亮子、嶋田うれ葉、佃良太。ヒロイン・岩倉舞を演じるのは福原遥。舞は航空学校の最終試験にも合格し、パイロットの夢をかなえたが、父親の急逝もあり実家の町工場の再生に力を尽くす道を選ぶ。さらに町工場同士をつなぐ会社を起業し、やがて大学サークルの仲間と「空飛ぶクルマ」実現に向けて歩みだす。かつて女性の進出がむずかしいとされていた分野に、気負うことなく果敢に挑戦するヒロインの姿が共感を呼んだ。また舞の幼なじみでやがて夫となる貴司が作る短歌もSNSで話題となり、歌人の俵万智が返歌を投稿するなど、短歌ブームの一翼を担った。作中のすべての短歌は歌人でもある桑原亮子の作。五島列島での「ばらもん凧」を揚げるシーン、大学生が手作りした人力飛行機のフライトシーン、航空学校でのパイロット訓練、町工場で製品が作り出される過程など、リアルな再現にも注目が集まった。

第108作『らんまん』(2023年度前期)は、高知県出身の植物学者・牧野富太郎の人生をモデルとしたオリジナルストーリー。幕末から明治、大正そして昭和へと移り変わる激動の時代、愛する植物のために情熱的に突き進む主人公・槙野万太郎を神木隆之介が演じた。日本の

『ちむどんどん』(2022年度)→P66　　『舞いあがれ!』(2022年度)→P66

『カムカムエヴリバディ』(2021年度)→P66

『らんまん』（2023年度）→ P66

『ブギウギ』（2023年度）→ P66

『虎に翼』（2024年度）→ P66

『おむすび』（2024年度）→ P67

植物学の黎明期、日本の植物図鑑を作るという夢を実現させた万太郎と、彼を支え続けた妻・寿恵子の夫婦の物語として深い共感を呼んだ。物語を彩ったのが多種多様な草花。撮影時期と実際に花が咲く時期が一致しないため、本物を入手したうえで精巧なレプリカが作られ、植物採集のシーンなど、さまざまな場面で使われた。また坂本龍馬（ディーン・フジオカ）、中濱（ジョン）万次郎（宇崎竜童）のほか、当時の民権運動家のイメージを重ね合わせた架空の人物・早川逸馬（宮野真守）など、歴史上の人物を登場させることで時代背景に臨場感を持たせた。同年の第74回『NHK紅白歌合戦』では寿恵子を演じた浜辺美波が司会を担当、あいみょんが歌うドラマ主題歌「愛の花」をゲスト出演した神木隆之介と聞き入った。

　第109作『ブギウギ』（2023年度後期）は、戦後の大ヒット曲「東京ブギウギ」で知られる歌手・笠置シヅ子をモデルに描いた作品。戦後の日本を明るく照らしたスターの足跡を、歌とダンスシーンをふんだんに盛り込んで描いた。ヒロインオーディションは歌も踊りも披露することを前提に実施し、2471人の中から趣里が選ばれた。ドラマの音楽を担当するのは、「東京ブギウギ」ほか笠置シヅ子の楽曲を数多く手がけた作曲家・服部良一の孫、服部隆之。主題歌「ハッピー☆ブギ」（作詞・作曲：服部隆之）には、中納良恵（EGO-WRAPPIN'）、さかいゆうとともに趣里も参加した。ドラマではヒロイン福来スズ子のヒット曲はもちろん、ヒロインが在籍した梅丸少女歌劇団のモデルとされるOSK日本歌劇団の男役スター翼和希のダンスや、同時代に活躍したブルースの女王・淡谷のり子をモデルとした茨田りつ子を演じた菊地凛子の「別れのブルース」など、歌と踊りがたっぷり楽しめる朝ドラとなった。

　第110作『虎に翼』（2024年度前期）の主人公・猪爪寅子のモデルは、日本初の女性弁護士でのちに裁判官となった三淵嘉子。奇しくも前作『ブギウギ』の主人公のモデルとなった笠置シヅ子と同じ大正3年生まれの女性である。日本史上で初めて法曹の世界に飛び込んだ寅子が、女性が社会的存在として認められない時代に、仲間たちと手を携え道なき道を切り開き、迷える子どもや女性たちに手を差し伸べる姿を描く。実話に基づく骨太なオリジナルストーリーを追いながら、裁判の審理の過程も描くリーガルエンターテインメントとなった。タイトルの「虎に翼」とは、中国の法家・韓非子の言葉で、「鬼に金棒」と同じく「強い上にもさらに強さが加わる」という意味。五黄の寅年生まれで、"トラママ"と呼ばれたという三淵嘉子にちなんだもの。脚本は吉田恵里香。ヒロイン・寅子を演じるのは『ひよっこ』（2017年度前期）で米屋の娘・米子役で大きなインパクトを残した伊藤沙莉。語りは『カーネーション』（2011年度後期）でヒロインをつとめた尾野真千子が担当した。

　『らんまん』から3作品続けて実在の人物をモデルに過去の時代を描いた朝ドラが続いたが、第111作『おむすび』（2024年度後期）は、平成に物語の舞台を移したオリジナルストーリーとなる。橋本環奈演じるヒロイン・米田結は、どんな困難も「明るくたくましく乗り越える」がモットーの平成ギャル。人々の健康を支える栄養士となり現代人が抱える問題を"食の知識とコミュ力"で解決しながら、縁や人、時代を次々に結んでいく。脚本は『ドラマ10』の「正直不動産」が話題を呼んだ根本ノンジ。2025年度前期は『あんぱん』。「アンパンマン」を生み出したやなせたかしと小松暢の夫婦をモデルに描く愛と勇気の物語。ヒロインは今田美桜、脚本は中園ミホが手がける。

連続テレビ小説 | 定時番組

1960年代

娘と私 〈第1作〉 1961年度

昭和初期から戦後、フランス人の先妻との間に生まれた一人娘が結婚するまでを見守る「私」の自叙伝。娘の成長を通して、芸術を仕事とする「私」のかっとうや娘との関係性、新しく迎えた妻とのすれ違いなどを丹念に描いた。作家・獅子文六の自伝的小説の連続ラジオドラマを映像化。原作：獅子文六。脚本：山下与志一。音楽：斎藤一郎。語り：北沢彪。出演：北沢彪、小林美七子、加藤道子、北林早苗、北城由紀子、山岡久乃ほか。

あしたの風 〈第2作〉 1962年度

舞台は瀬戸内の小豆島。安江と文吉夫婦のところに姪（めい）の音枝や孤児の文吉らが身を寄せる。安江の姿を通して、人々の愛と善意を描いた。壺井栄の短編「風」「右文覚え書」「母のない子と子のない母と」「ともしび」「あしたの風」「雑居家族」「妻の座」「若い樹々」などを一つの長編物語に仕立てた。原作：壺井栄。脚本：山下与志一。音楽：斎藤高順。語り：竹内三郎。出演：渡辺富美子、増田順司、小畑絹子、長島光男ほか。

あかつき 〈第3作〉 1963年度

大学教授の職を捨て、画業に打ち込む佐田正之助と、彼を見守る妻や子どもたちの愛情と信頼に満ちた家族像を通して、日本人の生き方を描いた。武者小路実篤の小説「幸福な家族」をベースに、一連の家族ものをひとつにまとめ脚色。原作者本人も作家仲間の役としてゲスト出演した。原作：武者小路実篤。脚本：山下与志一。音楽：斎藤一郎。語り：平光淳之助。出演：佐分利信、荒木道子、小山源喜、河口洋子、塚本信夫、飯田桂子ほか。

うず潮 〈第4作〉 1964年度

貧しい生活にもくじけず、明るくたくましく生き抜き、戦後、作家になる夢に情熱を燃やし続けたフミ子。親孝行を忘れず、恋人への慕情を残しながらも夫との愛情を育て、作家として大成するまでの波乱万丈の人生を描いた。作家・林芙美子の小説からのエピソードをベースに脚色。原作：林芙美子。脚本：田中澄江。音楽：田中正史。語り：白坂道子。出演：林美智子、日高澄子、茅島成美、桜田千枝子、紅新子、渡辺文雄、津川雅彦ほか。

たまゆら 〈第5作〉 1965年度

退職後の第二の人生の門出にと「古事記」を手に旅に出る直木良彦。宮崎、京都、鎌倉など神話や歴史に縁ある町を舞台に、退職後の良彦の心の揺れ動きや妻との関係、子どもたちの仕事や恋、結婚など、家族それぞれが幸せを探す姿を描いた。川端康成が初めてテレビドラマ用に書き下ろした。原作：川端康成。脚本：山田豊、尾崎甫。音楽：崎出伍一。語り：坂本和子。出演：笠智衆、亀井光代、勝呂誉、光本幸子、長浜藤夫ほか。

おはなはん 〈第6作〉 1966年度

底抜けの明るさとユーモアを持った女性・浅尾はな。愛称おはなはん。女学校卒業を機に軍人と結婚し子どもも生まれたが、夫が病死したことで、はなは医学を志し助産師となる。2人の子どもを育てながら、明治、大正、昭和の時代を、たくましく、周囲に笑いと力と幸福を与えながら生き抜いた女性の一代記を描いた。原作：林謙一。脚本：小野田勇。音楽：小川寛興。語り：永井智雄。出演：樫山文枝、高橋幸治、津川雅彦ほか。

旅路 〈第7作〉 1967年度

幼い頃から鉄道にあこがれ国鉄職員として生きた室伏雄一郎と妻・有里。愛情深い夫婦を中心に2人をとりまく人々の群像を織り交ぜながら、北海道、東京、大阪、京都、三重を舞台にして、大正から昭和にかけた変動期を、素朴に力強く、平凡に生きることの幸せをつづった。作：平岩弓枝。音楽：依田光正。語り：山内雅人。出演：日色ともゑ、横内正、宇野重吉、久我美子、長山藍子ほか。

あしたこそ 〈第8作〉 1968年度

大学入学、卒業、就職、結婚と、壁にぶつかりながらも、人一倍のファイトと行動力をもって成長していこうとする香原摂子。そんな娘に理解を示すうちに、いつしかひとりの女性として生きる知恵を得ていく母。世代の異なる人々が、それぞれ成長していく姿を明るく描いた。女性の社会進出の世相を反映。"朝ドラ"初のカラー放送。原作：森村桂。脚本：橋田壽賀子。音楽：桑原研郎。語り：川久保潔。出演：藤田弓子、中畑道子ほか。

信子とおばあちゃん 〈第9作〉 1969年度

陽気で行動的な小宮山信子は、教師を目指していたが、不慮の事故から大学受験を断念。その後上京し、明治生まれのおばあちゃんや周囲の人たちに励まされながら、逆境を耐え抜き、強く明るく生きていく。年齢が離れた2人の"おんなの生き方"や登場人物それぞれの悩みや小さなトラブルなども丹念に描かれた。原作：獅子文六。脚本：井手俊郎。音楽：田中正史。語り：青木一雄。出演：大谷直子、毛利菊枝、加藤道子ほか。

1970年代

虹 〈第10作〉 1970年度

大学講師の三谷かな子は、戦時中、病弱で世間の脚光をあびることを好まない考古学者の夫と4人の子どもを抱えて疎開。節約を家訓とする夫の父母のもとで、豆腐の切り方まで指図をうける日々を過ごす。戦後は家計を助け、子どもたちを育て上げ、がむしゃらに生き抜いていく。戦中戦後の混乱期、かな子がたどった道を明るく描いた作品。作：田中澄江。音楽：広瀬量平。語り：白坂道子。出演：南田洋子、仲谷昇、小柳ルミ子ほか。

繭子ひとり 〈第11作〉 1971年度

両親と離れて育った娘・加野繭子が、故郷の青森・八戸の高校を卒業後に上京し、自分を捨てた母を捜し歩く。雑誌記者の仕事についた繭子は、母を捜す一方で、編集長・北川隆史との恋にも悩む。けなげに生きる中で、繭子がさまざまな人間とふれあい、心の成長を遂げていく様子を描いた。原作：三浦哲郎。脚本：高橋玄洋。音楽：柳沢剛。語り：石坂浩二。出演：山口果林、草笛光子、北林谷栄、露口茂、石橋正次、冨士眞奈美ほか。

藍より青く　〈第12作〉 1972年度

太平洋戦争のさなかに結婚し、18歳で夫を失った田宮真紀。息子を夫の忘れ形見に、終戦後を生きていく。熊本・天草から上京した真紀は、同じく戦争で夫を亡くした女性を集めて商売の道へ。苦しい時代を、前向きに力強く生き、やがて中国料理店を開業し成功する姿を描いた。作：山田太一。音楽：湯浅譲二。語り：中畑道子、丹阿弥谷津子。出演：真木洋子、高松英郎、佐野浅夫、赤木春恵、大和田伸也、田村高廣、米倉斉加年ほか。

北の家族　〈第13作〉 1973年度

北海道・函館港の5人家族に育った佐々木志津は、父と兄の確執に悩んでいた。やがて父が起こした事故が一家にとって経済的な打撃となり、父は失踪。家族は、金沢にある母の実家などを転々とする。さまざまな試練に直面する家族のさすらいを通して、現代において家族とは何かを問いかけた。作：楠田芳子。音楽：三枝成彰。語り：緒形拳。出演：高橋洋子、左幸子、清水章吾、下元勉、南風洋子、西田敏行ほか。

鳩子の海　〈第14作〉 1974年度

広島の原爆のショックで記憶を失い、瀬戸内海の港町に迷い込んだ鳩子。船宿の時子に育てられるが、鳩子には命の恩人・矢部天兵の記憶が。成長した鳩子と矢部との再会をきっかけに、鳩子の人生は大きく動き出す。困難にもめげずに明るく生きる女性の半生を描いた。少女時代を演じた斎藤こず恵が人気に。作：林秀彦ほか。音楽：冬木透。出演：藤田美保子（主演・語り）、斎藤こず恵、小林千登勢、夏八木勲ほか。

水色の時　〈第15作〉 1975年度

高校生の松宮知子は、凍死寸前だった青年を助けたことと、看護師として働く母の影響もあり、医学の道を志す。自分や弟2人の進学・独立で、寂しさを感じた知子に、母は家族の意味を語る。北アルプスに囲まれた信州松本を舞台に、青春真っ盛りの若者たちと親たちの世代を超えた心の交流を描いた。作：石森史郎。音楽：桑原研郎。語り：岸田今日子。出演：大竹しのぶ、篠田三郎、香川京子、米倉斉加年、佐久田修、大滝秀治ほか。

おはようさん　〈第16作〉 1975年度

OLになった18歳の殿村鮎子は、母の再婚で姉になった雑誌記者の彩子と姉の友人・美紀の3人で、割り勘の共同生活を始める。大阪の街を舞台に、3人の若い女性たちが、恋や友情や仕事の中で、次第に新しい連帯感を得ていく姿を、明るくユーモラスに描いた青春讃歌。原作：田辺聖子。脚本：松田暢子。音楽：奥村貢。出演：秋野暢子（主演・語り）、中田喜子、三田和代、正司歌江、西山嘉孝、山城新伍、大村崑、藤村志保ほか。

雲のじゅうたん　〈第17作〉 1976年度

大正時代、秋田の女学校を卒業した小野間真琴は「飛行機で空を飛びたい」という夢を持ち、頑固な父の大反対を押し切って飛行学校に紅一点で入学。海軍少尉への恋に悩みながらも、厳しい訓練を経て操縦士の試験に合格。明るく元気に夢を追い続けた女性飛行士の半生を明るいタッチで描いた。作：田向正健。音楽：坂田晃一。語り：田中絹代。出演：浅茅陽子、中条静夫、船越英二、高松英郎、志垣太郎ほか。

火の国に　〈第18作〉 1976年度

大学で音楽を学んでいた桜木香子は、やがて家業の造園に心をひかれ始め、大学を中退。熊本・阿蘇で造園師としての修業を積みながら、人間と自然の調和を見いだす「自然王国」造りに夢をかける。獣医師との恋愛などの青春模様と共に、造園業を営む父・壮吉を大黒柱とする大家族の生き方を描いた。作：石堂淑朗。音楽：田中正史。語り：渡辺美佐子。出演：鈴鹿景子、山内賢、堀雄二、河東けい、河原崎建三、田辺靖雄、笠智衆ほか。

いちばん星　〈第19作〉 1977年度

山形・天童に生まれた佐藤千夜子は、父の猛反対にあいながらも東京の女学校に編入。作曲家・中山晋平と出会い声楽の修業に励むことに。明治から昭和にわたり、苦難の放浪の末、スター歌手となった"日本の流行歌手第1号"佐藤千夜子の波乱に満ちた半生をフィクションを交えて描いた。原作：結城亮一。脚本：宮内婦貴子。音楽：小森昭宏。語り：三國一朗。出演：高瀬春奈、五大路子、伴淳三郎、津川雅彦、木内みどり、柳生博ほか。

風見鶏　〈第20作〉 1977年度

大正初期、和歌山・太地で生まれ育った松浦ぎんは、負傷したドイツ人パン職人ブルックマイヤーを浜辺で助ける。神戸で再会して結婚したぎんは、夫婦でドイツパン店を開業。夫は息子と共に一時帰国するが、戦争で一家は離れ離れに。2人の帰りを信じ、ぎんはパン作りに精を出す。在日外国人から"われらの母"と慕われた女性の一代記。作：杉山義法。音楽：奥村貢。語り：八千草薫。出演：新井春美、慕目良、大木実ほか。

おていちゃん　〈第21作〉 1978年度

東京の下町で、芝居小屋の座付き作家のもとに生まれ育った大沢てい子。新劇と運命の出会いをしたことで、芝居の世界にのめりこんでいく。大正・昭和の中で傷つきながらも夢と希望を失わず幸せを追い求めるてい子の姿と、下町の人情や家族の愛を描いた。女優・沢村貞子のエッセー「私の浅草」をドラマ化。原作：沢村貞子。脚本：寺内小春。音楽：玉木宏樹。語り：相川浩。出演：友里千賀子、長門裕之、日色ともゑ、坂東八十助ほか。

わたしは海　〈第22作〉 1978年度

瀬戸内で生まれた川村ミヨは、一家を支えるために京都のカフェで働くが、やがて身寄りのない子どもたちと共に帰郷。昭和初期から終戦の混乱期までの激動の時代、多くの子どもたちを育て、明るく自由に生きた女性の波乱に富んだ半生を、美しい瀬戸内の海を背景に描いた。作：岩間芳樹。音楽：南安雄。語り：倍賞千恵子。出演：相原友子、辰巳柳太郎、有島一郎、中原ひとみ、坂本スミ子、小野進也、大和田獏、三沢慎吾ほか。

マー姉ちゃん　〈第23作〉 1979年度

福岡で生まれ育った磯野家三姉妹、マリ子、マチ子、ヨウ子。父を亡くした三姉妹は母を連れ昭和9年に上京。マチ子は、田河水泡に弟子入りし漫画家となり、マリ子は出版社を立ち上げる。戦争の時代をたくましく生き抜き、戦後「サザエさん」が誕生するまでをコミカルに描いた家族の生活史。原作：長谷川町子。脚本：小山内美江子。音楽：大野雄二。語り：飯窪長彦。出演：熊谷真実、田中裕子、藤田弓子、早川里美ほか。

鮎のうた　〈第24作〉 1979年度

幼い時に母を亡くし、17歳で帰郷の滋賀・長浜から大阪へ出た浜中あゆ。船場の糸問屋に奉公し、周囲の人々に助けられながら、さまざまな困難や苦労を持ち前の明るさで乗り越え、やがて大問屋を支えるご寮さん（女主人）になっていく。琵琶湖の鮎のように、激しい流れにももまれながら成長していく女性の半生を描いた。作：花登筺。音楽：小倉博。語り：フランキー堺。出演：山咲千里、ミヤコ蝶々、仲真貴、吉永小百合ほか。

1980年代

なっちゃんの写真館　〈第25作〉 1980年度
徳島の由緒ある写真館の一人娘・西城夏子。学生時代はテニスに夢中だった夏子は、やがて写真に目覚め、父の猛反対を押し切って上京。カメラマンを志して写真学校に入学。後に夫となる亮平と出会い、家業の写真館を受け継ぐ。仕事と家庭をみごとに両立させた女性の戦中戦後の奮闘記。モデルは、写真家・立木義浩の母。作：寺内小春。音楽：宮本光雄。語り：川久保潔。出演：星野知子、滝田栄、萬田久子、大友柳太朗、林美智子ほか。

虹を織る　〈第26作〉 1980年度
山口・萩に生まれた島崎佳代は、女学校最後の夏休み旅行で見た宝塚少女歌劇団の舞台に魅せられ、入団を決意。厳しいレッスンを乗り越え、晴れて劇団員となる。やがて戦局が悪化し劇場は閉鎖され、やむなく退団。常に新しい生き方を求めつづけた女性の半生を、詩情とユーモアを交えて明るく描いた。作：秋田佐知子。音楽：田中正史。語り：井上善夫。出演：紺野美沙子、高松英郎、長門裕之、新珠三千代、水野久美、岩本多代ほか。

まんさくの花　〈第27作〉 1981年度
秋田・横手で生まれ育った中里祐子は、油絵を学びたいと東京の美術大学受験に挑戦するが失敗。そのままクリーニング店に住み込んで浪人生活を送ることに。おっちょこちょいで陽気な女店主の絹江に支えられながら、就職、失恋など数多くの体験を通して、明るくたくましく育っていく女性の2年間を描いた。作：高橋正圀。音楽：桑原研郎。語り：中村明美。出演：中村明美、生井健夫、倍賞千恵子、平淑恵、横山万里子、下川辰平ほか。

本日も晴天なり　〈第28作〉 1981年度
東京・人形町で育った桂木元子は、戦時中の人材不足の折、放送局が募集した初の女子放送員に合格。31名の女性アナウンサーの一人として入局を果たすが、1年で終戦となり失業。戦後はルポライター、そして作家への道を歩んでいく。仕事に生きがいを求め、意欲を持って生きた昭和女性の奮闘記。作：小山内美江子。音楽：三枝成彰。語り：青木一雄。出演：原日出子、津川雅彦、宮本信子、鹿賀丈史、牧伸二、小柳英理子ほか。

ハイカラさん　〈第29作〉 1982年度
明治時代、海外留学を終えアメリカから帰国したハイカラ娘・野沢文。船中で出会った桐原次郎太と再会し意気投合。2人で当時珍しかった外国人のためのホテル作りにまい進する。明治女性のたくましい生き方と、共に同じ道を歩む夫との夫婦愛を、文明開化から富国強兵へと激変する時代を背景に描いた。作：大藪郁子。音楽：千野秀一。語り：川久保潔。出演：手塚理美、木村四郎、三國一朗、藤村志保、ジュディ・オングほか。

よーいドン　〈第30作〉 1982年度
昭和初期の大阪。北浜の株仲買商の娘として生まれた浦野みおは、走る能力を見出されオリンピックへの夢を抱くが、実家の倒産で夢を断念。道頓堀の芝居茶屋でお茶子として働き始める。その後、舞鶴の駅弁店で働き、結婚し出産、戦後再び道頓堀で店を開く。人生のマラソンを走り抜く、なにわ女の半生記。作：杉山義法。音楽：高山光晴。語り：真屋順子。出演：藤吉久美子、南田洋子、新井春美、大木実、馬渕晴子、山田吾一ほか。

おしん　〈第31作〉 1983年度
明治34年、山形の寒村に生まれた谷村しん。家は貧しく、7歳で奉公に出される。明治、大正、昭和、現代に至る80余年の激しい時代のうねりを背景に、しんが、奉公、髪結い修業、結婚、戦争、スーパー経営などのさまざまな辛酸をなめながら、女性としての生き方、家族のありようを模索しつつ必死に生きる姿を描いた。作：橋田壽賀子。音楽：坂田晃一。語り：奈良岡朋子。出演：乙羽信子、田中裕子、小林綾子、北村和夫ほか。

ロマンス　〈第32作〉 1984年度
北海道出身の加治山平七は、東京で活動写真と出会い、仲間たちと共に切さたく磨しながら映画作りにまい進する。のちに映画監督になった平七だが、映画はトーキーへと移り変わっていく。大正から昭和の初めにかけて、映像文化の誕生に情熱を注いだ青年たちの夢、輝きや絶大なエネルギーを、笑いを基調に描いた。作：田向正健。音楽：山本直純。語り：八千草薫。出演：榎木孝明、辰巳琢郎、樋口可南子、小宮久美子ほか。

心はいつもラムネ色　〈第33作〉 1984年度
戦前戦後の大阪。人の笑顔が好きな赤津文平は、興行会社の社長から漫才の台本を書くことを勧められ、徐々に笑いの世界にのめり込む。漫才を愛した文平のユーモアと機知に富んだ、さわやかな半生を軸として、いつまでも青春の心を失わない人たちの友情と夫婦愛、笑いの昭和史を明るく描いた。作：冨川元文。音楽：朝川朋之。語り：ミヤコ蝶々。出演：新藤栄作、藤谷美和子、美木良介、真野あずさ、中村嘉葎雄、野川由美子ほか。

澪つくし　〈第34作〉 1985年度
昭和初期、"商人＝陸者"と"漁師＝海者"が対立する千葉県・銚子。老舗のしょうゆ醸造店の娘・古川かをると網主の長男・惣吉は恋に落ちるが、両家は陸者と海者の家柄だった。古いしきたりをのりこえて育まれる2人の純愛と、老舗を守り抜く旧家の人々の絆を波乱万丈に描いた。作：ジェームス三木。音楽：池辺晋一郎。語り：葛西聖司。出演：沢口靖子、川野太郎、津川雅彦、加賀まりこ、草笛光子、柴田恭兵、明石家さんまほか。

いちばん太鼓　〈第35作〉 1985年度
昭和40年代、親子三代の演劇一座に育てられた沢井銀平は、自らの出生の秘密を知る。銀平が実の母を捜しながら、大衆演劇の新しい旗手となるまでを九州と大阪を舞台に描き、親子の絆、新しい家族像を探った。「いちばん太鼓」とは、芝居が幕を開ける合図に、打ち鳴らす太鼓のこと。作：井沢満。音楽：大野雄二。語り：加藤治子。出演：岡野進一郎、三田寛子、渡辺美佐子、芦屋雁之助、上原謙、三林京子、馬渕晴子ほか。

はね駒　〈第36作〉 1986年度
福島・相馬に育った橘りんは、仙台の女学校で英語を学び広い世界に憧れ上京。夫との結婚・出産を経て、自ら新聞記者の道をひらく。新しい時代を生きようとするりんと、女の生き方と節度を教える母を対比させ、家族愛に満ちた、かったつな女性の半生を描いた。明治から大正にかけて活躍した女性記者、磯村春子がモデル。作：寺内小春。音楽：三枝成彰。語り：細川俊之。出演：斉藤由貴、樹木希林、渡辺謙、沢田研二ほか。

都の風　〈第37作〉　1986年度

京都の繊維問屋に生まれ何不自由なく育った竹田悠（はるか）は、店の後継ぎのことで父に反抗し家出。大阪の大衆食堂で働き、生きる知恵と情熱を身につける。戦後、結婚しファッションの世界で活躍する。持ち前の才気とバイタリティーで、戦中・戦後の動乱期を駆け抜けた京娘の青春快走記。作：重森孝子。音楽：中村滋延。語り：藤田弓子。出演：加納みゆき、松原千明、黒木瞳、柳葉敏郎、西山嘉孝、久我美子、村上弘明ほか。

チョッちゃん　〈第38作〉　1987年度

北海道・滝川の大自然の中で自由に育った北山蝶子。父の反対を押し切って音楽学校に進んだ蝶子は、天才バイオリニストと運命的に出会い結婚し、2人の子どもの母に。戦時色が濃くなる中、さまざまな困難を天真らんまんに乗り越え、成長していく蝶子の半生を明るく描いた。原作は黒柳徹子の母の自伝。原作：黒柳朝。脚本：金子成人。音楽：坂田晃一。語り：西田敏行。出演：古村比呂、世良公則、佐藤慶、由紀さおり、役所広司ほか。

はっさい先生　〈第39作〉　1987年度

昭和初期、東京・浅草に生まれ育った江戸っ子・早乙女翠（みどり）は、大阪の男子中学の英語教師に。言葉や文化の違い、根強い男尊女卑の壁にぶちあたるが、どんな困難も元気はつらつと乗り越えていく。底抜けに明るい夫と幸せな家庭を築きながら、理想の教育を求めて突っ走った女性版「坊ちゃん」。作：高橋正圀。音楽：南安雄。語り：樫山文枝。出演：若村麻由美、渡辺徹、中村嘉葎雄、平淑恵、真野あずさ、岸部一徳ほか。

ノンちゃんの夢　〈第40作〉　1988年度

戦後の混乱期、「女性のための雑誌」を作りたいとの夢を抱く結城暢子（のぶこ）。物資不足や女性の社会進出の難しさなど苦戦を強いられるが、出版社の同僚で後に夫となる武野博史など周囲の人々の励ましと自らの情熱により、念願の雑誌刊行に。女性の社会進出が困難な時代に活躍するキャリアウーマンの青春物語。作：佐藤繁子。音楽：渡辺俊幸。語り：中村メイコ。出演：藤田朋子、中村梅之助、山下真司、丘みつ子、山田邦子ほか。

純ちゃんの応援歌　〈第41作〉　1988年度

戦後の関西を舞台に、弟思いで野球の大好きな明るく快活な小野純子は、父の死後、一家の大黒柱として弟たちを支える。結婚後は、甲子園球場近くに旅館を開業し「高校球児の母」と呼ばれる女将（おかみ）として活躍。家族と野球をこよなく愛した純子の決意と奮闘を描いた涙と笑いと哀愁の物語。作：布勢博一。音楽：朝川朋之。語り：杉浦直樹。出演：山口智子、高嶋政宏、川津祐介、伊藤榮子、桂枝雀、笑福亭鶴瓶、白川由美ほか。

青春家族　〈第42作〉　1989年度

デパートで20年働き続けた団塊世代の母と、漫画家志望の娘。母娘のぶつかり合い、父の単身赴任、恋愛、一人暮らしなど、さまざまな出来事や人との出会いによって、異なる世代の女性2人がお互いを理解し成長していく。東京と西伊豆を舞台に、現代家族のあり方を、明るくさわやかに描いた。作：井沢満。音楽：羽田健太郎。語り：杉浦圭子。出演：いしだあゆみ、清水美砂、橋爪功、陣内孝則、遥くらら、所ジョージほか。

和っこの金メダル　〈第43作〉　1989年度

昭和30年代。高校でバレーボール部のエースとして活躍した秋津和子。大阪の就職先でもバレーボールに打ち込むが、不況のため部は解散。それでもくじけず、地域医療の道へと進む。"東洋の魔女"のような名選手にはなれなかったが、自分なりの「人生の金メダル」を目指した女性の半生記。作：重森孝子。音楽：田村洋。語り：立子山博恒。出演：渡辺梓、田村高廣、吉村実子、竜雷太、桂三枝、桂小米朝、新藤栄作、荒井紀人ほか。

1990年代

凛凛と　〈第44作〉　1990年度

ラジオもなかった大正時代。富山県・魚津の農家に生まれた畠山幸吉は、富山湾に浮かぶ「しんきろう」をヒントに、電気映像（テレビジョン）の開発を志す。上京して大学の理工科で学び、英国へ留学、テレビの開発に情熱を注ぐ。家族や仲間たちとのさわやかな青春を描く。テレビの開発者・川原田政太郎がモデル。作：矢島正雄。音楽：堀井勝美。語り：荻野目洋子。出演：田中実、荻野目洋子、野村宏伸、松山英太郎、真野響子ほか。

京、ふたり　〈第45作〉　1990年度

130年続く老舗の京漬物店。跡取り娘・中村愛子のもとに、幼い頃に別れた母が18年ぶりに帰ってきた。店を切り盛りするしゅうとやしゅうとめに口うるさく言われながらも、けなげに店になじもうとする母。長年離れていた母娘のわだかまりやかっとうを軸に、家族が絆を取り戻すまでを京都の町を背景に描いた。作：竹山洋。音楽：高橋洋一。語り：野際陽子。出演：山本陽子、畠田理恵、中条静夫、篠田三郎、范文雀ほか。

君の名は　〈第46作〉　1991年度

昭和20年5月。激しい空襲の中、東京・有楽町で運命的に出会った氏家真知子と後宮春樹。半年後に数寄屋橋で再会する約束をして別れたが、思い合いながらも再会がかなわない2人に、さまざまな不幸が襲いかかる。昭和27年から放送され大ヒットしたラジオドラマを映像化。原作：菊田一夫。脚本：井沢満ほか。音楽：池辺晋一郎。語り：八千草薫。出演：鈴木京香、倉田てつを、いしだあゆみ、加藤治子、田中好子、樹木希林ほか。

おんなは度胸　〈第47作〉　1992年度

バブル期の温泉ブームに乗り遅れた関西の老舗温泉旅館「はなむら」の後妻に入った山代玉子。女将（おかみ）として奮闘するが、四面楚歌で主導権争いも絶えない。旅館のために尽力する玉子の姿は、義理の娘の心に変化をもたらし、やがて2人で力を合わせて旅館を支えることに。逆境を乗り越えていく女たちの戦いを描いた。作：橋田壽賀子。音楽：中村暢之。語り：奈良岡朋子。出演：泉ピン子、桜井幸子、藤岡琢也、藤山直美ほか。

ひらり　〈第48作〉　1992年度

東京の下町に住む、大の相撲好きの藪沢ひらり。相撲に関わりたいと、さまざまな困難にもくじけず、持ち前の明るさと行動力で突破し、ついには相撲部屋専属の栄養士に。性格が正反対の姉、相撲部屋の主治医との三角関係も展開。相撲部屋の日常、恋と仕事に揺れ動く女性たちの本音をさわやかに描いた。作：内館牧子。音楽：中村正人。語り：倍賞千恵子。出演：石田ひかり、鍵本景子、伊東四朗、伊東ゆかり、伊武雅刀ほか。

連続テレビ小説 ｜ 定時番組

ええにょぼ　〈第49作〉 1993年度

京都出身の新人医師・宇佐美悠希は、新婚早々、故郷に近い舞鶴の大学付属病院への赴任が決まり、夫とは別居婚になってしまう。離婚の危機に直面しつつも、悠希は上司・高柳方人から医師として大事なことを教わり、医師として人間として"ええにょぼ"(内面外面の美しさを備えた美人)に成長していく。作：東多江子。音楽：日向敏文。語り：室井滋。出演：戸田菜穂、榊原利彦、板東英二、香山美子、柴田恭兵、和田アキ子ほか。

かりん　〈第50作〉 1993年度

1948(昭和23)年、信州諏訪。老舗みそ店の一人娘・小森千晶は、男女共学となった新制高校に入学。同級生の女友達や偏見を持たない男子生徒と出会う。戦後の混乱の中、同級生たちとの友情や恋を大切にしながら、老舗の中で自分の人生を切り開いていく姿を力強く描いた。作：松原敏春。音楽：渡辺俊幸。語り：松平定知。出演：細川直美、つみきみほ、筒井道隆、十朱幸代、石坂浩二、佐藤B作、榎木孝明、岸田今日子ほか。

ぴあの　〈第51作〉 1994年度

童話作家を目指す21歳の桜井ぴあのは、4人姉妹の末っ子。男手一つで娘たちを育てた父や長女には反対されているが、ぴあのは夢をあきらめない。大阪・天満を舞台に、20代から30代まで世代の異なる4人姉妹の仕事、恋愛、結婚など、現代の女性が直面する身近な問題をこまやかに描いた。作：冨川元文、宮村優子。音楽：久石譲。語り：都はるみ。出演：純名里沙、竹下景子、萬田久子、国生さゆり、宇津井健ほか。

春よ、来い　〈第52作〉 1994〜1995年度

戦中、大阪の高校に通っていた高倉春希は、母の反対を押し切り上京。戦後、自分が進む道を見いだし、男性主導の社会の中でテレビドラマの脚本家として歩み始める。「女の自立」をテーマに、時代のうねりの中で昭和を生きた脚本家・橋田壽賀子の自伝的作品。作：橋田壽賀子。音楽：松任谷正隆、マイカ・プロジェクト。語り：奈良岡朋子。出演：中田喜子、安田成美、いしだあゆみ、赤井英和、池田成志、波乃久里子、倍賞美津子ほか。

走らんか!　〈第53作〉 1995年度

博多人形師を父に持つ高校生の前田汐は、父の跡だけは継ぎたくない。バンド活動、幼なじみや同級生との三角関係、異母兄の存在、定まらない将来の夢に悩みながら成長する。若者たちの青春と巣立ちを描いた。原案：長谷川法世。脚本：金子成人。音楽：堀井勝美。出演：三国一夫(主演・語り)、中江有里、菅野美穂、丹波哲郎、木の実ナナ、草刈正雄、村田雄浩、梨本謙次郎、日高ひとみ、小松政夫、中尾ミエ、室井滋、田中好子ほか。

ひまわり　〈第54作〉 1996年度

バブル崩壊の影響で、会社をリストラされた南田のぞみ。弟が起こした事件に関わった弁護士の仕事ぶりに感銘し、弁護士をめざして一念発起。難関の司法試験を突破し、福島での司法修習で厳しい現実に向き合いながら、一人前の弁護士になるまでを描いた。作：井上由美子。音楽：山下達郎。語り：萩本欽一。出演：松嶋菜々子、上川隆也、夏木マリ、三宅裕司、川島なお美、大鶴義丹、浅野ゆう子、泉谷しげる、奥田瑛二、鈴木清順ほか。

ふたりっ子　〈第55作〉 1996年度

昭和41年の大阪、通天閣に近い商店街に生まれた双子の姉妹、優等生の麗子と落ちこぼれだが将棋に才がある香子。本当の幸せを求めて悩む麗子と壁にぶつかりながらプロ棋士を目指す香子。悩みながら成長していく、対照的な姉妹の幸せ探しの姿を描いた。作：大石静。音楽：梅林茂。語り：上田早苗。出演：菊池麻衣子、岩崎ひろみ、三倉茉奈、三倉佳奈、段田安則、手塚理美、香川京子、高島忠夫、伊原剛志、内野聖陽、桂枝雀ほか。

あぐり　〈第56作〉 1997年度

明治40年に岡山で生まれた吉村あぐりは、15歳で資産家の息子で自由奔放な望月エイスケと結婚。エイスケはあぐりの美容師になる夢を応援するが急死。しかしあぐりは困難を乗り越え、美容師となってたくましく生きていく。90歳をすぎても現役の美容師だった作家・吉行淳之介の母がモデル。原作：吉行あぐり。脚本：清水有生。音楽：岩代太郎。語り：堀尾正明。出演：田中美里、野村萬斎、里見浩太朗、草笛光子、星由里子ほか。

甘辛しゃん　〈第57作〉 1997年度

1960(昭和35)年の兵庫・灘。神沢(榊)泉は、母が酒造家の当主と再婚したことで由緒ある造り酒屋の娘となる。義弟との禁断の恋、義父の急死を経験。やがて女人禁制の酒蔵に足を踏み入れた泉は、数々の偏見や困難を乗り越えて、造り酒屋の女当主として成長していく。作：宮村優子、長川千佳子。音楽：古川昌義。語り：上田早苗。出演：佐藤夕美子、樋口可南子、風間杜夫、塩見三省、馬渕晴子、植木等ほか。

天うらら　〈第58作〉 1998年度

1970(昭和45)年、川嶋うららは父の死をきっかけに、東京・木場にある母の実家へ。棟りょうである祖父の影響を受け、大工職人を目指す。パワフルな祖母と負けず嫌いの母との板挟みになりながらも、理想の家づくり、家族づくりにまい進。高齢者介護やバリアフリー設計なども取り上げた。原案：門野晴子。脚本：神山由美子。音楽：小六禮次郎。語り：有働由美子。出演：須藤理彩、原日出子、桜井幸子、小林薫、池内淳子ほか。

やんちゃくれ　〈第59作〉 1998年度

大阪で明治時代から3代続く造船所の次女として生まれた水嶋渚。「人生、何度でもやり直しがきくんや」を合言葉に、高校中退、職を転々、結婚離婚再婚死別、数々の挫折を繰り返しながらも、たくましく人生を切り開いていく波乱万丈の痛快ホームドラマ。作：中山乃莉子、石原武龍。音楽：大谷幸。語り：中川緑。出演：小西美帆、八千草薫、柄本明、藤真利子、高田聖子、高橋和也、海部剛史、原田大二郎、水沢アキ、間寛平ほか。

すずらん　〈第60作〉 1999年度

大正時代の末、北海道の小さな駅・明日萌(あしもい)駅に置き去りにされ、駅長・常盤次郎に育てられた萌。やがて実の母を捜しに上京する中で、養父に似た鉄道員と結婚。戦後ついに実母と巡り会う。北海道と東京を舞台に、幾多の困難を乗り越えながら母を捜し訪ねる萌の人生に、日本の戦中戦後を重ねて描いた。作：清水有生。音楽：服部隆之。語り：倍賞千恵子。出演：遠野凪子、柊瑠美、倍賞千恵子、橋爪功、石倉三郎ほか。

あすか　〈第61作〉 1999年度

京都の老舗和菓子店の娘と菓子職人が駆け落ちし、奈良・明日香村で生まれた宮本あすか。あすかは和菓子職人を目指して父に弟子入り。時に反発しあいながら理想の和菓子作りに試行錯誤を重ねる。伝統的な和菓子の世界に旋風を巻き起こすあすかの半生と、彼女をあたたかく見守る家族たちの姿を描いた。作：鈴木聡。音楽：大島ミチル。語り：有馬稲子。出演：竹内結子、藤岡弘、紺野美沙子、佐藤仁美、藤木直人、東ちづるほか。

01.ドラマ　02.クイズ・バラエティー　03.音楽　04.伝統芸能　05.ニュース　06.報道・ドキュメンタリー　07.紀行　08.教養・情報　09.自然科学　10.こども・教育　11.人形劇・アニメ　12.趣味・実用　13.大型特集番組等

2000年代

私の青空　〈第62作〉　2000年度

青森・大間。結婚式当日に新郎・健人に逃げられたシングルマザー・北山なずなは、健人を捜しに息子と2人で東京へ。プロボクサーへの夢を追う健人に再会したものの、1人で息子を育てる覚悟を決め、給食の調理師として働く。なずなと家族たちの笑いと涙の奮闘記。作：内館牧子。音楽：本間勇輔。語り：久保純子。出演：田畑智子、筒井道隆、篠田拓馬、宝田明、八名信夫、加賀まりこ、伊東四朗ほか。

オードリー　〈第63作〉　2000年度

京都・太秦。産みの親と育ての親、2人の母に育てられ、アメリカ帰りの父からは"オードリー"と呼ばれて育った佐々木美月。映画に興味を持ち、両親の反対を押し切って大部屋女優に。その後、挫折を経て映画監督になるまでを、戦後の映画・テレビの歴史を重ねて描いた。作：大石静。音楽：溝口肇。語り：岡本綾。出演：岡本綾、大竹しのぶ、賀来千香子、段田安則、長嶋一茂、佐々木蔵之介、堺雅人、國村隼、沢田研二、藤山直美ほか。

ちゅらさん　〈第64作〉　2001年度

沖縄・小浜島に生まれた古波蔵恵里は、子どものころに交わした結婚の約束を信じ続け、上京して看護師となる。医師となった文也と再会し結婚。一家は小浜島に戻り、夫婦で地域医療活動にいそしむ。祖母の「命どぅ宝（命が一番大切）」の言葉を胸に、汗と笑顔の生活を送る中で、人々の心の中に"南の島の潤い"を与えていく。作：岡田惠和。音楽：丸山和範。語り：平良とみ。出演：国仲涼子、小橋賢児、堺正章、田中好子ほか。

ほんまもん　〈第65作〉　2001年度

和歌山・熊野地方に生まれ育った山中木葉は、生まれつき鋭い味覚の持ち主。板前の父に影響を受けて料理の道をめざし、京都の尼寺で厳格な庵主のもと精進料理の精神を学びながら修業を積む。数々の困難に打ち勝ち、さまざまな料理にも挑戦して本物の料理人をめざす物語。作：西荻弓絵。音楽：千住明。バイオリン：千住真理子。語り：野際陽子。出演：池脇千鶴、根津甚八、風吹ジュン、麻生祐未、小林幸子、宮川大助、野際陽子ほか。

さくら　〈第66作〉　2002年度

ハワイ生まれの日系四世、エリザベス・さくら・松下は、岐阜・飛騨高山の中学校で英語教師となり、日本の風習や考え方に戸惑い、数々のトラブルを乗り越えながらも成長していく。姿かたちは日本人、考え方はアメリカ人の彼女が戸惑いながらも、日本の文化や人情に触れ、そのすばらしさを発見していく物語。作：田渕久美子。音楽：小六禮次郎。語り：大滝秀治。出演：高野志穂、小澤征悦、寺泉憲、中村メイコ、江守徹ほか。

まんてん　〈第67作〉　2002年度

鹿児島・屋久島育ちの日高満天は、故郷を出て鹿児島で就職。その後、幼い頃に父と見たロケット打ち上げの感動が忘れられず、大阪で気象予報士となる。宇宙工学を学ぶ花山陽平と結婚し母となる。さらに、宇宙飛行士・毛利衛との出会いをきっかけに「宇宙からの気象予報」をめざす波乱万丈の物語。作：マキノノゾミ。音楽：川崎真弘。語り：藤村俊二。出演：宮地真緒、浅野温子、赤井英和、氷川きよし、藤井隆、宮本信子ほか。

こころ　〈第68作〉　2003年度

客室乗務員の末永こころは、生粋の浅草っ子。2人の子持ちの医師と結婚するが、夫は雪山で遭難。残された子どもたちを連れ、実家のうなぎ屋の若女将（おかみ）に転身する。やがて、新潟・山古志村で花火職人をしている父の弟子とひかれ合う。人情厚い浅草と新潟の人々に囲まれて成長していく"泣き笑い青春子育て日記"。作：青柳祐美子。音楽：吉俣良。語り：岸惠子。出演：中越典子、岸惠子、伊藤蘭、寺尾聰、仲村トオルほか。

てるてる家族　〈第69作〉　2003年度

昭和40年代、大阪・池田で製パン店を営む岩田一家。ここ一番の時にてるてる坊主をぶら下げて"願かけ"する楽天家の母の夢は、4人の娘たちが才能を開花させること。娘たちの夢を実現させた肝っ玉母さんと底抜けに明るい家族の物語をミュージカル仕立てで描いた。原作：なかにし礼。脚本：大森寿美男。音楽：宮川泰。語り：石原さとみ。出演：石原さとみ、浅野ゆう子、岸谷五朗、紺野まひる、上原多香子、上野樹里ほか。

天花　〈第70作〉　2004年度

仙台で生まれ育った佐藤天花は、ある日、自分には鈴木竜之介という"いいなずけ"の青年がいることを知る。かつて祖父と戦友がお互いの孫を結婚させようと決めたためだった。保育士を目指す天花が、竜之介との恋模様や失明の危機など数々の困難を乗り越え、理想の保育園づくりの夢にむかって進む物語。作：竹山洋。音楽：村松崇継。語り：山根基世。出演：藤澤恵麻、平山広行、香川照之、片平なぎさ、財津一郎、富司純子ほか。

わかば　〈第71作〉　2004年度

阪神・淡路大震災で被災し、母の実家がある宮崎に家族で移り住んだ高原若葉。亡き父との約束を果たすために、神戸へ戻り、祖父のもとで悪戦苦闘しながら造園家への道を歩む。就職、恋愛、結婚、出産などさまざまな経験を重ねながら、震災で傷ついた街と家族の心を再生していくまでをさわやかに描いた。作：尾西兼一。音楽：服部克久。語り：内藤裕子。出演：原田夏希、田中裕子、内藤剛志、姜暢雄、南田洋子、西郷輝彦ほか。

ファイト　〈第72作〉　2005年度

群馬・高崎で町工場を営む一家に生まれ育った木戸優は、ソフトボールと馬が大好きな女子高生。父が取引先の不正を見逃せなかったことで工場は閉鎖、家族はバラバラに。優は心を病むが、競走馬・サイゴウジョンコと出会ったことで、牧場経営をめざすようになる。逆境にめげずほほえみと勇気で突き進む「戦う15歳」の物語。作：橋部敦子。音楽：榊原大。語り：柴田祐規子。出演：本仮屋ユイカ、緒形直人、酒井法子、渡辺徹ほか。

風のハルカ　〈第73作〉　2005年度

"いやしの里"大分・湯布院の父子家庭で育った水野ハルカ。父はレストラン経営をめざすがすぐに廃業。短大を卒業したハルカは、離婚した母の住む大阪で母と衝突しながらもツアープランナーに。散り散りの家族を新しいきずなで結びつけ、父が夢見た理想のレストラン再建をめざす笑いと涙の奮闘記。作：大森美香。音楽：本多俊之。語り：中村メイコ。出演：村川絵梨、渡辺いっけい、真矢みき、朝丘雪路、宮崎美子ほか。

連続テレビ小説 | 定時番組

純情きらり 〈第74作〉 2006年度

ピアノが大好きな有森桜子。周囲の反対を押し切り、愛知・岡崎から上京。芸術を愛する若者たちと共にピアニストを目指す。その後、幼なじみで老舗みそ屋の跡取りと結婚。老舗で奮闘しながら愛する人との絆を大切に、戦前戦後の激動の時代を乗り越えた女性の波乱万丈の一代記。原案：津島佑子。脚本：浅野妙子。音楽：大島ミチル。語り：竹下景子。出演：宮﨑あおい、西島秀俊、寺島しのぶ、井川遥、福士誠治、戸田恵子ほか。

芋たこなんきん 〈第75作〉 2006年度

小説家を夢みる花岡町子は、バツイチで子持ちの町医者と電撃結婚。ところが嫁いだ先は、10人の大家族だった。町子は文学賞を受賞し忙しくなった作家業と家事育児にてんてこ舞いの日々を送る。作家・田辺聖子の半生とエッセイをもとに、大阪の戦後復興期から現代に生きた女性の半生を明るく描いた。原作：田辺聖子。脚本：長川千佳子。音楽：栗山和樹。語り：住田功一。出演：藤山直美、國村隼、田畑智子、いしだあゆみほか。

どんど晴れ 〈第76作〉 2007年度

横浜にある実家のケーキ店でパティシエを目指していた浅倉夏美は、盛岡の老舗名門旅館の跡取り息子と婚約したことで、大女将（おかみ）と女将のもと、仲居見習いから厳しい修業をすることになる。くじけそうになりながらも、伝統と格式の前で奮闘しながら成長し、真の"おもてなしの心"を知る「女将奮戦記」。作：小松江里子。音楽：渡辺俊幸。語り：木野花。出演：比嘉愛未、内田朝陽、大杉漣、森昌子、草笛光子、宮本信子ほか。

ちりとてちん 〈第77作〉 2007年度

福井・小浜で育った、心配性でネガティブ思考の和田喜代美。大阪で上方落語と出会い、落語家の徒然亭草若に弟子入り。修業を経て高座に上がるとともに、兄弟子と夫婦に。楽天的で大雑把な母の生き方にも影響を受けながら、自分の人生を輝かせていく。恋あり涙あり笑いありの人情ドラマ。作：藤本有紀。音楽：佐橋俊彦。語り：上沼恵美子。出演：貫地谷しほり、和久井映見、松重豊、京本政樹、青木崇高、江波杏子、渡瀬恒彦ほか。

瞳 〈第78作〉 2008年度

札幌でヒップホップダンサーを目指していた一本木瞳は、祖母の死を機に、東京・月島で「養育家庭」をしている祖父のもとに。幼い頃に両親の離婚を経験した瞳が、里親として子どもたちと向き合う中、不仲だった祖父と母・離婚した父を結びつけていく家族再生の物語。作：鈴木聡。音楽：山下康介。語り：古野晶子。出演：榮倉奈々、西田敏行、飯島直子、木の実ナナ、安田顕、満島ひかり、菅井きん、近藤正臣、笹野高史、前田吟ほか。

だんだん 〈第79作〉 2008年度

離ればなれで育った双子の姉妹。島根のしじみ漁師の娘・田島めぐみと、京都の芸妓・花雪の娘・一条のぞみ。2人は縁結びの神様・出雲大社で運命的な出会いを果たし、絆を深め合っていき、デュエット歌手として活躍する。やがてそれぞれの道へと旅立つ2人の波乱万丈な人生を、叙情豊かに描いた物語。作：森脇京子。音楽：村松崇継。語り：竹内まりや。出演：三倉茉奈、三倉佳奈、吉田栄作、石田ひかり、鈴木砂羽、藤村志保ほか。

つばさ 〈第80作〉 2009年度

埼玉・川越の老舗和菓子店に育った玉木つばさ。10年前に家出した母が借金を抱えて突然帰ってきたことから、地元のコミュニティー放送局「ラジオぽてと」の開局に巻き込まれ、ラジオのパーソナリティーを務めることになる。しっかり者の娘と自由奔放な母が、壊れた家族の絆を取り戻すために懸命に努力する姿を描いた。作：戸田山雅司。音楽：住友紀人。語り：イッセー尾形。出演：多部未華子、高畑淳子、中村梅雀、吉行和子ほか。

ウェルかめ 〈第81作〉 2009年度

ウミガメが産卵にくる徳島の海辺で育った浜本波美。地元情報誌を発行する出版社に入社し、パワフルな編集長の教育を受け、雑誌作りのおもしろさに目覚めていく。大海原を回遊するウミガメのように、「世界につながる」雑誌編集者になる夢を追いながら、改めて故郷を見つめていく。作：相良敦子。音楽：吉川慶。語り：桂三枝。出演：倉科カナ、石黒賢、羽田美智子、坂井真紀、大東俊介、国広富之、石野真子、芦屋小雁、室井滋ほか。

2010年代

ゲゲゲの女房 〈第82作〉 2010年度

昭和30年代、島根・安来。10歳年上の売れない漫画家・村井茂と見合いをし、わずか5日後に結婚した布美枝。新婚生活はどん底の貧乏。それをまったく気にせず漫画と格闘する夫の姿に「この人とともに生きよう」と決意する。漫画家・水木しげるの妻の目から見た、夫婦の歩んだ長い道のりの物語。原案：武良布枝。脚本：山本むつみ。音楽：窪田ミナ。語り：野際陽子。出演：松下奈緒、向井理、大杉漣、風間杜夫、竹下景子ほか。

てっぱん 〈第83作〉 2010年度

広島・尾道に育った村上あかりは、自分が養子だったことを知りショックを受ける。高校卒業後に大阪に住む祖母と暮らしながらお好み焼き店を開業する。商店街の個性的な人々と交流をしながら、祖母と孫娘は、お互いに必要な存在になっていく。笑いと涙いっぱいの奮闘記。作：寺田敏雄、今井雅子、関えり香。音楽：葉加瀬太郎。語り：中村玉緒。出演：瀧本美織、富司純子、安田成美、遠藤憲一、尾美としのり、ともさかりえほか。

おひさま 〈第84作〉 2011年度

1932（昭和7）年、病弱な母と長野・安曇野に移住した須藤陽子。翌年、母は亡くなるが母が願ったとおり「太陽のような女の子」に育つ。女学校で出会った親友たちとの友情、見合いでの結婚、出産。戦争をはさむ激動の時代に、人々をおひさまのような明るい希望で照らす、陽子のさわやかな一代記を描いた。作：岡田惠和。音楽：渡辺俊幸。語り：若尾文子。出演：井上真央、原田知世、寺脇康文、高良健吾、田中圭、永山絢斗ほか。

カーネーション 〈第85作〉 2011年度

大阪・岸和田の呉服店に生まれた小原糸子。ドレスにあこがれミシンと出会い、父の猛反対にもくじけず洋裁の道を突き進む。20歳で自分の店を開き、結婚するが夫は戦死。子育てやさまざまな苦難を乗り越え、日本のファッションデザイナーの草分けとなっていく。国際的デザイナー・コシノ三姉妹の母がモデル。作：渡辺あや。音楽：佐藤直紀。語り：尾野真千子ほか。出演：尾野真千子、夏木マリ、小林薫、麻生祐未ほか。

梅ちゃん先生　〈第86作〉　2012年度

終戦直後の東京・蒲田。優秀な姉や兄に対して劣等感を抱いていた下村梅子は、医者である父の仕事を目の当たりにし、医師を志す。大学病院での勤務後、町医者となり、幼なじみと結婚。名もなき人々に寄り添って、地域医療に生きた梅子のひたむきな日々を描いた。作：尾崎将也。音楽：川井憲次。語り：林家正蔵（九代目）。出演：堀北真希、高橋克実、松坂桃李、南果歩、ミムラ、小出恵介、倍賞美津子ほか。

純と愛　〈第87作〉　2012年度

大阪生まれで沖縄・宮古島育ち、正義感が強く熱い女性・狩野純。著名な弁護士夫婦の息子で人生を悲観的に歩む冷めた男・待田愛（いとし）。そんな凸凹の男女が結婚し、純の実家、宮古島のホテル再建へ向けて動き出す。お互いの家族や大阪下町の人々を巻き込み、「何よりも人の喜ぶ笑顔が見たい」と奮闘する2人の姿を描いた。作：遊川和彦。音楽：荻野清子。語り：夏菜。出演：夏菜、風間俊介、武田鉄矢、森下愛子、吉田羊ほか。

あまちゃん　〈第88作〉　2013年度

2008（平成20）年、高校2年生の天野アキは、母の故郷、岩手県・北三陸に移り住む。初めて会った祖母の影響で海女を目指すことに。挫折と奮闘ののち地元アイドルになったアキは、やがて東京に出て本格的にアイドルを目指す。しかし、東日本大震災が発生。アキは再び北三陸へ戻る。小さな町の愉快な人々とヒロインの笑顔が元気を届ける人情喜劇。作：宮藤官九郎。音楽：大友良英。出演：能年玲奈、小泉今日子、宮本信子ほか。

ごちそうさん　〈第89作〉　2013年度

大正ロマン華やかなりし東京・本郷の洋食店で生まれ育った食いしん坊の卯野め以子が、偏屈な西門悠太郎に恋をし、大阪に嫁ぐことに。義姉の和枝からは数々の「いけず」を受けるが、持ち前の明るさで家族のわだかまりを解いていく。大正末から戦後の時代を背景に「食べ、食べさせ、生きる」ことの大切さを伝えた。作：森下佳子。音楽：菅野よう子。語り：吉行和子。出演：杏、東出昌大、財前直見、原田泰造、キムラ緑子ほか。

花子とアン　〈第90作〉　2014年度

山梨の貧しい家に生まれた花子は、東京の女学校で英語を学び、翻訳家となる。花子は翻訳家として子どもたちに夢と希望を送り届けていく。戦後に出版された「赤毛のアン」のアンのように、夢見る力を信じて生きた花子の明治から昭和にいたる波乱万丈の半生記。「赤毛のアン」を翻訳した村岡花子がモデル。原作：村岡花子。脚本：中園ミホ。音楽：梶浦由記。語り：美輪明宏。出演：吉高由里子、伊原剛志、鈴木亮平、仲間由紀恵ほか。

マッサン　〈第91作〉　2014年度

広島の造り酒屋の跡取りでウイスキーに目覚めたマッサンこと亀山政春と、母国スコットランドを離れて来日した妻・エリー。数々の苦労を二人三脚で乗り越え、本物を求めて激動の時代をまっすぐ生き、ついに本場も認める国産ウイスキーを造り出した夫婦の奮闘記。作：羽原大介。音楽：富貴晴美。語り：松岡洋子。出演：玉山鉄二、シャーロット・ケイト・フォックス、堤真一、前田吟、西川きよしほか。

まれ　〈第92作〉　2015年度

石川・能登に移住した津村一家。夢追い人の父を反面教師にした娘の希（まれ）は「地道にコツコツ」の堅実第一な少女に育った。パティシエになるという夢を実現するために、横浜の天才パティシエに弟子入りする。修業・恋愛・別居婚・仕事との両立などの試練を乗り越え、心の故郷・能登でケーキ店を開く。作：篠﨑絵里子。音楽：澤野弘之。語り：戸田恵子。出演：土屋太鳳、大泉洋、常盤貴子、田中裕子ほか。

あさが来た　〈第93作〉　2015年度

幕末、京都の豪商に生まれた、おてんば娘の今井あさ。いいなずけで両替商の跡取りを夫にする。義父や大阪経済界の重鎮・五代友厚から商いを学び、持ち前の負けん気で炭鉱事業、銀行、生命保険事業を起こし、日本初の女子大学の設立にも奔走。幕末から明治の大転換期を生き抜いた女性実業家の物語。原案：古川智映子。脚本：大森美香。音楽：林ゆうき。語り：杉浦圭子。出演：波瑠、宮﨑あおい、寺島しのぶ、玉木宏、近藤正臣ほか。

とと姉ちゃん　〈第94作〉　2016年度

昭和初期の静岡・遠州に生まれた小橋常子は、亡き父に代わり母と2人の妹を守り"とと（父）姉ちゃん"と呼ばれていた。女家族で助け合って生きてきた常子は、戦後、東京で出版社を立ち上げる。天才編集者・花山伊佐次と出会い、女性のための雑誌を刊行し一世をふうびする。戦前、戦後の昭和をたくましく生き抜いた家族の物語。作：西田征史。音楽：遠藤浩二。語り：檀ふみ。出演：高畑充希、向井理、西島秀俊、唐沢寿明ほか。

べっぴんさん　〈第95作〉　2016年度

昭和初期、神戸の山の手で生まれた坂東すみれは、亡き母から教わった手芸が大好きな女の子。何不自由なく育ち、結婚・出産と順風満帆な人生を送っていたが、戦争で一転。戦後の焼け跡の中、仲間と共に子ども服作りにまい進し、日本初の総合子ども用品店を開業する。戦後、女性たちが夢へと向かう物語。脚本：渡辺千穂ほか。音楽：世武裕子。語り：菅野美穂。出演：芳根京子、生瀬勝久、菅野美穂、蓮佛美沙子、高良健吾ほか。

ひよっこ　〈第96作〉　2017年度

東京五輪の1964（昭和39）年。茨城県の農村で生まれ育った谷田部みね子は、出稼ぎに出た父の失踪をきっかけに集団就職で上京。工場の仕事仲間、幼なじみたち、洋食店の家族に支えられていく。高度成長期をひたむきに生きた「名もなき人々」にスポットを当て、日々の暮らしを温かく描いた。作：岡田惠和。音楽：宮川彬良。語り：増田明美。出演：有村架純、沢村一樹、木村佳乃、古谷一行、佐々木蔵之介、宮本信子ほか。

わろてんか　〈第97作〉　2017年度

明治後期、京都の老舗薬種問屋に生まれた藤岡てん。笑いを愛する旅芸人の北村藤吉と恋に落ち、親の反対を振り切って駆け落ち同然で大阪へ。夫婦となった2人はう余曲折の末に寄席興行の世界へ飛び込み、小さな寄席を開業する。度重なる困難に直面しながらも、周囲の人々に助けられ、日本中を笑いで元気にしていく。作：吉田智子。音楽：横山克。語り：小野文惠。出演：葵わかな、松坂桃李、濱田岳、高橋一生、遠藤憲一ほか。

半分、青い。　〈第98作〉　2018年度

1971年、岐阜県東部の小さな食堂に生まれた鈴愛（すずめ）は、失敗を恐れない子。少女漫画家になるため上京したが挫折。その後も、結婚、出産、離婚など、七転び八起きで平成の世を駆け抜けていく。何かを半分失っても、別の方法で前に進むユニークなヒロインの生き方を描く。作：北川悦吏子。音楽：菅野祐悟。語り：風吹ジュン。出演：永野芽郁、佐藤健、松雪泰子、滝藤賢一、風吹ジュン、中村雅俊、原田知世、谷原章介ほか。

連続テレビ小説 | 定時番組

まんぷく　〈第99作〉　2018年度

戦前の大阪に生まれた今井福子は、活力あふれる青年実業家・立花萬平と出会い結婚。ところが夫は次から次へと事業を手がけ、大成功と大失敗を繰り返す。福子は夫を支え、背中を押し、ついにはどん底から日本初の「インスタントラーメン」を創り出す。人生大逆転の成功物語。作：福田靖。音楽：川井憲次。語り：芦田愛菜。出演：安藤サクラ、長谷川博己、松下奈緒、要潤、内田有紀、大谷亮平、松坂慶子ほか。

なつぞら　〈第100作〉　2019年度

戦争で両親を失った奥原なつを、たくましく育てたのは北海道・十勝の大自然と、開拓者精神にあふれた大人たち。やがてなつは、豊かな想像力と開拓者精神を生かし、アニメーションの世界にチャレンジする。戦後、北海道の大自然と日本アニメの草創期を舞台に、まっすぐに生きたなつの夢と冒険、愛と感動の物語。作：大森寿美男。音楽：橋本由香利。語り：内村光良。出演：広瀬すず、吉沢亮、岡田将生、草刈正雄、松嶋菜々子ほか。

スカーレット　〈第101作〉　2019年度

戦後まもなく、大阪から家族と共に滋賀・信楽にやってきた川原喜美子。貧しさから15歳で大阪の下宿屋で働き、新たな出会いの中で成長していく。信楽に戻った喜美子は陶芸界に飛び込む。結婚、出産をへた家族との幸せな日々も、思惑通りにはいかない。しかし変わらない陶芸への情熱で、自らの窯を開き、独自の信楽焼を見出していく。作：水橋文美江。音楽：冬野ユミ。語り：中條誠子。出演：戸田恵梨香、北村一輝、富田靖子ほか。

2020年代

エール　〈第102作〉　2020年度

明治末期、福島に生まれた古山裕一は、独学で作曲の才能を開花させる。青年になり、音楽に導かれるように関内音と結婚。不遇の時代を乗り越えヒット曲を生み出していく。時代は戦争へと突入し、多くの戦時歌謡を作曲する。戦後は、傷ついた人々の心を音楽の力で勇気づけようと、新しい時代の音楽を奏でていく。原案：林宏司。音楽：瀬川英史。語り：津田健次郎。出演：窪田正孝、二階堂ふみ、山崎育三郎、中村蒼、森山直太朗ほか。

おちょやん　〈第103作〉　2020～2021年度

明治の末、極貧の家に生まれた竹井千代は、9歳で道頓堀の芝居茶屋に奉公に出る。そこで目にした芝居の世界に入り、「鶴亀家庭劇」に参加。喜劇団の天海天海（あまみてんかい）と結婚し、理想の喜劇を目指して奮闘。戦後、芝居の世界から去るが、ラジオドラマをきっかけに女優として復活、上方を代表する女優となっていく。作：八津弘幸。音楽：サキタハヂメ。語り：桂吉弥。出演：杉咲花、トータス松本、成田凌、星田英利ほか。

おかえりモネ　〈第104作〉　2021年度

宮城県・気仙沼沖の島で育った永浦百音は、内陸の登米市で林業や山林ガイドの仕事に就くが、ある出会いをきっかけに気象予報士を目指す。東京の気象予報会社で働きはじめた百音は、天候次第で人の人生が大きく左右されることを痛感し、個性的な先輩や同僚に鍛えられながら、失敗と成功を繰り返し成長してゆく。作：安達奈緒子。音楽：高木正勝。語り：竹下景子。出演：清原果耶、内野聖陽、鈴木京香、西島秀俊ほか。

カムカムエヴリバディ　〈第105作〉　2021年度

1925年、岡山市内の和菓子屋に生まれた安子は、家族との幸せが続くことを願っていた。しかし戦争の足音が…。昭和から平成、そして令和へ。安子、るい、ひなたの三世代の女たちが、それぞれの時代の試練にぶつかりながらも、恋に、仕事に、結婚に、自分らしい生き方を見出していく。そして、3人の傍らにはラジオ英語講座があった。作：藤本有紀。音楽：金子隆博。語り：城田優。出演：上白石萌音、深津絵里、川栄李奈ほか。

ちむどんどん　〈第106作〉　2022年度

ふるさと沖縄の料理に夢をかけたヒロインと支えあう兄妹たちを中心とする家族の物語。沖縄・やんばる地域で生まれたヒロインが、1972年本土復帰とともに東京で働き始め、遠く離れた家族の絆に励まされながら、沖縄料理の店を開く夢に向かって進んでいく。作：羽原大介。音楽：岡部啓一、高田龍一、帆足圭吾。語り：ジョン・カビラ。出演：黒島結菜、仲間由紀恵、大森南朋、竜星涼、川口春奈、宮沢氷魚ほか。

舞いあがれ！　〈第107作〉　2022年度

ヒロイン岩倉舞は、ものづくりの町・東大阪で町工場を営む父と母、兄との4人家族。自然豊かな長崎の五島列島にいる祖母の元を訪れ、力強く空に舞いあがる「ばらもん凧」に心ひかれる。どんな困難にも負けず、多くの仲間と助け合いながら、空を飛ぶ夢を実現させる舞の奮闘を描く物語。作：桑原亮子ほか。音楽：富貴晴美。語り：さだまさし。出演：福原遥、横山裕、高橋克典、永作博美、高畑淳子、赤楚衛二ほか。

らんまん　〈第108作〉　2023年度

高知県出身の植物学者・牧野富太郎の人生をモデルとしたオリジナルストーリー。幕末から明治、そして激動の大正・昭和の時代の渦中で、愛する植物のため、いちずに情熱的に突き進んだ主人公・槙野万太郎とその妻・寿恵子の波乱万丈な生涯を描く。作：長田育恵。音楽：阿部海太郎。語り：宮﨑あおい。出演：神木隆之介、浜辺美波、志尊淳、佐久間由衣、松坂慶子、広末涼子ほか。主題歌：「愛の花」あいみょん。

ブギウギ　〈第109作〉　2023年度

昭和初期から戦後を舞台に、大阪にある銭湯の看板娘・花田鈴子は、愛する家族や最愛の人との別れを乗り越えながら、歌と踊りを武器に"ブギの女王"と呼ばれる大スターとなっていく。「東京ブギウギ」の大ヒットで知られる歌手の笠置シヅ子がモデル。脚本：足立紳、櫻井剛。音楽：服部隆之。語り：高瀬耕造アナウンサー。出演：趣里、草彅剛、蒼井優、菊地凛子、水上恒司、生瀬勝久、柳葉敏郎、水川あさみ、翼和希ほか。

虎に翼　〈第110作〉　2024年度

日本初の女性弁護士で、のちに裁判官となった一人の女性の実話に基づくオリジナルストーリー。困難な時代に道なき道を切りひらき、追いつめられた女性たちや子どもたちを救っていく法曹たちの姿を描く。作：吉田恵里香。音楽：森優太。語り：尾野真千子。出演：伊藤沙莉、石田ゆり子、岡部たかし、仲野太賀、松山ケンイチ、小林薫、森田望智、上川周作ほか。主題歌：「さよーならまたいつか！」米津玄師。

おむすび　〈第111作〉　2024年度

自分らしくポジティブに生きる平成のギャル、米田結（よねだゆい）が、栄養士となり、目には見えない大切なもの（縁、時代、人）を結んでいく青春グラフィティ。福岡、神戸、大阪を舞台に、脚本家の根本ノンジが大胆かつユーモアたっぷりに描く。若手俳優発掘のため、過去最大規模のオーディションが行われた。出演：橋本環奈、仲里依紗、北村有起哉、麻生久美子、宮崎美子、松平健ほか。

NHKフォトストーリー 07

P045 ← 06　08 → P172

ラジオ放送初期の放送自動車（1937年）

フィルム式録音自動車（1941年）

試験用に作られたテレビ撮影車（1937年）

試験用に作られた撮影・映像送信・音声送信・受像の4台一組のテレビ中継車

実験時代のテレビジョンカメラ（左1938年・右1940年）

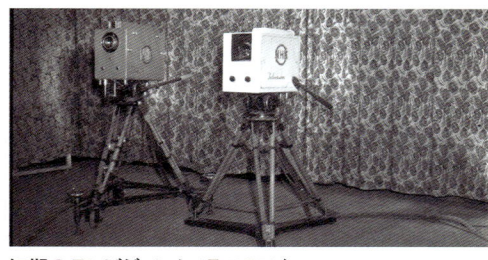

初期のテレビジョンカメラ（1952年）

NHK放送技術研究所が開発した初期の各種テレビ受信機（1940年）

テレビジョン実験放送のようす（1940年）

NHK放送技術研究所から実験放送された日本最初のテレビドラマ『夕餉前』（1940年）

東京・髙島屋百貨店でのテレビジョン実験放送受信公開（1940年）

01

ドラマ
連続ドラマ

01

「連続ドラマ」草創期

　一般的に「連続ドラマ」は、週1回同時刻に放送される続きもののドラマのことで、1話完結の「単発ドラマ」と区別される。日本初の連続ドラマはテレビ放送開局の年、1953年11月2日にスタートした『幸福への起伏』である。午後8時からの30分番組で、翌1954年1月25日まで13回で放送された。脚本は後に初代文化庁長官に就任した作家の今日出海。戦争で没落した資産家家族をモデルに、幸福とは何かを問いかけたホームドラマだった。ビデオテープレコーダー（VTR）のない当時のドラマはすべて

が生放送。13回にわたる連続ドラマは、だれも経験したことのない挑戦だった。アメリカから招いたテレビ番組指導者に、台本を英訳して助言を得ることもしたという。

　翌1954年2月から真船豊原作の『父の心配』を、5月からは『夢見る白鳥』を渡辺美佐子、幸田弘子の出演で、いずれも13回連続で放送し、連続ドラマの制作ノウハウを蓄積していった。

　1957年11月からラジオ・テレビ同時放送の公開番組『隣りも隣り』（1957〜1959年度）が始まる。清川虹子、十朱久雄、中村メイコらの出演で、庶民の近所づきあいの機微を、ほのぼのとしたホームドラマで描いた。

　同様のドラマに『お父さんの季節』（1958〜1960年度）

『隣りも隣り』（1957〜1959年度）→ P97

日本初のテレビドラマ「夕餉前」(実験放送)

『幸福への起伏』(1953年度) → P94

『父の心配』(1953〜1954年度) → P94

『お父さんの季節』(1958〜1960年度) → P98

『現代人間模様』(1959〜1960年度) → P99

がある。楽器店の主人を演じる榎本健一と、その娘役の楠トシエと水谷良重(二代目水谷八重子)、息子役の加藤博司を中心に、お父さん世代と子ども世代のギャップを明るく描いた。台本は西沢実と山下与志一が交代で執筆。1959年10月からは小野田勇とキノトールに交代する。この番組で黒柳徹子、水谷良重、渥美清らが、テレビタレントとしての地歩を固めた。永六輔作詞、桜井順作曲の主題歌も親しまれた。『お父さんの季節』は1961年3月に幕をおろし、『若い季節』に引き継がれる。

『若い季節』(1961〜1964年度) → P251

　『若い季節』(1961〜1964年度)は、総合テレビ日曜夜8時からのゴールデンタイムに生放送した45分のスタジオドラマ。銀座に本社を構える2つの化粧品会社を舞台に繰り広げる、歌あり笑いありのミュージカル風コメディーだ。

脚本は後に連続テレビ小説『おはなはん』を書く小野田勇、演出は後に大河ドラマ『天と地と』(1969)や『土曜ドラマ』「大地の子」(1995)などを手がける岡崎栄。主な出演者に水谷良重、黒柳徹子、淡路恵子、三木のり平、沢村貞子、渥美清、森光子らの俳優陣に加えて、坂本九、ジェリー藤尾、スパーク三人娘(中尾ミエ、伊東ゆかり、園まり)、ハナ肇とクレイジーキャッツなど、当時の人気タレント、歌手が総出演した。永六輔作詞、桜井順作曲の主題歌は、ザ・ピーナッツが歌った。演出の岡崎は後に「『若い季節』はドラマではなく、人気者を大勢集めたバラエティーだった」と語っている。

　日曜夜の人気娯楽番組として3年9か月にわたって親しまれ、1964年12月末に幕をおろす。翌1965年1月から日曜夜の同時間帯に『太閤記』がスタート。以後、総合テレビの日曜午後8時台は大河ドラマ枠として定着する。

　大阪局制作の連続ドラマ『現代人間模様』(1959〜1960年度)は、現代の大阪に生きるさまざまな職業人を主人公に、その人間模様を2回完結で描いた社会派ドラマ。取り上げた職業は鉄道員、ボクサー、電話交換手、鑑識課員、捕鯨砲手、修復技師、野球スカウト、ホテル従業員、漫画家、服飾デザイナー、麻薬取締官、バーテンダーほか多岐にわたっている。作・脚本は茂木草介、小田和生、土井行夫、藤本義一の4人がレギュラーで担当。演出も若手ディレクターたちが個性を競った。2年間で47話を放送。これまでにない野心的なシリーズとして、大阪発ドラマの存在感を示した。

連続ドラマ

連続ドラマで初の大ヒット番組は『事件記者』(1958〜1965年度)である。夜9時からの30分番組で、前・後編を2週で完結するスタイルで始まった。

警視庁の記者クラブと小料理屋「ひさご」を舞台に、スクープを求めて繰り広げられる新聞記者たちの人間模様を描いた。「東京日報」のアイさんこと相沢キャップ(永井智雄)、八田老人(大森義夫)、イナちゃん(滝田裕介)、ヤマさん(園井啓介)など、人間味あふれる記者たちの姿が視聴者の心をとらえ、当初は2か月で番組終了の予定が、8年間で全399話を放送する人気番組となった。作者は元新聞記者の島田一男。登場人物にはそれぞれ現実のモデルがいたという。1963年4月からは1時間1回完結となり、この年、最高視聴率47.1%を記録している。

『事件記者』(1958〜1965年度) →P97

02

帯ドラマのスタート

『連続テレビ小説』に代表されるドラマの放送形式に「帯ドラマ」がある。月曜から金曜もしくは土曜まで、毎日決まった同じ時間帯に放送するベルト枠の連続ドラマだ。

NHKの帯ドラマは、『バス通り裏』(1958〜1962年度)から始まる。月曜から金曜の午後7時15分から7時30分までの生放送だった。

高校教師の家庭とその隣の美容院一家を舞台に、人々の暮らしぶりをさりげなく描いた。一般庶民の家庭生活をそのまま中継しているような日常性が視聴者の親しみを呼び、その後のホームドラマの原型ともなった。

脚本は筒井敬介と須藤出穂が隔週で執筆。出演者は十朱幸代、谷川勝巳、佐藤英夫、小栗一也ほかの出演で、当時のスターはキャスティングされていない。当時10代の十朱幸代と岩下志麻は、この作品がデビュー作となり大女優への一歩を踏み出している。音楽はラジオ体操第1(2・3代目)の作曲者としても知られる服部正が担当、主題歌(作詞:筒井敬介・作曲:服部正)を中原美紗緒とダーク・ダックスが歌った。

連日放送する帯ドラマの制作には、脚本家や俳優の拘束から、スタジオの確保、美術の発注まで、週1回放送の連続ドラマとは比較にならないほど多くの困難があった。

『バス通り裏』米倉斉加年・十朱幸代・岩下志麻(1958〜1962年度) →P97

『おねえさんといっしょ』(1963年度) →P170

『幸福試験』右・大原麗子(1964年度) →P102

『素顔の青春』(1967年度) →P171

『あねいもうと』(1968年度) →P104

1960年4月からは日曜を除く週6日の放送となり、同年10月からはカラー化された。1961年、文化分野への業績に対して贈られる菊池寛賞を受賞。1963年3月まで5年間で1395回を放送した。

『バス通り裏』の大ヒットとこの作品で得た帯番組の制作ノウハウがあればこそ、1961年の『連続テレビ小説』の誕生はあった。

1963年4月、『バス通り裏』と入れ替わりに月曜から土曜放送の帯ドラマ『おねえさんといっしょ』が総合テレビ午後6時台に15分番組で始まる。同名のラジオドラマをもとに、テレビのために書き下ろした子ども向けの番組だ。横浜を舞台に、療養所に一人残してきた母を気づかいながら暮らす家族の生活を、国際色豊かなエピソードを交えて描いた。作は筒井敬介、主演が十朱幸代という『バス通り裏』を引き継ぐメンバーが顔をそろえた。

1964年4月、同枠で始まった後継番組『幸福試験』は、それまで子ども対象の時間帯だった午後6時台に登場した初めての大人向けドラマだ。作は筒井敬介、出演は旗照夫、磯部玉枝、北龍二ほか。大原麗子のデビュー作でもある。その後、『風のある街』(1966年度)、『素顔の青春』(1967年度)、『あねいもうと』(1968年度)などを放送した。

03
"夜の連続テレビ小説" 『銀河テレビ小説』

1969年4月、午後9時からの30分、月曜から金曜放送の『連続ドラマ』(1969〜1971年度)がスタートする。第1弾は有吉佐和子の原作をドラマ化した「一の糸」。目を患う造り酒屋の一人娘が、文楽三味線の音に魅せられて、ひき手の男に恋をする物語だ。そのほか水上勉原作、三田佳子主演の「京の川」、小野田勇作、坂本九主演の「わが歌声の高ければ」など23作品を放送。平均視聴率15%以上を記録し、"銀河ドラマ"の愛称で親しまれるようになる。

1972年4月、それまでの『連続ドラマ』を『銀河テレビ小説』に改題。午後10時からの15分番組で、"朝ドラ"同様の人気を期待して"夜の連続テレビ小説"と位置づけた。

その第1弾「楡家の人々」は北杜夫の原作で、東京・青山にある病院長一家の悲喜劇をユーモアと詩情をこめて描いた。ほかに松本清張原作の「波の塔」、夏目漱石

連続ドラマ

の「三四郎」など、文芸作品を中心にスタートした。

1974年4月、新しいニュースワイド番組『ニュースセンター9時』のスタートにともない、『銀河テレビ小説』を午後9時40分に移行し、放送時間も20分に拡大した。

『銀河テレビ小説』初期の話題作は、橋田壽賀子のオリジナル脚本による「となりの芝生」(1976)である。首都圏の新興住宅地で一戸建てのマイホームを手に入れた次男の家に、長男夫婦と折り合いの悪くなった母親が同居することになる。嫁、しゅうとめ、2人の板ばさみとなる夫の三者三様の本音を描き、視聴者を「嫁派」「しゅうとめ派」に二分する大反響をよんだ。出演は次男の嫁・知子に山本陽子、しゅうとめに沢村貞子、知子の夫に前田吟がふんした。この作品は、従来のほのぼのとした明るいホームドラマに対し、本音が飛び交う「辛口ホームドラマ」という言葉を生んだ。視聴者の反響に応えて、続編となる「となりと私」(1977)と「幸せのとなり」(1979)を放送。"となり3部作"はいずれも高視聴率を得て、『銀河テレビ小説』の代表作となった。

その後、山田太一の「夏の故郷」(1976)、「幸福駅周辺」(1978)などの"ふるさとシリーズ"、高橋正圀作の「ぼくの姉さん」(1978)、「姉さんの子守唄」(1979)、「姉さんは腕まくり」(1980)など、倍賞千恵子、太川陽介出演の

"姉さんシリーズ"、北野武が少年時代をつづったエッセーをドラマ化した「たけしくんハイ!」(1985)、「続・たけしくんハイ!」(1986)、ジェームス三木脚本で川谷拓三と根岸季衣出演 の「愛さずにはいられない」(1980)と続編「煙が目にしみる」(1981)などシリーズ化された話題作、人気作を多数放送。1989年3月に17年間の放送を終えた。

1993年4月、月曜から木曜の午後8時40分からの20分番組で『ドラマ新銀河』(1993〜1997年度)がスタート。民放ではトレンディードラマに注目が集まる中で、『ドラマ新銀河』でもおしゃれでファッショナブルなドラマが志向された。

第1弾の林真理子原作「トーキョー国盗り物語」は、そうしたコンセプトのもとで沢口靖子、清水美砂(現・美沙)、荻野目洋子といった元朝ドラヒロイン3人を起用。夢と野心を抱きながら、けなげに生きる3人の恋、友情を描いた。そのほか武田鉄矢の自叙伝を原作とした「コラ!なんばしよっと」のパート2とパート3、漫画家赤塚不二夫の自叙伝をドラマ化した「これでいいのだ」(1994)、藤山直美主演のヒューマンドラマ「この指とまれ!!」(1995)、木村佳乃のデビュー作「元気をあげる〜救急救命医物語」など、1998年3月に終了するまで全54シリーズを放送した。

『連続ドラマ　一の糸』(1969年度) →P114

『銀河テレビ小説　楡家の人々』(1972年度) →P114

『銀河テレビ小説　となりの芝生』(1975年度) →P115

『ドラマ新銀河　トーキョー国盗り物語』(1993年度) →P120

『土曜ドラマ　山田太一シリーズ　男たちの旅路』鶴田浩二、森田健作、水谷豊（1975～1977・1979年度）→P124、125

04
コンセプト重視のドラマ枠

　1967年4月に、初めて曜日をタイトルに冠した『土曜劇場』がスタートする。総合テレビ土曜の午後8時からの1時間番組で、肩のこらない大衆娯楽路線を敷いたドラマ枠だ。同年10月に放送日を水曜に移行し、『水曜劇場』と改題して新たなスタートを切る。『水曜劇場』は1968年度をもって一度終了するが、1972年度に『水曜ドラマ』として再開。井上靖原作、倉本聰脚本のサスペンスドラマ「氷壁」、向田邦子作、森繁久彌主演の「桃から生れた桃太郎」、楠田芳子作のホームドラマ「あした天気になあれ」など、文芸作品、コメディー、サスペンスからホームドラマまで、さまざまなタイプの連続ドラマを放送し、1年で終了した。

『土曜ドラマ　松本清張シリーズ　遠い接近』（1975年度）→P124

　テレビドラマの枠タイトルを視聴者が強く意識した最初の番組は、1975年にスタートした『土曜ドラマ』ではないだろうか。土曜の午後8時からの70分番組で、このドラマ枠には、「単発でも連続でもない1話完結3～4話で構成するシリーズ方式」「作家第一主義」「NHKでしか作れないドラマ」という3つの明確なコンセプトがあった。
　初年度は松本清張シリーズ、平岩弓枝シリーズ、なつかしの名作シリーズ、山田太一シリーズ、劇画シリーズをラインナップした。
　第1弾の松本清張シリーズ（全4話）は、松本清張の推理小説を和田勉演出でドラマ化。第1話「遠い接近」は、戦争によって人生と家族を奪われた男の怨念を描いた社会派サスペンスだ。自分の召集令状が兵事係の工作によるものだったことを知った平凡な一市民が、終戦後、その復讐を果たすために周到な殺人計画を練る。戦争の悲劇を背景に、人間の心の闇をリアルに描いた。主演

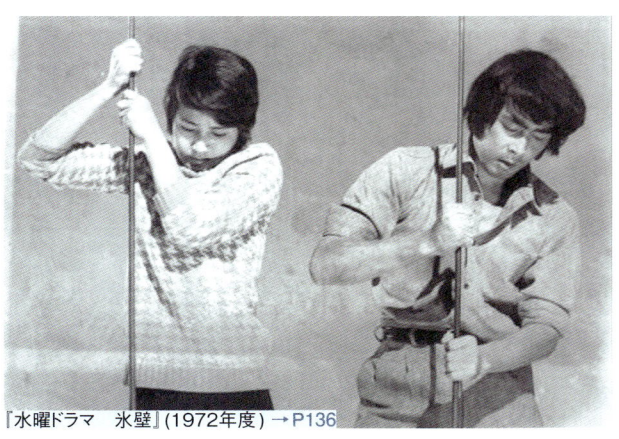

『水曜ドラマ　氷壁』（1972年度）→P136

連続ドラマ

の小林桂樹の怒りに震える迫真の"目の演技"を和田勉がアップでとらえ、強烈な印象を残した。この作品は第30回芸術祭優秀賞を受賞。同じく和田勉演出、石松愛弘脚本の第2話「中央流沙」は、プラハ国際テレビ祭金賞を受賞した。

　1976年2月、山田太一シリーズ「男たちの旅路　第1部」(全3話)が放送され、『土曜ドラマ』の人気を決定づける。山田太一のオリジナル脚本で、これまで番組制作の裏方とみなされていた脚本家の名前を、初めて番組タイトルに冠したシリーズだった。

　警備会社を舞台に、元特攻隊の生き残りの戦中派・吉岡司令補と戦後生まれの若手警備員たちが、考え方や価値観の違いを激しくぶつけ合いながら、さまざまな社会問題を浮き彫りにしていく。吉岡司令補を演じたのは、自身が特攻隊の生き残りという鶴田浩二。若手警備員を水谷豊、桃井かおり、柴俊夫らが演じた。

　1977年11月放送の「男たちの旅路　第3部」の第1話「シルバーシート」は、車庫内の都電の車両に立てこもった老人たちの行動から、社会から疎外された高齢者の現実を描いた。「老人たち」を演じたのは志村喬、笠智衆、加藤嘉、藤原釜足、殿山泰司ら名だたる名優たち。彼らのセリフの一つ一つが視聴者の心をとらえ、高齢者問題に一石を投じた。1970年に「高齢化社会」に突入した日本の社会状況を背景に、人々の心の問題や生き方を描いた「シルバーシート」は"社会派ドラマ"と呼ばれ、『土曜ドラマ』の1つのモデルとなった。この作品は芸術祭大賞

を受賞。障害者の現実を真正面から取り上げた第4部の第3話「車輪の一歩」(1979)とともに、大きな反響をよび、テレビ史に残る名作の1つとして語り継がれている。

　「男たちの旅路」シリーズは1979年11月まで4部で全12話を放送。1982年2月にスペシャル編を放送して終了した。

　『土曜ドラマ』では1970年代に平岩弓枝、城山三郎、田向正健、鎌田敏夫、向田邦子、市川森一などの「脚本家・作家シリーズ」を放送。作家性の強い、見ごたえのある"大人のドラマ"のベースを確立した。また1話完結でありながら、登場人物や舞台設定は共通でストーリーが展開する"シリーズもの"という新たな連続ドラマのスタイルを生み出した。

『土曜ドラマ　山田太一シリーズ　第3部　シルバーシート』(1977年) →P124

　『土曜ドラマ』がスタートした翌年の1976年4月、木曜の午後10時台に45分枠の『シリーズ人間模様』がスタートする。社会や人生の断面を切り取り、人間の生き方を見つめるドラマ枠だ。

『シリーズ人間模様　妻たちの二・二六事件』(1976年度) →P122

『ドラマ人間模様　冬の桃』(1977年度) →P122

『ドラマ人間模様　事件』(1978年度) →P122

『ドラマ人間模様　あ・うん』(1979年度) →P122

『ドラマ人間模様　夢千代日記』(1980年度)→P122

　第1弾は松本清張原作、中島丈博脚本、栗原小巻主演による「火の路」。飛鳥路に古代人が残した石造遺物の謎に、歴史学者をめぐる傷害事件がからむ古代史ミステリーだ。続いて城山三郎原作「堂々たる打算」、澤地久枝原作「妻たちの二・二六事件」などを放送した。

　『シリーズ人間模様』は1977年に『ドラマ人間模様』(1977～1987年度)に改題。その第1弾「冬の桃」は、新興俳句の旗手、鬼才と呼ばれた俳人の西東三鬼の自伝的随筆「俳愚伝」をもとに、早坂暁が脚本を書き下ろした。演出は深町幸男で、テレビ史に残る名作を次々に生み出したコンビ早坂暁と深町幸男が、初めてタッグを組んだ作品である。戦時下、特高警察に検挙されるなど、弾圧を受けた貧乏俳人と、"自由"を求めて生きる底辺の人々の自由闊達な姿を描いた。出演は三鬼を演じた小林桂樹のほかに、三田佳子、西村晃、大竹しのぶ、笠智衆、滝田栄ら豪華な顔ぶれをそろえた。番組は好評を呼び、ギャラクシー賞、テレビ大賞優秀賞を受賞した。

　1978年4月、大岡昇平のベストセラー小説を中島丈博が脚本化した法廷ドラマ「事件」を放送。主人公の弁護士が数々の事件を通して、人間の機微に分け入り、悲喜こもごもの人間模様を浮き彫りにした。NHK初出演の若山富三郎が、ひょうひょうとして人情味あふれる弁護士・菊地大三郎を好演した。

　翌1979年に続編「続・事件」がスタート。この作品からは菊地弁護士の設定だけを借りた早坂暁のオリジナル脚本。「事件」シリーズは、1984年の「新・事件～断崖の眺め」まで6シリーズを放送。『ドラマ人間模様』というドラマ枠を定着させた。

　向田邦子の「あ・うん」(1980)も、『ドラマ人間模様』を代表する作品の1つ。舞台は昭和初期の東京・山の手。水田(フランキー堺)と門倉(杉浦直樹)は無二の親友だが、門倉と水田の妻たみ(吉村実子)は密かに互いに思いを寄せている。3人が織りなす微妙な人間関係、夫婦の赤裸々な内面や葛藤を、向田の脚本が上品かつこまやかに描いた。番組は好評をよび、1981年に「続あ・うん」を放送。引き続いてさらにその続編の打ち合わせが向田と番組スタッフの間で始まっていたが、「続あ・うん」放送の2か月後に向田は台湾での飛行機事故で帰らぬ人となる。

　「事件」「あ・うん」に続く『ドラマ人間模様』の看板シリーズが1981年2月から始まる「夢千代日記」である。広島で母の胎内で被爆し、原爆症の治療を続ける薄幸の女性夢千代が主人公。日本海に面したひなびた温泉町を舞台に、小さな置屋を営む芸者夢千代と彼女を取り巻く人々の哀歓を陰影をこめて描いた。作・脚本は早坂暁、演出は深町幸男のコンビ。夢千代には吉永小百合がふんし、樹木希林、秋吉久美子、楠トシエ、中条静夫、緑魔子、長門勇ら個性派が脇を固めた。

　番組は大ヒットし、1984年の3月まで3シリーズ、計20話を放送。第8回放送文化基金賞奨励賞、第14回テレビ大賞優秀番組賞などを受賞。ブルガリアの国際テレビコンクールでは、「最も現代的な企画賞」と「最高演出賞」

連続ドラマ

01.ドラマ 02.クイズ・バラエティー 03.音楽 04.伝統芸能 05.ニュース 06.報道・ドキュメンタリー 07.紀行 08.教養・情報 09.自然・科学 10.こども教育 11.人形劇・アニメ 12.趣味・実用 13.大型特集番組等

を受賞するなど、海外でも高い評価を得た。その後、舞台化、映画化もされている。

1985年4月から5月にかけて「花へんろ～風の昭和日記　第1章」（全7回）を放送。大正から昭和初期、四国松山近くの遍路道沿いの商家を舞台に、ある家族の暮らしと彼らを取り巻く人間模様を描き、"昭和"という時代を浮き彫りにした。作・脚本の早坂暁の自伝的ドラマで、第4回向田邦子賞を受賞。

1988年3月、早坂暁の「花へんろ・風の昭和日記　第3章」の完結をもって『ドラマ人間模様』は終了する。

一方、『土曜ドラマ』は1990年代に、「系列」（1993）、「銀行～男たちのサバイバル」（1994）、「カンパニー～会社」（1996）、「病院」（1996）、「流通戦争」（1998）など、バブル崩壊後の社会状況を背景に、経済・企業ものなど同時代性、社会性にこだわった単発ドラマやシリーズドラマを放送し、1997年度にいったん幕を下ろす。

1998年4月、『土曜ドラマ』を引き継ぐ形で、土曜の午後9時に登場したのが『NHKドラマ館』（1998～1999年度）だ。テレビ史に残る名作を放送する「名作シリーズ」、芸術祭参加ドラマが中心の「新作ドラマ」、BSで放送して好評だった番組の「アンコール放送」の3つの柱で構成する74分の大型ドラマ枠である。

「新作ドラマ」の第1弾は関川夏央原作の「水の中の八月」。1人の青年が体験する高校生活最後の"ひと夏の経験"を、ハイビジョンでみずみずしく描き、スペイン・サンセバスチャン国際映画祭新人監督賞ほか、数々の賞に輝いた。そのほか、阪神・淡路大震災で被災した家族の人間模様を描いた大石静作「終のすみか」、倉本聰が自らの体験を題材に人気脚本家の名前をかたる詐欺師をとりあげた「玩具の神様」、上川隆也主演で後に続編・続々編まで制作された「少年たち」の第1シリーズ、ふるさとを喪失した老婆たちと同郷の青年との交流、老婆同士の感情のぶつかりを描いた中上健次原作の「日輪の翼」など、数々の話題作を放送したが、2000年3月放送の宮部みゆき原作「蒲生邸事件」を最後に『NHKドラマ館』は終了する。

2006年1月、『土曜ドラマ』がスケール感、重量感のある題材を厳選して復活。滑落事故を巡る山岳サスペンス「氷壁」（2006）、外資系の敏腕ファンドマネージャーのしれつなマネーゲームを描いて大ヒットした「ハゲタカ」（2007）、対国際テロ秘匿捜査の精鋭部隊を描いた「外事警察」（2009）、第2次大戦後の日本の復興と独立を導いた政治家・吉田茂を描いた「負けて、勝つ～戦後を創った男・吉田茂～」（2012）、横山秀夫の傑作ミステリー「64（ロ

『ドラマ人間模様　花へんろ　風の昭和日記』（1985年度）→P123

『NHKドラマ館　水の中の八月』（1997年度）→P994

『NHKドラマ館　少年たち』（1998年度）→P110

『NHKドラマ館　日輪の翼』（1999年度）→P996

『土曜ドラマ　ハゲタカ』(2006年度)→P129

『土曜ドラマ　クライマーズ・ハイ』(2005年度)→P1002

『土曜ドラマ　氷壁』(2005年度)→P129

『土曜ドラマ　外事警察』(2009年度)→P130

『土曜ドラマ　負けて、勝つ〜戦後を創った男・吉田茂』(2012年度)→P131

『土曜ドラマ　夫婦善哉』(2013年度)→P131

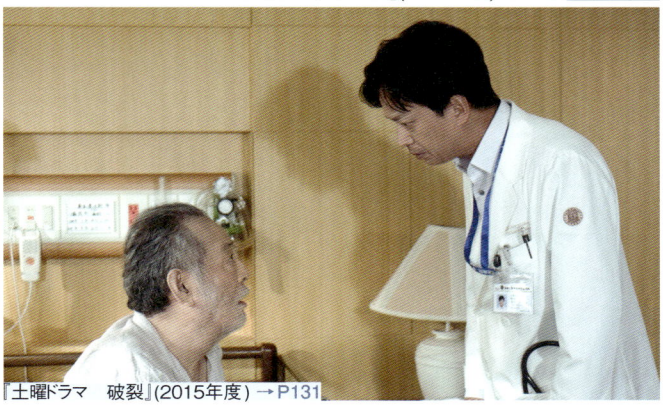

『土曜ドラマ　破裂』(2015年度)→P131

クヨン)」(2015)など、骨太な話題作を数多く放送し、好評を得た。

　一方で桐野夏生原作の「魂萌え!」(2006)、重松清の「とんび」(2012)、織田作之助の不朽の名作を近年発見された幻の続編とも合わせて連続ドラマ化した「夫婦善哉」(2013)など、話題の原作を映像化。市井の人々の日常に潜む心の葛藤や家族愛をていねいに描いたヒューマンドラマも話題を呼んだ。サスペンスドラマでは、シリーズ化された「実験刑事トトリ」(2012 ＊『土曜ドラマスペシャル』枠)と「実験刑事トトリ2」(2013)、超高齢化社会を見据えた医療サスペンス「破裂」(2015)、ウクライナで制作された世界的なヒット作のリメーク版「スニッファー

〜嗅覚捜査官」(2016)も注目された。そのほかにも山田洋次監督の原作で寅さんの少年時代を描いた「少年寅次郎」(2019)、被災者の心のケアに尽力し早世した実在の精神科医をモデルとしたヒューマンドラマ「心の傷を癒すということ」(2020)、新築の家、一脚のいすをめぐる横山秀夫原作のミステリー「ノースライト」(2020)。さらに保身やそんたくに身をやつす広報マンを描いた現代のブラックコメディー「今ここにある危機とぼくの好感度について」(2021)など、話題作を次々に放送。かつて"社会派"を標榜していた『土曜ドラマ』は、時代の空気に敏感に反応しながらさらに幅広いテーマに挑戦し、テレビドラマの可能性を追求し続けている。

連続ドラマ

05

若者と女性がターゲット

　数多くの秀作、話題作を送り出してきた『ドラマ人間模様』が1988年3月に、『銀河テレビ小説』が1989年3月にともに終了する。

　入れ替わるように1989年4月より『シリーズドラマ・10』（1989～1990年度 ＊1990年度は『ドラマ・10』）が、月曜の午後10時台に45分枠でスタートする。国際的にも通用するクオリティーの高い番組を目指した4～6回連続のミニ・シリーズをラインナップ。宮本輝原作「花の降る午後」をはじめ、森瑤子原作「夜の長い叫び」、瀬戸内晴美（寂聴）原作「家族物語」など、年間7シリーズを放送した。

　1992年度に『金曜ドラマ』が、午後7時30分から8時44分までの枠内に2番組を並べてスタートする。午後7時30分から8時15分までの45分が藤沢周平原作の「腕におぼえあり」シリーズ。後半、8時15分からの29分が現代もので、木の実ナナの自伝エッセーをドラマ化した「六畳一間一家六人」（4～6月）、女性管理職家族の人間模様を描いた「ママの転勤」（9～11月）、一人前の板前を目指す若者の成長物語「包丁いっぽん～夢、みてますか」（1993年1～3月）の3シリーズを放送。『金曜ドラマ』は1年で終了するが、2009年に復活することになる。

　『水曜シリーズドラマ』（1996～1998年度）は午後10時からの45分枠で、『ドラマ人間模様』の流れをくむ深みのある大人のドラマをラインナップ。第1弾はジェームス三木作の「存在の深き眠り」。大竹しのぶが多重人格（解離性同一性障害）の主婦を熱演。そのほか冨川元文作「暴力教師・君に伝えたいこと」、山田太一作「家へおいでよ」、田向正健作「月の船」、鎌田敏夫作「冬の蛍」、早坂暁作「新・花へんろ」などを放送した。

　1999年4月、『水曜ドラマの花束』（1999年度）と改題し、女性の視聴者を意識したハートウォーミングなテーマ、作風のドラマシリーズに模様替えした。大阪府警少年課に設置された女性捜査官チームの活躍を描く「女性捜査班アイキャッチャー」、高校時代からライバルだった女性2人を天海祐希と若村麻由美が演じた「素敵にライバル」、三國連太郎と市原悦子を主演に熟年2人の珍道中を描いた「ふたりでタンゴを」などを放送した。

　その後、総合テレビ夜間のドラマ枠は、2000年度に金曜午後9時台の『ドラマ家族模様』（2000年度）、2001年度に月曜午後9時台の『月曜ドラマシリーズ』（2001～2004年度）へと続いていく。『月曜ドラマシリーズ』は2003年度より朝ドラ『ちゅらさん』（2001年度）の続編「ちゅらさん2」、「ちゅらさん3」をはじめ、30代から50代の女性層を中心にした家族で楽しめる番組で構成した。

『水曜シリーズドラマ　存在の深き眠り』（1996年度）→P136

『水曜ドラマの花束　緋（ひ）が走る』（1999年度）→P137

『ドラマ家族模様　なごや千客万来』（2000年度）→P137

『月曜ドラマシリーズ　盲導犬クイールの一生』（2003年度）→P137

『BSドラマアベニュー　ギャートルズ　旅立ち』(1993年度) →P138

『ドラマDモード　トトの世界　最後の野生児』(2000年度) →P139

06

未開の時間帯 "23時台"への進出

2000年4月、「23時は若者のゴールデンタイム」をキャッチフレーズに、『ドラマDモード』(2000年度)が総合テレビの午後11時台に登場する。それまでニュース枠だった時間帯にドラマ枠を設け、新たな視聴者層の開拓を目指した。衛星第2でも深夜帯に特集番組『BSドラマアベニュー』を若者をターゲットに投入し、総合テレビに先行して集中放送するという戦略的編成をおこなった。

『ドラマDモード』の第1弾は、1999年に『衛星ドラマ劇場』で放送したシドニィ・シェルダン原作「ゲームの達人」の再編集版。続いて放送した尾西兼一作「FLY～航空学園グラフィティ」(2000)は、航空学園に通う男女8人の生徒たちが繰り広げる恋、友情、挫折を描いた青春物語。夢枕獏のベストセラーを1話完結でドラマ化した「陰陽師」(2001)などを放送。現代の野生児を描いた異色作「トトの世界～最後の野生児」(2001)は、第38回ギャラクシー賞大賞を受賞。この作品がNHK初執筆だった大

森寿美男は、この作品で第10回向田邦子賞を史上最年少で受賞した。

『ドラマDモード』は2002年3月に放送を終了。午後11時のドラマ枠は、2002年4月から始まった同じ総合テレビの帯ドラマ『連続ドラマ』に引き継がれる。

2002年4月、「23時台の番組改定」にともなって、午後11時からの15分番組『連続ドラマ』(2002～2005年度)を月曜から木曜の帯で編成。視聴対象を20～30代の女性に定め、若い女性を主人公に、恋あり、涙ありのエンターテインメントを中心に放送した。

第1弾はシドニィ・シェルダン原作の「真夜中は別の顔」をジェームス三木の脚本でドラマ化。復しゅうすることのみで自らを奮い立たせる女の愛憎を描いたラブサスペンスだ。そのほか石井まゆみの人気コミックを戸田山雅司脚本でドラマ化した「ロッカーのハナコさん」(2002)、阿川佐和子原作、大森美香脚本の「お見合い放浪記」(2002)、大人の男女のラブロマンスをコメディータッチで描いた田渕久美子作の「女神の恋」(2003)など、いずれも女性層から好評を得た。一方で、父と息子の"きずな"を感動的に描いた東野圭吾原作、福田靖脚本の「トキオ～父への伝言」(2004)や、主婦たちの奮闘記を

『連続ドラマ　真夜中は別の顔』(2002年度)

『連続ドラマ　お見合い放浪記』(2002年度) →P140

連続ドラマ

笑いと涙でつづった藤本有紀作「愛と友情のブギウギ」（2005）など、幅広い世代にアピールする秀作もあった。23時台に新たな視聴者を掘り起こそうと競ったのは、のちに『龍馬伝』（2010）、『まんぷく』（2018年度後期）を手がける福田靖、大河ドラマ『篤姫』（2008）、『江　姫たちの戦国』（2011）の田渕久美子、『ちりとてちん』（2007年度後期）、『平清盛』（2012）、『カムカムエヴリバディ』（2021年度後期）の藤本有紀、そして2021年の第60作大河ドラマ『青天を衝け』の大森美香など、ドラマ界の第一線を担うことになる若手、中堅の脚本家たちだった。

　"23時台"の『連続ドラマ』は2005年度をもって、全27シリーズを終了する。

　2008年4月、『木曜時代劇』（2006〜2007年度）の後を受けて『ドラマ8』（2008〜2009年度）が木曜午後8時からの45分枠でスタート。

　ゴールデンタイムの午後8時台に、10代の若年層とその親世代（30〜40代）を同時に取り込もうという戦略で、若者を主人公とした青春エンターテインメントドラマを中心にラインナップした。

　第1弾の「バッテリー」は、あさのあつこのベストセラーが原作。アイドルグループNYCの中山優馬が、ドラマ初出演で初主役を務めた。神尾葉子のコミックをドラマ化した「キャットストリート」のほか、「Q.E.D. 証明終了」「ふたつのスピカ」など、コミック原作のドラマ化が多いのも特徴。ほかに1979年に『少年ドラマシリーズ』で評判になった筒井康隆のSFサスペンス「七瀬ふたたび」のリメークや、空港警備チームと犯人たちの攻防を描くノンストップアクション「ROMES/ 空港防御システム」（2009）など、さまざまなトライアルを重ね、2010年1〜2月放送の「とめはねっ！　鈴里高校書道部」を最後に2年間の放送を終了する。

　2009年、金曜夜の連続ドラマ枠『金曜ドラマ』（2009年度）が16年ぶりに復活する。午後10時からの45分枠で、「笑い、テンポ、情報性」をキーワードに制作するエンターテインメントドラマシリーズだ。「コンカツ・リカツ」「ツレがうつになりまして。」「行列48時間」などのほか、韓国ドラマ「スポットライト」も放送した。

　2010年度の番組編成で『金曜ドラマ』は終了するが、『ドラマ8』と統合する形で、午後10時からの45分枠で『ドラマ10』（2010年度〜）がスタート。放送開始当初は視聴ターゲットを「40〜50代の女性」に据えた。

　第1弾は角田光代の小説「八日目の蝉」を、檀れい主演でドラマ化。血のつながりを超えた母子の3年半にわたる逃亡劇を通して、現代的な課題に向き合った話題作だ。プロデューサー、ディレクターらによって選ばれるATP賞テレビグランプリ2010を受賞。初年度はそのほか、柏屋コッコ原作の「離婚同居」、大森美香作のロマンチック・ラブストーリー「10年先も君に恋して」などを放送した。

　この枠で最初に話題を呼んだのが、10月から12月にか

『ドラマ8　バッテリー』（2008年度）→P175

『ドラマ8　ふたつのスピカ』（2009年度）→P175

『ドラマ10　八日目の蝉』（2010年度）→P134

『ドラマ10　透明なゆりかご』（2018年度）→P135

『ドラマ10　セカンドバージン』(2010年度) →P134

けて10回にわたって放送した「セカンドバージン」。連続テレビ小説『ふたりっ子』(1996年度後期)や大河ドラマ『功名が辻』(2006)の脚本家大石静のオリジナル脚本によるラブストーリーだ。離婚歴のある40代女性編集者と、17歳年下の既婚の金融庁キャリアの危険な恋愛模様を描いた。「もう一度恋をしたい」という女性の願望を刺激して女性視聴者の共感を呼ぶとともに、NHKのイメージを覆す濃厚なラブシーンも話題となった。この作品のヒットが『ドラマ10』のイメージ、方向性に大きな影響を与えた。

2011年10月から『よる☆ドラ』(2011～2012年度)が、火曜午後10時55分からの30分枠でスタートする。コンセプトは「30～40代の女性が寝る前に楽しめるライトドラマ」。大島真寿美原作の「ビターシュガー」、辻村深月原作の「本日は大安なり」ほかを放送。2013年3月に終了したが、10月にBSプレミアムでスタートした『プレミアムよるドラマ』(2012～2016年度)に引き継がれる。

2018年4月、『よるドラ』が総合テレビの土曜午後11時30分から30分枠でスタート。「新しい価値観を持つミレニアル世代やZ世代をターゲットにした新感覚のエンターテインメントドラマ」がコンセプト。第1弾はかつてBSプレミアムで放送した「植物男子ベランダー」の再編集版。リニューアル後の新作第1弾は劇作家・櫻井智也が描くブラックコメディー「ゾンビが来たから人生見つめ直した件」(2018)。奇想天外なストーリーとゾンビを現代人の不安の象徴ととらえた社会性が評判を呼んだ。

以降、ゲイの高校生と腐女子を中心に描いた青春群像劇「腐女子、うっかりゲイに告る。」(2019)や、地下ア

イドルにハマるOLを主人公にした「だから私は推しました」(2019)、ロールプレイングゲームをほうふつとさせる世界観で日本の子育ての現実を描く「伝説のお母さん」(2019)、現代にタイムスリップした光源氏とヒロインの恋を描く「いいね！光源氏くん」(2020)など、若年層に人気のマンガを原作にした初ドラマ化作品を中心に放送し、SNSで反響を呼んだ。

2022年4月、『よるドラ』はタイトル表記を漢字に変えた『夜ドラ』に改題。週1回放送の30分番組から、(月～木)夜10時45分からの15分番組に刷新された。15分の帯ドラマ形式は、"朝ドラ"に対する"夜ドラ"という位置づけ。30代をメインターゲットに、エンターテインメント性の高い企画をそろえた。この年の11月に放送した「作りたい女と食べたい女」は、女性同士の恋愛を主軸に描いた人気漫画が原作。社会の多様性を反映したドラマとして幅広い視聴者を獲得。2024年1月から第2シーズンを放送し、癒やされるドラマとして好評を得た。

『よるドラ　いいね！光源氏くん』(2020年度) →P145

連続ドラマ

07 衛星放送のドラマ枠

　1989年6月に衛星本放送が始まると、多チャンネル時代にますます多様化する視聴者のニーズにこたえるために、衛星第2にバラエティー豊かな作品を放送する新たなドラマ枠が次々に登場する。

　『BSサスペンス』(1994年度)は、"国内著名作家原作によるサスペンス"を基調にしたドラマシリーズを組んだ。松本清張の原作を現代的視点で再構成した「ゼロの焦点」、髙樹のぶ子原作の「サザンスコール」、曽野綾子原作の「天上の青」などを放送。「天上の青」では不安定な心理描写を、1シーン1カットで表現する手法を多用。高感度カメラを用いて、シーンごとにレンズフィルターを効果的に使うなどの工夫をこらした。本作品は文化庁芸術作品賞を受賞した。

　『BS日曜ドラマ』(1995〜1997年度)は、「ベストセラーのドラマ化」をコンセプトにスタート。小説、ノンフィクション、劇画などジャンルを問わず、人々の心をとらえた最新の話題作を取り上げた。大沢在昌の直木賞受賞作「新宿鮫〜無間人形」では元日本テレビの演出家石橋冠が、宮尾登美子の『藏』では元TBSの演出家大山勝美が、それぞれ演出を担当。民放で実績を積み重ねた外部の豊かな才能を起用し、それまでのNHKドラマとはテイストの違う映像感覚を持ち込んだ。ほかに高村薫のベストセラー「照柿」、永六輔のベストセラーエッセー「大往生」、弘兼憲史のコミック「黄昏流星群」、篠田節子の直木賞受賞作「女たちの聖戦」などを原作にドラマ化した。

　1998年4月、『BS日曜ドラマ』を土曜日に移設し、枠タイトルを『BSドラマ』(1998年度)に変更。話題性と娯楽性を兼ね備えたドラマをラインナップした。平岩弓枝原作の「あした天気に」、俵万智の短歌集をベースに中園ミホが脚本を書いた「チョコレート革命」、夏樹静子原作のロマンチックサスペンス「デュアルライフ〜危険な愛の選択」などを放送。

　1999年4月、『BSドラマ』の放送時間を変更し『衛星ドラマ劇場』と改題、110分の長時間枠とした。宮尾登美子の代表作「櫂」を、大山勝美演出、松たか子主演でドラマ化したほか、シドニィ・シェルダンの世界的なベストセラーを日本に舞台を置き換えてドラマ化した「ゲームの達人」などが話題となった。

　2001年には、ハイビジョン制作の単発ドラマ枠『HVサスペンス』を放送。内外の秀作を原作に、女性が主人公のサスペンスドラマをハイビジョンで制作した。第1弾は夏樹静子原作のヒューマンサスペンス「茉莉子」、エミール・ゾラの「テレーズ・ラカン」を原作に岩松了が脚本を書いた「死者からの手紙」などを放送。ハイビジョン、衛星第2、総合テレビの3波で放送日時を変えて放送した。

　ハイビジョンドラマの定時枠『ハイビジョンドラマ館』(2003〜2004年度)では、コミックが原作の海上保安官の成長

『BSサスペンス　天上の青』(1994年度) → P138

『BS日曜ドラマ　藏』(1995年度) → P138

『BS日曜ドラマ　照柿』(1995年度) → P138

『BS日曜ドラマ　大往生』(1996年度) → P138

『プレミアムよるドラマ　てふてふ荘へようこそ』(2012年度)　→ P143

『プレミアムよるドラマ　ラスト・ディナー』(2012年度)　→ P144

物語「海猿」、『金曜時代劇』で放送し反響を呼んだ藤沢周平原作の「蝉しぐれ」、西荻弓絵作・脚本の「老いてこそなお」などを放送した。

2011年4月、それまでのハイビジョンと衛星第2が統合され、新チャンネル「BSプレミアム」が誕生する。翌2012年度にBSプレミアムの日曜午後10時台に『プレミアムドラマ』が、土曜の午後11時台に『プレミアムよるドラマ』がスタートする。

『プレミアムドラマ』は、話題のベストセラー小説や人気コミックのドラマ化、実話を掘り起こしたドキュメンタリードラマ、地域放送局発ドラマなど、バラエティーに富んだラインナップをそろえた。その第1弾は桂望実原作のラブコメディー「恋愛検定」を1話完結で全4話を放送。そのほか高橋留美子の短編漫画集をドラマ化した「高橋留美子劇場」、「札幌局発地域ドラマ～神様の赤ん坊」など、女性をターゲットにしたドラマが並んだ。

一方、『プレミアムよるドラマ』は、「週末の夜をリラックスして楽しめるおしゃれな連続ドラマ」がコンセプト。第1弾は乾ルカ原作のハートウォーミング・ファンタジー「てふてふ荘へようこそ」。そのほかお笑いトリオ森三中の黒沢かずこが連ドラ初主演した「嘆きの美女」、8人の気鋭のライターが脚本を書いた1話完結のワンシチュエーションドラマ「ラスト・ディナー」などを放送。

1990年代は『BS日曜ドラマ』を中心に、薫り高い文芸作品やスタイリッシュなハードボイルドなど重厚な作品が並んだが、BSプレミアムのドラマ枠では、若い女性の視聴者を意識したポップでおしゃれなドラマが主流となった。

08

「連続時代劇」の系譜

いわゆる"時代劇"は、大正から昭和にかけて映画界で盛んに製作されてきた日本独特のジャンルだ。一般的に戦国時代から明治維新に至る日本を舞台にしたエンターテインメントで、剣豪・剣客もの、股旅物、捕物帳などがある。

テレビでは1953年7月に『半七捕物帳』の第1話「むらさき鯉」が初めての放送。岡本綺堂の人気時代小説のドラマ化で、55年までに計6話を放送し、のちの連続時代劇の原型となった。

「テレビでも映画に負けない時代劇をつくる」という意気込みで始まったのが大型時代劇『花の生涯』(1963)。その後『赤穂浪士』(1964)、『太閤記』(1965)と続く大河ドラマに発展していく。

『半七捕物帳』(1953～1955年度)　→ P94

『大衆名作座～人形佐七捕物帳』(1965年度)　→ P103

『大衆名作座～人形佐七捕物帳』(1965年度)は、総合テレビの金曜午後8時からの1時間番組。横溝正史の時代劇シリーズのドラマ化で、文化・文政期の岡っ引き"人形佐七"が、次々に事件を解決していく物語だ。スリルとサスペンスのなかに、現代にも通じる庶民の人情を描き、

連続ドラマ

『文五捕物絵図』(1967～1968年度) →P104

『開化探偵帳』(1968～1969年度) →P105

『鞍馬天狗』(1969～1970年度) →P105

『男は度胸～徳川太平記より』(1970～1971年度) →P105

テレビ界の捕物帳ブームに先べんをつけた。1話完結形式で50話を放送。のちに『金曜時代劇』として定着する金曜夜8時の時代劇枠は、ここに始まる。

『文五捕物絵図』(1967～1968年度)も金曜午後8時からの放送。松本清張の原作を倉本聰、杉山義法ら若手脚本家でドラマ化した捕物劇。江戸天保年間、神田天神下に住む岡っ引き"文五"の活躍を、テンポよく描いて大ヒットした。主演の杉良太郎はこの作品で時代劇俳優として注目を浴びる。

その後、緒形拳主演の『開化探偵帳』(1968～1969年度)、高橋英樹主演の『鞍馬天狗』(1969～1970年度)、歴史の枠にとらわれない異色の時代劇として好評を博した『男は度胸～徳川太平記より』(1970～1971年度)などが続き、金曜ゴールデンタイムの時代劇路線が定着する。

1971年10月、総合テレビの全面カラー化とともに"新感覚時代劇"として話題を呼んだ『天下御免』がスタートする。

江戸時代中期、四国高松藩出身の若き発明家・平賀源内が、長崎で身につけた新知識と天衣無縫の行動力で、次々に起こる難事件を解決する痛快時代劇だ。ゴミ問題や受験戦争など、放送当時の世相をからめて描く風刺を効かせた脚本や、登場人物が銀座の歩行者天国を髷をつけて歩く演出など、"カツラをつけた現代劇"として若い視聴者の評判をよび、平均視聴率は30%を記録した。

早坂暁のオリジナル脚本で演出は岡崎栄、音楽は山本直純が担当。出演は山口崇が平賀源内を演じ、そのほか林隆三、津坂匡章(現・秋野太作)、中野良子、太地喜和子、坂本九らが出演した。

『天下御免』の路線を引き継いだのが、同じ早坂暁脚本による『天下堂々』(1973～1974年度)。幕藩体制にゆきづまりが見えはじめた時代を舞台に、困難な時代を堂々と生きる若者の群像を、社会問題をからめてユーモラスに描き、若者たちをひきつけた。

『天下御免』(1971～1972年度) →P105

『天下堂々』(1973～1974年度) →P106

『鳴門秘帖』(1977年度) →P107

『早筆右三郎』(1978年度) →P107

時代劇を中心に放送した金曜午後8時の枠は『鳴門秘帖』(1977年度)を最後に、1978年4月より水曜に移設。

その第1弾『早筆右三郎』は、瓦版記者「早筆人」の活躍を描く江戸時代版「事件記者」だ。横尾忠則が描くタイトルバックと、深町純のシンセサイザーによる主題曲で若い視聴者層にアピールした。

　1980年10月、平岩弓枝のロングセラー小説をドラマ化した『御宿かわせみ』がスタートする。その後、シリーズ化する人気ドラマの第1弾である。江戸の大川端にある小さな旅籠「かわせみ」を舞台に、わけあって武家を捨て旅籠を営むるいと、その恋人で与力の息子・東吾が、仲間たちとともに事件を解決していく人情捕物帳だ。主人公のるいを真野響子が、東吾を小野寺昭が好演し、1982年10月からの第2部と合わせて47回を放送した。

　「御宿かわせみ」は2003年4月に、20年ぶりに装いもあらたに『金曜時代劇』枠に登場する。るいに高島礼子が、東吾に中村橋之助（三代目）がふんした。翌2004年4月から「御宿かわせみ～第2章」を、2005年5月から「第3章」を放送。1980年の第1部から数えて5シリーズを放送した。

　1984年4月、"新大型時代劇"と銘打って『宮本武蔵』が始まる。この年の1月、それまで"時代もの"を扱ってきた大河ドラマが、"近代大河"に路線変更し、昭和史を舞台にした『山河燃ゆ』をスタートさせた。代わって水曜午後8時に大河ドラマと同じ1年間放送の"新大型時代劇"を据え、視聴者の"時代劇ロス"に備えた。

　"新大型時代劇"は『宮本武蔵』（1984年度）、『真田太平記』（1985年度）、『武蔵坊弁慶』（1986年度）の3本を放送。1987年1月から大河ドラマは『独眼竜政宗』を

放送。4年ぶりに時代劇が復活したことで、水曜夜の"新大型時代劇"は幕を下ろす。

　1965年に始まった連続時代劇の枠は、『武蔵坊弁慶』の終了とともに番組表から消える。バブル景気に沸いた1980年代後半は、民放ではトレンディドラマが全盛で、時代劇の放送枠は『水戸黄門』（TBS系）ほか数えるほどしか残っていなかった。

　NHKの放送現場には、「連続時代劇」枠が無くなることに危機感があった。大河ドラマだけでは、これまで蓄積してきた時代劇制作のノウハウを継承できない。そんな現場の声に押されて1991年、オリジナル時代劇が2本制作され、金曜の夜8時台に復活した。東京制作の『赤頭巾快刀乱麻』と大阪制作の『近松青春日記』である。翌1992年4月、『金曜ドラマ』の枠が新設され、その第1弾として「腕におぼえあり」が登場。6年ぶりの時代劇は、その後の「連続時代劇」枠復活を占うチャレンジでもあった。

　時は元禄、奥州の小藩の青年武士・青江又八郎は、藩主毒殺の陰謀に巻き込まれ、許嫁の父親を斬ったことで脱藩、江戸に出る。用心棒稼業で暮らす中で、いつしか赤穂浪士のあだ討ち事件に巻き込まれていく。藤沢周平の「用心棒日月抄」と「よろずや平四郎活人剣」を原作に中島丈博が脚色。「腕におぼえあり」は同じ年度内にパート2、パート3と合わせて計35話を放送。青江又八郎を演じた村上弘明の当たり役となった。

　「腕におぼえあり」の好評を受けて、1993年4月、それまでの『金曜ドラマ』は『金曜時代劇』と改題し、新たなスタートを切る。

『御宿かわせみ』（1980・1982年度）→P107

『宮本武蔵』（1984年度）→P108

『真田太平記』（1985年度）→P108

『武蔵坊弁慶』（1986年度）→P108

『赤頭巾快刀乱麻』（1991年度）→P109

『近松青春日記』（1991年度）→P109

連続ドラマ

『金曜ドラマ　腕におぼえあり』(1992年度) →P147

『金曜時代劇　清左衛門残日録』(1993年度) →P147

『金曜時代劇　蝉しぐれ』(2003年度) →P147

『BS時代劇　新選組血風録』(2011年度) →P148

『木曜時代劇　陽炎の辻』(2007年度) →P148

『土曜時代ドラマ　みをつくし料理帖』(2017年度) →P149

『土曜時代ドラマ　アシガール』(2017年度) →P149

　その第1弾は仲代達矢主演の「清左衛門残日録」。藤沢周平の小説「三屋清左衛門残日録」を、脚本の竹山洋が1話完結の14回で描いた。ドラマは東北の小藩で藩主の側用人を務めた清左衛門が、家督を譲って隠居した日から始まる。時代劇の見せ場となる派手な立ち回りはないが、武家社会の日常から老いゆく日々の命の輝きを見つめたドラマは視聴者の共感をよんだ。この作品の第10回「夢」が、NHK時代劇としては初めて文化庁芸術作品賞を受賞した。

　一度は消えかかった「連続時代劇」の灯は、"藤沢周平"という鉱脈の発見で息を吹き返す。NHKでドラマ化された藤沢作品は「獄医立花登手控え」「用心棒日月抄」「三屋清左衛門残日録」「よろずや平四郎活人剣」「本所しぐれ町物語」「秘太刀　馬の骨」、そして2003年に大ヒットした「蝉しぐれ」など多数。

　『金曜時代劇』では山本周五郎原作「大江戸風雲伝」(1994)、半村良原作「天晴れ夜十郎」(1996)、藤沢周平原作「新・腕におぼえあり～よろずや平四郎活人剣」などを放送。2000年度に1年間、月曜に放送枠を移し『時代劇ロマン』と改題するが、2001年に『金曜時代劇』が、船山馨原作の「お登勢」で再度復活する。

　"『金曜時代劇』の最高傑作"の呼び声の高い「蝉しぐれ」は、2003年8月22日から10月3日まで連続7回で放送。さらに同年11月にハイビジョンの『ハイビジョンドラマ館』枠で90分3回に再編集して放送された。

　藤沢周平の同名時代小説を黒土三男の脚本でドラマ化。藤沢の郷里・山形県鶴岡にあった庄内藩がモデルと言われる架空の小藩・海坂藩が舞台。下級武家の青年・文四郎が非業の死を遂げた父の無念を晴らすため、降りかかる悲運と忍苦に耐えて成長する姿を、初恋の幼

なじみ・ふくとの恋心を軸に描いた。原作の情感を大切にした演出と、文四郎役の内野聖陽とふく役の水野真紀の名演が視聴者の心をとらえた。時代劇の味わいと面白さを若い世代に示したことも評価され、第30回放送文化基金賞を受賞。またハイビジョン版が第44回モンテカルロ・テレビ祭ゴールドニンフ賞（最優秀作品賞）を受賞した。

2011年4月、衛星放送の新チャンネルBSプレミアムで、『BS時代劇』（2011年度〜）が日曜午後6時45分から始まる。第1弾は司馬遼太郎原作「新選組血風録」。その後、五味康祐原作「薄桜記」（2012）、のちにシリーズ化される中井貴一主演の「雲霧仁左衛門」（2013）、東山紀之主演の「大岡越前」（2013）、溝端淳平主演の「立花登青春手控え」（2016）など、バラエティー豊かな娯楽時代劇がラインナップされた。

総合テレビの時代劇枠は、『金曜時代劇』が2006年2月に放送を終了した後、『木曜時代劇』（2006〜2007・2013〜2015年度）、『土曜時代劇』（2008〜2010・2016年度）と放送曜日に合わせて改題。

そして2017年5月、『土曜時代ドラマ』が土曜午後6時台にスタートする。若者をターゲットに、従来の時代劇のコンセプトにとらわれない新感覚のエンターテインメントを目指した。

その第1弾は黒木華主演の「みをつくし料理帖」。高田郁の原作を藤本有紀が脚色し、時代劇の新境地を開く。続いて獅子文六の長編大衆小説のドラマ化「悦ちゃん〜昭和駄目パパ恋物語〜」、森本梢子のベストセラーコミックが原作の「アシガール」などを放送。

「アシガール」は戦国時代にタイムスリップした女子高生が、りりしい戦国武将に恋をする青春ラブコメディー。黒島結菜、健太郎の主演で好評を呼び、2018年12月にスペシャル版特集ドラマ『アシガールSP〜超時空ラブコメ再び〜』も放送した。

NHKでは時代劇を、テレビ放送開始から現在まで途絶えることなく放送してきた。その代表格である大河ドラマは、歴史のうねりの中の名だたる武将たちの運命をダイナミックに描き、"歴史ドラマ"と呼ばれることも多い。一方、『金曜時代劇』に代表される"時代もの"は、市井に生きた庶民の喜怒哀楽や人情を、剣の立ち回りを交えたエンターテインメントで描き、時代劇ファンの期待に応えてきた。NHKの時代劇はフィクションとはいえ、厳密な時代考証によりドラマのリアリティーを確保してきた。さらに時代劇の様式や作法を日本文化の一端として、その保存と継承も担っている。

09
「スペシャルドラマ」と「ドラマスペシャル」

「スペシャルドラマ」または「ドラマスペシャル」と冠されたドラマ番組がある。「スペシャル」に定義はないが、通常番組の枠を超える予算、制作規模と体制、長尺の放送時間、「定曜定時」にとらわれない臨機応変な編成、海外取材や国際共同制作などのスケール感、独創的でチャレンジングな企画など、NHKの底力を示すハイクオリ

『海外取材ドラマ　二つの橋』（1962年）→P101

『日仏合作ドラマ　真夜中の太陽』（1964年）→P103

『アラスカ物語』（1962年）→P101

『テレビ劇場　夜の仲間』（1959年）

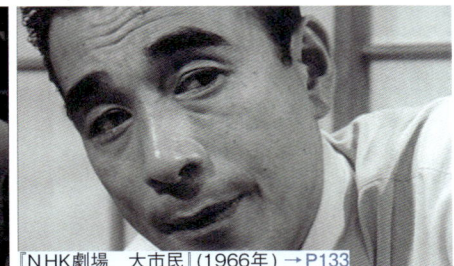
『NHK劇場　大市民』（1966年）→P133

連続ドラマ

ティーなドラマである。

　日伊合作ドラマ『二つの橋』(1962)は、NHK初の海外取材ドラマ。イタリアのベニス、ミラノ、ナポリ、フィレンツェ、ローマ、エジプトのカイロなどで大々的なロケを行った。同じ年の12月に放送した『アラスカ物語』では、日本初のアラスカロケを敢行。作家の石原慎太郎が現地を取材し、初めてテレビに書き下ろしたオリジナル作品である。日仏合作ドラマ『真夜中の太陽』(1964)は、NHKとRFT(フランス国営テレビ)が制作、演出の全作業を共同、分担して行い、世界のテレビ界でもめずらしい本格的な合作ドラマとなった。これらの作品は海外取材や海外との共同制作という点においてスペシャルドラマの先駆けだ。

　1960年代に入ると、テレビの普及に伴う視聴者の急速な拡大を背景にドラマ制作が強化され、単発ドラマの編成枠が一挙に増える。文芸作品中心の『NHK劇場』(1961年度)、『NHK劇場』を改題した『文芸劇場』(1961〜1963年度)、現代的なテーマの書き下ろし作品が中心の『テレビ劇場』(1957〜1963年度)などがある。

　『テレビ指定席』(1961〜1966年度)はフィルム制作のドラマ枠。モンテカルロ・テレビ祭審査員特別賞を受賞した深町幸男演出の「ドブネズミ色の街」や、ベルリン国際テレ・フィルム・ショーに参加した吉田直哉のドラマ初演出作品「魚住少尉命中」などを放送した。

　1964年4月、『NHK劇場』(1964〜1968年度)が"NHKの看板テレビドラマ"を目指して午後9時台に再開。翌

『テレビ指定席　ドブネズミ色の街』(1963年) → P133

『テレビ指定席　魚住少尉命中』(1963年) → P133

年は「愛のシリーズ」のサブタイトルを付し、親子、夫婦、兄弟姉妹、恋人、友人など、さまざまな人間関係における愛の形を描いた。

　1964年度まで「特集ドラマ」として随時、制作、放送していた長時間ドラマを、1965年度から月1回土曜午後8時からの90分枠で「長時間ドラマ」として定時化した。

『川の流れはバイオリンの音』(1981年) → P913

「マザー」(1970年) → P967

「さすらい」(1971年) → P968

『ドラマ　夢の島少女』(1974年) → P971

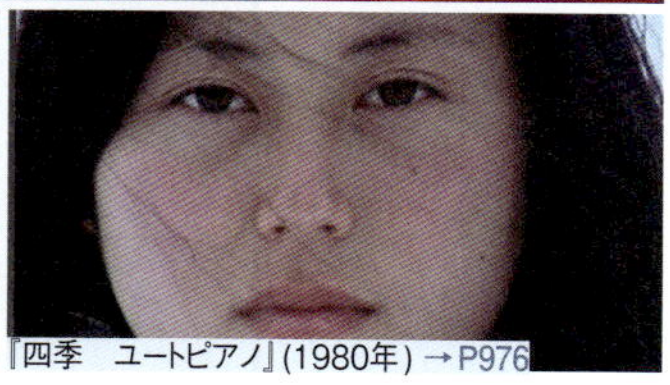

『四季　ユートピアノ』(1980年) → P976

『国境のない伝記～クーデンホーフ家の人びと』(1972年) →P969

　「長時間ドラマ」は、1969年10月に新設された『ドラマ特集』(1969～1973年度)に引き継がれる。『ドラマ特集』は月1回放送の90分の単発ドラマ枠。従来の娯楽ドラマにあきたりない視聴者のために放送時間を拡大し、ドラマ表現の可能性を追求した。『ドラマ特集』の第1弾、吉田直哉演出「時のなかの風景」(1969)は芸術祭優秀賞を受賞している。

　『ドラマ特集』にこれまでにない斬新な手法のドラマが登場した。1970年8月8日に放送した「マザー」である。母のいない少年ケンが、神戸の街をさまよい、偶然出会った人々との会話や交流を通して、母親のイメージを思い描く様子を追うもの。登場人物は全員が素人。主人公の設定と独白(ナレーション)以外はすべて自由に演じられた台本のないドラマを、フィルムでドキュメントしたものだった。構成・演出を担当した佐々木昭一郎にとって初のドラマ作品である。ドキュメンタリーとドラマの境界を自由に行き来するような作品のインパクトは海外でも評価され、モンテカルロ・テレビ祭ゴールドニンフ賞を受賞。佐々木作品は『さすらい』(1971)が芸術祭大賞を受賞。その後、『夢の島少女』(1974)、『土曜ドラマ』の「劇画シリーズ 紅い花 つげ義春の作品から」(1976)、『四季 ユートピアノ』(1980)と、フィクションとドキュメンタリーが融合した作家性の強い独創的な映像詩の世界を創り上げた。1980年代に入ると、『川の流れはバイオリンの音～イタリア・ポー川～』(1981)、『アンダルシアの虹 川(リバー)・スペイン編』(1983)、『春・音の光 川(リバー)・スロバキア編』(1984)とオール海外ロケによる「川・3部作」を放送し、国内外で高い評価を得た。

　1973年3月、テレビ放送開始20周年記念番組『国境のない伝記～クーデンホーフ家の人びと』を放送。明治初年、オーストリア・ハンガリー帝国の駐日代理公使クーデンホーフ・カレルギー伯爵と結婚し、ウィーンでその生涯を閉じた青山光子と、その次男で現在のEUの基となる「パン・ヨーロッパ運動」の中心人物リヒャルト・クーデンホーフ・カレルギーの伝記をドラマとドキュメンタリーで描いた。海外取材をまじえ、1回60分で4回シリーズの大型番組である。構成・演出は吉田直哉。主演の吉永小百合は光子とドキュメンタリー部分のリポーターの2役を担った。

　1976年1月から12月にかけて、『明治の群像 海に火輪を』を1話80～85分で、10回にわたって放送(第3回より『NHK特集』枠)。日本が近代国家の道を歩み始めた明治を生き、日本を運命づけた大久保利通、大隈重信、伊藤博文、陸奥宗光らの波乱に満ちた生涯を史実に基づき、小林桂樹、石坂浩二、山崎努ほかの出演でドキュメンタリータッチで描いた。

　翌1977年には同じ『NHK特集』枠で「日本の戦後」を10回シリーズで放送。「日本分割」「農地改革」「極東国際軍事裁判」など、戦後の日本を決定づけた10の出来事に焦点を当て、その決定的瞬間を証言と再現ドラマで描いた。脚本は恩地日出夫、別役実、田向正健、柳田邦男ほか。出演は佐分利信、嵐寛寿郎、小沢栄太郎、松村達雄、高橋幸治、山田五十鈴ほか、そうそうたる顔ぶれがそろった。

　1979年4月に放送した岡崎栄演出の『幾山河は越えたれど―昭和のこころ・古賀政男』は、NHK初となる3時間のドキュメンタリードラマ。1978年に亡くなった昭和の大作曲家古賀政男の追悼番組で、古賀の生涯を描くことで

連続ドラマ

『幾山河は越えたれど―昭和のこころ・古賀政男』
(1979年) →P976

『ドラマ　あめりか物語』(1979年) →P976

長期ロケを敢行。作・脚本の山田自身が、明治時代にアメリカに渡った100人以上の移民の人々を現地の老人ホームで直接取材。さらにUCLA（カリフォルニア大学ロサンゼルス校）のアーカイブスに通い、当時の資料を丹念に調べて書き上げた。1977年にテレビ朝日系で放送して大ヒットしたアメリカのミニシリーズ『ルーツ』と対比させて、"和製ルーツ"とも評されるとともに、テレビ大賞優秀番組賞、芸術祭優秀番組賞、ギャラクシー賞月間賞などを受賞するなど、高い評価を得た。

昭和という時代を浮き彫りにした。渥美清が番組リポーターと古賀政男の2役を演じ、藤山一郎、美空ひばり、島倉千代子、なかにし礼などゆかりの人々が出演。第1部と第2部に分けて、午後8時から11時30分まで、途中『ニュース』と『ニュース解説』をはさんで一気に放送した。

同じ1979年10月、ドラマ『あめりか物語』が1話80分を4夜連続で放送。いわゆる"スペシャル編成"の先駆けとなった。

明治末にアメリカに渡った日系移民の姉弟とその家族3代が、人種差別などさまざまな迫害に苦しみながら、しだいに新天地に根を下ろしていく姿を描いた山田太一のオリジナル作品である。NHKドラマ初の長期海外取材・

1983年2月に放送したドラマスペシャル『勇者は語らず』は、テレビ放送開始30周年を記念した4回シリーズ。大手自動車メーカーのアメリカ現地生産工場進出を巡る社内対立や、下請け部品メーカーと親会社の葛藤を、不況下のアメリカ労働界の反発を背景に描いた。城山三郎の原案を岩間芳樹が脚色、和田勉が演出した。三船敏郎がNHKドラマに初出演したことでも話題になった。

1984年3月放送のドラマスペシャル『日本の面影』も80分で4回の大型シリーズ。山田太一作・脚本で、小泉八雲（ラフカディオ・ハーン）を通して、日本の近代化で失われた精神文化を描いた。小泉八雲を映画「ウエストサイド物語」で日本で爆発的な人気を誇ったジョージ・チャキリスが演じた。

1984年5月、『ドラマスペシャル』が午後9時からの定時枠で登場。スペシャル感のある意欲的な単発ドラマを定期的に開発することを目指した。

劇作家つかこうへい作・脚本で大竹しのぶ主演の「嫁ぐ日'84」、近松門左衛門の人形浄瑠璃を原作に和田勉が演出した「女殺油地獄」(1984)、「心中宵庚申」(1984)、「おさんの恋」(1985)、劇作家唐十郎作で音楽を中島みゆきが担当した「安寿子の靴」(1984)、山田太一が笠智衆主演で描いた「冬構え」(1985)、「今朝の秋」

『ドラマスペシャル　勇者は語らず』(1983年度) →P979

『ドラマスペシャル　破獄』(1985年) →P982

『父の詫び状』(1986年) →P153

『ジンジャー・ツリー　異国の女』(1990年) →P153

『ザ・ラストUボート』(1993年) →P154

『放送80周年記念ドラマ　ハルとナツ
～届かなかった手紙』(2005年)→P1002

『ドラマ 聖徳太子』(2001年)→P998

『菜の花の沖』(2000年)→P997

『アフリカの蹄(ひづめ)』(2003年)→P155

『テレビ放送50年記念ドラマ　川、いつか海へ
～6つの愛の物語』(2003年)→P1000

『土曜ドラマ　放送70周年記念番組　大地の子』(1995年度)→P128

（1987）、吉村昭の原作を山内久脚本でドラマ化した「破獄」(1985)、向田邦子の原作、ジェームス三木脚本の「父の詫び状」(1986)、早坂暁作・脚本、フランキー堺主演の「山頭火」(1989)など、見ごたえのある話題作、意欲作を数多く放送した。

1990年には、『NHKスペシャル』の枠で若手スタッフが新しい試みにチャレンジした『ニューウエーブドラマ』がスタートした。原色を多用し映像と音楽の相乗効果を目指した「エデンの街～ The Megalopolis EDEN」を皮切りに、最先端のコンピューター・テクノロジーを導入して新世代のファンタジーを鮮やかに描いた「ネットワークベビー」(1990)、京都と東京という対照的な街を通して人々の共通して持つ耳の記憶に訴えた「音・静かの海に眠れ」(1991)、四万十川のほとりにある静かな町を舞台に女子高生の友情を描いた「魚のように」(1993)など、みずみずしい感性に訴えた意欲作10本を放送した。

1990年代に入り、イギリスとの共同制作『ジンジャー・ツリー　異国の女』(1990)、中国との共同制作『流れてやまず』(1992)、同『大草原に還る日』(1992)、ドイツ・アメリカ・オーストラリアとの4か国共同制作番組『ザ・ラストUボート』(1993)など、国際共同制作が盛んに行われた。

そんな中で1995年7月、NHKと中国中央電視台との共同制作で4年の歳月をかけたドラマ「大地の子」が完成し、『土曜ドラマ』枠でスタートする。作家山崎豊子の全3巻にわたる長編小説を、全7回、計10時間50分でドラマ化

した超大作だ。放送開始70周年記念ドラマと位置づけ、戦後50年の節目に中国残留孤児の問題を真正面から取り上げた。

物語の舞台は旧満州（中国東北部）。敗戦の混乱の中で取り残された日本人少年が、奇跡的に命を救われて中国人の養父に引き取られる。少年は名前を陸一心と改め、中国人として手厚く育てられる。やがて技術者として立派に成人した一心は、文化大革命の荒波を越え、実父との愛憎に揺れながら、日本との協力事業の近代的な製鉄プラントを完成させる。

撮影は中国でのオールロケーション。その範囲は北京、長春、大連、上海、重慶などに及び、期間は延べ128日間を要した。真夏の北京は摂氏38度、厳冬の長春は零下30度という気温差が70度近い過酷な気象条件のもとでの撮影となった。

主役に抜擢されたのは劇団キャラメルボックスに所属していた無名の新人上川隆也。収録シーンの3分の2は中国が舞台。セリフの80%が中国語という難役のうえ、撮影による拘束は100日以上。売れっ子俳優なら二の足を踏む条件のため主役選びは難航した。そんなときにある情報誌に掲載された小さな写真が脚本の岡崎栄らの目にとまり、上川の起用に結びつく。上川はこの作品の成功で、若手実力派俳優としての評価を得る。また一心の実父と養父を演じた仲代達矢と中国人俳優の朱旭の名演も視聴者の心を打った。

1996年2月に衛星第2で第1部から第7部までを一挙に

連続ドラマ

『スペシャルドラマ　坂の上の雲』(2009〜2011年度) →P111

連続放送する。さらに3月から「ドラマスペシャル」の冠で11回シリーズに再編集して放送。本放送では視聴率が30%に達する評判をよび、ドラマスペシャル版も18%を超える高視聴率を得た。1995年度文化庁芸術作品賞、モンテカルロ・テレビ祭優秀作品賞を受賞するなど、内外で高い評価を得る。

2000年12月1日、BSデジタル本放送がスタート。BSデジタルハイビジョン開局記念番組として放送開始75周年大型企画ドラマ『菜の花の沖』を、12月4日から1話75分の5夜連続で放送。総合テレビでは2001年1月に「ドラマスペシャル」の冠で放送した。司馬遼太郎の名著「菜の花の沖」を原作に、たった1人で大国ロシアと外交を繰り広げ、波乱万丈の生涯を送った大商人・高田屋嘉兵衛の物語を壮大なスケールで描いた。

2003年のNHKテレビ放送50周年には、2つの大作を放送。1つは2003年2月に前・後編2回で放送した『アフリカの蹄(ひづめ)』。アフリカの架空の国を舞台に、アフリカの人種差別政策に立ち向かう日本人医師の姿を描くヒューマンサスペンスだ。もう1作は、12月に6夜連続で放送した『川、いつか海へ〜6つの愛の物語』。6つの物語を野沢尚、三谷幸喜、倉本聰の人気脚本家がリレー形式で物語を紡いだ。

2005年10月、放送開始80周年記念ドラマ『ハルとナツ〜届かなかった手紙』が、5夜連続で集中編成された。1934年、北海道からブラジル・サンパウロ州へ移民として渡った姉ハルとその家族。そして出発の地、神戸で眼病のため1人日本に残されてしまった妹ナツ。激動の時代を困苦のブラジル移民として耐え抜いた姉と、日本の戦争と復興を経て経済成長の中を生きた妹の70年の歳月を

浮き彫りにした大型ドラマだ。原作・脚本は橋田壽賀子。姉ハルを森光子が、妹ナツを野際陽子が演じた。

2000年代には大阪放送局で「古代史ドラマスペシャル」3本が池端俊策の脚本で制作されている。その第1弾は「NHK大阪新放送会館完成記念」と銘打った3時間ドラマ『聖徳太子』(2001)。聖徳太子には本木雅弘がふんし、謎の多いその生涯を最新の研究成果を盛り込んで描いた。第2弾『大化改新』(2005)は、BSハイビジョンで2005年1月1・2日に前・後編を2夜連続で、1月3日には総合で前・後編を1日で放送。中臣鎌足を岡田准一が、蘇我入鹿を渡部篤郎が演じた。第3弾『大仏開眼』(2010)は8世紀の日本を舞台に、大仏造立を巡る人々の夢と野望、愛と憎しみを、吉岡秀隆、石原さとみ、高橋克典ほかの出演でダイナミックに描いた。

2009年11月、3年にわたる超大型シリーズとなるスペシャルドラマ『坂の上の雲』がスタートする。原作は発行部数が2000万部を超える司馬遼太郎の代表作。執筆には10年の歳月をかけ、映像化は不可能といわれていた壮大な物語を、1話90分、3部全13回で構成した。

ドラマの主人公は日露戦争で当時世界最強といわれたコサック騎兵と互角に戦った秋山好古(阿部寛)、その弟で日本海海戦でバルチック艦隊を打ち破る作戦を立てた秋山真之(本木雅弘)、そして俳句や短歌の革新者となった正岡子規(香川照之)。四国・松山に生まれたこの3人の男たちの生き方を通して、近代国家の第一歩をしるした明治という時代のエネルギーとそこに生きる人々の姿を、これまでにないスケールで描いた。

テレビ60年記念ドラマ『メイドインジャパン』が、2013年1月から2月にかけて1話73分全3回で放送。円高、欧州債務危機、中国・韓国等新興国の追い上げなどにより、日本の巨大電機メーカーが倒産の危機に追い込まれる。会社の再建を託された男たちの戦いを通して、会社とは何か、モノづくりとは何かを問いかける井上由美子のオリジナル脚本による社会派ドラマだった。

2015年は、1925年3月22日に東京・芝浦の仮送信所でラジオの仮放送を開始して90年の記念の年。2015年から16年にかけて「放送90年」を記念するドラマを放送した。その第1弾は2015年3月放送の『放送90年ドラマ　紅白が生まれた日』。『NHK紅白歌合戦』の前身となった番組『紅白音楽試合』の誕生秘話を、松山ケンイチ主演でドラマ化した。

2015年8月から9月にかけて、『放送90年ドラマ　経世済民の男』を3本シリーズで放送。日本は明治、大正、昭和の激動期をへて、いかにして"経済大国"と呼ばれるまでになったのか。日本経済の礎を築いた「高橋是清」「小林一三」「松永安左ェ門」の3人の男の生涯を描いた。

2016年3月には『放送90年大河ファンタジー　精霊の守り人』が、2018年1月まで足かけ3年にわたる放送を開始する。「大河ファンタジー」という初の冠をつけ、シリーズ3部作で全22回という超大型番組である。原作は発行部数が450万部を超えるベストセラーで、世界10か国で翻訳されている上橋菜穂子のファンタジー小説。精霊の卵を宿し、父親の帝と魔界の化け物から命を狙われる王子チャグムと、女用心棒バルサの冒険の旅を描く。CGやVFXなどの最新デジタル技術を駆使して、現実にはない異世界を4Kで映像化した。脚本は大森寿美男、主演は綾瀬はるか。エランドール賞特別賞、ATP賞テレビグランプリ総務大臣賞を受賞、国際エミー賞の最終候補に残るなど、高い評価を得た。

2018年11月、BSプレミアムの「スーパープレミアム」枠で、『スペシャルドラマ"遙かなる山の呼び声"』を放送。日本映画史に輝く山田洋次監督の名作「遙かなる山の呼び声」を、38年の年月を経てテレビドラマでリメークした。

2019年12月にスペシャルドラマ『ストレンジャー〜上海の芥川龍之介』が、BS8K、BS4K、総合テレビで同時放送された。今からおよそ100年前、大阪毎日新聞の特派員として上海を訪れた芥川龍之介を主人公に、芥川の小説世界と当時の中国の現実を交差させながら、20世紀史に刻まれた日中の精神的交流を描いた。作・脚本は渡辺あや、芥川を演じたのは松田龍平。撮影監督は、映画「十三人の刺客」で第34回日本アカデミー賞最優秀撮影賞を受賞した北信康。ほぼ全編を上海で撮影。1920年代の中国を8Kの圧倒的映像美で鮮やかによみがえらせた。

2023年はテレビ放送開始70年の節目の年。2月にはテレビで初めて大型時代劇(のちの「大河ドラマ」)に挑戦したテレビマンの奮闘を描いたテレビ70年記念ドラマ『大河ドラマが生まれた日』を放送。また8月には『NHKスペシャル』枠で「アナウンサーたちの戦争」を放送。戦時中の日本放送協会のアナウンサーたちの活動を、事実に基づいてドラマ化し、放送と戦争の知られざる一面を描いた。

この他、例年放送されている特集番組としては、テレビドラマを支える新たな人材の発掘をめざして1976年に創設された「創作テレビドラマ大賞」(日本放送作家協会・NHK共催)の入選・受賞作品をドラマ化する単発ドラマがある。

「ドラマスペシャル」「スペシャルドラマ」の枠タイトルや冠で放送された番組のみならず、周年記念等で制作された大型シリーズや国際共同制作の特集ドラマの数々は、その"スペシャル感"において際立ち、映像技術では最先端をいく、常にその時代のテレビドラマの最高峰を視聴者に示した。

『テレビ60年記念ドラマ　メイドインジャパン』
(2013年) →P1009

『放送90年ドラマ　紅白が生まれた日』
(2015年) →P1011

『スペシャルドラマ　遙(はる)かなる山の呼び声』
(2018年) →P1015

『放送90年ドラマ　経世済民の男』
(2015年) →P1012

NHK放送90年大河ファンタジー『精霊の守り人』
(2015〜2017年度) →P131

『スペシャルドラマ　ストレンジャー〜上海の芥川龍之介』(2019年) →P158

連続ドラマ | 定時番組

1950年代

幸福への起伏 1953年度
NHK初の連続ドラマ。1953年11月2日から翌年1月25日まで全13回放送。(月)午後8時～8時30分の30分番組。作家の今日出海が、没落した資産家の家を舞台に、家族の幸福とは何かを描いたホームドラマ。出演：汐見洋、岩崎加根子ほか。

半七捕物帳 1953～1955年度
岡本綺堂原作の人気作を初のテレビドラマ化。半七親分を新国劇の笈川武夫が演じた。当時ドラマは30分枠が常識だったが、1話40分のワイド版で制作。1953年7月の第1話「むらさき鯉」から、1955年5月の「お化け師匠」まで計6話を放送。脚色：西川清之。出演：笈川武夫、若宮忠三郎、堀越節子、綱島初子、北原文枝、池田忠夫、平岡鯛二、外野村晋ほか。

父の心配 1953～1954年度
劇作家真船豊が父と娘の愛をテーマに、テレビに初めて書き下ろした連続ドラマ。『幸福への起伏』(1953年度)から続く"家族モノ"で、後に続く連続ホームドラマの下地をつくった。(月)午後8時台の30分番組で全13回放送。出演：伊達信、初井言栄、日高ゆりえ、山内雅人ほか。

夢見る白鳥 1954年度
バレエ公演「夢見る白鳥」のプリマドンナを目指し厳しいレッスンに明け暮れる少女の物語。(月)午後7・8時台の30分番組で全13回放送。作：井上友一郎。出演：忍節子、幸田弘子、渡辺美佐子ほか。

若い日記 1954年度
(月)午後7時台の30分番組で全13回放送。作：富田常雄。音楽：芥川也寸志。出演：相原巨典、里見京子、村瀬幸子、三崎千恵子ほか。

真昼は考える 1954年度
夢と現実の狭間で成長していく「真昼」という名の少女の姿を描く。テレビドラマの技法の可能性をひろげた初の連続サスペンスドラマとして注目をあびた。(火)午後8時からの30分番組で全12回放送。作：内村直也。音楽：高木東六。出演：森塚敏、宮崎恭子、幸田弘子ほか。

愛の舗道 1955年度
午後8時30分からの30分番組を全4回放送。作・脚本：八住利雄。出演：信欣三、大塚道子、中村是好、清川玉枝、来宮良子ほか。

やがて蒼空 1955年度
後に映画化された初の連続ドラマ。初めて主題歌が登場し、岡本敦郎とコロムビア・ローズが歌った。(月)午後8時30分からの30分番組で全13回放送。作：北条誠。音楽：中田喜直。出演：内田研吉、黒柳徹子、太宰久雄、名古屋章ほか。

霧を追いかける男 1955年度
(月)午後8時30分からの30分番組で全5回放送の推理ドラマ。作：小沢不二夫。音楽：小倉朗。出演：小山源喜、日高ゆりえ、渡規子ほか。

青春申告 1955年度
(月)午後8時30分からの30分番組で全9回放送。作：植草圭之助。音楽：神津善行。出演：高橋正夫、村瀬幸子ほか。

渦 1955年度
(月)午後8時30分からの30分番組で全4回放送。原作：海音寺潮五郎。脚色：西川清之。音楽：飯田景応。出演：富田浩太郎、原保美、大森義夫ほか。

新家庭アルバム 1955年度
(月)午後8時30分からの30分番組で、1956年1～2月に全8回放送。作：田中澄江。出演：南美江、高友子ほか。

01.ドラマ　02.クイズ・バラエティー　03.音楽　04.伝統芸能　05.ニュース　06.報道・ドキュメンタリー　07.紀行　08.教養・情報　09.自然・科学　10.こども・教育　11.人形劇・アニメ　12.趣味・実用　13.大型特集番組等

新婚放浪記　1956年度
(月)午後8時30分からの30分番組で全5回放送。作：八木隆一郎。出演：垂水悟郎、津村悠子ほか。

僕と私の日記　1956年度
(土)午後6時30分からの20分番組で全29回の連続青春コメディー。作：桂一郎。出演：中村メイコ、浅丘ルリ子、堀越節子、飯島敏子、村上冬樹ほか。

海風が吹けば　1956年度
(月)午後8時30分からの30分番組で全13回放送。作：今日出海。音楽：小川寛興。出演：笠川武夫、大森義夫、霧立のぼるほか。

探偵は誰だ　1956年度
(月)午後8時10分からの30分番組で全4回放送。作：島田一男。音楽：紙恭輔。出演：伊藤雄之助、浜田寅彦、南条秋子ほか。

青い口笛　1956年度
(月)午後8時10分からの30分番組で全9回放送。作：北条誠。音楽：土橋啓二。出演：市川すみれ、田中洋子、横山道代ほか。

御寮さん物語　1956年度
(月)午後8時30分からの30分番組で放送。作：長沖一。出演：萬代峰子、高森和子、初音礼子ほか。

この瞳　1956年度
1956年11月から(木)午後9時から新たに30分の「連続ドラマ」枠を新設。初めて5か月間にわたって連続20回を放送。オーディションで選ばれた主演の冨士眞奈美は、この作品がデビュー作となった。作：内村直也。音楽：中田喜直。出演：冨士眞奈美、浅野進治郎、田上嘉子ほか。

春はどこから　1956〜1957年度
1956年4月、(土)午後6時台に放送した連続コメディー『僕と私の日記』(1956年度)で人気を博した中村メイコと浅丘ルリ子の"青春コンビ"が同じ土曜の午後7時台に再登場。このあと1957年6月の『カナリヤ姉妹』(1957年度)まで3シリーズ連続で起用された。原作：多田裕計。音楽：米山正夫。出演：中村メイコ、浅丘ルリ子、村上冬樹、堀越節子ほか。

父親志願　1956年度
(月)午後8時30分からの30分番組で、1957年1月に全4回を放送。作：香住春吾。出演：横山エンタツ、森光子、石浜裕次郎ほか。

雪の夜話　1956年度
(月)午後8時30分からの30分番組で、1957年2月に全4回を放送。第1回は依田義賢作「鷺娘」、第2回は茂木草介作「夜の人々」、第3回は土井行夫作「雪女」、第4回は小田和生作「遠い歌」。

愛のかたみ　1956年度
(月)午後8時30分からの30分番組で、1957年3月に全4回を放送。作：田村幸二。音楽：宮原康郎。出演：石田茂樹、朝雲照代ほか。

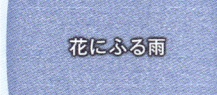
花にふる雨　1957年度
(月)午後8時30分からの30分番組で全5回放送。作：長谷川幸延。音楽：田中正史。出演：石浜裕次郎、高桐眞、森秀人、谷口完ほか。

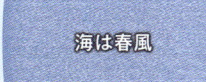
海は春風　1957年度
(火)午後9時からの30分番組で全5回放送。作：林房雄。音楽：紙恭輔。出演：岡田英次、江川宇礼雄、馬淵晴子、織本順吉ほか。

連続ドラマ 定時番組

ここに人あり 1957～1960年度

午後9時台に放送した30分ドラマ。庶民の隠れた善意をヒューマニズムの立場から描いた。フィクションもあれば実話に基づいたものもあり、毎回内容によって出演者を演劇界、映画界に求めた。作：松本守正、横田弘行、竹内勇太郎、高垣葵ほか。

美しき誘い 1957年度

(月)午後8時30分からの30分番組で全4回放送。作：田中澄江。出演：萬代峯子、中畑道子、津島道子、夏亜矢子ほか。

歴史は眠る 1957年度

(火)午後9時からの30分番組で全12回放送。作：今日出海。出演：園井啓介、千秋みつる、藤山龍一ほか。

四つの窓

四つの窓 1957年度

(月)午後8時30分からの30分番組で全4回放送。作：香住春吾。音楽：小倉博。出演：高桐眞、三木美知子、吉田正文、高森和子、荒木雅子、市川小金吾ほか。

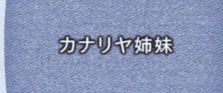
カナリヤ姉妹

カナリヤ姉妹 1957年度

(土)午後7時10分からの20分番組で、全21回を放送した連続青春コメディー。『僕と私の日記』（1956年度）、『春はどこから』（1956～1957年度）に続いて、中村メイコと浅丘ルリ子が主演するシリーズ第3弾。作：八田尚之。出演：中村メイコ、浅丘ルリ子、小峯千代子、轟夕起子ほか。

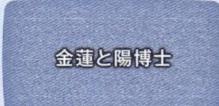
金蓮と陽博士

金蓮と陽博士 1957年度

(月)午後8時30分からの30分番組で全4回放送。原作：真船豊。脚色：白井鉄造。出演：鳳八千代、夏目俊二ほか。

天狗騒動

天狗騒動 1957年度

(月)午後8時30分からの30分番組で全9回放送。原作：北条秀司。脚色：高橋玄洋。出演：中村あやめ、武周暢、松居茂美ほか。

怪談宋公館

怪談宋公館 1957年度

(火)午後9時台の30分番組で全2回放送。原作：火野葦平。脚色：田村幸二。出演：浜田寅彦、西村晃、福原秀雄ほか。

亡者の谷

亡者の谷 1957年度

(火)午後9時からの30分番組で全2回放送。作：宇野信夫。出演：舟橋元、猿若清方、喜多村峰瑞ほか。

刑事物語 1957年度

(火)午後9時台の30分番組で全4回放送。作：島田一男。出演：松本染升、玉川伊佐男、武内文平ほか。

俵的日記 1957年度

(木)午後9時からの30分番組で全8回放送。原作：尾崎士郎。脚色：阿木翁助。音楽：林光。出演：佐分利信、奈良岡朋子、風延子ほか。

並木が見ている 1957年度

(月)午後8時30分からの30分番組で全4回放送。作：内村直也。出演：萬代峯子、柿木汰嘉子、広野みどりほか。

婦警物語

婦警物語 1957年度

(火)午後9時からの30分番組で全5回放送。作：島田一男。出演：南寿美子、高田稔、松本染升ほか。

夜の声　1957年度
(月)午後8時30分からの30分番組で全4回放送。作：辻久一。音楽：田中正史。出演：水本高志、美杉てい子、松居茂美ほか。

夢みる沼　1957年度
(火)午後9時からの30分番組で全8回放送。原作：井上靖。脚色：若林一郎。音楽：別宮貞雄。出演：馬淵晴子、伊達信、忍節子ほか。

あわれ人妻　1957年度
(木)午後9時からの30分番組で全8回放送。原作：林芙美子。脚色：田中澄江。出演：魚住純子、富田浩太郎、春日俊二ほか。

隣りも隣り　1957〜1959年度
年齢の隔たりのある隣同士の生活を描いたホームドラマ。ラジオ・テレビ同時放送の公開番組としてスタート、1958年4月からテレビのスタジオドラマとなり、2年半続く人気番組となった。夜間のゴールデンタイムの30分番組で全115回を放送。作：市川三郎ほか。出演：十朱久雄、清川虹子、中村メイコ、益田キートンほか。

お好み日曜座　1957〜1959年度
舞台、映画などの往年の名作をテレビ劇化する枠として1957年11月にスタート。第1回は古川緑波の当たり芸「ガラマサどん」を緑波主演で放送。当初はドラマ、ミュージカル、演芸などを交互に放送したが、1959年度は名作だけでなくサラリーマンものや時代劇など大衆文芸路線に幅を広げた。テレビ初出演の伴淳三郎や、フランキー堺、森繁久彌のスターが出演し人気を博した。総合(日)午後8時からの1時間番組（初年度）。

今は昔の人ごころ　1957年度
(月)午後8時30分からの30分番組で全5回を放送。作：宇野信夫。音楽：白木義信。出演：嵐三右衛門ほか。

梅・桃・桜　1957年度
(月)午後8時30分からの30分番組で、1958年1〜3月に全13回を放送。作：長沖一。音楽：中村双葉。出演：中村芳子、環三千世、双葉弘子ほか。

幸福の限界　1957年度
(火)午後9時からの30分番組で、1958年1〜2月に全8回を放送。原作：石川達三。脚色：植草圭之助。出演：御橋公、夏川静江、沢村契恵子ほか。

照る日くもる日　1957年度
(木)午後9時からの30分番組で、1958年1〜3月に全12回を放送。原作：大佛次郎。脚色：西川清之。音楽：飯田景応。出演：安部徹、杉浦直樹、幸田弘子ほか。

遠くから来た男　1957年度
(火)午後9時からの30分番組で、1958年3月に全4回を放送。作：今日出海。音楽：服部正。出演：松本克平、藤山竜一、徳大寺君枝ほか。

テレビ劇場　1957〜1963年度
野心的、実験的な書き下ろしドラマの発表枠として、数多くの単発ドラマを放送。東京制作のほかに、大阪、名古屋、札幌、広島、仙台、福岡の各局が制作し、それぞれ独自色を打ち出した作品を放送。最終の1963年度は、松山善三作「ある秋の日のこと」、笹沢左保の初のテレビドラマ書き下ろし作「通りすぎる」、森繁久彌を主人公にした向田邦子作のホームドラマ「ささくれ」などを放送。

バス通り裏　1958〜1962年度
NHK初の本格的な「連続ドラマ」。(月〜金)午後7時のニュースに続く15分番組。1960年度より(月〜土)放送。高校の国語教師と隣の美容院の一家を舞台に、市井の人々の何気ない日常生活を描くホームドラマ。当時、10代だった十朱幸代と岩下志麻が出演して人気に。大ヒットし、5年間に全1395回を放送。1960年10月よりカラー化。作：筒井敬介、須藤出穂。音楽：服部正。出演：小栗一也、織賀邦江ほか。

事件記者　1958〜1965年度
テレビドラマ草創期の大ヒット作。舞台は警視庁にある記者クラブ。スクープを求めて取材活動を繰り広げる記者たちの人間模様を描き、いわゆる記者ものブームの先駆けとなった。「東京日報」の相沢キャップ、八田老人、麻薬のべーさんなど、個性的な面々が登場。総合夜間の30〜60分番組で、全399回放送。作：島田一男。音楽：小倉朗。出演：永井智雄、滝田裕介、原保美、坪内美詠子ほか。

連続ドラマ ｜ 定時番組

幸運の階段　1958年度
明るい現代の世相を描き出すファミリー向けホームドラマ。(火)午後9時からの30分番組で全12回放送。作：中村実。音楽：服部良一。出演：水谷良重、長浜藤夫、平幹二朗、笠置シヅ子ほか。

家族会議　1958年度
(月)午後8時30分の30分番組で全4回放送。大阪局制作ドラマ。原作：横光利一。脚色：小田和生。出演：高千穂佑子、高森和子、小沢咲子ほか。

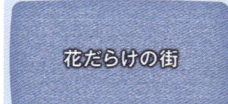

花だらけの街　1958年度
火野葦平が初めて書き下ろしたテレビドラマ。舞台が北九州、大阪から東京に及ぶ博多人形師の物語で、作者自身が出演する場面もあった。(月)午後8時30分からの30分番組で全12回放送。作：火野葦平。演出：和田勉。音楽：小倉博。出演：谷口完、中畑道子、不破潤、小島慶四郎ほか。

夫婦得点表　1958年度
サラリーマン夫婦、画家夫婦、野球選手夫婦、俳優夫婦など、あらゆる職業の夫婦の実態を1話完結で明るく描いた。(火)午後9時からの30分番組で全9回放送。作：八田尚之。音楽：木下忠司。出演：長門裕之、南田洋子、三橋達也、宮城野由美子、柳沢真一、轟夕起子、下元勉、月丘夢路、尾上松緑、乙羽信子、加藤博司、馬淵晴子、垂水悟郎、岡田茉莉子ほか。

南の園　1958年度
(月)午後8時30分からの30分番組で全4回放送。作：土井行夫。音楽：田中正史。出演：岩田しず子、津川あけみ、山村弘三ほか。

青春白書　1958年度
(月)午後8時30分からの30分番組で全5回放送。第1回「現代派」(作：樋口茂子)、第2回「山小屋の三人」(作：曽野綾子)、第3回「街角」(作：小沼丹)、第4回「コーヒーはにがい」(作：菊村到)、第5回「持参金」(作：山崎豊子)。

わが海は碧なりき　1958年度
現代に生きる若者たちの青春群像を描く。(火)午後9時からの30分番組で全9回放送。原作：林房雄。脚色：池田三郎。音楽：木下忠司。出演：川喜多雄二、七浦弘子、宮城千賀子ほか。

巷塵　1958年度
(月)午後8時30分からの30分番組で全7回放送。原作：石川達三。脚色：鴇田忠元。音楽：小倉博。出演：永野達雄、内田朝雄、飯沼慧ほか。

お父さんの季節　1958〜1960年度
榎本健一演じる父親と楠トシエと水谷良重(当時)が演じる娘、加藤博司が演じる息子の、新旧世代が織りなす歌あり笑いあり涙ありの30分のコメディードラマ。出演はほかに、黒柳徹子、日野麻子、石浜朗、中山昭二ら多彩な顔ぶれ。若き日の渥美清も出演していた。作：西沢実、山下与志一、小野田勇、キノトール。音楽：服部良一、桜井順。

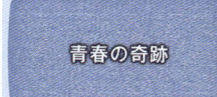

青春の奇跡　1958年度
現代に生きる若者たちの青春群像を描く。(火)午後9時からの30分番組で全8回放送。原作：船山馨。脚色：桂一郎。音楽：木下忠司。出演：小林千登勢、松本克平、忍節子ほか。

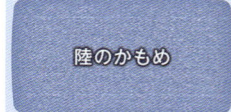

陸のかもめ　1958年度
(月)午後8時30分からの30分番組で全8回放送。大阪局制作ドラマ。作：長谷川幸延。音楽：網代栄三。出演：高桐真、谷口完、山村弘三ほか。

いとしい恋人たち　1958年度
働く若者たちの恋愛問題を描く。(火)午後9時からの30分番組で、1959年1月から2月まで全8回を放送。原作：佐多稲子。脚色：柏倉敏之。音楽：間宮芳生。出演：原泉、吉行和子ほか。

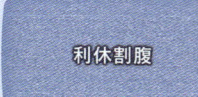

利休割腹　1958年度
(月)午後8時30分からの30分番組で、1959年2月に全4回を放送。大阪局制作ドラマ。作：中沢昭二。音楽：斎藤超。出演：坂東簑助、茂山七五三、飯田桂子ほか。

女の園 〈1958〉 1958年度
(月)午後8時30分からの30分番組で、1959年3月に全5回を放送。大阪局制作ドラマ。作：茂木草介。音楽：田中正史。出演：飯田桂子、萬代峰子、白雪式娘ほか。

輪唱 1958年度
当時、NHK専属の馬渕晴子、冨士眞奈美、小林千登勢が共演し、3人の異母姉妹の恋愛模様を描いた。(火)午後9時からの30分番組で、1959年3月に全5回を放送。原作：原田康子。脚色：北小路功光。出演はほかに汐見洋、原泉、佐野周二、安井昌二、山本勝ほか。

現代人間模様 1959〜1960年度
さまざまな職業にスポットをあて、彼らの人間模様を1話「前・後編」で描いた大阪局制作のドラマ。作・脚本は茂木草介、小田和生、土井行夫、藤本義一のレギュラー陣に、藤田敏夫、火野葦平らが参加。和田勉ら大阪局の若手ディレクターが個性を発揮し、新たなドラマ形式の開拓を目指した。第21話「黒い歌」は火野葦平の絶筆。

褌医者 1959年度
人情の機微をユーモラスに描いた。総合(火)午後9時からの30分番組で全4回を放送。作：中野実。音楽：別宮貞雄。出演：坂東簑助、日高ゆりえ、中村又五郎ほか。

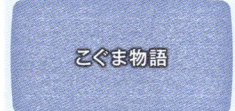
こぐま物語 1959年度
本格的にスタートしたフィルム制作による劇映画の第1弾。4月17日から7月31日まで、総合(金)午後8時30分からの30分番組で全13回を放送。富士五湖を中心にオールロケで制作し、こぐまと都会の少年との愛情を描いた。作：乾信一郎、八木沢武孝。出演：山田清、橋詰満、加藤玉枝ほか。

日も月も 1959年度
総合(火)午後9時からの30分番組で全7回放送。原作：川端康成。脚色：池田忠雄。出演：高杉早苗、清水将夫、小林千登勢ほか。

スリラー・コメディ 1959年度
総合(火)午後9時からの30分番組。7月に吉村公三郎原作、神田典之ほかの脚色で、第1話「まぬけな泥棒」、第2話「お通夜の幽霊」、第3話「謎の下宿人」、第4話「その灯を落すな」の全4話を放送。明るいコメディーが好評を呼び、1960年2月に続編を企画。第1話「天誅組御用」、第2話「えびのしっぽ」、第3話「泥棒往来」、第4話「真白き富士の嶺」の全4話を放送した。

風紋 1959年度
総合(火)午後9時からの30分番組で全9回放送。原作：藤井重夫。脚色：水木洋子。音楽：木下忠司。出演：里見京子、宗近晴見、冨士眞奈美ほか。

夜の鶯 1959年度
NHK自主制作テレビ映画の第2弾。連続ラジオドラマを映画化。総合(金)午後8時30分からの30分番組で、8月から10月まで全8回放送。原作：久生十蘭。脚本：若杉光夫。作曲：広瀬健次郎。出演：小林千登勢、山内明、南風洋子ほか。

逆転息子 1959年度
総合(火)午後9時からの30分番組で全8回放送。原作：梅崎春生。脚色：下飯坂菊馬。音楽：山内正。出演：富田浩太郎、日高ゆりえ、木村俊恵ほか。

しかもバスは走って行く 1959年度
NHK自主制作テレビ映画の第3弾。観光バスの乗客が、伊香保、榛名、日光、中禅寺湖を訪ねる、笑いとペーソスのミュージカルドラマ。総合(金)午後8時30分からの30分番組で全9回放送。作：梅田晴夫。作曲：小野崎孝輔。出演：千葉信男、島崎雪子、西川敬三郎ほか。

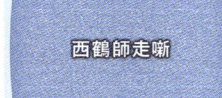 
西鶴師走噺 1959年度
井原西鶴の作品の中から、放送月の12月にちなんで、師走の話を選んで放送。西鶴のもつ洒脱（しゃだつ）なこっけい味と人情味が好評だった。総合(火)午後9時からの30分番組で全4回放送。作：寺田信義、阿部正人。音楽：平井哲三郎。出演：加藤武、岸田今日子、三津田健ほか。

石中先生行状記 1959年度
成瀬巳喜男監督により映画化もされた石坂洋次郎のユーモア小説を原作に、東北地方の素朴な人情をほのぼのと描いた。総合(火)午後9時からの30分番組で、1960年1月に全4回放送。原作：石坂洋次郎。脚色：寺田太郎。音楽：鏑木創。出演：長浜藤夫、小池朝雄、常田富士男ほか。

警察日記 1959年度
総合（火）午後9時からの30分番組で、1960年3月に全3回で放送。原作：伊藤永之介。脚色：小沢不二夫。音楽：多忠修。出演：北村和夫、北見治一、高木均ほか。

1960年代

X氏いわく 1960年度
土門拳、亀井勝一郎、栃錦、古今亭志ん生など、各界の著名人が「X氏」として登場。「X氏」の日常の格言、警句を冒頭に紹介し、その言葉を毎回のテーマとする連続ドラマ。職業カメラマンの夫、料理学校教師の妻、長男、長女、次男らで構成される家族の中から、毎回テーマにふさわしい主人公を選んで展開する1話完結のコメディー。総合（水）午後8時からの30分番組。作：飯沢匡ほか。音楽：半間厳一。

灰色のシリーズ 1960年度
フィルム制作によるNHK自主制作テレビ映画。総合（水）午後8時（7月から午後9時）からの30分番組で全23話を放送。1話「前・後編」で完結。第一線で活躍する推理作家の代表作や一流作家の異色作を取り上げたミステリードラマシリーズ。松本清張原作「紙の牙」「投影」、有馬頼義原作「少女の眼」、多岐川恭原作「目撃者」「悪い日」などを放送。

ママと私たち 1960年度
9月からのカラー本放送開始に先立って、4月に初のカラースタジオ番組としてスタート。子どもたちの成長につれて起こる身近な問題をとりあげたファミリードラマ。総合（金）午後8時からの30分番組。作：石山透、たなべまもる。音楽：内藤法美。出演：龍崎一郎、磯村みどり、清川虹子ほか。

青年 1961年度
明治維新前後の時代を舞台に、夢に向かって生きる青春群像を、1年にわたって3部構成で描いた。総合（月）午後8時30分からの30分番組。第1部は戸浦六宏演じる坂本龍馬が主人公の「渦潮」（作：江上照彦）。第2部は戸田皓久演じる中江兆民の姿を描いた「あかつき」（作：竹内勇太郎）。第3部は小林千登勢演じる樋口一葉が主人公の「樋口一葉」（作：池田忠雄）。

わが町の歌 〈ドラマ〉 1961年度
総合（木）午後10時からの30分番組。大阪局制作。小田和生、辻久一、藤本義一ほかが交代で脚本を書き、さまざまなタイプの人間を描いた。出演：東恵美子、中畑道子、北村英三、楠義孝ほか。

赤い椿の花 1961年度
椿の花が咲く土佐を舞台としたメロドラマ。4月から9月までの半年間、総合（金）午後10時からの30分番組で放送。原作：田宮虎彦。脚色：若杉光夫。音楽：木下忠司。出演：磯村みどり、石浜朗、荒木道子ほか。

NHK劇場 〈1961〉 1961年度
香り高い文芸作品を放送する総合夜間の1時間枠。林芙美子原作「放浪記抄」、夏目漱石原作「虞美人草」ほかの作品を放送。10月から『文芸劇場』に改題。1964年度に50分の単発ドラマ枠として再スタート。第一級の作家の原作またはオリジナル脚本を、スター俳優たちの出演で制作。有馬頼義原作、早坂暁脚本の「三十六人の乗客」（1969年度）は、プラハ国際テレビ祭カメラワーク賞受賞。

日は沈まず 1961年度
2.26事件を中心に、第2次大戦に至るまでの激動の日本社会を舞台にした大ロマン。『赤い椿の花』（1961年度）のあとを受けて、10月から翌年3月までの半年間、総合（金）午後10時〜10時30分の放送。原作：立野信之。脚色：小幡欣治。音楽：石川皓也。出演：磯村みどり、松村達雄、木暮実千代ほか。

文芸劇場 1961〜1963年度
名作の脚色を主としてかおり高い文芸作品を放送する総合（金）午後8時からの1時間枠。『NHK劇場』のあとを受けてスタート。1話完結ものだけでなく、5回シリーズで描いた村上元三作・脚本「忠臣蔵」（1961年度）、井原西鶴の「世はさまざまの暮し」や近松門左衛門の「女殺油地獄」などの「江戸文学特集」（1962年度）、「谷崎潤一郎特集」（1963年度）などを放送した。

テレビ指定席 1961〜1966年度
フィルム制作によるドラマを放送する総合の1時間枠。ヒューマニズムと社会性に富んだ作品を数多く放送。第1作「春の雪」は、農村の因習打破をテーマとした作品。この年の日本映画技術協会テレビ撮影賞を受賞した。1963年放送の「魚住少尉命中」は、ドキュメンタリー番組で活躍していた吉田直哉の初ドラマ演出作品。「ドブネズミ色の街」は深町幸男の初演出作品で、第4回モンテカルロ・テレビ祭審査員特別賞を受賞。

創作劇場 1961〜1963年度
教育テレビ午後8・9時台放送の1時間のドラマ枠としてスタート。テレビ技術、演出の両面から、従来の枠にとらわれない実験的な創作を目指し、井田一衛作「ある日浜辺にて」、宮本研作の「アウトサイド物語」などを放送。1963年度に月に1回（第1・土）に「邦楽」を、（第3・土）に「バレエ」を新設。「邦楽」ではテレビのための創作舞踊や舞踊劇を、また「バレエ」では舞台上演のないテレビ用の創作バレエを放送した。

講談・浪曲ドラマ　1961〜1963年度

日本の大衆的娯楽として江戸時代から親しまれている講談と浪曲を素材にしたドラマで、総合午後8時台の30分番組。初年度の「講談ドラマ」は徳川夢声ほかの出演で「水戸黄門」、坂東鶴之助ほかの出演で「遠山の金さん」ほか。「浪曲ドラマ」は八波むと志ほかの出演で「一心太助」、坂東八十助ほか出演の「鼠小僧次郎吉」などを放送。1963年度は1時間番組となり、文芸ものやオリジナルも加えた1話完結の単発シリーズとした。

女の園　〈1961〜1962〉　1961〜1962年度

女性心理の複雑なあやを、さまざまな角度からとらえて描く単発ドラマ枠。総合（日）午後10時台スタートの45分番組。大阪局制作ドラマ。第1作の茂木草介作「三人きょうだい」（1961年度）から始まり、1962年度放送の竹内勇太郎作「その歳月」、三浦朱門作「親友」、土井行夫作「密月」、藤本義一作「沈黙は銀」など、東西で活躍する作家たちが1話完結で競作した。

青春をわれらに　1962年度

一代で会社を起こした立志伝的人物の祖父を主人公に、娘夫婦、孫たち一家とのかかわりの中で、祖父の周りで起こる出来事をユーモラスに描いた。総合（水）午後8時30分からの30分番組で4〜9月に放送。原作：源氏鶏太。脚色：霜川遠志。音楽：内藤法美。出演：柳家金語楼、細川俊夫、桜むつ子ほか。

ご破算で願いましては　1962年度

郊外で商店を営む市井の人々が、失敗にもめげず周囲の好意に助けられながら生きる姿を描いた。江戸家猫八、人見明、森川信、長門勇、左とん平らのレギュラー出演者に、毎回ゲストを加えて繰り広げる笑いとペーソスにあふれたホームコメディー。総合（水）午後0時15分からの25分番組。作：牧野不二夫、田村映美ほか。音楽：半間厳一。

黒の組曲　1962年度

松本清張の代表的な中編、短編小説からの脚色を中心に、人が抱くさまざまな不安を描いたミステリードラマ。毎回、ドラマ冒頭に作者の松本清張自身が登場し、作品のモチーフや執筆の動機などを語る新しい試みを行った。総合（木・金）午後10時15分からの30分番組。木曜を前編、金曜を後編として2夜連続で完結するスタイルで1年間放送。

海外取材ドラマ　二つの橋　1962年度

イタリアと日本を舞台にした日伊合作ドラマ。イタリアのベニス、ミラノ、ナポリ、フィレンツェ、ローマ、アラブ連合のカイロでドラマで初の海外ロケを行い、テレビドラマ制作に新しい道を開いた。イタリア人女性に思いを寄せながら会えずに、ローマ郊外で新たな仕事を始める主人公を描く。総合（月）午後9時からの30分番組。作：北条誠。音楽：冨田勲。出演：安井昌二、ヴェーラ・ベズッソ、八千草薫、北村和夫、久米明ほか。

海はそよ風

海はそよ風　1962年度

南の島のある王国の王子をめぐる密輸事件に巻き込まれた日本人の娘の恋と冒険の物語。総合（月）午後9時からの30分番組。原作：林房雄。脚色：尾崎甫。音楽：鏑木創。主題歌：西田佐知子。出演：小林千登勢、林沖、佐分利信ほか。

東京　丸の内　1962年度

源氏鶏太が東京・丸の内に働く3人のOLを中心に描いた女性が主人公の"サラリーマン物語"。30%近い高視聴率を記録した。総合（水）午後8時30分からの30分番組。原作：源氏鶏太。脚色：西島大。音楽：内藤法美。出演：小林千登勢、磯村みどり、日野麻子ほか。

アラスカ物語　1962年度

アラスカの厳しい大自然を背景に、日本を捨てアラスカでフォレスター（森林官）となった男を中心に繰り広げられる愛と友情の物語。作者の石原慎太郎が現地を取材し、初めて書き下ろした全16回の連続ドラマ。テレビドラマ初のアラスカロケを敢行した。総合（月）午後9時からの30分番組。音楽：広瀬健次郎。出演：田村高廣、杉浦直樹、ディック・ヘリングほか。

東京の人　1963年度

川端康成の名作といわれた同名作品をフィルム制作によりテレビドラマ化。総合（月）午後10時からの30分番組で全27回。脚色：竹内勇太郎。音楽：木下忠司。出演：木暮実千代、磯村みどり、北沢彪ほか。

法善寺横丁　1963年度

法善寺横丁に現れた美人娘をめぐり、スカウト合戦を繰り広げる横丁の面々。笑いとペーソス満載の大阪局制作の上方コメディー。総合（月）午後8時30分からの30分番組で全47回。作：藤本義一。出演：浪花千栄子、ミヤコ蝶々、藤田まこと、曾我廼家明蝶、芦屋雁之助ほか。

美しき遍歴　1963年度

大津の古い薬局に生まれた娘が、古い心の絆を絶つべく試みた愛の実験と、その後に続く精神の遍歴を描いた大阪局制作ドラマ。それまで明るく元気な娘役が多かった小林千登勢が、冷徹な役柄を好演して注目された。総合（水）午後10時からの30分番組で全24回。原作：沢野久雄。脚色：西島大。出演：小林千登勢、山本耕一、北城由紀子ほか。

ゴーストップ物語　1963年度

NHKでは初めての本格的なフィルムによる連続ドラマシリーズ。大学出のタクシー運転手を主人公に、理想的な現代の青年像を明るく軽快なタッチで描いた。お人よしで正義感にあふれる主人公が、タクシー会社を経営する兄とその家族たち、運転手仲間、恋人などと接しながら、人間的に成長していく姿を描いた。（木）午後10時からの30分番組。作：舟橋和郎ほか。音楽：いずみたく。出演：長谷川哲夫、日野麻子、江戸家猫八ほか。

連続ドラマ | 定時番組

お好み新喜劇　1963年度

松竹新喜劇の舞台で好評だった作品を、館直志、茂木草介、土井行夫、花登筐らがテレビ用に脚色。館直志のオリジナルもまじえて放送した大阪局制作ドラマ。総合（木）午後8時からの1時間番組で1年間放送。出演：渋谷天外、曾我廼家明蝶、曾我廼家五郎八、藤山寛美ほか。

新日本百景　1963年度

日本全国の名所、旧跡、観光地を舞台に、1話完結のドラマを各拠点局が交互に制作するドラマ枠。その土地にふさわしいバラエティーに富んだストーリーを繰り広げた。石山透作「素足の青春～東京～」、鈴木新吾作「砂の上の青春～浜名湖にて～」、原田康子作「あざらしを飼う娘～網走～」、北条誠作「浅間三宿」ほかを1年にわたって放送。総合（金）午後10時からの30分番組。

末っ子物語　1963年度

中学2年の末娘を中心に、貧しさに負けずに明るく暮らす家族を描く名古屋局制作ドラマ。総合（日）午前10時30分からの30分番組で全25回。作：尾崎一雄。脚色：岡本功司。音楽：折本吉数。出演：長浜藤夫、山田昌、新井さやかほか。

長者町　1963年度

名古屋の繊維問屋街である長者町の一商店を舞台に、中小企業の悩みと商売を描いた名古屋局制作の経済ドラマ。総合（月）午後10時からの30分番組で全24回。原作：城山三郎。脚色：川崎九越。音楽：熊谷賢一。出演：河野秋武、磯村みどり、露口茂、金井克子、山田昌ほか。

青春の構図　1963年度

ある私立大学の文学部に在籍する性格も環境も異にする3人の女子学生たちが、社会とふれあう中で成長していく姿を描く青春ドラマ。総合（水）午後10時からの30分番組で全24回。作：曽野綾子。脚色：松村正温。音楽：田中正史。出演：岩本多代、林美智子、茅島成美ほか。

朝の画廊　1963年度

大阪・心斎橋で画廊を営む父と娘一人の家庭生活を中心に、父の淡い慕情と娘をとりまく若い男女の恋模様を明るくつづった大阪局制作のホームコメディー。総合（日）午前10時30分からの30分番組で全25回。原作：伊藤整。脚色：茂木草介。音楽：斎藤超。出演：徳大寺伸、真智恵子、高森和子ほか。

幸福試験　1964年度

人生には幸福になるための試験がある…。『おねえさんといっしょ』（1963年度）の後継番組で、同じ筒井敬介のオリジナル脚本。総合（月～土）午後6時台の20分枠で全293回を放送。従来は子ども向けだった午後6時台に登場した初めての大人向けドラマ。音楽：米山正夫。出演：旗照夫、北龍二、藤原釜足、大原麗子、悠木千帆（のちの樹木希林）ほか。NHKの新人オーディションに合格した大原麗子のデビュー作。

虹の設計　1964～1965年度

建設業界で働く男たちが直面する現実を2年間にわたって描いた。放送の社会への影響は大きく、建設業界を志す若者が激増したという。主演の佐田啓二が放送開始後4か月で急逝し、収録済みのVTRを生かしながらストーリーを変更、新たな舞台と登場人物を設定してドラマを継続させた。総合（月）午後9時40分からの50分番組で全103回。作：北条誠。音楽：広瀬健次郎。出演：佐田啓二、長門裕之、八千草薫ほか。

泉はかれず　1964年度

会社社長を務める女性とその孫娘との交流を明るく描いた大阪局制作のホームコメディー。総合（水）午後8時30分からの30分番組で全26回。原作：藤沢桓夫。脚色：土井行夫。出演：浪花千栄子、森雅之、故里明美ほか。

漫才太平記　1964年度

「大阪人が2人寄れば漫才である」というテーマで、笑いの底に流れるたくましい生活力や合理性を明るく描いたホームコメディー。総合（木）午後8時35分～9時で1年間放送。作：花登筐。出演：藤山寛美、曾我廼家明蝶、藤田まこと、ミヤコ蝶々、南都雄二、芦屋雁之助ほか。

風雪　1964～1965年度

「日本近代百年」を探るシリーズドラマ。明治元年を第1回「あけぼの」で描いてスタートし、第76回「放送第一声」をもって終了。史実に基づいて徳川慶喜、大久保利通、竹久夢二、夏目漱石ほかの歴史上の人物が毎回登場した。総合（木）午後9時40分からの50分番組。作：榎本滋民、岩間芳樹、盛善吉ほか。出演：守田勘弥、加藤嘉、伊藤雄之助ほか。1965年度の放送作家協会賞受賞。

馬六先生人生日記　1964年度

栃木近辺の農村を舞台に、頑固一徹な西村先生と東京からやってきた"馬六"こと真田先生が中心に繰り広げる痛快コメディー。総合（金）午後8時30分からの30分番組で1年間放送。作：須藤出穂。音楽：桜田誠一。出演：福田豊土、殿山泰司、原泉、松岡圭子、堀井永子ほか。

NHK劇場　〈1964・1966～1968〉　1964・1966～1968度

NHKの看板番組としてのテレビドラマを目指し、第一級の作家のオリジナル脚本または原作からの脚色台本を、一線級スターの出演によって制作した50分の単発ドラマ枠。平岩弓枝作「夫婦茶碗」、茂木草介作「モルガンお雪」などの書き下ろし作品、安藤鶴夫作「巷談本牧亭」、三島由紀夫作「真珠」、山本周五郎作「よじょう」などの脚色ものを放送。

01.ドラマ　02.クイズ・バラエティー　03.音楽　04.伝統芸能　05.ニュース　06.報道ドキュメンタリー　07.紀行　08.教養・情報　09.自然科学　10.こども・教育　11.人形劇・アニメ　12.趣味・実用　13.大型特集番組等

わが町の物語　1964年度

岐阜県の地方都市・中津川に住む少女を主人公に、郷土の伝統を守り、新しい街づくりに努力する若者たちの姿を描いた名古屋局制作ドラマ。総合（日）午前10時30分からの30分番組で全23回。作：石山透。音楽：杉原良雄。出演：安東千恵夫、笹森みち子、山口崇ほか。

真夜中の太陽　1964年度

フランスRTFとNHKの国際共同制作。35ミリモノクロフィルムで制作の映画作品。東京とパリを結ぶ定期航空路に勤務するキャビンアテンダントの国際ロマンスで、東京オリンピックを前に日本の紹介、日仏両国の親善、国際テレビ市場への進出をねらった。フランスをはじめベルギー、スイス、西ドイツなどでも放送。総合（月）午後8時30分からの30分番組で全13回。出演：岸惠子、加藤剛、カテリーヌ・ソラ、中村玉緒ほか。

弾丸列車　1964年度

総合（月）午後8時30分からの30分番組で全10回。『真夜中の太陽』（1964年度）の後継番組。作：横光晃ほか。音楽：岩河三郎。出演：入江洋佑、片山明彦、露口茂ほか。

奇怪千万！　1964年度

現代日本の世相を風刺するコメディードラマ。江戸時代、世継ぎ問題でお家騒動をおこした老夫婦が現代に現れ、交通事故で半幽霊になった若い男女の道案内で、自分の子孫を捜し求め、さまざまな場所で奇想天外な事件を巻き起こす。フィルムやアニメーションなどを駆使した特殊撮影技術を使用して話題に。総合（月）午後8時30分からの30分番組で全21回。作：飯沢匡。音楽：小森昭宏。出演：益田喜頓、七尾伶子、里見京子ほか。

紀ノ川　1964年度

有吉佐和子が自身の出身地である紀州（和歌山）を舞台に執筆した同名小説が原作。旧家に生まれ、明治、大正、昭和の激動期を生きた母、娘、孫の3世代の女性の生き方を描いた。総合（水）午後8時30分からの30分番組で全23回。原作：有吉佐和子。脚色：依田義賢。出演：南田洋子、毛利菊枝、谷口香、岩本多代、夏目俊二、垂水悟郎ほか。主演の南田洋子はこの作品で、「日本放送作家協会女性演技賞」を受賞。

名古屋駅前

名古屋駅前　1964年度

名古屋駅前の地下街を舞台に、そこに働く青年たちの前向きな姿を描いた名古屋局制作の青春ドラマ。総合（日）午前10時30分からの30分番組で全20回。作：石山透。音楽：熊谷賢一。出演：宮本信子、三上左京、横井徹、山崎幾子ほか。

飛行機雲　1965年度

信州を舞台に、農村が直面するさまざまな出来事や人間関係を、開拓農家3家族を中心に描いた。総合（月）午後8時30分からの30分番組で全45回。作：大林清。音楽：冨田勲。出演：山下洵一、加藤勢津子、津川雅彦、佐藤英夫、月丘千秋ほか。

チコちゃん日記　1965年度

昼間は製薬会社に勤めるかたわら、夜間高校へ通う17歳の女子学生の目を通して、世の中の仕組みを描いた大阪局制作ドラマ。『幸福試験』（1964年度）の後を受けて始まった総合（月〜土）午後6時30分からの20分番組で全305回を放送。脚本：西島大。出演：柴田美保子、中畑道子、加納美栄子ほか。

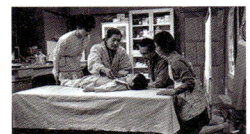

あしたの家族　1965〜1966年度

ある医師の家族を舞台に、大家族の日常生活の身近な問題を通して、社会や家族内の人間関係を明るく描いたホームドラマ。総合（水）午後8時からの1時間番組で全99回。作：小幡欣治ほか。音楽：斎藤高順。出演：佐野周二、沢村貞子、伊丹一三（のちの十三）ほか。

うなぎ繁盛記　1965年度

うなぎ一筋に生きる善良で楽天的な男のバイタリティーあふれる奮闘物語。大阪局制作。総合（木）午後8時30分からの30分番組で全50回。作：藤本義一。出演：永野達雄、小山明子、中村鴈治郎、中村玉緒、曾我廼家明蝶ほか。

家庭劇場　1965年度

それまで子ども対象の時間帯だった（日）午前9時台に登場したファミリー向けホームドラマ枠。40分1話完結で1年間放送。東京制作以外にも各地域局が、ローカル色豊かなエピソードを交えて制作した。成沢昌茂作、大矢市次郎ほか出演の「炭鉱（やま）から来た」、井手俊郎作、北林谷栄ほか出演「おばあちゃんの故郷」、須川栄三作、轟夕起子ほか出演「コーラスママ」、宇野信夫作、加藤嘉ほか出演の「霜夜狸」ほかを放送。

長時間ドラマ　1965〜1967年度

1964年度まで『特集ドラマ』として随時放送してきた大型ドラマを、総合（土）午後8時からの90分枠で月1回定時化。1965年4月放送の第1作「白野弁十郎」（原作：エドモンド・ロスタン。翻案：額田六福。潤色：土橋成男。出演：島田正吾ほか）からスタートし、源氏鶏太原作の「停年退職」（1966年度）、山本周五郎原作の「柳橋物語」（1967年度）など、3年間に26作品を放送した。

大衆名作座 〜 人形佐七捕物帳　1965年度

文化・文政期の捕物名人、人形佐七が主人公の時代劇。スリルとサスペンスの中に現代にも通じる庶民の人情、情趣を描き、テレビ界の捕物帳ブームに先鞭をつけた。総合（金）午後8時からの1時間番組で、1話完結形式で全50回を放送。原作：横溝正史。脚本：榎本滋民ほか。音楽：古関裕而。出演：松方弘樹、渥美清、小林千登勢、殿山泰司ほか。この番組のヒットで金曜ゴールデンタイムの時代劇ドラマが定着する。

連続ドラマ ｜ 定時番組

NHK劇場-愛のシリーズ　1965〜1966年度

1964年度にテレビドラマの最高水準を目指す50分の単発ドラマ枠として再スタートした『NHK劇場』。親子、夫婦、兄弟姉妹、恋人、友人などさまざまな人間関係における愛のかたちを探る50分の単発ドラマ枠として、1965年11月に「愛のシリーズ」とサブタイトルを付けてスタート。第1作「原山先生の相談室」（作：田中澄江）から始まり年度内に19作品を、1966年度は50作品を放送した。

横堀川　1966年度

山崎豊子の原作「暖簾」「花のれん」などの複数の作品を基に、茂木草介が脚本を書き下ろした大阪局制作の連続ドラマ。明治、大正、昭和の大阪市船場を舞台に、夫を失い寄席稼業に打ち込む女商人のたくましい姿を描く。総合（月）午後9時40分からの50分番組で全51回。主演は実生活でおしどり夫婦として知られた長門裕之と南田洋子。共演の藤岡琢也はギャラクシー賞の個人賞を、スタッフ・キャスト一同が大阪府民劇場賞を受賞。

太陽の丘　1966年度

舞台は伊豆山中にあるユースホステル。さまざまな問題を背負いここを訪れる若者たちと管理人（ペアレント）一家との交流を描き、社会や家族を見つめた。総合（火）午後8時からの1時間番組で全49回。作：阪田寛夫ほか。出演：森繁久彌、久慈あさみ、岡崎友紀ほか。

大岡政談　池田大助捕物帳　1966年度

享保年間の江戸を舞台に、名奉行大岡越前守と俊敏で情熱的な青年内与力池田大助とが協力して数々の難事件を解決して行く捕物時代劇。総合（金）午後8時からの1時間番組で1年間放送。原作：野村胡堂。脚本：高岩肇、杉山義法、石山透ほか。出演：尾上松緑、尾上辰之助、坂本九ほか。

太郎　1966〜1967年度

東京の若手商社マン大文字太郎のバイタリティーあふれる生活と人間的成長をコメディータッチに描いた。総合午後8時30分からの1時間番組。1話完結の全43回。作：田波靖男ほか。音楽：東海林修、桑原研郎。出演：石坂浩二、伴淳三郎、有島一郎ほか。

みだれがみ　1967年度

情熱の歌人として知られる与謝野晶子の半生を描いた大阪局制作の連続ドラマ。主役の晶子を演じた渡辺美佐子は、晶子渡欧のシーンで、晶子自身が着用していた衣装を身につけて収録に臨んだ。渡辺はこの作品の演技に対して、放送作家協会賞「女優演技賞」を受賞。総合（月）午後9時40分からの50分番組で全51回。作：茂木草介。音楽：田中正史。出演：渡辺美佐子、垂水悟郎、八千草薫ほか。

青春気流　1967年度

東京にある私立大学の若き法学部助教授で、柔道部長でもある主人公が学生たちとふれあい、社会悪と戦いながら真剣に生きていく姿を描く。総合（水）午後8時からの1時間番組で全25回。原作：今日出海「チョップ先生」。脚本：須川栄三、西島大。音楽：日暮雅信。出演：川口浩、広瀬みさ、伊藤雄之助ほか。

文五捕物絵図　1967〜1968年度

江戸天保年間、神田天神下に住む岡っ引き・文五の活躍を描く捕物帳。当時若手作家だった杉山義法、倉本聰らと和田勉ら若手演出家が組み、集団捜査を基調とするこれまでにない捕物スタイルで、現代に通じる人間ドラマとして描いた時代劇。『人形佐七捕物帳』『大岡政談　池田大助捕物帳』に続く、総合（金）午後8時台の連続時代劇。原作：松本清張。音楽：冨田勲。出演：杉良太郎、露口茂、東野英治郎ほか。

土曜劇場　1967年度

総合（土）午後8時から9時まで、肩のこらない大衆娯楽作品を、シリーズ形式や単発ドラマで放送するドラマ枠で、4〜9月に放送。第1作は松山善三作「春の牡丹雪」（出演：乙羽信子、森雅之、中村玉緒ほか）、第2作は大阪局制作の花登筐作「京おんな」（出演：浪花千栄子、高田美和、月丘夢路ほか）。シリーズものとしては井手俊郎作「わが家の平和」（出演：佐分利信、藤間紫、荒木道子ほか）を全4回で放送。

水曜劇場　1967〜1968年度

1967年度後期の番組改編で『土曜劇場』の枠が水曜に移り、『水曜劇場』と改題。1967年度は立原正秋作「銀婚式」（出演：加東大介、森雅之、高峰三枝子ほか）など単発ものを20作品放送。1968年度は石坂洋次郎原作「陽のあたる坂道」（出演：石坂浩二、和泉雅子ほか）を全13回で、水上勉原作「飢餓海峡」（出演：中村玉緒、宇野重吉、高橋幸治ほか）を全5回で放送。それまでの単発形式からシリーズドラマ枠となる。

ケンチとすみれ　1967〜1968年度

旧制高知高等学校で青春時代を送ったケンチは、寮の床屋の娘すみれと結婚し、やがて建築家となる。昭和9年から43年にいたる2人の成長を年代記風に描いた。一家の住まいの記録としたこのドラマは住宅難時代の視聴者の共感を得て、ハウスドラマと呼ばれた。総合（火）午後8時からの1時間番組で全47回。原作：西山卯三「住み方の記」。脚本：阪田寛夫、土井行夫。音楽：いずみたく。出演：藤岡琢也、林美智子、青島幸男ほか。

あねいもうと　1968年度

昭和10年ごろの兵庫県を舞台に、姉のけい子と妹のとし子、2人が下宿している姫路の叔母夫婦、山奥にある発電所の人びととの生活と哀歓を描きながら、姉妹が大人へと成長していく姿を描いた。『素顔の青春』（1967年度）の後を受けて始まった総合（月〜金）午後6時30分からの15分番組。原作：畔柳二美。脚本：西島大、小田和生。音楽：田中正央。出演：岡崎友紀、西尾三枝子、高森和子ほか。

流れ雲　1968年度

大正、昭和期の関西浪曲界の大看板梅中軒鶯童の自伝に基づいて、茂木草介が明治から昭和を生き抜いた庶民の物語を執筆。茂木はこの脚本で、1968年度毎日芸術賞を受賞した。総合（月）午後9時40分からの50分番組で全52回。作：茂木草介。音楽：大栗裕。語り：小沢昭一。出演：金田龍之介、三田和代、佐藤慶ほか。

あひるの学校　1968～1969年度

万事古風で頑固な父親と、今風で活発な３人の結婚適齢期の娘の暮らしと生き方を明るく描いたホームコメディー。阿川弘之の作品「あひる飛びなさい」「ぽんこつ」「カレーライス」「銀のこんぺいとう」「黒い坊ちゃん」の５作品から脚色。総合（火）午後８時からの１時間番組で全47回。原作：阿川弘之。脚色：阪田寛夫、倉本聰。音楽：広瀬健次郎。出演：芦田伸介、十朱幸代、加賀まりこほか。

開化探偵帳　1968～1969年度

明治初頭の開花期の東京浅草が舞台。ちょんまげを切り落として"ざんぎり頭"となった浅草屯所の探索方（現在の刑事）の活躍を描く。文明開化時代の雰囲気を演出し、スピード感にあふれたダイナミックな推理劇とした。総合（金）午後８時からの１時間番組で全47回。作：島田一男ほか。音楽：宇野誠一郎。出演：緒形拳、川崎敬三、香山美子、花柳喜章、巌金四郎、田村正和ほか。

連続ドラマ　1969～1971・2002～2005年度

総合午後９時台に30分ドラマを（月～金）の帯で編成する新たな試み。第１弾は有吉佐和子原作「一の糸」を全10回で放送。文芸作品、ホームドラマ、コメディーなど、さまざまなタイプのドラマを放送し、"銀河ドラマ"の愛称で親しまれた。『連続ドラマ』は、その後『銀河テレビ小説』、『ドラマ新銀河』を経て、2002年に（月～木）午後11時台の15分番組で復活する。

ドラマ特集　1969～1973年度

総合（土）夜間に90分の長時間ドラマを月１回『ドラマ特集』として放送。1969年度は、茂木草介作、香川京子主演の「時のなかの風景」（1969年度芸術祭優秀賞受賞）や三浦哲郎作、緒形拳主演の「風待ちの港」などの単発ドラマを放送。1970年度からは『長時間ドラマ』と銘打って、90分ドラマを中心に月１回放送。娯楽性に重量感と厚みを加え、ドラマ表現の可能性を試みた。

鞍馬天狗　1969～1970年度

大佛次郎の大衆文学の名作「鞍馬天狗」をスタジオドラマに脚色。これまでのアクション時代劇とは一線を画し、主人公の正義感と時代背景を中心に描いた。鞍馬天狗をスマートに演じた高橋英樹は、新たな時代劇スターの誕生と評判となる。総合（金）午後８時からの１時間で全48回。原作：大佛次郎。脚本：大津皓、大野靖子。音楽：鏑木創。出演：高橋英樹、露口茂、坂東八十助ほか。

1970年代

男は度胸 ～ 徳川太平記より　1970～1971年度

元禄から享保の騒然たる時代を背景に、八代将軍吉宗を中心とした様々な人たちの愛憎や葛藤を、明るいタッチで描いた。"赤穂浪士"や"柳沢騒動"など史実を巧みに取り入れつつも、歴史の枠にとらわれない自由な発想の異色時代劇。総合（金）午後８時からの１時間番組で全50回。原作：柴田錬三郎。脚本：小野田勇。音楽：冨田勲。出演：浜畑賢吉、寺田農、米倉斉加年、笑福亭仁鶴、吉沢京子、三田佳子、森繁久彌ほか。

あまくちからくち　1971年度

伝統ある京都伏見の造り酒屋で、守るべき資産を持たされた兄と、サラリーマンとして出発する弟の双子がたどる対照的な人生を中心に、京都の商法を墨守する人々の姿を描いた。渡哲也と渡瀬恒彦の兄弟初共演、NHK初出演が話題となる。総合（月）午後８時からの40分番組で全47回を放送。作：花登筐。音楽：奥村貢。出演：渡哲也、渡瀬恒彦、十朱幸代、浪花千栄子、茂山千五郎ほか。

天下御免　1971～1972年度

江戸時代、発明家の平賀源内が抜群の行動力と長崎で身につけた新知識を駆使し、権力に臆することなく次々に起こる難事件を解決する痛快時代劇。ゴミ問題、受験戦争など、放送当時の世相を絡め風刺を効かせた"ニュー時代劇"として話題になった。総合（金）午後８時からの１時間番組で全46回。作：早坂暁ほか。音楽：山本直純。タイトル画：黒鉄ヒロシ。語り：水前寺清子。出演：山口崇、林隆三、中野良子ほか。

銀河テレビ小説　1972～1988年度

『連続ドラマ』（1969～1971年度）のあとを受けてスタート。総合（月～金）午後10時からの15分番組で、"朝ドラ"に対して、夜の"連続テレビ小説"と位置づけた。1974～1987年度は午後９時台の20分番組。1976年に嫁と姑の対立を描いた橋田壽賀子脚本の「となりの芝生」が大ヒット。"辛口ホームドラマ"として茶の間の話題をさらう。短期シリーズでバラエティーに富んだ作品を放送した。

明智探偵事務所　1972年度

探偵明智小五郎と現代の若者グループが、様々な事件に挑む大阪局制作のサスペンスドラマ。総合（月）午後８時からの１時間番組。１話完結で全25話を放送。原案：江戸川乱歩。脚本：中島貞夫、福田善之。音楽：高山光晴。出演：夏木陽介、米倉斉加年、高橋長英、佐藤蛾次郎ほか。

水曜ドラマ　1972年度

格調ある文芸作品、楽しいコメディー、明るいホームドラマなど、バラエティーに富んだラインナップで送る総合（水）午後８時台のドラマ枠。井上靖原作、倉本聰脚本、司葉子主演の「氷壁」（全５回）、橋田壽賀子作、京マチ子主演の「帯に短し襷に長し」（全５回）、丹羽文雄原作、大野靖子脚本、加山雄三主演の「庖丁」（全４回）、向田邦子作、森繁久彌主演の「桃から生まれた桃太郎」（全５回）など、９シリーズを放送した。

赤ひげ　1972～1973年度

江戸末期の小石川養生所を舞台に、貧困に苦しむ庶民のために力を尽くす医師"赤ひげ"と、彼と対立しながら次第に成長していく若い蘭方医の姿を描いた。総合（金）午後８時からの１時間番組で全49回。原作：山本周五郎。脚本：倉本聰、石堂淑朗ほか。音楽：桑原研郎。出演：小林桂樹、あおい輝彦ほか。

連続ドラマ ｜ 定時番組

あおによし　1972年度

昭和初期から40年ごろまでの古都奈良を舞台に、小さな旅館に女中奉公にやってきた娘が、養女となり結婚。妻となり母となり、やがて旅館の女将として懸命に生き抜く半生を描く。大阪局制作。総合(月)午後8時からの1時間番組で全21回。脚本：北村篤子。音楽：大栗裕。出演：音無美紀子、ミヤコ蝶々、高森和子、河原崎健三、長門勇ほか。

けったいな人びと　1973年度

昭和初期から太平洋戦争直前までを背景に、大阪・靫(うつぼ)の海産物問屋を営む家族の人間模様を中心に、大阪庶民の姿を笑いとペーソスで描く。放送作家・茂木草介の半自伝的な作品。好評を呼び、1975年4月より続編を放送。総合(月)午後8時からの1時間番組で全50回。作：茂木草介。音楽：高山光晴。出演：八千草薫、藤田まこと、笑福亭仁鶴ほか。

銀座わが町　1973年度

東京・銀座で4代続く天ぷら屋とレストランの対立を中心に、人情の機微を明るくさわやかに描くホームコメディー。総合(水)午後8時からの1時間番組で全49回。作：小野田勇。音楽：小川寛興。出演：森光子、中村玉緒、藤岡琢也、三木のり平ほか。

天下堂々　1973〜1974年度

幕藩体制にゆきづまりが見えてきた天保時代を舞台に、一度きりの人生を堂々と生きようとする若者群像を、社会問題をからめてユーモラスに描いた。総合(金)午後8時からの1時間枠で全47回。作：早坂暁。音楽：山本直純。語り：上條恒彦、水前寺清子。出演：篠田三郎、桃井かおり、石橋正次、水沢アキ、柴俊夫ほか。

花ぐるま　1974年度

昭和30年から45年ごろまでの京都、大阪、神戸を舞台に、京都の山奥で生まれた一人の少女の成長を明るく描いた。総合(月)午後8時台の55分番組で全49回。作：田中澄江。音楽：田中正史。語り：酒井哲。出演：島田陽子、三ツ矢歌子、戸浦六宏ほか。

帽子とひまわり　1974年度

ある法律事務所の弁護士と調査員が扱う事件を通して、さまざまな人間模様を描き出す。タイトルの"帽子"は屋外の仕事が多い調査員の必携アイテムで、"ひまわり"は弁護士バッジのデザイン。総合(水)午後8時からの55分番組で全22回。作：高橋玄洋ほか。音楽：広瀬量平。出演：林隆三、伴淳三郎、高橋悦史、樫山文枝ほか。

四季の家　1974年度

ひとつ屋根の下に、曽祖母、祖母、母、娘の直系四代の女だけが暮らしている家庭を中心に展開する軽快なタッチのホームドラマ。総合(水)午後8時からの55分番組で全20回。作：橋田壽賀子。音楽：広瀬量平。出演：京マチ子、毛利菊枝、赤木春恵、長谷直美、加藤嘉、名古屋章ほか。

ふりむくな鶴吉　1974〜1975年度

文政年間、江戸・神田三島町の岡っ引き鶴吉が、元同心の榊原又十郎や下っ引き寅吉の助けを借りて事件を解決してゆく、笑いと涙の青春捕物帳。総合(金)午後8時からの54分番組で全46回。作：杉山義法、須藤出穂ほか。音楽：樋口康雄。語り：中西龍アナ。出演：沖雅也、伊吹吾郎、ハナ肇、西田敏行、宇野重吉ほか。

続けったいな人びと　1975年度

戦中から戦後にかけての大阪庶民のたくましい生き方をユーモアたっぷりに描く。1971年度からスタートした総合(月)午後8時台の大阪局制作のドラマ枠、その第6作。同じ枠のドラマ『けったいな人びと』(1973年度)の続編を、作者の茂木草介が小説という形で発表。本作はそのドラマ化。作：茂木草介。音楽：高山光晴。語り：中村充アナウンサー。出演：八千草薫、藤田まこと、武原英子、高森和子、笑福亭仁鶴ほか。

新・坊っちゃん　1975年度

夏目漱石の「坊っちゃん」をもとに、原作の精神にのっとって資料で肉付けしながら、自由に創作したドラマ。明治28年の夏、"坊っちゃん"が松山の中学教師として赴任してから、翌春にその地を去るまでを描く。日清、日露の戦争の時代、挫折の中で自由に青春を生きた人物を通して、現代を見つめ直す。総合(金)午後8時からの54分番組で全22回。作：市川森一。音楽：深町純。出演：柴俊夫、西田敏行ほか。

土曜ドラマ　1975〜1983・1988〜1989・1991〜1997・2005〜2010・2013年度〜

土曜の午後8時からの70分番組でスタート。1話完結の3〜4話で1シリーズを構成。芸術祭大賞受賞作「天城越え」などの「松本清張シリーズ」、大ヒット作「男たちの旅路」を生んだ「山田太一シリーズ」、向田邦子の「阿修羅のごとく」などの話題作を放送。何度か休止と再開を繰り返し、真山仁原作「ハゲタカ」(2007年度)、横山秀夫原作「64(ロクヨン)」(2015年度)など、社会派ドラマのヒット作を数多く放送。

花くれない　1976年度

京都、大阪を舞台に手描き友禅に生きがいを見出す女性と、かったつに生きる独身の女性デザイナーの対照的な生き方を通して、女の友情、仕事、恋愛を四季折々の風物の中に描き出した。総合(月)午後8時からの49分番組で全23回。作：松田暢子。音楽：南安雄。出演：野川由美子、萩尾みどり、月丘夢路、茂山千五郎、片岡秀太郎ほか。

シリーズ人間模様　1976年度

午後10時台という放送時間帯にふさわしい見ごたえのある格調高いシリーズを放送する45分のドラマ枠。シリーズ第1弾の「火の路」は、古代史への夢に託して、人間存在の不思議さを問うミステリーロマン。松本清張の小説を中島丈博脚本、栗原小巻主演でドラマ化。そのほか城山三郎原作「堂々たる打算」、石川達三原作「その最後の世界」、澤地久枝原作「妻たちの二・二六事件」、岡田誠三原作「定年後」を放送。

いごっそう段六　1976年度

無名の画商と画家の友情、夫に尽くす妻の献身的な愛を、戦後の東京下町を舞台に描いた。総合(金)午後8時からの50分番組で全16回。作：小幡欣治、土橋成男。音楽：山下毅雄。出演：宝田明、藤岡弘、和泉雅子、あべ静江、宇野重吉、荒井注ほか。

その人は今　1976年度

故郷を遠く離れて働く若者たちの友情と愛の葛藤を描く。総合(月)午後8時からの50分番組で全21回。作：高橋玄洋。音楽：萩田光雄。主題歌：小椋佳。出演：仁科明子、小川知子、高橋洋子、あおい輝彦、西田敏行ほか。

井池太閤記　1976～1977年度

夢と希望に燃えてばく進する男の泣き笑い人生を、昭和24年ごろの大阪・井池（どぶいけ）筋を舞台に描く大阪局制作の喜劇ドラマ。総合(金)午後8時からの50分番組で全15回。作：梅林貴久生。音楽：奥村貢。出演：財津一郎、長門勇、中野良子、初音礼子、三島ゆり子ほか。

ドラマ人間模様　1977～1987年度

『シリーズ人間模様』（1976年度）を改題。人生の機微や人の心の深層を見つめる45分のヒューマンドラマ枠。大岡昇平原作、中島丈博脚本、若山富三郎主演の「事件」と、続編として放送した早坂暁脚本の「続・事件」シリーズ、向田邦子作「あ・うん」シリーズ、早坂暁作「夢千代日記」シリーズ、早坂暁作「花へんろ」シリーズなど、ドラマ史に残る数々の名作を放送した。

連続ドラマ　河内まんだら　1977年度

ユーモラスで人情味豊かな河内弁と河内音頭を生んだ大阪市郊外の庶民の町が舞台。義理に厚いが人情に弱い植木職人・伊之助を中心に、個性豊かな隣人たちが繰り広げる人情喜劇。総合(火)午後8時からの49分番組で全23回。原案：今東光。脚本：北村篤子。音楽：小倉博。出演：藤田まこと、大楠道代、石橋正次、多岐川裕美、宍戸錠、園佳也子ほか。

鳴門秘帖　1977年度

吉川英治の原作を、現代的なタッチで脚色した娯楽時代劇。田村正和演じる美剣士が、幕府転覆の陰謀を探るために阿波に潜入、巧みな剣さばきで活躍する。オープニングとエンディングに、古今亭志ん朝が語り手として登場するユニークな演出が話題に。総合(金)午後8時からの50分枠で全44回。原作：吉川英治。脚色：石山透。音楽：三木稔。出演：田村正和、三林京子、江原真二郎、西村晃、有島一郎、原田美枝子ほか。

早筆右三郎　1978年度

文化文政期、弱きを助け悪しきをくじく瓦版記者「早筆人」の活躍を描く江戸時代版"事件記者"。総合(水)午後8時からの50分枠で全34回。1965年の『人形佐七捕物帳』以来、金曜午後8時台に放送してきた時代劇が、この作品より水曜に移行。作：小山内美江子、柴英三郎ほか。音楽：深町純。出演：江守徹、浅茅陽子、中条静夫、ケーシー高峰、浅香光代ほか。

日本巌窟王　1978～1979年度

デュマの名作「モンテ・クリスト伯」を自由に翻案し、舞台を徳川三代将軍家光時代の江戸に置き換えた娯楽時代劇。無実の罪に陥れられた青年の冒険と復しゅうを描く。総合(水)午後8時からの50分枠で全23回。脚本：小野田勇。音楽：坂田晃一。出演：草刈正雄、三木のり平、三林京子、林与一、浜木綿子、西村晃ほか。

風の隼人　1979年度

幕末の薩摩藩で起こったお家騒動、いわゆるお由羅騒動に巻き込まれた下級武士家族のあだ討ちを、江戸、鹿児島、大阪、奄美を舞台に描いた大衆時代劇。総合(水)午後8時からの50分枠で全28回。原作：直木三十五「南国太平記」。脚本：市川森一。音楽：小林亜星。出演：勝野洋、西田敏行、渡辺美佐子、佐藤英夫、夏目雅子ほか。

1980年代

風神の門　1980年度

大坂冬の陣から夏の陣に至る戦国末期を舞台に、霧隠才蔵、猿飛佐助ら若き忍者たちが、時代の荒波と闘いながら活躍する娯楽時代劇。総合(水)午後8時からの50分枠で全23回。原作：司馬遼太郎。脚本：金子成人。音楽：池辺晋一郎。主題歌：クリスタルキング。出演：三浦浩一、小野みゆき、磯部勉、樋口可南子、渡辺篤史ほか。

御宿かわせみ　1980・1982年度

江戸の大川端にある小さな旅籠（はたご）「かわせみ」を営む女主人・るいと、その恋人で与力の弟・東吾が、仲間たちとともに江戸の町に起こる難事件を解決していく人情捕物帳。総合(水)午後8時からの50分枠。原作：平岩弓枝。脚本：大西信行、金子成人ほか。音楽：池辺晋一郎。出演：真野響子、小野寺昭ほか。1982年度に同じキャストで続編を放送。2003年度に『金曜時代劇』枠で、新キャストによる新シリーズを放送。

いのち燃ゆ　1981年度

フランスの小説「レ・ミゼラブル」を大胆に翻案した、ストーリー性豊かな娯楽時代劇。幕末の長崎、大阪、米子、京都を舞台に、過去の罪におびえながらもたくましく生き抜く男の半生を、愛と涙の冒険物語として描く。大阪局制作。総合(水)午後8時からの1時間枠で全23回。原作：ビクトル・ユーゴー。脚本：杉山義法。音楽：奥村貢。演出：田中昭男ほか。語り：中条静夫。出演：柴俊夫、神崎愛、石橋正次、高橋幸治ほか。

連続ドラマ ｜ 定時番組

なにわの源蔵事件帳 1981年度

直木賞受賞作の同名の原作を、大阪下町を舞台にして、人情味豊かな捕物帳としてドラマ化。明治初頭のなにわの風俗を取り上げながら、殺人事件が1件も登場しない上方の捕物劇を繰り広げる。総合(水)午後8時からの50分枠で全23回。原作：有明夏夫。脚本：松田暢子。音楽：田中克彦。出演：桂枝雀、司葉子、三林京子、藤山直美、加藤武、廣沢瓢右衛門ほか。

立花登　青春手控え 1982年度

天保年間の江戸小伝馬町のろう屋敷を舞台に、青年医立花登が、ろうの内外で巻き起こるさまざまな事件にかかわりながら成長していく姿を描くミステリー時代活劇。総合(水)午後8時からの50分枠で全23回。原作：藤沢周平。脚本：福田善之、石松愛弘ほか。音楽：坂田晃一。出演：中井貴一、篠田三郎、宮崎美子、山咲千里ほか。2016年に溝端淳平主演により『BS時代劇』でリメイク。

壬生の恋歌 1983年度

文久3(1863)年から5年間、幕末動乱の京都を舞台に、新選組の若い隊士と京都の女たちとの恋を情感豊かに描く娯楽時代劇。史実をベースにしながらも、新たな着想で1話完結全23回で放送。総合(水)午後8時からの50分枠。脚本：中島丈博ほか。出演：三田村邦彦、杉田かおる、高橋幸治、秋吉久美子、名取裕子ほか。

新・なにわの源蔵事件帳 1983年度

1981年度後期に放送した『なにわの源蔵事件帳』の新シリーズ。明治13年から14年の大阪・天満朝日町を舞台に、庶民的なおかしさとすご味をあわせもつ源蔵親方が、周辺に起こる怪事件を解決していく"殺しのない捕物帳"。総合(水)午後8時台の50分枠で全17話。原作：有明夏夫。脚本：松田暢子、大西信行ほか。音楽：奥村貢。出演：芦屋雁之助、大空真弓、三林京子、加藤武、藤山直美ほか。

宮本武蔵 1984年度

総合(水)午後8時台に新たに始まった「新大型時代劇」枠の第1作。吉川英治の国民文学「宮本武蔵」を完全ドラマ化。戦国末期、剣の道に生きた宮本武蔵が、剣豪として佐々木小次郎と対決するまでを描いた。1年間にわたり全45回（各回44分）を放送。原作：吉川英治。脚本：杉山義法。音楽：三枝成彰。出演：役所広司、古手川祐子、池上季実子、中康次、奥田瑛二、津川雅彦、田村高廣ほか。

ドラマスペシャル 1984年度〜

1975年にスタートした『土曜ドラマ』の歴史を踏まえて、現代性を盛り込んだ新たな単発大型ドラマ枠としてスタート。初年度は1部・2部を1日で放送した深田祐介原作の3時間ドラマ「炎熱商人」、和田勉演出で第39回芸術祭大賞受賞作「女殺油地獄」と「心中宵庚申」の近松門左衛門シリーズ、山田太一作、笠智衆主演の三部作の1作「冬構え」など、13作品を放送。1985年度以降も、新分野の開拓をモットーに制作された。

真田太平記 1985年度

総合(水)午後8時台の「新大型時代劇」の第2作。上杉、北条、徳川ら大名と互角に戦い、戦国の世に名を知らしめた真田一族の波乱万丈の物語を1年間、全45回（各回44分）で描いた。軍略と反骨の武将・真田昌幸を丹波哲郎、真田の命脈を守り通す嫡男・信之を渡瀬恒彦、武勇の誉れ高い次男・幸村を草刈正雄が熱演。原作：池波正太郎。脚本：金子成人。音楽：林光。出演はほかに遥くらら、紺野美沙子、榎木孝明、中村橋之助ら。

ファミリードラマ 1985〜1987年度

親と子、家族が一緒に楽しめるドラマ枠で、総合(金)午後7時30分からの29分番組。1985年10月から高橋正圀作「夢家族」を全13回で、1986年2〜3月は北野武原作、布施博一脚本「たけしくんハイ！」を全6回で放送。1986年4月からは冨川元文作「お箸とスプーン」、高橋正圀作「ジェニーがやって来た」、布施博一作「おじいちゃんの贈り物」など1987年7月まで5シリーズを放送した。

武蔵坊弁慶 1986年度

総合(水)午後8時台の「新大型時代劇」第3作。華麗な源平絵巻の中を義経につき従い、鮮烈かつ大胆に時代を駆け抜けた武蔵坊弁慶をさわやかに描いた。1986年4〜12月に全32回（各回44分）を放送。翌年1月から大河ドラマが時代劇にもどったことで、「新大型時代劇」はこの作品で終了となる。原作：富田常雄。脚本：杉山義法ほか。音楽：芥川也寸志ほか。出演：中村吉右衛門、川野太郎、荻野目慶子、萬屋錦之介ほか。

イキのいい奴 1986年度

戦後まもない東京・柳橋の鮨（すし）屋「辰巳鮨」を舞台に、生意気盛りの青年が一人前の鮨職人に成長していく姿を描いた。名鮨職人・兵藤晋作の頑固一徹な親方ぶりや、弟子の平山安男の奮闘ぶり、そして下町の温かい人情が好評を得て、翌年に続編を制作。『武蔵坊弁慶』の後を受けて総合(水)午後8時からの45分枠で全10回を放送。原作：師岡幸夫。脚本：寺内小春。音楽：大野雄二。出演：小林薫、若山富三郎、松尾嘉代ほか。

ばら色の人生 1987年度

舞台は東京・品川。かつては東海道の宿場町だった名残を残すこの町に、どこの星からか1人の少女が現れる。彼女がころがりこんだのは、ケータリングサービスの「つくしんぼ」。宇宙人の少女と「つくしんぼ」の面々が織り成すSF下町人情喜劇。総合(水)午後8時からの45分枠で、4月から全13回を放送。原案：筒井ともみ。脚本：筒井ともみほか。音楽：三枝成彰。出演：中村勘九郎（当時）、鷲尾いさ子、萬屋錦之介ほか。

とっておきの青春 1987年度

1988年、地価が急騰した東京山の手を舞台に、旧家に住む結婚を控えた娘、再婚を考えている父、そして70歳を過ぎても再び人生の伴りょを得ようとしている祖父の3世代が織り成す三者三様の"青春"を描く。総合(水)午後8時からの45分枠で、1988年1月から全10回を放送。作・脚本：井沢満。音楽：堀井勝美。出演：緒形拳、斉藤由貴、小澤栄太郎、山岡久乃、河内桃子ほか。

続・イキのいい奴 1988年度

1987年1月から放送し好評だった『イキのいい奴』の続編。総合(水)午後8時台の45分枠で全13回を放送。すし屋の親方と修業に励む若者たちを中心に、下町の人々のふれあいを描いた人情劇。原作：師岡幸夫「神田鶴八鮨ばなし」。脚本：寺内小春。音楽：渡辺博也。出演：小林薫、若山富三郎、松尾嘉代ほか。

シリーズドラマ・10　1989～1990年度
大人の視聴者を対象に総合午後10時に新設されたドラマ枠。1回44分で1シリーズを4～6回で構成。初年度は宮本輝原作「花の降る午後」（全6回）、森瑤子原作「夜の長い叫び」（全5回）など7シリーズを放送。1990年度は『ドラマ・10』と改題、田向正健作「真夜中のテニス」、冨川元文作「熱きまなざし」など4シリーズを放送。1990年10月、『ドラマ指定席』に改題。市川森一作「夢帰行」など3シリーズを放送。

晴のちカミナリ　1989年度
昭和30年前後の東京浅草を舞台に、頑固者の落語の師匠と個性豊かな弟子たちが繰り広げる人情喜劇。総合（水）午後8時からの45分枠で全13回を放送。原作：林家正蔵「正蔵師匠と私」。脚本：高橋正圀。音楽：渡辺俊幸。主題歌：柳ジョージ。出演：渡辺謙、杉浦直樹、佐藤友美、黒木瞳ほか。

男たちの運動会　1989年度
30代半ばの平凡なサラリーマンが、日常生活を突き破るささやかな夢を抱くことから始まるコメディー。主人公の山崎はゴルフ仲間の3人とともに、都内のマンションの一室を妻に内緒で借り、秘密のひとときを持つが…。総合（水）午後8時からの45分枠で全13回を放送。脚本：黒土三男。音楽：丸谷晴彦。主題歌：髙橋真梨子。出演：役所広司、かとうかずこ、萬田久子、平田満、イッセー尾形、中村嘉葎雄、谷隼人ほか。

花も実もある　1989年度
東京・山の手の商店街を舞台に、3代続いた写真館の一人娘が新商売のビデオづくりで、"花も実もある"魅力的な人間に成長していく姿を笑いと涙をまじえて描いた。総合（水）午後8時からの45分枠で、1990年1月から全9回を放送。脚本：冨川元文。音楽：中村暢之。出演：富田靖子、山岡久乃、前田吟、松尾嘉代、三浦浩一ほか。

1990年代

びいどろで候　1990年度
江戸の長崎屋は、長崎・出島から将軍に謁見にくるオランダ人の定宿。長崎屋のおかみとその娘、そして一癖も二癖もある長崎屋の住人たちが繰り広げる物語。1971年放送の『天下御免』の後日談で、平賀源内、遠山の金さん、ナポレオンなどが次々に登場する奇想天外な痛快時代劇。総合（水）午後8時からの45分枠で全13回を放送。脚本：早坂暁。音楽：マルタ。出演：八千草薫、原田知世、中川安奈、萩原流行ほか。

愛されてますか　お父さん　1990年度
3年半の単身赴任を終えて久々にわが家に帰ってきた父親が、どこの家庭にもある問題に悪戦苦闘する愛すべき姿を描く。総合（水）午後8時からの45分枠で全13回を放送。作：松原敏春。音楽：松本晃之。出演：渡瀬恒彦、酒井和歌子、坂上香織ほか。

マダム・りん子の事件帖　1990年度
働く40代女性を主人公にしたシチュエーションドラマ。女探偵とその仲間たちの活躍を、市井の片隅に起こる事件を背景に人間味豊かに描いた。総合（水）午後8時からの45分枠で、1991年1月から全10回を放送。作：中島丈博、井上由美子ほか。音楽：坂田晃一。出演：樹木希林、蟹江敬三、音無美紀子、下條正己ほか。

赤頭巾快刀乱麻　1991年度
時は慶長12年、江戸は徳川家康のもとに、城や町づくりが始まったばかりで、騒然とした空気に包まれていた。そうした時代に生まれた新しいヒーロー"赤頭巾"と仲間たちの活躍を描く。総合（金）午後8時からの45分枠で全14回を放送。作：矢島正雄。音楽：堀井勝美。出演：野村宏伸、和久井映見、梨本謙次郎、藤谷美紀ほか。

近松青春日記　1991年度
江戸時代に文楽、歌舞伎の名作を残した近松門左衛門の青年期を、大阪の下町を舞台に明るく描いた人情時代劇。総合（金）午後8時からの45分枠で全13回を放送。脚本：布施博一。音楽：渡辺俊幸。出演：高嶋政宏、若村麻由美、別所哲也、水野真紀ほか。

金曜ドラマ　〈1992〉　1992年度
総合（金）ゴールデンタイムのドラマ枠。全体が75分で、前半は午後7時30分から時代劇を45分、後半は8時からファミリー向けドラマを30分という「二本立て」。時代劇は、藤沢周平原作、村上弘明主演の「腕におぼえあり」を3シリーズ放送。ファミリードラマは木の実ナナ原作・主演の「六畳一間一家六人」、松平繁子脚本、檀ふみ主演の「ママの転勤」、奥田継夫原作、萩原聖人主演の「包丁いっぽん」を放送した。

ドラマ新銀河　1993～1997年度
『銀河テレビ小説』（1972～1988年度）が終了した5年後に、総合（月～木）午後8時台に20分番組でスタート。1996年度から2年間は午後7時40分から放送。"家族の絆""自立する女性の生き方"などをテーマとした。第1弾は林真理子原作の「トーキョー国盗り物語」。主演に沢口靖子、清水美砂（現・美沙）、荻野目洋子ら朝ドラヒロイン3人を起用。若い女性たちの仕事と友情と恋を描いた。

金曜時代劇　1993～1999・2001～2005年度
『金曜ドラマ』（1992年度）で好評だった時代劇を定時化し、『金曜時代劇』と改題。総合の時代劇枠とした。『金曜ドラマ』の「腕におぼえあり」シリーズに続く藤沢周平原作の「清左衛門残日録」を、1話完結全14話で放送。脚本：竹山洋。音楽：三枝成彰。出演：仲代達矢、南果歩ほか。第10話「夢」で平成5年度文化庁芸術作品賞を受賞。1994年度以降も藤沢周平、平岩弓枝、山本周五郎らの原作による時代劇を放送した。

連続ドラマ | 定時番組

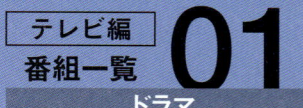

時代劇傑作選　1994年度

過去に放送した時代劇作品の中から好評だった番組を再放送。総合（月～金）午後3時10分からの50分枠で、10月から1995年3月まで放送。『金曜時代劇』の「はやぶさ新八御用帳」（1993年度）、「清左衛門残日録」（1993年度）、『水曜ドラマ』の「御宿かわせみ」（1982年度）を放送。

時代劇特選　1994年度

『大河ドラマ』や『金曜時代劇』の枠で放送した優れた時代劇作品をセレクトする再放送枠。衛星第2（月～金）午後4時からの1時間枠。『金曜時代劇』で放送した「清左衛門残日録」（1993年度）、『大河ドラマ』の「武田信玄」（1988年度）、「独眼竜政宗」（1987年度）、「獅子の時代」（1980年度）ほかを放送。

BSサスペンス　1994年度

ハイビジョンで制作された"国内著名作家原作によるサスペンス"を基調としたドラマ枠。1994年6月に全4回で放送された松本清張原作の「ゼロの焦点」（脚本：清水邦夫・出演：斉藤由貴、萩尾みどりほか）に始まり、髙樹のぶ子原作「サザンスコール」（脚本：竹山洋・出演：根津甚八、葉月里緒奈ほか）、曽野綾子原作「天上の青」（脚本：井上由美子・出演：佐藤浩市、桃井かおりほか）など全4作を衛星第2で放送した。

ドラマ特選～もう一度見たいドラマシリーズ　1995～1996年度

『ドラマ人間模様』、『金曜時代劇』など、過去に人気の高かった作品をアンコール放送。従来、散発的に再放送されてきたドラマを、定時枠で系統立てて放送した。総合（月～金）午後3時10分からの45分枠。初年度は『ドラマ人間模様』の早坂暁脚本、吉永小百合主演「夢千代日記」シリーズ、向田邦子脚本、フランキー堺、杉浦直樹主演「あ・うん」シリーズ、『御宿かわせみ』の第2シリーズなど21作品を放送。

BS日曜ドラマ　1995～1997年度

小説、ノンフィクション、劇画などジャンルを問わず、旬のベストセラーをドラマ化する衛星第2（日）午後9時からの45分枠。第1弾は大沢在昌の直木賞受賞作「新宿鮫～無間人形」を、地上波に先行放送。初年度はほかに宮尾登美子原作、中島丈博脚本「藏」、高村薫原作、井上由美子脚本「照柿」など8作品を放送。演出家に「新宿鮫」では石橋冠、「藏」では大山勝美という民放出身者を起用し、斬新な映像感覚を持ち込んだ。

水曜シリーズドラマ　1996～1998年度

見ごたえのある大人のドラマを目指し、娯楽性に富み深みのある人間模様を描く作品を放送。総合（水）午後10時台の45分枠。初年度は多重人格の主婦を主人公とするジェームス三木作、大竹しのぶ主演の「存在の深き眠り」ほか7作品を放送。1997年度には『ドラマ人間模様』で放送した早坂暁作「花へんろ　風の昭和日記」（1985年度）の続編「新・花へんろ」を桃井かおりの主演で放送した。

NHKドラマ館　1998～1999年度

それまで下半期に放送していた『土曜ドラマ』の社会派路線を引き継ぐ形で、総合（土）午後9時からの75分枠で通年放送をスタート。テレビ史に残る名作をセレクトした「名作シリーズ」、芸術祭参加ドラマが中心の「新作ドラマ」、BSで放送したドラマの「マルチユース番組」の3つの柱で構成。大石静作「終（つい）のすみか」（1999年度）や幸田真音原作「レガッタ～国際金融戦争」（1999年度）など、新作が話題を呼ぶ。

BSドラマ　1998年度

『BS日曜ドラマ』（1995～1997年度）を（土）午後8時台に移設しタイトルを変更。『BS日曜ドラマ』同様、外部のプロデューサー、演出家を起用し、人気のベストセラー作品を中心にドラマ化。平岩弓枝原作「あした天気に」、竹山洋作「ご就職」、俵万智原作「チョコレート革命」、市川森一作「木綿のハンカチ2～ライトウインズ物語」など、8シリーズ46本を放送した。

水曜ドラマの花束　1999年度

1998年度まで放送した『水曜シリーズドラマ』を改題。ハートウォーミングなテーマ、作風を目指した大人のドラマを放送する、総合（水）午後10時からの45分枠。ジョー指月、あおきてつお原作、田中美里主演の「緋が走る～陶芸青春記」、市川森一作、水野真紀主演「女性捜査班アイキャッチャー」、金子成人作、天海祐希、若村麻由美主演「素敵にライバル」、竹山洋作、渡哲也主演の「怒る男・わらう女」など、9作品を放送。

衛星ドラマ劇場　1999年度

1998年度に放送した『BSドラマ』を改題し、衛星第2（木）午後9時から10時50分の長時間枠とした。話題のベストセラーの原作ものにオリジナル作品をまじえ、外部の演出家も起用して制作にあたった。宮尾登美子原作、冨川元文脚本、松たか子主演の「櫂」、シドニー・シェルダン原作、西岡琢也ほか脚本、中谷美紀主演「ゲームの達人」、中上健次原作、田中晶子脚本、本木雅弘主演「日輪の翼」など10作品を放送。

2000年代

時代劇ロマン　2000年度

1999年度に終了した『金曜時代劇』のあとを受けて、総合（月）午後9時台に新たに登場した45分の時代劇枠。宮尾登美子原作、田中晶子脚本、田中美里主演「一絃の琴」、山本周五郎原作、大野靖子脚本、若村麻由美主演「柳橋慕情」、藤沢周平原作、神山由美子脚本、萩原健一主演「藤沢周平の人情しぐれ町」の文芸時代劇3シリーズを放送。翌2001年度に『金曜時代劇』が復活し、『時代劇ロマン』は1年で終了となる。

ドラマDモード　2000年度

若者層の開拓を目指した総合（火）午後11時台に放送する45分のドラマ枠。初年度は1999年に『衛星ドラマ劇場』で放送したシドニー・シェルダン原作「ゲームの達人」、尾西兼一作「FLY～航空学園グラフィティ」など、5作品を放送。2001年度は夢枕獏原作「陰陽師」、さそうあきら原作「トトの世界～最後の野生児」など、再放送も含め9作品を放送。「トトの世界」の脚本で大森寿美男が、第10回向田邦子賞を受賞。

ドラマ家族模様　2000年度

前年度まで総合（金）午後8時台に放送していた『金曜時代劇』が、『時代劇ロマン』と改題のうえ月曜に移設されたことにともなって、金曜の9時台に新設された43分の現代劇枠。西荻弓絵作、瀬戸朝香主演「晴れ着、ここ一番」（全12回）、布施博一作、富田靖子主演「なごや千客万来」、鎌田敏夫作、高嶋政伸主演「バブル」（全12回）など、5シリーズを放送。2001年度は『金曜時代劇』復活にともなって終了。

月曜ドラマシリーズ　2001～2004年度

総合（月）午後9時15分から放送する43分の現代もの連続ドラマ枠。2000年度に終了した『時代劇ロマン』のあとを受けてスタート。初年度はマキノノゾミ作の社会派エンターテインメント「ある日、嵐のように」（出演：中井貴一、佐藤浩市、斉藤由貴ほか）、企業エリートの自己再生を描く池端俊策作「蜜蜂の休暇」（出演：鹿賀丈史、かたせ梨乃、樋口可南子ほか）など、再放送を含め9作品を放送。

HVサスペンス　2001～2002年度

2001～2002年度にハイビジョン制作されたサスペンスドラマ枠。女性を主人公にした一級のヒューマンサスペンスを、内外の秀作を原作にドラマ化。夏樹静子原作「茉莉子」（脚本：筒井ともみ・出演：新山千春、倍賞美津子ほか）、エミール・ゾラ原作「死者からの手紙」（脚本：岩松了・出演：風吹ジュン、村上弘明ほか）ほか2作品（各89分）を放送。ハイビジョンのほか衛星第2と総合テレビでも放送時間を変えて放送した。

ハイビジョンドラマ館　2003～2004年度

ハイビジョン制作の単発ものを中心に（土）午後9時から放送するハイビジョンの大型ドラマ枠。初年度は佐藤秀峰原作、長谷川康夫脚本の「海猿2」、西荻弓絵脚本の「老いてこそなお」などの単発もののほか、2003年8月から『金曜時代劇』で放送された藤沢周平原作「蝉しぐれ」（1回43分・全7回）のハイビジョン版を、1回90分全3回に再編集して放送。モンテカルロ・テレビ祭で最優秀作品賞と主演男優賞を受賞した。

BS思い出館　2003～2004年度

好評を博したドラマをアンコール放送する衛星第2（土）午後10時30分からの90分枠。『土曜ドラマ』で放送した山田太一作「男たちの旅路」シリーズ、『ドラマ人間模様』で放送した中島丈博・早坂暁脚本の「事件」シリーズ、早坂暁作「花へんろ～風の昭和日記」（1985年度）、『金曜時代劇』で放送した藤沢周平原作、竹山洋脚本「清左衛門残日録」（1993年度）ほかを放送。

月曜劇場～シリーズドラマ　2005年度

『月曜ドラマシリーズ』（2001～2004年度）を刷新。「涙と笑いの人間ドラマ」をコンセプトに、30～50歳代の女性を中心に、親子で楽しめるラインアップを組んだ。総合（月）午後9時15分からの45分番組。野依美幸作、西田敏行、古手川祐子、榮倉奈々ほか出演の「ジイジ2～孫といた夏」を5回連続で放送。『月曜劇場』枠では、「シリーズドラマ」以外に音楽バラエティー「月曜劇場～きよしとこの夜」を放送。

NHK名作アワー　2006～2007年度

視聴者からのリクエストの多いドラマのアンコール放送枠。総合（月～金）午後3時15分からの45分。2006年度は「夢みる葡萄」（2003年度・全11回）、「柳橋慕情」（2000年度・全16回）、「サザンスコール」（1994年度・全4回）など15作品を放送。2007年度は「私の青空2002」（2002年度・全8回）、「御宿かわせみ」（2003年度・全8回）など16作品を放送。

木曜時代劇　2006～2007・2013～2015年度

2005年度までの『金曜時代劇』に代わって、総合（木）午後8時からの45分で登場した時代劇枠。人気の高い文芸小説などを原作に、庶民を主人公に日本人の心の原点を描く。2007年度にいったん放送を終了するが2013年度に復活。2014年度は人情ものを中心に高田郁原作「銀二貫」、佐伯泰英原作「吉原裏同心」、宮部みゆき原作「ぼんくら」、葉室麟原作「風の峠～銀漢の賦」の新シリーズ4作を放送。

生物彗星WoO　2006年度

1964年に"特撮の神様"円谷英二と脚本家の金城哲夫が、円谷プロ初のテレビ作品として企画した「WoO（ウー）」を原案とする特撮ドラマ。地球に接近した謎の彗星（すいせい）が大爆発し、その破片から誕生した宇宙生物WoOと心を通わせた女子中学生の物語。全13回。ハイビジョンによる本格的なテレビ特撮ドラマシリーズは世界初の試み。ハイビジョン（日）午後7時30分からの30分番組。衛星第2と総合でも放送。

ドラマ8　2008～2009年度

ティーンズとその親世代（30～40代）をメインターゲットとした青春エンターテインメントドラマ枠。総合（木）午後8時からの45分番組。初年度はあさのあつこ原作「バッテリー」（全10回）、筒井康隆原作「七瀬ふたたび」（全10回）など5作品を、2009年度は高橋留美ほか脚本「ゴーストフレンズ」、柳沼行原作「ふたつのスピカ」など5作品をそれぞれ放送。放送当日に午後6時からハイビジョンで先行放送した。

土曜時代劇　2008～2010・2016年度

2007年度まで放送の『木曜時代劇』が土曜午後7時30分に移行して改題。フレッシュな若手俳優を起用し、青春活劇の要素を取り入れた。井川香四郎原作「オトコマエ！」（全13回）など3作品を放送。2010年度でいったん番組は終了するが、2016年度に午後6時台の40分番組で復活。2015年7月に『BS時代劇』で放送した「一路」の再編集版や、諸田玲子原作「忠臣蔵の恋～四十八人目忠臣」を放送した。

金曜ドラマ　〈2009〉　2009年度

総合（金）午後10時から43分のドラマ枠。"笑い・テンポ・情報性"をキーワードに「コンカツ・リカツ」（全8回）、「ツレがうつになりまして。」（全3回）、「行列48時間」（全6回）などを放送。

スペシャルドラマ　坂の上の雲　2009～2011年度

司馬遼太郎が10年の歳月をかけ、明治という時代に立ち向かった青春群像を描いた壮大な物語。総合（日）夜間に1回90分、3部構成で全13回を、2009年11月から2011年12月まで足かけ3年で放送。原作：司馬遼太郎。脚本：野沢尚ほか。音楽：久石譲。出演：本木雅弘、阿部寛、香川照之、菅野美穂、西田敏行、渡哲也、加藤剛、松たか子、石原さとみほか。

連続ドラマ｜定時番組

探偵Xからの挑戦状！　2009年度

推理作家が書き下ろしたミステリー小説を携帯電話で6日間かけて配信し、読者は犯人を推理して、NHKの携帯サイトに投票。最後にテレビの番組内で事件の真相が明かされる。テレビ番組と携帯小説を融合させた初の試み。番組は、携帯に配信された小説をドラマ化した「問題編」と、同じくドラマ仕立てで真相を明かす「解決編」からなる。総合（木）午前0時台の30分枠で、春（4/2〜5/21）と秋（10/8〜11/26）の2シリーズを放送。

日中共同制作ドラマ
蒼穹の昴

蒼穹の昴　2009〜2010年度

19世紀末、中国清朝末期の紫禁城を舞台にくり広げられる壮大な歴史絵巻。"中国三大悪女の一人"とまでいわれた西太后に新たな眼差しを向け、彼女を中心に3人の若者が繰り広げる人間ドラマで描いた。浅田次郎の大河小説「蒼穹の昴」を、実物大の紫禁城のセットを舞台に完全ドラマ化。西太后役に田中裕子を起用したオール中国ロケによる日中共同制作ドラマ。2010年1月からハイビジョンで、9月から総合で放送。（43分×25回）

2010年代〜

ケータイ発ドラマ 〜激♡恋　2010年度

ケータイ小説サイト「魔法のiらんど」で「NHK賞」を受賞した作品をドラマ化。後半の生放送パートでは、視聴者からの生投稿を紹介。男性不信の女子高生が、運命の相手と出会ってしまった揺れる心を描く青春ラブストーリー。総合（金）午前0時台の30分枠で全8回を放送。原作：みなづき未来。脚本：横田理恵。音楽：内池秀和。出演：荒井萌、渡部秀、蕨野友也、広瀬アリスほか。

ドラマ10　2010年度〜

総合午後10時から放送する45分の連続ドラマ枠。「40〜50代の女性をひきつけるドラマ」をコンセプトにスタート。第1弾は角田光代の小説を初めて映像化した「八日目の蝉（せみ）」。浅野妙子脚本、檀れい主演でATP賞テレビグランプリ2010を受賞。2010年10月からは、大石静のオリジナル脚本によるラブストーリー「セカンドバージン」を全10回で放送。女性たちの支持を得て大ヒットし、『ドラマ10』枠が定着する。

恋する日本語　2010年度

恋に傷ついた一人の女性が、ふと立ち寄った不思議なアンティークショップで、心を癒やしてくれる「古い日本語」に出会う。言葉のウンチクも学べる新感覚のハートウォーミングドラマ。総合（金）午前0時台の30分枠で全9回を放送。原作：小山薫堂「恋する日本語」。脚本：村上桃子。出演：余貴美子、北乃きい、窪田正孝ほか。

ケータイ発ドラマ 〜金魚倶楽部　2011年度

ケータイ小説サイト「魔法のiらんど」とNHKがコラボする「ケータイ発ドラマ」第2弾。いじめをきっかけに出会った孤独な少女と、無為に生きる少年とのみずみずしくも切実な恋の物語。総合（土）午後11時30分からの30分で、前半20分がドラマパート、残りが生放送パート。全10回を放送。原作：椿ハナ。脚本：横田理恵。音楽：内池秀和。出演：入江甚儀、刈谷友衣子、水野絵梨奈、吉沢亮ほか。

よる☆ドラ　2011〜2012年度

総合（火）午後10時55分からの30分枠で、各年度後期に放送。コンセプトは「主に30〜40代女性が就寝前に楽しめるライトドラマ」。初年度は、恋や家族関係に悩みながら生きる3人のアラフォー女性を等身大で描いた大島真寿美原作の「ビターシュガー」（全10回）と、結婚式場を舞台にした辻村深月原作のエンターテインメントドラマ「本日は大安なり」（全10回）を放送。2012年度は『眠れる森の熟女』（全9回）など3作品を放送。

BS時代劇　2011年度〜

2010年度に放送を終了した『土曜時代劇』のあとを引き継ぐ形で、2011年4月から衛星放送の新チャンネル「BSプレミアム」で（日）午後6時45分からの45分枠でスタート。初年度は司馬遼太郎原作「新選組血風録」（全12回）、池上永一原作「テンペスト」（全10回）、津本陽原作「塚原卜伝」（全7回）の新作3シリーズと、2007年に『木曜時代劇』枠で放送した「陽炎の辻〜居眠り磐音江戸双紙〜」をアンコール放送した。

日韓共同制作ドラマ　赤と黒　2011年度

NHKが初めて取り組んだ日韓共同制作ドラマ。大ヒット作『冬のソナタ』などのプロデューサー、イ・ヒョンミンが演出を担当。スタンダールの同名小説にヒントを得た復しゅう劇が切ないラブストーリーで描かれる。BSプレミアム（金）午後10時からの1時間枠で、10月から全17回を放送。作：イ・ドヨン、キム・ジェウン、キム・ソンヒ。音楽：チェ・ソンウク。出演：キム・ナムギル、キム・ジェウク、ハン・ガインほか。

土曜ドラマスペシャル　2011〜2012年度

2011〜2012年度に放送された総合（土）午後9時から75分の大型特集ドラマ枠。NHKで初めてドラマ化された東野圭吾原作のサスペンス巨編「使命と魂のリミット」（脚本：吉田紀子・出演：石原さとみ、速水もこみちほか・全2回）、重松清原作「とんび」（脚本：羽原大介・出演：堤真一、小泉今日子ほか・全2回）、山田太一作「キルトの家」（出演：山﨑努、杏ほか・全2回）などの話題作を放送した。

プレミアムサスペンス　2012年度

BSプレミアム（水）午後10時からの1時間のサスペンスタッチのドラマ枠。2010年に『ドラマ10』で放送した「八日目の蝉」や2009年に『土曜ドラマ』で放送した「外事警察」など、4シリーズをアンコール放送したほか、海外連続ドラマ「キャッスル〜ミステリー作家のNY事件簿」（全10回）を放送。

プレミアムドラマ　2012年度〜

BSプレミアムに新設されたドラマ枠で、（日）午後10時台の1時間枠でスタート。話題のベストセラー小説や人気コミックのドラマ化、さらに漫画家・赤塚不二夫と最初の妻と後妻の3人の物語「これでいいのだ!!赤塚不二夫と二人の妻」や、漫才師・横山やすしとその妻の物語「ひとつ星の恋〜天才漫才師　横山やすしと妻」など、実話を掘り起こしたドキュメンタリードラマなど、多彩なラインナップをそろえた。

プレミアムよるドラマ　2012〜2016年度
BSプレミアム（土）午後11時台の30分枠。週末の夜をリラックスして楽しむことができる連続ドラマ枠としてスタート。2013年度後期より（火）午後11時台に移行。初年度は乾ルカ原作「てふてふ荘へようこそ」（全8回）、柚木麻子原作「嘆きの美女」（全8回）、岩松了、大森美香をはじめ、8人の気鋭のライターが脚本を書きおろした1話完結のワンシチュエーションドラマ「ラスト・ディナー」を放送。

植物男子ベランダー　2014〜2016年度
ベランダで植物を育てることに心血を注ぎ、その成長に一喜一憂する孤独な中年男の生活を通して、人生の哀歓をコミカルに描いた。原作：いとうせいこう。出演：田口トモロヲ、松尾スズキ、安藤玉恵ほか。2013年度にパイロット版が2本放送され、2014年4月よりBSプレミアムで13本を放送した。2015年度に「SEASON2」を、2016年度に「SEASON3」を放送。2018年度より総合『よるドラ』枠でアンコール放送。

整理整頓コメディー　わたしのウチには、なんにもない。　2015年度
イラストレーター・ゆるりまいの人気コミックエッセー「わたしのウチには、なんにもない。」を原作とした、笑いあり、涙あり、アニメありのコメディードラマ。突然断捨離に目覚めた女性が、家族との悩ましくもほほえましいかっとうを乗り越え、何にもない空間を手に入れるまでを描く。BSプレミアム（土）午後10時30分からの29分番組。2016年2〜3月に全6回を放送。出演：夏帆、近藤公園、朝加真由美、江波杏子ほか。

鼠（ねずみ）、江戸を疾（はし）る2　2016年度
2014年1月から『木曜時代劇』で放送された「鼠、江戸を疾る」のパート2。時は江戸後期、文化文政時代。側近政治がはびこり、庶民の生活は苦しく、町衆の不満は高まるばかり。そんな中で私腹を肥やす武家屋敷から庶民のために盗みを働く鼠小僧の活躍を描く。総合（木）午後8時からの43分番組。『時代劇』の冠で4月から全8回を放送。原案：赤川次郎。脚本：大森寿美男ほか。音楽：川井憲次。出演：滝沢秀明、青山美郷、京本大我ほか。

ドラマ　火花　2016〜2017年度
第153回芥川賞を受賞した又吉直樹のベストセラー小説をドラマ化。売れない若手芸人と天才肌の先輩芸人との魂の交流を描く。総合（日）午後11時からの45分、2017年2月から全10回を放送。出演：林遣都、波岡一喜、門脇麦、好井まさお、村田秀亮ほか。

土曜時代ドラマ　2017〜2021年度
従来の時代劇のコンセプトにとらわれない若い層を対象とした新感覚のエンターテインメント時代劇シリーズ。総合（土）午後6時台の40分枠。初年度に放送した「アシガール」は、森本梢子のベストセラーコミックが原作の青春ラブコメディー。戦国時代にタイムスリップした平成の女子高生が、りりしい戦国武将に一目ぼれし、彼を守ろうと足軽となって奮闘するストーリー。出演：黒島結菜、健太郎ほか。2018年には続編も放送。

よるドラ　2018〜2021年度
新しい価値観を持つ若い世代をターゲットとした新感覚のエンターテインメントドラマ枠。総合（土）午後11時台にスタート。初年度は2014年にBSプレミアムで放送した「植物男子ベランダー」の2シリーズをアンコール放送。『よるドラ』枠の新作第1弾は櫻井智也原作の「ゾンビが来たから人生見つめ直した件」。ゾンビ発生をきっかけに、人々が生きる意味を見つめ直す奇想天外なオリジナルドラマ。

4Kドラマ館　2019年度
総合テレビやBSプレミアムで4K一体制作したシリーズを中心に放送する4Kドラマ枠。「4Kプレミアムドラマ　大全力疾走」（BSPの先行放送）、「プレミアムドラマ　山女日記」、「土曜ドラマ　デジタル・タトゥー」（総合の先行放送）、「4号警備」、「サギデカ」（総合の先行放送）、「少年寅次郎」（総合の先行放送）、「みかづき」ほか。BS4K（水）午後7時50分からの49分番組。

歩くひと　2020年度
「ちょっと歩いてくるよ」そう言い残して家を出た男が、見知らぬ土地に迷い込み、また家に帰ってくるだけの異色の散歩ドラマ。知られざる絶景や何気ない風景の輝きを捉え、歩くという"冒険"を描いた。迷い込んだ場所の種明かしは、最後のミニコーナーで。原作：谷口ジロー。出演：井浦新、田畑智子。BS4K（日）午後7時からの29分番組。

夜ドラ　2022年度〜
30代をメインターゲットにエンターテインメント性の高い企画をラインナップした夜のドラマ枠。続きが見たくなるストーリー性を重視し、話題の原作やオリジナルドラマを放送。『よるドラ』（2018〜2021年度）が週1回午後11時30分からの29分番組だったのに対し、『夜ドラ』は（月〜木）午後10時45分からの15分番組。"朝ドラ"に対する"夜ドラ"として、多様なニーズに応えることで新たな視聴者層の開拓を目指した。

星新一の不思議な不思議な短編ドラマ　2022年度
"ショートショートの神様"星新一の作品の中から名作を1話15分の「短編ドラマ」シリーズ（全20回）に仕立てた。SFやファンタジーの胸躍る要素や、人間を見つめる温かくも辛らつな視線など、普遍性を失わない物語を映像化。2022年4〜8月にBSプレミアム・BS4Kで（火）午後9時45分からの15分番組で放送。7月からは総合の『夜ドラ』枠（月〜木／午後10時45分）で全12回を放送。出演：水原希子、永山瑛太、林遣都、高良健吾ほか。

お笑いインスパイアドラマ　ラフな生活のススメ　2023年度
小池栄子演じる雑貨店の店主・福池恵美が、家族や周囲の人々に持ち込まれる小さなトラブルを、"笑いの力"で明るくパワフルに解決していくストーリー。テーマは「笑いで生活を豊かに」。ドラマの合間にコメディーとお笑いネタが登場し、物語の内容に巧みに絡み合うという、新感覚のドラマでありながら新しいスタイルのお笑いネタ番組でもある。放送1回につき2つの話で構成するオムニバス形式。

特選ドラマ　2024年度
放送当時大きな話題となった往年の名作ドラマ、そして特に再放送希望が多い連続ドラマや特集ドラマを選りすぐって放送。午後8時30分からは、不動産業界、そして家をめぐる人間模様をコメディータッチで描いた人気シリーズ「正直不動産」のシーズン1、シーズン2を連続で放送する。BS（水）午後7時からの3時間番組。

連続ドラマ ｜ 枠番組

銀河テレビ小説

『銀河テレビ小説』（1972～1988年度）は、『連続ドラマ（愛称:銀河ドラマ）』（1969～1971年度）のあとを受けてスタート。総合（月～金）午後10時台の15分番組で、"朝ドラ"に対して、夜の"連続テレビ小説"と位置づけた。1974～1987年度は午後9時台の20分番組。短期シリーズでバラエティーに富んだ作品を放送した。

連続ドラマ（通称：銀河ドラマ）

一の糸

1969年度

わが歌声の
高ければ
1969年度

針千本

1970年度

銀河テレビ小説

楡家の人々

1972年度

体の中を風が吹く

1972年度

波の塔
1973年度

生きて愛して

1973年度

坂の上の家

1973年度

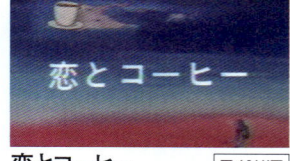
恋とコーヒー

1973年度

自我の構図

1974年度

黄色い涙

1974年度

青春

1974年度

斜陽

1974年度

江分利満氏の
優雅な生活

1974年度

霧の視界

1975年度

女の森で
1975年度

崖

1975年度

家庭戦争

1975年度

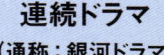

雨やどり　1975年度

となりの芝生　1975年度

霧の中の少女　1976年度

幻のぶどう園　1976年度

オリンポスの果実　1976年度

春の城　1976年度

春の谷間　1976年度

わらの女　1977年度

女の一生　1977年度

夏草の輝き　1977年度

となりと私　1977年度

新自由学校　1977年度

熱き涙を　1978年度

ぼくの姉さん　1978年度

幸福駅周辺　1978年度

上野駅周辺　1978年度

やけぼっくい　1978年度

女の遺産　1978年度

鳥獣の寺　1979年度

姉さんの子守唄　1979年度

家族日記　1979年度

海をわたって　1979年度

幸せのとなり　1979年度

冬の祝婚歌　1979年度

太郎の青春　1979年度

姉さんは腕まくり　1980年度

もず　1980年度

ガラスのうさぎ　1980年度

連続ドラマ | 枠番組

極楽日記
1980年度

嫁っこはいねが
1980年度

愛さずにはいられない
1980年度

優しさごっこ
1980年度

復活
1980年度

現代夫婦考
1980年度

風の盆
1980年度

太郎の卒業
1981年度

青春戯画集
1981年度

煙が目にしみる
1981年度

愛・信じたく候
1981年度

女の日時計
1981年度

まわりみち
1981年度

ふたりでひとり
1981年度

祈願満願
1981年度

天からやって来た猫
1981年度

冬の稲妻
1981年度

めぐり逢いて
1981年度

憤激の恋
1982年度

道頓堀川
1982年度

新東京物語
1982年度

日の出食堂の青春
1982年度

北航路
1982年度

半分正しい
1982年度

本日開店
1982年度

夢見る頃を過ぎても
1982年度

かぐわしき日々の歌
1982年度

旅びと
1982年度

あなたに首ったけ
1983年度

がんばったンねん
1983年度

やつらの戦い
1983年度

パパ　スカートは
いてよ
1983年度

つかこうへいのか
けおち'83
1983年度

明日はどっちだ
1983年度

宵待草
1983年度

青春前後不覚
1983年度

歳月
1983年度

今ぞ恋しき
1983年度

陽だまり横丁のラ
ブソング
1983年度

いけずごっこ
1983年度

やどかりは夢をみる
1983年度

花丸銀平
1984年度

愛してよろしいです
か
1984年度

迷惑かけてありがと
う
1984年度

下町探偵局
1984年度

思い出トランプ
1984年度

新・青春戯画集
1984年度

幸福戦争
1984年度

港駅
1984年度

純情長良川
1984年度

新宿ものがたり
1984年度

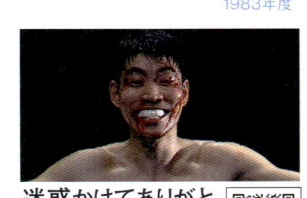
やつらの戦い〜
パート2
1984年度

季節はずれの
蜃気楼
1984年度

二度のお別れ
1984年度

男が家を出るとき
1985年度

夢で愛して
1985年度

連続ドラマ | 枠番組

父（パッパ）からの
贈りもの
1985年度

たけしくんハイ!
1985年度

暗闇のセレナーデ
1985年度

私生活
1985年度

ひとりごとの時代
1985年度

もういちど春
1985年度

家族は何をする人ぞ
1985年度

まんだら屋の良太
1985年度

清水みなとストー
リー
1985年度

下町三人娘
1986年度

風を愛して
1986年度

主夫物語
1986年度

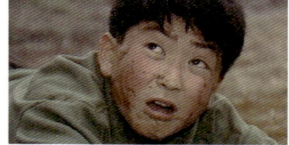

続・たけしくんハイ!
1986年度

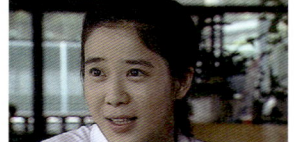

妻〜愛は迷路
1986年度

ときめき
1986年度

故郷はみどり
1986年度

町裏の聖者
1986年度

棚の隅
1986年度

無人駅
1986年度

花標
1986年度

まんが道
1986年度

金婚式
1986年度

かなかなむしは天
の蟲
1986年度

おんなの時代
1986年度

はねっかえり純情派
1987年度

わが歌ブギウギ
1987年度

男の子育て日記
1987年度

まんが道〜青春編
1987年度

お入学

1987年度

おとんぼ
1987年度

名古屋ラブソング
1987年度

むかし通りの人々

1987年度

川は流れる

1987年度

風の小景

1987年度

橋

1987年度

アメリカ勤務を命ず

1987年度

独身送別会

1987年度

八十日目（やっとかめ）だなも

1987年度

裸足のシンデレラ

1987年度

しあわせ志願

1988年度

お父さん入門

1988年度

悲しみだけが夢を見る

1988年度

親の出る幕

1988年度

総務部総務課山口六平太

1988年度

素晴らしき帰郷

1988年度

わが歌・我愛你（ウォアイニイ）
1988年度

殿様ごっこ

1988年度

銀河スペシャル道づれ

1988年度

ある日の啄木

1988年度

南部鼻まがり

1988年度

姉

1988年度

1988年のこんにちは

1988年度

再会

1988年度

母の言いぶん

1988年度

あるときは妻
1988年度

黒潮に乾杯！

1988年度

連続ドラマ ｜ 枠番組

ドラマ新銀河

『ドラマ新銀河』（1993～1997年度）は、『銀河テレビ小説』（1972～1988年度）が終了した5年後に、総合（月～木）午後8時台に20分番組でスタート。1996年度から2年間は午後7時40分から放送。"家族の絆""自立する女性の生き方""おしゃれなラブストーリー"などを中心に構成。

トーキョー国盗り物語
1993年度

大阪で生まれた女やさかい
1993年度

南部大吉交番日記
1993年度

いつか、花嫁
1993年度

親子は他人の始まり
1993年度

帰ってきちゃった
1993年度

欅通りの人びと
1993年度

つばさ
1993年度

企業病棟
1994年度

青空にちんどん
1994年度

ゆっくりおダイエット
1994年度

これでいいのだ
1994年度

湯の町行進曲
1994年度

くろしおの恋人たち
1994年度

赤ちゃんが来た
1994年度

この指とまれ!!
1994年度

魚河岸のプリンセス
1995年度

愛をみつけた
1995年度

名古屋お金物語
1995年度

ラスト・ラブ
1995年度

母の出発

1995年度

妻の恋

1995年度

ワイン殺人事件

1995年度

拝啓自治会長殿

1995年度

やさしい関係

1995年度

元気をあげる〜救命救急医物語

1995年度

ようこそ青春金物店

1995年度

婚約旅行

1995年度

レイコの歯医者さん

1996年度

京都発・ぼくの旅立ち

1996年度

たにんどんぶり

1996年度

賢治のほほえみ

1996年度

時の王様

1996年度

家族注意報！

1996年度

いらっしゃい

1996年度

結婚はいかが？

1996年度

いつか見た空

1996年度

素敵に女ざかり〜ルームメイツ

1996年度

木綿のハンカチ〜ライトウインズ物語
1996年度

愛情旅行

1996年度

雲の上の青い空〜歌手誕生物語

1997年度

おんなは全力疾走！

1997年度

初婚・再婚

1997年度

今夜もごちそうさま

1997年度

ママだって夏休み

1997年度

父さんは森に隠れる

1997年度

しあわせ色写真館

1997年度

庭師サッちゃん

1997年度

連続ドラマ | 枠番組

ドラマ人間模様

『ドラマ人間模様』（1977〜1987年度）は、『シリーズ人間模様』（1976年度）を改題した、人生の機微や人の心の深層を見つめる45分のヒューマンドラマ枠。「事件」「続・事件」シリーズ、「あ・うん」シリーズ、「夢千代日記」シリーズ、「花へんろ」シリーズなど、ドラマ史に残る数々の名作を放送した。

妻たちの二・二六
事件
1976年度

定年後
1976年度

冬の桃
1977年度

サーカス
1977年度

事件
1978年度

夫婦
1978年度

赤サギ
1978年度

花々と星々と
1978年度

続・事件
1979年度

親と子と
1979年度

サイゴンから来た妻
と娘
1979年度

血族
1979年度

あ・うん
1979年度

愛を病む
1980年度

絆
1980年度

万葉の娘たち
1980年度

夢千代日記
1980年度

ある少女の死
1981年度

海峡
1981年度

海辺のマリア
1981年度

胡桃（くるみ）の部屋

1982年度

街～若者たちは、今

1982年度

とおりゃんせ

1982年度

太陽の子～てだのふあ

1982年度

ひこばえの歌

1982年度

夕暮れて

1982年度

いつか来た道
1982年度

父への手紙

1983年度

街～美ら島は、今

1983年度

まあ　ええわいな

1983年度

愛と砂丘の街

1983年度

空き缶ユートピア

1984年度

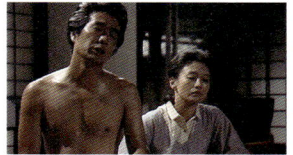

いま、村は大ゆれ

1984年度

羽田浦地図

1984年度

大阪暮色
1984年度

家族あわせ

1984年度

富士山麓

1984年度

花へんろ　風の昭和日記
1985年度

國語元年

1985年度

恋の華　白蓮

1985年度

樋口一葉～われは女成りけるものを…

1985年度

シャツの店

1985年度

妹
1985年度

てのひらの虹
1986年度

うまい話あり

1986年度

追う男
1986年度

ふたりぼっち女と女
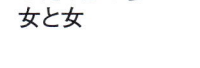
1986年度

婚約

1986年度

土曜ドラマ

1975年にはじまった「土曜ドラマ」は、これまで社会派ドラマのヒット作を数多く世に送り出してきた。
ここでは、NHKドラマ館（1998～1999年度）、土曜特集ドラマ（2000～2001年度）、
土曜ドラマスペシャル（2011～2012年度）などをあわせて掲載する。

土曜ドラマ
1975～1983・
1988～1989・
1991～1997年度

松本清張シリーズ
遠い接近
1975年度

松本清張シリーズ
中央流沙
1975年度

平岩弓枝シリーズ
この町の人
1975年度

懐かしの名作シリーズ　愛染かつら
1975年度

山田太一シリーズ
男たちの旅路
1975年度

劇画シリーズ　花に棲む
1975年度

劇画シリーズ　紅い花
1975年度

サスペンスシリーズ
閃光の遺産
1976年度

山田太一シリーズ
男たちの旅路　第2部　廃車置場
1976年度

SFシリーズ　およね平吉時穴道行
1977年度

松本清張シリーズ
棲息分布
1977年度

松本清張シリーズ
最後の自画像
1977年度

山田太一シリーズ
男たちの旅路　第3部　シルバーシート
1977年度

高橋玄洋シリーズ
虹の花
1977年度

懐かしの名作シリーズ　兄とその妹
1977年度

田向正健シリーズ
優しい時代　第1部
1977年度

鎌田敏夫シリーズ
十字路
1978年度

松本清張シリーズ
天城越え
1978年度

松本清張シリーズ
火の記憶
1978年度

田向正健シリーズ
優しい時代　第2部

1978年度

サスペンスロマン
シリーズ　死にた
がる子

1978年度

向田邦子シリーズ
阿修羅のごとく

1978年度

市川森一シリーズ
失楽園'79

1978年度

山田太一シリーズ
男たちの旅路　第
4部　流氷

1979年度

向田邦子シリーズ
阿修羅のごとく
パートⅡ

1979年度

橋田壽賀子シリー
ズ　離婚
1979年度

戦後史実録シリー
ズ　空白の900分

1980年度

早坂暁シリーズ
暁は寒かった

1980年度

中島丈博シリーズ
さらばきらめきの
日々

1980年度

向田邦子シリーズ
蛇蠍のごとく

1980年度

女性シリーズ　わが
青春のブルース

1980年度

市川森一シリーズ
君はまだ歌っている
か

1980年度

山田太一シリーズ
タクシー・サンバ

1981年度

城山三郎シリーズ
価格破壊

1981年度

松本清張シリーズ
けものみち

1981年度

大阪ドンキホーテ
旅立ち

1981年度

五木寛之シリーズ
横浜物語
1981年度

遠雷と怒涛と

1981年度

噂になった女たち
幻の花

1982年度

わたしの父の反乱
1982年度

希望
1982年度

金子成人シリーズ
翔べ！南十字星号
帰郷
1982年度

追跡　妻たちの反
乱

1982年度

白き抗争　野望の
めばえ
1982年度

欲望
1982年度

波の塔

1983年度

話すことはない
1983年度

連続ドラマ | 枠番組

華族の女

1983年度

わたしの名は女です

1983年度

青春スクランブル

1983年度

結婚する手続き

1988年度

カイワレ族の戦い

1988年度

十九歳

1988年度

ときめき宣言

1988年度

翔べひよっ子～誘惑

1988年度

夕陽をあびて

1989年度

兄弟

1989年度

別の愛

1989年度

家族の値段

1989年度

恋愛模様

1989年度

理想の男性

1989年度

新十津川物語
明治編

1991年度

チロルの挽歌

1992年度

新十津川物語
大正編

1992年度

オバサンなんて呼
ばないで

1992年度

春むかし

1992年度

新十津川物語
昭和編

1992年度

地球をダメにする
50のかんたんな方
法

1992年度

流れてやまず～長
流不息

1992年度

とおせんぼ通り

1992年度

欅の家

1992年度

大草原に還る日

1992年度

私が愛したウルトラ
セブン

1992年度

春の一族

1993年度

系列

1993年度

三十三年目の台風

1993年度

がんばらんば　平成の島原大変

1993年度

街角
1993年度

愛が聞こえます

1993年度

五右衛門

1993年度

銀行　男たちのサバイバル

1993年度

なんだか人が恋しくて
1993年度

否認
1994年度

幸福の条件

1994年度

米田家の行方
1994年度

北山一平アイラブ人生
1994年度

黄昏の甘い恋歌

1994年度

系列Ⅱ

1994年度

秋の一族
1994年度

和菓子の味
1994年度

妻よ

1994年度

もうひとつの家族

1994年度

放送記者物語

1994年度

涙たたえて微笑せよ　明治の息子・島田清次郎
1995年度

鏡の調書～天使が街にやってきた

1995年度

家族旅行

1995年度

八月の叫び
1995年度

刑事
1995年度

新宿鮫～無間人形
1995年度

メナムは眠らず

1995年度

されど、わが愛
1995年度

天空に夢輝き～手塚治虫の夏休み
1995年度

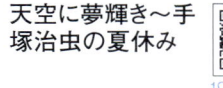
やらまいか！
1995年度

01 連続ドラマ｜枠番組

夏の一族

1995年度

ストックホルムの密使

1995年度

百年の男

1995年度

一日三回　食後に服用〜よひんびん物語

1995年度

大地の子

1995年度

最後の弾丸
1995年度

官僚たちの夏

1995年度

ランタナの花の咲く頃に

1995年度

カンパニー〜会社

1995年度

ぜいたくな家族

1996年度

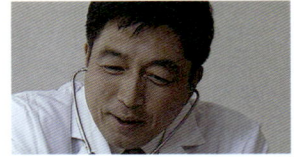
病院

1996年度

ちいさな大冒険

1996年度

我等の放課後

1996年度

秋の選択

1996年度

憲法はまだか

1996年度

うどんとビデオ

1996年度

いのちの事件簿（ケースファイル）

1996年度

風のねがい

1997年度

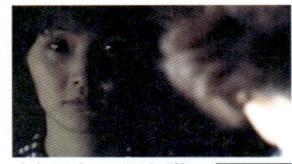
もうひとつの心臓

1997年度

女たちの帝国

1997年度

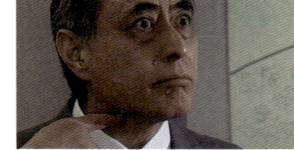
唄を忘れたカナリヤは…

1997年度

生前予約〜現代葬儀事情
1997年度

スズキさんの休息と遍歴
1997年度

熱の島で〜ヒートアイランド東京

1997年度

極楽遊園地

1997年度

流通戦争
1997年度

風になれ鳥になれ
1997年度

NHKドラマ館
1998〜1999年度

さよなら五つのカプチーノ

1998年度

レガッタ〜国際金融戦争

1999年度

土曜特集ドラマ
2000〜2001年度

桜桃（さくらんぼ）の実る谷〜中国・四川省

2000年度

袖振り合うも

2000年度

ネットバイオレンス〜名も知らぬ人々からの暴力

2000年度

夫についての情報

2000年度

ミュージック　イン　ドラマ　歌恋温泉へようこそ

2000年度

介護ビジネス

2000年度

長良川巡礼

2001年度

42歳の修学旅行

2001年度

至上の恋

2001年度

つま恋

2001年度

土曜ドラマ
2005〜2010年度

氷壁

2005年度

繋がれた明日

2005年度

マチベン

2006年度

ディロン〜運命の犬

2006年度

人生はフルコース
2006年度

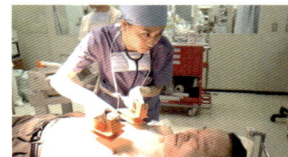

新・人間交差点
2006年度

魂萌え！
2006年度

ウォーカーズ〜迷子の大人たち

2006年度

ディロン〜クリスマスの約束

2006年度

ちゅらさん4
2006年度

スロースタート
2006年度

ハゲタカ
2006年度

病院のチカラ〜星空ホスピタル
2007年度

こんにちは、母さん
2007年度

連続ドラマ ｜ 枠番組

勉強していたい！

2007年度

ジャッジ〜島の裁判官奮闘記

2007年度

ひとがた流し

2007年度

フルスイング

2007年度

刑事の現場

2007年度

トップセールス
2008年度

監査法人
2008年度

上海タイフーン

2008年度

ジャッジⅡ 島の裁判官奮闘記

2008年度

遥かなる絆

2009年度

風に舞いあがるビニールシート

2009年度

リミット　刑事の現場2

2009年度

再生の町

2009年度

チャレンジド

2009年度

外事警察

2009年度

君たちに明日はない

2009年度

チェイス　国税査察官
2010年度

鉄の骨
2010年度

チャンス

2010年度

TAROの塔

2010年度

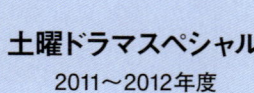
土曜ドラマスペシャル
2011〜2012年度

神様の女房

2011年度

使命と魂のリミット

2011年度

蝶々さん〜最後の武士の娘

2011年度

真珠湾からの帰還〜軍神と捕虜第一号
2011年度

とんび
2011年度

キルトの家
2011年度

家で死ぬということ
2011年度

それからの海

2011年度

あっこと僕らが生きた夏

2012年度

永遠（とわ）の泉

2012年度

負けて、勝つ〜戦後を創った男・吉田茂

2012年度

実験刑事トトリ

2012年度

テレビ60年記念ドラマ　メイドインジャパン

2012年度

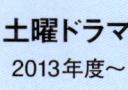
土曜ドラマ
2013年度〜

ご縁ハンター

2013年度

島の先生

2013年度

七つの会議

2013年度

夫婦善哉

2013年度

太陽の罠（わな）

2013年度

足尾から来た女

2013年度

ロング・グッドバイ

2014年度

55歳からのハローライフ

2014年度

芙蓉の人〜富士山頂の妻

2014年度

ボーダーライン

2014年度

ダークスーツ

2014年度

限界集落株式会社
2014年度

64（ロクヨン）

2015年度

ちゃんぽん食べたか

2015年度

放送90年ドラマ経世済民の男

2015年度

破裂

2015年度

逃げる女

2015年度

精霊の守り人

2015年度

トットてれび
2016年度

夏目漱石の妻

2016年度

スニッファー嗅覚捜査官
2016年度

連続ドラマ | 枠番組

01.ドラマ　02.クイズ・バラエティー　03.音楽　04.伝統芸能　05.ニュース　06.報道・ドキュメンタリー　07.紀行　08.教養・情報　09.自然・科学　10.こども・教育　11.人形劇・アニメ　12.趣味・実用　13.大型特集番組等

スクラップ・アンド・ビルド
2016年度

4号警備
2017年度

土曜ドラマスペシャル　1942年のプレイボール
2017年度

植木等とのぼせもん
2017年度

やけに弁の立つ弁護士が学校でほえる
2018年度

バカボンのパパよりバカなパパ
2018年度

不惑のスクラム
2018年度

フェイクニュース
2018年度

土曜ドラマスペシャル　炎上弁護人
2018年度

母、帰る〜AIの遺言
2018年度

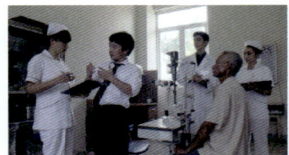

ベトナムのひかり〜ボクが無償医療を始めた理由
2018年度

みかづき
2018年度

浮世の画家
2018年度

デジタル・タトゥー
2019年度

サギデカ
2019年度

少年寅次郎
2019年度

心の傷を癒すということ
2019年度

路〜台湾エクスプレス
2020年度

天使にリクエストを〜人生最後の願い〜
2020年度

ノースライト
2020年度

六畳間のピアノマン
2020年度

きよしこ
2020年度

今ここにある危機とぼくの好感度について
2021年度

ひきこもり先生
2021年度

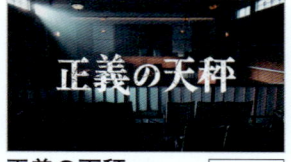
正義の天秤
2021年度

風の向こうへ駆け抜けろ
2021年度

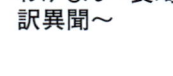
わげもん〜長崎通訳異聞〜
2021年度

エンディングカット
2021年度

17才の帝国
2022年度

空白を満たしなさい
2022年度

一橋桐子の犯罪
日記
2022年度

探偵ロマンス
2022年度

やさしい猫
2023年度

デフ・ヴォイス 法廷
の手話通訳士
2023年度

お別れホスピタル
2023年度

％（パーセント）
2024年度

3000万
2024年度

テレビ指定席
1963〜1966年度

あしあと
1961年度

海を渡る人々
1961年度

海の畑
1962年度

魚住少尉命中
1963年度

ドブネズミ色の街
1963年度

恐山宿坊
1964年度

駅
1965年度

長い道
1966年度

NHK劇場
1964・1967 〜
1968年度

ふるさとの甘い風
1964年度

約束
1964年度

妹はまだ……？
1966年度

大市民
1966年度

光る繭
1967年度

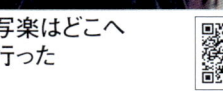

写楽はどこへ
行った
1968年度

三十六人の乗客
1969年度

NHK 劇場
愛のシリーズ
1965〜1966年度

ガラスのむこう
1966年度

連続ドラマ | 枠番組

ドラマ10 ほか

『ドラマ10』(2010年度〜)は、総合テレビ午後10時台に放送する連続ドラマ枠。
「40〜50代の女性をひきつけるドラマ」をコンセプトにスタートした。
ここでは、『シリーズドラマ・10』(1989〜1990年度)、『水曜シリーズドラマ』(1996〜1998年度)、
『水曜ドラマの花束』(1999年度)、『月曜ドラマシリーズ』(2001〜2005年度)などをあわせて掲載する。

ドラマ10
2010年度〜

八日目の蝉

2010年度

10年先も君に恋して

2010年度

セカンドバージン
2010年度

フェイク〜京都美術事件絵巻
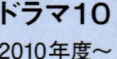
2010年度

四十九日のレシピ

2010年度

マドンナ・ヴェルデ〜娘のために産むこと

2011年度

下流の宴

2011年度

向田邦子ドラマ胡桃の部屋

2011年度

タイトロープの女

2012年度

大地のファンファーレ

2012年度

はつ恋
2012年度

シングルマザーズ

2012年度

つるかめ助産院〜南の島から

2012年度

いつか陽(ひ)のあたる場所で

2012年度

第二楽章

2013年度

激流〜私を憶えていますか?

2013年度

ガラスの家
2013年度

紙の月

2013年度

サイレント・プア

2014年度

聖女

2014年度

さよなら私

2014年度

全力離婚相談

2014年度

美女と男子

2015年度

デザイナーベイビー
～速水刑事、産休
前の難事件

2015年度

わたしをみつけて

2015年度

愛（いと）おしくて

2015年度

コントレール～罪と
恋

2016年度

水族館ガール

2016年度

運命に、似た恋

2016年度

コピーフェイス～消
された私

2016年度

お母さん、娘をや
めていいですか？

2016年度

ツバキ文具店～鎌
倉代書屋物語

2017年度

ブランケット・キャッ
ツ

2017年度

この声をきみに

2017年度

マチ工場のオンナ
2017年度

女子的生活

2017年度

デイジー・ラック

2018年度

透明なゆりかご

2018年度

昭和元禄落語心中
2018年度

トクサツガガガ

2018年度

ミストレス～女たち
の秘密

2019年度

これは経費で落ち
ません！

2019年度

ミス・ジコチョー～
天才・天ノ教授の
調査ファイル

2019年度

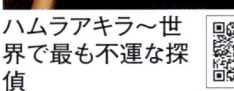
ハムラアキラ～世
界で最も不運な探
偵
2019年度

ディア・ペイシェント
～絆のカルテ

2020年度

ドリームチーム

2020年度

半径5メートル

2021年度

連続ドラマ | 枠番組

オリバーな犬、(Gosh!!)このヤロウ
2021年度

群青領域
2021年度

しもべえ
2021年度

正直不動産
2022年度

プリズム
2022年度

大奥
2022年度

育休刑事
2023年度

悪女について
2023年度

燕は戻ってこない
2024年度

宙わたる教室
2024年度

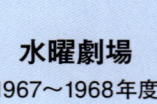
水曜劇場
1967～1968年度

つむじ風
1968年度

水曜ドラマ
1972年度

氷壁
1972年度

庖丁
1972年度

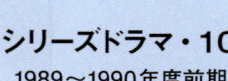
シリーズドラマ・10
1989～1990年度前期

花の降る午後
1989年度

鳥の歌
1989年度

海照らし
1989年度

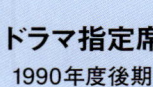
ドラマ指定席
1990年度後期

未来の海
1990年度

水曜シリーズドラマ
1996～1998年度

存在の深き眠り～誰かが私の中にいる
1996年度

暴力教師・君に伝えたいこと
1996年度

家(うち)へおいでよ
1996年度

棘・おんなの遺言状
1997年度

噂の伝次郎
1997年度

翔ぶ男
1997年度

おじさん改造講座

1998年度

結婚前夜

1998年度

水曜ドラマの花束

1999年度

緋(ひ)が走る～陶芸青春記

1999年度

女性捜査班アイキャッチャー

1999年度

素敵にライバル

1999年度

走れ　ノボセモン！～九州・博多～

1999年度

ふたりでタンゴを

1999年度

怒る男・わらう女

1999年度

昨日の敵は今日の友

1999年度

ただいま

1999年度

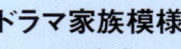

ドラマ家族模様

2000年度

晴れ着　ここ一番

2000年度

なごや千客万来

2000年度

素顔のときめき

2000年度

マッチポイント!～女が勝負をかける時

2000年度

バブル

2000年度

月曜ドラマシリーズ

2001～2005年度

ある日、嵐のように

2001年度

蜜蜂の休暇

2001年度

名古屋仏壇物語

2002年度

緋色の記憶～美しき愛の秘密

2002年度

ちゅらさん2

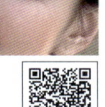

2002年度

盲導犬クイールの一生

2003年度

恋する京都

2003年度

ジイジ～孫といた夏

2004年度

ちゅらさん3

2004年度

ハチロー　母の詩、父の詩

2004年度

連続ドラマ ｜ 枠番組

プレミアムドラマ・夜ドラ ほか

衛星放送の開始とともに、『BS日曜ドラマ』(1995〜1997年度)、『BSドラマ』(1998年度)、『衛星ドラマ劇場』(1999年度)など、新たなドラマ枠が新設された。一方、総合波では『ドラマDモード』(2000〜2001年度)、『連続ドラマ』(2002〜2005年度)など、若者層を対象にしたドラマ枠がはじまる。その流れは、話題のベストセラーや人気コミックをドラマ化する『プレミアムドラマ』、『よる☆ドラ』、『プレミアムよるドラマ』、『よるドラ』、『夜ドラ』へと受け継がれていった。

BSオリジナルドラマ・BSドラマアベニュー（単発）
1992〜1993年度

コラ!なんばしよっと
1992年度

ギャートルズ〜旅立ち
1993年度

エトロフ遙かなり
1993年度

BSサスペンス
1994年度

サザンスコール
1994年度

天上の青
1994年度

遠い国からの殺人者
1994年度

BS日曜ドラマ
1995〜1997年度

藏
1995年度

水辺の男
1995年度

照柿
1995年度

検事調書の余白
1996年度

大往生
1996年度

おごるな上司!
1996年度

父帰る
1996年度

銃口・教師竜太の青春
1996年度

薔薇(ばら)の殺意〜虚無への供物
1996年度

日だまり刑事〜容疑者リオの涙
1997年度

黄昏流星群〜恋をもう一度
1997年度

女たちの聖戦（ジ
ハード）

1997年度

BSドラマ
1998年度

あした天気に

1998年度

ご就職

1998年度

味な女たち

1998年度

鶴亀ワルツ

1998年度

活動寫眞の女

1998年度

デュアル・ライフ〜
危険な愛の選択

1998年度

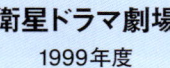
衛星ドラマ劇場
1999年度

玩具（おもちゃ）の
神様

1999年度

櫂（かい）

1999年度

日輪の翼

1999年度

高村薫サスペンス

1999年度

アフリカポレポレ
1999年度

笹沢佐保サスペン
ス　危険な協奏曲
1999年度

定年ゴジラ
1999年度

ドラマDモード
2000〜2001年度

FLY〜航空学園グ
ラフィティ

2000年度

深く潜れ〜八犬伝
2001

2000年度

もう一度キス

2000年度

はっぴい・ウェディ
ング

2000年度

陰陽師

2001年度

グッド★コンビネー
ション

2001年度

ルージュ

2001年度

トトの世界〜最後
の野生児

2001年度

夏の王様〜広島・
佐木島〜

2001年度

光の帝国

2001年度

彼女たちの獣医学
入門

2001年度

連続ドラマ ｜ 枠番組

ハイビジョンサスペンス（HVサスペンス）
2001～2002年度

強行犯捜査第七係

2002年度

夏樹静子の量刑～脅された法廷

2002年度

連続ドラマ
（通称：23時連続ドラマ）
2002～2005年度
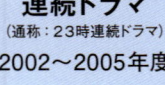

恋セヨ乙女

2002年度

ロッカーのハナコさん
2002年度

お見合い放浪記
2002年度

女神の恋

2003年度

精霊流し～あなたを忘れない

2003年度

ニコニコ日記
2003年度

百年の恋

2003年度

ちょっと待って、神様

2003年度

ドリーム～90日で1億円

2004年度

火消し屋小町

2004年度

トキオ～父への伝言

2004年度

アイ'ムホーム～遥かなる家路
2004年度

ルームシェアの女

2004年度

愛と友情のブギウギ

2005年度

笑う三人姉妹

2005年度

ダイヤモンドの恋

2005年度

どんまい！

2005年度

ハイビジョンドラマ館
2003～2004 年度

絶壁
2004年度

七子と七生～姉と弟になれる日

2004年度

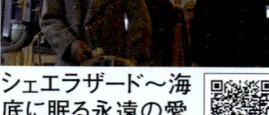
シェエラザード～海底に眠る永遠の愛
2004年度

サンタが降りた滑走路

2004年度

プレミアムドラマ
2012年度～

これでいいのだ！！赤塚不二夫と二人の妻

2012年度

オモニからの手紙
姜尚中と母

2012年度

恋愛検定

2012年度

高橋留美子劇場

2012年度

欽ちゃんの初恋

2012年度

うたの家〜歌人・
河野裕子とその家
族

2012年度

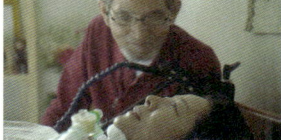
まばたきで"あいし
ています"〜巻子
の言霊(ことだま)

2012年度

ドロクター〜ある日、
ボクは村でたった
一人の医者になっ
た

2012年度

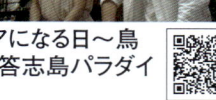
ヤアになる日〜鳥
羽・答志島パラダイ
ス
2012年度

そこをなんとか

2012年度

札幌局発地域ドラ
マ　神様の赤ん坊

2012年度

松山局発地域ドラ
マ　歩く、歩く、歩
く〜四国　遍路道

2012年度

人生は"サイテー
おやじ"から教わっ
た〜漫画家・西原
理恵子

2012年度

ペコロス、母に会
いに行く

2012年度

ただいま母さん

2012年度

どくとるマンボウ
ユーモア闘病記〜
作家・北杜夫とそ
の家族

2012年度

神様のボート
2012年度

小暮写眞館

2012年度

真夜中のパン屋さ
ん

2013年度

かすていら
2013年度

ハードナッツ！〜数
学girlの恋する事件
簿
2013年度

花咲くあした

2013年度

その日のまえに

2013年度

珈琲屋の人々

2014年度

プラトニック

2014年度

終(つい)の棲家
(すみか)

2014年度

昨夜のカレー、明
日のパン

2014年度

ひとつ星の恋〜天
才漫才師　横山
やすしと妻

2014年度

ナンシー関のいた
17年

2014年度

連続ドラマ | 枠番組

お母さま、しあわせ？
〜書家・金澤翔子
母と娘の物語
2014年度

だから荒野
2015年度

リキッド〜鬼の酒
奇跡の蔵
2015年度

ボクの妻と結婚し
てください。
2015年度

ある日、アヒルバス
2015年度

ドラえもん、母になる
〜大山のぶ代物語
2015年度

鴨川食堂
2015年度

嫌な女
2015年度

奇跡の人
2016年度

受験のシンデレラ
2016年度

隠れ菊
2016年度

山女日記〜女たち
は頂を目指して
2016年度

女の中にいる他人
2016年度

PTAグランパ！
2017年度

定年女子
2017年度

全力失踪
2017年度

男の操
2017年度

平成細雪
2017年度

我が家の問題
2017年度

弟の夫
2017年度

捜査会議はリビン
グで！
2018年度

ダイアリー
2018年度

主婦カツ！
2018年度

モンローが死んだ日
2018年度

盤上のアルファ〜
約束の将棋
2018年度

我が家のヒミツ
2018年度

大全力失踪
2019年度

おしい刑事
2019年度

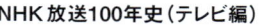

長閑の庭

2019年度

ベビーシッター・ギン！

2019年度

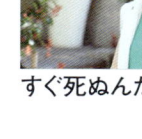
盤上の向日葵
2019年度

令和元年版 怪談
牡丹燈籠 Beauty
＆Fear

2019年度

歪んだ波紋

2019年度

70才、初めて産み
ますセブンティウイ
ザン。

2020年度

すぐ死ぬんだから
2020年度

ライオンのおやつ

2021年度

白い濁流

2021年度

生きて、ふたたび
保護司・深谷善輔

2021年度

しずかちゃんとパパ

2021年度

今度生まれたら

2022年度

風よあらしよ
2022年度

我らがパラダイス

2023年度

グレースの履歴

2023年度

家族だから愛した
んじゃなくて、愛し
たのが家族だった

2023年度

仮想儀礼
2023年度

舟を編む 〜私、辞
書つくります〜
2024年度

老害の人
2024年度

エンジェルフライト
2024年度

よる☆ドラ
2011〜2012年度

ビターシュガー
2011年度

本日は大安なり
2011年度

眠れる森の熟女
2012年度

恋するハエ女

2012年度

書店員ミチルの身
の上話

2012年度

プレミアム よるドラマ
2012〜2016年度

てふてふ荘へよう
こそ

2012年度

連続ドラマ | 枠番組

嘆きの美女

2012年度

ラスト・ディナー

2012年度

天使はモップを持って

2013年度

お父さんは二度死ぬ

2013年度

ダブルトーン

2013年度

POWER GAME ～パワーゲーム

2013年度

黒猫、ときどき花屋

2013年度

おふこうさん

2013年度

今夜は心だけ抱いて

2014年度

喰う寝るふたり 住むふたり

2014年度

おわこんTV

2014年度

タイムスパイラル

2014年度

キャロリング～クリスマスの奇跡

2014年度

徒歩7分

2014年度

その男、意識高い系。

2014年度

ランチのアッコちゃん

2015年度

オンナミチ

2015年度

仮カレ

2015年度

はぶらし／女友だち
2015年度

初恋芸人

2016年度

最後のレストラン

2016年度

ふれなばおちん

2016年度

ママゴト

2016年度

プリンセスメゾン

2016年度

幕末グルメ　ブシメシ！

2016年度

嘘なんてひとつもないの

2016年度

よるドラ
2018～2021年度

ゾンビが来たから人生見つめ直した件

2018年度

腐女子、うっかりゲ
イに告（コク）る。
2019年度

だから私は推しまし
た
2019年度

決してマネしないで
ください。
2019年度

伝説のお母さん
2019年度

いいね！光源氏くん
2020年度

彼女が成仏できな
い理由
2020年度

閻魔堂沙羅の推
理奇譚
2020年度

ここは今から倫理
です。
2020年度

きれいのくに
2021年度

古見さんは、コミュ
症です。
2021年度

阿佐ヶ谷姉妹のの
ほほんふたり暮らし
2021年度

恋せぬふたり
2021年度

夜ドラ
2022年度〜

卒業タイムリミット
2022年度

カナカナ
2022年度

あなたのブツが、こ
こに
2022年度

つまらない住宅地
のすべての家
2022年度

作りたい女と食べ
たい女
2022年度

ワタシってサバサ
バしてるから
2022年度

超人間要塞ヒロシ
戦記
2022年度

おとなりに銀河
2023年度

藤子・F・不二雄
SF短編ドラマ
2023年度

褒めるひと褒めら
れるひと
2023年度

わたしの一番最悪
なともだち
2023年度

ミワさんなりすます
2023年度

ユーミンストーリー
ズ
2023年度

VRおじさんの初恋
2024年度

柚木さんちの四兄
弟
2024年度

連続ドラマ ｜ 枠番組

時代劇

『金曜時代劇』（1993〜1999・2001〜2005年度）は『金曜ドラマ』（1965〜1977・1992〜1993年度）で好評だった時代劇を定時化。『土曜時代劇』は、『木曜時代劇』が土曜に移行しフレッシュな若手俳優を起用、『土曜時代ドラマ』につながる。衛星波では『BS時代劇』等も放送。
ここでは、その他の時代劇枠もあわせて掲載する。

金曜ドラマ
（通称）
1965〜1977年度

人形佐七捕物帳
1965年度

池田大助捕物帳
1966年度

文五捕物絵図
1967〜1968年度

開化探偵帳
1968〜1969年度

鞍馬天狗
1969〜1970年度

男は度胸
1970〜1971年度

天下御免
1971〜1972年度

赤ひげ
1972〜1973年度

天下堂々
1973〜1974年度

ふりむくな鶴吉
1974〜1975年度

新・坊っちゃん
1975年度

いごっそう段六
1976年度

鳴門秘帖
1977年度

水曜ドラマ
（通称）
1978〜1990年度

早筆右三郎
1978年度

日本巌窟王
1978年度

風の隼人
1978〜1979年度

風神の門
1980年度

御宿かわせみ
1980年度

いのち燃ゆ

1981年度

なにわの源蔵事件帳

1981年度

壬生の恋歌

1983年度

新・なにわの源蔵事件帳

1983年度

宮本武蔵

1984年度

真田太平記

1985年度

武蔵坊弁慶

1986年度

びいどろで候　－長崎屋夢日記－

1990年度

金曜ドラマ
1991～1992年度
（1991年度は通称）

赤頭巾快刀乱麻

1991年度

近松青春日記

1991年度

腕におぼえあり

1992年度

金曜時代劇
1993～1999年度

清左衛門残日録

1993年度

はやぶさ新八御用帳

1993年度

戦国武士の有給休暇

1994年度

十時半睡事件帖

1994年度

宝引の辰捕者帳

1995年度

とおりゃんせ～深川人情澪通り

1995年度

天晴れ夜十郎

1996年度

時代劇ロマン
2000年度

一絃の琴

2000年度

金曜時代劇
2001～2005年度

お登勢

2001年度

はんなり菊太郎～京・公事宿事件帳

2002年度

蝉しぐれ

2003年度

慶次郎縁側日記

2004年度

最後の忠臣蔵

2004年度

連続ドラマ｜枠番組

01.ドラマ　02.クイズ・バラエティー　03.音楽　04.伝統芸能　05.ニュース　06.報道・ドキュメンタリー　07.紀行　08.教養・情報　09.自然・科学　10.こども・教育　11.人形劇・アニメ　12.趣味・実用　13.大型特集番組等

華岡青洲の妻
2004年度

柳生十兵衛七番勝負
2005年度

秘太刀　馬の骨
2005年度

出雲の阿国
2005年度

木曜時代劇
2006～2007年度

陽炎の辻～居眠り磐音　江戸双紙
2007年度

  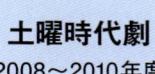
風の果て
2007年度

土曜時代劇
2008～2010年度

オトコマエ！
2008年度

浪花の華～緒方洪庵事件帳
2008年度

咲くやこの花
2009年度

桂ちづる診察日録
2010年度

隠密八百八町
2010年度

BS時代劇
2011年度～

新選組血風録
2011年度

テンペスト
2011年度

塚原卜伝
2011年度

陽だまりの樹
2012年度

薄桜記
2012年度

猿飛三世
2012年度

火怨・北の英雄　アテルイ伝
2012年度

妻は、くノ一
2013年度

酔いどれ小籐次
2013年度

雲霧仁左衛門
2013年度

神谷玄次郎捕物控
2014年度

子連れ信兵衛
2015年度

立花登　青春手控え
2016年度

伝七捕物帳
2016年度

赤ひげ
2017年度

鳴門秘帖
2018年度

小吉の女房
2019年度

大富豪同心
2019年度

螢草　菜々の剣
2019年度

明治開化　新十郎探偵帖
2020年度

剣樹抄（けんじゅしょう）〜光圀公と俺
2020年度

善人長屋
2022年度

あきない世傳　金と銀
2023年度

木曜時代劇
2013〜2015年度

あさきゆめみし〜八百屋お七異聞
2013年度

鼠（ねずみ）、江戸を疾（はし）る
2013年度

銀二貫
2014年度

吉原裏同心
2014年度

ぼんくら
2014年度

風の峠　銀漢の賦（ぎんかんのふ）
2014年度

かぶき者慶次
2015年度

まんまこと〜麻之助裁定帳
2015年度

ちかえもん
2015年度

土曜時代劇
2016年度

忠臣蔵の恋〜四十八人目の忠臣
2016年度

土曜時代ドラマ
2017〜2021年度

みをつくし料理帖
2017年度

悦ちゃん　昭和駄目パパ恋物語
2017年度

アシガール
2017年度

そろばん侍　風の市兵衛
2018年度

ぬけまいる〜女三人伊勢参り〜
2018年度

大江戸もののけ物語
2020年度

連続ドラマ ｜ 枠番組

特集ドラマ

特集ドラマは、通常番組の枠を超える予算、制作規模と体制、長尺の放送時間、「定曜定時」にとらわれない臨機応変な編成、海外取材や共同制作などのスケール感、独創的でチャレンジングな企画など、ハイクオリティーなドラマである。

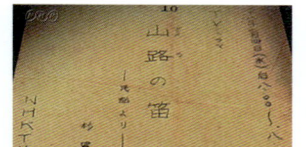
山路の笛

1952年度

三人の旅役者と代官様

1953年度

二人のルメ子
1954年度

居留地ランプ

1954年度

追跡
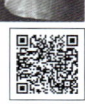
1955年度

私はだまさない

1955年度

どたんば

1956年度

ひょう六とそばの花

1956年度

獣の行方

1957年度

石の庭

1957年度

白い墓標の影に

1958年度

卒塔婆小町
1958年度

父

1958年度

日本の日蝕

1959年度

ある町のある出来事

1959年度

永い黒い雨

1959年度

平和屋さん
1959年度

氷雨
1959年度

敦煌

1960年度

自由への証言

1960年度

おはなはん一代記

1962年度

汽車は夜9時に着く

1962年度

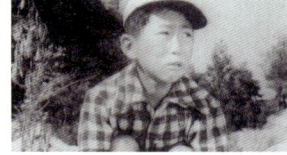
嵐（なぎ）

1962年度

二つの橋

1962年度

アラスカ物語

1962年度

鋳型

1963年度

土性っ骨奮戦記

1963年度

菊の香

1963年度

真夜中の太陽

1964年度

ドキュメンタリードラマ　遭難

1964年度

わが心のかもめ

1965年度

浪漫旅行

1968年度

時のなかの風景

1969年度

真夜中のぶるうす

1969年度

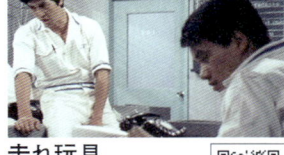
走れ玩具

1969年度

鹿鳴館

1970年度

雪国

1970年度

遺書配達人

1970年度

マザー

1970年度

ナタを追え〜朝日新聞東京版"捜査員"より〜

1970年度

祝辞

1971年度

幻化

1971年度

さすらい

1971年度

国境のない伝記〜クーデンホーフ家の人びと

1972年度

河を渡ったあの夏の日々

1973年度

夢の島少女
1974年度

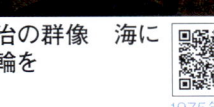
明治の群像　海に火輪を
1975年度

毛糸の指輪
1976年度

連続ドラマ ｜ 枠番組

小夜子の駅
1976年度

塚本次郎の夏
1977年度

変身旅行
1977年度

極楽家族
1978年度

宴のあと
1978年度

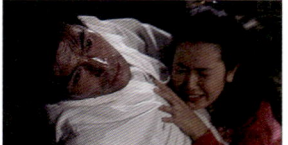
ただいま誕生
1978年度

幸せの陽だまり
1978年度

幾山河は越えたれ
どー昭和のこころ・
古賀政男
1979年度

あめりか物語
1979年度

修羅の旅して
1979年度

四季　ユートピアノ
1979年度

夏の光に…
1980年度

ザ・商社
1980年度

折鶴
1980年度

男子の本懐
1980年度

マリコ
1981年度

ポーツマスの旗
1981年度

雄気堂々～若き日
の渋沢栄一～
1981年度

ビゴーを知っていま
すか
1982年度

ながらえば
1982年度

勇者は語らず
1982年度

みちしるべ
1982年度

アンダルシアの虹
川（リバー）・スペ
イン編
1982年度

約束の地
1983年度

野のきよら山のきよ
らに光さす
1983年度

春・音の光　川（リ
バー）・スロバキア
編
1983年度

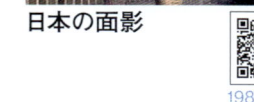
日本の面影
1983年度

炎熱商人
1984年度

女殺油地獄
1984年度

心中宵庚申
1984年度

安寿子の靴
1984年度

冬構え
1984年度

破獄
1985年度

しあわせの国　青い鳥ぱたぱた?
1985年度

子どもの隣り
1986年度

少年
1986年度

父の詫び状
1986年度

匂いガラス
1986年度

約束の旅
1987年度

絆(きずな)
1987年度

橋の上においでよ
1987年度

雨月の使者
1987年度

今朝の秋
1987年度

翼をください
1987年度

北の海峡
1988年度

海の群星
1988年度

うさぎの休日
1988年度

姉
1988年度

その人の名を知らず
1989年度

黄色い髪
1989年度

山頭火　何でこんなに淋しい風ふく
1989年度

幸福な市民
1989年度

荒木又右衛門〜決戦・鍵屋の辻
1989年度

ジンジャー・ツリー　異国の女
1989年度

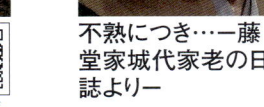

不熟につき…ー藤堂家城代家老の日誌よりー
1990年度

大石内蔵助
1990年度

01 連続ドラマ | 枠番組

冬の旅　ベルリン物語

1991年度

さくら家の人びと〜ちびまる子ちゃん一家のその後の生態

1991年度

巌流島〜小次郎と武蔵

1991年度

行け、我が思いよ金の翼にのって

1991年度

むしの居どころ

1992年度

ザ・ラストUボート

1992年度

パラダイス・オブ・パラダイス

1993年度

青春牡丹燈籠

1993年度

雪

1993年度

まばたきの海に

1994年度

木星脱出作戦

1994年度

ビジネスマン空手道・お父さんの逆襲！

1995年度

あなたの中で生きる・CG青年の孤独と愛

1995年度

龍（RON）

1995年度

命捧げ候

1995年度

鳥帰る

1996年度

飛べない羽根

1996年度

風光る剣　八嶽党秘聞

1995年度

ラスト・イニング

1997年度

上杉鷹山　二百年前の行政改革

1997年度

水の中の八月
1997年度

青い花火

1998年度

坊さんが、ゆく

1998年度

春燈

1998年度

加賀百万石　母と子の戦国サバイバル
1998年度

天使のマラソンシューズ
1999年度

蒼天の夢　松蔭と晋作・新世紀への挑戦

1999年度

オーリー・風になる朝
2000年度

四千万歩の男～伊能忠敬
2000年度

菜の花の沖
2000年度

ノンフィクションドラマ　遭難
2001年度

占有家族
2001年度

聖徳太子
2001年度

僕はあした十八になる
2001年度

韓国のおばちゃんはえらい
2001年度

おらが春　～小林一茶
2001年度

新宿鮫　氷舞
2002年度

風の盆から
2002年度

またも辞めたか亭主殿～幕末の名奉行・小栗上野介
2002年度

アフリカの蹄
2002年度

R.P.G.～作られた家族の秘密
2003年度

川、いつか海へ～6つの愛の物語
2003年度

大友宗麟～心の王国を求めて
2003年度

玄海～わたしの海へ
2003年度

楽園のつくりかた
2003年度

大化改新
2004年度

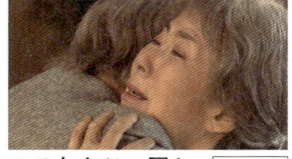

ハルとナツ～届かなかった手紙
2005年度

クライマーズ・ハイ
2005年度

きみの知らないところで世界は動く
2005年度

新選組！！土方歳三　最期の一日
2005年度

生き残れ
2005年度

介護エトワール
2006年度

エル・ポポラッチがゆく！
2006年度

堀部安兵衛
2006年度

グッジョブ～Good Job
2006年度

すみれの花咲く頃
2006年度

連続ドラマ | 枠番組

父に奏でるメロディー
2006年度

海峡
2007年度

雪之丞変化
2007年度

帽子
2008年度

お買い物
2008年度

白洲次郎
2008年度

坂の上の雲
2009～2011年度

顔
2009年度

その街のこども
2009年度

火の魚
2009年度

大仏開眼
2010年度

ケータイ発ドラマ 激♡恋
2010年度

心の糸
2010年度

風をあつめて
2010年度

ケータイ発ドラマ～ 金魚倶楽部
2011年度

マルチチャンネルドラマ 朝ドラ殺人事件
2011年度

春ドラマ ハズカム
2012年度

大河ドラマ大作戦
2012年度

極北ラプソディ
2012年度

マルチチャンネルドラマ 放送博物館危機一髪
2012年度

最終特快
2012年度

ラジオ
2012年度

スペシャル時代劇 大岡越前
2013年度

短編ドラマシリーズ あなたに似た誰か
2013年度

Nコン80回記念ドラマ はじまりの歌
2013年度

クリスマスドラマ 天使とジャンプ
2013年度

桜ほうさら
2013年度

下町ボブスレー
2013年度

生きたい　たすけ
たい

2013年度

佐知とマユ

2013年度

ママになりたい…

2013年度

かつお

2013年度

お葬式で会いましょ
う

2014年度

孫のナマエ〜鷗外
パッパの命名騒動
7日間〜
2014年度

おそろし〜三島屋
変調百物語

2014年度

妻たちの新幹線
2014年度

ナイフの行方

2014年度

途中下車
2014年度

二十歳と一匹

2014年度

LIVE! LOVE!
SING! 生きて愛し
て歌うこと

2014年度

紅白が生まれた日

2014年度

紅雲町珈琲屋こよ
み

2015年度

2030かなたの家族

2015年度

ジャングル・フィー
バー

2015年度

海底の君へ

2015年度

富士ファミリー

2015年度

恋の三陸　列車コ
ンで行こう！

2015年度

クロスロード

2015年度

喧騒の街、静かな
海

2016年度

百合子さんの絵本
〜陸軍武官・小野
寺夫婦の戦争〜

2016年度

空想大河ドラマ
小田信夫
2016年度

スリル！〜赤の章・
黒の章〜
2016年度

最後の贈り物
2016年度

絆〜走れ奇跡の子
馬〜

2016年度

眩（くらら）〜北斎
の娘
2017年度

荒神（こうじん）

2017年度

連続ドラマ ｜ 枠番組

どこにもない国

2017年度

風雲児たち～蘭学革命篇～

2017年度

ワンダーウォール～京都発地域ドラマ～

2018年度

花へんろ　特別編　春子の人形

2018年度

ミステリースペシャル　満願

2018年度

夕凪の街　桜の国2018

2018年度

太陽を愛したひと

2018年度

遙かなる山の呼び声

2018年度

ネット歌姫～パート主婦が、歌ってみた～

2018年度

スローな武士にしてくれ～京都　撮影所ラプソディー～

2018年度

永遠のニシパ　北海道と名付けた男　松浦武四郎

2019年度

夢食堂の料理人～1964東京オリンピック選手村物語

2019年度

マンゴーの樹の下で～ルソン島、戦火の約束～

2019年度

居酒屋兆治

2019年度

ストレンジャー～上海の芥川龍之介

2019年度

ピュア！～一日アイドル署長の事件簿～

2019年度

ファーストラヴ

2019年度

金魚姫

2019年度

太陽の子

2020年度

岸辺露伴は動かない

2020年度

56年目の失恋

2020年度

JOKE～2022パニック配信！

2020年度

うつ病九段

2020年度

あなたのそばで明日が笑う

2020年度

いないかもしれない
2020年度

流行感冒

2021年度

倫敦（ロンドン）ノ山本五十六
2021年度

幕末相棒伝
2021年度

裕さんの女房

2021年度

旅屋おかえり

2021年度

ペットにドはまりして、会社辞めました

2021年度

雨の日

2021年度

混声の森

2022年度

定年オヤジ改造計画

2022年度

二十四の瞳

2022年度

アイドル

2022年度

ももさんと7人のパパゲーノ

2022年度

ガラパゴス

2022年度

雪国 -SNOW COUNTRY-

2022年度

幸運なひと

2022年度

生理のおじさんとその娘

2022年度

忘恋剤

2022年度

天使の耳～交通警察の夜

2022年度

犬神家の一族

2023年度

おもかげ

2023年度

満天のゴール

2023年度

軍港の子～よこすかクリーニング1946～

2023年度

ベトナムのひびき

2023年度

アイドル誕生　輝け昭和歌謡
2023年度

高速を降りたら
2023年度

ケの日のケケケ
2023年度

広重ぶるう
2024年度

むこう岸
2024年度

ダーウィンが行く!?
2024年度

昔はおれと同い年だった田中さんとの友情
2024年度

コトコト～おいしい心と出会う旅～
2024年度

01

ドラマ
少年ドラマ

01

夕方6時台の「子供の時間」

　NHKではテレビ放送開局の日から「子供の時間」と題した30分枠を午後6時台に設けた。この枠内で、歌、ドラマ、ギニョール（手づかい人形）、シルエット（影絵）、バラエティーなどとともに、子どもたちを視聴対象としたドラマを放送した。

　連続ものでは高垣葵作の『横丁の大将』（1954年度）、竹山道雄原作の『ビルマのたて琴』（1955年度）、偉人シュバイツァー博士の若き日々を描いた『アルベルト・シュバイツェル』（1956年度）などの番組だ。

　1957年には日曜午後6時台に子ども向け連続ドラマの

『連続ドラマ　横丁の大将』（1954年度）→P168

枠を設け、ほぼ3か月単位で1シリーズを放送。4〜6月に少年たちの正義と勇気の行動をたたえた『もくの冒険』、翌1958年1月に少年劇に豊富な物語性をもたせた実験

『ふしぎな少年』右・手塚治虫（1961年度）→P169

『連続ドラマ　神台村騒動記』(1958年度)　→P168

『テレビ偉人伝　滝廉太郎』(1960年)　→P169

『テレビ偉人伝　北里柴三郎』(1960年)　→P169

『この光は消えず　からくり儀右衛門』(1960年)　→P169

『この光は消えず　高野長英』(1960年)　→P169

『ホームラン教室』(1959〜1962年度)　→P169

『月下の美剣士』(1960年度)　→P169

『ポンポン大将』(1960〜1963年度)　→P169

『ふしぎな少年』(1961年度)　→P169

的な作品『炎の泉』、同年2〜5月に人工衛星で育った少年の宇宙旅行を描いた『宇宙少年』を放送した。

　『コタンの口笛』(1958年度)は、アイヌの少年少女が逆境を強く生き抜く姿を描いて反響を呼び、翌年には成瀬巳喜男監督で映画化もされた。椎名竜治作『神台村騒動記』(1958年度)は、初の少年探偵劇として登場し、異色作として注目された。毎週水曜日には『こども風土記』(1957〜1958年度)のタイトルで、大阪放送局制作の「一直線」、名古屋放送局制作の「きしめん物語」などローカ

ル色豊かな作品を放送した。

　1960年、午後6時台の少年少女ドラマ枠を週4日に拡大。水曜が大阪制作の『こどもホール』、木曜が過去の偉人たちの生涯をドラマ化した『テレビ偉人伝』(同年7月に『この光は消えず』に改題)、土曜が高垣葵作の人気ドラマ『ホームラン教室』、日曜が直木賞作家南條範夫の書き下ろし時代劇『月下の美剣士』や桂小金治主演のホームコメディー『ポンポン大将』(1960〜1963年度)ほ

少年ドラマ

『黒百合城の兄弟』(1961〜1962年度) →P169

『オロップ牧場の仲間たち』(1962年度) →P170

『眉月の誓い』(1962年度) →P170

『おねえさんといっしょ』(1963年度) →P170

『虹に誓う』(1963年度) →P170

『次郎物語』(1964〜1965年度) →P170

『路傍の石』(1966年度) →P171

『素顔の青春』(1967年度) →P171

『へこたれんぞ』(1970年度) →P171

01.ドラマ 02.クイズ・バラエティー 03.音楽 04.伝統芸能 05.ニュース 06.報道・ドキュメンタリー 07.紀行 08.教養・情報 09.自然・科学 10.こども・教育 11.人形劇・アニメ 12.趣味・実用 13.大型特集番組等

かを放送した。

1961年4月、手塚治虫原案、石山透脚本、太田博之主演のドラマ『ふしぎな少年』がスタート。午後6時35分からの15分、月曜から金曜までの帯で半年間放送した。時間を止める超能力をもつ少年が主人公のSFドラマで、手塚の少年誌への連載とテレビ放送がほぼ同時に進行した。太田博之演じる少年の決めぜりふ「時間よ、止まれ！」は、子どもたちの間で大流行。時間が止まったシーンではすべての出演者が動きを止めるのだが、生放送で体をぐらつかせる出演者もいて、それを子どもたちが面白がって話題にした。

1960年代は、『黒百合城の兄弟』(1961〜1962年度)や『眉月の誓い』(1962年度)などの時代劇、下村湖人原作の『次郎物語』(1964〜1965年度)や山本有三原作の『路傍の石』(1966年度)などの文芸もの、ドイツの児童文学者アグネス・ザッパー原作の『愛の一家』(1966〜1967年度)やスウェーデンの児童文学者リンドグレーン原作『名探偵カッチン』(1967年度)などの海外翻案もの、『からくり儀右衛門』(1969年度)や『へこたれんぞ』(1970年度)などのオリジナルものなどバラエティーに富んだ作品をラインナップした。

02

子どもたちの心をとらえた『少年ドラマシリーズ』

1972年1月1日、『少年ドラマシリーズ』(1971〜1977年度＊定時枠の終了)が総合テレビ毎週土曜午後6時台の30分番組でスタートした。このドラマ枠は、『ふしぎな少年』、『次郎物語』、『名探偵カッチン』などの流れをくむ、小・中学生を主な対象とした短期連続のドラマシリーズである。

その第1作「タイム・トラベラー」は、筒井康隆のSF小説「時をかける少女」が原作。中学3年生の和子は、放課後の理科実験室で、フラスコに入ったラベンダーの香りのする液体のにおいをかぎ、時間移動の超能力を得る。その液体を作ったのはどこか謎めいた同級生の一夫で、実は彼は700年後の世界からやってきた未来人だった。

脚本は『ふしぎな少年』を手がけた石山透。この作品は子どもたちの間で大評判となり、同じ年の11月に石山のオリジナル脚本で「続・タイムトラベラー」を放送した。原作の「時をかける少女」はその後、映画やドラマ、アニメなど、何度も映像化されている。

　毎週土曜に放送していた『少年ドラマシリーズ』は、1973年度より月曜から水曜の週3日に、76年度からは月曜から木曜の週4日の帯に放送を拡大する。

　シリーズ最大のヒットは、眉村卓のSF小説が原作の第54作「なぞの転校生」(1975)だ。東京郊外の中学校を舞台に、謎に満ちた転校生が引き起こす事件と、同級生たちとの友情を描いた。中学2年生の広一のクラスに、首筋に星形に光るマークをつけた奇妙な少年、典夫が転校してくる。典夫は抜群の成績と並外れた運動神経でたちまちクラスの人気者になる。実は典夫は、核戦争で滅亡した星からやってきた異星人。「30年前に広島と長崎で、君たちはあの恐ろしい放射能を浴びたはずじゃないか！」という典夫のセリフを借りて、核兵器の恐怖を正面から描いた作品でもあった。

　第75作「未来からの挑戦」(1977)も、同じく眉村卓の「ねらわれた学園」と「地獄の才能」を原作とした作品。

『少年ドラマシリーズ　タイム・トラベラー』(1972年度) → P174

『少年ドラマシリーズ　なぞの転校生』
高野浩幸、川辺久造 (1975年度) → P174

『まぼろしのペンフレンド』右・池上季実子 (1974年)

『安寿と厨子王』池上季実子 (1976年)

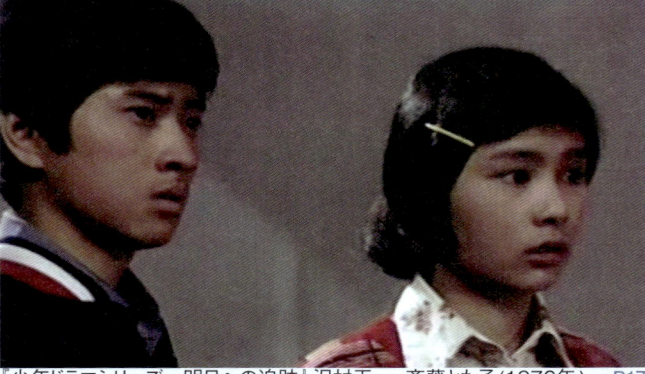

『少年ドラマシリーズ　明日への追跡』沢村正一、斉藤とも子 (1976年) → P174

少年ドラマ

『少年ドラマシリーズ　赤い月』村地弘美、高野浩幸（1977年）→P174

『少年ドラマシリーズ　蜃気楼博士』（1978年）→P174

『ジュニア・ドラマシリーズ　だから青春〜泣き虫甲子園〜』
中央・愛川欽也（1983年）→P172

『少年ドラマシリーズ　未来からの挑戦』
熊谷俊哉、佐藤（紺野）美沙子（1977年）→P174

『少年ドラマシリーズ　幕末未来人』古手川祐子、沢村正一（1977年）→P174

中学2年の耕児が転校した中学校に、ある「塾」に通う生徒が急に増えてくる。その塾生の一人みちるが生徒会長となり、やがて学校は塾生たちに支配されていく。耕児は「塾」の正体を暴こうとするが、不思議な力に阻まれてしまう。生徒を洗脳し、学園を支配しようとする何者かに立ち向かう、耕児とクラスメートの奮闘と友情を描く。原作の「なぞの転校生」と「ねらわれた学園」も、映画やドラマ、アニメなどで映像化が繰り返されるほど反響が大きかった。
　『少年ドラマシリーズ』は1978年3月の第88作「寒い朝」の放送終了をもって定時枠がなくなる。その後は、夏期特集などで1983年10月まで不定期に放送は続いた。1978年度以降は5年間で11作品しか放送されていないが、その中に傑作の呼び声が高い作品がある。90作目の「七瀬ふたたび」（1979）で、筒井康隆のSFサスペンス小説が原作だ。生まれながらに他人の心が読める超能力をもった"テレパス"の火田七瀬は、予知能力のある恒夫、テレパスのノリオ、念動力を持つ黒人青年ヘンリー、タイムトラベラーの藤子らと出会う。その超能力ゆえに迫害される

若者たちの孤独と受難を描いた異色作である。脚本は石堂淑朗、主人公の七瀬を多岐川裕美が演じた。2008年には総合テレビ夜8時の『ドラマ8』の枠で、平成版「七瀬ふたたび」が蓮佛美沙子主演でリメークされた。

　SFを題材にした作品はほかに、光瀬龍原作の宇宙人もの「暁はただ銀色」(1973)と「明日への追跡」(1976)、同じく光瀬原作のタイムスリップもの「夕ばえ作戦」(1974)や異次元もの「その町を消せ」(1978)、眉村卓原作の宇宙人もの「まぼろしのペンフレンド」(1974)とタイムスリップもの「幕末未来人」(1977)、佐野洋原作の宇宙人もの「赤外音楽」(1975)、小松左京原作のタイムスリップもの「ぼくとマリの時間旅行」(1980)などを放送。

　『少年ドラマシリーズ』では文芸もの、ホームドラマ、推理サスペンスなどバラエティーに富んだ作品を放送したが、その中でもSFはシリーズを代表する人気ジャンルとなった。

　『少年ドラマシリーズ』以前の少年向け連続ドラマは、子どもたちへの教育効果を期待し、啓蒙的な役割を担わされていた。そんなドラマのイメージに親しんでいた若い視聴者たちに、『少年ドラマシリーズ』のSFエンターテインメントは新鮮なインパクトを与えた。こうして子どもたちの絶大な支持を得た『少年ドラマシリーズ』は1983年10月、「だから青春〜泣き虫甲子園〜(枠タイトルを「ジュニア・ドラマシリーズ」に改題)の放送を最後に終了。全99作品の放送に幕を下ろした。

『ドラマ　星の牧場』右・千住真理子(1981年) →P978

『ドラマ　ぼくとマリの時間旅行』石橋正次、高瀬春菜、宍戸錠(1980年)

『少年ドラマシリーズ　七瀬ふたたび』(1979年) →P174

『ドラマ8　七瀬ふたたび』(2008年) →P175

『少年ドラマシリーズ　赤外音楽』左・天本英世(1975年)

『少年ドラマシリーズ　夕ばえ作戦』山田隆夫、長門勇(1974年)

『ドラマ　マリコ』木下清、浅野真弓(1981年) →P978

『少年ドラマシリーズ　11人いる!』(1977年) →P174

『ドラマ　ユタとふしぎな仲間たち』佐藤蛾次郎、熊谷俊哉ほか(1974年) →P971

『少年ドラマシリーズ　霧の湖』上原ゆかり(1974年) →P174

少年ドラマ

『ドラマ愛の詩　六番目の小夜子』栗山千明、鈴木杏（2000年）→P175

03

『ドラマ愛の詩』、教育テレビで定時化

　1983年に『ジュニア・ドラマシリーズ』が終了すると、視聴対象を"少年少女"と明確に打ち出したドラマ枠は姿を消した。

　1998年5月、特集番組『ドラマ　愛の詩』が、少年少女向けドラマとして総合テレビに登場。「少年少女に夢と希望を届ける」というコンセプトで、旧作のアンコールと新作4本で計10作品を放送した。

　アンコール番組は水木しげる原作の5回シリーズ「のんのんばあとオレ」(1991)、「BSオリジナルドラマ」や『ドラマ新銀河』で放送した「コラ！なんばしよっと」シリーズなどをラインナップ。新作は第22回創作テレビドラマ脚本懸賞公募入選作「ぼくのメジャーリーグ〜白球の行方」、阿部夏丸原作の「オグリの子」、矢島正雄作、上川隆也主演の「少年たち」、1999年の1月1日に教育テレビで放送された三田誠広原作の「いちご同盟」の4作品。

　1999年4月、『ドラマ愛の詩』は教育テレビに波を移し、土曜午後6時からの30分番組で定時化される。「青少年に愛と感動、また人間を信じることのすばらしさを届ける」

という教育的貢献を図るシリーズドラマとした。

　その第1作は那須正幹のベストセラー児童文学が原作の「ズッコケ三人組」。海に面した架空の町を舞台に、小学校6年生の男の子3人組が巻き起こす奇想天外な事件と彼らの活躍を描いた。物語は3人の身近に起こる出来事から、江戸時代へのタイムスリップや絶海の孤島に漂流する大冒険までさまざまに展開する。主人公の3人、ハチベエ、ハカセ、モーちゃんの個性豊かなキャラクターが子どもたちの心をとらえた。

　「ズッコケ三人組」は10月からパート2を、2001年4月にはパート3を放送。2002年には全出演者を一新した「新・ズッコケ三人組」がスタートし、『ドラマ愛の詩』を代表する人気シリーズとなった。

　第2作ははやみねかおる原作の「双子探偵」。中学2年生の双子の姉妹が、都会の真ん中で起こるさまざまな謎や事件を解決していく。双子の姉妹を演じたのは連続テレビ小説『ふたりっ子』(1996年度後期)でブレークした三倉茉奈と三倉佳奈。

　恩田陸原作の「六番目の小夜子」(2000)は、ある中学校に伝わる「サヨコ伝説」をめぐるホラー仕立ての学園ミステリー。主人公の潮田玲を当時13歳の鈴木杏が、ドラマのキーとなる謎めいた転校生を栗山千明がそれぞれ演じた。玲の仲間たちに、山田孝之、山崎育三郎、松本

まりか、勝地涼らが配役され、今をときめく人気俳優たちが登場していた。この作品の反響は大きく、視聴者の声に応えて同枠内の再放送だけでなく、大型連休や夏期の集中放送などで繰り返しアンコール放送された。

2001年1月に放送した「幻のペンフレンド2001」は、『少年ドラマシリーズ』で放送した眉村卓原作の「まぼろしのペンフレンド」(1974)を、バーチャルアイドルやCGなど、現代的要素を盛り込んでリメークした作品。

2002年1〜3月の「エスパー魔美」は、藤子・F・不二雄の人気コミックが原作。14歳の誕生日に、突然、自分が超能力者と知った魔美が、失敗を繰り返しながらも人助けのために奔走する物語。「どっちがどっち！」(2002)は、山中 恒 原作のファンタジー。小学6年生の男の子と女の子の幼なじみが、ある日、いっしょに丘から転がり落ち、そのはずみで心が入れ替わってしまう。

2004年1〜3月放送の「ミニモニ。でブレーメンの音楽隊」は、グリム童話「ブレーメンの音楽隊」をベースに藤本有紀が脚本を執筆。アイドルグループ「ミニモニ。」の3人（高橋愛・辻希美・加護亜依）が活躍するヒロインの成長物語。

1999年度に定時放送が始まった『ドラマ愛の詩』は、5年間に新作ドラマを14シリーズ放送。2004年度は好評だった「ズッコケ三人組」「六番目の小夜子」ほか2番組を再放送し、2005年3月に幕を閉じた。

『ドラマ愛の詩』とほぼ同時期に、同じ教育テレビで少年少女向けの「海外ドラマ」がスタートする。1995年4月、平日の午後6時台（2003・2004年度は午後7時台）に「海外少年少女ドラマ」の枠が新設され、『ドラマ愛の詩』終了後の少年少女向けドラマは「海外ドラマ」が担うことになる。

『ドラマ愛の詩　のんのんばあとオレ』(1991年) →P175

『ドラマ愛の詩　双子探偵』三倉茉奈、三倉佳奈 (1999年) →P175

『ドラマ愛の詩　ズッコケ三人組』(1999年) →P175

『ドラマ愛の詩　幻のペンフレンド２００１』(2001年) →P175

『ドラマ愛の詩　エスパー魔美』(2002年) →P175

『ドラマ愛の詩　どっちがどっち！』(2002年) →P175

『ドラマ愛の詩　ミニモニ。でブレーメンの音楽隊』(2004年) →P175

少年ドラマ ｜ 定時番組

▍**1950**年代

連続ドラマ　横丁の大将 1954年度

ラジオドラマ『一丁目一番地』（1957～1964年度）や連続人形劇『空中都市008』（1969年度）の脚本を担当した高垣葵作の子ども向け連続ドラマ。大将（土屋靖雄）、グズ助（峰尾滋雄）らが子ども視聴者の人気を呼んだ。午後6時30分からの30分番組で、4～9月に全19回を放送。

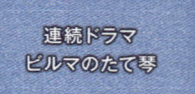

連続ドラマ　ビルマのたて琴 1955年度

ビルマの地で亡くなった日本兵を弔うため、ひとり僧侶となってビルマの地に残った兵士の姿を描いた。原作：竹山道雄。脚色：筒井敬介。出演：西村晃、織本順吉、高原駿雄ほか。（金）午後6時からの30分番組で、4～7月に全8回を放送。

連続ドラマ　アルベルト・シュバイツェル 1956年度

アフリカでの地域医療に尽力したヒューマニスト、シュバイツァー博士の若き日の苦闘を描き、その人間像を浮き彫りにした。作：井田誠一。出演：大森義夫、佐野浅夫、小夜福子ほか。（金）午後6時からの30分番組で、7～8月に全4回を放送。

連続ドラマ　もくの冒険 1957年度

少年たちの正義と勇気の行動をたたえた作品。作：内村直也。出演：日高ゆりえ、宮崎恭子、幸田弘子ほか。（日）午後6時10分からの30分番組で、4～6月に全11回を放送。

連続ドラマ　つり竿とハンドル 1957年度

日常を一歩一歩前進する1人の少年の成長を追った作品。作：西沢実。出演：大日方伝、清水鞠子、殿山泰司ほか。（日）午後6時10分からの30分番組で、7～10月に全14回を放送。

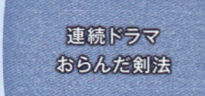

連続ドラマ　おらんだ剣法 1957年度

時勢に開眼する青少年の姿を描いた作品。作：椎名龍治。出演：市川染五郎、松下達夫、蜷川幸雄ほか。（日）午後6時10分からの30分番組で、11～12月に全7回を放送。

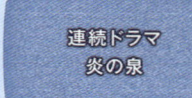

連続ドラマ　炎の泉 1957年度

少年劇に豊富な物語性をもたせた実験的な作品。作：青江舜二郎。出演：小林利江、日恵野晃、伊藤眞ほか。（日）午後6時10分からの30分番組で、1958年1月に全4回を放送。

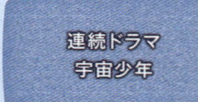

連続ドラマ　宇宙少年 1957～1958年度

人工衛星で育った少年の宇宙旅行を描いた。作：高垣葵。出演：渡辺五雄、野村邦子、伊達信ほか。（日）午後6時10分からの30分番組で、1958年2～5月に全16回を放送。

こども風土記 1957～1958年度

大阪放送局と名古屋放送局で制作される連続ドラマを交互に放送するドラマ枠。佐藤紅緑作「一直線」、牧野不二夫作「きしめん物語」、高垣葵作の音楽劇「煙突は笑っている」、若林一郎作「空飛ぶ犬」などを放送。午後6時10分からの30分番組。

連続ドラマ　コタンの口笛 1958年度

アイヌの少年少女が逆境を強く生き抜く姿を、人間同士の深い愛情と絆の中で描いた。原作：石森延男。脚色：矢代静一。音楽：平井哲三郎。語り：芥川比呂志。出演：武部秋子、山崎猛、立川恵作ほか。（日）午後6時10分からの30分番組で、6～8月に14回を放送。

連続ドラマ　虹の仲間 1958年度

少年少女の友情が、大人の世界の醜い争いを浄化していく物語。原作：火野葦平。脚色：西沢実。音楽：冨田勲。出演：田村毅、島村紘宇、福田欽一ほか。（日）午後6時10分からの30分番組で、9～10月に全7回を放送。

連続ドラマ　神台村騒動記 1958年度

椎名竜治作の異色の少年探偵劇。作：椎名竜治。音楽：横山菁児。出演：新克利、藤山竜一、左卜全ほか。（日）午後6時10分からの30分番組で、11～12月に全8回を放送。

連続ドラマ　あすを告げる鐘　1958・1961〜1962年度

偉人伝を扱った子ども向けドラマ。総合(日)午後6時10分からの30分番組。1959年1〜4月は、野口英世の少年時代とその母を描いた「野口英世伝」。作：松本守正。出演：岸旗江ほか。1961年度に(月〜金)午後5時台の『こどもの時間』枠内に復活。1962年度は、再び番組として独立し、大投手沢村栄治や西郷隆盛など歴史上の人物の少年時代を描いた。

虹が呼んでる　1959年度

総合(日)午後6時台の30分枠の連続青春ドラマ。高校生を主な対象に放送。病弱のため東京から地方都市に暮らす祖父母に預けられた女子高生が、村の高校生たちとその家族とのふれあいを通して成長していく姿を、受験、就職、恋愛などの身近な問題を通して描いた。作：三木克巳。出演：磯村みどり、竜崎一郎、小林トシ子ほか。

こどもホール　1959〜1960年度

短期連続ドラマ枠『こども風土記』(1957〜1958年度)を改題。総合(水)午後6時台の30分枠。1959年度は「ロロの冒険」(4月)、「次郎物語」(5月)、「だん地のダンちゃん」(12月)、「嘉納治五郎」(1960年1月)などを、1960年度は「渦しおのちかい」(4〜6月)、「たぬき子だぬきアカピコポン」(9月)、「新美南吉作品集」(10月)、「がんばれヒデヨシ君」(11〜3月)を放送した。

トンボちゃん　1959年度

松岡励子作のホームドラマ。出演：大谷正行、鈴木弘子、旭輝子ほか。(土)午後6時台の30分枠で1959年度前期に放送。

ホームラン教室　1959〜1962年度

東京タワーが校庭から見える、丘の上小学校6年生が作った野球チーム「丘の上ホーマーズ」。チームのメンバーを主人公に、その家庭と学校で起こる出来事を楽しく描いた。総合(土)午後6時台の30分枠でスタート。1959年度は「連続ドラマ」の冠で、1961年度は『こどもの時間』枠内で放送。作：高垣葵。音楽：真木信夫。出演：小柳徹、牟田悌三、土屋靖雄ほか。

1960年代

テレビ偉人伝　1960年度

『あすを告げる鐘』で好評だった偉人伝シリーズを受け継ぐ伝記ドラマ。過去の偉大な人々の足跡をしのび、今日を生きる精神を子どもに伝えた。(木)午後6時台の30分番組。「北里柴三郎」「リンカーン」「滝廉太郎」「豊田佐吉」「エジソン」を4〜6月に放送。作：たなべまもるほか。

この光は消えず　1960年度

『テレビ偉人伝』(1960年4〜6月)を改題。(木)午後6時台の30分番組。作・たなべまもるほか。1960年7月から翌年3月にかけて、「高野長英」「アンデルセン」「からくり儀右衛門」「フォスター」「一休」「加藤民吉」「チオルコフスキー」「宮沢賢治」「キューリー夫人」を放送。

月下の美剣士　1960年度

1956年に直木賞を受賞した南條範夫の書き下ろし時代劇。音楽：小川寛興。出演：加藤博司、桂小金治、南利明ほか。テレビの暴力シーンが青少年の非行につながると問題化したことを受け、4月に始まったドラマは6月に放送を終える。(日)午後6時台の25分番組。

少年漂流記　1960年度

ジュール・ベルヌの原作を田村幸二が脚色した冒険海洋劇。出演：日吉としやす、市村慧、松本克平ほか。(日)午後6時台の25分番組で、7〜8月に全9回を放送。

ポンポン大将　1960〜1963年度

少年少女を対象としたホーム・コメディー。隅田川で働く若いポンポン船の船長と、施設から引き取った3人の子どもたちが繰り広げる、ユーモアとペーソスにあふれた明るい人情物語。ポンポン船の船長を落語家の桂小金治が演じた。総合(日)午後6時台の25分番組。作：菜川作太郎。音楽：小川寛興。出演：桂小金治、加藤博司、飯田蝶子ほか。

ふしぎな少年　1961年度

午後5〜6時台に設けられた子ども対象の時間枠『こどもの時間』で、4〜9月に(月〜金)午後6時台に放送された15分の帯ドラマ。手塚治虫が月刊誌で連載していた漫画を原案に、石山透が脚色。時間を自由に止めたり動かしたりできる少年が、その超能力で活躍する姿を描く。太田博之演じる主人公サブタンのセリフ「時間よ、止まれ！」は、放送当時流行語となった。出演：太田博之、小山源喜、忍節子ほか。

黒百合城の兄弟　1961〜1962年度

村上元三作の少年向け連続時代劇。話題を呼んだ太田博之主演の「ふしぎな少年」の後継番組として、『こどもの時間』枠内で1961年10月から1年間放送。総合(月〜金)午後6時台15分の帯ドラマ。出演：花上晃、田中深雪、生井健夫ほか。語り：若山弦蔵。

少年ドラマ ｜ 定時番組

オロップ牧場の仲間たち 1962年度

広々とした自然の中で、動物とふれあう子どもたちが、みんなで力を合わせ、知恵をしぼり、明るく強く生きていく姿を描いた。作：横田弘行。出演：杉狂児、加藤道子、玉川伊佐男ほか。総合（月）午後6時からの30分番組。

ドラが鳴る 1962年度

作：土井行夫。音楽：南安雄。出演：延増守俊、島本正敬、富田一夫ほか。総合（金）午後6時からの30分番組。

こども名作座 1962年度

日本の古今の名作を、一流の出演者で子ども向けにドラマ化。幸田露伴の「五重塔」、坪田譲治の「お化けの世界」「風の中の子供」、志賀直哉の「小僧の神様」などを取り上げた。総合（日）午前10時からの30分番組。

眉月の誓い 1962年度

『黒百合城の兄弟』（1961～1962年度）の後を受けて1962年10月から翌年3月まで放送された少年向け時代劇。総合（月～金）午後6時台の15分番組。1962年度募集の懸賞ドラマ入選作で、奈良時代の藤原広嗣の乱を描いた波乱万丈の物語。原作：岩田恵美子。脚色：田辺まもるほか。音楽：宮城衛。出演：太田博之、川合伸旺ほか。

おねえさんといっしょ 1963年度

同名のラジオドラマをもとに、テレビのために書き下ろした帯番組。5歳児の「たっちゃん」と「おねえさん」たちの毎日の生活を中心に、中華料理店の夫婦やベーカリーの娘「ローザ」とのふれあいを描いた。総合（月～土）午後6時台の15分番組で全309回放送。作：筒井敬介。音楽：富永三郎。出演：十朱幸代、太田岳二、姉川ローザほか。

泣くな太陽 1963年度

社会の矛盾や不合理にぶつかる少年少女が、彼らを見守る大人たちの力を借りて努力する姿を描く子ども版"社会ドラマ"。作家の山岡荘八が初めて書き下ろした子ども番組。総合（月）午後6時からの30分番組で全52回放送。音楽：橋本力。出演：小柳徹、朝倉宏二、小池正史ほか。

金太と三吉 1963年度

岐阜県の山間部にある分校を舞台にした子ども向けドラマ。総合（木）午後6時からの30分番組で全51回放送。作：山村仁六。脚色：鈴木新吾、牧野不二夫。出演：林秀和、鬼頭昭夫、池田和歌子ほか。

虹に誓う 1963年度

幕末の動乱を背景に、大阪の緒方洪庵塾に籍をおく塾生たちの青春を描いた時代劇。総合（金）午後6時からの30分番組で全51回放送。作：松村正温。音楽：大栗裕。出演：楠年明、浜崎憲三、岩田直二ほか。

こども劇場 1963～1964年度

『こども名作座』（1962年度）のあとを受けて始まった子ども向けのドラマ枠。放送時間を10分延長して40分とし、内容も"名作"に限らず、オリジナルや現代生活に密着した作品の脚色ものなど幅を広げた。総合（日）午前9時からの40分番組。初年度の主な作品として、田中澄江作「みどりの風に」、岡本かの子作「どじょう汁」、伊藤左千夫作「野菊の墓」、「ぼくと姉さんと（島村典孝作文集より）」などを放送。

次郎物語 1964～1965年度

小・中学生の間でベストセラーとなった下村湖人の原作をテレビドラマ化。幼くして里子に出された主人公・本田次郎が、逆境にめげず、たくましく成長していく姿を描く。総合（火）午後6時からの25分番組で全101回放送。脚本：横田弘行。音楽：柳沢剛。出演：池田秀一、久米明、折原啓子ほか。

星光る 1964年度

幾多の試練に耐え、柔道を通して歩み続ける青年・秀輔と少年・篠太の友情と苦闘を描く。総合（金）午後6時からの25分番組で全49回放送。作：松村正温。音楽：大栗裕。出演：広川太一郎、荒城開司ほか。

宇宙人ピピ 1965年度

かわいい宇宙人ピピが、宇宙漫遊の間に地球に迷い込み、ふとしたことから東京の下町に住みつくゆかいなSF物語。アニメーションで描いた宇宙人と実写による人物を合成する新しい技術を使い、子ども番組に新境地を開いた。総合（木）午後6時からの25分番組で全51回放送。作：小松左京。脚色：平井和正。音楽：冨田勲。出演：中村メイコ、北条文栄、庄司永建ほか。

ファイト君 1965年度

中学2年生の"ファイト君"を主人公に、現代に生きる元気な少年少女たちの姿を明るくユーモラスに描く。総合（金）午後6時からの25分番組で全50回放送。原作：鹿島孝二。脚色：牧野不二夫、鈴木新吾。出演：野口芳一、河野秋武、露原千草ほか。

風のある街　1966年度
中学の教師となった一人の女性が、持ち前の明るさと行動力で、さまざまな障害を乗り越えながら成長する姿を、神戸の街と港を背景に描いた大阪局制作のドラマ。教育界の時事的な題材を随所に取り入れ、現場の教師や中学生の反響を呼んだ。総合（月～金）午後6時30分から15分の帯番組で全257回を放送。脚本：田中澄江。出演：島かおり、岸輝子、松本克平ほか。

路傍の石　1966年度
山本有三の名作「路傍の石」を原作に忠実にドラマ化。総合（火）午後6時からの25分番組で全24回放送。脚色：牧野不二夫。音楽：熊谷賢一。出演：花森常雄、富田浩太郎ほか。

愛の一家

愛の一家　1966～1967年度
1952年、東京から信州の小さな町に赴任することになった音楽教師とその家族の姿を、戦後20年の歳月の中で描き、家族の結びつきの美しさを浮き彫りにした。総合（土）午後6時からの30分番組で全74回放送。原作：アグネス・ザッパー。翻案：横田弘行。音楽：平井哲三郎。テーマソング：吉永小百合、東京放送児童合唱団。出演：千秋実、小山明子、鈴木正勝ほか。

一直線　1966～1967年度
少年少女向け小説で人気を得ていた作家で俳人でもあった佐藤紅緑の作品集を現代風に脚色し、おうせいな行動力とバイタリティーをもった少年少女の姿を描いた。総合（火）午後6時からの25分番組で全48回放送。脚色：土井行夫、鈴木新吾。音楽：熊谷賢一。出演：加藤英嗣、竹淵文明、朝倉宏二ほか。

素顔の青春　1967年度
大阪の看護学校に通う少女を中心に、彼女をとりまく若い女性たちが精いっぱい生き、人間的に成長していく青春群像を描いた。番組の反響が大きく、高等学校卒の看護学院志望者が例年の2～3倍に増えた。『風のある街』（1966年度）の後を受けて始まった総合（月～金）午後6時30分からの15分番組で全257回を放送。倍賞千恵子が歌った主題歌「虹につづく道」が人気に。脚本：楠田芳子。出演：阿部京子、春丘典子、摩耶明美、伊藤栄子ほか。

名探偵カッチン　1967年度
スウェーデンの児童文学者リンドグレーンの3部作「名探偵カッレ君」「カッレ君の冒険」「名探偵カッレとスパイ団」をもとに、ドラマの舞台を名古屋に移しかえて翻案・脚色。シャーロック・ホームズにあこがれる主人公カッチンと2人の仲間が、チームワークよく事件を解決する子ども向け探偵ドラマ。総合（火）午後6時からの25分番組で全25回。

海からきた平太　1968年度
荒々しい北陸の海辺で生まれ育った正義感の強い少年・平太が、名古屋に出てきて中学校生活を送りながら、たくましく成長する姿を描く。総合（火）午後6時からの25分番組で全47回放送。原作：石森延男。脚本：横田弘行、蓬萊泰三。音楽：宮崎尚志、清田健一。出演：三ツ矢雄二、前田昌明、浅利和子ほか。

五人と一ぴき　1969～1971年度
堅い友情で結ばれた5人の子どもと1匹の犬が、すばらしいチームワークと勇気をもって事件を解決していく少年少女向け推理ドラマ。総合（火）午後6時台の25分番組で全115回放送。原作：エニード・ブライトン。脚本：柳下長太郎、蓬萊泰三。音楽：宮崎尚志、杉原良雄。出演：鳥居彰夫、野田哲朗、黒岩里美ほか。

からくり儀右衛門　1969年度
江戸後期から明治初期にかけて活躍し、"東洋のエジソン""からくり儀右衛門"と呼ばれた発明家・田中久重の少年時代をユーモラスに描いた。儀右衛門がしくじりながらも真剣にユニークな発明に取り組む姿を通して、子どもたちに科学の目を開かせるとともに、少年らしい正義感とヒューマニズムを伝えた。総合（土）午後6時台の30分番組で全46回放送。作：横田弘行。音楽：柳沢剛。出演：佐山泰三、織本順吉、岸旗江ほか。

1970年代

へこたれんぞ　1970年度
戦国時代、自由都市と呼ばれた商人の町・堺を舞台に、最初は侍志望だった百姓の子・虎松が、苦しい修業にもへこたれず、立派な商人に成長していく姿を描く。総合（土）午後6時台の30分番組で全48回放送。作：阿部桂一。音楽：横山菁児。出演：川島朗、河野秋武、大塚国夫ほか。

不知火の小太郎　1971年度
島原の乱を背景に隠密として九州地方へ潜入したまま消息を絶った父・柳十郎左衛門の行方を探る少年・小太郎の冒険物語。幕府の命をうけて旅立った小太郎が、父を捜す過程で島原・天草の農民たちの苦しみに目を向け、不知火の海を舞台に活躍する姿を描く。総合（土）午後6時台の30分番組で全34回放送。作：横田弘行。音楽：桑原研郎。出演：中村光輝、鈴木信子、千秋実ほか。

わんぱく天使　1971～1972年度
元気で思いやりのある少年・純平を中心に繰り広げるホームドラマ。ある日、やせた野良犬を見捨てられず拾ってきた純平は、世話を自分ですることを条件に両親に飼うことを許してもらうが、いたずら好きの犬が次々と珍事件を巻き起こす。総合（火）午後6時台の15分番組で全59回放送。原作：ベヴァリー・クリアリー。脚色：土井行夫。出演：小早川佳樹、山本耕一、姫ゆり子ほか。

少年ドラマ | 定時番組

少年ドラマシリーズ *1971〜1977年度*
1972年1月1日、総合（土）午後6時台の30分番組でスタート。小・中学生向けシリーズドラマ。SF、ホームドラマ、文芸作品、など多岐にわたるジャンルを、1983年10月までに99作を放送。定時放送枠は1977年度に終了し、以降は「特集」編成で放送。筒井康隆の「時をかける少女」を原作とした第1作「タイム・トラベラー」が好評で続編も制作され、『少年ドラマシリーズ』の定着をみた。

1980年代

ジュニア・ドラマシリーズ　だから青春〜泣き虫甲子園〜 　*1983年度*
1972年に始まった少年少女を対象にしたドラマシリーズの最終作。あだち充・やまさき十三原作のコミック「泣き虫甲子園」をドラマ化。高校野球部の鬼監督を父にもつ主人公・夏子の青春を、受験、家庭、友情といった高校生が直面している問題を通してさわやかに描いた。総合（火）午後7時30分からの30分番組で全13回放送。脚色：井沢満。出演：愛川欽也、新田純一、菊地陽子ほか。

1990年代

ドラマ愛の詩 　*1999〜2004年度*
教育テレビに初めて登場した少年少女向けドラマ枠。青少年に愛と感動、また人間を信じることのすばらしさを届けるべくスタート。教育（土）午後6時からの30分番組。那須正幹原作、戸田山雅司脚本「ズッコケ三人組」シリーズ（1999年度）、恩田陸原作、宮村優子脚本「六番目の小夜子」（2000年度）などが好評で繰り返し再放送された。新作のほか『銀河テレビ小説』で好評だったシリーズものの再編集版なども放送。

NHK フォトストーリー ⑧

P067 ← 07   09 → P212

東京・三越百貨店での実験放送受信公開（1940年）

東京・目黒区にNHK放送文化研究所設立（1946年）

NHK放送文化研究所で使われていた世論調査の集計計算機・タブレター（1946年）

戦後の人気ラジオ番組『全国素人のど自慢大会』

戦後の人気ラジオクイズ番組『二十の扉』

戦後の人気ラジオクイズ番組『話の泉』

人気ラジオクイズ番組『私は誰でしょう』

人気ラジオドラマ番組『鐘の鳴る丘』

人気ラジオドラマ番組『向う三軒両隣』

ラジオ番組第2回『NHK紅白歌合戦』(1950年)

ラジオ番組第2回『NHK紅白歌合戦』(1950年)

ラジオ番組第2回『NHK紅白歌合戦』(1950年)

ラジオ番組第2回『NHK紅白歌合戦』(1950年)

人気ラジオドラマ『君の名は』右から夏川静江、七尾伶子、北澤彪、加藤道子(1953年)

人気ラジオドラマ『君の名は』本読み風景(1953年)

人気ラジオドラマ『君の名は』本読み風景(1953年)

01 少年ドラマ｜枠番組

少年ドラマシリーズ・ドラマ愛の詩・ドラマ8 ほか

『少年ドラマシリーズ』（1971～1977年度）は、小・中学生向けシリーズドラマ。『ドラマ愛の詩』（1999～2004年度）は、教育テレビに初めて登場した少年少女向けドラマ枠。『ドラマ8』（2008～2009年度）は、ティーンズとその親世代をメインターゲットとした青春エンターテインメントドラマ枠。

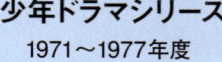

少年ドラマシリーズ
1971～1977年度

タイム・トラベラー
1972年度

ユタとふしぎな仲間たち
1974年度

悦ちゃん
1974年度

霧の湖
1975年度

なぞの転校生
1975年度

明日への追跡
1976年度

快傑黒頭巾
1976年度

風の又三郎
1976年度

11人いる！
1976年度

未来からの挑戦
1976年度

赤い月
1977年度

幕末未来人
1977年度

蜃気楼博士
1977年度

その町を消せ！
1977年度

ポンコツロボット太平記
1978年度

七瀬ふたたび
1979年度

家族天気図
1980年度

星の牧場
1981年度

あんずよ燃えよ
1981年度

芙蓉の人
1982年度

おれたち夏希と甲子園
1982年度

だから青春〜泣き虫甲子園〜
1983年度

子どもパビリオン
1990年度

ひかるサケ
1990年度

ドラマ愛の詩
1999〜2004年度
（1991・1992・1998年度に特集枠放送）

のんのんばあとオレ
1991年度

ズッコケ三人組
1999年度

双子探偵
1999年度

六番目の小夜子
2000年度

浪花少年探偵団
2000年度

幻のペンフレンド2001
2000年度

料理少年Kタロー
2001年度

キテレツ
2001年度

エスパー魔美
2001年度

どっちがどっち！
2002年度

天使みたい
2003年度

パパ・トールド・ミー〜大切な君へ
2003年度

ミニモニ。でブレーメンの音楽隊
2003年度

ドラマ8
2008〜2009年度

バッテリー
2008年度

乙女のパンチ
2008年度

七瀬ふたたび
2008年度

Q. E. D. 〜証明終了
2008年度

ゴーストフレンズ
2009年度

ふたつのスピカ
2009年度

ROMES／空港防御システム
2009年度

とめはねっ！　鈴里高校書道部
2009年度

01

ドラマ
海外ドラマ

01

穴埋め番組から人気コンテンツへ
（1950〜1960年代）

NHKが初めて放送した海外ドラマ（当時は「外国テレビ劇映画」と呼んでいた）の定時番組は、1956年7月からスタートした『口笛を吹く男』。アメリカのCBS制作のドラマである。毎週日曜の午後8時30分からの30分番組で、翌1957年4月末まで39回を放送した。1話完結の探偵もので、最後のどんでん返しが人気を呼んだ。

テレビ開局間もない1950年代、まだ番組制作能力が十分整っていなかったテレビ各局では、放送番組の確保が最大の課題だった。当時人気の劇場用映画は、テレビ進出に危機感を抱いた大手映画会社5社（松竹、東宝、大映、東映、新東宝）が、テレビに提供しないことを申し合わせていた。1955年4月から、封切り後3年以上経過した作品に限り毎週1本の放送がかなったが、それも翌1956年9月末で打ち切り。大手5社の劇映画に代わる穴埋め番組の確保が急務となった。そこでテレビ各局が目をつけたのが、アメリカで人気を呼んでいたテレビドラマだったのである。

『口笛を吹く男』に続いて『ハイウェイ・パトロール』（1956〜1960年度）と『空想科学劇場』（1956〜1958年度）が、火曜午後8時からの30分、隔週で放送を開始した。

『ハイウェイ・パトロール』は、アメリカNBCネットワークの人気ドラマシリーズ。国道の警備に当たるカリフォルニア州警察の活躍を描いたサスペンスだ。パトカーやヘリコプターを使って、幹線道路を逃走する犯人を追い詰める

『口笛を吹く男』（1956〜1957年度）→ P190

『ハイウェイ・パトロール』（1956〜1960年度）→ P190

『空想科学劇場』（1956〜1958年度）→ P190

『アイ・ラブ・ルーシー』（1957〜1960年度）→ P190

『ルクレール兄弟の旅』（1959〜1960年度）→P190

『宇宙探検』（1959〜1960年度）→P190

『走れチェス』（1960〜1962年度）→P190

『ロレッタ・ヤング・ショー』（1960〜1961年度）→P190

アクションが見どころ。主役のダン隊長を演じるブロデリック・クロフォードは、1949年にアカデミー賞主演男優賞を受賞している名優で、このドラマの演技でもアカデミー・テレビ賞主演男優賞を受賞した。

　『アイ・ラブ・ルーシー』（1957〜1960年度）は、午後10時25分からの30分番組。アメリカでは1954年にCBSのネットワークにのって大ヒットした。天真らんまんでそそっかしい主婦ルーシーと、夫リッキーが織りなすホームコメディーだ。ルーシー役のルシル・ボールと、リッキー役のデジー・アーネズは私生活でも夫婦。その後、実生活で妊娠したルシルが、お腹が大きいままドラマ出演を続け、無事、男の子を出産。ドラマ上でもルーシーが出産するストーリーとし、視聴者はドラマとルシルの実生活が重なって進行する面白さを味わった。スタジオに観客を入れて収録する公開録画方式で、観客の笑い声が入るシチュエーション・コメディーの先駆けともいわれている。アメリカでは6年続く人気シリーズとなった。

　『口笛を吹く男』『ハイウェイ・パトロール』『アイ・ラブ・ルーシー』は、すべて字幕スーパーで放送。1959年10月放送開始の『ルクレール兄弟の旅』と『宇宙探検』から、吹き替えによる海外ドラマが登場する。

　『ルクレール兄弟の旅』（1959〜1960年度）は初のフランス発のテレビドラマシリーズ。カナダで両親に死に別れた7歳のジュリアン、15歳のアンドレの兄弟が、たった一人の身寄りである叔父さんをたずねてフランス一周の旅を

続ける物語だ。2人の旅に合わせてフランスの名所旧跡を紹介する観光案内にもなっていた。日本語吹き替えはジュリアンを黒柳徹子、アンドレを木下秀雄、語り手を川久保潔がつとめた。

　『宇宙探検』（1959〜1960年度）はアメリカのSFテレビドラマ。子ども向けだったことも、吹き替え方式を選んだ理由の一つだった。

『ひとすじの道』（1960〜1961年度）→P191

『陽気なネルソン』（1960〜1961年度）→P191

海外ドラマ

『アリゾナ・トム』（1960年度）→P191

『西部のパラディン』
（1960年度）→P191

『マッコイじいさん』
（1962〜1964年度）→P191

『トム・ソーヤの冒険　〈1962〉』
（1962年度）→P191

『ハイウェイ・パトロール』と『アイ・ラブ・ルーシー』の好評を得て、『走れチェス』（1960〜1962年度）、『ロレッタ・ヤング・ショー』（1960〜1961年度）、『ひとすじの道』（1960〜1961年度）、『陽気なネルソン』（1960〜1961年度）、『アリゾナ・トム』（1960年度）、『西部のパラディン』（1960年度）などの新番組が次々に登場した。そんな中で高視聴率を維持していた『ハイウェイ・パトロール』が、1960年7月に全156話のうち148話をもって放送を終了。さらに『アリゾナ・トム』と『西部のパラディン』の2つの西部劇も、同じく7月に放送を終了した。当時、テレビ番組で描かれる暴力表現が、青少年の非行につながるとして問題化していた。銃を撃ちあう西部劇や傷害事件や殺人を描く犯罪ものが「暴力番組追放」の矢面に立たされての番組打ち切りだった。

　『ルート66』（1962年度）はアメリカCBSネットで1960年から放送されていた人気番組。2人の若者バズとトッドが、ロサンゼルスからシカゴに通じるハイウェイ"ルート66"を車で旅する青春ロードムービーだ。2人が運転するオープンタイプのスポーツカー「シボレー・コルベット」にあこがれた若者も多かった。主題歌はナット・キング・コールの大ヒットでおなじみの同名曲。

　『弁護士プレストン』（1962〜1965年度）は、教育テレビ日曜午後10時からの50分番組。人間味あふれるベテラン弁護士のローレンス・プレストンが、息子のケンとともにさまざまな事件を扱う中で、社会や人間を描き出すヒューマニズムにあふれる法廷ドラマだ。脚本は映画化された法廷サスペンスドラマの傑作「十二人の怒れる男」のレジナルド・ローズ。アメリカテレビ界最高の栄誉と言われるエミー賞を、1962年から3年連続で受賞した。

　放送コンテンツ不足を補う形で調達された海外ドラマ

だが、ドラマを通して初めて見るアメリカの豊かな生活や、西部劇のアクションに視聴者は夢中になった。民放でも『ローハイド』『ララミー牧場』などの西部劇、『名犬ラッシー』や『ミスター・エド』などのホームドラマ、『コンバット！』や『ギャラント・メン』などの戦争もの、『ベン・ケーシー』や『ドクター・キルデア』などの医師ものがいずれも高視聴率を獲得。海外ドラマはなくてはならないテレビの人気ジャンルとして定着していく。

　民放で人気を呼んだ『ローハイド』や『0011 ナポレオン・ソロ』は、1997年に衛星第2『BSドラマナイト』の「思い出の海外ドラマ」枠でも放送された。

　1960年代後半になると、テレビ各局の制作能力の向上とともに海外ドラマの放送は次第に減少していく。

『ルート66』（1962年度）→P191

『弁護士プレストン』
（1962〜1965年度）→P191

02
2大人気「海外ドラマ」スタート
（1970年代）

　NHKで放送された人気の海外ドラマといえば、真っ先に『刑事コロンボ』を思い浮かべる人が多いのではないだろうか。1974年に定時放送が始まって以来、視聴者の熱い支持を得てたびたびのアンコール放送を行ってきた。アメリカで放送が開始されて50周年となる2018年には、記念となる特別番組『刑事コロンボ　完全捜査ファイル』をBSプレミアムで放送。全作品の中からベスト20を選ぶ人気投票も行われ、衰えることのない人気を証明した。

　『刑事コロンボ』が初めてNHKで放送されたのは1972年の大みそか。午後3時からの単発番組で劇映画『殺人処方箋−刑事コロンボ−』を放送。翌1973年7月7日から8回分を放送し、人気に火がつく。そして1974年4月、総合テレビ土曜の午後8時のゴールデンタイムに、定時番組として満を持しての登場となった。

　これまで見たこともない新しいタイプの刑事ドラマに視聴者はひきつけられた。まず意表を突いたのが、従来のミステリーの話法を番組冒頭から裏切る展開だ。ドラマは犯人が殺人を犯す場面からスタートする。視聴者は誰が

『刑事コロンボ』(1973〜1981・2008
〜2010年度)→P194

『森林警備隊』(1968年度)→P192

『タイム・トンネル』(1967年度)→P192

『アフリカ大牧場』(1968年度)→P192

『宝島』(1968〜1969年度)→P193

どういう方法で殺人を犯すのかを最初に目撃してしまう。真犯人を推理する従来のドラマとは真逆の方向でストーリーが進行していく。

　主人公刑事コロンボのキャラクター設定がまたユニークだ。ずんぐりとした体型にヨレヨレのコートを羽織って、常に葉巻を手放さず、まるでオヤジ臭を放っているかのようなさえない風貌。さっそうとした二枚目が定番だった従来の主人公のイメージはない。しかし有能な刑事としての本質がドラマの進行とともに明らかになっていく。

　まず刑事としての直感が鋭い。犯人の何気ない振る舞い、現場の状況から「こいつが怪しい」と狙いをつけると、鋭い観察力と洞察力で犯人の言動や行動の矛盾点を執拗についていく。アクションシーンは一切ない。殺人を扱ってはいるが、残虐な描写は出てこない。ドラマのほとんどを構成するのは犯人とコロンボの対話だ。一筋縄ではいかない犯人とコロンボのスリリングな心理戦が展開される。番組冒頭では完全犯罪に見えた犯行のトリックが、やがてコロンボによって崩されていく過程がドラマの最大の見どころとなる。

　犯人が魅力的であることも、ミステリードラマの条件。毎回、犯人役には豪華ゲストが出演した。レナード・ニモイ(テレビドラマ『スタートレック』)、ロバート・ボーン(テレビドラマ『0011 ナポレオン・ソロ』)、フェイ・ダナウェイ(映画「俺たちに明日はない」)、マーティン・シーン(映画「地獄の黙示録」)などの人気俳優のほか、カントリーミュージックの大御所ジョニー・キャッシュも犯人を演じ、コロンボと攻防を繰り広げた。彼らが演じた犯人像は、みな富と名

誉、権力を得た成功者たち。庶民的でうだつの上がらない刑事との対比が鮮やかに描かれる。しかし根っからの悪人は登場しない。物語の最後に、犯行を認めた犯人からかいま見える悔恨の情と、それを受け止めるコロンボの表情が救いとなって視聴者の共感を得た。

　コロンボ役のピーター・フォークは、この作品でエミー賞主演男優賞に通算10回ノミネートされ、4回の受賞を果たしている。日本語版の初代吹き替えを担当した小池朝雄の「うちのカミさんがね…」の独特の言い回しも親しまれ、吹き替えがオリジナルキャラクターをさらに際立たせた。

　当時まだ25歳で映画監督デビュー前だったスティーブン・スピルバーグや、映画「羊たちの沈黙」でアカデミー賞監督賞を受賞したジョナサン・デミが演出を担当するなど、若き才能を育てたドラマシリーズでもあった。

　アメリカで第1話「殺人処方箋」が放送されたのは1968年。最終回となった第69話「虚飾のオープニング・ナイト」が2003年の放送である。その間、35年にわたり断続的に制作が続けられ、視聴者に待ち望まれていたテレビドラマも珍しい。初回出演時は40歳だったピーター・フォークは、最終話では70代半ばとなり、すっかり白髪の老人になっていた。

　2009年1月からハイビジョンで、デジタル・リマスター版全69話を放送。2018年12月からはBS4Kで、オリジナルの35ミリフィルムから4Kリマスターした復刻版旧作45話を放送。さらに2020年4月からBSプレミアムとBS4Kで全69話を放送した。

海外ドラマ

『大草原の小さな家』(1975〜1982年度) →P194

『刑事コロンボ』と並んで長く視聴者に愛されてきたドラマに『大草原の小さな家』がある。アメリカでは1974年から1982年まで全9シーズンを放送し、世界的に大ヒットした名作だ。NHKでは1975年から8年間にわたってシーズン1からシーズン8までを放送。1991年からシーズン9にあたる『新・大草原の小さな家』を、さらに1994年から全シーズンを再放送した。

原作はローラ・インガルス・ワイルダー(劇中の次女・ローラ)の自叙伝的小説である。物語の舞台は19世紀末のアメリカ。ウィスコンシン州の大きな森に住む開拓民インガルス一家が、新天地を求めて旅立つところからドラマは始まる。一家は幌馬車で西部を目指し、やがて大自然に囲まれたミネソタ州に移り住み、新生活をスタートさせる。家族を守る強くたくましい父、夫を助け子どもたちを見守る心優しい母、そして両親の愛情を一身に受けて素直に成長していく子どもたち。このインガルス一家がさまざまな困難を乗り越えていく姿を通して、家族愛や人間愛の尊さを描いた。

日本語吹き替えは父・チャールズを柴田侊彦、母・キャロラインを日色ともゑ、ローラを佐藤久理子がそれぞれ演じた。

『新・大草原の小さな家』では、物語の中心は「インガルス家」から、次女ローラの嫁ぎ先「ワイルダー家」に移る。1991年、父・チャールズ役で、番組の制作総指揮もつとめていたマイケル・ランドンが54歳の若さで亡くなり、世界中のファンを悲しませました。

2019年4月からBS4Kで、4Kリマスター版全204話の放送をスタート。6月にはBSプレミアムでシーズン1の24話を放送した。脚本の翻訳、日本語吹き替えも一新。チャールズ役を森川智之、母・キャロライン役を小林さやか、ローラ役を宇山玲加が担当。また初回放送時は、各話一部がカットされて放送されたが、リマスター版はノーカット完全版となった。

03

人気のミステリードラマ

（1980年代）

1970年代から80年代は、連続テレビ小説と大河ドラマを軸に、『ドラマ人間模様』『土曜ドラマ』『ドラマスペシャル』など、NHK制作の国産ドラマが質量ともに充実。一方で海外ドラマの放送本数は減少傾向にあった。そんな中で、『刑事コロンボ』が火をつけたミステリードラマは根強い人気を保っていた。

1985年4月、『シャーロックホームズの冒険』が総合テレビ土曜の午後9時台に始まる。アーサー・コナン・ドイルの推理小説「シャーロック・ホームズ」シリーズを原作に、英国グラナダTVがドラマ化した。

『シャーロックホームズの冒険』(1985・1987年度) →P196

『こちらブルームーン探偵社』(1986・1992年度) →P196

『ジェシカおばさんの事件簿』(1988年度) → P196

『名探偵ポワロ』(1990〜2014年度) → P196

19世紀のロンドンの街並み、ガス灯、馬車、人々のファッションなどを正確な時代考証に基づいて再現したほか、ホームズ像を原作の挿絵を参考にビジュアル化するなど、原作を忠実に映像化することにこだわった。世界中の"シャーロキアン(原作の熱狂的ファン)"から「もっとも原作のイメージに近い」と評価された作品である。ホームズ役のジェレミー・ブレットは、本作品のシーズン6(第41話)終了後の1995年、心臓病で死去。原作全60話の完結は果たせなかったが、この作品で今もなお最高のホームズ役者と評されている。

2013年にはBSプレミアムでハイビジョン・リマスター版を放送。

1986年4月、アメリカABC制作の海外ドラマ『こちらブルームーン探偵社』が、総合テレビと衛星第1の土曜午後9時台にスタートする。

ロサンゼルスを舞台に、小さな探偵社の女社長マディと共同オーナーとなった探偵デビドが、衝突を繰り返しながらも難事件を解決していくコメディータッチのミステリードラマだ。マディとデビドの丁々発止のやりとり、映画や文学作品のパロディーを織り込んだユーモアセンス、劇中で披露されるマディ役シビル・シェパードの美声などが人気を呼んだ。本作で人気を得たデビド役のブルース・ウィリスは、1988年公開の映画「ダイ・ハード」の主演で一気にブレークした。

『ジェシカおばさんの事件簿』(1988年度)は、アメリカユニバーサルテレビ制作のミステリードラマ。アメリカの海沿いの小さな田舎町に住むジェシカ・フレッチャーは、夫を亡くしたあと小説を書き始めてミステリー作家となる。ジェシカは町の保安官から頻発する事件にアドバイスを求められ、持ち前の好奇心と自慢の推理力で事件を解決していく。

ジェシカを演じたアンジェラ・ランズベリーは、映画デビュー作の「ガス燈」でいきなりアカデミー賞助演女優賞にノミネートされた名優。本作でゴールデングローブ賞最優秀主演女優賞に4度輝いている。日本語吹き替えは森光子。企画・制作総指揮に当たったのは、『刑事コロンボ』の企画・原案・脚本のウイリアム・リンクとリチャード・レビンソンのコンビと脚本のピーター・S・フィッシャーの3人。アメリカでは1984年から1996年にわたって全12シーズンを制作。NHKではシーズン3までを放送した。

『名探偵ポワロ』はアガサ・クリスティー原作の短編集をロンドン・ウィークエンド・テレビがドラマ化。1989年から2013年まで25年をかけて制作、放送した。NHKでは1990年1月に総合テレビ土曜午後10時台に放送開始して以来、断続的に2014年10月まで全70話を放送した。

物語の主人公はベルギーの元警察官のエルキュール・ポワロ。第1次世界大戦後にイギリスに亡命し私立探偵となる。ポワロは親友のヘイスティングス大尉、ロンドン警察のジャップ警部、有能な秘書ミス・レモンらの協力で、難事件を次々に解決していく。

ポワロを演じたのはイギリスの俳優デビド・スーシェ。ポワロ役のオファーを受けたスーシェは、原作からポワロの描写をすべて書き出して、ポワロに関するファイルを作成。ポワロになりきるために、このファイルをもとに徹底した役作りをおこなった。ポワロの話し方は、フランス語を話すベルギー人という原作の設定にならって、フランス人と間違われるような英語のなまりも身につけた。スーシェは25年の長きにわたってポワロを演じ続け、現在でも原作にもっとも忠実なポワロと評されている。日本語吹き替えは連続人形劇『ひょっこりひょうたん島』で海賊トラヒゲを演じた熊倉一雄。熊倉はポワロの変人ぶりやシニカルな一面を穏やかな口調で演じ、熊倉の当たり役の1つになった。

アガサ・クリスティーの生誕130年を迎えた2020年から2021年にかけてシーズン1から13までの全70話をハイビジョンリマスター版で放送した。

海外ドラマ

『フルハウス』(1993〜1996年度) → P197

04

「海外少年少女ドラマ」枠がスタート

（1990年代①）

　1991年4月、教育テレビにアメリカのファミリー向けドラマ『アルフ』が、土曜午後4時台にスタートする。教育テレビで海外ドラマを定時放送するのは、1966年4月に『弁護士プレストン』が終了して以来である。

　『アルフ』はアメリカNBCで1986年から90年まで全4シーズンを放送したシチュエーション・コメディー。

　毛むくじゃらの奇妙な生物アルフは、メルマック星からやってきた宇宙人。ハリウッド郊外に住むターナー家のもとに居候して、さまざまな騒動を繰り広げる。日本語吹き替えは、アルフを所ジョージが、ターナー家の主・ウィリーを小松政夫が演じた。

　1992年4月、教育テレビの午後6時台に『天才少年ドギー・ハウザー』がスタートする。16歳で現役の医者という天才少年ダグラス・ハウザー、通称ドギーが活躍するアメリカABCテレビの人気シリーズだ。

　命の問題を扱う医療ドラマであると同時に、青年の悩みや挑戦をコミカルに描く青春ドラマでもある。ドギーを演じたのはニール・パトリック・ハリス。本作でゴールデングローブ賞にノミネートされたほか、のちにトニー賞主演男優賞を受賞している。

『天才少年 ドギー・ハウザー』
(1992・1994〜1995年度)
→ P197

『素晴らしき日々』(1992〜1994年度) → P197

『ブロッサム』
(1995〜1997年度)
→ P198

『名犬ファング』(1995年度) → P198

　1993年4月、アメリカのシチュエーション・コメディー『フルハウス』が、教育テレビの午後6時台に登場。妻を亡くしたテレビ番組司会者のダニーが、義理の弟でミュージシャンのジェシーと親友のコメディアン・ジョーイとともに、男手だけで3人の娘を育てるハートフルコメディーだ。男たち

『アルフ』(1989〜1994年度) → P196

が3人の娘に手を焼き、てんやわんやの騒動が繰り広げられるなか、笑いと涙で家族のきずなや友情を描いた。

　1997年2月まで全192話を放送。好評に応えて1997年と2005年の2度再放送されている。

　『天才少年ドギー・ハウザー』『素晴らしき日々』『フルハウス』などの海外ドラマが好評を呼び、1995年4月、教育テレビの平日午後6時台に、子どもたちを対象とした「海外少年少女ドラマ」枠を新設。新番組として『ブロッサム』『名犬ファング』『お騒がせ！ツイスト一家』の3本を放送したほか、『天才少年ドギー・ハウザー』『フルハウス』を継続放送し、『アルフ』を再放送した。

　その後、1997年の『愉快なシーバー家』、『おまかせアレックス』、1999年の『サブリナ』、『シェルビーの事件ファイル』などが好評を呼ぶ。

05
"ビバヒル"、『ER』で海外ドラマブームに
（1990年代②）

　1990年代に始まった海外ドラマブームの火付け役ともなった『ビバリーヒルズ高校白書』が、1992年6月、衛星第2に初登場し、翌1993年から定時放送が始まる。1995年には教育テレビでもスタート。さらに1996年には総合テレビでシーズン3の放送が始まった。

『お騒がせ！ツイスト一家』(1995年度) →P198

『愉快なシーバー家』(1997〜2000年度) →P199　　『おまかせアレックス』(1997〜1998年度) →P199

『サブリナ』(1999〜2003年度) →P200　　『シェルビーの事件ファイル』(1999年度) →P200

『ビバリーヒルズ高校白書』(1992〜1993年度) →P197

海外ドラマ

『ER　緊急救命室』(1996〜2010年度) →P198

『ドクター・クイン』
(1993〜1994・1996〜
1997・2000年度) →P197

『アリー♥ my ラブ』
(1998〜2002年度) →P200

『ザ・ホワイトハウス』(2002〜2005年度) →P203

　本国アメリカでは1990年から10年続いた人気シリーズ。当時、アメリカでは家族向けのドラマが主流で、若者の視点で描かれる「青春ドラマ」の成功は不安視されていた。ところが放送が始まると若者たちの間で大ヒット。出演者の着せ替え人形をはじめ、Tシャツ、ゲーム、アクセサリーなど関連グッズが次々に発売されるほどの人気を呼んだ。

　ドラマの主人公は16歳の双子の兄妹、ブランドンとブレンダ。ミネソタの田舎町から、アメリカを代表する高級住宅街のビバリーヒルズに引っ越してきた2人は、金持ちや有名人の子弟が通う地元の公立高校に編入する。美人でセレブのお嬢様だが母親がアルコール依存症のケリー、ケリーの幼なじみで失敗ばかりしているドナ、母親が映画スターでひょうきんな性格のスティーブ、両親が別居中の不良少年ディランら、ブランドンとブレンダを取り巻く仲間たちとの恋と友情が描かれた。

　日本では地上波で放送が始まったころから、"ビバヒル"の通称で呼ばれるなど人気がじわじわと広がり始める。やがて関連本が出版され、登場人物のファッションは"アメリカン・カジュアル（アメカジ）"として女性誌の特集を飾った。

　1994年4月、衛星第2でシーズン4の放送が始まる。ドラマの主人公たちは高校を卒業し、番組タイトルを『ビバリーヒルズ青春白書』と改め、再スタートを切る。ディランをのぞく主要メンバーは地元のカリフォルニア大学へ進学。大学から社会人へと成長していくなかで、彼らの恋愛模様は複雑に絡み合い、犯罪やドラッグなどの深刻なトラブルにも見舞われる。

　2010年4月、1990年代に放送した『ビバリーヒルズ高校白書』と同じ場所を舞台に、10年後の次世代を描いた『新ビバリーヒルズ青春白書』が教育テレビでスタートする。恋に悩み、夢を追う若者たちの姿を、ドラッグ、自殺、妊娠などアメリカの若者が直面する社会問題を背景に描いた。

　"ビバヒル"に続いて海外ドラマブームを決定づけたのが『ER 緊急救命室』の大ヒットだ。映画「ジュラシック・パーク」の原作者で知られるベストセラー作家のマイケル・クライトンと、スティーブン・スピルバーグ率いるアンブリン・テレビジョンが共同制作したテレビドラマシリーズである。

　本国アメリカでは1994年9月に放送をスタートし、たちまち大反響を呼び、翌1995年にはテレビ界のアカデミー賞と呼ばれるエミー賞を8部門で受賞。同時間帯にテレビを見ていた人の半数近くが『ER』を見ていたという驚異的な視聴率を記録。その後も最高視聴率を更新し続け、放送は2009年まで15年間続いた。

　NHKでは1995年12月、衛星第2に特集番組として初登場。翌1996年4月、「BSプライムタイム」月曜枠で25本を放送。1997年4月からは、総合テレビ土曜の午後9時からの定時放送を開始した。同時に衛星第2ではシーズン2に当たる『ERⅡ　緊急救命室』がスタート。2001年からはハイビジョンでシーズン1をスタートさせるとともに、シーズン6の先行放送を開始。以後、2011年3月まで全15シーズンを放送した。

　原作は制作・総指揮も兼ねるマイケル・クライトン。自らの医学生時代のエピソードを描いた「五人のカルテ」

をベースに、病院勤務経験に基づいたリアルな医療ドラマを書き上げた。

　ドラマの舞台は、シカゴのカウンティ総合病院の緊急医療病棟ER（Emergency Room）。24時間365日休みなく救急患者を受け入れる医療関係者の"戦場"である。ここに勤務する医師や看護師たちの成功と挫折、恋愛模様などの人間ドラマを、臓器移植、がん告知、HIV感染、ドラッグ等の医療問題や、偏見や差別などの社会問題を絡めて描いた。

　『ER』の最大の魅力は、縦横無尽に動き回るカメラワークが生み出す圧倒的なスピード感と迫力だ。ストレッチャーで運ばれる急患、慌ただしく対応する医療スタッフの動きによって、一刻を争う命の攻防をアクション映画さながらに表現した。初期の収録には、ロサンゼルス郊外の廃院となった病院に救命室のセットを再現。注射器や手袋などの医療器具はすべて実物をそろえた。さらに実際の臨床例を基に書かれた脚本で、緊急救命室に勤務する医師が演技指導に当たるなど、徹底的に"本物"にこだわってERの実態に迫った。

　小児科医ダグラス・ロスを演じたジョージ・クルーニーは、シーズン1からシーズン5までレギュラー出演し、トップスターへの階段を上った。

　『ER　緊急救命室』に続いて、『アリー♥ my ラブ』（1998〜2002年度）、『ザ・ホワイトハウス』（2002〜2005年度）も好評で、週末の総合テレビの深夜帯の海外ドラマ枠が定着する。

『ベイウォッチ』（1996〜1998年度）→P199

『ヤングライダーズ』（1994〜1995年度）→P198

06

『冬のソナタ』で韓流ブーム到来
（2000年代）

　1996年4月から衛星第2の平日午後11時台に海外ドラマの放送が始まった。2000年代に入ってからは「海外連続ドラマ」枠を設け、『ER』『ベイウォッチ』『チャームド　魔女3姉妹』『ロストワールド〜失われた世界〜』などの人気海外ドラマを次々に放送。衛星第2が新作海外ドラマを放送する基幹チャンネルとなった。

　2003年4月、「海外連続ドラマ」の木曜枠に、海外ドラマの新たな潮流となる記念碑的な作品が登場する。韓流ブームの原点ともいわれる『冬のソナタ』（全20回）である。

　本国の韓国では、2002年3月から放送され、爆発的なヒットを記録した作品だ。それまで「海外ドラマ」といえば、アメリカ制作がほとんどで、アメリカ以外ではコナン・ドイルやアガサ・クリスティー原作のイギリス制作が散見される程度だった。そこに登場した韓国ドラマを、視聴者は新鮮な驚きをもって迎えた。

　物語の舞台は現代の韓国、美しい湖畔の町春川。明るい性格で成績優秀なユジンと物静かな転校生チュンサン、ユジンに思いを寄せる幼なじみのサンヒョクの3人の高校時代から物語は始まる。ユジンとチュンサンはお互いを初恋の人としてひかれあうが、突然の交通事故でチュンサンは帰らぬ人となる。それから10年の時が流れ、ユジンはサンヒョクと婚約。結婚を目前に控えたある日、ユジンは亡くなったはずのチュンサンとうり二つの男性ミニョンと出会う。ミニョンの正体をめぐる謎や、ユジンとチュンサンの出生の秘密も絡みながら、ユジンとミニョンの運命が描かれる。

『チャームド　魔女3姉妹』（2001〜2004年度）→P202

『ロストワールド〜失われた世界〜』
（2001〜2003年度）→P202

海外ドラマ

『冬のソナタ』(2003年度) →P203

『美しき日々』(2003年度) →P204

『宮廷女官　チャングムの誓い』
(2004～2005年度) →P204

『オールイン　運命の愛』(2004年度) →P204

『ファン・ジニ』(2008年度) →P205

　"映像の魔術師"と評されるユン・ソクホ監督が描き出す美しい映像と音楽。"ヨン様"の愛称で一躍脚光を浴びたミニョン(チュンサン)役のペ・ヨンジュンと、ユジン役のチェ・ジウの魅力。三角関係、記憶喪失、出生の秘密などドラマチックな展開。"純愛"という永遠のテーマ。これらのヒット要素が満載のドラマは、中高年の女性を中心に大ブームをよんだ。

　日本語吹き替えは、ミニョン(チュンサン)を萩原聖人、ユジンを田中美里、サンヒョクを猪野学がそれぞれ演じた。

　2003年9月に放送が終了すると、NHKには再放送希望が殺到。12月14日の特集番組『冬のソナタはこうして生まれた～監督・俳優が語る撮影の舞台裏』に続いて、翌15日から26日まで全20話を集中放送した。2004年4月には総合テレビに波を移して放送を開始。土曜午後11時台にもかかわらず、最終回は20%を超える異例の高視聴率を記録し、"冬ソナ"ブームを決定づけた。9月にはNHKホールでの公開番組『"冬のソナタ"グランド・フィナーレ　感動をありがとう　ソナチアンのつどい』を放送。NHKホールに集結した"ソナチアン"と呼ばれる"冬ソナ"ファンを前に、ドラマの監督、脚本家らが出演し、番組の舞台裏を語った。このイベントの参加申し込みには約8万通の応募があった。さらに12月20日から30日まで、衛星第2で未公開シーンの入ったノーカット字幕版『冬のソナタ完全版』全20話を一挙放送。2003年から2年間で同じドラマを4回も放送したことからも、いかに視聴者の反響が大きかったかがわかる。

　『冬のソナタ』で韓国ドラマブームが始まると同時に、韓国映画やK-POPなどの韓国文化にも関心が集まり、"韓流ブーム"が起こった。

　『冬のソナタ』放送終了後、『美しき日々』(2003年度後期)、『オールイン　運命の愛』(2004年度前期)と現代ドラマが続いたあと、2004年10月、初めての韓国歴史ドラマとなる『宮廷女官　チャングムの誓い』(全54話)が同じ「海外連続ドラマ」の木曜枠でスタートする。

　本国韓国では2003年9月から翌年3月まで放送され、最高視聴率57.8%を記録した作品だ。2005年10月から

『太王四神記』
(2008年度) →P205

『チェオクの剣』
(2005年度) →P204

『イ・サン』(2009～2010年度) →P206

『トンイ』
(2011～2012年度)
→P206

は総合テレビの土曜午後11時台に放送し、『冬のソナタ』に劣らない大きな反響を得る。

　物語の舞台は、16世紀初頭の朝鮮王朝時代の宮廷。実在の人物チャングムをモデルに、宮廷料理人から王の主治医にのぼりつめた女性の半生を描いた。チャングムが数々のいじめ、陰謀などの苦難を乗り越えていく波乱万丈の展開に加え、豪華けんらんな宮廷料理や漢方をベースにした東洋医学の知識などが視聴者をひきつけた。

　チャングム役は、日本でもヒットした映画「JSA」のイ・ヨンエ。日本語吹き替えは生田智子が担当した。

　『冬のソナタ』と『宮廷女官　チャングムの誓い』の大ヒットは、衛星第2の『海外連続ドラマ』に「韓国ドラマ」枠を定着させた。特に『宮廷女官　チャングムの誓い』を第1弾とする韓国歴史ドラマは、『チェオクの剣』(2005年度)、

『太王四神記』(2008年度)、『イ・サン』(2009～2010年度)などを放送。

　2011年4月からそれまでの衛星第1、衛星第2、衛星ハイビジョンの3チャンネルが、「BS1」と「BSプレミアム」のハイビジョン2チャンネルに移行すると、BSプレミアムの日曜午後9時から10時までを韓国ドラマ枠として、『トンイ』(2011～2012年度)、『王女の男』(2012年度)、『太陽を抱く月』(2012～2013年度)、『馬医』(2013～2014年度)、『奇皇后―ふたつの愛　涙の誓い―』(2014～2015年度)、『イニョプの道』(2016年度)、『三銃士』(2016年度)、『オクニョ　運命の女(ひと)』(2017年度)、『仮面の王　イ・ソン』(2018年度)、『秘密の扉』(2018年度)、『不滅の恋人』(2018～2019年度)、『100日の郎君様』(2019年度)、『ヘチ　王座への道』(2019～2020年度)、『花郎(ファラン)希望の勇者たち』(2021年度)、『王女ピョンガ

『王女の男』(2012年度) →P207

『太陽を抱く月』(2012～2013年度) →P207

『馬医』(2013～2014年度) →P207

『奇皇后―ふたつの愛　涙の誓い―』
(2014～2015年度) →P207

『イニョプの道』(2016年度) →P208

『美しき伝説の商人～キム・マンドク～』
(2016年度) →P208

『オクニョ　運命の女(ひと)』
(2017年度) →P209

『仮面の王　イ・ソン』(2018年度) →P209

『秘密の扉』(2018年度) →P209

『不滅の恋人』(2018～2019年度) →P209

『ヘチ　王座への道』
(2019～2020年度) →P210

『100日の郎君様』(2019年度) →P209

海外ドラマ

ン　月が浮かぶ川』(2021年度)、『七日の王妃』(2022年度)、『コッソンビ　二花院(イファウォン)の秘密』(2023年度)、『御史(オサ)とジョイ』(2023年度)など、あたかもシリーズドラマのようにラインナップされ、韓国ドラマの人気は定着する。そのほか中国時代劇の『コウラン伝　始皇帝の母』(2020〜2021年度)と『上陽賦　運命の王妃(2022〜2023年度)もこの枠で放送された。

海外ドラマと言えば"コロンボ""ビバヒル""ER"といったアメリカドラマのイメージが定着していたが、"冬ソナ""チャングム"のヒットで、新たに「韓国ドラマ」という新ジャンルが生まれた。

07

欧州発の人気シリーズが登場
(2010年代〜)

2011年4月、新しいハイビジョンチャンネル「BSプレミアム」のスタートで、これまで衛星第2、ハイビジョンで放送さ

れていた「海外連続ドラマ」はBSプレミアムに移行する。

2000年代から続く『デスパレートな妻たち』『アグリー・ベティ』『グッド・ワイフ』などのアメリカ発のシリーズドラマや韓国ドラマが人気を集める中で、『SHERLOCK(シャーロック)』と『ダウントン・アビー　華麗なる英国貴族の館』という英国発の2作品が注目を集めた。

『SHERLOCK(シャーロック)』はアーサー・コナン・ドイルの推理小説「シャーロック・ホームズ」シリーズを下敷きに、舞台を現代のイギリスに置き換えるなど大胆にアレンジしたBBCの人気ドラマシリーズだ。

本作ではシャーロック・ホームズがパソコンやスマートフォン、GPS等の最新機器を駆使して犯人を追い詰めていく。シャーロックの神経質な毒舌キャラや相棒ジョン・ワトソンとの友情など、原作の根幹部分は忠実に引き継がれており、往年の"シャーロキアン"からの評価も高い。シャーロック役のベネディクト・カンバーバッチは実績のある役者ではあったが、この役が当たり役となって人気が爆発。トップスターの仲間入りをした。

本国イギリスでは2010年から放送をスタートし、2017年1月にシーズン4を終了。NHKでは2011年8月にBSプレミアムで夏の特集番組としてシーズン1を放送。2017年7月

『デスパレートな妻たち』(2005〜2013年度)→P204

『アグリー・ベティ』
(2007〜2010年度)→P205

『グッド・ワイフ』(2010〜
2012・2014年度)→P206

『glee(グリー)』(2011〜2013年度)→P206

『ワンス・アポン・ア・タイム』
(2013〜2016年度)→P207

『THIS IS US 36歳、これから』
(2017〜2019年度)→P208

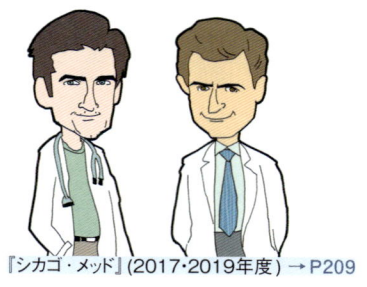

『シカゴ・メッド』(2017・2019年度)→P209

『SHERLOCK(シャーロック)』
(2011〜2012・2014・2017年度)→P207

『ドクター・フー』(2006年度)→P204

『ダウントン・アビー　華麗なる英国貴族の館』
(2014〜2017年度) →P207

『刑事フォイル』
(2015〜2016・2019年度)
→P208

『クイーン・メアリー
愛と欲望の王宮』
(2016〜2018年度) →P208

『女王ヴィクトリア　愛に生きる』
(2017・2019年度) →P209

『マスケティアーズ　パリの四銃士』(2016年度) →P208

『DOC(ドック)　あすへのカルテ』
(2022〜2023年度) →P211

『アストリッドとラファエル
文書係の事件録』(2022年度〜) →P211

にシーズン4の放送を終えた。

　『ダウントン・アビー　華麗なる英国貴族の館』もイギリスのドラマシリーズで、本国イギリスでは2010年9月からシーズン1の放送をスタートし、2015年12月にシーズン6をもって終了。日本では2014年に総合テレビでシーズン1の放送を開始。20世紀初頭のイギリス、田園地帯にたたずむ大邸宅"ダウントン・アビー"を舞台に、そこで暮らす伯爵一家と使用人たちの人間模様を描いた群像劇だ。

　第1次世界大戦直前の1912年、ダウントン・アビーの当主であるロバート・グランサム伯爵のもとに、爵位と財産を継承するはずだった甥が亡くなったという知らせが届く。伯爵家の相続問題をきっかけに、さまざまな愛憎劇が繰り広げられる。

　タイタニック号の沈没事故、第1次世界大戦の勃発、スペイン風邪の流行など、時代のダイナミックなうねりを背景にした人間ドラマで、細部にまでこだわった衣装や調度品の数々、徹底した時代考証に基づいた美術などでリアリティーを生み出し、視聴者をドラマの世界に引き込んだ。

　作品はシーズン1でいきなりエミー賞の作品賞ほか5部門とゴールデングローブ賞作品賞を受賞。シリーズを通してエミー賞、ゴールデングローブ賞ほか数えきれないほどのテレビ関連のアワードを受賞するなど、高い評価を受けた。世界200以上の国と地域で放送されて、世界中で人気のドラマシリーズとなった。

　2022年7月にフランス発のミステリードラマ『アストリッドとラファエル　文書係の事件録』が総合テレビの午後11時台に始まる。主人公はパリの犯罪資料局の文書係ア

ストリッドと、直感的で大胆な行動派の警視ラファエルという2人の女性。自閉症のアストリッドは犯罪学者や監察医並みの知識を兼ね備える一方、周りから理解されない苦悩を抱える。一方、警視ラファエルも愛息の親権を失う悲しみを抱えている。論理的で几帳面、犯罪捜査のデータベースのようなアストリッドの才能を見抜いたラファエルは、アストリッドとタッグを組んで難事件に立ち向かう。性格も環境も全く異なる2人がお互いの苦悩と孤独を理解し合い、事件を解決したいという情熱を共有するなかで、最強のバディとなっていく。アストリッドの声を演じる貫地谷しほりは、このドラマシリーズの吹き替えで、第17回声優アワードを受賞した。

　『アストリッドとラファエル』の後を受けて2022年10月に始まった『DOC(ドック)　あすへのカルテ』はイタリアの作品。ミラノの総合病院の誰もが認める優秀な内科医長アンドレア・ファンティは、ある男に銃撃されて意識不明に。幸いにも一命をとりとめるが、過去12年間の記憶を失ってしまう。決定権のないドクター助手「DOC」として病院に残り、元妻や同僚との交流の中で医療にまい進するアンドレアの再生の物語である。イタリアの医師で作家のピエルダンテ・ピッチョーニの実話に基づいた小説に着想を得て制作されたテレビシリーズで、イタリアで過去13年間に放送されたテレビシリーズの中で最高の視聴率を獲得した。

　2024年2月からはウクライナ発のドラマ『ドライブ in ウクライナ　彼女は「告白」を乗せて走る』を総合の午後11時台に30分番組で全10回を放送。2022年2月に始まったロシアのウクライナ侵攻以降を描いた初のドラマである。

1950年代

口笛を吹く男　1956～1957年度

1話完結のクライムサスペンス。番組冒頭に口笛を吹く黒マント姿の男の影が現れ、これから起こる事件の不気味さを暗示。事件がスリリングに展開し、最後にどんでん返しがあり視聴者を驚かせる結末で人気を得る。発足間もない日本のテレビ界にアメリカ発のテレビ映画ブームを巻き起こし、国内のテレビドラマ制作の気運が高まる。（白黒／字幕／アメリカ／原題：The Whistler）

ハイウェイ・パトロール　1956～1960年度

カリフォルニア州警察の協力を得て、ハイウェイ（国道）の警備にあたる機動警察隊の活躍を描いた。パトカーやヘリコプターを使って犯人を追い詰めるスピード感とスリリングな展開が人気に。主役のダン隊長を演じたのはアカデミー賞主演男優賞のブロデリック・クロフォード。犯罪物ではあるが、人間味あふれる演出が好評だった。（白黒／字幕／アメリカ／原題：Highway Patrol）

空想科学劇場　1956～1958年度

当時の最新科学知識で未来を空想するシリーズ。テーマは宇宙・医学・物理など多岐にわたる。科学知識で説明可能な範囲で解決するので派手な演出はないが、その真面目さで中高生に人気となる。番組の始めと終わりに、ニュース解説で有名なトルーマン・ブラッドレーが科学知識の解説と簡単な実験を行う。彼の親しみやすい個性と明快な解説が好評だった。（白黒／字幕／アメリカ／原題：Science Fiction Theater）

ドクター・クリスチャン　1957年度

当時のアメリカ社会を背景に、ヒューマニズムにあふれる医師クリスチャンの姿を描いた心温まるドラマシリーズ。ラジオの人気番組を名優ジーン・ハーショルト主演で映画化したことで人気を呼び、テレビ化された。第1話はハーショルト主演で撮影したが、彼の急死により第2話からはマクドナルド・ケリーが引き継ぐ。後の数々の医療ドラマの先駆けとなった記念すべきシリーズ。（白黒／字幕／アメリカ／原題：Dr.Christian）

アイ・ラブ・ルーシー　1957～1960年度

ちゃっかりしていて天真らんまんな主婦ルーシーと、堅実第一主義だがあまりぱっとしない二流楽団のバンドリーダー・リッキー夫妻が織りなすホームコメディー。ルーシー（ルシル・ボール）とリッキー（デジー・アーネズ）は実生活でもおしどり夫婦で、呼吸がぴったり合った2人の演技がドラマの魅力だった。（白黒／字幕／アメリカ／原題：I Love Lucy）

スター劇場　1958年度

毎回ハリウッドの映画スターを主人公に、ラブ・ロマンスや人間味あふれるホーム・ドラマを30分1話完結で放送。登場した主なスターは、マーガレット・オブライエン、アイリーン・ダン、ナタリー・ウッド、ドナ・リード、タブ・ハンター、リチャード・イーガンなど。原題はスポンサー名を冠にした「フォード劇場」だったが、日本では「スター劇場」とタイトルを変えて放送した。（アメリカ／原題：Ford Theater）

ニューヨーク物語　1958～1959年度

大都市ニューヨークに起こるさまざまな出来事や事件を新聞論説委員の目で描くドラマシリーズ。物語は1話完結で、犯罪事件からホームドラマまで多岐にわたる。屋外場面はニューヨーク市内でロケされ、ドキュメンタリー的な迫力もあった。主役リー・トレーシーは、映画や舞台の脇役として活躍する俳優。渋く落ち着いた演技で、毎回の物語を紹介した。（白黒／字幕／アメリカ／原題：New York Confidential Theater）

ルクレール兄弟の旅　1959～1960年度

NHK初のフランス制作のドラマシリーズ。カナダで両親と死別した7歳と15歳の兄弟が、唯一の身寄りである叔父を探してフランスを一周。ル・アーヴルの港に上陸して、リール、リヨン、マルセーユと1年以上旅を続ける。各地の名所旧跡も見所。G・ブルーノの古典児童文学を現代版に脚色。吹き替えの黒柳徹子、木下秀雄、川久保潔が好評を得た。（白黒／吹替／フランス／原題：Le tour de France par deux enfants）

宇宙探検　1959～1960年度

当時、最新の科学知識に基づいて未来の宇宙征服の夢を描いた空想科学シリーズ。国防省はじめ各宇宙開発研究団体の協力でロケット打ち上げの実写をふんだんに使い、精巧な特殊撮影と共に迫力を生んだ。主人公のマコーレー大佐は常に冷静沈着で、どんな事故にも対処する勇気と能力を持ったスーパーマン。同時に人間的な温かさも兼ね備え、ドラマとしての厚みを出した。（白黒／吹替／アメリカ／原題：Men Into Space）

1960年代

走れチェス　1960～1962年度

アメリカ西部の牧場が舞台。少女ベルベットが暴れ馬で悪評のチェス号を富くじで当てたことから物語が始まる。彼女の夢は、チェスを競走馬に育て、英国のグランド・ナショナルレースで優勝させること。その夢を温かく見守る両親と姉弟、かつて名騎手だった使用人のマイクら、ベルベットを取り巻く人々の生活をチェスの成長を通して描く。原作はエニッド・バグノルドの同名小説。（白黒／吹替／アメリカ／原題：National Velvet）

ロレッタ・ヤング・ショー　1960～1961年度

1947年アメリカ公開の映画「ミネソタの娘」でアカデミー賞主演女優賞を獲得したロレッタ・ヤングが進行役を務めるドラマシリーズ。彼女宛てのファンレターにつづられた質問に対し、ドラマ形式で答える設定。恋愛、コメディー、裁判ものなど幅広いテーマをハートウォーミングな視点で取り上げた。1959年ゴールデングローブ賞の最優秀テレビ番組賞を受賞。（白黒／字幕／アメリカ／原題：The Loretta Young Show）

ひとすじの道　1960～1961年度
有名無名の人たちを伝記風に描いたドキュメンタリードラマのシリーズ。国連設立に貢献しノーベル平和賞を受賞したラルフ・バンチ、2度のオリンピック棒高跳びで金メダルを獲得したのち牧師や政治家として活躍したロバート・リチャーズ、小児マヒを克服してオリンピック選手になったナンシー・マークなど、常に誠実さをもって周囲に光を放った人たちの人間像を描いた。（白黒／吹替／アメリカ／原題：Forty Two on Film）

アリゾナ・トム　1960年度
農場で仕事に励みながら弁護士の国家資格を取るために独学で勉強する青年トムを中心に繰り広げられる異色の西部劇。トムは拳銃の名手でありながら、弱虫（シュガーフット）とあざけられながらも拳銃を使わず、法律の学生らしく事を平和のうちに話し合いで解決しようとする。しかし、荒れた時代の中にあって、拳銃を手に解決せねばならないはめに陥ることも…。（白黒／吹替／アメリカ／原題：SUGARFOOT）

陽気なネルソン　1960～1961年度
父オジー、母ハリエット、兄デイブ、弟リッキーの家族が登場するファミリーコメディー。一家は実際の親子であり、撮影のセットは、本物のネルソン家をそのまま再現した。リッキー・ネルソンは日本でも人気のロックンロール歌手でもある。吹き替えは、劇団民芸の大滝秀治、文学座の新村礼子ほか。（白黒／吹替／アメリカ／原題：The Adventures of Ozzie and Harriet）

西部のパラディン　1960年度
アメリカ開拓時代が舞台。無法の社会にあって弱者を助け、悪者をこらしめて正義を貫く西部のガンマン、パラディンの物語。富裕層の依頼には高額を請求し、貧しい人々には無報酬で問題の解決に乗り出す胸のすくような西部劇。前身黒ずくめで、チェスのナイトを刻んだ特注の銃がトレードマーク。（白黒／字幕／アメリカ／原題：Have Gun Will Travel）

おとぎの国　1961年度
グリム童話、アンデルセン、アラビアンナイトなど名作童話を、子ども向けにミュージカル仕立てにしたドラマシリーズ。1930年代、映画界の名子役として一世をふうびしたシャーリー・テンプルが22歳で引退し、結婚・子育てを経て8年ぶりにカムバックした番組。実生活でも3人の子を持つシャーリーが進行役となり、子どもたちと出演。（白黒／吹替／アメリカ／原題：Shirley Temple's Storybook）

花嫁の父　1962年度
年ごろの娘を持つ頑固だが気のいい父親の哀歓を描いたホーム・コメディー。1950年に大ヒットした映画「花嫁の父」をテレビドラマ化。娘の結婚が決まり母親は有頂天になっているのに対し、父親は複雑な思いを抱いている。父親としての役割が無くなっていくことに寂しさを感じながらも、必死で良き父であろうとする花嫁の父の姿を描いた。（白黒／吹替／アメリカ／原題：Father of the Bride）

ルート66　1962年度
トッドとバズの2人の若者が、スポーツカーでロサンゼルスからシカゴに通じる全長3755キロのハイウェイ、ルート66に沿って進むロードムービー。旅する途中で遭遇する様々な事件や人間模様を描いた。主題歌は、1946年にボビー・トゥループが作詞・作曲したポピュラー・ソングを、バズ役のジョージ・マハリスがロックンロール風に歌い大ヒットした。（白黒／吹替／アメリカ／原題：Route 66）

トム・ソーヤの冒険　〈1962〉　1962年度
アメリカの国民的作家マーク・トウェーンの半自伝的小説をイギリスBBCがテレビドラマ化したシリーズ。アメリカ開拓時代、ミシシッピー川沿いの小さな田舎町セントピーターズバーグで暮らすわんぱくでいたずら好きの少年トムと親友ハックルベリーが繰り広げる、スリルとユーモアにあふれた数々の冒険を描く。（白黒／吹替／イギリス／原題：The Adventure of Tom Sawyer）

ぼくらのポリー　1962年度
サーカスの子馬ポリーと少年たちの交流を通して団結心と冒険心を、美しいフランスの田園風景を背景に描いた。フランスの著名な女優セシル・オーブリが脚本・監督を担当し、彼女の息子が主人公の少年パスカルを演じた。1959～1960年度放送の『ルクレール兄弟の旅』に次ぐフランス制作の児童向けテレビドラマ。語りを久米明が、少年パスカルの声を松島みのりが演じた。（白黒／吹替／フランス／原題：Polly）

マッコイじいさん　1962～1964年度
アメリカ南部で農場を営むマッコイ一家を描いたシリーズ。正直者だが頑固一徹の祖父を中心に、妻ケイトと孫のルーク、年の離れた妹と弟、メキシコ生まれの使用人も加わって繰り広げるにぎやかなホームコメディー。楽しいストーリーの中に道徳的な教えも盛り込まれている。マッコイじいさん役は、アカデミー賞助演男優賞の俳優ウォルター・ブレナン。（白黒／吹替／アメリカ／原題：The Real McCoys）

弁護士プレストン　1962～1965年度
弁護士プレストン父子が、高い理想主義にもとづく社会や個人のあり方を追求する法廷ドラマ。現実主義と理想主義の立場を巧みに対比させ、法廷での人間心理、法律という冷厳な壁、さまざまな社会悪をテーマに、正義とヒューマニズムの諸問題を描いた。アメリカのテレビ界で最高の栄誉であるエミー賞を1962年から1964年まで3年連続受賞。教育（日）午後10時から放送。（白黒／字幕／アメリカ／原題：The Defenders）

ママと七人のこどもたち　1962～1963年度
ドラマシリーズ『ロレッタ・ヤング・ショー』（1960～1961年度）をリニューアル。双子の息子と5人の娘、計7人の子どもたちのにぎやかな日常を描いたホームコメディー。各エピソードは、子どもたちの生活と成長に焦点を当てながら、母として、恋する女として、エネルギッシュに生きる未亡人クリスティンの姿を描いた。ロレッタ・ヤングの吹き替えは月丘夢路が演じた。（白黒／吹替／アメリカ／原題：Christine's Children）

看護婦物語　1962～1965年度
ニューヨークの総合病院を舞台に、民族や信条、貧富の差にこだわらず病気と闘う看護の仕事の厳しさをリアルに描いたドラマシリーズ。各エピソードとも社会性のある問題を提起。シリーズ後半では、新たに2人の若い医者が主役として登場。理想主義的な情熱に燃えるタジンスキーと現実主義者ステファンとの性格のコントラストは、番組に一層幅と深みを持たせた。（白黒／吹替／アメリカ／原題：The Nurses）

陽気な夫婦　1963～1964年度

ロサンゼルスに住む保険外交員ピートとその妻グラディスが、周囲で起こる数々のトラブルを明るくおしゃれに解決していくホームコメディー。1950年代の人気ドラマ『12月の花嫁（December Bride）』に登場した、妻に対する不平ばかりこぼす隣人ピートの物語。吹き替えはハリーを牟田悌三、グラディスを中原美紗緒が演じた。（白黒／吹替／アメリカ／原題：Pete and Gladys）

南海のテリー　1963年度

主人公の少年テリーは、世界保健機構に勤務する父の南太平洋群島研究に同行する。テリーの無垢（むく）な目を通して未知の世界を描き、見る者を冒険と夢にあふれた楽しい世界にいざなった。太陽の光や自然に恵まれない文明都市の子どもたちのために、北欧スウェーデンの制作会社が制作。吹き替えはテリーを田中秀幸が、父を北村和夫が演じた。（カラー／吹替／スウェーデン／原題：Terry in the South Seas）

わが道を行く　1963年度

ビング・クロスビー主演の映画「我が道を往く」（1944年度）を基にテレビ向きにリメーク。ニューヨークの下町の教会が舞台。頑固で人情家のフィッツ老神父、助手のオマリー神父、台所をあずかるフェザーストーン、社会事業に取り組む若者トムの4人が、それぞれの仕事を通じて町の人々の悩みを親身に聞き、人間味あふれる解決をしていくヒューマンコメディー。（白黒／吹替／アメリカ／原題：Going My Way）

三人の若者　1964～1965年度

マルセイユ発パリ行きの夜行列車で知り合った、医科大学へ入学したエチェンヌ、芸術家の夢を追うリュシアン、実業家の息子のジャン。車内で語り合ううちに友情で結ばれた3人がパリを舞台にくりひろげる青春ドラマ。1961年からフランスで放送され、リアルな現代青年の姿が共感をよんだ。原題の直訳は「友だちの時間」。（フランス／原題：Le temps des copains）

スラッタリー物語　1966年度

ジム・スラッタリーは、自分が世の中を変えたいという希望を持って州議会に入ったが、さまざまな規則や多数派野党とのやりとりで、壁の高さを知る。当時の政治家の苦悩にスポットを当てた社会派テレビシリーズ。番組冒頭には、「民主主義は非常に悪い政治形態である。しかし、決して忘れないでほしい。他のすべてのものはもっと悪い」と警句のメッセージが流れた。（アメリカ／原題：Slattery's People）

タイム・トンネル　1967年度

若き科学者トニーとドグの2人が、アメリカ西部の大砂漠の地下に作られた巨大な科学装置「タイム・トンネル」の実験中のトラブルで、過去や未来の時空をさまようことになる。過去の歴史的大事件を目撃するなど、スリルとサスペンスのSF作品。世界中で幅広い年齢層から好評を得た。全30話のうち「真珠湾」と「南硫黄島」は、日本では放送されなかった。（カラー／吹替／アメリカ／原題：The Time Tunnel）

ワイオミングの兄弟　1967～1968年度

1870年代のワイオミングが舞台の西部劇シリーズ。事故で両親を失ったモンロー家の5人兄弟が、父親の遺志を継いで荒野に農場を建設しようとする姿を描いた。周囲の嫌がらせや妨害に遭いながらも、旅の途中で知り合ったネイティブ・アメリカンや地元の理解と協力を得て土地を守っていく兄弟の不屈の開拓者魂が視聴者の共感を呼んだ。（カラー／吹替／アメリカ／原題：The Monroes）

農園天国　1967～1968年度

ニューヨークに住むエリート弁護士オリバー・ダグラスは、マンハッタンの高級ペントハウスを離れ、片田舎のフッタービルで念願の農園生活を始める。農業のことはまったくわからない夫と料理下手の妻が、個性豊かな隣人たちに囲まれ、慣れない田舎暮らしで様々な珍騒動を巻き起こす。ストレス過剰の都市文明をおおらかに笑い飛ばしたコメディードラマ。（カラー／吹替／アメリカ／原題：Green Acres）

コロネットブルーの謎　1968年度

ニューヨークの港に車ごと突き落とされ、病院のベッドで目覚めたときには記憶喪失になっていた青年。唯一覚えていた「コロネットブルー」という言葉だけを頼りに、自分の記憶を取り戻すための旅を始める。自分は誰か、なぜ命を狙われたのかを探るサスペンスドラマ。13話まで制作したところで制作打ち切りとなり「コロネットブルー」が意味する謎は解明されないまま番組は終了する。（カラー／吹替／アメリカ／原題：Coronet Blue）

弁護士ジャッド　1968・1970～1971年度

クリントン・ジャッドは、高額な弁護費用で有名な中年弁護士。助手のベンと共にアメリカ各地へ赴き、巧みな弁舌で依頼人を有利に導いていく。ジャッドの活躍を通して、果敢な社会批判をみせる本格的法廷ドラマ。ジャッド役はカール・ベッツ、吹き替えは南原宏治。アメリカ探偵作家クラブ賞（MWA賞）のひとつであるエドガー賞の最優秀テレビドラマ賞を受賞。（カラー／吹替／アメリカ／原題：Judd, for the Defense）

プリズナー No.6　1968～1969年度

国家の最高機密に関わっていた諜報員の主人公が、組織を抜けようとしたことで捕らえられ「村」と呼ばれる見知らぬ場所に幽閉されてしまう。ここでは人々は名前を持たず番号で呼ばれ、彼に与えられた番号は「No.6」。あらゆる脅迫に抵抗し自由を求めて脱出を図ろうとするが、予想もしない意外な結末が待っている。SF的要素を織り込んで描くサスペンスドラマ。（カラー／吹替／イギリス／原題：The Prisoner）

森林警備隊　1968年度

カナダの大森林地帯を舞台に、森林警備隊員を助けて活躍するジュニア隊員の活躍を描いた少年少女向け冒険ドラマ。大自然の雄大さに触れながら成長していく少年少女の姿を描いたカナダ初のカラー・シリーズ。1967年4月から『少年映画劇場』の枠内でスタート。1968年度に単独番組として独立。総合（月）午後6時台に放送。（カラー／吹替／カナダ／原題：The Forest Rangers）

アフリカ大牧場　1968年度

ヒュー・オブライエン主演の映画「野獣狩り　カウボーイ・スタイル」（1967年度）をテレビドラマ化。ケニアに野生動物の牧場を建設するためにアメリカから呼ばれたカウボーイのジムと、彼を慕う現地の少年とのふれあいを、密猟者や猛獣との戦いとともに描いたアフリカ版西部劇。ジム役は民放の海外ドラマ「ライフルマン」のチャック・コナーズが演じた。（カラー／吹替／アメリカ／原題：Cowboy in Africa）

01.ドラマ　02.クイズ・バラエティー　03.音楽　04.伝統芸能　05.ニュース　06.報道・ドキュメンタリー　07.紀行　08.教養・情報　09.自然・科学　10.こども・教育　11.人形劇・アニメ　12.趣味・実用　13.大型特集番組等

宝島　1968〜1969年度

1700年代半ばの物語。ホーキンズ少年は、ふとしたことで宝島の古地図を手にし、帆船チームと共に宝島を探す冒険に出かける。しかし、乗組員の中に海賊の一味がいて、財宝を自分のものにしようと密かに反乱を計画していた。英国の作家ロバート・ルイス・スティーブンソンの同名小説を、フランコ・ロンドン・フィルムが制作。（カラー/吹替/アメリカ/原題：L'ILE AU TRESOR）

動物先生の日記　1969年度

オーストラリアの子ども向けテレビシリーズ。オーストラリアの奥地に暮らす獣医のジョンと娘のティギー、アボリジニの養子ケビン、ドイツ人獣医のピーターらが、オーストラリアの珍しい動物と出会いながら展開するヒューマンドラマ。原題の"Woobinda"はアボリジニの言葉で「動物の医者」という意味。（カラー/吹替/オーストラリア/原題：Woobinda, Animal Doctor）

ママは太陽　1969〜1970年度

2人の幼い子を連れた未亡人がニューヨークを離れ南西部の牧場に移り住み、明るく生きる姿を描いたホームコメディー。主演のドリス・デイは実生活でも1968年に夫を亡くし、映画界を引退。活躍の場をテレビに移して初のテレビ出演作。吹き替えと原語の音声多重実験放送を初めて試行。ドリスの声を吹き替えたのは、彼女の大ヒット曲「ケ・セラ・セラ」を歌ったペギー葉山。（カラー/吹替/アメリカ/原題：The Doris Day Show）

トム・ソーヤの冒険　〈1969〜1970〉　1969〜1970年度

マーク・トウェーンの同名小説をフランスで制作。舞台は、アメリカのミシシッピ川沿いにあるセント・ピーターズバーグという架空の田舎町。いたずら好きで迷信深い少年トム・ソーヤが、ハックルベリー・フィンやジョー・ハーパーなどの仲間と無鉄砲な冒険をしながら成長していく姿を描く。トムのいたずらには教訓的要素も含まれた意外なオチがついてくる。（カラー/吹替/フランス/原題：Les Aventures de Tom-Sawyer）

1970年代

探偵ストレンジ　1970年度

舞台はロンドン。手腕を買われて政府から特別の任務を依頼された元内務省の犯罪学者アダム・ストレンジは、国際的陰謀、スパイ事件などの複雑怪奇な難事件を、科学捜査技術を駆使して次々に解決していく。当時では珍しい鑑識科学から捜査するクライムサスペンスドラマ。主演はアンソニー・クエイル、吹き替えは永井智雄。（カラー/吹替/イギリス/原題：Strange Report）

南海のマイク　1970〜1971年度

ヨットの船長を祖父にもつ少年マイクは、ドキュメンタリー番組のカメラマン・ボブと雑誌記者のラスティとともに、祖父の所有するヨットで、オーストラリア東海岸を取材旅行の冒険に出る。マイクはオーストラリア各地の海をめぐりながらさまざまな事件に巻き込まれ、解決していく。撮影は、シドニーの北に位置する美しいホークスベリー川沿いのブルックリンで行われた。（カラー/吹替/オーストラリア/原題：The Rovers）

魔法使いキャットウィーズル　1970年度

11世紀の魔法使いキャットウィーズルが、魔法のお守りとヒキガエルだけを持って900年後の現代にタイムスリップ。イギリスの田舎の農場にたどり着き、農場主の息子と仲良くなる。彼は現代のあらゆる技術を強力な魔法と勘違い。現代の科学技術に驚嘆して次々と騒動を起こしながら元の時代に戻ろうと悪戦苦闘する冒険コメディー。（カラー/吹替/イギリス/原題：Catweazle）

ドクターウェルビー　1971年度

内科医のマーカス・ウェルビーはサンタモニカに診療所を開設し、"医は仁術なり"の理念を実践して地域の医療に貢献している。助手の医師スティーブは、利益にならない医療はしない合理主義者。医師としてだけでなく、人生相談にのるなどして住民に尽くす医師たちの姿を描いた医療ドラマ。主演はロバート・ヤング、吹き替えは根上淳。1969年度のエミー賞3部門を獲得。（カラー/2か国語/アメリカ/原題：Marcus Welby M.D.）

エンデバー号の探険　1971〜1972年度

オーストラリアの大さんご礁を舞台に、海洋生物学者たちがコンピューターやミニ潜水艇などの最新鋭機器を装備した豪華帆船エンデバー号で、「グレート・バリア・リーフ」に眠る資源を調査する。エンデバー号の秘密を探るスパイたちの暗躍や次々に起こる事件を、全員で協力して解決していく海洋アドベンチャー。大規模なカラーの水中撮影を行った世界初のシリーズ。（カラー/2か国語/オーストラリア/原題：Barrier Reef）

ピッポと小馬　1971年度

パイロットの父親が行方不明になった8歳の少年ピッポは、病弱な母親と水の都ベネチアに住んでいる。ピッポは街角でバイオリンを弾き、家計を助けていた。ある日、町で一頭の子馬と出会う。仲よしになった子馬とピッポは町の人気者になり、次々と起こる困難や悲しい出来事を互いに協力しあって解決していく。少年と馬の心温まる友情物語。（カラー/吹替/フランス、イタリア/原題：Polly a Venice）

西部二人組　1972年度

19世紀末、開拓時代も終わったアメリカ西部を舞台にしたコメディー西部劇。ヘイズとカーリーは、列車強盗や銀行強盗で追われているが、天真らんまんでどこか憎めないお尋ね者。2人は無法者が生き残れる世の中ではないことを感じ取り、なんとか足を洗いたい。1年間犯罪を犯さなければ恩赦を受けられるとの情報を耳にした2人だが、それを阻む数々のトラブルが発生。（カラー/2か国語/アメリカ/原題：Alias Smith and Jones）

ロンドン大追跡　1973年度

ビルと妹のシャーロット、親友ピーターの仲よし3人組が偶然ある空き家で、犯罪に関する秘密の電話を聞いてしまった。そこで、話に出ていた謎の場所、タイラント・キングを求めてロンドンの町中を捜索するうちに、怪しい男を発見し追跡する。ロンドン交通局が出版したアイルマー・ハルの小説が原作の少年向けアドベンチャー・ドラマ。（イギリス/原題：Tyrant King）

刑事コロンボ　1973〜1981・2008〜2010年度

一見さえないロサンゼルス市警の刑事コロンボが、何気ない言葉や手がかりから犯人を追い詰めていく犯罪ドラマ。番組冒頭で殺人事件の一部始終を見せ、コロンボが犯罪のトリックを解き明かしていくというスタイルで、犯人との心理的な駆け引きが見どころとなった。コロンボをピーター・フォークが演じ、吹き替えは小池朝雄（初代）。1970年代後半に45話を放送後、新シリーズを放送。（吹替／アメリカ／原題：Columbo）

海のセバスチャン　1973年度

明るく純真な少年セバスチャン。長期休暇の間、叔父マレシャル船長と共に暮らすことになる。25年前に妻子を亡くしレジスタンスだった叔父の過去や、遭難をめぐる人々の対立にふれて、世の中の複雑さを習いながら、一人前の船員に育つまでの物語。フランスの女優で児童文学作家のセシル・オーブリーが自らの小説を監督した児童向けドラマ。（フランス／原題：Sebastian et la Mary Morgane）

荒野の王子　1973年度

17世紀のイギリス、チャールズ2世が王位を弟のジェームズ2世に譲った後、チャールズ2世の庶子であったモンマス公爵が反乱を起こした史実を背景にした創作ドラマ。幼い2人の兄妹を抱えた病弱な母が「実の父はモンマス公爵。父を捜すように」と告げて死んだ。兄妹は母の最後の願いを叶えるために、王の追っ手から逃れ、邪悪な商人と戦いながら、父を捜して命がけの旅を続ける。（イギリス／原題：The Pretenders）

警部マクロード　1974〜1977年度

ニューメキシコ州の小さな町からニューヨーク市警察に特別捜査官として出向してきた連邦保安官代理サム・マクロード。陽気で頭脳明せき、権威無視の態度で常にクリフォード長官と対立。カウボーイハットに乗馬靴で、都会を馬に乗ってかっ歩する。捜査スタイルも野性味あふれる手法で活躍する刑事ドラマ。主演はデニス・ウィーバー、吹き替えは宍戸錠。（カラー／吹替／アメリカ／原題：McCloud）

黒馬物語　1974〜1975年度

19世紀後半のイギリスが舞台。牧場生まれの黒馬のブラック・ビューティは、医者のゴードン一家に大切に育てられていたが、家主の移住により離ればなれになる。医者ゴードンとその一家の愛と冒険の物語を、馬の目線で進行する文学的な手法で描く。1975年9月から第2シリーズとなる『新黒馬物語』を放送。（カラー／吹替／イギリス、アメリカ／原題：The Adventures of Black Beauty）

秘密の白い石　1974年度

スウェーデンの小さな村に住むフィアはいつも仲間はずれにされ、白い小さな石だけが友だちだった。そこに、みなしご少年ハンプスが引っ越してくる。仲良くなった2人は、ハンプスが教会の時計台に落書きをしたら白い石をもらえる約束をした。ある朝、時計台の落書きで村中大騒ぎ。白い石で結ばれた2人が、フィアを仲間はずれにしていた子どもらにささやかな反撃を始めるファンタジードラマ。（スウェーデン／原題：Den Vita Stenen）

アルプスのスキーボーイ　1974年度

スキー訓練のため、アルプス連峰が一望できるマッターホルンの麓サンルーカ村に住む叔父夫婦の元にやってきた17歳の少年ボビー。友だちになった少女サディとともに、得意のスキーテクニックを駆使して、次々とまき起こる事件を解決していくアクション・アドベンチャー。全編通してのスイスの美しい冬景色と、卓越したスキー技術が見どころだった。（イギリス／原題：Skiboy）

大草原の小さな家　1975〜1982年度

アメリカで児童文学の古典となっている、ローラ・インガルス・ワイルダーの同名小説をテレビ化したシリーズ。1870年代のミネソタの大草原へ入植したインガルス一家の厳しくも充実した開拓の日々を通して、家族愛や隣人愛の尊さを描く。シーズン1〜8を放送。1991年からシーズン9にあたる『新・大草原の小さな家』を、さらに1994年から全シーズンを再放送した。（吹替／アメリカ／原題：Little House on the Prairie）

リバーハウスの虹　1975年度

1890年のシドニーを舞台に、イギリス海軍基地に勤める厳格なウールコット大尉と若き妻エスター、いたずら好きで個性豊かな7人の子どもたちを描いたファミリードラマ。いたずらが過ぎて次女は寄宿舎に入れられてしまう。脱走した次女を兄弟姉妹たちが互いにかばい合うが…。古典的なオーストラリアの児童文学小説をドラマ化。（オーストラリア／原題：Seven little Australians）

探偵キャノン　1975〜1976年度

爆弾テロで妻と息子を亡くしたロサンゼルス市警のベテラン刑事フランク・キャノンは、法の限界を痛感して私立探偵へと転身。美食家で体重は100キロを超えた体格にもかかわらず行動力があり、悪者との殴り合いや銃撃戦もこなす。人間味豊かな探偵の活躍を描く大人向けの犯罪ドラマ。主演のウイリアム・コンラッドの当たり役となった。吹き替えは嵯川哲朗。（カラー／吹替／アメリカ／原題：Cannon）

ぼくのテムズ川　1975年度

テムズ川のパブで、母親とパトリック老人と暮らす10代の少年サムが、親友のポールと川の上を飛んでいた模型飛行機を追って古い倉庫にたどり着くと、そこには怪しい人たちが潜んでいた。彼らが何者か探っていくうちに、ダイヤモンドの密輸団であることがわかる。しかも、その一味の中にパトリック老人の息子がいた。川に生きる人々の愛情もからめながら、詩情豊かに描いたアドベンチャードラマ。（イギリス／原題：Sam and the River）

長くつ下のピッピ　1975年度

ピッピは、お下げ髪、赤毛、そばかすだらけの顔、そして長靴下をはいた9歳の女の子。幼くして母を亡くし、船長だった父も嵐の中海に落ちたまま行方不明。孤児になったピッピは、スウェーデンの小さな村で、サルと馬と住んでいて、学校にも行かない。怪力の持ち主で、大人におかしなところがあれば遠慮なく言いまくる。それでいて憎めない茶目っ気たっぷりのピッピの天真爛漫な日々を描いた。（スウェーデン、西ドイツ／原題：Pippi Long-stocking）

署長マクミラン　1976年度

元刑事弁護人でサンフランシスコ警察長官に抜きてきされたスチュアート・マクミランと、犯罪心理学者である父親の影響で推理が大好きな若妻サリー。ハンサムなマクミランと明るい妻サリーが、毒舌な家政婦や部下の巡査部長とともに難事件を解決するコメディタッチのミステリードラマ。マクミランをロック・ハドソンが演じ、若林豪が吹き替えを担当。（カラー／吹替／アメリカ／原題：McMillan and Wife）

地球防衛団　1976年度

一見すると普通の子どもだが、瞬間移動や念力など現代の科学技術を超越した超能力を持つ少年少女たちで結成された地球防衛団スーパー・ティーンズ。彼らの力を悪用する世界政府から隠れながら、この特異な能力を活かして、国家間の陰謀や地球外からの脅威から地球を守るために活躍する姿を描いたSFドラマ。「地底の怪人」「26世紀の海賊」「秘密結社の陰謀」の3つのエピソードを各4話で展開。（イギリス／原題：The Tomorrow People）

森の秘密　1976年度

カメラ小僧のアリステディスとウィルバーは、森で撮影した野鳥の写真の中に、偶然、男の死体が写っているのを発見。撮影した場所に戻るが死体は消えていた。この話をしても大人は誰も信じてくれない。ただひとり信じてくれた祖父に助けをかり、事件の捜査を進めると、ある密輸団に関わりあることが浮かび上がる。若い世代を対象に制作されたコミカルな少年探偵ドラマ。（オランダ／原題：Q & Q）

アン通り47番地　1977年度

ロンドン郊外の小さな町。母は入院、父は行方不明。両親がいなくなった4人の子どもたちがバラバラにされないためには、自分たちだけで生活ができることを証明しなければならない。ただひとり勤め人の長女は、他人の助けを借りず未だ幼い妹や弟たちと、何とか一緒に暮らせるように大奮闘。秘密が当局にバレないように4人が協力しあう日常生活をコミカルに描いたファミリードラマ。（イギリス／原題：The Kids from 47A）

孤島の秘密　1977年度

漂流船に取り残された5人の子どもたちが、地図にない小さな島にたどり着く。そこは、190年前に反乱が起こった囚人船の子孫が暮らす島だった。島は、200歳を超えた独裁者オールマイティQが支配し、島民たちは外界との接触を禁止され、文明は200年前のまま。そこで、子どもたちは、さまざまな危険や妨害と戦いながら、島民たちに20世紀の文明を伝えていこうと奮闘する。（アメリカ、オーストラリア／原題：The Lost Islands）

スカイパトロール　チョッパー・ワン　1977年度

南カリフォルニアを空からパトロールして治安を守るカリフォルニア州警察のヘリコプターチーム。ハイウェイの逃走車を追跡したり、屋上に潜む狙撃犯を捜索するなど、地上のパトカーを空からバックアップする。ヘリコプターを駆使し、犯罪と闘う2人の青年警察官ドンとギルのスリルとサスペンスに富んだ活躍を描いた。「チョッパー・ワン」は警察ヘリコプターの識別コード。（アメリカ／原題：Chopper One）

マネーチェンジャーズ　銀行王国　1978年度

大手銀行の頭取の危篤により、次期頭取に2人の候補が浮かび上がる。そのさなか、横領、大企業の倒産、取り付け騒ぎ、市民デモなど、次々と事件が起こり、権力をめぐる熾烈なドラマが繰り広げられていく。最高権力の座を巡る大銀行の内幕を赤裸々に描く大作ドラマ。映画界の名優、カーク・ダグラスとクリストファー・プラマーがW主演。（アメリカ／原題：Arthur Hailey's the Moneychangers）

権力と陰謀－大統領の密室－　1978年度

ニクソン政権の大統領補佐官ジョン・アーリックマンの内幕小説「ザ・カンパニー」をドラマ化。大統領とCIA長官の闘いを軸に、アメリカ最高権力者たちの野望と陰謀を描いた政治サスペンス。総制作費750万ドルという壮大なスケールの超大作ミニシリーズで、ニクソン政権時代に起こったウォーターゲート事件が下敷きになっている。（アメリカ／原題：Washington : Behind Closed Doors）

マッコイと野郎ども　1978年度

ロサンゼルスの下町に住むマッコイは大のギャンブル好きで、業界では欺（だま）しのマッコイと呼ばれる詐欺師。仲間と一緒に詐欺で得た報酬は、ギャンブルの借金返済と理不尽に窮地に陥った人を救うために使う。風刺的なユーモアを織り交ぜ、大胆不敵な行動、変装や欺しのテクニックを駆使し、悪党から金を巻き上げる。映画「スティング」調の物語をコメディタッチで描いた。（アメリカ／原題：McCOY）

リッチマン・プアマン　1978年度

ドイツ移民のパン職人の2人の息子。ひとりは境遇に打ち勝ち高い教育を手にして起業し成功する。もう一方は破滅と破壊に直面する。愛憎のきずなに揺れ動く兄と弟、それぞれの生き方を通して、人生の悲哀、明暗、皮肉を描いた。第2次世界大戦後のアメリカ社会の退廃や矛盾を鋭く突いた秀作。エミー賞、ゴールデングローブ賞などを受賞。（アメリカ／原題：Rich Man, Poor Man）

ドラマ・自動車　1979年度

1960年代のデトロイト。大自動車メーカーNMCモーターズを背景に、新車ホークの開発に没頭して家庭を顧みない副社長と、人気レーサーと浮気を重ねる妻を中心に、自動車レース絡みの企業戦略や倫理観など自動車産業の内幕を鋭く描く社会派ドラマ。原作は、アーサー・ヘイリーのフォードをモデルにしたと言われる同名小説。（アメリカ／原題：Wheels）

少年ミステリーシリーズ　1979年度

少年を主役にした「ハーディ・ボーイズ」（主演：ショーン・キャシディ）と、少女が中心に活躍する「ナンシー・ドルー」（主演：パメラ・スー・マーチン）を交互に編成し40本を放送。ともに少年少女の推理が事件を解決する筋立て。特に「ハーディ・ボーイズ」の主演をつとめた歌手のショーン・キャシディが甘いマスクで人気となり、反響が大きかった。総合（土）午後6時からの45分番組。（制作：アメリカ・ユニバーサルTV）

ハーディ・ボーイズ　1979年度

父親が私立探偵というハーディ兄弟が、父親譲りの推理力と行動力で難事件を解決する物語。弟ジョーを演じたショーン・キャシディが大人気に。ロングセラーの少年少女向け小説のシリーズをテレビドラマ化。同枠で少女が中心に活躍する「ナンシー・ドルー」を交互に編成した。総合（土）午後6時台の『少年ミステリーシリーズ』枠で放送。（カラー／2か国語／アメリカ／原題：Hardy Boys）

海外ドラマ | 定時番組

1980年代

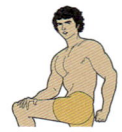

アトランティスから来た男　1980年度

アメリカ西海岸に漂着した青年の手には水かき、肺の代わりにエラがある。海洋開発研究所の科学者に助けられたマーク・ハリスは、失われた文明「アトランティス」の唯一の生き残りだった。水中での呼吸や深海の水圧に耐えるなど、優れた能力を買われ、政府の極秘調査に参加。世界制覇をもくろむ組織と闘うなどの活躍を繰り広げるSFシリーズ。（カラー／総合２か国語、教育字幕／アメリカ／原題：Man from Atlantis）

将軍アイク　1980年度

第二次世界大戦でアメリカを勝利に導いた、当時の連合軍最高司令官で、後に第34代アメリカ合衆国大統領になったドワイト・デーヴィッド・アイゼンハワー。愛称アイク。大戦中の活躍とその経緯に焦点を当て、彼の勇気と決断、苦悩と孤独を描いた。チャーチルやルーズベルト大統領も登場し、彼らの会話からアイゼンハワーの人間性もうかがい知ることができた。（アメリカ／原題：Ike：The War Years）

シェークスピア劇場　1980〜1986年度

シェークスピアの全劇作品をテレビ化することで、世界中の人々が容易にシェークスピアに接することができる文化財とすることを目指し、BBC（イギリス放送協会）が制作したテレビシリーズ。イギリスでは1978年に制作を開始し、全37編を6年計画でテレビ化。総合では2か国語放送で10作、教育では字幕スーパーで全37作を放送した。（カラー／総合2か国語、教育字幕／イギリス／原題：The Shakespeare Collection）

遙かなる西部 〜 わが町センテニアル　1981〜1982年度

18世紀半ばから現代に至る西部開拓史をドラマ化。コロラド州の架空の町センテニアルを舞台に、何世代もの家族の喜びと試練を浮き彫りにし、アメリカ建国の歴史を描いた。原作はジェイムズ・A・ミッチェナーのピュリッツァー賞受賞作。ロバート・コンラッドやリチャード・チェンバレンなど、1970年代の名優たちが勢ぞろいしたアメリカ建国200年祭記念番組。（カラー／2か国語／アメリカ／原題：Centennial）

シャーロックホームズの冒険　1985・1987年度

コナン・ドイル原作の名探偵シャーロック・ホームズと親友ワトソンの活躍を、19世紀ロンドンを舞台に描いた。物語は、ホームズの伝記を執筆するワトソンの語りで進行。シャーロックをジェレミー・ブレットが演じ、吹き替えを露口茂が担当。1985年度は13話を、1987年度年度は8話を総合で放送。1988年度以降は特集番組として随時放送した。（カラー／2か国語／イギリス／原題：The Adventures of Sherlock Holmes）

こちらブルームーン探偵社　1986・1992年度

全財産を失った元トップモデルのマディは、唯一残された赤字の探偵社を、お調子者だが聡明なデビッドと立て直すために、数々の事件に取り組む。ミステリーとロマンスがブレンドされた都会的なコメディードラマ。当時、無名のブルース・ウィリスの出世作。ゴールデングローブ賞を3回獲得。1992年度に続編となる『新・こちらブルームーン探偵社』を放送。（カラー／2か国語／アメリカ／原題：Moonlighting）

ダイナスティ　1987〜1988年度

コロラド州デンバーを舞台に描いた、石油で巨万の富を築いた一族の、愛憎や陰謀が渦巻く波乱に富んだ大河ストーリー。米国では昼メロとして9年にわたり放送。登場する女性たちの赤裸々な欲望を描いたことで注目を集め、彼女たちの衣装デザインがブランド化されるなどの人気を呼んだ。1987年7月から衛星第1で放送。その後、1989年4月から総合で抜粋放送した。（カラー／2か国語／アメリカ／原題：Dynasty）

頑固じいさん孫3人　1987年度

定年後の悠々自適な生活を送っていた65歳の祖父ガス・ウィザースプーンが、死んだ長男の嫁と個性豊かな3人の孫を引き取ったことで大騒動が繰り広げられるホームドラマ。ジェネレーションギャップを感じながらも、家族の大切さと愛情を笑いと涙で描いた。"頑固じいさん"ガスの声をハナ肇が演じた。総合（水）午後8時台のゴールデンタイムに13回シリーズで放送。（カラー／2か国語／アメリカ／原題：Our House）

ジェシカおばさんの事件簿　1988年度

アメリカ・メイン州の片田舎に住む推理小説家ジェシカ・フレッチャーが、次々と難事件を解決していく推理ドラマ。ウイットに富んだ鋭いなぞ解きで真犯人をあぶり出す彼女の捜査は、頭の固い刑事たちをしのぐ痛快さもあり人気を得た。主演はアンジェラ・ランズベリー、その声を俳優の森光子が演じた。1988年度に総合で56話を放送後、1998年度まで繰り返し再放送された。（2か国語／アメリカ／原題：Murder, She Wrote）

アルフ　1989〜1994年度

生まれ故郷の星が核戦争で爆発寸前、命からがら逃げてきた毛むくじゃらの宇宙生物アルフが、ロサンゼルスに暮らすターナー家の居候となり、騒動を繰り広げる笑いと涙のコメディードラマ。ターナー家のパパ、ウィリーを小松政夫が、アルフを所ジョージが吹き替えを担当し、2人の掛け合いが人気となった。1989年度にBS開局記念で50話を、1991年度から教育で全100話を放送。（カラー／2か国語／アメリカ／原題：ALF）

1990年代

名探偵ポワロ　1990〜2014年度

アガサ・クリスティーの探偵小説を忠実に映像化。イギリスを舞台に、名探偵エルキュール・ポワロが相棒のヘイスティングス大尉やミス・レモンとともに難事件を解決。ポワロ役のデビッド・スーシェは原作を徹底的に研究し、ポワロのイメージを決定づけた。吹き替えの熊倉一雄も人気に。25年間にわたって総合と衛星第2およびBSプレミアムで全70話を放送。（2か国語／イギリス／原題：Agatha Christie's Poirot）

コーキーとともに　1991年度

父と母、姉2人と暮らすダウン症のコーキー。親の強い希望で普通高校に通うことになったコーキーが、学校での問題や女の子とのトラブル、自尊心の問題など、普通の男の子の思春期を体験。障害をこえた家族愛や友人たちとの心の交流を描いたホームドラマ。コーキー役はダウン症の俳優が演じた。初回放送後、再放送の要望が多かったため翌年『6時だ！ETV』の枠でも放送。（カラー／2か国語／アメリカ／原題：Life Goes On）

名探偵ダウリング神父　1991年度

聖書の次にシャーロック・ホームズ・シリーズが大好きなセント・ミカエル教会の司祭フランク・ダウリング神父と、やんちゃな修道女ステファニーが、シカゴのカトリック教区に起こるさまざまな難事件や怪事件を警察や犯人達の裏をかいて解決していくコメディー探偵シリーズ。第1シーズンではダウリング神父の吹き替えをザ・ドリフターズ脱退後の荒井注が演じた。（総合／2か国語／アメリカ／原題：Father Dowling Mysteries）

それぞれの旅立ち　1991年度

10代の若者たちが、日々の生活の中で体験するさまざまな喜び、悲しみ、苦しみを通して、人間として成長していく姿を描いたオーストラリアの少年ドラマシリーズ。オーストラリア籍を持つハリウッド女優ニコール・キッドマンも、第6話の「キャロルの選択」に出演した。オーストラリア児童テレビ番組協会制作。（オーストラリア）

天才少年ドギー・ハウザー　1992・1994〜1995年度

10歳で大学を卒業し、14歳で医学博士、16歳で医療センターのドクターになった天才少年ダグラス・ハウザー。同世代のティーンエイジャー達や仕事仲間に溶け込むために奮闘する。広範な社会問題を扱った様々な事件に遭遇しながら成長していく姿をコミカルなタッチで描いた。1992年度に『6時だ！ETV』の枠で24話を放送。1994年度にオリジナルの全97話を放送した。（2か国語／アメリカ／原題：Doogie Howser, MD）

素晴らしき日々　1992〜1994年度

アメリカ郊外で暮らす典型的な中流階級に育ったケビン・アーノルドが、10代だった1960年代後半から1970年代前半を回想する物語。当時のアメリカはベトナム戦争などで社会が揺らいでいた時代。その中で成長する姿を、恋人や友人との関係や家族との心温まる出来事を通して描いた。（教育／2か国語／アメリカ／原題：The Wonder Years）

ビバリーヒルズ高校白書　1992〜1993年度

アメリカを代表する高級住宅街であるカリフォルニアのビバリーヒルズを舞台に展開する現代アメリカの高校生群像を描く青春ドラマシリーズ。ミネソタからビバリーヒルズに引っ越してきた双子の兄妹、ブランドンとブレンダは、地元の公立高校に転入。2人の高校生活を中心に、10代の若者たちの悩み、悲しみ、喜びを描く。"ビバヒル"の愛称で呼ばれ、大ヒットした。（衛星第2／2か国語／アメリカ／原題：Beverly Hills 90210）

私立探偵ハリー　1993年度

私立探偵ハリー・フォックス55歳。風さいの上がらないその姿とは裏腹にエネルギッシュに町を歩き、探偵稼業に精を出す。彼の息子は32歳のエリート弁護士。弁は立つが事件捜査ではいささか頼りない。このミスマッチの凸凹親子が難事件を解決していくコメディータッチのドラマ。全34話放送後、一部再放送と共に長時間スペシャル「父と息子の大脱走」が放送された。（2か国語／アメリカ／原題：Crazy Like a Fox）

アボンリーへの道　1993・1996年度

L・M・モンゴメリの名作「赤毛のアン」などの作品の人物やエピソードを交えて構成されたスピンオフ・ストーリー。プリンス・エドワード島アボンリーを舞台に、父と離れてモントリオールからやってきた、世間知らずだが強い個性と素直な心を持つ10歳の少女セーラ。美しい自然の中で健やかに成長していく姿をユーモラスに描いた。ドラマには、「赤毛のアン」の脇役たちも登場。（2か国語／カナダ／原題：Road to Avonlea）

青春！カリブ海　1993年度

カリブ海に浮かぶ美しい島にある三流医科大学にやってきた6人の若者たち。医師になることへの理想と、島で体験する現実とのギャップに直面する。美しい大自然の中で大学生活を送り、人生について学ぶ若者の姿を、レゲエのリズムにのせてコミカルに描いた。架空の島の医科大学は、カリブ海のグレナダに実在する医大がモチーフ。撮影はジャマイカで行われた。（2か国語／アメリカ／原題：Going to Extremes）

ドクター・クイン〜大西部の女医物語〜　1993〜1994・1996〜1997・2000年度

西部開拓時代、生まれ育った大都市を離れ、コロラドの田舎町で診療所を始めたミケーラ・クイン。排他的な西部では未婚の女医であることで好奇と偏見の目にさらされるが、持ち前の行動力で、人種や職業を区別することなく献身的に医療を続ける。開発による自然破壊や女性の自立など多くの社会問題をテーマに描いた。主演はジェーン・シーモア、吹き替えは范文雀。（2か国語／アメリカ／原題：Dr. Quinn, Medicine Woman）

フルハウス　1993〜1996年度

交通事故で妻を失ったダニーは、10歳の長女、5歳の次女、生後9か月の三女の3人の娘との生活が始まった。ダニーはテレビ番組のキャスターのため日中は留守。親友でコメディアンのジョーイと義弟でミュージシャンのジェシーの手を借りながら子育てに奮闘。次第に父親らしくなっていく姿を描いたホームコメディー。初回放送後、2005年度までの間に2回再放送された。（教育／2か国語／アメリカ／原題：Full House）

青春の城　コビントン・クロス　1993年度

14世紀のイングランドを舞台に、妻を亡くしたトーマス・グレイ卿が、長男のアーマス、真面目なリチャード、自由奔放なセドリック、気の強い娘のエレノアとともに生きる一家の愛と冒険の物語。コビントン・クロスはグレイ家が暮らす城の名前。撮影の多くはイギリスの田園地帯にある城の中や周辺で撮影された。（衛星第2／2か国語／アメリカ、イギリス／原題：Covington Cross）

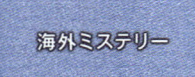

海外ミステリー

海外ミステリー　1993〜1994年度

日曜の夜にミステリーの秀作を楽しむ衛星第2の海外ドラマ枠。マイケル・ガンボン演じる社交的警部が活躍する「メグレ警部」（イギリス）、冤罪で死刑判決を受けた医師が、追跡を逃れながら真犯人を探す「逃亡者」（アメリカ）、権力、金、暴力、腐敗をテーマにした「対決—マフィアに挑む男」（イタリア）、上級警察官で大富豪のエイモス・バークが活躍する「新・バークにまかせろ」（アメリカ）を放送。

TVキャスター　マーフィー・ブラウン　1994〜1995年度

時代の先端を走るテレビキャスターのマーフィーは40歳の独身女性。自ら取材に駆け回り見事なリポートをこなす彼女の仕事ぶりに、同僚の男性たちは出る幕もない。そんな彼女にも大の苦手があった。それは家事。マーフィーの周囲で起こるさまざまな出来事やハプニングを、アメリカならではのセンスとユーモアで描いた。エミー賞コメディー部門作品賞2回受賞。（2か国語／アメリカ／原題：Murphy Brown）

ビバリーヒルズ青春白書　1994〜1996年度

『ビバリーヒルズ高校白書』（1992〜1993年度）の主人公たちが高校を卒業し、地元のカリフォルニア大学に進学してからの物語。大学生から社会人になっていく彼らを待ち受けているのは、格差社会や差別、家族問題、アルコール中毒、自殺、銃問題など、厳しいアメリカの現実。その中で悪戦苦闘しながら、成長していく姿を描く。（衛星第2／2か国語／アメリカ／原題：Beverly Hills 90210）

ヤングライダーズ　1994〜1995年度

1860年代のアメリカで、ミズーリ州セントジョセフからカリフォルニア州サクラメントまでの3200キロを結んだ初の郵便配達道「ポニー・エキスプレス」が開通した。裸馬に飛び乗り、危険を乗り越えながら郵便を配達した勇敢な集団ヤングライダーズ。さまざまなバックグラウンドを持つ6人のライダーたちが、互いを支え合いながら成長していく姿を描いた。（2か国語／アメリカ／原題：The Young Riders）

海外少年少女ドラマ　1995〜2004年度

1990年度から教育で始まった子ども向け海外ドラマは当初、（土）午後4時台の放送だったが、1992年度には午後6時台でも放送。1995年度には『海外少年少女ドラマ』枠を設け、（月〜金）午後6時台を中心に週6作を放送。「フルハウス」「ブロッサム」「アルフ」「愉快なシーバー家」「ボーイ・ミーツ・ワールド」「サブリナ」など、長期の人気シリーズも多い。

ブロッサム　1995〜1997年度

ティーンエイジャーの女の子ブロッサム・ルッソ。ミュージシャンの父や2人の兄の助けを受けながら、愛や人生について、女性としての生き方、人間として生きていくことを学んでいく。男ばかりの家族の中で孤軍奮闘する彼女と、家族や友人とのウイットに富んだ会話が楽しいコメディードラマ。教育午後6時台の『海外少年少女ドラマ』枠で2年2か月かけて放送。（2か国語／アメリカ／原題：Blossom）

名犬ファング　1995年度

ロッキー山ろくのある町で、傷ついた1匹のハスキー犬（ファング）が少年に引き取られるところから物語は始まる。少年一家とファングとの心の交流を、町で起こるさまざまな事件を通して、ロッキー山脈の美しい大自然を背景に描くアドベンチャー・ストーリー。原作は冒険物語として知られるジャック・ロンドンの小説。（教育／2か国語／カナダ／原題：White Fang）

お騒がせ！ツイスト一家　1995年度

オーストラリアの人里離れた海岸にある古い灯台に引っ越してきたツイスト一家。彫刻家の父トニー、14歳の双子のピートとリンダ、8歳の息子ブロンソンの家族が巻き込まれる超現実的な事件を、コメディータッチで描くファンタジードラマ。原作はオーストラリアの児童文学作家ポール・ジェニングスの短編小説。1989年にオーストラリア・チルドレンズ・ファウンデーションが制作した。（教育／2か国語／オーストラリア／原題：Round the Twist）

三国志　1995年度

中国が国家事業として100億円以上をかけ、3年の期間と10万人以上のエキストラを動員して制作した壮大なスケールの歴史ドラマ。歴史小説「三国志演義」の全編にわたる完全映像化。現実感と迫力を出すため、建物はミニチュアを使用せず原寸大で再現。物語は5部構成で全84話、日中2か国語で放送。番組は好評を得て、初回放送終了翌週より、再放送した。（衛星第2／2か国語／中国／原題：三国志演義）

ER 緊急救命室　1996〜2010年度

大都市シカゴのカウンティ総合病院。24時間365日、休みなく救急患者を受け入れるER（緊急救命室）を舞台に、献身的に働く医師とスタッフが直面するさまざまな問題を描いたメディカル・ヒューマンドラマ。医学博士号を持つベストセラー作家マイケル・クライトンの自伝的小説「五人のカルテ」をベースに、彼自身が制作総指揮をとったテレビシリーズ。15シーズン続き、数々のテレビ賞を受賞。（アメリカ／原題：ER）

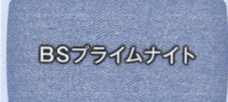

BSプライムナイト　1996年度

海外のさまざまなジャンルの秀作番組を放送する衛星第2（月〜水）午後11時台の枠。初年度は、（月）海外連続ドラマ、（火）海外カルチャードキュメンタリー、（水）海外エンターテインメントを曜日別に放送。海外ドラマブームをけん引したアメリカの人気メディカルドラマ「ER 緊急救命室」は、この番組の月曜枠で始まった。

アンジェラ・15歳の日々　1996年度

ペンシルバニア州ピッツバーグ近郊の高校を舞台に展開する青春ドラマ。アンジェラ・チェイスはどこにでもいるような15歳の女の子。自分のアイデンティティーを模索しながら、髪を染めてみたり、友人を変えてみたり、2年留年している男の子に夢中になったりする。思春期の娘にとまどいを覚える母との確執や高校生活を、アンジェラの心のモノローグで等身大に描いた。（2か国語／アメリカ／原題：My So-Called Life）

新・弁護士ペリー・メイスン　1996年度

犯罪を憎むむつ腕弁護士ペリー・メイスンが、明せきな頭脳と切れ味鋭い弁舌で活躍する法廷サスペンスドラマ。1993年に76歳で死去した名優レイモンド・バーの代表作となった。吹き替えは鈴木瑞穂が担当。原作はスタンリー・ガードナーの世界的ベストセラー小説。総合（土）の午後9時からの90分枠で、4〜7月に放送。初回は1990年度に衛星第2で不定期に15作を放送。（2か国語／アメリカ／原題：Perry Mason）

オーシャンガール　1996年度

人魚のように海を自由に泳ぎ回ることができる少女ネリは、巨大なザトウクジラのチャーリーと会話ができる能力を持っている。ある日、海洋研究所のメンバーがチャーリーを発見。調査の実験台にしようとするが、ネリが阻止する。これを機に、海洋研究所とネリの周りでさまざまな出来事が起き始める。自然と人間との共存について語りかけるドラマ。（教育／2か国語／オーストラリア／原題：Ocean Girl）

ミステリアス・アイランド　1996年度

南北戦争下のアメリカ、南軍に捕らえられた6人が熱気球で脱出。彼らがたどり着いた太平洋の火山島は、みごとに要塞化された未来の島で、何者かが密かに漂流者たちを人間行動観察の実験材料にしていた。ジュール・ベルヌの作品「神秘の島」をドラマ化。「海底2万マイル」の続編といわれ、ベールに包まれていたキャプテン・ネモの正体が明らかにされる物語。（教育/2か国語/カナダ/原題：Mysterious Island）

カリフォルニア・ドリーム　1996〜1997年度

ロックバンド「カリフォルニア・ドリーム」を結成したカリフォルニアの仲良し高校生たちが、学校や家庭生活の中でさまざまな現実問題に向き合いながら、ドタバタの珍騒動を繰り広げる青春音楽コメディー。ポップス、ロック、R&Bなど、バラエティーに富んだオリジナルサウンドをふんだんに取り入れた彼らの演奏が人気をよぶ。（教育/2か国語/アメリカ/原題：California Dreams）

中国ドラマ　則天武后　1996年度

西太后と並び中国三大悪女の一人とも言われる女帝・則天武后の生涯を描いた歴史ドラマ。唐の都・長安で、類いまれなる美ぼうで側室から三代皇帝・高宗の皇后となり、皇帝の死後は自ら即位し周王朝をたてた則天武后。その10代から50代までを演じたのは中国の国民的女優・劉暁慶（リウ・シャオチン）。吹き替えは小山茉美。衛星第2の『時代劇特選』枠で、（月〜金）午後4時台に放送。（2か国語/中国/原題：武則天）

ベイウォッチ　1996〜1998年度

一年中、海水浴客であふれるカリフォルニアのサンタモニカ海岸を舞台に、生命や安全を守るベイウォッチ（水難監視救助隊）とライフガード（救命隊員）たちの活躍を描く青春アクションドラマ。若者たちの恋と冒険を、美男美女のキャストで描き世界142か国で大ヒットした。1995年から不定期に放送し、1996年10月から衛星第2（土）午後6時から定時放送となった。（2か国語/アメリカ/原題：Baywatch）

心理探偵フィッツ　1996〜1999年度

マンチェスターを舞台に、フィッツこと犯罪心理学者フィッツジェラルド博士が、警察と協力して事件を解決していく物語。フィッツの私生活は荒れ放題でヒーローのイメージはないが、頭脳明せきで犯罪心理学の天才。実際にあった事件を題材にしたエピソードもあった。1996年に衛星第2の『BSプライムナイト』の枠で第1シーズンを、1999年度までにスペシャルを含む全話を放送。（2か国語/イギリス/原題：Cracker）

BSドラマナイト　1997年度

『BSプライムナイト』を改題し、（月〜木）に拡大。内容を「海外連続ドラマ」に特化し、午後11時台に放送した。（月）海外連続ドラマ「ERⅡ　緊急救命室」、（火）思い出の海外ドラマ「ローハイド」「0011 ナポレオン・ソロ」、（水）海外青春ドラマ「ビバリーヒルズ青春白書　第7シリーズ」「モデル・エージェンシー〜女たちの闘い」、（木）中国大河ドラマ「楊家将」を放送。

海外大型ドラマ　1997年度

『BSプライムナイト』（1996年度）のスタートと同時に、衛星第2(金)午後11時台に優れた海外大型ドラマのミニ・シリーズや単発ものを放送。その枠が1997年度に『海外大型ドラマ』として定時化された。「悲劇の大統領リンカーン」「野性の呼び声」「処刑の証人」「ロビン・クックの"医療過誤"」「スティーブンキングの"ザ・スタンド"」（以上、すべてアメリカ）ほかの作品を放送。後期は(土)午前0時台に放送。

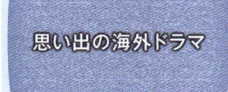

思い出の海外ドラマ　1997年度

平日午後11時台の『BSドラマナイト』火曜日のテーマが「思い出の海外ドラマ」。主題曲とともに有名になった1959年のアメリカ西部劇「ローハイド」と、1964年アメリカのスパイ・ドラマでロバート・ヴォーンの当たり役となった「0011 ナポレオン・ソロ」が放送された。

おまかせアレックス　1997〜1998年度

アレックス・マックは、平凡な中学1年生の女の子。ある日、化学会社のトラックの事故に遭遇し、GC-161という極秘の薬品を浴びてしまう。その影響で、指からの電気の発射や液化してあちこちに移動するなどの不思議な能力が備わる。この秘密を知るのは、姉で天才科学者のアニーと親友のレイだけ。能力を活かして日常の様々な問題を解決していく。（教育/2か国語/アメリカ/原題：The Secret World of Alex Mack）

愉快なシーバー家　1997〜2000年度

精神科医のジェイソンは、15年のブランクを経て仕事に復帰した妻に代わり、3人の子どもたちの世話をすることになった。子育てを通じて悪戦苦闘する共働き夫婦の姿をコミカルに描いたホームコメディー。1998年度放送分では、さらに赤ん坊が生まれ6人家族となり、シーバー家はいっそうにぎやかになる。教育(水)午後6時台に放送。放送終了後は衛星第2で再放送した。（2か国語/アメリカ/原題：Growing Pains）

対決スペルバインダー　1997年度

現代と異なる異次元のパラレルワールドに迷い込んだ少年少女が、恐怖心で人々を支配しようと企むスペルバインダーと対決するSF冒険ドラマ。設定の違う2つのシリーズを放送。シリーズⅠは、少年ポールが産業革命が起こらなかったパラレルワールドに移動。シリーズⅡは、少女キャシーが龍の王国を冒険する。（教育/2か国語/オーストラリア、ポーランド/原題：Spellbinder, Spellbinder：Land of the Dragon Lord）

スペースキッズ　1997年度

「木星脱出作戦」と、その3年後が舞台となる「翔ベイカルス号」の2部構成。西暦2995年、火山活動による崩壊の危機が迫る木星の衛星イオから、必死の脱出を試みる少年少女たちのスペースアドベンチャー。NHKとフィルム・オーストラリアの共同制作。（教育/2か国語/日本、オーストラリア/原題：Escape from Jupiter/Return to Jupiter）

中国大河ドラマ　楊家将　1997年度

中国では「三国志」をしのぐ壮大な歴史ロマンとして人気の「楊家将（ようかしょう）演義」を連続ドラマ化。舞台は10世紀末の中国北部。北漢の軍閥だった楊業は、敵国の宋に帰順し、宋が勝利する。その後、異民族王朝の遼との戦いで活躍しながらも、外様であることで悲劇的な最期を遂げる。「伝説の英雄」として語り継がれる高潔な楊業と7人の息子たちの熱き闘いを描いた。（中国/原題：楊家将）

海外ドラマ | 定時番組

中国大河ドラマ　孔子伝　1997年度

世界中で多大な影響を与え続ける儒教の開祖で「論語」を生んだ、孔子の波乱の生涯を描いた。1990年に中国の山東テレビが制作した16回シリーズ。監督は張新建。この番組で国家精神文明建設のための「五一計画」賞、全国テレビドラマの「飛天賞」特別賞を受賞した。その後、全国テレビ番組制作作業賞「テレビドラマ監督ベスト10」も受賞している。（字幕／中国／原題：孔子）

不思議なオパール　1998〜1999年度

イギリス・ウィルシャーの崩れかけた館に暮らす、自己中心的で気位の高い13歳のペネロペ。先祖がオーストラリアから持ち帰ったオパールを屋根裏で発見。オパールには妖精親子が130年間閉じ込められていて、自分たちを故郷へ返してくれればどんな願いもかなえるという。失敗しながら教訓を身につけていく少女の成長をコミカルに描くホームコメディー。（教育／2か国語／オーストラリア／原題：The Genie From Down Under）

ミステリー・グースバンプス　1998年度

R・L・スタイン原作の子ども向けホラー小説「グースバンプス」をテレビドラマ化。グースバンプスとは「鳥肌」のこと。小説のモンスターが現実になってしまうハロウィーンや、勝手にしゃべり出す腹話術人形、幽霊、巨大生物、ゾンビ、お化け屋敷など、毎回、思わず鳥肌が立つような怖い出来事や不思議な事件に、子どもたちが出会う。（教育／2か国語／アメリカ／原題：Goosebumps）

ロビンソン一家漂流記　1998〜1999年度

ボストンから中国を目指した貿易商のロビンソン一家は、嵐に遭遇し船が難破したことで、無人島に漂着してしまう。海賊や野生動物に襲われ、住む家も食料もない中で、家族が力を合わせて必死に生きていく愛と勇気の冒険ドラマ。（教育／2か国語／イギリス、ニュージーランド／原題：The Adventures of Swiss Family Robinson）

夢見る小犬・ウィッシュボーン　1998年度

テキサス州の架空の町オークデールで暮らすジャック・ラッセル・テリアの子犬ウィッシュボーンは、古典文学が大好き。家族に日々起こる出来事をきっかけに、ウィッシュボーンが古典文学の主人公になる妄想が始まる。現実世界と小犬の空想世界を重ねあわせ、世界の文学作品の登場人物たちを身近にさせる新しいタイプのドラマ。ウィッシュボーンの声を春風亭昇太が演じた。（教育／2か国語／アメリカ／原題：Wishbone）

ピッツバーグ警察日記　1998年度

ピッツバーグの警察学校を卒業した3人の新米女性警官。結婚生活が破たんしたサラ、シングルマザーのリン、親に手を焼くモリー。私生活ではさまざまな問題を抱えている3人が、日々奮闘しながら警官として成長していく姿を描いた。物語はピッツバーグだが、撮影はカナダ・ケベック州モントリオールで行われた。総合（月〜木）午後3時台の『海外サスペンス』枠で1999年2〜3月に放送。（2か国語／アメリカ／原題：Sirens）

アリー ♥ my ラブ　1998〜2002年度

米国ボストンの法律事務所で働く女性弁護士アリー・マクビール。エリートながらささいなことですぐに落ち込んだり、自分を見失ったり、夢と現実を混同する妄想癖もあり、周囲にとってはやっかいな存在。ほれっぽくて恋がかなわないと情緒不安定になるアリーの姿が、20代、30代の女性たちの共感を呼んだ。アリーと個性的な同僚や友人たちが繰り広げる笑いあり涙ありのラブコメディー。（アメリカ／原題：Ally McBeal）

宇宙船レッド・ドワーフ号　1998〜1999年度

22世紀後半、惑星間の輸送宇宙船レッド・ドワーフ号で放射能漏れ事故が発生、船員は全員死亡したはずが、懲罰のため冷凍保存カプセルに謹慎させられていたリスターだけは生き残っていた。マスターコンピューターにより眠りから目覚めた彼は、地球へ戻る夢を実現するため、進化したネコ人間や、アンドロイド、ホログラムとしてよみがえった仲間とともに、珍道中にのりだすSFコメディー。（イギリス／原題：Red Dwarf）

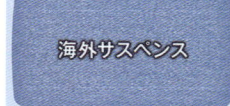

海外サスペンス　1998年度

総合（月〜木）の午後3時台に、以前に放送し好評だった海外ミステリードラマからえりすぐりを再放送。ミステリー作家ジェシカ・フレッチャーが様々な難事件を解決する「ジェシカおばさんの事件簿」（初回：1988年）をはじめ、「名探偵ポワロ」（初回：1990年）、「Dr.マーク・スローン」（初回：1995年）、「ピッツバーグ警察日記」を放送。

コメディー決定版　1998〜1999年度

「Mr.ビーン」シリーズをはじめとするイギリスの人気コメディードラマを中心に放送。Mr.ビーンを演じたローワン・アトキンソンのライブや、ナンセンスと毒舌が魅力のコメディーグループが出演した「空飛ぶモンティ・パイソン」、SFコメディー「宇宙船レッド・ドワーフ号」、1999年度後期には、アメリカのコメディー「ふたりは最高！ダーマ＆グレッグ」が放送された。

コメディー　ふたりは最高！ダーマ＆グレッグ　1999〜2002年度

元ヒッピーの両親のもとで自由奔放に育った26歳のダーマと、上流階級の保守的な家庭で育った29歳のエリート青年グレッグが、出会ったその日に電撃結婚。育った環境が正反対の2人の文化的ギャップに、周囲の人々が翻弄されるラブコメディー。94話まで放送後、9.11同時多発テロによりアメリカでの制作が休止。続きの新エピソードを1年後から再開した。（総合／2か国語／アメリカ／原題：Dharma & Greg）

サブリナ　1999〜2003年度

マサチューセッツで暮らす16歳のサブリナは実は魔女。一人前の魔女になるために修業中だが失敗ばかり。魔女であることを隠し、普通の高校生として生活するが、魔法だけでは解決できない人生の悩みにぶつかる日々。サブリナが成長する姿をコミカルに描く青春コメディー。1999〜2001年度に127話を、1年後に続きの44話を放送。その後、後半部分を再放送。（教育／2か国語／アメリカ／原題：Sabrina, the Teenage Witch）

シェルビーの事件ファイル　1999年度

少年少女向けクライムアドベンチャー。シェルビーは、宿屋を営む祖父と暮らす中国系アメリカ人の高校生。放課後、地元の警察署でインターンとして働きながら、雑用を手伝っている。興味をそそる事件が起きると、好奇心おうせいな彼女は現場に駆けつける。パソコンで管理している事件ファイルをもとに、ユニークな洞察力を発揮し事件の謎を解明していく。（教育／2か国語／カナダ／原題：The Mystery Files of Shelby Woo）

緑の丘のブルーノ　1999年度

1930年代のオーストラリアの小さな田舎町で暮らすドイツ系移民の家庭に生まれた14歳の少年ブルーノ・ガンサー。さまざまないたずらや冒険を体験していくブルーノは、家族の絆や友情を通して自分自身と地域について理解を深め成長していく。数々の賞を受賞したコリン・ティーレの児童文学を基にしたドラマシリーズ。『海外少年少女ドラマ』枠で放送。（教育/2か国語/オーストラリア、ドイツ/原題：The Valley Between）

名犬ラッシー　1999年度

イギリスのエリック・ナイトの小説をもとにしたコリー犬と飼い主との友情と冒険の物語。1950年代から民放で大ヒットした「名犬ラッシー」のリバイバル版。初めてNHKに登場したのが1990年1月から衛星第2で放送した『もうひとりの家族〜わが愛しのペット〜新名犬ラッシー』。1999年度に教育午後6時台の『海外少年少女ドラマ』枠で定時放送。新作26話を放送した。（2か国語/カナダ/原題：Lassie）

15の不思議な物語　1999〜2000年度

映画「スター・トレック」のカーク船長で知られるウィリアム・シャトナーが語り部となって、毎回、不思議な物語を子どもたちに話して聞かせるおとぎ話シリーズ。未来から自分の子孫がやってきた話、英雄アーサー王の伝説を追う少年の話、女優志望の少女の霊が舞台衣装に宿った話など、各話前・後編で放送。教育午後6時台の『海外少年少女ドラマ』枠で放送。（2か国語/イギリス/原題：William Shatner's A Twist in the Tale）

バグズ〜ハイテクスパイ大作戦　1999年度

犯罪対策技術の専門家チームの3人が、コンピューターや最先端技術を駆使し、巨大な悪に挑むサスペンスアクションとSFを織り交ぜた物語。高度な技術を使った小道具、スタント、爆発などが多用されるテンポの良い展開が、アクションファンの人気をよんだ。撮影は、再開発されたばかりのロンドン・ドックランズ地区で行われ、未来的な雰囲気を演出した。衛星第2で午後11時台に放送。（2か国語/イギリス/原題：Bugs）

ターザンの大冒険　1999〜2000年度

エドガー・ライス・バローズの小説をテレビシリーズ化。ターザンは、ジャングルでゴリラに育てられ野生児として育つが、実は由緒正しい貴族の生まれ。生い立ちがわかり一度は文明社会に戻るが、なじめずにジャングルに帰る。超人的な身体能力をもつターザンが、さまざまな悪漢やモンスターと戦い、打ち破っていく冒険物語。1999年11月から2000年5月まで放送。（衛星第2/2か国語/アメリカ/原題：Tarzan）

2000年代

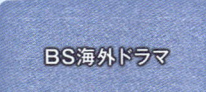

BS海外ドラマ　2000年度

1996年度から続く平日深夜の海外ドラマ枠。1999年度は『衛星ドラマ劇場』枠内で放送。2000年度から新たに『BS海外ドラマ』として長期・短期・再放送の海外シリーズドラマを曜日テーマ毎に放送。（月）は「ER 緊急救命室」シリーズを継続、（火）は「捜査官クリーガン」などのサスペンス、（水）は「ビバリーヒルズ青春白書」などの青春ドラマやコメディー、（木）は「ターザンの大冒険」などのアドベンチャーを放送。

走れ！ケリー　2000年度

ジャーマンシェパードのケリーは、優秀な警察犬。犯人を追っているときに大けがを負ったが、マイク・パターソン巡査部長の子どもたちの献身的な看病で回復する。その後も、マイクの孫娘のジョーとその友人ダニーとともに、遭難者を救助したり、火事から赤ん坊を救出するなど大活躍を重ねる。オーストラリアの大自然の中で繰り広げられる感動アドベンチャー。（教育/2か国語/オーストラリア/原題：Kelly）

捜査官クリーガン　2000年度

捜査中に頭部に銃撃を受け九死に一生を得たデイビッド・クリーガン。後遺症に苦しみながら、連続凶悪犯罪専門の特別捜査班OSCで女性刑事スーザンたちとチームで事件解決に当たるが、直感だけで強引に捜査を進めるクリーガンのやり方は反発を買う。次々と起こる男児誘拐や猟奇殺人は次第に捜査官たちを追い詰めていく。捜査官と犯罪者の心理を追求したクライム・サスペンス。（イギリス/原題：Touching Evil）

レリックハンター〜秘宝を探せ　2000・2002〜2003年度

アメリカの考古学者シドニー・フォックスは、普段は大学で歴史学を教えているが、ひとたび秘宝探しの依頼を受けると冒険家に大変身。助手で古代文字の謎解きに欠かせないナイジェルや、秘書でぶっ飛び女子大生のクローディアと共に、古代遺跡やジャングルの奥地に分け入り、依頼された品を探し出す。スリリングでアクションシーン満載の、女性版インディ・ジョーンズ。パート2〜3を2002〜2003年度に放送。（カナダ、フランス/原題：Relic Hunter）

アニマル・レスキュー・キッズ　2000〜2001年度

10代の男女4人グループが、動物救済チーム「A.R.K.」（アニマル・レスキュー・キッズ）を結成。子どもたちから送られてくるSOSのメールに応えて、虐待を受けている犬や環境汚染の犠牲になっている動物たちなど、身勝手な人間たちの手から動物たちを救い出す道を考えていく。愛と勇気と友情のアドベンチャードラマ。（教育/2か国語/アメリカ/原題：The Adventures of Animal Rescue Kids）

ボーイ・ミーツ・ワールド　2000〜2003年度

フィラデルフィアを舞台に、11歳の少年少女が、日常生活の中の様々な経験とかっとうを乗り越え、大人へと成長する姿を描いた青春ホームコメディー。思春期の心の揺れや性の目覚め、互いに思いやる気持ちなどをていねいに描くとともに、児童虐待やセクハラ、未成年の飲酒など社会問題も取り上げた。教育で放送後、衛星第2で後半を放送。（教育/2か国語/アメリカ/原題：Boy Meets World）

シナリオライターは君だ！　2000〜2001年度

子どもたちによる、子どもたちのためのドラマ。カナダに住む10〜14歳の子どもたちが創作したオリジナルのストーリーをドラマ化し、毎回2話ずつ放送。友情、恋愛など身近な題材を扱ったものから、いじめっ子から身を守るために女装した少年が逆に一目ぼれされてしまう話まで、ジャンルは多岐にわたる。原作者である少年少女も番組内で紹介された。（教育/2か国語/カナダ/原題：Incredible Story Studio）

海外ドラマ ｜ 定時番組

トム・ジョーンズの冒険　2000年度
ある晩、大地主の屋敷の寝室で捨て子の赤ん坊が見つかる。主人は、この子をトム・ジョーンズと名づけて養子にした。美男子に成長したトムは、村の娘を追い回すプレイボーイになり、ある陰謀で家を追い出されてしまう。しかしトムは、生来の陽気さで華麗なる冒険へと旅立つ。18世紀の古典的名作をTVドラマ化。（イギリス / 原題：History of Tom Jones, a Foundling by Henry Fielding）

ふたりはふたご　2000～2001年度
野球に夢中なおてんば娘メアリー・ケイと男の子が気になり始めている優等生のアシュリーは、性格が正反対の双子の女の子。教授の父ケビン・バークと、ケビンの教え子でベビーシッターのキャリーを困らせながら成長するやんちゃ盛りの娘たちの姿をコミカルに描く。「フルハウス」で末っ子ミシェルを演じ、大人気となった双子の子役オルセン姉妹がそのまま双子の姉妹を演じた。（教育 /2か国語 / アメリカ / 原題：Two of A Kind）

海外連続ドラマ

海外連続ドラマ　2001～2013年度
『BS海外ドラマ』（2000年度）を改題。初年度は衛星第2（月～木）午後11時台に、長期・短期・再放送の海外連続ドラマを曜日ごとに編成。（月）「ER Ⅵ　緊急救命室」、（火）「騎馬警官」「シャーロック・ホームズの冒険」、（水）「チャームド　魔女3姉妹」、（木）「ロストワールド～失われた世界」「プロビデンス」を放送。最終年度の2013年度はBSプレミアム（木）午後11時台と（日）午後9時台に放送。

ロズウェル・星の恋人たち　2001～2002年度
アメリカ・ニューメキシコ州ロズウェルに暮らす女子高生リズは、青年マックスの不思議な力で命を救われ、マックスとその仲間が地球に不時着した異星人であることを知る。自らの出生の謎を追うマックスたちと、秘密を共有するリズたちにさまざまな危険が迫る。ロズウェルにUFOが墜落し米軍が回収したとうわさされた1947年の"ロズウェル事件"をモチーフにしたSF青春ドラマ。（総合 /2か国語 / アメリカ / 原題：Roswell）

ふたりは友達？ ウィル＆グレイス　2001～2002年度
エリート弁護士でゲイのウィルと女性インテリアデザイナーのグレイスは、ふとしたことからニューヨークの高級アパートでルームシェアをすることに。そこに陽気でプライドの高いゲイのジャックと、グレイスの秘書兼アシスタントで楽しいことが大好きなカレンが加わって騒動が巻き起こる。2人の友情とおかしな友人たちとの間に起こるドタバタを描いたコメディードラマ。（総合 /2か国語 / アメリカ / 原題：Will & Grace）

私はケイトリン　2001～2002年度
母を亡くし孤児となった14歳の少女ケイトリンは、自然豊かなモンタナの田舎町で暮らす親せきの獣医ドリ・ロウに引き取られる。ロウ家には同い年で真面目な優等生グリフェンがいた。まったく性格が違う2人は、ぶつかり合いながらも次第に信頼関係を築いていく。豊かな自然と温かい家族の中で心を開いていく少女が成長していく姿を描く。（教育 /2か国語 / カナダ / 原題：Caitlin's Way）

サンダーストーン・未来を救え！　2001～2002年度
2020年、すい星との衝突で氷河と化した地球では、生存者たちが地下コロニーで暮らしていた。15歳のノアは仮想体験マシンで、失った地球上の自然について学んでいたが、誤作動で未来にワープしてしまう。そこでは、エネルギー源となる鉱物サンダーストーンを採取していた。地球の自然破壊を警告するSFアクション。（教育 /2か国語 / オーストラリア / 原題：Thunderstone）

どこかでなにかがミステリー　2001～2002年度
3歳で父を亡くしたフィーは、ロック歌手の母親の全米ツアーに同行するが、行く先々で幽霊やバンパイア、UFOなど超常現象に遭遇する。得意のパソコンを使い、数々の怪事件を解き明かしていく中で、夢や希望を持つことや愛することの大切さを知る。後半は、フィーに代わりアニーが登場。フィーはeメールやチャットでアニーを助けるなど、SNSをいち早く取り入れた作品。（教育 /2か国語 / アメリカ / 原題：So Weird）

ワンだー　エディ　2001年度
いじめっ子で悪さばかりしていたエディは、罰として、突然現れた見知らぬ老人に犬にされてしまう。人間に戻るためには、100の善い行いをしなければならない。犬になったエディが話せるのは最後にいじめたジャスティンだけ。2人は互いに反発しているが、次第に協力する大切さに気づく。エディが人間に戻るために悪戦苦闘する姿をユーモラスに描く。（教育 /2か国語 / アメリカ / 原題：100 Deeds for Eddie McDowd）

騎馬警官　2001～2002年度
山岳警備隊員だった父親が殺され、犯人の足跡を追ってシカゴにやってきたカナダの誇り高き騎馬警官ベントン・フレイザー。古風で礼儀正しく真面目な青年フレイザーは、都会的でお調子者のシカゴ警官レイとコンビを組むことになる。山岳先住民の知恵と優れた聴覚や味覚を持つフレイザーが、独特の捜査方法で事件を解決していく。主演はポール・グロス、吹き替えは小山力也。（衛星第2/2か国語 / カナダ、アメリカ / 原題：Due South）

チャームド　魔女3姉妹　2001～2004年度
しっかり者の長女プルー、調整役の次女パイパー、自由奔放な三女フィービー。祖母の死をきっかけに、西海岸の実家にそろった3姉妹は、屋根裏で見つけた魔術の指南書「影の教典」にある呪文を唱えたことで魔力に目覚め、自分たちが魔女の家系だったことを知る。魔力で人々を助け、教典を狙う魔物たちと戦いながら、女性としての悩みや経験を重ね成長していく姿を描いた。（衛星第2/2か国語 / アメリカ / 原題：Charmed）

ロストワールド ～失われた世界～　2001～2003年度
20世紀初頭、冒険家で学者のチャレンジャー教授とイギリス探検隊が、"失われた世界"の存在を証明するため熱気球で旅立つ。一行が不時着した場所は先史時代の恐竜がいまだに生きている未知の世界だった。肉食恐竜などと戦いながら、脱出を目指す冒険活劇。原作はコナン・ドイルの同名小説。（衛星第2/2か国語 / カナダ、オーストラリア、アメリカ / 原題：The Lost World）

プロビデンス　2001～2002年度
ビバリーヒルズで整形外科医として成功していたシドニー・ハンセンは、母の突然の死をきっかけに、故郷プロビデンスに戻り無料診療所の医師として家族と暮らし始める。人より動物を大切にする獣医の父、シングルマザーの妹、ギャンブル依存症の弟など、家族の問題にも直面する。霊となって現れる母の助けを借りながら、家族と心を通わせるシドニーの姿を描く。（衛星第2/2か国語 / アメリカ / 原題：Providence）

ジュール・ベルヌの冒険　2001年度

「海底二万マイル」や「80日間世界一周」などで知られる、SF小説の父ジュール・ベルヌが、作家になる前に実際に冒険したという設定で展開するファンタジーアドベンチャー。19世紀のヨーロッパを舞台に。青年ベルヌが友人たちと共に、欧州の平和を脅かす悪の数々に立ち向かう姿を描く。全編ハイビジョンで撮影。ハイビジョンで放送。（2か国語／カナダ、イギリス／原題：The Secret Adventures of Jules Verne）

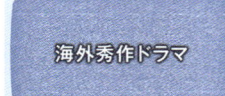

海外秀作ドラマ　2002年度

ハイビジョンで1話完結の海外ドラマを放送する枠。年度前期は、透視力を持つ女性の史実に基づく「私だけに見える恐怖」、米国海兵隊で起こる犯罪ドラマ「恋と疑惑の果てに」、犯罪ミステリー「幸運という名の町」など、アメリカ制作のミステリーを放送。後期は、難病を患う三姉妹が逆境の中で団結する「ジェニファーの明日」などヒューマンドラマや、アドベンチャーコメディー「ロビン・フッドの娘」などを放送した。

ザ・ホワイトハウス　2002〜2005年度

アメリカの大統領官邸ホワイトハウスが舞台。対テロリスト報復攻撃、国防総省やCIAを巻き込んだ外交問題など、実際の社会背景を取り入れて大統領と側近たちの苦悩と日常をリアルに描いた。エミー賞最優秀ドラマシリーズを、3年連続受賞。原題の「The West Wing」は、大統領執務室がある西棟のこと。「シーズン1」と「2」を総合で、「3」と「4」は衛星第2で放送。（2か国語／アメリカ／原題：The West Wing）

GO！GO！ジェット　2002年度

ジェット・ジャクソンは、人気アクション番組でヒーローを演じるハリウッド・スター。彼は父や大好きな祖母、幼なじみと過ごす普通の暮らしをしたいと、撮影地を故郷のノースカロライナに移すことに成功。しかし、ファンに追いかけられることもあり、普通の生活とは程遠いもの。ジェットは、友人たちと共にヒーローと普通の少年を使い分けることを徐々に学んでいく。（教育／2か国語／アメリカ／原題：The Famous Jett Jackson）

ティーンズ救命隊　2002年度

コネチカット州ダリエンの高校生救命隊員の実話をモデルにした青春ドラマ。サッカー青年のハンク、アメフト部のタイラー、チアリーダーのヴァル、人生をやり直したいジェイミーの4人が普通の高校生生活を送りながら、救命隊員として地域の救急医療活動に参加する。人命救助の責任と、普通の高校生としての日常生活とのバランスを取るために努力する姿を描いた。（教育／2か国語／カナダ、アメリカ／原題：In a Heartbeat）

ふたりはお年ごろ　2002年度

『ふたりはふたご』（2000〜2001年度）のオルセン姉妹が、性格が正反対の双子役を演じたホームコメディー。カリフォルニアの高級住宅地の高校に通う双子姉妹のクロエとライリーは、恋に悩むティーンエイジャー。別居中の両親と陽気なハウスキーパーなどとの関係の中で、成長していく姿を温かく見つめる。教育午後6時台の『海外少年少女ドラマ』枠で放送。（2か国語／アメリカ／原題：So Little Time）

ハイスクール・ウルフ　2002〜2003年度

キャンプ場でおおかみ男にかまれたことで、おおかみ人間に変身するようになってしまった高校生のトミー・ドーキンス。彼が唯一頼れるのは、超常現象マニアで怪奇小説オタクの同級生マートン。2人で治療法を探しつつ、町に現れる吸血鬼やゾンビなどから町を守ろうと奮闘する。小さな町プレザントビルを舞台に繰り広げる、恐ろしくも笑えるキャンパスドラマ。（教育／2か国語／アメリカ／原題：Big Wolf on Campus）

バーナビー警部　2002年度

イギリス郊外の架空の町ミッドサマーを舞台に、地元警察のトム・バーナビー警部といとこのジョン・バーナビー警部補が、数々の殺人事件を解決するミステリードラマ。イギリスを代表する人気作家キャロライン・グレアム原作で、イギリス国内はもとより、世界200以上の国と地域で放送される世界的人気テレビシリーズ。衛星第2の午後11時台『海外連続ドラマ』枠で放送。（2か国語／イギリス／原題：Midsomer Murders）

冬のソナタ　2003年度

初恋の人チュンサンを交通事故で失ったユジン。10年後、彼にうり二つのミニョンが彼女の前に現れる。ユジンは幼なじみのサンヒョクと婚約していたが、ミニョンに会ったことで心が乱れる。隠されたミニョンの過去、幼なじみたちとの友情と決裂など、運命に翻弄される若者たちの姿を、美しい冬の景色を背景に描いた。その後の韓流ブームの火付け役となった。主演はペ・ヨンジュンとチェ・ジウ。（2か国語／韓国／原題：겨울연가）

パパにはヒ・ミ・ツ　2003〜2004年度

父親の子育てを描いたファミリーコメディー。妻が現役のナースで大忙しのため、3人の子を持つ父親の子育ての悩みはつきない。ポール役のジョン・リッターが撮影中に急死。リッターが演じたポールの死を物語に組み入れてドラマは続行された。2004年度は「シーズン2」を放送。（教育／2か国語／アメリカ／原題：8 Simple Rules for Dating My Teenage Daughter）

マイ・スイート・メモリーズ　2003〜2004年度

1960年代のアメリカ・ノースカロライナ州の架空の町アシュモアを舞台に、異なるバックグラウンドを持つ12歳の少女たちの友情を描くノスタルジックなホームドラマ。堅実なユダヤ人中流家庭に育った控えめな娘ハンナと、裕福な家庭に育った奔放なグレイス。対照的な2人が織り成す物語を、当時流行した懐かしいポップスを交えて描く。（教育／2か国語／アメリカ／原題：State of Grace）

ヤング・スーパーマン　2003年度

カンザス州の田舎町スモールビルに多数のいん石とともに宇宙船が落下。中にいた男の子は、ケント家の養子クラークとして育てられる。クラークは次第にスーパーパワーを持つ高校生へと成長。養父からはその力を人前で使うことを禁じられ、同級生たちからは「さえないヤツ」とからかわれる。人気テレビシリーズや映画で知られる「スーパーマン」の高校時代を描く青春冒険ドラマ。（教育／2か国語／アメリカ／原題：Smallville）

エイリアス〜2重スパイの女　2003〜2004年度

大学院生だったシドニーは、CIAの極秘組織と信じたSD-6のスパイとして採用されたが、実はSD-6が悪の国際機関の一部であることを知る。そこで二重スパイとなり本物のCIAと協力してSD-6に戦いを挑む。亡くなったはずの母が敵対組織の幹部として姿を現すなど、サスペンス要素も満載のスパイアクションドラマ。衛星第2の『海外連続ドラマ』枠でシーズン1と2を放送。（2か国語／アメリカ／原題：Alias）

海外ドラマ 定時番組

美しき日々 2003年度
大手レコード会社の御曹子のミンチョルが、両親を亡くし施設で育った心優しい女性ヨンスに出会い、愛することを知る。韓国の音楽業界を舞台に、傷つきながらも懸命に生きる若者たちの姿を描く。韓国のトップスター、イ・ビョンホンと大ヒット作『冬のソナタ』のヒロイン、チェ・ジウが共演。チェ・ジウの吹き替えは、『冬のソナタ』と同じ田中美里が担当。（衛星第2/2か国語／韓国／原題：아름다운 날들）

宮廷女官 チャングムの誓い 2004〜2005年度
16世紀初頭の朝鮮王朝時代の宮廷が舞台。実在の人物チャングムをモデルに、宮廷料理人から王の主治医にまでのぼりつめ、"大長今"の称号を与えられた女性の半生を描く。宮廷料理や朝鮮医術も紹介され人気に。主役のチャングムをイ・ヨンエが演じ、吹き替えを生田智子が担当。陰謀と策略が渦巻く宮廷が舞台の「韓国歴史ドラマ」の大ヒットは、韓国ドラマブームを決定づけた。（衛星第2/2か国語／韓国／原題：대장금）

恋するマンハッタン 2004年度
16歳のホリーは、父親が日本に転勤になったことで、ニューヨークのマンハッタンで暮らす厳格な姉ヴァレリーのもとに引っ越してきた。ヴァレリーは素晴らしいキャリアとボーイフレンドの両方を手に入れて快適な生活を送っていたが、ホリーが転がり込んできたことで生活は一変。責任感の強い姉と快活な妹が、大都会の中で恋とハプニング満載の生活を繰り広げる。（教育／2か国語／アメリカ／原題：What I Like About You）

名探偵モンク 2004〜2010年度
サンフランシスコ市警察本部の刑事エイドリアン・モンクは、妻を何者かに殺されたことで3年間引きこもりになるが、市警察のコンサルタントとして復帰。高所、ばい菌、暗所、牛乳など苦手なものだらけだがシャーロック・ホームズ並みの推理力と驚異的な記憶力・洞察力で、次々と事件を解決していく。主演はトニー・シャルーブ、吹き替えは角野卓造。（衛星第2/2か国語／アメリカ／原題：Monk）

オールイン 運命の愛 2004年度
実在のギャンブラーをモデルにした韓国ドラマ。賭博師の叔父のもとで暮らし、けんかとばくちに明け暮れるイナ、富豪の家に生まれた優等生チョンウォン、天涯孤独の少女スオン。年月を経て再会する3人の愛と友情のはざまで、人生のすべてを賭けた男の生きざまを描く。主演は『美しき日々』（2003年度）のイ・ビョンホン、吹き替えは高橋和也が担当。（衛星第2/2か国語／韓国／原題：All In 올인!）

FBI 失踪者を追え！ 2005〜2007年度
ニューヨークを舞台に、FBIの失踪者捜査班のメンバーたちの活躍を描いたヒューマンサスペンス。失踪者の捜査を進めるうちに、失踪者が置かれた現代社会のさまざまな状況や人間関係、心の闇が浮き彫りになる。2004年ゴールデングローブ賞テレビドラマ部門で、アンソニー・ラパーリアが主演男優賞を受賞。シーズン1〜3を放送した。（衛星第2/2か国語／アメリカ／原題：Without a Trace）

デスパレートな妻たち 2005〜2013年度
郊外の閑静な住宅街に住む4人の主婦たち。裕福で幸せな家庭を築いているかのように見える彼女たちだが、ある事件をきっかけにそれぞれの孤独や秘密が解き明かされていく。2008年度は総合でシーズン2を放送。主婦たちの日常をミステリーとブラック・ユーモアを絡めて描いた。エミー賞、ゴールデングローブ賞、全米映画俳優組合賞などを受賞。（衛星第2、総合／2か国語／アメリカ／原題：Desperate Housewives）

チェオクの剣 2005年度
17世紀末の朝鮮王朝を舞台にした韓国ドラマ。勢力争いに巻き込まれ、謀反の疑いをかけられて家族離散となった7歳の娘チェヒ。大人になりチェオクと改名。共に武術を磨いたユンとともに捕盗庁（ポドチョン＝警察組織）に入る。彼女の聡明さとずば抜けた武術の腕で、犯罪事件の捜査で活躍する姿を描く。ワイヤーアクションやCGなどを駆使したスーパーアクション時代劇。（衛星第2/2か国語／韓国／原題：다모 茶母）

初恋 2005年度
兄弟愛、家族のきずなを描いた韓国ドラマ。『冬のソナタ』（2003年度）の主演俳優ペ・ヨンジュンの出世作。兄のチャニョクは画家志望だったが、貧困のため美大を諦める。一方、法律家を目指す弟チェハは大学へ進学。兄は映画館主の娘と恋に落ちるが、彼女の父親ジェハはあらゆる手段を使い2人の仲を裂き、兄は下半身不随になってしまう。弟は、法律を武器にジェハへの復讐を誓う。（衛星第2/2か国語／韓国／原題：첫사랑）

メントーズ〜世界の偉人たちからのメッセージ 2005〜2006年度
14歳のサイモンとガールフレンドのディーは、過去や未来の人間を36時間だけ現代によみがえらせるシステム「ビジクロン」を使い偉人たちを呼び出す。偉人たちの奇想天外なアイデアや発明をヒントに子どもたちの悩みや相談を解決していく。子どもたちの成長と家族のきずなを描いたファミリードラマ。メントーズとは、賢者・指導者・先生の意。（教育／2か国語／カナダ／原題：Mentors）

華麗なるペテン師たち 2006・2008〜2010年度
ロンドンを舞台に華麗に暗躍する5人の詐欺師グループのモットーは"正直者はだまさない"。一般市民は決してだまさず、欲張り者たちを巧みにペテンにかけ、ごっそりだまし取っていく姿を、コミカルかつスタイリッシュに描く。1シリーズ6話で完結、第4シリーズまでを放送した。（衛星第2/2か国語／イギリス／原題：Hustle）

ドクター・フー 2006年度
イギリスで1963年から熱狂的な人気を誇る伝説のSFアドベンチャーの新作シリーズ。「ドクター」と名乗る異星人が、仲間とともにタイムマシンで時空を旅しながら、宇宙にはびこる悪の野望と闘う。ドクターの外見は人間と同じだが心臓が2つあり、体に重傷を負っても12回までは別の体に再生可能。1989年に一旦終了したが、2005年に再開。再開後の話から27話を放送。（衛星第2/2か国語／イギリス／原題：Doctor Who）

クッキ 2006年度
1940〜60年代の韓国製菓業界を舞台にした、ひたむきに生きるヒロインのサクセスストーリー。日本統治下の朝鮮。医師のヨンジェは、独立運動に参加するため、幼い娘クッキと全財産を友人チュテに託すが、チュテの裏切りで父子は引き離されてしまう。戦後、成長したクッキは、企業家になる夢を果たすため、聡明さと忍耐力で菓子作りの修業を積むが、再び過酷な運命に翻弄される。（衛星第2/2か国語／韓国／原題：국희 菊熙）

春のワルツ　2006年度

天才ピアニストのチェハ、アクセサリーデザイナーのウニョン、チェハの親友でマネージャーのフィリップ、チェハの幼なじみで彼に恋心をいだくイナ。4人の若者たちの愛、友情、嫉妬が交差し、思いも寄らない真実が明らかになっていく。韓国ドラマ特有の複雑で驚きのストーリーが展開。『秋の童話』『冬のソナタ』『夏の香り』に続くユン・ソクホ監督の四季シリーズ最終章。（衛星第2/2か国語／韓国／原題：봄의 왈츠）

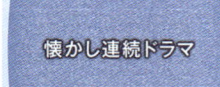

懐かし連続ドラマ　2006～2009年度

衛星第2(火～金)午前0時台を中心に、過去に放送した懐かしい海外連続ドラマを再放送。初年度は(火)「コンバット！」、(水)「ローハイド」、(木)「逃亡者」、(金)「アイ・ラブ・ルーシー」と「奥さまは魔女」を放送。2007年度からは週1回の放送で「スター・トレック　宇宙大戦争」、「地上最強の美女たち！　チャーリーズ　エンジェル」などもラインナップした。

北京バイオリン　2007年度

現代、中国北部の田舎町。13歳のチュンは父と2人暮らし。チュンの才能を開花させるために、父は必死に働いて都会に移り住む。懸命に応援する父と、父の思いに応えて健気にがんばるチュンの姿をクラシックの名曲にのせてみずみずしく描いた。映画「北京ヴァイオリン」のテレビリメイク版。同映画で監督を務めたチェン・カイコーが芸術総監督として参加。（衛星第2、総合/2か国語／中国／原題：和你在一起）

マーニーと魔法の書　2007年度

母を亡くした失意のマーニーは、父と共にアメリカ・コロラドからスコットランドに移り住む。11歳の誕生日に古ぼけた骨とう店で、謎の老人から動物のおもちゃが入った靴箱を受け取る。ある日突然おもちゃが動き出し、魔法の古書を邪悪な者に奪われる前に探しださなければならないと言う。マーニーが魔法の国に旅立つミステリアスな冒険ファンタジー。（教育/2か国語／イギリス、カナダ／原題：Shoebox ZOO）

アグリー・ベティ　2007～2010年度

出版業界で働くことが夢のベティだが、その容姿のために仕事はなかなか見つからない。ひょんなことから、一流ファッション誌「モード」編集長の秘書に抜きされると、「見かけ」だけが重視される世界で、持ち前の明るさ、勤勉さ、誠実さを武器に奮闘する。ゴールデングローブ賞2部門受賞の人気シリーズ。（衛星第2/2か国語／アメリカ／原題：Ugly Betty）

ザ・ホスピタル　2007～2008年度

次期院長の座を巡り、激しい派閥抗争が渦巻く大学病院が舞台の台湾社会派ドラマ。若い医師たちのラブストーリーを軸に、病院内の権力闘争や医療事件などを背景に、医療の倫理、医師の苦悩、患者の心情などを描いたメディカル・ヒューマンドラマ。台湾の作家・侯文詠の同名小説がベース。山崎豊子の「白い巨塔」と比較されることが多いが別物である。（衛星第2/2か国語／台湾／原題：白色巨塔）

太王四神記　2008年度

紀元前から7世紀までの中国東北部から朝鮮半島に存在した国「高句麗」が舞台。主人公が、数々の困難を乗り越え、天から与えられた四神の神器とその守り主を探し当て、真の王へと成長する物語。主演のペ・ヨンジュンは5年ぶりのテレビドラマ。音楽は久石譲。ハイビジョンではノーカット字幕版、総合では54分に編集した吹き替え版、衛星第2ではノーカット吹き替え版で放送。（2か国語／韓国／原題：태왕사신기）

ファン・ジニ　2008年度

16世紀朝鮮王朝時代に実在した妓生（キーセン）の生涯を描く韓国時代劇ドラマ。ファン・ジニは当代を代表する詩人であり、音楽を愛した芸術家として知られている。厳格な身分制度により差別や偏見の多かった時代に反旗を翻し、芸の道を追求し、本音で生きた一人の女性として描いた。4月から衛星第2の『海外連続ドラマ』枠で、10月から総合で放送。2018年、BSプレミアムで再放送。（2か国語／韓国／原題：황진이）

気分はぐるぐる　2008年度

オーストラリアのクィーンズランド州の海沿いの町で暮らす11歳の少女テイラー。隣人の完璧少女・ブリタニーにやきもちを焼いたり、親友のヘクターにはわがままをぶつけたり、時には犬やウサギと話すことを妄想する。何をやっても失敗ばかりで、テイラーの気分はいつも"ぐるぐる"。家族と友人との間で繰り広げるドタバタを明るく描くコメディー。（教育/2か国語／オーストラリア／原題：Mortified）

ダメージ　2008～2010年度

ニューヨークの敏腕弁護士パティと、その個人事務所に就職した新人弁護士エレンの2人が主人公のリーガル・サスペンス。現在と過去が交差しながら、徐々に謎が明かされていくフラッシュバックストーリーによる予測不可能な展開が話題となる。第1～3シーズンを放送。パティ役のグレン・クローズが、エミー賞とゴールデン・グローブ賞をダブル受賞した話題作。（衛星第2/2か国語／アメリカ／原題：Damages）

奥さまは首相～ミセス・プリチャードの挑戦　2008年度

イギリス北部のスーパーマーケットで働く平凡な主婦ロズ・プリチャード。政治の現状に憤りを感じたロズは、議員に立候補を表明し女性だけの新党を結成。中央政界に進出し、総選挙で第1党に躍進、英国首相となる。理想に燃えて改革に打ち込むが、政府の要求、メディアの監視、党派的な政治闘争などの圧力にさらされていく。（衛星第2/2か国語／イギリス／原題：The Amazing Mrs Pritchard）

ステート・オブ・プレイ～陰謀の構図　2008年度

英国国会議員の女性アシスタントが投身自殺する。同じ日にロンドン市内で少年が射殺される。一見何のつながりもない2つの事件が、新聞記者たちの取材でエネルギー産業を巡る大きな陰謀であることがわかる。殺人事件の裏に隠された陰謀を追う政治サスペンスドラマ。2009年にアメリカに舞台を移し、ラッセル・クロウ主演で映画化された。邦題は「消されたヘッドライン」。（衛星第2/2か国語／イギリス／原題：State of Play）

ホテル・バビロン　2008年度

超豪華な最高級ホテル・バビロン。ゴージャスな非日常空間に宿泊客を迎えるのは、美しく有能な総支配人レベッカ、ホテル業界を知り尽くした支配人代理のチャーリー、不可能なことも可能にするベテランのコンシェルジュのトニーらホテルスタッフたち。豪華ホテルの裏側で繰り広げられるさまざまな騒動をシニカルに描いたブラック・コメディー。（衛星第2/2か国語／イギリス／原題：Hotel Babylon）

海外ドラマ｜定時番組

ステート・ウイズイン〜テロリストの幻影　2008年度
ワシントン発ロンドン行きの旅客機で爆弾テロが発生。犯人は英国籍のイスラム教徒であることが判明。英米間に緊張が走る中、駐米英国大使マーク・ブライドンが事態収拾に当たる。やがて見えてくるのは、中央アジアの利権を巡る国家規模の陰謀だった。国際社会の中で複雑にからみあう国家や組織、様々な人物の思惑を描くイギリス発の政治サスペンス。（衛星第2/2か国語/イギリス、アメリカ/原題：The State Within）

恐竜SFドラマ　プライミーバル　2008〜2010年度
イギリス各地に奇妙な時空の亀裂が出現し、危険な古代生物や未来生物が現代にやってくるSFドラマ。動物学者のニックはチームを編成し、メンバーのコナーが時空の亀裂を探索するためのマシンを製作。人間同士の裏切り、殺人、そしてイギリス軍の陰謀などが複雑に絡む中で、未知の生物と人間との戦いが繰り広げられる。2009年1月に総合で第1シーズンから放送をスタート。（総合/2か国語/イギリス/原題：Primeval）

スポットライト〈2009〉　2009年度
テレビ局の報道局社会部が舞台。新米女性記者ソ・ウジンが、失敗を繰り返しながらも、鬼キャップに鍛えられ、一人前の記者に成長していく姿を描く。番組を放送した韓国MBCの報道局が全面協力し、ニュース報道の現場をリアルに描いた。主演は映画「私の頭の中の消しゴム」などで日本でも人気の高いソン・イェジンと『宮廷女官チャングムの誓い』のチ・ジニ。（衛星第2、総合/2か国語/韓国/原題：스포트라이트）

魔術師　MERLIN　2009年度
ヨーロッパに伝わるアーサー王伝説を題材にしたイギリスのファンタジードラマ。生まれつき魔法の才能を持つ青年マーリンは、母の指示でキャメロット王国の宮廷医師ガイアスに師事するため王国を訪れる。アーサー王子に仕え、親友となったマーリンは、魔法を使って王子を助けながら、邪悪な魔女から国を守ろうとする。（衛星第2/2か国語/イギリス/原題：Merlin）

イ・サン　2009〜2010年度
朝鮮王朝史上、最も波乱万丈の生涯を送ったとされる第22代王・正祖（チョンジョ）、名はイ・サンの半生を描く。陰謀により殺害された父が残した「聖君となれ」という言葉を胸に王位継承者となったサンは、賢君の祖父・英祖（ヨンジョ）から、王としての哲学や手腕を学ぶ。父を陥れた黒幕がいまだ陰謀を巡らす中、幾多の困難を乗り越えていく。ハイビジョンではノーカット字幕版を放送。（2か国語/韓国/原題：이산）

突然！サバイバル　2009〜2010年度
ロサンゼルスの高校生たちが、小型旅客機で太平洋でのエコキャンプに向かう途中、嵐にあって南太平洋の孤島に不時着。乗っていた11人は、突然、孤島でのサバイバル生活を送ることになった。高校生たちが度重なる試練を克服し、ぶつかり合いながらも苦労をともにする中で友情と恋を育んでいくサバイバルドラマ。（教育/2か国語/アメリカ/原題：Flight 29 Down）

2010年代

新ビバリーヒルズ青春白書　2010〜2011年度
1990年代に日本でも大ブームを巻き起こした『ビバリーヒルズ高校白書』（1992〜1993年度）と同じ場所を舞台に、次の世代を主人公に描いた続編。カンザスからロサンゼルスの高級住宅街ビバリーヒルズに引っ越してきたアニーとディクソンを中心に、彼らの恋愛や友情、悩みを描く青春ドラマ。彼らの親世代になった前作の出演者もゲスト出演した。原題の「90210」はビバリーヒルズの郵便番号。（教育/アメリカ/原題：90210）

グッド・ワイフ　2010〜2012・2014年度
州検事である夫のスキャンダルをきっかけに、2人の子を養うために13年ぶりに専業主婦から弁護士に復帰したアリシア・フロリック。アリシアが毎回、さまざまな訴訟事件に臨む法廷サスペンスドラマ。実際に起こった政治家のスキャンダルから着想を得て妻に焦点を当てたストーリーもあった。シーズン1から4を放送。（衛星第2、BSプレミアム/2か国語/アメリカ/原題：The Good Wife）

アイ・カーリー　2010〜2013年度
ネット配信番組「iCarly.com」を立ち上げた13歳のカーリーと仲間のサムとフレディ。番組は一躍人気を得て、カーリーはネットアイドルに。しかし型破りなアーティストの兄スペンサーや、企業スポンサー、プロデューサー、熱狂的ファンへの対応などに振り回される。アメリカで大人気のキッズ・コメディー。カーリーの吹き替えは水樹奈々。2014年1月から2016年2月まで再放送。（教育（Eテレ）/2か国語/アメリカ/原題：iCarly）

カイルXY　2010年度
森の中で目覚めた少年は、言葉が話せず一切の記憶がない。心理学者のニコールは、まるで新生児のように無垢（むく）なその少年を自宅に連れ帰り、カイルと名付ける。カイルは、家族との触れ合いの中で瞬く間に言葉を覚え、並外れた知性と運動能力を発揮する。カイルは記憶の断片を手がかりに自分のルーツを探し始めるが、背後にある巨大な陰謀が明らかになるSFファンタジードラマ。（教育/2か国語/アメリカ/原題：Kyle XY）

glee（グリー）　2011〜2013年度
マッキンリー高校のグリー（合唱）部員だった教師のウィルが、廃部寸前の合唱部の顧問となり、グリーを復活させようと一念発起。ダンスパフォーマンスを取り入れて、次第に人気クラブになっていく。マイケル・ジャクソン、レディー・ガガなど、新旧のヒット曲が登場する青春ミュージカルコメディー。2011年にBSプレミアムで、2012年にはEテレで、さらに2013年に総合で第3シーズンがスタート。（2か国語/アメリカ/原題：glee）

トンイ　2011〜2012年度
朝鮮王朝第19代王・粛宗（スクチョン）の側室となり、後に名君英祖（ヨンジョ＝イ・サンの祖父）の母となったトンイの波乱万丈の生涯を描く韓国歴史ドラマ。明るく努力家で、正義感が強く、知性と行動力にあふれるトンイ。国賊の汚名を着せられ殺害された父親と兄の冤罪を晴らすために宮廷に入り、権力闘争と陰謀渦巻く王宮内で、自らの手で運命を切り開いていく。（BSプレミアム/2か国語/韓国/原題：동이）

SHERLOCK（シャーロック） 2011〜2012・2014・2017年度

シャーロック・ホームズが現代にいたら…。登場人物の性格や事件の骨子は原作そのままに、舞台を21世紀に設定。スマートフォンやGPSなどの現代ツールを駆使して、アクションシーンもパワーアップ。新時代のホームズ・ブームのきっかけとなった。英国アカデミー賞最優秀テレビドラマ賞、エミー賞ミニ・シリーズ部門脚本賞を受賞。（イギリス／原題：Sherlock）

ビクトリアス 2012〜2013年度

自身の才能を意識することもない、ごく普通の女子高校生トリー・ベガ。姉の代わりにステージで歌い踊ったことで素質を見いだされ、才能ある生徒だけが入学できるハリウッドの芸術高校に通うことになった。予測不能で不条理な挑戦を乗り越えていくトリーと個性豊かな同級生たちの姿を描いた、歌とダンス満載の学園コメディー。トリーの吹き替えは貫地谷しほり。（Eテレ／2か国語／アメリカ／原題：Victorious）

シークレット・ガーデン 2012年度

財閥の御曹司チュンウォンが心奪われたのは、無名スタントウーマンのライム。ごう慢な彼を避けるライムだが、突然ふたりの魂が入れ替わる。それは亡くなったライムの父がかけた魔法だった。主演はヒョンビンとハ・ジウォン。韓国で社会現象を巻き起こしたファンタジー・ラブコメディー。BSプレミアムで字幕放送後、総合で吹替版を放送した。（字幕、吹替／韓国／原題：시크릿 가든）

王女の男 2012年度

朝鮮王朝激動の時代。朝廷重臣の息子スンユが恋に落ちたのは、身分も知らないセリョン。愛を育む2人だったが、王の弟・首陽大君が起こした反乱で2人の運命は一変する。セリョンは、クーデター首謀者の娘だったのだ。家族を惨殺され復しゅうの鬼と化すスンユ。2人は宿敵となってしまう。史実をモチーフに、運命にほんろうされる"朝鮮王朝版 ロミオとジュリエット"。（BSプレミアム／2か国語／韓国／原題：공주의 남자）

太陽を抱く月 2012〜2013年度

朝鮮王朝時代。王の世継ぎフォンは娘ヨヌとひかれ合う。ふたりの婚礼を目前に、ヨヌは原因不明の病気で命を落とす。8年後、若き王となったフォンは、いまだにヨヌを忘れられず心を閉ざしていた。一方、死んだはずのヨヌは、記憶を失い巫女（みこ）として生きていた。宮中に渦巻く陰謀をめぐるファンタジー歴史ドラマ。2013年1月放送開始。（BSプレミアム／2か国語／韓国／原題：해를 품은 달）

ワンス・アポン・ア・タイム 2013〜2016年度

アメリカの架空の町ストーリーブックでは、記憶を失ったおとぎ話のキャラクターたちが、普通の住民として暮らしている。悪い女王レジーナが呪いの魔法で、魔法の森の住人だった彼らを現実の世界に転送したのだ。レジーナに育てられたヘンリーは、エマを救世主と信じて助けを求める。現実とおとぎ話の世界が交錯しながら物語が展開するファンタジードラマ。（BSプレミアム／2か国語／アメリカ／原題：Once Upon a Time）

馬医 2013〜2014年度

馬医（馬の医者）から出発して獣医としての名声を手に入れ、のちに王の主治医にまで上りつめた実在の人物ベク・クァンヒョンの波乱に満ちた生涯をドラマチックに描いた韓国歴史医療ドラマ。『宮廷女官　チャングムの誓い』で朝鮮王朝時代の医学を描いたイ・ビョンフン監督作品。（BSプレミアム／2か国語／韓国／原題：마의）

ダウントン・アビー　華麗なる英国貴族の館 2014〜2017年度

20世紀初頭の英国貴族の大邸宅"ダウントン・アビー"を舞台に、相続問題をめぐる上流社会の愛憎渦巻く人間関係や階級制の内情を、当時の社会背景を盛り込みながら壮大に描いた。また同じ邸内でも、別世界に生きる多くの使用人たちの人間模様が同時進行。撮影は実在の古城で行われ、忠実に再現された豪華な衣装や調度品が作り出す重厚感のある映像美も話題に。（総合／2か国語／イギリス／原題：Downton Abbey）

サム&キャット 2014〜2016年度

『アイ・カーリー』（2010〜2013年度）のサムと『ビクトリアス』（2012〜2013年度）のキャット、Eテレ海外ドラマの2人の人気キャラクターがコンビで登場するポップなコメディー。サムがルームメイトになったのが、ハリウッド芸術高校に通うキャット。2人はベビーシッターを始め、個性あふれる子どもたちが次々とやってきて毎回大騒動に。（Eテレ／2か国語／アメリカ／原題：Sam & Cat）

超能力ファミリー サンダーマン 2014〜2015・2017〜2019年度

サンダーマン一家は、全員が超能力者。父ハンクは飛行と怪力で、母バーバラは雷と光を操り、共に世界犯罪と戦い引退した元ヒーロー。双子姉弟のフィービーとマックスは念動力や氷と炎の息を持ち、次男ビリーは高速移動、次女ノーラは目から熱光線を放つ。両親は平穏な生活を送りたいが…。スーパーパワーを持つ6人家族のファミリーコメディー。（Eテレ／2か国語／アメリカ／原題：The Thundermans）

奇皇后〜ふたつの愛　涙の誓い〜 2014〜2015年度

14世紀、巨大帝国の元に服属していた高麗に生まれ、元への貢ぎ物として差し出された貢女（コンニョ）という境遇から、皇后にまで上りつめた女性、奇皇后。実在した奇皇后をモチーフに、交錯する高麗と元の攻防、宮廷に渦巻く陰謀など、アクションやラブロマンスを交えて描いていく。主演は『ファン・ジニ』（2008年度）以来、8年ぶりの歴史ドラマ出演のハ・ジウォン。（BSプレミアム／2か国語／韓国／原題：기황후）

アガサ・クリスティー　トミーとタペンス−2人で探偵を− 2015年度

アガサ・クリスティーの作品に登場する人気キャラクター、エルキュール・ポワロ、ミス・マープルと並んで愛される「おしどり探偵」ことトミーとタペンスの夫婦が活躍するミステリー・ドラマ。第二次世界大戦後の復興から東西冷戦の時代に、冒険好きの妻タペンスと彼女を支える夫トミーが難事件に挑む。（総合／2か国語／イギリス／原題：Tommy and Tuppence）

情熱のシーラ 2015年度

主人公はスペイン・マドリード生まれの情熱的な女性シーラ。スペイン内戦、第二次世界大戦時のスペイン、モロッコ、ポルトガルへと舞台を移しながら、時代に翻弄されながらもたくましく生きた女性の物語。世界25か国語に翻訳されたベストセラー小説をドラマ化。異国情緒あふれる映像美が織り成す"ロマンス・ミステリー"。（総合／2か国語／スペイン／原題：El tiempo entre costuras）

海外ドラマ | 定時番組

キャシーのbig C いま私にできること 2015年度
高校教師キャシー・ジャミソンは、悪性黒色腫（皮膚がん）と診断される。家族には病気を隠し奇妙な行動をとるが、次第に家族や友人たちに支えられながら末期症状と向き合う。スパイスの効いたユーモアを交えながら、がんを宣告されながらも妻として、母として、ひとりの女性として人生を見つめ直すキャシーの姿を描く。番組名"Big C"とは、「がん」（cancer）を意味する俗語。（BSプレミアム/2か国語/アメリカ/原題：The Big C）

刑事フォイル 2015〜2016・2019年度
舞台は、第2次世界大戦さなかのイギリス南部、ドーバー海峡に面した美しい町ヘイスティングス。この小さな町にも戦争の影が忍び寄る。戦時下だからこそ起こる悲しい殺人事件や犯罪に、警視正・フォイルが一人の人間としてゆるぎない信念を持ち、しんしにそしてきぜんと立ち向かう。イギリスの人気作家アンソニー・ホロヴィッツが企画・脚本を手がけたヒットシリーズ。（BSプレミアム/2か国語/イギリス/原題：Foyle's War）

ナイトライダー 2015年度
刑事のマイケルは産業スパイを追いつめるが、銃で顔を撃たれひん死の重傷を負う。彼の命を救ったのはナイト財団の創設者。マイケルに新しい名前と顔、人工知能を搭載した車「ナイト2000」を与え、巨大な悪を倒す使命を託す。復讐心に燃えるマイケルが財団の責任者デボンと組み、さまざまな事件を解決するカーアクションドラマ。（アメリカ/原題：Knight Rider）

24 2015年度
米国「CTU（テロ対策ユニット）」の捜査官ジャック・バウアーがテロリストと戦う人気ドラマの第1シーズンを深夜時間帯に放送。1日24時間で起こった出来事をリアルタイムで1時間ずつ24話で完結。チームの頭脳を結集して、怖いもの知らずのジャックが体当たりする。予想もつかない陰謀・裏切りが横行し「まさか?!」の連続。第1シーズンは、米国大統領選に絡む暗殺テロをテーマにした。（アメリカ/原題：24 -TWENTY FOUR-）

戦争と平和 2016年度
文豪トルストイの「戦争と平和」を英国公共放送BBCが2年半をかけてドラマ化した大型歴史ドラマ。19世紀初頭、ナポレオン戦争下のロシア。激動の時代に翻弄されながらも、人生の意味と真実の愛を求めて生きる若者たちの姿を描いた。撮影許可がほとんど下りることのないエカテリーナ宮殿やルンダーレ宮殿、エルミタージュ美術館などの建物で撮影が行われた。（総合/2か国語/イギリス/原題：War & Peace）

マスケティアーズ パリの四銃士 2016年度
マスケティアーズとは、マスケット銃と剣を華麗に操るフランス国王直属の「銃士隊」。17世紀のパリ、国王ルイ13世に仕えるマスケティアーズの任務は王だけでなく、無秩序なパリの治安を守ること。アレクサンドル・デュマの小説「三銃士」の登場人物をベースにしたアクション時代劇。古典を現代風にアレンジし、正義のため、友情のために戦う男たちの姿を描いた。（総合/2か国語/イギリス/原題：The Musketeers）

ティーン・スパイ K.C. 2016年度
女子高生のケイシーは、突然、両親が国際平和のために活動するスパイエージェントだと打ち明けられ、任務のサポートを頼まれる。ケイシーが一流のスパイになることを目指し、弟のアーニーや、実はロボットの妹ジュディと共に、トラブルに巻き込まれながらも任務を遂行していくさまをコミカルに描く。主演はアメリカで人気の俳優・シンガーソングライターのゼンデイヤ。（Eテレ/2か国語/アメリカ/原題：K.C. Undercover）

100 オトナになったらできないこと 2016〜2017年度
女子中学生のCJ（シージェー）が、仲よしの男の子たちと様々な挑戦をしながら成長していく青春コメディー。ある日、高校生の兄から「高校に入ると勉強や部活が忙しくて、昔からの友だちがいなくなっちゃう！ 楽しいことゼロ！」と聞かされてショックを受けたCJは、親友2人と今しかできないことをやろうと決意。果敢に冒険にチャレンジする。（Eテレ/2か国語/アメリカ/原題：100 Things to Do Before High School）

イニョプの道 2016年度
15世紀初頭の朝鮮王朝時代。主人公のイニョプは良家の令嬢としてわがままに育つが、父親が陰謀によってぬれぎぬを着せられ、処刑される。逆賊の娘となったイニョプは絶望から自殺を図るが、王の庶子（しょし）であることを知らず奴婢（ぬひ）として生きるムミョンに助けられる。全てを失った1人の女性が、次々と襲いかかる逆境を乗り越えて、人生を取り戻すロマンス時代劇。（BSプレミアム/2か国語/韓国/原題：이녀들）

美しき伝説の商人〜キム・マンドク〜 2016年度
18世紀末の朝鮮王朝時代。両親を知らぬまま育ったキム・マンドクは、幼いころから商才を発揮。実母の故郷・済州を舞台に、さまざまな苦難を乗り越え、妓生（キーセン）から身を興し巨万の富を得て大商人へと上り詰める。済州島に実在した女性商人キム・マンドク（金萬徳 1739〜1812年）の生涯を描いた韓国時代劇。（BSプレミアム/2か国語/韓国/原題：거상 김만덕）

クイーン・メアリー 愛と欲望の王宮 2016〜2018年度
実在したスコットランド女王、メアリー・スチュアートの生涯を現代的なアレンジで描く宮廷ドラマ。16世紀、生後6日でスコットランド女王に即位し、政略結婚によってフランス王妃となり、後にエリザベス1世と英国王位を争った。けんらん豪華な宮廷を舞台に繰り広げられる政略と愛憎。数奇な運命をたどった女王と言われるクイーン・メアリーの激動の人生を壮大なスケールで描いた。（BSプレミアム/2か国語/イギリス/原題：Reign）

三銃士 2016年度
パク・ダルヒャンは、勇猛果敢で強い信念があるが、田舎者で我が強くプライドが高い。武官をめざし都にやってくると、そこで「三銃士」と名乗る謎の3人組に遭遇する。フランスの古典「三銃士」の舞台を17世紀の朝鮮に移し、朝鮮王朝で最も悲劇的な運命と言われるソヒョン世子（世継ぎ）と彼を守る武官たちの活躍を描くアクション時代劇。（BSプレミアム/2か国語/韓国/原題：삼총사）

THIS IS US 36歳、これから 2017〜2019年度
誕生日が同じ36歳の男女3人の物語。自分が演じる役に嫌気がさしている俳優ケヴィン、"脱肥満"を目標に努力するケイト、幸せな家庭を築いているエリートビジネスマンのランダル。置かれている状況も性格も異なる3人が、それぞれ人生の岐路に立つ。彼らの劇的な人生を、過去・現在・未来を交差しながら描いた涙と笑いと感動のヒューマンドラマ。（総合、BSプレミアム/2か国語/アメリカ/原題：This Is Us）

女王ヴィクトリア　愛に生きる 2017・2019年度
1837年、18歳で突然の即位に戸惑いながらも、女王らしく振る舞おうとするが、若さゆえに周囲に認められない。首相のサポートで、次第に女王としての風格と威厳を兼ね備えた大人の女性に成長していく。側近や閣僚との確執、スキャンダルも交え、国民に広く愛され大英帝国を繁栄に導いたヴィクトリア女王の波乱に満ちた人生を描くイギリスの歴史ドラマ。2019年度はシーズン2を放送。（総合/2か国語/イギリス/原題：Victoria）

ゲームシェイカーズ 2017〜2021年度
ブルックリンに住む中学生、類いまれな発想力をもつ超前向きなベイブと頭脳明せきだが世間知らずのお人好しケンジーは、学校の宿題で制作したゲームアプリを売り出したところ思いもよらない大ヒット。クラスメートを誘い、ゲーム制作会社「ゲームシェイカーズ」を立ち上げる。人気ラッパー、ダブルGとその息子も巻き込んで、会社を盛り上げようと大奮闘するコメディードラマ。（Eテレ/2か国語/アメリカ/原題：Game Shakers）

オクニョ　運命の女（ひと） 2017年度
16世紀半ばの朝鮮王朝時代。刺客に襲われ監獄に逃げ込んだ妊婦が女児を出産後に命を落とす。オクニョと名付けられた赤ん坊は監獄で育てられ、明るく利発な女性に成長する。囚人たちから学んだ知識と武芸を活かし、母の死の真相を探るうち、国を揺るがす陰謀に巻き込まれていく。オクニョが3人の男たちとの出会いによって、逆境を乗り越え力強く運命を切り開いていくサクセスストーリー。（BSプレミアム/2か国語/韓国/原題：옥중화）

シカゴ・メッド 2017・2019年度
シカゴにある総合病院、シカゴ医療センター「シカゴ・メッド」救急部門で絶え間なく奮闘する人々。それぞれ悩みやストレスを抱えながらも、個性豊かな医師や看護師たちが、互いに思いやり、勇気を持って、最新の治療技術を駆使し、重大な医療事件や困難な倫理的ジレンマに立ち向かう。救命医療現場での日々のかっとうや人間模様を描くメディカル・ヒューマンドラマ。（BSプレミアム/2か国語/アメリカ/原題：Chicago Med）

刑事モース〜オックスフォード事件簿〜 2017〜2019年度
英国でシャーロック・ホームズに並ぶ人気を誇る「モース警部」の新米刑事時代からの成長を描いた正統派ミステリードラマ。知識を活かした独自の視点、天才的な閃きやこだわりを持つ一方で、繊細かつ時にはわがままにも見えるモースの秀逸な謎解きが展開する極上の本格ミステリー。同僚たちとの関係のなかで成長する人間ドラマも見どころ。（イギリス/原題：Endeavour）

仮面の王　イ・ソン 2018年度
朝鮮王朝時代。秘密結社「辺首会」が怪しい力で王や朝廷を支配していた。仮面で顔を隠して育った王位継承者の世子イ・ソンは、その理由を探るため、仮面を外して民を装い王宮を抜け出す。そこで、自分と同じ名をもつ貧しい青年と聡明な娘に出会う。3人は仮面の理由と秘密結社の実体を知ることになり、奪われた王座と国を取り戻すために闘う。若者たちの成長と友情、勧善懲悪を壮大に描いた。（韓国/原題：군주 - 가면의 주인）

秘密の扉 2018年度
1754年、朝鮮第21代王の英祖は、老論派と少論派の派閥勢力争いで幼い頃から命が狙われていたが、生き延びるために老論派の傘の下で王になった。世継ぎの息子イ・ソンは名君となるべく修業中。ある日、親友が自殺したと知らせが届く。その不自然な死の真実を追ううちに、父・英祖が隠し通してきた秘密の扉を開けることになる。朝鮮王朝史に残る悲劇に新たな解釈を織り交ぜたミステリー。（韓国/原題：비밀의 문 : 의궤 살인 사건）

不滅の恋人 2018〜2019年度
長男の国王とふたりの王子。次男のガンは、病弱な長男の王位継承をおびやかさぬよう宮廷を出されて育ち、親の愛を知らない。宮廷内で育った三男のフィは、心優しく誰からも愛されていた。何かと弟と比べられるガンの心は歪んでいく。フィは、重臣の娘ジャヒンと恋に落ちたが、ガンも彼女に惹かれていく。王位とひとりの女性をめぐる兄弟の激しい争いと切ないラブストーリー。（韓国/原題：대군 – 사랑을 그리다）

アガサ・クリスティー　ABC殺人事件 2019年度
ミステリーの女王、アガサ・クリスティーの名作をドラマ化、日本初放送。名探偵ポワロの元に届く殺人予告状。そのとおり、場所や被害者の名前がABC順の連続殺人が起こる。犯人の目的とは…。このドラマでポワロを演じたのは、個性派俳優ジョン・マルコヴィッチ。原作にはない新たなポワロ像を創り上げ、デビッド・スーシェ版とは一線を画す新鮮な印象を残した。（イギリス/原題：The ABC Murders）

刑事ルーサー 2019年度
鋭い洞察力とプロファイリング能力を持つ、ロンドン警察重大犯罪捜査課の主任警部ジョン・ルーサーが、猟奇的な連続殺人犯を追い詰めていく。刑事としては優秀だが、短気な性格や仕事に没頭しすぎることが災いして、ときに刑事として道を踏み外してしまうことも。危険な刑事ルーサーが容赦なく悪を追い詰める衝撃の犯罪サイコ・サスペンス。（イギリス/原題：Luther）

薔薇の名前 2019年度
ウンベルト・エーコの小説を初のドラマ化。14世紀初頭、神聖ローマ皇帝と教皇が激しく対立していた時代。人里離れた修道院で起きた謎の死。「ヨハネの黙示録」の描写になぞらえるように第2、第3の殺人事件が起きる。中世の修道院で起こる不可解な連続殺人事件の謎を追う名作ミステリー。4Kの高精細映像と5.1チャンネルサラウンドで放送。（イタリア、ドイツ/原題：The Name of the Rose）

スクール・オブ・ロック 2019年度
ロック魂全開の教師と名門校の生徒たちがバンドを繰り広げるパワフル音楽コメディー。名門進学校にやって来た臨時教師のフィン。実は落ち目のミュージシャン。授業はハチャメチャだが、生徒とロックを愛する心は誰にも負けない。成績優秀で規律を守る生徒たちを前に、ロック魂全開で、破天荒な授業を始める。同名映画の監督リチャード・リンクレイターが、自ら制作総指揮を務めてTVドラマ化。（アメリカ/原題：School of Rock）

100日の郎君様 2019年度
朝鮮王朝時代。王族の少年ユルは、高官の娘で活発で賢い少女イソに一目惚れし結婚を約束。しかし、ユルの父が謀反を起こし王座を奪い、その煽りでイソの父は殺害される。16年後、イソは身分を隠し田舎町で暮らしていた。王の跡継ぎとなったユルは暗殺者に襲われ、偶然イソの養父に助けられるが、目覚めると記憶喪失になっていた。ユルとイソは互いの過去に気がつかないまま、仮の夫婦となるが…。（韓国/原題：백일의 낭군님）

海外ドラマ | 定時番組

ミルドレッドの魔女学校　2019〜2022年度

カックル魔女学校に通うミルドレッド・ハブルは、人は良いが何をやってもドジばかりの劣等生。慈悲深い校長のミス・カックルは彼女の良いところを理解しているが、担任のミス・ハードブルームには怠慢な生徒だと思われている。親友は、平和主義のモードと、いたずら好きのイーニッド。ライバルで執念深い優等生エセルも絡み、大騒動が繰り広げられる。（イギリス、ドイツ／原題：The Worst Witch）

ヘチ　王座への道　2019〜2020年度

18世紀初頭。第19代王、粛宗の次男イ・グムは聡明な青年だったが、母の身分が低かったために軽視され、自らも政治に関わらぬように生きてきた。しかし、王になるはずではなかったイ・グムが、腐敗した国を目にし、正義を追い求める3人の仲間に支えられながら、不正のない平等な世を目指す。民のための政治を行った名君、朝鮮王朝第21代王、英祖イ・グムの若き日の不屈の道のりを描いた友情と信念の物語。（韓国／原題：해치）

サバヨミ大作戦！　2019〜2020年度

40歳のシングルマザーが留学中の娘の学費や生活費のためにニューヨークで仕事を探すことなるが、どこも雇ってくれない現実に直面する。ある日20代に間違われたことをきっかけに、26歳とサバよんで出版社に就職成功！　サバヨミの秘密がバレないかヒヤヒヤしながらも、ニューヨークのイマドキ20代として恋に仕事に大奮闘する悩める女心をくすぐる、ちょっと刺激的なラブコメディー。（アメリカ／原題：Younger）

レ・ミゼラブル　2019〜2020年度

多くの映画や舞台で上演されてきたヴィクトル・ユゴーの「レ・ミゼラブル」。日本では「ああ無情」として教科書にも載った名作。2018年にイギリスBBCが制作した60分全6話を、45分全8話に再編集して放送。ミュージカルには描かれないシーンや、これまであまり語られなかったコゼットが生まれる前のファンテーヌが描かれていることなどが特徴。（イギリス／原題：Les misérables）

アガサ・クリスティー　検察側の証人　2019年度

ミステリーの女王、アガサ・クリスティーの名作をドラマ化。富豪フレンチ夫人を殺した容疑で捕まった美青年レナード。レナードを救おうと依頼を受けた弁護士のメイヒューが彼のアリバイを証明しようと奔走するが…。貴族社会の中での身分と職業格差・差別、平民同士の足の引っ張り合いなど時代背景も描かれた重厚感のある法廷サスペンス。（前後編2話／イギリス／原題：The Witness for the Prosecution）

アガサ・クリスティー　無実はさいなむ　2019年度

ミステリーの女王、アガサ・クリスティーの名作をドラマ化。資産家の女性レイチェルが殺され、養子のジャックが逮捕される。事件から18か月後、ジャックのアリバイを証明できるという人物が出現！　ジャックは本当に無実なのか？　次々に明らかになる真相と人々が抱える秘密。全ての人物に動機があり犯人と疑わせるクライムミステリー。（イギリス／原題：Ordeal by Innocence）

グッド・ファイト　2019〜2020年度

2011年放送の「グッド・ワイフ」シリーズのスピンオフ法律ドラマ。シカゴの法律事務所を中心に、MeToo運動、フェークニュース、トランプ政権などタイムリーな社会問題をふんだんに盛り込み、裏切りと駆け引きが濃密に絡み合う欲望の渦巻くパワーゲームが展開。逆境を乗り越える主人公たちの生き様や、タフな仕事ぶりの痛快さがセンセーショナルなサスペンスとして話題を呼んだ。（アメリカ／原題：The Good Fight）

2020年代

ファインド・ミー 〜パリでタイムトラベル〜　2020〜2021年度

1905年、パリ。ロシアの王女レナはバレリーナを目指しパリのオペラ座に留学していたが、青年ヘンリーと恋に落ちたことでロシアに送還されそうになり、逃げようとドアをくぐった瞬間、未来の2018年にタイムスリップ。未来の世界のオペラ座で最高のバレリーナになる夢に邁進するが…。100年の時代を飛び越えて夢を追いかける青春ストーリー。（フランス・ドイツ／原題：Find Me in Paris）

アンという名の少女　2020〜2021年度

19世紀後半のカナダ。自然あふれるプリンス・エドワード島に、やせっぽちでそばかすだらけの赤毛の女の子アンがやってくる。おしゃべり好きで、想像力豊かなアンは楽しいことを見つける天才。年老いた姉弟の養子となった孤児のアンが、いろんな悩みを抱えながらも、まっすぐに立ち向かい成長していく姿を描く。原作は、世界中で愛されている不朽の名作「赤毛のアン」。（カナダ／原題：Anne with an "E"）

コウラン伝　始皇帝の母　2020〜2021年度

秦と趙が争っていた中国、春秋戦国時代。趙の名家で育った聡明で美しい娘・李皓鑭（り・こうらん）と、野望を持つ秦国の商人・呂不韋（りょ・ふい）、趙で人質として暮らす秦の国王の孫・嬴異人（えい・いじん）の3人が絡む愛憎と国を挟んだ権力争い。秦の始皇帝の母となった李皓鑭が、時代に翻弄されながらも、ひとりの女性として信念を貫き強く生きた波乱万丈の人生を描く、愛と涙と戦いの物語。（中国／原題：皓鑭傳）

花郎（ファラン）希望の勇者たち　2021年度

政権争いが続く6世紀の新羅。幼くして即位した第24代真興王は、王座を狙う政敵から逃れるため素性を隠して生きてきた。国の実権を握る母・太后は、敵を制するため眉目秀麗な若者を集め、国と王のために忠義をつくす精鋭部隊「花郎（ファラン）」を創設。そこに、賤民として育ったソヌと、成長した真興王がいた。複雑に絡み合う人間関係と政権争いの中で、若者たちの愛と友情を描く青春群像劇。（韓国／原題：화랑）

王女ピョンガン　月が浮かぶ川　2021年度

三国時代の高句麗。聡明で正義感が強いピョンガン王女は、父の跡を継いで君主になり国を守る夢を持っていた。しかし、政敵の陰謀で記憶を失い、8年後には王族を襲う刺客集団の一員となっていた。韓国で有名な物語「ピョンガン王女とバカのオン・ダル」をモチーフに、戦乱の世で、自らの使命と愛のはざまで揺れる若者たちの姿を描いた。（韓国／原題：달이 뜨는 강）

DOC（ドック）　あすへのカルテ 2022〜2023年度

実在の医師が自らの体験をもとに書いた小説に着想を得た医療ミステリードラマ。大病院の内科医長の主人公はある医療ミスを告発しようとしたやさき、患者の遺族に銃撃される。一命をとりとめるも12年間の記憶をなくし、再生の道を歩みだす。全16回。出演：ルカ・アルジェンテーロほか。声の出演：安元洋貴、沢城みゆき、日高のり子ほか。総合(日)午後11時からの1時間番組。（2020年／イタリア／2か国語／原題：DOC - NELLE TUE MANI）

アストリッドとラファエル　文書係の事件録 2022年度〜

犯罪資料局で文書係として働くアストリッド。自閉症の彼女は「予想外」の出来事を避けて生きてきたが、シングルマザーで型破りな刑事ラファエルとコンビを組むことに。アストリッドの声を担当した貴地谷しほりは、第17回声優アワードを受賞。パイロット版と第1シーズンを全10回で放送。出演：サラ・モーテンセン、ローラ・ドベールほか。総合(日)午後11時からの1時間番組。（2019年／フランス／2か国語／原題：Astrid et Raphaëlle）

スーパーマン&ロイス 2022年度

ジャーナリストのロイスと結婚し、双子の父親になった世界的ヒーロー、スーパーマン。双子のひとりがスーパーパワーを受け継いでいることが判明し、家族の絆に危機が訪れる。そんな折、実業家モーガン・エッジがスーパーマンのふるさとに関心を抱く。その背景には巨大な陰謀が隠れていた。（全15回）出演：タイラー・ホークリンほか。総合(日)午後11時からの1時間番組。（2021年／アメリカ／2か国語／原題：Superman & Lois）

レジデント・エイリアン 2022〜2023年度

SFコメディードラマ。コロラド州の小さな町ペイシェンスにエイリアンが不時着し、医師ハリーを殺害して彼になりすます。そんな中、殺人事件が発生。検視を頼まれたハリー（実はエイリアン）は、町の人々と交流する羽目になる。うまく町の人々をだましたはずが、エイリアンの正体が見える9歳の少年が現れて…。全10回。出演：アラン・テュディックほか。声の出演：子安武人ほか。（2021年／アメリカ／2か国語／原題：Resident Alien）

オールモスト・ネバー　夢みるバンド物語 2022年度

3人組のボーイズバンド、ザ・ワンダーランドはオーディション番組のファイナルに残るが、優勝を逃す。一緒に頑張ってきたはずの敏腕マネージャーはあっさり優勝チームにくら替え。どん底に落とされた3人だが、SNSにたけたクロエを新マネージャーに迎え再出発を誓う。出演：ナサニエル・ダスほか。声の主演：矢野奨吾、鈴木崚汰、土屋神葉ほか。Eテレ(日)午後7時25分からの25分番組。（2019年／イギリス／2か国語／原題：Almost Never）

こちらベスト探偵団 2022〜2023年度

明るく元気で個性的な4人の小学生が探偵団を結成し、学校や地域で起こる事件に挑む謎解きストーリー。事件のいきさつを自撮りビデオでSNSにアップするというスタイルで進行するモキュメンタリー（フィクションをドキュメンタリー風に見せる手法）仕立て。全10回。出演：アンナ・クックほか。声の出演：窪田愛、冨尾光里ほか。Eテレ(日)午後7時25分からの25分番組。（2019年／オーストラリア／2か国語／原題：The InBESTigators）

デイナの恐竜図鑑 2022〜2024年度

恐竜が大好きな少女デイナは、本物の恐竜が見えるようになる不思議な恐竜図鑑を手に入れる。この図鑑を手に恐竜の生態調査に乗り出すデイナの冒険ファンタジー。毎回カラフルな恐竜が登場。多様性がちりばめられているのも見どころの一つ。初年度はEテレ(日)午後7時25分からの25分番組。2023年度に第2・3シーズン、2024年度に第4シーズンを放送。（2017年／カナダ／2か国語／原題：DINO DANA）

上陽賦　運命の王妃 2022〜2023年度

架空の王朝を舞台に、士族の娘が愛と正義のために戦う王妃へと成長する過程を、壮大なスケールで描く。総制作費170億円ともいわれる超大作。主演のチャン・ツィイーが脚本にほれ込み、プロデューサーを兼任。ジョウ・イーウェイ、トニー・ヤンほか中華圏のスターが共演。全43回。声の出演：魏涼子、阪口周平ほか。BSプレミアム・BS4K(日)午後9時からの1時間番組。（2021年／中国／2か国語／原題：上陽賦）

七日の王妃 2022年度

15世紀、わずか7日で王妃の座を追われた実在の女性をモチーフに制作された韓国時代劇。朝廷の重臣の娘チェギョンは、ひょんなことから王の弟イ・ヨクと出会う。互いにひかれ合う2人は過酷な運命へと歩みだしてしまう。出演：パク・ミニョン、ヨン・ウジン、イ・ドンゴン、チャンソンほか。全20回。声の出演：ブリドカットセーラ・恵美ほか。BSプレミアム(日)午後9時からの1時間番組。（2017年／韓国／2か国語／原題：7일의 왕비）

コッソンビ　二花院（イファウォン）の秘密 2023年度

消えた世継ぎの行方をめぐるミステリーと秘密を抱えて一生懸命に生きる4人の若者のドキドキ青春ロマンス。"ソンビ"とは、学識があり、高潔な人のこと。"コッソンビ"は、花のように麗しいソンビのこと。全18回。制作：2023年・韓国。2023年7月から10月までBSP・BS4Kで(日)午後9時からの59分番組で放送。

御史（オサ）とジョイ 2023年度

ハラが減っては捜査はできぬ。美食家の暗行御史（アメンオサ）ラ・イオンと、離婚ほやほやの女性キム・ジョイが悪事を暴く、正義とトキメキの捜査劇。出演：テギョン（2PM）、キム・ヘユンほか。"暗行御史"とは、地方の不正を取り締まる王の密使のこと。全16回。制作：2021年・韓国。2023年12月より2024年3月まで、NHKBS・BSP4K(日)午後9時からの59分番組で放送。

ドライブ in ウクライナ　彼女は「告白」を乗せて走る 2023〜2024年度

2022年2月に始まったロシアによるウクライナへの軍事侵攻。戦時中の今、ウクライナの制作会社が制作、欧州最大手の映画会社ほか8か国の公共放送局が共同制作に参加するドラマ。運転ボランティアとして乗客を目的地に運ぶ、ウクライナ出身の心理学者リディア。客たちが彼女に吐露する人生の「告白」を通して、現在のウクライナの姿を描く。全10回のうち制作が終了している第1〜5回を日本語字幕版（各回30分内）で放送。

6人の女　ワケアリなわたしたち 2024年度

年齢も職業も性格もまったく異なる個性的な6人の女性たちが、無謀にも高さ3500メートルを超えるフランス・アルプスの頂上を目指す。6人の女性を結びつけているのは「がん」。がんと共に生きる人々の姿をリアルに、そしてユーモアたっぷりに描く、フランス発のヒューマンコメディー。日本初放送。出演：アリックス・ボワソンほか。声：三石琴乃、一龍齋貞友、桜井明美ほか。（2022年／フランス）

ファンタスティック5 2024年度

思春期の娘2人と暮らすシングルファーザーのリッカルドが、パラアスリートチームの陸上監督のオファーを受け、ヨーロッパ選手権を目指すスポーツドラマ。全8回。2023年イタリア制作で日本初放送。主人公リッカルドを演じるのは、イタリア出身の俳優ラウル・ボヴァ。パラアスリートの1人ラウラ役のキアラ・ボルディは、事故で左足下部を失い、義足をつけながらモデル・俳優として活躍している。声の出演は宮内敦士ほか。総合(日)午後11時〜0時に放送。

ハードボール〜マイキーは転校生〜 2024年度

人種や背景が異なる子どもたちが、反発し合いながらも互いに理解を深めていく姿を描いた。父親の都合でオーストラリアに引っ越したマイキー。新しい学校になじむためにはハンドボールを覚えることが必要だと知り、クラスメイトとチームを組む。Eテレ(日)午後5時25分からの25分番組。2020年・第47回日本賞／児童向け部門最優秀賞（文部科学大臣賞）受賞作品。（2019年／オーストラリア／原題：HARDBALL）

青春ウォルダム　呪われた王宮 2024年度

「呪いの書」に苦しめられている王位継承者イ・ファンと家族殺害の罪をかぶせられた名家の娘ミン・ジェイが、互いを救うために陰謀と謎を解き明かしていく青春ミステリー。タイトルの"ウォルダム"は「壁を超える」の意。さまざまな壁に直面する若者たちが困難に立ち向かう姿を描く。全20回。BSP 4K(日)午後9時からの59分番組。NHK BSでも放送。出演：パク・ヒョンシク、チョン・ソニほか。（2023年／韓国）

三国志　Secret of Three Kingdoms 2024年度

中国歴史ドラマ。後漢末期、曹操が皇帝・劉協を傀儡（かいらい）にして勢力を伸ばしていた。一方、遠く都を離れて育った劉平は、突然、自分が皇帝の双子の弟だと知る。しかし、劉平が都に着いたときには皇帝はすでに亡くなっていた。劉平は、亡き兄の遺志を継いで皇帝に成り代わり、幼なじみの司馬懿（しばい）とともに漢王朝を再興するため、曹操との戦いに挑む。BSP4K(日)午後9時からの1時間番組。NHK BSでも放送。

NHKフォトストーリー 09

P172 ← 08　10 → P236

人気ラジオ番組『愉快な仲間』左から貝谷八百子、森繁久彌、藤山一郎、仁木他喜雄(1950年)

人気ラジオ番組『やん坊にん坊とん坊』左から黒柳徹子、里見京子、横山道代(1954〜1956年度)

ミュージカルバラエティー『僕と私のカレンダー』森繁久彌、越路吹雪(1952〜1953年)

ミュージカルバラエティー『なんでも入門』左から楠トシエ、草笛光子、森繁久彌(1954年)

人気ラジオ番組『上方お笑い劇場』左から横山エンタツ、浪花千栄子、花菱アチャコ

推理を楽しむドラマ形式のクイズ番組『犯人は誰だ』公開録音(1953年)

テレビ放送開始前の実験風景（1951年）

テレビ放送開始前の実験風景（1952年）

全国巡回ラジオ列車を使ったテレビジョン実験公開（1950年）

テレビジョンを全国で体験してもらうテレビカー出発（1951年）

テレビカーによる大分市でのテレビジョン実験公開（1951年）　写真提供・安藤和夫

テレビカーによる新潟でのテレビジョン実験公開（1951年）

テレビ放送開始のころ家庭で使われた7インチテレビ

皇太子さま　イギリス女王戴冠式へ出発（1953年）

皇太子さま　イギリス女王戴冠式へ出発（1953年）

東京・新橋駅前で街頭テレビに集まる人々（1954年）

大河ドラマ・連続テレビ小説・

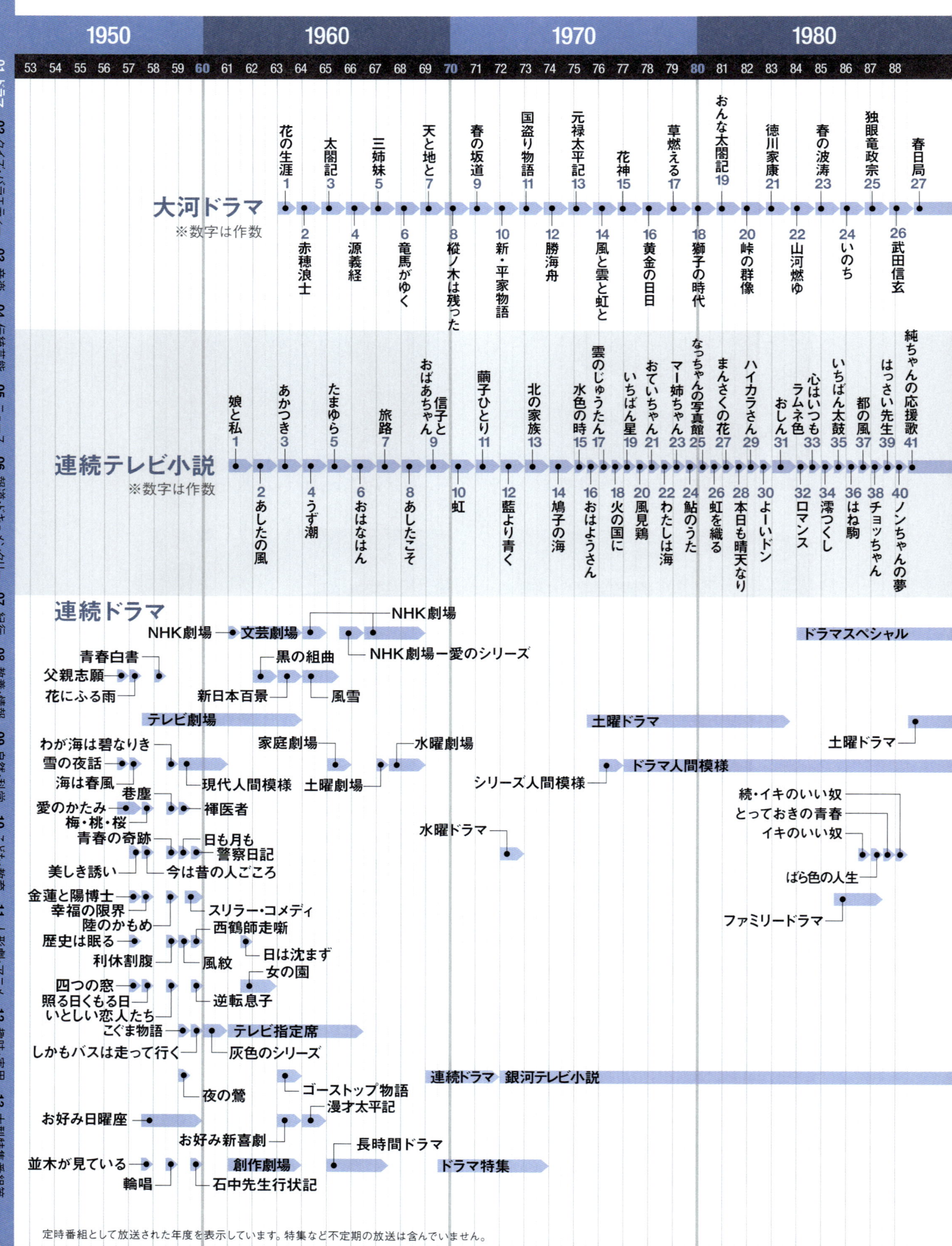

大河ドラマ
※数字は作数

花の生涯	1
赤穂浪士	2
太閤記	3
源義経	4
三姉妹	5
竜馬がゆく	6
天と地と	7
樅ノ木は残った	8
春の坂道	9
新・平家物語	10
国盗り物語	11
勝海舟	12
元禄太平記	13
風と雲と虹と	14
花神	15
黄金の日日	16
草燃える	17
獅子の時代	18
おんな太閤記	19
峠の群像	20
徳川家康	21
山河燃ゆ	22
春の波涛	23
いのち	24
独眼竜政宗	25
武田信玄	26
春日局	27

連続テレビ小説
※数字は作数

娘と私	1
あしたの風	2
あかつき	3
うず潮	4
たまゆら	5
おはなはん	6
旅路	7
あしたこそ	8
信子とおばあちゃん	9
虹	10
繭子ひとり	11
藍より青く	12
北の家族	13
鳩子の海	14
水色の時	15
おはようさん	16
雲のじゅうたん	17
火の国に	18
いちばん星	19
風見鶏	20
おていちゃん	21
わたしは海	22
マー姉ちゃん	23
鮎のうた	24
なっちゃんの写真館	25
虹を織る	26
まんさくの花	27
本日も晴天なり	28
ハイカラさん	29
よーいドン	30
おしん	31
ロマンス	32
心はいつも ラムネ色	33
澪つくし	34
いちばん太鼓	35
はね駒	36
都の風	37
チョッちゃん	38
はっさい先生	39
ノンちゃんの夢	40
純ちゃんの応援歌	41

連続ドラマ

NHK劇場 → 文芸劇場 → NHK劇場
NHK劇場―愛のシリーズ
ドラマスペシャル

青春白書
父親志願
花にふる雨
黒の組曲
新日本百景 → 風雪
テレビ劇場

わが海は碧なりき
雪の夜話
海は春風
家庭劇場
水曜劇場
土曜ドラマ
土曜ドラマ
現代人間模様
土曜劇場
ドラマ人間模様
巷塵 → 褌医者
シリーズ人間模様
愛のかたみ
梅・桃・桜
続・イキのいい奴
とっておきの青春
青春の奇跡
日も月も
警察日記
水曜ドラマ
イキのいい奴
美しき誘い
今は昔の人ごろ
ばら色の人生
金蓮と陽博士
幸福の限界
スリラー・コメディ
陸のかもめ
西鶴師走噺
歴史は眠る
日は沈まず
ファミリードラマ
利休割腹
風紋
女の園
四つの窓
照る日くもる日
逆転息子
いとしい恋人たち
こぐま物語
テレビ指定席
しかもバスは走って行く
灰色のシリーズ
連続ドラマ 銀河テレビ小説
夜の鷺
ゴーストップ物語
漫才太平記
お好み日曜座
お好み新喜劇
長時間ドラマ
並木が見ている
創作劇場
ドラマ特集
輪唱
石中先生行状記

定時番組として放送された年度を表示しています。特集など不定期の放送は含んでいません。

連続ドラマ番組年表

大河ドラマ

連続テレビ小説

連続ドラマ

1990	2000	2010	2020

89 90 91 92 93 94 95 96 97 98 99 00 01 02 03 04 05 06 07 08 09 10 11 12 13 14 15 16 17 18 19 20 21 22 23 24　年度

大河ドラマ

- 28 翔ぶが如く
- 太平記 29
- 30 信長 ～KING OF ZIPANGU
- 琉球の風 31
- 32 炎立つ
- 花の乱 33
- 34 八代将軍 吉宗
- 秀吉 35
- 36 毛利元就
- 徳川慶喜 37
- 38 元禄繚乱
- 葵 徳川三代 39
- 40 北条時宗
- 利家とまつ ～加賀百万石物語～ 41
- 42 武蔵 MUSASHI
- 新選組! 43
- 44 義経
- 功名が辻 45
- 46 風林火山
- 篤姫 47
- 48 天地人
- 龍馬伝 49
- 50 江 姫たちの戦国
- 平清盛 51
- 52 八重の桜
- 軍師官兵衛 53
- 54 花燃ゆ
- 真田丸 55
- 56 おんな城主 直虎
- 西郷どん 57
- 58 いだてん ～東京オリムピック噺～
- 麒麟がくる 59
- 60 青天を衝け
- 鎌倉殿の13人 61
- 62 どうする家康
- 光る君へ 63
- 64 べらぼう

連続テレビ小説

- 42 青春家族
- 和っこの金メダル 43
- 44 凜凜と
- 京、ふたり 45
- 46 君の名は
- おんなは度胸 47
- 48 ひらり
- ええにょぼ 49
- 50 かりん
- ぴあの 51
- 52 春よ、来い
- 走らんか! 53
- 54 ひまわり
- ふたりっ子 55
- 56 あぐり
- 甘辛しゃん 57
- 58 天うらら
- やんちゃくれ 59
- 60 すずらん
- あすか 61
- 62 私の青空
- オードリー 63
- 64 ちゅらさん
- ほんまもん 65
- 66 さくら
- まんてん 67
- 68 こころ
- てるてる家族 69
- 70 天花
- 風のハルカ 71
- 72 ファイト
- わかば 73
- 74 純情きらり
- 芋たこなんきん 75
- 76 どんど晴れ
- ちりとてちん 77
- 78 瞳
- だんだん 79
- 80 つばさ
- ウェルかめ 81
- 82 ゲゲゲの女房
- てっぱん 83
- 84 おひさま
- カーネーション 85
- 86 梅ちゃん先生
- 純と愛 87
- 88 あまちゃん
- ごちそうさん 89
- 90 花子とアン
- マッサン 91
- 92 まれ
- あさが来た 93
- 94 とと姉ちゃん
- べっぴんさん 95
- 96 ひよっこ
- わろてんか 97
- 98 半分、青い。
- まんぷく 99
- 100 なつぞら
- スカーレット 101
- 102 エール
- おちょやん 103
- 104 おかえりモネ
- カムカムエヴリバディ 105
- 106 ちむどんどん
- 舞いあがれ! 107
- 108 らんまん
- ブギウギ 109
- 110 虎に翼
- おむすび 111

連続ドラマ（番組枠）

- NHKドラマ館
- 土曜ドラマスペシャル
- 土曜ドラマ
- ドラマ指定席
- ドラマ家族模様
- 月曜ドラマシリーズ
- 月曜劇場～シリーズドラマ
- シリーズドラマ・10
- 水曜ドラマの花束
- ドラマ10
- 金曜ドラマ
- 水曜シリーズドラマ
- 晴のちカミナリ
- びいどろで候
- マダム・りん子の事件帖
- 花も実もある
- ドラマ8
- 植物男子ベランダー
- 生物彗星WoO
- 恋する日本語
- お笑いインスパイアドラマ ラフな生活のススメ
- 愛されてますか　お父さん
- 男たちの運動会
- 探偵Xからの挑戦状!
- プレミアムサスペンス
- 4Kドラマ館
- 歩くひと
- ドラマDモード
- ケータイ発ドラマ ～金魚倶楽部
- プレミアムよるドラマ
- よるドラ
- ドラマ新銀河
- 連続ドラマ
- 夜ドラ
- ケータイ発ドラマ～激♡恋
- よる☆ドラ
- ドラマ　火花
- 整理整頓コメディー わたしのウチには、なんにもない。
- BSサスペンス
- 衛星ドラマ劇場
- ハイビジョンドラマ館
- BS日曜ドラマ
- プレミアムドラマ
- BSドラマ
- HVサスペンス

連続ドラマ・時代劇・単発・

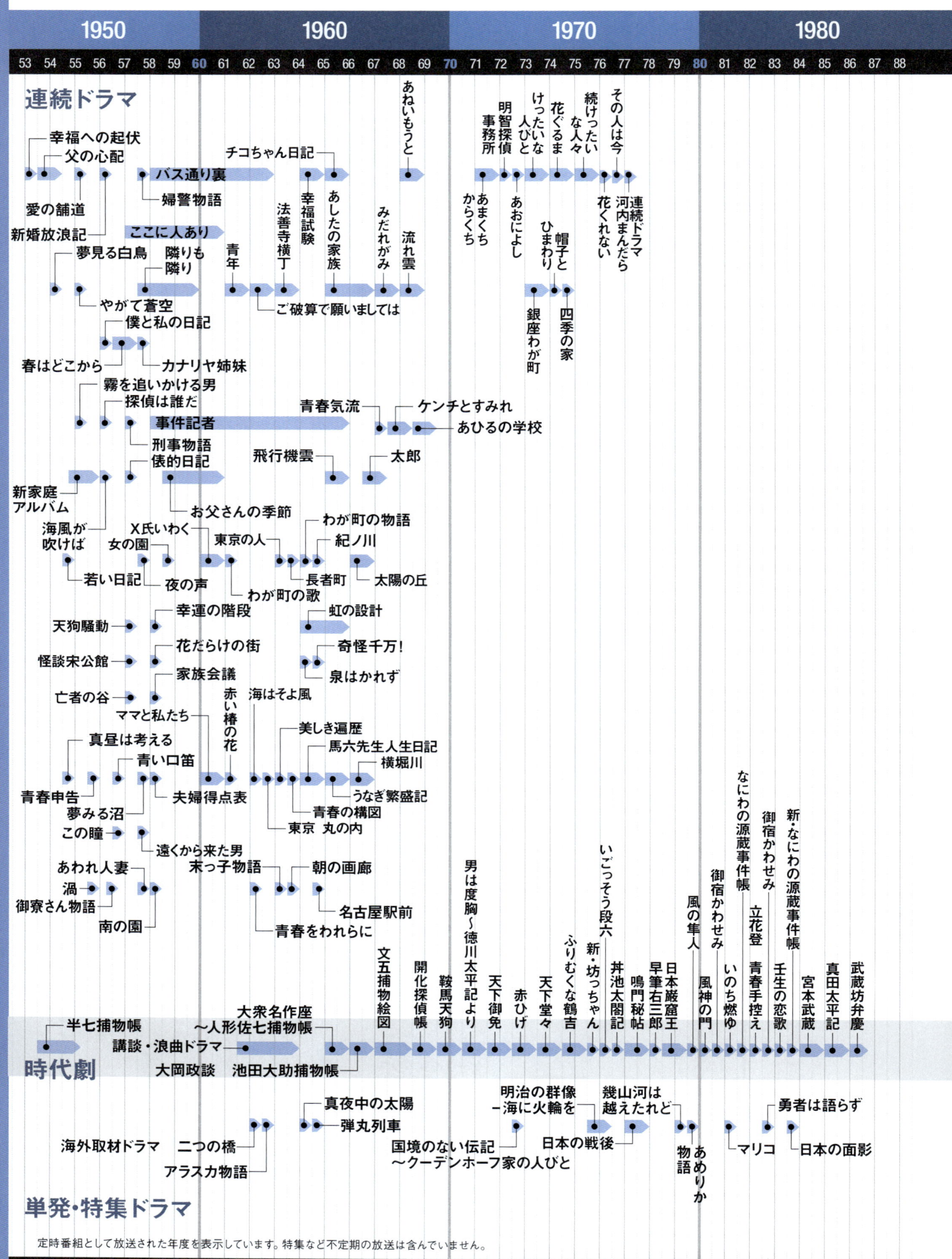

連続ドラマ

時代劇

単発・特集ドラマ

定時番組として放送された年度を表示しています。特集など不定期の放送は含んでいません。

特集ドラマ番組年表

連続ドラマ

	1990	2000	2010	2020
89 **90** 91 92 93 94 95 96 97 98 99	**00** 01 02 03 04 05 06 07 08 09	**10** 11 12 13 14 15 16 17 18 19	**20** 21 22 23 24 年度

NHK名作アワー

特選ドラマ

ドラマ特選
〜もう一度見たいドラマ

BS思い出館

時代劇傑作選

時代劇特選

赤頭巾快刀乱麻

近松青春日記

金曜ドラマ

金曜時代劇

時代劇ロマン

金曜時代劇

BS時代劇

木曜時代劇

大河ドラマが生まれた日

木曜時代劇

土曜時代劇

土曜時代劇

土曜時代ドラマ

川、いつか海へ
〜6つの愛の物語

鼠、江戸を疾る2

倫敦（ろんどん）ノ
山本五十六

ジンジャー・ツリー

異国の女

菜の花の沖

遙かなる山の呼び声

ザ・ラストUボート

大仏開眼

紅白が生まれた日

聖徳太子

アフリカの蹄

大化改新

ハルとナツ
〜届かなかった手紙

メイドインジャパン

経世済民の男

ストレンジャー
〜上海の芥川龍之介

星新一の
不思議な不思議な
短編ドラマ

アイドル

蒼穹の昴

日韓共同制作ドラマ
赤と黒

精霊の
守り人

スペシャルドラマ
坂の上の雲

旅屋おかえり

89 **90** 91 92 93 94 95 96 97 98 99	**00** 01 02 03 04 05 06 07 08 09	**10** 11 12 13 14 15 16 17 18 19	**20** 21 22 23 24 年度

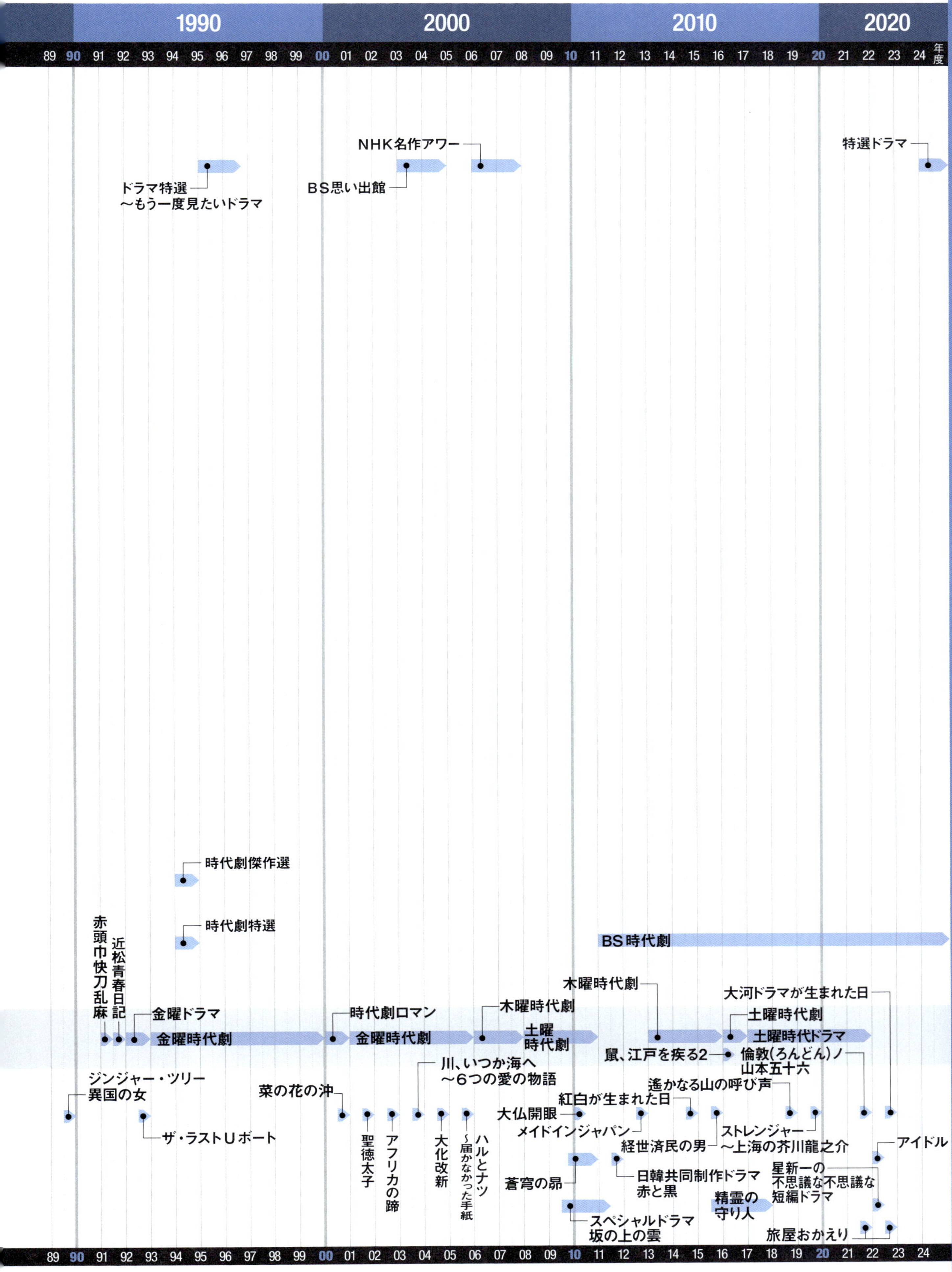

少年ドラマ・海外ドラマ番組

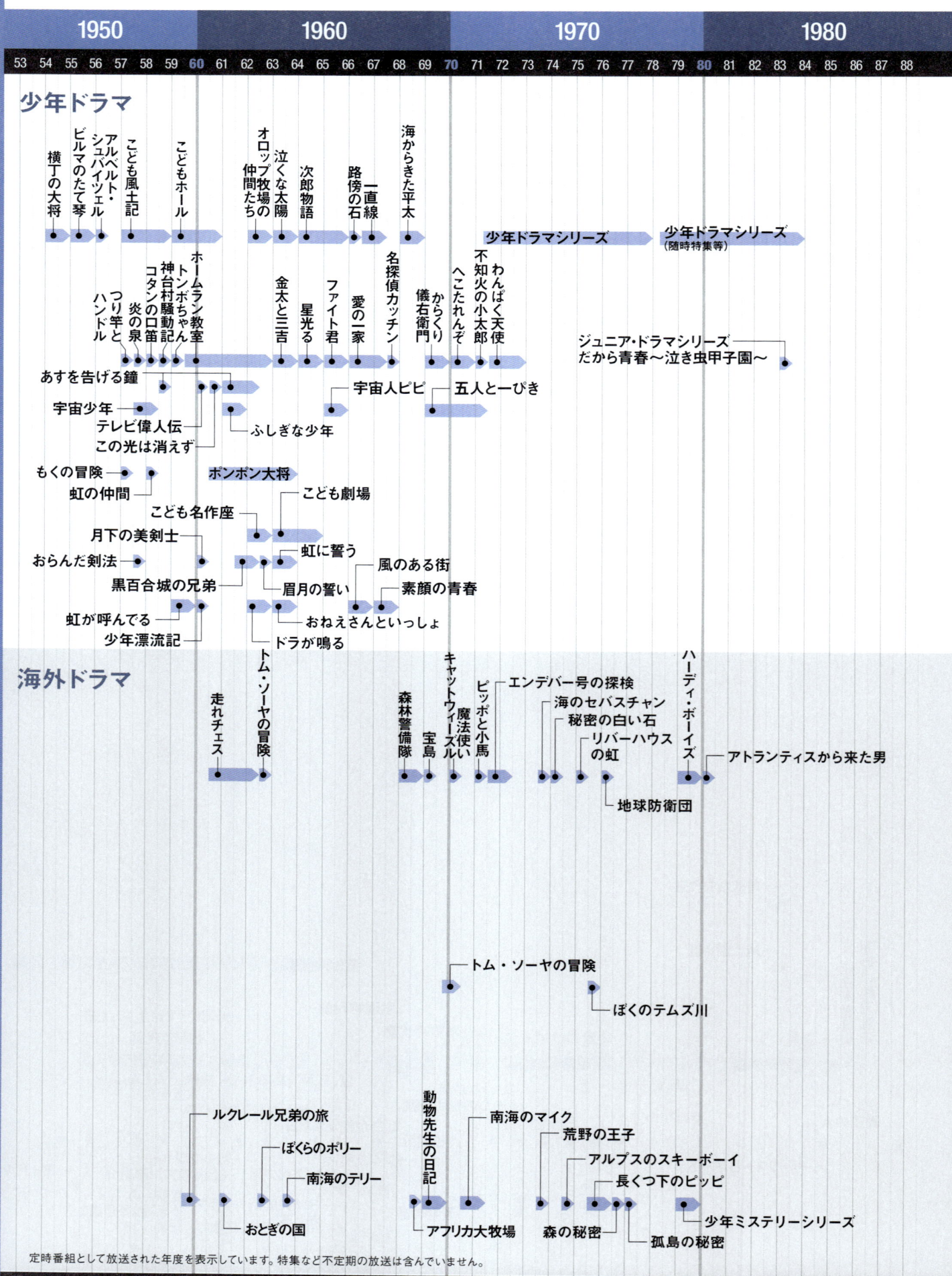

定時番組として放送された年度を表示しています。特集など不定期の放送は含んでいません。

年表1

WEB版の年表はこちら

少年ドラマ

海外ドラマ

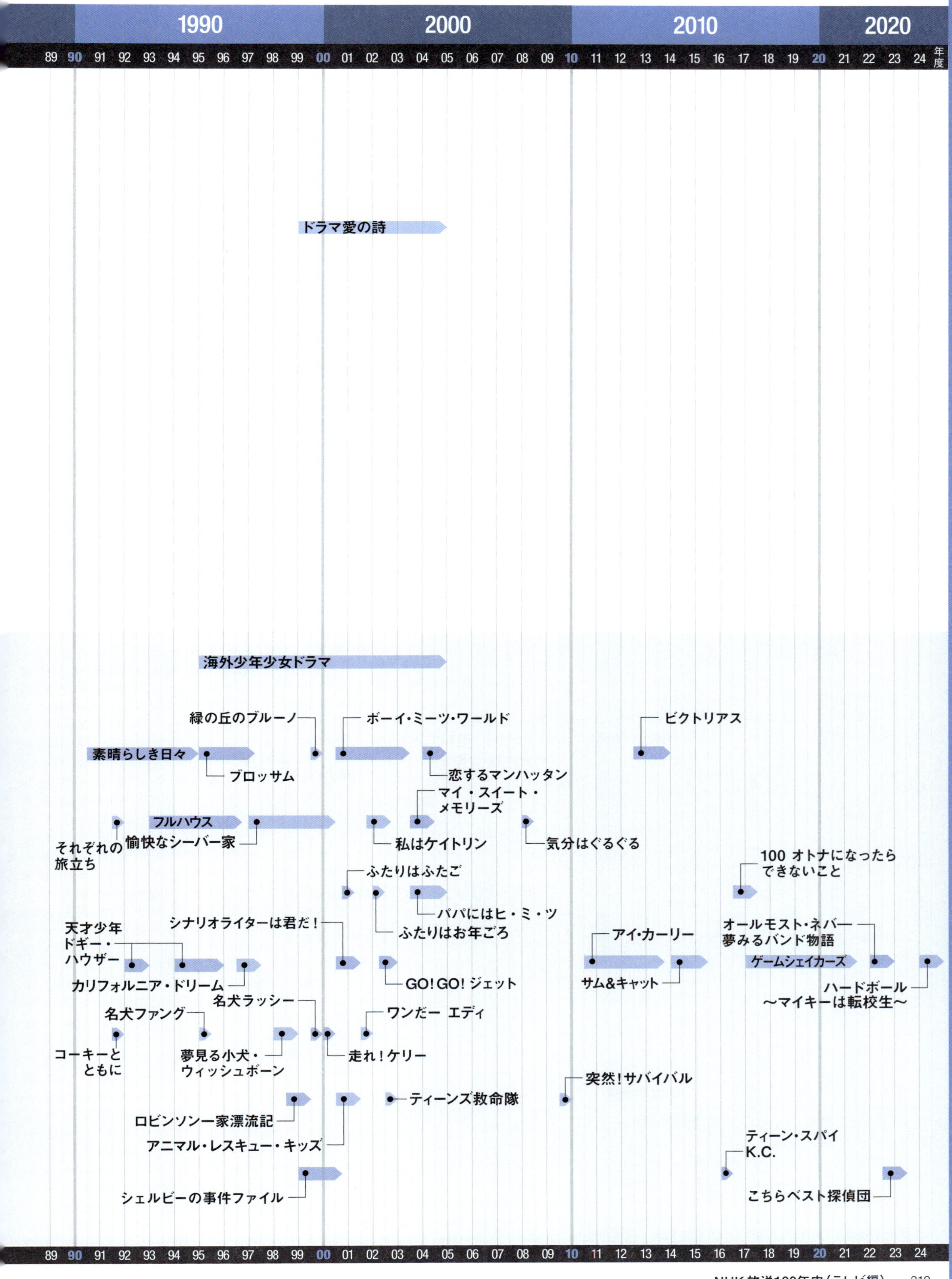

1990　　　　**2000**　　　　**2010**　　　　**2020**

89 90 91 92 93 94 95 96 97 98 99 00 01 02 03 04 05 06 07 08 09 10 11 12 13 14 15 16 17 18 19 20 21 22 23 24 年度

ドラマ愛の詩

海外少年少女ドラマ

緑の丘のブルーノ　　　ボーイ・ミーツ・ワールド　　　ビクトリアス

素晴らしき日々

ブロッサム

恋するマンハッタン

マイ・スイート・
メモリーズ

それぞれの
旅立ち　愉快なシーバー家　フルハウス　私はケイトリン　気分はぐるぐる

100 オトナになったら
できないこと

ふたりはふたご

天才少年
ドギー・
ハウザー　シナリオライターは君だ！　パパにはヒ・ミ・ツ
ふたりはお年ごろ

アイ・カーリー

オールモスト・ネバー
夢みるバンド物語

ゲームシェイカーズ

カリフォルニア・ドリーム　GO！GO！ジェット　サム＆キャット

ハードボール
～マイキーは転校生～

名犬ファング　名犬ラッシー　ワンだー エディ

コーキーと
ともに　夢見る小犬・
ウィッシュボーン　走れ！ケリー

突然！サバイバル

ロビンソン一家漂流記　ティーンズ救命隊

アニマル・レスキュー・キッズ

ティーン・スパイ
K.C.

シェルビーの事件ファイル　こちらベスト探偵団

89 90 91 92 93 94 95 96 97 98 99 00 01 02 03 04 05 06 07 08 09 10 11 12 13 14 15 16 17 18 19 20 21 22 23 24

海外ドラマ番組年表2

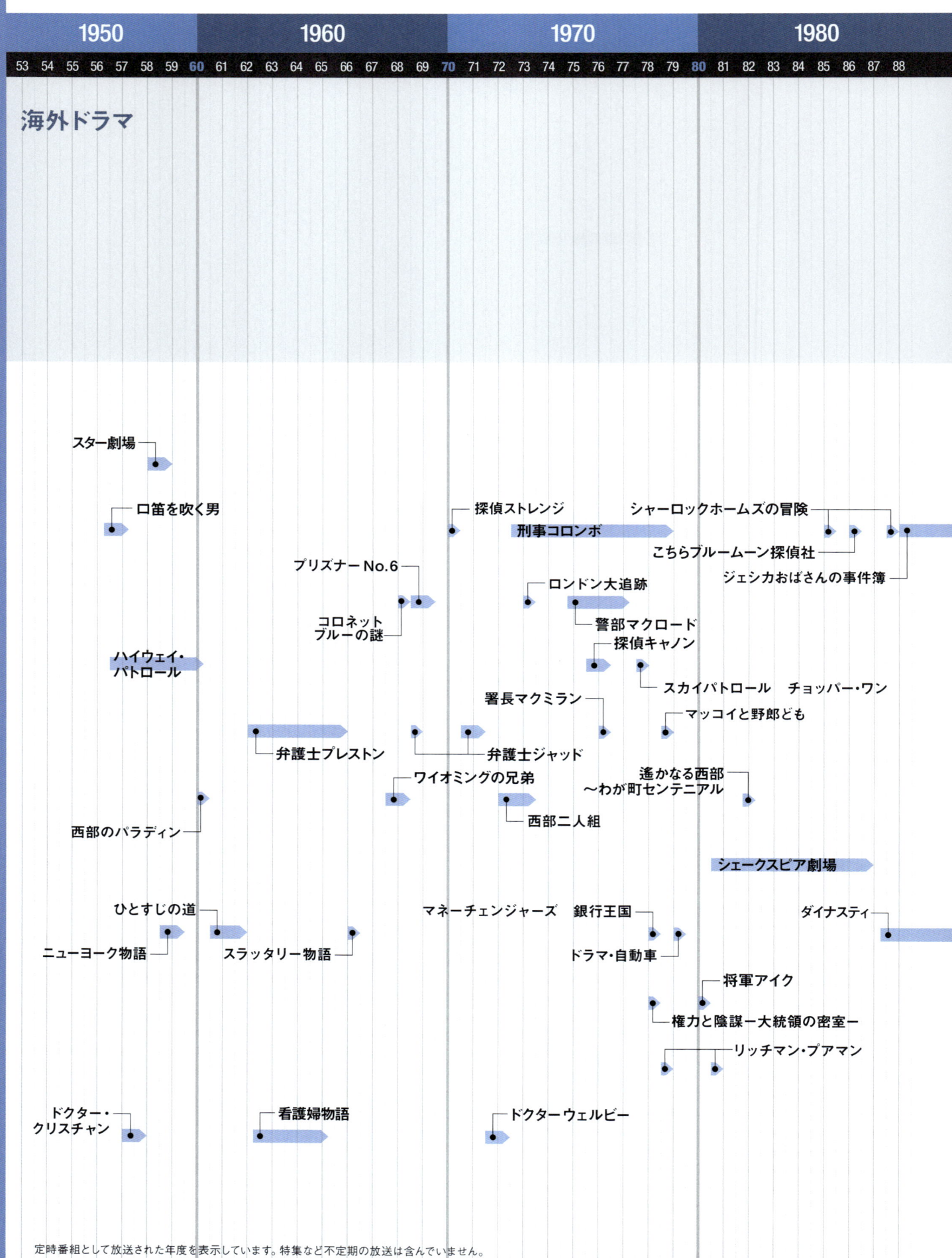

1990　2000　2010　2020

89 90 91 92 93 94 95 96 97 98 99 00 01 02 03 04 05 06 07 08 09 10 11 12 13 14 15 16 17 18 19 20 21 22 23 24 年度

15の不思議な物語
ミステリー・グースバンプス
ヤング・スーパーマン
カイルXY
超能力ファミリー
サンダーマン
アルフ
オーシャンガール
スペースキッズ
どこかでなにかが
ミステリー
恐竜SFドラマ
プライミーバル
スーパーマン＆ロイス
ディナの恐竜図鑑
お騒がせ！ツイスト一家
メントーズ〜世界の偉人たちからのメッセージ
ミステリアス・アイランド
ドクター・フー
ファインド・ミー
〜パリでタイムトラベル〜
不思議なオパール
サンダーストーン・未来を救え！
対決スペルバインダー
ハイスクール・ウルフ
マーニーと魔法の書
ミルドレッドの魔女学校
サブリナ
おまかせアレックス
魔術師
MERLIN
海外ミステリー
海外大型ドラマ
海外連続ドラマ
レジデント・エイリアン
BSプライムナイト
薔薇の名前
BSドラマナイト
海外秀作ドラマ
海外サスペンス
BS海外ドラマ
刑事コロンボ
刑事フォイル
FBI 失踪者を追え！
こちらブルームーン探偵社
SHERLOCK（シャーロック）
刑事モース
〜オックスフォード事件簿〜
名探偵ポワロ
アストリッドとラファエル
文書係の事件簿
私立探偵ハリー
心理探偵
フィッツ
騎馬警官
刑事ルーサー
名探偵モンク
ピッツバーグ警察日記
捜査官クリーガン
グッド・ワイフ
グッド・ファイト
名探偵ダウリング神父
バーナビー警部
アガサ・クリスティー
トミーとタペンス
ー2人で探偵をー
新・弁護士ペリー・メイスン
バグズ〜ハイテクスパイ大作戦
エイリアス
〜2重スパイの女
アガサ・クリスティー
ABC殺人事件
華麗なるペテン師たち
マスケティアーズ
パリの四銃士
ドライブ in ウクライナ
ダメージ
24
アガサ・クリスティー
検察側の証人
ステート・ウイズイン
〜テロリストの幻影
ダウントン・
アビー
ザ・ホワイトハウス
アガサ・クリスティー
無実はさいなむ
ステート・オブ・プレイ
〜陰謀の構図
女王ヴィクトリア
愛に生きる
奥さまは首相
〜ミセス・プリチャードの挑戦
戦争と平和
クイーン・メアリー
愛と欲望の王宮
情熱のシーラ
ホテル・バビロン
レ・ミゼラブル
DOC（ドック）あすへのカルテ
ER　緊急救命室
ザ・ホスピタル
ドクター・クイン
〜大西部の女医物語〜
シカゴ・メッド
プロビデンス

89 90 91 92 93 94 95 96 97 98 99 00 01 02 03 04 05 06 07 08 09 10 11 12 13 14 15 16 17 18 19 20 21 22 23 24

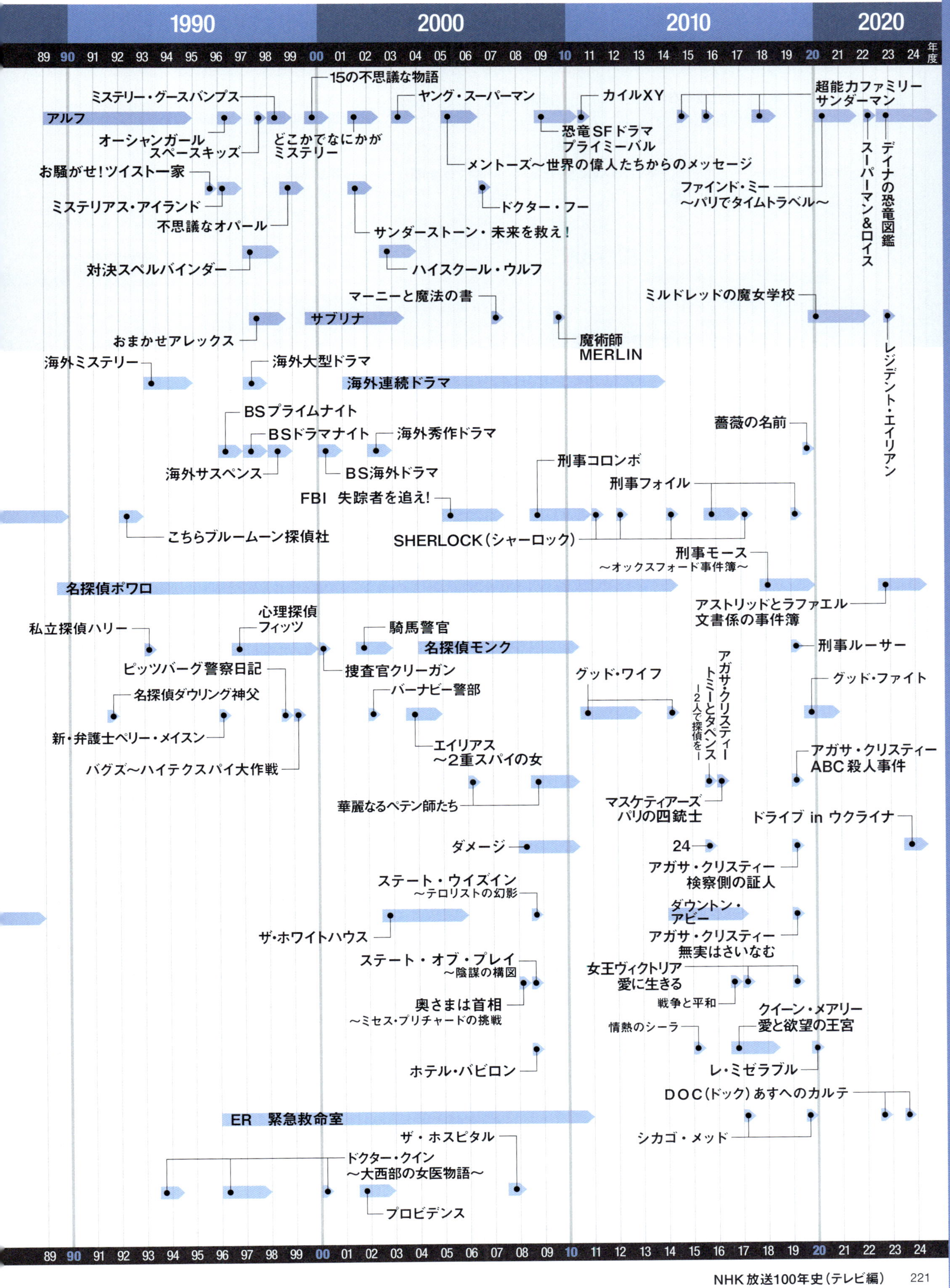

海外ドラマ番組年表3

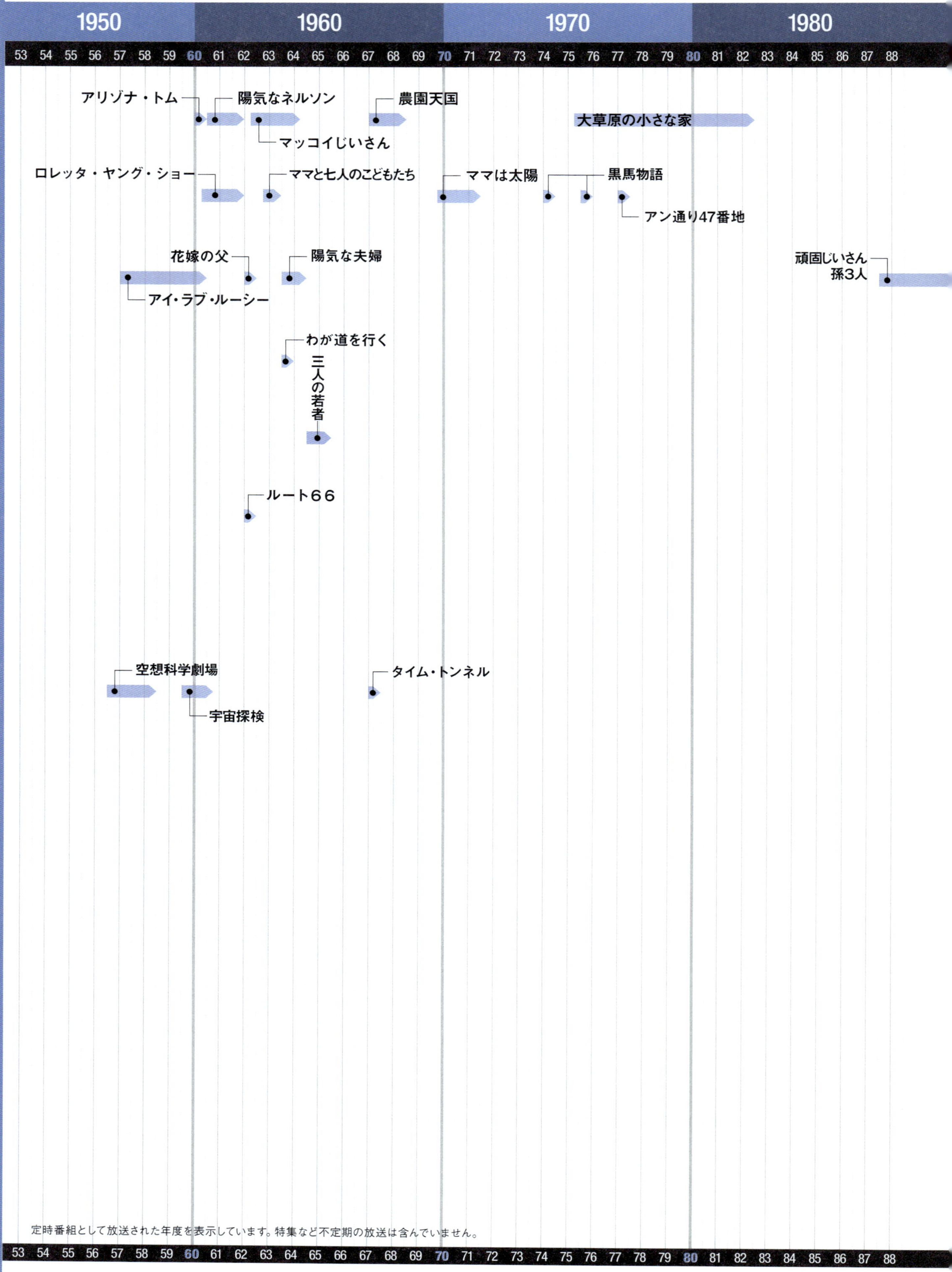

1950	1960	1970	1980

53 54 55 56 57 58 59 **60** 61 62 63 64 65 66 67 68 69 **70** 71 72 73 74 75 76 77 78 79 **80** 81 82 83 84 85 86 87 88

アリゾナ・トム

陽気なネルソン

農園天国

大草原の小さな家

マッコイじいさん

ロレッタ・ヤング・ショー

ママと七人のこどもたち

ママは太陽

黒馬物語

アン通り47番地

花嫁の父

陽気な夫婦

頑固じいさん
孫3人

アイ・ラブ・ルーシー

わが道を行く

三人の若者

ルート66

空想科学劇場

タイム・トンネル

宇宙探検

定時番組として放送された年度を表示しています。特集など不定期の放送は含んでいません。

53 54 55 56 57 58 59 **60** 61 62 63 64 65 66 67 68 69 **70** 71 72 73 74 75 76 77 78 79 **80** 81 82 83 84 85 86 87 88

1990　　　2000　　　2010　　　2020

89 90 91 92 93 94 95 96 97 98 99 00 01 02 03 04 05 06 07 08 09 10 11 12 13 14 15 16 17 18 19 20 21 22 23 24 年度

新・大草原の小さな家　思い出の海外ドラマ

懐かし連続ドラマ

大草原の小さな家

キャシーのbig C　いま私にできること

TVキャスター　マーフィー・ブラウン

アリー❤myラブ

アボンリーへの道

デスパレートな妻たち

アンという名の少女

6人の女　ワケアリなわたしたち

コメディー　ふたりは最高！ダーマ＆グレッグ

サバヨミ大作戦！

アグリー・ベティ

アンジェラ・15歳の日々

コメディー決定版

コメディー　ふたりは友達？　ウィル＆グレイス

新ビバリーヒルズ青春白書

ファンタスティック5

ビバリーヒルズ高校白書

ロズウェル・星の恋人たち

スクール・オブ・ロック

ビバリーヒルズ青春白書

ナイトライダー

青春！カリブ海

青春の城　コビントン・クロス

トム・ジョーンズの冒険

glee

ヤングライダーズ

チャームド　魔女3姉妹

THIS IS US　36歳、これから

ベイウォッチ

レリックハンター　～秘宝を探せ

ジュール・ベルヌの冒険

宇宙船レッド・ドワーフ号

ロストワールド　～失われた世界～

ワンス・アポン・ア・タイム

ターザンの大冒険

三国志　Secret of Three Kingdoms

中国大河ドラマ　楊家将

北京バイオリン

中国大河ドラマ　孔子伝

冬のソナタ

オールイン　運命の愛

初恋

クッキ

イ・サン

トンイ

太陽を抱く月

秘密の扉

不滅の恋人

コウラン伝　始皇帝の母

上陽賦　運命の王妃

三国志

三銃士

美しき日々

春のワルツ

ファン・ジニ

仮面の王　イ・ソン

ヘチ　王座への道

御史（オサ）とジョイ

中国ドラマ　則天武后

スポットライト

シークレット・ガーデン

馬医

運命の女（ひと）

王女ピョンガン

呪われた王宮

青春ウォルダム

チャングムの誓い

宮廷女官

太王四神記

王女の男

奇皇后

イニョプの道

100日の郎君様

月が浮かぶ川

七日の王妃

コッソンビ二花院（イファウォン）の秘密

チェオクの剣

美しき伝説の商人　～キム・マンドク～

ーふたつの愛　涙の誓いー

花郎（ファラン）　希望の勇者たち

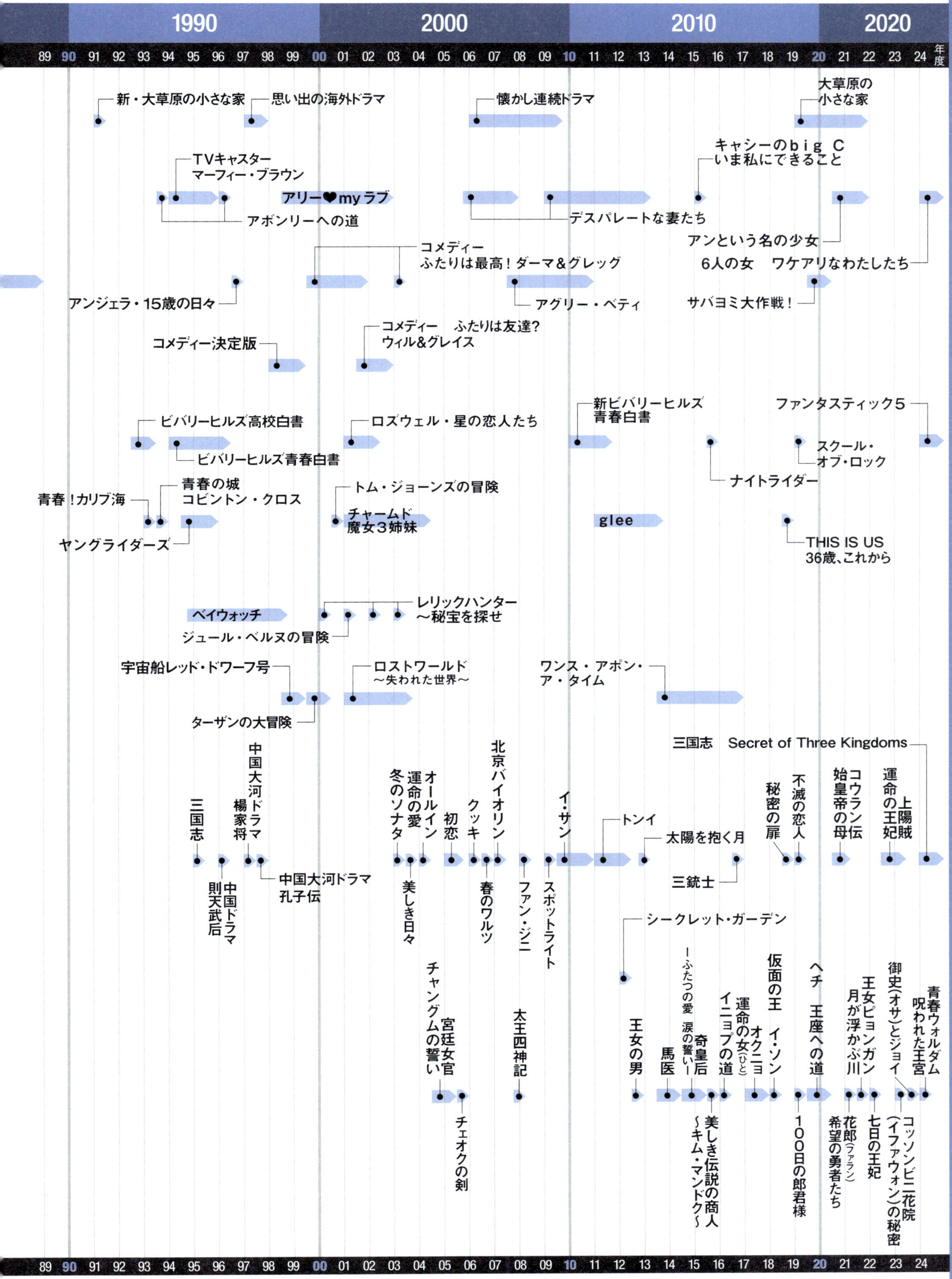

クイズ・バラエティー 02
クイズ・ゲーム

01

『ジェスチャー』と『私の秘密』でクイズブームに

　テレビ本放送開始2日後の1953年2月3日、帝国劇場から中継した『三つの歌』が、テレビで最初に放送されたクイズ番組である。出場者に3つのメロディーをピアノで聞いてもらい、歌詞を間違えずに歌えるかを競う。『三つの歌』は1951年11月から放送されていたラジオ番組で、1953年から2年間、テレビでも同時放送された。クイズの面白さと「のど自慢」的要素に加え、司会の宮田輝アナウンサーと出場者のユーモラスなやりとりが好評で、当時もっとも人気のある番組の1つだった。

『三つの歌』（1952～1956年度）→P232

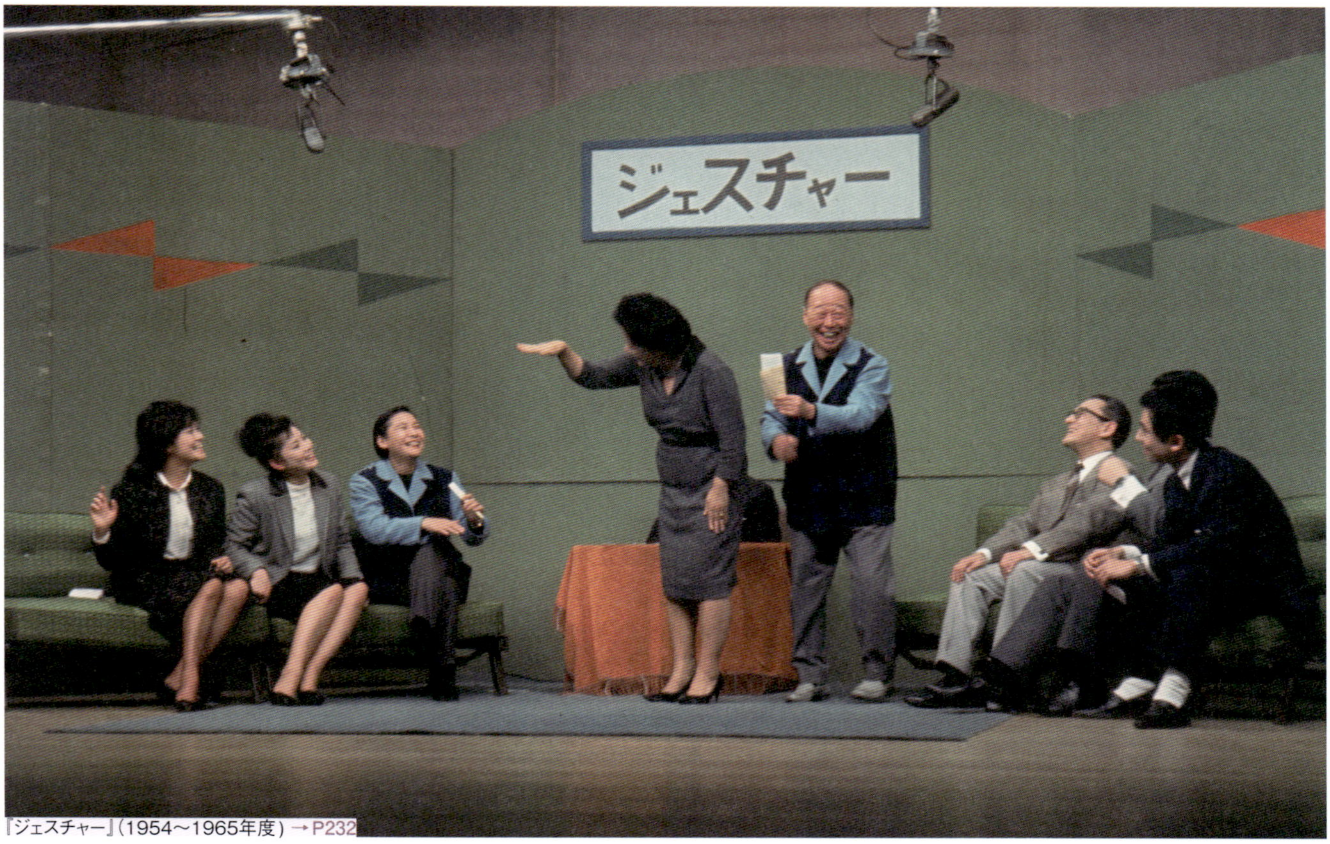

『ジェスチャー』（1954～1965年度）→P232

『私の秘密』(1955〜1966年度) →P232

『二十の扉』(1952〜1954年度) →P232

『私の仕事はなんでしょう』(1952〜1954年度) →P232

　戦後、ラジオで圧倒的人気を誇ったのがクイズ番組である。1947年にアメリカのクイズ番組「Twenty Questions」を翻案した『二十の扉』が、1949年には『私は誰でしょう』(「What's My Name?」を翻案)がそれぞれスタート。1950年代に入ると『三つの歌』も加わって、それらすべてが高聴取率番組の上位を占めていた。『三つの歌』に続いて『二十の扉』が1953年2月7日からテレビで同時放送を開始。ラジオのクイズブームがそのままテレビに持ち込まれる形となった。

　テレビオリジナルとなる最初のクイズ番組は、1953年2月5日に放送された『テレビクイズ　私の仕事はなんでしょう』(1952〜1954年度)。4人の出演者が会場に招いたゲストの職業を当てるというもの。2月20日には『家庭ゲーム　ゼスチュアー』(1952〜1953年度)のタイトルで、後の『ジェスチャー』(1954〜1967年度　＊1966年度は『クイズアワー』、1967年度は『ファミリーショー』枠内放送)が始まる。その後15年にわたって放送され、絶大な人気を誇ったテレビクイズ番組の草分けである。

　当時、お茶の間の娯楽はラジオが主流。そこに登場した新しいメディアであるテレビは、その特性、機能を視聴者に明快に示す必要があった。そこであえて音声(セリフ)を封印することで、動作や表情など視覚の面白さをアピールする「ジェスチャー遊び」が企画された。実験放送時代の1952年11月、テレビスタジオ完成記念特別番組として『ジェスチャー・クイズ』を『二十の扉』とともに放送した。

　テレビ本放送が始まると、金曜午後8時台の『家庭ゲーム』の枠内で月1回程度放送した。初回放送のゲストに

は藤浦洸(詩人・ラジオ『二十の扉』解答者)、三木鶏郎(作詞作曲家・ラジオ『日曜娯楽版』の放送作家)、渡辺紳一郎(元朝日新聞記者・ラジオ『話の泉』解答者)、女優の沢村貞子、淡島千景らが出演。その反響は大きく、7月からは毎週放送の定時番組となる。

　番組内容は、文章で書かれた答えを身ぶり手ぶりだけで表現し、時間内に当てるというゲームで、男性チームと女性チームに分かれて対戦した。男性チームを"キャプテン"として率いたのは落語家の柳家金語楼。一方、女性チームは松竹少女歌劇で"男装の麗人"として一世をふうびした水の江滝子。両チームのメンバーには、映画、演劇、演芸、音楽、スポーツなど、幅広い分野から人気スターが顔をそろえた。司会は青木一雄、高橋圭三ほかのアナウンサーが担当。小川宏アナウンサーが最も長い10年間をつとめる。キャプテンの柳家金語楼と水の江滝子は、放送終了まで変わることはなかった。

　『ジェスチャー』で取り上げる問題は、視聴者から募集した。番組スタート時は「孫悟空」や「漱石の坊ちゃん」など、単語や短い文章だった。しかしすぐに当たってしまうということで、難易度はどんどんエスカレートしていった。「酔って帰ったら、奥さんがやさしいので、外へ出て表札とにらめっこしている男」「ダンナさんをノシたら、ノシイカになったので、あわてて水をかけてふくらませている、イカの奥さん」など、出演者をこれでもかと悩ませる難問、珍問が週に1000通以上寄せられた。

　ジェスチャー中の場面転換で、次の動作に移るときに「〜は置いといて」と箱を持ち上げて横に動かすポーズが流行。難題に汗を流して取り組む出演者の表情とコミカルな

クイズ・ゲーム

『プラスさんマイナスさん』（1957〜1958年度）→P232

『テレビ・クイズ　漫画くらぶ』（1953〜1956年度）→P232

『危険信号』（1956〜1963年度）→P232

動きのおもしろさで、当時のテレビを代表する娯楽番組となった。

　『ジェスチャー』に遅れること2年、『ジェスチャー』と人気を二分することになるクイズ番組『私の秘密』（1955〜1966年度　＊1966年度は『クイズアワー』枠内放送）が、午後8時からの30分番組で始まる。アメリカの人気クイズ番組「My Secret」の日本版で、珍しい体験や特別な才能など、ある"秘密"を持った一般人が登場し、解答者たちがその秘密を4分以内に当てるというもの。「"事実は小説より奇なり"と申しまして…」というバイロンの詩の一節を引用した高橋圭三アナウンサーの軽妙な語りで番組が始まった。

　レギュラー解答者は、渡辺紳一郎、藤浦洸、藤原あき（資生堂美容部長・オペラ歌手藤原義江の妻）の3人。ほかに俳優や文化人から1名のゲストを招いた。「日露戦争・旅順攻防戦後の水師営の会見で、乃木大将とステッセル将軍の通訳をした」（1955）、「私の名前は二千六百年」（1956）、「私たち2人は、グアム島のジャングルに16年間隠れていた元日本兵」（1960）など、明かされる"秘密"は放送当時の時代を色濃く反映していた。

　クイズが正解したあとに、"秘密"の持ち主へのインタビューや特技の実演などをおこなった。番組の最後には、ゲスト解答者にゆかりの人物を登場させる「対面コーナー」もあった。女優の飯田蝶子は40年前に松坂屋上野店の店員をしていたころ、同じ売り場で働いていた仲間と対面、抱き合って声を上げて泣き出した。切腹を思いとどまらせたアメリカ水兵と元特攻隊員、沈没した引き揚げ船の生

存者と命の恩人となった外国人船長など、幾多の感激の対面が実現した。クイズと「対面コーナー」の相乗効果で、1962年のNHK放送文化研究所の調査で、40.2%の高視聴率を記録した。

　1966年4月から、2つの人気クイズ番組を並べた『クイズアワー　私の秘密・ジェスチャー』を1年間放送。1967年3月をもって、『私の秘密』は12年間の放送を終了。『ジェスチャー』は、その翌年、公開バラエティー番組『ファミリーショー』に吸収され、1968年3月に15年にわたる放送に幕を下ろした。

　1950〜60年代はクイズ・ゲーム番組の言わば"黄金時代"。『クイズクラブ　スリーステップ』（1954年度）、『テレビ・クイズ　漫画くらぶ』（1953〜1956年度）、『プラスさんマイナスさん』（1957〜1958年度）、『危険信号』（1956〜1963年度）などの番組が続々と生まれた。

　『危険信号』は当時もっとも人気があった視聴者参加番組。出場者が2人1組のペアで登場し、1人は円形に敷設された鉄道模型の線路上に置かれた大きな風船の前に座り、もう1人は少し離れた場所でクイズやゲームなどの課題に挑戦する。制限時間は模型機関車が線路を1周する時間。機関車の先端には針が取り付けてあり、参加者は課題に挑戦していても、機関車が風船を割らないように作業を中断して風船を取り上げに駆けつけなければならなかった。間に合わずに風船が割れたらゲームオーバー。間一髪で風船を持ち上げるハラハラドキドキ感が人気だった。「外国人夫婦大会」「モシモシ嬢大会」「運転士さんと車掌さん大会」「アジア・アフリカ青年大会」な

ど、出場者にも趣向を凝らすとともに、俳優、歌手、スポーツ選手などがゲスト出演してゲームを盛り上げた。

『私だけが知っている』(1957〜1962年度)は、ラジオ番組『素人ラジオ探偵局』のテレビ版。推理ドラマの謎解きのおもしろさ、トリックの意外性をクイズ番組に生かした。番組前半で問題をドラマの形で提示し、後半で「探偵局」が事件の謎解きに挑む。「探偵長」は映画の弁士でラジオやテレビの司会者として活躍した徳川夢声、「探偵局員」は俳優の江川宇礼雄、大学教授の池田弥三郎、新進作家の有吉佐和子の面々。

1960年代に入ると『それは私です』(1960〜1967年度)が、金曜午後7時30分に登場。「それは私です」と名乗る3人の出場者の中から、"ほんもの"の「私」を探し当てるクイズ番組。毎回、珍しい体験や経歴、職業を持つ人が登場するが、"ほんもの"は1人だけ。4人の解答者が3人の出場者にそれぞれ質問をし、その返答や態度、反応から推理して"ほんもの"を当てる。"ほんもの"が怪しげに見

えたり、ニセものがいかにもほんものらしく見えたりする意外性が人気を呼んだ。解答者には映画監督で俳優の山本嘉次郎、作家の臼井吉見、俳優の池部良、中村メイコ、作家曽野綾子らがあたり、司会は野村泰治アナウンサーが担当した。

『シャープさんフラットさん』(1962〜1969年度)は、2人の出場者が「シャープさん」と「フラットさん」に分かれて、音楽の曲名を当てる視聴者参加のクイズ番組。解答するとスタジオにある電光掲示板のマス目を埋めることができ、マス目が1列そろえば勝ちになるビンゴゲーム的な楽しみもあった。5人抜きをした出場者には「ミュージック賞」が贈られた。

『スポーツクイズ』(1963年度)は、翌年に開催が予定されていた東京オリンピックにちなんだ番組。スポーツの知識やオリンピックのエピソードをネタに視聴者がクイズに挑戦した。

百花りょう乱だったクイズ番組の放送も、1968年には『シャープさんフラットさん』1本を残すのみとなった。

『それは私です』(1960〜1967年度) →P233

『シャープさんフラットさん』(1962〜1969年度) →P233

『スポーツクイズ』(1963年度) →P233

『私だけが知っている』(1957〜1962年度) →P233

クイズ・ゲーム

02

「クイズ」から「ゲーム」へ

～『連想ゲーム』の登場～

1960年代に活況を呈したクイズ番組のバトンを受け取るように登場したのが、その後22年間続く長寿番組となる『連想ゲーム』（1969～1990年度）である。バラエティー番組『みんなの招待席』（1968年度）の1コーナー「連想ゲーム」が好評で、1969年4月から単独番組としてスタートした。

番組は「紅組」「白組」の男女チームに分かれて点数を競う『ジェスチャー』スタイルを踏襲。それぞれのキャプテンが出す単語によるヒントから連想して正解を当て、獲得点数を競うゲームだ。

例えば白組キャプテンから「お金」とヒントが出る。白組

解答者は「無一文」を連想。続いて紅組キャプテンのヒントが「大ざっぱ」。紅組解答者が"ざる会計"からの連想で「ざる」と答える。それを受けてさらに「店屋物」とヒントが続くと、白組解答者は「どんぶり勘定」という正解にたどりつく。前もって正解を知らされている会場の観覧者の拍手やため息などの反応も参考にしつつ、解答者は答えを探っていく。

問題には「勝ち抜きゲーム」「1分ゲーム」「ワンワンコーナー」などがあった。「ワンワンコーナー」は、「ワンワン」「にゃんにゃん」など、日本語の繰り返し表現を「答え」とするゲーム。例えば「雨」のヒントから、「しとしと」という正解を導くもの。「さばさば」が答えの時に、白組キャプテンの加藤芳郎が「みそ煮」とヒントを出し、会場が笑いに包まれた。珍妙なヒントと意外な連想が生み出す台本のない展開が視聴者をひきつけた。さらに連想が当たって思わず浮かべるうれしそうな表情や、悔しがる出演者のリアクションに

『連想ゲーム』（1969～1990年度）→P233

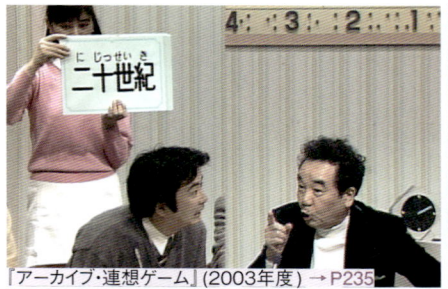

『アーカイブ・連想ゲーム』（2003年度）→P235

『ゲーム　ホントにホント？』（1975～1980年度）→P233

『ゲーム　プレイ　ミュージック』（1976年度）→P234

『脱線問答』（1978～1983年度）→P252

『ゲーム　数字でQ』（1991～1992年度）→P234

『ことば探検　クイズ・マルコポーロ』（1992年度）→P234

『クイズ面白ゼミナール』(1981〜1987年度)→P234

人柄や性格がにじみ出るところも番組の魅力だった。ちなみに、『連想ゲーム』はクイズではなく、あくまでゲームなので、解答者の連想した答えに対し、司会者は「正解です！」とは言わずに、「そのとおり！」と応じたという。

　白組キャプテンは加藤芳郎のあと小沢昭一が1年つとめるが、すぐに加藤が復帰し、放送終了までつとめあげた。紅組キャプテンは初代中村メイコに続いて、江利チエミ、天地総子、水沢アキ、中田喜子、藤田弓子という顔ぶれ。解答者の白組レギュラーは江守徹、大和田獏、宍戸開、田崎潤、辰巳琢郎、水島裕、三橋達也、渡辺文雄ほか。紅組は市毛良枝、岡江久美子、檀ふみ、坪内ミキ子、山形由美ほかのメンバー。大和田獏と岡江久美子はこの番組をきっかけに後に結婚。司会は野村泰治、中江陽三、松平定知、吉川精一、徳田章ら歴代9人のアナウンサーがつとめた。

　番組は1991年3月に放送を終了するが、2003年度に『アーカイブ・連想ゲーム』を衛星第2で20本を放送。テレビ放送50周年を記念して、視聴者からのリクエストに応えてのアンコール放送だった。

　1970年代は『連想ゲーム』の追い風を受けて、『ゲーム　心のチャンネル』(1971年度)、『ゲーム　ホントにホント？』(1975〜1980年度　＊1978年に『ホントにホント？』に改題)、『ゲーム　プレイ　ミュージック』(1976年度)、『脱線問答』(1978〜1983年度)、さらに90年代に入ってからも『ゲーム　数字でQ』(1991〜1992年度)、『ことば探検　クイズ・マルコポーロ』(1992年度)などのクイズ・ゲーム番組が続々と生まれた。

03
第2期クイズ黄金時代
〜『クイズ面白ゼミナール』の登場〜

　『クイズ面白ゼミナール』(1981〜1987年度)は、クイズ番組としては歴代最高の42.2%の視聴率(1982年9月12日)を記録した"お化けクイズ番組"だ。1981年4月、木曜午後8時にスタートしたが、翌1982年に日曜午後7時台に移行。以後、日曜夜のゴールデンタイムの看板番組となる。

　司会は当時、教養番組『歴史への招待』(1978〜1983

クイズ・ゲーム

『クイズ百点満点』(1988〜1993年度) →P234

『クイズ　日本人の質問』(1993〜1999年度) →P234

年度)で、講談調の解説が人気を呼んでいた鈴木健二アナウンサー。番組は大学のゼミという設定で、「主任教授」の鈴木アナウンサーが俳優、歌手、作家など各界の著名人ゲストの「学生」たちに出題。「学生」たちがクイズに挑戦し、得点を競うというもの。

「知るは楽しみなりと申しまして、知識をたくさん持つことは人生を楽しくしてくれるものでございます」という鈴木アナウンサーのオープニングコメントで番組は幕を開けた。

出題は、ゲスト解答者の紹介も兼ねた「ウソ・ホントクイズ」からスタート。「相対性原理のアインシュタインは、バイオリンの名手であった、ホントかウソか」「ホント!」「正解!」といった具合。1人1問で、当日の解答者の顔ぶれを紹介した。「教科書クイズ」は小学校の教科書から出題。「母という字の正しい書き順は?」「メダカの正確な姿は?」など、大人でも即答できない問題が並ぶ。「歴史クイズ」では歴史上のエピソードを演劇仕立てで出題。「徳川家康がイライラしたときのクセは?」「商家の娘がお稽古ごとに精を出した理由は?」など、鈴木アナウンサーが『歴史への招待』で培った蓄積を生かして、資料を手にすることもなく立て板に水のごとくに解説した。

番組のコンセプトは、「出題も正解の実証も、VTRは使用せず、全て解答者の目の前で見せる」というもの。正解の実証のための実験や実演も番組の見どころの1つとなった。特集にあたる「ゼミナールクイズ」では、「消費者物価」「くらしの中のゴミ」「塩と健康」など、経済、科学、文化など幅広いテーマから出題。ゲスト講師を招いての解説もあった。家族そろって楽しめる娯楽番組でありながら、雑学や知識が身につく教養番組の側面もあり、クイズの新しいブームをけん引した。

1988年4月に幕を閉じた『クイズ面白ゼミナール』だが、テレビ60周年にあたる2013年に、夏のスペシャル番組『クイズ面白ゼミナールR(リターンズ)』として復活。その時84歳の鈴木健二元アナが"名誉教授"として再登場し、徳永圭一アナが"教授"として番組を進行した。『クイズ面白ゼミナールR』は3回放送したのち、翌2014年、『新クイ

ズ面白ゼミナール』として不定期で10回放送した。

7年続いた『クイズ面白ゼミナール』のあとを受けてスタートしたのが、生放送の視聴者参加番組『クイズ百点満点』(1988〜1993年度)。スタジオに集まった200人の大学生解答者と、電話回線でつないだ全国500人の視聴者が生放送で参加する、当時としては珍しい双方向型のクイズ番組だった。

「食管法って何?」「ゴルバチョフ時代」「ダイエットと食欲」「EC統合」など、時事問題や身近な暮らしの話題の中から、毎回1つのテーマを選んで出題。問題は計8問で、3択形式の問題が中心の勝ち残り方式。スタジオの解答

『クイズ　見ればナットク!』(2003年度) →P235

『あなたも挑戦!ことばゲーム』(2004年度) →P235

者は正解できないと脱落していく。その展開に参加者も視聴者もハラハラさせられた。

初代の司会者はそれまでスポーツアナとして知られていた大塚範一アナウンサーと、子ども向け情報番組『600こちら情報部』(1978〜1983年度)でのわかりやすい解説に定評があったNHK解説委員の田畑彦右衛門。番組で紹介した「満点体操」も、頭を活性化させると人気になる。指導は、『おかあさんといっしょ』の"体操のおにいさん"として出演した輪嶋直幸が担当した。

1993年4月、『クイズ　日本人の質問』(1993〜1999年度)が火曜の午後8時に始まる。翌1994年、『クイズ百点満点』の放送終了にともなって、日曜午後7時台に移行した。司会は古舘伊知郎が『ゲーム　数字でQ』以来、2度目の登板。

番組は、視聴者から寄せられた素朴な疑問、質問に対し、4人の"もの知り博士"がそれぞれもっともらしい説明で「答え」を示し、その中から正しい解答を当てて得点を競う。"もの知り博士"は、高橋英樹、大桃美代子、矢崎滋、桂文珍の4人、解答者は2人1組の4チームで構成。"もの知り博士"と解答者の駆け引きに富んだトークや、古舘のノリのいい司会ぶりが人気をよんだ。2000年度、『新・クイズ日本人の質問』と改題して、内容を一部刷新。

2003年3月に放送を終了。『クイズ　日本人の質問』の放送開始以来10年間に、視聴者から寄せられた「質問」のはがきは42万通を超えた。

戦後のラジオ番組のクイズブームに始まり、テレビの特性を生かしたクイズ番組が次々に生まれた1950〜60年代がクイズ番組の"第1期黄金時代"だとすれば、『クイズ面白ゼミナール』から『新・クイズ日本人の質問』にいたる1980〜90年代は"第2期黄金時代"。NHK・民放合わせて週に30本ほどのクイズ番組が競い合い、その多くが高視聴率を上げていた。

『クイズ面白ゼミナール』の司会を担当していた鈴木健

二アナウンサーは、1983年から3年連続で『NHK紅白歌合戦』の白組司会をつとめた。また『クイズ　日本人の質問』の司会者・古舘伊知郎も、1994年から3年連続で白組司会をつとめている。日曜午後7時台のクイズ番組の人気が、『NHK紅白歌合戦』にも波及したといえよう。

テレビ放送開始50周年の2003年、『クイズ　見ればナットク!』(2003年度)を、日曜午後7時台に放送。NHKに保存されているテレビ放送50年間の映像ライブラリーを活用したクイズバラエティーだった。

『あなたも挑戦!ことばゲーム』(2004年度)は、ことば遊びを通して豊かな日本語の世界を楽しむ番組。「声に出して読みたい日本語」(齋藤孝著)や「常識として知っておきたい日本語」(柴田武著)がベストセラーとなるなど、折からの日本語ブームを背景に登場した。

その後、カードゲームとクイズを組み合わせた『クイズモンスター』(2006〜2007年度)、午後10時のクイズ番組『クイズ　日本の顔』(2006年度)、質問を繰り返すことで正解を当てる『新感覚ゲーム　クエスタ』(2010年度)、月曜から金曜の午後1時台に登場した視聴者参加番組『連続クイズ　ホールドオン!』(2012〜2013年度)、"伝える力"と"ひらめき力"を競う『伝えてピカッチ』(2013〜2014年度)などが放送された。

2023年5月、『クイズ!丸をつけるだけ』が定時化される。『チコちゃんに叱られる!』や『有吉のお金発見　突撃!カネオくん』など、クイズ仕立てのバラエティーは多いが、「クイズ」をタイトルに冠したクイズ番組は9年ぶりの登場である。2022年度にパイロット版を2回放送し、2023年度はおおむね月1回のペースで放送。「丸をつけるだけで"誰でも解答できる"新感覚クイズ」がコンセプト。写真やイラストの中に必ずある「答え」に丸をつけるだけというシンプルな内容で、テレビを見ながら、番組公式サイトからスマートフォンやパソコンから同じ出題に挑戦できるのが特徴。

『クイズモンスター』(2006〜2007年度)→P235

『クイズ　日本の顔』(2006年度)→P235

『クイズ!丸をつけるだけ』(2023年度)→P236

『新感覚ゲーム　クエスタ』(2010年度)→P235

『連続クイズ　ホールドオン!』(2012〜2013年度)→P236

『伝えてピカッチ』(2013〜2014年度)→P236

1950年代

三つの歌　〈テレビ〉 1952〜1956年度

ラジオ第1で1951年に始まった聴取者参加番組。会場にいる出場者がピアノ伴奏のみをヒントに、歌詞を間違えずに正しく歌えるかを競う。クイズのドキドキ感と、"素人のど自慢"の親しみが合体した番組。宮田輝アナウンサーと出場者とのユーモラスなやり取りと、出場者の歌をリードする天池真佐雄の手慣れたピアノが好評だった。テレビ開局2日後の1953年2月3日、ラジオ・テレビで同時放送された。

私の仕事はなんでしょう 1952〜1954年度

アメリカで放送されていたテレビ番組「What's My Line?」をもとにしたクイズ番組で、4人の出演者が会場に招いたゲストの職業を当てるというもの。(木)午後7時30分からの30分番組。

二十の扉 1952〜1954年度

アメリカで放送されていたクイズ番組「Twenty Questions」(二十の質問)をモデルにしたラジオのクイズ番組。実験放送開始の1952年11月よりテレビでも同時放送した。動物、植物、鉱物の3つのテーマから出題。解答者は司会者に20まで質問ができ、その間に正解を出す。質問を扉にみなして20の扉を開けていく形式。問題はすべて聴取者から寄せられた。司会は長島金吾アナウンサー。総合(土)午後7時30分からの30分番組。

家庭ゲーム　ゼスチュアー 1952〜1953年度

テレビ実験放送時代に「ジェスチャー遊び」「ジェスチャー・クイズ」などの名で随時放送されていたが、テレビ本放送が始まると『家庭ゲーム　ゼスチュアー』のタイトルで月1回の放送が始まる。テレビの特性をいかした番組で人気を博し、1953年7月からは毎週の放送となる。紙に文章で書かれたお題を身ぶり手ぶりだけで表現し、答えを当てるというもの。第1回放送の司会は青木一雄アナウンサー。総合(金)午後8時からの30分番組。

テレビ・クイズ　漫画くらぶ 1953〜1956年度

総合(火)午後7時30分からの30分番組。出演:宮尾しげを、杉浦幸雄、和田義三、小野佐世男、小川哲夫、春田美樹、川原久仁於、加藤芳郎、荻野眞次ほか。司会:尾島勝敏。

ジェスチャー 1954〜1965年度

『家庭ゲーム　ゼスチュアー』(1952〜1953年度)を改題。文章で書かれたお題を身ぶり手ぶりだけで表現し、時間内にお題を当てるというクイズ番組の草分け。柳家金語楼と水の江滝子がそれぞれ男女両軍のキャプテンとなり男女対抗で競うスタイル。各分野の著名人が解答者となり、視聴者から寄せられた難問、珍問に挑んだ。総合夜間の30分番組。1968年3月に『ファミリーショー』枠内で、20年以上に及ぶ放送を終了。

クイズクラブ　スリーステップ 1954年度

第1問はメロディーによるヒントで衣装小道具をつけ、2問目で歌、3問目には放送劇団の演じる間違いをさがして、3つの関所を突破する視聴者参加番組。司会は酒井和雄、小川宏アナウンサー。1954年10月より半年間放送した。午後8時からの30分番組。

素人ラジオ探偵局 1954〜1955年度

人気のラジオ番組をテレビでも放送。舞台で実際の探偵劇を公開し、一般からの素人探偵がその場で謎解きをして犯人を当てる。1954年度中ごろより、キネスコープの活用により、ラジオの公開実況の模様を収録して、テレビでも随時放送するようになる。100回記念には解答者として徳川夢声、若尾文子、乙羽信子が登場した。総合夜間の40分番組。

ニュースクイズ 1954〜1956年度

前週のニュースの中から2〜3項目を選び、クイズ形式で事件や人物等を当てる5分番組。クイズに応募した中から抽選で10名に賞品を送った。総合(日)午後9時15分ほかで放送。

私の秘密 1955〜1966年度

珍しい体験や特別な才能など、ある"秘密"を持った一般人が登場し、著名人の解答者たちがその秘密を当てるというクイズ番組。"秘密"の持ち主へのインタビューや特技の実演もおこなった。番組の最後には、ゲスト解答者にゆかりの人物を登場させる「対面コーナー」もあり、感激の対面が人気を呼んだ。司会は高橋圭三アナ。1962年度は40.2%の高視聴率を記録した。1966年度は『クイズアワー』枠内で放送し、1967年3月に終了した。

危険信号 1956〜1963年度

出場者は2人1組で、1人は円形に敷設された線路上に置かれた風船の前に陣取り、もう1人は機関車が風船を割る前に課題に挑戦するというゲーム。機関車の先端に取り付けた針が風船に近づくスリルとスピード感にあふれた演出が人気となった。「子ども大会」「外国人夫婦大会」「モシモシ嬢大会」など、出場者の人選にも工夫を凝らした。初年度の司会は木島則夫アナウンサー。週末のゴールデンタイムに放送した視聴者参加の30分番組。

プラスさんマイナスさん 1957〜1958年度

出場者は文科、理科、社会、音楽、芸能、スポーツから科目を選び、第1週5問、第2週5問、計10問中7問を正解すれば予選を通過。各セクションの通過者でノンセクション勝抜き試合を行い、5人抜きで最高位者として勇退するシステム。問題はあくまで知識を問うもので、とんちや駆け引きでは解答できない。あえてショー化をさけて、レギュラーもゲストもおかない純粋な視聴者参加のクイズ番組とした。週末放送の30分番組。

私だけが知っている 1957～1962年度

推理ドラマの「謎解き」をそのまま生かしたクイズ番組。人気のラジオ番組『素人ラジオ探偵局』のテレビ版。複雑な筋立てとトリックの意外性を盛り込んだドラマで問題を提起し、「探偵局」が事件の謎解きに挑戦する。探偵長は徳川夢声、探偵局員が池田弥三郎、有吉佐和子、江川宇礼雄（初年度）。ドラマの常連作家には、鮎川哲也、佐野洋、笹沢左保、夏樹しのぶ（静子）らが名を連ねた。総合（日）午後9時からの30分番組（初年度）。

1960年代

それは私です 1960～1967年度

珍しい体験や経歴、技能、職業を持った一般人が登場。「それは私です」と名乗る3人の出場者の中から、解答者がさまざまな質問をぶつけ、"本もの"の「私」を探し当てるクイズ番組。簡単には正解されないように"本もの"を装う出場者たちの演技が見ものだった。初年度の解答者は、山本嘉次郎、臼井吉見、池部良、中村メイコ、曽野綾子ほか。司会は野村泰治アナウンサー。総合（金）午後7時30分からの30分番組（初年度）。

話のトロフィー 1960年度

特別な話題を持つ視聴者がその話題と話術を競うスタジオ公開番組。司会は青木一雄アナウンサー。スタジオの観客の拍手によって勝敗を決め、優勝者にはトロフィーを贈る形式。10歳まで山中で猿に育てられた人の話、蛇の好きな神父さんの話などが話題を呼んだ。7月2日の最終回には、サトウ・ハチロー、笠置シヅ子、高木東六、黒柳徹子らがそれぞれ豊かな話題と巧みな話術を競った。総合（金）午後7時30分からの30分番組。

あなたの記憶 1960年度

スタジオに招いた視聴者やゲストに映画フィルム、劇、舞踊、歌などを見せ、それらの中のさまざまな事物・現象についての記憶を問う番組。娯楽のうちに記憶力をためすファミリー向け番組。司会は藤倉修一アナウンサー。視聴者は親子、兄弟、友人などでチームを作ってゲームに参加。ゲストには毎回芸能人を迎えた。総合（土）午後8時からの30分番組。1960年度後期放送。

パントマイムクイズ 1961年度

一般になじみ深い人物をパントマイムにより表現し、それが誰なのかを当てる5分のクイズ番組。視聴者は解答をはがきに書いて応募する視聴者参加形式。三木のり平、八波むと志、藤村有弘、千葉信男、E・H・エリックらがパントマイムを演じた。1961年度後期に、総合（水）午後8時35分から放送。

シャープさんフラットさん 1962～1969年度

2人の出場者が「シャープさん」と「フラットさん」に分かれて、ポピュラー音楽の曲名を当てる視聴者参加のクイズ番組。正解するとスタジオに備えられた電光掲示板のマス目を、五目並べの要領で埋めることができ、1列そろうと勝ちになる。5組勝ち抜くとミュージック賞を贈呈した。司会は尾島勝敏アナウンサー。総合（金）午後7時30分からの30分番組（初年度）。

スポーツクイズ 1963年度

1964年のオリンピック東京大会を翌年に控えて、楽しみながらスポーツの知識やオリンピックのエピソードを知ることができる視聴者参加のクイズ番組。4人の出場者が8つの問題に挑戦。5問以上の正解者のうち最高点の人にトロフィーを贈った。また、フィルム、人物、資料などで問題と解答の内容を解説。日本ではなじみのない外国の珍しいスポーツなどを紹介した。司会は平岩毅アナウンサー。総合（日）午後5時からの30分番組。

クイズアワー　私の秘密・ジェスチャー 1966年度

2つのNHKを代表する人気クイズ番組『私の秘密』（1955～1966年度）と『ジェスチャー』（1954～1965年度）を1つにまとめて『クイズアワー』とした。「私の秘密」は『クイズアワー』の終了とともに通算12年間、計601回にわたる放送を終了。「ジェスチャー」は、1967年度の『ファミリーショー』に引きつがれた。総合（月）午後8時からの59分番組。

連想ゲーム 1969～1990年度

『みんなの招待席』（1968年度）の人気コーナーが独立。単語によるヒントをもとに、連想する言葉を答える男女対抗ゲーム。両軍キャプテンによる当意即妙のヒントと、回答者の答えた言葉とのギャップ、喜びと悔しさをにじませる回答者の表情や思わず見せる素顔など、台本のない生き生きとしたやり取りが好評で、22年間続く人気番組となった。総合（水）午後7時30分からの30分番組（1978～1990年度）。

1970年代

ゲーム　心のチャンネル 1971年度

4人のレギュラーと1人のゲストを加えた著名人の回答者5人に対して、視聴者代表（独特な経歴や技術を持った人）2人が出場し、同じ出題から連想する言葉をそれぞれ書きとめ、視聴者代表と連想が一致した回答者のみが得点する心理ゲーム。司会は生方恵一アナウンサー。レギュラーはロミ・山田、春風亭柳昇、E・H・エリック、入江若葉、野添ひとみ（うち4人が出演）。総合（水）午後8時45分からの15分番組。

ゲーム　ホントにホント？ 1975～1980年度

4人の「ホントさん（レギュラー出演者）」がそれぞれ4通りの説を述べ、4組8人の視聴者回答者が、その中からただ一つの正解を当てるゲーム。見どころは4人のホントさんのうち、3人が述べるまことしやかなウソ。回答者を惑わせる「ホントさん」の演技力と説得力が見もの。レギュラー陣は、浜村淳、佐野浅夫、田坂都、高松英郎ほか。総合（水）午後8時からの30分番組（初年度）。1978年度、『ホントにホント？』に改題。

クイズ・ゲーム | 定時番組

ゲーム　プレイ　ミュージック　1976年度

タレント、歌手、著名人家族等4チームが出場し、音楽クイズ、作詞ゲーム、作曲ゲームの3つのコーナーで得点を競い、毎回ベスト・ファミリー賞を決定する音楽ゲーム番組。出場チームは大山康晴、林家三平、春日八郎、菅原洋一、大村崑ほか。司会は神津善行と松尾圭子。演奏は中西義宣とビッグ・サウンズ。総合（最終・水）午後8時からの50分番組。

1980年代

クイズ面白ゼミナール　1981～1987年度

大学のゼミという設定で、"主任教授"である司会の鈴木健二アナウンサーが、"生徒"役の著名人ゲスト解答者に出題し、得点を競った。ゲストの紹介を兼ねた「ウソ・ホントクイズ」、小学校の教科書から出題する「教科書クイズ」、鈴木アナが博覧強記ぶりを発揮する「歴史クイズ」、幅広い分野から出題する「ゼミナールクイズ」で構成。1982年9月に最高視聴率42.2%を記録。総合（日）午後7時20分からの39分番組（1982年度～）。

クイズ百点満点　1988～1993年度

『クイズ面白ゼミナール』（1981～1987年度）の後継番組。関心の高い暮らしの話題や時事問題の中から、毎回1つのテーマで出題。スタジオに集まった200人の大学生解答者と、電話回線でつながった全国500の「家族スタッフ」が生放送で参加する、当時としては珍しい双方向型クイズ番組。輪嶋直春の「満点体操」も人気に。司会は大塚範一アナウンサー。解説は田畑彦右衛門。総合（日）午後7時20分からの39分番組。

1990年代

ゲーム　数字でＱ　1991～1992年度

身近な数字が語る情報をクイズにし、司会者と解答者のユーモアあふれるトークで楽しむゲーム番組。毎回テーマを設け、アンケートや金額などの数字を中心に、街頭インタビュー、ナポレオンズの"数字のマジック"をまじえた構成で現代社会を考察した。司会は古舘伊知郎、東ちづる。レギュラー解答者は山藤章二、水沢アキ、石原良純、森末慎二。総合（火）午後7時30分からの28分番組（初年度）。

ことば探険　クイズ・マルコポーロ　1992年度

言葉の面白さに着目したクイズ形式の知的エンターテインメント。愉快な言葉、珍しい言葉、美しい言葉を求めて、大旅行家マルコ・ポーロのように言葉の大陸を探究する番組。「古」「今」「東西」「特集」の4つから構成され、言葉の歴史、最新情報、世界各国の言葉、日本の方言を取り上げ、VTR取材の映像とスタジオトークで楽しむ。司会はいとうせいこう、加賀美幸子アナウンサー。総合（水）午後8時15分からの29分番組。

クイズ　日本人の質問　1993～2002年度

視聴者から寄せられた素朴な疑問・質問をもとに、4人の"ものしり博士"がもっともらしく述べる説から、正解を推理するクイズ番組。4つの説のうちどれが正解かを4組8人の解答者が推理し、勝敗を競う。司会の古舘伊知郎の軽妙しゃだつな司会ぶりも人気に。総合（火）午後8時からの39分番組でスタート。1994年度より（日）の午後7時20分からの38分番組。2000年度に『新・クイズ　日本人の質問』に改題。

頭のゲーム　脳ビタくん　1999年度

『土曜特集』枠で放送。「ゲームは脳のビタミン剤（脳ビタ）、ひらめきは頭の活力！」がキャッチフレーズのクイズ番組。さまざまなジャンルの映像を題材に、インスピレーションを働かせて連想される人物や物の名前を当てる。男女各4名のチーム対抗で、毎回スタジオで白熱した対戦を繰り広げた。司会は水谷彰宏アナウンサー。解答者は地井武男、なぎら健壱、清水圭、原日出子ほか。総合（第3・土）午後7時30分からの30分番組。

2000年代

クイズで　と・き・む・ね　2000～2001年度

大河ドラマ『北条時宗』と連動した5分間の歴史クイズ番組。『北条時宗』の時代をわかりやすく解説するとともに、番組を楽しむためのドラマ情報も伝えた。データ放送連動では、毎回3～5問のクイズを行う。出演：いっこく堂。ハイビジョン（日）午後9時25分から放送。

インタラクＴＶ　遊&知　2001～2002年度

NHK初の本格的な定時の双方向番組。サブタイトルを「ゴー！ゴー！マーケット」とし、世界各地のマーケットを起点にクイズを出題。スタジオの解答者と全国の視聴者が双方向のシステムを使って、同時に得点を競った。司会はサンプラザ中野、黒田あゆみアナ。解答者は佐藤藍子、鳥居かほり、藤村俊二。2002年度『インタラクＴＶゴー！ゴー！マーケット』に改題し、司会・解答者も一新。ハイビジョン（土）午後10時からの60分番組。

謎解き　加賀百万石への道　2001～2002年度

大河ドラマ『利家とまつ』に連動したハイビジョンの歴史クイズ番組。クイズハンター兼案内人が利家とまつの足跡とゆかりの地を訪ね、各回1問のクイズを出題。現地リポートや専門家の解説を交えて解答する。（日）午後6時50分からの5分番組。

日本列島だんちでクイズ　2002〜2003年度

「向こう三軒両隣 衛星がとりもつ隣もある」がキャッチフレーズ。大都市圏の集合住宅（だんち）を舞台に、地域の身近な話題を全国に発信するお茶の間バラエティー。解答者のベランダには、「い」「ろ」「は」の大きな旗を設置。「だんち」のある地域や「だんち」内の身近な話題をクイズ仕立てにし、衛星第2を見ながら旗を出して答えてもらう。司会は徳田章アナ、金子さやか。衛星第2(月1〜2回・日)午前11時からの54分番組。

剣豪への道　クイズ武蔵が行く　2002〜2003年度

大河ドラマ『武蔵　MUSASHI』と連動したハイビジョンの歴史クイズ番組。武蔵や佐々木小次郎に関する伝説をもとに、この時代をわかりやすく紹介するとともに、番組を楽しむためのドラマ情報も伝えた。データ放送連動で毎回1問のクイズを行う。(日)午後6時45分からの5分番組。衛星第2でも(日)午後9時55分から放送。

インタラクTV　クイズ・あの日その時　2003年度

放送日の日付にちなんだ古今東西の出来事を素材に、クイズを出題。BS双方向機能を使い、スタジオ解答者と茶の間の視聴者が、全く同じ条件で競い合う生放送による視聴者参加型の歴史クイズバラエティー。出演は加藤茶、遠藤久美子ほか。司会は恵俊彰、武内陶子アナウンサー。ハイビジョン(金)午後8時からの60分番組。

クイズ　見ればナットク！　2003年度

テレビ放送が開始されて50年、その間にNHKに保管された700万本ともいわれるVTR映像を活用したクイズバラエティー。チーム構成はキャプテン、ヤング（10〜20代）、ミドル（30〜40代）、ベテラン（50代以上）各世代1人ずつ4人が、男女2チームに分かれて対抗。出演はラサール石井、小堺一機、新山千春、柳沢慎吾ほか。司会は石澤典夫、久保純子の両アナウンサー。ナレーションは緒方文興。総合(日)午後7時20分からの38分番組。

アーカイブ・連想ゲーム　2003年度

テレビ放送50周年を記念して、視聴者から再放送のリクエストの多かった『連想ゲーム』（1969〜1990年度）をNHKアーカイブから抜粋し、月に2本のペースで合計20本を放送。衛星第2(日)午後9時20分からの29分番組。

地球☆ゴーラウンド　2004〜2005年度

世界各地に取材した映像による地球を巡る旅とクイズを楽しむ、視聴者参加型の紀行クイズバラエティー。スタジオのプレゼンターが示す選択肢の中から視聴者が正解を見破る。双方向機能を使った視聴者とプレゼンターの対決が見どころ。2005年度より電話線による接続に加え、インターネットや携帯電話による参加も可能となる。放送1回ごとの参加者数は、2006年1月に7400人まで伸びた。ハイビジョン(土)午後10時からの60分番組。

あなたも挑戦！ことばゲーム　2004年度

カタカナ語の漢字への言い換えなど、ことば遊びを通して豊かな日本語の世界を楽しむゲーム番組。ゲームは、「文殊の知恵」「しりとりビンゴ」「ハモッて連想」「三人でも川柳」などのコーナーで構成。"ことば一郎"こと鳥羽一郎が、ことばの語源を求めて全国各地を旅した。司会は藤井康生アナ。4人ずつの男女対抗で、それぞれのチームキャプテンは筧利夫と高木美保。総合(金)午後8時からの43分番組。衛星第2でも放送。

双方向ライブ　にっぽんのマジョリティー　2006年度

『地球☆ゴーラウンド』（2004〜2005年度）の後継番組。「少々お待ちください、の少々って何分？」など、日常の疑問をテーマに視聴者にアンケートし、その意見を集計・発表することで、今、何がにっぽんの「マジョリティー（多数派）」なのかを、スタジオのゲストとともに探る。アンケート結果を基に生でクイズを出題するなど、双方向機能を駆使したクイズバラエティー。ハイビジョン(土)午後9時からの59分番組。

クイズ　日本の顔　2006年度

毎回、さまざまな分野で活躍中の日本を代表する人物をスタジオに招いて、最近の活動や、人生のターニングポイントなどから、その人物をクイズで紹介する。司会は、えなりかずきと津島亜由子。ナレーションは益岡徹。日本の顔として登場したのは、川淵三郎、井筒和幸、日野原重明、石井好子、里見浩太朗、栗原はるみほか。総合(火)午後10時からの30分番組。2006年度後期は衛星第2でも(火)午前8時30分から放送。

クイズモンスター　2006〜2007年度

トレーディングカードのおもしろさにクイズを合体させたスタジオ番組。CGで描かれたバーチャル空間で、2つのチームが対戦。それぞれプレイヤー（リーダー）に率いられる5人からなり、プレイヤーを除く4人はCG技術でカード化されている。プレイヤーは手持ちのカードを繰り出してクイズに挑み、味方のカードが答えに正解すると相手のカードを獲得できる。カードを多く奪った方が勝ちとなる。総合(土)午後7時30分からの30分番組。衛星第2でも放送。

双方向クイズ　にっぽん力　2008〜2009年度

お茶の間からテレビのリモコンや携帯電話でクイズに参加することで、ひとりひとりの点数や全国順位がわかり、ゲストと成績を競ったり、携帯メールでスタジオトークに参加できる「未来型ファミリークイズ番組」。2008年11月、双方向テレビとして初めての地方出張版を放送し、クイズ参加者数が1万人を突破。司会は地井武男、神田愛花アナ、江崎史恵アナ。ハイビジョン・衛星第2(最終・土)午後10時からの90分番組。

2010年代

新感覚ゲーム　クエスタ　2010年度

用意された「正解」を、質問を繰り返すことで解き明かしていくクイズ・ゲームバラエティー。クエスタマスターの名倉潤の出題に対し、的場浩司とはしのえみの両リーダーが率いる2チームが激しいバトルを繰り広げる。司会は名倉潤、橋本奈穂子アナウンサー。解答者はゴルゴ松本（TIM）、レッド吉田（TIM）、テリー伊藤、つるの剛士、優木まおみ、八田亜矢子、里田まいほか。総合(木)午後8時からの43分番組。

アルクメデス 2010年度

司会者も解答者も存在しないスタイルのクイズ番組。コント、パロディーなど、笑いの要素満載の短いVTRをオムニバス形式で構成。論理パズルや数学クイズなどの問題と解答を織り込んだ。初回のコーナーは「ほうれんそうゲーム」「三題テノール」「NHKサスペンス劇場～パン屋さん探偵多美子」ほか。出演は阿南健治、初音映莉子、野間口徹ほか。総合(金)午前0時15分からの29分番組。2010年7～9月放送。

連続クイズ　ホールドオン！ 2012～2013年度

「みんなを元気にする！視聴者参加番組」がキャッチフレーズ。登場するのは、日本各地で行われる予選を通過した一般視聴者。前日から勝ち残ったチャンピオンと4人の挑戦者が、矢継ぎ早に出されるクイズでしのぎを削る。タイトルの「ホールドオン（Hold on!）」は、「(チャンピオンの座に)しがみつけ！」の意味。司会は山口智充、武内陶子アナウンサー。総合午後1時5分からの22分番組で、(月～金)の帯で放送。

双方向クイズ　天下統一 2013年度

2人以上1組のタレントからなる「領主」8組が、生放送でクイズに答えながら天下統一（勝利）を目指す。勝敗を決めるのは、どの領主を応援したいかを選んで登録した視聴者による「軍勢」の正解率。データ放送やスマートフォン、ワンセグ、携帯を通じて、最高6万人を超える視聴者が競った。デジタル時代の新しいテレビの楽しみ方を提示した。司会は中山秀征、皆藤愛子。総合(月1回・土)午前0時10分からの59分番組。

伝えてピカッチ 2013～2014年度

家族で楽しめるゲーム・エンターテインメント。さまざまなジャンルの著名人が、男女各6人のチームに分かれての対抗戦に挑む。競うのは「知識」ではなく、"伝える力"（＝コミュニケーション能力）と"ひらめき力"。さまざまな手段を使って、チームメンバーに出されたお題を伝える。司会は青井実アナウンサー。キャプテンは男性チームがバカリズム、女性チームが優木まおみ。総合(土)午後7時30分からの30分番組。

クイズ 100人力 2013年度

ある分野を愛する100人が力を合わせて、その分野の博識の超人にクイズで挑む。テーマは、「文房具」「古都鎌倉」「水族館」「羽田空港」「昭和レトロ」ほか。第1回「文房具」では、文房具を知り尽くす専門家と、文房具の小売店や卸問屋で働く100人が、学問の聖地・湯島聖堂で真剣クイズバトルを繰り広げた。司会は国分太一、首藤奈知子アナウンサー。100人側応援団長は田中直樹。総合月1回程度(土)午後5時30分からの72分番組。

2020年代

発想転換！世界を変える シン・キング 2022年度

人々を悩ませる問題を「発想の転換」で解決した事例についてクイズを出題し、スタジオ出演者たちが「ブレスト」によって正解に迫る思考過程（シンキング）を見せた。物事を多角的にとらえて解決する思考法への理解を深め、他のクイズ番組にはない学びが得られる新しいクイズ番組となった。出演：前田裕二（動画配信会社社長）ほか。総合(土)午後8時15分からの33分番組。

クイズ！丸をつけるだけ 2023年度

写真やイラストの中に必ずある"答え"に丸をつけるだけ。誰でも参加することができて、家族や友人と一緒に盛り上がれる新感覚クイズ番組。テレビを見ながら、スマートフォンやパソコンでクイズに挑戦できる。MCは平子祐希（アルコ&ピース）と足立梨花。番組キャラクターの"丸つけくん"の声は、酒井健太（アルコ&ピース）が担当。総合(月)午後7時57分からの45分番組でほぼ月1回放送。

NHK フォトストーリー ❿

P212 ← ❾　❿ → P290

最初のテレビスタジオ（1953年）

事務室を改装した最初のスタジオには柱があった（1953年）

日本標準時を伝えていた時報装置（1953年）

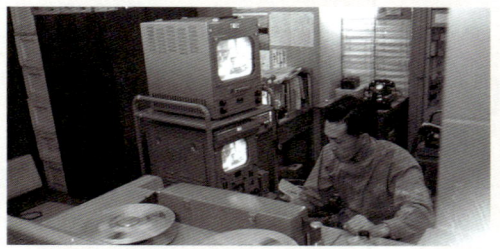

１／２インチVTRによる収録（1959年）

NHK放送技術研究所でのテレビカメラ製作（1955年）

開発初期のテレビカメラ（1951年）

開発初期のテレビカメラ（1951年）

テレビ放送開始時のカメラ（1952年）

テレビ放送初期のカメラ（1954年）

中継用モノクロズームカメラ（1955年）

中継用モノクロズームカメラ（1957年）

中継用モノクロズームカメラ（1958年）

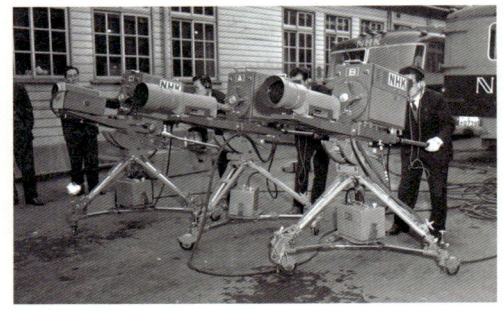

中継用モノクロズームカメラ（1959年）

中継用モノクロズームカメラ（1959年）

クイズ・バラエティー

02

バラエティー・お笑い

01

お笑いエンターテインメント
〜演芸番組〜

　テレビ放送開始当初は、テレビカメラやスタジオの数も少なかったため、テレビの演芸番組は『ラジオ寄席』『放送演芸会』『浪花演芸会』など、ラジオ番組をテレビでも同時中継することから始まった。

　1954年6月、新たなラジオ・テレビ共用番組『お好み風流亭』（1954〜1963年度）が、午後0時台に定時放送をスタートさせた。当初はテレビスタジオに寄席風のセットを作ったが、テレビ単独放送となった1956年からはスタジオの高座を取り払い、舞台設定を寄席から公園や家の居間などに移した。構成内容も落語、漫才、漫談などいわゆる“口もの”でスタートしたが、のちに奇術、曲芸、パントマイムなど“見る演芸”を加え、テレビ独自の演芸スタイルを開拓していった。

　1962年4月、NHK大阪放送局制作の演芸番組『モダン寄席』（1962〜1966年度）が、総合テレビ土曜の午後1時に始まる。翌1963年4月に午後0時15分に移行。夢路いとし・喜味こいし、若井はんじ・けんじらの上方漫才を中心に、歌、踊り、奇術、曲芸などで構成した。

　『モダン寄席』終了後、土曜午後0時台は大阪発の演芸枠として、『土曜ひる席』（1967〜1977年度）、『三枝の笑タイム』（1978〜1979年度）、『大阪発ユーモア列車』（1980〜1981年度）、『土曜なにわ亭』（1982年度）、

『土曜ひる席』（1967〜1977年度）→P251

『お好み風流亭』（1954〜1963年度）→P360

『モダン寄席』（1962〜1966年度）→P361

『三枝の笑タイム』（1978〜1979年度）→P252

『大阪発ユーモア列車』（1980〜1981年度）→P253

『土曜なにわ亭』（1982年度）→P253

『しゃべくりバラエティー　日本一』（1983〜1984年度）→P253

『テレビ演芸館』(1963〜1969年度) → P361

『お好み演芸会』(1973〜1990年度) → P362

『演芸ひろば』(1991〜1993年度) → P363

『笑いがいちばん』(1994〜2010年度) → P254

『しゃべくりバラエティー　日本一』(1983〜1984年度)、『バラエティー生活笑百科』(1985〜2021年度)へと続いていく。

　『テレビ演芸館』(1963〜1969年度)は、総合テレビで水曜の午後0時台に放送した25分番組。「マジック」「浪曲」「落語」「漫才・歌謡漫談」「講談」を週替わりで放送した。1963年度の午後0時台の番組を帯で見てみると、月曜『お好み風流亭』、火曜『歌謡寄席』(1963年度)、水曜『テレビ演芸館』、土曜『モダン寄席』と、1週間に4つの演芸番組が並ぶ演芸中心の編成がなされているのがわかる。

　『お好み演芸会』(1973〜1990年度)は、土曜午後5時台でスタートしたが、1976年に日曜午後1時台に放送時間を移行。東京上野の鈴本演芸場や浅草演芸ホールなどの寄席を中継した。日曜午後の演芸枠は『お好み演芸会』終了後も、『演芸ひろば』(1991〜1993年度)、『笑いがいちばん』(1994〜2010年度)へと続いた。

　2011年4月に放送を終えた『笑いがいちばん』を引き継ぐ形で、日曜の早朝に時間を移し、『○○○○の演芸図鑑』がスタートした。落語、漫才、講談、マジック、コントなど、日本の演芸を「図鑑」のように紹介する演芸番組である。番組タイトルの「○○○○」には、ナビゲーター(司会)をつとめる落語家らの名前が入る。番組スタート時のナビゲー

『三遊亭圓歌の演芸図鑑』(2011〜2014年度) → P260

ターは三遊亭圓歌、桂文珍、春風亭小朝、桂三枝の4人。その後、立川志らく、桂米丸、柳家権太楼、三遊亭小円歌、柳亭市馬、国本武春、林家正蔵らがつとめた。ドラマ、音楽、文化・学術など各界の第一線で活躍する著名人をゲストに招き、ナビゲーターと繰り広げるトークも見どころだった。

　この他、若手の登竜門として始まったのが『NHK漫才コンクール』(1956〜1986年)と『NHK新人落語コンクール』(1972〜1985年)。統合して『NHK新人演芸コンクール』(1987〜1989年)となり、『NHK新人演芸大賞』(1990〜2013年)を経て、2014年からは、『NHK新人お笑い大賞』、『NHK新人落語大賞』として随時、放送されている。

バラエティー・お笑い

『お笑い三人組』(1956〜1965年度) →P250

『テレビ木馬館』(1957〜1961年度) →P360

『上方お笑い劇場』(1958〜1959年度) →P360

『上方劇場』(1960〜1962年度) →P361

02

お笑いエンターテインメント

〜コメディー〜

　1950年代後半から絶大な人気を誇った『お笑い三人組』(1956〜1965年度)は、1955年11月にラジオの公開番組として始まった。1年後にテレビでも同時放送を開始。火曜午後8時30分から9時まで、東京内幸町の旧NHKホールからの公開生放送だった。

　"お笑い三人組"を演じたのは落語家の三遊亭小金馬(当時)、講談師の一龍斎貞鳳、動物鳴きまね芸の江戸家猫八の3人。彼らが暮らす「あまから横丁」で次々に起こる小さな事件を、笑いと人情味に包んで描いた。3人のこっけい味に加えて、相手役の楠トシエ、桜京美、音羽美子が歌に演技に活躍し、さらに武智豊子、三木のり平、トニー谷の芸達者が加わって番組を盛り上げた。放送作家の名和青朗が、「落語や漫才の要素を取り入れた演

芸人によるバラエティー」として執筆。お茶の間に明るい話題を届けて、1966年3月まで10年間にわたり506回を放送した。

　1957年11月、『テレビ木馬館』が午後0時台に始まる。曲技、曲芸、奇術、紙切りなど"見る演芸"を中心に構成。1958年9月からは大宮敏光一座の人情喜劇「デン助劇場シリーズ」を、1960年4月からは江戸家猫八と人見明の「にっこりコンビ・シリーズ」を放送。笑いとペーソスにあふれたコメディーが人気を呼んだ。

　大阪局制作の『上方お笑い劇場』(1958〜1959年度)は、ミスワカサ・島ひろしの漫才コンビが出演した「カナリヤさん今日は」シリーズや、花菱アチャコ、浪花千栄子、森光子らが出演した「目じるしはおしゃべり電話」など、関西の人気喜劇人が笑いとペーソスにあふれたコメディードラマを披露し、東京制作の『お笑い三人組』に対抗した。

　1960年、番組タイトルから「お笑い」をはずして『上方劇場』(1960〜1962年度)に改題し、ホームドラマとしての性格を強めた。

03

お笑いエンターテインメント

〜コント番組〜

『謎のホームページ　サラリーマンNEO』（2006〜2011年度　＊2007年度より『サラリーマンNEO　シーズン○』に改題）が、総合テレビ午後11時から始まる。サラリーマンをネタに、その"生態"や悲喜こもごもを戯画化したオムニバス形式のコント番組だ。強烈なフェロモンをまき散らす部長が、身勝手な女子社員たちを悩殺する「セクスィー部長」、上司に対する「おじぎ」やゴルフ接待の「作法」など、サラリーマンに見られる動作を「体操」に仕立てた「サラリーマン体操」、民放番組のタイトルをもじった「世界の社食から」など、数々の人気キャラクターや定番コーナーが生まれた。出演者にお笑い芸人の姿はなく、生瀬勝久、沢村一樹、田口浩正、宝田明、中越典子など舞台系俳優が顔をそろえた。彼らが生み出すシュールな笑いが、これまでにないコント番組として話題となった。『サラリーマンNEO　シーズン2』と『シーズン3』が、2年連続で国際エミー賞コメディー部門にノミネートされるなど、海外でも注目された。

2010年1月から3月まで、午後11時台に『祝女〜シーズン1』を放送。『サラリーマンNEO』の流れをくむオムニバスコメディーである。友人同士や主婦仲間、職場の先輩後輩、恋のライバルなど、さまざまな人間関係にある女性の姿をコミカルに描いたショートストーリーを集めた。友近、YOU、ともさかりえ、市川実和子、平岩紙ほか一癖あるバイプレイヤーたちが顔をそろえて、コアなファンを生んだ。2012年2月に『シーズン3』で放送を終える。

2013年6月、『LIFE！〜人生に捧げるコント〜』が総合テレビ夜間に不定期で始まる。『サラリーマンNEO』『祝女』の"遺伝子"を引き継ぐコントバラエティーだ。ウッチャンナンチャンの内村光良を中心に、芸人と俳優の異色の一座がオムニバスコントを繰り広げ、抱腹絶倒のコントの中に人生の"おかしさ"や"哀しさ"を描き出す。「宇宙人総理」「イカ大王」「NHKゼネラル・エグゼクティブ・プレミアム・マーベラス・ディレクター三津谷寛治」などのキャラクターやシリーズコントが人気となる。内村は番組の人気に後押しされて、2017年の第68回『NHK紅白歌合戦』の総合司会に抜擢。以後、連続で司会を務めるとともに、「イカ大王」や「三津谷寛治」などのキャラクターやコントが『紅白』を盛り上げた。

『七人のコント侍』（2013〜2016年度）はBSプレミアムのコント番組。7人のお笑い芸人が、ふだん組んでいるコンビを離れてさまざまなユニットでコントを演じる。初年度4〜5月の出演はTKO木下隆行、サンドウィッチマン伊達みきお、アンガールズ田中卓志、オードリー春日俊彰、キングコング西野亮廣、ニッチェ江上敬子、そしてタレントのSHELLYが、この番組でしか見ることのできないユニットを組んだ。

『謎のホームページ　サラリーマンNEO』（2006〜2011年度）→P258

『LIFE！〜人生に捧げるコント〜』（2013年度〜）→P261

『祝女』（2009〜2011年度）→P259

『七人のコント侍』（2013〜2016年度）→P261

バラエティー・お笑い

『有田Ｐ おもてなす』(2018〜2021年度) → P262

『コントの日』(2018〜2020年度) → P1015

『番組バカリズム』(2013〜2015・2018年度)

の有田哲平がプロデューサー(P)となり、ゲストのための
お笑いライブを開催。毎回、ゲストの趣味嗜好を事前リ
サーチし、それを基に"有田P"がお笑い芸人にむちゃぶ
りプロデュースを行う。笑いネタでもてなされるゲストの反
応が笑いをさらに盛り上げる新感覚バラエティーだ。

　この他、才気あふれるお笑い界のエンターテイナーが
繰り広げる特集番組には、ピン芸人バカリズムの芸の魅
力を届ける『番組バカリズム』(2013〜2015・2018年度随
時)、志村けんのNHK初の冠コント番組『となりのシムラ』
(2014〜2016年度)などが随時放送された。2018年度
からはビートたけしを会長として番組で発足した「日本コン
ト協会」が、11月3日を「コントの日」と定めてオリジナル脚
本のコントを届ける特集番組が始まった。

04
お笑いエンターテインメント
〜コンテスト番組〜

　『爆笑オンエアバトル』(1999〜2009年度　＊2004年度
は『オンエアバトル』)は、日曜午前0時台の深夜に放送し
たコンテスト形式のお笑い番組。毎週10組の若手芸人
たちがオリジナルの漫才やコントを、一般公募で選ばれた
100人の審査員の前で披露する。面白いと判定された上
位5組だけが「オンエア」されるが、それ以外は"お蔵入り"。
「史上もっともシビアなお笑い番組」というキャッチフレー
ズでスタートした。

　当時、若手芸人が毎週、全国放送でネタを披露できる
機会はほとんどなく、この番組が新人芸人の登竜門となっ

　『コントコトン』(2018年度)は、『サラリーマンNEO』『七
人のコント侍』『祝女』などのコント番組の中から傑作コン
トの数々を厳選して放送。また生瀬勝久ほか当時出演し
ていたレギュラー陣が久々に集結し、書き下ろしの新作コ
ントを披露した。

　『有田Ｐおもてなす』(2018〜2021年度)はくりぃむしちゅー

『爆笑オンエアバトル』(1999〜2009年度) → P255

『ファミリーショー』(1967年度) →P251

『みんなの招待席』(1968年度) →P252

『おたのしみグランドホール』(1969〜1970年度) →P252

た。年間を通してオンエア回数の多かった芸人は、年末に行われる「チャンピオン大会」に出場できる。ここでチャンピオンの座を獲得した芸人には、アンジャッシュ、タカアンドトシ、NON STYLEらがいる。

　2004年に『オンエアバトル』(2004年度)と改題し内容を刷新。「爆笑編」「熱唱編」と銘打って、隔週で最新の「笑い」と「歌」をコンテスト形式で届けた。

　『オンバト+』(2010〜2013年度)は、『爆笑オンエアバトル』に視聴者投票を導入してパワーアップした番組。2013年3月に放送した『第3回オンバト+チャンピオン大会』では、トレンディエンジェルが年間チャンピオンに、2014年3月の『第4回』ではニッチェが視聴者投票ポイント獲得で1位となるなど、人気芸人を次々に輩出した。

　1999年度から2013年度まで番組名をマイナーチェンジしながら続いた通称"オンバト"は、2019年3月に放送20周年を記念した『爆笑オンエアバトル20年 SPECIAL』を放送。司会はタカアンドトシ。番組では放送初期に活躍し、今や第一線で活躍するおぎやはぎ、アンジャッシュ、ドランクドラゴン、ますだおかだ、東京03、北陽、ダンディ坂野、はなわ、テツandトモが出演し、懐かしい秘蔵映像を見ながら当時を振り返った。

05

公開ステージバラエティー

　1967年4月から1年間、午後8時に『ファミリーショー』を放送。人気番組『ジェスチャー』に、歌、演芸、トークを加えた公開バラエティー番組だった。

　『ファミリーショー』を引き継いだのが『みんなの招待席』(1968年度)。「心の歌」「演芸」「連想ゲーム」などで構成した1時間番組。番組のメインコーナー「心の歌」は、今も心に残る思い出の歌やそれにまつわるエピソードを著名人ゲストに聞き、その歌をゲスト歌手が歌いあげる。出演者には長谷川一夫、山本富士子、滝沢修、森繁久彌、鶴岡一人など、そうそうたる顔ぶれが並んだ。「演芸」では海外から招いたマジシャンやボードビリアンの妙技を紹介。「連想ゲーム」は言葉によるヒントから連想して答えを当て、得点を競うゲームコーナー。『みんなの招待席』は1年で放送を終了し、『おたのしみグランドホール』(1969〜1970年度)に引き継がれる。

　『おたのしみグランドホール』は「ゲスト・コーナー」「演芸」「数のプレゼント」などのコーナーで構成された公開バラエティーショー。「ゲスト・コーナー」には佐久間良子、

バラエティー・お笑い

『お笑いオンステージ』（1972〜1981年度）→P252

『コメディー　お江戸でござる』（1995〜2003年度）→P254

『コメディー　道中でござる』（2004年度）→P257

『愉快にオンステージ』（1989〜1992年度）→P253

杉村春子、石坂浩二、ミヤコ蝶々、藤田まことなど、ベテラン俳優を招いてトークを繰りひろげた。「演芸」は海外のショー・タレントが本場の芸を披露。「数のプレゼント」は身近な暮らしの中にある数をいろいろな形で出題し、当てるというクイズ。『ファミリーショー』から続く公開バラエティーのスタイルを踏襲した。

　1972年、『お笑いオンステージ』（1972〜1981年度）が土曜午後8時に始まる。スタート当初は寄席演芸をメインに据えた公開バラエティーだった。レギュラー出演は、東西のお笑い界から笑福亭仁鶴とてんぷくトリオ（三波伸介、伊東四朗、戸塚睦夫）。各界の著名人の父娘が登場する「仁鶴のお見合いコーナー」と、コメディー「てんぷく笑劇場」をメインに構成した。

　翌1973年には放送時間を日曜午後7時台に移行し、内容を刷新。てんぷくトリオが中心となり、「てんぷく笑劇場」「歌謡曲」「減点パパ」の3部構成となる。「減点パパ（後に「減点ファミリー」）」は、司会の三波伸介とゲストの芸能人親子とのトークコーナー。はじめに子どもが1人で登場。三波が家庭での父親の様子を聞き出しながら、子どものヒントを参考に似顔絵を描いていく。この子の父親はいったいだれなのだろうという視聴者の興味に応えるようにゲストが登場する。今度はゲストに対し、子どもたちに関する質問をして、正解、不正解の○×を似顔絵にはっていく。子どもの目を通して芸能人ゲストの家庭での素顔が明らかになるのが見どころだ。コーナーの最後は、子どもが父親に書いた作文を朗読。ゲストが思わず涙を流すシーンもあった。心温まる笑いと涙のバラエ

ティーとして人気をよび、放送は10年間で484回を数えた。

　『コメディー　お江戸でござる』（1995〜2003年度）は、『お笑いオンステージ』以来13年ぶりに登場した公開バラエティー番組。収録は編集なしの"一発通し"で行われた。番組は、"江戸"を舞台にした「コメディー」、江戸情緒を織り込んだオリジナルの「歌」、江戸風俗研究家の杉浦日向子が語る「おもしろ江戸ばなし」の3部構成。江戸の芝居小屋を再現した舞台上で進行する、ダイナミックな舞台転換も見どころのひとつだった。出演は『お笑いオンステージ』で公開バラエティーの実績のある伊東四朗が「座長」となり、桜金造、重田千穂子、えなりかずき、魁三太郎のメンバーが"チーム"を支えた。

　後継番組『コメディー　道中でござる』（2004〜2005年度　＊2005年度『土曜特集』枠で放送）は、「道中コメディー」「オリジナルソング」「おもしろ江戸事情」の3部構成で、江戸時代に花開いた地方文化と当時の日本人の暮らしぶりなどのうんちくを楽しく紹介した。

　『愉快にオンステージ』（1989〜1992年度）は、日本全国をめぐる公開派遣番組。番組の主役である"ホスト"が毎回交代で登場し、趣向を凝らした美術セットの中で、ゲストを相手に歌とトークを繰り広げるバラエティーショーだ。レギュラーホストは堺正章、さだまさし、武田鉄矢、南こうせつ、三宅裕司、西田敏行、吉田拓郎の7人。披露される曲は、ホストたちの青春の音楽であるフォーク、ニューミュージック、グループサウンズを中心に選曲された。初年度はNHKホールのほか、全国28か所から放送した。

『ふるさと愉快亭〜小朝が参りました』（1994〜1997年度）は、"ふるさと"をテーマに笑いとトークを繰り広げる公開派遣番組。土曜午後8時に放送したファミリー向けバラエティーショー。落語家の春風亭小朝が100歳の老人と舞台上で話し合う「小朝の面白対談」を中心に、若手落語家による土地紹介「○○県日本一」、次代を担う子どもたちによる「パフォーマンス」などで構成した。

1998年4月、「土曜特集」枠で『ふるさと皆様劇場』（1998〜2004年度）がスタート。客席と舞台が一体となる大衆演劇の魅力を生かした視聴者参加の公開派遣番組である。レギュラー出演者は大衆演劇の梅沢富美男と歌手の前川清。ゲストに女性歌手を迎えて、コミカル

な芝居、地元の人たちとのトーク、リクエスト歌謡ショーを繰り広げる。2005年度より『BSふるさと皆様劇場』（2005〜2008年度）として衛星第2に波を移して独立。

萩本欽一がホスト役の『欽ちゃんとみんなでしゃべって笑って』（1998〜2001年度）、コロッケと華原朋美の『にっぽん愉快家族』（2002〜2004年度）、桂三枝の『三枝一座がやってきた！』（2007〜2009年度）、綾小路きみまろの『ごきげん歌謡笑劇団』（2009〜2015年度）、五木ひろしの『歌う！SHOW学校』（2016〜2017年度）など、ホストの個性を生かしたステージショーが日本各地を訪れ、人気歌手や芸達者なタレントたちと地元の人々が楽しく交流した。

『ふるさと愉快亭〜小朝が参りました』（1994〜1997年度）→ P254

『BSふるさと皆様劇場』（2005〜2008年度）→ P257

『欽ちゃんとみんなでしゃべって笑って』（1998〜2001年度）→ P255

『にっぽん愉快家族』（2002〜2004年度）→ P256

『三枝一座がやってきた！』（2007〜2009年度）→ P258

『ごきげん歌謡笑劇団』（2009〜2015年度）→ P259

『歌う！SHOW学校』（2016〜2017年度）→ P323

バラエティー・お笑い

06

音楽バラエティーショー

『若い季節』(1961〜1964年度)は、水谷八重子(二代目)、黒柳徹子、渥美清、沢村貞子、三木のり平、森光子、植木等など、当時人気の俳優たちが総出演するコメディータッチのミュージカル風ドラマだ。坂本九、ジェリー藤尾、スパーク3人娘(中尾ミエ、伊東ゆかり、園まり)ほかの人気歌手が数多く出演し、生放送で歌も披露する音楽バラエティーの源流ともいえるドラマだった。『若い季節』のあとを受けて2つのミュージカル風バラエティーを放送。『若い河』(1965年度)は、三田明、田辺靖雄、久保浩、九重佑三子、梓みちよらの人気歌手が出演。『四季に花咲く』(1965年度)は、三橋美智也、ボニー・ジャックス、アイ・ジョージ、倍賞千恵子、弘田三枝子ほかの出演で、歌謡曲とドラマを融合させる新しい娯楽番組の開拓を目指した。

1959年10月、『午後のおしゃべり』(1959〜1960年度)が、総合テレビで午後1時台に若い女性を対象に20分番組で始まった。司会はファッションデザイナーの中島弘子。「結婚」「編み物」「やせる方法」など、家庭生活に関わる身近な話題をテーマに選び、歌と踊りとコントでつづったバラエティー番組だ。レギュラー出演は三木のり平、黒柳徹子ほか。ゲストにはジャズの江利チエミ、雪村いづみ、ペギー葉山、シャンソンの高英男、中原美紗緒、クラシックの五十嵐喜芳らが出演。またゲストを俳優や文化人など幅広い分野から迎えた。構成は永六輔、音楽は中村八大が担当した。

『パノラマ劇場』(1960年度)は日曜午後8時から45分のミュージカルバラエティーショー。森繁久彌、フランキー堺、越路吹雪、ペギー葉山ら第一線のスターたちが毎週持ち回りで出演。三木のり平、黒柳徹子、渥美清、ジェリー藤尾らがコミカルなショーを繰り広げた。番組構成は、キノトール、前田武彦、神吉拓郎、青島幸男ほかのメンバーが、ギャグやショーのアイデアを出し合って執筆。音楽は古関裕而、松井八郎、内藤法美、小野崎孝輔ほか、多

『若い季節』(1961〜1964年度) →P251

『若い河』(1965年度) →P251

『午後のおしゃべり』(1959〜1960年度) →P250

『パノラマ劇場』(1960年度) →P251

『パノラマ劇場』(1960年度) →P251

『夢であいましょう』(1961～1965年度) →P251

『ばらえてい「テレビファソラシド」』(1979～1981年度) →P252

『きよしとこの夜』(2005～2008年度) →P257

彩な顔ぶれが担当した。

　1961年4月8日、音楽バラエティーの元祖ともいわれる『夢であいましょう』(1961～1965年度)が、土曜午後10時から始まる。演出の末盛憲彦、構成の永六輔、音楽の中村八大の制作メンバーは、放送開始の10日前に最終回を迎えた『午後のおしゃべり』と同じ顔ぶれ。司会も同じ中島弘子がつとめた。『午後のおしゃべり』で培った経験とノウハウが、30分の生放送に生かされた。歌とダンスをテンポのいいトークとユーモアあふれるコントでつなぐ、その後のテレビエンターテインメントの中心となる音楽バラエティーのスタイルを確立した。

　出演者にはドラマや子ども番組などですでに人気者だった黒柳徹子、コメディアンとして頭角を現してきた渥美清、坂本九、田辺靖雄、ジェリー藤尾、九重佑三子らの人気歌手、さらに坂本スミ子、E・H・エリックほか多彩な顔ぶれをそろえた。『午後のおしゃべり』で顔が知られた司会の中島弘子は、上半身を傾ける独特のおじぎが上品だと話題となった。

　番組の「今月の歌」コーナーからは、坂本九の「上を向いて歩こう」や梓みちよの「こんにちは赤ちゃん」、ジェリー藤尾の「遠くへ行きたい」など数多くのヒット曲が生まれた。

『夢であいましょう』は、『シャボン玉ホリデー』(日本テレビ系)とともに、その後の音楽バラエティーに大きな足跡を残した伝説の番組として記憶されている。

　『ばらえてい「テレビファソラシド」』(1979～1981年度)は、『夢であいましょう』を手がけた演出の末盛憲彦と構成の永六輔が仕掛けた新趣向のバラエティー番組。音楽、伝統芸、スポーツ、ニュースなど、あらゆる分野の情報をほのぼのとした笑いのなかで取り上げた。番組の主役はNHKの女性アナウンサーたち。加賀美幸子、頼近美津子の両アナウンサーと永六輔が番組を進行。翌1980年からタモリが初めてNHK番組のレギュラーとして登場。加賀美アナとのユニークな顔合わせが意表をついた。ニュースや教養番組で"お堅い"イメージのNHK女性アナウンサーが次々にバラエティーに登場したことでも話題となった。

　『月曜劇場　きよしとこの夜』(2005～2008年度 ＊2006年度より『きよしとこの夜』に改題)は、氷川きよしとグッチ裕三が、歌謡界をはじめ、さまざまな世界で活躍する第一人者や話題の人をゲストに迎えて、トークや歌、コントを繰り広げる音楽バラエティー。初回はゲストに志村けんを迎えて、「東村山音頭」「ドリフ&きよしのズンドコ節」などの歌や、新作コントを披露した。

バラエティー・お笑い

『難問解決!ご近所の底力』
(2003〜2006・2008〜2009年度)→P256

『人名探究バラエティー　日本人のおなまえっ!』
(2017〜2021年度)→P262

『宮川彬良のショータイム』(2011年度)は、作曲・編曲家の宮川彬良が音楽監督をつとめるBSプレミアムの本格的音楽バラエティー。『バナナ♪ゼロミュージック』(2016〜2017年度)は、お笑いコンビ・バナナマンが司会をつとめ、一流ミュージシャンを招いて歌とトークを繰り広げた。

『宮川彬良のショータイム』(2011年度)→P260

『バナナ♪ゼロミュージック』(2016〜2017年度)→P323

07

教養・情報バラエティー

　興味津々の情報、知って得する情報を多彩な演出で楽しく紹介する番組が情報バラエティーだ。

　『バラエティー生活笑百科』(1985〜2021年度)は、笑いをベースにした情報バラエティー。借金や相続に関するトラブル、著作権、婚約、後見など、日常生活で遭遇する身近なトラブルを漫才で笑いとともに紹介。それに対し、タレントがふんする「相談員」がユーモアあふれる自説を展開する。最後にその適切な対応について弁護士が最新判例をもとに解説し、解決策を見出す。笑福亭仁鶴が「相談室長」となって番組を進行。2018年4月より桂南光が「相談室CEO」として進行を担った。

　『難問解決!ご近所の底力』(2003〜2006・2008〜2009年度)は、身近な悩みから切実な社会問題まで、日本の地域が抱える"難問"を、その地域の人々と一緒になって解決する視聴者参加番組。初回のテーマは、ご近所最大の関心事である「住宅街の防犯」。相談者は東京都杉並区の町内会で、前年の空き巣被害はおよそ100件、3日に1回の割合で被害が起きていた。番組では「町ぐるみの防犯」で対策に取り組み、被害を減らすことに成功した全国のケースを紹介した。そのほか「ゴミのポイ捨て」「マンションの騒音」「カラス被害」「犬のフン害」「転倒の防止」「架空請求」など、身近な問題を幅広く取り上げた。司会は堀尾正明アナウンサーほかがつとめた。

　『人名探究バラエティー　日本人のおなまえっ!』(2017〜2021年度)は、日本人の名前に潜むさまざまな物語を探る情報バラエティー。司会は『クイズ　日本人の質問』

以来14年ぶりの古舘伊知郎。2018年度に『ネーミングバラエティー　日本人のおなまえっ！』に、2021年度に『日本人のおなまえ』に改題。名字の起源や地名、食べ物の名前などの由来を徹底調査で解き明かすとともに、日本中から寄せられた名前にまつわる疑問にも答えた。

　2018年4月、『チコちゃんに叱られる！』がスタートし、大人気番組となる。おかっぱ頭の5歳の女の子「チコちゃん」が、暮らしの中の素朴な疑問を投げかけるクイズ仕立てのバラエティー番組だ。

　「いってらっしゃいって見送るとき、手を振るのはなぜ？」「乾杯のときにグラスをカチン、なぜするの？」など、大人には当たり前で疑問にすら思わない事柄について、チコちゃんがMCの岡村隆史やゲストらに問いかける。そして、「答え」に窮すると、「ボーっと生きてんじゃねーよ！」と叱りつける。一方、正解を答えると「つまんねーヤツだなぁ」とすねるのがお約束のパターン。番組ではその「疑問」を解明すべく専門家に取材し、その解答や根拠を明らかにする過程をVTRで紹介する。

　チコちゃんは着ぐるみで登場するが、顔はCG合成。「ボーっと生きてんじゃ……」の決めぜりふでは、真っ赤になって巨大化し、目から炎が、頭からは煙が噴き出す。チコちゃんの声を担当するのはお笑いタレントで俳優の木村祐一。声はボイスチェンジャーで加工されている。5歳のはずのチコちゃんが古いことにやけに詳しかったり、チャーハンと野球選手筒香嘉智のファンであるなど、木村祐一の影が見え隠れするところも笑いのスパイス。大竹まことやYOUらゲストたちのユニークな反応、森田美由紀アナの大まじめな『Nスペ』風ナレーションとコメント内容とのギャップ、鶴見辰吾やかたせ梨乃など人気俳優によって演じられる再現風ドラマ「NHKたぶんこうだったんじゃないか劇場」など、バラエティー要素が満載で高視聴率を獲得。

2018年の新語・流行語大賞のトップテンに「ボーっと生きてんじゃねーよ！」が選ばれるなど話題となった。

　『有吉のお金発見　突撃！カネオくん』（2019年度～）は、気になるけれどもなかなか聞けないお金の話を入り口に、世の中のシステムや舞台裏をのぞく情報バラエティー。日本が世界に誇る首都高速道路の“お金事情”を調査すると、劇的に進化しているメンテナンス技術が明らかになる。首都高を走るだけで異常を発見する「億超えの点検マシン」や「命がけのすご腕作業員」の存在が明らかに。MCは有吉弘行、お金が大好きな番組キャラクター“カネオくん”の声を千鳥のノブが担当している。

　バラエティー番組は、「笑い」「音楽」「トーク」「情報」など種々雑多な要素を、“エンターテインメント”でパッケージしたもっとも“テレビ的”な番組だと言われる。一方で報道系、教養系番組でも、わかりにくさや堅苦しさを避けるために番組のバラエティー化が進んでいる。

　新型コロナウイルスによる感染拡大の影響を受けた2020年は、出演者の“密”を避けるリモート出演が増え、雑多なにぎわいが特徴だったバラエティー番組にもまた新たな形が求められた。

『有吉のお金発見　突撃！カネオくん』（2019年度～）→P263

『チコちゃんに叱られる！』（2018年度～）→P262

1950年代

テレビ素人オール自慢 1953年度

NHK東京テレビジョンの目玉番組の一つとしてスタートした"テレビ版のど自慢"。ラジオ「のど自慢素人演芸会」の枠を広げ、踊り、奇術、百面相、漫才など、アマチュアであればどんな芸でも出演可能。高橋圭三アナウンサーが司会を務め、一芸に秀でている一般視聴者をスタジオに呼んで紹介した。番組最後の10分間は腕相撲の勝ち抜き試合を行い、毎回チャンピオンを選定、全国腕相撲大会も開催。半年で打ち切りとなった。

みんなの楽天地　歌う日本意外史 1953～1954年度

バラエティー枠『みんなの楽天地』のミュージカルバラエティー。毎回のタイトルは「平安時代の巻」「鎌倉時代の巻」「南北朝の巻」「室町時代の巻」「北條九代バァの巻」など。出演：市村俊幸、楠トシエ、三木のり平ほか。脚本・原作：荻原賢次。『みんなの楽天地』枠では、ほかに「気まぐれ天使」「落語ショー」「月夜のパラソル」などの番組も放送されている。（土）午後8時からの30分番組。

ミュージカル・ショー 1953～1956年度

映画スターや人気歌手が出演し、音楽を中心にしたショーを見せる新しいスタイルの娯楽番組。1955年4月に藤原義江による「未完成交響曲」（シューベルト作曲）でスタート。森繁久彌の「森繁ショー」には中原ひとみや香川京子などのスター女優がゲスト出演。笠置シヅ子の「笠置ショー」は明るくコミカルな歌や、貝谷八百子バレエ団による踊り、フランキー堺、楠トシエらによるショーも人気を呼んだ。午後8時台の30分番組。

今晩わメイコです 1954～1955年度

若い世代に人気の中村メイコを中心とした20分のコメディー番組。1954年10月23日放送の第1回「味覚の秋」から1956年3月31日放送の最終回「もう一つの謝恩会」まで1年半にわたって放送。作・脚本：永来重明、大倉左兎ほか。出演：中村メイコ、坂本猿冠者、並木瓶太郎、堀越節子、寺島信夫ほか。（土）午後6～7時台の20分番組。

テレビ・ショー 1956年度

『ミュージカル・ショー』（1955～1956年度）を改題。「古風な恋物語」（出演：森繁久彌、月丘夢路ほか。作：小野田勇　作曲：石川皓也）、「君と唄えば」（出演：ペギー葉山、芦野宏ほか。作：佐藤勉）、「海に生きる」（出演：榎本健一、加藤治子ほか。原作：テニスン）、「秋風よ心あらば」（出演：久保幸江、杉本葉子ほか。作：西川清之）ほかを放送。1956年8～11月に放送。午後8時からの40分番組。

スター・ショー 1956年度

『テレビ・ショー』（1956年度）のあとを受けてスタート。「冬の陽炎」（出演：伊藤雄之助、南風洋子ほか。作：岡本祐。音楽：小川寛興）、「男は狼にあらず」（出演：南田洋子、芦田伸介ほか。作：小野田勇。音楽：石川皓也）、「雪のろうねすく」（出演：岡田茉莉子、山内明ほか。作：小野田勇。音楽：広瀬健次郎）ほかを放送。1957年1～4月放送。（金）午後9時からの40～45分番組。

演芸アパート 1956年度

1954年に始まった『お好み風流亭』が落語、漫才などのいわゆる"口もの"をメインに構成したのに対し、「曲芸」「玉のり」「奇術」「アクロバット」「曲独楽」「物まね」「紙切り」「福助踊り」「大神楽」「歌謡コント」などの"見る演芸"で構成したお昼の演芸番組。（月）午後0時15分からの20分番組。

お笑い三人組 1956～1965年度

1955年11月にラジオ番組で始まった喜劇バラエティー。翌1956年11月にラジオ・テレビ同時放送となり、1959年度からテレビ単独放送に。金ちゃん（三遊亭小金馬）、良夫さん（一龍斎貞鳳）、六さん（江戸家猫八）の3人組が暮らすあらまから横丁で起こる騒動をユーモアたっぷりに描いた。東京内幸町にあったNHKホールからの公開生放送。作者は名和青朗、音楽は土橋啓二が担当。全506回。総合（火）午後8時30分からの30分番組。

水曜くらぶ 1956～1957年度

ユーモアと風刺を盛り込んだお昼のトークバラエティー番組。ジョッキーとして水の江滝子、轟夕起子、楠トシエ、荒井恵子を配し、『お笑い三人組』の作者・名和青朗やホームドラマ『隣りも隣り』（1957～1959年度）の市川三郎らが執筆を担当した。総合（水）午後0時15分からの20分番組。

素人即席演芸会 1956～1958年度

1956年4月にラジオ番組として始まり、11月からテレビ共通番組となる。一般からの4人の出場者が参加。出されたお題に対し、その場で演芸話に組み立て、面白さを競う聴取者参加番組。レギュラー審査員は水野春三、一龍斎貞丈、桂三木助。初年度（夏期）は第1（日）午後7時30分からの30分番組。毎回、優秀者には「名人賞」が送られた。最終回では「名人賞」受賞者だけが競い、最優秀者を決めた。

午後のおしゃべり 1959～1960年度

若い主婦層を対象にした午後のバラエティー番組。「お見合」「結婚」「挨拶」「編物」「やせる方法」など、女性にとって身近な話題をテーマに選び、歌と踊りとコントでつづった。服飾デザイナーだった中島弘子を司会に抜てき。体を横に傾ける独特のおじぎが上品だと評判になった。構成：永六輔、キノトール。作曲：中村八大。レギュラー出演：三木のり平、黒柳徹子ほか。総合（火）午後1時40分からの20分番組。

1960年代

パノラマ劇場　1960年度
森繁久彌、フランキー堺、越路吹雪、ペギー葉山の4人のスターが、毎週持ち回りで各自の個性と持ち味、芸を発揮する本格的なミュージカル・バラエティーショー。ゲストには各方面の一流タレントを迎え、4人のホストまたはホステスゆかりの人物や地方のファンとの2元放送による対面なども行った。黒柳徹子、ジェリー藤尾、渥美清、三木のり平らのコミカルなショーも人気に。総合(日)午後8時からの45分番組。

魔法の小箱　1960年度
エンターテインメント番組の導入と合わせて番組紹介の目的で設けた5分間の"マジックタイム"。マジシャンの引田天功の奇術を交える演出で番組紹介をおこなった。出演は引田天功のほかにアシスタントとして江戸家猫八、ハモンドオルガンの真木信夫。総合(日)午後7時15分から放送。

学園まえ　1961年度
柳家金語楼を中心とした明るいコメディー番組。出演：柳家金語楼、森川信、楠トシエ、中田久美子、平凡太郎、大宮敏光ほか。作・脚本：瀬戸春生、名和青朗、松木ひろし、西沢実ほか。音楽：土橋啓二。総合(金)午後9時からの30分番組。

夢であいましょう　〈1961〜1965〉　1961〜1965年度
『午後のおしゃべり』（1959〜1960年度）と同じスタッフ（作：永六輔・音楽：中村八大・演出：末盛憲彦）で立ち上げた音楽バラエティーの元祖ともいわれている生放送番組。「目で楽しめる音楽」を目指し、歌とダンスをテンポよくトークとコントでつないだ。「今月の歌」コーナーからは、坂本九の「上を向いて歩こう」や梓みちよの「こんにちは赤ちゃん」などのヒット曲が生まれた。総合(土)午後10時台の30分番組。

若い季節　1961〜1964年度
銀座の化粧品会社を舞台に、歌あり笑いありで繰り広げる青春コメディー。出演者には水谷八重子（二代目）、黒柳徹子、森光子、淡路恵子らの俳優陣、三木のり平、渥美清、ハナ肇とクレイジーキャッツらのコメディー陣、坂本九、スパーク三人娘（中尾ミエ、伊東ゆかり、園まり）ほか豪華タレントが顔をそろえた。総合(日)午後8時台の娯楽番組として3年9か月にわたって人気を博し、番組終了の1965年1月以降は『大河ドラマ』枠となる。

ジャック・ベニー・ショー　1961年度
俳優、ボードビリアンなどで活躍したジャック・ベニーがホストを務めるシチュエーション・コメディー。1957年にアメリカで放送開始以来、CBCの視聴率ベストテンに常にランクされている人気ショー番組を29回放送した。総合(水)午後8時からの30分番組。1961年6月〜1962年3月に放送。

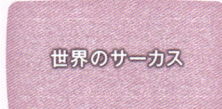
世界のサーカス　1962年度
原題「International Show Time」（制作：NBC）。世界各国の代表的なサーカスショー、マジックショー、クラウンショー、アイスショーと、盛りだくさんに紹介。司会は、ドン・アメチ。デンマークのシューマンサーカス、フランスのパリ大サーカス、スウェーデンのスコットサーカス、オーストリアのウィーンマジックショー、ドイツのバイアー・アイスショーなどを紹介。総合(日)午後0時15分からの45分番組。

歌謡寄席　1963年度
歌謡曲を寄席のくつろいだムードのなかで楽しむお昼の歌謡バラエティー。金原亭馬の助、三笑亭夢楽、三笑亭笑三、三遊亭小円馬が交代で高座に上り、牧伸二、関敬六らがコントに登場した。歌手は随時4〜7人が出演。総合(火)午後0時15分からの25分番組。

四季に花咲く　1965年度
毎回、1人の歌手とそのヒット曲を主題にしたドラマを展開し、歌とドラマの融合を試みた。第1回放送「山がある川がある」は、三橋美智也の主演で三橋の持ち歌「山がある川がある」を主題に歌人で劇作家の寺山修司が脚本を執筆。音楽は白石十四男が担当。8月放送の「東京ブルース」は西田佐知子の出演で、西田のヒット曲「東京ブルース」を主題に石山透が脚本を執筆。音楽は藤原秀行が担当。総合(土)午後8時からの30分番組。

若い河　1965年度
歌謡曲の歌手たちが中心になって繰り広げるミュージカル風バラエティードラマ。明るいタッチで若さと青春をうたい上げた。1965年度前期放送で(水)午後9時40分からの50分番組。作：白坂依志夫、キノトール。音楽：宮川泰、服部克久ほか。出演：三田明、田辺靖雄、久保浩、九重佑三子、梓みちよほか。

ファミリーショー　1967年度
『クイズアワー』（1966年度）から引き続いて人気番組『ジェスチャー』を放送。加えて「演芸」「ヒットメロディー」などで構成する公開バラエティーショー。伊丹十三、ペギー葉山が総合司会を担当。後半、ペギー葉山の出産により九重佑三子に交代。1968年3月に15年間続いた『ジェスチャー』が終了し、その他の部分は1968年度から『みんなの招待席』へ引き継がれた。総合(月)午後8時からの59分番組。

土曜ひる席　1967〜1977年度
漫才を基調にしたスタジオ公開形式のお昼の演芸バラエティー。従来の舞台（演者）対観客席という関係ではなく、演者と観客が同一フロアで一体化しながら笑いをつくり出す演出を心がけた。10分間の漫才を中心に、落語、奇術、曲芸、歌、声帯模写、郷土芸能、古典芸能等、多彩な演目を用意した。レギュラー出演：夢路いとし・喜味こいし。作・構成：織田正吉。総合(土)午後0時20分からの24分番組。大阪局制作。

バラエティー・お笑い | 定時番組

みんなの招待席　1968年度

『ファミリーショー』（1967年度）のあとを受けてスタートした、家族そろって楽しめる生放送の公開バラエティー番組。大物スターが思い出の歌にまつわるエピソードを語りその歌を聞く「心の歌」、海外のショー・タレントや日本古来の演芸を楽しむ「演芸ショー」、加藤芳郎と中村メイコ両キャプテンが出すヒントから正解を連想するゲームコーナー「連想ゲーム」などで構成。総合（月）午後8時からの59分番組。

おたのしみグランドホール　1969〜1970年度

『みんなの招待席』（1968年度）の後継番組。「ゲスト・コーナー」「演芸」「数のプレゼント」など、多彩な内容の公開バラエティー番組。1970年度は「ヤング・コーナー」「漫画大学」「ジェスチャー通訳」「ショー・アップ・コーナー」などを新設。番組後半は、フォー・リーブスをレギュラーに据えて、若者向けに構成した。司会：生方恵一アナウンサー、岡崎友紀。総合（月）午後8時からの60分番組。

1970年代

ひるのプレゼント　1970〜1990年度

歌あり笑いあり、各地からの生中継ありのお昼のバラエティー番組。月曜から金曜までの連続5日間を1つのテーマで構成。大物を5日連続で出演させる「長谷川一夫の5日間」（1971年12月）、美空ひばりが合計39曲を歌った「新春歌初め、ひばり節」（1981年1月）、引退を控えての「春一番、キャンディーズ」（1978年3月）などは、特に反響が大きかった。総合（月〜金）午後0時20分からの25分番組。

お笑いオンステージ　1972〜1981年度

寄席演芸を中心とした（土）午後8時台の公開バラエティーとしてスタート。レギュラー出演は、笑福亭仁鶴とてんぷくトリオ。1973年度に（日）午後7時20分に放送日時を移して、内容を刷新。ゲスト女優にてんぷくトリオが絡むショートコント「てんぷく笑劇場」、「歌謡曲」コーナー、司会の三波伸介が芸能人の子どもたちとのトークで、スターたちの素顔を聞き出す「減点パパ」（のちに「減点ファミリー」）で構成した。

芸能独演会　1972年度

ひとりの“魅力的なタレント”によるワンマンショー。出演者を音楽界から演芸界まで幅広く求め、新鮮なアングルからその芸と人柄を浮き彫りにした。登場した人物とテーマは、「岸洋子'72」「柳家金語楼・芸の問わず語り」「志ん朝・夜ばなし」「雪村いづみからあなたへ」「都はるみの30分」「島倉千代子・純情歌集」「ダークダックス・リラックス」など24本を放送。総合（土）午後10時30分からの30分番組。

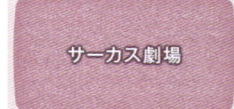
サーカス劇場

サーカス劇場　1974〜1975年度

伝統と華麗さを誇るヨーロッパ各国のサーカスの、笑いと手に汗を握る妙技を紹介。1974年11月から1975年8月まで全26回を放送。語り手：藤村俊二。総合（日）午前10時からの25分番組。（制作：フランス放送協会、SEPAプロ制作）

日曜家族スタジオ　1976年度

子どもを中心とした家族向けスタジオバラエティーショー。坂本九がゲストを相手役として口演する“モダン活弁”「九ちゃんの立体講談」、さまざまな話題を持つユニークな家族が登場し、一家の心温まるエピソードを紹介する「愉快な家族」、音楽自慢の小・中学生が歌や楽器演奏を披露する「声くらべ腕くらべこども音楽会」などで構成。出演は坂本九、中村八大、宮崎尚志ほか。総合（日）午前10時からの1時間番組。

脱線問答　1978〜1983年度

回答者がなぞなぞやとんち遊びなど、言葉に関する問題に挑戦。暮らしの中のユーモアとウィット精神に訴える大喜利風バラエティーショー。司会のはかま満緒の巧みな話術も相まって、ユーモアたっぷりでスピーディーなやりとりが人気だった。放送された6年間、レギュラー回答者を務めた岡本信人はいつも回答が早かったため、司会のはかま満緒から「早いのが取り柄」と紹介されていた。総合（木）午後7時30分からの29分番組。

コメディー公園通り　1978年度

親と子の織り成すほのぼのとした雰囲気のコメディードラマ。3シリーズを放送し、シリーズを通して堺正章と井上順がレギュラー出演した。第1シリーズ「娘ひとりにパパ二人」（出演：片平なぎさ、斎藤こず恵ほか）、第2シリーズ「愛1つ恋5つ」（出演：桜田淳子、岸田今日子、赤塚不二夫ほか）、第3シリーズ「新婚7日で子どもが2人」（出演：久我綾子、柿崎澄子ほか）。作：雪室俊一。総合（土）午後7時30分からの29分番組。

三枝の笑タイム　1978〜1979年度

『土曜ひる席』（1967〜1977年度）のあとを受けて始まった大阪制作のお昼のお笑いバラエティー。テレビタレントとしても人気絶頂だった若手落語家の桂三枝（現・桂文枝）がホストを務めた。豊富な関西の演芸素材を活用して、大阪の味をじゅうぶんに盛り込んだスタジオ公開番組。レギュラー出演は、桂三枝、桂枝雀、桂文珍。総合（土）午後0時20分からの24分番組。

ばらえてい「テレビファソラシド」　1979〜1981年度

音楽、スポーツ、漫才、ニュース、伝統芸能など、あらゆる分野の情報を取り入れたバラエティーショー。これまで芸能系ショー番組に出演することのなかったNHKの女性アナウンサーを主役とし、民放でブレークしていたタモリを起用したことが話題に。司会：加賀美幸子アナ、頼近美津子アナ。出演：永六輔、タモリ、内海桂子・好江ほか。構成：永六輔ほか。音楽：中村八大ほか。総合（火）午後8時からの49分番組（初年度）。

1980年代

大阪発ユーモア列車　1980〜1981年度

『三枝の笑タイム』（1978〜1979年度）のあとを受けてスタートした大阪制作のお昼の公開バラエティー番組。桂三枝や木村進など、上方芸能人によるミニコメディーを軸に、漫才・落語などの演芸、人気歌手の歌、さらに関西色の濃い有名人を招き、その人の若き日の写真を見ながら桂三枝が人柄を楽しく紹介する「アルバム拝見」の4コーナーで構成。総合（土）午後0時20分からの24分番組。

この人…　1982〜1985年度

芸能、文化、スポーツなど各界を代表する著名人がステージに登場。その人の足跡、人間像、さらには秘めたるドラマなどを、娯楽性豊かなステージショーで感動的に伝えた。第1回の「松本清張ショー」に始まり、最終回「河原崎国太郎ショー」まで4年にわたる放送を通して紹介した"この人"は113人にのぼった。総合（木）午後8時からの49分番組（初年度）。

土曜なにわ亭　1982年度

『大阪発ユーモア列車』（1980〜1981年度）のあとを受けてスタートした大阪制作のお昼の公開バラエティー番組。上方の漫才、落語、奇術などの演芸、人気歌手の歌、それに「勝手ですけどコンビをいびらせてもらいます」というコンビ・コーナー（年度前半）、「浜村淳の演技塾」（年度後半）などで構成した。司会：浜村淳。総合（土）午後0時20分からの24分番組。

ふるさと競演　1982〜1983年度

固有の文化を持つ2つの地域が、ふるさと自慢を競い合い、互いの文化の交流、心のふれあい、郷土愛の再発見をねらう視聴者参加の公開派遣番組。人気歌手がキャプテンを務め、それぞれ100人（1983年度は各50人）の代表選手が「ふるさと早押しクイズ」「綱引き」、作曲家の遠藤実が段位を認定する「段位認定歌合戦」などで競い合う。司会：千田正穂アナほか。総合（最終週・木）午後7時30分からの79分番組。

しゃべくりバラエティー　日本一　1983〜1984年度

『土曜なにわ亭』（1982年度）のあとを受けてスタートした大阪制作のお昼のトークバラエティー。大阪が日本一だと思われるもの、大阪から始まったものなどをテーマに取り上げ、ホットな情報も加味してユニークな考察や意外な発見を楽しむ。出演：桂春蝶（二代目）、藤本義一、和多田勝ほか。司会：葛西聖司アナウンサー（1983年度）、佐藤誠アナウンサー（1984年度）。総合（土）午後0時20分からの24分番組。

バラエティー生活笑百科　1985〜2021年度

生活の知恵としての実用知識を、笑いのうちに学びとる生活情報トークバラエティー。ご近所とのもめ事や相続問題など、暮らしの中の身近なトラブルを漫才で紹介し、3人の相談員がユーモアあふれる話術で回答。最後に法律的な考え方を、弁護士が最新の判例をもとに解説する。相談室長は笑福亭仁鶴が30年以上にわたって務め、2018年より桂南光が「相談室CEO」として引き継いだ。総合（土）午後0時20分からの24分番組。

愉快にオンステージ　1989〜1992年度

7人のホストが交代で登場し、ゲストとともに歌とトークを繰り広げるバラエティーショー。音楽は、ホストたちの青春の音楽であるフォーク、ニューミュージック、グループサウンズなどを中心に選曲。レギュラー・ホストは堺正章、さだまさし、武田鉄矢、西田敏行、南こうせつ、三宅裕司、吉田拓郎の7人。総合（月）午後7時30分からの29分番組（初年度）。

ショータイム　1989〜1990年度

ビッグアーティストのステージやマジック、バラエティー、サーカス、外国のヒット番組など、多彩で洗練された世界のエンターテインメントショーを紹介。初年度は「ミュージカルの王様アービング・バーリン100歳祝賀コンサート」「世界最高の曲芸〜上海雑技団」「ジョン・レノン〜最後のコンサート1972年」「スター総出演！エリザベス・テーラー祝賀会」ほかを放送。総合（木）午後10時からの45分番組（初年度）。

1990年代

あなたの町で夢芝居　1991年度

若者からお年寄りまで楽しめる大衆演劇を通して、地域の人たちとステージを作り上げる視聴者参加の地域派遣番組。1990年度は「特集番組」として8本を放送、1991年度に総合（第3・木）午後8時からの44分番組で定時化。梅沢武生、梅沢富美男兄弟と吉幾三を中心とした夢芝居一座に、ゲストと地域の方々が加わって抱腹絶倒のステージを繰り広げた。

ひるどき日本列島　1991〜2003年度

地域情報の全国発信を目指し、地域に根ざした人々の暮らしや風土・行事、地域が最も輝く日にスポットを当て、そこで暮らす人々の思いを生中継で伝えた。地域情報の全国発信基地として東京と各局が1週間（5本）単位で個性豊かなシリーズを放送。13年間で3000回あまり、四季折々の全国の話題を届けた。総合（月〜金）午後0時20分からの23分番組。

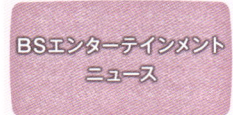

BSエンターテインメントニュース　1993〜1997年度

東京中心に繰り広げられる音楽・映画・演劇・美術・イベント・パフォーマンスなどの情報や、独自取材による世界のエンターテインメント情報をビジュアルに伝えた。1995年度『エンターテインメントニュース』に改題し、金曜はロスを中心としたアメリカの情報を発信。衛星第2（月〜木）午後11時15分からの15分番組（初年度）。歴代キャスターは松尾潔、クリス・ペプラー、ヒロコ・グレースほか。

バラエティー・お笑い | 定時番組

エンターテインメント・トゥナイト　1993〜1995年度

アメリカを中心とした文化芸能情報を伝える番組。取り上げる分野は映画・音楽・テレビ・有名人の話題など多岐にわたる。アメリカのCBSで放送された60分番組「エンターテインメント・トゥナイト・ウイークリー」を30分にリメイク。衛星第1(日)午後5時15分から放送。

ティータイム芸能館　1994〜2002年度

演劇を中心としたステージを楽しむ『BSティータイムシアター』(1993年度)が1994年度に改題。歌舞伎・宝塚・舞台などのステージものを放送する枠として再スタートを切った。初年度は、「タカラジェンヌ競演」「舞台ひとすじ・女優杉村春子の世界」「山川静夫が案内する歌舞伎特選〜戦後の名優たち」ほかを放送。落語や演芸ものは『ティータイム演芸館』のタイトルで放送。衛星第2(月〜金)午後の長時間枠(初年度)。

バラエティー　ざっくばらん　1994〜1995年度

「ドラマ」「漫才」「コント」「歌」で構成する生放送のバラエティー番組。1995年度は「ニュースをどのように表現するか」をコンセプトに構成。「世界と日本の最新情報」「新しい歌」「気になる人のニュースな話」などのテーマで、平野次郎解説委員、十朱幸代、松崎しげる、小柳ルミ子、ハイヒールなどの出演者がそれぞれの特徴を生かして進行した。総合(火)午後10時からの30分番組(1995年度)。

笑いがいちばん　1994〜2010年度

『演芸ひろば』(1991〜1993年度)の後継番組。落語、漫才からコント、マジックまで、よりすぐりの「芸」を味わう日曜午後の演芸番組。ベテランから注目の若手まで、毎回3〜4組がネタを披露。さらにトークやミニコーナーなどで多彩な構成とした。初年度の渡辺正行から始まり、柳家小三治、ヨネスケ、爆笑問題、林家正蔵などが歴代司会を務め、16年続く人気番組となった。総合(日)午後1時台の29分番組(初年度)。

ふるさと愉快亭〜小朝が参りました　1994〜1997年度

"笑い"と"ふるさとのぬくもり"という2つの要素を織り込んだ公開派遣のトークバラエティー番組。春風亭小朝と全国各地の100歳との対談を中心に、「落語」と若手落語家5人衆による「諸国漫遊塾」、次代を担う子どもたちによる「パフォーマンス」などで構成。初年度の出演は春風亭小朝、春風亭勢朝、春風亭あさ市、三遊亭金時、林家たい平、立川志雲ほか。総合(土)午後8時からの44分番組(初年度)。

スタジオパークからこんにちは　1995〜2016年度

毎週月曜から金曜のお昼に、NHKスタジオパーク内に設けたオープンスタジオから公開生放送したトークバラエティー番組。視聴者からのメール、ファックス、電話などを紹介しながら、NHKの番組出演者を中心としたゲストと、ライブ感あふれるトークを楽しんだ。初代司会は堀尾正明アナウンサー。初年度は総合(月〜金)午後1時5分からの54分番組だったが、2016年度には1時間50分に拡大。

作法の極意　1995年度

「作法とは心を豊かにする合言葉」をコンセプトに、下町の理髪店を舞台に、商店街の住人が現代に即した作法を考察しようというバラエティー番組。結婚式やお葬式のマナー、お祝いとお返し、電話、フランス料理のマナー、お墓参りなど、取材VTRとスタジオトークで多角的にそのあり方を探った。レギュラー出演者:柄本明、竹下景子、渡辺えり子ほか。総合(水)午後10時からの30分番組。

コメディー　お江戸でござる　1995〜2003年度

江戸庶民の暮らしぶりをコミカルに再現した伊東四朗が座長をつとめる一座によるコメディーを中心に、江戸風俗評論家・杉浦日向子の面白江戸講座、若手演歌歌手の歌で構成。この3つの要素をスタジオに架設したひとつの舞台で進行するダイナミックな舞台転換も見どころだった。レギュラー出演:伊東四朗、野川由美子、由紀さおり、桜金造、重田千穂子ほか。総合(木)午後8時からの40分枠。衛星第2・ハイビジョンでも放送。

今夜はあなたとミステリー　1995年度

歴史・音楽・美術から科学まで、社会をにぎわす"話題のなぞ"を徹底的に取材し、最先端の研究成果とゲストの大胆な推理で解明していく知的エンターテインメント番組。取り上げたテーマは「男が消えてゆく〜精子半減の謎」「タイタニック遭難」「どこまで伸びる!? 現代っ子の脚」「唱歌誕生の謎」「ドラキュラは世紀末によみがえる」ほか。司会:吉田照美。総合(金)午後10時からの30分番組。

私のとっておき　1995年度

庶民の暮らしの今と未来を、モノを通して探ったトークバラエティー。毎回、ゲストの"とっておき(残しておきたい日本)"に焦点を当てながら、戦後50年の日本人の暮らしを再検証。モノに込められた日本人の暮らしの知恵を考えた。聞き手は、長塚京三、阿川佐和子。取り上げた"とっておき"は、銭湯・ぬかどこ・蚊帳・手ぬぐい・七輪・かつお節削り・風呂敷・障子・扇子など。総合(火)午後10時30分からの24分番組。

土曜特集　1995〜2005年度

家族そろって楽しめる土曜夜のゴールデンタイムに放送するエンターテインメント番組枠。「のど自慢50年〜笑顔と涙の同窓会」(1995年度)などの特番のほか、『ふるさと愉快亭〜小朝が参りました』の人気コーナー「百歳バンザイ!」(1995・1996年度)、のちに定時番組となる「鶴瓶の家族に乾杯」(1996年度)、「ふるさと皆様劇場」(1998年度)などを放送。総合(土)午後7時30分からの75分番組。

いいモノ万来　1995年度

1995年9月に終了した『私のとっておき』のコンセプトを継承し、いいモノの幅を広げ、ゲストのモノへの思いを出発点に、日本人の暮らしの変化を多面的に描いた。取り上げたモノは蓄音機、路面電車、オート三輪、腹巻きなど。モノの持つ文化性や合理性、周辺に存在した空間や時間を懐かしさの中から浮かび上がらせた。司会:麻木久仁子。コメンテーター:村松友視。総合(火)午後10時30分からの24分番組。

あの人あの芸　1996〜1997年度

昭和の時代に人気を博し、一世をふうびした名人芸を取り上げ、現代の視点で見つめ直し、新たな魅力を発見する番組。当代一流の芸とことばを、あらゆる映像資料を基に浮き彫りにした。1996年度に取り上げた人物は、三波伸介、水原弘、春日八郎、越路吹雪ほか。1997年度は美空ひばり、坂本九、若山富三郎、三船敏郎ほか。総合(月)午後10時45からの10分番組。

仮想空間Σ～インタラクティブゲーム　1996年度

テレビに映し出されたコンピューターゲームや架空のドラマに、全国の視聴者が電話投票で参加するエンターテインメント番組。視聴者は電話で、ゲームの選択やクイズの回答、裁判や捜査の進行や決断に投票していく。放送内容は「戦国勇将伝」「殺人法廷」「捜査線上のアリア」「超時空アドベンチャー」など。投票数は最高30万1000コール。主な出演者は萩原流行ほか。衛星第2(土)午前0時30分からの90分番組。

家族対抗ふるさとチャンピオン　1997年度

おじいちゃん、おばあちゃんからひ孫まで家族4組が集合し、カラオケ歌合戦や家族自慢を通じて、家族のきずなの強さを競う視聴者参加の公開ステージショー。全国各地で公開録画をした。司会：なぎら健壱、爆笑問題、山本志保アナウンサー。審査員：星野哲郎ほか。衛星第2(土)午後0時10分からの83分番組。

シネマ・パラダイス　1997～2002年度

「映画」をテーマにしたスタジオバラエティーで、ハイビジョン一体化制作番組。さまざまなジャンルのゲストを迎えて、お気に入りの映画、こだわりの名場面をレギュラー陣と語り合った。カンヌ、サンダンス、ベルリンなどの映画祭や、アカデミー賞なども特集した。司会：小堺一機。レギュラー出演：村松友視ほか。衛星第2(土)午後11時台の45分番組。ハイビジョンでも放送。

ウイークエンド・ジョイ　1997～2000年度

週末のエンターテインメント情報を、映画、音楽、演劇、アートの4つのジャンルを中心にコンパクトに伝えた。また、ゲストを招いてのライブ・パフォーマンスも行った。初年度の司会は伊集院光、桜井智。1999年度からは、山本シュウ、中山エミリ。衛星第2(土)午前0時からの60分番組（初年度前期）。

この人このまち　1996年度

文化・芸能・スポーツなど、各界の第一線で活躍する著名人が、自らのふるさとの町のステージに登場。その人物像を多面的に探っていく人間探検バラエティー。ふるさとの仲間や恩師、初恋の人やライバルなども登場。第1回出演は大阪のしゃべくり夫婦漫才で人気の宮川大助・花子で、大助のふるさと・鳥取県境港市を訪れる。司会は東ちづると徳田章アナウンサー。衛星第2(土)午後6時からの45分番組。

あの人とふたたび　1998年度

昭和の時代に人気を博し、一世をふうびした名人芸を取り上げ、新たな魅力を発見する番組『あの人あの芸』（1996～1997年度）を発展させた番組。毎回取り上げる人物の範囲を、芸能人だけでなくスポーツ選手にも広げ、NHK内外の資料映像を活用して紹介した。取り上げた人物は、石原裕次郎、力道山、勝新太郎、栃錦、美空ひばり、手塚治虫、三木のり平ほか。語りは相川浩。総合(月)午後10時45分からの10分番組。

欽ちゃんとみんなでしゃべって笑って　1998～2001年度

欽ちゃんこと萩本欽一が、地元の人々の人柄、土地柄を浮き彫りにする笑いと涙のトークバラエティー。欽ちゃん以外の出演者は、番組アシスタントを務めるのも、セットを動かすスタッフもすべて地元の人という視聴者参加型の公開派遣番組。100歳の老人から子どもたちまでがステージに登場し、欽ちゃんとのおしゃべりを楽しんだ。司会：萩本欽一。総合(日)午後1時30分からの44分番組（初年度）。

おーい、ニッポン　今日はとことん○○県　1998～2003年度

ひとつの県を計8時間ほどかけてその個性と魅力を丸ごと全国に発信する、長時間多元生放送番組。複数の移動中継車が県内を駆け巡るとともに、その土地出身の著名人がスタジオに参加。毎回、作詞家の秋元康が新しい県の歌を制作した。初年度は不定期に3本放送。翌年度からほぼ月1回放送。2004年度から副題が「私の・好きな・○○県」に。衛星第2・ハイビジョン（不定期・日）放送。

爆笑オンエアバトル　1999～2009年度

毎週10組の若手お笑いタレントたちが、100人の審査員の前で「芸」を披露。面白いと判定された上位5組だけが「オンエア」される、コンテスト形式の"史上もっともシビアなお笑い番組"。年に1回、その年のオンエア回数上位者を集めてのチャンピオン大会が行われた。テツandトモ、ドランクドラゴン、タカアンドトシなど、この番組からブレークした芸人も少なくない。総合(日)午前0時25分からの29分番組（初年度）。

推理バラエティー　誰もいない部屋　1999年度

部屋とそこに置かれたモノから、住人の年齢、職業などのプロフィールを推理する知的エンターテインメント番組。推理という味付けを楽しみながら、部屋と人の関係の奥深さを知るとともに、さまざまな職業のさまざまな人生の断片を垣間見ることができる。司会：内藤剛志。出演：渡辺満里奈、林家こぶ平、山田五郎、香山リカほか。総合(日)午後11時からの44分番組。

2000年代

金曜アニメ館　2000～2002年度

親子で楽しめるアニメ情報バラエティー番組。国内外の人気アニメとその舞台裏を、アニメ監督や声優をゲストに招いて紹介。小学生による「アニメワークショップ」ではアニメの技法を紹介しつつ、簡単な作り方を専門家が指導。「パラパラマンガ道場」「アフレコ道場」などの体験型コーナーで、視聴者と観客の番組への参加感を高めた。NHKテント2000「みんなの広場」で公開収録。衛星第2(金)午後6時30分からの25分番組。

金曜オンステージ　2000～2002年度

「ふたりのビッグショー」と「いっきにパラダイス」の2本立てで始まったステージショー。「いっきにパラダイス」は、五木ひろしをホストに、新進気鋭から大御所まで多彩なゲストを迎え、さまざまなジャンルの一流の芸・技を届けた。2002年度はさらに第4週に桂三枝が司会を務める「今夜は見せまっせ」を加えた3本立てで1か月を構成。総合午後8時からの43分番組。ハイビジョンでも放送。

バラエティー・お笑い ｜ 定時番組

テントでセッション　2000〜2001年度

東京NHK放送センター正面に仮設された「テント2001 みんなの広場」から公開生放送するトークと生演奏のステージショー。1週間通しのゲストたちが1つのテーマをめぐってトークと持ち芸をぶつけあう。ハイビジョン(月〜金)午前11時からの50分番組(初年度)。

テント2001　公園通りで会いましょう　2001〜2003年度

2001年10月から『テントでセッション』(2000〜2001年度)を引き継いでスタート。1週間通しで出演するウィークリーゲストとデイリーゲストが、トークだけでなく、音楽やパフォーマンスでセッションする。ゲストの知られざる横顔や魅力、生き方などを伝えた。ハイビジョン(月〜金)午前11時からの44分番組。2003年度の『テント2003　公園通りで会いましょう』は午後3時20分からの40分番組。

BSエンターテインメント　2001〜2009年度

ライブ、視聴者リクエスト、海外アーティストの特集、中国エンターテインメント紀行など、さまざまなジャンルの芸能番組や大型紀行番組を衛星第2で放送。2001年度に特集番組として放送し、2003年度に(日)午後7時20分からの2時間枠で定時化し、「ビー・ジーズ　フォーエバー」「大爆笑50年漫才大全集」「2003トニー賞授賞式」「ワールドミュージックアウォード2003」など、娯楽性の高い良質のソフトを提供した。

にっぽん愉快家族　2002〜2004年度

訪れた地域の人々が主役となってステージに登場する公開派遣番組。一般の人々がモノマネや特技・パフォーマンスを披露するコーナー、地域のさまざまな分野で活躍する達人・名人をクイズで紹介するコーナー、司会のコロッケが真剣に即興モノマネ芸に挑戦するコーナーなどで、出演者と地域の人々が楽しく交流した。レギュラー出演:コロッケ、華原朋美、ホームチームほか。総合(日)午後1時からの44分番組。

絶対！ふるさと主義　2002〜2009年度

各地の風土や産業、イベントなどを軸にテーマを設定し、NHKと地域が一体となって長時間生放送で伝える地域密着型の番組。地元のCATVと協力して制作し、地域色を鮮明に打ち出した。初年度は衛星第2(日)午後1時から5時まで4時間にわたって放送した。

ものしり一夜づけ　2003〜2004年度

「一夜にして"ものしり"になれます」を売りにした、笑いあり、感動ありの情報エンターテインメント番組。その時々のホットな話題を取り上げ、あたかも電子辞書や百科事典で調べ尽くすかのように、時間、空間、ジャンルを飛び越え多面的に取材。タイムリーなテーマに詳しい"博士"を毎回1人招いて、世の中の関心事を徹底解剖した。総合(火)午後11時15分からの29分番組。衛星第2でも放送。

金曜ショータイム　2003年度

メインゲスト2人で定着していた『ふたりのビッグショー』(1993〜2002年度)から発展し、出演者を3〜4組に増やした。また、より多彩なジャンルからゲストを募り「組み合わせの妙」が生み出すエンターテインメントを追求。NHKホールでの収録13本、全国各地での公開派遣による収録・放送17本を行った。総合(第1〜3週・金)午後8時からの43分番組。ハイビジョンと衛星第2でも放送した。

日曜スタジオパーク　2003〜2005年度

NHKスタジオパーク内の450スタジオからの公開生放送番組。映画・スポーツ・音楽など、あらゆるジャンルの、いま気になる話題をきっかけに、BS・ハイビジョンを中心とした番組情報を届けた。2005年度は「あなたの声に答えます」のコーナーを新設し、視聴者の質問や疑問に答えた。総合(日)午前11時からの30分番組(2005年度)。

難問解決！ご近所の底力　2003〜2006・2008〜2009年度

切実な社会問題から、暮らしの中の悩みまで、日本の地域が抱えるさまざまな問題を、地域の人たちと一緒になって解決する視聴者参加番組。「住宅街の防犯」「犬のフン害」「町の落書き」「カラスの問題」「ゴミの分別」など、町内会や自治会の課題から「棚田の復活」「森林の保全」といった環境問題まで幅広く取り上げた。総合(木)午後9時15分からの43分番組(初年度)。衛星第2でも放送。2007年度は『日本の底力』枠内で放送。

今夜は見せまっせ　2003〜2004年度

2002年度に『金曜オンステージ』(2000〜2002年度)の第4週放送の番組としてスタートし、2003年度に単独番組として独立。俳優・歌手・演芸人など、一流エンターテイナー1組を迎え、その卓越した「芸」と人生ドラマを見せる音楽バラエティー。NHK大阪ホールから毎月1回、全国に発信した。司会は宮本隆治アナウンサー。2003年度は総合(第4週・金)午後8時からの43分番組。

大阪発　元気ダッシュ！DOYAH　2003〜2004年度

2001年11月NHK大阪ホールのオープンとともに特番で放送。大阪から全国に向けて「元気」を発信する公開ステージバラエティーとして2003年度に定時放送をスタート。若手お笑い芸人や人気アイドルから、街で評判のパフォーマーまで、「元気いっぱいの人」たちを次々と紹介した若者向け番組。司会は中澤裕子と陣内智則。衛星第2(土)午後6時からの53分番組。ほぼ月1回程度放送。

お昼ですよ！ふれあいホール　2004〜2005年度

ふれあいホールのステージを使い、季節感のある旬のテーマで構成する生放送の知的エンターテインメント・バラエティー。1週間ごとにテーマを設定し、ゲストがプレゼンターとなって、笑いとテンポ感のある構成を繰り広げる。司会:武内陶子、阿部渉、松本和也アナウンサー。総合(月〜金・祝日)午後0時台の23分番組(初年度)。

BSふれあいホール　2004～2005年度

『テント2003　公園通りで会いましょう』（2003年度）の後継番組。2004年オープンの「NHKみんなの広場ふれあいホール」で公開収録する（月～金）の帯番組。初年度は（月・火）が「お楽しみ寄席」、（水～金）が一組の通しゲストと日替わりゲストによる「出会いのコンサート」を放送。司会は松田輝雄アナウンサーほか。衛星第2（月～金）午後6時からの44分番組（初年度）。ハイビジョンでも放送。

コメディー　道中でござる　2004年度

『コメディー　お江戸でござる』（1995～2003年度）の後継番組。「道中コメディー」「オリジナルソング」「おもしろ江戸事情」の3部構成。江戸時代に豊かに花開いた地方文化と、意外に知らない日本人の暮らしぶりを紹介。総合（木）午後8時からの43分番組（衛星第2でも放送）。2005年度に『土曜特集』枠に移設し、地方での公開派遣番組となる。出演：角替和枝、重田千穂子、阿知波悟美、桜金造、魁三太郎ほか。

素敵にショータイム　2004年度

『金曜ショータイム』（2003年度）の後継番組。毎回3～4組の豪華な出演者の「組み合わせの妙」が魅力のステージショー番組。マジックやモノマネ、クラシック音楽など、多彩なジャンルからゲストを招いた。出演は天童よしみ、BEGIN、国府弘子、堺正章、Mr.マリックほか。NHKホールでの収録を10本、地方公開派遣12本。総合（第1～3週・土）午後10時20分からの39分番組。衛星第2でも放送。

週刊なびTV　2004～2005年度

若い世代に向けたエンターテインメント情報番組。エンターテインメントシーンの1週間の出来事をチェックできる「なび1週間」、ライブ情報やリリース情報、公開される映画情報をまとめた「つぎなび」、話題の俳優やアーティストを迎えてのトークやコメンテーターによる作品の解説コーナーなどで構成。司会は加藤晴彦ほか。衛星第2（日）午前0時からの60分番組（2004年度）。

だんちの達人　2004年度

団地やマンションなど知恵ときずなの集う集合住宅で、さまざまなジャンルの達人を生放送で紹介する出前公開型番組。司会は、山田邦子と中谷文彦アナウンサー。テレビ史上初の動く人間セット戦隊「セットマン」と、番組マスコットの犬人形だんち丸が楽しくサポート。子どもたちの得意な三輪車レースの挑戦を毎回受けるのは、マッスルタレントのなかやまきんに君。衛星第2（月1～2回・日）午前11時からの54分番組。

BSあなたのステージ　2004～2005年度

衛星第2（土）午後6時台のエンターテインメント枠。日本中のアマチュア音楽家に、プロのオーケストラや一流プレーヤーとの共演など、めったに体験できない本格的な音楽にふれてもらう公開収録番組「あなたが主役　音楽のある街で」と、志村けんと加藤茶が交代で隊長を務め、各地を訪れ、地元の子どもたちの芸を披露してもらう公開派遣番組「集まれパフォーマー！放課後テレビ」（月1回放送で2004年度のみ）を放送。

商店街の達人　2005年度

全国各地の商店街を訪ね、人々のユニークな仕事ぶりや芸、人となりを紹介する視聴者参加の生放送番組。地域に密着する商店街ならではの明るいエピソードを満載し、地域愛、おもしろい商い法、名人芸などを紹介して地域を応援した。第1回「東京江東区・砂町銀座」から、最終回「松山道後温泉・道後ハイカラ通り」まで、年間13本を放送。衛星第2（日・月1～2回）午前11時からの54分番組。

BS週刊シティー情報　2005～2006年度

映画、音楽、演劇、アート、書籍など、さまざまなエンターテインメントの分野を網羅し、最先端の文化芸能情報を伝える。国内の映画興行成績、BSと本の売り上げランキングのほか、流行を先取りする海外情報も紹介。スタジオには毎週、注目のアーティストをゲストに招き、生演奏やパフォーマンスを披露した。キャスターは荻野奈緒美。衛星第1（土）午後6時10分からの39分番組。

BSふるさと皆様劇場　2005～2008年度

客席と舞台が一体となる大衆演劇の魅力を生かした視聴者参加の公開派遣番組。レギュラー出演は、とぼけた芝居が持ち味の歌手・前川清と大衆演劇のスター・梅沢富美男。ゲストに女性歌手を迎えて、コミカルな芝居、地元の人たちとのトーク、リクエスト歌謡ショーを繰り広げた。1998年度に『土曜特集』枠でスタート。2005年度より現タイトルで定時番組となる。衛星第2（土）午後7時30分からの79分番組（初年度）。

金曜バラエティー～スタジオパークからこんにちは　2005～2011年度

2005年9月に終了した『お昼ですよ！ふれあいホール』（2004～2005年度）の金曜日が、『金曜バラエティー～スタジオパークからこんにちは』にリニューアル。スタジオパーク入口ロビーの特設ステージから送る公開生放送バラエティー。音楽・マジック・演芸などのベテランや若手トップのエンターテイナーを迎えた。2006年度よりサブタイトルはなくなる。総合（金）午後0時20分からの23分番組。

きよしとこの夜　2005～2008年度

氷川きよしとグッチ裕三が、歌手、俳優、タレントなど、さまざまな世界で活躍する第一人者や話題の人物をゲストに迎え、楽しいトーク、歌、コントやチャレンジ企画などを繰り広げるスタジオバラエティーショー。2005年度に『月曜劇場』枠でスタートし、2006年度に単独番組となる。レギュラー出演：氷川きよし、グッチ裕三、ベッキー。総合（木）午後10時45分からの43分番組。衛星第2でも放送。

生中継ふるさと一番！　2005～2010年度

2005年9月に終了した『お昼ですよ！ふれあいホール』（2004～2005年度）のあとを受けて、10月から始まったお昼の生放送番組。初年度のみ「スタジオパークからこんにちは」のサブタイトルで放送。全国各地でたくましく生きる人たちの暮らしの現場を訪ね、地域に生きる人たちの言葉から元気に生きるヒント、時代を開くヒントを伝えた。総合（月～木）午後0時20分からの23分番組。祝日は午後0時15分から放送。

あなたが主役　音楽のある街で　2006～2007年度

日本中のアマチュア音楽家がプロのオーケストラや一流プレーヤーと共演し、本格的な音楽に触れる公開収録番組。楽しいトークで出場者を紹介し、プロがとっておきの上達法を伝授。その練習の成果を発表する緊張感あふれるステージを中心に放送した。2004年度に『BSあなたのステージ』枠でスタートし、2006年度に単独番組となる。衛星第2（土）午後6時からの50分番組。

02 バラエティー・お笑い｜定時番組

着信御礼！ケータイ大喜利 2006〜2016年度

携帯電話（のちにスマートフォン、タブレット）からのメール投稿で、誰でも大喜利のお題に答えられる視聴者参加番組。生放送に対応して大量のテキスト投稿を即時に表示できるサーバー・作画システムを独自に開発した。2005年度に特集番組として始まり、2006年度に（土・日）深夜帯に定時化。2016年度に300回記念生放送を区切りとして12年間に及ぶ放送を終了した。出演：今田耕司、板尾創路、千原ジュニアほか。

謎のホームページ　サラリーマンNEO 2006〜2011年度

サラリーマンをモチーフにした「笑い」と「風刺精神」で作るドラマ仕立てのコメディー番組。俳優が演じるコントとサラリーマンのミニドキュメンタリーなどをオムニバス形式で構成。2007年度の「シーズン2」からはタイトルを『サラリーマンNEO』に改題。「シーズン6」まで毎年度前期に放送。出演：生瀬勝久、沢村一樹、田口浩正、宝田明ほか。総合（火）午後11時からの29分番組（初年度）。ハイビジョン・衛星第2でも放送。

ネクスト　世界の人気番組 2006〜2008年度

世界の人気テレビ番組を取り上げ、楽しみながらその国の歴史や文化を発見。「ラトビア」「南アフリカ」など、ふだん触れることの少ない国のテレビ番組を取り上げた。スタジオにはその国から日本にやってきている人と日本人ゲストを招き楽しくトーク。司会は小池栄子と野村正育アナウンサー。衛星第2でスタートし、2007年1月より衛星第1に波を移す。衛星第1（日）午後9時10分からの49分番組（2007年度）。

蔵出しエンターテインメント 2007年度

かつてのエンターテインメント系の懐かしい番組を（月〜水）で紹介する再放送枠。月曜が歌手や大物役者が芸を披露する「ビッグショー」（1974〜1978年度）。火曜が「藤沢周平ドラマ」として、今まで制作された藤沢周平原作のドラマを再放送。水曜は、お茶の間の話題を独占してきた俳優、タレント、歌手、スポーツ選手の名演を紹介する「名人劇場」。衛星第2（月〜水）午後7時45分からの47分番組。

BSふれあいステージ 2007年度

東京・渋谷の「NHKみんなの広場ふれあいホール」で、さまざまな分野のエンターテイナーが上質の芸を披露する。月曜は「演歌いっぽん勝負」、司会は水前寺清子。火曜は「お好み寄席」、司会は中川緑アナウンサー。水曜は音楽ステージ「音楽の楽園」、司会は滑川和男アナウンサー。木曜は"今の笑い"を追求する「爆笑最前線」、司会はビビる大木、山﨑バニラ。衛星第2（月〜木）午後6時からの43分番組。ハイビジョンでも放送。

夜は胸きゅん 2007年度

「人生捨てたもんじゃない」。そんな勇気と元気を与えてくれる"胸きゅん"の感動エピソードを、視聴者からの投稿をもとにドラマで再現。メインキャスターの車掌（錦織一清）と、都会から故郷へ向かう夜汽車の座席に乗り合わせた客に扮したゲストがドラマについて語り合う。ドラマの体験談を寄せた本人も登場し、「本当にあった話」のリアリティーを高めた。総合（火）午後10時45分からの15分番組。衛星第2（木）でも放送。

Shibuya Deep A 2007〜2013年度

全国の若者が携帯電話から送る投稿で作る生放送バラエティー。テーマは身の回りで起きたニュースやハプニング、恋愛や人間関係の悩みなどさまざま。司会と毎回のゲストが気に入った投稿を読み上げ、トークで盛り上げた。司会は加藤浩次（2009年度より田村淳）、ケンドーコバヤシほか。視聴者の意向アンケートや多彩な双方向企画も設けた。衛星第2（金）午後10時30分からの90分番組（初年度）。2011年度より総合（土）深夜に移動。

日めくりタイムトラベル　昭和○○年 2007〜2010年度

昭和のある1年を取り上げ、日めくり形式で見ていく月1回放送の3時間の大型情報バラエティー。事件事故から風変わりな流行まで、NHKの膨大なアーカイブを駆使し、昭和をよみがえらせる。司会：松本和也アナウンサー。衛星第2（月1回・土）午後8時からの180分番組。

行くよ！後輩　ほいきた！先輩 2007〜2008年度

日本全国のすてきな先輩後輩を紹介する視聴者参加型の公開派遣番組。クイズ形式の人物紹介コーナーや、司会者との楽しいトークを通じて、その土地の魅力や、人と人の結び付きのすばらしさを紹介した。司会：松本明子、柳沢慎吾（原則隔回で担当）ほか。衛星第2（土）午後6時からの53分番組。2008年度はハイビジョン（月）でも放送。

にっぽんの底力　難問解決！ご近所の底力 2007年度

身近な悩みから切実な社会問題まで、日本の地域が抱える「難問」を、その地域の人々と一緒になって解決する視聴者参加番組。問題に悩む人々に、全国の視聴者が考えた解決策を、肩のこらない演出で提案した。2003年度にスタートした『難問解決！ご近所の底力』が、2007年度は「地域応援キャンペーン」の中に位置づけられて、『にっぽんの底力』枠内で『いよっ日本一！』と交互に月2回放送。

にっぽんの底力　いよっ日本一！ 2007年度

日本の町（自治体）には、その土地の風土や昔ながらの人々の気質・歴史が息づいている。1つのテーマにまつわる「日本一」を日本全国に訪ねて徹底的にリサーチ。データを駆使して多彩で意外性のある「日本一」を各県単位で探し出した。司会：乾貴美子、堀尾正明アナウンサー。総合（日）午前10時5分からの44分番組。『にっぽんの底力　難問解決！ご近所の底力』と隔週で放送。

三枝一座がやってきた！ 2007〜2009年度

創作落語の大家・桂三枝が全国各地を訪れ、その土地の話題を基に毎回新たなご当地落語を創作・披露する公開派遣番組。2007年度は、千葉県木更津市、福岡県篠栗町、石川県野々市町、岡山県里庄町、愛知県幸田町、福島県田村市の6本を実施・放送。司会：桂三枝、相田翔子。衛星第2（土）午後6時からの53分番組。2009年度はハイビジョンでも放送。3年間で26本を放送。

大阪発疾走ステージ　WEST WIND 2007〜2010年度

関西出身のお笑い系タレントと音楽系アーティストが繰り広げる、「歌」と「笑い」が融合したNHK大阪ホールからの公開バラエティー番組。アーティストとお笑い芸人が入り混じって、新鮮な風（WIND）を吹き込んだ。司会者は毎回変わり、初年度はチュートリアル、ブラックマヨネーズ、フットボールアワー、南海キャンディーズ、陣内智則らが担当。衛星第2で毎月1回夜間に放送した48分番組。

01.ドラマ　02.クイズ・バラエティー　03.音楽　04.伝統芸能　05.ニュース　06.報道・ドキュメンタリー　07.紀行　08.教養・情報　09.自然科学　10.こども・教育　11.人形劇・アニメ　12.趣味・実用　13.大型特集番組等

お好み寄席 2008〜2010年度

ハイビジョンの『シブヤらいぶ館』(2006年度)の火曜コーナー「お好み寄席」が、衛星第2『BSふれあいステージ』(2007年度)の火曜コーナーをへて、2008年度に番組として独立。「NHKみんなの広場ふれあいホール」での公開収録で、落語・漫才・マジックなどの寄席演芸を中心とした上質のエンターテインメントを紹介した。衛星第2(火)午後6時からの43分番組(初年度)。ハイビジョンでも放送。

いよっ日本一！ 2008〜2009年度

『にっぽんの底力　いよっ日本一！』(2007年度)を改題して、内容を刷新。舞台を"全国に拡大"し、1つのテーマにまつわる「日本一」を訪ねてさまざまな土地を訪ねた。第1回放送は「ローカル線」がテーマ。「客室乗務員の乗車率日本一」「新型車両の導入率が日本一」「駅長の数日本一」など、ローカル線の"日本一"を探った。司会：乾貴美子、松本和也アナウンサー。総合(金)午後8時からの43分番組。

さんぷんまる 2008年度

「あなたの人生を3分間でほんの少しだけ楽しくします」がキャッチフレーズの教養バラエティー。毎回3人のタレントや各界の著名人が登場。自分の趣味の世界を3分前後でおもしろく解説。加えて「さんぷんまる」と「ちんぷんまる」というCGの忍者が趣味について語るインターミッションを設けた。忍者の声は、ピエール瀧と荒川良々。主題歌は電気グルーヴ。総合(木)午後10時45分から15分番組。衛星第2でも放送。

"笑"たいむ 2008/2009 2008年度

公開収録会場の「NHKみんなの広場ふれあいホール」をお笑いライブハウスに仕立て、ブレイク中、またはブレイク寸前の若手芸人たちが集合。自分たちのネタのみならず、コントやゲームにも挑戦し、一流の芸人を目指してしのぎを削った。司会：木村祐一、高樹千佳子。出演：TKO、ザブングル、ライセンス、あべこうじほか。衛星第2(木)午後6時からの43分番組。ハイビジョンでも放送。

ザ☆ネットスター！ 2008〜2009年度

最先端の人気ネットコンテンツを発掘し、なぜ今それがウケているのかを探っていくネットカルチャー・バラエティー。年間10本を放送。司会は立川談笑と喜屋武ちあき。衛星第2(土)午前0時からの39分番組。ハイビジョン(日)午後11時50分からも放送。

カンゴロンゴ 2008年度

人心の荒廃著しい21世紀の日本。謎の人生相談おじさん"カンゴロンゴ"が、中国4千年の英知が育んだ漢文の「お言葉」を武器に、悩める現代人の心の救済に立ち上がるドラマ仕立ての新感覚バラエティー。「給食費不払い」「パワハラ」「婚活」など、現代社会の諸問題に笑いを交えて切り込んだ。出演：平幹二朗、夏川純、宋文洲、加藤徹ほか。総合(日)午後11時からの30分番組。衛星第2(木)でも放送。2008年度後期放送。

特ダネ投稿！ DO画 2009〜2016年度

番組が独自に設けた動画投稿サイトに視聴者から寄せられた魅力的な動画の数々と、世界各国の動画サイトから、数万〜数十万回も再生・視聴されて人気を集めた動画などを紹介し、動画の"今"を伝える。2015年度に『○○！投稿DO画』に改題。「すごい！」「ほっこり」「おみごと！」など、テーマをタイトルに入れて放送。総合の10分番組。ナレーションは戸松遥ほか。

笑・神・降・臨 2009〜2012年度

毎回29分間の番組中にただ1組の芸人だけが出演し、自分たちが作り込んだネタをじっくりたっぷりと演じるワンマンショー形式のお笑い番組。初年度は総合(火)午前0時10分からの29分番組で、16本を放送。出演：次長課長、アンジャッシュ、インパルス、東京03、フットボールアワー、ますだおかだ、バカリズム、ドランクドラゴン、サンドウィッチマン、ロバート、キングオブコメディ、2丁拳銃ほか。

The 女子力 2009年度

輝く女性たちの生き方を支えるパワー、それが"女子力"。「女子力グラフ」「女子力グッズ」などさまざまな角度から"女子力"の秘密に迫り、女子力のための"生きるエネルギー"を10分間に凝縮した。登場したのは秦万里子(音楽家)、紫舟(書家)、柿沢安耶(パティシエ)、前田美波里(女優)、瀬尾幸子(料理研究家)ほか。衛星第2(前期・木)午後8時50分から、(後期・木)午後10時50分からの10分番組。

ごきげん歌謡笑劇団 2009〜2015年度

綾小路きみまろが司会の、親しみやすさと温かい笑いを目指した地方派遣公開番組。レギュラー出演はほかに大衆演劇のスター・早乙女太一とさかなクン。衛星第2(金)午後9時からの59分番組。2012年度から司会にものまねタレントのコロッケを迎え、地元の話題を織り込んだオリジナル脚本による爆笑芝居や、地域の名物を紹介するコーナーなど、町の魅力をユーモアたっぷりに伝えた。総合(土)の73分番組で月1回放送(2012年度)。

ママさんバレーでつかまえて 2009年度

20〜70代の個性豊かなメンバーがそろうママさんバレーチームを舞台に繰り広げるノンストップコメディー。新婚夫婦であるキャプテンの鈴子と一回り年下でイケメンコーチの光太郎を中心に、部室周りで起こるコミカルな日常を描いた。約100人の観客を前に一発勝負で収録。全8回。作・演出：西田征史。出演：黒木瞳、向井理、横山めぐみ、片桐はいりほか。総合(日)午後11時からの29分番組。衛星第2(火)でも放送。

祝女 2009〜2011年度

女の本音や本性がテーマのショートストーリーを集めたオムニバスコメディー。女友達同士や主婦仲間、職場の先輩・後輩、恋のライバルなど、さまざまな人間関係にある女たちの悲喜こもごもの日常生活を描いた。2010年度「シーズン2」、2011年度「シーズン3」を、各年度後期に放送。出演：友近、YOU、ともさかりえ、市川実和子、佐藤めぐみ、臼田あさ美ほか。総合(日)午後11時からの29分番組(初年度)。衛星第2でも放送。

バラエティー・お笑い | 定時番組

2010年代

ザ☆スター 2010年度

歌手、俳優、スポーツ選手など日本人を夢中にさせてきたトップスターの魅力を解き明かすスタジオショー。ステージを囲む仕事仲間や意外な友達、熱烈なファンの証言、とっておきのパフォーマンス、そして秘蔵の映像を基にスターの神髄に迫った。萩本欽一、松平健、綾戸智恵、山本寛斎、野村克也、八代亜紀、野村萬斎ほかが登場。司会：真矢みきほか。衛星第2(土)午後8時からの118分番組。ハイビジョン(金)午後8時から放送。

オンバト＋ 2010〜2013年度

10組の若手お笑いタレントが、100人の審査員の前でそれぞれ「ネタ」を披露、審査で勝ち抜いた上位5組だけがオンエアされる"史上最もシビアなお笑い番組"『爆笑オンエアバトル』が、プラス1投票など双方向の要素も取り入れてパワーアップ。『オンバト＋（プラス）』としてリニューアルした。2010年度は30本の放送のうち14本を公開派遣収録とした。総合(土)午前0時15分、衛星第2(水)午後4時からの29分番組。

ワンセグランチボックスmini 2010年度

毎週(月〜金)お昼の1時間に生放送している『ワンセグランチボックス』の情報を5分間にまとめたコンパクト版。音楽携帯ダウンロードランキングや、簡単ヘルシークッキングのレシピなどを、マガジン形式で紹介した。衛星第1(月)午後3時20分から放送。

地球テレビ　エル・ムンド 2011〜2012年度

「エル・ムンド」とはスペイン語やポルトガル語で「世界」の意味。日本語を母語としながら外国文化の中で育ったMC（進行役）らが、欧米の流行やライフスタイル、アジア旅行やエキゾチックな料理、映画など、最新カルチャー情報を紹介。さらに、世界を舞台に活躍するゲストをスタジオに招き「あなたにとってエル・ムンドとは何か」を問う。キャスターはアンドレア・ポンピリオほか。BS1(月〜金)午後11時からの48分番組。

地球テレビ　エル・ムンド Plus 2011年度

ウイークデーに5日間放送した『地球テレビ　エル・ムンド』の見どころを、週1回、48分に凝縮して伝えた。オトナが楽しめる欧米やアジアの最新の流行やライフスタイル情報、世界で活躍するゲストたちのトーク、ミュージシャンのスタジオライブ演奏、レギュラー出演者が伝授する世界（エル・ムンド）の楽しみ方など、人気コーナーからセレクトして伝えた。BS1(日)午前0時からの48分番組。2011年11〜3月放送。

名作ホスピタル 2011〜2013年度

アニメの中から健康へのヒントを探り出し、若者たちの心や体の悩みを解決しようという新感覚健康バラエティー。出演は中川翔子、増田英彦ほか。Eテレ(金)午後11時40分からの15分番組（初年度）。ナポレオンにならって1日3時間しか寝ないと宣言した「バカボン」、都会暮らしのストレスから倒れてしまう「アルプスの少女ハイジ」、「あらいぐまラスカル」からがん検診の大切さを学ぶなど、名作アニメの意外なエピソードを専門医が分析。

西方笑土〜Western Owarai Paradise 2011〜2012年度

『上方演芸ホール』（2002〜2010年度）を受け継ぐ、"西の笑い"を届ける公開番組。漫才では若手芸人による「トップギアライブ」と「上方漫才師列伝」を、落語では「落語∞創　新しい口（ラクゴツクル　アタラシイクチ）」と題して創作落語を、コントでは独特の世界観を持つ"西のコント師"による「踊るカマドウマの夜」を、それぞれ特集的に放送。BSプレミアムの45分枠。2012年度は『西方笑土』に改題。

石井竜也のショータイム 2011〜2012年度

世界の超一流のエンターテインメント・ショーを紹介する番組。サーカス、マジック、ダンス、パフォーミング・アーツなどさまざまなジャンルを取り上げる。海外のショーを映像で見せるだけでなく、ショーに取り組む人々の素顔に現地取材で迫るロケを織り込み、またスタジオでの実演を交えるなど、多様な演出で放送した。司会は石井竜也と中田有紀。BSプレミアム(土)午後8時30分からの90分枠。月1回放送。

○○○○の演芸図鑑 2011年度〜

落語、漫才、マジック、コントなどのさまざまな芸に加えて、番組ナビゲーターとして登場する落語家と各界著名人の対談で構成する演芸番組。タイトルの○○○○には、その回のナビゲーターの名前が入る。2011年度は三遊亭圓歌、桂文珍、春風亭小朝、桂三枝。その後、立川志らく、綾小路きみまろ、林家正蔵、桂米丸が担当。初年度の対談ゲストは佐渡裕、瀬戸内寂聴、内館牧子ほか。総合(日)午前5時15分からの29分番組。

武田鉄矢のショータイム 2011〜2012年度

今、最も旬な歌手、俳優などをゲストとして招き、その人の至芸や作品を堪能しながら、武田鉄矢が巧みな話術でゲストの魅力に迫る番組。スタジオでのショーやその人生を振り返るVTR、そしてゲストが大きく影響を受けた人や、下積み時代の恩人・仲間との再会などの構成。初年度ゲストは北島三郎、小林旭、石川さゆり、大地真央ほか。司会は武田鉄矢、はしのえみ。BSプレミアム(土)午後8時30分からの90分枠。月1回放送。

ひるブラ 2011〜2017年度

「行ってみたい！」「見てみたい！」「食べてみたい！」四季折々の姿を見せる全国各地の"旬"な場所をブラリと訪ね、その地域の魅力を生中継で届けるお昼の番組。東京のスタジオゲストが画面の小窓で常に登場する演出で、率直な質問や反応を投げかけることで生中継番組の新しいスタイルを確立した。進行役は各局アナウンサー。総合(月〜木)午後0時20分からの23分番組（初年度）。祝日は午後0時15分から放送。

宮川彬良のショータイム 2011年度

作・編曲家の宮川彬良が音楽監督と案内役を務める本格的音楽バラエティー。オーケストラから子どものハナウタまで、生活の中のさまざまな音に「音楽の楽しさ」を追求。オーケストラ演奏、オリジナル・ミュージカルやゲストトークでは、音楽の深い魅力を紹介した。年間8本を放送。出演：宮川彬良、青木さやか、中川翔子、川平慈英ほか。BSプレミアム(土)午後8時30分からの87分番組。月1回放送。

谷村新司のショータイム 2011年度

歌手の谷村新司が案内役となり、世界の一流ミュージシャンをインタビューとお宝映像で紹介。第1回放送は韓国の国民的歌手チョー・ヨンピル。谷村とはアジア各地でコンサートを共に開いた盟友。ヒット曲「釜山港へ帰れ」の、今だから話せる「誕生秘話」を聞いた。そのほかプラシド・ドミンゴ、リチャード・クレイダーマン、リチャード・カーペンターなどが登場。BSプレミアム（土）午後8時30分からの87分番組。月1回放送。

松本人志のコントMHK 2011年度

笑いのカリスマ・松本人志がNHKとタッグを組んだ14年ぶりのレギュラーコント番組。毎回、松本がスタッフと何度も練り込んだ斬新なアイデア満載のコント集を、豪華ゲストを迎えて繰り広げる。初回出演は相方の浜田雅功。ダウンタウンの新作コントは10年ぶり。出演は松本人志、浜田雅功、あき竹城、友近、パンツェッタ・ジローラモほか。総合（第1週・土）午後11時30分からの29分番組。2011年11〜3月放送。

今夜も生でさだまさし 2012年度〜

さだまさしがラジオのディスクジョッキースタイルで送る生放送のトーク番組。2006年元日の『新春！いきなり生放送　年の初めはさだまさし』でスタート以来、年間5本程度を不定期に放送。2012年度から総合で月1回の90分番組で定時化。さだが視聴者から寄せられたはがきに答えながら、リスナーとパーソナリティーが織り成す温かなラジオの世界をテレビに実現した。出演はさだまさし、井上智幸（放送作家）、住吉昇（音響効果）。

青山ワンセグ開発 2012〜2014年度

2012年度は、ももいろクローバーZ、2013年4月からはE-girlsが司会を務める企画オーディション番組。レギュラー放送枠を目指して、プロの映像制作者たちがプレゼンバトルを繰り広げ、データ放送とホームページからの視聴者投票で勝敗を決める。1期3か月、各期6企画がエントリーする。決勝進出を決める回と決勝回は時間を5分間拡大し、生放送中に投票結果を発表した。Eテレ（金）午前0時30分からの25分番組。

七人のコント侍 2013〜2016年度

お笑い戦国時代を生き抜く「七人のコント侍」。初年度の4〜5月のメンバーは木下隆行（TKO）、伊達みきお（サンドウィッチマン）、田中卓志（アンガールズ）、春日俊彰（オードリー）、西野亮廣（キングコング）、江上敬子（ニッチェ）そしてタレントのSHELLYを加えた7人。通常のコンビの枠を超えた7人が、期間限定でオリジナルコントを披露。年間3〜5チームが登場。BSプレミアム（金）午後10時からの59分番組。

突撃　アッとホーム 2013〜2014年度

「それぞれの家族の中には“驚き”と“感動”がある」をテーマに全国の家族を取材。大切な家族に心を込めた“ドッキリ”を贈る「幸せサプライズ」や、ある競技で一流の道を極めようという親子が真剣勝負に挑む「親子バトル」などの企画を放送。家族の絆やお互いを思いやる家族の姿を伝えた。司会はさまぁ〜ず、久保田祐佳アナウンサー。総合（土）午後8時からの43分番組。

マサカメTV 2013〜2015年度

身近なテーマの「“マサカの目のつけどころ”（マサカメ）を知って得しちゃおう！」をモットーに、お役立ち情報や、思わずならされる意外な発想をクイズ仕立てで楽しむ番組。マサカメを教えてくれるのは、その道を究めた「達人」。ヒット商品誕生の秘密や、ニッチだけど役に立つ生活情報、気になる現場の潜入リポートなどを届けた。キャスターはオードリーほか。総合（土）午後6時10分からの32分番組。

エル・ムンド 2013年度

「エルムンド」とはスペイン語やポルトガル語で「世界」の意味。グローバル時代のライフスタイルを楽しむ帯番組『地球テレビ　エル・ムンド』（2011〜2012年度）をウィークリー化。話題の芸術や音楽、食、住まい、ファッションなど最先端の情報をピックアップ。イタリア系のアンドレア・ポンピリオをナビゲーターに、新しい潮流や生き方を読み解いた。BS1（日）午後9時からの49分番組。

コントの劇場 2013〜2014年度

三宅裕司とあっと驚く演者たちが、一夜限りの豪華ユニットを組んで繰り広げるコントのライブショー。家庭や社会の身近なネタからSF調のコントまで、練り上げた台本に仕立てあげ、客前で一発勝負で演じた。レギュラー出演：三宅裕司、小倉久寛ほか。ゲスト：沢口靖子、真矢みき、富田靖子、余貴美子、伊東四朗、羽田美智子、若村麻由美、檀れいほか。BSプレミアム（最終・金）午後10時からの1時間番組（初年度）。

まるごと知りたい！　AtoZ 2013〜2014年度

今、気になる話題や注目の地域を取り上げ、AからZまで26の項目で多角的に紹介。その中に隠された私たちへのメッセージを読み解いていく情報エンターテインメント。BSプレミアム（月1回・土）午後9時からの2時間枠。2014年度は「さあ行こう！里山ワンダーランド」「おもしろ不思議！ニッポンの先端研究」「ここまでスゴイ！驚きのロボット大集合」「今年も猛暑？どうなってるの!?異常気象」の4本を放送。

AKB48SHOW 2013〜2018年度

AKB48グループのメンバーが、歌やコントをオムニバスで披露するエンターテインメントショー。初心者のためのAKB講座や注目メンバーのインタビューなども放送。出演：AKB48、SKE48、NMB48、HKT48、乃木坂46、欅坂46ほか。BSプレミアム（土）午後11時30分からの29分番組（初年度）。

LIFE！〜人生に捧げるコント〜 2013年度〜

笑いの職人・内村光良が率いる、芸人と俳優による異色の一座が繰り広げる抱腹絶倒のオムニバスコント番組。"人生"の悲喜こもごもを多彩な設定とキャラクターで描く。出演：内村光良、田中直樹、西田尚美、星野源、ムロツヨシ、塚本高史、塚地武雅ほか。2013年度は不定期に「第1シリーズ」8本を放送。2014年度前期より総合（木）午後10時からの定時番組で第2シリーズをスタート。

感涙！よみがえりマイスター 2014年度

日本が誇る修理・修復・再生の達人たち、通称"よみがえりマイスター"が依頼人の思いに応え、壊れてしまった思い出の品をよみがえらせようと奮闘する"復活ドキュメントバラエティー"。「10年前に壊れたスイス製腕時計」「70年前に戦地から届いた父の手紙」のよみがえりなど18本を放送。出演はタカアンドトシ、首藤奈知子アナウンサーほか。BSプレミアム（水）午後9時からの59分番組。2014年度前期放送。

超絶　凄（すご）ワザ！ 2014〜2017年度

日本が世界に誇る「ものづくり」の技術は、どこまで極められるのか。ある道を極めた2組の職人や技術者が、いまだかつてないモノを生み出すことに挑戦し、開発風景を密着取材。厳格な基準をクリアし、最後は両者がスタジオで作品の出来を競うまでをドキュメント。彼らの挑戦を通し、ものづくりの奥深さを伝えた。司会：千原ジュニアほか。総合（木）午後10時55分からの25分番組（初年度）。

笑う洋楽展 2014〜2017年度

サブカル界の黄金コンビ、みうらじゅんと安齋肇が、さまざまな洋楽のビデオを見ながら縦横無尽に話を繰り広げるトークバラエティー番組。「胸毛男」「口パク女王」「割れアゴ」「いい人そう」など、毎回一つのテーマに沿って選んだ5本のビデオを鑑賞。ユニークな視点やユーモアあふれる鋭い感想を盛り込みながら、最後に最優秀作品を選出した。BSプレミアム（日）午前0時台からの29分番組（初年度）。

きわめびと 2014年度

一つの道を極めた"きわめびと"の技と哲学を、笑いとともに明るく伝えるバラエティー番組。世界最高齢のプロパイロット、新種の発見数日本一のダニ博士、数々の記録を持つスーパーの試食販売員、記憶力の達人などが登場。彼らのたどりついた境地から"人生の極意"を学んだ。出演：三宅裕司、小林千恵・一柳亜矢子アナウンサー。総合（隔月第1週・金）午後8時からの43分番組。

TOKYOディープ！ 2015〜2018年度

毎回、東京の一つの街に注目。地元の人しか知らない、また地元の人も知らないディープな情報を徹底的に掘り起こし、街の歴史と個性を伝えた。「都会と田舎のいいとこ取り」として町田市を、「太宰治が愛した文化薫る街」として三鷹を、「心のゆとりを演出する街」として駒沢などを紹介。特集として『SAPPOROディープ！』や『FUKUOKAディープ！』なども放送した。BSプレミアム（月）午後7時からの29分番組。

Eテレ・ジャッジ 2015年度

制作会社が作る5分間の企画を視聴者代表の審査員50人が生放送でジャッジし、勝てば続編3本を作れるオーディション番組。企画はドラマからドキュメンタリーまでさまざま。ホームページを通じて選抜された視聴者審査員は、生放送中ずっと番組とつながり、意見を投稿。各界の専門家・インフルエンサーの意見を参考に、どの企画がよいか投票を促す。MC：鈴木浩介、秋元梢。Eテレ（火）午後11時25分からの30分番組。

仮説コレクターZ 2015年度

「女性は父親と同じ香りの男性にひかれる」「手を握ると記憶力がアップする」など、世の中には数多くの「オモシロ仮説」が存在する。さまざまな分野から集めた独創的な「仮説」を、体を張った大実験や最新機器を駆使した科学的検証で、大マジメに探求する知的エンターテインメント。笑いに包まれたトークを通して、仮説に秘められた面白さを読み解く。司会：劇団ひとり、中村アン。BSプレミアム（木）午後9時からの59分番組。

助けて！きわめびと 2015〜2018年度

『きわめびと』（2014年度）の後継番組。一つの道をきわめた「きわめびと」が視聴者の「お悩み」の原因を探り、極意を伝授する。テーマは、子育ての悩みや健康、ファッション、色気の身に付け方などさまざま。2017年度に内容を大幅刷新。新番組『ごごナマ』の「お悩み解決コーナー」を、コンパクトに24分にリメイクした再構成番組となる。出演：三宅裕司、松嶋尚美ほか。総合（土）午前9時30分からの24分番組。

人名探究バラエティー　日本人のおなまえっ！ 2017〜2021年度

日本人の名前に潜むさまざまな物語を探るバラエティー番組。古舘伊知郎をメイン司会者として、名前の起源や珍名の由来を徹底調査で解き明かすとともに、日本中から寄せられた名前にまつわる質問に答えた。2018年度に『ネーミングバラエティー　日本人のおなまえっ！』に、2021年度に『日本人のおなまえ』に改題。名字の起源や地名、食べ物の名前などの由来を解き明かす。総合（木）午後7時57分からの45分番組（2021年度）。

有田Pおもてなし 2018〜2021年度

くりぃむしちゅーの有田哲平がP（プロデューサー）となり、スペシャルゲストを笑いでもてなすお笑いライブを開催。毎回ゲストの趣味しこうを徹底調査し、それを基に有田がお笑い芸人たちのネタをゲスト好みにむちゃ振りプロデュース。この番組でしか見られないオリジナルのネタを生み出す。お笑い芸人の発想力とゲストの意外な一面を楽しむ新感覚ネタバラエティー。MC：有田哲平。総合（土）午後10時台の45分枠。

チコちゃんに叱られる！ 2018年度〜

最新技術で誕生したバーチャルでリアルな番組キャラクター、5歳の女の子チコちゃんが、日常の疑問をMCの岡村隆史とゲストの大人たちに問いかけるバラエティー。「いってらっしゃいーって、手を振るのはなぜ？」など、今まで考えてもみなかった素朴な疑問を解き明かす。チコちゃんの質問に答えられないと「ボーっと生きてんじゃねーよ！」と叱られるオチが人気に。総合（金）午後7時57分からの45分番組（2024年度）。

テンゴちゃん 2018〜2019年度

ミュージシャンの岡崎体育とヤバイTシャツ屋さんがMCを務める生放送のバラエティー番組。ネット世代に向け、世の中の見え方がちょっと新しくなる企画を、放送・ウェブ・イベントなどで展開。祖父母に自分の服を着てもらい作品を撮る「＃まごふく」や、希少な職業を紹介する「＃マイノリ求人」、VR空間で生きている人々と交流する「＃アバター人生」などを放送した。総合で月1回深夜に放送する60分番組。

コントコトン 2018年度

『サラリーマンNEO』（2006〜2011年度）、『七人のコント侍』（2013〜2016年度）、『祝女』（2009〜2011年度）など、NHKの人気コント番組の中から傑作コントを厳選して放送。また、生瀬勝久ら放送当時出演していたレギュラー陣が結集し、書き下ろしの新作コントを2作品制作。番組MCのスーパー・ササダンゴ・マシンとコムアイもコントに挑戦した。総合（金）午後11時55分からの30分番組。

ザ・ディレクソン 2018〜2020年度

「あなたのアイデアを、カタチにします！」公募で集まった参加者がディレクターとなり、地域を元気にするアイデアを競い合う番組。最優秀アイデアをNHKが番組化。地域に暮らす人と人をつなぐ"場"、地域の未来をともに創る"場"になることを目指した。「静岡を世界に発信しよう！」「北海道を幸せにするテレビ」「秋田愛でヒット番組を生み出せ」など。MC：山里亮太。BS1（土）午後5時からの43分番組（2019年度）。

おやすみ日本　眠いいね！ 2018〜2019年度

全国の眠れない "モヤモヤ" に耳を傾け、「全国の眠れぬ人々が眠れるまで放送する」のがコンセプト。「眠いいね！」が目標値に達しないと番組が終了できないSNS連動型の深夜の生放送番組。2018年度より月1回のレギュラー放送を開始し、MCの宮藤官九郎と又吉直樹が出演者とともに、視聴者の眠れない声を紹介しながらユルく進行する。総合（日）深夜に始まり終了時刻は未定。

有吉のお金発見　突撃！カネオくん 2019年度〜

気になるけれどなかなか聞けない "お金にまつわるヒミツ" を掘り下げる教養バラエティー。「チーズ」「水道」「ホームセンター」など生活に密着したものから、「3Dプリンター」「駅ナカ（ビジネス）」など最先端技術や社会現象まで、あらゆる金額を可視化して商品やサービスの仕組みを紹介する。司会：有吉弘行。アシスタント：田牧そら。ナレーション：ノブ（千鳥）。総合（土）午後8時15分からの28分番組（2021年度）。

まいど！修繕屋です 2019年度

視聴者からの依頼で「思い出の品」から「人間関係」まで、何でも修繕してみようという番組。お笑いタレントが「修繕屋」となり、農家の壊れた散水機や元警察官が大切にしていた蓄音機などを修繕。人間関係の修繕依頼では、ケンカした地下アイドルの仲を取り持つなどした。修繕屋：ハライチ、ロッチほか。語り：夏木マリ、間寛平。BSプレミアム（後期・木）午後11時からの29分番組。

2020年代

よなよなラボ 2020〜2021年度

「よなよなラボ」はとにかく自由にいろいろと試してみようという「ラボ：実験室」。岡崎体育とヤバイTシャツ屋さんの「表現力」「音楽力」と、ちょっとした発想と工夫で、何気ない日常に注目し、楽しく豊かなものにするために、なんでもやってみようという土曜日の深夜に不定期に登場する番組。

たけしのその時カメラは回っていた 2021年度

NHKが世界各地から集めた "歴史的瞬間の貴重映像" をクイズ形式でひもとく映像発掘エンターテインメント。2019年度に特集番組でスタートし、2021年度に総合（月1回・水）午後7時30分より定時化。ジャクリーン・ケネディの知られざる素顔や、五輪金メダリスト "白い妖精" 炎上の真実など、歴史の知られざる裏側に迫る教養バラエティー。出演：ビートたけし、YOU、劇団ひとりほか。MC：桑子真帆アナウンサー。

探検ファクトリー 2022年度〜

魅力あふれる工場や工房を、漫才コンビ・中川家とお笑い芸人・すっちーが "探検" する社会見学バラエティー。普段は見ることのできない最新の技術や匠の技、名物社長や個性的な職人のこだわりなどを紹介。世界に誇る日本のものづくりの底力と、それを支える人の情熱、高度な技術や職人技、さらにはそこで働く人の魅力を発見し、次世代に継承していくことの重要性を伝える。総合（土）午後0時15分からの25分番組。

阿佐ヶ谷アパートメント 2022年度〜

阿佐ヶ谷姉妹が大家を務めるアパートを舞台に、年代も性別も国籍もバラバラな個性豊かな住人たちが、令和ニッポンの価値観をテーマにしたVTRを見て、ゆるく楽しいトークを繰り広げる。今の時代ならではのこだわりを追求している集団や障害のある人との交流ドキュメントなど、現代の価値観にさまざまな角度で迫る。"当たり前" をちょっとだけ広げるダイバーシティ・エンターテインメント番組。総合（月）午後11時からの29分番組。

超多様性トークショー！なれそめ 2022年度〜

カップルの数だけ価値観や人生の楽しみ方がある。カップルの "なれそめ" をきっかけに、それぞれの多様な生き方、価値観を聞くトークバラエティー。2022年度は7月9日から11月26日まで放送。元タカラジェンヌ＆宝塚ファン、目の見えない＆耳の聞こえないアスリートカップルなど15組の人生観を紹介した。出演：田村淳、LiLiCo、中村嶺亜（7 MEN 侍）ほか。語り：水瀬いのり。Eテレ（土）午後9時30分からの30分番組。

サンドどっちマンツアーズ 2023年度

芸能人が家族や友人たちと、愛する故郷を舞台に世界でたった一つの旅行ツアーを企画する番組。ガイドブックに載っていない、彼らだから知っているグルメや絶景スポットを組み込み、自身のルーツも振り返りながら故郷の温もりを伝える。出演：サンドウィッチマン（伊達みきお、富澤たけし）、杉浦友紀アナウンサー。総合（日）午後6時5分からの38分番組。

診療中！こどもネタクリニック 2023年度〜

お笑い好きの子どもたちがドクターを務めるクリニックに、子どもにウケたいゲストの芸人たちが患者として訪れ、どうすれば「芸人のネタ」がもっと子どもたちにウケるようになるかアドバイス治療を受ける。芸人たちはその場で言われたとおりに実演し直し「子どもがより楽しめるネタ」に作り直す。院長：濱口優（よゐこ）、看護師：向井慧（パンサー）。Eテレ（月）午後7時からの30分番組（月1回）。

眠れぬ夜は　AIさんと 2024年度

あしたを元気にするお悩み相談。落ち込んでいる人の気分をあげるために歌詞を書いてきたというアーティストのAIが、子育て、夫婦関係、仕事、進路、恋愛などなど、視聴者のお悩みに本音で向き合う。毎回ステキなゲスト回答者をむかえ、さまざまな角度から一緒に解決のヒントを探る。サブMCは土屋礼央（ミュージシャン）。Eテレ（金）午後10時30分からの29分番組。

1950　　　　1960　　　　1970　　　　1980

| 53 | 54 | 55 | 56 | 57 | 58 | 59 | 60 | 61 | 62 | 63 | 64 | 65 | 66 | 67 | 68 | 69 | 70 | 71 | 72 | 73 | 74 | 75 | 76 | 77 | 78 | 79 | 80 | 81 | 82 | 83 | 84 | 85 | 86 | 87 | 88 |

01.ドラマ　02.クイズ・バラエティー　03.音楽　04.伝統芸能　05.ニュース　06.報道・ドキュメンタリー　07.紀行　08.教養・情報　09.自然科学　10.こども・教育　11.人形劇・アニメ　12.趣味・実用　13.大型特集番組等

三つの歌〈テレビ〉

私だけが知っている

ゲーム　心のチャンネル

クイズ百点満点

クイズ面白ゼミナール

ゲーム　ホントにホント?

クイズ・ゲーム

私の仕事はなんでしょう

私の秘密

家庭ゲーム　ゼスチュアー

ジェスチャー

ゲーム　プレイ　ミュージック

みんなの招待席（連想ゲーム）

連想ゲーム

二十の扉

プラスさんマイナスさん

クイズアワー
私の秘密・ジェスチャー

シャープさんフラットさん

話のトロフィー

素人ラジオ探偵局
危険信号

テレビ・クイズ
漫画くらぶ

それは私です

クイズクラブ
スリーステップ

スポーツクイズ

あなたの記憶

バラエティー・お笑い

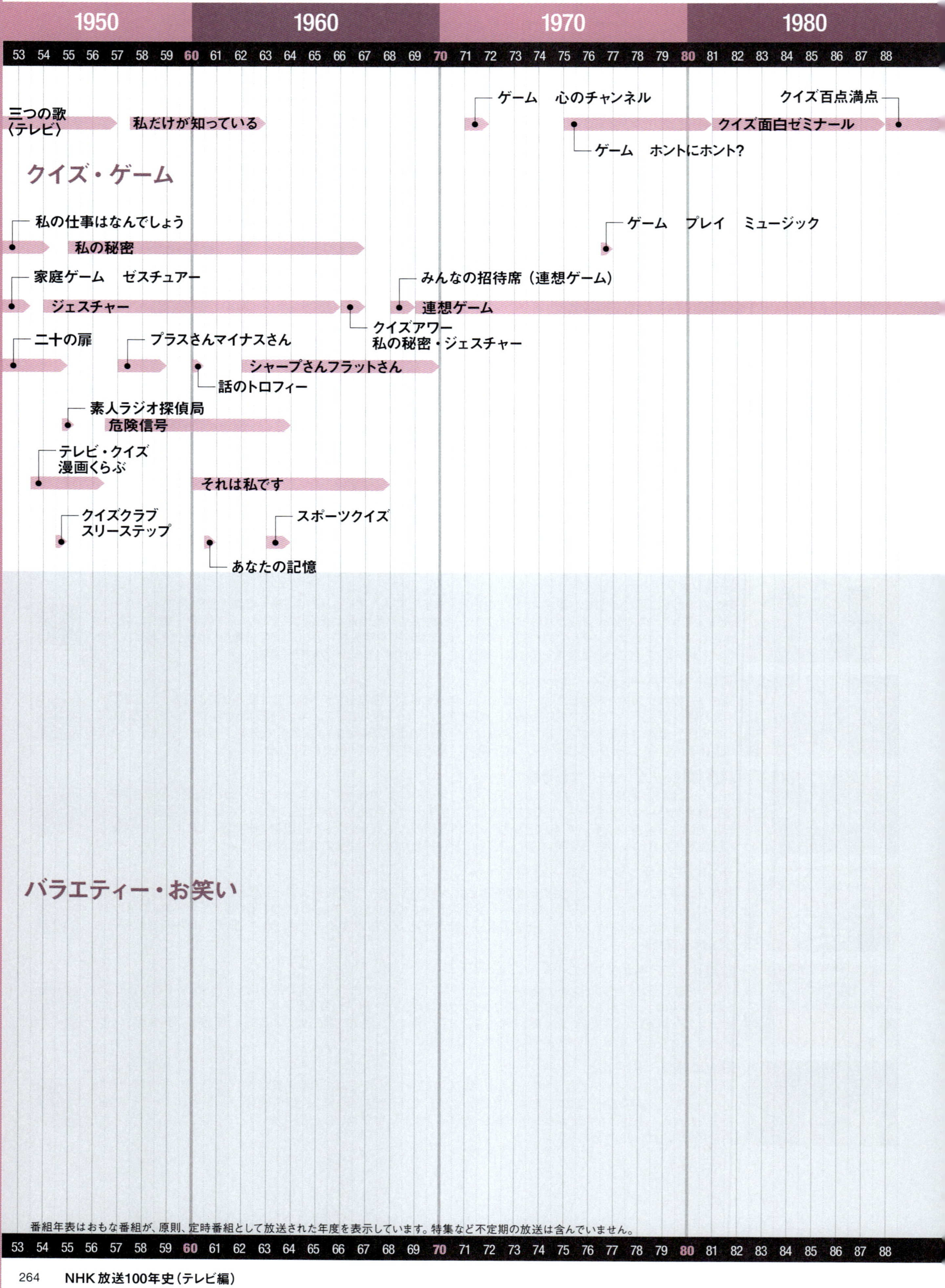

番組年表はおもな番組が、原則、定時番組として放送された年度を表示しています。特集など不定期の放送は含んでいません。

| 53 | 54 | 55 | 56 | 57 | 58 | 59 | 60 | 61 | 62 | 63 | 64 | 65 | 66 | 67 | 68 | 69 | 70 | 71 | 72 | 73 | 74 | 75 | 76 | 77 | 78 | 79 | 80 | 81 | 82 | 83 | 84 | 85 | 86 | 87 | 88 |

お笑い番組年表

WEB版の年表はこちら

クイズ・ゲーム　バラエティー・お笑い

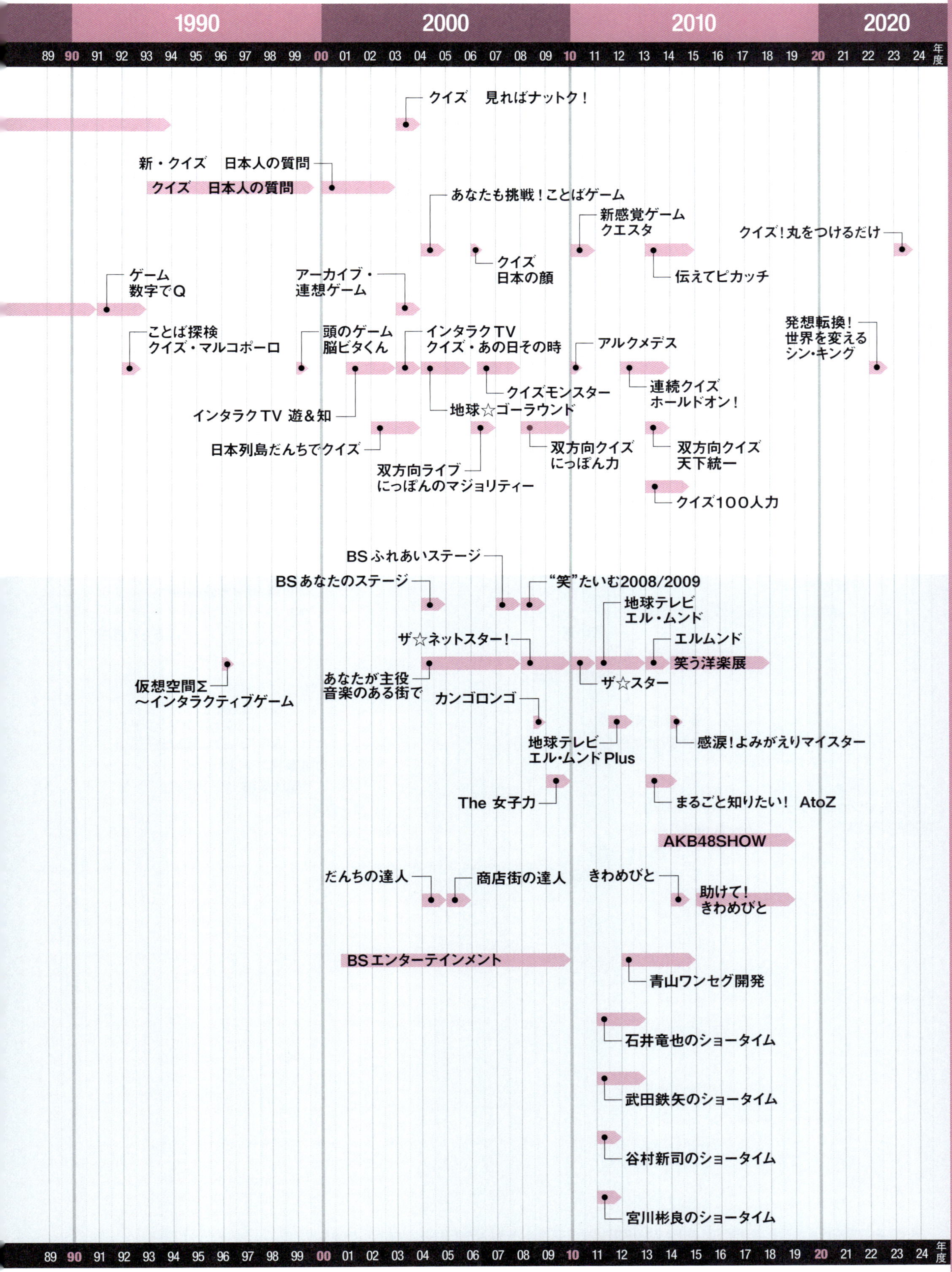
1990
2000
2010
2020
89 90 91 92 93 94 95 96 97 98 99 00 01 02 03 04 05 06 07 08 09 10 11 12 13 14 15 16 17 18 19 20 21 22 23 24 年度
クイズ　見ればナットク！
新・クイズ　日本人の質問
クイズ　日本人の質問
あなたも挑戦！ことばゲーム
新感覚ゲーム
クエスタ
クイズ！丸をつけるだけ
クイズ
日本の顔
伝えてピカッチ
ゲーム
数字でQ
アーカイブ・
連想ゲーム
発想転換！
世界を変える
シン・キング
ことば探検
クイズ・マルコポーロ
頭のゲーム
脳ビタくん
インタラクTV
クイズ・あの日その時
アルクメデス
クイズモンスター
連続クイズ
ホールドオン！
インタラクTV 遊＆知
地球☆ゴーラウンド
日本列島だんちでクイズ
双方向クイズ
にっぽん力
双方向クイズ
天下統一
双方向ライブ
にっぽんのマジョリティー
クイズ100人力
BSふれあいステージ
BSあなたのステージ
"笑"たいむ2008/2009
地球テレビ
エル・ムンド
ザ☆ネットスター！
エルムンド
笑う洋楽展
仮想空間Σ
～インタラクティブゲーム
あなたが主役
音楽のある街で
ザ☆スター
カンゴロンゴ
地球テレビ
エル・ムンド Plus
感涙！よみがえりマイスター
The 女子力
まるごと知りたい！ AtoZ
AKB48SHOW
だんちの達人
商店街の達人
きわめびと
助けて！
きわめびと
BSエンターテインメント
青山ワンセグ開発
石井竜也のショータイム
武田鉄矢のショータイム
谷村新司のショータイム
宮川彬良のショータイム
89 90 91 92 93 94 95 96 97 98 99 00 01 02 03 04 05 06 07 08 09 10 11 12 13 14 15 16 17 18 19 20 21 22 23 24 年度

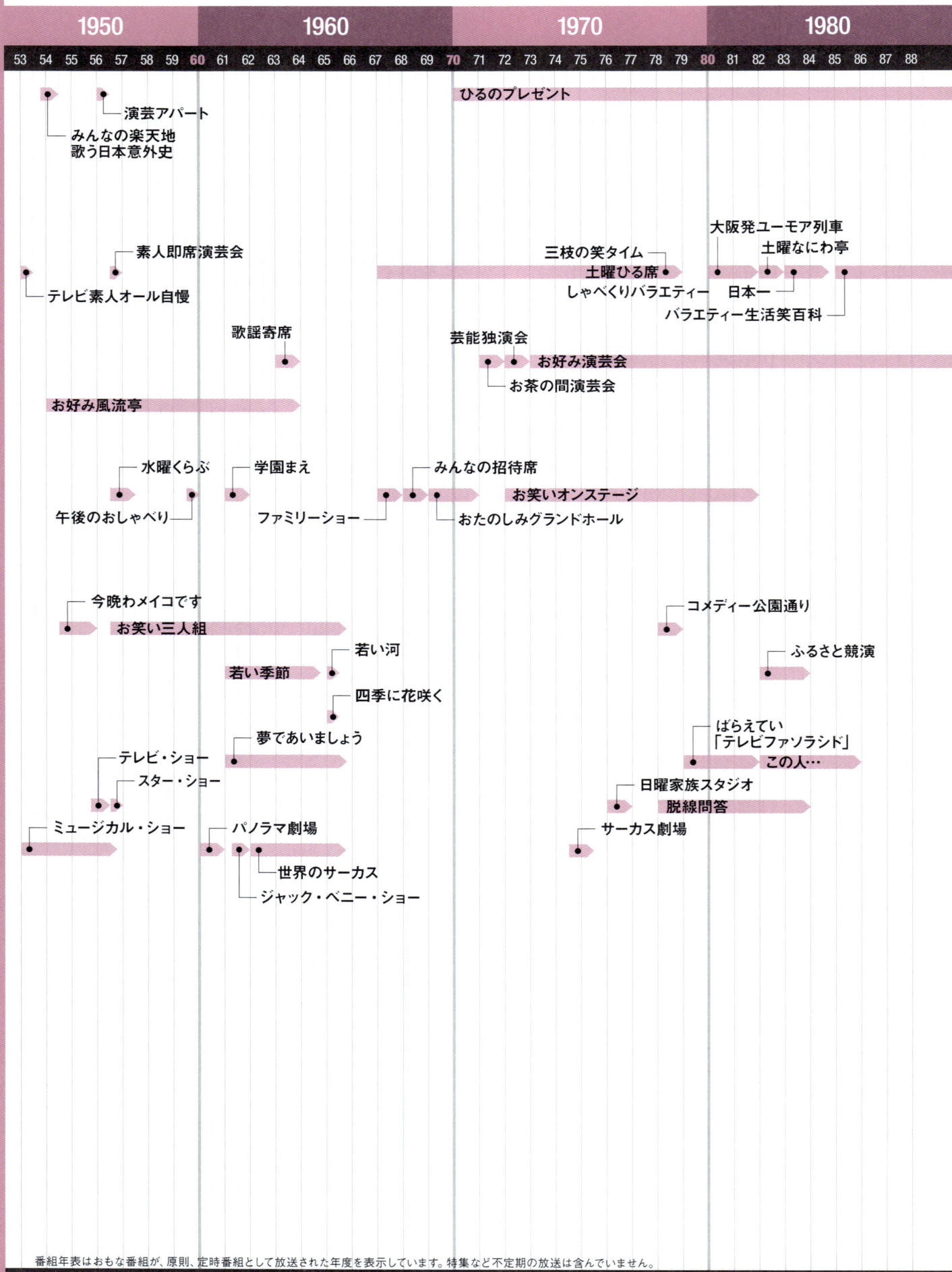

ひるのプレゼント

演芸アパート
みんなの楽天地
歌う日本意外史

大阪発ユーモア列車
素人即席演芸会
三枝の笑タイム
土曜なにわ亭
土曜ひる席
テレビ素人オール自慢
しゃべくりバラエティー　日本一
バラエティー生活笑百科

歌謡寄席
芸能独演会
お好み演芸会
お茶の間演芸会

お好み風流亭

水曜くらぶ　学園まえ　みんなの招待席
お笑いオンステージ
午後のおしゃべり　ファミリーショー　おたのしみグランドホール

今晩わメイコです
コメディー公園通り
お笑い三人組

若い河
ふるさと競演
若い季節

四季に花咲く

ばらえてい
「テレビファソラシド」
夢であいましょう
この人…

テレビ・ショー
日曜家族スタジオ
スター・ショー
脱線問答

ミュージカル・ショー　パノラマ劇場
サーカス劇場

世界のサーカス

ジャック・ベニー・ショー

番組年表はおもな番組が、原則、定時番組として放送された年度を表示しています。特集など不定期の放送は含んでいません。

	1990		2000		2010		2020	

89 90 91 92 93 94 95 96 97 98 99 00 01 02 03 04 05 06 07 08 09 10 11 12 13 14 15 16 17 18 19 20 21 22 23 24 年度

ひるどき日本列島

生中継ふるさと一番！　ひるブラ

スタジオパークからこんにちは

日曜スタジオパーク

テントでセッション

テント2001

金曜バラエティー～スタジオパークからこんにちは

公園通りで会いましょう

特ダネ投稿！　DO画

BSふれあいホール

お好み寄席

TOKYOディープ！

ティータイム芸能館

お昼ですよ！ふれあいホール

笑いがいちばん

○○○○の演芸図鑑

演芸ひろば

今夜は見せまっせ

行くよ！後輩
ほいきた！先輩

金曜オンステージ

大阪発疾走ステージ
WEST WIND

診療中！こどもネタクリニック

大阪発　元気ダッシュ！DOYAH

西方笑土～Western Owarai Paradise

コメディー
道中でござる

ザ・
ディレクソン

コメディー　お江戸でござる

きよしとこの夜　ごきげん歌謡笑劇団

愉快にオンステージ

欽ちゃんとみんなで
しゃべって笑って

三枝一座がやってきた！

今夜も生でさだまさし

ふるさと愉快亭
～小朝が参りました

にっぽん愉快家族

まいど！修繕屋です

家族対抗ふるさとチャンピオン

絶対！ふるさと主義

超絶
凄（すご）ワザ！

探検
ファクトリー

この人このまち

BSふるさと皆様劇場

名作ホスピタル

おやすみ日本
眠いね！

有吉のお金発見
突撃！カネオくん

あなたの町で夢芝居

土曜特集
「ふるさと皆様劇場」

ものしり一夜づけ

仮説コレクターZ

あの人あの芸

あの人とふたたび

日めくりタイムトラベル
昭和○○年

突撃
アッとホーム

たけしのその時カメラは
回っていた

眠れぬ夜は
AIさんと

素敵にショータイム

Shibuya Deep A

テンゴ
ちゃん

金曜ショータイム

夜は胸きゅん

Eテレ・
ジャッジ

コンとコトン

バラエティー
ざっくばらん

おーい、ニッポン
今日はとことん○○県

祝女

七人のコント侍

超多様性トークショー！
なれそめ

私のとっておき

謎のホームページ
サラリーマンNEO

LIFE！～人生に捧げるコント～

ショータイム

いいモノ万来

週刊なびTV

松本人志のコントMHK

有田P
おもてなし

シネマ・パラダイス

BSエンターテインメント
ニュース

ネクスト
世界の
人気番組

コントの劇場

エンターテインメント
ニュース

BS週刊
シティー情報

ママさんバレーでつかまえて

阿佐ヶ谷アパートメント

爆笑オンエアバトル

オンバト＋

今夜はあなたと
ミステリー

笑・神・降・臨

推理バラエティー
誰もいない部屋

蔵出しエンターテインメント

サンドどっちマンツアーズ

土曜特集

さんぷんまる

よなよなラボ

エンターテインメント・トゥナイト

着信御礼！ケータイ大喜利

人名探究バラエティー
日本人のおなまえっ！

ウイークエンド・ジョイ

金曜アニメ館

作法の極意

にっぽんの底力
難問解決！ご近所の底力

チコちゃんに叱られる！

難問解決！ご近所の底力

マサカメTV

にっぽんの底力
いよっ日本一！

いよっ日本一！

音楽
NHK紅白歌合戦

01

誕生から定着へ
（1950年代）

　テレビ本放送開始の年、1953年12月31日午後9時15分から10時45分までの1時間30分、第4回『NHK紅白歌合戦』が日本劇場（日劇）からラジオ・テレビ同時中継された。これがテレビでの最初の『紅白』である。司会は紅組が水の江滝子、白組が高橋圭三アナウンサー。出場歌手は紅組、白組各17組。出場歌手たちはテレビを意識した華やかな衣装に身を包んでステージに上がった。第1回からラジオ放送で3連敗していた紅組が、テレビ中継が始まった4回目にして初めて白組に勝利。敗れた白組の男性歌手たちが「テレビは怖い。衣装に負けた」と悔しがった。テレビ時代の幕開けを告げるエピソードである。

　『紅白歌合戦』のルーツは終戦の年にさかのぼる。NHKは新時代にふさわしい新しいラジオ音楽番組の開発を、2人の新進ディレクターに託した。アマチュア部門を担当した三枝健剛が『のど自慢素人音楽会』を、プロ部門は近藤積が『紅白音楽試合』を企画。のちにNHKを代表する“国民的”長寿番組として親しまれる『NHKのど自慢』と『NHK紅白歌合戦』の種がまかれた瞬間だ。

　『紅白歌合戦』は学生時代に剣道の選手だった近藤が、剣道の「紅白戦」から男女対抗のスピード感にあふれた演出を思いつく。『紅白歌合戦』の企画は連合軍総司令部（GHQ）の検閲で「合戦（Battle）」のタイトルに許可が下りず、「試合（Match）」に変更。『紅白音楽試合』として1945年12月31日にラジオ放送された。
　それから5年後の1951年1月3日午後8時。番組タイトルを『紅白歌合戦』と変えて、東京放送会館第1スタジオからラジオで生放送された。これがのちに続く『NHK紅白

『第4回NHK紅白歌合戦』（1953年）→ P284

『第6回NHK紅白歌合戦』(1955年) →P284

歌合戦』の第1回となったのである。司会は女優の加藤
道子と藤倉修一アナウンサー。出場歌手は紅組・白組各
7組。当時の『紅白』は歌唱曲目、曲順は事前に発表さ
れることはなく、何が飛び出すかわからない「Xアワー」と
して放送された。午後8時、高らかなファンファーレに続い
て、軽快なマーチ「スタイン・ソング」のリズムに乗って紅
白両軍のメンバーがスタジオに入場。入場行進が終わる
やいなやファンからの激励の電話が入る。その後も視聴
者からの応援の電話が後を絶たず、ついに交換台のヒュー
ズが飛び、NHKの回線が不通になったという逸話が残っ
ている。

　第1回から第3回まではラジオの正月企画で、その年限
りの特集番組だった。ところがこれが大評判となる。2回、
3回と回を重ねていくと、観覧希望がどんどん増えてくる。
そこで1953年、テレビ放送開始を機に、大勢の視聴者を
招いた公開番組に変更することが決まる。担当者はさっ
そく会場を外部の劇場に求めたが、正月はどこの劇場も
"新春興行"の稼ぎ時。新興メディアだったテレビ局が借
りられる劇場はなかった。そんな中でなんとかスケジュー
ルが押さえられたのが年末で、やむを得ず1953年12月31
日の開催となったのである。

　「大みそかの催しは当たらない」というのが興行界の
常識。さらにこの日は昼から雪のちらつくあいにくの天気だっ
た。はたして観客は集まるのだろうか。番組スタッフが抱
いたそんな不安を、劇場を取り巻く観覧希望者の長蛇の
列が打ち消した。

　番組開始を告げる選手宣誓や、優勝旗の返還と授与

といった開会閉会のセレモニーなど、その後に続く『紅白』
の基本スタイルはここに出来上がった。テレビで初めて放
送された第4回『紅白』は大いに盛り上がり、やがて年末
の風物詩といわれるまでの"国民的番組"への本格的な
一歩を踏み出したのだった。

『第10回NHK紅白歌合戦』(1959年) →P284

　1955年、民放が同じ時間帯に歌謡番組をぶつけてき
た。午後8時50分から11時15分まで、東京・有楽町にあ
る日劇からの生放送だ。第6回を迎えた『紅白』は午後9
時15分から11時まで、大手町にある産経ホールからの生
中継だった。両番組のかけもちは不可能で、大物歌手が
次々に引き抜かれる事態となった。なんとか番組を成功
させたい『紅白』制作担当者は、紅組司会に当時人気
の宮田輝アナウンサーを抜擢。"紅組に男性は御法度"
の禁を破っての奇策である。また番組を盛り上げる歌手
の「応援」に人気コメディアンのトニー谷を起用。「おこん
ばんわ、トニー谷ざんす」とそろばん片手のお得意のスタ

NHK紅白歌合戦

イルで登場し、大喝采を浴びた。その後『紅白』名物のひとつともなる応援合戦は、引き抜かれた歌手を補う苦肉の策だったのである。

1956年の第7回は出場歌手が前年の32組から50組と一気に増え、放送時間も午後9時5分から11時30分に拡大された。

皇太子ご成婚と岩戸景気に沸いた1959年には、記念すべき第10回を迎える。この年に設けられた日本レコード大賞の第1回大賞受賞曲「黒い花びら」で水原弘が初出場。水原に続いて登場したペギー葉山が歌った「南国土佐を後にして」は、NHKの音楽番組『歌の広場』から生まれた大ヒット曲。その年を象徴する2大ヒット曲が競い合い、会場の興奮は一気に頂点に達した。

02

視聴率80%超の"国民的番組"
（1960年代）

日本が高度経済成長の入り口に立った1960年、『紅白』は大みそか恒例の大イベントとして定着した。『紅白』への出場が、その年のヒット曲や活躍を考慮して決められることから、歌手たちは1年間の目標として「『紅白』に出られるようにがんばります」と発言するようになる。

1961年の第12回では、『夢であいましょう』の「今月のうた」で紹介され大ヒットした「上を向いて歩こう」を坂本九が歌った。出場4回目の三波春夫が白組の、5回目の島倉千代子が紅組のトリをそれぞれつとめる。トリ争いが出場者の間で意識されるようになってきたのもこのころだ。

1962年の第13回では、東海林太郎、淡谷のり子といった戦前からの歌手が姿を消し、植木等、デューク・エイセス、弘田三枝子、中尾ミエ、吉永小百合など初出場歌手が50組中14組を数え、大幅な新旧交代となった。司会は第4回から白組司会をつとめてきた高橋圭三アナウンサーから宮田輝アナウンサーがバトンを受けとる。この回、初めて視聴率調査が行われ、いきなり80%を超える数字を記録。翌1963年の第14回では、空前絶後の81.4%。数字の上でも"国民的番組"であることを証明し、『紅白』は黄金期を迎える。

日本中が東京オリンピックに沸いた1964年は第15回。応援で出演したハナ肇とクレージーキャッツが、ステージ上で女子バレー"東洋の魔女"の回転レシーブをまねて見せるなど、オリンピックの話題で盛り上がった。その年の話題や世相を取り込みながらその年のヒットソングを聞かせるという『紅白』ならではの演出である。

ビートルズが来日した1966年には、日本でもグループサウンズのブームが起こる。この年の第17回ではジャッキー吉川とブルーコメッツが初出場し、「青い瞳」を歌った。一方、アメリカンフォークの影響を受けたフォークソングブームも起こり、マイク真木がギター1本で「バラが咲いた」を披露。日活の青春スター吉永小百合がこの年に早稲田大学に入学。「勇気あるもの」を歌った吉永のバックコーラスを早稲田の学生たちがつとめた。日本のシンガーソングライターの先がけでもある加山雄三が、「君といつまでも」で初出場したのもこの年。『紅白』はカラー放送となり、女性歌手たちは衣装の色や柄にこれまで以上の工夫を凝らすようになる。

1968年の第19回は、それまで白組司会をつとめていた宮田輝アナウンサーが総合司会に、紅組が水前寺清子、

『第12回NHK紅白歌合戦』（1961年）→P285

『第13回NHK紅白歌合戦』（1962年）→P285

『第15回NHK紅白歌合戦』応援ゲストとして出場のハナ肇とクレージーキャッツ（1964年）→P285

『第17回 NHK 紅白歌合戦』初出場の加山雄三「君といつまでも」(1966年) → P285

『第19回 NHK 紅白歌合戦』
ピンキーとキラーズ「恋の季節」(1968年) → P285

『第20回 NHK 紅白歌合戦』(1969年) → P285

白組が坂本九という3人司会体制が初めてとられた。森進一、千昌夫、美川憲一といった実力派の若手が初出場。男性の中で紅一点、「恋の季節」を歌ったピンキーとキラーズが紅組で出場したのも話題となった。青江三奈が歌う「伊勢佐木町ブルース」のため息を、カズー（膜鳴楽器の一種）で表現するというお茶の間番組『紅白』ならではの"配慮"もあった。

　1969年は節目の第20回。例年は1年を締めくくるヒット曲の競演となる『紅白』だが、この時ばかりは村田英雄が「王将」、春日八郎が「別れの一本杉」、西田佐知子が「アカシアの雨がやむとき」など、ベテラン歌手が代表曲を披露した。この年の7月、アポロ11号の月面着陸の衛星中継を同時通訳した西山千がステージに登場。ヒューストンからだという応援メッセージを同時通訳し、会場を沸かせた。

『第23回 NHK 紅白歌合戦』(1972年) → P285

『第24回 NHK 紅白歌合戦』(1973年) → P286

03

歌謡曲全盛期の『紅白』
(1970年代)

　1972年の第23回は、紅白対抗ムードを高めるために、紅組に水前寺清子、白組に堺正章の応援団長を置いた。紅組のトップバッターは人気絶頂のアイドル天地真理。当時、大河ドラマの裏番組に出演して人気者となったコント55号が応援に登場して会場を盛り上げた。第14回から10年連続でトリをつとめた美空ひばりが、この年を最後に出場歌手としては『紅白』を去った。またこの回が東京宝塚劇場を会場とした最後の放送となった。

　翌1973年の第24回から、会場を東京・渋谷の新NHKホールに移した。公開番組の放送を前提に設計された多目的ホールで、舞台に奥行きがあり、照明や音声などコンピューター制御の機器も整備されていた。また歌はもちろん、応援合戦など総合的なステージショーの演出の幅も広がった。紅組の初出場は当時15歳で最年少だった森昌子をはじめ、アグネス・チャン、麻丘めぐみ、白組では郷ひろみなど10代歌手の活躍が目立った。第3回以来、通算15回司会をつとめた宮田輝アナウンサーが、この回を最後に山川静夫アナウンサーにバトンを渡すなど、新旧の交代が進んだ。

NHK紅白歌合戦

　1974年の第25回、紅組のトップバッターは山口百恵。桜田淳子と森昌子も出場し"花の高1トリオ"が顔をそろえた。一方白組では郷ひろみ、西城秀樹、野口五郎の"新御三家"がそろって、若さあふれるステージを見せた。この年、紅組出場者によるラインダンスが披露され、翌年から恒例となる。あべ静江の「みずいろの手紙」にクロード・チアリがギターで共演、にしきのあきらの「花の唄」ではサム・テイラーがテナーサックスで参加するなど、「『紅白』でしか見ることができない共演」が見どころの1つとなる。

『第25回NHK紅白歌合戦』(1974年)→P286

　1976年の第27回、大トリをつとめたのは都はるみ、歌唱曲はレコード大賞受賞曲の「北の宿から」。当時、『紅白』の視聴率はコンスタントに70%台を記録。レコード大賞の注目度も高く、歌謡曲全盛期と言われた。その中心にいたひとりが作詞家の阿久悠だ。第27回『紅白』で歌われた48曲のうち、「北の宿から」をはじめ実に9曲までを阿久

作品が占め、スポーツ紙は「阿久、紅白"独占"」と報じた。

　1977年の第28回は、人気絶頂だったピンク・レディーが「ウォンテッド」で初出場。同じく人気のキャンディーズとともにステージを彩った。

　1978年の第29回は、演歌系歌手が減り、代わってニューミュージック系歌手の台頭が目立った。「ニューミュージック・コーナー」と銘打って、紅組は「飛んでイスタンブール」の庄野真代、「Mr.サマータイム」のサーカス、「迷い道」の渡辺真知子、白組は「あんたのバラード」の世良公則＆ツイスト、「青葉城恋唄」のさとう宗幸、「タイム・トラベル」の原田真二の初出場組6組が続けて歌った。演歌系大物歌手の"指定席"と思われていたトリを、紅組で飾ったのは19歳の山口百恵。堂々たる歌いっぷりで「プレイバック　Part 2」を披露し、最後を締めた。10代で『紅白』のトリをつとめたのは、いまだに山口百恵をおいてほかにいない。この回から『紅白』のステレオ放送が始まった。

　1979年は第30回の記念大会。第1回から連続8回、特別出演も含め10回出場し、草創期の『紅白』の中心的な存在だった藤山一郎と、17回の出場のうちトリが13回という美空ひばりが特別出演。美空は「ひばりのマドロスさん」「リンゴ追分」「人生一路」の3曲を、藤山は「丘を越えて」「長崎の鐘」「青い山脈」の3曲をそれぞれ歌った。三波春夫、水前寺清子、菅原洋一、佐良直美、フランク永井、島倉千代子のベテラン歌手6組は、第30回を記念して初出場のときの歌唱曲を歌った。

『第27回NHK紅白歌合戦』(1976年)→P286

『第29回NHK紅白歌合戦』ニューミュージック・コーナーの歌手(1978年)→P286

『第28回NHK紅白歌合戦』キャンディーズ　最後の紅白出場(1977年)→P286

『第30回NHK紅白歌合戦』(1979年)→P286

『第31回NHK紅白歌合戦』(1980年) → P286

04

昭和の終わりを告げる『紅白』

（1980年代）

　1980年、山口百恵が歌謡界を引退。入れ替わるように新しいアイドル松田聖子が、この年の第31回に「青い珊瑚礁」で初出場する。松田聖子はNHKの若者向け音楽番組『レッツゴーヤング』のレギュラーグループ"サンデーズ"の出身。同じサンデーズ出身の田原俊彦も初出場を果たし、「たのきんトリオ」の近藤真彦と野村義男の応援を受けた。これまであらかじめ決められていた紅組、白組の先攻後攻を、この回は初めて本番中に決定するという演出で、合戦色をさらに強く打ち出した。この年の特別審査員席には、翌年に飛行機事故で他界する脚本家で直木賞作家の向田邦子の元気な姿があった。

　1981年の第32回は、歌番組の原点に戻った"熱唱紅白"を打ち出した。お笑い芸人や話題の人が登場する応援合戦をなくし、出場歌手が応援するシンプルな構成とし、捻出した時間は歌唱に当てられた。またNHKホール場内での一体感を出すために、地方代表審査員を会場に招き、従来の電話による一般審査を廃した。さらにNHKホール来場者にも、紅白のボードを手に審査に参加してもらった。ここで登場したのが「日本野鳥の会」。客席で

『第32回NHK紅白歌合戦』初登場の日本野鳥の会(1981年) → P286

『第33回NHK紅白歌合戦』(1982年) → P286

掲げられた紅白のボードを、会のメンバーが双眼鏡で見てカウントする。その真剣な姿がユーモラスでもあり好感をよび評判となった。

　1982年の第33回は前回に引き続き、歌をじっくり聞かせ

NHK紅白歌合戦

『第34回NHK紅白歌合戦』(1983年) → P286

る「名曲紅白」。出場歌手の歌唱曲を新曲に限らず、懐かしい曲も含め歌手本人が歌いたい曲を優先。牧村三枝子が渡哲也のヒット曲「くちなしの花」を、新沼謙治が灰田勝彦の「新雪」を、森進一が古賀政男作曲の「影を慕いて」を歌った。この回より歌詞が画面に字幕スーパーで表示されるようになる。

1960年代から1970年代にかけて、『紅白』の視聴率は70％台を常にキープし、時には80％を超すこともあった。ところが第33回は、70％をわずか0.1％割り込んだ。上昇ムードの中で「60」という数字は、当時の制作スタッフが危機感をもつのに十分なインパクトがあった。なんとしても次回は70％を回復しなければならない。そんな中で白組司会者として指名されたのが鈴木健二アナウンサーだった。日曜夜のゴールデンタイムの人気番組『クイズ面白ゼミナール』の教授として全国的に知られた“NHKの顔”である。

1983年の第34回は白組司会に鈴木健二アナ、紅組司会には第31回から4年連続で通算5回目となる黒柳徹子、さらに総合司会にタモリという意外なキャスティングとなった。これまでステージ上に並んでいたバンドを、客席前のオーケストラ・ピットに下ろし、さらに張り出し舞台を設けることで、ステージを広く使えるように工夫した。そうしたことで大がかりな舞台セットを組むことが可能になり、それまで以上に華やかなステージショーを実現した。この回から始まった「金杯」の授与は沢田研二に、「銀杯」は水前寺清子に贈られた。視聴率は74.2％で、目標の70％台を回復した。

1984年の第35回は、総合司会が生方恵一アナウンサー、紅組が森光子、白組は鈴木健二アナが続投。オープニングは出場歌手がそれぞれ対戦相手とともに入場し、1対1の対決色を強めた。“うわさのカップル対決”として松田聖子と郷ひろみ、中森明菜と近藤真彦が対戦。手を取り合ってのパフォーマンスもあり、話題を呼ぶ。キョンキョンこと小泉今日子やチェッカーズの初出場が、新しいアイドルの時代を予感させた。この回の最大の話題は、引退宣言をした都はるみのラストステージ。トリをつとめ上げた彼女に、会場からの拍手と歓声が収まらない。すかさず鈴木アナは会場を制するように手を振り上げながらステージ上を歩み出る。そのとき鈴木アナが発した「私に1分間、時間をください！」は流行語にもなった。1人1曲が原則だった『紅白』で、アンコール曲「好きになった人」の前奏が始まると、会場はクライマックスに達した。この回の視聴率は78.1％。この10年間での最高を記録した。

『第35回NHK紅白歌合戦』都はるみ　引退を宣言(1984年) → P286

『第40回NHK紅白歌合戦』(1989年) → P287

CDの普及や衛星放送の音楽番組の充実により、人々の音楽の好みが多様化してきた昭和末期。歌謡曲、ポップスだけでなく、幅広いジャンルから出演者を選ぶべきとの考えから、1987年にはクラシック界から佐藤しのぶ、シャンソンの金子由香利、1988年にはミュージカルで人気を得た島田歌穂、民謡の岸千恵子、ジャズコーラスのタイムファイブらが出場した。

しかし1980年代の『紅白』の視聴率は、第35回をピークに66.0%（第36回）、59.4%（第37回）、55.2%（第38回）、53.9%（第39回）と低下傾向が続いた。

そんな中で迎えた1989年の第40回の記念大会。昭和から平成に移った節目の年で、6月には昭和を代表する大歌手美空ひばりが52歳の若さで他界。大きな時代の転換を感じさせる大みそかとなった。

放送時間は4時間25分。5分間のニュースをはさんでの2部構成。第1部が戦後の歌謡史をたどる「昭和の紅白」、第2部をヒット曲中心の「平成の紅白」とした。第1部では村田英雄の「王将」、春日八郎の「お富さん」、ペギー

葉山の「南国土佐を後にして」など、懐かしい昭和のヒット曲を披露。さらに美空ひばりの在りし日のステージや、「紅白名場面集」として1985年の日航機事故で亡くなった坂本九、芸能界を引退した山口百恵、森昌子らの名場面を会場のスクリーンに映し出した。

05
巨大セットと化した衣装対決
（1990年代）

1990年の第41回もニュースをはさんでの2部構成（番組構成上は前半が第1部で、ニュース後が第2部）。以後、このスタイルが定着する。出場歌手はこれまで最多の58組。コンセプトは「21世紀に伝える日本の歌・世界の歌」。サンパウロ、ベルリン、ニューヨーク、ソウルなどからの海外中継を実施した「国際紅白」となった。海外からはシンディー・ローパーやポール・サイモンといった大物歌手が参加。長渕剛は冷戦の象徴だった“壁”が崩壊したベルリンの教会から中継で歌った。NHKホールのステージでは、ソ連（当時）のアレクサンドル・グラツキーやフィリピンのガリー・バレンシアーノのほか、ブラジルのサンバショーやラスベガスのマジシャンによるイリュージョンも披露された。

1991年の第42回も“インターナショナル紅白”を打ち出した。イギリスのサラ・ブライトマンは主役を務めたミュー

『第41回NHK紅白歌合戦』長渕剛　“壁”が崩壊したベルリンから中継（1990年）→ P287

NHK紅白歌合戦

ジカル「オペラ座の怪人」を、この年独立したバルト三国、ラトビア出身のライマは、自由への思いを情感豊かにそれぞれ歌った。アメリカからはベンチャーズが「十番街の殺人」や「ダイヤモンドヘッド」などの懐かしのエレキサウンズをメドレーで聞かせ、アンディ・ウィリアムスはヒット曲「ムーン・リバー」を披露した。この年、SMAPが初出場し、アイドルの新時代を担っていく。

『第42回 NHK 紅白歌合戦』（1991年）→P287

『紅白』は一年に一度の晴れ舞台として、歌手たちは衣装にも工夫を凝らす。1990年代の『紅白』を衣装で盛り上げた立役者の一人が小林幸子である。毎年趣向を凝らした衣装が話題になっていたが、1990年代に入るとさらに豪華になり巨大化に拍車がかかる。「今回はどんな衣装だろう」という視聴者の期待は、『紅白』への期待と重なっていった。

1992年の第43回、小林幸子が6万個以上の電飾をほどこした衣装「光のファンタジー」で登場。しかし本番では100個程度しか電球がつかないというハプニングに見舞われる。1993年の第44回ではステージいっぱいに羽を広げた衣装「ペガサス」が視聴者の度肝を抜いた。小林の衣装に触発されるように、白組では美川憲一の奇抜な衣装に注目が集まった。

1994年の第45回で企画された小林vs美川の「衣装対決」では、ワイヤーで空中浮遊した美川が「幸子おだまり！」と小林を挑発し、会場を沸かせた。2人の衣装対決はその後、さらにエスカレートしていく。この年はテレビ出演のほとんどなかったフォークの吉田拓郎と小椋佳がそろって初出場。アーティストたちの意識の変化も感じさせた。

『第49回 NHK 紅白歌合戦』（1998年）→P288

『第50回 NHK 紅白歌合戦』（1999年）→P288

1998年の第49回は紅組司会に入局5年目の久保純子アナウンサーを抜擢、白組司会は前年に続いて2回目の中居正広を起用、26歳同士のフレッシュな顔合わせとなった。民放の番組企画が生んだモーニング娘。とポケットビスケッツ＆ブラックビスケッツがそろって初出場。安室奈美恵をはじめ、MAX、SPEED、DA PUMP、Kiroroなど、沖縄出身アーティストがステージにあふれた。

1999年は第50回の記念大会。紅組司会が2年連続の久保純子アナウンサー、白組はこの年の大河ドラマ『元禄繚乱』主演の中村勘九郎（当時）、総合司会が6年連続の宮本隆治アナウンサーという布陣。翌年3月に解散を控えたSPEEDと、松田聖子と郷ひろみの直接対決が話題となった。この年、NHKが実施した「21世紀に伝えたい歌」アンケートで1位になった美空ひばりの「川の流れのように」を天童よしみが歌った。応援合戦のゲストとして85周年を迎えた宝塚歌劇団月組と歌舞伎が初めて同じステージに上がったのも話題。番組では第50回の記念に「未来へのメッセージソング」というテーマで、スティービー・ワンダーにオリジナル曲の制作を依頼。こうして完

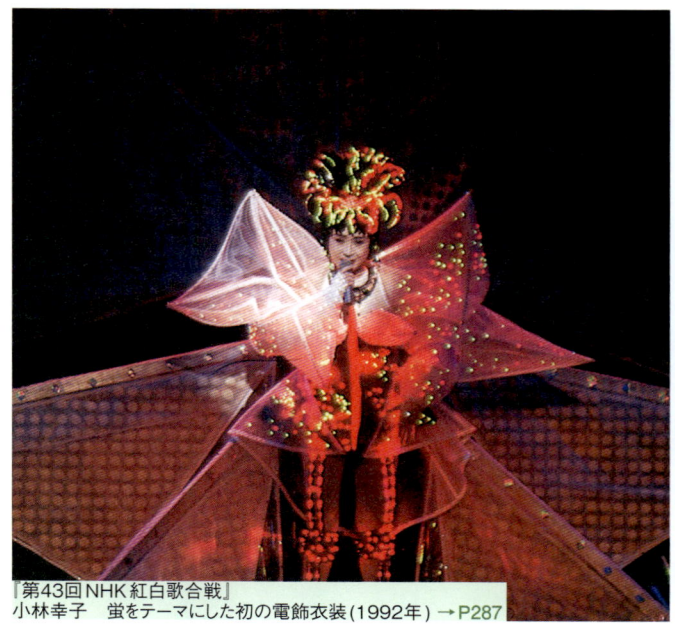

『第43回 NHK紅白歌合戦』
小林幸子　蛍をテーマにした初の電飾衣装（1992年）→P287

『第45回 NHK紅白歌合戦』
美川憲一　小林幸子との直接対決に豪華衣装で臨む（1994年）→P287

『第52回 NHK 紅白歌合戦』(2001年) → P288

成した「21世紀のきみたちへ〜 A song for children〜」は、さだまさしが日本語に歌詞を翻訳し、第1部の最後に全員で合唱した。

06
歌の力、そして嵐の登場
（2000年代）

　2001年の第52回は新世紀の幕開けを告げる『紅白』で、テーマは「21世紀〜夢・新たなる挑戦」。司会は紅組が有働由美子アナウンサー、白組が阿部渉アナウンサー、総合司会が三宅民夫アナウンサー。司会をNHKの局アナだけでつとめるのは、第7回の宮田輝、高橋圭三のコンビ以来45年ぶりだった。

　この回の話題はTBS系で1985年まで放送していた『8時だヨ！全員集合』で圧倒的な人気を誇ったザ・ドリフターズの出演。「ドリフのほんとにほんとにご苦労さんスペシャル」を歌ったほか、"全員集合"の人気コーナー「少年少女合唱隊」の「紅白」版で会場を盛り上げた。堀内孝雄はこの年に亡くなった親友の河島英五の代表曲「酒と泪と男と女」を、スクリーンに映し出した河島本人の映像をバックに熱唱。この年、森昌子が1985年の"涙のラストステージ"以来、16年ぶりの『紅白』復帰を果たし、「せんせい」「哀しみ本線日本海」「越冬つばめ」の3曲

を歌った。

　2002年の第53回も司会陣はNHK局アナ体制を維持。大きな話題を呼んだのは、これまでテレビ出演がほとんどなかった中島みゆきの初出場だ。人気ドキュメンタリー番組『プロジェクトX』の主題歌「地上の星」がロングセラーを記録しての出演だった。黒部ダムで

『第53回 NHK 紅白歌合戦』「地上の星」で初出場の中島みゆき(2002年) → P288

歌った生中継が、この時間帯の最高瞬間視聴率を記録。平井堅の「大きな古時計」は、歌のモデルになった古時計のあるアメリカ・マサチューセッツ州からの中継だった。NHKホールのステージ上での歌唱が原則だった『紅白』に、中継も演出の選択肢として考えられるようになる。

　2003年の第54回は、紅組司会が有働由美子、膳場貴子の両アナウンサー、白組司会が阿部渉、高山哲也の両アナウンサー、総合司会が武内陶子アナの5人体制。5人体制は1986年の第37回以来だが、全員NHKアナウンサーは初めて。出場組数が史上最多の62組に。

　「素晴らしいニッポン　心に響く紅白を」のテーマのもと、森山直太朗の「さくら」、夏川りみの「涙そうそう」、平井堅が歌った「見上げてごらん夜の星を」など、世代を超えて愛された楽曲が数多く登場した。この回は、SMAPがオリコンシングルチャート1位に輝いた「世界に一つだけの

NHK紅白歌合戦

花」で、初の大トリを飾った。

2004年はアテネオリンピックが開かれたことで、この年の第55回は特別審査員や応援ゲストに多くのメダリストが招かれた。ゆずがNHKアテネオリンピック公式ソング「栄光の架橋」で2回目の出場を果たす。2003年4月に衛星第2で、2004年4月には総合で放送された韓国ドラマ『冬のソナタ』の大ヒットで韓流ブームが起きた。『紅白』でも韓国ドラマ『美しき日々』のイ・ジョンヒョンが「Heaven 2004」を、Ryuが『冬のソナタ』の主題歌「最初から今まで」を切々と歌い上げて、ドラマファンの心をつかんだ。

2000年の第51回で視聴率が50%（第2部）を切ってから、下降傾向が止まらず第55回ではついに40%を割り込む。音楽ジャンルの多様化と、世代を超えて親しまれるヒット曲の難しさ、有名アーティストや人気アイドルたちの年越しライブ開催、若者たちの大みそかの過ごし方の変化、テレビの個人視聴の増加など、『紅白』の視聴率低下の要因がさまざまなメディアでも取り上げられた。

2005年の第56回は戦後60年の節目。吉永小百合が山梨県北杜市のフィリア美術館から原爆詩を朗読。続いてさだまさしが「広島の空」を、森山良子・直太朗親子が「さとうきび畑」を歌い、平和へのメッセージとした。

2007年の第58回から第60回までの3年間、「歌力（うたぢから）」を統一コンセプトとすることが決まった。第58回は「歌の力、歌の絆」をテーマに、例年以上にじっくりと歌を聞かせる構成となった。

秋元康がプロデュースする女性アイドルグループAKB48が初出場。一方、26年ぶりの寺尾聰、25年ぶりのあみん、16年ぶりの槇原敬之など、久々に出場をはたした歌手にも注目が集まった。美空ひばり生誕70周年を記念する特別企画では、「愛燦燦」を作詞作曲した小椋佳が、スクリーンに映し出された美空ひばりの映像とともに歌った。この年の8月、歌謡界を代表するヒットメーカー阿久悠が亡くなった。第58回のラスト4曲は、阿久悠作詞の「あの鐘を鳴らすのはあなた」（和田アキ子）、「津軽海峡・冬景色」（石川さゆり）、「北の螢」（森進一）、「契り」（五木ひろし）で締めくくり、阿久への追悼とした。

2009年の第60回のテーマは「歌の力∞無限大」。オープニングは久石譲作曲「第60回記念紅白テーマソング・歌の力」に合わせて出場歌手が入場、企画コーナーではこの曲を出場歌手全員で合唱した。

この年は嵐が初出場し、「紅白スペシャルメドレー」を披露。毎回、巨大な衣装で『紅白』の"名物"になっている小林幸子は、小林自身をかたどった巨大衣装「メガ幸子」で登場。高さ8.5メートル、幅8メートル、奥行き5.4メートル、総重量3トンという過去最大規模。もはや「衣装とは呼べない舞台セットだ」と驚嘆の声が上がった。企画コーナーでは、インターネット動画サイトを通して世界中で話題になったスーザン・ボイルがイギリスから来日。「夢やぶれて ―I Dream A Dream―」で世界を驚かせた美声を聞かせた。この年の6月に世を去ったマイケル・ジャクソンの「スペシャルステージ」では、SMAPのパフォーマンスで「ビリー・ジーン」、「スリラー」、「BAD」、「スムーズ・クリミナル」などの代表曲を披露した。サプライズ企画として用意されたのは矢沢永吉の出演。「時間よ止まれ」と「コ

『第54回NHK紅白歌合戦』（2003年） →P288

『第55回NHK紅白歌合戦』
ゆず　アテネオリンピック公式ソングを熱唱（2004年） →P288

『第56回NHK紅白歌合戦』（2005年） →P288

『第58回NHK紅白歌合戦』（2007年） →P288

『第60回 NHK 紅白歌合戦』(2009年) → P289

バルトの空」の2曲を歌った。

　矢沢のサプライズ出演、スーザン・ボイルの特別企画、「マイケル・ジャクソン スペシャルステージ」等の企画ものが、『紅白』の"売り"として注目されるようになる。

07
"特別枠"と『紅白』ならではの スペシャルステージ
（2010年代）

　2010年の第61回のテーマは「歌で　つなごう」。司会は紅組がこの年の4月から放送した連続テレビ小説『ゲゲゲの女房』ヒロイン役の松下奈緒、白組は嵐が初めて担当。『ゲゲゲの女房』のテーマソング「ありがとう」で3回目の出場を果たしたいきものがかりを、会場に映し出したドラマの名場面と松下のピアノ演奏で紹介した。

　1人1曲が原則の『紅白』で複数曲をスペシャルアレンジで歌う「メドレー」が増えてきたのも2000年代の傾向。この回はAKB48の「紅白2010　AKB48神曲SP」、倖田來未の「KODA KUMI 2010 Special Medley」、和田アキ子の「AKKOイイッ！紅白2010スペシャル」、郷ひろみの「GO！GO！イヤー 紅白スペシャルメドレー」、加山雄三の「若大将50年！スペシャルメドレー」、嵐の「2010紅白オリジナルメドレー」、SMAPの「This is love '10 SPメドレー」など7組に及んだ。"その年のヒット曲"より、『紅白』でしか見ることのできない"スペシャル感"が求められた。

『第61回 NHK 紅白歌合戦』(2010年) → P289

『第62回 NHK 紅白歌合戦』(2011年) → P289

　2011年3月11日、東日本大震災が発生。この年の第62回のテーマは「あしたを歌おう。」。明るい未来へ一歩を踏み出す力を歌に求め、被災地を応援しようという企画を随所にちりばめた。

　紅組司会はこの年4月から放送した連続テレビ小説『おひさま』のヒロインを演じた井上真央、白組は前回に続いて嵐、総合司会を阿部渉アナウンサーがつとめた。企画コーナー「あしたを歌おう。～こどもスペシャル～」では、ディズニーキャラクターのミッキーマウスとともに芦田愛菜と鈴

NHK紅白歌合戦

木福が登場。東北在住の子どもたちと『紅白』出場曲「マル・マル・モリ・モリ！」を歌った後、ディズニーキャラクターとともに出場歌手が「星に願いを」「小さな世界」など、ディズニー・スペシャル・メドレーを歌った。企画コーナー「あしたを歌おう。～ハッピーバースデー3.11～」では、司会の井上が宮城県南三陸町を訪れたVTRを映し出した後、夏川りみと秋川雅史が競作した復興を祈願する「あすという日が」を歌った。企画コーナー「あしたを歌おう。～ニッポンの嵐『ふるさと』～」では、嵐のメンバーが福島県いわき市で津波にのまれた中学校のピアノを紹介。半年をかけて修理され、よみがえったピアノを櫻井翔が演奏、前年の『紅白』で歌われた新曲「ふるさと」を歌った。ステージのスクリーンには被災地をはじめとする全国各地の人々が「ふるさと」を歌う映像が流された。4つ目の企画コーナー「あしたを歌おう。～世界からのメッセージ～」では、レディー・ガガとジャッキー・チェンからの日本を応援するメッセージがVTRで紹介された。レディー・ガガはユニークな衣装で、2曲を披露した。この回を大トリで締めくくったのはSMAP。「SMAP AID 紅白SP」をステージから客席に降りて歌った。

2013年4月から放送された連続テレビ小説『あまちゃん』が大ヒット。9月末にドラマが終了すると、番組ファンが抱いた喪失感を"あまロス"とよび流行語にもなった。この年の第64回のテーマは「歌がここにある」。視聴者の"あまロス"に応えるというもう一つの裏テーマもあった。司会はこの年の大河ドラマ『八重の桜』で主人公を演じた綾瀬はるか、白組は4年連続の嵐、総合司会は有働由美子アナウンサーがつとめた。

番組は『あまちゃん』の音楽を担当した大友良英率いる「あまちゃんスペシャルビッグバンド」による生演奏でスタート。ヒロイン・天野アキを演じた能年玲奈が、どらを鳴らして『紅白』開会を告げた。番組後半の企画コーナー「連続テレビ小説『あまちゃん』"特別編"」は、156回で終了した本編の続編「第157回」として展開。『紅白』の会場と『あまちゃん』の舞台となる北三陸市の溜まり場「スナック梨明日」を舞台に、おなじみの登場人物が総出演した。

『紅白』のステージでは劇中歌「潮騒のメモリー」を能年と友人ユイ役の橋本愛がデュエット。さらにアキの母親春子役の小泉今日子、鈴鹿ひろ美役の薬師丸ひろ子が続けて歌った。最後は『あまちゃん』出演者が勢ぞろいし劇中歌「地元に帰ろう」を歌って大団円となった。特別審査員席ではアキの祖母役の宮本信子と脚本を担当した宮藤官九郎が笑顔で見守った。

『あまちゃん』ネタ以外でも、この回は話題が満載だった。EXILEはこの『紅白』をもってパフォーマーを引退するHIROのラストステージ。AKB48はスペシャルメドレーで「恋するフォーチュンクッキー」から「ヘビーローテーション」へ移行する曲間で、大島優子がAKBからの卒業を発表。他のメンバーさえも知らされていなかったサプライズだった。大トリは『紅白』史上初となる50回出場を花道に"卒業"を宣言した北島三郎。「まつり」を熱唱し、「ありがとうございました」と繰り返し感謝の言葉をのべた。

2016年9月、この年の第67回から第70回まで、4か年の通しテーマ「夢を歌おう」を設けることが発表された。2020東京オリンピック・パラリンピックに向けて、「歌の力」で夢を応援しようというメッセージだ。

第67回の紅組司会は、翌2017年4月スタートの連続テレビ小説『ひよっこ』のヒロインが決まっていた有村架純、白組はスポーツバラエティー番組『グッと！スポーツ』のMCを担当している嵐の相葉雅紀、総合司会には『NHKニュース7』のメインキャスター武田真一アナウンサーが当たった。番組はタモリとマツコ・デラックスが「ふるさと審査員」で招待されたという設定でNHKホールに到着するところから始まった。けん玉検定3段という三山ひろしがけん玉パフォーマーをバックに「四万十川」を歌い、最後に大技を披露。翌年からけん玉をまじえた演出が始まる。大ヒットアニメ映画『君の名は。』の主題歌「前前前世」を歌ったRADWIMPS、ロンドンからの中継で連続テレビ小説『とと姉ちゃん』の主題歌「花束を君に」を歌って初出場した宇多田ヒカル、大ヒット映画「シン・ゴジラ」とのコラボ企画で総合司会の武田アナがゴジラの襲来を実況するなど、多くの話題を提供した。

『第64回NHK紅白歌合戦』（2013年）→P289

『第67回NHK紅白歌合戦』（2016年）→P289

『第68回NHK紅白歌合戦』(2017年) → P289

『第69回NHK紅白歌合戦』(2018年) → P289

2017年の第68回の紅組司会は前回に続いて有村架純、白組は嵐の二宮和也、総合司会にコントバラエティー『LIFE！〜人生に捧げるコント〜』に出演の内村光良と桑子真帆アナウンサーが当たった。この回は『LIFE！』で人気のギャグと、大ヒットした連続テレビ小説『ひよっこ』特別編を軸に構成された。番組冒頭では、渋谷の街を舞台にしたミュージカル仕立てのスペシャル映像「グランドオープニング」で、出場歌手を紹介するというこれまでにない演出で視聴者をNHKホールへ誘った。

トップバッターは白組のHey! Say! JUMPと紅組のLittle Glee Monsterの初出場対決。三山ひろしは「男の流儀」でけん玉世界記録に挑戦し、失敗。『紅白』がきっかけで意気投合したというAIと渡辺直美のコラボ「キラキラ」、三浦大知の無音シンクロダンス、翌年9月の引退を表明し、『紅白』のラストステージとなる安室奈美恵の「Hero」などが話題となる。特別企画の連続テレビ小説『ひよっこ』特別編はビデオ構成で、浜口庫之助に扮した桑田佳祐が登場。主題歌「若い広場」を歌う横浜アリーナからの中継につなげた。

2018年の第69回は、この年の12月1日に開局した新チャンネルNHKBS4K、BS8Kでも放送。紅組司会は翌2019年4月から放送の連続テレビ小説第100作となる『なつぞら』のヒロイン役の広瀬すず、白組は嵐の櫻井翔、総合司会は2年連続となる内村光良と桑子真帆アナウンサー。番組冒頭は前回に引き続き「グランドオープニング」でスタート。平成最後の『紅白』となる第69回は、平成の『紅白』の名場面と、この回の出場者や司会者の顔ぶれを融合した映像となった。

出場歌手で話題となったのは、今回がテレビ番組での初の生出演となった米津玄師。郷里の徳島県鳴門市の大塚国際美術館内のシスティーナホールからの生中継で「Lemon」を歌った。大トリはサザンオールスターズが1983年の第34回以来35年ぶりのNHKホールからの出演となった。1曲目「希望の轍」に続いて「勝手にシンドバッド」のイントロが始まると会場はクライマックスに達した。桑田と松任谷由実が肩を組んで歌うなど、『紅白』でしか見ら

れない日本ポップス界のレジェンドのツーショットが話題となった。大いに盛り上がったフィナーレで平成に別れを告げた。

2019年の第70回は、2016年から4年にわたって掲げてきたテーマ「夢を歌おう」の集大成。紅組司会は綾瀬はるか、白組司会は2年連続で嵐の櫻井翔。総合司会は3年目の内村光良と和久田麻由子アナウンサー。

特別企画では、YOSHIKIとアメリカのロックグループKISSが夢のコラボを実現。またビートたけしが歌手として自ら作詞作曲した「浅草キッド」を歌った。この年、ラグビーワールドカップ2019が日本で開催。日本代表が初の決勝トーナメントに進み、ベスト8に入った。『紅白』会場にも招かれたラグビー日本代表選手の前で、松任谷由実がラグビーの試合直後の選手の後ろ姿を描いた名曲「ノーサイド」をテレビで初めて歌った。第70回記念の特別企画「未来へつなぐ命のメッセージ」では、デビュー40周年を迎えた竹内まりやが初めて『紅白』に出演。「いのちの歌」を歌い、司会の綾瀬が涙ぐむシーンもあった。そのほか嵐が米津玄師作詞・作曲のNHK2020ソング「カイト」を披露。最新のAI技術を活用して美空ひばりの歌声と姿を再現した「AI美空ひばり」が、秋元康作詞・プロデュースの新曲「あれから」を発表するなどの企画もあった。

大トリで登場したのは、翌年2020年をもって活動を休止することを発表した嵐。令和最初の『紅白』は、嵐の「紅白スペシャルメドレー」のあと、2020年の東京オリンピックへの期待を伝えて幕を閉じた。

『第70回NHK紅白歌合戦』(2019年) → P289

NHK紅白歌合戦

08 初の無観客『紅白』で幕開け
（2020年代）

2020年1月、日本で最初の新型コロナウイルス感染者を確認。世界中に感染が広がる中で、3月末に東京オリンピック・パラリンピックの1年延期が決定された。4月には新型インフルエンザ等対策特別措置法に基づいて緊急事態宣言が発出される。5月には夏の甲子園（第102回全国高校野球選手権大会）の戦後初の中止も決まった。

NHKでも連続テレビ小説、大河ドラマほかの番組収録が一時中止に追い込まれるなど、感染拡大防止のための対応に迫られた。大みそかの『紅白』の動向に注目が集まる中、9月に『第71回NHK紅白歌合戦』を、史上初の無観客で開催することが発表された。

紅組司会は2020年度前期の連続テレビ小説『エール』のヒロインを演じた二階堂ふみ、白組司会は音楽番組『SONGS』で"番組責任者"としてMCをつとめる大泉洋。総合司会は4年連続となる内村光良と、内村とのコンビは3回目の桑子真帆アナウンサー。

出演者とスタッフの密集、密接、密閉の"3密"を避けるために、会場をNHKホールのほか収録スタジオなど3か所に分散する異例の対応をとった。黒柳徹子や大河ドラマ『青天を衝け』の主演をつとめることになる吉沢亮ほかのゲスト審査員たちも別室からの"リモート審査"となった。また生放送が原則の『紅白』で、いくつかの事前収録も行った。一方、無観客で行ったことで可能になった演出もあった。NHKホールの最前列から9列目までをステージとして拡大。全方位からカメラがステージを映し出すというこれまでにない映像を生み出した。複数のスタジオを使い分けたことで、性格の違う舞台セットを組むことができ、これまで時間がかかったセット転換も不要となり、時間も捻出できた。

本来なら東京オリンピックでの日本選手の活躍が話題となるはずだった第71回。番組テーマは、「今こそ歌おうみんなでエール」。NHKが7月から開始したウィズコロナ・プロジェクトの名称「みんなでエール」にちなんでのものだ。

番組冒頭、総合司会内村のオープニングコメントに続いて、無観客のNHKホールで出場歌手の紹介がビデオ合成で行われた。オープニングの3曲はNHKホールステージからKing & Prince、101スタジオからFoorin、オーケストラスタジオから山内惠介が、それぞれ歌った。郷ひろみはこの年10月に亡くなった希代のヒットメーカー筒美京平の曲をメドレーで披露。連続テレビ小説『エール』の出演者が古関裕而の名曲の数々を披露したのに続いて、主題歌「星影のエール」を『紅白』初出場のGReeeeNが歌った。GReeeeNは福島県郡山市にある大学の歯学部で出会った4人組のボーカルグループ。本業に支障があるということで、姿をいっさい公表していない。『紅白』では顔出しするのかが注目されていたが、本番ではメンバーとおぼしき4人のCGアバター画像が、AR技術で映し出された。

この年で活動休止を公表していた嵐は、ラストライブの会場・東京ドームからの中継で、「嵐×紅白 2020スペシャルメドレー」を披露。YOASOBIがテレビで初のパフォーマンスを披露したのも話題。YOASOBIは、「夜に駆ける」がストリーミング再生累計3億回を達成し、CD化していないにもかかわらず年間総合ソングチャート1位を獲得したユニットだ。三山ひろしはけん玉ギネス世界記録に4回目の挑戦。125人目として成功させ、見事に記録達成。松任谷由実、玉置浩二のスペシャルステージなどをへて、白組トリの福山雅治が「家族になろうよ」を歌い、大トリはMISIAが「アイノカタチ」を歌って締めくくった。

コロナ禍での医療従事者の取り組みや、全国各地の人々の姿を映像ではさみながら、歌でエールを送る構成は視聴者の共感を呼んだ。またこれまでの応援合戦を控えて、じっくり歌を聞かせた演出も好評で、視聴率では第2部が40.3%を記録し、2年ぶりに40%台を回復。無観客による新しい形の『紅白』は一定の評価を得た形となった。

2021年7月23日から、「東京2020オリンピック・パラリンピック」が当初の予定より1年遅れて開催された。

新型コロナウイルス対策にかかわる緊急事態宣言が9月30日をもって解除されたことを受けて、第72回は2年ぶりの有観客で開催されることとなった。会場は東京千代田区の東京国際フォーラム・ホールAをメイン会場に、

『第71回NHK紅白歌合戦』（2020年）→ P290

『第72回NHK紅白歌合戦』（2021年）→ P290

『第73回NHK紅白歌合戦』(2022年) →P290

『第74回NHK紅白歌合戦』(2023年) →P290

NHK放送センター101スタジオをつないでの初めての試みである。耐震化工事で休館になっていたNHKホールを使用することができず、1972年の東京宝塚劇場以来、49年ぶりにNHKホール以外での開催となった。

第72回のテーマを「Colorful ～カラフル～」とし、多様な価値観を認め合う時代にふさわしい紅白を目指した。これまでは「紅組」「白組」「総合」で分けていた司会陣を、「新総合司会」に統一。司会を担当する大泉洋、川口春奈、和久田麻由子アナウンサーの3人は、紅組、白組の区別なく、「すべての歌手・アーティストを応援する存在」として、番組を進行した。初出場は藤井風、上白石萌音、布袋寅泰、BiSHら11組。白組トリは福山雅治が「道標～紅白2021ver.～」を、大トリは東京オリンピック開会式で国歌「君が代」を独唱したMISIAが、東日本大震災復興支援ソングとして2011年に発表した「明日へ」の2021年バージョンを披露して、番組を締めくくった。

2022年12月31日放送の第73回は、第70回以来3年ぶりに有観客のNHKホールをメインステージとしての放送となった。テーマは「LOVE & PEACE－みんなでシェア！－」。依然収束の見通しの立たないコロナ禍の現状と、2022年2月24日に始まったロシア軍によるウクライナ侵攻、相次ぐ自然災害など、明るい未来が見通せない"今"だからこそ、音楽の力を信じて掲げたテーマであった。司会は前回に引き続き、紅白の区別のない「新総合司会」で、大泉洋、橋本環奈、櫻井翔、桑子真帆が担当。初出場が11組。映画「ONE PIECE FILM RED」のウタが、紅組歌手としてアニメのキャラクターでは史上初の出場。三山ひろしは6年連続でけん玉ギネス世界記録に挑戦し、127人の記録を達成。特別企画で出場した加山雄三は、このステージを最後にコンサート活動から引退した。

2023年は旧ジャニーズ事務所の創業者、故ジャニー喜多川氏による性加害問題が社会問題となり、芸能界が大きく揺れた。第74回では1980年以来連続で出場していたジャニーズ事務所所属タレントがゼロとなり、出場者の顔ぶれに注目が集まった。初出場が新しい学校のリーダーズ、Mrs.GREEN APPLE、歌手として参加した大泉洋ら13組。テーマは「ボーダレス－超えてつながる大み

そか－」。2023年は1953年2月にテレビ放送が始まって70年の節目の年。「テレビ放送70年　特別企画」が用意され、スペシャルゲストに黒柳徹子を迎え、ポケットビスケッツ&ブラックビスケッツ、薬師丸ひろ子、寺尾聰らがヒット曲を披露した。また「ディズニー100周年スペシャルメドレー」やYOSHIKIの呼びかけに応えて集まった盟友たちとのスペシャルステージなど、"紅白ならでは"の企画ものに注目が集まった。

『紅白』の番組コンセプトは、初期のころより3つの大きな柱で成立していた。それは男女の対抗形式、ホールでの観客を入れた公開放送形式、そして生演奏の生放送である。1956年の第7回では紅組の応援にかけつけた三木のり平に「男が紅組の応援か！」と会場からヤジが飛んだ。1968年には男女混成グループのピンキーとキラーズが、1970年にはヒデとロザンナが、紅組白組のどちらで出場するかが注目されるなど、男女に分かれた応援合戦が熱を帯びた。しかしジェンダー平等や「LGBTQ」に対する社会的関心の深まりの中で、男女の対抗色は薄れていった。紅白それぞれの司会者を立てることがなくなり、紅組、白組の勝敗にもかつてのような注目が集まらなくなり、優勝旗授与などのセレモニーもなくなった。1990年代に入ると、長渕剛によるベルリンからの海外中継(第41回)に始まり、海外からの中継出場が紅白のスケールを示す演出の1つとなった。2000年代に入ると大みそかの年越しライブからの中継もあり、NHKホールを飛び出すことも珍しくなくなった。さらに第71回は"3密"を防ぐ感染予防の観点から事前のビデオ収録も加わったことで、初期のころに確立された"3つの柱"は時代とともに変容していった。レコードやCDの売り上げがヒットの基準だった時代は過去のものとなり、ダウンロードやSNSで音楽を楽しみ音楽が広がる時代に、世代間ギャップや音楽の嗜好の分断も指摘されている。そんな目まぐるしい時代の変化の中で、70年以上にわたって1つの音楽番組が続いてきたことは"奇跡"といえるかもしれない。

日本独特の年末の風物詩として定着した『紅白』は、放送100年の歴史においても特筆すべき番組の1つであることは間違いない。

NHK 紅白歌合戦

1950年代

第1回NHK紅白歌合戦

第1回NHK紅白歌合戦　1950年度

『NHK紅白歌合戦』は正月の特別番組としてラジオで始まった。会場はNHK東京放送会館第1スタジオ。どのような番組なのか、出場歌手や趣向なども事前には一切発表されなかった。放送が始まると同時にファンからの激励電話が入るなど、聴取者の反響は早かった。優勝したのは白組。男性軍リーダーの藤山一郎を中心にわき上がった「エイ・エイ・オー」の勝ちどきは、やがて年末恒例の国民的番組となる『紅白』が生まれた瞬間の産声となった。

第2回NHK紅白歌合戦　1951年度

第1回の好評を受け、30分拡大の90分番組として正月に再びの放送となった。第2回の出場者は紅白合わせて24組。前回から一気に10組も増えた。出場予定の松島詩子が直前に交通事故に遭い、代役として白羽の矢が立ったのが越路吹雪。正月パーティーのあとで酔いも少し残ったところだったが、「ビギン・ザ・ビギン」を完璧に歌い上げた。放送中に松島のその後の経過が報告されるなど、ハプニングが生む意外性と歌合戦の熱狂が聴取者をとらえた。

第3回NHK紅白歌合戦　1952年度

正月番組としては最後の放送となった第3回。正月の恒例番組として回を重ねる毎に観覧希望者は増加した。熱戦の様子がより臨場感を持って伝わるように、スポーツ担当の志村正順アナが実況中継を担当した。スタジオの客席内には2か月後のテレビ本放送に備え、3台のテレビカメラが入り、仮放送が行われた。出場歌手には宝塚歌劇団出身の月丘夢路、乙羽信子、久慈あさみ、そして暁テル子、奈良光枝などの女優陣が顔をそろえた。

第4回NHK紅白歌合戦　1953年度

この年2月にテレビ本放送が始まり、会場をNHKから日本劇場（日劇）に移し、テレビ・ラジオで同時中継した。放送日はこれまでの正月から一転、大みそかとなる。大劇場はどこも新春興行が入っていて会場の確保ができなかったのである。大観衆の前で始まったテレビ初の紅白では、女性陣がテレビ放送を意識して華やかな衣装で登場し、紅白4回目にして初めて紅組が勝利。敗れた男性陣は「テレビは怖い。衣装に負けた」と悔しがった。

第5回NHK紅白歌合戦　1954年度

大ヒットした「お富さん」で春日八郎が初出場。美空ひばりも初出場し、雪村いづみ、江利チエミとの"三人娘"が顔をそろえ話題を呼んだ。また番組の企画・演出を担当した近藤積は「わが国を代表する一線級の歌手を勢ぞろいさせたい」と考え、歌謡曲やポピュラー音楽からだけでなく、オペラ界から藤原義江と長門美保、童謡から川田孝子を招いた。審査員は、この回から著名人と視聴者代表の2本立てという構成になった。

第6回NHK紅白歌合戦　1955年度

この年、民放が同時間帯に歌番組をぶつけてきたことで、大物歌手の確保が困難となり、順風満帆で進んできた紅白に初めての危機が訪れた。その対策として紅組リーダーに人気アナウンサーの宮田輝を起用し、"紅組に男性は御法度"の禁を破った。また、「応援」を番組を盛り上げる演出の要素と位置づけ、「おこんばんわ」と登場した芸人・トニー谷のソロバン片手の応援は大喝采を浴びた。以来、「応援合戦」は紅白の呼び物となる。

第7回NHK紅白歌合戦　1956年度

出場歌手が前回の32組から一気に50組に増える。放送時間も40分延長され、年末の看板大型番組として定着する。初めての会場となった東京宝塚劇場は、正月興行用の大道具が舞台裏を占め、楽屋は大勢の出演者でひしめき合っていた。紅組の雪村いづみが急病で出場を断念、親友の江利チエミが雪村の分と合わせて紅いバラを2つ胸に飾って舞台に立ち、「お転婆キキ」を歌った。

第8回NHK紅白歌合戦　1957年度

前年、宮田輝アナが「男のくせに女の味方か！」などとヤジられた紅組司会は、この年はクイズ番組『ジェスチャー』で人気の水の江滝子が担当し、再び女性に戻った。このステージを最後に引退する小畑実が、涙を流しながら「高原の駅よさようなら」を熱唱。前年に紅組のトリを務めた笠置シヅ子の姿はなく、出場2回目の美空ひばりがトリを務めた。また、フランク永井や島倉千代子など戦後のスターが続々登場し、新旧交代が目立った。

第9回NHK紅白歌合戦　1958年度

当時NHK専属女優であった黒柳徹子が初めて紅組司会を務めた。『紅白』の人気に対抗し、民放各局が裏番組で大劇場からの生中継をぶつけてきた。掛け持ちの売れっ子タレントは、当時、横行していた"神風タクシー"のように会場から会場へと移動するため"神風タレント"と呼ばれた。この年の話題をさらったのは皇太子妃決定のニュース。その祝賀ムードを受けて、コロムビア・ローズがテニスラケットを抱えて登場し、「プリンセス・ワルツ」を歌った。

第10回NHK紅白歌合戦　1959年度

皇太子ご成婚と岩戸景気に沸いた1959年は、記念すべき第10回を迎えた。この年から設けられた日本レコード大賞の第1回大賞受賞曲「黒い花びら」で水原弘が初出場。ペギー葉山の「南国土佐を後にして」とともに、この年を象徴する2大ヒット曲が競い合い、会場の興奮は一気に頂点に達した。七色の声を持つといわれた中村メイコが初めての司会を担当。高橋圭三アナと丁々発止の司会を繰り広げた。

1960年代

第11回NHK紅白歌合戦　1960年度

1960年代の幕開け、高度経済成長の入り口に立った日本は、国際化の歩みを早めていく。この年、紅白はNHKの国際放送を通じて、初めて世界各地に同時中継を行った。英語のアナウンスがオープニングを飾ったのも初めてだった。高校2年生の橋幸夫が「潮来笠」で初出場。三橋美智也はヒット曲の「達者でナ」で大トリを飾った。ロカビリー・ブームを反映し、平尾昌章（のちに平尾昌晃）、ミッキー・カーチスも初出場した。

01.ドラマ　02.クイズ・バラエティー　03.音楽　04.伝統芸能　05.ニュース　06.報道・ドキュメンタリー　07.紀行　08.教養・情報　09.自然・科学　10.こども・教育　11.人形劇・アニメ　12.趣味・実用　13.大型特集番組等

第12回NHK紅白歌合戦　1961年度

バラエティー番組『夢であいましょう』から生まれた「上を向いて歩こう」で一躍人気者になった坂本九や、「コーヒー・ルンバ」の西田佐知子が初出場。同じく初出場の村田英雄はヒット曲「王将」を、歌唱時間が2番の歌詞までしかなかったため、3番にある「何がなんでも勝たねばならぬ」を2番にはさみ込み、"打倒紅組"の心意気を示した。歌手たちの「紅白出場が目標」の発言が増え、出演者のトリ争いも次第に意識され始めた。

第13回NHK紅白歌合戦　1962年度

白組司会者は高橋圭三アナウンサーからバトンを受け宮田輝アナウンサーに。紅組も森光子が初めて起用された。新旧交代が目立ち、植木等、吉永小百合、中尾ミエら14組が初出場。出場4回目の森繁久彌は、自作の「知床旅情」を歌い、紅白で最初の"シンガーソングライター"の登場となった。この回より視聴率調査がスタートし、80.4%と驚きの数字を記録。恒例の歳末特別番組から、芸能界最大の年中行事の1つとなっていた。

第14回NHK紅白歌合戦　1963年度

翌年開催の東京オリンピックを意識して、番組冒頭では渥美清が聖火ランナーとして入場。激化する宇宙開発競争にちなんで、柳家金語楼が宇宙服姿で登場したのもこの年。レコード大賞受賞曲「こんにちは赤ちゃん」で梓みちよが初出場。歌手生活20年を超える田端義夫も初出場だった。また江利チエミが初めて出場歌手と司会を兼任。視聴率は空前絶後の81.4%を記録し、紅白が「国民的行事」であることを数字の上でも証明した。

第15回NHK紅白歌合戦　1964年度

日本中が東京オリンピックに沸いたこの年、ハナ肇とクレージー・キャッツは女子バレー"東洋の魔女"にふんして応援。曲タイトルにも"東京"が反映され、「東京ブルース」(西田佐知子)、「東京の灯よいつまでも」(新川二郎)、「さよなら東京」(坂本九)、「ウナ・セラ・ディ東京」(ザ・ピーナッツ)が歌われた。また白組の西郷輝彦、橋幸夫、舟木一夫の"御三家"も注目を集めた。紅白もカラー放送となり、これまで以上に衣装の色や柄に工夫を凝らすようになった。

第16回NHK紅白歌合戦　1965年度

このころから1年の総決算としてヒット曲をまとめて紹介する色彩が強まってきた。「マック・ザ・ナイフ」を歌ったジャニーズの初出場は、テレビの普及とともにアイドル時代の到来を予感させた。ほかに都はるみ、日野てる子、バーブ佐竹、井沢八郎、水前寺清子、山田太郎が初出場。それまで紅組のトリを5回つとめたトップスターの美空ひばりが、初めてレコード大賞を受賞したのもこの年。受賞曲の「柔」を6回目のトリで披露した。

第17回NHK紅白歌合戦　1966年度

ビートルズが来日し日本中を熱狂させたこの年、国内でもグループサウンズのブームが起こり、ジャッキー吉川とブルー・コメッツが初出場。同じく流行の兆しを見せていたフォークソングからは、マイク真木が「バラが咲いた」をギター1本で歌い、グループサウンズと対照的な姿を見せた。また、青春映画「若大将シリーズ」で人気だった加山雄三が自ら作曲した大ヒット曲、「君といつまでも」で初出場。「幸せだなぁ…」のせりふで会場をわかせた。

第18回NHK紅白歌合戦　1967年度

初出場は、山本リンダ「こまっちゃうナ」、佐良直美「世界は二人のために」、布施明「恋」、荒木一郎「いとしのマックス」など、和製ポップスが占めた。またグループサウンズからジャッキー吉川とブルー・コメッツが連続出場を果たす。ハナ肇とクレージー・キャッツ、ドリフターズにミヤコ蝶々が加わり、4分半もの"お笑い"応援コントが繰り広げられる"紅白ならでは"の場面も。この年来日したツイギーの影響もあり、ミニスカートが多く見られた。

第19回NHK紅白歌合戦　1968年度

白組司会を務めていた宮田輝アナウンサーが総合司会に、紅組が水前寺清子、白組が坂本九という3人司会体制が初めてとられた。グループサウンズに代わってムード・コーラスが台頭し、黒沢明とロス・プリモス、鶴岡雅義と東京ロマンチカ、そして「恋の季節」のピンキーとキラーズなどが初出場。また実力派の森進一、美川憲一、千昌夫も初出場した。青江三奈が歌う「伊勢佐木町ブルース」のため息を、笛の音で表現するという"配慮"もあった。

第20回NHK紅白歌合戦　1969年度

第20回の記念大会は、村田英雄が「王将」、春日八郎が「別れの一本杉」、西田佐知子が「アカシアの雨がやむとき」を歌い、ベテラン勢は代表曲を披露した。いしだあゆみが「ブルーライト・ヨコハマ」で初出場。白組司会も担当した坂本九は「見上げてごらん夜の星を」を歌い、会場を感動に包んだ。この年7月のアポロ11号月面着陸での衛星中継で、同時通訳を担った西山千氏が登場し、ヒューストンからの応援メッセージを同時通訳した。

1970年代

第21回NHK紅白歌合戦　1970年度

1970年代に入り、この年大阪万国博覧会が開催された。紅組司会に美空ひばりを起用、白組宮田輝アナウンサーとの舌戦が繰り広げられた。紅組では「圭子の夢は夜ひらく」で藤圭子、「私生活」で辺見マリのほか、「笑って許して」で和田アキ子が初出場。白組では「あしたが生まれる」でフォーリーブス、「もう恋なのか」でにしきのあきら、「一度だけなら」で野村真樹が初。また男女デュエットのヒデとロザンナが白組から初出場したのも話題となった。

第22回NHK紅白歌合戦　1971年度

札幌で行われる日本初の冬季オリンピックを翌年に控え、会場と札幌選手村との二元中継を実施。トワ・エ・モワが大会のテーマ曲である「虹と雪のバラード」で、ダーク・ダックスが「白銀は招くよ」でオリンピック気分を盛り上げた。初出場の尾崎紀世彦は「また逢う日まで」でレコード大賞を受賞。授賞式の花を胸につけたままトップバッターで登場した。五木ひろしが「よこはま・たそがれ」で、小柳ルミ子が「わたしの城下町」で初出場したのもこの年だった。

第23回NHK紅白歌合戦　1972年度

紅白対抗ムードを高めるために、紅組に水前寺清子、白組に堺正章の応援団長を置いた。人気絶頂だったアイドルの天地真理は「ひとりじゃないの」で初出場。この年に本土復帰をはたした沖縄出身の南沙織は2度目の出場。人気絶頂のお笑いコンビ、コント55号が初めて応援で出演。第14回から10年連続でトリを務めた美空ひばりが、この年を最後に出場歌手としては『紅白』を去った。またこの回が東京宝塚劇場を会場とした最後の放送となった。

03

NHK紅白歌合戦

第24回NHK紅白歌合戦　1973年度

この回から会場を、新しく完成した東京・渋谷のNHKホールへ移した。テレビ公開収録用に設計されたホールで、歌はもちろん、応援合戦など総合的なステージショーの演出の幅が広がった。森昌子「せんせい」、アグネス・チャン「ひなげしの花」、郷ひろみ「男の子女の子」、麻丘めぐみ「わたしの彼は左きき」など10代歌手の活躍が際立った。この年に紫綬褒章を受章した藤山一郎と渡辺はま子が特別ゲストとして登場し、第1回出場曲を歌った。

第25回NHK紅白歌合戦　1974年度

これまで15回司会を務めてきた宮田輝アナウンサーから、山川静夫アナウンサーへと白組司会のバトンが渡された。紅組には山口百恵・森昌子・桜田淳子の"花の高1トリオ"が、白組には郷ひろみ・西城秀樹・野口五郎の"新御三家"が、そろって登場し、若さあふれるステージを見せた。自作の「あなた」で小坂明子が初出場。伴奏オーケストラを指揮したのは指揮者で編曲家の父・小坂務氏。親子での紅白共演を果たした。

第26回NHK紅白歌合戦　1975年度

"あんたあの娘（こ）のなんなのサ"というフレーズが流行語になった「港のヨーコ・ヨコハマ・ヨコスカ」でダウン・タウン・ブギウギ・バンドが初出場。人気アイドルのキャンディーズも「年下の男の子」で初出場を果たした。また、宝塚歌劇団の「ベルサイユのばら」ブームを反映し、花組と月組が華麗な舞台を披露。審査方法も、400人の"お茶の間審査員"が新たに加わり、電話で審査した。この回からブラジルへの衛星中継が始まる。

第27回NHK紅白歌合戦　1976年度

山口百恵ら"高3トリオ"のほか、「春一番」のキャンディーズ、「木綿のハンカチーフ」の太田裕美、「ファンタジー」の岩崎宏美など、女性の若手歌手の活躍が目立った。またフランク永井と島倉千代子は連続20回出場を達成。第8回以来、美空ひばりと島倉千代子が務めてきたトリを、初めて都はるみが「北の宿から」で務めた。この回で歌われた48曲のうち、実に9曲までを阿久悠作品が占め、スポーツ紙は「阿久、紅白"独占"」と報じた。

第28回NHK紅白歌合戦　1977年度

人気絶頂だったピンク・レディーが「ウォンテッド」で初出場。同じく人気のキャンディーズとともにステージを彩った。また、デビュー4年目にして演歌に転向した石川さゆりも、大ヒット曲「津軽海峡・冬景色」で初出場を果たす。沢田研二はレコード大賞受賞曲「勝手にしやがれ」を熱唱。ゲストにはプロレス界からビューティ・ペアの顔も。応援合戦では、三波伸介と中村メイコが掛け合いを見せた。

第29回NHK紅白歌合戦　1978年度

新しい音楽界の流れを受けて設けられたニューミュージック・コーナーには、庄野真代、渡辺真知子、サーカス、世良公則&ツイスト、原田真二、さとう宗幸の6組が出演。トリを山口百恵が「プレイバック　Part2」で、沢田研二が「LOVE（抱きしめたい）」で務め、初めてポップス系が占めた形となった。森光子と山川静夫アナの歯切れのよい軽妙な司会も話題に。

第30回NHK紅白歌合戦　1979年度

大橋純子、サザンオールスターズ、さだまさし、ゴダイゴなどが初出場。ニューミュージック系歌手の躍進がみられたが、渥美二郎、小林幸子といった演歌組も健闘。若手ながら歌謡界のトップにいた山口百恵は翌年引退、最後の紅白となった。30回目の記念大会ということで、草創期の『紅白』の中心的な存在だった藤山一郎と、17回の出場のうちトリが13回という美空ひばりが特別出演し、ヒット曲を3曲ずつ歌った。

1980年代

第31回NHK紅白歌合戦　1980年度

この年、紅組、白組の先攻後攻を、本番中に決定するという演出で、合戦色を強く打ち出した。紅組司会には22年ぶりとなる黒柳徹子。山口百恵が歌謡界を引退し、入れ代わるように新しいアイドル松田聖子が、「青い珊瑚礁」で初出場。田原俊彦が、"たのきんトリオ"の仲間、近藤真彦、野村義男に応援されて「哀愁でいと」を歌うなど、新たなアイドル時代突入を感じさせた。金八先生で人気だった武田鉄矢は海援隊として「贈る言葉」を歌った。

第32回NHK紅白歌合戦　1981年度

歌番組の原点に戻り、恒例の応援合戦は歌手だけで行うなど、歌唱時間を十分にとる演出となる。初出場の河合奈保子や石川ひとみ、近藤真彦らが若さを爆発させる一方で、「ルビーの指環」が大ヒットした寺尾聰や、大河ドラマ『おんな太閤記』に主演した西田敏行ら俳優系シンガーも登場。地方代表審査員らをNHKホールに招き、従来の電話による一般審査を廃止。「日本野鳥の会」による双眼鏡を使っての客席審査のカウントもこの回から始まった。

第33回NHK紅白歌合戦　1982年度

出場歌手の歌唱曲を新曲に限らず、歌手本人が歌いたい曲を優先。歌をじっくり聴かせる"歌手が主役"の演出を徹底。牧村三枝子が「くちなしの花」を、新沼謙治が「新雪」を歌うなど、"名曲"や"名調子"が続々と生まれた。サザンオールスターズの桑田佳祐が三波春夫を意識した着物姿で演歌調に歌い、事前に知らされていなかったスタッフを慌てさせた。初出場はシブがき隊、「待つわ」がヒットしたあみん、「ウェディング・ベル」のシュガーなど。

第34回NHK紅白歌合戦　1983年度

『笑っていいとも！』で人気絶頂だったタモリを総合司会に迎え、白組司会・鈴木健二アナウンサー、紅組司会・黒柳徹子という個性的な布陣となった。これまでステージ上にいたバンドを、客席前のオーケストラ・ピットに降ろし、張り出しを設けることで華やかなステージが実現。初出場は、中森明菜「禁区」、柏原芳恵「春なのに」、アルフィー「メリーアン」、梅沢富美男の「夢芝居」など。この回から始まった金杯の授与は沢田研二に、銀杯は水前寺清子に。

第35回NHK紅白歌合戦　1984年度

オープニングは出場歌手がそれぞれ対戦相手とともに入場し、対決色を強めた。「うわさのカップル対決」では、松田聖子と郷ひろみ、中森明菜と近藤真彦が対戦。手を取り合ってのパフォーマンスにも注目が集まる。小泉今日子、チェッカーズ、髙橋真梨子らが初出場。この回の最大の話題は、引退宣言をした都はるみのラストステージ。トリで「夫婦坂」を歌い終わった都にアンコールを促す鈴木健二アナウンサーの「私に1分間ください！」が語りぐさに。

第36回NHK紅白歌合戦　1985年度

NHKの「好きなタレント」調査でもナンバーワン歌手に輝いた森昌子が紅組司会に。翌年には森進一との結婚を控え、この回が"歌手"森昌子の最後の晴れ舞台。大歓声の中、トリで登場したが、最初から涙で歌うことができなかった。白組のトップバッターの吉川晃司が、ギターを燃やすという破天荒なパフォーマンスで場内は騒然。安全地帯は「悲しみにさよなら」、C-C-Bは「Lucky Chanceをもう一度」、テレサ・テンは「愛人」で初出場。

第37回NHK紅白歌合戦　1986年度

連続テレビ小説『はね駒』でヒロインを演じた斉藤由貴が、紅組司会を20歳の最年少で務めると同時に、「悲しみよこんにちは」で初出場。白組司会の加山雄三は、トップバッターで初出場だった少年隊の「仮面舞踏会」を、うっかり「仮面ライダー」と紹介して少年隊に頭を下げる場面も。島倉千代子が30回連続出場を達成、また小林旭が「熱き心に」の大ヒットで9年ぶりの出場を果たした。石川さゆりは「天城越え」で初めてのトリを務めた。

第38回NHK紅白歌合戦　1987年度

時代とともに人々の好みが多様化してきたことを受けて、演歌や歌謡曲、ポップスだけでなく、幅広いジャンルから出場者が選ばれた。クラシックから佐藤しのぶ、シャンソンから金子由香利、ロックから竜童組や小比類巻かほる、ニューミュージックから稲垣潤一や谷村新司、演歌からは瀬川瑛子が初出場を果たす。また例年はフレッシュな若手の"指定席"であるトップバッターを、八代亜紀と森進一のベテランが務めたのもこの回の特徴。

第39回NHK紅白歌合戦　1988年度

杉浦圭子アナウンサーが女性初の総合司会を担当し、林英哲の和太鼓の連打で幕を開けた。昭和がまさに暮れようとしていた時期で、シンプルなセットに落ち着いた演出となった。トップバッターの光GENJIは初出場にしてヒットメドレーを披露。小室哲哉率いるTM NETWORKに代表される新しいポップスが登場。さらにオペラの佐藤しのぶ、ミュージカルで人気の島田歌穂、民謡の岸千恵子など、前回にも増してバラエティーに富んだ顔ぶれとなった。

第40回NHK紅白歌合戦　1989年度

記念すべき第40回は昭和から平成に移った節目にあたり、大きな時代の転換を感じさせた。放送時間を4時間25分に拡大した2部構成。第1部が戦後の歌謡史をたどる「昭和の紅白」。この年の6月に亡くなった昭和の大歌手・美空ひばりの映像を会場の巨大モニターに映し出し、在りし日をしのんだ。第2部はヒット曲中心の「平成の紅白」。また、中村メイコ、森光子、黒柳徹子、山川静夫など歴代の司会者が登場し、思い出を語った。

1990年代

第41回NHK紅白歌合戦　1990年度

「21世紀に伝える日本の歌・世界の歌」をコンセプトに、紅白史上最多の男女合計58組が勢ぞろいした。シンディー・ローパーやポール・サイモンといった大物アーティストが海外中継で参加し、国際的でにぎやかな紅白となった。B.B.クィーンズは、オリコン年間1位を獲得したアニメ『ちびまる子ちゃん』の主題歌「おどるポンポコリン」で盛り上げた。また、DREAMS COME TRUE、吉田栄作、たま、宮沢りえなどが初出場した。

第42回NHK紅白歌合戦　1991年度

当時大人気だった大相撲の若貴兄弟による開会宣言でスタート。湾岸戦争、ソ連の解体、バブル崩壊という激動の時代を背景に、「どんなときも。」、「愛は勝つ」などメッセージ色の強い歌がヒットした。初出場のとんねるずが、パンツ1枚で全身を紅白に塗った"衣装"で登場し、観客の度肝を抜いた。年々派手さを増していく小林幸子の衣装やパフォーマンスにも注目が集まる。またこの年、SMAPが初出場し、アイドルの新時代を担ってゆくことに。

第43回NHK紅白歌合戦　1992年度

「テレビ40年・日本そして家族」がこの年のテーマ。イルカと南こうせつがテレビ40年を記念して、「なごり雪」、「神田川」で初出場。連続テレビ小説『ひらり』のヒロイン・石田ひかりが紅組司会を担当し、DREAMS COME TRUEが主題歌「晴れたらいいね」を歌ったのも話題に。9回連続出場のチェッカーズは、このステージを最後に解散。視聴率は過去5年間では最高の55.2%を記録。

第44回NHK紅白歌合戦　1993年度

「変わるにっぽん・変わらぬにっぽん」をテーマに、きんさん・ぎんさんと安達祐実の開会宣言でスタート。渡哲也は19年ぶり、いしだあゆみは16年ぶりの出場で、互いに初出場の思い出の歌を披露した。Jリーグ開幕にちなんだサッカー・コーナーにも会場が沸いた。また、俳優としても人気上昇中だった福山雅治が初出場。この年8月に亡くなった藤山一郎に代わってエンディングの「蛍の光」でタクトを振ったのは宮川泰。

第45回NHK紅白歌合戦　1994年度

「戦後50年・名曲は世代を超えて」のテーマのもと、対決色をいっそう濃いものとしたのが白組司会の古舘伊知郎と紅組司会の上沼恵美子の舌戦。さらに美川憲一VS小林幸子の衣装対決がエスカレートし、空中浮遊を見せた美川が「幸子おだまり！」と挑発した。trfと篠原涼子の初出場は、小室哲哉時代の幕開けを予感させた。また、吉田拓郎や小椋佳など、それまでテレビ出演のほとんどなかった歌手の出場もファンを喜ばせた。

第46回NHK紅白歌合戦　1995年度

阪神大震災、オウム事件、金融不安など暗い出来事が続いたこの年は、新しい年への希望を託して「ニッポン新たなる出発（たびだち）」がテーマとなった。"アムラー"なる社会現象を引き起こした安室奈美恵が初出場を果たす。また200万枚の大ヒットを飛ばしたダウンタウンの浜田雅功と小室哲哉のユニット・H Jungle With tのステージでは、相方の松本人志が乱入し、会場を沸かせた。

第47回NHK紅白歌合戦　1996年度

テーマは「歌のある国・にっぽん」。白組司会は3年連続となった古舘伊知郎、紅組司会には史上最年少となる19歳の松たか子を起用、さわやかな司会ぶりも好評だった。TRF、安室奈美恵、華原朋美、globeと小室ファミリーの活躍が目立ち、華原には小室哲哉がピアノで伴奏。出場4回の米米CLUBは、解散を前にしたラストステージで大暴れした。また、この年、再集結したRATS＆STARの初出場も話題になった。

NHK紅白歌合戦

第48回NHK紅白歌合戦　1997年度

この回のテーマは、「勇気、元気、チャレンジ」。SPEED、広末涼子、GLAYなど、12組が初出場を飾る。連続テレビ小説『ふたりっ子』から生まれた演歌歌手・オーロラ輝子（河合美智子）も登場。由紀さおりと安田祥子の選んだ曲がおなじみの童謡ではなく「トルコ行進曲」だったことも話題に。またX JAPANは紅白をラストステージに解散へ。トリを務めた、産休前の安室奈美恵が「CAN YOU CELEBRATE?」を熱唱した。

第49回NHK紅白歌合戦　1998年度

中居正広と久保純子アナウンサーの若手コンビが司会で、「ニッポンには、歌がある～夢、希望、そして未来へ～」のテーマでスタート。DA PUMPとKiroroの初出場は、沖縄勢の躍進を印象づけた。また民放の番組企画から生まれた"モーニング娘。"が登場。SMAPは最大セールスを記録した「夜空ノムコウ」を歌唱。母となってカムバックした安室奈美恵が、前年と同じ曲を涙で歌ったのも印象的だった。大トリの和田アキ子はサビをアカペラで熱唱した。

第50回NHK紅白歌合戦　1999年度

白組司会は大河ドラマ『元禄繚乱』で主演した中村勘九郎（当時）、紅組司会は2年連続となる久保純子アナウンサー。この回は、翌年解散を控えたSPEEDの出演と、松田聖子&郷ひろみの直接対決が話題を呼んだ。天童よしみは、「21世紀に伝えたい歌」アンケートで1位に選ばれた美空ひばりの「川の流れのように」を熱唱した。スティービー・ワンダー作曲、さだまさし作詞による第50回を記念したオリジナルソングも披露された。

2000年代

第51回NHK紅白歌合戦　2000年度

巨人軍監督・長嶋茂雄の「いよいよメークドラマの始まりです！」という第一声で幕開けとなった20世紀最後の『紅白』。シドニー五輪で金を獲得したマラソンの高橋尚子、柔道の田村亮子（当時）も登場。演歌界の若きプリンス・氷川きよしはこの年デビューを飾り、初出場。アリスも再結成し初出場となり、ミレニアム・スペシャルとして往年のヒット曲メドレーを披露した。また、ピンク・レディーの10年ぶりの出場も話題に。

第52回NHK紅白歌合戦　2001年度

新世紀最初のテーマは「21世紀～夢・新たなる挑戦」。司会は紅組が有働由美子アナ、白組が阿部渉アナ、総合司会が三宅民夫アナと、45年ぶりに局アナだけで固めた。話題となったのはザ・ドリフターズの初出場。『8時だヨ！全員集合』の人気コーナー「少年少女合唱隊」の紅白バージョンで盛り上げた。堀内孝雄はこの年亡くなった親友・河島英五の「酒と泪と男と女」を熱唱。また引退していた森昌子が16年ぶりの復帰を果たす。

第53回NHK紅白歌合戦　2002年度

この回大きな話題を呼んだのは、デビュー27年目にして初出場となった中島みゆき。それまでほとんどテレビ出演することのなかった中島が、『プロジェクトX』の主題歌「地上の星」を黒部ダムから中継で届けた。また、平井堅が「大きな古時計」、初出場の島谷ひとみが「亜麻色の髪の乙女」を歌い、リバイバル・ブームが反映された。新たな審査方法として、BSデジタル放送の双方向機能を使った「お茶の間審査員」がスタート。

第54回NHK紅白歌合戦　2003年度

「素晴らしいニッポン　心に響く紅白を」をテーマに、世代を超えて愛される楽曲が並んだ。森山良子・BEGIN・夏川りみによる「涙そうそう」や、森山直太朗の「さくら」、オペラ歌手・錦織健と女子十二楽坊の競演も話題になった。初出場の倉木麻衣は京都の教王護国寺（東寺）からの中継で、国宝の五重塔をバックにした世界遺産からの中継は紅白初となった。SMAPは大ヒット曲「世界に一つだけの花」で初の大トリを飾った。

第55回NHK紅白歌合戦　2004年度

アテネオリンピックが開催されたこの年は、数多くのメダリストが招かれた。ゆずはオリンピック公式ソングである「栄光の架橋」を熱唱。大ブームとなった韓流ドラマからは、『美しき日々』のイ・ジョンヒョン、『冬のソナタ』のRyuが出演し注目を集めた。「マツケンサンバⅡ」で初出場となった松平健は会場を華やかに盛り上げた。また、デビュー50周年の節目に8年ぶりの復帰となった島倉千代子が「人生いろいろ」を披露した。

第56回NHK紅白歌合戦　2005年度

戦後60年の節目の年。さだまさしが「広島の空」を、森山良子が息子の直太朗と「さとうきび畑」を歌い、吉永小百合が中継で原爆詩を朗読するなど、紅白から平和を願うメッセージを発信した。みのもんたが初司会を山根基世アナと務め、紅組司会に仲間由紀恵、白組司会に山本耕史という異色の顔合わせ。特別企画「タイムスリップ60年　昭和・平成ALWAYS」では森光子を囲み、出場歌手による戦後のヒット曲が披露された。

第57回NHK紅白歌合戦　2006年度

テーマは「愛・家族～世代をこえる歌がある」。テノール歌手の秋川雅史が初出場で歌った「千の風になって」は、この紅白もきっかけの一つとなり翌年ミリオンセラーとなった。トリノオリンピックのテーマ曲「誓い」を歌う平原綾香のもとには、金メダルを獲得した女子フィギュアスケートの荒川静香が駆けつける場面も。『プロフェッショナル　仕事の流儀』でおなじみとなったテーマ曲「Progress」をスガシカオが熱唱。

第58回NHK紅白歌合戦　2007年度

2007年の第58回から第60回までの3年間、「歌力（うたぢから）」を統一コンセプトとすることが決まり、この回は「歌の力・歌の絆」がテーマに。女性アイドルグループのAKB48が初出場を果たし盛り上がる一方で、26年ぶりの寺尾聰、25年ぶりのあみん、16年ぶりの槇原敬之など、久々に出場をはたした歌手も多く、じっくりと歌を聴かせた。また8月に亡くなった作詞家・阿久悠の名曲がラストの4曲を飾った。

第59回NHK紅白歌合戦　2008年度

北京オリンピックの公式テーマ曲を担当したMr. Childrenが初出場。藤岡藤巻と大橋のぞみによる「崖の上のポニョ」に先立ち、久石譲指揮による宮崎アニメの主題歌メドレーを披露。また日本人ブラジル移民100周年を記念してサンパウロから生中継され、特別企画で宮沢和史は「島唄～ブラジル移民100周年記念バージョン」を披露。同じく特別企画で、エンヤがアイルランドから出演し、「オリノコ・フロウ～ありふれた奇跡」で環境保護へのメッセージを伝えた。

第60回NHK紅白歌合戦　2009年度

60回目のテーマは「歌の力∞無限大」。久石譲作曲のテーマソング「歌の力」が記念大会を盛り上げた。嵐が初出場となり「紅白スペシャルメドレー」を披露。小林幸子は、自身をかたどった巨大衣装「メガ幸子」で登場、「もはや舞台セットだ」と驚きの声が上がった。イギリスからは動画サイトを通して世界中で話題になったスーザン・ボイルが出演。還暦を迎えた矢沢永吉のサプライズ出演には、同じステージで歌う出場者たちも驚きの表情を見せた。

▌2010年代

第61回NHK紅白歌合戦　2010年度

テーマは「歌で　つなごう」。紅組司会は連続テレビ小説『ゲゲゲの女房』のヒロイン・松下奈緒、白組司会は嵐というフレッシュな顔ぶれ。AKB48、倖田來未、和田アキ子、郷ひろみ、加山雄三、嵐、SMAPなど、複数曲をスペシャルアレンジで歌うメドレー形式が多く見られた。桑田佳祐は紋付き袴姿でスタジオから中継、病気からの完全復活を果たした。初出場は西野カナ、AAA、クミコ、植村花菜など。

第62回NHK紅白歌合戦　2011年度

この年東日本大震災が発生。明るい未来へ一歩を踏み出す力を歌に託し、被災地を応援する企画が随所に見られた。テーマは「あしたを歌おう。」。史上最年少で初出場となった芦田愛菜と鈴木福は、東北の子どもたちと「マル・マル・モリ・モリ！」を歌い、続けて「星に願いを」などディズニー・スペシャル・メドレーを歌った。「世界からのメッセージ」のコーナーでは、レディー・ガガとジャッキー・チェンから寄せられた日本への応援メッセージが流れた。

第63回NHK紅白歌合戦　2012年度

ロンドンオリンピックがあったこの年のテーマは「歌で 会いたい。」。注目は、史上最年長77歳で初出場となった美輪明宏。自身が作詞作曲した1966年のヒット曲「ヨイトマケの唄」を熱唱、若い世代に強烈なインパクトを残した。特別企画でMISIAがナミブ砂漠から中継。矢沢永吉のスペシャルステージも披露された。また東日本大震災復興支援ソング「花は咲く」を大合唱、翌年以降も歌われるようになる。

第64回NHK紅白歌合戦　2013年度

テーマは「歌がここにある」。この年4月から放送された連続テレビ小説『あまちゃん』が大ヒットし、"あまロス"という言葉まで生まれる社会現象に。紅白では特別編として、脚本・宮藤官九郎、音楽・大友良英のオリジナルストーリーが展開され、出演者も勢ぞろいしファンを楽しませた。EXILEのHIROのラストステージとなったのもこの回。北島三郎は史上初の50回出場を達成し、紅白勇退を宣言。ラストでは全出場者とともに「まつり」で歌い納めをした。

第65回NHK紅白歌合戦　2014年度

企画ゲストの目玉として、12年ぶりの中森明菜、31年ぶりのサザンオールスターズが出演し、注目を集めた。テーマは「歌おう。おおみそかは全員参加で！」。この年人気となった『アナと雪の女王』や『妖怪ウォッチ』の楽しい企画コーナーも。初出場は、デビュー20年目のV6、SEKAI NO OWARIなど。また、初の試みとなる副音声「紅白ウラトークチャンネル」はバナナマンが担当し、視聴者感覚の自由なトークで盛り上げた。

第66回NHK紅白歌合戦　2015年度

32年ぶりとなった黒柳徹子が総合司会に、紅組司会は綾瀬はるか、白組司会は井ノ原快彦（V6）。戦後70年・放送開始90年の節目となったこの年は「ザッツ、日本！ザッツ、紅白！」がテーマ。小林幸子は動画サイトとコラボした特別企画で「千本桜」を披露。10周年となったAKB48は、サプライズで元メンバーの前田敦子と大島優子が出演。企画コーナーの「アニメ紅白」ではアニメキャラクターが多数登場した。初出場は星野源、乃木坂46など。

第67回NHK紅白歌合戦　2016年度

「夢を歌おう」がテーマで、これは第67回から第70回まで、4か年の通しテーマとされた。東京オリンピック・パラリンピックへの足がかりとして、椎名林檎やTOKIOが都庁から中継。福山雅治やAKB48はスペシャルメドレーで。大ヒット特撮映画「シン・ゴジラ」とのコラボもあり、長谷川博己も出演し盛り上げた。また、スペシャルゲストとしてタモリとマツコ・デラックスが随所に出演。初出場は宇多田ヒカルやRADWIMPSなど。

第68回NHK紅白歌合戦　2017年度

テーマ「夢を歌おう」の2年目は、ミュージカル仕立てのスペシャル映像「グランド・オープニング」で幕を開けた。総合司会はコントバラエティー『LIFE！』でおなじみの内村光良、紅組司会は『ひよっこ』のヒロイン・有村架純、白組司会は嵐の二宮和也。特別出演歌手として、安室奈美恵と桑田佳祐が登場。安室は翌年9月に引退、最後の紅白で「Hero」を歌い上げた。初出場はHey！Say！JUMP、エレファントカシマシなど。

第69回NHK紅白歌合戦　2018年度

平成最後の紅白は、「夢を歌おう」をテーマに掲げた3年目。総合司会は前年に続き内村光良と桑子真帆アナウンサー。紅組司会は連続テレビ小説『なつぞら』のヒロイン・広瀬すず、白組司会は嵐の櫻井翔。話題となったのはテレビ番組初出場となった米津玄師。郷里の徳島県鳴門市からの生中継で熱唱。また企画枠の「夢のキッズショー」ではFoorinの「パプリカ」などが披露された。大トリはサザンオールスターズが圧巻のステージを見せた。

第70回NHK紅白歌合戦　2019年度

2016年から4年にわたって掲げてきたテーマ「夢を歌おう」の集大成となる記念大会であり、令和初の紅白となった。特別企画としてYOSHIKIとKISSの夢のコラボや、ビートたけしによる「浅草キッド」、竹内まりやの「いのちの歌」、松任谷由実の「ノーサイド」など盛りだくさんの内容となった。嵐はNHK2020ソング「カイト」と「紅白スペシャルメドレー」を披露し、東京オリンピックへの期待を胸に幕を閉じた。

NHK 紅白歌合戦

2020年代

第71回NHK紅白歌合戦　2020年度

新型コロナウイルス感染拡大により世界が一変したこの年、紅白は初の無観客開催となった。会場はNHKホールやいくつかのスタジオに分散された。番組テーマは「今こそ歌おうみんなでエール」。特別枠では、連続テレビ小説『エール』で描かれた古関裕而の名曲を披露、また主題歌を歌ったGReeeeNのアバターが出現した。「夜に駆ける」で年末までのストリーミング再生3億回のYOASOBIのテレビ初歌唱に注目が集まった。

第72回NHK紅白歌合戦　2021年度

NHKホール改修中のため、東京国際フォーラムをメイン会場に、中継や局内のスタジオを複数活用。2年ぶりの有観客での開催となったが、新型コロナウイルス対策として入場者を2100人あまりに限定した。テーマは「Colorful 〜カラフル〜」。多様性の観点から、紅白をわけない司会陣、赤と白の境界があいまいに溶け合う番組ロゴに変更。出演者の役割や比率、テーマや描き方についても、これまでの在り方を見直した。

第73回NHK紅白歌合戦　2022年度

3年ぶりに有観客のNHKホールで開催。テーマは「LOVE & PEACE ーみんなでシェア！ー」。司会は大泉洋、橋本環奈、櫻井翔（スペシャルナビゲーター）、桑子真帆アナウンサー。初出場となるウタ、Aimerが注目のアニソンを歌唱。加山雄三が現役最後のパフォーマンスを披露、歌手活動休止前の氷川きよしはラスト紅白となった。桑田佳祐は、佐野元春、世良公則、Char、野口五郎とメッセージソングを歌った。

第74回NHK紅白歌合戦　2023年度

「ボーダレスー超えてつながる大みそかー」をテーマに、「音楽の力」が国や言葉、世代を超えて"ボーダレス"に人と人とをつなぎ、楽しめることを目指した。司会は有吉弘行、橋本環奈、浜辺美波、高瀬耕造アナウンサー。「テレビ放送70年 特別企画」では、スペシャルゲストで黒柳徹子が出演し、ポケットビスケッツ＆ブラックビスケッツ、薬師丸ひろ子、寺尾聰が歌唱。また、SMILE-UP.（旧ジャニーズ事務所）所属タレントの出場はなかった。

第75回NHK紅白歌合戦　2024年度

テーマは「あなたへの歌」。国も性別も、時代にもとらわれることなく、かけがえのない「あなた」ひとりひとりへ最高の歌を届ける紅白。司会は前回に続いて2回目の有吉弘行、2024年度の朝ドラヒロインの2人・橋本環奈と伊藤沙莉、そして鈴木奈穂子アナウンサーの4人。総合・BSP4K・BS8K・ラジオ第1で午後7時20分からニュースをはさんで午後11時45分までの放送。2025年3月に迎える放送100年企画も。

NHK フォトストーリー ⑪

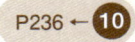 P236 ← ⑩　⑫ → P325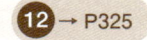

16ミリフィルム撮影機（1963年）

16ミリフィルム撮影機（1963年）

カラー撮影用テレビカメラ（1968年）

カラー撮影用テレビカメラ（1964年）

左端縦書き： 01.ドラマ　02.クイズ・バラエティー　03.音楽　04.伝統芸能　05.ニュース　06.報道・ドキュメンタリー　07.紀行　08.教養・情報　09.自然・科学　10.こども教育　11.人形劇・アニメ　12.趣味・実用　13.大型特集番組等

背景を投影する特殊効果・スクリーンプロセス（1956年）

ハーフミラーで画面合成する特殊効果・ミラクルシーン

合成映像の撮影現場（1961年）

リモートコントロール・スタジオ（1961年）

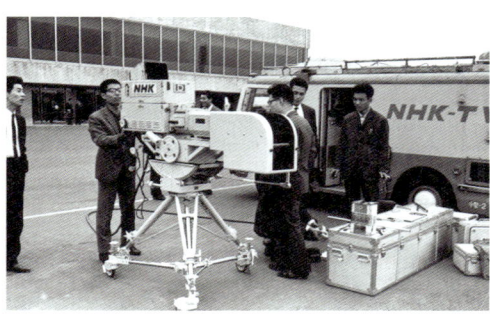
ロケット追跡装置　ミラートラッカー・カメラ（1966年）

撮影用耐震装置エアロビジョン（1968年）

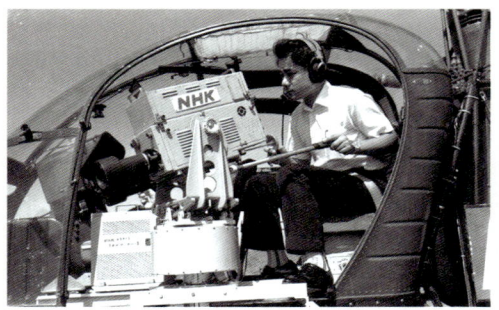
撮影用耐震装置エアロビジョン（1968年）

撮影用耐震装置エアロビジョン（1969年）

水中カメラ撮影（1960年）

水中カメラ撮影（1960年）

03

音楽
歌謡曲等

01

総合テレビの看板歌謡番組
～『歌の花束』から『うたコン』へ～

　1953年2月1日午後7時30分、ラジオの歌謡番組『今週の明星』の公開放送が、テレビ開局記念番組として日比谷公会堂で行われた。テレビの歌謡番組の歴史は、この中継から始まった。

　霧島昇が「赤い椿の港町」、笠置シヅ子が「買物ブギ」、高倉敏が「愉快なお巡りさん」などを披露。『今週の明星』はテレビ本放送がスタートした2月以降、ラジオ・テレビ共用番組として放送された。

　テレビ独自の歌謡番組の草分けには、午後0時台の『歌の花束』(1953～1956年度)がある。1954年11月から午後8時に放送時間を移し、いわゆる"ゴールデンタイム"の歌謡番組が誕生した。

　『歌の花束』の放送終了の4日後にスタートした『歌の広場』(1956～1963年度)は、月曜午後8時からの30分番組。NHKホールからの公開生放送だった。NHKホールは、1955年に東京内幸町のNHK東京放送会館に併設されたばかりの公開放送用のホールで、当時、月曜日の午後7時30分からの人気番組『私の秘密』が、高橋圭三アナウンサーの司会で公開生放送されていた。午後8時からの『歌の広場』は、『私の秘密』の放送終了とともにセット転換をわずか1分で行い、同じ高橋アナの司会で引き続き放送された。第1回放送の出演者は、淡谷のり子、青木光一、コロムビア・ローズ、岡本敦郎と伴奏の東京放送管弦楽団だった。

　『歌の広場』では、月に1回新しい歌を発表する「今月のテレビ歌謡」コーナーを企画。ペギー葉山が歌った「南国土佐を後にして」(1958)、ザ・ピーナッツが歌った「心の窓にともし灯を」(1959)などのヒット曲を生んだ。またプロを目指す新人歌手を紹介する"ニューボイス"や、観客と出演歌手が談笑する「ラッキースポット」のコーナーなどバラエティーに富んだ構成で、現在に続く歌謡ステージ番組の先駆けとなった。

『テレビ実験放送　今週の明星』東海林太郎ほか(1953年) → P312

『今週の明星』テレビ放送初日(笠置シヅ子) → P312

『歌の花束』(1953～1956年度) → P312

『歌の広場』(1956～1963年度) → P312

『こよい歌えば』(1962〜1963年度) →P313

『歌のグランドショー』(1964〜1967年度) →P314

『歌の祭典』(1968〜1970年度) →P314

『歌のグランドステージ』(1971年度) →P315

『歌謡グランドショー』(1972年度) →P315

『歌のゴールデンステージ』
(1973〜1975年度) →P315

『歌のグランドショー』(1976〜1977年度) →P315

『こよい歌えば』(1962〜1963年度)は、日曜午後7時台の歌謡番組。ラジオとの共用だった歌謡番組『花の星座』がラジオ単独放送に戻り、同時間帯にその形式を引き継いで始まった。宮田輝アナウンサーが司会をつとめ、日本のトップスターだけでなくシャンソンのイベット・ジロー、ジャズボーカルのヘレン・メリルなど海外アーティストも招いた。放送の最終回では、原信夫とシャープス・アンド・フラッツのワンマンショー形式で、ゲストに美空ひばり、江利チエミ、アイ・ジョージを迎えた。

『歌のグランドショー』(1964〜1967年度)は、『こよい歌えば』の後継番組として日曜夜のゴールデンタイムに登場した50分の大型歌謡番組。金井克子、倍賞千恵子、アントニオ古賀の3人を中心に、歌と踊りとコントをテンポよく繰り広げた。翌1965年からは倍賞に代わって中尾ミエが参加。番組は大好評で、同年11月の視聴率調査で41.1%を記録している。

『歌のグランドショー』の終了後は、『歌の祭典』(1968〜1970年度)、『歌のグランドステージ』(1971年度)と続き、日曜午後7時台の歌謡番組は終了する。

1972年4月、世論調査の結果による歌謡曲番組の好適時間を参考に、火曜の午後8時台に新たに『歌謡グランドショー』(1972年度)をスタートする。デビュー前のキャンディーズが番組マスコットガールとして初めてブラウン管に登場。番組の担当プロデューサーが「キャンディーズ」と命名し、アイドルへの道を歩み始める。司会は山川静夫アナウンサーが担当。放送時間を1時間に拡大して生放送とした。以後、総合テレビ火曜の午後8時台は、1977〜1979年度を除き、『うたコン』(2016年度〜)まで「歌謡ステージ番組」枠として定着する。

1973年4月、『歌謡グランドショー』のあとを受けて『歌のゴールデンステージ』(1973〜1975年度)が始まる。この年の6月に完成した渋谷の新NHKホールに会場を移し、4000人の観客を集める大型公開番組となった。司会は山川アナが続投。初回は「服部メロディーをうたう」と題して、森進一、上條恒彦、欧陽菲菲が服部良一作曲の名曲を歌った。

1976年4月、『歌のゴールデンステージ』の後継番組として『歌のグランドショー』(1964〜1967年度・1976〜1977年度)が、8年ぶりに101スタジオからの生放送で復活。司会は引き続き山川静夫アナウンサー。

歌謡曲等

『NHK花のステージ』（1977～1979年度）→P315

『歌のビッグステージ』（1980年度）→P316

『NHK歌謡ホール』（1981～1985年度）→P316

『NHK歌謡ステージ』（1986～1987年度）→P316

『歌謡パレード』（1988～1990）年度 →P317

『歌謡リクエストショー』（1991年度）→P317

『NHKヒットステージ』（1992年度）→P317

『NHK歌謡コンサート』（1993～2015年度）→P318

『うたコン』（2016年度～）→P323

　1978年1月、水曜の午後8時に『NHK花のステージ』（1977～1979年度）がスタートする。司会は伊東四朗、泉ピン子、桜田淳子で、NHKホールから中継録画で放送。

　1980年4月、『NHK花のステージ』のあとを受けて、『歌のビッグステージ』（1980年度）が再び放送日を火曜の午後8時に戻して始まる。

　その後、『NHK歌謡ホール』（1981～1985年度）、『NHK歌謡ステージ』（1986～1987年度）、『歌謡パレード』（1988～1990年度）、『歌謡リクエストショー』（1991年度）、『NHKヒットステージ』（1992年度）を経て、その後23年続く長寿歌謡番組『NHK歌謡コンサート』（1993～2015年度）が登場する。

　『NHK歌謡コンサート』は時代を超えた歌謡曲の名曲を中心に、最新のヒット曲、話題曲で構成する公開生放送の歌謡番組。番組スタート時の司会は堺正章と東ちづる。1995年度からは宮本隆治、阿部渉、小田切千、高山哲也の各アナウンサーが代を重ねた。

　2016年4月、『NHK歌謡コンサート』をリニューアルし、番組の通称をそのまま番組タイトルとした『うたコン』がスタート。NHKホールからの公開生放送で、演歌・歌謡曲からフォーク、ポップスまでを、多彩な出演者の歌で紹介した。司会は谷原章介とNHK女性アナウンサーがコンビで担当。

　2020年は新型コロナウイルスの感染拡大から、4月7日に緊急事態宣言が発出。『うたコン』は4月14日からNHKホールでの通常放送を中止。スタジオにゲスト歌手を招いての変則スタイルで生放送した。スタジオとリモート出演によるゲスト歌手の歌と、視聴者からのリクエストにこたえてアーカイブス映像によりさまざまな歌手の熱唱を紹介した。6月9日から再び会場をNHKホールに移したが無観客での放送となる。

　2021年4月からはNHKホールが改修工事にともない休館となるため、舞台を「東京国際フォーラム」（東京・千代田区）に移した。2022年7月からNHKホールに戻る。

01.ドラマ　02.クイズ・バラエティー　03.音楽　04.伝統芸能　05.ニュース　06.報道ドキュメンタリー　07.紀行　08.教養・情報　09.自然・科学　10.こども・教育　11.人形劇・アニメ　12.趣味・実用　13.大型特集番組等

02
視聴者が競う音楽番組
〜『NHKのど自慢』ほか〜

『NHKのど自慢』(1970年度〜)のルーツ『のど自慢素人音楽会』が始まったのは1946年1月、もちろんラジオ番組である。翌1947年に『のど自慢素人演芸会』と改題。テレビ本放送開局の年、1953年にラジオ・テレビ共用番組として同時放送されたテレビの最長寿番組である。司会は1946年の放送開始以来、田辺正晴アナウンサーほか5人のアナウンサーが交代で担当。1950年からは宮田輝アナウンサーがつとめ、その名司会ぶりも番組の人気を支えた。

1953年度は、東京だけで毎月800名ほどの応募があり、毎回約150人の予選参加者の中から40名が放送された。月2回は東京以外からの中継で、ローカルカラーを出した。合格者は1回の放送で平均3名ほどで、年末最終日曜は「合格者大会」を開き、その年に合格した約100名の中から優秀者20名が放送された。

1970年4月、『のど自慢素人演芸会』を『NHKのど自慢』と改題して内容を刷新。2組のゲスト歌手が加わるとともに、合格者以外から「熱演賞」を選ぶなど、出場者の人間味を引き出す演出となる。司会は金子辰雄アナウンサーがつとめた。また毎週のチャンピオンを集めて「チャンピオン大会」を実施、"グランドチャンピオン"を決定した。

1回の応募者が100人を下回る低迷期もあったが、1980年代以降はハンドマイクの採用とカラオケブームが追い風となり、応募数も毎週3000通を超えた。2015年、出場資格がそれまでの「高校生以上」から「中学生以上」に引き下げられる。美空ひばり、北島三郎、五木ひろしら

『のど自慢素人演芸会』(1953〜1969年度) →P312

『NHKのど自慢』(1970年度〜) →P315

『のど自慢素人演芸会』(八丈島)

『のど自慢素人演芸会』(八丈島)

歌謡曲等

も出場経験者。田中星児、玉城千春（Kiroro）、三山ひろしなど、優勝後にプロデビューした歌手も多い。

『あなたのメロディー』（1963〜1984年度）は、一般視聴者の作詞・作曲を競うコンテスト形式の視聴者参加番組。当初は東京・内幸町のNHKホールからの生放送で、総合テレビの土曜午後7時30分からの30分番組で始まった。

番組スタート当時は、自宅にピアノがある家庭も少なく、応募作品も少なかった。しかしオリジナル曲で世界を席けんしたビートルズの人気や、学生たちがギターを弾きながら歌うカレッジフォークのブームも重なり、ほどなくして毎週500曲以上の楽譜が届くようになる。

番組では毎回、応募された4〜6曲をプロの歌手が歌い、客席の視聴者と5人の審査員がその日の「アンコール曲」を選んだ。審査員をつとめた作曲家の高木東六が、楽譜を手に自ら口ずさみながら批評する姿も人気を呼んだ。毎回のアンコール曲を集めて行う月間コンテスト、さらにその中から選んだ12曲で年間コンテストも開催した。

北島三郎が歌った「与作」、トワ・エ・モワの「空よ」、ダーク・ダックスの「あんな娘がいいな」など、この番組から生まれたヒット曲も多く、22年間続く人気番組となった。

『勝ち抜き歌謡天国』（1984〜1985年度）は、歌謡界の第一線で活躍する有名作曲家が全国を訪れ、当地の歌自慢の出場者に歌の技術を伝授する視聴者参加の公開派遣番組。総合テレビ土曜の午後8時台のゴールデンタイムに放送した。

番組では5人の一般出場者と5人の作曲家がそれぞれペアを組んで、歌唱レッスンをおこなう。出場者にレッスンする作曲家の顔ぶれは、市川昭介、猪俣公章、曽根幸明、中村泰士、平尾昌晃、宮川泰、森田公一と、当代きってのヒットメーカーたち。5人が予選曲を歌って、2組が決勝に進出。出場者はその上達ぶりを競い合い、最後にチャンピオンが決まる。作曲家たちの個性豊かな指導ぶりと、カラオケファンにとっての実践的なアドバイスが人気を呼んだ。

番組をきっかけにプロの歌手になった出場者もいる。和歌山のチャンピオンとなった坂本冬美は、猪俣公章の内弟子となり歌手デビュー。藤あや子は秋田開催回のチャンピオン。森口博子は『特集・勝ち抜き歌謡天国−全国名人大会−』の準優勝者だった。

『勝ち抜き歌謡天国』の衛星放送版『BS勝ち抜き歌謡選手権』（1993〜1994年度）は衛星第2で毎月1回放送。全国の歌自慢に、プロの作曲家がマンツーマンで歌唱指導する番組スタイルは『BS歌謡塾　あなたが一番』（1995年度）、『日本縦断カラオケ道場』（1996年度）、『BSカラオケ塾』（2005〜2006年度）に引き継がれる。

『あなたのメロディー　年間優秀作品コンテスト』（1963〜1984年度）→ P313

『BS歌謡塾　あなたが一番』（1995年度）→ P318

『勝ち抜き歌謡天国』（1984〜1985年度）→ P316

『日本縦断カラオケ道場』（1996年度）→ P319

『BSカラオケ塾』（2005〜2006年度）→ P321

『若さとリズム』（1965年度）→P314

太田裕美　大城孝治
『ステージ101』（1969〜1973年度）→P314

『レッツゴーヤング』サンデーズ（1974〜1985年度）→P315

03
アイドルたちのステージショー
〜『ステージ101』から『ザ少年倶楽部』へ〜

『レッツゴーヤング』石野真子、太川陽介（1974〜1985年度）→P315

　『若さとリズム』（1965年度）は、土曜の総合テレビ午後8時台に放送したポップス系音楽番組。クロマキー合成の技術やクレーンカメラを使うなど、映像演出に工夫を凝らしたミュージカルショーだ。ジャニーズ、弘田三枝子、鹿内タカシ、伊東ゆかり、布施明ら、若手歌手がアメリカンポップスを中心に歌と踊りを披露した。

　世界から77か国が参加した日本万国博覧会（大阪万博）開催を2か月後に控えた1970年1月、若者向けショー番組『ステージ101』（1969〜1973年度）が、土曜午後8時からの1時間番組で登場する。タイトルの「101」は、当時、東洋一の広さを誇った東京・渋谷のNHK放送センターの収録スタジオ「101スタジオ」にちなんだもの。企画・演出が末盛憲彦ディレクター、音楽が中村八大という『夢であいましょう』のコンビが中心になってスタートした。オーディションと新人歌手の中から選ばれた36人で構成したコーラスグループ「ヤング101」が中心となって、歌とダンス、さらに楽器演奏も繰り広げた。歌謡曲や当時流行していたフォークソングは取り上げず、世界各国のポピュラーソングやオリジナル曲に力を入れた。「ヤング101」のメンバーでもあったグループ「シング・アウト」が「オリジナル・ソング」のコーナーで歌った「涙をこえて」（作詞：かぜ耕司・作曲：中村八大）が大ヒットし、番組のシンボル曲となった。「ヤング101」には、歌手で俳優の上條恒彦、『おかあさんといっしょ』の初代「うたのお兄さん」田中星児、のちに「木綿のハンカチーフ」の大ヒットを飛ばす歌手の太田裕美

も在籍していた。初代の司会者は関口宏、その後は黒柳徹子、マイク真木と前田美波里らがつとめた。

　1974年3月に『ステージ101』が終了すると、翌月から新たな若者向け音楽番組『レッツゴーヤング』（1974〜1985年度）が日曜の午後6時台に始まる。コーラス主体で歌も衣装もカレッジ風だった『ステージ101』に対して、『レッツゴーヤング』はきらびやかな"アイドル路線"。野口五郎、郷ひろみ、西城秀樹の"新御三家"、山口百恵、桜田淳子、森昌子の"花の高1トリオ"ら、当時のトップアイドルがこぞって出演する初めてのアイドル系ステージショーだった。

　初年度は司会をフォーリーブス、鈴木ヒロミツらが担当。その後、キャンディーズ、ピンク・レディー、狩人、榊原郁恵、石野真子など、その時々のトップアイドルがつとめた。人気アイドルに加え、海外からのアーティストも数多く出演。前年に完成したばかりのNHKホールからの公開録画で、観覧希望のはがきがNHKに殺到した。

　1977年には「歌って踊れてトークもできる歌手の育成」を目的に、番組のオリジナルグループ「サンデーズ」を結成。メンバーとなった太川陽介、川崎麻世、渋谷哲平、香坂みゆき、倉田まり子らの人気に火が付いたことで、「サンデーズ」はアイドルの登竜門として注目をあびる。そのオーディ

歌謡曲等

『ヤングスタジオ101』(1986～1987年度) →P316

『ジャストポップアップ』(1988～1989年度) →P317

『ポップジャム'93/'94』(1993～1994年度) →P318

『MUSIC JAPAN』(2007～2015年度) →P322

『アイドル・オン・ステージ』(1993～1996年度) →P318

ションは激戦で、メンバーに選ばれてからも歌とダンスを中心とした厳しいレッスンが待っていた。1980年に松田聖子と田原俊彦が新たに加入し、「サンデーズ」の人気はピークを迎える。1981年はサンデーズを"卒業"した松田聖子と田原俊彦が、太川陽介とともに司会を担当。サンデーズ出身者にはほかに、シンガーソングライターのコシミハル、人気声優の日髙のり子、佐久間レイ、演歌歌手の長山洋子らがいる。

1970～1980年代のアイドル音楽史の一時代を築いた『レッツゴーヤング』は、新人タレントの育成、話題のミュージシャンや海外アーティストの紹介、新しい楽曲の開発などにも大きな足跡を残し、1986年4月に幕を下ろす。

『レッツゴーヤング』の後継番組は『ヤングスタジオ101』(1986～1987年度)。中・高校生から集めたアンケートをもとに選曲、キャスティングするスタジオ収録番組だ。初代司会は天宮良と小倉久寛。主な出演者は田原俊彦、近藤真彦、中森明菜、チェッカーズ、少年隊、荻野目洋子、南野陽子ほか。『レッツゴーヤング』から始まった日曜午後6時台の若者向け音楽番組の枠は、『ヤングスタジオ101』の放送終了とともになくなる。

1988年4月、総合テレビ土曜午後6時に『ジャストポップアップ』(1988～1989年度)がスタート。ロックミュージシャンの松岡英明がパーソナリティーをつとめ、TMネットワーク、米米CLUB、レベッカ、ハウンドドッグ、プリンセスプリンセスなど1980年代を代表する人気アーティストがライブ演奏を披露した。

1993年、『ポップジャム'93』が土曜の午後5時台に不定期で始まる。『レッツゴーヤング』終了以来、7年ぶりに始まったNHKホールからの公開録画だった。タイトルは、アイドル、ロック、ニューミュージックなど、あらゆるポップスを"ジャム(混ぜる)"するという意味からのネーミング。初回は小泉今日子、福山雅治、嘉門達夫、中西圭三らが出演。

『ポップジャム'94('95)』を経て、1995年4月、『ポップジャム』(1995～2006年度)として金曜夜11時台に定時化する。初代司会は歌手で俳優の本木雅弘、2代目はタレントの森口博子。その後、お笑いコンビの爆笑問題、人気アイドルの堂本光一、つんく♂、T. M. レボリューションらが続き、柘植恵水、久保純子、高市佳明らNHKアナウンサーとコンビを組んだ。『ポップジャム』はJ-POPの最前線を紹介し、14年にわたってその時代の音楽シーンを映し出した。

『ポップジャム』のあとを受けてスタートしたのが『MUSIC JAPAN』(2007～2015年度)。土曜の午前0時40分からの30分番組で、J-POPの人気アーティストを中心に紹介した。

衛星放送の本放送が始まって4年目の1993年、『レッツゴーヤング』で一時代を築いた"アイドル路線"は、衛星放送に移っていく。

順調に契約者数を増やしてきた衛星契約が、バブル経済崩壊後の景気低迷もあり伸び悩むことが不安視されていた。その中で衛星普及戦略の目玉の一つとして、小中学生をターゲットとした新番組『アイドル・オン・ステージ』

『ミュージックジャンプ』
(1997～1999年度) →P319

『BEAT MOTION』
(2000～2005年度) →P319

(1993～1996年度)が、衛星第2で日曜午後6時からの1時間番組で始まる。中居正広、TOKIO、KinKi Kids、V6ら人気アイドルがレギュラー出演し、歌とダンスのパワフルなステージショーを101スタジオとNHKホールで繰り広げた。番組は『ミュージックジャンプ』(1997～1999年度)を経て、2000年4月、『ザ少年倶楽部』(～2023年度)に引き継がれ、アイドルたちがNHKホールで歌、ダンス、トークなど、若さあふれるパフォーマンスを披露した。

04
ワンマンショー形式の音楽番組
～『黄金の椅子』から『SONGS』へ～

　1956年11月、火曜の午後8時台にスタートした『黄金の椅子』は、ワンマンショー形式の草分け的番組である。歌謡曲の人気歌手や売れっ子の作詞家、作曲家など1人にスポットを当て、そのヒット曲と人生を紹介した。第1回は「藤山一郎ショー」、第2回は「淡谷のり子ショー」と題して放送。その後、灰田勝彦、笠置シヅ子などの人気歌手、古関裕

而、古賀政男などの作曲家、西條八十、佐伯孝夫などの作詞家、そのほか地唄舞の武原はん、能楽師の宝生九郎、クラシックから團伊玖磨、黛敏郎などが出演した。1960年3月にいったん放送を終了するが、『黄金のいす』(1964～1965年度)と表記を改めて再スタートを切る。司会は宮田輝アナウンサーがつとめた。

　『芸能独演会』(1972年度)は、歌謡界、演芸界から魅力的なタレントが1名出演し、その芸と人柄を浮き彫りにするワンマンショー形式のバラエティー番組。土曜日の午後10時台に放送した。雪村いづみ、都はるみ、島倉千代子、村田英雄をはじめとする歌手や、三遊亭圓生、古今亭志ん朝、柳家小さんほかの落語家が出演した。

　『ワンマンショー』(1973年度)はその名の通りワンマンショー形式の音楽番組。歌謡曲を中心に日本の芸能界の第一線で活躍するトップタレントにスポットを当てた。第1回は「これが演歌だ!」と題して北島三郎が出演。その後、石原裕次郎、尾崎紀世彦、ちあきなおみ、ダーク・ダックス、青江三奈らが出演。1974年3月の最終回は「人生の丘を越えて」と題して藤山一郎がヒット曲の数々を披露し、自らの歌手人生を語った。

　『ビッグショー』(1974～1978年度)も、芸能界で活躍するビッグスターが出演するワンマンショー形式のバラエティー番組。三波春夫、越路吹雪、淡谷のり子らのベテラン歌手を中心に、古関裕而、吉田正、古賀政男らの作曲家、ナナ・ムスクーリ、ミルバ、スリー・ディグリーズなどの外国人アーティストまで幅広い出演者を迎えた。

　『加山雄三ショー』(1986～1988年度)は個人の名前を冠した音楽番組。『アンディ・ウィリアムズ・ショー』(1966

『黄金の椅子　古関裕而ショー』(1956年) →P312

『ワンマンショー』(1973年度) →P315

『ビッグショー』(1974～1978年度) →P315

歌謡曲等

年1月～1968年4月）、『ディーン・マーチン・ショー』（1969年度）などの海外ものは過去にも放送したが、日本人ではこの番組が初めて。若大将シリーズで俳優として活躍し、大ヒット曲「君といつまでも」を持つシンガーソングライターでもある加山雄三がホストとなり、各界からゲストを招いて歌とトークを繰り広げた。森繁久彌、山田五十鈴、藤田まこと、森光子といったベテラン俳優から、さだまさし、井上陽水、南こうせつ、五輪真弓ら、人気のフォークシンガーまで幅広い顔ぶれを招いた。

『ふたりのビッグショー』（1993～2002年度 ＊2000～2002年度は『金曜オンステージ』の枠内）は、歌謡界のビッグスター2人が競演する歌謡番組。司会者を設けず主役2人のトークだけで進行する構成。2人の出会いや意外な過去のエピソードなど、台本にないおしゃべりが魅力だった。この番組ならではのデュエットも見どころ。第1回の出演者は、歌謡界の賞取りレースのライバルと目されていた五木ひろしと森進一。初年度はほかに谷村新司と

都はるみ、和田アキ子と美川憲一、田原俊彦と松田聖子、沢田研二と郷ひろみ、南こうせつとイルカ、中尾ミエと伊東ゆかり、千昌夫と吉幾三など、顔合わせの妙が人気を呼んだ。

2007年4月、午後11時台にスタートした『SONGS』（2007年度～）は、ロック、フォーク、ニューミュージック系のアーティストがスタジオライブを繰り広げるワンマンショー形式の音楽番組。記念すべき第1回放送の主役は、26年ぶりのテレビ出演となったシンガーソングライターの竹内まりや。自らの心境を素直に歌った楽曲「人生の扉」をメインテーマに、彼女が歩んだ10代から50代までの道のりを、自身の「語り」と「メイキング映像」でつづった。初年度はほかにチューリップ、矢沢永吉、あみん、夏川りみ、髙橋真梨子、平井堅ら、時代を象徴するアーティストたちがこの番組だけの特別なパフォーマンスを披露した。

『SONGS』（2007年度～）→P322

『加山雄三ショー』（1986～1988年度）→P316

『ふたりのビッグショー』（1993～2002年度）→P318

『夢であいましょう』スタジオ風景

『夢であいましょう』越路吹雪、九重佑三子、黒柳徹子、坂本九、E. H. エリック他（1961～1965年度）→P251

『夢であいましょう』スタジオ風景

『ミュージック・プリズム』（1956～1960年度）→P312

『リズムにのって』（1964～1966年度）→P314

『ひるの軽音楽』（1967～1969年度）→P314

05
洋楽・ポップスの流れ

『リズムとメロディー』
（1961年度）→P313

『口笛吹けば』
（1962～1963年度）→P313

　テレビが開局して間もない1950年代、笠置シヅ子、市村俊幸、楠トシエ、フランキー堺などの歌手やボードビリアンによる『ミュージカル・ショー』、コミカルな音楽劇「オペレッタ」、「ジャズ・コンサート」、「クラシックコンサート」などの音楽番組が、午後8時台に編成された。

　一方、平日の午後0時台には『ジャズ・コンサート』『シャンソン・アルバム』『リズムエコー』『ボンゴのひびき』『リズム・アルバム』『ミュージック・プリズム』など、いわゆる"軽音楽"の新番組が次々に生まれた。紹介される音楽はアメリカのポピュラー音楽やジャズを中心に、シャンソン、カンツォーネ、ハワイアン、ラテン、カントリー＆ウエスタンなど幅広く、歌謡曲、演歌を中心にした「歌謡番組」とは路線の異なる音楽番組の流れが生まれる。

　『ミュージック・プリズム』（1956～1960年度）は、ジャズを中心に、ラテン、シャンソン、タンゴ、ハワイアンなど幅広いジャンルの音楽を取り上げた。1人のスターにスポットを当てたワンマンショー形式から、華やかなミュージカルショーまでバラエティーに富んだ構成だった。この番組スタイルはその後、『リズムとメロディー』（1961年度）、『口笛吹けば』（1962～1963年度）、『リズムにのって』（1964～1966年度）、

『ひるの軽音楽』（1967～1969年度）に引き継がれる。

　1961年『夢であいましょう』（1961～1965年度）が総合テレビ土曜の午後10時台にスタートする。歌と踊りとコントで構成する生放送の音楽バラエティーショーだ。

　番組の「今月の歌」コーナーからは数多くのヒット曲が生まれた。坂本九が歌った「上を向いて歩こう」「見上げてごらん夜の星を」、梓みちよの「こんにちは赤ちゃん」、デューク・エイセスの「おさ ななじみ」、ジェリー藤尾の「遠くへ行きたい」など、多くの日本人が口ずさみ日本のスタンダードとなった名曲も数多い。その中でも「上を向いて歩こう」はアメリカで「スキヤキ」とタイトルを変えて大ヒットし、レコード売り上げ100万枚を突破。全米レコード協会から日本人初のゴールドディスクを贈呈され、純国産のヒット曲が世界に受け入れられることを証明した。

歌謡曲等

『音楽の花ひらく』ステージ風景（1967年度）→P314

『音楽は世界をめぐる』
（1965～1966年度）→P338

『音楽の花ひらく』山本直純
（1967年度）→P314

『音楽は世界をめぐる』（1965～1966年度）は、クラシックから軽音楽まで世界の名曲を紹介する番組。午後9時40分から10時30分までカラーで放送された。バリトン歌手の立川澄人（のちに「立川清登」に改名）をレギュラー出演者に、ゲストにはペギー葉山、雪村いづみ、岸洋子、芦野宏らの実力派が出演。「今週のハイライト」のコーナーでは、カンツォーネのミルバ、テナーサックス奏者のサム・テイラーなどの外国人アーティストや、パーシー・フェイス、ザビア・クガート、アルフレッド・ハウゼなどの海外の有名楽団を迎えた。

『音楽の花ひらく』（1967年度）は、構成を永六輔、音楽を中村八大という『夢であいましょう』のコンビが担当した音楽番組。レギュラー出演は佐良直美とジャニーズ、ゲストに越路吹雪、アイ・ジョージ、坂本九らを迎え、ジャズからクラシックまで洋楽を中心に紹介した。司会は俳優の三橋達也がつとめた。

06
大人たちに贈る深夜のポップス

『夜の指定席～魅惑のファンタジー』（1978～1983年度）は、金曜の午後11時台に放送。週末の就寝前のひとときに、実力派歌手の歌を詩の朗読を交えてじっくり聞かせる大人向け音楽番組だ。1978年度は女優の八千草薫が、1982年度からは松坂慶子が司会を担当。岸洋子、森山良子、布施明、ダーク・ダックスほか、ミレイユ・マチュー、サルバトーレ・アダモ、コラ・ヴォケールなどの外国人歌手も登場した。

『ザッツミュージック』（1985～1988年度）は、『夜の指定席～魅惑のファンタジー』を引き継ぐ午後10時台の大人向け音楽番組。司会はジュディ・オングと脚本家で元歌手のジェームス三木。重厚なオーケストラサウンドをベースに、菅原洋一、今陽子、ペギー葉山などの実力派歌手と、クラリネットの北村英治、テナーサックスの松本英彦、ピアノの前田憲男らのジャズミュージシャンが、戦後のポピュラーミュージックを中心に披露した。

『音楽・夢コレクション』（1989～1990年度）は、土曜の午後9時台に放送した音楽バラエティー。レギュラー出演者には、それまでテレビ出演の機会が少なかったミュージカル界から島田歌穂、中島啓江、森公美子の女性3人をそろえた。

『音楽バラエティー　夜にありがとう』（1991年度）は、日曜の午後11時台に放送した音楽エンターテインメント。その後、午後11時台の大人向け音楽番組は、『音楽は恋人』（1992年度）、『ときめき夢サウンド』（1994～1997年度）、『青春のポップス』（1998～2001年度）と続いていく。

『青春のポップス』は、全国から寄せられたリクエストと思い出エピソードをもとに、ポップスの黄金時代でもある1960～1970年代の洋楽を、日本人歌手の歌唱と演奏で

『夜の指定席～魅惑のファンタジー』
（1978～1983年度）→P315

『ザッツミュージック』（1985～1988年度）→P316

『音楽・夢コレクション』（1989～1990年度）→P317

『音楽バラエティー　夜にありがとう』
（1991年度）→P317

『音楽は恋人』（1992年度）→P317

『ときめき夢サウンド』（1994～1997年度）→P318

『青春のポップス』（1998～2001年度）→P319

『BSポップスコレクション』（2003年度）→P321

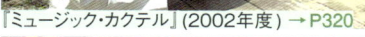

『BS青春のポップス』（2003～2004年度）→P321

『ミュージック・カクテル』（2002年度）→P320

『夢・音楽館』（2003～2004年度）→P320

『音楽・夢くらぶ』（2005年度）→P321

『シブヤノオト』（2018～2021年度）→P323

紹介した。司会は西城秀樹と森口博子（1999年度は早見優、2000年度は西田ひかる）。初回はビートルズとカーペンターズのヒット曲を大橋純子、庄野真代、布施明、グッチ裕三らが披露。『青春のポップス』の番組コンセプトは、衛星放送の『BSポップスコレクション』（2003年度）、『BS青春のポップス』（2003～2004年度）に引き継がれる。

　『ミュージック・カクテル』（2002年度）は、総合テレビ木曜午後11時台の大人向け音楽番組。日本のポップスシーンを代表するアーティスト1組をマンスリーで特集。マンスリーゲストには平井堅、Mr.Children、藤井フミヤ、井上陽水をはじめとする人気アーティストが出演した。その後、大人向けのポップス枠は『夢・音楽館』（2003～2004年度）、『音楽・夢くらぶ』（2005年度）、『SONGS』（2007年度～）へと継承されていく。

　1978年の『夜の指定席～魅惑のファンタジー』から始まった深夜の"大人向け"音楽番組は、タイトルや演出を変えながらも、落ち着いた雰囲気の中でジャズやスタンダードナンバーを実力派歌手でじっくり聞かせるコンセプトは変わらない。しかし2000年代に入ると、『ミュージック・カクテル』や『SONGS』が登場。テレビ露出の少ない大物アーティストや、コンサート主体で活動する注目のミュージシャンが出演する番組として20～30代の若い音楽ファンの注目を浴びる。

　2018年4月、総合テレビ土曜の深夜0時台に、J-POPアーティストたちの最新のライブとトークを届ける若者向け音楽番組『シブヤノオト』が渡辺直美をMCに迎えてスタート。最新の音楽情報と若者文化を東京・渋谷から発信し、若者たちの支持を得る。2021年には渡辺直美に代わって麒麟の川島明と俳優の土屋太鳳がMCをつとめた。

　2022年4月、『シブヤノオト』の後継番組として『Venue101（ベニューワン・オー・ワン）』が、「土曜23時、ライブが生まれる。」をテーマに始まる。「Venue」とは"会場"の意味で、番組の会場「101スタジオ」からアーティストが生み出す熱量の高いライブを届ける。司会はかまいたちの濱家隆一と生田絵梨花。

　『NHK MUSIC SPECIAL』が2023年度よりほぼ月1回のペースで定時化。スペシャルなアーティストをスペシャルな演出で届ける上質な音楽番組を目指し、総合テレビ木曜の午後10時台を中心に放送した。

歌謡曲等

07
放送開始60年を迎えた『みんなのうた』

『みんなのうた』は子どもを中心に家族そろって楽しめる5分間のミニ音楽番組。1961年4月3日に放送が始まり、2021年4月3日に60回目の"誕生日"を迎え、これまでおよそ1500曲を放送した。それを記念し、2021年から2022年を『みんなのうた』60年イヤーと位置づけ、新曲はもちろん、「スペシャルセレクション」として数多くの懐かしい名曲たちを再放送した。本稿では原則10分未満のミニ番組は掲載していないが、長きにわたって大人から子どもまで愛され続けているこの番組については特に取り上げた。

放送開始当時は歌謡曲などの"流行歌"を子どもが歌うことに眉をひそめる風潮があり、CMソングのはんらんも批判されていた。そんな中で『みんなのうた』は、「子どもたちに明るい健康な歌をとどける」というコンセプトで放送がスタートした。

初期のころは外国の民謡などに日本語詞をつけた曲、日本の愛唱歌や埋もれた名曲、そして番組のために作られたオリジナル曲を3本柱で放送した。曲の背景となる映像は、当時ようやく実験的に制作が始まったばかりのアニメーションや実写映像が使われた。「映像と音楽をセットにする」番組作りは当時としては斬新なアイデアで、現代の「ビデオクリップ」の先駆けともいえる。

第1回の放送は、楠トシエが歌った「誰も知らない」(作詞：谷川俊太郎・作曲：中田喜直・アニメ：和田誠)と、東京少年合唱隊の歌う「おお牧場はみどり」(チェコ民謡・作詞：中田羽後・映像：実写)。

これまで多くの視聴者に親しまれた曲には、「手のひらを太陽に」(1962・宮城まり子)、「ちいさい秋みつけた」

(1962・ボニージャックス)、「クラリネットこわしちゃった」(1963・ダーク・ダックス)、「ねこふんじゃった」(1966・天地総子)、「バラが咲いた」(1966・マイク真木)、「森の熊さん」(1972・ダーク・ダックス)、「北風小僧の寒太郎」(1974〜1975・堺正章)、「さとうきび畑」(1975・ちあきなおみ)、「山口さんちのツトム君」(1976・川橋啓史)、「コンピューターおばあちゃん」(1981〜1982・酒井司優子)などがある。どの曲も大人になってからも懐かしさとともによみがえる名曲、ヒット曲ばかりだ。

当時8歳の少年だった川橋啓史が歌った「山口さんちのツトム君」は1976年の大ヒット曲。幼なじみの「男の子」に元気がないことを心配する「女の子」の気持ちを歌った作品だ。ツトム君のモデルについて作詞・作曲のみなみらんぼうは、少年時代に母を亡くし元気をなくしていた自分自身であることを、のちに書いている。この歌詞とシンプルなメロディー、川橋の素朴であどけない歌唱、そして田中ケイコによるアニメーションが一体となってほのぼのとした感動を生み出した。この歌は連続テレビ小説『鳩子の海』(1974年度)の子役で一躍人気者となった斎藤こず恵の歌でもレコード化された。この年、川橋バージョンと合わせてレコードセールスが70万枚を超える大ヒットとなった。

放送された楽曲の中で話題となった歌には、当時の社会状況が反映されているものが少なくない。1989年、日本で消費税3%が導入されると、翌年には「一円玉の旅がらす」(1990・晴山さおり)が放送された。「1円玉の価値をみんなに見つめ直してもらおう」というメッセージが込められた作品で多くの人々の共感を生んだ。

1990年代、バブル経済の崩壊で日本社会全体が沈みがちになると、「人々を支え、励ます」歌が目立つようになる。"サラリーマンの応援歌"として放送された「名もない花のように」(2000・AKEMI)や、家族のために日々がんばる父親を勇気づける「パパとあなたの影ぼうし」(2001・太田裕美)などはその代表だ。

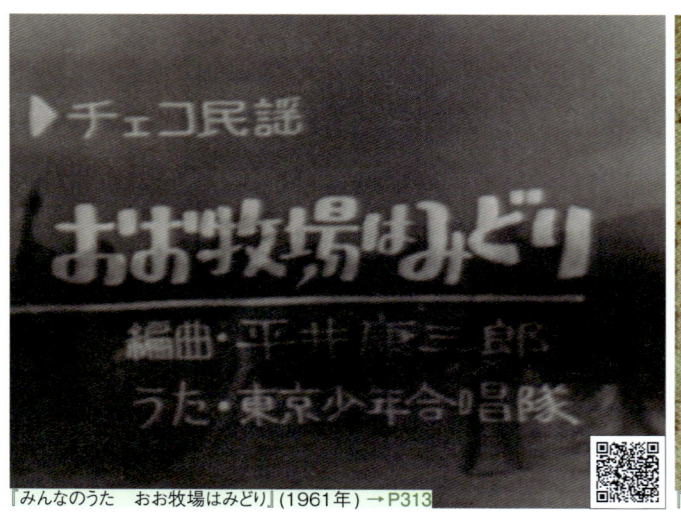

『みんなのうた　おお牧場はみどり』(1961年) → P313

『みんなのうた　山口さんちのツトム君』(1976年) → P313

『みんなのうた　おしりかじり虫』作詞・作曲・アニメ：うるまでるび（2007年）→P313

『みんなのうた　日々』キャラクター：山田義孝、アニメ：白石慶子（2013〜2014年）→P313

『みんなのうた　大きな古時計』絵：塩田雅紀、アニメ：スリー・ディ（2002年）→P313

『みんなのうた　はじめての僕デス』アニメ：若井丈児（1976年）→P313

　「おしりかじり虫」（2007）は、クリエーターユニット「うるまでるび」が作詞・作曲・アニメーションを手がけた作品。ユーモアたっぷりの歌詞に耳に残るシンプルなメロディー、加えてゆるキャラのようなアニメーションが世の中の低迷する空気にインパクトを与えて大ヒットした。さらに、エコブームを受けた「MOTTAINAI〜もったいない〜」（2007・ルー大柴＆仁井山）、「なんのこれしき　ふろしきマン」（2007〜2008・水木一郎）や、地球温暖化・環境破壊をテーマにした「ホッキョクグマ」（2008〜2009・エカテリーナ）などの歌が登場してくる。

　インターネット時代に検索急上昇ワードとして広がったのが「日々」（2013〜2014・吉田山田）。老夫婦が歩んできた長い道のりを振り返る歌詞は、高齢化した日本社会にリアルに響き、世代を問わず"泣ける歌"として評判を呼んだ。

　『みんなのうた』60年の歴史の中には、同じ歌が複数回放送されるケースがある。1870年代にアメリカで発表されたポピュラーソング「大きな古時計」は、1962年と1973年に『みんなのうた』で紹介された曲だ。歌ったのは立川澄人と長門美保歌劇団児童合唱部。その放送を子ども時代に愛聴して育ったシンガーソングライターの平井堅が、2002年にカバーして大きな反響を呼んだ。楽曲カバー

はほかにも1974年に堺正章が歌った「北風小僧の寒太郎」を1981年に北島三郎が歌い、1975年にちあきなおみが歌った「さとうきび畑」を1997年に森山良子が歌って新たな命を吹き込んだ。

　1976年の「はじめての僕デス」を歌ったのは、当時小学生だったエレファントカシマシの宮本浩次。NHK東京児童合唱団の一員だった宮本は、この曲をソロで歌い、事実上の歌手デビューとなった。

　1980年に放送された「パパと歩こう」は、大スター石原裕次郎が子どもに歌でやさしく語りかける"渋い"作品。同じ年に放送された「ミスター　シンセサイザー」は、ジャズに精通し自らもトランペッターであるタモリが歌っている。2000年に放送された「むかしトイレがこわかった」は、漫画「漂流教室」「まことちゃん」の作者・楳図かずおの作詞・作曲で、堀口忠彦のアニメで楳図本人が歌っている。

　2011年、『みんなのうた』の放送50年をきっかけに、NHKでは「発掘プロジェクト」が立ち上げられた。1961年の放送開始以来『みんなのうた』で放送された楽曲のうち、500曲ほどの映像や音が失われていることから、楽曲を発見・復元するためである。放送当時、テープが高価で希少だったため残されなかった名曲たちが、音声300曲以上、映像約90曲が視聴者から提供されている。

歌謡曲等

08

歌は世につれ世は歌につれ

～『思い出のメロディー』～

　毎年8月に放送され、恒例の"夏の紅白"と親しまれている『思い出のメロディー』は、2019年で放送開始から50周年を迎えた。毎回、豪華出演者を迎え、時代を映し出すヒットソングと、日本人の心に響き続けるエバーグリーンのスタンダード曲を両輪に2時間超のステージを展開する。主な視聴対象である中高年世代が青春時代に親しんだ"懐かしのメロディー"を中心に、その時代背景を織り込みながら、視聴者の思い出と出演者のエピソードでつづる大型公開番組だ。

　その第1回が放送されたのは1969年8月2日土曜日。総合テレビの午後7時30分から9時30分までの2時間の夏期特集番組だった。この時点では定期的に継続する番組と確定していたわけではない。"第○回"を銘打つのは後のことである。当時建設が進んでいた東京・渋谷の放送センターに隣接する渋谷公会堂からの生放送だった。

　司会を担当したのは『NHK紅白歌合戦』の司会を1962年からつとめていた宮田輝アナウンサー。番組はオープニングのあと、「明治・大正編」、「青春のうた」、「なつかしのラジオドラマ」、「花の日本調」、「こんばんは流しです」、「マドロスソングは消えず」、「欲しがりません勝つまでは」、「戦後のうた」、「そして歌は生まれ続ける」の9パートで構成。明治、大正、昭和にわたる懐かしいメロディーを集めた。

　出演は当時58歳の藤山一郎ほか、淡谷のり子、渡辺はま子、市丸、小唄勝太郎ら明治生まれのベテラン勢。森繁久彌、霧島昇、岡本敦郎、織井茂子、菅原都々子、小畑実、村田英雄、並木路子、二葉あき子ら大正から昭

和一けたの中堅どころが中心になってステージを繰り広げた。美空ひばりはまだ31歳の若さだったが、1963年から6年連続で『紅白』のトリをつとめており、大御所の風格で「港町十三番地」と1965年のレコード大賞受賞曲「柔」を歌った。また21歳の都はるみと森進一が、ヒット曲「アンコ椿は恋の花」と「港町ブルース」をそれぞれ歌ってフレッシュな風を吹き込んだ。

戦後復興のメロディー

　1972年から"第4回"という回数がタイトルに付され、毎年8月を中心に開催される恒例の番組となる。2時間に及ぶ長時間大型公開番組で、豪華な出演者をそろえた華やかなステージは、いつしか"夏の紅白"と呼ばれるようになった。この年、「赤城の子守歌」を歌った東海林太郎が10月に73歳で亡くなり、『思い出のメロディー』最後の出演となった。藤山一郎、淡谷のり子、伊藤久男らベテランたちにまじって、人気アイドルの天地真理、南沙織、フォーリーブス、沢田研二らが童謡・唱歌を歌い、若い視聴者にもアピールした。

　1973年開催の第5回は新しくオープンした渋谷のNHKホールからの中継。藤山一郎「丘を越えて」、森進一「影を慕いて」、ディック・ミネ「ダイナ」などでつづる昭和初期のコーナーでは、童謡作詞家のサトウハチローが出演し、昭和初期の思い出を話した。サトウはこの年の11月に亡くなった。霧島昇が映画「愛染かつら」の主題歌「旅の夜風」を歌うと、映画で主役をつとめた上原謙と田中絹代がステージに登場し、大喝采を浴びた。

　第6回(1974)は、第1回からの宮田輝アナウンサーに代わって山川静夫アナウンサーが司会をつとめた。全国、全世代から募集した78万通の"思い出のメロディー"のリクエストをデータ化し、それをもとに選曲。視聴者の意向を反映させる番組スタイルが定着する。

第1回『思い出のメロディー』(1969年) → P966

第2回『思い出のメロディー』(1970年)

第10回『思い出のメロディー』(1978年)

第22回『思い出のメロディー』(1990年)

第25回『思い出のメロディー』(1993年)

第25回『思い出のメロディー』鈴木健二・東ちづる(1993年)

第11回(1979)では、1950年代後半から60年代にかけて熱狂的なロカビリーブームを生んだ日劇ウエスタンカーニバルの再現が大きな話題となった。ブームの中心にいた小坂一也が「ハート・ブレイク・ホテル」、平尾昌晃が「恋の片道切符」、山下敬二郎が「オー・キャロル」、3人で「監獄ロック」を歌い、当時、青春時代を過ごした女性たちにアピールした。

第13回(1981)は、世代を越えて継承されてきた昭和の名曲の数々を、"青春"をテーマに構成。とくに、40〜50歳代の視聴者が多感な青春時代を送った昭和30年代にスポットをあてた。藤山一郎と都はるみの「丘を越えて」、霧島昇と八代亜紀の「一杯のコーヒーから」、橋幸夫と石川さゆりの「いつでも夢を」など、この番組ならではの顔合わせでデュエットを聞かせた。

第15回(1983)は、テレビ放送開始30周年にちなみ、「我が家にテレビが来た日のことを覚えていますか？」と題するコーナーを軸に構成。また森繁久彌が旧満州での心に残る出会いのエピソードを話し、「満州里小唄」を歌った。この年4月から放送を開始し、爆発的な視聴率を獲得した連続テレビ小説『おしん』でヒロインの子ども時代を演じた小林綾子が出演し、「庭の千草」をハーモニカ演奏し、会場から温かい拍手が起こった。

第17回を迎えた1985年は、戦後40年の節目の年。戦後40年の印象に残るエピソードとそれにまつわる思い出の曲を視聴者から募集した。司会は戦後歌謡の申し子美空ひばりが相川浩アナウンサーとつとめた。男女16組が対抗形式で30曲以上を披露。美空は「津軽のふるさと」と「悲しい酒」のほかにも、雪村いづみとともに「テネシー・ワルツ」を歌った。

第21回(1989)は大阪城ホールからの中継録画。この年の6月に亡くなった美空ひばりをしのんで、過去の『思い出のメロディー』から名唱シーンを映し出した。

"思メロ"の功労者・藤山一郎

節目となる第25回(1993)では、第1回が放送された昭和44年(1969)にスポットを当て、昭和40年代のヒット曲を中心に構成した。第1回に出演した森繁久彌がゲストで登場。その時の映像をVTRで紹介するとともに「ゴンドラの唄」を歌った。1969年、アポロ11号が人類初の月面着陸に成功。NHKでその実況を担当した鈴木健二元アナウンサーが東ちづると司会をつとめた。この放送の1週間後に藤山一郎が82歳で亡くなり、この番組が文字通りラストステージとなった。藤山は1969年の第1回放送で「夢淡き東京」ほかを歌って以来、1993年の第25回まで実に24回の出演があり、2位以下を大きく引きはなしての最多出場。オープニングやエンディングで「東京ラプソディー」「青い山脈」「丘を越えて」などのヒット曲を歌って番組を盛り上げた。『思い出のメロディー』を『紅白』と並ぶ人気番組に育てた最大の功労者である。前年の1992年5月に、国民栄誉賞を受賞。歌謡曲を通して日本人に希望と励ましを送り続けた人生だった。

第26回(1994)は、関西国際空港開港を記念して大阪城ホールからの中継録画。「東京オリンピックから大阪万

歌謡曲等

博へ〜あの時代あの歌」をテーマに、昭和39年から45年までの7年間のヒット曲を中心に構成。この時代のアイドルともいえる初代御三家（橋幸夫、舟木一夫、西郷輝彦）が、16年ぶりに競演して話題となった。この年は宝塚歌劇団創立80周年。4月から放送した連続テレビ小説『ぴあの』のヒロイン役で現役のタカラジェンヌでもあった純名里沙が、大先輩の有馬稲子と宝塚メロディーを歌い、宝塚音楽学校本科生がテレビに初出演した。大阪発ということで、司会は桂文珍と和田アキ子。大阪にちなんだ数々のヒット曲を紹介するコーナーを設け、海原千里・万里の「大阪ラプソディー」や、BOROの「大阪で生まれた女」などが披露された。

団塊世代の "青春のうた"

第28回から第30回は、戦後生まれの団塊の世代にターゲットを絞り、彼らが青春時代を過ごした昭和40年代の名曲を中心に構成。当時は歌謡曲全盛時代で、同時にフォークとニューミュージックも若者の支持を受けていた。第28回（1996）は、マイク真木「バラが咲いた」、南こうせつ「神田川」、いしだあゆみ「ブルーライトヨコハマ」、加山雄三「君といつまでも」などが披露された。

第29回（1997）は24年ぶりの生放送で、八代亜紀「舟歌」、小林旭「北帰行」、山本潤子「卒業写真」、ビリー・バンバン「白いブランコ」などが歌われた。

第30回（1998）は、黛ジュン「天使の誘惑」、辺見マリ「経験」、イルカ「なごり雪」、舟木一夫「高校三年生」など、その年のヒット曲が中心に歌われる『紅白』では聞くことのできない過去のヒットソングを楽しんだ。

第33回（2001）は、21世紀に入って最初の『思い出のメロディー』。例年より放送時間を拡大し、1部・2部に分けて合計2時間44分で放送。「時代を越えて人々の心に響くにっぽんの歌」をテーマに、21世紀に伝えたい名曲の数々を、視聴者から寄せられたエピソードとともに紹介した。デジタルハイビジョンの5.1サラウンドで、NHKホールから初めての生放送となった。また番組連動データ放送を実施するなど新時代に向けて一歩を踏み出した。

団塊世代の大量退職が始まった2007年、この年の第39回は団塊世代が青春時代を送った昭和30年代から40年代のヒット曲を中心に構成。企画コーナーは服部良一生誕100年にちなんで、小林幸子、川中美幸、坂本冬美の3人で「東京ブギウギ」「山寺の和尚さん」「青い山脈」を歌い、「一杯のコーヒーから」を坂本が、「蘇州夜曲」を川中が、「湖畔の宿」を小林がそれぞれ歌った。またこの年の3月に亡くなった植木等をしのんで、三宅裕司、小林幸子、伊東ゆかりで「無責任一代男」を歌ったほか、「ドント節」「ハイそれまでヨ」「だまって俺について来い」「ゴマスリ行進曲」など、ハナ肇とクレージーキャッツのヒット曲を、出演者のコラボで披露。VTRで植木本人が歌う「スーダラ節」を映し出し、コーナーを締めくくった。「若大将エレキヒットメドレー」では、加山雄三が「蒼い星くず」「夜空を仰いで」「夜空の星」の3曲を披露。フィナーレは放送の10日前に死去した希代のヒットメーカー阿久悠作詞のヒット曲、森田公一とトップギャランの「青春時代」を出演者全員で歌って締めくくった。

2011年の第43回は、東日本大震災による東日本の電

第26回『思い出のメロディー』有馬稲子・純名里沙（1994年）

第41回『思い出のメロディー』(2009年)

力事情に配慮して、会場をNHK大阪ホールに移しての生放送となった。復興の歩みを応援する「日本の元気を歌で伝えよう」がテーマ。28組の歌手たちを迎え、視聴者のお便りを紹介しながら思い出のヒット曲の数々を放送。被災した仙台の漁師とともに、現地から鳥羽一郎が中継出演した。また福島出身の西田敏行が故郷への思いを込めて歌うなど、全編を通して被災地へのエールを込めた番組となった。司会は朝の情報番組『あさイチ』でともにキャスターをつとめるV6の井ノ原快彦と有働由美子アナウンサーのコンビが担当。

記念すべき第50回を迎えて

　平成最後の紅白となった2018年は第50回の節目の年。司会は氷川きよしと女優の木村佳乃、そして高瀬耕造アナウンサー。氷川は2008年の第40回、2017年の第49回に続き3回目の司会。木村は初めての音楽番組の司会だった。第1回が始まった半世紀前は、家庭のテレビのほとんどが白黒だった時代。第50回を記念し、当時の現場スタッフへの取材をもとに最新の映像技術を使って、第1回『思い出のメロディー』のカラー化を企画。美空ひばり、並木路子、淡谷のり子、市丸らの貴重な歌唱シーンがカラーでよみがえり、第1回出演の菅原都々子、北島三郎、森進一らが、映像を見ながら当時の思い出を語った。91歳の菅原は氷川きよしのサポートを得て「連絡船の歌」を歌い、大きな拍手を受けた。小林幸子はジャンボ獅子舞の口に乗って登場。巨大なセットと派手な演出で1979年

のヒット曲「おもいで酒」を歌い、『紅白』の再現となった。1996年に活動を停止した女性デュオのアイドルWinkが、一夜限りの復活をはたしたのも話題に。40代後半に差し掛かった相田翔子と鈴木早智子が、ヒット曲「淋しい熱帯魚」と「愛が止まらない」を、当時をほうふつとさせる衣装で披露した。この年の5月に亡くなった西城秀樹にスポットを当てたコーナーでは、氷川きよしが西城のヒット曲「傷だらけのローラ」を熱唱。また新御三家(西城秀樹、野口五郎、郷ひろみ)の1人野口五郎がマイクスタンドを傍らに立て、野口の自宅から見つかった未発表音源「ブルースカイブルー」を流して"共演"。思いのこもった野口の歌に、氷川が涙ぐむ場面も見られた。長崎で10歳の時に被爆した美輪明宏が長崎からVTR出演。いつものあでやかな衣装を封印し、黒一色の衣装で1965年の自作の大ヒット曲「ヨイトマケの唄」を歌った。そして平成最後の『思い出のメロディー』は、北島三郎の「まつり」が締めくくった。

　2020年は東京オリンピック・パラリンピックが開催予定だったので、当初より放送予定はなかった。オリンピックは延期になったが、『思い出のメロディー』の放送はなく、代わって8月8日土曜の午後7時30分から10時10分までの2時間40分にわたり、『ライブ・エール〜今こそ音楽でエールを〜』をNHKホールから生放送した。司会は内村光良と桑子真帆アナウンサーの『紅白』コンビ。出演は石川さゆり、さだまさし、氷川きよし、LiSA、GReeeeN、松任谷由実ほか、年末の『紅白』を思わせる豪華メンバーが顔をそろえた。

　1969年に第1回が始まった『思い出のメロディー』だが、実は1960年11月26日土曜に、同じ『思い出のメロディー』

歌謡曲等

『わが心の大阪メロディー』（2001年）

のタイトルで1時間の番組が放送されている。日比谷公会堂からの公開収録で、出演は藤山一郎、内海一郎、小唄勝太郎、林伊佐緒、渡辺はま子、霧島昇。ほぼ第1回と同じ顔ぶれだった。それから9年の時を経て1969年に『思い出のメロディー』は、年に1度の夏恒例の番組として復活。放送開始当初は、いわゆる"懐メロ"番組として始まった。

　1970～1980年代の初期は、藤山一郎、淡谷のり子、伊藤久男、渡辺はま子、二葉あき子、霧島昇、ディック・ミネ、岡本敦郎、三橋美智也、春日八郎、村田英雄、島倉千代子といった常連が、戦中戦後の"歌謡曲"を中心に歌った。若手では森進一、都はるみが第1回から出演。1990年代になると徐々に世代交代が進み、森進一、五木ひろし、水前寺清子、八代亜紀、石川さゆり、和田アキ子、美川憲一、北島三郎、小林幸子、由紀さおりらが中心となって、自身のヒット曲だけではなく、戦中戦後のベテラン歌手たちのヒット曲を歌う趣向に変化していく。またこの番組ならではのデュエットなど、意外な顔合わせが番組に彩りを与えた。2000年以降は、50代から60代に差し掛かった団塊の世代をターゲットに構成。歌謡曲中心だった選曲に、フォーク、グループサウンズ、ニューミュージックなど新たなジャンルが加わり、音楽の幅を広げていく。

　第1回から変わらない番組の特徴は、時を経ても色あせないエバーグリーンの名曲を選曲していること。そして視聴者アンケートやお便りなど視聴者の声を番組作りの中心に据えている点にある。若者から年配者まで、ヒット曲にまつわるさまざまなエピソードを紹介し、家族そろって楽しめるエンターテインメントとして親しまれた。

09 大阪発の大型歌謡ステージ
～『わが心の大阪メロディー』～

　毎年1回、11月から12月にかけて放送する『わが心の大阪メロディー』は、視聴者からのリクエストをもとに、NHK大阪ホールから生放送する公開番組。『思い出のメロディー』の関西版ともいうべきステージショーで、2020年10月の放送で第20回を迎えた。

　第1回は2001年11月3日土曜日、午後7時30分から9時までの90分。「NHK大阪新放送会館完成記念」と銘打っての放送だった。新しくオープンしたNHK放送会館の4階にあるNHK大阪ホールのこけら落としとして企画された番組である。

　司会は上沼恵美子と宮本隆治アナウンサー。1995年の第46回『NHK紅白歌合戦』の紅組司会と総合司会のコンビだ。「雨の御堂筋」「月の法善寺横丁」「大阪で生まれた女」など、大阪ゆかりの歌を五木ひろし、天童よしみ、細川たかしらが歌った。吉本新喜劇や漫才の夢路いとし・喜味こいしも登場して、関西の笑いも披露。1996年10月から放送した大阪発連続テレビ小説『ふたりっ子』の子役で人気者となった三倉茉奈・三倉佳奈、近鉄バファローズの梨田昌孝監督（当時）、元阪神タイガースのホームランバッター、ランディー・バースなど大阪ゆかりのゲストが多数出演し、大阪ならではの総合エンターテインメント番組となった。

　翌年からも年に1回、11月3日を中心に、10月下旬から

12月中旬までの間に、90分枠で放送されている。基本的な番組の構成は「大阪にちなんだ歌」、「上方のお笑い」、そしてその年の「大阪発の連続テレビ小説」が、3つの大きな柱となっている。司会は上沼恵美子が、2020年の第20回を迎えるまでに15回つとめている。司会を担当しない年も歌やおしゃべりでステージを盛り上げ、19回の出演はまさに番組の"顔"。出演歌手では天童よしみ、川中美幸、中村美律子、堀内孝雄らが常連。関ジャニ∞、なにわ男子、NMB48などの関西系アイドルもおなじみだ。曲ではBOROの「大阪で生まれた女」、上田正樹の「悲しい色やね」、平和勝次とダークホースの「宗右衛門町ブルース」、欧陽菲菲の「雨の御堂筋」などにリクエストが多く、番組のテーマソングのように幾度も披露されている。

例年、大阪発の連続テレビ小説が10月にスタートするのに合わせて、ヒロインや出演者をゲストに招くコーナーも人気だ。2014年は『マッサン』の亀山政春役の玉山鉄二とその妻エリーを演じたシャーロット・ケイト・フォックスが出演。収録エピソードを語るとともにフォックスがナマ歌を披露した。2015年には『あさが来た』の主題歌「365日の紙飛行機」をAKB48が、2019年には『スカーレット』の主題歌「フレア」をSuperflyが歌った。

そして第20回を迎えた2020年は、「コロナ禍の今だからこそ、大阪の元気とパワーを届ける」と10月27日に放送。『おちょやん』のヒロイン杉咲花が出演し、ドラマ撮影の裏側を語り、秦基博が主題歌「泣き笑いのエピソード」を歌った。

この他、特集番組としては、『NHK紅白歌合戦』『思い出のメロディー』に次ぐ大型歌謡番組として、アイドルや若手シンガー、ニューミュージック系アーティストなどが出演する『ヤング歌の祭典』（1975〜1978年度）をNHKホールから放送した。

また、NHKもメンバーであるアジア太平洋放送連合（ABU）は1985年度からプロの審査員によって勝者が選ばれる『ABUポピュラーソング・コンテスト』を開始した。2012年度からは『ABUソング・フェスティバル』として、コンテスト形式はとらずにアジア太平洋地域から選出されたアーティストが共演。初回はKBS（韓国）から始まり加盟

する放送局が持ち回りで主催している。2019年度はNHKが主催してNHKホールから加盟国のアーティストの歌声を届けた。2020年度はコロナ禍でベトナムでの開催が中止され、オンライン開催となりバーチャル・シンガーの初音ミクが日本代表として参加した。

2016年度から始まった『18祭』（じゅうはちフェス）では、一組のアーティストが全国の18歳から届くメッセージとパフォーマンス動画による思いを受け取って楽曲を制作するとともに、1000人を選考して一緒に一回限りのパフォーマンスで共演した。初回はONE OK ROCK、翌年度以降はWANIMA、RADWIMPS、Alexandrosが出演した。

同じく2016年度からは『明石家紅白！』が不定期で始まる。明石家さんまが好きなアーティストや楽曲を紹介、ゲストアーティストを迎えながらトークを展開しつつ、最後に紅組・白組の勝敗を決定する形で進行した。

2017年度から不定期で始まった『おげんさんといっしょ』は、星野源がお母さん役の「おげんさん」を演じて、トークやパフォーマンスを展開する生放送の音楽バラエティー。

このほか、日本レコード協会の前身である日本蓄音機レコード協会の『レコード祭歌謡大会』（1958〜1984年度）、日本レコード協会の『日本ゴールドディスク大賞』（1990〜2005年度）、日本作詩家協会の『日本作詩大賞』（1978〜1989年度）など、様々な歌謡祭・音楽祭を特集番組として放送してきた。

『ヤング歌の祭典』（1975年）→P972

『18祭』（2016年）

『おげんさんといっしょ』（2017年）→P1014

歌謡曲等 | 定時番組

1950年代

今週の明星　〈テレビ〉　1953〜1955年度

1950年1月、ラジオ第1で始まった公開歌謡番組。聴取者からのリクエスト番組『お好み投票音楽会（曲希望）』と『歌の明星（出演者希望）』で構成。3名の出演歌手が「テーマソング」「好きな歌」「得意な歌」をおのおの3曲ずつ歌った。1953年2月1日のテレビ本放送開局の日に、日比谷公会堂からラジオ・テレビ同時中継を行い、その後も1955年12月までテレビ・ラジオの共通番組として放送。ラジオでは1964年4月まで続く人気番組となった。

のど自慢素人演芸会　〈テレビ〉　1953〜1969年度

1946年1月、ラジオ第1の『のど自慢素人音楽会』から始まったラジオ番組。素人にマイクを開放しその声が全国に流れることが人気となり、1947年からは歌のほかに演芸も加えて番組名も『のど自慢素人演芸会』とした。1953年からはテレビでも同時放送した。1970年4月に『NHKのど自慢』に改題。

歌の花束　1953〜1956年度

1953年11月に午後0時30分からの30分番組でスタートした歌謡番組。翌1954年度に夜間の番組に移行。藤山一郎、高田浩吉、二葉あき子、奈良光枝、市丸など、ベテランから若手スターまで人気歌手が続々出演。「テレビにおける歌謡曲の最高番組」を目指した。

ジャズ・コンサート　1954年度

日本の一流ジャズバンドが出演する(火)午後0時30分からの30分番組。1954年10月の番組改定から放送日を木曜に移し、江利チエミ、ナンシー梅木、ペギー葉山、笈田敏夫らと出演契約を結んだ。

リズム・アルバム　1955〜1956年度

人気のジャズ歌手と一流のバンドが出演して木曜の午後0時台に放送した軽音楽番組。江利チエミ、ペギー葉山、笈田敏夫らレギュラー陣のほか、美空ひばり、雪村いづみなどの人気歌手が出演。

花の星座　1956〜1961年度

1956年4月にスタートした45分の公開音楽番組。11月からはラジオ・テレビ同時放送となる。NHKホールからの公開生放送（スタート当時は録音）で、人気歌手が一堂に集い、名曲やヒット曲を華やかに披露した。「歌のスタイルブック」、スター登場の「花のスポットライト」、最新ヒット曲を紹介する「今週のベスト5」（のちに「今週のパレード」と改題）の3部構成。1962年4月より、ラジオ単独放送にもどる。

歌の広場　1956〜1963年度

『歌の花束』に代わる公開番組としてスタート。月曜午後7時30分から『私の秘密』を、続いて8時から『歌の広場』を、同じ高橋圭三アナの司会でNHKホールから続けて放送された。ベテランから新人まで人気歌手が多数出演。番組のために制作した新曲を一流歌手が歌う「今月のテレビ歌謡」、会場の視聴者が参加出演する「ラッキースポット」、新人歌手の紹介など、人気コーナーも盛りだくさんだった。

黄金（きん）の椅子　1956〜1959・1964〜1965年度

「黄金の椅子」に座るゲストは、歌手、作詞家、作曲家、ボードビリアンなど、芸能界をけん引する一流の人物。ゲストの半生をたどりながら、その人物像を浮き彫りにするワンマンショー形式の30分番組。1960年3月に一度幕を閉じるが、1964年4月に復活。主として音楽界の第一人者に焦点を当てる形でリニューアルした。その第1回は「古賀政男ショー」で、以後中村八大、東海林太郎、藤山一郎などが続いた。司会は宮田輝アナウンサー。

ミュージック・プリズム　1956〜1960年度

1953年2月のテレビ本放送開始以来、『軽音楽』『ジャズ・コンサート』『リズムにのって』『ボンゴのひびき』『リズム・アルバム』とタイトルを変えながら続いてきた午後0時台の軽音楽枠。1956年4月からは『ミュージック・プリズム』として定着。トップクラスの歌手、ミュージシャン、ダンサーが出演し、デキシーランドやモダンジャズを始め、ラテン、シャンソン、タンゴ、ハワイアンなどバラエティーに富んだ欧米の軽音楽を紹介した。

歌の花びら　1956〜1960年度

美しい音楽を花びらにたとえて、歌謡曲、シャンソン、タンゴ、ラテン、民謡など色とりどりの"音楽の花"を咲かせる番組。歌と踊りによって目で見て楽しめるショー形式に仕立てた。1960年度はインド、ベトナム、ラオス、カンボジアなど、東洋の音楽を紹介。アラスカのエスキモーの人々の歌の発表は好評を博した。1台のカメラで画面切り替えなしでワンカットで撮影するなど演出でも新生面を切り開いた。午後0時台の25分番組。

あひるはうたう　1959〜1961年度

女優の夏川静江とダーク・ダックスがレギュラー出演する音楽番組。クラシックから軽音楽まで各ジャンルから一流ゲストを迎えて、家庭の主婦を主な対象に明るい音楽を提供した。クリスマスや子どもの日、桃の節句など季節の節目には養護施設や母子寮などを訪問。出演者が気持ちを届ける心温まる番組として大人から子どもまで支持された。午後1時台に20分で放送。

1960年代

歌は生きている　1960～1962年度

人々の心の中に生き続ける「歌」を主人公に構成する音楽番組。歌謡曲、ジャズ、民謡、クラシックから唱歌、学生歌まで、あらゆるジャンルの歌を取り上げた。多彩なゲストがほほえましい思い出や感動的なエピソードを語り、その思い出の歌をきく。第100回を迎えた1962年4月には、視聴者から心に残る歌を募集し、「私の歌は生きている」と題して放送した。司会は石井鐘三郎アナウンサー。総合（火）午後8時からの30分番組。

今宵たのしく　1960年度

幅広い視聴者を対象に、クラシックと軽音楽の中間的なジャンルを取り上げた音楽番組。カラー本放送がスタートした9月からは、いち早くカラー放送を実施した。「みんなでミュージカルを」や「幸福を売る男」などのミュージカルや、クラシックバレエの作品から「白鳥の湖」「眠りの森の美女」など、ポピュラーな演目を選びファンタジックに演出する月1回の企画など、特に好評を博した。総合（水）午後8時30分からの30分番組。

リズムとメロディー　1961年度

テレビ開局以来、放送を続けている午後0時台の軽音楽枠で、『ミュージック・プリズム』（1956～1960年度）の後継番組としてスタート。ジャズ、シャンソン、タンゴ、アメリカンポップスなど幅広いジャンルの音楽を楽しみ、秋ごろから若者の間に流行したツイストブームも紹介した。

夜のしらべ　1961～1962年度

『今宵たのしく』（1960年度）を母体に生まれたミュージカルショー番組。レギュラー出演者はボニージャックス、クール・アベイユ、二期会合唱団、秋満義孝クインテット、東京バレエグループ、堀内完ユニークバレエ団など、第一線で活躍するメンバーが集結。斬新なカメラワークを駆使して洗練されたショーを届けた。総合（木）午後11時台の25分番組。

あなたが選ぶのど自慢　1961～1965年度

素人審査員20人が歌を聞いて、感じたこと、思ったことを率直に発言することを主眼とした番組。ゲスト審査員に迎えた作曲家、歌手、評論家などの温かい助言も好評だった。1964年度よりレギュラー審査員となった作曲家・古賀政男の短評と、宮田輝アナの司会が番組をいっそう盛り上げた。地方色満載で送る全国各地での公開放送も好評だった。総合（土）の午後7時30分からの30分番組でスタート。1963年度より（日）午後0時台に移行。

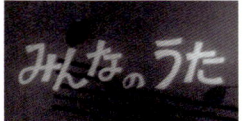

みんなのうた　1961年度～

子どもたちに良質で健全な歌を届けるために、総合、Eテレ、ラジオ第2、NHK-FMで放送する5分間の音楽番組。初期のころは外国の民謡やホームソングなどに日本語の歌詞をつけた曲や日本の隠れた愛唱歌、オリジナル曲などを紹介。「おお牧場はみどり」「山口さんちのツトム君」など、多くの曲が親しまれた。現在は隔月でオリジナル楽曲とアニメーションなどによる映像を制作。2021年4月3日に放送開始60周年を迎えた。

こよい歌えば　1962～1963年度

『花の星座』（1956～1961年度）の後継番組。歌謡界、ポピュラー界のトップ歌手が出演する（日）午後7時15分からの45分番組。1年目は『花の星座』にならい、ヒットパレードや大物タレントのショーで構成。2年目からは人気歌手のワンマンショー形式を中心とした。1963年10月に日本人のポピュラー歌手として初の「カーネギーホール公演」を行ったアイ・ジョージが、帰国後、初めてテレビ出演し話題を呼んだ。

リズムは踊る　1962年度

主に中堅や新人歌手が出演した昼休みの歌謡番組。レギュラー出演は、NHKが公募した女性ボーカルトリオ「ザ・プリムローズ」。歌と踊りのほか、4～10月はコメディアングループによるコントを放送、11月には「NHK名古屋音楽祭」で公開収録を行った。総合（火）午後0時15分からの25分番組。

口笛吹けば　1962～1963年度

『あひるはうたう』（1959～1961年度）の後継番組で、ダーク・ダックスとゲスト歌手が、ポピュラー音楽の数々を歌った。1963年度は内容を刷新。毎回、ゲストシンガー2組、コンボ楽団1組を迎え、ジャズのスタンダード、ラテン、ポピュラー、ハワイアン、ウエスタンと広く親しまれている曲を集めて放送した。総合午後0時15分からの25分番組。

きょうのうた　1962～1964年度

テレビ・ラジオで共同制作する5分間の歌番組。だれもが口ずさめる明るい新作歌謡やホームソングを、古賀政男、吉田正、浜口庫之助、岩谷時子ほかの一流作詞作曲家に委嘱し、新曲を2週間単位で紹介した。また一般視聴者から歌詞を公募することもあった。初年度は北原謙二の「若いふたり」が人気に。ラジオ第1と総合で時間を変えて放送。総合での放送は1964年度で終了し、1965年度からはラジオ第1のみの放送となった。

あなたのメロディー　1963～1984年度

アマチュアの音楽愛好家から募った自作作品を発表するコンテスト形式の視聴者参加番組。視聴者から作詞・作曲を募集し、それをプロの歌手が歌って発表する。審査員5名の投票で、毎週1曲をアンコール曲（最優秀作品）とした。審査員は番組の顔となった高木東六（作曲家）ほかの音楽の専門家たち。アンコール曲の月間コンテスト、年間コンテストも開催。トワ・エ・モワの「空よ」や北島三郎の「与作」など、レコード化された曲も多かった。

ここにも歌がある　1963年度

歌うことの喜び、歌がもたらす絆など、生活の潤滑油としての歌を求めて、全国各地の農村、山村、漁村、都会の職場、家庭などを訪れた。「レースの中の青春」「波濤（とう）を越えて」「ひのみね学園を訪ねて」「バスガイド」「郡山の合唱」などのテーマで放送。なかでも「はるかなる南の海よ」は、歌によって生を得た旧軍人の話で、全国からの反響が大きく、歌の持つ使命を再認識させた。総合（火）午後10時からの30分番組。

歌謡曲等 ｜ 定時番組

週刊テレビ・ジョッキー　1963年度

そのときどきのタイムリーな話題を取りあげる、週刊誌のテレビ版のようなジョッキー形式の番組。司会は俳優の戸浦六宏。舟木一夫や坂本九など人気歌手をゲストに迎え、歌や踊りもふんだんに取り入れた音楽情報番組とした。総合（土）午後1時からの30分番組。

ひるの歌謡曲　1964～1969年度

昼休みのひとときに気軽に楽しめる歌謡曲番組。放送開始当初は歌だけでなくインタビューやゲームなどを織り交ぜたバラエティーに富んだ内容で放送した。1965年からはスタジオからの生放送となり、ベテランから若手まで人気歌手が次々とヒット曲を披露する華やかな歌謡番組となる。総合（火）午後0時15分からの25分番組。

歌のグランドショー　〈1964～1967〉　1964～1967年度

『こよい歌えば』（1962～1963）の後継番組として、日曜夜の7時台に登場したNHKホールからの公開番組。歌、ダンス、コントをスピーディーに展開する本格的な大型歌謡曲番組の先駆けとなる。レギュラー出演は倍賞千恵子、金井克子、アントニオ古賀ほか。美空ひばり、三波春夫といった人気歌手がヒット曲を披露。1965年1月には視聴率41.7％を記録する人気番組となった。総合午後7～8時台の45～50分番組。

リズムにのって　1964～1966年度

歌と踊り、楽団演奏でポピュラー音楽を届けた番組。複雑な合成映像などを駆使するなど演出に工夫をこらした。主な出演者は、美空ひばり、雪村いづみ、ペギー葉山、梓みちよ、朝丘雪路、武井義昭、ダーク・ダックス、原信夫とシャープスアンドフラッツ、スタジオNo.1ダンサーズなど。総合（金）午後0時15分からの25分番組。

たのしいコーラス　1964～1965年度

日曜日の午前9時40分から放送した20分間の音楽番組。1965年1月から1966年4月まで放送。

若さとリズム　1965年度

若い世代を対象に、ジャニーズ、弘田三枝子、伊東ゆかり、鹿内孝、布施明など、若手ポピュラー歌手を中心に構成したミュージカルショー。司会やナレーションを使わずに進行。クロマキーやワイプなどの映像技術を駆使するなど斬新な演出を試み、音楽番組のテレビ的表現を拡大した。総合（土）午後8時からの30分番組で、1965年度後期に放送。

アンディ・ウィリアムズ・ショー　1965～1968年度

アメリカNBC制作の音楽番組。「ムーンリバー」などのヒットで知られるポピュラー歌手のアンディ・ウィリアムズがホストをつとめ、アメリカの第一線で活躍する歌手や芸能人が多数登場した音楽バラエティー番組。アンディの洗練された上品な司会とその歌声と、パット・ブーン、ペギー・リーなど豪華なゲスト出演者がアメリカで人気で、エミー賞を3回受賞している。総合（日）午後1時からの40分番組で、1966年1月から1968年4月まで放送。

夢をあなたに　1966年度

ジャズ、ポピュラー、歌謡曲など幅広いジャンルの歌と演奏や踊りを、コントを交えながら紹介した音楽バラエティー番組。カラー放送で、高度な演出技法、カメラワーク、照明技術の開発にもつとめた。レギュラー出演者は、フランキー堺、倍賞美津子、ダーク・ダックス、宮間利之とニューハード、新室内楽協会、スタジオNo.1ダンサーズ、堀内完とユニークバレエ団。総合（土）午後10時10分からの30分番組。

音楽の花ひらく　1967年度

ジャズからクラシックまで幅広い音楽を、気軽に楽しめる公開音楽番組。人気歌手やフォークグループに加えて、家族アンサンブルなどアマチュアも演奏に参加して、音楽の楽しさを伝えた。構成と音楽が永六輔と中村八大の『夢であいましょう』のコンビ。演奏は東京ロイヤル・ポップスで、指揮は山本直純。司会は俳優の三橋達也。レギュラー出演者は佐良直美、ジャニーズほか。総合（水）午後9時40分からの50分番組。

ひるの軽音楽　1967～1969年度

午後のひとときを、歌と踊りと楽団演奏で楽しむポピュラー音楽番組。クロマキーによる合成映像など演出に工夫をこらした。1968年度は毎月第2週を大阪放送局が担当、また年に4回第5週を名古屋放送局が担当した。さらに派遣番組として福岡、札幌、松山、千葉、横浜で公開放送を行った。出演はペギー葉山、朝丘雪路、岸洋子、デューク・エイセス、ダーク・ダックス、ザ・ピーナッツほか。総合午後0時20分からの25分番組。

歌の祭典　1968～1970年度

『歌のグランドショー』（1964～1967年度）の後継番組。人気歌手のヒット曲を中心に、なつかしのメロディー、民謡、外国のポップスまでカバーするバラエティーに富んだ歌謡番組。総合（日）午後7時30分からの45分番組でスタート。1969年1月に始まった大河ドラマ『天と地と』の放送開始時間が、4月から午後8時に前倒しされたことにより、1969年度より午後7時20分から8時までの40分番組となる。

ディーン・マーチン・ショー　1969年度

俳優で歌手のディーン・マーチンがホストを務めるアメリカNBC制作の音楽バラエティーショー番組。ディーン・マーチンのコミカルなトークと、豪華ゲストを迎えての歌やしゃれた寸劇など、アメリカならではのエンターテインメントを堪能できる番組だった。ゲストにはジョン・ウェイン、フランク・シナトラ、ダイナ・ショア、カテリーナ・バレンテ、エディ・フィッシャーほかが出演。総合（日）午後11時10分からの40分番組。

ステージ101　1969～1973年度

およそ40名の若者たちからなる「ヤング101」の歌とダンスを中心に、国内外の名曲や番組オリジナル曲を紹介する大型音楽バラエティー番組。番組タイトルは収録が行われた101スタジオからの命名。「ヤング101」はこの番組のためにオーディションで選ばれた歌やダンス、楽器までこなす精鋭メンバー。太田裕美、谷山浩子、田中星児などはこのグループの出身。『レッツゴーヤング』をはじめとする若者向け音楽番組のさきがけとなる。

1970年代

NHKのど自慢　1970年度〜

1945年に始まった『のど自慢素人音楽会』をルーツに、『のど自慢素人演芸会』（1953〜1969年度）の後継番組として登場した視聴者参加の公開派遣番組。ゲスト歌手2組を迎えるほか、当日の合格者から"今週のチャンピオン"を選び、さらに年間の「チャンピオン大会」を開催するなど、現在の放送スタイルが確立。司会は中西龍アナからスタートし、1970年8月から金子辰雄アナが引き継いだ。NHK屈指の長寿番組。

歌のグランドステージ　1971年度

『歌の祭典』（1968〜1970年度）のあとを受けてスタートしたNHKホールでの公開音楽番組。人気歌手たちの歌謡ショーを中心に、宝塚歌劇団やワールド・ダンサーズの歌とダンス、視聴者からのリクエスト、番組で新しく創作した歌の発表など、バラエティーに富んだ構成とした。司会は歌手の菅原洋一と由紀さおり。総合（日）午後7時20分からの40分番組。

歌謡グランドショー　1972年度

これまで総合（日）午後7時台に放送していた大型歌謡番組を、視聴動向に関する世論調査の結果を参考に（火）午後8時台に移設。NHKホールからの生放送で、放送時間も60分に拡大した。司会に山川静夫アナを起用し、娯楽色豊かな新しい形の歌謡番組の確立を目指した。番組のマスコットガールに選ばれたスクールメイツ出身の3人は、この番組で「キャンディーズ」と命名され、翌73年に歌手デビューし人気アイドルとなる。

ワンマンショー　1973年度

芸能界の第一線で活躍する歌手や俳優が登場、芸の幅と人間の魅力を見せるワンマンショー形式の音楽番組。出演したのは、北島三郎、石原裕次郎、尾崎紀世彦、五木ひろし、ダーク・ダックス、青江三奈、ペギー葉山、ディック・ミネ、倍賞千恵子、淡谷のり子、藤山一郎のトップタレントたち。数々のヒット曲を歌い、思い出を語り、これまでの人生の歩みを振り返った。総合（土）午後8時からの30分番組。

歌のゴールデンステージ　1973〜1975年度

『歌謡グランドショー』（1972年度）の後継番組。歌謡曲、演歌からフォーク、ロックまで幅広いジャンルから人気実力ともにすぐれた歌手が出演した総合娯楽音楽番組。1973年6月に、渋谷に完成したばかりの新NHKホールに舞台を移し、毎週4000人の観客を集める大型公開番組となった。司会は初年度が山川静夫アナ、2年目からは中江陽三アナが担当。総合（火）午後8時からの1時間番組（1974年度より55分番組）。

ビッグショー　1974〜1978年度

『芸能独演会』（1972年度）、『ワンマンショー』（1973年度）の流れをくむワンマンショー形式の歌謡番組。歌謡界にとどまらず、映画、演劇、古典芸能、外国人タレントなど各界の第一人者が登場。それぞれの芸を披露するとともに人間的な魅力を浮き彫りにした。1976年度よりNHKホールでの公開番組となる。初年度は海外からミルバ、ナナ・ムスクーリほかが出演。初年度は総合（日）午後8時45分からの45分番組。

きらめくリズム　1974〜1977年度

トップクラスのフルバンドとともに一流のソロプレイヤーが出演し、歌謡曲を中心に演奏するテレビ版の「歌のない歌謡曲」。毎回一つのテーマにそって、なつメロから最新のヒット曲まで幅広く選曲。視聴者が演奏に合わせて歌えるように歌詞を字幕スーパーで入れ、演奏の合間は歌の世界を表現した写真やフィルムでつないだ。中西龍アナウンサーの味わい深い語りにもファンが多かった。

レッツゴーヤング　1974〜1985年度

フレッシュな歌と踊りで構成する若者向け音楽バラエティー番組で、NHKホールで公開収録した。キャンディーズ、ピンク・レディー、榊原郁恵など、その時々のトップアイドルが司会をつとめ、ゲストには人気アイドルや海外アーティストも出演。1977年度に太川陽介、川崎麻世による番組オリジナルグループ「サンデーズ」が登場。1980年には松田聖子、田原俊彦らが加わり、圧倒的な支持を集めた。総合（日）午後6時からの40分番組。

歌のグランドショー　〈1976〜1977〉　1976〜1977年度

『歌のゴールデンステージ』（1973〜1975年度）の後継番組。101スタジオから生放送するスタジオ歌謡番組。初年度は「リクエスト」を番組の柱とした。2年目の1977年度は、異色の顔合わせによる「2ドアショー」、すでに解散してしまった懐かしのボーカルグループのオリジナルメンバーの再現などのコーナー「グランドスペシャル」、自らのヒット曲3曲を歌う「私の3曲」で構成。司会は山川静夫アナウンサー。

NHK花のステージ　1977〜1979年度

スタジオ制作の『歌のグランドショー』（1976〜1977年度）のあとを受けてスタートした、NHKホールでの公開歌謡バラエティー。NHKホールの豪華さと舞台機能を生かした演出を行った。1979年度は出場歌手が、司会を務める植木等と宇崎竜童の2チームに分かれて、対抗歌合戦の形式で持ち歌を披露。勝負は会場から無作為で選んだ100人が判定した。総合（水）午後8時からの50分枠で1978年1月にスタート。

夜の指定席 〜 魅惑のファンタジー　1978〜1983年度

週末の夜、実力派の歌手やアーティストを迎え、歌と演奏、おしゃべりを上品な雰囲気の中で楽しむ大人のための音楽番組。布施明、五輪真弓、尾崎紀世彦といった歌唱力のある歌手だけでなく、アダモ、マンハッタン・トランスファー、リチャード・クレイダーマンといった海外アーティストも出演した。司会は、最初の2年間が八千草薫、その後は松坂慶子が担当。総合（金）午後11時からの45分番組。初年度は5本、次年度からはほぼ月1本を放送。

ビッグスタースペシャル　1979年度

歌謡曲のビッグスターが生まれ故郷に帰り、ゲストを迎えて行った「ふるさとコンサート」の模様を、地元の人々との交流や土地を紹介したロケを交えて放送する。1979年度前半に公開派遣番組として6本を制作。登場したビッグスターは、北島三郎、千昌夫、西城秀樹、加山雄三、八代亜紀、野口五郎の6人。総合（土）午後8時からの70分番組。

歌謡曲等 | 定時番組

1980年代

歌のビッグステージ　1980年度

NHKホールでの公開生放送の歌謡番組。従来の歌謡パレードに加えて、全国のNHKに寄せられるリクエストハガキの集計をもとにした番組独自のベストテンコーナーを設け発表。「神田川」の作詞家・喜多條忠による情報分析、新曲批評をもとに、地方で活躍する歌手を紹介するコーナーを作り、「奥飛騨慕情」の竜鉄也がテレビに初登場した。総合(火)の午後8時からの50分番組。以後、総合午後8時台の大型歌謡番組は、火曜日に定着する。

ふるさと歌謡道場　1980～1981年度

世の中に広く浸透し名曲として歌い継がれているヒット曲を通して、全国の歌好きな人々に歌唱指導を行う「歌謡道場」を日本各地で開催。毎回2、3人の歌手をゲストに迎え、それぞれのヒット曲を「道場」の入門者に指導。また入門者を通してその地域の産業や風景なども紹介した。司会は生方恵一アナウンサー。出演は作曲家の遠藤実。総合で月1回(最終・木)午後7時30分からの30分番組。

NHK歌謡ホール　1981～1985年度

NHKホールから公開生放送で送る歌謡番組。歌謡曲を昭和に生きる心の歌ととらえ、懐メロから最新のヒット曲まで、当代の人気歌手の熱唱により歌い継いでいこうというもの。出演歌手については1か月単位のレギュラーとし、個性あふれる歌手たちによって組まれた"一座"による歌謡ショーは、新鮮でユニークな企画を生んだ。司会は生方恵一アナウンサー(1985年度後期は千田正穂アナウンサー)。総合(火)午後8時からの45～49分番組。

音楽の好きな街　1984年度

全国のアマチュア音楽グループにスポットをあて、さまざまな形で音楽を楽しむ人を紹介する公開派遣番組。グループの公開演奏だけではなく、グループ自作のアマチュア・ビデオによる仲間紹介など、アマチュアならではの音楽の楽しみ方を伝えた。アマチュアのオーケストラとしては日本一歴史の古い諏訪市、吹奏楽の盛んな出雲市など、全国12の市や町を訪ねた。司会は島田祐子(声楽家)と尾高忠明(指揮者)。総合(月)午後10時からの30分番組。

勝ち抜き歌謡天国　1984～1985年度

一流の作曲家が全国各地を訪れ、その土地の歌自慢に歌の極意を伝授。その上達ぶりを競い合い、各地の名人を決める視聴者参加の公開派遣番組。番組は歌のレッスンが中心。選び抜かれた5人の一般出場者がそれぞれ作曲家とペアを組み、その上達ぶりを競い、2人が決勝に進出。さらに専門的な公開レッスンを受け、その土地の名人が決定する。歌手の坂本冬美や藤あや子はこの番組からプロデビューを果たした。総合(土)午後8時からの45分番組。

ライブステージ　1985年度

海外の一流アーティストのライブを紹介した購入番組。放送はボブ・フォッシー振付・演出の「ロイヤルバラエティショー～1983英国ロイヤルシアター」(ロンドン・ウィークエンドTV制作)、「シャーリー・マックレーン・ショー」(アメリカ・アルフレッド・ヘイバー制作)、「なつかしのグレン・ミラーサウンド」(英BBC制作)の3本。総合(最終・木)午後8時からの45分番組。

ザッツミュージック　1985～1988年度

1950～1960年代のアメリカンポップスを中心に、映画音楽、ミュージカル、タンゴ、シャンソン、ラテンなど幅広いジャンルの名曲を選りすぐって紹介。実力派歌手と演奏家の音楽を、シンプルな美術セットと光と影を生かした落ち着いた照明の中で楽しむ大人の音楽番組。司会はジュディ・オングとジェームス三木でスタート。1987年度から本多俊夫とアンリ菅野。総合(水)午後10時からの30分番組。

NHK歌謡ステージ　1986～1987年度

日本人の心の歌「歌謡曲」の数々を、視聴者からのリクエストをもとに構成したリクエスト形式の音楽バラエティー番組。お便りリクエスト、思い出リクエスト、会場リクエスト、話題リクエストなど、さまざまなコーナーを設けて歌謡曲ファンの希望に応えようというもの。NHKホールからの公開生放送。司会は千田正穂アナウンサー。総合(火)午後8時からの45分番組。

ふるさとの文化祭　1986～1989年度

『ふるさとの歌まつり』(1966～1973年度)、『お国自慢にしひがし』(1974～1977年度)の流れをくむ、視聴者参加の公開派遣番組。全国各地の市町村とNHKが協力し、放送を通じて「町の活性化」と「地域文化の向上に寄与すること」を目指した。1986年度は年間4本を総合と衛星第1で(木)午後8時からの45分枠で放送。1987年度は6本、1988年度は4本、1989年度は3本を放送。

ヤングスタジオ101　1986～1987年度

『レッツゴーヤング』(1974～1985年度)のあとを受けてスタートしたスタジオ音楽番組。選曲やキャスティングをアンケートに基づいて構成。若者の意向を的確に反映し、明るく健康的な番組作りを目指した。また新人歌手の育成、新しい楽曲の開発、話題歌手や話題曲の紹介も行った。初年度の司会は天宮良と小倉久寛、1987年度はジャズサックス奏者のMALTAが担当。総合と衛星第1(日)午後6時からの40分番組。

ヤングヤングソング　1986年度

新番組『ヤングスタジオ101』の素材を構成して、10分間にまとめたミニ番組。総合と衛星第1(金)午後5時15分から放送。

加山雄三ショー　1986～1988年度

加山雄三がホスト役となり、話題の歌手や俳優など各方面から一流のゲストを招き、歌とトークを繰り広げる公開ステージショー。初年度のゲストは森繁久彌、山田五十鈴、森光子、黒柳徹子、伊東四朗、さだまさし、南こうせつなど、加山の交友関係の幅広さを示す多彩な顔ぶれだった。1988年度、ブルガリアで開催された「ゴールデン・アンテナ・エンタテインメント番組国際コンクール」で特別賞を受賞。総合・衛星第1(土)夜間の45分番組。

ミュージックボックス　1987〜1990年度

ヨーロッパのポップス系の音楽を中心に、ファッション、パフォーマンスなど最新の若者文化をふんだんに取り入れた音楽情報番組。イギリスのMUSIC BOX社がヨーロッパに配信している中から毎週7種類の番組を選び、女性キャスターが新しい情報を加えて生放送した。衛星第1で午後5時から6時まで毎日放送。1989年6月、衛星第2に移設し、(月〜金)午前0時30分からの1時間番組となった。

歌謡パレード　1988〜1990年度

『NHK歌謡ステージ』(1986〜1987年度)の後継番組。なつかしい歌を大切に、新しい歌を親しみやすく紹介する公開生放送の歌謡番組。1989年度は「昭和の名曲800選」と題し、昭和の各時代を彩った名曲の数々をメドレーで構成。アジア各国からゲスト歌手を招いたアジア歌謡情報も話題となる。総合(火)午後8時からの45分番組。最初の2年は『歌謡パレード'88』『歌謡パレード'89』のタイトルで放送。

サウンド　プラザ　1988年度

音楽を通して世界の情報の発信受信基地を目指した音楽情報番組。海外の新着ビデオ情報、全日本学生チャートや全米カレッジチャート、あるいはキャンパスライフUSAなどを紹介。さらに日本の新進アーティストのライブを放送した。番組の司会はチェッカーズの武内亨、吉見佑子、川口雅代が担当。総合(金)午後10時50分からの30分枠で、1988年度後期に放送。

ジャストポップアップ　1988〜1989年度

中・高校生向けのスタジオ音楽番組。ロック、ポップス系のビッグアーティストから期待の若手バンドまで登場。白熱したスタジオライブとアーティストの素顔を浮き彫りにするトークで構成。初年度はパーソナリティーに松岡英明、1989年度は爆風スランプを起用。ローリングストーンズなど、海外ビッグアーティストへのインタビューも大きな話題を呼んだ。初年度は総合(土)午後6時からの40分番組。1989年度は金曜深夜の55分番組となる。

音楽・夢コレクション　1989〜1990年度

大人のゆったりとした時間にふさわしい良質の音楽と会話を、しゃれた雰囲気の中で楽しむ音楽バラエティー番組。ミュージカルやショービジネス界の実力派歌手を発掘しその育成なども目指した。レギュラー出演者には島田歌穂、中島啓江、森公美子ら女性をそろえた。総合(土)午後9時15分からの44分番組。1990年度は(金)の午後10時に移行。

1990年代

インディーズ・クラブ 〜 バンドフロントライン　1990年度

メジャーなレコード会社に所属せずに、自らの主張を前面に押し出して独自の演奏活動を行うインディーズバンドが、ロック世代の若者の注目を集めるようになってきた。そんなインディーズバンドの演奏やメッセージを紹介する音楽番組。衛星第2(土)午後5時からの60分番組。

メガロックショー　1991年度

国内のロックアーティストをゲストに迎え、彼らの演奏を最新の音楽情報とともに伝える若者向け音楽番組。ベテランや中堅アーティストとデビューしたての新人とのセッションなども注目された。司会は歌手の杏子と爆笑問題が担当。総合(月1回・土)の午後に放送。

歌謡リクエストショー　1991年度

視聴者からのリクエストをもとに繰り広げるNHKホール公開の歌謡番組。名曲の数々を第一線で活躍する歌手の歌声で紹介する「ヒットパレード」や、実力派歌手の歌声をじっくり聞かせる「ワンマンショー」など、毎回番組の構成に特色を持たせた。またNHKの音楽映像資料をコンピューターと連動させて電話リクエストに瞬時にこたえる「オールタイムリクエスト」も放送。司会は葛西聖司アナ、徳田章アナ。総合(火)午後8時からの44分番組。

音楽バラエティー　夜にありがとう　1991年度

歌唱力、表現力を兼ね備えた歌手をレギュラーに、グレードの高いポップスを紹介する音楽バラエティー。司会の松尾貴史と森口博子とレギュラー出演の中島啓江、森公美子がゲストをユーモアあふれるおしゃべりと音楽で迎える。総合(日)午後11時からの29分番組。

BSヤングバトル 〜 がむしゃらMAP　1991〜1993年度

1990年に「音楽の甲子園」としてスタートした『NHK全日本勝ち抜きロック選手権　BSヤングバトル』を、より若者世代に浸透させることを目指して編成した番組。全国のアマチュアロックバンドを演奏シーンなどとともに紹介した。衛星第2(土)の夕方放送の60分番組。

NHKヒットステージ　1992年度

歌謡曲の名曲を、毎回テーマを決めて実力派歌手の歌で紹介するNHKホール公開の歌謡番組。新しい時代の歌謡界を担う新人発掘を目的にした勝ち抜き形式の「新人コーナー・スター大発見！」では、5週勝ち抜いて五つ星チャンピオンを獲得した新人歌手が6人誕生して話題を集めた。また、千葉市、山形市、鳥取市、福岡市での公開放送も実施した。司会は徳田章アナウンサーとアイドルグループMi-Ke。総合(火)午後8時からの44分番組。

音楽は恋人　1992年度

日曜日の深夜、ミドルエイジの心に残る時を経ても色あせない"エバーグリーン"の名曲の数々をじっくりと味わう音楽番組。ジャズ、シャンソン、ラテンなどジャンルにとらわれない不朽のスタンダードを良質のアコースティックサウンドにアレンジした。日本のトップミュージシャンを集めて、番組パーソナリティーを務める羽田健太郎のピアノを中心としたスペシャルバンドを編成。一級のゲストとともに上質の音楽を届けた。

歌謡曲等 | 定時番組

BS土曜歌謡局　1992年度

毎回15人の歌手が出演し、演歌を中心とした歌謡曲をたっぷりと聞かせた土曜の夜の歌謡番組枠。衛星第2(土)午後7時30分からの2時間30分で、午後7時30分から8時30分が「勝ち抜き歌謡選手権」、続いて8時30分から午後10時までが「流行歌最前線」で構成。1992年度後期に放送。

ポップジャム'93（'94/'95）　1993～1994年度

『レッツゴーヤング』（1974～1985年度）以来7年ぶりに始まったNHKホールで公開収録する若者向けポップス番組。日本のポップス・シーンを代表する若手歌手やグループが出演し、毎回3000人の観客を集めた。司会は本木雅弘。総合で原則(土)の午後5時からの55分番組で不定期に放送した。1994年1月からは『ポップジャム'94』と改題。4月から司会は森口博子が務めた。

ふたりのビッグショー　1993～2002年度

2組のビッグスターが共演、司会者をおかずに2人の音楽とトークで繰り広げるステージショー番組。共演する2人の意外な共通点や、秘められた過去の出会いなどをテーマにおしゃべりし、台本にないエピソードなども飛び出し、人気を呼んだ。1999年度までは総合(月)午後10時からの40～45分番組。2000年度からは午後8時からの『金曜オンステージ』の枠で放送。NHKホールでの公開収録のほか、全国各地での公開派遣も行った。

NHK歌謡コンサート　1993～2015年度

時代を超えた歌謡曲の名曲と最新ヒット曲、話題曲を、毎回テーマを設けて人気歌手たちが披露するNHKホールの公開歌謡番組。堺正章と東ちづるの司会で、総合(土)午後8時からの44分番組でスタート。1994年度から(火)午後8時に移行し、生放送となる。司会は1995年度より宮本隆治アナに交代してから、阿部渉、小田切千、高山哲哉のNHKアナウンサーが担当。2014年4月から、第4週はNHK大阪ホールからの生放送を実施した。

スターの殿堂　エド・サリバンショー　1993年度

1948年から23年間、全米で放送された人気の音楽バラエティー『エド・サリバンショー』のリメイク版を放送。世界の大スターたちの至芸を、黒柳徹子、荻野目慶子、デーブ・スペクターらの解説とおしゃべりで紹介。出演はザ・ビートルズ、ナット・キング・コール、アイク&ティナ・ターナー、トニー・ベネットほか。総合(日)午後11時からの49分番組。

アイドル・オン・ステージ　1993～1996年度

小・中学生をターゲットに彼らに人気のある新時代の人気アイドルたちが、NHKホールに大集合する公開の音楽バラエティー番組。歌って踊る魅力あふれるライブとアイドルたちの素顔をたっぷり紹介する構成。NHKホールでの公開収録には10万件を超える応募が寄せられた。レギュラー出演者は、中居正広、CoCo、TOKIO、忍者、KinKi Kids、大村真有美ほか。衛星第2(日)午後6時からの1時間枠。1996年度は101スタジオでのスタジオ収録。

BS流行歌最前線　1993～1994年度

ホットな情報満載の音楽番組。日本のポップスを中心としていることから、番組の愛称は「JA-POPS NOW」。話題のアーティストなど最新情報をビデオクリップで紹介、さらに歌謡界を支える現場のクリエーターが登場し、カラオケ人気チャートの分析をする。目玉は良質のワンマンショーを展開する「ベスト・ステージ」で、第3週はスタジオライブショー「JUST・LIVE」を放送した。司会は赤坂泰彦ほか。衛星第2で初年度は45分、1994年度は90分番組。

BS勝ち抜き歌謡選手権　1993～1994年度

各地の歌自慢5～6人が出場し、プロの作曲家からマンツーマンの歌唱指導を受ける公開派遣番組。勝ち抜き形式で審査を行い、毎回チャンピオンを決定。6月と12月にチャンピオン大会を実施した。審査員をつとめたのは当代一流の作曲家、作詞家たち5人。出演は市川昭介、猪俣公章、宮川泰、星野哲郎、平尾昌晃、中村泰士、曽根幸明ほか。衛星第2の45分番組で、初年度は月1回、1994年度は年間35本を放送。

ときめき夢サウンド　1994～1997年度

中・高年層のポップスファンを対象に、さまざまなジャンルのスタンダードの名曲を、アコースティックなオーケストラサウンドで紹介。セットや照明が醸し出す落ち着いた雰囲気で、日曜深夜のリラックスタイムを演出。おしゃれでハイセンスな音楽番組となった。司会はいしだあゆみとデーブ・スペクター。音楽監督と指揮は宮川泰。総合(日)午後11時25分からの29分番組。

BS歌謡塾 あなたが一番　1995年度

全国各地の歌自慢が毎回7組出場し、プロの作曲家からマンツーマンの歌唱指導を受けてその上達を競う公開派遣番組。『BS勝ち抜き歌謡選手権』（1993～1994年度）を改題して、内容を刷新。「地元歌コーナー」を新設した。1996年1月には、NHKホールで「チャンピオン大会」を実施。司会は井上順と黒崎めぐみアナウンサー。衛星第2(土)午後0時15分からの75分番組。年間33本を放送した。

ASIA ライブ　1995～1996年度

「音楽でアジアとコミュニケーション」をテーマにした国際共同制作の音楽エンターテインメント番組。毎週生中継でアジア各国（中国、台湾、香港、タイ、ベトナム、フィリピン、マレーシア、シンガポール、インドネシア）を結び、各国の人気歌手とヒット曲を紹介した。司会はジャズトランペッターの日野皓正、台湾の歌手リリー・テン、阿部渉アナ。衛星第2(金)午後8時からの80分番組。1996年度は時間枠をさらに拡大、月1回放送となった。

ソウルトレイン'70s　1995～1996年度

1970年代、アメリカ国内で放送され、ソウル・ミュージックの確立とアメリカ・ポップス、ロックへの強い影響をあたえた番組『ソウルトレイン』を100回にわたって放送。ブラック・カルチャーの知識も豊富なバブルガム・ブラザースが案内した。番組で紹介されたアーティストは、スティービー・ワンダー、マイケル・ジャクソン、ダイアナ・ロスほか。衛星第2(金・土)午前1時30分からの50分番組。1996年度は(金)午前1時15分から放送。

BSジャズ喫茶　1995～1997年度

各界の著名なゲストを迎えてのトークとスタンダードジャズのライブ演奏で構成するおしゃれな大人の番組。俳優、歌手、芸術家など、さまざまな分野のゲストを招き、人生や仕事にまつわるおしゃべりを楽しむとともに、一流のジャズプレーヤーや歌手、番組のハウスバンドなどによる演奏を届けた。司会は写真家の立木義浩ほか。衛星第2(日)夜間の45分番組。

ポップジャム　1995〜2005年度

1993年4月から不定期で始まった『ポップジャム'93（'94）』が、1995年度からタイトルの年号表示がなくなり週1回の定時番組となった。ロック、ポップス、ニューミュージック、アイドルなど、さまざまなジャンルのアーティストをジャム（いっしょにまぜる）する音楽番組。司会は初代森口博子にはじまり、爆笑問題、堂本光一、優香、つんく♂（シャ乱Q）ほか多彩な顔がそろった。総合夜間の30分番組。2006年度は『プレミアム10』枠内で放送。

日本縦断カラオケ道場　1996年度

『BS歌謡塾　あなたが一番』（1995年度）に続くカラオケファンを対象にした視聴者参加型の公開派遣番組。客席のカラオケファンを一流の作曲家が指導する「カラオケ道場」と、事前のテープ審査、前日の最終審査に通ったプロを目指すほどの8人の歌自慢が競う「コンテスト」で構成。ステージと会場が一体となったレッスンが展開した。司会：井上順、黒崎めぐみアナウンサー。衛星第2(土)午後0時10分からの83分の番組。

トップミュージック　1996年度

内外の人気アーティストが出演する幅広い音楽ファンへ向けた30分番組。人気のアーティストが共演する「トップライブ」、最先端の音楽情報を紹介する「トップモード」、海外のアーティストが出演する「インターナショナル」などで構成。司会は阿部渉アナウンサーほか。1996年度後期に『トップミュージックEX』と改題し、日本初のスタジオ洋楽番組に刷新。トークはすべて英語（字幕スーパー）の総合的な洋楽番組となった。

夜更かしライブ缶　1996・1999・2003〜2005年度

コアな音楽ファンに向けて、日本の音楽シーンを代表するアーティストや洋楽のスーパースターの音楽番組を制作。日本のアーティストでは、クレイジーケンバンド、佐藤竹善、吉田美奈子、岡村孝子、上原ひろみほか。洋楽のアーティストではデビッド・ボウイ、ブルース・スプリングスティーン、アリシア・キーズほか。3年間で24本、23組のアーティストを紹介した。衛星第2(火〜金)午前0時台からの2時間番組。

ミュージックジャンプ　1997〜1999年度

10代の若い視聴者層を対象としたアイドル音楽番組。今をときめく若いアイドル歌手たちがNHK101スタジオに大集合し、歌、ダンス、トークを繰り広げた。2部構成で、前半は「ボーイズサイド」として、ジャニーズJr.を中心に歌とダンスを披露。後半は「ガールズサイド」として、神田うのが司会の歌とトークで構成。出演はV6、ジャニーズJr.ほか。衛星第2(日)午後6時からの55分番組。ハイビジョンでも放送した。

青春のポップス　1998〜2001年度

全国から寄せられたハガキ、ファックス、Eメールによるリクエストと思い出のエピソードをもとに、ポップスの黄金時代である1960年代から1970年代の洋楽の名曲を、ゲスト歌手の歌と演奏で紹介。司会は西城秀樹と森口博子。森口のあとを早見優、西田ひかるらが務めた。総合(日)午後11時台の30〜40分番組。

歌が生まれるとき　1998年度

1997年度に実施した『1000万投票　BS20世紀　日本のうた』の投票をもとに、歌謡曲のヒットの裏にあるエピソード、誕生秘話を歌手・作家・制作宣伝スタッフの証言と映像資料で描いた音楽ドキュメンタリー。司会は黛まどかと水谷彰宏アナウンサー。衛星第2(土)午後7時30分からの25分番組。

BS日本のうた　1998〜2014年度

1997年度に実施した『1000万投票　BS20世紀　日本のうた』の投票結果をもとに、「日本のスタンダード・ナンバー」の確立を目指して、名曲をたっぷり聴かせる音楽番組として始まった。スタート当初は、歌謡曲の名曲をフルコーラスで歌う「歌謡曲版」と、南こうせつがホストとなりゲストを迎えて歌とトークでつづる「フォーク版」で構成した。2003年度からは年間のほとんどを地方での公開派遣番組とした。衛星第2(日)夜間の90分番組。

小椋佳 〜 歌談の部屋　1998年度

公開収録による音楽トーク番組。シンガーソングライターの小椋佳がホストとなり、各界のゲストを迎えてトークを繰り広げるとともに、小椋佳の歌を楽しむ。ハイビジョン(日)午前10時からの45分番組。

2000年代

BSあの歌この芸　2000〜2001年度

歌謡曲や演芸など日本のエンターテインメントの極めつけの芸を、1回1組のワンマンショー形式で紹介。すでに故人となった一流の芸も保存映像で数多く紹介した。新番組としてスタートした最初の週は、「田端義夫」「松山恵子」「三波春夫」「大津美子」を放送。衛星第2(月〜木)午前9時30分からの29分番組。

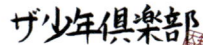

ザ少年倶楽部　2000〜2023年度

衛星第2(日)午後6時台に放送するローティーン向け音楽番組。総勢80人以上のジャニーズJr.による歌とダンスをNHKホールから送るステージショー。2006年度に毎月第3週をトーク中心のスタジオ番組『ザ少年倶楽部プレミアム』とした。『ザ少年倶楽部プレミアム』は2023年11月に『プレミセ！』に、『ザ少年倶楽部』は2024年1月に『ニュージェネ！』にそれぞれ改題。

BEAT MOTION　2000〜2005年度

次代J-POPの主役となることが期待される若いアーティスト3組と、すでにブレイクしたスペシャルゲスト1組の計4組が出演。常に新しい音楽を求めている10代後半から20代前半の若者のニーズに応えて、これからブレイクしそうなアーティストや曲をいち早く伝えた。衛星第2(日)午後6時30分からの30分枠。2004〜2005年度は『サンデーヤングミュージック』枠内でハイビジョンでも放送した。

歌謡曲等 | 定時番組

フォーク大集合 2000～2002年度

『BS日本のうた』の「フォーク版」が好評で、『フォーク大集合』の「南こうせつとアコースティック・フレンズ」コーナーに引き継がれる。ホスト役の歌手・南こうせつが、毎回4～5組のゲストを招き、懐かしいフォークの名曲を中心にしたステージを繰り広げた。2002年度はアルフィーの坂崎幸之助を迎えて内容を刷新。衛星第2(最終・土)放送の90分番組で、ハイビジョンでも放送した。

HIP HOP BEAT～Club SUNSET 2000年度

「NHKテント2000みんなの広場」で公開収録した音楽番組。ヒップホップ、ハウス、ソウル、ユーロなど、さまざまなジャンルのダンス・ミュージックを、DJがクラブにいるかのような雰囲気で紹介。司会は宇治田みのる。2000年10月から番組タイトルを『Club SUNSET』に変更。衛星第2(火～金)午前1時からの60分番組。ハイビジョンでも(水)午後0時台に放送。

みんなの童謡 2000～2012年度

人びとに親しまれ、歌い継がれてきた日本の童謡を、次の世代に伝えるために企画された総合の3分番組。初年度放送の曲名：「靴が鳴る」「かなりや」「花嫁人形」「みかんの花咲く丘」「青い眼の人形」「夕焼け小焼け」「赤とんぼ」「小さい秋みつけた」「たき火」「ペチカ」「揺籃（ゆりかご）のうた」「春よ来い」。

地球は歌う 2000～2006年度

地球上のあらゆる地域の音楽と、その土地の風土や暮らしを紹介する5分の音楽ドキュメンタリー。現地録音による"生きた"音源を使用し、ハイビジョンによる質感あふれる映像で「音楽と人間」を描く。ナレーション：上川隆也。初年度は総合(月)午後11時40分から放送。2001年以降は教育、ハイビジョンで放送。

NHKのど自慢予選会 2001～2002年度

『NHKのど自慢』（1970年度～）が開催される地域で行われる出場希望者による予選会の模様を収録したハイビジョンの新番組。出場する250組のすべての参加者の熱唱を紹介。歌を通し人柄や土地柄を浮き彫りにした。初年度は(土)午前9時15分から、2002年度は午前0時25分から放送した2時間35分番組。

BS歌謡最前線 2001年度

最新の歌謡曲と情報をいち早く紹介する番組。ベテランから新人まで出演する歌手の新曲を放送、活動予定やライブ情報など最新情報も伝え、歌謡曲ファンが多い中高年層に支持された。タレントの松居直美と音楽評論家の小西良太郎が司会をつとめた。年度前期は衛星第2で最終週の(月～木)午前9時30分からの30分番組。後期は同時刻の毎週(月)に放送。

テント2001 BS歌手天国 2001年度

「テント2001 みんなの広場」での公開収録番組で、日本の歌謡界で活躍する一流の歌手たちの「歌」と「話芸」の達人ぶりを楽しむ。(月～木)通しで出演するメインゲストによる歌とトークを中心に、日替わりの応援ゲストも加わってにぎやかなステージを展開する。衛星第2(月～木)午後5時30分からの30分番組。2002年1月からはタイトルを『テント2002 BS歌手天国』として放送。

あなたの町のベストテン BS日本のうた 2001年度

1998年度にスタートした『BS日本のうた』は、NHKホールからの公開収録が中心だったが、2001年度は制作する30本すべてを全国各地での公開派遣番組とした。番組の中心は、その町ならではの「名曲ベスト10」。収録地となる町で実施した好きな曲のアンケートで選ばれた名曲を紹介した。1人の歌手が7～8曲を歌い上げる「ワンマンショー」コーナーは継続した。衛星第2(土)午後8時45分からの90分番組。ハイビジョンでも放送。

ミュージックA 2001年度

「いま1番＝A（エース）」をキーワードに送る最新音楽情報バラエティー。ゲストを招いてのライブパフォーマンスや、新譜のリリース情報とライブ情報、洋楽情報、インディーズシーンなど、現在の音楽を取り巻くすべてに徹底的にこだわって情報発信した。司会は、前期は荻野目洋子、後期はKEN（DA PUMP）とYOPPYが担当した。衛星第2(土)午前0時30分からの1時間番組。

ミュージック・カクテル 2002年度

前期は日本のポップスシーンを代表するトップアーティスト1組をマンスリーで特集。VTR構成やスタジオライブなどで多角的にアーティストの魅力に迫った。マンスリーゲストには、平井堅、Mr. Children、藤井フミヤ、井上陽水らが登場。8月からは、タレントのパパイヤ鈴木が司会を担当。毎週1組のアーティストを101スタジオに招いてライブとトークを楽しむ構成。ナビゲーターは住吉美紀アナ。総合(木)午後11時15分からの29分番組。

テント2002 お茶の間娯楽館 2002年度

「テント2002 みんなの広場」で公開収録する芸能番組を、(月～木)で午前9時30分から放送した衛星第2の番組枠。(月)は歌謡曲の新曲を最新情報とともに紹介する『BS歌謡最前線』、(火)は一流の芸人の魅力に迫るワンマンショー『この人この芸』、(水)は芸歴30年以上のベテラン歌手のワンマンショー『この人この歌』、(木)はすでにこの世を去った名歌手の曲を、ゆかりのある現役歌手が歌う『この人この歌』をそれぞれ放送。

夢・音楽館 2003～2004年度

日本のポップスのトップミュージシャン、旬のアーティストを「夢・音楽館」に招いて、スタジオならではのライブ演奏とトークを楽しむ大人のための音楽番組。館主は女優の桃井かおり。持ち味を生かした司会で、音楽だけでなく恋やプライベートにまで話題は及んだ。出演は髙橋真梨子、矢沢永吉、長渕剛、玉置浩二ほか、2年間でのべ143組のミュージシャンが出演。総合(木)午後11時15分からの29分番組。ハイビジョン、衛星第2でも放送した。

BS日本のうた全集 2003年度

1998年度から放送が始まり、日本人が長年にわたり歌い続けてきた名曲の数々を紹介してきた『BS日本のうた』。その過去の放送分から、全国各地で公開収録してきたものを集めて再放送した。ハイビジョン(月～木)午後1時からの90分番組。

BSあなたが選ぶ時代の歌　2003年度

テレビ放送開始50年にちなんで、50年間の名曲の数々を視聴者から募り、その投票をもとにした視聴者参加双方向番組。昭和・平成のヒット曲を生演奏と映像で振り返ったほか、各年代に関連するゲスト歌手も出演し、歌とトークを繰り広げた。2003年2月に特集番組として放送。脚本家の早坂暁がレギュラー出演。ハイビジョン、衛星第2(日)午後7時20分からの2時間33分番組。ほぼ月1回で全10回を放送した。

BSポップスコレクション　2003年度

プレスリー、ビートルズ、カーペンターズといった1960年代から1970年代に一世を風びした洋楽ポップスの数々を、歌唱力に定評のある歌手がステージで歌い紹介する公開派遣番組。出演者は伊東ゆかり、グッチ裕三、九重佑三子、ミッキー・カーチス、田辺靖雄、松崎しげる、布施明ほか。司会は高山哲哉アナウンサー。衛星第2(最終・土)午後9時からの90分枠で、2003年5～9月に放送。ハイビジョンでも(土)午後2時から放送。

BS青春のポップス　2003～2004年度

『BSポップスコレクション』(2003年度前期)を改題。プレスリー、ビートルズ、カーペンターズといった1960年代から1970年代に一世を風びした洋楽ポップスの数々を、現在日本で活躍する歌唱力に定評のある歌手がステージで歌い紹介する公開派遣番組。司会は住吉美紀アナウンサー。衛星第2で、2004年度は(日)午後7時30分からの90分枠。ハイビジョンでは(土)午後1時から放送。

サンデーヤングミュージック　2004～2005年度

ハイビジョンで日曜日の午後に随時放送した若者向け音楽番組枠。ジャニーズJr.を中心にしたジャニーズ系アイドルによる歌とダンスのバラエティショー「ザ少年倶楽部」と最新のライブとトークで構成する「BEAT MOTION」を放送。ハイビジョン(日)午後0時10分からと、衛星第2(日)午後6時からの53分番組。

音楽・夢くらぶ　2005年度

日本のポップスのトップミュージシャンを招き、スタジオならではのライブ演奏と番組ホストの中村雅俊との本音トークで構成する「大人のための音楽番組」。スペシャルを含め40本を放送。出演は松田聖子、山崎まさよし、薬師丸ひろ子、HIS(ヒズ)、加藤和彦ほか。総合(木)午後11時15分からの29分番組。ハイビジョン・衛星第2でも日時を変えて放送。

熱唱オンエアバトル　2005年度

1999年度に始まった『爆笑オンエアバトル』の音楽版で、「新しい音楽」の提供を目指したインディーズミュージシャンのオーディション番組。2003年の特集『サマーソングバトル』から発展し、2005年度に定時番組となった。形式は、毎週10組のアマチュアインディーズミュージシャンが未発表の楽曲を100人の審査員の前で演奏。得点上位の5組のみがオンエアされる。司会はハリガネロック。総合(日)午前0時10分からの29分番組。

BS永遠の音楽 大全集　2005～2009年度

世代を超えて愛され続けている名曲の数々を、音楽のジャンル別のテーマで構成し、NHKホールで公開収録した大型音楽番組。「アニメ主題歌」「青春のポピュラーソング」「叙情歌」「フォークソング」「映画音楽」などをテーマに年間4本を放送。衛星第2で(土)または(日)の夜間に放送した2時間番組。

BSカラオケ塾　2005～2006年度

衛星第2で放送する視聴者参加のカラオケ公開講座。カラオケの定番曲2曲を歌謡界の第一線で活躍する作曲家が講師となり、その歌唱法を一般視聴者にレクチャー。課題曲のオリジナル歌手による模範歌唱も行われ、実践的な技術から歌心までカラオケの極意を伝授する。参加者の中からいちばん上達した人に「みるみる上達賞」が送られた。公開派遣番組で2年間に全国40か所で実施、東京ではNHKふれあいホールで公開収録された。

あの歌がきこえる　2006年度

フォーク、ニューミュージックから歌謡曲まで、青春時代のヒット曲にまつわる思い出のエピソードを視聴者から募集。それぞれの曲にのせて永井豪、わたなべまさこ、原秀則ら著名漫画家が作品を描きおろす。吉田拓郎、ザ・フォーク・クルセダーズ、サザンオールスターズ、荒井由実、黛ジュン、松田聖子などの曲が登場。案内人は佐野史郎。総合(水)午後10時45分からの15分番組。ハイビジョンと衛星第2でも放送。

シブヤらいぶ館　2006年度

東京・渋谷の「NHKみんなの広場ふれあいホール」(座席数220)での公開収録番組。ハイビジョン(月～木)で4～12月は午後8時から、1～3月は午後11時からの43分番組。衛星第2でも放送。(月)演歌歌手が持ち歌の数々を熱唱する「演歌一本勝負」、(火)漫才、落語、講談、浪曲などの伝統話芸を紹介する「お好み寄席」、(水)演奏による「歌のない音楽会」、(木)ボーカリストが熱唱する「シング・シング・シング」。

フォークの達人　2006～2007年度

1960年代に日本にフォークが誕生して以来30年以上にわたって活躍を続ける「フォークの達人」を毎月1人特集。東京都内のライブハウスを中心に、各地でのパフォーマンスとともに、ゆかりのゲストを招いてのトークを楽しんだ。2006年度は遠藤賢司、泉谷しげるら12人、2007年度は友川カズキ、下田逸郎ら10人の達人が出演。ナビゲーター：山口智充(2006年度)、赤坂泰彦(2007年度)。衛星第2の90分枠。

ミュージック・エクスプレス　2006年度

J-POPの人気者を紹介する公開収録番組で、新人や話題曲など旬の音楽がすべてわかる内容を目指した。ゲストと司会者によるトークはスタジオで収録、NHKホールでの演奏とともに紹介し、アーティストの素顔や魅力を浮き彫りにした。番組のタイトルコールはPUFFY、年間8本を放送。司会は河辺千恵子、高山哲哉アナウンサーが担当。衛星第2(日)午後6時からの50分番組でハイビジョンでも放送。

ワールド・プレミアム・ライブ　2006～2009年度

ハイビジョン制作のトップアーティストによる最新ライブを紹介する番組。2007年1月から放送をスタートし、年度内はアメリカ・イギリスの最新ライブ番組「ワールド・ロック・ライブ」、J-POP人気アーティストの「スーパーライブ」、アビーロードスタジオで制作する「ライブ・フロム・アビーロード」の3シリーズを放送。2008年度以降も、ポリス、マドンナ、マイケル・ジャクソンらのライブを放送。ハイビジョンの90分番組。

歌謡曲等 | 定時番組

BSサタデーライブ 2006〜2009年度

土曜深夜のライブ番組枠。世界の音楽シーンをリードするアーティストによる「黄金の洋楽ライブ」、日本の音楽シーンを代表するアーティストの「スーパーライブ」、アーティストのライブ公演を収録し、アーティスト自身のインタビューなども交えて紹介する「夜更かしライブ缶」などを放送。衛星第2(土)午後11時台の90分番組。

ウエンズデー J-POP 2006〜2007年度

J-POPアーティストの多くが新曲を発表する「水曜日」の深夜に放送した音楽情報番組。10代から30代の若い世代を対象に、新曲情報や1週間のライブ情報、1週間のCD売り上げによる最新ヒットチャートなどを、旬のアーティストを迎えてのスタジオトークを交えて紹介。司会はさくら。初年度は衛星第2(水)午後11時30分からの29分番組。ハイビジョンでも(木)午後6時から放送。

SONGS 2007年度〜

テレビにはめったに出演しないフォーク、ニューミュージックの時代を象徴するビッグ・アーティストが毎回1組登場。貴重なスタジオライブを披露するだけでなく、その歌が生まれた時代への思いや自らの人生哲学をじっくりと語る。クオリティーの高いサウンドと映像で送る大人のための音楽番組。2018年からは俳優の大泉洋が「番組責任者」として登場している。初年度は総合(水)午後11時からの29分番組。衛星第2でも放送。

MUSIC JAPAN 2007〜2015年度

『ポップジャム』(1995〜2006年度)のあとを受けてスタート。総合テレビの若者向け音楽番組。J-POPの人気アーティストを中心に、新人や海外のアーティストも多く出演。NHKホールでの公開収録だがトーク場面の多くはスタジオ収録。2007〜2009年度と2013年度は平日深夜に、2010〜2012年度は(日)の午後6時台に放送。ナビゲーターは関根麻里、Perfume、ユースケ・サンタマリアほか。

最新ヒット　ウエンズデー J-POP 2008〜2010年度

『ウエンズデー J-POP』(2006〜2007年度)を改題し、「NHKみんなの広場ふれあいホール」からの生放送番組に刷新。J-POPアーティストの多くが新曲を発表する「水曜日」に放送する音楽情報番組。旬のアーティストによる生ライブを中心に、直近1週間のライブ情報やヒットチャートなど、最新の音楽情報などを交えて紹介した。司会はさくら。衛星第2(水)午後6時からの39分番組。ハイビジョンでも放送。

魅惑のスタンダード・ポップス 2008〜2009年度

スタンダード・ポップスの名曲を都内のライブハウスから届けた音楽番組。日本の実力派ポップス歌手がメドレーで往年の名曲を歌い上げた。また、長年日本のポップス界を支えた人物をフィーチャーした「ポップスの伝説」、著名ゲストを迎えての映画にまつわる思い出を聞く「私の青春映画音楽」などのコーナーで構成。司会は井上順、新妻聖子。衛星第2(最終・日)の午後7時30分からの90分枠。2年間で20本を放送。

渋谷らいぶステージ 2008〜2010年度

演歌、歌謡曲、ポップスのジャンルで活躍する歌手をゲストに招き、往年のヒット曲から新しい曲までワンマンショー形式で送るライブステージ。「NHKみんなの広場ふれあいホール」での公開収録。歌手の水前寺清子が司会をつとめ、ゲストとのトークを繰り広げた。衛星第2(月)午後6時からの43分番組。ハイビジョンでも放送。

SONGSプレミアム 2009・2011年度

2007年度から総合で放送してきた『SONGS』からえりすぐりの回を1時間バージョンに再構成。未公開映像や最新情報も交えて、ハイビジョンで送る音楽番組。竹内まりや、松任谷由実、髙橋真梨子、忌野清志郎、矢沢永吉、さだまさし、美輪明宏、中森明菜、絢香、松田聖子らが登場した。ハイビジョン(金)午後8時からの59分番組。

SOUND＋1 2009年度

一流ミュージシャンを全国各地のアマチュア音楽演奏グループのもとに派遣し、プロの指導を受けながら演奏に磨きをかけていくアマチュアメンバーたちの姿をドキュメントする番組。"プラス・ワン"として登場したゲストは、つのだ☆ひろ、うじきつよし、吉田兄弟、加藤登紀子、小林幸子、平原綾香、千住真理子、日野皓正、小松亮太、八代亜紀。衛星第2(金)午後10時からの49分番組。ハイビジョンでも放送。月1回で全10回を放送。

どれみふぁワンダーランド 2009〜2010年度

クラシックからポップス、ロック、ジャズ、歌謡曲、童謡まで「音楽の新しい楽しみ方」を提案するバラエティー番組。有名曲にまつわる楽しいエピソードや新解釈による分析、また音楽家たちの舞台裏を紹介し、遊び心あふれるさまざまなアイデアがつまった歌や演奏を届けた。レギュラー出演者は、宮川彬良、戸田恵子、RAG FAIRほか。衛星第2で夜間に放送の1時間枠。初年度は月にほぼ2回放送で20本、2010年度は19本を放送。

2010年代

J-MELO 2010〜2023年度

日本の多様なミュージックシーンを世界に発信する音楽情報番組。日本音楽最大の特徴である「多様性」に注目し、ポップス、ジャズ、クラシック、トラッドなど、ジャンルを超えたゲストを招き、日本の音楽とアーティストを全世界に発信する国際放送の番組。2005年10月に放送をスタートさせ、2008年度より総合でも随時放送。2010年度、(月)午前0時30分からの28分番組で定時放送がスタート。

洋楽倶楽部80's 2010年度

2010年当時の「アラフォー」世代や、その前後の視聴者に向けた洋楽番組。ミュージック・ビデオ全盛の1980年代のポップス&ロックを映像とともに紹介。同時に1980年代に青春時代を過ごしたゲストたちがトークを繰り広げる。洋楽が流れるロックバーをほうふつとさせるような番組となった。司会は俳優の高嶋政宏。ゲストはジョン・カビラ、シャーリー富岡、伊藤政則、クリス・ペプラー、高樹千佳子ほか。総合(金)午前0時15分からの29分番組。

映画音楽に乾杯！ 2010年度

世代を超えて愛されている珠玉の映画音楽を、実力派の歌声と豪華なオーケストラ・サウンドで送る音楽番組。ゲストの楽しく心温まるエピソード満載のトークとともに届けた。出演は、美輪明宏、石丸幹二、島田歌穂、新妻聖子、ポール・ポッツほか。司会は、小堺一機、本上まなみ、原日出子らがつとめた。衛星第2(日)午後7時30分からの90分枠で年間6本を放送。ハイビジョンでも放送。

ミュージック・ポートレイト 2011〜2016年度

さまざまな分野で活躍する著名人が「あなたの人生で"大切な歌"はなんですか」の問いにこたえて選んだ「人生の大切な10曲」。2人のゲストが対談することで、それぞれ持ち寄った音楽を切り口に、生きてきた人生や時代、社会が浮き彫りとなる「語る自叙伝」となった。初年度は今井美樹と村山由佳、美輪明宏と槇原敬之、熊川哲也と市川亀治郎、宮藤官九郎と向井秀徳、見城徹と小山薫堂の5組を放送。Eテレ夜間の30〜45分番組。

Amazing Voice 驚異の歌声 2011年度

世界各地の歌声の魅力を紹介する音楽番組。ジャンルを問わずメジャー音楽産業が光を当てない分野に「魂を揺さぶる歌声」を探り当て紹介した。ドイツの洋楽バンドがヒット曲に使った台湾の古老の声、北欧先住民族の暮らしの中の歌、パリの路上で生まれた新人歌手、ハワイのフラ、モンゴルのホーミーなど。毎回歌に耳を傾け、その不思議を語る番組パーソナリティーを、藤井フミヤと元ちとせが担当した。BSプレミアム夜間の58分番組。

J-POP 青春の'80 2011〜2012年度

1970年代後半から1990年代前半にデビューして、放送当時も音楽シーンのトップランナーとして活躍しているアーティストがスタジオに集合し、ヒット曲・名曲の数々を熱唱。自身の「いま」と「そのとき」を語った。出演は中村あゆみ、平松愛理、原田真二、山下久美子、桑名正博、小比類巻かほるほか。司会は大友康平と橋本奈穂子アナウンサー。BSプレミアム(木)午後8時からの57分番組。

音楽熱帯夜 2012年度

ビッグアーティストのライブを中心に、J-POPの人気アーティストの旬のステージをたっぷりと紹介する番組。福山雅治のライブからスタート、SEKAI NO OWARIまで28本のライブを放送。最終回となった2013年3月は前年に放送した「ももいろクローバーZのクリスマスライブ」の再放送で締めくくった。BSプレミアム午前0時台の90分枠。

The Covers 2014年度〜

実力派のアーティストたちが、日本の歌謡曲やポップスを中心に、自身が影響を受けた名曲を魅力あふれるアレンジ、それぞれの持ち味でカバーし、新しい命を吹き込む。またそのこだわりを存分に語る音楽番組。MCは日本の歌謡曲からロック・洋楽まで、あらゆるジャンルの音楽を幅広く愛するリリー・フランキー。BSプレミアム夜間の30分番組でスタート。4年目の2017年度から、60分の特集番組としてリニューアルした。

MUSIC JAPAN 5min. 2014〜2015年度

J-POPの人気アーティストを中心に、新しく良質な音楽を届ける番組『MUSIC JAPAN』の見どころを伝える直前5分番組。司会：ユースケ・サンタマリア、Perfume。ナレーション：水樹奈々。総合(月)午前0時5分に放送。

新・BS日本のうた 2015年度〜

『BS日本のうた』(1998〜2014年度)をリニューアル。司会を出演している歌手自らがおこなうスタイルとなった。時代を超えて受け継がれる名曲の数々を、総勢10組を超える歌手の歌唱で紹介する大型公開派遣番組。「古今東西名曲特選」「スペシャルステージ」ほかの企画コーナーを軸に、スケール感あふれる内容で放送。BSプレミアム(日)夜間の89分番組。

歌う！SHOW学校 2016〜2017年度

歌手の五木ひろしが先生役をつとめた公開派遣番組。人気の若手歌手やお笑い芸人を生徒役として歌謡曲にまつわる授業を音楽バラエティー形式で放送した。転校生や特別講師として歌手や人気タレントが出演。イベントの後半は、出演者によるミニコンサートも行われ、その模様はラジオ第1の『歌う！SHOW学校』としても放送された。総合(土)午後6時台に不定期で放送。

うたコン 2016年度〜

23年間続いた『NHK歌謡コンサート』(1993〜2015年度)をリニューアル。演歌・歌謡曲からポップス、洋楽、ミュージカル音楽まで、多彩なジャンルの音楽を、生放送・生歌唱で、幅広い世代に送るNHKホール公開音楽番組。司会は、俳優の谷原章介がNHKアナウンサーとともにつとめている。総合(火)午後7時台の45分番組。

バナナ♪ゼロミュージック 2016〜2017年度

音楽知識ゼロのバナナマンと一緒に音楽を楽しむ音楽バラエティー番組。毎回、一流ミュージシャンが登場し「音楽の楽しさ」を体験した。番組ハウスバンドが名曲を生演奏。一流ミュージシャンによる曲名当てクイズや、バナナマンが「いま目の前で聞きたい」アーティストが登場するなどユニークな内容。司会はバナナマンほか。総合(土)午後10時20分からの29〜33分番組。

シブヤノオト 2018〜2021年度

東京・渋谷のNHKから、J-POPアーティストたちの最新ライブとトークを届ける若者向け音楽番組。2016年度より総合で不定期の特集番組として放送。2018年度から(日)午前0時台の定時番組となる。アーティストの素顔、音楽制作の裏側など、最新の音楽と情報を文化の発信地、東京・渋谷から届ける。司会は徳井義実、渡辺直美、チャンカワイらが担当。2021年度からは川島明と土屋太鳳がつとめ、総合(土)午後11時台の30分番組で放送。

パプリカ 2019〜2021年度

東京2020公認プログラムとして展開する〈NHK〉2020応援ソングプロジェクトの1分シリーズ番組。子どもユニットFoorinのダンスビデオやEテレの人気番組とのコラボ企画、さらに視聴者から投稿されたダンス動画を紹介した。2018年7月から随時放送を開始。2019年度にEテレ(月〜金)午後4時44分から定時放送となる。

歌謡曲等 | 定時番組

2020年代

シュガー&シュガー　2020 ～2021年度

ミュージシャンとして、また映像・ファッション・アートなど、さまざまなカルチャーを横断して活躍するサカナクション・山口一郎が、音楽に関する固定観念を取り払い、新時代ならではの音楽の楽しみ方を見いだす"音楽実験番組"。これまで4回特番で放送してきたが、好評に応えて2020年度よりレギュラー放送となる。出演：山口一郎（サカナクション）ほか。Eテレ（火）午後10時50分からの29分番組。

ヒャダ×体育のワンルーム☆ミュージック　2020・2022年度

音楽制作ソフトとネットの発達で、スマホやパソコン1つで自宅の部屋で音楽を制作し、全世界へ発表する"ワンルーム・ミュージシャン"が増えている。そんな最新の音楽事情や音楽を作る楽しさを紹介する番組。MCは音楽クリエイターのヒャダインとミュージシャンの岡崎体育。多彩なゲストを迎え、スタジオトーク、密着VTR、視聴者とのコラボ企画、さらにTwitterなどへの多角的な展開も行った。ナレーション：早見沙織。

エール　古関裕而の応援歌　2020 年度

連続テレビ小説『エール』（2020年度前期）のモデルとなった古関裕而の楽曲を、ゆかりの人物や場所とともに紹介した。取り上げた楽曲は「長崎の鐘」「六甲おろし」「とんがり帽子」「フランチェスカの鐘」など。総合の5分番組。

4K洋楽倶楽部　2020 年度

高精細映像、高音質による海外アーティストのコンサート番組。ピンク・フロイド、ペット・ショップ・ボーイズ、リンゴ・スター、カイリー・ミノーグ、ジャミロクワイなど、12本を放送。BS4K（最終・月）午後9時～10時45分ほか。

NHK MUSIC SPECIAL　2021 年度～

日本を代表するアーティストが登場するスペシャルプログラム。豪華な演出でアーティストの今を描き、心に響く上質な音楽を届ける。総合（木）午後10時30分からの44分番組で、およそ月に1回のペースで放送。これまでの出演者は、矢沢永吉、東京事変、松本隆、藤井風、玉置浩二、MISIA、Eve、KinKi Kids、松任谷由実、坂本龍一、DREAMS COME TRUE、YOASOBI、椎名林檎、福山雅治ほか。

はやウタ　2021 年度～

2021年3月に終了した『ごごなま』の歌コーナー「ごごウタ」を継ぐ番組として4月からスタート。演歌・歌謡曲の最新曲から、近年大きな注目を集めるミュージカル俳優の舞台名曲まで、多彩なジャンルの実力派歌手を迎える音楽番組。司会は、ミュージカル界のプリンス・井上芳雄。アドリブトーク満載で出演するゲスト歌手の魅力に迫る。

Venue101　2022年度～

「土曜23時、ライブが生まれる。」がコンセプトの音楽番組。音楽やトークなど、アーティストが生み出す熱量の高いライブを、NHK101スタジオから生放送した。特番『Venue101 Presents』や公開番組『Venue101 EXTRA』なども放送。番組SNSでは、WEB企画や生放送ならではの連動企画も展開。司会：濱家隆一（かまいたち）、生田絵梨花。ナレーション：服部伴蔵門。総合（土）午後11時からの30分番組。

おげんさんのサブスク堂　2023年度

星野源の人気番組『おげんさんといっしょ』の人気コーナーから生まれたスピンオフ番組。おげんさん（星野源）と豊豊さん（松重豊）が、私物スマートフォンを持ち寄り、今、気になる音楽をその場で再生。"大好きな音楽"をただひたすら「語り続けるだけ！」の番組。レアな音源や貴重な映像が続々登場し、友達の家で好きな音楽の話をしているような新感覚の音楽番組。2024年1～3月に定時放送。総合（火）午後11時からの30分番組。

tiny desk concerts JAPAN　2024年度

そこにあるのは、小さな机と楽器だけ。アメリカの公共放送NPR（National Public Radio）がネット展開し、全世界にブームを巻き起こした音楽コンテンツの日本版。演奏を行うのは、NHKの実際のオフィス。通常とは異なる環境で音楽に「新しい息吹を吹き込む」ライブパフォーマンスを届ける。総合（月）午後11時からの29分番組。

伝説のコンサート　選　2024年度

日本を代表するアーティストたちの伝説と、語るにふさわしいコンサート映像やNHKに残る貴重な番組映像を、最新技術のリマスターによる高画質・高解像度の映像で届ける。これまで放送して大きな反響を得たコンサートを再び放送するほか、今なお根強い人気を誇る伝説のアーティストのあらたな貴重映像も紹介する。BS（金）午後7時からの2時間番組。

NHKフォトストーリー ⑫

P290 ← ⑪　⑬ → P365

東京・水道橋能楽堂で中継するテレビ中継車（1953年）

急ごしらえの移動中継車（1957年）

豪雪地帯で活躍したNHK雪上車

日比谷・放送会館前での衆院選開票速報（1953年）

初のテレビ開票速報・第27回衆議院議員選挙（1955年）

そろばん片手に集計・参院選開票速報実施本部（1956年）

聴取者の質問に答えるクイズ『太郎さん花子さん』（1957年）

時代劇『半七捕物帳』収録風景（1953年）

ドラマ『どたんば』収録風景
左から加東大介・三國連太郎（1956年）

ドラマ『五文叩き』収録風景（1956年）

音楽
クラシック等

01

クラシックコンサート
～総合テレビ～

1953年2月1日にテレビ本放送が始まると、夜間帯に室内楽やラジオでは放送できなかったバレエ番組を編成した。初めてのシンフォニー（交響曲）の放送は、6月11日に日比谷公会堂で行われたNHK交響楽団（以後「N響」）の定期演奏会だった。クルト・ウェスの指揮でシューベルトの「交響曲第7番」を3台のカメラで中継。その1台を第1バイオリンの背後に置き、聴衆からはそれまで後ろ姿しか見ることのできなかった指揮者の表情をとらえた。

同じ年の7月、N響と来日演奏家の共演が初めてテレビで取り上げられる。ドイツ人チェリストのルートヴィヒ・ヘルシャー、クルト・ウェス指揮でハイドンとシューマンの「チェロ協奏曲」をNHK第1スタジオから放送した。それまで固定していたカメラをフロア上で移動させ、独奏者の演奏の様子を間近から捉えた。

N響のテレビ放送が定時化（月1回）されるのは、1953年12月から。日比谷公会堂で行われたジャン・マルティノン指揮によるベートーベンの「交響曲第9番《合唱付き》」を放送。翌1954年4～5月には初来日のヘルベルト・フォン・カラヤンを迎えた4回のコンサートを放送し、話題をよんだ。

1956年秋、NHKは放送開始30周年記念事業として、アントニエッタ・ステルラ、ジュリエッタ・シミオナートなど、豪華出演者により構成されたイタリア歌劇団を招へいし、「アイーダ」ほか全4演目を中継した。

1957年4月、テレビ独自番組『音楽の窓』を午後9時台に放送。ラジオ・テレビ共用番組の『NHK希望音楽会』と、テレビ単独のクラシック演奏会の中継番組『テレビ・コンサート』を交互に編成した。

『音楽の窓』（1957年度）→P336

『NHK希望音楽会』(1957～1959年度) → P336

『プロムナード・コンサート』(1962～1963年度) → P337

『テレビ・コンサート』(1960～1961年度) → P337

『NHKコンサートホール』(1964～1975年度) → P338

『日曜招待席』(1975年度)

『プロムナード・コンサート』(1962～1963年度)は、総合テレビ土曜午後9時台に放送。N響がレギュラー出演し、視聴者からのリクエストをもとに演奏を届けた。『NHKコンサートホール』(1964～1975年度)は、N響をはじめとする日本の主要オーケストラや、海外のオーケストラの演奏を紹介する50分番組でスタート。NHKの看板クラシック番組として12年にわたって放送した。

『日曜招待席』(1975年度)は午後10時台のステージ・劇場中継枠で、クラシック音楽ではオーケストラ、オペラ、バレエなどを放送した。

1976年3月をもって『NHKコンサートホール』と『日曜招待席』の放送を終了。総合テレビの定時のクラシック音楽枠はなくなり、以後、教育テレビが"クラシック波"と位置づけられる。

02

クラシックコンサート
～教育テレビ～

1959年1月10日の教育テレビ開局と同時に、日曜夜間に『芸術劇場』(1959年1月～1974年度・1982～2010年度)を1時間30分の長時間番組で放送。毎月第1週に「バレエへの招待」、第2週に「オペラ」(その他の週は「舞台・演劇」)を編成。1960年度には2時間枠に拡大し、オペラやバレエ中継のほか、N響コンサートを放送した。1975年に『NHK劇場』(1975～1981年度)と改題するが、1982年に『芸術劇場』(1982～2010年度)が3時間という長時間枠で復活。国内外のオーケストラ、オペラ、バレエなどを中心に放送した。

『芸術劇場』吉田都、熊川哲也 → P336

クラシック等

『テレビリサイタル』（1962〜1974年度）は、午後8時からの1時間番組。番組前半は日本の一流演奏家や来日オーケストラの演奏会、後半は来日演奏家へのインタビューやクラシック界を話題とした座談会で構成。1972年に総合テレビに波を移行し、1975年3月に放送を終了した。

『テレビコンサート』（1976〜1981年度）は、午後8時台の45分番組。内外の一流演奏家やオーケストラの名演を楽しむとともに、演奏家へのインタビューやわかりやすい解説でクラシック音楽を幅広く紹介した。

『NHK交響楽団演奏会』は、不定期に総合テレビや教育テレビで放送していたが、定時番組としては1967〜1971年度に隔週日曜午後の90分枠を設け、N響の定期公演を中継録画で放送した。1970年度に総合テレビに移行し、1972年度から再び不定期放送となる。

『N響アワー』（1980〜2011年度）は教育テレビで、夜間の90分枠を月1回放送でスタートし、1984年度から毎週放送となる。コンサートの中継のほか、オーケストラの練習風景や楽員による室内楽など、N響の活動を多角的に取り上げた。

司会は1984年度から作曲家の芥川也寸志、ドイツ文学者の小塩節、水生生物研究者の杉浦宏、翌1985年度から芥川也寸志、西洋史学者の木村尚三郎、作詞家で小説家のなかにし礼、1989年度から作曲家の森ミドリに、1990年度からは音楽学者の海老沢敏が加わった。1992年度は指揮者の岩城宏之と作詞家の阿木燿子、1993年度からピアニストの中村紘子、1996年度から6年間は作曲家の池辺晋一郎と女優の檀ふみが担当し、音楽の聴きどころや曲の背景をわかりやすく紹介した。池辺はその後も2009年度まで13年間司会をつとめ、2009年に作曲家の西村朗にバトンを渡した。2012年3月、「最終回スペシャル」を2週にわたって放送。池辺晋一郎と檀ふみの2人をゲストに迎え、視聴者からのリクエストとともに32年間の番組史を振り返った。リクエストの多かったロヴロ・フォン・マタチッチ、ヴォルフガング・サヴァリッシュ、ヘルベルト・

『テレビリサイタル』（1962〜1974年度）→P337

『テレビコンサート』（1976〜1981年度）→P338

『NHK交響楽団演奏会』（1967〜1971年度）→P338

『N響アワー』（1980〜2011年度）→P338

『ピアノのおけいこ』（1962〜1982年度）→P831

『ららら♪クラシック』（2012〜2020年度）→P341

『クラシックTV』（2021年度〜）→P341

『クラシック音楽館』（2013年度〜）→P341

ブロムシュテット、シャルル・デュトワ、そしてもっともリクエストの多かったロシアの巨匠エフゲニー・スヴェトラーノフらの指揮する名演を放送した。

2012年4月、『ららら♪クラシック』が『N響アワー』に代わって日曜午後9時台に登場。クラシックの名曲にスポットをあて、多彩な切り口でその魅力を掘り下げるクラシック初心者向け番組である。司会は作家の石田衣良と作曲家でピアニストの加羽沢美濃。2人の軽妙なトークを交えながら、一流の演奏家のスタジオライブを楽しんだ。2017年度からは俳優の高橋克典が司会をつとめた。

2021年4月、『ららら♪クラシック』の後を受けて、クラシック音楽のビギナーに向けた音楽教養エンターテインメント『クラシックTV』がスタート。作曲家、俳優としてマルチな才能を発揮する人気ピアニスト清塚信也がホストとなり、クラシック・ロック・ポップスから民族音楽に至るまで、幅広い音楽の魅力をクラシック音楽の視点からひも解く。

2013年、『N響アワー』以来1年ぶりに大型クラシック番組『クラシック音楽館』が日曜午後9時に復活。N響の定期演奏会を中心に、一流のクラシックコンサートをノーカットで放送。演奏の合間にはインタビューや対談も交え、アーティストたちの音楽への思いを伝えている。

この他、教育テレビでは、1960年代に入り、世の中では楽器のレッスン・ブームのきざしが見えてきたこと、また町なかの音楽教室で正しく教えられる先生が少なかったことなどを受け、1962年に『ピアノのおけいこ』（〜1982年度）と『バイオリンのおけいこ』（〜1982年度）を子どもを対象にスタートさせた。1966年からは『ギター教室』（〜1972年度）が学生や社会人を対象に始まり、1973年から『ギターをひこう』（〜1983年度）に改題。1971年から始まった『フルート教室』（〜1972年度）は1973年から『フルートとともに』（〜1981年度）とした。その他おけいこ番組は、三味線、箏、尺八、リコーダーと楽器を次々に増やしていった。これらの番組に出演する生徒たちは一般公募を行い、オーディションをしたが、ピアノでは600人を超える応募者があった年もあるほど大盛況だった。こうした番組からピアニストの海老彰子やバイオリニストの徳永二男、千住真理子など、プロの演奏家も巣立っていった

クラシック等

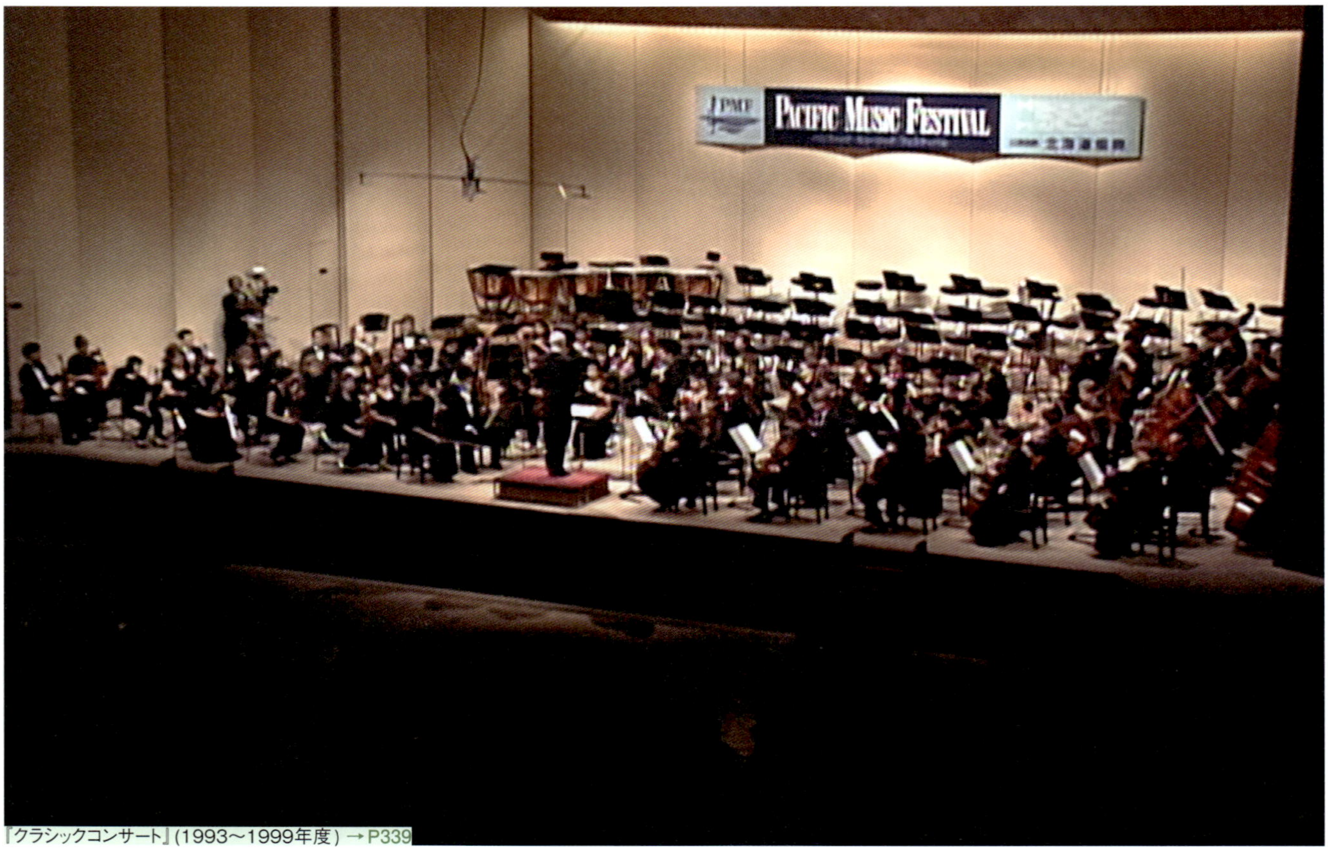

『クラシックコンサート』(1993〜1999年度) → P339

03
クラシックコンサート
〜衛星放送〜

　1984年6月、衛星放送の実験放送開始とともに『N響サテライト・コンサート』がスタートする。1989年に衛星放送の本放送が始まると、クラシック番組は衛星放送波の主要コンテンツの1つとなった。

　『N響Bモードライブ』(1989〜1996年度)は、NHKホールで行われるN響の定期公演を衛星第2から高音質のBモードステレオで生中継した。1992年12月からは収録による『N響Bモードコンサート』も放送。

　『クラシックアワー』(1993〜1999年度)は、月曜から金曜の午前11時台に放送。内外の一流アーティストによる室内楽を中心に、55分のコンパクトサイズで紹介した。2000年、『クラシック倶楽部』があとを引き継ぎ、2011年からは午前6時台に移行してBSプレミアムで放送(2015年度からは午前5時台)。2018年には「ピエール・アンタイ&スキップ・センペ×目黒雅叙園」、2020年には「フィルハーモニック・ファイヴ×ベートーベン×デジタルアート」をドイツのユニテル社と国際共同制作で実施。東京の観光名所を海外著名アーティストによる名演奏と共に紹介し、世界にアピールした。また、2018年からは4Kとハイビジョンの一体化制作を行い、BS4Kでも定時放送を開始した。

『クラシック倶楽部』(2000〜2004年度) → P340

『ワンダフル・クラシックス』(2000〜2002年度) → P340

　『クラシックコンサート』(1993〜1999年度)は、オペラを中心とした世界一流歌劇場の公演を紹介する3時間枠、『ワンダフル・クラシックス』(2000〜2002年度)はその後継番組となる。

『クラシック・ロイヤルシート』（1994〜2009年度）は、土曜深夜帯の長時間枠。世界のオペラハウスや音楽祭から、話題のステージ、注目のコンサートを独自収録し、国際共同制作、番組購入などにより放送。初年度はバイロイト音楽祭で上演されるワーグナーの歌劇を紹介したほか、1973年のNHKイタリア歌劇公演をデジタル技術で補整して放送した。

『プレミアムシアター』は『クラシック・ロイヤルシート』の後継番組。2010年からハイビジョンと衛星第2で、2012年からはBSプレミアムで放送。ベルリン・フィルやウィーン・フィルなどの名門オーケストラ、ウィーン国立歌劇場やミラノ・スカラ座といった名だたる歌劇場、ザルツブルク音楽祭やバイロイト音楽祭など世界各地の音楽祭、人気アーティストの来日公演など幅広いラインナップをそろえた。

『特選　オーケストラ・ライブ』（2011〜2012年度）は日曜の早朝に放送する2時間枠。世界の一流オーケストラのコンサート、N響の定期公演などのライブを5.1サラウンドで放送した。

『特選　オーケストラ・ライブ』（2011〜2012年度）→ P341

04
クラシックコンサート
〜スーパーハイビジョン（4K・8K）〜

2018年に始まったBS4K・8K放送でも、クラシックコンテンツを積極的に放送している。

BS4Kでは、『プレミアムシアター』との4K一体化制作で、国際共同制作によるザルツブルク復活祭音楽祭やザルツブルク音楽祭でのオペラ収録、チューリヒ歌劇場でのオペラ、バレエ収録、ウィーン国立バレエ団、シュツットガルト・バレエ団、ライプチヒ・バッハ音楽祭の収録を行った。また、英国ロイヤル・バレエ団で日本人プリンシパルが主演する公演をロンドンの本拠地で独自収録したほか、日本でも、バレリーナ吉田都の引退公演を収録し放送した。2019年8月には、ザルツブルク音楽祭からは初となる、ハイティンク指揮ウィーン・フィルの演奏会を4K HDR（ハイ・ダイナミック・レンジ）で生中継。NHKが制作を担った国際共同制作で、日本のみならず全世界で生中継された。

BS8Kでは、世界三大オーケストラ（ウィーン・フィル、ベルリン・フィル、ロイヤル・コンセルトヘボウ管弦楽団）の演奏会をそれぞれ本拠地で8K HDR、22.2サラウンドで収録したほか、日本でも人気の高いウィーン・フィルのニューイヤーコンサートも8Kの22.2サラウンドで収録した。

舞台作品では、英国ロイヤル・オペラ・ハウスでオペラとバレエを8Kの22.2サラウンドで収録したほか、ミラノ・スカラ座のオペラ、ロシアのマリインスキー・バレエ団やパリ・オペラ座バレエ団の公演はそれぞれ8Kの国際共同制作での収録を実施した。

『プレミアムシアター』（2010年度〜）→ P341

クラシック等

05

クラシックベースの音楽バラエティー番組

1956年度放送の『コンサート・ホール』は、クラシックの小品からフォスター作品集や「ホーム・スイート・ホーム（埴生の宿）」などのホームソング、「バラ色の人生」などのシャンソン、「エデンの東」などのスクリーンミュージックなどをバレエやダンスを交えて紹介した。

1957年4月に『楽想とともに』に、さらに同年11月に『しらべに寄せて』（1957～1959年度）に改題。クラシックと軽音楽の中間をねらった音楽バラエティーとして親しまれた。

この番組コンセプトはその後、『今宵たのしく』（1960年度）、『夜のしらべ』（1961～1962年度）、『星のセレナード』（1962年度）と続き、総合テレビ深夜帯の"セミクラシック"路線が定着する。

1965年1月に放送を開始した『夢のセレナード』（1964～1968年度）は、総合テレビ日曜午後11時台に放送したクラシック系音楽番組。親しみのある歌曲や室内楽、ポピュラー音楽を、芥川比呂志と仲谷昇（1967年度より）の随想を織り込み、落ち着いたムードの大人向け音楽番組として親しまれた。

1968年1月、『世界の音楽』（1967～1973年度）が午後9時台にスタート。1969年度後期からは午後8時からのゴールデンタイムに進出した。クラシック、ジャズ、ポピュラー音楽の垣根を越えて、内外の人気歌手、著名演奏家がポピュラーな名曲を披露。楽器コーナーでフルート、トロンボーン、ティンパニー、オーボエなど、さまざまなオーケストラ楽器にスポットを当てその特徴と魅力を解説した。司会はバリトン歌手の立川澄人。レギュラー出演は佐良直美、デューク・エイセスほか。ポップスのオズモンド・ブラザーズ、ジャズボーカルのカーメン・マックレー、ジャズピアノのセロニアス・モンク、フォークソングのブラザース・フォアなど、幅広いジャンルの有名アーティストを海外から迎えた。大阪万博で沸いた1970年は、英語通訳の鳥飼玖美子が司会陣に加わり、海外アーティストに直接インタビューをおこなった。1974年3月に番組は終了するが、『おしゃべりオーケストラ』がそのバトンを引き継ぐ。

『世界の音楽』（1963年度） →P337

『しらべに寄せて』（1957～1959年度） →P336

『今宵たのしく』（1960年度） →P313

『夜のしらべ』（1961～1962年度） →P313

『星のセレナード』（1962年度） →P337

『夢のセレナード』（1964～1968年度） →P338

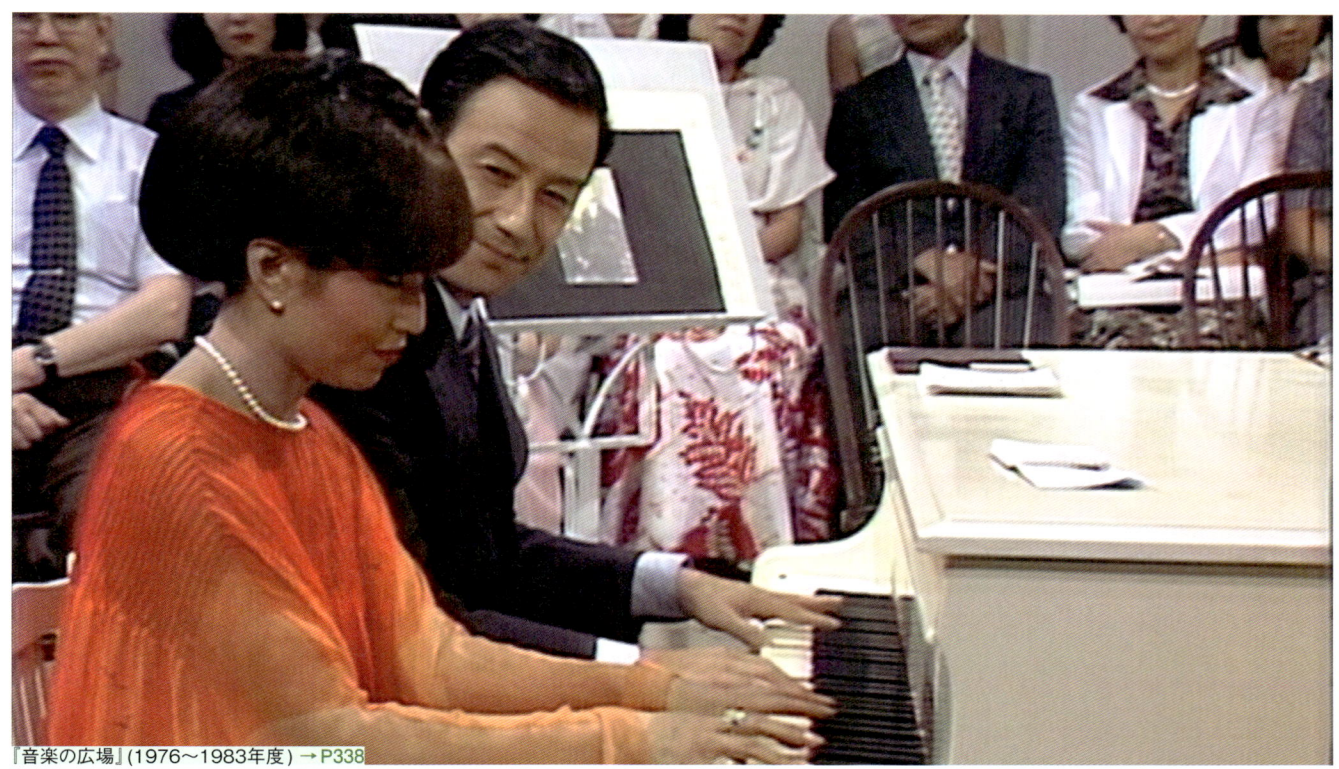

『音楽の広場』(1976〜1983年度) → P338

『おしゃべりオーケストラ』(1974〜1975年度) → P338

『おしゃべり音楽会』(1975年度) → P338

『徹子と気まぐれコンチェルト』(1984年度) → P339

　『おしゃべりオーケストラ』(1974〜1975年度)は、月1回木曜午後8時台の25分番組。黒柳徹子が司会をつとめ、ゲストとの楽しいおしゃべりをまじえながらオーケストラ演奏を中心に、クラシックの名曲からポピュラーのヒット曲まで幅広く紹介した。1975年度後期に『おしゃべり音楽会』に改題し、週1回の定時放送となる。

　『音楽の広場』(1976〜1983年度)は『おしゃべり音楽会』の後継番組で、土曜午後10時台に放送。クラシックをはじめ、さまざまな音楽をテーマにあった曲とおしゃべりでつづる楽しい音楽教養番組である。初年度の司会は黒柳徹子と三國一朗。2年目からは黒柳徹子と作曲家の芥川也寸志のコンビとなった。1978年には土曜の午後9時台に、1981年には金曜の午後7時台に放送時間を移行。幅広い分野からのゲストを迎え、クイズ形式でクラシック音楽を紹介するなどファミリー向けの音楽バラエティー番組に模様替えした。

　8年間続いた『音楽の広場』の後継番組として、黒柳徹子が引き続き案内役をつとめる『徹子と気まぐれコンチェルト』(1984年度)が、総合テレビ午後10時台に登場。第1回放送は「夢の競演」と題して、ピアノの中村紘子とバイオリンの前橋汀子が競演した。

『クラシックミステリー　名曲探偵　アマデウス』(2008〜2011年度) → P341

　ハイビジョンの『クラシックミステリー　名曲探偵　アマデウス』(2008〜2011年度)は、クラシックの名曲を取り上げ、その曲がなぜ"名曲"なのかを、ミステリー風に解き明かすクラシック入門番組。名曲の"謎"を解明するのが"名曲探偵アマデウス"こと、探偵事務所「アマデウス」所長(筧利夫)と助手(黒川芽以)。作曲家がほどこした技巧の数々やメロディーに込めた思いを、専門家によるポイント解説や演奏家によるパートごとの実演をはさみながらドラマ仕立てで解き明かした。N響や著名演奏家による演奏も堪能できる新感覚の音楽バラエティーとして注目された。

クラシック等

『NHK ニューイヤーオペラコンサート』

06

『名曲アルバム』と
恒例の特集番組

　『名曲アルバム』は、誰もが知っている世界の名曲を日本を代表する演奏家の演奏と、作品ゆかりの地の美しい映像で紹介する5分のミニ番組。1976年にスタートした長寿番組である。長大な交響曲は原曲の魅力、特徴を生かしながら芸術性を損なうことなくコンパクトに、一方、短い曲は部分的な繰り返しを入れるなど、5分という放送時間に合わせて編曲されている。レコードやCDからの編集はなく、すべてが番組のためのオリジナル録音だ。ナレーションは加えず、その土地の文化や歴史、風土、曲や作曲家のエピソードを字幕スーパーのみで伝える。取り上げる楽曲は交響曲や協奏曲などクラシックを中心にしながらも、ミュージカル「南太平洋」、アストル・ピアソラの「アディオス・ノニーノ」、インドネシア民謡「ラサ・サヤン」、ジョン・レノンの「イマジン」など、幅広いジャンルにわたっている。

　2018年からは4K一体化制作をスタートし、2020年にはBS8Kにおいて『8K名曲アルバム紀行〜水の都ベネチアに音楽を訪ねて〜』を放送するなど、スーパーハイビジョンのソフトも拡充。コロナ禍においては地域局と連携を図り、日本各地に残る民謡、童謡などを積極的に取り上げ、地

名曲アルバム選 〜ブラームスの旅〜
『名曲アルバム選』
（1985〜2019年度）→ P339

『ニューイヤー・コンサート』

域の魅力の発見、発信にも寄与している。

　年始恒例の『NHKニューイヤーオペラコンサート』は、時代を代表する最高の歌手たちが一堂に会し、その歌声を披露するという『NHK紅白歌合戦』のクラシック版ともいえる番組。1958年1月7日放送のラジオ番組『音楽のおくりもの』が最初で、新春オペラコンサートとして放送した。出演はソプラノの砂原美智子、三宅春恵、大熊文子、メゾ・ソプラノの川崎静子、池田智恵子、テノールの藤原義江、渡辺高之助、バリトン・バスの秋元雅一朗、石津憲一、栗本正。管弦楽は東京フィルハーモニー交響楽団、合唱は東京放送合唱団、指揮は金子登。これが『ニューイヤーオペラコンサート』のはじまりとなる。

　1959年1月3日の『ニューイヤー・コンサート』は、「新春オペラの夕べ」として、13人の歌手を動員し、ベストの歌手にベストの歌を歌ってもらう番組を試みた。この時は旧NHKホールでの録音放送であったが、翌年は東京・都市センターホールでの公開録音で、以降、公開収録が慣例となった。1964年の第7回からテレビ放送が始まり、1974年から毎年NHKホールで開催し、生放送した。

『NHKニューイヤーオペラコンサート』は、2021年にはコロナ禍でオペラ界に逆風が吹く中、第64回を無事放送。初放送から半世紀以上途切れることなく放送し、華やかな新年の風物詩として親しまれている。

また、ウィーン・フィルハーモニー管弦楽団がウィーン楽友協会ホールで行う正月恒例のニューイヤーコンサートを、1974年3月に録画放送した。1984年から第2部のみを衛星で生放送を開始、1990年より第1部を含めた全公演を生放送した。また、1992年から2012年までORF（オーストリア国営放送）とZDF（第2ドイツテレビ）と共にNHKは国際共同制作に参画し、ハイビジョン放送の国際展開・普及に大きく寄与した。その後、放送権購入の形に戻ったものの、2018年より現地会場前に特設スタジオを構えて、ウィーン・フィルの楽団長や楽団員をゲストに迎え、公演の熱気を伝えた。2021年は新型コロナウイルス感染拡大でウィーンが都市封鎖される中、無観客で実施された公演を衛星生中継し、世界中の視聴者から寄せられた拍手をオンラインで客席に設置したスピーカーに繋げるオンライン拍手システムも導入して好評を博した。

この他、『NHK交響楽団　第9演奏会』はテレビ放送開始時から断続的に放送され、1963年から年末恒例となった。『NHK音楽祭』はテレビ放送50年にあたる2003年に始まり、クラシック音楽に広く親しんでもらうために、毎回テーマを設けて海外から第一線の演奏家を招請している。

『NHKこどもミュージカル』は、1973年のNHKホールの完成記念としてはじまり、2011年度まで断続的に放送した。舞台制作と出演は劇団四季。

若手音楽家の登竜門とされる『日本音楽コンクール』（NHKと毎日新聞社主催）は、その前身である『音楽コンクール受賞者発表会』を放送。1986年の第55回からは『日本音楽コンクール』と改称して放送した。また、若手バレエダンサーの登竜門『ローザンヌ国際バレエコンクール』は1997年から断続的に放送している。

『NHK音楽祭』

『NHKこどもミュージカル　嵐の中の子どもたち』
舞台制作・出演：劇団四季　撮影：下坂敦俊

『NHK交響楽団　第9演奏会』

クラシック等 | 定時番組

1950〜1960年代

音楽アルバム　1955〜1956年度
セミ・クラシック、タンゴ、シャンソン、新人歌謡曲を交互に編成する昼の音楽番組。シャンソンでは芦野宏をレギュラーとした。(土)午後0時15分からの25分番組。

コンサート・ホール　1956年度
ホームソングとムード・ミュージックを総合した内容で、バレエ、ソシアル・ダンスなども盛り込んで、視覚的にも楽しめる内容とした。視聴対象を結婚後10年ないし20年の主婦とし、ショパンの「別れの曲」、唱歌の「故郷の廃家」、ジャズの「恋人よ我に帰れ」、映画音楽の「エデンの東」などポピュラーな曲目を選曲した。(月)午後9時30分からの30分番組。

音楽をどうぞ　1956〜1965年度
1956年4月から(月〜金)午後3時台に、ラジオの家庭向け音楽番組として始まるが、その年の10月に終了。引き続きテレビで昼のクラシック番組として再スタート。1957〜1958年度は各音楽大学の卒業生の紹介と音楽コンクール入賞者の発表などで構成。1960年1月からレギュラー司会者に立川澄人を起用。クラシックからポピュラーまでさまざまな音楽を紹介した。NHKホールやスタジオの他、各地に出向き中継や公開放送も実施した。

NHK希望音楽会　1957〜1959年度
NHK交響楽団の演奏をNHKホールから届けたラジオ・テレビ共通の音楽番組。ポピュラーな選曲と高度な演奏が好評を博した。総合夜間の30分番組。1957年度は『音楽の窓』枠内で1960年度に定時化される『テレビ・コンサート』と交互に放送した。

音楽の窓　〈1957〉　1957年度
ラジオ併用番組の『希望音楽会』とテレビ独自番組の『テレビ・コンサート』を交互に編成した。出演は五十嵐喜芳(声楽家)、福沢アクリヴィ(声楽家)、辻久子(バイオリニスト)、プロムジカ弦楽四重奏団、砂原美智子(声楽家)、エタ・ハーリッヒ・シュナイダー(チェンバロ奏者)、大谷冽子(声楽家)、佐々木成子(声楽家)、巌本真理(バイオリニスト)、伊藤京子(声楽家)ほか。(水)午後9時30分からの30分番組。

楽想とともに　1957年度
『コンサート・ホール』(1956年度)を改題。歌曲やバレエのほか、「イギリス名曲集」では「故郷の空」「ロンドンデリーの歌」などのなじみのあるメロディーを選曲するなど、親しみやすい構成とした。(火)午後9時30分からの30分番組。

しらべに寄せて　1957〜1959年度
クラシックと軽音楽の中間をねらった選曲による家庭向けの音楽娯楽番組。『楽想とともに』を1957年11月に『しらべに寄せて』に改題。ホームソングとバレエなどで構成し、視覚的にもバラエティーに富んだ内容とした。1959年度は「動物の謝肉祭」(5月)、「マンガ映画音楽集」(6月)、「ピーターと狼」(1月)、「コールポーター・アルバム」(2月)などが好評だった。

朝のしらべ　1957〜1959年度
朝のさわやかな気分にマッチしたクラシック音楽の独唱・独奏を中心に放送。毎日放送の午前7時25分からの15分番組でスタート。1958年度より(月〜土)放送。

音楽夜話　1958〜1961年度
1959年1月の教育テレビ開局にともなって新設された音楽啓蒙番組。音楽の歴史や大作曲家の生涯と作品などをテーマにシリーズで編成。音楽に関する数多くの写真やフィルムを使い、実際の演奏も交えて、わかりやすく解説した。午後9時15分からの45分番組。1962年度には『テレビリサイタル』の番組後半に、来日演奏家へのインタビューや話題のコーナーとして引き続き存続した。

芸術劇場　1958〜1974・1982〜2010年度
1959年1月に開局した教育テレビに設けた日曜夜間の90分枠。能・狂言などの日本の伝統芸能、シェークスピアなどの舞台、バレエ、歌劇など、長時間の舞台作品を放送。1962年度からは放送時間を2時間に拡大し、バレエ、オペラに加えて「N響コンサート」を放送。1982年度にはオーケストラ、バレエ、オペラなどのクラシック音楽と文楽、歌舞伎等の古典芸能や演劇等の舞台を紹介する「劇場中継」を編成する3時間枠となった。

みんなで歌を　1959〜1960年度
「家庭の主婦に楽しい歌声を」という趣旨でスタートした、午後1時台の20分番組。毎月第1週と第3週は藤山一郎が歌唱指導を担当。第2週と第4週は月ごとに女性歌手が交代で担当。慶応ワグネル男声合唱団、YWCA合唱団、農林省合唱団などが出演した。「旅の秋」(チャイコフスキー)、「もみの木」(ドイツ民謡)など、毎月1曲ずつ練習曲を取り上げた。

テレビ・シンフォニー・コンサート　1960年度
NHKの招きにより来日中のウイルヘルム・シュヒター指揮によるNHK交響楽団の演奏を放送。教育(日)午前11時からの55分番組。

音楽のひととき　1960年度

オーディションの合格者と新人演奏家による演奏で構成された音楽番組。中でもNHKと毎日新聞社主催の「音楽コンクール」入賞者の紹介と、各音楽大学新卒業生のうち、優秀メンバーによる「巣立つ人々の演奏会」は、新人の登竜門として各方面の注目を浴びた。総合(土)午前11時25分からの30分番組。

テレビ・コンサート　1960～1961年度

1957年度に、ラジオとの併用番組『希望音楽会』に対して、テレビ独自のクラシック番組として『音楽の窓』枠内で放送。1959年度は『希望音楽会』と同じ枠で交互に放送。1960年に単独番組として独立。年々増加する海外一流演奏家の来日を受けて、その来日公演を会場からの中継やVTR収録により放送した。1960年度にNHKが招へいしたシャルル・ミュンシュ指揮のボストン交響楽団の公演は大きな話題となった。総合夜間の30分番組。

舞踊ホール　1961～1962・1964年度

1961年3月をもって終了した25分番組『舞踊回り舞台』が、教育テレビに波を移し1時間番組として生まれ変わった。古典舞踊、創作舞踊、バレエなど、芸術的に優れた作品を放送。第1週が古典舞踊、第2週が創作舞踊、第3・5週がバレエ、第4週が邦楽鑑賞という構成。「歌舞伎音楽の歩み」も6回シリーズで放送。教育で月1回(土)午後9時からの1時間番組。

テレビ芸能ジャーナル　1961年度

「芸能トピックス」「今週の話題」「質問箱」というフォーマットで構成。特にフィルム構成の「イタリアオペラの舞台裏」は、時宜を得た企画として評価を得た。教育(日)午後10時からの30分番組。

テレビリサイタル　1962～1974年度

日本のクラシック界の第一線で活躍する音楽家をはじめ、来日した外国人音楽家のすぐれた演奏を放送する番組。後半は「音楽夜話」のコーナーで、来日演奏家へのインタビューやクラシックの話題を中心にした座談会で構成。(金)午後8時からの1時間番組でスタート。1963年度からは「音楽夜話」のコーナーを廃止し、放送日を日曜に移行したうえで40分番組とした。

プロムナード・コンサート　1962～1963年度

NHK交響楽団が総合テレビにレギュラー出演する番組として新設。家族そろってオーケストラ番組を楽しめるように、土曜日の夜に編成した。NHKが招いた外国人指揮者の名演を放送するとともに、視聴者からの投書によるリクエスト曲をできるだけ取りあげ、特に中・高校生に喜ばれた。総合(土)午後9時からの30分番組。

星のセレナード　1962年度

深夜のムードにふさわしい美しいストリングスにのせて、ポピュラーなクラシック音楽の名曲を送る番組。独唱、器楽独奏、弦楽合奏に加えて、番組最後には「今月の歌」を放送するなど、あらゆる層に親しめる形で放送した。テノール独唱と司会は中村健。原則として生放送。総合(火)午後11時15分からの25分番組。

世界歌の旅　1962～1963年度

世界の国々を訪ねる形式をとり、民謡や多彩なコスチュームをみせる民族舞踊を中心とした音楽ショー番組。レギュラー出演者にダーク・ダックス、東京混声合唱団ほか。司会はジャズ演奏家でもある小島正雄。1963年1月から9月まで放送。総合(木)午後7時30分からの30分番組。

夜のコンサート　1963～1964年度

国内外の一流演奏家による独唱、合唱、器楽独奏、室内楽、管弦楽など、あらゆる形式のクラシックの名曲を、音楽評論家、時には演奏家自身の解説とともに紹介した。初年度はモスクワ国立合唱団による「ロシア民謡集」、ナルシーソ・イエペスによる「ギター独奏」、ゲルハルト・ヒュッシュ独唱の「シューベルト名歌曲集」、ロジェー・ワーグナー合唱団による「世界歌めぐり」などを放送。総合午後11時台の30分番組。

世界の音楽　〈1963〉　1963年度

世界各国の一流交響楽団、歌劇団、室内楽団、合唱団などの演奏や、一流バレエ団、民族舞踊団の舞踊を、それぞれの国で収録されたビデオテープやフィルムにより、音楽評論家の解説を付け加えて放送した。「シカゴ交響楽団」の19回シリーズ、「18世紀イタリア喜歌劇」の6回シリーズなどをシリーズで放送。教育(土)午後7時からの1時間番組。1967～1973年度に同名の別番組を放送。

歌おう世界の友よ　1963～1964年度

『世界歌の旅』(1962～1963年度)のあとを受けて、1963年10月にスタート。オリンピックを1年後に控えた時期に、オリンピックムードをさらに盛り上げようと始まった番組。オリンピックに参加を予定している国々を1か国ずつ回る形で、その国の民謡、ポピュラーソング、民族舞踊を通じてその国の紹介に努めた。レギュラー出演は坂本博士、ダーク・ダックスほか。総合(木)午後7時30分からの30分番組。

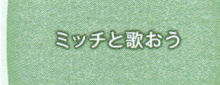

ミッチと歌おう　1963～1965年度

全米テレビ視聴率の第1位にもなったアメリカNBCの人気ミュージカル・バラエティー番組「Sing Along with Mitch」をNHKで放送。指揮者のミッチ・ミラー率いる26名の男性コーラスがチームワークのよいコーラスを聞かせる。映画「戦場にかける橋」のテーマソング「クワイ河マーチ」や映画「史上最大の作戦」のテーマソングは日本でも大ヒットした。総合(日)午後1時台の30分番組でスタート。翌年度より40分番組となった。

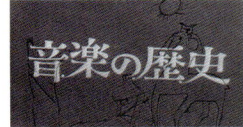

音楽の歴史　1963～1964年度

音楽史を分かりやすく解説し、音楽への理解と親しみを持ってもらうことを目指した。歴史の流れにそって構成し、初年度は第1回「音楽の起源」に始まり、初期ロマン派まで話を進めた。音楽史家、音楽評論家の話を中心に一流演奏家の演奏やフィルム、写真、レコードなどを多用して伝えた。教育テレビ夜間の30分番組。

クラシック等 | 定時番組

NHKコンサートホール　1964～1975年度

NHK交響楽団を中心に、内外の主要オーケストラの演奏会から名曲の演奏をきくNHKの代表的クラシック番組。総合午後9時～10時台の50分枠でスタート。1968年度よりカラー化を推進、1969年度から本格的にカラー放送を開始。司会と解説は音楽評論家の大木正興が1966年度から番組終了まで10年以上担当した。

夢のセレナード　1964～1968年度

日曜の夜に親しみやすい音楽をゆっくり楽しむ音楽番組。クラシック、ポピュラーを問わず幅広い選曲で、ストリングスをメインとした美しい編曲と、格調と美しさに満ちた画面に芥川比呂志の随想を織り込み、落ち着いた静かな雰囲気をかもしだした。出演は芥川比呂志、仲谷昇、山本リンダ、浜田章子、西村てい子ほか。1965年1月から総合(日)午後11時台の30分番組でスタート。1967年度より20分番組。

音楽は世界をめぐる　1965～1966年度

セミクラシックから軽音楽にいたる世界の名曲を、最高の演奏と豊富な色彩でおくる大型カラー音楽番組としてスタート。セリフを入れず、歌と演奏とダンスで見せるミュージカルの手法をとった。レギュラー出演は立川澄人、東京フィルハーモニー交響楽団、東京バレエ・エトワール、SKDセブン・スターズほか。ゲスト出演にペギー葉山、岸洋子、雪村いづみ、芦野宏ほか。総合(水)午後9時40分からの50分番組。

NHK交響楽団演奏会　1967～1971年度

主にNHK交響楽団定期公演の演奏を、東京文化会館から中継録画により、原則として隔週日曜の午後に教育テレビで長時間（90分）放送した。1970年度に総合に波を移行し、(土)午後に1時間50分に枠を拡大。定期、臨時公演の曲目のうち、ポピュラーな名曲から高度な作品まで幅広く取り上げた。

世界の音楽　〈1967～1973〉　1967～1973年度

国内外から一流の演奏家を迎え、クラシックからジャズ、ポピュラーまで、ジャンルの壁を超えて世界の名曲を紹介する大型音楽番組。レギュラー出演は立川澄人、デューク・エイセスほか。ゲストにはボサノバのアストラッド・ジルベルト、ゴスペルのマヘリア・ジャクソンなどを招いた。総合夜間の50分番組でスタート。1970年度に(火)午後8時からの1時間番組となる。1963年度に同名の別番組がある。

1970～1980年代

おしゃべりオーケストラ　1974～1975年度

オーケストラを中心とした演奏を、黒柳徹子の楽しいおしゃべりで届ける音楽番組。毎回身近なテーマを取り上げ、歌、話題、演奏の各分野からゲストを迎え、家族そろって楽しめる構成。司会は黒柳徹子、東京フィルハーモニー交響楽団。指揮は尾高忠明。ゲストには作家の畑正憲、ピアニストの中村紘子、作曲家の都倉俊一、歌手の岸洋子、森山良子ほかが出演。総合で月1回午後8時30分からの25分番組。

おしゃべり音楽会　1975年度

『おしゃべりオーケストラ』の後継番組。多くの人々に親しまれている音楽を中心に、一流の歌や演奏と、黒柳徹子のおしゃべりで構成する音楽番組。ゲストには広い分野から話題の人を招き、楽しく語り合いながら音楽を楽しむ。司会は『おしゃべりオーケストラ』に続いて黒柳徹子が担当。ゲストはバイオリニストの江藤俊哉、作家の今東光、ピアニストの中村紘子、歌手のしばたはつみほか。総合(水)午後8時30分からの25分番組。

NHK劇場　〈1975～1981〉　1975～1981年度

内外の一流オーケストラやソリスト、オペラやバレエなどを幅広く紹介するクラシック番組枠。初年度は歌劇「オテロ」（二期会）ほかを、ピアノ、室内楽では日本人演奏家により「海外で活躍する女性ピアニストたち」、そのほかバルトーク弦楽四重奏団、バイオリンのヴァーツラフ・フデチェクなどの演奏を放送。初年度は教育(第3～5・日)午後9時からの1時間30分番組。第1・2週は伝統芸能番組、第3週はクラシックと伝統芸能を交互に放送した。

音楽の広場　1976～1983年度

『おしゃべりオーケストラ』『おしゃべり音楽会』の流れをくむ家族そろって楽しめる音楽教養番組。ゲストに内外の一流音楽家や話題の人を招いて、歌とおしゃべりを楽しんだ。司会は黒柳徹子と三國一朗でスタート。2年目からは黒柳と作曲家の芥川也寸志が担当。司会者2人のピアノ連弾で始まるオープニングも話題となる。総合午後10時台の40分番組でスタートしたが、1981年度に午後7時30分からのゴールデンタイムに移行した。

テレビコンサート　1976～1981年度

国内外の優れた演奏家を紹介しながら、演奏家へのインタビューや平易な解説を加えて、クラシック音楽を幅広く楽しむ。1979年度より新進女流写真家の沼田早苗が聞き手として参加。ステージを離れたときの演奏家たちの姿をスチール写真で見せながら、インタビューをおこなうなど、クラシック音楽を幅広い形で楽しんだ。教育(火)午後8時15分からの45分番組でスタート。1978年度より(土)午後7時台に移行。

名曲アルバム　1976年度～

日本人ならだれもが知っている名曲を、作品ゆかりの地の美しい映像とともに紹介する5分間の音楽紀行番組。取り上げる楽曲はクラシック、映画音楽から民謡、ポップスまで幅広い。原曲を番組のために5分に編曲したオリジナルバージョンをノーカットで放送。海外取材を中心とした映像に、音楽が生まれた背景や風土、作曲家などの情報を字幕スーパーで紹介する。総合、Eテレ、BSプレミアムで放送。

N響アワー　1980～2011年度

NHK交響楽団の名演奏を紹介するほか、オーケストラの練習風景やメンバーによる室内楽活動など、普段の演奏会場では見ることができない部分も多角的に取り上げた番組。芥川也寸志、小塩節（ドイツ文学者）、木村尚三郎（西洋史学者）、阿木燿子（作詞家）、女優の檀ふみら、多彩な顔ぶれが司会を担当。中でも作曲家の池辺晋一郎は13年間務めた。教育で月1回放送の90分番組でスタートし、1984年度より毎週の放送となった。

01.ドラマ　02.クイズ・バラエティー　03.音楽　04.伝統芸能　05.ニュース　06.報道・ドキュメンタリー　07.紀行　08.教養・情報　09.自然・科学　10.こども・教育　11.人形劇・アニメ　12.趣味・実用　13.大型特集番組等

にっぽんの詩　1982～1983年度

日本人の心の歌として広く歌い継がれてきた童謡、唱歌、歌曲を中心に構成された音楽番組。絵画やフィルムを音楽内容に合わせて挿入。当世風のリズムの使用は避け、抒情性あふれる番組に仕上げた。日本のことばの美しさを再認識してもらうコーナーでは、詩歌の朗読が美しい音楽との相乗効果を生んだ。総合(土)午後9時15分からの15分番組。

徹子と気まぐれコンチェルト　1984年度

『音楽の広場』(1976～1983年度)の後継番組。クラシックからポピュラーまで、さまざまな名曲を紹介する黒柳徹子司会の音楽ショー番組。海外のすぐれた演奏家が多数登場し、黒柳徹子の国際感覚とユーモアあふれるおしゃべりが楽しく展開した。音楽ゲストには、ジュリエット・グレコ、メラニー・ホリディ、中村紘子、内田光子、布施明ほか多数出演。総合(月)午後10時からの30分番組。

N響サテライト・コンサート　1984～1988年度

衛星放送の開局に伴い、衛星ならではのBモードによる高音質のテレビ音楽番組として新設。N響の定期公演の会場の雰囲気をそのまま家庭へ届けることを主眼とした。1985年2月には、バッハ生誕300年にちなむ演奏会を行い、総勢200名による大合唱で「ロ短調ミサ曲」を2時間40分にわたって全曲紹介する画期的放送を行った。初年度は衛星(土)午後1時50分からの2時間番組でスタートした。

名曲アルバム選　1985～2019年度

『名曲アルバム』は誰もが知っている名曲を、その曲を生み出した国の歴史や風土などのロケ映像とともに紹介する5分番組。『名曲アルバム』で放送した作品について、地方、国、風景、作曲者、季節などのテーマを設け、それぞれのテーマにふさわしい作品3本を選んで編集し、15分番組として放送した。初年度は総合・衛星第1(日)午前10時45分から放送。

N響Bモードライブ　1989～1996年度

NHK交響楽団のNHKホールでの定期公演を臨場感あふれるBモード音声により放送。月3回の定期公演のうち1回は生放送(『N響Bモードライブ』)、残る2回を録画(『N響Bモードコンサート』)で、年間30回の定期公演をすべて放送した。コンサートの休憩時間に、解説者による音楽論を織り込んで放送。あわせてFMでも生放送し、同時に教育テレビ用の素材収録を行った。初年度は衛星第2午後7時からの2時間番組でスタート。

1990年代

音楽ファンタジー・ゆめ　1992～1998年度

クラシックの名曲にコンピューター・グラフィックスの映像をのせ、子どもたちに音楽の楽しさを伝える子ども版『名曲アルバム』。番組は「曲紹介」の部分と本編の「曲」の2つのパートで構成する5分番組。初年度は教育(月～金)午後5時35分から放送。1994年度から午前7～8時台に移行。

クラシックアワー　1993～1999年度

衛星第2(月～金)の帯で、午前11時から放送した55分のクラシック番組枠。この時間に在宅している主婦層を主な視聴対象としたが、質の高いプログラムは多くのクラシックファンから支持された。1994年度より(月～木)の放送となる。

クラシックコンサート　1993～1999年度

オペラを中心とした世界の一流歌劇場の公演を衛星第2で定時放送。1993年度後期に、(土)午後1時からの3時間枠で放送。1994年度からは(金)午前中の2時間30分枠で、NHK交響楽団の定期公演をはじめ、来日した世界のオーケストラの演奏を中心に放送した。

クラシックシアター　1994～1995年度

N響のBモードライブをはじめ、海外のオペラハウスやバレエシアターでのプログラムを紹介。初年度は「永遠の巨匠ホロヴィッツの芸術」など歴史的な名演奏や、「サイトウ・キネン・フェスティバル松本」からオネゲルの「火刑台上のジャンヌ・ダルク」などを放送。1995年度はドキュメンタリー「クリスタ・ルートヴィヒの世界」や、歌曲集「冬の旅」全曲演奏など、幅広く放送した。衛星第2(土)午後1時30分からの3時間番組。

クラシック・ロイヤルシート　1994～2009年度

衛星放送初の深夜帯の定時番組で、クラシックファン待望の長時間番組。ワーグナーの歌劇をバイロイト音楽祭のすぐれた演奏で紹介したほか、21年前のNHKイタリア歌劇公演を、デジタルリマスターで放送。また、世界の一流劇場で行われているオペラやバレエをいち早く放送するなど、文字通り第一級のプログラムを楽しめる「ロイヤルシート」とした。衛星第2(土)午後11時15分から翌午前5時まで放送。

土曜の夜はオーケストラ　1995～1998年度

地域に根ざした活動を続ける各地のオーケストラの活躍ぶりを、舞台裏のリポートとともに紹介する番組。初年度は仙台フィルハーモニー管弦楽団、群馬交響楽団、札幌交響楽団を紹介した。1999年度からは、同時間枠の『N響アワー』(1980～2011年度)の日曜移設に伴い『日曜日のシンフォニー』と改題して継続。教育で月1回(第5土)放送の午後10時からの1時間番組。(1998年度は午後8時から9時まで放送)

土曜シアター　1996～2002年度

土曜の午後に、クラシックと劇場中継をたっぷりと楽しむ番組枠。クラシック系ではNHK交響楽団の定期公演をN響Bモードライブとして生中継したほか、1997年度は「浜松国際ピアノ・コンクール」など、1998年度は歌劇「ルイ・ザ・ミラー」などを放送した。衛星第2(土)午後2時からの2時間45分番組。2003年度以降も『土曜シアター』枠は続くが、クラシック番組は終了する。

クラシック等 ｜ 定時番組

朝の音楽ノート　1997年度

朝のひとときをさわやかに過ごすために、ヨーロッパの美しい古城や宮廷を舞台に室内楽を演奏するクラシックの購入番組。第1回は、ダニエル・バレンボイムのピアノによるベートーベン作曲「ピアノ・ソナタ　嬰ハ短調　作品27　第2 “月光”」「ピアノ・ソナタ　嬰ヘ長調　作品78」を放送。衛星第(月～木)午前8時30分からの30分番組。

名曲の森　1998年度

ハイビジョンの特性を生かした公開収録のクラシック音楽番組。作曲家の池辺晋一郎がわかりやすい解説を交えて演奏会スタイルで名曲の数々を作曲家ごとに紹介。週末の朝のさわやかなクラシック入門となった。ハイビジョン(土)午前8時からの60分番組。

日曜日のシンフォニー　1999～2000年度

教育の『土曜の夜はオーケストラ』(1995～1998年度)を改題。放送日を月1回、第5日曜の午後9時から10時に移行した。地域に根ざした活動を続ける各地のプロ・オーケストラの活躍ぶりを、舞台裏のリポートとともに描く。初年度は、京都市交響楽団、東京フィルハーモニー管弦楽団などの4団体、2000年度は大阪フィルハーモニー交響楽団、新日本フィルハーモニー交響楽団、その他の地域のオーケストラを紹介した。

2000年代

クラシック倶楽部　〈2000～2004〉　2000～2004年度

『クラシックアワー』(1993～1999年度)の後継番組。内外の一流アーティストによる室内楽の演奏を紹介。2004年度はコンサートの中継収録やスタジオでの演奏のほか、日本各地の音楽祭や名演奏家たちの貴重なアーカイブ映像を加えた多彩なプログラムを放送。金曜枠は『N響コンサート』。衛星第2(月～金)午前放送の55分番組(金曜のみ99分)。2004年度はハイビジョンの新番組『クラシック倶楽部』と連動。

ワンダフル・クラシックス　2000～2002年度

同じ2000年度の新番組『クラシック倶楽部』が室内楽を中心に構成したのに対し、オーケストラを軸とした長時間音楽番組とした。N響をはじめとする国内外のオーケストラによる演奏会や、演奏家の人となりを多角的に紹介するドキュメンタリー、国際共同制作によるスタジオ収録番組「フヴォロストフスキー・コンサート・イン・ジャパン」なども放送した。衛星第2(金)午前8時5分からの2時間40分番組。

ハイビジョン音楽館　2000年度

ほっと一息ついた朝のひととき、内外の一流のクラシック、セミクラシックの演奏でくつろいでもらう、ちょっとおしゃれな音楽番組。コンサートホールでの本格的な演奏だけでなく、この番組のために収録したスタジオでの演奏、由緒ある寺院、庭園といった歴史的な建造物で演奏された室内楽など、オリジナル企画を随時交えて放送。ハイビジョン(月～金)午前9時からの30分番組。

ハイビジョンクラシック倶楽部　2001～2003年度

衛星第2の『クラシック倶楽部』と連動して、内外の一流アーティストによる室内楽の演奏を高画質・高音質で楽しむ。日本の美しい風景をバックに日本人演奏家が演奏する「ジャパニーズシリーズ」、ニューヨークのスタインウェイ・ホールでの若手演奏家のシリーズなどを放送。ハイビジョン(月～金)午前放送の30分番組。

ハイビジョンクラシックスペシャル　2002～2003年度

オペラ、バレエ、シンフォニー、オーケストラなど、世界の第一級アーティストの日本公演や国際共同制作により収録した話題の音楽祭など、多彩なプログラムをハイビジョンの高画質を生かし、ワイド画面で臨場感豊かに伝えた。ハイビジョン(土)午後11時台からの3時間番組。2004年度からは『ハイビジョンクラシック館』に改題した。

クラシック倶楽部　〈2004～〉　2004年度～

衛星第2で放送中の同名番組『クラシック倶楽部』と連動して、新たにスタートしたハイビジョン番組。内外の一流アーティストによる室内楽の演奏を高画質、高音質で放送。月曜枠は、名指揮者が競演する「N響コンサートセレクション」を中心に放送した。2005年度より衛星第2でも放送。ハイビジョン(月～金)午前8時からの55分番組。2011年度からBSプレミアムで放送。

ハイビジョンクラシック館　2004～2008年度

オペラ、バレエ、オーケストラなどの世界第一級のソフトの日本公演や、国際共同制作により収録した話題の音楽祭、そして国内で独自収録した演奏会など、多彩なプログラムを放送。ハイビジョンで(土)午後11時からの3時間番組でスタート。

BSあなたが選ぶ映画音楽　2004年度

データ放送や電子メールなどで映画音楽のリクエストを募り、その投票を基にスタジオで生のオーケストラをバックに歌手、ソリストが映画の名曲を披露する視聴者参加の双方向番組。司会は加賀まりこと阿部渉アナウンサー。年間42万票の投票があり、特集、総決算を含め、全8回放送した。ハイビジョン・衛星第2(日)午後7時30分からの2時間番組。

毎日モーツァルト　2005～2006年度

モーツァルト生誕250年の記念企画で、モーツァルトの主要作品を作曲年代順に、1日1曲ずつ、10分間で紹介するミニ番組。曲の演奏に関連映像やスーパー情報をのせ、毎日、モーツァルトの生涯をたどれるようシリーズ編成した。2006年1月から12月まで205回を放送。ハイビジョン・衛星第2(月～金)午前に放送。

オーケストラの森　2006〜2011年度

日本各地の名門オーケストラを紹介する音楽番組。教育（Eテレ）(日)午後9時から10時の『N響アワー』枠の原則第5週に放送。初年度は日本フィルハーモニー交響楽団、大阪シンフォニカー交響楽団、群馬交響楽団、山形交響楽団、東京交響楽団、九州交響楽団、セントラル愛知交響楽団の計7団体を紹介した。

ぴあのピア　2006〜2007年度

『毎日モーツァルト』（2005〜2006年度）のあとを受けて、(月〜金)で始まった10分ミニ番組。ピアノ誕生から300年を記念したシリーズ企画。大作曲家たちのピアノ曲から厳選した名曲を作曲年代順に1日1曲ずつ紹介し、2007年1月から12月にかけて全250回を放送。毎回、作曲家ゆかりの映像や演奏風景を交えて伝えた。ハイビジョンは午前7時台に、衛星第2午後6時台に放送。2009年度は総合でも放送。

響け！みんなの吹奏楽　2006〜2008年度

全国各地のアマチュア吹奏楽団に一流プレイヤーを派遣し、その指導を受けながら演奏に磨きをかけていき、最後に"本番"を迎えるまでをドキュメントする。全国各地の中学校や高校、大学、企業や地域のクラブに指導するのは、北村英治、須川展也、角田健一、MALTAなど、ジャズを中心に活動する超一流プレイヤーたち。衛星第2とハイビジョンで月1回放送する45分枠。

あなたの街で夢コンサート　2008〜2010年度

『あなたが主役　音楽のある街で』（2006〜2007年度）の後継番組。日本全国の街を訪れ、音楽をこよなく愛する地元の人たちと舞台を作り上げるステージショー。毎回、熱い思いを持った音楽愛好家が登場し、その音楽人生と個性あふれる素顔を紹介。最後はプロのオーケストラと夢の共演を果たす。司会は渡辺徹と鎌倉千秋アナウンサー（2009年度から首藤奈知子アナ）が務めた。衛星第2とハイビジョンで放送の50分番組。

クラシックミステリー　名曲探偵　アマデウス　2008〜2011年度

「名曲」とされる曲は、何ゆえ「名曲」なのか。「名曲」はいったいどこがすごいのか。筧利夫演じる名曲探偵と、黒川芽以演じる助手が、曲に秘められた絶妙な作曲技法や作曲家の思いを、ドラマ仕立てで解明していく。さらに専門家の解説を加えて、曲の実演も紹介する新趣向のクラシック入門番組。ハイビジョン午後7時からの45分枠。衛星第2でも放送した。

BSシンフォニーアワー　2009年度

NHK交響楽団の定期公演を中心としたオーケストラの演奏会を、5.1サラウンドやBモードステレオで放送。N響の年間27回の定期公演のほか、「N響ほっとコンサート」「オリンピックコンサート」「京都市交響楽団演奏会（オーケストラの森・全曲版）」など、色とりどりのラインナップでオーケストラ音楽を届けた。衛星第2(金)午前10時から11時40分まで放送。

2010年代〜

プレミアムシアター　2010年度〜

『クラシック・ロイヤルシート』（1994〜2009年度）の後継番組。ハイビジョンの特性を生かし、高品位な映像と音声で芸術作品を紹介。世界各地の音楽祭や一流歌劇場などでの公演を中心に、クラシックコンサート、オペラ、バレエ、演劇を、国際共同制作・独自収録・番組購入・衛星生中継などで放送。2010年度にハイビジョンで4時間番組で開始。2011年度よりBSプレミアムで、2018年度からはBS4Kでも放送。

スコラ　坂本龍一　音楽の学校　2010〜2013年度

坂本龍一が講師となり、独自の解釈で音楽の魅力を解き明かすEテレの30分番組。有識者との対談形式による講義パートと、小中高校生が参加するワークショップで構成した。初年度は「バッハ編」「ジャズ編」「ドラムとベース編」、2011年度は「古典派」「ドビュッシー、サティ、ラベル」「ロックへの道」、2012年度は「映画音楽」「アフリカの音楽」「オーケストラ」、2013年度は「電子音楽」「日本の伝統音楽」「20世紀の音楽」を放送。

特選　オーケストラ・ライブ　2011〜2012年度

日曜の早朝に放送する2時間枠。世界一流のオーケストラのコンサートやNHK交響楽団の定期公演、超一流プレーヤーとオーケストラの共演など、色とりどりのライブ演奏を5.1サラウンドで放送。東日本大震災からおよそ1か月後には東京文化会館で行われたN響のチャリティー・コンサート「ズービン・メータ　希望の響き－東日本大震災チャリティーコンサート－」が行われ、名演を届けた。BSプレミアム(日)午前6時から放送。

ららら♪クラシック　2012〜2020年度

クラシックの名曲を、作曲家、演奏家、楽曲の舞台など多彩な切り口でわかりやすく解説する初心者向けのクラシック音楽番組。スタジオライブを交えて、視聴者にクラシックの楽しみ方を伝えた。2016年度までは作家の石田衣良とピアニストの加羽沢美濃、2017年度からは俳優の高橋克典と牛田茉友アナ、2019年度から牛田アナに代わって石橋亜紗アナが司会を務めた。Eテレ夜間の1時間番組でスタート。2013年度より30分枠。

クラシック音楽館　2013年度〜

N響定期公演を中心に、ベルリン放送交響楽団や読売日本交響楽団、札幌交響楽団など、国内外のオーケストラによる注目の演奏会を届ける本格的な音楽芸術鑑賞番組。「NHK音楽祭」や「NHKバレエの饗宴2013」などNHK主催イベントも紹介。また、アーカイブス映像で構成した「N響　伝説の名演奏」といったクラシック音楽界のジャーナルな話題も取り上げた。Eテレ(日)午後9時からの120分番組。

クラシックTV　2021年度〜

クラシック音楽を切り口に、あらゆる音楽の魅力を探る音楽教養エンターテインメント。ピアニストの清塚信也と歌手でモデルの鈴木愛理が、ゲストとともに幅広い音楽の魅力を「クラシック音楽の視点」からひもとく。第1回は俳優・今井翼と「スペイン音楽」の魅力に迫った。そのほか「歌舞伎 meets クラシック！」や「YouTubeと音楽〜インスト最前線〜」など、ユニークな切り口で放送。Eテレ(木)午後10時からの30分番組。

音楽
民謡等

民謡・民俗芸能番組

　各地で歌い継がれる民謡や古くから伝わる民俗芸能は、放送メディアの誕生によって初めて日本全国に広く知られるようになる。

　放送によって民謡が普及していく足がかりは、戦後まもない1946年に始まった『のど自慢素人音楽会』(翌1947年に『のど自慢素人演芸会』に改題)と、その後継番組『NHKのど自慢』だった。

　日本各地の歌好きたちが全国大会をめざしてふるさとの民謡を競い、その結果、放送を通じて郷土の民謡を全国に広めた。この番組で三味線の藤本秀夫(のちの琇丈)が伴奏を工夫して民謡を歌いやすくしたこともあり、各地で「民謡歌手」が生まれる素地が整っていった。

　ラジオでは地元の民謡名人やプロの民謡歌手が出演する『民謡をたずねて』が1952年に誕生し、人気番組として定着していった。テレビでは、放送開始から不定期に『民謡風土記』が放送され、はじめての定時番組として『民謡お国めぐり』(1955〜1956年度)が登場する。この番組は、音楽の娯楽性を重視し、「お座敷唄」を歌う小唄勝太郎・市丸・赤坂小梅などのいわゆる芸者歌手が登場した。

　1956年8月には、全国に点在する民謡と民俗芸能の保存・育成を図るために、「NHK全国民謡舞踊まつり」が東京日比谷公園大音楽堂で開催された。この模様はテレビとラジオで特集番組として放送され、1965年度まで続いた。

　この頃、高度経済成長の波に乗って大勢の若者たちが地方の農漁村から都会に流入した。地方の若者の欲求に呼応するように東京・浅草を中心として民謡酒場が隆盛をきわめ、地方出身の民謡歌手も、続々と上京。テレ

『民謡お国めぐり』(1955〜1956年度) → P346

『民謡風土記』(1954〜1955年度)

『NHK全国民謡舞踊まつり』(1956年)

『ふるさとのうた』(1961〜1963年度) → P346

『ふるさとの歌まつり』(1966〜1973年度) → P346

ビは地域色を出すため、地方の民謡保存会や民謡歌手を番組に登場させた。

　1961年、総合テレビのお昼の時間帯に『ふるさとのうた』が新設され、全国各地の風土や生活を伝える映像にのせて、民謡や民俗芸能を広く紹介した。民謡をオーケストラや合唱に編曲する新しい取り組みは、特に地方出身の視聴者の支持を得た。

　1960年代半ばには、民謡は興行的にも会場を満員にするほど人気が出て、民謡歌手は民謡酒場からステージへと活躍の場を広げていった。総合テレビ午後9時台に放送した『芸能百選』も、当初は歌舞伎や能・狂言、舞踊が中心だったが、この人気に後押しされて、民謡や民俗芸能へと幅を広げて放送するようになった。

　こうした動きの中で始まったのが『ふるさとの歌まつり』(1966〜1973年度)である。古くから日本各地に伝わる民俗芸能や年中行事を、地元出演者の参加で紹介する視聴者参加の公開派遣番組だ。『NHKのど自慢』で全国に顔を知られた宮田輝アナウンサーが司会を担当。放送開始2年目の1967年11月の調査で、すでに視聴率40%を超える人気番組になっていた。放送が続いた8年間に400か所の"ふるさと"を訪ね、視聴者にも番組参加者にもふるさとを意識するきっかけとなり、忘れ去られようとしていたふるさとの民謡・芸能の再発見や、地域の振興に寄与した。全国をまわり、視聴者と直接ふれあう公開派遣バ

ラエティーというスタイルは、その後、『お国自慢にしひがし』(1974〜1977年度)、『民謡をあなたに』(1981〜1989年度 ＊1978年度に『夜の指定席』枠でスタート)などに引き継がれていく。

『お国自慢にしひがし』(1974〜1977年度) → P346

『民謡をあなたに』(1981〜1989年度) → P347

民謡等

NHKではさらに民謡の継承と普及を目指し、若いファンの獲得に力を入れた。1964年4月、その名もずばり『若い民謡』(1964〜1966年度)とタイトルした番組が、土曜の午後8時台に総合テレビで始まる。三味線、尺八などの邦楽器の伴奏で歌われていたそれまでの民謡を、オーケストラによるモダンなアレンジで、歌謡曲、ジャズ、ポピュラーミュージックなど、幅広いジャンルの人気歌手たちが歌った。

総合テレビの昼の時間帯に放送された『ひるの民謡』(1967〜1969年度)や、『ひるのプレゼント』(1970〜1990年度)でも、民謡歌手や歌謡曲の人気歌手が民謡を歌った。オーケストラやビッグバンドの演奏で、歌謡曲・ジャズ・ポップスの人気歌手が民謡を歌うことで、民謡はさらに視聴者の身近なものになっていった。

若い層への民謡の浸透を図った取り組みは、1978年にスタートした総合テレビ午後11時放送の『夜の指定席〜民謡をあなたに』で花開く。この番組は、民謡教室の増加とこれまでの様式にとらわれない民謡ステージが数多く開催されるという世の中の流れをいち早くとらえていた。レギュラー出演の2人の民謡歌手、原田直之と金沢明子が、それまでの"民謡は和服"のイメージを打ち破るジーンズ姿で歌い、相川浩アナウンサーの親しみやすい語り口にのせて民謡に新しい風を吹き込んだ。それをきっかけに起こったのが"民謡ブーム"である。

翌1979年には、月1回放送の70分の大型番組『民謡とともに』(1979年度)が、土曜午後8時台のゴールデンタイムに編成された。1981年には、『夜の指定席』枠で放送されていた『民謡をあなたに』が、総合テレビ午後8時から月1回放送の定時番組として独立、1989年度まで続く

人気の公開派遣番組となった。

その後も民謡の公開派遣番組は1990年8月から『ふるさと民謡広場』(1990〜1993年度)が土曜と日曜に不定時に放送。1994年1月に峰竜太と香西かおりの司会で『どんとこい民謡』(1994〜2002年度)が、続いて伍代夏子の司会で『それいけ!民謡うた祭り』(2003〜2012年度)、2013年に城島茂の司会で『民謡魂 ふるさとの唄』が始

『夜の指定席〜民謡をあなたに』(1978〜1980年度) → P346

『民謡とともに』(1979年度) → P346

『ひるの民謡』(1967〜1969年度) → P346

『若い民謡』(1964〜1966年度) → P346

『ひるのプレゼント』(1970〜1990年度) → P252

『ふるさと民謡広場』(1990〜1993年度) → P347

『どんとこい民謡』(1994〜2002年度) → P347

『それいけ！民謡うた祭り』(2003〜2012年度) → P347

『民謡魂　ふるさとの唄』(2013年度〜) → P347

『日本民謡の祭典』(1975〜1980年度) → P972

まり、全国各地の民謡の紹介とともに、その土地の風土や伝統文化を伝えている。

　その他、イベントと連動した特集番組として、アジア各国の民俗芸能を紹介する『アジア民俗芸能祭』(1968〜1992年度に断続的に放送)、NHKホールで三橋美智也・村田英雄・春日八郎らのスター歌手が出演する『日本民謡の祭典』(1975〜1980年度)、『日本民謡まつり』(1977〜1989年度)、『郷土芸能の祭典』(1977〜1978年度)などを放送してきた。

　1995年にはNHK放送開始70周年記念事業の1つ「記録事業・民間伝承と日本の心」の関連番組で『ふるさとの伝承』(1995〜1998年度)を放送。全国各放送局が各地に残る祭り、民俗芸能、年中行事、民間伝承などを克明に取材、記録した貴重な庶民文化史の集大成となった。また、放送番組ではないが、戦前から約半世紀にわたってNHKが全国各地の民謡を民謡研究者の町田嘉章らとともに収集してまとめた「日本民謡大観」は、未来に向けて日本の民謡を保存し継承する事業となった。

民謡等 ｜ 定時番組

1950年代

民謡お国めぐり 1955〜1956年度
各地の伝承的素材の紹介が好評を博し、千葉の「鬼来迎」、神奈川の「チャッキラコ」、琉球舞踊が特に喜ばれた。（土）の午後8時台を中心に放送された20〜30分番組。

芸能お国めぐり 1956年度
1956年6月2日まで毎週（土）の午後8時台に放送されていた『民謡お国めぐり』を、6月4日より『芸能お国めぐり』に改題。民謡を中心に日本各地の郷土芸能を紹介した。

1960年代

わが町の歌
〈民謡〉

わが町の歌　〈民謡〉 1961年度
人々の生活とともに日本各地で生まれ育ってきた民謡や郷土芸能を情緒的に構成した娯楽番組。NHKのネットワークを活用し、地方局から地元出演者の土の香りを味わえるフィルム番組を放送。また東京、大阪からは、民謡をオーケストラや合唱にアレンジし、新しい振付による舞踊を加えるなど、都会的な感覚を取り入れた内容で放送。総合（木）午後10時からの30分番組。

ふるさとのうた　〈1961〜1963〉 1961〜1963年度
日本各地の民謡や郷土芸能を親しみやすく構成し、民謡と民俗芸能を広く紹介した。初年度はスタジオ制作でスタートしたが、6月より全国の地域局が制作に参加。中継録画やフィルム取材によって、各地の風土と生活の中に生き続ける"土の香り"のする歌や芸能を伝えることを目指した。総合（木）午後0時15分からの25分番組。

若い民謡 1964〜1966年度
従来の民謡をジャズや歌謡界で活躍する若手歌手が現代的なアレンジで歌い、新しい振付による踊りを加えることで、民謡を広い層に親しんでもらおうと企画。毎月1曲、民謡風のオリジナル曲「あたらしい歌」を発表し、舟木一夫、橋幸夫、アイ・ジョージ、ボニー・ジャックスなど当時の若手人気歌手が歌った。レギュラー出演は瀬川純子。総合午後8時からの30分番組でスタートし、翌年度より午後0時台に移行。

ふるさとの歌まつり 1966〜1973年度
全国各地に古くから伝わる郷土芸能、年中行事を中心に、ふるさとの民謡、風俗や習慣、そのときどきの話題を織り込みながら、地元出演者とゲスト歌手の歌とともに届ける視聴者参加の大型公開派遣番組。冒頭のあいさつ「おばんです」が流行語にもなった宮田輝アナウンサーの温かみのある司会が人気となった。この番組がきっかけで、郷土芸能保存や、"ふるさと発見"の機運が高まる。総合（木）午後8時からの1時間番組。

ひるの民謡 1967〜1969年度
『若い民謡』（1964〜1966年度）の後継番組。若い層だけでなく、幅広い年齢層を対象とした。従来の民謡を極端に崩すことなく現代風にアレンジし、人気の歌謡曲歌手が、純民謡歌手とともに歌った。『若い民謡』に続いてオリジナル曲「あたらしい歌」を毎回発表した。歌手のレギュラーは葵ひろ子。舞踊は花柳徳兵衛舞踊団。司会は木村和美アナウンサー、井上昌己アナウンサーが務めた。総合午後0時20分からの25分番組。

1970年代

お国自慢にしひがし 1974〜1977年度
『ふるさとの歌まつり』のあとを受けてスタート。日本各地のお国自慢を紹介する視聴者参加型の公開派遣番組。番組の中心は、クイズ形式で地元の回答者とゲストが一緒になって箱の中の自慢の品を当てるコーナー。高齢視聴者が多かった前番組に対し、地元の若者が歌うオープニングテーマで始まるスピーディーな展開で、若者層にも幅を広げた。司会は番組開始から2年間が山川静夫アナウンサー、その後、相川浩アナウンサーが担当した。

夜の指定席 〜 民謡をあなたに 1978〜1980年度
原田直之、金沢明子の2人の民謡歌手をレギュラーに、民謡をジーパン姿で歌うなど、現代的視点で構成するNHKのホールでの公開番組。毎回、各界からゲストを招き、民謡とのふれあいを語ってもらうコーナーには、山田五十鈴、長谷川一夫、小沢昭一、志村喬など、豪華な顔ぶれがそろった。ヤング民謡グループ「といちんさ」を結成するなど、新しいスタイルの民謡番組とした。総合（月2回・土）午後11時からの45分番組。

民謡とともに 1979年度
年度前半に新設された「土曜芸能スポーツ特集」枠で月1回、年度前期に放送した民謡を素材にした大型バラエティー番組。原田直之、金沢明子の2人の人気民謡歌手を中心に、若者が結成した民謡グループ「といちんさ」やポップスや歌謡界の人気歌手たちが、民謡に挑戦した。出演は原田直之、金沢明子、沢田雅美、チェリッシュ、大村崑ほか。総合（土）午後8時からの1時間10分番組。

1980年代

民謡〇月のまつり 1980～1981年度

『民謡とともに』（1979年度）の後継番組で、「土曜芸能スポーツ特集」枠で月に1回、年度前期放送。民謡を素材とするNHKホールでの公開大型バラエティー番組。クラシックやポップスの歌手や演奏家も、民謡に挑戦した。主な出演者：金沢明子、鎌田英一、財津一郎、佐良直美、美空ひばり、山口崇、「といちんさ」ほか。総合（土）午後8時からの1時間10分番組。

民謡をあなたに 1981～1989年度

『夜の指定席』枠で放送していた「民謡をあなたに」が単独番組として独立。原田直之、金沢明子をレギュラー出演者に、民謡を洋服の軽装で歌うなど、現代的視点で構成する公開派遣番組。各界から招いたゲストが民謡とのふれあいを語るコーナーには宇野重吉、西田敏行などが出演。古い民謡を歌いやすく編曲した「発掘民謡コーナー」をはじめとして、地元民謡保存会の人々も多数出演した。総合（最終・木）午後8時からの50分枠。

ふるさとのうた 〈1984〉 1984年度

日本各地に残る子守唄やわらべうたを、1週間で1曲を紹介する3分番組。"ふるさとのうた"を土地の古老に歌ってもらい、その歌を育んだ自然を描く映像とともに構成する。忘れ去られようとする日本古来の文化保存の役割と深夜のやすらぎを提供した。総合・衛星（月～日）午後11時55分から『野の花歳時記』（1984～1986年度）と隔週で放送した。

1990年代

ふるさと民謡広場 1990～1993年度

地元の民謡と全国のポピュラーな民謡で構成する公開派遣番組。総合で（土・日）を中心に不定時に放送。「民謡あひる教室」「人気アンケート民謡この一曲」など地元の人たちが参加するコーナーや、1992年度から司会も担当した歌手・坂本冬美による「民謡コレクション」などのコーナーで構成した。1993年9月30日には、NHKホール開館20周年を記念しての『ふるさと民謡広場スペシャル』を放送。

日本のうたふるさとのうた100選 1990～1991年度

「親から子へ心にのこる日本のうたを伝えよう」のコンセプトのもとに、はがきによる視聴者投票で「日本のうた100選」を実施。選ばれた上位100曲を、舞台となった土地やゆかりのエピソードとともに紹介する5分番組。「赤蜻蛉」「故郷」「夕焼小焼」「朧月夜」などの童謡や唱歌が選ばれた。総合・教育で随時放送。

どんとこい民謡 1994～2002年度

民謡ショーと対抗戦で構成する公開派遣番組。初年度は、司会に峰竜太と香西かおりを起用。峰チームと香西チームに分かれた歌手と地元の人々による対抗戦と、開催地の特色を生かした民謡ステージショーを繰り広げる。1995・1996年度は香西かおりにかわって長山洋子が司会を担当。以後、石原詢子、林あさ美、小湊美和が峰竜太とともに司会を務めた。総合（日）に不定期に放送。

2000年代

それいけ！民謡うた祭り 2003～2012年度

『どんとこい民謡』（1994～2002年度）の後継番組。伝統的な民謡に加え、童謡や郷土芸能など日本の伝統音楽を再発見する公開派遣番組。地域にこだわった民謡ステージショーで、ふるさとの魅力をたっぷりと紹介した。司会は吉田賢アナウンサー（初年度）。以後、鈴木桂一郎、藤崎弘士、滑川和男、稲塚貴一、小松宏司の各アナウンサーが担当。原則、月1回総合で不定時に放送。

2010年代

民謡魂 ふるさとの唄 2013年度～

『どんとこい民謡』（1994～2002年度）、『それいけ！民謡うた祭り』（2003～2012年度）の流れをくむ公開派遣の民謡ステージショー番組。人々の暮らしや、喜怒哀楽が歌い込まれた民謡やわらべ歌、地域の人々の生活の中にある、さまざまな郷土芸能、それらを育んだふるさとの魅力を伝える。司会は城島茂（TOKIO）、近藤泰郎アナウンサー（初年度）ほか。総合で（土・日・祝日）に不定期に放送。

紅白歌合戦・思い出のメロディー・

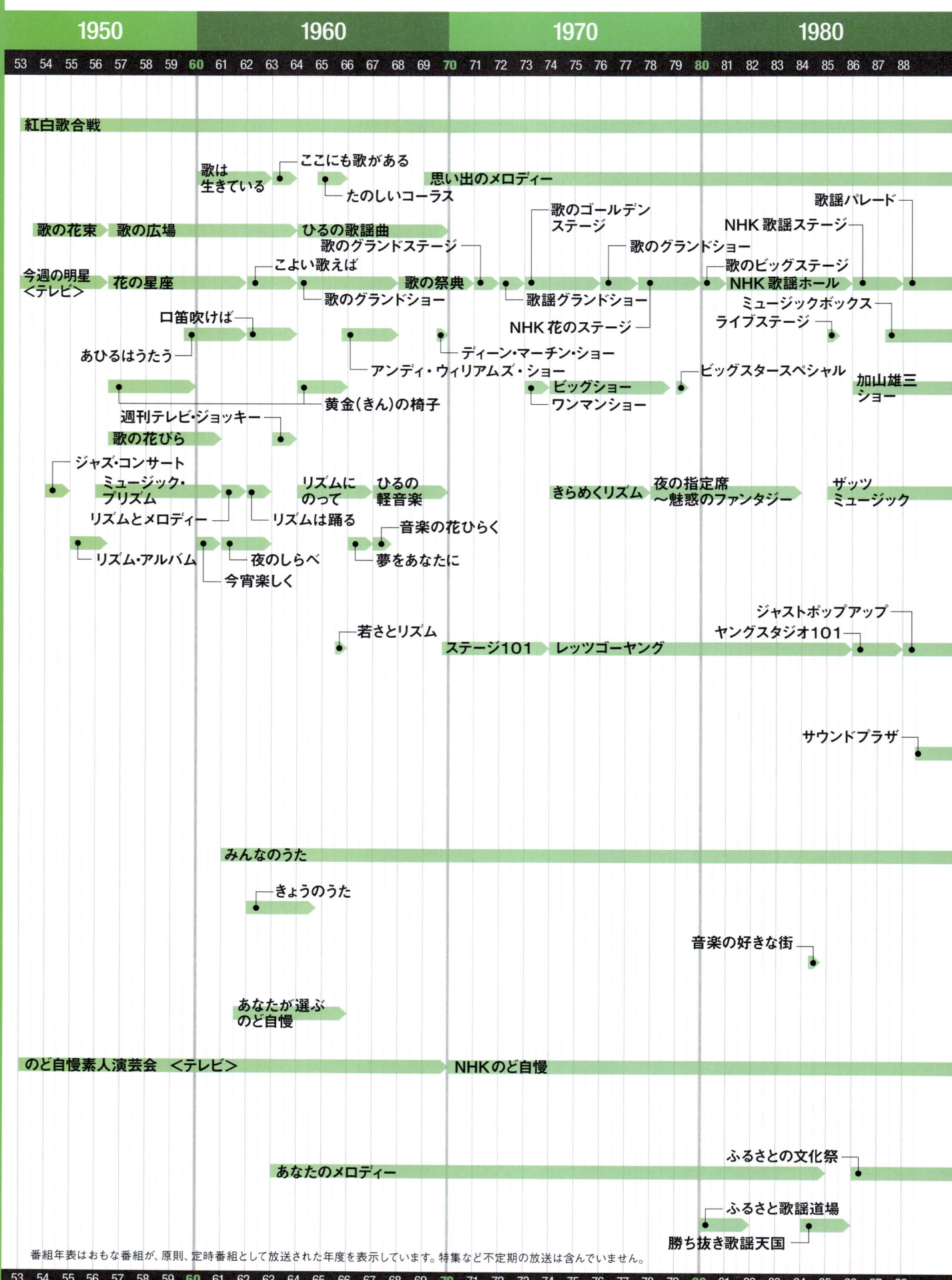

	1950		1960		1970		1980

53 54 55 56 57 58 59 **60** 61 62 63 64 65 66 67 68 69 **70** 71 72 73 74 75 76 77 78 79 **80** 81 82 83 84 85 86 87 88

紅白歌合戦

歌は生きている　ここにも歌がある　思い出のメロディー

たのしいコーラス

歌謡パレード

歌のゴールデンステージ　NHK 歌謡ステージ

歌の花束　歌の広場　ひるの歌謡曲

歌のグランドステージ　歌のグランドショー

今週の明星〈テレビ〉　花の星座　こよい歌えば　歌の祭典　歌謡グランドショー　NHK 歌謡ホール　歌のビッグステージ

歌のグランドショー　NHK 花のステージ　ミュージックボックス

口笛吹けば　ライブステージ

あひるはうたう　ディーン・マーチン・ショー　ビッグスターズスペシャル

アンディ・ウィリアムズ・ショー　加山雄三ショー

黄金（きん）の椅子　ビッグショー　ワンマンショー

週刊テレビ・ジョッキー

歌の花びら

ジャズ・コンサート

ミュージック・プリズム　リズムにのって　ひるの軽音楽　きらめくリズム　夜の指定席〜魅惑のファンタジー　ザッツミュージック

リズムとメロディー　リズムは踊る

リズム・アルバム　夜のしらべ　音楽の花ひらく

今宵楽しく　夢をあなたに

若さとリズム　ジャストポップアップ

ステージ101　レッツゴーヤング　ヤングスタジオ101

サウンドプラザ

みんなのうた

きょうのうた

音楽の好きな街

あなたが選ぶのど自慢

のど自慢素人演芸会　〈テレビ〉　NHKのど自慢

ふるさとの文化祭

あなたのメロディー

ふるさと歌謡道場

勝ち抜き歌謡天国

番組年表はおもな番組が、原則、定時番組として放送された年度を表示しています。特集など不定期の放送は含んでいません。

53 54 55 56 57 58 59 **60** 61 62 63 64 65 66 67 68 69 **70** 71 72 73 74 75 76 77 78 79 **80** 81 82 83 84 85 86 87 88

歌謡曲等番組年表

WEB版の年表はこちら

紅白歌合戦

歌謡曲等

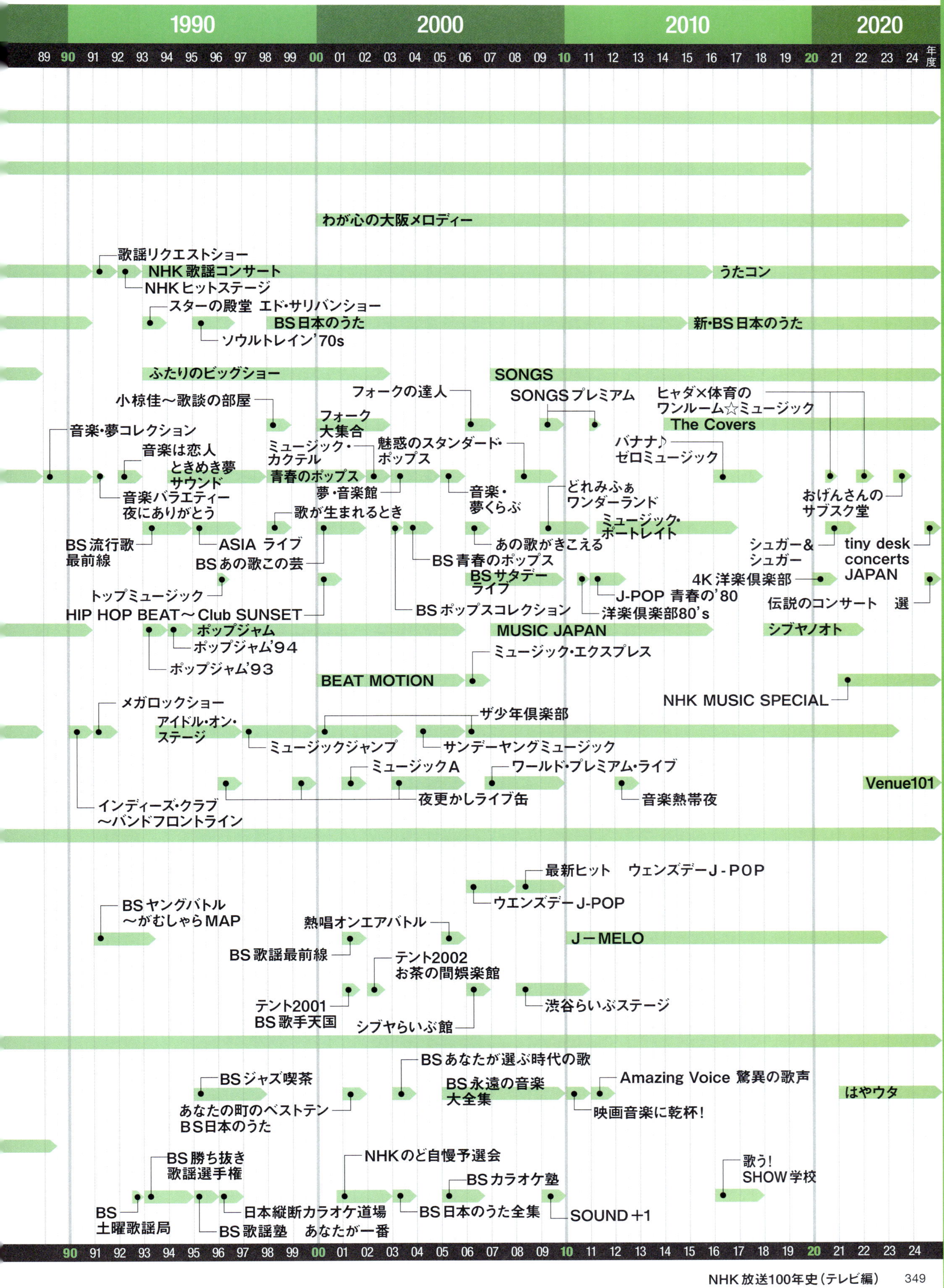

	1990	2000	2010	2020	
89 90 91 92 93 94 95 96 97 98 99	00 01 02 03 04 05 06 07 08 09 10	11 12 13 14 15 16 17 18 19 20	21 22 23 24	年度

わが心の大阪メロディー

歌謡リクエストショー
NHK 歌謡コンサート　　うたコン
NHK ヒットステージ
スターの殿堂 エド・サリバンショー
BS 日本のうた　　新・BS 日本のうた
ソウルトレイン'70s

ふたりのビッグショー　　SONGS
小椋佳〜歌談の部屋　　フォークの達人　　SONGS プレミアム　　ヒャダ×体育の
ワンルーム☆ミュージック
音楽・夢コレクション　　フォーク　　　　魅惑のスタンダード・　　The Covers
大集合　　　　ポップス
音楽は恋人　　　　バナナ♪
ときめき夢　　ミュージック・　　　　　　　ゼロミュージック
サウンド　　カクテル
音楽バラエティー　　青春のポップス　　　　　　　　どれみふぁ　　おげんさんの
夜にありがとう　　夢・音楽館　　音楽・　　ワンダーランド　　サブスク堂
BS 流行歌　　　歌が生まれるとき　　夢くらぶ　　ミュージック・
最前線　　　　　　　　　　　　　　　　　　ポートレイト
ASIA ライブ　　　　　あの歌がきこえる　　シュガー＆　　tiny desk
BS あの歌この芸　　　　　　　　　　　　シュガー　　concerts
トップミュージック　　　BS 青春のポップス　　　　　　　　　　　　JAPAN
HIP HOP BEAT〜Club SUNSET　　BS サタデー　　4K 洋楽倶楽部　　伝説のコンサート　選
ライブ　　　J-POP 青春の'80
BS ポップスコレクション　　洋楽倶楽部80's
ポップジャム　　　　MUSIC JAPAN　　　シブヤノオト
ポップジャム'94
ポップジャム'93　　　　ミュージック・エクスプレス

BEAT MOTION　　　　　　　　　　　　　NHK MUSIC SPECIAL
メガロックショー
アイドル・オン・　　　　　　　ザ少年倶楽部
ステージ　　ミュージックジャンプ　　サンデーヤングミュージック
ミュージックA　　ワールド・プレミアム・ライブ　　Venue101
インディーズ・クラブ　　　夜更かしライブ缶　　音楽熱帯夜
〜バンドフロントライン

最新ヒット　ウェンズデーJ-POP
BS ヤングバトル　　　　　　　　　ウエンズデーJ-POP
〜がむしゃらMAP　　熱唱オンエアバトル
BS 歌謡最前線　　　　　　　　　　　J−MELO
テント2002
お茶の間娯楽館
テント2001　　　　　　　渋谷らいぶステージ
BS 歌手天国
シブヤらいぶ館

BS あなたが選ぶ時代の歌
BS ジャズ喫茶　　BS 永遠の音楽　　Amazing Voice 驚異の歌声
あなたの町のベストテン　　大全集　　　　　　　　　　はやウタ
BS 日本のうた　　　　　　　　映画音楽に乾杯！

BS 勝ち抜き　　NHKのど自慢予選会　　　　　　　　歌う！
歌謡選手権　　　　　　　　　　　　　　　　　　　　SHOW 学校
BS　　　　　日本縦断カラオケ道場　　BS カラオケ塾
土曜歌謡局　　　あなたが一番
BS 歌謡塾　　　BS 日本のうた全集　　SOUND ＋1

| 90 91 92 93 94 95 96 97 98 99 | 00 01 02 03 04 05 06 07 08 09 10 | 11 12 13 14 15 16 17 18 19 20 | 21 22 23 24 |

クラシック等・民謡等番組年表

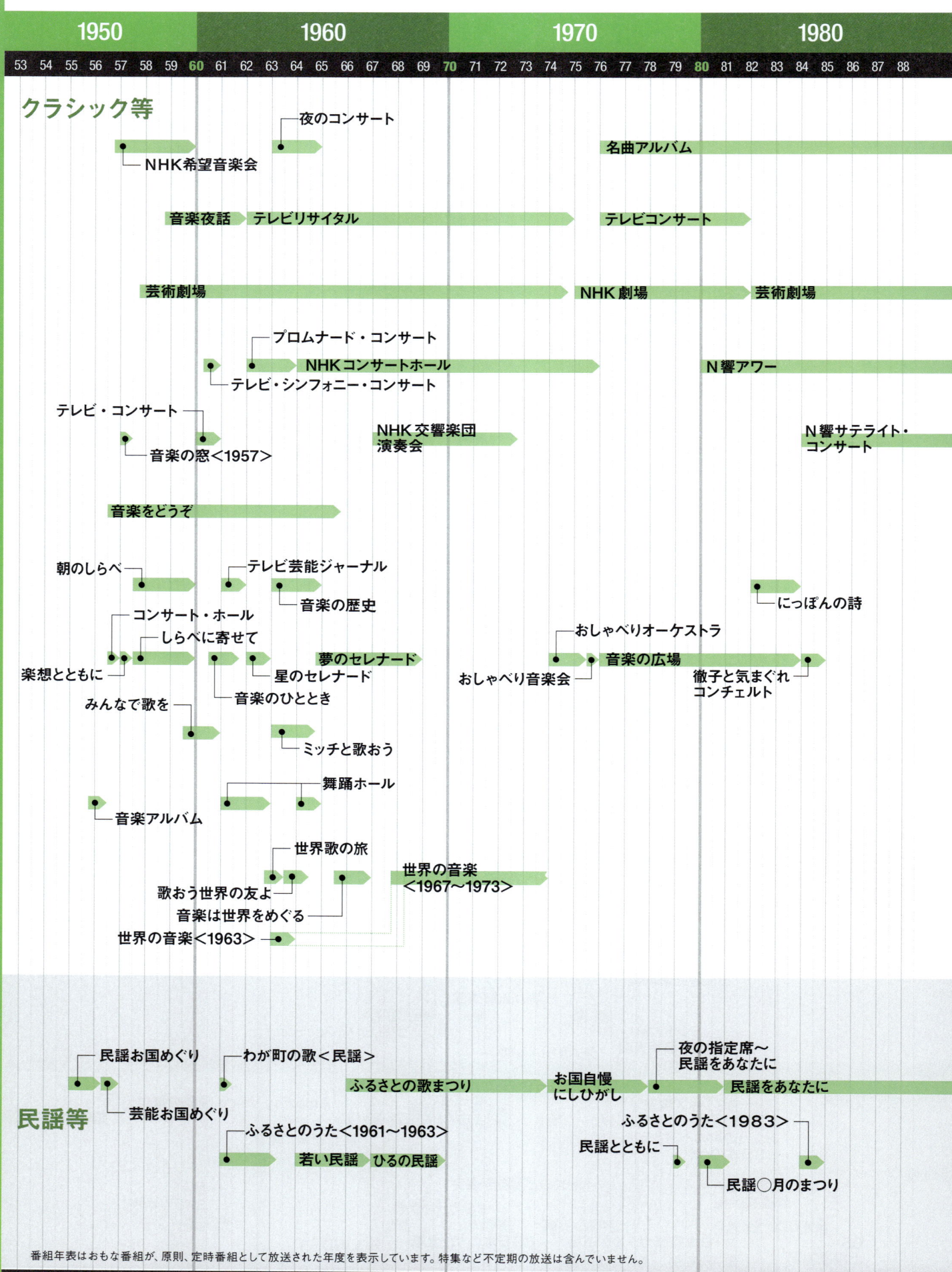

	1950	1960	1970	1980
	53 54 55 56 57 58 59	60 61 62 63 64 65 66 67 68 69	70 71 72 73 74 75 76 77 78 79	80 81 82 83 84 85 86 87 88

クラシック等

夜のコンサート

NHK希望音楽会

名曲アルバム

音楽夜話　テレビリサイタル　テレビコンサート

芸術劇場　NHK劇場　芸術劇場

プロムナード・コンサート
NHKコンサートホール
テレビ・シンフォニー・コンサート
N響アワー

テレビ・コンサート
音楽の窓＜1957＞
NHK交響楽団演奏会
N響サテライト・コンサート

音楽をどうぞ

朝のしらべ　テレビ芸能ジャーナル
音楽の歴史

コンサート・ホール
しらべに寄せて
おしゃべりオーケストラ
にっぽんの詩

楽想とともに　夢のセレナード
星のセレナード　音楽の広場
おしゃべり音楽会
徹子と気まぐれコンチェルト

みんなで歌を
音楽のひととき

ミッチと歌おう

舞踊ホール

音楽アルバム

世界歌の旅

世界の音楽＜1967～1973＞
歌おう世界の友よ
音楽は世界をめぐる
世界の音楽＜1963＞

民謡等

民謡お国めぐり　わが町の歌＜民謡＞
夜の指定席～民謡をあなたに
ふるさとの歌まつり
お国自慢にしひがし
民謡をあなたに
芸能お国めぐり
ふるさとのうた＜1983＞
ふるさとのうた＜1961～1963＞
若い民謡　ひるの民謡
民謡とともに
民謡○月のまつり

番組年表はおもな番組が、原則、定時番組として放送された年度を表示しています。特集など不定期の放送は含んでいません。

| | 53 54 55 56 57 58 59 | 60 61 62 63 64 65 66 67 68 69 | 70 71 72 73 74 75 76 77 78 79 | 80 81 82 83 84 85 86 87 88 |

	1990		2000		2010		2020

89 **90** 91 92 93 94 95 96 97 98 99 **00** 01 02 03 04 05 06 07 08 09 **10** 11 12 13 14 15 16 17 18 19 **20** 21 22 23 24 年度

日曜日のシンフォニー

土曜の夜はオーケストラ

オーケストラの森　　ららら♪クラシック　　クラシックTV

クラシック音楽館

ハイビジョンクラシック倶楽部

N響Bモードライブ

BSシンフォニーアワー

クラシック倶楽部

クラシックアワー

ワンダフル・クラシックス

特選　オーケストラ・ライブ

クラシックコンサート

響け！みんなの吹奏楽

クラシック・ロイヤル・シート　　プレミアムシアター

スコラ
坂本龍一
音楽の学校

土曜シアター
クラシックシアター

ハイビジョン
クラシック館

ハイビジョン音楽館

朝の音楽ノート

ハイビジョン
クラシックスペシャル

名曲の森

あなたの街で夢コンサート

BSあなたが選ぶ
映画音楽

クラシックミステリー
名曲探偵　アマデウス

ふるさと
民謡広場　　どんとこい民謡　　　　それいけ！民謡うた祭り　　　　民謡魂　ふるさとの唄

90 91 92 93 94 95 96 97 98 99 **00** 01 02 03 04 05 06 07 08 09 **10** 11 12 13 14 15 16 17 18 19 **20** 21 22 23 24

NHK放送100年史（テレビ編）　351

01

「伝統芸能」鑑賞番組
～『日本の芸能』から『にっぽんの芸能』へ～

　1953年2月1日、テレビ本放送開始の日、午後2時からの開局式典に続いて二世尾上松緑、七世尾上梅幸らによる歌舞伎舞踊「道行初音旅」が放送された。東京・内幸町の放送会館3階のラジオ第1スタジオには式典兼用で横約14メートル、奥行約5メートルの舞台が組まれ、当時わずか3台しかなかったスタジオカメラで中継した。テレビカメラの感度が不十分なので、照明を過度に当て、ドーラン（油性の撮影用練りおしろい）も厚く塗ったという。尾上松緑と尾上梅幸はのちに「ドーランがガバガバと剥げ落ちそうだった」と語っている。

　テレビ時代を迎えたことで、数ある伝統芸能の中でも視覚に訴える「動くもの」が注目され、舞踊、歌舞伎、新派、新国劇などが次々に放送された。特に日本舞踊は、従来のラジオ放送で紹介することのできなかった伝統芸能の一つ。その最初のテレビ放送は1953年2月9日夜の日本舞踊の花柳流一門による長唄「菖蒲浴衣」と「越後獅子」だった。

　当初は「日本舞踊」だけが定時番組として放送されたが、1954年6月に日本舞踊・能・邦楽などを総合的に紹介する番組『テレビ檜舞台』（1954～1956年度）が始まり、これまでばらばらに放送されていた日本舞踊や邦楽の各ジャンルが、初めて"伝統芸能"というジャンルでくくられた。またこの年から、日本の正月にふさわしい芸能として「舞楽」「箏曲」「能・狂言」などが特集番組として編成され、現在もその伝統は生き続けている。

『道行初音旅』テレビ放送初日（1953年度）

『テレビ檜舞台』(1954〜1956年度) →P360

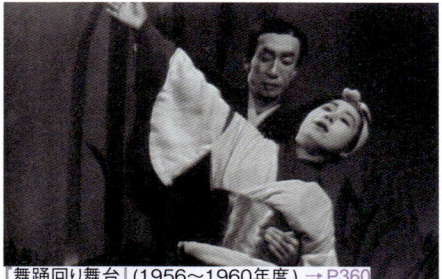
『舞踊回り舞台』(1956〜1960年度) →P360

『舞踊ホール』(1961〜1962・1964年度) →P337

『テレビ百花選』(1956年度) →P360

『日本の芸能』(1957〜1965年度) →P360

『芸術劇場〜日本の舞踊』
(1960〜1963年度) →P361

テレビ放送初期の舞踊は、歌舞伎俳優による歌舞伎舞踊がほとんどだったが、次第に躍動する“テレビ的”な舞踊が登場してくる。1956年6月には、日本舞踊の古典と創作舞踊、さらにバレエやモダンダンスをスタジオで収録する『舞踊回り舞台』(1956〜1960年度)が午後0時台に定時番組としてスタートする。この番組は1961年教育テレビの『舞踊ホール』(1961〜1962・1964年度)に生まれ変わり、放送時間枠をそれまでの25分から60分に拡大した。

「バレエ」番組との隔週放送だった『テレビ檜舞台』は、1956年11月から『テレビ百花選』に改題。さらに『日本の芸能』へと続いていく。

『日本の芸能』(1957〜1965年度)は、総合テレビ夜間の25〜40分番組。能・狂言、日本舞踊、邦楽、民俗芸能などを週替わりで構成した。単に実演を見せるだけではなく、演目の成り立ちや歴史、見どころなどの解説を演者へのインタビューも交えて伝え、現在の芸能鑑賞番組の原型となった。『日本の芸能』は舞踊を中心に紹介する『芸能百選』(1966〜1977年度)に引き継がれる。

教育テレビが開局した1959年1月に、『芸術劇場』が始まる。スタート当初は古典劇から近代劇、さらにバレエやオペラの舞台を90分枠で放送。翌1960年からは『芸術劇場〜日本の舞踊』(1960〜1963年度)が加わり、日本舞踊、歌舞伎のほか、文楽の中継、スタジオ収録した能、狂言、創作舞踊など、さまざまな伝統芸能を紹介した。その後、2011年3月まで、46年間にわたってクラシック、オペラ、演劇、歌舞伎、古典芸能などの舞台を紹介する長尺の「劇場中継」枠として定着する(1975〜1979年度は『NHK劇場』と改題)。

教育テレビの開局により、落語や漫才など娯楽性の高い芸能番組は総合テレビで放送し、歌舞伎や日本舞踊等の伝統芸能番組は文化・教養の分野として教育テレビにシフトされた。伝統芸能は、能狂言・文楽や上方舞など京阪神をその起源とする演目が多く、東京と京阪神のバランスをとりながら放送を続けた。

1963年1月、文楽の保存と育成を目的に文楽協会が設立された。それに先立ちNHKでは1962年4月に『古典芸能鑑賞』を教育テレビでスタートさせ、人形浄瑠璃の代

『NHK劇場』(1975〜1979年度) →P362

『古典芸能鑑賞』(1962〜1964・1967〜1969年度) →P361

伝統芸能

表的な演目に解説をつけて紹介した。翌1963年からは能・狂言を、1964年からは雅楽を加えて放送。1965年4月に『芸能鑑賞』と改題し、いったん放送を終了するが、1967年に再開。1970年2月まで落語、講談、歌舞伎なども含め、日本の伝統芸能を紹介した。

　このころから、外国に広く日本の伝統芸能や民俗芸能を紹介するために、積極的に海外の映像コンクールにも参加した。1966年、能面を取り扱った『面』が国際民俗文化テレビ番組コンクールで「青銅の竪琴賞」を受賞。その他、ダブリン国際民俗文化テレビコンクールにほぼ毎年参加する。1989年には『音楽ファンタジー　カルメン』がイタリア賞特別賞、国際エミー賞優秀賞に選ばれた。

　総合テレビで11年間親しまれた『芸能百選』は、教育テレビに波を移し『邦楽百選』(1982〜1987年度)として再スタートを切る。日本舞踊を中心に、邦楽をまじえて紹介した。伝統芸能に造詣の深い山川静夫アナウンサーが司会をつとめ、演者へのインタビューで芸と人にスポットを当てるとともに、舞踊や邦楽に関するトピックも紹介した。

　当初は独立番組として成立していなかった能・狂言が、1970年代に祝日特集として単独で放送された。また1986年11月に国立能楽堂で、『NHK能楽鑑賞会』を開催し放送。厳選された演者と演目で、能・狂言ファンの根強

い人気があり、後に観世能楽堂(渋谷区)、宝生能楽堂(文京区)、横浜能楽堂へと会場を移して2011年度まで続いた。

『芸能鑑賞』(1965年度)→P361

『邦楽百選』(1982〜1987年度)→P363

『音楽ファンタジー　カルメン』(1989年度)→P986

『NHK能楽鑑賞会』（1986年度）

『芸能花舞台』（1988～2010年度）→P363

『日本の伝統芸能』（1990～2010年度）→P363

『にっぽんの芸能』（2011～2021年度）→P364

『新・にっぽんの芸能』（2022年度）→P364

『芸能きわみ堂』（2023年度～）→P364

　6年間続いた『邦楽百選』を衣替えし、1988年4月、『芸能花舞台』（1988～2010年度）が、教育テレビでスタートする。舞踊や邦楽の名曲を、人間国宝をはじめとする各流派のトップや、実力ある中堅若手の出演で紹介。作品鑑賞の前後にテーマに応じてコーナーを設け、古典の名作に多面的な光を当てた。また、故人となった名人たちの芸を、NHKに残されている貴重なアーカイブス映像から「伝説の至芸」「至芸よみがえる」と題して紹介した。

　『日本の伝統芸能』（1990～2010年度）は、歌舞伎、日本舞踊、能・狂言、文楽、琉球舞踊などの伝統芸能を、初心者にも興味深く鑑賞できるように分かりやすく紹介し、テキストも出版して入門番組として親しまれた。

　教育テレビの音声多重化にともない、副音声で外国人のための英語解説を放送。2002年度からは、学校の授業に日本の伝統音楽が取り入れられ、和楽器を中心に分かりやすく紹介する『いろはに邦楽』がスタートした。

　『芸能花舞台』が2011年3月に23年に及ぶ放送を終了すると、その翌日に『日本の伝統芸能』も11年間の放送を終えた。

　2011年4月、『芸能花舞台』を一新して『にっぽんの芸能』（2011～2021年度）が教育テレビ（6月からEテレ）午後10時からの1時間番組でスタートする。番組は2部構成。前半の「花鳥風月堂」は、女優の檀れいが歌舞伎などの名作のエッセンスをドラマ仕立てで紹介する初心者向けのコーナー。後半の「芸能百花繚乱」は、愛好家向けの演目鑑賞コーナー。2013年4月からは、2部構成を統合し、多彩なコーナーを随時企画した。歴代司会者には南野陽子、石田ひかり、高橋英樹らの俳優陣が加わり、親しみやすい番組構成が好評を得た。

　2022年4月、54分番組だった『にっぽんの芸能』を、35

『いろはに邦楽』（2002～2008年度）→P364

分番組に刷新し、『新・にっぽんの芸能』に改題。スタジオや劇場以外でも、鎌倉・鶴岡八幡宮での4K舞踊収録を実施。新潟・佐渡でのロケでは郷土芸能を取り上げるなど、地域の文化発信の一翼を担った。

　2023年4月、『新・にっぽんの芸能』の後継番組として『芸能きわみ堂』がスタート。司会は『新・にっぽんの芸能』から引き続いての高橋英樹と庭木櫻子アナウンサーに新たに大久保佳代子が加わった。大久保が"古典芸能初心者"を代表して、古典芸能に初めて触れる驚きや感動を体感した。

　古典・伝統芸能を含めた舞台中継コンテンツも、NHKの放送に一定の位置を長らく占めていた。能・狂言、文楽、歌舞伎など各ジャンルのタイトルでの放送が続いた後、1984年頃から演劇や他の舞台芸能と共に総合テレビ『劇場への招待』での放送にも加わった。『劇場への招待』は2003年に教育テレビに移行したのち、2011年3月に終了、古典・伝統芸能関連はEテレの『古典芸能への招待』での放送となる。

伝統芸能

2013年4月、それまで週末午後の不定期放送だった『古典芸能への招待』を毎月最終日曜の午後9時に定時化。能・狂言、文楽、歌舞伎などを2時間じっくり楽しむ番組とした。

1989年6月の衛星本放送のスタートに伴い、これまで地上波ではかなわなかった長時間に及ぶ歌舞伎や文楽の放送が、衛星放送の長時間枠を使って可能になった。1992年2月に『衛星スペシャル』の枠で、「通し狂言"義経千本桜"文楽vs歌舞伎」を、ニュースを挟みながら前・後編それぞれ12時間の生放送をおこなった。さらにハイビジョン放送のスタートで、歌舞伎や舞踊のきらびやかな衣装や舞台装置を鮮やかに映し出し、臨場感あふれる舞台中継で古典芸能の魅力をいっそう引き出した。

2007年、国立劇場で開催された文楽三味線の鶴澤清治らによる「芸の真髄」を、『ハイビジョンステージ』などで放送した。これは超一級の名人芸を鑑賞するもので、初世藤間紫、五世井上八千代、十世坂東三津五郎などが続いて出演した。2018年からは「古典芸能を未来へ〜至高の芸と継承者」と装いを新たにし、尾上流三代が総出演するなど、芸の継承をテーマに掲げている。

このほか、1974年NHKホール開場を記念して催された『人間国宝芸術鑑賞会』を放送、翌年から『NHK古典芸能鑑賞会』となり、人間国宝をはじめ、古典芸能の第一線で活躍する出演者による名演・名舞台が、毎年上演され、特集番組として教育テレビで放送した。この催し

の最大の特徴は、ジャンルに偏ることなくプログラムが組まれたことだ。例えば1975年の第1回は、初世米川文子の箏曲、武原はんの舞、二世西川鯉三郎の舞踊、十七世中村勘三郎や二世尾上松緑の歌舞伎という、まさにNHKならではの「古典芸能の祭典」が繰り広げられた。1995年には「人間国宝の至芸」の冠がつき、鑑賞会初の2夜連続の公演が行われ、能・狂言・歌舞伎・箏曲・日本舞踊の人間国宝が大挙、NHKホールの舞台を彩った。1998年は2月と5月に、年2回の公演をおこなっている。

2003年にはNHKホール開館30周年記念として、第1部を「色彩東西六佳撰」と題し、古典芸能の様々なジャンルを90分のオムニバスの形で披露する舞台を上演、大好評を得た。その後3年間「三枚続廓賑」と銘打った、日本全国の花街の名手が集うメドレー形式の舞台が人気を博した。昭和、平成を代表する出演者の重厚華麗な舞台が観客を魅了してきたが、2020年コロナ禍により、第47回が中止となり、それをきっかけに終了となった。

また『NHK能楽鑑賞会』は1986年から26回を重ね、大阪放送局による『上方芸能鑑賞会』も1982年まで開催され、古典の幅広いジャンルを中継スタイルで全国に届けてきた。

伝統芸能番組の放送は優れた芸や技の鑑賞とわかりやすい解説によって一般視聴者への普及に寄与し、さらに邦楽技能者の育成と、日本が誇る優れた文化財としての保存の役割も果たしている。

『古典芸能への招待』(2013〜2023年度) → P364

『上方芸能鑑賞会』

『NHK古典芸能鑑賞会』

『テレビ寄席』(1953〜1956年度) →P360

落語「巌流島」古今亭志ん生(1955年度)

『浪花演芸会』(1954〜1957年度) →P360

『お好み風流亭』(1954〜1963年度) →P360

『日本の話芸』(1991年度〜) →P363

02
伝統芸能としての話芸
〜落語・講談〜

『日本の話芸』(1991年度〜) →P363

　テレビ本放送開始2日目の1953年2月2日、午後7時30分から45分間、『テレビ寄席』を放送し、桂文楽が「薬罐泥」、古今亭志ん生が「火焔太鼓」、春風亭柳橋が「時蕎麦」をそれぞれ披露した。

　文楽はすっかりあがって早口になってしまい、15分の演目を10分ともたせることもできなかった。感度の高いテレビカメラに"光り物"は禁物と言われた志ん生は、坊主頭にドーランを塗ってスタジオの高座に上がったというエピソードが残っている。ドーランは当時の日本にはなく、アメリカ・ハリウッドから取り寄せたものだった。

　テレビ放送がスタートしてしばらく、娯楽番組の中核を担ったのが落語や漫才といった演芸番組である。当時は、テレビスタジオの規模も小さく、数も少なかった。そこで『ラジオ寄席』などの人気ラジオ番組をテレビでも同時中継し、『テレビ寄席』として放送した。

　1954年10月、録画装置キネスコープ(ブラウン管に映った映像を16ミリフィルムで撮影する装置)の登場によって『浪花演芸会』(1954〜1957年度)、『お好み風流亭』(1954〜1963年度)などのラジオ番組の録画が可能になり、テレビでも次々に放送された。ラジオでは知ることので

きなかった演者の表情や身振りの面白さと寄席の雰囲気を味わった人々は、演芸番組を通してテレビの圧倒的な臨場感を知ることになった。

　テレビと共用で放送されていたラジオ番組『お好み風流亭』は、1956年6月からテレビ単独放送になる。1960年からは落語・漫才といった"口もの"に、曲芸、奇術、パントマイムといった"見る演芸"を加え、「演芸バラエティー」という新たな演芸スタイルを開拓する。

　1959年には「東京落語会」がスタート。戦後の落語界を応援しようとNHKが助成し、イベントとして毎月落語会を開いた。運営には久保田万太郎、徳川夢声、安藤鶴夫、そして落語界から古今亭志ん生と春風亭柳橋が当たった。すでに開催は700回を超え、『日本の話芸』(1991年度〜)で放送されるとともに、落語家の若手を育成し、芸の向上に寄与している。また、大阪では1961年に「NHK上方落語の会」がスタートし、開催は400回を超えた。

伝統芸能

『講談ドラマ　西郷隆盛』(1963年度) → P101

『演芸百選』(1958〜1959・1965年度) → P360

『テレビ演芸館』(1963〜1969年度) → P361

『芸能百選』(1966〜1977年度) → P361

『お笑い招待席』(1969〜1970年度) → P361

　講談・浪曲については、1961年に一龍齋貞丈の講談を使った「講談ドラマ　水戸黄門」や、浪花家辰造の浪曲を使った「浪曲ドラマ　一心太助」が制作された。その後も講談ドラマは「遠山の金さん」「弥次郎兵衛喜多八」「牡丹燈籠」など、浪曲ドラマは「鼠小僧次郎吉」「姿三四郎」「無法松の一生」など、義理と人情の世界を情感たっぷりに3年間にわたって描いて視聴者に好評を得た。

　1972年度から「NHK東西浪曲大会」を開催。1975年度からは、東京と大阪で年1回ずつ公演が行われるようになる。同じく1972年度から「NHK講談大会」を開催した。

　落語、講談などの伝統的話芸をじっくり楽しむことができる番組に、教育テレビの『古典芸能鑑賞』(1962〜

1964・1967〜1969年度)があった。1963年度は第1・5週が「落語」、第3週が「講談」を放送。寄席では15分から20分に短縮されている人情噺を、たっぷり40分聞かせ、専門家の解説も加えた。

　1965年4月、『演芸百選』(1958〜1959・1965年度)が総合テレビ午後11時台に新たにスタート。若手のホープだった立川談志、古今亭志ん朝が、この番組ではじめて30分の古典落語を披露した。『演芸百選』は翌1966年に、日本舞踊、能、邦楽などを紹介する『芸能百選』(1966〜1977年度)に内容を刷新した。

　落語を中心とする話芸は、『テレビ演芸館』(1963〜1969年度)、『お笑い招待席』(1969〜1970年度)、『お

茶の間演芸会』(1971年度)、『お好み演芸会』(1973
〜1990年度)、『演芸独演会』(1975〜1977年度)、『夜
の指定席〜演芸』(1978〜1983年度)、『演芸指定席』
(1985〜1988年度)、『お笑い指定席』(1989〜1990年
度)で放送し、1991年にはじまった『日本の話芸』へと続
いていく。

　2016年10月、これまでにないユニークな落語番組が登
場し、大きな話題となった。木曜午後10時台の25分番組
『超入門！落語　THE　MOVIE』である。

　一人で何役も演じ分け、登場人物をいきいきと表現す
る落語家の話芸を、映像化しようという試みだ。落語家に
よる古典落語の音声に、俳優たちが"アテブリ"で演技
する映像を重ね、「見る落語」を生み出した。落語にふれ
たことのない若い視聴者たちが役者の演技に引き込まれ、
知らぬ間に落語の世界に引き込まれるという仕掛けが"超
入門"たるゆえん。番組は25分で2作品を放送するのが
基本スタイル。制作方法は、まず高座に客入れをして落
語パートを収録。俳優たちは落語の音声を書き起こした
台本を徹底的にたたき込む。俳優たちは"口パク"で実
際にセリフを言うことはないが、落語家の語りと俳優の口
の動きをぴったり合わせる「リップシンク」が映像化の肝。
これが俳優たちを悩ました。

　番組は好評を呼び、2016年度後期に続いて、2017
年度後期も放送。出演した落語家は春風亭一之輔、古今
亭菊之丞、柳家三三、柳家喬太郎ほか一流どころが顔

をそろえている。案内役には濱田岳。出演は浜野謙太、
富田靖子、笹野高史、橋本マナミほか。

　2023年度には4K版の新作が2本制作された。没後50
年の古今亭志ん生ゆかりの演目「火焔太鼓」と「犬の災
難」を、孫弟子にあたる古今亭菊之丞と、ひ孫弟子にあ
たる桃月庵白酒が演じた。見事に映像化された落語の
世界は、幅広い世代に落語のおもしろさと落語家たちの
芸の奥深さを伝えた。

　歌舞伎、能狂言、日本舞踊などの伝統芸能や、演芸場
を中心に大衆とともに歩み続けている落語・講談・浪曲
などの演芸ものは、視聴率競争の中で民放の番組表か
ら消えつつある。そんな中でNHKは進化する放送技術
の基盤の上に、日本文化を後世に継承する公共放送とし
ての務めを果たしている。

『超入門！落語　THE　MOVIE』(2022年度)→P364

『お好み演芸会』(1973〜1990年度)→P362

『演芸独演会』(1975〜1977年度)→P362

『夜の指定席〜演芸』(1978〜1983年度)→P362

『演芸指定席』(1985〜1988年度)→P363

『お笑い指定席』(1989〜1990年度)→P363

伝統芸能 ｜ 定時番組

1950年代

テレビ寄席　1953〜1956年度

1949年からラジオ第1で放送していた『ラジオ寄席』をテレビで同時放送。落語を中心に、漫才、歌謡漫談、声帯模写などのお笑い演芸で構成。1953年2月2日のテレビ本放送開局2日目に第1回を放送。1956年11月にテレビ放送を終了し、ラジオの単独放送にもどる。

テレビ檜舞台　1954〜1956年度

日本舞踊・能・邦楽など異なるジャンルの伝統芸能を総合的に紹介する番組として、「バレエ」番組と隔週で放送。それまでばらばらに放送されていた伝統芸能の各ジャンルを、一つのフォーマットにまとめて紹介した。1955年度は4本のみ放送。

こんにゃく問答　1954〜1956年度

徳川夢声と柳家金語楼が「ご隠居さん」と「八っつあん」にふんして語り合いながら世相を切る。番組の最後を締めくくる「おわかりかな？」「さっぱりわからねぇ…」のセリフが人気に。1957年度に『こんにゃく談義』に改題。

お好み風流亭　1954〜1963年度

ラジオ・テレビ共通番組で、落語、漫才、歌謡漫談などの"口もの"といわれる演芸で構成した。1955年4月からはテレビのスタジオに寄席風の高座をセットで設け、テレビをメインに公開放送をおこなった。1956年には高座を取り払い、舞台を家や公園など自然な会話がおこなわれる場所に設定。出演者もテレビのための見せる演芸を意識するようになり、テレビ演芸の新しい方向が示された。6月からテレビの単独放送となる。

浪花演芸会　1954〜1957年度

232回で終了したラジオ番組『上方演芸会』を1954年4月に改題。『浪花演芸会』とし、キネスコープ（録画装置）により同時録画し、テレビでも放送した。主な出演者は、林田十郎・芦乃家雁玉、松葉蝶子・東五九童、中田ダイマル・ラケット、ミス・ワカサと島ひろし、松鶴家光晴、浮世亭夢若など、上方漫才陣が総出演。総合（木）午後7時30分からの30分番組。

舞踊回り舞台　1956〜1960年度

古典舞踊をテレビ向きに演出するとともに、テレビのための新しい創作舞踊を放送。1957年9月にテレビで初めての日本舞踊による大群舞「慟哭」（原案振付・花柳徳兵衛）を放送。1954年秋の芸術祭で芸術祭賞を受賞した作品をテレビ用に再構成したもので、当時のテレビ技術の粋を集めた映像が話題となる。

テレビ百花選　1956年度

日本舞踊、能、狂言、邦楽などを幅広く紹介した『テレビ檜舞台』が、1956年11月に『テレビ百花選』と改題し、毎週の放送となった。

日本の芸能　〈1957〜1965〉　1957〜1965年度

1956年度に放送した『テレビ百花選』の後を受け、日本の伝統芸能の普及を目的に始まった教養娯楽番組。能、日本舞踊、邦楽、郷土芸能を交互に放送。曲目の解説や見どころをわかりやすく解説するほか、演者に芸の苦心談なども聞いた。総合（金）夜間の30〜40分番組。

こんにゃく談義　1957〜1960年度

1956年4月まで放送した『こんにゃく問答』を改題。ご隠居さん（徳川夢声）と八っつあん（柳家金語楼）が繰り広げるユーモアと風刺をまじえた社会時評。月に1回、評論家の大宅壮一や桶谷繁雄らの"常連"や、水谷八重子（初代）や杉村春子などのゲストも加わって話を聞いた。総合（土）午後9時台の20分番組。

テレビ木馬館　1957〜1961年度

バラエティー番組『水曜くらぶ』に代わってスタートしたお昼の演芸番組。『お好み風流亭』が落語、漫才など"口もの"で構成したのに対し、奇術、曲芸、曲技などの"見る演芸"をメインに構成。1958年9月からは、大宮敏光一座による人情喜劇「デン助劇場」シリーズに路線変更し好評を博する。1960年4月からは江戸家猫八と人見明のコンビによる"にっこりコンビ・シリーズ"が登場。庶民の哀歓をユーモアとペーソスで描き共感をよんだ。

演芸百選　1958〜1959・1965年度

落語、講談、浪曲の一流演者による至芸を味わう。特に浪曲は、この番組を通してファンを増やす。総合夜間の30分番組。1959年12月から「東京落語会中継」が始まり、東京と大阪を結んでの「東西寄席中継」と合わせて寄席番組が充実。1959年度で番組はいったん終了するが、1965年に復活。当時、若手のホープだった立川談志や古今亭志ん朝が古典落語に取り組むほか、三遊亭円生が新作落語を披露した。

上方お笑い劇場　1958〜1959年度

大阪局制作の公開バラエティー番組。曽我廼家十吾、香島ラッキー・ヤシロセブン、ミヤコ蝶々、南都雄二など、関西の人気喜劇人が出演するドラマとショーで構成。1959年度前期は、ミス・ワカサと島ひろしの漫才コンビが中心に繰り広げる「カナリヤさん今日は」。後期は花菱アチャコ、浪花千栄子、森光子が出演したホームコメディー「目じるしはおしゃべり電話」を放送。総合（水）午後8時からの30分番組（初年度）。

1960年代

演芸くらぶ　1960年度
柳家金語楼、渋谷天外、大宮敏光（デン助）ら人気喜劇人が繰り広げる演芸ショー番組。「金語楼ショー」「松竹新喜劇ショー」「デン助ショー」などで構成。総合(月)午後9時30分からの30分番組。

上方劇場　1960〜1962年度
1959年度まで放送した『上方お笑い劇場』の番組タイトルから"お笑い"をはずし、ホームドラマとして再スタートをきった。1961年度はサブタイトルに「おっと失礼」を、1962年度は「おいでやす」をつけて、花菱アチャコ、浪花千栄子、横山エンタツの3人を中心に、ユーモアとペーソスにあふれる上方コメディーを披露した。総合夜間の30分番組。

芸術劇場〜日本の舞踊　1960〜1963年度
バレエ、オペラなどの舞台を長尺で放送する教育テレビの『芸術劇場』枠内で2か月に1回90分で放送。日本舞踊を系統的に分類し、代表的な作品の鑑賞を通して、日本舞踊への理解と普及を目指した。舞踊評論家の松本亀松とアナウンサーの対談形式による解説は、日本舞踊の鑑賞入門ともなった。

モダン寄席　1962〜1966年度
上方喜劇人がそろって出演した大阪放送局制作の演芸番組。作者は秋田實、花登筺、香住春吾。レギュラー出演者は夢路いとし・喜味こいしほかでスタート。1966年度のレギュラーは、若井はんじ・けんじ、原田糸子の3人に横山ノック・フック・パンチの漫画トリオが加わった。総合(土)午後1時台の30分番組でスタート。1963年度からは午後0時台の25分番組。

古典芸能鑑賞　1962〜1964・1967〜1969年度
日本に古くから伝わる芸能のうち、落語、講談、文楽を中心に40分前後にわたって鑑賞し、専門家のわかりやすい解説を付した。教育(土)夜間の1時間枠でスタート。1965年度に『芸能鑑賞』に改題するが、1967年度に教育(日)午後4時台に『古典芸能鑑賞』として90分番組で復活。カラー化を機会にこれまでのジャンルに加え、歌舞伎をとりあげた。

テレビ演芸館　1963〜1969年度
総合午後0時台の演芸番組枠。初年度は第1週「マジックショー」、第2週「浪曲」、第3週「落語」、第4週「漫才・歌謡漫談」、第5週「講談」で構成。1965年度からは、落語、漫才、歌謡漫談などの"口もの"に、曲芸、奇術、浪曲、講談を加えてバラエティーに富んだ内容とした。

お笑い娯楽館　1964年度
1963年度のNHK漫才コンクール2位に入賞した晴乃チック・晴乃タックをレギュラー出演者に迎えた演芸バラエティー。漫才、落語、パントマイム、マジック、さらに民話を現代的に解釈したパロディーも紹介した。総合(月)午後0時台の25分番組。

邦楽のとびら　1964年度
邦楽の入門番組として、箏、三味線、能、狂言、雅楽など邦楽全般にわたって、その歴史と鑑賞面の解説をおこなった。総合(金)午後2時台の25分番組。

芸能鑑賞　1965年度
『古典芸能鑑賞』（1962〜1964年度）を改題し、第1週「日本舞踊」、第2週「能・狂言・邦楽」、第3・5週「バレエ」、第4週「文楽」を放送。教育(日)午後9時からの1時間番組。

芸能百選　1966〜1977年度
1965年度に終了した『演芸百選』の後を受け、落語、講談、浪曲などの演芸ものだけでなく、邦舞・邦楽、歌舞伎、文楽、能・狂言、民謡・民俗芸能など、ジャンルの異なる日本の伝統芸能を幅広く取り上げた。総合夜間の40〜45分番組。

お笑い招待席　1969〜1970年度
1969年度の上半期は土曜の午後10時10分からの放送で、三遊亭円生、春風亭柳橋、林家正蔵、古今亭今輔、金原亭馬生ほかの出演で落語名人会的な構成。下半期は放送時間を午後8時台に繰り上げ、曲芸・奇術などバラエティーに富んだショー的要素を加えて構成した。

伝統芸能 | 定時番組

▌**1970**年代

お茶の間演芸会　1971年度
三遊亭円生、林家正蔵、春風亭柳橋、古今亭今輔、柳家小さんらが古典落語を独演。番組冒頭部分では三遊亭金馬、円楽、小円遊、円歌、林家三平など、中堅人気落語家による「小咄コーナー」を設けた。総合（月）午後8時台の20分番組。

お好み演芸会　1973〜1990年度
東京の上野鈴本、浅草演芸ホールなどの寄席からの中継番組としてスタート。1980年度からはスタジオ制作に切り替えて内容を刷新。司会を三國一朗が担当し、寄席の雰囲気をスタジオに持ち込んだ演芸バラエティー番組となる。難問奇問に人気落語家が機知とユーモアに富んだ解答をする「花の落語家五人衆」（立川談志、三遊亭円楽、桂枝雀、月の家円鏡、春風亭小朝）が人気に。

真打ち登場　1973年度
落語、漫才、浪曲、講談など、演芸界の真打ちの芸を独演会形式で放送。出演は三遊亭円生、林家正蔵、春風亭柳橋、宝井馬琴、獅子てんや・瀬戸わんや、コロムビアトップ・ライト、江戸家猫八ほか。聞き手は中山千夏、青木一雄アナウンサー。総合（土）午後8時台の30分番組。

NHK劇場　〈1975〜1979〉　1975〜1979年度
芸術性の高い舞台劇、能、狂言、文楽の舞台を選んで紹介する番組枠。初年度は歌舞伎12本、新劇6本、文楽4本、能狂言5本、加えてアジア民族芸能祭から4本の計31本を放送。初年度は教育（第1〜3・日）午後9時からの1時間30分番組。第4・5週はクラシック番組、第3週はクラシックと伝統芸能番組を交互で放送した。

日曜招待席　1975・1984年度
定評のある娯楽作品や人気スターの出演作品など、大衆性のある舞台公演を中継する枠。1975年度は総合で毎月第4・5週の（日）午後10〜11時台に放送。「国定忠治」「浮舟」「ビルマの竪琴」などの作品を紹介した。ちなみに第1・2週は大衆性のある歌劇やバレエ、来日演奏家による管弦楽などを放送。1984年度に9年ぶりに枠が復活。午後11時台に落語をはじめ、演劇や各種イベント、コンサートなど、芸能の最前線を紹介した。

演芸独演会　1975〜1977年度
かつてのラジオ番組『演芸独演会』が、テレビ番組として復活。総合（木）月1回放送午後8時台の番組で、落語、浪曲、講談など、その道の第一人者の芸を味わう。1975年度は松平国十郎（浪曲）、内海桂子・好江（漫才）、三遊亭円生（落語）、宝井馬琴（講談）、二葉百合子（浪曲）を放送。1956年11月から1957年4月まで同名番組が放送されている。

邦楽まわり舞台　1976〜1981年度
日本舞踊と邦楽演奏を、作品解説や演者へのインタビューもまじえて紹介。各流派の一流の演者に加え、話題の新人にもスポットを当てた。古典中心の演目に加え、創作舞踊、現代邦楽も取り上げた。教育テレビで夜間に放送。

金曜招待席　1976〜1977年度
定評のある娯楽作品や、人気スターの出演する作品など、大衆性のある舞台公演を中継で放送。1977年度は森繁久弥の「ナポリの王様」、長谷川一夫の「雪の渡り鳥」、大川橋蔵の「伊那の勘太郎」などの舞台のほか、イイノホールで開催する東京落語会を中継放送した。

夜の指定席 〜 劇場中継　1978〜1983年度
総合（金〜土）午後11時から45分の芸能枠。第1・3週が「劇場中継」で、大衆娯楽作品や人気俳優による商業演劇を放送。

夜の指定席 〜 演芸　1978〜1983年度
総合（金〜土）午後11時から45分の演芸枠。東京落語会を中心に寄席での収録も織り交ぜて、落語の独演か2組程度の競演で構成。

▌**1980**年代

夜の指定席〜富三郎の談話室　1981〜1983年度
『夜の指定席』の枠で、奇数月の第4（土）に放送。『ドラマ人間模様　事件』シリーズ（1978〜1984年度）でNHKに初出演し話題となった俳優の若山富三郎が司会を務め、毎回のテーマにそって魅力ある邦楽や古典芸能を紹介。ゲストには山田五十鈴、高峰秀子、吾妻徳穂、東野英治郎、木下恵介、淡谷のり子など、そうそうたる顔ぶれが並んだ。

邦楽百選　1982〜1987年度
日本舞踊を中心に、邦楽の名曲を紹介。演者やゲストへのインタビュー、邦楽や舞踊に関するトピックスも加えた内容で、伝統芸能の魅力をわかりやすく伝えるとともに、保存育成の役割も担った。教育(金)午後9時台の45分番組。

演芸指定席　1985〜1988年度
人気と実力を兼ね備えた落語家と作品を精選し、話芸のだいご味をたんのうする演芸番組。出演は柳家小さん、柳家小三治、古今亭志ん朝、三遊亭円楽、桂米朝、桂枝雀ほか。総合午後11時台に放送した25〜30分番組。

芸能花舞台　1988〜2010年度
6年続いた『邦楽百選』の後継番組で、教育夜間の番組でスタート。1999年度から午後の放送に移行。日本舞踊や邦楽の名曲を、"人間国宝"をはじめとする各流派の実力者や、中堅若手の出演で紹介。作品鑑賞の前後に作品解説や演者の芸談などのコーナーを設けるなど、古典の名作に多面的な光を当てた。放送は22年間に及び、「伝統芸能」関連番組の中では『日本の話芸』(1991年度〜)に次ぐ長寿番組となった。

ふるさとの芸能　1988〜1991年度
『邦楽百選』の素材を活用し、日本各地のあまり知られていない民俗芸能を掘りおこして紹介する5分番組。総合・教育・衛星第2で随時放送。

お笑い指定席　1989〜1990年度
第一級の落語家の独演で、名作落語をたっぷり楽しむ本格的演芸番組。月1回はコント、漫才、マジック、曲芸など、落語以外の演芸を取り上げる。番組冒頭に山藤章二のイラストと演目の文字による一口解説コーナーを設けた。

1990〜2000年代

日本の伝統芸能　1990〜2010年度
能、狂言、文楽、日本舞踊、歌舞伎の分野について、初心者にも興味深く鑑賞できるように、専門家がわかりやすく紹介。教育夜間の30分番組でスタートし、1997年度に朝に放送時間帯を移したが、1999年度から午後の番組となる。教育テレビの音声多重化に伴い、副音声で外国人のために英語解説を行った。

日本の話芸　1991年度〜
落語、講談、浪曲など、"語り"を中心とした演芸を通して、現代に生きる"語りべ"たちの至芸を味わう教育テレビの独演番組。1991年にスタートして以来、2021年で30周年を迎え、「伝統芸能」関連番組の"最長寿番組"である。

演芸ひろば　1991〜1993年度
18年間続いた『お好み演芸会』(1973〜1990年度)のあとを受けて始まった日曜午後の演芸番組。落語、漫才、コント、ものまね、曲芸、ボードビルなど、演芸の楽しさを幅広く伝えた。ベテランはもちろん、若手の出演者を積極的に取り上げ、鮮度の高い笑いを提供した。総合(日)午後1時30分からの29分番組。

歌舞伎その魅力　1992年度
1988年5月から1991年5月にかけて制作、放送されたものを歌舞伎ファンの要望にこたえて再々放送した。取り上げた主な作品と主要出演者は、「助六」市川團十郎、「白浪五人男」尾上菊五郎、「勧進帳」尾上松緑、「封印切」中村扇雀、「伽羅先代萩」中村歌右衛門、「仮名手本忠臣蔵」片岡仁左衛門、「京鹿子娘道成寺」坂東玉三郎、「義経千本桜」市川猿之助ほか。解説と話は沢村藤十郎。教育(金)午後3時15分からの15分番組。

落語名人選　1993年度
すでにこの世を去った落語家たちの名演を、NHKが保存する映像の中からよりすぐって放送。名人たちの色あせることのない珠玉の名演集。総合(月)午後放送の25分番組。

日曜シアター　1993〜1995年度
大衆演劇から伝統芸能まで劇場中継を中心に楽しむ衛星第2(日)午後の3時間枠。

※写真提供：明治座

ティータイム芸能館 〜 山川静夫の "華麗なる招待席"　1997〜2007年度
1994年に始まった衛星第2『ティータイム芸能館』の枠で不定期に放送した「山川静夫が案内する歌舞伎特選」が、1997年度より月1回のレギュラー放送に。歌舞伎通で知られる元NHKアナの山川静夫が、歌舞伎のみならず新劇、現代劇、宝塚歌劇などの舞台を、演者へのインタビューやゲストとの対談をまじえて紹介。2003年度からは『土曜シアター　山川静夫の "新・華麗なる招待席"』と改題し、大型商業演劇も加えて紹介した。

伝統芸能 | 定時番組

上方演芸ホール　2002〜2010年度

2001年のNHK大阪ホールオープンに合わせて、11月に衛星第2で『上方演芸ホール〜落語・漫才』を4日間にわたって放送。翌2002年度より、BSハイビジョンで月1回定時放送がスタート。漫才や落語など名人芸や若手の旬の芸を、NHK大阪ホールでの収録でライブ感そのままに伝える。案内役は小佐田定雄（落語）、石田靖（漫才）、芦川淳平（浪曲）ほか。2003年度より衛星第2を中心に59〜73分で月1回放送。

いろはに邦楽　2002〜2008年度

和楽器を中心に日本の伝統芸能をわかりやすく紹介する教育の5分番組。2002年度に学校教育への和楽器導入に合わせて放送をスタート。初年度は「和の打楽器」「尺八」「三味線」「箏」「琵琶」「太鼓」の6シリーズを、（月〜木・土）に放送。2003年度からは山田邦子が司会を担当し、初心者にも親しみやすい邦楽入門番組とした。

劇場への招待　2003〜2010年度

歌舞伎、商業演劇、宝塚歌劇などの良質な劇場ソフトを取り上げて、週末、祝日、年末年始等の休日を中心に総合テレビで中継放送してきたが、2003年度に教育テレビに波を移行し、第4(日)午後10時から0時15分で定時枠がスタート。2003年度は歌舞伎十八番「助六」「赤鬼・RED・DEMON」、スーパー歌舞伎「三国志Ⅲ」などを放送した。

2010年代

にっぽんの芸能　2011〜2021年度

2010年度まで放送していた『芸能花舞台』を一新。歌舞伎、文楽、能、邦楽など、古典芸能の魅力をわかりやすく紹介。さらに日本舞踊や邦楽の名演を、"人間国宝"をはじめとするベテランや実力ある中堅若手が披露する。司会には番組スタート時は南野陽子が、その後石田ひかり、高橋英樹ほかがあたる。

日本の話芸セレクション　2011年度

Eテレで放送している『日本の話芸』（1991年度〜）の中からよりすぐった演芸素材を、毎回2本ずつアンコール放送で紹介した。落語、講談などの語り芸をたっぷり味わう独演番組。出演は三遊亭圓歌、柳家権太楼、宝井馬琴、鈴々舎馬風、桂三枝、桂南光、一龍斎貞水ほか。BSプレミアム(水)午後4時からの1時間番組。

古典芸能への招待　2013〜2023年度

週末午後に不定期放送していた長時間の古典芸能鑑賞番組を定時化（年間約10本）。能・狂言、歌舞伎を中心に、古典芸能のよりすぐりの舞台を2時間じっくり楽しむ。副音声解説・字幕サービス・データ放送の3つを活用して、初心者にもわかりやすい番組作りをおこなう。

プレミアムステージ　2013〜2023年度

現代演劇を中心にミュージカル、古典芸能、ダンス・パフォーマンスなどから、クオリティーの高い舞台芸術を毎月1回放送する。初年度は2014年2月に国立劇場初春歌舞伎公演から「通し狂言"三千両初春駒曳"」（出演：尾上菊五郎、尾上松緑ほか）を放送。BSプレミアム(第1・月)午前0〜4時ほか（初年度）。

超入門！落語　THE　MOVIE　2016〜2017年度

ふだんは想像力を使って楽しむ落語をあえて映像化。はなし家が語る古典落語の音声を生かし、その上に俳優が口の動きを合わせ、アテブリで演技する映像をつけ、リアルな「見る落語」とした。出演：濱田岳、前田敦子、鈴木福、藤井隆、田中美里、伊吹吾郎、泉谷しげる、春風亭一之輔、古今亭菊之丞、桃月庵白酒、春風亭一朝、柳家三三、柳亭市馬ほか。総合(水)午後10時台の25分番組。年度後期放送。

2020年代

新・にっぽんの芸能　2022年度

『にっぽんの芸能』（2011〜2021年度）を刷新。俳優の高橋英樹がナビゲートする伝統芸能入門番組。能狂言、文楽、歌舞伎、舞踊、邦楽演奏などの第一線で活躍する実演家の芸を紹介し、古典芸能の魅力をビギナーにもわかりやすい演出や仕掛けでひもとく。スタジオや劇場以外でも、鎌倉・鶴岡八幡宮での4K舞踊収録を実施。ミニコーナー「たからのことば」では、8人の人間国宝をクローズアップ。Eテレ(金)午後9時25分からの35分番組。

超入門！落語　THE　MOVIE　ミニ　2022年度

落語の演目を映像化した『超入門！落語　THE　MOVIE』。2016〜2017年度に放送して好評だったこの番組の中から厳選した演目を15分に短縮し再構成。「転失気」「目黒のさんま」など全25本を放送。また2023年1月に「イッキ見SP」（総合）、3月に「新作SP」（BSプレミアム）を放送した。出演：濱田岳、柳家三三、春風亭一之輔ほか。BSプレミアム(火)午後9時45分からの15分番組。

芸能きわみ堂　2023年度〜

「日本の伝統芸能ってなんか難しそう」と感じている人たちへ丁寧かつテンポよく古典芸能を紹介。初心者目線でのトークを通して、毎回一つのテーマをわかりやすくひもときながら、極上の日本の芸能に親しんでもらう番組。司会：高橋英樹、大久保佳代子、庭木櫻子アナウンサー。Eテレ(金)午後9時からの30分番組。

ドラマ『五文叩き』副調整室（1956年）

ドラマ『事件記者』収録風景（1958年）

ドラマ『僕と私の日記』　左・中村メイコ（1956年）

ドラマ『桃太郎』　中央・津川雅彦（1958年）

ドラマ『氷雨』　左から淡島千景、藤山竜一（1959年）

推理ドラマ『灰色のシリーズ』ロケ風景（1960年）

ホームドラマ『一丁目一番地』　右端・黒柳徹子
（1958年）

日光・華厳滝でステレオ録音をする立体放送劇『滝を見る天使』（1958年）

『父の花』　竹竿でマイクを支える（1959年）

『父の花』　初期のビデオカメラによるロケ撮影（1959年）

伝統芸能番組年表

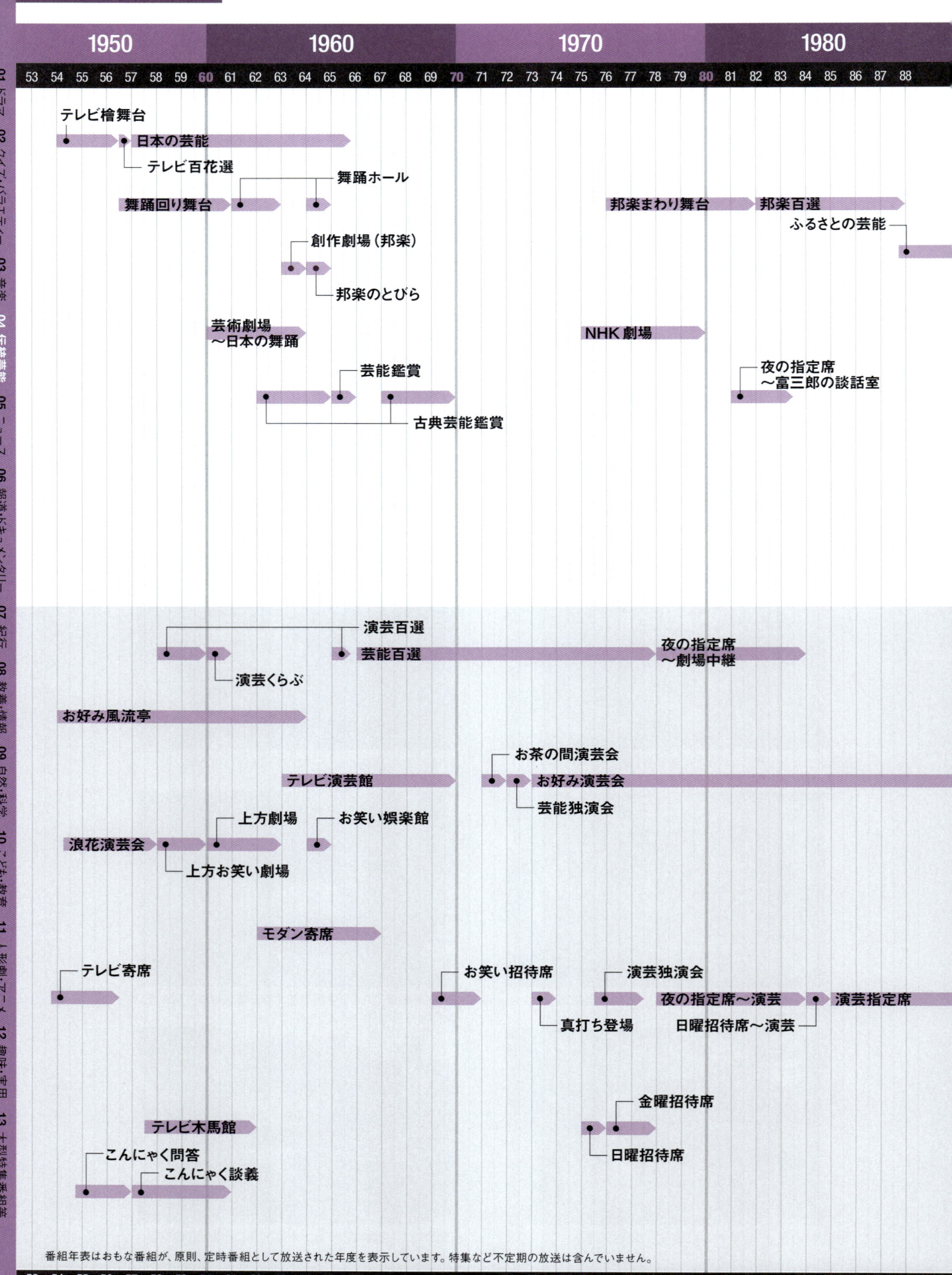

01.ドラマ　02.クイズ・バラエティー　03.音楽　04.伝統芸能　05.ニュース　06.報道・ドキュメンタリー　07.紀行　08.教養・情報　09.自然・科学　10.こども・教育　11.人形劇・アニメ　12.趣味・実用　13.大型特集番組等

テレビ檜舞台

日本の芸能

テレビ百花選

舞踊ホール

舞踊回り舞台

邦楽まわり舞台　　邦楽百選

ふるさとの芸能

創作劇場（邦楽）

邦楽のとびら

芸術劇場
～日本の舞踊

NHK劇場

芸能鑑賞

夜の指定席
～富三郎の談話室

古典芸能鑑賞

演芸百選

芸能百選

夜の指定席
～劇場中継

演芸くらぶ

お好み風流亭

お茶の間演芸会

テレビ演芸館

お好み演芸会

上方劇場　　お笑い娯楽館

芸能独演会

浪花演芸会

上方お笑い劇場

モダン寄席

テレビ寄席

お笑い招待席

演芸独演会

夜の指定席～演芸　　演芸指定席

真打ち登場

日曜招待席～演芸

テレビ木馬館

金曜招待席

こんにゃく問答

こんにゃく談義

日曜招待席

番組年表はおもな番組が、原則、定時番組として放送された年度を表示しています。特集など不定期の放送は含んでいません。

WEB版の年表はこちら

伝統芸能

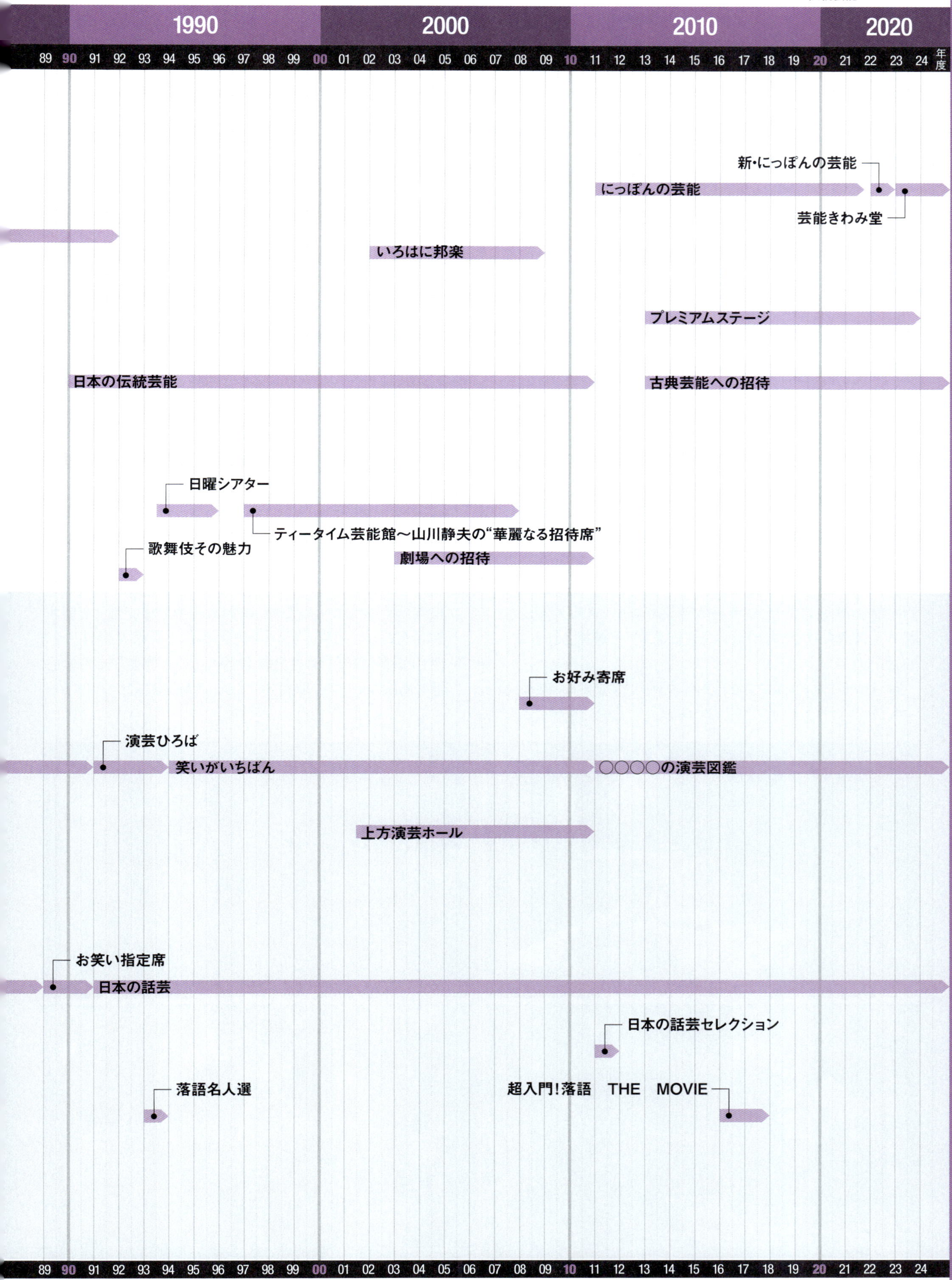

1990
2000
2010
2020
89 90 91 92 93 94 95 96 97 98 99 00 01 02 03 04 05 06 07 08 09 10 11 12 13 14 15 16 17 18 19 20 21 22 23 24 年度
新・にっぽんの芸能
にっぽんの芸能
芸能きわみ堂
いろはに邦楽
プレミアムステージ
日本の伝統芸能
古典芸能への招待
日曜シアター
ティータイム芸能館～山川静夫の“華麗なる招待席”
歌舞伎その魅力
劇場への招待
お好み寄席
演芸ひろば
笑いがいちばん
○○○○の演芸図鑑
上方演芸ホール
お笑い指定席
日本の話芸
日本の話芸セレクション
落語名人選
超入門！落語　THE　MOVIE
89 90 91 92 93 94 95 96 97 98 99 00 01 02 03 04 05 06 07 08 09 10 11 12 13 14 15 16 17 18 19 20 21 22 23 24

ニュース
国内ニュース

01

テレビニュースの確立

　テレビが本放送を開始した1953年2月1日、午後3時から『映画（NHKテレビニュース）』が30分、午後7時から『ニュース映画』が15分、7時20分から『ニュース』が5分放送された。これが日本で最初のテレビニュースである。当時のテレビニュースには2つの種類があった。1つは「パターンニュース」。ニュース項目や写真、地図、統計表などを厚紙に貼り付けた図像（パターン）をスタジオで撮影し、その静止画像にアナウンサーがラジオニュース用原稿を読み上げたもので、当初は "電気紙芝居" と揶揄されることもあった。

　もう1つが、フィルムによる「映画ニュース」である。映画ニュースは、日本映画社制作の「日本ニュース」を15分のテレビ用に編集したものや、アメリカ大使館から提供を受けた「VOA（Voice of America）ニュース」を始めとする海外制作ニュースを中心に放送した。NHKには映像ニュースの経験者がいなかったため、映画会社からフィルムカメラマンやフィルム編集者を招き、制作体制を整えた。こうしてNHKによる自主制作ニュースも漸次増加し、1953年11月に『映画ニュース』として独立。翌1954年6月に「パターンニュース」と統合し、『NHKニュース』として一本化された。

　フィルムによるニュースには16ミリフィルムが使用されたが、現像所が少なかったため、取材から放送まで数日を要することもあった。1954年9月の海難事故「洞爺丸事件」や、翌1955年5月の「紫雲丸沈没事件」など、地方での緊急性のあるニュースの取材やフィルムの輸送にはヘリコプター

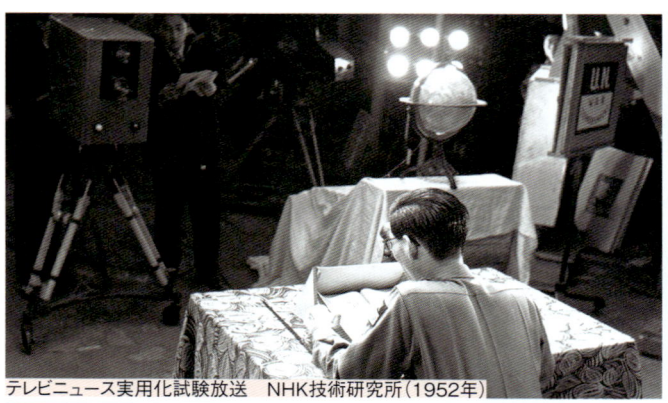
テレビニュース実用化試験放送　NHK技術研究所（1952年）

テレビニュース実用化試験放送　写真を撮影（1952年）

パターンを撮影（1957年）

フィルムカメラ取材（1957年）

フィルムカメラ取材（1965年）

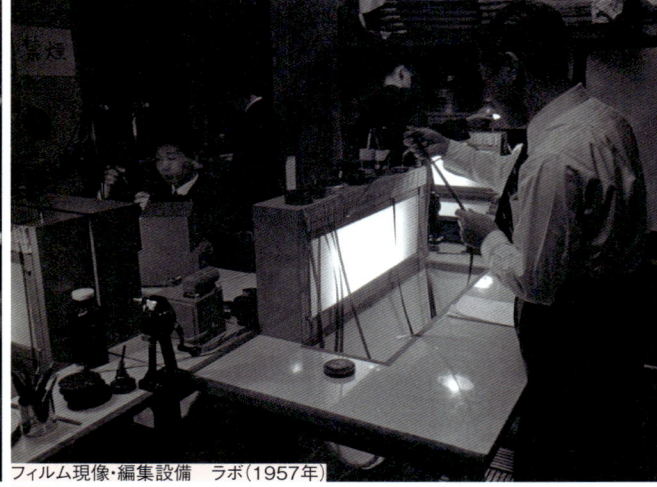

フィルム現像・編集設備　ラボ（1957年）

フィルム編集室（1966年）

テレビニュース編集室（1965年）

や航空機が使われた。

　その当時はフィルム取材体制が整備されていたのはまだ中央放送局に限られており、機材や人員が少ない地域放送局のローカルニュースでは、シャッターを押せばすぐに白黒写真が出てくるアメリカ製のインスタントカメラ「ポラロイド」が多用されていた。突発事件、事故が発生した際、記者たちはポラロイドを手に現場取材に飛び出していくのが日常だった。

　1957年2月に大阪放送局、10月には東京放送会館内にフィルム現像・編集設備（ラボ）が完成。さらに同年から始まったマイクロ波中継回線網の整備により、大阪局発のニュースが回線を通じて全国放送され、翌年には名古屋局が続いた。その後、各地域放送局にも順次ラボの整備が進むとともに、直接ニュースを送出するネットワークが整備され、ニュースの速報性が向上していく。

　テレビ開局当時の報道体制は、ラジオ局とテレビジョン局のメディア別に分けられていた。ニュース取材をおこなう報道局はラジオ局に所属。フィルムニュースを取材していたのは、報道局の指揮系統外にあったテレビジョン局映画部だった。報道直結のラジオニュースに対し、ニュース取材のソースを持たないテレビジョン局によるニュース

テレビニュース　副調整室（1965年）

の選択は、「ニュースバリュー」よりも「絵になる（映える）映像」「動きのある映像」が優先された。その結果、映像になりにくい政治、経済、国際問題などが後回しにされることもあった。そうした状況を踏まえて、「絵（映像）がなくとも伝えなければならないニュースはきちんと取り上げる」ためのテレビニュース改革が始まった。

　1957年6月の組織改正でメディア別職制が廃止され、テレビジョン局映画部は報道局の所属となる。ここに報道の一本化が実現し、テレビは本格的にニュースメディアとしてその一歩を踏み出した。

国内ニュース

『けさのニュース』

皇太子ご結婚パレード中継

『きょうのニュース』(1960〜1971年度) →P376

『きょうのニュース』(1960〜1971年度) →P376

　1957年10月、放送開始時間がそれまでの午前11時台から午前7時に繰り上がったのを機に、午前7時からの12分番組『けさのニュース』がスタートする。アナウンサーがテレビカメラの前でニュースを読む、いわゆる"顔出し"ニュースが始まった。

　1959年4月、皇太子明仁殿下と正田美智子さんのご結婚報道は、日本の放送史のエポックとなる一大イベントとなった。式当日の10日にはNHKと民放はテレビ放送始まって以来の大がかりな中継を敢行。テレビカメラを100台、約1000人の放送要員を動員し、延べ5時間余りの実況生中継をおこなった。ご結婚パレードは全国で1500万人が視聴したと推定された。

　1960年4月、『きょうのニュース』(1960〜1971年度)が、毎夜10時からの20分番組で始まる。今福祝らアナウンサーが進行役として顔を出し、スタジオに招いた専門家や記者の解説とともに1日の主要ニュースを伝えた。スライドに表示されたニュース項目や写真を、アナウンサーとともに一つの画面に映し出すなど、従来の"映画ニュース"とは異なる、テレビ独自の表現方法を目指した"テレビニュース"がスタートした。

　翌1961年4月には放送時間を午後9時30分から10時までとし、30分に拡大。スポーツニュース、天気予報なども入れ込んで、その後の総合ニュース番組の基本形として定着する。

　テレビニュースに対する視聴者の関心は年々高まりを見せ、読売新聞社の調査「世の中の出来事を最初に知るメディア」では、1962年に初めて「テレビ」が「新聞」を追い抜く。

　1963年4月、『きょうのニュース』は放送開始時間を午後7時に繰り上げた。これがのちの『NHKニュース7』に発展していく。

02

朝のワイドニュース
～『スタジオ102』から
『NHKニュース　おはよう日本』へ～

　1964年4月にスタートしたNET（現・テレビ朝日）の朝のワイドショー『木島則夫モーニングショー』の成功に刺激され、各局が同様のワイドショーの開発に乗り出す。

　NHKは1965年4月の番組改定で『スタジオ102』（1965～1979年度）を、総合テレビ月曜から土曜の午前7時25分からの35分番組でスタートする。番組を生放送しているスタジオの呼称をそのまま番組タイトルとして、放送現場の熱気を伝えた。

　『スタジオ102』は、午前7時の『ニュース』の重要項目を取り上げ、その背景や課題などを、現場からの中継、スタジオインタビュー、国際電話、記者解説などを交えて伝えた。番組がこだわったのは「ナマ」「臨場感」「同時性」の3要素。ネタの差し替えは日常茶飯事で、"頭ネタ"（冒頭の項目）は必ず空けて企画を立て、飛び込んでくる最新ニュースに備えた。

　番組を立ち上げたのは教育局から社会部へ異動してきたディレクターたち。フィルムドキュメンタリーを制作してきた彼らがナマのニュースに向きあう中で、ニュースの当事者をスタジオに招いて話を聞き出す演出が生み出された。放送初日にはマリアナ沖の海難事故を取り上げた。命からがら日本に戻ってきた船員たちを下田まで出迎えて出演交渉をした。スタジオには脱出したときに使ったゴムボートを運び込み、その瞬間を証言とともに再現するなど、それまでのニュース番組にはなかったダイナミックな演出がなされた。初代の司会者には、大ヒットクイズ番組『それは私です』の野村泰治アナウンサーを起用。主婦層を中心に親しみを持って迎えられた。『スタジオ102』は常に30％前後の視聴率を獲得し、NHKのニュースワイド番組の基礎を築いた。

『スタジオ102』（1965～1979年度）→ P376

テレビ編
放送史
ニュース
05

01.ドラマ 02.クイズ・バラエティー 03.音楽 04.伝統芸能 05.ニュース 06.報道ドキュメンタリー 07.紀行 08.教養・情報 09.自然科学 10.こども教育 11.人形劇・アニメ 12.趣味・実用 13.大型特集番組 等

国内ニュース

『NHKニュースワイド』(1980〜1987年度) → P376

『NHKモーニングワイド』(1988〜1992年度) → P377

『おはよう5』(1995〜1998年度) → P378

『NHKニュース　おはよう日本』(1993年度〜) → P377

　1980年4月、15年間続いた総合テレビの朝の時間帯を刷新。『ニュース』『ローカル番組』『スタジオ102』と続く午前7時からの番組群を、72分の大型ニュース番組『NHKニュースワイド』(1980〜1987年度)に一本化した。さらに1988年4月の大改定では、『NHKニュースワイド』に代わって『NHKモーニングワイド』(1988〜1992年度)が登場。月曜から土曜の午前6時からの2時間13分にわたるこれまでにない大型ニュース情報番組となった。

　1993年4月、『NHKモーニングワイド』の後継番組、『NHKニュース　おはよう日本』が始まる。1999年には『おはよう5』を吸収して午前5時スタートとした。さらに2005年、平日は午前4時30分から8時13分まで、放送時間を3時間43分に拡大。緊急報道に的確に対応するとともに、深夜から早朝に入ってきた内外のニュースをいち早く伝えた。

　2010年4月、午前8・9時台の大刷新(連続テレビ小説を午前8時放送開始とし、8時15分より新情報番組『あさイチ』をスタート)にともない、放送終了が午前8時となった。

03
キャスターニュースの誕生
〜『ニュースセンター9時』から『ニュースウオッチ9』へ〜

　1971年、アメリカではCBSがエレクトロニクス技術を使った取材システム「ENG(Electronic News Gathering)」を導入。これまでフィルム取材をおこなってきたニュースの現場は一変する。

　ENGとは小型ビデオカメラと携帯型ビデオカセットレコーダーを組み合わせた取材システムである。取材したビデオテープは、既設回線やマイクロ波無線中継装置を使って放送局に伝送できる。中継車を持ち込めば、そのまま現場から生中継も可能だ。輸送と現像というプロセスが必要なフィルムとは比べものにならない速報性があった。また、映像と音声をビデオテープに同時に収録するので、リアルで臨場感に富んでいる。フィルム(1巻3分弱)よりも長時間の録画が可能で、撮り直しが利くというメリットもあった。

　NHKでは1975年10月の天皇訪米取材に初めてENGを採用。その後、ニュース取材は徐々にENGに移行し、テレビの最大の特性である速報性や同時性を存分に発揮できるようになった。また、映像と音声の同時収録が可能となったことで、現場からのリポートが多用され、リポーターの役割も大きくなった。記者が取材し、原稿を書き、カメラの前でリポートするという、新しいテレビジャーナリズム

カメラと携帯型VTRを組み合わせたENG

の誕生である。

　このような取材システムの変化を背景に1974年4月1日、総合テレビ午後9時に大型ニュース番組『ニュースセンター9時』(1974〜1987年度)が登場する。

　『ニュースセンター9時』、通称『NC9(エヌ・シー・ナイン)』は、NHKニュースの発想や形式を一新した。従来のニュース番組は、記者が書いたニュース原稿をアナウンサーが読み上げるのが通常のスタイル。ところが『NC9』では取材者自身がニュースの現場から直接リポートした。初代キャスターに抜擢されたのも、記者出身で外信部長などを歴任した磯村尚徳。磯村は「自分の言葉で、視聴者に語りかける」ことを信条とした。

　しかし放送開始当初は、そんな磯村に対し「NHKらしくない」「あのキザな男は何者か」など、批判的な声も多かった。放送初日は10.1％だった視聴率が、翌日から急降下。それまでの午後9時のニュースの3分の1前後に低迷した。ところが番組スタートから2か月余りが過ぎたころから、磯村が着ていた幅広のえりの背広について週刊誌が取り上げるなど、主婦たちの話題にのぼるようになる。1974年11月のフォード米大統領の来日に際しては、磯村がワシントン特派員を7年つとめた経験を生かし、都内のプレスセンターから日米首脳会談をサイドストーリーも含めて多角的に伝えた。この日の視聴率は30.6％を記録し、『N

C9』の注目度の高さを印象づけた。

　それまでニュースの添え物として扱われていたスポーツを重視したのも『NC9』の特徴だ。1974年10月、読売ジャイアンツの長嶋茂雄の現役引退の日に長嶋本人をスタジオに招き、番組のトップ項目として詳しく伝えるなど、視聴者の関心にタイムリーに応えた。

　1976年から2代目キャスターとして勝部領樹、末常尚志の2人があたる。その後、小浜維人、木村太郎らが担当。ニュースは何を伝えるかと同時に、誰が伝えるかが注目されるようになった。

　また、ニュースの当事者、取材者が現場からニュースを伝える "現場主義""当事者主義" は、その後のニュース番組に大きな影響を与えた。NHKが戦後まもなく、放送記者を採用して全国に展開するようになって以来続けてきた「記者が取材したニュースを原稿に書き、アナウンサーがその原稿を読んで視聴者に伝える」という仕事の役割分担を大きく変えた。「○○が現場からお伝えしました」と、記者、ディレクター、カメラマン自身が画面に登場する時代を迎えたのである。

　1980年代後半、テレビ朝日の『ニュースステーション』の成功が引き金となって、各局間で夜間の "ニュース戦争" が始まった。

『ニュースセンター9時』磯村尚徳(1974〜1987年度) → P376

『ニュースセンター9時』末常尚志、勝部領樹
(1974〜1987年度) → P376

『ニュースセンター9時』小浜維人
(1974〜1987年度) → P376

『ニュースセンター9時』宮崎緑・木村太郎
(1974〜1987年度) → P376

国内ニュース

『NHKナイトワイド』（1987年度）→ P377

『NHKニュース・トゥデー』（1988〜1989年度）→ P377

『NHKニュース・21』（1990〜1992年度）→ P377

『NHKニュース9』（1993〜2005年度）→ P377

『NHKニュース10』（2000〜2005年度）→ P378

『ニュースウオッチ9』（2006年度〜）→ P379

『ニュースハイライト』

『しあわせニュース』（2012〜2017年度）

『皇室この一年』

　NHKでは1987年4月、午後10時台の『スポーツとニュース』に代わって、『NHKナイトワイド』（1987年度）を新設。月曜から土曜の午後10時30分から55分間、「スポーツ」「気象情報」「ローカルニュース」「全国ニュース」「ニュース解説」「海外情報」の6要素で構成する総合情報アワーとした。

　さらに1988年4月、14年間続いた『ニュースセンター9時』を全面刷新。アンカーマン平野次郎を中心に『NHKニュース・トゥデー』（1988〜1989年度）をスタート。その後、『NHKニュース・21』（1990〜1992年度）、『NHKニュース9』（1993〜2005年度）、『NHKニュース10』（2000〜2005年度）と続き、2006年からは『ニュースウオッチ9』

が始まった。

　この他、大人にも人気のあった『週刊こどもニュース』（1994〜2010年度　＊P632参照）がある。特集番組としては、1953年度から2016年度まで、その年に起きた重要なニュースを年末にまとめて伝える『ニュースハイライト』が、番組タイトルや構成を変えながらも放送されてきた。同じく年末を中心に『しあわせニュース』（2012〜2017年度）が、桂文枝らが司会をつとめタレントたちをゲストに招き、その年の心温まるニュースを全国の放送局から集めてバラエティー仕立てで伝えた。皇室についてのニュースも、『皇室この一年』がタイトルを変えながら、12月後半に放送された。

04
インターネット時代の
テレビニュース

2013年4月、『NEWS WEB』(2013〜2015年度)が、総合テレビ平日の午後11時台にスタートする。視聴者から番組宛てに寄せられるツイートとの連動を図るネット時代のニュース番組だ。経済学者やワークライフバランスコンサルタントらを"ネットナビゲーター"として進行役に迎えた。ツイッターでつぶやかれた文章のうち、急激に増えた言葉を紹介する「つぶやきビッグデータ」を新設。従来のニュース番組に飽き足らないネット世代の視聴者層開拓を目指した。

『NEWS WEB』の後継番組『ニュースチェック11』(2016〜2018年度)が、「ゆったり気分でトレンドチェック」をキャッチフレーズにスタート。ツイッター等で寄せられた視聴者の意見を画面に次々に表示し、視聴者の参加感を演出した。また人工知能が発話するAIリポーター「ニュースのヨミ子」を登場させ、ニュース番組でのAI活用の先駆けとなる。

2016年6月にNHK公式アプリ「NHKニュース・防災アプリ」を公開。最新ニュース、災害情報、天気予報などの情報をスマホに提供するとともに、重要ニュースをライブ配信した。

2020年の総合テレビは、朝のワイドニュース『NHKニュース　おはよう日本』(1993年度〜)、午前の動きをまとめた正午の『ニュース』(1953年度〜)、最新ニュースや生活情報を夕方に伝える『ニュース　シブ5時』(2015〜2021年度)、夜にはメインニュース『NHKニュース7』(1993年度〜)と国内外のニュースを多角的に掘り下げて伝える『ニュースウオッチ9』(2006年度〜)、そして午後11時台に1日を振り返る『ニュースきょう一日』(2019〜2020年度)を中心に、毎正時のニュースとともに1日のニュース番組を編成。

また2020年3月からは同時配信・見逃し配信サービス「NHKプラス」をスタート。こうした多様なサービスにより、テレビ受像機はもとより、スマートフォン、タブレット、PCなどさまざまな端末で、「いつでも」「どこでも」NHKの最新ニュースが受信できるようになり、公共メディアとしての役割を果たした。

『NEWS WEB』(2013〜2015年度) →P379

『ニュースチェック11』(2016〜2018年度) →P380

ニュースのヨミ子

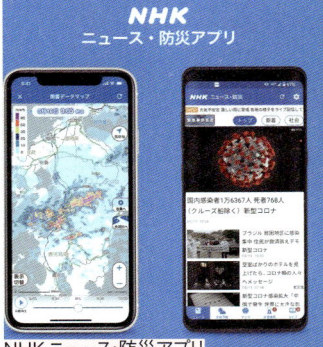

NHKニュース・防災アプリ

『ニュース　シブ5時』(2015〜2021年度) →P380

『NHKニュース7』(1993年度〜) →P377

『ニュースきょう一日』(2019〜2020年度) →P380

1950年代

映画ニュース 1952～1954年度
フィルムによる5～10分のテレビニュース。午後0時台、午後7時台、午後8時台の3回放送。テレビ放送開始当初は外部からの調達フィルムが中心だったが、1953年6月の「九州災害特報」を皮切りに、7月の「モンテンルパ戦犯ニュース」などNHK特派員が取材。NHKが自主制作した映画ニュースは『NHK映画ニュース』とした。1954年6月からは写真、パターン等を使用するニュースと統合され『NHKニュース』となる。

NHK週間ニュース 1953～1958年度
1週間の出来事を(土)の夜間に放送した15分のフィルムニュース。1958年度からは(日)午後7時台に定着。政治、経済、社会の大きなニュースのほか、季節の話題などで構成した。1959年度は「皇太子御結婚」「社会党分裂」「新安保条約調印」など、大きなニュースは特集的に扱った。

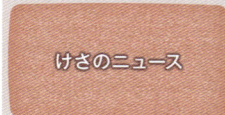

けさのニュース 1957～1960年度
1957年10月7日に総合テレビでスタート。当初は午前7時からの12分番組であったが、1959年1月、朝の放送時間の増加にともない(月～土)午前8時からの15分番組となる。朝のニュースから重要なものをピックアップし、背景や見通しなどをパターン、テロップ、写真などで解説した。海外特派員のカメラ取材技術の向上にともなって企画された番組が好評で、『海外特派員だより』(1960～1961年度)を生む。

今週のニュースから 1958～1959年度
1959年1月に教育テレビ開局と同時に始まった教育テレビ唯一のワイドニュース番組。1週間の国内外の主なニュースを紹介し、その中から2～3項目を取り上げて解説。総合司会者をおき、ストレート・トーク、対談、座談会、フィルムインタビューなど、あらゆる形式で掘り下げた。教育(土)午後7時30分からの60分番組。

1960年代

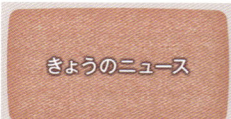

きょうのニュース 1960～1971年度
スタジオにアナウンサーが顔出しし、1日の主なニュースや天気予報を伝えるスタイルで、現在のニュース番組の原型となった。関係者へのインタビューを交えて解説する手法で、テレビニュースの新しい方向性を示した。午後10時から毎日放送の20分番組でスタート。1963年に放送時間を午後7時に繰り上げ、のちの『NHKニュース7』へとつながる。

スタジオ102 1965～1979年度
NHK初のニュースワイド番組。総合(月～土)午前7時25分から8時までの生放送でスタート。ニュースの中の重要項目を取り上げて、その背景やポイントを中継、スタジオインタビュー、記者解説などで掘り下げた。初代キャスターは野村泰治アナウンサー。その後、『NHKモーニングワイド』、『NHKニュース おはよう日本』へと続いていく、朝のモーニングワイドの先がけ。

1970年代

ニュースセンター9時 1974～1987年度
総合(月～金)午後9時台のニュースワイド番組。初めてキャスター制を採用し、アナウンサーがニュース原稿を読む従来のストレートニュースから、キャスターや取材記者が語りかけるスタイルにニュース番組を大転換した。それまでニュースの添え物だったスポーツも重視。初代キャスターは記者出身の磯村尚徳。その後、勝部領樹、末常尚志、小浜維人、木村太郎、宮崎緑らが担当。

1980年代

NHKニュースワイド 1980～1987年度
総合(月～土)午前7時から72分のニュースワイド。朝7時の『ニュース』と、15年間続いた『スタジオ102』の後を受けてスタート。デイリーニュース、衛星中継による国際情報、経済情報、気象情報、スポーツコーナー等と、企画もので構成。初代キャスターは森本毅郎アナウンサー。1984年に放送開始時間を午前6時45分に早め、89分に枠を拡大。

ニュースウィークリー 1981～1989年度
内外のニュース、話題を1週間ごとにせきとめ、テンポよく伝える"グラフィックマガジン"スタイルのニュース番組。重要ニュースを簡潔にまとめる一方で、NHKのネットワークを生かして各地の話題や時の人などのトピックも取り上げた。総合(日)午後10時台の15分番組でスタート。1985年度より(日)午前11時台に移設し、20分番組となる。

NHKナイトワイド　1987年度

総合（月～土）午後10～11時台に放送する55分のニュースワイド番組。スポーツ、気象情報、ローカルニュース、全国ニュース、ニュース解説、海外情報の6要素を総合編集し、キャスターが伝えた。キャスターは山本和之アナウンサーと目加田頼子アナウンサー。

TODAY'S JAPAN　1987～1995年度

衛星第1の日本初の英語によるテレビニュース。『ワールドニュース』枠内で、1987年11月から夜10時台に20分番組として定時化。内外の外国人を主な対象に放送。NHKが取材したニュースをもとに、外国人視聴者の理解を助けるための情報を付加して構成。アメリカの公共放送サービスPBSを通じて全米30都市で放送。ヨーロッパ、アジア各地でも衛星、CATVで視聴された。

NHKモーニングワイド　1988～1992年度

総合（月～土）午前6時から8時13分までのニュース情報番組。前年度までの午前6時の『ニュース』、『日本列島　朝いちばん』、『NHKニュースワイド』を、統合する形でスタート。6時台は自然、食べ物、生産など「地域の暮らし」や、産業や経済のトレンドを重点的に伝えた。初年度のキャスターは桜井洋子アナウンサー、和田郁夫、宮崎緑、黒田あゆみアナウンサー、川端義明アナウンサー、樋口淳一アナウンサーほか。

NHKニュース・トゥデー　1988～1989年度

総合（月～金）午後9時から10時までのニュースワイド番組。14年間続いた『ニュースセンター9時』を全面的に刷新。キャスターの平野次郎を中心に、政治、経済、社会、国際などの専門キャスター制を導入。ニュースの背景にまで踏み込んだ分析を行った。スポーツコーナーでは、民放各局に先んじてプロ野球結果を映像とともに伝えた。初年度キャスターは平野のほか、国谷裕子、目加田頼子、福島敦子が担当。

日本列島ふるさと発　1989～2003年度

衛星第1（月～金）午後4時台の地域発情報番組。全国各地のNHK放送局のネットワークを生かして、各放送局が取材制作した地域情報番組を衛星放送を経由してリレー形式で全国へ向けて発信する。きょう一日、その地方をもっとも象徴するホットなニュースと、タイムリーな話題で日本列島を浮き彫りにする。

1990年代

NHKニュース・21　1990～1992年度

総合（月～金）午後9時から10時までのニュース情報番組。前年度までの『NHKニュース・トゥデー』の後を受けてスタート。1990年の「ドイツ統一」、1991年の「湾岸戦争」や「ソ連消滅」など激動の国際情勢を、元国際部長の高島肇久（はつひさ）や元外信部長の園田矢（ただし）らがアンカーマンとなって伝えた。

NHKおはようサンデー　1990年度

総合（日）午前7時台のニュースワイド番組。前日からのニュースに続いて、幅広いテーマによるリポート、世界の情報を伝える「ワールドウォッチング」、インタビューコーナー「この人この視点」、気象学者・倉嶋厚による気象コーナーなど、くつろいで見られる企画コーナーで構成。キャスターは宮川泰夫アナウンサーほか。

NHKモーニングワイドサンデー　1991～1992年度

総合（日）午前7時台のニュースワイド番組。前年度までの『NHKおはようサンデー』を改題。デイリーニュースのほかに、「分かりやすいニュースの背景解説」、話題の人をスタジオに招く「インタビューコーナー」、倉嶋厚の「気象歳時記」などで構成。キャスターは宮川泰夫アナウンサー、小谷真生子ほか。

イブニングネットワーク～列島リレー・平成にっぽん　1992年度

地域局からの全国発信型ニュース番組。全国のニュースを伝えたあと、各地域局が各地の情報や話題をリレー形式で発信した。1993年度に『イブニングネットワーク～列島リレー』に、1995年度には『列島リレー』に改題。キャスターは記者の池上彰（1992～1993年度）と徳田章アナウンサー（1994～1995年度）が担当。総合（月～金）の午後6時7分から20分番組でスタートし、2年目より23分番組に拡大した。

NHKニュース　おはよう日本　1993年度～

総合で毎朝放送するニュースワイド番組。『NHKモーニングワイド』の後を受けてスタート。平日は午前6時の放送開始とともにスタート。1999年度からは5時、2004年度からは4時30分にスタートして放送時間を拡大。2010年度の改編で『連続テレビ小説』の放送開始を午前8時に繰り上げたことにともない、8時までの放送となった。

NHKニュース7　1993年度～

総合で毎日午後7時台に放送する夜のメインニュース番組。それまで30分間だった『7時のニュース＋H1680』を平日は1時間枠に拡大。その日の主なニュースに十分な時間を割き、現場の映像やインタビューで臨場感を持たせ、多角的に伝えた。放送時間は1996年度から40分、2001年度からは30分となる。

NHKニュース9　1993～2005年度

総合（月～金）午後9時台のニュース番組。前年度まで1時間枠で放送してきた『NHKニュース・21』を、30分に短縮してリニューアルした。2000年度からは午後9時から9時15分までの15分にさらに短縮。当日のニュースをコンパクトにまとめ、その日の出来事をふかんできる情報性の高いニュース番組として、帰宅サラリーマンのニーズに応えた。

国内ニュース | 定時番組

NHKニュース11　1994～1999年度

総合（月～金）午後11時から15分番組としてスタート。キャスターが1日のニュースを一口コメントを加え、簡潔に伝えた。翌1995年度からは放送時間を35分に拡大。プロ野球ナイターの結果をいち早く伝えたほか、スポーツリポーターを起用して取材を深めるなど、スポーツ報道を強化。初代キャスターは解説委員の藤田太寅、1995年度からは松平定知アナウンサー、久保純子アナウンサーほかが担当。

BSニュース50　1994～2004年度

衛星第1（月～金）毎正時前10分間で伝える日本初のヘッドラインニュース。1日13～15回放送し、その時点での最新ニュースのほか、米大リーグの日本人選手の活躍ぶりや天気情報、円株情報も伝えた。2004年11月から毎正時放送の『BSニュース』となるが、2010年度から『BSニュース』のタイトルのままで毎時50分からの10分番組に戻る。

おはよう5　1995～1998年度

総合テレビ初めての朝5時台の本格的な情報番組。（月～金）の午前5時から6時まで放送。主なニュースを冒頭と30分に伝えるのを中心に、気象情報や列島各地の話題に加え、1996年度からはスポーツ情報も新設。ワンポイント予報など新しく開発されたシステムを活用したきめ細かな情報提供をおこなった。

NHKネットワークニュース　1996年度

『列島リレー』（1995年度）の後継番組。「O-157」「ワールドカップ開催地決定」など、毎回、全国共通のテーマを設定して特集を組んだ。また「地域スペシャル」として仙台七夕会場と三内丸山遺跡に仮設スタジオを設け、地域商店街の地盤沈下や貴重な文化遺産をどのように保存していくかなど、地域の課題を発信した。キャスターは杉浦圭子アナウンサー。総合（月～金）の午後6時7分から6時30分までの23分番組。

NHK NEWS JAPAN UPDATE

NHK NEWS JAPAN UPDATE　1996年度

衛星第1で（火～土）午前0時台に、日本の1日の動きを英語主音声、日本語副音声で伝えるニュース情報番組。国内に滞在する外国人をはじめ、世界各国で日本の情報を求める幅広い視聴者を対象とした。NHKが取材したニュースや話題で構成。キャスターはリサ・シシド。

NHK 週刊英語ニュース
NHK NEWS JAPAN WEEKLY

NHK週刊英語ニュース－NHK NEWS JAPAN WEEKLY　1997年度

衛星第1（土）午前0時からの30分番組。1週間の日本の動きを、1日ごとにまとめて伝えるニュース番組。政治、経済、社会、文化など広範なニュースの中から、外国人が日本を理解するうえで欠かせない項目を重点的に選んで放送。主音声が英語、副音声が日本語の2か国語放送。キャスターはリサ・シシド（前期）とカルナ真正（後期）。

NHK WORLD JAPAN

JAPAN THIS DAY－NHK WORLD　1997～1999年度

日本を中心にした1日の動きをまとめた英語による国際放送のニュース番組。衛星第1では（火～土）午前0時20分から35分まで放送。

東北6

BS列島情報　1998～2001年度

各地方局が、地域社会が抱えるさまざまな問題や課題をタイムリーに伝える情報番組。衛星第1（月～金）午後5時台の30分枠。初年度の各局番組は『特報首都圏'98』『発信基地'98』『ナビゲーション'98』『ふるさと発'98』『九州沖縄一本勝負』『東北6』『北海道クローズアップ』『羅針盤'98』など。1999年度『BS22列島情報』に改題し、2000年度に『BS列島情報』にもどる。

JAPAN THIS WEEK

JAPAN THIS WEEK　1998～2001年度

日本とアジアの多彩なニュース・情報を1週間単位でまとめて英語で伝える国際放送のニュース番組。衛星第1では（日）午前0時台ほかで放送。

海洋情報

海洋情報　1998～2009年度

日本周辺の海面温度の分布や各地の波の高さなど、海の気象についての情報を提供する2分番組。衛星第1（月～金）午後5時28分ほかで放送。

NHK週刊ニュース　1999～2010年度

総合（土）午前8時台に30～45分枠で放送。1週間に起きた主要なニュースの中から、視聴者の関心が高いニュースを選び、その背景から今後の展開までわかりやすく伝えた。

2000年代

NHKニュース10　2000～2005年度

総合（月～金）午後10時台のニュースワイド番組。ハイビジョン中継をまじえ、BSハイビジョンでも同時放送した。CGで描くビジュアル解説やバーチャルセットによる気象コーナーなど、多彩な手法を駆使した。メインキャスターは堀尾正明アナウンサー、今井環記者ほか。

お元気ですか　日本列島 2003～2012年度

全国各局を結んで、日々刻々と変化する日本列島の今を伝える総合（月～金）午後2時から3時間の生放送番組。2時台の列島各地の「ニュースと話題」、3時台の旅や中継企画、ニュース解説、4時台の健康情報「ハツラツ道場」など、地域色豊かな話題や多彩なコーナーで構成。キャスターは曜日別にアナウンサーが担当。2006年度に午後2時台の50分番組に刷新。「ぐるっとニュース」「天気の旅」「気になることば」などで構成。

BSニュース 2004～2023年度

24時間ニュースへ向けた一歩としてスタート。衛星第1の毎正時に平日で15分（午前0時・1時・10時・午後10時は10分）、（土・日・祝日）で10分間、国内外の主なニュースを、中継、リポート、気象情報や円株情報を交えて伝える。

列島ニュース　〈2004～2006〉 2004～2006年度

衛星第1（月～金）午後1時台に放送。各地の放送局が正午に伝えたローカルニュースをまとめて、全国に向けて発信。

NHKネットワーク54 2005～2007年度

NHKの全国54放送局のネットワークを生かし、各局が制作した地域放送番組を全国に向けて発信し、地域の課題をありのまま紹介する。日曜午前10時台の49分番組で、年度後期に放送。

ニュースウオッチ9 2006年度～

総合（月～金）午後9時から10時までのニュース情報番組。現場で取材したリポーター情報や、当事者へのインタビューを通して、"きょうのニュースの焦点"を掘り下げて伝える。初代メインキャスターは記者の柳澤秀夫と伊東敏恵アナウンサー。その後、田口五朗、大越健介、河野憲治、有馬嘉男ほかが担当。

ゆうどきネットワーク 2006～2013年度

全国の複数地域局がネットを受ける東京発の生活情報番組。NHK放送センター内のスタジオパークからの生放送で、各局を結ぶ中継、ヒューマンドキュメンタリー、紀行、料理、生活術まで幅広く伝えた。キャスターは山本哲也アナウンサーほか。初年度は総合（月～金）午後5時10分からの50分番組。2012年度は近畿地方を除く全国向け放送。2013年度は（月～木）を東京から、（金）を大阪からの全国放送として編成。

News Today 30 Minutes 2006～2008年度

外国人視聴者を中心に、日本の"今"を伝える国際放送の英語ニュース番組。さまざまなニュースを過去の経緯を紹介するVTRや専門家による英語解説を加えて深掘りする。日本やアジアの経済情報をビビッドに紹介するコーナーも企画。衛星第1（火～土）午前4時15分からの30分番組。

BS列島ニュース 2007～2016年度

衛星第1（月～金）午後1時台に放送。各地の放送局が正午に伝えたローカルニュースをまとめて、全国に向けて発信。2007年度に『列島ニュース』（2004～2006年度）を『BS列島ニュース』に改題し、内外の主要ニュースを画面の下に流すスクロールニュースを始めた。

2010年代

JAPAN 7 DAYS 2010～2011年度

日本の1週間のニュースや出来事をせき止めて、世界に伝える英語によるテレビ国際放送の番組。"NHKワールドTV"で毎週土曜夜に放送するが、衛星第1では（日）午前4時台に放送。「ニュース・この1週間」、重要ニュースを掘り下げる「マター・オブ・ファクト」、四季折々の各地の行事、ポップカルチャー、ハイテク技術など、広く日本を紹介する「ディメンションズ／シーン・イン・ジャパン」の3コーナーで構成した。

Bizプラス 2012年度

働き盛りの世代に1日の国内外の経済の動きをコンパクトに届けるニュース情報番組。欧州信用不安の影響が世界に飛び火した2012年度、苦境の中での企業の新戦略、消費やビジネスの最新トレンド、注目のビジネスパーソンへのインタビュー、すでに市場が動き出しているニューヨークからの最新情報などで構成した。総合（月～金）午後11時35分からの15分番組。

NEWS WEB 24 2012年度

総合（火～土）午前0時台に放送するネット世代のためのニュース番組。学者やジャーナリストなど、ネット世代の識者を"ネットナビゲーター"として番組の進行役に迎え、独自の切り口で注目ニュースを掘り下げた。また視聴者から番組宛てに寄せられるツイートも紹介。

NEWS WEB 2013～2015年度

『NEWS WEB 24』を改題し、放送時間を午後11時台に繰り上げた。経済学者やワークライフバランスコンサルタントなど、各界で活躍するネット世代を"ネットナビゲーター"として番組の進行役に迎えた。ツイッターでつぶやかれた日本語のうち、急激に増えた言葉を紹介する「つぶやきビッグデータ」を新設。従来のニュース番組に飽き足らないネット世代の視聴者開拓を目指した。

国内ニュース | 定時番組

ニュース　シブ5時　2015〜2021年度

総合(月〜金)午後5時台を中心に放送するニュース情報番組。政治や社会問題から、紀行、芸能、グルメまで幅広いジャンルの中から、視聴者の関心の高い話題をクローズアップ。生活者の視点でわかりやすく伝えた。

ニュースチェック11　2016〜2018年度

総合(月〜金)午後11時台に放送。1日を締めくくるニュース番組として、その日の重要ニュースをテンポよく伝えた。ツイッターで寄せられた視聴者の意見を放送中に表示。AIで発話するAIリポーター「ニュースのヨミ子」を登場させるなど、AI活用の先駆けとなる。初年度キャスターは桑子真帆アナウンサーと有馬嘉男記者。2017年度からは青井実アナウンサーと長尾香里記者。

4時も！シブ5時　2017年度

総合(月〜金)午後4時台に、『ニュース　シブ5時』の姉妹番組としてスタート。ニュースとは違った視点で世の中の動きを伝えるスタジオトーク番組。

ニュースきょう一日　2019〜2020年度

総合(月〜金)午後11時台のニュース番組。「一覧」「凝縮」「役立ち」をキーワードに、1日のニュースを15分にまとめてコンパクトに伝えた。

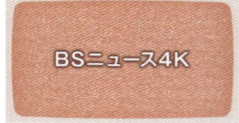

BSニュース4K　2019〜2020年度

初のデイリーのスーパーハイビジョンニュース番組。平日は1日2回15分ずつ放送。その日の主要ニュースのほか、地方局などが4Kカメラで取材した季節の話題や企画ニュースを放送。また気象解説コーナーでは、専任の気象予報士とBSニュースの女性キャスターが進行しながら気象にまつわる知識を提供。キャスター：後藤康之アナウンサー、吉井明子（気象予報士）ほか。BS4K・BS1(月〜金)午後0時45分〜1時ほか。

2020年代

列島ニュース　〈2020〜〉　2020年度〜

大阪拠点放送局をキーステーションに各放送局のお昼のニュースを集め、ダイジェストで伝えるニュース番組。地域の最新ニュース、新型コロナウイルス関連情報に加え、全国ニュースで放送されないローカル色豊かな話題も発信。各地の自治体・医療・福祉・教育・働き方など人々の暮らしに関わる情報を詳しく伝えた。初年度は総合(月〜金)午後1時5分からの35分番組でスタート。2021年度は放送時間を50分に拡大した。

ニュース　きん5時　2021〜2023年度

東京から離れた目線で世の中の今を伝える大阪発のニュース番組。総合(金)午後4時50分から6時までのワイド情報番組。キャスターは武田真一アナウンサーと石橋亜紗アナウンサー。小籔千豊が隔週で出演。

BSニュース4K＋ふるさと　2021〜2023年度

スーパーハイビジョン番組として平日の昼と夜に放送の『BSニュース4K』を午後11時台に移し、放送時間も10分長い25分間とした。その日の主要ニュース、気象解説コーナーのほか、4Kカメラで取材した季節の話題や企画ニュースを放送。8月には「夏だより＋ふるさと」として地上波でよりすぐりの企画を2回にわたって放送した。キャスター：岡野暁アナウンサーほか。BS4K・BS1(月〜金)午後11時台の25分番組。

ニュースLIVE！ゆう5時　2022〜2023年度

日本列島の"今"をライブで伝えるニュース番組。『ニュース　シブ5時』（2015〜2021年度）を大幅にリニューアル。誰もが知っておきたいその日の出来事をコンパクトにまとめたニュースや日本各地の夕方の表情を、生中継や特集など多種多様なコーナーを通じて伝える。初年度のキャスターは高瀬耕造アナウンサー、片山千恵子アナウンサー。気象コーナーは田中美都（気象予報士）。総合(月〜木)午後5時からの57分番組。

サタデーウオッチ9　2022年度〜

NHK初の土曜夜の大型ニュース番組。インターネットやSNS上で不確かな情報があふれるなか、フェイク情報の検証をはじめ、情報空間でいま起きていることを、確かな取材と斬新なプレゼンテーションで伝える。テーマ曲はピアニストの角野隼斗が作曲。2024年度にリニューアルし、キャスターは伊藤良司（記者）、林田理沙アナウンサー。総合(土)午後9時からの1時間番組。

週刊4Kふるさとだより　2023年度〜

4K映像で取材した全国各地のニュースやリポート、それに季節の映像などの"ふるさと"の出来事を高精細の美しい映像で届けるとともに、週末の天気も詳しく伝える。キャスターは村上由利子アナウンサー、サブキャスターは西岡愛・福永美春アナウンサー、気象コーナーは気象予報士・吉井明子。BSP4K(土)午前9時からの25分番組。

午後LIVE　ニュースーン　2024年度

"新しい（ニュー）情報"を"すぐに（スーン）"届ける情報ワイド番組。NHKの取材力とネットワークを生かし、全国各地からの中継なども交えながら、最新のニュースや暮らしに役立つ情報を分かりやすく紹介。取材・制作にかける思いや番組作りの裏側も積極的に伝える"顔の見えるジャーナリズム"を目指す。キャスター：池田伸子アナウンサー、伊藤海彦アナウンサー。総合(月〜金)午後3時10分からの2時間50分番組。

NHKフォトストーリー ⑭

P365 ← ⑬　　⑮ → P433

大河ドラマ『太閤記』ヘリコプターで合戦シーンを撮影（1965年）

『南アメリカの自然をたずねて』ベネズエラ（1963年）

『南アメリカの自然をたずねて』エクアドル（1963年）

小学校高学年社会科『くらしの歴史』収録（1959年）

人形劇『ぼうけんダン吉』の人形操演（1959年）

皇太子ご結婚パレード中継・半蔵門東京電力ビル屋上から撮影（1959年）

長いレールを特設した皇太子ご結婚パレード中継（1959年）

長いレールを特設した皇太子ご結婚パレード中継（1959年）

長いレールを特設した皇太子ご結婚パレード中継（1959年）

学校放送番組のフィルム撮影風景（1959年）

ニュース
国際ニュース

01

海外調達フィルムから
衛星中継へ

　テレビ開局当時の海外ニュースは、海外制作のVOA（Voice of America）ニュースやUP（United Press）通信社提供のニュースに日本語解説をつけて放送した。1958年10月1日からは定時番組『NHK海外ニュース』を、毎日午後10時55分から5分番組で放送。これまでの海外調達フィルムに加えて、NHK海外特派員の独自取材による特集番組で海外ニュースを強化した。

　1960年代になると、NHK海外特派員が取材するニュースフィルムが、海外ニュースとして随時定時ニュースの中で放送された。

　1960年4月、総合テレビで毎月最終月曜に、世界各国に駐在するNHK海外特派員の取材したフィルムを集めて紹介する『海外特派員だより』（1960～1961年度）が20分番組でスタートする。それまでの海外調達フィルムと違って日本人カメラマンの視点からとらえた各国の話題は、視聴者の興味に訴え、共感を得た。海外総支局の漸増と、各国特派員のカメラ取材力の向上にともない、1961年度には隔週の放送に拡大。まだ海外への旅行者の少ない時代で、海外取材番組に対する視聴者の注目度は高かった。12月に放送した「各国の歳末」と翌年3月放送の「各国の春」は、人々の生活、風俗、季節感を巧みに表現したものとして高い評価を得る。

『アフリカ大陸を行く　南アフリカ』（1959年度）→P435

『海外特派員だより』（1960～1961年度）→P386

海外ニュース電送（1960年）

NHKテレビニュース　外信部（1965年）

『NHK特派員だより』(1962〜1968年度) →P386

『海外リポート』(1969〜1979年度) →P386

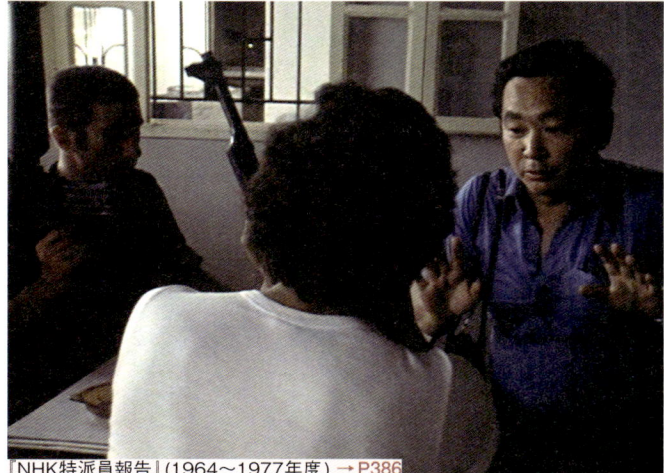

『NHK特派員報告』(1964〜1977年度) →P386

初の宇宙実験中継　米大統領の悲報

『宇宙中継　われらの世界』(1967年度) →P964

宇宙実験中継で予定していた画像

　1962年4月、『海外特派員だより』は『NHK特派員だより』(1962〜1968年度)に改題。主に社会・文化面から家庭向けの軽いタッチの話題を中心にリポート。1969年度に日曜午前中の20分番組『海外リポート』(1969〜1979年度)に引き継がれていく。一方、1964年度にスタートした『NHK特派員報告』(1964〜1977年度)は、NHK海外総支局のネットワークをフルに生かして、激しく揺れ動く国際情勢など、政治・経済面を中心に問題意識に根ざしたテーマを取り上げた。

　1963年11月、太平洋上空の通信衛星を使っての日米間受信実験となる「宇宙中継」が行われた。アメリカ側から実験放送のプログラムが届いたのは放送前日の11月22日。ケネディ大統領からのメッセージなどが送られてくる手はずだった。ところが、実験放送開始まで2時間足らずに迫った11月23日午前3時43分、NHK外信部にAP通信社から、遊説中のケネディ大統領が銃撃されたという一報が入る。実験放送のプログラムとして予定されていた「大統領からのメッセージ」は、大統領暗殺の「ニュース」に切り替わった。

　この実験放送を経て、衛星放送時代の幕が開く。

国際ニュース

『ワールドニュース』(1986〜2004年度) → P386

　1964年10月10日は、東京オリンピックの開会式。その模様は8月に打ち上げられたばかりの静止通信衛星を使って、深夜のアメリカにも同時中継された。アメリカで受信した中継映像は、ビデオテープに録画されて空路でカナダやヨーロッパに送られ、21か国で放送された。

　その3年後の1967年、NHKは英BBCとヨーロッパ放送連合の要請にこたえて世界初のテレビ同時生中継番組『われらの世界』にアジアからただ1局参加し、札幌から誕生したばかりの赤ちゃん、東京から24時間続く地下鉄工事の現場、高松から将来の食糧確保を見据えたクルマエビの養殖を現場中継して、世界5大陸4億人の人々に日本の今を伝えた。

　衛星中継という新しい伝送手段を手に入れた1960年代の掉尾を飾ったのが、1969年のアポロ11号による月面着陸の中継放送である。NHKの調査では、月面着陸の瞬間を同時中継で見た人はNHK・民放合わせて68.3%、同じ日にニュースを含めて見た人は90.8%にのぼった。

02
衛星放送時代

　1989年6月1日、衛星第1テレビジョンと衛星第2テレビジョンの本放送がスタートする。衛星第1は24時間放送で、その大半は内外のニュースとスポーツを中心に編成された。

　『ワールドニュース』は衛星放送開局以来、衛星第1の基幹情報として、アメリカABC、フランスA2、旧ソ連のモスクワ放送(当時)など、世界各国のニュースを現地語と日本語の音声多重で放送し、地球規模でのニュース体験を可能にした。

　1991年1月17日、午前8時35分。イラクの首都バグダッドから湾岸戦争の開始が生中継で世界に伝えられた。この中継は、衛星放送を使った取材システムSNG(Satellite News Gathering)の導入によって初めて可能になった。SNGは現場で取材したニュース素材(映像と音声)を、通信衛星経由で放送局へ送るシステムである。SNGによって、テレビが中継映像で伝えることができる地理的な範囲が一気に拡大し、情報の国際化、グローバル化が急速に進んだ。

　当時、バグダッドにSNGを持ち込むことができなかったNHKは、CNNやABCと交渉の末、彼らのSNGが空いている時間帯に使用させてもらう取り決めを結んだ。その結果、NHK特派員の生中継リポートや映像素材を東京に送るなど、この最新技術の活用が可能となった。その成果は、バグダッドから生中継で伝える柳澤秀夫特派員のリポートで現実となった。柳澤特派員が突然空を指さして「巡航ミサイルが頭の上を飛んでいます」と叫び、その瞬間に空を向いたカメラは思いがけないほど低い高度で飛行するミサイルを映し出したのである。

　このバグダッド生中継も含めて日本の湾岸戦争のテレビ報道は他のマスコミが注目するところとなり、NHKは総合テレビの編成を大幅に変えて24時間体制で湾岸戦争報道を毎日ライブで行うことを決めた。24時間を3つに分けてそれぞれに専任のキャスターを配置。中東取材のベテランである平山健太郎解説委員を放送センター隣のホテルに缶詰めにして、スタジオからの生放送にすぐに対応できるようにするなどの措置をとった。そうした対応が功を奏し、NHKの湾岸戦争報道は高い関心を集め、高視聴率が続いた。

　1994年4月、衛星第1の定時ニュース枠『BSニュース50』(1994〜2004年度)がスタートする。平日の午前7時

台から午後8時台まで、毎正時前の10分間、内外の最新ニュースのエッセンスを伝えた。ニュース項目を"見出し"として短冊で示す日本初のヘッドラインニュースである。翌1995年に土曜と祝日、1996年には日曜も放送し、1週間を通して放送する体制を整えた。

2004年11月、『BSニュース50』に代わって『BSニュース』が、平日は毎正時から15分間、土・日・祝日は10分間の放送でスタートする。しかし2010年11月から放送時間を再度毎時50分からに戻し、『BSニュース50』が復活。地上波のニュースとの差別化を図った。

1996年4月、『プライムタイムニュース』(1996～1997年度)が、平日の午後10時台に50分番組でスタート。『ワールド・ステーション22』(1992～1994年度)、『BSニュースワイド21:50』(1995年度)の流れをくむ衛星第1の夜間のメインニュース番組で、世界各国から24時間入ってくるニュースを伝えた。後継番組『ワールドニュースBS22』(1998年度)、『BS22』(1999年度)、『BS23』(2000～2003年度)へと続いていく。

2000年12月1日にBSデジタル放送が始まり、衛星第1、衛星第2に加えてハイビジョンをスタート。ニュースのハイビジョン化、多チャンネル化の時代を迎える。

2011年4月、「衛星第1」、「衛星第2」、「ハイビジョン」の3波を、新たに「BS1」と「BSプレミアム」に再編。それまでニュースやスポーツ番組を中心に放送していた「衛星第1」は、新ハイビジョンチャンネル「BS1」として再スタートを切った。

2011年度のBS1は、『BSニュース』と『ワールドWave』がニュースのメインを構成。『BSニュース』は毎時50分から10分間の24時間放送とした。国内外の主なニュース

をはじめ各地の話題、為替と株、気象情報などをコンパクトに伝えた。『ワールドWave』は、BS1の特色の1つでもある海外ニュース枠。米ABC、CNN、英BBC、仏F2、独ZDF、ロシアRTR、そのほか中国中央テレビ、カタール・アルジャジーラなど、世界19の国と地域の24放送機関のニュースを伝えた。2021年度は、『BSニュース』を午前6時台から午後11時台まで原則毎時放送し、午後11時台には4Kの映像でニュースや各地の話題を伝えた。また、海外ニュース枠では『キャッチ!世界のトップニュース』や『国際報道2021』などを放送した。

『BS22』(1999年度) →P388

『BS23』(2000～2003年度) →P388

『ワールドWave』(2011～2013年度) →P389

『国際報道』(2014年度～) →P417

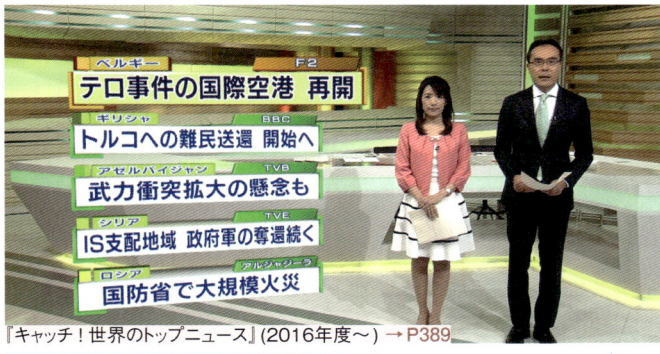

『キャッチ!世界のトップニュース』(2016年度～) →P389

『ニュース　地球まるわかり』(2021年度) →P417

国際ニュース | 定時番組

1950〜1960年代

NHK海外週間ニュース　1954〜1960年度
海外の通信社から提供を受けた海外ニュースの中から、主要な項目をピックアップして再編集したうえで、トーキー版に録音。(土)午後0時15分から15分番組でスタート。1959年5月に『海外週間ニュース』に改題。午後11時台の10分で、過去1週間の海外の主な政治経済、社会、文化、スポーツニュースをまとめて放送した。

海外ニュース　1958〜1979年度
総合テレビの海外ネタのデイリーニュースで5分番組。1958年10月にスタートし、放送開始当初はUP通信やCBSなど海外通信社のニュースを中心に放送。国際ニュースの重要性が増すにつれて、NHK海外特派員が取材したニュースフィルムで速報した。1964年度からは一般ニュースの枠内で放送。

海外だより　1958〜1965年度
海外の市民生活や各国の行事や風俗、街の話題など、文化情報を中心に伝える5分番組。主要なニュース通信社など『海外ニュース』と同じニュースソースのほかに、フィルムによる番組交換の一環として海外16の放送局から送付されてくるフィルムや、各国大公使館提供のフィルムで構成した。初年度は総合(月〜土)の午後0時55分から放送。

海外特派員だより　1960〜1961年度
世界各国に駐在するNHK海外特派員の取材したフィルムを集めて放送。日本人カメラマンの目を通して各国の行事、風俗、市井の出来事を紹介。時には政治・経済関係のニュースも取材した。月1回の20分番組でスタートしたが、1961年度には海外総支局の漸増と各国特派員のカメラ取材力の向上にともない、月2回放送で15分の隔週番組となった。

NHK特派員だより　1962〜1968年度
『海外特派員だより』を改題。世界各国に駐在するNHK海外特派員の取材したフィルムで、各地の話題、季節の行事など家庭向きの軽い話題を紹介した。総合(金)午後10時45分からの20分番組でスタートしたが、1965年度より(日)午前10時40分からの20分番組となり、報道色の強い『NHK特派員報告』に対し、社会面、文化面に重点をおいて放送した。1969年度に『海外リポート』に引き継がれる。

NHK特派員報告　1964〜1977年度
1964年度の編成上の目玉として、総合で始まった社会報道番組。海外総支局の記者、カメラマンが激動する世界の動きを追い、その問題点を浮き彫りにした。初年度は(火)午後7時30分からの30分番組で、「自由への戦い一深刻化するアメリカの黒人問題」「原子力潜水艦 SSN529」「戦乱の中の信仰一南ベトナムの仏教徒」「今日の北朝鮮」ほかを放送。1978年3月、「米・韓大演習」を最後に14年間に及ぶ放送を終えた。

海外リポート　1969〜1979年度
NHK海外特派員によるリポートで、海外の話題を伝えるスタジオ番組。日曜午前中のくつろいだ雰囲気の中で、紀行、文化、庶民の暮らしぶりなど、肩の凝らない話題を紹介した。

1970〜1980年代

海外の話題　1972〜1979年度
海外の配信契約会社やNHK海外特派員取材のフィルムやVTRで、世界各国の季節の便りやスポーツ、ファッションなどを紹介。総合(土)午後7時20分からの10分番組でスタート。

海外ウィークリー　1980〜1984年度
1979年度に終了した『海外リポート』と『海外の話題』を統合し、新たな国際情報マガジン番組としてスタート。総合(土)午後7時台の40分番組。NHK海外特派員の取材を中心に、衛星中継で伝送されるニュース素材や、海外の放送機関や通信社が制作する映像素材を交えて構成し、スタジオのキャスターが伝えた。

ワールドニュース　〈1986〜2004〉　1986〜2004年度
衛星第1が提供する基幹情報として、1987年1月に放送をスタート。1987年7月の衛星第1の24時間化にともない、ニューヨークとロンドンのNHKスタジオからの生出しと東京制作で、世界各国の放送機関の最新ニュースをほとんどオリジナルの形で、字幕スーパーや同時通訳で伝える。

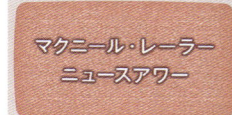

マクニール・レーラー　ニュースアワー　1989〜1995年度
衛星第1で(火〜金)の午後に放送したアメリカの公共放送PBSの1時間のニュース番組。ニューヨークにいるマクニールとワシントンのレーラーの2人がアンカーマンを務め、タイムリーで重要なニュースを取り上げ、ゲストを交えて深く掘り下げる。日本語通訳や日本語字幕スーパー等で、理解しやすい放送を工夫した。

1990年代

ワールドニュース・世界を読む　1990〜1991年度
衛星第1(月〜金)午後10時台の55分番組でスタート。激しく揺れ動く国際情勢の底流を探り、世界の進む方向を読み取る報道番組。その日の世界のニュースをまとめて伝えるほかに、世界各国の第一線で活躍する政治家、学者、エコノミスト、文化人たちに対して、東京のスタジオから衛星中継で直接インタビューを行った。

アメリカ・インサイド情報　1990〜1997年度
全米で人気のニュースマガジン番組「インサイド・エディション」を約20分にまとめたニュース情報番組。全米を驚かせた元フットボールの大スターO・J・シンプソン事件やダイアナ妃の離婚問題など、人々の関心の高いニュースやスキャンダルを、徹底した調査報道で伝えた。

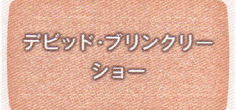

デビッド・ブリンクリー・ショー　1991〜1996年度
衛星第1で(月)の午後に放送したアメリカABCのウィークリーの政治報道番組。人気キャスターのデビッド・ブリンクリーがアンカーマンとなって、時のニュースをしんらつで機知に富んだコメントで論評した。1992年度『D・ブリンクリーとともに』に改題。1996年11月にブリンクリーが引退。代わってティム・ラサートがアンカーマンとなり『アメリカ・ABCニュース「ジス・ウイーク」』に改題。

アジアニュース　1991〜2004年度
韓国KBS、中国CCTV、ベトナムVTV、タイCH9など、アジア諸国の放送をまとめて『アジアニュース』として衛星第1(月〜土)の深夜帯を中心に放送。

ワールド・ステーション22　1992〜1994年度
『ワールドニュース・世界を読む』(1990〜1991年度)を刷新し、2時間に拡充した大型国際情報番組。衛星第1(月〜金)午後10時から放送。番組前半は世界の放送局が伝えるニュースと、専門家が解説を加える国際ニュースコーナー。後半は話題性に富む各国のミニドキュメントを紹介する「ワールドウォッチング」。ABCの「プライムタイム・ライブ」、BBCの「パノラマ」など、世界の優れたドキュメンタリーを紹介。

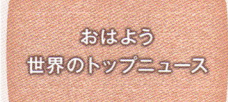

おはよう世界のトップニュース　1993〜2004年度
「世界の最新ニュースが30分でわかる」国際ニュース番組。衛星第1(月〜金)午前6時30分から7時まで放送。『ワールドニュース』(1986〜2004年度)で放送する世界各国から送られてくるニュースを、午前6時半の時点で一度せきとめ、コンパクトにまとめて紹介。慌ただしい朝の時間帯を意識し、キャスターが短いコメントでわかりやすく解説した。

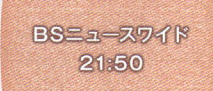

BSニュースワイド21:50　1995年度
衛星第1(月〜金)午後9時50分から放送した55分の大型ニュース情報番組。前年度まで放送の『ワールド・ステーション22』(1992〜1994年度)の内容を一部手直しし、『BSニュース50』と連動させた。その日に起きた国際ニュースと、世界各国で関心の高いニュースやビジネス情報を、キャスター独自の付加情報とともに伝えた。キャスターは山田英幾、野村正育アナウンサー、井上美樹子。

週刊ワールドニュース　1995・2020〜2022年度
デイリーで放送している衛星第1の『ワールドニュース』を1週間単位でせき止めて、その週の世界の動きを伝える『ワールドニュース』のウィークリー版。2020年11月、同名番組が25年ぶりに登場。アジア・ヨーロッパ・アメリカなど、世界各国の放送局をカバーする『ワールドニュース』で放送した新型コロナに関するリポートを1週間分に集約し特集番組として放送。2020年11月からBS1(土)午前11時からの49分番組で定時化。

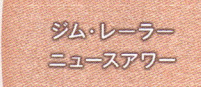

ジム・レーラー　ニュースアワー　1995〜2010年度
アメリカの公共放送PBSの「マクニール・レーラー　ニュースアワー」のアンカーマン、ロバート・マクニールが1995年10月に引退。ジム・レーラーが1人で番組を仕切ることになり、タイトルが変更となった。番組のコンセプトは変わらず、タイムリーで重要なニューステーマを取り上げて、ゲストを交えて深く掘り下げた。2000年度『アメリカ・PBS「ジム・レーラー・ニュースアワー」』に改題。衛星第1の44〜50分番組。

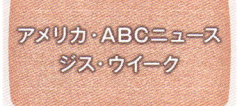

アメリカ・ABCニュース「ジス・ウイーク」　1996〜2010年度
アメリカABCを代表するウイークリーの政治報道番組。1996年11月に、アンカーマンのデビッド・ブリンクリーが引退し、代わってティム・ラサートが中心になってアンカーマンを務める。それにともなって、タイトルが『D・ブリンクリーとともに』から『アメリカ・ABCニュース「ジス・ウイーク」』に変わった。

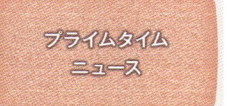

プライムタイムニュース　1996〜1997年度
衛星第1のメインニュース番組として、それまでの『ワールド・ステーション22』と『BSニュースワイド21:50』を継承した50分のニュース番組。(月〜金)午後10時台に放送。内外の「主なニュース」、世界の潮流について解説、展望する「特集コーナー」、世界のテレビ局が伝える「世界の最新トップニュース」、各国で関心の高いニュースやビジネス情報を伝える「ワールドビュー」などで構成した。

地球天気予報　1996〜2002年度
地球規模で気象の動きをとらえながら、世界各地の天気予報と日本の天気予報を気象予報士が分かりやすく伝える。海外旅行に出かける人や、海外との取引があるビジネスマンからの関心も高い。衛星第1(月〜金)の午後9時50分からの10分番組でスタート。2000年度より(月〜木)は午後9時55分からの5分番組となる。

国際ニュース | 定時番組

アジア情報交差点 1997〜2002年度

アジアの情報を世界に発信するニュースマガジン番組。衛星第1の2つの番組『アジア・ナウ』と『チャイナ・ナウ』を統合して誕生した。15か所に及ぶNHKのアジア地域の支局や事務所のネットワークを活用し、政治、経済から人々の息吹が伝わる暮らしの話題まで幅広く取り上げた。日本語と英語の2か国語放送。

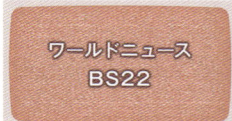

ワールドニュースBS22 1998年度

『プライムタイムニュース』(1996〜1997年度)を刷新した衛星第1(月〜金)午後10時からの1時間番組。衛星中継を活用した海外特派員や外国人識者へのインタビュー、世界各国の放送局が配信する「海外トップニュース」、世界で一番注目されているニュースにスポットを当てる「ニュース・アップ」「最新ニュース5項目」「世界と日本の気象情報」で構成した。キャスターは藤澤秀敏、住友真世。

BS22 1999年度

『ワールドニュースBS22』(1998年度)を改題。「ワールドニュース」「経済最前線」「国内ニュース」の3パートで構成。キャスターは藤澤秀敏、住友真世。

2000年代〜

ワールドニュースアワー 2000〜2010年度

"50分で世界のトップニュースが一目でわかる"衛星第1の国際情報番組。海外のニュースをいち早く、現地での伝え方を生かして放送。米ABC、英BBC、仏F2、独ZDF、スペインTVE、ロシアRTR、カタール・アルジャジーラなど、2010年度は定時放送しているものだけで世界14か国、21の放送機関のニュースを、毎日午前中と(月〜金)の午後に伝えた。

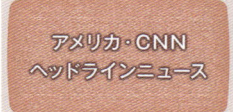

アメリカ・CNNヘッドラインニュース 2000〜2013年度

衛星第1で毎日放送するアメリカCNNのニュース番組。衛星放送開局当時からの定番ニュース番組で、世界の動きをいち早く伝える。5〜10分番組。

BS23 2000〜2003年度

衛星第1(月〜金)午後11時台の1時間番組。衛星第1を代表する国際ニュース番組『BS22』の放送時間を1時間繰り下げて改題。世界の放送機関がその日に流したニュースをコンパクトに伝える「ザッピングきょうの世界」、ホットなニュースを分析する「ニュースのツボ」、現地取材や著名人へのインタビューで伝える「世界じっかんリポート」の3パートで構成。キャスターは藤澤秀敏ほか。

NHK海外ネットワーク 2003〜2014年度

総合(日)午後6時台に放送する国際情報番組。NHKの海外総支局・国際部のネットワークを生かし、直近の世界のニュースを深く掘り下げ、わかりやすく伝えた。世界の子どもたちが、将来の夢を語るエンディングコーナーが人気に。キャスターは道傳愛子アナウンサー、長尾香里記者、二村伸解説委員、傍田賢治記者ほか。

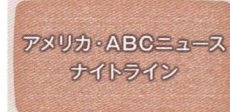

アメリカ・ABCニュース「ナイトライン」 2003〜2010年度

衛星第1(火〜金)の午後4時台に放送。1987年4月『ワールドニュース』で第1回放送。アメリカABCを代表する深夜の報道番組。アメリカ内外の重要番組の当事者、政権担当者などに、キャスターがインタビューで鋭く切り込む。2009年に30周年を迎えた長寿番組。

BSニュース・きょうの世界 2003〜2004年度

衛星第1(月〜金)午後11時からの30分番組。『BS23』の流れをくむ国際情報番組。キャスターは長崎泰裕ほか。

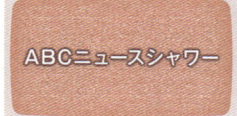

ABCニュースシャワー 2003〜2018年度

アメリカのニュース番組『ABCワールドニューストゥナイト』で放送されたその日のニュースから、トップニュースもしくは重要ニュースのキーワードを紹介しながら、生きた英語を学ぶ。英語のリスニング能力向上をねらった5分番組。衛星第1で初年度(4〜10月)は(月〜金)午後10時50分に放送。

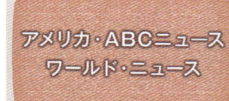

アメリカ・ABCニュース「ワールド・ニュース」 2004〜2010年度

アメリカのテレビ・ジャーナリズムの顔ともいわれる「ワールド・ニュース」を、衛星第1(火〜金)午後1時台に放送。番組の顔だったキャスターのピーター・ジェニングスが2005年に死去したあとも、全米でもっとも信頼されるニュースとして評価を得ていた。

きょうの世界 2004〜2010年度

『BSニュース・きょうの世界』(2003〜2004年度)を引き継ぐ、衛星第1のフラッグシップ的国際情報番組。衛星第1(月〜金)夜間に放送。世界各国の報道と、NHK海外総支局の分厚い取材に、内外の一流専門家による解説を交えて国際ニュースを伝えた。

おはよう世界 2004〜2010年度

衛星第1(火〜土)午前6時台から9時(土・8時)まで放送する国際情報番組。日本時間の未明に放送される欧米各国の夜のメインニュースと、アジアの朝のニュースをいち早く伝えた。2004年10月まで放送の『おはよう世界のトップニュース』を大幅に刷新。キャスター出演部分を拡充し、解説コーナー等を充実させた。キャスターは朝比奈正彦、傍田賢治、高橋弘行、税所玲子ほか。

BS気象情報 2005年度

毎正時前の5分間、気象キャスターが国内や世界の気象情報を詳しく伝える5分番組。放送枠はおおむね平日が14回、休日が9回。天気概況のほか、時間毎、あるいは季節にあわせて、洗濯指数や紫外線情報、花粉情報、海洋情報、行楽の気象などの特色ある情報を盛り込んだ。衛星第1(月〜日)午前7時55分ほか。

アジアクロスロード 2006〜2010年度

NHKのアジア総支局と連携し、アジアに関する情報を硬軟取り混ぜて伝える情報番組。2007年1月に衛星第1(月〜金)の午後4〜5時台でスタート。アジア各国の当日昼のニュース、解説委員による時事問題の分析、日本に住んでいるアジア人を招いてのゲストコーナー、アジア料理コーナーなど、バラエティに富んだ内容で構成した。

イギリス・BBCブレックファストニュース 2007〜2018年度

イギリスの公共放送BBCが、NHKの総合テレビに当たるチャンネル「BBC ONE」で、現地土曜と日曜の午前6時から放送している9分のニュース番組。衛星第1で(土・日)の午後に放送。

ASIA 7 DAYS 2008〜2012年度

多種多様な顔を持ち、絶え間なく変化するアジアのニュース・情報を1週間でまとめ、世界に発信する週刊英語ニュース番組。テレビ国際放送の番組で、衛星第1では(月)午前4時台を中心に放送。

NEWSLINE 2008〜2010年度

2000年4月から放送を開始した国際放送の英語ニュース番組『NHK NEWSLINE』を2009年2月に改題。毎正時に英語ニュースを放送する大幅刷新を行った。これにともない衛星第1でも午前3・4時台に30分枠で放送。アジア情報は東京発だけでなく、東南アジア全体の情報をアジア総局のあるバンコクから毎日中継で伝えたほか、中国総局のある北京にも取材拠点を置いて発信した。

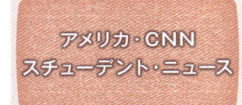

アメリカ・CNNスチューデント・ニュース 2009〜2020年度

アメリカCNNが制作する中高生向けのデイリーニュースを2か国語で伝える。クイズなども織り込み、楽しくニュースを見せる工夫もある。独自に英語字幕も付加し、英語の勉強としても利用される。衛星第1(月〜金)午後放送の10分番組でスタート。

ほっと@アジア 2011〜2012年度

2010年度まで放送の『アジアクロスロード』の後継番組。衛星第1(月〜金)午後5時台放送。アジア各地の放送局やNHK海外総支局が制作したリポートやニュース、解説委員による時事問題の分析、人気のアジア料理コーナーなど、アジアに関する話題を硬軟織り交ぜて伝えた。

ワールドWave 2011〜2013年度

BS1で毎日放送する海外放送局によるニュース番組。アジアのニュースをいち早く現地での伝え方で放送する『ワールドWave　アジア』、2010年度まで放送の『きょうの世界』の後継番組『ワールドWave　トゥナイト』、朝の国際ニュース番組『ワールドWave　モーニング』を加えた4番組で、1日の海外ニュースを切れ目なく伝える。

ワールドニュース 〈2014〜〉 2014年度〜

『ワールドWave』(2011〜2013年度)の後継番組。BS1(月〜土)放送。海外ニュースをいち早く、現地での伝え方を生かして2か国語で放送。米ABC、英BBCなど、世界18の国と地域、21放送機関のニュースを伝えた。またアジアのニュースを現地での伝え方で放送する『ワールドニュース　アジア』、米ABCやPBSのニュースをコンパクトに伝える『ワールドニュース　アメリカ』も放送。

キャッチ！世界の視点 2014〜2015年度

世界19の国と地域、24の放送局が伝えるニュースの中から、日本の視聴者にとって重要な項目を、経験豊富なキャスター陣がわかりやすく朝一番で届けるニュース解説番組。キャスターは高野洋、野田順子、香月隆之、山澤里奈、徳住有香、佐野仁美。BS1(月〜土)午前7時からの49分番組。

ワールドニュース　アメリカ 2014〜2022年度

米ABCやPBS、CNNのニュースを通じて、世界の動きをいち早く、コンパクトに伝える5分ニュース番組。BS1で初年度は(月〜金)午後3時から放送。

キャッチ！世界のトップニュース 2016年度〜

BS1(月〜土)の午前7・8時台に放送。2019年度より(月〜金)放送。世界18の国と地域、21の放送局が伝えるニュースの中から、日本の視聴者にとって重要な項目を、キャスター陣がわかりやすい解説を加えて放送。キャスターは香月隆之、塩﨑隆俊、西海奈穂子ほか。

ニュース スポーツニュース

01

総合テレビのスポーツニュース

　1956年6月、『スポーツだより』(1956〜1959年度)が、日曜午後9時20分からの10分番組で始まる。直近1週間に行われたスポーツをダイジェストで紹介する「スポーツニュース」に加え、選手を招いてのインタビューや評論家の解説などで構成するスタジオ番組で、いわゆる"スポーツ情報番組"の先駆けである。「プロ野球の春キャンプ巡り」「大相撲展望」「6大学野球予想」など、視聴者の関心の高いスポーツの話題を届けた。

　1958年9月開催の大相撲秋場所より、毎日午後9時から10分間、『きょうの好取組』を放送。日本相撲協会提供のフィルムで、その日のハイライトとして5番を紹介。九州場所からは、午後10時の『ニュース』に続いて7分間、『大相撲きょうの好取組』を放送。秋場所から導入されたVTRで、夜間ニュースの最後に注目の取組を録画で5番紹介した。

　『スポーツハイライト』(1960・1962〜1963年度)は、『スポーツだより』の後継番組。1週間のスポーツ情報のダイジェストに加えて、スポーツ選手をスタジオに招いてのインタビューやハイスピード撮影による実技分析などが好評だった。

　1978年4月、『スポーツアワー』(1978〜1983年度)が毎日午後10時台の15分番組で登場。NHKではスポーツに特化した初めてのニュース情報番組である。民放のスポーツ情報番組より放送開始時間を早く設定し、"ナイターの結果を一番早く見られる番組"をキャッチフレーズとした。番組ではプロスポーツにとどまらず、高校野球など地域発のアマチュアスポーツやウインタースポーツなども積極的に取り上げた。取材にはニュースの現場でようやく導入が始まったばかりのENG(小型ビデオカメラと携帯型ビデオカセットレコーダーを組み合わせた取材システム)を導入し、スポーツの臨場感あふれる映像をいち早く届けた。

　『スポーツアワー』は夜間帯のニュース情報番組のスポー

『サンデースポーツスペシャル』(1985〜1988年度) →P394

『スポーツハイライト』(1960年度) →P394

『スポーツアワー』(1978〜1983年度) →P394

『きょうのスポーツとニュース』
(1984〜1986年度) →P394

『NHKスポーツタイム』(1988〜1989年度) →P394

『NHKサタデースポーツ』(1990年度) →P395

『サタデースポーツ』
(1991〜2005・2011〜2021年度) →P395

『サンデースポーツタイム』(1989年度) →P394

『NHKサンデースポーツ』(1990年度) →P395

『サンデースポーツ』(1991年度〜) →P395

ツコーナーをはじめ、のちに1991年度から始まる週末のスポーツ情報番組『サンデースポーツ』や『サタデースポーツ』などに発展していく。

　1984年4月、『きょうのスポーツとニュース』(1984〜1986年度　＊1986年度は『スポーツとニュース』に改題)が午後10時台に毎日の放送で始まる。前年度までの『スポーツアワー』の放送枠を拡大し、「スポーツ」「ワールドニュース」「ローカルニュース」「全国ニュース」を総合キャスターがまとめて伝えた。プロ野球情報では、NHK野球解説者がリポーターをつとめるコーナー「プロの目」を設け、専門的な技術分析や試合展開を解説し、プロ野球の楽しみ方を深めた。

　1984年度の組織改正で「スポーツ部」が誕生。翌1985年度に、日曜のスポーツコーナーを発展させた大型スポーツ情報番組『サンデースポーツスペシャル』(1985〜1988年度)を日曜午後10時台にスタートする。「プロ野球全試合速報」や当日の内外のスポーツの結果にとどま

らず、勝敗の裏に隠されたアスリートたちの人間ドラマや、ダービー優勝馬の厩舎から中継を試みるなど、試合の中継やニュースでは伝えきれない新しい視点を提示。「スポーツ中継」「スポーツニュース」に続く第3のスポーツジャンルとして「スポーツ情報番組」のスタイルを確立した。

　1988年4月、『NHKスポーツタイム』(1988〜1989年度)を土曜午後10時台にスタートし、『サンデースポーツタイム』(1989年度)とともに、週末夜のスポーツ情報番組の充実が図られた。

　その後、『NHKスポーツタイム』は『NHKサタデースポーツ』(1990年度)を経て『サタデースポーツ』(1991〜2005・2011〜2021年度)へ、『サンデースポーツタイム』は『NHKサンデースポーツ』(1990年度)を経て『サンデースポーツ』(1991〜2017・2021年度〜)へ続いていく。

　この他、特集番組としては、年末に1年間のスポーツニュース全般を振り返る『スポーツハイライト』や、『大相撲この一年』など特定のスポーツやオリンピックを振り返る番組が放送されてきた。

スポーツニュース

『BSベストスポーツ』(2008〜2013年度) →P397

02

衛星第1のスポーツニュース

　1989年に衛星放送の本放送が始まると、衛星第1は「ニュースとスポーツ」のチャンネルと位置づけられる。

　1993年4月、国内唯一の海外スポーツニュース番組『BSスポーツニュース』(1993〜1996年度)が、平日午後10時からの1時間番組でスタートする。アメリカのスポーツ専門テレビ局の番組をベースに、アメリカの4大プロスポーツ(MLB、NBA、NFL、NHL)やテニス、ヨーロッパ・サッカーのニュースと話題を中心に、海外スポーツを幅広く取り上げた。

　1995年に近鉄バファローズの投手・野茂英雄が海を渡り、大リーグのロサンゼルス・ドジャースに入団。日本人としては村上雅則以来、2人目のメジャーリーガーとなった。6月にメジャー初勝利をあげると、同じ月に球団新人最多の16奪三振と日本人初の完封勝利を記録。"NOMOマニア"という言葉が生まれるほど、現地アメリカのMLBファンを熱狂させた。『BSスポーツニュース』は野茂の活躍を、現地取材でいち早く日本に伝えた。

　『ワールドスポーツ』(2000〜2002年度)は、平日午後10時台の50分(月曜のみ60分)番組。「きょうの大リーグ」「PGAツアーハイライト」「WGP(モータースポーツ)ハイライト」など、BSで放送したスポーツのハイライトを中心に構成。「Xゲーム」「スノーボードW杯」など、若者に人気の新しいスポーツも随時紹介した。2001年はイチローのメジャー

『MLBハイライト』(2003〜2010年度) →P396

挑戦でMLB中継への関心がかつてないほど高まり、『ワールドスポーツ』ではイチローの最新情報を伝え、視聴者の期待に応えた。

　『BSベストスポーツ』(2008〜2013年度)は、毎週土曜の午後11時台放送のスポーツ情報番組。米国のメジャースポーツからイギリスのサッカー・プレミアリーグ、フランスの自転車レース大会ツール・ド・フランスなど、さまざまなジャンルのワールドスポーツの最新情報をドラマチックなシーンを交えて紹介した。キャスターはスポーツジャーナリストの生島淳。

　BS1は特定のスポーツに特化した番組も多い。『MLBハイライト』(2003〜2010年度)は、4〜9月の平日夜間に放送。イチロー、松井秀喜、松坂大輔など、日本人選手の活躍で注目を集めるMLB情報を、「きょうの日本人メジャーリーガー」のサブタイトルをつけてハイライトで紹介した。

2013年からはスタジオ生番組『ワールドスポーツMLB』（2013 ～ 2018 年度）が、2019 年 からは『ワースポ×MLB』がスタート。ピッチャーと打者の"二刀流"で注目を浴びるロサンゼルス・エンジェルス（2024年シーズンよりロサンゼルス・ドジャース）の大谷翔平やダルビッシュ有、前田健太ら日本人選手の活躍を伝える。

　MLBと並ぶ人気のワールドスポーツがサッカーだ。1993年に日本初のプロサッカーリーグ「Jリーグ」が開幕。1998年にはフランスで開催されたFIFAワールドカップに日本代表が初出場し、1990年代後半から日本のサッカー人気は急上昇した。

　Jリーグの盛り上がりを背景に『速報・サッカー21』（1999 ～2001年度）が、土曜午後9時台に登場。当日行われるJリーグの結果をいち早く伝える初のサッカー専門ニュース番組となった。その後、『速報Jリーグ』（2001～2005年度）、『Jリーグタイム』（2006年度～）に引き継がれる。

　そのほか米NFLの注目カードや好ゲームをピックアップしたハイライト番組『NFLウイークリー』（2005・2013～2018年度）、プロバスケットボール・Bリーグの情報を伝えるスタジオ生放送番組『熱血解剖！Bリーグ』（2017～2019年度）などを放送した。

『Jリーグタイム』（2006年度～）→P396

『速報・サッカー21』（1999～2001年度）→P395

『速報Jリーグ』（2001～2005年度）→P396

『ワールドスポーツMLB』（2013～2018年度）→P397

『熱血解剖！Bリーグ』（2017～2019年度）→P397

テレビ編 番組一覧 ニュース 05

01.ドラマ 02.クイズ・バラエティー 03.音楽 04.伝統芸能 05.ニュース 06.報道・ドキュメンタリー 07.紀行 08.教養・情報 09.自然・科学 10.こども・教育 11.人形劇・アニメ 12.趣味・実用 13.大型特集番組等

スポーツニュース ｜ 定時番組

1950年代

週間スポーツ 1958～1959年度
1週間の主なスポーツの中から4～5項目を取り上げ、取材フィルムで試合を中心に紹介した。

1960～1970年代

スポーツハイライト 1960・1962～1963年度
『週間スポーツ』と『スポーツだより』を統合。直近1週間に行われた試合等のフィルムダイジェストに加えて、選手へのインタビュー、解説、座談会等のスタジオ制作番組を加えて構成。ハイスピード撮影やストップモーションをまじえての実技分析が好評を呼んだ。総合(火)午後6時30分からの20分番組。1962年4月にその日のスポーツをダイジェストで紹介するデイリーの10分番組を午後11時台に新設。(年度前期放送)

スポーツアワー 〈1978～1983〉 1978～1983年度
"ナイターの結果を一番早く見られる番組"がキャッチフレーズ。プロ野球や大相撲のほかにも、アマチュアスポーツや市民スポーツにも力を入れ、高校野球やウインタースポーツも取り上げた。総合で毎日午後10時45分～11時までの15分番組。

1980年代

きょうのスポーツとニュース 1984～1986年度
1983年度まで放送の『スポーツアワー』の後継番組。その日のスポーツ情報と、ワールドニュース、ローカルニュース、全中ニュースを伝えるニュースワイド番組。総合で毎日午後10時台に放送の40分番組(土・日は35分)としてスタートし、1986年度に『スポーツとニュース』に改題。(月～土)放送の55分番組(土は40分)となる。キャスターは松平定知アナウンサーほか。

サンデースポーツスペシャル 1985～1988年度
『きょうのスポーツとニュース』(1984～1986年度)の日曜版が独立した形の大型スポーツ情報番組。総合(日)午後10時からの55分番組でスタート。プロ野球全試合速報をはじめ、当日の内外のスポーツニュース、スポーツドキュメント、選手へのインタビュー等で構成。初代キャスターは、1982年に現役を引退した元中日ドラゴンズの名投手星野仙一。

トランスワールドスポーツ 1987・1994～1995年度
メジャー、マイナーを問わず、世界中で繰り広げられているさまざまなスポーツシーンを、ウイークリーで伝えるスポーツ紹介番組。オートバイレース、スピードボード、サーフィン、ハングライダー、トレイルランニングなど、地上波ではふだん取り上げない競技種目をアップテンポな演出で紹介した。イギリス制作の番組『トランスワールドスポーツ』の映像を下敷きに制作。衛星第1で1987年7～10月と1994～1995年度に放送。

ワールドスポーツマガジン 1987年度
1987年10月まで放送した『トランスワールドスポーツ』を改題し、内容を刷新。イギリスのトランスワールドインターナショナル社制作の『トランスワールドスポーツ』の映像に、NHKに続々と入ってくる他のスポーツ映像からも広く素材を集めて放送した。衛星第1(土)午前10時からの60分番組。1987年11～3月放送。

NHKスポーツタイム 1988～1989年度
総合(土)午後10時台の25分番組。週休2日制が進み、スポーツイベントが増えた土曜日に、スポーツに特化した情報番組。日曜夜間の『サンデースポーツスペシャル』(1985～1988年度)と併せて、週末のスポーツ情報が充実。翌1989年度は(月～土)午後10時台の15分番組となる。

サンデースポーツタイム 1989年度
総合(日)午後10時からの1時間番組(後期は55分)。『サンデースポーツスペシャル』(1985～1988年度)を改題。当日のスポーツイベントで活躍した"ヒーロー"をゲストとしてスタジオに招き、インタビューした。キャスターは宮本隆治、道傳愛子の両アナウンサーと元阪急ブレーブスのエース投手山田久志が務めた。

1990年代

NHKサンデースポーツ　1990年度

『サンデースポーツタイム』（1989年度）の後継番組。総合（日）午後10時台の55分番組でスタート。当日のスポーツの経過ならびに結果と、スポーツが生み出す感動を伝えるスポーツ情報番組。王貞治ら4人の「スペシャルゲスト」を迎え、感動の瞬間を分析して伝えた。キャスターは森中直樹アナウンサーと宮田佳代子。1991年度からは『サンデースポーツ』に、2018年度は『サンデースポーツ2020』に改題。

NHKサタデースポーツ　1990年度

総合（土）午後10時台に25分番組でスタート。『NHKサンデースポーツ』（1990年度）の土曜版。当日のスポーツ情報のほかに、競技の見どころを新しい視点からクローズアップ。さらに翌日曜に行われるビッグスポーツの事前情報も伝えた。キャスターは森中直樹アナウンサーと宮田佳代子。1991年度に『サタデースポーツ』に改題し、30分番組になる。

サンデースポーツ　1991〜2017・2021年度〜

『NHKサンデースポーツ』（1990年度）の後継番組。総合（日）午後10時台の55分番組でスタート。当日のスポーツの経過ならびに結果と、スポーツが生み出す感動を伝えるスポーツ情報番組。王貞治や元横綱千代の富士などスポーツ界のレジェンドたちが、ゲームや勝負の機微や見どころを解説。キャスターは福島敦子と梨田昌孝（プロ野球解説者）。2018〜2020年度は『サンデースポーツ2020』とした。

サタデースポーツ　1991〜2005・2011〜2021年度

総合（土）午後10時台に30分番組でスタート。『サンデースポーツ』（1991〜2017・2021年度）の土曜版。当日のスポーツ情報のほかに、競技の見どころを新しい視点からクローズアップ。さらに翌日曜に行われるビッグスポーツの事前情報も伝えた。キャスターは福島敦子と吉田賢アナウンサー。

BSスポーツニュース　1993〜1996年度

衛星第1（月〜金）夜間に放送する国内唯一の海外スポーツ番組。アメリカのスポーツ専門テレビ局のニュースをベースに、MLB（大リーグ）、NBA（米プロバスケットボール）、NFL（米プロフットボール）、PGA（米プロゴルフ）などのメジャースポーツや、FIFAワールドカップで盛り上がる世界各国のサッカー情報などを紹介。キャスターは元野球選手の青島健太。

スポーツタイム　1993〜1994年度

総合（月〜金）午後10時台のスポーツ情報番組。大相撲、Jリーグ、プロ野球を3本柱に据え、アマチュアスポーツからウインタースポーツまで、スポーツ情報を15分サイズでコンパクトに伝えた。キャスターは藤井康生アナウンサー。

スポーティーフライデー　1995年度

週末金曜日の深夜帯に放送した若者をターゲットにしたスポーツ情報番組。番組は海外スポーツを中心に、米メジャースポーツ（MLB、NBA、NFL）、モータースポーツ（インディカー、スーパークロスなど）、ニュー・スポーツ（マウンテンバイク、スノーボードなど）の3本柱で構成。野茂英雄投手が大リーグで活躍したことで一気に関心が高まった。衛星第1（金）午後11時からの90分番組。

スポーティーサンデー　1996年度

衛星第1（日）午後8時から放送する1時間のスポーツ情報番組。その日の内外の注目スポーツと1週間のスポーツをまとめて伝えた。

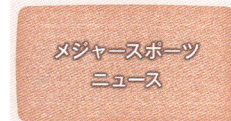

メジャースポーツニュース　1997〜1998年度

衛星第1（日）午後9時から60分のスポーツ情報番組。1996年度の『スポーティーサンデー』と（月〜金）夜間に放送する『BSスポーツニュース』を統合。高まるアメリカのメジャースポーツブーム（MLB、NBA、NFL、PGA）に応え、それらをハイライトで放送し、メジャースポーツ中継番組『エキサイティングスポーツ』の入門番組と位置づけた。1997年4〜11月に放送。

速報・サッカー21　1999〜2001年度

Jリーグの盛り上がりを背景に新設されたサッカー専門情報番組。衛星第1（土）（12〜3月は日曜）の午後9時台に放送。当日に行われるJリーグの結果を、いち早く伝える。キャスターはサッカー解説者の松木安太郎。

速報・J2　1999〜2001年度

プロサッカー1部リーグJ1昇格を目指す2部・J2の好カードを中心に全試合の結果をまとめたJ2専門番組。日曜の午前0時台に放送する10分番組。

スポーツニュース ｜ 定時番組

2000年代

ワールドスポーツ 2000〜2002年度

衛星第1(月〜金)の夜間に、世界のスポーツをハイライトで放送。「MLB(大リーグ)」「PGA(アメリカプロゴルフツアー)」「WGP(ロードレース選手権)」のほか、「スノーボードW杯」「Xゲーム」など、若者に人気の新スポーツシリーズも随時編成した。

速報Jリーグ 2001〜2005年度

『速報・サッカー21』(1999〜2001年度)の後を受けて2002年3月より放送をスタート。Jリーグの試合結果をいち早く伝えるサッカー情報番組。衛星第1の(土・日)の夜間を中心に放送。キャスターはサッカー解説者の長谷川健太ほか。

BSスポーツファンクラブ 2003年度

本物志向のメジャースポーツ・エンターテインメント番組。MLB、NFL、NBA、PGAといったアメリカのメジャースポーツや、モトGPなどBSスポーツで扱うスポーツを題材に、"現地の目"でスポーツの魅力、本場の楽しみ方、スーパースターの素顔を伝える。衛星第1(前期・金/後期・日)午後9時からの29分番組。

ハイビジョンスポーツダイジェスト 2003〜2005年度

前日かその日に行われた大リーグのダイジェストのほか、オリンピック、ウィンブルドンテニス、NHK杯フィギュアなど過去のスポーツの名場面も放送した。ハイビジョン(月〜金)午後6時からの45分番組。

MLBハイライト 2003〜2010年度

野茂英雄、イチローに続き、松井秀喜の移籍で注目が集まるMLB中継を、午前中の生中継を視聴できないサラリーマン層をターゲットに、夜間から深夜帯にかけてハイライトで伝える。MLBのシーズンである4〜9月に、衛星第1(月〜金)で放送。

大リーグ　インサイドリポート 2003〜2011年度

MLBプロダクション制作の「This week in baseball」の日本語版。大リーグの舞台裏、スーパースターの素顔などを紹介。衛星第1(水)午後9時30分からの20分番組。

ワールドスポーツハイライト 2005年度

世界のさまざまなスポーツを紹介する番組枠。「MLBハイライト」「世界のサッカー情報」「世界おもしろスポーツ」「世界の競馬」などを放送。衛星第1(火〜土)午前0時30分からの30分番組、(月)午後4時15分からの25分番組。

実践ガイド 2006FIFAワールドカップ 2005〜2006年度

2006年6月開催のFIFAワールドカップドイツ大会に向けた"実践的"観戦ガイド。日本を含めた出場32チームの最新情報と、ワールドカップに関するさまざまな話題を伝え、大会本番への関心を高めた。出演は日比野克彦、大道寛子、山本浩解説委員ほか。衛星第1(土)午後9時10分からの30分番組。2005年12月から2006年6月まで放送。

Jリーグタイム 2005年度〜

『速報Jリーグ』(2001〜2005年度)を改題し2006年3月5日よりスタート。衛星第1で土曜の夜間に、その日のJ1全試合全ゴールをどこよりも早くダイジェストで伝える。J2は定期的に特集を企画。シーズンオフは、各回テーマを設けて特集企画を放送。

スポーツ＆ニュース 2006年度

「1日の終わりに"知りたい情報"を、コンパクトに詰め込んだニュース番組」がコンセプト。総合(月〜金)午後11時台の25分番組。その日のニュース、スポーツの結果、そしてニュースの背景を掘り下げた「時論公論」で構成した。10分のスポーツ枠ではプロ野球の試合結果を伝えるだけでなく、選手や監督の談話を盛り込み、勝負を分けたポイントを浮き彫りにした。キャスターは工藤三郎アナウンサー。

ベストスポーツUSA 2006〜2007年度

MLB、NBA、NFL、PGAなどのアメリカのメジャースポーツのだいご味をマンスリー(月1回)で伝えるハイライト番組。視聴者のリクエストに応えて好カードを振り返るとともに、選手やチームのトピックスなど、最新情報を伝えた。キャスターはスポーツジャーナリストの生島淳と與芝由三栄アナウンサー。ハイビジョン(日)午前1時からの49分番組。衛星第1でも放送。

きょうのニュース＆スポーツ 2007〜2009年度

『スポーツ＆ニュース』(2006年度)を改題。その日の主なニュースやスポーツの結果をコンパクトに伝える"1日の最終ニュース番組"。総合(月〜金)午後11時30分から40分間放送。「ニュースコーナー」「スポーツコーナー」「ローカルニュース」「気象情報」「時論公論」などで構成した。キャスターは野村正育アナウンサー。

土曜スポーツタイム　2007〜2010年度

総合(土)午後10時台に放送。その日のスポーツの結果を中心に伝えると同時に、各競技の1週間がわかる週末ならではのスポーツ情報番組とした。キャスターの一橋忠之アナウンサーが現場に出向き、独自の視点で注目試合をクローズアップする「メインゲーム」、競技の裏に隠されたドラマや、選手を支える人々にスポットを当てた「アナザーストーリー」などで構成。

BSベストスポーツ　2008〜2013年度

衛星第1の週末に放送したスポーツ情報生番組。MLB、NBA、NFLなどの海外メジャースポーツの結果と勝敗のカギを、スポーツジャーナリストの生島淳が多角的な視点から明らかにする。ボストン・レッドソックスの上原浩治が出演する毎月の人気企画「全力通信」が米紙「ニューヨーク・タイムズ」に取り上げられるなど話題となった。

2010年代

Bizスポ　2010〜2011年度

働き盛り世代を対象とした"経済&スポーツ"情報番組。経済ニュースを独自の切り口で伝えるほか、この時間に動き始めるニューヨーク・マーケットを、現地の専門家が分析。スポーツは、『ニュースウオッチ9』(2006年度〜)の放送時間内に間に合わなかったプロ野球の結果を中心に伝えた。総合(月〜木)午後11時台の25分番組。2011年度は(月〜金)で放送。キャスターは堀潤アナウンサー、飯田香織記者、與芝由三栄アナウンサー。

Bizスポ・ワイド　2010年度

働き盛り世代に送るデイリーの経済&スポーツ情報番組『Bizスポ』は、午後11時25分から総合(月〜木)で放送する25分番組。『Bizスポ・ワイド』はその金曜版で50分のワイド版。企業経営者やエコノミストなど第一線で活躍する経済人をゲストに、企業戦略や経済の新たな動きに密着。日本経済をどう良くするか、活発な議論でヒントを探る。また地方から芽吹く再生の取り組みや、金曜トレンド情報「金トレ」を伝えた。

Sportsプラス　2012〜2015年度

「その日のスポーツを10分間にギュッと凝縮」をキャッチフレーズに、総合(月〜金)午後11時台の10分番組。各局発のリポート、スポーツ担当記者・ディレクターのリポート、各スポーツ専門家の生解説など、企画ものを年間200本以上放送した。

ワールドスポーツMLB　2013〜2018年度

『MLBハイライト』(2003〜2010年度)の後継番組。4〜10月のシーズン期間中にBS1で(月〜金)午後11時台に放送。世界最高峰のプレーを、メジャーを経験した解説者とともに伝えるスタジオ生番組。MLB以外にも、欧州サッカーやNBA、NFL、PGAなど、海外メジャースポーツの最新情報を伝えた。

サッカープラネット　2013〜2014年度

世界中のサッカー事情や注目選手の動向などを伝えた。メイン企画の「サッカープラネットを行く!」では、2014年6月にブラジルで開幕するFIFAワールドカップを目指して予選を戦う国や地域を特集した。また、世界を舞台にプレーする日本人選手の最新情報や、名勝負を繰り広げた海外選手の秘話や名言も伝えた。キャスターは古賀一アナウンサーほか。コメンテーターは山本浩。BS1(日)夜間の44分番組。

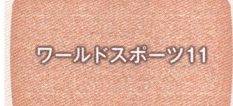

ワールドスポーツ11　2013年度

『ワールドスポーツMLB』(2013〜2018年度)を、MLBのオフシーズンに『ワールドスポーツ11』と改題しリニューアル。長友佑都、岡崎慎司など、日本選手が活躍した欧州サッカーの試合を詳しく速報するほか、MLB以外のアメリカメジャースポーツの情報を伝えた。

ワールドスポーツSOCCER　2016年度

欧州サッカーを中心に海外メジャースポーツの情報を伝えるスタジオ生番組。BS1で11月から3月の(月・火)午後9時台に放送。月曜は主にイギリス・プレミアリーグ、火曜は主にドイツ・ブンデスリーガとイタリア・セリエの試合結果等について、早野宏史、山本昌邦、福西崇史らサッカー解説者とともに伝える。

熱血解剖!Bリーグ　2017〜2019年度

発足2シーズン目を迎えたプロバスケットボール・Bリーグの情報を伝えるスタジオ生放送番組。直近で行われたB1のゲームから注目試合を選び、Bリーグ公認アナリストの佐々木クリスが独自データやVTRを使って勝負のポイントを解説。スタジオでの選手トークもあり、プレーの裏側や得意技の秘けつなどを聞き出した。MCは神田れいみ。BS1(月)午後9時からの49分番組(初年度)。2017年11月〜2019年5月放送。

熱血バスケ　2019年度〜

『熱血解剖!Bリーグ』(2017〜2019年度)のあとを受けてスタート。プロバスケットボールのBリーグや女子Wリーグ、八村塁選手のNBA、3人制バスケ、東京五輪を目指す男女代表などを、スタジオ生放送で伝えるバスケットボールの総合情報番組。バスケットボールアナリスト・佐々木クリスが直近の試合を深掘り解説する。MCは神田れいみ。BS1(月)午後9時からの49分番組(初年度)。

ワースポ×MLB　2019年度〜

2018年度まで放送の『ワールドスポーツMLB』を改題。MLBを中心とした海外スポーツに、新たにプロ野球を加えたスタジオ生放送の情報番組。BS1(月〜金)午後11時から、(日・月)は午前0時から49分番組で放送。キャスターは山本萩子、上田まりえほか。解説は黒木知宏、小早川毅彦、岩村明憲ほか。

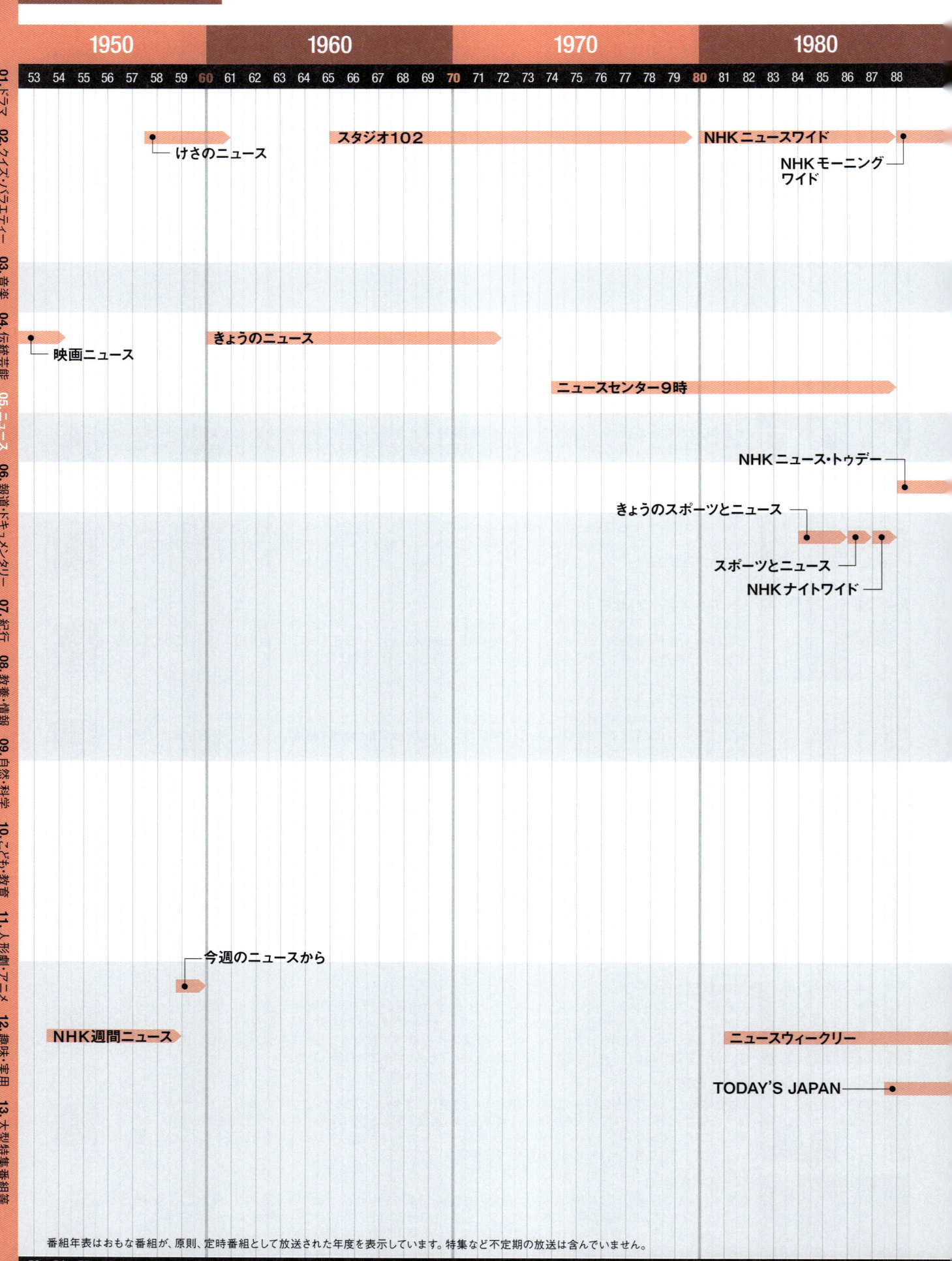

	1950							1960										1970										1980								
53	54	55	56	57	58	59	60	61	62	63	64	65	66	67	68	69	70	71	72	73	74	75	76	77	78	79	80	81	82	83	84	85	86	87	88

けさのニュース

スタジオ102

NHK ニュースワイド

NHK モーニングワイド

映画ニュース

きょうのニュース

ニュースセンター9時

NHK ニュース・トゥデー

きょうのスポーツとニュース

スポーツとニュース

NHK ナイトワイド

今週のニュースから

NHK週間ニュース

ニュースウィークリー

TODAY'S JAPAN

縦書き項目（左側）: 01.ドラマ　02.クイズ・バラエティー　03.音楽　04.伝統芸能　05.ニュース　06.報道・ドキュメンタリー　07.紀行　08.教養・情報　09.自然・科学　10.こども・教育　11.人形劇・アニメ　12.趣味・実用　13.大型特集番組等

番組年表はおもな番組が、原則、定時番組として放送された年度を表示しています。特集など不定期の放送は含んでいません。

53	54	55	56	57	58	59	60	61	62	63	64	65	66	67	68	69	70	71	72	73	74	75	76	77	78	79	80	81	82	83	84	85	86	87	88

国内ニュース

| | 1990 | | 2000 | | 2010 | | 2020 | |

89 90 91 92 93 94 95 96 97 98 99 00 01 02 03 04 05 06 07 08 09 10 11 12 13 14 15 16 17 18 19 20 21 22 23 24 年度

NHKニュース おはよう日本

おはよう5

NHKおはようサンデー

NHKモーニングワイドサンデー

イブニングネットワーク～列島リレー・平成にっぽん～

列島リレー

NHKネットワークニュース

イブニングネットワーク
ー列島リレー

ゆうどきネットワーク

ニュースLIVE！ ゆう5時／
ニュース きん5時

ニュース シブ5時／
ニュース きん5時

ニュース
シブ5時

ニュース シブ5時／
4時も！シブ5時

ニュース
シブ5時

午後LIVE
ニュースーン

NHKニュース7

NHKニュース・21

NHKニュース9

ニュースウオッチ9

サタデー
ウオッチ9

NHKニュース10

NHKニュース11

NEWS
WEB24

NEWS
WEB

ニュース
きょう一日

きょうの
ニュース＆スポーツ

Bizスポ

ニュース
チェック11

スポーツ＆ニュース

Bizスポ／
Bizスポ・ワイド

Bizプラス

BSニュース50

BSニュース

情報まるごと

日本列島 ふるさと発

お元気ですか 日本列島

BS列島情報

列島
ニュース

BS列島ニュース

列島ニュース

NHKネットワーク54

海洋情報

週刊こどもニュース

週刊まるわかりニュース

週刊 ニュース深読み

NHK週刊ニュース

JAPAN THIS DAY
ーNHK WORLD

News Today 30 Minutes

NHK NEWS
JAPAN UPDATE

JAPAN THIS WEEK

BSニュース4K＋ふるさと

BSニュース4K

NHK 週刊英語ニュース
ーNHK NEWS JAPAN WEEKLY

JAPAN 7DAYS

週刊4K
ふるさとだより

89 90 91 92 93 94 95 96 97 98 99 00 01 02 03 04 05 06 07 08 09 10 11 12 13 14 15 16 17 18 19 20 21 22 23 24

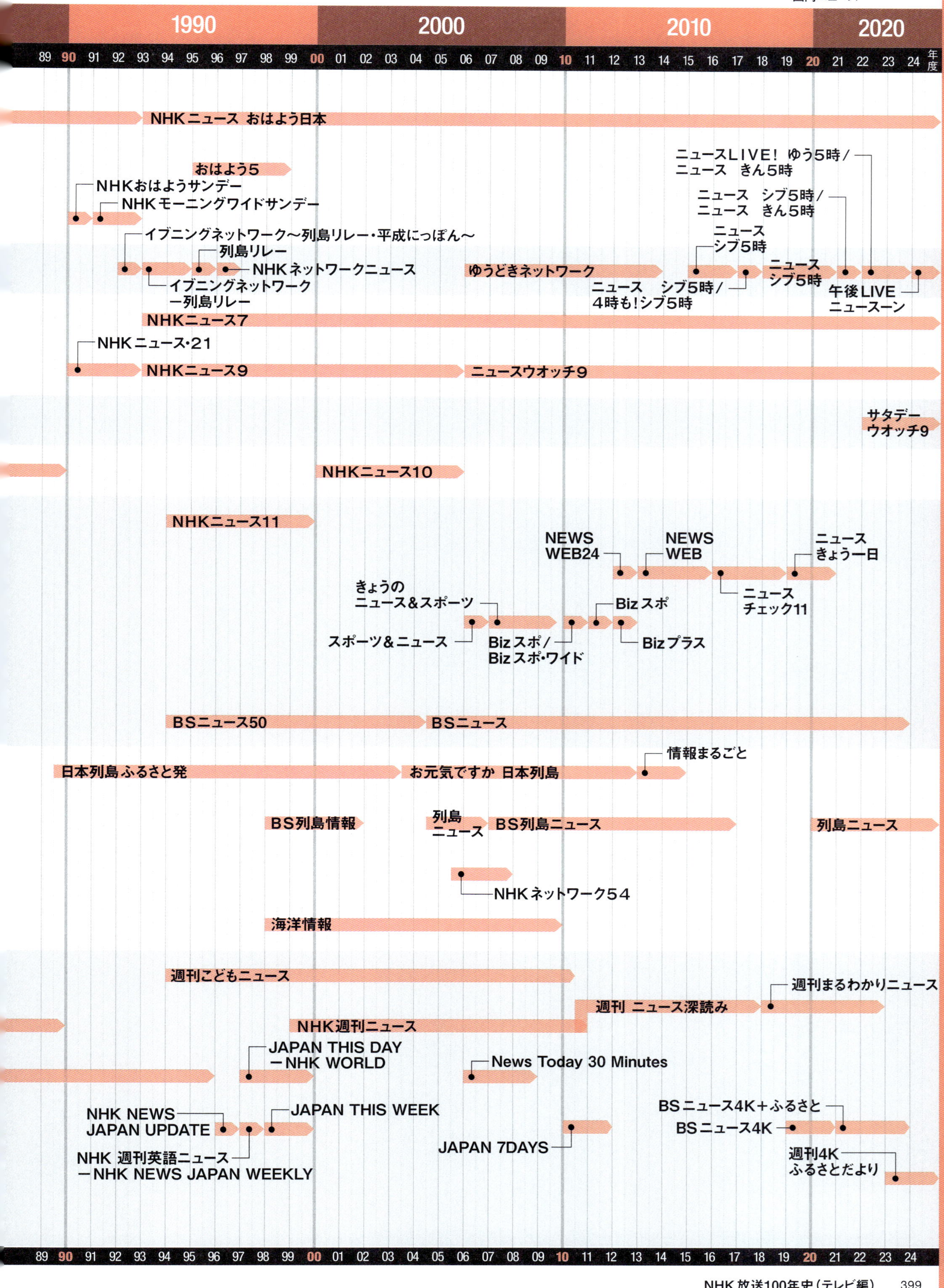

国際ニュース番組年表

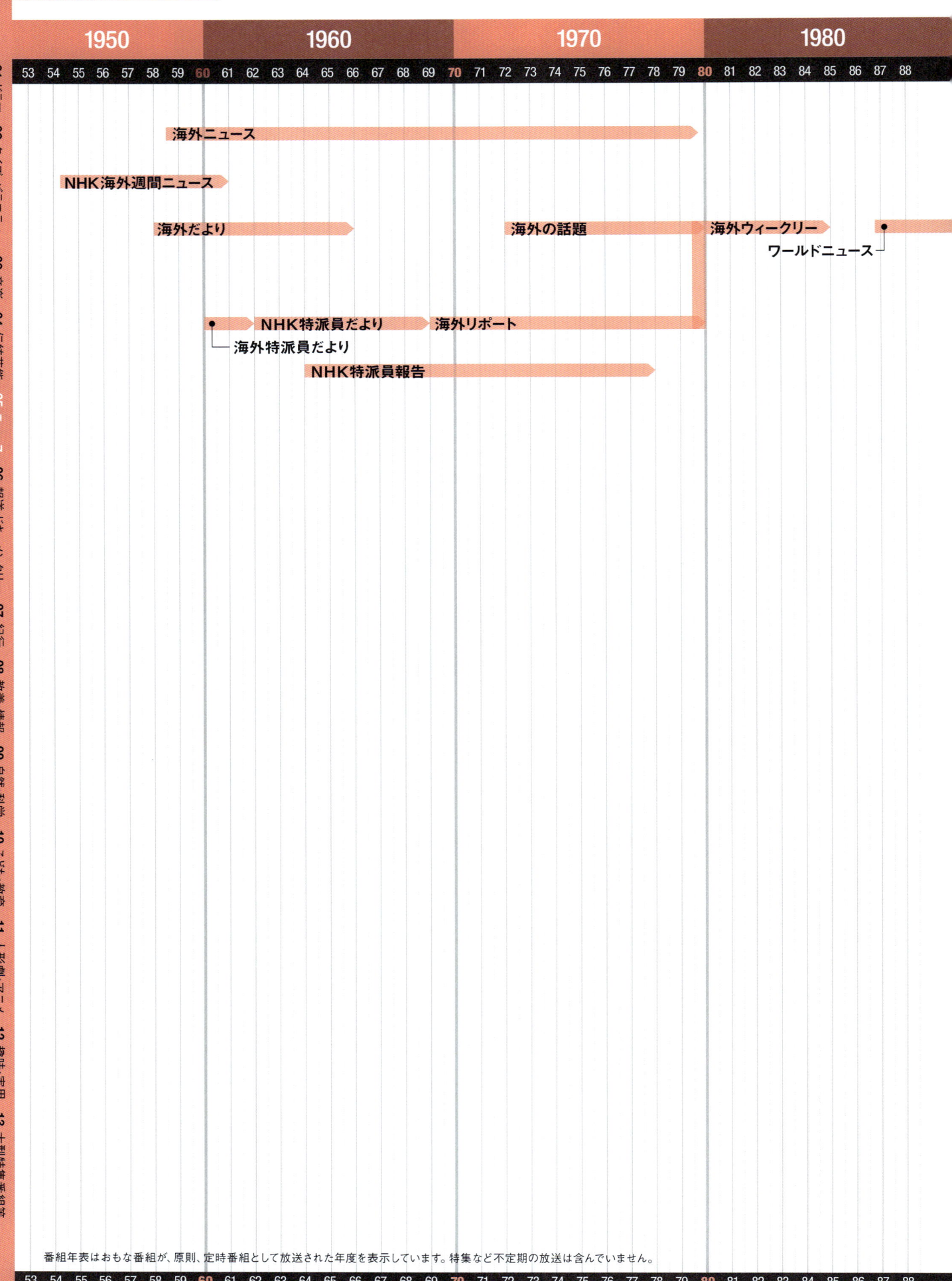

WEB版の年表はこちら

国際ニュース

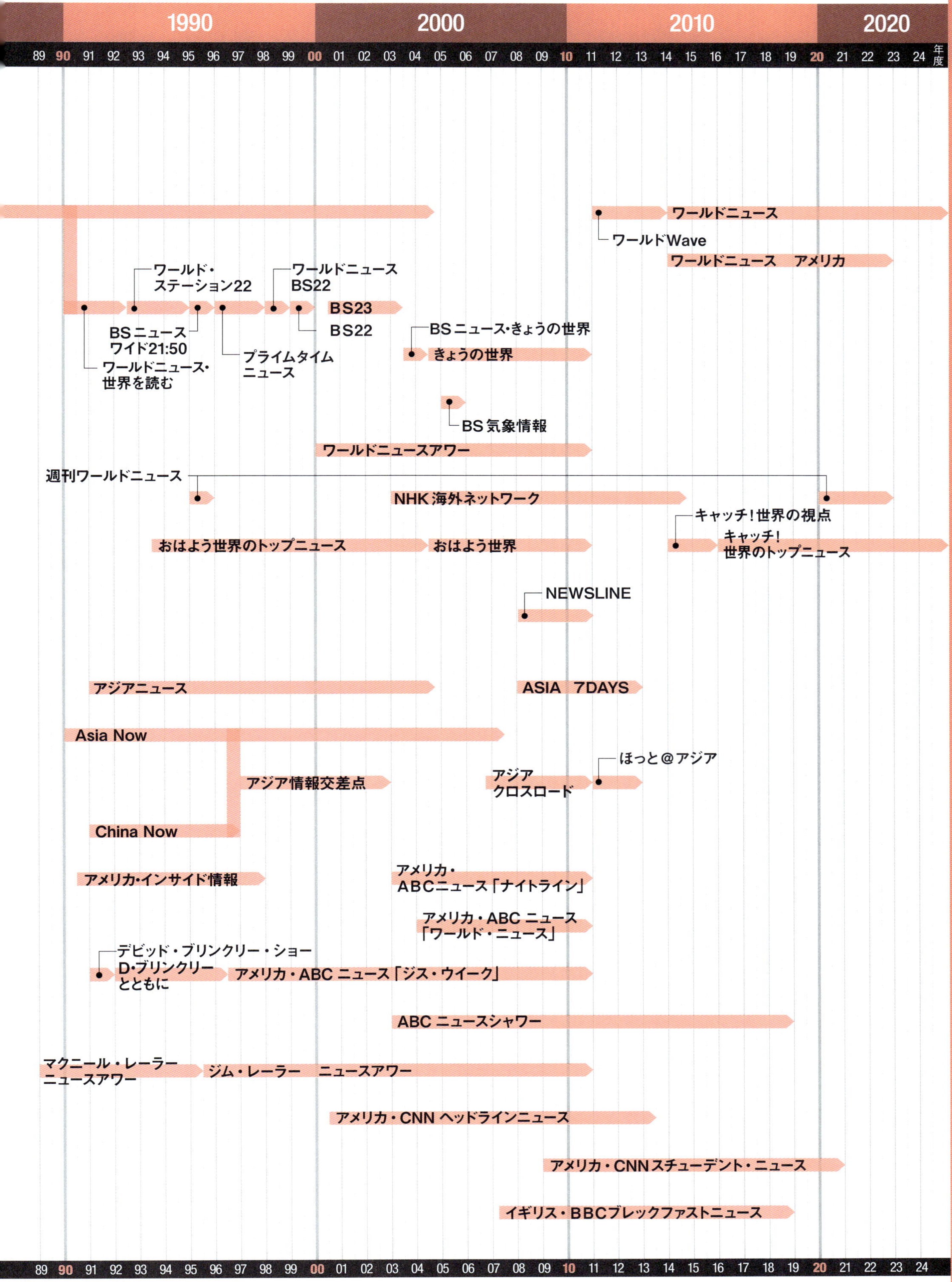
1990
2000
2010
2020
89 90 91 92 93 94 95 96 97 98 99 00 01 02 03 04 05 06 07 08 09 10 11 12 13 14 15 16 17 18 19 20 21 22 23 24 年度
ワールドニュース
ワールドWave
ワールドニュース　アメリカ
ワールド・ステーション22
ワールドニュース BS22
BS23
BS22
BSニュース ワイド21:50
ワールドニュース・世界を読む
プライムタイム ニュース
BSニュース・きょうの世界
きょうの世界
BS気象情報
ワールドニュースアワー
週刊ワールドニュース
NHK海外ネットワーク
キャッチ！世界の視点
おはよう世界のトップニュース
おはよう世界
キャッチ！ 世界のトップニュース
NEWSLINE
アジアニュース
ASIA　7DAYS
Asia Now
アジア情報交差点
アジア クロスロード
ほっと＠アジア
China Now
アメリカ・インサイド情報
アメリカ・ABCニュース「ナイトライン」
アメリカ・ABC ニュース「ワールド・ニュース」
デビッド・ブリンクリー・ショー
D・ブリンクリーとともに
アメリカ・ABC ニュース「ジス・ウイーク」
ABC ニュースシャワー
マクニール・レーラー ニュースアワー
ジム・レーラー　ニュースアワー
アメリカ・CNN ヘッドラインニュース
アメリカ・CNNスチューデント・ニュース
イギリス・BBCブレックファストニュース
89 90 91 92 93 94 95 96 97 98 99 00 01 02 03 04 05 06 07 08 09 10 11 12 13 14 15 16 17 18 19 20 21 22 23 24

スポーツニュース番組年表

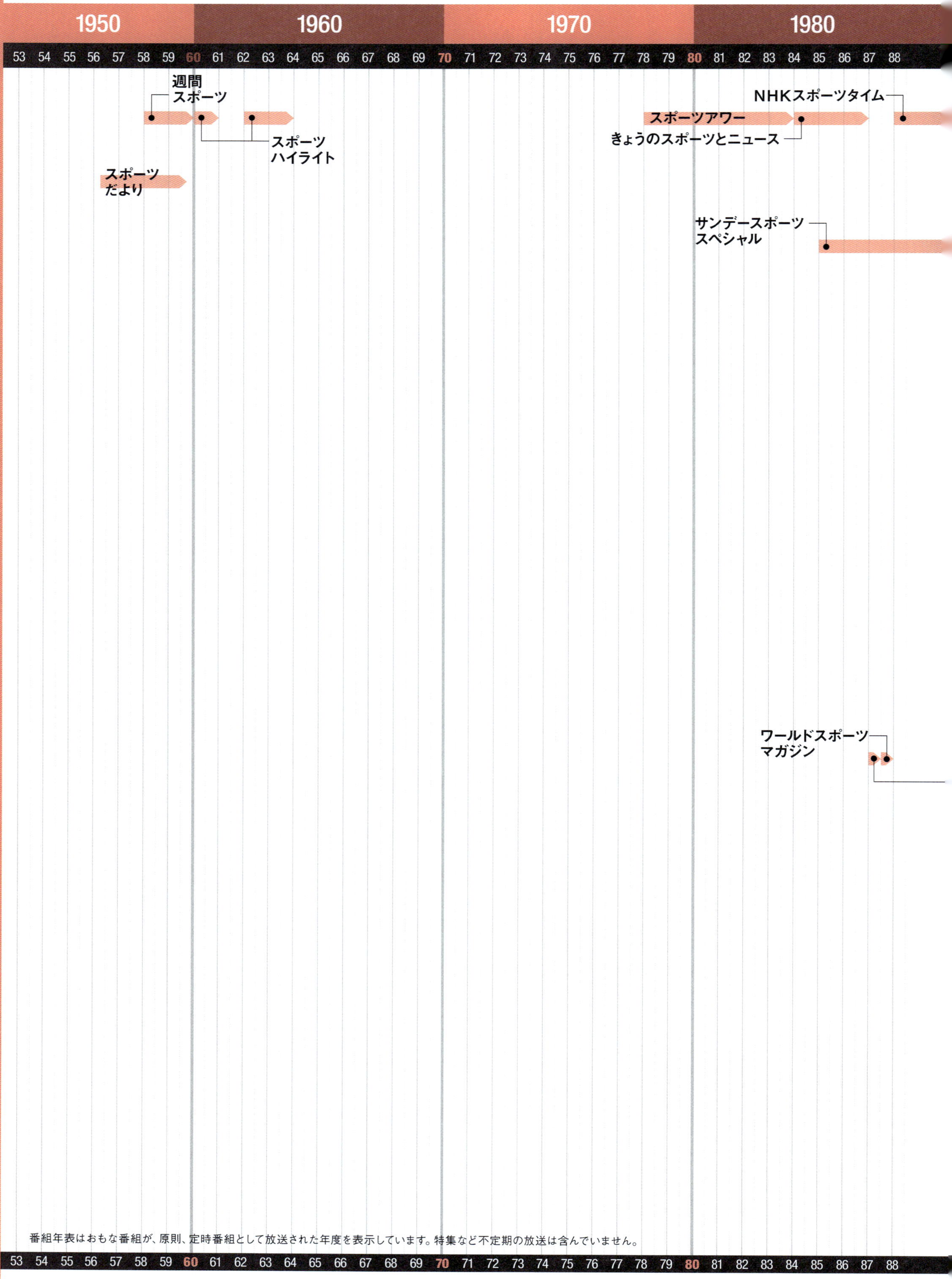

1950							1960											1970										1980								

53 54 55 56 57 58 59 **60** 61 62 63 64 65 66 67 68 69 **70** 71 72 73 74 75 76 77 78 79 **80** 81 82 83 84 85 86 87 88

週間
スポーツ

スポーツ
ハイライト

スポーツ
だより

NHKスポーツタイム

スポーツアワー
きょうのスポーツとニュース

サンデースポーツ
スペシャル

ワールドスポーツ
マガジン

番組年表はおもな番組が、原則、定時番組として放送された年度を表示しています。特集など不定期の放送は含んでいません。

53 54 55 56 57 58 59 **60** 61 62 63 64 65 66 67 68 69 **70** 71 72 73 74 75 76 77 78 79 **80** 81 82 83 84 85 86 87 88

WEB版の年表はこちら

スポーツニュース

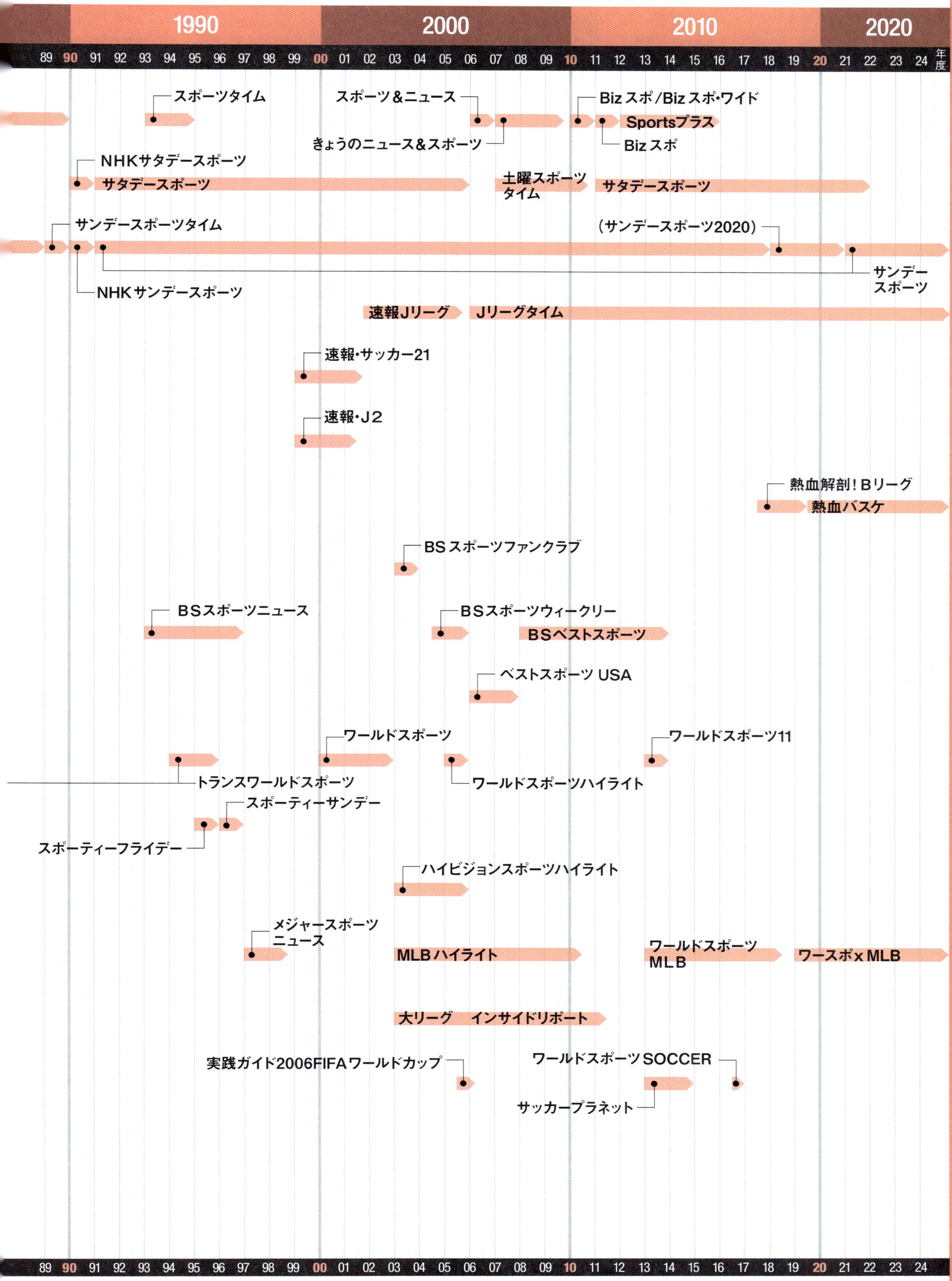

	1990					2000						2010				2020	

89 **90** 91 92 93 94 95 96 97 98 99 **00** 01 02 03 04 05 06 07 08 09 **10** 11 12 13 14 15 16 17 18 19 **20** 21 22 23 24 年度

スポーツタイム

スポーツ＆ニュース

きょうのニュース＆スポーツ

Biz スポ/Biz スポ・ワイド

Sportsプラス

Biz スポ

NHKサタデースポーツ

サタデースポーツ

土曜スポーツ
タイム

サタデースポーツ

サンデースポーツタイム

（サンデースポーツ2020）

サンデー
スポーツ

NHKサンデースポーツ

速報Jリーグ　　Jリーグタイム

速報・サッカー21

速報・J2

熱血解剖！Bリーグ

熱血バスケ

BS スポーツファンクラブ

BSスポーツニュース

BSスポーツウィークリー

BSベストスポーツ

ベストスポーツ USA

ワールドスポーツ

ワールドスポーツ11

トランスワールドスポーツ

ワールドスポーツハイライト

スポーティーサンデー

スポーティーフライデー

ハイビジョンスポーツハイライト

メジャースポーツ
ニュース

MLBハイライト

ワールドスポーツ
MLB

ワースポ x MLB

大リーグ　　インサイドリポート

実践ガイド2006FIFA ワールドカップ

ワールドスポーツ SOCCER

サッカープラネット

89 **90** 91 92 93 94 95 96 97 98 99 **00** 01 02 03 04 05 06 07 08 09 **10** 11 12 13 14 15 16 17 18 19 **20** 21 22 23 24

NHK放送100年史（テレビ編）　403

報道・ドキュメンタリー
時事・報道

01

ニュースの背景、意味を問う

〜ニュース解説番組〜

報道番組においては、事実を正確に伝えるニュースとともに、その事実の持つ意味や背景を分析して解説することが求められる。

『ニュース解説』は、テレビが本放送を開始した1953年2月から、夜間の10〜15分番組としてスタートした。NHK解説委員がニュースの持つ意味や背景を解説するもので、ラジオで以前から放送していた『ニュース解説』のテレビ版である。

『ニュース解説』は『時事解説』、『きょうの話題』と改題した後、1954年11月『ニュースの焦点』(1954〜1971年度)として新たにスタートする。総合テレビで(月〜金)放送の10〜15分番組で、その日の内外のニュースから重要な項目を選んで、その意味や問題点、背景などを解説した。

『ニュースの焦点』は『ニュース解説』(1972〜1983年度)を経て、『きょうの焦点』(1984〜1986年度)へと続く。『きょうの焦点』ではテレビ放送開始時から続いてきた"ひとり語り"に、対談、座談というスタイルを導入した。

平日午後10・11時台のニュースとニュース解説は、その後『NHKナイトワイド』(1987年度)、『NHKミッドナイトジャーナル』(1990〜1992年度)、『ナイトジャーナル』(1993年度)に吸収され、引き継がれる。

『ニュース解説』(1952〜1953・1972〜1983年度) →P410

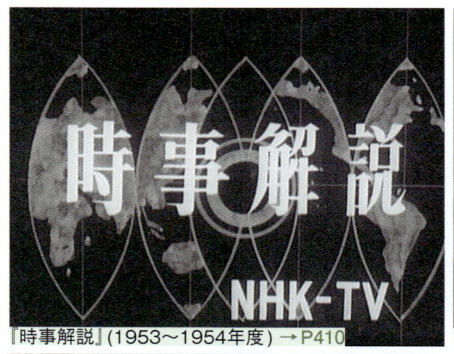

『時事解説』(1953〜1954年度) →P410

『ニュースの焦点』(1954〜1971年度) →P410

『きょうの焦点』(1984〜1986年度) →P413

『NHKナイトワイド』(1987年度) →P377

『NHKミッドナイトジャーナル』(1990〜1992年度) →P413

『ナイトジャーナル』(1993年度) →P414

『あすを読む』(1996～2005年度) →P414

『時論公論』(2010年度～) →P416

『ニュース展望』(1974～1977年度) →P412

『視点』(1978～1990年度) →P413

『NHKニュース解説』(1991年度) →P414

『視点・論点』(1991年度～) →P414

1996年4月、10分間のニュース解説番組『あすを読む』(1996～2005年度)がスタート。ニュースの中からタイムリーなテーマを選び、解説委員がそのポイントや背景を解説した。

そのあとを継ぐ『時論公論』は、『スポーツ&ニュース』(2006年度)と『きょうのニュース&スポーツ』(2007～2009年度)内のコーナーでニュースの背景を掘り下げ、2010年に平日午後11時50分からの10分番組で独立した。「時代がわかる、社会の変化がわかる」をコンセプトに、解説委員がイラストや映像を使いながら政治・経済・社会・科学文化から国際問題まで、話題のニュースをわかりやすく解説した。

セットを初めてバーチャルCGに作り替えた2020年度。猛威を振るった新型コロナウイルスの問題を、健康・医療や政治、経済、国際など多角的にとらえて視聴者の関心に応えた。2024年度は午後11時30分からの10分番組として総合テレビで生放送されているほか、翌日に総合テレビで再放送されている。

一方、『ニュース展望』(1974～1977年度)は、内外の政治・経済・社会・科学技術など各分野の諸問題を、長期的視野に立って展望する解説番組だ。『視点』(1978～1990年度)があとを引き継ぎ、関係者へのインタビューや対談、映像取材も交えてニュースを掘り下げた。

1991年に『NHKニュース解説』が月曜から土曜の夜間の15分の帯番組でスタート。10月改編で『視点・論点』(1991年度～)と改題。各界の専門家や有識者、著名人が、さまざまなテーマについて独自の視点で「問題の分析と提言」を行うオピニオン番組となっている。

02

ニュースをわかりやすく、親しみやすく

～『午後の解説』から『週刊まるわかりニュース』へ～

在宅の主婦を主な視聴対象にしたニュース解説番組が1963年にスタートした。平日の午後2時台に放送した10分番組『午後の解説』(1963～1965年度)である。1961年4月から『婦人の時間』(1959～1964年度)の枠内で放送していた時事解説コーナーが独立したもので、国内の時事問題を家庭生活に結びつけて解説した。

『午後の解説』はその後、『午後のひととき～ニュースの窓』(1966年度)、『女性手帳～ニュースの窓』(1967～1968年度)、『ニュースの窓』(1969～1990年度)、

『女性手帳～ニュースの窓』(1967～1968年度) →P412

時事・報道

『ニュースの窓』(1969〜1990年度) →P412

『ニュースと解説』(1991〜1994年度) →P414

『くらし☆解説』(2012〜2020年度) →P416

『みみより！くらし解説』(2021〜2023年度) →P417

『週刊こどもニュース』(1994〜2010年度) →P641

『週刊　ニュース深読み』(2011〜2017年度) →P416

『週刊まるわかりニュース』
(2018〜2022年度) →P417

『双方向解説・そこが知りたい！』
(2008〜2012年度) →P415

『解説スタジアム』(2013〜2019年度) →P416

『ニュースと解説』(1991〜1994年度)へと続き、在宅の主婦や高齢者を主な対象に、国際問題から生活関連ニュースまで、幅広いテーマを取り上げた。

平日午後のニュース解説番組は、2003年9月に生放送のワイド情報番組『お元気ですか　日本列島』(2003〜2012年度)の1コーナー「ニュースピックアップ」「なるほどQ&A」で復活。その後、『くらし☆解説』(2012〜2020年度)、『みみより！くらし解説』(2021〜2023年度 ＊2024年度に『みみより！解説』)に引き継がれる。

1994年に子ども向けニュース解説番組『週刊こどもニュース』(1994〜2010年度)がスタートする。従来の『こどもニュース』が子ども向けのニュースを紹介したのに対し、『週刊こどもニュース』は、成人対象の一般ニュースを、子どもにも理解できるようにわかりやすく解説する番組だ。池上彰キャスターが演じるお父さんがお母さんや子どもたちに説明するという設定で、大人にとっても理解が深まると好評を得た。

2010年度に土曜午前8時台の40分番組で始まった『ニュース　深読み』(2010〜2017年度　＊2011年4月『週刊　ニュース深読み』に改題)は、1週間のニュースをまとめて伝える『NHK週刊ニュース』(1999〜2010年度)と、わかりやすさがモットーの『週刊こどもニュース』、双方の要素を受け継いだニュース解説番組である。スタジオに解説委員、ベテラン記者、外部識者など専門家を招き、ニュースをさまざまな角度から"深読み"する。

2018年4月、『週刊　ニュース深読み』を引き継いで、『週刊まるわかりニュース』が総合テレビとBS4Kの同時放送で土曜午前9時からの30分番組で始まる。1週間のニュースをランキングで紹介するほか、時事問題のコーナーではニュースのポイントをわかりやすく解説する。キャスター(編集長)は井上二郎アナウンサー。

平日午前のニュース番組では、『NHKニュース　おはよう日本』内で、解説委員がイラストをもとにニュースの注目点を読み解くコーナー「イラスト解説　ここに注目！」があるほか、BS1の国際ニュース専門番組『キャッチ！世界のトップニュース』でも「特集・ワールドアイ」のコーナーで、解説委員が世界のニュースの"ツボ"を深く、なおかつわかりやすく解説した。

2008年4月、解説委員室が企画制作する『双方向解説・そこが知りたい！』が始まる。社会の関心が高いテーマを取り上げ、メールやFAXで寄せられた視聴者の意見を生放送で取り込みながら、NHKの解説委員たちが議論を重ねる2時間弱の長時間番組だ。2008年度は「税金・年金・景気のゆくえ」(4月)、「温暖化とわたしたちの未来」(7月)、「金融危機とわたしたちの暮らし」(11月)などのテーマを取り上げた。不定期放送ながら、2013年2月まで31本を放送した。

2013年3月、後継番組『解説スタジアム』が不定期で始まる。さまざまな専門分野を持つ解説委員たちが、視聴者の関心の高いテーマを徹底討論し、あすへの指針

を提示した。原発問題、安全保障など世論を二分するテーマを取り上げ、大きな反響を呼んだ。その後を継いで2020年5月からは『時論公論　クエスチョン・タイム』が不定期で始まった。大学生などが放送に参加して解説委員に直接質問するなど、さらに双方向性を高めている。

　2022年6月からは解説委員と外部のゲストが話し合うスタイルの『ニュースなるほどゼミ』を年に3〜4回放送している。こうした定時番組の他、年始には政治家や識者がその年の課題や抱負を語る特集番組が、『新春討論』『新春討論会』など番組タイトルを変えながら放送されてきた。また、憲法記念日には、安全保障や国民の最低限の生活の維持など、その時勢に応じて憲法を見つめ直す特集番組が『憲法記念日特集』として放送されている。また、時局にあわせて内閣総理大臣の理念や方針を聞く『総理にきく』が、番組タイトルなどを変えながら放送されてきた。

03
テーマ主義の特集番組
〜『時の表情』から『クローズアップ現代』へ〜

　1960年4月、総合テレビ午後10時台の20分番組で『時の表情』（1960〜1964年度）が始まる。ラジオで夜間に帯で放送していた報道番組『時の動き』のテレビ版として登場した。さまざまなニュースの背景をあぶり出す報道番

組で、フィルムニュース素材を中心に、スタジオ、中継なども交えて構成した。毎回テーマを絞り、「サリドマイド児への福音」（1962）、「松川事件の記録」（1963）、「激増する交通殺人」（1964）など、社会問題を幅広く取り上げた。『時の表情』は1965年度に『時の動き』（1965〜1970年度）に改題（ラジオ番組『時の動き』とは別番組）。1週間の帯番組に拡大し、デイリーの話題に対応するとともに、ニュースのその後を継続的に伝える本格的な報道番組となった。

　一方、1966年4月に始まった『報道特集』（1966〜1969年度）は、日曜の午後9時30分からの40分番組。「ベトナム報告」（1966）、「心臓移植」（1967）、「荒廃と再生〜東大紛争再建への道」（1968）、「ゆれる世界の通貨」（1969）など、政治、経済、国際、社会などの分野から、視聴者の関心の高いテーマを取り上げた。スタジオインタビュー、多元中継、記者リポート、フィルムドキュメンタリー、特派員報告など、さまざまな手法を使っての調査追及を基盤に、問題の背景、展望などを含め深く掘り下げる報道系情報番組のスタイルを開拓した。

　『報道特集』は『日曜特集』（1970〜1971年度）に改題するが、1974年4月に月1回放送の45分番組で復活。その路線は『ニュースセンターリポート』（1975〜1977年度）に引き継がれる。

　1993年4月、報道情報番組『クローズアップ現代』（1993年度〜）が、総合テレビで月曜から木曜の午後9時台にスタートする。政治、経済、社会、国際情勢、スポーツなど、あらゆるジャンルを網羅し、社会が抱える問題を1テーマでタイムリーに取り上げた。

『時の動き』（1965〜1970年度）→ P411

『時の表情』（1960〜1964年度）→ P411

『報道特集』（1966〜1969・1974年度）→ P412

『ニュースセンターリポート』（1975〜1977年度）→ P413

『クローズアップ現代』（1993年度〜）→ P414

時事・報道

『クローズアップ現代＋』（2016〜2021年度）

1992年度まで午後9時から放送していた1時間のニュースワイド番組『NHKニュース・21』が終了し、30分のニュース番組『NHKニュース9』に刷新。それに伴い、『NHKニュース・21』の後半に放送していた特集部分が、『クローズアップ現代』として生まれ変わった。当時の企画書には、「ニュース番組と大型番組の中間に位置し、取材者・制作者の視点を重視した情報企画番組」と書かれている。キャスターに抜擢されたのはフリーキャスターの国谷裕子。『NHKニュース・トゥデー』（1988〜1989年度）の国際コーナーや、BSの『ワールドニュース』（1986〜2004年度）のキャスターをつとめた実績があった。

番組制作には報道局、番組制作局、海外総支局、各地域放送局が横断的に番組制作に当たった。

タイムリーな「VTRリポート」、視聴者の関心、問題意識をとらえた国谷キャスターの「インタビュー」、スタジオに招いた「専門家のコメント」の3要素で構成し、その後20年以上続く番組の基本フォーマットとなった。

1995年1月、阪神・淡路大震災の2日後に放送された「なぜ多くの命が奪われたのか〜兵庫県南部地震」、同じ年の5月に放送された「なぜ無差別テロに走ったのか〜麻原オウムの動機に迫る」は、いずれも視聴率が20％を超え、視聴者の関心の高さを示した。

2016年4月、番組は『クローズアップ現代＋（プラス）』に刷新。キャスターに複数の女性アナウンサーを起用、放送時間もこれまでの午後7時30分から午後10時に移行した。2019年度からは武田真一アナウンサーが、2021年度

からは井上裕貴、保里小百合両アナウンサーがキャスターをつとめた。2022年度に放送開始時間が午後7時30分に戻り、桑子真帆アナウンサーがキャスターを担当。

04

海外ネットワークを生かして
〜『NHK特派員報告』から
『ニュース 地球まるわかり』へ〜

NHKの海外総支局のネットワークを生かした海外取材番組も、報道番組の重要な要素の1つだ。『海外特派員だより』（1960〜1961年度）は、月1回放送のルポルタージュ（現地報告）で、世界各国に駐在するNHK海外特派員が16ミリフィルムで取材。各国の行事、流行、人々の生活を紹介した。

1962年4月に『海外特派員だより』は『NHK特派員だより』（1962〜1968年度）に改題し、「アメリカ大陸縦断自動車旅行」（1965）、「各国の歳末風景」（1966）、「オリンピックあと1年、メキシコ」（1967）など、紀行ものや文化面に重点を置いた肩の凝らない内容を中心に放送した。

一方、1964年度にスタートした『NHK特派員報告』（1964〜1977年度）は、政治経済や国際問題を中心にした報道色の強い30分のフィルムドキュメンタリー番組である。「ベトナム報告〜ホー大統領インタビュー」（1965）、「米上院の新しい波〜エドワード・ケネディ」（1966）、「戦乱後のアラブ」（1967）、「米・韓大演習」（1978年3月・最終回）などのテーマで、総合テレビの午後7時30分というゴールデンタイムに14年間にわたって放送が続いた。

『ワールドネットワーク 世界はいま』（1986〜1987年度）は、月1回放送で84分の大型番組。NHKに集まる膨大な国際情報を、「月に1回せき止めて世界のトレンドを読む」が番組コンセプト。"ハードなニュースをソフトに"をキャッ

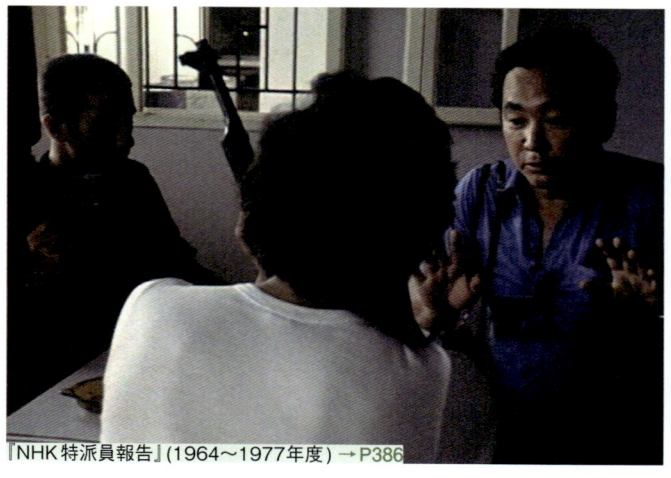

『NHK特派員報告』（1964〜1977年度）→P386

『ワールドネットワーク 世界はいま』（1986〜1987年度）→P413

『NHK海外ネットワーク』(2003～2014年度) → P388

『これでわかった！世界のいま』(2015～2020年度) → P417

『ニュース 地球まるわかり』(2021年度) → P417

チフレーズに、『ニュースセンター9時』の初代キャスター磯村尚徳がメインキャスターをつとめた。

　『NHK海外ネットワーク』(2003～2014年度)は日曜午後6時台の海外情報番組。NHKの海外総支局・国際部のネットワークをフルに生かして、直近の海外ニュースをわかりやすく伝えた。

　2015年4月、『NHK海外ネットワーク』のあとを受けて『これでわかった！ 世界のいま』(2015～2020年度)が登場。取材経験が豊かな放送現場のデスクや記者が、複雑な国際情勢を黒板や模型を使った授業形式でかみくだいて伝えた。この番組は2021年4月、『ニュース　地球まるわかり』に引き継がれる。

05

『国会中継』と政治関連番組

　報道番組にはストレートニュース(アナウンサーがニュース原稿を読み上げるタイプのニュース番組)のほかに、現場からの実況中継やリポートがある。

　現場中継のインパクトを視聴者に最初に与えたテレビ番組の1つが『国会中継』だ。NHKの公共性の立場から、報道中継の中でももっとも重要な中継番組の1つである。

ラジオによる国会中継が認められたのは1952年1月。テレビではその9か月後の10月から、テレビ本放送に先立って試験放送が行われた。以後、通常国会における首班指名、各党代表質問演説等を本会議場から、また重要法案審議の模様を予算委員会会場からテレビ・ラジオ共通番組として放送した。

　1954年の衆議院決算委員会は、吉田茂内閣総辞職の端緒ともなった造船汚職の真相追及で紛糾し、大混乱をきたした。その審議の模様を伝えた『国会中継』で、政治のリアルな現場を初めて目にした人も多く、各方面にセンセーションを巻き起こした。

　国会開会中は『国会討論会』(1957～1991年度)を、国会休会中は『政治座談会』『政治と政策』『政治討論会』『経済座談会』などのタイトルで、日曜午前にラジオ・テレビ共通番組として放送した。

　『国会討論会』は1946年6月にスタートしたラジオ番組『今週の議会から』のあとを継ぐテレビ・ラジオ共用番組。1957年10月に土曜午後5時の1時間番組でスタート。1966年度より日曜午前9時からの1時間番組として定着する。主に政党代表と政府代表の間で、その時々の政治課題について議論を戦わせる討論番組である。一方、『政治座談会』、『政治と政策』では、記者座談会や関係閣僚、政党幹部に対する記者インタビューで政治の課題について聞くほか、専門家が重要課題について論評した。

　『国会討論会』は1985年度にスタジオセットを円卓討論の形に一新、出席者が互いに相手方と向かい合って討論するスタイルとなった。その後、日曜午前9時台の政治討論番組は『討論』(1991～1993年度)を経て1994年度に『日曜討論』(1994年度～)に改題。動きの激しい政治の世界の当事者のインタビューや討論を生放送で伝えている。

『国会討論会』(1957～1991年度) → P410

『日曜討論』(1994年度～) → P414

時事・報道 ｜ 定時番組

1950年代

ニュース解説　1952〜1953・1972〜1983年度
テレビ開局翌日から始まったニュースの解説番組。1日のニュースを概観して、その背景や意義を解説する同名のラジオ番組のテレビ版。同年11月に『時事解説』に引き継がれたあと、『きょうの話題』『ニュースの焦点』（1954〜1971年度）と続いたのち、1972年4月、再び『ニュース解説』のタイトルが復活。NHK解説委員が中心となって解説した。1972年度は総合（月〜日）午後9時台の15分番組。

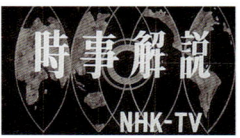

時事解説　1953〜1954年度
1週間の大きなニュースを中心に深く掘りさげて、その背景や意義を解説し、問題の焦点を明らかにする。（月・水・金）の放送で、月曜は文化・社会問題、水曜は経済問題、金曜は政治問題を取り上げた。中島健蔵（文芸評論家）、小田善一（ジャーナリスト）、宮城音弥（心理学者）、池田弥三郎（国文学者）、稲葉秀三（実業家）らが解説に当たった。午後7時15分からの15分番組。

談話室　1953〜1954年度
時事問題の中心となる人を招き、その日のテーマで語るインタビュー番組。1953年8月にスイス連邦創立記念日にちなんでスイス公使が出演したのをはじめ、各国大使や公使がそれぞれの国の記念日などに出演した。そのほか市川房枝（参議院議員）、木下恵介（映画監督）、村岡花子（翻訳家）、江戸川乱歩（作家）、中村汀女（俳人）など各界から話題の人が登場した。午後7時15分からの15分番組。

きょうの話題　1954年度
『時事解説』（1953〜1954年度）のあとを受けて始まったニュースの解説番組。（月・水・金）の週3日放送で、午後7時15分からの15分番組。6〜10月に放送。

ニュースの焦点　1954〜1971年度
『ニュース解説』（1952〜1953年度）、『時事解説』（1953〜1954年度）の流れをくむニュースの解説番組。ニュースの持つ意味や背景をつっこんで分析し、図解、パターン、グラフ、スチール写真、フィルムなどテレビのビジュアル特性を生かしてわかりやすく解説した。解説にはNHK解説委員を中心に、外部の専門家が当たった。番組スタート時は（月〜金）午後9時台の10分番組。

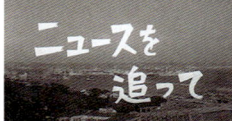

ニュースを追って　1957〜1960年度
毎日のニュースの中から社会的関心の高いテーマを選び、問題点を掘り下げた。1959年度は福岡発の「三井三池争議」、伊勢湾台風のその後を取り上げた名古屋発の「泥水は引いたけど」、1960年度は自民党新総裁決定までの動きを追う記者の活動を描いた「政治記者」、茨城県石岡の連続放火を追った「放火におびえる町」などに反響があった。午後9時50分からの10分番組（1958年度）。

国会討論会　1957〜1991年度
1947年9月にラジオで始まり、1957年10月からテレビでも放送開始。与野党の幹部や政治評論家がスタジオで、当面の課題を論じ合う討論番組。当初は（土）午後の1時間番組でスタート。1966年度から（日）午前9時からの1時間番組となり、『日曜討論』（1994年度〜）に続く流れができる。国民の政治意識を高め、国会と国民との結びつきを高めた。

けさのニュースから　1958〜1960年度
1959年1月、早朝の報道番組拡充の一環で午前8時台に新設されたニュース解説番組。その日の朝のニュースの中から重要項目を選び、その底流や背景、見通しをパターン、テロップ、写真などを使ってわかりやすく解説した。解説はNHK解説委員に加えて、外部報道機関の専門家に委嘱した。総合（月〜土）午前8時からの15分番組。

週間ニュース展望　1958〜1959年度
日曜の午前8時から、前週（日〜土）の主なニュースを取り上げて解説する。特に重要なものについては、そのニュースに関係のあるゲストを招いて、当事者の意見を聞いた。総合（日）午前8時からの20分番組。1959年1月から10月まで放送。

日本の課題　1958〜1959年度
1959年1月の教育テレビ開局に伴って新設。日本が当面解決しなければならない重大な問題を、テレビの可能なあらゆる技法を駆使して解明しようとした。取り上げたテーマは、「国土開発」「都市計画」「交通問題」「憲法」「日本の食糧」「エネルギー」「住宅」「衣料」「スポーツ」「寿命」「医療制度」ほか。教育（日）午後7時30分からの60分番組。

政策をきく　1959年度
政治、経済、社会、文化など広範な分野から注目の人に話を聞く『人・時・所』（1958年度）を、政治的なテーマにしぼったインタビュー番組。閣僚など政治家を招いて、タイムリーな政治問題について話を聞いた。インタビュアーは外部の評論家やNHK論説委員がおこなった。総合（水）午後10時40分からの20分番組。

1960年代

時の表情　1960〜1964年度
社会問題をタイムリーに取り上げ、その背景を分析し解明するラジオ番組『時の動き』のテレビ版として登場。フィルム構成をメインに、スタジオ、中継も交えて放送した報道番組。ソ連監視船に追われる根室のコンブ採り漁船の姿をとらえた「貝殻島のコンブ漁」（1961年度）、自動車事故を扱った「激増する交通殺人」（1964年度）などが反響を呼んだ。総合（月・水・金）午後10時30分からの20分番組（1964年度）。

ニュース展望　〈1960〜1962〉　1960〜1962年度
国際問題について理解を深める報道番組。断片的になりがちなニュースを週間単位で総合的に編集し、単発ニュースの裏にある世界を読み取った。1962年度は「ケネディ年頭教書の意義」「100万都市の課題」「アメリカの黒い現実」などのテーマを取り上げた。司会は評論家の細川忠雄。教育（土）午後7時30分からの45分番組（1960年度）。1974年度に総合で同名の番組がスタートする。

今日の課題　1960〜1961年度
政治や経済、社会などあらゆる分野にわたって日本の直面する問題を取り上げ、フィルム、スタジオ、中継とさまざまな手法を駆使して問題の所在を明らかにする解説番組。単発のテーマだけでなく、「諸外国の選挙制度」「ECCと日本の立場」などのシリーズものも放送した。教育（日）午後8時台の30分番組。

私たちの町と村　1960年度
いちばん身近でありながら、もっとも地域住民らの関心が薄いといわれる地方自治の問題を取り上げた番組。学校や消防、地方税の使い方など、身近な問題を取り上げることで地方自治への関心を深めることに努め、自治体のしくみと機能をわかりやすく解説した。教育（月）午後8時30分からの30分番組。1960年度前期に26回にわたって放送。

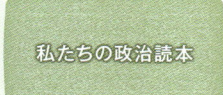

私たちの政治読本　1960年度
地方自治の解説番組『私たちの町と村』（1960年度）に引き続き、1960年度後期に全26回で放送した政治学入門番組。前半の13回は議会政治のしくみを辻清明（東京大学教授）が解説、後半13回は東京大学史料編纂所の松島栄一が担当し、明治、大正、昭和の3代にわたる日本の政治史を解説した。教育（月）午後8時30分からの30分番組。

先週の交通事故から　1961年度
NHKでは1961年暮れから第1次交通キャンペーンを実施し、交通事故発生予防に寄与した。1962年1月からは第2次キャンペーンとして、総合で毎週（月）午後10時25分から30分までの5分間、前の週に起きた交通事故による死傷者の数を地域別に伝えるとともに、その時々の交通に関する諸問題を取り上げた。

カメラおかめ八目　1962年度
フィルム構成の文化人による社会時評番組。「宵越しの銭」「時は金なり」「とかく浮世の義理は」「現代作法」「集団化時代」「住めば都」「子は宝」「心頭滅却すれば」ほかのテーマで放送。出演は渋沢秀雄（評論家）、福島慶子（評論家）、加藤芳郎（漫画家）、岡部冬彦（漫画家）、飯沢匡（作家）ほか。総合（日）午前10時30分からの30分番組。

時の人　1963年度
新たに要職についたキーパーソンなどに話を聞く時事的インタビュー番組。新番組としてスタートした第1回は前年7月に大蔵大臣に就任した田中角栄、その後、原田健（宮内庁式部長官）、広瀬秀雄（東京天文台長）、飯塚定輔（外務政務次官）、中山恒明（千葉大学医学部教授）、長部謹吾（最高裁判所判事）らが出演。総合（月〜土）午前6時45分からの15分番組。

午後の解説　1963〜1965年度
家庭の主婦向けのニュース解説番組。1961年4月以来『婦人の時間』の枠内で放送していた「解説」が独立。直近のニュースから国内政治、経済、社会問題を中心にとりあげ、図表・写真などを使ってわかりやすく解説した。初年度に取り上げた主なテーマは、「野菜の値上り対策」「婦人の地位と国連」「生活と清掃事業」「汚れる川」「今年の米価」など。解説はNHK解説委員。総合（月〜金）午後2時5分からの10分番組。

けさの話題　1964年度
前年度に放送の『わたしの発言』（視聴者の投書を読む5分番組）と『時の人』を統合、さらに全国各地の話題をフィルムで紹介する「各地の話題」とNHK海外支局からの話題を伝える「海外トピックス」を加えたワイド版とした。総合（月〜土）午前7時20分からの23分番組。

政治と政策　1964年度
波乱に富んだ政局に対し、記者座談会や関係閣僚・政党幹部への記者インタビューによってその争点をあきらかにし、国民の政治的関心を高めた。取り上げたテーマは「池田自民党総裁の三選」「佐藤内閣誕生」「河上委員長の辞意表明」など。総合（火）午後10時30分からの20分番組。

時の動き　1965〜1970年度
『時の表情』（1960〜1964年度）を発展させ、1週間の帯番組とした本格的報道番組。政治、経済社会、国際が、相互に関連しながら複雑化するニュースをタイムリーにとらえ、その背景や問題点をわかりやすく解説した。毎週（土）は外信部が担当し、外国要人へのインタビューや特派員取材によるリポートを伝えた。初年度は総合（月〜土）午後10時30分からの20分番組。

時事・報道 ｜ 定時番組

午後のひととき～ニュースの窓　1966年度

『午後の解説』（1963～1965年度）を継承し、主婦向けの教養ワイド番組『午後のひととき』（1965～1966年度）の1コーナーとして新設。多くのニュースの中から主要な問題や主婦層が関心を寄せる話題をとりあげ、図表、写真などを使ってわかりやすく解説した。主なテーマには「明治100年」「足りない血液」「長期税制のあり方」「ふえる倒産」など。総合（月～金）午後1時25分からの50分番組。

報道特集　1966～1969・1974年度

政治、経済、国際、社会など、あらゆる分野から関心の高いテーマをとりあげ、スタジオインタビュー、多元中継による記者報告、フイルムドキュメント、特派員報告などで多角的に構成し、問題の核心に迫った。総合（日）午後9時30分からの40分番組（1966年度）。1974年度に総合（火・月1回）午後10時15分からの45分番組で復活。直近1か月に起こった事件・事故や重大ニュースの本質に迫った。

女性手帳～ニュースの窓　1967～1968年度

主婦向けの教養ワイド番組『午後のひととき』（1965～1966年度）のあとを受けてスタートした『女性手帳』は、「ニュースの窓」をコーナーとして受け継ぐ。ニュースの背景と意味をアナウンサーと解説委員の座談形式で解説する。主なテーマには「ボーナス1兆1千億円」「白書にみる国民生活」「赤ちゃんの人権」「ハンコ行政の合理化」「アジア外交と日本」ほか。総合（月～金）午後1時25分からの50分番組。

ニュースの窓　1969～1990年度

『午後のひととき』（1965～1966年度）と『女性手帳』（1967～1968年度）の「ニュースの窓」コーナーが、家庭の主婦を対象とした対談形式の新しいニュース解説番組として独立。取り上げるニュースはその日のニュースに限らず、主婦に関心の高い話題を選んだ。テーマは「さよなら‼1ドル＝360円」「家庭生活とエネルギー」「預金金利の引き下げ」ほか。総合（月～金）午後1時25分からの15分番組。

1970年代

日曜特集　1970～1971年度

『報道特集』（1966～1969年度）を改題。政治・経済・社会のあらゆる分野のタイムリーで関心の高い問題を、フイルムルポルタージュやスタジオ討論をまじえて多角的に取り上げた。初年度は、当時深刻化していた公害に関するNHKの世論調査やアンケートを軸に、公害問題に対する実証的な追及を行い、「公害都市東京」「汚染の海総点検」「自然破壊」などのテーマで放送。総合（日）午後8時45分からの45分番組。

今週の焦点　1970～1971年度

めまぐるしく変化する現代社会をより正確に理解するための情報整理番組として、それまでの『ニュースの焦点』（1954～1971年度）を拡大発展させた解説番組。過去1週間の重要ニュースを整理し、その中から今後も発展してゆくと思われるニュースをチョイスして、問題の分析・解説を試みた。解説委員を中心に取材記者や外部の専門家も出演した。総合（日）午後9時45分からの25分番組。

社会展望　1971年度

現場の証言と取材の過程を示すことで、複雑な問題の背景と隠された問題の発掘を心がけた。「見過ごされた事件の中に隠されている意外な問題点や闇を追求したもの」「地域が抱える根深い問題や体質を摘発したもの」「当事者インタビューを通して問題の原点に迫るもの」の3つの視点で問題の深層に迫った。地下活動中の「赤軍派」幹部へのインタビューが注目された。総合（火）午後10時40分からの20分番組。

政治展望　1971年度

現実の政治のしくみをスタジオでの議論や解説、フイルムルポ、現場中継などで描き出した政治番組。取り上げたテーマは「イメージ選挙の功罪」「米と議員」「那珂湊市長リコール戦」「参議院2院クラブ」「尾瀬と環境庁」「国会攻防70日」など。総合（水）午後10時40分からの20分番組。翌1972年度に新番組『ニュース特集』に発展的に引き継がれた。

ニュース特集　1972～1973年度

総合（月～金）午後9時30分から10時までの報道番組。ニュースの背景の解説、問題点の分析と解明にあたった。初年度は外務省秘密漏洩に関わる「西山事件」、日本赤軍メンバーによる「テルアビブ空港乱射事件」など、次々に発生したビッグニュースを迅速に伝えたほか、物価、福祉対策、一連の公害防止キャンペーンなど、国民生活に関わる問題を取り上げた。

テレビ討論　1973年度

投書をもとにした視聴者参加の討論番組。価値観が多様化する時代にあって、一般大衆の生活感覚に根ざした発言の場を設けようと企画された。取り上げたテーマは「論戦・男女定年差別」「面白いか？プロ野球」「論戦・健全娯楽か社会悪か～競馬ブームをどうみる」「くるま社会をどうみる」「しつけ～親の責任、先生の責任」「学校の週休2日制」「マンガブームをどうみる」など。総合（土）午後10時30分からの50分番組。

ニュース展望　〈1974～1977〉　1974～1977年度

内外の政治・経済・社会・科学技術など各分野の動向を長期的視野に立って掘り下げ、展望する解説番組。特に国際政治・経済の動向を日本との関連の中でとらえ、その問題点の解明に力点を置いた。解説は緒方彰解説委員長と山室英男解説委員が交替であたり、初年度後半に広瀬嘉夫解説委員が加わった。総合（日）午後9時45分からの20分番組。1960～1962年度に教育テレビで同名のニュース解説番組を放送している。

みんなで語ろう　1974～1977年度

『テレビ討論』（1973年度）のあとを受けて始まった視聴者参加番組。生活の中の身近な話題やホットな時事問題について寄せられた投書の中からテーマを選び、投書者の中から20～50人がスタジオで語り合った。主なテーマは「早期英語教育」「部課長受難時代」「女子大生と就職」ほか。司会は鈴木健二アナウンサー。総合（土）午後10時からの50分番組（初年度）。1977年度は『月曜ひろば～みんなで語ろう』に改題。

ニュースセンターリポート　1975～1977年度

総合(土)午後11時台に放送する30分の報道番組。『ニュースセンター9時』で取り上げた重要テーマを、専門家や関係者を招いてさらに掘り下げ、その問題点、背景、今後の展開などをわかりやすく伝えた。初年度は「サイゴンは持ちこたえるか」「就職難時代」「ロッキード事件の10日間」などのテーマを取り上げた。司会は伊藤鎮二アナウンサー、小高昌夫アナウンサーほか。

テレビコラム　1978～1990年度

個性豊かな出演者が、深い専門知識とユニークな発想をストレートトークで語る随想風トーク番組。初年度はNHK解説委員のほか、竹内均、なだいなだ、遠藤周作、梅原猛、木村尚三郎、曾野綾子、川上哲治、桐島洋子、朝倉摂、森敦、グレゴリー・クラークなど著名人が出演した。教育(月～金)午後8時45分からの15分番組。

視点　1978～1990年度

各分野の動向を長期的かつ世界的視野に立って深く分析・展望する解説番組。初年度は国際化や相互依存が進む時代の中で、日本が置かれている立場や日本を取り巻く世界情勢の動向の解明に重点を置いた。主なテーマは「円高の震源」「日中経済新時代」「ホメイニのイラン」「中越紛争の底辺」など。月1回は「ビッグインタビュー」と題して内外の要人へのインタビューも放送した。総合(日)午後10時からの30分番組（初年度）。

1980年代

テレビシンポジウム　1982～1989年度

その時々の政治的課題について政治家と専門家の間で徹底討論をくりひろげる討論番組。現代日本をめぐるさまざまな課題から、その根幹にかかわるテーマを選び、その全ぼうを明らかにし、進むべき方向を探る手がかりとする。1981年度に「税・誰がどれだけ負担すべきか」「社会主義の未来像」「防衛費は突出か」のテーマで3回放送。1982年度からは月1回放送の定時番組となる。

きょうの焦点　1984～1986年度

テレビ放送開始以来続いてきた"ひとり語り"を、対談や座談のスタイルに改めたニュース解説番組。その日のニュースの中から、重要なテーマをタイムリーに取り上げて解説した。テーマは政治、経済、社会、国際問題から、女性、科学、文化と幅広く選ばれた。総合(月～土)午後11時10分からの15分番組。1985年度は『きょうのスポーツとニュース』、1986年度は『スポーツとニュース』の枠内に編成した。

あすへの展望　1985～1986年度

その日の出来事を中心に詳しく分析して意味づける『きょうの焦点』に対して、これからどう展開し、発展していくか先を見通すのがねらい。それぞれの分野を専門とする解説委員がストレートトークで伝える。初年度の主なテーマは「中ソ和解の計算書」「ドル暴落の構図」「日ソ新展開はあるか」「自民党・長期政権の構造化」「米ソ首脳会談、明と暗」「世界経済曲り角論」ほか。総合・衛星(日)午後11時10分からの15分番組。

ハロー！ワールド　1985～1987年度

NHK海外総支局からの海外情報と、ますます国際化の進む日本国内で"外国"を発見するコーナー「にっぽんインターナショナル」などで構成するスタジオ生放送番組。生活に密着した視点から内外の話題を取り上げるほか、スタジオに歌手やダンサーなどゲストを招いて楽しむ国際情報バラエティー番組。キャスターはアグネス・チャンと宮本隆治アナ（2年目からは三宅民夫アナ）。総合(土)午後7時20分からの39分番組。

地域スペシャル　1986～1988年度

各地域の放送局が制作した45分の地域放送番組を、全国に向けて発信する番組枠。全国の視聴者に伝えるにあたって、東京のスタジオで1分間の紹介・解説部分を付け加えた。番組では地域性に富んだテーマを多角的に取り上げた。第1回は「西日本特集─旅がらす浪速にのぼる」（広島局制作）。その後「中部特集─雨も降らぬに袖しぼる夏」（名古屋局制作）ほかを放送。総合・衛星第1(木)午後8時からの45分番組。

ワールドネットワーク　世界はいま　1986～1987年度

『ニュースセンター9時』（1974～1987年度）の初代キャスター磯村尚徳をメインキャスターに、「ハードなニュースをソフトに、ソフトな情報をハードにとらえる」ことを基本コンセプトとした国際情報番組。「米・企業買収の内幕」「中東人質救出作戦」などのカバーストーリーのほか、「名器ストラディバリの世界」「天才ブーニンの素顔」など、文化面の話題もリポート。総合(最終・土)午後7時20分からの84分番組。

1990年代

NHKミッドナイトジャーナル　1990～1992年度

その日の出来事やその時々のホットな話題をわかりやすく解説した総合情報番組。ニュース、スポーツを含め、視聴者の幅広い関心にこたえた。キャスターはノンフィクションライターの山根一眞。総合(月～金)午後11時から1時間放送。1991年度より『ミッドナイトジャーナル』に改題、50分番組となる。

解説委員室　1990～1993年度

毎日のニュースの背景や底流を、女性キャスターと解説委員の対論で掘り下げるニュース解説番組。その日の主なニュースを簡潔に伝えるニュースコーナーと、その日のメインの2部構成。初年度のメインコーナーでは、「死刑制度の是非」「ジャパンマネー」「移植と拒絶反応」「土地税制の行方」ほかのテーマを取り上げた。キャスターは小室広佐子。出演はNHK解説委員。教育(月～金)午後8時45分からの15分番組。

時事・報道 | 定時番組

ニュースと解説　1991～1994年度
主婦や高齢者を中心とした在宅者の知的関心にこたえる午後の解説番組。激動する世界の情勢から生活関連ニュースまで幅広いテーマを取り上げ、4人の解説委員が一問一答形式でわかりやすく伝えた。初年度は「ソビエト連邦の崩壊」「東京1極集中シリーズ」「雲仙普賢岳の火砕流災害」ほかのテーマで、解説は横島庄治、松尾正洋、村田幸子、小宮山洋子の各解説委員が担当。総合(月～金)午後2時からの15分番組。

NHKニュース解説　1991年度
新鮮な発想と豊かな説得性をもったテレビ論壇を目指した生放送のオピニオン番組。評論家、学者、作家、文化人などの著名人と解説委員が、激しく揺れ動く時代の潮流をどう読むか「私の見方・考え方」を提言した。総合(月～金)午後10時45分からの15分番組。土曜は午後11時から。1991年度前期のみ放送で、後期改編後は『視点・論点』と改題された。

視点・論点　1991年度～
『NHKニュース解説』(1991年度前期放送)を改題。ニュースや現代社会の諸問題、世界情勢などについて、専門家や有識者が自らの言葉で語るオピニオン番組。初年度の出演者は森本哲郎、曽野綾子、江藤淳、永六輔、堺屋太一ほか。1991年10月に総合(月～金)午後10時45分からの15分番組でスタート。2021年度はEテレ(月～水)午後1時50分からの10分番組。再放送は総合(火～木)午前4時40分から。

討論　1991～1993年度
『国会討論会』(1957～1991年度)を改題し「国会討論会」「経済座談会」「政治座談会」を『討論』のタイトルで統合した。1992年度は生放送を基本に、海外問題ではソビエト崩壊後の対ロ関係やブッシュ米大統領訪日関連での国際情勢について討論した。また国内的にはPKO協力法や政治改革、東京佐川急便事件関連など、緊急の政治課題を取り上げた。総合(日)午前9時からの60分番組。

ナイトジャーナル　1993年度
30～40代の視聴者を対象に「タイムリー性と知の冒険」を基本精神にスタートした深夜の情報番組。「社会の変化を素早くつかみ、その底流に迫る」「知性の処女地を開拓する」「男女共生時代の新しい生き方を探る」「知られざる日本を発見する」の4つがコンセプト。出演：秋尾沙戸子(ジャーナリスト)、大月隆寛(民俗学者)、林浩平(詩人)、島田裕巳(宗教学者)、柏木博(デザイン評論家)。総合(月～木)午後11時20分からの40分番組。

クローズアップ現代　1993年度～
社会で起こる事象を独自の視点でタイムリーにとらえ、その背景と深層に迫る(月～木)午後9時30分から29分の報道情報番組。独自取材を積み重ねたVTRに、スタジオに招いた専門家へのインタビューで、テーマを多面的にとらえ、深く掘り下げた。2016年度に『クローズアップ現代＋(プラス)』に改題。2022年度に『クローズアップ現代』にタイトルを戻し、(月～水)午後7時30分に移設。桑子真帆アナウンサーがキャスターをつとめる。

日曜討論　1994年度～
『国会討論会』(1957～1991年度)、『討論』(1991～1993年度)の後継番組。タイトルと番組内容を一新し、各政党の党首や、政策通の論客、専門家たちをスタジオに迎え、生放送で討論をおこなった。また欧米などとの衛星中継も多用して、国際的視野で問題を多角的にとらえることを目指した。初代キャスターは山本孝解説委員。総合(日)午前9時からの60分番組。ラジオ第1でも放送。

メディアは今　1994～1996年度
犯罪報道や視聴率至上主義、放送の公平・公正などメディア自身が抱える問題を検証する番組。毎回ゲストをスタジオに迎えて、討論をベースにひとつのテーマを掘り下げて考えた。1995年1月に発生した阪神・淡路大震災での報道など、突発的な事象にも即応し、ビビッドなテーマを取り上げた。キャスターは柏倉康夫解説委員。教育(最終・木)午後8時からの45分番組。

新ヨーロッパ事情　1994年度
東西冷戦の終結とEU連合結成による再編の動きなど、激しく揺れ動くヨーロッパ情勢を詳しく伝えた。英国BBCやドイツの国際放送事業体ドイッチェベレ作成のリポートをメインに放送。日本では比較的情報の薄いヨーロッパ情報についてキャスターが適宜解説を加えた。1993年10月に『ヨーロッパ情報』として始まり、1994年度10月に改題し1995年3月まで放送した。キャスターは岡田朋美。衛星第1(水)午後11時からの30分番組。

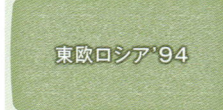

東欧ロシア'94　1994年度
ソ連邦の崩壊や共産主義の失権によって、東欧諸国での急速な民主化・経済の自由化が進んだが、一方で民族紛争や経済の混乱を助長することにもなった。こうした東欧諸国の情勢を詳しく伝えるために、『新ヨーロッパ事情』(1994年度)とともに新設。BBC、ドイッチェベレなど、欧州の放送局やプロダクションのリポートにキャスターが国内向け情報を補足した。キャスターは松田奈利子。衛星第1(木)午後11時からの30分番組。

ニュースプラザ　1995年度
「ニュース解説」を家庭の主婦やお年寄りにも親しんでもらうため、放送時間を午前中に設定したニュース解説番組。キャスターが解説委員に聞く従来のスタイルを変え、解説委員どうしが語り合う「対論形式」を採り入れた。司会役は藤田太寅、清水善郎、横島庄治の3人の解説委員が、1週間ずつ交代で担当した。テーマによって「てい談」スタイルで多角的な解説を目指した。総合(月～金)午前11時5分からの10分番組。

あすを読む　1996～2005年度
"あすを読み、時にあすに向けて提言する"をコンセプトにしたニュース解説番組。タイムリーなテーマを選び、ニュースのポイントや背景を解説委員のストレートトークでわかりやすく解説する。テーマに応じてその分野を担当する解説委員が随時出演。対談形式で多角的に論じる「対談・あすを読む」も放送。総合(月～金)午後11時35分からの10分番組(初年度)。

BS討論　1996～2000年度
時代や社会のあり方を問うジャーナルなテーマを、討論形式で掘り下げる2時間の大型番組。テーマは政治経済から文化現象にいたるまで幅広い。初年度は、第1回「どう進める大蔵省改革」に始まり、「日米安保を問う」「夫婦別姓・家族とは」などを放送。戦後政治に関する宮澤喜一や中曽根康弘へのロングインタビューは歴史的観点からも注目された。衛星第1(土)午後9時からの120分番組(初年度)。

2000年代

 **インターネット ディベート** 2001〜2002年度

インターネットとテレビを融合させて、社会的課題を議論する。番組ホームページで意見を募集し、そこでの議論を番組に反映させていく新しい形の「双方向型」討論番組。「総合学習」「絶対評価」などの教育問題、「雇用問題」「禁煙分煙」「食の安全」「臓器移植」など、幅広い問題を取り上げた。キャスターは藤井克典アナ（2001年度）、天野ひかり、宮崎浩輔（2002年度）。衛星第1(土)午後11時からの49分番組。

 **世界潮流2002** 2002〜2005年度

世界の新たな動きや変化が世界や日本に及ぼす影響を、現地リポートをまじえながら内外の専門家が討論し、時代を読み解く大型情報番組。アメリカ同時多発テロ後の国際情勢、中国の石油メジャー、高齢者介護、食の安全など、さまざまなテーマで21世紀の潮流をとらえた。衛星第1(土)午後10時からの90分番組（初年度）。番組タイトルは『世界潮流』に西暦年を付す。最終回は2006年3月放送の『世界潮流2006』。

 **BSディベートアワー** 2003〜2006年度

社会的関心の高い問題について、賛成か反対かの明確な対立軸を持った論者が、熱く本気でかつ冷静に徹底した議論を戦わせる。その問題の当事者や視聴者にもスタジオでの議論に加わってもらう視聴者参加番組でもある。衛星第1(日・月1回)午後10時からの109分番組。2005年度に『BSディベート』に改題。「愛国心教育」「財政再建」「日韓関係」「プロ野球改革」などのテーマを取り上げた。

 **世界のリポート** 2004年度

米ABC、英BBC、豪ABCなど世界各地の放送局が制作したニュース企画を厳選して伝える情報番組。政治、経済、社会、文化など幅広いジャンルを取り上げ、スタジオではテーマに沿ったゲストによる背景解説を加えた。当時のブッシュ大統領、ヒラリー・クリントンなど大物政治家へのインタビューをはじめ、アメリカの養子縁組最前線や伝統を守る北極海の捕鯨の民の姿などを放送した。衛星第1(金)夜間の49分番組。

 **日本の、これから** 2005〜2010年度

混迷の21世紀に山積する諸問題について議論し、日本が進むべき道筋を模索する生放送の大型討論番組。視聴者30〜50人と数人の識者がスタジオに集い、日本がいま抱えるさまざまな課題について、「本音・予定調和なし」で話し合った。初年度は「どう思いますか格差社会」「戦後60年　じっくり話そう　アジアの中の日本」など4本を放送。進行は三宅民夫アナウンサーほか。総合で随時放送した夜間の長時間番組。

 **土曜解説** 2005〜2010年度

1週間の内外の動きを振り返り、その中から社会の関心の高いニュースの背景や構図を、複数の解説委員が視聴者目線でわかりやすく解説した。2005年度のテーマは「企業争奪攻防戦」「変わり始めたプロ野球」「郵政民営化」ほか、2006年度は「ワンセグ携帯」「イラン核問題と日本」「教育・医療の安全と責任」ほか、2007年度は「福田新政権とくらし」「中国製ギョーザ事件」ほか。衛星第1(土)午後5時10分からの29分番組。

 **地球特派員2006** 2006〜2008年度

衛星第1の『世界潮流』（2002〜2005年度）を全面刷新した国際情報番組。世界を揺るがす事件や事故から文化・ライフスタイルの新たなトレンドまで、世界の潮目が生まれつつある「現場」に、作家・ジャーナリストらを「特派員」として派遣。独自の視線を生かしたルポで世界の今を浮かび上がらせた。衛星第1(月1回・日)午後10時台の49分番組。ハイビジョンは随時放送。タイトルは『地球特派員』に西暦年を付す。

 **地域発！どうする日本** 2007〜2008年度

全国54の放送局のネットワークを生かして、各地域が共通して抱える課題を多角的に取材し、地域再生に向けた取り組みを伝えた。初年度の5月は「どうする広がる地域格差」（大阪発）、8月は「災害列島“地域力”がいのちを守る」（名古屋発）など、各局のスタジオからも発信。10月は「食と農業」をテーマに、『NHKスペシャル』（1989年度〜）などの番組とも連動して展開。総合夜間の75分番組。2年間で11本を制作。

 **新BSディベート** 2007〜2009年度

『BSディベート』（2005〜2006年度）を改題。テレビ電話やWEBカメラを活用して、海外の論者が議論に参加する新しいスタイルの国際討論番組。地球規模の課題はもちろん、国内問題にもグローバルな視点や論点を盛り込みながら討論を展開。初年度は「どう対処する　国際M&A時代」「日中国交正常化35年　新たな関係をどう築くか」などを制作。初年度は衛星第1(日・月1回)午後10時10分からの110分番組。

 **双方向解説・そこが知りたい！** 2008〜2012年度

社会の関心が高いテーマを取り上げ、メールやFAXで寄せられた視聴者の意見を生放送の中に取り込みながら複数の解説委員が議論を重ねる番組。初年度は「税金・年金・景気のゆくえ」「変わる学校　どうする学校」「温暖化とわたしたちの未来」「どう支える高齢化社会」「金融危機とわたしたちの暮らし」など7本を放送。総合(土ほか)午前10時5分からの109分番組（2008年度）。

 **ASIAN VOICES** 2009〜2014年度

世界で起きている諸問題をアジアの視点で考える討論番組。2008年10月に国際放送でスタートし、2009年度より衛星第1（BS1）でも放送した。国際社会のなかで存在感を増しつつあるアジアの人々のさまざまな“声”を世界に伝える番組として注目される。2009年8月には大統領選直後のアフガニスタンの首都カブールと結び、現地の識者や要人と討論した。衛星第1(日・月1回)午後11時10分からの45分番組（初年度）。

時事・報道 ｜ 定時番組

2010年代

時論公論　2010年度〜

「時代がわかる、社会の変化がわかる」をコンセプトとするニュース解説番組。『あすを読む』（1996〜2005年度）のあとを受けて、2006年度に午後11時台のニュース番組『スポーツ&ニュース』の1コーナーとしてスタート。2010年に単独番組として独立した。その日取り上げるニュースの分野が専門のNHK解説委員が、イラストや映像を使いながらわかりやすく解説する。総合（月〜金）午後11時30分からの10分番組（2024年度）。

ニュース　深読み　2010年度

話題のニュースの深層に迫る生放送のニュース解説番組。2010年12月に放送を終了した『週刊こどもニュース』を引き継ぐ形で、翌2011年1月にスタート。NHK解説委員、ベテラン記者、外部識者などが、ニュースをさまざまな角度から"深読み"してその深層に迫る。2011年度に後継番組『週刊　ニュース深読み』に引き継ぐ。司会はニュース番組を14年ぶりに担当する小野文惠アナウンサー。総合（土）午前8時45分からの40分番組。

TVシンポジウム　2010年度〜

『日曜フォーラム』（2007〜2009年度）の後継番組。全国各地で開催されるシンポジウムの模様を収録し、1時間に編集して放送した。環境、医療、教育、街づくりなど、暮らしに密接にかかわる話題から、食糧問題や国際社会のありようまで、その道の第一人者や現場の実践者、有識者がじっくり議論する討論番組。教育（日）午後6時からの60分番組（初年度）。

週刊　ニュース深読み　2011〜2017年度

『ニュース　深読み』（2010年度）と『NHK週刊ニュース』（1999〜2010年度）を統合した形で始まった生放送の解説番組。前半は1週間のニュースの中から注目ニュースを選び、その背景や今後の展開を解説。後半はNHK解説委員や記者、有識者が、話題のニュースをさまざまな角度から"深読み"してその深層に迫る。司会は小野文惠アナウンサー、首藤奈知子アナウンサーほか。総合（土）午前8時15分からの73分。

プロジェクトWISDOM　2011年度

人類が直面する"地球的な課題"について世界の「WISDOM（英知・賢人）」をネットワークで結び、番組のウェブサイトを活用しながら議論するスタイルの国際討論番組。2010年度に6本放送した特集番組を2011年度に定時化。ノーベル賞受賞者2人を含め、世界の識者180人近くが番組に登場した。キャスターは出山知樹アナウンサー、滝川クリステルほか。BS1（最終・土）午後10時から、もしくは午後11時からの50分枠。

地球テレビ100　2011年度

スタジオと世界100か所をインターネット生中継でつなぎ、「世界がいま注目するニュース」「最先端研究」「流行」などについて、世界の人々の声を聞く国際情報番組。出演したのは世界各地の市井の人々や現地で長く暮らす日本人。東日本大震災に端を発した原発への不安や、民主化を目指す中東の春など、生活者目線で捉えた情報を伝えた。衛星第1（土）午後10時からの49分番組。

あの日　わたしは〜証言記録　東日本大震災　2011〜2020年度

東日本大震災をさまざまな角度から記録する一環として、被災者の"あの日、あの時"の証言を記録。NHK各放送局が取材した証言素材に「シリーズ・証言記録　東日本大震災」の素材を加え、一人一人の証言を5分番組に構成。広大な地域にまたがる大震災・原発事故の証言をカバーした。初年度は総合（火〜金）午前10時台とEテレ（金）午後11時台に放送。2020年度に「証言記録　東日本大震災」のサブタイトルが取れる。

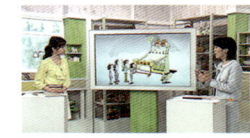

くらし☆解説　2012〜2020年度

日々の暮らしが"きらり"と輝く、役に立つ解説番組がコンセプト。解説委員と女性キャスターが暮らしに密着したニュースや文化・科学情報などをわかりやすく伝えた。初年度は第1回「どうなる　2013就職戦線」からスタートし、「どうする？上がり続ける介護保険料」「大丈夫か　あなたの企業年金」「加速する再生可能エネルギー探し」ほかを放送。総合（火〜金）午前10時5分からの10分番組。

グローバルディベートWISDOM　2012〜2015年度

『プロジェクトWISDOM』（2011年度）を改題。人類が直面する"地球的な課題"について世界の「WISDOM（英知・賢人）」をネットワークで結び、番組のウェブサイトやSNSを活用しながら議論する国際討論番組。キャスターは真下貴アナと滝川クリステル。BS1（最終・土）午後10時から、もしくは午後11時からの50分枠（初年度）。年間10本程度放送。

明日へ〜支えあおう　2012〜2015年度

東日本大震災から1年、「震災を忘れない」をコンセプトに東北を含めた被災地の現状と復興を描いていく番組。東日本大震災の「証言記録」と「復興サポート」を月のレギュラーとして編成。「証言記録」では震災の体験談を集め、今後の防災に役立てると同時に、体系的に証言を記録した。「復興サポート」は有識者がその地域にふさわしい復興を提言し、住民と話し合った。総合（日）午前10時5分からの48分番組（初年度）。

解説スタジアム　2013〜2019年度

社会の関心が高いテーマを取り上げ、視聴者の意見を取り込みながら議論を重ねる生放送の双方向型討論番組。複数の解説委員が議論に参加し、多層的で複眼的な視点を提示した。「安全保障法制を問う」「どうする？東京オリンピック・パラリンピック」（いずれも2015年度）など世論を二分するテーマは特に反響が大きかった。スペシャル版「2014　どうする日本」は4時間の生放送。日曜・祝日を中心に不定期放送の約60分枠。

新世代が解く！ニッポンのジレンマ　2013〜2018年度

難問山積のニッポンが抱えるさまざまなジレンマを、1970年以降に生まれた各界の旗手たちが意見を戦わす新世代討論。2012年1月1日に特集番組として始まり、2013年度に定時番組となる。ニッポンの閉塞感をどう壊し、この国をバージョンアップさせていくか、建設的な議論を行うとともに若者のリアルな声を届けた。MCは古市憲寿、青井実アナウンサー。原則、Eテレ（日）午前0時からの60〜90分番組で月1回放送。

福島をずっと見ているTV　2013〜2016年度

2011年6月から『青春リアル』（2009〜2012年度）で月1回の特別シリーズとして放送し、2013年度より定時番組。避難、反原発デモ、漁業など、さまざまな課題を取り上げてきたが、2013年度には初めて東京電力の社員に焦点を当て、原発内の取材も敢行した。MCはクリエイティブディレクターの箭内道彦。初年度はEテレ（第1・日）午前0時からの25分番組。2017年度より特集番組として不定期に放送。

国際報道　2014年度〜

海外総支局のネットワークを生かして、最新の国際ニュースをいち早く、より深く伝えるとともに、海外の人びとの暮らし、文化、トレンドなども紹介した。BS1（月〜金）午後10時台に放送。2015年度は『国際報道2015』とし、以後、放送年に合わせてタイトルを変更する。

明日へ　つなげよう　2015〜2020年度

『明日へ〜支えあおう』（2012〜2015年度）を改題。東日本大震災の被災地域の現状と復興の道のりを追う。東日本大震災の「証言記録」と「復興サポート」を月のレギュラーとして編成。「証言記録」では震災時の体験談を集め、今後の防災・減災に役立てると同時に、ウェブも含め体系的に証言を記録。「復興サポート」では、有識者が復興策を提言し、住民と話し合った。総合（日）午前10時5分からの48分番組（初年度）。

これでわかった！世界のいま　2015〜2020年度

取材経験豊富なニュースデスクや記者が先生役となり、模型や黒板を使って授業形式で解説するファミリー向けの国際情報番組。声優を起用したアニメーションやゲストのタレントとのやりとりでユーモアと笑いをまじえながら、わかりやすさと親しみやすさを演出した。キャスターは井上裕貴アナウンサーほか。レギュラーゲストは坂下千里子。総合（日）午後6時10分からの32分番組（初年度）。

激動の世界をゆく　2016〜2021年度

大越健介キャスターがいま注目の国を旅し、ニュースの深層にある人々の思いや社会のうねりを独自の視点で切り取る報道紀行番組としてスタートした。初年度は、EU離脱の国民投票に揺れるイギリス、多様な宗教・民族の共存を図るインドネシア、大統領選挙で社会の分断が浮き彫りになったアメリカなどを取り上げた。初年度はBS1（月1回・日）午後10時からの50分番組。2017年度は年5本、2018年度以降は不定期放送。

週刊まるわかりニュース　2018〜2022年度

総合（土）午前9時からの30分番組。1週間の注目ニュースをランキング形式で紹介。2018年12月8日からは総合とBS4Kの同時放送を開始。高精細4Kカメラでニュースを独自取材した。

2020年代

ニュース　地球まるわかり　2021年度

世界で起きていることや地球規模の課題、ほっとするような話題まで、NHKが世界に張り巡らせたネットワークを駆使し、地球のすみずみから「今」を伝える国際情報番組。キャスターは須田正紀記者、小山径アナウンサー、リポーターは中山果奈アナウンサー。総合（日）午後6時5分からの38分番組。

みみより！くらし解説　2021〜2023年度

『くらし☆解説』（2012〜2020年度）の後継番組。いま気になるニュースについて、暮らしに密着した耳よりな情報をNHKの解説委員が解説する。分かりやすさをモットーに、それぞれのテーマの裏に潜む深い背景までを掘り下げる。キャスターは岩渕梢。総合（火〜金）午前10時5分からの10分番組。2024年度に『みみより！解説』に改題し、総合（月〜木）午後0時20分からの8分番組となる。

明日をまもるナビ　2021年度〜

地震や風水害などさまざまな自然災害が毎年のように頻発する日本。被害も激甚化、広域化の傾向が見られ、事態は深刻さを増している。そんな状況に対応するため、NHKがこれまでに蓄積した防災・減災・復興支援に関する知見と全国ネットワークをフル活用して、「安全・安心」をテーマとした「いのちと暮らしを守る」情報を届ける番組。総合（日）午前10時5分からの45分番組。

01

ドキュメンタリー番組の原点『日本の素顔』

　1953年にテレビ本放送が始まると、劇場用映画が35ミリフィルムを用いたのに対し、NHKでは安価で機動性に優れた16ミリを採用し、ニュース取材や屋外ロケを行った。

　1954年6月の番組改定で、NHK制作のフィルム構成番組の放送を毎週木曜日、午後7時15分からの15分番組で開始した。当初は『社会探訪』の枠タイトルで「伸びゆく子供たち」「自衛隊誕生」「苦悩する中小企業」などを放送。8月からは『NHK短編映画』として「東京の24時間」「法隆寺復元」「灘の酒づくり」など、時事的なテーマから紀行ものまで幅広く扱った。ロケ映像を素材に構成したNHK初の定時ドキュメンタリーといえるだろう。

　日本のドキュメンタリーの草分けと言われている番組が『日本の素顔』（1957〜1963年度）である。総合テレビ日曜午後9時30分からの30分番組でスタートした。それまでラジオで「録音構成」の社会番組を制作していた吉田直哉をはじめとするディレクターたちのノウハウが、『NHK短編映画』で培った16ミリフィルムの経験や技法と結びついて生まれた番組である。「日本の社会のありのままの"素顔"を、ある断面においてとらえ、これを掘り下げ分析する」が番組コンセプト。第1回放送は「新興宗教をみる」と題し、社会の混乱と変革期に台頭する新興宗教（立正佼成会、世界救世教、PL教団、創価学会）を取材した。

　わずか3人のスタッフと外部から借用した撮影機材で制作された番組は、当初10回で終了の予定だった。ところが1958年1月に放送した第8回「日本人と次郎長」が大反響を呼び、番組の続行が決まる。「日本人と次郎長」は、襲名披露や手打ちの儀式、賭博の様子など、やくざの実態を伝える中で、日本の社会に残る因習を浮き彫りにした。

　その後、『日本の素顔』は制作体制が強化され、次々に話題作を送り出していった。1959年11月に放送した「奇病のかげに」は、熊本県水俣湾を中心にした八代海沿岸に発生した原因不明の奇病"水俣病"を、周辺漁民へのインタビューとともに描いた作品だ。番組が「誰にその責任はあるのか」と社会に問うたのは、水俣病が公害病と認定される9年前のことである。

　『日本の素顔』は、6年半にわたって全306回を放送。「農漁村の貧困」「住宅問題」「失業問題」「自衛隊」「公害問題」など多様な社会的テーマを取り上げて、"社会派ドキュメンタリー"というジャンルが定着した。

02

社会派とヒューマン・ドキュメンタリー
〜『現代の映像』と『ある人生』〜

　『現代の映像』（1964〜1970年度）は、『日本の素顔』と教育テレビで放送していた『現代の記録』（1962〜1963

『NHK短編映画　東京の24時間』
（1954年度）→P953

『日本の素顔』 日本人と次郎長（1958年度）→P424

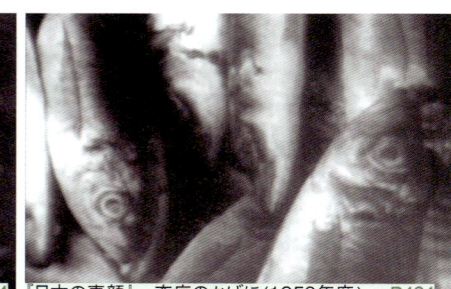

『日本の素顔』 奇病のかげに（1959年度）→P424

『現代の記録』　BGの周辺（1962年度）→P424

『現代の映像』　台風地帯（1964年度）→P424

『現代の映像』　33.3分の1（2007年度）→P424

『ある人生』　良寛先生（1964年度）→P424

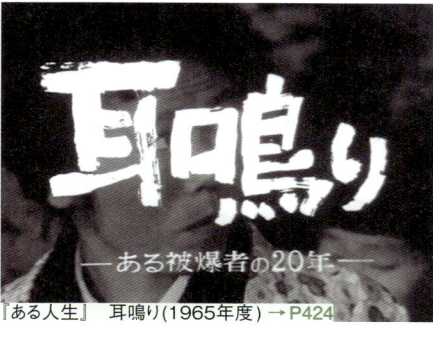
『ある人生』　耳鳴り（1965年度）→P424

『乗船名簿AR-29』（1968年度）→P435

年度）を統合したドキュメンタリー番組だ。「ベトナム帰休兵」（1966）、「ある認定患者たち～イタイイタイ病との戦いの中で」（1968）、「東京大学1969年1月」（1969）、「原因不明　全日空機羽田沖事故」（1971）など、日本が抱える社会問題をタイムリーに取り上げた。「台風地帯」（1964）では、南方洋上に発生した台風20号が、鹿児島県に上陸して災害の傷痕を残して去るまでを、5台のカメラで同時に記録し、台風のエネルギーのすさまじさを多角的に伝えた。「33.3分の1～その幸運な入居者たちの物語～」（1965）では、33.3分の1の確率で公団住宅に当たった3家族を追った。銭湯から内風呂に入れるようになって喜ぶ銀行マン、25回目で抽選に当たった教員、設計の専用スペースができて仕事に精を出す庭園設計技師の悲喜こもごもを描いた。

　同年11月、もう1つのドキュメンタリー番組がスタートする。『ある人生』（1964～1970年度）とタイトルされたその番組は、さまざまな環境の中で必死に生きる市井の人々の姿を描いた。その第1回「良寛先生」（1964）は、「ある時払いの催促なし」を実践する大阪・釜ヶ崎の医師本田良寛の生き方を見つめた。「耳鳴り」（1965）は、広島で被爆し死の恐怖におびえながらも、被爆者の辛酸と原爆の悲惨さを短歌で訴え続けた正田篠枝の長い闘病の記録を通して、人として生きることの尊厳を描いた。「メダカ課長」（1966）は、汚染された東京を流れる河川に、せめてメダカやフナぐらいは生息させたいと願って奮闘する東京都水質保全課の初代課長・山田一利の姿を追った。「移住」（1968）は、雪深い岩手の寒村から南米の大地に理想郷の建設を目指す69歳の男性とその家族の心の揺れを描いた。この取材から生まれた特集番組『乗船名簿AR29』（1968）は、南米定期第1船として出発した「あ

『人間列島』　みちのくの椰子の葉陰で（1971年度）→P425

『ドキュメンタリー』　一時帰国（1974年度）→P425

るぜんちな丸」の乗船者名簿を軸に、最終港ブエノスアイレスまでの49日間の船内の模様や、船客のさまざまな生き方を追い、移住の全体像を描いた。この番組で追った移住者たちの"その後"は10年ごとに番組化され、2018年、『ETV特集　移住　50年目の乗船名簿』に結実する。

　『現代の映像』が報道色の強い"社会派ドキュメンタリー"だったのに対し、『ある人生』は社会の片隅に生きる日本人を見つめる"ヒューマンドキュメンタリー"の先駆けとなった。

　1971年4月、2つの新たなドキュメンタリー番組が登場する。1つは『現代の映像』の後継番組『ドキュメンタリー』（1971～1977年度）で、総合テレビの午後7時30分というゴールデンタイムにスタートする。もう1つが『ある人生』の後継番組『人間列島』（1971年度）で午後10時台にスタート。『人間列島』の第1回「みちのくの椰子の葉陰で」（1971）は、石炭から石油への転換であえぐ本州最大の常磐炭鉱が、石炭の掘削時に出た温泉を利用して巨大レジャー施設を建設し、炭鉱関係者の娘たちが踊るフラダンスが町を変えていった姿を追った。

　翌1972年、『ドキュメンタリー』が『人間列島』を吸収する形で一本化。社会派ドキュメンタリーとヒューマンドキュメンタリーが合体した番組となった。この番組では「葬儀の値段」（1973）、「産休補助教員」（1975）、「交通犯

ドキュメンタリー

『クローズアップ現代』(1993年度〜) → P414

『追跡！A to Z』(2009〜2011年度) → P430

『ルポルタージュにっぽん』
ダービーの日(1978年度) → P425

『にんげんドキュメント主役・脇役』
大河ドラマ"春日局"軍馬をあやつる(1988年度) → P425

『ドキュメントにっぽん』　ボスの引き際
(1997年度) → P427

『にんげんドキュメント』　ムツばあさんの花物語
(2003年度) → P428

〜前橋刑務所受刑者の手記から」(1975)、「武器輸出」(1976)、「空白の15日間〜戦後外交文書と横山元少将の回想」(1976)、そして、最終回「ピンクレディー・ボディアクション」(1978)などを、硬軟取り混ぜて8年間にわたって放送した。1974年に放送された「一時帰国」は、敗戦の混乱で中国に置き去りにされた中国残留孤児の人生を見つめた。中国人に育てられて中国で結婚した4家族の30年ぶりの一時帰国を追い、大きく変貌した祖国・日本に戸惑い、肉親に会っても日本語が話せずつらい思いをかみしめる姿を通して、日中の戦争と戦後を描いた。

その後、『NHK特集』(1976〜1988年度)の一部や、『ドキュメンタリー'89』『ドキュメンタリー'90』として続いた社会派ドキュメンタリーは、スタジオ構成やリポート形式など表現方法や演出スタイルを変えながら、『NHKスペシャル』(1989年度〜)、『クローズアップ現代』(1993年度〜)、『追跡！A to Z』(2009〜2011年度)などにその遺伝子は受け継がれていく。

一方、ヒューマンドキュメンタリーの一角は、『ルポルタージュにっぽん』(1978〜1983年度)に続いていく。『ルポルタージュにっぽん』は、各界で活躍する著名人が毎回リポーターとなって、強い興味を持つテーマに切り込んでいくスタイル。「ダービーの日　寺山修司」(1978)では、本命不在の戦国ダービーといわれた「第45回日本ダービー」に挑んだ岡部幸雄、福永洋一、柴田政人の同期3人の騎手に、日本中の競馬ファンが熱狂したある一日を、歌人で劇作家の寺山修司がリポートした。

その後、ヒューマンドキュメンタリーは、『ドキュメント人間列島』(1984年度)、『にんげんドキュメント主役・脇

役』(1988年度)、『ドキュメントにっぽん』(1997〜1999年度)、『にんげんドキュメント』(2000〜2006年度)、『目撃！日本列島』(2010〜2016年度)、『目撃！にっぽん』(2017〜2023年度)、『プロジェクトX　挑戦者たち』(2000〜2005・2024年度)、『プロフェッショナル　仕事の流儀』(2005年度〜)などに連なり、描く対象や演出方法などのバリエーションを増やしながら、教養番組の一角を占めるにいたる。

03
海外のドキュメンタリー番組

NHKではNHK制作のドキュメンタリー番組にとどまらず、世界各国のテレビ局や独立系プロダクションで制作された秀作ドキュメンタリーも継続的に放送している。

総合テレビのフィルム番組『世界のドキュメンタリー』(1969〜1971年度)や、教育テレビの『海外ドキュメンタリー』(1982〜1999年度)では、社会問題から、自然・紀行ものまで幅広いジャンルのドキュメンタリーを放送した。

1989年に衛星本放送がスタートすると、報道系ドキュメンタリーは主に衛星第1の守備範囲となった。月曜から金曜の午後11時台に定時化された『ワールドマガジン』は、アメリカABCの「プライムタイム・ライブ」、イギリスBBCの「パノラマ」、オーストラリアCH9の「60ミニッツ」などで放送されたドキュメンタリー番組を週単位で放送した。後継番組の『ワールド・リポート』(1992〜2002年度)は、日曜夜間放送の105分の長尺番組。作品の放送に加えて、

その背景や意味をキャスターやゲストが解説した。

海外テレビ局制作の『BSドキュメンタリー』(1997〜1999年度)は、金曜から日曜の夜間放送の50分枠。初年度はBBC制作の大型シリーズ「市民の20世紀」(26回)、「約束の地・南部の黒人たちはシカゴをめざした」(5回)など、計106本を放送した。

『BSドキュメンタリー』(2004〜2008年度)は、NHKを中心とした国内制作のドキュメンタリー番組を放送する枠として土曜の午後10時台に再開した。一方、新たに始まった『BS世界のドキュメンタリー』(2004年度〜)は、世界各国のテレビ局が制作したドキュメンタリー番組を日本語版で放送。2008年度後期にこの2つの番組は、『BS世界のドキュメンタリー』に1本化された。

Eテレの『ドキュランドへ　ようこそ!』(2018年度〜)は、世界の文化、知られざる歴史・科学、共感をよびおこすヒューマンな作品などあらゆるジャンルから選んだ海外制作のドキュメンタリー作品を放送。2018年度は英国王室を描いた「キャサリン妃秘密のワードローブ」「エリザベス女王と後継者たち」、健康をテーマとした「エクササイズの真実」「ストレスの真実」、近代史の謎を取り上げた「ヒトラーの子どもたち」「タイタニック　新たな真実」などを放送。また「ハリウッド発　#MeToo」「ベールの詩人〜声をあげたサウジ女性〜」などの女性の人権に関する時事テーマを取り上げた作品も高い評価を得た。

04

ドキュメンタリーの
ニューウエイブ

2000年4月、『プロジェクトX　挑戦者たち』が始まる。無名の日本人を主人公に、新製品の研究開発、社会的事件、巨大プロジェクトなどに焦点を当て、その成功の陰にあった知られざるドラマを伝える"組織と群像の物語"。"プロジェクト"が直面する困難を克服する過程を、記録映像と再現ドラマを交えて描いた。

第1回は「巨大台風から日本を守れ」(2000)。のべ9000人を動員し、猛烈な風や高山病など多くの困難と闘いながら、富士山の山頂に世界最大の気象レーダーを建設した官民プロジェクトの全容を描いた。"プロジェクト"を成し遂げた主人公たち本人がスタジオに登場し、その"成功"を振り返って語る。田口トモロヲのナレーションと中島みゆきが歌うエンディング・テーマ「ヘッドライト・テールライト」が番組ラストを盛り上げる。スタジオトーク、ドキュメンタリー映像、再現ドラマ等で構成するスタイルは、人物にスポットを当てたその後の情報番組の一つのモデルに

もなった。

2005年12月に終了した『プロジェクトX　挑戦者たち』のあとを受けて、『プロフェッショナル　仕事の流儀』(2006年1月〜)が始まる。この番組では、時代の最前線で活躍するその道のプロを取りあげ、彼らがどのように発想し、斬新な仕事をどう切り開くのかを、徹底した現場密着ドキュメントで描いていく。これまでに登場した"プロフェッショナル"は吉永小百合、高倉健ほかの俳優、イチロー、石川佳純ほかのスポーツ選手をはじめ、シンガーソングライターの宇多田ヒカル、将棋棋士の羽生善治、ビル清掃を仕事とする新津春子、自治体のキャラクター"くまモン"まで幅広い。2021年3月に放送した「庵野秀明スペシャル」は、これまで長期取材を受けることのなかったアニメーター庵野秀明に4年にわたって独占密着取材を敢行。庵野が総監督を務めたシリーズ完結編となる「シン・エヴァンゲリオン劇場版」の制作現場を余すところなく記録し、75分のスペシャル版で届けた。2023年12月には、「風の谷のナウシカ」「千と千尋の神隠し」などのアニメ作品で世界に知られるスタジオジブリの映画監督宮﨑駿に密着。新作「君たちはどう生きるか」創作の舞台裏を2399日にわたって記録し、大きな話題となった。

『プロジェクトX　挑戦者たち』(2000〜2005・2024年度) →P428

『プロフェッショナル　仕事の流儀』　庵野秀明スペシャル
(2020年度) →P429

2006年10月、『ドキュメント72時間』が始まる。ファミレス、空港、居酒屋、量販店など、人々が行き交うひとつの現場にカメラを据え、さまざまな人間模様を72時間にわたって定点観測するドキュメンタリー番組だ。取材期間が数か月から数年という大型ドキュメンタリーが話題を集める中で、この番組の取材期間はわずか72時間。取材チームはディレクター、カメラ、音声の3人1組が2チームで当たる。限定された場所の限定された時間に映し出される多様な生き方、意外な素顔、偶然の出会いが、何気ない日常の中

ドキュメンタリー

のドラマやさまざまな事情を抱えながら生きている人々の"いま"を映し出す。

2006年の放送は半年間で終了したが、2013年4月、定時番組として復活。その第1回「密着 歌舞伎町の眠らない花屋」は、新宿・歌舞伎町にある24時間営業の生花店にカメラを据えた。定年を迎えた恩師への感謝、新しい命を宿した妻への思い、ともに夢を追いかけてきた友との別れなど、花に託したそれぞれの人の思いを見つめた。時間を追って構成する時系列の編集と最小限のナレーション。社会問題を雄弁に追及したかつてのドキュメンタリーとは、まったく違うテイストが若者をひきつけた。番組は熱心なファンに支えられ、年末に好評だった番組をまとめた特集番組が組まれるようになる。また、このユニークなフォーマットは海外からも注目され、中国のメディアがNHKの協力のもと、同じ形式のドキュメンタリーを制作するなど、広がりを見せている。

『ドキュメント20min.（トゥエンティーミニッツ）』（2009〜2011・2022年度〜）は、深夜0時台の20分枠。各放送局に在籍する入局数年の若手ディレクターが企画・制作する番組を、30歳代の中堅ディレクターがプロデュースする実験的なドキュメンタリー枠だ。「ケータイ予測変換ワード」（2009）、「"鉄子"のひとり旅＠北海道」（2010）、「それでも日本に生きる〜震災から2年 復興を目指す外国人たち」（2012）など、硬軟織り交ぜたテーマで編成。番組は2022年度に新たなスタートを切り、取材者自身にカメラを向けたセルフドキュメンタリーなど、これまでの発想や制作手法にとらわれない独創的な"新感覚"ドキュメンタリーを生み出している。

2012年10月、それまで不定期に放送していた『ファミリーヒストリー』が総合テレビの月曜午後10時台の48分番組で定時化される。この番組は著名人ゲストの家族の歴史、ルーツを徹底取材し、VTRで明らかにする。ゲストはスタジオで初めてそのVTRを見て、自らのアイデンティティと家族の絆を知ることになる。本人も知らない事実を前に、驚きと感動が交差するユニークなドキュメンタリー番組だ。2023年8月に放送した「草刈正雄〜初めて知る米兵の父 97歳伯母が語る真実とは〜」は大反響を呼んだ。草

刈の父は日本に駐留したアメリカ兵だったというが、母一人子一人で育った草刈は父の顔を知らない。母は「朝鮮戦争で死んだ、写真は焼いた」と多くを語らずに亡くなった。番組制作班は草刈の記憶にあった「ロバートトーラ」という父の名前を手掛かりに、全米で調査を開始。半年後にようやく親族が判明し、父が朝鮮戦争から無事生還していた事実を突き止める。草刈はVTRに映し出された写真で初めて父の姿を見る。「なぜ父は母のもとを去ったのか」父の姉が70年越しの秘密を涙ながらに告白する。この番組は、放送文化の向上に貢献した番組や個人・団体を顕彰する「ギャラクシー賞」（放送批評懇談会）テレビ部門の2023年8月度の月間賞を受賞した。

その後、草刈は葛藤を抱えながらも父方の親族に会うために渡米を決意する。2023年12月に放送された「草刈正雄特別編〜アメリカへ 決意の旅路〜」は、その旅路に密着するドキュメントである。初めて父の墓前に立つ草刈の胸のうちには複雑な感情がわきあがり、言葉は少ない。そして番組のクライマックスで、父母のいきさつを知る97歳の伯母と初めての対面を果たした。

2015年にスタートした『アナザーストーリーズ 運命の分岐点』は、歴史上の事件や出来事を複数の視点から見つめる"マルチアングル・ドキュメンタリー"。1959年の皇太子ご成婚パレードのテレビ中継の舞台裏に迫った「華麗なるご成婚パレード 世紀の生中継・舞台裏の熱戦」や「あさま山荘事件 立てこもり10日間の真相」、「ザ・ビートルズ来日〜熱狂の103時間」など、人々が固唾をのんで見守った"出来事"の真実を、複数の証人、体験者の目から描き出す手法はこれまでにない切り口として注目された。

2016年12月、ナレーションがまったくないドキュメンタリー番組『ノーナレ』が誕生し、不定期の放送を開始する。

もともと、ラジオの録音構成からスタートしたテレビドキュメンタリーは、番組を構成するうえでナレーションが果たした役割は大きかった。番組の趣旨を伝え、番組を進行させ、またある時は映像情報を補完した。そんな土壌に出現したノーナレーションのドキュメンタリーは、わかりやすさを追う解説的なナレーションや過剰なテロップ情報に食傷気味だった視聴者には新鮮に受けとめられた。

『ドキュメント72時間』（2006・2013年度〜）→P429

FAMILY HISTORY
ファミリーヒストリー
『ファミリーヒストリー』（2012年度〜）→P431

『アナザーストーリーズ　運命の分岐点』(2015年度〜) →P431

　BS1で放送する『街角ピアノ（空港ピアノ・駅ピアノ）』もノーナレーションのドキュメンタリーだ。世界の駅、空港、街角に置かれた誰もが自由に弾くことのできるピアノに、定点カメラを据え付け、人々が立ち寄りピアノを奏で、去っていく様子を淡々と映し出す。ナレーションはなく、演奏後に行ったインタビューで取材した演奏者の思いや人生の一端を字幕で表示する。演奏者は子どもから老人までさまざま。演奏される曲もクラシック、ポップス、映画音楽から自作曲までバラエティーに富んでいる。『駅ピアノ』ではチェコ・プラハでもっとも古いマサリク駅、オランダ・アムステルダム中央駅、日本の京都駅ほか、『空港ピアノ』ではアメリカ・ミネアポリス、オーストラリアのブリスベーン、国内では東日本大震災で大きな被害を受けた仙台空港に置かれたピアノなどが紹介された。「駅」や「空港」は日常風景であると同時に人々の旅立ちの地でもある。そこでさまざまな人生を見続けてきた1台のピアノとともに、視聴者は一期一会の演奏に立ち会う。演奏の巧拙は番組の主眼ではない。素人のピアノ演奏に心を打たれる不思議にこそ、番組の人気の秘密がある。

　この他、長期にわたるユニークな取り組みとしては、『7年ごとの記録』がある。1992年度から7年ごとに、当時7歳だった13人の子どもたちの成長を記録し続け、2020年度には35歳になった姿を放送した。

　また、未曽有の被害をもたらした「東日本大震災」については、NHKスペシャル枠で「シリーズ東日本大震災」、「シリーズ原発危機」「シリーズ　メルトダウン」「震災ビッグデータ」「廃炉への道」「震災を生きる子どもたち　21人の輪」や、『ETV特集』、『BS1スペシャル』などでも長期取材の特集番組を放送した。被災地の実情を伝え復興を応援する『明日へ』(2012年度〜)枠でもさまざまな特集番組を放送。被災者の証言を記録した『いつか来る日のために　証言記録スペシャル』、サンドウィッチマンが病院で2日間限定のラジオ局を開設し、患者や家族の話を聞く『病院ラジオ』なども始まった。

　2022年4月、『映像の世紀バタフライエフェクト』が総合(月)午後10時からの45分番組で始まった。1995年に『NHKスペシャル』枠で始まった「映像の世紀」シリーズの最新定時枠である。蝶の羽ばたきのようなささいなで

きごと、ささやかな営みや思惑が、予期せぬ連鎖を呼び、世界を動かし、歴史を変えていく。世界各国から収集した貴重なアーカイブス映像の断片から、現代史に秘められた壮大なドラマをひもといていくドキュメンタリー番組だ。

　第1回放送は「モハメド・アリ勇気の連鎖」。1954年、12歳だったアリが愛用の自転車を盗まれるというささやかな "蝶のはばたき" が、アリをボクサーに駆り立てる。アリは無敵のチャンピオンとなり、その言動が同時代の若者たちに大きな影響力をもたらす。ベトナム反戦、黒人差別への抗議、ひいては史上初の黒人大統領誕生へと波及する時代の流れを、アリの映像を通してたどる。第2回「アインシュタイン　科学者たちの罪と勇気」、第3回「ベルリンの壁崩壊　宰相メルケルの誕生」、第4回「スペインかぜ　恐怖の連鎖」はどれもが好評を呼び、ギャラクシー賞の月間賞を受賞した。その後、わずか4日違いで生まれた同い年の独裁者と喜劇王の因縁を描いた「ヒットラーとチャップリン　終わりなき闘い」、パレスチナ問題の原点に切り込んだ「砂漠の英雄と百年の悲劇」、戦時下でアメリカと日本との懸け橋となった日本語情報士官たちの秘話に迫った「太平洋戦争 "言葉" で戦った男たち」などが大きな反響を呼んだ。ナレーターは山田孝之、山根基世。加古隆作曲のテーマソング「パリは燃えているか」の人気も高い。この番組は「1人のささやかな営みが連鎖し世界を動かしたという新たな視点を導入し、歴史の汲めども尽きぬ魅力を伝えている」ことが評価され、第70回菊池寛賞を受賞した。

　1960年代、70年代には、混とんとした現代社会を見つめる "ドキュメンタリー" という番組ジャンルが厳然と存在し、番組制作者の間ではドキュメンタリー論が盛んに交わされた。しかし演出手法の多様化と番組ジャンルの越境の中で、すでにその定義は輪郭を失いつつある。そんな中で『ドキュメント72時間』や2019年にスタートした『ストーリーズ』の「ノーナレ」「事件の涙」「のぞき見ドキュメント　100カメ」や、さらにどん底でも希望を捨てず、絶体絶命の危機からはい上がった人間の強さを描く『逆転人生』(2019〜2021年度)など、ユニークなドキュメンタリー番組が次々に開発されている。2024年度には『プロジェクトX』が18年ぶりに『新プロジェクトX〜挑戦者たち〜』として総合(土)午後7時30分からの45分番組で復活した。前シリーズが昭和の画期的な商品開発や歴史に残るプロジェクトを取り上げたのに対し、2024年版は "失われた時代" と言われる平成・令和の "挑戦者たち" に光を当てる。

　カメラの小型化にともなって登場したウェアラブルカメラやドローン映像によって、ドキュメンタリー番組も多彩な表現が可能になった。一方でAIの進化によって実写と見まごうフェイク映像が横行する時代が目前に迫り、ドキュメンタリーやニュースは新たな課題も突きつけられている。

ドキュメンタリー | 定時番組

■ 1950年代

社会探訪　1954年度

1954年6月の番組改定で、NHK製作の短編フィルム映画を『社会探訪』とタイトルして毎週(木)午後7時15分からの15分番組で放送。ラジオの同名ルポルタージュ番組のテレビ版とした。「北洋漁業」「自衛隊誕生」「苦悩する中小企業」など7本を放送。その後は『社会探訪』のタイトルを外し『NHK短編映画』として1957年度まで続いた。ロケによるフィルムルポという点においてNHK初のドキュメンタリー番組。

日本の素顔　1957〜1963年度

「日本の社会のありのままの“素顔”を、ある断面においてとらえ、これを掘り下げ分析する」という番組コンセプトでスタートした16ミリフィルムによる30分の社会報道番組。ヤクザの実態を伝える中で日本社会に残る因習を浮き彫りにした「日本人と次郎長」（1958年1月）や、原因不明の“水俣病”を描いた「奇病のかげに」（1959年11月）などを放送し、日本のドキュメンタリー番組の原点ともいわれている。

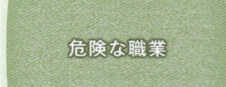
危険な職業

危険な職業　1959〜1960年度

世界各地で危険な職業に命をかけて従事している人々の姿を各エピソードに分けて描いた海外制作のドキュメンタリー・シリーズ。テストパイロット、潜水夫、油田の猛火に挑む消防士、オーストラリアの海難救助隊、原爆実験を撮影する職業カメラマン、山岳遭難援助隊など、すべてが実在の人物を現地でカラー撮影した迫力の映像で描いた。総合(日)午後10時35分からの30分番組。1960年度は(土)午後5時30分から。

■ 1960年代

希望に生きる　1960年度

職場に生きる人間にスポットを当てた『職場に生きる』（1959年度）と、働く青少年の姿を描いた『希望の世代』（1958〜1959年度）を発展的に統合。善意の若者たちが、それぞれの地域社会でたくましく生きようとする姿を描いたヒューマン・ドキュメンタリー。集団就職をテーマにした「ふるさとを離れて」、小児まひを克服した高校生の「僕は負けない」などを放送。総合(水)午後6時30分からの20分番組。

世紀の記録

世紀の記録　1960〜1961年度

アメリカの放送局CBS、イギリスのABC両社制作の本格的な記録映画の日本語版。第1回放送の「マハトマ・ガンジー」から始まり、ダイナミックな戦記物「ノルマンジー上陸戦」や「婦人参政権運動」ほかを放送。「第二次世界大戦」と「20世紀を動かした人々」の2つのシリーズは広い層に感銘を与えた。総合(夏期・木、冬期・水)午後9時30分からの30分番組。

現代の記録　1962〜1963年度

日本の社会問題をざん新なカメラワークで文明批評的にとらえた教育テレビのドキュメンタリー番組。主なテーマは、「コンクリートのある風景」「BG（ビジネスガール）の周辺」「信仰の器」「ある密輸事件」「都市と水路」「地方庁舎」「生きている伝説」「城下町と民芸」「姿なき殺人」ほか。2年間で93回を放送し、1963年度のラジオ・テレビ記者会の奨励賞を受賞。教育(土)午後10時からの30分番組。

現代の映像　1964〜1970年度

『日本の素顔』（1957〜1963年度）と『現代の記録』（1962〜1963年度）を統合したフィルム・ドキュメンタリー。社会問題の深層に切り込み、ニュースドキュメントや文明批評の分野で新境地を開いた。「台風地帯」（1964年度）は、鹿児島県に上陸した台風が猛威をふるい、災害の傷あとを残して去るまでを、5台のカメラで記録。台風のすさまじさを多角的に伝え、第19回芸術祭賞を受賞。総合夜間の30分番組。

ある人生　1964〜1970年度

日本各地、各分野で一途に生きるさまざまな日本人の姿を描くヒューマン・ドキュメンタリー。切実な現代の状況と向かいあう人間像を積極的に発掘し、現代の生き方に示唆を与えた。「耳鳴り」は1965年度の芸術祭で奨励賞、サリドマイド問題を取り上げた「予期せぬ上京」は1970年度ABU賞をそれぞれ受賞。総合(日)午後10時15分からの30分番組（初年度）。

世界の窓

世界の窓　1965〜1969年度

世界各国のすぐれたドキュメント・フィルム、短篇映画を紹介し、国際理解と親善を深めることを目的とした番組。世界各国の放送機関が参加する国際テレビ大学のフィルム、各国大使館提供による民俗風土の紹介フィルム、日米教育テレビセンターあっせんによるアメリカ教育放送のテレビ番組、国際映画市場で受賞した優秀ドキュメンタリー作品などに日本語解説を加えて放送した。教育(日)午後6時30分からの30分番組（初年度）。

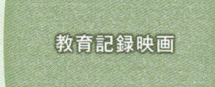
教育記録映画

教育記録映画　1967〜1969年度

国の内外を問わず教育的であり、かつ社会啓発的な長編、短編のドキュメンタリー・フィルムを随時放送した。主な作品は、「アドヴェンチャーシリーズ」（イギリス・BBC制作）、「HGウェルズの世界」（イギリス・グラナダTV制作）、「アメリカの大学教育」（アメリカ・NET制作）、「愛を知らぬ子ら」（チェコスロバキア大使館提供）など。教育(日)午後5時からの60分番組。

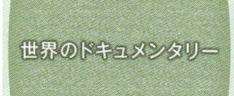
世界のドキュメンタリー

世界のドキュメンタリー　1969〜1971年度

海外のすぐれたドキュメンタリー・フィルムを集め、自然科学、社会問題、芸術、文化など、多岐にわたる作品を取り上げる。世界各国における社会福祉や公害、都市問題、歴史的人物の主張、意見から自然界のルポにいたるまで、世界各地の動向をとらえた。「カミュ最後の朝」（1969年度）、「ベトナム帰還兵」（1970年度）、「未来への飛行〜ソユーズ9号の記録」（1971年度）ほかを放送。総合夜間の25〜30分番組。

1970年代

ドキュメンタリー　1971〜1977年度

『現代の映像』（1964〜1970年度）の後継番組で、総合午後7時台に登場した報道局制作のフィルムドキュメンタリー。1972年度からは『人間列島』（1971年度）を担当していた教育局教養部が加わる。報道局・教育局の共同制作番組となり、番組テーマも社会派からヒューマンまで幅を広げた。初年度のテーマは「金嬉老裁判特別弁護人」「秋・そのとき」ほか。総合（金）午後7時30分からの30分番組（初年度）。

人間列島　1971年度

1970年度に終了した『ある人生』（1964〜1970年度）を発展させ、テーマに今日性を色濃く盛り込んだ社会性の強いヒューマン・ドキュメンタリー番組とした。「祖国」「18才男子」「再会」「望郷の請願書」「いのちのセロファン」「やませと浪曲」「ある結婚」ほかのテーマで放送。総合（木）午後10時10分からの30分番組。1972年度に『ドキュメンタリー』（1971〜1977年度）に吸収される。

ルポルタージュにっぽん　1978〜1983年度

各界の最前線で活躍している著名人が、強い関心を持つテーマを取り上げ、"現代"に鋭く切り込むパーソナルリポート。魅力的で個性的なリポーターが、取材対象に出会ったときの鮮烈な思いを映像化した。初年度のテーマとリポーターは、「学校は死ななかった」（永井道雄）、「ボクに血をください」（澤地久枝）、「国士舘大学応援団」（大島渚）ほか。総合（土）午後10時15分からの29分番組（初年度）。

1980年代

海外ドキュメンタリー　1982〜1999年度

海外で制作されたすぐれた教養番組や水準の高いドキュメンタリーシリーズを紹介する文化情報番組。初年度は、生命の発生から人類誕生に至る生物の進化をたどる13回シリーズ「地球に生きる」（BBC・ワーナーブラザーズ共同制作）、パリ万博からECの成立までを記録フィルムでたどる13回シリーズ「ヨーロッパ〜激動の20世紀」（BBC制作）などを放送。教育（土）午後8時からの45分番組でスタート。

土曜リポート　1982〜1983年度

複雑化する社会をシャープな切り口でとらえたニュース・ドキュメンタリー。スクープ性を重視したリポート、NHKの海外取材網をフル活用した特派員報告、さらにニュースの底流を追ったドキュメントなどで構成。テーマは「発掘・日米（秘）メモ！沖縄米軍基地」「低肺・知られざる結核後遺症」「無言電話、あなたも狙われている」ほか。キャスターは柏倉康夫。総合（土）午後9時45分からの45分番組。

ドキュメント人間列島　1984年度

『ルポルタージュにっぽん』（1978〜1983年度）を改題。有名無名、集団個人を問わず、魅力ある人物を取り上げ、その人がさらに生き生きと動く舞台でとらえたヒューマン・ドキュメンタリー。1年間の放送に36人（グループ）が登場した。「華やかな戦場〜演出家蜷川幸雄の世界」「吉家の四重奏〜中国帰国一家の音楽会」「再建プロフェッショナル〜大山梅雄74歳」ほかを放送。総合（水）午後10時からの30分番組。

にんげんドキュメント主役・脇役　1988年度

各界で活躍する人物を、正面からではなく、その主役を支えている脇役の姿を通して描くドキュメンタリー。歌手、カメラマン、建築家など、さまざまな職業の人物を取り上げ、"主役"と"脇役"が一体となって仕事に取り組む姿は多くの感動を呼んだ。「SHIZUKAがゆく」（歌手・工藤静香）、「大河ドラマ"春日局"軍馬をあやつる」（騎馬戦コーディネーター・田中茂光）ほか。総合（木）午後10時50分からの29分番組。

にっぽんズームアップ　1989年度

日本各地で起きているさまざまな出来事や、ユニークな生き方をしている人たちを、地域放送局がじっくりと見据えて記録するVTR構成番組。地方と大都市との格差、地方の高齢化問題、地方にも押し寄せる国際化の波など、日本各地で起きているさまざまな出来事を、各地域局が地方の風土や自然を舞台に描く。総合（木）午後8時からの44分番組。

ワールドTVスペシャル　1989〜1990年度

1988年度の『NHK特集』金曜枠で放送した「ワールドTVスペシャル」が、『NHK特集』終了に伴って単独番組に。世界各国の放送機関やプロダクションが制作した秀作ドキュメンタリーを放送した。死刑囚の刑執行までの2週間を密着取材した「5月の14日間〜黒人死刑囚残された時間」、太平洋戦争での日系米兵の苦悩を描いた「苦い名誉〜太平洋戦争の日系米兵」などが反響を呼んだ。総合（火）午後10時からの44分番組。

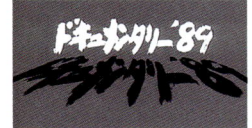

ドキュメンタリー'89（'90）　1989〜1990年度

時代に真正面から向き合い、激動する社会現象の深層にあるものを徹底した調査に基づいて描き出す社会派ドキュメンタリー。薬害、有害廃棄物、過労死、交通事故など、日々直面する問題を粘り強く追った。社会に構造的に組み込まれていく原発建設の実態を描いた「原発立地」（1990年度）や、長崎のろうあ被爆者の実態とその戦後を追った「原爆は聞こえなかった」などは、高い評価を得た。総合（水）午後10時からの44分番組。

ウィークエンド　ワールド　1989年度

急激な国際化時代を迎えて国際情報のより充実を図るため、一般ニュースでは伝えきれない世界の人々の多様な生活、文化、ものの考え方などを、各国のリポーターが現地から直接伝えた。「ローリング・ストーンズ単独インタビュー」などの特ダネのほか、「ランバダ」ダンスを大流行に先駆けていち早く紹介するなど、国際文化情報番組の役割を果たした。総合（土）午後11時10分からの25分番組。

ドキュメンタリー │ 定時番組

▎1990年代

平成2年・列島にっぽん　1990年度
「時代と向き合う番組」「地方からのメッセージ」を基本コンセプトに、"地方の価値観"、ふるさとならではの"ぬくもり""感動"を伝えた。日本各地の自然の豊かさや直面する現実、地域の活性化に情熱を傾ける人の姿などを、地元放送局がVTR構成で描いた。1991年1～3月に放送した番組タイトルは『平成3年・列島にっぽん』とした。総合(木)午後8時からの44分番組。

Asia Now　1990～1996年度
アジアの映像情報を国内はもとより、世界に向けて発信する衛星第1のニュースマガジン番組。主音声は英語、副音声を日本語で放送。NHKのアジア地域15か所に及ぶ海外支局・事務所のネットワークを活用し、ニュース、ビジネス情報からヒューマンストーリーまで幅広く伝えた。1993年度よりタイトルを『アジア・ナウ』とカタカナ表記に変更。

プライム10　1991～1993年度
1991年度前期に総合(月～金)の午後10時から10時45分に、「特集企画」として歴史、科学、ドキュメンタリー、地域の課題などのシリーズ編成や新番組開発を行った。年度後半はこの枠を『プライム10』とタイトルし、「現代史ドキュメント」「映画監督シリーズ」「海外秀作ドキュメンタリー」など、多彩なドキュメンタリーを中心にラインナップした。

China Now　1991～1996年度
衛星第1のマガジンスタイルの中国専門情報番組。改革開放が進む中国の急激な変ぼうぶりを、「庶民の暮らし」に力点を置いて伝えた。北京、上海、香港の各支局を中心とするNHKの独自取材映像、北京メディアセンターとの共同取材、そして中国各地のテレビ局や通信社から入手した映像素材をもとに、幅広い中国情報を伝えた。1993年度よりタイトルを『チャイナ・ナウ』に変更。

ワールドマガジン　1991・1994～1995年度
世界のニュースと海外の放送局が制作する秀作ドキュメンタリーを週5日間放送する枠。「行方不明米兵」(アメリカ・ABC「20/20」)、「チアリーダー」(イギリス・BBC)、「どうなる老人医療」(イギリス・BBC「パノラマ」)、「銃砲規制討論」(オーストラリアCH9「60ミニッツ」)ほかを放送。衛星第1(月～金)午後11時20分からの40分番組。2年間休止した後、1994年度に(日)午後9時からの60分番組で再開する。

ワールド・リポート　1992～2002年度
海外の優れたドキュメンタリーを紹介する番組。『ワールドマガジン』にキャスターの解説を加え、グレードアップした。衛星第1(日)午後10時15分からの105分番組(初年度)。1994年度に放送時間を25～30分に短縮した代わりに(月～金)の帯番組とした。2000年度に(土)午後6時からの49分番組とし、世界の各放送局が制作したリポートをもとに、スタジオで背景解説を加える情報番組に模様替えした。

列島スペシャル　1993～2001年度
日本各地の地域に根ざす課題や、人々の営みを見つめる「地域発」ドキュメンタリー番組枠。社会的問題にとどまらず、暮らしや文化、教育、医療など幅広いテーマを地域に暮らす人々の視線から描いた。最終年度となった2001年度は、「ひとつ屋根の下で～児童養護施設"家族"目指す日々」「500枚の遺影が語る"水俣"」「遠き道いま輝いて～回想法1年の記録」などに反響があった。衛星第1(土)午後0時からの50分枠(2001年度)。

ニューヨーク・シティ情報　1993～1994年度
国際都市ニューヨークを舞台に活動する人々の暮らしぶりを紹介し、ニューヨークの魅力を伝える番組。前半は最近のニューヨークの動きを伝える「ホワッツ・ニュース」。後半が人物紹介コーナー「フーズ・ニュース」。年末と年度末には枠を広げて1時間の「ニューヨーカーズ・スペシャル」を放送した。衛星第1(火)午後11時からの20分番組。第1回放送は1991年度。1993年10月より定時化。

列島リレードキュメント　1993～1997年度
全国の地域放送局からリレー式に列島各地の今を伝えるドキュメンタリー番組。さまざまなテーマで切り取った各地の"今"を、15分サイズの作品で制作。初年度は総合(土)午後11時30分からの45分番組で3本をまとめて放送。1994年度は(月～木)午後11時45分からの15分番組となり、毎日1本ずつ紹介した。

プライム11　1994～1995年度
日本各地のドキュメントや海外秀作ドキュメンタリー、映画監督シリーズなど、多彩なドキュメンタリーを放送。閉山して20年がたつ長崎県端島、通称"軍艦島"に通い続ける写真家の目を通して、島と人々の一生を浮き彫りにした「月だけが照らしていた」、米ソの月着陸競争の秘話を未公開のソ連の映像を中心に描いた「月を目指した男たち―秘話・米ソ月着陸競争」ほかを放送。総合(土)午後11時からの44分番組。

BSおはよう列島　1995年度
地域の今を、(月～木)でテーマを立てて伝える。(月)「リポート'95('96)」は全国の農村で起こっているジャーナルな問題を掘り起こすドキュメンタリー、(火)「光って人生」は地域で生きる人々の人生をみつめるヒューマン・ドキュメンタリー、(水)は地域の名産を紹介する「名産登場」、(木)「現代の匠」は地域に残る伝統の技、地場産業の名人技を紹介する。衛星第2(月～木)午前8時30分からの20分番組。

列島リレードキュメント選　1995年度
全国の地域放送局がリレー式に列島の"今"を伝える『列島リレードキュメント』の中から、毎週2本を選んで放送。総合(土)午前11時からの30分番組。

01.ドラマ　02.クイズ・バラエティー　03.音楽　04.伝統芸能　05.ニュース　06.報道・ドキュメンタリー　07.紀行　08.教養・情報　09.自然・科学　10.こども・教育　11.人形劇・アニメ　12.趣味・実用　13.大型特集番組等

ふるさとの伝承 　1995～1998年度
放送70周年を機会にスタートした記念事業の1つ「記録事業・民間伝承と日本の心」の関連番組。日本人の精神のよりどころであった伝承風土を、全国の放送局が一定の地域を1年間にわたって取材。細部にわたる記録を丹念に積み重ねることで従来の紀行番組とは異なる記録性を重視したドキュメンタリー番組となった。全国で記録した祭りや民俗芸能、年中行事などは4年間で149本を放送。教育（日）午後7時からの40分番組。

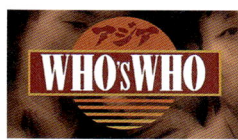

アジア WHO'S WHO 　1995～2002年度
アジアの各国・地域で活躍し、注目を集めている人に焦点をあて、「アジアの今」を伝えるドキュメンタリー。初年度は、インドの経済自由化政策を推進するマンモハン・シン蔵相、香港初の中国系行政長官アンソン・チャンなどの政治家をはじめ、中国大陸への進出を目指すマカオのカジノ王スタンリー・ホー、世界を席巻する台湾パソコンの雄スタン・シーなど、多彩な人物を紹介。衛星第1（月）午後11時からの30分番組（初年度）。

秀作ドキュメンタリー 　1995～1996年度
冷戦後の世界は新しい行動基準を求め激動期にある。それは政治・経済面にとどまらず人々の生き方、価値観をも揺るがしている。そうしたさまざまな事象を人類の課題として人々に訴えかけようと、世界のジャーナリストによって制作された海外ドキュメンタリーを放送。また「香港返還」5回、「ユーゴスラビアの崩壊」6回などの大型シリーズも放送した。衛星第1（後期・土）午後11時からの50分番組（初年度）。

アジア発見 　1995～1997年度
躍動著しいアジアのホットポイントを訪ね、その活力の源泉ともいうべき人々の暮らしや家族の姿を通して、今まさにアジア各地で起こっている新しい変化を発見していく番組。大阪放送局を核にして、全国の地域放送局が参加する新しいシステムで制作された。キャッチコピーは「出会いの先の情報性」。テーマ音楽は、モンゴル人歌手のオユンナが作曲。総合（木）午後10時30分からの24分番組（初年度）。

ニューヨーカーズ 　1995～2002年度
衛星第1の『ニューヨーク・シティ情報』（1993～1994年度）を改題。国際都市ニューヨークを舞台に活動する人々の暮らしぶりを紹介し、その魅力を伝える。前半は山崎康正がニューヨークの最新情報を伝えるニュースコーナー、後半はニューヨークでさまざまな活動をする人々を通して、ニューヨークが抱える問題にも目を向けた。衛星第1（水）午後11時からの20分番組（初年度）。

にっぽん点描 　1996年度
日本各地でひたむきに生きる市井の人々を丹念に描くドキュメンタリー。「震災から1年・神戸御影中3年の旅立ち」「我が人生に悔いなし～ガンと闘う日々」「比叡山延暦寺　公募僧侶の200日」「野性にもどれ　ケンタとチヅルー岡山・タンチョウ飼育日誌ー」「奪われた新天地～ペルー移民　知られざる強制連行」「チェロ　徳永兼一郎・最後のコンサート」ほかを放送。総合（日）午前11時からの44分番組。

知への旅 　1996～1998年度
名作文学や最先端の科学、文化、思想など、知的好奇心に訴える海外ドキュメンタリー番組を紹介する。初年度は「失われた時を求めて～作家マルセル・プルースト伝」「グレートブックス～不思議の国のアリス」「世界地図物語～地球はどうイメージされてきたのか」「フラクタルの世界～自然界を見る目が変わる考え方」など25シリーズ38本を放送。教育（土）午後9時15分からの44分番組（初年度）。

ドキュメントにっぽん 　1997～1999年度
日本の片隅で、大都会の真ん中で、人々の豊かな営みや未来への胎動を記録していくドキュメンタリー番組。「米はドンドン作ればいい～岩手・東和町長の挑戦～」（1997年度）は第18回「地方の時代」映像祭グランプリを獲得。「いのち再び～生命科学者・柳澤佳子」（1999年度）は、視聴者からの問合せが3000件以上あり、放送後、『ETV特集』で反響に応えた。総合（第1・2の金曜）午後9時30分からの49分番組。

列島ズームアップ 　1997年度
地域社会の抱えるさまざまな問題や課題を伝える情報番組。各局が管中放送していたものを毎週タイムリーに衛星第1で全国に伝えた。放送した各局番組は、『発信基地'97』『ナビゲーション'97』『ズームアップ九州』『ドキュメント東北』『北海道ズームアップ』『四国羅針盤'97』など。衛星第1（月～金）午後3時からの29分番組。

ハローニッポン　われら地球人 　1997～2002年度
日本各地で活躍する外国人たちの暮らしや生き方、日本や祖国にかける思いやカルチャーギャップに悩む姿を通して、国際化が進む日本の今を描いたドキュメンタリー。2000年度に『ハローニッポン』に改題。大阪放送局の制作で、関西を拠点にした優れた報道活動に送られる第8回坂田記念ジャーナリズム賞を受賞した。衛星第1（木）午後11時からの20分番組（初年度）。

BSドキュメンタリー 　1997～1999・2004～2008年度
衛星第1の海外ドキュメンタリー枠。各国独自の社会問題、現代史の発掘、地球環境問題など、社会性があって日本でも関心の高いテーマを取り上げた。初年度は（金・土・日）午後11時からの49分番組で106本を放送。2000年度に『ワールドドキュメンタリー』に改題。2004年度に（土）午後10時台の50分番組で再登場するが、2008年11月に『BS世界のドキュメンタリー』に吸収統合される。

世界人間紀行 　1997年度
世界各国の放送機関が制作したすぐれた番組の中から、主として、人間の暮らしや生き方をていねいに描いたドキュメンタリー番組を放送。衛星第2（月）午前0時10分からの50分番組。1998年1月26日には、中国・寧夏電視台との国際共同制作で、黄土高原の農民の生活を1年半にわたって取材した90分番組「遠い水音ー中国・黄土高原の農民たち」を放送した。

新アジア発見 　1998～2000年度
『アジア発見』（1995～1997年度）を改題。時代の波と格闘するアジアの市井の人々を描くドキュメンタリー。激しく揺れ動く時代の中で、人々は何を求め、何を大切に生きていこうとしているのかを、環境、家族、夢をキーワードに伝えた。「不況・男たちの再出発～韓国・ソウル」「出稼ぎの国1998～フィリピン・マニラ」ほかを放送。総合（日）午前10時30分からの24分番組。衛星第2と国際放送でも放送。

ドキュメンタリー ｜ 定時番組

時の記録　1998〜1999年度
『NHK特集』（1976〜1988年度）、『NHKスペシャル』（1989年度〜）で放送した膨大なソフトの中から、感動を与えた番組、話題性の大きかった番組などを選りすぐって放送。総合深夜の55分番組。

課外授業　ようこそ先輩　1998〜2015年度
21世紀を目前にして大人は子どもに何を伝えてゆけばいいのか。各界の第一線で活躍する著名人が、出身校の小学校、中学校などを“先生”として訪ね、その専門分野と自らの体験をもとに独自の授業を繰り広げる。後輩の子どもと共に考え、共に悩み、共に学ぶヒューマン・ドキュメンタリー。総合（木）午後10時からの44分番組（初年度）。2003年度から衛星第2、2012年度にEテレで放送開始。

日本　映像の20世紀　1999年度
全国の放送局が視聴者に呼びかけて収集した地域の記録映像や証言をもとに、各都道府県単位で20世紀の歴史をみつめ、未来に向けて保存する番組。第1回放送の「福島県」編では「常盤炭田の100年」「田子倉ダム建設」を、「東京都」編は前・後編の2回に分けて「100年前の東京」「関東大震災と帝都復興」「東京大空襲と戦後の復興」「集団就職の若者」などのテーマで映像を紹介。教育（土）午後9時45分からの44分番組。

ヨーロピアンライフ　1999〜2002年度
伝統を守りながらも変化に対応しているヨーロッパ。さまざまな分野で活躍するヨーロッパの人々の素顔と仕事を紹介しながら、その人の個性的な生き方を伝えた。衛星第1（火）午後11時からの20分番組（初年度）。

われら世界の仲間たち　1999〜2000年度
地域で活躍する人物に焦点をあてた人物ドキュメンタリー『アジア WHO'S WHO』（1995〜2002年度）、ヨーロッパで活躍する人々の素顔と仕事を紹介する『ヨーロピアンライフ』（1999〜2002年度）、多様な価値観を尊重し、自由に生きるニューヨーカーズの素顔の魅力を伝える『ニューヨーカーズ』（1995〜2002年度）の3本をまとめて紹介する番組。衛星第1（日）午後9時からの60分番組。

2000年代

ワールドドキュメンタリー

ワールドドキュメンタリー　2000〜2002年度
『BSドキュメンタリー』（1997〜1999年度）を改題。海外の放送機関が制作した選りすぐりのドキュメンタリーを紹介する枠。各国独自の社会問題、現代史の発掘、地球環境問題など幅広いテーマを取り上げた。大型シリーズ「アメリカの20世紀（全6回）」や、アメリカ同時多発テロ事件以降、テロと戦争を扱った数々の番組が大きな反響を呼んだ。衛星第1（土・日）午後11時からの49分番組（初年度）。

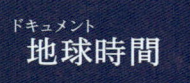
ドキュメント
地球時間

ドキュメント　地球時間　2000〜2002年度
世界各国の優れたドキュメンタリーを選りすぐり、グローバルな社会問題や時代を映す人々の生きざまなど、海外制作ならではの視点の作品を紹介した。初年度は「ブルース・リー ドラゴン伝説」「重度障害者 絵筆に込めた闘志（アカデミー賞受賞作品）」「なぜ太る？肥満の謎」「救出は不可能だったのか〜ロシア原潜“クルスク”の惨事」など42タイトル、50本を放送。教育（金）午後10時からの44分番組。

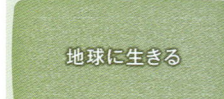
地球に生きる

地球に生きる　2000〜2002年度
世界各地で独自の生活を営んでいる人、さまざまな活動をしている人を紹介。海外プロダクション制作番組の日本語版を放送。初年度は「アロハ　楽園ハワイ」「動物園の仲間たち」「愛のかたち」「巨万の富を築いた人々」ほかのシリーズを放送。衛星第1（月〜金）午前11時からの20分番組。2002年度は2001年度に放送された中から構成。

にんげんドキュメント　2000〜2006年度
混とんとした現代の中で、有名無名を問わず“いま”をひたむきに生きる日本人の姿を伝え、さわやかな感動と視聴者の共感を呼んだドキュメンタリー番組。初年度に放送した「畳の上で死にたい」は、長野県の過疎の村での介護問題を取り上げ、「地方の時代賞」を受賞するなど高い評価を得た。総合（木）午後9時15分からの43分番組。

プロジェクトX　挑戦者たち　2000〜2005・2024年度
人びとの生活を劇的に変えた新製品の開発や、日本人の底力を示す巨大プロジェクトなどに焦点を当て、そこに関わった人々の挑戦とその陰にあった知られざるドラマを描いた。2005年12月に6年間の放送を終了したが、2024年度に18年ぶりに新シリーズが復活。“失われた時代”と言われる平成・令和にスポットを当て、工業や新しいビジネスの最前線で、黙々と精進を続けている“挑戦者たち”の物語を伝える。

アジア人間街道　2001〜2002年度
驚異的な発展を続ける中国、拉致問題や脱北者の急増で揺れる韓国、復興の進まないアフガニスタンや紛争が続くパレスチナなど、21世紀のアジアは激動を続けている。それぞれの地域には、時代の波にほんろうされながらも未来を信じ、懸命に生きようとする人々がいる。番組では、こうしたアジア各地の人々の素顔を生き生きと描いた。総合（日）午前11時30分からの24分番組。

出会い地球人　2001〜2002年度
『アジア WHO'S WHO』（1995〜2002年度）、『ヨーロピアンライフ』（1999〜2002年度）、『ニューヨーカーズ』（1995〜2002年度）、『ハローニッポン』（1997〜2002年度）を再構成する“世界人物マガジン”。衛星第1（日）午後9時からの49分番組（初年度）。

ザ・プロフェッショナル　2001年度

世界最大のクレーンを操る「クレーンオペレーター」、楽器作りは夢づくりと語る「管楽器鏡面研磨師」、そのほか「有価証券印刷の彫刻技能士」「背景画家」「めっき技能士」「グリーンキーパー」「溶接技師」「靴職人」「レンズ研磨工」「針糸製造職人」など、工業や新しいビジネスの最前線で縁の下の力持ちとなりながら、黙々と精進を続けている達人たちの姿を紹介する。衛星第2(土)午前8時30分からの29分番組。

人生自分流　2002年度

無事定年退職した人、リストラの嵐の中で生き方に疑問を感じ退職した人など背景はさまざまだが、いずれもこれまでの生き方を大きく方向転換し新しい自分流の人生を選び取った人たちが登場する。新しい自分なりの生き方を探している人への応援歌、ヒントとなる番組。衛星第2(水)午後7時30分からの24分番組。

特選プロジェクトX　挑戦者たち　2003年度

無名の日本人を主人公に、新製品の研究開発、社会的事件、巨大プロジェクトなどに焦点を当て、その成功の陰にあった知られざるドラマを伝える組織と群像の物語『プロジェクトX　挑戦者たち』(2000〜2005年度)。過去に放送したものの中から特に反響の大きかったものを選び、アンコール放送を行った。キャスターは国井雅比古と膳場貴子アナウンサー。衛星第1(日)午後6時からの45分番組。

地球ウォーカー　2003〜2004年度

世界の最新シティー情報を伝える海外情報番組。「行ってみたい、会ってみたい、暮らしてみたい」をキャッチフレーズに、世界各地でユニークな生き方をする人々の多彩な活動とライフスタイルを紹介しながら、その土地ならではの街の魅力を描き出した。衛星第1(金〜日)午後9時台の20分番組。ハイビジョンでは(土)に40〜60分で放送した。

BSプライムタイム　2003年度

国際情勢、経済、環境などのグローバルな課題から、医療、高齢化、犯罪などの社会問題に至るまで、多彩なテーマと素材を現場にこだわった取材で描いた。また、「アジアの子どもたちは生きる」「大統領選挙のアメリカ」など、その時々の世界情勢を先取りしたシリーズ編成も行った。衛星第1(月〜土)午後10時からの49分番組。

地球ドラマチック　2004年度〜

子どもたちが世界各地の大自然の中でサバイバルに挑戦したり、子どもならではの発想で家をリフォームして親を驚かせたり、恐竜や絶滅した動物の謎に迫ったりと、子どもから大人まで楽しめる世界各国で制作されたノンフィクション番組を選りすぐり、地球のドラマチックな表情をわかりやすく生き生きと伝える。教育(木)午後7時からの25分番組(初年度)。2011年度からはEテレ(土)午後7時からの44分番組。

BS世界のドキュメンタリー　2004年度〜

世界各国のテレビ局や独立系プロダクションが制作したドキュメンタリーの日本語版を放送する枠。テロや紛争、環境問題、ジェンダーや家族の問題、医療や科学技術、音楽や芸術の潮流などグローバルな問題から、名もなき小さな村の片隅で見つけたヒューマンストーリーまで幅広く取り上げる。初年度は(土)午後11時からの49分番組、後期は(月〜木)の放送。2008年11月に『BSドキュメンタリー』と統合する。

プロフェッショナル　仕事の流儀　2005年度〜

『プロジェクトX　挑戦者たち』(2000〜2005年度)のあとを受けて、2006年1月にスタート。さまざまな分野で活躍中のプロフェッショナルに密着し、その「仕事」を徹底的に掘り下げるドキュメンタリー番組。彼らの姿を通して「仕事」の奥深さ、だいご味を伝える。初年度キャスターは茂木健一郎、住吉美紀アナウンサー。2010年度より語りを橋本さとしと貫地谷しほりが担当。2024年度は総合で毎月随時放送。

ドキュメント72時間　2006・2013年度〜

ファミレス、空港、居酒屋、花屋、自動販売機の前など、一つの現場に3日間(72時間)カメラを据え、そこで起きるさまざまな人間模様を定点観測する異色のドキュメンタリー番組。「予定調和」を廃し、カメラの前で起きた「リアル」な出来事をありのままに伝えることを目指した。総合(火)午後11時からの30分番組で、2006年度後期放送。2013年度に総合(金)午後10時55分からの25分番組として新たにスタートした。

ニューヨーク街物語　2006〜2008年度

アメリカ社会で今、何が起きているのか。ニューヨークに暮らす人々や、そこでの出来事を詳細にとらえながら、アメリカの等身大の姿と国際社会の底流の動きを伝える番組。19世紀以来、世界の移民を受け入れ、そのエネルギーとともに発展し、アメリカの縮図であり、国際社会の縮図でもあるニューヨークの"今"を映し出す。リポーターはヒロコ・グレース。ハイビジョン夜間の20分番組。衛星第1でも放送。

こだわりライフ　ヨーロッパ　2006〜2010年度

ヨーロッパで生まれつつある新たな動きや息吹を、多彩な人びとの活動を通して描く番組。家族、地域社会、老後、少子化、福祉、教育、環境、文化、芸術、ファッション、伝統の継承など、これからの日本にとっても参考になるような知恵と活動にスポットを当てながら、多様な価値観を生み出し続けるヨーロッパの今を伝える。ハイビジョンで放送する20分番組。衛星第1でも放送。

おなじ屋根の下で　2006〜2007年度

日本社会の多様な問題を抱える「家族」の日常に、ディレクターが小型カメラを手に入り込み、他人に決して見せることのない"表情"や"会話"を記録する家族のドキュメンタリー。「地方都市で代々続く商店を営む家族」や「親子4代で暮らす漁師一家」など、日本のどこにでもある平凡な家族の日常から、現代社会が抱えるさまざまなテーマをあぶり出した。ハイビジョン(木)午後10時からの25分番組。2007年度前期は2本まとめて放送。

ドキュメント　にっぽんの現場　2007〜2008年度

ひとつの「現場」に徹底してカメラを据え、そこから"日本の今"を読み取ろうというドキュメンタリー。初年度は「離島フェリー」「女性たちの町工場」「日系ブラジル人の携帯電話」など41本を制作。2008年度は「食品偽装Gメン」「地方の巨大スーパー」など34本と、さらに特集番組を3本制作。さまざまな現場を臨場感・発見感と共に描いた。総合(木)午後11時からの29分番組(初年度)。

ドキュメンタリー | 定時番組

ドキュメント挑戦 2008年度

格差や不況を乗り越え、新たな発想で未来を切り開こうとする若者。地域の良さを再発見し、ふるさとのために自分の信じる道に挑む若者。そんな日本各地で懸命に生きる若者たちの奮闘、自らの夢に果敢に挑戦する姿を通して日本の"希望"を見つめた。「23歳 桃農家めざす夏～岡山県赤磐市」「奪われた金を取り戻せ～青森県三沢市」「旭堂南青の武者修行講談会～大阪難波」など。総合(火)午前0時50分からの10分番組。

地域発！ぐるっと日本 2008～2009年度

全国54局のネットワークを生かして、各局が制作したニュースリポートや地域番組を全国に発信する番組。地域で生きる人たちの奮闘する姿や地域の抱える課題を通して"にっぽんの今"を見つめた。総合(日)午前10時50分からの40分番組。

アジアンスマイル 2008～2010年度

アジアの若者たちが、懸命に生きる姿を同世代のディレクターたちが等身大で切り取るドキュメンタリー。内戦や貧富の格差など、さまざまな困難を抱えながらも夢に向かって前に進もうとする姿を見つめた。初年度は「ブータンの新聞記者」「タイ・象のお医者さん」「カザフスタンの人気コメディアン」「台湾の泣き女」など、取材した若者は19の国と地域に上った。衛星第1(日)午後6時10分からの25分番組。

追跡！A to Z 2009～2011年度

一つの疑問を追いかけて、とことん現場に肉薄するドキュメンタリーで、『NHKスペシャル』が(日・月)の週2本から(日)のみとなったことに伴い生まれた新機軸の報道情報番組。キャッチフレーズは、「最前線の現場を丸ごと活写する、超リアルなドキュメント」。取材経験豊富な鎌田靖解説委員がキャスターとなり、積極的に現場に立ち、時代を読み解いた。総合(土)夜間の43分番組。2009年4月から2011年5月まで放送。

ドキュメント20min. 2009～2011・2022年度～

テレビを見ない若者たちがおもしろいと思う番組を目指し、若手ディレクターたちが制作に参加した新感覚のドキュメンタリー番組。疑似中継風リポートやスチール構成、ノーナレーション、取材者自身にカメラを向けたセルフドキュメンタリーなど、斬新なテーマや演出手法が話題となる。2009年度に総合と衛星第2でスタート。2012年度に不定期の特集番組となったが、2022年度に総合(月)午前0時から再び定時番組となる。

ニューヨークウエーブ 2009～2010年度

ニューヨークならではの自由で大胆な発想を生み出す原動力は、世界中から集まるやる気満々の若者たち。若い力が躍動するニュービジネス、エコ活動、ボランティア、パフォーマンスなどを多角的に取材し、紹介した。第1回放送「摩天楼を跳べ！」はコンクリートの壁を乗り越え、建物の屋根を飛び移る"パルクール"に打ち込む青年の情熱を描いた。衛星第1の20分番組。ハイビジョンでも放送。

証言記録 兵士たちの戦争 2009～2010年度

全国のNHK各局が制作に参加し、高齢化が進む日中戦争や太平洋戦争の戦場体験をもつ元兵士たちに取材を敢行。彼らが語る戦争体験を伝えた。2011年(太平洋戦争開戦70年)にアーカイブス化を目指す「NHK戦争証言プロジェクト」の基幹シリーズ番組。ハイビジョン(最終・土)午前8時からの44分番組。2008年度まで特集番組として20本を制作の後、2009～2010年度に定時化。2011年度も不定期に放送。

ワンダー×ワンダー 2009～2010年度

毎回、さまざまなジャンルの中から「ワンダー」("驚き""不思議""冒険")を届けるドキュメンタリーを、多彩なゲストで楽しむ。第1回放送は、メキシコの地底で発見された「結晶洞窟」の科学者たちの探査に密着。2010年度は「京都！天下無双の別荘群」「ポロロッカ アマゾンの大激流」「完全密着！ロケット打ち上げの舞台裏」などを放送。司会：山口智充、神田愛花アナウンサー。総合(土)夜間の44～49分番組。

カンテツな女 2009年度

徹夜で働く女性たちに一晩密着し、その本音に迫るドキュメンタリー。2009年10月に特集番組で、テレビ通販会社でコールセンター長を務める女性を紹介。2010年1～3月には、美容師、ディスプレーデザイナー、介護福祉士、降雪作業員、居酒屋店長、トラック運転手、貨物船船長を紹介した。担当ディレクターはすべて女性。1昼夜のみのロケとインタビューで主人公の心を裸にした。総合(水)午前0時10分からの29分番組。

2010年代

目撃！日本列島 2010～2016年度

各放送局が地域の課題や奮闘する人々を密着取材し、制作した珠玉の地域発ドキュメンタリー。初年度は、瀬戸内海の離島に赴任した研修医を通して地域医療の課題を描いた作品、認知症の妻と「夫婦合わせての登山1万回」を目指す老夫婦の物語、末期がん患者が自宅で最期を迎える鳥取での取り組みなどを伝えた。初年度は総合(土)午前11時30分からの23分番組。衛星第2(水)でも放送。

男前列伝 2010年度

あえて嫌われ者であり続けた岡本太郎。生涯ブレずに写真を撮り続けた植田正治。なぜ彼らは己の美学を貫いたのか。表現することに美学を持つ「現代の男前」が、「伝説の男前」を語るドキュメンタリー。出演：ARATA、山本耕史、市川亀治郎、三上博史、トータス松本ほか。2010年度後期放送。ハイビジョン(土)午後9時30分からの29分番組、衛星第2でも放送。

地球ドキュメント ミッション 2010年度

貧困や紛争、環境など、世界的な課題を解決し、世界を変えようと取り組む人々の挑戦するプロセスを追う。放送後も継続して主人公のミッション達成を後押ししていく新しいスタイルの情報番組。慶應義塾大学湘南藤沢キャンパスで収録した拡大特集を含めて31本を制作。司会は堀尾正明、土井香苗、サヘル・ローズ。2010年度前期はハイビジョンと衛星第2で、後期は衛星第1で放送した44分番組。

プラネットベービーズ 2010年度

毎回１つの国のある家族のありのままの子育てをつぶさに取材したドキュメンタリー。自らも子育て中のタレントをナビゲーターに、子育ての専門家をゲストに招き、解説を交えながら世界の子育てを見つめた。番組では26か国30家族の子育てを訪ね、それぞれの文化の違いを浮き彫りにすると同時に、その国の女性と家族のあり方を考えた。ハイビジョン(木)午後９時30分からの29分番組。衛星第２でも放送。

China Wow！ 2010〜2011年度

著しい経済成長を遂げ、世界の注目を集める中国の素顔を多角的に伝えるドキュメンタリー番組。目覚ましい発展の恩恵を受ける人々、振り回され悲鳴を上げる人々、乗り越えられない都市と農村の格差、悠久の歴史に育まれた変わらぬ伝統文化と生活。過去と現在が同居し交差する中国のあらゆる分野に焦点を当て、新旧の狭間に生きる人々に迫る。2010年４月から国際放送で始まった28分番組を、11月から衛星第１でも放送。

仕事ハッケン伝 2011〜2013年度

“仕事の数だけドラマがある”。各界の著名人がさまざまな企業の現場で、一般社員と同じ条件で働くドキュメンタリー。時には自分のふがいなさに、また時には達成感に涙しつつ、仕事の奥深さや自らの新たな才能を発見していく。スタジオでは体験VTRを見ながら、指導してくれた社員を交えて、その仕事ならではのプロのテクニックや業界情報、仕事の極意などを語り合った。総合(木)夜間の43〜48分番組。

ドキュメンタリーWAVE 2011〜2016年度

世界の“今”を見つめながら、同時に日本人の未来を考える番組。初年度は、中国人亡命者の苦悩に迫った「パリの中国人」、アメリカの戦争の実態に迫った「マニング上等兵の戦争」、スティーブ・ジョブズのスタンフォード大演説を聞いた学生たちを追った「スティーブ・ジョブズの子どもたち」などを放送した。BS1(土)午前０時からの49分番組（初年度）。

ファミリーヒストリー 2012年度〜

著名人の家族の歴史を徹底取材でひもとき、本人も知らなかったルーツ、感動のドラマを伝える番組。時代の流れに翻弄されながらも、たくましく生き抜いてきた市井の人々の「家族の絆」を描いた。初年度は総合(月)午後10時からの48分番組。2021年度は(1回・月)午後７時30分からの71分番組。

アジアで花咲け！なでしこたち 2012年度

アジアで活躍する日本人女性たちの姿を、ドキュメントと漫画の融合という新しい手法で表現した。11月11日からたかぎなおこによる漫画とルポで制作した『たかぎなおこのアジアで花咲け！なでしこたち』を、2013年２月10日からヤマザキマリによる漫画とルポで制作した『ヤマザキマリのアジアで花咲け！なでしこたち』の2シリーズを放送。ナレーションは小池徹平。BS1(日)午後９時25分からの25分番組。

応援ドキュメント　明日はどっちだ 2013〜2014年度

先行きの見えにくい時代の中、「明日」の夢に向かって頑張る若者たちの姿を追い、連続ドラマのように長期的に密着して伝えるドキュメント番組。汗と涙にまみれる日々や、壁を乗り越えた喜びなど、ありのままの表情に迫った。崖っぷちの現場に関ジャニ∞のメンバーも赴き、本音で語り合いながらエールを送った。出演は渋谷すばる、村上信五、横山裕。語りは岡本玲。総合(火)午後10時55分からの25分番組。

地方発　ドキュメンタリー 2013〜2014年度

日本各地の現場にじっくりカメラを据え、「東京」あるいは「中央」目線では見えてこない地域の課題や解決策、これまでの常識や先入観に阻まれて見えなかった「日本」の問題や未来への可能性を浮かび上がらせるドキュメンタリー。初年度は「大往生を看取（みと）る」「俺は犠牲者なのか〜富山・兼業コメ農家の今」「ロージナ（ふるさと）〜北方領土 色丹島のロシア人」など。総合(火)午前０時40分からの43分番組。

エキサイト・アジア 2013〜2015年度

いまや日本の貿易総額の半分以上を占めるアジア。数十万と言われる日本人駐在員は、現地の風習に戸惑いながらも、その土地や人々に溶け込み、必死の努力を続けている。そんな日本人駐在員の奮闘の物語を中心としたドキュメンタリー。BS1(月)午後５時からの29分番組（初年度）。2014年度は『エキサイト・アジア〜奮闘する日本人たち〜』に、2015年度は『奮闘！日本人〜エキサイト・アジア〜』にそれぞれ改題。

人生デザイン U-29 2014〜2017年度

自分らしい人生をデザインしようと日々奮闘しているU-29（29歳以下）を毎回１人取り上げる密着ドキュメント。主人公の仕事の悩みや不安、収入やスケジュールまでを紹介し、U-29世代の新しい価値観・生き方を描いた。中学生・高校生の「特活・総合・道徳」向けの教育番組として動画配信。Eテレ(月)午後７時25分からの25分番組（初年度）。

エキサイト・ヨーロッパ〜 奮闘する日本人たち 2014〜2015年度

ヨーロッパ各地で奮闘する日本人ビジネスマンたちの活動ぶりをリアルに描く。日本人駐在員は、世界経済のフロントラインであるヨーロッパで、その国の商習慣や風土と格闘しながら必死の努力を続けている。その姿を人間味豊かに描きながら、経済の最前線で何が起きているのかを伝えた。BS1(土)午後６時30分からの20分番組（初年度）。2015年度は『奮闘！日本人〜エキサイト・ヨーロッパ〜』に改題。

NEXT　未来のために 2015〜2016年度

社会と向き合い、人を見つめて現場を記録する本格派ドキュメンタリー。課題が山積する現実社会の閉塞感の中で、未来を切り開く動きや意思、希望や熱意を「NEXT」と呼ぶキーワードとした。初年度は「“一回 生”つんく♂ 絶望からの再出発」「戦艦武蔵〜知られざる悲劇」「密着シリア難民4000キロの逃避行」「バスドライバー 長野スキーバス事故から１か月」などを放送。総合(木)午前０時10分からの29分番組（初年度）。

アナザーストーリーズ　運命の分岐点 2015年度〜

ダイアナ妃の事故死、ベルリンの壁崩壊、ビートルズ来日……。人々が固唾を飲んで見守ったあの日、あの時、そこに関わった人々は何を考えたのか。残された映像や決定的瞬間を捉えた写真を最新バーチャルで立体的に再構成し、“あの事件”の裏にあるもう一つの物語を複数の視点からあぶり出すマルチアングル・ドキュメンタリーとした。語りは濱田岳。BSプレミアム(水)午後９時からの59分番組（初年度）。

ドキュメンタリー｜定時番組

ネコメンタリー　猫も、杓子も。　2016年度〜

「もの書く人」はなぜ猫を愛するのか。番組のための書き下ろしエッセイや小説を、作家、脚本家、漫画家など表現者たちに依頼。自由気ままな猫の姿と、猫を愛し、翻弄される作家たちの生活、何気ない日々のかけがえのなさを描く25分の映像詩。Eテレで2016年度末から春夏秋冬、季節の変わり目に新作を放送。

目撃！にっぽん　2017〜2023年度

全国各地の放送局が、地域に生きる人々を見つめ、その地の課題に向き合う姿を記録したヒューマン・ドキュメンタリー。初年度は「さやかとりき〜“外国ルーツ”子どもたちの1年〜」「高校生ワーキングプア 旅立ちの春」「帰還いまだ遠く〜飯舘村 避難解除から100日〜」「お父さん 運転続けますか〜高齢ドライバーと家族の選択は〜」ほかを放送。総合（日）午前6時台放送の34分番組。

ドキュランドへ　ようこそ！　2018年度〜

世界の制作者による秀作ドキュメンタリーをあらゆるジャンルから選び、日本語版で放送。英国王室を描いた「キャサリン妃 秘密のワードローブ」、健康をテーマにした「エクササイズの真実」、近代史の謎を取り上げた「ヒトラーの子どもたち」など。「ハリウッド発 #MeToo」「ベールの詩人〜声をあげたサウジ女性〜」など女性の人権に関する時事テーマも取り上げている。Eテレ（金）夜間の45〜49分番組。

逆転人生　2019〜2021年度

逆転無罪判決、スポーツの大番狂わせ、奇跡の生還……。実際に起きたさまざまな逆転劇を描くドキュメント・バラエティー。どん底でも希望を捨てない人間の強さ、いざというときに役立つ実践的な学びを伝えた。初年度はえん罪や内部通報をテーマに、国や大企業に立ち向かった市井の人々にスポットを当てた。山里亮太、杉浦友紀アナ。総合（月）午後10時からの44分番組（2021年度）。

金曜日のソロたちへ　2019〜2020年度

ひとり（ソロ）暮らしの自由さや豊かさ、トホホさ…を定点カメラで楽しむドキュメントバラエティー。ベースの画面は終始4画面構成で、うち3画面でソロの暮らしを定点カメラでのぞき見。残りの1画面は学校放送番組のヒーロー「ストレッチマン」が「ひとり暮らしあるある」「役立ち情報」「ストレッチ」を紹介。出演：井上裕介、能町みね子ほか。総合（金）午後11時台の30分番組。

ストーリーズ　2019〜2020年度

これまでにないスタイルのドキュメンタリー番組を放送する不定時枠。ナレーションを一切入れないで、ことばでは伝わらない感動を引き出すドキュメンタリースタイル「ノーナレ」、人々の印象に残る事件の陰にある涙を描き、現代社会を映し出す「事件の涙」、ひとつの場所に100台の固定カメラを設置して、人々の生態を観察する「のぞき見ドキュメント　100カメ」など、新しい手法、切り口でドキュメンタリーの新たな地平を切り開く。

ザ・ヒューマン　2019〜2023年度

先の見えない混とんの時代だからこそ、人間の確かな息遣いを見つめ直す。さまざまなジャンルで新たな世界を切り開く人々の「心揺さぶられる生きざま」を描くヒューマンドキュメンタリー。初年度に取り上げた人物は、コーヒーハンター・川島良彰、プロ野球選手・川﨑宗則、新日本プロレス社長・ハロルド・メイ、投資家・村上世彰、KISSのジーン・シモンズほか。BS1（土）夜間の49分番組。

奇跡の星　2019年度

俳優のウィル・スミスが番組ホストを務め、地球の神秘を壮大なスケールで描いたハリウッド発のドキュメンタリー・シリーズ。地球とは？ 宇宙とは？ 生命とは…？ 6大陸45か国に加えて宇宙で撮影された圧巻の映像とともに、地球に秘められた不思議に迫る。原題「One Strange Rock」2018年制作。吹き替えは山寺宏一。Eテレ（火）午後10時50分、BS4K（火）午後6時15分からの25分番組。

ガイロク（街録）　2019〜2020年度

街で出会った人に話を聞く街頭録音、略して「街録」。戦争体験、肉親の死、介護、病気からの再起。街行く人の山あり谷ありの人生に学び、生きる勇気をもらうコンセプトのもと、さまざまな街角でマイクを向けた。幅広い世代が自らの体験談や人生エピソードを語り、視聴者に温かいメッセージを伝える。BSプレミアム（水）午後11時台の29分番組。2020年度後期からは『ガイロク（街録）選』を放送。

2020年代

街角ピアノ　2020・2024年度

世界の空港・駅・街角に置かれた“自由に弾けるピアノ”で、人々が思い思いに音楽を紡ぎ、行き交う人が耳をかたむける。その様子を定点カメラのみで映し出し、ノーナレーションで伝えるミニドキュメンタリー番組。2017年11月に衛星第1で第1回をスタート。その後、『駅ピアノ』『空港ピアノ』『街角ピアノ』のタイトルで特集番組として随時放送。2020年度は秀逸だった演奏や記憶に残る演奏をセレクションで放送した。

うたう旅 〜 骨の髄まで届けます　2020年度

働く人を「即興の歌」で応援する番組。フォークデュオ・HONEBONE（ホネボーン）が、台風被害で不通になった鉄道会社や紙の本が売れない時代の本屋さんなどで話を聞き、その場で歌を作り贈った。コロナ禍で営業自粛を余儀なくされたライブハウス、入社早々リモートワークで職場の雰囲気がわからないと悩む新入社員など、新型コロナに翻弄される人を多く紹介した。BSプレミアム（火）午後11時15分からの29分番組。

Dear にっぽん　2022年度〜

日本のさまざまな地域を舞台に、人々が今の時代をどう生きようとしているのか、リアルな姿を見つめるヒューマン・ドキュメンタリー番組。ドキュメンタリー枠としての認知度が低かった土曜朝10時台に、主に40〜50代の男女をターゲットに放送。YouTube等でのショート動画やドローン映像集のデジタル展開も積極的に行った。語り：吉岡里帆、milet、牧野莉佳。総合（土）午前10時5分からの25分番組。BS1でも（木）午後5時から放送。

離島で発見！ラストファミリー　2022年度〜

全国各地の離島を訪ね、島ならではの豊かな営みや絶景、秘められた歴史を伝える番組。地域の盛衰と新たな息吹、家族の在り方など、今の日本が抱える課題と解決のヒントも紹介。コンビニも病院もない離島になぜ人々は暮らし続けるのか。その疑問にゴリと長濱ねるが向き合うと、島ならではの豊かな営みや意外な歴史が見えてきた。総合(水)午後7時57分からの45分番組。2024年度からは衛星波の特集番組として放送。

映像の世紀バタフライエフェクト　2022年度〜

世界中からアーカイブス映像を発掘し、歴史を追体験する『映像の世紀』（1995年度〜）の新シリーズ。"バタフライエフェクト"とは、蝶の羽ばたきのような些細な動きが予測不能な嵐を引き起こすという意味。歴史を人々の営みの連鎖の物語と位置づけ、いま私たちはこの世界になぜ生きているのか、現代に至る潮流を百年スケールで描く。第70回（2022年度）菊池寛賞受賞。ナレーター：山田孝之、山根基世。総合(月)午後10時からの45分番組。

ヒロイン誕生！　ドラマチックなオンナたち　2022年度

時代を切り開き、後世に語り継がれる伝説を作った"ドラマチックな女性たち"の生き様に、ドキュメントとドラマで新進の若手女優が迫った。「負けないで」で世の中を励ました歌手ZARD・坂井泉や、女性だけで世界で初のエベレスト登頂に成功した田部井淳子など、「ヒロイン」たちの苦難の道のりを描きながら、若い視聴者への「生きる」希望へのメッセージとした。総合(月)午後11時からの29分番組。

ニッポン知らなかった選手権　実況中！　2022年度

企業や業界団体が内輪で開催し、一般には非公開のスキルアップの技術大会を実況ナレーションと解説で臨場感たっぷりに紹介する番組。第1シリーズは7〜9月に「日本伐木（ばっぽく）チャンピオンシップ」「包帯王選手権」「全日本打掛花嫁着付けコンテスト」など9本。第2シリーズは1〜3月に「千里メディカルラリーwith阪大救命」「全国学校給食甲子園」など10本を放送。ナレーション：清野茂樹。総合(火)午後11時からの29分番組。

いいいじゅー!!　2022年度〜

移住を通して新たな生き方を模索・実践する人々のドキュメント。コロナ禍を機にライフスタイルを見直し、地方に移住する人が増えている。自分の好きなことを極めたい人、デジタルを駆使して地方で活動する人、家族のために移住を決意する人など、それぞれの生き方に密着。各自治体の移住促進施策などの情報も紹介。ナレーション：友近。初年度は総合(火)午後0時20分からの23分番組。BSプレミアム・BS4Kでも放送。

100カメ　2022年度〜

ひとつの場所に100台の固定カメラを設置して、人々の"生態"を観察する。舞台は、週刊少年ジャンプ編集部やインターネットABEMA、阪神タイガースを深く愛するファンなど、カメラを意識しない"素"の日常、さりげないけど決定的な一瞬をとらえる。2018年度から『のぞき見ドキュメント 100カメ』として随時放送、2020年度から『ストーリーズ』内で放送し、2022年度から定時化。

解体キングダム　2023年度〜

街で見かける解体工事。防音シートの奥では何が行われているのか、解体現場に潜入し、驚きの職人技に密着。明治大学で建築を学んだ伊野尾慧（Hey! Say! JUMP）、一級建築士の俳優・田中道子、解体現場で働いていた元格闘家・魔裟斗、廃材アートを作るのが目標の千賀健永（Kis-My-Ft2）、重機免許を持つ城島茂（TOKIO）らが現場に潜入。初年度は総合(水)午後7時57分からの45分番組。

子育て　まち育て　石見銀山物語　2023年度〜

世界遺産・石見銀山のふもとにある人口約400人の小さな町に、若い子育て世代が次々に移住している。地域で子どもを育て、まちを育てる"小さな奇跡"を定点観測するドキュメンタリー。豊かな自然の中で伸び伸びと育つ子どもたちの姿をとらえた映像に、音楽家・青葉市子の声と楽曲が重なって生まれる優しい世界観が、SNSなどで大きな話題となる。2023年度はEテレで奇数月（第2・日）午後6時からの29分番組。

NHKフォトストーリー ⑮

P381 ← ⑭　⑯ → P447

日比谷にあった初代NHKホール外観（1960年）

日比谷にあった初代NHKホール内部（1960年）

伊勢湾台風災害NHKたすけあい（1959年）

小児マヒキャンペーン開始（1961年）

ドキュメンタリー | 枠番組

ドキュメンタリー

『日本の素顔』(1957〜1963年度)、『現代の記録』(1962〜1963年度)、『現代の映像』(1964〜1970年度)、『ある人生』(1964〜1970年度)、『人間列島』(1971年度)、『ドキュメンタリー』(1971〜1977年度)、『ルポルタージュにっぽん 』(1978〜1983)、その他のテレビ放送初期のドキュメンタリー番組を掲載する。

NHK短編映画

皇太子殿下御外遊記録
1953年度

若き力の祭典　第8回国民体育大会
1953年度

東京の24時間
1954年度

私たちの学校
1954年度

昼も夜も
1954年度

都市シリーズ名古屋
1954年度

ラジオとテレビジョン
1955年度

都市シリーズ福岡
1956年度

青函連絡船
1957年度

電波の歩み
1957年度

灯台の人々
1958年度

電話　その周辺の記録
1959年度

街の女性の服と色と…
1959年度

フィルム番組のABC〜教養編〜
1961年度

フィルム番組のABC〜TV芸能編〜
1961年度

日本の素顔
1957〜1963年度

日本人と次郎長
1957年度

ガード下の東京
1958年度

テレビ　現代のマンモス
1958年度

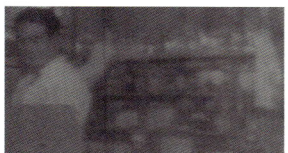

奇病のかげに

1959年度

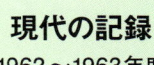
現代の記録
1962〜1963年度

コンクリートのある
風景

1962年度

BGの周辺

1962年度

現代の映像
1964〜1970年度

台風地帯

1964年度

33.3分の1〜その幸運な入居者たちの物語〜

1965年度

ある人生
1964〜1970年度

良寛先生

1964年度

耳鳴り　ある被爆
者の20年

1965年度

メダカ課長
1966年度

新宿駅長
1966年度

公害係長
1967年度

さよならB-6
1968年度

万博とび頭
1969年度

人間列島
1971年度

みちのくの椰子の
葉陰で

1971年度

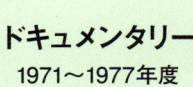
ドキュメンタリー
1971〜1977年度

一時帰国

1974年度

ルポルタージュ
にっぽん
1978〜1983年度

ダービーの日　寺
山修司

1978年度

その他の
ドキュメンタリー番組

山の分校の記録

1959年度

アフリカ大陸を行く
シュバイツァー博
士をたずねて

1959年度

TOKYO
1963年度

謎の一瞬
1966年度

乗船名簿AR-29

1968年度

富谷国民学校
1969年度

報道・ドキュメンタリー

スポーツ番組

01

中継から始まったスポーツ番組

テレビ本放送開始の1953年に実施された現場中継は277回、その半数以上の144回がスポーツ中継だった。1954年度のスポーツ中継は232回と急増し、放送種目も15種目から22種目に増えた。

主な種目は放送回数順に大相撲61回、東京六大学などのアマチュア野球52回、プロ野球32回、プロレス11回、競馬8回。以下、アイスホッケー、水上競技、陸上競技、ラグビー、サッカーなどが続く。

もっとも人気が高かった大相撲中継は、1952年の実験放送時代からスタートした。1956年初場所の中継からは、勝負の一瞬をポラロイド写真でとらえ、"物言い"がついた一戦などきわどい勝負を写真で振り返った。夏場所にはこの手法を一歩進め、フィルムのコマ撮りによる「取り口の分解写真」を放送し、大きな話題となる。1958年9月の秋場

所から録画機（ビデオテープレコーダー）を導入。九州場所からは、夜間ニュースの最後に録画で5番を紹介した。

スポーツをテーマとした定時番組は、1956年6月に始まった週1回の10分番組『スポーツだより』が最初だ。競技のダイジェストをフィルムで紹介する「スポーツニュース」、選手を招いての「インタビュー」、評論家の「解説」などで構成するスタジオ番組である。「プロ野球の春キャンプ巡り」、「大相撲展望」、「6大学野球予想」など、視聴者の関心の高いスポーツの話題を届けた。『スポーツハイライト』（1960年度）があとを引き継ぐ。

『スポーツグラフ』（1957～1959年度・1961～1962年度）はアマチュアスポーツの育成を目的とした番組で、各種スポーツの紹介、技術的な解説、スポーツ医学、スポーツ時評などで構成した。

第17回オリンピック「ローマ大会」開催年の1960年、『オリンピックアワー』を新設。4月から1年間、「オリンピックの歴史的回顧」「ローマ大会への展望」「東京大会の諸問

『スポーツハイライト』（1960年度）→ P394

『現代のスポーツ』（1965～1967年度）→ P442

『スポーツアワー』（1978～1983年度）→ P394

『テレビスポーツ教室』（1961～2016年度）→ P442

1964東京五輪で使われたカラーテレビカメラ

小型ビジコンカメラと長距離中継装置

接話マイクロフォン

宇宙中継室

題」などを系統的に取り上げた。

　東京オリンピックを翌年に控えた1963年、『オリンピックアワー』を再開。海外の選手強化の状況や、スポーツ事情を取材するために世界中に取材班を派遣。世界のアマチュアスポーツの実情を伝えた。

　日本のテレビによるオリンピック放送は、1956年のメルボルン大会が最初だ。現地で取材したフィルムを空路で日本に運び、日本選手の活躍を伝えた。

　それから4年後、1960年のローマ大会では、1950年代後半にアメリカで開発されて間もないビデオテープレコーダー（VTR）が初めて使用された。ビデオテープの登場は時間差での送出を可能とし、スポーツ中継にとってはなくてはならない機器となった。ローマ大会では現地収録したビデオテープを、ローマ・東京間の定期便で空輸。航空便の遅れからビデオの入手が予定通りにいかず、制作スタッフを慌てさせた。

　1960年9月にカラー本放送がスタートし、オリンピックもカラーの時代に入った。

02

初の衛星生中継

～東京オリンピック1964～

　1964年10月10日から15日間、アジア初となるオリンピック

が東京で開催され、史上初の衛星生中継が行われた。

　日本からの電波は8月に打ち上げられたばかりの静止通信衛星シンコム3号を経由して、ロサンゼルス近郊の地上局で受信。国内回線でニューヨーク州バッファローに送られ、アメリカ国内はNBC、カナダはCBCから放送された。ここで収録されたVTRがロンドン、パリに空輸され、EBU（欧州放送連合）のネットワークでヨーロッパ各国でも放送され、テレビのグローバル化の幕開けとなった。

　東京オリンピックは初の衛星中継にとどまらない放送技術の革新をもたらした。当時のカラーテレビカメラはすべてがスタジオ専用で、明るい照明のもとでなければ撮影ができなかった。屋外での中継を実現するには、さらなる軽量化と小型化、さらに曇り空でも撮影可能な高感度化が必須だった。NHK技術研究所ではローマ大会の終了後から、次の東京大会でのカラー放送実現に向けて急ピッチで研究を進めていた。

　当時の最新型カラーテレビカメラは撮像管を3本使用する3管式IO（イメージオルシコン）だったが、感度が低く屋外での中継では使えないうえ、大型で操作性も悪かった。そこで技術者たちが世界で初めて開発したのが、撮像管が2本の2IO（ツー・アイ・オー）分離高度方式カラーテレビカメラである。カメラは格段に軽量になり、なおかつ屋外に対応できる感度をなんとか確保した。とはいえある一定程度の光量がなければ色が出ない。当日のお天気次第ということになる。1964年10月、オリンピックの開幕が近づくと、スポーツ担当者もカメラを開発した技術者たちも、当日の天候が最大の関心事となっていた。

スポーツ番組

ところが開会式前日の10月9日の東京はどしゃ降りの雨だった。

こうして迎えた10月10日、開会式の当日。前日とはうって変わった晴天が待っていた。「世界中の青空を、全部東京にもってきてしまったような、すばらしい秋日和でございます」北出清五郎アナウンサーの言葉で、開会式のテレビ中継がはじまった。航空自衛隊のブルーインパルスが真っ青な東京の空に描いた五輪のマークは、深夜のアメリカに同時中継され、"テレビオリンピック"時代の幕開けを世界に告げた。

大会では開・閉式、レスリング、バレーボール、体操、柔道など8競技がカラー放送されたほか、VTRで収録した競技のスローモーション再生という新技術が使われた。これ以前もフィルムによる高速度撮影はあったが、収録したわずか数秒後にスロー再生することはできなかったのである。東京オリンピックでのスローVTRの登場は、その後のスポーツ観戦に革命的な変化をもたらした。そのほかも手持ちの小型インタビューカメラ、帽子に装着して口元の声を拾う中継用接話マイクなど、新しいテレビ技術がいっせいに登場した。

オリンピックは、スポーツ中継に関わる機材の進化とともに、それを駆使して迫力ある映像を生み出す演出力を高め、放送技術全般を飛躍的に進歩させた。

大会後、東京オリンピックを契機に高まったスポーツへの関心にこたえる番組として『現代のスポーツ』(1965〜1967年度)がスタートし、「第5回アジア競技大会特集」(1966)、「テニスの町〜栃木県黒磯」(1967)、「女剣士〜高校日本一」(1967)などのテーマで放送した。

その後、『現代のスポーツ』は『スポーツアワー』に改題、トップアスリートのサイドストーリーや市民スポーツの発掘

などで評判を得たが、1974年3月に放送を終了(ラジオ番組『スポーツアワー』は継続)。スポーツ関連番組は「スポーツニュース」と「競技中継」を除くと、青少年のための教育番組『テレビスポーツ教室』(1961〜2016年度)のみとなる。

03

衛星第1の海外スポーツ中継

1988年4月、総合テレビの午後10時台に『大リーグアワー』が半年間の放送で始まる。キャスターは「江夏の21球」の著書で知られるノンフィクション作家の山際淳司。NHKが大リーグの放送権を取得したのは1987年。1995年に野茂英雄が大リーグにデビューし、センセーションを巻き起こした8年前のことだ。

1989年6月に衛星放送の本放送が開始され、衛星第1はワールドニュースとスポーツに特化したチャンネルとして位置づけられた。

1989年8月から始まった『Be☆Spo24』は、日曜日に一日中スポーツイベントを放送するテレビ界初の番組だった。サッカー、ラグビー、モータースポーツ、太極拳、フィッシングなど、世界中のスポーツの生中継や録画で24時間を構成した。

衛星第1では「世界スポーツプロトタイプカー選手権」「8時間耐久オートバイレース」など、モータースポーツを初めて中継した。また全米オープンゴルフやテニスのウインブルドンなど、視聴者の関心の高い海外スポーツイベントは、時差を考慮して衛星がナマ、地上波が録画という編成が

『ドキュメント　スポーツ大陸』(2004〜2010年度) →P443

羽生結弦
絶対王者がめざす頂

アスリートの魂

『アスリートの魂』(2011〜2018年度) → **P444**

なされた。

『スーパースタジアム』(1987〜1996年度　＊89・90年度は『USメジャースポーツ』のタイトルで放送)では、アメリカの4大メジャースポーツである大リーグ(MLB)、プロフットボール(NFL)、プロバスケットボール(NBA)、プロアイスホッケー(NHL)を年間通して放送。1997年度より『エキサイティングスポーツ』と改題し、時間枠を拡大した。

衛星放送のスポーツ中継の注目度が一気に上がったのは1995年。この年、近鉄バファローズで活躍していた投手・野茂英雄が、大リーグのロサンゼルス・ドジャースに入団。5月にデビュー後、6月に初勝利をあげ、その3週間後には日本人初の完封勝利をあげた。さらに4試合で50奪三振の球団記録を出すなど、その快投にアメリカの野球ファンが熱狂、"NOMOマニア"を生み出した。その様子をリアルタイムに伝えたのが衛星第1放送だった。衛星放送ではサブチャンネルで現地の実況をそのまま楽しむことができる。ドジャース専属の名アナウンサー、ビン・スカリーが、野茂が三振をとるたびに「SANSHIN!」と日本語で声を上げた。その興奮と臨場感を日本に居ながらにして衛星放送で味わった多くの日本人は、大リーグ中継に夢中になった。

2000年代に入るとシアトル・マリナーズのイチロー、ニューヨーク・ヤンキースの松井秀喜など、日本のスーパースターたちが次々に海を渡り、衛星放送がその活躍を日本に伝えた。

アメリカPGAツアーでの丸山茂樹、石川遼、松山英樹らの活躍は、『PGAゴルフツアー』が伝えた。テニスでは1995年に世界ランキング4位を記録した伊達公子や、錦織圭、大坂なおみらの活躍を、衛星放送はリアルタイムに伝え続けている。

04

「スポーツドキュメンタリー」と「スポーツバラエティー」

2004年4月、衛星第1の『ドキュメント　スポーツ大陸』(2004〜2010年度　＊2008年度『スポーツ大陸』に改題)がスタート。アスリートが極限に挑む姿を通して、スポーツの魅力、奥深さ、感動を伝え、新しいタイプのスポーツ番組として注目された。

選手の心理、競技の舞台裏、勝利や敗戦に隠された秘話など、スポーツの世界を構成するさまざまな要素に焦点をあてたスポーツドキュメンタリーである。初年度は「15秒で得点せよ〜サッカー五輪代表　アジア最終予選」(4月)、「よみがえる熱球　プロ野球70年」(月1本)、「NBA夢のコートに立つ〜田臥勇太・175センチの挑戦」(11月)などを放送した。

2011年4月、『スポーツ大陸』は総合テレビでスタートした『アスリートの魂』(2011〜2018年度)に引き継がれる。翌年、BS1に波を移し、放送枠を29分から44分に拡大。トップアスリートの技と心に迫る本格派スポーツドキュメンタリーとして、視聴者のスポーツへの関心を喚起した。その後、『スポーツ×ヒューマン』(2019年度〜)として、スポーツの織り成すさまざまな「人間ドラマ」や選手の素顔に深く迫るドキュメンタリー番組へと進化した。

2010年代に入るとスポーツやアスリートたちの魅力に迫るスポーツ情報番組がBS1を中心に続々と登場する。『為末大が読み解く! 勝利へのセオリー』(2013〜2015年度)

スポーツ番組

は、スポーツで名将と呼ばれる監督やコーチにスポットを当て、元陸上400メートルハードルの為末大が、世界に勝つための指導哲学や戦術を読み解いた。

『ザ・データマン〜スポーツの真実は数字にあり』（2014年度）は、「ラグビー日本代表の快進撃を支えた膝の角度」や、「羽生結弦選手の4回転ジャンプを成功させる移動スピード」など、競技や選手が活躍する秘密を“数字”を切り口に明らかにした。

『スポーツ　データ・コロシアム』（2016年度）と『スポーツ　イノベーション』（2017〜2018年度　＊2019年度『勝利の条件　スポーツイノベーション』に改題）は、スポーツにおける勝負の“あや”や、進化するアスリートの肉体を、最新テクノロジーとデータを駆使して解き明かした。

スポーツを題材としたバラエティー、エンターテインメント番組も増えている。『スポーツ酒場“語り亭”』（2014年度〜）は、スポーツで名をはせた選手やスポーツファンと、スポーツ酒場の“ママ”役のミッツ・マングローブがスポーツを“語り尽くす”トーク番組。

『球辞苑〜プロ野球が100倍楽しくなるキーワードたち〜』（2016年度〜）は、現役・往年の名選手が明かす秘話や科学的分析で、「外野手の捕殺」（2016）、「アウトロー」（2018）、「チェンジアップ」（2019）など、旬のキーワードを徹底的に掘り下げ、トークバラエティー番組の演出で、野球のマニアックな楽しみ方を伝えた。

嵐の相葉雅紀をMCに起用した『グッと！スポーツ』（2016〜2019年度）は、スポーツ番組をエンターテインメントの手法でわかりやすくかつ楽しく演出した。旬のアスリートをスタジオに迎え、その身体能力や意外な素顔など、アスリートたちの魅力に相葉が体当たりで迫る。初回のゲストは卓球選手の石川佳純。「駆けつけパフォーマンス」のコーナーでは、相葉が石川佳純の変幻自在のサーブをスタジオで体感。超高速ラリーを支える“スゴ技”の秘密を元コーチの証言で解明した。

番組の切り口と演出方法に親しみやすくわかりやすい工夫を凝らしながら、スポーツの感動とアスリートのドラマに迫り、スポーツの魅力を描き出した。

05
誰もが楽しめる市民スポーツ

「アスリートたちのスポーツ」から「みんなのスポーツ」をコンセプトに一般市民にスポーツの技術や魅力を紹介する番組も登場した。

1961年にスタートした長寿番組『テレビスポーツ教室』は、もともとは1964年の東京オリンピック選手強化と、アマチュアスポーツの普及を目的とした番組だった。

オリンピック終了後は、高等学校、中学校の競技者や指導者を対象に、競技の技術指導と正しいトレーニング方法を解説する教育番組として定着する。一方、一般市民へのスポーツに対する関心の高まりに応えて、1986年には対象を一般にも広げ、「スキューバ・ダイビング」「太極拳」「ママさんチームのためのバレーボール練習法」などを放送した。

衛星第2で放送した『BSエアロビック』（1999〜2010年度）は、若い世代から中高年層まで主に女性を中心に、誰でも無理なくできるエアロビックの基本を伝えた。『あなたとエアロビック』（2003〜2008年度）、『ドゥ！エアロビック』（2009〜2011年度）は視聴者参加型公開番組。インストラクターが全国各地の学校や地域のコミュニティーを訪ねて、エアロビックを楽しんだ。

2012年4月に始まった『ラン×スマ　街の風になれ』（2012〜2019年度）は、全国各地で開催される市民マラソンの体験リポートを通して、走ることの楽しさを伝えるランニング情報番組。けがなく楽に長い距離を走る“コツ”をプロ・ランニングコーチの金哲彦がアドバイスし、2007年に東京

『ザ・データマン〜スポーツの真実は数字にあり』
（2014年度）→P444

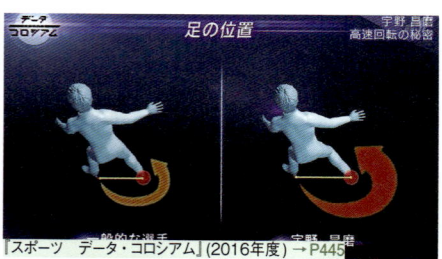

『スポーツ　データ・コロシアム』（2016年度）→P445

『スポーツ　イノベーション』（2017〜2018年度）→P445

『スポーツ酒場“語り亭”』（2014〜2023年度）→P444

『球辞苑〜プロ野球が100倍楽しくなるキーワードたち〜』
（2016年度〜）→P445

『グッと！スポーツ』（2016〜2019年度）→P444

『BSエアロビック』（1999〜2010年度）→ P835

『あなたとエアロビック』（2003〜2008年度）→ P836

『ラン×スマ　街の風になれ』（2012〜2019年度）→ P444

『チャリダー★　快汗！サイクルクリニック』（2014年度〜）→ P444

『Let's!　クライミング』（2016〜2017年度）→ P445

マラソンが開催されて以来、急激に増加した市民ランナーたちのニーズに応えた。その後、番組は『ランスマ倶楽部』（2020年度〜）に引き継がれている。

『チャリダー★　快汗！サイクルクリニック』（2014年度〜）は、ママチャリを卒業して、本格的にスポーツサイクルを楽しみたい人を対象にした自転車情報番組。全国各地の自転車イベントや大会のほか、絶景ロードを巡る自転車旅を紹介した。

『Let's! クライミング』（2016〜2017年度）は、東京2020オリンピックの追加競技となったスポーツクライミングを取り上げ、「見るスポーツ」としての楽しみ方と、自ら楽しむための「初心者向けレッスン」を併せて紹介した。

2016年のリオオリンピック・パラリンピック以降、東京2020オリンピック・パラリンピックに向けてスポーツ関連番組はその数を増やしたが、2020年のオリンピック・パラリンピック延期を受けて、多くのスポーツ関連番組は休止や内容の変更を余儀なくされた。

2021年、1年延期された東京2020オリンピック・パラリンピックが開幕。NHKでは総合、Eテレ、BS1、BS4K、BS8K、ラジオ第1の6つの波で放送した。

コロナ禍での開催となり、ほとんどの競技が無観客または観客の入場制限がなされた。その結果、テレビやインターネットを通しての観戦が主になり、映像が担う比重がこれまでの大会とは比較できないほど高まった。BS4K・BS8Kはともに、実用放送が始まって初めてのオリンピックとなり、総合テレビとのサイマル（同時）放送で、高精細で臨場感のあるリアルな映像を伝えた。

2012年のロンドンオリンピックにおいてアーティスティック

スイミングで初めて使用されたNHK独自技術「ツインズカム」は、水中と水上に設置した2台のカメラの映像を水面を境に合成して選手の全身の動きを表現したが、今回は「4Kツインズカム」を新たに導入。そのほか移動する選手の動きを複数のロボットカメラであらゆる方向からなめらかにズーム、パンフォローする多視点映像や、ゴルフボールなどの移動軌跡を画像解析技術を用いてCGで可視化するシステムなど、最先端技術で「わかりやすさ」「即時性」「正確性」を追求した。さらに視覚・聴覚に障害のある人にもスポーツ中継を楽しめる技術も開発された。「ロボット実況・字幕」は、字幕や合成音声による実況を、ほぼリアルタイムで自動的にライブストリーミング映像につけて提供するサービスだ。試合会場から送られてくるリアルタイムのスコア、誰がシュートしたのかなどの競技データから、あらかじめ用意したひな型を使って実況テキストを自動的に生成。これを字幕（ロボット字幕）と合成音声（ロボット実況）に変換し、ライブストリーミング映像とタイミングを合わせて合成し、インターネット配信で届けた。テレビの高画質化、大画面化が進み、画面には選手名、得点、経過時間、順位、過去の成績などの情報が次々に表示されるが、アナウンサーは映像からわかる内容は意図して発話しないことが多いため、聴覚障害者には情報が足りない場合もある。ロボット実況はその部分を補うと同時に、家事をしながらなどの「ながら視聴」にも利用された。

1964年の東京オリンピックでは、初めての衛星中継技術やVTRによるスロー再生技術が開発されたように、東京2020でも4K、8K技術をはじめ、さまざまな放送技術を未来に向けて大きく前進させた。

06 スポーツ番組 | 定時番組

1950年代

スポーツだより 1956～1959年度
1週間に行われたスポーツの話題と解説を10分にまとめたダイジェスト、スポーツ選手を招いてのインタビュー、評論家の対談、座談会による次週に行われるスポーツの予想、展望などで構成したスタジオ番組。1956年6月10日(日)に午後9時台の10分番組でスタート。「スプリングキャンプ巡り」「大相撲展望」「六大学野球予想」などのテーマで伝えた。翌1957年から(土)の夜間に移行。

スポーツ・グラフ 1957～1959・1961～1962年度
スポーツに関する話題をさまざまな角度から取り上げる教養番組としてスタート。週ごとにテーマを変えて、第1週はその月に開催されるスポーツの紹介、第2週はスポーツ教室、第3週は生活とスポーツに関する話題、第4週は評論家によるスポーツ時評。1961年度に『スポーツグラフ』の表記でスポーツ界の話題を提供する青少年向け番組として再開。スポーツカメラマンの苦心を紹介した「スポーツの瞬間をねらう人たち」などを放送。総合午後6時台の15～17分番組。

体育教室 1958～1960年度
教育テレビ開局の1959年1月にスタート。青少年を対象に、スポーツを通じて健全な心身の発達に役立つように解説・指導する体育番組とした。毎月1種目のスポーツを選び、第1週はそのスポーツの起源と歴史的発展について学び、第2週はルールを説明、第3週は実技の実地指導、第4週はその競技の外国での事情などについて紹介した。第5週がある月は学校訪問も実施した。教育(木)午後7時からの30分番組。

1960年代

テレビスポーツ教室 1961～2016年度
アマチュアスポーツへの関心を高め、1964年に迎える東京オリンピックに向けての選手強化に寄与するために新設された。初年度は総合(土)午後1時からの60分番組。その後、主に中学および高校生の競技者とその指導者が、各種競技の基礎技術や練習方法の習得に役立つ内容とした。2000年代に入ると各種目の一流の指導者や選手が出演し、最新のトレーニング方法や一流の技術をわかりやすく解説した。

体育講座 1961年度
『体育教室』(1958～1960年度)を改題。体育の本質的な問題から出発して、「スポーツの生理」「スポーツの力学」「トレーニング理論と実際」「スポーツと衛生」「オリンピックをめざしての科学的分析」を体系的に構成した。教育(木)午後7時からの30分番組。

オリンピックアワー 1963～1964・1971年度
オリンピック東京大会を1年後に控え、オリンピックに対する国民的関心を盛り上げ、アマチュアスポーツの振興を図るために新設。「オリンピックの歴史」や海外取材による有望外国人選手の動向などを1963年6月から38週にわたって放送。1964年度は4～6月に12回にわたって日本選手を中心に紹介した。1971年度は第11回冬季オリンピック札幌大会を控えて10月から翌年1月末まで放送し、冬季スポーツの魅力を伝えた。

オリンピックを成功させよう 1964年度
オリンピック東京大会を控え、オリンピックの意義と正しい評価などを取り上げ、国民的関心を盛りあげることを目指した。番組はオリンピックにまつわる人物を紹介する「私とオリンピック」、日本選手の健闘ぶりや関係諸施設を紹介する「合宿・施設めぐり」、東京都の道路づくりや商店街の動きなどオリンピックを取り巻く話題を紹介する「トピックス」で構成した。総合(日)午前8時10分からの20分番組。

現代のスポーツ 1965～1967年度
前年に実施した東京オリンピックをきっかけに高まった、スポーツに対する理解と関心をいっそう深める番組としてスタート。スポーツが国民生活の中に広がりつつある現状を紹介し、スポーツの普及・発展のための環境づくりを目指した。また国内、国外の高度な競技スポーツを紹介することで、スポーツの文化的価値を見直すとともに、スポーツ界の動きや問題点も考えた。総合(日)午前11時からの20分番組(1966～1967年度)。

スポーツアワー〈1968～1973〉 1968～1973年度
『現代のスポーツ』(1965～1967年度)を改題し、1968年10月に開催を控えたメキシコオリンピック関連の内容を加えた。1969年以降は、スポーツ界の現況を社会、教育、競技などの面から多角的にとらえ、生活のなかにスポーツが根づいて健全な生活環境を築くことを目指した。番組はフィルム構成をメインに、話題に応じてスタジオ制作を加えた。総合(日)午前11時からの20分番組(初年度)。

1980～1990年代

Be☆Spo24 1989～1991年度
テレビ界で初の日曜24時間スポーツチャンネルとして、衛星第1で1989年8月6日よりスタート。国内のみならず世界各地で行われるスポーツイベントを生中継や、最新映像・情報をふんだんに取り入れながら24時間をスポーツだけで構成する枠。午前0時に始まる深夜帯は、ワールドカップサッカー世界予選、国際ラグビーなどのビッグイベントを放送。その後、フィッシング、太極拳からMLBまでダイナミックに編成した。

BSスポーツサンデー　1992〜1995年度

衛星第1(日)のスポーツ24時間番組『Be☆Spo24』(1989〜1991年度)を、20時間に短縮して改題。スポーツ番組のフリーゾーンとして、アメリカのメジャースポーツやJリーグ中継、スポーツ情報番組など多彩なラインナップを組んだ。1996年度はトータル15時間にわたるワイド構成で、深夜から早朝にかけてはアメリカプロゴルフツアーを生中継した。1996年度に『BSサンデー・スポーツ』に改題。

スポーツ100万倍　1994年度

毎回、スポーツ界のスーパースターを招き、記憶に残る名勝負の裏に潜む人間ドラマや、「今だから語れる秘話」をトークと取材VTRで伝えたスポーツバラエティーの草分け的番組。名勝負の裏側を掘り下げる「一瞬の裏側」、ゲストの強さの秘密をスポーツサイエンスの視点で分析する「100万倍の目」などで構成。釜本邦茂、武豊、伊藤みどり、落合博満、九重貢らが登場した。総合テレビ夜間の40分枠。

スポーツヒーローにチャレンジ　1996年度

体操のオリンピック銀メダリスト・池谷幸雄が、さまざまなジャンルのスポーツヒーローとともに全国の小学校を訪れるスポーツエンターテインメント番組。子どもたちに一流の技のすばらしさと感動の出会いを提供し、いっしょに汗するスポーツの楽しさを伝えた。1年間で訪れた小学校は全国17校にのぼった。衛星第2(土)午後6時からの50分番組。1996年度前期放送。

BSサンデースポーツ　1996〜2003年度

『BSスポーツサンデー』(1992〜1995年度)を改題。1996年度は『BSサンデー・スポーツ』の表記で、毎週日曜に合計13時間のスポーツプログラムを放送。1997年度に『BSサンデースポーツ』と表記変更。トータル11時間をスポーツ番組のフリーゾーンと位置づけ、スポーツ中継を中心に構成した。2004年度は『BSウィークエンドセレクション』枠内で「BSサンデースポーツ&アンコールゾーン」となる。

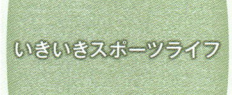

いきいきスポーツライフ　1999〜2000年度

世界のさまざまなスポーツを紹介した海外制作の番組を、日本語吹き替え版で楽しむ番組枠。初年度は「おもいっきりアウトドア」シリーズで、マウンテンバイク、登山、スノーボード、セーリング、フィッシング、カヤック、パラグライダー、カーレース、ボードセーリングなどを紹介。そのほか「休暇はアクティブに」「ライダーズ・ガイド」「大自然に挑む」などのシリーズを放送。衛星第1(金)深夜の20〜25分番組。

2000年代

世界のサッカー情報　2001〜2008年度

世界各国のサッカーリーグのニュースや話題、さらに各国代表チームの動向などを伝える衛星第1のサッカー専門ウイークリー番組。本場のヨーロッパ、南米だけでなく、アジア・オセアニアやアフリカのサッカー事情も随時リポートするなど、ワールドワイドな視点が広くサッカーファンに支持された。衛星第1(月)午前7時30分からの20分番組(初年度)。

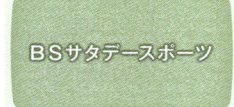

BSサタデースポーツ　2003年度

『BSサンデースポーツ』(1996〜2003年度)の"土曜版"。Jリーグの生中継を中心に編成。オフシーズンはバレーボールVリーグやJBLバスケットボールなどを生中継した。衛星第1(土)午後1時からの4時間枠。2004年度に『BSウィークエンドセレクション』枠内で「BSサタデースポーツ&アンコールゾーン」となる。4〜10月は(土)午後0時から、11〜3月は午後0時10分からそれぞれ午後5時まで放送。

ドキュメント　スポーツ大陸　2004〜2010年度

頂点を目指すアスリートが極限に挑む姿を通じて、スポーツが持つ魅力や奥深さ、感動を伝えるスポーツドキュメンタリー。技の探求、試合の駆け引き、勝負のあや、選手の心理、監督の戦略など、スポーツの世界を構成するさまざまな要素に焦点をあてた。衛星第1とハイビジョンで放送した49分番組。2008年度に『スポーツ大陸』に改題し、それまでの衛星第1・ハイビジョンに加えて総合でも放送を開始した。

BSスポーツ倶楽部　2004年度

MLB、NBA、NFLなど、アメリカの人気スポーツ情報をコンパクトにまとめたスポーツ情報番組。衛星第1(日)午後9時から29分間放送。2004年度前期。

BSスポーツウィークリー　2004〜2005年度

2004年10月まで放送した『BSスポーツ倶楽部』を11月にリニューアル。より情報性の高い国際スポーツ情報番組を目指した。衛星第1(日)午後9時10分からの29分番組。

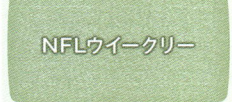

NFLウイークリー　2004〜2018年度

アメリカンフットボールの最高峰、NFLの13〜14レギュラーシーズンとプレーオフ、スーパーボールまでの全21週に行われた注目カードや好ゲームをピックアップした週間ハイライト。NFLの直轄組織「NFL FILMS」が制作するダイジェスト番組の再編集版で、ユニークな切り口の密着映像や選手・監督の試合中の声など、一般メディアには通常取材できないコンテンツも紹介した。衛星第1で随時放送。

NBAマガジン　2005〜2006年度

NBA全米プロバスケットボールの最新情報を、2005年11月から翌年6月のシーズン中に月1回、最終週(日)に衛星第1で放送。注目のゲームや選手の話題などを紹介するとともに、最新情報をコンパクトにまとめ、中継放送への興味を喚起した。

スポーツ番組 ｜ 定時番組

2010年代

アスリートの魂　2011～2018年度
トップアスリートの技と心に迫る本格派スポーツドキュメンタリー。東日本大震災の3週間後に放送された第1回は「東北高校野球部　震災の中のセンバツ」。被災地仙台の東北高校の野球部員は、「野球をやっていていいのか」と迷いながらも選抜への出場を決断。送り出してくれたふるさとのために全力プレーを誓い合う球児たちの"魂"を描いた。総合（月）午後10時55分からの29分番組（初年度）。2012年からBS1で放送。

BS1スポーツドキュメンタリー　2012年度
アスリートやスポーツチームの挑戦を描くなど、スポーツを題材にした特集フリーゾーン。地域に根ざしたスポーツやアマチュア選手にもスポットを当てた。第1回はお笑いコンビ「南海キャンディーズ」の"しずちゃん"こと山崎静代が、ボクシングの全日本選手権出場を目指す姿を追う「あきらめない2人～激闘　しずちゃん密着1000日」を放送。BS1（日）午後6時からの48分番組。2012年11月から翌年3月まで放送。

古田敦也のスポーツ・トライアングル　2012年度
ロンドンオリンピック・パラリンピックの選手たちの全ぼうに野球解説者の古田敦也が迫る密着ドキュメント。一流のスポーツ選手をあらゆる角度から取材。特撮を駆使しながら、その心技体に迫った。女子トライアスロンの上田藍、ウェイトリフティングの三宅宏実、トランポリンの伊藤正樹、バレーボール女子の新鍋理沙、パラ走り幅跳びの佐藤真海らを取り上げた。BS1（日）午後9時からの44分番組。

MLBカウントダウン　2012～2014年度
MLBの制作番組「MLB PLAYER POLL」を20分に再編集して25回分を随時放送。全米のファンやプレイヤー自身が選んだ、メジャーリーグにまつわるさまざまなランキングをカウントダウン形式で紹介。2014年度はMLB制作番組「#MLB 162」を20分に再編集して26回分を随時放送した。BS1（日）深夜に放送の20分番組。

ラン×スマ　街の風になれ　2012～2019年度
「ラン×スマ」のスマはスマイルのこと。市民ランナーに"走る楽しさ"を伝えるランニング情報番組。全国各地で開催される市民マラソン大会を出演者が実際に走り、各大会と開催地の魅力を体験リポートする。またプロ・ランニングコーチの金哲彦が視聴者の悩みや質問に答え、故障を防いで速く走るノウハウを指導する。BS1の44分番組でスタート。2013年度以降は25～28分番組。2019年度に『ラン×スマ』に改題し49分番組に。

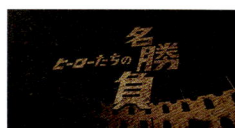

ヒーローたちの名勝負　2013年度
今も人々の記憶に鮮烈に残るスポーツの名勝負を取り上げるスポーツドキュメント。今だからこそ語れるアスリートたちの証言を基に、勝負を分けた知られざる真実を貴重な映像とともに明らかにした。「三振かホームランか　王対江夏の力勝負」「ジョホールバルの舞台裏　日本サッカー歴史的勝利」「奇跡の逆転イーグル　青木功・米ツアー初優勝」ほかを放送。総合（土）午後10時30分からの19分番組。

為末大が読み解く！勝利へのセオリー　2013～2015年度
スポーツ分野で名将と呼ばれる監督やコーチにスポットを当て、世界に勝つための指導哲学や戦術を、元陸上400mハードルの為末大が読み解くスポーツ番組。レスリングの栄和人監督や卓球の村上恭和監督など、ロンドン五輪で日本にメダルをもたらした指導者や、バドミントンのパク・ジュボンコーチやサッカー女子の高倉麻子監督など、外国人や女性の指導者にも焦点を当てた。BS1の44分番組。

古田敦也のプロ野球ベストゲーム　2013年度
幾多のプロ野球選手たちが人生を賭けて繰り広げてきた名勝負の真実に迫るスポーツエンターテインメント。勝負の明暗はどこで分かれたのかを、元ヤクルトスワローズの名捕手・古田敦也が、捕手・打者・監督の3つの視点から明らかにする。第1回は「伝説の"10・8決戦"1994年10月8日　中日対巨人」を放送。BS1（金）午後11時からの44分番組。2013年度後期放送。

めざせ！2020年のオリンピアン～東京五輪の原石たち　2014～2015年度
2020年の東京五輪を目指す日本各地の若手アスリートの逸材「ネクストエイジ」を紹介。彼らのもとに同じ競技でオリンピックを経験した先輩の「オリンピアン・パラリンピアン」が訪れ、技術面の課題を見抜きその克服法と、世界の大舞台に臨むうえでのメンタル面でのアドバイスを伝授。ネクストエイジが刺激を受け、成長する姿を描いた。総合とBS1の25～29分番組。

ザ・データマン～スポーツの真実は数字にあり　2014年度
ラグビー日本代表の快進撃を支えた膝の角度や、フィギュアスケートの羽生結弦選手の美しい4回転ジャンプの移動スピードなど、選手たちの活躍の秘密に数字で迫るスポーツ・バラエティー。データマン（安岡直）が選手や研究者を訪ね、自ら身体を張り、数字の持つ真実に迫る。2013年7月にBS1で特集番組としてスタートし、2014年度に定時化。2015年度は特集番組枠内で5本を放送。

スポーツ酒場"語り亭"　2014年度～
「スポーツ酒場"語り亭"」のビッグママことミッツ・マングローブは、夜な夜な集まるスポーツ界でその名をはせた有名選手やマニアックなファンたちを、酒を出さずに「スポーツネタ」で酔わせる。「先発エース」「4番バッター」などの野球ものから、大相撲、サッカー、ラグビーなど、選手たちの意外なエピソードからアスリートの哲学まで語り尽くす。BS1の49分番組。

チャリダー★　快汗！サイクルクリニック　2014年度～
「チャリダー」とは、すべての自転車乗りへの敬意をこめた愛称。本格的にスポーツサイクルを楽しみたい人に送る自転車情報番組。全国各地の自転車イベントやレース、自転車旅、自転車を愛する職人、達人などを紹介。スタジオでは、より速く快適にカッコよく走るための「サイクルクリニック」を実施した。BS1（月1回・日）の49分番組でスタート。2015年度より（土）午後6時台の20分番組で毎週放送となる。2019年度から49分に拡大。

01.ドラマ　02.クイズ・バラエティー　03.音楽　04.伝統芸能　05.ニュース　06.報道・ドキュメンタリー　07.紀行　08.教養・情報　09.自然科学　10.こども・教育　11.人形劇・アニメ　12.趣味・実用　13.大型特集番組等

グッと！スポーツ　2016〜2019年度

旬のアスリートをスタジオに迎え、スポーツ番組ではMC初挑戦となる嵐・相葉雅紀がスゴ技や強いメンタルなど、アスリートの実力と魅力に迫った。「駆けつけパフォーマンス」のコーナーでは、相葉がアスリートたちの並外れた能力を体感。さらに独特の感性でアスリートたちの素顔を引き出した。総合午後10時台の35分番組でスタート。2019年度に月1回72分サイズで、午後7時30分からのゴールデンタイムに進出。

ぼくらはマンガで強くなった　2016〜2017年度

スポーツマンガとアスリートの熱い絆を描くドキュメンタリー。2015年度に特集番組枠内で放送を開始し、2016年度に定時化。トップアスリートたちが影響を受けたマンガを語るとともに、マンガが競技に与えた知られざるエピソードを紹介。またマンガ家や編集者が語る作品の創作秘話にも迫った。棚橋弘至（プロレスラー）、石川遼（プロゴルファー）ら現役スポーツ選手らも出演。BS1(金)午後11時からの49分番組。

Let's！クライミング　2016〜2017年度

東京2020オリンピック競技大会の追加競技となったスポーツクライミングの魅力を伝える情報番組。誰でも気軽に楽しめるように「初心者向けレッスン」コーナーを設け、基礎から丁寧に指導、"DOスポーツ"としての魅力を伝えた。また、日本代表選手の国際大会などでの活躍を徹底分析し、"見るスポーツ"としての魅力も伝える。司会は工藤夕貴と萩原浩司。BS1(土)午後5時30分からの20分番組。

球辞苑 〜プロ野球が100倍楽しくなるキーワードたち〜　2016年度〜

プロ野球オフシーズン企画として2014年度に開発され、野球ファンを中心に話題を呼び2016年度に定時化。「クイックモーション」「スイッチヒッター」「満塁」「六番打者」など、毎回、現役選手やOBたちへの取材を基に一つのテーマをマニアックに掘り下げ、プロ野球の奥深い世界に誘う。出演は徳井義実、塙宣之、里崎智也ほか。語りは土屋伸之。BS1の49分番組。

スポーツ　データ・コロシアム　2016年度

最新のデータ分析技術を活用し、プレーの秘密を解明するスポーツドキュメンタリー。経験や勘で語られてきた"勝負のあや"をIT技術や4Kの高精細映像を用いて解析し、勝利に導く"データ"を探り出す。第1回「サッカー司令塔対決」では、ガンバ大阪の遠藤保仁と横浜F・マリノスの中村俊輔を特集。タイプの違う2人のプレーをデータ解析し、その"すごさ"を分析する。BS1(最終・土)午前0時からの50分番組。

世界はRioをめざす　2016年度

激動の世界からさまざまな思いを胸にリオデジャネイロオリンピック・パラリンピックを目指すアスリートたちにスポットを当てた社会派スポーツドキュメンタリー。部族の誇りをかけてアーチェリーでブラジル代表を目指すアマゾンの先住民の若者、内戦に揺れる祖国のためにと貧困の中で練習を続ける南スーダンのランナーなどを取り上げた。オリンピックイヤーの2016年4〜8月に放送。BS1(日)午後9時からの49分番組。

世界はTokyoをめざす　2016〜2021年度

激動の世界からさまざまな思いを胸に東京オリンピックをめざすアスリートや、彼らを支える人々にスポットを当てる社会派スポーツドキュメンタリー。震災から復興なかばのネパールで「TOKYO」を合言葉に野球に取り組む少年たちや、三世代共に五輪選手という飛び込みの一家の日々なども取り上げた。BS1(日)午後9時からの49分番組。『世界はRioをめざす』のあとを受けて、2016年10月から放送開始。

2020TOKYO みんなの応援計画　2016年度

2020年の東京オリンピック・パラリンピックを4年後に控え、国際化の波にさらされる中で、ユニークな取り組みをしている人々を紹介する。無償で観光客の困りごとを助けようとするグループ、大震災以来、南相馬の仮設住宅に支援物資を運び続ける外国人カメラマン、名古屋で公式の忍者として活動する男性らを紹介。司会はタレントのSHELLY。Eテレ(月1回・金)午後10時からの44分番組。

超人たちのパラリンピック　2016〜2018年度

障害者アスリートの知られざる能力に迫る番組。初年度はリオデジャネイロパラリンピックに向けて調整を続ける車いすレースの上与那原寛和選手、車いすラグビーの池崎大輔選手、陸上のハインリッヒ・ポポフ選手を取り上げた。リオ大会後も放送され、障害を乗り越えて競技の奥深さを追求するアスリートの人間性に迫った。BS1(日)午後9時からの49分番組。月1回放送。

挑戦者たち　2016〜2017年度

日本を飛び出し世界各地で自らの能力の限界に挑戦する、さまざまな分野のスポーツ選手を取り上げた10分ミニ番組。毎回1話完結の構成。日本でトップを極めた人や世界で実力を磨き、凱旋（がいせん）帰国を狙うアスリート、現役引退後コーチとして世界で活躍する元選手など、スポーツの分野で世界に羽ばたく日本人を幅広く紹介した。BS1(日)午前3時からの10分番組。

東京オリパラ団　2016〜2018年度

東京2020にまつわるさまざまな話題を届けるスポーツ情報番組。「東京大会に参加したい！　関わりたい！」という熱い思いをもつ人たちを各地に訪ねるとともに、知られざる"五輪秘話"を紹介。リオパラで活躍した視覚障害者マラソンの道下美里選手や、走り高跳びのレジェンド・鈴木徹選手など、パラアスリートをスタジオに招きその素顔に迫った。BS1で月1回(日)夜間に放送する49分番組。

スポーツ　イノベーション　2017〜2018年度

スポーツにおける勝負の"あや"やアスリートの進化を、最先端のテクノロジーとデータを駆使して解き明かした『スポーツ　データ・コロシアム』（2016年度）の発展形。第1回放送の「ボルダリング＆ITコンディショニング」では、壁をCGで完全再現し、クライミングの奥深さを解明するとともに、ITを活用した最先端の体調管理も紹介した。BS1(日)午後9時からの49分番組。

聖火のキセキ　2018〜2019年度

1964年東京五輪の聖火リレーがどのように行われ、どんな物語を生んだのか。その"軌跡"を地元出身のオリンピアンがたどり、地域に残された"奇跡"のような五輪レガシーを都道府県ごとに見つめる。五輪や聖火リレーがもたらす意味を掘り下げるとともに、2020年の期待の星も紹介した。ナレーションは満仲由紀子。BS1(土)の25分番組。2019年度後期は『聖火のキセキ選』を放送。

スポーツ番組 | 定時番組

行くぜ！パラリンピック 2018年度

2020年東京パラリンピックを目指し、全国の発掘プロジェクトなどから活躍を始めた若手の有望選手の成長を伝えた。競泳や陸上をはじめ多岐にわたる競技の「金の卵」を、「障害者キャスター・リポーター公募」で選ばれた千葉絵里菜、後藤佑季、三上大進の3人がリポーターとして密着取材。スタジオではサッカーの元日本代表、中山雅史が熱く選手にエールを送った。BS1(日)午後7時からの49分番組。

武井壮のパラスポーツ真剣勝負 2018〜2021年度

陸上十種競技の元日本チャンピオンの武井壮がパラスポーツのトップアスリートたちに真剣勝負を挑む。ブラインドサッカー、視覚障害者柔道、シッティングバレーなどに挑戦した。パラアスリートのテクニックや超感覚、そして悪戦苦闘する武井壮の姿を通してその奥深さを描く。スタジオにはその競技の健常者のトップアスリートなどを招き、パラアスリートのすごさを紹介した。BS1で月1回放送の45分番組。

勝利の条件　スポーツイノベーション 2019〜2020年度

『スポーツ　イノベーション』(2017〜2018年度)のタイトルに「勝利の条件」を加えて改題。これまで以上に勝つための戦略の解明に力を入れた。徹底したデータ分析で深さを、最先端のAR（拡張現実）を駆使したスタジオ演出でわかりやすさを追求。2019年度はテニスの大坂なおみやバスケットボールの八村塁など、東京2020で注目の競技・選手を中心に月1本、計12本を制作。BS1の49分番組。

2020スタジアム 2019年度

嵐の5人が司会を務め、日本や世界のアスリートの強さの秘密や競技の魅力を紹介する特集番組として5回放送。東京オリンピック・パラリンピックを目指す日本や世界のアスリートの強さの秘密や競技の魅力を紹介するとともに、ホストタウンや聖火リレーなど2020年に向けて挑戦する地域や人々の姿を見つめた。新型コロナウイルスの感染拡大で東京五輪の延期が発表されたため、2020年4月以降の放送は休止となった。

スポーツ×ヒューマン 2019年度〜

『アスリートの魂』(2011〜2018年度)のあとを受けてスタート。スポーツの織り成すさまざまな「人間ドラマ」に徹底的にこだわるドキュメンタリー番組。2019年度は東京オリンピック・パラリンピックを控え、メダルの可能性の高い競泳の大橋悠依選手、車いすラグビーの池透暢（ゆきのぶ）選手らを取り上げた。その他、大相撲の貴景勝やプロ野球の松田宣浩選手らの姿を描いた。BS1(月)午後8時からの44分番組。総合・BS4Kでも放送。

パラ×ドキッ！ 2019〜2020年度

MCに千鳥を迎え、東京2020パラリンピックを目指すパラアスリートを深掘りして紹介するスポーツバラエティー。障害を乗り越えるために常識を超えて発達した特異な能力や、それを獲得するまでの不屈の道のりを、バラエティー色満載の演出で伝えた。オリンピアンとパラリンピアンが真剣勝負する「ガチ×パラ」や芸人のプレゼンによる人生秘話などで、パラスポーツの奥深さを味わう。BS1(日)午後5時からの49分番組。

聖火ロード　5 min. 2019年度

東京オリンピック・パラリンピックの聖火リレーのコースを都道府県別に紹介する5分番組。各地ゆかりの元五輪選手がナビゲーターを務め、その地ならではの見どころや聖火を迎える地元の期待や意気込みを伝えた。全国47都道府県をリレーの順路に沿って紹介し、聖火リレーの機運醸成に寄与した。2019年度後期(火〜木)の午前0時からBS1で放送。

2020年代

ランスマ倶楽部 2020年度〜

ランニング情報番組『ラン×スマ』をリニューアルし、2020年度後期にスタート。それまで初心者を主な対象とした内容をレベルアップし、「今年はガチだぜ！」をテーマに、出演者がフルマラソン4時間切りや3時間切りを目標にチャレンジする。一流ランナーのフォームをプロランニングコーチの金哲彦が分かりやすく解説するほか、走る楽しみから駅伝中継の見どころまで、ランニングの幅広い魅力を伝えた。BS1の49分番組。

千鳥のスポーツ立志伝 2020〜2021年度

MC千鳥×トップアスリートの新感覚スポーツバラエティ。競技成功の秘訣は「強い個性＝クセ」にあると捉え、選手たちのクセを「キャラ・技・立志」の3視点から独自分析。爆笑と発見で視聴者のスポーツの見方を変えることを目指す。心理カウンセラーの小高千枝によるクセや「成功の秘密」に迫る分析も見どころ。ナレーターは小芝風花。BS1(水)午後9時からの49分番組。

スポヂカラ！ 2021〜2023年度

過疎に高齢化、豪雨や震災、そしてコロナ禍。様々な課題を抱える地域が、スポーツの力で変わる姿を実例を紹介しながら見つめる。「3×3バスケ」に過疎地からの脱却という夢を託す群馬・みなかみ町や、復興の力になろうと奮闘する福島・いわきFC、初優勝を果たし熊本出身では58年ぶりの大関に昇進した正代が熊本地震後に故郷の熊本に届けたメッセージなどを紹介した。MCは田村淳。BS1で不定時に放送する49分番組。

明鏡止水　武の五輪 2024年度

一流の武術家やアスリートたちが熱いトークと秘伝の技を披露する『明鏡止水』の最新シリーズ。パリオリンピック・パラリンピックの年に、武の達人たちとともに競技の神髄に迫る。柔道やレスリングのような格闘技から、ブレイキン、馬術など、幅広い種目について"武"の視点から身体操作や文化・精神を解剖していく。MC：岡田准一（俳優）、ケンドーコバヤシ（お笑い芸人）。総合(水)午後11時からの30分番組。

FIFAワールドカップ〜伝説の試合ノーカット〜 2024年度

ペレ、マラドーナ、クライフ、ベッケンバウアー、メッシらレジェンドのプレー。そして、2002年日韓大会・日本代表の激闘や2011年ドイツ大会なでしこ初優勝など、FIFAワールドカップの歴史を彩る伝説の試合の数々を、リマスターにより高画質化。スペシャルゲストの解説と実況＆ノーカット・フルマッチで放送。MCはジョン・カビラ。NHKBS(日)午後11時35分からの2時間番組。

NHKフォトストーリー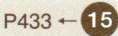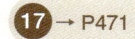

P433 ← 15　　17 → P471

FMラジオ新年かるた大会（1960年）

テレビ全国優秀農家選定表彰式（1960年）

第16回国民体育大会冬季大会　スキー競技会（1961年）

NHK放送博物館（1960年）

テレビ自動車学校収録風景（1960年）

人形劇『チロリン村とくるみの木』撮影風景

世界初の広域通信制高校・NHK学園高校開校式（1963年）

渋谷・オリンピック国際放送センター（現NHK放送センター）建設予定地（1963年2月）

NHK放送センター第一期建築工事看板（1963年5月）

造成中のNHK放送センター建設地（1963年6月）

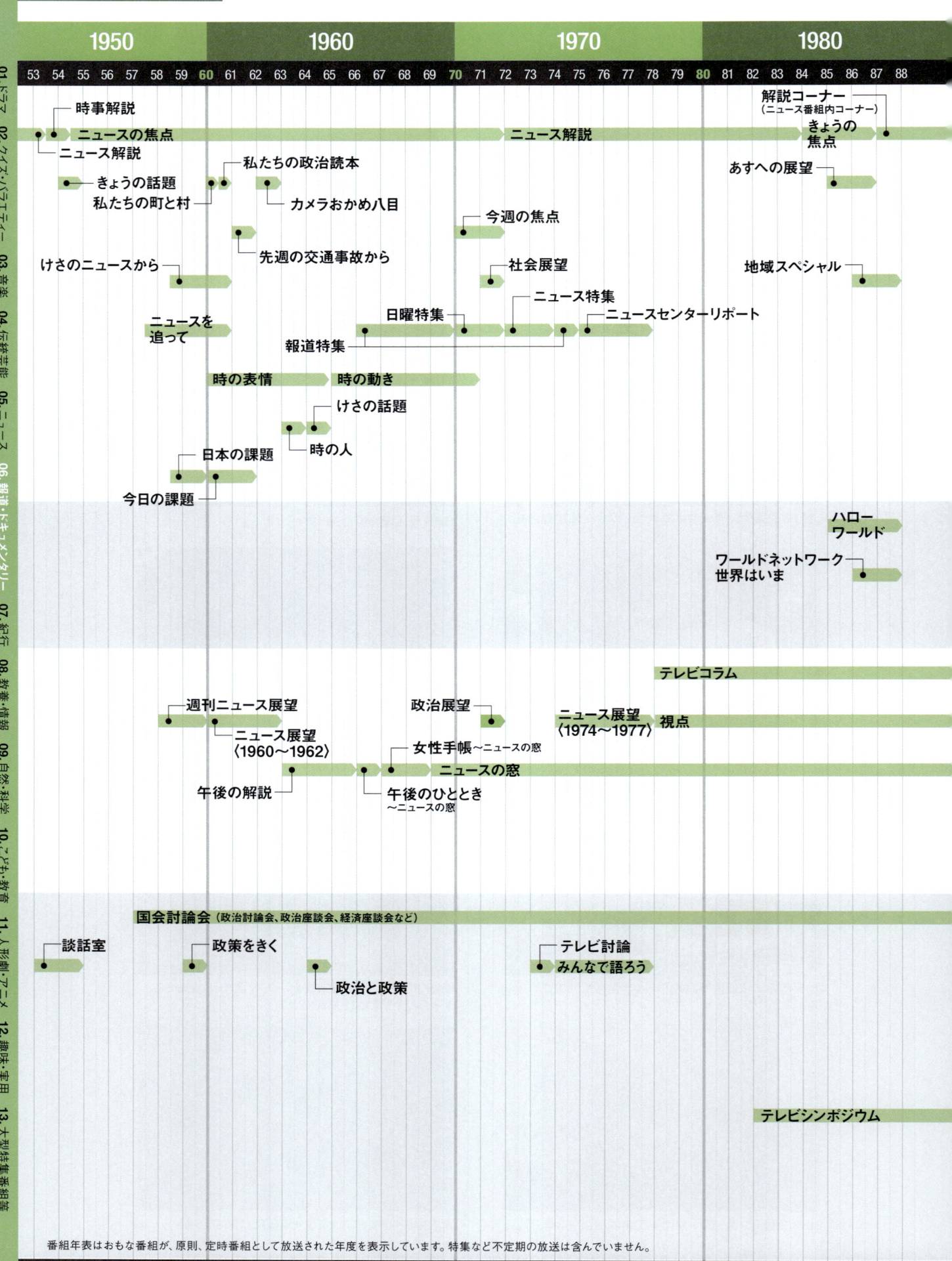

	1950	1960	1970	1980
	53 54 55 56 57 58 59 **60** 61 62	63 64 65 66 67 68 69 **70** 71 72	73 74 75 76 77 78 79 **80** 81 82	83 84 85 86 87 88

01.ドラマ 02.クイズ・バラエティー 03.音楽 04.伝統芸能 05.ニュース 06.報道・ドキュメンタリー 07.紀行 08.教養・情報 09.自然科学 10.こども・教育 11.人形劇・アニメ 12.趣味・実用 13.大型特集番組等

時事解説

解説コーナー（ニュース番組内コーナー）

ニュースの焦点

ニュース解説

きょうの焦点

ニュース解説

きょうの話題

私たちの政治読本

あすへの展望

私たちの町と村

カメラおかめ八目

けさのニュースから

先週の交通事故から

今週の焦点

地域スペシャル

社会展望

ニュースを追って

日曜特集

ニュース特集

報道特集

ニュースセンターリポート

時の表情

時の動き

けさの話題

時の人

日本の課題

今日の課題

ハローワールド

ワールドネットワーク
世界はいま

テレビコラム

週刊ニュース展望

政治展望

ニュース展望
〈1974～1977〉

視点

ニュース展望
〈1960～1962〉

女性手帳～ニュースの窓

午後の解説

午後のひととき
～ニュースの窓

ニュースの窓

国会討論会（政治討論会、政治座談会、経済座談会など）

談話室

政策をきく

テレビ討論
みんなで語ろう

政治と政策

テレビシンポジウム

番組年表はおもな番組が、原則、定時番組として放送された年度を表示しています。特集など不定期の放送は含んでいません。

	1990		2000		2010		2020	
89 **90** 91 92 93 94 95 96 97 98 99	**00** 01 02 03 04 05 06 07 08 09	**10** 11 12 13 14 15 16 17 18 19	**20** 21 22 23 24	年度

時事公論（ニュース番組内コーナー）

あすを読む

時論公論（定時番組）

ニュースプラザ

解説委員室

土曜解説

双方向解説・そこが知りたい！（不定期）

解説スタジアム

NHKミッドナイトジャーナル

ナイトジャーナル

ミッドナイトジャーナル

クローズアップ現代

クローズアップ現代

クローズアップ現代＋

福島をずっと見ているTV

あの日　わたしは
〜証言記録　東日本大震災

あの日
わたしは

明日へ
〜支えあおう

明日へ　つなげよう

明日をまもるナビ

新ヨーロッパ事情

世界潮流

地球特派員

激動の世界をゆく

東欧ロシア'94

国際報道

世界のリポート

これでわかった！
世界のいま

ニュース　地球まるわかり

NHK
ニュース解説

視点・論点

みみより！解説

ニュースと解説

暮らしの中のニュース解説（『スタジオパークからこんにちは』内コーナー）

くらし☆解説

みみより！
くらし解説

ニュースピックアップ　なるほどQ＆A
（『お元気ですか　日本列島』内コーナー）

ニュース
深読み

週刊　ニュース深読み

週刊まるわかり
ニュース

討論　日曜討論

メディア
は今

日本の、これから

新世代が解く！
ニッポンのジレンマ

地域発！どうする日本

BSディベートアワー

プロジェクトWISDOM

新BS
ディベート

BS討論

インターネットディベート

BSディベート

グローバルディベートWISDOM

TVシンポジウム

ASIAN VOICES

地球テレビ100

| 90 91 92 93 94 95 96 97 98 99 | 00 01 02 03 04 05 06 07 08 09 | 10 11 12 13 14 15 16 17 18 19 | 20 21 22 23 24 |

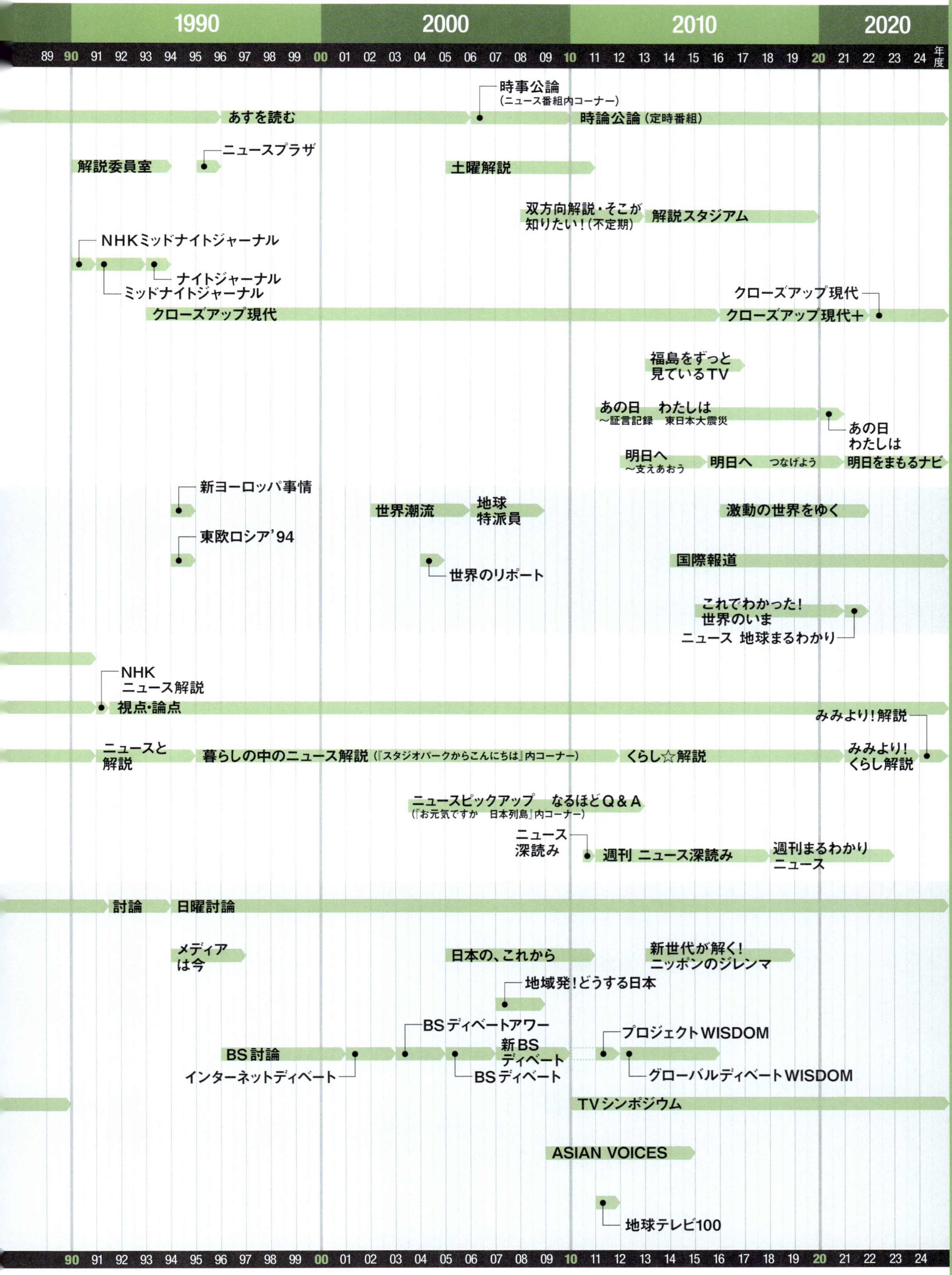

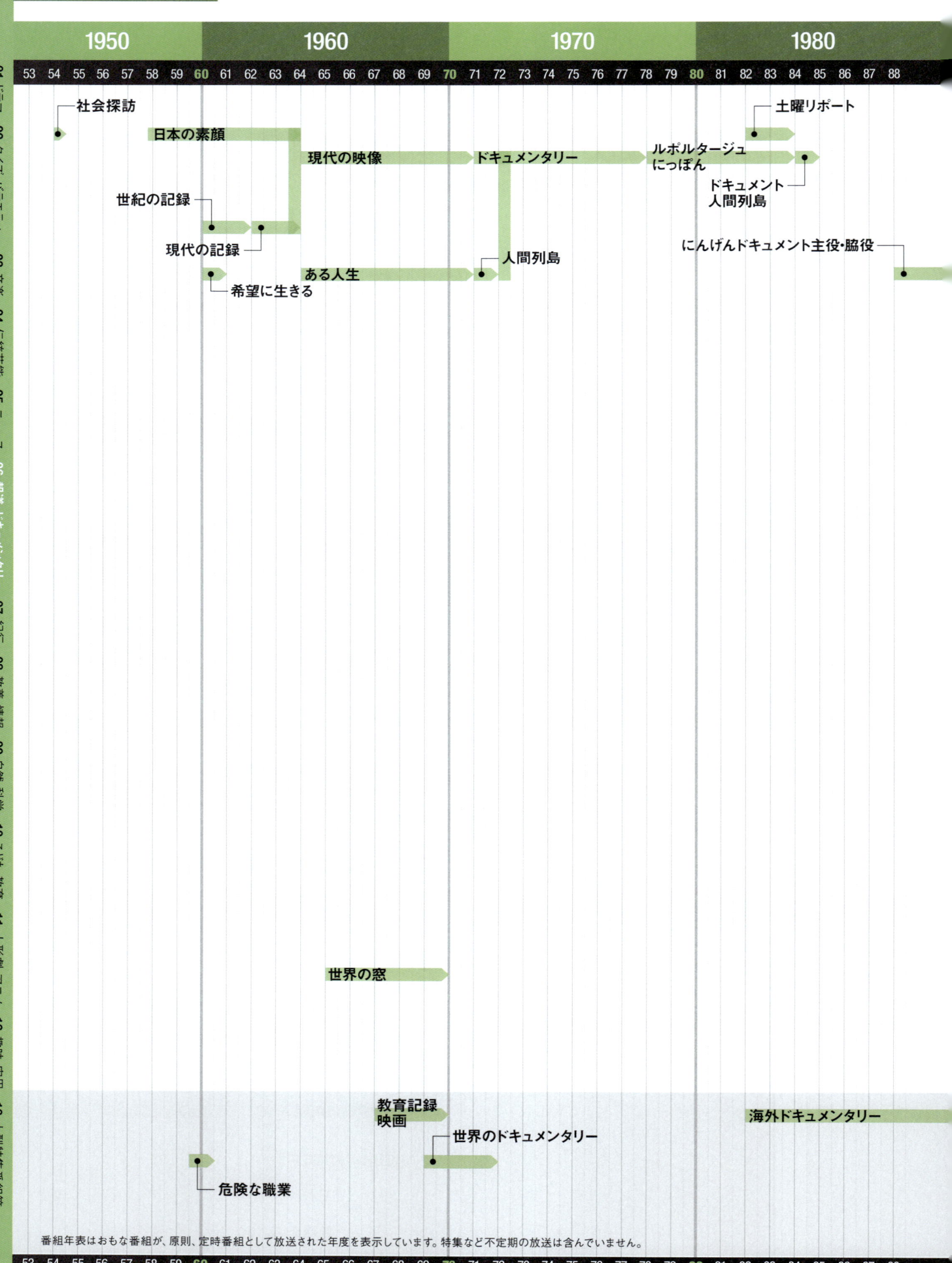

	1950							1960												1970										1980								

53 54 55 56 57 58 59 60 61 62 63 64 65 66 67 68 69 70 71 72 73 74 75 76 77 78 79 80 81 82 83 84 85 86 87 88

社会探訪

日本の素顔

世紀の記録

現代の記録

希望に生きる

ある人生

現代の映像

ドキュメンタリー

人間列島

ルポルタージュ
にっぽん

土曜リポート

ドキュメント
人間列島

にんげんドキュメント主役・脇役

世界の窓

教育記録
映画

世界のドキュメンタリー

危険な職業

海外ドキュメンタリー

番組年表はおもな番組が、原則、定時番組として放送された年度を表示しています。特集など不定期の放送は含んでいません。

53 54 55 56 57 58 59 60 61 62 63 64 65 66 67 68 69 70 71 72 73 74 75 76 77 78 79 80 81 82 83 84 85 86 87 88

01.ドラマ　02.クイズ・バラエティー　03.音楽　04.伝統芸能　05.ニュース　06.報道・ドキュメンタリー　07.紀行　08.教養・情報　09.自然・科学　10.こども・教育　11.人形劇・アニメ　12.趣味・実用　13.大型特集番組等

	1990		2000		2010		2020	

89 **90** 91 92 93 94 95 96 97 98 99 **00** 01 02 03 04 05 06 07 08 09 **10** 11 12 13 14 15 16 17 18 19 **20** 21 22 23 24 年度

特選プロジェクトX 挑戦者たち

新プロジェクトX 〜挑戦者たち〜

プロジェクトX 挑戦者たち

プロフェッショナル 仕事の流儀

にっぽん ズームアップ

BSおはよう列島 時の記録

ドキュメント 72時間

ザ・ヒューマン

ドキュメンタリー '89/'90 プライム10

プライム11

ドキュメント にっぽん

ドキュメント にっぽんの現場

追跡！ A to Z

映像の世紀 バタフライエフェクト

にんげんドキュメント

ウィークエンド ワールド

にっぽん点描

地域発！ぐるっと日本

NEXT 未来のために

列島リレー ドキュメント

列島ズームアップ

目撃！日本列島

目撃！にっぽん

列島リレー ドキュメント選

ドキュメント20min.

逆転人生

平成2年・列島にっぽん

地方発ドキュメンタリー

ストーリーズ 人生デザイン U-29

100カメ Dear にっぽん

列島スペシャル ふるさとの 伝承

ワンダー×ワンダー

日本 映像の 20世紀

証言記録 兵士たちの戦争

金曜日のソロたちへ

仕事ハッケン伝

ハローニッポン われら地球人

ハロー ニッポン

ファミリーヒストリー

人生自分流

応援ドキュメント 明日はどっちだ

アナザーストーリーズ 運命の分岐点

ザ・プロフェッショナル

おなじ 屋根の下で

男前列伝

離島で発見！ ラストファミリー

カンテツな女

子育て まち育て 石見銀山物語

ドキュメント挑戦

課外授業 ようこそ先輩

地球ウォーカー

いいいじゅー！！

ヨーロピアン ライフ

こだわりライフ ヨーロッパ

うたう旅 〜骨の髄まで届けます

ニューヨーク・シティ情報

ニューヨーク 街物語

ニューヨーカーズ

ヒロイン誕生！ ドラマチックなオンナたち

ニューヨークウエーブ

アジア WHO'S WHO

ニッポン知らなかった 選手権 実況中！

世界人間紀行

Asia Now

解体キングダム

China Now

China Wow！

街角ピアノ

ウィークエンド ワールド

われら世界の 仲間たち

出会い 地球人

プラネットベービーズ

ガイロク（街録）

ワールド マガジン

エキサイト・ヨーロッパ 〜奮闘する日本人たち〜

ネコメンタリー 猫も、杓子も。

地球ドキュメント ミッション

奇跡の星

知への旅

ドキュメント 地球時間

アジア人間街道

エキサイト・アジア

奮闘！日本人 〜エキサイト・ヨーロッパ〜

アジア発見

新アジア 発見

アジアン スマイル

奮闘！日本人 〜エキサイト・アジア〜

アジアで花咲け！なでしこたち

エキサイト・アジア 〜奮闘する日本人たち〜

地球に 生きる

地球ドラマチック

ワールドTVスペシャル

ワールド・リポート

BS世界のドキュメンタリー

秀作ドキュメンタリー

ワールド ドキュメンタリー

BS プライムタイム

ドキュメンタリーWAVE

ドキュランドへようこそ

BSドキュメンタリー

90 91 92 93 94 95 96 97 98 99 **00** 01 02 03 04 05 06 07 08 09 **10** 11 12 13 14 15 16 17 18 19 **20** 21 22 23 24 年度

スポーツ番組年表

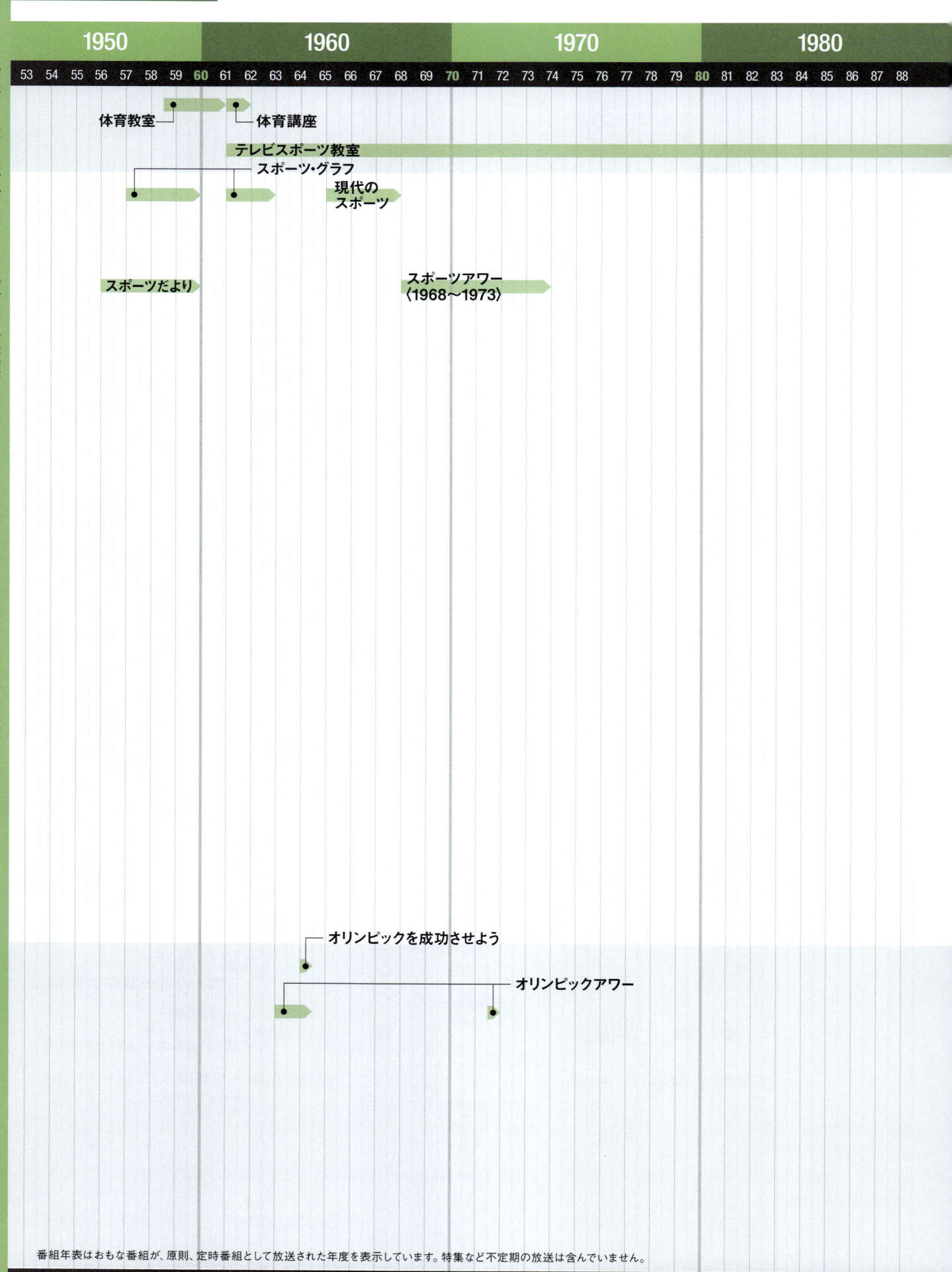

	1950							1960										1970										1980								

53 54 55 56 57 58 59 **60** 61 62 63 64 65 66 67 68 69 **70** 71 72 73 74 75 76 77 78 79 **80** 81 82 83 84 85 86 87 88

体育教室 → 体育講座

テレビスポーツ教室

スポーツ・グラフ

現代の
スポーツ

スポーツだより

スポーツアワー
〈1968〜1973〉

オリンピックを成功させよう

オリンピックアワー

01.ドラマ　02.クイズ・バラエティー　03.音楽　04.伝統芸能　05.ニュース　06.報道・ドキュメンタリー　07.紀行　08.教養・情報　09.自然・科学　10.こども・教育　11.人形劇・アニメ　12.趣味・実用　13.大型特集番組等

WEB版の年表はこちら

スポーツ番組

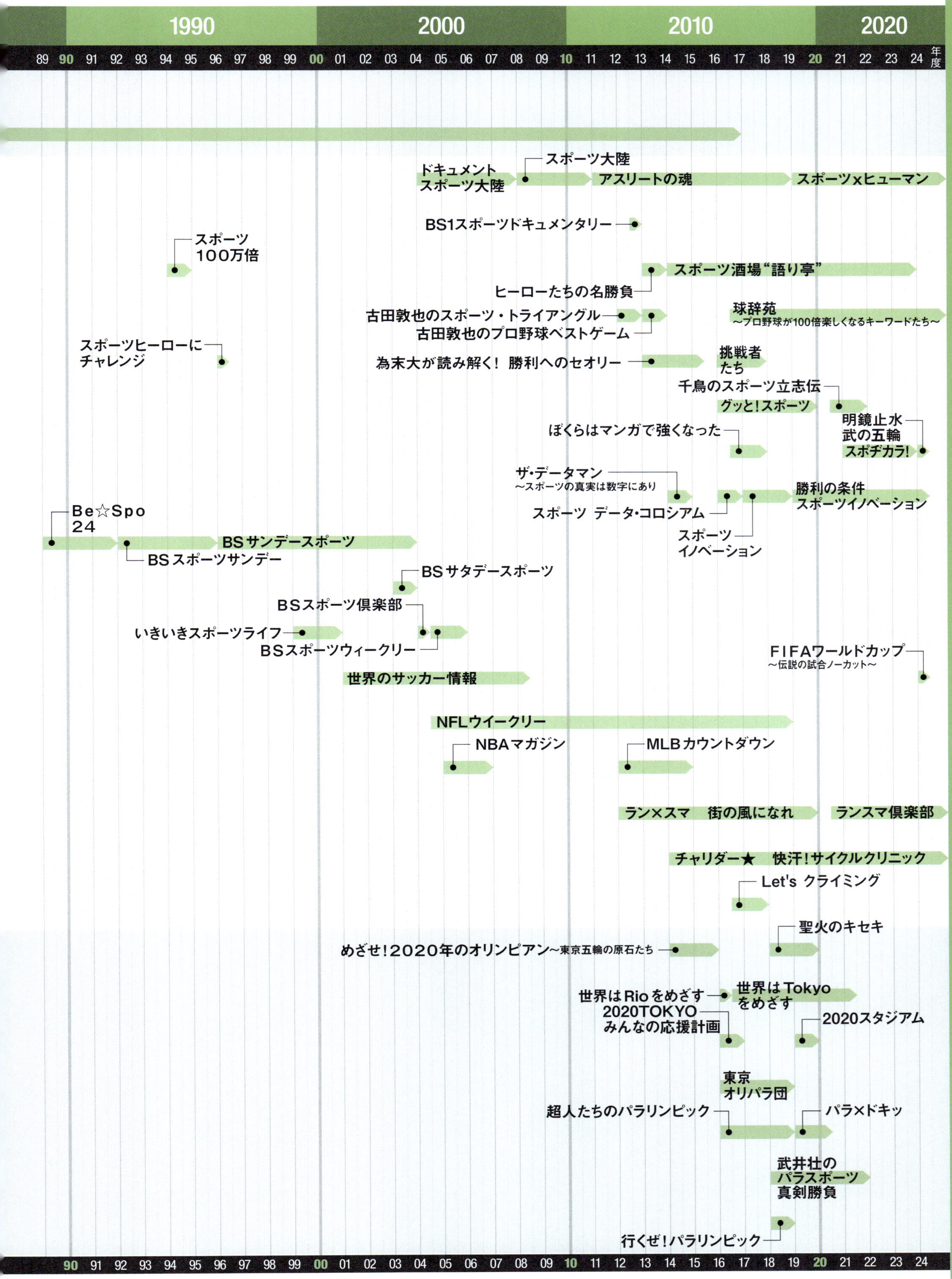
1990
2000
2010
2020
89 90 91 92 93 94 95 96 97 98 99 00 01 02 03 04 05 06 07 08 09 10 11 12 13 14 15 16 17 18 19 20 21 22 23 24
年度
ドキュメント
スポーツ大陸
スポーツ大陸
アスリートの魂
スポーツ×ヒューマン
BS1スポーツドキュメンタリー
スポーツ
100万倍
スポーツ酒場“語り亭”
ヒーローたちの名勝負
古田敦也のスポーツ・トライアングル
古田敦也のプロ野球ベストゲーム
球辞苑
～プロ野球が100倍楽しくなるキーワードたち～
スポーツヒーローに
チャレンジ
為末大が読み解く! 勝利へのセオリー
挑戦者
たち
千鳥のスポーツ立志伝
グッと!スポーツ
明鏡止水
武の五輪
スポチカラ!
ぼくらはマンガで強くなった
ザ・データマン
～スポーツの真実は数字にあり
スポーツ データ・コロシアム
勝利の条件
スポーツイノベーション
スポーツ
イノベーション
Be☆Spo
24
BSサンデースポーツ
BSスポーツサンデー
BSサタデースポーツ
BSスポーツ倶楽部
いきいきスポーツライフ
BSスポーツウィークリー
FIFAワールドカップ
～伝説の試合ノーカット～
世界のサッカー情報
NFLウイークリー
NBAマガジン
MLBカウントダウン
ラン×スマ 街の風になれ
ランスマ倶楽部
チャリダー★ 快汗!サイクルクリニック
Let's クライミング
聖火のキセキ
めざせ!2020年のオリンピアン～東京五輪の原石たち
世界はRioをめざす
世界はTokyo
をめざす
2020TOKYO
みんなの応援計画
2020スタジアム
東京
オリパラ団
超人たちのパラリンピック
パラ×ドキッ
武井壮の
パラスポーツ
真剣勝負
行くぜ!パラリンピック
90 91 92 93 94 95 96 97 98 99 00 01 02 03 04 05 06 07 08 09 10 11 12 13 14 15 16 17 18 19 20 21 22 23 24

紀行
紀行（国内）

01

変貌する日本を見つめ続けて

　1954年6月の番組改定で、NHK制作の16ミリフィルムによるテレビ用「短編映画」が週1回の15分番組で定時放送を開始する。番組の中にはニュースリポートや社会問題を扱ったルポルタージュとともに、「剣岳に挑む」「古都を訪ねて～三月堂」「室生寺を訪ねて」「セイロン紀行」などの紀行ものがすでにラインナップされていた。

　『日本風土記』（1960年度）は、金曜午後10時40分からの30分番組で月2回放送。昔の姿をそのままに伝える地域、近代化に向かって変貌する都市近郊など、日本の風土とそこに暮らす人々の"いま"を美しいカメラワークで描いた。第1回「流氷の民～ノサップ岬～」に続く第2回は「おいどんの国～鹿児島県～」。明治維新の志士・西郷隆盛を生んだ鹿児島県は、台風などの影響を受けて貧しい農漁

『日本風土記』（1960年度）→ P466

民が多く、中学校を卒業すると多くの若者たちが都会に集団就職した。その姿を描きつつ、南国ならではの風土と、武道・武勇を重んじる尚武の気風を紹介した。

　『日本縦断』（1961～1962年度）は、日本各地の自然や人々の生活を伝える番組。第1回の「鹿児島県」から放送をスタート。桜島の噴火のために痩せた土地での土壌改良への努力、海外移民、集団就職、霧島の温泉や指宿の砂蒸し、離島航路や鹿児島市内の村役場、そし

『日本縦断』（1961～1962年度）→ P466

『新日本紀行』（1963〜1981年度）→ P466

て明治維新や教育に力を入れてきた姿などを描いた。第2回放送は「熊本」、第3回「有明」と日本列島を日本海沿いに北上。北海道を折り返し点として太平洋岸を南下、岡山県に行き着く。2年目は四国、九州、さらに沖縄へと日本列島を文字通り縦断。各地の特色ある自然風土から産業まで、ヘリコプターによる空中撮影をふんだんにとり入れて紹介した。

1962年7月に『続日本縦断』（1962〜1963年度）に改題。「富士山」「山陰海岸」「石狩川」「大和路」「洛中洛外」などを放送。地方の視点から日本各地を映し出し、翌1963年9月に放送を終了した。

『続日本縦断』の後継番組として1963年10月にスタートしたのが『新日本紀行』（1963〜1981年度）である。「『日本縦断』とドキュメンタリー番組『日本の素顔』を足して2で割ったような紀行番組」として企画されたと当時の制作担当者は語っている。日本各地の人と風土の中に日本古来の伝統、文化を再発見し、同時に変貌しつつある現代日本の姿を見つめた。

番組が誕生した1963年は、東京オリンピックを翌年に控えた高度経済成長のただ中にあり、日本が大きな飛躍を遂げようとしていた時代だ。タイトルの意味合いは「新・日本紀行」ではなく「新日本・紀行」だったのである。

午後9時からの30分番組でスタートしたが、翌1964年に午後7時30分の家族が茶の間に集まるゴールデンタイムに移行する。

番組スタート当初は「金沢」「盛岡」「洛北」「佐賀」など地名をタイトルに、その土地を代表する風景と風土、風習、人々の生活を描いた。

1967年度、番組を全面カラー化。森の緑や海や空の青さなど、自然の風景がより美しくリアルに表現された。初のカラー作品「南房総〜千葉」（1967年3月）では、菜の花の群生が美しい房総半島の暮らしと、漁村にまで押し寄せる観光開発の現状を描いた。当時のフィルムは1巻100フィート、時間にして3分弱。1巻1万円と高価で、1番組で30巻しか使うことができなかったという。

番組の制作は「映像・紀行班」が、ドキュメンタリー番組『現代の映像』と『新日本紀行』の2つの番組を交互に担当していた。1968年に「紀行班」が独立し、「新日本紀行班」を発足。それを機に番組の刷新が図られた。

新たに目指した番組コンセプトは、「人と風土とのかかわり合いをダイナミックに描き出す“紀行ドキュメンタリー”」。「四季を売る小路〜京都・錦〜」（4月）、「砂丘農民〜鳥取海岸」（6月）、「熱球の軌跡〜青森県三沢」（10月）など、タイトルにテーマ性を持たせた。刷新をさらに印象づけたのが新たに作曲されたテーマ音楽だ。のちに『新日本紀行』の象徴のように視聴者の胸に刻まれた冨田勲作曲の雄大なテーマ曲は、このときに誕生したものである。

1982年3月、『新日本紀行』は番組総本数794本、18年6か月に及んだ放送に幕を下ろした。旅人が当地の食や温泉を楽しむ昨今の「旅番組」とは一線を画する番組作りで、“テレビ風土記”としての記録的価値も高い。

放送現場はすでにビデオの時代に入っており、『新日本紀行』の終了はフィルム時代の終焉をも意味した。

『ぐるっと海道3万キロ』（1985～1987年度）→ P466

『にっぽん水紀行』（1988年度）→ P467

『新日本探訪』（1991～1999年度）→ P467

『にっぽん川紀行』（1998～2000年度）→ P468

　『ぐるっと海道3万キロ』（1985～1987年度）は、『新日本紀行』以来4年ぶりとなる紀行番組だ。日本列島の海岸線3万3000キロに沿って巡り、美しい風景、その土地に秘められた歴史、人々の生活をダイナミックに描きながら、日本の"いま"を見つめた。

　その後、『にっぽん水紀行』（1988年度）、『新日本探訪』（1991～1999年度）、『にっぽん川紀行』（1998～2000年度）などの紀行ドキュメンタリーが、変貌していく日本の風景と、そこに生きる人々の暮らしを見つめた。

　1999年11月、『時の往復書簡～新日本紀行を生きる人々から　私の塔　私のいかるが』を放送。この番組では『新日本紀行』の「私の塔　私のいかるが」（1974）を、デジタル技術を利用した映像修復の上、全編を放送した。これをきっかけにデジタル修復を進めた『新日本紀行』22本を、2000年1月から3月にかけて『よみがえる新日本紀行』として復活させる。

　『新日本紀行ふたたび』（2005～2011年度）は、かつて『新日本紀行』で紹介した土地や人々を再び訪ね、当時と現在を対比しながら地域の風土や暮らしの変貌を見つめ直した。第1回は、「幸福への旅～北海道帯広～」。北の大地で農地開拓に打ち込む農家の姿やささやかな幸せを願う家族の絆を描いた1973年の『新日本紀行』の映像記録と対比する形で、幸福駅の大ブームに沸く幸福町や当時取材した開拓農家の人々の今を追い、その変化の中に歳月がもたらした光と影を見つめた。

　2018年12月、4K8K衛星放送が開始されると、『4Kでよみがえるあの番組』でかつての『新日本紀行』を"4K"の高画質で放送。この放送のためにおこなわれた"4Kデジタルリマスター"は、放送当時の16ミリネガフィルムを補修、洗浄後、高解像度フィルムスキャナーで1コマずつ4Kにデジタル変換するもの。ネガフィルムに残された色の階調をデジタルデータ化し、最新技術で修整をおこなう。その結果、雪景色のディテールや光の陰影など、フィルム映像が持っている本来の美しさの再現が可能となった。退色したフィルムからビデオ変換した従来の映像とは比較にならない鮮明な『新日本紀行』がよみがえった。こうして2020年度には、タイトルを再び『よみがえる新日本紀行』として総合テレビとBSプレミアムで放送している。

　『新日本紀行』は放送終了からすでに40年以上が経過しているが、映像デジタル技術の力を借りながら繰り返しアンコール放送されてきた。そして日本各地の自然・風土・生活を記録した貴重な文化遺産としての評価を得ている。変貌を続ける日本の風土を映像遺産として未来に残すその役割は、今スーパーハイビジョンで撮影が行われているBSプレミアムの紀行ドキュメンタリー『新日本風土記』（2011年度～）に受け継がれ、日本各地に残された美しい風土や祭り、暮らしや人々の営みを記録し続けている。

『新日本風土記』(2011年度〜) → P470

02

"出会い"を求める旅

　総合テレビの『国宝への旅』（1986〜1989年度）は、"日本の美"の象徴ともいえる日本各地の国宝を、各界の第一人者が"旅人"として訪ねる美術紀行番組。

　初年度は国宝の7割が集中する近畿地方を中心に、仏像、絵画、工芸、建築などバラエティーに富む国宝にスポットを当てた。第1回放送の"旅人"は、バレリーナの森下洋子。京都・太秦の広隆寺に「国宝第1号」として知られる弥勒菩薩像を訪ねた。その後、作家の宮尾登美子が大阪・藤田美術館所蔵の曜変天目茶碗を、劇作家の野田秀樹が興福寺の阿修羅像を訪ねるなど、4年間の放送で70以上の国宝を各界の著名人たちが紹介した。

　『日本・出会い旅』（1989〜1990年度）は、NHKのアナウンサーが"旅人"となり、その土地の人々とのさりげない出会いを大切にする番組。初年度は山根基世アナウンサーと各拠点局のアナウンサーが交互に出演。2年目は山根アナウンサーと佐藤充宏アナウンサーが"旅人"となっ

た。「能登の海しずか・石川県輪島」「お日さまにこにこ小さな港・徳島県宍喰町」など、出会いを通してその土地柄を描き出すスタイルが好評だった。

『よみがえる新日本紀行』
(2020年度〜) → P471

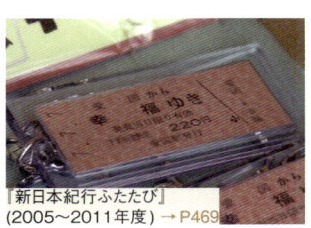

『新日本紀行ふたたび』
(2005〜2011年度) → P469

『国宝への旅』(1986〜1989年度) → P507

『日本・出会い旅』(1989〜1990年度) → P467

紀行（国内）

『鶴瓶の家族に乾杯』（1997年度〜）　ルーツは特集番組『さだと鶴瓶のぶっつけ本番二人旅』 → P468

　1997年4月、総合テレビの定時枠で『鶴瓶の家族に乾杯』がスタートする。落語家の笑福亭鶴瓶とゲストが2人で各地をめぐる“ぶっつけ本番旅”。その土地の人々との出会いを通して、家族のあたたかさにふれる紀行バラエティーだ。

　番組の原点は、1995年8月に放送した特集番組『さだと鶴瓶のぶっつけ本番二人旅』。歌手のさだまさしが友人の鶴瓶をパートナーに、地域の人々とふれあう旅に出るというもの。

　翌1996年、9月と11月に特集番組『鶴瓶のにっぽん家族に乾杯』を放送。鶴瓶をメインに、漫才師の内海好江、女優の大島さと子の3人が、岡山県牛窓町で4代続く写真館を訪れた。番組は「家族」をテーマに打ち出し、当地で暮らす人々とのふれあいのなかで家族の絆を浮き彫りにした。

　1997年3月、『土曜特集』の枠で「鶴瓶の家族に乾杯」のタイトルが初めて登場する。歌手の前川清が18年前にコンサートで訪れた種子島を鶴瓶と旅した。1997年4月より月1回の定時番組となり（『土曜特集』の枠内放送もある）、2005年4月から毎週の放送となった。

　放送開始以来、「台本がいっさいないぶっつけ本番旅」「スタジオ収録もリハーサルなし」などの基本ルールは変わらない。鶴瓶とゲストが現地で初めて顔を合わせ、まずは鶴瓶とゲストの2人で旅をスタート。その後、それぞれの

旅が始まる。ゲスト自らが取材許可をとり、自力で出会いを求めて街を歩く。見知らぬ人に声をかける際の、ゲストの素顔も番組の見どころの一つとなった。一方、鶴瓶の気取らない人柄と話術が、思いもよらない出会いをもたらす。“ぶっつけ本番”が生み出す意外な反応と、地元の人々との心温まる交流が新鮮な感動をよび、ゴールデンタイムの長寿番組として親しまれている。

　2010年4月、“出会い”をテーマとしたもう一つの人気紀行番組『小さな旅』が、全国放送でスタートする。派手な演出はないが、「安心してみられ、ホッとする」という視聴者の反響もあり高視聴率を得た。

『小さな旅』（2010年度〜） → P469

　番組誕生は1983年4月にさかのぼる。関東地方1都6県に向けたローカル番組『いっと6けん小さな旅』が始まる。近場への小旅行のニーズにこたえて、NHKアナウンサーが関東近県を旅し、そこで暮らす人々に気軽に声をかける番組だ。翌84年に『関東甲信越小さな旅』に改題。91年には取材範囲を静岡、福島まで広げ、タイトルを『小さな旅』に変更する。そして2010年度、旅の舞台を関東近県から全国に広げた。

　視聴者から寄せられた手紙でつづる特集「忘れられない　わたしの旅」や登山のすばらしさを描いた特集「山の歌」などのシリーズが好評だった。

　BSプレミアムの『ニッポンの里山　ふるさとの絶景に出会う旅』（2011～2019年度）は、日本各地の里山を訪ね、その風景に秘められた、人と生きものの共生の物語をひもとく。2016年からは4Kカメラを駆使した高画質映像で、自然と人々の暮らしが生み出す日本の原風景を記録した。

03
移動手段別"旅のスタイル"

　ハイビジョンで放送した『にっぽん清流　ワンダフル紀行』（2006年度）は、1匹の犬を相棒とした旅人が、日本の清流をカヌーや川舟で下る旅。初回の「北山川～和歌山県・三重県」は、紀伊半島の深い谷間を流れる北山川を下る。俳優の柏原収史が奇岩断崖を仰ぎながら、悠久の歳月が生み出した自然の奥深さに触れた。

　総合テレビの『のんびりゆったり　路線バスの旅』（2011～2013年度）は、日本の田舎をのんびりバスに揺られて巡る旅。旅人は地元の人々と触れ合いながら、懐かしいふるさとの魅力を再発見していく。初回は俳優の内田朝陽が、春の薩摩半島を路線バスで訪ねた。

『ニッポンの里山　ふるさとの絶景に出会う旅』（2011～2019年度）→P470

『のんびりゆったり　路線バスの旅』（2011～2013年度）→P470

『にっぽん清流　ワンダフル紀行』（2006年度）→P469

紀行（国内）

01.ドラマ　02.クイズ・バラエティー　03.音楽　04.伝統芸能　05.ニュース　06.報道・ドキュメンタリー　07.紀行　08.教養・情報　09.自然科学　10.こども教育　11.人形劇・アニメ　12.趣味・実用　13.大型特集番組等

　2011年度からBSプレミアムで平日の午前7時台にスタートした『にっぽん縦断　こころ旅』は自転車の旅。俳優の火野正平が、自転車に乗ってぶっつけ本番の旅をする紀行ドキュメンタリーだ。

　その日の旅の目的地を決めるのは、視聴者から寄せられた手紙。「人生を変えた忘れられない場所」「大切な人との出会いの場所」「こころに刻まれた音や香りの情景」「ずっと残したいふるさとの風景」など、視聴者の「こころの風景」を訪ねる。2020年までの9年間で900日以上を旅し、1万5000キロ以上を走破した。2014年からはじまった関連番組『にっぽん縦断　こころ旅～とうちゃこ～』は、平日の午後7時台に放送。朝に先行放送した番組と併せて視聴することで、一日の旅の全貌を伝える。

　2014年にBSプレミアムで2つの鉄道による旅番組が始まる。『中井精也のてつたび！』（2014～2017年度）は、鉄道写真家の中井精也がローカル線を旅して、地元の人と触れ合いながら、ローカル線ならではの旅と鉄道写真の魅力を伝えた。『ニッポンぶらり鉄道旅』（2014年度～）は、毎回、1本のローカル線を選び、堀井新太、ユージ、金子貴俊ほかの若手タレントが途中下車しながらぶらり旅を楽しむ。

『ニッポンぶらり鉄道旅』（2014年度～）→P470

『中井精也のてつたび！』（2014～2017年度）→P470

『にっぽん縦断　こころ旅』（2011年度～）→P470

『ブラタモリ』（2009〜2023年度）→ P469

　"ぶらり旅"の基本は"徒歩"。総合テレビの『ブラタモリ』（2009〜2023年度）は、タモリがNHK女性アナウンサーとコンビを組んで東京周辺の町をぶらぶらと巡る。現代の町並みの中に残る路肩の石組みや地形の高低差などから、町の成り立ちや歴史を解き明かし、意外な土地の"素顔"を発見するユニークなぶらり旅。

　2011年度後期の放送をもっていったん終了するが、2015年1月に特集番組『ブラタモリ〜京都』を放送。同じ年の4月、『ブラタモリ』は3年ぶりに土曜午後7時30分からの定時番組として復活する。舞台を東京近郊から日本全国に広げ、桑子真帆アナウンサーとのコンビで沖縄から北海道まで旅をした。

　各回には当地を長く研究するさまざまな分野の専門家が登場し、タモリの旅を案内する。特に地質学にくわしいタモリは、その土地の地質、地勢と土地の成り立ちや歴史文化とのかかわりに興味を持つ。専門的な地質学の話題も、「直線を見たら断層と思え」「扇状地は川の老後」など、タモリならではの表現を通して視聴者にもわかりやすく伝わり、週末ゴールデンタイムの人気番組として定着した。2011年には日本地理学会が、2017年には日本地質学会が、「地理学」「地質学」それぞれの「普及および発展に対する貢献」を理由に、『ブラタモリ』制作チームを表彰した。

04
テレビ巡礼の旅

　1989年に衛星放送の本放送が始まると、紀行番組が数多く始まり、そのバリエーションは一気に広がった。

　衛星第2の『テレビ生紀行』（1990〜1994年度）は、独自の人生哲学をもつ作家、画家、文化人などの著名人が、ゆかりの地を歩きながら語るテレビエッセー。平日午前6時台の早朝に衛星第2で生放送した。その第1弾が4月

『テレビ生紀行』（1990〜1994年度）→ P467

07 紀行（国内）

『平成　古寺巡礼』(1996〜2000年度)→P467

『四国八十八か所』(1998〜1999年度)→P468

から8月にかけて放送した「テレビ遍路　四国八十八ヵ所・けさの霊場」シリーズ。弘法大師、空海ゆかりの八十八の霊場を巡る、全長1400キロに及ぶ巡礼の旅だ。

巡礼は本来、修行や信仰の証しとして霊場を詣でる宗教的な行為だが、近年、開運厄除・縁結び祈願をはじめ、自分を見つめ直す“心の旅”として霊場巡りをする人も多い。また寺や仏像に寄せる歴史的な興味、美術的な関心の高まりとともに、新たな“旅の形”としても注目されている。4月の第1回放送は、哲学者の梅原猛が第一番札所「霊山寺」を詣でて、巡礼の旅をスタートした。その後、画家の横尾忠則、作家の立松和平ほかの出演者が札所を順に巡り、8月1日に再び梅原猛が第八十八番札所「大窪寺」を詣でて結願した。

『テレビ生紀行』ではその後、「とっておきの秋・とうほく紅葉紀行」(15回シリーズ)、「エッセー・ロマン“歴史街道”」(40回シリーズ)などを放送した。

同じく衛星第2で平日午前5時台に放送した10分番組『テレビ巡礼〜西国三十三所』(1995年度)では、近畿一円の三十三所の観音霊場を巡った。7月に和歌山県熊野三山の1つ那智山、那智の滝を望む第一番札所「青岸渡寺」をスタート。8月末に岐阜県の第三十三番札所「華厳寺」で放送を終えた。

総合テレビとハイビジョンでも『四国八十八か所』(1998〜1999年度)を週末の早朝に放送。作家の立松和平が第一番札所を詣でて番組をスタート。2000年3月、脚本家の早坂暁が第八十八番札所を詣でて結願。さらに真言宗の総本山、京都の東寺と高野山の金剛峯寺を訪れて、2年間の放送を終えた。その間、作家やミュージシャンなど各界の著名人が、信仰や人生の意義を語った。

2006年には教育テレビの『趣味悠々』で「四国八十八ヶ所　はじめてのお遍路」を放送。巡礼の旅に対する関心の広がりを示した。

1996年、衛星第2で『平成　古寺巡礼』(1996〜2000年度)がスタート。各界の第一線で活躍する文化人や芸術家が、“旅人”として各地の古寺を訪ねた。仏像や書画など、その寺のもつ魅力を現代の視点から語る“エッ

セー紀行"だ。初回は作家・夢枕獏、女優・毬谷友子が京都の神護寺を訪ねた。そのほか演出家の蜷川幸雄と画家の城戸真亜子が訪ねる「浄瑠璃寺への路〜京都・加茂」、写真家の織作峰子と染色家の吉岡幸雄が訪ねる「花待ちの大原野〜京都・勝持寺」など、近畿圏の古寺を中心に巡った。

05

文学・文芸の旅

1989年、総合テレビで『漢詩紀行』が、5日連続の特集番組で放送された。「李白」「杜甫」「白楽天」など、日本人が長年耳に親しんできた詩人たちの詩と、その舞台となった風土を中国に取材。現地ののどかな風光と、江守徹の朗読で構成した。翌1990年、この番組をもとに一つの詩を5分で構成したミニ番組を制作し、総合テレビ日曜早朝に2本続けて10分番組（1990〜1999年度）として放送した。

衛星第2の『日本俳句紀行』（1994〜1997年度）は、俳句をテーマとした5分のミニ番組。『漢詩紀行』の好評を受けて、生涯学習ブームの中でも特に関心の高い「俳句」を取り上げた。江戸時代から現代にいたる名句と、名句を生み出した俳人たちにゆかりの地を訪ねた。

『五七五紀行』（2000〜2002年度）は、"五七五"の十七音に凝縮されたことばの普遍性と現代性を発見す

る15分の俳句紀行番組。著名俳人がゲストとともに近代俳句ゆかりの地を訪ね、名句が生まれた時代と風土、俳人の人生を浮き彫りにする。俳人の金子兜太、有馬朗人、鷹羽狩行、稲畑汀子らが月替わりで出演し、俳優の真野響子、小倉一郎らと旅をした。

『奥の細道をゆく』（2000〜2001年度）は、江戸時代の俳人松尾芭蕉がつづった紀行文「奥の細道」に記された道程を、「奥の細道」に関心を寄せる著名人たちが旅する番組。森本哲郎（評論家）、立松和平（作家）、ねじめ正一（詩人）、松本零士（漫画家）ほかが出演した。

1997年10月、『NHKスペシャル』で「街道をゆく」の第1シリーズが始まる。「街道をゆく」は1971年から週刊誌に連載された司馬遼太郎の随筆で、紀行文学の最高峰とも評価された作品。司馬は韓国、中国、モンゴル、アイルランドなど、日本のみならず各国を訪ね歩き、四半世紀を費やして書き続けた。『NHKスペシャル』の「街道をゆく」シリーズは、司馬の思索の道筋をたどる紀行ドキュメンタリーである。

一方、教育テレビの『街道をゆく』（1999年度）は、『NHKスペシャル』の「街道をゆく」の映像素材をもとに、その全72街道を取り上げた定時番組。日本と世界各地の街道を旅して、土地の風土と人々の営みの中に日本民族のルーツを探った。

『司馬遼太郎と城を歩く』（2007〜2008年度）は、「街道をゆく」、「国盗り物語」等の司馬遼太郎作品に登場する城から30を精選し、その味わい深い文章を堪能しなが

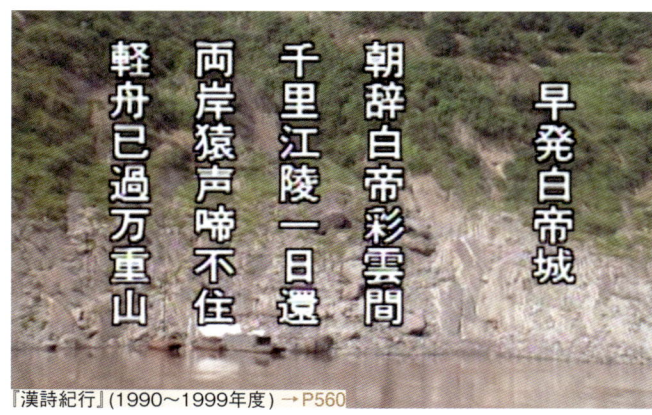
『漢詩紀行』（1990〜1999年度）→P560

『日本俳句紀行』（1994〜1997年度）→P467

『五七五紀行』（2000〜2002年度）→P468

『奥の細道をゆく』（2000〜2001年度）→P468

『NHKスペシャル　街道をゆく』（1997年度）→P918

ら巡る15分のミニ紀行シリーズ。初回は安土桃山時代の武将・山内一豊が築城した高知城にスポットを当てた。妻・千代とともに風雲の時代をのぼりつめた一豊の心情を小説「功名が辻」から引用しながら、高知城の魅力を紹介した。

06
紀行番組のバリエーション

　日本国内でもっとも人気のある観光地「京都」にテーマを絞った旅番組も多い。ハイビジョンと衛星第2で放送した『とびっきり京都』（1998〜2000年度）は、著名人の"旅人"が"達人"の案内で京都を旅する文化紀行番組。「京ことば」「京菓子」「墨」など、京都にちなんだテーマを通して、日本の伝統文化の洗練と奥深さにふれた。第1回放送は樹木希林の「憩いの坪庭を探す」。ほかに樋口可南子の「おばんざいを究める」、映画監督・周防正行の「"どうどすえ"京ことば」、作家・村松友視の「竹の不思議を味わう」などを放送。

　同じくハイビジョンと衛星第2の『京都上がる下がる』（2001〜2002年度）は、京都の歴史と文化を"通り"から感じる街歩き番組。京の町は碁盤の目状に大路小路が敷かれ、通りを北へ行くことを"上がる"、南へ行くことを"下がる"という。番組では毎回1本の"通り"を取り上げ、旅人（ジローラモ・パンツェッタ、かとうかずこ、衣笠祥雄ほか）

が代わる代わる路地を行き交い、京都独特の暮らしと文化にふれた。

　2004年から特集番組として随時放送している『にっぽん紀行』は、各回、異なる著名人を「案内人」として、日本各地の風景とそこに生きる人々の日常を、時代性のある視点で切り取った新しい紀行ドキュメンタリーだ。2008年度からは"瞑想のピアニスト"として知られるウォン・ウィン・ツァンの詩情あふれるテーマ音楽が、市井の人々のひたむきな姿や、支え合う人間同士の心温まる人間ドラマに寄り添っている。

　仙台放送局をはじめ、東北各局が中心になって制作した『ふだん着の温泉』（1998〜2010年度）は、10年以上にわたって続いた人気番組。通りがかりの旅人では見逃しがちな温泉の魅力を、湯治客、長年温泉を守ってきた宿の主人、温泉場で生きる人々の目を通して描いた。

　2019年にはじまった『サンドのお風呂いただきます』（2019

にっぽん紀行

案内人
世良公則

『にっぽん紀行』（2004年度〜随時）

～2021年度）は、お笑いコンビのサンドウィッチマンがゲストと共に、全国各地を訪れ、こだわりの家族風呂に入ることを目指す人情紀行バラエティー。文字通り"裸のつきあい"で地元の人たちと触れ合い、こだわりの風呂に入れてくれた家族の絆をひもとく。

新年を迎える日本各地の風景を伝える「除夜の鐘」の中継は1927年にラジオ番組として始まり、テレビ放送のスタートとともにテレビ番組にもなった。1955年からはタイトルを『ゆく年くる年』（初年度は『逝く年　来る年』）とし、銀座と新橋の歳末風景、奈良・東大寺の除夜の鐘を中継。日本各地の寺院の様子を中継するスタイルは、当初から変わらず、年越し恒例の番組となっている。中継地となるのは前年に話題になった場所や、新年にイベントの開催を予定している地域など。日本国内だけでなく海外にもおよび、1966年にはニューヨークの歳末風景をカラー衛星中継し、以降、オリンピック開催地などの新年の風景も伝えている。

『ふだん着の温泉』（1998～2010年度）→ P468

『サンドのお風呂いただきます』（2019～2021年度）→ P470

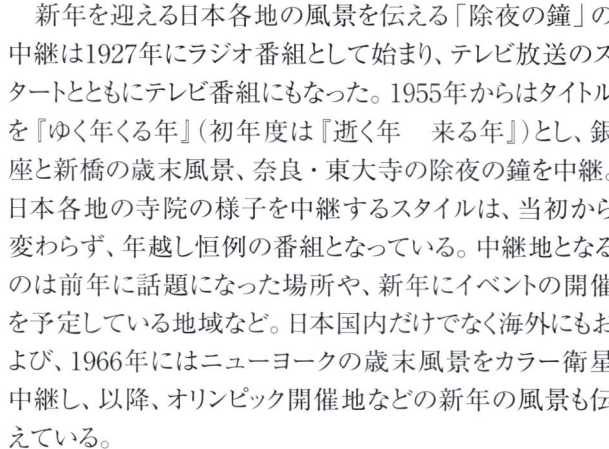

『ゆく年くる年』（1955年度～）→ P963

『とびっきり京都』（1998～2000年度）→ P468

紀行（国内） | 定時番組

1960年代

日本ところどころ 1960〜1964・1967〜1977年度
日本各地のローカル色豊かな話題を軽いタッチでつづるフィルム番組で、『国会討論会』の放送がないときの不定期放送でスタート。1961年度に総合(日)の昼に定時化。番組は2年間の休止のあと1967年度に復活。各地域局でローカル番組として放送されたものの中から、全国放送にふさわしい地域に密着した放送を選んで全国向けに再放送した。

日本風土記 1960年度
特色ある日本各地の風土・民俗・産業・歴史などを紹介し、そこに住む人々の生活の哀歓を描き出す紀行番組。昔の姿をそのままに伝える土地、あるいは近代化に向かって変ぼうしている地域など、放送当時の日本のありのままの姿を美しいカメラワークで伝えた。総合(第1・第3 金)午後10時40分からの30分番組。

日本縦断 1961〜1962年度
日本列島を縦断する紀行番組。初年度は鹿児島をスタートに日本海側を北上、北海道を折り返し点として太平洋岸を通り岡山県まで南下した。ヘリコプターによる空中撮影などもふんだんにとりいれて、各地の特色ある自然風土、生活、産業などを各県単位で取材し、つぶさに紹介した。総合(水)午後10時台の30分番組。

続日本縦断 1962〜1963年度
『日本縦断』(1961〜1962年度)の続編。都道府県別に地域を紹介してきた『日本縦断』に対し、「富士山」「石狩川」といったブロック別にテーマをとらえ、日本各地の地理、風俗、習慣、行事などを取り上げた。映像はすべて新たに撮影し、放送当時の日本の姿をありのままに伝えた。1963年9月末にその全行程を終え、番組のバトンを『新日本紀行』に渡した。総合夜間の30分番組。

日曜散歩 1962〜1964年度
全国各地の美しい風景や歴史的に由緒ある神社・仏閣、あるいは年中行事や祭礼にわく町など、地方色豊かなふるさとの姿を紹介。ヘリコプターや船、移動車に載せたカメラが、春の金沢・兼六園、平泉・中尊寺、初夏の潮来、宇和島の闘牛など、四季折々の魅力を臨場感たっぷりに映し出した。日曜の朝にふさわしい中継形式の番組で、総合(日)午前9時からの30分番組。

新日本紀行 1963〜1981年度
『日本縦断』『続日本縦断』からバトンを受けて日本各地の原風景をインタビューやナレーションで紹介したモノクロフィルムによる紀行番組。1967年度にカラー化。1969年度には冨田勲作曲のテーマ音楽が登場。「四季を売る小路」「熱球の軌跡」などのサブタイトルでテーマが設定され、風土や歴史のみならず、そこに生きる人々の物語や話題など人間の記録を中心にすえた紀行ドキュメンタリーとして新スタートをきる。総合夜間の30分番組。

ふるさとのアルバム 1969〜1982年度
四季折々の日本の自然風土の美しさと、そこに暮らす人々の生活を織り込んだスチール写真構成の番組。午後のひとときに在宅主婦の旅情を満たす番組として始まる。スチール構成で好評をよんだ『夜のアルバム』(1964〜1967年度)の日中版。全国の各放送局が参加し、地方色を生かした番組となった。総合(月〜金)午後2時20分からの10分番組でスタート後、1972〜1980年度は午後10時台の放送。

1970年代

日本点描 1971年度
3局から4局の地域放送局から東京のスタジオに送られてくるフィルムリポートを、4つのマルチスクリーンに同時に映し出すという構成。「絵はがき無残」「1本の道」「巣づくり異変」「童謡のふるさと」「わがアトリエ」「人形伝説」などのテーマで放送。司会は伊丹賢太郎アナウンサー。総合(金)午後10時40分からの20分番組。

1980年代

ぐるっと海道3万キロ 1985〜1987年度
日本列島3万3000キロの海岸線を一筆書きの要領で巡り、現代日本を発見しようという紀行ドキュメンタリー。1985年度は沖縄南西諸島から九州、瀬戸内海、そして北陸、東北、北海道と北上し、さらに南下して関東に至るまでを放送。3年間、全103回の放送で日本列島を2周。自然、歴史、時代の条件が人々の暮らしに与える影響を平明かつダイナミックに描き出した。総合(月)午後10時からの30分番組。

にっぽん海岸点描 1986年度
『ぐるっと海道3万キロ』(1985〜1987年度)の素材に加えて、各局に蓄積されている空撮映像を取り入れることで、四季折々の日本の海岸線の美しい風景、そこに暮らす人々の暮らしを点描した。総合・衛星第1(月)午後5時15分からの10分ミニ番組。

01.ドラマ　02.クイズ・バラエティー　03.音楽　04.伝統芸能　05.ニュース　06.報道ドキュメンタリー　07.紀行　08.教養・情報　09.自然科学　10.こども教育　11.人形劇・アニメ　12.趣味・実用　13.大型特集番組等

にっぽん水紀行　1988年度

日本の河川、湖沼、湧水地などを巡り、水と密接に関わりながら生きる人々の暮らしぶりや、水から見える自然環境の変化を描いた紀行ドキュメンタリー。総合午後10時台放送の29分番組。

日本・出会い旅　1989〜1990年度

その土地の人々とのさりげない出会いを求めて各地を旅するVTR構成の紀行番組。東京から出かける山根基世アナウンサーと、各拠点局のアナウンサーが交互に旅に出て、地元局のスタッフが取材、撮影にあたった。丹念な映像と心温まる出会い、無名の人々との心のふれあいが好評をよぶ。「夢色の港町・北海道小樽」（1989年度）、「能登の海しずか・石川県輪島」（1990年度）ほかを放送。総合夜間の30分番組。

1990年代

テレビ生紀行　1991〜1994年度

平日の早朝に日本各地を訪れ、さわやかな朝の空気の中、美しい自然、名所、歴史、生活、文化などを紹介した衛星第2の生紀行番組。テーマにふさわしい出演者の独白形式というシンプルな演出で、コンパクトな制作体制による生中継という地上波とは異なる番組づくりが特色だった。（月〜金）午前6時台のおよそ30分の番組。

日本・小さな旅 名作選　1991〜1996年度

全国各地域で放送された旅・紀行番組を「名作選」として再放送。身近な風土と暮らしの輝きを豊かな映像で伝えるもので、各拠点局（松山を除く）から衛星に直接アクセスして送出する方式がとられた。1993年度前期までが（月〜金）で、1993年度後期以降は（月〜木）に放送した衛星第2の30分番組。

新日本探訪　1991〜1999年度

問題意識を持って土地とそこに暮らす人々を各地に訪ねたVTR構成の番組。時代が地域や人々にもたらす変化と現実をとらえ、その営みを等身大で見つめた。初年度の「阿武隈発就職列車」「母さんの大地・北海道根釧原野」などは、経済大国といわれる中で、家族や故郷の持つ意味を問い直す作品として反響があった。放送9年間で380本を制作。総合（日）午前11時30分からの24分番組（初年度）。

ぐるり　にっぽん　小さな旅　1992〜1993年度

各地域放送局が制作した番組の中から優れた作品を全国ネットで紹介する教育テレビの30分枠。各地の美しい風景やそこで育まれる人々の暮らしなど、紀行番組を中心にセレクト。

日本俳句紀行　1994〜1997年度

生涯学習ブームの中での俳句人気を背景に、江戸時代から今日まで残された俳句にゆかりの跡を訪ねる5分番組。衛星第2で初年度は（月〜土）午前5時30分、（月〜木）午前10時25分に放送。

テレビ巡礼 〜 西国三十三所　1995年度

静かなブームとなっている札所を巡る旅。「四国八十八所」とともに人気があるのが近畿地方と岐阜県に点在する「西国三十三所」。一番札所の那智山青岸渡寺から三十三番札所の谷汲山華厳寺まで、歴史ある霊場をテレビ巡礼する10分番組。7月17日から8月30日までの1か月半にわたって、衛星第2（月〜金）で午前5時と午後1時45分の2回にわたって放送した。

生中継　にっぽんの夜　1996〜1997年度

夜の日本列島の表情を生中継で放送。コンセプトは、"発見""こだわり""遊びごころ"。同じ風景でも夜見るとまったく違う意外性を「発見」。見せたいファクトや伝えたいメッセージに徹底的に「こだわる」。さらに演出面に縛りはなく、自由におおらかに「遊びごころ」を発揮。発信はNHKのネットワークを担う各地の放送局。総合（金）午後10時15分からの39分番組。1997年度は（土）午後7時30分からの28分番組。

平成　古寺巡礼　1996〜2001年度

各界の第一線で活躍する文化人・芸術家などが旅人として各地の古寺を訪ね、古寺や古寺にある仏像・書画などその寺の持つ魅力を平成の目で再発見する紀行番組。衛星第2の25分番組。2001年度には総合で秀作選が放送された。

立体生中継・日本悠々　1996〜1998年度

景観の変化に富み、季節感にあふれた日本列島の自然や街を、人々の生活感を交えて"旅人"の視点で伝える衛星第2の長時間番組。「立体」のタイトルは、「飛ぶ」（空撮）、「歩く・動く」（地上）、「潜る・渡る」（水中・海上）の3次元空間をフルに楽しんでもらおうという意図。1997〜1998年度も不定時で継続して放送。

ふれあい通り　1997年度

身近な町並みや通りの魅力的な素顔を紹介する番組。"線が地域の縮図である"をコンセプトに、全国各地の商店街をはじめ、温泉街、学生街、神社参道などさまざまな通りや横丁に徹底してこだわることで人々の暮らしや風土を描いてきた。若手ディレクターとアナウンサーが挑戦する地域発全国放送番組として年間40本、全国34部局が担当した。総合（水）午後10時45分からの10分番組。

ふるさとテレビ 名作選　1997年度

1990年10月に第1回が放送された後、1991年4月から衛星第2で定時放送となった『日本・小さな旅 名作選』のタイトルを変更。それまで紀行番組中心に放送してきた内容を、地域に生きる人々を描いた"人物もの"や郷土文化史ものなどに広げ、バラエティーに富んだ番組をそろえた。衛星第2(月〜木)午前9時30分からの30分番組。

インタビュー紀行　こだわってふるさと　1997〜1998年度

各地域放送局のアナウンサーが地域の人々とのコミュニケーションを図りながら、その土地にこだわりを持って暮らしている人にインタビューするアナウンス室制作の番組。それぞれの土地に生きる人々のふるさとへのこだわりを紹介した。衛星第2で放送の20分枠。1998年度は、総合(月)午後2時台にも放送した。

水と漁の旅　1997年度

失われゆく伝統漁法とそれを守る人々を記録してきたミニ番組『水と漁の旅』を定時化。漁場を川や湖のみならず海にまで広げ、昔ながらの漁に込められた漁師の知恵や、水に関わって生きる人々の暮らしや思いを伝えた。総合(金)午後10時45分からの10分番組。

鶴瓶の家族に乾杯　1997年度〜

1995年8月放送の特番『さだと鶴瓶のぶっつけ本番二人旅』がルーツ。1997年3月1日に『土曜特集』枠で「鶴瓶の家族に乾杯」のタイトルで第1回を放送。4月より月1回放送で定時化。2005年度に週1回の放送となる。笑福亭鶴瓶とゲストが台本なしの"ぶっつけ本番の2人旅"で、各地で暮らす人々との出会いを通して家族のすばらしさと絆を浮き彫りにする。総合(月)午後7時57分からの45分番組（2024年度）。

四国八十八か所　1998〜1999年度

弘法大師・空海が残した四国八十八か所を作家やミュージシャンなど各界の著名人が一番札所から順に巡る紀行番組。四国の豊かな自然と、お遍路さんをもてなす地元の人情にも焦点をあてた。1998年4月、作家の立松和平が一番札所・霊山寺からスタート、2000年3月に八十八番札所・大窪寺を訪れたのは脚本家の早坂暁だった。総合では(日)午前6時30分から、ハイビジョンでは(土)午前7時からの25分枠で放送。

にっぽん川紀行　1998〜2000年度

日本各地の変幻に富む美しい川の姿を通して、川の自然、人々の暮らしと川とのかかわりなど、日本の風土と日本人の暮らしの「いま」を見つめ直す。総合(火)午後10時45分からの10分番組。2000年度は(日)午前6時台に放送。

ふだん着の温泉　1998〜2010年度

仙台局をはじめ東北各局が中心となって制作。庶民が愛し育んできた全国津々浦々の温泉の魅力を、日ごろから親しんでいる人の視線で再発見する10分番組。語りを担当したのはフォークシンガーの三上寛ほか、テーマソングは吉幾三「旅の途中で…」と、東北出身の2人が参加した。総合午後10時台の10分番組でスタート。1999年度からは衛星第2でも放送。

とびっきり京都　1998〜2000年度

一つの目的を持って京都にやってきた「旅人」が「達人」の案内によって伝統文化にふれ、京都の新たな魅力に出会うこだわり文化紀行。樋口可南子（女優）、周防正行（映画監督）、村松友視（作家）など、さまざまな分野で活躍する著名人が旅人となり、「京ことば」「竹」などのテーマで奥深い歴史と文化にふれた。衛星第2とハイビジョンの25分番組。2000年度は総合でも放送。

にっぽん 美と心　1998〜2003年度

各界の第一線で活躍する文化人・芸術家などが旅人として各地の古寺を訪ね、その魅力を再発見する紀行番組『平成　古寺巡礼』をマルチユースした10分番組。語り：樹木希林。1997年12月に第1回をスタート。1998年4月から衛星第2で定時化。近畿ブロックでは総合でも放送。

街道をゆく　1999年度

司馬遼太郎の著書「街道をゆく」から全72街道を映像化した歴史紀行番組。「日本人の祖形」を日本と世界各地の風土と人々の営みの中に探る思索の旅を、ハイビジョンによる美しい映像と朗読で紹介した。教育(土)午後11時からの30分番組。

2000年代

五七五紀行　2000〜2002年度

17音に凝縮されたことばの普遍性と現代性を発見する紀行番組。毎回著名俳人がゲストとともに近代俳句ゆかりの地を訪ね、名句が生まれた時代と風土、俳人の人生を現代に投影しながら浮き彫りにする。総合(土)午前6時台の15分番組でスタート。2001年度からは早朝5時台の10分番組となる。ハイビジョンでも放送。

奥の細道をゆく　2000〜2001年度

松尾芭蕉が自ら死を覚悟し、江戸・深川を出発したのは元禄2年、1689年のこと。芭蕉と「奥の細道」に関心を寄せる著名人が旅人になり、深川から岐阜・大垣までの道程をハイビジョン映像で描き、俳聖・松尾芭蕉の神髄に迫った。ハイビジョンと衛星第2放送の25分番組。2001年度は総合で放送。

京都上がる下がる 2001〜2002年度

平安京造営の折、碁盤の目状に敷かれた大路小路。その"通り"を毎回1本取りあげ、4人の旅人（夢枕獏、ジローラモ・パンツェッタ、衣笠祥雄、かとうかずこ）がかわるがわる路地裏深く入り込み、都人であり続けた誇り、伝統を受け継ぎ文化を支えてきた自信など、京都独特の「顔」に出会う。ハイビジョンと衛星第2放送の25分番組。

美しき日本　百の風景 2001〜2005年度

高画質なハイビジョン映像で届ける極上の風景が"主人公"の番組。日本人の心に深く刻まれ、守り抜くべき美しい風景を全国から100か所選び出し、その風景がもっとも輝く様子を撮影。デジタル映像記録として次世代に伝えるハイビジョンの25分番組。2004年度から総合でも放送。

ハイビジョン実況中継・日本の祭 2002年度

『ハイビジョン中継・ときめきにっぽん』（1997〜1998年度）を刷新して、1999年度にスタートした大型生中継番組。2002年度に定時化し、4月に岐阜市から「手力雄神社（てぢからおじんじゃ）火祭」を生中継。視聴者自身が実際に祭に参加している気分を味わい堪能できるように、ハイビジョンの高精細画質と高音質で臨場感と質感たっぷりに伝えた。

ハイビジョンふるさと発 2004〜2009年度

日本各地にはまだまだ知られざる風俗習慣が残り、魅力的な人々が暮らしている。そんな現在の息吹を高画質のハイビジョン映像で紹介する番組。各地域放送局による競作で制作する。

新日本紀行ふたたび 2005〜2011年度

かつて『新日本紀行』（1963〜1981年度）で紹介した土地や人を再び訪ね、この20〜30年で日本の原風景や暮らしがどのように変わったのかを見つめる。そのうえで当初の番組では描かれなかった営みにも目を向け、日本の"いま"を新たな視点でとらえる。伝統を守ろうとする地域の人々、消えていくものに涙する姿などを通して、時代の流れを感じることができる紀行番組。総合（土）を中心に随時放送。

にっぽん清流　ワンダフル紀行 2006年度

1匹の犬と一緒にカヌーや川舟に乗り込み、ゆったりと清流を下る映像紀行。雄大なスケールの大河、秘境、急流、渓谷など、さまざまな表情を見せる川の魅力を美しい映像で届けるハイビジョン番組。旅人は、俳優や写真家、ミュージシャンなどの著名人。犬とふれあいながら川沿いに暮らす人々との交流も伝えた。

こんなステキなにっぽんが 2007〜2011年度

懐かしい時代の面影を記録した1枚の写真を手がかりに、忘れられかけている「ステキなにっぽん」を見つめる紀行ドキュメンタリー。時代の大きな変化の中、日本各地には今も伝統的な暮らしの知恵や人々の絆を受け継ぐ人々がいる。各界で活躍する著名人が旅人となり、そうした暮らしを訪ね、日本の原風景を再発見する。ハイビジョン（2011年度はBSプレミアム）の25分番組。

司馬遼太郎と城を歩く 2007〜2008年度

日本を代表する作家・司馬遼太郎の著作「街道をゆく」をはじめ、「功名が辻」「国盗り物語」など数多くの作品にはさまざまな城が登場する。その中から30の歴史ある城を精選し、名城の栄華と数奇な運命、さらに城主たちの野望と挫折など、司馬作品のエッセンスとともに訪ね歩くミニ紀行シリーズ。衛星第2の15分番組。

ブラタモリ 2009〜2023年度

街歩きが趣味のタモリが"ブラブラ"歩きながら、知られざる街の歴史や人々の暮らしに迫る探検散歩番組。タモリが女性アナとともに、イマジネーションあふれる時空を超えた街歩きをすると、街並みの中に何気なく残る痕跡から意外な歴史や秘密が見えてくる。街に残されたさまざまな魅力や歴史、文化などを再発見していく。総合（木）午後10時からの43分番組でスタート。2015年度より総合（土）の午後7時30分からの45分番組。

にっぽん木造駅舎の旅 2009〜2010年度

全国各地の鉄道や路線の歴史を今に伝える木造駅舎を訪ね、時代とともに味わいを増した駅舎の姿を紹介する5分番組。JR・私鉄を問わず、全国各地で今も使われている古くて趣のある木造駅舎100駅を厳選、駅舎外観はもちろん、待合室、窓口、改札口、装飾など印象的な造形、駅周辺などの風景も紹介した。衛星第1で初年度は（月〜金）午後3時55分ほかで放送。

2010年代

小さな旅 2010年度〜

日本各地の美しい風景とそこに育まれる人々の暮らしを紹介する紀行番組『小さな旅』。1983年の放送スタート時は『いっと6けん小さな旅』、1984年『関東甲信越小さな旅』、1991年『小さな旅』とタイトルを変え、関東甲信越・静岡などで放送する地域情報番組だったが、2010年4月から全国を舞台にする全国放送の番組となった。総合（土）午前9時からの25分番組。

Journeys in japan 2010〜2021年度

日本国内のさまざまな名所や、その地に住む日本人の素顔を英語で海外の視聴者に伝える紀行番組。2003年から国際放送で放送していた『Weekend Japanology』のミニコーナーが2007年度に独立。2010年度より『Journeys in japan』に改題して衛星第1でも放送を開始。外国人リポーターと現地に詳しい日本人案内役が英語で語り合いながら展開する2人旅。ガイドブックに載っていない「日本各地の魅力」を紹介した。

紀行（国内） 定時番組

のんびりゆったり　路線バスの旅 2011〜2013年度

路線バスを乗り継ぎ、地元の人々とふれあいながら日本の魅力を再発見する旅。全国各地で赤字の鉄道路線の廃止が進む中、日本の隅々まで行ける公共交通機関が路線バスだ。バスの車内や途中下車した町での出会いを通して、その土地の風土や歴史、暮らしぶりにふれる総合の旅番組。

にっぽん縦断 こころ旅 2011年度〜

旅の目的地を決めるのは視聴者から寄せられた手紙。「人生を変えた忘れられない場所」「ずっと残したいふるさとの風景」などを手がかりに、俳優・火野正平が毎日ぶっつけ本番で自転車を走らせるBSプレミアムの紀行ドキュメンタリー。そこで出会う地元の人たちとの交流を「ナレーションなし」の演出で見せる。

ニッポンの里山　ふるさとの絶景に出会う旅 2011〜2019年度

視聴者から寄せられる情報を生かしながら、全国50か所の里山を訪ねるBSプレミアムの10分間の紀行番組。全国の里山で、その土地ならではの絶景と、そこに培われてきた生き物とともに共生する知恵や暮らしをていねいに描き出す。2020年度より『ニッポンの里山　ふるさとの絶景に出会う旅　選』としてアンコール放送。2023年度以降も総合、BSP8Kで随時放送。

新日本風土記 2011年度〜

日本各地に残された美しい風土や祭、伝統や風習、その土地に暮らす人々の姿などをオムニバス形式で描く紀行ドキュメンタリー。テーマ別に描く全国の旅や、ある土地の四季の物語など、日本人が長い年月をかけて深い文化を築き、継承してきたものを記録。多様な切り口で日本の魅力を再発見するとともに未来への映像遺産の役割も担う。BSプレミアムの60分番組。

もういちど、日本 2011年度〜

今も日本各地に残されている美しい風土や祭り、昔ながらの暮らしや人びとの営みを、旅情をそそる映像美でつづる5分番組。BSプレミアムの『新日本風土記』の関連番組で、日本の隠れた魅力を再発見する。ナレーション：松たか子。2011年4月にBSプレミアムで放送をスタート。2012年度からはEテレでも放送。2019年度からはBS4Kで放送。

きらり！えん旅 2012〜2018年度

東日本大震災で傷ついた東北の力になろうと歌手、タレントたちが立ち上がり、歌やエンターテインメントを届けて復興にとり組む人々を応援する2泊3日の旅。事前に町自慢の案内人を募集、旅人に地元の郷土料理や温泉、風景など多彩な“ふるさと自慢”を紹介する。旅人は、東北の人々の人情や優しさにふれ、出会いへの感謝を込めて舞台に立つ。BSプレミアムの30分番組。2019年度に特集番組『きらり！えん旅　ライブスペシャル‼』を放送。

中井精也のてつたび！ 2014〜2017年度

鉄道写真家の中井精也がローカル線を旅し、四季折々の美しい風景や、そこを走る鉄道を撮影。地元の人とのふれあいや地域の魅力もたっぷりと伝えながら鉄道写真、そして旅の楽しさを伝える番組。プロならではのテクニックや着眼点とともに、旅をしながら中井精也が感じたその路線を表すテーマを切り取り、最高の一枚に仕上げて鉄道ファンに届けた。BSプレミアムの30分番組。

にっぽん縦断　こころ旅〜とうちゃこ〜 2014年度〜

視聴者から寄せられた手紙を手がかりに俳優・火野正平が相棒・チャリオ（自転車）に乗って、毎日“ぶっつけ本番”で旅をする自転車紀行番組『にっぽん縦断 こころ旅』（2011年度〜）。「とうちゃこ（到着）版」は、旅の終わりに待ち受ける“こころの風景”に到着するまでを描く。朝の放送では見られなかったシーンも盛り込まれるなど、一日の旅の全ぼうを味わえるその日の旅の完結編。BSプレミアム夜間放送の29分番組。

ふらっとあの街 旅ラン 10キロ 2018〜2022年度

走って街を旅する“旅とランニング”を合わせた「旅ラン」。走ることが好きな“旅ランナー（出演者）”が気の向くままに10キロほどの道のりを実際に走り、街の意外な魅力を発見していく。気になる場所や出会いがあれば、自由に立ち止まり、気ままな寄り道旅を楽しむ。初回は「東京駅→有明」。都内のルートが中心だが、鎌倉や松本など地方都市を舞台にした回もある。語りは奥貫薫。BSプレミアム（水）午後7時30分からの29分番組。

ニッポンぶらり鉄道旅 2014年度〜

舞台は日本全国の鉄道。ふだん通勤や通学で乗りなれている路線も旅気分でながめると新たな風景が見えてくる。20代を中心とした若いタレントや俳優が旅人となり、全国の鉄道に乗って日本の魅力を再発見する番組。途中下車をしながら地元の人とふれあい、風景や暮らし、食べ物や産業など、地域の素晴らしさを紹介していく。BSプレミアムの30分番組。

旬感☆ゴトーチ！ 2018年度

全国各地の旬な話題やスポットを生中継で紹介する紀行バラエティー番組。「見たい」「感じたい」「食べたい」をテーマに、海や山などの自然の絶景、温泉、水族館、観光地の見どころ、人気の店や特産品などを、その土地ゆかりのゲストが体験しながら紹介。また地元をよく知る案内人「ゴトーチハンター」が、お勧めのスポットをリポートで伝える。総合（月〜水）午後0時20分から放送の23分番組。

ニッポン印象派 2018〜2023年度

花や木々が彩る極彩色の自然美から、人々の営みが生んだ文化遺産の美まで、日本が世界に誇る数々の絶景を、4K高精細撮影で描くシリーズ。「光」と「色」に徹底的にこだわり、レンズやカメラも厳選。これまでのテレビ映像とは、ひと味もふた味も異なる魅力的な表情をあますところなく伝えた。BS4Kの30分番組。

サンドのお風呂いただきます 2019〜2021年度

お笑い芸人サンドウィッチマンの伊達みきおが、相方の富澤たけしとゲストとともに日本各地の人気温泉地を訪れ、人々とふれあい、家庭風呂に入れていただき、地域や家庭で異なる湯けむり文化にふれる。こだわりのお風呂に驚き、風呂上がりには家族の人生や思いなど感動秘話が続々登場。総合午後8時15分からの笑いと涙の人情紀行バラエティー番組。

2020年代

えぇトコ　2020〜2022年度

2012年度から近畿ローカルで放送していた番組を2017年度よりBS1とBSプレミアムで随時放送。2020年度よりBS1で定時放送。関西各地の知られざる味や技、絶景をたずねながら、そこで暮らす人たちとふれあい、思いや人生に耳をかたむけ、その素晴らしさを感じる。関西への旅心を刺激する番組。2022年度をもってBS1での放送は終了し、2023年度に近畿ローカルに戻る。

よみがえる新日本紀行　2020年度〜

16ミリフィルムによる紀行ドキュメンタリー『新日本紀行』（1963〜1981年度）を、最新のデジタル技術で鮮やかな映像によみがえらせた。今では見ることのできない全国津々浦々の風景や人々の営みに加え、番組の舞台を再び訪ねたミニ紀行も併せて紹介し、地域に流れた時間を見つめた。語りは森田美由紀アナ。BSプレミアムと総合で放送。BS4Kの『4Kでよみがえるあの番組』（2018年度〜）でも『新日本紀行』を放送している。

ニッポン島旅　2020年度

人が暮らす島だけでも400以上ある離島。そこには、失われてしまった日本の原風景が残されている。しかしその伝統も、過疎化が進む中、失われつつある。こうした島々を旅人が訪ね、職人技・食文化・祭りなど、消えつつある離島文化を見つめた。BS4K(火)午後9時からの29分番組。

一瞬の、永遠の、にっぽん　2020年度

日本の景観の最高の瞬間を4K高精細映像で撮影。作家などがつづった「言葉」を旅のいざない役にして、個性豊かな俳優が語る紀行番組。京都を愛したデビッド・ボウイと与謝蕪村の生涯を交差させて描いた「旅の果ての京」、横浜のさまざまな夕景に人々の記憶に残るエピソードをつづった「横浜マジックアワー」などへの反響が大きかった。全5回。語り：のん、松山ケンイチほか。BS4K(日)午後7時からの29分番組。

ロコだけが知っている　2021〜2022年度

『サンドのお風呂いただきます』（2019〜2021年度）の後継番組。ローカルへの愛にあふれる人たちを「ロコ」と名づけ、観光、食、歴史、人情など、全国各地のNHKの地域放送局がつながって"ロコだけが知っている"地元の魅力にせまる。MCはサンドウィッチマンの伊達みきおと富澤たけし。ナレーションはPerfumeのあ〜ちゃん（西脇綾香）。総合(水)午後8時15分からの27分番組。

にっぽん縦断　こころ旅　クラシック　2022年度〜

放送開始から12年目を迎えた自転車紀行番組『にっぽん縦断　こころ旅』。これまでの放送の中から、視聴者がもう一度見たい回のリクエストを募集し、その上位を『にっぽん縦断　こころ旅　クラシック』として放送した。4Kにリマスターし、鮮明な画質で届けた。旅人は俳優の火野正平。BSプレミアム・BS4K(月)午後7時からの29分番組。

NHKフォトストーリー

P447 ← 　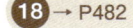 → P482

造成中のNHK放送センター建設地（1963年8月）

造成中のNHK放送センター建設地（1963年8月）

NHK放送センター鉄骨建方工事（1963年10月）

NHK放送センター鉄骨建方工事（1963年12月）

紀行
紀行（海外）

01

『海外特派員だより』から独自取材
（1950〜1970年代）

　NHKが定時番組で世界の国々の風景や風土、習慣、社会生活を紹介したのは、1956年11月に始まった青少年向けの教養番組『世界のくにぐに』（1956〜1964年度・1970〜1983年度）が最初だ。放送したフィルムは、主に各国大使館から提供を受けた。まだ海外旅行に出かける人も少ない時代で、大人の視聴者の関心も高かった。1964年に一度放送を終了するが1970年に再開。各国大使館提供のフィルムのほか、各国のプロダクションが制作した番組を、海外生活の経験者や旅行家の解説を交えて放送した。

　NHK独自の海外取材番組は、『海外特派員だより』（1960〜1961年度）から始まった。月1回放送のルポルタージュ（現地報告）で、各国の行事、風俗、人々の生活を紹介した。

　『海外特派員だより』は『NHK特派員だより』（1962〜1968年度）に改題し、「内蒙古紀行」（1965）、「アルプスの散歩」（1966）、「ブラジル・サンフランシスコ川を行く」（1967）など、紀行ものやカルチャー系の肩の凝らない内容を多く紹介した。

　『海外リポート』（1969〜1979年度）は、『NHK特派員だより』の後継番組。日曜の午前10時台の20分番組で、海外の暮らしぶりや文化情報を、ピアノの生演奏を交えるなど、リラックスした休日にふさわしい演出で届けた。

　この他、特集番組としては、放送開始50周年を記念して毎月1回1時間放送された『未来への遺産』（1974〜1975年度）がある。「文明はなぜ栄え、なぜ滅びたか」をテーマに制作され、7つの取材班が44か国150か所の文化遺産を取材。奈良の正倉院を起点に、中央アジア、東ヨーロッパ、アフリカに至る文明の交流の道をたどった。

『海外特派員だより』（1960〜1961年度）→P386

『NHK特派員だより』（1962〜1968年度）→P386

『海外リポート』（1969〜1979年度）→P386

『未来への遺産』（1974〜1975年度）→P908

『NHK特集　シルクロード』（1980年度）→ P913

02
『N特』、『Nスペ』の
紀行ドキュメンタリー

（1980〜1990年代）

　1980年代は『NHK特集』初の大型紀行シリーズ「シルクロード」から始まる。東西文明交流の道であるシルクロードの全容を初めてテレビカメラに収めた、日中共同取材の紀行ドキュメンタリーである。

　1980年4月放送の「第1集　遥かなり長安」からスタートし、翌年3月放送の「第12集　民族の十字路〜カシュガルからパミールへ」で「第1部」を完結。

　「シルクロード　第2部」は、1983年1月のプロローグ「壮大な旅ふたたび」の後、4月放送の「第1集　パミールを越えて」からスタート。1984年9月「第18集　すべての道はローマに通ず」で完結した。さらに1988年1月のプロローグ「出航・海のシルクロード」から「海のシルクロード」をスタートし、翌1989年3月「第12集　長安に還る〜遥かなる長江への道」で完結。これらの「シルクロード」シリーズの放送は、1980年からあしかけ10年、全42本に及んだ。中国の古都・長安（西安市）からユーラシア大陸の内陸部を横断して西のローマまで、砂漠と廃虚、オアシスと人々の生活をたどる旅は、多くの視聴者の心をとらえ、『NHK特集』の代表作となった。

『NHK特集　シルクロード　第2部』（1982〜1984年度）→ P914

『NHK特集　海のシルクロード』（1988年度）→ P915

　「シルクロード」取材班が「第1部」で撮影・記録したフィルムは45万フィート、500時間にも及ぶ。そのラッシュ（映像素材）を「自然編」「民族編」「敦煌編」などテーマ別に再編集した30分番組『シルクロード』を、1981年度前期に総合テレビで24本を放送。ナレーターおよび音楽は、『NHK特集』の本シリーズと同じく、それぞれ石坂浩二と喜多郎が担当した。

　1985年には「第2部〜ローマ編〜」から「マルコポーロ

紀行（海外）

01.ドラマ　02.クイズ・バラエティー　03.音楽　04.伝統芸能　05.ニュース　06.報道・ドキュメンタリー　07.紀行　08.教養・情報　09.自然科学　10.こども・教育　11.人形劇・アニメ　12.趣味・実用　13.大型特集番組等

の旅」「三蔵法師の旅」「遺跡の旅」など21本を放送した。さらに「シルクロード　第1部」の映像と、テーマ曲を作曲した喜多郎の新曲で構成した5分のミニ番組『シルクロード巡礼』（1982～1985年度）や、シルクロードの歴史と古代日本の姿を多彩なゲストにより紹介した『シルクロード・ロマンの旅』（1988年度）など、多くの関連番組も生まれた。

1986年4月から、『NHK特集』では「シルクロード」に続く日中共同取材番組の第2弾「大黄河」（全11回）を放送。世界4大文明の1つ黄河文明を生み、育んだ黄河流域5000キロを旅した。

2005年1月には、『NHKスペシャル』で「プロローグ～25年目のシルクロード」を放送し、「新シルクロード」シリーズが新たにスタートする。1980年から放送された「シルクロード」の取材地を再び訪ね、25年前に映し出された人物、風景をハイビジョン映像ならではの臨場感と最新学術研究成果を生かして取材。中央アジア、南ロシア、中近東を旅して、激動の現在とはるかな歴史を見つめた。

衛星第2の『世界・わが心の旅』（1993～2002年度）は、各界の著名人が、その人の思いのこもる国や街を訪れ、そのこだわりや思い出を語る紀行ドキュメンタリーだ。第1回放送は、世界的なジャズピアニストで作曲家の秋吉敏子が旅する「故郷中国　ロング・イエロー・ロード」。秋吉は生まれ故郷である旧満州（中国東北部）の遼陽と、小

学校時代にピアノを習った思い出の地・大連を旅した。番組では大連の音楽学校の恩師と50年ぶりに再会。恩師の前で故郷の思い出をつづったジャズナンバー「ロング・イエロー・ロード」を演奏する。『世界・わが心の旅』が放送された10年間に、番組では320人が70か国を旅した。

そのほか、総合テレビ『はるばると世界旅』（1993～1994年度）は、アナウンサーがリポーターとなって世界を訪ねた。衛星第2の『素晴らしき地球の旅』（1995～1997年度）は、日曜の夜間に放送した90分の大型紀行番組。初年度は「木村尚三郎・ヨーロッパ文明紀行」、「アジア・オセアニア　海野和男の熱帯昆虫紀行」、「植島啓司少女神クマリとの出会い—聖地カトマンズ紀行」ほかを放送した。

『地球に好奇心』（1998～2003年度）は、衛星第2で日曜午後7時台に放送した90分枠の大型番組。世界各地の自然や文化を対象に、科学や歴史の謎解きから秘境の探検まで、幅広いテーマを雄大なスケールで描いた紀行ドキュメンタリーだ。初年度は「BSカルチャー・ドキュメント」のサブタイトルとともに、「大地が裂ける灼熱の大塩湖をゆく」「砂漠に消える大河・謎のタリム川2000キロをゆく」「追跡！謎の蝶オオカバマダラ」「恐竜化石の宝庫ゴビ砂漠を行く～モンゴル・発掘調査隊の60日」などを放送。1999年に『地球に好奇心』を48分に再構成した『地球に乾杯』（1999～2003年度）が総合テレビでスタートした。

『世界・わが心の旅』（1993～2002年度）→P479

『はるばると世界旅』（1993～1994年度）→P479

『素晴らしき地球の旅』（1995～1997年度）→P479

『地球に好奇心～BSカルチャー・ドキュメント』（1998～2003年度）→P479

『世界・時の旅人』（2005年度）→ P480

03

『世界ふれあい街歩き』と多彩なBS紀行番組

（2000～2010年代）

　ハイビジョンと衛星第2で放送した『世界・時の旅人』（2005年度）は、『世界・わが心の旅』の遺伝子を受け継ぐ紀行ドキュメンタリー。各界の第一線で活躍する著名人が、自分の生き方や世界観に大きな影響を与えた20世紀の偉人たちの人生の軌跡をたどる。作家・瀬戸内寂聴の「フランソワーズ・サガン　その愛と死」、映画監督・大林宣彦の「ジョン・ウエイン　恋するタフガイ」、ロック・ミュージシャン忌野清志郎の「君はオーティスを聴いたか　忌野清志郎が問う魂の歌」などを放送した。

　2005年度、街歩き番組の新しいスタイルを作った『世界ふれあい街歩き』がハイビジョンでスタートする。直接カメラに触れない撮影機材ステディーカムによる滑らかな移動映像と、旅人のモノローグ風の語りで、まるで自分が歩いているような感覚を味わえる新感覚の紀行番組だ。名所旧跡よりむしろ、その街の暮らしや生活が感じられる何気ない街角や路地に比重を置いて訪ねるのが特徴。メインとなる"街歩き"に加えて、歴史などを紹介する「情報コーナー」、近郊の魅力的なスポットを訪ねる「ちょっとより道」、地元の料理を紹介する「食べ歩きグルメ」などのミニコーナーも"街歩き"に彩りを添えた。

『探検ロマン世界遺産』（2005～2008年度）→ P480

　NHKでは2004年から、ユネスコと共同で未来へ伝える「世界遺産デジタル映像アーカイブ」事業に取り組んだ。世界遺産をデジタルハイビジョンで記録し放送するとともに、次世代へ受け継いでいく国際貢献事業である。そのメイ

『世界ふれあい街歩き』（2005年度～）→ P480

紀行（海外）

ンとなる番組が、総合テレビの午後8時台に放送した『探検ロマン世界遺産』（2005〜2008年度）だ。ユネスコが「文化」、「自然」、「複合」の3つの分野で登録する800以上の世界遺産の中から、各回に1か所ずつを取りあげ、その実像に迫った。

「世界遺産」関連番組には、5分ミニ番組『シリーズ世界遺産100』、『シリーズ世界遺産100』で紹介した遺産をテーマ、時代、地域など分野別にまとめた15分番組『とっておき世界遺産100』（2006〜2008年度）、毎回数か所の世界遺産を訪ねる43分の紀行番組『世界遺産への招待状』（2009〜2010年度）、世界中の世界遺産を「海」「祭り」「塔」といったテーマ別に紹介した『世界遺産　時を刻む』（2011〜2012年度）がある。

BSプレミアムの『旅のチカラ』（2011〜2013年度）は、旅人が"人生の次のステップを踏み出すチカラ"を、旅の中で得ていく過程を見つめた。『世界・わが心の旅』、『世界・時の旅人』の流れをくむ紀行ドキュメンタリーである。毎回ゲストの"旅人"に密着し、その人生と心に迫る。初回「60歳のフラメンコ〜スペイン・セビリア」では、俳優の大杉漣がスペインのセビリアを旅した。この年、60歳を迎えた大杉漣が、初めてフラメンコに挑戦。思うように動かない自らの肉体に向き合い、新たな表現を獲得していく過程を追いながら、ダンスを通じた感動の出会いを描いた。旅人には原千晶、桑田真澄、矢野顕子、細野晴臣ほか、多彩な顔触れが登場し、さまざまな旅を繰り広げた。

「地球でイチバンの場所」を訪ねる総合テレビの『地球イチバン』（2011〜2014年度）は、ユニークな紀行ドキュメンタリーとして注目された。"世界は違うから面白い"をコンセプトに、世界各地のさまざまな環境で生きる人々の人生哲学に迫り、多様な価値観を伝えた。初年度は「地球でイチバン暑い場所〜エチオピア」「自然エネルギー地球イチバンの島〜デンマーク・ロラン島」「地球でイチバン高いツリーハウス〜インドネシア」など16本を放送した。

2010年代になると、BSプレミアムにバラエティー色の強い、ひねりの利いた旅番組が続々登場する。

『恋する雑貨』（2012〜2013年度）は、女性視聴者を意識した情報系旅番組。女優やモデルたちが世界各地

『地球イチバン』（2011〜2014年度）→P481

『旅のチカラ』（2011〜2013年度）→P481

『恋する雑貨』（2012〜2013年度）→P481

『世界はほしいモノにあふれてる～旅するバイヤー　極上リスト』(2018年～2020年度) → P482

へ生活を楽しくする"たった一つの雑貨"を探す旅に出る。

　2018年に始まった『世界はほしいモノにあふれてる～旅するバイヤー　極上リスト』(2018～2020年度)も、世界各地に極上のモノを求める旅と、スタジオトークで構成する紀行バラエティー。世界を巡るトップバイヤーの海外出張に密着し、衣・食・住の最新流行とともに、モノを通して世界各国の歴史や文化を伝えた。

　『世界入りにくい居酒屋』(2014～2017年度)は、世界各地にある「入りにくい居酒屋No.1」を徹底調査。地元ならではの美食、美酒を楽しみ、店の人たちや客たちとの会話から、その土地の人情や現代の世相まで堪能するエンターテインメント番組。

　『2度目の○○』(2016～2018年度)は、ローマやフィレンツェ、ニューヨーク、香港など世界の観光地を2度目に訪ねるとしたら…。そんな疑似体験型の紀行番組。誰もが訪れる有名スポットはあえて避け、個性的でディープな穴場を巡る。現地の最新情報を基に、地元に人気のB級グルメから高級レストランの味をお得に楽しむ裏技まで、低予算の枠の中で紹介する。初回はモデルの岩永徹也がイタリア・フィレンツェを旅した『2度目のフィレンツェ』。地元っ

子が愛する本物のジェラート巡りや、イタリアで3本の指に入るという有名シェフの高級レストランの料理を半額で味わえる裏技を紹介。ふだんは閉ざされている貴族の宮殿ツアーも楽しんだ。

　『世界で一番美しい瞬間（とき）』(2014～2015年度)は、地球上で、その季節、時期にもっとも美しい場所と、そこに暮らす人々を探してNHKアナウンサーが旅する番組。第1回「純白のドレス舞う瞬間　オーストリア・ウィーン」は、出田奈々アナウンサーがウィーンのオペラ座を訪れ、世界最高峰の舞踏会「オーパンバル」で、デビューを飾る150人の"プリンセス"に出会った。

　『一本の道』(2016～2017年度)は、歴史や自然に彩られたヨーロッパ各地の「一本の道」を、何日もかけて歩きぬく旅番組。旅をするのはNHKアナウンサーと日本語が話せる地元の人。美しい自然やその地に生きる人々と出会いながら、過去の時代の痕跡にふれるなど、"歩く"旅だからこそ得られる感動と喜びを味わう。第1回放送の「"天空の城"古代ローマの道をゆく～イタリア中部～」は、桑子真帆アナウンサーがイタリア中部を訪れ、「天空の城」と呼ばれる秘境の村がある古い街道を6日間かけて歩いた。

『2度目の○○』(2016～2018年度) → P482

『世界で一番美しい瞬間（とき）』(2014～2015年度) → P481

『一本の道』(2016～2017年度) → P482

紀行（海外） | 定時番組

1950年代

世界のくにぐに　1956〜1964・1970〜1983年度

世界各国の風土、風習、社会経済生活の実情などを紹介する青少年向けの教養番組としてスタート。主に各国大使館から提供を受けたフィルムを放送した。1960年代後半に放送を休止した後、1970年度に再開。世界各国で制作された短編映画を紹介し、国際理解と親善を深めた。話題によっては海外生活の経験者や旅行家の解説なども交えて放送。総合の30分番組。

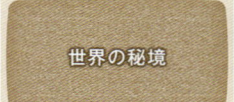

世界の秘境　1958〜1959年度

実際の冒険を記録したアメリカNBCのフィルム・ドキュメンタリーシリーズ。探検、冒険、未開地の記録など、世界の隅々の珍しい事象を広い範囲にわたって撮影。その地をたずねた旅行者や探検家に、司会者がインタビューして回顧するという演出。放送に際しては、フィルムの原音を随時生かしながら、それに効果音、音楽を加えて日本語の語りを入れた。全編を貫く真理への探求と情熱が深い感銘を与えた30分番組。

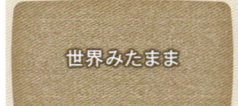

世界みたまま　1958〜1959年度

毎日のように大勢の人々が海外から帰国してくる羽田空港。外交官、新聞記者、学者、芸能人、世界の秘境を訪ねた調査団など、その職業もさまざま。その人たちが直接その目で見た世界の姿はどんなものだったのか。インタビューと写真や資料によって紹介する。聞き手は藤倉修一アナウンサー。

1960年代

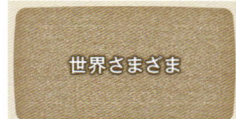

世界さまざま　1961〜1963年度

イギリスの教育文化、社会、国防など、あらゆる方面にわたるできごとを、現地からのフィルムで紹介する。また月に1回、フランス大使館提供の「潮の干満を利用した発電」など、英国以外の国のフィルムも紹介する。総合（土）午後5時からの30分番組。

1980年代

シルクロード　1981・1985年度

1980年度に『NHK特集』枠で放送した「シルクロード」の好評を受け、もっと詳しく見たいという視聴者の要望に応えた番組。撮影フィルム45万フィートにのぼる全映像素材を新たな視点で1本30分に再編集した。1981年度に第1部「中国編」24本シリーズを、さらに1985年度に第2部「ローマ編」21本を総合で放送した。ナレーターおよび音楽は、『NHK特集』の本編と同じ石坂浩二と喜多郎が担当。

シルクロード巡礼　1982〜1985年度

数千年の時を越えて壮大な人類のドラマを取材した『NHK特集　シルクロード』。そこに見る自然、生活、遺跡、美術などを、簡単な文字スーパーと音楽のみで描き出す5分番組。音楽はこの番組のために喜多郎が新たに作曲。1983年1月に放送をスタートし、総合・教育・衛星で放送。

名園散歩　1983〜1997年度

ヨーロッパ、アジア、それぞれの名園にこめられた心と歴史をしのびながら、庭園の美しさをコンパクトに紹介する5分番組。1983年4月に総合でスタート。翌年度より総合、教育、衛星で随時放送。1994年度に教育（日）午前8時55分から定時放送。

グリム童話の旅　1986年度

グリム生誕200年を機に、西ドイツのハーナウからブレーメンにいたる600キロの「メルヘン街道」をゆく総合の10分ミニ番組。グリム兄弟の生涯を追いながら作品の舞台となった風土や歴史をとらえるとともに、人形劇や現地の人々によるドラマも交えて童話を紹介した。「赤ずきん」「ヘンゼルとグレーテル」「いばらひめ」「しらゆきひめ」「狼と七匹の子やぎ」「ブレーメンの町の楽隊」など、10本を1年間にわたって放送した。

ロマンチック街道　1986〜1990年度

ドイツ中部からアルプス地方にかけて続く南北350キロに及ぶ街道ルートは"ロマンチック街道"と呼ばれている。この街道沿いの古い街並みをNHKと西ドイツ・バイエルン放送協会との共同制作により紹介する5分番組。初年度はローテンブルク、アウグスブルク、フュッセンなど20本を制作し、総合・衛星第1（水）午後8時45分に放送。

シルクロード・ロマンの旅　1988年度

砂漠の道、草原の道、海の道、東西文明が行き交い、2000年以上の歴史を秘めたシルクロード。終着点・奈良の都には、仏教、音楽、薬学、文様など、シルクロードを通じてさまざまな大陸文化が運ばれ、古代日本の文化に大きな影響を及ぼした。大陸文化と一体となった古代日本の姿をさまざまなアングルから検証するとともに、シルクロードの歴史とロマンを豊富な映像と多彩なゲストにより紹介した。総合（土）午後5時30分からの30分番組。

1990年代

大モンゴル・蒼き狼の記憶　1992〜1993年度

1992年度放送の『NHKスペシャル　大モンゴル』の素材を活用してモンゴルの自然や暮らしを描く5分番組。12本を制作し、総合と教育で放送。

はるばると世界旅　1993〜1994年度

年間海外渡航者1000万人時代といわれ、世界を身近に感じるようになったとはいえ、まだまだ遠い「世界」や、心誘われる「旅」がある。番組では世界各地に繰り出したリポーターが、行く先々で味わった新鮮な出会いや感動、思わぬハプニングなどをリアルに報告し、茶の間に世界旅行気分を届けた。総合午後8時からの40分番組。

世界・わが心の旅　1993〜2002年度

各界の著名人が世界各地の思い入れの深い場所を訪れ、その地へのこだわりや関わりを語る紀行ドキュメンタリー。放送開始以来、約10年間で出演者は320人、訪問先は70か国に及び、訪れた地で見せる著名人たちの素顔の表情も新鮮な感動を呼んだ。衛星第2の45分番組。

ヨーロッパ音楽紀行　1994〜2001年度

クラシック音楽の本場であるヨーロッパ。数々の名曲を生んだ地を訪れ、そこをテーマにした音楽とともに美しい風景や人々の暮らし、悲しみを秘めた歴史などを紹介した。音楽とともに旅をする10分番組で、衛星第2(月〜土)午前5時台ほかで放送。

アメリカ音楽紀行　1994年度

広大な土地に数多くの民族が住むアメリカで各地を訪ね、人々に愛されてきたゴスペル、ブルース、ケイジャンなど、草の根の音楽（ルーツ・ミュージック）を紹介する5分番組。8本を制作し、総合(土)午後6時40分ほかで放送。

素晴らしき地球の旅　1995〜1997年度

文明の発達した都市から過酷な自然が手つかずで残された未踏の地まで、地球規模のスケールで送る紀行番組。大自然への果敢な挑戦、地域に根ざした民俗伝統、人生のぜいたくな楽しみ方など、「旅することの素晴らしさ」を伝えた。初年度は「木村尚三郎・ヨーロッパ文明紀行」「ミクロネシア　星の詩が聞こえる—サタワル島の航海士たち」「夢と冒険のアラスカ氷河大滑降」など20本を放送。衛星第2の90分番組。

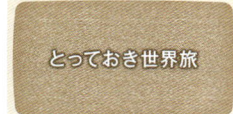

とっておき世界旅　1996〜1997年度

欧米のプロダクションが制作した紀行番組を紹介。日本の旅行会社の企画では、なかなか出会えないような特別な場所に案内した。その国を知りつくしているからこその楽しみ方など、とっておきの旅が味わえる25分番組。衛星第1(月〜金)午後0時25分からの放送。

地球に好奇心 〜 BSカルチャー・ドキュメント　1998〜2003年度

世界各地の自然や文化などに迫り、知的好奇心を刺激する新しいタイプのカルチャードキュメンタリー番組。取りあげるテーマは、科学や歴史の謎解きから秘境の探検まで幅広く、地球規模で知的好奇心を満たす番組となった。衛星第2(日)午後7時20分からの90分枠で、第1回「巨大恐竜の化石をさがせ〜化石ハンター・スーの冒険」からスタート。1999年度に『地球に好奇心』と改題。

地球に乾杯　1999〜2003年度

国内や国外といったとらえ方ではなく、「地球」という視点で世の中を見わたすと、まだまだ興味深いことや不思議なことがたくさんある。狭い日本から世界に飛び出し、地球に生きることのすばらしさを伝える知的探究紀行番組。初年度は総合(木)午後10時からの50分枠で、第1回「疾走5000キロ・バスはアンデスを越えて」からスタートした。

2000年代

地球の街角　2000年度

世界各地の街角を訪ね、地域の風土や特徴、人々の暮らしを美しい自然や風物とともに紹介した。特定の話題に焦点を絞り、そこに関わる人の生き方を追うなど、遠い外国の街角がより身近に感じられる紀行番組。衛星第1とハイビジョンで放送した30分番組。

行ってみよう世界の都市　2000年度

世界各地の魅力あふれる都市を訪ね、地元に住む人の案内で紹介する紀行番組。旅好きなら一度は訪れてみたいと思う特徴のある都市を取りあげ、その町で暮らしている人が公共交通機関を使いながら案内。代表的な建築物や人々の生活、歴史、文化など、通りすがりの旅行者ではふれることのできない町の魅力に迫る。ハイビジョンと衛星第1の30分番組。

味わいパスポート　2002年度

「食」と「旅」をテーマに各界の著名人が旅人となり、世界各地に出かけるグルメ紀行。現地の人の案内で、路地裏や地元の人が通う店などを訪ね、その国を代表する料理や食文化に出会い、豊かな風土や歴史を浮かび上がらせた。総合（火）午後11時15分からの30分番組。

体感！世界の祭　2002〜2003年度

その国や地域の伝統と歴史を背負った文化の結晶である「祭」を世界に訪ね、ハイビジョン映像の特性を最大限に生かして臨場感豊かに伝えるカルチャードキュメンタリー番組。ハイビジョンで原則月1回放送の2時間枠。2年間で22本を放送し、世界各地の代表的な祭りのほとんどを網羅した。

巨樹は語る　2004年度

楳図かずお、忌野清志郎、大竹しのぶなど、各界で活躍する著名人が旅人となり世界各地にたたずむ巨樹を訪ね、森と人が共存するための「英知」について考える思索紀行番組。ニュージーランドのカウリ、オーストラリアのバオバブ、中国のガジュマルなど毎月1回10本の木を訪ね、「愛・地球博」関連番組として放送。ハイビジョン（木）午後7時30分からの25分番組。

世界・時の旅人　2005年度

各界の著名人が、自分の生き方や世界観に大きな影響を与えた20世紀の「偉人」や「ヒーロー」たちの人生の軌跡を追う旅に出て、彼らの生きた現場に立って思いを巡らす思索紀行。出演は、瀬戸内寂聴「フランソワーズ・サガン」、矢野顕子「エルビス・プレスリー」、大林宣彦「ジョン・ウェイン」、忌野清志郎「オーティス・レディング」ほか。ハイビジョン（金）午後9時から、衛星第2（月〜木）午後11時からの59分番組。

世界ふれあい街歩き　2005年度〜

ハイビジョンの映像特質を生かし徹底的に「街の歩き方」にこだわった新感覚紀行番組。カメラの視線が旅人の目になり案内人は登場しないため、視聴者自身がその都市の路地を歩いている感覚を味わえる。名所や有名人の訪問より、街角の市民との会話を楽しみ、その街の"素顔"にふれる「路地歩き」に比重を置いて人気を集めている。ハイビジョンと衛星第2でスタートしたBSプレミアムの番組。

探検ロマン世界遺産　2005〜2008年度

ユネスコが文化、自然、複合の各分野で登録する800以上の世界遺産を各回1つ取りあげ、その実像に迫る番組。多くの謎や不思議な魅力に満ちあふれた世界遺産をリポーターが徹底的に探検。第1回放送のナスカの地上絵では、歴史的背景の解説だけでなく、最新の調査、研究による仮説を紹介。世界遺産が発する普遍のメッセージに耳を傾け、ロマンと感動を伝えた。2006年度からは総合（土）午後8時から43分で放送。

シリーズ世界遺産100　2005〜2015年度

ユネスコの世界遺産をテーマとした5分の短編ドキュメンタリーシリーズ。番組タイトルにある「100」とは、人類共有の財産ともいえる世界遺産をデジタルハイビジョンにより記録し、100％後世に引き継ぐという公共放送としての使命感と、世界遺産のエッセンスを100％余すところなく視聴者に紹介するという2つの意味を持つ。総合とハイビジョンで放送。定時放送の最終年度となった2015年度はBSプレミアムで放送。

とっておき世界遺産100　2006〜2008年度

ユネスコの世界遺産をテーマとした5分の短編ドキュメンタリー『シリーズ世界遺産100』（2005〜2014年度）。そこで紹介した遺産を、テーマ、時代、地域など分野別にまとめて紹介する総合の15分番組。複数の遺産を、時空を超えて組み合わせることで、よりダイナミックな世界遺産の旅を実現した。

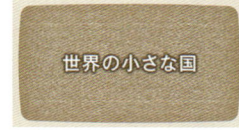

世界の小さな国　2006年度

世界には人口100万人以下の小国が40か国以上ある。モナコ、パラオ、マルタ、フィジー、モルディブ、ドミニカ、バハマ、ブータンなどの小さな国々を旅して、世界の多様性と隠された歴史にふれた。ハイビジョンの20分番組で4〜12月に放送。

フランス・小さな村の物語　2006年度

ヨーロッパでは地域崩壊への危機感から、村の文化を残すためにさまざまな取り組みが行われている。伝統、風景、文化を守りながら、過疎化や高齢化の波に抗し、たくましく生きるフランスの小さな村々を全10回で紹介。それぞれの村の長老が「村自慢をする」という語り口で、美しい風景、歴史、料理や名産品、人々の営みなどを楽しく案内する。2007年1月から3月まで、ハイビジョン（木）午後10時台に放送した25分番組。

関口知宏のファーストジャパニーズ　2008〜2009年度

鉄道紀行シリーズで人気を集めた関口知宏の新たな旅として、世界各地で活躍する20代、30代の日本人を訪ねる紀行番組。さまざまな分野で新たな担い手として頭角を現してきたファーストジャパニーズたち。その活躍の現場や日常の暮らしを関口知宏が訪ね、彼らの生きざまや海外で受け入れられてきた秘密、日本人だからできたことなどを見つけ出していく。衛星第1で月1回放送の50分番組。

世界一周！地球に触れる・エコ大紀行　2008年度

2人の旅人が北半球と南半球に分かれ、それぞれ各地のエコツアーに参加しながら、地球をぐるり一周する旅に出た。エコツアーとは、環境問題や自然保護に精通した専門のガイドの下、大自然の魅力を楽しく体感しつつ、地球環境の危機や自然の保護の大切さを学んでいくもの。その体験と感動を、生中継とVTRで伝えた環境エンターテインメント・生キャラバン番組。ハイビジョンと衛星第1で夜間に放送した50分番組。

世界遺産への招待状　2009〜2010年度

毎回数か所の世界遺産を訪ねる紀行番組。まるで自分が旅をしているような感覚を楽しめるよう構成し、遺産の背後にある謎、歴史や人間のドラマにも迫る。番組プレゼンターとして女優の真矢みきが声の出演をした。総合（月）午後10時からの43分番組。衛星第2でも放送。

世界のエコツアー　2009年度

エコツアーとは、環境問題や自然保護に精通した専門のガイドの下、大自然の魅力を体感しつつ、生きものを取り巻く環境の現状を見つめ学ぶ旅のこと。単なる秘境ツアーとは一線を画し、若い世代を中心に人気が高まっている。2008年度に放送された大型番組『世界一周！地球に触れる・エコ大紀行』で取り上げた30のエコツアーの醍醐味を、20分に再構成した。衛星第1とハイビジョンで放送。

2010年代〜

旅のチカラ　2011〜2013年度

旅をすることで昨日と違う自分に出会う、人生の次のステップを踏み出す力を得る、そんな旅の模様を伝える紀行ドキュメンタリー番組。各回で活躍する著名人が旅人となり、旅先で出会う人や風景、暮らしなどから特別な「チカラ」を得て、今の自分を乗り越えようと体当たりで挑む姿を伝えた。BSプレミアムで夜間放送の1時間枠。

地球イチバン　2011〜2014年度

「地球でイチバンの場所」を訪ね、あっと驚く暮らしや習慣、環境の中から、暮らしの知恵や、集団・社会としての英知を見つけていく紀行教養番組。「地球でイチバン暑い場所〜エチオピア」や「地球でイチバン子どもにやさしい教育〜オランダ」など、自然環境から、子育て、エネルギー問題まで幅広いテーマで初年度は全16本を制作した。総合夜間の43〜48分番組。2015年度には『地球イチバン　セレクション』を放送。

世界遺産　時を刻む　2011〜2012年度

世界遺産はなぜ歴史に名を刻むことができ、どんな時を歩んできたのか。「塔」「祭り」「木々」「銀」「庭園」「来世」「ワイン」といったテーマ別に、世界中の世界遺産を訪ねて新規に撮影し、珠玉の映像と立体的に組み合わせて紹介した。俳優の向井理がナビゲーターを務め、若々しい感性と好奇心で世界遺産の知られざる魅力に迫った。BSプレミアム(金)夜間放送の1時間番組。

もうひとつのシルクロード　2011年度

1980年に放送された『NHK特集〜シルクロード』（50分・12本シリーズ）。その翌年の1981年に30分版として放送された『もうひとつのシルクロード』。自然編、民族編、オアシス編などテーマ別に構成され、本編とは違う新たな魅力をもつ作品をデジタルリマスターして放送した。BSプレミアム(火)午後6時からの30分番組。

恋する雑貨　2012〜2013年度

雑貨好きの女優やモデルたちが、世界各地へ"雑貨旅"をする。現地のかわいくて心ときめく安い雑貨を発掘する旅で、雑貨の生まれた背景や、生活の中での使われ方なども紹介した。30代、40代の女性たちをターゲットにしたBSプレミアム(月)午後11時15分からの30分番組。

世界ふれあい街歩き　ちょっとお散歩　2012〜2023年度

カメラ目線で世界の街を歩きながら、さまざまな人と出会っていく紀行番組『世界ふれあい街歩き』を再編集した15分番組。語り：出田奈々、古野晶子、廣瀬智美、赤木野々花アナほか。2012年10月から放送をスタートし、BSプレミアムで随時放送。2018年度に総合(火)午後4時5分で定時放送。BSプレミアムでも随時放送。

桃源紀行　2012〜2017年度

海外の暮らしを、現地に住む人ならではの目線で描く紀行ドキュメンタリー。「君住む街で」のシリーズは、広州（中国）、上田市（長野）、ベネチア（イタリア）、桧枝岐村（福島）、エディンバラ（イギリス）などを舞台に若い女性の1週間の暮らしぶりから街の魅力を探った。また「"美しい村"の物語」のシリーズでは、和順郷（中国）、銀山温泉（山形）などを紹介した。BSプレミアムの30分番組。

地球アドベンチャー　冒険者たち　2013年度

飽くなき探究心を持つ「冒険者」たちが海原を越え、大地を踏み分け、未知なる世界に挑み、地球を再発見するドキュメンタリー。数百年前のいん石落下で出来たと言われるシベリアの幻の湖を訪ねる「北極圏サバイバル ツンドラの果ての湖へ〜登山家・服部文祥」、前人未踏のワチャマカリ山に挑んだ「南米ギアナ高地 謎の山 未知の民〜探検家・関野吉晴」など全3回。BSプレミアム(後期・土)午後7時30分からの89分番組。

世界で一番美しい瞬間（とき）　2014〜2015年度

地球上で、その季節、時期に一番美しい場所とそこに暮らす人々を探して旅をする。ただ美しい風景をめでるだけではなく、その時を待つ人、生きる人の物語を紡いでいく旅でもある。旅をするのは若手のNHKアナウンサーたち。みずみずしい感性で美しい瞬間に立ち会った。BSプレミアム夜間の50分枠。

世界入りにくい居酒屋　2014〜2017年度

世界各地の有名な観光地にあるいい居酒屋は、旅行者にとっては入りにくい。そんな「入りにくい居酒屋No.1」を徹底調査。地元ならではの美食・美酒を楽しみ、文化の違いに驚き、店の人や客たちとの会話から、その土地の人情や現代の世相までを堪能する大人のための新しい紀行エンターテインメント番組。BSプレミアム午後11時台の30分番組。

地球イチバン　セレクション　2015年度

地球上のさまざまなイチバンの地を訪ね、"圧倒的な風景"と"究極の非日常"をとことん味わう紀行ドキュメンタリー『地球イチバン』（2011〜2014年度）の名作をアンコール放送。「地球最後の航海民族〜ミクロネシア・中央カロリン諸島」「世界一長生きできる島〜イタリア・サルデーニャ島」「世界最大の砂漠の祭典　バーニングマン・フェスティバル」などを、総合(水)午後2時5分から48分で放送。

07 紀行（海外） | 定時番組

一本の道　2016〜2017年度
歴史や自然に彩られたヨーロッパの一本の道を、NHKアナウンサーと日本語が話せる地元の人が2人で歩く紀行番組。その土地に生きる人々との出会い、息をのむ絶景、過去の時代の痕跡など、道が語りかけてくるものに耳を傾けながらの「歩く旅」。各所で最新のドローン撮影を駆使して、道の美しさも効果的に伝えた。毎月1本で年間10本を制作。BSプレミアムの1時間番組。

2度目の◯◯　2016〜2018年度
誰もが知る世界の観光地を2度目に訪ねるとしたら？　みんなが行く有名スポットはあえてスルーし、個性的でディープな穴場を巡る疑似体験型の新しい旅番組。現地の最新情報をもとに、格安のB級グルメから超高級レストランをお得に楽しむ裏ワザ、とっておきのお土産選びなどを毎回3万円や2万円の制限の中で紹介。第1回放送は『2度目のフィレンツェ』。BSプレミアム午後10時台の1時間番組（2018年度は30分番組）。

岩合光昭の世界ネコ歩き　2017年度〜
動物写真家の岩合光昭が世界各国のネコを動画で撮影。音楽と少ないナレーションで臨場感たっぷりに伝える。特徴は、ネコと同じ目線で撮影された映像。ネコについて歩いていくと、世界各国の日常が見えてくる。何のしがらみもなく本能的に生きるネコの姿を、美しい世界各国の映像とともに放送。2012年度よりBSプレミアムで不定期に放送。2017年度よりBSプレミアムで59分番組で定時放送。

世界はほしいモノにあふれてる〜旅するバイヤー　極上リスト　2018〜2020年度
世界を旅するトップバイヤーの海外出張に密着し、ファッション、グルメ、インテリア、雑貨など、各地に眠るステキなモノを探す総合の知的エンターテインメント番組。単にモノの良さだけでなく、モノが生まれた背景、歴史文化をスタイリッシュに伝えた。30〜40代女性にターゲットを絞った番組作り、SNSと連動する生放送番組に取り組むなど、深夜帯でありながら現役世代の女性ファンを獲得した。

これって攻めすぎ!? 世界旅行　2022年度
奇想天外な海外旅行を疑似体験できる新感覚の紀行番組。王道観光地専門の「定番」と不思議な場所専門の「攻めすぎ」。2冊のガイドブックが案内する「名所・グルメ・地元の有名人に出会う」旅。時に驚き、時に感動するツッコミどころ満載の旅で、世界の素顔が見えてくる。NHKラーニングやYouTubeなどの展開も。ナレーター：鎌倉千秋アナウンサーほか。2022年7〜3月、総合（日）午前0時25分からの38分番組。

世界サンライズツアー　2023年度
時差を利用して世界各地の日の出を巡るダイナミックな映像ツアー。スマートフォンを利用して、さまざまな国や地域に暮らす人々とリレー方式でつながり、各地の美しい日の出と人々の朝の過ごし方を紹介する。Eテレ（土）午後10時30分からの30分番組。月1回程度放送。

究極ガイド　2時間でまわる☆☆☆　2023年度〜
大手旅行会社によると、多くの日本人が観光地で過ごす時間は約2時間。その2時間で国内外の有名観光地を味わい尽くそうという番組。ピラミッド、アンコールワット、東大寺、姫路城など魅力あふれる場所を取り上げ、"究極のルート"を設けて20前後の必見ポイントを紹介。グルメ情報やお役立ちガイドなどの有益情報も伝えた。第1回放送は『2時間でまわる嵐山』。BS4K（最終・火）午後7時30分からの1時間59分番組。

世界熱中ひとり旅　2024年度
第一線で活躍する俳優たちが、世界中をひとり旅。自身が熱中し、愛してやまないものごとのその先を追い求め、その国の歴史や文化、自然などを旅しながら探求する。滝藤賢一は珍奇植物のルーツを探りに南米チリへ、石田ゆり子は台湾の犬や猫に会いに旅をする。とっておきの世界紀行を届ける。BS（木）午後8時からの59分番組。

NHKフォトストーリー ⑱

P471 ← ⑰　⑲ → P499

NHK放送センター建設工事空中撮影（1964年7月）

完成したNHK放送センター（1964年10月）

NHK放送センター第1期工事完成（1965年）

NHK放送センターVTR室

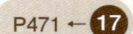
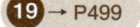

NHK放送センター　主技術制御室（1965年）

東京五輪をめざして開発されたカラーテレビカメラ
（1964年）

東京五輪で使われたスローモーションVTR装置
（1964年）

東京五輪で使われた1／2インチ・ビジコンカメラと長距
離中継装置（1964年）

東京五輪　宇宙中継実験準備（1964年）

東京五輪マラソン中継で活躍した移動撮像車（1964年）

テレビ中継車（1965年）

テレビクレーン車（1965年）

照明電源車（1967年）

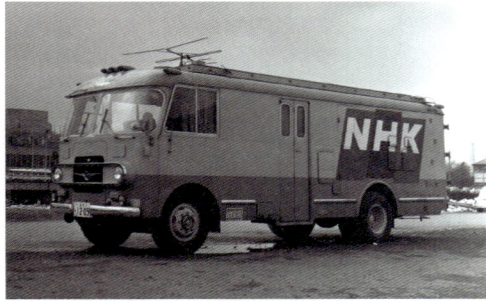

カラーテレビ中継車（1968年）

紀行（国内）番組年表1

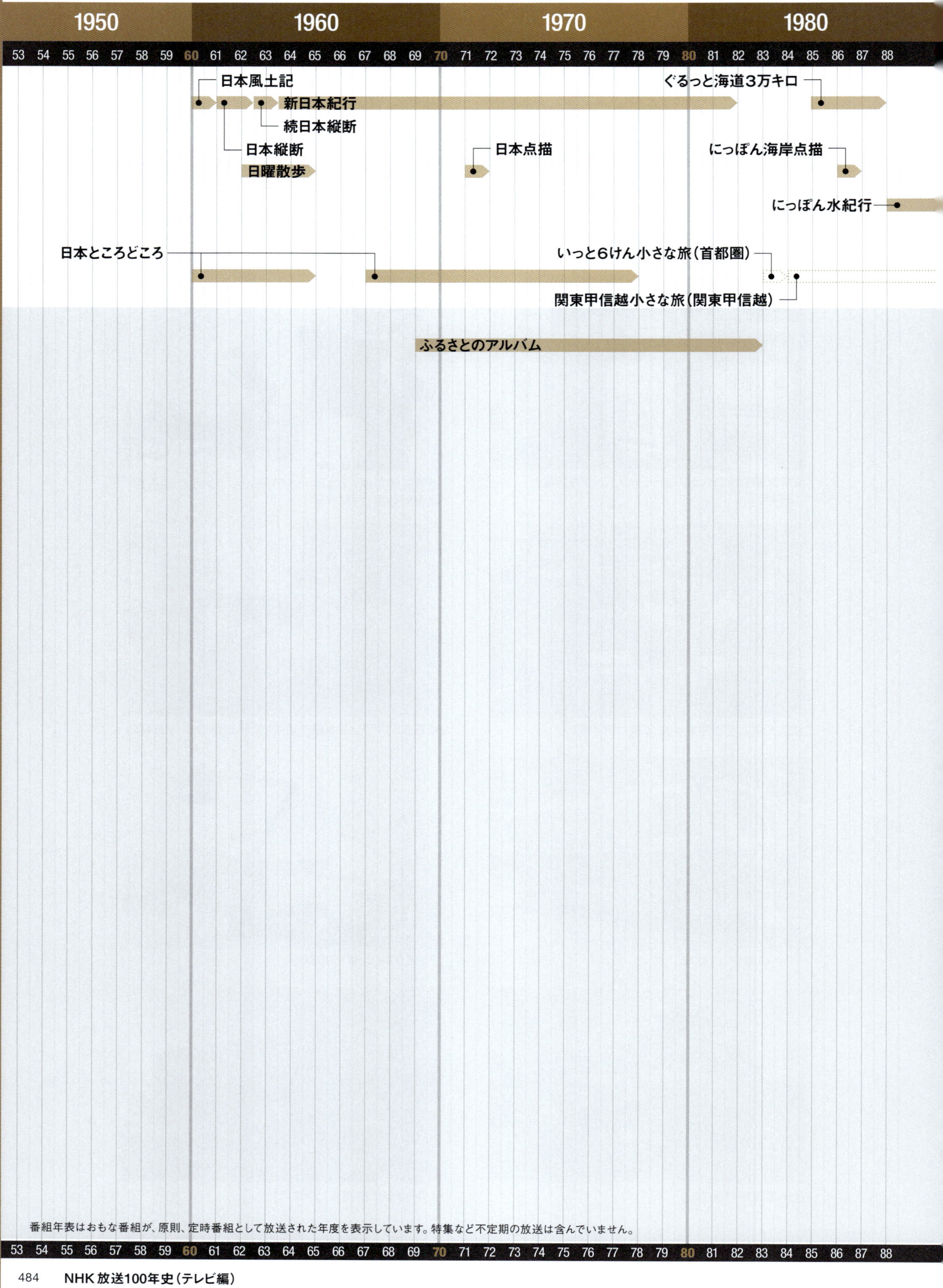

	1950			1960			1970			1980	

53 54 55 56 57 58 59 **60** 61 62 63 64 65 66 67 68 69 **70** 71 72 73 74 75 76 77 78 79 **80** 81 82 83 84 85 86 87 88

日本風土記

ぐるっと海道3万キロ

新日本紀行

続日本縦断

日本縦断

にっぽん海岸点描

日本点描

日曜散歩

にっぽん水紀行

日本ところどころ

いっと6けん小さな旅（首都圏）

関東甲信越小さな旅（関東甲信越）

ふるさとのアルバム

01.ドラマ　02.クイズ・バラエティー　03.音楽　04.伝統芸能　05.ニュース　06.報道・ドキュメンタリー　07.紀行　08.教養・情報　09.自然・科学　10.こども・教育　11.人形劇・アニメ　12.趣味・実用　13.大型特集番組 等

WEB版の年表はこちら

紀行(国内)

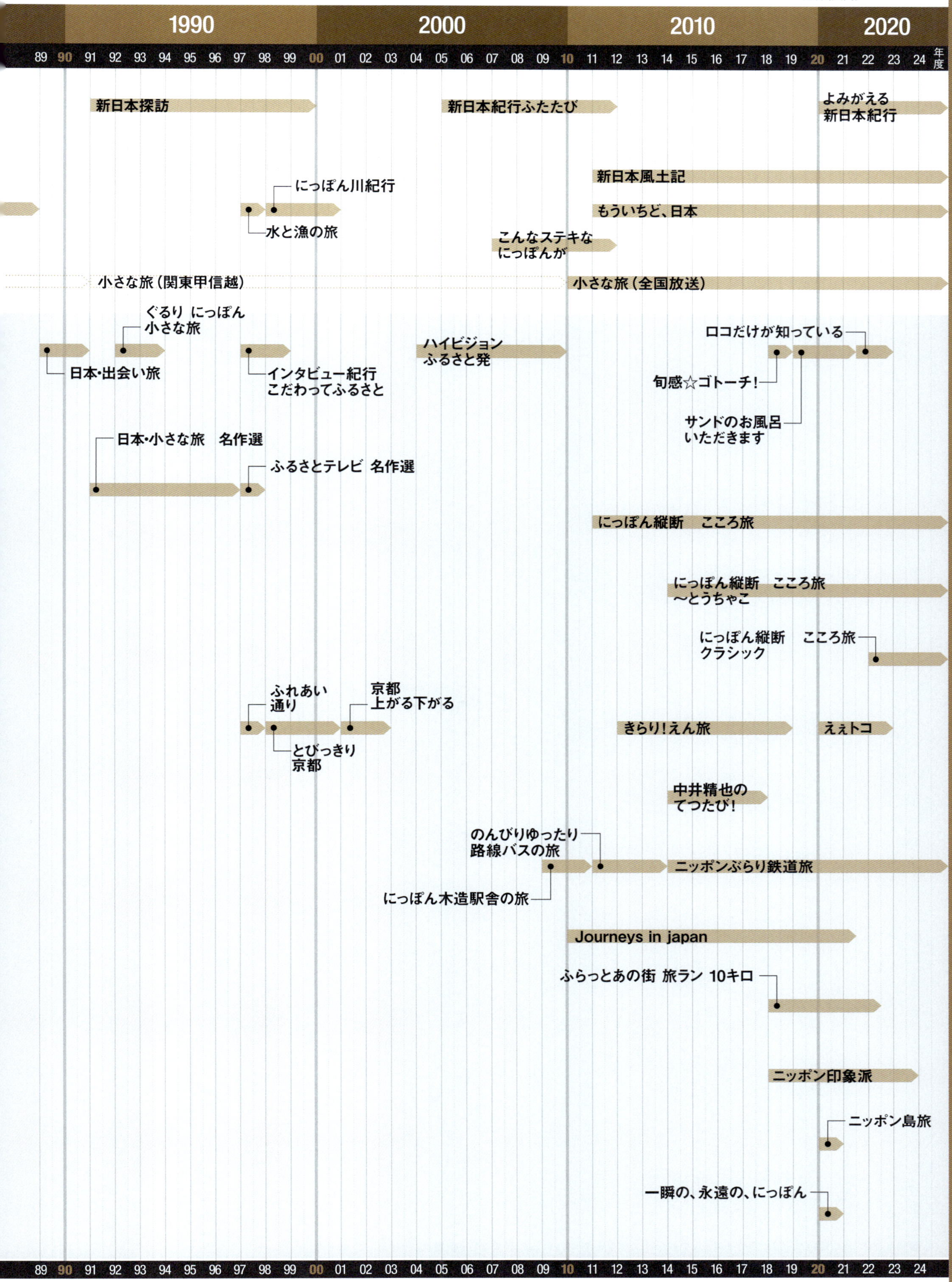
1990
2000
2010
2020
89 90 91 92 93 94 95 96 97 98 99 00 01 02 03 04 05 06 07 08 09 10 11 12 13 14 15 16 17 18 19 20 21 22 23 24 年度
新日本探訪
新日本紀行ふたたび
よみがえる
新日本紀行
新日本風土記
にっぽん川紀行
もういちど、日本
水と漁の旅
こんなステキな
にっぽんが
小さな旅(関東甲信越)
小さな旅(全国放送)
ぐるり にっぽん
小さな旅
ハイビジョン
ふるさと発
ロコだけが知っている
日本・出会い旅
インタビュー紀行
こだわってふるさと
旬感☆ゴトーチ!
サンドのお風呂
いただきます
日本・小さな旅　名作選
ふるさとテレビ 名作選
にっぽん縦断　こころ旅
にっぽん縦断　こころ旅
～とうちゃこ
にっぽん縦断　こころ旅
クラシック
ふれあい
通り
京都
上がる下がる
きらり!えん旅
えぇトコ
とびっきり
京都
中井精也の
てつたび!
のんびりゆったり
路線バスの旅
ニッポンぶらり鉄道旅
にっぽん木造駅舎の旅
Journeys in japan
ふらっとあの街 旅ラン 10キロ
ニッポン印象派
ニッポン島旅
一瞬の、永遠の、にっぽん
89 90 91 92 93 94 95 96 97 98 99 00 01 02 03 04 05 06 07 08 09 10 11 12 13 14 15 16 17 18 19 20 21 22 23 24

01.ドラマ 02.クイズ・バラエティー 03.音楽 04.伝統芸能 05.ニュース 06.報道・ドキュメンタリー 07.紀行 08.教養・情報 09.自然・科学 10.こども・教育 11.人形劇・アニメ 12.趣味・実用 13.大型特集番組等

番組年表はおもな番組が、原則、定時番組として放送された年度を表示しています。特集など不定期の放送は含んでいません。

53 54 55 56 57 58 59 60 61 62 63 64 65 66 67 68 69 70 71 72 73 74 75 76 77 78 79 80 81 82 83 84 85 86 87 88

| | 1990 | | 2000 | | 2010 | | 2020 | |

89 **90** 91 92 93 94 95 96 97 98 99 **00** 01 02 03 04 05 06 07 08 09 **10** 11 12 13 14 15 16 17 18 19 **20** 21 22 23 24 年度

鶴瓶の家族に乾杯

ブラタモリ

美しき日本
百の風景

ニッポンの里山
ふるさとの絶景に出会う旅

にっぽん清流
ワンダフル紀行

ふだん着の温泉

テレビ巡礼
～西国三十三所

平成 古寺巡礼

四国八十八か所

にっぽん 美と心

奥の細道をゆく

日本俳句紀行

五七五紀行

司馬遼太郎と城を歩く

街道をゆく

生中継 にっぽんの夜

立体生中継・日本悠々

テレビ生紀行

ハイビジョン実況中継・日本の祭

89 **90** 91 92 93 94 95 96 97 98 99 **00** 01 02 03 04 05 06 07 08 09 **10** 11 12 13 14 15 16 17 18 19 **20** 21 22 23 24

NHK 放送100年史（テレビ編）　487

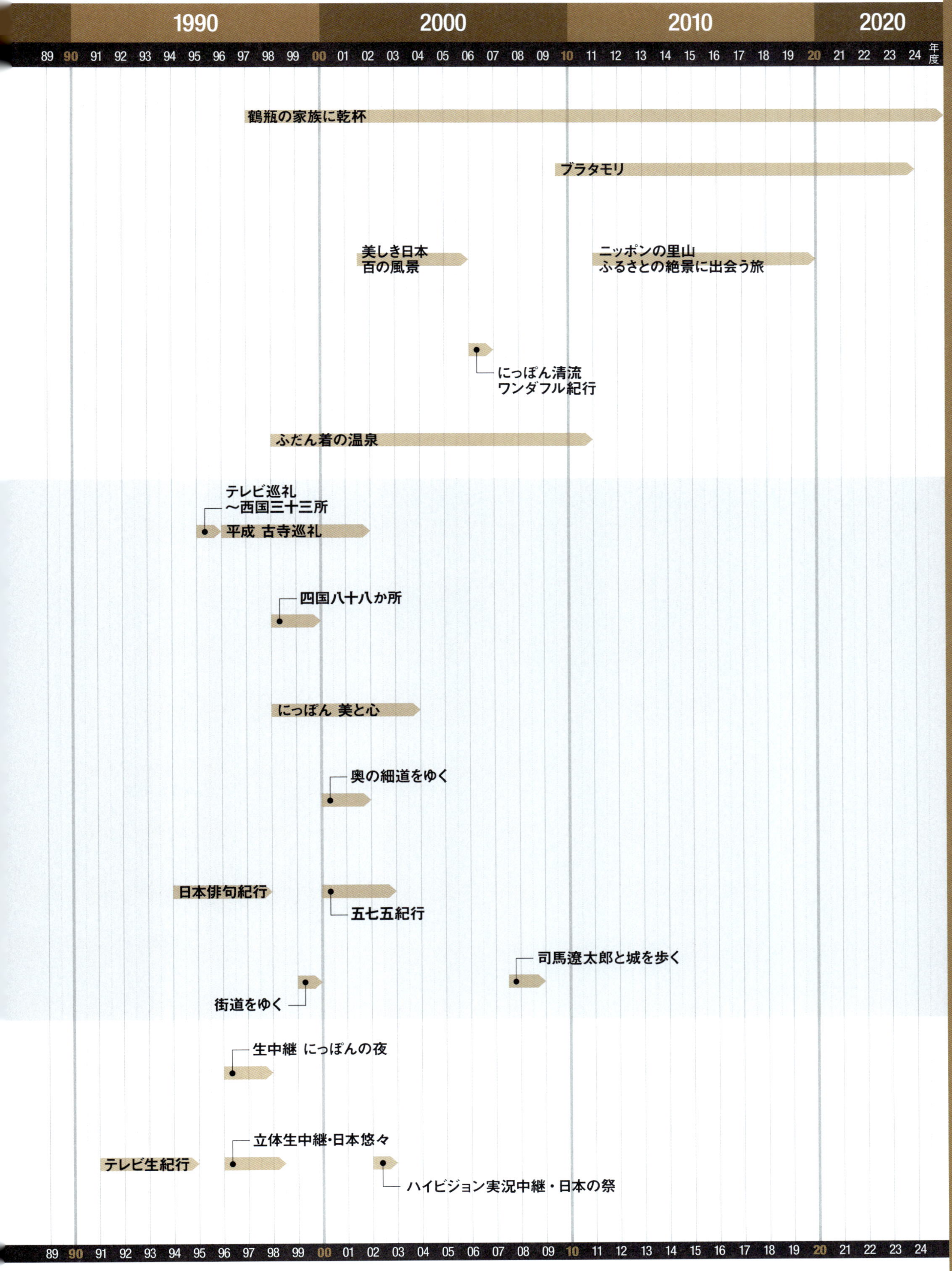

紀行（海外）番組年表

	1950							1960											1970											1980								
53	54	55	56	57	58	59	60	61	62	63	64	65	66	67	68	69	70	71	72	73	74	75	76	77	78	79	80	81	82	83	84	85	86	87	88

世界のくにぐに

世界みたまま

世界さまざま

世界の秘境

シルクロード

シルクロード・ロマンの旅

シルクロード巡礼

ロマンチック街道

グリム童話の旅

名園散歩

番組年表はおもな番組が、原則、定時番組として放送された年度を表示しています。特集など不定期の放送は含んでいません。

53	54	55	56	57	58	59	60	61	62	63	64	65	66	67	68	69	70	71	72	73	74	75	76	77	78	79	80	81	82	83	84	85	86	87	88

01.ドラマ　02.クイズ・バラエティー　03.音楽　04.伝統芸能　05.ニュース　06.報道ドキュメンタリー　07.紀行　08.教養・情報　09.自然・科学　10.こども・教育　11.人形劇・アニメ　12.趣味・実用　13.大型特集番組等

WEB版の年表はこちら

紀行（海外）

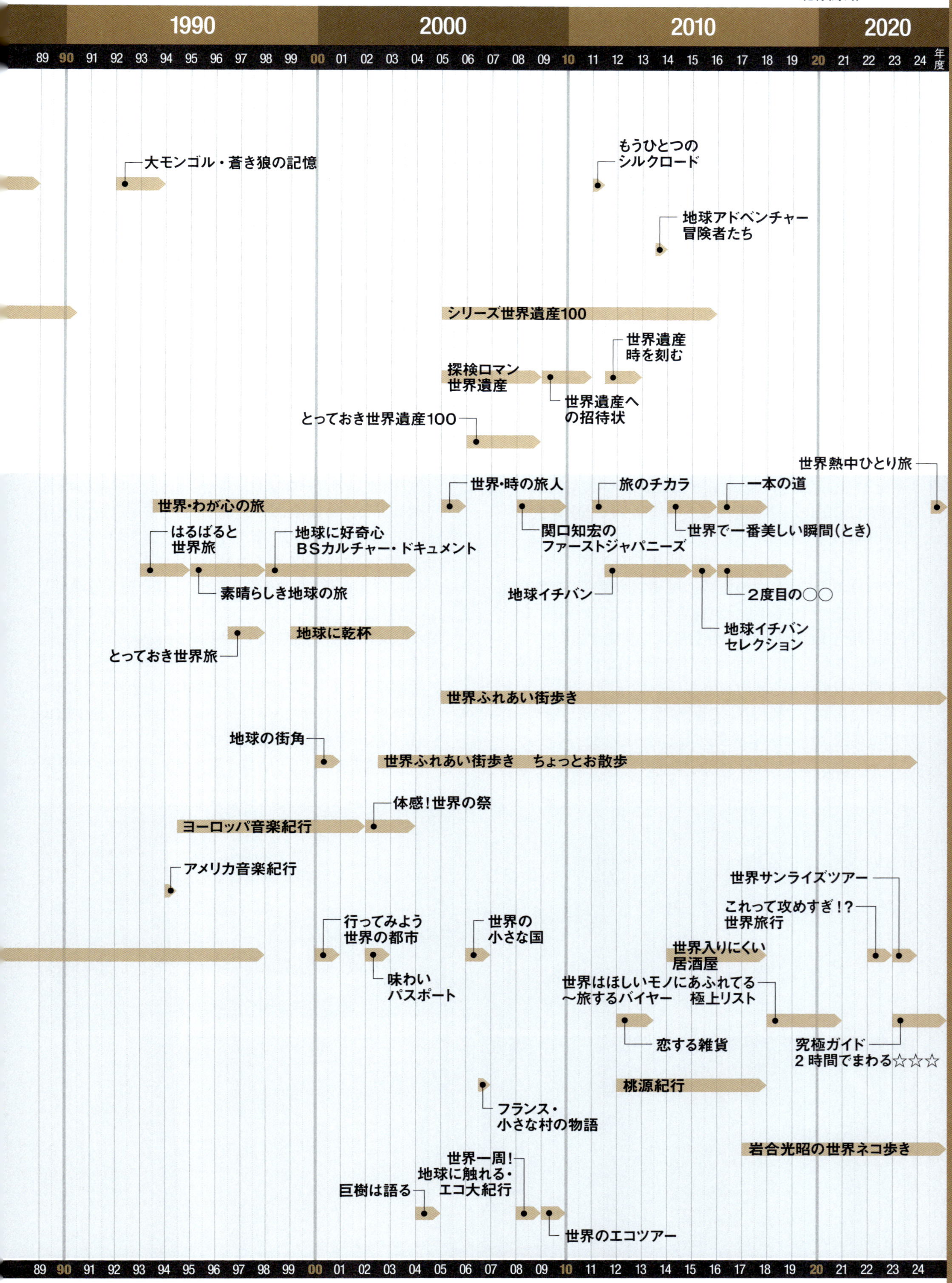

1990
2000
2010
2020
89 90 91 92 93 94 95 96 97 98 99 00 01 02 03 04 05 06 07 08 09 10 11 12 13 14 15 16 17 18 19 20 21 22 23 24 年度
大モンゴル・蒼き狼の記憶
もうひとつの
シルクロード
地球アドベンチャー
冒険者たち
シリーズ世界遺産100
世界遺産
時を刻む
探検ロマン
世界遺産
世界遺産へ
の招待状
とっておき世界遺産100
世界熱中ひとり旅
世界･時の旅人
旅のチカラ
一本の道
世界･わが心の旅
関口知宏の
ファーストジャパニーズ
世界で一番美しい瞬間（とき）
はるばると
世界旅
地球に好奇心
BSカルチャー・ドキュメント
素晴らしき地球の旅
地球イチバン
2度目の○○
地球イチバン
セレクション
地球に乾杯
とっておき世界旅
世界ふれあい街歩き
地球の街角
世界ふれあい街歩き　ちょっとお散歩
体感！世界の祭
ヨーロッパ音楽紀行
アメリカ音楽紀行
世界サンライズツアー
これって攻めすぎ！？
世界旅行
行ってみよう
世界の都市
世界の
小さな国
世界入りにくい
居酒屋
味わい
パスポート
世界はほしいモノにあふれてる
～旅するバイヤー　極上リスト
恋する雑貨
究極ガイド
2時間でまわる☆☆☆
桃源紀行
フランス・
小さな村の物語
岩合光昭の世界ネコ歩き
世界一周！
地球に触れる・
エコ大紀行
巨樹は語る
世界のエコツアー
89 90 91 92 93 94 95 96 97 98 99 00 01 02 03 04 05 06 07 08 09 10 11 12 13 14 15 16 17 18 19 20 21 22 23 24

教養・情報
歴史

01

歴史番組のメインストリーム
～『日本史探訪』から『歴史探偵』へ～

　NHK東京教育テレビジョン（現・Eテレ）開局の日に、"歴史"を冠したタイトルの番組が12回シリーズで始まった。1959年1月10日の午後8時30分から放送された教育番組『日本の歴史』である。

　その11年後、日本初の定時の歴史教養番組『日本史探訪』（1970～1975年度）が総合テレビでスタートする。毎週水曜午後10時台の30分番組だ。歴史を彩るさまざまな出来事や人物にスポットを当て、著名な作家や評論家が独自の視点から歴史を語るトーク番組である。

　番組に先立って制作された試作版は、「関ヶ原」をテーマに司馬遼太郎と松本清張が論じ合うという企画。しかし、2人とも超売れっ子作家で、双方のスケジュール調整がかなわず、やむなく大阪と東京で別々に話を聞くことになった。こうして行われた個別インタビューでは、面と向かって対談するのと違い、それぞれの持論が遠慮なく展開された。この対立の構図が"複眼の歴史番組"と評判になり、以降、担当ディレクターが出演者にインタビューして、それをもとに番組の構成を決めるという基本スタイルが固まった。

　第1回放送のテーマは「二つの信長像」。作家の海音寺潮五郎と司馬遼太郎の2人が、寺に残っていた2枚の織田信長の絵を手がかりに信長の人物像を論じ合った。海音寺は、ものにつかれたような信長像から「狂気の相があり、叡山の焼き討ちをするなど、一国を預かる武将としては容認できない」とした。これに対して司馬は、信長像から鋭利なものを感じとり「時代を突き抜けた知性と近代性があった」と評価した。

　番組はリニューアル版となる『新日本史探訪』（1976～1977年度）と合わせて8年にわたって視聴者に親しまれ、NHKの歴史番組の基礎を築いた。

　『新日本史探訪』を引き継ぐ形でスタートしたのが『歴

『日本の歴史』(1958年度) → P496

『日本史探訪』松本清張・海音寺潮五郎 (1970年度) → P496

『新日本史探訪』(1976～1977年度) → P496

『歴史ドキュメント　追跡・謎の黒髪』(1984年度) → P497

『歴史への招待』(1978〜1983年度) → P496

『歴史への招待』赤穂浪士(1978年度) → P496

『歴史への招待』池田屋事件(1980年度) → P496

史への招待』(1978〜1983年度)である。前身の『新日本史探訪』が"上品で良質な歴史番組"であったのに対して、新番組では子どもや若い女性にも面白がって見てもらえる"教養番組らしからぬ歴史番組"を目指した。歴史をテーマにした"情報番組"という考え方で、現代人の視点で実証的に歴史を解剖。第2回放送の「旗本八万騎」では、旗本たちを日本最初のサラリーマンと位置づけ、史料を駆使して現代のサラリーマンとの共通性を探った。ほかにも「赤穂浪士の討ち入りにはいくら金がかかったのか」「源義経の騎馬軍団はどんな馬に乗っていたのか」など素朴な疑問を糸口に、教科書では扱わない歴史のディテールをあぶりだした。

　番組の案内役は朝の情報番組『こんにちは奥さん』(1966〜1973年度)で"全国区"となった鈴木健二アナウンサー。「幕末の全国の石高は3043万5206石2升7合6勺でございました」と立て板に水のような鈴木アナの語り口は"鈴木講談"と呼ばれ、歴史番組の堅苦しいイメージを一新した。

　担当のディレクターたちが、自分の足を使ってコツコツ

集めた膨大な情報から毎回のテーマを決定。スタジオに組んだセットや大パネルを使った解説など、多彩な演出方法で日本史をわかりやすくビジュアル化し、午後10時台の番組ながら20%近い高視聴率を記録した。

　1984年3月に『歴史への招待』が終了すると、その1年半後、『歴史ドキュメント』(1985〜1986年度)がスタートする。日本史に秘められた数々の謎や新事実を、綿密な取材と著名人の大胆な推理で解明する歴史エンターテインメントだ。スタジオパートを交えず、本格的なビデオ構成のドキュメンタリーとして制作された。

　第1回「追跡・謎の黒髪〜秘められた北条政子の素顔〜」では、伊豆・修禅寺の本尊・大日如来座像の胎内から発見された黒髪の主は誰なのかを、警察庁の附属機関である科学警察研究所をはじめ、仏像の専門家、古文書の権威らの協力を得て追求。尼将軍・北条政子がわが子・頼家の死を悲しんで像を作り、自らの髪の毛を納めたという説の真偽を探った。

　『歴史ドキュメント』は、「歴史への臨場感を」をキャッチ

歴史

『歴史誕生』（1989～1990年度）→P497

『歴史発見』（1992～1993年度）→P497

『ライバル日本史』（1994～1995年度）→P497

『堂々日本史』（1996～1998年度）→P497

フレーズに、日本史に秘められたさまざまな謎を、歴史上の新発見や推理、緻密な取材、著名人の見解をもとに解き明かしていくスタイルで、推理を楽しむ知的エンターテインメントとして受け入れられた。

　1988年8月に特集番組として放送された『歴史誕生』は、翌年度に金曜午後10時から定時化。現代人の暮らしや考え方が生まれたきっかけとなる、重要な歴史的事件を取り上げて解説した。1991年3月に『歴史誕生』が終了すると1992年4月、同じ金曜午後10時に『歴史発見』（1992～1993年度）がスタート。毎回1つのテーマに1人の「論者」を迎え、定説を覆す新たな歴史の解釈や新資料による史実の発見など、歴史を読み解く楽しさを味わった。テーマは「信長暗殺・光秀は操られていた」「写楽を捜せ」「卑弥呼　王権の秘密」「奥の細道　芭蕉・謎の旅路」など、毎回、ロマンにあふれる歴史の謎に迫った。

　『ライバル日本史』（1994～1995年度）は、日本史における有名なライバル同士をはじめ盟友、親子、同分野の巨人たちの行動、関係を切り口とした新しいタイプの歴史番組。「教育」「女性の社会進出」「プロデュース」といった現代人が共感できるテーマを据え、その分野の気鋭の識者や必ずしも歴史の専門家ではないゲストも招き、歴史に新たな視点を持ち込んだ。第1回は評論家の田原総一朗と作家の三好徹をゲストに「黒船大動乱～徳川斉昭と井伊直弼～」を放送。その後、「社長の条件～渋沢栄一と岩崎弥太郎～」「キャリアウーマン、明治と戦う～津田梅子と大山捨松～」「赤穂浪士は有罪か」「陽と陰、平

『ニッポンときめき歴史館』（1999年度）→P497

安才女の自己演出～清少納言と紫式部～」など幅広いテーマで放送し、好評を得た。

　その後継番組『堂々日本史』（1996～1998年度）は、歴史上の大事件や人物についての現地調査や精巧に作られた再現セットによって検証するなど、歴史の専門家が歴史を正面から"堂々と"紹介する番組。はかま姿の講談師にふんした内藤啓史アナウンサーが番組を進行。内藤アナは後継番組『ニッポンときめき歴史館』（1999年度）でも「歴史館」主人として「納得志願ゲスト」を招く案内役をつとめた。ゲストは歴史の謎を推理し、実物の史料や再現セット、さらに番組のセールスポイントのひとつだった精巧に作られたジオラマで歴史の面白さを体験した。

　21世紀の幕開けにスタートしたのが『その時　歴史が動いた』（2000～2008年度）。歴史のターニングポイントで

繰り広げられた人間ドラマにスポットを当てた。司会進行をつとめたのは松平定知アナウンサー。2000年3月放送の「運命の一瞬・東郷ターン～日本海海戦の真実～」では、1905年5月27日、日露戦争の勝敗を分けた日本海海戦で、東郷平八郎が敵前で150度ターンするという常識はずれの戦法で奇跡的な勝利を収めた「その時」に焦点を当て、東郷の指揮官としての苦悩や決断に迫った。この番組は、古代・戦国・幕末に関するテーマが多かった従来の歴史番組の枠を越えて、世界史の出来事も取り上げ、その後9年続く人気番組となった。

　そのあとを引き継いだ『歴史秘話ヒストリア』（2009～2020年度）も11年続いた人気番組。歴史的事件や著名な人物を知られざるエピソード、語り継いできた伝承など、教科書に載らない「秘話」を通して見つめた。案内役の

アナウンサーが着物姿の一方、背景セットがフルCGだったこともこの番組の特徴。解説アニメの中で登場した歴史上の人物のかわいいキャラクターも好評を呼んだ。放送の最終年だった2020年は、新型コロナウイルスの影響が国民生活に出始めた年だが、番組では急きょ「ペスト最悪のパンデミック」を制作、放送した。14世紀ヨーロッパで人口の3分の1が亡くなったとされるペスト感染から新型コロナと闘うヒントを探るなど、時代のタイミングをとらえたこころみも行った。

　1970年に『日本史探訪』から始まった総合テレビ平日夜間の"歴史番組"枠は、『歴史への招待』や『その時歴史が動いた』などの人気番組の定着によってNHK歴史番組のメインストリームを形成し、その流れは『歴史秘話ヒストリア』を経て、『歴史探偵』（2021年度～）へと約半世紀にわたって続いている。

『その時　歴史が動いた』（2000～2008年度）→P498

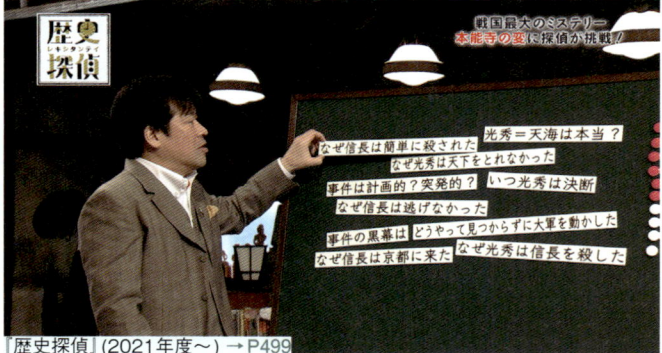

『歴史秘話ヒストリア』（2009～2020年度）→P498　　　『歴史探偵』（2021年度～）→P499

02

ユニークな切り口で勝負する歴史番組

『歴史出会い旅』（1998年度）は "歴史大好き" と語る多彩なゲストが、自分とかかわりのある土地を訪ね、歴史を肌で感じとる旅をする。落語家の林家木久蔵の「水戸黄門様のラーメンを探る」、タレント清水ミチコの「岩手縄文人のグルメ生活」、俳優下川辰平の「萩　幕末タイムトラベル」など、多彩なテーマで放送した。

教育テレビではアニメ・実写・トークでわかりやすく歴史を振り返る子ども向け教養番組『まんが日本史』（1992年度）や、『さかのぼり日本史』（2011〜2012年度）を放送。

『さかのぼり日本史』は現代の冷戦終結などから始まりその原因を次々たどって最後は飛鳥時代に行き着くといった、一つの事件ではなく「通史」を取り上げた歴史番組。時代と時代の因果関係から日本史の大きな流れをつかもうという試みだった。

2013年にスタートしたEテレの『先人たちの底力　知

恵泉』は、歴史番組にビジネスの視点を取り入れた。歴史上の人物が課題や困難を克服するときに発揮したさまざまな知恵を、第一線で活躍中のプロフェッショナルたちが分析する。司会をつとめるアナウンサーが、居酒屋のセットで "店主" としてゲスト出演者を迎える演出も親しまれた。

衛星放送では、最新の歴史研究と専門家の白熱トークで、歴史を多角的に検証する『BS歴史館』（2011〜2013年度）を放送。その後継番組『英雄たちの選択』（2014

『まんが日本史』（1992年度）→P497

『BS歴史館』（2011〜2013年度）→P498

『さかのぼり日本史』（2011〜2012年度）→P498

『先人たちの底力　知恵泉』（2013年度〜）→P498

『英雄たちの選択』（2014年度〜）→P498

『ザ・プロファイラー〜夢と野望の人生〜』(2012年度〜)　→P498

年度〜)は、歴史の岐路に立った英雄たちが選択した行動に着目。彼らの「選択」の背景やその後の影響などを、歴史学、軍事学、心理学、経済学などさまざまな分野の専門家の考証と独自アニメーションなども駆使してシミュレーションする。司会を担当する歴史学者・磯田道史のわかりやすい解説も人気を支えている。

2013年には、時代を動かした人物たちの謎に挑む『ザ・プロファイラー〜夢と野望の人生〜』がBSプレミアムで始まった。古代から現代まで、海外および日本の歴史上の人物の栄光と苦難の生涯をひもときながら、どのようにして自分の道を切り開き、歴史に名を刻んでいったのかをプロファイルしていく。司会は2014年1月からの大河ドラマ『軍師官兵衛』で主役を演じ、歴史好きを公言する岡田准一。

変わり種には総合テレビで放送した『タイムスクープハンター』(2009〜2014年度)がある。未来からタイムワープして平安から明治の各時代に派遣された"時空ジャーナリスト"が、その時代に生きる人々を取材するという設定のSFドラマだ。"取材対象"は歴史に名を残した英雄ではなく、従来の歴史番組ではほとんど取り上げられることのなかった下級武士や町民、農民たち。史料に基づいた徹底した時代考証で、彼らの生きる姿をリアルに描き出した。演じる役者たちはかつらを用いることはせず、実際に髪をそったり縛ってまとめたりしている。セリフはできる限り当時使用されていたと思われる言葉を使って、現代語訳

をテロップで表示した。撮影は屋外で自然光のもとで行われ、ドキュメンタリータッチの映像にこだわった。ドラマとしての面白さと歴史番組の実証的な興味が融合したユニークなスタイルが話題を呼び、2013年には劇場版も公開されている。

教育テレビの歴史講座として始まった歴史番組は、今やエンターテインメント番組として総合テレビやBSプレミアムの人気コンテンツの1つとなった。新史料の発掘で定説が覆ったり、ユニークな視点からの歴史の再点検が新事実を浮かび上がらせたりするなど、歴史番組は"歴史"が常に更新されていることを教えてくれる。

『タイムスクープハンター』(2009〜2014年度)　→P498

1950年代

日本の歴史 〈1958〉　1958年度

1959年1月10日、教育テレビ開局の日に午後7時からの『開局記念番組』に続いて午後8時30分から放送された45分番組。戦後の研究成果を加味し、現代との関連の中で実証的な歴史観に基づいて制作。毎回ゲストに一流の歴史研究家を迎えて、好評を得た。第1回のテーマは「日本人と国家の起源」。その後「奈良の都」「源氏と平氏」「信長・秀吉・家康」ほかを放送、4月4日の最終回「近代日本の成立」まで12本を放送した。

歴史　1959年度

開局したばかりの教育テレビで4月からスタートした歴史番組枠。4〜6月放送の「東海道むかしむかし」は東京大学の岡田章雄教授のユニークな解説と宮田輝アナウンサーの軽妙な司会が好評を呼んだ。7〜9月は大阪局制作の「京都千年」。原始時代から今日までの人間の歩みをたどる「人間の歩み」シリーズを、10〜12月は社会史の側面から、1960年1〜3月は科学史の面から見つめた。

1960年代

文明の起源　1960年度

紀元前に一気に開花したメソポタミア、エジプト、インダス、中国などの古代文明の発生のいきさつと相互の交流を、東京大学の石田英一郎教授が解説。教育午後8時30分から9時までの30分番組で1960年度前期に放送。

古代の日本　1960年度

日本の古代史について、考古学、言語学、人類学などの新たな研究成果を取り入れながら、日本列島の成立、日本人の由来を解説。教育午後8時30分から9時までの30分番組で1960年度後期に放送。『文明の起源』（1960年度）と『古代の日本』のシリーズは、当時の歴史ブームと相まって好評を得た。

歴史の窓から　1961年度

教育番組『文明の起源』（1960年度前期）、『古代の日本』（1960年度後期）の後継番組。「人物日本史」「歴史散歩」「農業の歴史」「日中文化交流史」「キリシタン宗門史」「近世町人物語」「日本科学事始め」「罪と罰の歴史」「日清日露」などのテーマを、2回から18回のシリーズで放送した。教育（水）午後8時30分からの30分番組。

1970年代

日本史探訪　1970〜1975年度

誰にでもなじみ深い歴史上の出来事や人物をテーマに取り上げた「茶の間の日本史」ともいうべき番組。日本史の専門家をはじめ、海音寺潮五郎、松本清張、司馬遼太郎といった人気作家らの独自の視点で日本史を見直すとともに、歴史の足跡をフィルムルポでつづった。それまでテレビ出演のなかった大物作家を引っ張り出したことでも注目された。総合夜間の30分番組で、NHK・民放を通じて初の定時の歴史番組となった。

スポットライト 〈1972〜1977〉　1972〜1977年度

スポットライトを浴びるある「もの」を出発点にして、それに直接間接にかかわった人々の証言や体験談、さらには推理などの発言を物語風に構成。人間の生き方のありようを探るとともに、人間への興味をかきたてるユニークな歴史番組。司会の顔ぶれもユニークだった。初代がフランキー堺、続いて永六輔、米倉斉加年、赤塚不二夫、そしてもっとも長い2年間を担当した鈴木健二アナウンサー。総合（木）午後7時30分からの30分番組。

バラエティー世界史漫遊　1975年度

ベーブ・ルース、シェークスピア、杉田玄白など、国内外の歴史上の人物をテーマに、そのライフワークや本人にまつわるエピソードなどの史実を忠実に追い、パロディー・コントや音楽で、楽しく演出した本格的なスタジオバラエティー。司会は諸口あきら。毎回、坂本九、植木等といった豪華ゲスト陣が歴史上の人物に扮した。総合で毎週（水）午後8時30分から25分間、1975年度前期放送。

新日本史探訪　1976〜1977年度

好評だった『日本史探訪』（1970〜1975年度）を刷新。歴史作家を迎えて、その独自の視点から歴史をとらえ直す構成は前作と同じだが、テーマの選定の幅をさらに広げ、放送時間を30分から45分に拡大。総合で月1回最終（火）午後10時15分から放送。初回の「長篠合戦−信長と鉄砲−」は作家の新田次郎が出演。そのほか海音寺潮五郎出演の「元寇−蒙古軍壊滅−」、永井路子出演の「鎌倉−源氏三代の悲劇」などを放送。

歴史への招待　1978〜1983年度

「赤穂浪士の討ち入りにはいくら金がかかったのか」。こうした素朴な疑問を糸口に、教科書にはのっていない歴史上の話題を現代の目をとおして明らかにする歴史情報番組。司会を務めた鈴木健二アナウンサーのよどみない解説が"鈴木講談"と言われ、人気になった。初回「安政大地震」から、最終回「最強！薩摩軍団の悲劇」まで、6年間に210本を制作。取り上げたテーマは戦国時代から戦後の闇市、男女共学まで幅広かった。

1980年代

歴史ドキュメント　1985〜1986年度

ロマンあふれる古代から激動の明治までの日本の歴史を、本格的なドキュメンタリーとして描いた大型歴史スペシャル。日本の歴史に秘められたさまざまな"謎"や"新事実"を、緻密な取材とゲストの著名人たちの大胆な推理により解き明かしていく。歴史の謎に迫るスリリングな展開とスクープが反響を呼んだ。総合（土）午後9時45分からの45分番組で、各年度11月から翌年3月まで計26本を放送。その後も特集番組を放送。

歴史誕生　1989〜1990年度

日本の歴史を決定づけた重要な事件、出来事を取り上げ、その事件がのちの日本人のものの考え方や生活にどのような影響を与えたかを、多角的に検証する歴史番組。「かくて都はうつった〜維新の遷都計画」「無敵織田軍団・天下を制す〜長篠の合戦」「利休茶室の謎〜追跡・天下一宗匠の切腹」「光秀謀反〜新説・本能寺」など、歴史上の事件を幅広く取り上げた。1991年度も総合『プライム10』枠内で不定期にシリーズ放送した。

1990年代

歴史発見　1992〜1993年度

1つのテーマごとに1人の識者を迎え、その知識に裏付けられたトークと映像によって、歴史への新しいアプローチを提示した。定説を覆すユニークな歴史の解釈、歴史上の人物に対する評価のとらえ直しなど、歴史を読み解く楽しさとロマンを追求した番組。「信長暗殺・光秀は操られていた」「商人利休・切腹への道」などは反響が大きかった。司会は濱中博久アナ。出演者には井沢元彦、杉浦日向子といった人気作家や専門家が名を連ねた。

まんが日本史　1992年度

まんがと写実、スタジオでのトークでわかりやすく日本史を解説する青少年向け歴史エンターテインメント番組。日本の各時代を代表する人物をアニメで紹介し、スタジオでその時代を振り返る。豊臣秀吉、源義経、卑弥呼、聖徳太子、紫式部と清少納言、空海、雪舟、ザビエル、平賀源内などを紹介。「日本史研究所長」に扮した司会のラサール石井が、生徒役の子どもたちと一緒に歴史を勉強した。教育（月）午後6時からの30分番組。

ライバル日本史　1994〜1995年度

歴史上の変革期に交差した2人の偉人にスポットを当て、両者の視点から歴史のダイナミックな動きを読み解く歴史番組。源頼朝と北条政子、徳川家康と真田昌幸、徳川斉昭と井伊直弼、西郷隆盛と大久保利通など、ライバルのみならず、歴史の歯車を共に動かそうとした盟友、一族が生き残るための決断を迫られた親子、兄弟など、さまざまな関係にある2人を通して歴史の動きを見つめた。司会は三宅民夫アナと葛西聖司アナ（大阪局）。

クイズ歴史紀行　1994〜1995年度

歴史の舞台を訪ね、歴史に秘められた謎やロマンを題材としたクイズを楽しみながら近畿から沖縄にかけて旅をするエンターテインメント番組。キャッチコピーは、「時への旅の果ては一夢」。クイズの回答者を、一般視聴者から募集する視聴者参加型番組でもあった。衛星第2で土曜の夜間に放送する45分番組。大阪放送局を中心に、西日本エリアの各地域局が制作。出演はジェフ・バーグランド（大手前女子大学教授・タレント）ほか。

ニッポン50年　1994〜1995年度

戦後50年の節目を迎えた1995年、焦土から奇跡の復興を遂げた日本の半世紀を克明に追うシリーズ。50年を彩ってきた各時代のキーワードを各回のテーマとした。NHKが蓄積した映像資料をベースに戦後復興の歴史をたどり、今日に新たな光を当てた。1995年1月放送の第1回は「焼け跡」をテーマに野坂昭如（作家）が出演。12月23日放送の最終回「昭和終わる」まで全44回を放送。衛星第1（土）午後9時30分からの30分番組。

堂々日本史　1996〜1998年度

誰もが知る歴史的事件や人物たちの背景にある"なぜ"や"どうやって"を、実証性をもって読み解く歴史教養番組。番組レポーターによる現場調査、状況再現や実験など、歴史上の出来事を身近に感じられる手法と、専門家ゲストのトークとで歴史の真実に迫る楽しさを味わう。番組キャスターを務めた内藤啓史アナウンサーがはかま姿の講談師に扮し、講談調で番組を進行するユニークなスタイルが親しまれた。総合夜間の45分番組。

歴史出会い旅　1998年度

日本各地を訪ねて身近な歴史を掘り起こし、歴史のおもしろさを改めて実感する歴史紀行番組。大の歴史ファンを公言する多彩なゲストたちが、毎回自分とゆかりのある地域を訪ね、その土地の歴史を肌で感じとっていく。初回「別所哲也が行く　龍馬"脱藩の道"」でスタートし、俳優・勝野洋の「仙台　独眼竜政宗　国造りにかけた夢」、狂言師・和泉元彌の「佐渡　荒波に世阿弥が舞う」ほかを放送。総合（土）午前10時5分からの25分番組。

ニッポンときめき歴史館　1999年度

『堂々日本史』（1996〜1998年度）の後継番組。内藤啓史アナウンサーが引き続き番組キャスターを務め、「歴史館」の館長に扮した。多彩な「納得志願ゲスト」を「歴史館」に招き、精巧につくられたジオラマによる再現セットや史料にふれ、歴史の面白さを推理・体感・納得する。江戸時代のおしゃれ術や、天文ブーム、旅ブームなど、生活実感のある身近なテーマも取り入れた。総合夜間の45分枠で、衛星第2でも放送。

20世紀100枚の写真　1999〜2000年度

第2次世界大戦のノルマンディー上陸作戦や、人類初の月面着陸など、20世紀を記録した膨大な写真の中から100枚を選び、毎回1枚ずつ取り上げ、その写真が世界にもたらした影響を、撮影したカメラマンや関係者の証言から浮き彫りにする5分番組。衛星第1（月〜金）午前11時20分、（土）午後0時15分ほかで放送。2000年度は再放送。

2000年代

その時　歴史が動いた　2000〜2008年度

歴史の分岐点となった「その時」にスポットをあて、その瞬間の人間ドラマを描く歴史番組。「その時」に至るまでの経緯や、関わった人々のドラマなどを掘り下げて、歴史のつながりを読み解く。松平定知アナウンサーの、あたかもその場面に遭遇したかのような演出と臨場感あふれる司会ぶりも人気に。実証主義、現場主義、専門家主義を柱として、世界史や近現代史、スポーツや文芸など、これまでの歴史番組にはない分野も取り上げた。

あの日　昭和20年の記憶　2004〜2005年度

昭和20年の敗戦の年から60年目に当たる2005年1月1日から12月31日まで毎日放送。激動の年、昭和20年のその日その日を、日本人はどのように生きたのか。各界の著名人たちの回顧証言や新聞記事によって「60年前の今日」はどんな日だったのかをつづった。衛星第2(月〜日)午前6時50分からの9分番組。1週間分をまとめたウイークリー版をハイビジョン(日)午後11時から11時50分まで放送。

タイムスクープハンター　2009〜2014年度

従来の時代劇や教科書には描かれなかった無名の人々を主人公にした、歴史エンターテインメント番組。未来から派遣され、戦国時代や江戸時代の昔にタイムワープした「時空ジャーナリスト」が、当時の人々の暮らしを取材し、記録・報告するというドラマ仕立ての内容。史料に基づいた正確な時代考証をもとに、知られざる庶民の暮らしをドキュメンタリーテイストで描いた。出演は要潤、杏ほか。シーズン1〜6を総合の深夜帯を中心に放送。

歴史秘話ヒストリア　2009〜2020年度

『その時　歴史が動いた』(2000〜2008年度)の後継番組。歴史に秘められた偉人の思いや知られざる逸話など、「歴史上の秘話」をわかりやすく紹介する歴史番組。古代から戦国、江戸、幕末から近現代、さらには世界史にもその舞台を広げ、徹底した現地取材をもとにバラエティーに富んだ驚きの秘話を紹介した。総合夜間の45分枠。初代司会は渡邊あゆみアナ。その後、井上あさひアナ、渡邊佐和子アナへとバトンをつないだ。

名将の采配　2009〜2010年度

今に語り継がれる歴史に刻まれた戦いがある。その危機的な状況で、どのような判断をし、その背景にはどのような分析と経験があったのか。スタジオに戦場を再現したジオラマを置き、ゲストが名将に代わり敵味方のコマを動かし、勝利の采配に挑む。第1回放送の「ハンニバル・歴史に残る包囲戦」では、7万6千のローマ軍に5万のカルタゴ軍が勝利したポエニ戦争を取り上げ、指揮官ハンニバルの采配の妙に迫った。総合の30分枠。

世界と出会った日本人　2009年度

近代日本の基礎作りに計り知れない貢献を行った25人の日本人にスポットを当て、彼らがどのように近代文明と出会い、日本を変えるに至ったかを描いた5分番組。取り上げた人物は、中村正直、渋沢栄一、大山捨松、福沢諭吉、稲畑勝太郎、伊藤博文、山田わか、辰野金吾、高橋是清、大島高任、成島柳北、大久保利通、黒田清輝、北里柴三郎、南方熊楠、山田耕筰、安達峰一郎、新渡戸稲造ほか。総合(日)午後10時45分からの5分番組。

2010年代

さかのぼり日本史　2011〜2012年度

現代から過去へ日本の歴史を1年かけてさかのぼるEテレの歴史教養番組。NHKの歴史番組としては初めて通史を取り上げた。歴史的な出来事や流れに対して「なぜそうなったのか」、その原因をたどりながら時代をさかのぼるのが番組コンセプト。時代と時代の因果関係を浮き彫りにし、日本史の大きな流れを明らかにした。2012年度は対外関係史にスポットを当て、戦後から飛鳥時代までさかのぼった。キャスターは石澤典夫アナウンサー。

BS歴史館　2011〜2013年度

「歴史とは、現代と過去との対話である」をテーマに、歴史上の人物や事件を新しい切り口で現代に伝えた歴史番組。「徳川綱吉は名君だった?」「黒船外交は弱腰ではなかった?」など、これまでの歴史の常識をくつがえすような最新研究と、研究者たちの白熱するトークで歴史的なことがらをあらゆる角度から検証し、新しい歴史観を提示した。出演は渡辺真理、石坂浩二、磯田道史、童門冬二ほか。BSプレミアム夜間の1時間枠。

ザ・プロファイラー〜夢と野望の人生〜　2012年度〜

俳優・岡田准一が、時代を動かした人物の生き方に迫る歴史エンターテインメント。2012年10月に『追跡者 ザ・プロファイラー』のタイトルでスタート。2013年度に現タイトルに改題。「歴史を知ることは、今を知ること」をキーワードに、歴史上の人物たちの栄光と苦難の生涯をひもときプロファイル。「西太后」から始まり、「コロンブス」「マリ・アントワネット」などを取り上げた。BSプレミアム(水)午後9時からの59分番組。

先人たちの底力　知恵泉（ちえいず）　2013年度〜

歴史上の人物が課題や困難を克服するときに発揮したさまざまな知恵を、現代社会の第一線で活躍しているプロフェッショナルたちが読み解く歴史番組。居酒屋風セットの中でアナウンサーが演じる「店主」と、歴史の専門家たちがトークを繰り広げ、歴史の知恵をビジネスマンが社会を生き抜くヒントとして活用するポイントを探る。司会の歴代「店主」は、井上二郎、近田雄一、二宮直輝、新井秀和、高井正智の各アナウンサー。

英雄たちの選択　2014年度〜

『BS歴史館』の後継番組。歴史的な決断を前にした英雄たちは、さまざまな選択肢の中から、たったひとつを「選択」した。歴史学、軍事学、心理学、経済学など、さまざまな分野の専門家たちが、彼らがその選択を決断した背景や後世に与えた影響を明らかにする。司会は磯田道史（歴史家）と渡邊佐和子（2014〜2017年度）、杉浦友紀（2018〜2023年度）、浅田春奈（2024年度〜）の各アナウンサー。

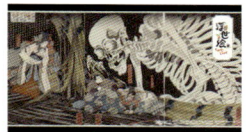

浮世絵 EDO-LIFE　2018〜2020年度

浮世絵は江戸時代の生活記録の宝庫。1枚の浮世絵から、人々の衣食住のディテールや日本人の美意識、季節感を読み取り、江戸のリアルな暮らしぶりを知る5分番組。年間50本制作。また"江戸の水辺"や"江戸のアイドル"をテーマにした29分拡大版『浮世絵EDO-LIFE　福袋』も2本制作。出演：藤澤紫（国学院大学教授）ほか。語り：井上二郎アナ、中條誠子アナほか。BS4K(木・日)の午後9時45分ほか。

2020年代

歴史探偵　2021年度〜

『歴史秘話ヒストリア』（2009〜2020年度）の後継番組。俳優の佐藤二朗が「歴史探偵社」の探偵所長として登場。専門家の意見をもとに、「名探偵」たちの入念な取材により歴史の謎や、突き止められる新事実にスリリングに切り込んでいく。総合夜間の45分番組。番組の"特別顧問"は歴史研究家の河合敦。探偵社・副所長が渡邊佐和子アナウンサー、探偵は近田雄一、青井実、森田洋平、石橋亜紗の各アナウンサーが務める。

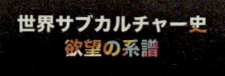

世界サブカルチャー史　欲望の系譜　2022年度〜

BSプレミアムで放送した90分の番組を30分ずつ3回にわけてEテレで放送。映画、流行、社会風俗など、サブカルチャーから時代の底に流れる意識と社会の形を読み解く異色のドキュメンタリー。アメリカはいかにして現在の姿となったのか。戦後から2010年代まで時代を彩った映像、ブーム、事件などから、社会の空気の変遷を大衆の欲望という視点からあぶり出す。語り：玉木宏。(水)午後10時30分からの29分番組。

偉人の年収 How much?　2023年度〜

信長、龍馬、アインシュタインなど、偉業を成し遂げた歴史のヒーローたちはいったいどのくらい稼いでいたのか。また、稼いだお金は何に使っていたのか。お金を切り口に半生をたどると、今まで語られなかった彼らの生き方や人生観が見えてくる。MCの谷原章介・山崎怜奈と、偉人に扮して登場する今野浩喜のアドリブトークも見どころの1つ。親子で楽しく学べる教養バラエティー。Eテレ(月)午後7時30分からの30分番組。

NHKフォトストーリー ⑲

P482 ← ⑱　⑳ → P520

高く評価された新潟地震の災害報道(1964年)

スリラードラマ『泥棒往来』撮影風景(1960年)

『テレビ指定席　はらから』　加賀まりこ・露口茂(1965年)

大河ドラマ第1作『花の生涯』撮影風景(1963年)

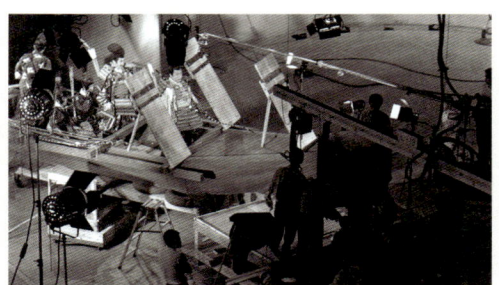

大河ドラマ『源義経』撮影風景(1966年)

大河ドラマ『源義経』撮影風景(1966年)

01

草創期の美術番組

　テレビ本放送が始まると、映像が力を発揮する美術番組の開発が期待された。1956年の『美術散歩』が好評を博し、数々の美術展の中継も行われた。1959年1月、開局したばかりの教育テレビで『美の原理』と『日本の美術』が、それぞれ6か月シリーズで始まる。翌1960年には古今東西の美術家とその作品を紹介する『世界の美術家』を放送した。

　1959年4月、NHK自主制作によるフィルム記録映画『日本の伝統』と『人間国宝』が総合テレビで始まった。この

2番組は翌1960年に『日本の伝統』に統合され、いったん終了するが、1964年度に教育テレビで再開、1967年3月まで放送される。玩具、人形、木彫、漆、墨、書、木版画、刀、城、梵鐘、盆栽など幅広いテーマを取り上げ、日本の文化遺産や芸術をその歴史的起源や背景、今日的な意義とともに紹介した。

　1967年4月、『日本の伝統』の流れをくんで『日本の美』が総合テレビで始まる。日本的美しさを備えた芸術や文化を歴史的、風土的視点から見直し、"日本の美"の再発見を果たした。『日本の美』は1972年4月に定時放送を終了するが、その番組コンセプトは、1972年4月にスタートした『文化特集』や『日曜美術館』、『国宝探訪』に受け継がれていく。

『日曜美術館』（1984年度）→P506

『美の原理』（1958〜1959年度）→P506

『日本の美術』（1958〜1959年度）→P506

『日本の伝統』
（1959〜1961・1964〜1966年度）→P555

『日本の美』（1967〜1972年度）→P506

『日曜美術館』(2021年度) → P506

02
NHK美術番組の"顔"
『日曜美術館』

　NHK初の本格的な定時の美術番組は、1976年4月に教育テレビでスタートした『日曜美術館』である。実は同名の番組『日曜美術館』が、1965年に総合テレビで、1年間だけ放送されている。著名作家の作品を紹介する「人と作品」、創作現場を訪れる「アトリエ訪問」、主要美術展を紹介する「美術鑑賞会」などのコーナーで構成され、美術を多角的にとらえる現在の番組の原型がすでにここにあった。

　それから10年後、『日曜美術館』はカラー放送の定時番組として新たなスタートを切る。絵画、彫刻、建築、写真、デザインなど、古典的芸術から現代アートまで古今東西の幅広い作品と芸術家をテーマに取り上げた。

　番組には当初、「私とピカソ」や「私とゴッホ」というサブタイトルで、作家や文化人などの著名人が自分の好きな画家について、思いのたけを語った。作家の大江健三郎がフランシス・ベーコンを、詩人の谷川俊太郎がフェルメールを、作曲家の武満徹がルドンを、作家の司馬遼太郎が陶芸家の八木一夫を語るなど、その独自の見方や語り口が番組の大きな魅力となった。

　『日曜美術館』は、一般にはほとんど知られていなかった作家を広く紹介する役割も果たしている。1984年、「黒潮の画譜〜異端の画家・田中一村」が放送されるやいなや、問い合わせや再放送希望がNHKに殺到した。中央画壇に認められることなく無名のまま世を去った田中一村に、番組が光を当てた瞬間だった。放送をきっかけに全国巡回展が企画され、発売された画集が飛ぶように売れ、"一村ブーム"が巻き起こる。

　田中一村の反響をきっかけに、番組では隠れた才能を発掘するシリーズ「知られざる作家へのまなざし」を企画。「悲しみのキャンバス　石田徹也の世界」(2006)や、「写実の果て　孤高の画家・髙島野十郎」(2008)などの番組は、視聴者に貴重な出会いをもたらすと同時に、日本美術界にも大きなインパクトを与えた。

　1997年、タイトルを『新日曜美術館』と改題。2009年4月、再び『日曜美術館』とタイトルを戻している。番組のメインである「特集」と、全国の展覧会情報を発信する「アートシーン」(放送開始当時は「今週のギャラリー」)の2部構成は、放送開始以来、大きくは変わっていない。

　『日曜美術館』の魅力は、古今東西の画家たちの作品の魅力を自宅に居ながらにして楽しむことができる点にある。作品の基本的な情報や見どころをていねいに伝える一方で、芸術家の精神性や創作の秘密にも深く切り込んだ。

『新日曜美術館』(1997年度) → P506

03

ニッポンの "美" を描く
国宝と伝統工芸

　美術番組には、失われつつある日本の伝統文化や貴重な文化財を、後世に記録し保存する役割もある。

　『国宝への旅』(1986〜1989年度)は、総合テレビ午後10時台の30分番組。"日本の美"の象徴ともいえる各地の国宝を、各界の第一人者が訪ねる美術紀行番組だ。広隆寺の弥勒菩薩をバレリーナの森下洋子が、曜変天目茶碗を作家の宮尾登美子が、興福寺の阿修羅像を劇作家の野田秀樹が訪ねるなど、国宝が放つ魅力を各界の個性豊かな才能が語る番組スタイルが人気を呼んだ。4年間の放送で70以上の国宝の克明な映像を収めたこの番組は、文化財の貴重な映像記録としての役割も果たした。

　2000年4月、その年の12月から始まるハイビジョン本放送を見据えて、新番組『国宝探訪』(2000〜2002年度)がスタートする。国宝を高精細なハイビジョン映像とCGなどのデジタル技術を駆使して紹介する番組である。また2018年12月の8K本放送開始を受け、2019年からは8Kの圧倒的な臨場感で国宝を伝える『国宝へようこそ』が年間3〜4本のペースで制作され、貴重な文化財の現状を超高精細で記録する試みが続いている。

　一般にはふれることのできない美を取り上げた『国宝への旅』や『国宝探訪』とは対照的に、「暮らしの中の美」に着目したのが2006年に始まった『美の壺』である。普段使いの器から家具、着物、料理、建築に至るまで、暮らしを彩ってきたアイテムに"美"を発見し、その鑑賞法を3つの"ツボ"に絞って紹介した。番組開始時には谷啓が、2009年度からは草刈正雄が軽妙な寸劇で美の世界に誘う。番組テーマ曲はアート・ブレイキー&ザ・ジャズ・メッセンジャーズのジャズナンバー「モーニン」、タイトル文字は書家・紫舟の3D立体文字、各回「File ○○」と通し番号をつけるなどの演出が、これまでにない新感覚の美術番組として話題を呼んでいる。

『国宝への旅』(1986〜1989年度) → P507

『国宝探訪』(2000〜2002年度) → P508

『美の壺』草刈正雄 (2009年度〜) → P508

『美の壺』谷啓 (2006年度〜) → P508

『一点中継・つくる』(1988年度) → P507

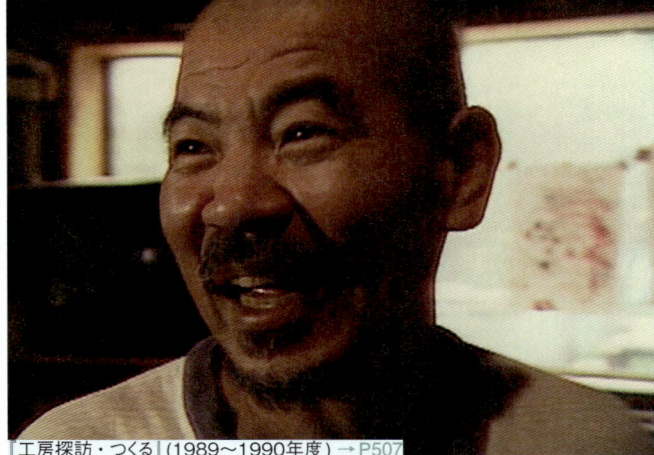

『工房探訪・つくる』(1989〜1990年度) → P507

『土曜美の朝』(1993〜1999年度) → P507

『美と出会う』(2001〜2002年度) → P508

04

知られざる創作の現場に カメラが潜入

　誰も目にすることのできない作家たちの創作現場が垣間見えるのも美術番組の大きな魅力だ。『日曜美術館』の「アトリエ訪問」のコーナーをさらに発展させた番組が『一点中継・つくる』(1988年度)と『工房探訪・つくる』(1989〜1990年度)である。

　『一点中継・つくる』では、画家、彫刻家、デザイナーなど現代日本の第一線で活躍する芸術家の創造の現場にテレビカメラを持ち込んだ。彫刻家の佐藤忠良、人形作家の辻村ジュサブロー、画家の加山又造など、巨匠たちの創作の過程を克明に映し出した。『工房探訪・つくる』では、陶芸家、漆芸家、金工家、染色家などの伝統工芸の現場を記録。現代に生きる伝統美の世界を見つめた。

　総合テレビ土曜の早朝番組『土曜美の朝』(1993〜1999年度)は、山根基世アナウンサーが芸術家の創作現場を訪れ、創作にかける思いを聞くインタビュー番組。教育テレビ土曜午後10時台に放送した『美と出会う』(2001

〜2002年度)も、山根アナが、美術、ファッション、映画、建築など幅広い分野のクリエーターたちの創作現場を訪ねた。いずれの番組も山根アナが視聴者に代わって、クリエーターたちの「創造の源」「発想の方法」を聞いた。

　2012年に始まった『イッピン』は、日本の職人たちが伝統のワザを駆使して生み出す地場産品にスポットを当て、"用の美"に注目した。新感覚デザインの器や機能美を備えた家具など、キッチンウエアからインテリア、雑貨、そしてファッションアイテムまで、暮らしを豊かに彩る"逸品"を幅広く取り上げる。ゲストのタレントが"イッピンリサーチャー"として産地を訪れ、科学的なアプローチや驚きの映像を織り交ぜながら、職人技に迫った。

『イッピン』(2012〜2022年度) → P509

美術

『夢の美術館～西洋名画100』

『NHK特集　ルーブル美術館』（1985年度）→ P908

05

世界の美術館の名品を
お茶の間に

　自宅に居ながらにして世界の美術館の名画を満喫したい。そんな視聴者のニーズをかなえる番組が1985年に始まった。フランスとの国際共同制作の『NHK特集　ルーブル美術館』である。エジプトから古代ローマ、ルネサンスを経て19世紀まで、13回にわたってルーブルにある至宝を紹介。作品が誕生した現地の映像を盛り込み、映画音楽の巨匠エンニオ・モリコーネの名曲とともにお茶の間に届けた。この番組の大きな見どころは、世界的に著名な男女の俳優2名が作品について語り合うところにある。「第3回　ビーナスの微笑～古代ギリシャ～」ではダーク・ボガードとシャーロット・ランプリングが、「第9回　光と影の王国～スペイン黄金時代～」では、レイモン・ジェロームとジャンヌ・モローが、そして日本からは中村敦夫と島田陽子が「第6回　花開くルネサンス」に出演し、作品の魅力とともに作品が生まれた背景などを語り合った。

　その後、これを皮切りに世界の有名美術館を紹介する大型特集番組が次々に企画された。1988年には作家の五木寛之が案内役の『NHK特集　エルミタージュ　華麗なる美の殿堂』、1990年には美術史家の高階秀爾と桜井洋子アナが案内する日仏共同制作『NHKスペシャル　印象派の殿堂　オルセー美術館』を放送。その後、同じ『NHKスペシャル』枠で「大英博物館」（1990）、さらにイタリア・フィレンツェに残されたルネサンスの名品を訪ねる「フィレンツェ・ルネサンス」（1991）、「プラド美術館」（1992）、「故宮～至宝が語る中華五千年～」（1996）などのシリーズが続いた。さらに「知られざる大英博物館」（2012）では、未公開の収蔵品の科学分析や最先端の調査研究など、大英博物館のバックヤードを取材し、新たな古代史の真実を明らかにした。

　1994年には、バイエルン放送協会との共同制作で西洋美術の流れをたどる『ヨーロッパ美術史～文明と芸術』を衛星第2で放送。2003年からは、「ロダン美術館」、「コートルード美術館」、「バーンズ財団美術館」など世界の個性的な美術館を訪ねる『世界美術館紀行』（2003～2005年度）がハイビジョンと教育テレビで始まった。「美術館には、そこでしか語れない物語があります」という冒頭のナレーションとともに、美術館設立の経緯や作品を集めた王やコレクターのエピソード、画家の物語などを紹介した。

　世界の名だたる名品を一望してみたいという美術ファンの願いをかなえる画期的な美術番組が1998年に放送された。11月3日「文化の日」の昼から夜にかけて8時間

『世界美術館紀行』（2003～2005年度）→ P508

『びじゅチューン！』（2014年度～）→ P509

にわたって西洋絵画のベスト100を紹介する『夢の美術館〜西洋名画100』である。専門家の推薦を集計して選ばれた「ベスト100」のほか、日本人に人気のルーブル美術館とオルセー美術館の名品対抗、フランドル紀行やイギリス庭園紀行など旅の要素もふんだんに盛り込んだぜいたくな時間となった。好評を受けて、翌年の文化の日には「日本の美100選」を放送。専門家たちの投票で選ばれたベスト1が長谷川等伯「松林図屏風」であったことから、来歴も定かではないこの作品がなぜ、日本美の究極とされるのか、その謎を探る『NHKスペシャル　静かなる絵〜国宝 松林図屏風〜』が制作された。

『夢の美術館』シリーズはその後、「20世紀アート100選」「イタリア美術100選」など2009年まで11回にわたって日本や世界の名品を紹介した。

世界の美術館の名品を届ける番組は、超高精細の8Kのキラーコンテンツでもある。2016年度のNHKとルーブル美術館共同制作「ルーブル　永遠の美」の成功を端緒に、「ルーブル美術館」(2019)、「オルセー美術館」(2020)、「大英博物館」(2020)、「メトロポリタン美術館」(2021)など、それぞれ2〜4本シリーズで制作された。

子どもたちから高齢者まで新たな美術ファンを増やしている変わり種の美術関連番組が、2013年にスタートした5分番組『びじゅチューン！』である。古今東西の名作を、アーティスト井上涼がアニメーション、作詞・作曲から歌唱まで一人で担当して紹介する。ポップな絵、奇想天外な歌詞とメロディは一度聞いたら(見たら)忘れられないと話題を呼んだ。例えばイタリア・ルネサンスの画家ボッティチェリの「プリマヴェーラ」を取り上げた回「プリマヴェーラに家庭訪問」は、森の中に描かれた人物を室内に設定を変えて、家庭内騒動の場面に換骨奪胎。ユニークな視点と自由な発想の飛躍を深く楽しむために、「オリジナルの美術作品を知りたくなる」ところが美術番組としての狙いだ。番組は展覧会やコンサートにも展開している。

06

名画・巨匠に迫る新たな挑戦としての特集番組

定時番組以外でも、作品に隠された謎や秘められた作家の素顔などに迫る特集番組が数多く放送されてきた。『特集　絵巻切断　秘宝36歌仙の流転』(1983)は売却のため、バラバラにされた佐竹本三十六歌仙絵の行方を追ったドキュメンタリー。『NHK特集　美しきニッポンの夢〜ゴッホが愛した浮世絵〜』(1988)では、代表作「タンギー爺さん」に描かれた浮世絵を追いながら、ゴッホと

日本の関わりを探った。また『NHKスペシャル　空白の自伝・藤田嗣治』(1999)は未公開の資料をもとに新たな作家像に迫った番組だ。

2002年には東西の巨匠たちの波乱に満ちた人生から作品の魅力に迫るハイビジョン・スペシャル『天才画家の肖像』(2002〜2009年度)というユニークなシリーズが始まる。「ゴッホとゴーギャン　二人のひまわり」は、共同生活をして競い合ったゴッホとゴーギャンの南フランス・アルルでの9週間を追ったもの。「ピカソ7人の女達との物語」では、生涯に数万点もの作品を生み出すエネルギーの源となった女性たちとの愛憎ドラマからその創作世界を探った。毎回、様々な視点からゴヤ、モネ、レンブラント、カラヴァッジオ、雪舟、円山応挙、横山大観、岸田劉生など21人の東西の巨匠たちの新たな姿をよみがえらせた。

美術番組は美術作品を中心にその鑑賞と批評、そして作家本人の創作過程を紹介するドキュメントを中心に構成されてきた。そこで映し出される作品映像は、フィルムから始まり、白黒テレビ、カラー放送、ハイビジョン、4K、8Kへと進化を続け、実物に肉薄する鮮明さと色彩の再現力を獲得していった。さらに2019年5月放送の『NHKスペシャル　運慶と快慶　新発見！幻の傑作』では、X線やCT画像技術という最新テクノロジーを駆使して作品の謎や創作の秘密に迫った。美術番組は映像技術とテクノロジーの進歩とともに、さらなる進化を続けている。

『特集　絵巻切断　秘宝36歌仙の流転』(1983年度) → P980

『NHKスペシャル　運慶と快慶　新発見！幻の傑作』(2019年度) → P927

美術 ｜ 定時番組

1950年代

美術散歩　1956年度
美術愛好家のために美術鑑賞のポイントと実技を解説するスタジオ制作番組。4～6月は「日曜画家のために」と題して「人物デッサン」「風景デッサン」などデッサンの鑑賞と描き方を解説。7～8月は「五人の浮世絵師」と題して広重や北斎などの浮世絵の鑑賞と「浮世絵版画の刷り方」を紹介。9～11月は「日曜彫刻家のために」と題して「顔の作り方」「立像の作り方」などを解説した。(金)夜間の20分番組。

日本の美術　〈1958～1959〉　1958～1959年度
教育テレビが開局した1959年1月から、6か月シリーズで放送された30分の美術番組。絵画、建築、工芸など、各時代の重要作品の解説により、近世から現代までの美術史の流れと、それらの美術が誕生した文化的かつ社会的背景を明らかにした。講師には美術史と美術評論の第一人者、野間清六、北川桃雄、谷信一、河北倫明の4人が時代別に解説した。

美の原理　1958～1959年度
美を構成する要素や条件を美の「原理」としてとらえ、生活や造形美術の中から例にとって解説した。美術番組としての新しいジャンルを開拓し、テレビ草創期にひとつの役目を果たした。解説は美術評論家の嘉門安雄。ゲストにはテーマに沿って画家、商業デザイナー、建築家など、さまざまなジャンルの専門家が招かれた。1959年1月から6月までのシリーズ。

西洋の美術　1959年度
1959年1～6月に放送した『日本の美術』のあとを受けて、7月から翌年3月まで同枠で放送。西洋美術を取り上げ、原始美術から現代まで、古典的作品を中心に西洋美術史を丹念に解説し、好評を博した。解説は国立西洋美術館初代館長・富永惣一らが担当した。

1960年代

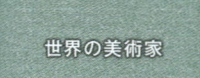

世界の美術家　1960年度
古今東西の美の巨人たる芸術家たち50余人について、彼らの精選された代表作と人物像を掘り下げる美術番組。西欧はレオナルド・ダビンチ、ミケランジェロからマネやモネ、ゴッホほか。東洋からは雪舟から横山大観、喜多川歌麿や葛飾北斎など幅広く取り上げた。解説は富永惣一、河北倫明ら当時の美術史研究家や美術評論家の精鋭たちが務めた。教育の30分番組。

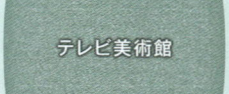

テレビ美術館　1961年度
教育(火)午後8時30分から9時までの美術番組。第1回は「大和文華館をたずねて」と題して奈良市の大和文華館で収録し、矢代幸雄館長に話を聞いた。「現代の美術」「天平の美」「日本の風俗画」などのシリーズを美術評論家の解説で放送するとともに、美術館にロケして展覧会の紹介も行った。

日曜美術館　〈1965〉　1965年度
総合(日)午前8時30分からの30分間番組で、現在放送中の『日曜美術館』の礎ともなった1年間のシリーズ。まだモノクロの時代で、主に美術家へのインタビューなどを軸に番組が構成された。鏑木清方ら当時の美術界の第一人者を訪ねインタビューする「アトリエ訪問」、著名作家の作品を紹介する「人と作品」、当時開催されていた主要な美術展を中継する「美術館紹介」、古寺の「美術鑑賞」などの内容で構成した。

日本の美　1967～1972年度
『日本の伝統』(1964～1966年度)の続編。月1回放送で年間12本のカラー番組としてスタート。日本的な美しさを備えながら、国内はもとより世界的な評価を集める日本の美を、現代の視点から見直して美の再発見をしようという番組。諸外国との番組交換や国際親善にも役立てられた。初年度に取り上げたテーマは「日光東照宮」「浮世絵」「まんだら世界ー密教美術」「やしろー伊勢と出雲」「絵巻物ー伴大納言絵詞」など。

1970年代

日曜美術館　1976年度～
教育テレビのカラー化にともない、『日曜美術館』(1965年度)がカラーで再登場。各界の美術ファンが好きな絵画や芸術家について語る「私と○○」と、各地の美術展を紹介する「今週のギャラリー」を中心に構成。初代司会は河路勝アナウンサーと太田治子。1997年度に『新日曜美術館』と改題するが、2009年度にタイトルを戻す。1つのテーマを掘り下げる本編(45分)と展覧会情報「アートシーン」(15分)で構成。

01.ドラマ　02.クイズ・バラエティー　03.音楽　04.伝統芸能　05.ニュース　06.報道・ドキュメンタリー　07.紀行　08.教養・情報　09.自然科学　10.こども教育　11.人形劇・アニメ　12.趣味・実用　13.大型特集番組等

1980年代

アルバム・日本の美　1985〜1996年度

日本の代表的な美術、彫刻、建築などを取り上げ、じっくりとその心とかたちをみつめる5分番組。西ドイツ・バイエルン放送協会との共同制作により「雪舟・天ノ橋立図」「興福寺・阿修羅像」「平等院・阿弥陀如来像」など20本を制作。1986年1月1日より放送をスタート。同年4月から総合・衛星第1(金)午後8時45分から定時放送。1987年度以降は随時放送。

国宝への旅　1986〜1989年度

各界の第一線で活躍するゲストが各地の国宝を訪ね、親しみやすい語り口で作品の魅力を紹介する30分の美術紀行番組。国宝の7割が集中する近畿地方を中心に、四国、九州などへも足を延ばし、仏像、絵画、工芸、建築などバラエティーに富む国宝を訪ね、その世界に新たな光を当てた。初年度は第1回放送の広隆寺弥勒菩薩に始まり、向源寺十一面観音、光琳紅白梅図、曜変天目茶碗、興福寺阿修羅像ほかを紹介した。

手仕事にっぽん　1986〜1995年度

日本の風土と生活がはぐくんだ各地の伝統工芸品を、そのすぐれた手技とともに紹介する10分ミニ番組。初年度は「琴（広島局）」「奈良墨（奈良局）」「伊勢型紙（名古屋局）」「黄八丈（東京）」など10本を制作。

一点中継・つくる　1988年度

画家、彫刻家、デザイナーなど、現代日本が誇る芸術家たちの創造の現場にカメラを持ち込み、その創造の秘密に迫る総合の20分番組。登場した芸術家は、佐藤忠良（彫刻家）、辻村ジュサブロー（人形作家）、新宮晋（造形作家）、加山又造（画家）、利根山光人（画家）、藤田喬平（ガラス工芸作家）、福田繁雄（グラフィックデザイナー）、篠田桃紅（美術家）、藤城清治（影絵作家）、妹尾河童（舞台美術家）ほか。

工房探訪・つくる　1989〜1990年度

日本各地に伝統に根ざしながら美の技を磨き続ける作家や工芸家たちがいる。その卓越した職人の技を、彼らの工房にカメラを持ち込み記録した総合の30分番組。造り手の個性、人間性、そして、伝統と現代のぶつかりあいが生む美の世界をみつめる。初年度の出演は、鯉江良二（陶芸家）、宮田宏平（金工家）、岡村康子（漆芸家）、安藤泉（鍛金家）、小島伸吾（家具作家）、村山明（木工芸家）、角偉三郎（漆芸家）。

1990年代

大英博物館の至宝　1990〜1992年度

人類の遺産を紹介し、メソポタミアから中国に至る文明の攻防とロマンを描く5分番組。20本を制作し、総合と教育で放送。

ベルリン美術館　1992〜1997年度

ドイツ統一を背景に、戦争の悲劇をこえて再統一を目指す東西のベルリン美術館の全体像を、収蔵品とともに紹介する10分番組。総合と教育で放送。

土曜美の朝　1993〜1999年度

緊張感と感動に満ちた芸術家たちの創造の現場を訪れて、その制作現場で芸術家たちの創造にかける思いをじっくり聞きだし、その創造の神髄に迫ろうという美術インタビュー番組。1998年度以降はハイビジョンカメラが導入され、創作の過程を高画質映像で克明に映し出した。インタビュアーは山根基世アナウンサー。初年度は総合(土)の午前6時30分からの23分番組でスタートした。

アルバム・名画への旅　1993〜2011年度

1枚の名画はどのようにして生まれたのか。名画誕生の舞台を訪ね、関連する作品を紹介しながらひもとく10分番組。1993年度に総合でスタート。2001年10月からハイビジョンでの放送となり『名画への旅』に改題。2004年度にハイビジョン(木)午後6時45分と衛星第2(日)午前7時50分に定時放送となる。

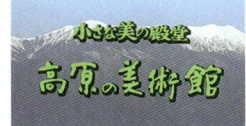

小さな美の殿堂　1994年度

日本各地のユニークで個性輝く小さな美術館に目を向け、周囲を取り囲む豊かな自然と美術館の空間イメージを映像化した衛星第2の30分番組。1992・1993年度は短期シリーズを放送し、1994年度に定時放送。毎回、各地の美術館を女優やモデルなどの女性が訪ね、「湖畔の美術館」「高原の美術館」「古都の美術館」「海辺の美術館」「森の美術館」などのシリーズで収蔵作品の魅力や美術館の楽しみ方を伝えた。

世界美術館めぐり　1995〜1997年度

世界各地には画家やテーマをしぼったユニークで小さな美術館が数多くある。そうした個性豊かな美術館を訪ね、その土地の美しい風土を織り交ぜながら名画、名品の数々を紹介する美術紀行番組。初年度はロートレック美術館、ナンシー派美術館、タピスリー美術館などを、1996年度はロダン美術館、オランジュリー美術館、ベルギー王立美術館などを訪れた。衛星第2の30分番組。

やきもの探訪 1996〜2000年度

古く縄文時代に始まる日本の「やきもの」は、日本文化のひとつの美として、世界にも知られている。各地のやきものと作家たちを著名人の案内人が訪ねて、習練を重ねて身につけた技や美の秘密を紹介する衛星第2の30分番組。初年度は「無限の彩を求めて」（三代徳田八十吉）、「和紙染で草花を描く」（江口勝美）、「原始へのあこがれ」（小川待子）などの内容で、陶芸の多様さ、奥深さに迫った。

故宮の至宝 1997〜1998年度

北京と台北の故宮博物院に収蔵されている名品の中から、それぞれ500点を選び、ハイビジョンカメラで撮影し、『NHKスペシャル　故宮〜至宝が語る中華五千年〜』を放送。この番組はその中でも青銅器や陶磁器、書画などに焦点をあて、1997年10月より総合テレビで10分間のミニ番組で改めて紹介した。1998年度は衛星第2で30分番組として放送。中国独自の美の継承を故宮博物院収蔵の名品から見つめた。

2000年代

国宝探訪 2000〜2002年度

日本文化の結晶である国宝のすばらしさを、ハイビジョンやCGなどのデジタル技術を駆使して紹介。教育とハイビジョンで放送した30分番組。国宝の美を鑑賞するだけでなく、その時代背景や風土、作者の意図など多角的な視点からその魅力を探った。初年度は第1回「白き要塞の美〜姫路城」からスタートし、「よみがえる平安の色〜源氏物語絵巻」「永劫の微笑〜広隆寺・中宮寺 半跏思惟像」ほかを放送。

デジタル・スタジアム 2000〜2009年度

デジタル機器を用いたコンピューター・グラフィックスやアニメーション、ウェブ作品など、「デジタルアート」作品を公募し、プロの作家が批評する。キャスターを務めたのはNHK解説委員の中谷日出。毎回テーマに沿って審査員が優秀作品を選出し、その後は、年間最優秀作品を決める「デジスタ・アウォード」へと進出する。10年にわたって放送し、才能ある数々のクリエイターを発掘。デジタルアートのすそ野を広げた。

ハイビジョン・ギャラリー　アーティストたちの挑戦 2000年度

現代日本を代表するアーティストや芸術家たちが、ハイビジョンによる新しい映像世界に挑戦するハイビジョンの45分番組。当時、81歳になる日本画家堀文子が、標高5000メートル周辺にしか咲かないという幻の花ブルーポピーを実際に自分の目で見て描きたいとヒマラヤに赴いた「ヒマラヤ高き峰を求めて」ほか、カメラマンの荒木経惟、染織工芸家の久保田一竹など、毎回、気鋭の作家の美への挑戦を描いた。

美と出会う 2001〜2002年度

今もっとも輝いている作家、クリエイターの創作現場を訪ね、その「創造の源」「発想の方法」を浮き彫りにするアートドキュメンタリー。教育とハイビジョンで放送した25分枠。美術にとどまらず、ファッション、映画、建築など、幅広い分野のアーティストを取り上げ、その創造の秘密を探ることで、アーティストたちの知られざる素顔を描いた。

旅のアルバム　世界の工芸品 2002年度

世界各国の工芸品の繊細な美しさと鮮やかな職人技を、高精細映像で描くハイビジョンの10分ミニ番組。ハイビジョンで実験放送した『世界とてもクラフト』（1998〜1999年度）のVTR部分を再編集し、世界のさまざまな工芸品の魅力を伝えた。

アートエンターテインメント　迷宮美術館 2003〜2009年度

名画に秘められた謎、傑作がたどる数奇な運命、巨匠たちの人生のドラマなどをクイズ形式でひもとく知的エンターテインメント番組。架空の「迷宮美術館」の中で、古今東西の有名な画家や作品にまつわる秘密に迫り、解答者の"見る目"をテストする。2003年度前期にハイビジョンで放送をスタート。同年度後期から衛星第2で、2006年度からは総合でも放送した。司会は俳優の段田安則と住吉美紀アナウンサー。

デジスタ10min.シアター 2003〜2004年度

衛星第1の『デジタル・スタジアム』（2000〜2009年度）の応募作品から選ばれた「ベストセレクション」に入賞した若きクリエイターを中心に、作品制作の背景や人間模様をリポート。彼らの斬新な発想のきっかけから、使用している機材やソフト、制作環境を取材し、10分間に凝縮。あわせて中谷日出解説委員による作品のワンポイント技術解説も紹介した。

世界美術館紀行 2003〜2005年度

世界の主要な美術館を、名作の数々とともにハイビジョンで撮影した美術紀行番組。日本でなじみ深い美術館はもちろん、個性にあふれた中小規模の美術館も紹介。主要作品を網羅するだけでなく、美術館の礎を築いた王やコレクターたちの物語や、美術館設立までのエピソード、またその美術館が誇る名作についてなど、ストーリーテリングの妙味で見せていく。教育とハイビジョンで放送し、総合で再放送した。

器　夢工房 2003〜2009年度

中堅陶芸家の作品における、「用の美」にこだわって紹介。初年度は30〜40代前半の若手作家を多く取り上げ、その創作の意欲やたゆまぬ技への工夫を描いた衛星第2の10分番組。作家本人へのインタビューを織り交ぜ、個性あふれる器の数々の魅力を伝え、新たな陶芸ファンを獲得した。語りは河野多紀アナウンサー。

美の壺 2006年度〜

「くらしの中の美」をテーマに、普段使いの器から家具、着物、料理、建築に至るまで、日常に隠された美の鑑賞法や味わい方を、いくつかの「ツボ」に従いわかりやすく解説する。音楽にジャズを使用し、紫舟による題字や回数を「File」ナンバーで表すなど新感覚の美術番組として注目される。初代ナビゲーターは谷啓、2009年度からは草刈正雄が務める。教育をメインにスタートしたが、2011年度よりBSプレミアムに移行。

デジスタ・プチ劇場　2006～2009年度

視聴者から寄せられたアート作品をプロのクリエイターが講評し受賞作を選ぶ番組『デジタル・スタジアム』。番組で放送された好評作品を毎回2本ずつピックアップする5分間の秀作選。ハイビジョン、衛星第2、教育で放送。

ミューズの微笑み　2008・2010年度

全国のユニークな美術館を厳選し、大人の美術館の楽しみ方を伝授する30分番組。ふと訪れてみたくなるような注目の美術館をナビゲーターが訪ね、建築のユニークさや展示アイディアのざん新さなどに着目する。訪ねたのは横須賀美術館、朝倉彫塑館、箱根ラリック美術館、安曇野ちひろ美術館、岡本太郎記念館など。2008年10～12月、2010年10～12月に教育で放送。出演は桐島ローランド、原沙知絵、財津和夫ほか。

2010年代

額縁をくぐって物語の中へ　2011年度

「額縁をくぐって絵の中に入り込むことができたら？」という夢をかなえることをコンセプトに企画された、BSプレミアム(月～金)の帯で午前7時15分から放送した15分番組。CGやアニメーションを駆使して、ナビゲーターが古今東西の名画の中を旅して、絵の中に描かれている登場人物に話しかけるなど新しい美術の楽しみを演出。その中で作品の時代背景や芸術表現の意図などをわかりやすく解き明かした。

極上美の饗宴　2011～2012年度

「フェルメールが描いた少女をなぜ美しいと感じるのか？」「世界を魅了した日本の超絶技巧はどうやって生まれたのか？」など、世界と日本の名画・名品の謎を、最新の美術研究の成果や科学的視点から解き明かすBSプレミアムの美術番組。科学の視点を生かした番組独自の実験や、現代のアーティストによる再現など、発見に満ちたドキュメントを軸に、毎回1つの美の秘密に迫った。ナレーションは井上二郎アナウンサー。

たけしアート☆ビート　2011年度

お笑い芸人、俳優、画家、映画監督など幅広い表現活動を続けるビートたけしが、アートの新しい楽しみ方を提案するBSプレミアムの1時間番組。たけし自身が敬愛する偉大な芸術家や気鋭のアーティストらを世界に訪ね、作品の魅力を体感するとともに彼らの素顔にも迫った。また、多彩なアーティストをゲストに迎えたトークコーナーも人気に。コメンテーターは宮田亮平（金属工芸家、第9代東京藝術大学学長）。

イッピン　2012～2022年度

日本の職人たちが伝統の技術を駆使して生み出す、すぐれた地場産品。それが今、新感覚のデザインや現代的な機能を備えた、新しい"イッピン（逸品、一品）"へと進化を遂げ、国内外で高い評価を得ている。番組ではイッピンリサーチャーが生産現場を訪れ、科学的なアプローチや驚きの映像で、人気の秘密を解き明かす。紀行的な魅力も備えたBSプレミアムの30分番組。

びじゅチューン！　2014年度～

古今東西の有名美術作品を映像作家・井上涼の歌とアニメで紹介する5分番組。2013年8月に第1回を放送し、2014年度よりEテレ（日）午後5時55分から定時放送。2014年度は菱川師宣の浮世絵「見返り美人図」をテーマとした「見返りすぎてほぼドリル」、中国古代、秦の始皇帝陵の「兵馬俑」がテーマの「兵馬俑ウエディング」、岡本太郎の「太陽の塔」をテーマとした「保健室に太陽の塔」など18番組を放送した。

発掘！お宝ガレリア　2016～2017年度

世の中に眠る驚きのお宝を発掘し、仮想のミュージアムで「特別展」を開く、斬新なコンセプトのカルチャー番組。ミュージアムの館長を務めるのは歌舞伎俳優の四代目市川猿之助。「社長室のお宝　集めちゃいました！展」「ごくフツーの人が掘り当てちゃったお宝‼展」など、エッジの効いた特別展を展開。名品・珍品のお宝鑑賞を楽しむ。2016年度前期に総合で開発番組として4本放送。10月から定時番組に。午後10時台の25分番組。

デザイントークス＋（プラス）　2018～2020年度

2013年から国際放送NHKワールド JAPANで放送中の『DESIGN TALKS plus』の日本語版。「デザイン」の根本は、よりよき世界を目指して新しい価値観を創造すること。伝統工芸から先端技術、日用品からハイファッションまで、日本の多様なデザインの潮流を読み解き、デザインが社会や未来に働きかけていく力と可能性を探る。Eテレ(火)夜間の30分番組枠。

2020年代

no art, no life　2020～2021年度

既存の美術や流行、教育などに左右されず、誰にもまねできない作品を創作し続ける日本各地のアーティストたちと、世界的に注目を集めているその独創的な美術作品を紹介する5分番組。ナレーション：内田也哉子。2020年1月にEテレで放送をスタート。2020年度よりEテレとBS4Kで定時放送。

MIXびじゅチューン　2022年度～

古今東西の有名美術作品を映像作家・井上涼の歌とアニメで紹介するユニークな5分番組『びじゅチューン！』。これまでに番組に登場した120曲を新たな切り口で4曲ずつまとめて放送する10分番組。案内役は井上涼と火焔型土器のテーマの回に登場したパペット「縄文土器先生」（声・土屋伸之）。2022年2月に第1回を放送。同年4月よりEテレ（第2・木）午後2時50分ほかで定時放送を開始。

教養・情報
福祉

01
聴覚障害者のためのテレビ

　1959年に教育テレビが開局。その編成方針には「社会福祉に寄与する」という目的が明記され、学校教育番組とともに社会福祉に貢献する番組の編成が期待されていた。

　開局翌年の1960年、東京・世田谷にあったろう学校幼稚部の指導の模様を『テレビろう学校』のタイトルで14回にわたって中継放送した。聴覚障害の子どもを持つ親たちの多くは、ろう教育の実際を、テレビ画面を通して初めて目の当たりにした。その反響は大きく、1961年4月より小学校入学前の聴覚障害の子どもを持つ家庭を対象

に、週1回30分の定時放送を開始した。『テレビろう学校』（1961〜1980年度）のスタートである。

　当時、聴覚障害児向けのテレビ番組は世界にも例がなかった。1963年2月、テレビ・ラジオ担当記者が優秀番組を表彰する「第1回　テレビ記者会賞」を、バラエティー番組『夢であいましょう』とともに受賞している。

　『テレビろう学校』では、ろう学校で一般的だった「口話法」に基づいた指導を紹介した。口話法とは、口の形や動きをとらえて話の内容を読み取る「読話」や、その口の形をまねることで発話の訓練をおこなう指導法である。（当時、ろう学校において「手話」は、「口話」の習得を妨げるものとして禁止されていたところも多かった）

　放送開始当時は、ろうの幼児教育が十分には普及しておらず、幼稚部を併設したろう学校は全国で21校に過

『テレビろう学校』（1961〜1980年度）→P516

『障害幼児とともに』（1981〜1983年度）→P516

『ことばの教育相談』（1982〜1983年度）→P516

『こどもの発達相談』（1984〜1992年度）→P517

『こどもの療育相談』（1993〜1999年度）→P518

『聴力障害者の時間』（1977〜1995年度）→P516

『きょうのニュース〜聴力障害者のみなさんへ』（1990〜1995年度）→P517

ぎなかったが、放送終了時には93校に増えていた。

　『テレビろう学校』のあとを受けて『障害幼児とともに』（1981〜1983年度）が始まる。それまでの聴覚障害にとどまらず、知的障害、情緒障害など、その他の障害や障害の重複化にも目を向けた。この番組は『ことばの教育相談』（1982〜1983年度）と合流し、『こどもの発達相談』（1984〜1992年度）が始まる。その後、『こどもの療育相談』（1993〜1999年度）に引き継がれ、聴覚障害児にとどまらず、言語障害、学習障害、自閉症など、さまざまな子どもたちの発達を支援した。

　『テレビろう学校』に遅れること16年、成人の聴覚障害者を対象にした『聴力障害者の時間』（1977〜1995年度）

が始まる。

　聴覚障害者の場合、障害者になった時期、幼少期に受けた教育、日本語習得の時期や識字力の違いなど、それぞれの障害の事情や背景によって、求められる放送サービスが異なっていた。こうした事情に対応するために『聴力障害者の時間』では、口話法、手話、指文字、字幕スーパーなどさまざまな手法を用いた"トータル・コミュニケーション"の考え方を採用した。

　この番組では1983年度後期から、聴覚障害者に向けたニュースを週に1回放送した。このコーナーが1990年に定時ニュース番組『きょうのニュース〜聴力障害者のみなさんへ』（1990〜1995年度）として独立、1996年に始

『NHK手話ニュース』(1996年度〜) →P518

『ろうを生きる　難聴を生きる』(2004〜2021年度) →P520

まった『NHK手話ニュース』に引き継がれる。

『聴力障害者の時間』のコンセプトは、その後『聴覚障害者のみなさんへ』(1996〜2003年度)、さらに2004年に始まった『ろうを生きる　難聴を生きる』へと受け継がれ、各地のろう者、難聴者、盲ろう者のための情報提供や、ヒューマンドキュメンタリーを中心に放送を続けてきた。2020年度からは、福祉番組『ハートネットTV』に統合され、より広い層に発信することになる。

02
高齢者の生きがいを求めて

　1970年代に入ると、高齢化率(全人口に占める65歳以上の高齢者の割合)が7%を超え、日本は"高齢化"を迎える。1972年、認知症の老人の姿を描いた有吉佐和子の小説「恍惚の人」が大ベストセラーとなり、高齢者の介護問題に対する関心がにわかに高まった。こうした社会的要請も受けて、高齢者を視聴対象とした番組や、高齢者福祉を考える番組が数多く生まれる。

　NHKの高齢者向け定時番組は、総合テレビの『お達者ですか』(1976〜1979年度)から始まった。週1回午前

『お達者ですか』(1976〜1979年度) →P516

『お達者くらぶ』(1980〜1987年度) →P516

『いきいきセカンドらいふ』(1988〜1989年度) →P517

『さわやかくらぶ』(1990年度) →P517

『百歳バンザイ！』(2002～2010年度)　→P519

『悠々くらぶ』(1991～1993年度)　→P518　　『シルバーシート』(1984～1990年度)　→P517　　『すこやかシルバー介護』(1993～1999年度)　→P518

11時台の30分番組で、高齢者の健康や趣味について語り合うスタジオトーク番組である。

　1980年代に入ると65歳以上の高齢者が1000万人を突破し、高齢者福祉に対する関心はますます高まった。

　『お達者ですか』は『お達者くらぶ』(1980～1987年度)と改題。教育テレビに波を移行し、月曜から木曜までの帯番組に拡大した。さらに1990年代に入ると"人生80年時代"の掛け声とともに、生きがいのある豊かな老後を送るための情報が求められ、『いきいきセカンドらいふ』(1988～1989年度)、『さわやかくらぶ』(1990年度)、『悠々くらぶ』(1991～1993年度)が次々にスタートした。

　高齢者を対象とした番組には2つのタイプがある。1つは充実したシニアライフを送るためのヒントや情報を提供する番組。もう1つは寝たきりや認知症など、高齢者介護のノウハウを提供する番組だ。前者は『お達者くらぶ』や『悠々く

らぶ』で、後者は『シルバーシート』(1984～1990年度)や『すこやかシルバー介護』(1993～1999年度)などである。

　1963年当時、100歳以上の高齢者は全国でわずか153人。それが1998年には1万人を突破。100歳を超えた双子の姉妹「きんさん・ぎんさん」の元気な姿とユーモアあふれる会話が人気となり、1993年には『NHK紅白歌合戦』にゲスト出演もしている。そんな中で総合テレビの公開バラエティー番組の1コーナーが『百歳バンザイ！』(2002～2010年度)として独立。元気な高齢者に長寿の秘訣を聞き、その笑顔と生活ぶりを紹介した。

　2012年、昭和22年生まれの"団塊世代"が65歳となり、高齢者の仲間入りをはたす。この年に放送をスタートした『団塊スタイル』(2012～2016年度)は、ビートルズを聴いて育ち、ジーンズをおしゃれに着こなす"新老人"のライフスタイルを提案。2017年4月に『あしたも晴れ！人生レシピ』

にバトンを渡す。

　少数弱者として福祉番組の対象となっていた高齢者は、2016年に全人口の27％を超え、もはや少数派ではなくなった。“人生100年時代”がうたわれる一方で、寝たきりや認知症の介護問題はさらに深刻化し、高齢者の貧困など新たな社会問題も指摘されている。

『団塊スタイル』（2012～2016年度）→P520

『あしたも晴れ！人生レシピ』（2017年度～）→P858

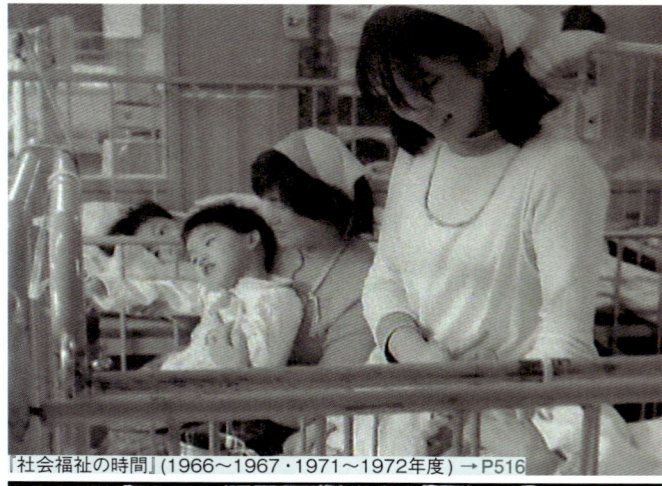

『社会福祉の時間』（1966～1967・1971～1972年度）→P516

『あすの福祉』（1984～1995年度）→P517

03/
時代が求める福祉番組

　『社会福祉の時間』（1966～1967・1971～1972年度）、『福祉の時代』（1973～1983年度）、『あすの福祉』（1984～1995年度）など、「福祉」の名前を冠した番組では、「障害者」と「高齢者」を主な福祉対象として取り上げてきた。ところが1990年代後半から、障害者や高齢者にとどまらず、さまざまな困難を抱えて生きる少数者に目を向けるようになる。

　そこに登場してくる番組には2つの流れがある。1つは『にんげんゆうゆう』（2000～2002年度）から始まった月曜から木曜の帯番組。日替わりでさまざまなテーマを多角的に取り上げる総合福祉情報番組だ。『にんげんゆうゆう』の後を受けて始まった『福祉ネットワーク』（2003～2011年度）は、第4週放送の『ハートをつなごう』（2006～2011年度）と統合する形で、『ハートネットTV』（2012年度～）として新たなスタートを切る。

　身体障害だけでなく、がんや難病、発達障害、精神疾患、薬物依存、児童虐待、DV（ドメスティック・バイオレンス）、性暴力、LGBT、貧困、自殺などにテーマを拡大。当事者に寄り添い、彼らの声をていねいに伝えてきた。

『福祉の時代』（1973～1983年度）→P516

『にんげんゆうゆう』（2000～2002年度）→P519

『福祉ネットワーク』（2003〜2011年度）→P519

『ハートをつなごう』（2006〜2011年度）→P520

私たちができることを
これから考えます

『ハートネットTV』（2012年度）→P520

『ハートネットTV』（2013年度）→P520

現代人の誰しもが当事者になりうる問題を幅広く取り上げ、ドキュメンタリーや情報番組、座談会など多様な演出方法を使いながらホームページやSNSも活用して情報発信を行っている。

　もう一つの流れが『きらっといきる』（1999〜2011年度）から、『バリバラ』（2012年度〜）へと向かう障害者自身が情報発信の主役となる番組だ。

　『きらっといきる』は障害のある人が生き生きと暮らす姿を伝えるドキュメンタリー番組として、『列島　福祉リポート』（1997〜1998年度）の後を受けてスタートした。

　しかし放送から10年が経過したとき、番組のありようについて、改めて問い直すことになった。きっかけは番組あてに届いた障害者からの声。「明るく前向きで、何かに懸命に挑戦する」障害者像は理想に過ぎず、現実を描いていないとの指摘を受け、制作担当者や障害のある出演者が「きらっと改革委員会」を設け、ほんとうに当事者の立場で番組作りはなされているかの検討を開始した。さまざまな試行錯誤を経て、2012年4月、「みんなちがって、みんないい」をキャッチフレーズに、障害者のための情報バラエティー『バリバラ』が誕生する。これまで福祉番組では取り上げることのなかった障害者の"お笑い"や性の問題、さらに出産、子育て、就労、スポーツ、音楽、アートなど、誰しもが関心のあるテーマを扱い、当事者目線で情報を発信した。

　「障害者福祉」と「高齢者福祉」を大きな2本柱として始まった福祉番組は、"障害"を個性ととらえる人間観と多様性を認め合う共生社会の中で、「生きづらさを抱えるすべてのマイノリティー」のための番組に変わりつつある。

『共に生きる明日』（1996〜1998年度）→P518

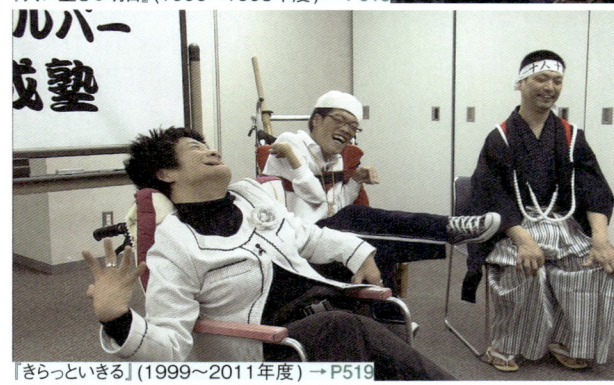

『きらっといきる』（1999〜2011年度）→P519

『バリバラ〜障害者情報バラエティー』（2012年度〜）→P520

1960年代

テレビろう学校　1961～1980年度

聴覚障害のある未就学児童を対象に、家庭での言語指導や生活指導の内容や方法をわかりやすく伝えた。番組では、食事、手伝い、リズム遊びなど日常生活のさまざまな場面で、言葉の訓練の基礎を具体的に解説するなど、家庭でできる早期教育を行った。また補聴器の用法、聴覚障害児を育てた親の体験、ろう学校の幼・小・中・高等部の教育なども紹介した。教育テレビの30分番組。

あすへの歩み　1961～1965年度

社会福祉の現状や問題を取り上げ、福祉行政のあり方や対策など、問題の核心をわかりやすく伝える。初年度は「小児マヒと闘う」「働く青少年」「災害を防ぐには」「老人に幸福を」「母子家庭の福祉」「子ども達の幸せ」「身体障害と闘う」などのテーマで放送。

ことばの治療教室　1966～1981年度

放送開始当時、全国に170万人といわれた言語障害児のいる家庭を対象に、「発音の異常」や「きつ音」の子どもの指導方法を具体的に示した。番組を通して言語障害についての正しい理解を深めたことで、言語障害児教育に対する一般の関心が高まり、各地で「言語治療教室」の開設を促す役割も果たした。

社会福祉の時間　1966～1967・1971～1972年度

1970年当時、ヨーロッパ並みの水準に追いついたといわれている日本の社会福祉制度だが、はたして実態はどうか。さまざまな現場からの報告をもとに、「障害児の教育権」「沖縄からの発言」「精神障害と福祉」「自立への道」などのテーマで福祉について考えた。

1970年代

福祉の時代　1973～1983年度

1972年度まで放送した『社会福祉の時間』を改題。障害者、老人、児童、家庭など、福祉にかかわる問題をさまざまな角度から掘り下げ、国民ひとりひとりの共通の課題としての福祉の前進に、市民の積極的参加を呼びかける番組。教育の30分番組。

お達者ですか　1976～1979年度

各界の高齢者ゲストが人生体験、趣味、健康等について語るほか、各地で暮らす100歳以上のお年寄りを紹介するNHK初の高齢者向け定時番組。高齢者向けの生活情報を提供するほか、各地で元気で活動している趣味のグループやサークルを紹介した。

聴力障害者の時間　1977～1995年度

聴力障害者の長年の要望に応えてスタート。「手話」だけではなく、「口話法」や「指文字」、画面に「字幕スーパー」を取り入れるなど、“トータル・コミュニケーション”の考え方に沿った、わかりやすい内容を目指した。

1980年代

お達者くらぶ　1980～1987年度

1979年度まで放送の『お達者ですか』を、（月～木）の帯番組に拡充。曜日ごとにテーマを立て、初年度は（月）が情報解説番組「当世あまから問答」、（火）がテレビジョッキー「ハガキでこんにちは」、（水）がユニークな活動を紹介する「長寿列島北南」、（木）が趣味の実用講座「作ろう語ろう」で構成。

障害幼児とともに　1981～1983年度

就学前の心身に障害のある子どものいる家庭を対象にした番組。障害児全体の低年齢化、障害の重複化という状況を踏まえて、1961年から20年続いた『テレビろう学校』が対象にした「聴覚障害」を、「知的障害」「情緒障害」にまで範囲を広げた。家庭における子どもとの接し方や、指導のしかただけではなく、母親の体験談や海外の障害児の現状など、各障害に共通した話題も紹介した。

ことばの教育相談　1982～1983年度

『ことばの治療教室』の後継番組。言語障害児を持つ家庭、特に母親を対象に、「ことばの発達のおくれ」「発音異常」「難聴」などの子どもとの、家庭での適切な接し方を解説。全国各地の「言語障害児をもつ親の会」や「言語治療教室」の活動も紹介し、言語障害児教育の啓発番組としての役割を果たした。

こどもの発達相談　1984～1992年度

心身の発達に遅れのある子どもや、言語障害の子どもを持つ親を対象に、子どもの発達と成長に役立つ家庭での「育て方」や「具体的な指導方法」を紹介。1983年度まで放送していた『障害幼児とともに』と『ことばの教育相談』を一本化した番組。

あすの福祉　1984～1995年度

『福祉の時代』（1973～1983年度）を改題。21世紀に向かう社会の動きを見据え、将来の福祉問題を考える。これまでの主たるテーマであった障害者問題に加え、福祉経済の視点から「高齢者社会を考える」などをシリーズ編成した。

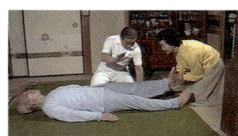

シルバーシート　1984～1990年度

放送が始まった1984年当初、全国に100万人いると推定された「認知症」や「寝たきり」高齢者の問題を取り上げる。家族が担っている介護の実態を伝え、高齢者や障害者と若い人や健常者とのむすびつきをさぐる。番組で紹介した「介護体験の報告」や「長生きのための食事」などは、地域の学習活動にも利用された。

お元気ですか　1984～1987年度

政財界、芸能界、学界などの第一線で活躍している人々に、個性的な健康法や豊かな人生観を、鈴木健二アナが聞くインタビュー番組。

人間いきいき　1985～1987年度

教育をめぐる問題を「人を教えたり」「育てたり」「学んだり」する"人間同士の営み"から、じっくり見つめていく番組。各界の著名人がキャスター、リポーターとなり、「筋萎縮症を患う教師の奮闘」「身障児施設に心血を注ぐ競輪選手の活動」「全盲の折り紙作家の姿」など、さまざまなテーマで語る。

さわやかボランティア　1987年度

全国各地のボランティア活動による人間交流のすばらしさを伝えるとともに、活動に参加したい人たちのために具体的な情報も紹介する2分番組。総合（月・火・木・金）午前10時3分ほかで放送。

いきいきセカンドらいふ　1988～1989年度

『お達者くらぶ』（1980～1987年度）を改題。"人生80年"と言われる長寿時代に、生きがいのある老後を送るための"お役立ち情報"を、「私の生活設計」「健康案内」「世代をつなぐ輪」「さわやか文芸」などのテーマで提供。教育（月～金）午前6時40分からの20分番組。総合午後3時台に再放送。

妻と夫の実年時代　1988～1989年度

40代後半から50代の働きざかりの夫婦に向けたトーク番組。その世代に特有のテーマや関心の高いテーマを取り上げ、初年度は「シリーズ定年退職」「妻たちの井戸端会議」などを、2年目は「老親こそわが教師」や「夫との別離をこえて」を放送。

1990年代

みんなの手話　1990年度～

1989年に「手話通訳士」試験がスタートし、手話の学習を望む声が高まる中、「手話ボランティア」を目指す人、聴覚障害者でも手話を知らない人などを対象に始まった手話の入門番組。基本的な語いや日常生活で多く使われる表現を紹介する講座形式の番組で、手話への理解を深めた。

さわやかくらぶ　1990年度

昭和生まれが"高齢者"となる1990年代、高齢化社会も新しい時代に入り、夫婦ふたりの生活を楽しむ「新シルバー層」が増えてきた。こうした「アクティブなシルバー世代」を対象に、生きがいのある老後を送るための「トーク」や「健康づくりのため実技」などの情報を提供。「論語を読む」や「歴史人物伝」などをシリーズで編成。

きょうのニュース～聴力障害者のみなさんへ　1990～1995年度

全国35万人の聴力障害者と200万人から300万人とも言われる難聴者を対象としたニュース番組で、「10分間で1日がわかる」がキャッチフレーズ。その日の国内、海外の重要ニュースから項目を厳選。「手話はわかるが文字は読めない人」、逆に「文字は読めるが手話はわからない人」まで、多様な聴力障害者に向けて、「手話」「映像」「字幕スーパー」を組み合わせた画面作りで放送し、高齢者や外国人の間にも視聴が広がった。

社会福祉セミナー　1991～1992年度

社会の高齢化にともなって社会福祉への関心が高まる中、1990年度までラジオ第2で放送していた同名番組をテレビに移行。障害者や高齢者への援助・介護の方法などを、具体的事例を織り込みながら伝えた。

福祉 | 定時番組

悠々くらぶ　1991〜1993年度
積極的に生きる高齢者の姿を通して、同じ世代の人々の人生がよりいっそう充実することを願った番組。司会の萩本欽一とシルバー世代のユーモアに満ちた交流は、第二の人生を充実させたいと願う高齢者への「応援歌」として受け入れられた。

こどもの療育相談　1993〜1999年度
心身の発達の遅れや障害のある子どもの療育のあり方を解説。1992年度まで放送の『こどもの発達相談』を改題。「ことば」「あそび」「自閉症」などのシリーズのほかに、各地の「障害児を持つ親の会」の活動やユニークな「療育法」も紹介した。

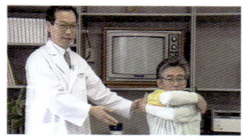

すこやかシルバー介護　1993〜1999年度
介護する家族が日々感じる問題点や疑問点に答えながら、高齢者介護のノウハウをわかりやすく伝える。「痴ほう性老人の介護」「家庭でできるリハビリ体操」「福祉サービスはどう変わるか」「介護保険・ここが知りたい」など、テーマにそって介護の専門家が具体的に解説した。教育テレビ夜間の30分番組。

週刊ボランティア　1994〜1998年度
ボランティアに関心を持つ人たちを対象に、身近な「自然を守る活動」や「子育て」から「NGO」まで、幅広い分野で活動するボランティアを紹介し、その"楽しさ"と魅力を伝える。1995年1月17日以降は「阪神大震災リポート」を継続的に放送した。教育テレビ夜間の30分番組。

現役くらぶ　人生これから　1994〜1995年度
高齢化社会といわれる中で、高齢者自身がどう生きたらよいかも問われている。番組では"生涯現役"を自認し活躍している高齢者に「元気の秘けつ」を聞くとともに、元気な高齢者のための実用情報も紹介。1994年度は総合テレビと教育テレビで、1995年度は教育テレビ（再放送を総合）で放送した。

昼のニュース〜聴力障害者のみなさんへ　1994〜1995年度
少数者向けサービスの一環として、午前中のニュースを要約して伝える5分番組。アナウンサーの読む原稿を手話キャスターが手話に翻訳する手法をとった。同時に字幕スーパーにより理解を深める工夫も行った。教育（月〜金）午後1時30分から放送。1996年度に『NHK手話ニュース』に引き継がれる。

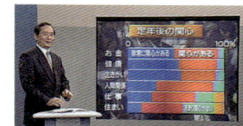

私の定年戦略　1995年度
"人生80年"と言われるが、会社の定年は60歳。余生というにはあまりに長い年月をどのように生きるのか。さまざまな定年後の生き方を取り上げて、何をいつ準備すればいいかなど、豊かな定年後を選び取るために役立つ情報を提供。

週間手話ニュース　1995年度〜
聴覚に障害のある人たちに向け、1週間のニュースのエッセンスを伝える。台風などの災害時には内容を大幅に変更するなど、防災報道にも力を入れる。キャスターはろう者がペアで担当。

NHK手話ニュース　1996年度〜
聴覚障害者を主な対象とするニュース番組『きょうのニュース〜聴力障害者のみなさんへ』と『昼のニュース〜聴力障害者のみなさんへ』のタイトルを統一。手話とふりがな付きの字幕、ゆったりとしたナレーションで、ニュースと気象情報を伝える聴覚障害者向けの報道番組。防災等緊急報道には特に力を入れる。初年度は教育（月〜金）午後7時50分からの10分番組と、（土・日）午後7時55分からの5分番組でスタートした。

共に生きる明日　1996〜1998年度
障害者や高齢者といった従来の"福祉"の領域にとどまらず、現代社会のさまざまな場で支えや癒やしを必要とする人々を取材するドキュメンタリー番組。ハンディを持って暮らす人々が、人間らしく生きるために何が必要かを「共生」をキーワードに見つめた。

聴覚障害者のみなさんへ　1996〜2003年度
『聴力障害者の時間』（1977〜1995年度）を改題。全国約35万人の聴覚障害者に向けて、日常生活に役立つ情報や話題を紹介するとともに、新しい福祉機器や行政の動きなどを伝える。また手話で利用できるイベントや医療機関なども紹介した。

ワンポイント福祉　1996〜2002年度
簡単な手話や、知っていると便利な在宅介護のハウツーをわかりやすく伝える5分番組。「手話でこんにちは」と「いきいき在宅介護」をシリーズで放送。初年度は教育（月〜木）午後1時35分から放送。2003年度からはテーマごとに番組を独立させ、『ワンポイント手話』『ワンポイント介護』『ワンポイント・リハビリ』に改題した。

NHK手話ニュース845　1997年度〜
教育・Eテレ（月〜金）の午後8時45分〜9時に放送する、聴覚障害者向けの手話ニュース。2人のキャスターによるスタジオでの手話を中心に、音声・字幕・映像を組み合わせて、1日の主要なニュースをわかりやすく伝える。その日の一般ニュースのほかに、聴覚障害者に関心の高いニュースもピックアップして伝えた。

列島　福祉リポート　1997〜1998年度

地域福祉の充実は、国や自治体だけではなく、地域住民とともに取り組むべき課題ととらえ、地域で障害者や高齢者が置かれている状況や、直面している課題を取り上げる。全国の各放送局がスタジオリポートで参加した。

こども手話ウイークリー　1998年度〜

聴覚に障害のある小・中・高校生を対象にした手話ニュース番組。子どもたちにニュースに関心を持ってもらうとともに、識字力や手話の力を高める教育的効果もねらう。時には海外での手話の現状や、ろう学校の活動も取材。ろう者がキャスターを務め、さまざまな現場で活躍するろう者にも話を聞く。

シルバー人生塾　1999年度

高齢化社会が進む中で「老いをどう生きるか」を視聴者とともに考えていく。定年後の生きがい探しや夫婦の問題など、シルバー世代をとりまく、さまざまな関心事や老いを生きるヒントを"ヒューマン・ドキュメンタリー"で伝えた。

きらっといきる　1999〜2011年度

障害者の本音やメッセージを聞く、障害者が主人公のスタジオ人物ドキュメンタリー。障害者の仕事、地域や家庭での生活、障害者団体の活動など、その生活や活動ぶりをつぶさに紹介した。2009年度から司会陣に山本シュウ、玉木幸則が加わり、2010年度からは毎月最終週に、障害のある人が自ら企画し、笑いを通してバリアフリーを考える「バリバラ〜バリアフリー・バラエティー」を放送。

ボランティアまっぷ　1999年度

ボランティア活動を紹介する中から、新たな生き方や社会のあり方を提案。「阪神淡路大震災」「地球環境の保全」「高齢者福祉」など、幅広いテーマで全国各地の活動を紹介した。教育(木)午後7時台の30分番組。

2000年代〜

にんげんゆうゆう　2000〜2002年度

さまざまな病気や困難、老いの中にあっても、生きがいを感じて"ゆうゆう"と人生を送るにはどうしたらいいのかを考える福祉の総合情報番組。「高齢者」「障害者」という福祉のテーマにとどまらず、「アルツハイマー告知」や「ガンの通院治療」などの医療問題、「薬物依存」や「摂食障害」などの心の問題など幅広く取り上げた。

ボランティアにっぽん　2001年度

全国各地で活動を続けるボランティアグループの取り組みを通して、"従来の価値観"にとらわれない新しい生き方のヒントを紹介する。教育(土)午後8時台の10分番組。

百歳バンザイ！　2002〜2010年度

全国各地で生き生きと暮らす百歳以上の人々の「過去」と「現在」の姿を描き、「長寿の秘けつ」を探るとともに、さまざまな荒波を乗り越えてきた"百歳からのメッセージ"を伝え、全国に「元気」を届ける。

ワンポイント手話　2003〜2021年度

『ワンポイント福祉』（1996〜2002年度）の枠内で1998年4月から随時放送していた「ワンポイント手話」が2003年度より単独番組となる。簡単な手話をわかりやすく伝える5分番組。教育で初年度は(日)午後6時30分より放送。

福祉ネットワーク　2003〜2011年度

障害、病気、老い、介護など、さまざまな困難や悩みを抱えながらも懸命に生きる人々の"しあわせ（福祉）"の実現を目指す取り組みを紹介。『にんげんゆうゆう』（2000〜2002年度）の後継番組。初年度は曜日ごとに、「障害者くらし情報」「こころの相談室」「こどもの相談室」「めざせ介護の達人」を放送。「NHKハート展」「介護百人一首」など、放送連動のイベントも展開。教育(月〜木)午後8時からの30分番組。

ワンポイント・リハビリ　2003〜2005年度

介護が必要となる時期を遅らせるために必要な日ごろの運動、尿失禁を予防するための運動などをわかりやすく伝える5分番組。『ワンポイント福祉』（1996〜2002年度）を刷新し、『ワンポイント・リハビリ』と『ワンポイント介護』を別番組として同じ時間帯にほぼ2か月ごとに交互に放送。2005年度に番組終了後は、『ワンポイント介護』の中でリハビリについて扱った。教育で初年度は(日)午後6時35分に放送。

ワンポイント介護　2003〜2011年度

在宅介護のノウハウをわかりやすく伝える教育の5分番組。『ワンポイント福祉』（1996〜2002年度）のシリーズで放送開始。在宅で寝たきりにさせないための工夫と、介護者が疲労しないコツを具体的に紹介した。2003年度からは『ワンポイント・リハビリ』と『ワンポイント介護』を同じ時間帯にほぼ2か月ごとに交互に放送。2006年度からは(土)午後8時55分から毎週放送。

福祉 | 定時番組

ろうを生きる 難聴を生きる 2004〜2021年度

聴覚障害者のための情報や話題、多様な分野で活躍する人々を紹介するとともに、聞こえない人が必要とする実用情報や直面する課題をわかりやすく解説。『聴覚障害者のみなさんへ』（1996〜2003年度）を改題。

飛び出せ！定年 2006年度

700万人とも言われる団塊世代が退職期を迎え、定年後の第2の人生の過ごし方に関心が集まっている。余暇の過ごし方、家族関係、再就職など、定年を迎えた夫婦のさまざまなセカンドライフを紹介し、不安を抱える退職予定者に役立つ情報を提供した。総合（火）午後10時台の30分番組。

ハートをつなごう 2006〜2011年度

2005年度まで『福祉ネットワーク』の枠内で放送していた「ハートをつなごう」が、月1回放送の番組として独立。「発達障害」「LGBT」「虐待」「依存症」「性暴力被害」など、さまざまな困難や悩みを抱える当事者をスタジオに招いて語り合い、番組関連ホームページ「NHK福祉ポータル ハートネット」とも連動して活発な議論を交わした。教育（第4週・月〜木）夜間の30分番組。

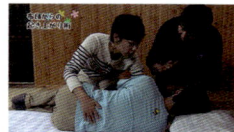

楽ラクワンポイント介護 2011〜2021年度

2011年12月に終了した『ワンポイント介護』（2003〜2011年度）の後継番組。日常生活の介護の基本技術はもちろん、自立を促す介護術、これまで語り切れなかった「心のケア」にも目を向け、介護する人もされる人も「楽しく」「ラクに」介護する方法を学ぶ。Eテレの5分番組。

ハートネットTV 2012年度〜

2011年度まで放送の『福祉ネットワーク』と『ハートをつなごう』を『ハートネットTV』に一本化。障害や病気、貧困や虐待など、"生きづらさ"を抱えた人たちの置かれた状況や課題をわかりやすく伝え、ともに考える。Eテレ（月〜木）午後8時からの30分番組。「発達障害」「ガン」「被災地」「貧困」「LGBT」など幅広いテーマを、NHK福祉情報サイト「ハートネット」などを活用しながら"当事者目線"で取り上げる。

団塊スタイル 2012〜2016年度

"団塊世代"とその周辺世代の人たちが気になる「終活・身辺整理」「地域でのつながり」「健康づくり・アンチエイジング」などの情報を幅広く伝える。各分野の専門家や著名人をスタジオに招き、独自のポリシーで生きる団塊世代の生き方も紹介した。

バリバラ〜障害者情報バラエティー 2012年度〜

生きづらさを抱えるすべてのマイノリティーのための情報バラエティー番組。「バリアをなくして、生きることを楽しく」をコンセプトにスタート。合言葉は「みんなちがって、みんないい」。恋愛・出産・子育て・就労・スポーツ・音楽・アートほか、タブー視されていた「障害者の性」にも正面から取り組むなど、あらゆるジャンルをテーマに本音で話し合う。2016年度より『バリバラ』に改題。

はじめましての2人旅 2024年度

"障害者"X"健常者"、出会うはずのなかった2人が、初めて会ったその日から2泊3日の旅に出る。その中で、お互いにどんな「気づき」を得るのか。同じ時間を過ごすことで生まれる2人の関係性の変化をつぶさにドキュメントする。語り・板垣李光人（俳優）。Eテレ（土）午後9時30分からの29分番組。

NHKフォトストーリー ⑳

P499 ← 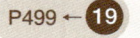 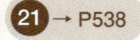 → P538

人形劇 宇宙船シリカ撮影風景（1961年）

『人形佐七捕物帳』（1965年）

『新日本紀行 石見』ロケ風景（1966年）

『新日本紀行 石見』ロケ風景（1966年）

連続テレビ小説第1作『娘と私』撮影風景（1961年）

自ら書き下ろした連続テレビ小説『たまゆら』をスタジオ副調整室で見る川端康成（1965年）

連続テレビ小説『たまゆら』をスタジオ副調整室で見る川端康成（1965年）

連続テレビ小説『たまゆら』亀井光代、扇千景、川端康成、直木晶子、手前は笠智衆（1965年）

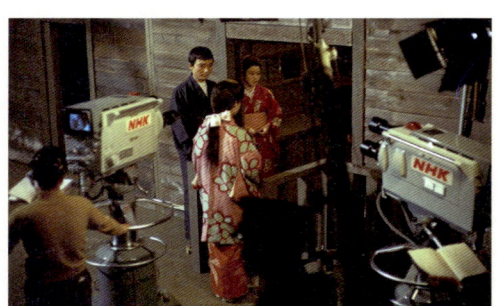

連続テレビ小説『旅路』撮影風景（1967年）

連続テレビ小説『あしたこそ』撮影風景（1968年）

連続テレビ小説『信子とおばあちゃん』撮影風景（1969年）

大河ドラマ『竜馬がゆく』北大路欣也（1968年）

大河ドラマ『竜馬がゆく』三田佳子、浅丘ルリ子（1968年）

大河ドラマ『竜馬がゆく』加東大介（1968年）

教養・情報 産業

01

農事番組と『明るい農村』

　1950年代、60年代には農林水産業など第1次産業を取材対象とした「農事番組」が数多く放送されていた。視聴者に親しまれたその代表格が20年以上にわたって計8030回放送された『明るい農村』（1963～1984年度）である。

　NHKの早朝の農事番組は1948年のラジオ番組『早起き鳥』（1948～1983年度 ＊1986年度までコーナーとして継続）に始まる。その後、1952年に各地の農村での取り組みや農家での暮らしぶりを伝える『ひるのいこい』（1952

年度～）がスタート。どちらの番組も古関裕而作曲のほのぼのとしたテーマソングで始まる農家、農村向け番組だった。同時期に始まった農業技術を具体的に伝えるラジオ番組も含めて、これらの農事番組が、戦後の農業・農村の近代化と食糧難の解消を後押しした。

　1955年の産業3部門の就業者の割合は、第1次産業41.1％、第2次産業23.4％、第3次産業35.5％だった（総務省統計局）。こうした時代背景の中で1957年11月、テレビ初の農事番組『のびゆく農村』（1957～1959年度）が午後6時台に始まる。この番組では、テレビの集団視聴が農村の社会教育活動として、どの程度の効果を与えるのかも実験調査された。番組では農村の食生活や住居問題、農業の機械化や農作物の品種改良など、農村特有の問題を具体的に取り上げた。

『明るい農村』（1963～1984年度）→ P532

『明るい漁村』（1968〜1984年度）→ P532

『のびゆく農村』（1957〜1959年度）→ P530

『朝の村から』（1961年度）→ P531

『朝のひととき』（1962年度）→ P532

『のびゆく農村』の後継番組として『村の記録』（1960〜1963年度）が始まる。農村に生きる人々の姿や、農業問題を社会的側面からとらえたフィルムドキュメンタリーだ。

『朝の村から』（1961年度）は、総合テレビの農村向け早朝番組で、週2日、午前6時台に放送。農村の話題から新しい農業技術、農政の動きまで幅広く伝えた。

1962年4月、『朝の村から』は『朝のひととき』（1962年度）に改題し、毎日放送の帯番組に発展。（月）「くらしの相談室」、（火）「村の風土記」、（水）「時の話題」、（木）「わたしの体験」、（金）「希望現地訪問」、（土）「話題の人」、（日）「村の記録」を日替わりで放送し、農村生活を営む指針となるような情報を具体的に伝えた。

1963年4月、『朝のひととき』は『明るい農村』と改題、月曜から土曜に早朝の放送を始めた。その後、22年間続く放送の第一歩である。当時は東京オリンピック開催を翌年に控えた高度経済成長のまっただ中。農村から都市への労働力の移動に伴って農村の過疎化が進み、日本の農業は大きな転換期を迎えていた。『明るい農村』は、農村の視聴者には「農村近代化の指針」となり、都市部の視聴者には「農村問題の理解に役立つ」よう制作された。

番組の制作に当たっては、専任ディレクターを各地方

産業

の拠点局に3人程度、全国の地域放送局に1人ずつ置いて、東京のディレクター30人と共に全国の農村を取材できる体制を整えた。また、各地の農協職員や都道府県の農業改良普及員など約600人が"農林水産通信員"として番組を支えた。

番組コーナーの一つ「村の記録」は、激動する農村とその暮らしを見続けたドキュメンタリーで、最終的に全国およそ2000の村を取材した。その他、「村をむすぶ」は農村各地の動きや話題を紹介するリレー中継、「ふるさと通信」は全国の"農林水産通信員"によるリポート。「くらしを考える」では近所づきあいや跡継ぎ・相続問題など、農村が抱えるテーマについてスタジオで意見交換をした。

1968年4月には週1回日曜に『明るい漁村』もスタート。漁民の経営と生活の向上、漁村の近代化に役立てる番組を目指した。

1970年代に入ると、「農村の過疎化」「コメの減反政策」「農産物の輸入自由化」など、「明るい」という番組タイトルとは裏腹に、農業・農村が抱える問題が深刻化し、番組ではそれぞれの課題に対して積極的に取り組んだ。

1980年代には、「食」の安全や流通、食料自給率の問題など、農業従事者に限らず誰しもが関心を抱く今日的テーマに重点を置いた。同時に「産地拝見」「わが村わが名産」「食卓の科学」「現代たべもの読本」などのコーナーを設け、「食」の情報番組としての性格を強めていく。コーナーの一つ「食卓の科学」では、食品の安全性、栄養や味などを科学的に検証。「現代たべもの読本」は健康食品としてのハト麦や玄米、低カロリー食品としてのコンニャクなど、食品の最新情報を提供した。

1950年当時、第1次産業の従事者数は産業3部門全体の約半数を占めていた。それが1985年には1割を切る。こうした中で、『明るい農村』は1985年3月に幕を下ろす。

都会の消費者と農村、漁村の生産者をつなぐ番組コンセプトは、後継番組『にっぽん列島　朝いちばん』(1985〜1987年度)に引き継がれる。また「食」の情報番組としての性格は、その後に続く『たべもの新世紀』(2001〜

『にっぽん列島　朝いちばん』(1985〜1987年度) → P854

『たべもの新世紀』(2001〜2006年度) → P856

『産地発！たべもの一直線』(2007〜2011年度) → P856

『うまいッ！』(2012年度〜) → P857

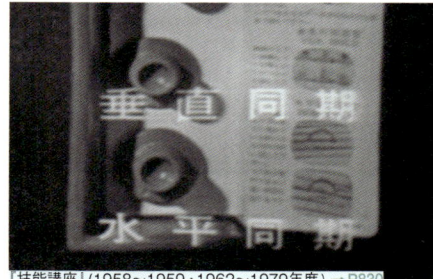

『技能講座』（1958～1959・1962～1979年度）→P830

『趣味・技能講座』（1980年度）→P833

『経済展望』（1963～1971年度）→P532

『1億人の経済』（1971～1979年度）→P533

『くらしのけいざい』（1972～1981年度）→P533

『くらしの経済セミナー』（1982～1990年度）→P534

『なるほど経済』（1996～1997年度）→P536

2006年度）、『産地発！たべもの一直線』（2007～2011
年度）、『うまいッ！』（2012年度～）などの食材に焦点を
あてた番組に引き継がれた。

　農事をあつかう特集番組としては、NHKとJA全中（全
国農業協同組合中央会）、JA都道府県中央会が共同
で開催している日本農業賞（1971年度～）関連番組があ
る。『明るい農村』『農業教室』『新・農業経営』『農業セ
ミナー』『にっぽん列島　朝いちばん』『NHKモーニング
ワイド』『産業セミナー農業経営』『産地発！たべもの一
直線』『うまいッ！』などで受賞者に話を聞くとともに、毎年、
受賞者を紹介する特集番組も放送された。

　2001年度からは食料プロジェクト特集番組として『ふる
さとの食　にっぽんの食』を放送。2008年度からは『にっ
ぽんの歌ふるさとの歌』、『大地の恵み音楽祭』など、農
業賞記念コンサートの放送も始まった。

02 高度経済成長期の経済番組

　1950年代後半から1960年代の高度経済成長を背景
に、就職に備える番組や各業種のノウハウを伝える番組
が数多く放送された。

　1959年1月の教育テレビ開局時、午後9時台には『技
能講座』、『商業講座』、『工場管理講座』、『職業展望』
などの講座番組が帯で編成されている。

　『技能講座』の初年度は「テレビ技術入門」を、翌年
から2年間は自動車運転免許取得のための番組『テレビ
自動車学校』を放送した。

　『技能講座』は1961年4月に『職業技能講座』と改題。
「計算尺」「理美容」「洋裁」「簿記」「テレビ・ラジオの
故障修理」などをテーマに放送した。1962年度に『技能
講座』にタイトルを戻し、1979年度まで放送。その後、『趣

産業

味・技能講座』(1980年度)、さらに『趣味講座』(1981～1989年度)に改題し、趣味番組に姿を変えていく。のちに放送される『趣味百科』(1990～1996年度)や『趣味どきっ！』(2015年度～)のルーツは、就職に役立てるための『技能講座』だったのである。

1950年代後半から始まった好景気は60年代の高度経済成長をもたらし、1968年に日本の国民総生産(GNP)をアメリカに次ぐ世界第2位に押し上げた。

総合テレビ午後11時台の25分番組『経済の目』(1961年度)は、新聞をにぎわす経済の話題を評論家や大学教授などが論評する経済時評で、「労働災害」「日ソ貿易」「国産品愛用」などのテーマを取り上げた。その後、『経済リポート』(1962年度)、『経済展望』(1963～1971年度)と番組が続き、『1億人の経済』(1971～1979年度)に引き継がれる。

『1億人の経済』は国際経済、企業経営から、雇用や物価といった生活の課題まで、70年代の日本経済が抱える諸問題をわかりやすく解説した。

一方、総合テレビ土曜午前8時台の『くらしのけいざい』(1972～1981年度)は、暮らしに密着した消費者の視点から経済を考える番組だ。「年金問題」「健康と安全」「住宅問題」「税金」など主婦たちの関心事を中心に取り上げた。番組は『くらしの経済セミナー』(1982～1990年度)、『くらしの経済』(1991～1995年度)、『なるほど経済』

(1996～1997年度)へと続いていく。『なるほど経済』は土曜朝の生情報番組のコーナーで継続され、2002年度の『くらしと経済』(2002～2005年度)へと続く。

その他、『農業教室』(1961～1975年度)や『商店経営』(1968～1975・1980～1982年度)など、農業や商業の従事者に向けた番組も引き続き放送された。

『くらしと経済』(2002～2005年度) → P536

『農業教室』(1961～1975年度) → P531

『商店経営』(1968～1975・1980～1982年度) → P532

『サラリーマンライフ』(1976〜1984年度) → P533

『ビジネス展望』(1980〜1981年度) → P533

『ビジネスネットワーク』(1982〜1984年度) → P534

『新・サラリーマンライフ』(1985年度) → P534

03

“サラリーマン”から
“ビジネスマン”へ

　1960年代の高度経済成長は産業構造の変化をもたらし、第2次産業、第3次産業従事者が増加。それに伴いサラリーマン人口が激増した。“サラリーマン”とは「給与(サラリー)生活者」を意味する和製英語で、1961年に発売された植木等のヒット曲「ドント節」に、「サラリーマンは気楽な稼業」(作詞：青島幸男)と歌われたことも手伝って、時代を表す言葉となった。

　オイルショックで高度経済成長は終わるが、「ジャパン・アズ・ナンバーワン」に象徴されるように、日本型終身雇用、日本型生産方式がもてはやされ、サラリーマンの給与も安定して上昇する時代を迎えていた。こうした時代背景を踏まえて教育テレビで始まったのが『サラリーマンライフ』(1976〜1984年度)である。当時、三千数百万人といわれたサラリーマンたちを対象とした情報トーク番組だ。「企業間の競争」や「社内人事と人間関係」といった“オンタイム”から、「アフターファイブの過ごし方」「健康管理」「余暇」などの“オフタイム”まで、サラリーマンたちに役立つさまざまな情報を伝えた。

　1980年代前半、日本の対米輸出は電化製品や自動車を中心に急増し、世界最大の貿易黒字国となった。それと同時に欧米諸国との貿易摩擦が深刻化する。1985年のプラザ合意後、急激な円高ドル安が進行し、輸出主導型で成長してきた日本経済は円高不況に陥る。

　教育テレビの『ビジネス展望』(1980〜1981年度)で、初めて「ビジネス」という言葉が経済番組のタイトルに登場する。「サラリーマン」が日本特有の会社組織で働く日本人をイメージさせたのに対し、「ビジネスマン」は内外を問わずグローバルに活躍する仕事人をイメージさせた。

　『ビジネス展望』は『ビジネスネットワーク』(1982〜1984年度)に引き継がれ、経済界、産業界の最新情報とともに、海外の経済事情を現地から報告した。

　1985年4月、『ビジネスネットワーク』は『サラリーマンライフ』、『資源情報’84』の2番組と合体し、『新・サラリー

産業

『ビジネスウィークリー』(1986〜1987年度) → P535

『NHK経済マガジン』(1988〜1992年度) → P535

マンライフ』として再出発をする。さらに翌1986年に『新・サラリーマンライフ』は『ビジネスウィークリー』(1986〜1987年度)に改題。タイトルとともに番組内容も大幅に刷新し、教育テレビとしては初の70分の生ワイド情報番組となった。

『NHK経済マガジン』(1988〜1992年度)は、『新・サラリーマンライフ』から『ビジネスウィークリー』へと続いたビジネス経済番組のノウハウを継承。放送波を教育から総合に移し、日曜午後6時からの45分番組とした。番組制作局と報道局の共同プロジェクトで、"情報の国際化と多様性"に対応する新しい経済情報番組を目指した。

04
バブル崩壊から21世紀へ

1980年代後半、景気は再び上向きに転じ、平成景気が始まる。バブルの発生である。そして、1990年代に入るとバブルが崩壊。1970年代から続いてきた安定成長の時代が終焉を迎える。90年代は「失われた10年」と呼ばれ、日本経済は長期の低迷期に入った。

衛星第1の『ワールドニュース』(1986〜2004年度)枠内で放送していた「東京マーケット情報」が1987年に独立。東京株式市場の前場と後場の終値を速報し、あわ

『ワールドニュース』(1986〜2004年度) → P386

『JAPAN BUSINESS TODAY』(1990〜1994年度) → P535

『NHKビジネスライン』(1994〜1997年度) → P536

『経済最前線』(2005〜2009年度) → P536

『21世紀ビジネス塾』(2000～2004年度) → P536

『ビジネス未来人』(2005～2007年度) → P537

『めざせ！会社の星』(2008～2012年度) → P537

『オイコノミア』(2012～2017年度) → P537

せて外国為替相場、原油価格、債券市場などの最新の動向を伝えた。

1989年に衛星本放送が始まると、衛星第1で『JAPAN BUSINESS TODAY』(1990～1994年度)を放送。日本とアジア各国の経済ニュースを海外に発信した。

衛星第1の『NHKビジネスライン』(1994～1997年度)は、日本とアジアを中心とした最新ニュースを経済の視点で切り取る番組。その後継番組『経済最前線』(1998年度)は『BS22』(1999年度)、『BS23』(2000～2003年度)、『BSニュース』の枠内放送を経て、2005年度に定時枠で復活。国内外の経済の最新情報を、解説を交えて伝えるニュース番組として、2010年3月まで12年間にわたって放送した。

21世紀の幕開けに『21世紀ビジネス塾』(2000～2004年度)が教育テレビでスタートする。「IT革命」「金融ビッグバン」など最先端の経済テーマに着目し、ビジネスマンに役立つ情報を提供した。

『ビジネス未来人』(2005～2007年度)は教育テレビ午後10時台の25分番組。独自の発想と行動力で新しいビジネスを生み出そうと奮闘する人々を紹介した。

『めざせ！会社の星』(2008～2012年度)は、若手ビジネスマンを対象とした情報番組。「パワハラ」や「派遣労働」といった時事的なテーマから、「メール・すきま時間活用のスキルアップ術」「合コン・宴会幹事などアフター5に使えるワザ」など、オフタイムの話題も取り上げた。

Eテレのユニークな経済番組としては『オイコノミア』(2012～2017年度)がある。お笑い芸人でベストセラー小説「火花」の著者でもある又吉直樹が、気鋭の経済学者と語り合い、「経済学の考え方を身に付けると、世の中の見方が変わる」をモットーに、身近な出来事や社会現象を「経済学」という切り口で読み解いた。

「経済・産業・就労」を切り口に企画された経済・産業分野の番組は多種多様だ。各業種の就労者を対象とした専門番組。日本経済、世界経済の最新動向を専門家や経済人が解説する経済情報番組。日々の暮らしに関わる経済情報を、生活者の視点からわかりやすく解説する生活情報番組。ビジネスマンのオフタイムやプライベートに焦点を当てた趣味系番組。これらのどの番組からも、放送当時の日本の経済動向が透けて見えてくる。

1950年代

今日の産業　1956〜1958年度

アメリカの国際放送「VOA（Voice of America）」提供によるフィルム映画で、アメリカの新しい産業を紹介した10分番組。日本の経済成長と産業の活性化を図るため、海外の製造現場を学べると日本の産業経営者から注目された。主なテーマは「プラスチック工場」「原子力発電」「X線フィルム」「ガラス繊維の利用」といった科学分野から、「皮ベルト製造」「ギターの製作」といった身近な手仕事まで紹介した。

のびゆく農村　1957〜1959年度

テレビ初の農村向け番組として1957年11月5日から定時放送をスタート。「農作業の機械化」「灌漑（かんがい）方式」「品種改良」など農村特有の問題から、「食生活」や「住居問題」など農村の生活改善に具体的に役立てようという番組。午後6時台の17〜20分番組。定時放送に先立って、1957年1〜4月に『伸びゆく農村』を放送し、農村の課題について13回にわたって取り上げている。

職場めぐり　1957〜1958年度

新しい職場で労働の担い手となる若者たちに向けた職業教育番組。中継で職場の各工程を追いながら、働く人々の生の声を取材し青少年の職業教育に役立てた。また、日本の工業界と諸外国との比較なども解説された。訪問した職場は、「鋳物工場」「証券会社」「毛織物工場」「銀行」「製パン工場」「郵便局」「キャラメル工場」「デパート」「美容院」「ブラウン管工場」「印刷工場」ほか。午後6時台の17〜20分番組。

農業講座　1958〜1959年度

1959年1月に教育テレビの開局とともにスタート。一般農家を対象に、農業技術と農家の生活関連の諸問題についてそれぞれ12回にわたって取り上げた。各地の公民館でのテレビ集団視聴で大きな反響があった。（月・水）の週2回放送で、（月）「技術講座」では田畑の土壌診断など新しい農業技術の普及について、（水）「生活講座」では農家の衣食住に関する一般的な問題を取り上げた。教育午後9時からの30分番組。

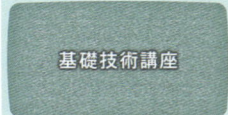
基礎技術講座

基礎技術講座　1958年度

日本の工業の基盤を支える技術や、作業工程の標準的なあり方をわかりやすく系統的に説明する講座番組。1959年1〜3月に「製図」について12回シリーズで放送。講師は清家正（東京都立工業短期大学学長）、福永太郎（同短大助教授）。教育（火）午後9時からの30分番組。

商業講座　1958〜1959年度

1959年1月に教育テレビ開局とともにスタート。中小商店が激しい競争を生き残るための基礎的な管理技術について、実例を示しながら解説した。「栄える商店」というサブタイトルで、「これからの商店経営」「マーチャンダイジング」「セールス・プロモーション」「店構えと売り場配置」「新時代の販売方法」「陳列と照明」「店頭での対応とサービスの仕方」などのテーマで構成した。教育（木）午後9時からの30分番組。

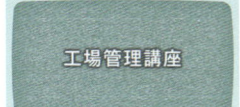
工場管理講座

工場管理講座　1959年度

大企業の管理者や中小企業の経営者を対象に、すぐに役立つ工場経営や管理の手法を、実例を示しながらわかりやすく解説した。「新しい工場」「現場管理」「作業改善」「合理化とコスト」などをテーマに、経営学者、経営実務者を解説者に迎えて、戦後の新しい経営管理の考え方や手法を紹介した。司会は千坂宰太（経営指導家）。教育（火）午後9時からの30分番組。

職場に生きる　1959年度

『職場めぐり』（1957〜1958年度）の後継番組。『職場めぐり』がその職場の紹介や各種工程の説明だったのに対し、職場に働く“人”にスポットを当てたヒューマンドキュメンタリーにリニューアルした。「港の検疫官」「自動車デザイナー」「原爆症と闘う」「塗師　春慶塗の技法をつぐ人達」「炭鉱の民生委員」「町工場の尹（イ）さん」など、幅広いテーマを取材。総合（水）午後6時35分からの20分番組。

職業展望　1959年度

これから就職しようという青少年たちとその父兄を対象に、職業を紹介する啓もう番組。戦後の新しい産業構造、経済成長といった枠組みの中で、将来性のある職業、希望者の多い職種を選んで、その職業の陰の苦労、仕事の厳しさ、魅力などを、フィルムで紹介。スタジオでは専門家たちがその職業について詳しく解説した。教育（日）午後7時からの30分番組。1959年度後期放送。

1960年代

農機具講座

農機具講座　1960年度

『農業講座』（1958〜1959年度）の月曜枠の後継番組。農業従事者からの要望に応えて、農機具の種類、構造、さらに歴史、農業経営との結びつきに至るまでを紹介。「ディーゼル機関」「農業用電動機」「自動耕うん機」「トラクター」など200種以上の農機具を取り上げた。教育（月）午後9時からの30分番組。

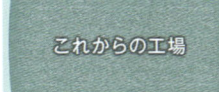
これからの工場

これからの工場　1960年度

『工場管理講座』（1959年度）の後継番組。大企業の現場管理者、中小企業の経営者を対象に、「経営管理」「品質管理」「工場訪問」「標準化」といったテーマで実践的で役立つ工場経営管理についてわかりやすく紹介した。日本規格協会の大西正宏が司会を務め、ゲストに経営学者や経営実務家を招き、新しい経営管理手法を解説した。教育（火）午後9時からの30分番組。

村のくらし　1960〜1961年度

衣食住を中心とした農家の生活改善講座として、実践的な情報を紹介した啓もう番組。「盆・正月の料理」や「かやぶき屋根と瓦屋根」、「ふだん着と外出着」といった身近なテーマを取り上げ、衣・食・住に関する現代的なあり方を豊富な実例をもって紹介。1961年度は農村の後継者である青少年を対象に、農村部の公民館や青年学級での集団視聴を意識して、討論形式で進められた。教育(水)午後9時からの30分番組。

栄える商店　1960〜1962年度

『商業講座』(1958〜1959年度)の副題を番組タイトルに新たにスタート。商店を対象に、科学的な商店経営の手法をわかりやすく解説した。初年度のテーマは「商品の生かし方」「数字で生かす商店経営」「歳末の販売促進」「店舗改造の手引き」など、実践的なアドバイスを盛り込んだ。解説は板倉徳明(東京都商工指導所)ほかベテランの経営指導家があたった。教育テレビ夜間の30分番組。

村の記録　1960〜1963年度

『のびゆく農村』(1957〜1959年度)の後継番組。変わりゆく日本の中で、農村とそこに生きる人々をテーマに、風土、習俗、さらに農村に結びつく政治、社会問題までタイムリーにとらえたフィルム・ドキュメンタリー番組。初年度は総合(金)午後6時30分からの20分番組でスタートしたが、1961年度に(日)午前7時台に移設。1961年度の新番組『朝の村から』とともに農村向け番組を朝の時間帯にまとめて編成した。

やさしい経済教室　1960〜1961年度

親しみやすい経済番組として新聞・雑誌でも評価された一般向け経済啓もう番組。東京教育大学教授の美濃部亮吉をお父さん役に、劇団葦の水城蘭子をお母さん役、息子役が菊池将孔という架空の「美濃部一家」を設定。経済の話をお茶の間での話題としてわかりやすく解説した。テーマは「授業料はなぜ上がる」「観光ブームの決算書」「舶来品まかり通る」「株のしくみ」ほか。教育(日)午後10時30分からの27〜30分番組。

みんなの職業　1960〜1961年度

これから就職を考える若者世代やその親世代を対象に、職業をよりよく理解してもらうための啓もう番組。戦後、社会の移り変わりとともに、職業の内容も変化し、また新たな職業も生まれている。そうした中から将来性のあるものを選び、伝統的な職業から近代的な職業まで幅広く紹介した。テーマは「ジェット・パイロット」「調理師」「新聞をつくる」「楽器をつくる」ほか。総合(土)午前11時からの25分番組。

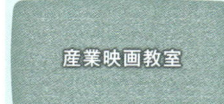

産業映画教室　1960〜1961年度

経済成長とともに多様化した日本の産業について、若い世代に理解を深めてもらうことをねらいとした啓もう番組。特に、戦後の技術革新によって登場した新しい技術や産業を系統的に映像化し、わかりやすく紹介した。テーマは「オートメーションと労働者」「原子力の平和利用」「電化製品誕生」「夢の繊維」ほか。解説は経済評論家の斎藤栄三郎。教育(日)午前11時30分からの30分番組。

経営ゼミナール　1960〜1962年度

日本の経済成長とともに注目を集める経営学について、ビジネスマンや学生にわかりやすく解説した入門番組。日本の企業が直面する経営上のさまざまな問題を具体的に紹介。テーマは「技術革新」「PR」「経営教育」「採用・昇進・定年」など。解説は経済評論家の坂本藤良をはじめとする若手経営評論家が担当。ゲストに企業の一流経営者が出演し、その豊富な体験を語った。教育(日)午前11時からの30分番組。

農業教室　1961〜1975年度

『農業講座』(1958〜1959年度)、『農機具講座』(1960年度)のあとを受けてスタート。近代化、国際化する農業、農村の変化の中で、農家が指針とするための技術と経営課題について取り上げた。教育テレビ夜間の30分番組でスタート。1964年度に教育テレビの時間増にともない、早朝の時間帯に移行し、放送枠を(月〜土)に拡大。稲作、畑作、酪農、畜産などの経営技術を中心に、その課題を指摘し解決法を考えた。

産業の課題　1961年度

成長産業や斜陽産業などそれぞれが抱えている問題や、産業界全体が当面している問題を取り上げた産業啓もう番組。港湾、道路、輸送、工場立地などの産業基盤に関するもの、高度経済成長を支えてきた鉄鋼材機、石油化学などの基幹戦略産業の実情紹介などに重点を置いた。テーマは、「コンビナート」「造船」「下請け企業」「米価」「村に入った水産会社」「求人難」ほか。教育(火)午後8時からの30分番組。

経済の目　1961年度

そのときどきのタイムリーな経済の話題を専門家が解説し、鋭い論評を加える経済時評。解説者には、東京教育大学教授の美濃部亮吉、経済評論家の山田亮三、斎藤栄三郎ほか。取り上げたテーマは「社内教育」「工業用水」「企業アイディア」「労働災害」「補償金」「経済戦略」「日ソ貿易」「懸賞販売」「国産品愛用」「自主規制」など。総合(木)午後11時5分からの25分番組。

朝の村から　1961年度

農業の技術、経営、農家の生活などの総合情報を提供する早朝の農村向け番組。全国各地の話題を紹介するフィルム・リレー「村の風土記」、新しい農業技術や農政の動きを伝える「質問に答えて」「最近の農政から」、また「気象と農作業」「話題を追って」「農村の窓」「農業実験室」「この人にきく」など月1回のコーナーなどで構成。総合(火・金)午前6時45分からの15分番組。

経済リポート　1962年度

景気調整、貿易の自由化、消費者物価の高騰といった国民が注目している経済の諸問題を取り上げ、解説する情報番組。統計をテレビ向けに視覚化したグラフを使って解説するなど、テレビでの表現方法に工夫を凝らし、複雑化する経済問題をわかりやすく伝えることに努めた。解説は統計学が専門の林周二(東京大学助教授)。総合(水)午後11時15分からの25分番組。

中小企業診断　1962年度

景気に左右されがちな浮き沈みの激しい中小企業に取材し、さまざまな課題を取り上げ、解決策を模索する啓もう番組。タイル工場、自動車部品工場、アルミニウム再生工場、耐火レンガ製造工場など、多様な企業を訪ね、現場での課題を調査する。「製品の破損防止」「立地条件」「工程の安定化」「賃金」などのテーマを掘り下げた。教育(日)午後11時20分からの25分番組。

産業 ｜ 定時番組

朝のひととき 〈1962〉 1962年度

農村向けテレビ番組『朝の村から』（1961年度）を改題。激動する農村の諸問題を農業従事者自身が把握し、新時代の農村生活を営む指針となるような具体的な内容を盛り込んだ。先進地や優良事例を訪問する「希望現地訪問」など曜日ごとにテーマを変えて放送。1963年度に『明るい農村』に改題し、新たなスタートを切る。総合（月～日）午前6時37分からの15分番組。1964年度に同名の対談番組を総合（月～土）で放送。

明るい農村 1963～1984年度

『朝のひととき』（1962年度）の内容を刷新して改題。高度経済成長の中、激変する農村生活の指針を示すとともに、新時代にふさわしい農業経営のあり方を具体的に紹介した。曜日ごとにコーナーを設け、初年度は（月）「くらしの相談室」、（火）「村の風土記」、（水）「農政問答」、（木）「わたしの体験」、（金）「希望現地訪問」、（土）「人と話題」で構成。総合（月～土）午前6時20分からの20分番組。

経済展望 1963～1971年度

『経済リポート』（1962年度）の後継番組。日本経済の抱えている諸問題を具体的に取り上げ、フィルムドキュメントやスタジオ討論などで背景をわかりやすく解説し、将来を展望する経済番組。テーマは「倍増計画をどう改訂するか」「国債発行下の金融界」「公害と企業責任」「波乱を呼ぶ米価据え置き」ほか。総合夜間の30分番組（1971年度は20分番組）。

今週の経済 1963～1964年度

経済専門家と放送記者の座談会や記者の現地ルポで、難解な経済問題をわかりやすく解説する経済情報番組。初年度のテーマは「物価問題」「国際収支の悪化」「ケネディ米大統領の死による影響」「昭和39年度予算案の編成」ほか。1964年度は「IMF総会」「中小企業の倒産続出」「対中共貿易問題」などを重点的に取り上げた。総合（木）午後10時30分からの20分番組。

新しい中小企業 1963～1964年度

経済が国際化する中で大きな転換期に立つ中小企業経営者を対象に、経営のノウハウや技術をわかりやすく紹介した経営講座。毎月テーマを設け、中小企業でしばしば起こりうるさまざまな事例を織り込んで、具体的に解説した。取り上げたテーマは「中小企業の人づくり」「職場の空気」「職場とアイディア」「売れる商品を作る」など。教育（土）午後11時25分からの25分番組。

現代の経営 1963～1967年度

日本の産業界の躍進を受け、そのトップレベルの経営者たちに自らの企業発展の決定的瞬間に何を考え、何を実行したかを聞くインタビュー番組としてスタート。松下電器産業会長・松下幸之助や日立製作所会長・倉田主税ほか、大企業のトップが出演。1964年度からは、経営学者とビジネスマンのディスカッションを中心に、現代の経営の在り方について考えた。教育テレビ夜間番組。

日本の産業 1964年度

日本経済の発展と生活の近代化を支える日本の各産業を、自動車、時計、建設、肥料、電力など業種別に取り上げ、品質、価格、市場などを検討し、産業界の実力を考察した。テーマは「3億ドルの輸出産業　造船」「3ミリのメカニズム　時計」「観光日本の担い手　ホテル産業」「国際レースを独走する　オートバイ」「文化生活のリーダー　家庭電器産業」ほか。教育（木）午後10時からの30分番組。

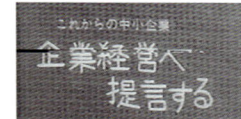

これからの中小企業 1965～1968年度

国際化時代における内外の厳しい経済情勢に対応するために、中小企業が抱える問題を多角的に分析し、その解決策を提示する中小企業経営者向けの番組。曜日ごとにテーマを設定し、初年度は（月）「経営者入門」、（火）「工業経営」、（水）「商業経営」、（木）「企業訪問」、（金）「明るい職場」、（土）「今週の話題」で構成。出演は千坂英太（経営コンサルタント）ほか。教育（月～土）午前8時からの30分番組（1968年度は午前7時から放送）。

あすの村づくり 1965～1982年度

都市部への人口流出に歯止めがかからないなど新たな悩みを抱える農村に向けて、時代を担う農村の後継者育成を目的に、農村のグループ視聴の利用番組としてスタート。その後、後継者の減少、混住化社会など、社会や農業の情勢変化に対応して、農業の当面する問題を取り上げ解決策を考えた。教育（土）午後0時30分からの30分番組（初年度）。

明るい漁村 1968～1984年度

農業と農村の問題を幅広く取り上げて実績のある『明るい農村』の"漁業・漁村"版。漁村のおかれている環境の変化を見つめ、広く一般にもその暮らしと漁業への関心を高めてもらうための番組。四季折々の魚の漁法や漁村の暮らしを全国各地から紹介したほか、新しい漁の技術や水産業界の最新の話題などを盛り込み、漁村に暮らす人々に役立つ情報をラインナップした。総合（日）午前6時30分からの25分番組。

商店経営 1968～1975・1980～1982年度

『これからの中小企業』（1965～1968年度）の水曜に放送していた「商業経営」を、『商店経営』として独立。消費者は商店に何を求め、商店側はそれにどう対応すべきかをテーマに、消費者の意見を反映させながら、商店経営に役立つさまざまな手法を検討した。教育（日）午前8時からの30分番組。1976～1979年度は『あすの経営』の水曜コーナーに移行。1980年度に『商店経営』として再開する。

経営新時代 1969～1975年度

『これからの中小企業』（1965～1968年度）の後継番組。ビジネスマンや企業経営者に時代に即したビジネス情報を提供し、経営の在り方を示唆する番組。曜日ごとにテーマを設定し、初年度は（月）「職場診断」、（火）「業界リポート」、（水）「産業人」、（木）「国際化への道」、（金）「新産業地図」、（土）「わたしの提言」をラインナップした。教育（月～土）午前7時からの30分番組。

新経済読本 1969～1970年度

一般市民の生活や経済活動の現場に素材を求め、今日の経済問題をわかりやすく解説したソフトな経済番組。経済クイズ、経済指標のグラフ化、経済現場のフィルムルポ、現場インタビューなどで、わかりやすさと親しみやすさを演出した。初年度のテーマは「日本の胃袋」「サラリーマン・第2ラウンド」「借金は損か得か」「20歳の日本像」「産業のごみ」「原子力発電時代」など。総合（木）午後10時10分からの30分番組。

1970年代

1億人の経済　1971〜1979年度

変化の激しい日本経済の諸問題をわかりやすく解明し、提案していく経済番組。1970年代の日本経済が抱える問題点をとらえ、国民目線で考えた。初年度のテーマは「技術は人間を幸福にするか」「円を考える（3回シリーズ）」「ああマイホーム」「保険講座―現代の資本主義を考える」「農業のジレンマ」「海とコンビナート」「日米摩擦を解消する方法」など。総合（火）午後10時台の30分番組。

くらしのけいざい　1972〜1981年度

物価や流通など、暮らしに密着した経済の話題を取り上げ、わかりやすく解説した番組。総合（土）午前8時45分からの50分番組でスタート。初年度は、40分間の「くらしの話題」に続いて10分間の「消費者コーナー」を設け、「商品知識」と「経済トピックス」を交互に編成。食の安全性や表示の問題、年金・税金問題を扱ったシリーズもの、医療や住宅問題への反響が特に高かった。1982年度に『くらしの経済セミナー』に改題。

あすの経営　1976〜1979年度

低成長へと移行する経済環境の中で、変化への対応を迫られている中小企業従事者を対象に、経済情報や産業動向を伝え、実践的な経営対応策を考えた。曜日別にテーマを設定し、内外の経済動向をタイムリーにとらえる「トピックス」、全国の商店街や中小企業が抱える問題点を報告する「リポート」、経営の技術を解説する「商店経営」などで構成した。教育（月〜木）午前8時30分からの30分番組。

現代の農業　1976〜1979年度

『農業教室』（1961〜1975年度）を改題して内容を刷新。農家の経営や技術の向上に役立つ番組を目指した。（月〜木）は「畜産」「稲作」「畑作」「果樹」など農業全般についての経営・技術講座、（金）は優秀な農業経営者やオピニオンリーダーに話を聞く「この人と30分」、（土）は農業情報や農政問題のビビッドな話題を伝える「農業ジャーナル」で1週間を構成。教育（月〜土）午前8時からの30分番組。

サラリーマンライフ　1976〜1984年度

戦後の産業構造の変化とともに急増した日本のサラリーマン層。高度経済成長を支えてきた彼らも、低成長時代を迎えて自らを見つめ直している。そんな彼らの「オンビジネス」と「オフビジネス」の関心事を取りあげるサラリーマンのための情報番組。「これが人事だ」"出勤前"この実りある時間」「あなたは部下を叱れるか」「サラリーマン5大持病」などが反響を呼んだ。教育（日）午後6時からの40〜60分番組。

現代胸算用　1976〜1977年度

身近な生活の話題から本格的な経済問題までを数字におきかえて、その具体的な損得勘定をしながら日本経済の問題として考える番組。「胸算用」は個人から社会、国の財政にまで及んだ。テーマは「浪人の効用」「粗食こそ美食なり」「借家礼賛」「ローンの功罪」「サラリーマン査定法」「老後はだれのもの」ほか。問題提起者として眉村卓、森敦、伊丹十三、團伊玖磨などが出演。総合（火）午後10時15分からの30分番組。

1980年代

中堅企業リポート　1980〜1981年度

中堅企業（経営方針を自主的に決定し、独自の技術・商品・市場を持っている企業）の実情を近畿圏、中部圏を中心にフィルムでリポートしながら、変化の激しい経済動向のなかで成長するためのポイントを、実例によって紹介した。テーマは「海外に拠点をつくる」「小回りをいかす分社経営」「省エネ時代の製品開発」「新たな成長条件をさぐる」「独自の技術で勝負する」ほか。教育（金）午前8時からの30分番組。

農業新時代　1980〜1983年度

『農業教室』（1961〜1975年度）、『現代の農業』（1976〜1979年度）を引き継ぐ農業講座番組。農業従事者を主な対象に、農業経営に必要な農政、経営技術などの最新情報を伝えた。初年度は「80年代の経営」「食管改革論」「消費者の求める野菜」「世界の農業」といったテーマで掘り下げた。1983年度はバイオテクノロジーやバイオマスなど、最新農業技術に関する情報を編成した。教育（月〜木）の30分番組。

経済情報'80　1980〜1982年度

国民生活に関係が深いさまざまな経済問題を、現場リポートとスタジオ解説で、わかりやすく伝える経済情報番組。テーマは「高額医療機器産業」「ロボット産業」「遺伝子産業」「半導体産業」などの先端技術産業のリポートや、「日米経済摩擦」「エネルギー不安」といった国際問題、「住宅事情」「高齢者研修」「サラリーマンのストレス」まで幅広く取り上げた。総合（火）午後10時からの30分番組。

ビジネス展望　1980〜1981年度

国際的なビジネス情報、産業情報をいち早くキャッチし、変動する日本経済や産業の未来を読み解く経済番組。主に、企業のトップにインタビューし、複雑化する日本の経済界、産業界の展望を探った。テーマは「サラリーマン情報市場」「ロボット量産時代」「動き出したビデオディスク競争」「急成長のIC産業」「転換期を迎えた自動車産業」「新社長に聞く」ほか。教育（土）午前8時からの30分番組。

にっぽん北から南から　1980〜1984年度

『明るい農村』（1963〜1984年度）の「村をむすぶ」の素材に、新たな素材を加えて再構成したフィルム・リレー番組。日曜の午前中にゆっくり楽しめる紀行やトピックを選んだ。素材をテーマごとにまとめて、枠内特集も企画。総合（日）午前11時35分からの20分番組。

産業 ｜ 定時番組

漁業新時代　1982〜1983年度

200海里体制による国際漁業環境の変化、石油高騰による経営の悪化、魚価の横ばいと消費者の魚ばなれなど、経営環境が厳しさを増す状況を踏まえ、経営や技術情報を中心に、広く日本の漁業のあり方を考える水産専門番組。番組は「今週の漁業情報」と「話題」の2部構成。「話題」では、「衛星利用の定置網漁」「クロマグロの沖合養殖」「稼働する新型浮動棚」などを放送。教育（金）午後0時40分からの30分。

ビジネスネットワーク　1982〜1984年度

新産業革命といわれる激動期を迎えた日本の経済界に求められるホットな情報を提供するビジネスマン対象の大型経済情報番組。番組はその週の経済ニュースを追った「ビジネス・フラッシュ」、先端技術や企業動向を伝える「リポート西東」、企業のトップに企業戦略を聞く「トップインタビュー」の3部構成。教育（土）午前7時30分からの1時間番組。

くらしの経済セミナー　1982〜1990年度

消費者が暮らしの中で直面する問題をタイムリーに取り上げ、消費者の立場に立って問題の改善、解決をはかる番組。ビジネスマンや主婦層を対象に、住宅・土地問題、水やごみなどの環境問題、流通の変化や物価との関連、高齢化社会への備えなど、身近なテーマを幅広く取り上げた。初年度のテーマは「米を考える」「安全か食品添加物」「訪問販売」ほか。総合（土）午前8時台の44〜59分番組。

経済ジャーナル　1983年度

人々の関心の高い経済、産業の動きを取り上げ、問題の構造と核心をわかりやすく伝える情報番組。綿密な取材に加え、最新のCGを用いたビジュアルで解説するなど、新しいテレビ情報番組のあり方を試みた。主なテーマは金融戦争、景気、都市再開発、消費変動、余暇時代、定年延長、自由化と農業、間接税、リスクマネジメントなど、世相を反映したものが取り上げられた。総合（火）午後10時からの30分番組。

商業専科　1983年度

経済の低成長下にあって「モノばなれ」「ショッピングばなれ」が進む商業受難の時代に、新しい商業経営のあり方を探った番組。現地リポートを中心に、商業界の最新情報を追った。毎月最終週には各地域局発の「話題の商店街」を紹介し、各地の商店街改革の模様をつぶさに伝えた。この番組は、商業高校生の必見番組になるなど、新しい視聴者層を開拓した。教育（土）午後11時30分からの28分番組。

あすの資源　1983年度

石油、石炭はもちろん、食糧や森林、またセラミックスなどの新素材など、地球上のあらゆる資源が日本の産業、経済にどのような影響を与えるのかを検討する番組。「バイオマス」「炭素繊維」「水素エネルギー」「間伐材」「シラス土壌の工業的利用」等を取りあげた番組は、日曜早朝の視聴しにくい時間帯であったにもかかわらず、熱心なビジネスマンからの反響が大きかった。教育（日）午前6時からの1時間番組。

新・農業経営　1984〜1985年度

『農業新時代』（1980〜1983年度）の後継番組。意欲的な農業経営をめざしている全国の専業農家に向けて、より高度で専門的な経営技術情報を提供する番組。1985年度は、日本農業賞受賞農家を毎回事例として紹介し、身近な実践例として農業経営者の関心を呼んだ。テーマは「肉牛　自由化を乗り切る」「海外農業リポート」「公開！私の米づくり」ほか。教育（火〜木）午後0時40分からの30分番組。

新・商業経営　1984〜1985年度

『商業専科』（1983年度）の後継番組。伸び悩む個人消費を背景に、苦戦する商業経営者に向けて、苦境を乗りきるための商戦ノウハウを具体的な事例をもとに紹介した。全国各地の商店街の活気や取り組みを伝えた「話題の商店街」シリーズや、POS関係のシリーズなどが関心を集めた。テーマは「いまどうすれば売れるのか」「ニュー30代をねらえ」「繁盛店のノウハウ」ほか。教育（月）午後0時40分からの30分番組。

新・漁業経営　1984〜1985年度

『漁業新時代』（1982〜1983年度）の後継番組。漁業者や関連する水産業者のニーズにこたえる情報番組。漁海況情報（漁業情報センター発表）を中心に、地域漁業リポートやタイムリーな話題を届けた。テーマは「まぐろ漁革新」「操業協定」「本格化する海洋牧場」「遠洋いかの収支」「低水温と漁業被害」「厳しさを増す漁業外交」ほか。教育（金）午後0時40分からの30分番組。

けいざいウィークリー　1984年度

ニュース性と豊富な情報量を基本にした、マガジンスタイルのウィークリー経済情報番組。注目の人物への「インタビュー」、その週の経済ニュースと円株の動きなどを伝える「今週の動き」、時々の経済問題を徹底取材する「今週のリポート」、各地で経済を支えている人々を描く「働く日本人」、各社の経営方針、人事、昇給などをきく「会社拝見」などのコーナーで構成。総合・衛星第1（木）午後10時からの30分番組。

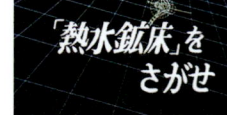

資源情報'84　1984年度

『あすの資源』（1983年度）を改題。地球上に見られるあらゆる資源が、日本の産業経済にどのようにかかわり、将来どのように影響するかを検討する番組。「新・太陽電池インジウムリン」「ガリウムひ素」「汚泥ガス発電」「水素貯蔵合金」「メタルパウダー」「新強化木材・WPC」などのテーマが特に注目された。教育（土）午後6時からの30分番組。

サンデーけいざい　1985〜1987年度

『けいざいウィークリー』（1984年度）の日曜版。ビジネスマンから主婦層まで幅広い視聴者層を対象に放送した経済情報番組。とかく難しく思われがちな経済の事象を多様な手法を用いてわかりやすく解説した。1987年度は日米経済摩擦、円高、地価高騰とそのひずみ、マネー財テク問題、多様化する消費の実態などのテーマを取り上げた。総合（日）午前8時5分からの25分番組。

新・サラリーマンライフ　1985年度

『サラリーマンライフ』（1976〜1984年度）、『ビジネスネットワーク』（1982〜1984年度）、『資源情報'84』（1984年度）の3つの経済関連番組を一本化した教育テレビ初の70分生ワイド番組。全国のサラリーマンを対象に、一流エコノミストの分析による国際経済の動向、企業の最前線リポート、話題の人へのインタビューなど、多彩な内容をマガジンスタイルで伝えた。教育（日）午後5時30分から放送。

農業セミナー　1986〜1988年度

『新・農業経営』（1984〜1985年度）を改題。日本の農業の国際競争力不足が指摘される中、より高度で専門的な情報を農家に提供することを目的とした番組。日本農業賞受賞者の優秀な経営事例を軸に、「酪農・私のコストダウン技術」「バイオテクノロジーと農業の未来」など、具体的な日常の技術から未来への先端技術まで幅広く取り上げた。教育(火〜木)午後0時40分からの30分番組。

商業セミナー　1986〜1988年度

『新・商業経営』（1984〜1985年度）を改題。主として自営型商業従事者を対象に、経営のハウツーから商店街づくりの実例まで幅広く紹介した。「人気ショップの条件」「話題の商店街」など、シリーズ性を重視して編成。中でも毎月1回（1988年度は月2回）放送した「POS講座」は、流通革命の切り札といわれるハイテクを、わかりやすく系統的に解説し好評を得た。教育(月)午後0時40分からの30分番組。

漁業セミナー　1986〜1988年度

『新・漁業経営』（1984〜1985年度）を改題。番組の前半は地域の漁業リポートやタイムリーな漁業問題を取り上げた。後半の漁海況情報では、黒潮の接岸状況、海流水温の変動と魚種別漁獲高を伝えた。取り上げたテーマは「若い力で漁場管理」「日米漁業交渉」「北洋のゆくえ」「アサリの干潟を守る」「岐路に立つ水産加工」ほか。教育(金)午後0時40分からの30分番組。

ビジネスウィークリー　1986〜1987年度

『新・サラリーマンライフ』（1985年度）を改題し、内容を刷新。日本経済を企業やビジネスの視点からとらえ、内外のビジネス・経済の最新情報を70分の生放送で伝える本格経済番組とした。主なコーナーは、経済ドキュメンタリー「トップ・リポート」、経済界の旬の人をクローズアップする「この人にインタビュー」、ハイテク産業の最前線を伝える「テクノにっぽん」など。教育(日)午後5時30分からの70分番組。

東京マーケット情報　1987〜2020年度

株価の動きを中心に、外国為替相場、原油価格など主要な経済指標をリアルタイムで伝えるビジネス情報番組。東京証券取引所の前場、後場の終了直後に、1部上場全銘柄、2部上場主要銘柄の値動きを伝え、その日の市場動向を生中継で解説した。1987年7月4日に『ワールドニュース』内のコーナーとして放送を開始し、2021年3月末に放送を終えた。2020年度は衛星第1(月〜金)午後0時からと午後3時25分からの25分番組。

NHK経済マガジン　1988〜1992年度

『新・サラリーマンライフ』（1985年度）、『ビジネスウィークリー』（1986〜1987年度）と続いたビジネス経済番組のノウハウを継承した新しい経済情報番組。報道局と番組制作局（教養番組センター）が共同制作し、複雑に進行する経済の動きを多角的にとらえ、マネーからテクノロジーまで、暮らしに関する"経済"をわかりやすく解き明かした。1991年度に『経済マガジン』に改題。総合(日)午後6時からの45分枠。

産業セミナー　1989年度

これまで(月〜金)で横並びに放送してきた『農業セミナー』『商業セミナー』『漁業セミナー』を、『産業セミナー』で一本化。産業界で急速に進行する業界業種を超える"業際化"などの構造変化に対応し、業界や業種をクロスしながらワールドワイドに展開する情報提供をおこない、新たな産業経営のための実利的専門情報番組とした。教育(月〜金)午後0時40分からの30分番組。

1990年代

産業情報 '90・'91・'92・'93　1990〜1992年度

生産・流通・消費というモノ・サービスの流れを総合的にとらえ、業界や業種を超えた「産業」という枠組みでの最新情報を提供。農林・漁業や加工・卸・小売業の経営に役立つ実用番組を目指した。生鮮食品の鮮度保持や輸送、大型店進出ラッシュに揺れる地域商店街の現状、中小企業の海外進出や市場開放など、さまざまな問題を取り上げた。教育テレビの1時間番組。放送の西暦年に合わせて番組タイトルの年号が変わる。

JAPAN BUSINESS TODAY　1990〜1994年度

日本経済とアジア各国のビビッドな情報を海外に発信する情報番組で、日本のテレビメディアで初めての英語放送。アメリカの放送局とイギリスの制作プロダクションと共同制作体制を組んでスタートした。NHKスタッフに加え、外国人のアンカーやリポーターなど人材を広く登用し、多国籍スタッフによるこれまでになかったプロダクション制作システムを構築した。衛星第1(月〜金)の15〜25分番組。

くらしの経済　1991〜1995年度

『くらしの経済セミナー』（1982〜1990年度）を改題。暮らしの中に潜む問題や矛盾を、マクロの経済構造や行政施策とのかかわりの中で考える経済番組。高齢社会への備え、住宅・土地問題、医療制度、食品流通など、日常生活に密着したテーマを幅広く取り上げ、わかりやすく解説した。主婦層はもちろん、週休2日制の導入で視聴機会の増えたサラリーマン層からも支持を集めた。総合(土)午前8時35分からの53分番組。

サンデー経済スコープ　1993〜1995年度

複雑な経済をわかりやすく伝えながら、日本経済の直面する課題を正面から考える経済情報番組。20〜40代のビジネスマンを主な対象とした。戦後最大ともいえる経済不況のなか、雇用不安や企業のリエンジニアリング、急激な円高など、戦後日本を支えてきた経済システムの制度疲労や、新たな構造改革の動きをタイムリーに取り上げた。総合(日)の39〜44分の番組。

Japan Business Weekly　1993〜1994年度

日本経済の動向を中心に、週単位にコンパクトにまとめて紹介する経済情報番組。主な経済のニュースに加え、東京やアジア主要各国のマーケットの動きも紹介。経済アナリストら専門家をスタジオに招き、日々変化する日本とアジアを中心とした経済を分析、解説するコーナーも置いた。アメリカのPBS系列局の一部をはじめ、インドネシアや中国の一部地域で放送された。衛星第1(土)午前11時台に放送した25分番組。

ヨーロッパ経済情報　1994年度

国際化する日本経済のニーズに応えて、イギリス制作の経済専門ニュース番組を放送。イギリスの経済専門紙「フィナンシャルタイムズ」のテレビ版で、主としてヨーロッパ経済情勢をカバーする『FTT（Financial Times TV）』を紹介。イギリスの番組だがEU全体を広く取り上げており、世界の経済動向を伝えた。衛星第1(火〜金)午後5時35分からの15分番組。

NHKビジネスライン　1994〜1997年度

日本とアジアを中心とした最新ニュースを、経済の視点で切り取る情報番組。1日のできごとの中から1つのテーマを独自の視点で取材した「メインニュース」、アジアの経済情報を伝える「香港発経済情報」などの内容で、ビジネスマンを対象にアジアの最新ニュースを紹介した。衛星第1(月〜金)午後9時台の15〜19分番組。

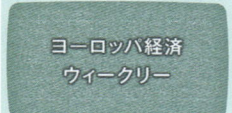

ヨーロッパ経済ウィークリー　1994〜1995年度

国際化する日本経済のニーズにこたえる経済専門ニュース番組。(火〜金)放送の『ヨーロッパ経済情報』（1994年度）のウィークリー版で、ヨーロッパ経済の動向を中心に週単位でまとめた。イギリスの経済専門紙「フィナンシャルタイムズ」のテレビ版。EU各地のホットでタイムリーな経済問題を取り上げて、現地からリポーターが報告した。衛星第1(土)午前11時25分からの25分番組。

産物列島 '95　1995年度

地場産業の新しい動きを、ふるさとの美しい風土とともに紹介した番組。地域に根を生やした産業の中で、伝統を生かしながらも新たな産物のあり方を模索し、新製品を開発しようとする人々の姿を紹介する。テーマは「狸（たぬき）の町の次なる変身」滋賀県信楽町、「和紙の技術が花開く」高知県伊野町、「匠の技がさえる家具づくり」岐阜県高山市ほか。衛星第1(火)午後11時からの30分番組。

なるほど経済　1996〜1997年度

複雑化し不透明さを増す経済問題に徹底的にこだわって、その背景をわかりやすく解明していく経済情報番組。「なぜ国は赤字でも倒産しない？」「日米摩擦はなぜ起きる」などの経済問題から、「老後のマネープラン」「マンションの修繕費が足りない」ほかの身近な話題まで取り上げた。1998年度以降は『土曜ほっとモーニング』『土曜ほっとワイド』のコーナーとして続いた。総合の39分番組。週末の午前に放送。

ふるさと発フレッシュ便　1996年度

全国の放送局が連携して伝える平日早朝の地域情報番組。放送する4日間の構成は、(月)が激動する農漁村の今を見つめる「リポート'96」、(火)が各地の名産の話題でつづる「名産登場」、(水)が地域に残る地場産業や伝統の技を紹介する「現代の匠」、(木)が各地からのビデオ投稿による「ビデオレター」。衛星第2(月〜木)午前6時25分からの15分番組。

やさしい金融情報　1999年度

多様化する金融サービスや金融商品について、消費者が選択する際に必要な金融知識をわかりやすく伝えた。年間で4回放送され、それぞれのテーマは第1回「投資信託」、第2回「株式手数料自由化」、第3回「投資教育最前線」、第4回「保険」。キャスターは山下信アナウンサーと杉山奈美江。衛星第1(土・年4回)午後9時45分からの74分番組。

2000年代

21世紀ビジネス塾　2000〜2004年度

主にビジネスマンを対象に、実用的かつタイムリーな情報を提供する経済番組。注目の企業や最先端の活動などを紹介するとともに、専門家の講師がその意味を読み解き、新しい時代のビジネスチャンスを提示する。また、インターネットも活用し、視聴者からのメールをもとに取材をするなど双方向型の番組制作を目指した。

くらしと経済　2002〜2005年度

暮らしに密着した経済の関心事をタイムリーに取り上げ、わかりやすく解説する情報番組。年金、保険、税金、株、クレジットカードといった身近な金融制度や商品の話題から、仕事と子育ての両立、離れて暮らす親の問題、マンション修繕や住宅リフォーム、最新ビデオカメラの選び方まで、幅広いテーマを取りあげた。キャスターは中川緑アナウンサー。解説は藤田太寅ほか。総合(土)午前9時15分からの40分枠。

週刊　経済羅針盤　2004〜2008年度

経済の"今"がわかる生放送の情報番組。経済界のリーダーが独自の戦略を語る「オフタイムミーティング」、1週間の経済の動きをわかりやすく紹介する「きょうの羅針盤」、家庭や職場で話題になりそうなトレンド情報をいち早く紹介する「経済知っ得情報」の3コーナーで構成。2005年度に『経済羅針盤』に改題。初年度キャスターは関口博之解説委員、鹿島綾乃アナウンサー。総合(日)午前8時25分からの30分番組（2006〜2008年度）。

経済最前線　2005〜2009年度

1日の経済の最新情報を、海外マーケットの動向や解説を交えて伝える衛星第1のニュース情報番組。1998年度に『ワールドニュース　BS22』のコーナーでスタート。その後『BS23』（2000〜2003年度）、『BSニュース』（2003〜2004年度）、『きょうの世界』（2004年度〜）内で放送後、2005年度に単独番組となる。衛星第1(月〜金)午後10時台の30分番組でスタート。2006年1月より15分番組。

発見ふるさとの宝　2005年度

視聴者からの投稿などをもとに、地域に眠る魅力あふれる郷土のお宝エピソードを紹介した視聴者参加型番組。全国各地の郷土で大切にされてきたモノや暮らし、文化などを番組が独自に文化遺産「ふるさとの宝」と認定。その後の地域の活性化にもつなげた。司会は春風亭昇太、青山祐子アナウンサー。出演は糸井重里、泉麻人、黛まどか、江川達也、織作峰子、山本一力、林望ほか。総合(火)午後11時15分からの29分番組。

ビジネス未来人　2005～2007年度

独自の発想と行動力で常識の壁を越えて新しいビジネスの形を生み出そうと奮闘する「未来人」を発掘し、その取り組みを学ぶ経済情報番組。「半歩先の明日が見える」をテーマに、地方が持つ可能性を生かし、環境負荷の少ない新ビジネスを生み出そうとする人々を全国に取材した。キャスターは三神万里子（ジャーナリスト・漫画家）。教育テレビ夜間の25分番組。

めざせ！会社の星　2008～2012年度

若手ビジネスマンを主な対象に、会社生活で役立つノウハウを盛り込んだ情報バラエティー番組。取り上げる内容は、「メール・すきま時間活用術」「職場コミュニケーション術」から、合コン・宴会幹事などアフター5に使えるワザまで幅広い。特に「ハケン」の回は反響が大きかった。司会はお笑いコンビのアンジャッシュほか。教育で深夜帯に放送の25～30分番組。

出社が楽しい経済学　2008～2009年度

経済学の基本用語を、コントやドラマで学ぶ30分枠の教養バラエティー番組。架空の商社を舞台に、「ヴェブレン効果」「スクリーニング」「サンクコストの呪縛」といった経済用語を、劇団スーパー・エキセントリック・シアターの座員が演じる寸劇でわかりやすく解説した。第1シリーズ（全12回）を2009年1～3月に教育で、第2シリーズ（全8回）を2009年10～12月に総合で、さらに2010年1～2月に教育で放送。

経済ワイドビジョンe　2009年度

経済ニュースを「井戸端会議のように読み解く」経済ワイドショー番組。世界情勢の変化に対応する自動車産業の戦略から、太陽光発電や格安パソコンといった話題まで、「暮らしにどう影響するか」「今後どうなるか」という視点で活発なトークを繰り広げた。最新トレンド情報や地方からの再生の取り組みも紹介。キャスターは野田稔（明治大学教授）、小林千恵アナウンサーほか。総合（土）午前9時からの49分番組。

2010年代

仕事学のすすめ　2010～2012年度

教養番組枠『知る楽』（2009年度）のシリーズの1つとして2009年4月にスタート。2010年度より単独番組となる。20～40代のビジネスパーソン向けに、1シリーズ4回で放送。各界の著名人が、それぞれの経営哲学や仕事のノウハウを伝授した。2012年度の出演は、宮本亞門（演出家）、コシノヒロコ（服飾研究家）、小山薫堂（放送作家・脚本家）ほか。教育・Eテレ（木）夜に放送の25分番組。

起業忍者　イガ社長と秘書ガーコ　2010年度

フリーマガジンで連載された1ページマンガをアニメ化した5分番組。仕事に役立つ社会・経済のちょっとした疑問を、アニメのストーリーでわかりやすく説明した"情報バラエティー"アニメ。衛星第1（木）午後3時20分、ワンセグ2（金）午後0時30分ほかで放送。

サキどり↗　2011～2016年度

日本経済の再生を応援し、新しいライフスタイルを提案する番組。東日本大震災後の生き残りをかけて水産業者がはじめたネット通販の話題や、子育てを60歳以上の世代が支援するある地域の取り組み、マスキングテープ工場が生んだ若者向けヒット商品など、時代を「先取り」した話題を幅広く紹介。司会はジョン・カビラ、小林千恵アナウンサー、片山千恵子アナウンサー（2014年度～）。総合（日）午前8時25分からの30分枠。

資格☆はばたく　2011年度

さまざまな「資格」の魅力、取得方法などを紹介したガイダンス番組。取り上げられた資格はファイナンシャル・プランナー、ケアマネージャー、消費生活アドバイザー、カラーコーディネーターほか。毎月4回にわたって、資格試験の詳細から合格者の勉強法、最終的にどんな職場や仕事で役立つのかなどを掘り下げた。講師とゲストが月替わりに出演。司会は一柳亜矢子アナウンサー。Eテレ（木）午前0時からの24分番組。

らいじんぐ産～追跡！にっぽん産業史　2011年度

日本の産業が世に送り出してきた製品の中から、日本人のライフスタイルを変えた画期的な製品にスポットを当て、その開発秘話や進化の道のり、意外な波及効果などを解き明かし、日本のモノづくり史に迫った。取り上げられた製品は、自動販売機、エレベーター、回転ずし、カラオケ、電気炊飯器、カーナビ、新幹線ほか。ナビゲーターは佐藤可士和。BSプレミアム（木）午後10時からの44分番組。2011年度前期放送。

オイコノミア　2012～2017年度

詐欺、選挙、音楽、謝罪、そしてマナーまで、身近な出来事や社会現象を"経済学"という切り口で読み解く若者向けの番組。「経済学の考え方を身につけると世の中の見方が変わり、毎日がおもしろくなる」をモットーに、異色のお笑い芸人・又吉直樹が、気鋭の経済学者と"まったり"と語り合い、経済学の専門的な概念をわかりやすく伝えた。Eテレ夜間の25分番組（初年度）。2015年度より44分番組。

Biz＋サンデー　2013～2014年度

「明日からのビジネスに役立つ情報」をキャッチコピーにしたウイークリーの経済情報番組。世界で進む金融緩和の動きやアジア市場の開拓を目指す日本企業の動向、業績を急拡大する企業の新戦略やヒット商品開発の舞台裏などの最新情報を、注目される経営界のリーダーへのインタビューとともに、独自の切り口とグローバルな視点から伝えた。BS1（日）午後10時からの49分番組。

Good Job！会社の星　2013年度

『めざぜ！会社の星』（2008～2012年度）を改題。若手ビジネスマンの活躍ぶりや悩み、働き方やライフスタイルのトレンドを紹介した情報バラエティー番組。落合博満（元中日監督）が若手管理職にリーダーの心得を直接伝授する企画や、社会で重要な役割を担う女性たちの姿を追ったシリーズなどを放送。司会はアンジャッシュ、池田伸子アナウンサー。Eテレ（水）午後11時30分からの25分番組。

産業 | 定時番組

島耕作のアジア立志伝 2013〜2014年度

アジアの新興企業家たちの成功の秘密を「アニメ×ドキュメンタリー」で解き明かす。キーパーソンへのインタビューやアジア経済の最前線をドキュメンタリー映像で紹介。ナビゲーター的役割を、弘兼憲史原作漫画の登場人物「島耕作」のアニメが担う新手法でも注目された。島耕作の声を演じたのは唐沢寿明と森川智之。BS1(金)午前0時からの50分番組でスタート。年度後半は30分番組で定時化。

データなび 世界の明日を読む 2015年度

ビッグデータと呼ばれる膨大な情報から浮かび上がるキーワードをもとに、世界の未来を読み解く情報番組。これまで読み解けなかった世の中の動きや表面に出てこない意外な相関関係、さらには未来の予測までを「データ」を入り口に探った。テーマは、「民意のリアル」「日本の交通事故」「日本人の体力」「日本人の名前の好み」など幅広い。司会は久保田祐佳アナウンサー。総合(土・月1回)午後9時からの49分番組。

経済フロントライン 2015〜2017年度

1週間の経済ニュースを、独自の取材や視点を加えてわかりやすく伝える経済情報番組。1週間のニュースを伝える「This Week」、マクロ経済からトレンド情報まで経済・社会問題を深く読み解く「特集フロントライン」、経済人などへのインタビューを通して、仕事や暮らしに役立つヒントを探る「未来人のコトバ」などで構成。キャスターは野口修司(NHK記者)ほか。BS1(土)午後10時からの49分番組。

シリーズ 欲望の経済史 2017年度

資本主義の歴史を富が富を生む際限のない「欲望のドラマ」である、という視点から経済の本質を考えた12回シリーズ。前半6回の「世界経済編」は、利子の誕生から金融工学が席巻する現代までを専門家の証言を基に構成。後半6回の「日本戦後史編」は、高度成長、バブル、そして失われた20年へと続いた日本の戦後経済をふかんした。Eテレ(金)午後10時30分からの29分番組。2018年1〜3月放送。

芸人先生 2018〜2020年度

漫才やコントには社会を生きていくノウハウやネタ作りのアイデアが満載。お笑い芸人が持ち前の話芸と発想術を生かし「ビジネス講座」を開講、「ビジネスの現場で使える○○」をテーマに、悩める社会人へアドバイスとエールを送った。カリスマ営業コンサルタントの和田裕美が解説。初年度は4〜7月に「和牛×飲料メーカー」「バイきんぐ×玩具メーカー」「ナイツ×衣料品チェーン」ほかを放送。Eテレ(月)午後11時からの29分番組。

2020年代

とまどい社会人のビズワード講座 2023年度

検索しても分からないやっかいなビズワード(ビジネス用語)。新入社員を戸惑わせるそのようなビズワードを"とまビワード"と名づけ、最新のビジネス思考や未知なるビジネス世界をのぞいてみようというビジネスライフバラエティー。語学番組であり異文化交流番組。メインパーソナリティー:永瀬廉(King & Prince)。進行アシスタント:伊藤俊介(オズワルド)。ナレーター:津田健次郎。Eテレ(月1回・木)午後8時からの30分番組。

神田伯山の これがわが社の黒歴史 2023年度

今だから話せる企業の黒歴史を、講談界の風雲児・神田伯山が伝える異色の経済番組。"黒歴史"とは"苦労の歴史"。良かれと思っての大失敗や些細なボタンの掛け違えなど、どの会社も一つや二つは抱える「失敗の実体験」を講談に仕立てて、当事者を訪ね、毒舌混じりのトークで紹介していく。失敗から得られる学びや気づきの大切さを知ることで、黒歴史を笑いに変えながら、今を生きる教訓をあぶりだす。総合夜間の30分番組。

NHKフォトストーリー **㉑**

P520 ← **⑳** **㉒** → P573

『きょうの料理』スタジオ撮影(1963年)

『業界リポート』(1969年)

『現代の映像』流氷を撮影(1964年)

『中学生時代』収録風景(1965年)

NHK劇場『あなたの9.9平方メートル』(1968年)

効果音スタジオ(1968年)

かつらの準備(1968年)

NHK放送センター見学者(1965年)

スタジオセット(1965年)

スタジオセット(1965年)

テレビスタジオの照明係(1970年)

テレビスタジオの照明係(1970年)

フィルムカメラ撮影(1973年)

フィルムカメラ撮影(1973年)

教養・情報
教養

01
教育テレビ夜間の「教養」枠
〜『教養特集』から『ETV特集』へ〜

放送法（第2条）では「教養番組」を「教育番組以外の放送番組であって、国民の一般的教養の向上を直接の目的とするものをいう」と規定している。

1956年11月、教養番組の充実を図るために、夜間30分の『教養特集』を新設し、不定期に放送をスタートした。翌1957年2月からは1時間に放送枠を拡大。その第1回「日本の交通」3回シリーズは、東京駅と大阪府吹田市の吹田操車場からの実況中継を交えた当時としては大がかりな番組となった。

1959年1月に教育テレビが開局すると、1962年4月より月曜から木曜の定時番組で『教養特集』（1962〜1977年度）がスタートする。政治、経済、社会、科学、文化などさまざまな分野から、現代人が直面する課題を幅広く取り上げ、曜日別に編成した。長期にわたるシリーズものでは、近代日本の歴史的事件を取り上げ、当事者の証言と映像で構成する「日本回顧録」（1962〜1966年度）、各地に残る建造物等から、日本の近代化に光を当てる「近代日本の足跡」（1975〜1977年度）、著名な美術家の人物と作品を紹介する「美術散歩」（1963〜1964年度）、「美術シリーズ」（1967〜1974年度）、各種産業の100年の歩みをふりかえる「産業百年史」（1964〜1967年度）などがある。

『100年インタビュー』宮崎駿（2008年）→P567

『教養特集』『湯川秀樹　科学の未来像』(1964年) → P960

『教養特集　日本回顧録』市川房枝(1962年) → P959

『NHK文化シリーズ』(1976～1981年度) → P908

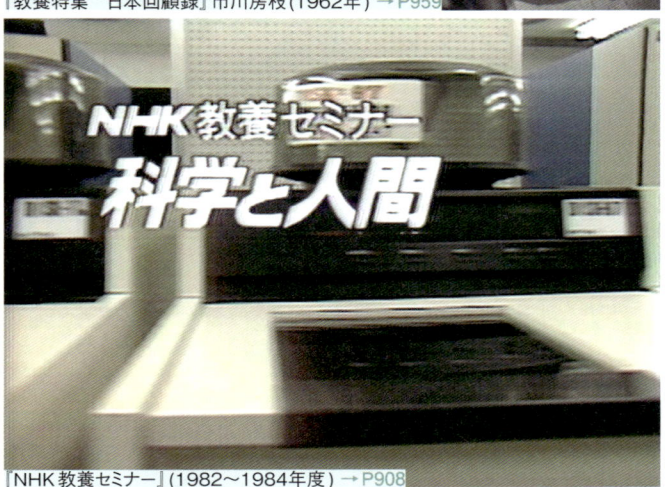

『NHK教養セミナー』(1982～1984年度) → P908

『ETV8　森敦・マンダラ紀行』(1985年) → P908

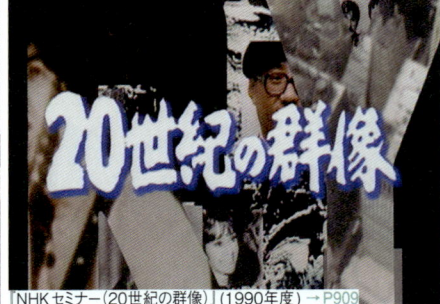

『NHKセミナー(20世紀の群像)』(1990年度) → P909

『現代ジャーナル』(1991～1992年度) → P909

　教育テレビで平日夜間の帯で編成される"教養枠"は、その後、通信教育番組『NHK文化シリーズ』(1976～1981年度)を経て、『NHK教養セミナー』に引き継がれる。

　『NHK教養セミナー』(1982～1984年度)は月曜から金曜の午後8時からの45分番組。歴史、社会、科学など各分野にわたり、曜日ごとにテーマを設定し、月単位のシリーズで編成した。初年度は(月)「ふるさと歴史紀行」、(火)「20世紀の群像」、(水)「現代社会の構図」、(木)「日本語再発見」、(金)「科学と人間」をラインナップした。

　『ETV8』(1985～1989年度)は『NHK教養セミナー』の路線を引き継ぎ、番組制作局各セクションの専門性を生かしたタイムリーな企画を柔軟に編成した。これまでの曜日別の縦割りテーマを廃し、1回または短期シリーズを月曜から木曜で並べ、金曜には文化的行事や話題を紹介する「文化ジャーナル」を置いた。

　1990年4月、『ETV8』に代わって午後8時から『NHKセミナー(現代ジャーナル)』が、午後11時から『NHKセミナー(20世紀の群像)』がそれぞれ始まる。『NHKセミナー』は、翌年に『現代ジャーナル』(1991～1992年度)に刷新。社会、経済、科学、国際問題など、あらゆる分野から現代社会のテーマを導き出した。

　1992年4月スタートの『教育テレビスペシャル』は、教養性とタイムリーなジャーナリズム性を兼ね備えた午後8時からの45分番組。番組では"エッセンシャル(本質的)""エターナル(永遠)""エクスペリメンタル(実験的)"の3つの「E」をコンセプトに、政治経済、社会、文化のあらゆる分野に目を向け、視聴者の知への欲求にこたえた。

　『教育テレビスペシャル』の精神は、1993年4月、『ETV特集』に受け継がれる。文化教養のみならず、ジャーナリスティックなドキュメンタリー番組としての色彩を濃くしていき、

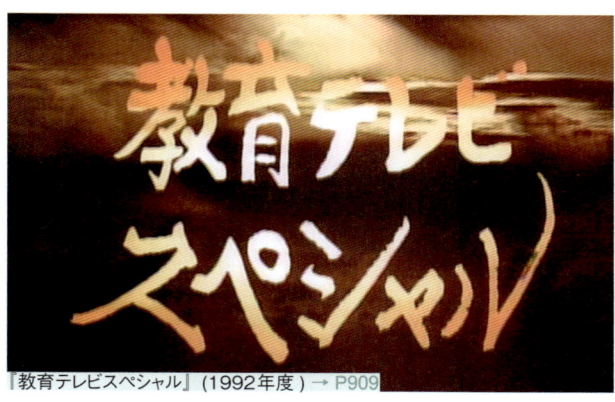

『教育テレビスペシャル』(1992年度) → P909

総合テレビの『NHKスペシャル』に対し、教育テレビの『ETV特集』として存在感を示した。

『ETV特集』は2000年度から2002年度までは『ETV2000(〜2003)』と改題、2003年3月をもって夜の帯番組は終了する。そのあとを受けて大型教養番組『ETVスペシャル』(2003年度)が、週1回90分の放送を開始。2004年に『ETV特集』にタイトルをもどし、週1回の90分番組として再スタートを切る。

『ETV特集』は『教養特集』『NHK教養セミナー』などの先行番組の系譜に連なって、2021年で放送開始から18年を迎えた。「文化庁芸術祭賞」のドキュメンタリー部門では、「ネットワークでつくる放射能汚染地図〜福島原発事故から2か月」(2011)、「薬禍の歳月〜サリドマイド事件50年」(2015)、「静かで、にぎやかな世界　手話で生きるこどもたち」(2018)が大賞を受賞している。また放送批評懇談会が顕彰するギャラクシー賞では「死刑囚永山則夫〜獄中28年間の対話」(2011)と「静かで、にぎやかな世界　手話でいきるこどもたち」が大賞に、「"玉砕"の島を生きて〜テニアン島　日本人移民の記録〜」(2021)、「ルポ　死亡退院〜精神医療・闇の実態〜」(2023)ほか、多くの番組が優秀賞や選奨・報道活動部門の受賞に選ばれるなど社会的評価を得ている。

『ETV特集　ネットワークでつくる放射能汚染地図』(2011年) → P909

02
教育番組からの流れ
〜『日曜大学』から『NHKアカデミア』へ〜

1959年1月、教育テレビの開局と同時に『NHK日曜大学』(1958〜1965年度　＊1962年度に『日曜大学』に改題)がスタートする。当時の大学進学率はまだ10.1%(総務省統計局)。多くの視聴者にとって大学は遠い存在だった。そこで一般市民に大学の門戸を広く開放することを目的に放送をスタート。大学教授や各界の専門家を講師に迎え、自然科学、人文科学の両面から、高度な知識を体系的に講義した。初年度は「アジアの近代化」「裁判」「交通政策」「財政の本質」「物理の実験」「ロケット」「人工頭脳」など、幅広いテーマを取り上げた。

ラジオ番組『大学通信講座』のテレビ版が、1965年4月から教育テレビで始まる。

『大学通信講座』は、通信教育で学ぶ通信教育生が放送によって単位取得ができるようにする一方、放送を通じて一般市民に大学程度の教育を公開しようという試みで、"放送による市民大学"を目指した。午前8時からの『日曜大学』に引き続き、午前8時30分より放送された。

1966年3月に『日曜大学』の放送が終了すると、翌4月から『大学通信講座』を『大学講座』(1966〜1981年度)と改題し、毎日放送(3日間は再放送)の帯番組に放送枠を拡充した。

1977年、この番組を単位取得の対象としていた通信制大学がなくなったことを受け、翌1978年度からは学科中心の教育番組というよりも、生涯学習的な教養番組として制作された。

1969年にラジオで『市民大学講座』が始まると、翌1970年よりテレビでも平日の夜間に、一般社会人を対象に放送をスタート。1972年からは月曜から水曜に放送枠を拡充。その後、『NHK文化シリーズ』(1976〜1981年度)、『NHK市民大学』(1982〜1989年度)へと続いていく。

教育テレビは、「学校教育番組」が放送番組全体の4分の3以上を占める"学校教育波"としてスタートしたが、1980年代に入ると社会全体が生涯学習を志向する中で、"生涯学習波"へとかじを切る。その流れの中で、15年の歴史を持つ『大学講座』は『NHK市民大学』に、『NHK文化シリーズ』は『NHK教養セミナー』(1982〜1984年度)にバトンを渡した。

『NHK人間大学』(1992〜1998年度)は、月曜から木曜の帯で午後11時から放送する30分番組。生涯学習時代に、学問、文化のさまざまな分野の第一人者が、「人間」を総合テーマとして語る教養講座である。各シリーズは1回30分で12回。初年度は、榊莫山、ドナルド・キーン、

『大学講座』(1966〜1981年度) →P556

『NHK市民大学』
(1982〜1989年度) →P558

『NHK人間大学』
(1992〜1998年度) →P561

『NHK人間講座』(1999〜2004年度) →P563

養老孟司、梅原猛、堀田善衛らが出演。1999年4月、『NHK人間講座』(1999〜2004年度)に改題した。

2005年4月、『NHK人間講座』の後継番組として、月曜から木曜の午後10時台に『知るを楽しむ』(2005〜2008年度)が始まる。番組タイトルから「大学」「講座」といった表記を消し、幅広い知的好奇心に応える肩の凝らない教養番組を目指した。

2009年4月、『知る楽』に改題。翌2010年に『知る楽』の曜日別コーナーだった「歴史は眠らない」「こだわり人物伝」「仕事学のすすめ」が、午後10時台に単独番組としてそれぞれ独立。その後、Eテレの午後10・11時台は"教養ゾーン"として『100分de名著』(2011年度〜)、『スーパープレゼンテーション』(2012〜2017年度)、『先人たちの底力　知恵泉』(2013年度〜)などの教養系人気番組が続々と登場する。

2022年4月から若年層に向けた教養番組が2本スタートした。『漫画家イエナガの複雑社会を超定義』(2022年〜)は、20代の視聴者の心をつかむ総合テレビの社会情報エンターテインメント番組。世界のエンタメで注目される「マルチバース」や100年に1度の大規模再開発が進む「渋谷」など、気になる複雑な社会事象を取り上げ、俳優の町田啓太がひとり語りでプレゼンするというもの。圧倒的なスピード感とわかりやすさを目指して、ドラマや漫画、CGを駆使した映像のコラボでさまざまな社会事象を解説した。同じく若者を対象に月1回、Eテレで放送を開始したのが『NHKアカデミア』(2022年度〜)だ。将来の自分を模索している10代から30代前半の若者に向けた講座番組で、世界第一線で活躍する研究者やクリエイターが"今こそ共有したい""今、最高に面白い"をテーマに語り尽くす。放送だけでなくライブ配信、動画コンテンツとの連携を強化。毎回参加者を募集し、生配信でオンライン講座を開催。多彩なジャンルの講師陣が専門的で独自性豊かに語る講座番組となっている。

03
インタビュー&トーク番組

出演者にインタビューで話を聞く手法は、番組ジャンルを問わず番組制作の基本だが、その手法そのものを番

『知るを楽しむ』(2005〜2008年度) →P565

『知る楽　歴史は眠らない』(2009年度〜) →P568

『100分de名著』(2011年度〜) →P569

『先人たちの底力　知恵泉』(2013年度〜) →P498

『NHKアカデミア』(2022年度〜) →P572

『漫画家イエナガの複雑社会を超定義』(2022年度〜) →P572

教養

組の核に据えているのが「インタビュー番組」や「トーク番組」である。

　テレビの早朝放送が開始された1957年10月7日、『話の散歩』が午前7時40分から15分の帯番組で始まった。ラジオで放送中の『朝の訪問』のテレビ版で、各界の著名人をスタジオに招き「人生経験」「趣味」などについて聞くインタビュー番組である。

　翌1958年6月から『国際インタビュー』が月1回放送され、初めて番組タイトルに"インタビュー"の文字が登場した。東京都知事とニューヨーク市長との間で、太平洋をはさんで行われた意見交換などが放送された。

　各界の著名人に個性豊かな聞き手が当たる対談スタイルの番組『この人この道』(1965〜1966年度)は、『テレビ婦人の時間』(1959〜1964年度)の1コーナーが独立したもの。

　『土曜談話室』(1964・1966年度)、『日曜談話室』(1967〜1968年度)も、異色の顔合わせが魅力の対談・てい談番組。『日曜談話室』では、吉村昭(作家)と安田武(評論家)が「戦中派」をテーマに、幸田文(作家)と辻嘉一(料理人)が「あく」をテーマに、森有正(哲学者)と木下順二(劇作家)が「1968年夏」をテーマに、それぞれ含蓄のあるトークを交わした。

　『この人と語ろう』(1974〜1977年度)は、視聴者参加のトーク番組。朝の情報番組『こんにちは奥さん』で親しまれた鈴木健二アナウンサーが、視聴者とともにゲストを囲んだインタビューで、ゲストの人となりを浮き彫りにした。初年度は司馬遼太郎、岡本太郎(芸術家)、藤山寛美(喜劇役者)ほかがゲストで登場した。

　『インタビュールーム』(1978年度)は、教育テレビの夜間に放送した重厚なインタビュー番組。話題性、今日性にポイントを置いてゲストを人選した。「ミシェル・フーコー〜性と権力〜」「小澤征爾〜中国のオーケストラを指揮して」「江藤淳〜78年アメリカ・南部の町で」ほかを放送。

　同じく教育テレビの『訪問インタビュー』(1982〜1984年度)は、さまざまな分野で活躍する人物を、自宅や仕事場、ゆかりの場所に訪ねて話を聞いた。月曜から木曜の帯で、1回20分、4日連続の計80分にわたってゲストの人生とその魅力を伝えるロングインタビューである。初年度は東山魁夷(画家)、唐十郎(劇作家)、松谷みよ子(児童文学者)、桂米朝(落語家)ほかが出演。3年間の放送で150人が登場した。

　『ビッグ対談』(1985〜1987年度)は、教育テレビで月1回放送の90分の対談番組。各分野で活躍し、大きな影響力を持つ2人の出演者が、高い知性と感性、豊かな個性をぶつけ合い、1つのテーマをめぐってじっくり話し合った。江上波夫(考古学者)と五木寛之(作家)の「歴史を見る・時代を読む」、遠藤周作(作家)と河合隼雄(心理

『この人この道』入江徳郎　田河水泡　手塚治虫(1966年) →P556

『話の散歩』右：榎本健一(1960年) →P554

『日曜談話室』書のこころ(1967年) →P556

『この人と語ろう』(1974〜1977年度) →P557

『インタビュールーム』(1978年度) →P557

開高　健

『訪問インタビュー』(1982〜1984年度) →P558

『ビッグ対談』江上波夫　五木寛之（1985年）→ P559

『日曜インタビュー』大岡信（1991年）→ P559

『土曜美の朝』（1993〜1999年度）→ P507

『さわやかインタビュー』（1996〜1997年度）→ P562

『トップインタビュー』（1992〜1993年度）→ P561

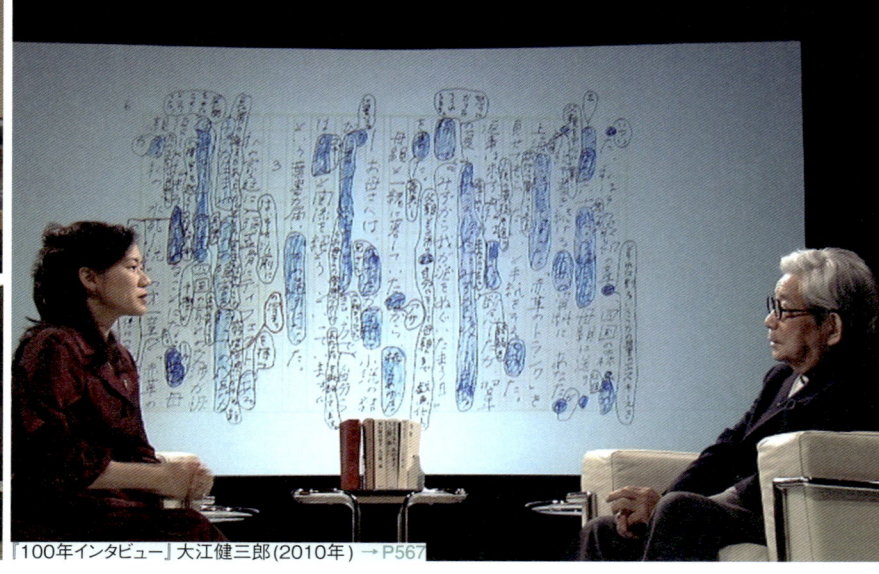
『100年インタビュー』大江健三郎（2010年）→ P567

学者）による「人間・人間を超えるもの」、住井すゑ（作家）と山田洋次（映画監督）による「教育とは何だ」ほかを放送した。

『日曜インタビュー』（1988〜1992年度　＊1990年度は休止）は、総合テレビ日曜午前8時台の25分番組。各界の第一線で活躍している人々に、自らのライフワークや関心を抱いているテーマについて斎藤季夫アナウンサーが中心となって聞いた。初回は作家の大岡昇平が出演。初年度はハンマー投げの元選手で中京大学助教授の室伏重信、童話作家の中川李枝子、女優の岩下志麻、歌人の近藤芳美、画家の野見山暁治ほかが出演した。

『土曜美の朝』（1993〜1999年度）は、総合テレビ土曜午前6時台の放送。芸術家のアトリエなどの仕事場を山根基世アナウンサーが訪ね、その創作の秘密を聞いた。『訪問インタビュー』と『日曜インタビュー』の要素を併せ持った美術インタビュー番組である。

『さわやかインタビュー』（1996〜1997年度）は日曜午前6時台に放送。『日曜インタビュー』『土曜美の朝』に続き、週末早朝のインタビュー番組枠が定着する。

衛星第1には日曜午前9時からの55分番組『トップインタビュー』（1992〜1993年度）がある。日本を代表する大企業の経営トップに、その経営理念や経営哲学を聞く経済番組である。

2007年4月に第1回を放送した『100年インタビュー』は、ハイビジョン（2011年度よりBSプレミアムで不定期放送）で月1回放送する大型インタビュー番組。各界で活躍する第一人者、偉大な功績を残した著名人に、その人生哲学や未来へのメッセージを90分のロングインタビューで聞いた。聞き手となるアナウンサーたちが自ら企画するアナウンス室制作の番組である。8年間の放送で60人にインタビューを行った。その中には小沢昭一、森光子、立川談志、金子兜太、蜷川幸雄、船村徹、緒方貞子など、すでにこの世を去った出演者も多い。この番組に残された彼らの肉声は、100年後の日本人にも残される“言葉の遺産”である。

2013年4月、『SWITCHインタビュー　達人達』がEテレ午後10時からの1時間番組で始まる。異なる分野で活躍する“達人”どうしが互いの仕事場を訪ね合い、仕事の極意や成功への道筋、独自の哲学を語り合うトークドキュメントだ。番組の前半と後半で、ゲストとインタビュアーを「スイッチ」し、主客転倒するおもしろさ、異分野の“達人”間で起こる“化学反応”が見どころ。初年度は「宮崎駿×半藤一利」「羽生善治×佐渡裕」「瀬戸内寂聴×EXILE ATSUSHI」など、異色の顔合わせが実現。2015年度は100回記念スペシャルとして制作した「日野原重明×篠田桃紅」のオーバー100歳対談が話題を呼ぶ。2016年度の「渡辺謙×山中伸弥」はギャラクシー賞を受賞した。

教養

『SWITCHインタビュー　達人達』(2013〜2023年度)→P570

04

「人生」と「心」を考える

　教養番組の中でも、長く親しまれている番組の一つに『こころの時代−宗教・人生』(1982年度〜)がある。

　前身の『宗教の時間』がラジオで始まったのは、1952年1月。神道、仏教、キリスト教の3つの宗教を中心に、法話、法要、礼拝、説教などで構成し、宗教的情操を養う時間とした。

　1961年4月、総合テレビで『心と人生』が1年間放送された。ラジオで放送中の『人生読本』のテレビ版ともいえる15分のストレートトークの番組で、テレビに初めて登場した宗教や人生を語る番組だった。岸本英夫(宗教学者)の「別れの時」、中村元(インド哲学者)の「釈尊の言葉」、辻光之助(天文学者)の「科学の中の禅」などを放送。この番組の実績がラジオ番組『宗教の時間』のテレビ化をもたらす。

　テレビ『宗教の時間』(1962〜1981年度)は、教育テレビ日曜の午前9時5分からの55分番組で始まる。放送スタート時に留意したことは、「①一宗一派の主張に偏らないこと　②各宗教の基本的な教理の解説　③宗教的な情操、教養を広く一般人にも伝えること」の3点。そのため仏教、キリスト教の基本的な教理、古典の解説のほかに、キリスト教音楽、仏教音楽などを扱ったり、作家や科学者、文化人に話を聞くなど、個々の人間の信仰の問題も取り上げた。番組はフィルム構成と座談会形式。草野心平(詩

『こころの時代−宗教・人生』(1982年度〜)→P558

人)ほかの出演で「宮沢賢治の人と信仰」(1964)、黛敏郎(作曲家)ほかの「音楽と信仰」(1966)、金岡秀友(仏教学者)ほかの「仏のすがた」(1970)、遠藤周作(作家)ほかの「私の中のキリスト」(1971)などを取り上げたほか、1970年代に入ると「経典」シリーズ(1973)、「仏教のことば」シリーズ(1976〜1977)などのシリーズ企画も放送した。

『宗教の時間』(1962〜1981年度)→P556

　1982年4月、『宗教の時間』は『こころの時代−宗教・人生』に改題し、内容を刷新。宗教的なものの考え方をとおして人生や生き方を考え、心豊かに生きる知恵を考える番組とした。宗教関係者はもとより、詩人、作家、医師、社会福祉士、納棺師など、現代の苦悩と向き合うさまざまな立場の人々や、人生の困難を乗り越えてきた人々が独自の人生観を語った。東日本大震災に見舞われた2011年は、「私にとっての"3.11"」シリーズを10回にわたって放送。辺見庸(作家)、山折哲雄(宗教学者)、梅原猛(哲学者)、柳田邦男(ノンフィクション作家)らが出演。震災後の「心の問題」については、その後も継続的に取り上げた。

05

サブカルチャーの現場を伝える

　1988年8月、総合テレビの夏期特集で『漫画でたのしむ「枕草子」』を4日連続で放送した。橋本治の著作「桃尻語訳・枕草子」を、話し言葉によるディスクジョッキー風の語りと漫画の映像を組み合わせて構成した若者向け古典講座だ。この番組の好評を受け、10月から『まんがで読む枕草子』として午後11時台の20分番組で定時化。翌年度には30分に拡大し『まんがで読む古典』をスタート。「徒然草」「更級日記」「蜻蛉日記」「伊勢物語」などの古典を次々に取り上げた。吉田兼好の随筆「徒然草」では、漫画は内田春菊、スタジオDJは清水ミチコ、兼好法師の声を立川志の輔が演じた。

　1996年8月、『BSマンガ夜話』が衛星第2の特集番組で放送された。1冊のマンガ作品を1時間かけて徹底して

『BSマンガ夜話』(2003〜2004年度) → P564

読み込むマニアックな番組である。その後も特集番組を放送する中でマンガファンの間でじわじわと人気を呼び、2003年度に定時放送となる。司会に大月隆寛（民俗学者）、レギュラー出演者には、いしかわじゅん（漫画家）、夏目房之介（漫画家・エッセイスト）、岡田斗司夫（評論家）ら、番組スタート当初からのメンバーが顔をそろえた。

　2004年9月には『BSアニメ夜話』を同じ枠で放送。毎回1つのアニメ作品を取り上げて、絵の動き、特殊効果、音楽、声優、監督とプロデューサーの関係など、アニメならではの見どころと制作の舞台裏を紹介した。

　2006年の『マンガノゲンバ』(2006〜2009年度)は、注目のマンガと漫画家を紹介する衛星第2の番組。気鋭の読み手が新作を批評する「読み手のゲンバ」、作者の制作風景を紹介する「作者のゲンバ」を中心に構成した。

　『アニメギガ』(2007〜2009年度)は、話題のアニメの制作者や声優へのロングインタビューを通して、アニメの魅力を紹介する衛星第2のトーク番組。

　『BSマンガ夜話』からの流れをくむ『BS熱中夜話』(2008〜2009年度)も、日本のサブカルチャーについてディープに語り合うトーク番組だ。スタジオに集まった30人のマニアたちが、1つのテーマについて熱く語り合う。初回のテーマは「ウルトラマン」。「ウルトラマン」の出演者をゲストに迎え、第1夜はカルトな難問にファンたちが挑戦する「ウルトラクイズ」を開催。第2夜は怪獣など魅力のキャラクターをテーマに、第3夜はストーリーについて語り合う3週連続企画だった。

　『MAG・ネット〜マンガ・アニメ・ゲームのゲンバ』(2010年度)は、『マンガノゲンバ』の流れをくむ衛星第2のサブカル番組。マンガ、アニメ、ゲーム、ネットの現場で起こっていることの最前線を紹介した。

　ビデオゲームを「文化」としてとらえ、名作の魅力を深掘りするNHK初のゲーム教養番組として注目されたのが『ゲームゲノム』だ。2021年10月にパイロット版を放送し、2022年10月から、総合でレギュラー放送をスタート。アドベンチャー、アクション、RPG、シミュレーションなど、幅広いジャンルから古今東西の名作ゲームを選び、徹底解析した。MCを担当するのは歌手、ダンサーなどマルチに活躍する三浦大知。ゲーム愛にあふれる三浦とゲームに精通したタレントや著名人が、クリエイターが作品に込めたメッセージをひもとき、ゲームに秘められた奥深い世界へ誘う。2024年1月からはシーズン2（全10話）もスタートした。

『まんがで読む古典』(1989年度) → P560

教養

『マンガノゲンバ』(2006～2009年度) →P566

『アニメギガ』(2007～2009年度) →P567

『MAG・ネット～マンガ・アニメ・ゲームのゲンバ』
(2010・2011～2012年度) →P569

『世界サブカルチャー史　欲望の系譜』が2022年4月からBSプレミアムで90分番組で放送を開始。9月からはEテレで30分版がスタートした。映画、流行、音楽、社会風俗といったサブカルチャーから時代の底に流れる意識、社会の形を読み解く歴史ドキュメンタリーである。シーズン1「アメリカ編1950-2010s」は、戦後アメリカがいかにして現在の姿へたどりついたのか、時代を彩った映像やブーム、事件などから社会の空気の変化を"大衆の欲望"という視点からあぶりだした。2023年2月からはシーズン2「ヨーロッパ編」、シーズン3「日本編」、さらに2024年1月からのシーズン4「21世紀の地政学」では「アイドル編」「ヒップホップ編」「ポップス編」ほかを放送。現代社会のサブカルチャーを体系化し、歴史的な位置づけを明らかにした。シーズン3「日本編」が第60回ギャラクシー賞テレビ部門の優秀賞を受賞。

06 / ニッポンを見つめ直す

2009年4月、『猫のしっぽ　カエルの手～京都大原ベニシアの手づくり暮らし』(2009～2014年度)の放送が、ハイビジョンと衛星第2で始まった。京都・大原に暮らす英国人女性ベニシアさんのライフスタイルを、詩的映像で紹介するドキュメンタリーだ。ハーブ研究家のベニシアさんは、築100年の古民家で日本の"知恵"を生活に取り入れながら、200種類以上のハーブを栽培して暮らしている。ベニシアさんの人と自然に優しいエコな暮らしぶりを、美しい京都の四季の移ろいの中に描いた。

『晴れ、ときどきファーム！』(2012～2022年度)も田舎暮らしを紹介する番組。緑豊かな里山にある築90年の古民家と畑を舞台に、野菜ソムリエの資格を持つ元V6の長野博が「週末田舎暮らし」を実践し、日々の暮らしをワンランクアップさせる秘けつを紹介する。

『やまと尼寺　精進日記』(2017～2021年度)は、奈良県桜井市の山中にある尼寺の暮らしぶりをとらえたドキュメンタリー番組。料理上手な3人の尼僧たちが、寺の周囲の山野草を使って、丹精込めた精進料理を作る。質素な中にも笑顔のあふれたエコライフを美しい映像で伝える。

『NHK教養セミナー～日本語再発見』(1982～1983

『ゲームゲノム』(2022～2023年度) →P572

『猫のしっぽ　カエルの手』(2009～2014年度) →P568

『晴れ、ときどきファーム！』
(2012～2022年度) →P839

『やまと尼寺　精進日記』(2017年度～) →P571

『日本語再発見』(1984年度) → P558

『日本語歳時記　大希林』(2002年度) → P564

『にほんごであそぼ』(2003年度〜) → P643

『日本語なるほど塾』(2004〜2005年度) → P565

年度　＊1984年度は『日本語再発見』)は、揺れ動く日本語、失われていく方言など、日本語のさまざまな"現場"を訪ね、その背景にある日本文化、日本社会の断面を明らかにする。一方、『日本再発見』(1988年度)は、日本の古くから変わらぬもの、消え去ろうとするもの、新しく生まれるものの数々を、現代的視点で探る番組。「紋章に秘められた物語」「引き際の美学」など14本を放送した。

　小説を中心に詩歌、エッセーなど日本文学の名作の舞台となった土地を訪ねる文学紀行『名作をポケットに』(2001〜2002年)。作品に思いを寄せる著名人が旅人となり、訪れた地で作品を思索し語る番組だった。

　『日本語歳時記　大希林』(2002年度)は、樹木希林の軽妙なコント風"お芝居"を通して、日本語の面白さ、奥深さ、美しさを味わう教養エンターテインメント。

　『にほんごであそぼ』(2003年度〜)は、「ことばのおもしろさ」を古典や狂言、落語なども取り上げながら楽しむ子ども向けの日本語番組。

　『日本語なるほど塾』(2004〜2005年度)は、会話や文章の実例から日本語の特徴を探る番組。大野晋の「日本語練習帳」(1999)や齋藤孝の「声に出して読みたい日本語」(2001)などが、立て続けにベストセラーになる日本語ブームを背景に、日本語を通して日本文化を再発見する番組が人気を呼んだ。

　2006年に始まった『COOL JAPAN　発掘！かっこい

いニッポン』は、外国人の視点から日本の良さを再発見する番組。「アニメ」「温水洗浄トイレ」から「オムライス」まで、日本人には当たり前に見えるものが、外国人にはCOOL(カッコイイ)に映る。日本在住の外国人たちがスタジオで

『COOL JAPAN　発掘！かっこいいニッポン』(2006年度〜) → P566

『妄想ニホン料理』(2013〜2015年度) → P570

教養

熱い議論を繰り広げ、日本の魅力を発掘するトークバラエティー番組だ。取り上げたテーマは「城」「居酒屋」「原宿」「お遍路」「ご当地グルメ」「交通安全」「鍋」「妖怪」「喫茶店」「日本そば」「芋」など多岐にわたっている。

総合テレビの深夜に放送された『妄想ニホン料理』(2013～2015年度)は、異文化を料理を通して体験するエンターテインメント番組。日本料理をまったく知らない海外の料理人が、簡単なヒントだけで日本料理作りに挑戦。「かば焼き」「くさや」「土手鍋」などから彼らが発想する奇想天外な"ニホン料理"の数々が、日本人に新鮮な驚きを与えた。

07
アメリカの"知"の最前線にふれる

『ハーバード白熱教室』(2010年度)は、アメリカの名門ハーバード大学で、もっとも人気があるというマイケル・サンデル教授の講義を収録したもの。講義では例題や実例を提示しながら、「殺人に正義はあるか」「命に値段を

つけられるのか」などの難問を学生たちに投げかけ、サンデル教授の巧みな導きで議論を深めていく。番組は好評を呼び、『マイケル・サンデル　究極の選択』、『スタンフォード白熱教室』、『白熱教室JAPAN』などの関連番組を次々に生み出した。

『スーパープレゼンテーション』(2012～2017年度)は、全世界が注目するアメリカのプレゼンイベント「TEDカンファレンス」の模様を伝える教養語学番組。文化、芸術、科学、ITなど、さまざまな分野のトップランナーによるこん身のプレゼンテーションを、解説トークやVTRとともに紹介する。ナビゲーターはマサチューセッツ工科大学メディアラボ所長の伊藤穰一。プレゼン部分は、日英2か国語放送した。

『モーガン・フリーマン　時空を超えて』(2016～2017年度)は、映画俳優のモーガン・フリーマンが案内人となり、物理学や脳科学、心理学など、第一線の科学者たちが、「神」「宇宙」「空間」「時間」「生命」「死」など、有史以来、人類が持ち続けてきた謎について最新の科学に基づいた考察を行う。

『ハーバード白熱教室』(2010年度) → P569

『探検バクモン』(2012〜2018年度) → P570

08

ユニークな
教養エンターテインメント

『爆笑問題のニッポンの教養』(2007〜2011年度)は、爆笑問題の田中裕二と太田光が、日本が世界に誇る学者たちの研究室を訪ね、知の最前線で何が起きているのかを探る総合テレビのトーク番組。対談相手は哲学者、音楽家、漫画家などあらゆる分野に及び、爆笑問題が"知の異種格闘技"に挑む。爆笑問題は「原発」「刑務所」「地球外生命」など多彩なテーマに、お笑いを封印して取り組んだ。恒例の「スペシャル」では、2010年度は東京芸術大学を訪ね「自己表現」について、2011年度は東京外国語大学を訪ね「コミュニケーション力」について、それぞれ200人以上の学生たちと激論を交わし、大きな反響を呼んだ。

2012年5月、『爆笑問題のニッポンの教養』のあとを受けて、同じ爆笑問題が案内役をつとめる『探検バクモン』(2012〜2018年度)がスタート。爆笑問題がふだんは立ち入ることのできないような場所や知られざる施設に潜入し、彼ら独特の視点から現代に切り込む教養エンターテインメントだ。テーマは3つ。まず、入りたくてもなかなか入れない場所に赴き、新しい発見をする「大人の社会見学」。2つ目は、UFOや謎の生き物から生命誕生の謎まで、あらゆる未解決の案件に挑む「難問解決」。3つ目はテレビに

は出たがらない旬の人や一流アーティストに、ひるまず話を聞きに行く「キーパーソン直撃」。初年度は大改修中の姫路城や巨大なガス工場、「ゴルゴ13」を制作する「さいとう・プロダクション」などを訪ね、新鮮な"驚き"を伝えた。

『爆笑問題のニッポンの教養』(2007〜2011年度) → P567

トーク番組として異彩を放っているのがEテレの『ねほりんぱほりん』(2016年度〜)。若者たちのSNSで話題になっている事柄や、聞きたいけれど聞きにくい話を顔出しNGの訳ありゲストに"ねほりはほり"聞き出す。ゲストはブタの人形に、聞き手の山里亮太とYOUはモグラの人形にふんする。人形の姿を借りてこそ飛び出す本音トークが刺激的だと評判を呼んだ。「これが教養番組？」という声も聞こえてきそうだが、ゲストとのトークを通して人間という生きものの「おかしさ」「かなしみ」「いとおしさ」が伝わると、"ニンゲンって奥深くておもしろい！"という番組の着地点にたどり着く。Eテレのお家芸ともいえる人形劇と、人生の

教養

"裏話"が詰まった赤裸々トークが合体したユニークなトーク番組となった。テーマは第1回放送の「偽装キラキラ女子」からはじまり「痴漢えん罪経験者」「地下アイドル」「ギャンブル依存症」など気になるタイトルが並ぶ。

『ねほりんぱほりん』(2016年度〜) → P570

大人にも人気の学校放送番組が、2015年8月から特集番組でスタートした『昔話法廷』。「昔話の登場人物が訴えられたら?」という設定で、検察官、弁護人、被告人、証人のやり取りを、1人の裁判員の目線で描く法廷ドラマだ。ユニークなのは被告人や証人たちの姿である。第1回放送の裁判の被告人はこぶた。「三匹のこぶた」の末っ子。煙突から侵入したオオカミをお湯が沸く大鍋にフタをして閉じ込め、殺害した罪を裁かれる。こぶたは正当防衛で無罪か、計画的犯行で有罪か。被告人のこぶた

はリアルなぬいぐるみで登場し、検察官、弁護人は人気俳優が演じる。番組では裁判の最後に判決を下すことはしない。視聴者が自分の価値観と向き合いながら、自分なりの判決を考える力を養うのが「学校放送番組」としての狙いだ。教育目的の内容をユニークな発想と意表を突く演出で質の高いエンターテインメントに仕立て、話題を呼んだ。

09
多彩な教養・情報バラエティー

1957年4月に登場した『生活の知恵』(1957〜1970年度)は、教養系娯楽番組の源流の1つ。生活に身近なテーマの中からタイムリーな話題を取り上げ、固定観念や先入観にとらわれない意外な事実を発見し、新たな知識を提供する教養情報番組だ。生活科学的な視点に加え、社会、風俗時評的な側面からも解説した。「テストの時代をテストする」「根性」「三つ子の魂」「第一印象」「音痴」などのテーマを取り上げ、14年間で通算624回続く長寿番組となった。『生活の知恵』の"知りたい""理解したい"という知的好奇心、実験等で見せる実証性、分かりやすさと親しみが感じられる演出などの番組要素は、フランキー堺や永六輔が司会をつとめたユニークな歴史番組『ス

『昔話法廷』(2015年度) → P1012

『難問解決！ご近所の底力』（2003〜2006・2008〜2009年度）→ P256

『ブラタモリ』（2009〜2023年度）→ P469

『人名探究バラエティー　日本人のおなまえっ！』（2017〜2021年度）→ P262

『チコちゃんに叱られる！』（2018年度〜）→ P262

ポットライト』（1972〜1977年度）や、『ウルトラアイ』（1978〜1985年度）、『ガッテン！』（2016〜2021年度）などの家族向け生活科学番組、『クイズ面白ゼミナール』（1981〜1987年度）に代表される教養系クイズ番組に受け継がれる。

『生活の知恵』（1957〜1970年度）→ P852

　『難問解決！ご近所の底力』（2003〜2009年度）は、身近な悩みから切実な社会問題まで、日本の地域が抱える“難問”を、その地域の人々と一緒になって解決する視聴者参加番組。
　タモリが日本各地の町を探索する『ブラタモリ』（2009〜2023年度）は、町並みや地形に残る痕跡から意外な歴史や土地の成り立ちを発見する教養紀行番組。『人名探究バラエティー　日本人のおなまえっ！』（2017〜2021年度）は、日本人の名前に潜むさまざまな物語を探

る情報バラエティー。『チコちゃんに叱られる！』（2018年度〜）は、おかっぱ頭の5歳の女の子「チコちゃん」が、暮らしの中の素朴な疑問を投げかけるクイズ仕立てのバラエティー。『有吉のお金発見　突撃！カネオくん』（2019年度〜）は、気になるけれどもなかなか聞けないお金の話を入り口に、世の中のシステムや舞台裏をのぞくバラエティー番組だ。

　誰もが知りたいと思う興味津々の情報の提供や、「なぜ」「どのように」という知的好奇心に応える教養番組のバラエティー化が進む一方で、バラエティー番組に教養的要素を盛り込んだ情報番組も増え、もはや番組のジャンル分類は便宜上以外の何ものでもない。“教養”と“バラエティー”の絶妙の配合で、“面白くてためになる”テレビ番組にさまざまな方法論でアプローチしている。

『有吉のお金発見　突撃！カネオくん』（2019年度〜）→ P263

1950年代

話のカレンダー　1953年度

時事問題や生活の知識、医療や趣味などに関する話題を中心に、日曜から土曜まで毎日放送された。タイムリーなテーマについては論評を行い、座談会や討論会の形式でその考察を深めた。特に1953年9月から始まった「政治討論会」は毎月最終金曜に公開で行われた。番組内では毎月末、「アマチュア写真コンクール」も始まり、視聴者から応募された写真から優秀作品を選んだ。(日〜土)午後8時40分から20分の番組。

見たり聞いたり　1957年度

解禁された日のアユ漁や東洋一を誇る火力発電所など、多種多様な場所にカメラを持ち込んだ実況中継が中心で、わずか半年間の放送だったにもかかわらず、テレビの特性を生かした機動性のある番組の先駆けとして大きな役割を果たし、中継技術の向上にも貢献した。(日)午前11時10分からの20分番組。1957年4〜10月に放送。

話の散歩　1957〜1959年度

1957年10月7日、放送時間がそれまでの午前11時台から午前7時に繰り上がったことにともなって新設された。各界の著名人や話題の人をスタジオに招き、人生経験、趣味の話、現在の心境から探検記まで、さまざまな話を聞くトーク番組。第1回出演者は彫刻家の朝倉文夫。美術を扱う火曜日の「アトリエ訪問」では、カメラがアトリエに入り制作中の画家の姿をとらえた。(月〜金)午前7時40分からの15分番組。

テレビ歳時記　1957〜1959年度

『話の散歩』の土曜版で、テレビの俳句歳時記。俳句のもつ雰囲気を写真でモンタージュして画面構成をするというテレビの新しい方向性を打ち出し、土曜日の朝の雰囲気をかもし出した。総合(土)午前7時40分からの15分番組。

芸術への招待　1957〜1958年度

芸術にまつわる各分野を取り上げ、これらを分析的に解説し、一般の芸術への関心を高め、知識を広げることを目的とした。1958年3月から「日本舞踊への招待」(8回シリーズ)をスタート。その後「西洋舞踊への招待」(14回シリーズ)、「舞踏への招待」(4回シリーズ)、「文学への招待」(13回シリーズ)を放送。(木)午後6時40分からの20分番組。

人・時・所　1958年度

政治、経済、社会、文化など各分野から焦点を当てるべき人を選び、問題の所在や当面の施策などをインタビューした。総合(水)午後9時40分からの20分番組。

日本の文学　1958〜1960年度

1959年1月の教育テレビ開局と共にスタートした教育番組。日本の古典文学から近代文学まで、作家とその作品をわかりやすく解説。講師は亀井勝一郎、暉峻康隆、池田弥三郎ほか。また明治・大正・昭和と活躍した現代作家を数多く取り上げた。著名作家では里見弴、佐藤春夫、久保田万太郎、川端康成の各氏がスタジオに招かれた。教育(金)午後8時30分からの30分番組。

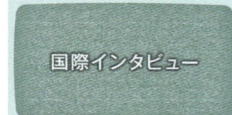

国際インタビュー

国際インタビュー　1958〜1959年度

在米国大使館の協力を得て、フィルム構成で放送したインタビュー番組。東龍太郎東京都知事とニューヨークのロバート・ワグナー市長が大都市の諸問題について意見を交換したほか、旧知の間柄にある学者の坂西志保と故ルーズベルト大統領夫人がお互いに関心の深い児童福祉問題について話し合うなど、日米両国の友好親善の発展に果たした役割は大きかった。総合(水)午後9時40分からの20分番組で月1回放送。

NHK日曜大学　1958〜1965年度

1959年1月の教育テレビ開局の翌日にスタートした教養番組。各分野の優れた専門家を講師に迎えて、高度な専門知識を平易な表現で分かりやすく説明した。一般市民に大学の門戸をひろく開放し、学問を大衆化する啓蒙的な役割を果たした。「日本の資源」「理性と感情」「ルネサンス」「美の本質」「憲法」「国民所得」「古代の日本」など広範なテーマが選ばれた。教育(日)午後1時からの60分番組。

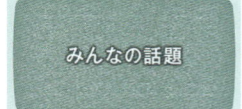

みんなの話題

みんなの話題　1959〜1960年度

全国民的な関心を呼んだ時の話題をテーマに、社会時評を試みる座談会形式の番組。画面的な平板さが目立ちがちな座談会番組を興味深いものにするため、話題豊富で話し上手なゲストを招いた。「家元」「派閥」「有名校」などのテーマの回が好評だった。1960年4月からは2チームの競争形式を採り、細川隆元や高見順、加藤芳郎、岡本太郎もレギュラーに加わった。総合(火)午後10時35分からの30分番組。

日本の地理　1959年度

単なる気候、風土、産業の紹介にとどまることなく、地方の特色を歴史的、経済的に取り上げた。従来の地理の概念を破り、「東北の寒冷地」「炭鉱地帯」「開けゆく原野〜北海道」など、1つのテーマからその地方を描き、4〜9月の6か月シリーズを編成した。教育(土)午後8時30分からの45分番組。

心のはたらき　1959年度

「やさしい心理学入門」とも言える番組を目指し、目に見えない心の世界を具体的な実験や映画などの映像によって解説した。13回のシリーズを通じて「知覚」「記憶」「性格」などのテーマを選んだ。実験や資料提供は東京大学心理学研究室。教育(日)午後7時からの30分番組。7〜10月に放送。

01.ドラマ　02.クイズ・バラエティー　03.音楽　04.伝統芸能　05.ニュース　06.報道・ドキュメンタリー　07.紀行　08.教養・情報　09.自然・科学　10.こども・教育　11.人形劇・アニメ　12.趣味・実用　13.大型特集番組等

日本の頭脳　1959年度

1959年10月の教育テレビの放送時間拡充にともなって新たに設置された番組。世界的水準にあり、明日の日本を担うとされる若い学者や研究者を迎え、学問上の成果や人となりをフィルム、写真など豊富な資料を駆使して紹介した。番組を通じて、日本の学問的水準が決して世界と比して遜色ないものであることを示した。教育(土)午後10時30分からの27分番組。1959年度後期に放送。

世界と日本〈1959〉

世界と日本　〈1959〉　1959年度

米ソを中心とした東西の冷戦と、その雪解けという歴史の大きな転換期にあって、それぞれの国と日本との関係を分かりやすく解説し、世界の国々がどのような方向に進みつつあるか、どのような問題を抱えているのかを明らかにした。第1回の「変貌する世界」から最終回の「2つの世界」まで、全26回を放送。教育(土)午後8時30分からの45分番組。1959年度後期放送。

国語研究室　1959〜1960年度

日常無意識に使っている国語について、正しい理解を深めるために1959年10月から始まった国語の講座番組。1960年度前期は、衣食住など日常生活に関する日本語を文化史的にみていく「ことばの文化史」をシリーズで放送。後期シリーズでは、ことばの本質と働きを、言語学、心理学、社会学の面から考察した。「話し方入門」も月1回組み込み、実地指導も行った。教育(金)午後10時30分からの27分番組。

マス・コミ入門　1959年度

現代生活とマスコミとの関連を、新聞、雑誌、映画、ラジオ・テレビそれぞれのメディアの成立過程と相互の関連、送り手と受け手の内容分析などの面から解説した。マスコミ自身がマスコミの諸問題をテレビで初めて解説した番組としても反響を呼んだ。全13回シリーズで、1959年度後期に放送。教育(日)午後10時30分からの27分番組。

日曜見学　1959年度

「テレビによる社会見学」として、スタジオを離れて屋外からの実況中継によって、社会・文化・科学と各方面にわたって珍しい素材を紹介した。各回の主なテーマは「隅田川と淀川」「造船」「貝塚の発掘」「ガラス工場」「ローマ古美術展」「中尊寺に藤原文化を偲ぶ」など。大阪放送局でも「製鉄所」を制作。教育(日)午後1時からの60分番組。1959年7・8月に放送。

日本の伝統　1959〜1961・1964〜1966年度

NHK自主制作のフィルムによる30分の記録映画。祇園会などの伝承祭事や民家、日本料理等の歴史的起源や背景を、今日的な意義を盛り込んで紹介。1960年度に同枠で放送していた『人間国宝』シリーズと統合し、伝統的な工芸や美術、あるいは各地に残る伝統行事や風習などを民族の文化遺産として見直した。「人形」「三味線」「柔道」「盆栽」「御所文化」「つつむ」「刀」「書」「そば」など幅広いテーマを取り上げた。

人間国宝　1959年度

NHK自主制作のフィルムによる30分の記録映画。重要無形文化財保持者、いわゆる"人間国宝"の指定を受けている人たちの、一代で消えてしまう技術や芸術を紹介。第1回「井上八千代〜京舞」に続いて、「富本憲吉〜色絵磁器」「越野栄松〜箏曲」「前大峰〜沈金」などを放送。総合(金)午後10時40分からの30分番組で、『日本の伝統』と隔週で放送した。

1960年代

今日の世界

今日の世界　1960年度

目まぐるしく変化し、流動化する世界情勢の動きを理解する助けとなる番組。国際情勢の動き、その背景をなすものを分析し、解説した。第1回「国連と世界平和」から始まり、「民族主義と植民地」「経済援助と後進国」「集団安全保障」「議会政治」「ソ連経済の実情」「アフリカの人種問題」などのテーマで放送し、最終回「国連の課題」で1年間の放送を終えた。教育(土)午後8時15分からの30分番組。

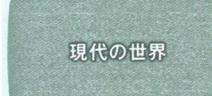
現代の世界

現代の世界　1961年度

世界の国々の動向と日本との関係を論じた教育番組。テーマは「新しいアジア」「アジアと日本」「中近東と日本」「中近東の民族主義」「ノン・アラブの世界」「ヨーロッパの動向」「二つのドイツ」「ヨーロッパの経済的統合」「ソビエト連邦」「アメリカの経済」「アメリカの軍事と外交」「戦後の軍縮問題」「国際連合」「世界の中の日本」など。教育(木)午後8時30分からの30分番組。

心と人生

心と人生　1961年度

ラジオの人気番組『人生読本』のテレビ版。従来テレビの教養番組では見られなかった「人生を語り、宗教を論ずる」新しい番組。人間のあらゆる面に接してきた人たちの人生観や科学者の宗教観などには、視聴者からさまざまな反響があった。岸本英夫(宗教学者)出演の「別れの時」、中村元(インド哲学者)の「釈尊の言葉」、辻光之助(天文学者)の「科学の中の禅」などを放送。総合(日)午前6時45分からの15分番組。

あなたは陪審員　1961年度

さまざまな社会事象の中にある対立した2つの立場、2つの観点を、検察側、弁護側という裁判形式で明らかにした。それぞれの立場から主張を聞き、陪審員である視聴者に総合的判断を下してもらおうという番組。3回にわたって放送した「国語問題」をはじめ、「売血制度」「赤字線」「戦記もの」「暴走トラック」などは特に反響を呼んだ。1961年度前期は総合(土)午後9時からの30分番組。後期は(木)午後10時からの放送。

民族と文明　1961年度

エジプト・バルカン・イタリアなど地中海沿岸の各地を訪ね、近代以降の考古学・歴史学によって解明された史跡や遺物などを記録して、西欧文明の起源と発達を考察した。4人のNHK取材班は日本の報道関係者としては初めてローマ法王に謁見を許された。1961年10〜12月まで、「南蛮のふるさと」「スペインの栄光」などのテーマで全12回と総集編を放送した。総合(金)午後9時からの30分番組。

文芸ジャーナル

文芸ジャーナル 1962〜1963年度

文学、演劇、映画などから新しい話題を取り上げ、各界の識者が今日的な視点に立って、その問題点を座談会形式で掘り下げた教養番組。初年度は、市川猿之助の襲名が決まった当時の市川団子と三島由紀夫らが、今後の歌舞伎界について論じた「団十郎襲名と今後の歌舞伎」や、安部公房と奥野健男らによる論議「小説と戯曲」などを放送。教育（第2・4土）午後9時15分からの15分番組。

宗教の時間 1962〜1981年度

ラジオ番組『宗教の時間』のテレビ版。1つの宗教の主張に偏らず、各宗教の基本的な教理を解説することで、宗教的な情操や教養を広く一般人にも伝えることを心がけた。仏教、キリスト教や古典の解説のほか、関連する宗教音楽も扱った。さらに宗教そのものだけでなく、個人と信仰の関係などの諸問題にも目を向けた。1962年度に教育（日）午前9時台の55分番組でスタート。1966年度に午前6時台に移設。1967年度より1時間番組となる。

教養特集 1962〜1977年度

政治、経済、社会、科学、文化などの分野から現代人として必要な課題を取り上げ、視覚的な資料と専門家の解説で分析した。初年度は、一般向けの科学番組「科学の焦点」、日本の国力を国際的視野から分析する「日本の水準」、近代の歴史の証言で構成する「日本回顧録」などのほか、教育関係を取り上げた企画も月1本ずつ放送した。教育（月〜木）午後8時からの45分番組（初年度）。

夜の随想

夜の随想 1963年度

ハープやビブラフォンなどの器楽演奏や著名人による話のほか、詩情をそそる風景を紹介する「ふるさとの旅」、世界各国の美術や工芸品を紹介する「美術のしおり」、外国の珍しい行事や史跡風俗を紹介する「南の国北の国」など、テーマ別に曜日ごとに写真構成で見せるなど、深夜のゆったりした時間を楽しめる内容とした。総合（月〜金）午後11時30分からの15分番組。

夜のアルバム

夜のアルバム 1964〜1967年度

『夜の随想』（1963年度）の後継番組。就寝前のひとときを静かな雰囲気のスチール写真と朗読でつづる10分番組。前半は器楽演奏で夜のムードを醸し出す演出が施された。日本各地の美しい風物や人々の生活、古美術などの紹介、海外旅行の記録などを紹介した。総合（月〜木）午後11時40分から放送（初年度）。

土曜談話室 1964・1966年度

美術、文学、歴史から科学まで文化・学術全般をテーマとした、各界の一流人による対談番組。美術展などをとりあげての美の観賞、季節的なテーマの自然観賞、現代人の心の問題などを語り合った。1964年度の主な出演者とテーマは、中山義秀と高柳光寿の「史実と小説」、中村光夫と三島由紀夫の「小説と年齢」など。総合（土）午後11時台の20分番組。

この人この道 1965〜1966年度

『婦人の時間』（1959〜1964年度）枠内で1962年10月に始まった企画を、出演者の幅を広げるとともに、落ち着いた時間での視聴を考えて放送時間を変えて単独番組として独立。各分野で活躍中の著名人を招き、人間像を浮きぼりにする対談、あるいは座談会形式で放送した。初年度の主な出演者は岡潔（数学者）、山本有三（小説家）、三遊亭円生（落語家）ほか。総合（月）午後11時10分から30分の番組。

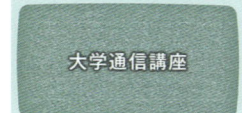
大学通信講座

大学通信講座 1965年度

大学教育の機会均等、大学の門戸開放などを理念とする大学通信教育で学ぶ通信教育生が、放送によって単位取得ができるようにするとともに、放送を通じて一般市民に大学程度の教育を公開しようとする番組。放送を通じての"市民の大学"を目指した。ラジオ第2に続き1965年度からテレビでの放送を開始した。教育（日）午前8時30分からの30分番組。

大学講座 1966〜1981年度

『大学通信講座』（1965年度）を改題し、毎日の放送に大幅に拡大した。高度な大学の学問を一般社会人が習得できるようにするとともに、大学通信教育生が放送によって大学の単位を履修できるよう編成、制作した講座番組。教育（月〜土）午前6時30分からと、（日）午前8時30分からの30分番組（初年度）。ラジオ第2でもラジオ版を放送。

にっぽん診断 1967〜1970年度

社会的な集団の意見を数量化して示すユニークな番組。社会的に関心が持たれているテーマを取り上げ、ある集団がその問題についてどのような意見を持っているかを広範な世論調査や街頭インタビュー、コンピューターによる予測計算などを駆使して浮き彫りにした。1969年からはスタジオに100〜200人を集め、あるテーマについての意識や知識を数量化した。総合（最終・日）夜間の40〜45分番組（初年度）。

日曜談話室 1967〜1968年度

『土曜談話室』（1966年度）の放送を日曜に移行し『日曜談話室』と改題。毎回、異色の組み合わせによる20分の対談を放送。初年度はイーデス・ハンソン（タレント）と田辺貞之助（フランス文学者）ほか。1968年度は放送時間を10分延長。「東洋の音」と題して草野心平（詩人）・海童道祖（尺八奏者）・野村良雄（音楽学者）の顔合わせによるてい談もおこなった。総合（日）午後11時台からの20分番組。

明治のアルバム

明治のアルバム 1967年度

1968年1月4日から4月12日までの期間、『夜のアルバム』の時間に、そのスペシャルバージョンとして「明治100年」にちなんで『明治のアルバム』を放送。全国各地に残る明治の文化や生活の遺産をスチール写真や資料で紹介しながら明治の香りを伝え、その当時の人たちの面影をしのんだ。総合（月〜金）午後11時40分からの10分番組。

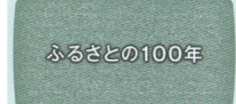
ふるさとの100年

ふるさとの100年 1968年度

「明治100年」関連企画番組。地方局でローカル番組として放送されたものの中から、その土地の歴史、伝統を伝えるものを選び、毎回2つの放送局の番組を1本にまとめて全国向けに再放送した。主な放送に「にしん」（札幌放送局）、「江田島」（広島）、「はっか成金」（北見）、「雪との闘い」（金沢）、「アルプス登山」（長野）など。総合（日）午前11時20分からの30分番組。

あなたの椅子 1969年度
サラリーマンを中心に一般男性が登場する討論番組。男性の日常生活に密着した問題をとりあげ、体験談や証言、提言を論じながら、人生の道しるべや心の糧となる話題を探った。司会は漫画家の西川辰美。主なテーマは「わが女房教育」「闘病記」「われらライバル」「チームワーク」「ケチ実践録」「ビジネス女性戦略」「転勤人生」など。総合(火)午後10時10分からの30分番組。

1970年代

市民大学講座 1970～1975年度
複雑な現代社会に生きるための市民的教養、および行動の原理を求める知的欲求にこたえて、1969年度よりラジオ第2で始まった教養講座。1970年度からテレビでもスタート。テレビでは新しい学問分野から現代にふさわしいテーマを選び、12～13回シリーズを基調に編成した。初年度は、海外制作による特別企画番組「経済発展への視点」を放送。教育(火)午後8時からの1時間番組。

あなたも回答者 1971年度
『にっぽん診断』(1967～1970年度)を改題して刷新。毎回、スタジオに100人から200人のグループを集め、その集団があるテーマについてどのような意識を持っているか、あるいはどのような行動をとっているかを、即時に数量化してみせる番組。取り上げられたテーマは「うちの課長」「結婚志願」「おかあさん」「社宅ずまい」「脱サラリーマン」「入社試験始末」など。総合(金)午後10時10分からの35分番組。

文化特集 1972年度
芸術、文化などを中心に広い分野から題材を選び、豊かな内容と多様な演出方法で構成する教養番組。第1回放送「名品帰国－ボストン美術展より－」から始まり、「高松塚古墳－飛鳥人からのメッセージ」「バロック芸術と音楽」などを放送。総合(水)午後10時15分からの45分番組で、1972年前期放送。10月から『文化展望』に改題。

文化展望 1972～1975年度
1972年10月、『文化特集』を改題。芸術・文化全般にわたる広い分野から今日的題材を選び、フィルム構成、スタジオショーなど多様な演出手法で構成した。1973年度は、亡くなったピカソに関連して「ピカソ～戦争・平和・愛」や、中国出土文物展にちなんだ「中国古代の美」など、タイムリーな話題も取り上げた。総合(水)午後10時15分からの45分番組。

この人と語ろう 1974～1977年度
視聴者参加のインタビュー番組。誰もが知っている「この人（ゲスト）」を囲んで、視聴者代表の一般の人々が司会の鈴木健二アナウンサーと一緒にインタビューを行い、多角的に浮き彫りにしていく番組。初年度のゲストは、藤山寛美、遠藤周作、岡本太郎ほか。総合(金)午後10時30分からの50分番組で月1回放送。1977年度に『月曜ひろば～この人と語ろう』と改題。毎月(第3・月)午後10時15分からの45分番組となる。

あなたのスタジオ 1975～1977年度
視聴者が自分たちの意見を盛り込んだ番組を、自分たちの手で制作する新しい形式の視聴者参加番組。スタジオにオーディエンスグループを招き、その主張に対する質疑や反論などディスカッションする場を設定した。主なテーマは「消費者は王様にあらず」「猫の飼い主にもの申す」「葬式は必要か？」ほか。総合(第1・月)午後10時15分からの45分番組。1977年度に『月曜ひろば～あなたのスタジオ』と改題。

話題を追う 1978年度
1962年から16年間続いた『教養特集』の廃止に伴い、視聴者の知的関心にこたえる教養番組が月曜から木曜まで4本が新設され、そのうちの1本。幅広い分野から今日性のある問題を取り上げ、リポート、討論、座談会など、さまざまな形式で事象の背後にある思想や構造を明らかにした。主なテーマは「算数ぎらい」「歴史の中の元号」「キノホルムは劇薬だった」「稲荷山金石文の謎」など。教育(月)午後7時30分からの30分番組。

インタビュールーム 1978年度
『教養特集』(1962～1977年度)の廃止に伴い、視聴者の知的関心にこたえる教養番組が月曜から木曜まで4本が新設され、そのうちの1本。ユニークな研究成果を発表した人や、芸術や文化の領域で新しい可能性を切り開いている人など、分野を問わず話題性にポイントを置いて人選したインタビュー番組。聞き手はアナウンサーのほか、作家、ジャーナリストなどが務めた。教育(火)午後7時30分からの30分番組。

昭和回顧録 1978～1980年度
『教養特集』(1962～1977年度)の廃止に伴い、視聴者の知的関心にこたえる教養番組が(月～木)で4本が新設され、そのうちの1本。戦前の昭和の国民生活を記録したフィルムを見ながら、その関係者や時代の証言者などが語り合う庶民による昭和史発掘番組。フィルムはアマチュアが撮影したものから、事業・研究紹介や観光PRとして公的機関や企業が制作したものなど多種多様。教育(水)午後7時30分からの30分番組。

わたしの自叙伝 1978～1980年度
『教養特集』(1962～1977年度)の廃止に伴い、視聴者の知的関心にこたえる教養番組が月曜から木曜まで4本が新設され、そのうちの1本。「自己の人生を語るにふさわしい人々」によるトーク番組。自らの半生の中でエポックメーキングとなった部分に焦点を当て、生きる方向を決定づけたエピソード、体験的に得た自分の信条などを語った。教育(木)午後7時30分からの30分番組。

構成討論'79 1979年度
社会的に広く関心を呼ぶテーマを選んで、相対立する意見の持ち主2人がそれぞれの視点から主張することにより、複眼的な思考を視聴者に提供した。「都会人よ驕るなかれ～野坂昭如VS.堺屋太一」「短歌で戦争を語れるか～寺山修司VS.山田宗睦」など気鋭の論客による討論が話題を呼んだ。1980年1月からは『構成討論'80』として放送。教育(月)午後7時30分からの30分番組。

新ニッポン日記 1979〜1980年度
現代日本に関心を持つジャーナリスト、ビジネスマン、学者、法律家など、正確な日本語を扱える外国人が、彼らの日本体験や研究成果などを通して内外の情報ギャップや日本社会の特性などを考える。国際化時代の要請にこたえて生まれた座談番組で、ユニークな日本論として好評を得た。司会は西川潤（早稲田大学教授）、深田祐介（作家）、グレゴリー・クラーク（上智大学教授）ほか。教育（火）午後7時30分からの30分番組。

1980年代

オピニオン'80 1980〜1981年度
『構成討論'79（'80）』の後継番組。日常生活に関係の深いあらゆる分野に題材を求め、ひとつの具体的な提言をもとに構成するオピニオン番組。テーマを貫く論理・思考とそれを支えるデータ、実践例などを紹介するほか、反対意見も交えて、多角的、重層的に構成している。1981年1月からは『オピニオン'81』、1982年1月からは『オピニオン'82』としてそれぞれ放送。教育（月）午後7時30分からの30分番組。

ふるさとの証言 1981年度
『昭和回顧録』（1978〜1980年度）の後継番組。テレビ登場以前の生活を記録した古いフィルムやスチール写真をもとに、戦後の特徴的な出来事の舞台となった「場所」にスポットをあて、証言者が語る庶民の体験的昭和史。主なテーマは「野尻湖・昭和23年〜ナウマン象発掘物語」「祖国への港・舞鶴・昭和33年」「宗谷海峡・昭和20年〜最後の稚泊連絡船」など。教育（火）午後7時30分からの30分番組。

いま、この人に 1981年度
現代社会に不可欠な情報をその道の専門家から直接得たいという要望にこたえて新設した情報番組。扱う領域は広範囲に及び、企業や研究機関の最前線で活躍する人や、来日した海外著名人らが登場した。出演は、山本重信（トヨタ自動車工業副社長）、リチャード・パスカル（スタンフォード大学教授）、岸薫夫（日本プラント協会専務理事）ほか。教育（水）午後7時30分からの30分番組。

NHK市民大学 1982〜1989年度
1981年度をもって終了した『大学講座』（1966〜1981年度）の成果を継承して新設。現代人の生涯にわたる自己啓発の欲求と高度の知的関心に応える大型教養講座番組。初年度前期（4〜9月）放送のテーマは、（月）「記紀・万葉のこころ」、（火）「国際社会と法」、（水）「地図の科学」、（木）「シルクロード文化史」、（金）「シェークスピアの人間像」。教育（月〜金）午前7時30分からの45分番組（初年度）。

訪問インタビュー 1982〜1984年度
さまざまな分野で活躍する人物を、自宅や仕事場に訪ね、人間的な魅力と本音を聞き出す"現場主義"のインタビュー番組。1人のゲストに1回20分、4日連続で80分にわたって話を聞く。第1回は作家の開高健に「私の出会った危機」と題して、自宅で斎藤季夫アナウンサーがインタビューした。初年度の出演者は、大村はま（国語教師）、高山辰雄（画家）、米長邦雄（将棋棋士）など。教育（月〜木）午後9時25分からの20分番組。

こころの時代―宗教・人生 1982年度〜
『宗教の時間』（1962〜1981年度）を改題。さまざまな出来事や人生を通して、人間の心を深く見つめ直し、根源にある宗教的なものの考え方を紹介する番組。経済的合理性や科学的思考だけでは解決できない生老病死の問題について、先人たちの知恵や宗教的実践者の体験に耳を傾けた。月1回、実践家たちの体験、信仰、人生を紹介する"人間再発見"シリーズは好評をよんだ。教育（日）午前8時からの60分番組（初年度）。

おしゃべり人物伝 1984〜1985年度
古今東西の歴史上の人物を毎回1人取り上げ、その最も輝いた時や劇的な瞬間にスポットをあて、ホストとゲストが人間ドラマを演じるファミリー番組。1984年度前期は、桃井かおり、浜畑賢吉、柴田恭兵の3人が交代でホスト兼アクターの2役を演じ、「アンネ・フランク」「リンドバーグ」などを放送。歴史を現代に翻案し、登場人物が身近に感じられる親近感のある番組を目指した。総合・衛星（金）午後7時30分からの29分番組。

日本語再発見 1984年度
1982年度の『NHK教養セミナー』枠内で放送をスタートし、1984年度に単独番組として定時化。コピーや広告にはんらんする言葉、揺れ動く日本語、失われていく方言。こうした日本語のさまざまな現場を訪れ、その背景にある日本文化、日本社会の断面を明らかにした。レギュラー出演の柴田武（言語学者）と如月小春（劇作家）が、ゲストを迎えて「ことば」をテーマに語り合う。総合・衛星（土）午後10時からの30分番組。

今週の顔 1984年度
今週の"ニュースの顔"や最も話題になった人物から話題と個性をひき出す。芸術・文化・経済などあらゆる分野のトップへのインタビューが売りものとなった。リクルート代表取締役の江副浩正に評論家・草柳大蔵が聞く「新入社員・就職情報の仕掛け人」をはじめ、プロゴルファーのジャック・ニクラウス、ダライ・ラマ、指揮者のズービン・メータらビッグネームが続々登場した。総合（火）午後11時25分からの30分番組。

生きていることば 1984〜1997年度
正しい日本語の使い方を現在の時点でとらえ、わかりやすく解説する1分ミニ番組。間違って使われやすい言葉、読み間違いや意味を誤解して使われている言葉、外来語、ら抜き言葉などのほか、言葉の意外な語源などを紹介した。講師：山口仲美（共立女子短期大学助教授）、野元菊雄（国立国語研究所所長）。1984年12月に第1回を放送。1985〜1997年度に毎年20本前後を制作し、随時放送。

スタジオL 1985〜1987年度
ヤングアダルトと呼ばれる20〜30代をターゲットとしたトーク番組で、「深夜の面白百科」を目指した。各界の最前線で活躍する30代が週替わりの司会者として登場し、テーマごとの日替わりゲストとトークを繰り広げる。初年度は糸井重里、林真理子、南伸坊、如月小春のコーナーでスタート。1986年度は松尾雄治、玉村豊男、吉永みち子、山口文憲が司会を担当した。総合（月〜木）午後11時25分からの30分番組。

ビッグ対談　1985〜1987年度

各分野で精力的に活動し、かつ大きな影響力をもつ2人の人物が、その鋭い感性と高い知性と豊かな個性をぶつけ合い、1つのテーマを90分間にわたって存分に語り合う大型対談番組。初年度は、江上波夫と五木寛之の「歴史をみる・時代を読む」、遠藤周作と河合隼雄の「人間・人間を超えるもの」、ドナルド・キーンと金子兜太の「言葉のちから・詩のこころ」などを放送。教育（第1・土）午後9時から90分番組。

おもしろ漢字ミニ字典　1985〜1989年度

漢字をその起源にさかのぼって、その成り立ちや意味、字義などを解説する5分番組。甲骨文字から現代の楷書体までの変化を、CGアニメーションで示した。監修：竹田晃（東京大学教授）。出演：江戸家小猫。1984年7月に第1回をスタートし、1985年度に総合で定時化。1986年度からは総合・教育・衛星第1で放送。定時放送を終了した1990年度以降も随時放送した。

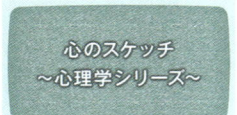

心のスケッチ〜心理学シリーズ〜　1986年度

人の心のはたらきを心理学の手法で分析し、円滑な社会生活を営むためのヒントを提供する1分番組。年間12本を制作。4月7日〜27日、9月22日〜10月19日の計90回を放送。

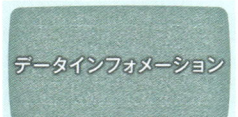

データインフォメーション　1987年度

NHKに入って来るさまざまなデータをもとに構成した新しい形式の番組。NHKのニュースや各地の便り、国内航空会社の座席販売システムのコンピューターから収集編集した空席データ、各地の気象情報などからのデータを放送した。バック音楽はCDによるBモードステレオで放送。衛星第1（月〜日）午後4時からの30分番組。

日曜インタビュー　1988〜1989・1991〜1992年度

各界の第一線で活躍している人々に、今もっとも関心を抱いているテーマやライフワークについて聞く日曜早朝のインタビュー番組。初年度は大岡昇平（作家）、近藤芳美（歌人）、森南海子（服飾デザイナー）らが出演。聞き手は斎藤季夫アナ、梶原四郎アナ。総合（日）午前8時5分からの25分番組。1990年度は放送休止。1991年度に総合（日）午前6時30分からの23分番組で再開。大岡信、住井すゑ、吉永小百合、武満徹ほかが出演。

日本再発見　1988年度

日本列島に渦巻く古くから変わらぬもの、消え去ろうとするもの、新しく生まれ出るものなどを現代的な視点で探る番組。「紋章に秘められた物語」や「額縁の中の日本人」など日本的精神風土を掘り下げたものや、「養子とるべし」「男泣きする男たち」など日本人の内面や本質を見つめたもの、「音・失われた風景」や「引き際の美学」など現代社会を再認識するものなど計14本を放送。総合（月）午後10時20分からの39分番組。

芸を語る　1988年度

演劇から映画、古典芸能まで、幅広い芸と表現の世界から第一人者を選び、その人の芸を紹介するとともに芸の秘密に迫るトーク番組。下半期からは芸にこだわらず、現在、第一線で活躍している人に範囲を広げ、広い年齢層の視聴者にアピールした。主な出演者は森繁久彌、杉村春子、岩城宏之、宇崎竜童、森下洋子、桂枝雀ほか。総合（火）午後11時10分からの25分番組（前期）。後期は（水）午後10時50分からの放送。

まんがで読む枕草子　1988年度

歴史もの、経済ものから哲学書までが漫画化され、活字離れや読書離れが言われる若者たちの人気を得ている。この番組はディスクジョッキーと漫画映像を組み合わせた若者向け古典講座。原作：橋本治著「桃尻語訳・枕草子」。キャラクター：赤星たみこ。出演：鳥越マリ、清水ミチコ。総合（火）午後11時から20分番組。

テレビエッセー　出会い　1988年度

著名人が、自分にとって特別な意味を持つある一つの「物」について、カメラに向かって独り言のように淡々と語るトーク番組。1枚の絵、1通の手紙、一つの小箱など、その物との出会いを語ることによって、その人の個性や人生の年輪がおのずと浮かび上がってくる。1988年度前期は「出会い」をテーマに、安岡章太郎（作家）、松谷みよ子（児童文学作家）、團伊玖磨（作曲家）らが語った。総合（水）午後11時20分からの15分番組。

テレビエッセー　私のひとつ　1988年度

『テレビエッセー　出会い』の続編シリーズ。著名人が、自分にとって特別な意味を持つある一つの「物」について、カメラに向かって独り言のように淡々と語るトーク番組。1988年度後期は「私のひとつ」とタイトルを変えて放送。出演者とテーマは、澤地久枝（作家）の「向田邦子さんの忘れ形見」、手塚真（映像作家）の「不思議世界へ誘ってくれた妖怪本」ほか。総合（日）午前10時45分からの15分番組。

テレビ文学館　1988〜1994・1998〜1999年度

1985年度に特集番組でスタートし、1988年度に定時化。すぐれた文学の魅力を第一級の俳優による朗読とイメージ豊かな映像を組み合わせて構成。1988年度は夏目漱石「坊っちゃん」（朗読・山口崇）、「オー・ヘンリー傑作短篇集」（朗読・日下武史）など8シリーズ35本を放送。総合午後11時台の25分番組（前期）、20分番組（後期）。1994年度に終了後、断続的に衛星第2で再放送。1998年4月から教育（月〜金）で10分番組で再放送。

スタジオドキュメント　あなたならどうする　1988〜1989年度

ドキュメントとスタジオトークの魅力を結び付けた新しいヒューマン・エンターテインメント番組。暮らしの中に生じる困ったことや悩みごとを、共感を込めたドキュメントで描き、スタジオゲストと一般参加者に「あなたならどうする」と問いかけていく。「金魚泥棒撃退法」や「凍らない消火栓」など、番組から実用化されたアイデアも多い。司会は三宅民夫アナウンサーと吉村明宏。総合（土）午後7時20分からの39分番組。

対論・時代を読む　1988〜1989年度

時代の最先端で活躍する分野を異にする2人のすぐれた知性が、現代的なテーマをめぐって徹底的に語り合うトーク番組。灰谷健次郎（作家）と川田順造（人類学者）の「子どもが、いきいきと生きるために…」からスタートし、ミヒャエル・エンデ（児童文学者）と大江健三郎（作家）の「芸術家・その内なる声」、藤原新也（写真家）と山崎哲（劇作家）の「犯罪は社会を映す」など幅広く放送。教育（月1回・土）午後9時からの90分番組。

教養 | 定時番組

ビート'89　1989年度

衛星第1の『ワールドニュース』枠内で放送した生活と文化を伝える情報番組「シティー・インフォメーション」（1988年度）を模様替えし、衛星第1と衛星第2の2波で1989年6月5日から7月28日まで放送。国内外で、何が若者の関心を呼んでいるのかという"知的好奇心"を満たしつつ、生活と文化の動きを伝える情報番組。衛星第1は（月〜金）午後8時30分からの30分番組。衛星第2は（火〜土）午前0時からの30分番組。

東京発・熱視線（ホットアングル）　1989年度

『ビート'89』を改題し、1989年7月31日から翌1990年3月30日まで放送。NHKがこれまであまり伝えてこなかった音楽、映画、演劇、イベント、ファッションなどの情報を伝えるとともに、パソコン通信ネットワークの活用など、新機軸を打ち出した。キャスターはラジオパーソナリティーの井上みよ。衛星第1は（月〜金）午後8時30分からの30分番組。衛星第2は（火〜土）午前0時からの30分番組。

まんがで読む古典　1989年度

漫画の映像とわかりやすい現代語訳で古典の名場面を再構成し、DJ風のスタジオトークを組み合わせた若者向けの古典講座番組。内田春菊や桜沢エリカがキャラクター造型を手がけ、橋本治や林真理子の現代語訳で「徒然草」「更級日記」などの古典をとりあげた。総合（火）午後11時5分からの30分番組。1990年度は、（月〜金）の5回連続の集中編成で「雨月物語」と「源氏物語」の2シリーズを放送した。

1990年代

漢詩紀行　1990〜1999年度

中国各地に取材して1989年度に特集番組として放送した『漢詩紀行』を再編集し、1回に1つの詩を取り上げた5分のミニ番組を20本制作。李白、杜甫、白楽天、陶淵明など、日本人にもなじみ深い詩人たちの詩と、舞台となった風土を紹介した。『漢詩紀行』では5分番組を2本続けて10分番組とした。朗読は江守徹、ナレーションは広瀬修子アナウンサー。総合（日）午前6時15分から。1996年度からは衛星第2でも放送した。

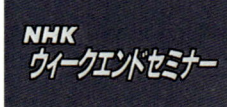

NHKウィークエンドセミナー　1990年度

教育午後11時からの『NHKセミナー』の週末版。企業のトップや第一線のビジネスマンを視聴対象とする大型の「知の講座」とした。金曜と土曜に放送し、（金）は文学、芸術、思想、宗教などの分野を通して、現代に生きる人間の心の世界を探った。（土）は政治、経済、国際関係などの分野で起こっている社会現象を原点にさかのぼって解明。（金）が午後11時から、（土）が午後10時15分からの45分番組。

世界のTV　1990〜1991年度

世界各国の放送局やプロダクションが制作する人気テレビ番組を、「自然」「料理」「報道」などのジャンルから厳選して紹介する番組枠。初年度は「ホリデーワールド」（旅）、「ラストフロンティア」（自然）、「フルーガルグルメ」（料理）などの番組をシリーズで編成。さらに「Question Time」などの討論番組や「Inside Edition」（報道）を定時編成した。衛星第1（月〜金）午前3時〜3時55分ほか随時放送。

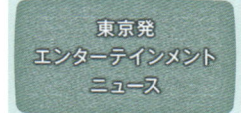

東京発　エンターテインメントニュース　1990〜1992年度

衛星第1の『東京発・熱視線（ホットアングル）』（1989年度）を模様替え。世界の最先端都市の1つである東京から音楽、映画、ステージ、美術などエンターテインメントの最新情報を紹介した。実用情報に加えて来日アーティストへのインタビューなど多彩な要素で構成。1990年10月からは週間版の『東京発　エンターテインメント・ニュース・ウィークリー』もスタートした。衛星第1（月〜金）午後8時30分からの25分番組。

土曜フォーラム　1990〜1994・2003〜2006年度

日本が抱えている諸問題を、内外で開かれた各界の専門家・学識者によるシンポジウムや講演、映像素材によって浮き彫りにし、日本の進むべき方向を探るための番組。教育（土）夜間の45〜58分番組。1995年度に放送を（金）に移設し『金曜フォーラム』として継続。2003年度、『金曜フォーラム』をリニューアルして、『土曜フォーラム』が教育（土）午後11時台スタートの70分番組で再開した。

路上ウォッチング　1990〜1993年度

見慣れた風景を改めて凝視し、その中に潜む歴史・文化的背景を紹介する10分番組。10本を制作し、総合と教育で放送。

はんさむウーマン　1991〜1992年度

働く女性が1800万人で雇用労働者の39％を占めるなど、女性の社会進出が進んでいる中でスタートした働く女性向けの番組。以前は男性の職場と思われてきた仕事への女性の取り組みや、男女の性差にとらわれず人間として魅力的な女性たちのライフスタイルを提示した。またセクハラや性意識など、現代女性の意識を浮き彫りにした。キャスターは山根基世、平野陽子。総合（日）午前10時45分からの43分番組。

ひとを語る「わたしと○○」　1991年度

それぞれの時代を力強く、鮮明に生きた歴史上の人物たちの生き方を、各界で活躍する著名人が30分2回にわたって語り、日本人の生き方に迫った。初回は早坂暁（脚本家）の「わたしと宮沢賢治」からスタート。その後、堺屋太一、平山郁夫、勅使河原宏、西村公朝、辻邦生、池田満寿夫ほかが、「豊臣秀吉」「玄奘三蔵」「古田織部」「運慶」「西行」「北斎」などを語った。教育（土）午後11時からの30分番組。

BS週刊ブックレビュー　1991〜2011年度

注目の新刊の中から週に3冊を選び、書評者の合評により紹介する書評番組。レギュラー出演は如月小春、山崎哲、工藤美代子。初期は司会を俳優の児玉清、女優・演出家の木野花、作家の松本侑子が交代で務めた。衛星第2（日）午前6時15分からの38分番組（初年度）。1996年度に『週刊ブックレビュー』に改題し、午前11時からの55分番組となる。地方での公開収録や、年末には長時間の"増刊号"も放送した。

NHK人間大学　1992〜1998年度

生涯学習時代に多様化する人々の知的関心に応えて、作家、芸術家、研究者などさまざまな分野の第一人者が登場し、"人間"を総合テーマに1回30分で12回にわたってじっくり語った。初年度はドナルド・キーンの「日本の面影」、養老孟司の「ヒトはいつから人になるか」、榊莫山の「書のこころ」、梅原猛の「あの世と日本人」、堀田善衛の「時代と人間」ほか放送。教育(月〜木)午後11時からの30分番組(初年度)。

ことばは変わる　1992〜1993年度

「れるられる」「鼻濁音」「幼児語」「平板アクセント」など発音発声にかかわるものや、「セクハラ」「難解なマニュアルことば」から「大阪弁」「ウチナーぐち」など地域の話し言葉まで毎回1テーマを設け、"ことば"に関して考察した、アナウンス室制作番組。2年目は「国語辞典の進化」「役所ことばの変化」などに反響が多かった。司会は松田輝雄アナウンサー。1992年度前半に26本を放送。教育(金)午後11時からの24分番組。

トップインタビュー　1992〜1993年度

日本を代表する大企業の経営トップが、その経営理念や経営哲学を具体例に即して語る大型インタビュー。人生観もあわせて聞いていく。きき手は松平定知アナ、桜井洋子アナ、森田美由紀アナほか。初年度の出演は、伊藤正(住友商事会長)、関本忠弘(日本電気社長)、樋口廣太郎(アサヒビール社長)、福原義春(資生堂社長)、須田寛(東海旅客鉄道社長)、櫻井孝頴(第一生命保険社長)ほか。衛星第1(日)午前9時からの55分番組。

旬の人旬の話　1993〜1995年度

『日曜インタビュー』(1988〜1989・1991〜1992年度)を引き継ぐ、日曜早朝のトーク番組。21世紀の科学、学術、文化を築いていくうえで欠かせない役割を担う「次代のビッグ」たちとその活動、研究にスポットを当て、21世紀を読み解く貴重な最前線、最先端の話を聞く。初年度は佐渡裕(指揮者)、高村薫(作家)ら44人が登場。総合(日)午前6時30分からの23分番組。1995年度は衛星第2でも放送。

平成世の中研究所　1993年度

多くの人が「何かヘンだ?」と思っている出来事にターゲットを絞り、徹底的な調査で、今まで知らずに済ませていた「世の中の仕組み」や「隠された意図」、「原因と結果の意外な関係」の解明を目指す。「年金」「マンションの買い時」「男女生み分け」などのユニークなテーマをめぐって毎回知的で楽しいトークを繰り広げる。レギュラー司会は広瀬久美子アナウンサー、三田村邦彦。総合(火)午後10時からの44分番組。

ポエム　1993〜1996年度

日本人に広く親しまれている明治以降の日本の詩や短歌などの名作を取り上げ、イメージあふれる新鮮な映像と情感豊かな朗読によって、テレビの新しい詩的表現に挑戦したシリーズ。1993年度は「千曲川旅情の歌」(島崎藤村)、「わすれな草」(竹久夢二)ほか。1994年度は「海は見たれど海照らず」(野口雨情)、「やわ肌の熱き血潮に触れも見で」(与謝野晶子)ほかを放送。衛星第2(土)午後11時45分からの15分番組(初年度)。

カルチャー館　1993年度

文学・美術・歴史その他の広範な文化ジャンルのテーマをたっぷりと紹介する新しい定時番組枠。主な放送に「リゴベルタ・メンチュウの世界〜先住民族の文化と苦悩」「サトウハチローの世界」「井伏鱒二・その人と文学」「秋の展覧会情報」「文学部唯野教授のテレビ講義〜筒井康隆」「歌舞伎の芸を伝える〜名指南・中村又五郎」「遠野にて」「南方熊楠の世界」などがある。衛星第2(日)午前10時からの115分番組。

にんげんマップ　1994〜1996年度

地域発全国発信のトーク番組。日本各地から多様なジャンルで活躍する人物を発掘し、その仕事や生き方について著名人キャスターとトークする。初年度の各局のキャスターは東京・宮本亞門、床嶋佳子ほか。大阪・井上章一、熊谷真菜ほか。名古屋・星野仙一、かとうかずこほか。札幌・中井貴惠。仙台・西木正明。広島・小林克也。松山・鴻上尚史。福岡・武田鉄矢がそれぞれ担当。総合(月〜木)午後11時15分からの29分番組(初年度)。

ことばてれび　1994〜1998年度

「言葉を通して社会を見る」をテーマに、言葉を様々な角度から検証するアナウンス室制作番組。教育(金)午後8時45分から15分間放送(初年度)。2年目からは総合の午前中に移設(教育で再放送)。視聴者から寄せられた疑問に答える「ことばQ」、現代日本語事情を取材し提示する「ことばリポート」、話の達人に聞く「ことばインタビュー」で構成。言葉の生まれた背景や意味をわかりやすく伝えた。

35歳　1995年度

35歳という年齢の深層をのぞくことで、21世紀の日本を探る番組。すべての面で帰属意識が薄いと言われる35歳は、これまでの日本人論では語ることができない。彼らの生き方の潮流が確実に新しい日本の姿を暗示している。"35歳"の時代意識を通して、21世紀の日本を視聴者とともに大胆に予測していく。キャスターは植島啓司、原日出子。総合(金)午後10時30分からの24分番組。

ふるさと おもしろ博物館　1995〜1996年度

全国のユニークなミニ博物館の展示物をわかりやすく紹介しながら、博物館を生んだ「風土」「産業」「人物」などを交えて構成する番組。若手ディレクターとアナウンサーが挑戦する地域発全国放送番組として2年間で73本、全国34部局が担当した。総合午後10時台の10〜15分番組。

BSおはよう列島－ふるさと旅列車　1995〜1996年度

各界で活躍する人たちをゲストに迎え、それぞれの心に刻まれたローカル線を舞台に、故郷やみずからの仕事、人生への思いを聞くインタビュー番組。初年度は「輪島功一－北海道士別市」「平幹二朗－広島県上下町」ほか。衛星第2(金)午前8時30分からの20分番組。1996年度に『ふるさと旅列車』に改題。「宗茂・猛一大分県臼杵市」「前登志夫－奈良県下市町」ほかを放送。アナウンス室・各地域局アナウンス担当番組。

金曜フォーラム　1995〜2002年度

『土曜フォーラム』(1990〜1994年度)の放送日を金曜に移設し、『金曜フォーラム』に改題。日本が抱える問題を、時代の最先端で活躍する人たちのトークや討論、さらに映像素材によって浮き彫りにする。教育(金)午後10時40分からの70分番組(初年度)。

西洋アンティーク鑑定会 1995～1999年度

どんな家庭にでも1つはあるであろう「お宝」に実際はどのような価値があるのか。ものを大切にするイギリス人が各家庭に秘蔵しているアンティークを紹介し、その価値を探った。BBC制作の長寿番組『アンティーク・ロードショー』を購入し、日本語版を制作。5年間で196本を放送。衛星第1(日)午後0時30分からの30分番組。

夜更かしステージ缶 1995～1999年度

若者に人気のある小劇団の意欲作や話題の公演を紹介する劇場中継番組。3公演を1回として原則として月1回放送。大型の商業演劇では味わえない小劇団の演劇を楽しめる貴重な番組。取り上げられたのは「アクバルの姫君」「アイスクリームマン」「ジョン・シルバー」「築地ホテル館炎上」「出口なし」「ソープオペラ」「ヘッダ・ガブラー」「フィガロの結婚」ほか。衛星第2(火～木)午前1時から120分の音楽ライブ番組。

さわやか講話 1995～1998年度

朝のさわやかな時間帯に各界の著名人にちょっといい話をしてもらう番組。1人の講師が聴衆を前に一話完結で4回話す形式。初年度の講師は、松原泰道（臨済宗の僧侶）、奈良康明（曹洞宗の僧侶）、高田好胤（僧侶・薬師寺管主）、早川一光（医師）、山折哲雄（宗教学者）ほか。衛星第2(月～木)午前6時35分からの10分番組（初年度）。

TVインターネット 1995年度

世界160か国以上で3500万人もの人々が利用しているインターネットを最大限に活用し、マルチメディア時代の最先端を紹介していく新しい形の情報番組。特集コーナー「インターネット・アイ」「ニュース・オン・ネット」などのコーナーで構成。初回は「がんばれ野茂選手」と題して、大リーガーとして活躍するロサンゼルス・ドジャースの野茂英雄投手を取り上げた。衛星第1(土)午前0時10分からの20分番組。

名作をテレビで読む絵本 1995年度

小・中・高の国語教科書にも載っているような近代文学の名作短編を取り上げ、新進気鋭の絵本作家によるユニークな絵画と個性的な朗読によってテレビ的に紹介する番組。取り上げた小説は芥川龍之介作「ひょっとこ」、井伏鱒二作「山椒魚」、梶井基次郎作「檸檬（れもん）」、内田百閒作「蜻蛉玉（とんぼだま）」、宮沢賢治作「月夜のでんしんばしら」ほか。衛星第2(日)午後11時15分からの25分番組。

現代短歌選 1995～1996年度

日本古来の短詩型文学の最前線を紹介する5分番組。出演：馬場あき子（歌人）。衛星第2(月～金)の早朝に放送。

さわやかインタビュー 1996～1997年度

『旬の人旬の話』（1993～1995年度）のあとを受けてスタートした日曜早朝のインタビュー番組。さまざまな分野の著名人に、自らの人生を決定づけた話題や転機、苦難や障害をどのように乗り越えたのかなど、その歩みについて聞く。初回は「わが転職のとき」と題して鈴木敏文イトーヨーカ堂社長に話を聞いた。初年度の出演は、中村富十郎（歌舞伎俳優）、梅原猛（哲学者）ほか。総合(日)午前6時30分からの23分番組。

大黒柱ものがたり 1996年度

今も大黒柱が残る家を全国に訪ね、そこに住む家族が守り続けている家訓や生活の知恵、大黒柱に対する思い入れなどを聞く。現代人が忘れかけている日本の風土や伝統的な日本人の心を再発見することを目指した。ナレーションは三宅民夫アナウンサー。総合(水)午後10時45分からの10分番組。

未来派宣言 1996～1999年度

未来を見据えて新しい生き方を模索しながらユニークな活動を続ける"未来派"を全国に探し求め、未来を読み解くドキュメンタリー。水素カーでエネルギー革命を目指す人や廃校にオフィスを構えた人などが登場。名古屋放送局が制作。キャスターは山根一眞（ノンフィクション作家）。総合夜間の24分番組。

達人たちの玉手箱 1996年度

年齢を重ねるごとに人間としての厚みや輝きを増し、充実した日々を送っている"達人"たちが主人公。各界の第一線で活躍している"達人"が思い出の一品を携えてスタジオに登場。それぞれが心の中に持っている「失意の時代に得た貴重な体験」や「生き方の原点」について語った。パーソナリティーは山本コウタローと林家きく姫。教育(日)午前6時40分からの44分番組。

未来潮流 1996～1998年度

国内外のさまざまな分野で活躍する文化人、学者、経済人などが、独自の視点で21世紀に向かう"知の指針"を提示していくトーク番組。初年度は「21世紀、太平洋は水たまりになる―メキシコ・3つの知性の提言」「劇作家・平田オリザの口語演劇は現代を映す鏡」「作家・奥泉光の激突する現代の"物語"」「鴻上尚史の日本映画・新時代への"脱出"」ほかを放送。教育(土)夜間の75分枠。

ステージドア 1996～1998年度

舞台芸術家が芸の神髄や名作誕生のエピソードなどを熱く語るトーク番組。オペラ、ミュージカル、商業演劇、歌舞伎などジャンルは問わないセレクションが話題を呼んだ。初年度の出演者は、ウィリアム・フォーサイス（フランクフルト・バレエ団芸術監督）、坂東八十助（歌舞伎俳優）、アイザック・スターン（バイオリニスト）、佐藤オリエ（女優）、岩城宏之・外山雄三・若杉弘（指揮者）ほか。教育(日)午後9時からの30分番組。

なぞ解き歳時記 1997年度

正月や盆をはじめ、ひな祭り、端午の節句、七夕など、日本のさまざまな年中行事の意義や由来など、素朴な疑問に答えるとともに、現代人が忘れかけている季節感を取り戻すことを目指した。語りは俳優の岡本信人。総合(火)午後10時45分からの10分番組。

01.ドラマ　02.クイズ・バラエティー　03.音楽　04.伝統芸能　05.ニュース　06.報道・ドキュメンタリー　07.紀行　08.教養・情報　09.自然・科学　10.こども教育　11.人形劇・アニメ　12.趣味・実用　13.大型特集番組等

オモシロ学問人生　1997〜1999年度

時代を象徴する最前線の研究から、一見役に立たないようなユニークな研究まで、多様な学問にスポットを当てる。タレントの酒井ゆきえがキャスターとなって、その研究と個性豊かな研究者たちの人間味あふれる素顔を紹介する。総合(火)午後11時45分からの24分番組。

ふるさとの仲間たち　1997年度

著名人がふるさとに帰り、旧友と過ごす時間を伝える地域発の全国放送のトーク・ドキュメンタリー番組。森口博子、日比野克彦、大橋純子、清水國明、鳳蘭、神津善行など45人の著名人が出演した。総合(水)午後11時45分からの24分番組。

コンピューター情報最前線　1997年度

アメリカのコンピューター専門チャンネルの人気番組「ニューメディア・ニュース」の素材を使ってシリコンバレーの最新情報を届けるほか、世界のインターネットの潮流を紹介した。メイン解説は村井純（慶應義塾大学教授）。衛星第1(日)午後6時20分からの30分番組。

夢用絵の具　1997年度

色をテーマに、色の上手な使い方や、著名人の色へのこだわりを聞く。自然界や名匠が作り出した色彩の秘密に迫るほか、色にこだわった場所や土地を訪ねる旅、色を楽しみながら暮らす人々など、いくつかのコーナーに分けて構成した。NHKの21世紀に向けた番組開発プロジェクト「トライアル21」で、「30〜40代女性をターゲット」に提案され、採択された番組。司会は堺正章と大島さと子。総合(木)午後10時からの44分番組。

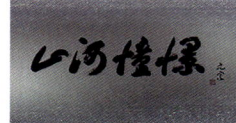

山河憧憬　1998年度

現代詩人の詩の朗読にあわせて、日本各地の美しい四季を映したハイビジョン映像を紹介した。総合(土)午前5時35分からの15分番組で1998年度前期に放送。ハイビジョンでも(木)午後11時45分ほか、(金)午後4時45分、(日)午後8時45分から放送。

にっぽんつけものがたり　1998年度

各地に伝わる伝統的な漬物を、気候や風土、暮らしとともに描いた10分ミニ番組。『山河憧憬』終了のあとを受けて、総合(土)午前5時35分から放送。1998年度後期放送。衛星第2と国際放送でも放送した。

オトナの試験　1998〜2001年度

さまざまな資格試験のそれぞれの魅力と、達人の技を探る番組。42種類の資格を紹介した。資格試験だけではなく、さまざまな仕事でステップアップを目指し、関門に挑戦する「新人」と、彼らを育てようとする「達人」の姿を通して、プロの厳しさとは何かを伝えた。名古屋局制作。総合夜間の10分番組。2002年度は2000〜2001年度放送分からのアンコール放送。

NHK人間講座　1999〜2004年度

『NHK人間大学』（1992〜1998年度）を改題。優れた研究者や文化人が、「人間」に関わる1つのテーマにこだわり、奥深い内容をわかりやすく解説した。初年度は阿刀田高（作家）の「私のギリシャ神話」、中村桂子（生命誌研究館館長）の「生命誌の世界　私たちはどこから来てどこへ行くのか」、宮下孝晴（金沢大学教授）の「フィレンツェ・美の謎空間」などをシリーズで放送。教育(月〜木)午後11時からの30分番組。

2000年代

ふるさと日本のことば　2000年度

全国の各放送局が視聴者アンケートで収集した21世紀に残したい「お国ことば」や「お国ことば名人」をもとに、各都道府県で生き生きと話されている「地域のことば」の現在を伝え、未来に向けて保存しようという番組。それぞれの土地の出身や関係の深い著名人をスタジオゲストに、土地の方言を研究対象としている研究者らと話しながら、方言の面白さ、奥深さを探る。司会は国井雅比古アナウンサー。教育(日)午後7時からの40分番組。

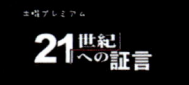

土曜プレミアム　2000年度

世紀の節目に当たり、20世紀に大きな足跡を残した人物や、来るべき時代の世界のあり方を深く考える大型教養番組を厳選して放送。衛星第1の『21世紀への証言』やハイビジョンソフトをマルチ展開したほか、海外の放送局が制作した大型シリーズなどを編成。「世紀を越える大修復−京都・西本願寺御影堂−」「石川賢治・チベットの夜を撮る」ほかを放送。教育(土)午後10時からの60分番組。

夢伝説 〜 世界の主役たち　2001年度

あらゆる分野のスーパースターについて、その人物に影響を受けたりファンを自認するゲスト2人がその魅力を語り合う。取り上げた"主役"とゲストは、「モハメド・アリ」（村松友視・KONISHIKI）、「ヒチコック」（三谷幸喜・山田五郎）、「マリア・カラス」（黒柳徹子・なかにし礼）、「レイチェル・カーソン」（毛利衛・加藤登紀子）ほか。司会は黒田あゆみ。総合(月)午後11時からの44分番組。

トーク　3人の部屋　2001年度

3人の出演者が司会者なしで集い、ジャーナルなテーマを取り上げ、会話や言葉のキャッチボールによって、情報の意味や可能性を分析するトーク・ドキュメント番組。「クローン人間」「イチロー」「精神鑑定」「ブロードバンド」「ワークシェアリング」など、複雑な背景や幅広い影響をもつ現象をテーマに取り上げた。衛星第1(日)午後10時からの44分番組。ハイビジョンでは2001年3月2日より先行放送。

教養 ｜ 定時番組

名作をポケットに 2001～2002年度

小説を中心に詩歌、エッセイなど日本文学の名作の舞台となった土地を、作品に思いを寄せる著名人が訪ねて思索し、その地で語る文学紀行。ハイビジョンでは番組連動型データ放送を実施した。ハイビジョン（月）午後9時30分、衛星第2（日）午前6時30分からの25分番組。

親の顔が見てみたい？ 2002年度

誰もが知る有名人の親子が登場し、子育ての秘話や家族のエピソードを聞いて泣き笑いしながら、親子について考えるトーク番組。思わぬ家族間の食い違いが明らかになったり、家族の前でしか見せない素顔に出会ったりと、笑いあり涙ありのスタジオドキュメント。司会は三宅裕司、黒田あゆみアナ。出演はやくみつる、吉行和子、宮川花子、美川憲一、山田邦子ほか。総合（月）午後11時15分からの29分番組。

ミッドナイトステージ館 2002～2010年度

衛星第2の『夜更かしステージ缶』（1995～1999年度・以後不定期放送）の後継番組。深夜の長時間枠で、注目の舞台演劇や時代の先端をいく小劇場の意欲作をタイムリーに放送するほか、演劇界の現場をになう演劇人への長時間インタビューを紹介した。

わたしはあきらめない 2002～2003年度

何かを成し遂げた人はその過程で必ず壁にぶち当たりながらも、決してあきらめることなく新たな道を切り開いている。各界からゲストを迎え、信念を曲げない生き方を貫いたり、逆境を乗り越えた体験を聞き、チャレンジし続ける人々の物語を追う。司会は長嶋一茂、武内陶子アナほか。出演はYOSHIKI、志村けん、田村亮子、柳美里、フジコ・ヘミング、なかにし礼、長渕剛ほか。総合（水）午後11時15分からの29分番組。

日本語歳時記 大希林 2002年度

樹木希林と三木さつきによる軽妙なコント風のお芝居で、日本語の面白さを発見する新しいタイプの知的エンターテインメント番組。美しい日本語や心を豊かにする多彩な表現、知っておくと日常のさまざまな場面で役に立つ日本語など、今あらためて注目される日本語について考える。教育（土）午後8時45分からの10分番組。ハイビジョンでも放送。2003～2004年度は再放送。

よみがえる作家の声 2002～2003年度

NHKが所蔵、蓄積している有名作家の自作朗読を、美しい映像とともに紹介する。登場した作家は谷崎潤一郎、遠藤周作、志賀直哉、開高健、森敦、大佛次郎、高村光太郎、井上靖、島尾敏雄、井伏鱒二、武者小路実篤、室生犀星、大岡昇平、有吉佐和子、三島由紀夫、松本清張、今東光、横溝正史、永井荷風、坪田譲治、源氏鶏太、吉行淳之介ほか。ハイビジョンの15分番組。2004年度は再放送。

今週の主役 2002～2003年度

時代と向き合う旬の人を迎え、キャスターが本音を聞き出すインタビュー番組。初年度はカルロス・ゴーン（日産自動車社長）、緒方貞子（前国連難民高等弁務官）、ポール・マッカートニー、2003年度は山田洋次（映画監督）、大江健三郎（作家）など、ジャンルを問わない多彩なゲストを迎えた。キャスターは織作峰子（写真家）と山本和之アナウンサー。衛星第1・ハイビジョン（土）午後6時からの49分番組。2003年度は衛星第1のみ。

技〜極める 2002年度

伝統の技から最先端の技術まで、とびっきりの技を操る"仕事人"たちを幅広く紹介する。技を極めた仕事人にその技を極めるに至った努力、開眼したポイントなどを聞いた。紹介した仕事人は「アニメーションの色彩設計」「パティシエ」「船積みドライバー」「帽子金型職人」「絵画修復家」「陶磁器絵付技能士」「マネキン原型作家」ほか。衛星第2（火）午後7時30分からの24分番組。10分短縮版を総合（日）午後10時50分から放送。

BSマンガ夜話 2003～2004年度

毎回1つのマンガを取り上げてその魅力と意味を徹底的に語り尽くす番組。1996年に特集番組で始まって以来8年目を迎え、生放送で辛口の評論を展開するスタイルも、大月隆寛、いしかわじゅん、夏目房之介、岡田斗司夫といったレギュラー陣の顔ぶれもそのままに2003年度から定時番組となった。衛星第2（月～木）午後11時からの45分番組。2007～2009年度に特集番組として放送。

朗読紀行 にっぽんの名作 2003年度

日本文学の名作を、第一線で活躍する映画監督やテレビ演出家の独自の演出のもとで、個性豊かな人気俳優が朗読。名作に新たな命を吹き込んだ。太宰治「斜陽」（演出：堀川とんこう／朗読：田中裕子）、森敦「月山」（演出：相米慎二／朗読：柄本明）、井上靖「猟銃」（演出：行定勲／朗読：大竹しのぶ）などを放送。ハイビジョン（金）午後11時45分からの50分番組。

土曜インタビュー 2004にっぽん 2004年度

人々が関心を集める話題や出来事、社会の動きを、話題の中心の「あの人」に聞くインタビュー番組。誰もが迷いを抱え、漠然とした不安に包まれた時代の中で確かな存在感のある生き方をしている人々に、生きていくうえでの哲学や人生観について聞く。第1回出演は女優の吉永小百合。続いて日野原重明（聖路加国際病院理事長）、村上龍（作家）らが出演。インタビュアーは三宅民夫アナウンサー。総合（土）午前10時5分からの39分番組。

今夜は恋人気分〜とっておき夫婦物語 2004年度

ますます多様化する夫婦のあり方を踏まえて、いま最も旬といわれる夫婦をスタジオに招いて、2人の出会いやふだんの暮らしぶり、さらに2人の間の危機まで突っ込んだ話を聞く。30～40歳代の夫婦をターゲットにしたインタビュー番組。司会は中村うさぎと高山哲哉アナウンサー。出演は伊達公子、内田春菊、よしもとばなな、松本幸四郎の各夫婦ほか。総合（水）午後11時15分からの29分番組。衛星第2でも放送。

NHK映像ファイル あの人に会いたい 2004年度～

NHKアーカイブスに保存された膨大な映像・音声資料から、今は亡き著名人たちの人生と珠玉の名言を掘り起こす10分間の映像ファイル。湯川秀樹、川端康成、横山大観、吉田茂、鈴木大拙、双葉山定次などを放送。教育（日）午後7時45分からの10分番組（初年度）。衛星第2でも午後9時45分から放送された。

日本語なるほど塾　2004～2005年度

会話や文章の実例から、我々が気づかない日本語の特徴を探り、日本文化を再発見していく。教育（金）午後11時10分からの20分番組（初年度）。2005年度は教育（月～木）『知るを楽しむ』の木曜枠で放送。月ごとのテーマを決め、知らなかった意外な用法、より豊かなコミュニケーションのための会話術、文章術などを紹介した。毎回登場する金田一秀穂（国語学者）のミニコーナーが人気。

女神たちのカフェ　2004年度

30～40代の女性たちが悩んでいること、夢中になっていることを取り上げ、こだわりや生き方をスタジオで本音で語り合うトーク番組。「純愛しますか？」「わたしの結婚の条件」など毎回女性たちが興味あるテーマについて、双方向機能を生かしたナマ・アンケートなどを織り交ぜて語り合った。年間10本を放送。司会は膳場貴子アナウンサー。ハイビジョン・衛星第2（土）午後7時30分からの88分番組。後期は午後9時から放送。

BSアニメ夜話　2004年度

毎回1つのアニメ作品を取り上げて、絵の動き、特殊効果、音楽、声優とプロデューサーの関係など、マンガとはひと味違うアニメならではの見どころを紹介した。司会は乾貴美子と岡田斗司夫。衛星第2（月～木）午後11時からの60分番組。9月、10月、2005年3月に3シリーズ（12本）を放送。2005年度以降は特集番組で放送。

映画ほど！ステキなものはない　2004～2005年度

衛星映画で放送する年間1000本近い映画の魅力や楽しみ方をクイズとトークを通じて紹介する番組。映画放送のラインナップに合わせて出題される。毎回、作品やテーマにふさわしいゲストと解答者が出演し、名作から新作まで映画の魅力をさまざまな切り口で紹介した。司会は柴田祐規子アナウンサー、マギー。衛星第2（日）午後9時からの43～44分番組。

遠くにありて　にっぽん人　2004年度

世界各地で苦難を乗り越えて活躍し、それぞれの国や地域で貢献し、人々の感謝と尊敬を集めている日本人を紹介。混迷の時代の中で日本人の可能性と国際社会の中で日本人に何が求められているのかを伝える。「古き館に新たな息吹を～オランダ・建築家　吉良森子」「ワイシャツに熱い心をこめて～ウガンダ・柏田雄一」「ハーレムに幸せを灯す男～冨田敏明」ほかを放送。ハイビジョン（日）午後10時からの59分番組。衛星第2でも放送。

つながるテレビ＠ヒューマン　2005～2007年度

世の中の"今"を"にんげん"を見つめて伝える生放送の情報番組。「つながる」をテーマとした中継や、番組ブログに書き込まれるキーワードなどから、人々の関心を分析するコーナー「きざし↑（アップ）」、そして視聴者からの動画投稿などで番組を構成。視聴者からの発信と連携する新たなテレビのあり方を模索した。キャスターは島津有理子アナウンサー、一橋忠之アナウンサー。総合（土）午後10時58分からの62分番組（初年度）。

知るを楽しむ　2005～2008年度

幅広い知的好奇心に応える肩のこらない教養番組枠。平日の夜間に帯で放送。初年度の（月）は専門家が自分をトリコにした世界を語る「この人この世界」、（火）は近現代のカリスマ的人物について語る「私のこだわり人物伝」、（水）はテレビ版"物知り事典"「なんでも好奇心」、（木）日本語に関するうんちくを楽しむ「日本語なるほど塾」をラインナップ。各シリーズは4～8回で1テーマを構成。教育の25分番組（初年度）。

知るを楽しむ選　2005年度

教育テレビで（月～木）の夜に放送した『知るを楽しむ』（2005～2008年度）から、好評だったシリーズ「私のこだわり人物伝」「なんでも好奇心」「この人この世界」を再放送した。総合（火～金）午前10時5分からの25分番組。2005年度後期放送。

名作平積み大作戦　2005～2006年度

毎回テーマにふさわしい海外と日本の名作を気鋭のプレゼンテーターが紹介。書店での"平積み"を目指し、ユニークなプレゼンテーションと手書きポップでアピールする。雑誌や新聞などの書評とは一味違ったアプローチで名作に光を当てるゲーム感覚の番組。司会は中条誠子アナウンサー、岩槻里子アナウンサー、塚原愛アナウンサー。ハイビジョン（水）午後10時からの44分番組（初年度）。衛星第2でも放送。

世界の絵本　2005～2006年度

世界の中で日本ほど絵本がよく売れ、家庭の中で読まれている国はないという。そんな状況の中、現代の世界の名作絵本を、ハイビジョン映像と洗練された朗読で読み聞かせる。「少年と魚」（朗読・冨田靖子）、「小さな花の王様」（朗読・竹中直人）、「ルピナスちゃん」（朗読・UA）、「こどもたちのはし」（朗読・小泉今日子）など、初年度は全25回を放送した。ハイビジョン（火）午後10時45分からの10分番組。

白洲正子の世界　2005～2006年度

日本の文化や美術について優れた随筆や評論を残した白洲正子。正子の著作「西行」や「明恵上人」に残されている文章を基に、その土地を訪ね、正子の考える日本の美とは何か、日本人の心とは何かを探った。全25回。朗読は広瀬修子アナウンサー。ハイビジョン（水）午後10時45分からの10分番組（初年度）。

あなたと作る時代の記録　映像の戦後60年　2005年度

視聴者から寄せられた3500本を超えるフィルムやビデオ、手記を中心に、市民の目線からとらえた日本と日本人の「戦後60年」の歩みをたどる大型年間企画。9月から始まったシリーズ後半では、戦後60年を15年ごとに4つの時代に区切り「焼け跡からの再生」「バブルに浮かれた時代」など、それぞれの情景や市民感情を描いた。司会は中山エミリと宮本隆治アナウンサー。衛星第2（土）午後9時からの2時間番組で月1回放送。

シネマの扉　2006年度

映画の魅力をキーワードで探るスタジオ・トーク番組。『衛星映画劇場』（1989～2010年度）などで放送される映画のラインナップから、毎回2人のゲストがお気に入りの作品をチョイス。その作品の魅力をひもとく独自のキーワードを持って登場する。作品の見どころや楽しみ方、熱い思いを、その人ならではの言葉で語る。司会は半田健人、渡邊あゆみアナウンサー。衛星第2（金）午後9時からの44分番組。

眠れないあなたへ ラジオ深夜便から　2006年度

ラジオ第1とNHK-FMの深夜放送『ラジオ深夜便』と、NHKが開発した明かりが少なくても鮮明に撮影できるカメラ映像を融合した番組。音声は『ラジオ深夜便』をそのまま流し、映像は全国各地に設置されたハイビジョンのお天気カメラや、事前収録のロケ映像を上乗せして構成。26分を1カットで見せるなど、『ラジオ深夜便』に合わせたゆったりした演出とした。ハイビジョン(月)午前0時からの60分番組。

プライスの謎　2006年度

身近で気になる「モノの値段」の裏側を徹底調査し、価格決定の意外なメカニズムや、購入行動を支配する心理などを紹介する情報番組。「マンション価格決定の鍵」や「高価なほど売れるブランド品」など、値段の不思議を通してグローバル化と格差社会に揺れる日本の"今"を描く。キャスターは鎌倉千秋アナウンサーと中島知子。総合(火)午後10時30分からの30分番組で2006年度前期に放送。衛星第2でも放送。

マンガノゲンバ　2006～2009年度

マンガのレビューを行う番組。気鋭の読み手が新作を批評する「読み手のゲンバ」、作者の制作風景を紹介する「作者のゲンバ」、毎回テーマを決めてアンケートを実施する「ゲンバランキング」の3部構成。2008年度からは月1回程度漫画家本人がスタジオで自作を語る「作者スペシャル」もスタート。司会は細川茂樹、天野ひろゆきほか。衛星第2とハイビジョンの30～39分番組。

夢のつづき わたしの絵本　2006年度

子どものときに見落としていた「絵本」の深いメッセージを読み解く大人のための絵本紹介番組。絵本好きの歌手や俳優が、お気に入りの絵本の魅力について語り、読み聞かせも披露する。絵本の専門家が、今おすすめの極上の1冊を紹介、また絵本作りのヒントを伝えるコーナーもあった。ホスト役は、愛犬との別れを描いた絵本を自ら上梓したタレントの渡辺正行。衛星第2(火)午後11時30分からの29分番組で月1回放送。

ハイビジョン特集 フロンティア　2006～2008年度

NHKが世界の放送機関と国際共同制作した最先端映像による大型番組。初年度は地球環境破壊をミュージックビデオの手法で描く「映像詩　プラネット」、アインシュタインの相対性理論の発見の道のりをドラマ仕立てで描く「E＝mc²」などを放送。2年目は気象操作の近未来を描いた科学シミュレーション「スーパーストーム」などを放送。ハイビジョン(木)午後8時からの110分番組で、2007年1月から放送。

わたしが子どもだったころ　2006～2009年度

リリー・フランキーの「東京タワー」や映画「三丁目の夕日」などが大ヒットし、"懐かしさ"や"郷愁"が求められている。著名人たちが少年時代を振り返り、その思い出を基にしたドラマと、その時代を過ごした場所でのインタビューを絡ませて構成。ハイビジョン(水)午後10時からの44分番組。2010～2011年度は再放送。

COOL JAPAN ～発掘！かっこいいニッポン～　2006年度～

世界を席巻するジャパニーズ・アニメ、温水洗浄トイレからオムライスまで、日本人にとっては当たり前と思われていたものが、外国人からは「COOL（かっこいい）」と受け入れられている。スタジオに日本に暮らす各国の外国人たちを招き、毎回1つのテーマでディスカッションを繰り広げ、日本人が気づかない日本文化の魅力を再発見する。司会は鴻上尚史ほか。ハイビジョン(水)午後11時からの44分番組（初年度）。

週刊お宝TV　2006年度

ゲストの記憶に残るテレビ番組を1つ取り上げ、その番組の魅力、テレビ史における意味、現代に与えた影響などを考察した。NHKのみならず、民放も対象として取り上げた番組は、『夢であいましょう』『ウルトラセブン』『七人の刑事』『月光仮面』『なぞの転校生』ほか。司会は麻丘めぐみと高山哲哉アナウンサー。5月と12月に時間を拡大した特集番組も放送。衛星第2(金)午後7時30分からの29分番組。

お宝TVデラックス　2006～2008年度

毎週30分番組で放送した『週刊お宝TV』(2006年度)を、月1回の2時間番組に刷新し2007年2月にスタート。ゲストらの記憶に残るテレビ番組を取り上げ、その魅力やテレビ史における意味、現代に与えた影響などを考察。取り上げた番組は、『太陽にほえろ！』『ゲバゲバ90分』『クイズ面白ゼミナール』『未来への遺産』など。司会は麻丘めぐみ、高山哲哉アナウンサー。衛星第2(土)午後8時からの120分番組（初年度）。月1回放送。

わたしの藤沢周平　2006～2007年度

「蝉しぐれ」や「たそがれ清兵衛」などの作品で知られる藤沢周平が没後10年を迎えた2007年。藤沢作品の朗読を軸に、その作品を愛してやまない各界で活躍する人物が、自分の仕事や人生観に、藤沢作品がどう息づいているのかを語る。藤沢家秘蔵の遺品と肉筆原稿、藤沢周平ゆかりの場所の映像で構成した。朗読は長谷川勝彦、松平定知アナウンサー。衛星第2(火)午前8時5分からの10分番組。2007年1月から2008年3月まで放送。

ことばおじさんのナットク日本語塾　2006～2009年度

梅津正樹アナウンサーが「ことばおじさん」として出演し、ことばに関する身近な疑問や間違いやすい表現、微妙なニュアンスの違いなどについて解説する5分番組。2003年度スタートの総合午後の生番組『お元気ですか　日本列島』のコーナー「気になることば」で蓄積した「ことばのQ&A」を、お笑い芸人の会話スキットやイラスト、CG映像などを交えて解説した。初年度は教育(月～水)午前6時40分から放送。

しばわんこの和のこころ　2006～2007年度

日本人が忘れがちな古くからの暮らしの知恵や伝統的な風習などを、犬の"しばわんこ"と猫の"みけにゃんこ"のコンビを中心としたアニメーションを軸に紹介する5分番組。端午の節句や七夕、正月など季節ごとの行事のほかに、着物、茶碗、秋の七草、浴衣、和菓子など、伝統的な日本の暮らしをさまざまな視点で描いた。原作：川浦良枝。語り：野際陽子。教育(金)午後9時45分ほかで放送。

人間力アップ　達人に学ぶ　2006～2007年度

データ放送を使った「リモコンによるトレーニング」で、さまざまな「人間力」をアップする番組。記憶力、計算力、観察力、発見力、集中力など、さまざまな「人間力の達人」が登場。達人たちの技を紹介しながら、(月～木)の4回に分けてリモコンでトレーニングし、(金)は復習テストを行う。ハイビジョンの5分番組で、初年度は(月～金)午前7時40分ほかで放送。

01.ドラマ　02.クイズ・バラエティー　03.音楽　04.伝統芸能　05.ニュース　06.報道・ドキュメンタリー　07.紀行　08.教養・情報　09.自然・科学　10.こども・教育　11.人形劇・アニメ　12.趣味・実用　13.大型特集番組等

びっくり法律旅行社　2007〜2008年度

日本の常識は決して世界の常識ではない。海外旅行でのトラブルの原因の多くは「法律・習慣・マナー」の違いによるもの。児玉清がオーナーを務める旅行社「児玉トラベル」を舞台に、世界の"びっくり法律"から、その国の習慣やマナーまで、旅のプランを相談にきたゲストたちと共に、快適で安全な旅の「知っててよかった情報」を伝えた。総合午後11時台の29分番組。2007・2008年度ともに後期放送。

爆笑問題のニッポンの教養　2007〜2011年度

2006年に放送し大きな反響を呼んだ『爆笑問題×東大　東大の教養』が、演出を変えてレギュラー化。爆笑問題が哲学から科学まで、毎回、世界水準にある学者たちの研究室や実験室を訪ねてトークを展開する。驚きと発見と笑いに満ちた「知の異種格闘技」を目指す教養エンターテインメント。初年度は総合隔週(金)午後11時からの29分番組でスタート。2011年8月25日に『爆問学問』に改題し、2012年2月23日まで放送。

日曜フォーラム　2007〜2009年度

『土曜フォーラム』(2003〜2007年度)の後継番組。環境、医療、教育、街づくりなど、暮らしに密接にかかわる話題から、食料問題や国際社会のありようまで、その道の第一人者や現場で実践している人、有識者などがじっくり深く議論した。全国各地で開催されたシンポジウムの録画を中心に構成した。教育(日)午後6時からの1時間番組。

地球アゴラ　2007〜2014年度

海外在住日本人とNHKのスタジオをウェブカメラとインターネットを使って生でつなぎ、世界各地のユニークな話題や社会・文化の様子を生活者の視点で語り合う国際トークバラエティー。「アゴラ」とは古代ギリシャ市民が議論した「広場」のこと。初代キャスターは川平慈英と住吉美紀アナウンサー。衛星第1(日)午後9時10分からの49分番組(初年度)。2015年度は特集番組。

100年インタビュー　2007〜2010年度

100年後の日本人に「ことばの遺産」として残す珠玉のロングインタビュー。第一線で活躍している人物に、時代を切り開く人生哲学や未来へのメッセージを存分に語ってもらう。初年度のゲストは渡辺謙、安藤忠雄、小沢昭一、小柴昌俊、坪井直、井上ひさし、山田洋次、川淵三郎、市川團十郎。アナウンス室制作番組。初年度はハイビジョンで月1回(木)午後8時からの90分番組で放送。2011年度以降はBSプレミアムで不定期に放送。

アニメギガ　2007〜2009年度

話題のアニメの制作者や声優らを毎回1人スタジオに迎え、インタビューするトーク番組。声優では山寺宏一、平野綾、宮野真守ら、映画監督では今敏、押井守、出崎統、谷口悟朗、神山健治らが出演。ビジョンクリエイターや作曲家、脚本家らも登場した。司会は渡邊隆史(角川書店出版事業局メディア部次長)、村井美樹(女優)。初年度は衛星第2(水)午前0時からの39分番組で10本放送。ハイビジョンでも放送した。

日めくり万葉集　2007〜2011年度

作家や歌人、研究者、俳優、音楽家など、さまざまな分野で活躍する人々が選者となり、約4500首にも及ぶ「万葉集」の中から「一日一首」、それぞれ「わが心の万葉集」を選び、歌への熱い思いを語る。語り:檀ふみ。テーマ曲:葉加瀬太郎。2008年1月からスタートしたハイビジョンの5分番組。全240回でシリーズ計480本完結。2009年度は教育とハイビジョンで再放送。2010年度は総合でもセレクション(36本)を放送した。

Begin Japanology　2007〜2013年度

日本を象徴する文化をナビゲーターのピーター・バラカンが「外国人の視点で外国人に分かりやすく」紹介する国際放送番組。2010年度は代表的な日本文化に加えて、「結婚」「ラジオ体操」といった習慣や「家電」「カメラ」といった産業を、日本文化の一面として紹介。2003年度に国際放送番組『Weekend Japanology』の後継番組としてスタート。2007年度より総合の午前1時台に放送。2012年度からはBS1で午後2時台に放送した。

星新一　ショートショート　2008年度

「ショートショートの神様」といわれるSF作家・星新一の作品を、奇抜な発想とユーモア、少しの毒をはらんだ大人の童話として楽しむ10分ミニ番組。毎回3つの作品が登場し、作品ごとに「CGアニメ」「実写ドラマ」など多様な映像手法で表現。特に新進気鋭の映像作家たちによるアニメ作品は、独特の「星ワールド」を醸し出した。総合(月)午後10時50分からの10分番組。衛星第2でも放送。

マイロード　2008年度

タレントやスポーツ選手など、若者があこがれる人物が自らの幼少時代から青春時代、そして現在までを語るトーク番組。久本雅美、中澤佑二、沢村一樹が登場した。教育(土)午後11時からの30分番組。2008年4〜6月に放送。

BS熱中夜話　2008〜2009年度

『BSマンガ夜話』(2003〜2004年度)から派生。"同好の士"がスタジオに集まり、1つのテーマについてさまざまな趣味の奥深さや面白さを熱くディープに語り合うトーク番組。初年度のテーマは「ウルトラマン」「ビートルズ」「スター・ウォーズ」など、2年目は「ハワイ」「アニメソング」「マイケル・ジャクソン」など。司会はビビる大木、田丸麻紀。衛星第2の39〜44分番組。2009年度はハイビジョンでも放送。

未来への提言　2008〜2009年度

2006年4月にスタートした特別番組を定時化。21世紀の人類が抱える共通の課題について、世界のキーパーソンに徹底インタビューし、未来を切り開くヒントを探り、道しるべを提示するシリーズ。社会起業家の父と呼ばれるビル・ドレイトン、アメリカの思想家ノーム・チョムスキー、氷河学者ロニー・トンプソン、映画監督チャン・イーモウらが登場した。衛星第1で月1回(第4・土)午後10時10分からの49分番組。

ジェネレーションY〜地球未来図　2008〜2009年度

主に1980年代から1990年代前半に生まれた世代を指す「ジェネレーションY」に注目。日本に滞在する"Y世代"の若者たちがスタジオに集い、日本の課題、世界の課題についてトークバトルを繰り広げる若者向け討論番組。「食糧危機」「少子化」「若者の雇用」「女性差別」「婚活」「世界に通用する日本」などのテーマで議論を展開した。進行は品川祐と小郷知子アナ。衛星第1で月1回放送の49分番組。

私の1冊　日本の100冊 2008〜2010年度

各界の著名人100人が"私の最も大切な本"を1冊あげて、その本と出会ったときの状況や時代背景、そしてどんな影響を受けたのかを語る10分番組。出演：安藤忠雄、押切もえ、児玉清ほか。ハイビジョンと衛星第2の10分番組で、(月〜金)の午前8時台に放送。2009年度は総合で、2010年度は衛星第2で放送。

大人ドリル 2009〜2013年度

今、大人が知るべきことをNHK解説委員の知識と経験から学ぶ"大人のための情報番組"。テーマに沿って解説委員3人が出題するドリルをきっかけに熱い議論を繰り広げる。初年度のテーマは「雇用危機」「裁判員制度」「地球温暖化」「テロはなぜなくならないのか」「この冬大流行？新型インフルエンザ」ほか。出演は加藤浩次、渡辺満里奈ほか。総合で月1回放送の28分番組。

知る楽 2009年度

『知るを楽しむ』(2005〜2008年度)を改題。幅広い知的好奇心に応える肩のこらない教養番組を、曜日ごとにシリーズで編成。(月)「探究この世界」、(火)「歴史は眠らない」、(水)「こだわり人物伝」、(木)「仕事学のすすめ」をそれぞれラインナップ。各シリーズは4〜8回で完結。教育(月〜木)午後10時25分からの25分番組。

ソクラテスの人事 2009年度

先が読めない時代に、企業は人事採用の試験でさまざまな難問奇問を出題し、激しい人材獲得競争を繰り広げている。スタジオに実際に採用試験を出題している企業の人事担当者が集まり、ゲストの芸人や俳優たちが挑んだ試験の合否を判定するクイズバラエティー。単に答えを見つけるだけでなくそこに至るまでの過程を重視して、企業の採用担当者が判定する。司会は南原清隆。総合(木)午後10時からの43分番組。衛星第2でも放送。

猫のしっぽ　カエルの手 〜 京都大原　ベニシアの手づくり暮らし 2009〜2014年度

京都大原、四季折々に美しい山里で営まれる手作りの暮らしを詩的映像でつづるライフスタイル番組。英国貴族の家系に生まれたベニシア・スタンリー・スミスさんが築100年の古民家で、日本の知恵を生活に取り入れながら、200種類以上のハーブを育て、人と自然に優しい生活を実践する姿を紹介する。ハイビジョンでスタートした29分番組。2011年度からBSプレミアムで放送。2015年度からは特集番組やセレクションを随時放送。

週刊　手塚治虫 2009年度

BS開局20年および手塚治虫生誕80年を記念するマガジンスタイルの番組。メインコーナーは各界の著名人が登場し、手塚作品の魅力を語り、現代に通じるメッセージをひもとくスタジオトーク。さらに手塚治虫原作のテレビアニメや手塚漫画を新たに映像化した「モーション漫画」を毎回1本ずつ放送。VTRコーナー「私の手塚治虫」も紹介した。衛星第2(金)午後10時からの59分番組。ハイビジョンでも放送。2009年前期放送。

佐野元春のザ・ソングライターズ 2009〜2012年度

佐野元春がホストになって毎回ソングライターをゲストに招き、「詞」の世界にスポットを当て、創作の秘密に迫っていく。立教大学の教室、もしくはNHKの101スタジオで公開講義の形で収録した。初年度はギャラクシー賞で2009年7月の月間賞を受賞。ゲストは小田和正、さだまさし、松本隆、スガシカオ、矢野顕子、Kj降谷建志ほか。教育(Eテレ)午後11時台の30分枠。2009〜2010年度は衛星第2でも放送。

@キャンパス 2009〜2010年度

大学生が制作する大学生のための国際情報番組。直近に世界で起こった出来事を掘り下げる「@ワールドニュース」、海外のトップアーティストやVIPを直撃する「@インタビュー」、学生独自企画「@スペシャル」の3つのコーナーで構成。2009年度は36校が登場し、若者目線からユニークなリポートを発表。作家やタレントなどのゲストを交えてのスタジオトークを展開した。衛星第1(日)午後6時10分からの20分番組(初年度)。

グラン・ジュテ 〜 私が跳んだ日 2009〜2012年度

グラン・ジュテとはバレエ用語で跳躍のこと。今、輝いている女性の人生の「グラン・ジュテ」を、本人へのインタビューとドキュメントで伝える。さまざまなジャンルで活躍する20〜40代女性の生き方を、彼女たちの成功に至るまでのう余曲折やかっとうのエピソードを交えながらつづった。教育(Eテレ)(土)午後11時25分からの30分番組(初年度)。

2010年代

こころの遺伝子 〜 あなたがいたから 2010年度

各界の著名人の人生を決定づけた「運命の人」を探り出し、影響を与えた言葉や生き方を掘り下げる。現在の活躍の陰にあった苦悩の日々と、そこに光を与えてくれた人物との出会いの物語を、VTRとスタジオトークであぶり出す。第1回は俳優の三國連太郎が、映画監督木下惠介との出会いから受け継いだ「こころの遺伝子」を語った。司会は俳優の西田敏行と黒崎めぐみアナ。総合(月)午後10時からの48分番組。衛星第2でも放送。

関口知宏のオンリーワン 2010年度

自分たちが住む町の問題をユニークな方法で解決しようと奮闘する「オンリーワン」な若者たちを、関口知宏が全国に訪ねる。創意工夫にあふれた彼らの姿をVTRで紹介しながら、毎回、公開収録で本人に夢や思いを聞いた。司会は関口知宏、アシスタントは豊田エリー、野崎萌香。衛星第1(土)夜間の20分番組。

ドラクロワ 2010〜2012年度

仕事、結婚、子育てなど悩みが尽きない女性たちへの応援番組。実際にあった「ドラマチックな苦労話(ドラクロワ)」や今すぐ始められる「幸せテクニック」、前向きに生きる支えとなる「人生の応援歌」など、感動秘話や元気になるためのヒントを伝えた。司会は森三中。2010年度は総合(月)午後10時55分からの29分番組で衛星第2でも放送。

みんなでニホンGO！　2010年度

常識が覆る日本語の新事実を発掘する日本語バラエティー番組。「全然OK！」や「うざい」などの違和感のある表現や「ことば」について、スタジオの100人が判定。VTRなどを見ながら、その変遷の歴史や違和感の背景などについて考えていく。出演は船越英一郎、山崎弘也、松本あゆ美ほか。総合(木)午後10時からの48分番組。衛星第2でも放送。

あぁ！言い違いすれ違い　2010年度

上司と部下、親と子、教師と生徒、医師と患者など、さまざまな場面でのすれ違いをお笑いコントリオ・東京03の寸劇で提示したあと、専門家がその原因を分析し、解決に向けての取り組みを紹介。コミュニケーションにおける"すれ違い"の場面を取り上げ、「"場の空気"はなぜ生まれるのか」「自分らしさとは存在するのか」など、気持ちよく人とつながるための方策を考えた。20本を放送。教育(木)午後2時45分からの10分番組。

こだわり人物伝　2010年度

近現代のカリスマ的人物（故人）について、時代を共有した"戦友"もしくは影響を受けたファンが、「正伝」とは一味違う人物伝を語る。意外な語り手も見どころの1つ。各シリーズ1か月（4回）。取り上げた人物は「藤子・F・不二雄」「赤塚不二夫」「太宰治」「植村直己」「レナード・バーンスタイン」ほか。2009年度に『知る楽』の水曜枠として始まり、2010年度に単独番組となる。教育(水)午後10時25分からの25分番組。

ハーバード白熱教室　2010年度

アメリカの名門ハーバード大学で最も人気のある授業がマイケル・サンデル教授の「JUSTICE（正義）」。世界選りすぐりの知的エリートが「殺人に正義はあるか」「命に値段をつけられるのか」「"富"は誰のもの？」など、現代の難問をめぐって議論を闘わせる。門外不出の原則を覆し、初めて公開されるその授業の模様を全12回で放送。教育(日)午後6時からの59分番組。4～6月に放送。

MAG・ネット～マンガ・アニメ・ゲームのゲンバ　2010・2011～2012年度

M＝マンガ、A＝アニメ、G＝ゲームを意味する「MAG」そしてネット。サブカルチャーの現場で何が起こっているのかを徹底紹介。制作者たちのメッセージを探る「セイサクのゲンバ」、ファンたちの盛り上がりを伝える「ファンのゲンバ」、サブカル最前線の話題を取り上げる「マグステーション」、ネットの話題を深掘りする「まぐねったー」の4パートで構成。衛星第2(日)午後11時50分からの44分番組。2011年度から総合で放送。

TOKYO EYE　2010～2011年度

文化・美食・歴史・観光など、東京の多様な魅力を世界に向けて発信。東京人の暮らしの断面や東京を支える目に見えないインフラなど、世界最大の都市空間を形作る多種多様な情報を多角的に紹介した。ナビゲーターはクリス・ペプラー。衛星第1(火)午後4時からの28分番組。国際放送で2006年10月に第1回放送をスタート。2010年度より衛星第1で定時放送を開始し、2012年3月まで放送した。

愛の劇場～男と女はトメラレナイ～　2010年度

オペラと歌舞伎の名作に描かれている男と女のさまざまな愛の形を紹介しながら、今の世の中に照らし合わせてスタジオトークを展開する古典名作入門バラエティー。あらすじや登場人物のキャラクターを分かりやすく紹介しながら、現代にも通じる男と女の微妙な関係を考えた。第1回は「"椿姫"の恋」と題して、オペラ「椿姫」の"禁断の恋"について語る。案内役は夏木マリ。教育(金)午後10時25分からの25分番組。

セカイでニホンGO！　2011年度

日本語バラエティー番組『みんなでニホンGO！』（2010年度）の続編。これからの時代を日本人が楽しく生き抜く発想、価値観を探っていく情報・教養エンタメ番組。前半は、世界でニホンはどう報じられているのかを紹介する「NEWSセカイ一周」。後半はさまざまな"日本人論"を展開する「ニホン・サイコー（再考）」。司会は青井実アナウンサー。総合(木)午後8時からの43分番組。

ディープピープル　2011～2012年度

同じジャンルを極めた3人のカリスマが、評論家では語りえない「本物の世界」を、司会なし台本なしで語り合うトーク番組。2011年度は「中国に勝つ卓球」「胃がんのスーパー外科医」など全20本、2012年度は「振付師」「FMラジオDJ」など全9本を放送。幅広い分野からカリスマたちが登場し、プロたちの知られざる努力や心の内を明らかにした。解説は関根勤、中川翔子ほか。総合(月)午後10時からの48分番組（2011年度）。

白熱教室JAPAN　2011年度

『ハーバード白熱教室』（2010年度）の日本版。対話形式の講義に取り組む日本の「白熱教室」を各4本シリーズで紹介。横浜市立大学の上村雄彦准教授による環境・貧困・紛争・心の荒廃など地球規模の問題を考えるワークショップや、千葉大学の小林正弥教授による公共哲学の授業。有名企業リーダーの経営戦略比較や組織改革の失敗事例、病院の緊急対応など具体事例をもとに議論した。Eテレ(日)午後6時からの59分番組。

100分de名著　2011年度～

古今東西の「名著」のエッセンスを25分×4回の合計100分で読み解き、今を生きる知恵を学ぶ教養番組。第1回「ツァラトゥストラ」（ニーチェ）に始まり、アラン「幸福論」（2011年11月）、小泉八雲の「日本の面影」（2015年7月）、カミュ「ペスト」（2018年6月）、オルテガの「大衆の反逆」（2019年2月）など幅広く名著を解説した。司会は伊集院光、島津有理子アナウンサーほか。Eテレ(水)午後10時からの25分番組（初年度）。

モタさんの"言葉"　2011～2015年度

「モタさん」こと精神科医の斎藤茂太がさまざまな著作で生前に残した言葉を、絵本の読み聞かせ形式で伝える5分番組。元気と勇気が湧いてくる「言葉の処方箋」として人気に。文：斎藤茂太、絵：松本春野、音楽：村松健、語り：矢田耕司。Eテレで随時放送。

頭がしびれるテレビ　2012年度

数学の世界を斬新な映像表現、ドラマ仕立ての演出で楽しく描いた。番組の舞台はあるギャラリー。谷原章介演じるオーナーは「世界に数学で解決できないことなどない」と豪語する無類の数学マニア。その評判を聞きつけて人々が相談に訪れる。「じゃんけん必勝法」「美を形作る黄金比」「デジタルって何？」など、数学を武器に相談者の悩みを解決していく。出演は谷原章介、釈由美子ほか。総合(日)午前0時40分からの29分番組。

教養 | 定時番組

探検バクモン　2012～2018年度

『爆笑問題のニッポンの教養』（2007～2011年度）の後継番組。爆笑問題が社会のディープな裏側に独自の視点で切り込み、世の中の謎に挑む。ふだんはなかなか入れない場所に赴き新しい発見をする「大人の社会見学」、UFOから謎の生きものまであらゆる未解決案件に挑む「難問解決」、テレビには出たがらない旬の人や一流アーティストに聞く「キーパーソン直撃」が、番組の3大テーマ。総合（水）午後10時55分からの29分番組（初年度）。

スーパープレゼンテーション　2012～2017年度

全世界が注目するアメリカのプレゼンイベント「TEDカンファレンス」で披露される驚きのアイデアを英語で学ぶ語学教養番組。文化・芸術・科学・ITなど、さまざまな分野のトップランナーによるこん身のプレゼンを、解説トークやVTRとともに紹介。番組ナビゲーターは伊藤穰一（マサチューセッツ工科大学メディアラボ所長）。プレゼン部分は日英2か国語放送。Eテレ（月）午後11時からの25分番組（2015年度は午後10時台放送）。

ユーミンのSUPER WOMAN　2012年度

ユーミンこと松任谷由実が刺激を受ける旅先を訪ね、そこで活躍する女性たちの生の声に触れながら、ユーミンならではの発見や刺激、創作のプロセスを紹介した。出演は松任谷由実。ゲストは森本千絵（アートディレクター）、鶴岡真弓（芸術人類学研究所所長）、長谷川祐子（キュレーター）、軍地彩弓（クリエイティブ・ディレクター）、草間彌生（前衛彫刻家・画家）と多彩。Eテレ（金）午後11時からの29分番組。2012年7～9月に放送。

写ねーる　2012～2013年度

視聴者が投稿する写真とつぶやきで作るトーク番組。いろいろなこだわりや最新情報が集まる人気のシェアハウスを舞台に、スーパーモデル冨永愛がゲストと一緒にイマドキの女子の本音に迫る。毎回のテーマに寄せられた"つぶやきフォト"が冨永愛の乙女心を揺り動かすか。テーマは「スイーツ」「婚活」「ペット」「ランジェリー」ほか。出演は冨永愛ほか。BSプレミアム（火）午後11時15分からの29分番組（初年度）。

SWITCHインタビュー　達人達（たち）　2013～2023年度

異なる分野の達人同士が互いの現場を訪ね合い、仕事の極意や人生哲学を発見し合う1時間のトークドキュメント。番組の前半と後半でゲストとインタビュアーを「スイッチ」しながら、成功への道筋や独自の哲学を語り合う2人の"化学反応"が見どころ。初年度は「宮藤官九郎×葉加瀬太郎」「宮崎駿×半藤一利」「瀬戸内寂聴×EXILE ATSUSHI」など異色の顔合わせが実現。Eテレ（土）午後10時からの60分番組（初年度）。

妄想ニホン料理　2013～2015年度

日本料理を全く知らない海外の料理人が「かっぱ巻き」「福神漬け」「ジンギスカン」など、ごくごく簡単なヒントだけを頼りに作ったら、どんな料理が出来上がるのか。生みだされる奇想天外、抱腹絶倒な"ニホン料理"を楽しむ異文化交流のクッキングバラエティー。第1回放送は「かば焼き」にベトナムとトルコの料理人が挑戦した。出演は清水ミチコ、栗原類ほか。総合（土）午後11時30分からの29分番組で各年度後期に放送。

亀田音楽専門学校　2013年度

日本を代表する音楽プロデューサーの亀田誠治が、ミュージシャンをゲストに迎え、J-POPのヒット曲を取り上げながら、リズムやハーモニーなどの音楽的要素が曲に与える効果をわかりやすく解説した。第1回はゲストにアンジェラ・アキを迎え、「おもてなしのイントロ術」などのテーマでヒットの秘密を分析。Eテレ（木）午後11時25分からの30分番組。2013年10～12月に放送。2015年度は特集で4本を放送。

白熱教室海外版　2013～2015年度

世界の一流大学の講義が体験できる知的エンターテインメント。2013年度は定時番組としてリニューアルし、カリフォルニア大学バークレー校、ハーバードケネディスクールなどの講義を伝えた。2014年度からタイトルを『白熱教室』として、米・デューク大学のアリエリー教授の行動経済学、著書「21世紀の資本」で話題のトマ・ピケティ教授（仏・パリ経済学校）の経済学などの講義を伝えた。Eテレ（金）午後11時からの55分番組。

幻解！超常ファイル　ダークサイド・ミステリー　2014・2018年度

この世に存在するというさまざまな超常現象を検証したBSプレミアムの特集番組『幻解！超常ファイル　ダークサイド・ミステリー』（2013年度）を総合で展開。世間を揺るがした未解決の事件、いにしえの不思議な伝説などにフォーカスして、「超能力」「ネッシー」「ツチノコ」「吸血鬼」「心霊写真」「魔女狩り」「ノストラダムス」などのテーマで放送。ナビゲーターは栗山千明。総合（土）午後10時30分からの19分番組。

所さん！大変ですよ　2015～2021年度

社会の片隅で起きていた"不思議な事件"を深掘りし、意外な真相をあぶり出す情報バラエティー。初年度に取り上げた事件は年間36本。テーマは「消えたHB鉛筆」から「結婚詐欺事件」まで多岐にわたった。また年4回、枠内特集として72分特番も放送。司会：所ジョージ、木村佳乃ほか。語り：吉田鋼太郎。総合（木）午後10時55分からの25分番組（初年度）。2019年度から午後7時30分からの27分番組。

ねほりんぱほりん　2016年度～

人形劇という子ども番組の手法を"進化型モザイク"として用い、顔出しNGのゲストから赤裸々な話や本音を聞き出すスタジオリサーチショー。好奇心のままに年収や男女関係などの下世話な話を根掘り葉掘り聞く中で、「人生とは？」「幸せとは？」などの普遍的なテーマが浮かび上がる。登場するのは「LGBTカップル」「ギャンブル依存症」ほか。出演は山里亮太、YOU。Eテレ（水）午後11時からの30分番組（初年度）。

ふるカフェ系　ハルさんの休日　2016年度～

古民家を生かしたカフェ"ふるカフェ"を取材して歩くブロガーのハルさんこと、真田ハル（渡部豪太）が、全国各地のカフェを探訪する様子をドラマ仕立てで描く。建築に秘められた地域の歴史を知り、町おこしにかける各地の人々や地元の食材を生かしたメニューに出会い、変わりゆく故郷の歩みを改めて見つめ直す。登場するカフェはすべて実在するお店で、店主や常連さんたちも本人が出演。Eテレ（水）午後11時からの30分番組（初年度）。

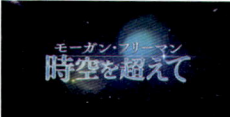

モーガン・フリーマン 時空を超えて　2016～2017年度

「神」「死」「宇宙」「時間」など、有史以来、人類がずっと持ち続けてきた謎や、「第六感」「パラレルワールド」など通常の理解を超越したテーマについて、最新の科学で解き明かしていく番組。第一線の科学者たちが多角的かつ専門的な考察を行う。プレゼンターは映画俳優のモーガン・フリーマン。Eテレ午後10時からの45分枠。

みんなの2020　バンバン　ジャパーン！　2017〜2018年度

2016年度『2020 TOKYO　みんなの応援計画』を改題。東京オリンピック・パラリンピックを3年後に控え、国際化の波にさらされる中で、ユニークな取り組みをしている人々を紹介。英語を駆使してボランティアガイドに奮闘する小学生や、けん玉のワールドカップ運営に力を注ぐ男性など。異言語コミュニケーションが引き起こす勘違いをテーマにしたミニコーナーもあり。Eテレ(月1回・土)午後10時からの44分番組。

ダイアモンド博士の"ヒトの秘密"　2017〜2018年度

世界的ベストセラー「銃・病原菌・鉄」で知られる進化生物学者ジャレド・ダイアモンド博士が、アメリカ・ロサンゼルスで、若者向けに行った特別授業を全12回でシリーズ化。ヒトと動物の違いと共通点に注目し、格差問題を考えることによって、環境破壊や戦争と大量虐殺など人間が抱えている問題について解き明かしていく。Eテレ(金)午後10時からの29分番組。2018年度はアンコールと質問スペシャルを加えた全13回を放送。

やまと尼寺　精進日記　2017〜2021年度

奈良県桜井市の山中にある寺に、尼僧たち3人が暮らす。30年前に無人寺を再興した住職、住職に口説かれ東京のOLから転身した副住職、働き者の住み込みお手伝い嬢。料理上手な3人は、山に自生する植物や里がもたらす季節の野菜で、丹精込めて精進料理を作る。笑顔あふれる尼寺の暮らしぶりを4K撮影の美しい映像で届ける料理ドキュメンタリー。Eテレ(最終・日)午後6時からの29分番組でスタート。2019年度からはBS4Kでも放送。

人間ってナンだ？超AI入門　2017〜2019年度

日々、身近になっていく人工知能「AI」の研究最前線を取材することでその実態に迫り、AIが社会に与えるインパクトを学ぶシリーズ。あらゆる分野で進むAI化の波の中で、人間とは何かを問う。また哲学や倫理学などさまざまな分野で活躍する「知の巨人」たちに、AI後のビジョンを聞き、人類の未来のシナリオを探った。解説は松尾豊（東京大学大学院特任准教授）。Eテレ(金)午後10時からの44分番組（2017年度）。

又吉直樹のヘウレーカ！　2018〜2020年度

お笑い芸人で作家の又吉直樹が、気になる身近な「なぜ？」を解き明かす。「ヘウレーカ」とは古代ギリシャ語の"わかった""発見した"という意味。「植物はなぜ"スキマ"に生えるのか？」「アリはなぜ行列するのか」など、自然科学を中心にさまざまな分野の研究者と又吉が、研究の最前線やそこから浮かび上がる人間社会のありようを縦横に語った。出演は又吉直樹。語りは吉村崇。Eテレ(水)午後10時からの44分番組。

ろんぶ〜ん　2018年度

小難しくてとっつきにくいイメージがある「論文」を、"ロンブー"の田村淳と一緒に読み解きながら、そこに詰まっている「知の結晶」を見つけ出していく番組。出演はロンドンブーツ1号2号田村淳、中山果奈アナウンサー。ナレーターは石澤典夫。Eテレ(木)午後11時からの30分番組。2019年度は特集番組で4本を放送。

世界の哲学者に人生相談　2018〜2020年度

視聴者から寄せられた身近なお悩みを、ニーチェ、カント、アラン、サルトルといった世界の哲学者の残した言葉を手がかりに解決する教養バラエティー番組。スタジオにはゲストを3名迎え、トークを展開しながら思いもよらない考え方や、物事の本質に迫っていく。MC：高田純次、池田美優。専門家：小川仁志（山口大学准教授）。ナレーション：守本奈実アナ。Eテレ(木)午後11時からの29分番組。

ダークサイドミステリー　2019年度〜

人智を超えた謎に迫る『幻解！超常ファイル　ダークサイド・ミステリー』（2014・2018年度）を拡大スピンオフし、世間を揺るがした未解決の事件、常識を超えた自然の脅威、いにしえの不思議な伝説などを徹底再検証する。取り上げたテーマは「切り裂きジャック事件」「ケネディ暗殺陰謀論」「ナチス黄金列車の謎」ほか。ナビゲーター：栗山千明。語り：中田譲治。初年度はBSプレミアム(木)午後9時からの59分番組。

JAPANGLE　2019〜2020年度

2017年3月からスタートした特集番組を、BS4Kで定時化。2019年度は新作2本を加えて全16話を放送。とある国の研究者と助手が、日本人にとっての「ふつう」に注目し、それを「デザイン」「ヒストリー」「テクニック」「スピリット」の4つのアングルで観察していく教養エンターテインメント。声の出演：杏、笹野高史。BS4K(日)午後4時10分からの20分番組。

2020年代

魂のタキ火　2020年度

「主役は、炎とあなたです」。毎回違う3人のゲストたちがたき火を囲んで語り合う異色の番組。時に都会の片隅で、時に自然の中で心を解放する。炎に照らし出されたゲストたちの素顔のトーク。BSプレミアム(火)午後11時15分からの30分番組。

浦沢直樹の漫勉neo　2020〜2023年度

2014年から不定期で放送してきた『漫勉』を改題。ふだんは立ち入ることのできない漫画家たちの仕事場にカメラが密着し、最新の機材を用いて「マンガ誕生」の瞬間をドキュメントする。その貴重な映像をもとに浦沢直樹が同じ漫画家の視点から切り込んでいく。ちばてつや、岩本ナオ、すぎむらしんいち、星野之宣、諸星大二郎、西炯子、惣領冬実、坂本眞一の8人を取り上げた。Eテレ(木)午後10時からの49分番組。

ダークサイドミステリーE+　2021年度〜

BSプレミアムの1時間番組『ダークサイドミステリー』（2019年度〜）の名作の数々が30分のコンパクト版になってEテレに登場。未解決の事件、常識を超えた自然の脅威、いにしえの不思議な伝説、怪しい歴史の記録、作家の驚異の創造力。こうした事件・出来事を徹底再検証し、不思議だから知りたくなる、怖いから見たくなる、そんな歴史の闇にいざなう。ナビゲーター：栗山千明。語り：中田譲治。テーマ音楽：志方あきこ。

教養 ｜ 定時番組

京コトはじめ 2021〜2023年度

「寺社建築」「料亭」「着物」「和菓子」など、古都で育まれたきらびやかな日本文化の数々をひもとき、そこに秘められた技をプロフェッショナルに聞く。鮎の楽しみ方や川床などで有名な京都の納涼文化など、美しい映像とともに古都の季節ごとの魅力を紹介する。案内役は森田洋平アナ。総合(金)午後2時5分からの45分番組。

ズームバック×オチアイ 2021〜2022年度

生活が一変したコロナ禍の混迷が続き未来が見えない今、過去の考察を手がかりに、混迷の先の「半歩先の未来」を提示する。先導するのはメディアアーティストで教育者や研究者など様々な顔を持つ筑波大学准教授の落合陽一。過去をヒントに未来を見据える。Eテレ(金)午後10時からの29分番組。

マイケル・サンデルの白熱教室 2021〜2022年度

『ハーバード白熱教室』(2010年度)で話題を集め、多くの関連番組を生みだしたハーバード大学のマイケル・サンデル教授。今回はパンデミック対策と国家の役割、社会の分断をもたらしている能力主義の是非、民主主義の危機、ジェンダーの多様性など、世界が直面する現代社会の難問を、日米中・3か国の若者たちに投げかける。率直な意見を交わし合って、理解と共感を目指す討論番組。(全12回)Eテレ(土)午後9時30分からの29分番組。

所さん！事件ですよ 2022年度〜

『所さん！大変ですよ』(2015〜2021年度)を刷新。社会の片隅で起きている"不思議な事件"を深掘りし、意外な背景や真相をあぶり出す情報バラエティーに、よりジャーナルな切り口を導入した。「ランサム詐欺」「認証システム」「推し活」など、幅広い世代の関心に応えた。司会：所ジョージ、木村佳乃ほか。語り：吉田鋼太郎。2024年度より総合(土)午後6時5分からの29分番組(一部地域を除く)。

漫画家イエナガの複雑社会を超定義 2022年度〜

今とても気になる複雑な社会事象を、人気俳優・町田啓太の魅力あふれるひとり語りのプレゼンと、ドラマ、マンガやCGを駆使した斬新な映像のコラボで解説。圧倒的なスピード感とわかりやすさで20代の視聴者の心をつかんだ新しいタイプの社会情報エンターテインメント。人気アニメや漫画家とのコラボ企画を行ったほか、SNSも積極的に展開。出演はほかに俳優の橋本マナミ、紺野彩夏。総合(金)午後11時15分からの15分番組。

ゲームゲノム 2022〜2023年度

ビデオゲームを"文化"として捉え、名作の魅力を深掘りする教養番組。アドベンチャー、アクション、RPG、シミュレーションなど、幅広いジャンルから10作品を徹底分析。プレイ体験によって現代人の心に組み込まれてきた大切な価値観"ゲームの遺伝子(ゲノム)"を探る。「孤独と生命」「究極の達成感」など毎回テーマを掲げて展開。出演：本田翼、三浦大知ほか。総合(水)午後11時からの29分番組。

カールさんとティーナさんの古民家村だより 2022年度〜

新潟の限界集落の空き家を次々に美しくよみがえらせてきたドイツ人建築デザイナーのカール・ベンクスさんと、料理やガーデニングが得意な妻ティーナさん。集落にはカールさんの古民家にひかれて移住してくる人が増え、古くからの住民との交流も深まっている。和と洋、古いものと新しいものが共存する古民家での2人の暮らしと、豊かな自然の中でゆるやかにつながりながら生きる人々を追った。Eテレ(日)午後6時からの30分番組。

ロッチと子羊 2022〜2023年度

世界の有名哲学者の言葉で悩みを抱える人々を救うお悩み相談番組。MCとして相談者に寄り添うのは人気お笑いコンビ・ロッチの2人。ソクラテス、プラトン、アリストテレス、ニーチェ、デカルト、サルトルなど生涯かけて悩み続けた"悩みのプロ"である哲学者たちの言葉を、小川仁志(山口大学教授)が分かりやすく紹介する。"明日からの心の持ちようがちょっと変わる"教養バラエティー。Eテレ(木)午後8時からの29分番組。

NHKアカデミア 2022年度〜

各界のトップランナーがオンラインで参加した1000人規模の受講生を前に、自らが歩んできた道を語る"講座コンテンツ"。10代から30代前半の若年層を主な対象に、自然科学、映画、バレエ、ファッションなど多彩なジャンルの講師陣が「ゆるぎない知性」「生きるヒント」を熱く語った。視聴者リレーションや企業の研修活動での活用にもトライアルした。出演は山中伸弥、細田守、吉田都ほか。Eテレ(火)午後10時45分からの29分番組。

夏井いつきのよみ旅！ 2022年度〜

辛口批評でおなじみの俳人・夏井いつきが、全国を旅して地域の人たちに投句を呼びかける俳句紀行バラエティー。2019年8月の特集番組『夏井いつきのよみ旅！「俳句から ある人生が見えてくる」』に続き、2020年度、2021年度は特集番組として放送し、2022年度より定時化。夏井が優秀句を選んでその作者を招き、それぞれの人生模様を聞く。ゲストは独特の名言で知られる実業家・ROLAND。Eテレ(水)午後10時からの29分番組。

ザ・バックヤード 知の迷宮の裏側探訪 2022年度〜

博物館、美術館、図書館、動物園など誰もが訪れることができ、知的好奇心をかきたてられる施設の裏側"バックヤード"にカメラが潜入。めったに展示されない貴重なお宝から研究者の個人的なコレクションまでを紹介。「九州国立博物館」「東武動物公園」「沼津港深海水族館」「大塚国際美術館」に加え、巨大ホテル、宇宙センターなどテーマを広げた。2022年度は全16回を放送。ナビゲーター：中村倫也。Eテレ(水)午後10時からの29分番組。

言葉にできない、そんな夜。 2022〜2023年度

自分の気持ちにぴったりな表現を探していく新感覚の日本語エンターテインメント番組。「恋をして浮かれているとき」「反抗期」など、一言では言い表せない感情について、文学作品や歌詞からの引用表現や人気作家による書き下ろしを紹介。小説家、ミュージシャン、俳優など4人のゲストが月替わりでスタジオに登場し、言葉談義を繰り広げた。司会：小沢一敬(スピードワゴン)。Eテレ(金)午後10時からの30分番組。

美輪明宏 愛のモヤモヤ相談室 2022年度〜

家庭、仕事、学校、恋愛、友人など、相談者のさまざまな"モヤモヤ"に、常に新しい生き方を貫いてきた美輪明宏が丁寧に耳を傾け、あたたかく、そしてときに厳しく言葉をかけ、悩みを晴らすヒントを見つけていくテレビ人生相談室。出演はほかに高瀬耕造アナウンサー。月に1回(金)午後10時からの25分番組。

ターシャの森から 2022～2023年度
アメリカを代表する絵本作家であり、世界中にファンを持つナチュラルガーデンの作り手でもあったターシャ・テューダー。ひ孫たちへと引き継がれたアメリカ・バーモント州に広がる森を舞台に、昔ながらの暮らしを続ける一家の生活を伝えた。2020年度から放送を開始し、2021年度より毎月2本放送（うち1本新作）の定時番組となる。Eテレ（日）午後6時からの29分番組。

木村多江の、いまさらですが… 2023年度～
人生100年時代の大人の学びを応援する番組。俳優・木村多江が編集長の「大人のための学び直しアプリ開発プロジェクト」を舞台に、"今さら聞くのはちょっと恥ずかしいけれど、知らないのはもっと恥ずかしいテーマ"について「学び直し」を行っていく。Eテレ（月1回・月）午後7時30分からの30分番組。

ニュー試 2023年度～
今、世界が注目する大学の入試問題をクイズ形式で楽しく紹介。思考力、創造力、美的感覚まで問われるユニークな問題を通して、学びの奥深さと教育の多様性を伝える知的エンターテインメント番組。司会：古舘伊知郎。Eテレ（土）午後9時30分からの30分番組。

最後の講義 2023年度～
「もし人生最後だとしたら、何を伝えたいか…」各界の第一人者が"わが人生の本音"と"あなたに伝えたいメッセージ"を渾身の思いで伝える特別授業。出演は宮本亞門（演出家）、保阪正康（ノンフィクション作家）、山下洋輔（ジャズピアニスト）、あさのあつこ（小説家）、伊東豊雄（建築家）、柄本明（俳優）、三國清三（フランス料理シェフ）、桂文枝（落語家）ほか。Eテレ（水）午後10時からの49分番組。月1回程度放送。

こころの時代ライブラリー 2023年度～
過去に放送した『こころの時代―宗教・人生』（1982年度～）の中から、いまあらためて視聴するにふさわしい番組をえりすぐり、49分に再構成。宗教の古典や、現代のさまざまな人の生き方から、人間が培ってきた知恵や貴重な体験を伝えていく。先の見えない時代に送る、人間の「こころ」の在り方を探る珠玉のライブラリー・コンテンツ。Eテレ（金）午後11時からの49分番組。月1～2回放送。

はなしちゃお！～性と生の学問～ 2023年度
「性」は誰もが関係すること。でも、実はよく知らなかったり、ネットに氾濫する真偽不明の情報に惑わされ、悩んだり傷ついたりする人も多くいる。性のさまざまなテーマについて、思いもよらぬ"学問"を切り口に楽しく深掘りし、「みんなで話しちゃお！」という教養エンターテインメント番組。MC：サーヤ（ラランド）、まっきぃ（声：マキタスポーツ）。語り：増田明美。Eテレ（金）午後10時30分からの29分番組。

すこぶるアガるビル 2024年度
近現代のビルの凄みを味わい尽くすビル愛好番組。昭和のビルが次々と姿を消す今、誰もが知っているビル、意外と知らないビルの魅力を、大学時代に建築学を専攻したアンガールズの田中卓志がゲストや関係者と探る。名優たちがビルにふんして語るナレーションも見どころ。総合（水）午後11時からの28分番組。

理想的本箱　君だけのブックガイド 2024年度
静かな森の中にあるプライベート・ライブラリー「理想的本箱」。漠然とした不安や悩み、好奇心にこたえる一冊を、ブックディレクターの幅允孝が世界の数え切れない本の中から見つけ、紹介していく。ドラマや朗読など多彩な演出で本のエッセンスを伝え、視聴者と本の幸福な出会いを仲介する。「理想的本箱」主宰は俳優の吉岡里帆、司書は太田緑ロランスが務める。Eテレ（土）午後9時からの29分番組。

3か月で教養マスターシリーズ 2024年度
世界史の重要な出来事を12回にわたって取り上げ、壮大な歴史のうねりとドラマを3か月でマスターする番組。歴史を勉強し直したいけど時間がない、学生時代から苦手意識がある人なども必ずすっきり腑に落ちる。「3か月で教養マスターシリーズ」の第1弾。Eテレ（水）午後9時30分からの29分番組。

NHKフォトストーリー ㉒

P538 ← ㉑　　㉓ → P649

連続テレビ小説『虹』スタジオ撮影（1971年）

連続テレビ小説『虹』ロケ撮影（1971年）

歴史・美術番組年表

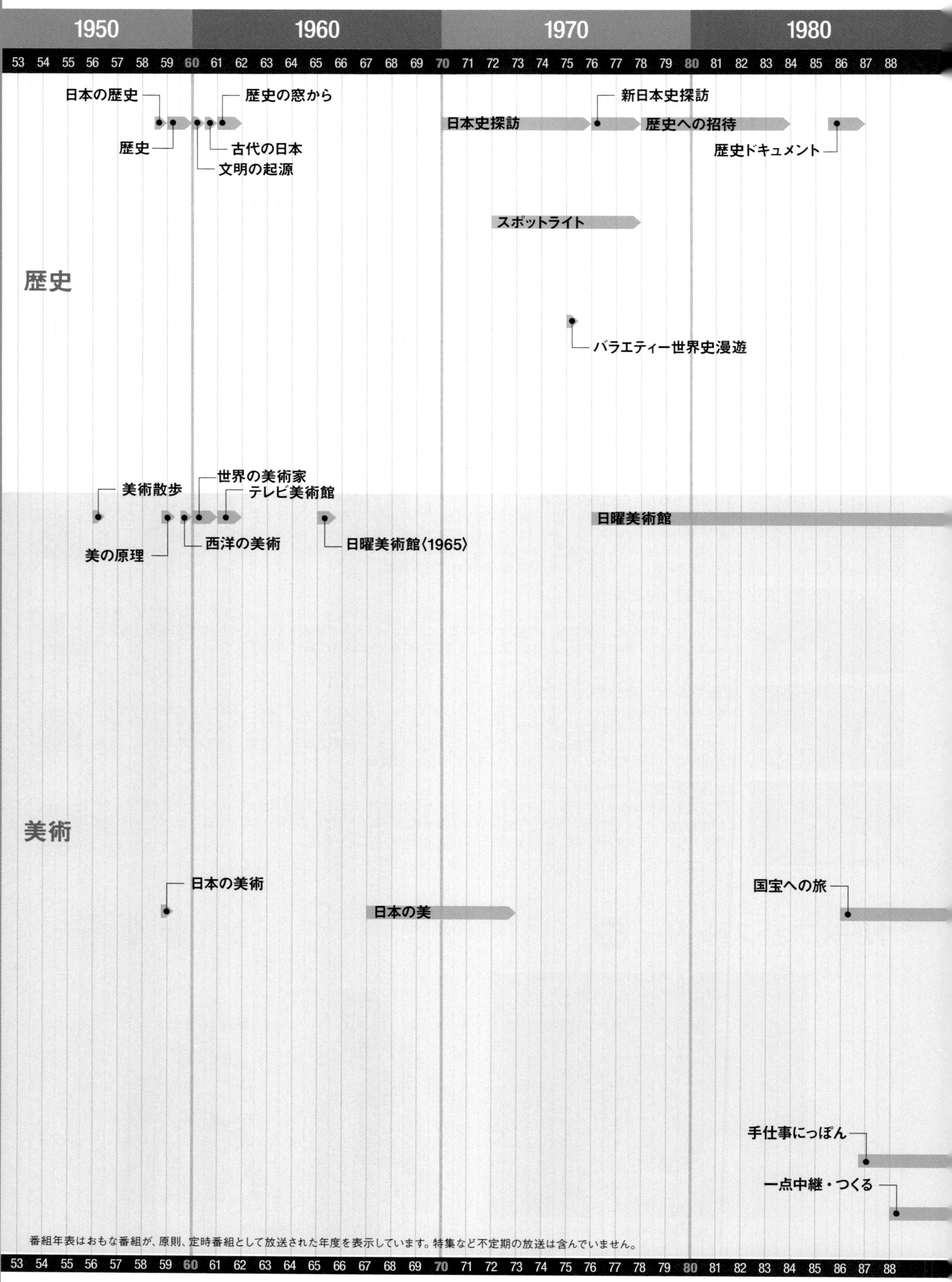

	1950	1960	1970	1980
	53 54 55 56 57 58 59 60 61 62 63 64 65 66 67 68 69 70 71 72 73 74 75 76 77 78 79 80 81 82 83 84 85 86 87 88			

01.ドラマ 02.クイズ・バラエティー 03.音楽 04.伝統芸能 05.ニュース 06.報道・ドキュメンタリー 07.紀行 08.教養・情報 09.自然・科学 10.こども・教育 11.人形劇・アニメ 12.趣味・実用 13.大型特集番組等

歴史

- 日本の歴史
- 歴史
- 歴史の窓から
- 古代の日本
- 文明の起源
- 新日本史探訪
- 日本史探訪
- 歴史への招待
- 歴史ドキュメント
- スポットライト
- バラエティー世界史漫遊

美術

- 美術散歩
- 美の原理
- 世界の美術家
- テレビ美術館
- 西洋の美術
- 日曜美術館〈1965〉
- 日曜美術館
- 日本の美術
- 日本の美
- 国宝への旅
- 手仕事にっぽん
- 一点中継・つくる

番組年表はおもな番組が、原則、定時番組として放送された年度を表示しています。特集など不定期の放送は含んでいません。

	53 54 55 56 57 58 59 60 61 62 63 64 65 66 67 68 69 70 71 72 73 74 75 76 77 78 79 80 81 82 83 84 85 86 87 88

	1990	2000	2010	2020

89　90　91　92　93　94　95　96　97　98　99　00　01　02　03　04　05　06　07　08　09　10　11　12　13　14　15　16　17　18　19　20　21　22　23　24　年度

歴史誕生

ライバル日本史

堂々日本史　　　その時　歴史が動いた　　　歴史秘話ヒストリア　　　歴史探偵

歴史発見

ニッポンときめき歴史館

まんが日本史　　　歴史出会い旅

クイズ歴史紀行

さかのぼり日本史

先人たちの底力　知恵泉

世界サブカルチャー　欲望の系譜

ニッポン50年

名将の采配

英雄たちの選択

BS歴史館

偉人の年収How much？

タイムスクープハンター

ザ・プロファイラー〜夢と野望の人生〜

新日曜美術館　　　日曜美術館

小さな美の殿堂

アート
エンターテインメント
迷宮美術館

発掘！お宝ガレリア

故宮の至宝

額縁をくぐって
物語の中へ

デジタル・スタジアム

デザイントークス＋（プラス）

ミューズの微笑み

極上美の饗宴

たけしアート☆ビート

no art, no life

国宝探訪

美の壺

世界美術館めぐり

旅のアルバム
世界の工芸品

びじゅチューン！

世界美術館紀行

MIXびじゅチューン

やきもの探訪

ハイビジョン・ギャラリー　アーティストたちの挑戦

土曜美の朝　　　器　夢工房　　　イッピン

工房探訪・つくる

美と出会う

89　90　91　92　93　94　95　96　97　98　99　00　01　02　03　04　05　06　07　08　09　10　11　12　13　14　15　16　17　18　19　20　21　22　23　24

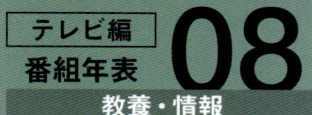

	1950							1960										1970										1980								
53	54	55	56	57	58	59	60	61	62	63	64	65	66	67	68	69	70	71	72	73	74	75	76	77	78	79	80	81	82	83	84	85	86	87	88

あすへの歩み

社会福祉の時間
福祉の時代

あすの福祉

人間いきいき

さわやかボランティア

テレビろう学校

障害幼児とともに

こどもの発達相談

ことばの治療教室

ことばの教育相談

聴力障害者の時間

お達者ですか
お達者くらぶ

お元気ですか

シルバーシート

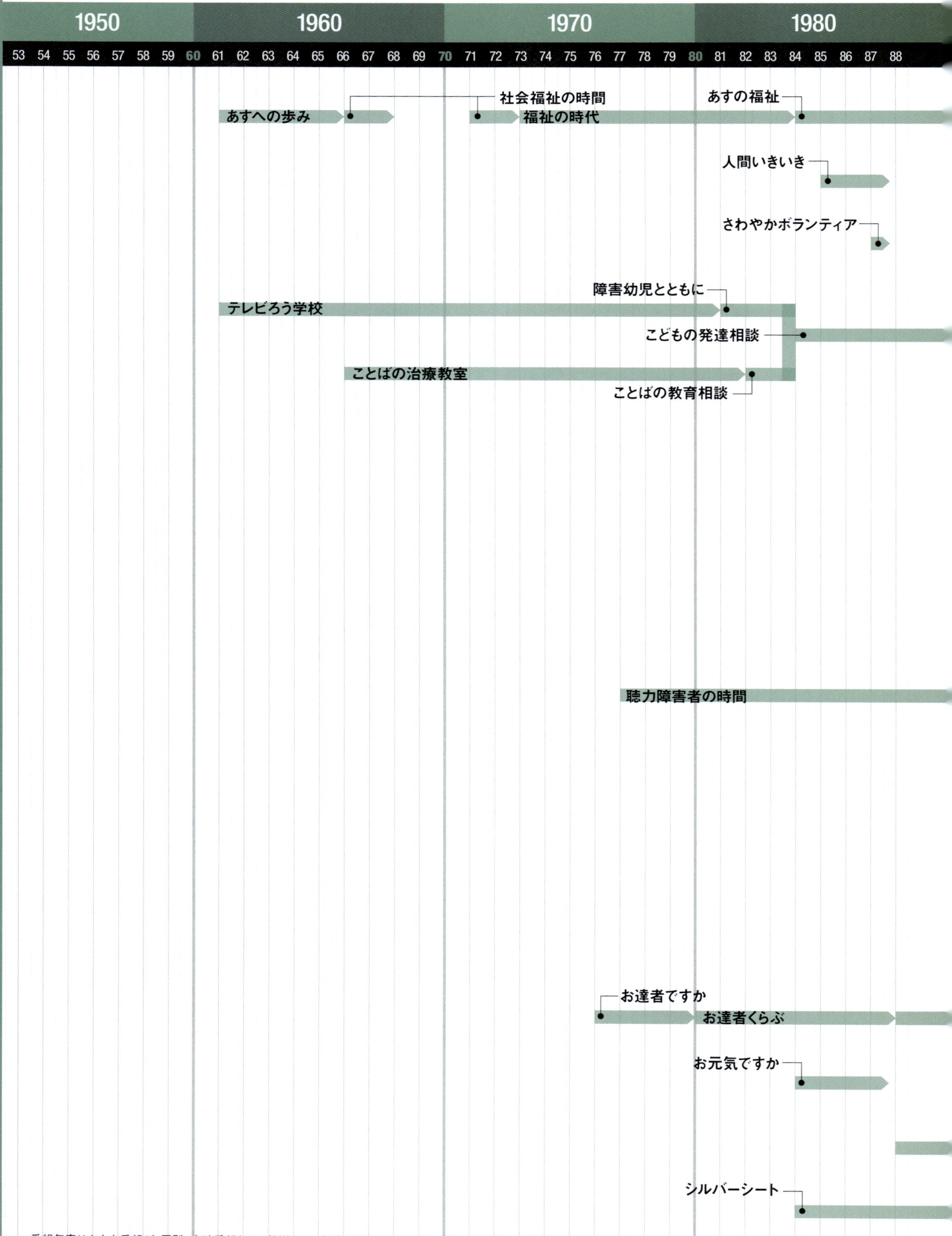

番組年表はおもな番組が、原則、定時番組として放送された年度を表示しています。特集など不定期の放送は含んでいません。

53	54	55	56	57	58	59	60	61	62	63	64	65	66	67	68	69	70	71	72	73	74	75	76	77	78	79	80	81	82	83	84	85	86	87	88

01.ドラマ　02.クイズ・バラエティー　03.音楽　04.伝統芸能　05.ニュース　06.報道ドキュメンタリー　07.紀行　08.教養・情報　09.自然科学　10.こども・教育　11.人形劇・アニメ　12.趣味・実用　13.大型特集番組等

WEB版の年表はこちら

福祉

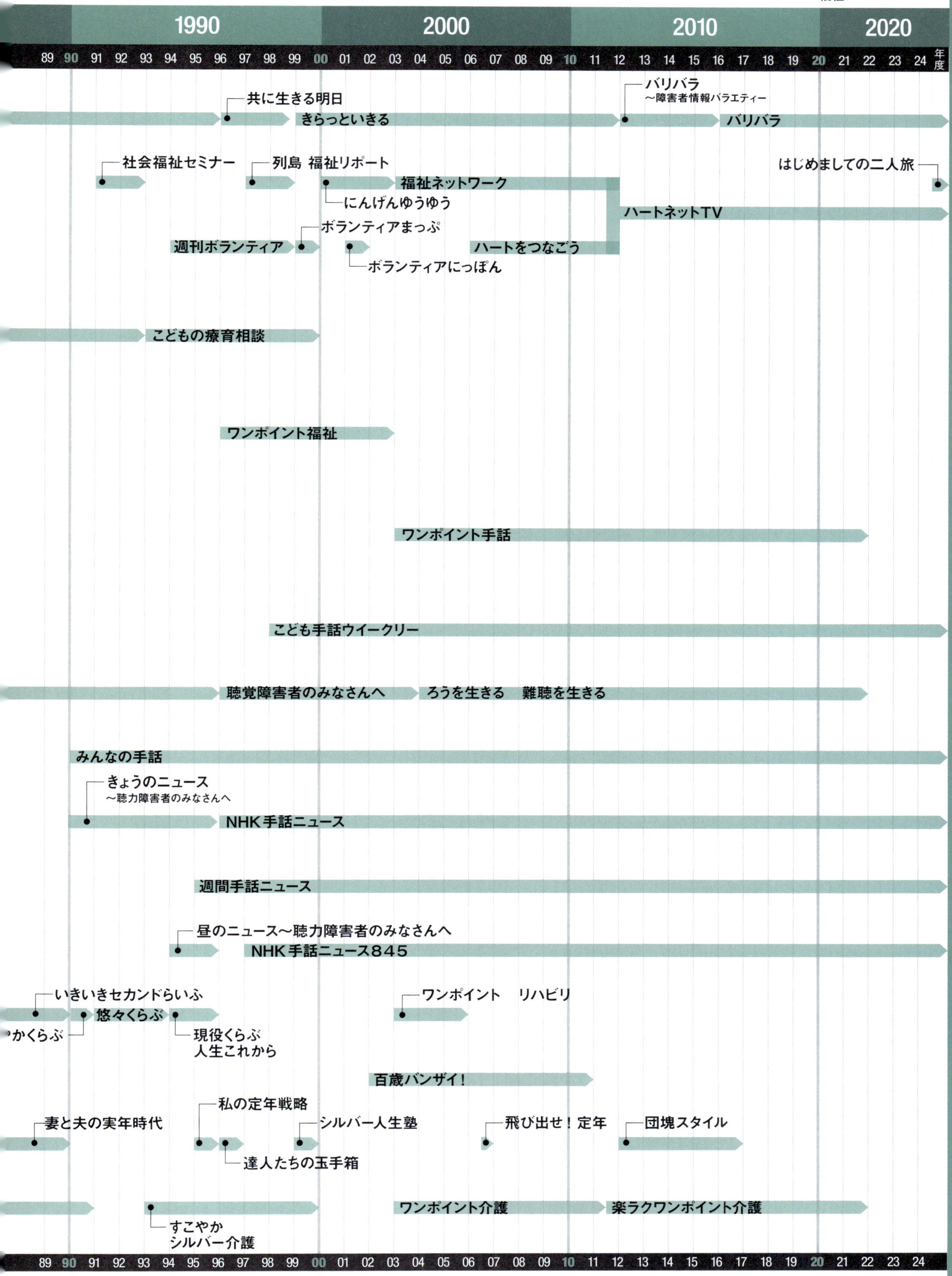
1990
2000
2010
2020
89 90 91 92 93 94 95 96 97 98 99 00 01 02 03 04 05 06 07 08 09 10 11 12 13 14 15 16 17 18 19 20 21 22 23 24
年度
共に生きる明日
きらっといきる
バリバラ
～障害者情報バラエティー
バリバラ
社会福祉セミナー
列島 福祉リポート
福祉ネットワーク
にんげんゆうゆう
はじめましての二人旅
ハートネットTV
ボランティアまっぷ
週刊ボランティア
ボランティアにっぽん
ハートをつなごう
こどもの療育相談
ワンポイント福祉
ワンポイント手話
こども手話ウイークリー
聴覚障害者のみなさんへ
ろうを生きる 難聴を生きる
みんなの手話
きょうのニュース
～聴力障害者のみなさんへ
NHK手話ニュース
週間手話ニュース
昼のニュース～聴力障害者のみなさんへ
NHK手話ニュース845
いきいきセカンドらいふ
悠々くらぶ
ゃかくらぶ
現役くらぶ
人生これから
ワンポイント リハビリ
百歳バンザイ！
私の定年戦略
妻と夫の実年時代
シルバー人生塾
飛び出せ！定年
団塊スタイル
達人たちの玉手箱
ワンポイント介護
楽ラクワンポイント介護
すこやか
シルバー介護
89 90 91 92 93 94 95 96 97 98 99 00 01 02 03 04 05 06 07 08 09 10 11 12 13 14 15 16 17 18 19 20 21 22 23 24

産業番組年表

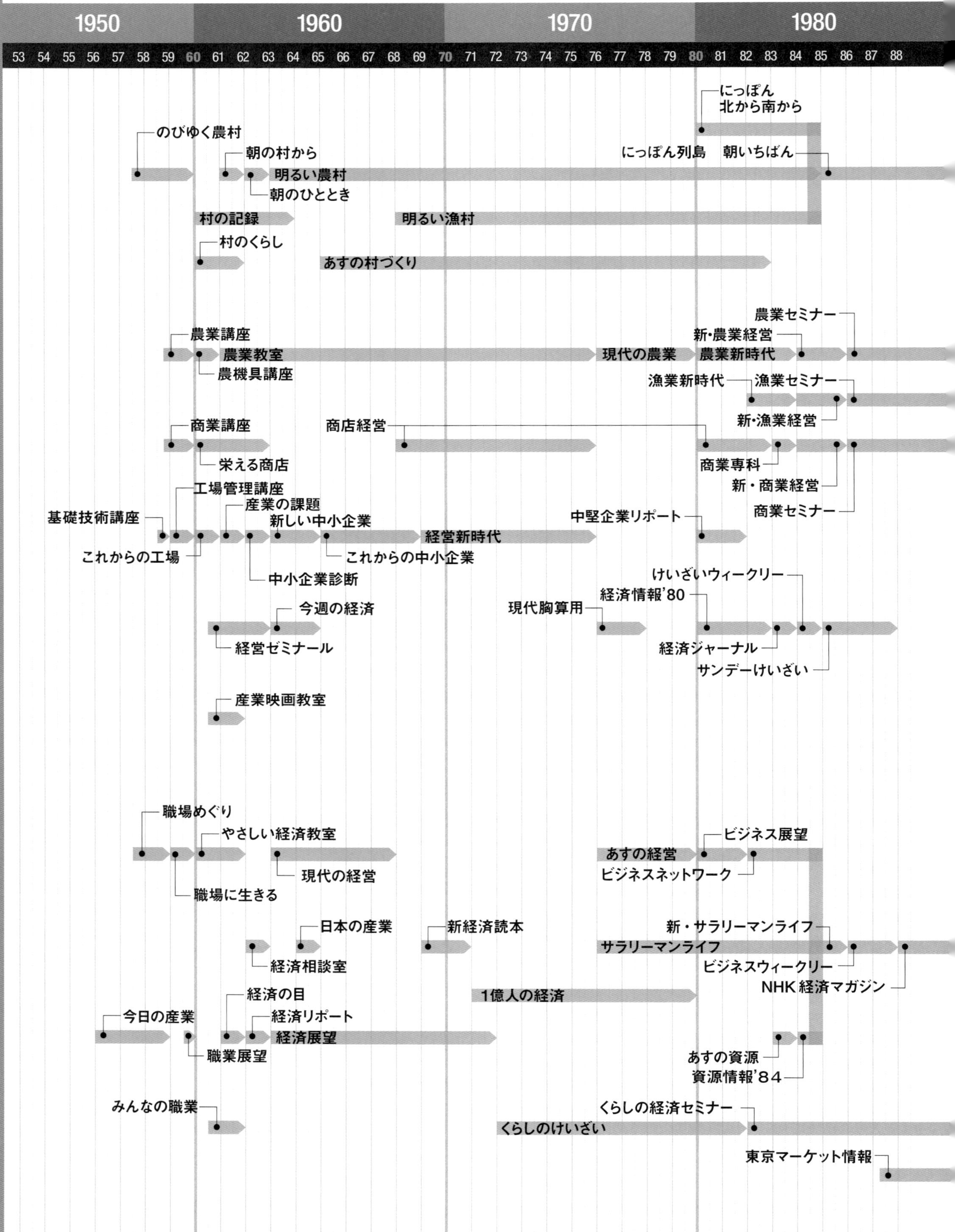

01.ドラマ　02.クイズ・バラエティー　03.音楽　04.伝統芸能　05.ニュース　06.報道・ドキュメンタリー　07.紀行　08.教養・情報　09.自然・科学　10.こども・教育　11.人形劇・アニメ　12.趣味・実用　13.大型特集番組等

にっぽん
北から南から

にっぽん列島　朝いちばん

のびゆく農村

朝の村から

明るい農村

朝のひととき

村の記録　　明るい漁村

村のくらし

あすの村づくり

農業セミナー

新・農業経営

農業講座

農業教室　　　　　　　　　現代の農業　農業新時代

農機具講座

漁業新時代　漁業セミナー

新・漁業経営

商業講座　　商店経営

栄える商店

商業専科

新・商業経営

工場管理講座

産業の課題

基礎技術講座

新しい中小企業

中堅企業リポート

商業セミナー

これからの工場

経営新時代

これからの中小企業

中小企業診断

けいざいウィークリー

経済情報'80

今週の経済

現代胸算用

経営ゼミナール

経済ジャーナル

サンデーけいざい

産業映画教室

職場めぐり

やさしい経済教室

ビジネス展望

あすの経営

ビジネスネットワーク

職場に生きる

現代の経営

日本の産業　　新経済読本

新・サラリーマンライフ

サラリーマンライフ

経済相談室

ビジネスウィークリー

NHK経済マガジン

経済の目

1億人の経済

今日の産業

経済リポート

経済展望

職業展望

あすの資源

資源情報'84

みんなの職業

くらしの経済セミナー

くらしのけいざい

東京マーケット情報

	1990		2000		2010		2020	

89 90 91 92 93 94 95 96 97 98 99 00 01 02 03 04 05 06 07 08 09 10 11 12 13 14 15 16 17 18 19 20 21 22 23 24 年度

産物列島'95

発見ふるさとの宝

ふるさと発フレッシュ便

産業セミナー

産業情報'90・'91・'92・'93

らいじんぐ産～追跡！にっぽん産業史

芸人先生

島耕作のアジア立志伝

ヨーロッパ経済情報

シリーズ
欲望の経済史

データなび
世界の明日を読む

ヨーロッパ経済ウィークリー

とまどい社会人の
ビズワード講座

やさしい金融情報

ビジネス未来人

Good Job! 会社の星

21世紀ビジネス塾

めざせ！会社の星

サンデー経済スコープ

NHKビジネスライン

経済最前線

Biz＋サンデー

経済フロントライン

JAPAN BUSINESS TODAY

週刊　経済羅針盤

仕事学のすすめ

オイコノミア

Japan Business Weekly

資格☆はばたく

神田伯山のこれが
わが社の黒歴史

なるほど経済

出社が楽しい経済学

くらしの経済

くらしと経済

サキどり↑

経済ワイドビジョンe

教養番組年表1

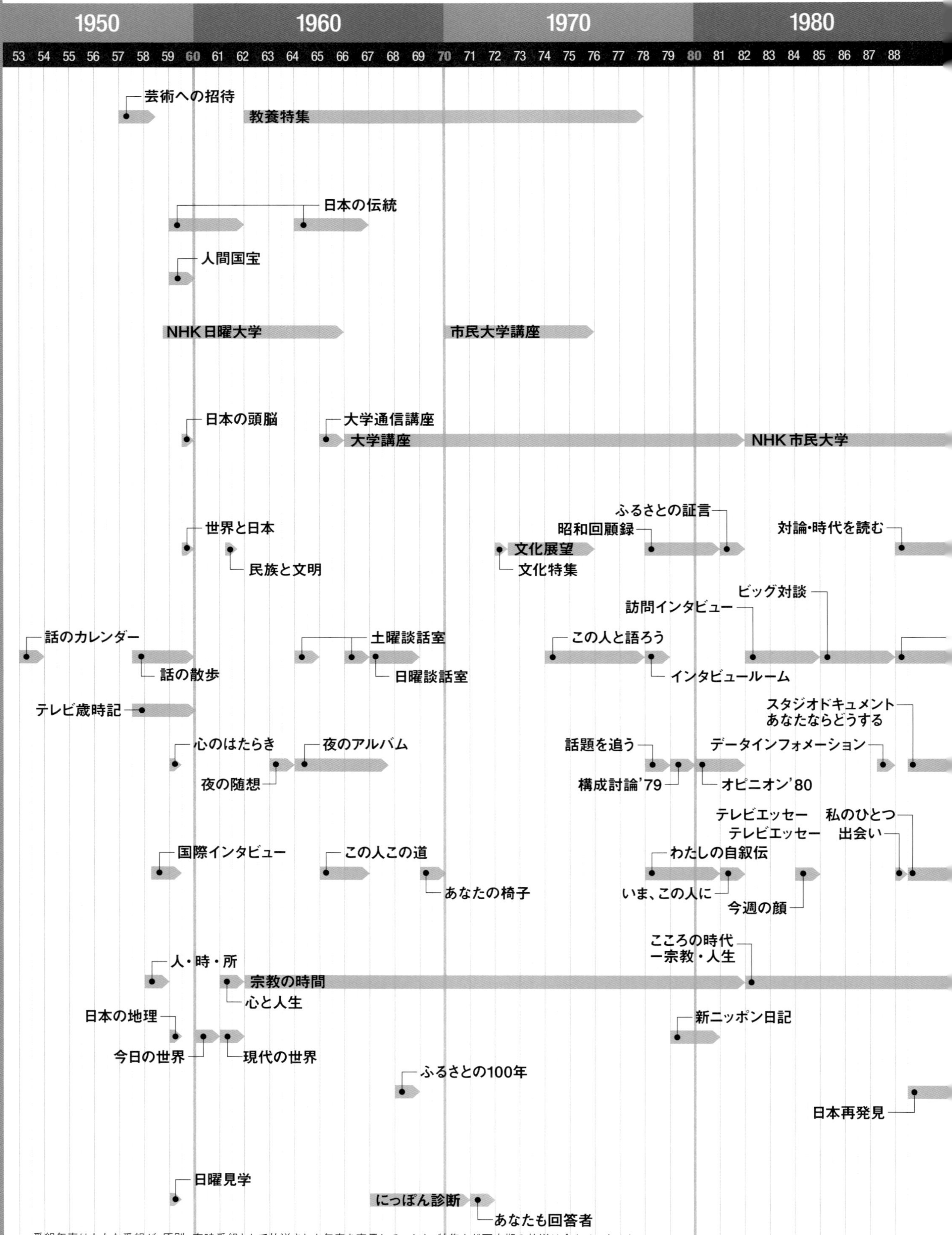

01.ドラマ　02.クイズ・バラエティー　03.音楽　04.伝統芸能　05.ニュース　06.報道・ドキュメンタリー　07.紀行　08.教養・情報　09.自然・科学　10.こども・教育　11.人形劇・アニメ　12.趣味・実用　13.大型特集番組等

芸術への招待

教養特集

日本の伝統

人間国宝

NHK日曜大学　　　　　市民大学講座

日本の頭脳　　　　　大学通信講座　　　　　　　　　　　　　　　NHK市民大学
　　　　　　　　　　　大学講座

ふるさとの証言
世界と日本　　　　　　　　　　　　昭和回顧録　　　　　対論・時代を読む
　　　　　　　　　　　　　　　　　文化展望
　　　　　民族と文明　　　　　　　文化特集

　　　　　　　　　　　　　　　　　　　　　　　　　　ビッグ対談
　　　　　　　　　　　　　　　　　訪問インタビュー
話のカレンダー　　　　　土曜談話室　　　この人と語ろう
　　　話の散歩　　　　　　日曜談話室　　　　　　　インタビュールーム

テレビ歳時記　　　　　　　　　　　　　　　　　　　　スタジオドキュメント
　　　　　　　　　　　　　　　　　　　　　　　　　　あなたならどうする
　　　心のはたらき　　夜のアルバム　　　　話題を追う　データインフォメーション
　　　　　　夜の随想　　　　　　　　　　構成討論'79　　オピニオン'80

　　　　　　　　　　　　　　　　　　　　　　　　　　テレビエッセー　私のひとつ
　　　　　　　　　　　　　　　　　　　　　　　　　　テレビエッセー　出会い
国際インタビュー　　この人この道　　　　　　わたしの自叙伝
　　　　　　　　　　　　　　　　　　　　　いま、この人に　今週の顔
　　　　　　　　　　　　　あなたの椅子

　　　　　　　　　　　　　　　　　　　　　　こころの時代
　　　　　　　　　　　　　　　　　　　　　　ー宗教・人生
　　人・時・所
　　　　　　　　宗教の時間
　　　　　　心と人生
日本の地理
今日の世界　　　現代の世界　　　　　　　　　　　　　　新ニッポン日記

　　　　　　　　　　　　　ふるさとの100年

　　　　　　　　　　　　　　　　　　　　　　　　　　　　　　日本再発見

日曜見学

にっぽん診断
　　あなたも回答者

番組年表はおもな番組が、原則、定時番組として放送された年度を表示しています。特集など不定期の放送は含んでいません。

	1990	2000	2010	2020
89 90 91 92 93 94	95 96 97 98 99	00 01 02 03 04 05 06 07 08 09	10 11 12 13 14 15 16 17 18 19	20 21 22 23 24 年度

夜更かしステージ缶

ミッドナイトステージ館

ターシャの森から

NHK ウィークエンドセミナー

未来への提言

NHK アカデミア

ダイアモンド博士の
"ヒトの秘密"

未来潮流

あなたと作る時代の記録
映像の戦後60年

白熱教室JAPAN

3か月で教養
マスターシリーズ

ハーバード白熱教室

土曜プレミアム

ハイビジョン特集
フロンティア

白熱教室海外版

マイケル・サンデルの
白熱教室

モーガン・フリーマン
時空を超えて

NHK 人間大学   NHK 人間講座   知るを楽しむ

知る楽

100分de名著

土曜フォーラム

こだわり人物伝

金曜フォーラム

日曜フォーラム

スーパー
プレゼンテーション

今週の主役

土曜インタビュー

日曜インタビュー

2004にっぽん

モタさんの"言葉"

最後の講義

魂のタキ火

さわやかインタビュー

旬の人旬の話

100年インタビュー

よみがえる作家の声

NHK 映像ファイル   あの人に会いたい

こころの遺伝子〜あなたがいたから

さわやか講話

ねほりんぱほりん

トーク
3人の部屋

わたしが子どもだったころ

親の顔が見てみたい?

今夜は恋人気分〜とっておき夫婦物語

@キャンパス

ひとを語る「わたしと〇〇」

夢伝説〜世界の主役たち

ディープピープル

SWITCHインタビュー   達人達

にんげんマップ

わたしはあきらめない

マイロード

はなしちゃお!
〜性と生の学問〜

トップインタビュー

わたしの藤沢周平

愛の劇場
〜男と女はトメラレナイ〜

東京発・熱視線
(ホットアングル)

関口知宏の
オンリーワン

こころの時代ライブラリー

TV インターネット

ジェネレーションY
〜地球未来図

ズームバック×オチアイ

未来派宣言

頭がしびれる
テレビ

人間ってナンだ?
超AI入門

ニュー試

東京発
エンターテインメントニュース

眠れないあなたへ
ラジオ深夜便から

ビート'89

やまと尼寺
精進日記

大黒柱ものがたり

猫のしっぽ   カエルの手
〜京都大原ベニシアの手づくり暮らし

なぞ解き歳時記

山河憧憬

にっぽんつけものがたり

白洲正子の世界

京コトはじめ

地球アゴラ

ふるカフェ系   ハルさんの休日

世界のTV

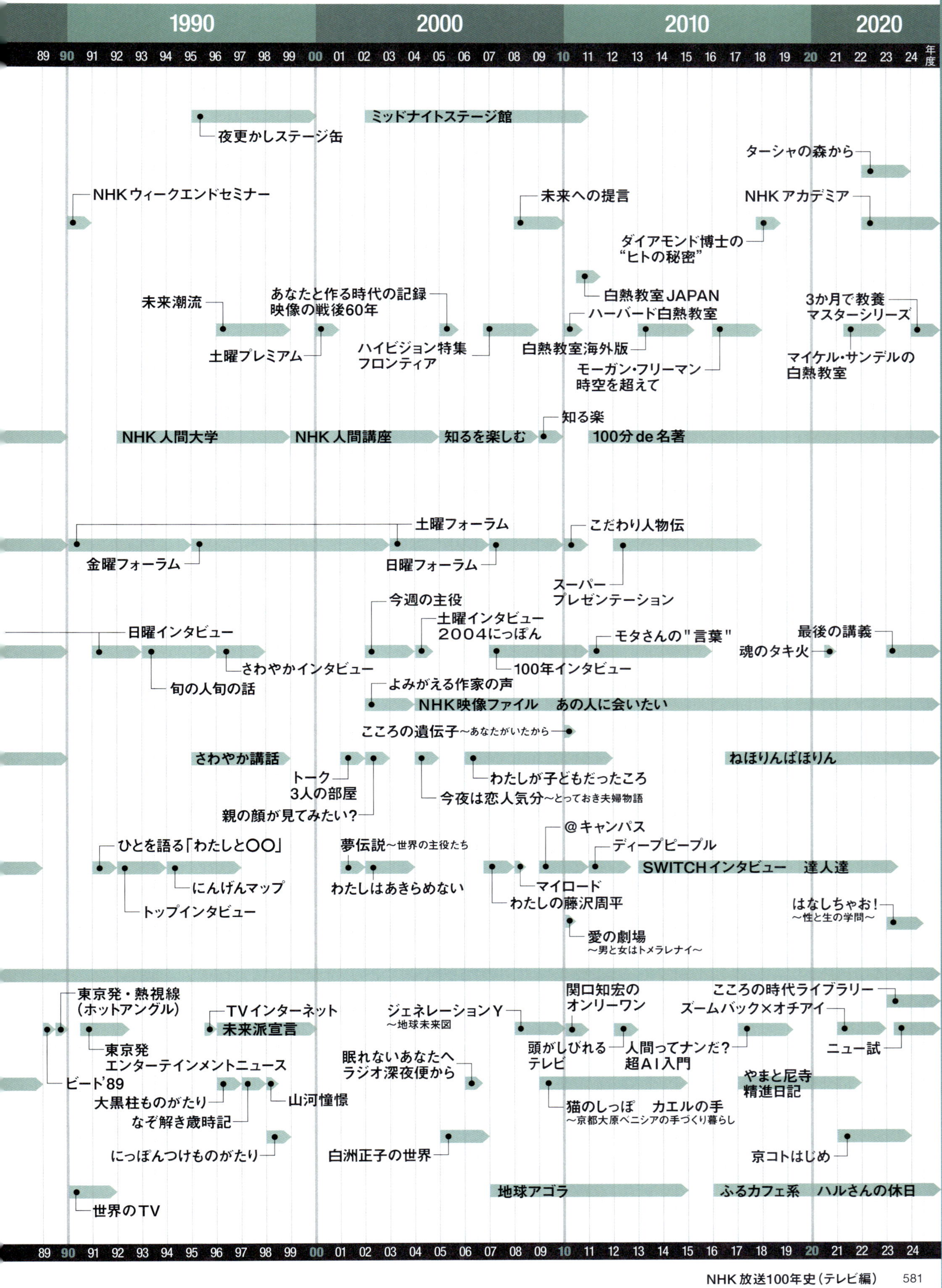

| 89 90 91 92 93 94 | 95 96 97 98 99 | 00 01 02 03 04 05 06 07 08 09 | 10 11 12 13 14 15 16 17 18 19 | 20 21 22 23 24 |

| | 1950 | | 1960 | | 1970 | | 1980 | |

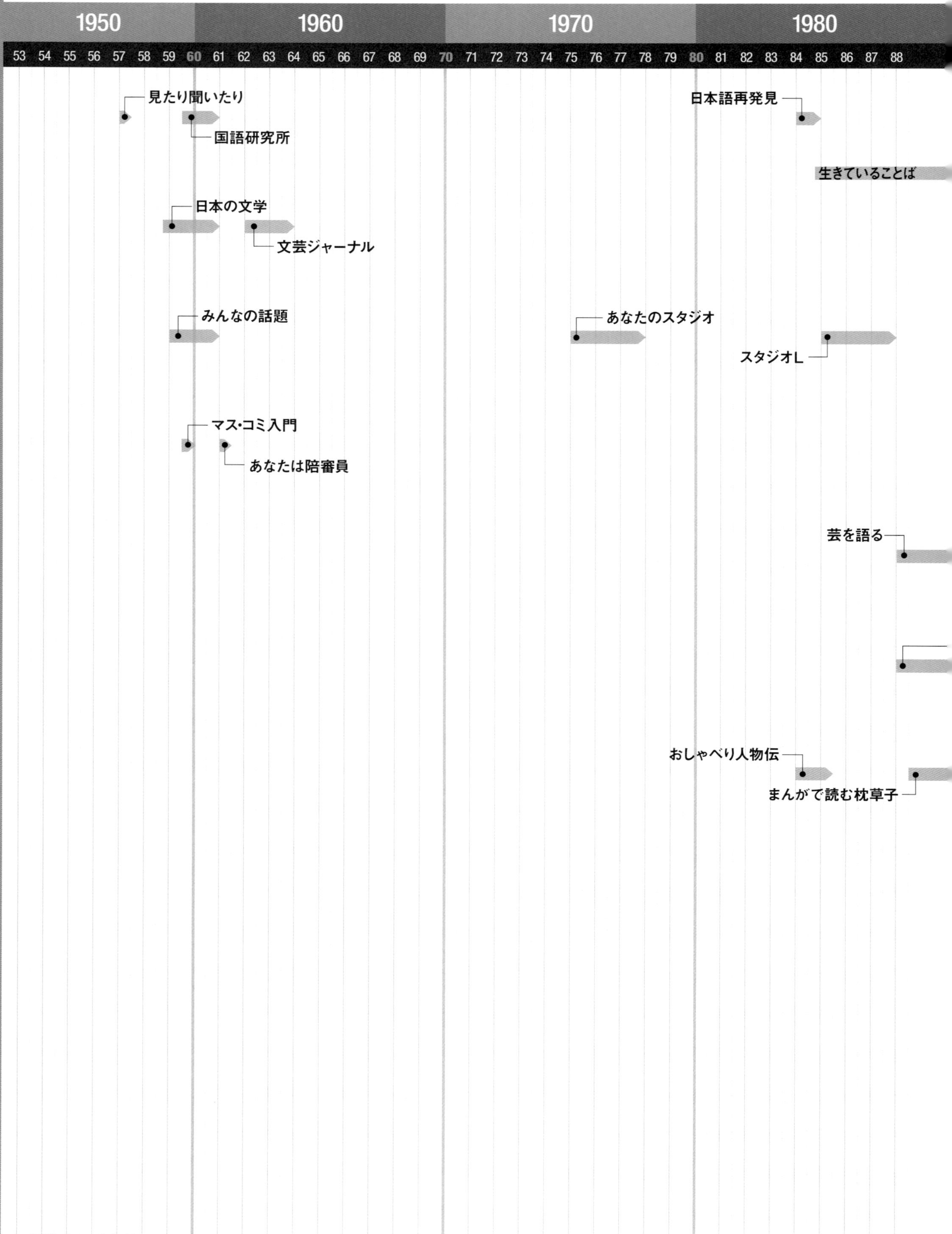

53 54 55 56 57 58 59 60 61 62 63 64 65 66 67 68 69 70 71 72 73 74 75 76 77 78 79 80 81 82 83 84 85 86 87 88

見たり聞いたり

日本語再発見

国語研究所

生きていることば

日本の文学

文芸ジャーナル

みんなの話題

あなたのスタジオ

スタジオL

マス・コミ入門

あなたは陪審員

芸を語る

おしゃべり人物伝

まんがで読む枕草子

01.ドラマ　02.クイズ・バラエティー　03.音楽　04.伝統芸能　05.ニュース　06.報道・ドキュメンタリー　07.紀行　08.教養・情報　09.自然・科学　10.こども・教育　11.人形劇・アニメ　12.趣味・実用　13.大型特集番組等

	1990		2000		2010		2020	
89 90 91 92 93 94 95 96 97 98 99	00 01 02 03 04 05 06 07 08 09	10 11 12 13 14 15 16 17 18 19	20 21 22 23 24	年度

ことばは変わる

ことばてれび

日本語歳時記
大希林

COOL JAPAN
～発掘！かっこいいニッポン～

カールさんとティーナさんの
古民家村だより

Begin Japanology

JAPANGLE

漢詩紀行

ふるさと日本のことば

みんなでニホンGO！
セカイでニホンGO！

日本語なるほど塾

ことばおじさんの
ナットク日本語塾

言葉にできない、
そんな夜。

平成世の中研究所

ふるさとの仲間たち

あぁ！言い違いすれ違い

BSおはよう列島
～ふるさと旅列車

爆笑問題の
ニッポンの教養

探検バクモン

漫画家イエナガの
複雑社会を超定義

木村多江の、
いまさらですが・・・

遠くにありて
にっぽん人

女神たちのカフェ

大人ドリル

はんさむウーマン

オモシロ学問人生

プライスの謎

所さん！事件ですよ
所さん！大変ですよ

35歳

達人たちの玉手箱

技～極める

びっくり
法律旅行社

グラン・ジュテ
～私が跳んだ日

カルチャー館

夢用絵の具
オトナの試験

つながるテレビ
＠ヒューマン

妄想ニホン料理

美輪明宏
愛のモヤモヤ相談室

ふるさとおもしろ博物館

ソクラテスの人事

ドラクロワ

ろんぶ～ん

BS週刊ブックレビュー

夏井いつきのよみ旅！

テレビ文学館

BSマンガ夜話

MAG・ネット
～マンガ・アニメ・ゲームのゲンバ

浦沢直樹の
漫勉neo

マンガノゲンバ

名作をポケットに

夢のつづき
わたしの絵本

ポエム

BSアニメ夜話

アニメギガ

理想的本箱
君だけのブックガイド

名作をテレビで読む絵本
朗読紀行
にっぽんの名作

名作平積み大作戦

まんがで読む古典

私の1冊 日本の100冊

星新一 ショートショート

みんなの2020
バンバン ジャパーン！

世界の絵本

週刊
手塚治虫

西洋アンティーク鑑定会

BS熱中夜話

路上ウォッチング

TOKYO EYE

写ねーる

ゲームゲノム

幻解！超常ファイル
ダークサイド・ミステリー

週刊お宝TV

ダークサイドミステリー

コンピュータ情報最前線

お宝TVデラックス

亀田音楽専門学校

すこぶるアガるビル

ユーミンの
SUPERWOMAN

又吉直樹の
ヘウレーカ！

ロッチと子羊

ザ・バックヤード
知の迷宮の裏側探訪

映画ほど！ステキなものはない

シネマの扉

世界の哲学者に
人生相談

ステージドア

佐野元春のザ・ソングライターズ

| 89 90 91 92 93 94 95 96 97 98 99 | 00 01 02 03 04 05 06 07 08 09 | 10 11 12 13 14 15 16 17 18 19 | 20 21 22 23 24 |

自然・科学

自然

01

週末朝の自然番組

テレビ開局から1年半後にスタートした『短編映画』は、NHKが16ミリフィルムで収めたテレビ用の記録映画だ。紀行ものやドキュメンタリー風のルポなど内容はさまざまだが、その中に「自然の動植物の記録」がある。1956年7月放送の「海底の散歩」では、魚介類の生態をユーモラスに描き、日本映画技術協会のテレビ映画技術賞を受賞。1957年6月放送の「水鳥の愛情」では、野鳥カイツブリの産卵から幼鳥に育てるまでの親鳥の様子を長期取材で描いた。

1959年1月に教育テレビが開局すると、『植物の生態』(4～6月)、『動物の生態』(7～12月)などの教育番組が始まる。

『植物の生態』(1959年度) → P592

『自然のアルバム』集音マイクで遠くの鳥の声を録音 → P592

秩父渓谷を車上から撮影(1960年) → P592

野鳥をフィルム撮影 → P592

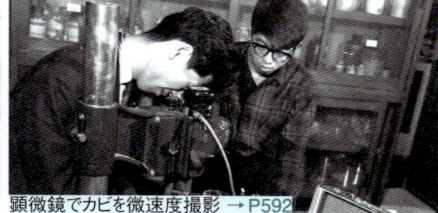

顕微鏡でカビを微速度撮影 → P592

『さわやか自然百景』(1998年度～) → P595

　NHK初の定時の自然番組は、『自然のアルバム』(1960～1984年度 ＊1985～1989年度にアンコール放送)である。総合テレビ日曜午後0時15分からの15分番組でスタートしたが、1961年4月からは月曜から土曜の午前7時台に放送していた教養ワイド番組『おはようみなさん』の土曜の1コーナーとなる。翌1962年4月、再び単独番組として日曜の午前8時台に移行。以後、週末の早朝番組として定着した。「タンチョウヅルの四季」(1962)、「富士」(1963)、「奥日光のシカ」(1964)など、自然界の現象や動植物の生態を日本の美しい四季の移ろいの中に記録。1966年度から一部カラー制作が始まり、1967年度からはすべてカラー放送となった。

　1965年から1966年にかけて、『自然のアルバム』の映像素材を集大成した特集番組『日本の自然』を放送。1968年5月、『日本の自然』は、月1回放送の定時番組となる。さらに特集番組『日本動物記』(1981～1988年度)へと引き継がれた。

　『自然のアルバム』の放送は25年の長きにわたり、後に続く自然番組の礎を築いた。

　『自然のアルバム』が放送を終えた8年後の1993年、『ふるさと自然発見』(1993～1997年度)が総合テレビ土曜午前6時台の10分番組で始まる。町の片隅や裏山など身近な自然とそこに生息する生きものたちを、それを見守る人々の努力や喜びとともに描いた。

　1998年4月、『さわやか自然百景』が日曜午前7時台に

スタート。四季折々に美しい姿を見せる日本各地の豊かな自然と、その環境が育む動植物の姿を紹介している。2017年度からは原則4K制作を行っている。

　日本の自然を描く朝の番組は、衛星放送にも広がりを見せた。『野鳥百景』(1996～1998年度)は、衛星第2で月曜から木曜放送の午前10時台の10分番組。1998年度からは土曜と日曜の午前6時台に移行した。2011年からはBSプレミアムの午前7時台に『ニッポンの里山　ふるさとの絶景に出会う旅』がスタート。人が手を入れながら維持する自然、里山を舞台に、生きものたちの営みと自然と共生する暮らしにスポットをあてた。2017年からはいち早く全編4K制作を実現、2019年度まで続いた。

『日本の自然』(1968～1970年度) → P592

『ふるさと自然発見』(1993～1997年度) → P594

『野鳥百景』(1996～1998年度) → P595

『ニッポンの里山　ふるさとの絶景に出会う旅』(2011～2019年度) → P470

自然

02

"百名山"シリーズと『グレートサミッツ』

　登山愛好家の愛読書の1つに深田久弥著「日本百名山」がある。衛星第2の『日本百名山』(1994年度)は、深田久弥の「日本百名山」を北から南まで訪ねる平日午後0時台の10分番組。番組の好評を受け、翌年には『花の百名山』(1995年度)も放送。作家田中澄江の「花の百名山」などの著作を踏まえた内容で、訪ねる山は『日本百名山』で紹介した高山とは異なり、視聴者が気楽に訪れることのできる低山や里山を選んだ。伊豆ヶ岳(埼玉)のアズマイチゲ、高尾山(東京)のスミレ、高松山(神奈川)のキブシなどを紹介した。

『にっぽん百名山』(2012年度〜) →P597

　2012年7月、タイトル表記をひらがなに変えて『にっぽん百名山』(2012年度〜)がBSプレミアムで始まる。毎回1つの百名山を、その山を知り尽くした地元ガイドの案内で登る30分番組だ。カメラは登山者の目線となって山頂を目指す。雄大な山の景色を楽しむとともに、山歩きの技術や注意点も伝えた。BS1では番組の短縮版『15分でにっぽん百名山』や、山の装備や技術の実用情報を伝える『実践！にっぽん百名山』も放送した。

　世界に目を向けるとBSプレミアムの『世界の名峰　グレートサミッツ』(2011年度)がある。世界最高峰のエベレストをはじめ、それぞれの地域の象徴としてそびえる名峰に挑む冒険紀行だ。第1回は「アルプスの聖なる頂〜オーストリア最高峰」。オーストリアの最高峰グロースグロックナー(3798メートル)に取材班の女性ディレクターが挑んだ。
　関連番組『世界の名峰　グレートサミッツ　エピソード100』は、山麓の自然、文化、歴史や生活など、それぞれの山のエピソードを10分で紹介するミニ番組。

03

総合テレビのゴールデンタイムを彩る自然番組

　1985年4月、『ウォッチング』(1985〜1988年度)が総合

『世界の名峰　グレートサミッツ』(2011年度) →P596

『生きもの地球紀行』(1992〜2000年度) → P593

テレビで午後6時からの30分番組でスタートする。動物たちの知られざる生態や決定的瞬間、長い時間経過の中での変化などを"ウォッチング(観察)"する新しいタイプの自然番組だ。1980年代に入り、それまでフィルム撮影だった自然番組はビデオに切り替わる。『ウォッチング』では超小型CCDカメラ、リモートカメラ、海中撮影用のいかだに取り付けた自走式カメラなど、各種の最新ビデオ機器を駆使して収録。番組キャスターをつとめたタモリならではの観察眼とユニークな表現で、動物たちの意外な"素顔"に迫った。翌1986年から、放送時間を午後7時30分から8時までのゴールデンタイムに移行。ファミリー向け番組として好評を得る。

『ウォッチング』(1985〜1988年度) → P593

　1989年4月、総合テレビ午後8時からの45分枠で『地球ファミリー』(1989〜1991年度)が新設される。地球上のすべての生きものは共に生きる"仲間"、地球の"ファミリー"であるという視点で構成。NHKでは初めての海外

取材を取り入れた定時放送の自然ドキュメンタリー番組だ。初年度は、キャスターをつとめた作家・景山民夫とゲストのトークを交え、生命のすばらしさ、地球のかけがえのなさを伝え、「カッコウ・子育てをやめた鳥の知恵」、「サケ大遡上(そじょう)・母なる川での生存競争」、「アフリカゾウ・母を亡くした象エドの物語」などを放送。動物写真家・岩合光昭の世界を紹介したシリーズも好評を得る。

『地球ファミリー』(1989〜1991年度) → P593

　『地球ファミリー』のあとを引き継いだのが『生きもの地球紀行』(1992〜2000年度)。自然番組に紀行的要素を取り入れ、地球規模の壮大なスケールで描いた企画が人気を集め、9年間にわたって放送された。「厳寒のシベリア・タイガの森に幻のヒョウを追う」「世界の屋根ネパール・ヒマラヤをツルの群れが越えた」「赤道直下のアフリカ・サバンナにライオン家族の姿を見た」など世界各地を取材し、貴重な自然の生態を克明に記録した。渡辺篤史、柳生博、宮崎美子らのナレーションや杉本竜一作曲のテーマ

自然

音楽も好評だった。2000年4月からは、世界で初めてすべての自然番組がハイビジョン化された。自然の生態を記録し保存研究することは世界共通のテーマでもあることから、この番組をきっかけに英BBC等海外放送局やプロダクションとの国際共同制作が積極的に進められ、NHK自然番組の国際的な評価が高まっていった。

『地球・ふしぎ大自然』（2001～2005年度）→ P595

『生きもの地球紀行』の後継番組『地球・ふしぎ大自然』（2001～2005年度）は、「なぜ洞窟に住むゾウがいる？」「なぜ1万匹の蛍が同時に発光？」「なぜ湖にクラゲが大発生？」などのテーマで、大自然と生きものたちの"ふしぎ"を最新の科学データやCG画像を駆使してひもといた。

2006年4月、総合テレビ日曜の午後7時30分に『ダーウィンが来た！生きもの新伝説』がスタートする。『NHKニュース7』終了後、大河ドラマまでの30分番組だ。ハイスピードカメラや動物の体に装着するカメラなど、最新の特殊機材を駆使した撮影や、1年間を超える長期取材などで、

テレビ初のスクープ映像や決定的瞬間を次々に紹介した。番組の案内役にCGキャラクター「ヒゲじい」を登場させ、視聴者の素朴な疑問や感想を代弁。コメントにダジャレもまじえて、親しみを演出した。2014年からは4K制作も行っている。

04
高精細な映像で描く
本格派自然番組

2009年3月30日、ハイビジョンで『ワイルドライフ』がスタートする。世界各地で繰り広げられる野生動物の生存をかけたドラマを、最新の撮影機材による長期取材でダイナミックに描いている。2011年からはBSプレミアムで放送、

『ワイルドライフ』（2009年度～）→ P596

世界初撮影！カマキリが鳥を狩る
昆虫最強ハンターの知られざる秘密

ダーウィンが来た！

『ダーウィンが来た！生きもの新伝説』（2006年度～）→ P596

『NHKスペシャル　ホットスポット　最後の楽園』（2010〜2011・2014〜2015・2019〜2020年度）→P922

2014年からは4K制作も進めている。

2016年から試験放送が始まった8Kは高精細で臨場感あふれる映像が最大の特徴であることから、自然番組にもいち早く導入し制作に取り組んできた。『8Kで体験！牧野植物ふしぎ図鑑』(2016)を皮切りに、『北米イエローストーン　躍動する大地と命』(2018)、『南米イグアスの滝　アマツバメ舞う水と緑の楽園』(2018)、『奄美の海　奇跡のサンゴ礁』(2018)と続き、自然番組ならではの魅力を存分に発揮した。

05

海外へ羽ばたく NHKの自然番組

『ウォッチング』をはじめ、『生きもの地球紀行』、『ダーウィンが来た！生きもの新伝説』、『さわやか自然百景』などの自然番組は毎年英語版も制作されて国際展開され、長年、海外で多くの人々に視聴されてきた。

一方で、衛星第1の『野生の驚異』(1995年度)、教育テレビの『地球ロマン』(1995〜1998年度)、『地球ドラマチック』(2004年度〜)などは、世界各国で制作された自然ドキュメンタリーを紹介する番組だ。

2000年に教育テレビで放送された『アッテンボローの鳥の世界』は、イギリスの著名な自然番組制作者のデビッド・アッテンボローが制作した自然ドキュメンタリーの大作。多種多様な鳥の生態を、南極からジャングルまで42か国に取材し、最新鋭の撮影技術を駆使してとらえた。10回シリーズを5話ずつ7月と12月に放送した。

海外放送局、制作者との交流は、英BBC制作『いきいき大自然　生きものたちの地球』(1985)の放送などにより始まり、米英での自然番組コンクールなどを通じて継続的に深められてきた。やがて総合テレビゴールデンタイムの大型国際共同制作番組シリーズへと発展していく。

特集番組『アジア　知られざる大自然』(1999〜2001年度)は、ニュージーランドのテレビ局と国際共同制作した10回シリーズ。地上でもっとも変化に富んだ自然環境があるアジアの生きものたちの多様な生態を、シベリア北極圏からモンゴル、中央アジア、東南アジアの熱帯雨林にまで取材して描いた。その後ニュージーランドとの共同制作は、『赤道・生命の環』シリーズ(2005年度・2008年度)、『NHKスペシャル　ホットスポット　最後の楽園』(2010〜2011年度シーズンI、2014〜2015年度シーズンII、2019〜2020年度シーズンIII)へと続いている。

自然

また、BBC等との国際共同制作では、『NHKスペシャル　プラネットアース』（2006年度〜）を実現。超小型防振雲台を駆使した空撮などを交えて地球規模で生きものの生態を多角的に捉え、視聴者を驚かせた。さらに、続編として『NHKスペシャル　プラネットアースⅡ』（2016〜2017年度）、『NHKスペシャル　プラネットアースⅢ』（2023〜2024年度）も制作された。

『NHKスペシャル　プラネットアース』（2006年度〜）
ナビゲーター・緒形拳 →P920

国際共同制作は年を追うごとに深まりを見せ、BBCとのイコールパートナーで制作した『ワイルドジャパン』（2015年度）、イギリス・オックスフォードサイエンティフィックフィルムズと制作した『ワイルドライフスペシャル　ワイルド東京』（2020年度）など、NHKの持つ制作力が国際的にも評価される契機となった。

さらに国際共同制作で、撮影不可能とされてきた巨大生物をとらえることに成功。2013年1月放送の『NHKスペシャル　世界初撮影！深海の超巨大イカ』はアメリカ・ディスカバリーチャンネルとの国際共同制作で、最新の小型潜水艇を用いて小笠原沖の深海1000メートルに潜り、史上初めて深海に生きるダイオウイカを目撃。その映像は世界中を驚かせた。深海のシリーズは、『NHKスペシャル　シリーズ ディープオーシャン』（2015年度〜）へと続き、その後も8Kで撮影するなど挑戦が続いている。

NHKが制作する高品質の自然番組はこれまで数々の国際コンクールで受賞してきた。なかでも『NHKスペシャル　映像詩　里山　命めぐる水辺』（2004）は、世界で最も歴史ある国際番組コンクールのひとつ、イタリア賞を受賞した。また『NHKスペシャル　世界初撮影！深海の超巨大イカ』（2013）は、世界最大級の国際自然番組コンクールであるイギリス・ワイルドスクリーンで受賞した。

『NHKスペシャル　映像詩　里山　命めぐる水辺』（2004年）→P920

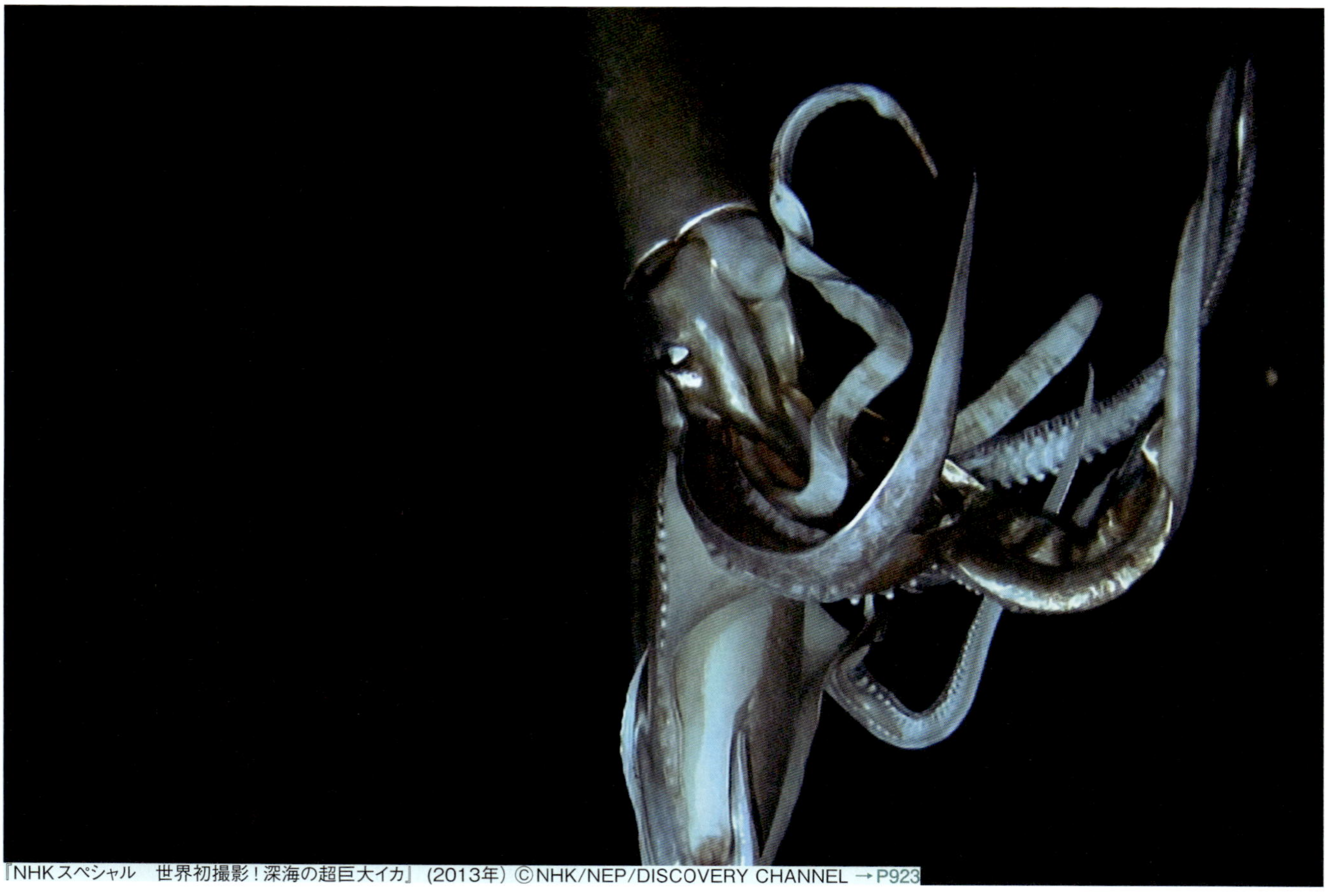

『NHKスペシャル　世界初撮影！深海の超巨大イカ』（2013年）©NHK/NEP/DISCOVERY CHANNEL →P923

『体感！グレートネイチャー』（2011年度〜）→ P596

06

衛星放送が伝える
地球の大絶景

　『地球に好奇心〜BSカルチャー・ドキュメント』（1998〜2003年度 ＊1999年より『地球に好奇心』に改題）は、衛星第2の自然ドキュメンタリー番組。世界各地の自然や文化を対象に、科学や歴史の謎解きから秘境の探検まで、幅広いテーマを雄大なスケールで描いた。初年度の自然紀行ものでは「大地が裂ける灼熱の大塩湖をゆく」「砂漠に消える大河・謎のタリム川2000キロをゆく」「追跡！謎の蝶オオカバマダラ」「恐竜化石の宝庫ゴビ砂漠を行く〜モンゴル・発掘調査隊の40日」などを放送。

　BSプレミアムの『体感！グレートネイチャー』（2011年度〜）は、土曜午後7時から90分枠で放送する大型自然番組。"これまで見たこともない驚異の大自然を体感する"をキャッチフレーズに、ハイビジョンの高画質・高音質を駆使して、「地球の鼓動」「躍動する大地」「神秘の自然現象」などを世界に取材した。

『地球に好奇心』（1998〜2003年度）→ P479

　第1回放送の「オーロラ爆発を追え！〜カナダ極北神秘の光」（2011）から始まり、「タスマニア10億年の神秘〜オーストラリア　赤い海と幻の森」（2014）、「探検！密林の下の巨大迷宮　マレーシア　ボルネオ島」（2016）、「戦慄！気温差100度の大絶景〜ロシア・サハ」（2018）ほか、地球の"奇跡の絶景"を圧倒的な臨場感でとらえた。番組を29分サイズに再構成した『驚き！地球！グレートネイチャー』（2011年度〜）も随時放送した。

1950年代

動物ものがたり　1958～1959年度

動物と人間の関係性をテーマに、動物の生態や飼育の現場を見つめた番組。家族で楽しめる内容で、都立多摩動物公園初代園長を務めた林寿郎が撮影したフィルム映像を中心に、さまざまな動物たちの生態をわかりやすく紹介した。テーマは「猛獣を飼う」「むちと愛情―動物の訓練」「極地の動物」など。教育（土）午後7時からの30分番組。教育テレビ開局直後の1959年1月にスタートし6月末まで放送。

植物の生態　1959年度

多様な植物の生態について、専門家の解説で理解を深めた。テーマは「発芽の力」「根と茎のはたらき」「葉のはたらき」「花」「カビの世界」「細菌のいろいろ」「熱帯植物」「高山植物」など幅広い。解説には植物生理化学者の服部静夫（東京大学教授）や、微生物学者の中村浩（共立女子大学教授）といった研究者たちが登場し、わかりやすく解説した。教育（月）午後8時からの30分番組。4～6月に放送。

アフリカの動物

アフリカの動物　1959年度

有名なハンターで写真家のジョージ・マイケルが、家族とともにアフリカ各地を旅し、動物の生態や自然だけでなく現地の人々の風俗なども収めたドキュメンタリー番組。フィルム原音を随時生かしながら、音楽やナレーションを加えて編集。総合（日）午前10時30分からの30分番組。4～9月に全18回を放送した。

テレビ昆虫記　1959年度

昆虫の珍しい生態を、フィルム映像で見ながら専門家が解説する青少年向け番組。解説は昆虫学者の古川晴男（東京学芸大学教授）。身近な虫たちの姿を「庭のかたすみで」「名づけて　こん虫」「雑木林のなかで」「虫を飼う」「虫の一生」などのテーマで伝えた。教育（土）午後7時からの30分番組。

動物の生態　1959年度

『植物の生態』（1959年度）の後を受けて始まった、動物の生態を解説する教養番組。横須賀市博物館の柴田敏隆がレギュラー司会を務め、動物の多様な生態について紹介した。「動物の生活」「動物の適応」「色彩と擬態」「夜行性と昼行性」といったテーマを取り上げた。教育（月）午後8時からの30分番組。7～12月に放送。

1960年代

自然のアルバム　1960～1984年度

自然界の現象、動植物の生態を、日本列島の美しい四季のなかで風物詩的にとらえたNHK初の自然番組。美しい名峰や景勝地においては、見過ごされがちな小さな自然の風景を、季節の機微を盛り込みながら紹介した。初年度は総合（日）昼の15分番組でスタートし、1962年より日曜朝の番組となる。1984年度で放送を終了するが、1985年度より教育と衛星第2でアンコール放送を開始し、1989年度まで放送。

東南アジアの自然をたずねて　1961年度

東南アジアの特徴的な動物、植物、自然環境を、生態学的な視点で記録した自然番組。インドネシア、ビルマ（現ミャンマー）、インド、セイロン島（現スリランカ）といった地域で3か月にわたり独自取材を重ね、「自然環境と生物」「火山の島ジャワ」「密林の小動物」「カリマンタンの大湿原」「南インドの高原」といったテーマで、1962年1月から3月にかけて全13回で放送した。総合（金）午後9時からの30分番組。

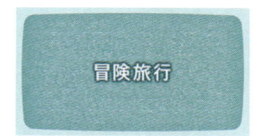
冒険旅行

冒険旅行　1962～1964年度

米国人探検家が「冒険」する姿に密着したファミリー向けの自然番組。紹介したテーマは「アコンカグアに挑む」「カトマンズ紀行」「動物の王国」「神秘の滝エンジェル・フォール」ほか。総合（日）に放送された20分番組。

日本の自然　1968～1970年度

生物の生態を中心に、環境や人間生活との関係でとらえる自然記録番組。『自然のアルバム』（1960～1984年度）をいくつかのテーマに分けて集大成した『自然のアルバム長編記録「日本の自然」』を、1964年12月から4本を放送。1965年度に『日本の自然』と改題し、年間3本程度を特集番組として不定期に放送。1968年度よりファミリー向けにアレンジし、総合で月1回土曜の午後7時30分からの30分番組で定時放送を開始した。

1980年代

ミクロの世界　1980～1989年度

顕微鏡下に見られる不思議な世界を、美しくまた新鮮な映像と高度な抽象音響でつづる5分番組。1980年3月に第1回を放送。1980年9月より教育（火・木）午後0時50分で定時放送。

野の花歳時記　1984〜1986年度

ふと立ち止まった道端に咲く野の花、山の花をすがすがしいVTR映像と童謡で構成し、"季節の句読点"として描く3分番組。初年度は総合・衛星（月〜日）午後11時54分に『ふるさとのうた』（1984年度）と隔週で放送。1985年度以降は総合・教育・衛星で随時放送。

ウォッチング　1985〜1988年度

大自然と生きものたちが持つ美しさ、不思議さ、決定的瞬間などを、「ウォッチング（見る・みつめる・見つづける）」する自然観察番組。キャスターを務めたタモリの観察眼や素朴な疑問が、番組を親しみやすいものにして視聴者をひきつけた。初年度は総合午後6時からの29分番組で、少年少女対象の時間帯でスタート。翌1986年より（火）午後7時30分からのファミリー向け番組となる。1985・1986年度は衛星第1でも放送。

サテライト・アイ　1985年度

地上およそ700キロの宇宙から地球表面を観測し続けている人工衛星ランドサットがとらえた鮮明な画像で、日本各地を訪れる3分番組。四季の変化、海岸線の形、都市の姿、森林の様子など、横幅185キロという広範囲を観測し、かつ地上にある30メートルのものまで識別する高解像力を駆使して、コンパクトな放送時間内に豊富な情報を盛り込んだ。総合・衛星（月）午後8時45分ほかで放送。

ふるさとの富士　1985〜1996年度

各地に散在する"○○富士"とよばれる"おらがふるさとの富士"の姿を美しい映像と音楽で紹介する3分番組。総合と衛星第1で放送。

自然みつけた　1986年度

『自然のアルバム』（1960〜1984年度）で、長年にわたり蓄積された映像を再構成した10分のミニ番組。自然音と音楽をステレオで楽しむ構成で、ナレーションは使わずに最低限の情報を字幕で挿入した。「渓流に生きる」「北国の草原」「田園にうたう」などのテーマで、年間15本を放送した。総合・衛星第1（火）午後5時15分からの10分番組。

黒部峡谷　1988〜2006年度

日本有数の大峡谷・黒部峡谷の大自然の姿を四季折々の風物とともに描く。5分番組『秘境・黒部峡谷』、10分番組『黒部峡谷の夏』ほか、20分番組『黒部峡谷　源流の旅』を随時放送。

自然のたより　1989年度

日本の代表的な自然の風景を、季節の鳥や昆虫、植物などの観察ガイドを交えて構成する肩のこらない自然番組。『自然のアルバム』（1960〜1984年度）など、これまでNHKが蓄積してきた自然の映像記録を、新しい知見や考え方で再構成した。テーマは「クマノミ誕生　伊豆諸島の海」「お花畑をゆく　日本アルプスの夏」「夜の砂浜　海ガメの産卵」など。総合（月）午前6時15分からの15分番組。

地球ファミリー　1989〜1991年度

地球上の生きものは「みんな家族」というコンセプトのもとで、生きものたちの姿をとらえ、かけがえのない地球を感じてもらう自然ドキュメンタリー番組。大自然とそこに暮らす生きものたちの美しさや驚きの生態などを科学的にとらえ、物語性豊かに紹介した。キャスターは景山民夫（作家）。総合（月）午後8時からの44分番組。

花の自然誌　1989年度

1990年開催の「国際花と緑の博覧会」関連番組。亜寒帯から亜熱帯に至る日本列島の自然の豊かさを、多彩な植物の美しさや営みを通して伝えた。テーマは「タンポポ　路傍の生存戦略」「カンゾウ　佐渡の夏を彩る」「北岳のお花畑　南アルプス」「コマクサ　高山の貴婦人」ほか。総合（日）午前6時35分からの20分番組。

1990年代

緑のワンダーランド　1990年度

1990年開催の「国際花と緑の博覧会」にちなみ、花や緑の美しさ、人の暮らしと植物の深い関係性などをグローバルな視野で探った番組。会場とむすんだタイムリーな情報を紹介した「花の万博便り」、世界の植物の多様性やその驚異の生態を見つめた「緑の旅人」、世界の特色ある植物園をリポートする「世界の植物園めぐり」などのコーナーで構成。総合（日）午前6時30分からの25分番組。

地球たいせつに　1990年度

地球汚染の現状を伝え、原因と対策を紹介する地球環境保護キャンペーンの5分番組。10本を制作し、総合と教育で放送。

生きもの地球紀行　1992〜2000年度

世界各地に未知の大自然を訪ね、そこに暮らす生きものたちの姿をスケール豊かに描く自然紀行番組。世界の秘境を訪ねる旅を楽しみながら、ダイナミックな自然の営みと動物や昆虫、魚といった多彩な生物の姿を紹介。また、日本各地の身近な自然とそこに暮らす生きものたちの生態にも迫った。総合（月）午後8時からの44分番組。ナレーションは柳生博、渡辺篤史、宮崎淑子（現・美子）ほか。

自然 ｜ 定時番組

地球にコンタクト　1992年度
世界の科学技術の最先端の現場や、激変する世界の環境問題とそこで暮らす生きものたちの生態などを、子どもたちにわかりやすく取り上げた自然科学番組。米・CTW制作。「ふしぎ大陸オーストラリア」「カリブ海の巻き貝」「南極の仲間たち」「走れ！ロボット」「シャボン玉はなぜ丸い？」「ゴミはなくならない」など、幅広いテーマで放送。教育(金)午後6時からの29分番組。1993年1〜3月放送。

自然紀行　1993年度
「ラストフロンティア」「アクアベンチャー」など、雄大な大自然の美しさと厳しさを伝える海外放送局制作の紀行ドキュメンタリー番組。衛星第2(土)午前11時30分からの25分番組で全25回を放送した。

ふるさと自然発見　1993〜1997年度
日本の里山がはぐくむ四季折々の風景とそこに生きる動物たちの姿を織り交ぜながら、身近な自然を発見する喜び、自然と触れ合う楽しさ、貴重な自然を守ることの大切さをメッセージする自然番組。テーマは、「奥多摩の渓流に生きる」「イヌワシ大空に舞う」「テンのすむ山」「ライチョウが恋する季節」など。総合(土)午前6時15分からの10分番組。月1回ハイビジョン一体化制作を行った。

日本百名山　1994年度
中高年の登山がブームとなっている。その人々の必携本ともなっている深田久弥の随筆「日本百名山」で紹介されている山々を、北から南まで訪ね、その美しさと自然の雄大さを紹介した10分間の自然紀行番組。山の風景とともに「日本百名山」からの一節を交えて、1回の放送につき1山の魅力を登山者目線で伝えた。ナレーションは相川浩アナ。衛星第2で前期は(月〜金)午後0時50分から、後期は(月〜木)午前10時からそれぞれ放送した。

動物紀行　1994年度
アメリカ、オセアニアなどに生息する珍しい野生動物の生態を追った海外放送局制作の動物ドキュメンタリー番組。これまで生態が明らかになっていなかった珍しい鳥類やほ乳類、有袋類がふんだんに登場。テーマは「フラミンゴ 最後の群舞」「ペンギン 南極大陸の夏」「珍鳥カカポ 飛べないオウム」など。語りは仲村秀生。衛星第2で前期は(土)午前8時から、後期は(月〜木)午前10時30分からそれぞれ30分で放送。

にっぽん花物語　1994〜2001年度
四季折々、さまざまな花が咲き乱れる日本列島。各地の花の名所を訪れ、花の美しさと魅力を紹介する2〜5分番組。初年度は20本を制作。

地球ロマン　1995〜1998年度
青少年を対象に、世界各国の放送局が制作した地球の息吹を感じさせるドキュメンタリー番組の数々を紹介。異なる文化の営みや人々の習慣、大自然に生きる珍しい動物たち、まだ見たことのない秘境の土地など、"ロマン"に満ちた地球の姿を描き出した。「生きものビジュアル図鑑」「氷のワンダーランド（南極）」「南の海の贈りもの」「極北を行く」などのテーマで放送。教育(水)午後6時50分からの25分番組。

野生の驚異　1995年度
世界各国に生息する珍しい野生動物の生態や、南極、北極などの未踏の地の探索など、世界の全域をカバーした自然ドキュメンタリーシリーズ。「南極大陸 酷寒の海底・活火山火口を行く」「サンゴ礁は大宇宙 グレートバリアリーフ」「巨大クジラの群れる頃 アラスカ湾」「ジャッカル 草原の狙撃手」などのテーマで放送。語りは仲村秀生。衛星第1(土)午後5時からの55分番組。

植物ふしぎ旅　1995年度
環境に応じて巧みな進化や成長をとげる知られざる植物の不思議を映像化した自然番組。「海を渡った春告げ花―水仙」「列島を覆う美林―杉」「列島の春を染める花―さくら」「海に挑む木―マングローブ」「美しい木の秘密―トドマツ」など45本を放送。衛星第2(金)午前6時35分からの25分番組。

四季・にっぽん　1995年度
四季とともに移り変わる風景を季節ごとのテーマに分け、シリーズ編成して伝える10分のVTR構成番組。日本の豊かな四季と、折々の郷土の自然を歳時記的に紹介した。シリーズタイトルは「さくら」「新緑」「祭り」「実り」「紅葉」「冬景色」など。衛星第2(月〜金)午前5時からと午後1時45分からの1日2回放送。

花の百名山　1995年度
『日本百名山』（1994年度）放送後の反響を受けて制作された「百名山」シリーズ。作家・田中澄江の随筆集「花の百名山」を踏まえながら、花にまつわる他の著作も参考に制作。『日本百名山』で紹介した高山だけではなく、里山といわれるような低山も訪れ、四季折々に咲く美しい花々を追った。「高水山 マンサク」「伊豆ヶ岳 アズマイチゲ」「三毳山 カタクリ」ほか。衛星第2毎日放送の10分番組。

わくわく動物園　1995〜1999年度
全国の動物園や水族館をめぐる5分番組。特に親子のふれあいやユーモラスなしぐさといった普段あまり目にすることのないシーンを中心に紹介した。1995〜1998年度は教育(月〜土)で、1999年度は衛星第2(月〜木)で放送。

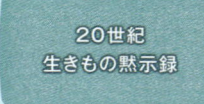

20世紀・生きもの黙示録　1995〜1996年度
人間が本格的に自然の研究を始めた17世紀以来、地球上から姿を消した動物は約590種類。そのうち約200種類が20世紀に入って絶滅したという。20世紀に絶滅した動物たちを取り上げ、人間の無知や無関心、欲望を描き出す5分番組。衛星第1で初年度は(月〜金)午前10時45分から放送。

野鳥百景　1996〜1998年度

大自然の中、大空を舞う美しい鳥たち、澄んださえずりを谷間に響かせる鳥たちなど、日本の野鳥を網羅した映像による「日本野鳥図鑑」。タンチョウ、カワセミ、オオワシ、ハクセキレイなど、毎回１種類の鳥を10分で紹介する。ナレーションは加賀美幸子アナウンサー。衛星第2(月〜木)午前10時50分と午後８時50分の２回放送（初年度）。

さわやか自然百景　1998年度〜

日本各地の自然風土とそこで育まれる生きものたちの姿を見つめる15分の自然紀行番組。各地に根差した多彩な動植物の生態や、四季折々に変化を見せる自然の情景を日本各地に取材。放送開始以来、総合(日)午前７時45分からの15分番組で変わらず放送を続けている。BSプレミアム、BS4Kでも放送。

冒険への招待　1998〜1999年度

ニュージーランド、イギリス、カナダ、アメリカなど各国で制作したドキュメンタリー番組で、絶滅への道をたどる動物たちの現状を伝えるとともに、動物と人間の共存を考える。野生動物たちの姿を迫力の映像でつづる「アニマル・アドベンチャー」シリーズや、冒険者たちが未開の地に挑んだ「20世紀の挑戦」シリーズなどを放送。衛星第1(月〜金)午後９時30分からの19分番組。

どうぶつ家族　1999年度

『生きもの地球紀行』（1992〜2000年度）をはじめとするNHKの自然番組の資料映像の中から、世界中の動物の「家族」が見せるユニークな生態を選び出して再構成。野生動物の求愛行動、子育て、子どもの独立、縄張り争いなど、人間と変わらぬ家族のドラマを描いた。総合(日)午前11時44分からの10分番組。

2000年代

アッテンボローの鳥の世界　2000年度

英国を代表する著名な動物学者・植物学者で自然番組制作者のデビッド・アッテンボローが、最新鋭の撮影技術を駆使して制作した自然ドキュメンタリー大作。多種多様な鳥の生態を、南極からジャングルまで世界42か国に取材し、貴重な鳥の映像の撮影に成功した。教育(土)午後８時からの50分番組で、７月に５話、12月に５話の全10話を放送。原題：「The Life of Birds」（1998年・イギリスBBC制作）。

日本の森　2000〜2002年度

日本列島に広がる多様な森林、人々の暮らしが育んだ里山、花々が咲き乱れる湿原、畏敬の念を抱かせる巨樹や原生林など、日本の植生の魅力を紹介した。衛星第2(月)午後11時50分からの10分番組。2001年２月から2002年12月まで放送。

山川草木　2000〜2014年度

時間の流れの中で自然が変化していく様を、一点凝視のスタイルで描き出す。ナレーションを排し、音声は番組用に作曲された音楽と自然音だけで構成するハイビジョンの５分番組。初年度は(月〜金)午前10時55分ほかで放送。

地球・ふしぎ大自然　2001〜2005年度

極寒の地から熱帯まで、また高山から深海まで地球がはぐくむ自然の姿や生きものたちの命の不思議に、極めつけの映像で迫る自然番組。貴重な記録映像に加えて最新の科学データやCG画像を総動員し、「ふしぎ」を丹念にひもといた。ナレーションは小泉今日子、草彅剛、上川隆也ほか。総合(月)午後８時からの43分番組。

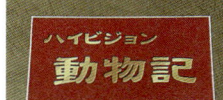

ハイビジョン動物記　2001年度

NHKが蓄積している世界各地の動物たちの生態を記録したハイビジョン映像を活用した映像図鑑。多様な生きものの生態や行動を動物の種ごとに簡潔にまとめて紹介した。ハイビジョン(日)午後10時50分からの10分番組。

さわやか自然百景セレクション　2003〜2004年度

日本各地の自然とそこに暮らす生きものたちの姿を紹介しながら、日本の自然の豊かさと大切さを伝える番組『さわやか自然百景』。1998年の放送開始から2002年度までに制作した250本を超える番組の中から、季節や地域などのテーマに沿って「セレクション」をハイビジョンで編成した。2004年度は『さわやか自然百景特選』と改題し、「セレクション」と新作を組み合わせて放送。

アジア自然紀行　2004年度

「極北に生きるシロクマ〜ロシア」「亜熱帯の森の家族 タイワンリス〜台湾」「湿原に舞うタンチョウ〜北海道・釧路湿原」「幻のランの咲く森〜マレーシア・ボルネオ島」など、幅広くアジア各地の自然環境とそこに生きる貴重な動物や植物をハイビジョン映像で紹介した。ハイビジョン(土)午後８時45分からの10分番組。

オセアニア自然紀行　2004〜2005年度

ポリネシア・メラネシア・ミクロネシア諸島とオーストラリア大陸、ニュージーランドなど、南太平洋に位置する自然豊かなオセアニア各地の自然環境と、そこに生きる貴重な動植物を紹介するハイビジョンの10分番組。

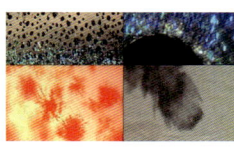

ミクロワールド 2004年度〜

顕微鏡を使って拡大していくと突然開ける意外な世界。ミクロの視点で初めて見えてくるさまざまな形、色彩、仕組み、秩序の世界を、2004年度に配備されたハイビジョン顕微鏡カメラの機能を駆使して、美しく鮮明な画像で描く5分番組。初年度は教育(土)午後7時45分、ハイビジョン(日)午後6時45分に放送。

アフリカ自然紀行 2005年度

豊かな大自然に恵まれ、熱帯地域が育んだ固有の種が残るなど、魅力にあふれるアフリカ各地の自然環境と、そこに生きる貴重な動物や植物を紹介するハイビジョンの10分番組。2005年度前期に放送した『オセアニア自然紀行』(2004〜2005年度)に続いて後期に放送。

週刊 日本の名峰 2006〜2009年度

全国の視聴者から募集した「おすすめの山」の結果を受けて、富士山、槍ヶ岳など日本を代表する山を、登山ルートに沿って紹介したハイビジョン特集『日本の名峰』(2006〜2010年度)。花や空撮映像に四季折々のダイナミックな風景を織り込んだ番組への再放送の要望が多かったことから、改めて1回に一つの山をじっくり紹介する『週刊日本の名峰』を放送した。ハイビジョンと衛星第2で放送した20分番組。

ダーウィンが来た!生きもの新伝説 2006年度〜

前人未踏の秘境から日本の里山、都市の街路樹、庭先といった身近な自然まで、自然の中の生きものたちの"新伝説"を発掘するファミリー向け自然番組。最新撮影機材をフル活用して撮影したスクープ映像を楽しむとともに、CGキャラクター「ヒゲじい」が視聴者目線の素朴な疑問を代弁。幅広い世代に親しまれる長寿番組になっている。総合(日)午後7時30分からの29分番組。2019年度より『ダーウィンが来た!』に改題。

ネイチャースペシャル 2008年度

雄大な大自然や動植物の生態、大自然に暮らす人々など、ハイビジョンならではの映像で制作された過去の番組をセレクトして放送するアンコール放送枠。主に『ハイビジョン特集』から厳選し、「プラネットアース」(11回)、「南極」(4回)、「シリーズ 天涯の地に少年は育つ」(7回)、「世界里山紀行」(3回)、「世界自然遺産を行く」(4回)などを放送。ハイビジョン(日)午前10時からの2時間枠。

はろ〜!あにまる 2008〜2011年度

世界中に生息するおよそ5000種のほ乳類の魅力と生態を1回10分、(月〜金)で年間240本を放送。1年間通してみることで「連続TV動物図鑑」となる構成。ハイビジョンと衛星第2でスタート。2009年度は教育で10分版を放送し、ハイビジョンでは5回分をまとめた50分番組とした。番組でCGキャラクター「ダーウィン博士」(声：高橋英樹)が動物たちの特徴を楽しく紹介した。

ワイルドライフ 2009年度〜

ハイスピードカメラや超高感度カメラ、水中カメラなどの最先端の撮影機器を使って"自然の素顔"を映し出す本格的自然番組。長期密着取材することで初めて浮き彫りになる、動物たちの感動のドラマや地球の鼓動を描き出す。第1回はハイビジョンの午後8時台『プレミアム8』枠で90分の大型番組でスタート。2011年度からBSプレミアムで『ワイルドライフ』として放送。

2010年代〜

体感!グレートネイチャー 2011年度〜

"これまでにみたこともない驚異の大自然を体感する"をキャッチフレーズに、地球の鼓動や極限の地ならではの自然現象を、ハイビジョンの高画質・高音質を駆使して紹介する。「潜航!深海のオアシス」「オーロラ爆発を追え カナダ極北 神秘の光」「エチオピア大横断 地球3000万年の鼓動に迫る」など、地球のダイナミズムを余すところなく伝える。BSプレミアムの90分枠。

世界の名峰 グレートサミッツ エピソード100 2011〜2012年度

世界各地に地域の象徴としてそびえる名峰、それぞれの山のエピソードを通して紹介するミニ番組。アルプスのモンブランやマッターホルン、北米マッキンリー、アフリカのキリマンジャロなどについて、山麓の自然や文化、歴史や生活、実際の登山などのエピソードを伝えた。BSプレミアム(月〜金)放送の10分番組。2012年度は総合でも(火〜木)で放送。

驚き!地球!グレートネイチャー 2011年度〜

迫力のハイビジョン映像で、大自然の驚異に迫る『体感!グレートネイチャー』(2011年度〜)の再構成29分版。「躍動する大地の姿」や「神秘の自然現象」など、"驚きの大自然"を3つのコーナー仕立てでコンパクトに紹介した。BSプレミアム(火)午後7時30分からの29分番組。

世界の名峰 グレートサミッツ 2011年度

世界各地のシンボルとしてそびえ立つ名峰の数々に挑む冒険紀行。2010年度にハイビジョン『プレミアム8』枠で放送した「グレートサミッツ」シリーズを定時化。世界最高峰のエベレストをはじめ、オーストリア、モンゴル、台湾の最高峰から、パタゴニア、カナディアンロッキーなどの山々。圧倒的な山の迫力や美しさを伝えると同時に、山麓の自然や文化に触れて名峰の魅力を掘り下げた。BSプレミアム(土)午後7時からの89分番組。

あにまるワンだ〜 2012年度

親子で楽しむデイリーの自然番組。野生の生きものたちの走る速さや美しさなど、さまざまな切り口から見た「ナンバーワン」を誇る動物が登場。それらの生態を番組の公式アニメキャラクター、「ワンダロー」と「ソーラ」のやり取りを通してわかりやすく伝える。声の出演は水樹奈々、渡辺智美。BSプレミアム(月〜金)午後6時45分からの15分番組。

グレートサミッツ　2012年度

世界それぞれの地域の象徴としてそびえる「グレートサミット」を訪れる山岳紀行。スイスのアイガー、アメリカのヨセミテなど、それぞれの頂へのアタックを中心にコンパクトにまとめた。語りは滑川和男アナウンサー、松尾剛アナウンサー、礒野佑子アナウンサー。BSプレミアム(月)午後7時30分からの29分番組。

にっぽん百名山　2012年度〜

日本の山々の絶景を、その山を知り尽くす経験豊富なガイドに導かれ、山歩きをしながら紹介する山岳紀行番組。ガイドの後をついていく登山者の目線で撮影し、山頂を目指す。ふもとから山頂までの雄大な景色をドローンや4Kカメラでとらえた美しい映像で伝えるほか、山歩きの技術や注意点なども紹介した。BSプレミアムの29分番組。

15分でにっぽん百名山　2013〜2018年度

BSプレミアムで放送中の『にっぽん百名山』(2012年度〜)を再編集し、日本の山の魅力や登山の楽しみについてコンパクトに伝える。BSプレミアムの15分番組。

実践！にっぽん百名山　2013〜2015年度

『にっぽん百名山』(2012年度〜)を再編集し、毎回1つの山を取り上げ、登山のポイントや下山ルートの詳細などをわかりやすく伝える登山情報番組。登山愛好家はもちろん、これから山のぼりに挑戦する初心者のために、登山時のテクニックや自宅でのトレーニング方法、便利な登山アイテムなども紹介した。出演は釈由美子(タレント)、萩原浩司(山岳雑誌編集長)、花谷泰広(山岳ガイド)ほか。BSプレミアムの24〜29分番組。

動物の赤ちゃん　ミニアルバム　2014年度

全国の動物園や水族館の愛らしい赤ちゃんの姿を心温まる秘蔵映像で紹介する番組。毎回1つの動物園や水族館を訪ね、そこで人気の赤ちゃんたちの成長の記録を、飼育員さんが撮影したとっておきの映像で紹介。飼育員さんならではの知識を生かした「クイズ」などのコーナーで構成したファミリー向け番組。BSプレミアム(第3・木)午後6時30分からの30分番組。

グレートトラバース　15min.　2019〜2021年度

プロアドベンチャーレーサーの田中陽希が、これまでの百名山、二百名山に百座を加えた三百名山すべての山の完全人力踏破に挑戦する様子を追った『グレートトラバース』シリーズから、1回1山のペースで紹介するBSプレミアムの15分番組。2016年度前期に放送した『グレートトラバース2〜日本二百名山一筆書き踏破への道』の15分再構成版『グレートトラバース2　15min.』に続くシリーズ。

グレートヒマラヤ撮影日誌　2019年度

2020年3月放送の『グレートヒマラヤトレイル』(89分)は、世界で最も高いところに刻まれた一本の道を、2人の山岳カメラマン(中島健郎、石井邦彦)がドローンや360度カメラなど最新機材を駆使してとらえた旅の記録。この番組はその15分短縮版(4シリーズ各10本)。4K・HDRの高精細映像で、ヒマラヤを貫くトレイルを巡る旅を紹介。BS4K(月)午後10時30分からの15分番組。BSプレミアムでも放送。

香川照之の昆虫すごいZ！　2022年度

「人間よ、昆虫から学べ！」をキャッチフレーズに2016年よりEテレで放送してきた『香川照之の昆虫すごいぜ！』が、新たな未公開映像も加えた完全版として総合テレビに登場。俳優・香川照之が全身着ぐるみのカマキリ先生となって熱い語りと体を張ったロケで昆虫のすごさと面白さを紹介。エゾゼミ、モンシロチョウ、テントウムシ、ミヤマクワガタなど8本を放送。出演はほかに寺田心(俳優)。総合(日)午後6時5分からの38分番組。

超ギョギョっとサカナ★スター　2022年度

2022年4月にEテレで始まった『ギョギョっとサカナ★スター』の総合テレビ版。海に囲まれた日本に生息するさまざまな魚介類の知られざる生態を楽しく学ぶ教育番組。さかなクン(東京海洋大学名誉博士)によるイラスト付きのホワイトボード解説や、番組独自のCTスキャン撮影などを駆使し、視覚的にも分かりやすい情報を発信。出演：さかなクン、香音。語り：藤原竜也、横田栄司。総合(日)午後6時5分からの38分番組。

にっぽん百低山　2022年度〜

低いながらも里の人々に愛され、歴史や信仰そして奥深い自然の物語を秘めた山。そんな低山の魅力を、酒場詩人にして岳人でもある吉田類が"旅人"となって掘り起こしていく"山紀行番組"。滝と紅葉に彩られながら幕末の秘史の舞台となった月居山(つきおれさん・茨城県)、修験道・修行のコースが今やロッククライミングの聖地となった古賀志山(栃木県)など、低山の隠された魅力を伝えた。総合(水)午後0時20分からの23分番組。

ギョギョッとサカナ★スター　2022年度〜

船に乗って漁をしたり、魚屋さんでお刺身を食べたり、北へ南へ、海へ陸へとかけまわって不思議なおさかなの世界を深掘りする番組。進行は、魚に対する熱量が日本一のさかなクン(東京海洋大学名誉博士)と香音(タレント)。"ギョギョッ"と驚く魅力満載のおさかなを「サカナ★スター」と名付け、その秘密を探る。語り：藤原竜也、横田栄司。Eテレ(金)午後7時25分からの30分番組。

ギョふんでサカナ★スター　2022年度〜

2022年4月にEテレでスタートした『ギョギョッとサカナ★スター』の5分版。日本に生息するさまざまな魚介類の生態を楽しく学ぶ教育番組。船に乗って漁をしたり、魚屋さんでお刺身を食べたり、ギョギョッと驚く不思議なお魚の世界を探っていく。出演：さかなクン(東京海洋大学名誉博士)、香音(タレント)。語り：藤原竜也(俳優)、横田栄司(俳優)。

ウチのどうぶつえん　2022年度〜

動物園(水族館)の飼育員が撮影した映像をふんだんに使いながら、「動物園での生態」「飼育員と動物の関わり」など、自然番組とは違う視点にこだわった動物番組。動物福祉の充実を目指した飼育・展示の工夫、種の保護への取り組み、仕事の裏側なども取り上げた。シリアスなテーマでも、ポップな語り口で親しみやすく伝える。語り：森下絵理香アナウンサー、中谷文彦アナウンサー。Eテレ(金)午後7時25分からの30分番組。

自然・科学
科学情報

01

子どもたちの夢を育てる 科学番組

1957年4月、子どもを対象とした科学番組の充実が図られ、月曜と金曜の午後6時台に科学シリーズをスタート。同年11月に2つの番組は終了し、代わって子ども向け科学番組『みんなの科学』（1957〜1960年度・1963〜1979年度）が、月曜の午後6時台に始まる。物理、化学、工学、植物、動物などのテーマで、やさしい実験を中心に構成された。1959年9月14日、旧ソ連の月ロケットの打ち上げに合わせて放送された「ひらかれた月への道」は、タイムリーな企画で好評を得た。

『みんなの科学』は1961年3月にいったん放送を終了するが、1963年に教育テレビで日曜午後6時台に復活。

『みんなの科学』（1957〜1960・1963〜1979年度）→ P658

1965年には月曜から金曜の帯番組として拡充し、新たなスタートをきる。週5日の帯を、（月）「科学史物語」、（火）「たのしい実験室」、（水）「なぜだろう」、（木）「博物誌」、（金）「未来への道」で構成。科学のあらゆる分野にわたる科学的知識を、具体的事物・事象・実験を通して説明し、子どもたちの科学技術に対する親しみと関心を育てた。

『テレビ実験室』（1961〜1964年度）→ P659

『四つの目』(1966〜1971年度)　→P610

『テレビ実験室』(1961〜1964年度)は、教育テレビ午後6時台の30分番組。科学実験を通してものの原理、法則を伝え、青少年の科学への関心を高めた。「直流と交流」(1962)、「波のつたわり」(1963)、「金属をもやす」(1964)などのテーマで放送。1963年度には局内に「NHK科学実験グループ」を結成し、テレビでの効果的な実験方法を研究して番組制作に生かした。

『四つの目』(1966〜1971年度)は、総合テレビ午後6時台の25分番組。"四つの目"とは、「時間の目」「拡大の目」「透視の目」「肉眼」の4つの"視覚"を指す。肉眼では見ることのできない驚異の世界を、特殊撮影等で可視化する子ども向けの科学番組だ。クイズを織り込んだスタジオショーで科学バラエティーの先駆けとなる。

制作スタッフは"本邦初演"を合言葉に、日本で初めて撮影されるものを狙った。花がぱっと開く瞬間、芽の出る瞬間、運動選手の筋肉の動きなど、「四つの目」を駆使して誰も見たことのない映像を撮ろうと粘り強い取材を進めた。生命力の乏しいカニのプランクトンの撮影では、いくつもの変化を続けながら、最後に脱皮して、カニになる過程を見事にとらえた。この映像は、学会でも貴重な記録として評判となった。また、読売巨人軍の剛速球投手・金田正一の投球モーションを高速度撮影した。当時、投球フォームの撮影など日本ではほとんどなく、金田投手から「参考にしたいのでぜひフィルムをいただきたい」との申し出があった。

『レンズはさぐる』(1972〜1977年度)　→P610

『ウルトラアイ』(1978〜1985年度)　→P620

『レンズはさぐる』(1972〜1977年度)は、『四つの目』の後継番組。肉眼ではとらえることのできない驚異の世界を、あらゆる特殊撮影を駆使して映し出す子ども向けスタジオ構成番組だ。初年度は「たこ」「食虫植物」「パン」「体操」などのテーマで放送。身の回りの世界を特殊撮影や実験を通してわかりやすく映像化し、暮らしと結びつける制作手法は、その後、ファミリー向け番組『ウルトラアイ』(1978〜1985年度)に引き継がれていく。

科学情報

この他、総合テレビ土曜夕方5時台の25分番組『ハテナゲーム』（1976〜1977年度）は、スタジオに招いた子どもたちが、奇抜なアイデアの科学実験や、手品などを楽しむことで好奇心の芽を育てた。

『ジュニア・文化シリーズ』（1980〜1981年度）は『みんなの科学』の後継番組で、教育テレビ月曜から金曜の夕方5時台に30分で放送。『NHK文化シリーズ』（1976〜1981年度）のジュニア版で、科学・技術に加えて、文化・教養一般にまでテーマを広げた。初年度は（月）「人間の記録」、（火）「自然のなぞ」、（水）「未来をひらく」、（木）「みんなの実験室」、（金）「世界の民族」で1週間を構成。その後、『ジュニア大全科』（1982〜1984年度）があとを引き継ぎ、月曜から金曜の5日間をシリーズでくくり、1つのテーマを深く掘り下げた。

教育テレビの午後6時台に放送した『やってみよう　なんでも実験』（1995〜2000年度）は、"やってみよう精神"であらゆる実験に挑戦。現象のメカニズムを肌で確かめ、子どもたちの好奇心を刺激しようという番組。

『ジュニア・文化シリーズ』（1980〜1981年度）→P640

『ハテナゲーム』（1976〜1977年度）→P640

『ジュニア大全科』（1982〜1984年度）→P640

『やってみよう　なんでも実験』（1995〜2000年度）→P642

『科学大好き　土よう塾』(2002～2008年度) →P643

『NHKジュニアスペシャル』(1998～1999・2003～2005年度) →P642

『すイエんサー』(2009～2022年度) →P623

テントウムシ　カマキリ　クモ
『なりきり！むーにゃん生きもの学園』(2015～2022年度) →P647

『科学大好き　土よう塾』(2002～2008年度)は、教育テレビ土曜の午前9時30分からの1時間番組。完全学校週5日制が導入された小中学生を対象に、科学のおもしろさや実験の楽しさを伝えた。「声はどうやってでているの？」「どうして馬は速く走れるの？」など、子どもたちの素朴な疑問に実験や徹底調査で答え、科学の原理をわかりやすく伝えた。

『NHKジュニアスペシャル』(1998～1999・2003～2005年度)は、『NHKスペシャル』枠で放送した番組の中から総合学習に役立つ環境、文化、科学などのテーマを取り上げ、ジュニア向けに再編集して紹介した。冒頭に、3つの謎を提示し、それについて子どもたちが考え、専門家がわかりやすく解説していく。初年度は「海・知られざる世界」「四大文明」「生命　40億年はるかな旅」「世紀を越えて　地球・豊かさの限界」から計25本を制作。環境問題を一貫したテーマとした。

教育テレビの『すイエんサー』(2009～2022年度)は、料理や運動、そして芸術などさまざまな分野の一見むずかしそうな課題を、リポーターのすイエんサーガールズがロケ現場で、ぶっつけ本番で解決していくユニークな科学バラエティーだ。

2015年4月スタートの『なりきり！むーにゃん生きもの学園』もユニークな科学番組。「なぜイワシは群れて泳ぐのか？」「サクラが一斉に咲くのはなぜ？」などの素朴な疑問を、

科学情報

『アイデア対決ロボットコンテスト』(1989年度〜) → P986

その生物に「なりきって」模倣することで解き明かしていく。

この他、特集番組には長年続いている「ロボットコンテスト」がある。最初は『アイデア対決・独創コンテスト』(1988)から始まり、高等専門学校の学生たちが電池カースピードレースに挑んだ。総製作費5万円以内、単一乾電池2個を動力源として、体重60キロの人間を乗せて走る車を作り、そのスピードを競うレースだった。

翌年度からは『アイデア対決ロボットコンテスト』とタイトルを改め、毎年恒例の「高専ロボコン」となった。これとは別に1991年には大学生が競う「大学ロボコン」が加わり、『白熱！日米英独4大学頭脳の戦い』、『アイデア対決・ロボットコンテスト全国大学トーナメント』を放送した。2002年からはアジア太平洋放送連合(ABU)主催の「ABUロボコン」が始まり、「大学ロボコン」はその日本代表選考会を兼ねることになった。2015年から「大学ロボコン」の参加枠を、高等専門学校や大学校にも拡大し、「NHK学生ロボコン」と名称を改めた。その結果、高等専門学校が競う「高専ロボコン」と、高等専門学校、大学校および大学が競い、「ABUロボコン」日本代表の座をめざす「学生ロボコン」の2本立てになった。

02

科学ジャーナリズムの最前線

1956年5月に科学技術庁が発足し、翌1957年に文部省が科学教育の振興策を発表。米ソの宇宙開発競争

など、科学技術に対する国民の関心が高まる中で、1959年1月、教育テレビが開局し、平日午後8時台に、『生物の進化』『宇宙の構造』『電気のはたらき』『科学の話題』などの科学系教育番組がラインナップされた。

こうした時代の中で始まった『科学時代』(1961〜1966年度)は、総合テレビ平日午後10時台の20分番組。国立科学博物館の研究員をレギュラー出演者に迎え、時代の先端を行く科学技術をわかりやすく紹介した。「病は気から」(1962)、「台風の眼をとらえる」(1964)、「航空機事

『科学時代』(1961〜1966年度)屋外ロケ → P609

『科学時代』(1961〜1966年度)テレビスタジオ → P609

『あすをひらく』(1967〜1970年度) → P610

故の追跡」(1965)、「超高層ビル建築中」(1966)など、その時々の話題をタイムリーに取り上げた。

『あすをひらく』(1967〜1970年度)は、総合テレビ日曜午前11時からの30分番組。新しい領域をひらきつつ発展する科学技術を、人間との結びつきという視点からとらえ、実証的に追究した科学ドキュメンタリー番組だ。初年度は「氷海からの脱出」「なぞの天体を追って」「人工宝石」「断層に挑む」「富士の乱気流」などのテーマで放送。1968年4月、土曜午後7時30分のゴールデンタイムに放送時間を移行し、同年6月に放送した「手ができた〜電動義手とサリドマイド児」は、イタリア賞ドキュメンタリー部門の特別賞を受賞した。

1970年代に入り、科学技術の光と影が問われる中、『あすをひらく』を改題し、『あすへの記録』(1971〜1977年度)が始まる。医療や公害問題、交通事故、環境破壊など、

複雑な現代社会で起きている問題を科学的な視点から検証。人々がすこやかな生活を送るための自然・環境・科学技術とは何かを問う科学ドキュメンタリー番組を目指した。「SMON〜謎の病巣を追って」(1971)、「割れるフロントガラス」(1972)、第26回イタリア賞グランプリを受賞した「空白の110秒〜日航機ニューデリー事故」(1973)、「サリドマイド〜その16年」(1974)、「廃液〜ある公害闘争の28年〜」(1976)、「育て五つ子」(1976)、「ビル火災の盲点」(1977)ほかを放送した。

1978年3月、『あすへの記録』の放送が終了すると、そのあとを『科学ドキュメント』(1978〜1982年度)が引き継いだ。「高速道路が幻覚を呼ぶ」(1978)、「ボイジャー木星大接近」(1979)、「謎の多重爆発・静岡ガス爆発からの報告(2回シリーズ)」(1980)、「ガン細胞を消す」(1981)ほかを放送。その時々で社会問題になっている事象をタイムリーに取り上げ、科学的に検証した。

生きた化石　イリオモテヤマネコを見た

『科学ドキュメント』(1978〜1982年度) → P610

『あすへの記録』空白の110秒(1973年) → P610

科学情報

『クローズアップ』(1983〜1987年度)は、『科学ドキュメント』の後継番組。「災害、事故、事件の真相」、「がんや心臓病など医療の最前線」、「日常生活に入り込む最先端技術」、「宇宙や大自然の驚異」などをテーマに、"科学の目"で真実に迫るサイエンスドキュメンタリーである。初年度は第25回科学技術映画祭グランプリを受賞した「液状化した大地」や、「受胎の神秘」「パンダを救え」「コンピューター情報を利用せよ」などが反響をよんだ。

『あすをひらく』以来続いてきた科学ドキュメンタリーの系譜は、『クローズアップ』、『NHK特集』を経て、『NHKスペシャル』、『クローズアップ現代』などに引き継がれていく。『NHK特集』では「地球大紀行」(1987)、『NHKスペシャル』では「驚異の小宇宙　人体」(1989)、「銀河宇宙オデッセイ」(1990)、「電子立国　日本の自叙伝」(1990)、「アインシュタインロマン」シリーズ(1991)、「ザ・スペースエイジ　宇宙への挑戦」(1992)、「驚異の小宇宙　人体Ⅱ　脳と心」(1993〜1994)、「生命　40億年

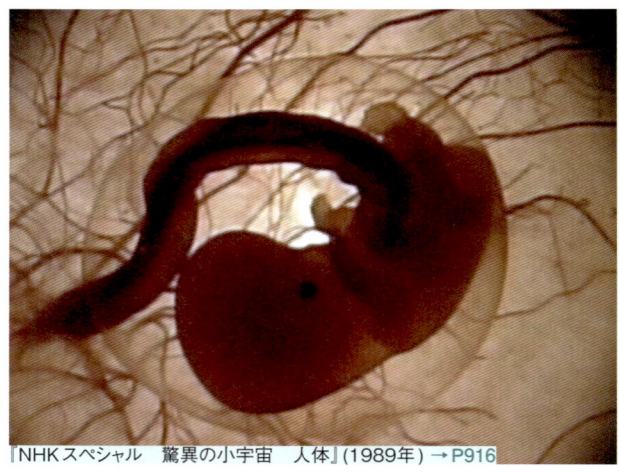

『NHKスペシャル　驚異の小宇宙　人体』(1989年) →P916

はるかな旅」(1994〜1995)、「新・電子立国」(1995〜1996)、「宇宙　未知への大紀行」(2001)、「地球大進化　46億年・人類への旅」(2004)など、サイエンス系の大型ドキュメンタリーを放送した。

『クローズアップ』(1983〜1987年度) →P611

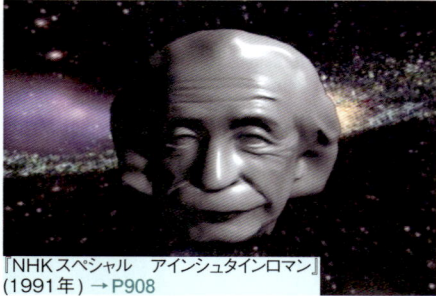

『NHKスペシャル　アインシュタインロマン』(1991年) →P908

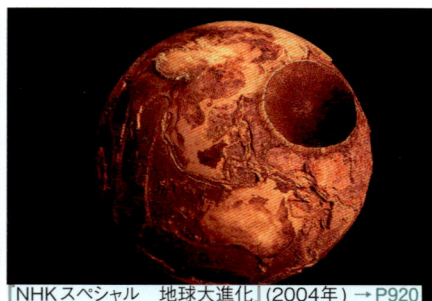

『NHKスペシャル　地球大進化』(2004年) →P920

『NHK特集　地球大紀行』(1987年) →P915

『サイエンスZERO』(2003年度〜) →P612

『にっぽん名物研究室』(1995年度) →P612

『サイエンスアイ』(1996〜2000年度) →P612

『ITホワイトボックス』(2009〜2011年度) →P612

一方で、教育テレビの『にっぽん名物研究室』(1995年度)は、新しい発想と未来の姿を模索し続けるサイエンス系の「研究室」にスポットを当てた科学番組。新エネルギー開発、人間の脳や思考の解明、高度情報システムの開拓など、未来社会のありようを決める重要な研究について紹介し、時代を作る「研究室」の鼓動を伝えた。

『サイエンスアイ』(1996〜2000年度)は、『にっぽん名物研究室』を吸収して、「未来が見える」をキャッチフレーズにスタート。「クローン技術」「ダイオキシン汚染」「環境ホルモン」「遺伝子治療」「CO2削減技術」など、現代生活に直結する最先端情報をわかりやすく伝えた。また「にっぽん名物研究室」のコーナーでは、「人工臓器」「地震」「スポーツ科学」「新エネルギー」「認知科学」「古生物学」など、幅広い分野の最先端研究にスポットを当てた。1998年からは最終週に「宇宙デジタル図鑑」を新設した。

2003年4月、教育テレビの深夜に『サイエンスZERO』がスタートする。『サイエンスアイ』のコンセプトを引き継ぎ、最先端の科学情報と現代社会の関係を、独自の視点で

解き明かす日本唯一のウィークリー科学番組だ。最新テクノロジーから宇宙科学、防災科学、医学、環境問題にいたるまでニュース性の高い科学テーマをタイムリーに取り上げた。

『ITホワイトボックス』(2009〜2011年度)も教育テレビの深夜に放送。インターネットやEメール、スマートフォン、デジタルカメラからデジタルオーディオまで、"ブラックボックス"と言われるIT(情報技術)のメカニズムを解き明かし、"ホワイトボックス"化を目指した。

科学情報

『アインシュタインの眼』（2006〜2011年度）→P612

03

ユニークな切り口が光る
衛星放送の科学番組

　ハイビジョンの『アインシュタインの眼』（2006〜2011年度）は、ミクロの単位でものづくりに挑む職人の技、秒速の世界でプレーするスポーツ選手の動き、驚異の自然現象など、肉眼や耳ではとらえることができない世界に迫る科学番組だ。1秒間に5000コマの撮影が可能な超ハイスピードカメラや、感度が通常カメラの400倍という超高感度カメラ、直径わずか12ミリの超ミクロカメラ、1000度の高温の中で撮影可能なカメラなど、最新の撮影機材と撮影技術を駆使して、物事の不思議や真相に迫った。2011年度はBSプレミアムで放送。

　『アインシュタインの眼』のコンセプトは、『ザ・データマン〜スポーツの真実は数字にあり』（2014年度　＊2015年度『スポーツ・ラボ』枠内で放送）、『スポーツ　データ・コロシアム』（2016年度）、『スポーツ　イノベーション』（2017〜2018年度　＊2019〜2020年度は『勝利の条件　スポーツイノベーション』）などのスポーツ・ドキュメンタリーに引き継がれる。スポーツの感動や進化するアスリートの肉体を、最新テクノロジーとデータを駆使した科学の目で解き明かした。

　『コズミック　フロント〜発見！　驚異の大宇宙』（2011〜2014年度）は、BSプレミアムの宇宙科学番組。21世紀に入り、世界各地で直径10メートルを超える巨大望遠鏡が次々に建設され、ハッブル宇宙望遠鏡や惑星探査機をはじめとする観測技術の進歩により、これまでの宇宙像を覆す新発見が相次いでいる。番組では天文学から宇宙開発、宇宙物理学、天文史まで、最新科学が解き明かした宇宙の最前線"コズミックフロント"を、美しい実写映像とダイナミックなCGで壮大に描き出した。2015年4月、『コズミック　フロント☆NEXT』にリニューアルし、「月面なぞの発光現象」「宇宙の果てのミステリー」「ガガーリンの真

実」など、多彩なテーマを取り上げた。

『コズミック　フロント〜発見！驚異の大宇宙』（2011〜2014年度）→P612

『コズミック　フロント☆NEXT』（2015〜2020年度）→P613

　ユニークな切り口の科学ドキュメンタリーとしては、BSプレミアムの『フランケンシュタインの誘惑　科学史　闇の事件簿』（2016〜2017年度）がある。理想の人間を作ろうとした青年科学者フランケンシュタインが怪物を生み出してしまったように、輝かしい科学の歴史の陰には、残酷な実験や非人道的な研究、不正が数多くあった。そんな科学史の陰に埋もれた"闇の事件"にスポットを当て、科学の知られざる魔性に迫った。2015年に「愛と憎しみの錬金術　毒ガス」ほか2本のパイロット版を放送。2016年度に月1回の定時放送となり、「原爆誕生　科学者たちの"罪と罰"」（2016）、「脳を切る　悪魔の手術ロボトミー」（2017）などを放送した。

　2018年度は小説「フランケンシュタイン」出版から200年になることにちなみ特集番組を放送。2019年度には、時空を超えた謎の知的生命体のCGキャラクター「ドクターフランケンE＋」による解説パートの挿入などを行った再編集版『フランケンシュタインの誘惑E＋』をEテレで定時放送。2021年9月からは『フランケンシュタインの誘惑　科学史闇の事件簿2021』をEテレとBSプレミアムで放送した。

　『ヒューマニエンス　40億年のたくらみ』（2020〜2023年度）は、BSプレミアムの科学番組だ。「ヒューマニエンス」とは「ヒューマン」と「サイエンス」を合体させた造語。人間という不確かで不思議な存在とはいったい何なのか。40億年の進化が物語る科学的事実をヒントにじっくり深く"妄想"し、その真の姿に迫っていくシリーズ。2020年10月放送の初回「オトコとオンナ　"性"のゆらぎのミステ

『フランケンシュタインの誘惑　科学史　闇の事件簿』
（2016〜2017年度）→P613

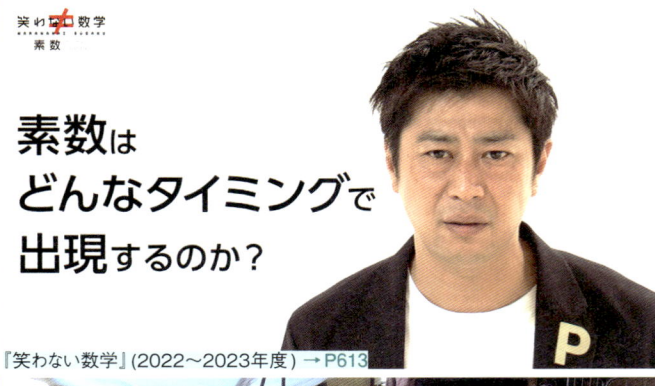

『笑わない数学』（2022〜2023年度）→P613

『ヒューマニエンス　40億年のたくらみ』（2020〜2023年度）→P613

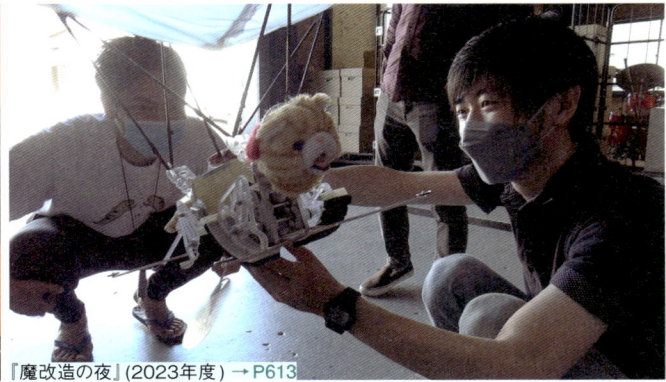

『魔改造の夜』（2023年度）→P613

リー」では、男性と女性にわけられない性の実態を、グラデーションという存在として紹介。続けて「"自由な意志"それは幻想なのか?」、「"ウイルス"それは悪魔か天使か」、「"死"　生命最大の発明」など、私たちの肉体と精神の根源、進化の意味に秘められた驚きの事実に光をあて、これまであたりまえと考えられてきた人間像を大きく問い直した。

2022年、難解な数学の世界をエンターテインメントに仕立てた異色の教養番組『笑わない数学』が始まる。そもそもは同年6月に新企画番組枠『レギュラー番組への道』で「フェルマーの最終定理」を取り上げて注目され、7月から総合テレビで定時番組に昇格した。

この番組では、第1回放送「素数」に始まり、「無限」「虚数」「カオス理論」「abc予想」「確率論」「ガロア理論」など、名だたる天才数学者たちを苦しめてきた難問を、お笑いトリオ・パンサーの尾形貴弘が"笑い"を封印してわかりやすく解説しようと試みる。「P対NP問題」「ポアンカレ予想」など、いかにも難しそうな数学理論も尾形の熱の入った解説で、視聴者を不思議な数学の世界の入り口に導く。ギャラクシー賞テレビ部門で2022年9月度の月間賞を受賞するなど、注目を浴びた。

2023年10月、第2シリーズがスタートし、「非ユークリッド幾何学」「コラッツ予想」「1+1=2」「結び目理論」「超越数」「ケプラー予想」ほかを放送。難解な数学の世界にふれられるワクワク感とともに、わからないことをも楽しむユニークな知的エンターテインメント番組として支持を得た。

2020年6月にBSプレミアムの特集番組として始まった『魔改造の夜』が、2023年度に総合テレビで月1回（木）午後7時30分からの71分番組で定時化された。「魔改造」とは身近な家電やおもちゃを、とてつもないパワーにチューンナップする大改造のこと。この番組は"夜会"に招かれた超一流のエンジニアたちによる3チームが、「子どものおもちゃ」や「日常使いの家電」をモンスターマシンに変身させ、「ポップアップトースターで食パンをどこまで飛ばせるか」「"赤ちゃん人形"で8メートルの綱をいかに速くのぼるか」「洗濯物干しで25メートルのロープの上を走る速さを競う」などのお題に挑戦する"技術開発エンターテインメント番組"である。番組は1か月半にわたる魔改造の様子と、大会当日の三つどもえの対決のドラマを伝える。参戦するチームは総合電機メーカー「T芝」、世界的ブランド「Sニー」、自動車メーカー「N産」、日本の最高学府T大学工学部など、イニシャルで表示されるが、その母体が視聴者には容易に想像できるだけに、企業や大学の威信をかけた対決となる。しかし番組の主眼はそこにはない。カメラはユニークなアイデアに満ちた三者三様の改造マシンを生み出す技術者たちの情熱、意地とプライド、そしてチームワークにフォーカスし、モノづくりの原点を映し出す。

『魔改造の夜』は2つの関連番組を生んだ。「魔改造」に挑むスーパー技術者を養成する特別講座『魔改造の夜　技術者養成学校』（全8回）と、これまでの番組を記憶に残る「名言」を通して紹介する5分番組『魔改造の夜　名言集』である。2024年2月には『魔改造の夜』の4K完全版（89分）の放送がBSP4Kで始まった。

科学情報 | 定時番組

1950年代

科学実験室　1957年度

1957年10月4日にソ連が世界で初の人工衛星打ち上げに成功するなど科学への関心の高まりを背景に、1957年度の番組改定では午後6時40分から7時までを青少年対象の教養番組の時間帯とし、科学番組の充実を図った。『科学実験室』はそんな中で始まった番組で、「泡のはたらき」「人工衛星」など、実験を中心にわかりやすく解説した。「蚊の観察」の回では、蚊の吸血運動などの微細な世界をテレビに映し出すことに成功した。

科学の話題　1958～1959年度

当時の科学分野の最先端の話題を紹介した番組で、1959年1月10日の教育テレビ開局直後の1月16日から教育でスタート。「プラスチックス」「新しい建築」「新しい気象技術」「新しい鉄道技術」など、1つのテーマを1か月4回前後で掘り下げるスタイルを取った。司会は科学評論家の丹羽小弥太が担当。教育（金）午後8時からの30分番組。

生物の進化　1958年度

地球上にはじめて誕生した生物から、猿人、人間の出現までの進化の過程をたどり、さらに生物の未来図についても解説した。毎回、国立科学博物館にカメラを持ち込んでの中継により、豊富な標本、図表、映像を駆使し視聴者の関心を集めた。解説は共立女子大学教授の中村浩が担当。1959年1月から3月まで全12回を放送。教育（月）午後8時からの30分番組。

宇宙の構造　1958年度

太陽、月、地球など宇宙の構造の解明、古代から現代にかけての宇宙観の変遷など、宇宙についてのさまざまな理解を深めながら、最新の研究を交えて解説した。解説は国立科学博物館の村山定男。ゲストには各分野の専門家が登場した。教育（火）午後8時から放送した30分番組。1959年1月から3月まで全12回を放送。

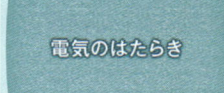

電気のはたらき　1958年度

電気についての基礎理論と、応用面をやさしく実験で解説。学校での授業の参考として活用できる内容としたほか、電気についての基礎知識を広める役割を果たした。テーマは「電気の今昔」「電流のはたらき」など。解説は工学博士の高木純一（早稲田大学教授）。1959年1月15日から4月2日まで全12回を放送。教育（木）午後8時からの30分番組。

原子の世界　1959年度

エネルギー分野での原子力への関心の高まりを背景に、物質の構造から原子力の応用までを解説した。テーマは「すばらしい原子力」「物質・分子・原子」「原子の大きさ」「人類とエネルギー」「放射能の発見」など。解説は日本原子力研究所の村上悠紀雄。教育（火）午後8時からの30分番組。4～9月放送。

電子のはたらき　1959年度

急速に発展するエレクトロニクス分野について、家庭でも身近になりつつある電子機器を例にとり、電子のはたらきとその応用について解説。「電信と電話」「電磁波」「テレビジョン」など、実験を交えて検証しわかりやすく伝えた。解説は物理学者の霜田光一（東京大学教授）。教育（木）午後8時からの30分番組。4～6月放送。

機械のしくみ　1959年度

『電子のはたらき』（1959年度）の後を受けて放送。機械のもっとも基礎的な知識について、模型と実験で説明した。「機械のみかた」「力と変形」「力のいろいろ」「振動」「まさつ」「動きの伝わり」「はぐるま」など。理工学者の難波正人（早稲田大学教授）が解説した。教育（木）午後8時からの30分番組。7～10月放送。

化学の世界　1959年度

『原子の世界』（1959年度）の後を受けてスタート。講師は前半（10～12月）が千谷利三（東京都立大学教授）、後半（1～3月）が井上勝（早稲田大学教授）。前半では「まぜる」「青菜に塩」「角砂糖も燃える」など、後半では「石をつくる　窯業のはなし」「海の水・地の塩　ソーダ工業」など、それぞれ身近なテーマで化学をとらえた。教育（火）午後8時からの30分番組。

写真の科学　1959年度

『機械のしくみ』（1959年度）の後を受けてスタート。東京大学教授の菊池真一、小穴純の両氏によって、物理学的な側面、化学的な側面から写真の世界を解説した。テーマは「写真のできるまで」「カメラのしくみ」「レンズ」「現像・定着・水洗」など。暗室操作の様子は赤外線カメラを用いて撮影。当時の最新技術を生かした放送となった。教育（木）午後8時からの30分番組。10～12月放送。

原子力時代の物理学　1959～1961年度

米・NBCテレビの教育番組「コンチネンタル・クラスルーム」に、物理学者の柿内賢信（東京大学教授）が日本語の解説をつけ、「基礎物理学編」と「原子物理学編」に分けて放送。テレビによる大学教育の実例として紹介され、当時の教育界にも影響を与えた。総合・教育の両波で放送した30分番組。

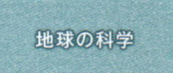

地球の科学　1959年度

地質学的にみた地球について、さまざまな角度から検証した科学番組。解説は国立科学博物館の尾崎博が務めた。「日本列島のなりたち」「火山」「温泉」「地震」「地盤の沈降」「地盤の隆起」などのテーマを取り上げた。教育（月）午後8時からの30分番組。1960年1～3月放送。

動力機関の発達　1959年度

蒸気機関からロケットまで、多彩な動力機関のなりたちを学ぶ科学番組。「蒸気タービン」「ガソリン機関」「ディーゼル機関」「ロケット」などのテーマを取り上げた。解説は工学博士の谷下市松（慶應義塾大学教授）。教育（木）午後8時からの30分番組。1960年1〜3月放送。

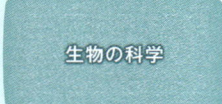

テレビ科学館　1959〜1960年度

アメリカの科学映画を編集し使用するなど、多彩な映像資料で身近な自然界のしくみを伝えた青少年向けの科学番組。「植物は生きている」「動物は考えることができるか」「魚の生活」などの身近なトピックスから、「前進するアメリカの宇宙計画」など最新の科学の世界まで、専門家の解説を交えて解説した。教育（土）午後7時からの30分番組。

1960年代

生物の科学　1960年度

生物全般について、その生命現象について最新の研究を紹介した科学教育番組。細胞分裂や光合成、呼吸、発酵など、生命体のはたらきの細部を紹介したほか、脳で感じる視覚、聴覚、嗅覚などの「五感」のしくみについても取り上げた。解説には各分野の専門家が毎回登場。司会は科学評論家の丹羽小弥太。教育（月）午後8時からの30分番組。

地球と太陽　1960年度

人工衛星や月探査ロケットの打ち上げ成功など、当時の宇宙開発にともなって得られた最新情報を紹介。テーマは、太陽系の成り立ち、宇宙全体の構造、地球のなりたちや気象にまつわる現象など幅広い。1960年5月に発生したチリ地震後の放送では、津波発生の原理をタイムリーに取り上げ、反響を集めた。教育（火）午後8時からの30分番組。

科学技術のあゆみ　1960年度

現代社会を支えているさまざまな科学技術が、どのような歴史的な過程を経て誕生し、発達してきたかを振り返り、現代科学技術の意味を探った。講師は技術評論家の星野芳郎、科学史家の菅井準一、工学者の高木純一、科学史家の田中実らが務めた。教育（水）午後8時からの30分番組。

現代化学講座　1960年度

高校生および中学・高校の理科教師を対象とした化学の講義番組。めざましい科学技術の進歩に立ち遅れないように、文部省理科教育審議会、日本化学会などの協力を得て講義、実験を行った。テーマは「物質のもと」「気体のいろいろ」「分子量」「ほのおと反応速度」「気体反応の触媒」ほか。講師は化学者の白井俊明。教育（木）午後8時からの30分番組。

未来ははじまっている　1960年度

科学の進歩が、社会や人々にどんな未来を約束するのかを紹介した科学番組。当時の科学技術のトップレベルの研究実践から、「よみがえる肉体　人工臓器」「大気圏外旅行」「海の畑　養殖」といった多彩なテーマが取り上げられた。解説は各分野の専門家が担当。総合（最終・火）午後10時40分からの30分番組。

人間の科学　1961年度

科学に対する興味を呼び起こすことに重点を置き、社会人向けの科学番組として登場。人類の発展について、科学の分野で知っておくべき知識を幅広く盛り込んだ。取り上げられたテーマも人類の進化から、日本人の由来まで、身近な視点が重視された。司会は科学評論家の丹羽小弥太。教育（水）午後9時からの30分番組。

科学時代　1961〜1966年度

現代社会を切り開く科学分野の話題をルポ形式で紹介し、わかりやすく解説した教養番組。「超音波の利用」「シリコンの活用」「安全自動車への道」といった産業に関わる科学、「ロケットを追う」「準備すすむ人工衛星」「気象衛星タイロス」などの宇宙科学、「肺ガンをなおす」「ガンの精密検査」などの医療科学など、常にニュース性のある多彩なテーマを取り上げた。総合夜間の20〜30分番組。

自然科学入門　1961年度

『人間の科学』（1961年度）と同時にスタートした社会人向けの科学番組。人類の発展にともなって科学がいかに発達・成長を遂げてきたかを紹介した。「科学とは何か」という総論的な問いかけからはじまり、「力と運動」「温度と熱」といった各論まで、科学についての基礎的な知識の普及に貢献した。教育（木）午後9時からの30分番組。

新しい化学　1961〜1962年度

化学を学ぶ高校生以上の学生たちや、化学系の技術者、教師らを対象とした専門性の高い講義番組で、米・NBC放送が制作。番組では日本語の解説を加えて放送した。講師はフロリダ大学教授のJ. F. バクスター。スタジオでの解説は、東京大学教授の向坊隆が担当。化学の役割をはじめ、原子の概念などを深く掘り下げ紹介した。教育（日）午後0時からの30分番組。

世界の科学　1962年度

『新しい化学』（1961〜1962年度）の後を受けて始まった番組。世界各国から提供された科学映画を紹介。紹介した主な映画は、「モホール計画の青写真」（アメリカ大使館提供）、「水の動き〜水理学の研究所の紹介」（イギリス大使館提供）、「ガラス・ガラス・ガラス」（チェコ大使館提供）、「野生の生活」（ニュージーランド大使館提供）などがある。教育（日）午後0時からの30分番組。

科学情報 ｜ 定時番組

科学の歴史 1963～1964年度
科学を興味深く理解できるよう、歴史の側面から解説した30分番組。科学のあゆみを古代から現代まで、社会の動きに照らしながら解説した。テーマは「オリエントの知恵」「科学の誕生」「科学革命」「工業化と科学技術の進歩」など。講師は西洋科学史家の平田寛、科学史家の田中実ほか。教育夜間の30分番組。

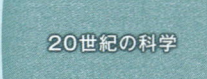

20世紀の科学 1964年度
従来の講師による一方的な解説ではなく、聞き手との質疑応答により番組を進行し、高度な内容もわかりやすく伝える工夫がなされた。「宇宙の科学」「地球の科学」「生命の科学」などのテーマが取り上げられ、それぞれの分野をさらに各論に分け、具体的に紹介した。教育(火)午後10時からの30分番組。

ポケット・サイエンス 1964年度
身の回りの事象を科学的に解説する"科学豆事典"ともいえる4分番組。早朝の教養ワイド番組『おはようみなさん』(1960～1963年度)の1コーナーとして1961年度にスタート。『おはようみなさん』の終了に伴って1964年度に単独番組となる。取り上げたテーマは「天然ガス」「じゃがいもの芽」「血液型」ほか。交通事故防止キャンペーン実施に際しては、2週連続で関連テーマで構成した。総合(月～木)午前6時55分から放送。

現代科学講座 1965～1968年度
現代人として必要な科学知識を総合的に学ぶ科学教養番組。年度ごとにテーマを設定。初年度は「人間にとって真に幸福な科学時代を実現するには」、1966年度は「21世紀への設計」と題した4シリーズ、1967年度は「情報の科学」と題した8シリーズ、1968年度は「技術新時代」と題して、「激化する国際競争」「岐路に立つ日本」「自主技術の進路」など6シリーズを放送。教育(土)午後8時からの1時間番組（初年度）。

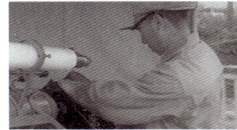

科学映画 1965～1969年度
国内外の科学映画を紹介し、青少年の科学的教養を深めた。おもな作品としては、マックグローヒル社制作（アメリカ大使館提供）の「動物の適応」「流れる空気」「植物相のうつりかわり」「自動車」「ヘリコプターの今昔」などがある。

四つの目 1966～1971年度
肉眼では見ることのできない驚異の世界を、最先端の映像技術とクイズ・スタジオショーも交えながら楽しむ青少年対象の科学番組。4つの「目」とは、肉眼のほか、時間の目（コマ落としやスローモーション）、拡大の目（顕微鏡による撮影）、透視の目（レントゲン撮影）のこと。4つの目で「ホームラン」「チューリップ」「雲」など、さまざまな物や現象をとらえた。総合(木)午後6時からの25分番組（初年度）。

あすをひらく 1967～1970年度
科学技術の驚異や大自然の摂理をダイナミックに描き、現代科学の最先端情報を紹介する総合テレビの科学ドキュメンタリー番組。テーマは「氷海からの脱出」「なぞの天体を追って」「ゴキブリ対人間」「人工宝石」「断層に挑む」「富士の乱気流」ほか。午前11時からの30分番組で初年度をスタート。1968年度以降は午後7時30分からの30分番組。

現代の科学 1969～1971年度
『現代科学講座』(1965～1968年度)の後を受けて始まった科学番組。科学へのより活発な議論、関心を高めるため、従来のように講師の解説で進行するだけでなく、出演者の討論によって問題を掘り下げた。テーマは「地球再発見」シリーズ、「災害・公害」シリーズ、「生命とは何か」シリーズなど。2か月で1つのシリーズを掘り下げた。教育(日)午後7時からの1時間番組。

1970～1980年代

あすへの記録 1971～1977年度
『あすをひらく』(1967～1970年度)の後を継ぐ科学ドキュメンタリー番組。人間の生活と自然環境、科学技術はどのように調和を取るべきか。当時の社会が抱えた問題点をとらえ、実証・検証を積み上げながら、科学の観点から提言を試みた。テーマは「SMON 謎の病巣を追って」「樹海からの報告」「放射性廃棄物のゆくえ」「隆起つづく有珠山」「ビル火災の盲点」ほか。総合夜間の30分番組。

レンズはさぐる 1972～1977年度
『四つの目』(1966～1971年度)の後を受けて始まった子ども向け科学番組。人間の肉眼でとらえることのできない驚異の世界を、あらゆる特殊撮影を駆使したスタジオでの実証を通して紹介した。「たこ」「食虫植物」「パン」「体操」「ガラス」「インコ」「貝」「野球」など、身近な動植物や物質、スポーツなど幅広いテーマが取り上げられた。総合午後6時台の20～25分番組。

科学ドキュメント 1978～1982年度
日常生活に深いかかわりを持っている科学技術を、実証的な映像でとらえたドキュメンタリー番組。明日を支える「最先端技術」や「宇宙科学」、生活に密着した「防災科学」や「交通安全科学」、ガンや心臓病など現代病に取り組む「医療最前線」、そして大自然の中の「生物の驚異」など、科学全般の話題を幅広く取り上げ、科学技術の振興、普及にも貢献した。総合(月)午後10時からの30分番組。

NHK教養セミナー～科学と人間 1982年度
『NHK教養セミナー』(1982～1984年度)は、曜日ごとに歴史や芸術、科学といった各分野でテーマを決めて放送する教育の45分番組のシリーズ。1980年代に入り進歩のスピードを上げている科学技術の最新情報をやさしく解き明かし、科学と人間、科学と社会のかかわりを考えた。月単位に設定したテーマは「第3の資源・情報」「20世紀を築いた植物たち」「ヒトはなぜ老いるのか」ほか。教育(金)午後8時からの45分番組。

クローズアップ　1983～1987年度

『科学ドキュメント』（1978～1982年度）の後を継ぐサイエンスドキュメンタリー。身近な生活の中から生じる疑問から先端技術まで、さまざまな問題を科学の目でわかりやすく解き明かしていく。「災害・事故・事件」「医療最前線」「日常生活に入り込む最先端科学技術」「宇宙や大自然の驚異」などの分野から、タイムリー性、スクープ性、先見性にこだわってテーマを選んだ。総合テレビ午後10時台の30分番組。

NHK教養セミナー～現代の科学　1983年度

教育テレビの『NHK教養セミナー』（1982～1984年度）の「科学と人間」の後を受けて始まったシリーズ。月単位のテーマで科学技術の最新情報をやさしく解き明かし、家庭や職場でも役立つ情報として紹介した。テーマは「限りない生への探求～最新医学リポート」「見直される地下資源」「ニューメディア時代」「材料革命の主役」「地球診断」など。教育（金）午後8時からの45分番組。

科学びっくりビジョン　1985年度

新鮮で驚きに満ちた科学情報を提供する「情報マガジン」番組。最前線の科学をわかりやすく紹介する「ホットなサイエンス情報」や、漫画家が実際に現場をリポートし、電子黒板でイラストを描きながら科学を解説する「びっくりコーナー」、視聴者から寄せられた「びっくり写真」の紹介などで構成。漫画家・イラストレーターは西村宗、ヒサクニヒコ、古川タク。総合・衛星第1（木）午後6時からの29分番組。1985年度後期放送。

ハイライト科学万博　1985年度

1985年3月17日から9月16日まで開催された「国際科学技術博覧会（科学万博-つくば'85）」の魅力を伝えた子ども向け科学情報番組。万博のパビリオンの展示内容を楽しみながら、子どもたちの科学への関心を育成することを狙いとした。テーマは「飛び出すジャンボ映像」「未来派ロボット大集合」「夢のハイテク新素材」ほか。総合・衛星第1（木）午後6時からの29分番組。4～9月放送。

ジス イズ マイカントリー'85科学万博　1985年度

国際科学技術博覧会（通称・つくば科学万博）に参加した国々が制作した、お国柄が伝わる映像作品を紹介する番組。それぞれの国の風土、生活、習慣とともに、最も力を入れているものは何か、未来に何を残そうとしているのかなど、各回2か国分をまとめ（最終回のみ3か国）合計49か国を紹介した。総合・衛星第1（金）午後2時5分からの45分番組。4～9月放送。

つくばから　こんにちは　1985年度

国際科学技術博覧会（つくば科学万博）の全ぼうを中継し、その魅力を紹介した情報番組。現地の全パビリオンの紹介を中心に、利用者に役立つタイムリーな情報をいち早く伝えた。また、世界の民族芸能祭（4回シリーズ）、日本の祭り（5回シリーズ）などの企画で会場全体をさまざまな角度から取り上げた。衛星第1（月～金）午後1時25分からの20分、（土・日）は午前11時20分からの30分番組。4～9月放送。

NHKメディカル情報　1987年度

衛星第1の90分番組。現代医療の専門情報を伝える医療従事者向け番組。日常の診療に追われ医学技術の進歩に疎い開業医や、専門外の医療知識を勉強する機会がない医師が増えている。日本の医学界の現状を踏まえ、専門的な内容を解説した。「診断と治療最前線」はシリーズとして肝臓がん、心臓病、不妊症、老年期痴呆、胆石、腎臓病などを取り上げた。1988年度は8月に4日連続で特集番組を放送。

サイエンスＱ　1988年度

『クローズアップ』（1983～1987年度）の後を受けて始まった科学教養番組。医学、健康、ハイテク、宇宙開発まで、最先端の科学情報をわかりやすく掘り下げた。『クローズアップ』にはなかったスタジオ部分を設け、キャスターが情報を多角的にフォロー。社会現象や事件、災害の科学的検証やその安全対策をビビッドに伝えた。テーマは「バイオ商品の開発戦争」「がん免疫療法」「十勝岳噴火」ほか。総合夜間の39分番組。

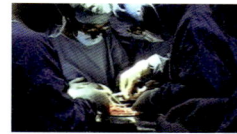

サイエンス・メディカル専門情報　1989年度

衛星第1の『NHKメディカル情報』（1987年度）の後継番組。開業医を中心とした医師、看護士・看護婦、薬剤師などの医療従事者のほか、最新医学に関心の高い層に向けて、一流の専門家が医療の最前線の情報を伝えた。衛星第1最終（土）の午後11時からの1時間番組。

1990年代

サイエンス・マンスリー　1991～1992年度

生命、医学、地球環境、エネルギー問題など、さまざまなジャンルを網羅した科学情報番組。1か月の国内外の科学ニュースをせきとめ、新たな取材を加え、その最新科学技術情報を伝える。「今月の科学ニュース」「特集」「人物登場」「ハイテクニッポン」などのコーナーで構成。小出五郎解説委員がキャスターを務めた。衛星第1（最終・土）月1回放送の60分番組。

世界発明物語　1992年度

日ごろ何気なく使われる製品がどのように生み出されたのか、その誕生秘話をたどったアメリカ制作の科学教養番組。米・スミソニアン博物館に収集された発明・発見の歴史資料をもとに、世界のさまざまな製品が出来上がるまでの経緯とその後の変遷について、趣向を凝らした映像で紹介した。原題：「INVENTION」（ビヨンド・プロダクション制作）。教育（金）午後6時からの25分番組。10～12月放送。

ハイテク時代の匠たち　1994年度

ハイテクを駆使して、現代の情報社会を支える3人の匠たちを描いた10分番組。「ワープロに日本語を教えた男」「究極のスポーツシューズを開発した男」「ノーアイロンのワイシャツを作った男」の3人の匠を紹介。12月2日・9日・16日の午後8時50分から総合で放送。

科学情報 | 定時番組

にっぽん名物研究室 1995年度

科学の最先端では今どのような研究がどこまで進んでいるのかを、その最前線に立つ研究室を訪ねリポートした科学番組。新しいエネルギー開発、人間の脳や思考の解明、高度情報システムの研究など、日本を代表するサイエンス系の研究室の成果を取材。また、そうした科学研究で大切な発想の秘密や発見の喜びなど、研究者たちの生の声を伝えた。教育（土）午後7時40分からの15分番組。

サイエンスアイ 1996〜2000年度

21世紀を目前に「未来が見える」をキャッチコピーとした科学教養番組。「狂牛病」「O-157」「重油流出事故」「高層建築火災」「環境ホルモン」など、現代生活に直結する最先端情報をタイムリーに取り上げ、科学的な視点で切り込んだ。また、理工学研究の最前線を紹介した番組『にっぽん名物研究室』（1995年度）をコーナー化し、幅広い分野の最新研究に注目した。初年度は教育（土）午後11時からの45分番組。

2000年代

サテライトビュー 2000〜2002年度

「衛星画像を10倍楽しむ」をキャッチコピーにした気象情報番組。番組前半はその日の日本列島を衛星画像でふかんする気象情報、後半はさまざまな衛星情報を画像化し、気象や災害、季節の風物詩などを通常とは違った角度で紹介した。ハイビジョン（月〜金）午前11時50分からの10分番組。

地球だい好き　環境新時代 2003〜2005年度

テレビ放送50周年の「地球環境キャンペーン」の一環として始まった情報番組。家庭や地域でのごみ処理問題から、環境保全活動、産廃処理、エネルギー問題、地球温暖化まで環境に関わる課題は山積している。そんな中で、暮らしや環境を新しい発想で見据え、軽快に生きる人々の暮らしぶりやその知恵と工夫を紹介した。総合（土）午前11時からの29分番組。2004年度からは衛星第2でも放送。

サイエンスZERO 2003年度〜

現代社会の身近な話題に、「サイエンス（科学）」の視点でわかりやすく切り込む科学情報番組。社会の未来を変えるかもしれない最新テクノロジーから宇宙の話題、人体の謎、環境問題など幅広いテーマを取り上げ、各専門家の解説で掘り下げる。眞鍋かをり、安めぐみ、竹内薫、南沢奈央、小島瑠璃子ら歴代ナビゲーターの等身大の視点やコメントが、番組の親しみやすさにもつながった。教育（水）午前0時台の44分番組（初年度）。

アインシュタインの眼 2006〜2011年度

人の眼や耳ではとらえられない世界を、最新の撮影技術を駆使してその細部に迫った科学番組。100分の1秒を競うスポーツ選手の動き、ミクロ単位の職人技、驚異の自然現象などを、1秒を83倍に引き伸ばせる超ハイスピードカメラや、直径わずか12ミリの超ミクロカメラで、身の回りの「モノ」や「できごと」を多角的に撮影し、人の目の届かない不思議の世界に誘う。ハイビジョンと衛星第2で放送する夜間の44分番組。

解体新ショー 2007〜2008年度

誰もが気になる体についての疑問を調査と実験で徹底解明し、人体の神秘を解き明かす科学エンターテインメント番組。毎回2組のプレゼンターがスタジオに登場し、人体に関する疑問をユーモアと科学の力で「解体」し、そのプレゼンの内容を競った。司会は国分太一（TOKIO）と久保田祐佳アナウンサー。プレゼンターは劇団ひとり、麒麟、ペナルティほか。総合テレビ夜間の29分番組。衛星第2でも放送。

ITホワイトボックス 2009〜2011年度

スマートフォンやクラウド、デジタルカメラなど、身の回りにあふれるIT（情報技術）のメカニズムをわかりやすく解き明かした番組。ブラックボックス化しがちなITについて、専門家によるわかりやすい解説で「ホワイトボックス」化を目指した。テーマは「なぜメールアドレスに＠がつくのか？」「ウェブ検索が速いのはなぜか？」ほか。2010年度のみ『ITホワイトボックスII』として放送。教育午後11時30分からの25分番組。

2010年代〜

いのちドラマチック 2010〜2011年度

毎回、「ヒトが作ったいのち」を取り上げ、その誕生によってもたらされる恩恵や感動のドラマを伝えた。観賞に適した植物の誕生やペットの品種交配、養鶏や養蚕、養蜂など人間の暮らしと密着する中で、身近な「いのち」が姿を変えてきた事例を検証。また、遺伝子組み換え、クローン技術など最先端の「いのち」のドラマにも迫った。解説は生物学者の福岡伸一。ハイビジョン（BSプレミアム）夜間の29分番組。

コズミック　フロント〜発見！驚異の大宇宙 2011〜2014年度

宇宙研究の最前線（コズミック・フロント）に迫るサイエンス・エンターテインメント。天文学から宇宙開発、宇宙物理学、天文史まで、新発見が続く宇宙の最前線を鮮烈な実写映像とダイナミックなCGで描き出す。テーマは、世界初の超高感度4Kカメラによる映像を紹介した「若田飛行士が見た"宇宙絶景"」ほか、「ハッブル宇宙望遠鏡」「地球外生命を探せ」「迫りくる太陽の異変」など。BSプレミアム夜間の60分枠。

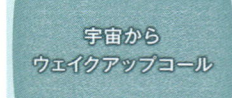

宇宙からウェイクアップコール 2011〜2012年度

宇宙飛行士の一日の始まりに、地上の管制室から送られる音楽「ウェイクアップコール」。かつて宇宙船内で流された曲を美しい宇宙映像に乗せて届ける5分番組。語り：奥田瑛二、奥貫薫。BSプレミアム（月〜金）午前7時から放送。2012年度は『宇宙からウェイクアップコール・選』を放送。

コズミック　フロント☆NEXT 2015〜2020年度

約4年にわたり放送された『コズミック　フロント〜発見！驚異の大宇宙』（2011〜2014年度）を改題し、大幅にリニューアルした番組。月の謎の発光現象、太陽最後の日、クレオパトラが残した古代エジプト天文学など、宇宙にまつわるミステリーを第一線の研究者と解き明かす。天文学から宇宙開発の歴史まで知られざる宇宙の真実に迫る。BSプレミアム・BS4Kで夜間放送の1時間枠。

フランケンシュタインの誘惑　科学史　闇の事件簿 2016〜2017年度

理想の人間を作ろうとした青年フランケンシュタインが、恐ろしい怪物を生み出してしまったように、科学は人間に夢を見せる一方で、ときに残酷な結果をつきつける。輝かしい科学の歴史の陰には、残酷な実験や非人道的な研究、不正が数多くあった。そんな闇に埋もれた事件に光を当てる知的エンターテインメント。テーマは「原爆」「毒ガス」ほか。ナビゲーターは吉川晃司。BSプレミアム（最終・木）午後9時からの59分番組（初年度）。

フランケンシュタインの誘惑E＋ 2019年度

BSプレミアムの『フランケンシュタインの誘惑　科学史　闇の事件簿』（2016〜2017年度）に、謎の知的生命体のCGキャラクター「ドクターフランケンE＋」（声：武内陶子アナ）による解説パートを挿入したリメーク版。原爆、人工知能、ブラックホール、ロボトミーなどをテーマに、その研究に携わった科学者たちや研究が世界に及ぼした影響について伝えた。語りは吉川晃司。Eテレ（木）午後10時からの45分番組。

オランウータン・ジャングルスクール 2019〜2020年度

絶滅の危機にあるオランウータンの孤児たちを人間が親代わりとなって野生で生きる術を教えるインドネシアの学校に密着。ディラの出産、クララ親子の野生復帰など、個性豊かなオランウータンの姿を伝え感動をよぶ。2019年度にSeason1を放送。2020年度のSeason2はプロローグ含め全11本。BSPでも放送。国際共同制作。語り：つるの剛士、小野文惠アナウンサー。BS4K（日）午後6時からの50分番組。

バビブベボディ 2020年度

『NHKスペシャル　シリーズ人体』の最先端医学映像を使いつつ、アニメやオリジナルソングも交えた子どもと親が一緒に楽しめる医学番組。2018年度に特集番組として13本を放送。2019年度は新規に13本を制作し、BS4Kで2018年度制作分と合わせて26本を放送。2020年度は『Nスペ』の「人体VSウイルス」の映像素材をもとに、新作「免疫〜新型コロナ編〜」を制作。Eテレ（土）午前10時30分からの10分番組。

ヒューマニエンス　40億年のたくらみ 2020〜2023年度

タイトルの「ヒューマニエンス」とは、「ヒューマン」と「サイエンス」からなる造語。人間という不確かで不可思議な存在の真の姿に、科学と未知の領域を行き来しながら迫っていく。「性のゆらぎ」「聴覚」「腸」「体毛」「嗅覚」「指」「思春期」「目」「心臓」「スリル」「ウイルス」などのテーマで、人類が進化の中で獲得した人間らしさの根源を深く妄想する。BSプレミアム（木）午後8時からの59分番組。年度後期放送。

コズミック　フロント 2021〜2023年度

2011年度から続く「コズミック　フロント」シリーズをリニューアル。壮大な宇宙、そして母なる惑星・地球、さらに生命、人類史の秘密を、最新の知見から、美しい実写とダイナミックなCGで紡いでいく本格科学番組。「太陽系のヒミツ」「原始ブラックホール」「超小型探査機の冒険」「人類最古の記号」「山岳氷河」「気球で宇宙へ」など、多彩なテーマを取り上げた。BSプレミアムとBS4Kで放送する59分番組。

コズミックフロントΩ（オメガ） 2022年度

BSプレミアム・BS4Kで放送の『コズミック　フロント』を再構成。これまで宇宙に関心がなかった視聴者を対象に、「宇宙誕生」「星の一生」「ブラックホール」「素粒子のヒミツ」「地球誕生」「小惑星衝突」「宇宙でひとりぼっち？」「ダークマター」「アインシュタイン」「宇宙の終わり」など12のテーマを選定し、わかりやすく構成した。CG出演：阿部寛。ナレーション：秀島史香。Eテレ（火）午後10時45分からの29分番組。

ヒューマニエンスQ（クエスト） 2022年度

『ヒューマニエンス　40億年のたくらみ』（2020〜2023年度）を30分に凝縮して総合で放送。「ヒューマニエンス」とは、ヒューマンとサイエンスを組み合わせた造語。人間という不思議な存在を、じっくり深く妄想する「探求の旅」。若年層を対象に、進化の秘密と生命の神秘に迫った。4〜6月のシーズン1（全12本）が（水）、2023年1〜3月のシーズン2（全12本）が（月）のそれぞれ午後11時からの29分番組で放送。出演：織田裕二ほか。

笑わない数学 2022〜2023年度

「数学」の知られざる魅力を紹介した知的エンターテインメント。素数、無限、四色問題、P対NP問題、ポアンカレ予想、虚数、フェルマーの最終定理、カオス理論、暗号理論、確率論、ガロア理論など、テーマは超難問ばかりだが、全世代が楽しめる分かりやすさを追求。MCのお笑い芸人・尾形貴弘（パンサー）が一切のギャグを封印。ひたすらまじめに取り組む姿が、本格的内容とともに話題となった。総合（水）午後11時からの29分番組。

魔改造の夜　技術者養成学校 2022年度

エンジニアたちが家電やおもちゃからモンスターマシンを誕生させて勝負する技術開発エンタメ番組『魔改造の夜』。『魔改造の夜　技術者養成学校』は、将来「魔改造」に挑みたい技術者を養成するために、一流の専門家を講師に招いた特別講座（全8回）。技術や発想力に加えて、デザインやリーダー論などについて伝えた。MCは劇団ひとり。出演は長藤圭介（東京大学工学部准教授）ほか。Eテレ（水）午後10時30分からの29分番組。

フランケンシュタインの誘惑　科学史　闇の事件簿　29min. 2022年度〜

BSで放送してきた『フランケンシュタインの誘惑　科学史　闇の事件簿』を、より見やすいコンパクトサイズにまとめ、地上波で放送した。輝かしい科学の歴史に埋もれた"闇"に焦点を当てるユニークな切り口と、VFXを駆使した独自の映像表現で根強いファンを持っている。ナレーション：吉川晃司。Eテレ（火）午後10時45分からの29分番組。第1回放送は2022年11月29日。

魔改造の夜 2023年度

超一流のエンジニアたちが、身の回りの家電やおもちゃをモンスターマシンに変貌させ、アイデアとテクニックを競う技術開発エンタメ番組。日本を代表するような大企業、町工場、大学などが没頭する"本気の遊び"を通して科学のおもしろさを発見し、モノづくり立国・日本の未来をもり立てる。総合（最終・木）午後7時30分からの1時間12分番組。

自然・科学
生活科学

01

生活を"科学"する情報番組

　1957年4月、午後9時台の30分番組『生活の知恵』（1957〜1970年度）が始まる。生活に密着した身近な話題に光を当て、それまで常識と考えられていた事柄がいかに固定観念や先入観に支配されていたかを科学で実証。社会、風俗時評的な面からも分析した番組だ。第1回放送のテーマは「眼鏡」。その後、「牛乳」「疲労」「レコード」「左と右」「バランス」「錯覚」「交通事故」など、バラエティーに富んだテーマを取り上げた。1964年4月からは午後7時30分のゴールデンタイムに進出。1971年3月に放送を終了するまで、14年間で624回を放送。科学系生活情報番組の先駆けとなった。

　『ウルトラアイ』（1978〜1985年度）は、総合テレビ午後7時30分からの生活科学番組。『四つの目』『レンズはさぐる』と続いてきた子ども向け科学番組が、大人も楽しめるファミリー向けバラエティーに姿を変えてゴールデンタイムに登場した。「蚊が1回に吸う血の量は5.4mg」、「赤ちゃんが1日に飲むミルクの量は1年で約300リットル」、「靴の中の湿度は90％で1日約5gの汗を吸収」など、様々な事実を実験から導き出して検証した。ふだん見落としがちな事象、現象を、特殊撮影や実験を通して探り、常識の

『生活の知恵』（1957〜1970年度）→ P852

『ウルトラアイ』（1978〜1985年度）→ P620

『なせばなるほど』（1994年度）→ P621

陰にかくれた意外な世界を紹介するというこれまでの科学系番組のノウハウが生かされた。司会の山川静夫アナウンサーが自ら体当たりで挑んだユニークな実験の数々と、「人前であがらない法」「運動会かけっこ必勝法」「オンチ大研究」など、従来の科学番組では取り上げられなかったユニークで身近なテーマが評判を呼んだ。

『ウルトラアイ』の制作のモットーを、当時の番組スタッフは3か条の"ウルトラ憲章"にまとめた。第1条「バカげた意見を笑わない」、第2条「体験取材　やってみないとわからない」、第3条「みんなでやればこわくない」。常識という枠から飛び出した自由な発想が『ウルトラアイ』の活力だった。

『ウルトラアイ』の後継番組『トライ＆トライ』（1986〜1990年度）は、山川静夫アナが引き続き司会を務めた。日々の生活の中から湧いてくる素朴な疑問に、科学の視点から答える番組だ。"こうすればできる"をテーマの「苦手克服シリーズ」や、高齢者の立場から都市をチェックする「シルバー探偵団」、暮らしの中の「ブラックボックスの解明」など、『ウルトラアイ』の路線をさらにパワーアップした。

『トライ＆トライ』に続く『くらべてみれば』（1991〜1993

年度）は、日常生活から生まれる素朴な疑問や謎を、2つのものを比較・対決させる手法で解き明かす科学情報バラエティー。初年度は「あさりvsしじみ」「ダイコンvsニンジン」「縄文vs弥生」「理系人間vs文系人間」などのテーマで比較・対決をおこなった。

『なせばなるほど』（1994年度）も、ユニークな実験や調査など科学的手法で新しいアイデアを導き出す従来の路線を踏襲。暮らしを豊かにするお役立ち情報を紹介した。

『トライ＆トライ』（1986〜1990年度）→ P621

1995年3月29日、『ためして合点』（1996年度『ためしてガッテン』に、2016年度に『ガッテン！』に改題）が登場。その後、27年にわたって親しまれた長寿番組のスタートである。生活の中の疑問に最新科学とユニークな実験、実証で答え、生活を豊かにするヒントを提供した。『ウルトラアイ』以来の伝統を継承するゴールデンタイムのファミリー向け生活科学番組だ。

司会には落語家の立川志の輔が山本志保アナウンサー（1997年度より小野文惠アナウンサー）とともに当たる。志の輔は『トライ＆トライ』以来、『くらべてみれば』『なせばなるほど』の常連出演者で、満を持しての司会登場となった。

『くらべてみれば』（1991〜1993年度）→ P621

生活科学

『ためしてガッテン』(1996～2015年度) →P621

番組で取り上げるテーマは幅広いが、特に「食と健康」については反響が大きく、番組のメインテーマの一つとなっていく。とりわけ、1997年6月に放送した「血液サラサラ健康法」は大反響をよぶ。この回のタイトルにもなった"血液サラサラ"は、血栓の原因となる高脂血症の"血液ドロドロ"に対して、健康な血液の状態を表現した一般用語として定着する。「血栓予防食品リスト」で紹介したタマネギを使った"万能ドレッシング"について、NHKコールセンターに問い合わせが殺到。同じ年の10月に「続・血液サラサラ健康法」を、さらに2006年8月の放送500回記念で「徹底検証・血液サラサラの真実」を放送するなど、番組の看板テーマとなった。

日本人の三大死因であるがん・脳血管疾患・心疾患、さらにこれら疾患の危険因子となる動脈硬化症・糖尿病・高血圧症・脂質異常症などの生活習慣病に関するテーマは特に視聴者の関心が高かった。「ガン徹底予防術」シリーズ(2001)、「動脈硬化チェック法」(2005)、「脳卒中の落とし穴」(2005)、「糖尿病！衝撃の新事実」(2006)、「本当に血管が若返る！コレステロール調節術」(2010)、「タチの悪い高血圧が！3週間で正常化する法」(2010)など、最新研究に基づいて内容を更新しながら、その後も繰り返し取り上げられた。

もう一つの人気シリーズが「みつけた！ダイエットに成功する本当の理由」(2003)など「ダイエット」に関連するテーマや、「スロー筋トレ」「"伸ばさない"ストレッチ」「スロージョギング」「くねくね体操・がにがに体操」などのスポーツや健康法についての最新情報だ。そのほか特定の食材の効用やパワーに注目する食材シリーズも注目度が高く、放送の翌日は、スーパーの棚からその食材が売り切れてしまう現象も生まれた。

02

医学番組から健康バラエティーへ

テレビ放送初の定時健康番組は1957年11月に始まった『わが家の健康』(1957～1961年度)である。病気の予防と治療を両面からわかりやすく解説し、一般家庭のホームドクターの役割を目指した。

1959年1月の教育テレビ開局と同時に、午後8時台に『今日の医学』(1958～1959年度)が始まる。一般視聴者を対象としながらも、医療従事者にも役立つように具体的臨床例を示しながら、「からだの働きと病気」「病気とその原因」「病気の"検査と診断"」等のテーマをシリーズで伝えた。

総合テレビの『茶の間の科学』(1960～1965年度)は、月曜から金曜の午前11時台に放送する生活科学番組。家庭の主婦を対象に、暮らしに役立つ具体的知識を提供した。初年度は(月)「科学の話題」、(火)「あすへの健康」、(水)「わが家のエンジニア」、(木)「からだのしくみ」、(金)「くらしの科学」で1週間を構成。1964年度は、月曜を「わたしと健康」として著名人の健康法を紹介。さらに

『今日の医学』(1958～1959年度) →P620

『茶の間の科学』(1960～1965年度) →P620

「成人病」をテーマにシリーズを組むなど、健康に関する話題を中心に伝えた。

1967年4月、NHKの健康医学番組を代表する長寿番組『きょうの健康』が、総合テレビの月曜から土曜の20分番組（土曜のみ15分）で始まる。（くわしくは【趣味・実用〜生活情報】の項参照）

『健康クリニック』（1982〜1983年度）は、教育テレビ午後7時台の30分番組。主に病気そのものを取り上げる『きょうの健康』に対し、人体の生理やメカニズムを知ることに焦点を当て、予防につなげる知識や情報を提供した。

1996年12月、厚生大臣諮問機関で「生活習慣病」という概念が提唱された。ガン、高血圧、糖尿病など、日本人の死亡の多くを占める病の発症に、食習慣、運動習慣、喫煙、飲酒などの生活習慣が深くかかわっていることが一般に知られるようになる。これまで中高年に多いことから「成人病」と呼ばれていたそれらの疾患を「生活習慣病」と改称することによって、子どもや若者も対象となった。そんな社会状況を背景に、1998年4月、衛星第2で健康関連の3本の新番組が一気に立ち上がる。『健康こどもっち』『健康のつぼ』『健康ほっとライン』の3本である。

『健康こどもっち』（1998〜1999年度）は、成長期の子どもの体について、CGや模型を使ってわかりやすく解説する健康バラエティー番組。

『健康のつぼ』（1998〜2000年度）は、「健康達人」をテーマとした20分の健康情報番組。「強い歯を作る」「紫外線にご用心」「肩こり解消、枕の達人」「爪は健康のバロメーター」などのテーマで放送した。

『きょうの健康』（1967年度〜）→ P620

『健康クリニック』（1982〜1983年度）→ P621

『健康こどもっち』（1998〜1999年度）→ P622

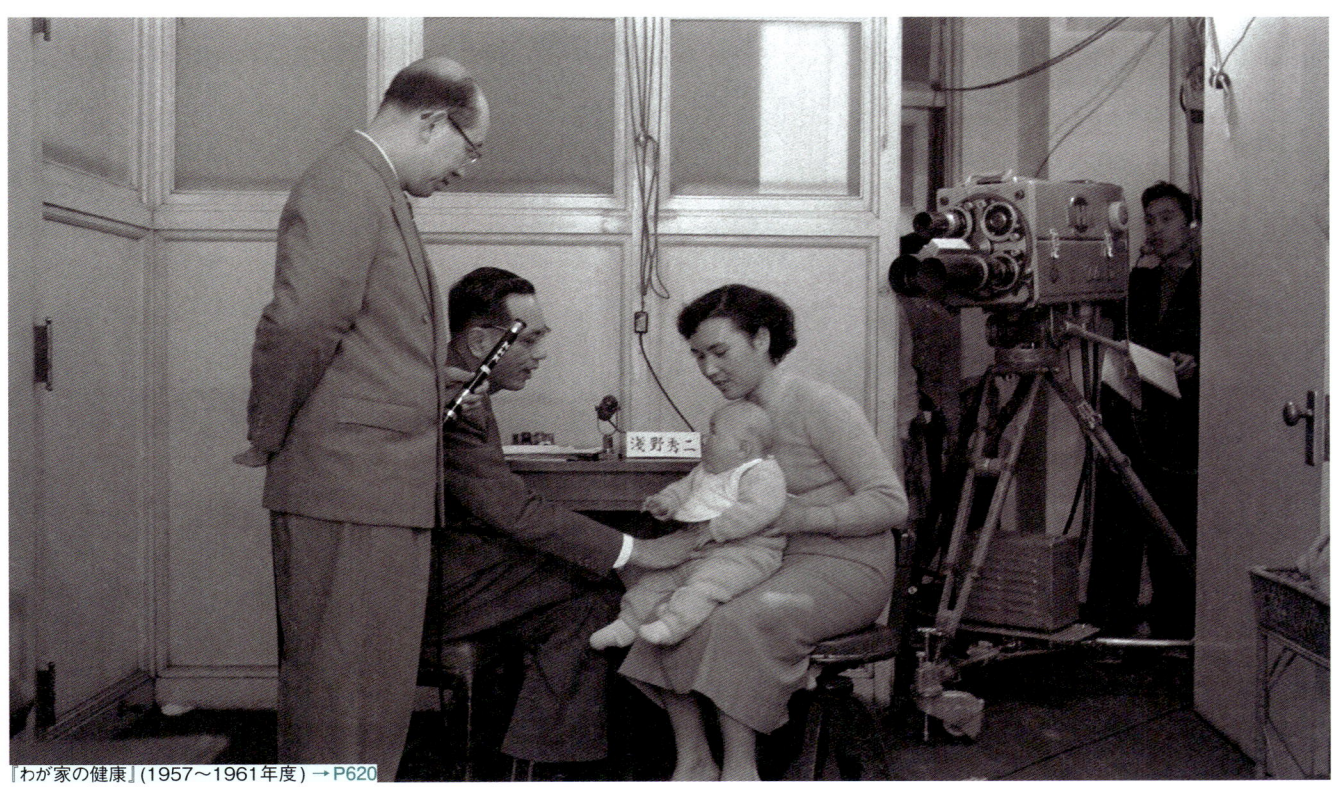

『わが家の健康』（1957〜1961年度）→ P620

生活科学

『健康ほっとライン』（1998〜2001年度）はインターネットや電話で寄せられた視聴者からの健康相談に、専門医が医学医療映像を使いながら直接答えるスタジオ番組で、月曜から金曜の午前中に生放送した。平日に番組を視聴できない人を対象とした日曜拡大版『サンデー健康ほっとライン』（2000〜2001年度）も放送。84分という長尺を生かして、模型を使った病気の基礎知識や、健康運動指導士や管理栄養士による生活ワンポイント実習など、実用情報を盛り込んだ。2002年4月、放送日を土曜に移し、『サタデー健康ほっとライン』（2002年度）に改題。

『健康ほっとライン』（1998〜2001年度）→ P622

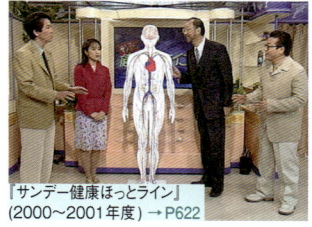

『サンデー健康ほっとライン』
（2000〜2001年度）→ P622

『サタデー健康ほっとライン』
（2002年度）→ P622

衛星第2の『元気一番　健康道場』（2002〜2003年度）は、月曜から木曜放送の1時間の双方向生番組。視聴者の疑問や悩みに、スタジオの専門家が最新テレビ電話システムで直接答えた。さらに健康増進のための料理や体操の実演など、その日にすぐに役立つ実用情報も盛り込んだ。

『元気一番　健康道場』（2002〜2003年度）→ P622

視聴者からの質問にその場で答える双方向スタイルは、教育テレビ（2011年度よりEテレに改称）の『ここが聞きたい！名医にQ』（2008〜2012年度）に引き継がれる。一つの症例に対して医師たちが適切な治療法を探って議論

『ここが聞きたい！名医にQ』（2008〜2012年度）→ P622

『チョイス@病気になったとき』（2013年度〜）→ P623

する「マルチオピニオン」、「病気の危険度を知る」、「予防のための料理」などのコーナーで構成した。

Eテレで土曜午後8時から放送の『チョイス@病気になったとき』（2013年度〜）は、患者の経験談をもとに、患者目線にこだわって健康への選択肢を紹介する番組。例えば「手術」に関してそのメリットとデメリット、かかる費用やその後の生活の変化まで、患者が知りたくても医療機関では気軽に聞けない情報を、専門家とMCのやりとりの中でわかりやすく伝えた。

2010年度にユニークな医療エンターテインメント番組がスタートする。ハイビジョンと衛星第2で15本を放送した『総合診療医　ドクターG』（2010〜2017年度）。"ドクターG"とは、General Medicine（総合診療）からとった造語。「総合診療医ドクターG」が、実際の症例をもとに再構成したドラマをスタジオの研修医たちに提示し、研修医たちがカンファレンス（症例検討会）で病名を推理する。研修医たちが病名を探り当てるまでのスリリングな展開が見どころだ。2011年度に総合テレビで定時番組となる。

2011年度にはEテレ午後11時台の15分番組『名作ホスピタル』（2011〜2013年度）もスタート。都会暮らしのストレスから倒れてしまう「アルプスの少女ハイジ」や、ナポレオンにならって1日に3時間しか寝ないと宣言した「天才バカボン」など、名作アニメの意外なエピソードを専門医が医学的な見地から分析する。「名作アニメには健康になるヒントがある!?」をコンセプトに、若者の心や体の悩みを解決する新しいタイプの健康バラエティーである。

BSプレミアムの『美と若さの新常識〜カラダのヒミツ〜』（2017〜2020年度）は、"若さと美しさ"を手に入れたい

01.ドラマ　02.クイズ・バラエティー　03.音楽　04.伝統芸能　05.ニュース　06.報道ドキュメンタリー　07.紀行　08.教養・情報　09.自然・科学　10.こども・教育　11.人形劇・アニメ　12.趣味・実用　13.大型特集番組等

人のための情報を、医学、生命科学、栄養学などの最新科学で追究する情報エンターテインメント番組。「スプーン1杯　食べるアブラ」(2017年度)、「痩せる脂肪」(2018年度)など代謝のメカニズムからわかる正しいダイエットの知識のほか、「発見！美肌菌」「イライラ解消術」「おサボり筋トレ術」「"いい肥満"の正体」など、健康的に美しいカラダを手に入れる最新の科学知識を、手軽な方法に応用して実践した。その効果も科学的エビデンスでしっかり解説しながら、お笑いコンビのフットボールアワーが進行役となってわかりやすく紹介した。

　長寿番組『ためしてガッテン』(1996〜2015年度)『ガッテン！』(2016〜2021年度)の後継番組として、2022年4月から新たな生活科学情報番組『あしたが変わるトリセツショー』がスタートした。健康・食・生活・美容などから毎回一つのテーマを選び、最新科学と大実験、大調査をもとに解き明かし、真のお役立ち情報満載の"トリセツ(取扱説明書)"にして紹介する新・生活科学情報エンター

テインメント番組だ。多種多様なテーマを科学の力で深掘りし、目からウロコの"知られざる真実"や"本当に役立つお得ワザ"に満ちた「○○のトリセツ(取扱説明書)」を作り上げていく。主なターゲットである30代〜40代の女性に向けて、"トリセツ"を華やかなショーとしてプレゼンするのは俳優の石原さとみ。ほかに市村正親も助っ人エンターテイナーとして登場している。また、MCとのかけあい役のキャラクター・トリンキーの声は濱田マリ、ナレーションを山路和弘が担当している。これまで取り上げたテーマの一例は「健康」関連で血管・呼吸・腸内細菌、「生活」関連で集中力・カビ・掃除、「美容」関連で洗顔・爪・髪・リンパ、「食」関連でトマト・ブロッコリー・大根……と多岐にわたる。それらの「トリセツ」は放送後に番組ホームページや公式インスタグラムを通じて積極的に配信される。ストレッチの方法やレシピ、健康情報など、すぐに試したり確認してみたい内容がわかりやすく提示されるだけでなく、ダウンロードして取り込むことができることで実際の生活に役立てることができると好評だ。

『総合診療医　ドクターG』(2010〜2017年度) → P623

『名作ホスピタル』(2011〜2013年度) → P260

『あしたが変わるトリセツショー』(2022年度〜) → P623

生活科学 | 定時番組

1950年代

わが家の健康　1957〜1961年度

テレビ初の定時健康番組。成人病（生活習慣病）という考え方が登場し、減塩や脂肪を防ぐ食事や運動が奨励されるなど、健康への日常的なケアへの関心の高まりを背景にスタート。医学的な理論ではなく、「手を洗いましょう」「歯をみがきましょう」というような小学生にも理解できる医学知識を普及させるのが目的。フィルムや電子顕微鏡による画像などで視覚化することを重視した。総合（土）午後0時35分からの15分番組（初年度）。

くらしの科学　1958〜1959・1962年度

生活に密着した主婦向けの番組で、「なべ」「新しい繊維」「寒さと健康」など衣食住全般にわたったテーマについて科学的な解説を試みた。教育（火）午後8時30分からの30分番組。1962年度に青少年対象に、教育（土）午後6時からの30分番組で再開。身近な暮らしの中から「ゆかいな数学」「電灯と蛍光灯」「当選確実は何票か」「湿度とパーマネント」など幅広いテーマで、正しい科学的な考え方を養った。

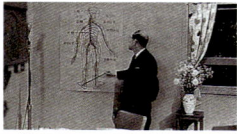

今日の医学　1958〜1959年度

教育テレビ開局直後の1959年1月14日に、一般視聴者に高度な医学知識を啓発する目的でスタートする。ラジオ第1の『皆さんの健康』などで"ラジオドクター"として親しまれていた医師の近藤宏二がこの番組では"テレビドクター"として出演。各テーマに沿って医療専門家との対談形式で進行した。テーマは「からだの働きと病気」「病気とその原因」「病気の"検査と診断"」など。教育（水）午後8時からの30分番組。

1960年代

茶の間の科学　1960〜1965年度

家庭の主婦を対象に、暮らしと結びついた科学の知識をわかりやすく伝える（月〜土）放送の帯番組。初年度は（月）「科学の話題」、（火）「あすへの健康」、（水）「わが家のエンジニア」、（木）「からだのしくみ」、（金）「くらしの科学」で1週間をラインアップ。その後「成人病シリーズ」「宇宙への招待」など、年間シリーズや枠内特集も組んだ。総合（月〜土）午前の20〜25分番組。初年度のみ（月〜金）放送。

数のふしぎ　1961年度

数に関する基本的な疑問からスタートして、数にまつわる興味深いエピソードを講義する教養番組。テーマは第1回「数の誕生」に始まり「0の発見」「ニンジンの切り口」「古代エジプトの秘密」等をへて、最終回「円と球」までの全26回シリーズ。講師は吉田洋一（立教大学教授）、赤摂也（立教大学助教授）、矢野健太郎（東京工業大学教授）。聞き手は川上裕之アナウンサー。教育（土）午後7時からの30分番組。1961年前期放送。

くらしの数学　1961年度

教養番組の充実を目指して生まれた『数のふしぎ』を引き継いだ番組で、日ごろ何となく見過ごしている事象も数学的見地から取り上げ、科学的な考え方をわかりやすく伝えた。テーマは「平均値にご用心」「地球をたたむ」「英語と数学」「絵の中の幾何学」ほか。講師は矢野健太郎（東京工業大学教授）。聞き手は川上裕之アナウンサー。教育（土）午後7時からの30分番組。1961年度後期放送。

安全の科学　1964年度

科学技術の向上、産業の発展にともなって課題となってきたさまざまな災害や公害に焦点を当てた。交通事故や自然災害、工場災害などを取り上げ、安全を第一とする科学観の確立を目指し、具体策を示すことを心がけた。テーマは「事故と運転者」「事故と救急」「地震と建物」「川の汚染」など。これまでにないタイプの番組で各方面から大きな注目を集めた。教育（水）午後10時からの30分番組。

きょうの健康　1967年度〜

健康な家庭生活を営むために必要な知識を的確に伝える実用的予防医学番組としてスタート。がんや心臓病など命を奪うおそれのある病気から効果的な運動や体操の方法まで、日々の健康づくりに役立つ情報を、医療の第一線で活躍する医師や専門家の解説で伝えた。派生番組や関連番組も次々と生まれ、NHKの健康番組の中心的存在として半世紀以上続く長寿番組となった。Eテレ（月〜木）午後8時30分からの15分番組（2021年度）。

1970年代

健康メモ　1971年度

家庭の主婦を対象に、家族の健康維持に役立つ実際的な知識を取り上げた。（月〜木）の4日間を同じ出演者のストレートトークで放送。テーマには「赤ちゃんシリーズ（吐く、下痢、痛む）」「母親のつくる病気（腹痛、食欲不振、頻尿）」から「中年からのスポーツ」「害虫駆除」「にきび」まで幅広い。総合（月〜木）午後2時50分からの10分番組。

ウルトラアイ　1978〜1985年度

子ども向け科学番組『四つの目』（1966〜1971年度）、『レンズはさぐる』（1972〜1977年度）の系譜を受け継ぐファミリー向け生活科学番組。身近な素材をテーマに、ふだん見落としがちな事象や現象を、特殊撮影や趣向をこらした実験などを通して探った。司会の山川静夫アナウンサーが自ら体当たりで実験を行うなど、科学番組の硬いイメージを一新した。総合（月）午後7時30分からの29分番組。

1980年代

テレビ気象台　1981〜1984年度

日本初の本格的な気象生放送番組として始まる。国内および海外の気象情報やトピックスを伝える情報コーナーと、身のまわりにある四季折々の気象に関する話題を取材VTRやスタジオトークで掘り下げる企画コーナーで構成。出演は広瀬久美子アナウンサー、柳川喜郎記者、宮沢清治（日本気象協会）ほか。教育（金）午後7時30分からの30分番組でスタートし、1984年度に総合に移行。わが国唯一の本格的な総合気象番組として支持を得た。

健康クリニック　1982〜1983年度

健康管理に必要な医学や医療の情報、知識を分かりやすく伝え、家族の健康維持に役立てる番組。『きょうの健康』（1967年度〜）が個別の病気そのものを取り上げたのに対し、人体の生理や不思議を知ることで健康につなげることを狙った。スタジオに著名人の夫婦をゲストに招き、素朴な疑問を解説役の専門家にぶつけるという形式で進行した。教育（木）午後7時30分からの30分番組。

金曜お天気博士　1985年度

「世の中万事お天気次第」「1年見ればあなたも予報官」をキャッチフレーズにした気象情報番組。その週の天気の動きや季節の変化を解説するコーナーのほか、海外特派員による世界の天気の話題、また企画コーナーでは「防災特集・地震津波、風津波」「カゼはなぜ冬にはやる？」「体験・風速40メートルの台風」などの話題を取り上げた。キャスターは倉嶋厚と桜井洋子アナウンサー。総合・衛星（金）午後6時からの29分番組。

さわやかシェイプアップ　1985〜1994年度

朝の情報番組『おはようジャーナル』（1984〜1990年度）の1コーナー「さわやかシェイプアップ」が5分ミニ番組として独立。5人のレオタード姿のインストラクターが音楽に合わせて、さまざまな体操を披露し、視聴者を誘った。総合（月〜金）午後3時30分、教育（月〜金）午後4時25分ほかで放送。

トライ&トライ　1986〜1990年度

『ウルトラアイ』（1978〜1985年度）の後継番組。日常生活の「素朴な疑問」を、独自の実験や体験で解き明かす科学バラエティー。キャスターの山川静夫アナウンサーを中心に、若手アナウンサーがユニークかつ科学的な裏づけのある実験に体当たりで取り組んだ。「苦手克服シリーズ」や高齢者の立場から都市をチェックする「シルバー探偵団」などが話題を呼んだ。総合・衛星第1（月）午後7時30分からの29分番組。

くらしの健康情報　1987〜1990年度

身のまわりのことで、ちょっとした工夫や努力で病気を防いだり、健康を維持・促進したりすることができる情報をわかりやすく伝える。総合の5分番組。

1990年代

くらべてみれば　1991〜1993年度

『トライ&トライ』（1986〜1990年度）のあとを継ぐ生活科学番組。暮らしの中の疑問を、「似たもの同士」「洋の東西」などの視点で取り上げ、2つの違いや特徴を比較、対決する。テーマは「あさりVSしじみ」「縄文VS弥生」「理系人間VS文系人間」「うどんVSそば」ほか。司会は山川静夫アナウンサー。立川志の輔がレギュラー出演し、『ガッテン！』のルーツともいえる番組。総合（月）午後7時30分からの28分番組。

わたしの健康ライフ　1991年度

各界の著名人が、趣味や食べ物を通しての健康観や、病気を克服する過程で得た人生観、老いに向かっての積極的な過ごし方などを語るトーク番組。第1回「やせたら音が見えてきた」の小林亜星（作曲家）から最終回「母から学んだ健康術」の大山のぶ代（女優）まで、健康を語るテレビエッセイとして好評を得た。教育（金）午後7時30分からの20分番組。

なせばなるほど　1994年度

『くらべてみれば』（1991〜1993年度）のあとを継ぐ生活科学番組。暮らしに役立つ情報を、「調査・分析・実験」という科学的手法による裏づけで紹介する。テーマは「町ぐるみダイエット作戦〜糖尿病を防ぐ意外な方法は？」「挑戦42.195km」「目指せ！キャンプの達人」「水道水をおいしく飲みたい」ほか。司会は山下信アナウンサー。レギュラー出演は立川志の輔、杉田かおるほか。総合（木）午後8時からの39分番組。

ためして合点　1995年度

『ウルトラアイ』（1978〜1985年度）以来続いてきたファミリー向けバラエティーの流れをくむ生活科学番組。日常の暮らしの中の疑問や興味に科学的手法で答え、暮らしに役立つ知恵を紹介する。食や健康に関連するテーマや、パソコンや携帯電話など気になる最先端機器について、「試して、わかって、応用していく」が基本精神。司会は立川志の輔と山本志保アナ。ゲスト：森光子、山瀬まみ、江守徹ほか。総合（水）午後8時からの39分番組。

ためしてガッテン　1996〜2015年度

『ためして合点』（1995年度）のタイトル表記を変更。視聴者の疑問や興味に、科学的な実験やユーモアあふれるスタジオ解説で答え、暮らしに役立つ知恵の数々を紹介した。大きな話題を呼んだ血液サラサラ健康法をはじめ、ガンや高血圧などの生活習慣病やダイエットに関するテーマに反響が大きかった。司会は立川志の輔と山本志保アナウンサー（1997年度より小野文惠アナウンサー）。総合（水）午後8時からの45分枠。

生活科学 ｜ 定時番組

健康のつぼ　1998〜2000年度

現代人に向けた「知って得する」健康情報番組。毎回のテーマに沿って「健康達人」を紹介するとともに、医学的な裏付けをもって視聴者の参考になる情報を伝えた。「強い歯を作る」「紫外線にご用心」「肩こり解消、枕の達人」「爪は健康のバロメーター」「正しいダイエット法」など実用的なテーマを放送した。衛星第2(月〜水)夜間の10分番組（初年度）。1999年度は(土・日)にも20分番組で放送。

健康ほっとライン　1998〜2001年度

視聴者からの健康や医療についての相談に、スタジオの専門医が生放送で答える医療情報番組。NHKが蓄積してきた豊富な医学・医療映像をデジタル化したデータベースから、視聴者への説明に必要な映像情報を瞬時に取り出し、分かりやすく解説した。管理栄養士や運動療法士もテレビ電話を通じて答えた。相談件数は初年度だけで12000件を超えた。衛星第2(月〜金)午前11時からの54分番組（初年度）。

健康こどもっち　1998〜1999年度

成長期の子どもの体について、CGや模型を使ってわかりやすく解き明かす健康バラエティー番組。出演はガダルカナル・タカ、磯野貴理子、松本ハウス、ふうりんかざん、アンジャッシュほか。衛星第2(金)午後6時33分からの25分番組。初年度の後期は(土)放送。1999年度に「健康こどもっち！」とタイトルを一部変更。

エクササイズタイム　1999〜2006年度

エアロビックや気功など、さまざまな健康法を紹介する番組で、1シリーズ10番組で構成。原則としてハワイや沖縄など豊かな自然の中で、インストラクターが実演して見せる形式。ハイビジョン(月〜金)放送の5分番組。

▌**2000**年代

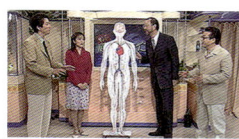

サンデー健康ほっとライン　2000〜2001年度

(月〜金)放送の『健康ほっとライン』(1998〜2001年度)の放送時間枠を広げた日曜版。平日の放送を見ることのできない人を主な対象とし、休日のくつろいだ雰囲気の中で電話相談に応じた。模型を使った病気の基礎知識の解説や簡単なチェック法の説明、健康運動指導士や管理栄養士による生活ワンポイント実習など、84分というワイドな編成を活かして、実用情報も盛り込んだ。衛星第2(日)午前10時からの84分番組。

みんなの体操　2001年度〜

子どもから高齢の方、身体に障害のある方も気楽にできる体操として、1999年10月に郵政省とNHKが制定。10月10日より『テレビ体操』枠内で放送をスタート。2001年度より単独番組として、総合(月〜金)午前9時25分から30分までの定時枠がスタートする。8つの運動で構成されており、ゆっくりしたテンポで座ったままでも行えることから、愛好者を増やした。

サタデー健康ほっとライン　2002年度

『サンデー健康ほっとライン』(2000〜2001年度)の放送日を土曜に移設し、タイトルを変更。ゲストを招き、くつろいだ雰囲気の中で電話相談に応じた。健康運動の専門家や管理栄養士による生活ワンポイント実習などの実用情報も盛り込んだ。取り上げた主なテーマは「脳卒中の不安」「高齢者の皮膚の悩み」「耳鳴りの悩み」「狭心症・心筋こうそくの治療」ほか。衛星第2(土)午後1時30分からの70分番組。

元気一番　健康道場　2002〜2003年度

最新型テレビ電話システムを使って、健康に関心のある視聴者の疑問や悩みに専門家がスタジオから直接答える双方向生番組。毎回、管理栄養士や健康・運動の専門家による健康料理や体操の実習など、その日すぐに役立つ実用的な情報も盛り込んだ。衛星第2(月〜木)放送の1時間枠。

きょうの健康Q＆A　2003〜2007年度

『きょうの健康』(1967年度〜)に寄せられた疑問や健康相談に答えるために新設された双方向生番組。1週間の大切なポイントをコンパクトに伝えたほか、生放送中に視聴者から寄せられる疑問に、専門の医師が映像やデータを使ってわかりやすく答えた。教育(金)午後8時からの45分番組。

地球エコ2008／2009　2008年度

2008年7月開催の「北海道洞爺湖サミット」に合わせ、年度を通じてシリーズで放送した環境キャンペーン番組。番組初回はNHKの地球温暖化対策を語る「エコ宣言」でスタート。各界の著名人が日本の月周回衛星「かぐや」から送られてきた映像から触発されたパフォーマンスを披露する「月から見た地球」や、環境に良い倹約生活を紹介する「MOTTAINAI」などを放送。総合(日)午後10時40分からの10分番組。衛星第2でも放送。

ここが聞きたい！名医にQ　2008〜2012年度

メールやファックスで寄せられる病気や健康に関する視聴者からの質問に、専門が異なる複数の専門家が答える医療相談番組。キャスターが視聴者に成り代わって、病院で聞きづらい素朴な疑問や最新治療のリスクを突っ込んで聞く。1つの症例に対して医師たちがより適切な治療法を探って議論する「マルチオピニオン」や、自分の「病気の危険度」が分かるコーナーなどで構成。教育(土)午後8時からの45〜59分番組。

先どり　きょうの健康　2009〜2021年度

放送日の翌週の(月〜木)に教育テレビ(Eテレ)で放送する『きょうの健康』の中から1本をよりすぐって先行放送する総合の番組。さらに『きょうの健康』の週間放送予定を紹介。初年度は総合(日)午前5時15分からの30分番組。

すいエんサー　2009～2022年度

一見難しそうな料理や運動、オシャレなどについてのさまざまな課題に、リポーターの"すいエんサーガールズ"が体当たりで挑戦。日常生活の中で抱く素朴な疑問を、科学の考え方で解き明かしその過程を楽しむ科学エンターテインメント番組。「ふわふわパンケーキの焼き方」「ペン字・習字の美しい書き方」「究極のおにぎりの作り方」「マット運動&とび箱の苦手克服」などに挑戦した。教育(火)午後7時25分からの30分番組（初年度）。

2010年代

総合診療医　ドクターG　2010～2017年度

医師が患者の病名を探り当てるまでの謎解きの面白さと、役立つ医療情報を伝える医療エンターテインメント。"G"はジェネラルの意。総合診療医は主に問診で症状、病歴、家族関係、仕事、食生活など患者を総合的に診る。「ドクターG」が、実際の症例を基にした再現ドラマを示し、研修医たちがガチンコ勝負のカンファレンス（症例検討）で病気を探りだす。ハイビジョンと衛星第2の29分番組でスタート。2011年度より総合で放送。

チョイス@病気になったとき　2013年度～

病気になったときの検査や治療法などについて、実際の患者の体験を基にさまざまなチョイス（選択肢）を紹介する医療・健康情報番組。病気を未然に防ぐ予防法や運動法、食生活のチョイスについても幅広く紹介した。番組には高額負担の治療や入院の賢い選択をアドバイスするファイナンシャルプランナーも参加した。出演：ほっしゃん。（星田英利）、浜島直子、八嶋智人、大和田美帆ほか。Eテレ(土)午後8時からの45分番組。

マリー&ガリー　2013・2015～2016年度

科学エンターテインメント番組『すいエんサー』内で2009年3月31日より放送されていたアニメが、2013年度に5分番組で独立。1割科学・9割エンターテインメントをモットーに、誰もが楽しく科学に触れられるアニメとした。Eテレ(火)午後7時50分に放送。2014年度は休止、2015～2016年度は(水)午後5時35分に放送。

5分でガッテン！　2014～2015年度

『ためしてガッテン』で紹介した生活を豊かにする知識をコンパクトにまとめて伝える5分番組。総合(金)午前0時10分ほか不定期に放送。

ガッテン！　2016～2021年度

『ためして合点』（1995年度）から数えて21年目に番組を改題してリニューアル。ライブ感を高めたスタジオ進行の中にVTR映像をテンポ良く挿入し、視聴者に役立つ情報を伝えた。「腰痛患者の8割が改善する最新メソッド」などの健康情報や、「驚異のネギパワーSP」などの食材ものまで、身近な生活の知恵を伝えた。司会は立川志の輔と小野文惠アナウンサー。総合(水)午後7時30分からの45分番組。

偉人たちの健康診断　2017～2022年度

史実に残る偉人たちの「病気」「日々の習慣」「食生活」などを最新医学で検証。現代人にも役立つ健康法や長生きのヒントを探る「歴史」と「健康」の要素を組み合わせたユニークな教養バラエティ番組。「織田信長の隠れた病」「西郷どんのダイエット大作戦」「女王・卑弥呼のカミカミ健康法」など、幅広い歴史上の人物の意外なエピソードを紹介した。司会は渡邊あゆみアナ。BSプレミアム(水)午後8時からの59分番組（初年度）。

2020年代

あしたが変わるトリセツショー　2022年度～

健康、食、生活、文化などから選んだテーマを実験と調査に基づいた科学の力で深掘りし、真のお役立ち情報満載の"○○のトリセツ（取扱説明書）"としてプレゼンする生活科学情報エンターテインメント番組。「洗顔」「トマト」「鉄分」「めまい」など、主に30～40代の女性が関心を寄せるテーマを中心に扱った。プレゼンターは石原さとみ。声の出演は濱田マリほか。総合(木)午後7時57分からの45分番組。

ヴィランの言い分　2023年度～

ムダ毛、二酸化炭素、紫外線など、世間から忌み嫌われる「ヴィラン（悪役）」。だが、そんな悪役も違った視点で見直すと、意外な能力や役に立つ一面が見えてくる。イメージだけで悪者扱いされる"ヴィランの言い分"を聞き、真実の姿を明らかにしていく科学番組。Eテレ(土)午前10時30分からの30分番組。

自然番組年表

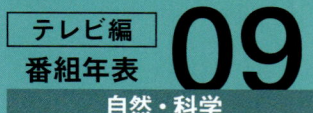

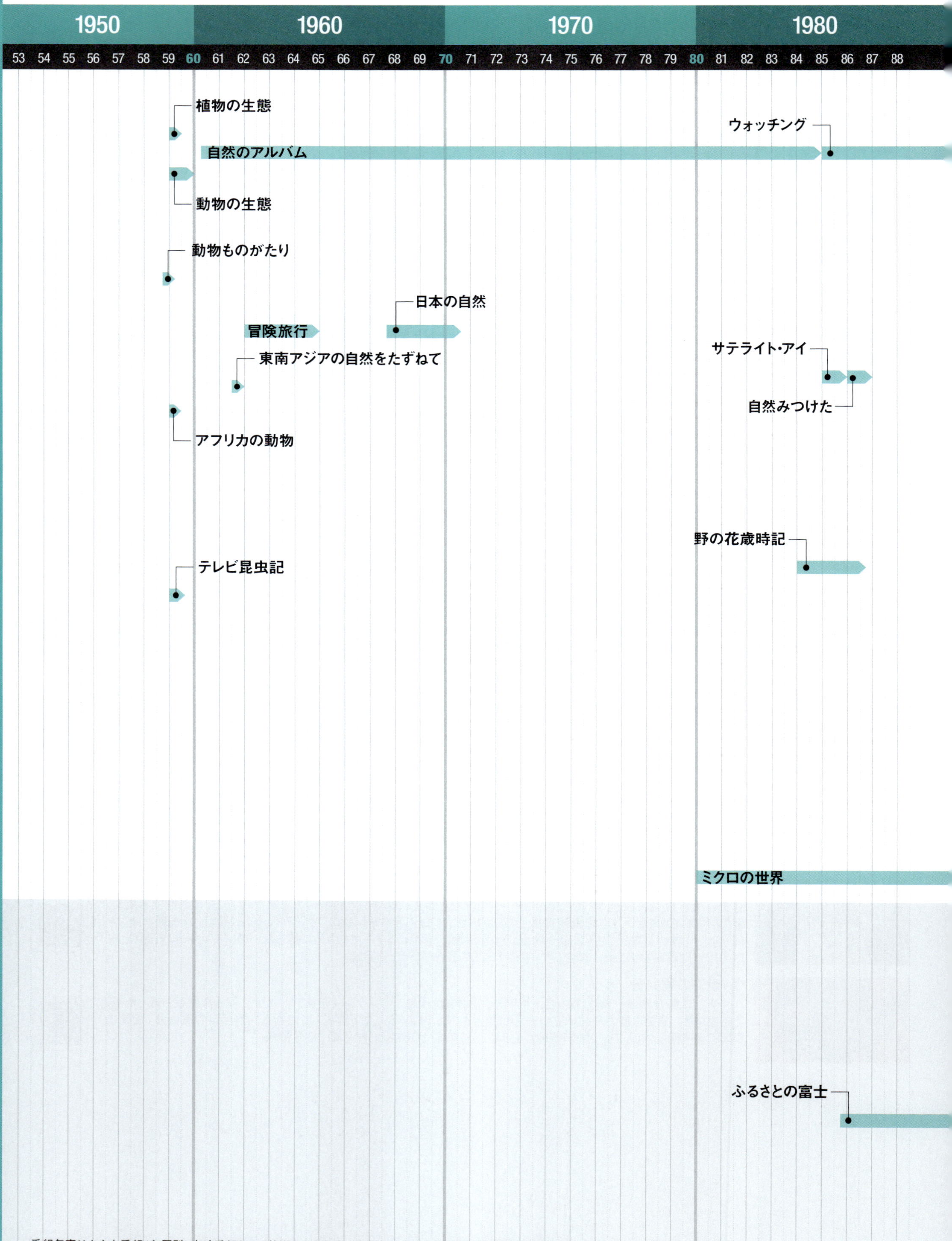
1950
1960
1970
1980
53 54 55 56 57 58 59 60 61 62 63 64 65 66 67 68 69 70 71 72 73 74 75 76 77 78 79 80 81 82 83 84 85 86 87 88
植物の生態
ウォッチング
自然のアルバム
動物の生態
動物ものがたり
日本の自然
冒険旅行
東南アジアの自然をたずねて
サテライト・アイ
自然みつけた
アフリカの動物
野の花歳時記
テレビ昆虫記
ミクロの世界
ふるさとの富士

番組年表はおもな番組が、原則、定時番組として放送された年度を表示しています。特集など不定期の放送は含んでいません。

53 54 55 56 57 58 59 60 61 62 63 64 65 66 67 68 69 70 71 72 73 74 75 76 77 78 79 80 81 82 83 84 85 86 87 88

01.ドラマ 02.クイズ・バラエティー 03.音楽 04.伝統芸能 05.ニュース 06.報道・ドキュメンタリー 07.紀行 08.教養・情報 09.自然・科学 10.こども・教育 11.人形劇・アニメ 12.趣味・実用 13.大型特集番組等

自然

	1990	2000	2010	2020

89 90 91 92 93 94 95 96 97 98 99 00 01 02 03 04 05 06 07 08 09 10 11 12 13 14 15 16 17 18 19 20 21 22 23 24 年度

地球ファミリー

地球・ふしぎ大自然

生きもの地球紀行

ダーウィンが来た!生きもの新伝説

ふるさと自然発見

さわやか自然百景

自然のたより

アジア自然紀行

アフリカ自然紀行

野鳥百景

ワイルドライフ

オセアニア自然紀行

自然紀行

動物紀行

植物ふしぎ旅

ハイビジョン動物記

香川照之の昆虫すごいZ!

ギョギョッとサカナ★スター

にっぽん花物語

どうぶつ家族

はろ～!あにまる

動物の赤ちゃん　ミニアルバム

緑のワンダーランド

花の自然誌

あにまるワンだ～

ウチのどうぶつえん

野生の驚異

アッテンボローの鳥の世界

冒険への招待

地球たいせつに

地球ロマン

ミクロワールド

地球にコンタクト

ネイチャースペシャル

体感!グレートネイチャー

驚き!地球!グレートネイチャー

世界の名峰　グレートサミッツ

グレートヒマラヤ撮影日誌

グレートサミッツ

世界の名峰　グレートサミッツ
エピソード100

グレートトラバース　15min

日本百名山

にっぽん百名山

花の百名山

週刊　日本の名峰

四季・にっぽん

日本の森

実践!にっぽん百名山

にっぽん百低山

15分でにっぽん百名山

89 90 91 92 93 94 95 96 97 98 99 00 01 02 03 04 05 06 07 08 09 10 11 12 13 14 15 16 17 18 19 20 21 22 23 24

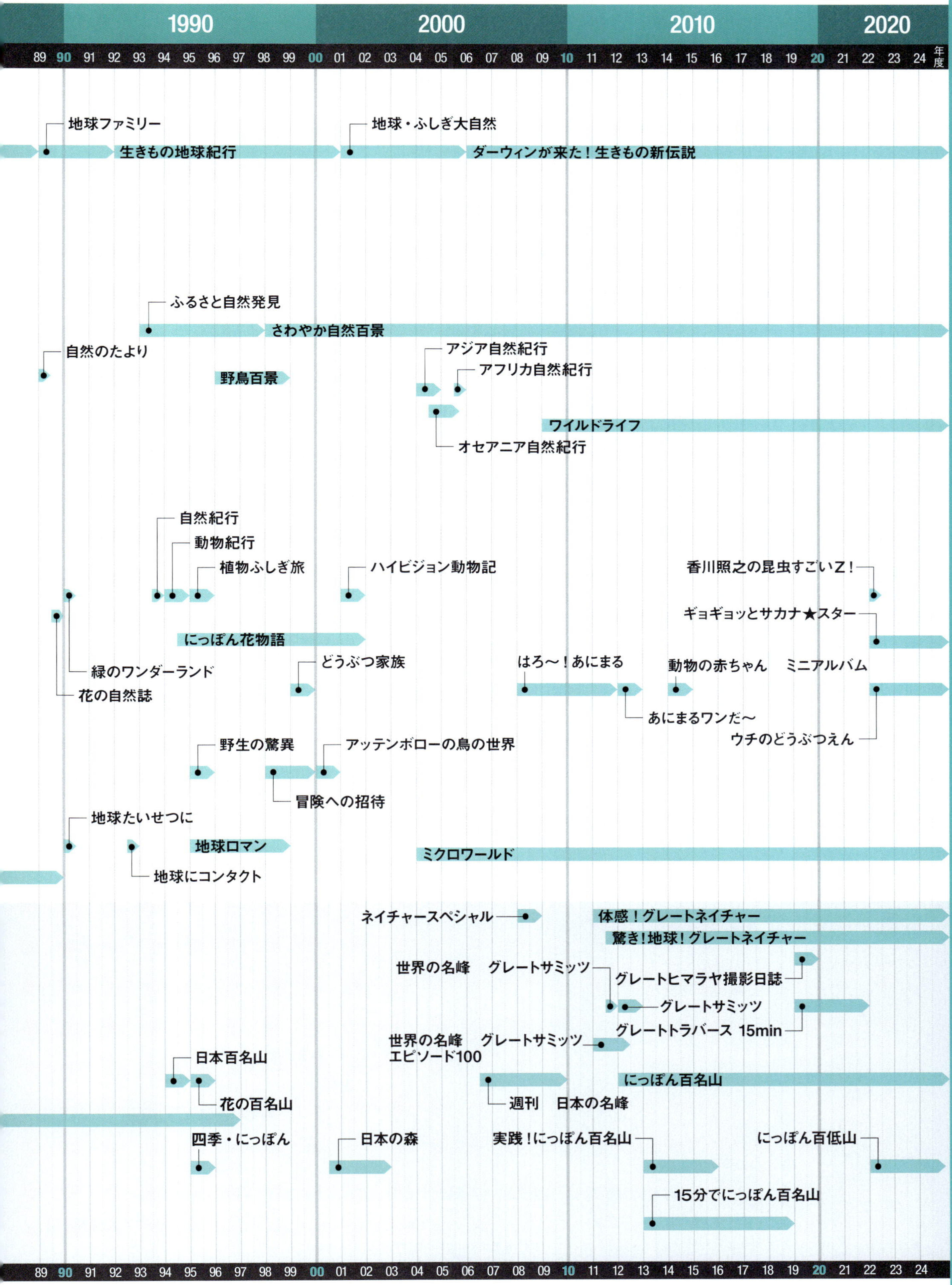

科学情報・生活科学番組年表

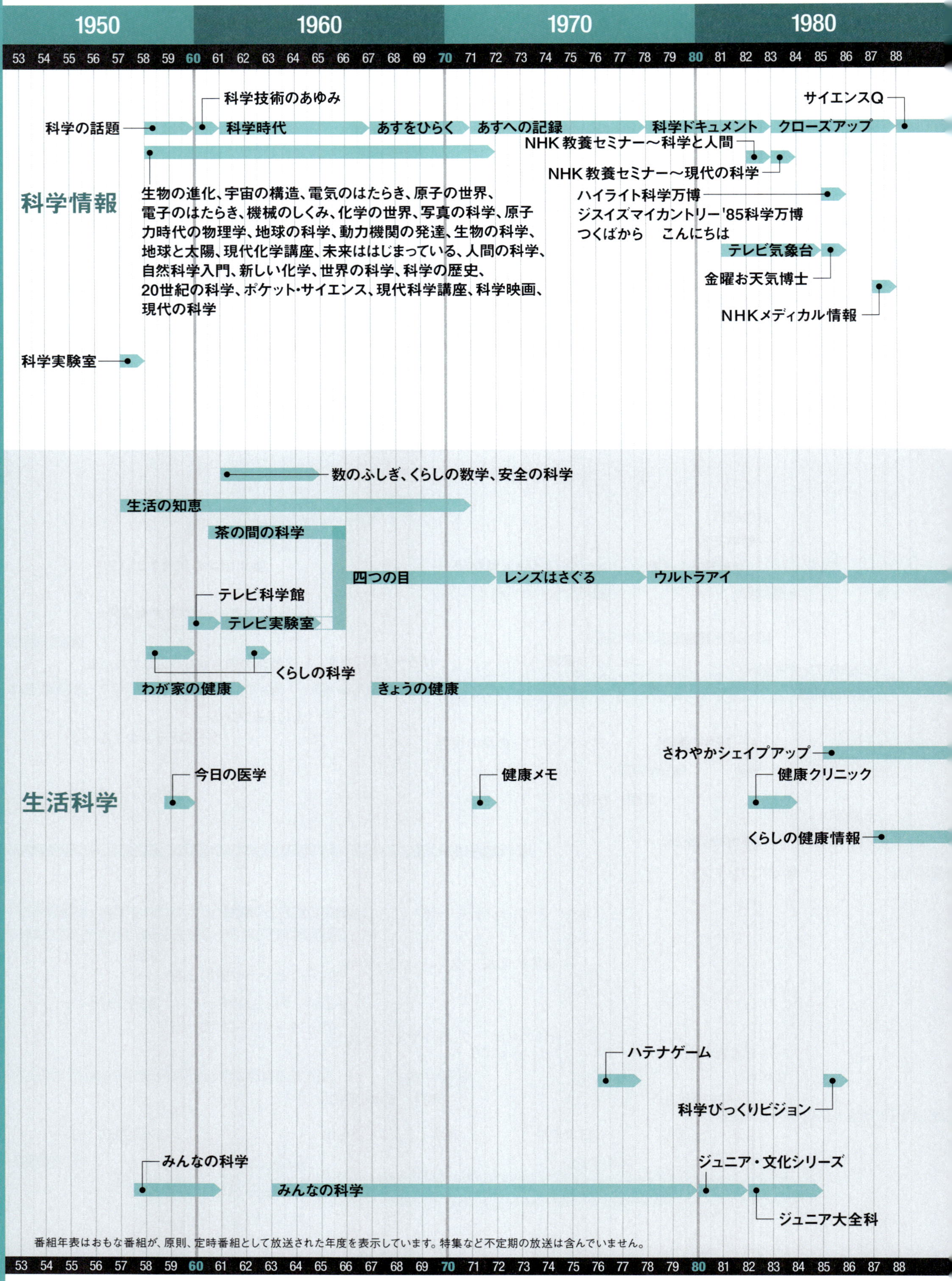

	1950					1960					1970					1980	

53 54 55 56 57 58 59 **60** 61 62 63 64 65 66 67 68 69 **70** 71 72 73 74 75 76 77 78 79 **80** 81 82 83 84 85 86 87 88

科学情報

科学の話題

科学技術のあゆみ

科学時代

あすをひらく

あすへの記録

科学ドキュメント

サイエンスQ

クローズアップ

NHK教養セミナー～科学と人間

NHK教養セミナー～現代の科学

ハイライト科学万博
ジスイズマイカントリー '85科学万博
つくばから　こんにちは

生物の進化、宇宙の構造、電気のはたらき、原子の世界、
電子のはたらき、機械のしくみ、化学の世界、写真の科学、原子
力時代の物理学、地球の科学、動力機関の発達、生物の科学、
地球と太陽、現代化学講座、未来ははじまっている、人間の科学、
自然科学入門、新しい化学、世界の科学、科学の歴史、
20世紀の科学、ポケット・サイエンス、現代科学講座、科学映画、
現代の科学

テレビ気象台

金曜お天気博士

NHKメディカル情報

科学実験室

生活科学

数のふしぎ、くらしの数学、安全の科学

生活の知恵

茶の間の科学

四つの目

レンズはさぐる

ウルトラアイ

テレビ科学館

テレビ実験室

わが家の健康

くらしの科学

きょうの健康

さわやかシェイプアップ

健康クリニック

くらしの健康情報

今日の医学

健康メモ

ハテナゲーム

科学びっくりビジョン

みんなの科学

みんなの科学

ジュニア・文化シリーズ

ジュニア大全科

番組年表はおもな番組が、原則、定時番組として放送された年度を表示しています。特集など不定期の放送は含んでいません。

53 54 55 56 57 58 59 **60** 61 62 63 64 65 66 67 68 69 **70** 71 72 73 74 75 76 77 78 79 **80** 81 82 83 84 85 86 87 88

WEB版の年表はこちら

科学情報　生活科学

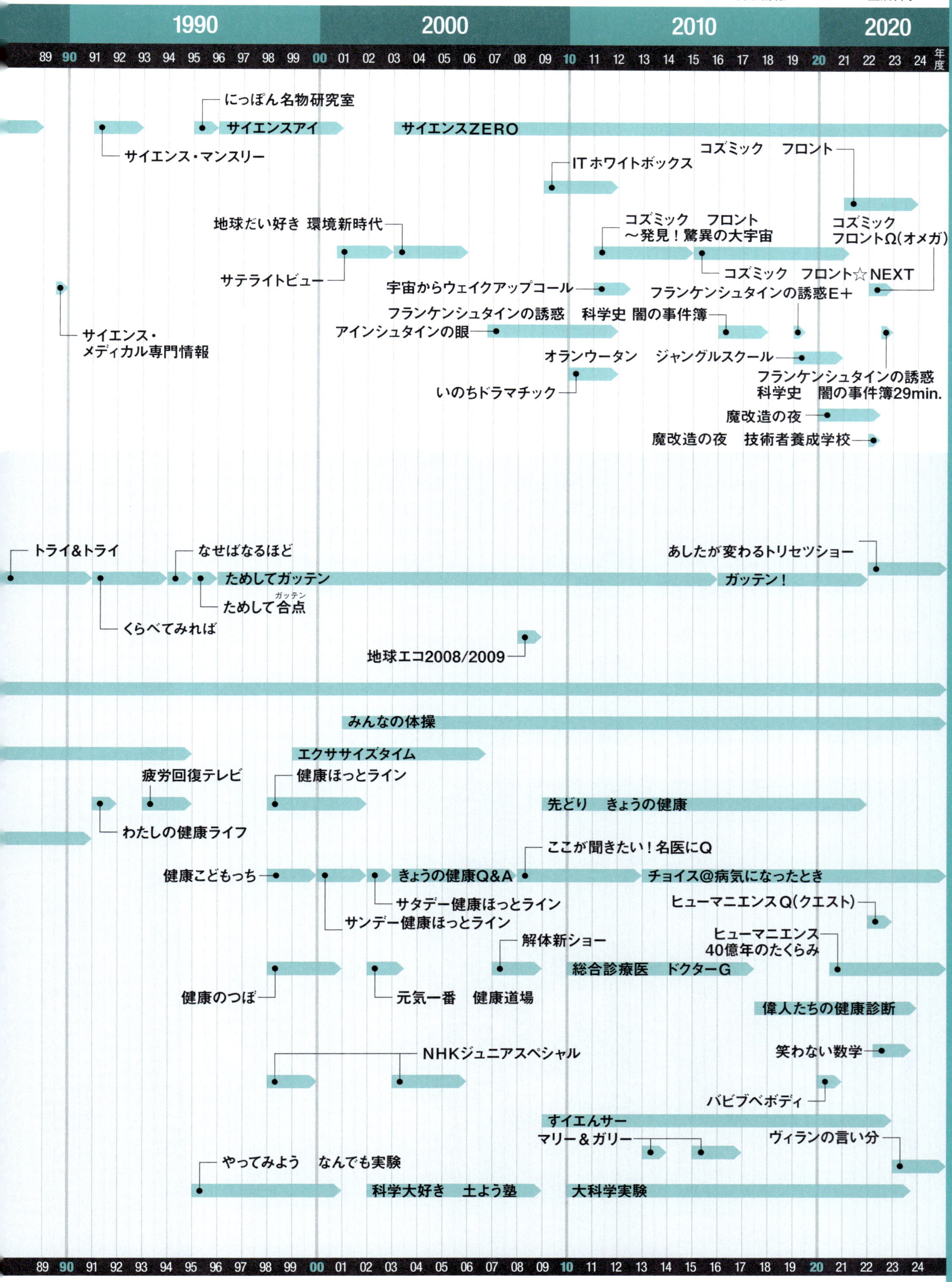
1990
2000
2010
2020
89 90 91 92 93 94 95 96 97 98 99 00 01 02 03 04 05 06 07 08 09 10 11 12 13 14 15 16 17 18 19 20 21 22 23 24 年度
にっぽん名物研究室
サイエンスアイ
サイエンスZERO
サイエンス・マンスリー
コズミック　フロント
ITホワイトボックス
地球だい好き 環境新時代
コズミック　フロント
～発見！驚異の大宇宙
コズミック
フロントΩ(オメガ)
サテライトビュー
コズミック　フロント☆NEXT
宇宙からウェイクアップコール
フランケンシュタインの誘惑E+
フランケンシュタインの誘惑　科学史 闇の事件簿
アインシュタインの眼
サイエンス・
メディカル専門情報
オランウータン　ジャングルスクール
フランケンシュタインの誘惑
科学史　闇の事件簿29min.
いのちドラマチック
魔改造の夜
魔改造の夜　技術者養成学校
トライ&トライ
なせばなるほど
あしたが変わるトリセツショー
ためしてガッテン
ガッテン！
ためして合点（ガッテン）
くらべてみれば
地球エコ2008/2009
みんなの体操
エクササイズタイム
疲労回復テレビ
健康ほっとライン
先どり　きょうの健康
わたしの健康ライフ
ここが聞きたい！名医にQ
健康こどもっち
きょうの健康Q&A
チョイス@病気になったとき
サタデー健康ほっとライン
ヒューマニエンスQ(クエスト)
サンデー健康ほっとライン
解体新ショー
ヒューマニエンス
40億年のたくらみ
総合診療医　ドクターG
健康のつぼ
元気一番　健康道場
偉人たちの健康診断
NHKジュニアスペシャル
笑わない数学
バビブベボディ
すイエんサー
マリー＆ガリー
ヴィランの言い分
やってみよう　なんでも実験
科学大好き　土よう塾
大科学実験
89 90 91 92 93 94 95 96 97 98 99 00 01 02 03 04 05 06 07 08 09 10 11 12 13 14 15 16 17 18 19 20 21 22 23 24

こども・教育
幼児・こども

01

長寿番組『おかあさんといっしょ』の誕生

　子どもたちに良質な番組を提供することを「公共放送の使命」として、NHKではテレビ放送開始の日から『子供の時間』と題した30分枠を午後6時台に設けた。歌、ギニョール（手づかい人形）、シルエット（影絵）、アメリカの漫画映画、こども寄席、連続ドラマ、バラエティーなど、さまざまなタイプの番組を放送した。『子供の時間』は、黎明期にあったテレビがその可能性を探りつつ、子どもから大人まで楽しめる番組を生み出す開発枠でもあった。

　1959年10月5日、幼児番組の草分け的長寿番組『おかあさんといっしょ』が、総合テレビ月曜午後1時台に20分番組で始まる。2歳から4歳の幼児とその母親を対象と

する番組の制作は、当時としては初めての試みだった。

　毎日午後1時20分から放送の『テレビ婦人の時間』（1959〜1964年度）に引き続き、1時40分から月曜が『おかあさんといっしょ』、火曜が『午後のおしゃべり』、水曜が『みんなで歌を』といった具合に、当時在宅の多かった婦人向け番組が曜日替わりに並んでいた。保育所や幼稚園で視聴する幼児向け学校放送番組とは別に、子どもたちが親や周囲の人とともに楽しむ家庭内視聴の番組だ。「豊かな情操と感受性を養う」ことを目的とし、作家や音楽家など当時の各分野の才能を登用して、幼児のうちに身につけたい習慣をミュージカル仕立てで伝えた。

　1960年9月から放送時間を午前10時台に移し、月曜から土曜の放送となる。曜日ごとに「うたってあそんで」「ぬいぐるみ人形劇ブーフーウー」「いいものつくろ」などのラインナップを組み、特に月曜・火曜放送の「ブーフーウー」（P762参照）は幼児の心をとらえた。「ブーフーウー」の人気をきっかけに、着ぐるみ人形劇が番組コーナーとして定着する。

『おかあさんといっしょ』（1959年度〜）→ P638

『子供の時間』(1953～1961年度)→P638

『おかあさんといっしょ　ブーフーウー』(1960～1966年度)→P638

『おかあさんといっしょ　ブーフーウー』　声：左から大山のぶ代、三輪勝恵
永山一夫、黒柳徹子。作家：飯沢匡(1960～1966年度)→P638

『うたのえほん』砂川啓介(1961～1965年度)→P639

1961年には"お姉さん"の「歌」と"お兄さん"の「体操」で構成した10分間の幼児番組『うたのえほん』(1961～1965年度)が始まり、"体操のお兄さん"砂川啓介が人気となった。そして、1966年に『おかあさんといっしょ』と『うたのえほん』が合体し、「歌」「体操」「着ぐるみ人形劇」を中心に構成する『おかあさんといっしょ』の基本フォーマットが完成する。

1970年代に入ると幼稚園の就園率が上がり、『おかあさんといっしょ』の視聴対象である3・4歳児が幼稚園に通いはじめ、家にいるのはさらに年少の幼児になっていった。こうした状況に対応して、『おかあさんといっしょ』の制作現場では2歳児向けの幼児番組の開発が始まる。

その際に、大きな影響を受けたのがアメリカの幼児向け教育番組「セサミストリート」だった。日本では1971年7月、『夏のテレビクラブ』で放送されたのが最初で、翌1972年に中・高校生が英語を学ぶための番組として定時化された。その後、衛星に放送波を変えながら再放送も含めて、30年にわたって親しまれた人気番組である。

「セサミストリート」の教育的アプローチを参考に、1979年、発達心理学や幼児教育の専門家を中心に「2歳児テレビ番組研究会」を発足。各コーナーの映像を放送前に幼児に見せ、シンプルなアニメーションと比べてどちらに注目するか、幼児の注目度を測定するなど、それまでの番組開発とは異なる実験を重ねて各コーナーを練り直した。こうした研究をもとに身体表現「ハイ・ポーズ」、「パジャマでおじゃま」やショートアニメ「こんなこいるかな」など、『おかあさんといっしょ』の新コーナーが次々に開発されていった。また、「2歳児テレビ番組研究会」の流れを受け継ぐ「こども考房」で、NHKと研究者、クリエイターとのコラボで新たな幼児番組を生み出していった。

1980年代後半には『おかあさんといっしょファミリーコンサート』などの関連番組やイベントも生まれた。また1999年1月には「月の歌」コーナーで取り上げた「だんご3兄弟」が爆発的ヒットを記録。この年の第50回『NHK紅白歌合戦』に、"うたのお姉さん"茂森あゆみと"うたのお兄さん"速水けんたろうが出場。人形劇「にこにこ、ぷん」や「ドレミファ・どーなっつ！」のキャラクターたちをバックに「だんご3兄弟」を歌った。

2002年4月より衛星第2でも『BSおかあさんといっしょ』がスタート。さらに2013年3月には『おとうさんといっしょ』がBSプレミアムで始まる。こうして『おかあさんといっしょ』は、2019年10月に放送開始60周年を迎えた。

歴代のぬいぐるみキャラクターが登場するコーナーは、「ブーフーウー」(1960年9月～1966年度)、「ダットくん」(1967年度～1969年10月)、「とんちんこぼうず」(1969年10月～1970年度)、「とんでけブッチー」(1971～1973年度)、「うごけぼくのえ」(1974～1975年度)、「ゴロンタ

『おかあさんといっしょ　ハイ・ポーズ』(1984年度)→P638

幼児・こども

『おかあさんといっしょ　ブーフーウー』
（1960～1966年度）→P638

『おかあさんといっしょ　ダットくん』
（1967～1969年度）→P638

『おかあさんといっしょ　とんちんこぼうず』
（1969～1970年度）→P638

『おかあさんといっしょ　とんでけブッチー』
（1971～1973年度）→P638

『おかあさんといっしょ　うごけぼくのえ』
（1974～1975年度）→P638

『おかあさんといっしょ　ゴロンタ劇場』
（1976～1978年度）→P638

『おかあさんといっしょ　ミューミューニャーニャー』
（1978～1982年度）→P638

『おかあさんといっしょ　ブンブンたいむ』
（1979～1981年度）→P638

『おかあさんといっしょ　にこにこ、ぷん』
（1982～1992年度）→P638

『おかあさんといっしょ　ドレミファ・どーなっつ！』
（1992～1999年度）→P638

『おかあさんといっしょ　ぐ～チョコランタン』
（2000～2008年度）→P638

『おかあさんといっしょ　モノランモノラン』
（2009～2010年度）→P638

『おかあさんといっしょ　ポコポッテイト』
（2011～2015年度）→P638

『おかあさんといっしょ　ガラピコぷ～』
（2016～2021年度）→P638

『おかあさんといっしょ　ファンターネ！』
（2022年度～）→P638

劇場」（1976～1978年度）、「ブンブンたいむ」（1979～1981年度）、「にこにこ、ぷん」（1982年度～1992年10月）、「ドレミファ・どーなっつ！」（1992年10月～1999年度）、「ぐ～チョコランタン」（2000年～2008年度）、「モノランモノラン」（2009～2010年度）、「ポコポッテイト」（2011～2015年度）、そして「ガラピコぷ～」（2016～2021年度）に続いている。いずれも、当時の子どもたちにとってはなつかしく思い出深いキャラクターたちだ。

2022年度から新たに登場したキャラクターは「ファンターネ！」。舞台は港町があるファンターネ島、想像上の生き物や妖怪、無性別の植物、動物、鳥、虫、魚など、あらゆる種族が一緒に暮らしている。メインキャラクターも、カッパの女の子、ひょうたんの子ども、ライオンの男の子、不思議な赤ちゃんと、それぞれ見た目だけでなく育った場所や

考え方も違うけれど、お互いを認め合っている。「可能性と多様性」をテーマに個性豊かなキャラクターたちが繰り広げるお話を通して、さまざまなものの考え方や捉え方があることを伝えている。

1960年4月、教育テレビで『テレビでおけいこ』（～1961年度）が始まる。小・中学生を対象に初年度は「バレエ教室」「カメラ教室」「みんなでドレミファ」を、翌1961年度は「楽しい人形劇」「みんなでお習字」を放送した。

『テレビでおけいこ』は1962年4月から『ピアノのおけいこ』に刷新。同年7月からは『バイオリンのおけいこ』も加わった。さらに1966年には、視聴対象を大人にまで広げ『ギター教室』をスタート。1971年には『フルート教室』も加わり、大人を対象にした"レッスン番組"として定着。のちの

『バイオリンのおけいこ』(1962〜1982年度) → P831

趣味講座の源流の一つとなった。

　同じ1960年代初頭、子どもたちに人気があった番組が『魔法のじゅうたん』(1961〜1963年度)だ。当時最新の特殊撮影技術を駆使して話題を呼んだ作品である。黒柳徹子の「アブラカダブラ！」の掛け声とともに、"魔法のじゅ

うたん"が子どもたちを乗せて空を飛び回るなど、夢あふれる映像の連続に子どもたちは夢中になった。

　"魔法のじゅうたん"で日本各地を空から観察するコーナーが番組の主要部分。アラビア風の衣装をまとった黒柳徹子と、ターバンをかぶってガウンを羽織った小学生2人が、NHKの屋上から飛び立つところから始まる。魔法のじゅうたんが空を飛んでいるシーンでは、ヘリコプターによる空撮映像にじゅうたんに乗った黒柳徹子と子どもたちの映像をはめこむ「クロマキー」合成を使用。子どもたちのリクエストをもとに行き先が決められ、富士山頂の測候所、大阪城、煙をはく阿蘇山などが上空から映し出された。さらに毎回、出演した子どもたちの通う小学校も上空から訪れ、校庭では全校児童で人文字を作って魔法のじゅうたんを歓迎した。出演する小学生は応募者の中から抽選で選ばれたが、番組の人気から応募が殺到した。

　脚本を担当したのは、当時第一線で活躍していた劇作家の飯沢匡。『おかあさんといっしょ』の初代人形劇「ブー

『魔法のじゅうたん』(1961〜1963年度) → P639

『魔法のじゅうたん』 右：黒柳徹子 (1961〜1963年度) → P639

『600こちら情報部』(1978〜1983年度) → P640

『週刊こどもニュース』(1994〜2010年度) → P641

幼児・こども

フーウー」(1960〜1966年度)の脚本も手がけている。

子ども向けに開発された2大ニュース番組が、『600こちら情報部』と『週刊こどもニュース』だ。

『600こちら情報部』(1978〜1983年度)は「マンガより面白く 塾よりタメになる」をキャッチフレーズにスタートした、ニュースショー形式の生放送の情報番組。社会問題からタレント情報まで子どもたちが関心を寄せるテーマを取り上げた。キャスターは鹿野浩四郎と帯淳子。番組2年目からは田畑彦右衛門(当時NHK報道局記者)がご意見番として登場した。毎週金曜日には、各ジャンルの専門家がゲストで出演し、子どもたちの質問に答える「なんでも相談」を放送。全国の子どもたちから情報を募集。採用された子どもたちを情報部員に認定し、番組キャラクターの「ロクジロウ」をあしらった情報バッジと情報手帳を送った。番組終了時には、情報部員は1万2000人にもなっていた。

従来の「こどもニュース」は子ども対象のニュースを伝えるものだったが、『週刊こどもニュース』(1994〜2010年度)は一般のニュースを子どもにもわかるようにかみくだいて伝えるニュース番組だ。池上彰キャスターが演じる"お父さん"がお母さんと3人の子どもたちに、説明する形をとる親しみやすい演出で、大人たちにも「わかりやすい」と好評で、2010年まで16年間続く人気番組となった。2011年からはファミリー向けニュース番組『週刊　ニュース深読み』が、「難しいニュースもわかりやすく伝える」という番組コンセプトを引き継いだ。

02

"母と子ども"のための教育テレビ

1990年4月の番組改定で、教育テレビは"母と子ども向け"と"生涯教育"という2つのチャンネルコンセプトを打ち出した。加えて、視聴対象を明確にして、その視聴好適時間帯に同種の番組を集中的に編成する"ゾーン編成"を採用。平日の午後4時から6時まで、当時その時間帯に在宅の多かった幼児とその母を対象とする番組枠「母と子のテレビタイム」を設け、母親と子どもに向けた番組を集中編成した。

「母と子のテレビタイム」では『おかあさんといっしょ』と幼稚園・保育所向けの番組枠「ともだちいっぱい」の再放送を中心に、『にんぎょうげき』(1956〜1989年度)、新番組『母と子のテレビ絵本』(1990〜1995年度　＊2003年度より『てれび絵本』)、子ども向けの新しい英語番組『英語であそぼ』(1990〜2004年度　＊2005年度より『えいごであそぼ』)、妊娠中から就学前の子を持つ親を対象とした新番組『育児カレンダー』(1990〜1991年度)をラインナップした。

『母と子のテレビ絵本』は、『おかあさんといっしょ』のコーナーで好評だったリミテッド・アニメーション(アニメーションの表現方法の1つ。動きを簡略化し、セル画の枚数を減らしたり流用したりする技法)による絵本の映像化を基

五つのコイン

『母と子のテレビ絵本』(1990〜1995年度) →P641

『英語であそぼ』(1990〜2004年度) →P641

『育児カレンダー』(1990〜1991年度) →P727

『ひとりでできるもん!』(1991〜2005年度) →P641

『天才てれびくんワイド』(1999〜2002年度)→P642

『天才てれびくん』(1993〜1998年度)→P641

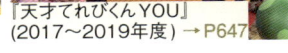

『天才てれびくんMAX』(2003〜2010年度)→P644

『大！天才てれびくん』(2011〜2013年度)→P646

『Let's天才てれびくん』(2014〜2016年度)→P647

『天才てれびくんYOU』(2017〜2019年度)→P647

『天才てれびくんhello,』(2020〜2022年度)→P648

にした番組。『英語であそぼ』は、『おかあさんといっしょ』の歌・体操・着ぐるみの要素を下敷きに、CGなどを組み合わせた子ども向け英語番組。キッズ英語ブームに後押しされて人気が高まり、様々な関連教材も開発された。

翌1991年には、「母と子のテレビタイム」のスタートを午後3時30分に繰り上げ、子どものための料理番組『ひとりでできるもん！』(1991〜2005年度)を新設するとともに、アニメ『パラソルヘンべえ』(1989〜1990年度)を総合テレビから移設。さらに午前8〜9時にも「母と子のテレビタイム」を再放送した。

『ひとりでできるもん！』は、主人公のまいちゃんがアニメやCGのキャラクターとともに、楽しく安全なクッキングを学んでいくという内容で、英語に続き、子ども向けの料理番組という未開拓の領域に挑んで成功を収めた。

翌1992年は「母と子のテレビタイム」を土曜日まで拡充

するとともに、小・中学生を対象としたゾーン編成「6時だ！ETV」が新たに設けられ、ドラマ(『ドラマ〜短期シリーズ』ほか)、歴史(『まんが日本史』)、科学(『地球にコンタクト』ほか)、音楽(『オーケストラの魅力』)など多彩な分野の番組が並んだ。

1993年4月、「6時だ！ETV」の放送枠が刷新され、その後30年以上続く人気子ども番組となる「天才てれびくん」シリーズがスタートする。『天才てれびくん』(1993〜1998年度)は、"てれび戦士"と呼ばれる子役タレントたちが、視聴者の代表として活躍する子ども番組。教育テレビでは異例の2ケタの視聴率をマークした。

人気の秘密は、まず設定の面白さ。21世紀、人間とリモコンの言いなりだったテレビが反乱を起こしてテレゾンビが誕生、地球人を苦しめる。そのテレゾンビを倒そうと立ち上がったのが9人の「てれび戦士」だ。「ダチョウ倶

幼児・こども

楽部」がふんする「おあいこトリオ」らと力を合わせてテレゾンビと戦い、面白い番組の放送を目指すというもの。力を合わせて宿敵と戦う"戦隊もの"のワクワク感や、身近にいる友達のようなてれび戦士の活躍が小学生たちの心をつかんだ。さらに話題となったのが最新のCGと合成映像を駆使した独特の世界。人間がCGキャラクターと同じ画面でおしゃべりをしたり、走り回ったりする不思議な映像に小学生たちの目はくぎづけとなった。

スタジオやロケでの挑戦企画、ドラマ、音楽、スポーツ、ゲーム、教養など、番組は多種多様な企画で構成される。バーチャルセットを中心に、実写とCGキャラクター、アニメなどが一体化した映像表現を放送開始当初より行っており、近年ではプロジェクションマッピングやMR（Mixed Reality：複合現実）なども活用。生放送などでの視聴者参加にも積極的で、双方向・連動データ放送や動画投稿など、時代に合ったツールを取り入れている。

『天才てれびくん』は、その後『天才てれびくんワイド』（1999〜2002年度）、『天才てれびくんMAX』（2003〜2010年度）、『大！天才てれびくん』（2011〜2013年度）、『Let's 天才てれびくん』（2014〜2016年度）、『天才てれびくん YOU』（2017〜2019年度）、『天才てれびくん hello,』（2020〜2022年度）、『天才てれびくん』（2023年度〜）とシリーズを重ねながらバージョンアップし、長寿番組への道を歩んでいる。

1996年に『ハッチポッチステーション』（1996〜2002年度）がはじまる。この番組は幼児と大人がいっしょに楽しめるパペットによるバラエティーショーだ。滅多に列車が来ない架空の駅を舞台に、駅に店を持つグッチ（グッチ裕三）と仲間のパペットが寸劇の合間に歌や手品などのショーを展開。歌ありコントありの「ハッチポッチ（ごった煮）」というタイトル通りのエンターテインメント番組。（月〜金）の午前8時台と午後4〜5時台の子どもゾーン「母と子のテレビタイム」がパワーアップした。

この流れは、クラシック音楽とパペットを組み合わせてアキラ（宮川彬良）と仲間のパペットが演奏や寸劇を繰り広げる『クインテット』（2003〜2012年度）、古本屋のアルバイ

『クインテット』（2003〜2012年度）→ P644

『フックブックロー』（2011〜2015年度）→ P646

『ハッチポッチステーション』（1996〜2002年度）→ P642

『いないいないばあっ！』（1996年度〜）→P642

『コレナンデ商会』（2016〜2021年度）→P647

03
大人も楽しい"子ども番組"

　2003年、午前7時30分からだった幼児・子どもゾーンの開始を20分繰り上げ、ことばのエンターテインメント番組『にほんごであそぼ』（2003年度〜）を午前8時に新設。一方、午後7時10分までだった夕方の少年少女ゾーンは午後8時まで拡充して、ゾーンの強化をはかった。

ト店員と仲間たちが本屋を舞台にポップスから演歌まで歌う『フックブックロー』（2011〜2015年度）、店主のジェイ（川平慈英）とパペットたちが繰り広げるパペットバラエティー『コレナンデ商会』（2016〜2021年度）へと続いていく。

　1996年にはこれまでにないタイプの新たな子ども番組がもう1つ登場した。従来の幼児番組が対象にしてこなかった0歳から2歳児向け番組『いないいないばあっ！』（1996年度〜）だ。小学生のおねえさん、着ぐるみのワンワン、操り人形のキャラクターとともに、視聴対象と同じくらいの年齢の乳幼児が出演して興味をひきつけた。また、随所に親子で楽しんだり、コミュニケーションが高まるような工夫も施されている。

　当初は乳幼児にテレビを見せることへの懸念が語られたが、番組は好評を呼ぶとともに、アジア各国版が作られるほどの広がりをみせた。一方で、日本小児科医会などから2歳児以下のテレビ視聴を控えることが提言されるという動きと前後して、NHK放送文化研究所では研究者と「"子どもに良い放送"プロジェクト」をスタートさせ、その影響の調査・研究を続けている。

『にほんごであそぼ』（2003年度〜）→P643

『からだであそぼ』（2004〜2008年度）→P644

幼児・こども

『にほんごであそぼ』は、日本語の豊かな表現に慣れ親しみ、日本語感覚を身につけるための番組で、日本文学や古文・漢文、日本の伝統芸能を取り入れたユニークな番組。狂言師・野村萬斎による「ややこしや」や、講談師・神田山陽による名作の紹介、元力士の小錦八十吉が扮するコニちゃんの「相撲の決まり手」、落語「寿限無」や古典の暗誦、小倉百人一首で遊ぶ「絵合わせ百人一首」や「百人一首劇場」などのコーナーが盛りだくさん。折からの日本語ブームを背景に、熱心な大人の視聴者も番組人気を支えている。

『にほんごであそぼ』に続いて登場したのが『からだであそぼ』（2004～2008年度）。スポーツ万能の俳優ケイン・コスギやダンサーの森山開次らが出演し、子どもたちに身体を使った動作や作法を伝えた。

2008年からは小学校低学年をメインターゲットにした午前7時からの番組『シャキーン！』が、月曜から金曜の定時番組でスタート。エクササイズやクイズ・ゲーム、音楽などをとおして、子どもたちに朝から"シャキーン！"と目覚めてもらおうという番組。夜に次週放送予定を伝える『シャキーン！ザ・ナイト』（2009～2010年度）、夕方に『ゆうやけシャキーン！』（2015年度）も放送された。

2009年度には、女の子スイちゃん、椅子のコッシー、サボテンのサボさんらが繰り広げる『みいつけた！』（2009年度～）がスタート。幼稚園教育要領の5領域「健康・人間関係・環境・言葉・表現」を意識し、子どもたちの発育をバランス良く後押しできるよう構成している。「友達と遊ぶ楽しさ」「いのちの不思議」「自分でできる喜び」「相手を思いやる気持ち」など、子どもたちが楽しみながらさまざまな「発見」をしていく番組だ。これによって、0～2歳児向け『いないいないばあっ！』、2～4歳児向け『おかあさんといっしょ』、4～6歳児向け『みいつけた！』の3番組がそろい、0歳から6歳までの就学前の幼児に向けた総合番組が切れ目なくラインナップされた。

さらに2011年、子どもたちにデザインの面白さを伝え、デザイン的な視点と感性を育むことをめざす『デザインあ』（2011～2021年度　※2022年度より不定期で『デザインあneo』を放送）や、自然界の似たもの探しをキーワードに、3～7歳の子どもたちの知的好奇心を触発し、観察眼と想像力を磨くことをめざす『ミミクリーズ』（2015年度～）など、新たな幼児・子ども番組が生まれている。

『シャキーン！』（2008～2021年度）→P645

『みいつけた！』（2009年度～）→P645

『ミミクリーズ』(2015年度〜) →P647

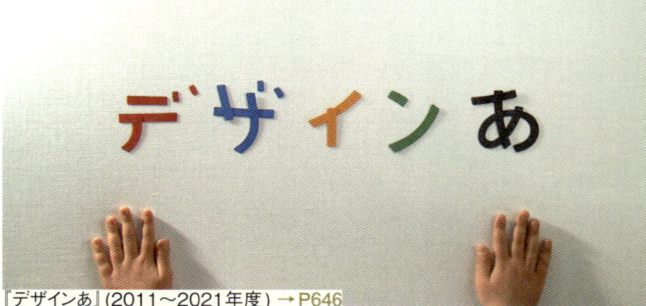

『デザインあ』(2011〜2021年度) →P646

『ピタゴラスイッチ』(2002年度〜) →P643

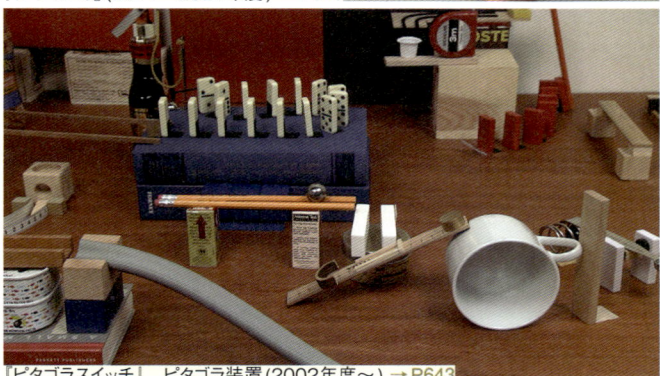

『ピタゴラスイッチ』　ピタゴラ装置(2002年度〜) →P643

　幼児番組のうち、保育所・幼稚園での視聴を前提としてカリキュラムに基づいて制作されている番組群については「学校放送番組」のページで扱っている。しかし、保育所・幼稚園でのテレビ視聴が低下する中で、家庭での視聴を前提とする幼児番組との融合が進んでいる。暮らしの中に隠れている不思議な構造や面白い考え方、法則などを取り上げ、子どもたちの「考え方」を育てることをねらって開発された『ピタゴラスイッチ』(2002年度〜)は、保育所・幼稚園向けに制作されながらも、家庭視聴向けの幼児番組としても人気が高い。この番組から生まれた「ピタゴラ装置」や「アルゴリズムたいそう」など、大人も楽しめる知的エンターテインメントは、国内外のコンクールでの受賞も多く高い評価を得ている。

　2022年3月、小学校低学年を対象にした朝の子ども番組『シャキーン!』(2008〜2021年度)が終了。4月からは「おはランド」の園長・今田耕司(=コージ園長)が、日本全国、さらに海外の子どもたちとリモートシステムを使って直接つながり語り合う新番組『オハ!よ〜いどん』が始まった。自宅から参加する子どもたちがリラックスして自分のことを話したり、友達の話を聞く「オハ!よ〜いどん〜みんなとつながる朝の会〜」では、コージ園長、そして毎回迎えるゲストとともに楽しく本音を語り合いながらコミュニケーション力を身につけていく。よしお兄さん(小林よしひさ)の「オハどん たいそう」をはじめ、コージ園長を補佐する番組キャラクター・ニワトリのオハロー(声:西山宏太朗)やうさぎのオハぴょん(声:水瀬いのり)と一緒に楽しい遊びやクイズ、「都道府県のカタチ」「好き嫌い克服ヒーロー」など多彩

なコーナーで、子どもたちが一日を元気に過ごせるようにぎやかに展開する。まだスマートフォンなどのコミュニケーションツールを持たない低学年の子どもたちが、遠くに住む子どもたちと「おはよう」と元気に言い合うことで楽しい気持ちで一日をスタートさせる番組だ。

　『夜もオハ!よ〜いどん』は、毎月最終水曜日のゴールデンタイムに放送する月に一度の特別版。全国の小学1〜3年生にさまざまなテーマでアンケートをとり、結果をランキングクイズにして楽しく紹介。コージ園長、よしお兄さんと一緒にチャレンジしながら今どきの子どもたちの本音を明らかにしていく。アイドル、お笑い芸人、人気俳優やタレントなど幅広いジャンルからゲストを迎えてのトーク、その月に放送した朝の『オハ!よ〜いどん』からゲストが選んだお薦めシーンなどを紹介する。2023年度からは、『夜もオハ!よ〜いどん』の番組キャラクターとして着ぐるみキャラクターのたまよちゃん(吉原怜那)が加わり、モノの裏側に注目するクイズコーナー「たまよちゃんの裏ウララ」も登場した。

『オハ!よ〜いどん』(2022年度〜) →P649

幼児・こども ｜ 定時番組

1950年代

子供の時間　1953〜1957・1961年度

テレビ本放送開始とともに始まった午後6時台の子ども対象の番組枠。娯楽を通して子どもの情操を豊かにし、教育の成果を上げることを目的とした。内容は音楽番組、連続ドラマ、人形劇や影絵劇、そのほか子ども向け映画や漫画映画、クイズ、バラエティー、スポーツから「子ども寄席」まで幅広く取り上げた。1961年度は(月〜土)の午後5・6時台に時間枠を大幅に拡大。「魔法のじゅうたん」や少年ドラマ「ふしぎな少年」等を放送。

連続テレビ漫画　かっぱ川太郎　1953〜1956年度

清水崑原作の漫画で構成する1分番組。「かっぱ川太郎」は1951年に創刊された小学生向け週刊新聞「小学生朝日」に連載された漫画。4枚の原画を順番に撮影し、紙芝居のような効果をだしたアニメーションの源流ともいえる番組。音楽は芥川也寸志が担当。総合(月〜土)の午後7時14分からの1分番組。

仲よしニュース　1953〜1957年度

毎日のニュースの中から子どもにふさわしい内容を取り上げ再編集するとともに、政治や事件、事故などのニュースを子ども向けにわかりやすく解説した。総合(月)午後0時台または午後6時台の5〜10分番組。

連続ヴァラエティー　桃の木横丁　1957年度

高垣葵作・構成の少年少女向けバラエティー。(水)午後6時10分からの30分番組で、4〜10月に放送。

連続ヴァラエティー　私が笛を吹く時　1957年度

『桃の木横丁』に続いて放送された森文兵作・構成の少年少女向けバラエティー。(水)午後6時10分からの30分番組で、11〜12月に放送。

はてな劇場　1957〜1960年度

「科学コント」の冠をつけた子ども向け科学番組。「はてなのお姉さん」役の黒柳徹子の司会で、先生役の現役小学校教諭がスタジオに招いた子どもたちの科学の疑問に答える。放送は足掛け5年、186回に及んだ。総合午後6時台の30分番組。

びっくり百科　1957〜1959年度

子どもたちのさまざまな興味に応える"テレビ百科事典"。1959年度はテーマを五十音順に構成し、"百科"を強く打ち出した。司会助手の"あひるのガー公"が、子どもたちに人気に。午後6時台の30分番組で1958年1月に総合テレビでスタート。

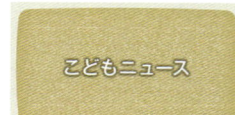
こどもニュース

こどもニュース　1959〜1960年度

一般ニュースを子どもたちにわかりやすい形で放送する子ども向けニュース番組。皇太子ご結婚や台風等の災害報道にも成果を上げた。また各地の子どもの自主的な活動を取材し、炭鉱の不況、山の分校等に対する友情物語などを紹介し、反響があった。(火)午後6時7分から15分まで放送。

おかあさんといっしょ　1959年度〜

2〜4歳児にふさわしい情緒や表現、言葉や身体の発達を助けることをねらいとした幼児向け教育エンターテインメント番組。2019年10月に放送開始60周年を迎えた日本屈指の長寿番組の1つ。"お兄さん""お姉さん"による歌のコーナー、ぬいぐるみ人形劇、幼児参加の体操コーナーなどで構成。番組スタート当初は、ぬいぐるみ人形劇「ブーフーウー」や幼児向けミュージカル「うたって・あそんで」などが好評で、学齢前の幼児を対象とした番組の新分野を切り開いた。

1960年代

びっくりスコープ

びっくりスコープ　1960年度

『びっくり百科』(1957〜1959年度)のあとを受けてスタートした、総合(土)午後6時台の25分番組。初回「野球のまき」、第2回「発明工夫のまき」など、テーマを一つに絞ることでより深く掘り下げて、子どもたちの興味に応えた。司会は三國一朗。

ものしりカレンダー　1960年度

ギニョール(指人形)が演じる"ものしり博士"ケペル先生(声:熊倉一雄)が、物理、化学、算数、地理、歴史、生活全般にわたる科学的な知識を子どもたちに教える。親しみやすくわかりやすい解説が人気に。総合(月〜金)午後5時50分からの10分番組で9月から翌年3月まで放送。

左側縦書き目次：
01.ドラマ　02.クイズ・バラエティー　03.音楽　04.伝統芸能　05.ニュース　06.報道・ドキュメンタリー　07.紀行　08.教養・情報　09.自然・科学　10.こども・教育　11.人形劇・アニメ　12.趣味・実用　13.大型特集番組等

うたのえほん　〈1961〉 1961〜1965年度

"うたのおねえさん（真理ヨシコ・中野慶子）"による歌と、"たいそうのおにいさん（砂川啓介）"による体操で構成した幼児番組。体操は専門家の意見を参考に、幼児の好む動きやからだの発達を助ける運動など、7つの運動を番組独自に選んでおこなった。教育テレビでスタートし、1962年度より総合へ移行。1966年度より『おかあさんといっしょ』に統合された。総合（月〜土）午前8時30分からの10分番組。

魔法のじゅうたん 1961〜1963年度

1961年4月に『こどもの時間』の枠内で始まり、1962年度より単独番組として（水）午後6時からの30分番組となる。クロマキーやアニメーションなど、当時最新の特殊撮影技術を駆使した映像と、黒柳徹子の軽妙な司会が人気となった。「アブラカダブラ！」の呪文とともに、黒柳徹子とこどもたちを乗せた"魔法のじゅうたん"が空を飛び、日本各地を空から観察。ヘリコプターからの空撮映像にクロマキー技術で"魔法のじゅうたん"を合成した。

ぼくもわたしも名探偵 1961〜1963年度

総合午後5時台の『こどもの時間』（1961年度）内でスタートし、1962年度より単独番組で（火）午後6時からの30分番組となる。一般の少年少女が全国から参加し、推理ドラマのなぞ解きをする視聴者参加のクイズ番組。

ものしり博士 1961〜1968年度

『ものしりカレンダー』（1960年度）でおなじみの"ものしり博士"ケペル先生（声：熊倉一雄）が、コント、歌、絵、図表などを豊富に使って、あらゆる事柄を興味深く解説する"テレビ百科事典"。初回「なみだのはたらき」から最終回「ものしり博士になろう」まで、7年間にわたって放送した人気番組。総合（土）午後5時台の15分番組。

たのしいうた 1963年度

1961年4月に始まった5分番組『みんなのうた』の"兄弟番組"。こどもたちの合唱、新作の歌、『みんなのうた』でヒットした曲のアンコールなどで構成した。総合（土）午後6時台の10分番組。

こちらわんぱくテレビ局 1963〜1964年度

『魔法のじゅうたん』（1961〜1963年度）のあとを受けてスタートした子ども向けバラエティー番組。子どもに人気の歌手による歌、日本各地の子どもたちの生活や祭り・行事などをフィルム構成で紹介。「わんぱく記者だより」、日本各地の地名を当てる「ストップクイズ」などで構成。総合（水）午後6時からの30分番組。1965年度に『わんぱくテレビ局』と改題。

まんが学校 1964〜1966年度

漫画家のやなせたかしが"先生"を、落語家の立川談志が司会を務め、子どもたちが笑いのなかで社会科的知識を身につけていくクイズ番組。毎週、子どもたちをスタジオに招き、漫画の描き方を練習したりクイズを解いて楽しんだ。総合（月）午後6時からの25分番組。

歌のメリーゴーラウンド 1964〜1967年度

子どもを中心に家族みんなが一緒に歌って楽しめる音楽番組。1965年度は来日したハンガリー少年少女合唱団、オーベルンキルヘン少女合唱団の出演による特集を放送。1967年度より公開番組となり、ゲストとしてソフィア少年少女合唱団、木の十字架合唱団、大韓民国郷声児童合唱団などが出演した。総合午後6時からの30分番組。出演は東京マイスターシンガー、東京放送児童合唱団ほか。

動物園日記 1964年度

名古屋市東山動物園でくりひろげられる飼育係と動物たちとの心温まる交流をフィルムとドラマで構成した。総合（日）午後5時からの30分番組。

わんぱくテレビ局 1965年度

『こちらわんぱくテレビ局』（1963〜1964年度）を改題。子どもたちが番組を通して、自分たちの問題を話し合ったり、歌をうたったり、ゲームを楽しんだりするバラエティー番組。構成：せたみきお、若林一郎。音楽：宮崎尚志。司会：内田恵子、星文秀、田中宏文。総合（水）午後6時からの25分番組。

あすは君たちのもの 1966〜1968年度

子どもたちを対象としたドキュメンタリー番組。「自然科学の学習」「動物の愛護」「伝統芸術の習得」「スポーツによる心身鍛錬」など、さまざまな形でひたむきに努力をかさねる小・中学生を紹介した。毎回、その回のテーマにふさわしいサトウハチローの詩を朗読した。総合（水）午後6時からの25分番組。

みんなでホームラン 1967年度

少年少女4人がチームを組んで、野球をもとにしたクイズに解答しながら、進塁し得点を競う視聴者参加のクイズ番組。出題する問題も全国の子どもたちから募集した。総合（月）午後6時からの25分番組。

アイウエオ 1967〜1968年度

明治以降の日本が近代化していく歴史の中で、真の人間教育のために努力をつづけた無名の教育者一家3代を描き、その時代の子どもを通して日本の近代教育の歴史と伝統を浮き彫りにした。ナレーターは落語家の立川談志。作者はのちにドラマ『天下堂々』や『ドラマ人間模様』の「夢千代日記」を手がける早坂暁。総合（土）午後6時からの30分番組。

幼児・こども | 定時番組

歌はともだち　1968〜1977年度

子どもを中心に家族みんなが楽しめる公開音楽番組。すぐれた歌や演奏をきくだけでなく、一般視聴者も参加して音楽を楽しむことをねらいとした。アルハンゲリスク民族舞踊団、ハンガリー少年少女合唱団、ブルガリア国立ソフィア少年少女合唱団など、海外からの合唱団も多く出演した。"牟田おじさん"こと牟田悌三と6人の友達グループが、坂本九、ペギー葉山、ボニー・ジャックスらゲストと番組を盛り上げた。

チャンスだピンチだ　1969〜1971年度

小学校高学年から中学生を対象とした視聴者参加のクイズ番組。毎回、2つの小学校から6年生60〜70人をスタジオに招き、2チームに分かれてクイズやゲームを競った。総合(水)午後6時台の25分番組。

1970年代

あなたに挑戦　1972〜1974年度

『チャンスだピンチだ』(1969〜1971年度)の後継番組。9面に分割されたマルチ・スクリーンを利用して、多様な画面の変化をクイズの出題とマッチさせた、小学校の中・高学年向けのクイズ番組。毎回、ゲスト出演者が子どもたちに挑戦した。司会は長沢純、ゲストは小柳ルミ子、小川知子、柳家金語楼ほか。総合(水)午後6時台の25分番組。

ぼくらチャレンジャー　1975年度

7人グループ2組が対戦する、小学生を対象としたクイズ番組。「なぞなぞクイズ」「ゲストコーナー」「ゲームコーナー」の3部構成。総合(木)午後6時5分からの25分番組。

ハテナゲーム　1976〜1977年度

楽しみながら科学への好奇心の芽を育てる青少年向けのスタジオ番組。スタジオに招いた子どもたちが、さまざまな科学的原理を身近な科学実験やおもちゃ遊びを通して体験する。1977年度のテーマは「開け二千年前の自動扉」「ゆっくり飛行機」「くさびは力もち」「巻けば百人力」など。総合(日)放送の20〜25分番組。

こども面白館　1977年度

司会の坂本九が独特の語り口調で古今東西の名作物語を演じる「立体講談」と、痛快な冒険ロマンや珍談、奇談をセミドキュメンタリー風に脚色した「世界日本びっくり話」の2コーナーで構成。出演は坂本九、帯淳子ほか。総合(土)午後6時5分からの40分番組。

600こちら情報部　1978〜1983年度

小・中学生を対象としたニュースショー形式の生放送の情報番組。子どもたちの関心を集める話題や人物を徹底解剖する「ビッグ情報」、タイムリーな話題や役に立つ実用情報を伝える「ミニ情報」、日本や世界のニュースを伝える「ニュースコーナー」で構成。キャスターは鹿野浩四郎、帯淳子ほか。1979年度より報道局記者の田畑彦右衛門が加わり、内外のニュースをわかりやすく解説した。

1980年代

ジュニア・文化シリーズ　1980〜1981年度

『みんなの科学』(1965〜1979年度)のあとを受けてスタート。それまでの科学に加え、文化・教養一般にまで分野を広げ、中学生を中心とする少年少女たちの知的欲求に応えた。曜日ごとにテーマを設定し、初年度は(月)「人間の記録」、(火)「自然のなぞ」、(水)「未来をひらく」、(木)「みんなの実験室」、(金)「世界の民族」の各コーナーで構成。教育(月〜金)の午後5時台の30分番組。

ジュニア大全科　1982〜1984年度

『ジュニア・文化シリーズ』(1980〜1981年度)を改題し、放送時間を夜6時台に繰り下げるとともに内容を刷新。曜日別だったテーマ設定を、(月〜金)の5日間を1テーマでくくる帯スタイルに一新。1日30分、5日間で2時間30分を集中編成し、わかりやすくなおかつ深く掘り下げた。初年度は「アインシュタイン号宇宙の旅」「100年前のSF」「ミュージカルへの招待」ほかのテーマを取り上げた。教育(月〜金)午後6時台の30分番組。

マルチ・スコープ　1984年度

1つの"モノ"を多面的に見ることで意外な面白さを発見する、小・中学生向けの知的エンターテインメント番組。取り上げたテーマは「顔」「電話」「ハンバーグ」「お菓子」「パソコン」など。司会は榎本了壱と斎藤ゆう子。総合(月〜金)午後6時台の20分枠で1984年度前期放送。

どんなモンダイQてれび　1984〜1985年度

子どもの素朴な疑問や質問に、クイズ形式で答える公開放送番組。『マルチ・スコープ』のあとを受けて、1984年度後期からスタート。総合(月〜金)午後6時台の20分枠。(月)は各地のおもしろ情報を伝える「びっくり日本」、(火)は数の不思議に挑戦する「びっくりナンバー」、(水)はモノにこだわる「びっくりカタログ」、(木)はスポーツの驚異のテクニックを分析、(金)は視聴者からの質問に答える。

1990年代

母と子のテレビ絵本　1990〜1995年度

幼児から小学校低学年の子どもたちとその母親を対象に、「絵」の美しさ、「おはなし」と「うた」の楽しさを、1つの物語として作品化した番組。教育(月〜金)放送の10〜15分番組。

英語であそぼ　1990〜2004年度

幼稚園から小学校低学年の子どもを対象にした英語番組。歌、体操、人形劇、アニメーションなどで、楽しみながら英語に親しむ。教育(月〜金)午後5時台の15分番組でスタート。2001年度は「ゆかいなファミリーラップトーン！」のサブタイトルで、音楽とキャラクターを通して、英語との出会いに子どもたちを誘った。2003年度から「ハーイ！エリック」コーナーがミニ番組として独立、10分番組に。2005年度に『えいごであそぼ』に表記を変更。

NHK子どもパビリオン　1990年度

ドラマ、ノンフィクション、海外購入作品など、子どもたちを対象にした感動に満ちた良質なソフトを放送する番組枠。ジャッキー・チェン、マラドーナなど、世界的なスーパーヒーローへの独占インタビュー、南アメリカを取材した自然アドベンチャー番組、赤川次郎原作・大林宣彦監督の35ミリフィルムによるテレビドラマ「ふたり」、大阪放送局制作のドラマ「ちりめんじゃこの詩」などを放送。総合(金)午後8時からの45分番組。

ひとりでできるもん！　1991〜2005年度

子ども向けの料理ハウツー番組。小学校2年生の舞ちゃんは、両親が仕事に出かけていて、一人で料理を作ることに。料理名人のアニメキャラクター"クッキング"に助けられて、見事に料理を作っていく。1995年度は男の子と女の子が主役となって、男女の区別なく料理に取り組んだ。教育(月〜金)放送の15分番組。1992年度のみ『新・ひとりでできるもん』で放送。

西田ひかるの痛快人間伝　1991〜1993年度

豊富な映像資料にCGも駆使してわかりやすく描いた「テレビ版偉人伝」。激動の20世紀に活躍し、現代に豊かなメッセージを残した人物の生涯を、少年時代のエピソードやサクセスのきっかけとなった出来事を中心に紹介する。初年度は「手塚治虫」「松下幸之助」「パブロ・ピカソ」「エルビス・プレスリー」など15本を放送。1991・1992年度は総合夜間の45分番組。1993年度は教育に波を移し、それまでの番組を再編成して放送。

母と子のテレビタイム・土曜版　1992年度

1990年度に教育午後4〜5時台に新設された子ども番組ゾーン『母と子のテレビタイム』の「土曜版」。『おかあさんといっしょ』(1959年度〜)は「にこぶん劇場」と「うたと体操」、『英語であそぼ』(1990〜2004年度)は「アルファベット・コーナー」、『ひとりでできるもん！』(1991〜2005年度)は「アンコール編」などを放送。

地球SOS・それいけコロリン　1992年度

地球から200光年離れたオアシス星からやって来た「コロリン」が、悪役「シンドローム」によって環境破壊が進む地球を救う。地球で起こっているゴミ問題、水質汚染、大気汚染などの環境破壊の現状を、アニメーション、実写、CGを使って分かりやすく紹介した。司会は相原勇。教育午後6時台の30分番組。

天才てれびくん　〈1993-1998〉　1993〜1998年度

小学生を中心とした子どもたち対象のエンターテインメント番組。「てれび戦士」と呼ばれるレギュラー出演の子どもたちが、さまざまなことに挑戦するバラエティーコーナーを中心に、ドラマ、双方向ゲームなどのコーナーを設け、CG、アニメ、ロケなど多彩な演出手法で構成した。教育(月〜木)午後6時台の25分番組でスタート。その後、『天才てれびくんワイド』等に改題の後、2023年度に大きく刷新の上、タイトルを戻す。

母と子のテレビタイム・日曜版　1993〜1999年度

「母と子のテレビタイム」の総集編。『母と子のテレビタイム・土曜版』(1992年度)の放送日を日曜に移行。『おかあさんといっしょ』は「うたと体操」、『英語であそぼ』(1990〜2004年度)、『音楽ファンタジー・ゆめ』(1992〜1999年度)、『テレビ絵本』(1993〜1994年度)、『ひとりでできるもん！』(1991〜2005年度)などを再構成して放送。教育(日)午後5時からの1時間番組。

アニメ・ハロー　エスカルゴ島　1993年度

『英語であそぼ』パート2の中で好評を博したアニメーションを再編集した5分番組。アーク、チャビー、ビューティーの3人の子どもたちは、英語しか話さない人々の住む島での冒険の中で、英語を自然と身につけていく。教育(月〜金)午後4時25分から放送。

週刊こどもニュース　1994〜2010年度

日常のニュースを子どもやお年寄りにもわかりやすく伝えるニュース情報番組。池上彰キャスター演じる"お父さん"が、柴田理恵演じる"お母さん"と3人の子どもたちに、模型やCGを駆使してわかりやすく解説する演出が、小中学生だけでなく大人たちにも人気に。11年間担当した池上キャスターに代わって2005年度に鎌田靖が、2009年度には岩本裕が「お父さん」役を務める。

うたのなる木　1994年度

小学生を対象にした音楽バラエティー番組。子どもの個性と発想を基に、一流ミュージシャンが子どもの等身大の歌を作曲。アニメ「カラオケ戦士マイク次郎」とレギュラー出演の子どもたちによるパフォーマンス、一流ミュージシャンによるメッセージソングなどで構成。司会はヒロミと高田万由子。監修は秋元康。衛星第2(月〜金)の午前8時台(前期・後期は午前6時台)に放送した20分番組。

幼児・こども | 定時番組

あさごはん　だいすき！ 1994年度
0歳から3歳の幼児とその母親を対象に、『おかあさんといっしょ』をベースに構成するショーを、東京のスタジオと全国各地からの中継録画で放送。第1部が『おかあさんといっしょ』で"うたのおにいさん"を担当した坂田おさむほかの出演で「朝にさわやか」、第2部は"うたのおねえさん"の飯田ミカ、美咲あゆむと"たいそうのおにいさん"の小嶋信之、山岸隆弘が出演する「出前ステージ」。衛星第2(月〜金)午前放送の30分番組。

なんでもＱ 1995〜2003年度
動物や昆虫の生態をクイズ仕立てで楽しく紹介し、子どもたちの身近な自然環境への興味を喚起する幼児版・生活科学番組。NHKの自然番組の素材を活用しながら、CGキャラクターの「うららちゃん」が子どもたちと一緒に問題を考えていく。教育で午前中に放送する15分番組。

にこにこぷんがやってきた 1995〜1998年度
衛星第2の『あさごはん　だいすき！』(1994年度)を改題。全国各地からの中継録画による幼児参加のショーと、スタジオ収録したパペットショーの2部構成。初年度の第1部は『おかあさんといっしょ』の"うたのおねえさん"と"たいそうのおにいさん"が出演する「出前ステージ」、第2部が「パペットショー」。1996年度は『子どもが初めて出あうテレビ』の枠内、1997年度は『BSこどもステージ』枠内で放送。

やってみよう　なんでも実験 1995〜2000年度
科学のさまざまなテーマを、"やってみよう"の精神で、現象のメカニズムを肌で確かめ、科学の面白さを発見する番組。毎回、「実験名人」が登場し、身近なテーマを選んで、家庭でできる実験を中心に、さまざまな不思議に挑戦する。教育夜間の25〜30分番組。

ユメディア号こども塾 1995〜1997年度
放送開始70周年を機に、最新の放送機器や映像装置を満載した3台の大型車「キッズTV ユメディア号」が全国を巡回し、小学生が「放送」をまるごと体験する。ユメディア号が訪れた地方から発信される「生活塾」は、フォークダンスDE成子坂の司会で、一人前の子どもであるための知恵を学ぶ。「体験縄文ライフ」「忍者入門」「めざせコマ名人」などを放送。教育(土)午前10時からの30分番組。

ハッチポッチステーション 1996〜2002年度
幼児と大人がいっしょに楽しめるパペットによるバラエティーショー。グッチ裕三と人形のジャーニー、ミス・ダイヤらによるコントの合間に、歌や手品などのショーがコミカルに演じられる。「ハッチポッチ(ごった煮)」というタイトルどおりのエンターテインメント番組。教育(月〜金)午前8時台の10分番組でスタート。1999年度より午後5時台に移行。

いないいないばあっ！ 1996年度〜
0〜2歳児を対象に、赤ちゃんの感性に直接働きかける「映像」と「音」でさまざまな可能性と能力を引き出す"乳幼児が初めて出会うテレビ番組"。親にとっては、生活習慣のしつけや乳児との遊び方を知る上で役立つ育児支援番組としての役割もある。1996年度は衛星第2の『子どもが初めて出あうテレビ』の枠内で放送。年度後期に教育でも放送をスタート。1997年度からは教育午後4時台の10分番組となる。

うたのえほん 〈1996〜1997〉 1996〜1997年度
子どもからお母さんまで親しめる歌を季節にあわせて編成する5分番組。映像はアニメーションから実写まで歌にあわせて工夫した。衛星第2で初年度は(月〜金)の午前8時台、1997年度は(月〜木)午後3時台に放送。

BSこどもステージ 1997〜1998年度
衛星第2の(日)午前中に放送する子ども対象のステージ番組。小学生を対象に歌やダンスを繰り広げるバラエティー番組「フルーツサンデー」と、1995年度より放送している幼児参加番組「にこにこぷんがやってきた」の2部構成で放送。

NHKジュニアスペシャル 1998〜1999・2003〜2005年度
小学校高学年および中学生に向けて大型特集番組を再編集、再構成した番組。1998年度は「地球環境」「生命教育」をテーマに、『NHK特集〜地球大紀行』『NHKスペシャル〜生命40億年はるかな旅』『NHKスペシャル〜驚異の小宇宙人体』をもとに制作。1999年度は教育(土)午前10時からの30分番組。2003年度は環境問題をテーマに、『海　知られざる世界』『四大文明』『生命40億年はるかな旅』をもとに制作。教育テレビの45分番組。

天才てれびくんワイド 1999〜2002年度
『天才てれびくん』(1993〜1998年度)を改題し、教育(月〜木)午後6時台の45分番組に刷新。小学生を対象にした教育エンターテインメント番組。「てれび戦士」と呼ばれるレギュラー出演の子どもたちがさまざまなことに挑戦。バラエティーコーナーを中心に「一芸を磨け」「ミュージックてれびくん(MTK)」などのコーナーで構成。

フルーツサンデー 1999〜2001年度
『BSこどもステージ』(1997〜1998年度)の枠内でうまれた「フルーツサンデー」が、1998年に『BSこどもステージ・フルーツサンデー』として独立。1999年に『フルーツサンデー』と改題した。歌やダンス、ボードビリアンをはじめとするゲストの妙技、視聴者参加のゲームなどで構成する小学生対象の公開音楽バラエティー番組。

BSジュニアのど自慢 1999〜2003年度
カラオケが浸透し、子どもたちが"歌うこと"に習熟してきているこの時代に、『NHKのど自慢』に出場資格のない中学生以下を対象にした地域公開番組。司会は森口博子。

01.ドラマ　02.クイズ・バラエティー　03.音楽　04.伝統芸能　05.ニュース　06.報道・ドキュメンタリー　07.紀行　08.教養・情報　09.自然・科学　10.こども・教育　11.人形劇・アニメ　12.趣味・実用　13.大型特集番組等

ぴりっとQ 1999〜2005年度

『なんでもQ』の挿入歌と動物クイズを再構成した5分番組。初年度は教育(月〜金)午後4時台に『つくってワクワク』と隔週で放送。2000年度からは毎週(月〜水)ほかで放送。

2000年代

みんなの広場だ！わんパーク 2000〜2002年度

「テント2000みんなの広場」から送る幼児参加の公開番組。『おかあさんといっしょ』や『いないいないばあっ！』『英語であそぼ』など、幼児番組の出演者やキャラクターが登場。教育(土)午後5時からの55分番組。

あつまれ！わんパーク 2000〜2002・2004〜2005年度

教育の『母と子のテレビタイム・日曜版』（1993〜1999）を改題。『おかあさんといっしょ』『プチプチ・アニメ』などの定時番組のアンコールとリクエストなどで構成。2003年度に「テント2003みんなの広場」から送る幼児参加番組『あつまれ！みんなの広場』が新たに始まり、翌2004年度に内容はそのままに『あつまれ！わんパーク』にタイトルを戻し、「NHKふれあいホール」から送る幼児参加の公開番組となる。

天才ビットくん 2001〜2006年度

子どもたちの自由な発想とアイデアで、サイバー空間上に理想の町「ビットランド」を築いていく参加型番組。架空の街の歴史を考える「ビットランド伝説」、子どもたちが作り出すキャラクター「ビットモン」の対戦ゲーム、リリー・フランキー原作のアニメ「おでんくん」などを中心に構成。出演はいとうせいこうほか。教育(金)午後6時台の25分番組でスタート。

テント2002　BSどーもくんワールド 2002〜2006年度

BSのキャラクター"どーも""うさじい""たーちゃん"が主役の、親子で楽しめるステージバラエティー。NHK正面に仮設された「テント2002みんなの広場」で毎週日曜に公開収録。2004年度に『BSどーもくんワールド』に改題。ドラマ「どーもくん劇場」、ゲストを招いての「どーもいらっしゃい！」、どーもが全国を訪ねる「どーもが行く！」などのコーナーで構成。衛星第2(日)午前10時からの29分番組（2004年度）。

科学大好き　土よう塾 2002〜2008年度

完全学校週5日制が導入され、毎週土曜が休みとなった小・中学生を対象に、科学の面白さや実験の楽しさを伝えた。子どもたちから番組に寄せられる疑問に応えて、実験や調査を徹底的に行い、科学の原理や真相を探った。また各地の小学生が「ドミノ倒し」「紙ヒコーキ飛ばし」「通信競争」などの競技に挑戦するコーナーでは、物作りの楽しさやアイデアの重要性を伝えた。教育(土)午前中放送。

BSおかあさんといっしょ 2002〜2009年度

教育テレビで放送中の『おかあさんといっしょ』のBS版。人形劇「ぐーチョコランタン」やアニメーション、子どもが参加する「うたとたいそう」コーナーで構成。衛星第2(月〜木)の20分番組。

ピタゴラスイッチ 2002年度〜

4〜6歳児を対象にした「考え方」を育てる番組。ふだんの暮らしの中に隠れている面白い考え方、不思議な構造、法則を発見していくことで、個別の事象から抽出した「概念」へ認識を広げていく。番組では、人形劇やアニメ、うた、体操、装置などの多彩なコーナーで、"子どもにとっての「なるほど！」"を取り上げ、子どもたちの「考え方」が育つことをねらいとする。教育の15分番組でスタート。

てれび絵本 2003年度〜

子どもたちが愛する童話・絵本の世界を創造性豊かな原画と音楽、ユニークな読み手の朗読で紹介し、「読み聞かせ」の持つ魅力を改めて伝える。同名の『テレビ絵本』（1993〜1994年度）、『母と子のテレビ絵本』（1990〜1995年度）が、タイトル表記を変えて再登場。教育(月〜金)午前中放送の10〜15分番組。

にほんごであそぼ 2003年度〜

2歳から小学校低学年までの子どもと親を主な対象に、日本語の持つ「ことばのおもしろさ」をさまざまな手法で表現し、楽しく遊びながら「日本語感覚」を身につける番組。野村萬斎、美輪明宏、神田山陽、中村勘九郎（当時）、小錦八十吉など、各界から多彩な出演者が登場。教育・Eテレ(月〜金)午前中放送の10分番組。

あつまれ！みんなの広場 2003年度

「テント2003みんなの広場」で公開収録する幼児向け番組。「夢りんりん丸」と「ハッチポッチステーション」を隔週で放送。「夢りんりん丸」は『おかあさんといっしょ』をはじめとする幼児番組の出演者や人気キャラクターがゲストとして登場。『ハッチポッチステーション』（1996〜2002年度）はグッチ裕三とゆかいなパペットが繰り広げる音楽ライブショー。2004年度に『あつまれ！わんパーク』に改題。

ハッチポッチあんこーる 2003〜2005年度

パペットによるバラエティショー『ハッチポッチステーション』の人気コーナーを再構成。若者や若い母親・父親向けに午前0時台に放送する10分番組。

幼児・こども ｜ 定時番組

ニャンちゅうといっしょ 2003～2004年度

『おかあさんといっしょ』（1959年度～）、『プチプチ・アニメ』（1994年度～）など、好評の定時番組のアンコール、リクエストと海外子ども番組の紹介。教育（土）午後5時からの50分番組。

天才てれびくんMAX 2003～2010年度

『天才てれびくん』（1993～1998年度）、『天才てれびくんワイド』（1999～2002年度）に続く「天才てれびくん」シリーズの第3弾。「てれび戦士」と呼ばれる番組レギュラーの子どもたちが、ゲーム・音楽・お笑い・スポーツ・自然体験など、さまざまなことに挑戦する。教育（月～木）午後6時台に放送する番組。

クインテット 2003～2012年度

子どもから大人まで楽しめるパペットによるクラシック音楽バラエティー。人間と人形の掛け合いによるトークと音楽ショーで構成。クラシックから唱歌、民謡まで幅広く取り上げた。教育・Eテレ（月～金）午後5時台に、初年度は1分から5分のミニ番組として放送。2004年度より10分番組となる。

金曜かきこみTV 2003～2006年度

番組ホームページに寄せられた小中学生からの意見や作品を紹介する生放送の参加型双方向番組。教育（金）午後7時台の45～55分番組。

英語であそぼ ハーイ！エリック 2003年度

『英語であそぼ』（1990～2004年度 ＊2005年度より『えいごであそぼ』）の中の人気コーナー「ハーイ！エリック」が独立した3分番組。教育（月～金）午後5時14分に放送。

ピタゴラスイッチ・ミニ 2003年度～

幼稚園・保育所向け番組『ピタゴラスイッチ』（2002年度～）のマルチユース番組。『ピタゴラスイッチ』のいくつかのコーナーを組み合わせて構成した5分番組。「考え方」が身につく番組『ピタゴラスイッチ』のエッセンスを提示した。教育で初年度は（月・火・土）午後4時55分から放送。

からだであそぼ 2004～2008年度

就学前の子どもが体を動かす楽しさを知り、身体感覚を研ぎ澄ますきっかけを提供する幼児向け番組。子どもの身体感覚を引き出すコーナー、さまざまな分野で活躍する体の達人たちが一流の動きを紹介するコーナー、子どもが自ら体を動かして自分を見つめ直すコーナーなどで構成。教育（月～金）午前7時台に放送の10分番組。

えいごであそぼ 2005～2016年度

未就学児を対象とした子ども英語バラエティー。『英語であそぼ』（1990～2004年度）のタイトルをひらがなに改め、内容も刷新。キャラクターのボー、ビーとともに、遊びながら自然に英語に親しみ、子どもたちの「英語でコミュニケーションしてみたい」という気持ちを育てるのがねらい。教育（月～金）午前の10分番組。

ニャンちゅうワールド放送局 2005～2017年度

『母と子のテレビタイム・日曜版』（1993～1999年度）、『あつまれ！わんパーク』（2000～2002・2004～2005年度）、『ニャンちゅうといっしょ』（2003～2004年度）などに、幼児番組ゾーンのアンコール・リクエスト放送を紹介するキャラクターとして登場した"ニャンちゅう"。ニャンちゅうとおねえさんが、世界中の子ども番組や楽しいアニメを紹介。教育・Eテレ（日）午後5時台の50分番組でスタート。

味楽る！ミミカ 2006～2008年度

子どもたちに料理や食について興味や関心をもってもらうことをねらいとした子ども向け食育・料理番組。料理人の家系に生まれた主人公が、世界の料理人を育成する学校に入学し、ライバルと切さたく磨しながら成長していく姿を描くデジタルコミック風アニメーションと、食育情報、子どもたちから寄せられたアイデア料理の紹介などで構成した。教育（月～金）午後5・6時台に放送の10分番組。

クインテット プチ 2006・2008年度

午後5時台に放送している10分間のパペットによるクラシック音楽バラエティー『クインテット』を5分に再構成し、朝の好適時間に放送した。初年度は教育（月～金）午前7時55分から放送。

天才てれびくんMAX ビットワールド 2007～2009年度

子どもたちの自由な発想とアイデアで、サイバー空間上の世界「ビットワールド」を築いていく参加型番組。この世界のどこかに眠る「7つのお宝」をめぐる冒険や、子どもたちが作り出すキャラクター「ビットモン」の対戦ゲームなどを中心に進行する。教育（金）午後6時台の35分番組。2010年度に『ビットワールド』に改題。

BSななみ DE どーも！ 2007～2010年度

「どーもくん」「ななみちゃん」と愉快な仲間が繰り広げる公開バラエティー番組。どーも、ななみ、うさじい、たーちゃん、テツandトモが大活躍する「ななみDEどーも一座」、ゲストのパフォーマンスや歌で遊ぶ「ななみのどーもいらっしゃい！」、ななみやどーもがさまざまなことに挑戦する「ななみ（どーも）ゴーゴー！」など、家族で楽しめるコーナーで構成。衛星第2（土）午後6時台の40分番組。

土曜かきこみTV　2007年度

番組ホームページに寄せられた小学5年生から中学3年生の意見や作品を紹介する参加型番組。教育（土）午後9時からの30分番組。

音楽のちから　アートのちから　からだのちから　2007年度

バーチャルスタジオを使った異空間（ちからんど）を舞台に、子どもたちがなるほどと実体験できる新発想のスタジオバラエティー。「音楽のちから」（4/7～6/30）、「アートのちから」（7/7～9/29）、「からだのちから」（10/6～2008.3/29）の3種類の"ちからシリーズ"を順に放送。音楽、アート、スポーツ医学など、各分野の第一線で活躍する「ちからマスター」が、子どもたちにわかりやすく指南する。教育（土）午前7時台の25分番組。

モリゾー・キッコロ　森へいこうよ！　2007～2014年度

"自然との共存"をテーマに開催された2005年日本国際博覧会「愛・地球博」の公式キャラクター「モリゾー」と「キッコロ」が、子どもたちと森に入り、さまざまな遊びを体験しながら自然の大切さを体感する。教育（Eテレ）の15分番組。

モリゾー・キッコロ　地球環境の旅　2007年度

「モリゾー」と「キッコロ」が、世界各地で環境を守るために活動する人々と出会い、自然の大切さを学ぶ子どもたちと触れ合う。CGアニメで登場するモリゾーとキッコロが、地球環境の"今"をわかりやすく伝える教育テレビの8回シリーズ。毎月最終（日）午後7時台放送の10分番組。

シャキーン！　2008～2021年度

登校前に"シャキーン！"と目覚め、楽しい一日のスタートを切ってもらうことを目指す子ども番組。植物とテレビが融合したキャラクター「ジュモクさん」と、元気な不思議少女「あやめちゃん」が、学校で思わず話したくなるようなトピックを紹介。「ものの見方を変えてみる」をテーマに、クイズ・歌・アニメ・コントなどのコーナーで構成。教育・Eテレ（月～金）午前7時からの15分番組でスタート。

ヒミツのちからんど　2008～2010年度

『音楽のちから　アートのちから　からだのちから』（2007年度）を刷新して改題。バーチャルスタジオを使った異空間「ちからんど」で、学校ではなかなか身につけることができない「ちから」の数々を、楽しみながら自分のものにできる番組。エンターテインメントや音楽、アート、スポーツなどをテーマに、その道の達人である「ちからマスター」が、「ちから」をつけるための極意を教える。教育（土）の25分番組。

クッキンアイドル　アイ！マイ！まいん！　2009～2012年度

アニメと実写で楽しく料理の魅力を知ってもらう子ども対象の食育・料理番組。架空のテレビ局を舞台に、ひょんなことから料理番組の司会を務めることになった主人公「まいん」が大活躍。歌と料理で子どもたちの"クッキンアイドル"として成長していく。教育・Eテレ（月～金）の10分番組。

みいつけた！　2009年度～

4～6歳児向け教育エンターテインメント番組。子どもたちの発育をバランスよく後押しできるように構成。「友達と遊ぶ楽しさ」「いのちの不思議」「自分でできる喜び」「相手を思いやる気持ち」などを、子どもたちが楽しみながら発見し、新しい世界を広げていく。教育・Eテレ（月～金）の朝帯に放送の15分番組。2011年の第38回日本賞の幼児向けカテゴリーで「最優秀作品」に選ばれる。

シャキーン！ザ・ナイト　2009～2010年度

お目覚め番組『シャキーン！』（2008～2021年度）が「先行蔵出し放送」として夜に登場。『シャキーン！』の（月～木）放送分から、人気コーナーやベストセレクションを、本放送の前週にいち早く放送。番組独自の「アートコーナー」も盛り込んだ。教育（水）午後7時台の20分番組。

あさだ！からだ！　2009年度

子どもたちが体を動かす楽しみを知り、遊びながら身体感覚を高めてゆくきっかけを提供する5分番組。子どもが実際にやってみたくなるような「体を使った遊び」や「体操」などのコーナーで構成した。教育（月～金）午前7時35分から放送。

2010年代

ビットワールド　2010年度～

『天才てれびくんMAX　ビットワールド』（2007～2009年度）を改題。サイバー空間の大異変によって誕生した「ビットワールド」を舞台に、子どもたちの奇想天外でユニークな投稿アイデアを基に、不思議な生物や芸術作品を次々に創作する視聴者参加型番組。出演はいとうせいこう、金子貴俊、升野英知ほか。教育・Eテレ（金）午後6時台の35分番組。

みいつけた！さん　2010～2020年度

4～6歳児向け教育エンターテインメント番組『みいつけた！』（2009年度～）の人気コーナーがたっぷり詰まった日曜版。イスのキャラクター「コッシー」と「レグ」、そして大きなサボテン「サボさん」が3DのCGに変身して番組を進行していく。教育・Eテレ（日）午前7時台放送の30分番組でスタート。2021年度に『みいつけた！』に改題し、15分番組となる。

幼児・こども | 定時番組

あつまれ！ワンワンわんだーらんど 2010〜2017年度

0〜2歳児を対象にした『いないいないばあっ！』（1996年度〜）のステージ番組。「歌」と「あそび」で乳幼児の感性に直接働きかけるステージを、全国10か所で中継録画して放送。犬のキャラクター・ワンワンを中心に、『いないいないばあっ！』で人気の楽曲をステージ化するとともに、親子で触れ合えるあそび歌やお話をステージ向きに開発し、月1回（日）午前7時台に放送。2018年度に『ワンワンわんだーらんど』に改題。

大科学実験 2010年度〜

大規模な実験をスタイリッシュな映像で描く小学生を対象とした科学教育番組。実験のテーマは「1.7kmの道に86人が並んで音の速さを調べる」「50mのクジラ型ソーラーバルーンで人を持ち上げる」など、スケールの大きなものばかり。3人の「実験レンジャー」たちがさまざまな実験に体当たりで挑み、検証するのが見どころ。アルジャジーラ子どもチャンネル、NHKエデュケーショナルとの共同制作。教育夜間の10分番組。

フックブックロー 2011〜2015年度

『ハッチポッチステーション』（1996〜2002年度）、『クインテット』（2003〜2012年度）に続く、子ども向けパペットバラエティーの第3弾。人間と人形の掛け合いによるトークと音楽のショーで構成。童謡・唱歌からポップスまで幅広いジャンルの音楽や、おもしろい雑学などを"福袋"のように詰め込んだ。教育・Eテレ（月〜金）午前放送の10分番組。

デザインあ 2011〜2021年度

「デザインの面白さ」を伝え、子どもたちにデザイン的な視点と感性を育む番組。身の回りに存在するさまざまなモノや仕組み、人の動きを、「デザイン」の視点から見つめ直し、日本を代表するデザイナーやミュージシャンによる斬新な映像手法と音楽で表現した。Eテレの15分番組。2017年度よりBSプレミアムでも放送。

スクール Live Show for KIDS 2011年度

小学生向けの『スクール Live Show for KIDS』と中高生向けの『スクール Live Show for TEENS』を隔週に交互に放送。料理やスポーツ、伝統工芸など、全国各地の地域ならではのテーマを課題に、2つの小学校の子どもたちが競い合った。Eテレ（金）午後6時55分からの30分番組。

大！天才てれびくん 2011〜2013年度

『天才てれびくんMAX』（2003〜2010年度）のあとを受けてスタートした「天才てれびくん」シリーズの第4弾。レギュラーの子どもたち「てれび戦士」が、ドラマ・ゲーム・音楽・お笑い・スポーツなど、さまざまな分野に挑戦する視聴者参加番組。Eテレ（月〜木）午後6時台の34分番組。

みんなDEどーもくん！ 2011・2017〜2020年度

『BSななみ DE どーも！』（2007〜2010年度）を改題。どーもくん、ななみちゃんと愉快な仲間たちが繰り広げるステージバラエティーショー。ふれあいホールと全国各地の会館を舞台に展開する公開収録番組。BSプレミアム（日）午前8時台に放送の30〜45分番組。

デザインあ 5分版 2011〜2020年度

Eテレの子ども向けデザイン教育番組『デザインあ』をマルチユースした5分番組。セグメントで構成されている15分の『デザインあ』からいくつかのコーナーを組み合わせて再構成した。Eテレで初年度は（火・木）午後3時35分ほかで放送。

ワンワンパッコロ！キャラともワールド 2012〜2020年度

Eテレの人気キャラ「ワンワン」が、新たな人気キャラクター「パッコロリン」や、新旧の子ども番組人気キャラクターと夢の共演を繰り広げる。ふれあいホールでのステージショー「みんなDEどーもくん！」をパート2として放送。BSプレミアム（日）午前の90分番組でスタート。2017年度から30分番組として内容を刷新。ワンワンが仲良し3兄弟のパッコロリンと一緒に、新旧の子ども番組人気キャラクターと夢の共演を繰り広げる。

ニャンちゅうワールド放送局ミニ 2012〜2017年度

Eテレの25分番組『ニャンちゅうワールド放送局』（2005〜2017年度）の5分版。『ニャンちゅうワールド放送局』のレギュラーキャラクター「ニャンちゅう」「リオン」「ピコたん」「Qべえ」等で番組を構成。世界の子どもたちの暮らしや文化の違いなど、楽しい情報をコンパクトに紹介した。Eテレで初年度は（月・水・金）午後3時35分に放送。

おとうさんといっしょ 2013年度〜

3〜6歳児を中心とした未就学児童とその家族を対象とした番組。親子遊びやコミュニケーションのきっかけとなるロケコーナー、歌、体操、お話、アニメーションを中心に構成。育児に携わる父親を応援するとともに、未就学児の身体的、感覚的、知的発達を助けることをねらいとした幼児向けバラエティー。BSプレミアム（日）午前の30分番組。2021年度からEテレに移行。

すすめ！キッチン戦隊クックルン 2013〜2014年度

「キッチン戦隊クックルン」となった「リンゴ・セージ・クミン」の3兄妹が、地球を狙う悪の軍団「ダークイーターズ」に立ち向かう。怪人を倒す必殺技は、料理を作って食べることで放たれる「まんぷくビーム」だ。ユーモアたっぷりのアニメと、スタジオで3兄妹が作る料理で「食」の楽しさや大切さを伝える、子ども向け料理・食育番組。Eテレ（月〜金）午前6時台の10分番組。

Eダンスアカデミー 2013〜2021年度

EXILEのメンバーが講師を務めるダンスをテーマにした教育番組。初年度は「Choo Choo TRAIN」などの名曲を使って、ダンス初心者の小学生に"ダンスの楽しさ"をレクチャー。大自然の中で踊る「野外レッスン」や海外からダンサーを招いての「特別レッスン」、EXILEが考案した番組オリジナルのダンスエクササイズ「EXダンス体操」などで構成。新シリーズを重ね、2021年度に「シーズン9」を放送。Eテレの25〜30分番組。

01.ドラマ 02.クイズ・バラエティー 03.音楽 04.伝統芸能 05.ニュース 06.報道・ドキュメンタリー 07.紀行 08.教養・情報 09.自然・科学 10.こども・教育 11.人形劇・アニメ 12.趣味・実用 13.大型特集番組等

Nコンマガジン～スーパー合唱教室　2013年度

NHK全国学校音楽コンクールに参加する児童生徒に向けて、合唱の練習方法やコンクール課題曲を歌いこなすためのコツなどを紹介。4～6月にEテレ（金）午後7時台の10分番組を全12回で放送。

ムジカ・ピッコリーノ　2013～2023年度

科学的実験やアニメ・CGなどを駆使して、音楽の世界を感覚的・多角的に表現し、子どもたちの感性を刺激する音楽教育番組。クラシック、ポップス、民族音楽など、あらゆるジャンルから耳なじみのある名曲を取り上げる。Eテレの10分番組。

ワラッチャオ！　2013～2016年度

子どもたちと行う大喜利、キャラクターによるコントコーナー、ショートアニメ、歌、ダンスなどで構成する子どもとその親たちに向けた"笑い"の番組。2013～2014年度は広島局の桑子真帆アナウンサーとオリジナルキャラクターのリスの「ドックン」が進行役を務める。BSプレミアムの30分番組。

おとうさんといっしょ　ミニ～レオレオれーるうえい　2013～2020年度

故障ばかりの蒸気機関車がご自慢のヘンテコな鉄道会社を舞台に、愉快な日常と朗らかな笑いを届ける1話完結の5分番組。出演：柳原哲也、野口かおる、安藤奈保子、聖也、岩崎ひろしほか。Eテレで初年度は（土）午後5時25分に放送。

Let's天才てれびくん　2014～2016年度

「天才てれびくん」シリーズの第5弾。SFファンタジー的物語をベースに、データ放送の機能を使って参加・体験する小学生対象の番組。郷土色豊かな企画やデータ放送でのゲーム企画を展開。Eテレ（月～木）午後6時台の放送で、（月～水）が25分、（木）が34分番組。

なりきり！　むーにゃん生きもの学園　2015～2022年度

自然の魅力や野外活動の楽しさを感じ取ってもらう環境教育番組。森の妖精「むーにゃん」と「ハラッパーノ先生」とともに、体を動かして生きものになりきり、工作や実験で生きものの仕組みを体感するなど、身近な自然の楽しさを探っていく。Eテレ（土）午前7時台の15分番組。

ミミクリーズ　2015年度～

「ミミクリー（mimicry）」とは「似せること」「似ているもの」という意味。「自然界の似たもの探し」をキーワードに、3～7歳の子どもたちの知的好奇心を触発し、観察眼と想像力を磨く自然科学番組。自然映像やアニメーション、歌や漫才などさまざまな演出で科学的知識をわかりやすく映像化した。Eテレの10分番組。2017年度よりBSプレミアムでも放送。

ゆうやけシャキーン！　2015年度

お目覚め番組『シャキーン！』（2008～2021年度）の夕方版。関西弁でテンション高く話す「ジュモやん」と、コウモリの「菊やん」によるスタジオパートと、翌週1週間の『シャキーン！』のコンテンツの中から厳選したコーナーとで構成。Eテレ（火）午後5時台の10分番組。

フックブックローミニ　2015～2017年度

Eテレの子ども向けパペットバラエティー『フックブックロー』（2011～2015年度）の歌部分を中心に再構成した5分番組。10分番組『フックブックロー』のコンテンツを一部マルチユース。Eテレで初年度は（木）午後5時35分から放送。

ゴー！ゴー！キッチン戦隊クックルン　2015年度～

『すすめ！キッチン戦隊クックルン』（2013～2014年度）の後継番組。キッチン戦隊クックルンとなった3人の小学生が、地球を狙うイジワルな悪の軍団・ダークイーターズに立ち向かう。怪人を倒す必殺技は、料理を作って食べることで放たれる「まんぷくビーム」。ユーモアたっぷりのアニメと歌ありダンスありの実写料理パートで、楽しみながら料理のコツや食材の知識が学べる食育番組。Eテレ（月～金）放送の10分番組。

コレナンデ商会　2016～2021年度

人形と人間が出演する子ども向け「音楽パペットバラエティー」。舞台はちょっと変わったものや面白いものをあつかう雑貨店「コレナンデ商会」。この店には、つい「これ、なんでしょうかい？」と聞きたくなる品々がところ狭しと並んでいる。店主の「ジェイさん（川平慈英）」と人形たちが、お店に置かれた不思議なモノをテーマに、ゆかいなお話と楽しい歌を届ける。Eテレ（月～金）午前7時台の10分番組。

どちゃもん　あさめしまえ　2016～2017年度

『Let's天才てれびくん』（2014～2016年度）のスピンオフ・データ放送連動番組。日本全国各都道府県の精霊「どちゃもん」が、ご当地クイズやゲームを届ける。福井どちゃもん「ほやのん」と、「ほやのん」に魔法をかけられた町の電器店の店主「タケシ」が掛け合いで進行する。Eテレ（日）午前7時台の10分番組。

天才てれびくんYOU　2017～2019年度

「天才てれびくん」シリーズの第6弾。SFファンタジーのドラマをベースに、データ放送の機能を使って放送に参加・体験できる小学生向け番組。小中学生の出演者"てれび戦士"が各地でミッションに挑戦するバラエティー企画や、最新のAR技術を活用した生放送を展開。Eテレ（月～木）午後6時台の放送で、（月～水）が25分、（木）が34分番組。

幼児・こども | 定時番組

えいごであそぼ　with Orton　2017～2022年度

4～7歳を対象とした英語番組。「Orton」という名の大きなクジラの背中に建つ町"オートン・タウン"を舞台に、大人や子どもたちが英語の「音」で遊ぶ。アニメ、体操、実験、コントなど、楽しいコーナーが満載。Eテレ（月～金）午前6時台の10分番組。

コレナンデ　サンデー　2018～2020年度

楽しい音楽と笑い声にあふれる雑貨店「コレナンデ商会」を舞台にしたパペット音楽バラエティー『コレナンデ商会』の日曜版。ユーモアと音楽が大好きな店主・ジェイさんが営む雑貨店を舞台に、楽しい音楽と、くすっとした笑いにあふれた（日）午前の10分番組。

ニャンちゅう！宇宙！放送チュー！　2018年度～

『ニャンちゅうワールド放送局』（2005～2017年度）の後継番組。地球のネコ「ニャンちゅう」とゼナゼナ星の「タラスズ」、ワラワラ星の「ベラボラ」ら宇宙人の仲間たちが、地球の魅力を全宇宙人に向けて発信する幼児向け国際理解のための番組。Eテレ（第1～3・日）午後5時からの25分番組。

オドモTV　2018～2020年度

子どもが作ったおはなしや絵、おもしろ写真や動画などを、視聴者から募集。子どもの自由でむくな発想に、映画プロデューサー・作家の川村元気、演出振付家のMIKIKO、メディアアーティストの真鍋大度ら、当代屈指のクリエーターたちが真剣に向き合い、コンテンツに仕上げる。Eテレ（土）午後7時台の10分番組。

ニャンちゅう！宇宙！放送チュー！ミニ　2018～2020年度

『ニャンちゅうワールド放送局』（2005～2017年度）をリニューアルした『ニャンちゅう！宇宙！放送チュー！』の5分版。ニャンちゅう、タラスズ、ベラボラなど、『ニャンちゅう！宇宙！放送チュー！』のレギュラーが、地球の子どもたちの暮らしや文化の違いなど、楽しい情報をコンパクトに紹介する。EテレとBSプレミアムで放送。

あそビーバー　2019～2021年度

Eテレの幼児番組から遊びのヒントになる人気コーナーを紹介。専門家の監修のもと、室内や公園など安全な環境でできる手遊びやおもちゃ作りなど、身近な遊びを指南する。番組で紹介した動画は、アプリ「NHKキッズ」で、随時公開した。Eテレの5分番組。

2020年代

天才てれびくんhello,　2020～2022年度

小学生を中心とした子どもたちが対象の教育エンターテインメント番組「天才てれびくん」シリーズの第7弾。ドラマ、挑戦企画、お笑い、ダンス、ゲームなど、さまざまなことに挑戦する番組。放送は2022年度より午後5時台に移設。

マチスコープ　2020年度～

「地下鉄なのにトンネルを出ちゃった。なぜ？」「ビルの根本はどうなっているの？」「川はないのに歩道に橋が？」など、街には楽しくて不思議なヒミツがいっぱい。「マチスコープ」は、タイムワープ機能や透視機能でそんな不思議を解き明かしてくれる秘密のゴーグル。スコープをのぞき見ると、驚きの仕組みや知恵、昔の様子が見えてくる。自分の住む街や人々の営みへの興味を喚起し子どもたちの観察眼を磨いていく番組。

おかあさんといっしょ体操「からだ☆ダンダンユニバーサル」　2020～2021年度

『おかあさんといっしょ』の体操「からだ☆ダンダン」のユニバーサル版「すわって　からだ☆ダンダン」の1分バージョン。海の生き物の動きパート「海」版と、陸の生き物の動きがメインの「陸・宙」版の2つを交互に放送。出演：福尾誠、秋元杏月。Eテレで初年度は（隔週・金）午後4時44分に放送。

シャシャっと！オハヨッシャ！　2020～2021年度

BSプレミアムの『ワンワンパッコロ！キャラともワールド』のダンスコーナー「オハヨッシャ！」をシンプルにし、誰でも踊りやすい内容に構成した1分番組。出演：小林よしひさ、上原りさほか。Eテレで初年度は（隔週・金）午後4時44分に放送。

ひろがれ！いろとりどり　2021年度～

次世代を担う幼児や青少年に向けたSDGs番組シリーズ。テレビやYouTubeで活躍する人気グループQuizKnock（クイズノック）がクイズを出題する「出川哲朗のクイズほぉ～スクール」、360度カメラの迫力映像と着ぐるみドラマでモノの一生を楽しく学ぶ「ぼくドコ」、小学生が社会の問題に向きあい、斬新な解決方法をプレゼンする「応援！みんなのチャレンジ」を週替わりで放送。Eテレ（月）午後7時台の30分番組。

あおきいろ　2021年度～

NHK子ども向けSDGs番組シリーズ「ひろがれ！いろとりどり」の幼児向け番組。「あお」と「きいろ」は違う色だが、2つ重なると同じ「みどり」になる。そのような共生マインドを育む番組。人気音楽ユニット「YOASOBI」が制作したテーマソング「ツバメ」のさまざまなバージョンを制作。Eテレで1分版と10分版を放送。10分版では身の回りの生きものを観察したり、障害のある方への理解を深めるコーナーを放送。

01.ドラマ　02.クイズ・バラエティー　03.音楽　04.伝統芸能　05.ニュース　06.報道・ドキュメンタリー　07.紀行　08.教養・情報　09.自然・科学　10.こども・教育　11.人形劇・アニメ　12.趣味・実用　13.大型特集番組等

オハ！よ～いどん　2022年度～

コミュニケーション力と自己表現力を育む教育番組。2020年度から開発番組として放送、2022年度に定時化された。日本全国、さらに海外の子どもたちをリモートシステムで結び、"コージ園長"こと今田耕司と自由に話し合う"朝の会"を開く。"よしお兄さん"（小林よしひさ）の体操など、元気に過ごせる多彩なコーナーが盛りだくさん。声の出演：西山宏太朗、水瀬いのり。Eテレ（月～水）午前7時20分からの10分番組。

夜もオハ！よ～いどん　2022年度～

"コージ園長"ことMCの今田耕司が、全国の子どもたちとリモートシステムを使っておしゃべりする『オハ！よ～いどん』の特別版。子育て世代の俳優・タレントをゲストに迎え、"よしお兄さん"（小林よしひさ）がその月の名シーンをランキング形式で発表。親子で楽しめる教育エンターテインメント番組として月1回放送した。声の出演：西山宏太朗（オハロー）、水瀬いのり（オハぴょん）。Eテレ（最終・水）午後7時25分からの30分番組。

デザインあneo　2023年度～

子どもたちにデザインのおもしろさを伝える番組。「物事を観察し、そこにある問題を探り、解決方法を考える」というデザイン的な思考プロセスを、気鋭のデザイナー・クリエイターによる映像表現を用いて楽しく伝える。Eテレ（月）午前8時25分からの10分番組。

アイラブみー　2023年度～

"じぶんを大切にする"ってどういうこと？　5歳の主人公"みー"が、日常のふとした疑問をきっかけに、こころやからだ、他者との関係性について探求していく冒険アニメーション番組。登場するすべてのキャラクターの声は、俳優の満島ひかりが務める。Eテレ（火）午前8時25分からの10分番組。

えいごであそぼ　Meets the World　2023年度～

しんまい魔法使いの"きゃりー"（きゃりーぱみゅぱみゅ）と一緒に、子どもたちが世界中の不思議なことを見つけて、外国の人と英語でのコミュニケーションに挑戦。パペットコント、ゲーム、アニメ、歌やダンスなどの楽しいコーナーを通して、遊びながら英語を自然に身につける。Eテレ（火）午前8時35分からの10分番組。

テレどーも！　2023年度～

全国の会場と東京のスタジオをリモートで結ぶ、新しいかたちの公開収録番組。NHKの人気キャラクター「どーもくんファミリー」が総出演し、会場の親子とともに歌やゲーム・クイズなどを双方向で楽しむ。Eテレ（月1回・火）午後4時10分からの30分番組。

Eテレタイムマシン　2023年度～

Eテレ（教育テレビ）の歴史を彩ってきた、懐かしい子ども番組・幼児向け番組の中から、おすすめ番組を選んでアンコール放送。Eテレ（金）午後4時10分からの25分番組。

ウェルカム！よきまるハウス　2023年度～

Eテレの仲間たちがおくる、家族で楽しむバラエティーショー。ヘンテコ家族が暮らす「よきまるハウス」には、Eテレでおなじみのサボさん、シュッシュをはじめ、愉快なお友だちが次々と来客。楽しいゲームコーナーや昭和・平成の名曲を紹介するライブショーなど盛りだくさん。Eテレ（月1回・水）午後7時25分からの30分番組。

天才てれびくん　〈2023-〉　2023年度～

てれび戦士が、ジオワールドの住人"ジオビー"や"ジオノコ"と協力し、不思議な異世界"ジオワールド"のシンボル「キョボの木」を守るため、さまざまなことに挑戦する番組。視聴者はデータ放送でゲームや生放送に参加できる。シリーズ第8弾。2024年度から放送枠が拡大され、Eテレ（月～木）午後5時30分からの29分番組。『天才てれびくん』は『天才てれびくんワイド』などを経て、30周年を機に当初の番組名に戻る。テント2002　BSどーもく

NHKフォトストーリー ㉓

P573 ← 22　　24 → P664

連続テレビ小説『繭子ひとり』スタジオ撮影（1971年）

連続テレビ小説『繭子ひとり』ロケ撮影（1971年）

こども・教育
若者

01

若者番組のルーツ
『若い広場』の誕生

　NHKの若者向け番組は、『希望の世代』(1958〜1959年度)にさかのぼる。地域社会に貢献する青年たちの姿を描いたフィルムドキュメンタリーで、月1回の放送だった。"太陽族"や"ビート族"など、若者たちの行動が批判的に報道される中で、地域社会で地味ながらも力に満ちた行動をしている青年たちの姿を描き、「現代青年の行動の目標と生活の指針を与えるもの」として、"青年番組"拡充の機運を盛り上げた。

　教育テレビ開局1年後に始まった『青年の歩み』(1960〜1961年度)は、若者たちが「青年学級」や公民館で集

『青年の歩み』　集団視聴のようす (1960〜1961年度) → P659

団視聴できるように配慮された働く若者たちのための総合番組だ。番組は4部構成で、第1部が地域社会に生きる勤労青年の映画ルポ、第2部が合唱やフォークダンスを指導する「職場のつどい」、第3部が時事用語解説の「きょうの言葉」、第4部が人生の悩みを話し合う「人生手帳」である。

『YOU』(1982〜1986年度) → P660

『若い広場』(1962〜1965・1969〜1981年度) → P659

『われら10代』(1963〜1965年度) → P659

　1962年4月、『青年の歩み』は10代を対象とした『若い広場』(1962〜1981年度 ＊1966〜1968年度は『若い世代』と改題)にリニューアルされた。

　スタート当初は土曜・日曜の2本立てで放送。土曜はさまざまな職業、地域、環境にある青年たちの姿をフィルムルポで紹介し、それを受けてスタジオ座談会でテーマを掘り下げた。日曜は高校生を中心に10代の関心事を取り上げるスタジオ番組だった。

　1963年4月に、『若い広場』の日曜版が『われら10代』(1963〜1965年度)として独立。『若い広場』の放送は1981年度まで足かけ20年続き、それぞれの時代の若者の姿を伝えるとともに、当時テレビにはほとんど出演することのなかったアーティストをテレビ画面に映し出し、若者たちの注目を浴びた。

　ロックミュージシャン・矢沢永吉の放送回は、当時は珍しいアメリカ製の大型乗用車でNHK正面玄関にさっそうと乗りつけ、スタジオまでかっ歩する登場シーンから始まった。スタジオインタビューでは、40分余りにわたって、司会のル

ポライター・中部博を相手にトークを展開。「自分に自己暗示かけてもいいから、『俺は天才だ』と言い切れるアーティストになろうと思った」「子どもたちには自分の経験から、漢字とひらがなだけはちゃんと勉強しろ」など、テレビにほとんど出演しない理由から、自身の音楽観や子育て論までざっくばらんに語った。

　また、テレビ番組には一切出演しなかったオフコースのメンバーに長期の密着取材を敢行。20日余りにわたるスタジオでの曲作りから、オフの日に野球を楽しむメンバーたちの素顔までとらえた長編ドキュメンタリーとなった。

　当時、オフコースは、5か月間の全国ツアーの最後に、10日間連続の日本武道館公演を成功させ、人気の絶頂にあった。一方で、ギターの鈴木康博が武道館公演の直後に脱退するなど、メンバーそれぞれが今後の進むべき道について苦悩していた時期。その素顔をとらえた貴重な映像となった。

　1982年4月、『若い広場』の後継番組として登場したのが『YOU』(1982〜1986年度)。スタジオに視聴者代表の若者たちを招いて討論するスタイルが、若い世代の共感を得た。初代司会者には「不思議、大好き。」「おいしい生活。」などのキャッチコピーで知られた人気コピーライターの糸井重里。坂本龍一のテーマ曲、大友克洋のタイトル画と合わせて、最先端をいくポップな感覚が若者にアピールした。

　番組はスタート時は、「メインテーマ」、街で発見した事を語る「糸井重里的オープニングコラム」、そして「青春プレーバック」の3つのコーナーで構成されていた。第1回

若者

放送は、1982年4月10日午後10時30分、メインテーマ「ナメず　シラケず　ツッパラず〜サラリーマンは不滅です〜」で始まった。

　毎回、テーマに合わせたゲストが登場した。第1回ゲストは、当時、第一勧業銀行の審査部調査役だった神田紘爾こと、シンガーソングライターの小椋佳。小椋が"二足のわらじ"で活動する自らの体験や音楽観をサラリーマンの先輩として語った。当時、テレビに出演することのほとんどなかった小椋の登場は、新番組のスタートを鮮やかに飾った。

　「青春プレーバック」は、各界で活躍する著名人が、聞き手の女優・高樹澪と思い出の地を訪ねて青春を振り返るコーナー。第1回は、「アリス」としての活動を停止し、ソロ活動を始めたばかりの谷村新司が出演した。谷村は、東京で初めて住んだマンションの屋上を訪ね、売れないころ、結婚前の妻と同棲していたところへ、親友のばんばひろふみが転がり込んだ奇妙な生活を振り返った。

　月1回は、大阪放送局から放送した。スタート当初の司会は作曲家の梅谷忠洋。約1年後に、笑福亭鶴瓶に引き継がれた。お笑いの要素もほとんどなく、スタジオに集まった若者と真面目にトークする内容で、鶴瓶は「芸人という枠を取り払って、ストレートにしゃべれるところが魅力的な番組でした」とのちに語っている。

　『YOU』が終了したのちは『土曜倶楽部』（1987〜1989年度）となり、いとうせいこうが司会（大阪放送分は笑福亭鶴瓶）をつとめる。その後、総合テレビに波を移して、辻仁成が司会（大阪放送分は嘉門達夫）の『燃えてトライアル』（1990年度）へと続いていく。

02

衛星放送の
サブカル・エンターテインメント

　1990年代に入ると、総合テレビの『週刊・ヤング情報』（1991年度）や衛星第2の「真夜中の王国」シリーズ（1994〜2003年度）など、エンターテインメントやサブカルチャーを紹介する情報番組と、『ファイト！』（1992〜1993年度）、『ソリトン−金の斧銀の斧』（1994年度）をはじめとする「ソリトン」シリーズなどの若者参加型番組が生まれた。『週刊・ヤング情報』の第1回は桂三枝、秋元康、京極純一の3人が、「三賢人が贈る45分世界解読法」と題して放送。

　『BSヤングナイト・真夜中の王国』（1994年度）、『真夜

『YOU』（1982〜1986年度）→ P660

『土曜倶楽部』（1987〜1989年度）→ P660

『燃えてトライアル』（1990年度）→ P660

『週刊・ヤング情報』（1991年度）→ P660

『真夜中の王国』（1995〜1997年度）→ P661

『真夜中の王国03』（2003年度）→ P662

『ファイト！』（1992〜1993年度）→ P661

『ソリトン－金の斧銀の斧』（1994年度）→P661

『ソリトン－野望山馳参寺！』（1994年度）→P661

『土曜ソリトン－SIDE・B』（1995年度）→P661

『日曜ソリトン－夢ときどき晴れ！』（1995年度）→P661

中の王国』（1995〜1997年度）、『真夜中の王国03』（2003年度）などの「真夜中の王国」シリーズは、若者が注目する音楽家、俳優、作家など、文化を創造・発信する人たちの生情報、アートやサイエンスの最先端情報やエンターテインメント情報で構成。さらに「夭折した詩人たち」「沖縄POP伝説」「インタラクティブTV」など、実験性の高い特集も組まれた。

『ファイト！』は大学サークル同士など、2つのグループが競う形式。ルー大柴とちはるが司会を担当、会場参加者と秋山仁などコメンテーターが投票して勝敗を決めた。

「ソリトン」シリーズの第1弾『ソリトン－金の斧銀の斧』は、土曜夜に若者が関心を寄せるゲストを招いてのトークと、多彩な情報コーナーを組み合わせたマガジン感覚のエンターテインメント番組。司会の高橋由美子がゲストとその人に合った場所で"デート"を楽しむ「デート・トーク」を中心に、名作文学を面白おかしく紹介する「寝耳にゲーテ」、新作CDを音楽評論家が紹介する「音盤話」、昔のニュース映像から親たちの青春時代を振り返る「リミックス昭和史」など、情報からうんちくまで盛りだくさんの構成。番組制作を担当するスタッフは、ドラマ系、エンターテインメント系、社会情報系とさまざまなセクションの若手ディレクターたちが集まり、実験的な番組づくりに挑戦した。

日曜夜の『ソリトン－野望山馳参寺！』は、作家の筒井康隆が住職をつとめる馳参寺が、野望やコンプレックスを抱える若者たちの駆け込み寺となる設定。若者がさまざまな夢や思いを実現しようと奮闘する姿に密着し、ナビゲーション坊主（リポーター）を派遣して番組がバックアップするチャレンジ・ドキュメント企画。

「ソリトン」シリーズは、1995年に『土曜ソリトン－SIDE・B』（司会：高野寛、緒川たまき）と『日曜ソリトン－夢ときどき晴れ！』（司会：木根尚登）へと続いた。1996年に総合テレビに波を移して『ソリトン』（1996年度）を日曜の深夜に放送。さまざまなジャンルで活躍する時代の"トップランナー"をゲストに招く人物シリーズと、「お悩みバスターズ」や「プロレス特集」など若者が関心を寄せるテーマを深掘りするシリーズを放送した。

03
インタビュー番組『トップランナー』の登場

『ソリトン』と同時期に放送された『青春ドギィ＆マギィ』（1996年度）は、カメラマンやダンサー、漁師、便利屋、浪人生など、格闘する若者をドキュメンタリー形式で紹介

『青春ドギィ＆マギィ』（1996年度）→P661

若者

した。この番組は、トークドキュメント『青春探検』(1997〜1998年度)に引き継がれ、さまざまな活動に前向きに取り組む若者たちを一世代上の"探検者"(リポーター)が訪ねて本音を聞き出した。

1997年4月、『ソリトン』が新番組『トップランナー』(1997〜2010年度)として生まれ変わり、若者たちがあこがれる各界のトップランナーをスタジオに招いて話を聞き出すインタビュー番組となる。映画、音楽、文学、アート、スポーツなど、あらゆるジャンルの第一線で活躍する"時代のトップ

『青春探検』(1997〜1998年度) → P661

ランナー"の素顔や本音に迫った。初年度の司会はミュージシャンの大江千里と元バレーボール日本代表の益子直美。バレエ・ダンサーの熊川哲也、映画監督の宮崎駿、ラグビー日本代表監督(当時)の平尾誠二、漫画家のさくらももこ、指揮者の佐渡裕などが出演し、若者たちへのメッセージを伝えた。

『トップランナー』は若者たちの圧倒的な支持を得て、休止、再放送をはさんで13年間にわたって放送された。その後、同じジャンルを究めた3人のカリスマたちが司会なし、台本なしで語り合う『ディープピープル』(2011〜2012年度)に引き継がれる。

1990年代後半、学級崩壊や不登校、少年犯罪の凶悪化など、教育をめぐる諸問題が顕在化していた。そんな中でNHKでは1998年、「少年少女プロジェクト」を立ち上げ、月1回のペースで10代の生の声を聞く『ききたい！10代の言い分』を制作するなど、さまざまな特集編成を実施した。

2000年には同プロジェクトのコンセプトを継承し、10代

『一期一会　キミにききたい！』(2006〜2008年度) → P662

『青春リアル』(2009〜2012年度) → P662

『福島をずっと見ているTV』(2013〜2016年度) → P417

『トップランナー』(1997〜2001・2003〜2010年度) → P661

『ディープピープル』(2011〜2012年度) →P569

『NHK青年の主張全国コンクール』(1955〜1988年度) →P973

『NHK青春メッセージ』(1989〜2003年度) →P986

の少年少女15人が自分たちで話し合いたいテーマを決めて語り合う新しいスタイルのトーク番組『真剣10代しゃべり場』(2000〜2005年度)がスタート。その後、『一期一会　キミにききたい！』(2006〜2008年度)、『青春リアル』(2009〜2012年度)へと続いていく。

　『青春リアル』は、仲間と、実際に会うことなくインターネット上でのやりとりを通して、自分たちのリアルな生き方を考えていく10代の姿をドキュメントし、SNS時代を先取りした。また、東日本大震災を経てこの番組の特別シリーズとして2011年からはじまった『福島をずっと見ているTV』は、福島出身のクリエーター箭内道彦が進行役をつとめ、『青春リアル』終了後も随時放送が続いている。

　その他、青年を対象とした特集番組としては、10代と20代の若者に、自由にスピーチをしてもらう『NHK青年の主張全国コンクール』(1955〜1988年度)、それを引き継ぎ、スピーチにとどまらずさまざまな表現形式で自由にメッセー

ジを伝えてもらう『NHK青春メッセージ』(1989〜2003年度)がある。2020年度には、NHKウィズコロナ・プロジェクト『みんなでエール』の中で、コロナ禍で制約の多い学生生活を送る若者たちへのエールとして、「青年の主張2020」が復活。苦境に立たされている学生たちが、番組を機に自分たちで表現の活路を見出している様子を紹介した。

　また、『ヤング・ミュージック・ショー』(1971〜1986年度に不定期放送)は、海外のロック・ミュージシャンのライブ演奏を紹介した音楽番組。登場したのは、ローリング・ストーンズ、イエス、クイーンなど。海外で収録された映像だけでなく、キッス、TOTOなど、来日公演を収録して放送することもあった。海外のトップアーティストらの貴重な映像を見ることができる番組として当時の若者たちから絶大な人気を得た。

若者

『ヤング・ミュージック・ショー』(1971〜1986年度に不定期放送) → P968

『真剣10代しゃべり場』(2000〜2005年度) → P662

2022年4月、『ワルイコあつまれ』がスタートした。"新しい地図"(稲垣吾郎、草彅剛、香取慎吾)の3人が「学び」のきっかけに繋がるさまざまな企画コーナーをオムニバス形式で届ける教育バラエティー番組だ。今の時代ならではのものの見方やある分野で専門的に活躍する人々にスポットを当て、自由な発想で世の中と向き合うことで楽しく子どもたちの世界を広げてきた。企画コーナーには、山中伸弥、落合陽一、神田松鯉、新海誠、大竹しのぶ、平野レミ、佐渡裕など、多彩なジャンルから豪華なゲストが出演。子ども記者が著名人に素朴な質問をする「子ども記者会見」、歴史上の人物とタイムスリップトークを繰り広げる「慎吾ママの部屋」、好きなことを仕事にしている人の功績や仕事を紹介する「好きの取調室」、子ども記者が人間国宝に会いに行く「国宝だって人間だ!」、ドラマで化学を学ぶ「ケミカルドラマ」など、それぞれが子どもたちの好奇心をかりたてる。番組開始以来、土曜日の午前中にEテレで放送してきたが、2024年度からは総合テレビで火曜の深夜11時からの放送となった。大人も子どもも楽しめる教育バラエティーというコンセプトに変更はないが、子どもからシニアまでをターゲットに、より幅広い世代が楽しめるエンターテインメント番組へと進化させている。

『ワルイコあつまれ』(2022年度〜) → P664

04

半世紀にわたる長寿番組
『中学生日記』

　NHK名古屋放送局が制作した『中学生日記』(1972〜2011年度)がスタートしたのは1972年4月。この番組は名古屋市にある架空の中学校を舞台に、学校生活、進学、塾、交友関係など、中学生を取り巻くさまざまな問題を描いたドラマシリーズである。

『中学生日記』(1972〜2011年度) → P660

　番組のルーツは1962年放送の『中学生次郎』にさかのぼる。このころ1947年から49年生まれの"団塊の世代"が高校受験期を迎えていた。"受験戦争"という言葉も生まれ、受験生を抱える家庭の最大の関心事は教育問題だった。

　1961年、名古屋放送局に待望のテレビスタジオが完成し、全国に向けて放送する週1本の定時番組が検討されていた。そこで提案された番組が、地域放送で好評だった「教育相談番組」の再現ドラマにヒントを得て企画された『中学生次郎』だった。

　番組は土曜の午前9時からの30分番組。中学2年生の次郎を主人公にしたドラマパートと、その後に有識者や保護者、中学生をまじえておこなう討論パートの2部で構成された。当時の番組資料には「母親を対象に受験生の生活指導の参考になる」という狙いが示されている。大人が対象の教育指導番組だったのである。

　その後、『中学生時代』(1963〜1966年度)、主人公を高校生に設定した『高校生時代』(1967年度)と『われら高校生』(1968年度)、『中学生群像』(1969〜1971年度)を経て、1972年4月に『中学生日記』の登場となる。

　『中学生日記』は総合テレビの午後1時5分からの30分番組でスタートした。その特徴は、出演する中学生がすべて公募の上、オーディションで選ばれる地元の現役中

学生だという点にある。ドラマ作りにあたっては、校内暴力、いじめ、不登校、体罰、校則、性の問題、自殺、ネット依存など、教育現場で起きているタイムリーな教育問題や中学生の生活感を、実際の教師や中学生から取材。その生の声を反映させた台本を、地元の一般中学生が演じるというドキュメンタリー番組のようなドラマ作りが、リアルな中学生像を等身大で描き出した。

そうして生まれた「エイズ授業」（1993年度）、シリーズ「不登校」（1999年度）、2000年に発覚した愛知・中学生5000万円恐喝事件をきっかけに企画されたシリーズ「恐喝」などは大きな反響を巻き起こした。

2003年度、放送波を総合テレビから教育テレビに移し、放送時間も土曜日の午後7時台とした。それに伴って、中学生の親世代を中心にしていたそれまでの視聴対象を中学生に絞り込んだ。恋愛、ファッション、友人関係など、

中学生が興味を持つテーマを増やすとともに、ポップな映像と音楽を多用するなど、演出面でも若い視聴者を意識した。ドラマの内容も新たな学校生活に不安を抱える1年生から進路に悩む3年生まで、各学年ならではのテーマを盛り込んだ。そうした中で2006年度に放送した教師による性暴力を描いた「誰にも言えない」や「いじめなくしたい！PROJECT」などは、大きな反響を呼んだ。

『中学生日記』は『中学生次郎』のスタートから半世紀に及んだ放送を、2012年3月に終了した。「最終回スペシャル"命"」は、枠を60分に拡大。いじめに苦しんで自殺を考える主人公に、教師と同級生が向き合う姿を描いた。竹下景子、戸田恵子、近藤芳正など、かつて生徒役で出演した俳優たちも出演者として顔をそろえ、ドラマとともに番組の歴史も伝えた。

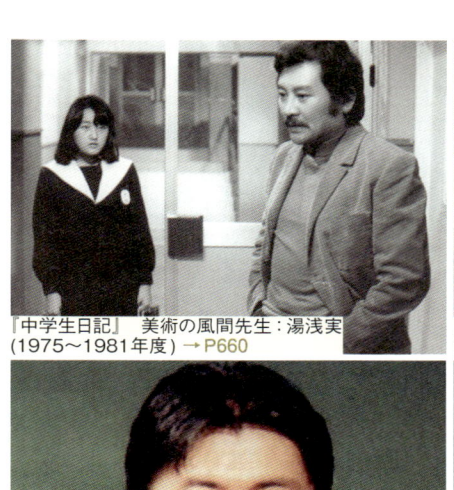
『中学生日記』 美術の風間先生：湯浅実
（1975〜1981年度）→ P660

『中学生日記』 技術家庭の東先生：東野英心
（1982〜1988年度）→ P660

『中学生日記』 美術の南先生：岡本富士太
（1989〜1995年度）→ P660

『中学生日記』 理科の春日先生：土門廣
（1996〜1997年度）→ P660

『中学生日記』 理科の仲川先生：いとうまい子
（1998〜2000年度）→ P660

『中学生日記』 美術の矢場先生：竹本孝之
（2001〜2006年度）→ P660

『中学生次郎』（1962年度）→ P659

『中学生時代』（1963〜1966年度）→ P659

『高校生時代』（1967年度）→ P659

『われら高校生』（1968年度）→ P659

『中学生群像』 中央・竹下景子
（1969〜1971年度）→ P660

『中学生日記　最終回スペシャル』
（2011年度）→ P660

1950年代

連続科学コメディー　空飛ぶ机　1957年度

子ども・青少年の時間帯とした午後6時台の科学番組の先駆け。科学好きの姉弟が無人島を探検して、この島に文明の光を当てる。作は放送作家の前田武彦、監修は科学ジャーナリストの原田三夫。出演は須田哲夫、島田妙子、平凡太郎ほか。1957年4〜6月にかけて全11回を放送。

希望訪問　1957〜1958年度

中継や取材フィルムで、さまざまな場所を訪問する青少年向け社会見学番組。「国際見本市〜新しい科学をたずねて」「東京交通博物館」「そろばん学校」「屋内プール」「相撲学校」ほかを放送。午後6時台の30分番組。

みんなの科学　1957〜1960・1963〜1979年度

子どもたちを対象に、やさしい実験を通して科学への関心を高める教育教養番組。1960年度に一度終了するが、1963年度に教育テレビの(日)午後6時台に再開。食事どきの家族の話題となるような親しみやすいテーマを選び、科学の立場から解説した。1965年度には教育(月〜金)午後6時台の30分番組として新たなスタートを切る。青少年が科学技術の広い分野にわたって正しい知識を養い、親しみと関心を育てることをねらう。

世界うたの旅　1958年度

音楽評論家の田辺秀雄が各国の歌の歴史を平易に解説し、その代表的歌曲を放送合唱団の栗本正が歌唱指導した。教育テレビ開局直後の1959年1〜3月に放送した教育(月)午後7時からの30分番組。

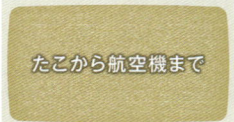

たこから航空機まで　1958年度

東京学芸大学教授宇井芳雄の科学的根拠に関する解説と、学芸大付属大泉小学校教諭川村浩章の工作指導によって、"空を飛ぶ工作"を行い、科学の理解を深めた。教育テレビが開局直後の1959年1〜3月に放送した教育(火)午後7時からの30分放送。

江戸のころ　1958年度

東京大学教授岡田章雄による解説で、「歴史と現実との対比」を行う。教育テレビが開局直後の1959年1〜3月に放送した教育(水)午後7時からの30分放送。

君も考える　1958〜1961年度

中学・高校生の生活に密着したテーマや関心の高い話題を多角的に選び、最初にドラマで問題を提示する。その後、スタジオに招いた中高校生に意見を聞き、教育の専門家が適切なアドバイスを与える。教育テレビが開局直後の1959年1月から1962年3月まで放送した教育(金)午後7時台の30分番組。

希望の世代　1958〜1959年度

地域社会に貢献している青年たちの姿をとらえ、同世代の若者たちの目標と生活の指針を提供しようと企画されたフィルムドキュメンタリー。長野県の分教場で人形劇などの芸術教育を行う青年たちの姿を描いた「谷間の芸術学校」、瀬戸内海の小島をめぐるキリスト教伝道船の青年牧師の物語「海の伝道者」、北海道の原野に嫁ぐ開拓花嫁の姿を描いた「幸福を原野に」などを放送した。教育で月1回夜間に放送の30分番組。

音楽の窓　〈1959〉　1959年度

開局まもない教育テレビの音楽教育番組。「こどもたちの音楽の窓を開く」という趣旨で、「目で見る音楽史」(4〜9月)、「オーケストラの世界」(10〜12月)、「ヨーロッパ音楽の旅」(1〜3月)の3シリーズで1年間を構成。教育(月)午後7時からの30分番組。

東海道むかしむかし　1959年度

開局したばかりの教育テレビで4月からスタートした若者向け歴史番組『歴史』で4〜6月に放送。東海道五十三次を江戸から西にたどりながら、郷土の歴史を東京大学教授の岡田章雄の解説と宮田輝アナウンサーの軽妙な司会で学ぶ。教育(水)午後7時からの30分番組。

京都千年　1959年度

開局したばかりの教育テレビで4月からスタートした若者向け歴史番組『歴史』で7〜9月に放送。京都女子大学教授の中村直勝、立命館大学教授の奈良本辰也ほかの解説で、京都の歴史を学ぶ。教育(水)午後7時からの30分番組。

人間の歩み　1959年度

開局したばかりの教育テレビで4月からスタートした若者向け歴史番組『歴史』で10〜翌年3月に放送。原始時代から今日までの人間の歩んできた道を、お茶の水女子大学教授尾鍋輝彦が社会面から、早稲田大学助教授の平田博が科学史の面から解説する。司会は三國一朗。教育(水)午後7時からの30分番組。

01.ドラマ　02.クイズ・バラエティー　03.音楽　04.伝統芸能　05.ニュース　06.報道・ドキュメンタリー　07.紀行　08.教養・情報　09.自然科学　10.こども・教育　11.人形劇・アニメ　12.趣味・実用　13.大型特集番組等

1960年代

青年の歩み　1960～1961年度

働く青少年のために、働く仲間同士相互の理解を深め、社会的な広い視野を養ってもらうための総合番組として、青年学級や公民館で集団視聴できるように制作。地域社会に生きる勤労青年の映画ルポ「青年グラフ」、民謡鑑賞や職場の合唱、フォークダンスの指導など「職場のつどい」、知っておきたい時事用語の解説「きょうの言葉」、人生相談コーナー「人生手帳」の4部構成。教育(金)午後8時からの60分番組。

テレビ実験室　1961～1964年度

興味深い科学実験を楽しむことで、科学についての関心を高め、科学のものの考え方、原理、原則を習得する。「直流と交流」「消火のいろいろ」「寒さを測る」「波の伝わり」「自転車の力学」「金属をもやす」「摩擦」ほかのテーマで放送。1962年度に「NHK科学実験グループ」を結成し、テレビ放送で効果的に実験を見せる工夫と研究を行った。初年度は教育(日)午後6時30分からの30分番組。

中学生次郎　1962年度

1962年度当時、激増していた高校受験生の問題を教育と社会の両面からとらえてドラマ化。さらに受験生の母親を対象に解説をつけ、中学生の生活指導の参考としてもらった。総合(土)午前9時からの30分番組。名古屋放送局が制作した長寿番組『中学生日記』(1972～2011年度)のルーツとなる番組。

若い広場　1962～1965・1969～1981年度

『青年の歩み』(1960～1961年度)の後継番組。さまざまな職業、地域、環境でたくましく生きる青年たちの姿を、フィルムドキュメンタリーとスタジオ座談会、中継等を交えて伝えた。教育テレビ週末午後6・7時台の30分番組でスタート。1966～1968年度は『若い世代』に改題。矢沢永吉やオフコースなど、当時はほとんどテレビに出演しないビッグアーティストを番組に引っ張り出して話題となる。

中学生時代　1963～1966年度

『中学生次郎』(1962年度)の後を受けてスタート。"現代っ子"の立場から、その考え方、行動を具体的にドラマ化。さらに解説を加えて、親たちの生活指導の参考とした。総合(土)午前9時からの30分番組。

われら10代　1963～1965年度

1962年度に『若い広場』の日曜枠で放送していた「われら10代」シリーズが、1963年4月に独立。10代の日常生活の中に生じるさまざまな問題、関心事をテーマに、スタジオ討論とゲストの解説で掘り下げた。1964年度は「現代おやじ論」「愛国心」「丸刈り是非論」ほか。1965年度は「集団就職東京3年」「ビートルズ旋風」など、社会背景を踏まえた多彩なテーマを取り上げた。教育(日)午後7時からの30分番組。

話し方教室　1963～1965年度

社会人となった若者たちを主な対象に、職場で良好な人間関係を保つうえで必要な話し方の基礎を学ぶ講座。主なテーマは「あいさつ」「しかる」「謝る」「聞き上手」「面接」「電話のかけ方」「上手な説得の仕方」など。教育(日)午後6時からの30分番組。

少年映画劇場　1965・1967～1972年度

青少年向け海外制作の作品を放送。初年度は、ベネチア児童映画フェスティバルで受賞した作品など単発番組を13本放送。翌年度からは2部構成で、「森林警備隊」などの連続ドラマ、「弱虫クルッパー」「進めや進め！スモーキー」などのアニメ、「ロンドン指令X」などの人形劇、「太陽の島々」「世界探検旅行」「動物王国」などのドキュメンタリーを放送した。総合(日)午後6時台に45～50分放送。

10代とともに　1966～1973年度

多様化する若者像の中でも、とりわけとらえにくい世代といわれる10代の行動と心情をさぐるスタジオ討論番組。おとなには若者を理解するための糸口に、同世代の若者にはともに語り合える場を提供した。初年度に取り上げた主なテーマは「こづかい」「おしゃれ」「親孝行」「男女共学」「職業観」など。最終年の1973年度は「おとなへの直言」「10代のみた10代」「無関心」ほかを取り上げた。総合(日)午前中の25～30分番組。

若い世代　1966～1968年度

『若い広場』(1962～1965年度)を改題し、1時間番組に拡大。当時の若者たちの悩みや問題意識を、スタジオに招いた同世代の若者たちとゲストの講師を交えて討論した。取り上げたテーマは「異性」「はたちの責任」「愛国心」「現代の孤独」「資格」「歌謡曲とわたしたち」「自由と規律」など、「普遍性」と「現実の社会と密接に結びついたもの」を幅広く取り上げた。1969年度に復活する『若い広場』に引き継がれる。

高校生時代　1967年度

『中学生時代』(1963～1966年度)の後継番組。高校生の生活記録をもとに、ドラマとディスカッションによって、現代高校生の抱えるさまざまな問題を提示し、親と子の話し合いの場とした。総合(土)午前11時台の35分番組。

われら高校生　1968年度

『高校生時代』(1967年度)を改題。高校生の生活記録をもとに、ドラマとディスカッションにより現代高校生のかかえるさまざまな問題を提示し、親と子の話し合いの場とした。総合(日)午後1時からの35分番組。

中学生群像 1969～1971年度

『われら高校生』（1968年度）のあとを受けてスタート。中学生の内面、外面に横たわるさまざまな問題をとりあげ、毎回１つのテーマを選んでドラマ、ドキュメンタリー、座談会などの手法で現代に生きる中学生像を描いた。主なテーマは「校則は誰のもの」（1969年度）、「受験戦争を考える」「きめられた道」（1970年度）、「戦争を知らない僕ら」（1971年度）など。総合（日）午後１時からの30分番組。

1970年代

中学生日記 1972～2011年度

中学生が抱えるさまざまな問題をドラマ化し、公募による一般中学生が演じた名古屋放送局制作の学園ドラマ。番組のルーツは1962年度の『中学生次郎』。その後『中学生時代』、『高校生時代』、『われら高校生』、『中学生群像』を経て『中学生日記』まで、その放送期間は通算50年に及んだ。リアルな中学生の日常をベースに、実際に教育現場で起きている問題をタイムリーに描いた。

若者たちはいま 1974～1977年度

若者に人気の各界の著名人がリポーターとなり、各地の若者たちをその生活の場に訪れ、そのキャラクターを生かしながら彼らの生き方や考え方を伝える30分のフィルムドキュメンタリー。イラストレーター黒田征太郎の「歌手志願」（1974年度）、作家井上ひさしの「5年目の同窓会」（1975年度）、俳優渥美清の「花嫁さんは浪花っ子」、映画監督篠田正浩の「江川卓　22歳」（1977年度）ほかを放送。総合で月1回放送。

1980年代

YOU 1982～1986年度

『若い広場』の後継番組。「恋愛」「学校生活」「仕事」から、「音楽」「ファッション」などの文化・流行まで硬軟取り混ぜたテーマで、スタジオに招いた若者たちが討論を繰り広げた。初代司会にコピーライターの糸井重里を起用。坂本龍一のテーマ曲、大友克洋のタイトル画と合わせて、これまでのNHKにはないポップな感覚が評判となった。月1回、大阪局が制作し、笑福亭鶴瓶が司会にあたった。教育（土）午後10時台スタートの1時間番組。

青春プレーバック 1985～1986年度

『YOU』の人気コーナー「青春プレーバック」が総合（土）午後11時台に20分番組で独立。著名人が思い出の場所で青春を振り返る回想と、そこで出会う若者との交流を描くVTR構成のドキュメンタリー番組。さまざまな分野で活躍する30代から50代のゲストが、それぞれの仕事を通してつかんだ生き方を語った。初年度は澤地久枝（作家）、谷川浩司（棋士）、荒木経惟（写真家）、松本隆（作詞家）ほかが出演。聞き手は戸川京子（女優）。

なんでもワンダーランド 1987～1988年度

「教科書よりためになり、塾より面白い」をキャッチフレーズにスタートした"テレビ映像博物館"。NHKが蓄積してきた貴重な映像資料を活用し、一流の専門家が解説した。総合（月～木）午後5時台の25分番組。1週4本を1シリーズとして構成。「釣り・魚との知恵比べ」「日本お城紀行」「恐竜の世界」「馬と草原の国モンゴル」など、幅広いテーマを取り上げた。

土曜倶楽部 1987～1989年度

『YOU』（1982～1986年度）の後継番組。「社会と自分が見える体験テレビ」をキャッチフレーズに、一般視聴者から募集した若者たちが、農業、スタイリスト、タクシードライバーなど、さまざまな仕事にチャレンジ。その実体験についてスタジオで討論した。司会者はいとうせいこう、えのきどいちろう（2代目）。月1回の大阪制作では『YOU』に引き続いて笑福亭鶴瓶が担当。教育（土）午後10時台の1時間番組。

1990年代

燃えてトライアル 1990年度

『YOU』、『土曜倶楽部』と続いた教育テレビで培った若者番組の伝統を受け継ぐ総合テレビの若者向けスタジオ参加番組。視聴者代表の若者たちが何事かにトライし、ある目的や成果に達する過程を涙と笑いを交えてドキュメントし、スタジオで語り合う"ふだん着の青春メッセージ"。司会は作家でロックミュージシャンの辻仁成ほか。総合（土）午後11時台スタートの45分枠。

週刊・ヤング情報 1991年度

『燃えてトライアル』（1990年度）のあとを受けてスタートしたNHK初の若者向け情報番組。「ワード」「ムーブメント」「パーソン」を、時代を読み解く3つのキーワードととらえてわかりやすく解説。取り上げたジャンルは音楽、映画、スポーツ、政治、経済、さらにニューサイエンスやバーチャル・リアリティーなど、時代の最先端情報にまで及んだ。司会は桂三枝と羽野晶紀。総合（土）午後11時台スタートの45分番組。

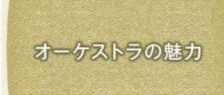

オーケストラの魅力 1992年度

世界的指揮者ゲオルク・ショルティと、音楽家でもある映画俳優ダドリー・ムーアが、子ども向けにオーケストラの魅力を紹介した。原題は「ORCHESTRA！」。イギリスのテレビ局「チャンネル4」制作。教育（金）午後6時からの25分番組で、1992年4～6月に全10本を放送。

01.ドラマ　02.クイズ・バラエティー　03.音楽　04.伝統芸能　05.ニュース　06.報道・ドキュメンタリー　07.紀行　08.教養・情報　09.自然・科学　10.こども・教育　11.人形劇・アニメ　12.趣味・実用　13.大型特集番組等

ファイト！ 1992～1993年度

総合の若者向け情報・教養番組『週刊・ヤング情報』（1991年度）を改定し、教育テレビに登場した若者参加型のスタジオ番組。毎回、スポーツ、趣味、音楽などのテーマでライバル同士が対決し、会場参加者とコメンテーターにより勝負を判定する。「高校応援団対決」「学生プロレス東西激突」「落研お笑い対決」「ブラバン対決」「学生クイズ王決定」ほかを放送。司会はルー大柴ほか。審査委員長は東京理科大学教授の秋山仁。

ソリトン―金の斧銀の斧 1994年度

1994年からスタートした"ソリトンシリーズ"の土曜バージョン。ゲストトークを中心に、若者の身近な話題、ハウツーものから社会情勢、文化情報など、短いコーナーをオムニバス形式で構成するマガジン感覚のエンターテインメント番組。メインキャラクターは高橋由美子（4～9月）と大塚寧々（10～3月）。教育（土）午後11時からの45分番組。

ソリトン―野望山馳参寺！ 1994年度

"ソリトンシリーズ"の日曜バージョン。作家の筒井康隆が若者たちの駆け込み寺「野望山・馳参寺」の住職というユニークな設定。視聴者から送られた願い事が書かれた"絵馬"の中から1つを選び、願い事を実現するためにナビゲーション坊主（リポーター）を派遣。テーマに応じた高僧（ゲスト）とともに、若者たちの夢の実現を目指すチャレンジドキュメント。教育（日）午後11時からの45分番組。

BSヤングナイト・真夜中の王国 1994年度

20代の若者に向けて、深夜の約3時間を彼らの"王国"として開放しようという番組。衛星第2（月～木）午後11時15分から午前2時までの放送。若者をひきつける音楽家、俳優、作家など文化を創造する人々の生情報、アート・サイエンスの最先端情報等で構成。特集として「尾崎豊の世界」「野田秀樹演劇特集」「木村栄文ドキュメンタリー特集」「久保田利伸・地球の歌声」「ニューオリンズジャズフェスティバル」「現代詩実験室」などを放送。

真夜中の王国 1995～1997年度

20代をターゲットにこれまでにない新鮮な番組を開発する挑戦的な時間枠。衛星第2（月～金）午後11時30分からの90分番組でスタート。番組は「ミュージックサテライト」などのエンターテインメント定時枠と、そのつど編成される実験性の高い特集で構成。2年目は内容を刷新し、あらゆるエンターテインメントの分野で活躍する旬の人物をスタジオに迎え、その活動について話を聞いた。

土曜ソリトン―SIDE・B 1995年度

レコードのB面には味わい深い名曲が隠されているケースがある。この番組はあえて物事の"B面"にスポットをあて、世間の常識やマニュアルにとらわれない価値を発見しようという番組。さまざまな分野の最前線で活躍するゲストを招き、"B面的"視点で設定されたテーマで話を聞く。司会はミュージシャンの高野寛と女優の緒川たまき。ミュージシャンで詩人のドリアン助川による詩の朗読コーナーも人気に。教育（土）午後11時からの45分番組。

日曜ソリトン―夢ときどき晴れ！ 1995年度

夢の実現に向けてまい進する若者の姿をドキュメンタリーで紹介し、スタジオに招いた同世代の若者たちとトークを繰り広げる。第1回の「恋人はイルカ！夢を追って南の島へ」から始まり、「華麗にウォーク！めざせトップモデル東コレの舞台裏」「めざせ！史上最強の公務員 秋田市役所ラグビー部」「激走！一瞬の冬 ボブスレー札幌の陣」ほか、12の各地域放送局が参加して制作した。教育（日）午後11時からの45分番組。

青春ドギィ＆マギィ 1996年度

社会の価値観が大きく揺れ動く中、自分を探して格闘する若者の姿と心を正面からとらえ、メッセージ性をこめて紹介するドキュメンタリー番組。自分の居場所を探す若者、漁師、ボクサー、俳人、ダンサー、町工場など職人的世界に生きる若者の姿など、彼らの目線で等身大に描きだした。ナレーターは佐野史郎。総合（金）午後11時45分からの24分番組。

ソリトン 1996年度

1995年度に教育で放送された『土曜ソリトン』と『日曜ソリトン』が統合された形で総合（日）午前0時台に登場。さまざまな分野で活躍するゲストに聞く"人物シリーズ"と、若者たちが関心を抱くテーマを取り上げる特集で構成。人物シリーズには映画監督の岩井俊二、ミュージシャンの佐野元春、歌舞伎役者の市川右近などが登場。このコーナーは1997年度から番組『トップランナー』として独立。

トップランナー 1997～2001・2003～2010年度

今もっとも輝いている時代の"トップランナー"の意外な素顔や本音に迫る若者向けトーク番組。『土曜ソリトン SIDE・B』『ソリトン』のインタビューコーナーの流れをくんでスタート。さまざまな分野からゲストを招き、スタジオの若者たちからの質問にも答えた。初年度はバレエダンサーの熊川哲也、映画監督の宮崎駿らが登場。司会は大江千里、山本太郎、箭内道彦ほか。総合（金）午後11時台の45分番組でスタート。

青春探検 1997～1998年度

さまざまな活動に前向きに取り組む若者たちを1世代上の"探検者"（リポーター）が訪ね、対話の中から若者の本音を聞きだすトークドキュメント。"探検者"には崔洋一（映画監督）、原田宗典（作家）、江川紹子（ジャーナリスト）、宮嶋茂樹（カメラマン）、高橋直子（エッセイスト）、福本伸行（漫画家）、小林信也（ノンフィクション作家）があたった。総合（木）午後11時台の20～25分番組。

新・真夜中の王国 1998～2002年度

『真夜中の王国』（1995～1997年度）と『エンターテインメントニュース』（1994～1997年度）を統合したBS唯一の若者向けデイリーエンターテインメント情報＆トークバラエティー。衛星第2（火～金）午前0時台の60～75分番組。各界の旬の人物を迎えるゲストトークを中心に、最新エンターテインメント情報を伝えた。パーソナリティーは上原さくら、葉加瀬太郎、井ノ原快彦、藤井尚之、さとう珠緒、渡辺美里ほか。

YOU＆ME ふたり 1999年度

人間関係の最小単位である"ふたり"にこだわり、さまざまな形の"ふたり"の関係とその間のコミュニケーションを探っていくトーク番組。10代に支持されている著名人ゲストが、自分に影響を与えた人物について語り、その1人がスタジオに登場する「ふたりトーク」のコーナーと、少年少女が迷いながらも人と深く関わっていく姿を描く「ふたりドキュメント」の2部構成。教育（土）午後7時からの45分枠。後期は（金）午後6時50分から。

若者 ｜ 定時番組

2000年代

未来への教室 2000〜2002年度
世界の一流人物が、次世代を担う子どもたちに生涯一度の特別授業を行うドキュメンタリー。放送とインターネットを連動させた双方向の制作手法を取り入れた。初年度は音楽家のウラディーミル・アシュケナージ、スーパーモデルのワリス・ディリー、絵本作家のエリック・カール、文化人類学者のトール・ヘイエルダールなどが出演。教育（土）午後8時からの45分番組。

真剣10代しゃべり場 2000〜2005年度
10代が10代に向けて問題提起し、1つのテーマに対して多様な感性と価値観をぶつけ合うトーク番組。スタジオには全国から集まった10代の少年少女10〜15人が、3〜4か月間のレギュラーとなり、話し合うテーマを持ち寄り、台本なし、司会者なしのフリートークを繰り広げる。第1回テーマは「いじめ止めることできますか」。その後「恋愛なんてうざったいだけ！」、「イメージで人を判断しないで！」ほかを放送。教育で夜間に放送する45分番組。

しゃべり場ホームページ 2001〜2005年度
『真剣10代しゃべり場』のホームページを中心に寄せられた反響を紹介し、10代の心をさらに浮き彫りにする。本編（『真剣10代しゃべり場』）に続いて放送される10分枠。

真夜中の王国03 2003年度
『新・真夜中の王国』（1998〜2002年度）の後継番組で、衛星第2(月〜木)午後11時から11時45分まで放送。BS唯一の若者向けデイリーエンターテインメント情報&トークバラエティー番組。各界の旬の人物を迎えるゲストトークを中心に、最新・最先端のエンターテインメント情報を伝えるニュースコーナー、番組独自の視点で時代の"今"を切り取る「EDGE On!」「爆笑!?オフエアバトル」などで構成した。

あしたをつかめ〜平成若者仕事図鑑 2004〜2011年度
10代後半から20代前半の若者に、さまざまなジャンルの職業を紹介し、その特徴や魅力について考える"仕事ガイダンス番組"。実際にその仕事に従事している若者を密着取材し、その仕事の内容を紹介するとともに若者たちにエールを送る。第1回放送は「美容師」を取り上げた。最終回はこの番組を見たことがきっかけで、自分の仕事を決めた3人の若者の姿を追った。8年間の放送を通して312職種を紹介。教育テレビ夜間に放送する25分番組。

一期一会 キミにききたい！ 2006〜2008年度
現実には知り合うことのありえない"対極"の若者2人の出会いを追うドキュメンタリー番組。公募で選ばれた「イチゴさん」が、自分とまったく違うライフスタイルや考え方を持つ「イチエさん」の現場を訪ねる。2人の若者が対話し、共同の作業を行ったり生活の一部を共有することで、彼らがどう変化して、価値観の壁を乗り越えていくのかを見つめる。教育テレビ夜間の30分番組。

にっぽん熱中クラブ 2008〜2009年度
全国の高校や大学のユニークなクラブ活動やサークルを発掘し、活動に熱中する若者の姿を紹介。従来の文科系・体育系といった枠にとらわれず、既存のジャンルに当てはまらない活動を取り上げる一方、民俗芸能など地域と密着したもの、将来の進路選択に直結する職業技術に関わるものなど、多様なクラブ、サークルが登場。毎回、1組のお笑いコンビが学校に出向き、1日入部体験し、部員たちの素顔を伝えた。衛星第2夜間放送の24分番組。

テレ遊び パフォー！ 2008年度
NHK初の動画投稿システム連動番組。ホームページでダンス、音楽、アートなど、さまざまな表現の作品を募集し、寄せられた投稿に各界の一線で活躍する"マスター"たちが動画などでアドバイス。さらに番組では、一段階上の新しい表現にむけ、マスターみずからがレッスンし、スタジオでその成果を披露する。第1回放送「SAMのダンスレッスン」では、ダンスクリエーターのSAM、ETSU、CHIHARUが出演し、ダンスを指導した。総合(水)午前0時台の30分枠。

パフォー！ 2009年度
『テレ遊び パフォー！』（2008年度）を改題し、内容を一部リニューアル。ホームページへの投稿をきっかけに、番組で投稿者の才能を磨き、プロデュースするウェブ連動の視聴者参加番組。さらに総合と衛星（衛星第2・ハイビジョン）の2波も連動させ、BS版を「発掘編」、総合版を「育成編」と位置づけて番組を構成。世に眠るアマチュア・クリエーターをバックアップした。総合（隔週・日）午前0時台ほか。

青春リアル 2009〜2012年度
10〜20代の若者たちが、番組ウェブサイトを通じて、互いの悩みや疑問を語り合い、自分や社会と向き合う日々を描いた。2011年6月からは月に1度「福島をずっと見ているTV」を特別シリーズとして放送。教育（土）午後10時台の25分番組としてスタート。

ガッチャン！世界につながる 学生チャンネル 2009〜2010年度
東京・青山に新設されたサテライトスタジオ「NHK@CAMPUS」から送る大学生のための新しい国際情報マガジン。「宇宙エレベーター開発」「世界唯一！ゾウ学講座」など、世界の大学の最新研究やユニークな授業を現地で取材。海外の研究者とスタジオをテレビ電話で結び、学生ならではの目線で、世界の今を見つめた投稿ビデオなどを通して素顔のキャンパスライフを紹介した。衛星第1夜間の20分番組。司会は関根麻里とミック・コレス。

01.ドラマ 02.クイズ・バラエティー 03.音楽 04.伝統芸能 05.ニュース 06.報道・ドキュメンタリー 07.紀行 08.教養・情報 09.自然・科学 10.こども・教育 11.人形劇・アニメ 12.趣味・実用 13.大型特集番組等

2010年代〜

デジスタ・ティーンズ 2010〜2011年度

アニメ、CG、コマ撮り、インタラクティブ、インスタレーション作品など、学生やティーンから募集した新しい表現の作品を、ホームページに事前に公開。スタジオには特任教授として、映画監督のティム・バートンやリー・アンクリッチ、歌舞伎役者の中村獅童など著名人を招き、反響の大きかった作品や注目作品を紹介するとともに、アドバイスをもらった。教育(水)夜間の25分番組。

テストの花道 2010〜2013年度

人は「考え方」を手に入れたとたん、頭が良くなる生き物。やる気はあるが成果が上がらない、勉強の仕方がわからないという高校生の悩みを解決する教養バラエティー番組。出演は所ジョージ、城島茂、渡邊佐和子アナウンサー。教育(月)午後6時55分からの30分番組。衛星第2でも放送。

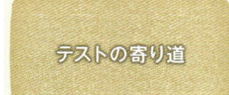

テストの寄り道 2010年度

やる気はあるが成果が上がらない、勉強の仕方がわからないという高校生の悩みを解決する教養バラエティー番組『テストの花道』のスピンオフ番組。番組ケータイサイトを軸に構成。教育(土)午前9時55分からの5分番組。

Rの法則 2011〜2018年度

「R」はリサーチ&ランキングの意味。高校生が気になる話題をリサーチし、ランキング結果を深掘りし話し合う過程で、彼らがいま共感する情報、価値観、本音が浮かび上がる。スタジオへの参加やケータイ、ウェブを通して、全国の高校生を巻き込む新感覚調査番組。中高生を中心にオーディションで選ばれた「R's（アールズ）」のメンバーがレギュラーで出演した。Eテレ(水)午後6時55分からの30分番組、2012年度より(月〜木)に放送を拡大。

スクール Live Show for TEENS 2011年度

部活動に励む中高生のパフォーマンスや、一流プロの演奏、演技を紹介するステージショー番組。2012年度に『スクールライブショー』と改題し、バンド、吹奏楽、ストリートダンスを中心に取り上げ、エンタメ系ティーンズによる真剣バトルを展開。全国で公開録画を行い、「フラガールズ甲子園ドキュメント」「男子チア挑戦企画」など、枠内特集もおこなった。Eテレ(金)午後6時55分からの30分番組でスタート。司会はお笑いタレントのサバンナ。

スクールライブショー 2012〜2014年度

『スクール Live Show for TEENS』（2011年度）を改題。バンド・吹奏楽・ストリートダンスを中心に、エンタメ系ティーンズの真剣バトルを一流プロが審査するステージショー番組。全国12か所で公開録画を実施した。「フラガール甲子園ドキュメント」「男子チア挑戦企画」など枠内特集を含め、年間52本を放送。Eテレ午後6時台の25〜29分番組。

オトナへのトビラTV 2012〜2014年度

「親や教師が教えてくれないリアルなオトナの現実」「かっこいいオトナになるために知っておくこと」「困難に直面した時にどうしたらいいか」などをテーマに送る10代のための情報番組。初年度は「自分たちで考える"ネットルール"」「"18歳選挙権"って？」「奨学金マニュアル」「ココだけの"性"のはなし」「お金をねらうネットの魔の手！」「"脱法ハーブ"はコワイ…」ほかを放送。MCはヒャダインほか。Eテレ(木)午後7時台の30分番組。

東北発☆未来塾 2012〜2016年度

東日本大震災で傷ついた東北の未来を担う若者たちが、さまざまな業界で活躍する講師たちから"未来を創る"ための実践的なノウハウを学ぶ。「観光」「教育」「広告」「漁業」など、毎月1つのテーマを設定し、3〜4週に分けて講義やワークショップを行う。MCはサンドウィッチマン。Eテレの午後11時台の20分番組。

特盛り！テストの花道 2012年度

考えるチカラを鍛える『テストの花道』（2010〜2013年度）と、その実践編が楽しめる1時間の生放送。出演は所ジョージ、城島茂、中田敦彦、渡邊佐和子アナウンサーほか。Eテレ(土)午前10時からの1時間番組。

ティーンズプロジェクト　フレ☆フレ 2012〜2013年度

夢に向かって挑戦する10代を主人公にしたドキュメンタリー。『中学生日記』のあとを受けてスタートした番組。「募集編」では、主人公の若者の夢と課題を紹介し、視聴者にアイデアをホームページに書き込むように呼びかけた。後日放送する「完結編」では、その書き込みの中から有効なものを選び、時には書き込んだ当人と主人公との対面もあり、夢への挑戦をドキュメントした。ナビゲーターは声優の平野綾。Eテレの30分番組。

あしたをつかめ〜しごともくらしも 2013年度

社会に出て間もない若者の1週間をドキュメントし、主人公となる若者の「しごと」と「くらし」をリアルに伝えた。またキャリアアップにつながる自分磨きなど、「しごと」と「くらし」の両面を兼ねた活動を「くらしごと」と名付け、主人公の生活の一要素として伝えた。『あしたをつかめ〜平成若者仕事図鑑』（2004〜2011年度）の後継番組。Eテレ(月)午後11時台の25分枠。

オトナへノベル 2015〜2016年度

『オトナへのトビラTV』（2012〜2014年度）の後継番組。「ブラックバイト」「親の過干渉」「ゲーム依存」など、身近な問題を取り上げ、10代のリアルな悩みに向き合った。高校生の体験談を集めてオリジナルの再現ドラマを制作。その内容はホームページでネット小説としても連載。スタジオではゲストを交えたトークで10代が抱える悩みの解決策を探った。MCはヒャダイン。Eテレ(木)午後7時台の30分番組。

若者 ｜ 定時番組

テストの花道　ニューベンゼミ　2016〜2017年度
中学・高校生向け勉強番組『テストの花道』（2010〜2013年度）がリニューアル。楽しく勉強できるノウハウを、新しい（ニュー）勉強法（ベン）＝「ニューベン」として紹介。論理的思考力や質問力など、これからの子どもに求められる能力の鍛え方や、「大学入学共通テスト」といった最新情報を紹介した。出演は城島茂（TOKIO）ほか。Eテレ（月）午後7時台の30分番組。

＃ジューダイ　2017〜2019年度
全国の10代の熱い現場に突撃するロケ番組。『オトナヘノベル』（2015〜2016年度）のあとを受けてスタート。部活や学校訪問、10代の流行最先端、お悩み相談室などの企画で10代のリアルに迫った。MCはヒャダイン、ぺえ。Eテレ午後7時台の30分番組。

沼にハマってきいてみた　2018年度〜
大好きな趣味のことを、ネットの世界では「沼」と呼ぶ。アイドル、スポーツ、音楽など「ある沼にハマった」若者たちが主人公。それぞれの「沼」にはどんな哲学や魅力があるのか、多種多様な青春をおう歌する10代の世界を深掘りする。Eテレ（月〜水）夜間の30分番組。

ワルイコあつまれ　2022年度〜
小中学生とその親世代をターゲットにした教育バラエティー番組。「子ども記者会見」「慎吾ママの部屋」「好きの取調室」など、"学び"のきっかけにつながるさまざまな企画コーナーで構成。山中伸弥、落合陽一、明石家さんまなどの多彩なゲストを迎え、「今の時代ならではの多様な価値観」「自由な発想で世の中と向き合う柔らかな感性」などをテーマに考える。出演：稲垣吾郎、草彅剛、香取慎吾。Eテレ（土）午前10時15分からの30分番組。

バリューの真実　2022〜2023年度
高校生を主役とした"いろいろな価値観を楽しむ"知的エンターテインメント番組。中高生とその保護者層が主なターゲット。人気アイドルグループ、SixTONES（ストーンズ）が10代に寄り添い、「悩み」「困っていること」「自己肯定感の向上」について、独自のアンケートデータ、スタジオトーク、ドラマで伝える。"この番組にしかない高校生が求める等身大の情報"を届けるのがコンセプト。Eテレ（火）午後7時からの30分番組。

モンモンZ　2022年度
"Z世代"と呼ばれる1990年代中盤以降に生まれた人たちが"モンモン"と抱える悩みを、クイズプレーヤーの伊沢拓司がMCとして受け止め、解決のヒントを探る番組。スタジオと番組HPなどから募集した全国のZ世代5人を、リモートでつないで収録。友人関係や金銭感覚、結婚観、働き方などをテーマに考えた。声の出演：ほしのディスコ（パーパー）。Eテレ（土）午後10時30分からの29分番組で不定期に放送。

漂流兄妹(きょうだい)〜理科の知識で大脱出⁉〜　2023年度〜
無人島に漂流した筋肉自慢の漁師の兄（板橋駿谷）と、生きもの大好き理系大学生の妹（井上咲楽）が、理科の知識を使って生活を送るサバイバルドラマ。設定はフィクションだが、挑戦は全て事実。無人島の守り神（声：東京03・飯塚悟志）に見守られながら、脱出を目指して奮闘する兄妹の物語。Eテレ（月1回・火）午後7時30分からの30分番組。

5分でわかる理科　2024年度
「雲とは何？」「音とは何？」など子どもの素朴な疑問について、美しい実験映像で答えていく。大人でも正しく理解できていない理科の原理や法則が、たった5分でわかる。Eテレ（月）午後4時55分からの5分番組。

NHKフォトストーリー ㉔

P649 ← ㉓　㉕ → P729

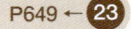

連続テレビ小説『北の家族』ロケ撮影（1973年）

連続テレビ小説『北の家族』ロケ撮影（1973年）

連続テレビ小説『藍より青く』スタジオ撮影（1972年）

連続テレビ小説『鳩子の海』スタジオ撮影（1974年）

連続テレビ小説『いちばん星』スタジオ撮影 (1977年)

連続テレビ小説『いちばん星』スタジオ撮影 (1977年)

連続テレビ小説『風見鶏』スタジオ撮影 (1978年)

連続テレビ小説『風見鶏』スタジオ撮影 (1978年)

連続テレビ小説『おていちゃん』スタジオ撮影 (1978年)

大型時代劇『天下堂々』ロケ撮影 (1973年)

大河ドラマ『春の坂道』ヘリコプターによる撮影 (1970年)

大河ドラマ『新・平家物語』ワイヤーアクション (1971年)

大河ドラマ『勝海舟』スタジオ撮影 (1974年)

大河ドラマ『勝海舟』スタジオ撮影 (1974年)

こども・教育
学校放送・高校講座

01

テレビ学校放送の開始から
拡大へ
（1950～1960年代）

「学校放送」は教育の機会均等を目指して、学校等の教育現場での集団視聴を前提に制作された教育番組である。ちなみに「教育番組」は放送法（第2条）で、学校教育または社会教育のための放送番組と規定され、「教育番組以外の放送番組であって、国民の一般的教養の向上を直接の目的」とする「教養番組」と区別されている。学校教育番組（学校放送番組・通信教育番組・教師と保護者向け番組）の要件は、以下の4項目である。すなわち①視聴者対象が明確であること　②番組の内容および放送が組織的で継続的であること　③番組の内容が

文部省が定める学習指導要領に準拠していること　④番組の放送予定や内容をテキストなどで事前に告知すること。

学校放送番組は1935年にラジオで全国放送が開始され、テレビ本放送開始と同時に、ラジオに加えてテレビでも放送が始まった。

放送開始当初は月曜日が小学校低学年、火曜が小学校中学年、水曜が小学校高学年、木曜が中学校低学年、金曜が中学校高学年を対象とし、土曜日は全学年向けの課外活動番組『土曜クラブ』を放送した。放送時間は午後1時からの15分、週当たり合計90分。開局当時はまだほとんどテレビは普及しておらず、利用校は全国にわずか4校、開局から1年が経過してもようやく50校に達したにすぎなかった。

1956年4月、幼稚園・保育所向けの初めてのテレビ番組『人形劇』（1956～1989年度）と『みんないっしょに』（1956～1965年度）がスタートした。1956年、文部省によっ

『はたらくおじさん』（1961～1981年度）→ P692

『人形劇』（1956〜1989年度）→ P684

『みんないっしょに』（1956〜1965年度）→ P684

『おててつないで』（1959〜1965年度）→ P684

『できたできた』（1960〜1963年度）→ P684

『なかよしリズム』（1966〜1987年度）→ P685

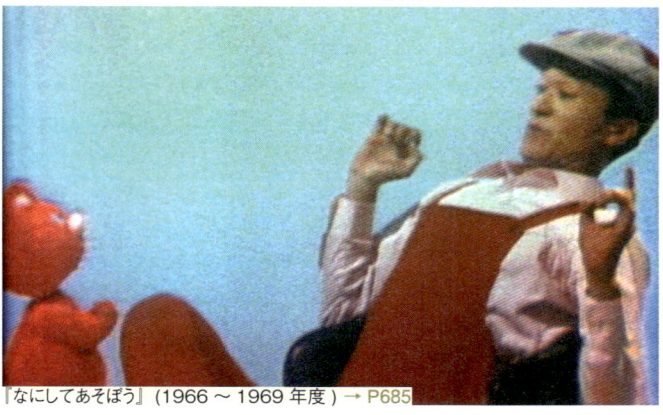

『なにしてあそぼう』（1966〜1969年度）→ P685

て「幼稚園教育要領」が初めて制定され、幼児教育で扱う6領域（健康・社会・自然・言語・音楽リズム・絵画制作）の考え方が示された。『人形劇』がストーリーの楽しさを通して言葉に親しむ内容であったのに対し、『みんないっしょに』は「健康」「社会」の領域を意識して、「テレビのおばさん」を中心に歌やお話が繰り広げられた。

1959年1月10日に日本初の教育番組専門局として東京教育テレビジョン（教育テレビ）が開局。当初は教育番組を教育テレビ・総合テレビの両チャンネルで放送し、教育テレビの電波の及ばない地域をカバーした。

1960年10月、学校放送番組はすべて教育テレビに移行。専門チャンネルを得た「学校放送」は、質量ともに飛躍的な拡充を遂げる。

幼稚園・保育所向け番組は基本的に「幼稚園教育要領」の6領域に対応して開発され、『おててつないで』

（1959〜1965年度）は自然観察、『リズムあそび』（1957〜1958年度）は音楽リズム、『できたできた』（1960〜1963年度）は絵画制作に資する内容とされ、1960年には月曜から土曜まで6つの番組が開局まもない教育テレビに並んだ。

1966年は絵画制作番組『なにしてあそぼう』（1966〜1969年度）と音楽リズム番組『なかよしリズム』（1966〜1987年度）が新設され、その他の継続番組もそれぞれの内容に合わせて改題された。『なにしてあそぼう』は、全く話さないノッポさん（高見映　＊現・高見のっぽ）がくまの「ムーくん」と絵を描いたり、工作したりして、幼児番組に初めて登場した。

1970年4月、その後20年続く長寿番組となった幼稚園・保育所向け造形番組『できるかな』（1970〜1989年度）がスタートする。『できるかな』は、絵の描き方や工作の技法を教えることよりもむしろ、子どもたちを「わたしも描き

学校放送・高校講座

たい！」「ぼくも作りたい！」という思いにさせることをねらいに制作された。『なにしてあそぼう』から引き続きノッポさんが登場し、身近な素材を使ってさまざまなものを作って、着ぐるみ人形のゴン太くんを驚かせた。この番組でもノッポさんは身振り手振りやタップダンスだけで話すことはなかった。ところが『できるかな』最終回で、前身番組の『なにしてあそぼう』から数えて24年間、無言を貫いてきたノッポさんが、番組の最後でついに口を開いた。「あーあ、しゃべっちゃった。今日は特別なんです。長い間、みんなと友達でいましたけど、『できるかな』は、4月から『ともだちいっぱい』という新しい番組に替わります」。

1959年4月から『理科教室』が小学5年生から高校生まで、対象学年別に月曜から土曜の日替わりで始まり、翌1960年には小学1〜4年生向けもスタートした。これで小学1年から高等学校まで学年ごとに番組がそろい、学年別に"系統学習"を進める教育現場の指導に対応する形となった。『理科教室』は、設備や安全面から教室では実施が難しい実験の様子を、教室に居ながらにして映像で確認できるなど、テレビを利用した放送教育の大きな可能性を示した。

テレビ開局間もない1953年に始まった小学5年生向け社会科番組『テレビの旅』（1953〜1984年度）は、実に30年以上続いた長寿番組となった。同じく社会科番組で、

タンちゃんと犬のペロくんが働く人たちの話を聞く小学2年生向け『はたらくおじさん』（1961〜1981年度）、少年・良太の目を通して両親の仕事や生活から社会の成り立ちやルールを学ぶ小学3年生向け『良太の村』（1961〜1969年度）、日本の歴史と国際社会のなかの日本について学ぶ小学6年生向け『くらしの歴史』（1956〜1987年度）など、直接見ることが難しい場所や人との出会いを映像を通して間接体験できる社会科番組は教育現場に好評をもって迎えられた。

また昔話や民話・童話を人形劇や朗読などで紹介する小学校低学年向け国語関連番組『おとぎのへや』（1953

『できるかな』（1970〜1989年度）→ P685

『理科教室』（1959年〜）→ P691

『テレビの旅』（1953〜1984年度）→ P689

『良太の村』（1961〜1969年度）→ P692

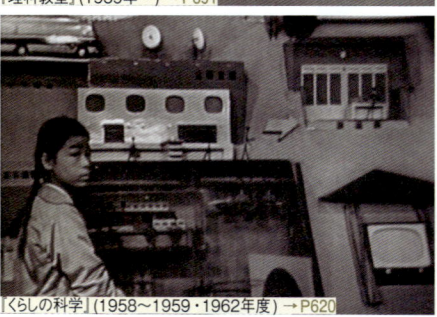

『くらしの科学』（1958〜1959・1962年度）→ P620

『おとぎのへや』（1953〜1958・1962〜1989年度）→ P689

『うたいましょう ききましょう』（1955〜1973年度）→ P690

『大きくなる子』（1959〜1987年度）→ P691

『みんななかよし』（1962〜1986年度）→ P692

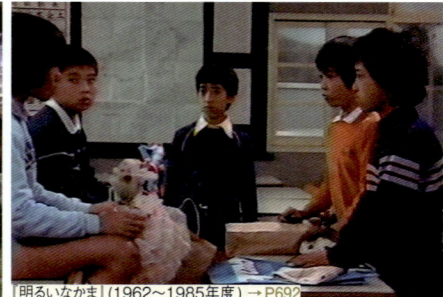

『明るいなかま』（1962〜1985年度）→ P692

『あんぜんきょうしつ』(1969〜1979年度) →P693

『テレビ特殊学級−たのしいきょうしつ』
(1964〜1972年度) →P692

『たのしいきょうしつ』(1973〜1993年度) →P693

『グルグルパックン』(1994〜1998年度) →P697

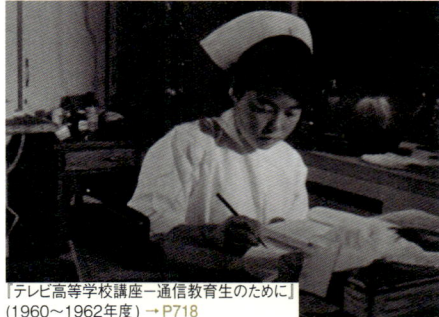

『テレビ高等学校講座−通信教育生のために』
(1960〜1962年度) →P718

『高等学校の時間　音楽の世界』(1972〜1976年度) →P719

〜1958年度・1962〜1989年度)や、遊びをまじえて音楽の基礎を学習する小学校低学年向けの音楽番組『うたいましょう　ききましょう』(1955〜1973年度)なども、長期にわたって親しまれた学校放送番組である。

　テレビ初の道徳関連番組は小学校低学年向けの動物人形劇『大きくなる子』(1959〜1987年度)。劇やドラマによって考えるきっかけを与えることができる「道徳」も、学校放送で広く活用された番組だ。小学校中学年向けには、子どもたちの間に起きる小さな出来事を題材にした生活ドラマ『みんななかよし』(1962〜1986年度)、小学校高学年向けには、「転校生」「つげぐち」「ひきょうなやつ」「掃除当番」など、学校生活の日常に起きる出来事をテーマにドラマ形式で伝える『明るいなかま』(1962〜1985年度)を放送。当時は、戦前の修身科復活との批判の声もあり「生活指導番組」と位置づけられた。

　教科以外でも小学校低・中学年向けの『あんぜんきょうしつ』と小学校高学年・中学校向け『安全教室』(ともに1969〜1979年度)を放送。交通事故が深刻化した時代を背景に、基本的な交通安全のルールをわかりやすく伝えた。

　特別支援学校向け番組では、水森亜土の絵描き歌で知られる『テレビ特殊学級−たのしいきょうしつ』(1964〜1972年度)が大阪放送局の制作でスタートした。近畿地方には障害児教育を先駆的に行ってきた滋賀県の近江学園をはじめ、特殊教育・特別支援教育の研究者や実践者が多かったこともあり、『たのしいきょうしつ』(1973〜1993年度)、『グルグルパックン』(1994〜1998年度)など、その後に続く番組が大阪放送局を中心に制作された。

　1959年1月、教育テレビのスタートとともに『高等学校講

『通信高校講座』(1963〜1981年度) →P719

座』が月曜から金曜までの30分番組で始まる。高等学校の生徒が家庭で自習、復習に役立てる番組で、10月からは「上級講座」も加わった。

　1960年4月、通信教育で学ぶ若者を主な対象に『テレビ高等学校講座〜通信教育生のために』が日曜日に始まる。通信制高等学校は、定時制高等学校とともに、働きながら学ぶことができる高校として勤労学生の支えとなっていた。通信教育実施校のスクーリングや職場のグループ学習、家庭での自学自習に役立てる番組として利用された。

　1963年4月、それまでの『高等学校講座』を『通信高校講座』に改題。全日制高等学校に通う生徒を対象とした『高等学校の時間』を放送する一方で、『通信高校講座』を通信制高等学校で学ぶ若者や社会人を対象とする番組として明確に位置づけた。

　1964年度、学校放送の放送時間は月曜から土曜まで1日5時間、計52シリーズの番組を週30時間以上放送。1965年度には『大学通信講座』を新設。翌1966年度には『大学講座』に改題し、高度な大学の学問を一般社会

学校放送・高校講座

人が習得できるようにするとともに、放送によって大学の単位を履修できるように編成した。

　1965年度には幼稚園から大学までの体系化を完了し、番組を「学年・教科・校種別」に編成する1980年代までの「学校放送」の基本形ができあがった。

　学校放送のカラー化は、幼稚園・保育所向け番組が最優先で進められ、1965年度にはすべての番組がカラー化された。その後、小学校向け番組は1968年度に『理科教室1年生』から、中学校向けは1969年の『安全教室』、高校向け番組は1972年度の『美術の世界』から順次カラー化が進められ、1977年度にすべてのカラー化が完了する。

02

放送教育の隆盛と転機

（1970～1980年代）

　小学校の「テレビ学校放送」の番組利用率は1972年に90%を超え、1986年には97.9%に達した。その一方で、1970年代から1980年代にかけて各学校ではVTR機器が普及し、放送時に番組全体を視聴する「ナマ、丸ごと」利用に代わって、「録画」による選択利用が広がった。こうした時代背景のもとで、学校放送はその内容、構成演出はもちろん、番組編成においても大きな転換期を迎える。

　戦後最大の改訂と言われた1980年から1982年の小中学校の学習指導要領の改訂では、「ゆとりある充実した学校生活の実現」が示され、初めて教科の学習内容が削減された。この改訂に先立って、NHKは番組改定の方向を示した。それは「新番組の開発」「番組の15分化」

「中学校および高等学校向け"特別シリーズ"の新設」の3つである。

　「新番組の開発」では、1980年に「ゆとりの時間」に役立てる小学校中・高学年向け『ひろがる教室』（1980～1984年度）がスタートし、各地の学校やグループの多彩な活動例を紹介した。さらに1982年に子どもの観察力、分析力、創造力を伸ばす小学校低学年向け番組『みつめる目』（1982～1986年度）や、「人間とは何か」を考える小学校中学年向け番組『にんげん家族』（1985～1992年度）が始まり、従来の教科に収まらない題材を番組として拾い上げた。

　「番組の15分化」においては、1969年度から幼稚園・保育所および小学校低学年向け番組の内容時間がすでに20分から15分へ短縮されていたが、このタイミングで小学校向けの全番組に「15分化」が拡大された。児童の番組に対する集中力の持続の問題や、教師の授業での利用方法などを考慮して取られた措置だった。

『にんげん家族』（1985～1992年度）→ P695

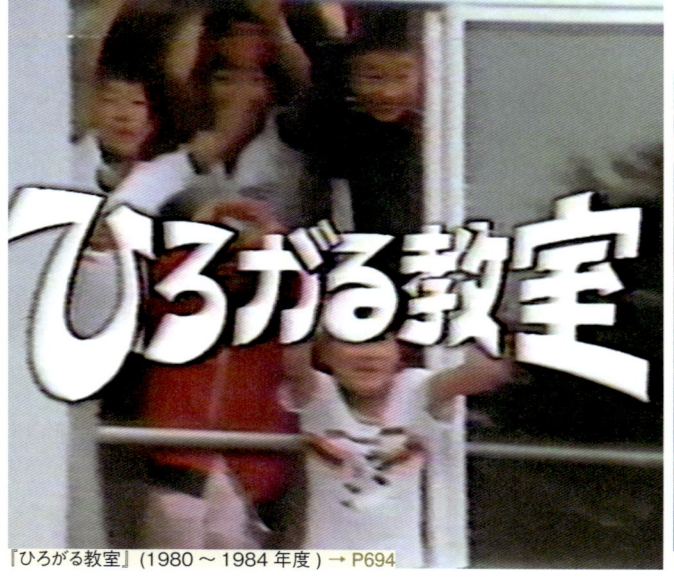

『ひろがる教室』（1980～1984年度）→ P694

『みつめる目』（1982～1986年度）→ P694

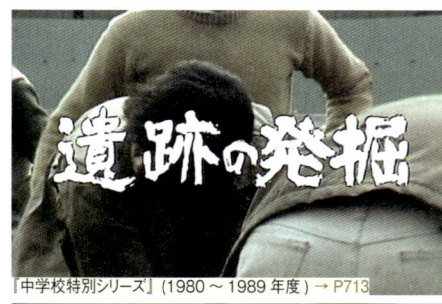
『中学校特別シリーズ』(1980〜1989年度) → P713

『高等学校特別シリーズ』(1981〜1989年度) → P720

『ばくさんのかばん』(1980〜1986年度) → P686

『おーい！　はに丸』(1983〜1988年度) → P686

『いちにのさんすう』(1975〜1994年度) → P693

『さんすうすいすい』(1984〜1998年度) → P694

『あいうえお』(1975〜2001年度) → P693

『ことばのくに』(1984〜1989年度) → P694

『それいけノンタック』(1985〜1991年度) → P695

　「特別シリーズ」の開発は、複数学年対象の総合学習番組の広がりや、教育現場での利用状況や利用形態の変化に対応したものである。それまでの学校放送番組の基本的な利用方法は、教科内容を網羅的に扱う「年間シリーズ」を放送にあわせて視聴するスタイルだったが、『中学校特別シリーズ』(1980〜1989年度)ではワンテーマを3〜5回で放送する短期シリーズで構成し、VTRでの録画使用に対応した。初年度は、『日本の古典芸能』『体育教室』『行書入門』『技術教室』『美術の世界』の5シリーズを放送。翌年には『高等学校特別シリーズ』(1981〜1989年度)もスタートする。

　高校向け番組では1984年度にかけて、中学校向け番組では1985年度にかけてすべての「年間シリーズ」が廃止され、中学校・高校とも「特別シリーズ」と「特別活動」のみとなった。

　1980年代に入ると、「ことばと数」の領域を扱う幼稚園・保育所向け番組『ばくさんのかばん』(1980〜1986年度)や、3歳児向けの「ことば」の番組『おーい！　はに丸』(1983〜1988年度)など、子どもたちに人気の番組が次々に登場する。

　『ばくさんのかばん』では、俳優で声優としても人気の熊倉一雄演じる「ばくさん」が不思議なかばんを抱えてすべり台から登場。かばんの中からさまざまな道具を出したり、かばんを使って場所を移動したりしながら、子どもた

『たんけんぼくのまち』(1984〜1991年度) → P694

ちに言葉や数への興味や関心を喚起した。

　『おーい！　はに丸』は飛躍的に言葉を覚え始める3歳児向け幼児番組。何を聞いても「はにゃ？」としか答えられない埴輪の王子「はに丸」とお供の馬の「ひんべえ」が、ミュージカル形式で歌や踊りを交えて、さまざまな言葉を学んでいく物語。ユニークな埴輪のキャラクターが子どもたちに親しまれた。

　小学校低学年向けの教科番組では、「算数」で小学1年向け『いちにのさんすう』(1975〜1994年度)、小学2年向け『さんすうすいすい』(1984〜1998年度)が始まり、「国語」では小学1年向け『あいうえお』(1975〜2001年度)や小学2年向け『ことばのくに』(1984〜1989年度)などが登場。「社会科」では小学3年向け『たんけんぼくのまち』(1984〜1991年度)や、小学1年向け『それいけノンタック』

学校放送・高校講座

『ワンツー・どん』(1974～1995年度)→P693

『うたって・ゴー』(1974～1995年度)→P693

『ふえはうたう』(1974～1996年度)→P693

『ゆかいなコンサート』(1986～1994年度)→P695

『みどりの地球』(1975～1986年度)→P693

『ぴょん太のあんぜんにっき』(1980～1985年度)→P694

『あんぜんパトロール』(1986～1992年度)→P695

『さわやか3組』(1987～2008年度)→P695

『いってみようやってみよう』(1985～2003年度)→P695

(1985～1991年度)が人気だった。

「音楽」では小学1年生向けにリズムを中心に学ぶ『ワンツー・どん』(1974～1995年度)、小学2年生向けに歌を中心に学ぶ『うたって・ゴー』(1974～1995年度)、小学3年生向けにリコーダーを教える『ふえはうたう』(1974～1996年度)、小学4年生向けには視聴者と同年齢の子どもたちが演奏する『ゆかいなコンサート』(1986～1994年度)などを放送した。

教科以外では、1975年に小学校高学年および中学校向けの環境教育番組『みどりの地球』(1975～1986年度)がスタートした。当時の教育課程では各教科に分かれて取り扱われていた環境問題の内容を統合。1980年度から本格的に進められる複数学年対象の総合学習番組を先取りする番組だった。

『あんぜんきょうしつ』の後継番組に小学校低・中学年向け『ぴょん太のあんぜんにっき』(1980～1985年度)が、続いて『あんぜんパトロール』(1986～1992年度)が登場。交通事故にとどまらず水難や高所などからの落下など、幅ひろく安全についての注意を喚起した。

道徳では、小学校中学年向け『さわやか3組』(1987～2008年度)が始まる。全国各地の学校からの作文やお便りをもとに制作する生活ドラマだ。また、特別支援

学校向け番組では、お姉さんと小猿のポッケが街に出かけて電車に乗ったり、学校を訪ねて工作にチャレンジする『いってみようやってみよう』(1985～2003年度)が新設された。

1982年、「国内放送番組編集の基本計画」によって、教育テレビは生涯学習波への移行が示され、学校放送番組の改革も同時に進められた。

1963年から20年近く続いた『通信高校講座』は、1982年度より『高等学校講座』(1982～1989年度)に改題。通信制高校を中心にしながらも、全日制や定時制の生徒も対象として制作された。

一方、通信制大学生を主な対象とした『大学講座』(1966～1981年度)は、この番組を単位取得の対象としていた通信制大学が1977年度になくなったことを受け、1978年度より学科中心の内容から「政治を見る目」「杜甫詩抄」など、生涯学習的な内容への転換を図った。同様に『高等学校講座』は1990年に『NHK高校講座』に改題したのち、さらに1991年度に『教育セミナー　NHK高校講座』と再び改題。対象を通信制高校生にとどまらず10代から高齢者まで幅広くとらえ、生涯学習番組としての性格を持たせた。

『高等学校講座』(1958～1962年度・1982～1989年度)→P718

『教育セミナー　NHK高校講座』→ P721

03
インターネットとの連動と
デジタル教材の登場
（1990〜2000年代）

　1990年代は21世紀の新しい教育像を探ろうとする「教育改革」を踏まえて、「環境教育」「生命教育」「生活科」などの「総合学習型」番組が多く制作された。

　1992年、小学校低学年の理科・社会は廃止され、新教科「生活科」が設置された。「生活科」は、具体的な活動や体験を通して自立への基礎を養う教科。学校放送では1987年度に「生活科」の導入を視野に入れた小学校低学年向け番組『みんなでアタック』(1987～1990年度)をいち早くスタートさせた。続いて1991年に小学2年生向けの『とびだせ　たんけんたい』(1991～1995年度)が、1992年には小学1年生向けの『あしたもげんきくん』(1992～1998年度)が始まる。さらに1993年は小学校中・高学年向けの国際理解教育番組『世界がともだち』(1993～1994年度)を、1994年は命の本質に気づかせる小学校中学年向け生命教育番組『みんな生きている』(1994～2008年度)を相次いで新設した。

　この他、小学1年向け道徳番組『ざわざわ森のがんこちゃん』(1996～2015年度)を放送。恐竜のがんこちゃんと仲間たちが巻き起こす珍騒動を通して自分の毎日のくらしを考える人形劇である。小学校低学年向け国語関連番組『おとぎのへや』の後継番組『おはなしのくに』(1990年度〜)では、幼稚園・保育所から小学校低学年を対象に日本や世界の名作の「語り聞かせ」で、子どもたちの想像力を養い、読書習慣を育んだ。

　特別支援学校向け番組では『たのしいきょうしつ』(1973～1993年度)の後継番組『グルグルパックン』(1994～1998年度)が始まる。小学校の障害児学級や養護学校

『ざわざわ森のがんこちゃん』(1996～2015年度)→ P698

『みんなでアタック』(1987～1990年度)→ P695

『とびだせ　たんけんたい』(1991～1995年度)→ P697

『あしたもげんきくん』(1992～1998年度)→ P697

『世界がともだち』(1993～1994年度)→ P697

『みんな生きている』(1994～2008年度)→ P697

『おはなしのくに』(1990年度〜)→ P696

学校放送・高校講座

『ストレッチマン』(1999〜2001年度) →P699

『ステップ&ジャンプ』(1990〜1996年度) →P714

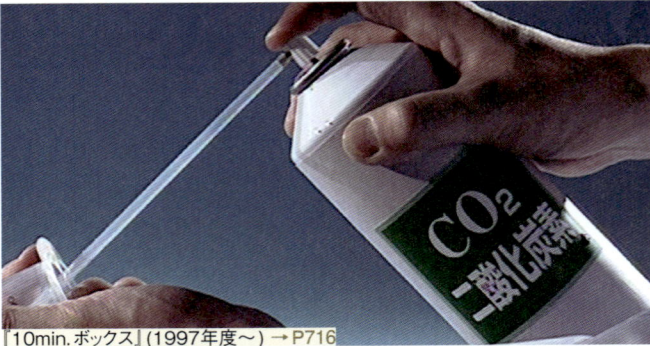
『10min.ボックス』(1997年度〜) →P716

『スクール五輪の書』(1997〜1999年度) →P715

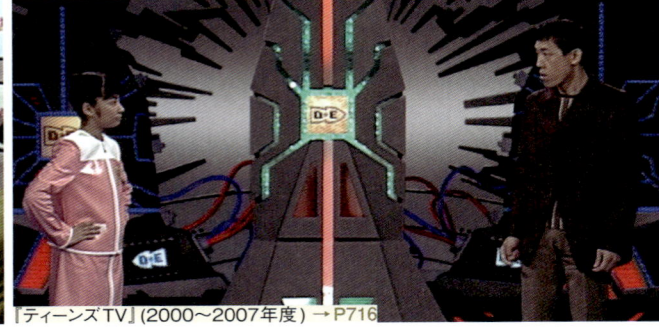
『ティーンズTV』(2000〜2007年度) →P716

の子どもたちを対象に、ミニドラマ、ことば、造形、ストレッチングなどのコーナーで構成。この番組から生まれた正義のヒーロー"ストレッチマン"が番組名となって、『ストレッチマン』(1999〜2001年度)がスタート。ストレッチマンは子どもたちに大人気となり、『ストレッチマン2』(2002〜2009年度)、『ストレッチマン・ハイパー』(2010〜2012年度)、『ストレッチマンV』(2013〜2018年度)、『ストレッチマンGO！』(2024年度)など、20年以上続く人気シリーズとなった。

1990年4月、前年度まで放送していた『中学校特別シリーズ』と『高等学校特別シリーズ』は、多様化する学校現場のニーズに対応するために『ステップ&ジャンプ』(1990〜1996年度)として一本化される。基礎的な中学レベルの「ステップ編(15分)」と高校レベルの「ジャンプ編(15分)」を、従来から利用率の高かった理科、社会科、英語の3教科で用意し、中学校でも高等学校でも選択して利用できるようにした。当時の高等学校では学力差が広がり、中学レベルの内容からスタートした方がよいという場合や、逆に、中学でも発展的な内容を利用したいという要望があったからだ。

1997年4月、『ステップ&ジャンプ』は各単元のポイントをコンパクトにまとめた10分サイズの教科番組『10min.ボックス』(1997年度〜)と、総合的にさまざまな教科内容を扱う『スクール五輪の書』(1997〜1999年度)とに分けられ、発展的に解消される。

『スクール五輪の書』は、既成の教科の枠組みを超えた5つの「巻」で編成。月曜から金曜の帯で1回各20分、曜日ごとに人間の巻「思春期放送局」、社会の巻「世の中探検隊」、科学の巻「発想ミュージアム」、国際の巻「ワールド・ドキュメント」、生き方の巻「21世紀の君たちへ」の5巻を放送した。総合学習型の番組は、それまでの知識流入的な教育に対する反省を打ち出した教育界の動きを先取りして開発された。しかし教科番組と違い、利用する授業枠がないことなどもあり、期待されたようには番組利用は伸びなかった。

2000年4月、『スクール五輪の書』をリニューアルした『ティーンズTV』(2000〜2007年度)がスタートする。中・高校生に力強く生きる力と知恵を身につけてもらう教育番組枠である。月曜から金曜の帯で、初年度は「世の中なんでも経済学」「インターネット情報局」「サイエンス　ワンダーワールド」「ワールド　ドキュメント」「FOR　YOU〜

01.ドラマ　02.クイズ・バラエティー　03.音楽　04.伝統芸能　05.ニュース　06.報道・ドキュメンタリー　07.紀行　08.教養・情報　09.自然・科学　10.こども・教育　11.人形劇・アニメ　12.趣味・実用　13.大型特集番組等

今　君のために」の5番組を曜日ごとに放送した。『ティーンズTV』の放送終了とともに、中高生向けの総合的な内容を扱う番組は終了する。

　1990年代に入ると学校へのパソコンの導入が始まる。2000年代にはインターネットの普及と利用が加わり、学校教育現場の多メディア化が一気に進んだ。

　1990年にNHK初のマルチメディア教材「人と森林」が開発された。高画質・高音質のハイビジョン番組（15分）と、その画面をデジタル印刷したハイビジョン教科書、番組視聴後に短い関連動画（クリップ映像）で映像を編集して発表できるシステムの3要素からできたマルチメディア教材である。東京都内の実践協力校で小学6年生が体験し、マルチメディア教材上で映像リポートとしてまとめ、NHKホールに設けた「未来の教室」で発表する特集番組が放送された。

　1994年からは、クリップ映像を蓄積する「学習動画データベース」の開発が始まり、生放送で子どもたちの質問に動画を使って答える特集番組に活用された。この頃、CD-ROMを利用できるパソコンが学校に普及しはじめ、動画を教室に届けることができるようになり、1996年に『NHKスペシャル』「驚異の小宇宙　人体」を編集した動画クリップと学習ゲームを組み合わせた教材「マルチメディア人体」が開発された。学習の動機付けとなる放送番組に、より深く学ぶための動画クリップを、楽しみながら

学ぶことができる学習ゲームと組み合わせた新しい学びの姿が模索され、後の「NHKデジタル教材」「NHK for School」の芽生えとなった。

　NHKが局全体のポータルサイト「NHKオンライン」を開設したのは1995年10月。翌1996年度には学校向けポータルサイト「学校放送オンライン」がオープンし、学校放送番組の内容や放送予定を届けた。個別の番組としては、小学校高学年向け環境教育番組『たったひとつの地球』（1996〜2006年度）が、学校放送番組初の番組ホームページを開設。インターネット上に掲示板を設け、環境問題を取り上げた番組を視聴して、番組と教室、あるいは各地の学校同士が意見交換する双方向学習の取り組みが本格的に始まった。

　1999年、文部省は21世紀を目前にミレニアム・プロジェクト「教育の情報化」を打ち出し、教育現場のIT化が動き出した。NHKも連動する形で2000年から6か年計画で「NHKデジタル教材」の開発に着手し、『NHKスペシャル』「映像詩　里山」を使ったプロトタイプが制作された。それまでに培ってきた放送番組、映像クリップ、学習ゲーム、掲示板を組み合わせた「NHKデジタル教材」の原型が完成し、それを使った実践授業が特集番組として放送された。こうして2001年から「NHKデジタル教材」として小学校5・6年向け総合的な学習番組『おこめ』（2001〜2008年度）、小学校6年社会向け『にんげん日本史』

NHK最初のマルチメディア教材「人と森林」（1990年）

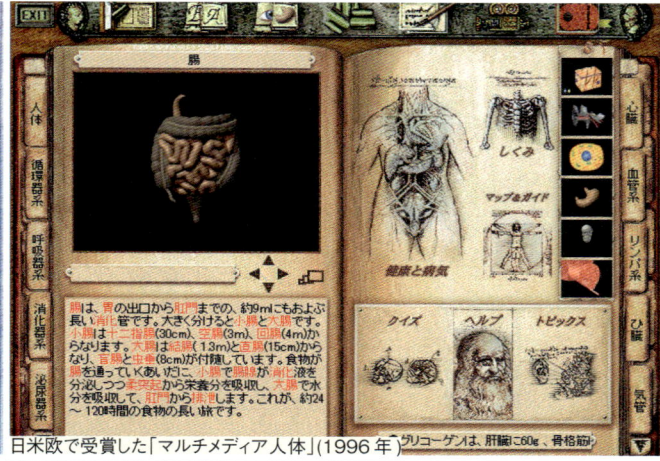

日米欧で受賞した「マルチメディア人体」（1996年）

その後のひな形になった「NHKデジタル教材　里山」（2000年）

日本賞を受賞した「NHKデジタル教材　南極」（2003年）

学校放送・高校講座

（2001～2007年度）を公開、放送だけでなくインターネットでいつでも番組が視聴でき、動画クリップや学習ゲームを利用してより深く学び、それを掲示板で他の学校と共有するというスタイルが確立した。

『おこめ』は、放送番組としては仙台の米作農家の農作業を季節に沿って紹介。1～3分の動画クリップ200本を用意し、稲作作業や稲の成長などの科学映像、お米の料理やお米にまつわる伝統行事などを、自由に選んでより深く学べるようにした。学習ゲームでは田んぼ作りの手順や、栄養バランスのよいお米料理をゲームで体験することができた。掲示板では、学校で稲を育てることができる「バケツ稲」の成長を全国の学校が見せ合ったり、都会と農村の子どもたちの間で「安全な米が食べたい」「農薬を使わないと農作業が大変」といった農薬をめぐる議論も巻き起こった。「NHKデジタル教材」はその後、『川』（2002～2003年度）、『南極』（2003年度・日本賞最優秀ウェブ賞）など対応番組を徐々に増やしながら、2011年にはNHKの学校向けサービス全体をネットから提供する「NHK for School」につながっていく。

『学校デジタルライブラリー』（2004～2008年度）→ P701

また、動画クリップを中心にすえた放送番組も開発され、深夜帯の録画向けに動画クリップをまとめて一挙に放送する『学校デジタルライブラリー』（2004～2008年度）や、教科番組の中に動画クリップを埋め込む形式のセグメント型番組として小学校3年向け理科『ふしぎだいすき』（2005～2010年度）など、理科・社会番組が開発された。

『おこめ』（2001～2008年度）→ P700

『おこめ』（2001～2008年度）（ホームページ）→ P700

『にんげん日本史』（2001～2007年度）→ P700

『ふしぎだいすき』（2005～2010年度）→ P701

『えいごリアン』（2000～2005年度）→ P699

『えいごリアン』（2000～2005年度）出演者パート → P699

『しらべてまとめて伝えよう～メディア入門』
（2000～2004年度）→ P699

『体験！メディアのABC』（2001～2003年度）→ P700

　2000年度、学校放送は教育改革の柱の1つである「総合的な学習の時間」に対応する。子どもたちの国際感覚を高めるための番組として、小学校中学年向け英語番組『えいごリアン』（2000～2005年度）、小学校高学年向けの『スーパーえいごリアン』（2002～2008年度）などの「えいごリアン」シリーズが開発された。『えいごリアン』のパントマイムやコントも取り入れたコミカルで楽しい出演者パートと、きのこキャラのアニメーションや楽しく英語を学べる学習ゲームが話題になった。

　メディアへの接し方を学ぶ総合学習型番組としては、小学校中学年向けに『しらべてまとめて伝えよう～メディ

ア入門』（2000～2004年度）、小学校高学年向けに『体験！メディアのABC』（2001～2003年度）などが次々に登場した。『しらべてまとめて伝えよう』は、架空の組織・MIA（メディア・インフォメーション・エージェンシー）からの司令にしたがって、1分間スピーチで自己紹介したり、学校のスクープ探しをしながら、調べてまとめて伝える力を養うという内容。『体験！メディアのABC』は、リポーターの大沢あかねが、撮影する時に「アップ」と「ルーズ」をどのように使い分けるかなどの技法・手法を体験取材する「体験コーナー」と、マスメディアの仕事を紹介する「メディアのプロコーナー」で構成されていた。

学校放送・高校講座

2002年4月より完全学校週5日制が導入され、それに伴って毎週土曜が休みになった小中学生を対象に、科学の面白さや実験の楽しさを伝える『科学大好き　土よう塾』（2002〜2008年度）がスタートする。さらに「やってみなくちゃわからない」をコンセプトに、自然や科学の法則をダイナミックな実験映像で検証していく科学教育番組『大科学実験』（2010年度〜）が始まる。「1.7キロメートルの道に86人が一列に並んで音の速さを調べる」「50メートルのクジラ型ソーラーバルーンで人を持ち上げる」など、スケールの大きな実験に挑み、広く海外でも放送された。

2003年の新学習指導要領を機に、それまで生涯教育にシフトしていた『教育セミナー　NHK高校講座』（1991〜2002年度）は、「教育セミナー」の冠をはずした『NHK高校講座』に再び改題し、通信制高校の生徒を主な対象にスタートを切った。内容面では、講師のストレートトーク中心の講義型から脱却し、高校生に親しみがあるMCや同世代の生徒役タレントを起用したり、ロケ映像を充実させるなど、楽しく学べる方向を目指した。こうした刷新

の背景には、通信制高校が働きながら学ぶ生徒だけが対象ではなくなり、スポーツやアート活動と学業を両立させるために通信制高等学校を選ぶ生徒がいたり、不登校や生活苦などさまざまな理由で全日制高等学校から転入してくる生徒がいるなど、通信制高等学校の生徒の多様化が進んだことがある。

また、2003年には『NHK高校講座』のデジタル化も始まり、「理科総合A・B」「情報A」「数学I」のホームページが開設される。すでに2001年から大学の研究者らと準

『大科学実験』（2010年度〜）→P646

高校講座ホームページ

『高校講座　ベーシック英語』（2009年度〜）

『NHK高校講座　家庭総合』（2023年度〜）

太陰暦の1年
29.5日×12か月＝354日

『高校講座　科学と人間生活』（2021年度〜）

『高校講座　地学基礎』(2023年度〜)

備が始まった試作サイトは、番組予想クイズ、知っておきたい予備知識などを掲載した「予習のためのサイト」と、学習内容の整理、理解度チェック、番組制作裏話などを掲載した「復習のためのサイト」から構成されて、番組視聴の前後をサポートするようになっていた。この取り組みをもとに徐々に対応科目を増やし、2007年からラジオ講座を、2008年からは夜間のテレビ再放送枠を廃止し、全テレビ番組のインターネット配信を開始した。また、一部の番組でのみ開設されていたホームページを、全番組を網羅したポータルサイトとして改修。NHK出版が発行してきた番組テキストが同時期に廃止となったため、これを補う形で各放送回の内容に対応したPDF資料「学習メモ」を公開し、自学自習のできる学習ポータルサイトとした。

さらに2009年には『高校講座　ベーシック10』を開発。国語・数学・英語の3科目について、10分番組の中で中学校までに学んだ基本的な内容を振り返る番組で、お笑い芸人のオードリーがMCとしてドラマやコントを交えて展開、ホームページには番組で学んだことを定着させる練習問題が掲載された。

04
2010年代以降の取り組み

2010年代になると教育現場へのデジタルテレビや電子黒板の導入、校内LANの整備等が進んだ。こうしたメディア環境の変化に合わせて、2011年度からの新番組はインターネット利用などを考慮し、すべて10分枠の番組となった。

学校放送のデジタル化はさらに進み、2020年度末時点で、NHK for Schoolウェブサイトでは、およそ90シリーズの番組2100本、動画クリップ7000本をインターネットで配信している。2000年代以降、「放送」を介した番組利用は徐々に減少しているが、コンテンツとしての「番組」利用は広がっている。また、コロナ禍により、学校を高速回線で結び、各校にタブレットを整備する国のGIGAスクール構想が加速したことを受けてインターネット利用が急増。NHKの学校向けインターネットコンテンツは、「NHKデジタル教材」の開発から20年の歳月を経て、日本の教育に欠かせない存在になっている。

子どもたちの学びを支える取り組みNHK for Schoolへの需要はさらに高まっている。新型コロナウイルスの感染拡大で臨時休校が相次いだ時期、学校現場からNHK for Schoolで提供している動画コンテンツを活用したいという声が数多く届いた。授業内容をまとめた「ワークシート」や、先生たちが選ぶおすすめ動画のプレイリストの配信など、これまで学校の先生たちの意見を取り入れながら制作してきたことが、コロナ禍での対応にもつながった。

2024年4月、高校講座の新番組『世界史探究』『物理基礎』『家庭総合』がスタート。ピンポイント動画再生、学習メモなど、放送終了後もより深く学べる番組ページも充実している。

一方、新しい時代や社会の変化に対応した教育番組の開発も続いている。数学・科学的な考え方を身につける番組には、生活にひそむ算数の考え方を発見し、図形・

学校放送・高校講座

『歴史にドキリ』(2012年度〜) → P704

『マテマティカ』(1999〜2003年度) → P699

『さんすう刑事ゼロ』(2013年度〜) → P705

『さんすう犬ワン』(2014〜2022年度) → P705

『カガクノミカタ』(2015年度〜) → P706

『ミミクリーズ』(2015年度〜) → P647

『未来広告ジャパン!』(2015〜2022年度) → P706

『考えるカラス〜科学の考え方』(2013年度〜) → P705

『ロンリのちから』(2014年度〜) → P721

数・量についての豊かな感性を培う『マテマティカ』(1999〜2003年度)、『マテマティカ2』(2007〜2012年度)、算数にミステリー風やコメディー風ドラマ形式を取り入れた『さんすう刑事ゼロ』(2013年度〜)、『さんすう犬ワン』(2014〜2022年度)が制作された。また、科学の知識ではなく考え方を学ぶ『考えるカラス〜科学の考え方』(2013年度〜)、『カガクノミカタ』(2015年度〜)、似たもの探しを通じて科学的思考を育む幼児向け『ミミクリーズ』(2015年度

〜)、論理的思考力(クリティカル・シンキング)を養う高校講座番組『ロンリのちから』(2014年度〜)などが始まった。

社会科の番組としては、歌舞伎俳優・中村獅童が卑弥呼や豊臣秀吉など歴史上の人物にふんし、その偉業を歌って踊って紹介する『歴史にドキリ』(2012年度〜)、CM制作会社を舞台に日本のいまを取材してCMの形にまとめ発信する『未来広告ジャパン!』(2015〜2022年度)など、これまでにない形式の教科番組が生まれている。

　また、タブレットなどを活用する授業に対応した体育番組として、『はりきり体育ノ介』(2014年度〜)、暮らしの中で問題にぶつかると、突如、イカの姿をした家庭科の神に変身する『カテイカ』(2016年度〜)、科学・技術・工学・芸術・数学を総合的に学習し、ものづくりを通して問題解決能力を育むSTEAM教育を実践する番組として『ツクランカー』(2021〜2023年度)などが開発された。新たに学校に導入されたプログラミング教育を担う番組としては、『Why!?プログラミング』(2017〜2023年度)や、コンピュータを使わずにプログラミング的思考を伝える『テキシコー』(2020年度〜)が制作された。さらに、持続可能な世界を考えるSDGs関連番組として『リフォーマーズの杖』(2021〜2022年度)が始まるなど、社会の変化を教室に届ける試みが続いている。

　こうした新たなスタイルの教育番組を開発する一方で、子どもたちの心の問題や生き方を考える番組も数多く開発された。そして、小学校に入学したばかりの児童が学校生活に適応できず、さまざまな問題を引き起こす「小1プロブレム」に対応する特別活動・生活科番組『できた　できた　できた』(2010〜2015年度)、人類と宇宙人とが共生する300年後の日本を舞台に「いじめ」「いのち」

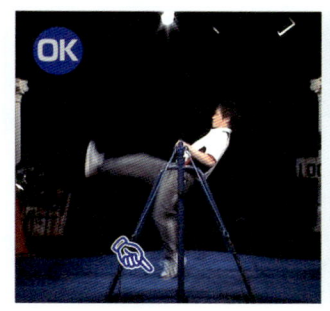

『はりきり体育ノ介』(2014年度〜) →P705

『カテイカ』(2016年度〜) →P706

『ツクランカー』(2021〜2023年度) →P708

『Why !? プログラミング』(2017年度〜) →P706

『テキシコー』(2020年度〜) →P708

『リフォーマーズの杖』(2021〜2022年度) →P708

『できた　できた　できた』(2010〜2015年度) →P703

『銀河銭湯パンタくん』(2013年度〜) →P704

学校放送・高校講座

などのテーマを取り上げる人形劇『銀河銭湯パンタくん』（2013年度〜）や、片桐はいりをメインキャラクターに誰の心の中にもある迷う気持ちをドラマ形式で描く『時々迷々』（2009年度〜）などの道徳番組が制作された。

『いじめをノックアウト』（2013年度〜）は、NHK初の「いじめのことだけを考える」教育番組で、NHK全体のキャンペーンとも連動した。ドキュメンタリー形式の番組には、結論の出しにくい現実社会の問題を描く『道徳ドキュメント』（2006〜2015年度）、日常の中で感じる悩みを子ども自身の一人語りで描く『カラフル！〜世界の子どもたち〜』（2009年度〜）、実在の人物のリアルな悩みをとりあげる『SEED　なやみのタネ』（2021年度〜）がある。そして、結論を出さないシチュエーションドラマで考えるきっかけをつくる形式としては『ココロ部！』（2015年度〜）や『もやモ屋』（2019年度〜）などの道徳番組が放送されている。

軽度の発達障害の子ども向けに開発された『みてハッスル☆きいてハッスル』（2004〜2008年度）の後を受けて、コミュニケーション・スキルやソーシャル・スキルなどを身につける『コミ☆トレ』（2009〜2012年度）、アニメやクイズを取り入れた『スマイル！』（2012〜2018年度）が制作された。また、身体障害や発達障害のある子や外国人の子どもなど、マイノリティーの特性を知り、理解を深める対話劇『u&i』（2018年度〜）も始まっている。

『時々迷々』（2009〜2019年度）→P703

『いじめをノックアウト』（2013年度〜）→P704

『道徳ドキュメント』（2006〜2015年度）→P702

『カラフル！〜世界の子どもたち〜』（2009年度〜）→P703

『SEED　なやみのタネ』（2021年度〜）→P708

『ココロ部！』（2015年度〜）→P706

『もやモ屋』（2019年度〜）→P707

『みてハッスル☆きいてハッスル』（2004〜2008年度）→P701

『コミ☆トレ』（2009〜2012年度）→P703

『スマイル！』（2012〜2018年度）→P704

『u&i』（2018年度〜）→P707

『拝啓　十五の君へ　アンジェラ・アキと中学生たち』(2008年度) → P1005

"きらめき"を伝えたい〜ティーンズの映した50年』
(放送コンテスト)(2003年度) → P1000

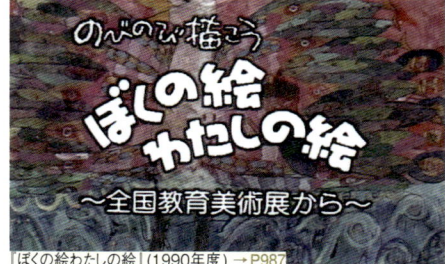

『ぼくの絵わたしの絵』(1990年度) → P987

『放送教育研究会全国大会』(1953年)

第1回日本賞教育番組国際コンクール

　NHKの教育放送は、放送や通信をとおしてコンテンツを届けるだけでなく、児童・生徒、そして、先生が参加する各種イベントと、それを取り上げる特集番組にも力を入れてきた。

　1932年にスタートした「児童唱歌コンクール」は、1962年度に「NHK全国学校音楽コンクール」と改称。以来、入賞校発表会を放送し、小・中・高校生の歌声を届けてきた。2008年度からは中学校の部の課題曲を人気アーティストが提供した。そのはじまりとなったのがアンジェラ・アキ作詞・作曲の「手紙」。アンジェラ・アキがこの歌を歌う中学生たちを全国に訪ね、歌を通して生まれた心の交流を描く『拝啓　十五の君へ』などのドキュメンタリーも放送された。翌2009年度はいきものがかりが作詞・作曲した「YELL」を通しての中学合唱部との交流を描いた『いきものがかり　15歳へのエール』を放送、以降もアーティストと生徒たちの「NHK全国学校音楽コンクール」を通してのつながりを紹介してきた。

　また、校内放送活動の成果を競う「NHK杯全国高校放送コンテスト」は1969年度から優秀作品をテレビで放送、『青春フォーカスイン』、『ティーンズビデオ』など、番組タイトルを変えながら若い感性による作品を紹介してきた。

　教育美術振興会が主催する「全国教育美術展」に応募された子どもたちの絵を紹介する特集番組『ぼくの絵わたしの絵』は1968年度から放送が始まった。1969年度のゲストは岡本太郎、その後も漫画家のちばてつや、楳図かずお、画家・絵本作家の安野光雅、俳優の三田佳子、米倉斉加年など多彩な出演者を迎えて放送してきた。

　授業や保育に放送を活用する教職員が集う「放送教育研究会全国大会」を紹介するテレビ番組は1958年度から始まり、毎年、テーマを設けて放送教育の利用実践や研究を全国の先生に伝えてきた。優れたコンテンツの確保と教室での番組利用促進に寄与した「全国放送教育研究会連盟」(1950年設立)は、利用者である教師と番組制作者とが連携協力し、全国各地で研究会を開催、年に一度の全国大会では参加者が1万人を超えることもあった。当初は、その全国大会で発表される授業実践を紹介する番組だったが、次第に放送教育の未来像を示す実験的な授業を紹介する内容が多くなっていった。

　教育コンテンツを対象とした国際コンクール「日本賞」は1965年度の設立以来、世界各国の優れた教育作品を紹介してきた。第1回は世界各国からテレビ・ラジオ合わせて185本が参加、優れた番組の開発や制作者たちの交流の場となった。グランプリはフィンランド放送協会が制作した『自然のカレンダー〜むかしむかし』で、ナレーションもインタビューも使わずに自然保護の重要さを語りかける番組だった。

　日本賞関連の特集番組は、おもに授賞式や受賞番組を紹介してきたが、近年は教育メディアの最前線を紹介する番組も制作されている。また、2015年度には『日本賞50周年記念番組　U18　ぼくらの未来』で、プログラマー、デザイナー、プランナーなどがチームを作り短期間にサービスやシステムを開発するハッカソンや、アプリ開発、メディアアートなどに取り組み、自分の手で未来を描こうとするデジタルネイティブ世代の若者を紹介した。「日本賞教育番組国際コンクール」として始まった「日本賞」は、「日本賞教育コンテンツ国際コンクール」としてデジタル時代に対応し、放送に限らず多様なメディアを対象とするようになっている。

学校放送・高校講座

1950年代 [幼保]

人形劇／にんぎょうげき 1956〜1989年度

学校放送に小学校低学年にも利用できる「幼稚園・保育所向け」番組として新設され、生活指導番組『みんないっしょに』と隔週で放送。「情操陶冶」の領域に対応。第1回放送は劇団やまいもによる「ポンポ君」（作・田中ナナ）。1966年度にタイトルを『にんぎょうげき』とひらがな表記に変更。以後、子どもたちの豊かな感性を掘り起こし、すこやかな想像力を育てることをねらいに、1990年3月まで続く長寿番組となる。

みんないっしょに 1956〜1965年度

学校放送に小学校低学年にも利用できる「幼稚園・保育所向け」番組として新設された生活指導番組。20分番組で『人形劇』と隔週放送でスタートし、1957年度より毎週の放送となる。"テレビのおばさん"として出演した元木弘子が子どもたちと歌や遊びで触れ合った。1963年度からは人形劇を中心にすえ、幼児の発達段階に即応したテーマで構成することで、生活指導番組としてのねらいを明確にした。

リズムあそび 1957〜1958年度

テレビ放送開局の翌日、1953年2月2日に始まった小学校低学年向け番組『リズムあそび』が、1957年度に幼稚園・保育所向けとして新たにスタート。保育要領に沿って、幼児の生活経験を自由に表現させ、リズミカルな動きへと導く。観察力、創造力、表現力を育てるとともに、基礎リズムの指導を行い、リズム感を体得させるのに役立てた。

おててつないで 1959〜1965年度

『リズムあそび』（1957〜1958年度）に代わって登場した幼稚園・保育所向け「自然観察」番組。身近な動植物、乗り物、自然現象などを取り上げ、実写、フィルムによる特殊撮影、絵話など、さまざまな手法を組み合わせて、自然観察をおこない、子どもたちの経験を深めた。

1960年代 [幼保]

できたできた 1960〜1963年度

幼稚園を対象とした「お絵描き（絵画製作）」のための番組。表現活動の動機づけに重点をおき、幼児の創造的造形活動を支援した。

連続人形劇「スピードさるくん」 1960年度

幼稚園・保育所向けの連続人形劇。「情操陶冶」の領域に対応。感情や情緒を育み、創造的で個性的な心の働きを豊かにし、道徳的な意識や価値観を養うことを目的とする。人形劇は劇団やまいも。

かっちゃん 1960〜1961年度

幼稚園・保育所向けの社会見学番組。1960年度は月曜に『みんないっしょに』（生活指導）、火曜に『できたできた』（絵画製作）、水曜に『人形劇』（情操陶冶）、木曜に『連続人形劇 「スピードさるくん」』（情操陶冶）、金曜に『おててつないで』（自然観察）、そして土曜に『かっちゃん』（社会見学）を日替わりで放送し、初めて「幼稚園・保育所向け番組」を（月〜土）通してラインナップした。

連続人形劇「ポロロンえほん」 1961年度

『スピードさるくん』（1960年度）のあとを受けて始まった幼稚園・保育所向けの連続人形劇。「情操」の領域に対応。人形は竹田人形座。3歳児から5歳児まで、ともに幼稚園・保育所での高い利用率を示した。

ふたごのこぐま 1962年度

『ポロロンえほん』（1961年度）のあとを受けて始まった幼稚園・保育所向けの連続人形劇。「情操」の領域に対応。北極のきびしい自然の中で、こぐまたちが互いに助け合いながら力強く成長していく物語。ぬいぐるみ人形のかわいさとあいまって、高い利用率を示した。人形は劇団ぱぺっと。

きたきたきたよ 1962〜1965年度

『かっちゃん』（1960〜1961年度）のあとを受けて始まった幼稚園・保育所向けの社会見学番組。

ドレミファ船長 1963〜1965年度

『ふたごのこぐま』（1962年度）のあとを受けて始まった幼稚園・保育所向けの音楽番組。声楽家の友竹正則が「ドレミファ船長」を演じ、楽しい歌や物語を通して、幼児に豊かな音楽的経験を積ませるとともにリズム表現を指導した。出演：友竹正則、松島トモ子、坂本新兵ほか。

01.ドラマ　02.クイズ・バラエティー　03.音楽　04.伝統芸能　05.ニュース　06.報道・ドキュメンタリー　07.紀行　08.教養・情報　09.自然・科学　10.こども・教育　11.人形劇・アニメ　12.趣味・実用　13.大型特集番組等

おじさんお話してよ　1964〜1965年度

幼稚園・保育所向けのお話番組。お話のじょうずなおじさんのワンマンショーで、名作童話、昔話など、幼児のために書かれた楽しいお話を放送。「おじさん」は俳優、声優として活躍した小山田宗徳。

くまのこバンブ　1966〜1968年度

幼稚園・保育所向けの「社会」「健康」領域関連番組。『みんないっしょに』（1956〜1965年度）を改題し、動物村の生活を描いた人形劇。作：竹本員子。作曲：桑原研郎。声の出演：喜多道枝ほか。人形操作：劇団ぱぺっと。

なにしてあそぼう　1966〜1969年度

幼稚園・保育所向けの絵画製作番組。高見映が演じる言葉をいっさい話さないキャラクター「ノッポのおにいさん」のパントマイムで、くまの子「ムーくん」と造形あそびをすることによって、創造への意欲を高めるのがねらい。1967年11月、日本賞教育番組国際コンクールに参加し、郵政大臣賞を受賞。1970年から20年続いた幼児のための人気学校放送番組『できるかな』の前身番組。作：山元護久。作曲：宮崎尚志。出演：高見映ほか。

なかよしリズム　1966〜1987年度

幼稚園・保育所向けの音楽番組。幼児のリズム感覚を養うことを目的とした音楽バラエティー。番組スタート当初は、なかやまかつみとわしづなつえの"おにいさん"と"おねえさん"が、ミュージカル仕立てで、歌とリズムの楽しさを伝えた。わしづなつえは童謡歌手・小鳩くるみの本名。作：吉岡治、阪田寛夫ほか。作・編曲：越部信義、小林亜星ほか。1984年度から内容を一新し、指揮者の山本直純が番組の顔として出演した。

よくみよう　1966〜1971年度

『おててつないで』（1959〜1965年度）のあとを受けて登場した幼稚園・保育所向けの自然観察番組。後半の3分コーナーでは、当時まだ発展途上にあったアニメーションを放送。構成：吉原順平、中川李枝子ほか。作曲：小川睦明ほか。出演：富沢富夫、梓欣造ほか。

いってみたいな　1966〜1971年度

『きたきたきたよ』（1962〜1965年度）のあとを受けて登場した幼稚園・保育所向けの社会見学番組。幼児たちが「行ってみたい」場所をテレビで取り上げる幼児のためのドキュメンタリーで、さまざまな人々の生活や行事に目を向けさせ、社会的な広がりを与えた。1968年度は番組後半で、交通安全のためのコーナーを設けた。作：須藤出穂ほか。音楽：越部信義ほか。語り：中井啓輔、米倉斉加年。

ちびっこモグ　1969〜1971年度

幼稚園・保育所向け生活指導番組。『くまのこバンブ』（1966〜1968年度）の後継番組。モグラの子"ちびっこモグ"を中心に、子どもたちの成長を描いた人形劇。作：山中恒。作曲：坂田晃一。声の出演：保積ペペほか。人形操作：グループもりほか。

1970年代　幼保

できるかな　1970〜1989年度

幼稚園・保育所向けの絵画製作（造形教育）番組。『なにしてあそぼう』（1966〜1969年度）で親しまれた「ノッポさん」が、身近な素材を使ってさまざまなものを作って、人形の「ゴン太くん」といっしょに遊び、子どもたちが自らいっしょに作りたい、描きたいと思わせる動機づけとする。幼児の造形活動に適切な刺激を与え、豊かな感性をゆさぶり、模倣的な活動から創造性に富んだ活動へ発展させることをねらいとした。

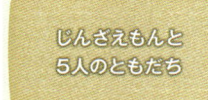

じんざえもんと5人のともだち

じんざえもんと5人のともだち　1972年度

幼稚園・保育所向けの生活指導番組。『ちびっこモグ』（1969〜1971年度）の後継番組。作：鈴木悦夫。音楽：越部信義。出演：川久保潔、木下秀雄、菅谷政子ほか。人形操作：スタジオ・ノーヴァ。

みんなのせかい　1972〜1984年度

幼稚園・保育所向け番組。『よくみよう』（1966〜1971年度）で扱ってきた自然・生物や、『いってみたいな』（1966〜1971年度）でとり上げた社会の現象・活動なども合わせてとり上げた。幼児の身の回りの生活や地域社会での行事、身近な自然の生態などを、幼児の発達に応じて紹介した。幼児なりに"生きる"ことの意味を感じとってもらうことをねらいとして制作するフィルム構成番組。

びっくりばこドン　1972〜1979年度

幼稚園・保育所向け番組。幼児の知的欲求に応えて、いろいろな話題を紹介する教育バラエティー番組。「数とことば」の領域についてその概念形成を触発するために、アニメーションや模型を使う親しみのある演出で構成した。出演：なべおさみ、植木まり子ほか。

プルルくん　1973〜1975年度

幼稚園・保育所向けの生活指導番組。『じんざえもんと5人のともだち』（1972年度）の後継番組で、生活指導の基本に立って構成されたマリオネット人形劇。幼児に「勇気」「思いやり」などを身につけてもらうのがねらい。原案：手塚治虫。作：横田弘行。音楽：山下毅雄。声の出演：太田淑子、加藤道子ほか。人形操作：竹田人形座。

学校放送・高校講座

風の子ケーン　1976〜1977年度

幼稚園・保育所向けの生活指導番組。『プルルくん』（1973〜1975年度）の後継番組で、生活指導の基本に立って構成された人形劇。原案：手塚治虫。作：高垣葵。音楽：広瀬量平。声の出演：太田淑子、若山弦蔵、鈴木弘子ほか。人形操作：古賀伸一ほか。人形美術はのちに『連続人形劇　三国志』（1982〜1983年度）を担当することになる川本喜八郎。

ぺぺとミミ　1978〜1980年度

幼児の生活指導に役立てる動物人形劇。『風の子ケーン』（1976〜1977年度）の後継番組。たぬきの「ぺぺ」とうさぎの「ミミ」は、祖先は「かちかち山」で宿敵同士だったうさぎとたぬきだが、今は大の仲良し。この2人に雷の子「コロコロ」を加えた3人を中心に物語が展開。友情、努力、親切などについて具体的に考える。作：関功。音楽：三枝成彰。人形製作：田中まさを。人形操作：古賀伸一ほか。声の出演：平井道子、高木均ほか。

1980年代　幼保

ばくさんのかばん　1980〜1986年度

『びっくりばこドン』（1972〜1979年度）で扱ってきた「ことばとかず」の領域について、幼児の発達に沿った新しいカリキュラムを開発し、「ことばとかず」の基礎的な概念の形成を助長することをねらいとした。「ばくさん」の持つ不思議なカバンを軸に、遊びやショーのなかで、幼児にことばや数への興味、関心を持たせるよう構成した。

川の子クークー　1981〜1982年度

『ぺぺとミミ』（1978〜1980年度）のあとを受けてスタートした幼児向け生活指導番組。河童の男の子「クークー」と、その友だちクマの子「ポーポー」が繰り広げるゆかいな動物人形劇。クークーの行動を通して、幼児にとって大切な友情、努力、親切などのテーマを明るく具体的に描いた。

おーい！　はに丸　1983〜1988年度

3歳児を主な対象とした"ことば"の番組。『川の子クークー』（1981〜1982年度）の後継番組。はにわの少年「はに丸」に日本語を教えるという設定でストーリーが展開。ミュージカル形式でことばの正確な意味や正しい使い方をわかりやすく示した。作：三枝睦明、雁田昇、朝比奈尚行。人形造形：野原東。音楽：福田和禾子。出演：三波豊和、羽生愛ほか。

みてごらん　1985〜1987年度

前年度まで放送の幼児向け自然観察番組『みんなのせかい』（1972〜1984年度）の内容を一新。幼児の身近に見られる動物から大自然に生きるものまで幅広く取り上げ、幼児が"生きる"ことの意味を感じとり、生き物への共感をはぐくむことをねらいとした。案内役はフォークデュオ「ビリーバンバン」の菅原孝。音楽は堀井勝美が担当。

ピコピコポン　1987〜1990年度

4、5歳児を対象にした『ばくさんのかばん』（1980〜1986年度）の後継番組。数や図形の認識につながる基本を人形劇の物語のテーマとして取り入れ、幼児の数量感覚を養うことをねらいとした。宇宙のある星に不時着した2人とそこの住人が、宝物をめぐって繰り広げる夢いっぱいのストーリー。1987年6月の全国視聴率調査で、30代女性が最もよく見る教育テレビ番組としてこの番組があげられるなど、在宅する母親の関心の高さを示した。

プルプルプルン　1988〜1989年度

20年以上続いた音楽とリズムの番組『なかよしリズム』（1966〜1987年度）の後継番組。古今東西の子どもの歌、一流の演奏家による名曲鑑賞、立つ能力を高めることをねらった体操の3つのコーナーで構成した。構成：今井次郎ほか。音楽：山本純之助。振付：坂上道之助。人形操作：山口真美。人形美術：ヒダオサム（1988年度）、ほんだゆきお（1989年度）。出演：前川礼美、大原まり、森末慎二ほか。

ピックンとアップン　1988〜1989年度

『みてごらん』（1985〜1987年度）のあとを受けてスタートした幼児向け自然観察番組。保育所等で低年齢児保育が増加しているのに対応して、前半5分に2歳児に向けた手遊びなどを楽しむ「あそぽ」コーナーを設けた。後半10分は全幼児を対象に、生き物に対する優しい心や、自然への関心を高めることをねらった「動物くん」コーナーとした。

やっぱりヤンチャー　1989年度

教育課程の改定を先取りするかたちで、3歳児を対象に「人間関係」をテーマに新設。『おーい！　はに丸』（1983〜1988年度）の後継番組。「人として生きる力を身につけること」（個人的生活）と、「楽しく生きる力を身につけること」（社会的生活）をねらいとした。

1990年代　幼保

ともだちいっぱい〜つくってあそぼ　1990〜1994年度

よりよい教育環境と「あそび」を重視した新幼稚園教育要領を踏まえ、（水〜土）の日替わりで4番組を放送する「ともだちいっぱい」シリーズを新設。2〜5歳児を対象に、「あそび」を通じて、心身の調和のとれた発達の基礎を養う。そのシリーズの一つ「つくってあそぼ」は、身近な素材を利用して造形活動を行い、子どもたちの表現意欲や創造力を高める造形番組。1995年度より「ともだちいっぱい」の枠がはずれて単独番組となる。

ともだちいっぱい〜なかよくあそぼ 1990〜1993年度

子どもたちの「人間関係」をテーマにした「ともだちいっぱい」シリーズの1つ。子どもたちが友だちの存在に気づき、仲良く生活していくためのルールや思いやりなど、「人とかかわる力」を育てることがねらい。"お兄さん"とキャラクターのぬいぐるみが遊ぶ中で起こる小さなトラブルをみんなで解決していき、「やさしさ」と「思いやり」といった「人間関係」を学んだ。

ともだちいっぱい〜しぜんとあそぼ 1990〜1994年度

4〜5歳児向けの自然・環境番組として「ともだちいっぱい」シリーズの1つとしてスタート。1995年度からは『ともだちいっぱい』の枠がはずれ『しぜんとあそぼ』に改題したが、1990年の第1回放送から30年以上続く長寿番組となった。子どもたちが自然への関心を高め、生き物に対する優しい心をはぐくむことがねらい。身近な動物たちの誕生や子育て、種の保存と生存戦略など、自然界の厳しさや生きることのすばらしさを描く。

ともだちいっぱい〜うたってあそぼ 1990〜1994年度

「ともだちいっぱい」シリーズの1つで、2〜3歳児を対象とした音楽番組。子どもたちの生活や自然の中にある「音」を大切にし、子どもたちに「音」へ注意を向けさせ、そこから自然に「歌」へと導く。"歌のお姉さん"とキツネの人形ヒョロリが、さまざまな音に出会い、「手遊び」「指遊び」などの身体表現や歌を通して、音楽への興味を培うきっかけとする。

こどもにんぎょう劇場 1990〜2010年度

幼稚園・保育所向けの学校放送番組『にんぎょうげき』（1956〜1989年度）の後継番組。4〜6歳の子どもを対象に、子どもたちの豊かな感性とすこやかな想像力を育てることをねらいとした。古今東西の民話や名作、新しい創作童話などから、放送した21年間におよそ190の人形劇にふさわしい作品を取り上げ、糸操り人形や棒使い人形などさまざまな操作手法の人形劇を放送した。教育の15分番組。

ともだちいっぱい〜かずとあそぼ 1991〜1993年度

4〜5歳児を対象に「かず」に対する親しみと興味を広げてもらおうという番組で、1990年度からスタートした「ともだちいっぱい」の新シリーズ。『ピコピコポン』（1987〜1990年度）の後継番組。キャラクターのぬいぐるみたちに起こる「かず」にまつわる問題を、分かりやすく解決していく。数・量・空間・形などの数学的概念に親しむことをねらいとした。

ともだちいっぱい〜マホマホだいぼうけん 1994年度

4・5歳児を対象とした「数（数量、量、空間、形などの数学的概念の総称）」や、その「ことば」に対する親しみと興味を広げてもらう番組。『ともだちいっぱい〜かずとあそぼ』（1991〜1993年度）の後継番組。愉快な魔女ウィッチーとその弟子ホーキィが繰り広げる楽しい冒険物語を通して、子どもたちが「かずのことば」に慣れ親しんで、上手に使う「センス」を養っていく。

ともだちいっぱい〜わいわいドンブリ 1994年度

「国際化社会における相互理解の諸問題」というテーマを、ぬいぐるみ人形劇に初めて取り上げた。『ともだちいっぱい〜なかよくあそぼ』（1990〜1993年度）の後継番組。1995年度から『ともだちいっぱい』の枠がはずれて番組として独立。「自分と違う文化」を持つ人との出会いは、新鮮な驚きや共感を呼び起こす反面、違和感や嫌悪感といった感情も生み出す。そんなときはどうすればいいのか、先生といっしょに考えていくのがねらい。

うたってオドロンパ 1995〜2005年度

子どもたちと「音楽」の初めての出会いを楽しいものにする幼児向け音楽番組で、『ともだちいっぱい〜うたってあそぼ』（1990〜1994年度）の後継番組。1998年度からタイトルを『うたっておどろんぱ』とひらがな表記に変更。「オドロンパーク」を舞台に、ぬいぐるみキャラクターの「オドロン」「ホニャピ」と、うたのお姉さん「ジュンジュン」と「オドロンキッズ」たちが、歌とダンスを楽しむ。

わいわいドンブリ 1995〜1996年度

「国際化社会における相互理解」というテーマを、幼児向けぬいぐるみ人形劇に取り上げた番組。1990年度に「ともだちいっぱい」シリーズの1つとしてスタート。1995年度に単独番組となる。トメさん、ゴンザ、カムリンの3人が繰り広げる不思議な物語を通して、子どもたちに人間関係の基本的なルールについて考えるきっかけを与えるのがねらい。教育（水）午前10時30分からの15分番組。

つくってあそぼ 1995〜2012年度

幼児向け自然、環境番組。1990年度に「ともだちいっぱい」シリーズの1つとしてスタート。1995年度に『ともだちいっぱい』の枠がはずれ単独番組となる。牛乳パックや段ボール、紙コップやポリ袋など、身近な素材を利用して造形活動を展開する番組。1995年度は教育（火）午前10時30分からの15分番組。

しぜんとあそぼ 1995〜2021年度

幼児向け自然、環境番組。1990年度に「ともだちいっぱい」シリーズの1つとしてスタート。1995年度に『ともだちいっぱい』の枠がはずれ単独番組となる。さまざまな生き物の表情や生態をじっくり、おもしろく見せていく中で、自然界の営みの不思議や命の驚きを子どもたちに伝える。1995年度は教育（木）午前10時30分からの15分番組。

たっくんのオモチャ箱 1997〜1999年度

3・4歳児を対象に、幼児の「人間関係」作りの基礎を養うための着ぐるみ人形劇。『わいわいドンブリ』の後継番組。「1人立ちする力（自立）」と「仲良く生活する力（社会的生活）」の2つの要素を盛り込んで、オモチャの世界に迷い込んだ男の子「たっくん」の物語を楽しく描く。脚本：岡崎由紀子。

つくってワクワク 1999〜2012年度

「子どもたちに日頃から造形に接してほしい」という教育現場の先生や母親からの要望にこたえ、身近な素材を利用して造形活動を展開する『つくってあそぼ』を5分番組に再構成。遊べるおもちゃを作ることを主眼に置いて制作した。初年度は教育（月〜金）午後4時台に『ぴりっとQ』と隔週で放送。2010年度からは毎週（月〜金）放送となる。

学校放送・高校講座

2000年代 　幼保

ぼうけん！メカラッパ号　2000～2001年度
幼児が培う人間関係をテーマにしたSF人形劇。『たっくんのオモチャ箱』（1997～1999年度）の後継番組。宇宙を舞台に、少年ラックが育ての親とともに冒険の旅をして、その過程でさまざまな人と出会い成長してゆく物語。人形操作はモーションセンサー付きのテレビカメラで撮影。その三次元位置情報をもとにリアルタイムでCGデータと合成する、日本初の本格バーチャルセットで制作。

わたしのきもち　2004～2009年度
人間関係をテーマに具体的な例をスキットで紹介しながら、幼児向けに制作。子どもたちがよりよい人間関係を結ぶヒントを提示し、自分の気持ちをきちんと伝え、相手の気持ちを理解するといったコミュニケーションに不可欠な力を、歌やアニメ、ゲームなどで楽しみながら身につけることをねらいとした。

わたしのきもちミニ　2005～2009年度
教育の幼児向け番組『わたしのきもち』（2004～2009年度）をマルチユースした5分番組。『わたしのきもち』は子どもたちがよりよい人間関係を結ぶヒントを提示し、豊かな気持ちと自己表現力を育むことをねらいとした。教育で初年度は（木）午後4時55分に放送。

あいのて　2006年度
日常生活の中のさまざまな音に"あいのて"を入れることで音楽を作っていき、子どもたちの表現意欲をかきたてることをねらった番組。家具や文房具など身近なものを使って音楽を奏でたり、日常生活にあるさまざまな音から音楽を感じるなど、表現行為の原点に戻って"音"を楽しむ。

2010年代～ 　幼保

ノージーのひらめき工房　2013年度～
4・5歳児から小学校低学年の子どもたちに向けた工作番組。『つくってあそぼ』の後継番組としてスタート。ひらめきの天才「ノージー」と仲間の妖精たちが、遊びの国で工作に詳しいクラフトおじさんのアドバイスを受けながら、それぞれ独自の作品を作っていく。マニュアルに頼らず自分自身の発想やひらめきを大切にしながら、個性豊かな自分なりの工作を生み出すプロセスを大事にした。

ノージーのひらめき工房ミニ　2017～2020年度
4～5歳児から小学校低学年の子どもたち向け工作番組『ノージーのひらめき工房』の要素を凝縮した5分番組。工作ソングや一般の子どもによる造形コーナー、プロのクリエーターの技を紹介するコーナーなどを中心に構成する。Eテレ（水）午後5時40分から放送。

ノージーのレッツ！ひらめき工房　2022年度～
ひらめきの妖精"ノージー"と工作を楽しむ『ノージーのひらめき工房』（2013年度～）の姉妹番組としてスタート。ひらめくためのヒントを探すことを大切にし、身近なものを観察して工作につなげる視点・発想を紹介した。また工作の作品を投稿してくれた子どもに密着する「ひらめきミュージアム」のコーナーを月1回放送。造形監修：はらこうへい、いしかわ☆まりこ。監修：末永幸歩。Eテレ（金）午前7時20分からの10分番組。

1950年代 　小学校

リズム遊び　1953～1958年度
テレビ放送開局の翌日、1953年2月2日に小学校低学年向け音楽番組としてスタートし、6月までに6本放送。1956年4月から小学校中学年向け音楽番組として再開し、翌年3月まで放送。1957年5月に幼稚園・保育所向け番組として新設。同名番組で対象を変えながら1959年3月まで放送した。

土曜クラブ　1953年度
テレビ本放送開局とともに始まった学校放送は、（月～土）の午後1時から1時15分まで放送。曜日ごとに（月）小学校低学年、（火）中学年、（水）高学年、（木）中学校低学年、（金）高学年と対象別に編成した。土曜日は学年を問わない課外活動の時間として『土曜クラブ』を放送。「器楽合奏」「舞踊」「綴り方と絵画」「ラジオ体操」「人形劇」「職業教育～ミシンの使い方」「漫画の描きかた」など、幅広いテーマを取り上げた。

クイズ教室　1953～1954年度
小学校中学年向けの番組。1954年度は1955年2月8日の1日だけ放送。

テレビの旅　1953〜1984年度

1953年2月11日から始まった小学校高学年（1964年度から小学5年生）向けの社会科番組。放送開始当初は、ラジオ学校放送の『マイクの旅』との併用利用がしやすいように、その関連を強化した。学習単元に即した地域を現地取材し、日本のもっとも新しい姿を紹介し、生きた社会科教材とした。第1回放送の「鎌倉」から始まり、1985年3月に放送した最終回「よみがえれ自然〜東京湾」で幕を閉じた。

自然の姿　1953年度

小学校高学年向け理科番組。1953年4〜7月に「カエルとその仲間」「富士山」「自然をのぞく」「天橋立」「小さな世界」「複式火山」「渦巻きのはなし」の7本を放送。

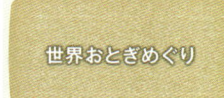

世界おとぎめぐり　1953年度

小学校低学年向け番組。1953年4〜7月に9本を放送。テーマは「日本　おだんごごろごろ」「中国　かささぎのたまご」「中国　おどるお茶摘み」「中国　おしゃかさまのてのひら」「インド　坊さんとらくだ」「インド　お礼の行列」「インド　海の女王」「インド　お話とドラマ〜三十一番目のだまし方」「フランス　風車小屋便りより〜キュキュニアン司祭」。

動物の国　1953〜1958年度

小学校中学年向けの理科番組。毎回のテーマは「お馬となかよく」「さんしょううおとかもしか」「かばのお話」「ライオン」「飛ばない鳥と飛ぶけもの」「北極の動物」「動物の卵」などを放送。

おとぎのへや　1953〜1958・1962〜1989年度

小学校低学年向けの国語関連番組。『世界おとぎめぐり』の後継番組。日本や外国の名作、昔話、あるいは民話・伝承童話などの中から、小学校低学年の子どもたちにふさわしい作品を選び、子ども向けに脚色して放送。人形劇、シルエット、ペープサート、語りなど、作品に応じて多様な演出形式で紹介した。1968年度からは『小学校名作番組-おとぎのへや』として放送。子どもたちの豊かな気持ちを育て、想像力を培うことを目指した。

東京案内　1953年度

小学校中学年向け社会科番組。1953年9月から翌年3月まで、「中央郵便局」「青物市場」「東京港」「国電の大井工場」「国会図書館」「地下鉄」「後楽園」の7本を放送。

健ちゃんの日記帳　1953年度

小学校高学年向けの生活指導番組。1953年9月から「清潔について」「読書の秋」「お客さまごっこ」「健ちゃんとマスク-風邪について」「こわれた写真機」「健ちゃんと鬼」の6本を放送。

自然のふしぎ　1953〜1954年度

小学校高学年向けの理科番組。1953年9月から1954年9月まで、「液体空気」「秋の星」「科学の手品」「光」「春の訪れ」「ひとで」「鳥の習性」「みつばち」「かびの話」「琵琶湖のはなし」の10本を放送。

仲よしクラブ　1954〜1955年度

小学校中学年向けの生活指導番組。1954年4月から1955年10月まで9本を放送。テーマは、「影絵で遊びましょう」「絵を描きましょう」「標本をつくりましょう」「版画をつくりましょう」「みんなで学芸会（同テーマで2回放送）」「数のいろいろ（同テーマで2回放送）」「東海道のおもかげー箱根までー」。

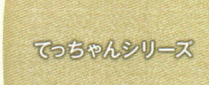

てっちゃんシリーズ　1954年度

小学校高学年向け番組生活指導番組。1954年4〜6月に『街の子てっちゃん』のタイトルで「僕の小遣い帳」「整頓について」「げんまん-時間について」の3本を放送。同年9〜11月に「哲ちゃんのキャンプ-季節の変わり目」「哲ちゃんとスポーツ」「哲ちゃんと交通安全」のタイトルで3本を放送した。

わたしたちのくらし　1954・1956〜1986年度

小学校中学年向け「社会科」番組。地域社会との結びつきについて学ぶ。生産、分配、交通、通信等の諸施設を、現場中継により紹介する「テレビ見学」を挿入し、リアルタイムの臨場感を演出した。1963年度より小学校4年向けに対象を絞る。

よい子の玉手箱　1954〜1955年度

小学校低学年向けの道徳番組。

楽しい工作　〈1954〜1955〉　1954〜1955年度

小学校向けの図工番組。1954年6月に小学校高学年向けとしてスタートし、1955年2月より小学校中学年向けとなる。「マッチ棒」「電灯のかさ」「うちわ」「はりがね工作」「空きかんを使って」「廃物をつかって」「やさしいおもちゃの作り方」「みんなの版画」「人形劇"赤ずきん"をつくるまで」などのテーマで放送。

学校放送・高校講座

ぼくらの実験室　1954～1959年度

小学校高学年向けの理科番組。1954年9月に『僕らの実験室』でスタート。1956年9月から『ぼくらの実験室』と表記を変更。初回「見えない文字」から始まり、「オリオン伝説」「ふりこ」「呼びりんとモーター」「なぜでしょう」「酸素と炭酸ガス」「電話の聞こえるまで」「かえるの生態」「自動車はこうして動く」などのテーマで放送。

元気な子供　1954年度

小学校低学年向け番組。

うたいましょう　ききましょう　1955～1973年度

小学校低学年向けの音楽番組。遊びをまじえて音楽の基礎を学習する。放送開始当初は、ラジオの人気番組『うたのおばさん』で親しまれていた声楽家の松田トシが出演。うたに遊びをまじえた構成で、音楽に親しむ態度を養った。1960年度より、図工番組『かきましょう　つくりましょう』と隔週放送で、1962年度より毎週の放送となる。

季節の手帳　1955年度

小学校高学年向け番組。1955年6月に3本、7月に1本を放送。それぞれ「鮎」「梅雨の気象」「夏の星座」「昆虫標本」の計4本。

はてなはてな　1955～1959年度

小学校低学年向けの理科番組として1955年6月にスタート。1960年度からは『理科教室2年生』に改題。1988年度に『理科教室』が終了し、1989年度に『小学校理科番組・2年　はてなはてな』(1989～1991年度)として同名番組が始まる。

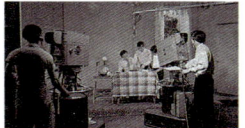

理科のおじさん　1955年度

小学校中学年向けの理科番組。1955年6月から翌年2月まで9本を放送。各回のテーマは「ぎっこん・ばっこん」「はずむクッション」「白と黒」「ふくらむ物」「ガソリン」「あたたかい部屋」「べんりなおもちゃ」「じしゃくとでんじしゃく」「電車はどのようにしておこるか」。

音楽教室　1955～1973年度

小学校高学年向けの音楽番組。当初は『美術教室』と隔週で放送したが、1962年度より毎週の放送となる。高学年では音楽的感覚と音楽知識の両面で、バランスのとれた教育成果が期待できるよう工夫した。とくに歌唱指導には系統性を持たせ、正しい発声法から美しいハーモニーの合唱に至るまでをわかりやすく指導した。

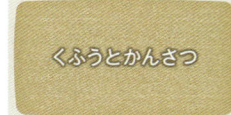

くふうとかんさつ　1956～1957年度

小学校中学年向けの理科番組。初回「しおひがり」から始まり、「いきもののすみか」「動くおもちゃ」「火おこし」「雲のいろいろ」「川のはたらき」「冬休みの工作」「重いもののはこび方」「乾電池あそび」「理科のてじな」などのテーマで放送。

くらしの歴史　1956～1987年度

小学校高学年向けの社会科番組。ラジオ学校放送の『マイクの旅』『日本のむかし』との関連を強化し、併用の利用性を高めた。1958年当時、文研調査で全「学校放送」番組中最高の視聴率を示した。1961年度より6年生向けに対象を絞った。1970年度の「大仏建立」は、日本賞教育番組コンクールで「郵政大臣賞」受賞。1980年代は、国際社会の中の日本についても扱った。

ボクちゃん　1956～1957年度

小学校低学年向け生活指導番組として制作された人形劇。

かずとことば　1957～1959年度

小学校低学年向けの「国語と算数」番組。それまで学校放送で扱われていなかった基礎学力としての算数と国語の学習方法をテレビ映像で提示し、現場利用校の好評を得た。

テレビ図書館　1957～1961年度

小学校中学年向けの「国語・生活指導」番組。国語教育における物語や文学作品の鑑賞に役立てると同時に、情操を豊かにし道徳的心情を啓発することを目指し、伝記、名作などを紹介した。

美術教室　1957～1958・1960～1963年度

小学校高学年向け「図工」関連番組。創造的な表現の意欲を助長するとともに、合理的、計画的表現の可能性を高めた。『音楽教室』と隔週で放送したが、1962年度より毎週の放送となる。

音楽あそび　1957〜1958年度

小学校中学年向け音楽番組。音楽ぎらいの生徒にも楽しく学習できるように、テレビの機能を生かして、映画、スライド、絵画などの視覚教材を使用。いろいろな音楽あそびを通してリズムや音の高低など、音楽の基礎的な能力を養うことができるよう構成した。1959年度は『音楽あそび』に新たに図画工作を加えて、音楽と図画工作を隔週で放送する『たのしい教室』とした。初年度は(水)午前11時30分からの20分番組。

かんさつノート　1958〜1959年度

小学校中学年向けの理科番組。前年度まで放送の『くふうとかんさつ』(1956〜1957年度)の内容を統一して、観察実験に内容をしぼった。

びっくりくん　1958年度

小学校低学年向けの「生活指導」及び「社会科」番組。前年度まで放送の『ボクちゃん』(1956〜1957年度)の後継番組で、小学校1年生の主人公びっくりくんの行動や当面する問題を通して、それぞれの生活主題を考えていく構成。無生物を擬人化した人形のアニメーション・フィルムを制作し、大きな効果を上げた。1958年4月放送の初回は筒井敬介作「うんどうぐつ」で、人形劇団プークが人形を制作。

テレビクラブ　〈期間編成〉　1958〜2021年度

1953年度より、春・夏・冬休みの児童・生徒の家庭における学習に役立つように「春(夏・冬)のプレゼント」と題し、各学期のおさらいや実力養成番組を短期放送した。1958年度より『テレビクラブ』に改題。毎学期ごとに放送した学校放送の集中的再放送を中心に、さまざまな企画を放送した。夏休み期間中に放送する『夏のテレビクラブ』ほか、冬休み、春休みそれぞれにタイトルを変えて放送した。

大きくなる子　1959〜1987年度

小学校低学年向けの人形劇による生活指導番組で、初めての「道徳」関連番組。擬人化した動物の人形たちが繰り広げるさまざまな生活体験が児童の共感を呼び、児童の生活習慣や道徳性の形成に役立てた。『びっくりくん』(1958年度)の後継番組。

たのしい教室　1959〜1961年度

小学校中学年向けの「音楽・図画工作」番組。前年度まで放送の『音楽あそび』(1957〜1958年度)に、新たに図画工作を加えたシリーズ。図画工作は絵の描き方やものの作り方など、映像で感覚的に訴えることで、学校現場の図画工作教育活動に役立った。

理科教室5年生　1959〜1989年度

各科目の中で、もっとも利用率の高い「理科」番組で、小学校5年から高等学校まで各学年別に(月〜土)で日替わりに放送する「理科教室」シリーズが始まる。理科は発展的系統学習にふさわしい教材として、学校現場における学習指導と直接結びつき、番組利用の成果を上げた。1968年度の5年生「もののすわり」は「日本賞」教育番組コンクールで「郵政大臣賞」受賞。

理科教室6年生　1959〜1969年度

1959年1月に教育テレビが開局したことで、学校放送に割くことができる潤沢な放送時間が生まれ、各学年対応の放送が可能になった。理科は発展的系統学習にふさわしい教材として、学校現場における学習指導と直接結びつき、番組利用の成果を上げた。1970年度に5年向けと6年向けのカラー化が実現し、小学校『理科教室』は全番組がカラー放送となった。

1960年代　小学校

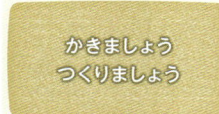

かきましょう　つくりましょう　1960〜1963年度

小学校低学年向けの図工番組。1955年度から始まった音楽関連番組『うたいましょう　ききましょう』と隔週で放送。小学校低学年の子どもたちの創造意欲を高め、表現活動を積極的に展開するのに役立った。

理科教室1年生　1960〜1988年度

1959年から始まった『理科教室』(小学校高学年・中学校・高校)に小学1〜4年が加わり、小学校から高校まで、系統的・継続的に利用できるようになり、テレビの特性を生かした新しい学習分野を開拓した。

理科教室2年生　1960〜1988年度

1959年から始まった『理科教室』(小学校高学年・中学校・高校)に小学1〜4年が加わり、小学校から高校まで、系統的・継続的に利用できるようになり、テレビの特性を生かした新しい学習分野を開拓した。『理科教室2年生』は小学校低学年向けの『はてなはてな』(1955〜1959年度)の後継番組。

理科教室3年生　1960〜1988年度

1959年度から始まった『理科教室』(小学校高学年・中学校・高校)に小学1〜4年が加わり、小学校から高校まで、系統的・継続的に利用できるようになり、テレビの特性を生かした新しい学習分野を開拓した。1965年10月の「日本賞教育番組国際コンクール」では、『理科教室3年生ー紙玉でっぽう』が郵政大臣賞を獲得。

理科教室4年生　1960～1989年度

1959年から始まった『理科教室』（小学校高学年・中学校・高校）に小学1～4年が加わり、小学校から高校まで、系統的・継続的に利用できるようになり、テレビの特性を生かした新しい学習分野を開拓した。

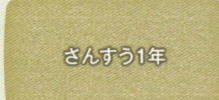

さんすう1年　1961～1963年度

小学1年生向け算数番組。小学2年生向けの『さんすう2年』と隔週で放送。

さんすう2年　1961～1963年度

小学2年生向け算数番組。小学1年生向けの『さんすう1年』と隔週で放送。

はたらくおじさん　1961～1981年度

小学2年生向け社会科番組。好奇心おうせいで探検好きな少年「タンちゃん」と、食いしん坊な犬の「ペロくん」が、いろいろな町や会社で働く人たちの話を聞きながら、社会の仕組みを学んでいく。モノを作る人から、その商品を運ぶ人、そして売る人まで、働く人たちを通じてそれぞれの業種が社会の中でどのような役割やつながりを持っているのかを紹介するスタイルをとった。大阪放送局の制作。

良太の村　1961～1969年度

小学3年生向けの社会科番組。小学校中学年向けの社会科番組『わたしたちのくらし』（1954・1956～1986年度）で、1959年5～7月に放送したシリーズが番組として独立。良太の目を通して両親の仕事や生活から社会の成り立ちやルールを学ぶ。

たのしい図工　1962～1963年度

小学校中学年向け「図工」番組。

みんななかよし　1962～1986年度

小学校中学年向けの「道徳」関連番組。中学年の児童グループを中心にして起きるさまざまな事件のなかから、道徳性の形成に役立つようなドラマを構成した。1962年度に低学年対象の『大きくなる子』（1959～1987年度）と高学年対象の『明るいなかま』（1962～1985年度）と合わせて、小学校低・中・高学年の「道徳」番組がラインナップされた。

みんなの音楽　1962～1973年度

小学校中学年向けの音楽番組。前年度まで隔週で放送していた『たのしい教室』（1959～1961年度）の内容を音楽に特化して改題。毎週の放送とした。

明るいなかま　1962～1985年度

小学校高学年向けの「道徳」関連番組。大都市周辺のある学校を舞台に、高学年の児童が生活する学級、学校、家庭、地域社会の中で起こる具体的な出来事をドラマで描き、「転校生」「つげぐち」「ひきょうなやつ」「掃除当番」などのタイトルで放送した。

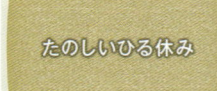

たのしいひる休み　1963～1965年度

ひる休みの小・中学生を対象として、肩のこらない、くつろいだ番組を放送し、学校でのひる休みを楽しくすごしてもらうための番組。映画による世界旅行「世界の旅」や、豆記者による社会探訪「こどもジャーナル」などで5日間を構成。番組の終わりの5分間は、総合で放送中の『みんなのうた』を、この番組のために時間を繰り上げて放送。教育（月～金）午後0時40分から午後1時までの20分番組。

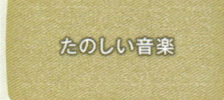

たのしい音楽　1963年度

『たのしいひる休み』（1963～1965年度）の土曜版。器楽演奏や合唱など、全国のこどもたちのすぐれた音楽活動を、昼休みのひとときに子ども向けの食後の音楽として紹介。教育（土）午後0時40分から午後1時までの20分番組。

うちのひとがっこうのひと　1964～1984年度

小学1年生向け社会科番組。この番組のスタートで、小学校の社会科番組は1年生から6年生までの学年別編成が、理科に続いて完成。内容的にも系統性を強化し、各学年の内容の有機的関連を図った。

テレビ特殊学級―たのしいきょうしつ　1964～1972年度

抽象的な思考が困難とされる知的障害児を対象に、テレビのもつ機能をフル活用して、学習意欲を喚起することがねらい。1965年度から「小学校低学年向け」と「小学校高学年向け」に、それぞれ曜日を変えて放送した。養護学校や特殊学級はもちろん、一般家庭の幼児にも視聴された。

あんぜんきょうしつ　1969～1979年度

小学校低・中学年を対象に、交通安全のルールを徹底させるための番組。交通事故の激増に伴い、基本的な交通安全のルールを解説し、子どもたちが自分自身を守るためにどういう注意が必要かを考えた。1977年度より、対象を低学年に絞り、幼児にも利用できるように配慮した。午後0時20分からの10分番組。

安全教室　1969～1979年度

小学校高学年および中学校の生徒を対象に、交通安全のルールを徹底させるための番組。交通事故の激増に伴い、子どもたちが自分自身を守るためにどういう注意が必要かを自分自身が発見し、交通安全に対して自主的姿勢をもたせるように制作。特に小・中学生の自転車事故をどう防ぐかを中心に指導した。午後0時台の10分番組。

1970年代　小学校

ひらけゆく町　1970～1972年度

『良太の村』（1961～1969年度）のあとを受けてスタートした小学3年生向けの社会科番組。新聞社の新人記者が、身の回りの小さな話題から市政にいたるまでを取材するなかで、町に起こるさまざまなできごとに目を向けていく。

たのしいきょうしつ　1973～1993年度

『テレビ特殊学級—たのしいきょうしつ』（1964～1972年度）を改題。全国で約30万人と推定される（当時）義務教育の知的障害児童を対象に、特殊学級や養護学校向けに放送。テレビの機能を十分に生かして、子どもの学習意欲を高めるのがねらい。放送は曜日を変えて「小学校低学年向け」と「小学校高学年向け」の2番組をそろえた。

ぼくらの社会科ノート　1973～1981年度

『ひらけゆく町』（1970～1972年度）のあとを受けてスタートした小学3年生向け社会科番組。人間尊重の町づくり自然保護に重点をおいた郷土学習をねらった。

ワンツー・どん　1974～1995年度

小学1年生向けの音楽番組。小学校低学年向け音楽番組『うたいましょう　ききましょう』（1955～1973年度）を、1年生対象の『ワンツー・どん』と2年生対象の『うたって・ゴー』の2番組に刷新。『ワンツー・どん』では音楽要素の中でも、リズムを中心に構成。

うたって・ゴー　1974～1995年度

小学2年生向け「音楽」番組。小学校低学年向け音楽番組『うたいましょう　ききましょう』（1955～1973年度）を、1年生対象の『ワンツー・どん』と2年生対象の『うたって・ゴー』に刷新。『うたって・ゴー』では音楽要素の中でも、歌を中心に構成。

ふえはうたう　1974～1996年度

小学3年生向けの音楽番組。小学校中学年向け音楽番組『みんなの音楽』（1962～1973年度）のあとを受けてスタート。3年生が初めて手にするリコーダーに親しみ、その演奏技能に習熟することをねらいとする。番組スタート時の1974年度のタイトル表記は『笛はうたう』。

あいうえお　1975～2001年度

小学1年生向け「国語」関連番組。子どもたちにことばに対する興味や関心を持たせ、国語学習への楽しい動機づけを行った。番組スタート当初は、毎回1年生の児童20人が参加し、「勉強コーナー」「ゲーム・コーナー」「おたよりコーナー」などで構成。1980年代後半には、1年生で習う漢字76文字を、筆順も見せながらすべて紹介する「文字コーナー」を新設した。

いちにのさんすう　1975～1994年度

小学1年生向け「算数」番組。小学校1年の算数の基礎となる考え方を、楽しく学ぶ番組。内容は、小さいお化けのタップとお兄さんが知的冒険に出かけ、問題解決に試行錯誤を重ねながら、算数のおもしろさがわかってくるという構成。

みどりの地球　1975～1986年度

小学校高学年および中学校向けの環境教育番組。当時の教育課程では、各教科に分かれて取り扱われていた環境問題の内容を統合、体系化し、環境教育の一つのモデルを示した。内容を「自然と人間」「地域の観察と調査」「くらしの環境」の3領域に分け、環境問題を総合的に考えられるように年間構成を工夫。便利で豊かな生活を求める人間の活動と、それにともなう環境の変化を関連づけてとらえることを主眼とした。

数とかたち　1977～1983年度

小学4年生向けの算数番組。数、図形、関数関係などの基本的な考え方を中心に、アニメーションを活用するなど、算数学習に興味を持たせ、基礎学力を向上させるのがねらい。

学校放送・高校講座

1980年代 　小学校

書きくけこくご 1980〜1983年度
小学4年生向けの国語番組。「書く力」とりわけ作文力をつけることをねらいとした。4年生の日常生活を素材に、取材、構想、構成、記述、推こうなど、文章表現の基本的事項についてわかりやすく解説した。

数の世界 1980〜1984年度
小学5年生向けの「算数」番組。

ひろがる教室 1980〜1984年度
新しく改訂された教育課程の柱である「ゆとりの時間」に役立てる小学校中・高学年向け番組。子どもたちの主体的で豊かな学習活動の動機づけとなり、創造性を育て、また集団活動のなかで友情や連帯感を育てることをねらいとした。番組では各地の学校やグループの多彩な活動例を紹介した。

ぴょん太のあんぜんにっき 1980〜1985年度
『あんぜんきょうしつ』（1969〜1979年度）のあとを受けてスタート。主に小学校低学年を対象に、ぬいぐるみ人形「ぴょん太」とお姉さんを中心にした劇形式で展開する総合「安全教育」番組。従来扱ってきた交通事故にとどまらず、遊具事故、水難事故、高所の危険など、ひろく子どもたちの生活全般にわたる安全問題を取り上げた。

なにぬねノート 1982〜1984年度
小学5年生向けの国語番組。国語科の指導事項・領域のすべてにわたって学習を深めるために新設。語句の由来、朗読のしかた、文章の読みとり方などのテーマについて、具体的な事例をわかりやすく構成して提示した。

みんなのしごと 1982〜1983年度
小学2年生向けの社会科番組。『はたらくおじさん』（1961〜1981年度）を改題。

ぼくのまちわたしのまち 1982〜1983年度
小学3年生向け「社会科」番組。『ぼくらの社会科ノート』（1973〜1981年度）を改題。

みつめる目 1982〜1986年度
小学校低学年向けの総合学習番組。子どもの素直な好奇心を育て、観察力、分析力、創造力を生活の中で伸ばせるように構成した。

ことばのくに 1984〜1989年度
小学2年生向けの国語番組。1年生向け『あいうえお』（1975〜2001年度）に続く2年生向け番組の新設を願う教育現場からの要望にこたえてスタート。国語学習の全領域をカバーするが、特に言語事項には重点をおいた。ことばのくにの王様とゲンちゃん、ハコちゃんの3人が登場し、「ことばのれんけつき」「にんじゃの合いことば」など、子どもたちの興味をひくタイトルと内容で構成した。

はたらくひとたち 1984〜1991年度
小学2年生向けの社会科番組。『みんなのしごと』（1982〜1983年度）の後継番組。

たんけんぼくのまち 1984〜1991年度
小学3年生向けの社会科番組。店員として働いている「チョーさん」が配達用の自転車「チョーさん号」に乗って自分たちが暮らす市町村について調べ、手描きのイラスト地図にまとめて発表するスタイルをとった。チョーさんを演じた長島雄一（現在の芸名はチョー）がダジャレやコントを交えながら楽しく社会の仕組みを紹介する内容が人気で、『ETV50 もう一度みたい教育テレビ　フィナーレ』（2009年12月31日放送）では視聴者投票で第1位を獲得した。

さんすうすいすい 1984〜1998年度
小学2年生向けの算数番組。算数の大切な考え方をさまざまな角度から映像化し、その内容を子どもたちに定着させることをねらいとした。1年生向けの『いちにのさんすう』（1975〜1994年度）に続く2年生向け番組の新設を願う教育現場からの要望にこたえてスタート。放送開始当初は「お兄さん」と九官鳥の「キュウタ」が登場し、試行錯誤の積み重ねの中で問題を解決していく内容。

こどもの四季　1984〜1986年度

小学校低学年の総合学習番組『みつめる目』（1982〜1986年度）を一般向け内容に再編集した10分番組。テーマは「花みつけた」「ザリガニさがし」「泳ぎの名人」「秋さがし」「冬のとり見たよ」など。総合・教育・衛星第1で随時放送。1986年度は総合・衛星第1(水)午後5時15分ほかで定時放送。

ぼくの絵わたしの絵　1984〜1989年度

全国でもっとも伝統のある子どもの絵のコンクール「全国教育美術展」の入賞作品から「春のテレビクラブ」で紹介した以外の作品をテーマ別に紹介する5分番組。魅力的な音楽（歌）をバックに使用し、児童の創作意欲を高めるとともに、視聴者サービスにも寄与した。1984年8月に放送をスタート。1985年度より教育（火・木）午後1時55分に定時化。1990年度以降は、単発の特集番組して2017年度まで放送。

それいけノンタック　1985〜1991年度

『うちのひとがっこうのひと』（1964〜1984年度）のあとを受けてスタートした小学1年生向けの社会科番組。小学校1年生から社会科の科目がなくなり「生活科」になる1991年度まで続いた。「ノンタック」の名前の由来は、登場する人形キャラクター「のんびり屋の少年タックくん」から。大好きなおばあちゃんにもらった魔法のめがねの力で、学校や住んでいる町にあるさまざまなモノたちに話しかけ、社会の仕組みを学んでいく。

リポートにっぽん　1985〜1992年度

テレビ開局翌年の1953年から30年以上続いた『テレビの旅』のあとを受けて始まった小学5年生向けの社会科番組。日本の産業や国土について学んだ。

いってみようやってみよう　1985〜2003年度

小学校の障害児学級や養護学校の小学部・中等部で学ぶ子どもたちが対象。当時放送中の『たのしいきょうしつ』（1973〜1993年度）をベースに、実際の生活の場を舞台にして、自分の手でひとつひとつ解決していく時の動機づけとなることや、子どもたちが将来豊かな社会生活を送る上での大きな力となることをねらいとした。

にんげん家族　1985〜1992年度

人間教育をねらいとした小学校中学年向けの新領域の総合学習番組。暴力やいじめ、あるいはそれらへの無関心というすさんだ時代風潮にのみ込まれない、みずみずしい心を育てようという願いでスタートした。扱った領域は①人の特徴　②生き物としての人間　③家族、集団そして文化の大切さで、初年度は「魔法の親指」「人間はなんでも食べる」「犬がお話できたら」など年間20本を放送。リポーターは歌手のさとう宗幸。

あしたヘジャンプ　1986〜1995年度

『明るいなかま』（1962〜1985年度）のあとを受けてスタートした小学校高学年向け道徳番組。子どもたちの学校での生活などを素材としたドラマに、ドキュメントの要素を加え、事実のもつ迫真力を重視した。1989年度に小学6年生向けの道徳番組『はばたけ6年』の放送が始まった以降は、小学5年生向け番組とした。

ゆかいなコンサート　1986〜1994年度

小学4年生向けの音楽番組。子どもたちがそれまで身につけた音楽への興味、関心、さらに音楽性を深めることをねらいとした。なじみの薄い楽器を紹介し、それを演奏に結びつけて説明した。同年齢の子どもたちの演奏が織り込まれていることが親しみやすいと好評だった。

あんぜんパトロール　1986〜1992年度

小学校低・中学年向けの安全教育番組。子どもの事故が、生活の思いがけない場面で増えている。ちょっとしたいたずらや油断、集団の中でのひとりの勝手な行動が、思わぬ事故を生み出すことがあり、それを防ぐためにはどうしたらいいか。具体的な事例をとおして、子どもたちに「生命」の大切さ、尊さを知ってもらうことをねらいとした。

心が輝いたあの日　1986〜1989年度

小学校高学年・中学校対象の道徳関連の5分番組。人と人との裸の心がぶつかりあって織りなす感動的な出来事や、スカッとしたいい話を、全国の街角や人びとの記憶の中から掘りおこし、キャスター・米倉斉加年の人間味あふれる語りで紹介する。初年度は教育と衛星第2で(火・木)午後1時台に放送。1987年度より教育のみ。

さわやか3組　1987〜2008年度

『みんななかよし』（1962〜1986年度）の後継番組としてスタートした小学校中学年向けの「道徳」番組。全国各地の学校に作文やお便りを求め、その素材をもとに制作する生活ドラマで構成。子どもたちの周辺で、実際に起きている出来事を取り上げているため、視聴している児童が親近感を持ってとらえ、提示された問題を身近なものとして考えるようになった。

くらし発見　1987〜2001年度

『わたしたちのくらし』（1954・1956〜1986年度）の後継番組としてスタートした小学4年生向けの「社会科」番組。地域の子どもたちが毎回リポーターとして登場し、レギュラーの「お兄さん」とともに、さまざまな生活や先人の努力などを発見していく新形式のビデオ構成番組。"子どもリポーター"の活躍が、視聴している子どもたちに親近感と参加感をもたらした。

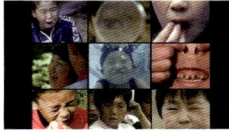

みんなでアタック　1987〜1990年度

『みつめる目』（1982〜1986年度）の後継番組としてスタートした小学校低学年向けの総合学習番組。1990年度に実施予定の新教科「生活科」を視野において新設。身のまわりの世界（自然、人、社会）へ意欲的にかかわろうとする子どもたちを育てることをねらいとした。新しい教科のモデルづくりを目指した先導的な番組で、教育現場から大きな反響があった。

学校放送・高校講座

みんな地球人　1987〜1991年度
12年間続いた環境教育番組『みどりの地球』（1975〜1986年度）の後継番組としてスタートした小学校高学年・中学生向けの総合学習番組。教科偏重の知識の詰め込み教育への反省と、人の命の尊さや、人の生き方を総合的に扱う学習が模索されていることを踏まえて制作された。自然や地域、国際社会など、広い意味での環境や文化との接点で人々の営みをとらえ、人間の多様な生き方や考え方を描く「人間学習番組」とした。

あつまれ　じゃんけんぽん　1988〜2002年度
小学校低学年向けの道徳番組。30年近く続いた小学校低学年向けの生活指導番組『大きくなる子』（1959〜1987年度）の後継番組としてスタート。1990年度に小学1年生向け「道徳」番組『のびのびノンちゃん』（1990〜1995年度）が始まり、それ以降は小学2年生を対象とした。さまざまな出来事に出会いながら、豊かな心を育て成長する姿を、擬人化した動物の子どもたちの人形劇で描く。

歴史みつけた　1988〜1994年度
小学6年生向けの社会科番組。1956年から30年以上続いた『くらしの歴史』（1956〜1987年度）の後継番組としてスタート。日本の歴史と国際社会の中の日本について扱う。現在、各地に残されている文化遺産や歴史資料に光をあて、そこからその時代の様子や人々の生き方を、ドラマ、アニメーション、ロケなどさまざまな演出手法で描いた。

小学校理科番組・1年　なんなんなあに　1989〜1991年度
30年近く親しまれた『理科教室1年生』（1960〜1988年度）を改題した小学1年生向け理科番組。1991年度に小学校1〜3年は伝統ある「理科教室」のタイトルを外した。これは教室に閉じこもることなく外に飛び出し、自然や理科的なものにもっと目を向けてもらおうという願いが込められていた。

小学校理科番組・2年　はてなはてな　1989〜1991年度
30年近く親しまれた『理科教室2年生』（1960〜1988年度）を改題した小学2年生向け理科番組。これまで副題だった「はてなはてな」を番組タイトルとし、親しみやすくなったと好評だった。

小学校理科番組・3年　しぜんだいすき　1989〜1990年度
30年近く親しまれた『理科教室3年生』（1960〜1988年度）を改題した小学3年生向け理科番組。1992年度から実施される新学習指導要領の内容も積極的に取り入れ、新しい内容、新しい実験が盛り込まれており、授業の参考になると教育現場から歓迎された。

はばたけ6年　1989〜1996年度
これまで高学年（5・6年）向けだった道徳番組を学年別に分け、小学6年生向けとした。ドラマ形式に加えて、素材を広く地域・社会に求め、豊かな体験を持つ人の話を聞く人物ドキュメントも取り入れて構成。最高学年として指導性、責任感を培い、より社会性を養う内容となり、利用しやすくなったと教育現場から歓迎された。

1990年代　小学校

おはなしのくに　1990年度〜
小学2・3年生（2009年度から1〜3年生）が対象の国語関連番組。小学校低学年向けの国語番組『おとぎのへや』（1962〜1989年度）のあとを受けてスタート。日本や世界の民話や名作童話を、一流の語り手が表情豊かに「読み聞かせ」し、物語の世界に子どもたちをいざなう。「豊かな人間性を育てるために、言語を通して、思考力、想像力や言語感覚を養うことに力点を置く」という新しい学習指導要領のねらいに準拠した。

小学校理科番組　はてなをさがそう　1990〜1995年度
『理科教室4年生』（1960〜1989年度）を30年ぶりに刷新した小学校4年向け理科番組。小学4〜6年生対象の理科番組のタイトルをすべて『はてな〜』で統一。従来のVTR素材をつないだスタジオ構成から、オールロケ構成とした。「より自然に親しみ、観察や実験を重視する」という1992年度の新学習指導要領の内容を積極的に取り入れ、「行動する理科」をコンセプトに充実を図った。

小学校理科番組　はてなにタックル　1990〜1994年度
『理科教室5年生』（1959〜1989年度）を約30年ぶりに刷新した小学5年生向け理科番組。小学4〜6年生対象の理科番組のタイトルをすべて『はてな〜』で統一。従来のVTR素材をつないだスタジオ構成から、オールロケ構成とした。「より自然に親しみ、観察や実験を重視する」という1992年度の新学習指導要領の内容を積極的に取り入れ、「行動する理科」をコンセプトに充実を図った。

小学校理科番組　はてな・サイエンス　1990〜1994年度
『理科教室6年生』（1959〜1989年度）を約30年ぶりに刷新した小学6年生向け理科番組。小学4〜6年生対象の理科番組のタイトルをすべて『はてな〜』で統一。従来のVTR素材をつないだスタジオ構成から、オールロケ構成とした。「より自然に親しみ、観察や実験を重視する」という1992年度の新学習指導要領の内容を積極的に取り入れ、「行動する理科」をコンセプトに充実を図った。

のびのびノンちゃん　1990〜1995年度
小学1年生向け道徳番組『のびのびノンちゃん』が新設されたことで、放送中の小学校低学年向け道徳番組『あつまれ　じゃんけんぽん』（1988〜2002年度）の内容は2年生向けにシフトした。アライグマの女の子「ノンちゃん」が、家族やともだちの動物たちとの生活のなかで成長していく姿を描く人形劇。1992年3月、視聴覚教材国際コンクール（イタリア・ソレント市）シルバーメダル・ソレント市賞（保育園・小学校部門第1位）受賞。

01.ドラマ　02.クイズ・バラエティー　03.音楽　04.伝統芸能　05.ニュース　06.報道・ドキュメンタリー　07.紀行　08.教養・情報　09.自然・科学　10.こども・教育　11.人形劇・アニメ　12.趣味・実用　13.大型特集番組等

とびだせ　たんけんたい　1991〜1995年度

1992年度より本格実施される小学校の新しい教科「生活科」に対応した小学校低学年向け番組を、学校現場に先駆けて放送。子ども自身の感性を見つめ、「発見する喜びや体験する楽しさ」「目的を達成する喜び」などを描くのがねらい。初年度は「がっこうたんけん」「ともだちできた」「あめの日だってたのしい」など、年間20本を放送。

はてなでスタート　1991〜1995年度

小学3年生向け理科番組。『しぜんだいすき』（1989〜1990年度）のあとを受けてスタート。小学4〜6年生向けの理科番組同様に、子どもたちの「なぜだろう」の疑問に答える形でタイトルを『はてな〜』に統一。テレビ的特性を生かした実験や観察の場面を興味深く見せた。

あしたもげんきくん　1992〜1998年度

小学1年生向けの生活科番組。活動や体験を通して、子どもたちにチャレンジ精神を呼び起こすことがねらい。失敗にめげず、むしろ失敗の中からヒントを得て、次なるチャレンジをする主人公や子どもたちの活動力に焦点を当てた。

たのしい算数　1992〜1994年度

小学3年生向けの算数番組。21世紀の未来都市を舞台にしたアニメーションを中心に、子どもたちが楽しみながら算数のおもしろさを発見し、理解を深めるように構成。進行役は幼児番組『おかあさんといっしょ』の初代"おにいさん"田中星児。

このまちだいすき　1992〜1998年度

小学3年生向けの社会科番組。『たんけんぼくのまち』（1984〜1991年度）の後継番組。1992年度より「生活科」が実施されたことで、1・2年の社会科が廃止された。3年生対象の『このまちだいすき』では、"自分たちの住む市町村"を調べる楽しさを伝えた。

いのち輝け地球　1992〜1995年度

『みんな地球人』（1987〜1991年度）のあとを受けてスタートした小学校高学年向けの環境教育番組。子どもたちに身近な地域の自然や環境問題がいかに地球レベルの問題と密接にかかわっているかを理解させること、さらに、その解決に主体的にかかわらせることをねらいとした。

ジャパン&ワールド　1993〜1996年度

『リポートにっぽん』（1985〜1992年度）のあとを受けてスタートした小学5年生向け社会科番組。日本人の暮らしが世界の動きと密接にかかわっていることを踏まえ、日本の産業の国際化に着目した産業学習番組とした。

はりきって体育　1993〜1996年度

小学校中学年向けの体育科番組。体育が嫌い、苦手という子どもたちに、基本的な技能と、体育の授業に積極的に取り組む姿勢を身につけてもらうことを目的とした番組。体育の基本的な技能の習得のポイントをわかりやすく紹介し、それぞれの技能の程度に応じて目標を達成する喜びを伝えた。オリンピック金メダリストの森末慎二をキャスターに、各地の小学校を訪問し、生き生きとした授業の模様を紹介した。

世界がともだち　1993〜1994年度

小学校中・高学年向けの国際理解教育番組。世界の人たちとのふれあいの楽しさを伝え、異文化への興味と理解を育てることをねらいとした。毎回1つの国を取り上げ、"たんけんたい"の子どもたちが在日外国人の家庭や職場を訪ね、彼らの視点で異文化を発見する。そのリポートをスタジオに集まった小学生といっしょに楽しむほか、外国人ゲストを招いてその国の遊びや料理、踊りなどを体験し、理解を深めた。

グルグルパックン　1994〜1998年度

小学校の障害児学級や養護学校の子どもたちを対象に、自分で主体的に行動できるよう、自立をうながすスタジオ番組。『たのしいきょうしつ』（1973〜1993年度）のあとを受けてスタート。ミニドラマ、ことば、造形、ストレッチングなどのコーナーで構成し、子どもたちの意欲をかきたてることを目指す。この番組から人気キャラクター「正義のヒーロー・ストレッチマン」が生まれた。

みんな生きている　1994〜2008年度

「いのちの教育」を目指して新設された小学校中学年向け（2003年度より3〜6年生が対象）の生命教育番組。小学校中・高学年の子どもたちが、自分自身の体や心を見つめ、生まれてきたことのすばらしさに気づき、さらに社会や自然、環境とのかかわりの中で人や生き物の命について考えた。

さんすうみつけた　1995〜1999年度

『いちにのさんすう』（1975〜1994年度）のあとを受けてスタートした小学1年生向け算数番組。算数の基礎となる考え方を楽しく感じ取ってもらうことをねらう。人形劇やアニメーション、歌や踊りを取り入れて、「数」や「量」、「図形」について、豊かなイメージをつかめるように工夫した。

わくわくサイエンス　1995〜2001年度

『はてなにタックル』（1990〜1994年度）のあとを受けてスタートした小学5年生向け理科番組。意外性のある実験や観察、ユニークな調査を通して、自然を科学する感動と知的刺激を教室の子どもたちに感じてもらうことをねらいとした。子どもたちに疑問や問題を問いかけていく案内役には、NHKの理科番組では初めて小学生を起用。実際にフィールドに出かけるリポーターも務めた。

学校放送・高校講座

 **しらべてサイエンス** 1995〜1999年度

『はてな・サイエンス』（1990〜1994年度）のあとを受けてスタートした小学6年生向け理科番組。子どもたちにとってタイムリーな科学情報や興味を持つ科学的な話題を選び、それを調べる行動を通して、背後にある自然の特徴や関係、規則性などの「自然の法則」を子どもたちが見出すことをねらいとした。案内役には『わくわくサイエンス』（1995〜2001年度）と同様に、小学生を起用した。

 **歴史たんけん** 1995〜2000年度

『歴史みつけた』（1988〜1994年度）のあとを受けてスタートした小学6年生向け社会科番組。日本の歴史を現代とのつながりの中で学習した。

 **まちかど　ド・レ・ミ** 1996〜2002年度

生き生きとした音楽活動をするための素材を提供する小学校低学年を対象とした音楽番組。小学1年生向け音楽番組『ワンツー・どん』（1974〜1995年度）、小学2年生向け音楽番組『うたって・ゴー』（1974〜1995年度）の終了を受けてスタートした。リズム感の育成に重点をおき、歌うことを中心として、音楽の美しさや楽しさを感じ取り、進んで音楽活動をする意欲を育てることをねらった。

 **ざわざわ森のがんこちゃん** 1996〜2015年度

『のびのびノンちゃん』（1990〜1995年度）のあとを受けてスタートした小学1年生向けの道徳番組。人類滅亡後の遠い未来の地球が舞台。"規格外"の新入生・恐竜の「がんこちゃん」と仲間たちが巻き起こす珍騒動やかっとうを通して、親子や友だちどうしが心を通わせ、人間と人間のきずなを深めることの大切さを描いた。親しみやすい動物のキャラクターによる人形劇で構成。

 **きっと明日は** 1996年度

『あしたヘジャンプ』（1986〜1995年度）のあとを受けてスタートした小学5年生向け道徳番組。子どもたちを取り巻く生活に加え、地域社会にまで視野を広げてテーマを求め、よりリアリティーを目指した連続ドラマ形式で放送。

 **ふしぎのたまご** 1996〜2001年度

理科番組初のハイビジョン一体化制作の小学3年生向け理科番組。『はてなでスタート』（1991〜1995年度）の後継番組。見ること、発見すること、考えることの楽しさを感じて、子どもたちが理科を好きになることを目指す。案内役は「ふしぎ研究所」の助手のお姉さんと恐竜の子の「ドナドン」。問題解決のヒントを出すのは所長の博士。自然の中に潜む不思議さやすばらしさに注目し、それに触れる楽しさを伝えた。

 **ふしぎコロンブス** 1996〜1998年度

『はてなをさがそう』（1990〜1995年度）のあとを受けてスタートした小学4年生向け理科番組。子どもたちが、身の回りの事物や自然現象に興味や関心を持ち、みずから問題を見つけたり、現象の変化やそれにかかわる条件に目を向けるようにすることがねらい。「ふしぎ探偵事務所」の文（あや）所長とロボットの「コロンブス」が、さまざまな角度から見通しを立て、事象にかかわりながら、決まりや関係を見出していく。

 **キッズチャレンジ** 1996〜1998年度

『とびだせ　たんけんたい』（1991〜1995年度）のあとを受けてスタートした小学2年生向けの生活科番組。"教室を飛び出した学習"をキーワードに、子どもたちの心をはぐくみ、実生活にねざした体験を軸に展開する。子どもたちの行動の拠点を教室から地域社会へ広げるとともに、生命教育の観点を取り入れた。

 **たったひとつの地球** 1996〜1997・2004〜2006年度

小学校高学年向け環境教育番組。時代に先駆けて環境教育に取り組み、"かけがえのない地球、生命"を大切にするという視点を子どもたちに伝えた。1998〜2003年度は『インターネットスクール・たったひとつの地球』に改題し、インターネットと連動した新しい時代に合う内容に刷新。2004年度より再び『たったひとつの地球』として「問題提起編」「生き方編」「学校編」の3コーナーで構成し、全編ハイビジョン制作した。

 **なぜなぜ日本** 1997〜2002年度

『ジャパン&ワールド』（1993〜1996年度）のあとを受けてスタートした小学5年生向け社会科番組。身の回りの食品や工業製品を徹底追究し、社会や産業について調べ、考える楽しさを伝えた。案内役の「なぞのおじさん」と都会の若者ナオキとともに、5年生の主テーマである産業学習を学ぶ内容。

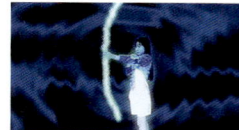 **虹色定期便** 1997〜2005年度

小学校高学年向けのドラマ形式の道徳番組。小学5年生向け『きっと明日は』（1996年度）と小学6年生向け『はばたけ6年』（1989〜1996年度）のあとを受けてスタート。1997年度は、幸福の代償に無気力化した未来世界を救うため現代にやってきた少女の闘いを通して、人間の生き方を問うSF連続活劇。1998年度以降は、より身近な生活ドラマを1話完結で展開した。

 **トゥトゥアンサンブル** 1997〜1999年度

『ふえはうたう』（1974〜1996年度）のあとを受けてスタートした小学校中学年向けの音楽番組。リコーダーの演奏の基本を示しながら、いろいろな楽器のアンサンブルに触れる中で、楽器の美しい音色と音楽の魅力を味わってもらうことを目指した。ゲストにピアニストの中村紘子や声楽家の佐藤しのぶが出演。

 **インターネットスクール・たったひとつの地球** 1998〜2003年度

小学校高学年向けにインターネットと放送を連動させた環境教育番組。『たったひとつの地球』（1996〜1997年度）をインターネットと連動させ、新しい時代に合うように内容を刷新。放送に対応したホームページを設け、全国に番組を利用した教育実践を行う10校の協力校を委嘱、またメディア教育の専門家との連携を図るなど、新しい教育を試行した。

01.ドラマ　02.クイズ・バラエティー　03.音楽　04.伝統芸能　05.ニュース　06.報道・ドキュメンタリー　07.紀行　08.教養・情報　09.自然・科学　10.こども・教育　11.人形劇・アニメ　12.趣味・実用　13.大型特集番組等

 **ストレッチマン** 1999〜2001 年度
『グルグルパックン』（1994〜1998年度）の後継番組。養護学校小学部や小学校の障害児学級に学ぶ子どもたちが、歌、遊び、リトミック、ストレッチなどを通し、活動の世界を広げ、自発性を培うことをねらいとした。『グルグルパックン』のストレッチ体操のコーナーが単独番組として独立。内容も歌や遊びが加わった。"ストレッチマン"は人気キャラクターとなり、その後、"ストレッチマン・シリーズ"が続くことになる。

 **マテマティカ** 1999〜2003 年度
小学校低学年向け算数番組。小学2年生向けの算数番組『さんすうすいすい』（1984〜1998年度）のあとを受けてスタート。生活にひそむ算数の考え方を驚きをもって発見し、さらにその論理的な美しさを体験しながら、図形・数・量についての豊かな感性を培う番組。数学者で大道芸人でもあるピーター・フランクルが、子どもたちに数学の概念をわかりやすく伝えた。

 **ふしぎ研究所** 1999〜2001 年度
『ふしぎコロンブス』（1996〜1998年度）のあとを受けてスタートした小学4年生向け理科番組。自然界のさまざまな「ふしぎ」を追究する研究所が舞台。子どもたちが身の回りの自然の営みや法則に興味と関心を持ち、楽しみながら科学的な考え方が身につけられるように構成した。

 **それゆけ　こどもたい** 1999〜2004 年度
小学校低学年向け生活科番組。小学1年生向けの『あしたもげんきくん』（1992〜1998年度）、小学2年生向けの『キッズチャレンジ』（1996〜1998年度）の終了を受けてスタート。身の回りの自然や社会の題材をもとに、さまざまな挑戦に取り組む子どもたちをとらえながら、「共生の社会」「自立への基礎」につながる心をはぐくむことをねらいとした。

 **まちへとびだそう** 1999〜2004 年度
『このまちだいすき』（1992〜1998年度）のあとを受けてスタートした小学3年生向け社会科番組。さまざまな体験を通じて、地域の様子や人々の活動など、自分の住む町を調べる主人公。その取り組みを通して、地域社会への視点や調べ方を提示し、興味深く社会科学習へ導入することをねらいとした。神奈川県小田原市を舞台に制作。

 **地球たべもの大百科** 1999〜2001 年度
「総合的な学習の時間」に対応した小学校高学年向け国際理解教育番組。世界の料理作りにチャレンジし、その体験を通じて異文化への理解を深めていく。学校放送番組としては初めて、体験編とデータ編という2つの放送をワンセットで編成した。またホームページも開設し、料理の作り方や、番組では紹介しきれない情報にアクセスしてもらうなど、教育放送の先進スタイルを開拓した。

 **デジタル大図鑑** 1999〜2001 年度
『生きもの地球紀行』をはじめNHKの自然番組を再編集し、基礎的な映像資料として活用を図る小学生向け番組。初年度は「日本の動物」にテーマをしぼり、日本各地で生きるほ乳類から昆虫まで様々な生き物を紹介。それぞれの子育てや捕食、越冬の工夫などをコンパクトにまとめ、自然への理解を深めた。2000年度以降は、動物に加えて植物の花の秘密、種を受け継ぐための生存戦略など、動植物の生きる姿を伝えた。

2000年代  　小学校

 **歌えリコーダー** 2000〜2002 年度
小学3年生を対象にした音楽番組。小学校中学年を対象とした音楽番組『トゥトゥアンサンブル』（1997〜1999年度）のあとを受けてスタート。初めてリコーダーを手にする子どもたちに、演奏、歌唱、創作、鑑賞の活動を通して呼吸の重要性を意識させ、多様な音楽表現の面白さを伝えた。

 **えいごリアン** 2000〜2005 年度
「総合的な学習の時間」に対応する国際理解のための小学校中学年向け英語番組。日常的な英語表現に親しみながら、国際社会の中で生きていくためのコミュニケーション能力を育むことをねらいとした。2005年度には小学3年生向けの『えいごリアン3』をスタートしたのに伴い、『えいごリアン』は小学4年生を対象とした。

 **科学デジタル質問箱** 2000〜2001 年度
学習動画データベースを活用して、科学に対する疑問や質問に答える小学校高学年向け科学番組。『NHKスペシャル』（1989年度〜）、『生きもの地球紀行』（1992〜2000年度）などNHKの大型科学番組の要素を2分程度の短いビデオに再編集、再構成した。各回ごとに「動物」「植物」「地球環境」などテーマを設け、子どもたち個々の疑問に答えることで、理科への興味を深めることをねらった。

 **データボックス　しらべてサイエンス** 2000〜2002 年度
『しらべてサイエンス』（1995〜1999年度）のあとを受けてスタートした小学6年生向け理科番組。身近な疑問や興味を主人公の子どもたちが調べて、自然の不思議や規則性を探っていく。学習のきっかけとなる映像データベース「データボックス」が登場し、近未来の調べ学習のモデルを提示しながら、理科の探求の楽しさを伝えた。

 **しらべてまとめて伝えよう〜メディア入門** 2000〜2004 年度
情報活用のための基本的なスキルやルールを身につける小学校中学年向けの情報教育番組。さまざまな情報を「調べ・まとめ・伝える」活動を通して、自ら問題を解決する力を子どもたちに育てることをねらいとした。

学校放送・高校講座

にんげん日本史　2001～2007年度

『歴史たんけん』（1995～2000年度）のあとを受けて始まった小学6年生向け社会科番組。人物の動きを通じて、歴史への理解と関心を深めることを重視し、生きた人間の営みとしてとらえる力を育てることをねらいとした。出演：いっこく堂。

体験！メディアのABC　2001～2003年度

小学校高学年向けのメディアリテラシー番組。メディアで使われる手法を実際に体験して、情報の発信力と受容能力を同時にはぐくむ「体験コーナー」と、マスメディアの世界で働く情報発信の仕事を紹介する「メディアのプロ」コーナーで構成。映像を中心にしたメディア情報の構成原理を分かりやすく解説し、子どもたちの「メディアを読み解く力」を養った。

おこめ　2001～2008年度

日本人の主食である米を徹底的に学ぶことを目指す、小学校高学年向けの総合学習番組。2002年から本格実施される「総合的な学習の時間」での使用を前提とした。米作りや米食文化などの基本情報を押さえること、日本人の精神に深く根を下ろしている米作りから派生した文化風習を理解すること、そして、減反や貿易自由化など米が抱える問題を考えることができるようになることを目指す。

ことばあ！　2002年度

小学校低学年向けの国語番組。小学1年生向け国語番組『あいうえお』（1975～2001年度）のあとを受けてスタート。「聞く」「話す」を中心とした言葉による楽しいコミュニケーション活動を紹介。学校という集団生活を始めたばかりの子どもたちのコミュニケーション力を育てるのがねらい。

ふしぎいっぱい　2002～2004年度

『ふしぎのたまご』（1996～2001年度）のあとを受けてスタートした小学3年生向けの理科番組。身の回りにひそむ“ふしぎ”を探す粘土アニメの2人のキャラクターとともに、子どもたちに自然現象を探究する面白さを伝え、児童が主体的に調べる気持ちを養うことをねらった。ホームページと連動したデジタル教材。

びっくりか　2002～2004年度

『ふしぎ研究所』（1999～2001年度）のあとを受けてスタートした小学4年生向け理科番組。さまざまな“ふしぎ”を発見し、インターネットを通じて発信する「びっくりかスクープ」の編集室が舞台。実験・観察のやり方からクリップの使い方まで、理科学習の面白さを伝えた。ホームページと連動したデジタル教材。

サイエンス・ゴーゴー　2002～2005年度

『わくわくサイエンス』（1995～2001年度）のあとを受けてスタートした小学5年生向け理科番組。身の回りにある科学的な現象を発見し、仮説を立てて、実験考察を通して多様な発想や思考、疑問を引き出し、科学的な活動に興味を持たせることをねらう。進行役のお兄さんが見つけた科学的な難題を、子どもの発想や視点を生かして視聴者の子どもと一緒に解決していく。

ストレッチマン2　2002～2009年度

養護学級小学部や小学校の障害児学級で学ぶ子どもたちが、遊び、ストレッチなどを通して活動の世界を広げ、自発性を培うことをねらいとした。『ストレッチマン』（1999～2001年度）のあとを受けてスタート。人気のストレッチマンに加えて、新しいキャラクター「まいどん」が加わった。

くらし探偵団　2002～2004年度

『くらし発見』（1987～2001年度）のあとを受けてスタートした小学4年生向け社会科番組。地域に生きる人の「仕事」を通して、地域社会がどのように成り立っているのかを伝え、子どもたちが「地域社会の一員としての自覚と誇り」を育んでいくことを目的とした。

スーパーえいごリアン　2002～2008年度

2000年にスタートした『えいごリアン』が小学校中学年向けだったのに対し、小学校高学年を対象とした。子どもたちが外国人と英語を使った活動に取り組むことで、英語表現に慣れ親しみ、国際理解教育を促進することをねらいとした。基本的な英語表現にふれる「活動コーナー」と、さまざまな国の人に出会う「国際理解コーナー」で構成。

川　2002～2003年度

小学4・5年生向けの総合学習番組。日本人にとって身近な存在である川をテーマに、自然・環境問題や生活文化から芸術まで多角的なアプローチで川をとらえ、子どもたちが問題を考え、整理する番組。2002年から本格導入された「総合的な学習の時間」に対応するとともに、各教科の学習にも使用できる内容を併せ持たせた。ホームページも開設し、地方局の持つ映像素材を活用したビデオクリップなどの情報提供を行った。

デジタル教材シリーズ・南極　2003～2006年度

テレビ50年を迎えた2003年、NHKは南極ハイビジョン放送局を開設。撮影した貴重な映像に豊富なアーカイブスを組み合わせて、南極をテーマに地球環境問題を考える番組13本を含むデジタル教材を制作した。サイトには、南極のペンギンに忍び寄る環境問題をネット上で協力して解決する教材ゲームが用意され、日豪の生徒が言葉を使わない絵文字でチャットしながら挑むなど、国際的に利用された。日本賞最優秀ウェブ賞受賞。

ドレミノテレビ　2003～2005年度

『まちかど　ド・レ・ミ』（1996～2002年度）のあとを受けてスタートした小学校低学年向けの音楽番組。歌や楽器の演奏によって、音楽の楽しさ、自己解放と自己表現のすばらしさに気づかせる。子どもたちになじみ深い童謡や唱歌を新しいアレンジで鑑賞させるコーナーと、教室で簡単に取り組める音楽遊びのコーナーで構成した。

バケルノ小学校ヒュードロ組 2003〜2008年度

小学校低学年向け道徳番組『あつまれ　じゃんけんぽん』（1988〜2002年度）のあとを受けてスタートした小学2年生向け道徳人形劇。おばけの町の小学校に転校してきた人間の男の子ノビローとおばけの友達との交流を通して、他者を理解することや、自分を理解してもらうことなど、コミュニケーションの大切さを学ぶ。

はじめてのこくご　ことばあ！ 2003〜2007年度

小学校低学年向け国語番組『ことばあ！』（2002年度）を改題した小学校低学年向けの国語番組。学校という集団生活を始めたばかりの子どもたちに、オーラルコミュニケーション（口頭での意思伝達）の力を育てることをねらった。楽しい活動を具体的に例示し、コミュニケーション能力が伸びるように構成。

わかる算数　4年生 2003〜2006年度

小学4年生向け算数番組。小学4年生は、小数・分数などの新しい概念が導入され、算数嫌いになったり、授業についていけなくなったりする子どもたちが多い。番組では新しい学力観に基づいて、1つの問題に対して多様な考え方で取り組み、解決の喜びを分かち合ったりすることの楽しさと、「数や図形」の世界の不思議さや奥深さを伝えた。

わかる国語　だいすきな20冊 2003〜2005年度

小学4〜6年生向け国語番組。芥川龍之介などの古典的名作から、新しい作品まで20冊を精選。その中から毎回1冊を取り上げ、朗読でその一部を紹介し、魅力あふれる先生が子どもたちを本の世界に誘う。子どもたちの読書離れに歯止めをかけ、国語力を向上させることをねらった。女優の大竹しのぶが朗読を、大林宣彦（映画監督）、ねじめ正一（詩人）、鴻上尚史（劇作家・演出家）が先生を担った。

日本とことん見聞録 2003〜2010年度

『なぜなぜ日本』（1997〜2002年度）のあとを受けてスタートした小学5年生向け社会科番組。日本の国土や産業を「とことん」見つめ、日本の社会の成り立ちに興味をもてるよう構成。身の回りにあふれているさまざまな食品や工業製品がどこで生まれ、どこで作られているのか、どんな人々がかかわり、どんな課題を抱えているのかを、「風土」「人」「環境」の3つのキーワードから考えていく。

3つのとびら 2003〜2005年度

小学6年生向けの理科番組。『データボックス　しらべてサイエンス』（2000〜2002年度）のあとを受けてスタート。"とびら"と名付けた3パートを通して、科学の面白さに気づいてもらう。第1のとびらは「発見と見通し」、第2は「実験と確認」、第3は「連想を再発見」。身の回りにある科学的な現象を発見し、実験考察を通して科学的な思考を養い、さらに発展的な事象に興味を向かわせるよう構成した。

みてハッスル☆きいてハッスル 2004〜2008年度

LD（学習障害）やADHD（注意欠陥多動性障害）など、軽度の発達障害の子ども向けの教育番組。『いってみようやってみよう』（1985〜2003年度）のあとを受けてスタート。楽しいスキットやアニメを使って「コミュニケーションの技術（コミュニケーション・スキル）」「社会参加の技術（ソーシャル・スキル）」「文字や図形を認識する技術（アカデミック・スキル）」の3つを身につけるマガジンスタイルの番組。番組ウェブサイトも開設。

わかる国語　読み書きのツボ 2004〜2008年度

小学3・4年生向け国語番組。ことばに敏感になるきっかけを与えることで、子どもたちの読み書きの力を向上させることをねらった。ベストセラー「日本語練習帳」を著した国語学者大野晋さんのコンセプトを取り入れて、微妙な国語のニュアンスや使い分けから国語の世界を広げ、自然に読む力、書く力を養う。出演は光浦靖子、ウシとカエルの人形を操るパペットマペット、徳田章アナウンサー。

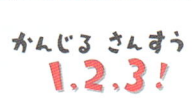

かんじるさんすう　1、2、3！ 2004〜2007年度

小学1〜3年生向けの算数番組。小学校低学年向け算数番組『マテマティカ』（1999〜2003年度）のあとを受けてスタート。子どもたちが、それぞれの年齢に応じて楽しみながら算数の世界に親しむ番組。レギュラーの「先生」と「子どもたち」が、数や図形についての感覚を養う活動を通して、知らず知らずのうちに数や図形についての感覚を身につけていく。

わかる算数　5年生 2004〜2006年度

小学5年生向けの算数番組。数の世界の楽しさや不思議さに触れ、知的な興味のきっかけとなる番組。毎回、実際に小学校で行われる「盛りあがる算数の授業」を紹介。同学年の子どもたちの「わかっていく」プロセスに共感を覚えながら、その単元の理解を深めていくことをねらう。教師にとっては、番組に登場する先生・クラスとの「合同授業」のような形や、「盛りあがる授業のヒント」としても利用可能。

学校デジタルライブラリー 2004〜2008年度

数分の長さに知識・情報をまとめた動画クリップのライブラリー。学校放送が制作した動画クリップをまとめて一挙に放送する番組。ビデオ録画して、授業で自由に活用する。

えいごリアン3 2005〜2008年度

「総合的な学習の時間」に対応する国際理解のための小学3年生向け英語番組。『えいごリアン』（2000〜2005年度）、『スーパーえいごリアン』（2002〜2008年度）に続く「えいごリアン」シリーズの第3弾。初めて学校で英語に触れる小学3年生を対象に、英語が使われる日常的なコミュニケーションの場面から、国際社会の中で生きていくためのコミュニケーション能力をはぐくみ、外国人に通用する英語力を獲得する素地を育てる。

ふしぎだいすき 2005〜2010年度

『ふしぎいっぱい』（2002〜2004年度）のあとを受けてスタートした小学3年生向け理科番組。子どもたちに身近な自然への新鮮な感動を育てるために、自然のヒトコマを「超高倍率」や「超スローモーション」など最新の特殊機材で撮影し、自然界のダイナミックなドラマをハイビジョン映像で放送した。ブロックごとの視聴もできるセグメント型番組。2006年度に『理科3年　ふしぎだいすき』に改題。

学校放送・高校講座

ふしぎ大調査 2005〜2010年度

『びっくりか』（2002〜2004年度）のあとを受けてスタートした小学4年生向け理科番組。アニメキャラクター「名探偵モンパン」が、科学の力で事件を解決する様子を通して、問題を科学的に推論・検証する力を身につける。子どもの興味関心や授業での利用形態に合わせ、ブロックごとの視聴もできるセグメント型番組。2006年度に『理科4年　ふしぎ大調査』に改題。

しらべてゴー！ 2005〜2008年度

新しい「社会」の学習指導要領に対応し情報教育のカリキュラムも大幅に取り入れた小学3・4年生向け社会科番組。小学3年向け社会科番組『まちへとびだそう』（1999〜2004年度）のあとを受けてスタート。「町探検」に欠かせない、調べ学習のスキルをわかりやすく伝えた。人々の暮らしや社会の仕組みを自ら調べ、考える力を伸ばし、身近な地域から都道府県へと視野を広げていく。

わかる算数　6年生 2005〜2006年度

小学6年生向け算数番組。算数教育で実績のある3人の先生が、それぞれのとっておきの問題を提示。スタジオに集まった10人の6年生が、その解答に挑戦した。"ひとつの問題をみんなで意見や考えを交わしながら解いていく楽しさを伝える"というコンセプトで、ヴァーチャル・セットの華やかな雰囲気の中で、カリスマ的な人気と技量を持つ教師が、子どもたちの意欲をかきたて、ひらめきを引き出す授業を繰り広げた。

道徳ドキュメント 2006〜2015年度

小学5・6年生向け道徳番組。小学校高学年向けの道徳番組『虹色定期便』（1997〜2005年度）の後継番組。結論の出しにくい現実社会の問題をドキュメンタリー形式で描き、「キミならどうする？」「人生はチャレンジだ」「人とつながる」という3つのシリーズで構成して、道徳的価値について考えた。

えいごリアン4 2006年度

2005年度に小学3年生向けに『えいごリアン3』がスタートしたのに伴い、小学4年生向けの『えいごリアン』は『えいごリアン4』と改題。日常的な英語表現に親しみながら、国際社会の中で生きていくためのコミュニケーション能力を育む。

理科5年　ふしぎワールド 2006〜2010年度

『サイエンス・ゴーゴー』（2002〜2005年度）のあとを受けてスタートした小学5年生向け理科番組。仮想空間「ふしぎワールド」で繰り広げられるクイズ番組の形式をとる。実験や現象を伝えるVTRから答えを導き出し、考える力を養っていく。ブロックごとの視聴もできるセグメント型番組。

理科6年　ふしぎ情報局 2006〜2010年度

『3つのとびら』（2003〜2005年度）のあとを受けてスタートした小学6年生向け理科番組。物事を科学的に考え、理解することの大切さと楽しさを、ハイビジョン映像で伝える。最新の科学の成果や、社会の中の科学的トピックスも親しみやすく盛り込んだ。ブロックごとの視聴もできるセグメント型番組。

わかる国語　読み書きのツボ5・6年 2006〜2011年度

小学5・6年生向けの国語番組。小学4〜6年生向けの『わかる国語　だいすきな20冊』（2003〜2005年度）のあとを受けてスタートした。言語技術教育の知見を取り入れ、理論的かつ正確に物事を伝える能力を高めることをねらいとした。出演は光浦靖子、パペットマペット、徳田章アナウンサーで、2004度に始まった『わかる国語　読み書きのツボ』の5・6年生版。

えいごでしゃべらないとJr. 2007〜2010年度

新感覚語学バラエティー『英語でしゃべらナイト』（2003〜2008年度）のジュニア版。これから英語を学ぶ小学生を応援する、教育テレビの15分番組。英語が話せなくても外国人とコミュニケーションができる成功体験を伝え、学習意欲の向上を目指す。子どもたちの海外体験や外国人の先生による英語の特別授業などを紹介。歌で英語を学ぶ「ウェイクアップコール」、カタカナで英語を聞き取る「えんけれせ塾」などのコーナーで英語に親しむ。

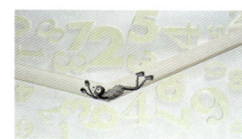

マテマティカ2 2007〜2012年度

小学4〜6年生向け算数番組。小学4〜6年生向け「わかる算数」シリーズの後継番組。アニメーションを使って算数を図工のように手触りのあるものとして教え、子どもたちを公式や計算方法が直感的に理解できるように導いた。

ど〜する？地球のあした 2007〜2011年度

小学校高学年向けの環境教育番組。小学校総合学習番組『たったひとつの地球』（2004〜2006年度）の後継番組。地球の未来のために自分にできることは何か、子どもたちが自ら考え、行動することを応援する。落語家・林家たい平のナビゲーションで、「ゴミ」「エネルギー」「生態系」「食の安全」などの環境問題を取り上げ、自分たちの暮らしと地球環境とのかかわりを考える。2011年度はシリーズ全20本を再放送。

伝える極意 2008〜2012年度

表現力が乏しくコミュニケーション能力に欠けると指摘される現代の子どもたちに、「自分の考えを、相手に伝わるように伝える力」を養う小学5・6年生向けの番組。「伝える」ことに挑戦する子どもたちと、彼らを導く表現の達人たちの姿を通して、文章、話し方、映像など、さまざまな表現手法の特徴や活用方法をわかりやすく紹介した。

見える歴史 2008〜2011年度

『にんげん日本史』（2001〜2007年度）のあとを受けてスタートした小学6年生向け社会科番組。歴史への理解と関心を深めるために、CGやドラマ映像を活用。今も残る歴史、伝統の跡を取材し、人物を中心に生きた人間の営みとしての歴史を学ぶ。声の出演：緒形拳、ベッキー。

01.ドラマ　02.クイズ・バラエティー　03.音楽　04.伝統芸能　05.ニュース　06.報道・ドキュメンタリー　07.紀行　08.教養・情報　09.自然・科学　10.こども・教育　11.人形劇・アニメ　12.趣味・実用　13.大型特集番組等

ひょうたんからコトバ 2009〜2013年度

小学3〜6年生向け国語番組。小学3・4年生向けの『わかる国語　読み書きのツボ』（2004〜2008年度）の あとを受けてスタート。子どもたちが「豊かな言葉の使い手」になることを目指し、ことわざ・慣用句・故事成語など を取り上げ、これらの言葉の生まれた背景や歴史、使い方を伝える。

カラフル！〜世界の子どもたち〜 2009年度〜

一般視聴および小学3〜6年生向け「総合・道徳」番組。さまざまな子どもの生活や、10歳前後の子どもたちが、 日常の中で感じる悩みを子ども自身の一人語りで描くドキュメンタリー番組。「人は一人で生きているのではないこと」 「ひとりひとり違った考えがあり、そのどれもが尊いこと」を伝えた。2012年度からは小学2〜6年生向けの「特 活・総合・道徳」番組となる。

コミ☆トレ 2009〜2012年度

人とうまく付き合うことが苦手な、発達障害のある子ども向けの特別支援教育番組。『みてハッスル☆きいてハッスル』 （2004〜2008年度）の後継番組。主人公の中学1年生の男の子・しおんと、小学6年生の妹・みくりが忍術 修行の過程で、日常生活のさまざまな課題にぶつかりながらも、コミュニケーションや社会生活のためのスキルを身に つけていく。

えいごルーキー　GABBY 2009〜2012年度

「総合的な学習の時間」に対応する小学校高学年向け英語番組。『スーパーえいごリアン』（2002〜2008年度） の後継番組。主人公であるロボット「GABBY」が、コメディードラマやクイズなど、さまざまなコーナーで英語にチャ レンジする。20の基本動詞を毎回ひとつずつテーマとして取り上げた。

時々迷々 2009〜2019年度

誰の心の中にもある迷う気持ちをドラマ形式で描く、小学校中学年向けの道徳番組。22年間放送した『さわやか 3組』（1987〜2008年度）の後継番組。片桐はいりがふんする神出鬼没のキャラクター「時々迷々（ときどきまよ まよ）」が、主人公の前に現れ、時に子どもたちを悪い行動へと誘惑し、時にいさめる。

見えるぞ！ニッポン 2009〜2017年度

2011年度に全面実施される新学習指導要領に対応した小学3・4年生向け社会科番組。『しらべてゴー！』（2005 〜2008年度）の後継番組。物知り犬「チーズ」から与えられた謎に、少年「みえる」が挑戦。自然、伝統・ 文化、産業などの視点から都道府県の姿を学ぶ。

2010年代　［小学校］

ストレッチマン・ハイパー 2010〜2012年度

特別支援（養護）学校・学級に学ぶ、知的障害のある子どもたちを対象にした教育番組。『ストレッチマン2』 （2002〜2009年度）に続く、「ストレッチマン」シリーズの第3弾。ストレッチコーナーを継続しつつ、身の回りの もので遊ぶコーナーや、「文字」や「形」などについてトレーニングをするコーナーを加え、子どもたちの教材として 広い用途で使いやすくリニューアルした。番組全体のネット配信も行った。

できた　できた　できた 2010〜2015年度

小学1年生向けの特別活動・生活科番組。入学したばかりの児童が学校生活に適応できず、さまざまな問題を引 き起こす「小1プロブレム」にも対応。子どもたちが学校生活に溶け込めるよう、生活習慣やコミュニケーションの 方法を、歌やドラマでわかりやすく伝えた。

知っトク地図帳 2011〜2016年度

「地図の向こうに社会が見える！」をキャッチコピーとした小学3・4年生向け社会科番組。子どもたちが「自分の暮 らしが多くの人々によって支えられている」実態と、働く人々の姿とその思いを理解することを目標とした。さらに、記 号、グラフ、地勢図などの読解方法や情報の活用方法を紹介した。

社会のトビラ 2011〜2014年度

「日本の国土と産業」について学ぶ小学5年生向けの社会科番組。『日本とことん見聞録』（2003〜2010年度） の後継番組。子どもたちが、自分の身の回りにある「社会」について具体的なイメージをつかみ、自分自身がその 一員であることに気づくことを目標とした。

どきどきこどもふどき 2011〜2014年度

小学3〜6年生向けの社会科・総合学習番組。新学習指導要領で力点が置かれる「地域の人々が受け継いでき た伝統文化」を、NHKのアーカイブス映像を活用することで紹介。「すし」「カツオ」「ぼんおどり」など、身の回り の知っているようで意外に知らない日本文化を再発見する。

ふしぎがいっぱい（小学校3年） 2011〜2017年度

新学習指導要領に対応した小学校3年向け理科番組。それまでの『ふしぎだいすき』（小3）、『ふしぎ大調査』（小 4）、『ふしぎワールド』（小5）、『ふしぎ情報局』（小6）を、各学年共通のタイトル『ふしぎがいっぱい』で統一。 全80回で1つのシリーズとし、学年を越えた利用がしやすいようにした。3年生は身近な生物の様子を調べ、種類 によってさまざまな色や形、大きさがあることに気づく。毎週(火)午前9時台放送の10分番組。

学校放送・高校講座

ふしぎがいっぱい（小学校4年） 2011〜2017年度

新学習指導要領に対応した小学校4年向け理科番組。それまでの『ふしぎだいすき』（小3）、『ふしぎ大調査』（小4）、『ふしぎワールド』（小5）、『ふしぎ情報局』（小6）を、各学年共通のタイトル『ふしぎがいっぱい』で統一。全80回で1つのシリーズとし、学年を越えた利用がしやすいようにした。生きものを観察する中で、季節の変化と植物や動物のかかわりについて興味をもてるようにする。毎週(火)午前9時台放送の10分番組。

ふしぎがいっぱい（小学校5年） 2011〜2017年度

新学習指導要領に対応した小学校5年向け理科番組。身近な生きものの生態、天文や気象などの自然現象、日常生活の中で使われている科学技術の中に「ふしぎ」を発見し、"その秘密を探りたい"と思う心を育む。ホームページには動画クリップやクイズ、授業プランなどを公開した。毎週(火)午前9時台放送の10分番組。

ふしぎがいっぱい（小学校6年） 2011〜2017年度

新学習指導要領に対応した小学校6年向け理科番組。"わからせる"のではなく、子どもたち自らが考えて、「ふしぎ」を発見する楽しさを感じることを目指す。ふしぎを探る出演者が登場し、自然のひとコマを最新機材を駆使した科学映像を使って紹介した。毎週(火)午前9時台放送の10分番組。

プレキソ英語 2011〜2017年度

2011年度より小学校の新学習指導要領が全面実施され、小学5・6年生の「外国語活動」が必修化されたことを踏まえ、子どもたちに良質な英語に触れる機会を提供する小学5・6年生向けの英語番組としてスタート。英語の"音"に慣れることをhool的に、毎週1つの英語表現を中心に学ぶ10分間のオールイングリッシュプログラム。学校放送ゾーンで再放送し、ウェブサイト「NHK for School」と番組ホームページでデジタル教材も提供。

おはなしのくにクラシック 2012〜2023年度

小学生向けの古典紹介番組。小学1〜3年生向けの朗読番組『おはなしのくに』のスタイルを踏襲し、日本の古典作品の原文を朗読。その現代語訳をCGアニメにのせて紹介したり、作品の背景を資料映像で解説することで、子どもたちが古典の楽しさを味わうきっかけを作る。

げんばるマン 2012〜2014年度

小学3〜6年生・中学生「総合」向け教育番組。「現場に出かけ現場に学ぶ」をキャッチフレーズに、お笑いコンビのはんにゃが「げんばるマン」としてさまざまな"現場"に出かけ、世の中の仕組みを学ぶ。「福祉」「環境」「伝統文化」「防災」の4種類のテーマを中心に扱った。

スマイル！ 2012〜2018年度

特別支援教育・学級活動のための番組。学習の基礎的なところで"つまずき"があったり、人間関係のトラブルを抱えやすい小学校低学年の子どもたちが主な対象。ソーシャルスキル（社会技能）やコミュニケーションスキル（対人関係を円滑に進める技術）を、ミニドラマやアニメ、目や耳のトレーニングになるクイズなどを通して、楽しみながら身につけられるようにした。

できた　できた　できた（家庭・社会生活編） 2012〜2015年度

小学1年生向け特別活動・生活科番組。「おばあちゃんの家」や近所の商店街を舞台に、生活のマナーや社会のルールを、歌とドラマで分かりやすく伝えた。出演：斉藤慎二、中村メイコ、渡辺道子、渡辺芳博、マユミーヌほか。声の出演：設楽統。

できた　できた　できた（健康・からだ編） 2012〜2015年度

小学1年生向け特別活動・生活科番組。体操教室を舞台に、かけっこや鉄棒など運動のポイントを伝えるほか、アニメで体のしくみや健康に過ごすための知識を紹介した。出演：斉藤慎二、三上陽永ほか。声の出演：設楽統。

メディアのめ 2012〜2016年度

小学4〜6年生の総合学習の時間、国語・社会・道徳などに対応。現代社会にあふれかえる大量のメディア情報を、子どもたちが取捨選択して受け止めるとともに、積極的にメディアを使いこなしていく力「メディアリテラシー」を身に付けてもらうことを目指した。毎回、テレビ・インターネット・ケータイ・雑誌・新聞など身近なメディアを取り上げ、そのメディアの特性やプロの技、メディアとの上手な付き合い方を学んだ。

歴史にドキリ 2012年度〜

『見える歴史』（2008〜2011年度）のあとを受けてスタートした小学6年生向け社会科（日本史）番組。小学6年生の社会の教科書に登場する歴史上の偉人たちに、歌舞伎俳優・中村獅童がふんし、その偉業を歌って踊って紹介する"新感覚歴史学習番組"。音楽は前山田健一（ヒャダイン）。振付は振付稼業air：man。

いじめをノックアウト 2013年度〜

NHK初の「いじめのことだけを考える」小学3・4年生対象の教育番組。AKB48の高橋みなみが、「クラスから"いじめ"がなくなる」ことを願っている謎の生きもの「ノックアウトくん」が投げかける質問に自分なりの考えで答えていく。初年度は「"いじり"が暴走するとき」「ネットトラブル、どう防ぐ？」など、15本を放送。2013年度はこの番組を核にNHK全体でいじめの問題を考えるキャンペーンを展開した。

銀河銭湯パンタくん 2013年度〜

小学1・2年生の道徳授業向けの人形劇。舞台は人類と宇宙人とが共生する300年後の日本。未来ながらも昭和を思わせるような銭湯「銀河ノ湯」のひとり息子パンタが、仲間の宇宙人パンキチたちと巻き起こすさまざまな騒動や友情物語をコミカルに描く。「いじめ」「いのち」などのテーマについて取り上げた。

お伝と伝じろう 2013年度〜

小学3〜6年生向けの国語番組。小学5・6年生向け国語番組『わかる国語 読み書きのツボ5・6年』（2006〜2011年度）のあとを受けてスタート。日常の中で「あれ？ 何かおかしいな」と感じるやりとりを、謎のコンビ「お伝と伝じろう」がドラマ仕立てで見せ、どうしたら伝わるのかを子どもたちに考えさせることでコミュニケーションスキルを学んでもらう。

さんすう刑事ゼロ 2013年度〜

小学4〜6年生向けの算数番組。『マテマティカ2』（2007〜2012年度）のあとを受けてスタート。「さんすう課」に属するベテラン刑事「ゼロ」と新人刑事「イチ」が、毎回、算数を使って「事件の謎を解く」というスタイルで事件を解決するミステリー風ドラマ。算数は机上のものではなく、身の回りにあふれている日常生活に役立つものだと伝えることで、算数に親しみを持ってもらう。

ストレッチマンＶ（ファイブ） 2013〜2018年度

特別支援（養護）学校に学ぶ子どもたちのための"ストレッチマン・シリーズ"第4弾。『ストレッチマン・ハイパー』（2010〜2012年度）の後継番組。新シリーズでは、新たに迎えた5人のストレッチマンが交代で全国の特別支援学校を訪ね、子どもたちと触れ合いながらストレッチ体操をして、その学校の先生ふんする「怪人」と戦った。「感覚運動遊び」のコーナーでは、身近な道具1つ、または体だけを使って簡単にできる遊びを紹介した。

学ぼうBOSAI（防災） 2013年度〜

命を守るためにどうすべきかを考え、災害に対して子どもも大人もひとりひとりが身に付けるべき知恵を学ぶ防災番組。災害のメカニズムを理解する「地球の声を聞こう」、災害に立ち向かう人々を描く「命を守るチカラ」、子どもたちが仲間とともにBOSAIを学ぶワークショップ型の「シンサイミライ学校」の3つのシリーズを立て、学習指導要領には位置付けられていない「防災教育」を番組上で確立することに挑戦した。

考えるカラス〜科学の考え方 2013年度〜

小学生から中高生までを対象とした科学教育番組。科学の「知識」ではなく、子どもたちが自ら課題を見つけ、観察し、仮説を立て実験し、その結果をもとに考えるという「考え方」を学ぶ。歌やアニメーション、観察や実験コーナーで構成。

Nコン80・いっしょに歌おう 2013年度

Nコン（NHK全国学校音楽コンクール）の第80回を記念しての企画「いっしょに歌おうプロジェクト」の関連2分番組。小学校の部課題曲「ふるさと」を歌う嵐がプロジェクトのシンボルオブジェ"オトダマくん"を大空に飛ばし、全国の子どもたちに「いっしょに歌おう」と呼びかける。Eテレ（金）午前9時58分に放送。

ことばドリル 2014年度〜

小学1・2年生向け国語番組。「初歩の読み・書き」を劇団「ヨーロッパ企画」のコント劇を通して楽しく学ぶ。さらに番組と連動したドリル（ゲームやクイズ）に取り組むことで、文法や文章といった「言語ルール」をしっかりと身に付けてもらう。

さんすう犬ワン 2014〜2022年度

小学1〜3年生向け算数番組。算数がとても得意な警察犬「さんすう犬」ワンが、街の困りごとを解決する痛快コメディードラマ。算数を悪用してトラブルを引き起こす謎の怪人「カズラー」を、さんすう交番の仲間とともに、「ワン」が算数の力でやっつける。算数と初めて出会う子どもたちに算数の楽しさを伝えた。

キミなら何つくる？ 2014〜2023年度

小学5・6年生向け図工番組。毎回テーマを取り上げ、図工が大好きな3人組が、自分の思いを込めた三者三様の作品を作っていく。決まった「正解」がない中で、自分の思いを表すための「発想・構想」の過程を大切に伝えた。

はりきり体育ノ介 2014年度〜

「体育ができると人生がより楽しくなる！」をモットーに、タブレットなどのICT（情報通信技術）活用授業に対応した小学3〜6年生向けの体育番組。一流アスリートによるお手本映像「できるポイント」と、よくあるつまずき「できないポイント」との比較で、技のポイントをわかりやすく伝える。「体育ノ介」の兄「水泳ノ介」がクロールに挑戦する番外編『はりきり水泳ノ介』も、特集番組で放送（2015年3月30日）。

新・ざわざわ森のがんこちゃん 2015年度〜

幼稚園・保育所・小学1年生向け道徳番組。2015年度前期で終了した小学校低学年向け道徳番組『ざわざわ森のがんこちゃん』（1996〜2015年度）を15分番組から10分番組にリニューアルした。「規格外」の1年生、恐竜のがんこちゃんと仲間たちが巻き起こす珍騒動やかっとうを通して、道徳的テーマを感じ取ってもらう。

おんがくブラボー 2015年度〜

音楽を楽しみながら学べる小学3〜6年生向け音楽番組。音楽のことならなんでも知っているカエルのブラボーが、毎回、音楽科の4つの分野（器楽・歌唱・音楽づくり・鑑賞）の中から1つテーマを取り上げて、「演奏」や「音楽の聴き方」のコツを紹介した。また図形楽譜を使って「音楽の仕組み」を視覚的にわかりやすく伝えた。

オン・マイ・ウェイ！ 2015〜2020年度

小学5・6年生・中学生向け道徳番組。小学5・6年生向けの『道徳ドキュメント』（2006〜2015年度）の後継番組。いろいろな困難に立ち向かう挑戦者たちを取り上げ、彼らが何を考え、どう行動したのかを追ったドキュメンタリー。番組の最後で、子どもたちにドキュメンタリーを踏まえた「生き方の問い」を投げかけ、自分だったらどうするかを考えてもらった。シンガーソングライターのmiwaがナビゲーターをつとめる。

学校放送・高校講座

ココロ部！ 2015年度〜

小学5・6年生・中学生向け道徳番組。「ココロ部」のコジマが、人生の選択を迫られるピンチに遭遇し、どう対処すればいいかを同じ部員と話し合いながら、自分の生き方について考えていくシチュエーションドラマ。毎回、結論を出さずに終わることで、教室の生徒たちに「自分だったらどうするか？」を考えてもらう機会を作った。出演は児嶋一哉（アンジャッシュ）ほか。

カガクノミカタ 2015年度〜

小・中学生を主な対象とした科学教育番組。ふだん何気なく見ている事象の中にも、たくさんの「ふしぎ」が潜んでいる。そうした「ふしぎ」を見つけるために役立つさまざまな「科学の見方」を紹介した。

未来広告ジャパン！ 2015〜2022年度

『社会のトビラ』（2011〜2014年度）のあとを受けてスタートした小学5年生向け社会科番組。日本を代表する巨大CM制作会社「ジャパン広告社」を舞台に、「日本の“今”を20のテーマから深く取材して、CMの形にまとめ発信する」という新規プロジェクトを通して、国土、自然、産業、環境など日本の“今”について調べ、日本の未来について考えていく。

えいごでがんこちゃん 2015年度〜

小学1〜2年生向けの特別活動番組『ざわざわ森のがんこちゃん』の姉妹番組。英語しか話せないペンギンの少年リアンと、がんこちゃんたちとの交流を通して、「違い」を認める心を育み、楽しい異文化コミュニケーション体験へといざなう。Eテレの5分番組。

で〜きた 2016年度〜

幼稚園・保育所・小学1年生向け特別活動・生活科番組。子どもたちに必要なマナー、集団行動などの社会的スキルを、分かりやすく自発的に学ぶ形にした番組。子どもたちが視聴しながら「できない」を見つけ、視聴後には自分の行動を振り返り、なぜできないとダメなのかを考え、できるようになるためのコツやきっかけを見つけていく。

カテイカ 2016年度〜

小学5・6年生向け家庭科番組。子どもたちの“生きる力を高める”ことを応援する番組。ダンサーのエンドゥが暮らしの中で問題にぶつかり「イカーン！」と一言発すると、突如、イカに変身。家庭科の神「カテイカ」に変身させられたエンドゥは、家庭科の知恵と工夫を学んでいく。調理、裁縫、洗濯といった分野のプロの技を伝授するほか、科学の視点も織り交ぜて暮らしにアプローチする。

しまった！〜情報活用スキルアップ 2016年度〜

小学4〜6年生・中学生向け総合学習番組。調べ学習に欠かせない情報活用能力を、「調べる」「まとめる」「伝える」の観点で分け、それぞれのスキルを高める。総合的な学習の時間のほか、社会科、理科、国語など、調べ活動や協働学習コミュニケーションをあつかう授業で役に立つスキルを学ぶ。

コノマチ☆リサーチ 2017年度〜

『知っトク地図帳』（2011〜2016年度）のあとを受けてスタートした小学3年生向け社会科番組。架空のまち「民奈野（みんなの）市」を舞台に、漫画家の「ハジメ」と宇宙人の「ズビ」が、毎回まちに出かけ、地域の特徴や働く人々の姿を調べてイラスト地図を作る。

エイゴビート 2017〜2019年度

英語のリズムを耳と体で感じる、小学3・4年生向け英語番組。ドラマやゲームなど4つのコーナーで、短い英語表現をビートに乗せて紹介する。ドラマの舞台はある小学校の教室。番組キャラクター「ランディ」がビートに乗せて英語を話し始めると、なぜかクラスメートも先生もノリノリで英語をしゃべり始める。2020年度より新シリーズ『エイゴビート2』がスタート。

Why!?プログラミング 2017年度〜

小・中学生を主な対象としたプログラミング教育番組。プログラミングの楽しさやコツを伝えるとともに、MITメディアラボが開発したプログラミング言語学習環境スクラッチを使い、実際にウェブでプログラミングを楽しめるようにした。出演は厚切りジェイソン。

ドスルコスル 2017年度〜

小学3〜6年生・中学生向け「総合的な学習の時間」に対応する番組。現代社会の諸課題を提示して、調べ学習の活動の入口へいざなう「どうする編」と、実際に課題に向き合う子どもたちの姿をドキュメントする「こうする編」の2話セットで構成。地域社会、環境、福祉、防災、国際理解などの分野を扱う。

メディアタイムズ 2017〜2021年度

小学4〜6年生・中学生向け「総合的な学習の時間」に対応する番組。仲間との話し合いを通して「メディア・リテラシー」を身につけることをねらいとした。新聞や写真、テレビ、CM、ネットニュースなど、さまざまなメディアの特性を紹介するとともに、メディアとどう向き合えばいいのか、教室に問いを投げかけた。

ふしぎエンドレス 3年 2018年度〜

『ふしぎがいっぱい』（2011〜2017年度）のあとを受けてスタートした小学3年生を対象とした理科番組。児童がみずから問題を発見し、根拠ある予想を立て、結果を見通して実験を計画し、その結果を考察してまとめるという「資質・能力の育成」を重視した。ふしぎモンスターたちと一緒に、身の回りの“ふしぎ”について、「どうして？」「どうなっているのか？」を深く考える。Eテレ（火）午前9時10分からの10分番組。

ふしぎエンドレス　4年　2018年度〜

『ふしぎがいっぱい』（2011〜2017年度）のあとを受けてスタートした小学4年生を対象とした理科番組。児童がみずから問題を発見し、根拠ある予想を立て、結果を見通して実験を計画し、その結果を考察してまとめるという「資質・能力の育成」を重視した。ふしぎモンスターたちと一緒に、身の回りの"ふしぎ"について、「どうして？」「どうなっているのか？」を深く考える。Eテレ（火）午前9時20分からの10分番組。

ふしぎエンドレス　5年　2018年度〜

『ふしぎがいっぱい』（2011〜2017年度）のあとを受けてスタートした小学5年生を対象とした理科番組。児童がみずから問題を発見し、根拠ある予想を立て、結果を見通して実験を計画し、その結果を考察してまとめるという「資質・能力の育成」を重視した。ふしぎモンスターたちと一緒に、身の回りの"ふしぎ"について、「どうして？」「どうなっているのか？」を深く考える。Eテレ（火）午前9時30分からの10分番組。

ふしぎエンドレス　6年　2018年度〜

『ふしぎがいっぱい』（2011〜2017年度）のあとを受けてスタートした小学6年生を対象とした理科番組。児童がみずから問題を発見し、根拠ある予想を立て、結果を見通して実験を計画し、その結果を考察してまとめるという「資質・能力の育成」を重視した。ふしぎモンスターたちと一緒に、身の回りの"ふしぎ"について、「どうして？」「どうなっているのか？」を深く考える。Eテレ（火）午前9時30分からの10分番組。

よろしく！ファンファン　2018年度〜

小学4年生を対象にした社会科番組。3人の子どもたちがそれぞれ「時間」「空間」「人」の視点を持って、さまざまな現場を調査する姿を見ることで、社会的な見方・考え方を育む番組。宇宙からやってきた宇宙人の3人の小学生が、「日本のくらしを調べる」という社会科の宿題を、高性能ロボット「ファンファン」のサポートを受けながら、体当たりで行う。

ストレッチマン・ゴールド　2018〜2023年度

体を楽しく動かしながら、生活スキルを身につける特別支援（養護）教育向け番組。『ストレッチマンV（ファイブ）』の後継番組。学校に現れる怪人を「ストレッチ体操」で倒す対決コーナーに加え、手洗い、片付け、着替え、トイレの使い方など、社会生活に必要なスキルを、毎回1つずつ紹介。また、生活スキルを身につけるための体づくりにつながる遊びも紹介した。

子ども安全リアル・ストーリー　2018〜2021年度

子どもたちに自分の身を守る方法をわかりやすく伝える番組。小学4〜6年生対象の特別活動。実際に起きたケースを織り交ぜ、再現ドラマで紹介。リアルなドラマで紹介しながら、どういうことが危険につながるのか、何に気をつければ未然に防止できるのか、わかりやすく解説した。「学校内のケガ」「エレベーターで二人きり」「突然の災害〜雷と大雨〜」「水の事故」「交通事故」ほかのテーマで放送。

u&i　2018年度〜

身体障害や発達障害のある子や外国人のこどもなど、マイノリティーの特性を知り、理解を深める対話劇。毎回、どこにでもいる"ふつう"の子が、友だちの悩みを抱え、夢の世界へ迷い込む。そこで不思議な妖精シッチャカ、メッチャカと対話しながら、友達の悩みに寄り添い、その特性を知り、お互いの良い関係を模索していく。シッチャカの声はHey!Say!JUMPの伊野尾慧、メッチャカはきゃりーぱみゅぱみゅが演じる。

ブレイクッ！　2018〜2021年度

学校放送番組の総合インターネットサイト「NHK for School」で配信される動画を楽しく軽快なテンポで紹介する5分番組。「メタモル探偵団」「おもロップ！」「動画deクイズ　どれでSHOW！」「劇的クリップ！ビフォーアフター」「ほうかごソングス」などのコーナーが週替わりで登場。Eテレ（水）午前10時10分に放送。

Q.　〜こどものための哲学〜　2019年度〜

アクティブ・ラーニングに必要な「思考力と対話力」を育む子ども向け哲学番組。小学3年生の少年Qとぬいぐるみのチッチが、日常の中で抱いた疑問を対話しながら深めていき、最終的に納得できる「自分なりの答え」を見つけていく。この対話劇を通して、正解のない問題について、どのように考えを深めていけばいいのかを子どもたちに紹介した。2017年度から特集番組で放送。2019年度後期に「特集番組」20話を定時放送した。

おばけの学校たんけんだん　2019年度〜

幼稚園・保育所・小学1・2年生向け生活科番組。おばけの子どもたちが自然や学校、地域の人々とふれあう中でさまざまなことに気づき、後の教科で役立つ「見方・考え方」につながる資質や能力を養っていく。

もやモ屋　2019年度〜

小学3・4年生向けの道徳ドラマ。不思議な映画館「もやモ屋」で上映されるのは、見たあとに気持ちがモヤモヤしてしまう物語ばかり。友だちや家族のこと、生死や国際理解など「特別の教科・道徳」のねらいに合わせたテーマを取り上げた。物語の結論をあえて描かなかったり、主人公がピンチに陥ったまま終わったりすることで、視聴後に教室で議論がしやすいように工夫した。

2020年代　| 小学校 |

エイゴビート2　2020年度〜

小学3・4年生向け英語番組『エイゴビート』（2017〜2019年度）のパート2。ドラマやアニメなどのコーナーで、短い英語表現をビートに乗せて紹介する。ドラマの舞台はとあるスタジオ。すみれと子どもたちが、英語のリズムに乗って体を動かしながら口ずさんだり、町の外国人との会話にトライしたり、楽しみながら英語を身につける。

学校放送・高校講座

社会にドキリ　2020年度～

小学6年生が「社会」を身近に感じ、学ぶモチベーションを高めるための番組。社会の仕組みについて研究している「ドキリ社会研究所」。新人研究員のアッキーが、目に見えづらい政治や社会の仕組みが見えてくる"ドキリ・ガジェット"を身につけて町を調査。「難しい、関係ない」と感じていた決まりや仕組みが、身近にあふれていることに「ドキリ」とする。子どもたちが、社会の仕組みを主体的に考え、積極的に関わろうとする心を育む。

テキシコー　2020年度～

コンピューターを使わずに魅力的な映像やアニメーションを使ってプログラミング的思考の面白さを伝えるプログラミング教育番組。小学3～6年生・中学生・高校生まで幅広く対象とした。興味深い実験やアニメーションで、さまざまな仕事や物の中にプログラミング的思考が活かされていることを伝えるとともに、日常生活の中でプログラミング的思考を役立たせることもねらった。

すたあと　2020年度～

幼稚園・保育所・小学1年生向け生活科の新番組。新1年生が学校生活を楽しく過ごせるようになる「スタートカリキュラム」のヒントが満載。友達作りに欠かせない自己紹介や、後の教科の学習につながる数・形・音に関するゲームなどを紹介する。声の出演：坂田おさむ。Eテレの5分番組。

リフォーマーズの杖　2021～2022年度

2021年度から取り組んでいるSDGsの啓発キャンペーンのうち、子どもたちに向けた番組シリーズ「ひろがれ！いろとりどり」の一環となる番組。2100年の未来人とだらしない生活を送る芸人たちが世直し隊「リフォーマーズ」を結成し、"転ばぬ先の杖"の実現のために今できることをしようと体当たりロケを実施する。ドラマ仕立てでSDGsを楽しく学ぶSFバラエティー。Eテレ午後7時台の29分番組で月1回放送。

応援！みんなのチャレンジ　2021年度

SDGsをテーマにした子どもと社会のマッチングバラエティー。全国の子どもたちが、サステナブル（持続可能）な社会を目指すチャレンジをするために、自分たちの活動をよりパワーアップしてくれる協力者「チャレンジパートナー」をみつけにスタジオにやってくる。出演は蟹江憲史（慶應義塾大学教授）、チョコレートプラネット（長田庄平・松尾駿）、鎌倉千秋アナウンサー。

ぼくドコ　2021～2023年度

「ぼくたちこれからドコ行くの？」の短縮形が番組タイトル。持続可能な世界を考える上で重要な「モノがどこから来て、どこへ行くのか」を知り考える小学1～6年生・中学生対象の番組。「大量生産」「大量消費」の仕組みが、非効率で資源の無駄遣いであることを実感して、この仕組みを変えるためにはどうしたらいいかを考えるきっかけを提供する。幼児や青少年に向けたSDGs番組シリーズ「ひろがれ！いろとりどり」と連動した番組。

ツクランカー　2021～2023年度

世界各地で始まっている「STEAM教育」を、日本の小・中学校でも実践するための小学校3～6年・中学校対象の教育番組。科学（Science）・技術（Technology）・工学（Engineering）・芸術（Art）・数学（Mathematics）を総合的に学習し、ものづくりを通して問題解決能力を育む新しい教育方法を伝える。番組では主人公のツクランカーが、人に役立つものづくりに取り組んでいく。

キソ英語を学んでみたら世界とつながった。　2021年度～

毎回、世界各地の1か所を取り上げ、小学校で習う英語フレーズを使って外国の人々とつながる番組。英語が苦手で勉強中のTaka（本田剛文）と、英語が得意なMasa（竹内將人）が、4W1H［what、why、when、where、how］などの基本的な英語を使いながら、ビデオ通話で世界の国々の家族や子どもたちと会話する。現地の人々の暮らしや学校生活などについて、日本との比較も交えながら紹介。英語力を身につけると同時に国際感覚も養う。

SEED　なやみのタネ　2021年度～

"悩み"や"かっとう"を描いたドキュメンタリー形式の小学5・6年生向け道徳教育番組。実在の人物のリアルな悩みをとりあげ、「何を悩んでいるのか」「なぜ悩んでいるのか」「どうすればいいのか」など、子どもたちと一緒に考えていく。悩んだ末に、たどり着いた答えを「なやみのタネ」として、今後の人生で「心のよりどころとなる大きな木」に育てていくきっかけとしてもらう。

ざわざわえんのがんぺーちゃん　2021～2023年度

「ざわざわ森のがんこちゃん」の弟・がんぺーちゃんを主人公にした幼児・小学1年生向け番組。がんぺーちゃんは、うまくできなくて落ち込んだり、自分の気持ちをうまく言葉にできなかったりして悩んでしまう。しかし仲間たちとの日々の身近なできごとの中に気づきや発見がある。見終わったあとに、周りにいる友達や大人と一緒に、思ったことを伝え合い、多様な考えを認める力を育むことができるような番組とする。

出川哲朗のクイズほぉ～スクール　2021年度～

限られたものだけが見られるという「知恵の書」の中身を知るために、隊長の出川哲朗は仲間とともにクイズに挑戦。出題するのはQuizKnock（クイズノック）を名乗る賢者たち。知恵の書を見るためにはクイズに正解し、この賢者たちを「ほぉ～」と、うならせなければならない。次世代を担う幼児や青少年に向けたSDGs番組シリーズ「ひろがれ！いろとりどり」と連動した番組。

でこぼこポン！　2022年度～

2022年度から定時化。幼保・小学1～6年生を主な対象に、発達障害などの子どもたちが社会生活を送るうえでの大切なスキルを学べる番組。発達に"でこぼこ"がある子にとって、よくありがちなシチュエーションを描いたドラマでソーシャルスキルを学んだり、ゲームや体操といった楽しいコーナーで発達をサポートしたりする。出演：鳥居みゆき、猪股怜生。声の出演：河合郁人（A.B.C-Z）ほか。Eテレ（火）午前8時35分からの10分番組。

アッ！とメディア　2022年度～

小中学生の1人に1台の情報端末が配布され、SNSなどの急速な普及も伴い、「メディア・リテラシー」を育むための番組が求められている。番組では架空の中学校の放送委員会を舞台に、メディア・リテラシーを身に付けていないことで起こる勘違いや失敗をドラマで紹介。「メディア」の特徴や社会に及ぼす影響をわかりやすく伝えた。出演：加藤憲史郎、伊礼姫奈、眞島秀和。Eテレ（木）午前9時10分からの10分番組。

えるえる　2022年度〜

小学校1・2年生向け国語番組。自分の気持ちをうまく伝えられない、話し合いが苦手……。そんな子どもたちに、おしゃべりなお世話係の妖精「えるえる」が気持ちを伝えるにはどうすればいいのか、考えるヒントを出してくれる。国語の"話すこと・聞くこと"やコミュニケーションスキルの習得をねらいとし、相手に伝えるためのポイントや聞く姿勢などを紹介した。出演：仲里依紗ほか。Eテレ(火)午前8時35分からの10分番組。

スクる！　2022年度〜

NHK for School（NHKの学校向けコンテンツ）で公開している学校放送番組やコンテンツの魅力、活用法を紹介するPR番組。子どもたちの「勉強のお悩み」「こころのお悩み」や「〇〇をもっと知りたい」という知的好奇心に、およそ1万本の番組・動画クリップの中からヒントになるコンテンツを紹介し、NHK for Schoolへのアクセス、利用を促した。声の出演：村瀬歩、大鈴功起、相川遥花。Eテレ(月)午前9時55分からの5分番組。

ズームジャパン　2023年度〜

日本の国土と産業を学ぶ小学5年生の社会科番組。楽しいCG表現で「ズームアウト（地図やグラフの確認）」と「ズームイン（現場の仕事や働く人の思いを知る）」という2つの視点を示すことで、子どもたちが主体的に学び、社会科への苦手意識を払拭することを目指す。Eテレ(水)午前9時20分からの10分番組。

地球は放置してても育たない　2023年度〜

地球とつながっているちょっと不思議な育成シミュレーションゲーム「地球は放置してても育たない」。理想の地球を目指すミッションに挑む主人公の姿を通して、SDGsの17目標をなぜ達成しないといけないのか、その裏側にある問題を、CGや映像を用いてわかりやすく解説する。Eテレ(木)午前9時30分からの15分番組。

キキとカンリ　2023年度〜

小学校低学年向けの安全教育番組。「危ないからこれはダメ」と知識を教えるのではなく、「そもそも危ない場所とは？」「怪しい人とは？」など、"危険"の原因や対処法を検討。子どもと大人が一緒に考えることで、子どもたちの「自ら危険を予測し、回避する力」を育む。出演：河村梓月、おぎやはぎ（矢作兼、小木博明）。Eテレ(金)午前9時50分からの10分番組。

キミも防災サバイバー！　2023年度〜

いつ、どこで、「想定外」の災害が起きてもおかしくない現代の日本。岩井勇気（ハライチ）ふんする"宗定凱（そうていがい）博士"に導かれ、全国の小学生・中学生が「防災サバイバー候補生」として身近に潜む災害リスクをひもとき、自ら身を守る方法を模索していく防災番組。Eテレ(火)午前9時50分からの10分番組。

ストレッチマンGO！　2024年度

特別支援学校・学級の子どもたち向けの学校放送番組「ストレッチマン」の新シリーズ。地球担当の新米ストレッチマン、"ストレッチマンゴー"が全国の学校を訪れ、怪人と対決。子どもたちと一緒に、さまざまな遊びにチャレンジし、明るく元気に体を動かす楽しさを伝える。

1950年代　中学校

季節の科学

季節の科学　1953年度

中学校低学年向けの理科番組。テレビ本放送開局まもない1953年2月5日に「雪の話」で第1回をスタート。その後「船の形」「飛行機の話」「天気図の見方」「うたう鳥　とぶ鳥」「湿気と生活」「台風」「秋の虫」「渡り鳥」「捕鯨」などのテーマで放送。

美術鑑賞　1953〜1954年度

中学校向けの美術番組。「ギリシャ彫刻」「中世の美術」「ルネサンス（1〜5）」から始まり、「フランス古典派ロマン派の絵画」「印象派」「後期印象派」を経て、「ゴッホからマチスへ」「セザンヌからピカソへ」「幻想の絵――シュール・レアリズム」「現代の絵画」まで、西洋美術史を概観した。

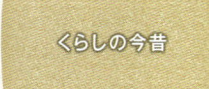

くらしの今昔

くらしの今昔　1953年度

中学校低学年向けの社会番組。「第1回　古代の人間」から始まり「農業の始まり」「乗り物の歴史」「船の発達」「すまいの変遷」など14本を放送

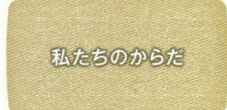

私たちのからだ

私たちのからだ　1953〜1955年度

中学校向け番組。1953年5月放送の第1回「血液の循環」からスタートし、「心臓」「呼吸器のはたらき」「人間の血液」「消火器」「骨格と運動」など、体の部位、臓器のはたらきや病気について学んだ。

世界の国々

世界の国々　1953〜1957年度

中学校低学年向けの社会番組。1953年9月放送の第1回「アメリカ」から始まり、「インド」「メキシコ」「スウェーデン」と続き、最終回の「南極大陸」まで、37の国と地域を取り上げた。

学校放送・高校講座

社会見学　1953〜1955年度
中学校向けの社会科番組。1953年度は中学校高学年向けに「魚市場」「印刷局滝野川工場」「東京証券取引所」「放送局」「鋼管工場」「職業安定所」を取り上げた。1954〜1955年度は中学校低学年向けに対象を変更し、「ろう学校」「製紙工場」「時計工場」「警視庁」「新聞社」「交通博物館」「電話局」「造船所」「消防署」ほかを紹介した。

私たちの心　1954年度
中学校向け番組。1954年5月に「あだ名について」、6月に「かげ口について」、10月に「点取り虫」の3本を放送。

日本の歴史　〈1954〉　1954年度
中学校向けの社会科番組。1954年度に「大昔の人々」「米つくり」「大和朝廷」「大化の改新」の4本を放送。

職業教育　1954年度
中学校向けの職業教育のための番組。1954年5・9・10月に計3回、「速記」「そろばんと計算機」「職業補導所」のテーマで放送した。

科学ノート　1954〜1959年度
中学校向け理科番組。「高層気象の話」「磁石と電流」「マイクロフォン」「橋」「汽車」「テレビジョンの受像機」「火力発電」「空気の流れ方」「動くおもちゃ」「春の野鳥」「実験器具の扱い方」「かいこ」「日食」「火と消火」「南極観測隊」などのテーマで放送した。

日本の美術　〈1954〜1955〉　1954〜1955年度
中学校向け美術番組。1954年度に2本、1955年度に4本の計6本を放送。テーマは「日本画の話」「彫刻」「建築と庭園 - 修学院離宮」など。

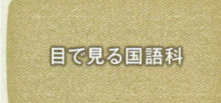

目で見る国語科　1954年度
中学校向けの国語番組。1954年6月から翌年2月まで、「狂言」「奈良の鹿」「紫式部」「かぶき」の4本を放送。

英語教室　1955〜1959年度
中学校向けの英語番組。1954年7〜9月に夏期特集「夏のプレゼント」として9本を放送。1955年度に定時化。1957年度より週1回の放送に拡充。視覚を通じての外国語学習に効果を上げた。

日本の芸能　〈1955〜1957〉　1955〜1957年度
中学校向けの古典芸能番組。能・狂言・歌舞伎・文楽などの古典芸能の基礎知識を、具体的な演目にそって学ぶ番組。

絵画の見方　1955年度
中学校向けの美術番組。1955年11月から翌年3月まで、「セザンヌからピカソまで」「立体派より抽象画へ」「アンリ・ルソーと安井曽太郎の絵をめぐって」など5本を放送。

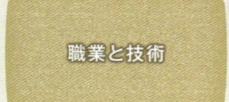

職業と技術　1955年度
中学校向け職業教育番組。1955年度に9月に2回、10月に2回の計4回放送。「職業補導所」「商業」「自動車工業」「いもの工業」のテーマでそれぞれ放送した。

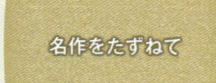

名作をたずねて　1956〜1957年度
中学校向けの国語番組。1956年2月からほぼ月1回のペースで放送。「銀河鉄道の夜」「石川啄木」「杜子春」「白秋のおもかげ」「やせがえる（小林一茶）」などのテーマで、古今東西の名作を取り上げて鑑賞した。1958年度に『芸術の窓』に統合され、その後は「音楽・美術」と隔週に放送された。

芸術の窓　1956〜1971年度
中学校向けの「音楽・図工・国語」関連番組。1956年6月に美術番組としてスタート。1958年度に従来の『名作をたずねて』と『音楽の窓』を統合。1960年度は「名作をたずねて」と「音楽・美術」を隔週で放送。1967年度に利用の少なかった「国語（文学）」の分野を割愛し、「美術」と「音楽」の2分野に絞り、鑑賞だけでなく、創作や表現などの領域も扱った。

職業と社会　1956年度

中学校向けの職業教育番組。1956年4〜7月に月1回で計4回放送。「国会」「青果市場」「自動車工場」「証券取引会社」のテーマでそれぞれ放送した。

職場をたずねて　1956〜1957年度

中学校向けの職業教育番組。さまざまな職場を訪問して、それぞれの仕事と社会的な役割を紹介した。訪問した職場は、カメラ工場、製菓工場、化学繊維工場、印刷工場、缶詰工場、造幣局、紡績工場、電力会社、果樹園、電話局、自動車工場、問屋、公共職業安定所、病院、陶磁器工場、放送局。

世界のうごき　1956〜1957年度

中学校向けの社会科番組。1957年1月放送の初回「国連と日本」からスタートし、「日本の気象と世界の気象」「原子力の平和利用」「世界と日本の漁業問題」「岸総理の海外訪問」「人工衛星と世界の平和」「賠償と日本の経済」「アラブの新しい国づくり」「となりの国　韓国と日本」など18本を放送した。

体育　1956〜1957年度

中学校向けの体育番組。1956年5月から1957年3月まで、「徒手体操と器械体操」「陸上競技」「水泳」「跳び箱とマット運動」「体育ダンス」「サッカー」「バスケットボール」「鉄棒と平均台」「卓球」の9本を放送。1958年4月と1960年3月に『保健体育』として「走り高跳び」と「軽スポーツ」を放送した。

明るい生活　1957年度

中学校向けの「家庭科」番組。衣食住の日常生活に必要な知識、技能を習得させ、生活の合理化、進歩向上に役立てた。

保健体育　1958〜1961年度

中学校向け「保健体育」番組。

職業と家庭　1958〜1959年度

中学校向けの「職業・家庭」番組。

世界と日本　〈1958〜1959〉　1958〜1959年度

中学校向けの社会科番組。

理科教室　中学校1年生　1959〜1984年度

小学5年生から高等学校まで各学年別に（月〜土）で日替わりに放送する「理科教室」シリーズがスタート。発展的系統学習にふさわしい教材として、教育現場における理科の学習指導と直接結びつけて番組利用された。1959年1月に教育テレビが開局したことで、学校放送に割くことができる潤沢な放送時間が生まれ、各学年対応の放送が可能になった。

理科教室　中学校2年生　1959〜1984年度

中学2年生向けの理科番組。

理科教室　中学校3年生　1959〜1985年度

中学3年生向けの理科番組。

1960年代　中学校

日本の地理　世界の地理　1960〜1971年度

中学1年生向けの社会科番組。

学校放送・高校講座

英語教室中学校1年生 1960〜1971年度

これまでの中学校向け『英語教室』（1955〜1959年度）を、『理科教室』同様に1年生と2年生については学年別に対応した。1968年度より『テレビ英語教室1年生』に改題。

英語教室中学校2年生 1960〜1971年度

これまでの中学校向け『英語教室』（1955〜1959年度）を、『理科教室』同様に1年生と2年生については学年別に対応した。1968年度より『テレビ英語教室2年生』に改題。

技術と生活 1960年度

中学校向け「技術・家庭科」で、「保健体育」と隔週に放送した。

技術・家庭 1961〜1970年度

中学校向け「技術・家庭」番組。

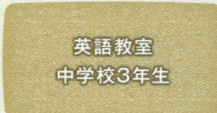

英語教室中学校3年生 1962〜1971年度

中学3年生向けの「英語」番組。『英語教室中学校1年生』と『英語教室中学校2年生』に2年遅れて3年生向け『英語教室』がスタート。これで1年生から3年生まで、中学校各学年別に「英語」番組がラインナップされた。英米の文化や習慣を紹介しながら、中学校英語の総まとめをねらい、寸劇（スキット）、文型練習、歌などで構成した。1968年度より『テレビ英語教室3年生』に改題。

中学校 わたしたちの進路 1962〜1965年度

中学生に対する「進路指導」を目的とするシリーズが初めて登場。

中学校 体育のしおり 1962〜1964年度

前年度まで放送の『保健体育』（1958〜1961年度）を改題し、内容を充実、改善した。

日本の歴史 〈1963〜1971〉 1963〜1971年度

中学2年生向け社会科番組。歴史学習に多くの素材を提供することを目的としたシリーズ。

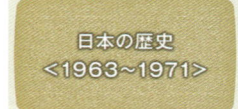

わたしたちの社会 1963〜1971年度

中学3年生向けの社会科番組。政治、経済、社会の学習に最新の資料を提供することを目的にスタート。中学1年生向け『日本の地理　世界の地理』（1960〜1971年度）に加え、2年生向け『日本の歴史』（1963〜1971年度）と3年生向け『わたしたちの社会』が加わり、1年から3年まで各学年に対応した「社会科」番組の学年別編成が完成した。

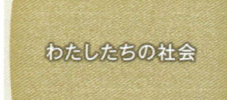

わたしたちの学級活動 1966〜1970年度

中学校向けの「特別教育活動」番組。前年度まで学級活動の1つである進路指導を扱ってきた『わたしたちの進路』（1962〜1965年度）を、高校進学率の激増にあわせ、学級活動の全領域を扱う番組に変更した。スタジオドラマやフィルム構成など多彩な演出を行った。

1970年代　中学校

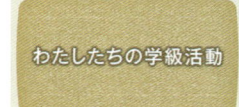

中学生の数学 1971〜1983年度

中学校向けの数学番組。学習指導要領改訂にともない、新しい数学教育の考え方が大幅に取り入れられていることに対応し、テレビの数学番組の開発を進めた。

中学生の広場 1971〜1980年度

中学校向け「特別教育活動」番組。前年度までの『わたしたちの学級活動』（1966〜1970年度）を改題。特別教育活動関連の番組として、従来よりも幅広く問題をとりあげ、具体的な資料を提供することをねらいとした。

A Step to English　1972～1981 年度
中学1年生向けの英語番組。『英語教室中学校1年生』（1960～1971年度）の後継番組。

Let's Enjoy English　1972～1981 年度
中学2年生向けの英語番組。『英語教室中学校2年生』（1960～1971年度）の後継番組。

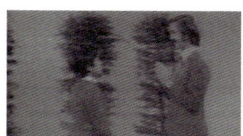

English for You　1972～1975 年度
中学3年生向けの英語番組。『英語教室中学校3年生』（1962～1971年度）の後継番組。

日本新地図　1972～1984 年度
中学1年生向けの社会科番組。『日本の地理　世界の地理』（1960～1971年度）の後継番組。1981年度に中学校1年向け地理番組『新しい世界』のスタートを機に、中学校2年生向けに改定した。

わたしたちの歴史 ～1年生　1972～1984 年度
『日本の歴史』（1963～1971年度）のあとを受けてスタートした中学1年生向けの社会科番組。1976年度に『わたしたちの歴史～1年生』に改題。

わたしたちの歴史 ～2年生　1972～1984 年度
『日本の歴史』（1963～1971年度）のあとを受けてスタートした中学2年生向けの社会科番組。1976年度に『わたしたちの歴史～2年生』に改題。

あすの市民　1972～1985 年度
『わたしたちの社会』（1963～1971年度）のあとを受けてスタートした中学3年生向けの社会科番組。

美術の世界　1972～1979 年度
中学生向けの美術番組。それまで「美術」と「音楽」をまとめて扱っていた『芸術の窓』（1956～1971年度）を廃止して、『美術の世界』と『音楽の世界』の2番組を新設した。

音楽の世界　1972～1976 年度
中学校向けの音楽番組。それまで「音楽」と「美術」をまとめて扱っていた『芸術の窓』（1956～1971年度）を廃止して、『美術の世界』と『音楽の世界』の2番組を新設した。

世界と日本　〈1973～1980〉　1973～1980 年度
1972年度の指導要領の改訂にともなって新設した中学2年生向けの社会科番組。

Watch and Listen　1976～1981 年度
中学3年生および高校生向けの英語番組。英語の「聞く力」を伸ばすことを目的とした。一語一語を完全に聞き取ることよりも、自然な英語を聞いて大意をつかむ、いわゆる60％の理解力を養成することをねらいとして、英語圏の国民の生活をもとにしたスキット、インタビュー、ストーリーなどで構成。

1980年代　中学校

中学校特別シリーズ　1980～1989 年度
中学校の教育現場の利用実態を考慮して新設した3～5回で完結する短期シリーズ。初年度は「行書入門（書写）」「美術の世界」「技術教室」「体育教室」「日本の古典芸能」の5分野を放送。1981年度には「たのしい合唱」「万葉の世界」「考古学入門」など、これまで取り上げなかった教科、分野の番組を放送。また1986年度には、学校へのコンピューター導入にあわせて「ハロー！コンピューター」、1988年度には「ワールドナウ」を新設した。

学校放送・高校講座

新しい世界　1981〜1984年度
中学1年生向けの地理番組。『世界と日本』（1973〜1980年度）の後継番組。世界各地の自然やさまざまな人々の生活、産業のようすを紹介しながら、国際化が進む現代の世界と日本の結びつきを考える。

中学時代　1981〜1984年度
中学校特別教育活動関連番組。「進路の適切な選択」と「個人及び集団の一員としてのあり方」の2点に焦点をあて、『中学生の広場』（1971〜1980年度）に代わってスタートした。中学生活の基本となる学級活動をはじめ、進路問題、生活問題（健康・性・非行）について正面から取り上げ、中学生の実態と生の意見を紹介した。

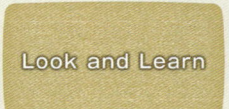

Look and Learn　1982〜1984年度
中学1年生を主な対象とする英語学習入門番組。英語学習が楽しいものであることを知り、学習への興味がわくように、中学生が興味をもちそうなスキットを軸に番組を構成。英語圏との文化の違いにもふれた。

Let's Try!　1982〜1983年度
中学2年生向けの英語番組。文型や文法事項の学習に重点をおくのではなく、中学生がやってみたいと思っていることを、英語を使ってやってみるという方法で番組を構成。中学生をスタジオに招き、番組に参加してもらった。

おもいっきり中学時代　1985〜1989年度
中学生たちが抱えるさまざまな問題や悩みを、中学生自身が、共に考え、本音で話し合うスタジオ番組。部活や生徒会など学校生活に関することや、家族や友達などの人間関係など、中学生に関心の高いテーマを取り上げた。初年度は男女交際をテーマにした「気になるあの人」の反響が大きく、続編も放送。司会は兵藤ゆき。教育（土）午前11時台の30分番組。夕方に放送した総合テレビの再放送に、親たちの関心が集まった。

心のメッセージ　1987〜1992年度
1987年度に『中学校特別シリーズ』の1つとしてスタートした「心の教育」の手助けを目指した番組。中学生を対象に、自分の人生をしっかり見つめ強く生きていくことの大切さを伝えるシリーズとして、ドラマ形式やドキュメンタリーの手法で放送。1992年度に『ワールドウォッチング』と『ステップ＆ジャンプ』の放送のない（金）午後0時35分からの20分番組で放送。

みつめよう自分　1989年度
思春期という、ともすれば不安定になりやすい時期に、自立の道を探し始める中学生はさまざまな苦悩を経験する。いじめやつっぱり、性の問題など、中学生を取り巻く問題について話し合うきっかけとなる番組。1学期と2学期に集中編成を行った。青少年の問題行動に演劇活動などを通して取り組んでいる研究者をリポーターに起用し、それらの実態にドキュメントタッチで迫り、科学的検証も効果的に取り込んだ。

1990年代　中学校

ステップ＆ジャンプ　1990〜1996年度
国際化、情報化が進む中で、多様化する学校現場のニーズに対応するため、中学校向けと高等学校向けを再編成したシリーズを新設、（月〜木）の帯で放送。学習の基礎・基本を養う「ステップ」（中学レベル）と応用力を養う「ジャンプ」（高校レベル）で構成。中学生と高校生が各自の進度に応じて利用できる番組とした。「英語」「理科（第1・2分野）」「日本史」「地理」をそれぞれ「ステップ」と「ジャンプ」で放送。

収穫祭
（静岡市・登呂遺跡）

中学・高校アワー　1990〜1991年度
『ステップ＆ジャンプ』を除く中学校・高等学校向け番組については、より一層の利用の便宜を図るため、『ステップ＆ジャンプ』に連動させて『中学・高校アワー』を（月〜金）で編成した。これまでの「特別シリーズ」の番組を継続するとともに、「この未知なるもの・人体」（理科・生物関連）と高校生によるディベート番組「青春トーク＆トーク」を新設した。

コンピューター・ナウ　1991〜1992年度
『中学校・高等学校特別シリーズ』で放送した「ハロー！コンピューター」（1986〜1987年度）に始まる高度情報化に合わせたコンピューター関連番組。「チャレンジ・パソコン」「アタック・コンピューター」「レッスン・コンピューター」に続いて、1991年度に『中学・高校アワー』の1つとして放送をスタート。1992年10月に『心のメッセージ』のあとを受けて（金）午後0時35分からの20分番組で放送。

ワールドウォッチング　1992〜1993年度
「公民」「現代社会」で取り扱われる分野を中心に、時代を象徴するキーワードを取り上げ、わかりやすく解説する中学生・高校生対象の番組。教育（月〜木）の午後0時15分からの10分番組で、中・高校生向けの『ステップ＆ジャンプ』の前の時間に放送。

ゲーリーさんの英語レッスン　1992〜1994年度
中学校向け英語番組。アメリカ生まれのゲーリー・パールマンが中学校の教室を訪れ、中学生を相手に英語レッスンを行う。ゲーリーが生徒たちと楽しく会話し、生徒同士が提示されたキーセンテンスを使ってスキットを演じるなど、生きた英語表現を体験した。（金）午後0時15分からの20分番組。

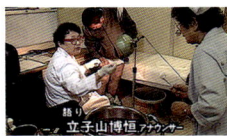

マイライフ　1993〜1996年度

"心の教育"を目指した中学校道徳の特別活動番組。さまざまな分野で"自分の道"を追求している人の生き方、考え方をインタビュー中心のドキュメンタリーで構成。大人への入り口にさしかかった中学生が自分の生き方を考え、見つめなおすきっかけを提供した。また、さまざまな分野、職業の人たちが登場するので、特別活動の資料としても活用された。

地球と生きる　1993〜1994年度

中学校・高等学校向け環境教育番組。環境問題の中に潜む社会的な価値観、人間の生き方などをグローバルな視点から多角的に提示することにより、生徒たちの生活態度、価値観を揺さぶり、改めて自分の考え方やライフスタイルを見つめ直すきっかけとしてもらう。視聴後に教室でのディスカッションが展開されることをねらった。

コンピューター未来館　1993年度

中学生・高校生を対象としたコンピューター学習に役立つ情報教育番組。1993年度から中学校のカリキュラムに登場した「情報基礎」に合わせて、中学・高校生にコンピューターの機能や役割を理解させるとともに、広く情報化社会を紹介した。番組は教育(月)午後0時25分からの30分番組で、前半20分が「コンピューターリテラシー」の学習に役立つ内容を、後半10分でコンピューターの基本的な知識や操作方法を解説した。

数学ボックス　1993〜1994年度

中学校・高校向け数学番組。CGやアニメーション映像で、公式や数、図形の性質を明らかにしながら、数学の本質に迫り、数学のセンスアップを図ることをねらった5分番組。主に中学校レベルの学習項目だが、高校生にとっても復習となり、数学の基礎的な学習に役立つ内容とした。教育(月〜金)の午後0時台に放送。

10min.コンピューター　1994〜1995年度

『コンピューター未来館』(1993年度)のコーナーを発展させ、コンピューターの基礎的機能や活用の具体例を示す実践的なシリーズ。中学校「情報基礎」に対応するとともに、中学校や高校でのコンピューター学習に広く役立てた。1本10分のコンパクトな内容として、1シリーズ4本で計12シリーズを放送。コンピューターに関する基礎的な知識と、応用力・実践力の両面を養う。

アクセスJ－現代社会をみる　1995〜1996年度

中学校・高校の公民分野や家庭科で取り上げられるテーマを中心に、最新の社会変化の情報・様子を伝える番組。情報化社会、暮らしと経済、環境、福祉などについて、身近な事柄から出発し、海外の情報なども交えて多角的に調査し、報告した。

古典ボックス　1995〜1996年度

現在普通に使われていることばが、古文の中ではどのような意味で使われていたかというアプローチで古典の世界を紹介する中学校・高校向け5分番組。教育(月〜金)午後0時15分から放送。

シリーズ10min.楽々パソコン　1996年度

10分間でコンパクトに情報を整理して伝え、学習に役立てる番組『10min.コンピューター』(1994〜1995年度)のシリーズで、中学校「情報基礎」をはじめ、広く中学校・高等学校でのコンピューター学習に役立てる番組。1シリーズ4本で計7シリーズ、計28本を放送。パソコンの多様な活用方法を紹介し、実践を通して情報感覚を養うことをねらった。教育(月〜木)午後0時20分からの10分番組で1996年度前期放送。

シリーズ10min.地球ウオッチ　1996年度

10分間でコンパクトに情報を整理して伝え、学習に役立てる番組『10min.コンピューター』(1994〜1995年度)のシリーズ。中学校・高等学校の地理・歴史の学習の舞台になる地域を、実写映像と人工衛星画像の両方で見ることにより、時代や季節による地球の環境や地形の変化を解き明かした。1シリーズ4本で5シリーズ、計20本を放送。教育(月〜木)午後0時20分からの10分番組で1996年度後期放送。

スクール五輪の書　1997〜1999年度

「自立と共生」をコンセプトとして、たくましく生きる力と知恵を身につけてもらうことを目指す、中学生・高校生を対象にした教育番組のシリーズ。武道の奥義を説く宮本武蔵の「五輪の書」になぞらえて、既成の教科の枠を超え、曜日ごとに「人間の巻」(月)、「社会の巻」(火)、「科学の巻」(水)、「国際の巻」(木)、「生き方の巻」(金)の5つの巻(シリーズ)を日替わりで編成した。教師用テキストも発行された。

スクール五輪の書　人間の巻「思春期放送局」　1997〜1999年度

思春期を迎えた中学生・高校生が、人間関係や倫理観、人権の意識を学び、有意義に生活するための知恵と、21世紀をたくましく生きる力を養っていく番組。友だちや学校生活、恋愛、将来など、思春期ならではの悩みや疑問を題材に、中学生2人の取材班がVTRリポートを制作。スタジオに集まった同世代の4人のコメンテーターとともに問題点を話し合う。進行役は元プロ野球選手の定岡正二とタレントの村田和美。

スクール五輪の書　社会の巻「世の中探検隊」　1997〜1998年度

中学生・高校生を対象にした公民分野、家庭科関連番組。ますます複雑化する現代社会の仕組みや社会で起こっている問題や課題について、「18歳未満」「選挙権」「少子社会」「悪徳商法」「消費税」「高齢者介護」「社会保障改革」など、日々のくらしの中で遭遇するキーワードから多角的に考えていく。また、就職難、留学など、今後人生の岐路に立つ時に参考になる知識などにも焦点を当てた。進行役は川島省吾(劇団ひとり)。

スクール五輪の書　科学の巻「発想ミュージアム」　1997〜1999年度

中学生・高校生を対象にした理科・科学史関連番組。時計、電池、せっけん、缶詰、テレビなど身近なものから、鉄、金、プラスチック、紙などの素材、自動車、飛行機など生活に必要なものまで、様々な発見・発明にこめられた創造性や知恵を、歴史的資料、再現実験などを織り交ぜて紹介し、科学的な発想への関心を深めることをねらいとした。進行役はタレントで薬剤師の久保恵子と声優のIKKAN。

学校放送・高校講座

スクール五輪の書 国際の巻「ワールド・ドキュメント」 1997〜1999年度

中学・高校生を対象に、国際理解を促すことを目的にした番組。中高生たちが身の周りの生活では気づきにくい視点や問題に視野を広げ、食糧問題やゴミ問題、多国籍社会やアジアの国々の情勢、民族問題や内紛、温暖化効果ガスやパンデミックなど、世界の現状への理解と国際的な関心をはぐくむ。NHKの最新の海外取材番組や貴重番組映像を再構成、再編集し、中高生にわかりやすく伝えている。語りは声優の小山茉美。

スクール五輪の書 生き方の巻「21世紀の君たちへ」 1997〜1999年度

挫折を乗り越えてきた人や、信念を貫いてきた人が、中・高校生にメッセージをおくる番組。社会のさまざまな分野で、ひたむきに自分の道を探求している人々の生き方をドキュメンタリーで構成。主人公の現在の姿を追うとともに、人生の転機となった場所や、出会った人々にもスポットをあて、人生のターニングポイントがどこにあったのかを伝える。中高生たちが自分の人生や将来について考えるきっかけを提供した。

10min.ボックス 1997年度〜

中学校と高校での教科学習を充実したものにするために、よりすぐった映像や貴重な資料を軸に構成した10分番組。社会科系、理科系、芸術・技術家庭系に分かれる。初年度は1シリーズ5本、年間20シリーズを放送。デジタルアーカイブとして蓄積を目指す。

スクール五輪の書 社会の巻「現代仕事ファイル」 1999年度

中・高校生たちが、将来仕事を選んでいく上での参考となることを目的にした番組。エンジニア、保育士、著作権Gメン、為替ディーラー、役場企画課員、畳職人、ニュースデスク、弁護士、車イス製造業、養殖漁業、ホームヘルパーなど、様々な職業の現場を訪ね、仕事の内容やその背景を伝え、現代社会の変化する姿を描いた。後に、くりぃむしちゅーに改名した人気お笑いコンビ海砂利水魚が案内役となり番組を進行した。

2000年代　中学校

ティーンズTV 2000〜2007年度

社会や人生への関心を深めてゆく中学・高校生たちに、力強く生きる力と知恵を身につけてもらうための新しい教育番組枠。それまで放送していた『スクール五輪の書』(1997〜1999年度)をリニューアル。経済、社会、科学・情報通信、ボランティア、国際など、現代社会の最新情報を盛り込んで編成された。教師用テキスト発行とともに、番組ウェブサイトも開設。不定期で深夜でも数回ずつ再放送された。

ティーンズTV 世の中なんでも経済学 2000〜2007年度

「どうして値段はあるの？」「あなたの買物が社会を動かす」など、身近な疑問からアプローチして、経済学のキーワードを初歩から学び、経済の基本的な仕組みと考え方を知る。若者たちが「謎の経済学者」ネコノミストの指令で、日常生活におけるさまざまな経済現象の意味を調査・解明してゆく構成。若者役には、初年度はタレント野村恵里と奈良沙緒理、2年目からはお笑いコンビのオジンオズボーンと女優の西村頼子があたった。

ティーンズTV インターネット情報局 2000〜2001年度

パソコンを使い、簡単なデザインや編集、アニメや音楽の制作、ロボット操作、ウェブページ制作からインターネットコミュニケーションまで、さまざまな創作活動に挑戦する。入門・応用・発展とステップアップしていき、デジタルで創り出す喜びを味わいながら、情報のモラルや技術など、情報社会で生きていく力を身につける、実践的なメディア教育の番組。パソコンが趣味のタレント山口五和がデジタル創作に挑戦した。

ティーンズTV サイエンス ワンダーワールド 2000年度

科学技術の興味深い知識に触れることで、背景にある科学的な考え方に目を向ける番組。宇宙、地球、人体、DNA、エネルギー、気象、地球温暖化、ウイルスと免疫など、人間を取り囲むミクロからマクロまでの環境と、地球レベルで考えなければならない課題をテーマに、『NHKスペシャル』などの大型科学番組や特集番組の内容を再構成し、スタジオで情報を補いながら科学・技術の最先端を紹介した。

ティーンズTV ワールド ドキュメント 2000〜2001・2005〜2006年度

『NHKスペシャル〜世紀を越えて』や『未来への教室』など、NHKの大型海外取材番組を素材に、中高生向けに、環境破壊、戦争、家族のきずな、生命倫理など21世紀の人類の課題を問いかけ、激動する世界の状況、諸問題、人類の歴史などをわかりやすく伝えた。2005年度前期に新番組として再開し、2006年度は再放送。語りは声優の小山芙美。

ティーンズTV FOR YOU〜今 君のために 2000〜2002年度

全国各地のさまざまな分野で仕事に励み、ひたむきに自分の道を探求している人々の生き方や考え方を紹介し、「夢を大切にして生きる」ことのすばらしさを語りかけるヒューマンドキュメンタリー。中学・高校生自身が自分の生き方や考え方を見つめ直し、生きていくきっかけを提供した。

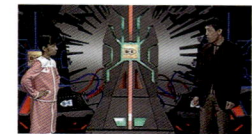

ティーンズTV デジタル進化論〜コンピューターの物語 2001〜2003・2005年度

新しい教育の柱となった"情報"の根幹である、コンピューターそのものについて理解を深めてゆく番組。ブラックボックスと化している「コンピューターの原理・基本的な仕組み」について、その開発史を織り交ぜながら学んでいく。またデジタルリテラシーとして必要な「コンピューターやネットワークを利用する情報活用の実践力」も培い、自らの問題解決に役立てることができる能力を育成する。2005年度（前期）は再放送。

ティーンズTV GO！GO！ボランティア 2002〜2005年度

教育現場で「総合の時間」の教材として注目を集めたボランティア活動。番組では、ボランティアとはどういうものか、その考え方や活動のポイントなどを紹介し、ボランティアを身近なこととして考えた。中学生ボランティア体験隊10人がさまざまなボランティア活動に挑戦し、その体験をスタジオで報告し意見交流も積極的に行った。また全国の学校や地域のボランティア活動の実践も紹介した。2005年度は再放送。

ティーンズTV　科学タイムトンネル　2002・2004〜2005年度

科学の発見・発明に至る"ひらめき"や"試行錯誤"を解き明かす番組。ダ・ビンチ、ガリレオ、ニュートン、エジソン、フォード、ライト兄弟、中谷宇吉郎、牧野富太郎など、CGでよみがえらせた世界の歴史上の天才科学者たちが、自らの発想を語るというSF的演出で、科学史を面白く分かりやすく解説。子どもの理科への興味をはぐくむことをめざした。2001年度の単発番組から始まり2002年度でレギュラー化。2005年度は再放送。

ティーンズTV　世の中なんでも現代社会　2003〜2004年度

さまざまな社会事象について自ら考えてもらうための「問題提起」を行う番組。グローバル化の光と影、生命技術と生命倫理、少子高齢化と社会保障、企業と消費者、民族対立、これからのエネルギー、家族のあり方など、今の私たちを取り巻く問題や課題を映像で紹介。複数の異なる立場を提示して、角度を変えた視点で物事を考える力を養い、学校での生徒同士のディベートにつながるよう構成した。2004年度は再放送。

ティーンズTV　NHK映像科学館　2003〜2006年度

授業の教材に利用したい番組について、中学と高校の教師を対象にアンケートをとった結果、『NHKスペシャル』の大型科学シリーズが上位を占めた。番組ではこれまで放送した「驚異の小宇宙　人体」（1989〜1999年度）、「宇宙　未知への大紀行」（2001年度）、「地球大紀行」（1986〜1987年度）の番組映像を再構成し、全20作を放送した。2005〜2006年度は再放送。

ティーンズTV　わたしの生きる道　2003年度

社会のさまざまな分野で自ら目標を実現しようとする"人生の先輩"たちの日々の暮らしをドキュメンタリー形式で紹介。NGO職員、和菓子職人、自動車整備工、新聞記者、介護職、漁師などが登場。職業や仕事を通じての"生きがい"や"夢"を見いだそうとする姿から、中高生たちが自分の生き方を探求する機会を提供。各界の著名人が案内役を務めた。全20回。

ティーンズTV　メディアを学ぼう　2005〜2006年度

高度情報化社会を生きる中学・高校生に向けたメディア・リテラシーを育む番組。テレビ・新聞・雑誌・インターネットなど、さまざまなメディアの実際の制作現場を取材し、日々あふれ出る膨大な情報が誰によってどのように作られているのか、その仕組みと現場の様子を紹介した。2006年度は再放送。

ティーンズTV　地球データマップ　2006〜2007年度

「環境問題」「格差」「戦争」「ジェンダー」「生物多様性」など、今、人類が抱えている地球規模のさまざまな問題について、統計データを地図にしたデータマップを基に検証。私たちの生活とどうつながり、どうすれば「持続可能な社会」を実現でき、未来のために私たちに何ができるのかを考えた。2006年1月からの先行で8作放送後、4月からレギュラー化。2007年度、『ティーンズTV』枠として残った最後の番組。

2010〜2020年代　中学校

アクティブ10　2018年度〜

『10min.ボックス』の後継番組。10分間で中高生向け理科・社会・数学・情報・キャリア教育などのエッセンスを学ぶことができるシリーズ。『10min.ボックス』が資料価値の高い映像で構成されているのに対し、中高生の関心を高めるために人気タレントの起用や新機軸の演出を導入していることが特色。

アクティブ10　公民　2018年度〜

現代社会が抱える問題を20のテーマで深く掘り下げていく、中学・高校の社会科（公民的分野）の番組。教科書の範囲を超えて、より「調べたい」「知りたい」と思う問いを投げかけた。

アクティブ10　プロのプロセス　2019年度〜

中学・高校生向けの情報活用能力を養う番組。社会で活躍するプロたちが「課題の見つけ方」「情報の集め方」「分析のしかた」、そして「まとめた内容を表現するテクニック」などを伝授する。

アクティブ10　ミライのしごとーく　2019年度〜

中学・高校生向けのキャリア教育の番組。1つの仕事について、前編では「楽しみ・やりがい」を紹介し、後編では「これから求められる力」を考える2話セットの番組。情報収集マシーンのKAZUが、さまざまな業界で働く大人たちに会って情報を集めていく。声の出演はカズレーザー。

アクティブ10　理科　2019年度〜

2021年度から中学校で実施される新学習指導要領に対応した理科教育番組。考える材料を提示するが、答えは示さない。自ら課題を発見し、仮説を立て、実験を立案する。さらにその結果を多面的に考察し、妥当性のある結論にまとめるという、教室での探究活動をサポートした。

アクティブ10　レキデリ　2020年度〜

中学校社会科（歴史分野）の番組。歴史デリバリー「レキデリ」が運ぶ資料を活用することで、歴史に対して疑問を見いだし、探究する。「江戸幕府はなぜ長続きしたのか？」「ヤマト王権はどうやって権力を広げた？」など。「探究学習」のモデルとして活用。

学校放送・高校講座

アクティブ10　マスと！ 2020年度〜
中高生向け数学の番組。数学的に考えることの大切さ、楽しさを感じてもらい、生きるためにマストな数学力を身につける。日常生活の中に"数学"を見いだす「MATHのある風景」コーナーもある。

姫とボクはわからないっ 2024年度
ネットやスマホにまつわる、小・中学生のリアルな体験談を基にしたドラマ。楽しく便利に使おうとする中で起きてしまうトラブルを、戦国時代からタイムスリップしてきた姫が主人公と一緒に解決していく。ネット・スマホとのつきあい方や情報モラルを学ぶ。Eテレ（木）午前9時20分からの10分番組。

1950〜1960年代　高校

高等学校講座　〈1958〜1962〉 1958〜1962年度
1959年1月の教育テレビ開局とともに、在宅の高校生を対象に「初級講座」をスタート。教育（月〜金）の午後9時30分からの30分番組。同年10月からは午後10時から10時30分まで「上級講座」を新設。全日制高校生の復習と自習に役立てるだけでなく、働きながら学ぶ通信教育高校生や、定時制高校生にも活用され、その基礎学力養成に役立った。

理科教室　高等学校 1959〜1972年度
小学5年生から高等学校まで各学年別に（月〜土）で日替わりに放送する「理科教室」シリーズがスタート。発展的系統学習にふさわしい教材として、教育現場における理科の学習指導と直接結びつけて番組利用された。1962年度に「高等学校の時間」の中の1教科として位置づけられ、1964年度に『理科教室−物理・化学』と『理科教室−生物・地学』に分けられた。

テレビ高等学校講座−通信教育生のために− 1960〜1962年度
働きながら勉学を志す通信教育生を対象に、毎週（日）午前10時から11時まで放送。スクーリングを受けるために登校する生徒に、化学・電機一般・機械製図・英語・人文地理を放送。また毎月最終週には、各地の通信教育生の生活を紹介し、お互いに励ましあい、理解し合う共通の場を提供した。

高等学校の時間　家庭科教室 1960〜1980年度
高校生向け家庭科番組。必ずしも教科との結びつきにこだわらず、教室で得た原理的な知識を実生活の中でさらに広め、高めることを目指し、クラブ活動での利用、生徒の自主的視聴など、高校でのテレビ利用の基盤を作った。

高等学校の時間　科学の目 1960〜1963年度
高校生向け理科番組。必ずしも教科との結びつきにこだわらず、教室で得た原理的な知識を実生活の中でさらに広め、高めることを目指し、クラブ活動での利用、生徒の自主的視聴など、高校でのテレビ利用の基盤を作った。

高等学校の時間　職場をたずねて 1960〜1961年度
高校生向け社会科番組。必ずしも教科との結びつきにこだわらず、教室で得た原理的な知識を実生活の中でさらに広め、高めることを目指し、クラブ活動での利用、生徒の自主的視聴など、高校でのテレビ利用の基盤を作った。

高等学校の時間　芸術鑑賞 1960〜1971年度
高校生向け美術関連番組。必ずしも教科との結びつきにこだわらず、教室で得た原理的な知識を実生活の中でさらに広め、高めることを目指し、クラブ活動での利用、生徒の自主的視聴など、高校でのテレビ利用の基盤を作った。

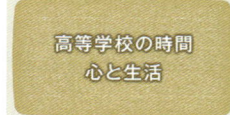

高等学校の時間　心と生活 1960年度
高校生向け特別教育活動番組。必ずしも教科との結びつきにこだわらず、教室で得た原理的な知識を実生活の中でさらに広め、高めることを目指し、クラブ活動での利用、生徒の自主的視聴など、高校でのテレビ利用の基盤を作った。

高等学校の時間　世界の地理 1961〜1972年度
高等学校向けの地理番組。必ずしも教科との結びつきにこだわらず、教室で得た原理的な知識を実生活の中でさらに広め、高めることを目指し、クラブ活動での利用、生徒の自主的視聴など、高校でのテレビ利用の基盤を作った。

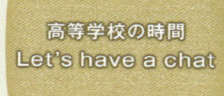

高等学校の時間　Let's have a chat 1962〜1963年度
高等学校向けの英語番組。必ずしも教科との結びつきにこだわらず、教室で得た原理的な知識を実生活の中でさらに広め、高めることを目指し、クラブ活動での利用、生徒の自主的視聴など、高校でのテレビ利用の基盤を作った。

01.ドラマ　02.クイズ・バラエティー　03.音楽　04.伝統芸能　05.ニュース　06.報道・ドキュメンタリー　07.紀行　08.教養・情報　09.自然・科学　10.こども・教育　11.人形劇・アニメ　12.趣味・実用　13.大型特集番組等

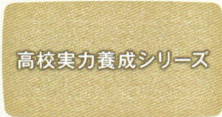

高校実力養成シリーズ　1962〜1964年度
高校上級生のために、英語と数学の2教科の学力と応用能力を高め、大学受験にも役立ててもらおうという進学指導番組。毎月テストを行い、実力養成に役立てた。(月〜金)午後11時からの45分番組。1963年度からは放送時間が5分延長されて50分となった。

高等学校の時間　高校生の広場　1963〜1982年度
学校におけるホームルームの活動強化を目的に、ホームルームに生きた話題を提供した。

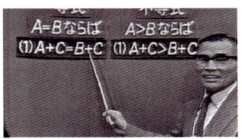

通信高校講座　1963〜1981年度
1963年4月のNHK学園高等学校の開校にともない、また放送利用の通信教育をさらに推進するために、前年度まで放送の『高等学校講座』(1958〜1962年度)を名称変更。学習指導要領に準拠して放送。通信高校生を主たる対象とするが、あわせて全日制、定時制高校の生徒の補習にも役立つ番組とした。

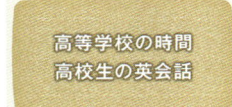

高等学校の時間　高校生の英会話　1964〜1967年度
「高等学校の時間」の英語教科。『Let's have a chat』(1962〜1963年度)の後継番組。

高等学校の時間　理科教室ー物理・化学　1964〜1972年度
「高等学校の時間」の理科。

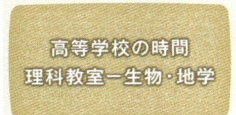

高等学校の時間　理科教室ー生物・地学　1964〜1972年度
「高等学校の時間」の理科。

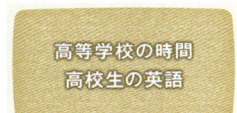

高等学校の時間　高校生の英語　1968〜1975年度
「高等学校の時間」の英語教科。『高校生の英会話』(1964〜1967年度)の後継番組。

1970年代　高校

高等学校の時間　美術の世界　1972〜1979年度
「高等学校の時間」の『芸術鑑賞』(1960〜1971年度)を「美術」にテーマを絞って毎週の放送とした。

高等学校の時間　音楽の世界　1972〜1976年度
「高等学校の時間」の『芸術鑑賞』(1960〜1971年度)を「音楽」にテーマを絞って毎週の放送とした。

高等学校の時間　現代の世界　1973〜1981年度
「高等学校の時間」の『世界の地理』(1961〜1972年度)のあとを受けてスタート。

高等学校の時間　高校生の科学　1973年度
「高等学校の時間」の「理科」番組。『理科教室　高等学校』(1959〜1972年度)のあとを受けてスタート。「物理」「化学」「生物」「地学」を曜日替わりで放送。

高等学校の時間　高校生の科学・地学　1974〜1975年度
「高等学校の時間」の『高校生の科学』(1973年度)で日替わりに放送していた「地学」「化学」「生物」「物理」の4教科をそれぞれ独立させて、毎週放送とした。

学校放送・高校講座

高等学校の時間　高校生の科学・化学　1974～1981年度

「高等学校の時間」の『高校生の科学』（1973年度）で日替わりに放送していた「地学」「化学」「生物」「物理」の4教科をそれぞれ独立させて、毎週放送とした。

高等学校の時間　高校生の科学・物理　1974～1981年度

「高等学校の時間」の『高校生の科学』（1973年度）で日替わりに放送していた「地学」「化学」「生物」「物理」の4教科をそれぞれ独立させて、毎週放送とした。

高等学校の時間　高校生の科学・生物　1974～1982年度

「高等学校の時間」の『高校生の科学』（1973年度）で日替わりに放送していた「地学」「化学」「生物」「物理」の4教科をそれぞれ独立させて、毎週放送とした。

高等学校番組　地球と人間　1976～1980年度

理科の領域の中で地学的内容を基礎とした「総合理科」番組。地球とそれを取り巻く環境について、天文から地球の内部に及ぶさまざまな自然現象を人間とのかかわり合いの中でとらえ、考え、解明していくことをねらいとした。

1980年代　高校

高等学校特別シリーズ　1981～1989年度

高校の多様化に応じた短期シリーズ。初年度は家庭科関連として『くらしの科学』と『新しい保育』を、地学関連として『地球から宇宙へ』と『大気の科学』を4～5回シリーズで放送。

現代の社会　1982～1984年度

1982年度の高等学校の学習指導要領改訂で新設された社会科必修科目「現代社会」に対応する番組。政治、経済、社会、文化など、現代社会の諸相から各回のテーマを設定し、そのテーマに即した具体的な事例を提供しながら、現代社会をさまざまな視点から考える。

国語Ⅰ　1982～1984年度

「高等学校番組」の国語番組。

高等学校講座　〈1982～1989〉　1982～1989年度

1982年度に高等学校の学習指導要領改訂を機に番組改定をおこない、通信高校生を主たる対象としながらも、全日制高校生、一般成人の自宅学習利用にこたえるため、高校レベルの基礎的、系統的知識を提供するものとして、『通信高校講座』（1963～1981年度）を『高等学校講座』に改題。基礎科目を中心にして、テレビ、ラジオの重複科目、極端に利用の低い科目などを整理統合した。

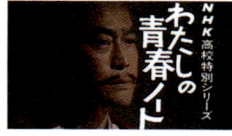

わたしの青春ノート　1985～1987年度

高校のホームルームの時間に向けて、進路指導を中心に、「自分のこれまでの生き方・これからの生き方」について考え、話し合う素材を提供する番組。高校生たちにとって親しみのある各界の著名人が語る青春時代の生き方を参考に、自らの生き方や進路について改めて考えてもらう。初年度は衣笠祥雄（プロ野球選手）、里中満智子（漫画家）、やまもと寛斎（ファッションデザイナー）、桂枝雀（落語家）、岩城宏之（指揮者）ほかが出演。

青春すくらんぶる　1988～1989年度

ホームルームで討議するための素材を提供する高校特別活動関連番組。『わたしの青春ノート』（1985～1987年度）の後継番組。高校生たちの生き方や悩みを20分のドキュメントでルポし、それをもとにスタジオで討論した。また"高校生による高校生のための"情報交換の場として、パフォーマンスやユニークなクラブ活動を紹介。

1990年代　高校

青春トーク&トーク　1990～1991年度

『ステップ&ジャンプ』（1990～1996年度）に連動させ、午後0時台に『中学・高校アワー』を編成。その一環として1990年度にスタートした「特別活動関連」番組。高校生を対象に「バイクは解禁すべきか!?」「男らしさ・女らしさは必要か？」「文化祭には全員参加すべきか？」「アルバイトは高校生に必要か!?」などのテーマで討論をおこなった。1991年度は『ステップ&ジャンプ』の（金）枠で放送。

NHK高校講座　1990・2003年度〜

1990年度に『高等学校講座』（1982〜1989年度）の後継番組としてスタート。1991年度に一般視聴者の系統的学習番組へのニーズに対応するために『教育セミナー　NHK高校講座』に刷新。2003年度の学習指導要領改訂や通信制高校を選ぶ生徒の増加などを受け、再度『NHK高校講座』にタイトルを戻し、全国107校の通信制高校生を主な対象に、自学自習に役立つことを目的に放送した。

教育セミナー　NHK高校講座　1991〜2002年度

通信制高校生の自宅学習に役立つことを目的に、各番組、原則として年間42本を計画的・継続的に放送し、スクーリング減免のできる番組として利用された。また生涯学習へのニーズの高まりに応えて、生涯学習番組として10代から高齢者まで、広く親しまれた。

ティーンズねっとわーく　1994〜1995年度

マルチメディア時代を先取りする高等学校向け「特別活動」番組。コンピューターが設置されている高校をパソコン通信でつなぎ、そこに繰り広げられる高校生たちの議論を基にテーマを設定。パソコン通信上での議論をベースにスタジオでの高校生たちの議論を深める。司会はマルチメディアに造けいの深いジャーナリストの山根一眞とタレントの穴井夕子。1994年度の約60校がネットワークに参加した。

ハイスクール電脳倶楽部　1996年度

「自立」や「共生」といった生き方を発見していく高等学校特別活動番組。学校、家庭、社会、さらに世界について高校生がともに考え、話し合いながら、それぞれの生き方を発見していくための素材を提供する番組。スタジオだけでなくパソコン通信を通じて、全国の高校生が討論に参加した。

▌2000年代　高校

NHK高校講座ライブラリー　2003〜2007年度

通信制高校の前・後期2学期制、10月入学制に対応するための『NHK高校講座』の再放送番組。毎年10月から始まり、本放送から半年遅れで、その年度のテレビ・ラジオの「高校講座」番組のすべてを再放送する。第1回放送は2000年10月、2003年度より定時化。

『NHK高校講座』は番組数が多いため、2024年度放送の番組一覧のみ掲載します。

番組	放送局	放送時間	番組	放送局	放送時間
現代の国語	Eテレ	（月）午前10:00〜10:20	物理基礎	Eテレ	（木）午前10:30〜10:50
言語文化	R2	（金・土）午後8:10〜8:30	化学基礎	Eテレ	（火）午前10:20〜10:40
文学国語	R2	（月・火）午後7:30〜7:50	生物基礎	Eテレ	（火）午前10:00〜10:20
論理国語	R2	（水・木）午後7:50〜8:10	地学基礎	Eテレ	（火）午前10:40〜11:00
古典探究	R2	（金）午後7:30〜7:50	科学と人間生活	Eテレ	（金）午前10:00〜10:20
地理総合	Eテレ	（水）午前10:00〜10:20	音楽I	R2	（木）午後8:10〜8:30
歴史総合	Eテレ	（水）午前10:00〜10:20	美術I	Eテレ	（金）午前11:10〜11:30
世界史探究	Eテレ	（水）午前10:40〜11:00	書道I	Eテレ	（金）午前11:10〜11:30
日本史	Eテレ	（水）午前10:20〜10:40	家庭総合	Eテレ	（金）午前10:40〜11:00
日本史探究	R2	（水）午後7:30〜7:50	ビジネス基礎	Eテレ	（金）午前11:00〜11:10
公共	Eテレ	（月）午前10:00〜10:20	簿記	Eテレ	夏・冬・春期講座
政治・経済	R2	（土）午後7:50〜8:10	体育実技	Eテレ	夏・冬・春期講座
倫理	R2	（金）午後7:50〜8:10	ロンリのちから	Eテレ	（金）午前11:00〜11:10
数学I	Eテレ	（月）午前10:30〜10:50	保健体育	R2	（水）午後8:10〜8:30
数学II	Eテレ	夏・冬・春期講座	情報I	Eテレ	（金）午前10:00〜10:20
数学A	Eテレ	（金）午前10:20〜10:40	仕事の現場 real	R2	（土）午後7:30〜7:50
数学II	R2	（月・火）午後7:50〜8:10	ベーシック国語	Eテレ	（月）午前10:20〜10:30
英語コミュニケーションI	Eテレ	（木）午前10:00〜10:20	ベーシック数学	Eテレ	（月）午前10:50〜11:00
英語コミュニケーションII	R2	（月）午後8:10〜8:30	ベーシック英語	Eテレ	（木）午前10:20〜10:30
英語コミュニケーションIII	Eテレ	（木）午後7:30〜7:50	ベーシックサイエンス	Eテレ	（木）午前10:50〜11:00
英語表現I	R2	（火）午後8:10〜8:30	総合的な探究の時間	Eテレ	夏・冬・春期講座

こども・教育
育児・教育

　1959年1月に教育テレビが開局し、小学校の教師を対象とした『教師の時間』と、子どもの生活と教育について母親と教師がそれぞれの立場から考える『母親から教師から』が始まる。「学校放送」が教育現場の子どもや生徒を対象としたのに対し、子育てや教育を担う保護者と教師を対象とした番組である。

　週1回放送で始まった『教師の時間』（1958〜1984年度）は、1960年に週6日に拡充され、（月）「幼児教育講座」、（火）「理科実験のコツ」、（水・木）「小学校教師のため

に」、（金）「中学校教師のために」、（土）「学習指導講座」の6シリーズを放送、教育問題に深く取り組んでいった。

　一方、『母親から教師から』（1958〜1964年度）は、1965年度に『おかあさんの勉強室』（1965〜1989年度）にリニューアルする。小学校での学習の目的や方法を具体的に母親（保護者）に示し、学校教育と家庭教育の連携を目指した。当初は小学校の子どもの保護者を対象にしていたこの番組は、1973年からは幼稚園・保育所も含めて、子どもの年齢、学年に応じた内容を曜日別に放送した。

『おかあさんの勉強室』（1965〜1989年度）→ P726

『教師の時間』（1958〜1984年度）→ P726

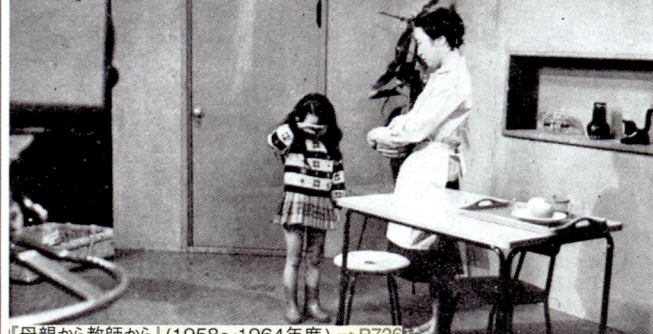

『母親から教師から』（1958〜1964年度）→ P726

『十代の教育相談』(1979〜1981年度) → P726

『育児カレンダー』(1990〜1991年度) → P727

『すくすく赤ちゃん』(1992〜1998年度) → P727

『すくすくネットワーク』(1999〜2002年度) → P727

『すくすく子育て』(2003年度〜) → P727

『教育トゥデイ』(1996〜1997年度) → P727

『教育フォーカス』(2002年度) → P727

　1979年に中・高校生の悩みにこたえるカウンセリング番組『十代の教育相談』が始まるが、1982年に『おかあさんの勉強室』に統合される。『おかあさんの勉強室』は乳幼児から中・高校生まで対象を拡大し、子育てや教育に悩む親たちを支えた。

　1990年4月、24年間続いた『おかあさんの勉強室』のあとを受けて『育児カレンダー』(1990〜1991年度)が始まる。核家族化が進む時代に、孤独に育児を行う親を応援しようという番組である。妊娠中から5歳児までの幼児を育てている親を対象とした。

　『育児カレンダー』を引き継いだのが『すくすく赤ちゃん』(1992〜1998年度)。1989年度に放送を終了した『おかあさんの勉強室』の金曜コーナー「すくすく赤ちゃん」が

独立し、3歳までの育児をめぐる問題を取り上げた。また男性が育児参加する時代も視野に入れて、父親にも参考になる育児情報を伝えた。『すくすく赤ちゃん』はその後、『すくすくネットワーク』(1999〜2002年度)、『すくすく子育て』(2003年度〜)へと続いていく。

　『教育トゥデイ』(1996〜1997年度　＊1998年度、『教育トゥデイ '98』に改題。2001年度まで放送)は、子どもたちの「いじめ」や「登校拒否」などジャーナルな教育問題をさまざまな角度から考えるスタジオ番組だ。教師と保護者を対象に当初は月1回放送、1999年度からは毎週放送された。2002年度には『教育フォーカス』(2002年度)に引き継がれ、この番組からユニークな授業を紹介する『わく

育児・教育

『親と子のTVスクール』(2004〜2007年度)　→P728

『わくわく授業〜わたしの教え方』(2003〜2007年度)　→P728

『エデュカチオ！』(2013〜2014年度)　→P728

わく授業〜わたしの教え方』(2003〜2007年度)が生まれた。

　2004年から始まった『親と子のTVスクール』(2004〜2007年度)は、親と子がいっしょにテレビを見ながら「勉強」「友達」「校内事情」など、学校をめぐる問題を語り合う番組。全国各地の小学校でゲストを招いて公開収録を行い、子どもたちには生きるためのヒントを、保護者には子育ての知恵を伝えた。

　2013年には小・中学生の子どもを持つ親を対象とした新たな教育ジャーナル番組『エデュカチオ！』(2013〜2014年度)が始まる。"エデュカチオ"とは「エデュケーション(教育)」の語源となったラテン語で、「(子どもの可能性を)引き出す」という意味。司会は"尾木ママ"こと教育評論家の尾木直樹がつとめた。

　『エデュカチオ！』は『ウワサの保護者会』(2015〜2021年度)に引き継がれ、尾木直樹が小・中学生の保護者(＝ホゴシャーズ)と、子育てや教育をめぐるさまざまな悩みについて語り合う。「子どもが朝起きない」「PTAをどうする」といった身近な問題から、「発達障害」「いじめ」「不登校」などの切実なテーマまで幅広く取り上げた。

　2022年4月から、育児に奮闘する父親たちの悩みの数々を解決へと導く育児バラエティー番組『ハロー！ちびっこモンスター』が始まった。手のかかる幼い子どもを父親が1人で世話をする様子を、母親と専門家が離れたスタジオでモニタリング。大暴れしたり、泣き止まなかったりと次々に見舞われるトラブルにアドバイスしながら解決へと導く。出演はカリスマ保育士のてぃ先生、放送作家の野々村友

01.ドラマ　02.クイズ・バラエティー　03.音楽　04.伝統芸能　05.ニュース　06.報道・ドキュメンタリー　07.紀行　08.教養・情報　09.自然・科学　10.こども・教育　11.人形劇・アニメ　12.趣味・実用　13.大型特集番組等

紀子が主婦代表としてMCを担当。登場する父親は、それぞれに「子育てミッション」を掲げて子どもの世話に挑むが、子どものモンスターぶりには四苦八苦することもしばしば。そんな、どうにもならなくなった時に手助けしてもらえるのが"ヘルプボタン"。てぃ先生の"天の声"が解決の手がかりをアドバイスしてくれる。それを受けて試していく様子もすべてモニターに映し出されるため、同じような場面に遭遇した親たちにとってもわかりやすく参考になる。放送は、2022年度は4月から9月、2023年度は4月から8月、2024年度も4月からスタートしている。

2022年4月から特集番組として不定期で始まった『おとなりさんはなやんでる。』は、小学生から中学生の子どもを育てる保護者の悩みを取り上げ、解決のヒントを探る番組。とある民家を舞台に、いくつもの家族を見守ってきた家の精霊"おうち"とゲストたちが、子育ての悩みを抱えた保護者の相談に乗るというもの。全国の子育てファミリーから寄せられるアイデアなども紹介しながら、解決の糸口を考えていく。初年度のMCは3人を子育て中のお笑い芸人・澤部佑と佐久間レイ。2024年度に取り上げたテーマは、子どもが"見た目"に悩んだとき、親はどう対応すればいいかを考える「子どもに『美容整形したい』と言われたら」や、ある日高額のクレジットカードの利用通知が届いたらどうするかを考える「お金のトラブル」。そのほか「やめてほしい!うちの子のダラダラ」「進学時期の不登校」「性別に違和感がある子どもたち」「特別支援教育」「受験生の子育て」など、時代とともに変化する"今の"親たちが抱える悩みに寄り添う。また子どもたちが親に言いたいと思っていることにじっくりと耳を傾ける「今、親にいいたいこと」もスペシャル版として放送した。また悩みに直面した親たちがいつでも解決方法を探ることができるように、これまでに放送した内容は番組ホームページ内のブログ記事に詳しく掲載している。ゲストには子育て中のタレントも出演し、自身の体験談なども披露した。ゲストはタカアンドトシ、三倉佳奈、中川翔子、藤井隆、大沢あかねほか。

『おとなりさんはなやんでる。』(2023年度〜) →P728

『ハロー!ちびっこモンスター』(2022年度〜) →P728

『ウワサの保護者会』(2015〜2021年度) →P728

育児・教育

1950年代

日曜家庭教室　1958〜1960年度
家庭にいる小学校高学年から中学校までの児童生徒、およびその父兄を対象に放送。歴史、地理、科学、文化などの学習内容をクイズ形式で提示し、家庭で学習する態度を身につけ、楽しみながら学力を高めることに役立てた。(日) 午前9時からの1時間番組（1960年度は40分番組）。

教師の時間　1958〜1984年度
教育テレビ開局日の1959年1月10日にスタート。小学校の教師を対象に指導法のコツを会得させることをねらいとした。その後、幼児教育から小・中・高校まで、教育の現場を幅広く扱うとともに、教育界で起きたさまざまな出来事や話題をルポした。教育テレビの30分番組。

母親から教師から　1958〜1964年度
教育テレビ開局日の1959年1月10日にスタート。生徒児童の母親と教育現場の教師が、共通に持っている子どもの問題をそれぞれの立場から考えていく"教育相談室"。「子どもの勉強」「親子関係」「性格上の問題」など、家庭と学校の協力で改善できる問題を中心として、PTAなど集団視聴で効果のあがる話題を取り上げた。教育テレビの30分番組。

こどもの心　1958〜1959年度
1959年1月の教育テレビ発足とともに30分番組でスタート。子どもがどんな考え方をして、どんな世界に住んでいるのかを探り、子どもたちの能力や心をどう伸ばせるかを考えた。「大事なもの」「叱られる気持ち」「好きな友達」などのテーマを取り上げた。1960年4月からは『テレビ婦人の時間』の枠内で放送。

1960年代

日曜テレビクラブ

日曜テレビクラブ　1961年度
『日曜家庭教室』（1958〜1960年度）のあとを受けてスタート。総合 (日) 午前8時台に、家庭で視聴する小学校高学年から中学校の児童・生徒およびその父兄を対象に放送した30分番組。前半15分は理科・社会に関連する季節の話題を、後半15分は各地の子どもたちのクラブ活動など地域社会でいきいきと活動する子どもたちの姿を紹介した。

おかあさんの勉強室　幼稚園・保育所

おかあさんの勉強室　1965〜1989年度
学校教育と家庭教育の結びつきを目指して、小学校での学習の目的や方法、家庭での子どものしつけなどを、母親に具体的にアドバイスした。教育 (月〜土) 放送の30分番組でスタート。1980年代は0歳から10代の子どもを持つ母親を対象に、子育てに必要な知識や情報を提供し、グループ視聴番組として多く利用された。

幼児の世界　1966〜1967年度
幼児の発達過程を、知能、身体、情緒、社会性の各分野からとらえるとともに、親子のふれあいや子どもをとりまく社会が、子どもの成長にどのような影響を持っているのかを考えた。『婦人百科』（1959〜1992年度）の枠内で放送された年間シリーズ「三歳児」（1964年度）、「幼年期」（1965年度）の反響を踏まえて番組として独立。総合の30分番組。

1970年代

十代の教育相談　1979〜1981年度
教育の価値観が多様化し、生活環境の都市型化、核家族化が進む社会状況を背景に、子どもの教育と生活について父母の悩みに答える番組。視聴者から寄せられた相談をもとに、専門家によるカウンセリング、アドバイスを紹介した。教育 (金) 午後4時台の25分番組。1981年度に放送は終了するが、1982年度から『おかあさんの勉強室』（1965〜1989年度）に内容が引き継がれる。

1980年代

赤ちゃんの詩

赤ちゃんの詩　1986〜1987年度
赤ちゃんの日常生活のひとこまを季節の移ろいの中でスケッチする2分番組。大まじめな子、ひょうきんな子、おしゃまな子など、愛らしくエネルギーあふれる赤ちゃんの姿を伝える。テーマは「夏・ママと水遊び」「秋・落葉の公園」「ボクもう歩けるよ！」など。

01.ドラマ　02.クイズ・バラエティー　03.音楽　04.伝統芸能　05.ニュース　06.報道・ドキュメンタリー　07.紀行　08.教養・情報　09.自然・科学　10.こども・教育　11.人形劇・アニメ　12.趣味・実用　13.大型特集番組等

赤ちゃんのページ　1986～1989年度
初めての育児に不安を持つ若い母親や、育児知識の変化にとまどいを感じている祖父母を対象に、ベテランの小児科医が季節に応じた育児のポイントを的確にアドバイスする1分番組。初年度は12本を制作。出演：高橋悦二郎（愛育会保健指導部長）。

1990年代

育児カレンダー　1990～1991年度
『おかあさんの勉強室』（1965～1989年度）のあとを受けてスタートした育児番組。乳児から4～5歳児を育てる母親を対象に、妊娠・出産から授乳、赤ちゃんの病気など、育児に関するお役立ち情報を提供。教育（月～金）午後の30分番組。

すくすく赤ちゃん　1992～1998年度
『育児カレンダー』（1990～1991年度）のあとを受けてスタートした育児番組。核家族化、少子化の流れの中で、出産や育児について相談相手を持たずひとりで悩んでいる母親やその夫に対して、さまざまな視点から出産・育児情報を提供した。教育（月～金）の30分番組でスタート。1993年度より週1回放送の40分番組となる。

教育トゥデイ　1996～1997年度
現在の教育を取り巻く問題に焦点をあて、さまざまな角度から考えていく教育情報番組。教育で月1回（土）午後11時台に放送する45分番組。「中教審1次答申」「学校給食」「いじめ」「教育改革の動き」「性教育」「内申書」などの教育問題のほかに、「神戸の児童連続殺人事件」（1997年）などの社会的事件にも即応した。

赤ちゃん　なんでも百科　1996年度
乳幼児の子育てに対する若い母親の疑問や悩みに専門家がわかりやすくこたえる5分番組。衛星第2（月～金）午前9時5分から放送。

メディアと教育　1997年度
マルチメディアやインターネットに代表されるメディアの教育利用について、内外の最新の研究成果と先進的な教育実践を紹介しながら、今後のあり方を考える。「学校のホームページの現状」「インターネットと調べ学習」「障害児教育とマルチメディア」「デジタル革命で変わる大学」などのテーマを取り上げた。月1回放送で教育（土）午後9時台の45分番組。

教育トゥデイ'98　1998～2001年度
月1回放送の『教育トゥデイ』（1996～1997年度）を刷新し、毎週放送とした。現在の教育を取り巻く問題を、さまざまな角度から考えるスタジオベースの教育情報番組。毎月第1週は、メディアの新しい教育利用をリポートする「メディアと教育」で、デジタル化されたアメリカの教育番組などを取り上げた。1999年度は再び『教育トゥデイ』にタイトルを戻した。

すくすくネットワーク　1999～2002年度
『すくすく赤ちゃん』（1992～1998年度）のあとを受けてスタートした教育の30分番組。妊娠中から就学前の5歳児までの親を対象に、実用情報を提供する育児番組。育児に不安を抱える若い父母がFAXやメールで疑問や悩みを伝えるなど、インタラクティブに情報交換を行った。

2000年代

教育フォーカス　2002年度
『教育トゥデイ』（1996～2001年度）のあとを受けてスタートした教育（木）午後11時からの30分番組。子育て中の親が直面する、教育についての素朴な疑問や関心にこたえ、いま、教育の世界で起きている問題や最新の動きを伝える教育情報番組。優れた授業の実践をドキュメントで紹介する「わくわく授業」のシリーズが好評。

まいにちスクスク　2002年度～
育児に不安を抱える現代ファミリーに実用情報を提供する『すくすくネットワーク』をマルチユースした5分番組。教育で初年度は（月～金）午後7時25分から放送。

すくすく子育て　2003年度～
『すくすくネットワーク』（1999～2002年度）の後継番組。育児に不安を抱える新米パパ、ママに基本的な育児情報を提供。0～6歳児の親を対象に、「産後うつ」「子どもの発達が気になったら」「たたく子育てどうすればやめられる？」など幅広いテーマで、視聴者から寄せられた疑問や悩みに答えた。教育の30分番組。

育児・教育

わくわく授業 ～ わたしの教え方 　2003～2007年度

『教育フォーカス』（2002年度）のシリーズ「わくわく授業」が独立。全国の小、中、高校で行われている"わくわく"する授業を紹介。教え方のくふうやコツなど、現場の先生や教師を目指す人たちがすぐに役立つ情報を提供した。主要教科だけでなく図工、体育、音楽のほか、ろう学校、本格的な職業教育を行う専門高校など、多様な授業を紹介し、教育の豊かさを伝えた。教育の25～30分番組。

親と子のTVスクール 　2004～2007年度

親と子がいっしょにテレビを見ながら語り合う教育テレビの情報番組。全国の小学校を訪れ、その土地や学校にゆかりの著名人が特別授業を行う公開収録番組。音楽家、講談師、写真家、料理家など、さまざまな分野で活躍するゲストが、子どもたちを巻き込んで楽しい授業を展開。また訪ねた学校のユニークな授業や活動、学校自慢なども紹介した。

学校デジタル羅針盤 　2004～2005年度

学校の先生が、教材の宝庫ともいえる学校教育番組を使いこなすためのガイド番組。学校放送番組と連動するウェブサイトの最新情報を提供するほか、全国で学校放送番組を利用している実践例を紹介するなど、授業にすぐに役立つ学校放送番組活用のアイデアを紹介した。教育（金）午前11時台の20分番組。

教育TV　SHOWケース 　2006年度

NHKで放送される学校放送番組を中心とした子ども向け番組のPR番組。視聴対象は保護者と教師、そして広く一般視聴者。毎回1つの番組をメインに取り上げ、番組のねらいや魅力、学校や家庭での活用法をわかりやすく紹介した。教育（金）午前11時台の10分番組。

パパサウルス 　2007～2009年度

幼い子どもを持つ世代やその予備軍ともいえる20～30代を対象に、子育てを楽しむライフスタイルを提案。パパには「子育てに参加したい」と思ってもらい、ママには子どもとの関係を楽しむ新たなヒントを見つけてもらうことを目指した。「パパサウルス」とは、子どもから見た「恐竜のように大好きなパパ」を象徴した造語。総合の10分番組。

土よう親じかん 　2008年度

子育て中の親を支援する番組。子育て中のタレントや、各テーマに沿った専門家をスタジオに招き、子育てに関するトークを展開。日々直面する子育てのさまざまな問題に、親がどのようにかかわっていけばよいのか、具体的なノウハウをバリエーション豊かに紹介した。教育（土）午後9時30分からの30分番組。出演はタレントの藤井隆と育児まんが家の高野優。

となりの子育て 　2009～2010年度

『土よう親じかん』（2008年度）を改題。小学生を中心にした子どもの親を支援する番組。子育て中のタレントや、各テーマに沿った専門家をスタジオに招き、最先端の情報を交えてトークを繰り広げた。毎月最終週は「育てた人にきいてみる」と題して、著名人の親の子育てをインタビュー形式で紹介。教育（土）午後9時30分からの30分番組。出演はタレントの藤井隆と育児まんが家の高野優ほか。

2010年代

エデュカチオ！ 　2013～2014年度

小・中学生の子どもを持つ親に向けて、「子ども」「教育」「子育て」に関する課題を、タイムリーに取り上げるEテレの"教育ジャーナル"番組。初年度は年間で10本を放送。2014年度は毎週（土）に放送。「不登校」「いじめ」「受験」「スマホ依存」「性教育」「教育費」ほかのテーマを取り上げた。「エデュカチオ」とはラテン語で「教育」の語源、「（子どもの可能性を）引き出す」の意。

ウワサの保護者会 　2015～2021年度

「子育て」「教育」に悩む親向けの番組。スタジオに小・中学生の子を持つ保護者が集まり、"尾木ママ"こと教育評論家の尾木直樹と「保護者会」を開催。「子どもが朝起きない」「ひとりっ子の子育て」など身近な話題から、「発達障害」「過干渉」「シングルマザー・ファーザー」など切実なテーマまで幅広く取り上げた。Eテレ夜間の25分番組。

2020年代

ハロー！ちびっこモンスター 　2022年度～

育児がもっと楽しくなる育児バラエティー番組。わがままを言ったり暴れたり……時に"ちびっこモンスター"と化す、かわいいわが子の育児に奮闘するパパ・ママ、時には祖父・祖母の様子をモニタリング。どの家庭にも起こりそうな育児に関する悩みの数々を、カリスマ保育士のてぃ先生のとっておきのアドバイスで解決へと導く。出演：野々村友紀子（放送作家）。声：日野聡。Eテレ（火）午後7時からの30分番組。

おとなりさんはなやんでる。 　2023年度～

小学生から中学生の子どもを育てる保護者のための番組。ママ友パパ友には相談ししにくいけれど、当事者にとっては深刻にもなる子育ての悩みごと。全国の子育てファミリーから寄せられた共感の声やアイデアを紹介しながら、解決の糸口をみんなで考えていく。Eテレ（土）午後0時30分からの29分番組。月1回程度放送。

NHKフォトストーリー 25

P664 ← 24　　26 → P777

大河ドラマ『黄金の日日』スタジオ撮影（1978年）

大河ドラマ『黄金の日日』立ちげいこ（1978年）

大河ドラマ『草燃える』スタジオ撮影（1979年）

大河ドラマ『草燃える』　松坂慶子、岩下志麻（1979年）

『鳴門秘帖』スタジオ撮影（1977年）

英国エリザベス女王　NHK訪問（1975年）

英国エリザベス女王　大河ドラマ『元禄太平記』見学
（1975年）

英国エリザベス女王　大河ドラマ『元禄太平記』
主演・石坂浩二と歓談（1975年）

『未来への遺産』エジプトロケ風景（1974年）

『未来への遺産』タンザニアロケ風景（1974年）

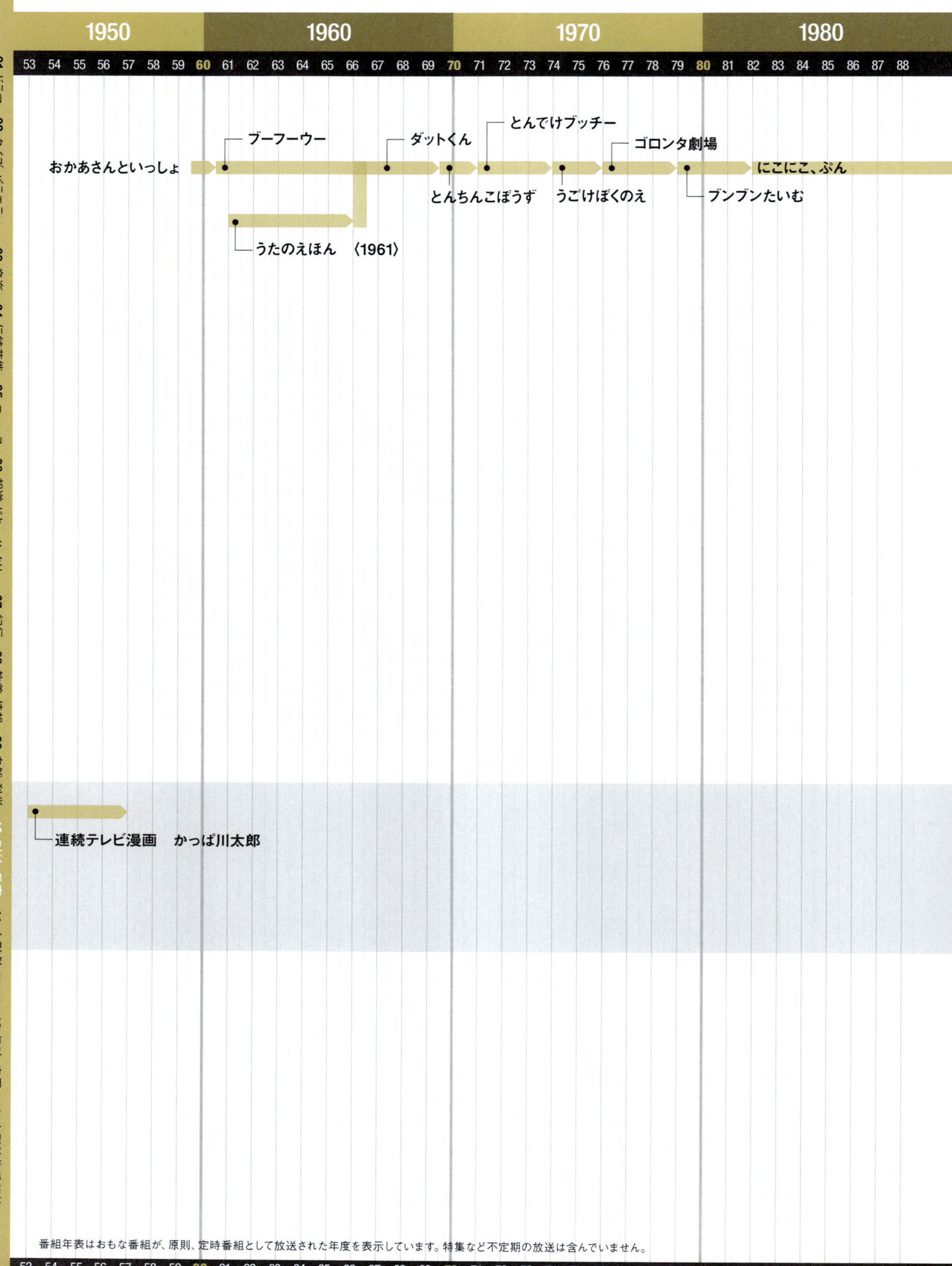

ブーフーウー

ダットくん

とんでけブッチー

ゴロンタ劇場

おかあさんといっしょ

にこにこ、ぷん

とんちんこぼうず

うごけぼくのえ

ブンブンたいむ

└ うたのえほん 〈1961〉

└ 連続テレビ漫画　かっぱ川太郎

番組年表はおもな番組が、原則、定時番組として放送された年度を表示しています。特集など不定期の放送は含んでいません。

| 53 | 54 | 55 | 56 | 57 | 58 | 59 | 60 | 61 | 62 | 63 | 64 | 65 | 66 | 67 | 68 | 69 | 70 | 71 | 72 | 73 | 74 | 75 | 76 | 77 | 78 | 79 | 80 | 81 | 82 | 83 | 84 | 85 | 86 | 87 | 88 |

730　NHK放送100年史（テレビ編）

幼児・こども

	1990	2000	2010	2020
89 90 91 92 93 94 95 96 97 98 99	00 01 02 03 04 05 06 07 08 09	10 11 12 13 14 15 16 17 18 19	20 21 22 23 24	年度

モノランモノラン

ファンターネ！

ドレミファ・どーなっつ！　　ぐ〜チョコランタン　　ポコポッテイト　　ガラピコぷ〜

おかあさんといっしょ体操
「からだ☆ダンダンユニバーサル」

あさごはん　だいすき！

BS おかあさんといっしょ　　おとうさんといっしょ

にこにこぷんがやってきた

いないいないばあっ！

あつまれ！ワンワンわんだーらんど

みいつけた！

みいつけた！さん

ワンワンパッコロ！キャラともワールド

シャシャっと！オハヨッシャ！

夜もオハ！よ〜いどん

オハ！よ〜いどん

母と子のテレビ絵本　　てれび絵本

ハッチポッチステーション　　クインテット　　コレナンデ商会

ハッチポッチあんこーる　　コレナンデ　　サンデー

フックブックロー

うたのえほん　　〈1996〜1997〉　味楽る！ミミカ　　すすめ！キッチン戦隊クックルン

ひとりでできるもん！　　ゴー！ゴー！
キッチン戦隊クックルン

クッキンアイドル　アイ！マイ！まいん！

英語であそぼ　　えいごであそぼ

えいごであそぼ with Orton　　えいごであそぼ
Meets the World

アニメ・ハロー　エスカルゴ島　　にほんごであそぼ

デザインあ neo

からだであそぼ　　デザインあ

ピタゴラスイッチ

89 90 91 92 93 94 95 96 97 98 99	00 01 02 03 04 05 06 07 08 09	10 11 12 13 14 15 16 17 18 19	20 21 22 23 24

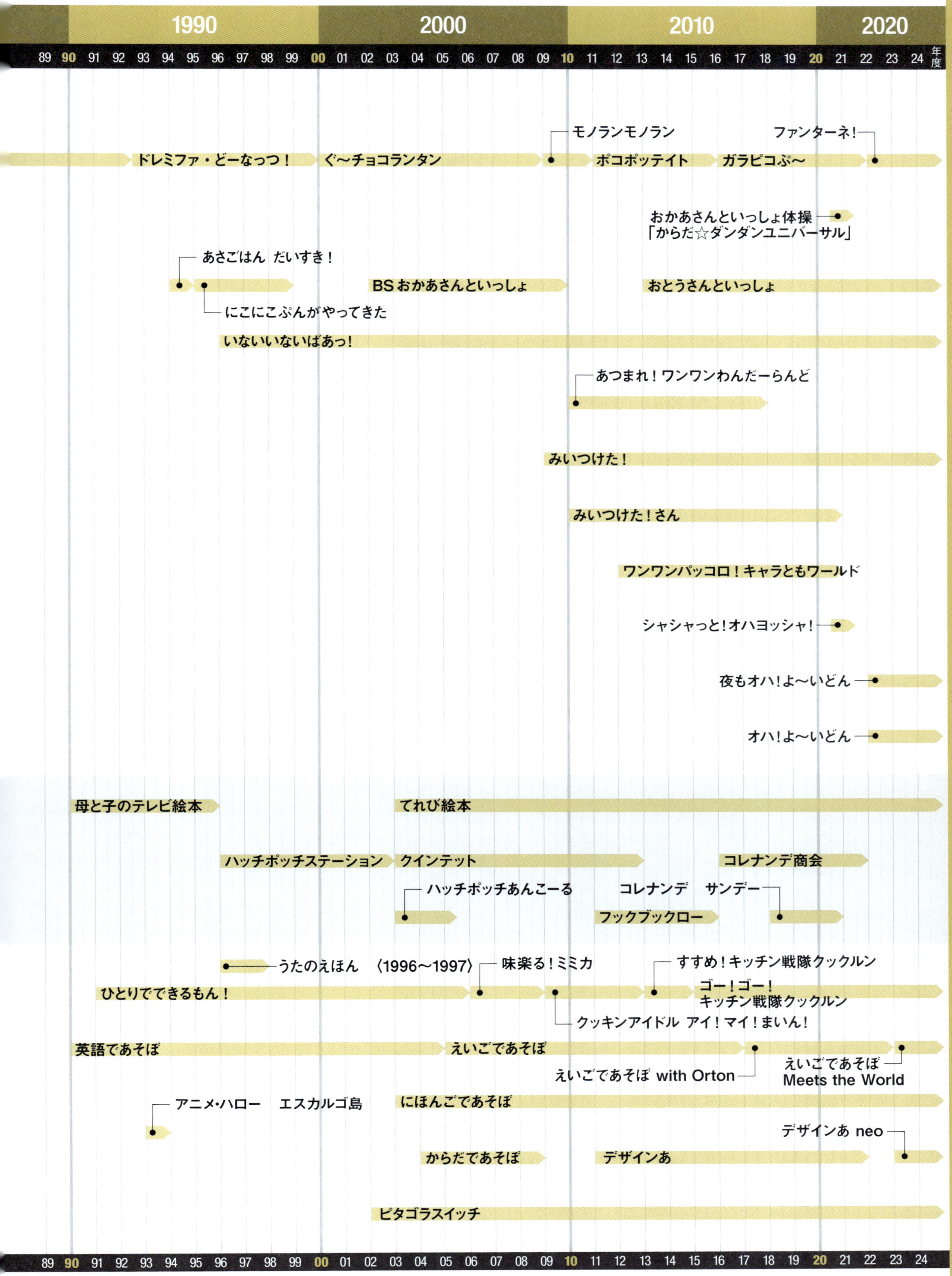

幼児・こども番組年表2

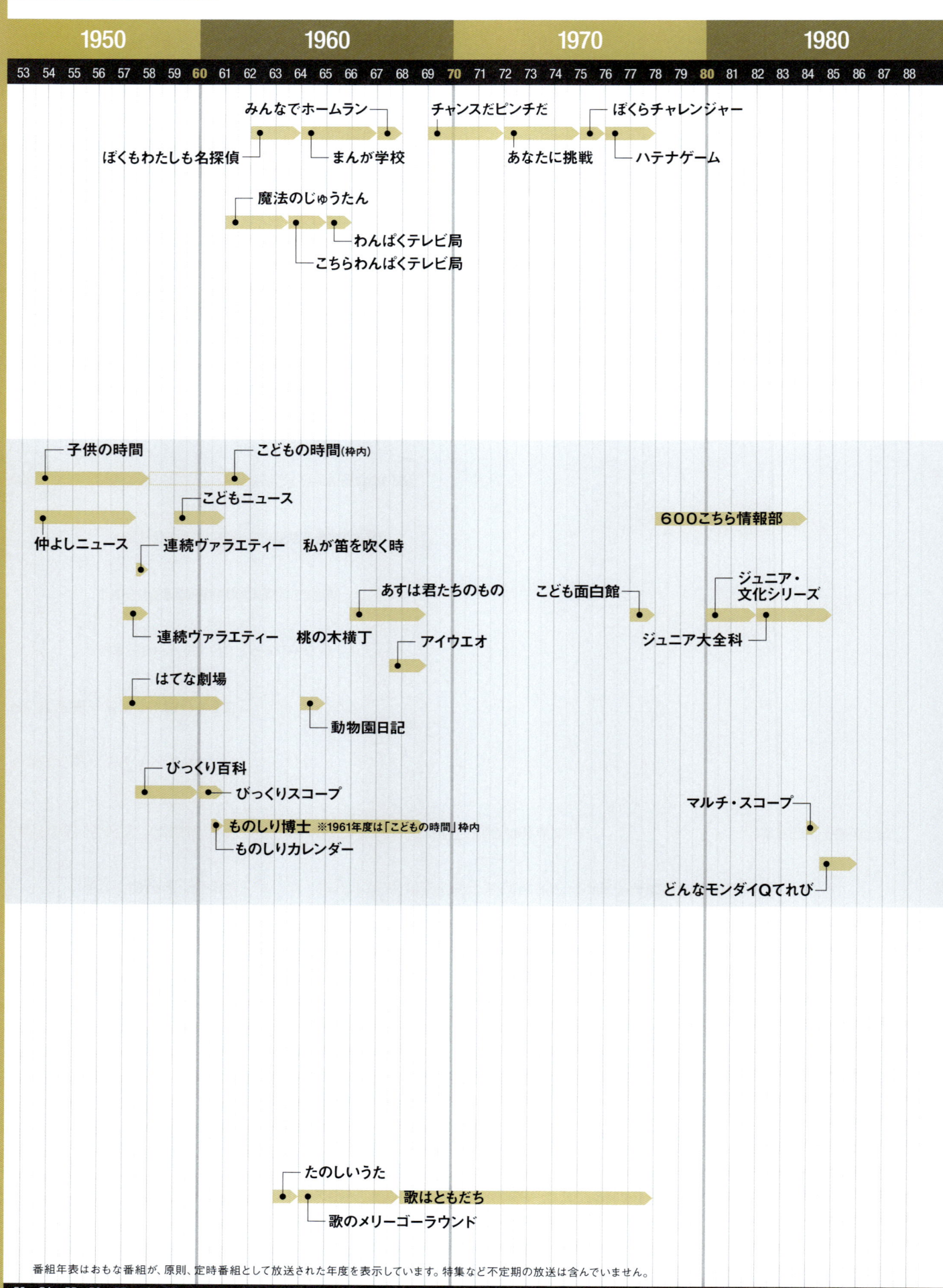

01.ドラマ　02.クイズ・バラエティー　03.音楽　04.伝統芸能　05.ニュース　06.報道ドキュメンタリー　07.紀行　08.教養・情報　09.自然・科学　10.こども・教育　11.人形劇・アニメ　12.趣味・実用　13.大型特集番組等

みんなでホームラン

ぼくもわたしも名探偵　　まんが学校

チャンスだピンチだ　　ぼくらチャレンジャー

あなたに挑戦　　ハテナゲーム

魔法のじゅうたん

わんぱくテレビ局

こちらわんぱくテレビ局

子供の時間　　こどもの時間(枠内)

こどもニュース

仲よしニュース　　連続ヴァラエティー　私が笛を吹く時

600こちら情報部

あすは君たちのもの　　こども面白館

ジュニア・文化シリーズ

連続ヴァラエティー　桃の木横丁　　アイウエオ

ジュニア大全科

はてな劇場

動物園日記

びっくり百科

びっくりスコープ

マルチ・スコープ

ものしり博士　※1961年度は「こどもの時間」枠内

ものしりカレンダー

どんなモンダイQてれび

たのしいうた

歌はともだち

歌のメリーゴーラウンド

番組年表はおもな番組が、原則、定時番組として放送された年度を表示しています。特集など不定期の放送は含んでいません。

WEB版の年表はこちら

幼児・こども

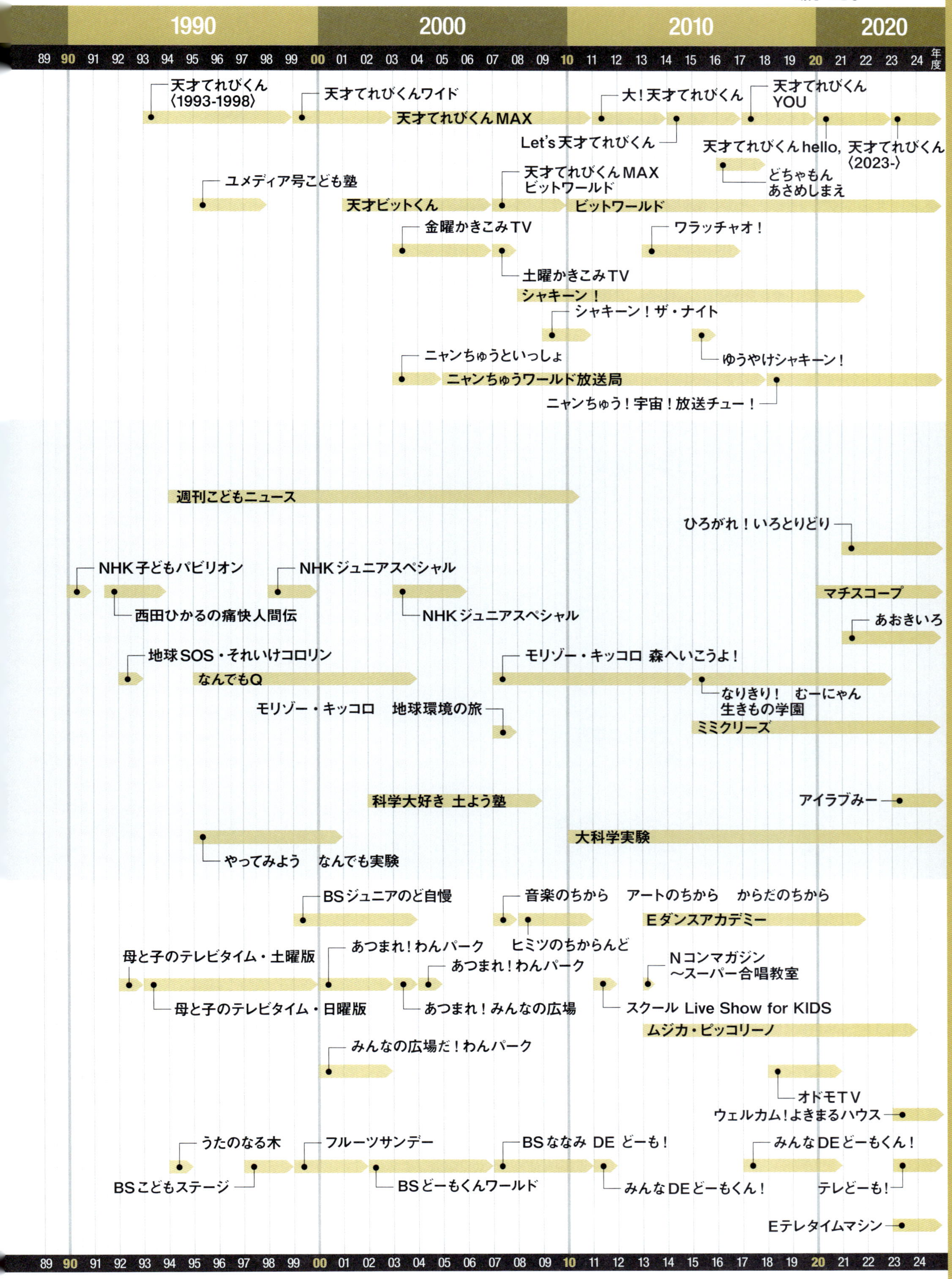
1990
2000
2010
2020
89 90 91 92 93 94 95 96 97 98 99 00 01 02 03 04 05 06 07 08 09 10 11 12 13 14 15 16 17 18 19 20 21 22 23 24 年度
天才てれびくん〈1993-1998〉
天才てれびくんワイド
天才てれびくんMAX
大！天才てれびくん
天才てれびくんYOU
Let's天才てれびくん
天才てれびくんhello,
天才てれびくん〈2023-〉
どちゃもん あさめしまえ
ユメディア号こども塾
天才ビットくん
天才てれびくんMAX ビットワールド
ビットワールド
金曜かきこみTV
ワラッチャオ！
土曜かきこみTV
シャキーン！
シャキーン！ザ・ナイト
ゆうやけシャキーン！
ニャンちゅうといっしょ
ニャンちゅうワールド放送局
ニャンちゅう！宇宙！放送チュー！
週刊こどもニュース
ひろがれ！いろとりどり
NHK子どもパビリオン
NHKジュニアスペシャル
西田ひかるの痛快人間伝
NHKジュニアスペシャル
マチスコープ
あおきいろ
地球SOS・それいけコロリン
なんでもQ
モリゾー・キッコロ 森へいこうよ！
なりきり！ むーにゃん 生きもの学園
モリゾー・キッコロ 地球環境の旅
ミミクリーズ
科学大好き 土よう塾
アイラブみー
大科学実験
やってみよう なんでも実験
BSジュニアのど自慢
音楽のちから アートのちから からだのちから
Eダンスアカデミー
ヒミツのちからんど
母と子のテレビタイム・土曜版
あつまれ！わんパーク
あつまれ！わんパーク
Nコンマガジン ～スーパー合唱教室
母と子のテレビタイム・日曜版
あつまれ！みんなの広場
スクール Live Show for KIDS
ムジカ・ピッコリーノ
みんなの広場だ！わんパーク
オドモTV
ウェルカム！よきまるハウス
うたのなる木
フルーツサンデー
BSななみ DE どーも！
みんなDEどーもくん！
BSこどもステージ
BSどーもくんワールド
みんなDEどーもくん！
テレどーも！
Eテレタイムマシン
89 90 91 92 93 94 95 96 97 98 99 00 01 02 03 04 05 06 07 08 09 10 11 12 13 14 15 16 17 18 19 20 21 22 23 24

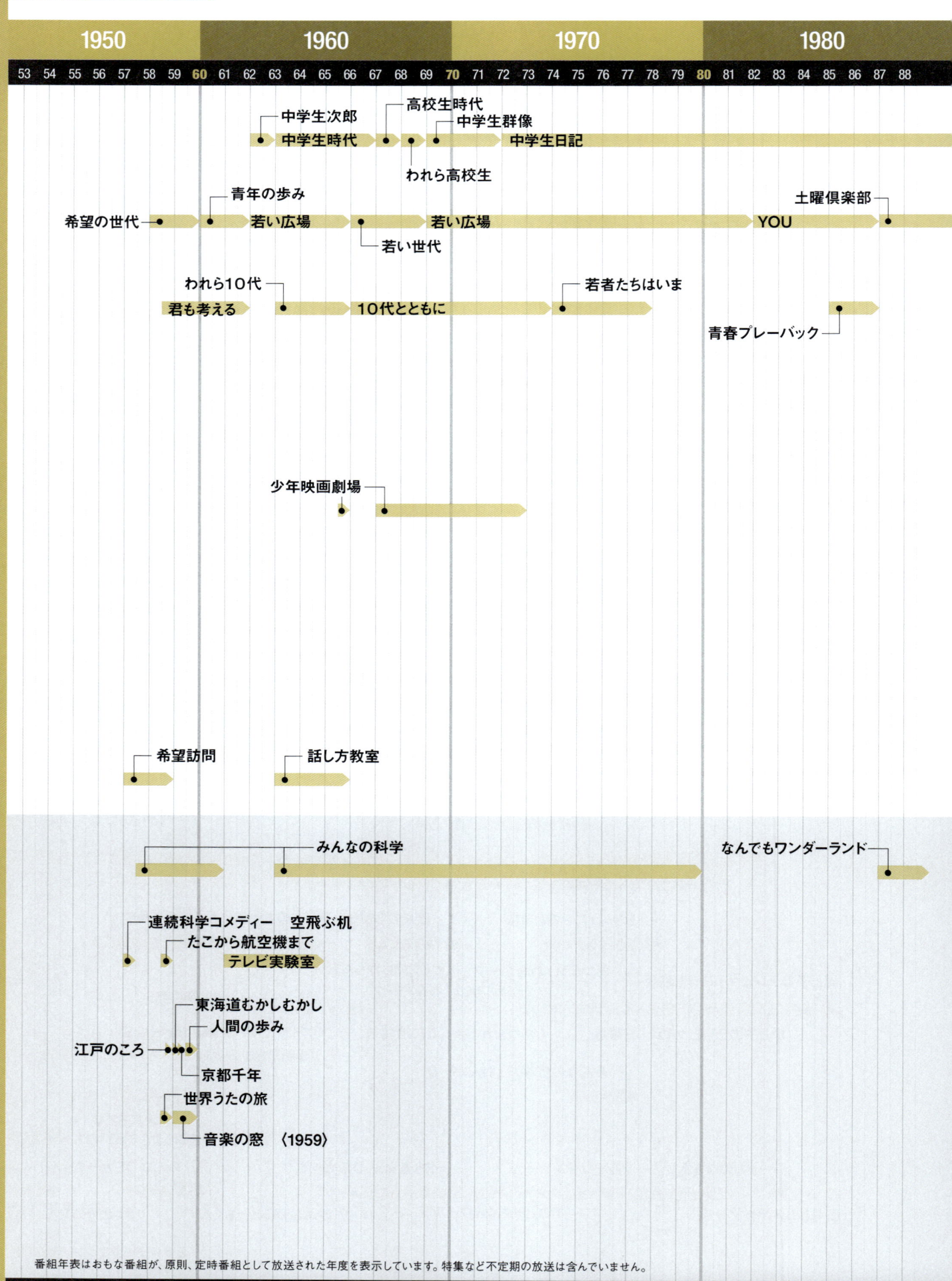

01.ドラマ　02.クイズ・バラエティー　03.音楽　04.伝統芸能　05.ニュース　06.報道・ドキュメンタリー　07.紀行　08.教養・情報　09.自然科学　10.こども・教育　11.人形劇・アニメ　12.趣味・実用　13.大型特集番組等

中学生次郎
高校生時代
中学生時代
中学生群像
われら高校生
中学生日記

青年の歩み
土曜倶楽部
希望の世代
若い広場
若い広場
YOU
若い世代

われら10代
若者たちはいま
君も考える
10代とともに
青春プレーバック

少年映画劇場

希望訪問
話し方教室

みんなの科学
なんでもワンダーランド

連続科学コメディー　空飛ぶ机
たこから航空機まで
テレビ実験室

東海道むかしむかし
人間の歩み
江戸のころ
京都千年

世界うたの旅
音楽の窓　〈1959〉

番組年表はおもな番組が、原則、定時番組として放送された年度を表示しています。特集など不定期の放送は含んでいません。

	1990		2000		2010		2020	

89 90 91 92 93 94 95 96 97 98 99 00 01 02 03 04 05 06 07 08 09 10 11 12 13 14 15 16 17 18 19 20 21 22 23 24 年度

ティーンズプロジェクト　フレ☆フレ

週刊・ヤング情報

ソリトン─金の斧銀の斧

トップランナー

ディープピープル

沼にハマってきいてみた

ファイト！

ソリトン

燃えてトライアル

土曜ソリトン～ SIDE・B

ソリトン─野望山馳参寺！

青春ドギィ&マギィ

一期一会　キミにききたい！

モンモンＺ

真剣10代しゃべり場

日曜ソリトン
～夢ときどき晴れ！

青春探検

YOU&ME ふたり

青春リアル

オトナへのトビラTV

＃ジューダイ

しゃべり場ホームページ

オトナヘノベル

BS ヤングナイト・真夜中の王国

新・真夜中の王国

テレ遊び　パフォー！

ワルイコあつまれ

真夜中の王国

真夜中の王国03

パフォー！

バリューの真実

にっぽん熱中クラブ

Ｒの法則

テストの花道
ニューベンゼミ

テストの花道

テストの寄り道

特盛り！テストの花道

あしたをつかめ～平成若者仕事図鑑

あしたをつかめ～しごともくらしも

漂流兄妹
～理科の知識で大脱出！？～

ガッチャン！世界につながる
学生チャンネル

未来への教室

5分でわかる理科

東北発☆未来塾

スクールライブショー

スクール Live Show for TEENS

オーケストラの魅力

デジスタ・ティーンズ

89 90 91 92 93 94 95 96 97 98 99 00 01 02 03 04 05 06 07 08 09 10 11 12 13 14 15 16 17 18 19 20 21 22 23 24

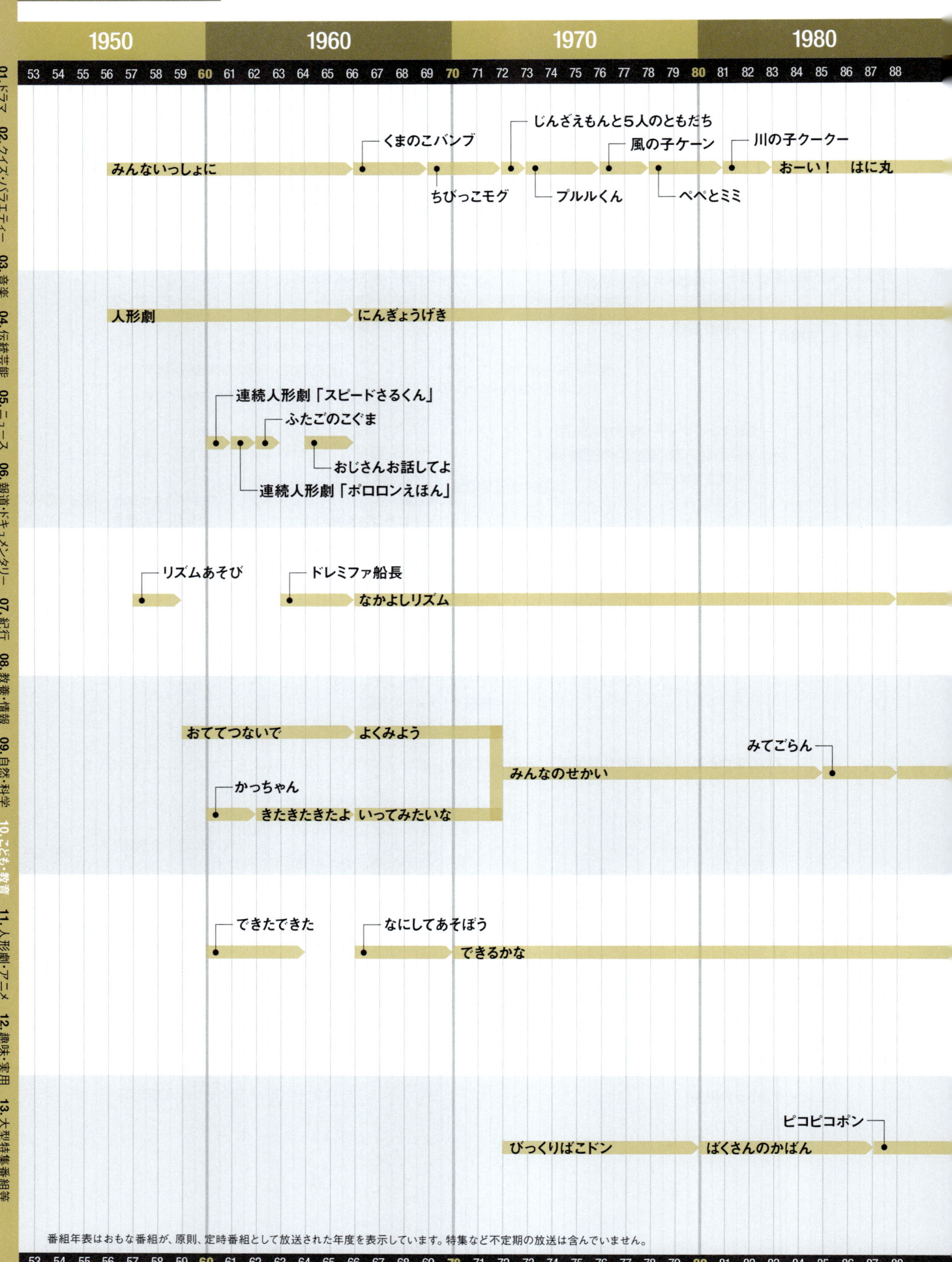

番組年表はおもな番組が、原則、定時番組として放送された年度を表示しています。特集など不定期の放送は含んでいません。

| | 1990 | | 2000 | | 2010 | | 2020 | |

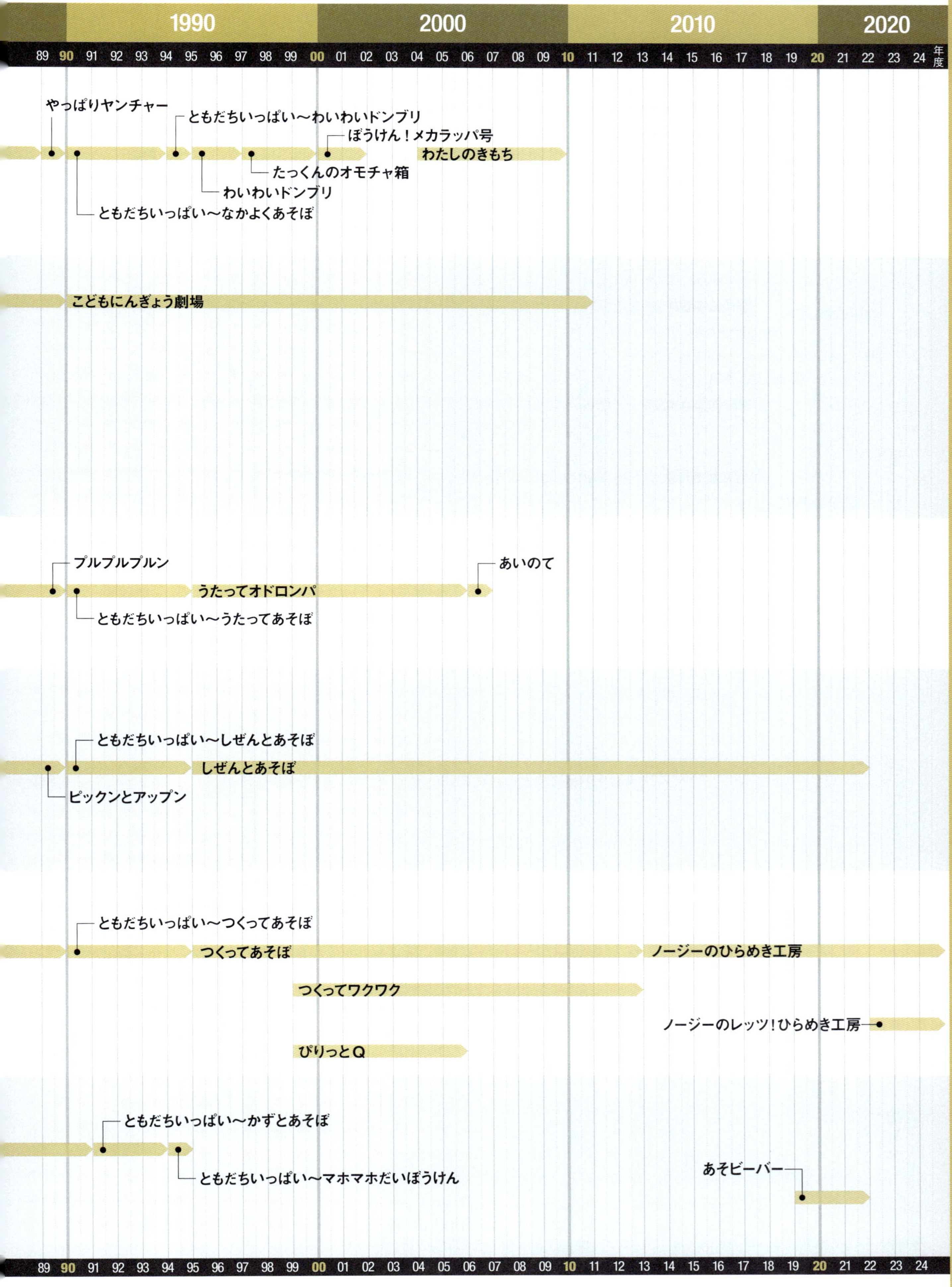

89 **90** 91 92 93 94 95 96 97 98 99 **00** 01 02 03 04 05 06 07 08 09 **10** 11 12 13 14 15 16 17 18 19 **20** 21 22 23 24 年度

やっぱりヤンチャー

ともだちいっぱい〜わいわいドンブリ

ぼうけん！メカラッパ号

わたしのきもち

たっくんのオモチャ箱

わいわいドンブリ

ともだちいっぱい〜なかよくあそぼ

こどもにんぎょう劇場

プルプルプルン　　　　　　　　　　　　　　あいのて

うたってオドロンパ

ともだちいっぱい〜うたってあそぼ

ともだちいっぱい〜しぜんとあそぼ

しぜんとあそぼ

ピックンとアップン

ともだちいっぱい〜つくってあそぼ

つくってあそぼ　　　　　　　　　　　　　ノージーのひらめき工房

つくってワクワク

ノージーのレッツ！ひらめき工房

ぴりっとＱ

ともだちいっぱい〜かずとあそぼ

あそビーバー

ともだちいっぱい〜マホマホだいぼうけん

89 **90** 91 92 93 94 95 96 97 98 99 **00** 01 02 03 04 05 06 07 08 09 **10** 11 12 13 14 15 16 17 18 19 **20** 21 22 23 24

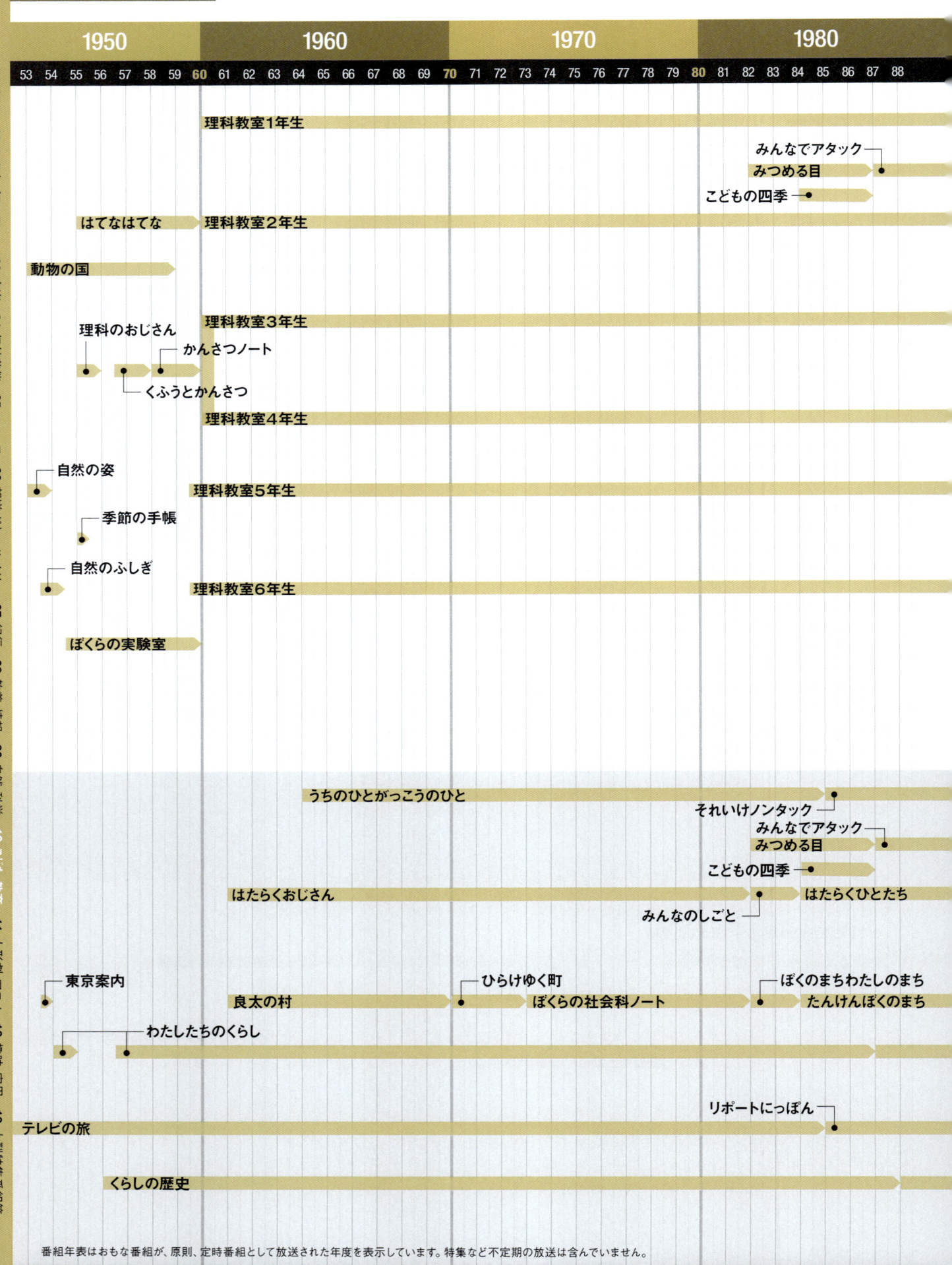

1950　1960　1970　1980

53 54 55 56 57 58 59 60 61 62 63 64 65 66 67 68 69 70 71 72 73 74 75 76 77 78 79 80 81 82 83 84 85 86 87 88

理科教室1年生

みんなでアタック
みつめる目
こどもの四季

はてなはてな　理科教室2年生

動物の国

理科のおじさん　理科教室3年生
かんさつノート
くふうとかんさつ

理科教室4年生

自然の姿

理科教室5年生

季節の手帳

自然のふしぎ

理科教室6年生

ぼくらの実験室

うちのひとがっこうのひと
それいけノンタック
みんなでアタック
みつめる目
こどもの四季
はたらくおじさん　はたらくひとたち
みんなのしごと

東京案内
ひらけゆく町
ぼくのまちわたしのまち
良太の村　ぼくらの社会科ノート
たんけんぼくのまち
わたしたちのくらし

リポートにっぽん

テレビの旅

くらしの歴史

番組年表はおもな番組が、原則、定時番組として放送された年度を表示しています。特集など不定期の放送は含んでいません。

53 54 55 56 57 58 59 60 61 62 63 64 65 66 67 68 69 70 71 72 73 74 75 76 77 78 79 80 81 82 83 84 85 86 87 88

| 1990 | 2000 | 2010 | 2020 |

89 **90** 91 92 93 94 95 96 97 98 99 **00** 01 02 03 04 05 06 07 08 09 **10** 11 12 13 14 15 16 17 18 19 **20** 21 22 23 24 年度

小学校理科番組・1年「なんなんなあに」

あしたもげんきくん

すたあと

※「みんなでアタック」以降低学年理科・社会科は生活科に統合

それゆけ　こどもたい

とびだせ　たんけんたい

おばけの学校たんけんだん

キッズチャレンジ

小学校理科番組・2年「はてなはてな」

はてなでスタート　ふしぎのたまご

ふしぎだいすき

ふしぎがいっぱい（小学校3年）

小学校理科番組・3年「しぜんだいすき」

ふしぎいっぱい

ふしぎエンドレス　3年

ふしぎコロンブス

びっくりか

ふしぎがいっぱい（小学校4年）

小学校理科番組
はてなをさがそう

ふしぎ研究所

ふしぎ大調査

ふしぎエンドレス　4年

サイエンス・ゴーゴー

ふしぎがいっぱい（小学校5年）

わくわくサイエンス

小学校理科番組
はてなにタックル

理科5年　ふしぎワールド

ふしぎエンドレス　5年

3つのとびら

ふしぎがいっぱい（小学校6年）

しらべてサイエンス

小学校理科番組
はてな・サイエンス

データボックス
しらべてサイエンス

理科6年
ふしぎ情報局

ふしぎエンドレス　6年

デジタル大図鑑

考えるカラス〜科学の考え方

科学デジタル質問箱

カガクノミカタ

あしたもげんきくん

※「みんなでアタック」以降低学年理科・社会科は生活科に統合

それゆけ　こどもたい

とびだせ　たんけんたい

おばけの学校たんけんだん

キッズチャレンジ

どきどきこどもふどき

コノマチ☆
リサーチ

このまちだいすき

まちへとびだそう

見えるぞ！ニッポン

知っトク地図帳

くらし探偵団

しらべてゴー！

くらし発見

見えるぞ！ニッポン

よろしく！
ファンファン

ジャパン＆ワールド

なぜなぜ日本

日本とことん見聞録

社会のトビラ　未来広告ジャパン！

ズームジャパン

歴史みつけた

歴史たんけん

にんげん日本史

見える歴史

歴史にドキリ

社会にドキリ

89 **90** 91 92 93 94 95 96 97 98 99 **00** 01 02 03 04 05 06 07 08 09 **10** 11 12 13 14 15 16 17 18 19 **20** 21 22 23 24

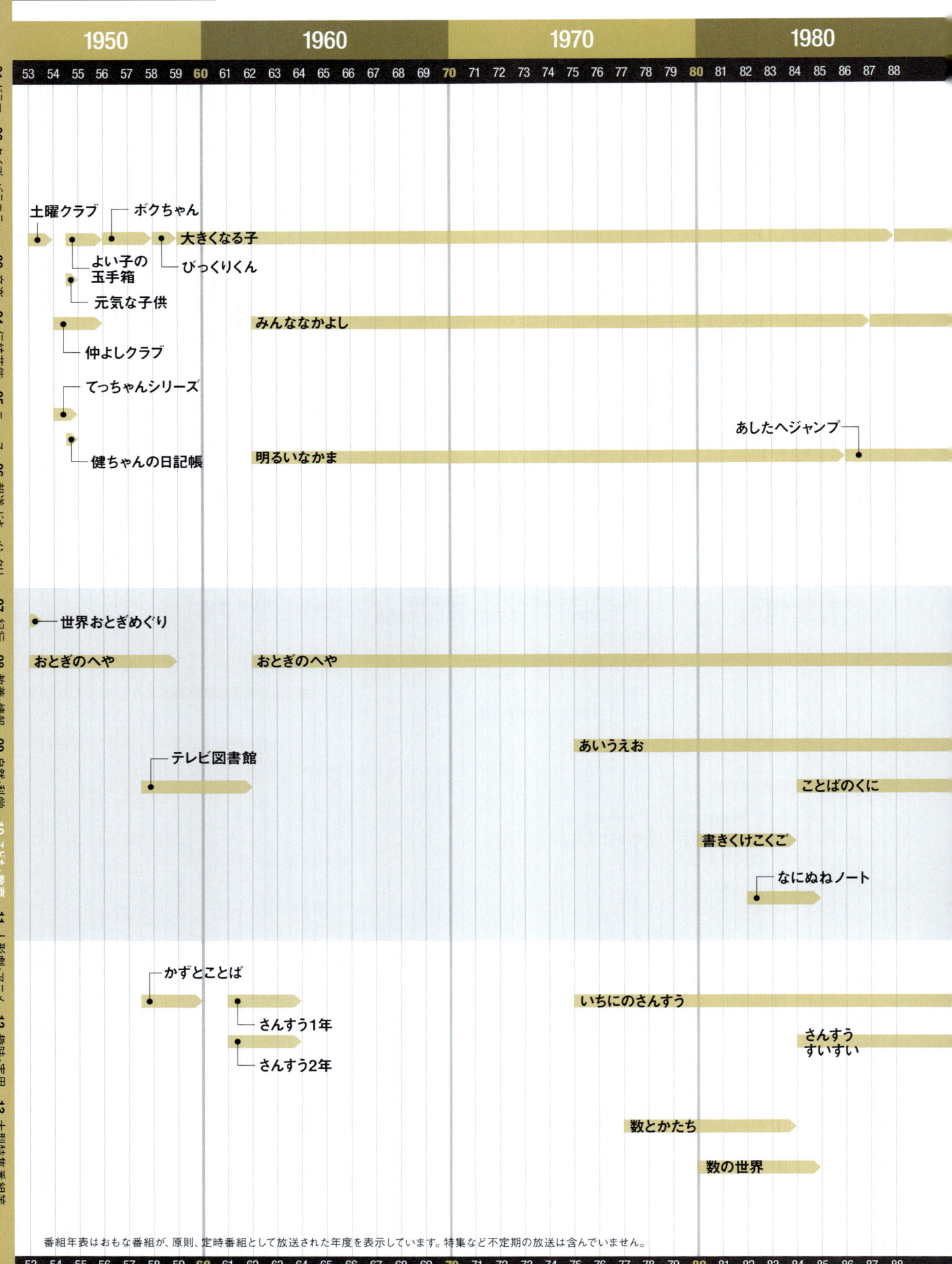

01.ドラマ　02.クイズ・バラエティー　03.音楽　04.伝統芸能　05.ニュース　06.報道・ドキュメンタリー　07.紀行　08.教養・情報　09.自然・科学　10.こども・教育　11.人形劇・アニメ　12.趣味・実用　13.大型特集番組等

土曜クラブ　　ボクちゃん
大きくなる子
よい子の玉手箱　　びっくりくん
元気な子供
みんななかよし
仲よしクラブ
てっちゃんシリーズ
あしたへジャンプ
健ちゃんの日記帳　　明るいなかま

世界おとぎめぐり
おとぎのへや　　おとぎのへや
あいうえお
テレビ図書館
ことばのくに
書きくけこくご
なにぬねノート

かずとことば
いちにのさんすう
さんすう1年
さんすうすいすい
さんすう2年

数とかたち
数の世界

番組年表はおもな番組が、原則、定時番組として放送された年度を表示しています。特集など不定期の放送は含んでいません。

小学校

	1990			2000			2010		2020

89 90 91 92 93 94 95 96 97 98 99 00 01 02 03 04 05 06 07 08 09 10 11 12 13 14 15 16 17 18 19 20 21 22 23 24 年度

のびのびノンちゃん　　ざわざわ森のがんこちゃん　　　　　　　　　　　　　　　　　　　新・ざわざわ森のがんこちゃん

ざわざわえんのがんぺーちゃん

バケルノ小学校ヒュードロ組

あつまれ　じゃんけんぽん　　　　　　　　　　　　　　　　　　　　　　　　銀河銭湯パンタくん

さわやか3組　　　　　　　　　　　　　　　　　　　　時々迷々　　　　　　　　　　　　もやモ屋

カラフル！〜世界の子どもたち〜

きっと明日は

SEED　なやみのタネ

虹色定期便　　　　　　　　　　　道徳ドキュメント　　　　　　オン・マイ・ウェイ！

はばたけ6年

ココロ部！

ことばあ！

ことばドリル

はじめてのこくご　ことばあ！

えるえる

おはなしのくにクラシック

おはなしのくに

わかる国語　読み書きのツボ

ひょうたんからコトバ

わかる国語　だいすきな20冊

お伝と伝じろう

わかる国語　読み書きのツボ5・6年

さんすうみつけた

かんじるさんすう　1、2、3！

マテマティカ　　　　　　　　　　　　　さんすう犬ワン

たのしい算数

わかる算数　4年生

わかる算数　5年生

マテマティカ2　　　さんすう刑事ゼロ

わかる算数　6年生

89 90 91 92 93 94 95 96 97 98 99 00 01 02 03 04 05 06 07 08 09 10 11 12 13 14 15 16 17 18 19 20 21 22 23 24

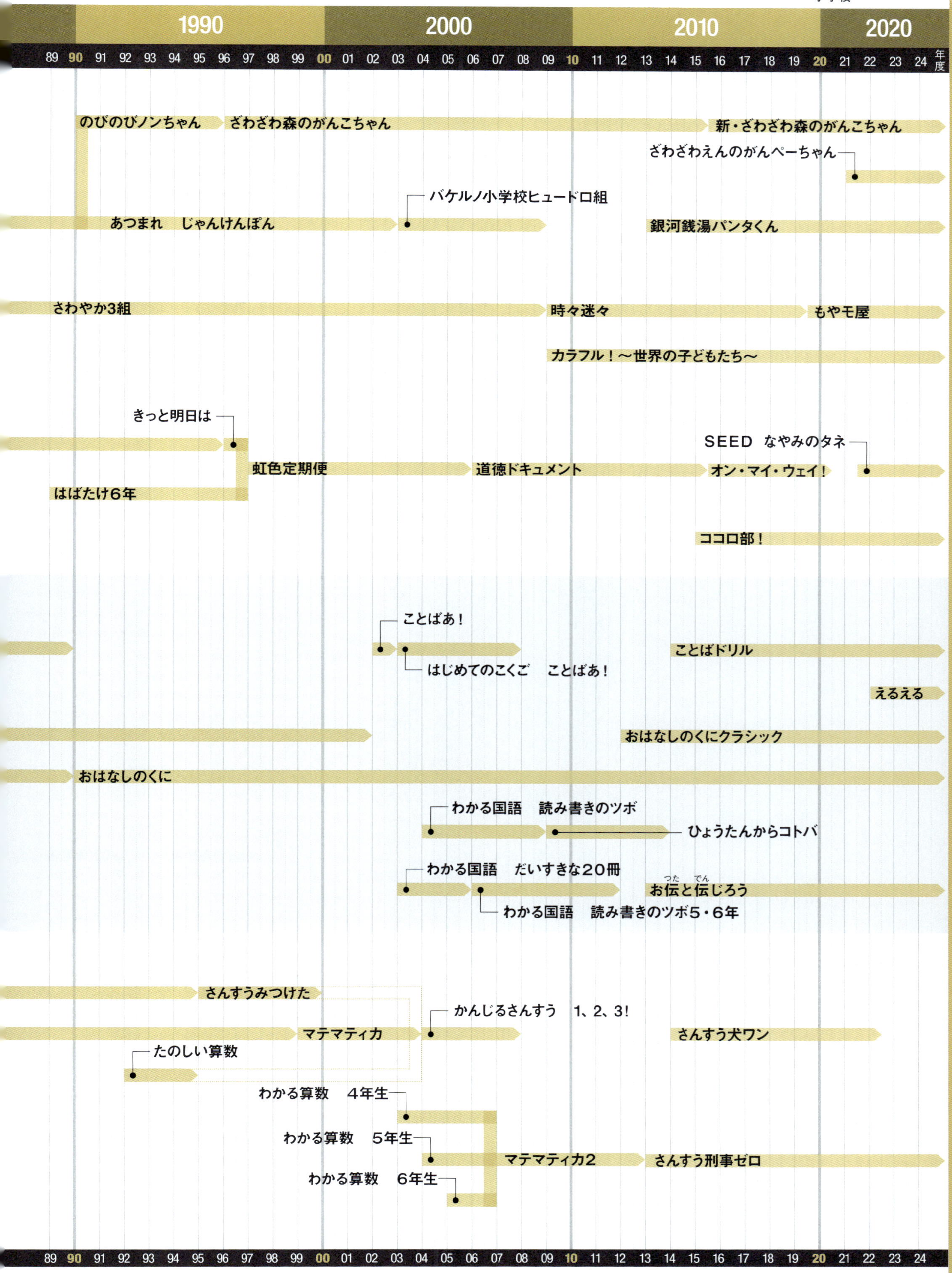

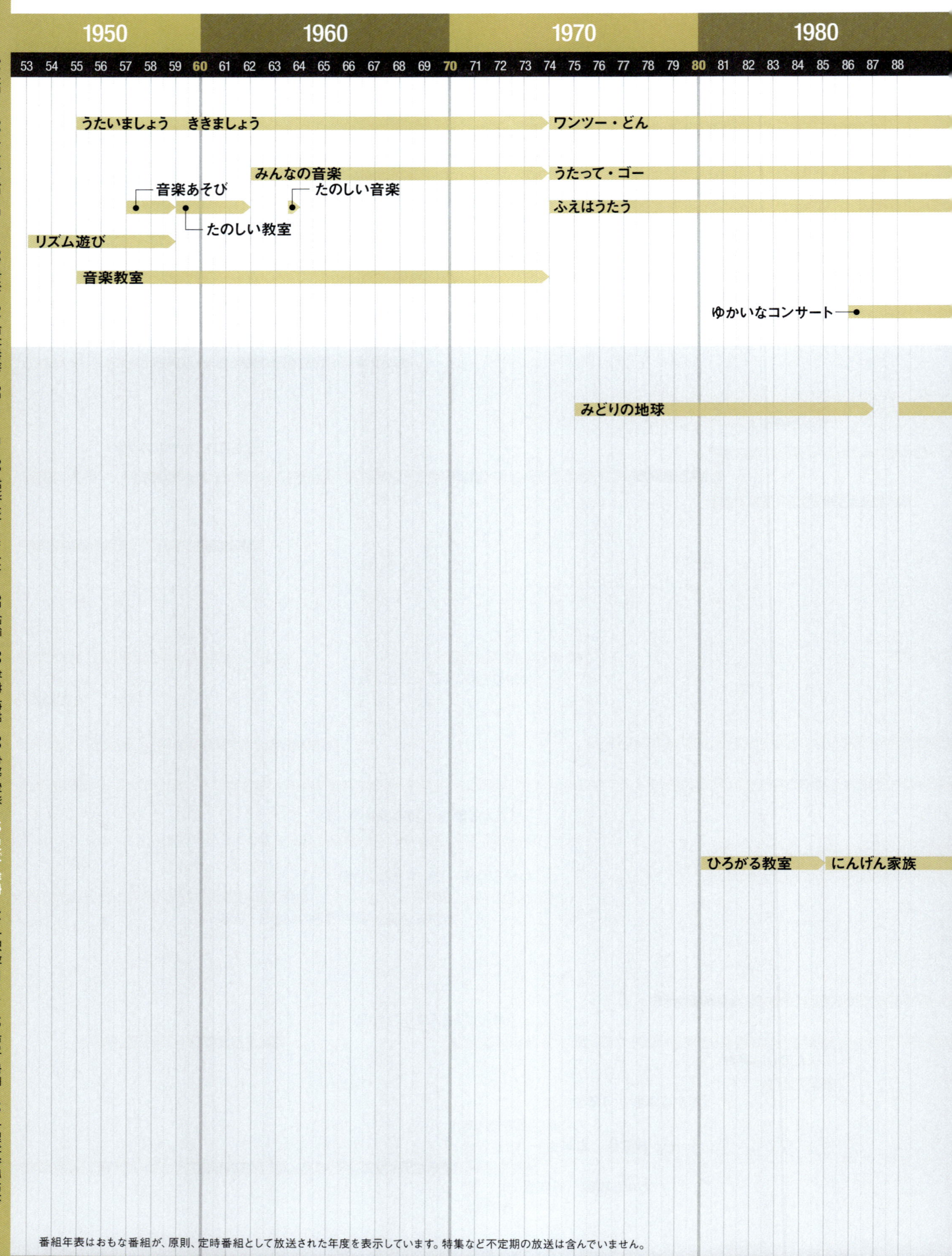

	1950							1960										1970										1980								
53	54	55	56	57	58	59	60	61	62	63	64	65	66	67	68	69	70	71	72	73	74	75	76	77	78	79	80	81	82	83	84	85	86	87	88

うたいましょう　ききましょう

ワンツー・どん

みんなの音楽

うたって・ゴー

音楽あそび

たのしい音楽

ふえはうたう

たのしい教室

リズム遊び

音楽教室

ゆかいなコンサート→●

みどりの地球

ひろがる教室　　にんげん家族

番組年表はおもな番組が、原則、定時番組として放送された年度を表示しています。特集など不定期の放送は含んでいません。

53	54	55	56	57	58	59	60	61	62	63	64	65	66	67	68	69	70	71	72	73	74	75	76	77	78	79	80	81	82	83	84	85	86	87	88

	1990	2000	2010	2020
89 90 91 92 93 94 95 96 97 98 99	00 01 02 03 04 05 06 07 08 09	10 11 12 13 14 15 16 17 18 19	20 21 22 23 24	年度

ドレミノテレビ

まちかど ド・レ・ミ

おんがくブラボー

トゥトゥアンサンブル

歌えリコーダー

Nコン80・いっしょに歌おう

みんな地球人

いのち輝け地球

たったひとつの地球

ど～する?地球のあした

ドスルコスル

たったひとつの地球

インターネットスクール・たったひとつの地球

げんばるマン

地球は放置してても育たない

リフォーマーズの杖

ぼくドコ

応援!みんなのチャレンジ

おこめ

テキシコー

ツクランカー

Why!?プログラミング

川

できた できた できた

できた できた できた
(新・学校生活編)

で一きた

デジタル教材シリーズ・南極

できた できた できた
(家庭・社会生活編)

できた できた できた
(健康・からだ編)

みんな生きている

Q.～こどものための哲学～

世界がともだち

地球たべもの大百科

えいごでしゃべらないとJr

エイゴビート

エイゴビート2

えいごリアン3

えいごルーキー GABBY

えいごでがんこちゃん

えいごリアン

えいごリアン4

キソ英語を学んでみたら
世界とつながった。

スーパーえいごリアン

プレキソ英語

しらべてまとめて伝えよう～メディア入門

伝える極意

しまった!
情報活用スキルアップ

体験!メディアのABC

メディアのめ

メディアタイムズ アッ!とメディア

89 90 91 92 93 94 95 96 97 98 99	00 01 02 03 04 05 06 07 08 09	10 11 12 13 14 15 16 17 18 19	20 21 22 23 24

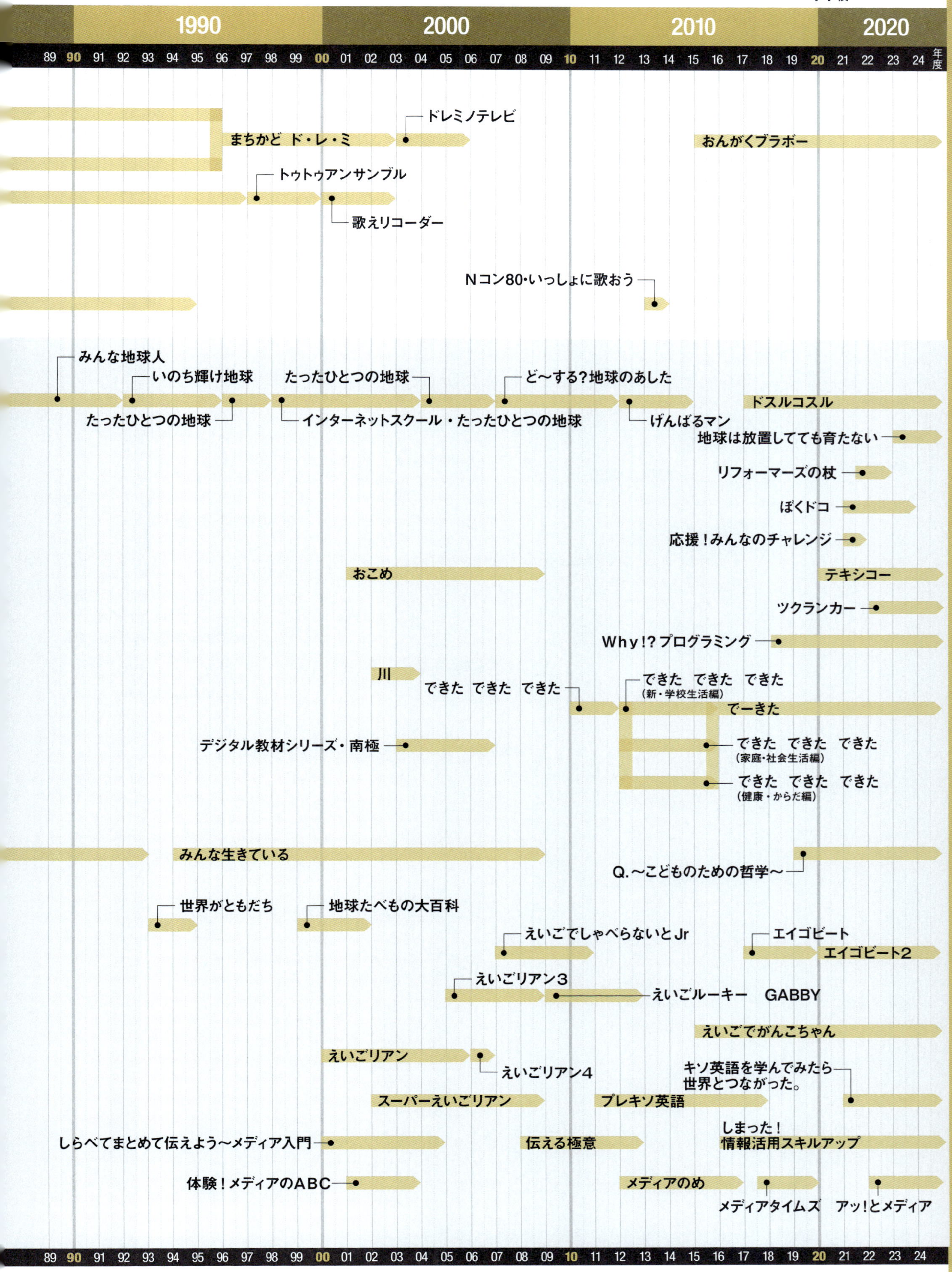

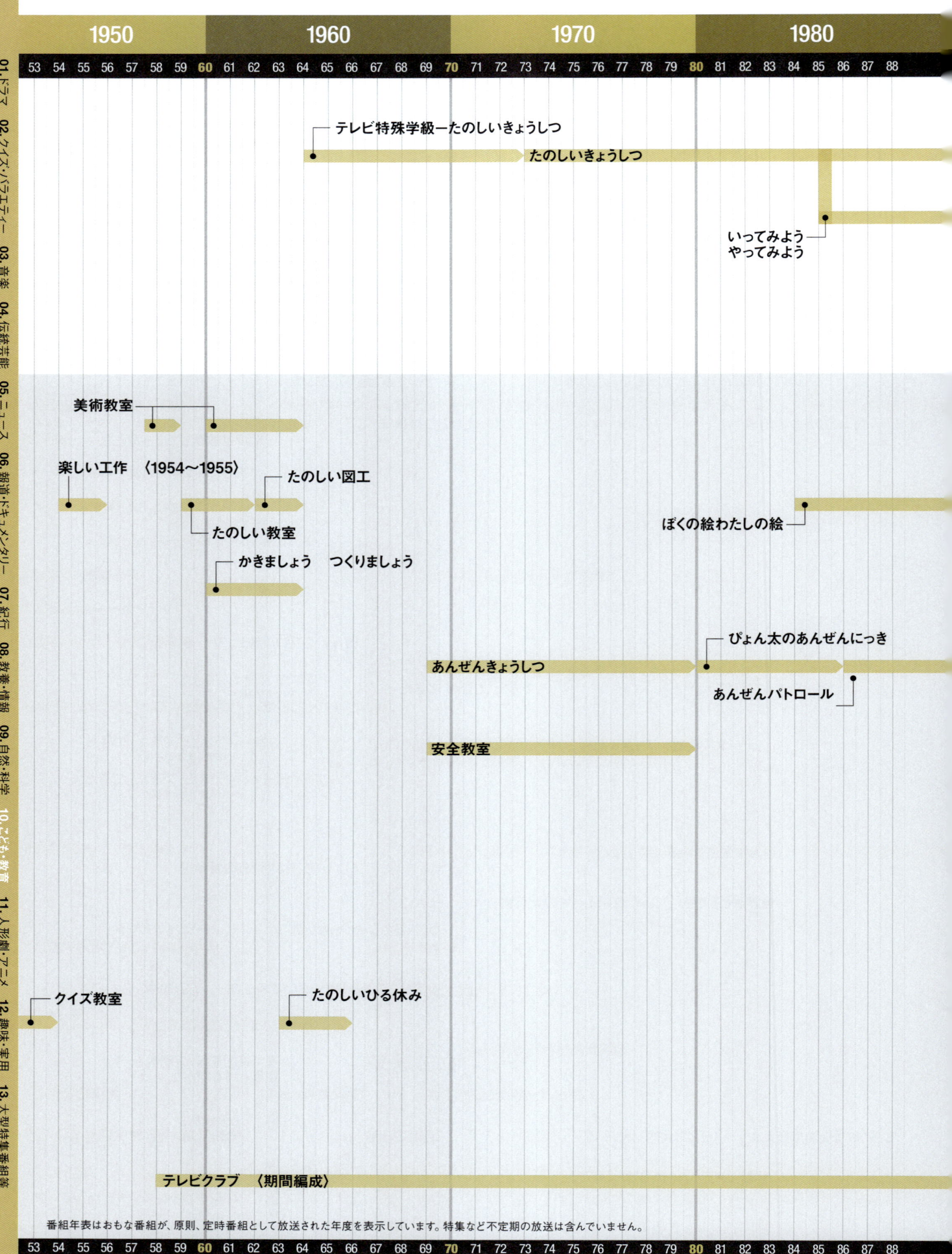

	1950							1960										1970										1980								

テレビ特殊学級―たのしいきょうしつ
たのしいきょうしつ
いってみよう やってみよう

美術教室

楽しい工作 〈1954～1955〉
たのしい図工
たのしい教室
かきましょう　つくりましょう
ぼくの絵わたしの絵

ぴょん太のあんぜんにっき
あんぜんきょうしつ
あんぜんパトロール

安全教室

クイズ教室
たのしいひる休み

テレビクラブ　〈期間編成〉

番組年表はおもな番組が、原則、定時番組として放送された年度を表示しています。特集など不定期の放送は含んでいません。

01.ドラマ　02.クイズ・バラエティー　03.音楽　04.伝統芸能　05.ニュース　06.報道・ドキュメンタリー　07.紀行　08.教養・情報　09.自然・科学　10.こども・教育　11.人形劇・アニメ　12.趣味・実用　13.大型特集番組等

	1990		2000		2010		2020	

89 **90** 91 92 93 94 95 96 97 98 99 **00** 01 02 03 04 05 06 07 08 09 **10** 11 12 13 14 15 16 17 18 19 **20** 21 22 23 24 年度

ストレッチマン

ストレッチマン・ハイパー

ストレッチマン・ゴールド

グルグルパックン　　　　　　ストレッチマン2　　　　　　ストレッチマンV

ストレッチマンGO！

みてハッスル☆きいてハッスル

コミ☆トレ　　　　　　u&i

スマイル！

でこぼこポン！

キミなら何つくる？

いじめをノックアウト

子ども安全リアル・ストーリー

キキとカンリ

学ぼうBOSAI（防災）

キミも防災サバイバー！

はりきって体育

はりきり体育ノ介

カテイカ

学校デジタルライブラリー

出川哲朗のクイズほぉ～スクール

ブレイクッ！　スクる！

89 **90** 91 92 93 94 95 96 97 98 99 **00** 01 02 03 04 05 06 07 08 09 **10** 11 12 13 14 15 16 17 18 19 **20** 21 22 23 24

NHK放送100年史（テレビ編）　745

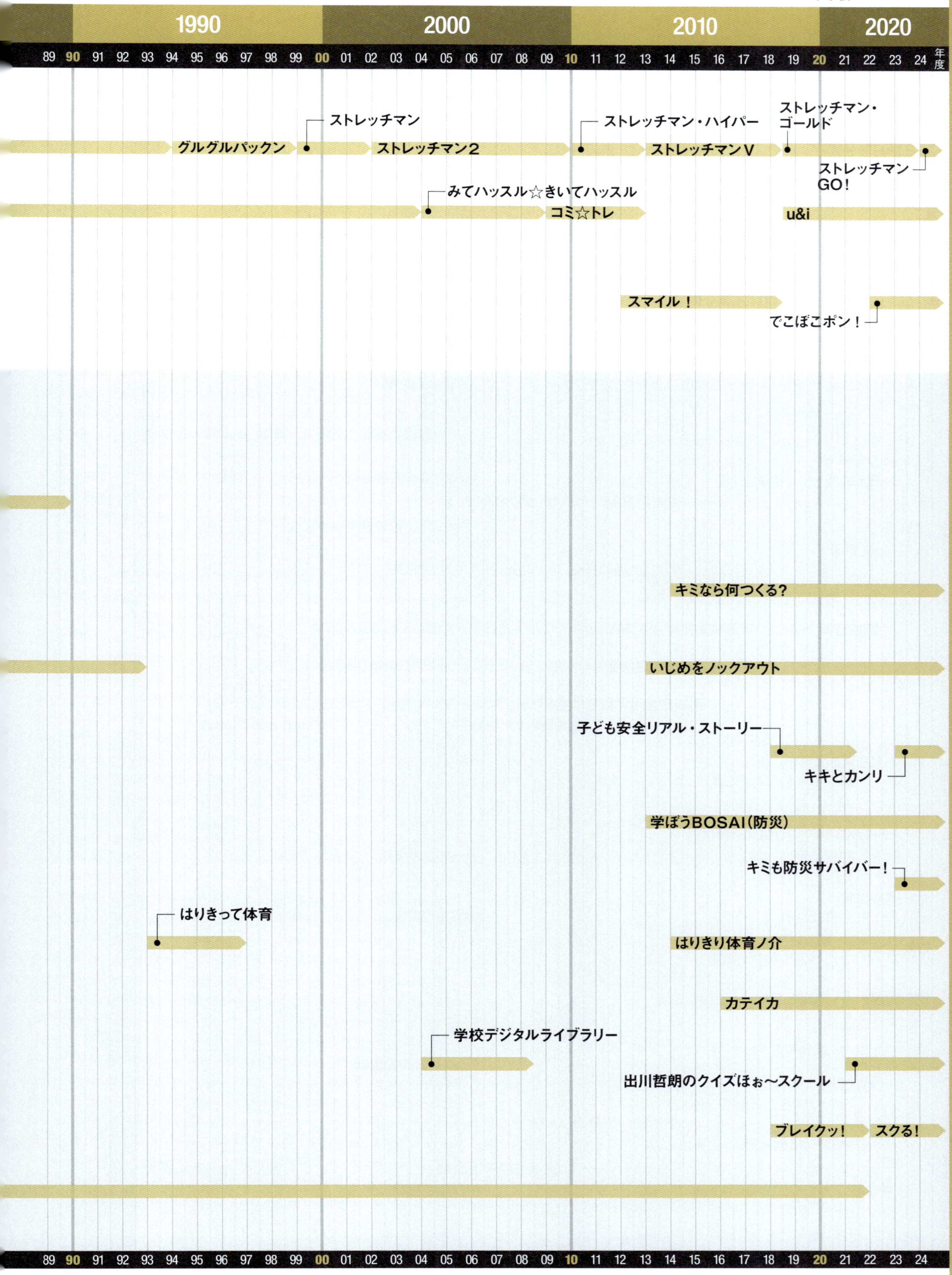

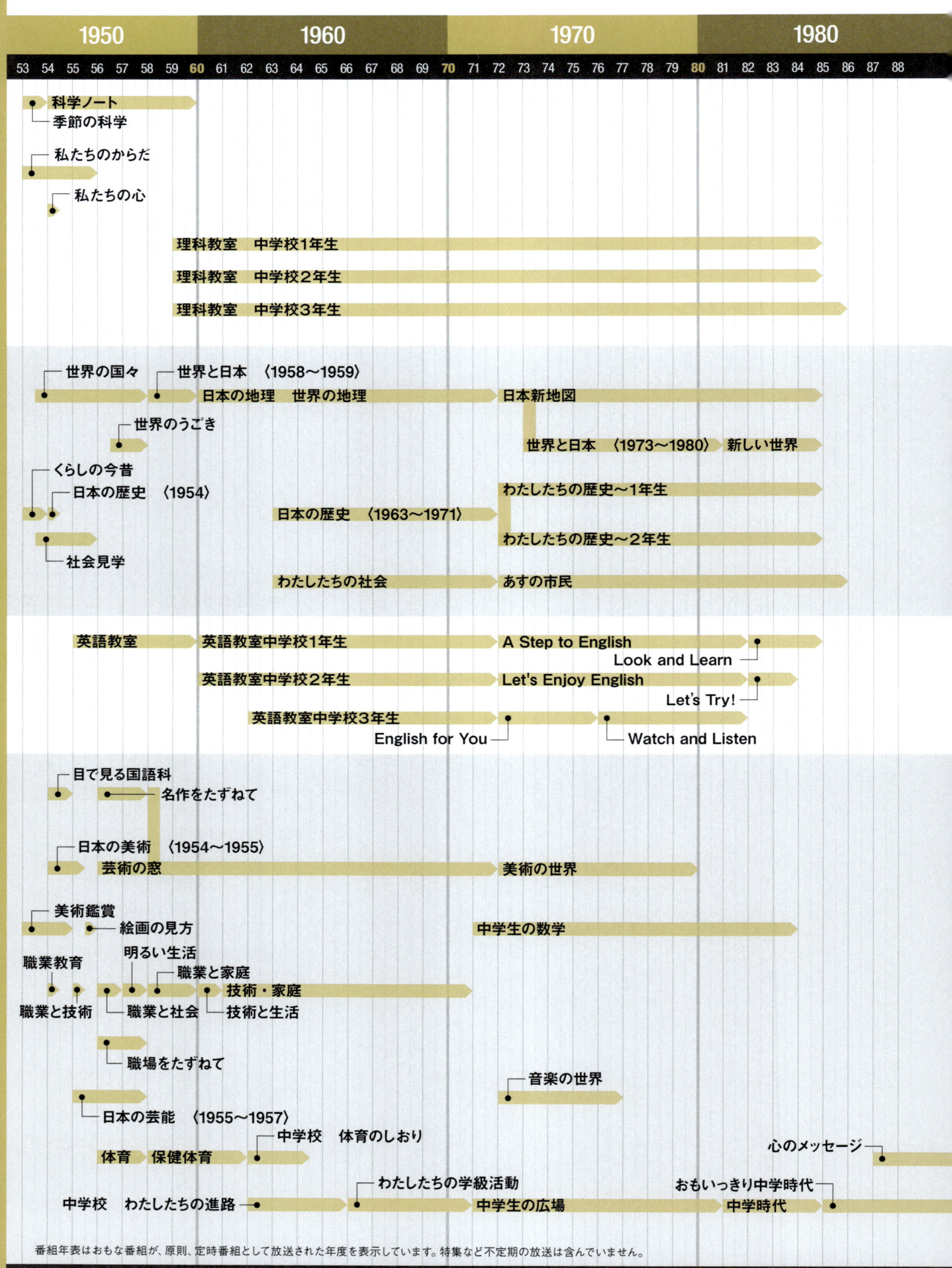

	1950		1960		1970		1980

53 54 55 56 57 58 59 60 61 62 63 64 65 66 67 68 69 70 71 72 73 74 75 76 77 78 79 80 81 82 83 84 85 86 87 88

科学ノート
季節の科学

私たちのからだ

私たちの心

理科教室　中学校1年生

理科教室　中学校2年生

理科教室　中学校3年生

世界の国々　　世界と日本　〈1958〜1959〉
日本の地理　世界の地理　　　　　日本新地図

世界のうごき

世界と日本　〈1973〜1980〉　新しい世界

くらしの今昔
日本の歴史　〈1954〉
日本の歴史　〈1963〜1971〉
わたしたちの歴史〜1年生

わたしたちの歴史〜2年生

社会見学

わたしたちの社会　　　　あすの市民

英語教室　　英語教室中学校1年生　　A Step to English
Look and Learn
英語教室中学校2年生　　Let's Enjoy English
Let's Try!
英語教室中学校3年生
English for You　　　　Watch and Listen

目で見る国語科
名作をたずねて

日本の美術　〈1954〜1955〉
芸術の窓　　　　　　　　　美術の世界

美術鑑賞
絵画の見方　　　　　　中学生の数学

職業教育　明るい生活
職業と家庭
職業と技術　職業と社会　技術・家庭
技術と生活

職場をたずねて

音楽の世界

日本の芸能　〈1955〜1957〉

中学校　体育のしおり
体育　保健体育

心のメッセージ

わたしたちの学級活動
おもいっきり中学時代
中学校　わたしたちの進路　　中学生の広場　　中学時代

番組年表はおもな番組が、原則、定時番組として放送された年度を表示しています。特集など不定期の放送は含んでいません。

53 54 55 56 57 58 59 60 61 62 63 64 65 66 67 68 69 70 71 72 73 74 75 76 77 78 79 80 81 82 83 84 85 86 87 88

1990	2000	2010	2020

| 89 | 90 | 91 | 92 | 93 | 94 | 95 | 96 | 97 | 98 | 99 | 00 | 01 | 02 | 03 | 04 | 05 | 06 | 07 | 08 | 09 | 10 | 11 | 12 | 13 | 14 | 15 | 16 | 17 | 18 | 19 | 20 | 21 | 22 | 23 | 24 | 年度 |

●── みつめよう自分

マイライフ

| 89 | 90 | 91 | 92 | 93 | 94 | 95 | 96 | 97 | 98 | 99 | 00 | 01 | 02 | 03 | 04 | 05 | 06 | 07 | 08 | 09 | 10 | 11 | 12 | 13 | 14 | 15 | 16 | 17 | 18 | 19 | 20 | 21 | 22 | 23 | 24 |

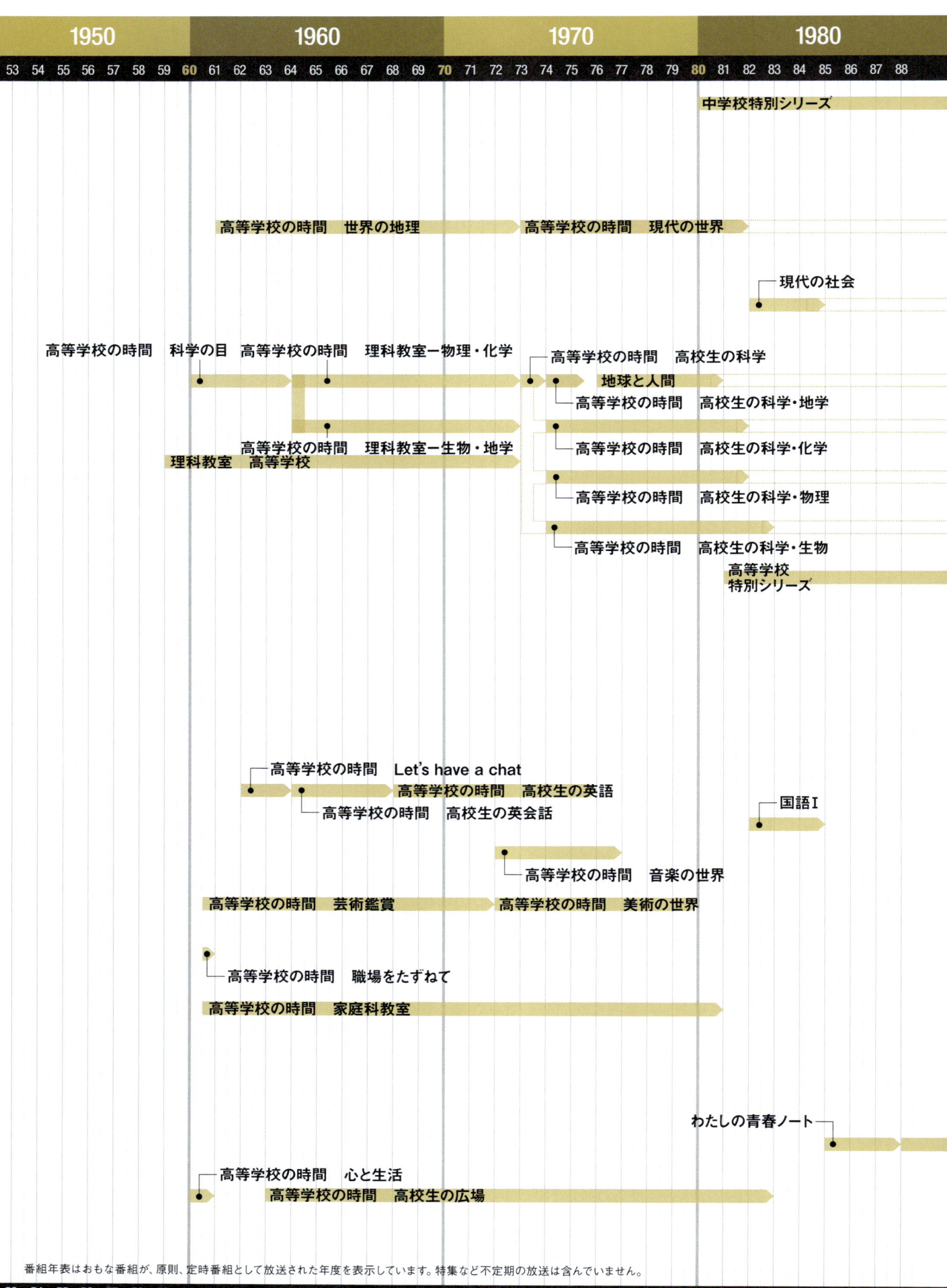

	1950	1960	1970	1980
	53 54 55 56 57 58 59	60 61 62 63 64 65 66 67 68 69	70 71 72 73 74 75 76 77 78 79	80 81 82 83 84 85 86 87 88

中学校特別シリーズ

高等学校の時間　世界の地理

高等学校の時間　現代の世界

現代の社会

高等学校の時間　科学の目　高等学校の時間　理科教室ー物理・化学

高等学校の時間　高校生の科学

地球と人間

高等学校の時間　高校生の科学・地学

高等学校の時間　理科教室ー生物・地学

高等学校の時間　高校生の科学・化学

理科教室　高等学校

高等学校の時間　高校生の科学・物理

高等学校の時間　高校生の科学・生物

高等学校
特別シリーズ

高等学校の時間　Let's have a chat

高等学校の時間　高校生の英語

国語I

高等学校の時間　高校生の英会話

高等学校の時間　音楽の世界

高等学校の時間　芸術鑑賞　高等学校の時間　美術の世界

高等学校の時間　職場をたずねて

高等学校の時間　家庭科教室

わたしの青春ノート

高等学校の時間　心と生活

高等学校の時間　高校生の広場

01.ドラマ 02.クイズ・バラエティー 03.音楽 04.伝統芸能 05.ニュース 06.報道・ドキュメンタリー 07.紀行 08.教養・情報 09.自然科学 10.こども・教育 11.人形劇・アニメ 12.趣味・実用 13.大型特集番組等

番組年表はおもな番組が、原則、定時番組として放送された年度を表示しています。特集など不定期の放送は含んでいません。

	53 54 55 56 57 58 59	60 61 62 63 64 65 66 67 68 69	70 71 72 73 74 75 76 77 78 79	80 81 82 83 84 85 86 87 88

	1990	2000	2010	2020	
89 90 91 92 93 94 95 96 97 98 99	00 01 02 03 04 05 06 07 08 09	10 11 12 13 14 15 16 17 18 19	20 21 22 23 24	年度

ステップ＆ジャンプ（枠）

10min. ボックス（枠）

アクティブ10（枠）

中学・高校アワー

ゲーリーさんの英語レッスン

アクセスJ―現代社会をみる

アクティブ10　公民

古典ボックス

アクティブ10　レキデリ

ワールドウォッチング

シリーズ10min. 地球ウオッチ

アクティブ10　プロのプロセス

アクティブ10　ミライのしごとーく

数学ボックス

アクティブ10　理科

10min.コンピューター

シリーズ10min. 楽々パソコン

アクティブ10　マスと！

コンピューター未来館

コンピューター・ナウ

サイエンスボックス

※1990年度以降
中学校と高校の
学校放送番組は統合

スクール五輪の書（枠）

ティーンズTV（枠）

地球と生きる

スクール五輪の書　科学の巻「発想ミュージアム」

ティーンズTV　科学タイムトンネル

ティーンズTV　地球データマップ

ティーンズTV　サイエンス　ワンダーワールド

ティーンズTV　NHK映像科学館

ティーンズねっとわーく

ティーンズTV　インターネット情報局

姫とボクはわからないっ

ハイスクール電脳倶楽部

ティーンズTV　メディアを学ぼう

ティーンズTV　デジタル進化論〜コンピューターの物語

ティーンズTV　世の中なんでも経済学

スクール五輪の書
社会の巻「世の中探検隊」

ティーンズTV　世の中なんでも現代社会

スクール五輪の書　社会の巻「現代仕事ファイル」

ティーンズTV「ワールド　ドキュメント」

スクール五輪の書
国際の巻「ワールド・ドキュメント」

ティーンズTV　GO！GO！ボランティア

ティーンズTV「FOR YOU〜今 君のために」

ティーンズTV　わたしの生きる道

青春すくらんぶる

青春トーク＆トーク　　スクール五輪の書　人間の巻「思春期放送局」

スクール五輪の書　生き方の巻「21世紀の君たちへ」

高校講座番組年表1

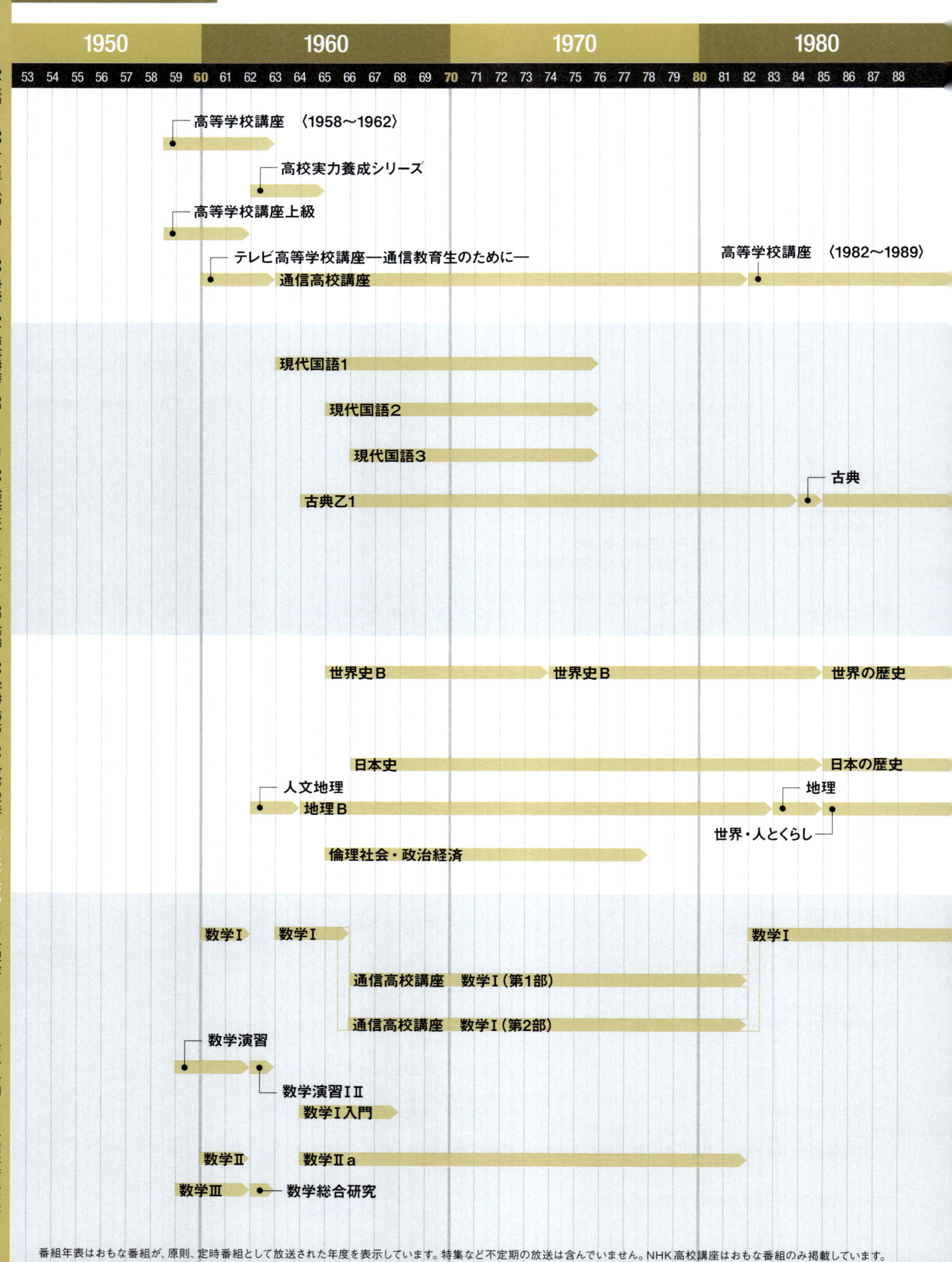

高等学校講座　〈1958〜1962〉

高校実力養成シリーズ

高等学校講座上級

テレビ高等学校講座―通信教育生のために―
通信高校講座

高等学校講座　〈1982〜1989〉

現代国語1

現代国語2

現代国語3

古典乙1

古典

世界史B　　世界史B　　世界の歴史

日本史　　日本の歴史

人文地理
地理B

地理

世界・人とくらし

倫理社会・政治経済

数学I　数学I

数学I

通信高校講座　数学I（第1部）

通信高校講座　数学I（第2部）

数学演習

数学演習III

数学I入門

数学II　数学IIa

数学III　数学総合研究

番組年表はおもな番組が、原則、定時番組として放送された年度を表示しています。特集など不定期の放送は含んでいません。NHK高校講座はおもな番組のみ掲載しています。

	1990		2000		2010		2020

89 **90** 91 92 93 94 95 96 97 98 99 **00** 01 02 03 04 05 06 07 08 09 **10** 11 12 13 14 15 16 17 18 19 **20** 21 22 23 24 年度

NHK高校講座ライブラリー

NHK高校講座
教育セミナー　　NHK高校講座　　　　　　NHK高校講座

国語表現

古典への招待

ベーシック国語

ロンリのちから

歴史で見る世界　　　　　　　　　　　世界史

歴史で見る日本　　　　　　　　　　　日本史

世界くらしの旅　　　　　　　　　　　地理

ベーシック数学

89 **90** 91 92 93 94 95 96 97 98 99 **00** 01 02 03 04 05 06 07 08 09 **10** 11 12 13 14 15 16 17 18 19 **20** 21 22 23 24

NHK放送100年史（テレビ編）　751

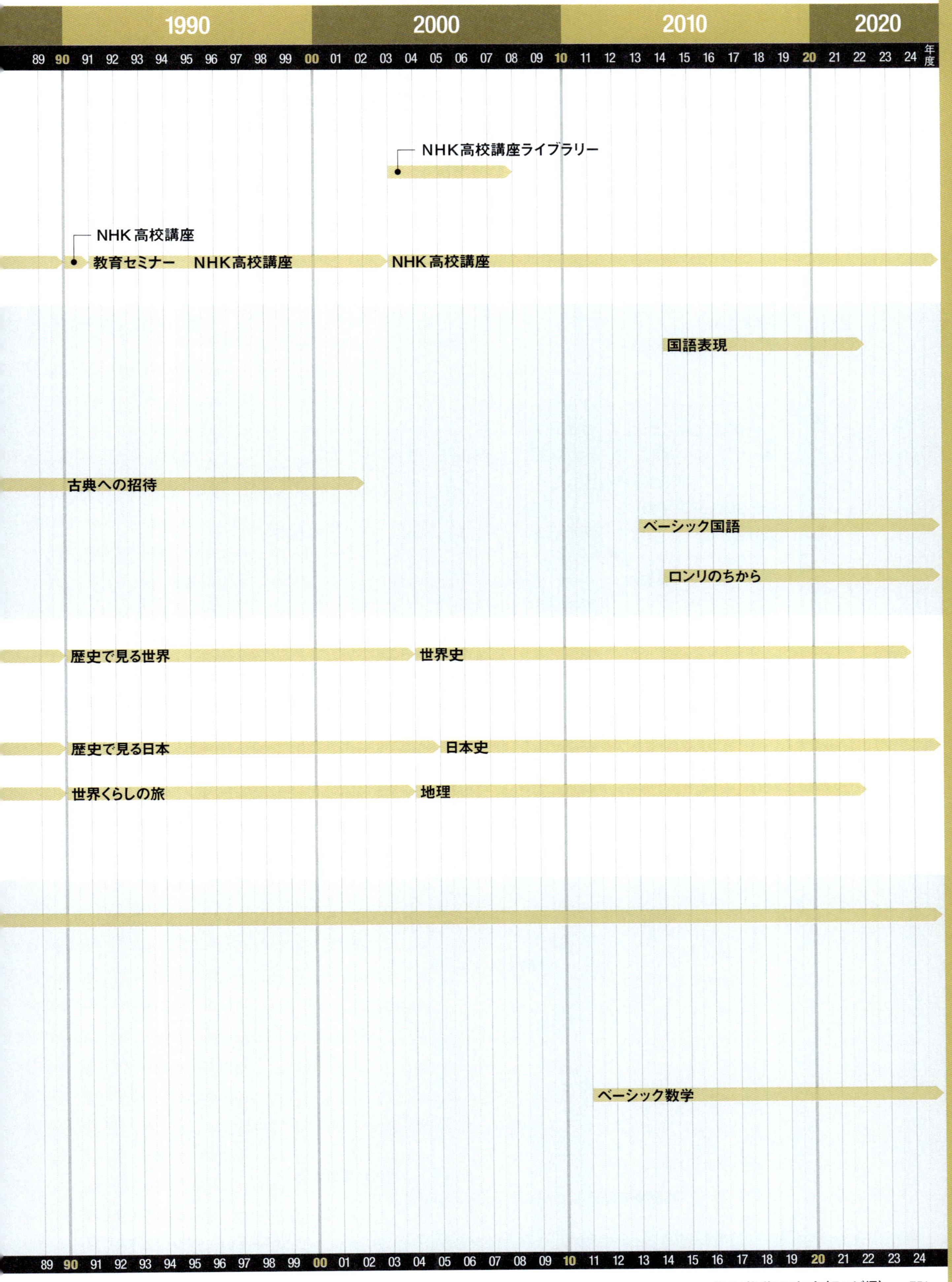

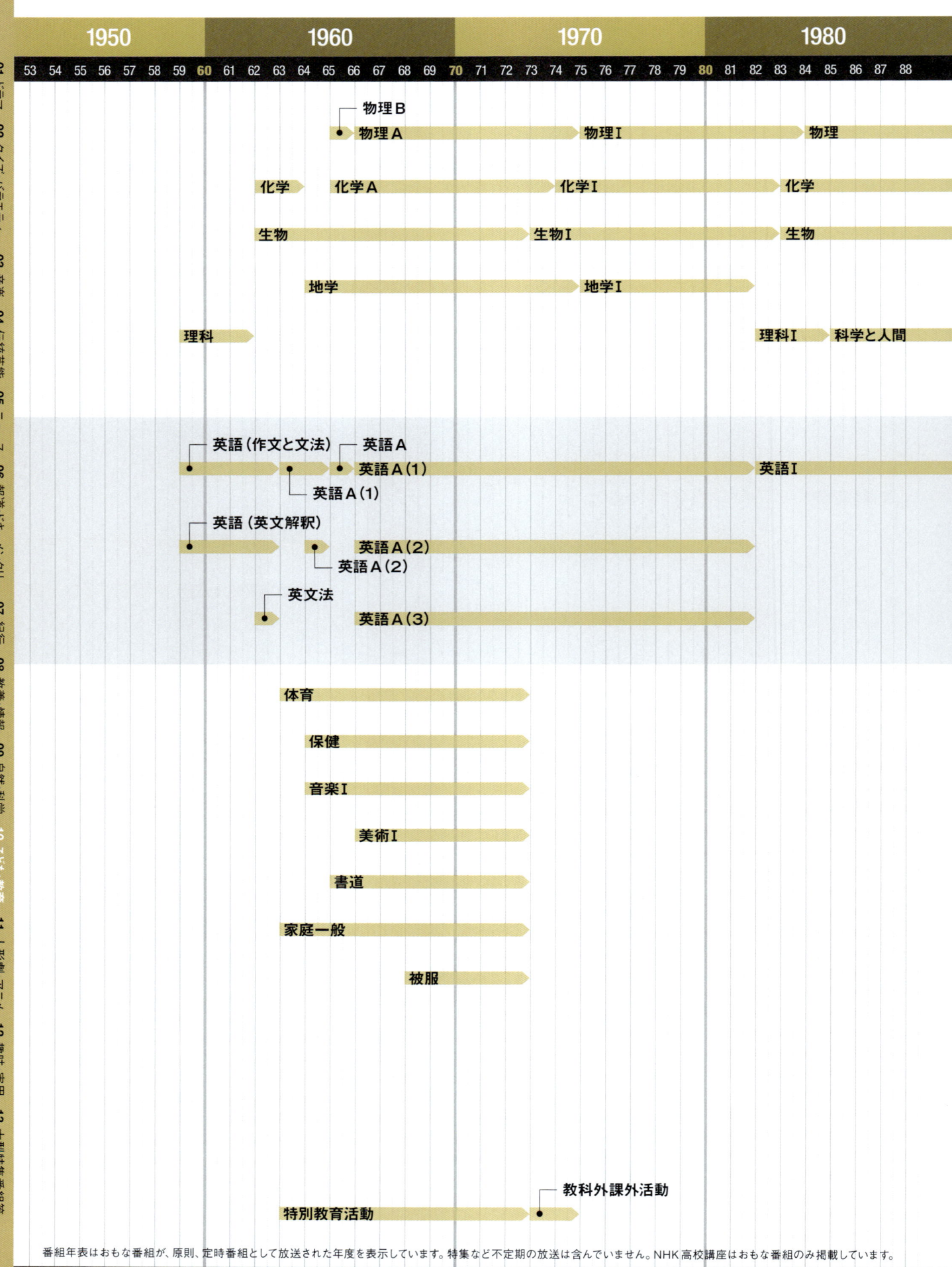

1950　　　　　　　1960　　　　　　　1970　　　　　　　1980

53　54　55　56　57　58　59　**60**　61　62　63　64　65　66　67　68　69　**70**　71　72　73　74　75　76　77　78　79　**80**　81　82　83　84　85　86　87　88

物理B
物理A　　　　　　　物理Ⅰ　　　　　　　物理

化学　　　化学A　　　　　　化学Ⅰ　　　　　　化学

生物　　　　　　　生物Ⅰ　　　　　　　生物

地学　　　　　　地学Ⅰ

理科　　　　　　　　　　　　　　　　　　　　理科Ⅰ　　科学と人間

英語（作文と文法）　英語A
　　　　　　　　　英語A（1）　　　　　　　　　英語Ⅰ
英語A（1）

英語（英文解釈）
　　　　　　英語A（2）
　　　　　英語A（2）

英文法
　　　　英語A（3）

体育

保健

音楽Ⅰ

美術Ⅰ

書道

家庭一般

被服

教科外課外活動

特別教育活動

01.ドラマ　02.クイズ・バラエティー　03.音楽　04.伝統芸能　05.ニュース　06.報道・ドキュメンタリー　07.紀行　08.教養・情報　09.自然・科学　10.こども・教育　11.人形劇・アニメ　12.趣味・実用　13.大型特集番組等

WEB版の年表はこちら

高校講座

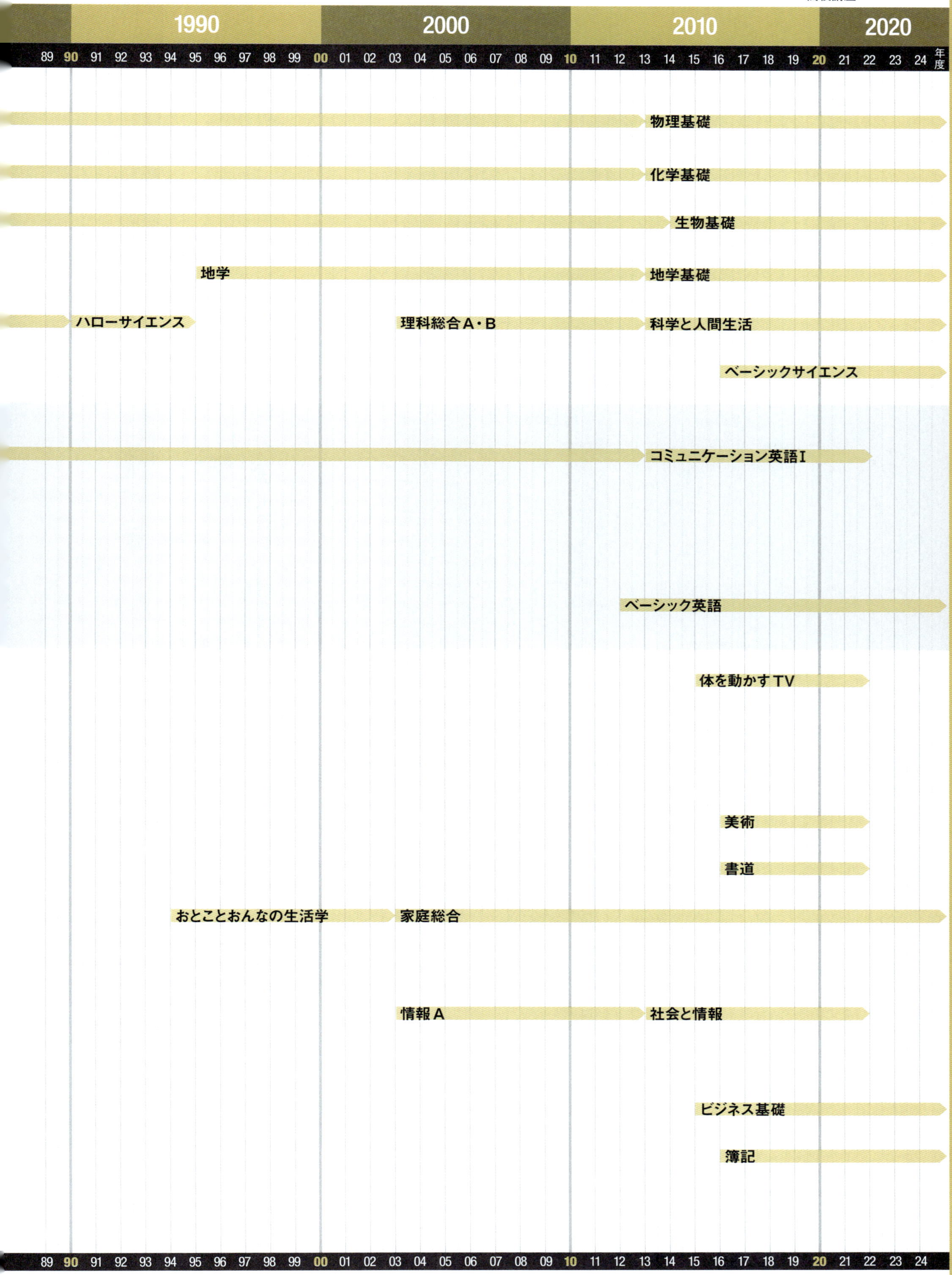

1990
2000
2010
2020
89 90 91 92 93 94 95 96 97 98 99 00 01 02 03 04 05 06 07 08 09 10 11 12 13 14 15 16 17 18 19 20 21 22 23 24 年度
物理基礎
化学基礎
生物基礎
地学
地学基礎
ハローサイエンス
理科総合A・B
科学と人間生活
ベーシックサイエンス
コミュニケーション英語Ⅰ
ベーシック英語
体を動かすTV
美術
書道
おとことおんなの生活学
家庭総合
情報A
社会と情報
ビジネス基礎
簿記
89 90 91 92 93 94 95 96 97 98 99 00 01 02 03 04 05 06 07 08 09 10 11 12 13 14 15 16 17 18 19 20 21 22 23 24

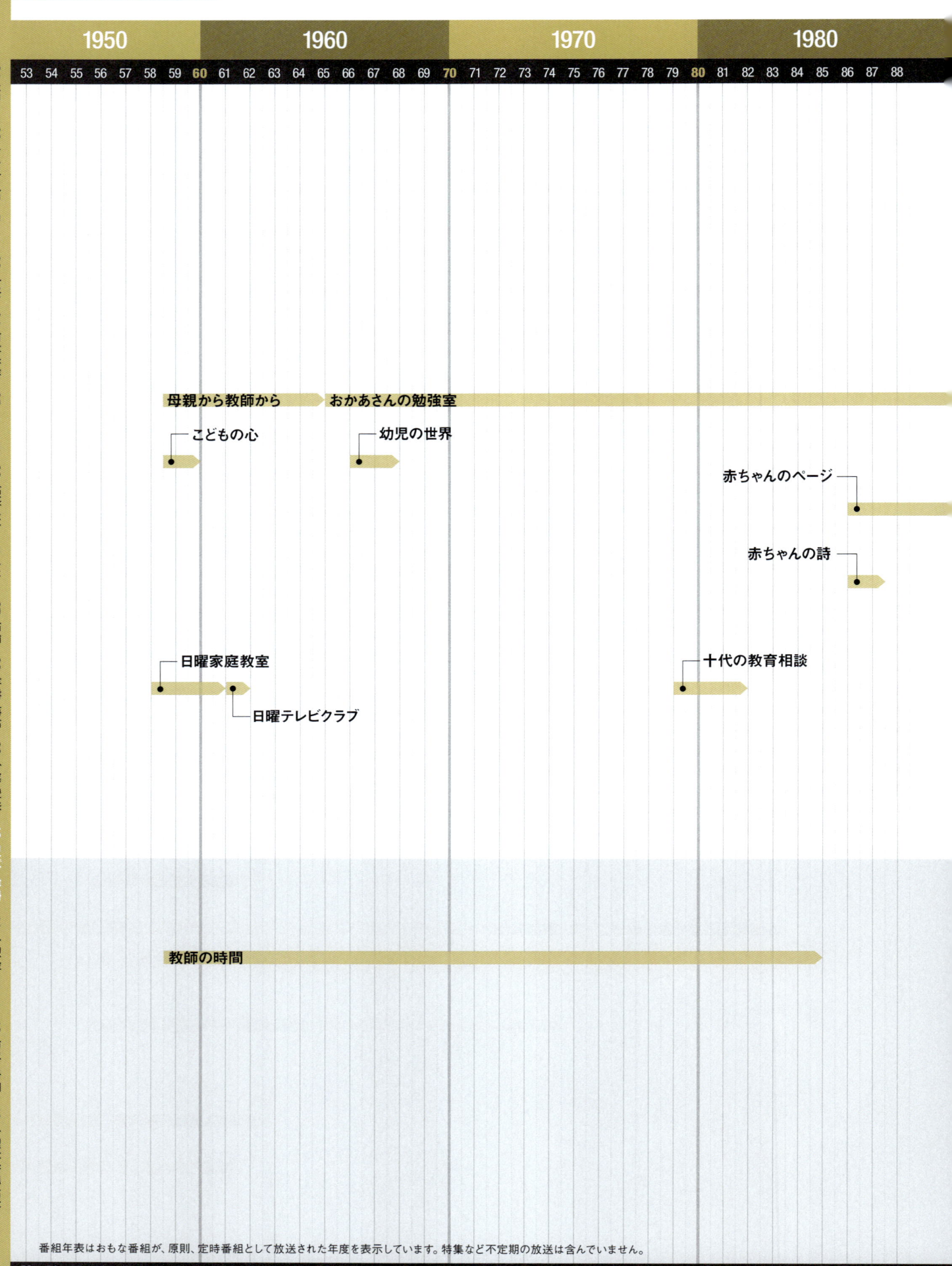

01.ドラマ　02.クイズ・バラエティー　03.音楽　04.伝統芸能　05.ニュース　06.報道・ドキュメンタリー　07.紀行　08.教養・情報　09.自然・科学　10.こども・教育　11.人形劇・アニメ　12.趣味・実用　13.大型特集番組等

母親から教師から　おかあさんの勉強室

こどもの心　幼児の世界

赤ちゃんのページ

赤ちゃんの詩

日曜家庭教室　十代の教育相談

日曜テレビクラブ

教師の時間

番組年表はおもな番組が、原則、定時番組として放送された年度を表示しています。特集など不定期の放送は含んでいません。

53 54 55 56 57 58 59 **60** 61 62 63 64 65 66 67 68 69 **70** 71 72 73 74 75 76 77 78 79 **80** 81 82 83 84 85 86 87 88

	1990	2000	2010	2020
89 **90** 91 92 93 94 95 96 97 98 99	**00** 01 02 03 04 05 06 07 08 09 **10**	11 12 13 14 15 16 17 18 19 **20**	21 22 23 24 年度

育児カレンダー

すくすくネットワーク

すくすく赤ちゃん

すくすく子育て

まいにちスクスク

赤ちゃん　なんでも百科

ハロー！ちびっこモンスター

親と子のTVスクール

となりの子育て

おとなりさんはなやんでる。

ウワサの保護者会

エデュカチオ！

土よう親じかん

パパサウルス

さまよえるパパたちへ

教育トゥデイ

教育トゥデイ

教育フォーカス

教育トゥデイ'98

わくわく授業〜わたしの教え方

メディアと教育

学校デジタル羅針盤

教育TV SHOWケース

89 **90** 91 92 93 94 95 96 97 98 99 **00** 01 02 03 04 05 06 07 08 09 **10** 11 12 13 14 15 16 17 18 19 **20** 21 22 23 24

NHK放送100年史（テレビ編）　755

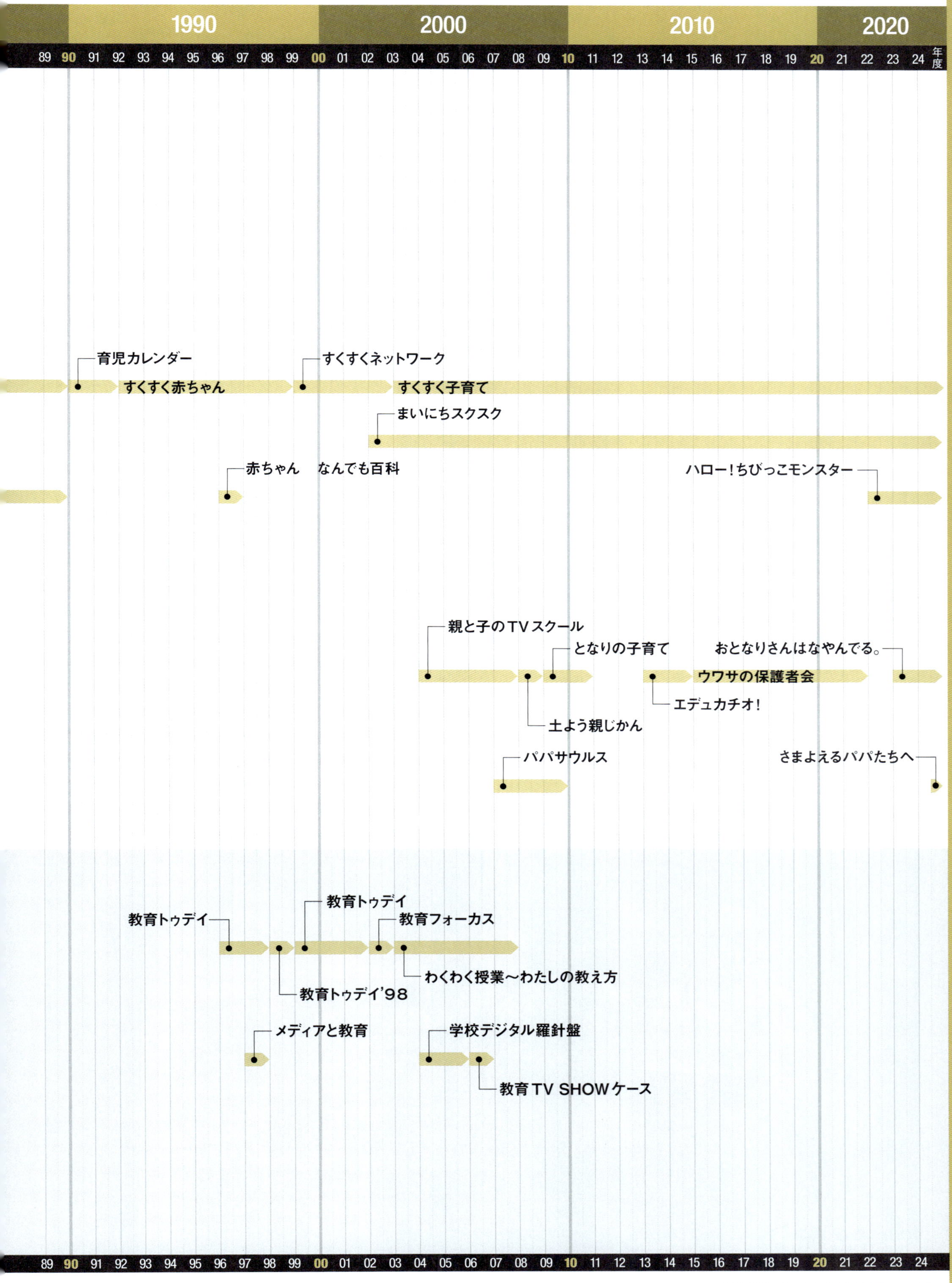

人形劇・アニメーション

人形劇

01

人形劇の種類

　1953年2月1日にテレビ本放送が開始されると、毎日午後6時30分から30分間、『子供の時間』が編成された。歌、バラエティー、ドラマ、人形劇などを日替わりで放送する、子ども・青少年を対象にした放送枠である。

　日本初のテレビ人形劇は、テレビ開局2日後の2月3日、『子供の時間』で放送された結城孫三郎・一糸人形座による「寿獅子」と「杜子春」だった。

　テレビ開局から1960年代半ばまで、NHKには人形劇のタイプ別に3つの番組枠があった。

　1番目が「マリオネット」。人形の首や手足、肩など、主要な関節につながった糸を、"手板"とよばれる操作板で操ることで人形を動かす糸操り人形による人形劇。

　2番目は「シルエット」。人形の後方から光を当て、その影をスクリーンに投影して演じられる影絵芝居。光と影の

コントラストを巧みに生かし、幻想的な世界を紡ぎだす。

　3番目が「ギニョール」。袋状に作った胴体の中に手を入れて、指先を使って動かす人形劇。手づかい人形とも言い、片手で操作するものと両手で操作するものがある。

　それぞれの演目とともに、人形の種別が番組にタイトルされた。

マリオネット

　日本で最初の連続人形劇は『連続人形劇　玉藻前』。1953年2月から10月まで、金曜午後7時30分からの30分番組で全12回を放送した。能の演目「殺生石」で有名な九尾の狐伝説をもとに、『半七捕物帳』で知られる作家の岡本綺堂が描いた伝奇小説が原作。物語の舞台は、平安時代末期。白面金毛九尾の狐の化身である絶世の美女玉藻前が、運命に翻弄されていく姿を大人向けに描いた作品である。

　人形制作と操演は結城孫三郎・一糸人形座。結城人形座は江戸時代に結城孫三郎（初代）が旗揚げして

『ひょっこりひょうたん島』（1964〜1968年度）→ P775

『連続人形劇　玉藻前』（1953年度）　写真は『創作劇場　マリオネット特集「玉藻前」』（1961年）より →P774

以来、380年以上の歴史を持つ糸操り人形一座だ。10代目結城孫三郎は、テレビ実験放送時代に人形劇の制作に参加。東京・世田谷のNHK放送技術研究所に通い、「人形の色合い」「セットの組み方」など、テレビで人形劇を放送するための技術上の課題の解消に協力した。1952年6月から人形劇「猿飛佐助」を実験放送。結城人形座はNHKと専属契約を結び、テレビ黎明期の人形劇の隆盛に大きな役割を果たした。

『連続マリオネット　テレビ天助漫遊記』（1955～1956年度）は、日曜午後6時30分からの20分番組。結城人形座による糸操り人形劇で、天狗に育てられた「天助」が、山賊や盗賊と戦いながら本当の父を捜す冒険物語。動物、天狗、かっぱ、がいこつなど人形劇ならではのキャラクターが次々に登場し、巧みな人形操作で水中から空中まで自在に暴れまわった。「テレスクテレビの天助……」というテーマソングを子どもたちが口ずさみ、「天助カルタ」や「天助アメ」など、番組に便乗した商品が発売されるほどの人気を呼ぶ。番組は1年9か月の長期シリーズとなった。

脚本は、1950～1960年代のラジオ・テレビ番組を数多く手がけたNHK専属放送作家の西沢実のオリジナル。「天助」の声は東京放送劇団の木下喜久子。テーマ曲は第5回『NHK紅白歌合戦』（1954）に11歳で出場した河野ヨシユキが歌った。

『連続マリオネット　テレビ天助漫遊記』（1955～1956年度）→P774

人形劇の吹き替えは、当初は東京放送劇団の団員たちが担ったが、登場人物の数が増え、性格が複雑化するにつれて、有名俳優、タレントにも声がかかるようになる。人形劇の吹き替えはのちに盛んになる海外テレビドラマやアニメの吹き替えの先駆的な役割を担った。

1960年9月、『宇宙船シリカ』（1960～1961年度）が、総合テレビ月曜から金曜の帯で、夕方5時台に10分番組で始まる（のちに月曜・火曜の週2回の15分番組に変更）。『チロリン村とくるみの木』が30分番組で週1回放送だった当時に、週5日放送の帯番組に挑んだ。テレビ史上初のSF人形劇で、クロマキーなどの最新の特殊撮影も使われた。

物語は主人公の少年科学者ピロ（声：喜多道枝）とそ

人形劇

『宇宙船シリカ』（1960〜1961年度）→P775

の姉の植物学者ネリ（声：永井鈴子）、操縦士のボブ（声：石原良）と彼らを助けるロボットたちが、宇宙船「シリカ号」でさまざまな星を巡る冒険物語だ。ソ連（当時）が1957年に人類初の人工衛星スプートニク1号の打ち上げに成功。1961年にはボストーク1号に乗ったユーリイ・ガガーリンが、人類で初めて地球軌道を周回するなど、世の中の宇宙への関心が高まる中での放送だった。

　人形制作と操演は竹田人形座。竹田人形座の起源は寛文年間（1660年ごろ）といわれている。1955年、結城人形座の結城孫三郎（9代目）の弟子結城孫太郎が竹田三之助と改名し、竹田人形座を復興した。人形デザインを担当したのは竹田喜之助。結城人形座で結城糸城三を名乗って人形師の道を歩み始め、竹田人形座の復興とともに竹田喜之助に改名した。喜之助は1950年、東京大学工学部航空工学科を卒業。300年の伝統を持つ竹田人形芝居を踏まえながらも、航空工学科のキャリアを生かして、宇宙船シリカのデザインに取り組み、SF人形劇に果敢に挑んだ。宇宙ヘルメットには、当時は珍しかった透明のプラスチックを使用。実はチョコレートの容器を利用したものだった。

　原案は1957年に商業誌デビューし、当時新鋭のSF作家として注目されていた星新一。脚本は森文兵、前田武彦、若林一郎。音楽は3年前に『きょうの料理』のテーマソングを手がけた新進作曲家の冨田勲が担当した。

　『銀河少年隊』（1963〜1964年度）は、マリオネットを中心とした竹田人形座の人形劇とアニメーションを合成したSF冒険物語。

『銀河少年隊』（1963〜1964年度）→P775

　原作は漫画界の第一人者、手塚治虫。手塚はこの年の1月1日より、国産初のテレビアニメシリーズ『鉄腕アトム』を民放局（フジテレビ系）でスタートし、高視聴率を上げていた。

　物語の舞台は宇宙。太陽が急速にエネルギーを失い始めたことで地球が寒冷化し、地球の生物は絶滅の危機に瀕する。太陽を再生させるための物質を探しに、主人公のロップと銀河少年隊が活躍する物語だ。

　この作品では人形劇で表現しきれない部分にアニメーションを使用。人形操演を撮影したフィルムとアニメーションを合成編集し、音声をアフレコ録音するなど、当時としては斬新な手法を試みた。

　人形デザインは『宇宙船シリカ』も手がけた竹田喜之助。手塚治虫が描いたキャラクターを見事に立体化した。アニメーション制作は手塚治虫の虫プロダクション。音楽は冨田勲、声の出演はロップを安藤哲（第1部）と白坂道子（第2部）が担当した。

『連続シルエット　家なき子』(1955) →P774

シルエット

　テレビ初の「シルエット」は、1953年2月26日の『子供の時間』で放送された「影絵−シルエット劇　絵のない絵本」。影絵芝居は木馬座、人形制作は藤城清治が手がけた。藤城清治は1947年に人形と影絵の劇場「ジュヌ・パントル」を結成し、1952年に「木馬座」と改名。NHKの専属となって、テレビ実験放送からシルエット劇の制作に参加した。

　木馬座とともに数多くの「シルエット」を担ったのが劇団かかし座である。かかし座は1952年創立の現代影絵の専門劇団で、テレビ実験放送では芥川龍之介の「くもの糸」を上演。以後、『子供の時間』で放送したモーリス・ルブランのルパンシリーズ「連続シルエット劇　奇巌城(きがんじょう)」(1953)、武満徹が音楽を担当した「家なき子」(1955)、少女ハイジを演じた中村メイコが好評だった「アルプスの山の少女」(1955)など、NHKの専属劇団として数々の「連続シルエット」を担当した。

　日本の現代影絵劇はテレビという発表の場を得たことで、絵の濃淡、遠近法、立体感などで独自の工夫をこらし、め

ざましい進歩をとげる。しかし1960年代に入ると「シルエット」の番組枠はなくなり、人形劇の主流は「棒つかい人形」や「着ぐるみ人形」へと移っていく。

ギニョール

　1953年2月6日の午後7時30分からの30分番組『ギニョール　青ひげ四幕』が最初の「ギニョール」の放送だ。原作はシャルル・ペローの童話で、人形劇団「テアトルプッペ」による人形劇だった。

　1955年に放送した劇団やまいもによる連続ギニョール劇『アシンと十三人の盗賊』と『ガンツ君』が好評をよび、翌年の『チロリン村とくるみの木』の誕生につながる。

　1956年4月、『連続ギニョール　チロリン村とくるみの木』(1956〜1963年度)が土曜午後6時からの30分番組で始まる。物語の舞台は、擬人化された野菜と果物、そして動物たちがともに暮らしているチロリン村。ここでは野菜たちと果物たちはいつも対立していた。そんな大人同士のいざこざを、「タマネギのトンペイ」や「ピーナッツのピー子」「クルミのクル子」ら子どもたちの活躍で解決していくというストーリー。

　番組は劇団やまいもの人形作家・小澤鉄造が、イタリアの作家ジャンニ・ロダーリの児童文学「チポリーノの冒険」の人形劇化を企画したことに始まる。この作品を原案に作家の恒松恭助が、ブルジョワの果物族と貧しい農民の野菜族がともに暮らすチロリン村を舞台にした物語、『チロリン村とくるみの木』として書き下ろした。

　劇団やまいも(のちに「劇団ちろりん」に改名)は、小澤が長年NHKの連続人形劇で操演者として活躍した伊東万里子らと結成。『チロリン村とくるみの木』では、人形

『チロリン村とくるみの木』(1956〜1963年度) →P774

人形劇

美術を小澤が担当した。テレビ黎明期に主流だった糸操り人形に代わって、両手を使って動かすタイプの手づかい人形を考案している。小さなセットをスタジオに複数配置し、人形の吹き替え（同じ人形を2体使用）、人形のふかん撮影など、新しい演出上の工夫を重ね、ギニョール劇の新分野を開拓した。

声の出演は「タマネギのトンペイ」に横山道代、「ピーナッツのピー子」に黒柳徹子、「クルミのクル子」に里見京子。3人は、人気のラジオドラマ『やん坊にん坊とん坊』（1954〜1956年度）の主役を演じたトリオだった。

当初はセリフに合わせて人形を動かしていたが、のちに歌やセリフを事前に録音して、その声に合わせて人形を操演するシステムを確立する。音楽は宇野誠一郎が担当。主題歌はペギー葉山が歌った。

1959年度にタイトルから「連続ギニョール」がはずれ、『チロリン村とくるみの木』となる。1962年5月に月曜から金曜放送の帯番組となった。

1964年まで9年間、812回を放送。奇想天外なストーリー、個性的なキャラクターの登場、ミュージカルシーンの頻出など、次作『ひょっこりひょうたん島』で開花するミュージカル人形劇の先駆として、のちの子ども向け番組にも大きな影響を与えた。

着ぐるみ人形劇

1959年10月、幼児向けテレビ番組『おかあさんといっしょ』が総合テレビで始まる。翌1960年9月から、月曜、火曜に新企画としてぬいぐるみ人形劇「ブーフーウー」が登場。イギリスの童話「三匹の子ぶた」の後日談として、当時、第一線で活躍していた劇作家の飯沢匡が脚本を執筆。人形制作はシバ・プロダクション。飯沢がのちに『三国志』などの人形劇を手がける川本喜八郎らと立ち上げた制作集団だ。人形デザインは土方重巳。人形操演はのちに『ひょっこりひょうたん島』を担当する人形劇団ひとみ座がおこなった。

声優陣には長男ブーに大山のぶ代、次男フーに三輪勝恵、三男ウーに黒柳徹子を配役。オオカミの着ぐるみには、最初は俳優の高橋悦史が、2代目にはのちに幼児向け学校放送番組『できるかな』の"のっぽさん"で人気となる高見映（現・高見のっぽ）が入って熱演した。

「ブーフーウー」は、子どもたちに大人気となり、放送は6年半に及んだ。「着ぐるみ人形劇」は番組の看板コーナーとなり、その後、「にこにこ、ぷん」（1982〜1992年度）、「ぐ〜チョコランタン」（2000〜2008年度）、「ガラピコぷ〜」（2016〜2021年度）など、時代を超えて幼児たちをひきつけてやまない。

02

伝説の大ヒット人形劇
『ひょっこりひょうたん島』
（1960年代）

『チロリン村とくるみの木』の後継番組として始まったのが、『ひょっこりひょうたん島』（1964〜1968年度）。総合テレビ月曜から金曜の夕方5時45分から6時までの15分番組だった。

『おかあさんといっしょ』ブーフーウー（1960〜1966年度）→P638

『ひょっこりひょうたん島』人形美術：片岡昌（1964〜1968年度）→P775

　物語の舞台は、火山の爆発で海を漂流しはじめた「ひょっこりひょうたん島」。ピクニックで訪れて島に取り残されたサンデー先生（声：楠トシエ）と「博士」（声：中山千夏）ら子どもたちと、偶然舞い込んできたドン・ガバチョ（声：藤村有弘）、マシンガン・ダンディー（声：小林恭治）、海賊トラヒゲ（声：熊倉一雄）らの大人たちが、想像もつかない大事件に巻き込まれていく。

　人形デザインと操作は人形劇団ひとみ座が担当。ひとみ座は1948年に活動を開始し、やがて人形劇の専門劇団を発足。人形の手足とつながった"つかい棒"を操作することで人形を動かす「棒つかい人形」を、初めてテレビ人形劇で採用し、飛んだり跳ねたりする、スピーディーな動きを可能にした。人形に衣装を着せることはせず、木目込み人形のように直にフェルトをはった。人形をデザインしたのはひとみ座の片岡昌。シルエットを見るだけでキャラクターがわかるほど、個性的なフォルムの人形が人気を呼んだ。人形の操演者は人形のイメージから動きを発想し、それを受けてまた人形のデザインが変化していくこともあったという。こうした相乗効果で、人形たちはそれぞれのキャラクターを獲得していった。

　音楽は宇野誠一郎。「波をジャブジャブ……」という前川陽子が歌ったテーマソングが大ヒットした。

　番組を企画提案した

『ひょっこりひょうたん島』棒つかい人形（1964〜1968年度）→P775

『ひょっこりひょうたん島』棒つかい人形（1964〜1968年度）→P775

『ひょっこりひょうたん島』ひとみ座（1964〜1968年度）→P775

のは、『チロリン村とくるみの木』を担当していた27歳のディレクター武井博。"チロリン村"で、物語の舞台が限定されていることから、話の新たな展開や新キャラクターの登場に苦労していた武井は、「舞台を島にして、漂流させる」アイデアを思いつく。武井が脚本を依頼したのは、当時ほとんど無名だった29歳の新進作家井上ひさしと山元護久。井上と山元が1回分の脚本をシーンごとに分担して書くなど、2人が一体となって物語を生み出していった。

人形劇

井上らの台本にはアイデアが満載だったが、人形の動きや人形劇制作上の制約についての配慮はなかった。武井ら担当ディレクターたちは、脚本の面白さを損なうことなく、人形劇としていかに表現するか、またいかに放送時間内に収めるかに、毎回のように頭を悩ませた。

こうして始まった番組は、放送開始直後は視聴率が10%を切る日が続くなど低迷。突拍子もないストーリーに風変わりなセリフなど、あまりに斬新だった人形劇の世界

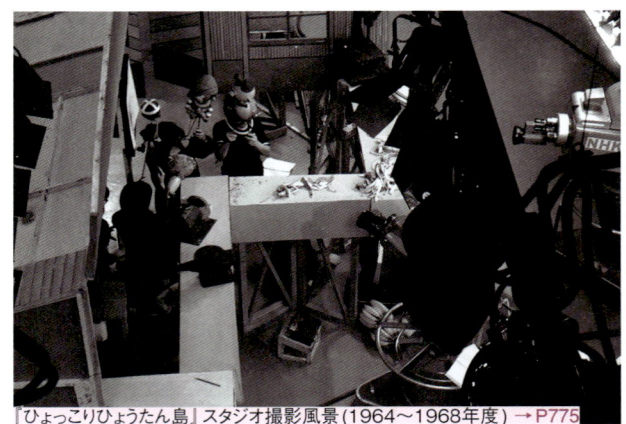

『ひょっこりひょうたん島』スタジオ撮影風景（1964〜1968年度）→P775

井上ひさし

『ひょっこりひょうたん島』声優たち（1964〜1968年度）→P775

観に視聴者は戸惑った。さらに新聞紙上で言葉づかいが悪いと指摘されたこともあり、局内からは「半年で打ち切り」の声も上がっていた。しかし井上と山元、そして現場の制作スタッフはそれまでの路線を変えなかった。すると半年が過ぎたころから、風向きが変わり始める。子どもの視点から社会や権威を風刺するセリフが学生や大人をもひきつけ、幅広い支持を獲得していった。

視聴率は平均で20%台、1967年11月には最高視聴率37.5%を記録し、子ども番組の枠を超えた。1969年までの5年間で、登場したキャラクターは約100、漂着した国は約20か国。放送回数は1224回に及んだ。

『ひょっこりひょうたん島』の大ヒットで、総合テレビ夕方に帯で放送する「連続人形劇」の枠が定着し、NHKならではの子ども番組のジャンルを確立する。

1991年、『ひょっこりひょうたん島 復刻版』を、衛星第2で放送。1960年代はビデオテープが高価だったため、放送終了後は録画した番組を消去して使いまわしをして

『ひょっこりひょうたん島』（1964〜1968年度）→P775

『空中都市008』(1969年度) → P775

『ひょっこりひょうたん島』収録風景 (1967年) → P775

いた。そのため『ひょっこりひょうたん島』の録画ビデオは保存されていない。テレビ画面をフィルムで撮影したキネコが8回分残されているのみである。しかし熱心なファンたちが残した番組の貴重な記録を手がかりに、当時のスタッフが集まり、ひとみ座の協力でリメークを実現させた。声の出演は故人となっていたドン・ガバチョ役の藤村有弘に代わって名古屋章が演じたほかは、当時の出演者が全員顔をそろえた。

　『サンダーバード』は1965年から66年にイギリスで放送された人形劇による特撮テレビ番組。1966年度に総合テレビ日曜の午後6時台に50分番組で放送した。21世紀の未来を舞台に「国際救助隊」が、最新鋭の救助用メカニッ

ク「サンダーバード」を駆使して、世界各地で発生する事故や災害から人々を救う活躍を描く。リアルな人形や精巧なミニチュアによるロケット噴射や車両の走行などリアリティーを追求した特撮は、のちの日本のSF作品にも大きな影響を与えたといわれている。2015年度にはCGアニメーションとミニチュアセットを組み合わせた制作手法で、50年ぶりに新シリーズを放送した。

　『空中都市００８』(1969年度)は『ひょっこりひょうたん島』の後継番組。総合テレビ午後6時台の15分番組で、月曜から金曜の帯で放送。21世紀の未来都市が舞台のSF連続人形劇だ。

　西暦2001年、「００８」居住区に暮らす大原一家を中心に、ワイズマン家、電子脳センターに起こるさまざまな出来事をスリルとユーモアで描いた。

　人形美術と操演は『宇宙船シリカ』や『銀河少年隊』で“宇宙未来もの”を手がけた竹田喜之助と竹田人形座。人形の上部からの糸操り人形に加えて、下から操作する棒つかい人形も多用された。

　原作はSFの巨匠小松左京の「アオゾラ市のものがたり」。番組タイトルの「００８」は、当時の電話の国際ダイヤル通話における日本の国番号からの発想だと小松は語っている。人形劇化に当たっては、物語に登場する超高層ビル、超音速機やエアーカーなどの交通機関、テレビ電話など家庭内の道具まで、単なる空想ではなく、十分な科学的な考証に基づいて描かれていた。

　脚本は高垣葵、杉紀彦。音楽は冨田勲。声の出演は主役の大原博士に若山弦蔵、隣に住むワイズマンに藤

人形劇

村有弘、電子脳センターで大原博士の助手をつとめる山上に落語家の古今亭志ん朝があたるなど、多彩な顔ぶれをそろえた。

　放送はアポロ11号が月面着陸に成功した1969年。大阪万博を翌年に控えて、多くの人々が科学と未来に明るい希望を抱いた時代だ。子どもたちに向けて夢と希望の物語を紡いだが、科学への過信から北極圏に大洪水が起きたり、管理コンピューターのダウンによる都市機能の混乱などのエピソードがはさみ込まれ、現代への警鐘も忘れていなかった。謎の感染症のパンデミックで大混乱に陥る世界を描いた小説「復活の日」を、1964年にすでに発表していた小松左京の先進性、先見性がこの作品でも見ることができる。

03
時代人形劇の登場と
辻村ジュサブローの世界
（1970年代）

　『ネコジャラ市の11人』（1970〜1972年度）は、『空中都市008』の後継番組。

　ネコジャラ市は、ネコジャラ平原を支配するネズミ族の帝王アルチュール・ランボーとヤマチュー一家に占領され、かつて大地主だったネコ・ガンバルニャンは、いまやネズ

ミたちの奴隷になっていた。それを助けようとする10人の人間とネズミたちの戦いを通して、生きることのすばらしさをギャグとともに描いた。

　人形劇はひとみ座、人形デザインは片岡昌、作・脚本は井上ひさし、山元護久、山崎忠昭、音楽は宇野誠一郎という、『ひょっこりひょうたん島』の制作陣が再結集した。声の出演にも熊倉一雄（ガンバルニャン）をはじめ、藤村有弘（バンチョ・ホーホケ卿）、滝口順平（ライヤッチャ将軍）ら、『ひょっこりひょうたん島』の顔ぶれをそろえた。

　NHKに番組本編は保存されていないが、番組を紹介する広報番組に「大草原にやってきた10人が知恵をしぼり、お互いに助け合いながら町を築いていく模様を、ゆかいな人形たちが演じています。11人目はテレビをご覧のあなたというわけです」というナレーションがあり、タイトルの「11人」にこめられた思いが語られている。

　1973年4月、『新八犬伝』（1973〜1974年度）が『ネコジャラ市の11人』の後を受けて始まる。『ひょっこりひょうたん島』や『ネコジャラ市の11人』などのコメディータッチや『空中都市008』のSFものから一転、「連続人形劇」が"時代劇"にかじを切った。

　江戸時代後期に曲亭（滝沢）馬琴が著した読本「南総里見八犬伝」をもとに、脚本の石山透がその他の馬琴作品も盛り込んで八犬士の活躍を描いた伝奇時代劇である。

　舞台は今から500年以上前の安房の国（現在の千葉県）。館山城主・里見義実の娘・伏姫と、愛犬・八房に

『ネコジャラ市の11人』（1970〜1972年度）→ P775

『新八犬伝』人形美術：辻村ジュサブロー（1973〜1974年度）→P775

由来する8人の「犬士」が、数奇な運命の末、悪人や怨霊に立ち向かう奇想天外な物語。

　人形美術を担当したのは人形作家の辻村ジュサブロー（現・辻村寿三郎）。辻村は人形の顔を、和紙の上にちりめんをはる独創的な手法で表現する。ちりめんの素材感が人形に独特の表情を与え、それまでのテレビ人形劇に登場したコミカルでかわいらしい人形たちとは一線を画した。東洲斎写楽が描いた役者絵をほうふつとさせる表情は、不気味ともいえるインパクトがあり、妖怪や怨霊がばっこする『新八犬伝』のおどろおどろしい世界を見事に表現した。伝統的な人形浄瑠璃の雰囲気を漂わせながらも、糸操り人形ではなく棒つかい人形を使用。八犬士を苦しめる陰の主役ともいえる怨霊・玉梓はジュサブロー自らが操り、子どもたちを震え上がらせた。

　坂本九がつとめたナレーションも好評だった。坂本は物語の舞台設定や時代背景を、三味線の音にのせて故

『新八犬伝』怨霊・玉梓　→P775

事や格言をふんだんにつかった講談調で解説。時には黒子姿で自ら画面に登場するなど、人形浄瑠璃の形を取り入れた。

　放送開始当初は「人形の顔が怖い」「気味が悪い」という視聴者からの反響も少なくなかったが、回を追うごとに人形の魅力を語る声も増え、半年もたたずに人気に火がついた。平均視聴率は20%を記録し、当初は1年間の予定で始まった放送を2年間に延長。放送は全464話となり、ジュサブローが生み出した人形は300体に及んだ。

　音楽は藤井凡大。声の出演は近石真介、鈴木弘子、阿部寿美子、斎藤隆、木下秀雄、川久保潔、花形恵子、関根信昭ほか。

　『新八犬伝』はそれまで幼児番組、子ども番組のジャンルでくくられていた「連続人形劇」に、高校生、大学生を呼び込んだ。同時に人形美術と人形作家への関心が高まり、人形そのものの芸術的な価値も再認識される。

『新八犬伝』犬士たち　→P775

人形劇

『真田十勇士』(1975〜1976年度)→P775

『真田十勇士』人形美術：辻村ジュサブロー(1975〜1976年度)→P775

『新八犬伝』の好評を受けて次作『真田十勇士』(1975〜1976年度)も、辻村ジュサブローが続けて人形美術を担当。辻村はこの作品で1976年度の芸術選奨新人賞を受賞した。

物語の舞台は戦国動乱の時代。希代の智将といわれた真田幸村の下に集まった10人の勇士の活躍を、猿飛佐助を中心に波乱万丈のストーリーで描いた。原作は時代小説の第一人者柴田錬三郎が、大正期の講談本「立川文庫」を翻案した「柴錬・立川文庫」を自ら再構成し、人形劇として書き下ろしたもの。番組の最後で柴田本人が出演し、解説することもあった。

脚本は溝口健二監督に師事し、数々の名脚本を書いた成沢昌茂。音楽は柳沢剛。エンディングテーマ「真田十勇士の歌」(作詞：柴田錬三郎・作曲：柳沢剛)は演歌界の大御所村田英雄が歌った。声の出演は松山省二・関根信昭(猿飛佐助)、名古屋章(真田幸村)、三谷昇(戸沢白雲斎)、岸田森(高野小天狗)、河内桃子(三好清海)ほか。語りは酒井広アナウンサー、熊倉一雄。

『笛吹童子－新諸国物語より』（1977年度）は、1950年代に人気を呼んだ北村寿夫作のラジオドラマ『新諸国物語』シリーズの「第2部　笛吹童子」を人形劇化した作品。『新諸国物語』は正義の白鳥党と、悪のされこうべ党の時代を超えた戦いを描くシリーズで、1952年に第1部「白鳥の騎士」がスタート。その後編として1953年に「第2部　笛吹童子」が放送された。その後、「紅孔雀」「オテナの塔」など、全7部、9年に及ぶ人気シリーズとなった。なかでも「笛吹童子」は、「ヒャラーリ　ヒャラリーコ」の主題歌（作詞：北村寿夫・作曲：福田蘭童）とともに人気をよび、1954年に中村錦之助主演で映画化されたほか、舞台化、漫画化もされるほどのブームとなった作品である。

舞台は室町時代の丹波の国。満月城城主の2人の若君・菊丸（声：里見京子）と萩丸（声：近石真介）の兄弟が、されこうべ党の赤柿玄蕃（声：川久保潔）に奪われた城を取り戻し、亡き父のあだを討つまでの放浪と冒険を描く。人形美術は劇団ひとみ座の齋藤徹。黒を基調とした前作の『真田十勇士』の人形から一転、華やかで目の大きな美男子の人形が作られた。

『紅孔雀－新諸国物語より』（1978年度）は、『笛吹童子』に続く「新諸国物語」シリーズの第2弾。北村寿夫作のラジオドラマ「新諸国物語」シリーズ「第3部　紅孔雀」を人形劇化した作品。人形・脚本・音楽は、すべて『笛吹童子』と同じ。

アステカ王国最後の王モンテスマの秘宝が、海を越えて日本に流れ着く。その宝をめぐって白鳥党とされこうべ党が戦う、恋と冒険の大ロマンとして描かれた。

白鳥党の正義の剣士・那智小四郎（声：三波豊和）と美しい娘・久美（声：水沢アキ）は思いを寄せ合う恋人同士。しかし久美はどくろかずらの汁を飲んで悪の心を持たされ、こともあろうに白鳥党のきゅう敵されこうべ党の首領となって小四郎を襲う。ひとみ座による棒つかい人形は、久美の心に悪が宿る瞬間を、一瞬にして鬼の形相に変える文楽のカラクリ人形の手法"ガブ"で表現した。

『笛吹童子』人形美術：齋藤徹（1977年度）→ P775

『笛吹童子』（写真提供・ひとみ座）（1977年度）→ P775

『紅孔雀』人形美術：齋藤徹（1978年度）→ P775

人形劇

『プリンプリン物語』(1979〜1981年度) → P775

1979年4月、『連続人形劇 プリンプリン物語』(1979〜1981年度)が『紅孔雀−新諸国物語より』の後継番組として始まる。15歳のプリンセス、プリンプリン(声：石川ひとみ)が、死の商人・ランカー(声：滝口順平)一味に追われながら、まだ見ぬ祖国を探してボンボン(声：神谷明)、オサゲ(声：はせさん治)、カセイジン(声：堀絢子)らの仲間たちと旅を続ける冒険物語だ。

石山透が古代インドの長編叙事詩「ラーマーナヤ」にヒントを得て書き下ろしたミュージカル仕立ての人形劇。石山は少年ドラマシリーズの第1作『タイム・トラベラー』(1971年度)や『新八犬伝』の脚本を手がけた人気放送作家。「連続人形劇」では初めて女の子を単独の主人公に据え、時事問題や風刺、パロディーなどの要素を盛り込んで描いた。

人形美術は当時、新進の造形作家だった友永詔三。オーディションによる起用だった。現代的なフォルムの人形とポップな衣装デザインが女の子たちの人気をよぶ。人形たちは木彫の棒つかい人形で、木の種類によって役柄を振り分けた。主役のプリンプリンをはじめ、子どもの登場人物は白木のアメリカヒバを使って清潔感を出した。一方、悪役ランカーには桐の木をつかって、年輪の模様で表情にすごみを出した。またこれまでの人形にはなかった球体の関節をつけて、自由な動きを生み出した。その反面、人形操作には高度な技術が求められ、ベテランの操演者も苦労したという。人形にはマリオネット、ウレタン素材のグローブ人形、手づかい人形、シルエットなど、キャラクターやイメージに合わせて異なるタイプを使用し、人形劇の可能性を追求した。

音楽は小六禮次郎。プリンプリンの声を演じたのは1978年にデビューしたばかりのアイドル歌手・石川ひとみ。番組放送中の1981年に「まちぶせ」が大ヒット。テーマ曲「プリンセス・プリンプリン」(作詞：石山透／作曲：馬飼野康二)も石川が歌った。

1982年3月に、3年間で656回の放送を終える。

『プリンプリン物語』人形美術：友永詔三(1979〜1981年度) → P775

04

人形美術への注目と
川本喜八郎の世界

（1980〜1990年代）

　1982年10月、『人形劇　三国志』（1982〜1983年度）が、総合テレビ土曜の午後6時からの44分番組で始まる。それまでの連続人形劇のほとんどが平日夕方5〜6時台に帯で放送する15分番組だったが、この作品は大河ドラマと同尺の長時間人形劇である。

　原作は中国歴史文学の古典「三国志演義」（立間祥介訳）。2世紀から3世紀の中国、後漢王朝滅亡から魏、呉、蜀3国の乱世までの歴史を背景に、劉備玄徳、関羽雲長、張飛翼徳の3人の義兄弟たちと、名軍師・諸葛亮孔明の活躍を描いた。

　人形美術は川本喜八郎が担当。川本は1952年に日本で初めての人形アニメーションの制作に参加。以来、NHKでは『おかあさんといっしょ』の人形劇や幼児向け人形劇『風の子ケーン』（1976〜1978年度）、『クイズ面白ゼミナール』（1981年度）の司会・鈴木健二アナのキャラクター人形の制作など、精力的に仕事を重ねてきた。

　川本の人形は、高さ60センチから70センチの棒つかい人形。衣装の甲冑をつけると重量は3キロを超えた。人形の顔には張り子の上に羊の皮をはった。そうすることで口が滑らかに動き、合戦シーンなどで傷ついた表面の修復もしやすいというメリットがあった。かねてより「三国志」

の人形劇化を夢見ていた川本は、テレビ放送の企画すらない1970年代から「三国志」の登場人物の人形制作を始めていた。NHKからのオファーを受けたときは、川本のアトリエには劉備や関羽といった主だった登場人物の首がすでに並んでいたという。

　『三国志』は"人形劇の大河ドラマ"を目指し、これまでにない新たな挑戦がいくつもなされた。週5日各15分という「連続人形劇」の定番枠を廃して、週1回44分に変更し

『三国志』人形美術：川本喜八郎（1982〜1983年度）　→P776

『三国志』カメラをセットの中に持ち込む（1982〜1983年度）　→P776

『三国志』カメラをセットの中に持ち込む（1982〜1983年度）　→P776

人形劇

たのもその一つ。演出面では、「蹴込み(けこ)(人形の舞台となるついたて。その後ろで操演者が人形を操る)」を取り払ってカメラをセットの中に持ち込んだ。クレーンによるふかんショットも多用。遠景用にはコンピューター制御の騎馬人形を導入し、軍馬の動きを制御するなど最新技術も導入。合戦シーンでは人形劇ではタブーとされていた火や水を人形に放った。

声の出演は、劉備を谷隼人、関羽を石橋蓮司、張飛をせんだみつお、孔明を森本レオなど、いわゆる声優ではなくすべて俳優がつとめた。収録方法は、人形の動きを見ながら声を吹き込む従来の「アテレコ」ではなく、「プリレコ(プレスコともいう)」方式で、あらかじめ収録した声に合わせて人形を動かした。進行役として人気漫才コンビの島田紳助と松本竜介を登場させたのも新機軸。2人にそっくりな人形・紳々と竜々が登場し、ニュース番組のパロディーに仕立ててストーリーをわかりやすく解説。若い世代には縁遠い中国古典の世界への橋渡しをさせた。

人形劇『三国志』はこれらの革新的な取り組みにより、子どもたちのみならず大人たちにも注目された。川本はこの作品で第26回児童福祉文化奨励賞、第17回テレビ大賞特別賞、第24回伊藤熹朔賞特別賞(日本舞台テレビ美術家協会)を受賞した。

脚本は『笛吹童子』『紅孔雀』の「新諸国物語」シリーズの脚本を担当した田波靖男、テレビドラマ『太陽にほえろ!』(日本テレビ系)を手がけた小川英と四十物(あいもの)光男が担当。人形操演は伊東万里子、小松市子ほかベテランが担った。1984年3月に放送を終了したが、NHKには1万2000以上の再放送を求める署名が届けられた。

1984年4月に『ひげよさらば』(1984年度)が、総合テレビ月曜から金曜の午後6時からの10分番組で始まり、『三国志』以前の連続人形劇の放送パターンに戻った。

児童文学作家・上野瞭の「ひげよ、さらば」を原作とした子ども向け動物人形劇だ。野良犬の恐怖におびえながら暮らしている野良猫の丘に、捨て猫ヨゴロウザ(声:榊原郁恵)が迷い込んでくる。ヨゴロウザは野良犬の暴力から猫たちを守り、平和に暮らすために猫たちをひとつにまとめようと奮闘する。

人形美術はタナカマサオ。タナカは教育テレビの子ども向け学校放送番組『ぺぺとミミ』(1978〜1980年度)や『川の子クークー』(1981〜1982年度)の人形美術を担当。連続人形劇の主流だった棒つかい人形を使用せず、『チロリン村とくるみの木』以来の手づかい人形を採用。しかし人形の両手部分に操演者の指を入れて動かす「チロリン村」方式ではなく、ウレタンで作った柔軟な頭部に手を入れ、セリフに合わせて自在に口を動かす「表情人形」を用いた。

脚本は関功、音楽はチト河内。オープニングテーマはシブがき隊が歌った「キャッツ&ドッグ」(作詞:秋元康・作曲:井上大輔)。

『ひげよさらば』人形美術:タナカマサオ(1984年度) →P776

『ひげよさらば』(1984年度) →P776

『人形歴史スペクタクル　平家物語』(1993〜1994年度)→P776

『チロリン村とくるみの木』以来、平日夕方放送の帯番組として続いてきた「連続人形劇」は、この番組を最後に終了する。

その後、イギリスから購入した『地球防衛軍テラホークス』(1985年度)が、総合テレビ火曜の午後7時30分から放送された。『サンダーバード』(1966年度)を制作した映像プロデューサーであるジェリー・アンダーソンの作品。ナインスタイン隊長以下のメンバーが、地球侵略をもくろむゼルダ一派と戦い、地球を防衛するSF人形劇だった。

1993年12月、『人形歴史スペクタクル　平家物語』が、総合テレビで月曜から土曜の午後8時40分から9時までの20分番組でスタートする。

連続人形劇は『ひげよさらば』が1985年3月に終了して以来、実に8年ぶりの復活だった。第1部が12月に12回を放送。以降、1995年1月まで、全5シリーズ計56回を放送した。

原作は吉川英治の「新・平家物語」。1972年1月から大河ドラマで放送して以来、21年ぶり2回目の原作となった。物語は貴族から権力の奪取を図る武士清盛の野望を軸に、平家一門の栄華と落日を経て、頼朝と義経の姿を男女の愛憎とともに一大歴史絵巻として描いた。

物語の舞台となる御所、内裏、貴族の屋敷などを、竹やほんものの草花などを使って作りこむなど、人形とともに美術セットの芸術性にもこだわり、実写との特殊合成で臨場感を出す演出など、"大人の鑑賞に堪えうる人形劇"が意識された。

『人形歴史スペクタクル　平家物語』人形美術：川本喜八郎
(1993〜1994年度)→P776

人形美術は『三国志』を手がけた川本喜八郎。「光の当て方次第で、その人形の性格だけでなく、将来の運命まで暗示する」(川本喜八郎)と、カメラアングルと小型照明器具の配置には特に注意が払われ、人形の顔を陰影で表現することにこだわった。

脚本は『三国志』も手がけた小川英ほか。当時、病床にあった小川は口述筆記で執筆をつづけ、最終回を書きあげたその日に息を引き取り、この作品が絶筆となった。音楽は桑原研郎、エンディングテーマ曲は尾崎亜美が歌った「VOICE」(作詞・作曲：尾崎亜美)。声の出演は風間杜夫(平清盛・弁慶ほか)、紺野美沙子(二位ノ尼・静ほか)、森本レオ(源義朝・西行ほか)、石橋蓮司(後白河法皇・文覚ほか)ほか。

人形劇

05
三谷幸喜が描く人形劇の世界

（2000年代以降）

2009年10月から翌2010年5月まで『連続人形活劇新・三銃士』が、教育テレビで「ETV50周年企画」として40話を放送。連続人形劇としては『人形歴史スペクタクル　平家物語』以来、14年ぶりに、しかもハイビジョン放送での復活となった。

無鉄砲だがまっすぐな心を持つ主人公ダルタニアンが、パリの街に出てアトス、ポルトス、アラミスの三銃士と出会い、さまざまな困難を経ながら成長していく姿を描いた。

人形制作と操演はスタジオ・ノーヴァ。1969年に設立されたスタジオ・ノーヴァは、日本最古の人形劇団である「人形劇団プーク」の映像部門で、独立後は「プーク」が担ってきたテレビ番組を継承。NHKの幼児向け番組『いないいないばあっ！』（1996年度〜）や、『天才てれびくんワイド』（1999〜2002年度）枠内放送の人形劇「ドラムカンナの冒険」などを担当した。『新・三銃士』では人形にプラスチックを使用。人形の顔にはカラクリがなく、口は動かないので、その代わりに大きめに作った手を何種類か用意して、シーンに合わせて付け替えることで「手」によって登場人物の気持ちを表現した。

人形のキャラクターデザインは井上文太が担当。井上は画家であり、ファッションや人形、キャラクターデザインなど、幅広いジャンルで活躍するアーティストでもある。

『新・三銃士』最大の話題は、テレビ、映画、舞台の脚

『新・三銃士』キャラクターデザイン：井上文太（2009〜2010年度）→ P776

本・演出で活躍する三谷幸喜が、初めて人形劇の脚色を手がけたことだ。三谷は子どものころに『新八犬伝』を見て夢中になったという大の人形劇ファン。アレクサンドル・デュマ原作の「三銃士」を、三谷ならではのユーモアとウィットに富んだセリフでユニークな人形劇に仕立てあげた。

声の出演は、池松壮亮（ダルタニアン）、山寺宏一（アトス）、江原正士（アラミス）、高木渉（ポルトス）、貫地谷しほり（コンスタンス）、瀬戸カトリーヌ（アンヌ王妃）、戸田恵子（ミレディー）の7人。この人形劇では、ゲスト出演をのぞいてすべての登場人物をこの7人で演じた。語りは田中裕二（爆笑問題）。音楽はギター、バイオリン、タブラで構成された音楽ユニット、スパニッシュ・コネクション。エンディングテーマは平井堅が歌う「一人じゃない」（作詞：三谷幸喜・作曲：平井堅）。

2010年4月から総合テレビ日曜の午前7時台に全40話を再放送した。

『新・三銃士』（2009〜2010年度）→ P776

『シャーロックホームズ』キャラクターデザイン：井上文太（2014年度）→ P777
© 井上文太 /NHK・NED・ホリプロ

　『シャーロックホームズ』は、アーサー・コナン・ドイルの原作を三谷幸喜が学園ものの人形劇にアレンジした作品。2014年10月から2015年2月に第1シーズン（全18話）を、Eテレの日曜夕方5時30分からの30分番組で放送。その関連番組にあたる『ホームズ&ワトソン　推理（ミステリー）の部屋』を2015年7月から9月に放送した。

　ロンドン郊外の全寮制名門校に転校してきた15歳の少年ジョン・H・ワトソン（声：高木渉）は、風変わりな少年シャーロック・ホームズ（声：山寺宏一）と寮で同室になる。ホームズはワトソンを一目見るなり、その経歴をずばりと言い当ててしまう鋭い観察眼と洞察力を備えた少年だった。やがて2人は学園内に起こる奇妙な事件のなぞを解いていく。原作の舞台を寄宿学校に、登場人物を生徒と学校関係者に変えて、学園ミステリーとして脚色した。

　人形制作・操演はスタジオ・ノーヴァと人形劇団「プーク」、人形のキャラクターデザインは井上文太。井上はホームズの知的で好奇心旺盛なイメージを広い額と大きな耳で表現した。「ぷるんと上を向いた鼻」は三谷の意向を受けたものだ。音楽は『新・三銃士』の音楽を担当したスパニッシュ・コネクションのバイオリニスト・平松加奈が担当した。

　テレビ放送開始とともに始まった「人形劇」は、主に幼児向け・子ども向け番組の一要素として放送されてきた。しかし『チロリン村とくるみの木』の9年に及ぶ放送をへて、人形が主役の"番組ジャンル"として確立される。そして「子どもたちに対する教育的な役割」、「人形美術と人

『シャーロックホームズ』脚本：三谷幸喜（2014年度）→ P777

形操作の高い芸術性」、「テレビ番組としての娯楽性」の3つの要素を兼ね備えたNHKならではのコンテンツとして、長く親しまれるとともに熱狂的なファンを生んできた。

　『三国志』等の人形美術を担当した川本喜八郎は「"子どもだまし"というけど、子どもはだませない。つまらなければ見てもらえない。しかしおもしろければ大人にも見てもらえる」と語った。

　『チロリン村とくるみの木』以来、ほぼ毎年放送されてきた平日夕方の「連続人形劇」枠は、1984年の『ひげよさらば』でいったん幕を下ろす。その後、「人形歴史スペクタクル」、「連続人形活劇」、「パペット・エンターテインメント」など、さまざまなキャッチフレーズとともに登場したが、番組枠として定着することはなかった。

　「人形劇」は1980年代を境に、「アニメーション」にその座を譲ることになる。

人形劇 | 定時番組

1950年代

連続人形劇　玉藻前　1953年度

平安時代末期、鳥羽上皇が病に伏せる。その原因は、美ぼうと博識を持ってちょう愛されていた玉藻前（たまものまえ）と見破った陰陽師。玉藻前は九尾のきつねの化身だった。運命に翻弄されていく怪しくも切ない古典の妖異譚（たん）を、糸操り人形で大人向けに描いた。1953年2月1日のテレビ開局からわずか3週間で始まった日本初の連続人形劇。(金) 午後7時30分からの30分番組。(12話 / 作：岡本綺堂 / 人形：結城孫三郎、一糸人形座)

連続マリオネット　テレビ天助漫遊記　1955〜1956年度

生まれて間もなく天狗神社の前に捨てられた天助。天狗の法曹に育てられた天助は、法曹から不思議な力を持つ葉団扇（はうちわ）と千里鏡を授かり、実父を探す旅に出る。その途中、山賊や盗賊を退治していく冒険物語。奇想天外な場面やストーリーで好評を博した。『テレビてん助漫遊記』として始まったが、第2シリーズから『テレビ天助』となり第6シリーズまで続いた。(84話 / 作：西沢実 / 人形：結城孫三郎、一糸人形座)

連続シルエット　家なき子　1955年度

19世紀フランスの児童文学の名作「家なき子」を影絵劇で映像化。孤児の少年レミが、旅芸人の一座とともに多くの経験を積みながら、本当の家族を探す旅に出る。白黒テレビの特徴を活かしたハーフトーン・シルエットを駆使し、細部までこだわった演出で毎回30分の番組を生放送した。音楽は、当時ドラマやテレビ番組の音楽を多数手掛けた作曲家・武満徹が担当した。(26話 / 原作：エクトル・マロ / 影絵：かかし座 / 音楽：武満徹)

連続シルエット
宝島

連続シルエット　宝島　1955年度

前作「家なき子」に続き、世界の児童文学を原作とした影絵劇。スティーブンスンの冒険小説「宝島」を原作に、一枚の宝の地図を手にしたジム・ホーキンズ少年が、医者のリブシーや一本足の船乗りシルバーらと宝島へ向かう冒険物語。1952年のテレビ実験放送「くもの糸」以来、NHK専属劇団として多くの影絵劇を演じた「かかし座」の代表作のひとつ。(12話 / 原作：ロバート・L・スティーブンスン / 音楽：今井重幸)

連続シルエット
アルプスの山の少女

連続シルエット　アルプスの山の少女　1955年度

日本語訳本「アルプスの山の娘」をタイトルとした影絵劇。後に『アルプスの少女ハイジ』としてアニメ化される。輪郭だけで登場人物の表情や風景を表す影絵は、見る人が創造力を働かせてイメージする世界。出演と語りは、ラジオ時代から子役として活躍していた中村メイコ。(12話 / 原作：ヨハンナ・スピリ / 影絵：かかし座)

連続ギニョール劇　アシンと十三人の盗賊　1955年度

腕が人形の胴になり指で演技する手遣い人形（ギニョール）による初の連続人形劇。椎名龍治のオリジナル脚本で3か月連続で放送。当初は小さなスタジオで撮影する予定だったが大スタジオに変更。スタジオに多数のセットを組み、その間をテレビカメラが自由に行き来して撮影をおこない躍動感のある映像となった。この手法が、その後のテレビ人形劇の撮影技術に大きく寄与した。(11話 / 作：椎名龍治 / 人形：劇団やまいも)

連続ギニョール劇　ガンツ君 / 続ガンツ君　1955〜1956年度

ギニョールは、人形遣いの指先がそのまま人形の動きになるため、影絵や糸操りに比べ感情豊かに演じることができた。当時の人気ラジオ番組『やん坊にん坊とん坊』の3人の俳優、横山道代（ガンツ）、里見京子（フライ）、黒柳徹子（フィデール）が声を担当。中でも、黒柳が演じた犬のフィデールが大好評だった。この3人の配役は次作の『チロリン村とくるみの木』にも引き継がれた。(17話 / 作：椎名龍治 / 人形：劇団やまいも)

チロリン村とくるみの木　1956〜1963年度

チロリン村には、貧しい農民の野菜族とブルジョアの果物族が暮らしている。大人同士のいざこざや、村を訪れる珍客たちが巻き起こす騒動を解決する子どもたちの活躍を描く。番組開始当初は「連続ギニョール」がタイトルに付されていた。奇想天外なストーリーや個性的なキャラクター、ミュージカルの要素など、以後の連続人形劇の原型となる。セリフを事前録音し生で人形操作を当てた初の番組。(812話 / 作：垣松恭助 / 人形：劇団やまいも)

連続シルエット
ちゃんちゃんちゃん物語

連続シルエット　ちゃんちゃんちゃん物語　1956年度

科学的見地から子どもたちに楽しくわかりやすく話したラジオ番組『ちえのポスト』や、後の子ども番組『ものしり博士』を手がけた金井敬三の作。共に脚本を手がけた若林一郎は、映画監督の鈴木清順らと共に「鎌倉アカデミア」で学んだ戦後日本の芸術文化の先駆者である。(29話 / 作：金井敬三、若林一郎 / 人形：かかし座 / 音楽：湯浅譲二)

わたしはパック　1959年度

新しいカメラ技術クロマキーを取り入れたシルエット劇。パックを演じるのはパントマイムのヨネヤママコ。歌とダンス、バレエなどを取り入れて宮沢賢治の「グスコーブドリの伝記」やレフ・トルストイの創作民話「イワンのばか」などを演じた。シルエットはかかし座。1959年度後期に (月) 午後6時台に28分番組で放送した。

1960年代

不思議なパック　1960年度

1960年4月に『わたしはパック』（1959）のあとを受けてスタート。番組の演出をミュージカル・バラエティーの方向に発展させたシルエット劇。パック役はパントマイムのヨネヤママコ。シルエットはかかし座。音楽は浜口庫之助が担当。脚本はのちに連続ドラマ『天下御免』（1971〜1972年度）や『ドラマ人間模様　夢千代日記』（1981年ほか）などを手がける脚本家早坂暁のデビュー作。(月) 午後6時10分からの20分番組。

宇宙船シリカ　1960〜1961年度

日本初のSF人形劇。宇宙船シリカは、少年科学者ピロ、その姉で植物学者ネリ、操縦士ボブ、そして彼らを助ける多種多様なロボットと共に、宇宙航路の開発に出発する。宇宙基地にいるライフ博士の助言を受けながら、未知の星々でユニークな宇宙人たちに遭遇し、数々の事件を解決していく。脚本陣に前田武彦、音楽は冨田勲が担当した。（227話／原案：星新一／脚本：前田武彦、森文兵、若林一郎／人形：竹田人形座／音楽：冨田勲）

銀河少年隊　1963〜1964年度

手塚治虫原作のSF人形劇。突然太陽が冷え始めた2100年。太陽を復活させる物質ピリコンを探し、宇宙船ロップ号で出発した少年花島六郎、通称ロップ。宇宙人たちの仲間と様々な事件を解決しながら銀河宇宙を冒険する。糸操り人形の演技とアニメーションを合成編集し、アフレコで音をつけるという当時としては珍しかった制作手法を採用。坂本九が冨田勲作曲の主題歌を歌った。（92話／原作：手塚治虫／人形：竹田人形座／音楽：冨田勲）

ひょっこりひょうたん島　1964〜1968年度

火山爆発で大海をあてもなくさまよい始めた「ひょうたん島」の住民に、個性豊かな珍客たちが加わり、漂流の先々で想像もつかない大事件に巻き込まれる夢と冒険の物語。NHKで初めて棒で操る人形が登場。物語の奇抜さから、放送開始直後は視聴率もふるわなかったが、やがて時代とマッチした感覚とポップな音楽、抱腹絶倒のストーリーで人気が爆発、最高視聴率40%を記録した。（1224話／作：井上ひさし／人形：ひとみ座／音楽：宇野誠一郎）

サンダーバード　1966年度

イギリス制作の糸操りによるSF人形劇。世界各地で発生した事故や災害で危機に瀕した人々を救う秘密組織「国際救助隊」。メンバーは元軍人の父と息子5人のトレーシー・ファミリー。兄弟たちはスーパーメカを操作し、連携して救助活動を行う。基地となるのはトレーシー島と宇宙ステーション。セリフに合わせて人形の唇を動かす装置と特撮を合わせ、リアル感を演出した。（32話／制作国：イギリス／原題：Thunderbirds）

空中都市008　1969年度

21世紀の科学の粋を集めた未来都市の中で「008」が日本。そこは生活維持パイプでつながれた人工土地に建設された超高層ビル群が林立する"空中都市"。大原一家を中心にワイズマン家や電子頭脳センターに起こるさまざまな出来事をユーモアとスリルの中で描いたSF人形劇。原作はSF作家の小松左京。番組制作時点から30年後の20世紀末をイメージした。（230話／原作：小松左京／人形：竹田人形座／音楽：冨田勲）

1970年代

ネコジャラ市の11人　1970〜1972年度

ネズミ族の帝王に支配されてしまったネコジャラ市。今やネズミたちの奴隷となったかつての大地主ネコ・ガンバルニャンを助けようと、10人の人間たちがネズミ族と闘いマイホームタウンを建設する物語。大ヒットした『ひょっこりひょうたん島』（1964〜1968年度）のスタッフが再結成し制作。この番組からプラスチック製の人形が使われ始めた。（668話／作：井上ひさし、山元護久、山崎忠昭／人形：ひとみ座／音楽：宇野誠一郎）

新八犬伝　1973〜1974年度

曲亭馬琴「南総里見八犬伝」をもとにした奇想天外な時代劇ファンタジー。それまでの『連続人形劇』のかわいらしい人形から一転、辻村ジュサブローのインパクトのある人形が話題となる。おん霊玉梓（たまずさ）のパカッと開く真っ赤な口が子どもたちを震え上がらせた。七五調の名調子で番組を進行したのは坂本九。当初1年の放送予定だったが、好評で2年間続いた。（464話／原作：曲亭馬琴／人形：辻村ジュサブロー／音楽：藤井凡太）

真田十勇士　1975〜1976年度

戦国動乱の時代。武田勝頼の子・猿飛佐助は、同じ運命の星のもとに集まった霧隠才蔵らと共に十勇士として真田幸村に仕え、徳川家康率いる伊賀・甲賀の忍者たちとしれつな戦いを展開。江戸時代に書かれた「真田三代記」を基にした大正期の「立川文庫・真田十勇士」を、柴田錬三郎が児童向けに大胆にアレンジした。前作『新八犬伝』に続き辻村ジュサブローが人形を担当。（445話／作：柴田錬三郎／人形：辻村ジュサブロー／音楽：柳沢剛）

笛吹童子ー新諸国物語より　1977年度

1953年放送の人気ラジオドラマ『新諸国物語』を人形劇化。海賊・赤柿玄蕃（あかがきげんば）によって滅ぼされた丹波家の遺児、萩丸と面作りの達人で笛吹童子こと菊丸の兄弟が、父のあだを討ち、奪われた城を取り戻す物語。小学校低学年を対象とし、親しみやすいテーマ曲や人形、当時流行ったSF映画のテイストや時事ネタなどもストーリーに盛り込んだ。（220話／原作：北村壽夫／人形：斎藤徹（ひとみ座）／音楽：筒井広志）

紅孔雀ー新諸国物語より　1978年度

『笛吹童子』（1977年度）に続くラジオドラマ『新諸国物語』の人形劇化第2弾。ラジオ版の台本が残っていなかったため、ほとんどの物語が脚本の田端靖夫のオリジナル。子ども向けに、原作にないキャラクターを登場させたり、アルテカの女王を紅孔雀の正体とするなど設定を大胆に変更。ファンタジーのテイストをそのままに、秘宝を巡る恋人たちのすれ違いや愛の成就を描いた。（223話／原作：北村寿夫／人形：斎藤徹（ひとみ座）／音楽：筒井広志）

連続人形劇　プリンプリン物語　1979〜1981年度

15歳のプリンセス・プリンプリンが、仲間たちと幻の祖国を求めて世界中を旅する物語。ギリシャ神話やSF、時事問題やパロディーなど、さまざまな要素を盛り込んだ斬新なストーリーと、ポップな衣装デザインが話題を呼んだ。人形美術は彫刻家の友永詔三。球体関節や木目を活かした人形に加えて、マリオネットやグローブ人形も使用した。プリンプリンの声をアイドル歌手の石川ひとみが担当。（656話／作：石山透／人形：友永詔三／音楽：小六禮次郎）

人形劇 | 定時番組

1980年代

人形劇　三国志　*1982〜1983年度*

劉備、関羽、張飛の義兄弟と名軍師・諸葛亮孔明を中心に、2世紀から3世紀の蜀、魏、呉3国興亡の歴史をたどる中国の古典「三国志演義」が原作。舞台美術をはじめ各種の賞を受賞した川本喜八郎の人形美術と、人形劇ではタブーとされている本物の火や水を使った撮影や、コンピュータによる騎馬群の操作などで描いた世界は、多くの大人ファンも魅了した。（68話／原作：立間祥介訳「三国志演義」／人形：川本喜八郎／音楽：桑原研郎）

ひげよさらば　*1984年度*

野良犬におびえながら暮らしている野良猫の丘に迷い込んだ都会猫ヨゴロウザが、野良犬の暴力から猫たちを守るために奮闘する物語。ヨゴロウザは片目猫の一文字、学者猫のテツガクなどユニークな猫たちに囲まれ、猫の共和国建設をめざして成長していく。人形操演者が、人形の頭部に入れた手で口を動かし、自由自在に豊かな表情を出すグローブ人形は子どもたちに親しまれた。（213話／原作：上野瞭／人形：タナカマサオ／音楽：チト河内）

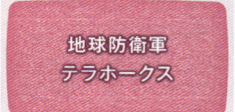

地球防衛軍
テラホークス

地球防衛軍テラホークス　*1985年度*

『サンダーバード』（1966年度）のジェリー・アンダーソン制作の特撮人形劇。地球の侵略を狙う悪のアンドロイド・ゼルダ派と戦う地球防衛軍「テラホークス」の活躍を描く。クローン人間のナインスタイン博士を隊長とし、メアリー、ヒロ、ケート、ホークアイら少数精鋭のメンバーたちが多様なメカを駆使して、ゼルダ率いる宇宙生物の攻撃から命がけで地球を守る。（39話／制作国：イギリス／原題：Terrahawks）

1990年代

フラグルロック

フラグルロック　*1990年度*

『セサミストリート』の人形（マペット）で有名なジム・ヘンソンが制作した子ども向けミュージカル人形劇。歌が好きで遊んでばかりのフラグル族と勤勉なドーザー族が暮らす岩穴のおとぎの国・フラグルロック。フラグルたちの冒険と笑いに満ちた日常を描いた物語。1986〜1989・1992年度にそれぞれ総合で短期集中放送し、1990年度に教育で定時化し36話を放送。（原題：Fraggle Rock）

撮影・後藤真樹

ひょっこりひょうたん島　復刻版　*1991〜1992年度*

1964年から5年間、1200回余りにわたって放送された人気人形劇をリメイクし、衛星第2で復活させた。オリジナル版の映像がほとんど保存されていなかったため、出演者が保存していた台本や熱心な視聴者が書き残していた記録を手がかりに制作。声の出演はすでに故人となっていたドン・ガバチョ役の藤村有弘を除いて、当時の出演者全員が顔をそろえた。1991〜1992年度に56回、その後も5回スペシャル編成で放送。

人形歴史スペクタクル　平家物語　*1993〜1994年度*

1972年のNHK大河ドラマの原作にもなった吉川英治の「新・平家物語」を人形劇化。原作にある源平動乱渦中の人間ドラマを、人形作家・川本喜八郎の手により映像化。人形劇では初となる総合午後8時台の放送。（月〜木）帯の20分番組。予算も大河ドラマ並みで、登場した人形は400体超、舞台となる御所・内裏・貴族の屋敷などを本物の竹や草花を使って再現した。（56話／原作：吉川英治／人形：川本喜八郎／音楽：桑原研郎）

恐竜家族

恐竜家族　*1995〜1996年度*

紀元前6000万年の時代設定で、恐竜たちを擬人化して描くホームコメディー。かなり進化したアットホームな恐竜一家・シンクレア家の日常生活を描く中で、現代人の生活を風刺するブラックユーモアにあふれたドラマ。最新テクノロジーによる人形操作で恐竜たちの表情や動きが人間っぽくリアルに表現され、人形劇を超えたドラマ性を生み出した。ウォルト・ディズニープロダクションの制作。（64話／制作国：アメリカ／原題：Dinosaurs）

ドラマ
マペット放送局

ドラマ　マペット放送局　*1997年度*

『セサミストリート』でおなじみのマペット（人形）たちが運営する「マペット放送局」が舞台のバラエティーショー。司会のクリフォードを中心に、カエルのカーミットやブタのミス・ピギーたちと、てんやわんやで放送するエンターテインメントショーを舞台裏まで見せる抱腹絶倒のコメディー。毎回ゲストには、有名な俳優やミュージシャンなど本物のスターも登場した。（22話／制作国：アメリカ／原題：Muppets Tonight!）

2000年代

井上文太／NHK

新・三銃士　*2009〜2010年度*

アレクサンドル・デュマの「三銃士」を三谷幸喜が脚色。連続テレビ人形劇としては14年ぶりに制作されたETV50周年企画番組。主人公ダルタニアンが、伝説の三銃士と出会い、銃士へと成長する姿を描いた。スケールの大きいセット、緻密で温かみのある人形、さらに豪華な声優陣と練りあげた演出が話題を呼んだ。（40話／原作：アレクサンドル・デュマ／脚本：三谷幸喜／人形：スタジオ・ノーヴァ／音楽：スパニッシュ・コネクション）

2010年代

シャーロックホームズ 2014年度
三谷幸喜脚色の人形劇第2弾。コナン・ドイルの「シャーロックホームズ」を、学園ミステリーとして大胆に脚色。ロンドンの学校に通う15歳の少年シャーロックとワトソンの友情と成長の軌跡を描く。事件の鍵を握るトリック、登場人物のキャラクター像など原作の魅力を生かしつつ、三谷流のウイットやユーモアが加えられた。（18話／原作：コナン・ドイル／脚本：三谷幸喜／人形デザイン：井上文太／音楽：平松加奈）

2020年代

おとなの人形劇 2024年度
"おとな世代"には懐かしいNHK連続人形劇を紹介する枠。2024年度前期は『人形歴史スペクタクル　平家物語』（1993〜1994年度）が登場。吉川英治の「新・平家物語」を、人形作家・川本喜八郎の手により映像化した作品。2024年度後期は『連続人形劇　プリンプリン物語』（1979〜1981年度）を放送。斬新なストーリーと、ポップな衣装デザインが話題を呼んだ作品。作：石山透。人形：友永詔三。

NHKフォトストーリー ㉖

P729 ← ㉕　　㉗ → P809

『きょうの料理』スタジオ風景（1977年）

『きょうの料理』スタジオ風景（1977年）

木製三脚が一般的だったロケ撮影（1978年）

『あなたのメロディー』収録風景（1977年）

『歌のグランドショー』収録風景（1976年）

『歌のグランドショー』収録風景（1976年）

人形劇・アニメーション
アニメーション

01

テレビアニメーション黎明期
（1960年代）

　日本では1950年代からディズニー映画などで親しまれていたアニメーションだが、テレビに登場するまでには、しばらくの時間を要した。アニメ制作には長い制作期間と

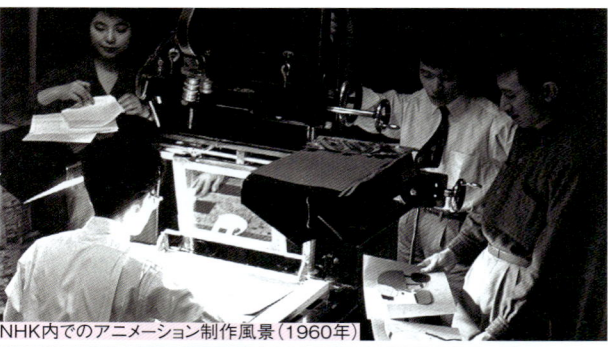
NHK内でのアニメーション制作風景（1960年）

NHK内のアニメーション撮影装置（1966年）

莫大な制作費を必要とするため、NHKも民放もすぐには手をだせなかったのである。そこでNHKでは黒猫フィリックスが活躍する『フィリックス君』（1960年度）を、民放では『進め！ラビット』や『ポパイ』などの海外アニメを調達して放送した。

　1960年1月15日、NHK初のテレビアニメ番組『新しい動画　3つのはなし』が午前9時からの30分番組で放送された。"3つのはなし"は、浜田広介原作「第三の皿」、小川未明原作「眠い町」、宮沢賢治原作「オッペルと象」の3編。番組冒頭に中村メイコが進行役として登場し、物語を紹介した。

　1963年1月1日は、日本のテレビアニメーションにとって記念すべき日となった。手塚治虫による日本最初の本格的連続テレビアニメ『鉄腕アトム』が、フジテレビ系で放送が始まった日である。週に1本30分のアニメーションを制作するという、当時は不可能と思われていた難事業に、手

『新しい動画　3つのはなし』（1959年）→P956

『銀河少年隊』（1963〜1964年度）→P775

『未来少年コナン』©NIPPON ANIMATION CO., LTD.(1978年度) → P794

塚治虫とそのプロダクションスタッフが果敢に挑んだ。同じ年の4月に、NHKでは手塚治虫原作の連続人形劇『銀河少年隊』（1963～1964年度）を放送。竹田人形座によるマリオネットに手塚のアニメーションを合成した作品だった。

　1965年4月、『宇宙人ピピ』が、総合テレビ午後6時からの25分番組で始まる。宇宙から円盤に乗ってやってきたピピと子どもたちの交流をコミカルに描いたSF作品だ。実写映像の人物にアニメーションで描いた宇宙人を合成した。原作と脚本はSF作家の小松左京。脚本には、民放でテレビアニメ化もされた人気少年漫画『エイトマン』の原作者平井和正も加わった。音楽は連続人形劇『宇宙船シリカ』や『銀河少年隊』も担当した冨田勲。斬新なストーリーと実写とアニメの合成が話題となり、子ども番組に新境地を開いた。

『宇宙人ピピ』(1965年度) → P170

02

総合テレビの 連続アニメシリーズ

（1970～1980年代）

　NHK初の本格的連続テレビアニメは、1978年4月から10月まで全26回を放送した国産アニメ『未来少年コナン』だ。放送時間帯は総合テレビ火曜午後7時30分から8時までの"ゴールデンタイム"。アニメ番組を親子そろって楽しむ新しいタイプのファミリー番組と位置づけた。

　原作はアメリカの児童文学者アレグザンダー・ケイの「残された人々」。物語の舞台は、核兵器を上回る威力を持つ「超磁力兵器」が使われた最終戦争により、人類のほとんどが滅びてしまった地球。主人公の少年コナンが、科学都市インダストリアの人々に連れ去られた少女ラナを救うため、友達のジムシーらとともに旅立つ。そしてインダストリアの行政局長レプカの野望を阻止するために立ち上がる冒険物語である。

　制作は日本アニメーション。全26話の演出を担当したのは、長編アニメーション映画「風の谷のナウシカ」や「千と千尋の神隠し」で世界に知られる宮崎駿。宮崎にとっては初の監督作品で、宮崎アニメの原点とも言われている。『ルパン三世』シリーズ（読売テレビ）の大塚康生や『アルプスの少女ハイジ』（フジテレビ系）等の高畑勲も制作に参加。コナンのダイナミックな動きや細部にまでこだわっ

アニメーション

た生き生きとした描写が高く評価された。音楽は同じ年に大河ドラマ『黄金の日日』（1978）を手がけている池辺晋一郎。コナンの声は、後に『ドラえもん』（テレビ朝日系）でのび太役を26年演じた小原乃梨子がつとめた。

2020年5月から毎週月曜午前0時台に、デジタルリマスター版を再放送。この放送で初めて出会った若いアニメファンには「映像はシンプルなのにこんなにおもしろいとは！」と新鮮に受け止められるなど、作品が再評価されている。

連続テレビアニメの第2弾は、1978年11月から翌1979年12月まで放送された『キャプテンフューチャー』。アメリカのSF作家エドモンド・ハミルトンのスペースオペラ小説が原作。父と母を陰謀で暗殺された若き天才科学者カーティス・ニュートン（声：広川太一郎）が、自ら"キャプテンフューチャー"と名乗り、愛機・宇宙船コメット号を駆って宇宙の平和を守るために大活躍するSFアニメ。アニメーションの制作は東映動画。脚本には東映実写映画の脚本家として活躍していた神波史男らが参加した。

『アニメーション紀行　マルコ・ポーロの冒険』（1979年度）は、ドキュメンタリー映像を交えて構成した新形式の連続アニメ番組。総合テレビ土曜の午後7時30分からの30分番組で、1年間にわたって全43回を放送した。

13世紀のベネチアの商人マルコ・ポーロの「東方見聞録」をもとに、マルコの24年間にわたる全行程6万キロの旅を、マルコの成長とともに描いた冒険物語だ。

少年マルコ（声：富山敬）が登場するドラマ部分はアニメで描かれ、風景や人々の暮らしは現地の実写映像を

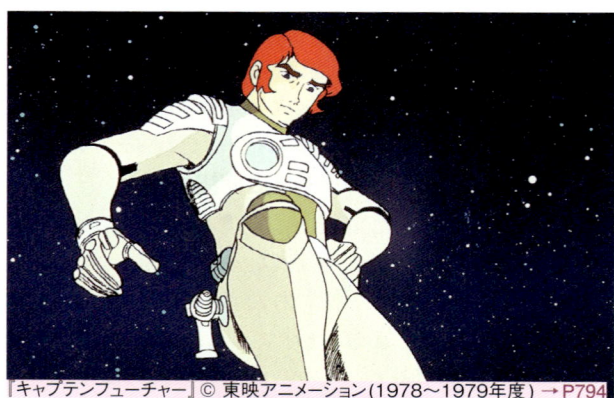

『キャプテンフューチャー』© 東映アニメーション（1978～1979年度）→P794

『アニメーション紀行　マルコ・ポーロの冒険』（1979年度）→P794

『ニルスのふしぎな旅』©Gakken（1979～1980年度）→P794

使用した。実写部分の撮影には、イタリア、イスラエル、トルコ、アフガニスタン、イラン、旧ソ連、インドネシア、中国などを巡る大がかりなロケーションが行われた。タイトルに「アニメーション紀行」と冠をつけ、翌年にスタートする『NHK特集　シルクロード』へのイントロダクションにもなっていた。音楽は当時人気のシンガーソングライター小椋佳が担当。ナレーションは海外ドラマ『刑事コロンボ』でコロンボの声を演じて注目された小池朝雄が担当した。

1980年1月、『ニルスのふしぎな旅』が火曜午後7時30分からの30分番組でスタートし、翌1981年3月まで全52回を放送した。

原作はスウェーデンのノーベル賞作家セルマ・ラーゲルリョーブの児童文学作品。動物たちにいたずらをするわんぱく少年ニルス（声：小山茉美）は、ある日、妖精の怒りを買い、魔法で体を小さくされてしまう。ここぞとばかりに動物たちに仕返しをされるニルスは、ガチョウのモルテンとともに冒険の旅に出る。ニルスはさまざまな体験の中で、優しい少年に成長していく。そして妖精の魔法が解かれるときがくるのだが、その代償を知りニルスは悩む。少年と動物たちが織り成す温かくもスリリングな展開を通して、愛、勇気、責任感などを描いた。「GHOST IN THE SHELL／攻殻機動隊」などの映像作品で知られる押井守が演出に参加、後に劇場版も製作された。

1981年4月、『名犬ジョリィ』が、『ニルスのふしぎな旅』の後継番組として火曜午後7時30分からスタート。1982年6月まで、全52回を放送した。

原作はフランスの元女優セシル・オウブリの児童文学作品「ベルとセバスチャン」。アニメ化にあたってオウブリみずからが、数々のエピソードを書き加えた作品だ。"白い魔犬"と恐れられ人々からひどい仕打ちを受けた野犬ジョリィと、孤児のセバスチャンとの心の交流を通して、愛と信頼を描いた。セバスチャンの声は、『未来少年コナン』に続いて小原乃梨子が演じた。

1982年6月、『太陽の子エステバン』が『名犬ジョリィ』の後継番組で始まる。NHKとルクセンブルク放送会社と

『太陽の子エステバン』©MK COMPANY（1982〜1983年度）→P794

の共同制作で全39回を放送。アメリカの児童文学作家スコット・オディールの小説を原案とした冒険物語だ。

　不思議な力を持ち、"太陽の子"と呼ばれるエステバン（声：野沢雅子）が、古代文字を読み解く神官の娘シア（声：小山茉美）や、失われた文明ムーの子孫タオ（声：堀絢子）とともに、黄金の都市エル・ドラードを目指す。番組の最後に、物語の背景となる南米の遺跡や風俗を実写フィルムで紹介する「解説コーナー」を設けた。

　世界各国で翻訳され愛されている近代童話の傑作『スプーンおばさん』をアニメ化したのは1983年。ペンダントがわりにティースプーンを胸にかけていることから、村の少年たちから"スプーンおばさん"と呼ばれている人気者のおばさん（声：瀬能礼子）が主人公。不思議なことに体が突然小さくなってしまうというクセがあり、小さくなっているときは動物たちと会話ができる。そんなおばさんは体が小さくなると、愛犬ブービィや飼い猫のゴローニャに乗ってお出かけしたり、地下のネズミ一家と知り合ったりと愉快な冒険を繰り広げる。

　1983年11月から1985年1月まで、『子鹿物語』を放送。マージョリー・キナン・ローリングスの原作を全52回でアニメ化した。

　舞台はアメリカの南東部フロリダの田舎町。内気な少年ジョディ（声：太田淑子）と子鹿フラッグとの出会いと悲しい別れを通して、大人に成長するジョディの姿を描いた。オープニングと第2話で、動画の作画工程にコンピューターグラフィックスとデジタル彩色という新技術を採用。最初

『スプーンおばさん』©Gakken（1983年度）→P794

『子鹿物語』©MGM・US 講談社・MK（1983〜1984年度）→P794

期のデジタルアニメとして知られる。

　1985年度は火曜午後7時30分にイギリスの人形劇『地球防衛軍テラホークス』を編成。アニメ枠は午後6時から6時30分に移行し『おねがい！サミアどん』を放送した。イギリスの児童文学作家イーディス・ネズビットの「砂の妖精」を原作とした子ども向けアニメ作品である。

　イギリスの郊外に引っ越してきたターナー家の子どもた

アニメーション

ちは、砂の採掘場で奇妙な妖精サミアどん(声：川久保潔)と出会う。一日に一度だけ願い事をかなえてくれるサミアどんに、子どもたちは毎日のように頼み事をするのだが、決まって大騒動となる。

『アニメ三銃士』(1987～1988年度)は、金曜午後7時30分からの30分番組。『未来少年コナン』以来、火曜の午後7時台だった連続アニメ枠が金曜に移行。アレクサンドル・デュマの名作「ダルタニヤン物語」を、人気漫画「ルパン三世」の作者モンキー・パンチの翻案でアニメ化した。

17世紀フランスのルイ13世の波乱に富んだ歴史を背景に、青年ダルタニヤン(声：松田辰也)が三銃士のアトス(声：神谷明)、ポルトス(声：佐藤政道)、アラミス(声：山田栄子)との愛と友情を通して、一人前の銃士として成長していく姿を描いた。ダルタニヤンの弟分"はだしのジャン"(声：田中真弓)の登場や、アラミスが実は女性であること、原作では人妻だったコンスタンス(声：日高のり子)を少女とするなど、ファミリー向けを意識した原作にない設定が話題となった。

『青いブリンク』(1989年度)は、1947年に製作されたソ連(当時)初の長編アニメ映画「せむしの仔馬」を、手塚治虫が現代版にアレンジ。「せむしの仔馬」は手塚のライフワーク「火の鳥」のイメージの源となった作品だ。

少年カケル(声：野沢雅子)と宇宙からやってきた不思議な青い仔馬ブリンク(声：土家里織)が、秘密警察にさらわれた童話作家の父を捜す旅に出る。カケルとブリンクの友情物語を軸に、スリルとサスペンスに富んだストーリーの中に、生命の尊厳や自然に対する畏敬の念を描いた。

作品の原案と総監督をつとめた手塚は、放送の約2か月前に5話までのシノプシスを仕上げたところで急逝。作品は手塚の遺志を受け継いだスタッフによって完成され、手塚の遺作となった。

『おねがい！サミアどん』©TMS(1985年度) →P794

『アニメ三銃士』©NHK・NEP・学研(1987～1988年度) →P795

『青いブリンク』©NHK・NEP・TEZUKA PRODUCTIONS(1989年度) →P795

『ふしぎの海のナディア』©NHK・NEP（1990年度）→P795

『ふしぎの海のナディア』（1990年度）は、ジュール・ベルヌのSF冒険小説「海底二万海里」「神秘の島」にヒントを得てアニメ化された夢と冒険の物語。

ブルーウォーターという不思議な宝石を持つ少女ナディア（声：鷹森淑乃）が、発明好きの少年ジャン（声：日髙のり子）らとの出会いと冒険を通して、心優しい女性に成長していく姿を描く。

監督の庵野秀明、キャラクターデザインの貞本義行、音楽の鷺巣詩郎は、のちにテレビ東京系で大ヒットするアニメ『新世紀エヴァンゲリオン』でもチームを組む。

『アニメ　ひみつの花園』（1991年度）は、フランシス・ホジソン・バーネットの同名小説が原作。後継番組『おーい！竜馬』（1992年度）は、武田鉄矢原作の漫画作品をアニメ化。総合テレビ火曜午後7時30分に放送枠がもどったが、この作品を最後に総合テレビのゴールデンタイムのアニメ枠は幕を下ろす。

土曜の午後6時10分から30分枠でスタートする。「忍たま」とは、忍者のタマゴのこと。先祖代々ヒラ忍者の家に生まれた乱太郎（声：高山みなみ）は、エリート忍者になってほしいという両親の期待を担って「忍術学園」に入学。同級生のきり丸（声：田中真弓）、しんベヱ（声：一龍斎貞友）らとともに立派な忍者になることを目指すが、授業も試験も失敗ばかりする。戦国時代の忍者学校を舞台に、乱太郎が風変わりな同級生やユニークな先生たち、そしてちょっと手ごわい、くの一組と繰り広げる波乱万丈の学園生活を描く。原作は尼子騒兵衛のギャグ漫画「落第忍者乱太郎」。2024年度時点において放送を継続中で、NHKの最長寿アニメ番組となっている。

1994年4月、総合テレビ土曜午後6時10分からの30分枠でアニメ『モンタナ・ジョーンズ』を放送。ヨーロッパ最大のアニメーション制作会社・レーベル社との初の国際共同制作番組だ。

03

人気長寿アニメが続々スタート

（1990年代）

1993年4月、戦国時代の忍者学校を舞台にしたNHK初のギャグアニメシリーズ『忍たま乱太郎』が総合テレビ

『忍たま乱太郎』©尼子騒兵衛／NHK・NEP（1993年度〜）→P796

アニメーション

物語の舞台は、1930年代のアメリカの都市ボストン。航空会社を経営するモンタナ（声：大塚明夫）と彼の仲間たちが、世界各地に眠る秘宝を求めて大冒険を繰り広げる。登場人物はライオンやトラなど、動物を擬人化したキャラクターで描かれている。2003年に『アニメ　冒険航空会社　モンタナ』と改題して、教育テレビで再放送する。この番組をもって、しばらく総合テレビから新作アニメ枠はなくなる。

教育テレビ土曜午後6時からの25分番組『飛べ！イサミ』（1995年度）は、NHK単独制作によるアニメの記念すべき第1作。

幕末の浪士隊、"しんせん組"の子孫にあたる小学5年生の女の子・花丘イサミ（声：中嶋美智代）が、同じくしんせん組の子孫の月影トシ（声：亀井芳子）、雪見ソウシ（声：日高のり子）とともに悪の秘密組織"黒天狗党"と戦うSFアクションコメディー。

NHK制作のアニメ第2作は『はりもぐハーリー』（1996～1998年度）。教育テレビ月曜から金曜の午前8時50分から10分の帯番組。どうぶつ村に暮らすハリモグラの男の子ハーリー（声：日高のり子）、ゾウのアゲゾー（声：桜井敏治）、マンドリルのタクヤ（声：西村朋紘）、ワニのガブリーヌ（声：芝原チヤコ）ほか、個性豊かな動物の子どもたちが大活躍する。

『おじゃる丸』（1998年度～）は、『忍たま乱太郎』に次ぐNHKの長寿アニメ番組。教育テレビ月曜から金曜の帯で午前7時40分からの10分番組でスタートした。

1000年前の妖精界の貴族の子、坂ノ上おじゃる丸（声：小西寛子・西村ちなみ）が、現代の月光町にタイムスリップ。そこで出会った小学生カズマ（声：渕崎ゆり子）の家で暮らすことになる。ひょんなことからおじゃる丸が持って

『モンタナ・ジョーンズ』©NHK・NEP・REVER(1994年度)　→P796

『おまかせスクラッパーズ』©NHK ACC MICO CPS(1995～1996年度)　→P796

『はりもぐハーリー』© 村上たかし・NHK・NEP(1996～1998年度)　→P796

『おじゃる丸』©犬丸りん・NHK・NEP(1998年度～)　→P797

『カスミン』©伊藤有壱・NHK・NEP(2001～2004年度)　→P797

『YAT(やっと)安心！宇宙旅行』©NHK・NEP(1996～1998年度)　→P796

『コレクター・ユイ』©STUDIO TRON・NEK・NEP（1999〜2000年度）→P797

『飛べ！イサミ』©NHK・NEP（1995年度）→P796

『ファイ・ブレイン　神のパズル』©BNP／NHK・NEP（2011〜2013年度）→P801

『境界のRINNE』©高橋留美子・小学館／NHK・NEP・ShoPro（2015〜2017年度）→P803

『クラシカロイド』©BNP／NHK・NEP（2016〜2017年度）→P804

『ラディアン』©2018 Tony Valente, ANKAMA EDITIONS／NHK, NEP（2018〜2019年度）→P805

きてしまったエンマ大王（声：小村哲生）のシャク（笏）を取り返すために、子鬼トリオがやってきて騒動が巻き起こる。原案は犬丸りん。

　2001年放送の『カスミン』（2001〜2004年度）は、小学4年生の少女カスミン（声：水橋かおり）がなぜか妖怪たちと暮らすことになる不思議な物語。まだ小学生なのに家事に追われ、ヘナモン（妖怪）たちに振り回されてとさんざん。それでも「こんじょだ、こんじょ！」を口ぐせに明るく元気に奮闘するカスミン。相手が大人でも子どもでも、あるいはヘナモンでも、いつも好奇心全開で向き合うしっかり者のカスミンは、少女たちに人気のキャラクターとなった。

　NHKオリジナルアニメは『飛べ！イサミ』『はりもぐハーリー』の後、教育テレビの『YAT安心！宇宙旅行』（1996〜1998年度）、『おじゃる丸』（1998年度〜）、『コレクター・ユイ』（1999〜2000年度）、『カスミン』、『無人惑星サヴァイヴ』（2003〜2004年度）へと続く。その後も、教育テレビ午後5時台のファミリー向けアニメ枠として、『ファイ・ブレイン〜神のパズル』（2011〜2013年度）、

『学園戦記ムリョウ』©佐藤竜雄・マッドハウス・TeamMURYOU（2003年度）→P798

『境界のRINNE』（2015〜2017年度）、『クラシカロイド』（2016年度）、『メジャーセカンド』（2018〜2020年度）、『ラディアン』（2018〜2019年度）、『魔入りました！入間くん』（2019〜2022年度）などを放送。さらに高校オーケストラ部を舞台に、劇中の演奏シーンを本格的に描いた青春群像劇『青のオーケストラ』（2023年度前期）、新米ドッグトレーナーの成長ストーリー『ドッグシグナル』（2023年度後期）などが続いている。

アニメーション

04

NHKアニメの宝庫 『衛星アニメ劇場』

（2000〜2010年代）

　2000年代に入ると、アニメで取り上げる題材、原作のジャンルが多彩になり、さまざまなタイプのアニメ作品が登場する。その供給源として大きな役割を果たしたのが衛星第2の『衛星アニメ劇場』（1990〜2010年度）だ。番組スタート当初は月曜から土曜の午後6時から7時までの放送で、曜日別に1日2本、週に計8本のシリーズを編成。2003年からは週1回土曜の午前8時5分からの80分枠で、20代、30代のアニメファンをターゲットに、NHK制作のシリーズと国内外から購入したアニメ作品を3本立てで編成した。2003年度に放送された主な作品は「十二国記」「ふたつのスピカ」「時空冒険ゼントリックス」「プラネテス」「ベルサイユのばら」「うる星やつら」「機動警察パトレイバー」など。これらの『衛星アニメ劇場』で放送した作品は、翌年以降に教育テレビや総合テレビの深夜に単独番組として放送された。

　1999年4月、教育テレビで新番組として始まった『カードキャプターさくら』も、前年に『衛星アニメ劇場』で先行放送された作品。原作は創作集団CLAMPによる少女向け連載漫画だ。

　小学4年生の木之本桜（声：丹下桜）が、父親の書庫で魔法のカードを見つける。そこに書かれていた文字を読み上げたとたん、カードはバラバラに飛び散ってしまう。それは封印が解かれるとこの世に災いが訪れるというクロウカードだった。さくらはカードの守護神ケルベロス（声：久川綾・小野坂昌也）に、カードを回収する「カードキャプター」を任命され、カード集めに奮闘する。

　衛星第2と教育テレビで「クロウカード編」（全46話）と「さくらカード編」（全24話）を約2年にわたって放送。その後も、ファンの熱狂的な支持を得て再放送している。「クロウカード編」の放送開始から約19年が経過した2018年1月、新シリーズ「クリアカード編」（全22話）を放送。主人公のさくらは中学1年生に成長し、再びカードを集め始める。

05

ファンタジー小説のアニメ化

（2000〜2010年代）

　教育テレビで2003年にスタートした『十二国記』は、衛星第2『衛星アニメ劇場』の枠で曜日を変えて同時放送した作品。原作は小野不由美のファンタジー小説。

　中国神話に似た架空の世界"十二国"には、仙人やさまざまな姿の妖魔、妖獣がすんでいる。主人公の中嶋陽

『カードキャプターさくら』©CLAMP・ST・講談社／NHK・NEP（1999〜2000・2017〜2018年度）　→P797

『彩雲国物語』© 雪乃紗衣・角川書店／NHK・総合ビジョン
（2007～2008年度）→P799

子（声：久川綾）はクラス委員長をつとめる優等生タイプの高校2年生。ある日突然、彼女の前に「ケイキ」と名のる謎の青年（声：子安武人）が現れる。陽子はケイキにつれられて、十二国という異世界に来てしまう。陽子は妖魔と戦い、異世界の住人たちと接しながら人の心のいやしさと優しさ、気高さを知り、成長していく。

　2004年に『衛星アニメ劇場』で始まった「今日からマ王！」も喬林知のライトノベルが原作の異世界ファンタジー。正義感と負けん気の強い高校生の渋谷有利（声：櫻井孝宏）が、水洗トイレから異世界に流されて、第27代魔王に就任。新米魔王として成長していく姿を描く。第3シリーズまで全117話が衛星第2、教育テレビ、衛星ハイビジョンで放送された。

　2005年に教育テレビでスタートした『ツバサ・クロニクル』も、登場するキャラクターが次元や空間を超えて活躍する異世界ファンタジー。原作は『カードキャプターさくら』のCLAMP。

　2007年度より総合テレビの深夜に放送が始まった『彩雲国物語』は、前年度に『衛星アニメ劇場』枠で放送された作品。中国の架空の国、彩雲国が舞台の中国風ファンタジーアニメだ。主人公は、名門ながら貧しい紅家の娘、秀麗。数々の苦難を乗り越え、女性初の女性官吏となった秀麗（声：桑島法子）の「決してあきらめず最後までがんばるひたむきさ」が、陰謀渦巻く宮廷や周囲の人々を少しずつ変えていき、やがては国王を支えるまでに成長する姿を描いた。雪乃紗衣原作の「彩雲国物語」シリーズは、女子中高生だけでなく大人にも人気のライトノベルだ。宮廷での権力闘争、豪族の暗躍などがからんだけんらん豪華な宮廷ロマンに魅せられたファンも多く、第1、第2シリーズにわたり全78話が放送された。

　そのほか上橋菜穂子原作の『精霊の守り人』（2007年度）や『獣の奏者エリン』（2008～2009年度）、栗本薫原作の『グイン・サーガ』（2009年度）など、ファンタジー小説に原作を求めた作品が続々登場する。また、ファンタジー小説ではないが、児童書をもとに制作された『おしりたんてい』（2018年度～）は子どもたちに人気で、第70回『NHK紅白歌合戦』（2019）では、オープニングテーマ「ププッとフムッとかいけつダンス」が披露された。

06

SF未来・宇宙もの

（2000～2010年代）

　2005年度に教育テレビで放送された『プラネテス』（2003年度に『衛星アニメ劇場』枠で先行放送）は、幸村誠の近未来SFコミックが原作。舞台は2075年の未来。主人公のハチマキこと星野八郎太（声：田中一成）は宇宙開発にともなう宇宙ゴミ（スペースデブリ）の回収が仕事の宇宙飛行士。同僚や新入社員との仕事を通して、悩みながらも成長していく。

　2003年度後期から教育テレビで放送した『無人惑星サヴァイヴ』も、SF未来・宇宙もの。『飛べ！イサミ』（1995年度）から始まったNHKオリジナルアニメの第7作で、キャラクター原案を人気漫画家の江口寿史が担当。舞台は22世紀のスペースコロニー。原始時代のような無人の惑星での少年少女たちのサバイバル生活を描いた。

　衛星ハイビジョンで放送した『SAMURAI7』（2004年度）は、SF宇宙ものの変わり種。黒澤明監督の映画「七人の侍」を下敷きに、時代をはるか未来に設定し、ある惑星を舞台に大胆にリメイクした作品。ハイビジョン高画質

『無人惑星サヴァイヴ』© 江口寿史・NHK・NEP（2003～2004年度）→P798

アニメーション

の5.1サラウンドで制作。2006年度に総合テレビの深夜帯にアニメ枠が設けられたが、その第1弾としても放送した。

07

スポーツアニメ

（2000～2010年代）

　2004年11月に教育テレビ午後6時からの25分番組でスタートした人気シリーズ『メジャー』は、週刊少年雑誌に連載されていた満田拓也の人気漫画が原作。

　主人公はプロ野球選手を父に持つ本田吾郎（声：くまいもとこ）。物語は吾郎が5歳のときから始まる。両親を亡くし、リトルリーグから野球を始める第1シリーズ。中学校の野球部での生活を描く第2シリーズ。野球部のない高校で部員を集めて甲子園を目指す第3シリーズ。高校卒業後に渡米し、マイナーリーグで活躍する第4シリーズ。日本代表チームの一員としてWBCで世界一を目指す第5シリーズ。ついにメジャーリーガーになってその第一歩を踏み出す第6シリーズ。メジャーリーグという夢の舞台を目指した吾郎の挑戦と成長の物語を、2010年9月まで足かけ7年、全154話で描いた。

　原作の連載が始まったのは1994年。翌1995年に野茂英雄がメジャーリーガーとなり大活躍し、一躍、メジャーリーグに注目が集まった。放送がスタートした2004年はシアトル・マリナーズのイチローがMLBの最多安打記録を84年ぶりに更新した年。翌2005年には松井秀喜がニューヨーク・ヤンキースで打率3割超えを記録し、メジャーリーグへの関心が大いに高まった中での放送となった。

『メジャー』© 満田拓也・小学館／NHK・NEP・ShoPro（2004～2010・2018・2020年度）→P798

　2010年に『衛星アニメ劇場』枠で放送した「GIANT KILLING」は、サッカーが題材。「ジャイアントキリング」とは、格上の相手から勝利をもぎとる「番狂わせ」のこと。

　主人公は低迷を続ける弱小プロサッカークラブ「イースト・トーキョー・ユナイテッド（ETU）」に、監督として迎えられた達海猛（声：関智一）。彼はかつてETUのスター選手で、引退後はイングランド5部のアマチュアクラブの監督として、FAカップでベスト32に導いた男だ。そんな彼を古巣のクラブが監督として招へいしたのだが、チーム内は大混乱。そんな弱小チームが巻き起こす世紀の番狂わせを描く。スポーツアニメで、主人公が選手ではなく監督という設定がユニークな作品。

　BSプレミアムで放送した『銀河へキックオフ!!』（2012年度）は、川端裕人の小説が原作のサッカーアニメ。技術は今一つだがサッカーが大好きな小学6年生太田翔（声：小林ゆう）が、個性的なメンバーとともに8人制サッカーで世界の頂点まで駆け上がるストーリー。

『GIANT KILLING』© ツジトモ・綱本将也・講談社／NHK・総合ビジョン（2010年度）→P801

『ベイビーステップ』（2014〜2015年度）は、少年漫画雑誌に連載された勝木光の漫画作品のアニメ化。プロテニスプレーヤーを目指す少年少女たちの青春物語だ。同じ目標を持つライバルたちが競い合いながら、熱い思いで困難を乗り越えていく姿をリアルに描いた。

08
総合テレビにアニメ枠復活
（2000〜2010年代）

2004年4月、総合テレビのゴールデンタイムにアニメ枠が12年ぶりに復活する。日曜午後7時30分から8時まで放送の『NHKアニメ劇場』だ。

その第1弾は「火の鳥」。手塚治虫が1967年から描き始め、1989年に亡くなる直前まで描き続けた同名の漫画作品が原作。

古代からはるか未来までを舞台に、不死鳥火の鳥をめぐり、生命の本質や人間の業を描いた壮大なスケールの作品で、手塚漫画の原点でありライフワークでもあった。古代から未来につながる歴史の両端から交互に展開する物語は、現代を舞台に完結するはずだったが、手塚の死で未完に終わる。番組は原作を「黎明編」「復活編」「異形編」「太陽編」「未来編」の全5編13話でアニメ化。5.1サラウンド、ハイビジョン高画質で制作した。同年4月、『N

『銀河へキックオフ!!』©川端祐人・集英社／NHK・NEP・NAS（2012年度）→802

『火の鳥』©TEZUKA PRODUCTIONS・NHK・NEP（2004年度）→ P798

アニメーション

HKアニメ劇場』の放送に12日遅れて、衛星ハイビジョンで『アニメ・火の鳥』としてハイビジョン画質でも放送した。

『NHKアニメ劇場』の第2弾は「アガサ・クリスティーの名探偵ポワロとマープル」。アガサ・クリスティーのミステリーを世界で初めてアニメ化した作品だ。2004年7月から翌2005年5月まで全39話を放送。

名探偵エルキュール・ポワロと老婦人の素人探偵ジェーン・マープルの2人が、イギリスを舞台に数々の難事件を解決していく。1930年代のロンドンの街並みやイギリスの風俗を再現し、原作の持つ味わいを大切にしつつ、アニメ独自の世界観を作りだした。ポワロの声を里見浩太朗、マープルを八千草薫がつとめた。2人はともに吹き替えに初挑戦。これまでのアニメの声はおもに"声優"が担ってきたが、この作品では「キャラクターのイメージをふくらませる"声"の存在感が重要」という制作意図からベテラン俳優の起用となった。さらに各回に登場するゲストキャラクターにも、草笛光子、松方弘樹、唐沢寿明など、豪華俳優陣が顔をそろえた。

『雪の女王』©NHK・NEP・TMS(2005年度) → P799

主題歌とエンディング曲を手がけたのは、アニメ主題歌の作詞作曲は初めてという山下達郎。エンディング曲「忘れないで」は、山下の曲に妻の竹内まりやが作詞し、久々の夫婦共作として話題を呼んだ。

『NHKアニメ劇場』第3弾は、「雪の女王」(2005年度)。生誕200年を迎えたアンデルセンの童話を全36話でアニメ化した。雪の女王役を涼風真世、語りと吟遊詩人のラギ役を仲村トオルが演じた。

第4弾は「少女チャングムの夢」(2006年度)。2004年10月から衛星第2で、2005年10月からは総合テレビで放送し大ヒットした韓国ドラマ『宮廷女官 チャングムの誓い』の主人公チャングムの少女時代を、韓国でアニメ化したシリーズ。

『NHKアニメ劇場』は「少女チャングムの夢」を最後に終了する。

09
深夜枠のアニメ番組
（2000～2010年代）

1990年代後半から、民放各局を中心に午後11時以降の深夜帯が、若いアニメファンをターゲットにアニメ番組の"主戦場"となっていく。

NHKでも2006年から総合テレビの深夜帯に若者をターゲットにしたアニメ枠を設け、『SAMURAI7』『彩雲国物

『SAMURAI7』©2004 黒澤明／橋本忍／小国英雄／MICO・GDH・GONZO(2004～2005年度) → P798

『電脳コイル』Ⓒ 磯 光雄／徳間書店・電脳コイル製作委員会（2007年度）→P800

語』など、『衛星アニメ劇場』で放送した作品を中心にラインナップした。

　2011年4月から6月にかけて、『もしドラ』を総合テレビ深夜0時台に全10話で放送。原作は岩崎夏海のベストセラー「もし高校野球の女子マネージャーがドラッカーの『マネジメント』を読んだら」。高校2年生の川島みなみ（声：日笠陽子）が弱小野球部のマネージャーになり、経営学の大家P・F・ドラッカーの著書「マネジメント」を片手に、チームを甲子園へ導くために奮闘するというストーリー。番組タイトルの『もしドラ』は、原作の通称。ブームを呼んだ経営学の専門書の副読本的な原作を、エンターテインメントとしてアニメ化したことで、ビジネスマンにも注目された。

　2011年度は『へうげもの』をBSプレミアムで午後11時台に放送。2012年度には総合テレビでも深夜1時台に全39話を放送した。原案は山田芳裕の歴史漫画。「へうげる（ひょうげる）」とは、"ふざける""おどける"という意味。激しい戦乱の世にありながら、茶の湯の世界に心奪われた「へうげもの」の武将・古田左介（声：大倉孝二）、後の古田織部の生き様をユーモアたっぷりに描いた。茶道や茶器、美術や建築など、「日本の文化」にスポットをあてた大人が楽しめるアニメだ。

　2016年10月、総合テレビ土曜の午後11時に『3月のライオン』がスタートした。原作は将棋を題材にした羽海野チカの青春コミック。幼い頃に家族を失った高校生プロ棋士の桐山零（声：河西健吾）が、下町に暮らす川本家

『もしドラ』Ⓒ 岩崎夏海・ダイヤモンド社／NHK・NEP・IG（2011年度）→P801

の3姉妹や棋士仲間とのふれあいの中で成長していく姿を描いた。第1・2シリーズ合わせて全44話を放送。

　2017年4月、『3月のライオン』に代わって同じ枠に登場したのが『アトム　ザ・ビギニング』。手塚治虫の名作漫画「鉄腕アトム」の前日譚を描いた作品で、自立思考ロボット開発のため、大学で独自の研究室を立ち上げた若き日のお茶の水博士（声：寺島拓篤）と天馬博士（声：中村悠一）の、「鉄腕アトム」誕生までのエピソードが描かれる。

　この他、謎の大災害「リフレクション」から生き残った者たちの戦いを描く日米合作アニメ『ザ・リフレクション』（2017年度）、高校弓道部を舞台に繰り広げる青春ストーリー『ツルネ―風舞高校弓道部―』（2018年度）や、湯浅政明監督で文化庁メディア芸術祭など多数の賞を受賞した『映像研には手を出すな！』（2019年度）など様々な作品を放送。総合テレビの深夜放送枠はアニメファンの熱い視線を受けながら話題作を続々と送り出している。

アニメーション

10

民放や海外の人気アニメが NHKに登場

（2000〜2010年代）

　1992年から民放で放送された人気アニメシリーズ『美少女戦士セーラームーン』が、2015年度にBSプレミアムにハイビジョンリマスターの高画質バージョンで登場。原作は1990年代に少女たちの間で大ブームを巻き起こした武内直子の連載漫画。翌2016年度には第2弾として続編の『美少女セーラームーンR』も放送された。このあとも、民放や海外で人気を集めたアニメが続々とNHKに登場するようになる。

　2015年5月、『ベルサイユのばら』がBSプレミアムの午後6時台に登場。1972年から週刊少女漫画誌に連載された池田理代子の大ヒットコミックを原作にアニメ化。1979年に日本テレビ系で放送された作品だ。

　18世紀後半のフランスを舞台に、武門の家を継ぐため男として育てられたオスカル・フランソワ（声：田島令子）とフランス王妃マリー・アントワネット（声：上田みゆき）の数奇な運命を華麗に描いた。

　2016年9月、『新世紀エヴァンゲリオン』をBSプレミアムの金曜午後11時台にハイビジョンリマスター版、5.1サラウンドで放送。『ふしぎの海のナディア』を監督した庵野秀明の代表作で、1995年にテレビ東京系で放送した1990年代の日本アニメを代表する作品だ。

　西暦2015年、第3新東京市に、さまざまな特殊能力を持つ"使徒"が襲来した。主人公碇シンジ（声：緒方恵美）は、人類が"使徒"に対抗する唯一の手段であるヒト型決戦兵器エヴァンゲリオンの操縦者に抜擢されてしまう。そして人類の命運をかけた戦いが始まる。果たして"使徒"の正体とは？　少年たちと人類の運命は？

　2017年4月、BSプレミアムの午後11時台に、『涼宮ハルヒの憂鬱』を放送した。2006年から独立UHF局を中心に放送した大ヒットアニメ作品。原作は谷川流の人気ライトノベルで、主人公の涼宮ハルヒ（声：平野綾）と同級生キョン（声：杉田智和）を中心に、「宇宙人」「未来人」「超能力者」が入り乱れるハチャメチャな高校生活をコメディータッチで描いた。

　2016年1月、民放（毎日放送等）で放送された『進撃の巨人』がBSプレミアムの午前1時台に登場し、Season1の25話を放送。原作は少年コミック誌に連載された諫山創の大ヒットコミック。人間を捕食する正体不明の巨人を駆逐するため、巨人の調査を行う調査兵団に入団した少

『キングダム』© 原泰久・集英社／NHK・総合ビジョン・ぴえろ（2012〜2013・2020年度〜）→P802

『ななみちゃん』©NHK・NEP(2004〜2010年度)→P798

『烏は主を選ばない』(2024年度〜)→P808

年エレン・イェーガー(声：梶裕貴)とその仲間たちの死闘を描く。

2018年7月からは『進撃の巨人』Season3を、総合テレビ午前0時台に放送。「Season3」では、それまでの人間対巨人の戦いから、王政をめぐっての人間同士の争いに変化。さらに巨人の出現によって陥落したウォール・マリアの奪還作戦によって回収されたエレンの父グリシャの手記から明らかになる世界の真相などが描かれた。2020年12月からは『進撃の巨人』The Final Seasonを放送。

総合テレビ深夜のアニメ枠では、『キングダム』(2012〜2013・2020年度〜)第1シリーズに始まり、2003年度には第5シリーズが放送されるなど、新たなアニメの放送枠と

『山賊の娘ローニャ』©NHK・NEP・Dwango, licensed by Saltkrakan AB, The Astrid Lindgren Company(2014年度)→P803

してファンの注目を集めている。

この他、教育テレビの子ども向け海外アニメ『スポンジ・ボブ』(2007年度〜 ＊断続的)、『ひつじのショーン』(2007〜2019年度)、『おさるのジョージ』(2008年度〜)、『きかんしゃトーマス』(2012年度〜)など、人気シリーズが長年放送されている。なお、本稿では原則10分未満の番組は取り上げていないが、衛星放送のイメージキャラクターが登場する5分番組『ななみちゃん』や、幼児番組『いないいないばあっ!』『おかあさんといっしょ』『みいつけた!』に連動する1分番組『パッコロリン』など、短尺の人気アニメ番組も多数放送されている。

2024年4月から総合テレビの深夜枠に登場したのが、人気ファンタジー小説「八咫烏(やたがらす)シリーズ」をアニメ化した『烏は主を選ばない』だ。八咫烏の一族が住まう異世界を舞台に、八咫烏の少年が陰謀の渦に巻き込まれていく物語が描かれる。2024年度後期放送の『チ。―地球の運動について―』は、15世紀の教会が絶対だった時代が舞台。"地動説"を証明するために、信念と命を懸ける者たちの物語である。Eテレでは、高校吹奏楽部の青春を描く『響け! ユーフォニアム3』、恐竜の子どもたちが繰り広げる冒険アニメ『ギガントサウルス2』など、人気シリーズの続編を放送。さらに体内の細胞を擬人化したストーリーで大人気のコミックが原作の『はたらく細胞』、スクールアイドルの大会「ラブライブ!」優勝を目指す挑戦の物語『ラブライブ! スーパースター!! 3期』、そして世界中で人気の学習漫画を原作とした子ども向けアニメ『科学×冒険サバイバル!』などが続々と登場している。

総合テレビに連続テレビアニメが登場してから約40年。アニメの原作は、児童文学や名作童話からコミックやファンタジー小説、ライトノベルが取って代わった。アニメはいまも幼児や子どもたちがもっとも好む番組ジャンルだが、一方で想像力あふれる世界観と豊かな表現力で大人の鑑賞に堪える世界に誇る日本のポップカルチャーとしての地位を確立した。

アニメーション | 定時番組

▌1970年代

未来少年コナン　1978年度

最終戦争で人類のほとんどが滅びた未来の地球を舞台に、主人公の少年・コナンが科学都市インダストリアの人々に連れ去られた少女・ラナを救うため、友達のジムシーとともに旅する冒険物語。アレグザンダー・ケイの「残された人々」を原作に、NHKで最初の全編オリジナル国産アニメとして、宮崎駿監督が初めて演出した作品として知られている。（原作：アレグザンダー・ケイ／演出：宮崎駿／キャラデザイン：宮崎駿、大塚康生）

キャプテンフューチャー　1978〜1979年度

科学者の父母を暗殺されたカーティスは、父の共同研究者である生きている脳・サイモンや父が作った鋼鉄製ロボット・グラッグ、合成アンドロイド・オットーの元で成長。やがてキャプテンフューチャーと名乗り宇宙と正義のために戦うSFヒーローアニメ。E・ハミルトンの同名小説が原作。登場するメカは、現代の科学に合うように脚色された。（設定製作：須藤和一／キャラデザイン：野田卓雄／メカ設定：辻忠直／音楽：大野雄二）

アニメーション紀行「マルコ・ポーロの冒険」　1979年度

マルコ・ポーロの24年間にわたる大冒険を記録した「東方見聞録」に基づいて制作。6万キロの壮大な旅の中で感じた、多彩な民族と人間への限りない愛、美しいものへのあこがれ、自然の驚異と怖れ、悠久の歴史などを“20世紀のマルコポーロの道”をたどりながら描いた。アニメのドラマ性と実写の現実感を組み合わせ描き出した画期的な番組。（作：金子満／監督：藤田克彦ほか／キャラデザイン：杉野昭夫／音楽：小椋佳）

ニルスのふしぎな旅　1979〜1980年度

動物たちをいじめてばかりのわんぱく少年ニルスは妖精を怒らせ、魔法でハムスターのキャロットとともに小さくされてしまった。と同時に動物たちの言葉がわかるようになる。飛べないガチョウのモルテンと一緒に、ガンの群れに同行して旅するなかで、彼らと友情を深め、わがままだったニルスは心優しい少年へと成長していく。スウェーデンの児童文学が原作。（原作：セルマ・ラーゲルリョーブ／監督：鳥海永行／音楽：チト河内）

▌1980年代

名犬ジョリィ　1981〜1982年度

真っ白で大きなピレネー犬ジョリィと母を探す孤児セバスチャンの愛と勇気の冒険物語。アニメ化にあたり原作者であるフランスの元女優セシル・オブリィが手を加えた。スタッフは1か月にわたり舞台となるピレネー地方を取材し、ピレネー犬の動きや表情、ご当地の風土を正確に描写した。（原作：セシル・オブリィ／監督：早川啓二／脚本：柏倉敏之ほか／キャラデザイン：関修一／音楽：ティティーネ＝スケーベンスほか）

太陽の子エステバン　1982〜1983年度

太陽の子と呼ばれる少年エステバンが、古代文字を読み解く神官の娘シアや、失われた文明ムーの子孫タオとともに、謎と神秘の遺跡を巡り幻の黄金都市エル・ドラードを目指す冒険アニメ。アメリカの児童文学「黄金の七つの都市」を原案に、日本とフランスの共同制作。番組の最後に、アニメに関連した土地や文化、歴史などを、映像を交えて紹介した。（演出：村上憲一／脚本：馬嶋満ほか／キャラデザイン：岡田敏靖／音楽：越部信義）

スプーンおばさん　1983年度

いつもティースプーンを首にかけているおばさんは、時々突然スプーンの大きさに縮んでしまう。小さくなっているときは動物たちと会話ができ、愛犬ブービィや飼い猫のゴローニャに乗って出かけたり、地下ネズミ一家と知り合ったりと愉快でほのぼのした冒険を繰り広げる。世界中で愛されているノルウェー児童文学作家アルフ・プリョイセンの傑作をアニメ化。（監督：早川啓二／キャラデザイン：南家こうじ／音楽：あかのたちお）

子鹿物語　1983〜1984年度

19世紀初頭のアメリカ。11歳の少年ジョディと子鹿のフラッグの出会いと交流を通して、大自然の中で動物と共生することの厳しさと、開拓者として大人になっていくジョディの成長を描いた。同名児童文学を世界で初めてテレビアニメ化した。通常の2倍近い量の原画を使用したことで、絵の動きがリアルに表現された。（原作：M・K・ローリングス／監督：おおすみ正秋／脚本：雪室俊一ほか／キャラデザイン：関修一／音楽：すぎやまこういち ほか）

おねがい！サミアどん　1985年度

イギリス郊外に住むターナー家の子どもたちは、砂の採掘場で、1日に1回だけ願いを叶えてくれる奇妙な妖精・サミアどんと出会い、毎日いろいろなお願いをするが、決まって大騒動になる。イギリスの児童文学「砂の妖精と5人の子どもたち」を、現代に置き換えた愉快なファンタジー。1回に2話ずつ放送した。（原作：イーディス・ネズビット／監督：小林治／脚本：多地映一ほか／キャラデザイン：芝山努／音楽：羽田健太郎）

へーい！ブンブー　1985年度

宇宙のかなたから地球に落ちてきた大きな卵から生まれたのが、生きている自転車“ブンブー”。ブンブーが、地球のどこかにきっといるママをたずねて、世界中を旅する冒険物語。総合テレビ午後4時台の幼児枠『てれびこどもひろば』内で放送。監督：岡部英二、吉田健次郎。キャラデザイン：熊田勇、白梅進。音楽：越部信義。総合・衛星（月〜木）午後4時20分からの10分番組。1986年度にアンコール放送。

スヌーピーとチャーリーブラウン　1986年度

何をやってもうまくいかない少年チャーリー・ブラウンと飼い犬でナルシストのスヌーピー、親友のライナスとその姉でわがままで口うるさいルーシーたちが繰り広げる、ちょっと不思議で“あるある”な子どもたちの世界。アメリカで1950年代から半世紀連載された漫画のアニメ化。1981年から期間編成で放送したものを20本まとめてアンコール放送した。（アメリカ／原題：Peanuts）

アニメ三銃士　1987〜1988年度

17世紀のフランス。青年ダルタニヤンが三銃士と固い友情で結ばれ、一人前の銃士に成長する姿を描いたA・デュマ「三銃士」が原作だが、ダルタニヤンの弟分の登場やアラミスが実は女性だったこと、原作では人妻だったコンスタンスを少女として描くなど、子ども番組を意識した設定でオリジナリティを加えた。日韓共同制作。（52話／監督：湯山邦彦／脚本：田波靖男／翻案：モンキー・パンチ／キャラデザイン：尾崎真吾／音楽：田中公平）

アルプスの少女ハイジ　1987〜1989年度

逆境にもめげず、清らかでやさしい心を持つハイジを主人公に展開していくメルヘンの世界。原作はヨハンナ・スピリの名作「ハイジ」。良心的なアニメ製作をめざした総合演出の高畑・宮崎・小田部たちスタッフは海外現地調査を綿密に行い、原作にない多くのオリジナルエピソードを追加した。52話。1974年に民放で放送した名作を衛星第1で放送。演出：高畑勲。場面設定・画面構成：宮崎駿。キャラデザイン：小田部羊一。音楽：渡辺岳夫。（※）

パラソルヘンべえ　1989〜1990年度

異次元世界からやってきたヘンべえは、超能力を秘めたパラソルを片手に持つちょっとオトボケキャラ。勉強が苦手で運動神経もいまいちな小学生メゲルをはじめ、愛すべき子どもたちの無二の親友として難問を解決したり、時には大失敗をしたり。ハートウォーミングなドラマを展開。藤子不二雄Aが手がけた、パラソルワールドへのトンネルを行き来るエスケープトリップ。（200話／原作：藤子不二雄（A）／監督：樋口雅一／音楽：小六禮次郎）

キッズアワー　1989年度

衛星第2テレビの独自放送開始に合わせてスタートした子ども向け番組枠で、午後6〜7時に毎日放送。「フランダースの犬」「みつばちマーヤの冒険」「スヌーピーとチャーリーブラウン」などのアニメーションを中心に編成。アニメ以外にもイギリスのSFドラマシリーズ「ドクターフー」、ドキュメンタリー番組「スミソニアンワールド」、アメリカの人気子ども番組「セサミストリート」などをラインナップ。1989年6〜7月放送。

衛星こども劇場　1989年度

1989年7月31日に『キッズアワー』を改題。衛星第2(月〜日)午後6時からの1時間枠。「フランダースの犬」「キャッツ＆カンパニー」「山ねずみロッキーチャック」などのアニメーションを中心に編成。「アルフ」「わんぱくフリッパー」などの海外ドラマや、アメリカで開発された教育番組「ミミ号の冒険」や「セサミストリート」なども放送。1990年4月、『衛星アニメ劇場』に引き継がれる。

青いブリンク　1989年度

少年カケルと人間と話せる仔馬ブリンクをめぐって巻き起こるスリルとサスペンスあふれるストーリーの中に、生命の尊厳や自然への畏敬の念をさわやかに描いた。旧ソ連で1947年に製作されたアニメーション「せむしの仔馬」を現代風にアレンジ。手塚治虫が放送約2か月前、5話まで手がけたところで他界したため、以降は遺志を継いだスタッフが完成させた。（39話／原案・総監督・キャラデザイン：手塚治虫／監督：原征太郎／音楽：芹澤廣明）

1990年代

ふしぎの海のナディア　1990年度

19世紀末のフランス。発明好きの少年ジャンは、謎の宝石ブルーウォーターを持ち、動物の言葉がわかるサーカスの少女ナディアと出会い、ブルーウォーターの力で世界征服を企む敵をかわしながら冒険の旅を繰り広げる。ジュール・ベルヌの「海底二万海里」「神秘の島」を大胆に翻案した夢と冒険の物語。「海底二万海里」に登場するノーチラス号とネモ船長も活躍する。（総監督：庵野秀明／脚本：大川久男・梅野かおる／キャラデザイン：貞本義行／音楽：鷺巣詩郎）

衛星アニメ劇場　1990〜2010年度

子どもに絶大な人気を持つ衛星第2、BSプレミアムのアニメーション番組枠。これまでNHK総合テレビ、民放各局で放送して好評を得たアニメーション番組を放送。初年度放送の主な番組「フランダースの犬」「赤胴鈴之助」「みつばちマーヤの冒険」「小さなバイキング・ビッケ」「スパイラルゾーン」「アタックNo.1」「ガンバの冒険」「魔法少女レインボーブライト」「鉄腕アトム」「みゆき」「ニルスのふしぎな旅」ほか。

サンデーアニメ劇場　1990〜1993年度

『衛星アニメ劇場』枠内で毎週日曜をサンデーアニメ劇場として「アタックNo.1」「巨人の星」「リボンの騎士」「ルパン三世」「鉄腕アトム」などを放送。7月からは、2本立てで独自に企画したオリジナルアニメの新作「カラス天狗カブト」「おにいさまへ・・・」「妖精ディック」「ロビンフッドの大冒険」や、「ひょっこりひょうたん島」のリメイク版「海賊の巻」「アラビアンナイトの巻」などを放送。

おばけのホーリー　1990〜1991年度

おばけ作りの名人の魔女・マジョリーヌは、チョコレートから新しいおばけを作ろうとして大失敗。こうして生まれたのが、ドジでマヌケで弱虫だが、時折思わぬ活躍を見せるホーリー。「ほちょー」が口癖。仲間のおばけたちに教えられながら、早く一人前になろうとするホーリーが巻き起こす愉快な物語。原作は、わたなべめぐみの児童書「よわむしおばけのたんじょうび」。（監督：岡崎稔／キャラデザイン：原ゆたか、今沢恵子／音楽：エジソン）

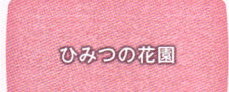

ひみつの花園　1991年度

19世紀、イギリス・ヨークシャーの屋敷に、両親を亡くした勝気でわがままな少女メアリーがやってきた。彼女は、気立ての良い牧童のディコンと共に、屋敷の花園の復活を決意し、大人たちが隠してきた数々のなぞを解き明かす。病弱でひねくれ者のコリンも、2人の友情と大自然が持つ不思議な力で健康な体と心を取り戻す。イギリスの作家バーネットが原作の感動作。（監督：小華和ためお／キャラデザイン：窪秀巳／音楽：田中公平）

ウルトラマンキッズ　1994年度

ウルトラマンキッズたちが、母親を探して宇宙を旅するというストーリーに、名作のパロディー的要素を加えたオリジナルアニメ。宇宙で奇妙な怪獣たちとの心温まる交流を描いたユニークなメルヘン・ファンタジー冒険活劇。アニメでは世界初のハイビジョン制作。1991年11月〜1992年8月まで衛星第2の『サンデーアニメ劇場』枠で放送。原作・円谷皐。監督：曽我仁彦。キャラデザイン：飯村一夫。音楽：風戸慎介。教育(土)午後5時35分からの25分番組。

アニメーション | 定時番組

コビーの冒険　1992年度

この年に開催されたバルセロナ五輪の公式マスコット、陽気で冒険好きのピレネー犬コビーが、スポーツ万能のカチャス、博学なジョルディ、男まさりのペトラといった仲間たちと世界を駆け巡る。悪人ノルマル博士と、その間抜けな助手がさまざまなワナを仕掛けるが、機知と友情で乗り越えていく。バルセロナオリンピック組織委員会が制作。五輪の閉幕後にも5話再放送された。（2か国語／制作国：スペイン／原題：The Cobi Troupe）

おーい！竜馬　1992年度

舞台は幕末の高知。質屋・才谷家に待ち望んだ男児が誕生する。生まれた子はあの幕末維新の立役者、坂本竜馬。幼年期の竜馬はだらしなく、泣き虫。だれもが立派な武士になれるなど予想だにしなかった。優しい母とたくましい姉のもとでしだいに才能を開花していく竜馬の幼児期から青春時代を感動的に描いた。武田鉄矢原作のコミックをアニメ化。（原作：武田鉄矢、小山ゆう／キャラデザイン：はしもとかつみ／音楽：相良まさえ）

ヤダモン　1992〜1993年度

いたずら好きでワガママな魔女ヤダモンは、母である魔女の森の女王に森を追放され、人間界にやってくる。物語序盤では、魔法使いにもかかわらず、使える魔法はほうきで空を飛ぶことだけという見事な落ちこぼれっぷり。人間界のルブラン家に居候し、さまざまな経験や特訓を経て他の魔法も使えるようになったヤダモンが、勇気とやさしさを体得し成長する姿を描く。（監督：原田益次／キャラデザイン：SUEZEN／音楽：馬飼野康二）

チロリン村物語　1992年度

1956年に始まった子ども向け人形劇『チロリン村とくるみの木』をアニメ化。オリジナルの精神を生かしつつ、現代にも通じるテーマで楽しく愉快に描いた。チロリン村に住む、都会育ちのクルミの「クルコ」、運動神経抜群のタマネギの「トンペイ」、明るくおしゃべりなピーナッツの「ピーコ」、いたずら大好き仲良しトリオが巻き起こす夢と冒険の物語。（原作：恒松恭助／監督：山吉康夫／キャラデザイン：香西隆男／音楽：矢野立美）

ポコニャン　1993年度

不思議な生物ポコニャンと小学生のミキちゃんが繰り広げるファンタジー。タヌキにもネコにも見える可愛いポコニャンは、超自然の能力・ヘンポコリンパワーで数々の奇想天外なアイテムを作り出す。ミキちゃんを夢のような世界に連れていってくれるが、いつも大騒動。藤子・F・不二雄のSF漫画をアニメ化。（原作：藤子・F・不二雄／総監督：笹川ひろし／監督：原征太郎／キャラデザイン：橋本とよ子／音楽：相良まさえ、宮原恵太）

忍たま乱太郎　1993年度〜

先祖代々ヒラ忍者の家系に生まれた乱太郎、豪商の息子・しんべえ、戦で親を亡くしたがたくましく生きる・きり丸を中心に、戦国時代、忍者のたまご"忍たま"たちの明るく愉快な学園生活を描いた。同級生や教師たち、学園長の愛犬・ヘムヘムなど個性豊かなキャラクターが満載で、大人も楽しめるコメディーアニメ。1993年の開始以来、放送が続く長寿番組。（原作：尼子騒兵衛／キャラデザイン：藤森雅也、新山恵美子／音楽：馬飼野康二）

モンタナ・ジョーンズ　1994年度

モンタナ・ジョーンズを中心に、擬人化した動物キャラたちが繰り広げる、本格アドベンチャー。時代は1930年代、世界各地に眠る秘宝を求め、モンタナと彼の仲間たちが大冒険にチャレンジ。日本とイタリアと韓国がタッグを組んだ、大型で高品質な初の国際共同制作のアニメ・シリーズ。（原作：マルコ・パゴット、ジー・パゴット／監督：今沢哲男／キャラデザイン：マルコ・パゴット、新谷憲／音楽：ジアンニ・ポッピオ、マリオ・パガーノ）

プチプチ・アニメ　1994年度〜

NHK制作の新作アニメに加え、セル、ギニョール、粘土、CGなどによる多様な技法による世界各国のアニメーションで構成する低年齢向け5分アニメ枠。教育（月〜金）午後4時から放送。

飛べ！イサミ　1995年度

小学5年生の花丘イサミ、月影トシ、雪見ソウシの三人組は、実は幕末に活躍した"しんせん組"の子孫。3人は力を合わせ、悪の秘密組織"黒天狗党"と戦いながら、冒険心、夢、友情を育んでいく。先祖伝来の数々の発明品のギミックや、敵の黒天狗党が次々と繰り出す珍妙な作戦が人気を集めた。NHKが企画から立ち上げた初めてのオリジナルアニメ。（総監督：杉井ギサブロー／監督：佐藤竜雄／キャラデザイン：毛利和昭／音楽：芹澤廣明）

おまかせスクラッパーズ　1995〜1996年度

ロボットと人間が共存する近未来。型式が古くなり邪魔者扱いされていたロボット「スクラッパーズ」たちが集まり「便利屋」の仕事に生きがいを見つける。彼らのマネージャー役は、勉強は苦手だが抜群の行動力を持つ少年。ロボットと人間の共存社会を、愉快かつ人情味たっぷりに描く。人気漫画家モンキー・パンチのSFコメディー。原作：モンキー・パンチ。監督：大庭秀昭。教育（土）午後6時25分からの25分番組。

はりもぐハーリー　1996〜1998年度

どうぶつ村で暮らす、元気で好奇心旺盛なハリモグラのハーリー、礼儀正しく泣き虫のシマリスのリス子、力持ちゾウのアゲゾー、関西弁でしゃべるマンドリルのタクマ、何事にも動じないが超食いしん坊ワニのガブリーヌなど個性豊かな動物の子どもたちが大活躍する。NHK独自の企画開発によるオリジナル・アニメ。原作：村上たかし。監督：神戸守、佐山聖子。初年度は教育（月〜金）午前8時50分からの10分番組。

ヤンボウ　ニンボウ　トンボウ　1996年度

白いサルの3兄弟の長男ヤンボウ、次男ニンボウ、三男トンボウが、離ればなれになった両親を捜して長い冒険の旅をする。1954年から3年間、人気ラジオドラマとして放送された『やん坊にん坊とん坊』をアニメ化。原作：飯沢匡。監督：原征太郎。教育（月〜土）午後5時25分からの10分番組。1995年度に『衛星アニメ劇場』枠内で先行放送。

YAT（やっと）安心！宇宙旅行　1996〜1998年度

宇宙歴5808年、格安宇宙ツアーに参加したゴローは誤って宇宙船を壊してしまい、旅行会社YATでタダ働きをしながら、行方不明の父親捜しの旅をする。元宇宙海賊の社長やユニークな添乗員などが絡み合い事件が展開し、徐々に謎が明らかになっていくSFコメディー。親子の愛情や親離れ・子離れをテーマにしたNHKによるオリジナルアニメ。（原案：西川伸司／監督：難波日登志／キャラデザイン：工藤裕加／音楽：川井憲次）

あずきちゃん　1996〜1998年度

野山あずさは小学生の女の子。みんなからは「あずき」と呼ばれている。5年生になった4月、同じクラスに小笠原勇之助という男の子が転校してきた…。1995年度に『衛星アニメ劇場』枠内で先行放送されたあと、1996年度に教育テレビでスタート。いつでも元気いっぱいのあずきとクラスの仲間たちの、ほのぼの学園ドラマ。（原作：秋元康、木村千歌／監督：小島正幸／キャラデザイン：川尻善昭／音楽：辻陽）

母と子の名作アニメ劇場　1996〜2001年度

若いお母さんとその子どもを対象にした衛星第2のアニメ枠で、（月〜金）午前8時から放送。1997年度より（月〜木）午前9時からの25分番組。1970年代から1980年代に制作された作品を中心に、「フランダースの犬」「あらいぐまラスカル」「赤毛のアン」「家なき子」「母をたずねて三千里」「私のあしながおじさん」「トム・ソーヤーの冒険」「アルプスの少女ハイジ」「ペリーヌ物語」など不朽の名作をそろえた。

はじめ人間ゴン　1997年度

マンモスがかっ歩する大昔、原始人の男の子ゴンと家族や動物たちが、優しさと大らかさと思いやりで繰り広げるコメディー。原始人たちの生活を描きながら、ちょっぴり現代人への風刺をおりまぜた。当時としてはまだ普及して間もないデジタル彩色を導入。セル画の回と混合で放送された。原作：園山俊二。総監督：香川豊。教育（月〜金）午前8時50分からの10分番組。1996年度に『衛星アニメ劇場』で先行放送。

おじゃる丸　1998年度〜

千年前のヘイアンチョウから来た妖精貴族の子「おじゃる丸」。当たり前の疑問を素直に投げ、慌ただしい現代社会を見つめ直すきっかけをくれる。キュートなビジュアルや「そうでおじゃる〜」などの独特の口調に、子どもから大人までファンは多い。従来のセル画・フィルム撮影ではないNHK初のデジタル制作アニメ。第3回文化庁メディア芸術祭アニメーション部門優秀賞受賞。（原案：犬丸りん／監督：大地丙太郎／キャラデザイン：渡辺はじめ／音楽：山本はるきち）

ケチャップ　1998年度

NHKが組織している子ども番組国際担当者会議（チルドレンズ・ビュー）において1996年に提案されたショートアニメシリーズ。オーストラリアとの共同制作。個性豊かな猫のキャラクターが繰り広げるドタバタストーリーを通して、基本的な料理法とおいしいレシピを愉快に教えていく。初年度は教育（月〜金）午後4時10分からの5分番組。

コレクター・ユイ　1999〜2000年度

ホストコンピューター「グロッサー」が管理するネットワーク「コムネット」で全てが結ばれた近未来世界。突然グロッサーが世界支配の野望を抱き、それを阻止するため開発者は、制御プログラム「コレクター（訂正者）」をネット上に放出した。コンピューターが苦手な中学生のユイは偶然からコレクターを集める電脳空間の旅に出ることに。「南総里見八犬伝」の未来版。（原案：麻宮騎亜／監督：ムトウユージ／キャラデザイン：室井ふみえ／音楽：川井憲次）

カードキャプターさくら　1999〜2000・2017〜2018年度

小学4年生の木之本桜、父親の書庫で"クロウカード"を見つけ、カードに封じ込められていた精霊たちを世に解き放ってしまう。さくらはカードの守護神・ケルベロスに、飛び散ったカードを回収する"カードキャプター"に任命され奮闘する。「クロウカード編・さくらカード編・クリアカード編」の3シリーズを放送。原作：CLAMP。監督：浅香守生。キャラデザイン：髙橋久美子、濱田邦彦／音楽：根岸貴幸。1998年度に『衛星アニメ劇場』で先行放送。

バーバパパ　1999年度

何にでも変身するおばけの一家の物語。世界の子どもたちに愛される絵本シリーズのテレビアニメ作品（全50回）。教育（月〜金）午後4時50分からの5分番組。

メイシー　1999〜2001年度

色鮮やかなねずみのメイシーが友だちと一緒に遊んだり冒険する5分アニメ。教育（月〜金）午後4時50分ほかで放送。2000年1〜3月、2000年12月〜2001年3月、2001年10月〜2002年3月に放送。

2000年代

アニメーション　2000〜2002年度

NHKのオリジナルアニメシリーズの中から、『カードキャプターさくら』『だぁ！だぁ！だぁ！』など、ハイビジョンで制作されたものを放送し、午後にも再放送した。ハイビジョン（金）午前10時35分からの25分番組。

だぁ！だぁ！だぁ！　2001〜2002年度

中学2年生の少女・未夢と同い年の少年・彷徨は、ひょんなことから同居することに。そこに異星人の赤ちゃんとベビーシッター兼ペットがころがりこみ、奇妙でハチャメチャな共同生活が始まる。小学生を中心にしたファミリー向けの新感覚ラブコメディー。少女漫画雑誌の連載マンガをアニメ化。原作：川村美香。監督：桜井弘明。2000年度より『衛星アニメ劇場』枠で先行放送。教育（日）午後6時からの25分番組。

カスミン　2001〜2004年度

小学4年生の春野カスミ（カスミン）の下宿先は妖怪「ヘナモン」の名家・霞家だった。家事に追われ、ヘナモンたちに振り回されながらも「こんじょだ、こんじょ！」を口ぐせに、元気に奮闘するカスミン。「心の優しさの世界」をコメディータッチで描くファンタジー。荒俣宏がヘナモンの監修を担当、由紀さおり・安田祥子が主題歌を歌った。NHKオリジナルアニメ第6弾。（監督：本郷みつる／キャラデザイン：伊藤有壱、馬越嘉彦／音楽：周防義和）

アニメーション | 定時番組

BS名作アニメ劇場　2002〜2010年度

1996年度から始まった『母と子の名作アニメ劇場』枠が、2002年度からは『BS名作アニメ劇場』として刷新。コンセプトは前枠と同様、1970年代から1980年代に日本で制作されたファミリー向けのアニメ作品を中心に幅広く選んで編成。初年度は「名犬ラッシー」「私のあしながおじさん」「オズの魔法使い」などを放送した。衛星第2(月〜木)午前の時間帯で始まったが、2003年度以降は午後の時間帯での再放送や金曜日も追加された。

十二国記　2003年度

十二国とは中国神話にどこか似た架空の世界で、仙人や妖魔・妖獣などが住む。十二国の世界に生まれるはずだった陽子は「蝕」と呼ばれる嵐で流され、こちらの世界で平凡な高校生として育った。十二国に呼び戻された陽子は異世界の妖魔と戦い、そこの住人たちと接しながら、人の心の卑しさと優しさ、そして気高さを知り、成長してゆく。(原作:小野不由美/監督:小林常夫/キャラデザイン:田中比呂人、楠本祐子/音楽:梁邦彦)

学園戦記ムリョウ　2003年度

2070年4月、東京に謎の物体が出現。日本と各国の政府はこれを契機に宇宙人が既に地球を訪れていることを認めた。数日後、村田始が通う天網市の中学に統原無量という少年が転校して来る。やがて次々と姿を現す宇宙人たち…。始は天網市に隠された大きな秘密を知ることになる。原作・監督・脚本:佐藤竜雄。キャラデザイン:吉松孝博。メカデザイン:井上邦彦。音楽:大野雄二。2001年度に『衛星アニメ劇場』枠で先行放送。教育(木)午後7時からの25分番組。

無人惑星サヴァイヴ　2003〜2004年度

22世紀、環境破壊で青い地球は失われ、人々はスペースコロニーで暮らしていた。転校生ルナは同級生の内気なシャアラ、機械いじりの得意なシンゴ、無口なカオル、格好つけで性格の悪いハワード、おとなしいベル、プライドが高いメノリと共に、避難シャトルの故障で文明のまったくない惑星に流されてしまう。原始時代のような密林で7人はどう生き延びていくのか。(監督:矢野雄一郎/キャラデザイン:滝口禎一/音楽:羽毛田丈史)

NHKアニメ劇場　2004〜2006年度

総合に1994年度の『モンタナ・ジョーンズ』以来、9年ぶりに新設されたアニメ枠。(日)午後7時30分というゴールデンタイムに登場した30分番組。(2006年度は土曜)。第1弾は手塚治虫原作の「火の鳥」を放送(ハイビジョンでも『アニメ・火の鳥』を4月から放送)。第2弾「アガサ・クリスティーの名探偵ポワロとマープル」、第3弾「雪の女王」、第4弾「少女チャングムの夢」を放送して幕を閉じる。

火の鳥　2004年度

手塚治虫が1967年から亡くなる直前まで描き続けたライフワーク作品「火の鳥」が原作。古代からはるか未来までを舞台に、生命の本質や人間の業を壮大なスケールで描いた。全12編の原作から5編を選び、物語を凝縮・再構成しアニメ化。5.1chサラウンド、ハイビジョン高画質で制作。ハイビジョン(金)午後7時30分からの25分番組で年度前期放送。総合でも『NHKアニメ劇場』枠内で、(日)午後7時30分から放送。

メジャー　2004〜2010・2018・2020年度

プロ野球選手の父を持つ少年・吾郎が、両親の死を乗り越え、自分も野球を志し、やがてメジャーリーグの選手を目指す物語。「夢の舞台へ駆け上がれ!」のキャッチコピーを実現させるまでを、吾郎の成長とともに描いた。週刊少年雑誌で連載されていた人気漫画のアニメ化。2018年度には続編『メジャーセカンド』もスタート。(原作:満田拓也/監督:カサヰケンイチ/キャラデザイン:大城勝、大貫健一、宇佐美皓一/音楽:朝倉紀行、中川幸太郎)

SAMURAI7　2004〜2005年度

黒澤明監督の映画「七人の侍」が原作。映画は戦国時代が舞台だったが、アニメが描くのは未来。長い大戦が終わったある日、米づくりにいそしむ農民たちを機械化されたサムライが襲ってくるようになる。困り果てた農民たちに雇われた七人の侍。アニメでは、機械のサムライと剣を持って戦う侍たちが個性豊かに描かれた。(原作:黒澤明/監督:滝沢敏文/キャラデザイン:草彅琢仁/メカデザイン:小林誠/音楽:和田薫、林英哲)

アニメ映画劇場　2004〜2009年度

ハイビジョンにふさわしい高画質5.1サラウンドの大作から、知る人ぞ知る隠れた名作まで、大人が楽しめる国内外の劇場版アニメ映画を放送する枠。「メトロポリス」「王立宇宙軍 オネアミスの翼」「サクラ大戦 活動写真」「攻殻機動隊」「機動警察パトレイバー」「千年女優」「老人Z」「ファイナルファンタジー」「雲のむこう、約束の場所」「風を見た少年」「プリンス&プリンセス(吹替版)」「劇場版　テニスの王子様」ほかを放送。

アガサ・クリスティーの名探偵ポワロとマープル　2004年度

『NHKアニメ劇場』枠内で放送。アガサ・クリスティーの小説を世界初のアニメ化。名探偵エルキュール・ポワロと老婦人ジェーン・マープルが、1930年代のイギリスを舞台に数々の難事件を解決。ポワロの助手がアニメのオリジナル・キャラとして登場。声の出演:里見浩太朗、八千草薫。総合(日)午後7時30分からの28分番組。2005年度に教育(木)午後7時30分から『名探偵ポワロとマープル』のタイトルで再放送。

ななみちゃん　2004〜2010年度

2004年5月に9万通の視聴者からの公募で名前がつけられたBSキャラクター「ななみちゃん」を主人公にした5分アニメ。2004年度に12本、2005年度と2006年度にそれぞれ16本を制作するなど、2009年度までに92本を制作。2007〜2009年度は衛星第2に加えてハイビジョンでも放送した。

今日からマ王!　2004〜2005・2009年度

2004年度に『衛星アニメ劇場』枠で放送した作品が、教育に登場。正義感と負けん気が人一倍強い高校生・渋谷有利は、不良に絡まれた同級生を助けようとして返り討ちに遭う。目を開けると異世界にいて、自分が王の魂を持って生まれた"眞魔国"の王であり、人間と戦う使命を告げられる。有利が魔王として大活躍するファンタジーアニメ。原作:喬林知。2005年度に第2シリーズ、2009年度に第3シリーズを放送。

ETVアンコールアワー　2004〜2005年度

衛星第2などで放送し、好評だったアニメ番組を中心に編成した教育テレビ(木)午前0時からの50分枠。アニメ「十二国記」「サンダーバード」「プラネテス」「ふたつのスピカ」「今日からマ王!」「サヴァイヴ」ほかを放送。

01.ドラマ　02.クイズ・バラエティー　03.音楽　04.伝統芸能　05.ニュース　06.報道・ドキュメンタリー　07.紀行　08.教養・情報　09.自然・科学　10.こども・教育　11.人形劇・アニメ　12.趣味・実用　13.大型特集番組等

雪の女王　2005年度

アンデルセンの童話をアニメ化。北の国に、幼なじみのゲルダとカイが暮らしていた。しかし、冬をつかさどる「雪の女王」がカイを連れ去ってしまう。カイをさがしてひとり旅立つゲルダの行く手には、数々の出会いと試練が待ちかまえていた。信じつづけていれば思いはきっと届く、少女の大きな愛と熱い冒険の物語。（原作：ハンス・クリスチャン・アンデルセン／監督：出﨑統／キャラデザイン：杉野昭夫／音楽：千住明）

ツバサ・クロニクル　2005年〜2007年度

少年小狼とクロウ国の姫サクラは幼なじみ。ある夜サクラは、彼女の持つ力を手に入れようとする飛王の陰謀によって、すべての記憶を失ってしまう。小狼はサクラの命を救うために、羽となって時空に飛び散った記憶を集め、異世界へと旅立つ。CLAMP作品に登場したキャラクターたちがさまざまな次元や空間で活躍する、純愛冒険ファンタジー。原作：CLAMP。監督：真下耕一。教育（土）午後6時30分からの25分番組。

プラネテス　2005年度

西暦2075年、人類は宇宙開発を進め巨大な宇宙ステーションや月面都市を建設。宇宙開発にともなって発生するゴミ（デブリ）が深刻な問題になっていた。デブリ回収の任にあたる星野八郎太（ハチマキ）と新入社員の田名部愛（タナベ）を中心に、様々なドラマが描かれる。原作：幸村誠。監督：谷口悟朗。2003年度に『衛星アニメ劇場』枠で、2004年度に教育で先行放送。ハイビジョン（月）午後7時30分からの25分番組。

ミニアニメ　2005年度〜

2005年度に教育で（月〜金）午前7時台に定時化。初年度は「ポペティ」「ブルーナの絵本」などの作品のほか、30年以上にわたってドイツで放送が続いている「だいすき！マウス」のアニメーション部分と日常の不思議を解説するVTR部分を抜粋して放送。その後、内外の秀作アニメを放送する5分枠として定着する。

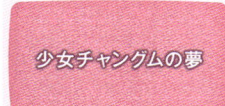

少女チャングムの夢　2006年度

人気韓国ドラマ『宮廷女官　チャングムの誓い』を韓国でアニメ化。アニメでは実写ドラマでは描かれなかった子ども時代に焦点をしぼり、12歳から14歳の料理人見習い時代を描いた。アニメならではの表現を駆使して、実写では描き出せない料理対決やアクションを表現。冒険、ロマンス、メルヘン、ファンタジーなどの要素が組み込まれ、ドラマとアニメを見比べる楽しみもあった。（制作国：韓国／原題：「大長今」장금이의 꿈）

南の島の小さな飛行機　バーディー　2006〜2007年度

南の海のバードパラダイス島にある空港で働く新米・小型飛行機のバーディー。一人前の飛行機になることをめざして、ライバルやなかよしのヘリコプターとともに日夜、遊覧飛行の仕事にはげんでいる。小さな飛行機・バーディーが、ゆかいでユニークな仲間たちとともに大活躍する3DCGアニメーション番組。監督：ボブ白旗。2005年度は特集番組で放送。2006年度に教育（土）午前7時15分からの10分番組で定時化。

学園アリス　2006年度

小さな田舎町で育った蜜柑と蛍は大の親友だが、蛍が都会の学校へ転校。蛍を追って蜜柑は「アリス学園」へとたどり着く。そこは特別な天才（アリス）しか入れない特別な学校だった。少女漫画雑誌の連載をアニメ化したファンタジー・スクールコメディ。23話以降はアニメオリジナル。原作：樋口橘。監督：大森貴弘。2004年度に『衛星アニメ劇場』で先行放送。教育（木）午後7時25分からの25分番組。

アニメアンコール　2006〜2008年度

過去に放送されたアニメ作品の中から、大人の鑑賞にもたえる良質な作品を厳選して深夜帯に2本立てで放送した。主な作品「絶対少年」（全26話）、「アニメ　十二国記」（全45話）、「精霊の守り人」（全26話）、「カウボーイビバップ」（全26話）、「巌窟王」（全24話）、「蟲師」（全26話）など。衛星第2（火）午前0時からの50分番組。2009年度に『衛星アニメ劇場』と合体。

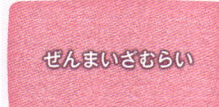

ぜんまいざむらい　2006〜2009年度

江戸が明治に変わることなく続いたパラレルワールド「からくり大江戸」を舞台に、「ぜんまいざむらい」が活躍する。事故で命を落とした泥棒の善之助が、善行を続ける約束で神様に命を授かり、「ぜんまいざむらい」として復活。さまざまな事件を解決していく。2006年度に教育で5分の帯番組としてスタート。2007年度より10分番組となる。（原案：m&k／監督：やすみ哲夫／キャラデザイン：秋穂範子／音楽：三宅純、SUN・SALT&TIME）

彩雲国物語　2007〜2008年度

舞台は中国風の架空の国、彩雲国。名門ながら貧しい紅家の娘、秀麗を巡る恋模様に、宮廷での権力闘争がからんだ中国風ファンタジーアニメ。全39話。原作は人気のライトノベル。原作：雪乃紗衣。監督：宍戸淳。2006年度に『衛星アニメ劇場』枠で先行放送。総合（土）午前1時10分からの25分番組。2008年度は第2シリーズ（全39話）を放送。

風の少女エミリー　2007年度

両親を亡くした11歳のエミリーは、厳格な伯母と新しい生活を始める。詩や小説を書くのが好きで将来は作家になるのを夢見ているエミリーと、伝統的な価値観を大切にする伯母は、ことあるごとに衝突する。エミリーは、プリンス・エドワード島の美しい自然と、理解ある親友や大人たちに支えられ、持ち前の明るさで人生を切り開いていく。（原作：L・M・モンゴメリー／監督：小坂春女／キャラデザイン：清水恵蔵、小松香苗／音楽：宮川彬良）

ひつじのショーン　2007〜2019年度

イギリス制作による1話完結のストップモーション・アニメーション。人気クレイアニメ『ウォレスとグルミット』第3作で登場した羊のキャラクター「ショーン」が主人公。牧羊犬のビッツァー、三匹のいたずらブタ、赤ちゃんひつじのティミー、食いしん坊のシャーリーなど、個性的でチャーミングなキャラクターが次々に登場。ショーンとその仲間たちが静かな丘に大騒動を巻き起こす。（制作国：イギリス／原題：Shaun the Sheep）

シルクロード少年ユート　2007年度

過去から未来、シルクロードのどこかにお宝が現れて奇跡を起こす。24世紀からタイムマシンに乗ってきた時間旅行者たちの"お宝"奪い合いに巻き込まれた普通の少年ユート。ユートにだけ姿が見えるフシギ少女・春麗と一緒にシルクロードを駆けめぐる冒険物語。全26話。原案：戸梶圭太。監督：アミノテツロ。2006年9月から『衛星アニメ劇場』枠で放送。教育（日）午後5時25分からの25分番組。（年度後期放送）

アニメーション | 定時番組

スポンジ・ボブ 2007～2009・2015年度～

アメリカをはじめ世界中で人気のアニメシリーズ。海底都市ビキニタウンに住む黄色くて四角い海綿生物「スポンジ・ボブ」は、明るく楽観的で何事にも一生懸命だけどトラブルメーカー。親友やバイト仲間たちと楽しい騒動を巻き起こす。2005年度から冬・夏・春休み期間の『BSアニメ特選』でシーズン1から3の中から放送。2007年度に教育（水）午後7時からの23分番組で定時化。シーズン4以降の350話以上を放送。

電脳コイル 2007年度

近未来、子どもたちの間ではどこからでもネットに接続できる「電脳メガネ」が流行していた。小学6年生の小此木優子は、家族と共に祖母の住む大黒市へと引っ越すが、そこでもう一人の「ユウコ」天沢勇子に出会う。彼女はメガネを使う能力が異常に高く、その力で何かを成し遂げようとしていた。そして電脳空間では不思議な出来事が次々に起こる。アニメーター磯光雄の初監督作品。（原作・脚本・監督：磯光雄／キャラデザイン：本田雄／音楽：斉藤恒芳）

精霊の守り人 2007年度

2007年4～9月に『衛星アニメ劇場』枠で放送。衛星第2（土）午前8時6分からの25分番組。100年に一度という水の精霊の卵を身体の中に産みつけられ"精霊の守り人"としての運命を背負わされたチャグム。チャグムの護衛を託された女用心棒バルサや仲間たちとの交流の中で、たくましく成長していくチャグムの姿を描く。原作：上橋菜穂子。監督：神山健治。2008年度は教育（土）午前9時から放送。

おさるのジョージ 2008年度～

こざるのジョージは、身のまわりにあるもの、起こることはなんでも知りたい。ジョージの冒険を通して、科学的な考え方を学んでもらおうという番組。半世紀にわたって、世界中で親しまれてきた人気絵本「ひとまねこざる」「おさるのジョージ」（H.A.レイ・M.レイ原作）をもとに制作された。1回2話ずつ放送。2007年度に特番として放送、2008年度に定時番組となる。（制作国：アメリカ／原題：Curious George）

獣の奏者エリン 2008～2009年度

獣の医術師だった母を失った少女エリンが、さまざまな人に出会い、助けられながら成長する姿を描く。決して人と心が通じないと思われていた巨大な翼を持つ獣を操る術を身に付けたエリンは、王国の存亡にかかわる秘密に巻き込まれ、波乱万丈の人生を送ることになる。上橋菜穂子のファンタジー小説をアニメ化。教育テレビ放送開始50周年記念番組。（原作：上橋菜穂子／監督：浜名孝行／キャラデザイン：後藤隆幸／音楽：坂本昌之）

テレパシー少女 蘭 2008年度

中学1年生の蘭はある日、人の心が読めることに気付く。転校してきた翠も不思議な力を持っていることがわかりボーイフレンドの留ману とともにさまざまな事件を解決していく。友情、信頼、初恋など、蘭たちのピュアな青春を描き出し、心と心の交流の大切さを描く。小説「テレパシー少女『蘭』事件ノート」をアニメ化。（原作：あさのあつこ／監督：大宙征基／キャラクター原案：田澤潮／キャラデザイン：八崎健二／音楽：池頼広）

アリソンとリリア 2008年度

一つの大陸が東西に分かれて長い間不毛な戦争を繰り返している。17歳のアリソンと共に孤児院で育ったヴィルは、「戦争を終わらせる価値のある宝」を探す冒険の旅に出る。そして「宝」を発見したことで戦争が終わり、二人の娘であるリリアと彼氏トレイズが活躍する。『衛星アニメ劇場』の枠で放送。（原作：時雨沢恵一／監督：西田正義／キャラ原案：黒星紅白／キャラデザイン：瀬谷新二／メカデザイン：中島利洋／音楽：村井秀清）

ハイビジョンアニメシリーズ 2007～2010年度

NHKが制作、購入した高画質アニメを、新作を交えて編成。主な作品はアメリカ・ルーカスフィルムによるテレビアニメ「スター・ウォーズ／クローン・ウォーズ」（22本）。このほか「精霊の守り人」「火の鳥」「ふたつのスピカ」「スポンジ・ボブ」「名探偵ポワロとマープル」「無人惑星サヴァイブ」「カードキャプターさくら」「アリソンとリリア」などをラインナップした。ハイビジョン（火～金）午後7時からの50分枠。

衛星アニメ 2009年度

NHKが制作、購入した高品質アニメを、新作を交えて編成した。新作は2009年度後期に放送した「こばと。」。人気創作集団CLAMPが雑誌連載中のマンガ「こばと。」と「Wish」を原作にしたアニメ作品。そのほか「ツバサ・クロニクル」第1・第2シリーズと「電脳コイル」を放送。衛星第2（火）午後8時からの50分枠。

エレメントハンター 2009年度

とてつもなく大きな地盤沈下で、地球上の元素は次元の壁の向こうにあるもうひとつの地球「ネガアース」に流れ込んでしまった。地球の危機を救うため、ネガアースにアクセスできる、脳の組織が大人より柔軟な子どもたちによる"エレメントハンター"が結成され、人類の存亡をかけて元素回収に向かった。（原案：伊藤和典／監督：奥村よしあき、ホン・ホンピョウ／キャラクター原案：奥村大悟／SF設定：金子隆一／音楽：佐橋俊彦）

こばと。 2009年度

花戸小鳩は「行きたい所」に行くために、人々の傷ついた心を「ビン」に集めなければならない。傷ついた心は、小鳩に癒やされることで、コンペイトウのようなカケラになってビンの中へ入る。偶然、トラブルで廃園の危機にあった保育園を手伝うことになり、小鳩は人を癒やして保育園を救おうとする。衛星第2の『衛星アニメ』枠で放送。（原作：CLAMP／監督：増原光幸／キャラデザイン：加藤裕美／音楽：はまたけし）

花咲ける青少年 2009年度

大企業バーンズワース財閥の会長ハリーは、一人娘の花鹿に「夫探しゲーム」をもちかけた。カリブの孤島で、のびのびと育った花鹿は、強烈な個性と魅力を放つ3人の男と出会う。しかしその裏には、ある国の王位継承にまつわる秘密が隠されていた。樹なつみ原作の同名人気漫画をアニメ化。衛星第2の『衛星アニメ劇場』枠で放送。（原作：樹なつみ／監督：今千秋、亀垣一／キャラデザイン：楠本祐子／音楽：斉藤哲也、佐藤剛）

グイン・サーガ 2009年度

古い歴史を誇る王国に突如隣国が侵攻。双子の王女と王子は謎の装置により脱出を図るが、誤って魔物が住むといわれる森へと送られてしまう。そこで2人を救ったのは、豹（ひょう）頭の仮面をつけた戦士グインだった。長編ファンタジー小説をアニメ化した、壮大な歴史ドラマ。衛星第2の『衛星アニメ劇場』枠で放送。（原作：栗本薫／監督：若林厚史／キャラデザイン原案：皇なつき／キャラデザイン：村田峻治／音楽：植松伸夫）

スターウォーズ／クローン・ウォーズ　2009〜2011年度

2008年公開のジョージ・ルーカス製作総指揮による3DCGアニメ。銀河の権力を巡る二大勢力の戦いを軸に描く。ジョージ・ルーカスが「スター・ウォーズ」シリーズの製作に直接関わった最後の作品。ハイビジョン（火）午後7時からの23分番組。2010年度は第2シーズンをハイビジョン・衛星第2（日）で放送。2011年度は教育（土）午後6時25分からの23分番組で第2シーズンを放送。

2010年代

はなかっぱ　2010年度〜

やまびこ村に住んでいる「はなかっぱ」は、頭に「とりあえずの花」をつけたかっぱの男の子。はなかっぱの咲かせる花の中でも、若返りの花と伝えられる「わか蘭」を狙って、黒羽屋蝶兵衛一味がやって来て、村はいつも大騒ぎ。はなかっぱと家族、友達が織りなす面白くも温かい日常を描くほのぼのアニメ。（原作：あきやまただし／監督：のなかかずみ／キャラデザイン：林一哉／音楽：笠松美樹）

バクマン。　2010〜2012年度

文才がある中学生男子の高木秋人と、ずば抜けて作画が得意な真城最高が、プロのマンガ家を目指すリアルな青春ストーリー。秋人に誘われた最高は、気乗りはしなかったが、あこがれの亜豆美保に思わず告白したことを活力に、2人はコンビを組んでプロのマンガ家への道をまっしぐら。人気コミックをアニメ化。（原作：大場つぐみ、小畑健／監督：カサヰケンイチ、秋田谷典昭／キャラデザイン：下谷智之／音楽：Audio Highs）

ペンギンズ　2010〜2011・2015年度

ニューヨーク・セントラルパークの動物園で生まれ育った動物たちが、動物園を飛び出し騒動を起こす人気のアニメ映画「マダガスカル」から、ペンギンたちを主人公にしたスピンオフ。エリート・ペンギンで結成した秘密組織が活躍するドタバタコメディー・アニメ。1回2話ずつ放送。全26回。Eテレ・ハイビジョン（後期）の24分番組。2011年度は第2シリーズを放送。2015年度は『ザ・ペンギンズ』のタイトルで放送。

GIANT KILLING　2010年度

低迷を続ける弱小プロサッカークラブに監督として迎えられたのはかつてのスター選手で、イングランド5部のアマチュアクラブを監督としてFAカップでベスト32に導いた達海猛。騒動ばかりのチームを率いて強豪に挑むスポ根アニメ。4月から『衛星アニメ劇場』の枠内で、9月からは教育で、2011年度は総合深夜に放送。人気コミックのアニメ化。（原作：ツジトモ／監督：紅優／キャラデザイン：熊谷哲矢／音楽：森英治）

人造人間キカイダー　THE ANIMATION　2010年度

石ノ森章太郎の漫画「人造人間キカイダー」から再構成されたアニメ版。光明寺博士によって作り出された人造人間・ジローは、キカイダーとして活動を始める。研究所爆破の犯人であるプロフェッサー・ギルが率いる悪の軍団ダークと戦うが、埋め込まれた不完全な良心回路のため、時に悪に抗しきれない自分に苦しむ。『衛星アニメ劇場』枠で放送。原作：石ノ森章太郎。監督：岡村天斎。キャラデザイン：紺野直幸。音楽：見岳章。（※）

心霊探偵　八雲　2010年度

生まれつき赤い左眼で死者の魂を見ることができる大学生の斉藤八雲。自らの力に苦悩しながらも救われぬ魂と向き合い、推理力と冷静な判断力で謎に満ちた怪事件の真相を解明してゆく大人向けの本格ミステリー。10月から『衛星アニメ劇場』の枠で、2011年度は総合深夜に放送。濃密な人間ドラマが描かれる点も見どころのひとつ。（原作：神永学／監督：黒川智之／キャラクター原案：小田すずか／キャラデザイン：芝美奈子／音楽：R・O・N）

かみちゅ！　2010年度

ある日、突然"神様"になってしまった女子中学生・一橋ゆりえと、彼女を取り巻く一風変わった人々の日常をコミカルに描いたファンタジー。神様になったゆりえが、みんなの願いをかなえるために奮闘し、戸惑い悩みながらも周りの助けや応援を受けながら成長していく。2005年に民放で放送され話題を集めた作品を『衛星アニメ劇場』の枠で放送。原作：ベサメムーチョ。監督：舛成孝二。キャラ原案：羽音たらく。キャラデザイン：千葉崇洋。音楽：池頼広。（※）

もしドラ　2011年度

130万部のベストセラー「もし高校野球の女子マネージャーがドラッカーの『マネジメント』を読んだら」のアニメ化作品。野球部のマネージャーになった高校2年の川島みなみが、経営学の大家ドラッカーの「マネジメント」を手に、マネージャーの仕事と経営学を照らし合わせて奮闘する。4月から総合で、10月からEテレで放送。（原作：岩崎夏海／監督：浜名孝行／キャラ原案：ゆきうさぎ／キャラデザイン：宮川智恵子／音楽：佐藤準）

BS深夜アニメ館　2011年度

NHKで過去に放送した人気アニメシリーズを毎回2作組みで再放送するBSプレミアムのアニメ枠。（火〜土）の午前3時からの50分番組。「雪の女王」「タイタニア」「心霊探偵　八雲」「ツバサ・クロニクル」「今日からマ王！」「花咲ける青少年」「彩雲国物語」「メジャー」など。

へうげもの　2011年度

戦国戦乱の世にありながら、茶の湯の世界に心奪われた「へうげもの」の武将・古田左介（織部）の生き様を、歴史観と大胆な描写を駆使しながらユーモアたっぷりに描きだした。茶道や茶器、美術や建築など、日本文化にもスポットをあて、茶道具の一級品を古美術鑑定家が紹介するコーナーもあった。BSプレミアムの午後11時からの25分番組。（原案：山田芳裕／監督：真下耕一／キャラデザイン：津幡佳明、山下喜光／音楽：大谷幸）

ファイ・ブレイン〜神のパズル　2011〜2013年度

ファイ・ブレインとは黄金比の脳を持つ存在の意味。高校生たちが「黄金比の脳を持つ存在＝ファイ・ブレイン」として見出されて、世界各地にあるという「賢者のパズル」の謎に迫っていく学園アドベンチャー。アニメに登場するパズルを分かりやすく解説し、パズルの歴史や世界の珍しいパズルなどを紹介する番組も併設した。（原作：矢立肇／監督：佐藤順一／キャラデザイン：佐々木洋平／パズルデザイン：郷内邦義／音楽：井筒昭雄）

アニメーション | 定時番組

もっと² 神のパズル　2011～2013年度

『アニメ　ファイ・ブレイン～神のパズル』に登場する難解なパズルを解説する5分番組。連動データ放送でパズルに参加・挑戦することができる。2011年10月から第1シリーズ、2012年度前期に第2シリーズ、2013年度後期に第3シリーズを放送。Eテレで初年度は(日)午後5時54分に放送。

パッコロリン　2011年度～

まる・さんかく・しかくの顔かたちをした元気な3きょうだい、パックン、リン、コロン。個性豊かな3人が楽しく遊ぶ中から、いろいろな小さな発見をし、心の成長を育んでいく1分アニメ。Eテレで初年度は(月～土)午前8時24分から放送。

はなかっぱミニ　2011～2012年度

5分の作品を2本で構成する10分番組『アニメ　はなかっぱ』を再構成する5分番組。Eテレ(土)午後5時25分に放送。

ガッ活！　2011～2013年度

架空の中学校を舞台に、毎回バカバカしくも妙に熱心な議論を繰り広げる学級活動（学活）を描く。2012年3月より第1シリーズ、2013年度前期に第2シリーズを放送。その後は再放送。Eテレ(水)午後11時25分ほかで放送。

おしりキッズ　2012～2013年度

2007年に『みんなの歌』で放送され人気を博した"おしりかじり虫"が、かわいいおしりに囲まれた秘密の部屋で、NHKで放送する人気のミニアニメを紹介する番組。紹介したアニメ番組は「おしりかじり虫」「うっかりペネロペ」「ぼくチロ！」「なぜ？どうして？がおがおぶーっ！」「ナントカのおうち」など。

きかんしゃトーマス　2012年度～

世界的人気を誇る「きかんしゃトーマス」のテレビシリーズ。イギリスのウィルバート・オードリー牧師が、病気の息子を楽しませるために語り聞かせたお話が基になって生まれた「汽車のえほん」を原作に、最新の3DCGを使ってアニメーション化。青い機関車のトーマスと仲間たちが大活躍する。イギリスとNHKが国際共同制作。1回2話ずつ放送。（原作：ウィルバート・オードリー／監督：ディアンナ・バッソほか／国際共同制作）

銀河へキックオフ‼　2012年度

技術はいまひとつだがサッカーが大好きな小学6年生の太田翔。所属するチームが人数不足で解散したため、個性的なメンバーを集め再結成に動き出す。翔と仲間たちは8人制サッカーで世界一、いや銀河一を目指して頂点を目指す。BSプレミアムと総合で放送。（原作：川端裕人／監督：宇田鋼之介／キャラデザイン：渡辺はじめ／音楽：ジェイムス下地）

トムとジェリー　テイルズ　2012～2014・2019～2020年度

"仲良くケンカする"ことが趣味のネコのトムとネズミのジェリーが、壮絶な追いかけっこを繰り広げる。2012年度は初期のシリーズを基にデジタルハイビジョンで新たに制作された「トムとジェリー　テイルズ」、2013年度は旧作の再編集「トムとジェリー」、2014年度はキャラクターデザインを一新した「新トムとジェリー　ショー」を放送。2019年度からは「トムとジェリー　ショー」の第2・第3シーズンを放送。

キングダム　2012～2013・2020年度～

紀元前の中国、春秋・戦国時代。西方の国・秦で戦争孤児として暮らしていた少年・信の夢は、日々鍛錬を積み、いつか戦で武功を立てて天下の大将軍になること。先の戦の功績により300人の特殊部隊の将となった信は、着実に武功を重ねていく。2020年、6年ぶりに第3シリーズの放送が始まったが、コロナ禍の影響で一時中断した。（原作：原泰久／監督：神谷純ほか／キャラデザイン：戸部敦夫ほか／音楽：関美奈子ほか）

楽しいムーミン一家　2012～2013年度

フィンランドのどこかにある、ムーミン谷のムーミン屋敷で、優しい両親の愛情をいっぱい受けて暮らす好奇心いっぱいの男の子ムーミン。ガールフレンドのフローレンやスナフキン、スニフなどの仲間たちと一緒に次々と冒険を繰り広げていく。ムーミンは、北欧の民間伝承に登場する妖精トロールから着想を得て生み出された。（原作：トーベ・ヤンソン、ラルス・ヤンソン／監督：斎藤博／キャラデザイン：名倉靖博／音楽：白鳥澄夫）

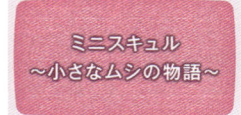

ミニスキュル～小さなムシの物語　2012～2013年度

フランスの5分CGアニメ。美しい田園風景が広がるフランスの片田舎を舞台に、昆虫たちによるコミカル・ドラマが展開される。Eテレで初年度は(日)午前7時20分ほかで放送。

おしりかじり虫　2012～2015年度

2007年度に『みんなのうた』で放送されて好評を呼んだ「おしりかじり虫」から派生したBSプレミアムの5分アニメ。大阪の下町で暮らすおしりかじり虫18世（10歳）が巻き起こすおかしな出来事をコミカルに描く。原作：うるまでるび。2012年度後期に全20話を放送。第2シリーズ（2013年度後期）、第3シリーズ（2014年度後期）、第4シリーズ（2015年度後期）を放送。その後、BSプレミアムとEテレで随時再放送。

団地ともお　2013～2014年度

マンモス団地の29号棟にパートで働く母と中学生の姉と暮らす小学4年生の木下ともお。父は単身赴任中。勉強もスポーツもダメだけど、毎日が楽しいことばかり。そんなともおの日常を、個性豊かな同級生や、ちょっと変わった団地の住人たちとともにユーモアたっぷりに描く。2015～2016年度に『アニメ　団地ともお・選』を放送。（原作：小田扉／監督：渡辺歩／アニメーション制作：小学館ミュージック＆デジタルエンタテイメント）

あらいぐまラスカル　2013～2014年度

スターリング少年は、森で助けたあらいぐまの赤ちゃんに、ラスカルと名付けて育てる。少年とラスカルが過ごした1年間を通して、動物と人間との共存の難しさをリアルに描いた。2013年10月からBSプレミアムで定時放送。これまで1996年度の『母と子の名作アニメ劇場』、2002年度の『BS名作アニメ劇場』などでも放送。原作：スターリング・ノース。監督：遠藤政治。作画：宮崎駿ほか。音楽：渡辺岳夫。（※）

フランダースの犬　2013年度

19世紀のベルギー・フランダース地方。貧しいながらも明るく生きる少年・ネロと愛犬・パトラッシュが過ごしたかけがえのない日々を描いた感動の名作。2013年度にBSプレミアムで定時放送。これまで1989年『キッズアワー（途中で『衛星こども劇場』に改枠名）』、1996年『母と子の名作アニメ劇場』、2004～2005年『BS名作アニメ劇場』で放送。原作：ウィーダ。監督：黒田昌郎。キャラデザイン：森康二。音楽：渡辺岳夫。（※）

ログ・ホライズン　2013～2014・2020年度

ある日突然、オンラインゲームの世界に閉じ込められてしまったプレイヤーたち。主人公シロエを中心に、メンバーはそれぞれ悩みを抱えながら異世界でモンスターと戦い、世界を変えようと立ち上がるファンタジー。2013年10月から始まりシーズン2まで放送。2021年1月にシーズン3「ログ・ホライズン円卓崩壊」を放送。（原作：橙乃ままれ／監督：石平信司／キャラ原案：ハラカズヒロ／キャラデザイン：いとうまりこ ほか／音楽：高梨康治）

赤毛のアン　2014年度

何かの手違いでプリンス・エドワード島に住むマシューとマリラのもとにやってきた孤児のアン。男の子の養子を希望していたマシューとマリラだが空想好きでおしゃべりな赤毛の少女に次第に心をひかれていく。2014年度にBSプレミアムで定時放送。『母と子の名作アニメ劇場』、『BS名作アニメ劇場』でも放送。原作：L・M・モンゴメリ。監督：高畑勲。キャラデザイン：近藤喜文。音楽：毛利蔵人。（※）

山賊の娘ローニャ　2014年度

深い森の中、廃墟となった城を根城にするマッティス山賊一家に生まれたローニャが、城から外の世界に出て、徐々に森で生きるすべを学んでいく。スウェーデンの児童文学作品を宮崎吾朗監督がアニメ化。3DCGと手描きを組み合わせたハイブリッド作品。2016年、国際エミー賞子どもアニメーション部門で「最優秀賞」を受賞。（原作：アストリッド・リンドグレーン／監督：宮崎吾朗／キャラデザイン：近藤勝也／音楽：武部聡志）

わしも　2014～2021年度

小学生の女の子・ひよりちゃんの家に、おばあちゃんロボット「わしも」がやってきた。歩くと入れ歯の音がカタカタなり、歩くスピードはカタツムリより速いが興奮したカブトムシより遅い。そんなヘンテコな「わしも」が巻き起こすドタバタギャグストーリー。宮藤官九郎（作）、安齋肇（絵）のコンビによる絵本をアニメ化。（原作：宮藤官九郎／原画：安齋肇／監督：川瀬敏文／キャラデザイン：小坂知／音楽：EDISON）

ベイビーステップ　2014～2015年度

勉強にしか興味のなかった頭脳明せきな高校生・栄一郎（15歳）がテニスに目覚め、身体面での不利を、持ち前の観察・分析力などのデータに基づいた戦略と、徹底して身に付けたボールコントロールで補い、プロを目指す。世界のトップを目指すライバルたちが競い合うテニスアカデミーへと飛び出した栄一郎が、壁を乗り越え成長していくスポーツアニメ。（原作：勝木光／監督：むらた雅彦／キャラデザイン：甲田正行／音楽：吉川洋一郎）

サンダーバード ARE GO　2015～2016年度

本国イギリスで1965年に放送を開始し、1966年度にはNHKでも放送され大ブームとなった『サンダーバード』の50年ぶりの新シリーズ。最新鋭のサンダーバードメカを駆使して、世界各地で発生する災害や事故から人命を救助するインターナショナル・レスキューの活動を描く。CGアニメーションとミニチュアセットを組み合わせた制作手法で作られている。（原案：ジェリー＆シルビア・アンダーソン／監督：デビッド・スコット）

英国一家、日本を食べる　2015年度

イギリス人フード・ジャーナリストのマイケル・ブースが家族と共に100日にわたり日本に滞在し、イギリス人の目線で日本の食文化について書いたエッセーをもとに制作したアニメ番組。アニメーションで描く15分のフィクションのパートと、その回で取り上げる料理や食材に関しての情報を補完する5分の実写パートの2部構成。総合深夜に放送。（原作：マイケル・ブース／監督・キャラデザイン：ラレコ／音楽：羽深由理、出羽良彰）

境界のRINNE　2015～2017年度

死神の力を持つ六道りんねと、幽霊が見える真宮桜は高校の同級生。ふたりは、学校中から寄せられる霊の悩みを解決するのだが…。お互い気になりながらも恋愛未満のりんねと桜、百発百中（？）の占い師や怖がりな契約黒猫など、個性豊かな仲間たちとともに繰り広げる親子で楽しめる学園ラブコメディー。高橋留美子原作コミックをアニメ化。（原作：高橋留美子／監督：石踊宏／キャラデザイン：たむらかずひこ／音楽：本間昭光）

カンフー・パンダ ザ・シリーズ　2015年度

人気アニメ映画「カンフー・パンダ」のTVシリーズ。小心者で怠け者、食い意地だけは誰にも負けないジャイアント・パンダのポー。仲間たちとともに「伝説の龍の戦士」としてシーフー老師のもとで技を磨きながら、平和の谷を守るために大活躍。カンフー・マスターの道を究めるポーの愉快なアニマル・アドベンチャー。全26話。BSプレミアム（火）午後6時30分からの24分番組。2015年度後期放送。2016年前期再放送。

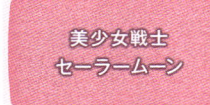

美少女戦士セーラームーン　2015年度

1992年から民放で放送された大ヒットテレビシリーズ。BSプレミアムでは第1シリーズ「美少女戦士セーラームーン」と第2シリーズ「美少女戦士セーラームーンR」を、ハイビジョンリマスターした高画質のバージョンで放送した。原作：武内直子。監督：佐藤順一ほか。キャラデザイン：只野和子ほか。音楽：有澤孝紀。（※）

ベルサイユのばら　2015年度

池田理代子原作の同名コミックを基に、1979年に民放でアニメ化された作品。18世紀後半のフランスを舞台に、武門の家を継ぐため男として育てられたオスカル・フランソワとフランス王妃マリー・アントワネットの運命を描いた不朽の名作。BSプレミアムでデジタルリマスター版を放送。2003年に『衛星アニメ劇場』の枠でも放送。原作：池田理代子。総監督：長浜忠夫、出崎統。キャラデザイン：荒木伸吾、姫野美智。音楽：馬飼野康二。（※）

アニメーション｜定時番組

ラブライブ！ 2015〜2016・2021・2024年度

スクールアイドルの甲子園「ラブライブ！」（※）に挑戦する女子高生たちの活躍を描く学園アニメシリーズ。「ラブライブ！サンシャイン‼」（2017年度※）、「ラブライブ！虹ヶ咲スクールアイドル同好会」「ラブライブ！スーパースター‼」（2021年度）など、シリーズごとに舞台となる学校や登場人物を変えながら「ラブライブ！」を目指す少女たちが登場。（原案：公野櫻子／原作：矢立肇／監督：京極尚彦ほか／キャラデザイン：室田雄平ほか／音楽：藤澤慶昌ほか）

進撃の巨人 2015・2018〜2021年度

諫山創原作の大ヒット漫画のアニメ化。2016年1〜3月に民放で放送されたSeason1をBSプレミアムで、2018年からは総合深夜に、Season1、2の総集編となる劇場版3作に続いて、Season3、さらにシリーズ最終章のThe Final Seasonを放送。巨人がすべてを支配する世界で、人類がその存亡をかけ、自由を求める壮大な物語。（原作：諫山創／監督：荒木哲郎、林祐一郎ほか／キャラデザイン：浅野恭司、岸友洋／音楽：澤野弘之）

3月のライオン 2016〜2017年度

15歳で将棋のプロとなり、周囲から期待される高校生の桐山零。幼い頃に事故で家族を失ったことで心に深い孤独を抱える零だが、下町に暮らす川本家の3姉妹や棋士仲間、高校の友人たちとのふれあいの中で、新たな気持ちで勝負に挑んでいく。登場する人々それぞれが失った何かを取り戻していく優しさあふれた物語。総合深夜に放送。（原作：羽海野チカ／監督：新房昭之／キャラデザイン：杉山延寛／音楽：橋本由香利）

クラシカロイド 2016〜2017年度

高校生の音羽歌苗が切り盛りする「音羽館」に、ベートーヴェンやモーツァルトなど大作曲家たちの記憶を持つ"クラシカロイド"が大集合。不思議な力を持つ音楽"ムジーク"で、次々と奇想天外な出来事を引き起こすドタバタのコメディー。布袋寅泰、つんく♂等のミュージシャンたちがクラシックの名曲を編曲するなど、大きな注目が集まった。（監督：藤田陽一、馬引圭／キャラ原案：土林誠／キャラデザイン：橋本誠一／音楽：浜渦正志）

ピカイア‼ 2016〜2017年度

カンブリア紀を舞台に生命進化の謎と冒険を描いたEテレの科学アニメ『ピカイア！』の第2弾（第1弾は2015年度に随時放送）。NHK放送90年「生命進化プロジェクト」番組のひとつ。古代生物の専門家・イギリス自然史博物館パーカー博士のドキュメンタリー解説を融合させた新感覚の科学教育アニメ。NHKと国内の制作会社4社での共同制作。（監督：冨安大貴ほか／キャラデザイン：松永香苗、五十嵐直子／メカデザイン：西谷泰史ほか）

アドベンチャー・タイム 2016年度

地球が核爆弾で崩壊した後に魔法が復活した世界を舞台に、やんちゃだが正義感が強くスーパーヒーローを目指す12歳の少年フィンと、親友で特別な力を使える犬のジェイクの冒険をコメディータッチで描くファンタジー。テレビ番組の国際的賞のエミー賞やアニメーションのアカデミー賞といわれるアニー賞を受賞した。2016年度前期にBSプレミアムで放送。（制作国：アメリカ／原題：Adventure Time）

けいおん！ 2016年度

高校に入学した田井中律は、幼なじみで恥ずかしがり屋の秋山澪を誘い軽音楽部に見学へ行くが、部員全員の卒業で廃部状態だった。そこで、おっとりした琴吹紬を誘い、楽器初心者・平沢唯が入って、ゼロからのスタートでバンドを結成してゆるゆる部活をスタート。さらに真面目な後輩中野梓が入部し5人バンドとなる。2004年から民放で放送され一大ブームを巻き起こした。原作：かきふらい。監督：山田尚子。キャラデザイン：堀口悠紀子。（※）

新くまのプーさん 2016年度

クリストファー・ロビンの部屋のドアは、四季の自然があふれる100エーカーの森へと通じている。そこに暮らす6歳の少年クリストファー・ロビンと、彼の豊かな想像力が生んだくまのプーさんや個性豊かな仲間たちとの楽しい冒険と友情の物語。1926年に発表されたA・A・ミルンの児童文学をもとにしたテレビアニメを、日本で初めてHDリマスターで放送。（制作国：アメリカ／原題：The New Adventures of Winnie the Pooh）

新世紀エヴァンゲリオン 2016年度

庵野秀明の代表作をHDリマスター5.1chサラウンドで放送。西暦2015年。第3新東京市にさまざまな特殊能力を持つ"使徒"が襲来した。主人公・碇シンジは、人類が"使徒"に対抗する唯一の手段であるヒト型決戦兵器エヴァンゲリオンの操縦者に抜擢されてしまう。今、人類の命運をかけた戦いの火ぶたが切って落とされる。原作・監督：庵野秀明。キャラデザイン：貞本義行。メカデザイン：山下いくと、庵野秀明。音楽：鷺巣詩郎。（※）

ぼくらベアベアーズ 2016年度

ほんわか心なごむ3匹のクマが主人公。楽観的な自作自演家でリーダー的存在のグリズ、内気で繊細、時に神経質になりすぎる内向的な性格のパンダ、口数は少ないが、実はさまざまな隠れた才能を持ちどんなことでもできちゃうアイスベア。「たくさん友達を作りたい！」と願う個性豊かな3匹のクマが、人間社会に溶け込もうとかっとうする様子をユーモアたっぷりに描くコメディーアニメ。（制作国：アメリカ／原題：We Bare Bears）

がんがんがんこちゃん 2016〜2017年度

人形劇による小学校1年生向け道徳番組『ざわざわ森のがんこちゃん』の放送20周年を記念した初のアニメシリーズ。人類が滅亡して文明が失われた超未来の地球が舞台の"ざわざわ森"に、2020年からタイムマシーンでやってきた人間の少年と、ざわざわ森の仲間たちとのふれあいをコミカルに描いた。（全10回）BSプレミアムの5分番組。

オトナの一休さん 2016〜2017年度

室町時代に実在した禅宗の高僧・一休宗純のエピソードを史実を基にアニメ化。かわいいとんち坊主とは違い、リアルー休は見た目も行動も規格外。しかしその裏には、深い禅の教えが…。1日の終わりに笑ってラクになれる5分番組。声の出演：板尾創路、尾美としのりほか。2016年6月に3話放送。10〜12月に定時化し第1シリーズ（全13話）を、2017年4〜6月に第2シリーズ（全13話）を放送。その後も随時再放送を行う。Eテレの5分番組。

アトム ザ・ビギニング 2017年度

手塚治虫の名作漫画「鉄腕アトム」の前日譚（たん）を描くアニメ作品。ロボット研究で未来を夢見る2人の天才。神を作り出すことを夢見る天馬午太郎と、友を作り出すことを夢見るお茶の水博士が協力して、心をもつ新型人工知能を開発。これを搭載した、意志と人格をもつロボットを誕生させる。（原案：手塚治虫／原作：カサハラテツロー／監督：佐藤竜雄／キャラデザイン：吉松孝博／メカデザイン：常木志伸ほか／音楽：朝倉紀行）

ピングー in ザ・シティ 2017〜2019年度

1986年にスイスで誕生し、世界中で親しまれてきたペンギンのキャラクター"ピングー"を3DCGアニメーションでリメーク。小さな集落から大都会へ家族と引っ越してきたピングーが、毎回さまざまな仕事にチャレンジする中で起きる騒動を描くコメディーアニメ。（原作：オットマー・グットマン/監督：イワタナオミ/音楽：Ken Arai）

涼宮ハルヒの憂鬱 2017年度

「この中に宇宙人、未来人、超能力者がいたら、あたしのところに来なさい。以上！」入学早々に言い放った涼宮（すずみや）ハルヒと同級生のキョンの高校生活を描く学園ストーリー。人気のライトノベルを原作に2006年アニメ化。当初独立UHF局の深夜番組として放送され大ヒットし、漫画・映画・ゲームなどに拡大展開。BSプレミアムでは、初めて字幕放送した。原作：谷川流。総監督：石原立也。キャラ原案：いとうのいぢ。音楽：神前暁。（※）

響け！ユーフォニアム 2017・2024年度

練習熱心でもなく成績もいまいちの公立高校吹奏楽部員たちが、思春期特有の悩みを抱えつつ、若い新任顧問のもとで吹奏楽コンクールの全国大会出場を目指して奮闘する青春学園ドラマ。武田綾乃の小説を原作にアニメ化。演奏シーンのアニメが現実の演奏と見事に符合し、プロの演奏家もうならせた。2017年度に第1期（※）をBSプレミアムで、2024年度に第3期をEテレで放送。（原作：武田綾乃/監督：石原立也/キャラデザイン：池田晶子/音楽：松田彬人）

オトッペ 2017〜2023年度

身の回りの音への興味を高める幼児向け5分アニメ。世界一のDJをめざすシーナは、ある日、扉をくぐり別の世界に迷いこんでしまう。そこで、音から生まれたふしぎな生きもの「オトッペ」たちと出会う。実際に音を録音してキャラクターを作り出すスマートフォンアプリとの連動番組。Eテレ(月〜金)午前8時40分から放送。

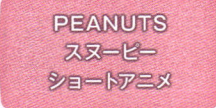

PEANUTS　スヌーピー　ショートアニメ 2017〜2019年度

世界で最も有名なビーグル犬・スヌーピーとチャーリー・ブラウンのほか、個性豊かなキャラクターたちが繰り広げるストーリーが詰まった1話完結のショートアニメ。Eテレの3分番組。

つくもがみ貸します 2018年度

江戸時代の深川で損料屋（レンタルショップ）を営む姉弟と「つくもがみ」と呼ばれる妖怪たちが出会う騒動や事件を描く、累計65万部を超える畠中恵の人気小説を基に、大人向けの人情噺としてアニメ化。姉弟が「つくもがみ」たちの力を借りながら、この町で起こる大小さまざまな騒動を解決していく。総合深夜に放送。（原作：畠中恵/監督：むらた雅彦/キャラ原案：星野リリィ/キャラデザイン：谷野美穂、吉沼裕美/音楽：佐藤五魚）

ツルネ―風舞高校弓道部― 2018年度

ツルネとは、弓を射るときの弦の音。中学時代の最終試合での失敗がトラウマとなり弓道をやめた鳴宮湊。高校に進み、偶然、凄腕の射手の弦の音に出会い、弓道への情熱が復活する。弓道によって出会い、そして、美しくもほろ苦い青春の中をもがき続けた5人の少年たちの青春をみずみずしく描いた学園ドラマ。（原作：綾野ことこ/監督：山村卓也/キャラデザイン：門脇未来/音楽：富貴晴美）

ピアノの森 2018〜2019年度

累計600万部発行し、第12回文化庁メディア芸術祭マンガ部門にて大賞を受賞した一色まことの人気漫画を初のテレビアニメ化。森に捨てられたピアノをおもちゃ代わりに育った一ノ瀬海が、かつての天才ピアニストと出会い、その指導によってピアノの才能を開花していき、やがてショパン・コンクールで世界に挑む姿を描くサクセスストーリー。（原作：一色まこと/監督：山賀博之/キャラデザイン：木野下澄江/音楽：富貴晴美）

ラディアン 2018〜2019年度

怪物・ネメシスから世界を救うため、魔法使い見習いの少年セトは、ネメシスの巣があるという伝説の地"ラディアン"を捜す冒険の旅に出る。魔法騎士志願者の少女・オコホとの出会いや、メリ・ドクとの別れ、セトを追う新たな敵との激突など、激戦が繰り返される姿を描いた壮大なファンタジー。フランスの漫画が原作のNHKオリジナルアニメ。（原作：トニー・ヴァレント/監督：岸誠二/キャラデザイン：河野のぞみ/音楽：甲田雅人）

おしりたんてい 2018年度〜

顔の形が"おしり"に見える名探偵「おしりたんてい」。助手のブラウンとともに、数々の難事件を「フーム、においますね。」の決め台詞を言いながら、ププッと解決していく謎解きストーリー。キャラクターのインパクトや、犯人を追い詰める必殺技が子どもたちに大人気。トロル原作の児童書の大ヒットシリーズ。（原作：トロル/シリーズディレクター：芝田浩樹、佐藤雅教/キャラデザイン：真庭秀明/音楽：高木洋）

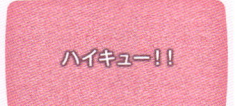

ハイキュー!! 2018〜2019年度

古舘春一の大ヒットスポーツ漫画を原作に、2014年から民放で放送された人気シリーズ。舞台は高校の男子バレーボール部。中学時代は同じ道を目指すも境遇の違いから大きな差が付いた日向と影山が、高校でチームメイトに。バレーボールに青春をかける少年たちの、熱き友情とチームワーク、命を燃やす闘いを描く。原作：古舘春一。監督：満仲勧。キャラデザイン：岸田隆宏。音楽：林ゆうき、橘麻美。（※）

キャラとおたまじゃくし島 2018年度

キャラとガッキアニマルたちが魔女に挑む5分間のファンタジー・アニメ。発達障害、聴覚障害など、ユニークな個性をモチーフにした楽器動物たちが登場し、音楽やアートなど、彼らなりの豊かな表現力や、きらりと輝く個性で物語をカラフルに彩る。Eテレ(月)午前10時15分ほかで放送。

ざんねんないきもの事典 2018年度〜

「アライグマは食べ物を洗わない」「イルカは眠るとおぼれる」など、動物の残念な一面、意外な特徴を紹介した児童書「ざんねんないきもの事典」シリーズが原作の5分アニメ。個性あふれるクリエーター陣が、歌やユーモアあふれる会話劇をまじえて、いきものたちの生態を描く。2018年に特集番組でスタート。2019年10月にEテレ(木)午後7時35分で定時化。その後、新旧を織り交ぜて全30エピソードを放送。

アニメーション | 定時番組

機動戦士ガンダム　THE ORIGIN　前夜　赤い彗星 2019年度

ロボットアニメの宇宙戦闘ものとして、多くのファンをもつTVシリーズ「機動戦士ガンダム」をベースに、ジオン公国軍のエースパイロット「シャア・アズナブル」が、"赤い彗星"として恐れられる存在に成長するまでの半生を軸に、「一年戦争」緒戦までの物語を描いた。「機動戦士ガンダム40周年プロジェクト」の一環で、イベント公開されたビデオアニメ全6章を、テレビ・シリーズ全13話に再編集して放送。

ヴィンランド・サガ 2019年度

11世紀初頭。あらゆる地に現れ暴虐の限りを尽くした最強の集団ヴァイキングにより、北欧の地は戦火に見舞われていた。最強と謳われた戦士の父を殺された息子トルフィンは、復讐のため戦場を生き場としていた。仇敵が不慮の死をとげ希望を失ったトルフィンは、血煙の彼方、安息と豊穣の地、幻の大陸ヴィンランドを目指す。世界を席巻していたヴァイキングたちの生き様を描いた、幸村誠の同名の歴史漫画を原作にアニメ化。

ボス・ベイビー 2019・2022年度

見た目は赤ちゃんなのに中身はビジネスマンのボス・ベイビー。仕事は赤ちゃんの人気を高めることだが、さまざまなトラブルに見舞われる。お兄ちゃんのティムや同僚の赤ちゃんと一緒にボス・ベイビーが問題解決に向けて大奮闘する。全26話。同名映画の続編となるTVシリーズ。Eテレ（日）午後7時からの23分番組。2022年度に第2シリーズ（全23話）を放送。

魔入りました！入間くん 2019・2021～2022年度

頼み事を断れないお人よしの少年・鈴木入間は、ひょんなことから魔界の大悪魔・サリバンの孫になってしまい、大魔王に溺愛されて、悪魔学校に通うことに。人間の正体を隠しつつ、平和な学園生活を送りたいと願うも、次々に起こるトラブルを持ち前の優しさで乗り越えていくファンタジー学園アニメ。（原作：西修／監督：森脇真琴／キャラデザイン：山本径子（第1シリーズ）、原由美子（第2シリーズ）／音楽：本間昭光）

映像研には手を出すな！ 2019年度

アニメは「設定が命」と力説する浅草みどり、アニメーター志望のカリスマ読者モデルの水崎ツバメ、二人の才能に気づいたプロデューサー気質の金森さやか。同級生3人は脳内にある「最強の世界」を表現すべく映像研究同好会「映像研」を設立する。2020年度芸術選奨文部科学大臣賞（メディア芸術部門）、第24回文化庁メディア芸術祭アニメーション部門大賞を受賞。（原作：大童澄瞳／監督：湯浅政明／キャラデザイン：浅野直之／音楽：オオルタイチ）

2020年代

SHIROBAKO 2020年度

2014年度に民放で放送され、アニメ制作の現場を舞台に働くことの意味や希望を描いて高い評価を得た本作を放送。SHIROBAKO（シロバコ）とは映像業界で使われる白い箱に入った試写用ビデオテープのこと。制作者が最初に手にすることのできる成果物であり、クリエーターたちの思いが詰まっている。監督：水島努。キャラクター原案：ぽんかん⑧。キャラクターデザイン：関口可奈味。音楽：浜口史郎。（※）

銀河英雄伝説 Die NeueThese 2020年度

数千年後の未来、銀河系では専制政治の銀河帝国と民主主義の自由惑星同盟が、長きにわたり激しい抗争を続けていた。宇宙暦8世紀末、帝国には「常勝の天才」ラインハルト・フォン・ローエングラム、同盟には「不敗の魔術師」ヤン・ウェンリーが登場し、両雄の対決で歴史が大きく動いていく。田中芳樹によるSF小説を原作に新たなキャスト・スタッフでアニメ化。Eテレでは「邂逅」と「星乱」の2シーズンを放送した。

ヒックとドラゴン：新たな世界へ！ 2020年度

はるか北の海に浮かぶバイキングの島に暮らす、心やさしいバイキングの少年ヒックと、かつて最強最悪のドラゴンとして人々に恐れられたトゥース。脱獄した宿敵ダガーを追うヒックたちが、謎の物体"ドラゴン・アイ"を見つけたことから新たな冒険が始まる。未開の島々で見たこともない恐ろしいドラゴンに遭遇するなど、想像を絶する冒険ファンタジー。英国のクレシッダ・コーウェルによる児童文学のアニメ化。

もっと！まじめにふまじめ　かいけつゾロリ 2020～2022年度

"いたずらの王者"を目指すキツネのゾロリの夢は、花嫁さんと自分のお城を手に入れること。夢を実現するため、弟子のイシシとノシシと3人で修業の旅をしながら行く先々で大活躍する5分アニメ。刊行開始から30年を超える原ゆたかの人気児童文学をアニメ化。原作：原ゆたか。監督：緒方隆秀。キャラデザイン：船越英之、小林哲也。音楽：田中公平。声の出演：山寺宏一ほか。Eテレ（日）午後7時ほか。2021年度に第2シリーズ、2022年度に第3シリーズを放送。

ふしぎ駄菓子屋　銭天堂 2020年度～

累計発行部数420万部（2023年3月時点）の児童書「ふしぎ駄菓子屋　銭天堂」シリーズのアニメ化。駄菓子屋・銭天堂の店主・紅子がすすめる駄菓子は、どれもがその人の悩みや欲望にぴったりのもの。しかし、食べ方や使い方を間違えると…。幸福を呼ぶか不幸を招くかはその人次第という、ちょっぴり怖い物語。原作：廣嶋玲子。声の出演：池谷のぶえ（紅子）、片山福十郎（墨丸）、榊原良子（よどみ）ほか。Eテレの9分番組。

ギガントサウルス 2021・2023年度～

白亜紀の大自然を舞台に、好奇心旺盛な4頭の恐竜の子どもたちが、困難を乗り越えながら成長していく物語。フランスとカナダの会社が共同制作した3DCGの冒険アニメシリーズ。2021年度後期に第1シーズン全26話を放送。Eテレ（金）午後6時55分からの22分番組。2023年度前期では第2シーズンを、2024年前期では第3シーズンを放送。声の出演：くまいもとこ、川田妙子、佐藤美由希、小林由美子ほか。

不滅のあなたへ 2021～2022年度

大今良時（おおいまよしとき）の人気マンガを原作とした壮大なファンタジー。謎の存在"観察者"によって地上に投げ込まれた"球"。あらゆるものの姿を写し取る"球"は、出会いと別れを繰り返し、不死身の存在"フシ"として成長していく。未来を守るために闘うフシたちの永遠の旅の物語。声の出演：川島零士（フシ）、津田健次郎（観察者）ほか。Eテレで毎週（月）午後10時50分から11時15分に放送。

舞妓さんちのまかないさん　2021〜2022年度

青森から舞妓を目指して京都にやって来たキヨとすみれ。すみれは舞妓に、キヨはひょんなことから屋形のまかないさんになる。花街（かがい）を舞台に、舞妓たちの毎日の食事を作るキヨと、舞妓として将来を期待されるすみれ、そして舞妓たちの日常が、おいしいごはんを通して描かれる。NHKワールドJAPANで放送された同番組のEテレ放送版。9分番組で全36回。声の出演：花澤香菜（キヨ）、M・A・O（すみれ）ほか。

弱虫ペダル　LIMIT BREAK　2022年度

自転車競技に青春をかける高校生たちの姿を描く人気アニメの第5シリーズ。1年目のインターハイで総北高校を見事、総合優勝へと導いた小野田坂道。2年目のインターハイ最終日がスタートし、各チームが闘志を燃やす中、坂道は仲間とともに栄光のゴールを目指す。原作：渡辺航。声の出演：山下大輝、鳥海浩輔、福島潤ほか。総合(日)午前0時からの25分番組。

アオアシ　2022年度

サッカーJリーグのユースチームを舞台に、プロを目指して奮闘する高校生たちの青春を描くシリーズアニメ（全24回）。小林有吾による人気連載コミックが原作。愛媛県の海沿いの町で育ったサッカー少年・青井葦人（アシト）と、東京シティ・エスペリオンユースのチームメイトたちが、挫折と成長、そして友情の物語が臨場感あふれるサッカーシーンとともに描かれていく。Eテレ(土)午後6時25分からの25分番組。

スマーフ　2022〜2023年度

世界的に有名なベルギーのキャラクターの3DCGアニメシリーズ。リンゴ3個分の身長のかわいい妖精スマーフたちが、森の奥深くにあるスマーフ村で繰り広げるドタバタ・コメディー。多様性や友情をテーマにした物語。Eテレ(土)午前9時50分から23分番組。2023年度は第2シーズンを放送。声の出演：水瀬いのり、梶裕貴ほか。

青のオーケストラ　2023年度

高校のオーケストラ部を舞台に、熱いドラマが繰り広げられる青春音楽群像劇。とある理由でバイオリンを弾くのをやめた元"天才少年"が、初心者の同級生、そしてオーケストラ部と出会い、音楽への情熱を取り戻していく。阿久井真による同名マンガが原作。監督は岸誠二。声：千葉翔也、土屋神葉ほか。Eテレ(日)午後5時からの25分番組。年度前期放送。

ドッグシグナル　2023年度

優柔不断な青年の人生が、腕利きドッグトレーナーと出会ったことで動き出す。さまざまな事情を持つ犬、そして飼い主たちと触れ合い、学び、悩み、成長していく中で、犬と人間の深いつながりが描かれる"動物ものお仕事アニメ"。自身もトリマーの経験を持つマンガ家・みやうち沙矢の「DOG SIGNAL」が原作。声：小野賢章、鈴村健一ほか。Eテレ(日)午後5時からの25分番組。年度後期放送。

キボウノチカラ〜オトナプリキュア'23〜　2023年度

20年に及ぶ歴史を持つ人気アニメ「プリキュア」から派生したオリジナル作品。これまで子どもたちに向けて、さまざまな可能性や希望ある未来像を伝え続けてきた「プリキュア」の新機軸として、大人になった夢原のぞみたちを主人公に、幅広い世代に向けた新たなストーリーを描く。声：三瓶由布子、竹内順子ほか。原作：東堂いづみ。Eテレ(土)午後6時25分からの25分番組。年度後期放送。

パディントンのぼうけん　2023年度

南米からロンドンへやってきた、くまのパディントンが繰り広げる心温まる物語。ストーリーは毎回、パディントンが故郷のルーシーおばさんへあてて手紙を書くシーンで始まり、そこにはさまざまな冒険をとおして学んだことがつづられていく。声：羽多野渉、相馬幸人ほか。Eテレ(土)午後6時25分からの25分番組。年度前期放送。

TIGER & BUNNY 2　2023年度

さまざまな人種、民族、そして「NEXT」と呼ばれる特殊能力者が共存し、平和を守る"ヒーロー"が存在する街。ヒーローたちは、企業のイメージアップとポイント獲得のため、事件解決や人命救助に奔走している。企業の垣根を越えてヒーロー同士が協力する"バディシステム"が施行される中、鏑木・T・虎徹とバーナビー・ブルックス Jr.の2人は初代キングオブバディヒーローの栄光をつかめるか？　総合(日)午前0時からの30分番組。（※）

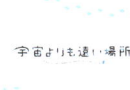
宇宙よりも遠い場所　2023年度

何かを始めたいと思いながらも一歩を踏み出せないまま高校2年生になった玉木マリこと"キマリ"は、南極を目指す少女・小淵沢報瀬（こぶちざわしらせ）と出会う。高校生が南極なんて無理だと言われても、あきらめない報瀬の姿に心を動かされたキマリは、ともに目指すことを誓う。声：水瀬いのり、花澤香菜ほか。原作：よりもい。監督：いしづかあつこ。シリーズ構成・脚本：花田十輝。Eテレ(土)午後6時25分からの25分番組。（※）

オチビサン　2023年度

疲れた心を癒やす5分アニメシリーズ。鎌倉のどこかにある小さな町"豆粒町"を舞台に、主人公のオチビサンと仲間たちは、夏は蝉とり、秋は落ち葉で焼き芋と、毎日遊びに大忙し。懐かしい日本の原風景や季節の風情を、オチビサンの目線を通して描く。総合(日)午前0時25分からの5分番組。（原作：安野モヨコ／監督：鬼塚大輔、釣井省吾／シリーズ構成・脚本・アニメーション制作：スタジオカラー）

地球外少年少女　2023年度

舞台はインターネットもコンビニもある「2045年の宇宙」。日本の商業ステーション「あんしん」で、少年少女たちは大きな災害に見舞われる。絶体絶命の状況下で、子どもたちは何に触れ、何に悩み、何を選択するのか。『電脳コイル』（2007年度）の磯光雄監督による、近未来ジョブナイルSF。全6話。原作・脚本・監督：磯光雄。キャラクターデザイン：吉田健一。総合(日)午前0時からの30分番組。（※）

はたらく細胞　2024年度

人の細胞の数はおよそ37兆個（新説）。酸素を運ぶ赤血球、細菌と闘う白血球…。ウイルスが体の中に侵入したとき、けがをしたとき、アレルギー反応が起きたとき、そこには知られざる細胞たちのドラマがあった。人体を舞台に、細胞の働きと活躍をコミカルに描く細胞擬人化ファンタジー。キャスト：赤血球／花澤香菜、白血球（好中球）／前野智昭、キラーT細胞／小野大輔ほか。Eテレ(土)午後6時25分からの24分番組。（※）

アニメーション │ 定時番組

烏は主を選ばない 2024年度

阿部智里による人気ファンタジー小説「八咫烏（やたがらす）シリーズ」を原作としたアニメ。八咫烏は三本足の烏。人の姿をした八咫烏の一族が支配する異世界・山内。美しくも風変りな若宮の側仕えに抜擢された八咫烏の少年・雪哉が、日嗣の御子の座をめぐる陰謀の渦に巻き込まれていく。田村睦心、入野自由らが声を担当。監督：京極義昭。総合（土）午後11時25分からの25分番組。

チ。―地球の運動について― 2024年度

舞台は15世紀のヨーロッパ。教会の教えが人びとを支配し、その教えのひとつ“天動説”に異を唱える者は弾圧され、処刑された。そんな中、少年ラファウは、太陽を中心に地球が動くという“地動説”に魅せられる。その思いは、時をこえて新たな者たちへと受け継がれ、“血”にまみれながらも、“知”への欲求はどこまでも高まっていく。原作：魚豊（うおと）。監督：清水健一。総合（土）後11時45分からの25分番組。

科学×冒険サバイバル！ 2024年度

大人気の学習漫画「科学漫画サバイバル」シリーズのテレビアニメ化。どんな困難に立たされても「絶対にあきらめない！」主人公たちが、仲間とともに“勇気”と“科学”でピンチに立ち向かう冒険ストーリー。アニメが描く7つの世界（テーマ）は「異常気象」「昆虫世界」「新型ウイルス」「南極」「AI」「恐竜世界」「エネルギー危機」。監督：細田雅弘。Eテレ（土）午後6時25分からの25分番組。

・本書では、原則として、「NHK年鑑」に定時番組として記載されたアニメーション番組を取り上げ、放送期間は定時番組として初回に放送された期間を記載し、再放送（先行再放送等含む）は含めていません。また、「衛星アニメ劇場」などのアニメーション番組放送枠やハイビジョン実験放送で放送された番組については、原則、取り上げていません。ただし、定時番組として取り上げた番組が第2シリーズなどの形で放送された場合、「NHK年鑑」に記載がない場合でも年表に記載しています。なお、5分以下の番組については、原則として年表には記載していません。

・各アニメーション番組説明文中の※は、民放で放送されたものや外部で配信されたものをNHKが放送した番組です。

未来少年コナン©NIPPON ANIMATION CO., LTD. ｜キャプテンフューチャー© 東映アニメーション｜ニルスのふしぎな旅©Gakken｜太陽の子エステバン©MK COMPANY｜
スプーンおばさん©Gakken｜子鹿物語©MGM・US 講談社・MK｜おねがい！サミアどん©TMS｜へーい！ブンブー©NIPPON ANIMATION CO., LTD.｜
アニメ三銃士©NHK・NEP・学研｜パラソルヘンべえ© 藤子スタジオ・NEP・NSW｜青いブリンク©NHK・NEP・TEZUKA PRODUCTIONS｜
ふしぎの海のナディア©NHK・NEP｜おばけのホーリー©NHK・NEP・NSW｜ウルトラマンキッズ©NHK・NEP・円谷プロ｜おーい！竜馬©武田鉄矢・小山ゆう 小学館｜
ヤダモン©NHK／総合ビジョン／G.TAC／SUEZEN｜チロリン村物語©NHK・NEP・NSW｜ポコニャン©藤子・F・不二雄 NHK・NEP 小学館 日本ヘラルド映画｜
忍たま乱太郎© 尼子騒兵衛／NHK・NEP｜モンタナ・ジョーンズ©NHK・NEP・REVER｜飛べ！イサミ©NHK・NEP｜おまかせスクラッパーズ©NHK ACC MICO CPS｜
はりもぐハーリー© 村上たかし・NHK・NEP｜YAT（やっと）安心！宇宙旅行©NHK・NEP｜あずきちゃん© 秋元康・木村千歌・講談社／NHK・NEP｜
はじめ人間ゴン© そのやま企画／ぴえろ｜おじゃる丸© 犬丸りん・NHK・NEP｜コレクター・ユイ©STUDIO TRON・NHK・NEP｜
カードキャプターさくら©CLAMP・ST・講談社／NHK・NEP｜だぁ！だぁ！だぁ！© 川村美香・講談社／NHK・NEP・総合ビジョン｜カスミン© 伊藤有壱・NHK・NEP｜
十二国記© 小野不由美・講談社／NHK・NEP・総合ビジョン｜学園戦記ムリョウ© 佐藤竜雄・マッドハウス・TeamMURYOU｜無人惑星サヴァイヴ© 江口寿史・NHK・NEP｜
火の鳥©TEZUKA PRODUCTIONS・NHK・NEP｜メジャー© 満田拓也・小学館／NHK・NEP・ShoPro｜SAMURAI7©2004 黒澤明／橋本忍・小国英雄／MICO・GDH・GONZO｜
ななみちゃん© NHK・NEP｜今日からマ王！© 喬林知・角川書店／NHK・総合ビジョン｜雪の女王©NHK・NEP・TMS｜ツバサ・クロニクル©CLAMP・講談社／NHK・NEP｜
プラネテス© 幸村誠・講談社／サンライズ・BV・NEP｜南の島の小さな飛行機　バーディー©NHK・総合ビジョン・スタジオディーン｜
学園アリス© 樋口橘・白泉社／「学園アリス」製作委員会｜彩雲国物語© 雪乃紗衣・角川書店／NHK・総合ビジョン｜風の少女エミリー©NHK・NEP・TMS｜
シルクロード少年ユート©「シルクロード少年ユート」製作委員会｜スポンジ・ボブ©Viacom International Inc. All rights reserved. Created by Stephen Hillenburg｜
電脳コイル© 磯光雄／徳間書店・電脳コイル製作委員会｜精霊の守り人© 上橋菜穂子／偕成社／「精霊の守り人」製作委員会｜
おさるのジョージ©Universal Studios. All Rights Reserved.｜獣の奏者エリン© 上橋菜穂子・講談社／NHK・NEP｜テレパシー少女　蘭© あさのあつこ・講談社／NHK・NEP｜
アリソンとリリア© 時雨沢恵一・アスキー・メディアワークス／「アリソンとリリア」製作委員会｜エレメントハンター©Elementhunters Production Committee｜
こばと。©2009 CLAMP 角川書店｜花咲ける青少年©INA／NHK・総合ビジョン・ぴえろ｜グイン・サーガ© 栗本薫／天狼プロダクション／Project Guin｜
はなかっぱ©2010 あきやまただし／はなかっぱプロジェクト｜バクマン。© 大場つぐみ・小学館・集英社／NHK・NEP・ShoPro｜
GIANT KILLING©ツジトモ・綱本将也・講談社／NHK・総合ビジョン｜心霊探偵　八雲© 神永学・角川書店／NHK・総合ビジョン｜
もしドラ© 岩崎夏海・ダイヤモンド社／NHK・NEP・IG｜へうげもの© 山田芳裕・講談社／NHK・総合ビジョン｜ファイ・ブレイン～神のパズル©BNP／NHK・NEP｜
バッコロリン©NHK・NHKエデュケーショナル｜ガッ活！© ラレコ／NHK・ファンワークス｜きかんしゃトーマス©Gullane (Thomas) Limited.｜
銀河へキックオフ‼© 川端祐人・集英社／NHK・NEP・NAS｜キングダム© 原泰久・集英社／NHK・総合ビジョン・ぴえろ｜おしりかじり虫©NHK／うるまでるび｜
団地ともお© 小田扉・小学館／NHK・NEP・ShoPro｜あらいぐまラスカル©NIPPON ANIMATION CO., LTD.｜フランダースの犬©NIPPON ANIMATION CO., LTD.｜
ログ・ホライズン© 橙乃ままれ・KADOKAWA／NHK・NEP｜赤毛のアン©NIPPON ANIMATION CO., LTD. "Anne of Green Gables"™AGGLA｜
山賊の娘ローニャ©NHK・NEP・Dwango, licensed by Saltkrakan AB, The Astrid Lindgren Company｜わしも© 宮藤官九郎・安齋肇・小学館／NHK・NEP｜
ベイビーステップ© 勝木光・講談社／NHK・NEP｜英国一家、日本を食べる©NHK・NEP｜境界のRINNE© 高橋留美子・小学館／NHK・NEP・ShoPro｜
ベルサイユのばら© 池田理代子プロダクション・TMS｜ラブライブ！©2013プロジェクトラブライブ！｜進撃の巨人© 諫山創・講談社／「進撃の巨人」製作委員会｜
3月のライオン© 羽海野チカ・白泉社／「3月のライオン」アニメ製作委員会｜クラシカロイド©BNP／NHK・NEP｜
ピカイア‼©NHK、NHKエデュケーショナル、プロダクションI.G、OLM｜新世紀エヴァンゲリオン© カラー／Project Eva.｜
アトム　ザ・ビギニング© 手塚プロダクション・ゆうきまさみ・カサハラテツロー・HERO'S／アトム ザ・ビギニング製作委員会｜
ピングー in ザ・シティ©2017 The Pygos Group ©MATTEL, NHK, NEP, PPI｜響け！ユーフォニアム© 武田綾乃・宝島社／『響け！』製作委員会｜
オトッペ©NHK／オトッペ町役場｜つくもがみ貸します©2018 畠中恵・KADOKAWA／つくもがみ製作委員会｜
ツルネ―風舞高校弓道部―© 綾野ことこ・京都アニメーション／ツルネ製作委員会｜ピアノの森© 一色まこと・講談社／ピアノの森アニメパートナーズ｜
ラディアン©2018 Tony Valente, ANKAMA EDITIONS/NHK, NEP｜おしりたんてい© トロル・ポプラ社／おしりたんてい製作委員会｜
キャラとおたまじゃくし島© 門秀彦・寺田憲史／NHK／おたまじゃくし島管理組合｜ざんねんないきもの事典©TAKAHASHI SHOTEN／NHK、NEP、ファンワークス｜
機動戦士ガンダム　THE ORIGIN　前夜　赤い彗星© 創通・サンライズ｜魔入りました！入間くん© 西修（秋田書店）／NHK・NEP｜
映像研には手を出すな！© 2020 大童澄瞳・小学館／「映像研」製作委員会｜SHIROBAKO©「SHIROBAKO」製作委員会｜
銀河英雄伝説　Die Neue These© 田中芳樹／松竹・Production I.G｜もっと！まじめにふまじめ　かいけつゾロリ© 原ゆたか／ポプラ社・BNP・NEP｜
ふしぎ駄菓子屋　銭天堂© 廣嶋玲子・jyajya／偕成社／銭天堂製作委員会｜ギガントサウルス©CYBER GROUP STUDIOS.｜不滅のあなたへ© 大今良時・講談社／NHK・NEP｜
舞妓さんちのまかないさん© 小山愛子・小学館／NHK・NEP｜弱虫ペダル　LIMIT BREAK© 渡辺航（週刊少年チャンピオン）／弱虫ペダル05製作委員会｜
アオアシ© 小林有吾・小学館／「アオアシ」製作委員会｜スマーフ©Peyo Productions - Dupuis Edition & Audiovisuel - Dargaud Media - KiKA - KETNET - RTBF.be - 2021｜
青のオーケストラ© 阿久井真／小学館／NHK・NEP・日本アニメーション｜ドッグシグナル© みやうち沙矢／KADOKAWA／NHK・NEP｜
キボウノチカラ～オトナプリキュア '23～ ©2023 キボウノチカラ オトナプリキュア製作委員会｜
パディントンのぼうけん©MARMALADE FILMS LIMITED - MASCARET FILMS SAS 2019. Paddington Bear™, Paddington™ and PB™ are trademarks of Paddington and Company Limited.｜TIGER & BUNNY 2©BNP／T&B2 PARTNERS｜宇宙よりも遠い場所©YORIMOI PARTNERS｜オチビサン©Moyoco Anno/NHK・豆粒町内会｜
地球外少年少女©MITSUO ISO／avex pictures・地球外少年少女製作委員会｜はたらく細胞© 清水茜・講談社・アニプレックス・davidproduction｜
烏は主を選ばない© 阿部智里／文藝春秋／NHK・NEP・ぴえろ｜チ。―地球の運動について―© 魚豊／小学館／チ。―地球の運動について―製作委員会｜
科学×冒険サバイバル！©Gomdori co., Kim Jeung-Wook, Han Hyun-Dong／Mirae N／Ludens Media／朝日新聞出版／NHK・NEP・東映アニメーション

（掲載順）

NHKフォトストーリー㉗

P777 ← 26　　28 → P840

『テレビ体操』収録風景（1977年）

『おかあさんといっしょ』収録風景（1979年）

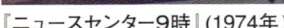

『ニュースセンター9時』（1974年）

『ニュースセンター9時』（1974年）

『ニュースセンター9時』（1980年）

『ニュースセンター9時』（1984年）

ニュースワイド

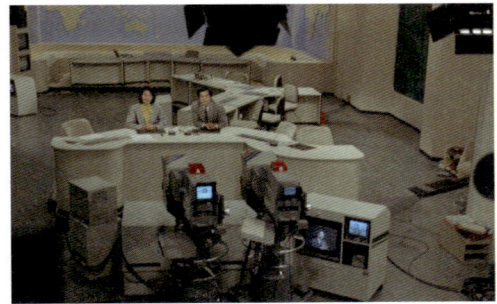

午後7時のニュース（1985年）

『ばらえてい「テレビファソラシド」』収録風景（1979年）

『女性手帳』収録風景（1981年）

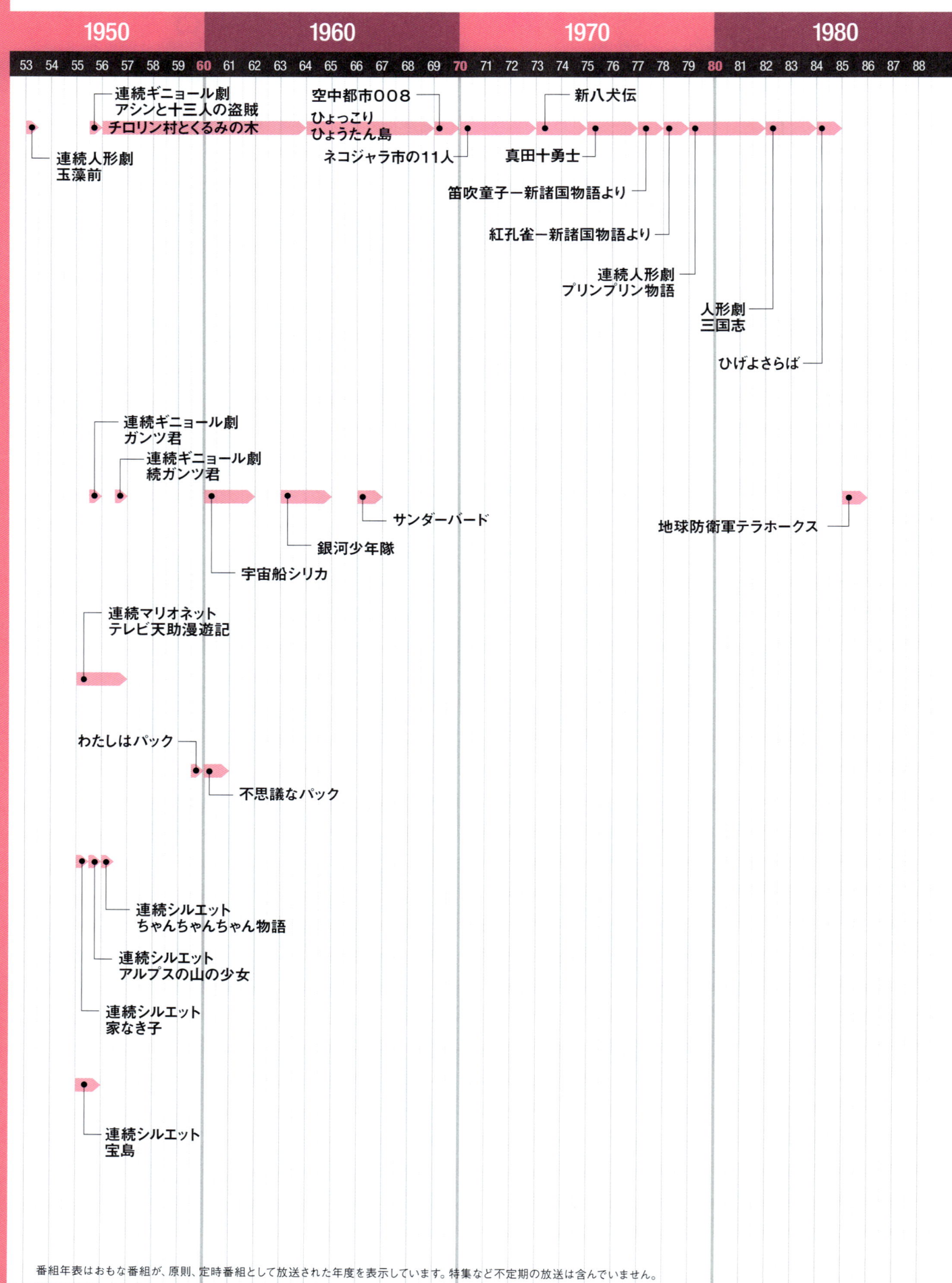

	1950		1960		1970		1980

連続ギニョール劇
アシンと十三人の盗賊
チロリン村とくるみの木

空中都市008
ひょっこり
ひょうたん島
ネコジャラ市の11人

新八犬伝

連続人形劇
玉藻前

真田十勇士

笛吹童子－新諸国物語より

紅孔雀－新諸国物語より

連続人形劇
プリンプリン物語

人形劇
三国志

ひげよさらば

連続ギニョール劇
ガンツ君

連続ギニョール劇
続ガンツ君

サンダーバード

地球防衛軍テラホークス

銀河少年隊

宇宙船シリカ

連続マリオネット
テレビ天助漫遊記

わたしはパック

不思議なパック

連続シルエット
ちゃんちゃんちゃん物語

連続シルエット
アルプスの山の少女

連続シルエット
家なき子

連続シルエット
宝島

番組年表はおもな番組が、原則、定時番組として放送された年度を表示しています。特集など不定期の放送は含んでいません。

| 53 | 54 | 55 | 56 | 57 | 58 | 59 | **60** | 61 | 62 | 63 | 64 | 65 | 66 | 67 | 68 | 69 | **70** | 71 | 72 | 73 | 74 | 75 | 76 | 77 | 78 | 79 | **80** | 81 | 82 | 83 | 84 | 85 | 86 | 87 | 88 |

右側縦書き見出し：01.ドラマ 02.クイズ・バラエティー 03.音楽 04.伝統芸能 05.ニュース 06.報道・ドキュメンタリー 07.紀行 08.教養・情報 09.自然・科学 10.こども・教育 11.人形劇・アニメ 12.趣味・実用 13.大型特集番組等

人形劇

1990　　**2000**　　**2010**　　**2020**

89 **90** 91 92 93 94 95 96 97 98 99 **00** 01 02 03 04 05 06 07 08 09 **10** 11 12 13 14 15 16 17 18 19 **20** 21 22 23 24　年度

人形歴史スペクタクル
平家物語

新・三銃士

シャーロックホームズ

おとなの人形劇

ひょっこりひょうたん島
復刻版

恐竜家族

フラグルロック

ドラマ
マペット放送局

90 91 92 93 94 95 96 97 98 99 **00** 01 02 03 04 05 06 07 08 09 **10** 11 12 13 14 15 16 17 18 19 **20** 21 22 23 24

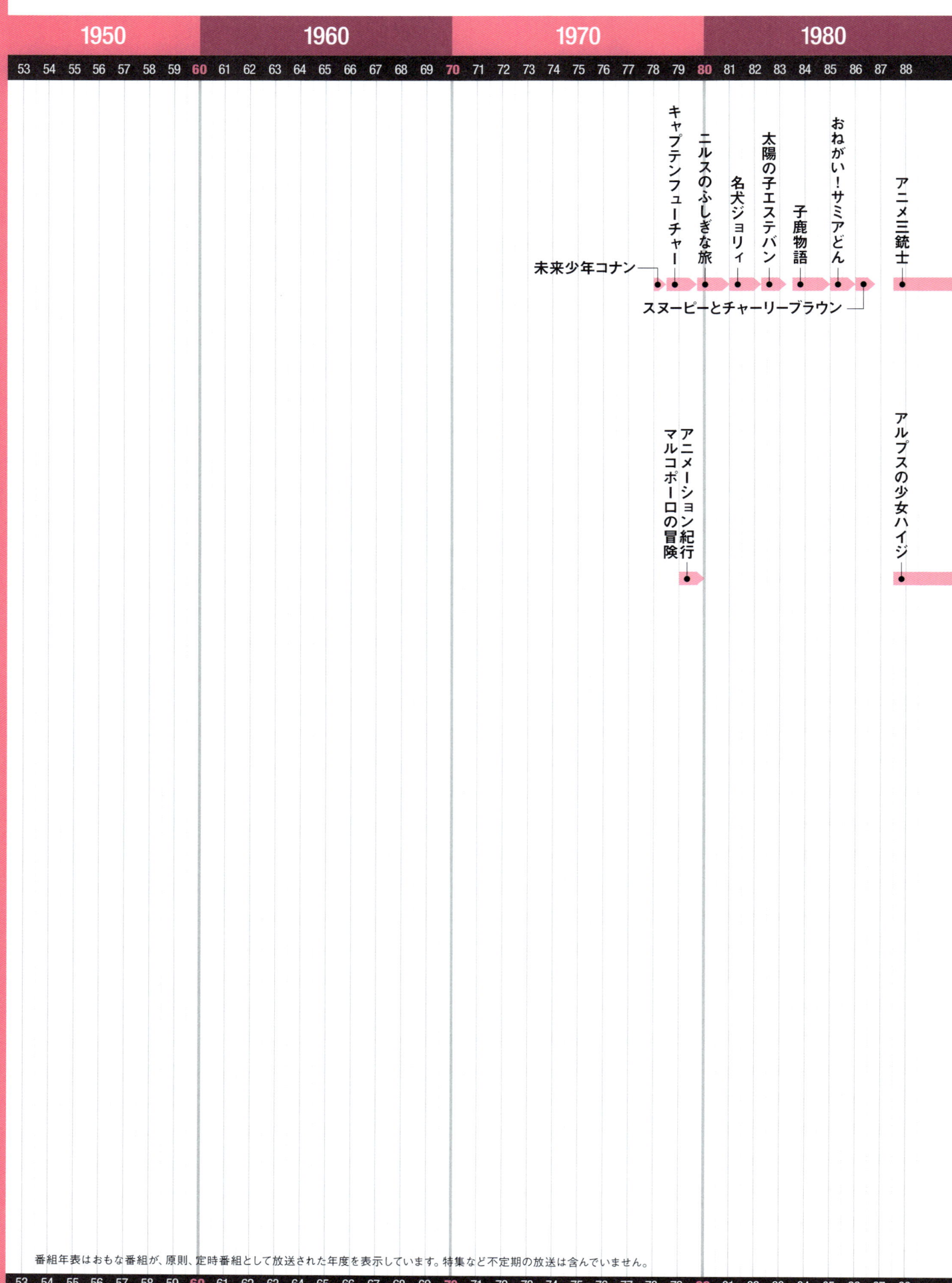

	1950							1960										1970										1980							
	53	54	55	56	57	58	59	60	61	62	63	64	65	66	67	68	69	70	71	72	73	74	75	76	77	78	79	80	81	82	83	84	85	86	87	88

未来少年コナン

キャプテンフューチャー

スヌーピーとチャーリーブラウン

ニルスのふしぎな旅

名犬ジョリィ

太陽の子エステバン

子鹿物語

おねがい！サミアどん

アニメ三銃士

アニメーション紀行
マルコ・ポーロの冒険

アルプスの少女ハイジ

番組年表はおもな番組が、原則、定時番組として放送された年度を表示しています。特集など不定期の放送は含んでいません。

	53	54	55	56	57	58	59	60	61	62	63	64	65	66	67	68	69	70	71	72	73	74	75	76	77	78	79	80	81	82	83	84	85	86	87	88

01.ドラマ　02.クイズ・バラエティー　03.音楽　04.伝統芸能　05.ニュース　06.報道・ドキュメンタリー　07.紀行　08.教養・情報　09.自然・科学　10.こども・教育　11.人形劇・アニメ　12.趣味・実用　13.大型特集番組等

1990　2000　2010　2020

89 90 91 92 93 94 95 96 97 98 99 00 01 02 03 04 05 06 07 08 09 10 11 12 13 14 15 16 17 18 19 20 21 22 23 24　年度

青いブリンク
ふしぎの海のナディア
ひみつの花園
おーい！竜馬
忍たま乱太郎
モンタナ・ジョーンズ
飛べ！イサミ
YAT(やっと)安心！宇宙旅行
だぁ！だぁ！だぁ！
無人惑星サヴァイヴ
学園戦記ムリョウ
テレパシー少女蘭
エレメントハンター
バクマン。
バクマン。第2シリーズ
バクマン。第3シリーズ
ログ・ホライズン
ログ・ホライズン 第2シリーズ
境界のRINNE
境界のRINNE 第2シリーズ
境界のRINNE 第3シリーズ
ラディアン
ラディアン2
ログ・ホライズン 円卓崩壊
魔入りました！入間くん
魔入りました！入間くん 第2シリーズ
魔入りました！入間くん 第3シリーズ
不滅のあなたへ
不滅のあなたへ シーズン2
青のオーケストラ
アオアシ
ドッグシグナル
科学×冒険サバイバル！宇宙よりも遠い場所

カードキャプターさくら　クロウカード編
カードキャプターさくら　さくらカード編
カードキャプターさくら　クリアカード編
銀河英雄伝説 Die NeueThese

ウルトラマンキッズ
おまかせスクラッパーズ
あずきちゃん
コレクター・ユイ
コレクター・ユイ 第2期
カスミン
メジャー　第1～5シリーズ
メジャー　第6シリーズ
ファイ・ブレイン～神のパズル
ファイ・ブレイン～神のパズル 第2シリーズ
ファイ・ブレイン 第3シリーズ
ベイビーステップ
ベイビーステップ 第2シリーズ
クラシカロイド
クラシカロイド 第2シリーズ
メジャーセカンド
メジャーセカンド 第2シリーズ
SHIROBAKO
舞妓さんちのまかないさん
キボウノチカラ～オトナプリキュア23～
はたらく細胞

シルクロード少年ユート
風の少女エミリー
今日からマ王！
今日からマ王！第2章
今日からマ王！第3章
もっと×2 神のパズル
ピングー in ザ・シティ
ラブライブ！
ラブライブ！第2シリーズ
ラブライブ！サンシャイン！！
ラブライブ！スーパースター!!
ラブライブ！スーパースター!!2期
ラブライブ！スーパースター!!3期
ヒックとドラゴン：新たな世界へ！
ギガントサウルス
ギガントサウルス シーズン2
ギガントサウルス シーズン3

ラブライブ！虹ヶ咲学園スクールアイドル同好会

学園アリス
獣の奏者エリン
ピカイア！
ピカイア！！
ボス・ベイビー

もっと！まじめにふまじめ　かいけつゾロリ
もっと！まじめにふまじめ　かいけつゾロリ　第2シリーズ
もっと！まじめにふまじめ　かいけつゾロリ　第3シリーズ
ボス・ベイビー　シーズン2
パディントンのぼうけん

アニメーション番組年表2

01.ドラマ　02.クイズ・バラエティー　03.音楽　04.伝統芸能　05.ニュース　06.報道・ドキュメンタリー　07.紀行　08.教養・情報　09.自然・科学　10.こども・教育　11.人形劇・アニメ　12.趣味・実用　13.大型特集番組等

スプーンおばさん

へーい！ブンブー

番組年表はおもな番組が、原則、定時番組として放送された年度を表示しています。特集など不定期の放送は含んでいません。

	1990		2000		2010		2020

89 **90** 91 92 93 94 95 96 97 98 99 **00** 01 02 03 04 05 06 07 08 09 **10** 11 12 13 14 15 16 17 18 19 **20** 21 22 23 24 年度

パラソルヘンべえ

ヤダモン！　　ヤンボウ　ニンボウ　トンボウ

南の島の小さな飛行機　　バーディー

スマーフ　　シーズン2

スマーフ

コビーの冒険　　はりもぐハーリー

ガッ活！

PEANUTS　スヌーピー

ショートアニメ

おばけのホーリー

はじめ人間ゴン

ミニスキュル～小さなムシの物語

オトナの一休さん

ポコニャン

メイシー

キャラとおたまじゃくし島

オチビサン

チロリン村物語

バーバパパ

ケチャップ

忍たま乱太郎

おじゃる丸

ぜんまいざむらい

はなかっぱ

はなかっぱミニ

ひつじのショーン

スポンジ・ボブ

おさるのジョージ

パッコロリン

きかんしゃトーマス

わしも

オトッペ

おしりたんてい

ざんねんないきもの事典

ふしぎ駄菓子屋　銭天堂

90 91 92 93 94 95 96 97 98 99 **00** 01 02 03 04 05 06 07 08 09 **10** 11 12 13 14 15 16 17 18 19 **20** 21 22 23 24

NHK放送100年史（テレビ編）　　815

アニメーション番組年表3

01.ドラマ　02.クイズ・バラエティー　03.音楽　04.伝統芸能　05.ニュース　06.報道・ドキュメンタリー　07.紀行　08.教養・情報　09.自然・科学　10.こども・教育　11.人形劇・アニメ　12.趣味・実用　13.大型特集番組等

番組年表はおもな番組が、原則、定時番組として放送された年度を表示しています。特集など不定期の放送は含んでいません。

	1990	2000	2010	2020

89 90 91 92 93 94 95 96 97 98 99 00 01 02 03 04 05 06 07 08 09 10 11 12 13 14 15 16 17 18 19 20 21 22 23 24 年度

アガサ・クリスティーの
名探偵ポワロとマープル
火の鳥

雪の女王

少女チャングムの夢
僕は天才発明家！
ジミー・ニュートロン
彩雲国物語
彩雲国物語　第2シリーズ

キングダム
第2シリーズ

もしドラ

キングダム

進撃の巨人
3月のライオン

アトム　ザ・ビギニング
3月のライオン
第2シリーズ

機動戦士ガンダム　THE ORIGIN
前夜
赤い彗星
ツルネ―風舞高校弓道部―
つくものがみ貸します

映像研には手を出すな！
キングダム
第3シリーズ

弱虫ペダル
LIMIT BREAK

キングダム
第4シリーズ

TIGER & BUNNY 2

地球外少年少女

キングダム
第5シリーズ

鳥は主を選ばない

チ。―地球の運動について―

英国一家、日本を食べる
団地ともお
銀河へキックオフ!!

ヴィンランド・サガ

進撃の巨人　Season3　Part.1
進撃の巨人　Season3　Part.2
進撃の巨人　The Final Season　Part 1
進撃の巨人　The Final Season Part2
進撃の巨人　The Final Season　完結編前編
進撃の巨人　The Final Season　完結編後編

SAMURAI 7
十二国記
精霊の守り人
グイン・サーガ
人造人間キカイダー　THE ANIMATION

アリソンとリリア
こばと。
心霊探偵　八雲
かみちゅ！

サンダーバード ARE GO
新世紀エヴァンゲリオン
涼宮ハルヒの憂鬱
ピアノの森
第2シリーズ
ピアノの森
響け！ユーフォニアム
山賊の娘ローニャ

へうげもの
GIANT KILLING
花咲ける青少年
がん　がん　がんこちゃん

おしりかじり虫
ハイキュー!!
鳥野高校VS白鳥
沢学園高校
ハイキュー!!
ハイキュー!!　セカンドシーズン

スターウォーズ／クローン・ウォーズ
プラネテス
スターウォーズ／クローン・ウォーズ2
スターウォーズ／クローン・ウォーズ3

トムとジェリー　テイルズ
新トムとジェリー　ショー
新くまのプーさん
ぼくらベアベアーズ
カンフー・パンダ　ザ・シリーズ
トムとジェリー

ペンギンズ2
ペンギンズ
ななみちゃん

アドベンチャー・タイム
ザ・ペンギンズ
楽しいムーミン一家

フランダースの犬
赤毛のアン

美少女戦士セーラームーン
美少女戦士セーラームーンR

あらいぐまラスカル
ベルサイユのばら

けいおん！
けいおん！！

90 91 92 93 94 95 96 97 98 99 00 01 02 03 04 05 06 07 08 09 10 11 12 13 14 15 16 17 18 19 20 21 22 23 24

アニメーション番組年表4

1950	1960	1970	1980

| 53 | 54 | 55 | 56 | 57 | 58 | 59 | 60 | 61 | 62 | 63 | 64 | 65 | 66 | 67 | 68 | 69 | 70 | 71 | 72 | 73 | 74 | 75 | 76 | 77 | 78 | 79 | 80 | 81 | 82 | 83 | 84 | 85 | 86 | 87 | 88 |

01.ドラマ　02.クイズ・バラエティー　03.音楽　04.伝統芸能　05.ニュース　06.報道・ドキュメンタリー　07.紀行　08.教養・情報　09.自然・科学　10.こども・教育　11.人形劇・アニメ　12.趣味・実用　13.大型特集番組等

枠番組

番組年表はおもな番組が、原則、定時番組として放送された年度を表示しています。特集など不定期の放送は含んでいません。

| 53 | 54 | 55 | 56 | 57 | 58 | 59 | 60 | 61 | 62 | 63 | 64 | 65 | 66 | 67 | 68 | 69 | 70 | 71 | 72 | 73 | 74 | 75 | 76 | 77 | 78 | 79 | 80 | 81 | 82 | 83 | 84 | 85 | 86 | 87 | 88 |

818　NHK放送100年史（テレビ編）

	1990	2000	2010	2020
89 **90** 91 92 93 94 95 96 97 98 99	**00** 01 02 03 04 05 06 07 08 09 **10**	11 12 13 14 15 16 17 18 19 **20**	21 22 23 24	年度

キッズアワー

衛星アニメ劇場

衛星こども劇場

BS深夜アニメ館

アニメアンコール

衛星アニメ

サンデーアニメ劇場

BS名作アニメ劇場

母と子の名作アニメ劇場

NHKアニメ劇場

アニメーション

ハイビジョンアニメシリーズ

アニメ映画劇場

ＥＴＶアンコールアワー

プチプチ・アニメ

ミニアニメ

おしりキッズ

90 91 92 93 94 95 96 97 98 99 **00** 01 02 03 04 05 06 07 08 09 **10** 11 12 13 14 15 16 17 18 19 **20** 21 22 23 24

NHK放送100年史（テレビ編）　819

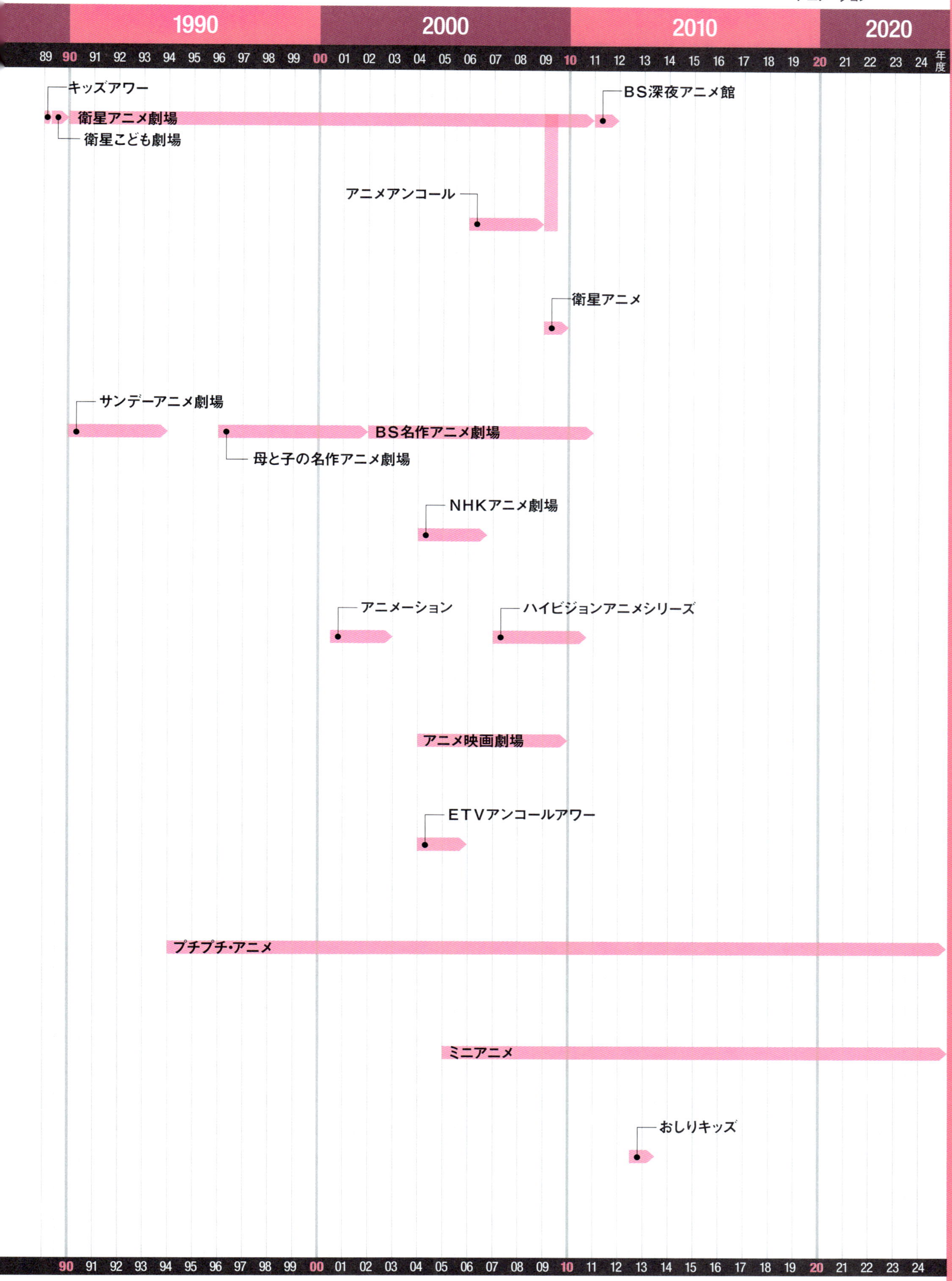

趣味・実用
趣味

01

趣味番組のルーツ
～『ホーム・ライブラリー』～

テレビ放送開始からわずか10年で、テレビの受信契約数は1500万件を突破（1963年12月）。テレビはまたたく間に家庭に浸透し、生活とは切っても切れないメディアとなった。その普及に「ニュース」「娯楽」と並んで大いに貢献した番組ジャンルが、生活に潤いをもたらす「趣味」と、暮らしに役立つ「生活情報」である。

現在では様々な形で進化、発展をとげた趣味番組の原点とも言える番組が、テレビ開局とともにスタートした『ホーム・ライブラリー』（1953年2月～1959年4月）だ。月曜から金曜の午後1時15分から放送の15分番組である。

この番組の最大の特徴は“婦人”に視聴対象を絞って番組作りがなされた点にある。1950年代から1960年代にかけて、“婦人”はテレビの普及の鍵を握る大きなターゲットとみなされ、『婦人百科』（1959～1992年度）、『テレビ婦人の時間』（1959～1964年度）、『婦人の話題』（1960年度）など、「婦人」をタイトルに冠した番組が次々に誕生した。成人した女性を意味する「婦人」には、当時“家庭の主婦”というニュアンスが濃厚だった。タイトルに「家

『ホーム・ライブラリー』いけばな：池坊専永（1952～1958年度）→ P852

『ホーム・ライブラリー』サマードレス（1952～1958年度）→ P852

『婦人百科』いけばな：勅使河原霞
（1959～1992年度）→ P830

『テレビ婦人の時間　作家の横顔』野上弥生子
（1959～1964年度）→ P852

『婦人の話題―時の言葉―』（1960年度）→ P852

『こんにちは奥さん』（1966～1973年度）→P853

『おしゃれ工房』（1993～2009年度）→P834

『すてきにハンドメイド』（2010年度～）→P838

『くらしの窓』（1962～1965年度）→P853

『午後のひととき』（1965～1966年度）→P853

『女性手帳』（1967～1981年度）→P853

庭」を意味する「ホーム」を用いたのも、家庭の主婦の視聴を意識してのことである。また同時に「婦人」には、社会に向かって積極的に参画する“新しいタイプの女性像”もイメージさせた。『ホーム・ライブラリー』はそんな“婦人目線”で、「料理」「育児」「衛生（広義の“健康”）」「家計」「洗濯」「衣服・編み物」「美容」等、衣・食・住から、時事解説、趣味・芸術鑑賞にいたるまで幅広いテーマを取り上げた。

　1959年1月の教育テレビ開局を機に、『ホーム・ライブラリー』はその年の4月に番組を終了する。『ホーム・ライブラリー』の主要部分でもある趣味・実用番組は『婦人百科』に引き継がれ、その後『おしゃれ工房』（1993～2009年度）、『すてきにハンドメイド』（2010年度～）へと続いていく。

　『婦人百科』がスタートして半年後の10月に、『テレビ婦人の時間』（1959～1964年度　＊1962年度より『婦人の時間』）が新設される。それを機に『婦人百科』はその内容をよりいっそう趣味・実用にシフトする。一方、『テレビ婦人の時間』は社会ルポや人物インタビューなどを取り上げ、その後、『くらしの窓』（1962～1965年度）、『こんにちは奥さん』（1966～1973年度）、『午後のひととき』（1965～1966年度）、『女性手帳』（1967～1981年度）へと続く女性を対象とした教養系情報番組の流れを作った。

趣味

『ギター教室』（1966～1972年度）→P832

『ギターをひこう』（1973～1983年度）→P833

『三味線のおけいこ』（1980～1983年度）→P833

『尺八のおけいこ』（1982年度）→P833

『箏のおけいこ』（1982～1983年度）→P833

『ピアノのおけいこ』（1962～1982年度）→P831

『バイオリンのおけいこ』（1962～1982年度）→P831

02

"おけいこ番組"の系譜
～『テレビでおけいこ』から『スーパーレッスン』へ～

1960年4月、小・中学生を対象とした『テレビでおけいこ』が教育テレビで始まる。「バレエ教室」（4～6月）、「カメラ教室」（7～9月）、「みんなでドレミファ」（10～3月）、翌1961年度は「楽しい人形劇」（4～9月）、「みんなでお習字」（10～3月）を放送した。

1962年4月、『テレビでおけいこ』はピアノとバイオリンに特化して、『ピアノのおけいこ』（1962～1982年度）と『バイオリンのおけいこ』（1962～1982年度）となる。いずれの番組も小・中学生を主な対象に、実技を初歩から指導した。

1970年代に入ると、一般成人や指導者も対象に内容を刷新。1983年4月に『ピアノとともに』、『バイオリンのABC』とそれぞれ改題したのち、20年以上にわたる放送を終了する。

1966年4月、クラシックギターの初歩の演奏技術を学ぶ番組『ギター教室』（1966～1972年度）が、3つ目の"テレビ音楽教室"として始まった。ピアノとバイオリンが子どもを対象にスタートしたのに対し、『ギター教室』は学生、社会人を対象とした。後に『ギターをひこう』（1973～1983年度）に改題し、中級者の演奏技術も指導した。

『フルート教室』（1971～1972年度）は、日本のフルート演奏の第一人者・吉田雅夫を講師に招いた。1973年4月に『フルートとともに』に改題。1982年3月に番組が終了すると、『リコーダーとともに』（1982年度）を1年間放送。前期はアルト・リコーダーでバロック音楽を中心に学び、後期はソプラノ・リコーダーとアルト・リコーダーを使用して合奏にも挑戦した。

『ピアノとともに』(1983年度) →P834

『バイオリンのABC』(1983年度) →P834

1980年代に入ると根強い人気を持つ邦楽器の番組も始まった。『三味線のおけいこ』(1980〜1983年度)は東京芸術大学教授の菊岡裕晃、『尺八のおけいこ』はのちに人間国宝に認定される山口五郎、『箏のおけいこ』も人間国宝になる山勢司都子という名だたる講師陣が顔をそろえた。中でも『三味線のおけいこ』はテキストが20万部近く売れるほどの人気となった。

ピアノとバイオリンで始まった音楽関係の講座番組は、『趣味講座』(1981〜1989年度)の枠に引き継がれる。若者向けのロック・ポップス講座「ベストサウンド」シリーズ(1985〜1988年度)、「第九をうたおう」(1986年度)、「民謡をうたおう」(1986年度)、「ピアノでポップスを」シリーズ(1989〜1991年度)、「コーラスでポップスを」(1989年度)

などを半年を中心としたシリーズで放送した。

『趣味講座』は『趣味百科』(1990〜1996年度)に改題。「ピアノでモーツァルトを」(1990年度)、「ショパンを弾く」(1992年度)、「ベートーベンを弾く」(1993年度)、「ピアノで名曲を」(1994年度)、「ピアノ連弾の楽しみ」(1995年度)、「ポピュラーピアノを楽しむ」(1996年度)など、同じピアノ講座でも視聴者のニーズに合わせて細分化された。

『趣味百科』は『趣味悠々』(1997〜2009年度)に改題してからは、「リチャード・クレイダーマンのピアノレッスン」(1997年度)、「山下洋輔のジャズの掟」(1998年度)、「高木ブーのいますぐ始めるウクレレ」(1999年度)など、演奏家の魅力を前面に打ち出したシリーズが次々に企画された。

『スーパーピアノレッスン』(2005・2009年度)は、教育テレビとハイビジョンで放送した上級者向けレッスン番組。世界の一流ピアニストが、ヨーロッパに留学中の学生たちにおこなう特別レッスンを公開する。初年度はフィリップ・アントルモンのモーツァルト、ジャン・マルク・ルイサダのショパン、アレクサンドル・トラーゼのチャイコフスキーの3シリーズを放送した。2006年は『スーパーレッスン』(2006〜2008年度)と改題し、ピアノとバレエの両方を扱った。また『スーパーオペラレッスン』(2011年1〜3月)も放送した。

子どもたちの「おけいこ」で始まった音楽レッスン番組は、「趣味」番組の枠組みのなかでクラシック、ポップス、ジャズ、ハワイアンから民謡までそのバリエーションを広げ、2000年代に世界レベルの「スーパーレッスン」に到達した。

『趣味講座』(1981〜1989年度) →P833

『趣味百科』(1990〜1996年度) →P834

『趣味悠々』(1997〜2009年度) →P835

『スーパーフラワーレッスン』(2011年度) →P838

03

趣味番組、もう1つの流れ

～『技能講座』から『趣味どきっ!』へ～

『ホーム・ライブラリー』から『婦人百科』、『おしゃれ工房』、『すてきにハンドメイド』へと続く、女性を対象にした趣味番組に対して、男性を主な視聴対象に始まった流れがある。

そのルーツが1959年1月、教育テレビ開局とともに始まった『技能講座』(1958～1959年度)で、「テレビ技術入門」を1959年3月まで放送した。4月からは「テレビ自動車学校」というサブタイトルで、運転免許の取得を目指す人、自動車に興味をもつ人を対象に、「構造編」「運転編」「法規編」「整備編」に分けて自動車運転の基本情報を提供した。

1960年度、「テレビ自動車学校」が単独の番組として独立。『技能講座』のタイトルは番組表から消えるが、翌1961年、『職業技能講座』として復活。「計算尺」「理美容」「簿記」など、就職や資格取得に役立つ講座を開設した。この番組は1962年度に『技能講座』とタイトルを戻し、「簿記」「テレビジョン技術」「統計実務」など、その後1980年度まで十数年にわたって、就職や仕事に役立つ知識や技能を身につける講座番組として定着した。

当時、日本はまさに高度経済成長の時代。1969年、経済企画庁が前年の日本のGNP(国民総生産)が、自由主義国で世界第2位になったことを発表。1970年代に入る

と、1973年に第一次オイルショック(石油危機)に見舞われ、翌1974年には戦後初めて経済成長率がマイナスを記録する。時代の風向きが変わるとともに、人々の生活スタイルも心の豊かさを求める"余暇の時代"に入っていく。

1970年代後半、『技能講座』の枠で、「オーディオ入門」(1976～1977年度)、「家庭大工入門」(1978年度)など、趣味のための講座が始まる。

1980年度には番組タイトルに「趣味」が加わり、『趣味・技能講座』と改題。番組コンセプトを「職場で役立つ知識や技能」の提供から、「余暇を有効に利用するための趣味」にかじを切り、「釣り入門」と「カメラ技法入門」をスタートさせた。

翌1981年4月、番組タイトルから「技能」が消え、『趣味講座』(1981～1989年度)としてスタートを切る。「オンタイム(仕事)」から「オフタイム(余暇)」のための番組に内容を刷新。視聴対象も「個人」から「家族」にシフトした。現在まで続く"趣味番組"の幕開けである。

『趣味講座』が取り上げる内容は、ゴルフ、テニス、ス

『技能講座』(1958～1959・1962～
1979年度) →P830

『趣味・技能講座』(1980年度) →P833

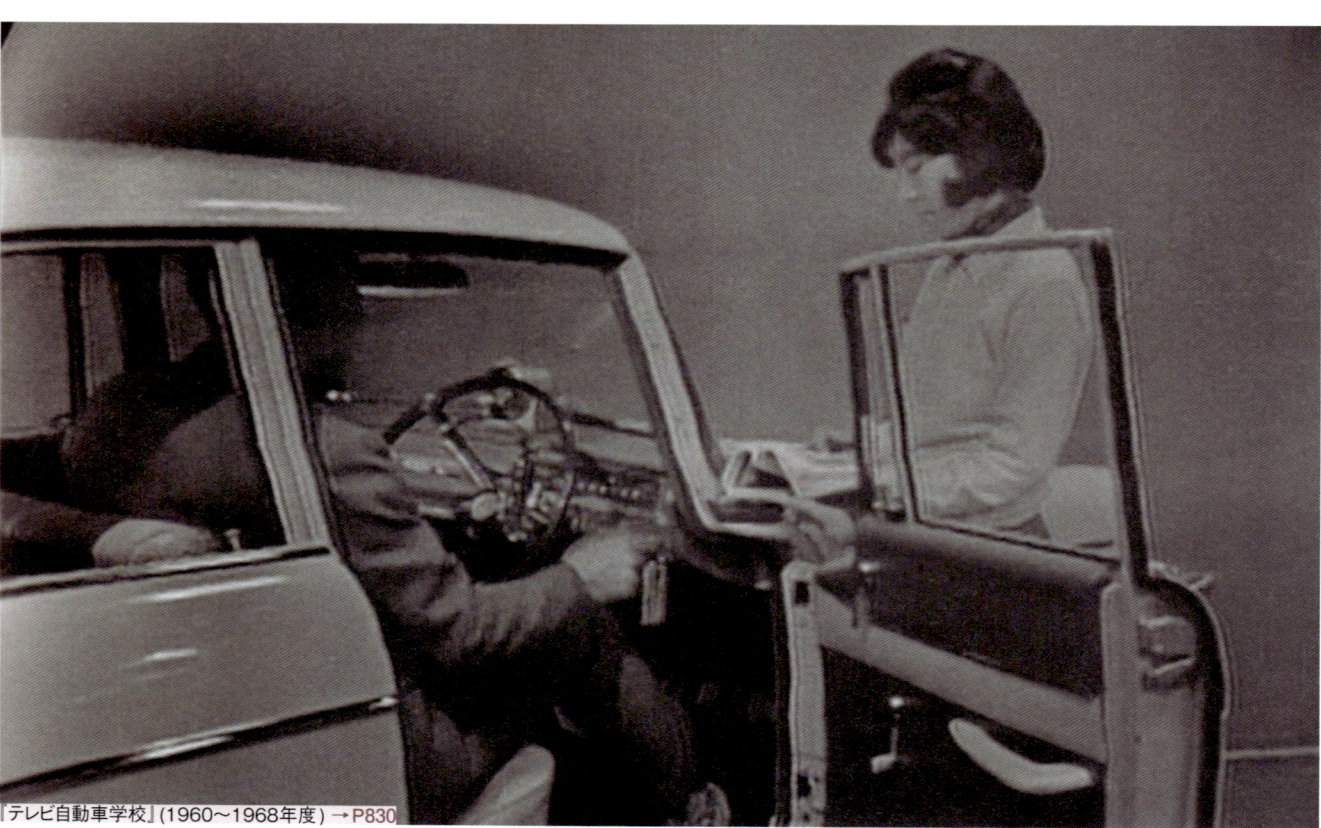

『テレビ自動車学校』(1960～1968年度) →P830

『NHK俳壇』(1994〜2004年度) → P834

『NHK歌壇』(1997〜2004年度) → P835

『NHK俳句』(2005年度〜) → P836

『NHK短歌』(2005年度〜) → P836

『趣味Do楽』(2012〜2014年度) → P839

『趣味どきっ!』(2015年度〜) → P840

キー、スイミング、スキューバダイビング、新体操、ゲートボールなどのスポーツ。ロック・ポップス、クラシック、民謡などの音楽。油絵、水墨画、イラスト、書道などの絵画や書。そのほか、ダンス、クラシックバレエ、ビデオカメラ、マイコン、短歌・俳句、ビリヤード、陶芸など多岐にわたった。

　1990年代に入ると『趣味講座』は『趣味百科』(1990〜1996年度)に改題。従来のテーマを深めつつ、さらにバリエーションを広げた。

　趣味講座の定番とも言える俳句は1994年度に、短歌は1997年度に、『NHK俳壇』『NHK歌壇』としてそれぞれ独立。『NHK俳句』(2005年度〜)、『NHK短歌』(2005年度〜)に続いていく。

　1997年、『趣味百科』は『趣味悠々』(1997〜2009年

度)に改題。これまで取り上げていたテーマは、より対象となる視聴者ニーズに合わせて細分化が進んだ。「羽生善治の"将棋はむずかしくない"」(1997)、「田崎真也とみつける自己流ワインの楽しみ」(1998)、「山下洋輔のジャズの掟」(1998)など、講師の名を立てたシリーズも続々登場。講師の卓越した技能と個性、ネームバリューを生かした講座を放送した。

　2010年3月に『趣味悠々』が終了。2011年から2年間は講座の枠タイトルがなくなり、それぞれのテーマが番組タイトルとなった。

　2012年4月、『趣味Do楽』(2012〜2014年度)のスタートで枠タイトルが復活。『趣味どきっ!』(2015年度〜)に引き継がれている。

　『趣味どきっ!』は暮らしを豊かに彩る趣味の数々を1テー

趣味

01.ドラマ　02.クイズ・バラエティー　03.音楽　04.伝統芸能　05.ニュース　06.報道・ドキュメンタリー　07.紀行　08.教養・情報　09.自然・科学　10.こども・教育　11.人形劇・アニメ　12.趣味・実用　13.大型特集番組等

『日本つり紀行』（1994～1997年度）→P834

『にっぽん釣りの旅』（2003～2011年度）→P836

『釣りびと万歳』（2014年度～）→P840

マにつき、基本2か月8回シリーズで構成。「現代テニス」「ゴルフ」などのスポーツ系、「国宝に会いに行く」「開け！世界遺産」などの文化体験、「スマホ」「パソコン」などデジタル機器の扱い、さらに「茶の湯」「臨書」から「アニメ声優塾」まで幅広く取り上げている。

　この他、[趣味]ジャンルの特集番組としては、愛好家が年に一度集まり選者が特選作品を表彰する『NHK全国短歌大会』『NHK全国俳句大会』を1999年度から放送している。小学生・中学生の囲碁日本一を決める日本棋院主催の少年少女囲碁大会は、1980年度の第1回『決定！こども囲碁名人』から、番組タイトルを変えながら放送。日本将棋連盟が主催する小学生将棋名人戦も1981年度の『決定！こども将棋名人』から、番組タイトルを変えながら放送が続いている。また、『全日本アマチュア将棋名人戦』は、特集番組として1979年度から2011年度まで放送してきた。日本将棋連盟が主催する「将棋の日」のイベントも、1984年度以来、めかくし将棋や紅白リレー将棋、駒落ちリレー対局、10秒将棋対局などを中継録画で紹介している。

04

紀行テイストの趣味番組

　『趣味・技能講座』でも取り上げた“釣り”が、紀行番組の演出で衛星放送に登場する。

　衛星第2の『日本つり紀行』（1994～1997年度）は、その後に続く「釣り紀行番組」の第1弾。磯釣り、渓流釣りからスリリングなスポーツフィッシングまで、釣り好きの著名人が季節の釣りを日本各地で楽しんだ。第1回放送は作家の夢枕獏が出演した「四国清流にアユを追う～徳島・海部川」。俳優の寺田農、作曲家の小林亜星、野球評論家の稲尾和久など、各界の著名人が、“釣行”の中で自らの釣り哲学や自然とのかかわりを語った。

　衛星第2の『にっぽん釣りの旅』（2003～2011年度）は、釣り紀行番組の第2弾。多彩なゲストが全国各地の海や川、湖沼を訪ね、地元の名人のいざないで釣りに挑戦。地域色あふれる「技」「道具」「知恵」「味」を紹介。初心者向けに、基本的な技術やマナーを伝えるシリーズも放送。

　第3弾は2014年にBSプレミアムでスタートした『釣りびと万歳』。俳優やタレントなど、各界で活躍する釣り好きが

日本各地の"釣りスポット"を訪ね、その土地ならではの釣り方やテクニックを地元の名人に教わり、旬の魚やあこがれの魚に挑んだ。

05 ガーデニングと家庭菜園

　家庭園芸番組のはじまりは、1958年から毎週日曜に放送していた『園芸のしおり』（1958～1960年度）。番組では、草花、花木、庭木、果樹、野菜などの庭仕事を紹介するだけでなく、金魚、小鳥、犬、ネコなどペットの世話も取り上げた。

　同じように園芸やペットを中心にした番組が、1966年から始まった『趣味のコーナー』。毎週土曜日の午前中に放送された番組は、週ごとにテーマが分かれていた。第1週は「たのしい園芸」。やさしい園芸の手引きとして、栽培管理をはじめ暮らしに生かす園芸利用などを紹介した。第3週の「盆栽」は盆栽の仕立て方、味わい方の入門番組。そして第5週が「観葉植物」。ちなみに第2週は「犬」の正しい飼育方法の解説。第4週は「小鳥」と「熱帯魚」の飼い方を放送。趣味と実益を兼ねた番組として幅広い層が視聴した。

『趣味のコーナー』（1966年度）→ P832

『園芸のしおり』（1958～1960年度）→ P830

趣味

1964年4月、60年近く続く長寿番組『趣味の園芸』がスタートする。園芸好きな人々のために四季折々の植物の育て方、楽しみ方を専門家が指導した。四季の草花、観葉植物、花木、盆栽などの管理や手入れの仕方を紹介するとともに、菖蒲園やダリヤ園からの中継も行った。

2000年代に入ると時代やライフスタイルの変化に応じて、いくつかの関連番組も誕生した。『趣味の園芸プラス』（2007～2009年度）は、園芸に関する疑問、質問を放送中にFAXで受け付け、『趣味の園芸』の講師陣が番組中に生放送で解答するという視聴者参加型の園芸相談番組。毎週1つのテーマを設けて上手に育てるポイントや園芸作業をより楽しくする情報を伝えた。

2008年度には初心者に園芸の基本を伝える5分ミニ番組『趣味の園芸ビギナーズ』（2008～2015年度）と、『趣味の園芸　やさいの時間』（2008年度～）が始まる。『趣味の園芸　やさいの時間』は、自宅の畑やベランダでの野菜作りの基本とポイントを指導する。人気のトマト、ナスやキュウリ、レタス、ホウレンソウから、イタリアや中国の野菜など、多彩な野菜の栽培方法を紹介する。

『趣味の園芸』（1964～1965・1967年度～）→ P832

『趣味の園芸プラス』（2007～2009年度）→ P837

『趣味の園芸　やさいの時間』（2008年度～）→ P837

『月刊やさい通信』(2005〜2013年度) → P836

『素敵にガーデニングライフ』(2003〜2009年度) → P836

　総合テレビでは『月刊やさい通信』(2005〜2013年度)を月1回放送。自ら野菜作りに関わり、その魅力にはまったという糸井重里がクリス智子とともに司会を担当。「野菜から始まる食文化を楽しもう」がキャッチフレーズ。野菜にまつわる意外なエピソードを紹介し、野菜たちの魅力と野菜作りや家庭菜園の楽しさを伝えた。

　「ガーデニング」という言葉が新語・流行語大賞を受賞した1997年ごろから、美しい草花で庭やベランダを飾る人たちが増え、ガーデニングがブームとなった。その発祥は、イギリスの長い歴史のなかで大切に保存されてきた歴史的な建造物を彩る庭園。それらを紹介した衛星第2の『ヨーロッパガーデニング紀行』(1998年度)や『イングリッシュガーデン四季物語』(1999年度)などの特別番組が数多く放送された。

　2003年4月、ハイビジョンと衛星第2で『素敵にガーデニングライフ』(2003〜2009年度)が始まる。全国のガーデナー(園芸愛好家)の庭や、海外のガーデニング先進国を訪問し、その"庭造りとともにある生活"を紹介した。

趣味 | 定時番組

1950年代

テレビ体操　1957年度〜
ラジオの音声を聞きながら行う『ラジオ体操』に対して、テレビの画像を見ながらおこなう『テレビ体操』が1957年10月にスタート。子どもから高齢者まで、誰もが家庭で手軽におこなえるように、激しい運動を避けた体操として開発され、毎日午前7時台の10分番組でスタート。2021年度はEテレで毎日午前6時台に10分番組で、総合では(月〜金)午前と午後に5分で放送。

園芸のしおり　1958〜1960年度
一般家庭を対象にした日曜朝の園芸番組。草花・花木・庭木・果樹・野菜などの庭仕事から、金魚・小鳥・犬・猫などの愛玩用ペットの世話まで取り上げた。スタジオに設けた庭園で栽培や手入れの要領を紹介。集合住宅でも応用できる「一坪園芸」や「ブロック花壇」の栽培技術や作り方も紹介した。(日)午前8時台の20〜25分番組。

8ミリ映画腕自慢　1958年度
取り扱いが簡単な家庭用フィルム撮影機器として人気があった8ミリ映画の作り方を紹介。著名人の愛好家を招き、その作品を披露。一般の愛好家が自分で撮影や編集する際のヒントを伝えた。月1回(金)午後10時台放送の30分番組。

技能講座　1958〜1959・1962〜1979年度
職場で応用できる技能の習得と、検定試験を受験するための実力養成を図るための入門講座。教育テレビが開局した1959年1月に「テレビ技術入門」講座からスタート。同年4月から1年間は「テレビ自動車学校」を放送。1961年度に『職業技能講座』として復活し、「計算尺」「洋裁」「簿記」ほかを放送。1962年度にタイトルを『技能講座』にもどし、以後「自動車整備」「テレビジョン技術」「アマチュア無線」「建築士」などの講座を放送した。

婦人百科　1959〜1992年度
1959年4月に主婦向けの教養実用番組としてスタート。同年10月に『テレビ婦人の時間』がスタートしたことで、趣味・実用番組としての性格を強めて刷新。それまで午後だった放送時間も午前に移行。前半15分が手芸・お茶・いけばな・習字・絵画など趣味と実用を兼ねた講座で、後半10分を「美容体操」で構成した。1960年1月からテキストも発行。

8ミリサロン　1959〜1960年度
『8ミリ映画腕自慢』(1958年度)を改題。著名人の出演者のほかに一般アマチュア2名を加え、それぞれ自作の8ミリ映画を披露し、鑑賞と批評を行った。総合月1回(金)午後10時台放送の30分番組。

絵画教室　1959〜1964年度
趣味として絵画を学ぶ人のために、画法の基礎を実技中心に具体的に解説した。スタート時は、洋画家の石川滋彦がデッサンから油絵までの洋画技法を指導した。1959年10月から教育テレビでスタートした30分番組。

楽しい工作　〈1959・1962〉　1959・1962年度
子どもたちが木工工作の基礎技術を、工作好きの一家とともに学ぶ教育テレビの30分番組。1959年度は(火)に、1962年度は(火・木)のそれぞれ午後7時から放送。1954〜1955年度に同名の学校放送番組がある。

1960年代

テレビ自動車学校　1960〜1968年度
急速に進む自動車の大衆化を背景に登場した自動車の実用的啓蒙番組。1959年度に『技能講座』枠で放送した番組が独立。これから運転免許を取得しようという人や免許とりたての初心者が、基本的な運転技術、構造、法規などを習得するための講座。教育(金)午後7時台の30分番組でスタート。1961年度にテキストを発行。

そろばん教室　1960〜1967年度
これから珠算を習おうとする人を対象とした実力養成講座。3級検定試験に合格することを目標に、加減乗除の基礎実技から読上げ算、見取り算などを学ぶ。放送開始年当時、直近10年間で珠算検定受験者数が3倍に増加し100万人を突破(全国商業高等学校協会調べ)するなかで、番組は大きな反響を呼ぶ。教育テレビで週1回の30分番組でスタート。1962年度に(月〜金)の15分番組となる。

美容体操　1960〜1964年度
NHKと郵政省簡易保険局が、主婦のために始めた美容のための健康体操。『ホーム・ライブラリー』(1952〜1958年度)の番組内で1954年からスタート。当初は月1回の放送だったが、1956年6月から週1回の定時放送となる。1959年度に『婦人百科』に引き継がれたのち、1960年度に(月〜土)放送の8分番組として独立。指導は竹腰美代子。1962年度は放送時間を10分に延長。1963年以降は5分番組となる。

アマチュア無線講座　1960～1961年度

アマチュア無線技士初級をめざす青少年を対象に、国家試験受験の手引きとしてもらうための講座番組。教育（火）午後7時からの30分番組。

テレビでおけいこ　1960～1961年度

小・中学生を対象に、さまざまな"おけいこごと"の上達を目指すレッスン番組。1960年度は「バレエ教室」（4～6月）、「カメラ教室」（7～9月）、「みんなでドレミファ」（10～3月）を、1961年度は前期に「楽しい人形劇」、後期に「みんなでお習字」を放送した。教育（水）午後7時からの30分番組。

囲碁の勘どころ・将棋の勘どころ　1960～1961年度

『囲碁の勘どころ』と『将棋の勘どころ』を、隔週で交互に放送。各界の著名人をゲストに招き、対局形式による解説をおこなう。講師は高川格（囲碁）と升田幸三（将棋）。ゲストには作家の五味康祐、落語家の古今亭志ん生、法学者の田中耕太郎らが出演。総合（土）午後11時からの10分番組でスタート。1961年度は15分番組に拡大。

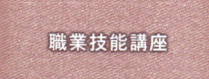
職業技能講座

職業技能講座　1961年度

『技能講座』（1958～1959年度）の後継番組で、職業技能を短期間で身につけるための講座。4・5月「計算尺」、6・7月「理美容」、8～10月「洋裁」、11・12月「簿記」、1～3月「ラジオ・テレビの故障修理」の各講座を開講し、それぞれテキストも発行した。教育（月～金）午後7時30分からの30分番組。

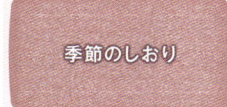
季節のしおり

季節のしおり　1961～1963年度

年々増加する園芸愛好者の声に応えて『園芸のしおり』（1958～1960年度）を改題し、総合（水・土）の週2回午前6時台の15分番組に刷新。週のうち1回は草花の栽培技術を中心に、もう1回は趣味としての園芸の楽しさを紹介。月に1回、明治神宮のハナショウブ、新宿御苑のキク、向ヶ丘遊園のバラなど、各地の花を中継で伝えた。1962年度に週1回（日）午前7時台の25分番組となる。

ピアノのおけいこ　1962～1982年度

教育テレビの『テレビでおけいこ』（1960～1961年度）を「ピアノ」に特化。小・中学生を主な対象としたが、広く一般視聴者の音楽文化向上に資することも目的とした。初年度は『バイオリンのおけいこ』と3か月ごとに週3日放送。翌1963年度より週2回の通年放送となる。年齢を問わずピアノを学ぶ人々とその指導者も対象に、ピアノの基礎的な技術と音楽知識、練習方法について指導した。1970年度よりテキストを発行。

趣味講座（囲碁）　1962～1963年度

『囲碁の勘どころ』（1960～1961年度）を改題。初年度は教育（月・火）週2日放送の15分番組。1963年度は週1回放送の36分番組。囲碁の定石をわかりやすく解説し、初心者ばかりではなく4、5級でも楽しめる内容とした。講師は藤沢秀行名人、瀬越憲作名誉九段、宮下秀洋九段、木谷実九段（タイトル・段位はすべて当時）。

趣味講座（将棋）　1962～1963年度

『将棋の勘どころ』（1960～1961年度）を改題。初年度は教育（水・木）の週2日放送の15分番組。1963年度は週1回放送の30分番組。将棋の手筋と形を主として、初級者から上級者まで楽しめる内容とした。毎週、懸賞詰将棋を出題し、1000通以上の応募があった。講師は二上達也王将、丸田祐三八段、松田茂行八段、五十嵐豊一八段（タイトル・段位はすべて当時）。

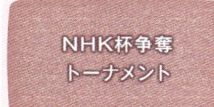
NHK杯争奪
トーナメント

NHK杯争奪トーナメント　1962～1963年度

NHK主催による囲碁と将棋の棋戦で、1951年度にラジオでスタート。1962年10月7日から翌年1月3日まで、初めてテレビで放送。多くの視聴者は、密室で行われるプロの対局を初めて目にした。囲碁の参加棋士は藤沢秀行名人、坂田栄男本因坊ほか6名。将棋は大山康晴名人、升田幸三九段ほか6名（タイトル・段位は当時）。教育（日）午後4時30分からの1時間25分番組。現在まで続く『NHK杯囲碁・将棋トーナメント』のルーツ。

バイオリンのおけいこ　1962～1982年度

教育テレビの『テレビでおけいこ』（1960～1961年度）を「バイオリン」に特化。初年度は『ピアノのおけいこ』と3か月ごとに週3日放送。翌1963年度より週2回の通年放送となる。主に中学生以下のこどもを視聴対象に、バイオリンの実技を初歩から指導するとともに、音楽全般の教養の習得を目指した。1968年度より初級者とその指導者を主な対象の大人向け番組に刷新。1971年度より週1回放送となる。1974年度よりテキストを発行。

季節のいけばな　1964年度

家庭の主婦および一般を対象に、各流派の家元が季節の花をつかって生け花のバリエーションを披露。生け花の基本を解説するとともに、花と花器、飾る場所との関連に重点を置いて指導した。出演は草月流勅使河原霞、安達式安達瞳子、古流池田理英、和風会勅使河原和風。総合（月）午後2時35分からの25分番組。

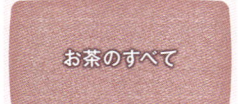
お茶のすべて

お茶のすべて　1964年度

家庭の主婦および一般を対象に、裏千家の茶道を初歩から解説。1年シリーズで、薄茶、濃茶の点前や季節の茶事を一とおり習得する。出演は裏千家千宗興（宗室を襲名）、井口海仙。総合（火）午後2時35分からの25分番組。

やさしい日本画　1964年度

家庭の主婦および一般を対象に、書と画を習得する3か月単位の番組シリーズ。その第1シリーズとして4～6月に放送。付け立て手法（下描きや輪郭線を用いず、墨や絵の具の濃淡で表現する技法）で静物や風景を描く。視聴者から添削希望を募り、延べ数千通が寄せられた。講師は日本画家の林宇宏。総合（水）午後2時35分からの25分番組。

趣味 | 定時番組

やさしいスケッチ　1964年度
家庭の主婦および一般を対象に、書と画を習得する3か月単位の番組シリーズ。その第2シリーズとして7〜9月に放送。8月から9月には4回にわたって軽井沢からの中継録画で「風景」「教会」「馬」などのテーマで描いた。講師は洋画家の生沢朗。ゲストで作家の石川達三、女優の宮城まり子が出演。総合（水）午後2時35分からの25分番組。

書道教室　1964年度
家庭の主婦および一般を対象に、書と画を習得する3か月単位の番組シリーズ。その第3シリーズとして10月から1月に放送。「姿勢と筆の使い方」「形のまとめ方」などの基本から、「年賀状」「手紙の書き方」など実用的なノウハウも指導。講師は村田竹涯（書道同文会審査員）。総合（水）午後2時35分からの25分番組。

ペン習字　1964年度
家庭の主婦および一般を対象に、書と画を習得する3か月単位の番組シリーズ。その第4シリーズとして2〜3月に放送。「漢字の書き方」「かなの書き方」「漢字とかなの調和」「横書き」などのテーマで指導。講師は鷹見芝香（青山学院大学講師）。総合（水）午後2時35分からの25分番組。

趣味の園芸　1964〜1965・1967年度〜
『季節のしおり』（1961〜1963年度）を改題。季節の花、心癒やされる室内グリーン、庭づくりのヒントなど、植物の育て方や楽しみ方を専門家が分かりやすくレクチャーする園芸番組。季節の草花、花木の栽培テクニックなど、園芸の技術指導を行うとともに、バラ園・盆栽展などからの中継も織り交ぜた。1966年度のみ新番組『趣味のコーナー』で「園芸」を取り上げ、『趣味の園芸』は休止。1967年度に再スタート。

囲碁将棋講座　1964〜1974年度
前年度まで放送の『趣味講座（囲碁）』と『趣味講座（将棋）』を1時間半の番組に一本化。前半を「囲碁」、後半を「将棋」で構成した。4〜12月はそれぞれの講座を、翌年1〜3月は出場者8名による「NHK杯争奪囲碁トーナメント」と「NHK杯争奪将棋トーナメント」を隔週で放送。1967年度からはトーナメント出場者が16名となり、9月から3月に「初級講座」と「NHK杯争奪トーナメント」を併せて放送。

みんなのコーラス　1965年度
合唱を家庭の中でも楽しめるよう、楽譜に親しむことも含め、基本から1曲ずつ仕上げていく「おけいこ番組の合唱版」。毎回、職場、学校、お母さんコーラスなど各種アマチュア団体を招き、合唱指導の第一人者に直接指導を委嘱し、軽楽器の伴奏、フォークダンスの併用などによって、生活にとけこんだ合唱の楽しみ方を紹介した。教育（土）午後1時30分からの30分番組。

趣味のコーナー　1966年度
『午後のひととき』（1965〜1966年度）のコーナーを番組として独立。総合（月〜土）で曜日ごとに「生け花」「お茶」「絵画」「書道」「工芸」「園芸ほか」を取り上げた。土曜日に「園芸」を取り上げたことで、1966年度の『趣味の園芸』は休止。

ギター教室　1966〜1972年度
学生、社会人を主な対象に、クラシックギターの演奏技術を指導した。番組スタート時は、半年で簡単な小曲を演奏できるまでを指導。のちに年度前期を「初級」、後期を「中級」として1年を構成した。教育夜間の30分番組。

コンピューター講座　1969〜1975年度
コンピューターの需要拡大とプログラマーの大量育成という社会的要請に応えた、コンピューターやプログラミングに関する入門講座。プログラミング言語「フォートラン」等を、身近な実例を紹介しながら平易に解説。初年度のテキスト発行部数は70万部を記録した。教育（日）の60分番組。

1970年代

趣味の30分　1971年度
趣味人口の増加と多様化を背景に新設された趣味講座番組。実技指導にとどまることなく、さまざまな趣味について幅広く話題と知識を提供し、趣味を持つ生活の楽しさ、豊かさ、潤いを伝えた。取り上げたテーマは「釣り」「ボウリング」「写真」「コレクション」「ゴルフ」「ビリヤード」ほか。司会は俳優の小沢昭一と相川浩アナウンサー。総合（金）午後11時台の30分番組。

フルート教室　1971〜1972年度
ピアノ、バイオリン、ギターに続く楽器講座の第4弾。フルートの初歩学習者ならびに指導者を対象に、正しい演奏技術と幅広い音楽への理解を目指した。初年度の講師は、NHK交響楽団の首席奏者も務めたフルートの第一人者吉田雅夫。1972年度はフルート奏者で東京都交響楽団の常任指揮者でもある森正があたった。教育（木）午後6時30分からの30分番組。

趣味とあなたと　1972〜1974年度
『趣味の30分』（1971年度）を改題した総合の30〜35分番組。さまざまな趣味について幅広く話題と知識を提供し、趣味を持つ生活の楽しさ、豊かさ、潤いを伝える。取り上げた主なテーマは「マイ・フォークソング」「カメラは語る」「手づくり楽器」「卓球」「囲碁のたのしみ」ほか。

フルートとともに　1973〜1981年度

『フルート教室』（1971〜1972年度）を改題した教育の30分番組。フルートの学習者と指導者を対象に、正しい演奏技術の習得と音楽のより深い理解を目的とした。講師はフルート界の第一人者吉田雅夫ほか。

ギターをひこう　1973〜1983年度

前年度まで放送の『ギター教室』（1966〜1972年度）を改題。クラシックギターを学ぶ小学生から社会人までの幅広い層を対象に、基礎的なテクニックと豊かな音楽性の習得を目指した。講師は阿部保夫ほか。教育午後6時台の30分番組。

囲碁将棋の時間　1975〜1976年度

『囲碁将棋講座』（1964〜1974年度）を改題。放送時間を30分増の2時間として、教育午後0時から「囲碁の時間」、午後1時から「将棋の時間」をそれぞれ60分で編成。9月以降は囲碁と将棋を隔週で、それぞれ「講座」と「NHK杯争奪トーナメント」を放送した。

この人この趣味　1975年度

趣味のさまざまな分野の"達人"たちを訪ねて、その世界の驚くべき"深さ"と"広さ"を紹介しながら、趣味に生きる生き方や人間観を聞く。『趣味の30分』（1971年度）、『趣味とあなたと』（1972〜1974年度）と4年間続いた趣味入門番組の実績を踏まえた「趣味の人間編」。総合(日)午前10時30分からの30分番組。

囲碁の時間　1977〜2010年度

1976年度まで毎週1時間だった放送枠を2時間に増やし、『将棋の時間』と隔週で放送（教育）。前半30分を「講座」、後半90分を「NHK杯争奪囲碁トーナメント」で構成。1981年度、それまでの隔週2時間の放送から毎週1時間半となる。冒頭15分が「講座」、引き続いて「NHK杯争奪囲碁トーナメント」で構成。トーナメント出場棋士は1981年度（第31回）から現在と同じ50人となった。1984年度、放送時間を30分拡充し2時間に。

将棋の時間　1977〜2010年度

1976年度まで毎週1時間だった放送枠を2時間に増やし、『囲碁の時間』と隔週で放送（教育）。前半30分を「講座」、後半90分を「NHK杯争奪将棋トーナメント」で構成。1981年度、それまでの隔週2時間の放送から毎週1時間半となる。冒頭15分が「講座」、引き続いて「NHK杯争奪将棋トーナメント」で構成。トーナメント出場棋士は1981年度（第31回）から現在と同じ50人となった。1991年度、放送時間が囲碁と同じ2時間となる。

1980年代

趣味・技能講座　1980年度

職場で役立つ資格や技術の習得を目的に放送してきた『技能講座』（1958〜1959・1962〜1979年度）を改題。家庭生活に役立つ技術や暮らしを彩る趣味など、余暇を有効に利用するための番組に内容を刷新。1年を3期に分けて「家庭大工入門」「釣り入門」「カメラ技法入門」を放送した。教育（月・火）午後6時からの30分番組。

三味線のおけいこ　1980〜1983年度

三味線を習いたいという人のための、テレビによる初めての邦楽器講座。糸の掛け方、ばちの持ち方、調子のあわせ方など初歩から始め、三味線の演奏技術の基本とともに邦楽の正しい知識を学ぶ。初年度はテーマ音楽でもある「越後獅子」のテーマを弾くことを目指した。教育（金）午後6時台の30分番組。

趣味講座　1981〜1989年度

『趣味・技能講座』（1980年度）を改題。年々高まる余暇活動へのニーズに応える教育の趣味番組。初年度は週2日放送で、前年度に引き続いて「家庭大工入門」「釣り入門」「カメラ技法入門」の3つの「入門シリーズ」をそろえた。1982年度から週3日に、1984年度に週4日、1985年度からは(月〜金)の週5日放送に拡充し、(土・日)に再放送した。

リコーダーとともに　1982年度

初心者から中級者までを対象に、リコーダーの正しい演奏技術の習得を通して、音楽の楽しさと魅力を伝えた。前期はバロック音楽を中心にアルト・リコーダーを使用。後期はポピュラー音楽を中心に合奏を含めて、ソプラノ・リコーダーとアルト・リコーダーを使用した。教育（隔週・火）午後6時からの30分番組。

箏のおけいこ　1982〜1983年度

1980年にスタートした『三味線のおけいこ』に続く邦楽器の"おけいこ番組"。箏をひいたことのない初心者が、古典の名曲「六段の調べ」がひけるようになるまでを目指す。楽器の選び方、道具のそろえ方、基礎的な演奏法、いろいろな調絃法や調子替えまで、箏曲の基本と邦楽のより深い知識を学ぶ。教育（隔週・木）午後6時からの30分番組。1年間、『尺八のおけいこ』と隔週で26回を放送。1983年度前期は毎週放送で、後期は再放送。

尺八のおけいこ　1982年度

「尺八でいろいろな音楽を…」をキャッチフレーズにした初心者のためのおけいこ番組。誰にでも勉強できるように五線譜を使用し、尺八の構え方、姿勢、正しい呼吸法、初歩の練習曲などを中心に学んだ。教育（隔週・木）午後6時からの30分番組。1年間『箏のおけいこ』（1982〜1983年度）と隔週で26回を放送。

趣味 ｜ 定時番組

ピアノとともに　1983年度

『ピアノのおけいこ』（1962〜1982年度）を改題。ピアノの正しい練習方法を学びながら、より音楽に親しんでもらおうという講座。講師は前期がシベリウス・アカデミー教授の舘野泉、後期が国際的ピアニストの中村紘子。教育（月）午後6時からの30分番組。1962年以来続いてきたピアノのレッスン番組は、この番組をもって22年間の放送を終了する。1985年度に再放送。

バイオリンのABC　1983年度

『バイオリンのおけいこ』（1962〜1982年度）を改題。国際的バイオリニストの江藤俊哉が、前期に基礎的なテクニックを、後期には曲の"解釈"に重点を置いて二重音など高度な技術を使った芸術的表現を指導した。教育（火）午後6時からの30分番組。1962年以来続いてきたバイオリンのレッスン番組は、この番組をもって22年間の放送を終了する。1985年度に再放送。

遊々専科　1989年度

個性的で豊かなライフスタイルをもちたいという人たちを対象に、趣味をライフワークとして生活に取り入れている"達人"がその生き方を語るトーク番組。「アウトドアライフ」「新しいスポーツ」「インドアライフ」など31本を放送。総合（水）午後11時台の30分番組。聞き手はみなみらんぼう（シンガーソングライター）、山本益博（料理評論家）、宍戸錠（俳優）、天野礼子（アウトドアライター）ほか。

囲碁・将棋ウィークリー　1989〜1997年度

囲碁将棋界の1週間の動きを生放送で伝える衛星第2の情報番組。1989年9月に始まり、1991年9月より定時放送となる。タイトル戦中継のダイジェスト、中継を行わないタイトル戦の速報解説、各棋戦や話題局の進行状況などを1時間半の放送で伝えた。

1990年代

趣味百科　1990〜1996年度

『趣味講座』（1981〜1989年度）を改題。教育（月〜金）午後9時台の30分番組でスタート。初年度は3か月の講座「魅惑のステップ　モダン専科」「絵画に親しむ」、半年の講座「書道に親しむ」、通年の講座「俳句・短歌」などを放送。1991年度以降は「カラオケポップス歌唱法」「ベストスキー」「ショパンを弾く」「少女コミックを描く」など幅広いテーマで放送した。

短期集中講座　1990年度

"ヤング・アダルト層"の知的欲求や趣味、スポーツに対する強い関心に応えてスタートした講座形式のハウツー番組。「英語で勝負」「川遊びカヌー」「新ダイビング術」「レディース・ゴルフ」「マウンテンバイク」「やさしい乗馬術」「古文書への招待」「会話で学ぶアメリカンライフ」ほかのテーマで放送。教育（月〜木）午後11時台の30分枠。1991年度は夏期冬期の期間編成で放送。

エンジョイライフ

エンジョイライフ　1992〜2004年度

"人々の生活に潤いを"をコンセプトに、海外の放送局が制作した"人生の楽しみ方"を紹介する番組を厳選。評判を呼んだ「ボブの絵画教室」のほか、「ガーデニング」「世界の料理」「ペットの飼い方・しつけ方」などの趣味番組から、世界の名所旧跡を訪ねる紀行番組など幅広く放送。1990年4月に第1回を衛星第1で放送し、1992年度より定時番組となる。1997〜2000年度は『すてきな午後・エンジョイライフ』に改題。

おしゃれ工房　1993〜2009年度

30年以上続いた『婦人百科』（1959〜1992年度）を刷新。個性的で豊かな暮らしの創造を目指す女性たちを対象とした生活実用番組として新たなスタートを切る。初年度のみ「新・婦人百科」のサブタイトルがついた。手芸、ファッション、趣味、健康から"おしゃれな時間の過ごし方"まで、暮らしを個性的に演出する手作りのノウハウやライフスタイルを提案した。教育（月〜木）午後10時台の25分番組でスタート。

特選趣味百科

特選趣味百科　1994年度

これまで放送した『趣味百科』（1990〜1996年度）の中から好評だった番組をまとめて再放送した。「ベストゴルフ」（1993年1〜3月）、「ピアノでポップスをⅢ」（1991年7〜9月）、「俳画〜季節を描く」（1993年4〜6月）、「気功専科」（1992年4〜6月）をラインナップ。教育（月）午後2時台の30分番組。

NHK俳壇　1994〜2004年度

俳句の講座番組。『婦人百科』（1959〜1992年度）の1コーナー「俳句入門」が、1984年度に『趣味講座』（1981〜1989年度）に、1990年度に『趣味百科』（1990〜1996年度）に引き継がれ、1994年度に『NHK俳壇』として独立。視聴者からの投句をもとに選者の個性を生かした「選」と「選評」をおこなった。初年度の選者は稲畑汀子、金子兜太、鈴木真砂女、鷹羽狩行の4人。教育（金）午後9時台の30分番組でスタート。

日本つり紀行　1994〜1997年度

釣り好きの著名人が日本各地で季節の釣りに挑み、釣りを楽しみながら釣り哲学や自然とのかかわりあいを自由に語る番組。初年度は夢枕獏（作家）の「四国・清流にアユを追う〜徳島県・海部川」、盛川宏（釣りジャーナリスト）の「巨大クエに会いたい〜奄美・横当島」、寺田農（俳優）の「風に吹かれて無精釣り〜房総・太海」などを放送。衛星第2で週末の朝に放送する30分番組。

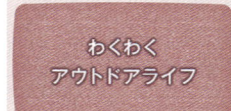

わくわく
アウトドアライフ

わくわくアウトドアライフ　1995年度

家族でできる野外の遊びやスポーツを紹介するアウトドア番組。視聴者から選ばれた一家が、専門家の指導のもとでさまざまなアウトドアで行う遊びに挑戦する。主なテーマは「家族で歩こう」「バードウォッチングは面白い」「山菜採りのコツ教えます」「あなたも草笛が吹ける」「俳句INGに行こう！」ほか。衛星第1（木）午後11時からの30分番組。

20歳の趣味講座　1995年度

若い世代が求めている時代の最先端の流行や趣味を取り上げ、そのノウハウを提供した。月に1テーマで、年間で12シリーズを放送。主なテーマは「ハングライダー」「オフロードバイク」「アドベンチャー・キャンプ」「軽自動車6時間耐久」「スノーボード・フリースタイル」「冬山登山」「ネイチャーフォト」ほか。教育（土）午後11時45分からの30分番組。

BS俳句王国　1995〜2011年度

近代俳句発祥の地・松山のスタジオに、全国から俳句愛好家と俳句を趣味にするゲストを迎え、著名俳人の主宰で開くテレビ句会。主な主宰者は俳人の金子兜太、稲畑汀子、鷹羽狩行、有馬朗人ほか。結社を異にする俳人が顔をそろえて句会を開くのが特色。衛星第2の45分番組でスタート。1997年度に『俳句王国』に改題。2011年度はEテレで放送。松山放送局の制作。

熱中ホビー百科　1996〜1998年度

10代がホビー（趣味）を通じて、「仲間といっしょに"熱中"しながら"チャレンジ"する」が番組コンセプト。ホビーのハウツーを中心に、楽しむ上でのマナーや危険の避け方も織り込んで伝える。取り上げたテーマは「ロックバンド」「写真」「マウンテンバイク」「スノーボード」など。教育（金）午後6時50分からの30分番組。

アウトドアクラブ　1996〜1997年度

アウトドアライフのノウハウを、家族で楽しみながら身につける番組。『わくわくアウトドアライフ』（1995年度）を改題し、視聴者との双方向をねらいとした通信員コーナーを加えて内容を刷新。トレッキング、釣り、シュノーケリング、キャンピングなど中級者を意識したテーマ設定で、専門家の指導やアドバイスを受けた。衛星第1の30分番組。

オトナの遊び時間　1996年度

「仕事以外に熱中できる何かを見つけたい」と思っている30〜40代を対象に、意外に身近なところにある魅力的な「遊び」を紹介する。「ほろ酔い気分で墨と戯れる（加藤登紀子）」「日々世界を記す（阿久悠）」「自転車で歩く〜なぎら流ポタリング（なぎら健壱）」など、毎回、著名人の"遊び"も紹介した。総合（木）午後10時からの30分番組で、1996年度後期に放送。

私のガーデニング　1997〜2002年度

さまざまな工夫を凝らした自慢の庭を松田輝雄、内藤聡子（2002年度は石山愛子）の両キャスターが訪ね、実用情報からライフスタイルまでを紹介する。全国各地の集合住宅や公園などで視聴者参加の公開収録も行った。衛星第2の20〜25分番組。

趣味悠々　1997〜2009年度

『趣味百科』（1990〜1996年度）を改題。「自分のための"ゆとり"の時間」がコンセプト。初年度は「司とみどりのはじめてのダンス」「千葉麗子の親子で入門インターネット」「夢枕獏といくルアーフィッシング」など講師の名前を立てた多彩なタイトルをラインナップ。教育（月〜木）午後8時からの30分番組でスタート。1999〜2001・2003年度は『今夜もあなたのパートナー』の枠で放送。

NHK歌壇　1997〜2004年度

短歌の講座番組。『婦人百科』（1959〜1992年度）の中の1コーナー「短歌入門」が、1984年度に『趣味講座』（1981〜1989年度）に、1990年度に『趣味百科』（1990〜1996年度）に引き継がれ、1997年度に『NHK歌壇』として独立。視聴者の投稿をもとに、選者の選評を中心に構成。初年度の選者は馬場あき子、佐佐木幸綱、安永蕗子、岡井隆の4人。教育（金）午後9時台の25分番組でスタート。

何でも解決パソコンマガジン　1997年度

パソコンを使いこなせない初心者を対象に、悩み解決の相談から最新テクニックのわかりやすい解説まで、きめ細かい情報を提供。衛星第2（日）午前11時からの45分番組。

囲碁・将棋ジャーナル　1998〜2010年度

『囲碁・将棋ウィークリー』（1989〜1997年度）を改題。囲碁・将棋界のその週の動きを伝える衛星第2の1時間20分枠の情報生番組。各棋戦の結果を伝える「トピックス」、タイトル戦を中心に注目の1局を解説する「大盤解説」、注目の棋士への「今週のインタビュー」を3つの柱として構成。囲碁・将棋界から"旬の人"をゲストに迎えた。

趣味専科　1999年度

1997年度から放送している『趣味悠々』の中から、好評だった番組を15分に再構成し、短期集中講座として放送。「ログハウス」「バイオリン」「レディース囲碁」「そば打ち」「エッチング」などを放送した。総合（月〜金）午後2時台の15分番組。

BSエアロビック　1999〜2010年度

若い世代から主婦層、中高年層まで、誰でもどこでも無理なくできる運動としてエアロビックの基本を学ぶ衛星第2の10分番組。2002年度より「質問に答えて」のコーナーを設け、視聴者との双方向性を高めた。さらに各地で公開収録もおこなった。指導は知念かおる（日本エアロビック連盟専務理事）ほか。

2000年代

素敵にガーデニングライフ 2003〜2009年度
『私のガーデニング』（1997〜2002年度）を改題。日本全国のガーデナーが手塩にかけた自慢の庭を紹介するハイビジョンと衛星第2の25分番組。毎年、スペイン、フランス、ドイツ、スウェーデン、アメリカ西海岸など、海外の庭を訪ねるシリーズも放送した。

にっぽん釣りの旅 2003〜2011年度
多彩なゲストが全国各地の海や川、湖沼を訪ね、地元の名人のいざないで釣りに挑戦。地域色あふれる「技」「道具」「知恵」「味」を伝える。また初心者のタレントが初歩を教わるシリーズでは、基本的な技術やマナーも伝えた。ハイビジョンと衛星第2で放送の24分番組。

ハイビジョン　スーパーゴルフ 2003〜2009年度
ハイビジョン映像でワンランク上を目指すゴルファーのためのレッスン番組。初年度は「カリー・ウェブのシンプルゴルフ」「PGAツアーゴルフレッスン」の2シリーズを、各13回にわたって放送。その後、「丸山茂樹の最新打法」「深堀圭一郎VS横田真一の実践即効レッスン」ほかをラインナップ。ハイビジョンと衛星第1で放送の25分番組。

あなたとエアロビック 2003〜2008年度
日本でも有数のエアロビックのインストラクターが全国各地を訪ね、学校や地区の集会所・企業などを会場にエアロビックを楽しむ視聴者参加型の公開番組。お年寄りから若者、子どもたちまで幅広い年代の人々が楽しめるように工夫した。司会指導は知念かおるほか。衛星第2の25分番組。

ペット相談 2003〜2008年度
ペットに関する「飼い方」「法律トラブル」「美容・健康」「豆知識」など、視聴者からの幅広い質問に、獣医師やドッグトレーナーなどの専門家が答える。毎回、ペット同伴の有名人ゲストを交えて、ペットとの生活に必要な実用情報をわかりやすく伝えた。衛星第2(月〜木)の15分番組で2003年11月からスタート。

熱中時間〜忙中"趣味"あり 2004〜2009年度
「ゲーム」「スポーツ」「収集」など、さまざまな分野で趣味に打ち込む"熱中人"を紹介する。趣味に熱中する人に密着するドキュメントコーナーと、"熱中人"の魅力にせまるスタジオトークの2部構成。衛星第2とハイビジョンの44〜60分番組。

かわいい　ペット相談 2004〜2006年度
衛星第2で放送する『ペット相談』（2003〜2008年度）のPR番組。2週間前に放送した1週間分を10分に再構成したダイジェスト番組。衛星第2(月)午前8時5分ほかで放送。

スーパーピアノレッスン 2005〜2009年度
世界の一流ピアニストが、ヨーロッパの華麗な建造物の一室で、留学中の生徒たちに特別なレッスンをする。超一流の技の伝授が見どころの上級者向けレッスン番組。初年度はフィリップ・アントルモンのモーツァルト、ジャン・マルク・ルイサダのショパン、アレクサンドル・トラーゼのチャイコフスキーの3シリーズを放送。教育とハイビジョンで放送の25分番組。

NHK短歌 2005年度〜
『NHK歌壇』（1997〜2004年度）を改題。短歌を味わい、作歌のポイントを紹介する講座番組。初年度の選者は佐佐木幸綱、河野裕子、三枝昂之、山埜井喜美枝の4人。教育の25〜30分番組。

NHK俳句 2005年度〜
『NHK俳壇』（1994〜2004年度）を改題。定型、季語、切れ字など、俳句の基本に親しむ講座番組。視聴者の投稿をもとに、選者の個性を生かした「選」と「選評」で構成。初年度の選者は稲畑汀子、矢島渚男、宇多喜代子、茨木和生の4人。教育の25〜30分番組。

月刊やさい通信 2005〜2013年度
家庭菜園や市民農園での野菜作りを通して、その楽しさやそこから広がる"スローライフ"の魅力を、案内役の糸井重里と毎回のゲストが紹介する。総合で月1回放送の30分番組。

趣味悠々選 2005〜2009年度
人生をより豊かに過ごしたいという中高年を対象とした生活提案型の趣味講座。『趣味悠々』（1997〜2009年度）で放送した好評のシリーズを総合でアンコール放送した。

スーパーバレエレッスン　2006・2009年度

『スーパーピアノレッスン』（2005〜2009年度）のバレエ版。超一流の技の伝授が見どころの上級者向けレッスン番組。2006年12〜3月はマニュエル・ルグリが指導する「パリ・オペラ座　永遠のエレガンス」で、2007年度はその再放送。2009年8〜11月は「ロイヤル・バレエの精華　吉田都」で、2010年度はその再放送。

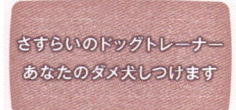
さすらいのドッグトレーナー　あなたのダメ犬しつけます　2006年度

アメリカで注目されているドッグ・トレーナーのシーザー・ミランが、犬のトラブルに悩む飼い主にしつけのアドバイスをする。飼い主を励ますシーザーの明るいキャラクターで、飼い主たちは自信を取り戻し、愛犬と再び向き合う。2007年1〜3月に衛星第2(金)午後11時台に放送した25分番組。

趣味の園芸プラス　2007〜2009年度

視聴者から寄せられた園芸に関する疑問、質問に専門家が生放送で答える。「洋ラン」「バラ」「観葉植物」など毎回テーマを設定し、手紙やファックス、番組ホームページで質問を募集。質問に答えるほか、視聴者が育てた植物の写真を紹介する「園芸大好き！」や、講師がとっておきの管理のコツを教える「園芸プラスメモ」のコーナーで構成。総合(金)午前9時30分からの24分番組。

趣味の園芸　やさいの時間　2008年度〜

自宅の畑やベランダの家庭菜園でおこなう野菜作りの基本やポイントを、楽しく伝える趣味実用番組。トマト、ナス、キュウリ、レタス、ホウレンソウといったなじみの野菜から、イタリアや中国の珍しい野菜まで、多彩な野菜の栽培方法を紹介する。教育の20〜25分番組。

○○の国の王子様　2008〜2009年度

イケメンの王子様が超初心者のお姫さまに趣味の手ほどきをする講座番組。タイトルの「○○」には、講座のテーマが入る。講師を務める王子役には、各界の第一線で活躍する若手実力者を迎えた。姫を演じたのは近藤春菜（2008年度）と柳原可奈子（2009年度）。テーマは「書道の国の王子様」に始まり、「フランス料理」「ストリートダンス」「ネイル」「カレー」などを取り上げた。教育(土)午後11時台の30分番組。衛星第2でも放送。

東京カワイイ★TV　2008〜2012年度

世界のファッション業界が注目する街"トーキョー"発の「カワイイ」カルチャー最前線を紹介。メーク、デコ、インテリア、ネイル、キャラクターグッズ、ラバーファッションといった多彩なジャンルの最新トレンドを紹介する女の子のための情報マガジン。総合テレビ深夜の29分番組。

趣味の園芸ビギナーズ　2008〜2015年度

植物を手軽に楽しむためのちょっとしたコツを伝える5分番組。花の飾り方などの実用情報に加え、花をモチーフに作品をつくるクリエーターやフラワーアーティストの作品も紹介した。教育で初年度は(日)午前8時55分から放送。

ドゥ！エアロビック　2009〜2011年度

『あなたとエアロビック』（2003〜2008年度）を改題。日本でも指折りのインストラクターが全国を訪ね、学校や地区の集会所・企業などを会場にエアロビックを楽しむ視聴者参加型の公開番組。司会・指導は知念かおり（日本エアロビック連盟理事長）。衛星第2（BSプレミアム）の24分番組。

わんにゃん茶館（カフェ）　2009〜2010年度

小さなペットカフェ「わんにゃん茶館（カフェ）」を舞台に、毎回、ゲストが愛犬や愛猫にまつわるおしゃべりを楽しんだり、ペットが喜ぶおやつのレシピを紹介したり、ペットライフのヒントが詰まったトークを繰り広げる。衛星第2の24分番組。

2010年代

チャレンジ！ホビー　2010〜2011年度

30〜40代に向けた新しい趣味講座番組。それぞれの"ホビー"について、初心者に近いチャレンジャー（生徒）が一流講師のレッスンを受け、最終回で憧れの目標に挑戦する。取り上げたテーマは「ロックギター」「うどん打ち」「ゴルフ」「タップダンス」「パティシエ（洋菓子作り）」「ガラス細工」など。教育(月)午後10時台の25分番組。

極める！　2010〜2011年度

こだわりの趣味を持つ芸能人が、その道の達人や専門家の力を借りながら、自らの趣味を磨き極めていく。「犬」「米」「紅茶」「読書」「庭園」「宝石」「靴」「ネコ」「チョコ」「遊園地」ほかのテーマで放送。教育(月)午後10時台の25分番組。

きれいの魔法　2010〜2012年度

身体の内側と外側から"きれい"になるための情報を、「ヘアメイク」「スキンケア」「エクササイズ」などのテーマで紹介する美容専門番組。仕事や育児に忙しい中でも、"きれい"を目指したい30〜40代の女性を対象とした。教育（Eテレ）の25分番組。

趣味 ｜ 定時番組

中高年のための　らくらくパソコン塾　2010年度
中高年のためのパソコン講座。パソコン初心者の俳優・阿藤快と柴田理恵が1年を通してそのスキルを上げていく。インターネット、年賀状やブログの作成など、基本的な知識から音楽や写真の加工まで、わかりやすく伝える。教育(火)午後10時台の25分番組。衛星第2でも放送。

すてきにハンドメイド　2010年度〜
『おしゃれ工房』(1993〜2009年度)の後継番組。編み物、ソーイング、刺しゅうからアクセサリー作りまで、手作りの楽しさや喜びを伝える実用番組。国内外で活躍する講師たちが、番組のために考えたオリジナルの作品を紹介。教育(水・木)午前11時台の24分番組でスタート。2011年度よりEテレ(木)午後9時台の25分番組となる。

あなたもアーティスト　2010〜2011年度
30代から中高年まで、幅広い視聴者を対象とした文化系趣味講座番組。「二胡」「風景スケッチ」「ピアノ」「水墨画」「アコースティックギター」「切り絵」「仏画」など、絵画や音楽に関するテーマを取り上げた。教育（Eテレ）(水)午後の25分番組。

直伝　和の極意　2010〜2011年度
日本の古き良き伝統文化を再発見する趣味講座番組。初年度は「古地図で巡る龍馬の旅」「とっておきの宿坊を楽しむ」「茶の湯」「大豆を尽くす」「にっぽんの名城」などのテーマを取り上げた。教育（Eテレ）午後10時台の25分番組。

熱中スタジアム　2010〜2011年度
『熱中時間〜忙中"趣味"あり』(2004〜2009年度)、『BS熱中夜話』(2008〜2009年度)、『にっぽん熱中クラブ』(2008〜2009年度)の3番組を統合、パワーアップして誕生。番組前半44分は、「歴女」「自転車」など、さまざまな趣味に熱中する"ファン"がスタジオで語り合うトーク番組。後半15分は1人の趣味生活に密着したドキュメンタリー。後半15分は2010年度に『熱中人』として独立。衛星第2とハイビジョンで放送。

Mi/Do/Ri〜緑遊のすすめ　2010年度
草木の緑には人を癒やし、環境を保全する力がある。この番組では「グリーンライフ」を楽しみながら実践することを「緑遊」と名づけ、全国の緑遊人の自然とのふれあいにあふれた生活を紹介した。衛星第2(日)午前7時台の24分番組。ハイビジョンでも放送。

スーパーオペラレッスン　2010年度
『スーパーピアノレッスン』(2005〜2009年度)、『スーパーバレエレッスン』(2006・2009年度)に続く『スーパーレッスン』シリーズの第3弾「オペラ編」。アメリカのソプラノ歌手バーバラ・ボニーが指導する「バーバラ・ボニーに学ぶ歌の心」を2011年1〜3月に放送。教育(金)午後10時台の25分番組。

熱中人　2010〜2011年度
「コレクション」「創作」「スポーツ」など、ジャンルを超えて"ちょっと変わった趣味"に打ち込む"熱中人"を紹介した『熱中時間〜忙中"趣味"あり』(2004〜2009年度)のVTRパート「熱中ドキュメント」を再構成し、ドキュメンタリーに仕上げた番組。金銭や時間だけでなく、時に人生そのものを投げ打って趣味に興じる人々の、奇想天外なおもしろさと切なさを密着ドキュメントした。BSプレミアム(金)午後11時45分からの15分番組。

中高年のための　らくらくデジタル塾　2011年度
『中高年のための　らくらくパソコン塾』(2010年度)に続く中高年のためのデジタル機器講座の第2弾。パソコン初心者のタレント渡辺正行と奈美悦子が、「スマホやタブレット端末」「デジタル一眼レフ」「年賀状」などのテーマでスキルアップに挑戦する。Eテレ(火)午後9時台の25分番組。

スーパーフラワーレッスン　2011年度
『スーパーピアノレッスン』(2005〜2009年度)に始まる「スーパーレッスン」シリーズの第4弾「フラワーデザイン編」。世界のフラワーデザイナーたちが競って学びに行くパリのプロフェッショナルレッスン。常に最先端を走り続けるカトリーヌ・ミュレーを講師に、色調、風合いを大事にするパリスタイルのフラワーアレンジメントを紹介する。2011年度前期に、Eテレ(土)午後9時台の25分番組を全20回で放送。

囲碁・将棋フォーカス　2011年度
衛星第2で放送した『囲碁・将棋ジャーナル』(1998〜2010年度)の後継番組がEテレでスタート。囲碁と将棋の話題を隔週で放送。最初の10分間は現役棋士を迎えて棋戦解説。後半は囲碁と将棋のタイムリーな話題を紹介。Eテレ(日)午前11時台の30分番組。

囲碁講座　2011年度
『囲碁の時間』(1977〜2010年度)の「講座」パートを15分番組として独立。Eテレ(日)午後0時15分からの15分番組。

NHK杯テレビ囲碁トーナメント　2011年度〜
『囲碁の時間』(1977〜2010年度)の「NHK杯争奪囲碁トーナメント」パートを90分番組として独立。Eテレ(日)午後0時30分からの90分番組。

将棋講座　2011年度

『将棋の時間』（1977～2010年度）の「講座」パートを15分番組として独立。Eテレ（日）午前10時からの15分番組。

NHK杯テレビ将棋トーナメント　2011年度～

『将棋の時間』（1977～2010年度）の「NHK杯争奪将棋トーナメント」パートを90分番組として独立。Eテレ（日）午前10時15分から放送。2012年度から午前10時30分からの放送となる。

カシャッと一句！フォト575　2011年度

写真と俳句を組み合わせた新しいアート「フォト575」。視聴者から寄せられた写真と俳句の投稿を紹介。「お題に合わせてフォト575」「お題の写真に575」「自由テーマでフォト575」などのコーナーで構成。司会は伊集院光。審査員は板見浩史（フォトエディター）、中島信也（CMディレクター）ほか。BSプレミアム（月～金）午前7時15分からの15分番組。

アフロディーテの羅針盤　2012年度

科学の力で美と健康のためのヒントを伝える、忙しい女性たちのための美容情報番組。テーマは「笑顔美人になる！」「着やせで美しくなる！」「写され上手になる！」「カラーコーディネートを極める」「血管美人になる！」ほか。司会は緒川たまきと佐田真由美。4～7月にBSプレミアム（水）午後11時台に放送。

趣味Do楽　2012～2014年度

"毎日の暮らしを豊かに"がコンセプト。「藤田寛之　シングルへの道」「押尾コータローのギターを弾きまくロー！」などの実践講座から、「柿沼康二　オレ流　書の冒険」「仏像拝観手引」などの教養エンタメ講座、「わたしと野菜のおいしい関係」など女性のライフスタイル提案講座など、幅広いテーマを取り上げた。Eテレ（月）午後9時台の25分番組でスタート。2013年度から（月～水）の週3日の放送となる。

ココロとカラダ満つる時間（とき）　宿坊　2012年度

寺や神社の参拝者のための宿泊施設「宿坊」に、女性タレント・著名人が宿泊。そこで座禅、写経、精進料理といった寺の修行を体験することで、自らの生き方を見つめ直す姿を伝える。BSプレミアム（火）午後7時30分からの30分番組で、4～8月の偶数月に放送。

ココロとカラダ満つる時間（とき）　おふつ、　2012年度

ゲストの女性タレントや著名人が"ハマっている趣味"を、家族や友人、仕事仲間といっしょに楽しみ満喫する姿を追い、ゲストの休日の素顔を伝える。BSプレミアム（火）午後7時30分からの30分番組で、5～9月の奇数月に放送。

囲碁フォーカス　2012年度～

『囲碁・将棋フォーカス』（2011年度）と『囲碁講座』（2011年度）の後を受けてスタート。囲碁界のさまざまな話題を紹介する特集と、「囲碁講座」が合体した囲碁の総合情報番組。Eテレ（日）午後0時からの30分番組。

将棋フォーカス　2012年度～

『囲碁・将棋フォーカス』（2011年度）と『将棋講座』（2011年度）の後を受けてスタート。将棋界のさまざまな話題を紹介する特集と、「将棋講座」が合体した将棋の総合情報番組。Eテレ（日）午前10時からの30分番組。

晴れ、ときどきファーム！　2012～2022年度

古民家と畑を借りて、畑を耕し野菜を植えたり、廃材を工夫して古民家を飾るなど、週末だけの田舎暮らしを楽しむ。自分たちだけのおしゃれなファーム作りを通して、明日の暮らしをワンランクアップさせる秘けつを探る。BSプレミアムの30分番組。

俳句王国がゆく　2012～2020年度

17年間続いた『俳句王国』（1995～2011年度　＊1995～1996年度は『BS俳句王国』）を受け継ぎ、毎月1回の公開派遣番組として生まれ変わったEテレの俳句バラエティー番組。正岡子規を生んだ俳都・松山から素人俳人たちが全国各地を訪ね、その土地の俳人たちと交流。地元ゆかりの著名人もゲストに招き、お国自慢を俳句で披露する。

女神ビジュアル　2012～2013年度

"お尻が垂れてきた""足のむくみをとりたい""髪が徐々にやせてきた"など、女性のカラダに関する悩みに応える美容情報番組。さまざまな特撮技術やスーパーカメラを駆使して、女性が憧れる美しいカラダになるための簡単メソッドを紹介する。BSプレミアム（水）午後11時15分からの30分番組。

カリスmama～ママたちの美力選手権　2013～2014年度

子育てをしながらファッションにもライフスタイルにもこだわるママたちのための応援プログラム。「ファッション」「メーク」「料理」「クラフト」など、ママたちの関心が高い分野の情報を伝えた。BSプレミアムで月2回放送の30分番組。

釣りびと万歳 2014年度〜

俳優やタレントなど各界で活躍する釣り好きが、日本各地の"釣りスポット"を訪ね、その土地ならではの釣り方や秘密のテクニックを地元の名人に教わり、旬の魚や憧れの魚に挑む。BSプレミアムの30分番組。

ガールズクラフト 2014〜2020年度

ブローチやネックレスなどのおしゃれアイテムの作り方を紹介する5分のクラフト番組。初年度は人気モデルのニコルが、CGキャラクターのラッピィの指導の下、作り方を実演した。アクセサリー作家やスタイリストが監修役を務め、作り方に工夫を凝らしたアイテムを紹介する。Eテレで初年度は（水）午後7時50分に放送。

趣味どきっ！ 2015年度〜

『趣味Do楽』（2012〜2014年度）の後継番組。視聴者の暮らしを豊かに彩る趣味の数々を1テーマにつき、基本的に2か月8本シリーズで紹介。初年度は「ペットを描こう」などの手軽な趣味や「ゴルフ講座」、「国宝に会いにいく」「世界遺産の旅」などの文化体験、「もう怖くない！スマホ」などのデジタル講座ほかを放送。Eテレ（月〜水）午後9時30分からの25分番組。総合でも翌（水・木）午前10時15分から放送。

奇跡のレッスン 2016年度〜

世界トップレベルの指導者が、日本の子どもたちに1週間の特別レッスンを行い、技術と心の成長を呼びおこす様子をドキュメントする。2015年11月に『奇跡のレッスン　最強コーチが導く　飛躍の言葉』でスタート。2016年度後期（11月）より定時番組となる。フィギュアスケート・羽生結弦選手の振付師や卓球・水谷隼選手のジュニア時代のコーチなどが登場。BS1の50分番組でスタート。2018年度よりEテレがメインとなって放送。

趣味の園芸グリーンスタイル 2016〜2017年度

花と緑を暮らしに取り入れる楽しさを伝える5分の園芸番組。京都の路地裏にある架空の園芸店を舞台に、実物の植物とペープサート（紙人形）の登場人物を組み合わせた1話完結の物語。植物を巡る客と店主の物語の中に、園芸知識を織り交ぜて紹介する。Eテレで初年度は（日）午前8時25分から放送。2017年度に『趣味の園芸グリーンスタイル　京も一日陽だまり屋』、2018年度に『趣味の園芸　京も一日陽だまり屋』に改題。

趣味の園芸 京も一日陽だまり屋 2018年度〜

『趣味の園芸グリーンスタイル』（2016〜2017年度）を2017年度に『趣味の園芸グリーンスタイル　京も一日陽だまり屋』を経て、2018年度に改題。緑を暮らしに取り入れる楽しさを伝える園芸番組。京都の路地裏にある架空の園芸店を舞台とし、店内の植物とペープサート（紙人形）の登場人物を組み合わせた1話完結の物語。植物を巡る客と店主の物語に園芸知識を織り交ぜて紹介した。Eテレ（日）午前8時25分からの5分番組。

もふもふモフモフ 2018年度

イヌやネコ、ウサギなど、柔らかな毛につつまれたペットたちの愛らしい姿や思いがけない行動をユーモラスに描く。全国で活躍する看板娘（息子）を紹介する「看板もふもふ」、温泉地で見つけた「温泉もふもふ」、人とペットの感動的な絆を描く「もふもふハートウォーミング」などのコーナーで構成。視聴者投稿「もふもふ動画」も人気に。声の案内人を堤真一が務める。総合（木）午後10時台の20分番組。2019年度以降は随時放送。

ソーイング・ビー 2019年度〜

イギリスBBCで放送された「裁縫バトル番組」の日本語版。イギリス全土から素人の裁縫自慢たちが集められ、番組から与えられた課題に取り組み審査される。3作品を作った後に総合評価で"脱落者"が決まる。イギリスで一時は廃れた裁縫の新たな魅力を伝えるスタジオドキュメンタリー番組。声の出演は小松由佳、四宮豪、庄司まりほか。Eテレ（木）午後9時からの30分番組。

渡辺直美のナオミーツ 2019年度

世界的なファッショニスタとして知られるお笑い芸人の渡辺直美が、ファッションインフルエンサーの最前線をナビゲート。夫と手をつなぐ写真で大人気のナタリー・オスマン、世界を変えた30代以下の起業家に選ばれたキアラ・フェラーニら、自らのセンスを武器にウェブやSNSを駆使してトップに駆け上ったセレブたちの物語をひもといた。MCは渡辺直美。BSプレミアム（木）午後11時からの29分番組。

NHK フォトストーリー ㉘

P809 ← ㉗　　㉙ → P859

『600こちら情報部』リハーサル風景（1983年）

『なかよしリズム』収録風景（1983年）

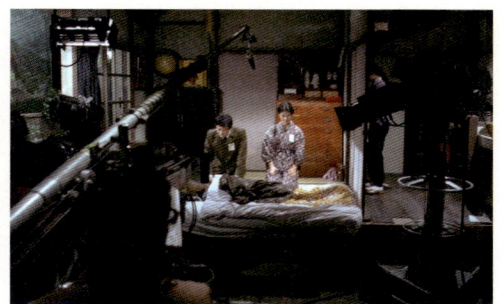

連続テレビ小説『虹を織る』スタジオ撮影（1980年）

連続テレビ小説『おしん』ロケ風景　小林綾子、田中裕子（1983年）

連続テレビ小説『おしん』ロケ風景　橋田壽賀子、泉ピン子（1983年）

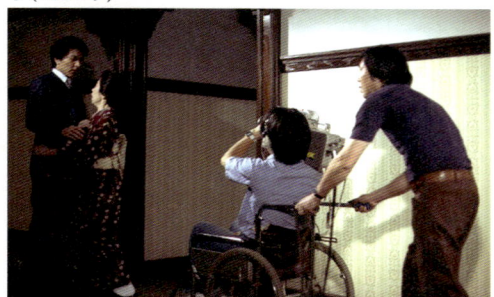

連続テレビ小説『ロマンス』スタジオ風景　榎木孝明、岸田今日子（1984年）

連続テレビ小説『澪つくし』出演者・関係スタッフ集合写真（1985年）

連続テレビ小説『澪つくし』撮影終了（1985年）

連続テレビ小説『はね駒』出演者集合写真（1986年）

連続テレビ小説『チョッちゃん』出演者集合写真（1987年）

『ザッツミュージック』収録風景（1986年）

『ヤングスタジオ101』リハーサル風景（1987年）

趣味・実用
生活情報

01

『きょうの料理』と“食”関連番組

　テレビ開局とともにスタートした婦人向け番組『ホーム・ライブラリー』で週1回放送されていた「料理教室」が好評で、1957年11月に単独の番組として独立。その後、65年以上続く長寿番組『きょうの料理』が誕生した。

　当初は、月曜から土曜まで午後0時50分からの10分番組でスタートした。マリンバが奏でたテーマ曲は、包丁が軽やかにまな板をたたく楽しげな料理風景をイメージさせた。作曲したのは、当時20代の新進気鋭の作曲家冨田勲。のちに『新日本紀行』をはじめとする数々の番組テーマ曲を手がけ、1970年代からはシンセサイザーの作曲・演奏家としても世界に知られる音楽家である。

　放送開始当初の『きょうの料理』は、食生活の改善や手軽さに重点をおいた料理法を指導した。紹介する献立は、総理府統計局の資料をもとに1人40円前後に設定。平均的な世帯構成から材料を「5人前」で表示した。食材や調味料の分量を明示し、料理手順を映像で分かりやすく見せる演出は、テレビの料理番組の基本形を築いた。

『きょうの料理』(1957年度〜) → P852

『きょうの料理　男の料理』(1983〜1990年度) → P852　※『きょうの料理』の土曜枠の企画。

『きょうの料理』(1957年度〜)→P852

『きょうの料理』　村上信夫 (1957年度〜)→P852

『きょうの料理』　辻嘉一 (1957年度〜)→P852

『きょうの料理』　土井勝 (1957年度〜)→P852

『きょうの料理』　グッチ裕三 (1957年度〜)→P852

1958年にテキストが発行され、“見る”番組から“作る”番組へと変わった。講師陣には日本料理の土井勝、辻嘉一をはじめ、帝国ホテルの総料理長だった村上信夫、中国・四川料理の陳建民など、そうそうたるプロの料理人が顔をそろえた。一流料亭やレストランに足を踏み入れたこともない一般家庭の主婦が、ブラウン管を通して一流料理人の技を目の当たりにしたのである。

放送開始当時は「5人前」だった材料表示は、家族構成や社会環境の変化に伴って1965年に「4人前」に変更、2009年には「2人前」となる。

紹介する料理は、肉料理、野菜料理、季節の素材といった基本的なテーマに加えて、“お財布にやさしい”「やりくり料理」(1971)、共働き夫婦を対象にした「忙しい人のために」(1977)、「健康をつくる」(1986)、「20分で晩ごはん」(1995)、「1人前の元気レシピ」(1998)など、家族構成や“食”をとりまく環境の変化をとらえて、視聴者のニーズを次々に番組企画に反映させていった。また、1976年からは夜の時間帯の再放送を含めて1日3回の放送になり、単身者や共働き夫婦など、多様なライフスタイルに対応する編成とした。

高度経済成長期を経て豊かになった食生活の変化は、成人病の広がりという社会問題を引き起こした。1980年2月放送の特集「成人病を防ぐ食事」は、『きょうの健康』と共同で制作。監修は、当時聖路加看護大学の学長だった日野原重明と、東京都済生会中央病院院長だった堀内光が担当。レシピ開発には料理研究家の堀江泰子と女子栄養短期大学の滝口操があたった。放送終了とともに

『新・男の食彩』(2000〜2002年度)→P855

に問い合わせの電話が殺到。テキストが100万部を売り上げるほどの反響があった。

1983年4月、『きょうの料理』の土曜枠で新企画「男の料理」が始まった。その記念すべき第1回放送「おやじの自慢料理」では、俳優の岡田真澄・みどり夫妻が出演し、おしゃれな鶏肉の梅巻きグリエを披露した。「男の料理」のスタート当初は、第1週「おやじの自慢料理」、第2週「働き盛りの自炊プラン」、第3週「浅野陽の料理セミナー」、第4週「世界の味」と、週ごとにテーマを分けて放送。「男の料理」のテーマはその後、プロの料理人だけでなく、多くの有名人が登場して自慢のレシピを披露した。1991年度に「男の食彩」に改題。男性を対象に食の“趣味化”の流れを作った。

生活情報

『土曜元気市』(1997〜1999年度)→P855

食の旅人
国井雅比古

『食卓の王様』(1996〜1999年度)→P855

『産地発！たべもの一直線』(2007〜2011年度)→P856

『うまいッ！』(2012年度〜)→P857

　2000年代に入ると、人気料理研究家のケンタロウが作る若者向けシリーズや、歌も交えて料理の楽しさを伝えるグッチ裕三の料理ショー、ライフスタイルを提案する人気料理研究家栗原はるみのシリーズなど、対象やねらいを絞った企画が生まれる。2007年には、料理初心者をターゲットにした『きょうの料理ビギナーズ』がスタート。5分の短尺で、アニメをはさみながら基本的な料理を伝えるという内容が、多くの視聴者に親しまれている。

　「料理」は生活情報系生番組でも欠かせないコンテンツだ。『生活ほっとモーニング』(1995〜2009年度)の「長寿の食卓」や、『土曜元気市』(1997〜1999年度)の「男の食彩」、そして『あさイチ』(2010年度〜)でも料理コーナー「みんな！ゴハンだよ」がある。

　1996年に始まった『食卓の王様』は、新しいタイプの食材情報番組だ。1つの食材にスポットを当て、その食材を徹底分析するとともに生産現場をリポートし、食材の舞台裏を紹介した。この路線は『産地発！たべもの一直線』(2007〜2011年度)、『うまいッ！』(2012年度〜)、BSプレミアムの『食材探検　おかわり！にっぽん』(2014〜2017年度)に引き継がれる。

　BSプレミアムの『ぐるっと食の旅　キッチンがゆく』(2013年度)は、全国をワゴン車で巡り、食の豊かさを堪能する食材紀行。料理道具を積み込んだワゴン車に乗り、南下

『食材探検　おかわり！にっぽん』(2014〜2017年度)→P858

と北上2つのルートで食材を探し、全国を巡る旅をする。初回は"旅人"の三倉佳奈が、食材の宝庫、北海道十勝平野を訪れた。旅のパートナーは本格イタリアンを作る地元の料理人。十勝ならではの食材を探し、旅の最後に絶品の創作料理を味わう。

　この番組の源流は、2010年から関東・甲信越ブロックで放送された『キッチンが走る！』。レギュラー出演者の杉浦太陽とゲストの料理人が、キッチンワゴンに乗って、関東・甲信越各地を旅し、地元の生産者と交流しながら、ご当地の食材を独創的な季節の料理に仕立てる。2010年12月に『特集　キッチンが走る』として全国放送した。

ユニークな料理番組としては、『きじまりゅうたの小腹すいてませんか?』(2019年度〜)がある。料理研究家・きじまりゅうたが一般の家にお邪魔して、台所にある残り物で"小腹をみたすメニュー"をアドリブで作る料理バラエティー。きじまとのトークで、人々の心温まる人生エピソードが浮かびあがる。

生活に役立つ実用番組としてスタートした「料理番組」は、『食彩浪漫』(2003〜2008年度)ではプロの技を楽しむエンターテインメント番組となる。また『にっぽん美味礼賛』(2001年度)や『ぐるっと食の旅　キッチンがゆく』では紀行番組の衣をまとい、ランチを通して人々の喜怒哀楽をみつめる『サラメシ』(2011年度〜)や『やまと尼寺　精進日記』(2017〜2021年度)ではヒューマンドキュメンタリーの要素も盛り込むなど、食を扱う番組は多様な広がりを見せている。

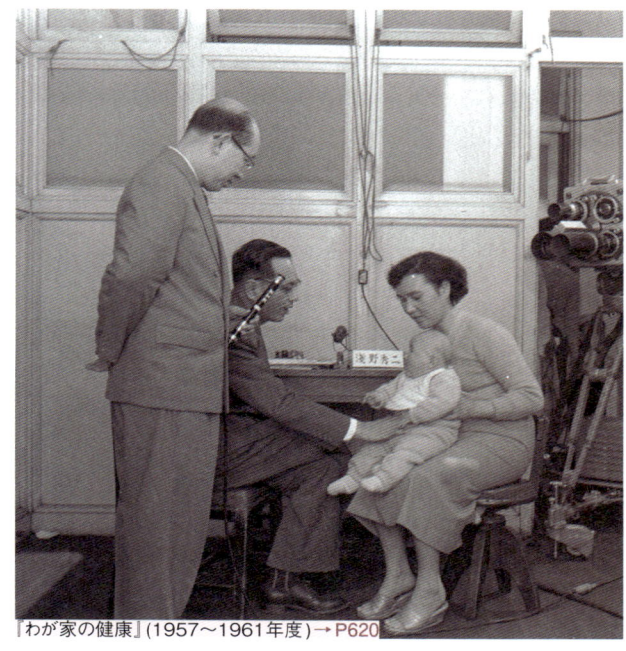
『わが家の健康』(1957〜1961年度) → P620

02
『きょうの健康』と健康情報番組

「食」と並ぶ生活情報のもう一つの柱は「健康」である。
テレビ放送初の定時健康番組は1957年11月に始まった『わが家の健康』(1957〜1961年度)だ。土曜の午後0時台の15分番組で、基本的な衛生知識を普及するための番組だった。「手を洗いましょう」「生水を飲むとどういうことになるのか」「きれいな色のついた食物は危ない」など、身近な事例をもとに、その裏づけとなる医学知識を専門家がわかりやすく解説した。

『にっぽん美味礼賛』(2001年度) → P856

漫画家
尼子 騒兵衛
東京農業大学教授
小泉 武夫

『ぐるっと食の旅　キッチンがゆく』(2013年度) → P857

『きじまりゅうたの小腹すいてませんか?』(2019〜2020年度) → P858

清水ミチコ自慢の
キャベツ料理
キャベツは4倍
『食彩浪漫』(2003〜2008年度) → P856

『サラメシ』(2011年度〜) → P857

『やまと尼寺　精進日記』(2017〜2021年度) → P571

生活情報

　1967年4月、『きょうの健康』が総合テレビ月曜から土曜の20分番組（土曜のみ15分）で始まり、その後、半世紀以上続く長寿番組の一歩を踏み出す。放送がスタートした第1週は「わが家の健康管理」「赤ちゃんの予防接種」「春とぜんそく」「むちうち症」「薬ずきをしかる」をラインナップした。

　番組ではそれぞれの回で1つの病気やテーマを扱うことが多いが、「アレルギー」（1968）、「救急の心得」（1969）、「血圧と入浴」（1970）など、シリーズでも構成した。

　国際連合の定義では、65歳以上の老年人口の比率が総人口の7％を超えた社会を「高齢化社会」、14％を超えると「高齢社会」としている。日本は1970年に「高齢化社会」を迎え、1995年に「高齢社会」となった。『きょうの健康』では、1970年代には「老人の介護」をシリーズで放送。1977年には、毎週金曜日を高齢化社会への対応として、「老人と健康診断」「老人の不眠」「老人と栄養」など、高齢者の病気や老化に特化したテーマで継続的に放送した。1979年には運動療法シリーズを月2回程度放送。「腰痛体操」「肩こり体操」「老化を防ぐ体操」「五十肩体操」ほかを放送し、その図解を求める問い合わせが殺到するなど好評を得た。

　1980年代は日本人の主要死因が脳卒中からがんに代わったことを受け、がんの予防や早期発見をテーマにした番組が増える。

　1988年4月、本放送が教育テレビに移行し、総合テレビは再放送枠となった。

　1990年代後半、成人病は生活習慣病と改称され、番組でもシリーズ「生活習慣病」（1998）で高血圧、糖尿病、痛風などを扱った。1998年にWHO（世界保健機関）がメタボリックシンドローム（内臓脂肪症候群）の診断基準を発表し、"メタボ"に注目が集まる。2000年代にはシリーズ「メタボリックシンドローム」（2006）、シリーズ「40代からの脱メタボ必勝法」（2008）、「あなたも？メタボでないのに糖尿病」（2010）など、生活習慣病とその原因ともなる"メタボ"に繰り返し警鐘を鳴らした。

　2010年代になると生活習慣病に加えて、「うつ」など心の病や「認知症」についても多く取り上げた。2020年の新型コロナウイルス感染症の発生以降は、関連する最新情報を積極的に発信している。

　衛星放送では子どもの健康にフォーカスした『健康こどもっち』（1998〜1999年度）や、視聴者からの健康相談に専門医が直接答える双方向番組『健康ほっとライン』（1998〜2001年度）などが始まり、健康に対する関心の

『きょうの健康』（1967年度〜）→P620

『きょうの健康Q&A』（2003〜2007年度）→P622

『健康こどもっち』（1998〜1999年度）→P622

『健康ほっとライン』（1998〜2001年度）→P622

『チョイス@病気になったとき』(2013年度〜) → P623

03

朝の生活情報番組
~『こんにちは奥さん』から『あさイチ』へ~

高さを示した。

　2013年4月、教育テレビで新しいタイプの医療・健康情報番組『チョイス@病気になったとき』が始まる。病気になったときの検査や治療方法などについて、患者の経験談を基にさまざまなチョイス（選択肢）を提示する。病気の予防から早期発見と治療、運動や食生活など日常生活の注意点など、患者目線にこだわって紹介する。

　『こんにちは奥さん』(1966〜1973年度)は、NHK初の朝ワイド番組。月曜から土曜の午前8時45分から9時40分までの55分の生放送でスタート。日々の生活に必要な知恵と考えるヒントを提供する主婦向けの情報番組である。

　毎回20人前後の主婦をスタジオに招いて、その日のテーマについて体験や意見を自由に語ってもらう視聴者参加番組。メインコーナーの「きょうの話題」、ゲストの生活体験を聞く「人物登場」、家庭の健康問題を専門家が解説する「健康教室」の3コーナーで構成した。

　鈴木健二アナウンサーが主婦たちの自由な発言を巧みに引き出し、娯楽色の強い民放の朝ワイドとはひと味違う内容が視聴者の共感を得た。取り上げたテーマは「若さを作ろう」(1966)、「物価高と地方のくらし」(1967)、「主婦のいきがい」(1968)、「母と子の性教育」(1969)、「交通公害の中で」(1970)など、教育から健康、暮らし、経済問題まで幅広かった。

『こんにちは奥さん』(1966〜1973年度) → P853

生活情報

01.ドラマ　02.クイズ・バラエティー　03.音楽　04.伝統芸能　05.ニュース　06.報道・ドキュメンタリー　07.紀行　08.教養・情報　09.自然科学　10.こども・教育　11.人形劇・アニメ　12.趣味・実用　13.大型特集番組等

『奥さんごいっしょに』（1974～1979年度）→P853

『おはよう広場』（1980～1983年度）→P854

『おはようジャーナル』（1984～1990年度）→P854

『くらしのジャーナル』（1991～1994年度）→P854

『奥さんごいっしょに』（1974～1979年度）は、『こんにちは奥さん』の後継番組。暮らしに役立つ実用知識を提供する視聴者参加番組である。「主婦のための話し方教室」（1976）、「増えている糖尿病」（1977）、「ハウスクリーニング大作戦」（1978）、「いじめられる子の周辺」（1979）ほかのテーマで放送。

『奥さんごいっしょに』が終了すると、『おはよう広場』（1980～1983年度）があとを引き継いだ。在宅主婦を対象にした時事性のある生情報番組で、「夫がガンを宣告された時」（1980）、「中国残留孤児たちの帰国」（1980～1981）、「ひとりぼっちの食卓」（1982）、「名医からのメッセージ」（1983）などが、大きな反響を呼んだ。

『おはよう広場』終了後、朝の情報番組路線は『おはようジャーナル』（1984～1990年度）、『くらしのジャーナル』（1991～1994年度）、『生活ほっとモーニング』（1995～2009年度）、そして『あさイチ』（2010年度～）へと引き継がれる。

『おはようジャーナル』は「家族の視点で時代を見つめる」をテーマに、総勢8人のアナウンサーがそれぞれの得意分野を受け持ち、いじめ、体罰、単身赴任、豊田商事の悪徳商法といった問題を扱った。初代メインキャスターをつとめたのは古屋和雄と山根基世の両アナウンサー。5分間のニュースで始まり、次にメインコーナー、曜日ごとに変わる多彩な企画、最後に「さわやかシェイプアップ」という内容で構成されていた。月曜と水曜はほぼ全編をメインコーナーで占めていたが、火曜は全国各地で作られた手作りの名産品を訪ねる小さな旅番組「手作り拝見とびっきり」を、木曜は首都圏の流行やタウン情報を伝える「どんどんズームイン」を放送。また、金曜はスタジオに旬の著名人を招くインタビュー「ちょっといい朝」と、続いて教育、産業など暮らしにかかわる問題をリポートする地方局制作のコーナーが設けられていた。メインコーナーでは、タイムリーな単発企画のほかにシリーズ企画もあり、「戦争を知っていますか？ ～子どもたちへのメッセージ～」は戦争体験者が自らの過酷な経験を子どもたちに伝える内容で、番組がスタートした1984年から1989年まで毎年8月に放送された。

『生活ほっとモーニング』は1995年から2010年まで15年にわたって親しまれた。"生活者"の視点で視聴者のニーズにこたえる感度のいい生活情報番組を目指して、健康、衣食住、旅、ドキュメンタリー、話題のニュース、インタビューと、ジャンルにとらわれずに旬の話題をタイムリーに取り上げ、多くの支持を集めた。『こんにちは奥さん』から続く、わかりやすく、親しみやすい演出は健在で、放送スタート時は黒田あゆみ、住田功一アナウンサーが司会を担当。その後、女性は杉浦圭子、黒崎めぐみ。男性は松井治伸、野村正育、根岸昌史、内多勝康、永井伸一へと司会のバトンを渡していった。

2010年度の朝の時間帯の大改定で、連続テレビ小説の放送開始時間をそれまでの午前8時15分から午前8時に繰り上げ、『生活ほっとモーニング』の後継番組『あさイチ』を8時15分スタートとした。朝の視聴習慣を変える大幅な改定であったが、連続テレビ小説『ゲゲゲの女房』と『あさイチ』、双方で視聴者の拡大が図られ、前年同期の同時間帯に比べて視聴率が向上した。

『生活ほっとモーニング』の人気コーナーだった視聴者参加型「クイズdeなっとく！」は「スゴ技Q」に、ゲストインタビュー「この人にトキメキっ！」は「プレミアムトーク」とタイトルを変えて引き継がれた。また、月1回放送されていた「夢の3シェフ競演」は、和食の中嶋貞治、イタリアンの落合務、中華の孫成順に加え、『あさイチ』では「夢の3シェフNEO」として若手の3人、和食の橋本幹造、イタリアンのマリオ・フリットリ、中華の井桁良樹が出演し、新風を吹き込んだ。

『あさイチ』（2010年度〜）→ P857

『生活ほっとモーニング』（1995〜2009年度）→ P855

生活情報

司会は井ノ原快彦と有働由美子アナウンサー、解説は柳澤秀夫。司会2人が連続テレビ小説をリアルタイムで見て、『あさイチ』のオープニングでその日の物語の感想を話す"朝ドラ受け"が人気となり、2018年4月に司会者が博多華丸・大吉に変わってからも引き継がれ、定番のオープニングとして定着した。

04

健康づくりのための体操番組
～『テレビ体操』と『みんなの体操』～

1954年、『ホーム・ライブラリー』枠内で「NHK美容体操」が始まる。服飾・美容・生け花・茶道などを番組コーナー「きょうも美しく」に一括し、ここに「美容体操」を加えて、"美しい心身のための時間"とした。指導は竹腰美代子。3人のアシスタントがレギュラー出演し、年齢を問わずできる簡易体操を紹介。1958年度からは週1回放送した。

1959年4月から『ホーム・ライブラリー』に代わって『婦人百科』が始まる。内容は前半15分が主婦のための実用番組、後半10分が「美容体操」だった。1960年9月からは月曜から土曜放送の10分枠で独立。1964年度に5分番組となり1965年4月3日に放送を終了した。

1957年10月、それまで原則11時10分からの放送開始時間が午前7時に繰り上がったことに伴い、午前7時15分からの10分間『テレビ体操』（1957年度～）が毎日の放送で始まった。従来の音声による『ラジオ体操』と違い、動作を見ながらできる点が当時としては画期的だった。当初は女性、子ども、お年寄りを対象に、飛び跳ねるような激しい運動は避け、家庭でテレビを見ながら手軽にできる体操を提案し、体操の普及を図った。体操は指導者のもとで、ピアノの伴奏にあわせて女性アシスタントが実技を披露するおなじみのスタイル。

1966年度より、1日2回、午前6時台と午後3時台に放送。朝の放送では1日の活動に備えて年齢差、体力差の別なく誰でも気軽にできるように生活の中にある動作を体操化した。午後の体操は、家庭の主婦や職場で働く人々を想

『みんなで筋肉体操』（2020年度）→ P1017

『美容体操』(1960〜1964年度)→ P830

『テレビ体操』(1957年度〜)→ P830

定し、いすなどを使った体操も取り入れて、仕事の疲労を
リフレッシュするとともに体づくりをねらいとした。1967年度
にカラー化。「みんなの体操」は1999年、「国連国際高
齢者年」にちなんで郵政省とNHKが共同で開発。「高
齢者や障がい者にもやさしく、すべての人に親しまれる体
操」というコンセプトから、体操の内容を工夫した。『テレ
ビ体操』では1999年10月10日の「体育の日」から、午前

の放送で「みんなの体操」と「ラジオ第1体操」か「ラジオ
第2体操」を、午後の放送で「みんなの体操」とリズム体
操や健康増進の体操を組み合わせて放送した。
　2018年、5分間の筋トレ番組『みんなで筋肉体操』を
特集番組で放送。SNSを中心に話題を呼び、指導の谷
本道哉（近畿大学准教授・当時）の「筋肉は裏切らない」
が流行語にもなった。

生活情報 | 定時番組

1950年代

ホーム・ライブラリー 1952〜1958年度
テレビ本放送開始の翌日に始まった、家庭の主婦を対象とした教養・趣味・実用の総合番組。（月〜金）午後1時台15分番組でスタート。当初は曜日別に「料理」「手芸・服飾」「育児・家庭衛生」「生活技術」「美容」などのテーマを設定。家庭生活に必要な実用知識から政治・経済、趣味、芸術にいたるまで幅広い情報を提供した。

生活の知恵 1957〜1970年度
生活に身近なテーマの中からタイムリーな話題を取り上げ、固定観念や先入観にとらわれない意外な事実を発見し、新たな知識を提供する教養情報番組。生活科学的な視点に加え、社会、風俗時評的な側面からも解説。14年間で通算624回続いた長寿番組で、最多出演はベストセラー「頭の体操」の著者で知られる心理学者の多湖輝だった。総合夜間の30分番組。

きょうの料理 1957年度〜
『ホーム・ライブラリー』（1952〜1958年度）の料理コーナーが『きょうの料理』として独立。毎日の食事に役立つ献立のヒントや料理のコツを、四季おりおりの材料を活かして紹介。番組スタート時は「だしのとり方」「各種惣菜」「菓子・飲みもの・病人食等」で構成。1958年5月からテキストを発行。2022年に放送開始65年を迎えたNHK屈指の長寿番組。"テレビ料理番組の最長放送"としてギネス世界記録に認定。

婦人こどもグラフ

婦人こどもグラフ 1957〜1958年度
「季節の話題」「楽しい便り（子ども向けトピック）」、「カメラとともに（ルポ）」で構成する10分番組。「カメラとともに」では「ゴミの行方」「列車の出るまで」「旅客機の舞台裏」「水族館の裏話」など、普通ではのぞけない珍しい"舞台裏"にカメラを入れた。

婦人グラフ 1958〜1959年度
1958年6月まで放送した『婦人こどもグラフ』を改題し、家庭の主婦を対象に内容を刷新。初年度は「コンクリートの上の子どもたち」「団地の子ども」などのこどもたちの話題、「枯野の博物館」「夏休みのない婦人たち」など教養味のあるルポを放送。総合（日）午前の10〜15分番組。

生活の設計 1958〜1959年度
現代の複雑な社会生活を有意義に過ごすために必要な公民意識をわかりやすく解説。テーマは結婚・離婚・相続など社会生活に必要な「法律知識」や「税金問題」、さらに土地・家屋をめぐる「住宅問題」を取り上げた。教育テレビ開局の1959年1月から12月まで、教育（月）午後8時30分〜9時まで放送。

テレビ
婦人の時間

テレビ婦人の時間 1959〜1964年度
1959年4月に始まった『婦人百科』の発展改訂版。1959年10月から、総合（月〜金）午後1時台の20分番組でスタート。家庭の主婦の趣味と教養のために、楽しく役に立つ番組を目指す。内容は趣味、教養的なテーマから、こどもの教育、しつけ、心理、さらに政治、経済、社会の各分野の問題を、主婦の視点から考えた。1961年度に放送時間を40分に拡大。1962年度よりタイトルを『婦人の時間』とした。

話の四つかど 1959〜1960年度
家庭の主婦を対象にした生活情報バラエティー番組。子どもの教育、エチケット、交際、交通問題、防災などの話題を取り上げ、バラエティー形式で風俗時評を行った。また、身の周りに起こりがちなトラブルについて司会者がユーモアにあふれた解決策を示す「身の上相談」、高見彰一のピアノによる「音楽」などをテンポよくつないだ。司会：柳沢真一ほか。作：西沢実。総合（金）午後1時40からの20分番組。

1960年代

テレビ人生相談室 1960年度
子どもの「非行」、「嫁と姑」問題、「賭け事」依存など、人生のさまざまな悩みの解決に的確な指針を与えるための社会教育番組。事実に基づいたドラマで問題提起を行い、その後、豊かな経験をもつ「レギュラー相談員」が悩みの解決に向けたアドバイスを行った。総合（月1回・土）午後9時30分からの30分番組。

回転いす

回転いす 1960年度
家庭の主婦を対象に、いわゆる教養番組と実用番組の中間をねらった総合（月）午後1時40分からの20分番組。声楽家の佐藤美子を中心に作曲家の團伊玖磨、ファッションデザイナーの森英恵、舞台美術家の朝倉摂など、各分野からゲストを招き、「粋ということ」「流行」「デート」「五百円のプレゼント」「女の美しさ」「みそ汁の味」などの幅広いテーマで話し合った。

婦人の話題―時の言葉― 1960年度
『テレビ婦人の時間』（1959〜1964年度）が教養面に重点をおいているのに比して、社会的、時事的なテーマに重点をおいて、軽いタッチでバラエティーに富んだ話題を取り上げた。ニュースのその後を追った「あれから1年」、催し物展覧会などを紹介する「みたりきいたり」、視聴者の意見をきく「テレビアンケート」などで構成。総合（月〜金）の午後1時からの20分番組。

おはようみなさん　1960〜1963年度

(月〜土) 午前7時20分からの40分番組でスタートした朝の教養ワイド番組。初年度は、世界や歴史上に影響をもたらした著名人の業績を今日的な解釈で紹介する「今日のこよみ」をはじめ、「テレビ体操」「テレビ・ジョッキー」「リレー対談」「趣味さまざま」「インタビュー」などで構成。1963年度は6つの各コーナーを女性アナウンサーの総合司会でつなぎ、朝にふさわしい明るい内容とした。

婦人学級　1961年度

1959年1月にラジオ『婦人の時間』で放送をスタート。4月から総合テレビで(月〜金)放送の『テレビ婦人の時間』の水曜午後1時台に放送。4〜6月は「明日の世代の成長に」、7〜9月「くらしの中の科学」、10〜12月「世界を知ろう」、翌年1〜3月「国のふところ家のふところ」のテーマで放送し、グループで共同学習を行う集団視聴のための素材を提供した。教育テレビ(木)の午後8時台にも放送。

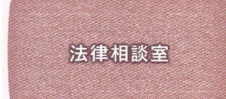

法律相談室　1961〜1969年度

くらしに役立つ法律知識の普及に向けて、身近な生活の中で起こった実例を取り上げて解説する主婦向け番組。1966年度は"交通戦争"と言われるほど社会問題化した「交通事故」に関する法律問題をシリーズで取り上げた。総合午前の30分番組。

くらしの窓　1962〜1965年度

家庭の主婦を対象に、家庭生活に役立つ暮らしの知識を提供するスタジオ番組。「和服・洋服」「美容」「マナー」など、女性の「おしゃれ」について重点的に取り上げた。総合(月〜金)午前9時台の30〜40分番組。

経済相談室　1962年度

家庭の主婦が経済への関心を高めることを目的とした情報番組。「月給のしくみ」「土地の値段」「月賦」「生活協同組合」「ボーナス」「夫のこづかい」「老後の設計」など、家計を預かる主婦にとって身近な話題を取り上げた。解説は経済評論家の斎藤栄三郎ほか。1963年度からは『婦人百科』(1959〜1992年度)に吸収され、「株式入門」「教育費」「電気洗濯機の買い方」などのテーマを取り上げた。総合(金)午前10時30分からの30分番組。

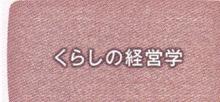

くらしの経営学　1962年度

経営学の手法を家庭生活に当てはめ、ふだん気づかずに過ごしている生活の無駄を分析し、合理化に役立てる番組。「行列の科学」「我が家の長期計画」「じょうずな買い物、へたな買い物」など、主婦層が気になるテーマをホームドラマ形式で取り上げた。出演は唐津一(松下通信工業企画部長)、永谷晴子(灘生活協同組合理事)。教育(日)午後7時30分からの30分番組。

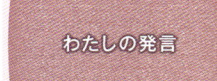

わたしの発言　1963年度

聴取者の投書の中から生活を向上させる意見を紹介するラジオ第1の『私たちのことば』と並ぶ、国民の世論形成のための意見発表の場としてテレビ放送に新設した。視聴者の投書から建設的な意見2通を選んで、アナウンサーのストレートトークで紹介した。総合(月〜土)午前6時40分からの5分番組。

朝のひととき　〈1964〉　1964年度

各界の著名人による対談「朝の随想」と、各地の話題をフィルムで紹介する「ふるさとのたより」の2本立て。曜日によりテーマを設定し、(月)歳時記による「季節随想」、(火)同一テーマで各界の人にそれぞれの立場から語ってもらう人生哲学的な話、(木)作品の生まれた現場で話を聞く「人と作品」、(土)「文明時評」などで構成した。総合(月〜土)午前6時40分からの10分番組。1962年度に同名の農村向け番組がある。

午後のひととき　1965〜1966年度

家庭の主婦を対象に、家事の合間にくつろぎながら知的教養を身につけてもらおうという教養情報番組。「趣味のコーナー」では生け花、茶道、書道、絵画などを2か月シリーズで放送。総合(月〜金)午後1時台の50〜55分番組。

こんにちは奥さん　1966〜1973年度

生活に必要な知恵とヒントを提供する総合(月〜土　＊1972年度より月〜金)の朝の主婦向けワイド番組。毎回スタジオに大勢の主婦を招いてディスカッションするなど、視聴者参加型番組のスタイルを確立。家庭問題、教育問題、社会問題など、主婦にとって身近な問題を生活感をもって取り上げた。鈴木健二アナウンサーの親しみのある司会ぶりも人気に。

女性手帳　1967〜1981年度

『午後のひととき』(1965〜1966年度)を受け継ぐ家庭の主婦向けの教養番組。「ニュースの窓」「話の招待席」「ことばとわたし」「音楽」などのコーナーでスタート。各界一流のゲストを招いてのインタビュー番組として定着。総合(月〜金)午後1〜2時台に放送。

1970年代

奥さんごいっしょに　1974〜1979年度

『こんにちは奥さん』(1966〜1973年度)の後を受けて始まった総合(月〜金)午前の主婦向け生情報番組。暮らしに役立つ情報や実用知識を提供するとともに、家庭の主婦をとりまくさまざまな問題を、現場リポートやスタジオ討論で考える視聴者参加番組。

くらしのミニ事典 1976〜1984年度

『受信相談』（1966〜1975年度）の後継番組。一般家庭の主婦を対象に、テレビやラジオ受信の小さなトラブル対策をはじめ、家庭用電化製品やガス、灯油器具の安全で正しい取り扱い方から故障の見分け方と対策、さらに学童用品の扱いまで幅広いテーマを扱う5分番組。"おもしろくてためになる"実用情報番組とした。初年度は（月〜金 ＊金曜は再放送）午後3時55分、（土）午前9時25分に放送。

1980年代

おはよう広場 1980〜1983年度

『奥さんごいっしょに』（1974〜1979年度）の後を受けて始まった総合（月〜金）午前の主婦向け生情報番組。現代の家族、家庭に関わるさまざまな問題を社会的な視野からとらえ、豊かな家庭生活のありようを考えた。「サラリーマン徹底研究」「素顔の中学生」などのシリーズ、単発では「中国残留孤児たちの帰国」「夫がガンを宣告された時」などが反響を呼ぶ。司会は松田輝雄アナウンサーほかが担当。

おはようジャーナル 1984〜1990年度

総合（月〜金）午前の生情報番組『おはよう広場』（1980〜1983年度）を改題。衣食住にかかわる最新情報や教育・医療・高齢化等の問題など、家族にかかわるさまざまなテーマを社会的視野で考える生放送の情報番組。初年度は、「単身赴任」「ボケを見つめる」「中古マンション点検」「続・名医からのメッセージ」などのシリーズ企画が反響を呼ぶ。初年度のキャスターは古屋和雄アナウンサー、山根基世アナウンサー。

ファミリージャーナル 1985〜1989年度

働く女性を主な対象に、再放送希望の多かった昼間の総合テレビの番組を、教育テレビの（月〜木）午後9〜10時台に再編成したアンコール枠。『おはようジャーナル』（1984〜1990年度）を中心に、『おかあさんの勉強室』（1965〜1990年度）、『くらしの経済セミナー』（1982〜1989年度）など、「暮らし」「教育」「健康」などのテーマを選んで放送した。

にっぽん列島　朝いちばん 1985〜1987年度

21年間にわたって親しまれた『明るい農村』（1963〜1984年度）の後を受けてスタート。全国各地の表情や旬の話題をビビッドに伝えた朝の情報番組。番組の基本は"地域情報"。デイリー番組の特性を生かした編成を進める一方、タイムリーなシリーズ特集も企画。「追跡・輸入食物」（1986年度）、「食卓最前線」（1987年度）など、今日的テーマに生活の視点で取り組んだ。総合・衛星第1（1986年12月より衛星第2）（月〜土）午前6時15分からの29分番組。

にっぽん列島ただいま6時 1986〜1987年度

総合（月〜金）午後6時から6時30分までのファミリー向け情報番組。列島各地の中継から暮らしに役立つ実用情報、日本の"いま"を切り取るドキュメントまで幅広く取り上げた。

くらしの1分メモ 1986〜1991年度

「魚のうろこのきれいな取り方」「なべが焦げついたら」「障子をきれいに張り替えるには」「晴れ着のたたみ方」など、母から娘へ、姑から嫁へと代々受け継がれてきた料理や家事の知恵を現代向けにアレンジして紹介する生活実用百科。出演：加賀美幸子アナウンサー。初年度は36本を制作し、251回を放送。6年間に制作本数が120本を超える異例のヒットミニ番組となった。

ミニミニ六法 1986〜1989年度

身の回りのさまざまな法律問題をわかりやすく解説する1分番組。出演：大谷恭子（弁護士）ほか。初年度は12本を制作し、102回を放送。

世界の家庭料理 1987〜1997年度

日本人の口にあい、材料も手に入れやすく、手軽につくることのできる各国の家庭料理を紹介する5分番組。その国の風土に根ざした「料理」や「調味料」を紹介しながら、「本場の味」とそのコツを伝授する。総合・教育・衛星第1で随時放送。

1990年代

リビングナウ 1990〜1991年度

新しいライフスタイルを提案し、快適な住空間をつくる住まいの工夫、家を建てる場合の知識と考え方などを紹介。「リフォーム」「インテリア」「収納」「新築住宅」など、住まいに関するさまざまなテーマを取り上げた。1990年度は教育（日）午後6時からの30分枠で、再放送が総合（金）の午前中。1991年度は総合（金）午前10時30分からの30分枠で、再放送が教育（金）午後2時30分から。

くらしのジャーナル 1991〜1994年度

『おはようジャーナル』（1984〜1990年度）の後を受けてスタートした総合（月〜金）朝の総合情報番組。主婦や中高年層を主な対象に、「高齢化」「医療」「食」「家族」などのテーマを中心に視聴者とともに考えた。キャスターは町永俊雄アナウンサーと上田早苗アナウンサーが3年間務め、最終年度は畠山智之アナウンサーと中川緑アナウンサーが担当。

01.ドラマ　02.クイズ・バラエティー　03.音楽　04.伝統芸能　05.ニュース　06.報道ドキュメンタリー　07.紀行　08.教養・情報　09.自然科学　10.こども・教育　11.人形劇・アニメ　12.趣味・実用　13.大型特集番組等

テレビ電話相談　1991〜1994年度

視聴者からの電話による相談や問い合わせに、スタジオの専門家が直接答える双方向のトーク情報番組。「つきあいのマナー」「法律」「ライフプラン」「教育」「子育て」「高齢者介護」「健康」など、曜日ごとにテーマを設けて、視聴者の悩みに具体的に答えた。総合（月〜木）の午後に45分枠で放送。

疲労回復テレビ　1993〜1994年度

「睡眠」「腰痛」「肩こり」「夏バテ」など身近な健康の話題を取り上げ、伊東四朗、竹下景子、内海桂子、細川ふみえらが家族に扮し、ユニークな疲労回復の知恵や意外な健康法を紹介する。各界の著名人が実践する「私の健康法」コーナーとで構成。総合（土）午後11時台の30分番組でスタート。1994年度は（水）午後10時からの39分番組となる。

世界の料理ショー番組　1993年度

世界の楽しい料理番組を、その料理人のキャラクター、その風土とともに紹介。「ヤンさんの自慢料理」「ロビン&アレックスのヘルシーグルメ」「マリーおばさんのチャオ・イタリア」の3シリーズを放送。衛星第2（月〜木）午前9時からの30分番組で、1993年度後期に放送。

素敵な土曜日　1993〜1995年度

若いOL向けの情報バラエティー番組。番組で募集した18歳から30歳までの女性会員約2300人を対象としたアンケートや生放送中に寄せられるFAX情報を駆使して、双方向性を追求。ファッションからメイク、恋愛から仕事の悩みまで、若い女性の関心事をテーマとした。司会は別所哲也と松尾貴史ほか。衛星第2（土）午前に放送。

生活ほっとモーニング　1995〜2009年度

『くらしのジャーナル』（1991〜1994年度）を受け継ぐ、総合（月〜土）午前8〜9時台の生活情報番組としてスタート。"生活者"の視点で世の中の事件や出来事をタイムリーに伝えた。初年度は「健康」「住宅」「家族」「高齢化」など在宅者に関心の高い話題に加え、女性が気になる事柄を"徹底研究"する「女の大研究」を設けた。初年度のキャスターは黒田あゆみアナウンサーと住田功一アナウンサー。

食卓の王様　1996〜1999年度

毎回1つの食材を"王様"に見立て、その横顔、実力、意外なエピソードを伝える食材情報番組。その食材にかかわる人物のヒューマンドキュメントを織り込みながら、食材誕生の現場をリポートし、生産者と消費者をつなぐ。さらにスタジオでは一流の料理人が、食材の特長を最大限に生かし、かつ簡単に作れるアイデア料理を紹介。総合（金）夜間に放送の20〜35分番組。

土曜元気市　1997〜1999年度

食と健康の実用情報をわかりやすく伝える（土）午前の生放送番組。初年度は「男の食彩」と「栗山英樹の元気道場」で構成。ミニコーナー「元気のツボ」「料理のツボ」（1999年度）も人気に。1999年度は新情報番組『土曜ほっとワイド』の1コーナーとして放送。総合（土）午前10時台に放送。初代司会は葛西聖司アナウンサーと松本紀保。1998〜1999年度は栗山英樹と上田早苗アナウンサー。

土曜ほっとモーニング　1998年度

土曜午前の『生活ほっとモーニング』（1995〜2009年度）と『なるほど経済』（1996〜1997年度）を合わせて新設。著名人の意外な人生経験やライフスタイルを紹介するトークコーナー「人生いきいき」と、身近な事象に経済で切り込む「なるほど経済」で構成。総合（土）午前8時35分から10時まで放送。

今夜もあなたのパートナー　1999〜2004年度

「教育テレビ40周年」の節目に、（月〜金）の午後8〜9時台を一新。視聴者とスタジオをインターネットや電話・FAXで結ぶ双方向型のスタジオワイド番組を新設。趣味・実用系番組をラインナップし、初年度の午後8時台は『きょうの料理』を中心に、午後9時台前半は『おしゃれ工房』、後半を『趣味悠々』で構成。金曜日は料理・健康・育児・趣味などの生活実用分野全般をカバーする『金曜アクセスライン』（1999〜2002年度）を生放送した。

土曜ほっとワイド　1999年度

『土曜ほっとモーニング』（1998年度）と『土曜元気市』（1997〜1999年度）を合体したワイド情報番組。各界で活躍する著名人の人生経験やライフスタイルを紹介するトーク番組「人生いきいき」、身近な事象に経済で切り込む「なるほど経済」、食と健康の実用情報「土曜元気市」の3つのコーナーで構成。総合（土）午前9時台から11時台まで放送する2時間15分番組。

2000年代

土曜オアシス　2000〜2002年度

『土曜ほっとワイド』（1999年度）の後継番組。「心豊かになれるトーク」と「知って得する暮らしの情報」をコンセプトとしてスタート。午前9時台のトークコーナー「すてきに人生」と、午前10時台の「家計の達人」で構成する100分枠の生放送。2002年度は「すてきに人生」と萬田久子の「萬田流こだわりライフ」で構成する50分番組とした。

新・男の食彩　2000〜2002年度

『土曜元気市』（1997〜1999年度）で放送された「男の食彩」コーナーが独立。各界で活躍する料理好きの男性ゲストが、ユニークなお題を出し、プロの料理人がそれに応えてさまざまな料理を披露する。総合（土）午前11時からの25分番組。多彩なお題のもと、道場六三郎、陳建一、野崎洋光などの名うての料理人が腕を振るった。司会は栗山英樹ほか。

生活情報 | 定時番組

たべもの新世紀 2001〜2006年度
食べ物作りに込められた知恵や工夫を探るなど、全国各地の生産現場の取り組みや新しい動きをリポートし、食べ物と日本人の関わりを見つめ直す。総合(日)午前6時台の35〜38分番組。

にっぽん美味礼賛 2001年度
“旅人”が各地を訪れ、現地でしか出会えない“美味なるもの”を味わうとともに、その料理を生み出し、受け継いできた土地の人と語り合う。衛星第2(土)午前8時台の25分番組。

食彩浪漫 2003〜2008年度
「一流といわれる料理には豊かな物語がある」をテーマに、当代きってのプロの料理人が“こだわりの一皿”をスタジオで披露。プロならではの料理のワザや知恵を解き明かすとともに、その一皿に込められた料理人の思い、料理哲学を描き出す。総合週末の午前中に放送する20〜25分番組。

もっと知りたい！暮らしQ&A 2003〜2004年度
30代から中高年世代の女性のニーズにビビッドに応える生放送の生活実用番組。電話・FAX、インターネットで視聴者の意見を幅広く集め、テーマを決める。2003年度は教育テレビ夜間の『今夜もあなたのパートナー』(1999〜2004年度)の(金)に放送。

まる得マガジン 2003〜2023年度
現代人の多様なライフスタイルに対応した、暮らしに役立つ5分番組。生活の知恵やワンポイントアドバイスを、毎回テーマを絞ってコンパクトに紹介。衣食住にかかわるテーマなど生活に密着した実用情報や、健康で楽しい人生を送るための趣味情報を1話完結で取り上げた。教育(月〜木)午後9時台ほかで放送。

住まい自分流〜DIY入門 2005〜2008年度
住まいを自分流のこだわりで個性的に彩るために、DIY(日曜大工)のハウツーをレクチャーする生活実用番組。「木工」「修繕」「庭まわり」などのテーマを取り上げた。テキストも発行。教育(金)午後9時台に放送。

ゆるやかナビゲーション　ゆるナビ 2006年度
20代から40代の女性に向けた情報マガジン番組。一日の終わりにこわばった自分を解きほぐす「心と身体のツボマッサージ」として、仕事や家庭に疲れた女性たちに向けてさまざまなアイデアやヒントを提供した。渡辺満里奈、牧瀬里穂、井川遥、中嶋朋子、佐藤江梨子ら女性芸能人が「エッセイスト」として登場し、自分がはまっている癒やし方などを紹介。総合(水)午後11時からの29分番組。衛星第2でも放送。

家計診断　おすすめ悠々ライフ 2006〜2008年度
「年金」「保険」「資産運用」「消費者トラブル」など、暮らしにかかわるちょっと複雑な情報を分かりやすく伝える。スタジオに招いた“お悩み家族”にその分野の専門家がアドバイスする演出で、より豊かな暮らしを実現するためのヒントを提供した。総合(土)午前9時からの30分番組。

きょうの料理プラス 2007〜2009年度
『生活ほっとモーニング』(1995〜2009年度)の視聴者の疑問・質問に答える「もっと知りたい！」コーナーを全面リニューアル。『きょうの料理』(1957年度〜)と連動し、テーマを“料理”に特化した生放送のスタジオ番組としてスタート。視聴者から寄せられたQ&Aに答えるとともに、楽しいトークを展開しながら料理実演をおこなった。総合(月〜木)午前9時30分からの25分枠。

産地発！たべもの一直線 2007〜2011年度
誇りをもって農業・漁業を営む全国の生産者を、各地域放送局の現地アナウンサーがリポート。食材の味の秘密を解き明かし、生産者のこだわりを伝えた。総合(日)午前6時台の35分番組。衛星第2でも放送。

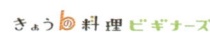

きょうの料理ビギナーズ 2007年度〜
料理ビギナーズのために、手作り料理のたのしさとおいしさを紹介する5分番組。アニメのキャラクター高木ハツ江さんが、野菜や魚、肉などの食材の扱い方や簡単でおいしい料理を紹介する。声の出演：佐久間レイ。初年度は教育(月〜木)午後9時25分、衛星第2(土)午前3時45分に放送。

スタイルアップ 2009〜2010年度
世界のカリスマアドバイザーが、日々の生活のスタイルアップのお手伝いをする海外ライフスタイル番組。教育午前11時台の25分番組で、衛星第2でも放送した。「ティム・ガンのファッションチェック」「毎日がイタリアン」「パーフェクトな妻たち」「ミス・ホワンのお手軽チャイニーズ」を放送。2010年度は後期のみの放送。

住まい自分流アルファ 2009〜2010年度
『住まい自分流〜DIY入門』(2005〜2008年度)を5分番組に刷新した生活実用番組『住まい自分流』(教育・月〜木)。その1週間分の内容を再構成した20分番組。

住まい自分流　2009〜2010年度

"住"がテーマの生活実用番組。DIYのハウツーを紹介する30〜45分番組『住まい自分流〜DIY入門』（2005〜2008年度）を、自分の手で暮らしやすい住まいにするための実用ハウツーや家を個性的に彩るアイデアを紹介する5分番組に刷新。家の修繕、収納、掃除、防災対策など、ニーズの高いテーマに加え、地デジ化対策や車の補修など、多彩なテーマを扱った。教育で初年度は（月〜木）午後0時25分に放送。

アジわいキッチン　2009年度

アジアの旅先で出会う「おいしい発見」、すてきな「本場の味」を紹介する5分番組。各国出身の腕利きシェフや大使夫人などが、お国の料理を披露し、身近な食材でできるお役立ちレシピを紹介。旅の情緒を味わいながら、おいしいアジア料理のコツもわかる「味見旅」。衛星第1（月〜金）午後3時55分から放送。2010年3月からは衛星第1のデイリー情報番組『アジアクロスロード』（2006〜2010年度）内のコーナーとして放送した。

2010年代〜

あさイチ　2010年度〜

2010年度に"朝ドラ"の放送開始時間が午前8時に移行。それに伴って総合（月〜金）の毎朝8時15分から始まった大型情報番組。社会問題、エンターテインメント、生活の実用情報まで"生活者"の視点で掘り下げる。キャスターは井ノ原快彦、有働由美子アナウンサー、柳澤秀夫解説委員でスタート。2018年度より博多華丸・大吉と近江友里恵アナウンサー、2021年度からは近江アナウンサーに代わり鈴木奈穂子アナウンサーが担当。

土ようマルシェ　2011年度

土曜の朝、南欧の市場（マルシェ）のカフェでくつろいでいるかのような"癒し"の情報番組。各界の著名人が、「家庭菜園」「ペットライフ」「趣味」「工芸」などお薦めの週末ライフを紹介する。総合（土）午前10時5分から11時18分まで放送。

サラメシ　2011年度〜

サラリーマンの昼食"サラメシ"。さまざまな"働く人"のランチをつぶさに観察して、ランチに隠された仕事へのこだわりや感動のエピソードを紹介。ランチを通して、現代日本で働く人々の喜怒哀楽を見つめる。俳優・中井貴一の語りも話題に。総合（土）午後11時台の30分番組でスタート。好評をよび、午後0時台の再放送も始まった。2016年度より午後8時台のゴールデンタイムに進出。

グレーテルのかまど　2011年度〜

さまざまなスイーツの物語と、そのレシピを紹介するEテレ夜間の25分番組。番組タイトルは、童話の中で魔女をかまどに突き落とし、自らの人生を切り開いたグレーテルに寄せたもの。番組ではその末えいが住むという設定の小さな家を舞台に、15代ヘンゼルが毎回スイーツを手作りする。2016年度から「second season」がスタート。

食べてニッコリ　ふるさと給食　2011年度

全国の小・中学校に広がっている「地産地消の給食」。取れたての地元産の食材と、その土地ならではの調理法にこだわった給食を通して、地域の食文化を見直す。"学校給食を巡る新たな試み"を全国40か所に取材し、その土地の風土とともに描いた。BSプレミアム（月〜金）午前7時台に放送の10分番組。

うまいッ！　2012年度〜

日本各地の旬の農作物や魚介類、加工食品をテーマにした食の情報バラエティー番組。思わず「うまいッ！」となるような食材が作られる現場にリポーターが密着。そのおいしさを生み出す技や、生産者の思い、さらに食材にまつわる健康効果や歴史文化などのうんちく、調理法にいたるまでを紹介する。総合（日）午前6時台の番組でスタート。2019年度より（月）午後0時台、2024年度以降は（日）午前11時30分から放送。

情報LIVE　ただイマ！　2012年度

1年前の東日本大震災以降、日本中に広がる不安や閉塞感を背景に生まれた「未来志向の新情報番組」。最新の出来事を徹底取材し、次々と起こる社会問題や先送りにしたくない課題に真っ向から挑んだ。「がんワクチン　治療最前線」「不況ニッポンの救世主？クーポン新時代」「急増する"大人の発達障害"」「本当は怖い！女のイビキ」など身近なテーマで放送。キャスターは原田泰造と伊東敏恵アナ。総合（金）午後10時からの48分番組。

情報まるごと　2013〜2014年度

『お元気ですか　日本列島』（2003〜2012年度）の後継番組。列島各地の地域色豊かなニュースや話題を伝えるというスタイルを継承しつつ、関心の高いニュースや話題を詳しく伝える「きょうのまるごと」コーナーを設けた。ロボットカメラの中継映像で列島各地の"いま"を伝える「にじさんぽ」、日本語をテーマに話題に切り込む「トクする日本語」などのコーナーで構成。総合（月〜金）午後2時5分からの49分番組。

ぐるっと食の旅　キッチンがゆく　2013年度

関東・甲信越地域で放送されていた『キッチンが走る！』（2010〜2016年度）のBSプレミアム版。料理道具を積み込んだ車に乗り、南下と北上2つのルートで食材を探し、全国を巡る旅を追う。旅のパートナーは地元の料理人。郷土料理を堪能し、最後は地元シェフが出会った食材を使って創作料理に挑戦する。BSプレミアム（水）午後7時30分からの30分番組。

めざせ！グルメスター　2013年度

ご当地グルメブームに乗って、おいしくユニークな名物料理が町おこし策としても注目される中、人気ご当地料理「グルメスター」を新たに開発しようとする人々を応援する番組。第1回放送は大阪の「高槻うどんギョーザ」。うどんと具を混ぜ合わせて焼き固めた地元の家庭料理を、全国に広めるための改良作戦を伝えた。BSプレミアム（木）午後9時からの1時間番組。

生活情報 | 定時番組

食材探検　おかわり！にっぽん　2014〜2017年度
全国の旬の食材にスポットを当て、思わずご飯をおかわりしたくなる料理を求めて元体操選手の田中理恵と長野五輪銅メダリストの岡崎朋美が日本全国を旅する。BSプレミアムの30分番組。

ごちそんぐDJ　2015〜2022年度
ヒップホップアーティストのDJみそしるとMCごはんが、ラップにのせて「手作り家ごはん」の楽しさを伝える「歌と料理」の5分番組。2014年度に不定期で12本を放送。2015年度にEテレ(月)午後11時50分から定時放送。

パン旅。　2016〜2023年度
おいしくて個性的なパンを探しながら日本各地をめぐる食にまつわる紀行バラエティー。1日3食パンでOKというパン好き女優の木南晴夏が相棒の女性と、パンだけが目的の旅をする。BSプレミアムで2016年3月に2本、2017年10月に3本、以後、不定期に放送。

あてなよる　2016年度〜
酒の肴（さかな）のことを日本人は愛情を込めて"あて"と呼ぶ。酒にあてがうもの、酒の味を引き立ててくれる伴奏者。古都京都を舞台に、男女のゲストを招いて極上の"あて"と酒の最高のマリアージュを探求する大人のエンターテインメント。出演は大原千鶴（料理家）、若林英司（ソムリエ）。語りは石橋蓮司。BSプレミアム(最終・木)午後11時15分からの29分番組。2019年度よりBS4Kで、2021年度は総合(木)午後2時5分から放送。

ごごナマ　2017〜2020年度
「オトナの井戸端、作りました」をコンセプトにスタートした午後の生放送。旬のゲストを招いたトーク、すぐに役立つ生活情報、各地からの中継、ユニークな趣味人の紹介などバラエティーに富んだ話題で構成。出演は船越英一郎、美保純、阿部渉アナウンサーほか。総合(月〜金)午後1時からのワイド番組。

美と若さの新常識 〜カラダのヒミツ〜　2017〜2020年度
"若さと美しさ"を最新の科学で追究する情報エンターテインメント番組。医学、生命科学、栄養学の日進月歩の研究から、かつての知識を覆す新常識を専門家が紹介する。初年度は「食べるアブラ」「発見！美肌菌」「イライラ解消術」「断食」「漢方」ほかのテーマで放送。司会はフットボールアワー。2017年度前期に特集番組で放送。2018年度より通年放送。BSプレミアム(木)午後9時からの59分番組（初年度）。

あしたも晴れ！人生レシピ　2017年度〜
『団塊スタイル』（2012〜2016年度）の後継番組。人生の後半戦を迎え、「これからどう生きていくか」と問い直す世代に、そのヒントとなるさまざまな情報を提供する。スタジオに各分野の専門家や著名人を招き、美容健康、ファッション、趣味、終活など、幅広いテーマで話し合う。Eテレ夜間の45分番組。

梅沢富美男と東野幸治のまんぷく農家メシ！　2017〜2021年度
梅沢富美男と東野幸治が全国各地の農家を訪ね、その土地の農作物を使ったおいしい農家のごはん"農家メシ"をいただく。笑いあふれるトークを楽しみながら、その土地に代々伝わる伝統料理や、生産者だからこそ作れるアイデア料理を紹介する。BSプレミアム夜間の30分番組。2019年度から総合午後0時台にも放送。

レイチェルのキッチンノート　2018年度
イギリス出身のフードライター兼料理人のレイチェル・クーが、ロンドンやオーストラリアのメルボルンの食文化や食に携わる人を訪ね、味わう中でヒントを見出し、自らのレシピを作り出す。イギリスBBC制作の日本語版。Eテレ(月)午後11時台の25分番組で、年度後期に放送。

極上！スイーツマジック　2018〜2022年度
2人のトップパティシエが、1つのテーマに沿ってざん新な発想と豊かな経験で新作スイーツを生み出すプロセスを、ハイスピードカメラなどの最新映像技術を駆使して余すところなく映し出す。味や香り、製菓技術や食材の特徴などを、開発秘話やスタジオ実食を交えてプロの技を紹介した。BSプレミアムの午後11時台の30分番組でスタート。

きじまりゅうたの小腹すいてませんか？　2019〜2020年度
料理研究家のきじまりゅうたが、街行く人に「小腹すいてませんか？」と声をかけ、家にお邪魔する。そして台所の残り物で"小腹を満たすメニュー"をアドリブで作る様子をドキュメントする料理バラエティー。自宅のキッチンでの会話から、リアルな人生模様が浮かび上がる。つい真似したくなる簡単レシピが番組ホームページに公開されている。出演はきじまりゅうた。総合(土)午後10時45分からの13分番組（2019年度）。

365日の献立日記　2019年度〜
毎日のご飯づくりの悩みを解決する献立をほっとする映像で紹介する。昭和の名脇役として知られる女優の沢村貞子が26年半続けた「献立日記」を基に、フードスタイリスト・飯島奈美が料理をする。ナレーション：鈴木保奈美。Eテレの5分番組。

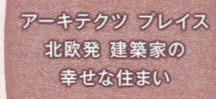

アーキテクツ プレイス　北欧発　建築家の幸せな住まい　2020年度
北欧発のお宅拝見番組。スウェーデン放送の名物プロデューサーが、第一線で活躍する建築家の自宅を訪ね、居心地のいい暮らしを実現させた彼らの独特の哲学に迫る。余計なものをそぎ落とした「ミニマリスト」が静けさと調和を求めて設計した家、ビルの屋上でミツバチがとびかう花と緑にあふれた都会の住居、太い柱の上に立つ鳥の巣のような家などユニークで魅力的な住まいを紹介する。BSプレミアムで6回シリーズで放送。

朝ごはんLab. 2022年度
「朝ごはんには1日を輝かせる魔法がある」を合い言葉に、おいしく楽しい朝ごはんを研究。各地の朝ごはんの風景や食材の担い手たちを訪ねるドキュメントと、井川遥による「朝ごはんにまつわるショートドラマ」を織り交ぜて構成。ドラマではフードスタイリスト飯島奈美監修のオリジナルレシピを実際に調理するシーンも加え、視聴者の空腹感を刺激した。2022年7〜9月放送。出演：井川遥。総合(月)午後11時からの29分番組。

ブリティッシュ・ベイクオフ 2022年度〜
イギリスBBCで放送の人気料理コンテスト番組「The Great British Bake Off」の日本語版。イギリス全土から集まった精鋭のアマチュア・ベイカー（パン職人）が、イギリス各地に特設したオープンスタジオでケーキやパイなどを作り、勝ち抜き戦でその腕を競い合う。イギリスのパンや焼き菓子の歴史なども紹介するドキュメンタリー。声の出演：唐澤潤、楠大典、本田貴子、樋口あかりほか。Eテレ(木)午後10時からの30分番組。

おむすびニッポン 2022年度〜
全国各地にある絶品おむすびを、毎回1つずつ取り上げ、その起源や成り立ち、おいしく食べる工夫などを深掘り。一般には知られていない郷土色豊かな「ご当地おむすび」を、地元の人々の心温まる「ほっこりエピソード」とともに紹介する。途中、クイズなども織り込みながら、地域や食材の魅力をMC2人（飯尾和樹、王林）の軽快なトークとともに伝えた。Eテレ(木)午後2時50分からの10分番組。

財前直見の暮らし彩彩 2023年度〜
高校生の長男と80代の両親とともに、故郷大分で暮らしている俳優の財前直見。先祖代々受け継がれた山と畑で、50種類以上の作物を育てる財前家の暮らしに密着。季節の旬が詰まったオリジナルレシピから、人生を彩り豊かに生きるヒントを届ける。Eテレの29分番組で随時放送。大分局発の全中番組。2022年度は特集番組として放送。2023年度より定時番組。

小雪と発酵おばあちゃん 2023年度〜
発酵食が大好きな俳優の小雪が、発酵食作りの達人である日本各地の"発酵おばあちゃん"を訪ね、未来に残したい郷土食のレシピを学ぶ29分番組。2022年に2本を特集番組として放送。2023年4月から定時番組となり、Eテレで主に日曜午後6時から放送。

Zero Waste Life 2023年度〜
モノを大切にして慈しむ「mottainai（もったいない）」精神を育んできた日本。地球のよりよい未来に向けてヒントとなるような、アイデアを駆使した「捨てない暮らし」を実践する人々を紹介する。BS1(木)午前4時30分からの15分番組。

ボクを食べないキミへ 〜 人生の食敵 〜 2024年度
味が！においが！見た目が！無理！ 誰にでもある嫌いな食べ物。番組ではそれを「人生の食敵」と呼ぶ。毎回ひとつの食材がCGキャラの「食敵」にふんし、ゲストの食生活にカツを入れながら、食材の隠れた魅力や豆知識を披露。克服するための特別レシピも紹介する。Eテレ(土)午後6時50分からの10分番組。

NHKフォトストーリー ㉙

P840 ← 28　30 → P875

『うたってゴー』人形操演(1985年)

イギリス皇太子ご夫妻(当時)　新大型時代劇「武蔵坊弁慶」スタジオ見学(1986年)

皇太子さま(当時)　大河ドラマ『独眼竜政宗』スタジオ見学(1986年)

皇太子さま(当時)　大河ドラマ『独眼竜政宗』スタジオ見学(1986年)

趣味・実用
語学

01

誕生から発展へ
（1950〜1980年代）

　語学講座と放送との関わりは古い。1925年7月12日にラジオの本放送が開始され、そのわずか8日後の7月20日に『英語講座』の放送が始まる。語学テキストの前身ともいえる印刷物も制作されるなど、現在の語学講座の原型がすでにここにあった。

　戦時中は敵性語とされた英語講座は中止されたが、終戦から間もない1945年9月から『実用英語会話』の放送が始まり、11月に『基礎英語講座』が再開された。翌年2月に始まった『英語会話』は「証城寺の狸囃子」のメロディーに「カム・カム・エブリバディ……」の歌詞をつけた

テーマソングが人気となり、『英語会話』が人々の間に浸透していった様子は、2021年度後期の連続テレビ小説『カムカムエヴリバディ』でも描かれている。

　「英語講座」番組がテレビに初めて登場するのは1959年1月12日。NHK東京教育テレビジョン（現・Eテレ）が1月10日に開局してすぐに『英語会話』が始まった。放送は午後7時30分から8時までの30分、月曜から金曜までの5日間を「入門編」「練習編」「応用編」に分けて構成した。

　その年の10月、『英語会話』に一足遅れて『ドイツ語初級講座〜やさしいドイツ語』（1959〜1962年度）と『フランス語初級講座〜たのしいフランス語』（1959〜1962年度）が始まる。両番組とも1963年からそれぞれ『やさしいドイツ語』（1963〜1975年度）、『たのしいフランス語』（1963〜1975年度）に改題。

　1964年度にそれまで夜間だった語学番組の放送時間を早朝に移行し、夜間に再放送した。

『英語会話』中央：黒柳徹子（1958〜1975年度）→ P866

『ドイツ語初級講座』（1959〜1962年度）→ P866

『フランス語初級講座』（1959〜1962年度）→ P866

『やさしいドイツ語』（1963〜1975年度）→ P866

1967年4月に『中国語講座』(1967〜1989年度)と『スペイン語講座』(1967〜1989年度)が、1973年4月には『ロシア語講座』(1973〜1989年度)がスタートし、英語以外の語学講座の充実が図られた。

『たのしいフランス語』
(1963〜1975年度) → P866

『中国語講座』
(1967〜1989年度) → P866

『スペイン語講座』
(1967〜1989年度) → P866

『ロシア語講座』
(1973〜1989年度) → P866

1976年度の番組改定で18年間続いてきた『英語会話』(初級・中級)が、『英語会話I』『英語会話II』『英語会話III』の3つの番組に再編成された。『英語会話I』(1976〜1993年度)は英語初心者を対象とした初級編。英語をコミュニケーションの技術ととらえ、言語学習の4領域「読む・書く・聞く・話す」のうち、「聞く・話す」の学習にウエイトを置いて構成した。

『英語会話II』(1976〜1993年度)はいわば中級編。日本的な発想をいかに英語で表現するかを、日本人と欧米人の発想の違いに着目し、その文化的背景を踏まえて伝えた。

上級クラスに位置づけられる『英語会話III』(1976〜1983年度)では、国際交流の実例を実際のインタビュー映像等から紹介し、英語による内容理解と実際的な表現の習得を目指した。1983年度をもって『英語会話III』が放送

を終了したのに伴い、1984年度以降は、『英語会話II』を"中・上級コース"と位置づけて番組作りは継続された。

02

国際化と語学学習熱の高まり
（1980〜1990年代）

1980年代後半のバブル景気を背景に、1985年には500万人に満たなかった日本人の海外への出国者数が、わずか5年後の1990年に1000万人を突破。空前の海外旅行ブームとともに語学学習熱も大いに高まった。

1984年度に「韓国・北朝鮮で使われていることばを、初心者を対象に教える」として『アンニョンハシムニカ〜ハングル講座』(1984〜2007年度)が11年ぶりの新語学講座としてスタート。1990年度には「イタリア旅行を志す人にすぐに役立つ番組」として、『イタリア語会話』(1990〜

『アンニョンハシムニカ〜ハングル講座』(1984〜2007年度) → P867

『イタリア語会話』(1990〜2007年度) → P867

語学

『やさしい英会話』(1991〜1998年度)→P868

『マーシャの英会話・6か月』(1992〜1993年度)→P868

『英会話』(1994〜2002年度)→P868

『英会話上級〜インタビューを楽しむ』
(1994〜1997年度)→P868

『3か月英会話』(1994〜2000年度)→P868

『3か月トピック英会話』(2005〜2013年度)→P870

2007年度)が始まった。この時点で、外国語講座は英語を含めて8か国語がラインナップされた。

　1990年度は、語学番組が大幅に改定された変革の年である。それまで30分だった放送時間が20分に短縮され、それに伴いテンポのいい番組作りが意識され、若い視聴者層の取り込みを目指した。

　外国語講座の番組タイトルは『○○語講座』から『○○語会話』に一斉に改題。堅苦しい"講座形式"を排し、楽しく軽快な演出となった。

　1990年代に入ってから、『やさしい英会話』(1991〜1998年度)、『マーシャの英会話・6か月』(1992〜1993年度)、『英会話』(1994〜2002年度)、『英会話上級〜インタビューを楽しむ』(1994〜1997年度)、『3か月英会話』(1994〜2000年度)などが新しく始まった。

　『3か月英会話』は、英語のさまざまな使用状況や目的など、多様なニーズに応えた3か月の短期集中講座だ。視聴対象や英語習得の目的に応じた英語講座番組の多様化、細分化が始まった。2005年4月に『3か月トピック英会話』(2005〜2013年度)と改題。1994年から20年近くの長きにわたって放送された。

　1998年度は英語以外の7言語の外国語講座を大幅に刷新。外国語を学ぶ際に最小限必要と思われる40の基本表現を「スタンダード40」として厳選し、番組に取り入れ

『NHK日本語講座』(1989・1994・1999〜2003年度)→P867

『スタンダード日本語講座』(1991〜1993年度)→P868

『プラクティカル日本語講座』(1992〜1993年度)→P868

『やさしい日本語』(1991〜1998年度)→P869

た。翌年には新番組『はじめよう英会話』(1999〜2002年度)がスタート。「スタンダード40」を英語講座にも導入し、語学講座の共通フォーマットとなった。

　衛星放送の本放送が始まったばかりの1989年9月、在日外国人を主な対象とした『NHK日本語講座』(1989〜2003年度)が衛星第2でスタートした。1990年に在留外国人の数が100万人を超え、日本を訪れる外国人も増加の一途をたどり、体系的な日本語学習番組が求められていた。『スタンダード日本語講座』(1991〜1993年度)、『プラクティカル日本語講座』(1992〜1993年度)、『やさしい日本語』(1996〜1998年度)が教育テレビで次々に開講された。

03

インターネット展開と
多様なニーズに応えて

（2000年代）

　1990年代後半に一気に普及したインターネットを、いち早く番組に取り入れたのが学校放送番組、趣味実用番組、そして語学番組などの教育・実用系番組だった。1999年度にウェブサイト「NHK外国語講座　スタンダード40」が開設され、8言語（英語・ドイツ語・フランス語・中国語・スペイン語・ロシア語・ハングル・イタリア語　＊番組放送開始順）の基本文型を音声で確認できるようになった。

　テレビ放送開始50年にあたる2003年度は、番組全般にわたって大幅な刷新がおこなわれた。英語講座は習熟度や学習レベル分けにとどまらず、英語の使用目的、使用状況、番組の演出法、学習理論など、さまざまな観点から視聴者の多様なニーズに応えて次々に新番組を開発。英語番組だけでも6つの個性豊かな新番組（『100語でスタート！英会話』『英会話　エンジョイ！スピーキング』『英会話　ドラマでリスニング』『実践ビジネス英会話』『いまから出直し英語塾』『ライオンたちとイングリッシュ』）がスタートした。総合テレビにも『英語でしゃべらナイト』が登場。新感覚の語学バラエティー番組として好評を得た。

　学生や社会人が見やすい放送時間帯を考慮し、本放送を午後11時台（再放送が午前6〜7時台）に移行。また視聴者が自分の英語レベルに応じた講座を選びやすいように、日曜朝に英語講座番組の再放送を難易度の低い順に並べる編成がなされた。

　2004年度には英語以外の7言語の会話番組で、「入門編」を20分（2005年度から15分）、「応用・文化編」を10分で構成し、半年完結の講座に刷新。1年に2回講座をスタートする機会ができたことで、基本が確実に身につくと好評を得た。また9つ目の外国語講座となる『アラビア語会話』（2004〜2008年度）が定時番組として始まった。

　2003〜2004年に衛星第2と総合テレビで放送された韓国ドラマ『冬のソナタ』の人気をきっかけに“韓流ブーム”が起こった。2004年度の『アンニョンハシムニカ〜ハングル講座』では、『冬のソナタ』や『美しき日々』といった韓国ドラマのセリフから会話表現を学んだ。さらに韓国の新作映画の紹介や俳優・歌手へのインタビューなどの文化情報を充実させて、学習者の裾野を大きく広げた。英語番組でも生きた英語を楽しみながら学ぶ『英会話　ドラマでリスニング』（2003年度）や『ドラマで楽しむ英会話』（2005〜2006年度）など、海外ドラマを英語学習のモチベーショ

『アラビア語会話』（2004〜2008年度）→ P869

『英語でしゃべらナイト』（2003〜2008年度）→ P869

『100語でスタート！英会話』（2003〜2005年度）→ P869

『英会話　エンジョイ！スピーキング』（2003〜2004年度）→ P869

『英会話　ドラマでリスニング』（2003年度）→ P869

『実践ビジネス英会話』（2003〜2004年度）→ P869

『いまから出直し英語塾』（2003〜2006年度）→ P869

ンととらえた番組が登場した。

2005年からはアメリカの大学の英語講座を、日本語を一切交えずに紹介する「テレビで留学！」シリーズがスタート。さらに短期集中講座『3か月トピック英会話』（2005〜2013年度）、認知言語学の手法を取り入れた『新感覚☆キーワードで英会話』（2006年度）や『新感覚☆わかる使える英文法』（2007年度）、英語を基礎からやり直すための初級講座『きょうから英会話』（2007年度）、『英語が伝わる！100のツボ』（2008〜2009年度）や『コーパス100！で英会話』（2009年度）など、多彩な英語番組が続々とスタートした。

2008年度にも語学番組の大改定が行われた。ドイツ語・フランス語・中国語・スペイン語・ハングル・イタリア語・アラビア語の7言語の語学番組は、従来の『○○語会話』から『テレビで○○語（講座）』へとタイトルを改めた（『ロシア語会話』は2009年度に改題）。それに伴って現地映像をふんだんに取り入れるなど文化情報を充実させる刷新を図った。

2008年度に5分間のアニメ番組『リトル・チャロ』（全50話）を放送。テレビ、ラジオ、インターネット、携帯、テキスト、CDなどさまざまなメディアを組み合わせてネイティブの英語を学ぶクロスメディア企画のコアコンテンツとした。同時に『リトル・チャロ〜カラダにしみこむ英会話』（2008年度）をスタート。『リトル・チャロ』はその後、「英語で歩くニューヨーク」（2010年度）、『東北編』（2012年度）などのシリーズを放送。学齢期の子どもからシニア層まで幅広い支持を得た。

2009年4月、英語ニュースをコアコンテンツとした『ニュースで英会話』（2009〜2017年度）がスタートし、ウェブサイトでの実力テストを新規に開発するなど、多メディア新時代の語学講座の可能性を模索した。

04

"講座"の枠を超えて

（2010年代〜）

2010年度はドイツ語・フランス語・スペイン語・イタリア語の欧州4言語に「ユーロ24」という統一テーマを導入。これまで各言語別に進めていたカリキュラムを統合し、毎回共通のフレーズを取り入れるなど、それぞれの言語の違いや特徴、文化的背景を比較するなどして語学への興味を喚起した。

2011年度には英語番組を再編成し、「子どもから大人まで」日本人の英語学習を総合的にサポートする"英語グランドデザイン"をスタートした。言語能力を評価する国際指標CEFR（セファール・ヨーロッパ言語共通参照枠）に準拠して、レベル別（A0〜C1）に番組を配置、その第1弾として最も易しいレベルの小学生向け英語番組『プレキソ英語』（2011〜2017年度）を開発している。

一方、『テレビでハングル講座』（2008年度〜）では、『冬のソナタ』をきっかけに巻き起こった第1次韓流ブームに続くK-POP人気が引っ張る第2次韓流ブームの追い風を受けて、番組にK-POPグループ「超新星」（2011年度）や「2PM」（2012年度）をレギュラー出演者に迎えたことで"語学番組"の枠を超えた人気を呼び、テキストの実売が130万部を記録した。

古典から現代文学まで、英語に翻訳された日本文学を日英2か国語で読むミニ番組『Jブンガク』（2009〜2011年度）や、古今東西の偉人たちの知恵が詰まった名言から英語を学ぶ『ギフト〜E名言の世界』（2010年度）、世界が注目するアメリカのプレゼンイベント「TEDカンファレンス」を題材とした『スーパープレゼンテーション』（2012〜2017年度）など、"講座"の枠を超えた英語番組が続々登場し、

『新感覚☆キーワードで英会話』（2006年度）→P870_

『新感覚☆わかる使える英文法』（2007年度）→P870

『英語が伝わる！100のツボ』（2008〜2009年度）→P870

『コーパス100！で英会話』（2009年度）→P871

『リトル・チャロ4　英語で歩くニューヨーク』（2013年度）→P873

『ニュースで英会話』（2009〜2017年度）→P871

『世界にいいね！つぶやき英語』(2020年度) → P874

『プレキソ英語』(2011〜2017年度) → P704

『テレビでハングル講座』(2008〜2021年度) → P871

『Jブンガク』(2009〜2011年度) → P872

『世界へ発信！SNS英語術』(2018〜2019年度) → P874

「語学番組」は新たな時代を迎えた。

　語学番組のポータルサイトは、2014年度に「NHKゴガク」としてリニューアル。2015年度には『テレビで中国語』で、日本人が苦手とする声調を波形にして確認できる「声調確認くん」を開発。番組で使用するだけでなく、ホームページやアプリとしても公開し、新たな学習手法として導入した。

　2018年には世界がSNSでつながる時代状況を見据えて『世界へ発信！SNS英語術』(2018〜2019年度)がスタート。Twitter（現X）やInstagramに英語で投稿されるツイートを紹介し、その英語表現や外国文化を学んだ。その後継番組『世界にいいね！ つぶやき英語』(2020年度＊2021年度から『太田光のつぶやき英語』)では、世界的なニュースや話題に関するSNSへの投稿を専門家と一緒に読み解いた。MCには爆笑問題の太田光を迎え、英語を入り口にした教養情報番組の色彩を強めた。

　ラジオから始まった語学番組は、テレビによって多様な発展をとげ、次第にラジオとの役割分担を始めた。テレビの語学番組は、語学を学ぼうという動機付けと、その言語が持つ文化を伝える役割を主に担い、ラジオはその言語の音声を効果的に学ぶための学習ツールとして活用されるようになった。テレビとラジオのそれぞれの特性を上手に活かすことで、より豊かな語学学習の場を提供できるようになっている。

　1959年、教育テレビの放送開始とともにスタートした英語番組は、2019年に60周年を迎えた。その前半30年で始まった英語番組はわずか5番組だが、後半30年間にスタートした新番組は40以上にのぼる。英語の習熟度、使用目的・使用状況別に細分化され、わかりやすく興味を喚起する演出の工夫とバリエーションは、視聴者の多様なニーズに応えてきた結果でもある。さらに日本の国際化、グローバル化の一断面をも映し出している。日本語を学ぶための番組を含めると10か国語におよぶ語学番組を制作している放送局は極めてまれであり、日本の視聴者にとって最も身近な"世界への窓"を提供し続けてきた。

　ヨーロッパの4言語（フランス語・ドイツ語・イタリア語・スペイン語）の講座は、長く続いた『テレビで〇〇語』に代わって、2016年度後期から『旅する〇〇語』に大刷新した。現地の歴史、グルメ、音楽など、さまざまな文化にふれる旅をしながら現地の言葉を学ぶ6か月のシリーズである。2020年度に『旅するための〇〇語』にマイナーチェンジ。2023年度後期からは新シリーズ『しあわせ気分の〇〇語』がスタート。テーマは「ヨーロッパの暮らし」。歴史や伝統を大切にしつつ、人間の身の丈にあったライフスタイルを追求するヨーロッパの"いま"を見つめながら、簡単に覚えられる短いフレーズを学ぶ。世界的に有名な巡礼路の終着地サンティアゴ・デ・コンポステーラを舞台に"しあわせのヒント"を探す『しあわせ気分のスペイン語』をはじめ、それぞれの国の個性的な暮らしや文化にふれる。

語学 ｜ 定時番組

1950年代

英語会話 　1958～1975年度

1959年1月の教育テレビの開局とともに、（月～金）午後7時台の30分番組でスタート。（月・火）が「入門編」、（水・木）が「練習編」、（金）が「応用編」と曜日ごとにレベルと内容を分けて、日常生活に必要な「生きた英会話」を学ぶ。テキストも発行。1966年度より午前6時台の番組（再放送が夜間）となる。「初級編」の講師は1961年度から番組終了まで田崎清忠（横浜国立大学助教授）が務め、視聴者に親しまれた。

ドイツ語初級講座 　1959～1962年度

学生や社会人に向けたドイツ語初級講座で、「やさしいドイツ語」のサブタイトルをつけた。1959年10月、（月・水）午後10時30分からの30分枠でスタート。外国人ゲストを招き、文字による理解に偏らない「生きたドイツ語」を学ぶ。テキストも発行。1961年度より週3日放送。

フランス語初級講座 　1959～1962年度

学生や社会人に向けたフランス語初級講座で、「たのしいフランス語」のサブタイトルをつけた。1959年10月、（火・木）午後10時30分からの30分枠でスタート。外国人ゲストを招き、文字による理解に偏らない「生きたフランス語」を学ぶ。テキストも発行。1961年度より週3日放送。

1960年代

やさしいドイツ語 　1963～1975年度

『ドイツ語初級講座』（1959～1962年度）のサブタイトル「やさしいドイツ語」をメインタイトルに改題。基礎的な文法や会話表現を学ぶドイツ語初級講座。夜間の番組としてスタートしたが、1964年度より放送時間を午前7時台に移行。（月・水・金）の週3日放送で、（月・水）が「基礎編」、（金）が「応用編」とした。

たのしいフランス語 　1963～1975年度

「フランス語初級講座」（1959～1962年度）のサブタイトル「たのしいフランス語」をメインタイトルに改題。基礎的な文法や会話表現を学ぶフランス語初級講座。夜間の番組としてスタートしたが、1964年度より放送時間を午前7時台に移行。（火・木・土）の週3回放送で、「基礎編」と「応用編」を曜日別に放送した。

中国語講座 　1967～1989年度

学生や社会人を対象にした中国語初級講座。（月・水・金）午後6時からの30分番組でスタート。基礎文法や会話表現を学ぶ「基礎編」と「応用編」を放送。1976年度より放送時間を午前7時に移行（再放送・午後7時）するとともに、「応用編」を廃止して週2回の放送とした。

スペイン語講座 　1967～1989年度

学生や社会人が基礎文法や会話表現を学ぶスペイン語初級講座。（火・木）午後6時からの30分番組でスタート。スペイン及び中南米の20を超える国々で使われているスペイン語を取り上げ、基本的な会話表現を学んだ。1976年度からは午前7時30分に放送時間を移行（再放送・午後7時）した。

1970年代

セサミストリート 　1972～1981・1986～2003年度

アニメ、人形、スタジオショーで構成するアメリカの幼児向けテレビ教育番組。1971年に教育テレビの『夏のテレビクラブ』で初めて放送。1972年度より定時放送となった。英語音声に日本語の吹き替えや字幕などの改変を加えずに放送。中学・高校生以上の英語学習が主な目的だったが、子どもから大人まで幅広く視聴された。教育（日）午後7時ほかで放送をスタート。1987年1月からは衛星第1と第2で、1989年からは教育で放送を再開。

ロシア語講座 　1973～1989年度

一般社会人を対象としたロシア語初級講座。モスクワ中央テレビから招いたアナウンサーの指導で、ロシア語の基礎的な会話表現や語法を学ぶ。アニメーションフィルム、中継、寸劇なども織り込んだ。（土・日）午前6時からの30分番組でスタート。

英語会話I 　1976～1993年度

『英語会話』（1958～1975年度）を、新たに『英語会話I』『英語会話II』『英語会話III』の3つのレベルの番組に再編成した。その中で『英語会話I』はいわば入門コース。「読む・書く・聞く・話す」のうち、「聞く・話す」にウエイトをおいて、英語の日常的な表現を学ぶ。（月・木）午前7時からの30分番組でスタート。1992年度から『英会話I』に改題。1991年度より20分番組となる。

英語会話Ⅱ　1976～1993年度

『英語会話Ⅰ』に続くレベルアップコース。基礎的な英語力を活用し、自らの発想で英語を使いこなしていく力をつけることをねらいとした。初年度は1975年度の『英語会話（初級）』を再放送。（日）午前7時からの30分番組でスタート。1983年度で上級コースの『英語会話Ⅲ』が終了し、代わって『英語会話Ⅱ』が上級コースの役割を担った。1990年度より20分番組となる。1992年度から『英会話Ⅱ』に改題。

英語会話Ⅲ　1976～1983年度

テレビ英語会話シリーズのもっとも上級の応用コース。英語が実際に話される状況を「インタビュー」や国際交流の実例を通して紹介し、内容理解と表現の習得を目指した。（日）午前7時30分からの30分番組でスタート。初代講師は國弘正雄（国際商科大学教授）、小浪充（東京外国語大学教授）、ケン・マクドナルド（立教大学講師）。

ドイツ語講座　1976～1989年度

『やさしいドイツ語』（1963～1975年度）を改題。それまで放送していた「応用編」を廃止して、週3回の放送を週2回とした。（月・木）午前7時30分からの30分番組でスタート。初心者向けに基礎的な日常表現を文法事項とあわせた形で指導。1977年2月からカラー化を実施。初代講師は小塩節（中央大学教授）、中島悠爾（東京都立大学助教授）。

フランス語講座　1976～1989年度

『たのしいフランス語』（1963～1975年度）を改題し、週3回の放送を2回とした。はじめてフランス語にふれる視聴者を対象とした初級講座。（火・金）午前7時30分からの30分番組でスタート。初年度前半はNHK制作の寸劇を、後半はフランス国営放送制作の寸劇を使用。毎月最終回には文化紹介のコーナーを編成した。

1980年代

アンニョンハシムニカ～ハングル講座　1984～2007年度

朝鮮半島で使われている言語を、初心者が通年で学ぶ語学講座。発音と文字の学習から始めて、基礎的な会話表現や基本文法を体系的に習得する。（日）午前7時30分からの30分番組でスタート。初代講師は梅田博之（東京外国語大学教授）。

実践・はなしことば講座　1987～1989年度

人前で意見を述べたり、議論によって物事を決めることに慣れていない日本人が多いと言われる。その一方で、やや改まった場で話をする機会は増えている。そのような現状を踏まえて、現代生活に欠かせない論理的で的確かつ豊かな話し言葉を学ぶための番組とした。（日）午前10時からの15分番組。

NHK日本語講座　1989・1994・1999年度

日本で暮らす外国人を対象に、日常生活に役立つ会話を学ぶ初級者向けの日本語講座。1988年度に衛星第1で10本を放送。1989年度後期に9月からは衛星第2で定時放送。1994年度教育で再放送。1999年度に教育で新シリーズをスタート。日本語学習に加えて、日本人の食生活や住まいの文化についての話題もとりいれた。講座部分は主に英語で展開し、キー表現は中国語、ポルトガル語、ハングルでも字幕スーパーし、外国人学習者への浸透をはかった。

1990年代

実践はなしことば　1990～1991年度

若者の言葉が乱れていると言われるが、話し言葉はこの10年間で大きく変化している。学校や職場、地域で何をどう話したらよいか、生きた話し言葉を例にスタジオでゲストと一緒に的確な話し言葉を考えた。初めてアナウンス室が独自に制作した番組。（土）午後7時からの30分番組でスタート。

イタリア語会話　1990～2007年度

「英語・ドイツ語・フランス語・スペイン語・中国語・ロシア語・ハングル」に続く8番目の外国語講座としてスタート。イタリア語の初歩的な日常会話や、イタリア旅行にすぐに役立つ実用的な講座番組とした。覚えておきたい基本的な会話表現と同時に、基礎的な文法を学ぶことで応用力も養った。（日）午前7時台の20分番組でスタート。初代講師は西本晃二（東京大学教授）。

ドイツ語会話　1990～2007年度

『ドイツ語講座』（1976～1989年度）を改題し、放送時間を30分から20分に短縮。ドイツ語圏に旅行や滞在するときに必要となる初歩的な会話表現の習得を目指した。（月・木）午前7時台の20分番組でスタート。

フランス語会話　1990～2007年度

『フランス語講座』（1976～1989年度）を改題し、放送時間を30分から20分に短縮。日常よく用いる表現を場面別に繰り返し提示することで、聞く・話す力を養い、フランスで生活するための日常会話の習得を目指した。（木・土）午前7時台の20分番組でスタート。

中国語会話　1990〜2007年度

『中国語講座』（1967〜1989年度）を改題。初心者を対象に基礎的な表現力、理解力を養うよう1年シリーズで編成。中国人の日常生活を題材にしたスキットを教材に、語句の基礎的な発音から始まり、表現力と理解力を養う内容とした。(火・金)午前7時台の30分番組でスタート。

スペイン語会話　1990〜2007年度

『スペイン語講座』（1967〜1989年度）を改題。スペイン語学習のポイントである動詞を中心に、言葉の基本的な仕組みや簡単な日常会話の習得を目指した。1990年度は中南米の映像を素材に、スペイン語圏の歴史、文化も紹介した。(水・土)午前7時30分からの30分番組でスタート。

ロシア語会話　1990〜2009年度

『ロシア語講座』（1973〜1989年度）を改題。ロシア文字の学習、発音の練習から始め、ロシアの文化に親しみながら、日常会話とロシア語文法の基礎を学んだ。1990年度前期は、横浜・ナホトカ航路を行く船内と、ナホトカ市内で取材した映像を素材に構成。後期は再放送。(火・金)午前7時からの30分番組でスタート。

やさしい英会話　1991〜1998年度

幅広い年齢層を対象にした英会話「入門コース」。初年度は、ニューヨークで単身ホームステイをする日本人女性を主人公に、言葉の壁や文化の違いがもとで起きるさまざまな事件を通して、英語表現とアメリカと日本の習慣の違いを学んだ。(月)午前7時からの20分番組でスタート。講師はニール・タトル（東京音楽大学助教授）。

スタンダード日本語講座　1991〜1993年度

在日外国人の増加とそれに伴う日本語学習熱の高まりを受けてスタートした日本語初級講座。自然なドラマ・スキットを通して、日本語を基礎から体系的に学習できるように、1回28分の25本シリーズで構成。(日)午後6時台の番組でスタート。講師は酒入郁子（I.T.Sランゲージセンター）。1992、1993年度は1991年度の再放送。

マーシャの英会話・6か月　1992〜1993年度

『英語会話I』（1976〜1993年度）の人気出演者だったマーシャ・クラッカワーが講師。ニューヨーク郊外に暮らす一家の生活や、マンハッタンで暮らす日本人留学生の日常の出来事を通して、海外ですぐに役立つ実用的な英語表現を紹介した。(月)午前7時からの20分番組。前期26本を放送し、後期は再放送。

マザーグース　1992年度

「きらきら星」「メリーさんの羊」などで知られているイギリス伝承童謡集「マザーグース」を、『セサミストリート』の操り人形師ジム・ヘンソンが人形劇として制作。1話を英語のまま手を加えずに放送、続いて英語の字幕をつけたものを繰り返し放送し、新しい形の語学番組とした。教育(金)午後7時30分からの15分番組。1991年エミー賞幼児番組部門最優秀監督賞・最優秀衣装デザイン賞を受賞。全51話。アメリカ制作。

プラクティカル日本語講座　1992〜1993年度

『スタンダード日本語講座』（1991〜1993年度）を終了した外国人を対象に、日本語をより実践的に学べるように構成。日常生活のさまざまな場面を想定し、具体的でより実用的な表現を学ぶ。(土)午後11時45分からの28分番組。講師は酒入郁子（I.T.Sランゲージセンター）。年度後期に放送。1993年度は1992年度の再放送。

ミニ英会話　とっさのひとこと　1992〜2006年度

日常生活のさまざまな場面で外国人に英語で話しかけられたときにとっさに対応するための表現を学ぶ5分間の英会話番組。コミカルなスキットを通して、楽しみながら英語の即応力を高める。1986年度に放送をスタート。1992年度に教育(月〜木)午後10時15分と(金)午後7時45分に定時放送となる。

英会話　1994〜2002年度

初年度は「初めてのビジネス英語」のサブタイトルで、初級・中級向けに初歩的なビジネス英語を学ぶ。1995年度は「名探偵ホームズとワトソン博士」のサブタイトルで、名探偵シャーロック・ホームズを主人公にしたシリーズを毎月1話読む。1996年度以降は海外で制作された英会話学習教材を素材として、初級から中級向けに英会話の重要表現や、その背景にある文化的な知識を学んだ。(火)午前7時からの20分番組。

英会話上級〜インタビューを楽しむ　1994〜1997年度

高いレベルの英語力を身につけるための英会話上級講座。世界の著名人へのナチュラル・スピードのインタビューを楽しみながら、リスニング能力を高めることを目標とした。(水)午前7時からの20分番組。

3か月英会話　1994〜2000年度

1つのテーマを3か月単位で学ぶ、短期集中方式の英語講座シリーズ。初年度は「初めての海外旅行」「やさしいスピーチ」「60歳からの挑戦」「電話でハロー」の4シリーズを放送。(木)午前7時からの20分番組。2001〜2002年度は、好評だった番組をアンコール放送した。

ニュース英語レッスン　1995〜1997年度

アメリカの放送局ABCのニュースやスポーツニュースの最新情報を教材に、ビビッドな話題と現代米語ならではの表現を伝える英語のワンポイントレッスン。親しみやすいキャスターの語り口と海外ジャーナリストのウイットに富んだコメントが売り物。英文スーパーを駆使するなど、「英語ニュースが見てわかるようになる」演出が好評だった。衛星第1(月〜金)午後10時台の10分番組でスタート。1997年度は(日)午前の20分番組。

やさしい日本語　1996〜1998年度

日本で暮らす外国人を対象に、日常生活に役立つ会話を学ぶ日本語講座。日常会話を通して、日本語のしくみや使い方、日本人のものの考え方を伝えることを目指した。午後3時台の30分番組。講師は中道真木男（国立国語研究所）。26回シリーズで、年度後期は再放送。1998年度は1996年度の再放送。

英語ビジネスワールド　1998〜2002年度

『英会話上級』（1994〜1997年度）の後継番組として登場したビジネスマン向けの英語講座。世界を舞台とするグローバルなビジネス社会で必要な知識と技術を習得するために、「英語力」と「ビジネスセンス」の両面からアプローチする。海外の最新経済情報にも触れながら、ビジネスマンの実践的英語力向上を目指した。講師は小林薫（産能大学教授）、田中宏昌（明星大学助教授）ほか。（水）午前7時10分からの20分番組。

はじめよう英会話　1999〜2002年度

「中学校レベルの英文法や単語は一応勉強したけれど、話すのは苦手」という人たちのための英会話初級講座。外国の人と親しく交流するために必要な英会話の40の基本表現「スタンダード40」を中心に学ぶ。講師は初年度はスティーブ・ソレイシィ。2000年度から松本茂（東海大学教授）。（月）午前7時10分からの20分番組。前期に26本を放送し、後期はその再放送。

2000年代

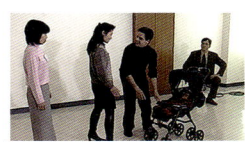

英会話　トーク&トーク　2001〜2002年度

テキスト・放送・インターネットの3要素を連動させ、「英語を実際に使ってみる」を目標に学ぶ双方向型英会話講座。2001年前期は、視聴者が英会話のロールプレーに挑戦。後期は場面をより生活に役立つ設定とし、視聴者参加型の「生きた英会話」の体験学習をおこなった。（木）午前7時10分からの20分番組。講師は髙本裕迅（白百合女子大学教授）、赤須薫（東洋大学教授）ほか。

英語でしゃべらナイト　2003〜2008年度

日本人が英語でしゃべらなくてはならない場面でどうすればいいのかを考える、総合テレビの新感覚語学バラエティー。英語を勉強中の多彩なゲストが、英語学習の苦労話や知って得するコミュニケーションのコツを披露。海外からも多彩なゲストが登場。広く異文化コミュニケーションとは何かを考える知的エンターテインメント番組とした。総合（月）午後11時台の29分番組でスタート。出演はパトリック・ハーラン、釈由美子、八嶋智人ほか。

ライオンたちとイングリッシュ　2003〜2006年度

アメリカの公共放送が制作した4〜7歳の子ども向け英語教育番組。マペット人形が演じる主人公のライオン一家が、図書館を舞台に毎回1冊の本や逸話を取り上げて、その世界を空想し冒険する。各コーナーに音楽やユーモアあふれる小話が盛り込まれていて、楽しみながら英語を学ぶ。フォニックス（音声学）の要素が盛り込まれ、英語を学び直したい大人たちにも利用された。（木）午前6時45分からの25分番組。

100語でスタート！英会話　2003〜2005年度

日常使われる英単語をコンピューターで頻度順に並べた"コーパス"と呼ばれるデータを基に、厳選された100のキーワードを半年で学ぶ。中学校2年生レベルの英語力をベースに、頻度順に効率よく英語表現を身につけることを目指した。講師は投野由紀夫（明海大学助教授）。（火〜金）午後11時台の10分番組。

英会話　エンジョイ！スピーキング　2003〜2004年度

自分から英語で話しかけることで、外国人とコミュニケーションをとる力を身につける英会話講座。初年度前期は、「自分」を外国人に対していかに表現するかに挑戦。後期と2004年度はニューヨーク大学の外国人向け英語習得クラスの授業を通して、語学留学のリアルな疑似体験をする講座とした。音声・文字ともに日本語はまったく登場しない。講師は井上久美（上智大学教授）、ヘレン・ミンツほか。（火）午後11時10分からの20分番組。

英会話　ドラマでリスニング　2003年度

海外で制作されたドラマを教材に、国際英語の生きた表現を学ぶ。前期はイギリス制作の青春ドラマで、セリフに登場するイギリスならではの表現の聞き取りに挑戦。後期はアメリカのあるレストランを舞台にしたドラマを楽しみながら、英会話特有の表現や文化的な背景を知ることでリスニング力の向上を目指した。講師は平野次郎（学習院女子大学特別専任教授）、鳥飼久美子（立教大学教授）。（水）午後11時10分からの20分番組。

実践ビジネス英会話　2003〜2004年度

外国資本の企業が日本に進出する昨今の状況を踏まえて、英語でビジネス上のリーダーシップをとって成功へのヒントを提示する内容。スキットは、ある自動車機器メーカーの社員を主人公に、外国の上司や同僚、取引先との適切な会話表現やビジネスマインドを描いた。講師は船川淳志（サンダーバード日本校客員教授）、本間正人（NPO学習学協会代表理事）。午後11時台の20分番組。

いまから出直し英語塾　2003〜2006年度

「英語が話せるようになりたいが、どのように学んだらいいかわからない」というミドルエイジを対象に、スポーツや映画、文学などさまざまな話題を通して英語の楽しさを伝える教養系英語番組。講師は『ラジオ英会話』を長年担当した大杉正明（清泉女子大学教授）。午後11時台の20分番組。

アラビア語会話　2004〜2008年度

日本人を主人公にしたスキット「出会いのエジプト」で25の会話表現を学ぶ。「アラブに触れる」コーナーではさまざまなゲストを招き、アラブ文化を紹介。生徒役として出演した落語家の柳家花緑がアラビア文字の読み書きを学び、さらに番組の最後には世界初のアラビア語落語にも挑戦した。25〜30分番組で年度後期の放送。講師は師岡カリーマ・エルサムニー（獨協大学講師）。2005年度と2007年度はそれぞれ前年度の再放送。

NHK日本語講座　新にほんごでくらそう　2004〜2006年度

日本で暮らす外国人を対象に、日常の身近な事柄を、番組の登場人物といっしょに経験しながら、役立つ会話を学ぶ初級者向け日本語講座。講座部分は主に日本語でおこない、ポイントとなる表現は英語、中国語、ポルトガル語、ハングルでも字幕スーパーを出し、外国人学習者への浸透をはかった。20分番組で25回シリーズ。監修は水谷修（名古屋外国語大学学長）。原稿執筆・講師は清ルミ（常葉学園大学教授）。2005年度以降は再放送。

テレビで留学！　ニューヨーク大学英語講座　2005年度

ニューヨーク大学の外国人向け英語習得クラスの実際の授業を紹介し、現地での留学気分を味わいながら、英語の基礎から自然な会話表現、会話のリズムなどを習得する。授業では生徒たちがドラマ制作に挑戦し、その過程も楽しんだ。（火）午後11時10分からの20分番組で、4〜9月に放送。講師はモナ・スタイルズ（ニューヨーク大学アメリカン・ランゲージ・インスティテュートESL講師）。

ドラマで楽しむ英会話　2005〜2006年度

海外ドラマを字幕なしで楽しむためのコツを伝授する英会話番組。1999年にイギリスで大ヒットしたドラマ『マイアミ7』を教材に、英会話ならではのコミュニケーションのポイントを学ぶ。（水）午後11時10分からの20分番組で、4〜9月に放送。講師は宮嶋万里子（国際基督教大学講師）。2005年度は前期、2006年度は後期の放送。

3か月トピック英会話　2005〜2013年度

3か月ごとにテーマを変えて新開講する20分の英語講座。バラエティー豊かなテーマで日常の基本表現を学ぶ。「1日まるごと英語で話そう」（2005年度）、「栗原はるみの挑戦・こころを伝える英語」（2006年度）、「ハワイでハッピーステイ」（2007年度）、「"赤毛のアン"への旅〜原書で親しむAnneの世界」（2008年度）、「体感！ニューヨーカーの会話術」（2008年度）などを放送。

アジア語楽紀行　2005〜2009年度

アジア各国の観光地で撮影した映像で、旅行に役立つフレーズを毎回1つずつ覚える12回シリーズ。観光に役立つ情報や、それぞれの地域独特の文化なども紹介した。初年度はインドネシア、タイ、ベトナムを放送。教育の5分番組。

新感覚☆キーワードで英会話　2006年度

1つの単語に隠されている不変のニュアンスをつかむことで、多くの例文を頭に詰め込まなくてもさまざまな会話の場面に対応できるフレーズを自分から作り出すことができる。そんな力を効率的に養う「認知言語学」の手法を取り入れた新感覚の英会話番組。講師は田中茂範（慶應義塾大学教授）、河原清志（慶應義塾大学研究員）。前期（火〜金）・後期（月〜木）で、午後11時から放送の10分番組。

エリンが挑戦！にほんごできます。　2006〜2010年度

日本在住の外国人を対象とした日本語初級講座。日本にやってきた17歳の交換留学生エリンを主人公とした学園ドラマ風スキットを基に、1回20分で25回にわたって生きた日本語表現を身につけ、中級へのステップアップを目指す。監修は国際交流基金日本語国際センター。

テレビで留学！コロンビア大学初級英語講座　2006年度

日本語を一切交えない唯一無二の英語講座番組。『テレビで留学！　ニューヨーク大学英語講座』（2005年度）に続く「テレビで留学！」シリーズ。外国人向け英語教育理論（TESOL）の実践校として最高の評価を受けているコロンビア大学の外国人向け英語習得クラスを収録。今回は初めて「初心者向けクラス」を選定した。（火）午後11時10分からの20分番組。

テレビで留学！コロンビア大学英語講座　2007年度

テレビを前にして、リアルな語学留学を疑似体験できるユニークな英語講座番組。『テレビで留学！　コロンビア大学初級英語講座』（2006年度）に続いて、コロンビア大学の外国人向け英語習得クラスを収録。現地の授業をそのまま届けるため、音声・文字ともに日本語はいっさい使わず、完全に英語のみの番組。番組最後に授業と関連したミニレポートを入れ、ニューヨークでの生活感を強めた。（火）午後11時10分からの20分番組。

きょうから英会話　2007年度

「もう一度、英語を基礎から勉強し直したい」と思っている人に向けた英語初級講座。中学1〜2年レベルの英語表現をベースに、必要最低限の英語力でコミュニケーション能力を高める技術を学ぶ。（水）午後11時10分からの20分番組。講師は松本茂（立教大学経営学部教授）。

新感覚☆わかる使える英文法　2007年度

『新感覚☆キーワードで英会話』（2006年度）に続く「新感覚」シリーズの第2弾。英語で何かを語ろうとする「私」の視点から英文法を再構成。丸暗記せずに気持ちを伝えるツールとして使える、新しい英文法を学ぶ。教育（月〜木）午後11時台の10分番組。

英会話セレクション　2008年度

好評だった英語番組のうち『新3か月トピック英会話　英単語ネットワーク〜目指せ10,000語』（2007年7〜9月放送）、『出張！ハートで感じる英語塾』（2007年10〜12月放送）、『きょうから英会話』（2007年4〜9月放送）を、『英会話セレクション』の枠タイトルで再放送した。（木）午後11時10分からの20分番組。

英語が伝わる！100のツボ　2008〜2009年度

「どうぞよろしく」「お疲れ様でした」など、日常会話でよく耳にする豊かで繊細な日本語表現を英語に置き換える"ツボ"を伝える英語講座。100のフレーズを使いこなせる発想力を身に付け、自然な発話を目指した。講師は西蔭浩子（大正大学教授）。（月〜木）午後11時台の10分番組。2008年度前期の放送で、2009年度後期に再放送した。

テレビでアラビア語　2008〜2019年度

2008年9月まで放送の『アラビア語会話』（2004〜2008年度）を10月に改題。カタールの首都ドーハとモロッコのマラケシュでのロケ映像を基に、実践的な会話とアラビア文字の書き方や文法を学ぶ。同じ講師によるラジオ第2の『アラビア語講座』との連携を図った。2012年度の新作では、目覚ましい変化を遂げるアラブ首長国連邦のドバイを舞台に、ミステリー仕立てのスキットを制作。講師は木下宗篤（東京外国語大学講師）ほか。25分番組。

テレビでイタリア語　2008〜2016年度

『イタリア語会話』（1990〜2007年度）を改題。初年度前期は、前半を15の基本フレーズを使いながら水の都をめぐる紀行語学講座「ヴェネツィア旅会話」、後半をイタリア語文法を楽しく解説する「必殺！文法レンジャー」で構成した。講師は京藤好男（慶應義塾大学講師）ほか。25分番組。

テレビでスペイン語　2008〜2016年度

『スペイン語会話』（1990〜2007年度）を改題。初年度はアメリカで暮らすスペイン語圏出身の人々の生活を紹介したドキュメンタリー映像を基に、基本フレーズを学ぶシリーズ。講師は福嶌教隆（神戸市外国語大学教授）ほか。25分番組。

テレビで中国語　2008〜2021年度

『中国語会話』（1990〜2007年度）を改題。初年度は2008年の北京オリンピックと2010年の上海万博を控えてますます高まる中国語熱に応え、北京や上海の今が分かるスキットを制作。2010年代に入ると、成長を続ける中国ビジネスを背景にした上海、北京を舞台にしたスキットを制作し、中国語とあわせて中国のビジネスマナーや中国人の考え方なども紹介した。講師は古川裕（大阪大学教授）ほか。25分番組。

テレビでドイツ語　2008〜2016年度

『ドイツ語会話』（1990〜2007年度）を改題。初年度はロマンチック街道を自転車で巡る旅のスキットを基に、旅行での会話に役立つ表現を覚えるシリーズを放送。自転車旅行者に優しいドイツならではの実用情報も紹介した。講師は矢羽々崇（獨協大学外国語学部教授）ほか。25分番組。

テレビでハングル講座　2008〜2021年度

『アンニョンハシムニカ〜ハングル講座』（1984〜2007年度）を改題。初年度は、ハングルで難しいとされる発音を徹底指導するほか、前期は基本のハングル表現を学び、後期は気持ちを伝える一歩踏み込んだ表現を紹介。言葉の学習だけでなく、韓国ドラマのセリフで学ぶコーナーや最新の文化情報なども併せて構成した。講師はイ・ユニ（東京成徳大学准教授）ほか。25分番組。

テレビでフランス語　2008〜2016年度

『フランス語会話』（1990〜2007年度）を改題。初年度は北フランスを舞台に、ノルマンディーやブルターニュの伝統文化とともに、すぐに使える会話表現を学んだ。講師は佐藤康（学習院大学講師）、北村亜矢子（上智大学非常勤講師）ほか。25分番組。

リトル・チャロ（シリーズ）　2008年度〜

ニューヨークで迷子になった子犬が冒険をくり広げる教育テレビの5分アニメ。全50話を通して、テレビ、ラジオ、インターネット、携帯、テキストなど、さまざまなメディアを組み合わせて、ネイティブの英語が学べる仕組みになっている。第2弾『リトル・チャロ2』、第3弾『リトル・チャロ　東北編』、第4弾『リトル・チャロ4〜New York Again』を再放送をはさんで放送。2014年度からはシリーズを10分番組に再構成して放送。

リトル・チャロ〜カラダにしみこむ英会話　2008〜2009年度

2008年度からEテレで始まった5分間の英語アニメ番組『リトル・チャロ』を教材に使った英語講座。子犬の大冒険を描いたアニメ『リトル・チャロ』を中心に据え、全23話50のエピソードを通してテレビ、ラジオ、ウェブ、テキストなど、さまざまなメディアを組み合わせてネイティブの英語を学んだ。講師は佐藤良明（元東京大学教授）。2009年度は2008年度の再放送。

コーパス100！で英会話　2009年度

『100語でスタート！英会話』（2003〜2005年度）や『英語が伝わる！100のツボ』（2008〜2009年度）など、「100」をタイトルに盛り込んだシリーズの後継番組。「have」「get」「take」など、日常会話で重要な役割を果たす基本的な動詞を使ったフレーズを、ネイティブスピーカーの使用頻度を基にランク付けして効率よく学ぶ。講師は投野由紀夫（東京外国語大学大学院准教授）。（月〜木）午後11時からの10分番組。

テレビでロシア語　2009〜2017年度

『ロシア語会話』（1990〜2009年度）を改題。「シベリア4都市紀行」と題し、ウラジオストク・ハバロフスク・ヤクーツク・イルクーツクの各地の今を伝えるリポートを通して、ロシア文化の一端を紹介。"シベリア旅行社"という設定のスタジオでは、基本的なフレーズを学ぶ。講師は沼野恭子（東京外国語大学大学院教授）ほか。25分番組。

トラッドジャパン　2009〜2012年度

「日本の文化を英語で伝え、同時に自国の文化を再発見する」をコンセプトに、言葉の奥にある文化的背景まで考える語学教養番組。「すし」「着物」「東京タワー」など、外国人に英語で説明する時に役立つ表現を学ぶ。講師は江口裕之（CEL英語ソリューションズ最高責任者）。教育（Eテレ）午後11時台の20分番組。2010、2012年度は前年度の再放送。2011年度はウクレレ奏者ジェイク・シマブクロのコーナーを新設。

ニュースで英会話　2009〜2017年度

国際放送の「英語ニュース」を教材に、テレビ・ラジオ・ワンセグ・ウェブを使って、さまざまな角度から時事性の高い実用的な英語を学ぶ。会員制のウェブサイト「ニュースで英会話オンライン」の会員数は3万人に上り、月間ページビューも2年目に1200万を超えた。講師は鳥飼玖美子（立教大学名誉教授）ほか。20〜25分番組。

語学 ｜ 定時番組

Jブンガク 2009〜2011年度

日本人が培ってきた独自の感性を「文学」の中から抽出し、英語で読み解く5分番組。古典から現代文学までさまざまな名作を日本語と英語で深く味わい、ケータイ小説世代も楽しめるポップな日本文学案内を目指した。教育（火〜金）午前0時25分に放送。

トラッドジャパン・ミニ 2009〜2011年度

身の回りにある"美しい日本"を外国人に英語で説明する時に役立つ表現の数々を学ぶ英語番組『トラッドジャパン』。そのエッセンスをまとめた5分番組。教育（土）午後11時55分から放送。2010〜2011年度は再放送。

2010年代

ギフト〜E名言の世界 2010年度

将棋七大タイトルを制覇した羽生善治や発明王トーマス・エジソンなど、古今東西の著名人・知識人の名言を英語で紹介し、英語とともに人生を学ぶ新しい英語教養番組。出演は劇作家で演出家のロジャー・パルバース、俳優の紺野美沙子。（月）午後11時10分からの20分番組。

リトル・チャロ2〜英語に恋する物語 2010〜2011年度

ニューヨークで迷子になった子犬の大冒険アニメ『リトル・チャロ』の第2弾。物語に親しむうちに、知らず知らずのうちにネイティブがよく使う表現を覚えたり、聞き取りのコツが学べる講座で全50話を放送。第1シリーズ同様に放送、インターネット、テキストなど、さまざまなメディアを組み合わせて、学習効果を高めた。（月〜木）夜間の10分番組。2011年度は2010年度の再放送。

実践！英語でしゃべらナイト 2011年度

総合の『英語でしゃべらナイト』（2003〜2008年度）が、ビジネスパーソン向けの実践講座として3年ぶりにEテレに復活。実際に英語を使わざるを得ない状況に置かれている人たちを取材し、ビジネスの現場から即戦力となる英会話術を紹介する教養英語番組。出演はジョン・カビラ、パトリック・ハーラン、青井実アナウンサー。（金）午後11時からの20分番組。

どうも！日本語講座です。 2011〜2013年度

日本在住、または留学している外国人向けの初中級向け日本語講座。日本人なら知っている流行語や名ゼリフをキーフレーズに、日本語独特の表現や文法のポイントを解説。下町のそば屋で働くフィリピン女性が主人公のスキットドラマを通して、自然な日本語に触れ、後にアニメキャラクターが文法解説をする。監修は飯間浩明（早稲田大学メディアネットワークセンター非常勤講師）。15分番組。

アンジェラ・アキのSONG BOOK in English 2011年度

バイリンガルのシンガーソングライター、アンジェラ・アキが洋楽の歌詞の世界を読み解き、その楽曲の魅力を語る音楽教養番組。ビリー・ジョエルの「Honesty」やマドンナの「Material Girl」など名曲の歌詞を題材に、前・後編2回に分けて講義。前編では英語の原詞を読み解き、後編では日本語カバーの作詞に挑戦した。放送は2012年1月から3月までの12回で、6曲を扱った。（土）午後11時からの30分番組。

おとなの基礎英語 2012〜2017年度

中学校3年間で学ぶ"基礎英語"を使って、海外旅行などで役立つフレーズを紹介する、20〜40代を対象とする英語番組。初年度はシンガポール、香港、タイの3国を舞台にしたミニドラマを制作することで、非英語ネイティブ同士が英語で会話するという現代の英語事情を反映させた。講師は松本茂（立教大学教授）。（月〜木）放送の10分番組。

テレビで基礎英語 2012〜2014年度

"中学英語"をユニークなトレーニング方法で身につける、長寿ラジオ番組「基礎英語」シリーズのテレビ版。体で英語を習得する「おもしろ体当たりトレーニング」、語順をマスターするだけで上達する「ミラクル英作文」、アニメ「フラッシュ太郎」など、楽しみながらいつのまにか"中学英語"を身につける。講師は田尻悟郎（関西大学・大学院教授）。20分番組。2013〜2014年度は2012年度の再放送。

リトル・チャロ 東北編 2012年度

子犬のチャロが主人公のアニメシリーズの第3弾。今回は東北を旅行中に異次元に迷い込んだチャロの冒険物語。（土）午前9時20分からの10分番組で全12回を放送。

基礎英語ミニ 2012年度

基礎英語シリーズのエッセンスを届ける5分番組。前期は「語順」の知識をアニメーションとトレーニングの組み合わせで紹介。後期は『おとなの基礎英語』の基本フレーズを題材に語順や文法を解説した。Eテレ（水）午後10時20分に放送。

2PMのワンポイントハングル 2012年度

『テレビでハングル講座』のK-POPグループ2PMのレギュラーコーナーを5分番組に再編集。出演講師の解説も加え、旅で役立つ表現を紹介した。出演：2PM。講師：チャン・ウニョン（東京大学、津田塾大学講師）。Eテレ（木）午後10時20分に放送。

01.ドラマ　02.クイズ・バラエティー　03.音楽　04.伝統芸能　05.ニュース　06.報道・ドキュメンタリー　07.紀行　08.教養・情報　09.自然科学　10.こども教育　11.人形劇・アニメ　12.趣味・実用　13.大型特集番組等

しごとの基礎英語 2013～2017年度

突然、仕事で英語を使わざるを得なくなった状況を想定し、中学校で学ぶ程度の英語力を駆使して悩みを解決する「基礎英語」シリーズのビジネス版。ビジネスで役立つ相手に失礼がない会話のコツを学ぶ。講師は大西泰斗（東洋学園大学教授）。（月～木）の10分番組。

リトル・チャロ4　英語で歩くニューヨーク 2013年度

英語の5分アニメ『リトル・チャロ4～New York Again』を教材に英語を学ぶ講座番組。スタジオで聞き取りのポイントを学びながら、物語の感想を英語で話し合ったり、応用表現で練習するなどした。アニメの舞台であるニューヨークからのリポートも紹介。講師は江原美明（神奈川県立国際言語文化アカデミア准教授）。（水）午後10時からの20分番組で、4～12月に放送。

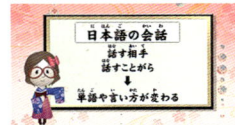

使える！伝わるにほんご 2014～2016年度

日本に住んでいる外国人に向けた日本語学習番組。近年の「日本語文法」研究の成果を取り入れた実践的かつ効率的な24回のカリキュラムで構成。日本のことわざや四字熟語をパントマイムで紹介するコーナーや、外国人たちが日本語や日本の習慣に対する疑問や悩みを話し合うコーナーを設け、初級者から中級者を対象に日本語を楽しく学ぶ。講師は飯間浩明（日本語学者・早稲田大学非常勤講師）。15分番組。

エイエイGO！ 2015～2018年度

"中学英語"の基本である「語順」と「発音」をテーマに、日本人にありがちな間違いをピックアップし、間違いの原因を解き明かしながら「通じる英語」を目指す。番組の舞台設定は「宇宙船AA号」。正しい英語しか理解しないアンドロイド相手に、搭乗員たちが英語のクイズやゲームに挑戦。気軽にできるユニークなトレーニング法を紹介した。講師は高山芳樹（東京学芸大学教授）。20分番組。

ニュースで英会話プラス 2015年度

テレビ・ラジオ・ウェブを使ってさまざまな角度から時事性の高い実用的な英語を学ぶ『ニュースで英会話』（2009～2017年度）のスピンオフ企画としてスタートした5分番組。同日に放送された『ニュースで英会話』に登場した英語表現を題材に、英語の発音に特化してわかりやすく解説した。Eテレ（木）午後10時20分から放送。

旅するイタリア語 2016～2020年度

『テレビでイタリア語』（2008～2016年度）の後継番組で、旅をしながら現地の言葉を学ぶシリーズ。初年度はイタリアが大好きという雅楽師の東儀秀樹がローマと北イタリアを巡る。ほかに漫画家ヤマザキマリがイタリア美術を紹介する「独断美術館」、DJの野村雅夫によるイタリア映画紹介などのミニコーナーも充実させた。監修は石井沙和（成蹊大学非常勤講師）ほか。25分番組。

旅するスペイン語 2016～2020年度

『テレビでスペイン語』（2008～2016年度）の後継番組で、旅をしながら現地の言葉を学ぶシリーズ。初年度は俳優の平岳大が、建築家のジン・タイラをパートナーに、美食の都のサン・セバスティアンをはじめとする北スペイン各地を巡る。ミニコーナーとして福嶌教隆（神戸市外国語大学教授）による「スペイン語で味わうJ文学」などを放送。監修は那須まどり（国際基督教大学非常勤講師）ほか。25分番組。

旅するドイツ語 2016～2020年度

『テレビでドイツ語』（2008～2016年度）の後継番組で、旅をしながら現地の言葉を学ぶシリーズ。初年度はクラシック音楽が大好きという俳優の別所哲也が、音楽の都・ウィーンを巡る。モーツァルトとベートーベンが登場するアニメによる文法解説、音楽家たちへのインタビュー、オーストリア菓子の作り方などのミニコーナーも放送。監修は太田達也（南山大学教授）ほか。25分番組。

旅するフランス語 2016～2020年度

『テレビでフランス語』（2008～2016年度）の後継番組で、旅をしながら現地の言葉を学ぶシリーズ。初年度は女優の常盤貴子が魅力あふれるフランス文化にふれる旅を通して、フランス語とともに人生の楽しみ方も紹介する。人気歌手が子どもたちと共にフランス語の単語を学んだり、ワインに合うレシピを紹介するミニコーナーも放送。監修は田口亜紀（共立女子大学教授）ほか。25分番組。

ロシアゴスキー 2017～2021年度

『テレビでロシア語』（2009～2017年度）の後継番組。2017年度はロシアの首都・モスクワ在住のリポーターが、実用的なロシア語のフレーズを使いながら、モスクワ各地の名所を紹介する12本シリーズ。1918年度はロシアの古都・サンクトペテルブルクに住む大学生が、サンクトペテルブルクの名所や注目の場所を紹介する12本シリーズ。監修は前田和泉（東京外国語大学大学院教授）。25分番組。

ボキャブライダー on TV 2017～2020年度

ラジオ第2の5分英語番組『ボキャブライダー』のテレビ版。Eテレの5分番組で、言えそうで言えない英単語をドラマ形式で紹介する。「これって英語でなんて言うの？」と困っている人々の元に謎のヒーロー・ボキャブライダーが現れ、英単語や言葉にまつわる豆知識を伝授するというコメディー・ドラマ形式。監修：田中茂範（慶應義塾大学名誉教授）。出演：寺脇康文、国仲涼子、葵わかな、浜辺美波ほか。

おもてなしの基礎英語 2018～2019年度

『おとなの基礎英語』（2012～2017年度）、『しごとの基礎英語』（2013～2017年度）に続きおとなのための「基礎英語」シリーズの第3弾。基礎英語レベルの表現を駆使して、海外からのゲストをおもてなしするときに役立つフレーズを紹介した。都内のゲストハウスを舞台にしたミニドラマのVTRとスタジオで構成。講師は井上逸兵（慶應義塾大学教授）。（月～木）夜間の10分番組で全192回を放送。

基礎英語0～世界エイゴミッション 2018～2020年度

簡単な英語表現を使ったミッションを子どもたちが解決していくドラマ仕立ての番組。世界の10代が参加する国際調査組織を舞台に、3人の子どもたちがその日の英語フレーズを駆使して奮闘する。「英語フレーズ」「英語を読む」「英語を聞き取る」ためのコーナーで構成。（土）午後6時50分からの10分番組。

語学 | 定時番組

世界へ発信！SNS英語術 2018〜2019年度

TwitterやInstagramなどのSNSに英語で投稿されるツイート文章を紹介し、英語表現や外国文化を学ぶ語学教養番組。社会問題から最新の流行まで、毎回のテーマとなる＃（ハッシュタグ）を取り上げた。番組後半では来日した海外スターへのインタビューから生きた英語を学んだ。SNS解説は佐々木俊尚、古田大輔、塚越健司ほか。英語講師は鳥飼玖美子、内藤陽介。25分番組。

知りたガールと学ボーイ 2019〜2021年度

中学1・2年生レベルの"新感覚英会話番組"。ゆりやんレトリィバァと兄弟お笑いコンビ・ミキが、英語や外国の文化にまつわる気になることを、街頭に出て外国人を相手に調査する。その英語のやり取りの中で出てくるフレーズを学ぶ。講師は工藤洋路（玉川大学准教授）。15分番組。

アラビーヤ・シャベリーヤ！ 2019〜2021年度

『テレビでアラビア語』（2008〜2019年度）の後継番組で、旅をしながらアラビア語の"話し言葉"を学ぶアラビア語会話の番組。初年度は俳優の金子貴俊が"旅人"となって、モロッコを舞台に古都マラケシュからサハラ砂漠を目指し、その道中で現地の話し言葉を学んだ。監修は依田純和（大阪大学准教授）。25分番組。

攻略！ABCニュース 2019〜2020年度

アメリカのニュース番組「ワールド・ニュース・トゥナイト」の中から、時事英語のキーワードを選んで解説。直近の国際ニュースを通して、生きた英語を学ぶ5分番組。放送した動画をホームページにも展開した。BS1(火〜土)午前5時45分から放送。

世界にいいね！つぶやき英語 2020年度

世界的なニュースや旬な話題に関するSNSの投稿を、専門家と一緒に英語で読み解くことで、世界の"今"を知る英語情報番組。爆笑問題の太田光がMCを務め、いまトレンドの「＃（ハッシュタグ）」を紹介。番組ラストの太田ならではの"つぶやき"も話題に。25分番組。

2020年代

おもてなし　即レス英会話 2020年度

外国人に話しかけられたときにとっさに対応できるように、簡単な英語で"即レス"できる力を身につける英会話番組。講師は高山芳樹（東京学芸大学教授）。(月〜木)の10分番組で2020年度前期放送。

もっと伝わる！即レス英会話 2020〜2021年度

外国人に話しかけられたときにとっさに対応できるように、簡単な英語で"即レス"できる力を身につける英会話番組『おもてなし　即レス英会話』のパート2。出演者と疑似会話を楽しむスタイルで、1回1フレーズを学ぶ。講師は高山芳樹（東京学芸大学教授）。(月〜木)の10分番組で2020年度後期放送。

旅するためのイタリア語 2020〜2023年度

『旅するイタリア語』（2016〜2020年度）の後継番組。2020年度後期にスタート。俳優の渡辺早織が過去の『旅するイタリア語』の映像を見ながら、グルメや買い物を楽しむ場面で役立つフレーズなど、旅で使える実践会話を学ぶシリーズ。出演：渡辺早織、マッテオ・インゼオ（イタリア語教師）ほか。監修・出演は原田亜希子（慶應義塾大学非常勤講師）。2021年度以降は前期が再放送で後期新作。

旅するためのスペイン語 2020〜2023年度

『旅するスペイン語』（2016〜2020年度）の後継番組。旅先で役立つスペイン語をシチュエーション別に学ぶ語学講座。フラメンコを本場で習いたいと語学習得に励む俳優の伊原六花とともに学ぶ。また数字や曜日などの単語を歌で覚えるオリジナルソングを制作し、視聴者からの動画も募集した。出演は伊原六花、エステル・モリナ（スペイン語講師）ほか。監修・出演は成田瑞穂（神戸市外国語大学教授）。2021年度以降は前期が再放送で後期新作。

旅するためのドイツ語 2020〜2023年度

『旅するドイツ語』（2016〜2020年度）の後継番組。2020年度後期にスタート。ドイツ語圏各地の美しい映像で風景、伝統、食などの文化を堪能しながら、鹿の男の子のパペット人形キャラクター「モーリー」とともに旅先で必要となる厳選キーフレーズを学ぶ。出演はJOY（タレント）、綿谷エリナ（ラジオパーソナリティー）ほか。監修：草本晶（麗澤大学准教授）。2021年度以降は前期が再放送で後期新作。

旅するためのフランス語 2020〜2023年度

『旅するフランス語』（2016〜2020年度）の後継番組。「現地の人びとと自分の言葉で交流したい」という人のために、旅先で役立つフランス語をシチュエーション別に学ぶシリーズ。南フランスの旅にあこがれる俳優の須藤温子が出演。毎回、南フランスの街並みを紹介する。出演は須藤温子ほか。講師：西川葉澄（慶應義塾大学専任講師）。ゲスト：クロエ・ヴィアート（順天堂大学准教授）。2021年度以降は前期が再放送で後期新作。

太田光のつぶやき英語 2021〜2023年度

『世界にいいね！つぶやき英語』（2020年度）の後継番組。世界的なニュースや話題に関する海外のSNSへの投稿を、専門家と一緒に英語で読み解き、SNSの英語表現を学びながら世界の"今"を知る英語情報番組。『世界にいいね！つぶやき英語』に続いて爆笑問題の太田光が出演し、俳優の森川葵とともにMCをつとめる。英語解説は鳥飼玖美子（立教大学名誉教授）。

01.ドラマ　02.クイズ・バラエティー　03.音楽　04.伝統芸能　05.ニュース　06.報道・ドキュメンタリー　07.紀行　08.教養・情報　09.自然科学　10.こども・教育　11.人形劇・アニメ　12.趣味・実用　13.大型特集番組等

大西泰斗の英会話☆定番レシピ 2021〜2022年度

英語中級者向けの英会話力アップを目指す番組。『ラジオ英会話』の講師を務める大西泰斗（東洋学園大学教授）が、外国人がよく使う英会話の「定番レシピ」を紹介。番組では「謝罪・感謝のレシピ」「発言を始めるレシピ」「相手に働きかけるレシピ」など、毎月決まったテーマを設定。ダイアログには『ラジオ英会話』との共通のキャラクターが登場することもある。Eテレ（月〜木）午後11時20分からの10分番組。

中国語！ナビ 2022年度〜

『テレビで中国語』（2008〜2021年度）を改題。中国語を勉強する番組から、興味を持ってもらう人を増やすためのゲートウェイ番組にリニューアル。アジア各地とつないで中継し、旅気分を味わいながら中国語ネイティブに触れる「ASIAN LIVE」、映画やドラマを見ながら学ぶコーナー、日本と中国語の漢字の意味の違いに着目し単語を増やすコーナーなどを新設。講師：陳淑梅（東京工科大学教授）。Eテレ（水）午後11時からの20分番組。

ハングルッ！ナビ 2022年度〜

『テレビでハングル講座』（2008〜2021年度）を改題。入門者から初級学習者向けで、「ハングルって楽しい！〜ココから一緒に はじめの1歩」がテーマ。月替わりで登場するK-POPアイドルによる単語紹介「K-Tan」や韓国街紹介コーナーなどに加え、古家正亨（ラジオDJ・K-POP評論家）の韓国エンタメ解説コーナーを新設。講師：山崎玲美奈（早稲田大学非常勤講師）。生徒役：河野純喜（JO1）。Eテレ（木）午後11時からの20分番組。

英会話フィーリングリッシュ〜データで選んだ推しフレーズ〜 2023年度〜

英語のネイティブスピーカーの会話サンプルを1億語以上集めたデータベースから、英会話の上達に欠かせないフレーズを厳選。フレーズに宿る「英語のキモチ」を切り口に、1日10分で会話力を高める新感覚の英語講座。MC：青山テルマ。生徒役：西洸人（INI）。Eテレ（月〜木）午前11時10分からの10分番組。

しあわせ気分のイタリア語（フランス語・ドイツ語・スペイン語） 2023年度〜

語学講座『旅するための〇〇語』（2020〜2023年度）の後継番組。"しあわせを感じる"をキーワードに、ヨーロッパの4つの言語を学ぶ新シリーズ。現地の"いま"を紹介しながら、簡単に覚えられる短いフレーズとともに、その背景にあるヨーロッパの暮らしや文化、ものの考え方などについても学んでいく。Eテレ（月〜木）午後11時30分からの20分番組。

＃バズ英語〜SNSで世界を見よう〜 2024年度

『太田光のつぶやき英語』（2021〜2023年度）の後継番組。SNSなどインターネット上で大きな話題となって（バズって）いるホットなニュースや話題を、実際のSNS投稿を切り口に深掘りし、人々の本音や多様な価値観に迫る英語情報番組。SNSで使える役立つ表現も解説する。MC：太田光（爆笑問題）、森川葵（俳優）。解説：鳥飼玖美子。Eテレ（火）午後7時30分からの30分番組。

NHKフォトストーリー 30

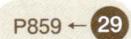 P859 ← 29　31 → P911

潜水取材チーム（1990年）

潜水取材チーム（1990年）

水中無人ロボットカメラのテスト（1992年）

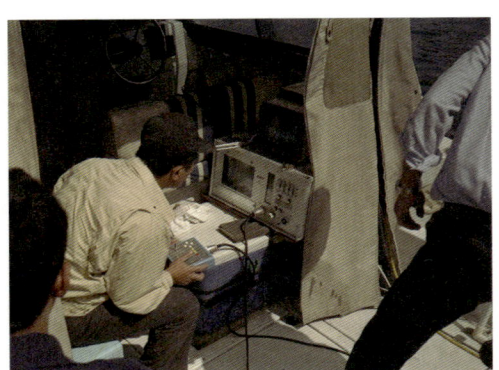

水中無人ロボットカメラのテスト（1992年）

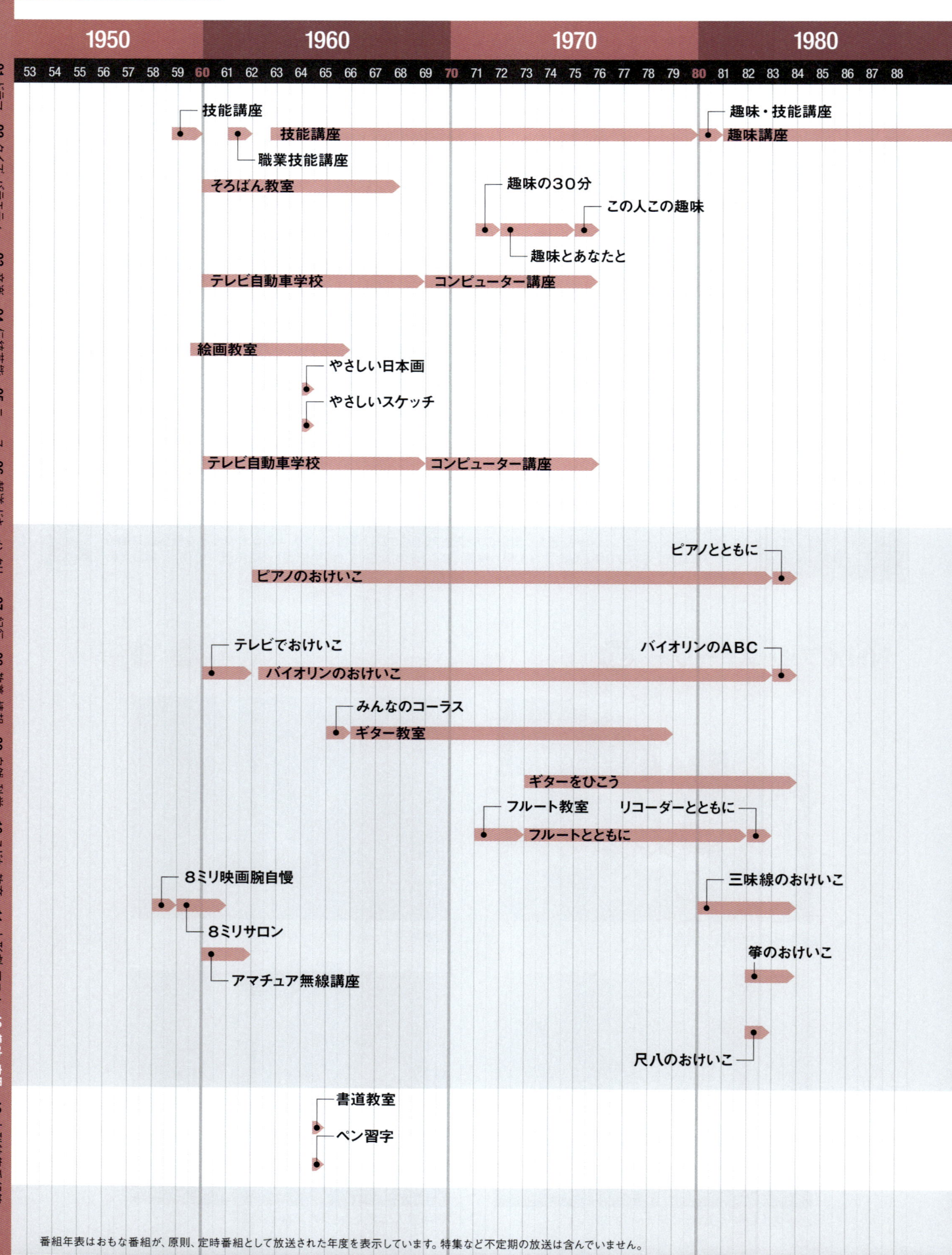

1950　1960　1970　1980

53 54 55 56 57 58 59 60 61 62 63 64 65 66 67 68 69 70 71 72 73 74 75 76 77 78 79 80 81 82 83 84 85 86 87 88

技能講座

技能講座

職業技能講座

趣味・技能講座

趣味講座

そろばん教室

趣味の30分

この人この趣味

趣味とあなたと

テレビ自動車学校　コンピューター講座

絵画教室

やさしい日本画

やさしいスケッチ

テレビ自動車学校　コンピューター講座

ピアノとともに

ピアノのおけいこ

テレビでおけいこ

バイオリンのABC

バイオリンのおけいこ

みんなのコーラス

ギター教室

ギターをひこう

フルート教室　リコーダーとともに

フルートとともに

8ミリ映画腕自慢

三味線のおけいこ

8ミリサロン

箏のおけいこ

アマチュア無線講座

尺八のおけいこ

書道教室

ペン習字

番組年表はおもな番組が、原則、定時番組として放送された年度を表示しています。特集など不定期の放送は含んでいません。

53 54 55 56 57 58 59 60 61 62 63 64 65 66 67 68 69 70 71 72 73 74 75 76 77 78 79 80 81 82 83 84 85 86 87 88

01.ドラマ　02.クイズ・バラエティー　03.音楽　04.伝統芸能　05.ニュース　06.報道・ドキュメンタリー　07.紀行　08.教養・情報　09.自然・科学　10.こども・教育　11.人形劇・アニメ　12.趣味・実用　13.大型特集番組等

	1990	2000	2010	2020

89 **90** 91 92 93 94 95 96 97 98 99 **00** 01 02 03 04 05 06 07 08 09 **10** 11 12 13 14 15 16 17 18 19 **20** 21 22 23 24

チャレンジ！ホビー

趣味百科　　　趣味悠々　　　　　　　　　　　　　　　　　趣味どきっ！

趣味Do楽

特選趣味百科

趣味悠々選

遊々専科　　　熱中ホビー百科

短期集中講座　　　20歳の趣味講座　　　　　　　　　　あなたもアーティスト

趣味専科

エンジョイライフ

オトナの遊び時間　　　　熱中時間〜忙中"趣味"あり

熱中スタジアム

BS熱中夜話

にっぽん熱中クラブ

熱中人

何でも解決パソコンマガジン

中高年のための　らくらくパソコン塾　　　中高年のための　らくらくデジタル塾

極める！

スーパーオペラレッスン

スーパーフラワーレッスン

スーパーピアノレッスン　　　　　　　　　奇跡のレッスン

スーパーバレエレッスン

直伝　和の極意

わんにゃん茶館（カフェ）　　　もふもふモフモフ

ペット相談

89 **90** 91 92 93 94 95 96 97 98 99 **00** 01 02 03 04 05 06 07 08 09 **10** 11 12 13 14 15 16 17 18 19 **20** 21 22 23 24

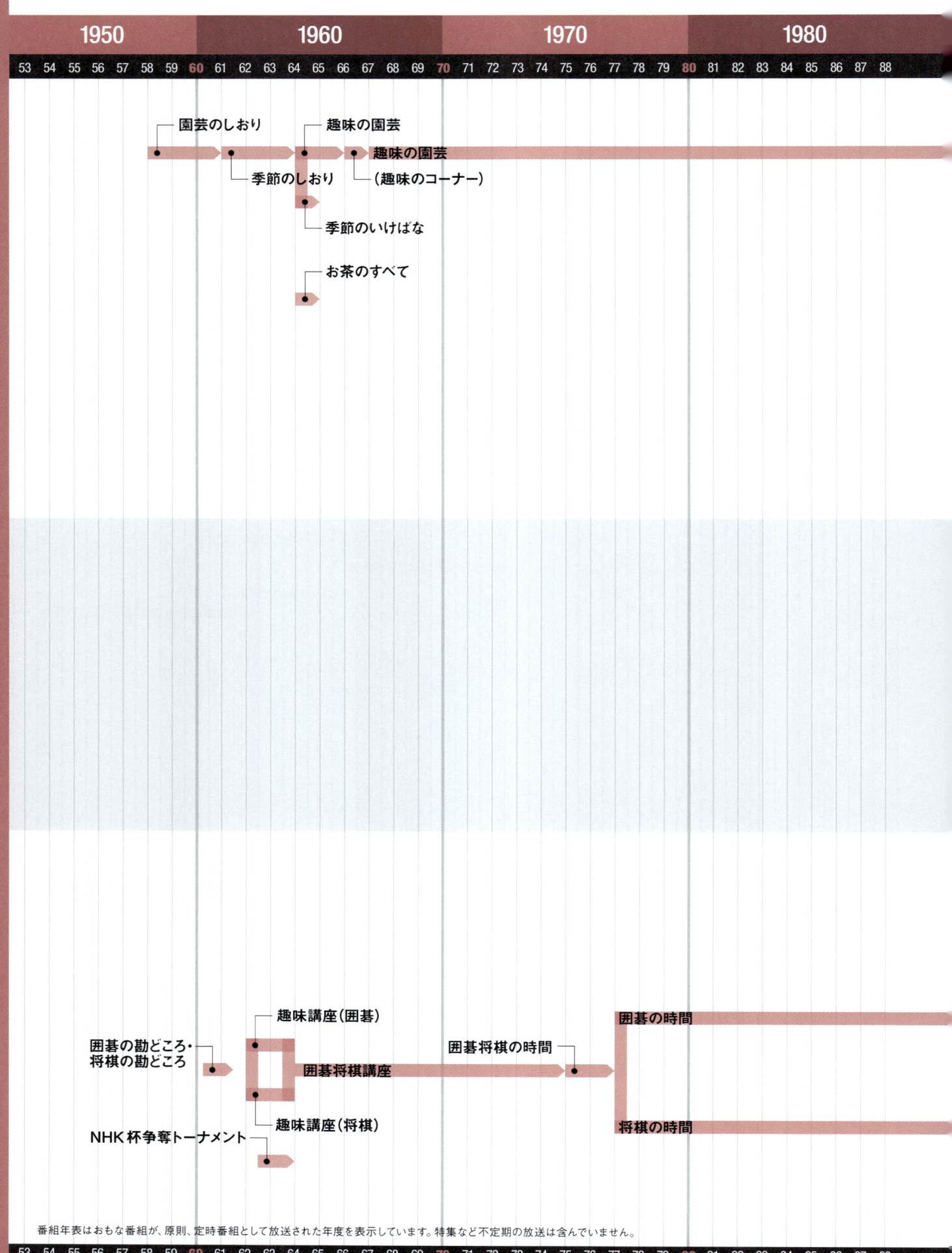

| | 1950 | | 1960 | | 1970 | | 1980 | |

園芸のしおり

趣味の園芸

趣味の園芸

季節のしおり

（趣味のコーナー）

季節のいけばな

お茶のすべて

趣味講座（囲碁）

囲碁の時間

囲碁の勘どころ・
将棋の勘どころ

囲碁将棋の時間

囲碁将棋講座

趣味講座（将棋）

将棋の時間

NHK杯争奪トーナメント

番組年表はおもな番組が、原則、定時番組として放送された年度を表示しています。特集など不定期の放送は含んでいません。

53 54 55 56 57 58 59 **60** 61 62 63 64 65 66 67 68 69 **70** 71 72 73 74 75 76 77 78 79 **80** 81 82 83 84 85 86 87 88

	1990										2000										2010										2020				

89 90 91 92 93 94 95 96 97 98 99 00 01 02 03 04 05 06 07 08 09 10 11 12 13 14 15 16 17 18 19 20 21 22 23 24

趣味の園芸プラス

趣味の園芸　京も一日
陽だまり屋

趣味の園芸ビギナーズ

趣味の園芸グリーンスタイル

趣味の園芸　やさいの時間

Mi/Do/Ri～緑遊のすすめ

私のガーデニング　　素敵にガーデニングライフ　　晴れ、ときどきファーム！

月刊やさい通信

ココロとカラダ満つる時間(とき)　宿坊

ココロとカラダ満つる時間(とき)　おふっ

カシャッと一句！フォト575

NHK俳壇　　　　　　　　　NHK俳句

BS俳句王国　　　　　　　　　　　俳句王国がゆく

NHK歌壇　　　　　　　　NHK短歌

囲碁・将棋フォーカス

囲碁・将棋ウィークリー　　囲碁・将棋ジャーナル

囲碁講座
囲碁フォーカス

NHK杯テレビ囲碁トーナメント

将棋講座
将棋フォーカス

NHK杯テレビ将棋トーナメント

89 90 91 92 93 94 95 96 97 98 99 00 01 02 03 04 05 06 07 08 09 10 11 12 13 14 15 16 17 18 19 20 21 22 23 24

	1950							1960										1970										1980								
	53	54	55	56	57	58	59	60	61	62	63	64	65	66	67	68	69	70	71	72	73	74	75	76	77	78	79	80	81	82	83	84	85	86	87	88

テレビ体操

美容体操

ホーム・ライブラリー

婦人百科

番組年表はおもな番組が、原則、定時番組として放送された年度を表示しています。特集など不定期の放送は含んでいません。

	53	54	55	56	57	58	59	60	61	62	63	64	65	66	67	68	69	70	71	72	73	74	75	76	77	78	79	80	81	82	83	84	85	86	87	88

01.ドラマ　02.クイズ・バラエティー　03.音楽　04.伝統芸能　05.ニュース　06.報道・ドキュメンタリー　07.紀行　08.教養・情報　09.自然・科学　10.こども・教育　11.人形劇・アニメ　12.趣味・実用　13.大型特集番組等

1990　　　　　　　2000　　　　　　　2010　　　　　　　2020

89 90 91 92 93 94 95 96 97 98 99 00 01 02 03 04 05 06 07 08 09 10 11 12 13 14 15 16 17 18 19 20 21 22 23 24

わくわくアウトドアライフ

Let's! クライミング

BSエアロビック

アウトドアクラブ

ドゥ！エアロビック

あなたとエアロビック

ハイビジョン　スーパーゴルフ

チャリダー★
快汗！サイクルクリニック

日本つり紀行

にっぽん釣りの旅

釣りびと万歳

おしゃれ工房

すてきにハンドメイド

○○の国の王子様

ガールズクラフト

ソーイング・ビー

きれいの魔法

カリスmama
〜ママたちの美力選手権

東京カワイイ★ＴＶ

渡辺直美のナオミーツ

女神ビジュアル

アフロディーテの羅針盤

89 90 91 92 93 94 95 96 97 98 99 00 01 02 03 04 05 06 07 08 09 10 11 12 13 14 15 16 17 18 19 20 21 22 23 24

生活情報番組年表

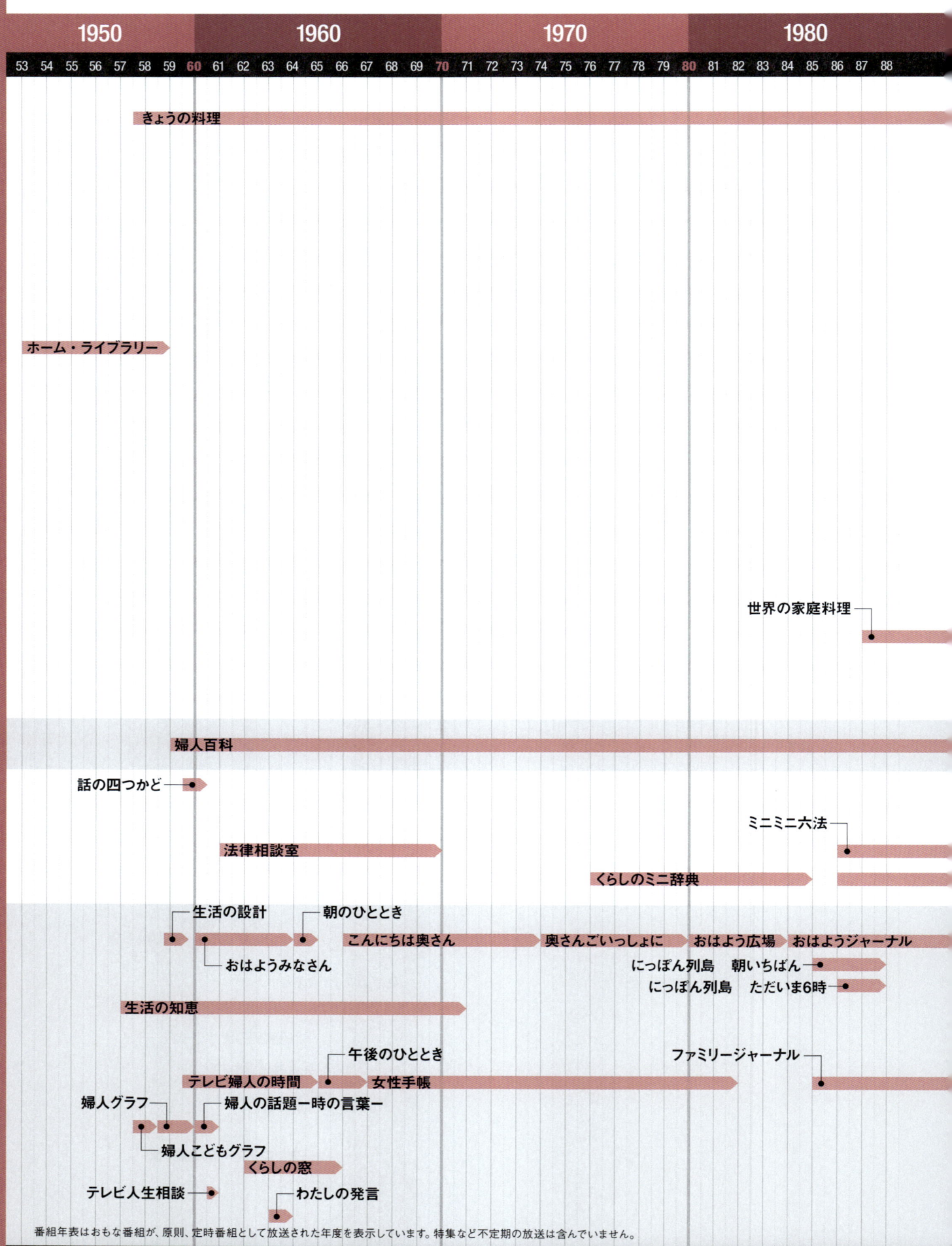

きょうの料理

ホーム・ライブラリー

世界の家庭料理

婦人百科

話の四つかど

ミニミニ六法

法律相談室

くらしのミニ辞典

生活の設計　　　朝のひととき

こんにちは奥さん　　　奥さんごいっしょに　　　おはよう広場　　　おはようジャーナル

おはようみなさん

にっぽん列島　朝いちばん

にっぽん列島　ただいま6時

生活の知恵

午後のひととき　　　　　　　　　ファミリージャーナル

テレビ婦人の時間　　　女性手帳

婦人グラフ　　　婦人の話題ー時の言葉ー

婦人こどもグラフ

くらしの窓

テレビ人生相談　　　わたしの発言

番組年表はおもな番組が、原則、定時番組として放送された年度を表示しています。特集など不定期の放送は含んでいません。

1990 **2000** **2010** **2020**

89 90 91 92 93 94 95 96 97 98 99 00 01 02 03 04 05 06 07 08 09 10 11 12 13 14 15 16 17 18 19 20 21 22 23 24

きょうの料理プラス

食卓の王様

きょうの料理ビギナーズ

たべもの新世紀

うまいッ！

産地発！たべもの一直線

食べてニッコリ　ふるさと給食

ぐるっと食の旅
キッチンがゆく

にっぽん美味礼賛

おむすびニッポン

食彩浪漫

食材探検　おかわり！にっぽん

梅沢富美男と東野幸治の
まんぷく農家メシ！

小雪と発酵おばあちゃん

サラメシ

味わいパスポート

365日献立日記

グレーテルのかまど

妄想ニホン料理

極上！
スイーツマジック

ごちそんぐDJ

めざせ！グルメスター

ボクを食べないキミへ〜人生の食敵〜

パン旅。

あてなよる

朝ごはんLab.

アジわいキッチン

世界の料理ショー番組

きじまりゅうたの
小腹すいてませんか？

ブリティッシュ・ベイクオフ

おしゃれ工房

すてきにハンドメイド

今夜もあなたのパートナー

Zero Waste Life

リビングナウ

もっと知りたい！
暮らしQ&A

住まい自分流〜DIY入門

財前直見の暮らし彩彩

疲労回復テレビ

住まい自分流アルファ

くらしの1分メモ

家計診断
おすすめ悠々ライフ

まる得マガジン

くらしのジャーナル

生活ほっとモーニング

あさイチ

土曜ほっとモーニング

素敵な土曜日

土曜ほっとワイド

土ようマルシェ

ごごナマ

土曜オアシス

情報LIVE ただイマ！

お元気ですか　日本列島

情報まるごと

あしたも晴れ！人生レシピ

テレビ電話相談

新・男の食彩

スタイルアップ

土曜元気市

ゆるやかナビゲーション
ゆるナビ

89 90 91 92 93 94 95 96 97 98 99 00 01 02 03 04 05 06 07 08 09 10 11 12 13 14 15 16 17 18 19 20 21 22 23 24

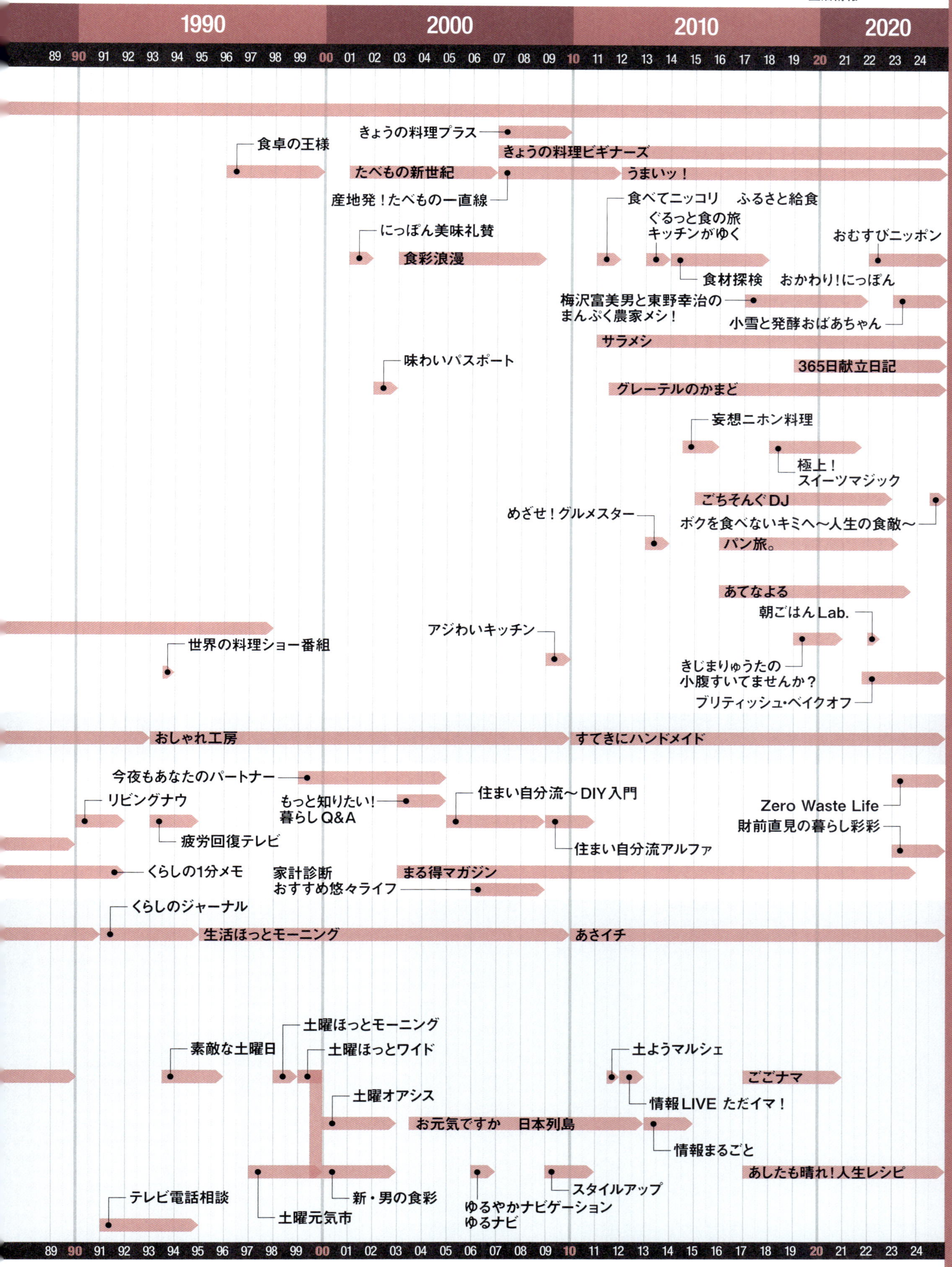

語学番組年表

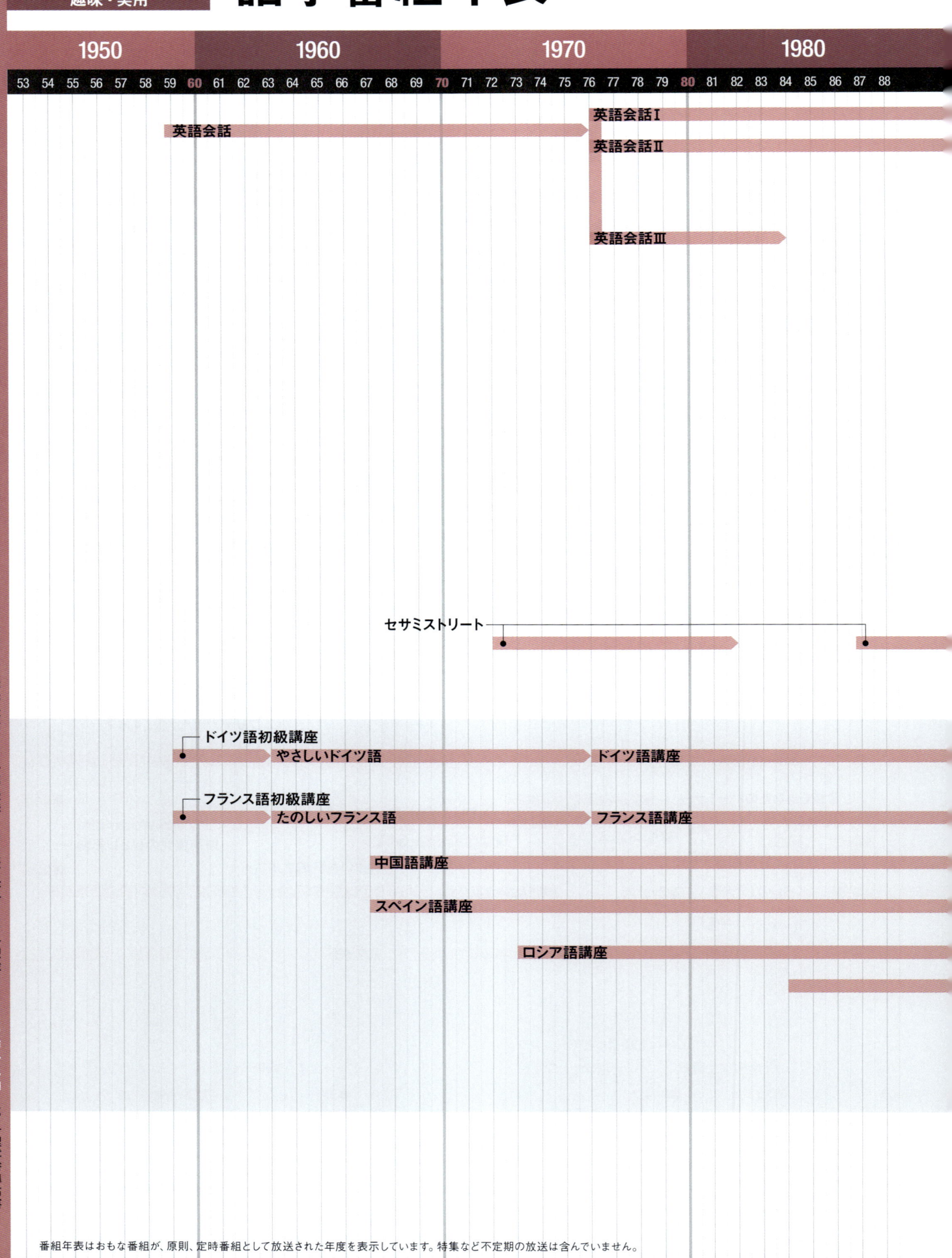

英語会話

英語会話Ⅰ

英語会話Ⅱ

英語会話Ⅲ

セサミストリート

ドイツ語初級講座

やさしいドイツ語

ドイツ語講座

フランス語初級講座

たのしいフランス語

フランス語講座

中国語講座

スペイン語講座

ロシア語講座

番組年表はおもな番組が、原則、定時番組として放送された年度を表示しています。特集など不定期の放送は含んでいません。

1990　　　**2000**　　　**2010**　　　**2020**

89 90 91 92 93 94 95 96 97 98 99 00 01 02 03 04 05 06 07 08 09 10 11 12 13 14 15 16 17 18 19 20 21 22 23 24

英会話

大西泰斗の英会話☆定番レシピ

基礎英語0～世界
エイゴミッション

きょうから英会話

やさしい英会話

はじめよう英会話

英会話セレクション

プレキソ英語

100語でスタート！英会話

知りたガールと学ボーイ

英会話上級～インタビューを楽しむ

コーパス100！で英会話

新感覚☆
わかる使える英文法

おもてなしの基礎英語

英語ビジネスワールド

新感覚☆
キーワードで英会話

おとなの基礎英語

実践 ビジネス英会話

英会話フィーリングリッシュ
～データで選んだ推しフレーズ～

ニュース英語レッスン

英会話　ドラマでリスニング　世界へ発信！SNS英語術

英会話・トーク&トーク

ニュースで英会話

ドラマで楽しむ英会話

#バズ英語～SNSで世界を見よう～

世界にいいね！つぶやき英語

マーシャの英会話・6か月

3か月英会話

英会話　エンジョイ！スピーキング

3か月トピック英会話

太田光のつぶやき英語

ギフト～E名言の世界

アンジェラ・アキのSONG BOOK in English

英語でしゃべらナイト

エイエイGO！

実践！英語でしゃべらナイト

トラッドジャパン

スーパープレゼンテーション

テレビ留学！　コロンビア大学初級英語講座
テレビで留学！　ニューヨーク大学英語講座

リトル・チャロ～カラダにしみこむ英会話

リトル・チャロ　東北編

リトル・チャロ4
英語で歩くニューヨーク

テレビで留学！　コロンビア大学英語講座

リトル・チャロ2～英語に恋する物語

ドイツ語会話

テレビでドイツ語

旅するドイツ語

しあわせ気分のドイツ語

旅するためのドイツ語

フランス語会話

テレビでフランス語

旅するフランス語

しあわせ気分のフランス語

旅するためのフランス語

中国語！ナビ

中国語会話

テレビで中国語

スペイン語会話

テレビでスペイン語

旅するスペイン語

しあわせ気分のスペイン語

旅するためのスペイン語

ロシア語会話

テレビでロシア語

ロシアゴスキー

ハングルッ！ナビ

アンニョンハシムニカ～ハングル講座

テレビでハングル講座

イタリア語会話

テレビでイタリア語

旅するイタリア語

しあわせ気分のイタリア語

旅するためのイタリア語

アラビア語会話　テレビでアラビア語

アラビーヤ・シャベリーヤ！

NHK日本語講座

NHK日本語講座
新にほんごでくらそう

どうも！日本語講座です。

実践はなしことば

スタンダード日本語講座

やさしい日本語

使える！伝わるにほんご

プラクティカル日本語講座

エリンが挑戦！にほんごできます。

ことばは変わる

あぁ！言い違いすれ違い

ことばてれび

89 90 91 92 93 94 95 96 97 98 99 00 01 02 03 04 05 06 07 08 09 10 11 12 13 14 15 16 17 18 19 20 21 22 23 24

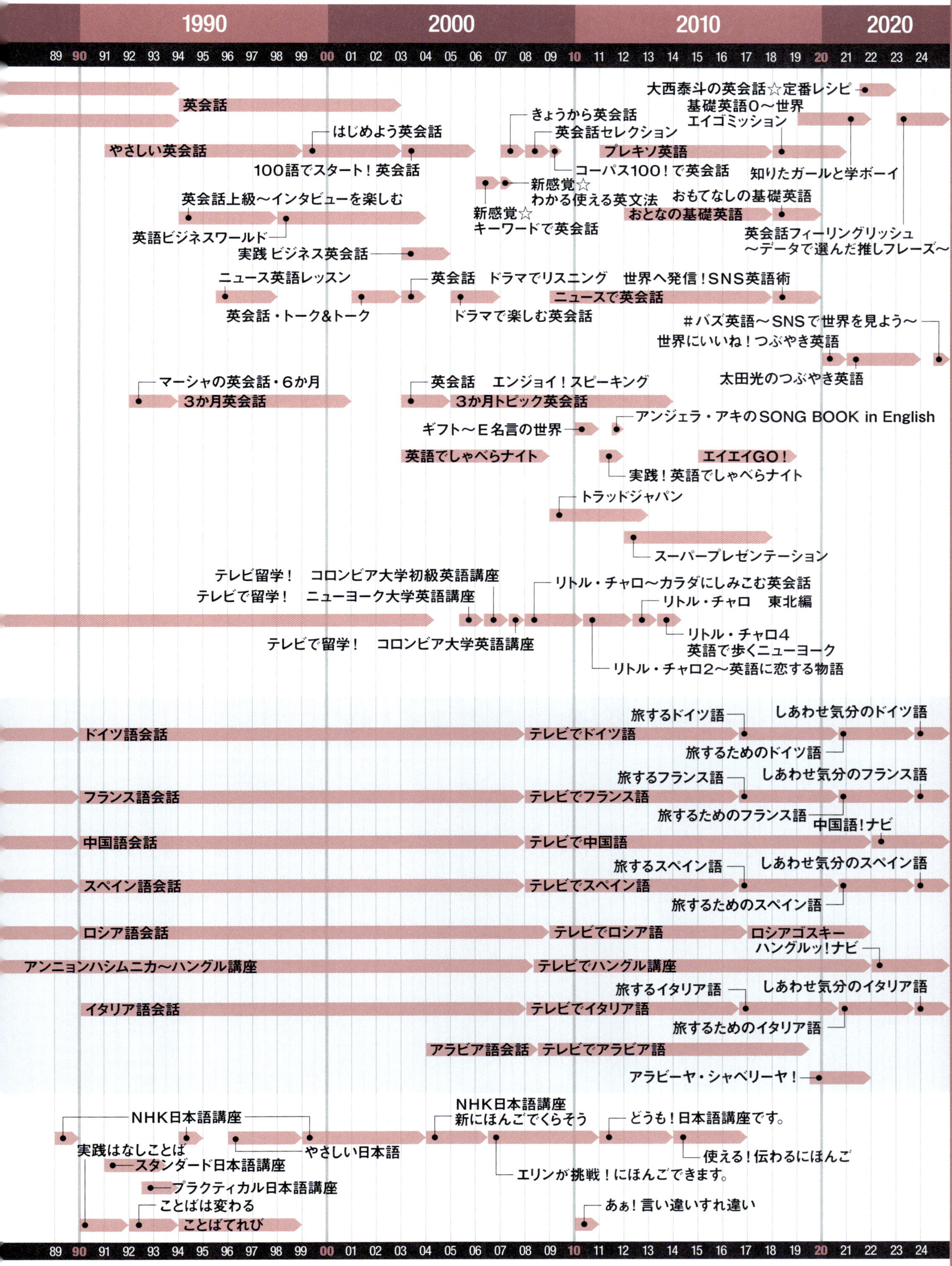

01

『NHK特集』前史

　1968年、日本は明治維新から100年を迎えた。1969年のアポロ11号による人類初の月面着陸、東大全共闘による東大安田講堂占拠と封鎖解除の攻防があるなど、世情は落ち着かず、時代は大きな転換点を予感していた。1965年にテレビの普及率は9割に達し、この時期、カラーテレビも順調に普及していた。そんな中、NHKは次々に大型企画シリーズを放送した。

　海外取材特別番組『明治百年』（1968）は、西洋文明がどのように日本に移植されたかを、政治経済から、医学・音楽・絵画・建築・軍隊など13の分野にわけてその過程を明らかにした。『明治百年』の制作にあたっては、各部局から担当者を集めるプロジェクト方式が初めて採用された。

　『70年代われらの世界』（1970〜1975年度）は、「若者たちの道」「地球管理計画」「未踏社会への道」など、壮大な文明論と未来への提言の番組だった。

　『未来への遺産』（1974〜1975年度）は、「文明はなぜ栄え、なぜ滅びたか」をテーマに制作され、7つの取材班が44か国、150か所の文化遺産を取材した。これらの大型番組が開発した手法、プロジェクト運営の方法などが、やがて『NHK特集』に結実していくことになる。

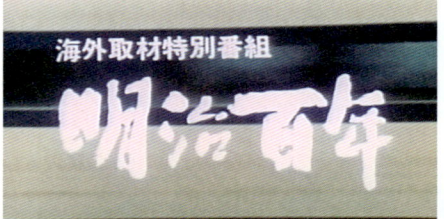
『海外取材特別番組　明治百年』（1968年度）→P908

『70年代われらの世界』（1970〜1975年度）→P908

『未来への遺産』（1974〜1975年度）→P908

『未来への遺産』　カンルディバネでのロケ風景（1974〜1975年度）→P908

『NHK特集　氷雪の春〜オホーツク海沿岸飛行〜』(1976年) → P908、912

02

『NHK特集』の誕生

サムシング・ニュー

　『NHK特集』は、NHKが組織の総力をあげて制作するドキュメンタリー番組として、同時代の波頭を追いながら、その底流をも克明に記録、テレビジャーナリズムの中核をなす番組として、内外で高い評価を得た。

　『NHK特集』は、1976年4月15日午後8時、「氷雪の春〜オホーツク海沿岸飛行〜」の放送から始まり、1989年3月28日放送の「カリブ海の大リーグ志願者たち」まで13年間にわたり、1378本の番組を送り出した。『NHK特集』は、夜のプライムタイム（午後7時から11時の時間帯）に放送された大型ドキュメンタリーを主体とした編成であったが、報道・教育・教養からドキュメンタリードラマまで、幅広くまた深く一貫してテレビの可能性、表現領域の拡大に努めた。端的にいえば、『NHK特集』は、放送をスタートさせた1976年から昭和の終えんを迎える1989年までの13年間を、同時代史として記録し、同時に歴史の検証と次代への予見を続けた。

　「組織の壁に風穴を開け、新しいテレビの創造に挑戦しよう」。これまでの縦割り組織の壁を越え、NHKの総力をあげて制作していく番組として、『NHK特集』は生まれた。

　1973年に「教育局」「芸能局」「報道局」の各部局を横断した独立プロジェクトチーム「NHKスペシャル番組班」を新設。全国から企画提案を集め、全職員のエネルギーを結集する新しい組織原理によって番組を作りはじめた。

　『NHK特集』をめざして、さまざまなテーマに挑戦する提案が、NHKの組織全体から寄せられた。大型シリーズ番組だけでなく、単発番組でも、地球規模に取材・展開する手法が確立されていった。

　その基本方針は「実験性」と「スクープ性」。実験性とは、今までやれなかった技法や内容に大胆に挑戦していくこと。スクープ性とは、特ダネはもちろんのこと、今までその価値に誰も気づかなかったテーマを発掘することも含まれていた。この『NHK特集』の基本精神は「サムシング・ニュー（何か新しいこと）」と標語化され、番組制作者たちの行動原理として引き継がれていく。

小型VTRによる革新

　1975年、テレビ史にとって、画期的な技術革新が起こった。それはテレビカメラと録画機が一体となった「小型VTR」の登場だ。『NHK特集』が「実験性」と「スクープ性」を発揮していくうえで、一人でも持ち運びができるこの小型VTRは大きな武器となった。『NHK特集』の記念すべき第1回は「氷雪の春〜オホーツク海沿岸飛行〜」。オホーツク海に押し寄せる流氷と、沿岸の荒々しくも美しい自然を、上空のセスナ機から実用化の始まったばかりの小型VTRの長時間録画機能を生かして収録した。

大型特集番組等

そのリアルな映像のインパクトは大きく、ドキュメンタリー番組がこれまで主流だった16ミリフィルムからVTRへ転換する契機ともなった。

1977年1月、「ある総合商社の挫折」を放送。総合商社安宅産業のアメリカ現地法人が石油事業に失敗して経営危機に陥った事件を切り口に、総合商社の全体像に迫った番組である。映像になりにくいテーマ、企業秘密の壁など、困難を極めた番組制作は、取材拒否される場面をそのまま映し出すなど、取材活動自体を番組の軸に据えることで乗り切った。調査報道の過程をドキュメントしたこの番組は、安宅産業が陥った海外融資の実態を突き止める特ダネとなり、マスメディアを対象とした日本新聞協会賞を受賞する。

1977年3月放送の「永平寺」も小型VTRによって収録された作品である。福井県にある禅の修行道場・永平寺の山内にカメラを持ち込み、午前4時半から午後9時まで、厳しい寒さの中で修行を続ける雲水たちの姿を見つめた。国際番組コンクール「イタリア賞」で、ドキュメンタリー部門の最高賞を受賞。審査委員長は「VTR構成には機動性と編集の壁があるが、この番組は見事にその壁を破った」と評した。こうして、『NHK特集』は、さまざまな技術と手法を駆使して、新しいテレビジョンの可能性を開拓していく。

近・現代史の検証

『NHK特集』は、当初毎週木曜に週1本（50分）放送されていたが、1978年度から月曜・金曜の放送となった。1984年度には日曜午後9時からの放送が追加されたことで、週3本体制となり、よりタイムリーな編成が実現した。また地方局も参加することで制作体制を強化し、番組内容も一層多彩になり、週3本のバラエティーあるラインナップが可能となった。

『NHK特集』はまず、現代の日本を形成してきた歴史的背景に目を向け、世界とのかかわりのなかで日本および日本人の歩んできた足跡を検証した。「明治の群像」（1976）では、条約改正や日露戦争の収拾に苦闘した明

『NHK特集　ある総合商社の挫折』(1977年) →P908

『NHK特集　ミツコ　二つの世紀末』(1987年) →P915

『NHK特集　激動の記録』(1979年度) →P912

『NHK特集　日本の戦後』(1977年度) →P912

『NHK特集　あの時・世界は…　磯村尚徳・戦後世界史の旅』(1978年度) →P912

『NHK特集　永平寺』(1976年度) →P912

『NHK特集　明治の群像　海に火輪を』(1976年度) →P151

『NHK特集　日本の条件』(1985年度) →P913

『NHK特集　THE DAY その日・1995年日本』
(1985年度) →P914

『NHK特集　世界の中の日本　土地
はだれのものか』(1987年度) →P915

『NHK特集　21世紀は警告する』(1984年度)
→P914

治の日本を描き、「ミツコ」は19世紀末の国際社会をひたむきに生きた日本人女性の生涯を描いた。「ドキュメント昭和」(1986年度)や「激動の記録」(1979年度)では、第2次世界大戦に至る歴史をたどり、戦争への道を歩んだ日本の過去を検証した。さらに「日本の戦後」(1977年度)は、GHQの占領政策をたどることにより日本の歴史的条件を示し、「あの時・世界は…〜磯村尚徳・戦後世界史の旅〜」(1978年度)では、戦後世界史の節目となった事件を取り上げ、その現代的意味を問い直した。

1980年代、日本は、土地・医療・教育など社会構造のゆがみが強く意識され、国際関係でも貿易・食糧などの深刻な課題を抱えていた。このようななかで「日本の条件」は企画され、視聴者に日本の進路を問いかけた。「その日・1995年日本」(1985年度)は、10年後の日本と世界を予測し、雇用・老後・医療などの身近な問題をドラマの手法を取り入れて考えた。「世界の中の日本　アメリカからの警告」(1986)は、3夜連続の長時間編成で、アメリカのいらだちと怒りを伝えた。この番組では、アメリカ人のリポーターがアメリカの声を取材してリポートするなど、アメリカのABCやPBS(公共放送サービス)との共同制作による新しい試みが行われた。「世界の中の日本」は、その後5シリーズを放送したが、その第4シリーズ「土地はだれ

のものか」では土地問題を取り上げ、視聴者から3日間で2万3000本にのぼる電話での反響が寄せられた。これを受けて、さらに5本のシリーズが制作された。

人類の未来への警鐘

『NHK特集』は、科学技術・軍事・資源・環境などの「負」の側面にもいち早く着目している。「核の時代」は、冷戦体制の中で米ソ両大国が進める核戦略を明らかにし、全面核戦争の恐怖を描くとともに、戦争抑止力としての核の将来を展望した。「世界の科学者は予見する　核戦争後の地球」(1984)は、世界の科学者が予測

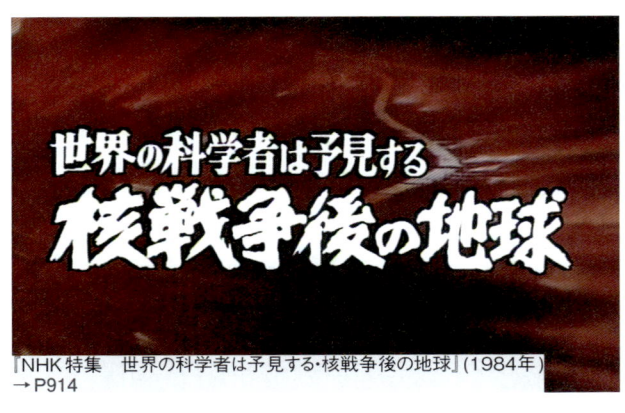
『NHK特集　世界の科学者は予見する・核戦争後の地球』(1984年)
→P914

大型特集番組等

01.ドラマ　02.クイズ・バラエティー　03.音楽　04.伝統芸能　05.ニュース　06.報道ドキュメンタリー　07.紀行　08.教養・情報　09.自然・科学　10.こども・教育　11.人形劇・アニメ　12.趣味・実用　13.大型特集番組等

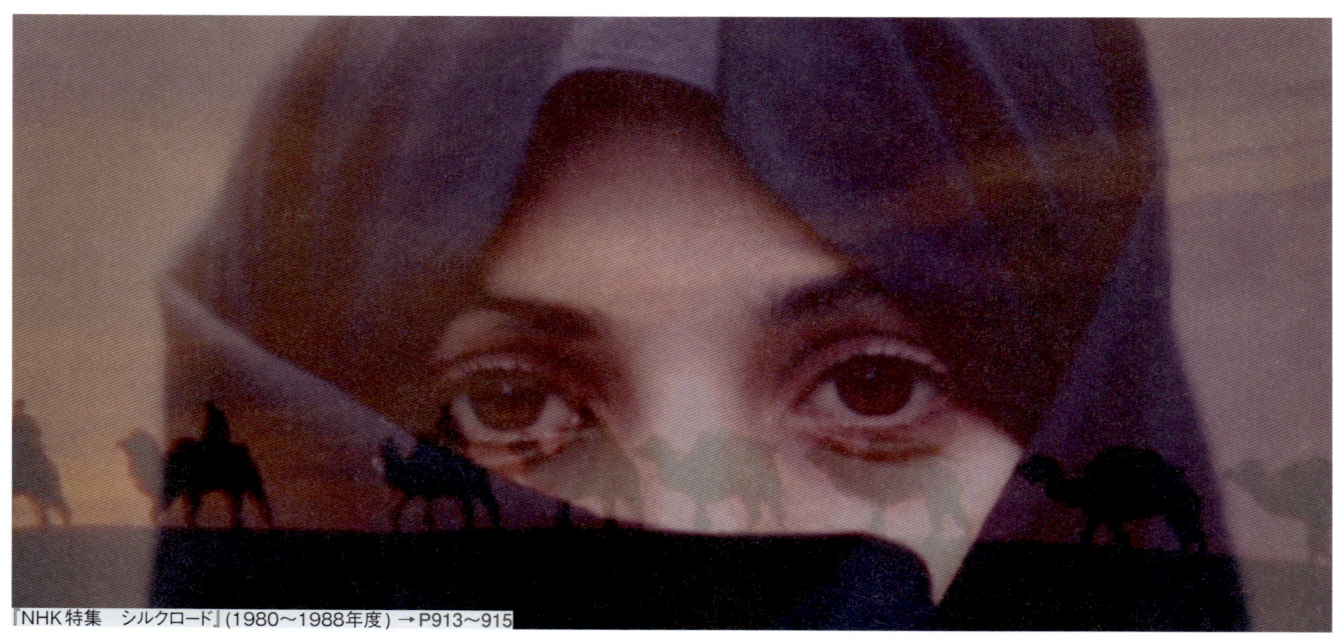

『NHK特集　シルクロード』(1980〜1988年度)→P913〜915

する核戦争とその後の世界を、最新のテレビ映像技術を駆使して描いた。この番組は世界の視聴者に衝撃を与え、イタリア賞など数多くの賞を受賞した。「シーレーン・海の防衛線」(1982)は、音による潜水艦の探知技術やアメリカ第7艦隊の活動を紹介し、石油資源の輸送防衛戦略に焦点を当てた。「21世紀は警告する」(1984年度)は、人口爆発と食糧・資源の枯渇、環境の破壊と種の絶滅、孤独な若者の増加と家庭の崩壊など、人類の行く手に広がる暗雲の存在を指摘し、地球共生の視点から人類の未来に警鐘を鳴らしたシリーズである。

大型文化・歴史番組、紀行番組群

「シルクロード」シリーズは、1980年4月7日放送の「シルクロード第1集　遥かなり長安」から1989年3月26日放送の「海のシルクロード最終集　長安に還る〜遥かなる長江の道〜」まで、あしかけ10年にわたって放送された。全42回、『NHK特集』の中で最長のシリーズである。ユーラシア大陸の内陸部を横断して西のローマまで、砂漠と廃虚、オアシスと人々の生活をたどる旅は日本人の心をとらえ、「シルクロード」は『NHK特集』の代表作となった。「シルクロード」がつけた道筋は、その後の「大黄河」(1986年度)、「地球大紀行」(1987)などの大型文化・自然ドキュメンタリーの豊かな流れに連なっていく。

1985年4月から1986年4月まで13回シリーズで放送した「ルーブル美術館」は、レイモン・ジェロームとデボラ・カーなど著名な俳優の案内で、ルーブル美術館の名品800点を紹介して好評を得た。このシリーズは「エルミタージュ美術館」(1988)、その後の『NHKスペシャル』での「印象派の殿堂　オルセー美術館」(1990)、「プラド美術館」(1992)、「故宮〜至宝が語る中華五千年〜」(1996)などへとつながる美術・文化番組の源流となる。

『NHK特集』は、人々の高い関心と国民的な課題に応えながら、新しい時代への胎動と波頭を常に追求してきた。平均視聴率は1980年度に14.4％、週3本となった1984年度は13.9％で、報道・教養系ドキュメンタリーとしては極めて高い数字を示した。さらに『NHK特集』が受賞したテレビ・映像関連の賞は、イタリア賞、エミー賞、芸術祭賞など137を数える。『NHK特集』が放送した1387本に及ぶ番組は、同時代を記録した貴重な文化遺産となった。

『NHK特集』は1989年3月に13年間の放送に幕を下ろし、『NHKスペシャル』にバトンを渡した。

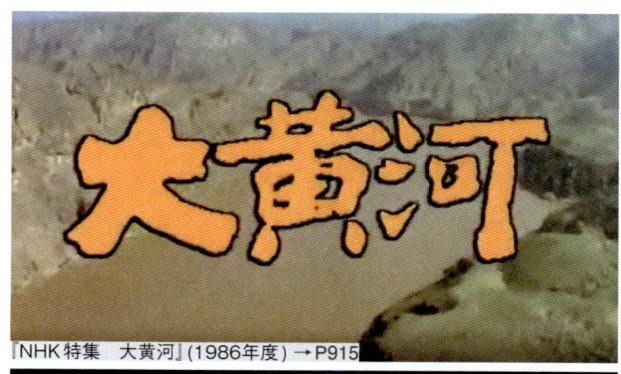

『NHK特集　大黄河』(1986年度)→P915

『NHK特集　地球大紀行』(1987年)→P915

03
『NHK特集』から
『NHKスペシャル』へ

　年号が昭和から平成に変わり、『NHK特集』は、『NHKスペシャル』に変わった。1989年4月である。日本ではバブル景気がはちきれんばかりであった。海外では中国、東欧諸国で国の根幹を揺るがす激震が走っていた。世の中は『NHKスペシャル』が取り上げるべきテーマに満ちていた。「政治は改革できるか」の3夜連続で始まり、「北極圏」、「驚異の小宇宙　人体」、「ひばりの時代」、「ドキュメンタリーシリーズ　核の時代」など大型連続シリーズを連打、『NHKスペシャル』の存在感を一気に高めた。

　この年の6月に起きた天安門事件は、現代中国大転換

『NHKスペシャル　社会主義の20世紀』(1990年) →P916

の大きなきっかけとなった。中国はどこに向かうのか、『NHKスペシャル』は、「天安門・激動の40年〜ソールズベリーの中国〜」(1989)で応えた。アメリカ人ジャーナリスト・ソールズベリーが、中華人民共和国成立以来の歴史を権力闘争、権力者たちの足跡を軸に検証した。1990年代に入ると、バブルは崩壊し、ソ連も崩壊する。「緊急・土地改革　地価は下げられる」(1990)は5夜連続、延べ8時間余にわたって放送。番組では、地価を下げる具体的な方策にまで踏み込み、国民的議論を巻き起こした。「不動産屋が"地価下落はあのNスペのせいだ"と嘆いた」という伝説まで生まれた。

　「社会主義の20世紀」(1990)は、東欧諸国の激動を緻密な取材と、新たに発掘した貴重な歴史的資料で構成した大型シリーズである。社会主義とその体制は、20世紀の世界にとっていかなる役割を果たし、また挫折していったのかを検証した。この歴史の大転換期を記録した単発の『NHKスペシャル』に「モニカとヨーナス〜旧東独・暴かれた密告社会〜」(1992)、「ヨーロッパピクニック計

『NHKスペシャル　天安門・激動の40年〜ソールズベリーの中国〜』(1989年) →P908

『NHKスペシャル　北極圏』(1989年度) →P916

大型特集番組等

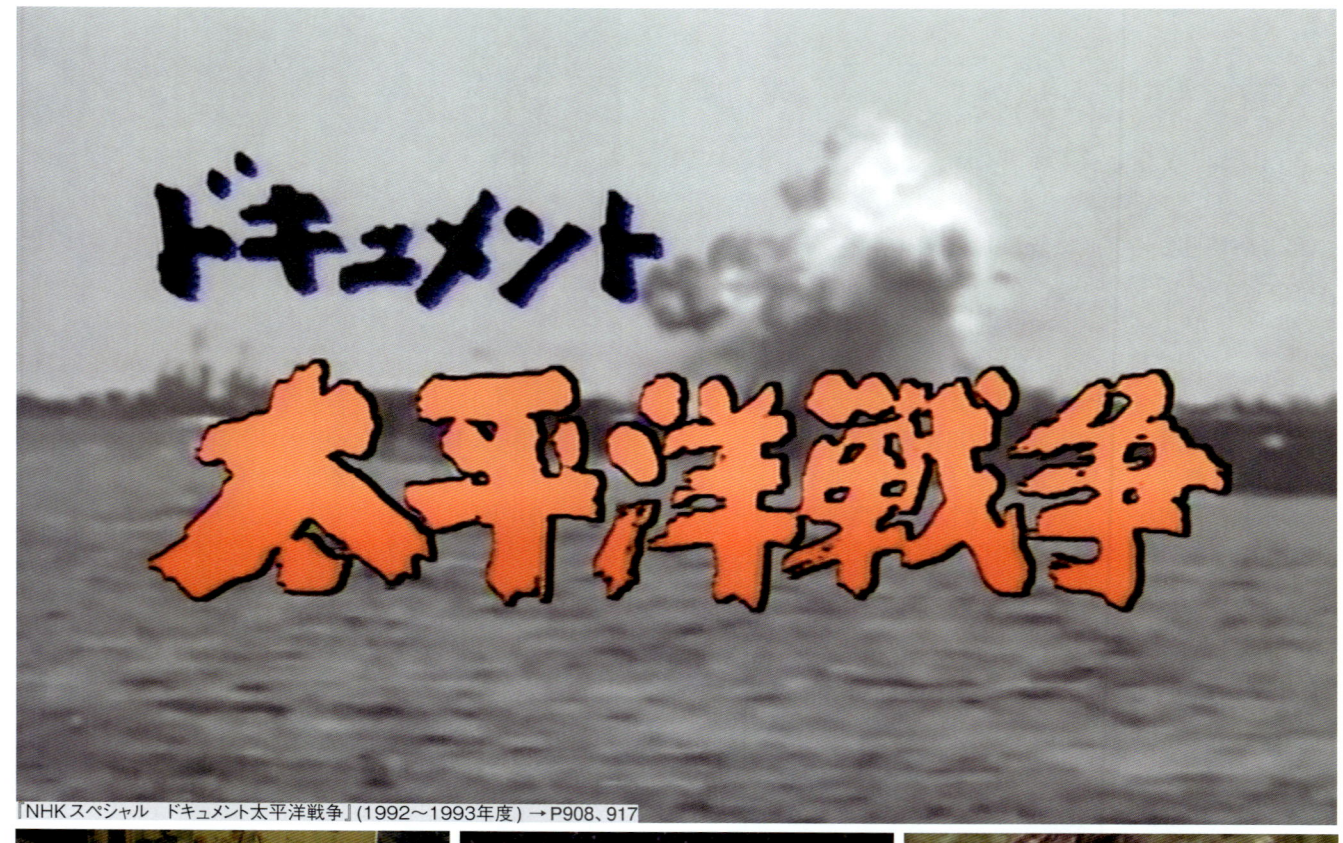

『NHKスペシャル　ドキュメント太平洋戦争』(1992〜1993年度) → P908、917

『NHKスペシャル　電子立国　日本の自叙伝』(1991年) → P908、916

『NHKスペシャル　アインシュタインロマン』(1991年)→ P908、917

『NHKスペシャル　沖縄よみがえる戦場』(2005年) → P908

画〜こうしてベルリンの壁は崩壊した〜」(1993)がある。社会主義体制の崩壊によって明らかになった、それまで闇にうごめいていた人間の生きざまを描いた。

　冷戦構造が崩壊し、1990年8月に湾岸戦争が勃発した。戦争勃発直後、『NHKスペシャル』は「湾岸戦争」、「ドキュメント湾岸戦争〜開戦から10日〜」を放送した。戦闘爆撃機のパイロットの捕虜体験を描いた「タイス少佐の証言〜捕虜体験46日間の記録〜」は、人間が殺し合い、その尊厳を傷つけ合うことの不条理を強く訴え、大きな反響を呼んだ。

　日本の半導体産業が世界一になり、大型シリーズ「電子立国　日本の自叙伝」(1991)が始まった。技術者たちへの徹底した取材に裏付けられた説得力のあるストーリー展開と、ディレクター自身が語り部として登場する斬新な演出によって、大きな反響を呼んだ。「アインシュタインロマン」(1991)もまた、『NHKスペシャル』ならではの挑戦的、冒険的番組であった。

戦争と平和を考える

　1992年、PKO法案が難産の末、成立。自衛隊はカンボジアに派遣された。この年12月から『NHKスペシャル』は8回の大型シリーズ「ドキュメント太平洋戦争」(1992〜1993年度)に取り組んだ。その第4集「責任なき戦場」は、太平洋戦争で最も悲惨な戦いとなったインパール作戦における、日本軍の極めてあいまいな作戦決定と失敗の責任を取らない体質を問い、現代日本人にも多くの示唆を与えた。

『NHKスペシャル　原爆投下　10秒の衝撃』(1998年度) → P908、919

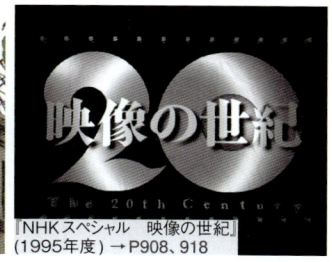

『NHKスペシャル　映像の世紀』(1995年度) → P908、918

戦争と平和を考える番組は『NHKスペシャル』の大きな柱のひとつで、8月の「原爆の日」と「終戦の日」を中心に毎年放送されている。被爆関連では「原爆の絵〜市民が残すヒロシマの記録〜」（2002）や「長崎　映像の証言〜よみがえる115枚のネガ〜」（1995）がある。

戦後50年の大型企画に「映像の世紀」（1995年度）がある。2度の世界大戦、朝鮮戦争、ベトナム戦争から米ソ冷戦に到る"戦争の世紀"の実相を膨大な記録フィルムを元に描いた。度々再放送されているが、そのつど新たな視聴者を掘り起こし、高視聴率を記録する息の長いシリーズである。戦後60年となる2005年の『NHKスペシャル』では、「東京大空襲　60年目の被災地図」、「沖縄　よみがえる戦場」、「靖国神社〜占領下の知られざる攻防〜」など15本の終戦60年企画を放送した。

世紀を越えて

敗戦の焼け野原から立ち上がった日本、経済の急成長と社会の歪みを地道な取材で検証した『NHKスペシャル』の大型シリーズに「戦後50年　その時日本は」（1995年度）がある。60年安保、三井争議、チッソ水俣、東大全共闘、石油ショック、プラザ合意などを11回シリーズで

取り上げた。戦後60年となる2005年には、「日本の群像　再起への20年」（2005）を8回シリーズで放送した。プラザ合意以降の日本、バブル景気に踊り、そしてその崩壊の中で自らを見つめ直し再生への糸口をつかんでいった日本人の懸命な闘いを描いたものである。ソニー、三菱地所を舞台に描いた第1回「トップの決断〜継続か撤退か〜」、半導体の栄光と挫折を東芝を舞台に描いた第4回「極小コンピューター〜技術者たちの攻防」など、経済・社会のグローバル化が急激に進む中で、日本の未来像をどう描くか、日本人はいかに生きていくべきかを問いかけたものだった。

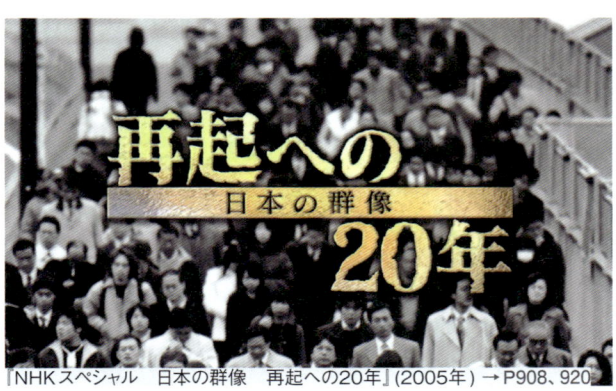

『NHKスペシャル　日本の群像　再起への20年』（2005年）→P908、920

『NHKスペシャル　戦後50年　その時日本は』（1995年度）→P908、918

『NHKスペシャル　21世紀への奔流』（1996年度）→P908、918

『NHKスペシャル　家族の肖像　激動を生きぬく』（1997年度）→P908、918

『NHKスペシャル　世紀を越えて』（1998〜2000年度）→P908、919

大型特集番組等

20世紀をどう清算し、21世紀にどう臨むのか。「新・日本人の条件」(1992)は残業・飽食・外国人労働者などの身近なテーマを取り上げ、「日本の選択」(1994)と「日本再建」(1997)は、税制改革・地方分権・年金改革・安全保障・医療保険・公共事業などの課題に真正面から取り組んだ。

「21世紀への奔流」(1996年度)では、大量移民・民族紛争・イスラムなど冷戦後の世界の潮流をとらえ、「家族の肖像　激動を生きぬく」(1997年度)は、そうした世界のうねりの中を必死に生きぬこうとする家族の世界を描いた。さらに「世紀を越えて」は1999年1月から2000年12月まで、2年間で45本にのぼるこれまでにない超大型シリーズとなった。食糧・マネー・戦争・老い・家族・コンピューター社会・がん・安楽死などテーマは多岐にわたった。

躍進・変貌する中国

鄧小平による改革開放路線によって、急成長する中国に世界の耳目は集まった。「中国　12億人の改革開放」(1994年度)は、富を求めて疾走する人々、低賃金の労働力を支える出稼ぎ少女たち、そして汚職など、現代中国の実相をつぶさに取材、21世紀には政治的にも経済

的にも世界をリードするであろう現代中国の激動をとらえた。1996年の「故宮～至宝が語る中華五千年～」では、中国と台湾の2つの「故宮」の文物を、粘り強い交渉と多くの人々の協力で、同時に取材することに成功。中国5000年の歴史を、貴重な文物の中に壮大なスケールで描き出した『NHKスペシャル』は大きな反響を呼び、NHKならではの番組との評価を得た。『NHK特集　シルクロード』から25年を経た2005年、中国CCTVとの本格的な共同制作によって「新シルクロード」(2005)に挑んだ。都市開発によって新たに発掘された多くの遺跡、進む考古学研究、そしてハイビジョン映像を手にしたテレビ技術が、全く新しいシルクロードの世界を表現した。

災害報道は『Nスペ』の使命

災害列島日本にあって、『NHKスペシャル』の役割は大きい。1991年の「雲仙・大火砕流～地下で何が起きているか～」、1993年の「大津波が襲った～奥尻島からの報告～」、そして1995年の阪神・淡路大震災に際しては直後の『Nスペ』に始まり、この年10本のシリーズで対応し、震災からの復興、防災都市建設への課題を探った。2004年末に起きたインドネシア・スマトラ沖を震源とする巨大地震と大津波を取り上げた「インド洋大津波　映像

『NHKスペシャル　新シルクロード』(2005年)
→P920

『NHKスペシャル　中国　12億人の改革開放』(1994年度) →P918

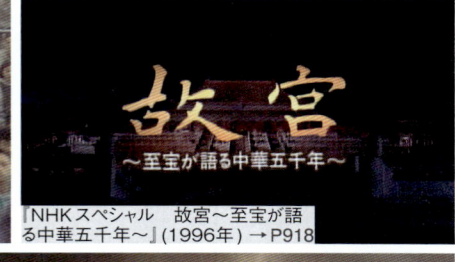

『NHKスペシャル　故宮～至宝が語る中華五千年～』(1996年) →P918

『NHKスペシャル　阪神・淡路大震災』(1995年) →P908

『NHKスペシャル　日本の、これから』(2005〜2010年度) →P415

『NHKスペシャル　街道をゆく』(1997〜1999年度) →P918

で迫るその全貌」(2005)は、アジア各国の放送局と協力して、目撃者の撮影した映像を収集、再構成して大災害の全貌に迫った。

心の支え　命の輝き

　激動の社会で、人々は悩み、心のよりどころを探る。「街道をゆく」(1997〜1999年度)のシリーズは、1971年から「週刊朝日」に連載された司馬遼太郎の随筆をもとに、「日本人とは何か」「国家、文明、民族とは何か」という司馬遼太郎の思索を映像化した。

　競争を勝ち抜くことよりも大切なのは、人間同士が裸の自分をさらけ出し、本気で格闘すること。そこに命の輝きを見出すことが出来る。「こども　輝けいのち」(2003)は、1年間にわたる長期取材によって、子どもたちの成長していく姿を通して「命」の尊さをじっくり描いた。ディレクターは学校や施設に泊まり込み、子どもらと生活を共にすることで「命」の輝きをじっくり見つめた。

　2005年から始まった「日本の、これから」では、スタジオに集まった市民たちが、生放送で徹底的に議論する。視聴者自身が「国家の課題」を自らの身の丈で考え討論し、

解決への糸口を探り、番組を作っていく。ナマ放送ゆえの緊張感、真剣勝負が番組に活力を与えた。

人々のくらしをみつめる

　『NHKスペシャル』は1989年にスタートし、すでに30年以上の歴史をもつ。その後半にあたる2006年以降について、大型シリーズを中心に紹介する。2008年のリーマン・ショック、2011年の東日本大震災をはじめとする大規模災害、2019年の平成から令和への改元、新型コロナウイルスのまん延、1年延期して開催された2021年の東京2020オリンピック・パラリンピックといった大きな出来事があった。こうした激動する時代の中で、『NHKスペシャル』は人々のくらしをみつめてきた。

　「ワーキングプア〜働いても働いても豊かになれない〜」(2006)、「無縁社会〜"無縁死"3万2千人の衝撃〜」(2009)、「終の住処はどこに　老人漂流社会」(2013)「ヤングケアラー　SOSなき若者の叫び」(2022)等の作品では、厳しい現実を見つめ、これから目指す社会の在り方を模索した。

　超高齢化社会に向けては、「シリーズ　認知症　その時、あなたは」(2006)、「"認知症800万人"時代」(2013)、

『NHKスペシャル　ワーキングプア〜働いても働いても豊かになれない〜』(2006年) →P920

『NHKスペシャル　無縁社会〜"無縁死"3万2千人の衝撃〜』(2009年) →P922

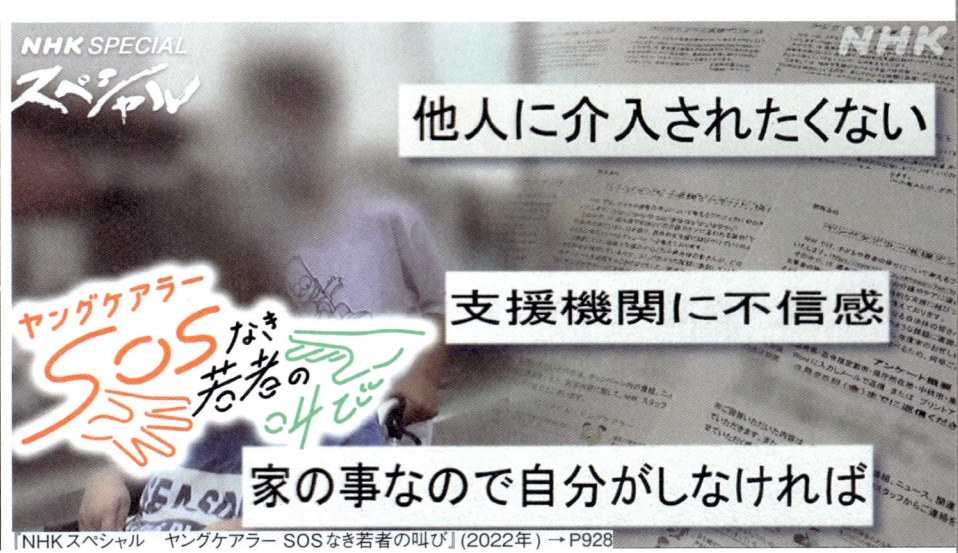

『NHKスペシャル　ヤングケアラー SOSなき若者の叫び』(2022年) →P928

大型特集番組等

『NHKスペシャル　日野原重明　100歳　いのちのメッセージ』(2011年) → P923

『NHKスペシャル　夫婦で挑んだ白夜の大岩壁』(2007年) → P921

『NHKスペシャル　足元の小宇宙～生命を見つめる植物写真家～』(2013年) → P908

『NHKスペシャル　見えず　聞こえずとも～夫婦ふたりの里山暮らし～』(2015年) → P925

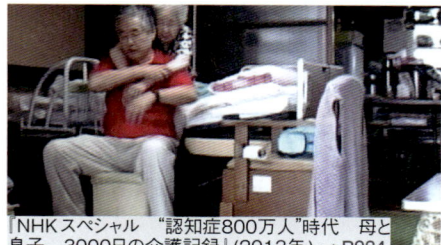

『NHKスペシャル　"認知症800万人"時代　母と息子　3000日の介護記録』(2013年) → P924

『NHKスペシャル　人生の終(しま)い方(2016年) → P926

『NHKスペシャル　シリーズ"宗教2世"』(2023年) → P929

「アルツハイマー病をくい止めろ！」(2014)、「シリーズ認知症革命」(2015)など認知症の最新状況を伝える一方、「日野原重明　100歳　いのちのメッセージ」(2011)、「人生の終い方」(2016)、「シリーズ　人生100年時代を生きる」(2018)など、人生100年時代を見据えた番組を放送した。

　2022年7月に起きた安倍元首相狙撃事件を機に、長年社会から見過ごされていた"宗教2世"たちの複雑に揺れる胸の内を「シリーズ"宗教2世"」(2022)はドキュメントとドラマで伝えようと試みた。

　さらに、記憶障害の女性が親子の絆を育もうとする記録

「あなたの笑顔を覚えていたい」(2007)、ヒマラヤ登山中に雪崩に遭い、手足の指のほとんどを失ったクライマー夫妻の再挑戦「夫婦で挑んだ白夜の大岩壁」(2008)、焼き畑農業で森を若返らせようとする「クニ子おばばと不思議の森」(2011)、82歳の植物写真家を描いた「足元の小宇宙～生命を見つめる植物写真家～」(2013)、目が見えず耳も聞こえない妻と京都の山里で暮らす夫を見つめた「見えず　聞こえずとも～夫婦ふたりの里山暮らし～」(2015)など、困難に挑み、前向きに生きる人生の数々を記録した。

未曽有の災害・東日本大震災

2011年3月11日に発生した東日本大震災。『NHKスペシャル』は、まだ災害の呼称も定まっていなかった発生2日後の「緊急報告　東北関東大震災」にはじまり、「東北関東大震災から10日」、「最新報告　"命"の物資を被災地へ」などを放送。5月には、東日本大震災で起きた巨大津波を描き、世界44の国と地域で放送されることになる「巨大津波　"いのち"をどう守るのか」を制作した。その後も、シリーズ番組として「東日本大震災　巨大津波」、「シリーズ　原発危機」、「シリーズ　東日本大震災」、「シリーズ　日本新生」など、1年で40本余りの番組を放送した。

震災から1年になる2012年3月には、「原発事故　100時間の記録」、「映像記録 3.11　あの日を忘れない」、「3.11　あの日から1年　38分間～巨大津波　いのちの記録～」、「3.11　あの日から1年　気仙沼　人情商店街」、「3.11　あの日から1年　仮設住宅の冬～いのちと向き合う日々～」、「3.11　あの日から1年　調査報告　原発マネー～"3兆円"は地域をどう変えたか～」など、震災1年の現状を多角的に伝えた。

その後も、「震災を生きる子どもたち　21人の輪」(2012)、「"いのちの記録"を未来へ～震災ビッグデータ～」(2013)、シリーズ「メルトダウン」(2011～)、「シリーズ　廃炉への道」(2014～)、「風の電話～残された人々の声～」(2016)、「"黒い津波"　知られざる実像」(2019)など、さまざまな視点からの番組を制作。震災10年を迎えた2021年3月には8本の『NHKスペシャル』を集中編成、「津波避難　何が生死を分けたのか」「ドラマ　星影のワルツ」「定点映像　10年の記録～100か所のカメラが映した"復興"～」などを放送した。

『NHKスペシャル　シリーズ　体感　首都直下地震』(2019年) →P927

『NHKスペシャル　風の電話　残された人々の声』(2016年) →P925

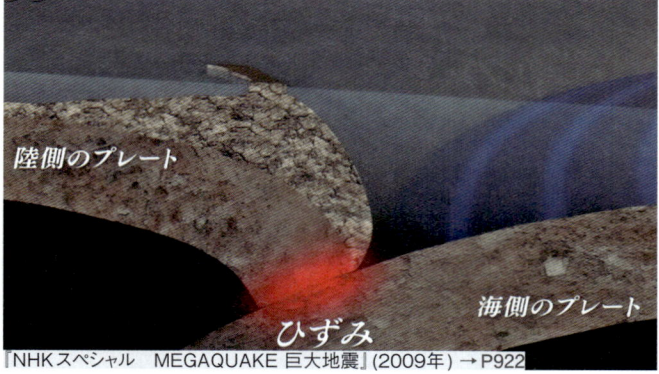

陸側のプレート
海側のプレート
ひずみ

『NHKスペシャル　MEGAQUAKE 巨大地震』(2009年) →P922

『NHKスペシャル　東日本大震災　巨大津波　"いのち"をどう守るのか』(2011年度) →P922

大型特集番組等

『NHKスペシャル　映像記録　関東大震災　帝都壊滅の三日間』(2023年) → P908、929

『NHKスペシャル　シリーズ原発危機』
(2011年度) → P908

『NHKスペシャル　原発事故　100時間の
記録』(2012年) → P908

『NHKスペシャル　南海トラフ巨大地震』(2023年)
→ P908、929

　この他にも、『NHKスペシャル』では巨大災害にまつわる最新情報を伝えるシリーズ「MEGAQUAKE 巨大地震」(2010)、「MEGAQUAKEII　巨大地震」(2012)、「THE NEXT MEGAQUAKE　巨大地震」(2013)、「巨大災害　MEGA　DISASTER」(2014)、「南海トラフ巨大地震」(2023)などを放送。2019年には「シリーズ　体感　首都直下地震」を集中編成し、今後30年以内に70%という高い確率で発生することが懸念されている巨大地震への備えを、最新の研究成果に基づいてリアルに描かれたドラマ「パラレル東京」を軸に伝えた。また、関東大震災100年を機に当時の記録フィルムを高精細・カラー化して撮影場所と時間を特定した「映像記録　関東大震災　帝都壊滅の三日間」(2023)は、100年前の巨大災害を記録映像で追体験することが現代への貴重な教訓になることを示した。

激動する世界、そして、日本

　2008年9月に起きたリーマン・ショックは世界経済を一変させた。エネルギーが煮えたぎる都市の姿を描いた「沸騰都市」(2008年度)では、シリーズ放送中に世界経済の状況が急変、8回シリーズの放送後に特別編を制作し、ドバイをはじめとする“沸騰都市”の変わり果てた姿を伝えることになった。金融危機はなぜ起きたのかを探る「マネー　資本主義」(2009)、日本経済復興の道を探る「メイド・イン・ジャパン　逆襲のシナリオ」(2012)、「シリーズ　“ジャパン ブランド”」(2014)、資本主義のひずみと未来を展望する「シリーズ　マネー・ワールド」(2016)など、経済をめぐるシリーズが次々と制作された。

　日米安保条約締結から50年を迎える2010年には「シリーズ　日米安保50年」(2010)を放送、それに先立ち、シリーズ「変貌する日米同盟」(2006)、「日本とアメリカ」(2008)など、日米関係を問い直すシリーズが制作された。

『NHKスペシャル　マネー資本主義』(2009年）→ P908、922

『NHKスペシャル　シリーズ　マネー・ワールド
資本主義の未来』(2016年）→ P908、926

『NHKスペシャル　沸騰都市』(2008年度)→ P908、921

急成長とともに、そのひずみも現われたアジアの国々を描いたシリーズとしては、13回シリーズ「激流中国」(2007～2008)、3回シリーズ「チャイナパワー」(2009)、5回シリーズ「中国新世紀」(2021)、「ドキュメント北朝鮮」(2006)、「シリーズ　金正恩の野望」(2018)、「インドの衝撃」(2007・2009)などがある。その他、「揺れる大国　プーチンのロシア」(2009)、「アフリカンドリーム」(2010)、「激動イスラム」(2013)など、ロシア、アフリカ、中東の動きを伝え続けた。南米チリの鉱山事故の救出劇を追った「奇跡の生還～スクープ　チリ鉱山事故の真実～」(2010)は国際エミー賞を受賞した。

平成から令和へ　時代を振り返る

2019年5月1日、約200年ぶりとなる御退位に伴う皇位継承により、元号が「平成」から「令和」へ。『NHKスペシャル』は、ご成婚50周年を迎えられた両陛下の歩みをたどる「象徴天皇　素顔の記録」(2009)、「象徴天皇　模索の歳月」(2016)、「私たちと象徴天皇」(2017)、「皇位継承へ　素顔の“新天皇”」(2017)、「日本人と天皇」(2019)などを放送した。

「新・映像の世紀」(2015年度)では、1995年に放送した前シリーズをもとにデジタルリマスター映像や新たに発掘された映像を加えて、改めて20世紀を振り返った。

『NHKスペシャル　象徴天皇　素顔の記録』(2009年)→ P908、921

大型特集番組等

また、平成を振り返る「平成史スクープドキュメント」(2018～2019年度)を放送。殺人事件などの時効が廃止され、未解決のまま終わらせることが許されない時代を迎えて、これまでの未解決事件を徹底的に追跡・検証する大型シリーズ「未解決事件」(2011～)を制作、また、ともに遷宮を迎えた伊勢神宮と出雲大社を舞台に、古代日本の謎に迫る「シリーズ遷宮」(2014)を放送した。

多様な科学・文化を紹介

　雄大な自然や生き物の営みをとらえた番組としては、「プラネットアース」(2006～)や新シリーズ「日本列島　奇跡の大自然」(2010)、「雨の物語～大台ケ原　日本一の大雨を撮る～」(2008)、「ホットスポット　最後の楽園」(2011)、「フローズンプラネット」(2012)、「列島誕生　ジオ・ジャパン」(2017・2020)、「ブループラネット」(2018年度)、「命をつなぐ生きものたち」(2022)など。深海で生きたままのダイオウイカの姿を撮影した「世界初撮影!　深海の超巨大イカ」(2012)は世界中から注目を浴び、「シリーズ　深海の巨大生物」(2013)、「シリーズ ディープオーシャン」(2015年度～)などの深海シリーズにつながっている。

　生命や人類の歴史を科学的にとらえた番組も話題を呼んだ。「生命大躍進」(2015)、「恐竜VSほ乳類　1億5千万年の戦い」(2006)、「恐竜絶滅　ほ乳類の戦い」(2010)、「恐竜超世界」(2019～)、「人類誕生」(2018)、「ヒューマン　なぜ人間になれたのか」(2012)、「超・進化論」(2022)などが放送された。そして、2025年の放送開始100年に向けて制作された「ヒューマン・エイジ」(2022～)は、人間とは何者で、この先どこへ向かうのか、答えを探して壮大な人間の歴史をさかのぼる大型シリーズとして放送されている。

　私たちの身体を見つめなおす番組としては、「ノーベル賞・山中伸弥　iPS細胞"革命"」(2012)、「人体　ミクロの大冒険」(2014)、「シリーズ　人体　神秘の巨大ネッ

『NHKスペシャル　超・進化論』(2022年度) →P908、928

『NHKスペシャル　日本列島　奇跡の大自然』(2010年度) →P908、922

『NHKスペシャル　ホットスポット　最後の楽園』(2011年度～) →P922

『NHKスペシャル　人体　ミクロの大冒険』(2013年度) →P908、924

『NHKスペシャル　シリーズ　ディープオーシャン』(2016年度～)　ダイオウクラゲ

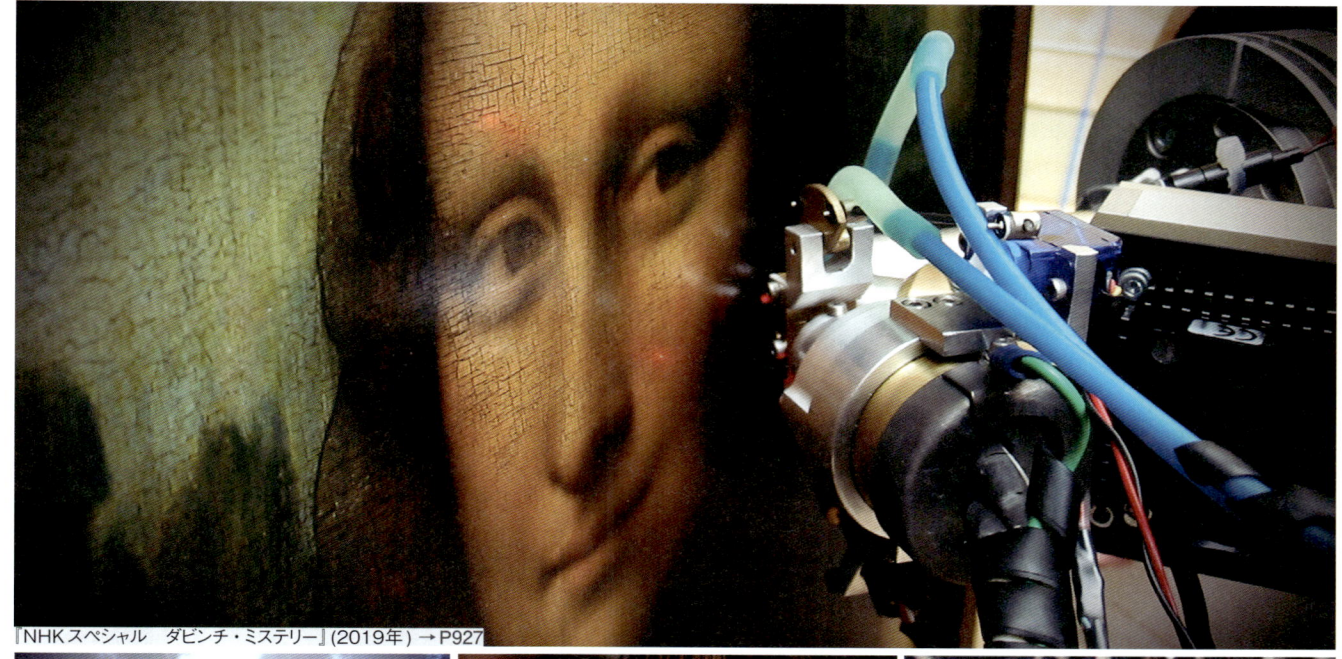
『NHKスペシャル　ダビンチ・ミステリー』(2019年)→P927

『NHKスペシャル　知られざる大英博物館』(2012年)
→P923

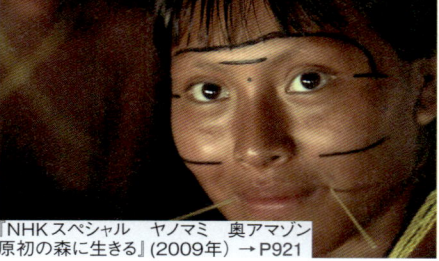
『NHKスペシャル　ヤノマミ　奥アマゾン
原初の森に生きる』(2009年)→P921

『NHKスペシャル　ヒューマン・エイジ
人間の時代』(2022年度～)→P928

トワーク」(2017年度)、「病の起源」(2008)、「女と男～最新科学が読み解く性～」(2009)、「シリーズ　キラーストレス」(2016)、「ジェンダーサイエンス」(2021)などが放送され、最先端の生命科学が関心を集めた。

　人と環境とのかかわりを扱ったシリーズとしては、「世界里山紀行」(2007)、「映像詩　里山　森と人　響きあう命」(2008)、「里海　SATOUMI　瀬戸内海」(2014)、「2030未来への分岐点」(2021)などが挙げられる。また、宇宙をテーマにした番組には、「宇宙の渚」(2011・2012)、「シリーズ　スペース・スペクタクル」(2019)などがある。また映像になりにくいことから、これまであまり取り上げられなかった数学の世界を描いた番組に、「100年の難問はなぜ解けたのか～天才数学者　失踪の謎～」(2007)、「神の数式」(2013)、「魔性の難問～リーマン予想・天才たちの闘い～」(2009)がある。このほか、「ネクストワールド　私たちの未来」(2015)はテクノロジーの未来を、「AIに聞いてみた　どうすんのよ!?ニッポン」(2017)は人工知能の可能性を示した。

　世界各地の現代と過去を描いた番組には、1980年以来放送している「シルクロード」の最新版「新シルクロード」(2005年1月～2007年度)をはじめ、「失われた文明　インカ・マヤ」(2007)、「エジプト発掘」(2009)、「シリーズ

古代遺跡透視」(2016・2017)、「中国文明の謎」(2012)、「アジア巨大遺跡」(2015)、「ヤノマミ　奥アマゾン　原初の森に生きる」(2009)、「大アマゾン　最後の秘境」(2016)などがある。

　食文化をあつかった番組には、ユネスコ無形文化遺産への登録を機に国際共同制作された「和食　千年の味のミステリー」(2013)、人類と食との関係をひもとく「食の起源」(2019年度)を放送。大型美術番組としては「知られざる大英博物館」(2012)、「シリーズ　故宮」(2014)などがあり、「ダビンチ・ミステリー」(2019)は没後500年に天才の謎に迫った。

『NHKスペシャル　ジェンダーサイエンス』(2021年)→P927

大型特集番組等

戦後80年

　2015年、日本は終戦から70年を迎えた。『NHKスペシャル』は、シリーズ「戦後70年　ニッポンの肖像」で、戦後日本人の70年間の歩みを振り返るとともに、原爆投下直後を記録した2枚の写真から真実に迫る「きのこ雲の下で何が起きていたのか」、最新のデジタル技術でモノクロ映像をフルカラーにした「カラーでみる太平洋戦争〜3年8か月・日本人の記録〜」などを放送。

　この年に限らず、戦争と平和の課題を取り上げる番組は、おもに開戦・原爆投下・終戦の日にあわせて毎年放送され、「日中戦争〜なぜ戦争は拡大したのか〜」(2006)、「鬼太郎が見た玉砕〜水木しげるの戦争〜」(2007)、「日本海軍　400時間の証言」(2009)、「日本人はなぜ戦争へと向かったのか」(2011)、「東京大空襲　583枚の未公開写真」(2012)、「黒い雨〜活かされなかった被爆者調査〜」(2012)、「終戦 なぜ早く決められなかったのか」(2012)、「ドラマ　東京裁判〜人は戦争を裁けるか〜」(2016)、「戦後ゼロ年　東京ブラックホール　1945-1946」(2017)、「#あちこちのすずさん〜教えてくださいあなたの戦争〜」(2019)などを世に送り出してきた。

　テレビ放送開始70年を迎えた2023年には、「アナウンサーたちの戦争」を放送、太平洋戦争の電波戦に関わったアナウンサーたちの姿をドラマ化し、テレビ草創期のテレビマンの奮闘ぶりを描いた「テレビとはあついものなり〜放送70年　TV創世記〜」や、単発特集ドラマとして放送された『大河ドラマが生まれた日』とともに周年の節目を飾った。そして、放送開始100年を迎える2025年は、同時に、戦後80年の年でもある。この年に向けて、「新・ドキュメント太平洋戦争」は2021年12月に「1941 第1回 開戦」を放送、エゴ・ドキュメントと呼ばれる当時の日記や手記をもとに、80年前の太平洋戦争開戦の新たな断面に迫った。シリーズは、以降2025年8月に向けて、80年前の節目の出来事を描き出していく。

『NHKスペシャル　カラーでみる太平洋戦争〜3年8か月・日本人の記録〜』(2015年度)→P925

『NHKスペシャル　鬼太郎が見た玉砕〜水木しげるの戦争〜』(2007年)→P921

『NHKスペシャル　ドラマ　東京裁判〜人は戦争を裁けるか〜』(2016年)→P926

『NHKスペシャル　テレビとはあついものなり〜放送70年TV創世記〜』(2023年)→P929

『新・ドキュメント太平洋戦争　1941　第1回　開戦』(2021年)→P928

『NHKスペシャル　アナウンサーたちの戦争』(2023年)→P929

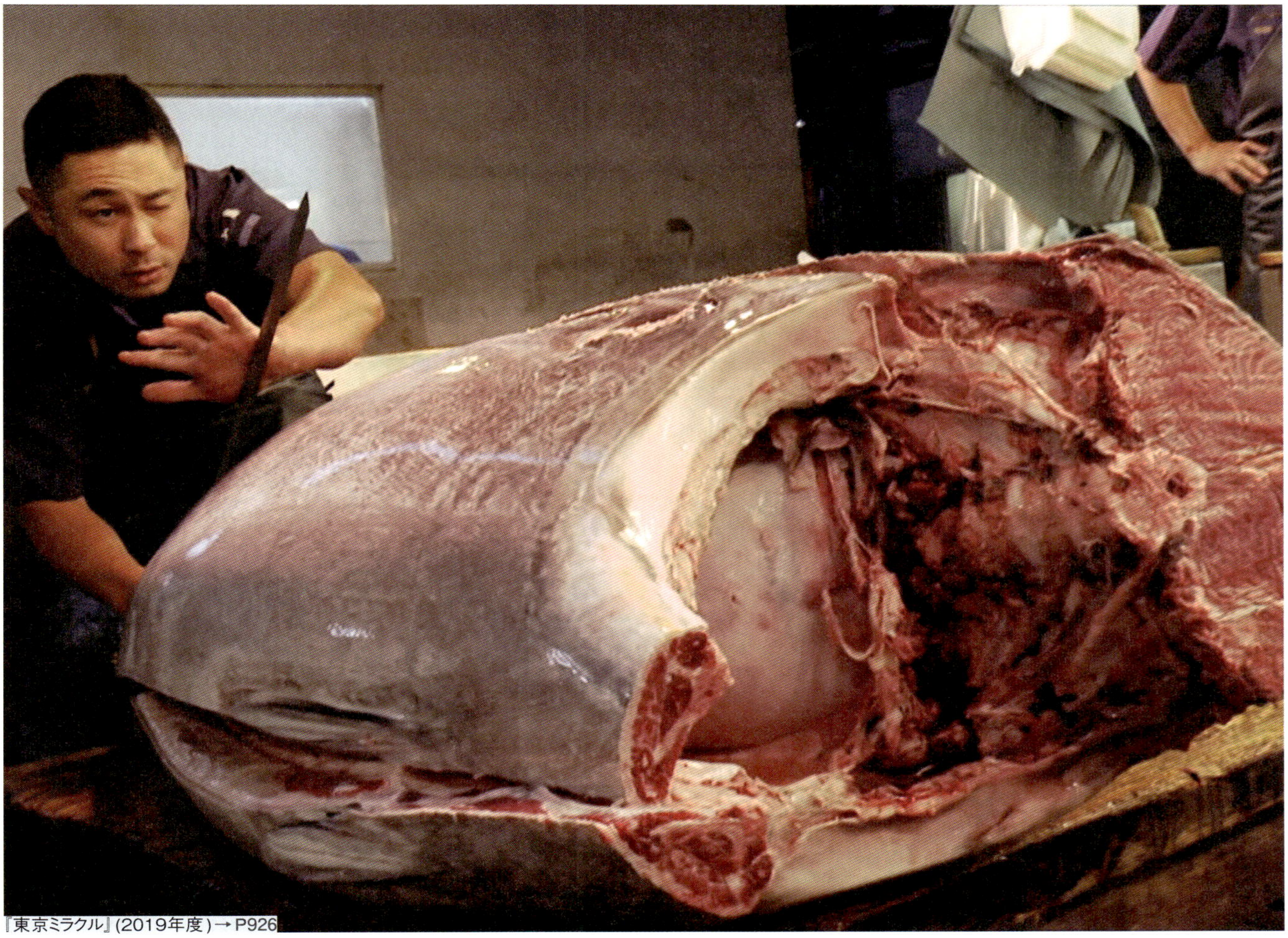

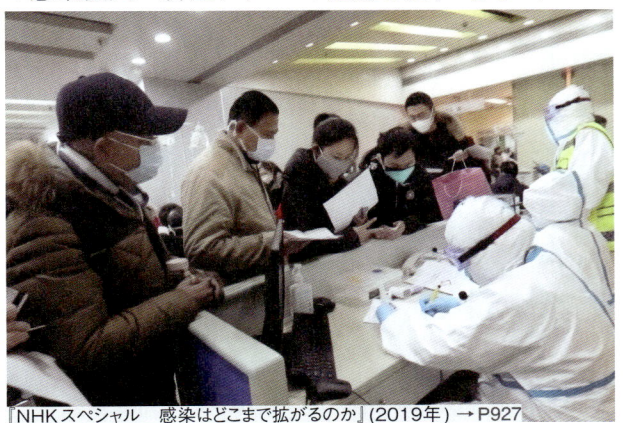

『東京ミラクル』（2019年度）→ P926

新型コロナウイルス

　2019年12月から世界にまん延しはじめた新型コロナウイルス。『NHKスペシャル』では、2020年2月9日に放送した「感染はどこまで拡がるのか」にはじまり、2020年だけでも、「新型コロナウイルス　瀬戸際の攻防」「緊急事態宣言　いま何が起きているのか」「調査報告　クルーズ船」「新型コロナウイルス　ビッグデータで闘う」「新型コロナウイルス　苦境の世界経済　日本再建の道は」「世界同時ドキュメント　私たちの闘い」「タモリ×山中伸弥　人体VSウイルス」「新型ウイルス　"生と死"の記録」「新型コロナ　全論文解読」「コロナ危機　女性にいま何が」「謎の感染拡大〜新型ウイルスの起源を追う〜」など、NHK

の英知を結集して多彩な番組を連打した。また、12回シリーズ「パンデミック　激動の世界」（2020〜2021年度）は、コロナ禍で激動する社会の動きをさまざまな視点から伝えた。

東京2020開催延期

　コロナ禍で史上初の大会延期となった東京オリンピック・パラリンピック。この大会に向けても『NHKスペシャル』は多くの番組を届けた。選手たちの素顔に迫る番組では「伊藤美誠　再生の旅」「連覇へ　"新生"体操ニッポン」などを放送。科学番組で定評のあるコンビがMCを務めた「タモリ×山中伸弥　超人たちの人体〜アスリート限界への挑戦〜」では、世界のトップアスリートの肉体の秘密に迫った。大会直後には、異例な形で行われた東京五輪で葛藤する選手たちを追った「TOKYO　2020　私たちの闘い」を放送。また「池江璃花子　新たな挑戦」は、苦しい闘病生活を乗り越え、白血病からの復活を果たした競泳の池江選手に迫った。開催地・東京に焦点を当てたシリーズも企画され、「東京リボーン」（2018〜2021年度）は、五輪に向けて進められた東京大改造を克明に記録した。また、「東京ミラクル」（2018〜2019年度）は、訪れた外国人が驚く、さまざまな東京ミラクル現象を取り上げ、ドラマ形式で歴史を掘り起こした。

『NHKスペシャル　感染はどこまで拡がるのか』（2019年）→ P927

大型特集番組等

混迷するウクライナ・イスラエル情勢

2022年2月に始まったロシアのウクライナへの軍事侵攻は、ウクライナの戦禍にとどまらず、エネルギーショック・フードショックなどを通して、世界の平和と秩序を根底から覆した。2022年7月から始まった「混迷の世紀」では、グローバル化による相互依存が世界に安定をもたらすという理念が打ち破られ、現代社会の課題が噴出した世界各国の現場を報告した。また、2023年10月のイスラム組織ハマスによるイスラエルへの奇襲攻撃とガザ地区への報復はさらなる混乱を世界にもたらした。「ハマスとイスラエル対立激化どこまで」「衝突の根源に何が〜記者が見たイスラエルとパレスチナ」は、これまでの取材の蓄積や当事者への現地取材をとおして、その実態に迫った。さらに、「シ

リーズ　食の"防衛線"」(2023)は、世界情勢が不透明さを増す中で、海外に食糧を依存する日本の食を守れるか、食料安全保障という視点から主食のコメや畜産物の現状を検証した。

『NHKスペシャル　シリーズ　食の"防衛線"』(2023年) →P929

放送100年に向けて

2025年3月、日本でラジオ放送が始まってから100年を迎える。この記念すべき年に向けて『NHKスペシャル』は、「臨界世界—On the Edge—」「新ジャポニズム」「未完のバトン」などの大型シリーズで新たな挑戦を続けている。「臨界世界—On the Edge—」は、激変する世界の最前線にカメラを据え、変化の胎動を記録するシリーズ。「新ジャポニズム」では、世界が熱狂する"日本の価値"を、日本人が再発見していく。日本の浮世絵などが19世紀後半の欧州で"発見"され、世界のアートや文化に大きな影響を与えた「ジャポニズム」。その再来、"新ジャポニズム"に焦点を当てる。

そして、放送100年・超大型シリーズ「未完のバトン」は、日本の過去・現在・未来を100年のマクロスケールで省察・展望し、NHKが公共メディアとして貴重な映像・音声の資産を次世代へ遺す試みに挑む。次の100年を生きる人びとのためのアーカイブを構築するとともに、私たちの現在地と将来を考察する参照点を探していく。

『NHKスペシャル　調査報道　新世紀』(2024年度) →P929

『難問解決！ご近所の底力』(2003〜2006・2008〜2009年度) → P256

04

総合テレビの特集番組

『NHK特集』『NHKスペシャル』以外の総合テレビの特集番組枠としては、『土曜特集』(1995〜2005年度)があり、大型エンターテインメント番組やスポーツ中継などを扱った。山川静夫や春風亭小朝が司会をつとめる「百歳バンザイ！」、タケカワユキヒデ司会の「冒険スタジアム」、『コメディー　お江戸でござる』(1995〜2003年度)の後継となる「コメディー　道中でござる」や、定時番組になる前の「鶴瓶の家族に乾杯」、『NHKのど自慢』チャンピオン大会などの特集番組も放送された。

その後、単発の特集番組枠は、『プレミアム10』(2006〜2008年度)となり、「難問解決！ご近所の底力」や関口知宏が世界の鉄道をめぐるシリーズ、各種スペシャル番組など、エンターテインメントからドキュメンタリーまで幅広い特集番組が放送された。

「難問解決！ご近所の底力」は、切実な社会問題から暮らしの中の悩みまで、さまざまな問題を地域の人たちと一緒になって解決を目指す視聴者参加番組。初回のテーマは、ご近所最大の関心事である「住宅街の防犯」。相談者は東京都杉並区の町内会。番組では「町ぐるみの防犯」で対策に取り組み、被害を減らすことに成功した全国のケースを紹介。

俳優・関口知宏が旅人として出演した「列島縦断」シリーズは、一筆書きの要領で鉄道を乗り継いでいく独特のスタイルで人気を博した。『プレミアム10』以外での放送も含めて、国内編ではJR完全走破という鉄道ファンが一度は夢見る偉業を達成、さらにヨーロッパ各国や中国、海外へと進出も果たした。

『コメディー　お江戸でござる』(1995〜2003年度) → P254

『列島縦断 鉄道乗りつくしの旅〜JR20000km全線走破』(2004年)

大型特集番組等

05
教育テレビ（Eテレ）の特集番組

　教育テレビ（Eテレ）では、より専門性が高く、テーマを深掘りした特集番組が放送されてきた。1979年の『教育テレビスペシャル』では、3回シリーズ「テレビ評伝」で夏目漱石、河上肇、柳宗悦を取り上げ、当代の作家や研究者などによる評伝を試みた。この特集番組は、その後、第2シリーズ（柳田国男、岡倉天心、小泉八雲）、第3シリーズ（宮沢賢治、南方熊楠、樋口一葉）、第4シリーズ（斎藤茂吉、山田耕筰、後藤新平）、第5シリーズ（福沢諭吉、新渡戸稲造、犬養毅）、第6シリーズ（折口信夫、菊池寛、小林一三）へと連なった。同時期に放送された「生命科

『教育テレビスペシャル　人間は何を食べてきたか』（1979年）→P981

学の驚異」3回シリーズでは、生殖革命、大脳操作、臓器移植といった最先端の生命科学とその課題を伝えた。

　1980年には、大型シリーズ「人間は何をつくってきたか」がはじまる。蒸気機関車、自動車、帆船・蒸気船、飛行機、ロケットの歴史をたどる10回シリーズは、「人間は何を○○したか」シリーズの端緒となる。この年の後半には、4回シリーズ「日本人の宗教観」を放送、1981年以降は「今地球を考える」「大学入試を考える」「歌舞伎の世界」「アジアの遺跡」「放送の公共的課題」「第三の波」「エドウィン・ライシャワー日本への自叙伝」などを放送した。

　1983年には、3回シリーズ「人間は何を描いてきたか」、1985年には5回シリーズ「人間は何を食べてきたか」、3回シリーズ「新・文明が衰退するとき」、1985年には10回シリーズ「日本解剖　経済大国の源泉」、1987年には5回シリーズ「日本・その心とかたち」、1988年には8回シリーズ「コンピューターの時代」を放送し、『教育テレビスペシャル』は一旦、放送を終了する。

　1985年度からは、ドキュメンタリーの定時番組として、月曜から金曜午後8時の『ETV8』がはじまる。その後、1991年度からは『現代ジャーナル』、1993年度からは『ETV特集』、2000年度からは『ETV2000』（各年にあわせてタイトル末尾を2000〜2003に変更）、2003年度に『ETVスペシャル』、2004年度には再び『ETV特集』と番組名や放送時間帯を変えながらも続いている。

　また1992年度に復活した『教育テレビスペシャル』は、

『ETV8　アニメーション人物録　宮崎駿』（1985年）→P908

『ザ・プレミアム　京都人の密かな愉しみ』
（2014〜2016年度）→P910

FR○NTIERS

進化する西之島
未知の大地への挑戦

語り　オダギリジョー

『フロンティア』（2023年度〜）→P910

『ETV特集　フジコ〜あるピアニストの軌跡〜』（1997年）→P909

「五木寛之のわが心のロシア」「井上ひさしの黙阿弥考」「緒形拳のアマゾン紀行」「浅田彰が語るグレン・グールドの世界」「市川猿之助・わがオペラへのロマン」「養老孟司のオーストラリア新昆虫記」など、著名な出演者の目を通してテーマを掘り下げる番組が多く放送された。

06
衛星放送の特集番組

「BS特集」という冠は1994年以降、断続的に衛星放送の特集番組に使われてきた。本格的には2000年度から衛星第1のドキュメンタリー枠として多彩な番組を放送しはじめる。2012年度からは『BS1スペシャル』がはじまり、独自企画番組とともに、『NHKスペシャル』などで放送したテーマを長時間番組に再編集した番組も多く放送されるようになる。

一方、『ハイビジョンスペシャル』は2000年12月から開始、2004年度からは『ハイビジョン特集』に名前を変えた。さらに、2009年度からは『プレミアム8』となり、2012年度からは『ザ・プレミアム』、2016年度からは『スーパープレミアム』として月1回放送されている。

2023年12月、NHKの衛星放送は「NHKBS」と「BS

プレミアム4K」の2波に再編された。新しい衛星チャンネルのフラッグシップ番組としてスタートした新番組が『フロンティア』である。科学、宇宙、文化、歴史、芸術、ファッションなど、さまざまな分野の未知の領域（フロンティア）を切り開く開拓者（フロントランナー）たちが、彼らにしか見えない"一歩先の世界"を語り、最新の撮影技術を駆使したダイナミックな4K映像で描きだす新感覚の知的探求ドキュメンタリーだ。第1回は最先端の科学技術"古代DNA解析"によって日本人のルーツをたどる「日本人とは何者か」。そのほか"究極の人工知能"の開発にスポットを当てた「AI　究極の知能への挑戦」、火星で存在が明らかになった宝石オパールがあぶり出す火星と地球の壮大な物語を描く「新発見　火星のオパール」などを放送し、衛星波の新たな可能性を示した。

『ハイビジョンスペシャル　いま裸にしたい男たち』（2001年）→P909

『ハイビジョン特集　ターシャからの贈りもの』（2004年）→P910

大型特集番組等 | 定時番組

1960年代

教養特集 1962～1977年度
政治、経済、社会、科学、文化などの分野から現代人として必要な課題を取り上げ、視覚的な資料と専門家の解説で分析した。初年度は、一般向けの科学番組「科学の焦点」、日本の国力を国際的視野から分析する「日本の水準」、近代の歴史の証言で構成する「日本回顧録」などのほか、教育関係を取り上げた企画も月1本ずつ放送した。教育（月～木）午後8時からの45分番組（初年度）。

海外取材特別番組　明治百年 1968年度
明治100年記念番組。明治初期に欧米に派遣された先駆者たちが苦難の末、西洋文明を学んだ姿を中心に、100年前と今日の日本を対比しドキュメンタリータッチで描く。全15回。「四見見聞」「西洋音曲」「兵隊屋敷」「煉瓦・コンクリ」「陸蒸気」「自由・平等・独立」「女人の像」「英学英才」「黒船建造」「果樹・牛酪」「西洋医術」「エレキテル」「一丁ロンドン」「沙翁伝来」「脱亜入欧」。各回60分（初回90分、第5回50分）で放送。

1970年代

70年代われらの世界 1970～1975年度
1970年代から21世紀にかけて予想されるさまざまな問題を、世界的視野で取り上げ提言する、日本の未来を考える大型番組。資源としての地球の有限が明らかになるにつれ、現在の繁栄が極めて不安定な基盤の上にあることが露呈し始めている。われわれは灰色の未来像を打ち破ることができないのだろうか。一人の予言者の予言を軸に、宇宙船地球号の未来を実証し、物質文明から脱却する道を探る。

未来への遺産 1974～1975年度
放送開始50周年を記念して放送された、毎月1回1時間の特別番組。「文明はなぜ栄え、なぜ滅びたか」をテーマに制作され、7つの取材班が44か国150か所の文化遺産を取材。奈良の正倉院を起点に、中央アジア、東ヨーロッパ、アフリカに至る文明の交流の道をたどった。第10集の「壮大な交流　シルクロード」は、学術的にも価値が高いとされた。構成は吉田直哉。ナレーター兼旅人として俳優・佐藤友美が出演。

NHK特集 1976～1988年度
政治、経済、社会、自然科学、さらに紀行、美術・芸能などあらゆるジャンルのテーマをジャーナリスティックに追求する大型ドキュメンタリー番組枠。「横断的組織」による番組作りは、従来の固定化された発想の枠を打ち破った。"実験性"と"スクープ性"を基本方針として、従来の16ミリフィルムを小型VTRに持ち替えて制作した「永平寺」や、「ある総合商社の挫折」「小椋佳の世界」など、初年度から話題作を連打した。

NHK文化シリーズ 1976～1981年度
一般視聴者の幅広く多様な知的欲求の高まりにこたえるために、テレビとラジオ第2に新設された教養番組シリーズ。テレビでは月曜から土曜まで曜日ごとに6シリーズを編成。初年度のテーマは（月）「生活の中の日本史」、（火）「現代社会のしくみ」、（水）「現代の科学」、（木）「歴史と文明」、（金）「文学への招待」、（土）「美をさぐる」。教育（月～土）午後7時30分からの45分番組（初年度）。

1980年代

NHK教養セミナー 1982～1984年度
変化と多様化の進む現代にあって、視聴者のさまざまな知的欲求にこたえる教養番組枠。歴史、社会、科学など各分野にわたり、曜日ごとにテーマを設定し、月単位のシリーズで編成した。初年度は（月）「ふるさと歴史紀行」、（火）「20世紀の群像」、（水）「現代社会の構図」、（木）「日本語再発見」、（金）「科学と人間」をそれぞれラインナップ。教育（月～金）午後8時からの45分番組。

ETV8 1985～1989年度
『NHK教養セミナー』（1982～1984年度）を受け継ぎ、タイムリーな企画の柔軟な編成を目指した教養番組枠。社会、教育、芸術、科学など、広い領域のさまざまな現象を今日的視点で深く掘り下げた。従来の曜日別の縦割りテーマを廃し、初年度4月の「森敦・マンダラ紀行」3回シリーズに始まる短期集中編成を行った。1986年4月の「バレエのベジャール・歌舞伎に挑戦」はエミー賞を受賞。教育（月～金）午後8時からの45分番組。

NHKスペシャル 1989年度～
13年間続いた『NHK特集』（1976～1988年度）を一新した大型特集番組枠。番組の放送時間は45分から4時間まであり、形式もドキュメンタリー、ドラマ、討論番組など多彩。これらをゴールデンタイムに配し、最も見やすい時間に最も関心の高い番組を最もふさわしい形式で放送するという画期的な編集方針のもとにスタートした。総合（日）午後9時から10時を定時枠としつつも、柔軟編成、集中編成で、初年度は165本を放送した。

1990年代

NHKセミナー （現代ジャーナル） 1990年度

現代社会のさまざまな領域の現象を取り上げ、その動きの本質や底流を今日的な視点で分かりやすく解き明かす。（月〜水）はシリーズもしくは単発でタイムリーな企画性の高いテーマを取り上げ、（木）は現代日本の文化動向を伝える「文化情報」とした。また「日本凝視」シリーズでは、地域に根ざして写真を撮り続けているカメラマンを通して、日本の変ぼうぶりを伝えた。教育（月〜木）午後8時からの45分番組。

NHKセミナー （20世紀の群像） 1990年度

20世紀に活躍し、巨大な精神的遺産を残した政治家、芸術家、哲学者らを現代的視点で再評価し、21世紀に何を引き継ぐべきかを考える知的探求番組。各分野を代表する研究者、知識人を講師として、そのストレートトークを講師の書斎や研究フィールドなどで収録。放送テーマと講師は、「レーニン」和田春樹（歴史学者）、「フロイト」小此木啓吾（精神科医）、「夏目漱石」加賀乙彦（作家）ほか。教育（月〜木）午後11時からの30分番組。

現代ジャーナル 1991〜1992年度

『NHKセミナー（現代ジャーナル）』（1990年度）を改題。社会、経済、国際関係、科学などの分野の現象からその本質と背景を解明し、現代社会を分かりやすく読み解く。（月〜水）はシリーズまたは単発で、タイムリーで企画性の高いテーマについて放送。（木）は日本文化の"今"をとらえる「文化情報」とした。「日本語」「アジアからの発言」を前年度から継続。教育（月〜木）午後8時からの45分番組。1992年度は（月〜水）放送。

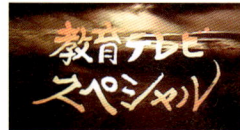

教育テレビスペシャル 1992年度

教養性とジャーナリズム性を兼ね備えた45分の大型スペシャル枠。20世紀末のあらゆる分野に目を向け、本物の「知」の提供を目指した。キー・コンセプトは「エッセンシャル（本格的）」、「エターナル（永遠）」、「エクスペリメンタル（実験的）」の3つの「E」。初回は「五木寛之のわが心のロシア」の3回シリーズ。その後、井上ひさし、島田雅彦、緒形拳ら各界第一線の人々が登場。教育（木）午後8時からの45分番組。

ETV特集 〈1993-1999〉 1993〜1999

時代を読み解くキーとなる事柄や企画を、スケール豊かに掘り下げるシリーズ番組のほか、「時代の変化」をジャーナリスティックに伝える単発番組や、冒険に満ちた演出番組など、柔軟かつ機動的な編成で、政治・経済・文化・芸術など、幅広い分野のテーマに取り組んだ。初年度は「資本主義の21世紀」や「民族の時代」など、現代の潮流を読み取る教養番組を放送。教育（月〜木）午後8時からの45分番組（初年度）。

NHKスペシャル・セレクション 1996〜1999年度

『NHK特集』『NHKスペシャル』の中から秀作シリーズをセレクトして再放送する番組枠。初年度は「人間は何を食べてきたか」「銀河宇宙オデッセイ」「大モンゴル」ほかを放送。衛星第2（月〜木）午前10時〜10時44分ほか。1998年度に『NHKセレクション』と改題。主として『NHK特集』『NHKスペシャル』『ETV特集』から秀作シリーズを中心に再放送した。

ETVカルチャースペシャル 1999年度

世界各地の文化的話題を幅広く取り上げて紹介する教養ドキュメンタリー番組枠。分野は美術、音楽、映画、文学、写真、サイエンスなど広範にわたった。9月に放送した「最後の晩餐（ばんさん）・ニューヨークをゆく」は日本賞を受賞、2000年1月放送の「発見！仏の世界〜西村公朝が探る仏像本来の姿〜」は第17回ATP賞テレビグランプリドキュメンタリー部門優秀賞を受賞。教育（土）午後8時からの60分番組。

2000年代

ハイビジョンスペシャル 2000〜2003年度

2000年12月1日のBSデジタル放送開始にともなってスタートした2時間の長時間番組。BSデジタル放送のサービスの柱である高画質・高音質を生かすソフトとして、デジタルハイビジョンの中核番組と位置づけた。文化・自然・エンターテインメント・紀行などあらゆるジャンルで、ダイナミック・臨場感・本物主義・チャレンジ精神をモットーに制作され、（月〜金）夜間のプライムタイムと（土・日）に放送した。

BS特集 2000〜2009年度

主に衛星第1で土日祝日に放送された報道系ドキュメンタリーの特集番組。毎年2本程度を放送。「正義の戦争はあるのか」（2000年度）、「国連・激動の60年」（2003年度）、「未来への提言（7回シリーズ）」（2007年度）ほかを放送。2009年度は「シリーズ立花隆　思索紀行　人類はがんを克服できるのか」「ゴルバチョフ　若者たちとの対話」など13本を放送。以降も2013年度まで不定期に放送。

ETV 2000 2000〜2002年度

『ETV特集』（1993〜1999年度）の理念を継承しつつ、文化や日本人のあり方などを幅広く考えていく教養番組とした。初年度は年間シリーズ「日本の母」、時代の潮流をタイムリーにとらえた「がん治療・もうひとつの最前線」や「日本の宿題」など、20世紀の終わりに日本人の生き方を見直すシリーズを編成した。教育（月〜木）午後10時からの44分番組。タイトルは西暦年ごとに「ETV2001」「ETV2002」「ETV2003」と改題。

ETVスペシャル 2003年度

日本の文化シーンで話題の人物を取り上げた「美輪明宏・一番美しいもの」"仁義なき戦い"を作った男たち」や、事件や現代社会の底流を掘り下げた「バグダッド日記」「新型肺炎SARS」など、深い知識を求める視聴者に向けた大型教養番組。時代の風を受け止めつつ、明日へのヒントを探る番組を編成した。教育（土）午後10時からの90分番組。

大型特集番組等 | 定時番組

ETV特集 〈2004-〉 2004年度～

現代に起きる事象を、文化や歴史的な背景から深く読み解くドキュメンタリー番組。ETVスペシャルを刷新し、教育(土)午後10時からの90分番組としてスタート。考えるヒントを提供する「心の図書館」をめざし、現代史、福祉、思想、科学、調査報道などジャンルは多岐にわたる。2013年度以降は(土)午後11時からの59分番組として定着。近年は新感覚の演出や海外発信にも力を入れ、多くの番組が国内外で受賞している。

ハイビジョン特集 2004～2011年度

『ハイビジョンスペシャル』(2000～2003年度)のあとを受けてスタートしたスペシャル枠。文化、自然、紀行、エンターテインメント、ドキュメンタリーなどさまざまなジャンルの番組を放送。ハイビジョン(月～木)午後8時からの110分番組。『プレミアム8』(2009～2010年度)の新設を受けて、従来よりドキュメンタリー色の濃い作品を中心に放送。2011年度はBSプレミアムの89分番組で放送。

プレミアム10 2006～2008年度

総合午後10時台の長時間スペシャル枠。ダイナミックな自然番組やエンターテインメント、ドキュメンタリー、紀行など、さまざまなジャンルの大型特集番組を中心に、衛星波や教育テレビとのマルチ展開企画を放送。初年度は「立花隆が探る　サイボーグの衝撃」などのほかに、2006年度は『ポップジャム』(1995～2005年度)のスペシャル版「POP JAM DX」や、「難問解決！ご近所の底力」を定期的に組み入れ、多彩な番組編成とした。

蔵出しハイビジョン 2006年度

過去に放送した『ハイビジョンスペシャル』『ハイビジョン特集』の中から特に優れた作品を選んで再放送した。「いま裸にしたい男たち」シリーズ、「世紀を刻んだ歌～花はどこへいった」「世界の山岳鉄道」「画家・藤田嗣治の20世紀」「アマゾン・サル進化の最前線を行く」「四万十川　命躍る大河」「エルミタージュ幻想」ほかを放送。ハイビジョン(日)午後10時からの110分番組。4月から12月まで放送。

プレミアム8 2009～2010年度

ハイビジョン(月～木)午後8時から9時30分まで、(金)は9時までの大型定時番組。曜日別にさまざまなジャンルのシリーズを編成。月曜「自然」ではネイチャー・ドキュメンタリー『ワイルドライフ』を、火曜「文化・芸術」では『世界史発掘！時空タイムス編集部』ほかを、水曜「紀行」では『世界の名峰　グレートサミッツ』ほかを、木曜「人物」では『100年インタビュー』を月1本、金曜は『SONGSプレミアム』を放送した。

2010年代

BS1スペシャル 2012年度～

2012年度にBS1(金)午後11時台の定時番組でスタート。『BS特集』(2000～2009年度)の流れをくむ、社会・報道系ドキュメンタリーを中心とした50分枠。2014年度より単発の特集番組として随時放送。「時代をプロデュースした者たち」「マイケル・サンデルの白熱教室2018」「沁(し)みる夜汽車」などのシリーズものを放送。2023年12月のBS放送波再編に伴い、『BSスペシャル』に改題。

Nスペ5 min. 2012～2020・2024年度

政治、経済、世界情勢、社会問題、自然、科学、エンターテインメント、スポーツなどさまざまなトピックを、NHKならではの視点で追う本格ドキュメンタリー番組『NHKスペシャル』。50分枠を基本に制作されるその内容を5分間に凝縮し、多くの人に味わってもらえるように再構成したミニ番組。初年度は総合(土)午後10時55分から放送。2021～2023年度も不定期に随時放送。

ザ・プレミアム 2012～2016年度

『ハイビジョン特集』(2004～2011年度)や『プレミアム8』(2009～2010年度)の流れをくむBSプレミアムの大型番組枠。「ごちそうさんっていわしたい！」(2014年度)ほかの連続テレビ小説からのスピンオフドラマ、「井浦新　アジアハイウェイを行く」(2015年度)ほかのドキュメンタリー、「たけしのこれがホントのニッポンの芸能史」(2015～2016年度)シリーズなどをラインナップした。

スーパープレミアム 2016年度～

『ザ・プレミアム』(2012～2016年度)をさらにスケールアップしたBSプレミアムの大型エンターテインメント番組。土曜のプライムタイムに120分あるいはそれ以上の長時間枠で月1回程度放送。2017年度から3年連続で放送した「世界最高峰のマジック殿堂　マジックキャッスル」、最新技術を使って王墓の中を再現した「探検！ツタンカーメン王墓」、最新のVFXを駆使して描いた「スペシャルドラマ　荒神」など話題作を放送。

2020年代

フロンティア 2023年度～

科学、宇宙、文化、歴史、芸術、ファッションなど、さまざまな分野でフロンティアを切り拓く“開拓者（フロントランナー)”たち。未踏の知の最前線、そこではどんな景色が見えるのか。4Kスーパーハイビジョンによるダイナミックな映像で、世界観が変わるような「至高の視聴体験」を届ける。語り：オダギリジョー、蒼井優。BS(火)午後9時とBSP4K(木)午後10時からの59分番組。総合でも随時放送。

フロンティアで会いましょう！ 2024年度

NHK BS、NHKBSプレミアム4Kで放送中の知的探求ドキュメンタリー『フロンティア』の姉妹編。ピン芸人の永野が、科学・宇宙・歴史・アートの超最先端を徹底解説⁉　独自の視点と切れ味鋭いトークで、最先端の“その先に見える世界”を届ける予測不能の新感覚エンターテインメント。総合(水)午後11時からの29分番組。

NHKフォトストーリー ㉛

P875 ← 30　　32 → P936

『土曜倶楽部』リハーサル(1987年)

『NHKスペシャル　北極圏』
ソ連極寒地での撮影(1988年)

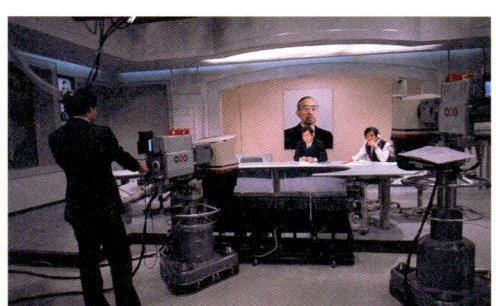

昭和天皇崩御を知らせるニューススタジオ(1989年)

昭和天皇崩御のニュースを送出する副調整室(1989年)

昭和天皇「大喪の礼」撮影準備をする取材陣(1989年)

初期の衛星放送車(1990年)

大河ドラマ『翔ぶが如く』収録風景(1990年)

連続テレビ小説『京、ふたり』ロケ風景(1990年)

連続テレビ小説『君の名は』ロケ風景(1991年)

連続テレビ小説『君の名は』ロケ風景(1991年)

大型特集番組等 | 枠番組

NHK特集

『NHK特集』(1976〜1988年度)は、政治、経済、社会、自然科学、さらに紀行、美術・芸能などあらゆるジャンルのテーマをジャーナリスティックに追求する大型ドキュメンタリー番組枠。「横断的組織」による番組作りは、従来の固定化された発想の枠を打ち破った。13年で1378本が制作された。

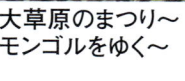
氷雪の春〜オホーツク海沿岸飛行〜
1976年度

小椋佳の世界
1976年度

昭和の誕生
1976年度

新西洋事情
1976年度

五つ子　一年
1976年度

永平寺
1976年度

日本の戦後
1977年度

零戦(ぜろせん)との闘い〜アメリカからの証言〜
1977年度

東京大空襲
1977年度

あの時・世界は…磯村尚徳・戦後世界史の旅
1978年度

翔ぶように走れ!〜マラソンランナー・宗兄弟〜
1978年度

ポロロッカ　アマゾンの大逆流
1978年度

大草原のまつり〜モンゴルをゆく〜
1978年度

行　比叡山　千日回峰
1978年度

戒厳指令・・・「交信ヲ傍受セヨ」二・二六事件秘録
1978年度

核の時代
1978年度

激動の記録
1979年度

紫電改　最後の戦闘機
1979年度

長良川　夏姿
1979年度

野生のシグナル
1979年度

玉砕の島々は今〜
ミクロネシアからの
報告〜

1979年度

石油・知られざる
技術帝国

1979年度

シルクロード
絲綢之路

1980年度

単身赴任〜ある商
社寮の一週間〜

1980年度

密航

1980年度

戦艦"大和"探索
悲劇の航跡を追っ
て

1980年度

再会〜35年目の
大陸行〜

1980年度

晴れ姿！旅役者座
長大会

1980年度

散華の世代からの
問い〜元学徒兵
吉田満の生と死〜

1980年度

京都冷泉家

1980年度

さよなら大関貴ノ
花

1980年度

妻へ飛鳥へそして
まだ見ぬ子へ

1980年度

びんぼう一代〜五
代目　古今亭志ん
生〜

1980年度

日本の条件

1981年度

マザー・テレサ　そ
の人・その世界

1981年度

川の流れはバイオ
リンの音〜イタリア・
ポー川〜

1981年度

天平の秘宝〜正
倉院宝物を探る〜

1981年度

もう米はいらないの
か〜米作り日本一
の秋〜

1981年度

ノーサイドの笛は鳴っ
た〜新日鉄・釜石ラ
グビー部の1年〜

1981年度

カメラマン・サワダ
の戦争〜5万カット
のネガは何を語るか
〜

1981年度

これがヒロシマだ〜
「原爆の絵」アメ
リカをゆく〜

1982年度

黒潮の狩人たち〜
土佐カツオ船団の
記録〜

1982年度

85歳の執念　行
革の顔・土光敏夫

1982年度

きみはヒロシマを見
たか〜原爆資料館
〜

1982年度

そしてトンキーもし
んだ　子が父から
きくせんそうどう話

1982年度

激動の記録　市民
と戦争

1982年度

私は日本のスパイ
だった〜秘密諜報
員ベラスコ〜

1982年度

農民兵士の声がき
こえる〜7000通
の軍事郵便から〜

1982年度

大型特集番組等 | 枠番組

シーレーン・海の
防衛線
1982年度

こどもたちの食卓
〜なぜひとりで食
べるの〜
1982年度

スポーツドキュメン
ト　江夏の21球
1982年度

冬・高野山
1982年度

シルクロード
第2部
1983年度

土佐・四万十川〜
清流と魚と人と〜
1983年度

井伏鱒二の世界
〜荻窪風土記から
〜
1983年度

屋久島・縄文杉の
謎を追う
1983年度

21世紀は警告する
1984年度

皇居
1984年度

池田満寿夫　推理
ドキュメント　謎の
絵師　写楽
1984年度

オリンピックの群像
不敗の勇者　山
下泰裕
1984年度

世界の科学者は予
見する・核戦争後
の地球
1984年度

突進　215キロ
〜小錦奮戦〜
1984年度

ドラマ　教員室
1984年度

襲撃〜スズメバチ
の恐るべき生態〜
1984年度

トンボになりたかっ
た少年
1984年度

人間は何を食べて
きたか〜食のルー
ツ・5万キロの旅
〜
1984年度

追跡　核燃料輸
送船
1984年度

冬・祇園
1984年度

よみがえれ貴婦人
C571〜最後のS
L解体修理〜
1984年度

THE DAY　その日・
1995年日本
1985年度

倉本聰の森と老人
〜北海道・富良野
〜
1985年度

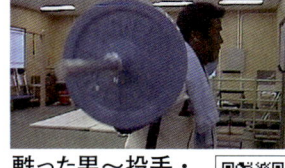
甦った男〜投手・
村田兆治の挑戦〜
1985年度

海底の大和〜巨
大戦艦・40年目
の鎮魂〜
1985年度

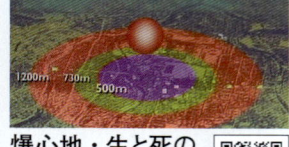
爆心地・生と死の
記録
1985年度

海の帝王マンタ〜
沖縄・巨大エイを
追う〜
1985年度

大雪山・花紀行〜
「神々の庭」の短
い夏〜
1985年度

エースなき優勝〜
阪神21年目の栄
冠〜

1985年度

緊急指令　メキシ
コへ飛べ〜国際人
命救助作戦〜

1985年度

日米開戦不可ナリ
〜ストックホルム
小野寺大佐発至
急電〜

1985年度

富士山

1985年度

黒い雨〜広島・長
崎原爆の謎〜

1985年度

ドキュメント昭和〜
世界への登場〜

1986年度

大黄河

1986年度

カバのゴッドファー
ザー

1986年度

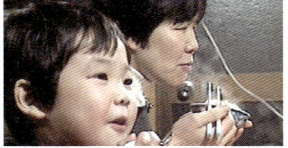

のぞみ5歳〜手探
りの子育て日記〜

1986年度

17年間休まなかっ
た男〜衣笠祥雄
の野球人生〜

1986年度

誕生〜医師　三宅
廉の一週間〜

1986年度

ドラマ　礼文島

1986年度

京都・表千家〜わ
び茶の世界〜

1986年度

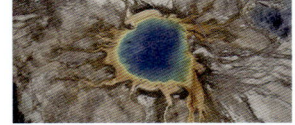

地球大紀行

1986年度

調査報告　チェル
ノブイリ原発事故

1986年度

ミツコ　二つの世
紀末

1987年度

蒲田・町工場物語

1987年度

奥羽山系　マタギ
の世界

1987年度

自動車

1987年度

救援〜ヒロシマ・
残留放射能の42
年〜

1987年度

世界の中の日本
土地はだれのもの
か

1987年度

鶴になった男〜釧
路湿原　タンチョ
ウふれあい日記〜

1987年度

二・二六事件　消
された真実〜陸軍
軍法会議秘録〜

1987年度

海のシルクロード

1988年度

アメリカで何が起き
ているか

1988年度

秘境・興安嶺を
ゆく

1988年度

夏服の少女たち
〜ヒロシマ・昭和
20年8月6日〜

1988年度

安野光雅
ファーブル昆虫記
の旅

1988年度

大型特集番組等 | 枠番組

NHKスペシャル

『NHKスペシャル』(1989年度〜)は、13年間続いた『NHK特集』(1976〜1988)を一新した大型特集番組枠。放送時間は45分から4時間に至る番組まであり、形式もドキュメンタリー、ドラマ、討論番組など多彩。これらをゴールデンタイムに配し、最も見やすい時間に最も関心の高い番組を最もふさわしい形式で放送。

北極圏

1989年度

幕末転勤物語
150年前の家族日記

1989年度

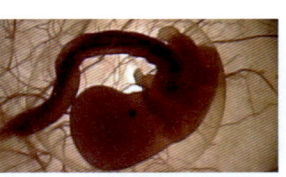

驚異の小宇宙
人体

1989年度

ドラマ　失われし
時を求めて―ヒロ
シマの夢―

1989年度

世界一愛されたウサ
ギ〜イギリス・ピーター
ラビットの田園から
〜

1989年度

トーク・ドキュメント
シリーズ　太郎の
国の物語

1989年度

横綱　栃錦　春日
野清隆の相撲道

1989年度

印象派の殿堂　オ
ルセー美術館

1989年度

社会主義の20世紀

1990年度

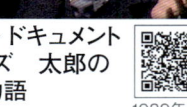

ニューウェーブドラ
マ　エデンの街

1990年度

ニューウェーブドラ
マ　ネットワークベ
イビー

1990年度

ニューウェーブドラマ
ネコノトピア　ネコノ
マニア

1990年度

銀河宇宙オデッセイ

1990年度

なぜ助けられなかっ
たのか…
〜広島・長崎
7,000人の手記〜

1990年度

マミーの顔がぼくは
好きだ〜母と子の
ヒロシマ〜

1990年度

大英博物館

1990年度

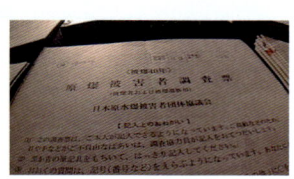

電子立国　日本の
自叙伝

1990年度

横綱　千代の富
士〜前人未到
1045勝の記録〜

1991年度

ニューウェーブドラ
マ　音・静かの海
に眠れ

1991年度

戦争を記録した男
たち〜ファインダー
の中のベトナム戦
争〜

1991年度

爆心地の連合軍
捕虜〜オランダ兵
士たちの戦後史〜

1991年度

アインシュタインロ
マン

1991年度

マサヨばあちゃん
の天地〜早池峰
のふもとに生きて
〜

1991年度

新・日本人の条件

1991年度

人間は何を食べて
きたか　海と川の
狩人たち

1991年度

プラド美術館

1991年度

大モンゴル

1992年度

又七の海〜死の灰
を浴びた男の38
年〜

1992年度

ニューウェーブドラ
マ　バルコクバラ
ラゲ〜 宮沢賢治
の授業〜

1992年度

ニューウェーブドラ
マ　リバースアン
ドプレイバック

1992年度

ニューウェーブドラ
マ　ビデオレター

1992年度

列島ドラマシリーズ
魚のように

1992年度

列島ドラマシリー
ズ　牛の目ン玉

1992年度

ザ・スペースエイ
ジ　宇宙への挑戦

1992年度

海外派遣　自衛隊
PKO部隊の100日

1992年度

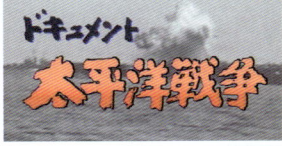

ドキュメント太平洋
戦争

1992年度

水辺からの問いか
け〜アジアの湿地
が危ない〜

1993年度

ヒロシマに一番電車
が走った〜300通
の被爆体験手記か
ら〜

1993年度

あの炎を忘れない
〜被爆少女の手記
とGHQ検閲〜

1993年度

それでも大地に生
きる　揺れる村か
らの往復書簡

1993年度

驚異の小宇宙
人体2　脳と心

1993年度

日本の選択

1993年度

生命40億年はるか
な旅

1994年度

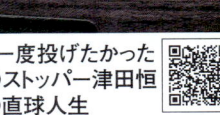

もう一度投げたかった
炎のストッパー津田恒
美の直球人生

1994年度

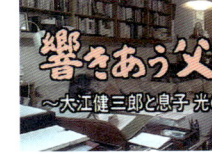

永遠の祈り〜ヒロ
シマ・語り継ぐ一族
〜

1994年度

映画監督・東陽一
の妖怪が見えます
か

1994年度

ヒロシマ・女の肖像
〜写真家・大石芳
野と被爆女性〜

1994年度

響きあう父と子・
大江健三郎と息
子　光の30年

1994年度

大型特集番組等 | 枠番組

始皇帝
THE FIRST
EMPEROR

1994年度

中国　12億人の
改革開放

1994年度

シリーズ　阪神大
震災

1994年度

映像の世紀

1994年度

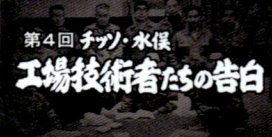
戦後50年　その時
日本は

1995年度

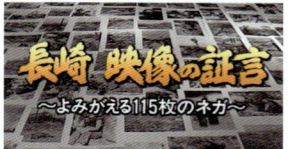
長崎・映像の証言
～よみがえる115
枚のネガ～

1995年度

チョモランマ遥か
～8848m　未踏
ルートへの挑戦～

1995年度

新・電子立国

1995年度

老友へ～83歳
彫刻家ふたり～

1995年度

故宮～至宝が語る
中華五千年～

1995年度

アフリカ・ザイール
謎の類人猿ボノボ

1995年度

厳冬　尾瀬

1996年度

21世紀への奔流

1996年度

秘録　高松宮日記
の昭和史

1996年度

知床・ヒグマ親子
の四季

1996年度

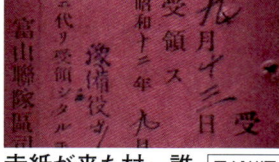
赤紙が来た村～誰
がなぜ戦場に送ら
れたのか～

1996年度

ミヤコ蝶々　76歳
の勝負

1996年度

モンゴル皆既日食
と巨大すい星

1996年度

日本再建

1997年度

家族の肖像　激動
を生きぬく

1997年度

厳冬の奥ヒマラヤ
氷の回廊

1997年度

故宮の至宝

1997年度

街道をゆく

1997年度

アンコールワット～
知られざる水の帝
国～

1997年度

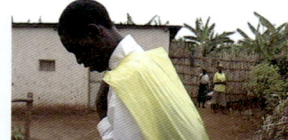
なぜ隣人を殺した
か～ルワンダ虐殺
と煽動ラジオ放送
～

1997年度

ブッダ　大いなる
旅路
1998年度

海　知られざる世界

1998年度

キトラ　地中に眠
る天文図のなぞ
1998年度

01.ドラマ　02.クイズ・バラエティー　03.音楽　04.伝統芸能　05.ニュース　06.報道・ドキュメンタリー　07.紀行　08.教養・情報　09.自然・科学　10.こども・教育　11.人形劇・アニメ　12.趣味・実用　13.大型特集番組等

原爆投下　10秒
の衝撃

1998年度

海に浮かぶ富士〜
北海道　利尻島
〜

1998年度

世紀を越えて

1998年度

映像詩　里山〜
覚えていますか
ふるさとの風景〜

1998年度

驚異の小宇宙
人体3　遺伝子・
DNA

1999年度

サダコ〜ヒロシマ
の少女と20世紀〜

1999年度

イスラム潮流

1999年度

白神山地　命そだ
てる森　世界遺産
ブナの森の不思議

1999年度

阪神大震災5年
震度7の衝撃〜都
市の備えはどこまで
進んだか〜

1999年度

放送とインターネッ
ト

1999年度

四大文明

2000年度

室生寺五重塔はこ
うしてよみがえった

2000年度

オ願ヒ　オ知ラセ
下サイ〜ヒロシマ・
あの日の伝言〜

2000年度

雨の神宮外苑〜
学徒出陣・56年
目の証言〜

2000年度

人間国宝　ふたり
〜文楽・終わりな
き芸の道〜

2000年度

激動　地中海世界

2000年度

信長の夢　安土
城発掘

2000年度

宇宙　未知への
大紀行

2001年度

被曝治療83日間
の記録〜東海村
臨界事故〜

2001年度

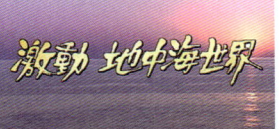

語り継ぎたい〜被
爆地を離れて生き
る〜

2001年度

日本人　はるかな
旅

2001年度

21世紀　日本の
課題

2001年度

アジア古都物語

2001年度

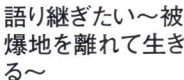

アフリカ　21世紀

2001年度

変革の世紀

2002年度

巨大穴の謎に迫る
〜秘境・南米ギア
ナ高地〜

2002年度

原爆の絵〜市民が
残すヒロシマの記
録〜

2002年度

長崎の子・映像の
記憶〜原子雲の
下に生きて〜

2002年度

大型特集番組等 ┃ 枠番組

幻の大戦果～台
湾沖航空戦の真
相～

2002年度

減災～阪神大震災
の教訓はいま～

2002年度

地球市場　富の
攻防

2002年度

文明の道

2003年度

その時私は母の胎
内にいた～長崎・
原爆学級～

2003年度

極北の大岩壁～
北極圏・1200メー
トルの壁に挑む～

2003年度

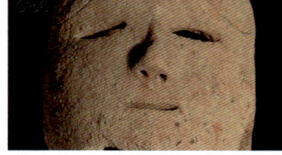
史上初　大王陵
巨大はにわ群発掘

2003年度

阪神を変えた男

2003年度

データマップ
63億人の地図

2003年度

映像詩　里山
命めぐる水辺

2004年度

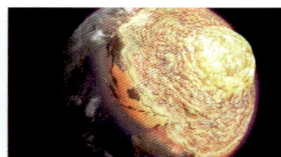
地球大進化
46億年・人類へ
の旅

2004年度

永平寺　104歳の
禅師

2004年度

トラック・列島3万
キロ　時間を追う
男たち

2004年度

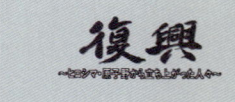
復興～ヒロシマ・
原子野から立ち上
がった人々～

2004年度

ローマ帝国

2004年度

新シルクロード

2004年度

明治

2005年度

日本の群像　再起
への20年

2005年度

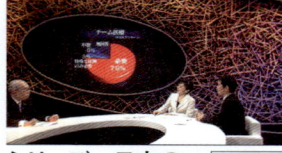
シリーズ　日本の
がん医療を問う

2005年度

21世紀の潮流
アフリカ　ゼロ年

2005年度

立花隆　最前線報
告　サイボーグ技
術が人類を変える

2005年度

巨樹　生命の不
思議～緑の魔境・
和賀山塊～

2005年度

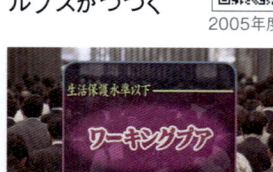
神秘の海　富山
湾　海の中までア
ルプスがつづく
2005年度

プラネットアース

2006年度

危機と闘う・テクノ
クライシス

2006年度

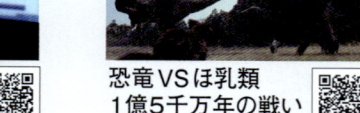
恐竜VSほ乳類
1億5千万年の戦い
2006年度

ワーキングプア～
働いても働いても
豊かになれない～

2006年度

硫黄島玉砕戦
生還者　61年目
の証言
2006年度

日中戦争〜なぜ戦
争は拡大したのか
〜

2006年度

インドの衝撃

2006年度

激流中国

2007年度

失われた文明
インカ・マヤ
2007年度

鬼太郎が見た玉砕
〜水木しげるの戦
争〜
2007年度

学徒兵 許されざ
る帰還 陸軍特
攻隊の悲劇
2007年度

100年の難問は
なぜ解けたのか〜
天才数学者 失
踪の謎〜
2007年度

夫婦で挑んだ白夜
の大岩壁
2007年度

シリーズ最強ウイ
ルス
2007年度

日本とアメリカ
2007年度

ウェイクアップコー
ル〜宇宙飛行士
が見つめた地球〜
2007年度

病の起源
2008年度

日光・月光菩薩 は
じめての二人旅〜
薬師寺1300年の
祈り〜
2008年度

セーフティーネット・
クライシス〜日本の
社会保障が危ない
〜
2008年度

沸騰都市
2008年度

北極大変動
2008年度

マネーの暴走が止
まらない〜サブプラ
イムから原油へ〜
2008年度

果てなき消耗戦
証言記録 レイテ
決戦
2008年度

幻のサメを探せ〜
秘境 東京海底
谷〜
2008年度

アメリカ発 世界
金融危機
2008年度

雨の物語〜大台
ケ原 日本一の大
雨を撮る〜
2008年度

ドラマ 最後の戦
犯
2008年度

桂離宮 知られざ
る月の館
2008年度

女と男 最新科学
が読み解く性
2008年度

アメリカ発 世界
自動車危機

宇宙飛行士はこう
して生まれた〜密
着・最終選抜試
験
2008年度

象徴天皇 素顔
の記録
2009年度

ヤノマミ 奥アマ
ゾン 原初の森に
生きる
2009年度

マネー資本主義

2009年度

エジプト発掘

2009年度

日本海軍　400
時間の証言

2009年度

終戦ドラマ　気骨
の判決

2009年度

金融危機1年　世
界はどう変わったか

2009年度

自動車革命

2009年度

証言ドキュメント
永田町・権力の興
亡

2009年度

魔性の難問　リー
マン予想・天才た
ちの闘い

2009年度

立花隆　思索ド
キュメント　がん
生と死の謎に挑む

2009年度

チャイナパワー

2009年度

真珠湾の謎　悲劇
の特殊潜航班

2009年度

ふしぎがり〜まど・
みちお　百歳の詩

2009年度

MEGAQUAKE
巨大地震

2009年度

メイド・イン・ジャ
パンの命運

2009年度

無縁社会〜"無縁
死"3万2千人の
衝撃〜

2009年度

ランドラッシュ
世界農地争奪戦

2009年度

アフリカンドリーム

2010年度

プロジェクトJAPAN

2010年度

終戦特集ドラマ
15歳の志願兵

2010年度

灼熱アジア

2010年度

首都水没

2010年度

日本列島　奇跡の
大自然

2010年度

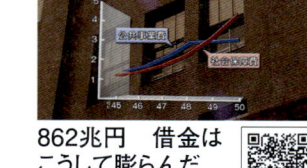
862兆円　借金は
こうして膨らんだ

2010年度

シリーズ日米安保
50年

2010年度

ドラマ　さよなら、
アルマ〜赤紙をも
らった犬〜

2010年度

日本人はなぜ戦争
へと向かったのか

2010年度

ホットスポット　最
後の楽園

2010年度

東日本大震災　巨
大津波　"いのち"
をどう守るのか

2011年度

未解決事件

2011年度

幻の霧〜摩周湖
神秘の夏〜

2011年度

シリーズ日本新生

2011年度

巨大津波　知られ
ざる脅威

2011年度

日野原重明　100
歳　いのちのメッ
セージ

2011年度

国境の海　日中
知られざる攻防

2011年度

世界を変えた男　ス
ティーブ・ジョブズ

2011年度

ヒューマン　なぜ
人間になれたのか

2011年度

3.11　あの日から
1年 38分間〜巨
大津波　いのちの
記録〜

2011年度

MEGAQUAKE II
巨大地震

2012年度

宇宙の渚

2012年度

追跡！世界キティ
旋風のナゾ

2012年度

知られざる大英博
物館

2012年度

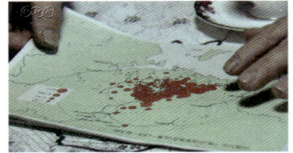
黒い雨〜活(い)か
されなかった被爆
者調査〜

2012年度

戦場の軍法会議
〜処刑された日本
兵〜

2012年度

終戦　なぜ早く決
められなかったの
か

2012年度

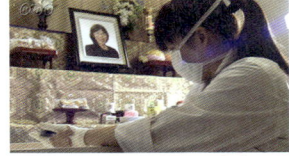
最期の笑顔〜納
棺師が描いた東日
本大震災〜

2012年度

東日本大震災　追
跡　復興予算19
兆円

2012年度

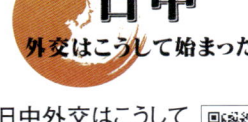
日中外交はこうして
始まった

2012年度

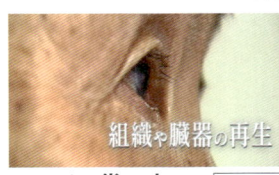
ノーベル賞・山
中伸弥　iPS細胞
“革命”

2012年度

メイド・イン・ジャ
パン　逆襲のシナ
リオ

2012年度

世界初撮影！深海
の超巨大イカ
2012年度

終(つい)の住処
(すみか)はどこに
老人漂流社会

2012年度

“核のゴミ”はどこへ
〜検証・使用済み
核燃料

2012年度

”いのちの記録”を
未来へ〜震災ビッ
グデータ

2012年度

ロボット革命　人
間を超えられるか

2012年度

THE NEXT
MEGAQUAKE
巨大地震
2012年度

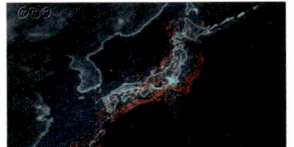
MEGAQUAKE III
巨大地震

2013年度

大型特集番組等 | 枠番組

中国激動 怒れる民をどう収めるか〜密着 紛争仲裁請負人〜

2013年度

シリーズ深海の巨大生物 伝説のイカ 宿命の闘い

2013年度

調査報告 日本のインフラが危ない

2013年度

緒方貞子 戦争が終わらない この世界で

2013年度

"新富裕層"vs.国家〜富をめぐる攻防〜

2013年度

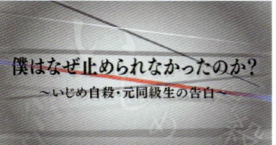
僕はなぜ止められなかったのか?〜いじめ自殺・元同級生の告白〜

2013年度

神の数式

2013年度

ジパングの海〜深海に眠る巨大資源〜

2013年度

原発テロ〜日本が直面する新たなリスク〜

2013年度

"認知症800万人"時代 母と息子 3000日の介護記録

2013年度

汚染水〜福島第一原発 危機の真相〜
2013年度

シリーズ遷宮

2013年度

二つの遷宮 伊勢と出雲のミステリー

2013年度

聞いてほしい 心の叫びを〜バス放火事件 被害者の34年〜

2013年度

無人の町の"じじい部隊"

2013年度

終戦特集ドラマ 東京が戦場になった日
2013年度

人体 ミクロの大冒険
2013年度

シリーズ 廃炉への道
2014年度

宝塚トップ伝説〜熱狂の100年〜

2014年度

シリーズ エネルギーの奔流
2014年度

シリーズ 故宮

2014年度

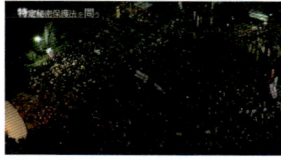
特定秘密保護法を問う〜"施行"まで4か月〜

2014年度

狂気の戦場 ペリリュー〜"忘れられた島"の記録〜
2014年度

少女たちの戦争〜197枚の学級絵日誌〜

2014年度

いつでも夢を〜作曲家・吉田正の"戦争"〜

2014年度

巨大災害 MEGA DISASTER
2014年度

新宿"人情"保健室〜老いの日々によりそって〜
2014年度

臨死体験 立花隆 思索ドキュメント 死ぬとき心はどうなるのか

2014年度

緊急報告 御嶽
山噴火～戦後最
悪の火山災害～

2014年度

ドキュメント "武器
輸出" 防衛装備
移転の現場から

2014年度

ホットスポット
最後の楽園
season2

2014年度

"夢の丘" は危険
地帯だった 土砂
災害 広島からの
警告

2014年度

ネクストワールド
私たちの未来

2014年度

腸内フローラ～解
明!驚異の細菌パ
ワー～

2014年度

世界 "牛肉" 争奪戦

2014年度

地球を活(い)け花
する～プラントハン
ター 世界を行く
～

2014年度

新アレルギー治療
～鍵を握る免疫細
胞～

2015年度

戦後70年 ニッポ
ンの肖像

2015年度

明治神宮 不思
議の森～100年
の大実験～

2015年度

見えず 聞こえず
とも～夫婦ふたり
の里山暮らし～

2015年度

生命大躍進

2015年度

私たちのこれから
「#老後危機 あな
たの備えは大丈夫?」

2015年度

小笠原の海にはば
たけ～アホウドリ
移住計画～

2015年度

日航ジャンボ機事故
空白の16時間

2015年度

きのこ雲の下で何
が起きていたのか

2015年度

カラーでみる太平洋
戦争～3年8か月・
日本人の記録～

2015年度

新・映像の世紀

2015年度

難民大移動 危
機と闘う日本人

2015年度

風の電話 残され
た人々の声

2015年度

大アマゾン
最後の秘境

2016年度

若冲 天才絵師
の謎に迫る

2016年度

そしてバスは暴走し
た

2016年度

シリーズ 古代遺
跡透視

2016年度

最新報告 "連鎖"
大地震 終わらな
い危機

2016年度

天使か悪魔か 羽
生善治 人工知
能を探る

2016年度

そしてテレビは "戦
争" を煽(あお)った

2016年度

大型特集番組等 ｜ 枠番組

人生の終(しま)い方
2016年度

シリーズ　キラーストレス
2016年度

イギリス　EU離脱の衝撃
2016年度

ドラマ　戦艦武蔵
2016年度

MEGA　CRISIS　巨大危機～脅威と闘う者たち～
2016年度

神の領域を走るパタゴニア極限レース141km
2016年度

シリーズ　マネー・ワールド　資本主義の未来
2016年度

揺らぐアメリカはどこへ　混迷の大統領選挙
2016年度

追跡　パナマ文書　衝撃の"日本人700人"
2016年度

自閉症の君が教えてくれたこと
2016年度

ドラマ　東京裁判～人は戦争を裁けるか～
2016年度

奇跡のパンダファミリー～愛と涙の子育て物語～
2017年度

列島誕生　ジオ・ジャパン
2017年度

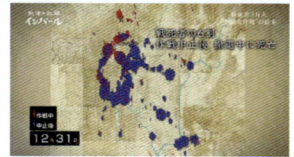

戦慄の記録　インパール
2017年度

戦後ゼロ年　東京ブラックホール
2017年度

世界初　極北の冒険　デナリ大滑降
2017年度

黒潮～世界最大渦巻く不思議の海～
2017年度

人体　神秘の巨大ネットワーク
2017年度

人類誕生
2018年度

シリーズ　大江戸
2018年度

ブループラネット
2018年度

平成史スクープドキュメント
2018年度

アウラ　未知のイゾラド　最後のひとり
2018年度

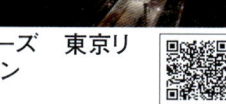

シリーズ　東京リボーン
2018年度

東京ミラクル
2018年度

大往生～わが家で迎える最期～
2018年度

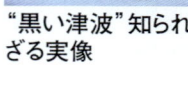

"黒い津波"知られざる実像
2018年度

シリーズ　スペース・スペクタクル
2018年度

ドラマ　詐欺の子
2018年度

日本人と天皇
2019年度

運慶と快慶　新発見！幻の傑作
2019年度

恐竜超世界
2019年度

AIでよみがえる美空ひばり
2019年度

ダビンチ・ミステリー
2019年度

食の起源
2019年度

ボクの自学ノート～7年間の小さな大冒険～
2019年度

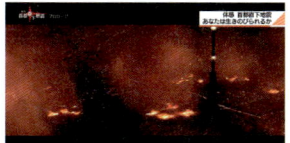

シリーズ　体感首都直下地震
2019年度

認知症の第一人者が認知症になった
2019年度

アイアンロード～知られざる古代文明の道～
2019年度

ホットスポット　最後の楽園　season3
2019年度

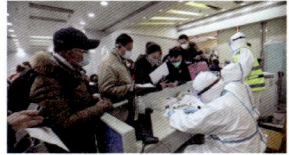

感染はどこまで拡がるのか～緊急報告　新型ウイルス肺炎～
2019年度

巨大地下空間龍の巣に挑む
2019年度

タモリ×山中伸弥人体VSウイルス
2020年度

渡辺恒雄　戦争と政治～戦後日本の自画像～
2020年度

パンデミック激動の世界
2020年度

激闘　シャチ対シロナガスクジラ～巨大生物集う謎の海域～
2020年度

ドラマ　こもりびと
2020年度

2030未来への分岐点
2020年度

ドラマ　星影のワルツ
2020年度

イナサ～風寄せる大地　16年の記録～
2020年度

緊迫ミャンマー市民たちのデジタル・レジスタンス
2021年度

銃後の女性たち～戦争にのめり込んだ"普通の人々"～
2021年度

開戦　太平洋戦争～日中米英　知られざる攻防～
2021年度

中国新世紀
2021年度

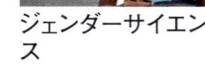
ジェンダーサイエンス
2021年度

グレート・リセット～脱炭素社会最前線を追う～
2021年度

大型特集番組等 | 枠番組

この素晴（すば）らしき世界 分断と闘ったジャズの聖地
2021年度

新・ドキュメント太平洋戦争
2021年度

四冠誕生 藤井聡太 激闘200時間
2021年度

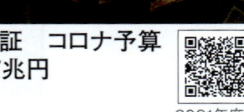

検証 コロナ予算77兆円
2021年度

パーフェクト・プラネット～生命あふれる"奇跡の惑星"～
2021年度

ウィズコロナの新仕事術
2021年度

新・映像詩 里山
2021年度

あなたの家族は逃げられますか？ ～急増"津波浸水域"の高齢者施設～
2021年度

18歳で大人というけれど…～成人年齢引き下げを考える～
2021年度

数学者は宇宙をつなげるか？ abc予想証明をめぐる数奇な物語
2022年度

#みんなの更年期
2022年度

ブルカの向こう側～タリバン統治下の女性たち～
2022年度

ヒューマン・エイジ 人間の時代 プロローグ さらなる繁栄か破滅か
2022年度

見えた 何が 永遠が～立花隆 最後の旅～
2022年度

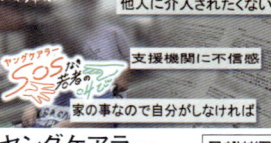

ヤングケアラー SOSなき若者の叫び
2022年度

夢見た国で～技能実習生が見たニッポン～
2022年度

鯨獲（と）りの海
2022年度

安倍元首相 銃撃事件の衝撃
2022年度

混迷の世紀
2022年度

戦火の放送局～ウクライナ 記者たちの闘い～
2022年度

命をつなぐ生きものたち
2022年度

安倍元首相 銃撃事件と旧統一教会～深層と波紋を追う～
2022年度

新・幕末史 グローバル・ヒストリー
2022年度

超・進化論
2022年度

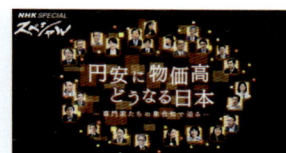

円安に物価高 どうなる日本 ～専門家たちの集合知で迫る～
2022年度

OSO（オソ）18～ある"怪物ヒグマ"の記録～
2022年度

フローズン・プラネット ～命かがやく氷の王国～
2022年度

認知症の母と脳科学者の私
2022年度

半導体　大競争時代

2022年度

南海トラフ巨大地震

2022年度

テレビとはあついものなり　～放送70年 TV 創世記～

2022年度

認知症バリアフリーサミット～本人の声が　まちを変える～

2023年度

"男性目線"　変えてみた

2023年度

お祭り復活元年～にっぽん再生への道～

2023年度

ワグネル反乱　変貌するロシア軍

2023年度

原子爆弾・秘録 ～謎の商人とウラン争奪戦～

2023年度

アナウンサーたちの戦争

2023年度

映像記録　関東大震災　帝都壊滅の三日間

2023年度

"冤(えん)罪"の深層

2023年度

老いる日本の"住まい"

2023年度

ハマスとイスラエル　対立激化どこまで

2023年度

シリーズ"宗教2世"

2023年度

調査報道・新世紀

2023年度

シリーズ 食の"防衛線"

2023年度

最新報告　能登半島地震　～命の危機いまも～

2023年度

驚異の庭園 ～美を追い求める 庭師たちの四季～

2023年度

この海に生きる～原発事故 ある漁港の13年～

2023年度

古代史ミステリー

2023年度

ひとりぼっちの"スパイ・イルカ"

2023年度

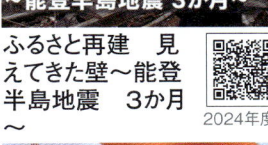

ふるさと再建　見えてきた壁～能登半島地震　3か月～

2024年度

Last Days 坂本龍一　最期の日々

2024年度

シェア　16歳の"いのち"はめぐる

2024年度

なぜ妻はいなくなったのか～認知症 行方不明者1万8000人～

2024年度

H3ロケット　失敗からの再起　技術者たちの348日

2024年度

福島モノローグ 2011-2024

2024年度

東洋医学を"科学"する ～鍼灸(しんきゅう)・漢方薬の新たな世界～

2024年度

ノンジャンル | 定時番組

1970年代

世界名画劇場　1976〜2002年度
1976年度に不定期に放送がスタートした教育テレビの外国映画枠。古典的な名作映画を完全版、字幕スーパーで放送。初年度はフランス映画の古典「巴里祭」「舞踏会の手帖」「大いなる幻影」、アメリカ映画「或る夜の出来事」「オーケストラの少女」、ドイツ映画「会議は踊る」などを放送。1985年度に教育午後9時から月1回放送で定時化。最終年度となった2002年度は、1941年から1999年製作の12作品を放送。

1980年代

ふるさとネットワーク　1982〜1988年度
NHK地域放送局の制作した番組の中からすぐれたものを全国向けに再放送する枠。各地の風土に根ざした紀行ものやユニークな生き方をしている人物を取り上げたドキュメンタリー、地域で起こっている問題にジャーナリスティックに迫る報道系番組など多彩な番組をラインナップ。総合(日)の朝帯に放送する30分番組。

NHKライブラリー選集　1984〜1987年度
NHKが保存している貴重な番組ライブラリーの中から、その時代の実相が何らかの形で今日的な意味につながるようなすぐれた作品を選んで、手を加えずに放送した。初年度は「日本の美・石垣」「日本の伝統・祭り」「新日本紀行・四季を走る小路」ほかを、総合・衛星(木)午後11時25分からの30分番組で放送。1985年度から教育に移設し、「ブーフーウー」「新八犬伝」「日本の素顔—ガード下の東京、アンバランス」などを放送した。

ふるさと登場　1985〜1987年度
各放送局が制作し、地域放送した30分番組の中からすぐれたものを選んで衛星放送を通じて全国に紹介する番組。衛星第1(木・金)夜間の30分番組。1986年度は(土・日)午前11時20分から放送。

あの日あの時　1985年度
NHK資料部に保管されている過去のフィルム・VTRから、記念すべき映像をタイムリーに取り上げる2分間の"思い出のアルバム"。総合・衛星(月)午後8時45分からの『サテライト・アイ』に続いて午後8時48分から放送。

サテライトグラフ　1986〜1987年度
ハイビジョンの作品の中から、音楽、スポーツ、自然、紀行、パフォーマンスなど、多様な内容の映像素材を現行のテレビ方式に変換し、5〜20分の小品集として構成した番組。視聴者の目をハイビジョンにも向けてもらうことを目指した。衛星第1の20分番組。

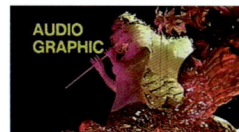

オーディオグラフィック　1986〜1989年度
「ルーブル美の回廊」や「ロマンチック街道」、「世界の名庭園」などの美術映像・風景映像をバックに、クラシック音楽をBモードステレオ方式で伝える新しいタイプの音楽映像番組。衛星第1・第2の60分番組。1988年度より衛星第1の60〜90分番組で放送。

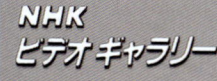

NHKビデオギャラリー　1987〜1988年度
NHKが保有する膨大な映像資料を活用し、1つの番組やテーマに沿って今日的な視点から再編集・再構成を施した映像を材料に、テーマに関わりの深いゲストが語るトーク・エンターテインメント番組。1987年度に取り上げた主な放送は「私の秘密・ジェスチャー」「チロリン村からひょうたん島」「天下御免」「第1回イタリア歌劇公演」など。司会：市川森一、石井めぐみ。総合(金)午後11時25分からの30分番組（1987年度）。

列島フォーカスイン　1987年度
衛星第1の『ふるさと登場』(1985〜1987年度)を改題し、放送時間帯を午後4時30分からに変更し、毎日放送とした。NHKの各放送局が制作した地域放送の30分番組の秀作を全国に紹介する番組枠。

モーニングサテライト　1989年度
海外や国内のライブラリー映像を活用して、早朝にさわやかな風景とBモードによるすぐれた音質の音楽を楽しんでもらうオーディオビジュアル番組。衛星第2(月〜日)の早朝から午前9時にかけて放送する30分番組。

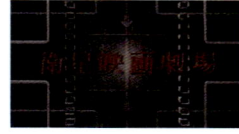

衛星映画劇場　1989〜2010年度
"映画は衛星放送""衛星放送は毎晩10時から映画"のメッセージ定着を狙って、1989年10月1日から「映画連続100本放送」を開始し、1989年度中に179本を放送。数本から十数本単位で、監督や主演俳優にスポットを当てたシリーズを放送した。衛星第2(月〜日)午後10時からの2時間枠。2006年度からは曜日によって放送開始時間を午後と夜間の複数の時間帯に分け、時間帯によって視聴対象を意識したラインナップとした。

1990年代

ぐるり　にっぽん　1990～1994年度
全国の地域放送局が制作した30分サイズの「地域放送番組」の中から、優れた作品を選び、全国放送する総合テレビの番組。月曜は九州、火曜は中国・四国と、曜日ごとに制作局の地域を分けて放送。紀行番組を中核にして、場所の変化、季節の変化など豊かな日本列島の広がりを見ていく。「お茶の間に居ながらにして日本が見える番組」として楽しまれた。総合(月～金)午後1時25分からの29分番組（初年度）。

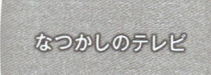

なつかしのテレビ　1991年度
1960年代、70年代に多くの視聴者を獲得したテレビの名作を、NHK、民放を問わずアンコール放送。アメリカのテレビドラマでは「ベン・ケーシー」（全52回）、「ミステリーゾーン」（全17回）、「ボナンザ」（全52回）。日本の作品では「素浪人　月影兵庫」（全26回）、「暗闇仕留人」（全27回）、「木枯し紋次郎」（全18回）、「続・木枯し紋次郎」（全20回）など。衛星第2(月～金)午後0時20分からの100分枠。

アジア映画劇場　1991～1999年度
急増するアジア映画ファンの期待に応え、紹介される機会の少ないアジア各国・地域の名作・秀作を発掘して放送した。初年度は、1984年製作の香港映画「風の輝く朝に」、1985年のインド映画「ゴアの恋歌」、1987年の韓国映画「旅人は休まない」、1985年の台湾映画「童年往事・時の流れ」など9か国12作品を放送した。教育で月1回(第3・日)午後の2時間枠。

青春TVタイムトラベル　1992年度
テレビ放送開始の1953(昭和28)年以降のニュースハイライトや視聴者からのアンケートなどを紹介しながら、「新日本紀行」「日本の素顔」、「ひょっこりひょうたん島」、「夢であいましょう」、「ビッグショー」などの懐かしい名作を放送する。衛星第2(月～金)午前10時からの90分番組。また毎月最終土曜の夜には、BSスペシャル『青春TVタイムトラベル』として、司会に永六輔と里中満智子を迎えて8回の生放送を実施した。

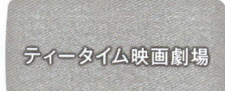

ティータイム映画劇場　1993～1995年度
休日の午後に在宅している家族向けに、肩の凝らない、明るく楽しい映画を中心にラインアップした。ジョージ・シドニー監督のアメリカ映画「愛情物語」（1955年製作・以下同様）、マルセル・カミュ監督のフランス映画「黒いオルフェ」（1959）、フランシス・コッポラ監督の「地獄の黙示録」（1979）、クロード・ルルーシュ監督の「白い恋人たち」（1968）ほかを放送。衛星第2(日)午後1時からの120分枠。

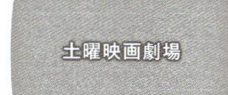

土曜映画劇場　1993～1999・2003～2005年度
衛星第2の映画枠。放送時間を土曜の午後7時30分に設定し、家族そろって楽しめるファミリー向けの娯楽大作を中心に編成した。「サウンド・オブ・ミュージック」「2001年宇宙の旅」「ダンス・ウイズ・ウルブズ」「風と共に去りぬ」ほかを放送。2003年度に放送時間を午後に移して『土曜映画劇場』が再登場し、「天井桟敷の人々」「アンブレイカブル」「夜霧よ今夜も有難う」など、多岐にわたるラインアップで放送。

BS地域イベントスペシャル　1993年度
地域振興のため、全国各地でユニークなイベントが相次いで開かれるようになった。そのイベントの内容とともに、地域住民参加の姿を描くドキュメンタリーなどを、地域放送局が制作して伝えた。衛星第2(土)午後4時からの2時間番組。1993年度後期放送。

地域イベントアワー　1994～1996年度
民話劇や音楽コンサート、博覧会など、地域振興のため全国各地でユニークなイベントが相次いで開かれるようになった。イベントの内容とともに、地域の人々が当日を迎えるまでの姿を描くドキュメンタリーなどを、各地域放送局の制作で伝えた。衛星第2(土)午後4時30分からの90分番組（初年度）。

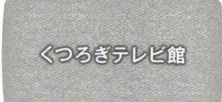

くつろぎテレビ館　1994年度
好評だったさまざまな番組をもう一度放送するアンコール枠。1994年度後期に『ふたりのビッグショー』からスタートし、『疲労回復テレビ』『はるばると世界旅』『クイズ　日本人の質問』など約20本を選んで放送。総合(月～金)午後4時15分からの44分番組。

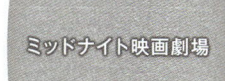

ミッドナイト映画劇場　1994～2005年度
衛星第2で深夜に放送する映画番組。初年度は午前2時からの2時間枠で、内外の名作クラシック映画のほか、日本未公開作品、実験的作品、B級映画など、一般には知られていない作品を中心に不定期に放送。1999年度は日本劇映画誕生100年を記念して、時代劇や森繁久彌の"社長シリーズ"などの懐かしい作品を多数放送した。2000年度に『夜更かしシネマ缶』（1995～1999年度）を吸収し、深夜帯の映画番組が一本化された。

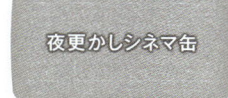

夜更かしシネマ缶　1995～1999年度
衛星第2で深夜に放送する映画番組。毎月1～3週、3夜連続で「アンディ・ウォーホル特集」「ルイス・ブニュエル特集」など、芸術性の高い作品や前衛的な映画などを中心に、テーマ別、監督別のシリーズを編成した。衛星第2(火～木)午前1時からの2時間枠。

ナイトセレクション　1995～1996年度
将来の総合テレビ24時間化を視野に入れて、生活時間の多様化に対応するため、学生や帰宅の遅いサラリーマンなどを対象に、深夜に良質な番組を再放送する枠として新設された。『ETV特集』『海外ドキュメンタリー』などの教養系番組のほか「衛星放送番組」を中心に、今まで放送された番組の中から反響の大きかった番組をテレビ各波から選んで編成した。総合(火～日)午前0時台に放送の45分枠。

ノンジャンル | 定時番組

BS映画セレクション　1995〜1997年度
衛星第2で放送する午後の映画番組。1995年9月に放送を終了した『ティータイム映画劇場』（1993〜1995年度）を改題。過去に放送した映画の中から再放送希望の多い作品を編成する枠として1995年10月に新設。「ニュー・シネマ・パラダイス」（1989年製作・以下同様）、「老人と海」（1958）、「バグダッド・カフェ」（1987）、「ロバと王女」（1970）、「荒野の決闘」（1946）ほかを放送。衛星第2（日）午後1時からの2時間番組。

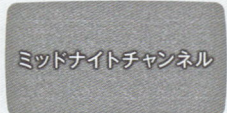

ミッドナイトチャンネル　1997〜2006年度
NHKが24時間放送への本格的な移行を進めるために1997年からスタートさせた深夜放送枠。これまでに放送された番組の中から、視聴者の反応が大きかった番組を選んで放送した。総合（火〜日）午前1・2時台を中心に放送。

BSイベントホール　1997〜2009年度
『地域イベントアワー』（1994〜1996年度）を改題。全国各地で開かれる音楽・演劇・シンポジウム・郷土芸能などのイベントを紹介する番組。時にはイベントができるまでの地元の人々の活躍ぶりもまじえて、地域での活動を紹介した。衛星第2（土）午後4時45分からの75分番組。

さわやかウインドー　1997〜2000年度
「朝のさわやかな窓」というコンセプトのもと、全国各放送局の映像取材カメラマンが競作した国内編と、海外取材番組の素材を利用した海外編の2本柱で朝のひとときを演出。ゆったりしたテンポの映像と実音、そして朝のひとときにふさわしいさわやかな音楽で構成した。ハイビジョン（月〜金）午前7時からの30分番組（1997年度）。2000年12月のデジタルハイビジョン開局により11月末日で放送を終了。

BSなんでもかんでもテレビ　1998年度
難視聴解消のための総合・教育波の再放送やBS番組の再放送を、曜日ごとにジャンル別に組み合わせて編成した平日午後の番組。スタジオから生放送（後期は月・火のみ生）を1日4〜5回はさみ、視聴者からのお便りやファックスを紹介した。衛星第2（月〜金）午後2時30分から午後6時まで。

BSアンコール館　1999〜2004年度
『生きもの地球紀行』や『ためしてガッテン』『きょうの料理』など、主に地上波で放送した番組の難視聴補完番組として、放送週の翌週に放送する枠。衛星第2（月〜金）午後3時からの2時間枠（初年度）。2004年度には午前2・3時台にも放送。

BSリクエスト館　1999年度
『BSスペシャル』など主に衛星第2で放送した番組のうち、特に再放送希望の多かった番組を中心に放送する枠。衛星第2（月〜金）午後5時からの60分番組。

2000年代

NHKアーカイブス　2000年度〜
「テレビの青春　高度成長の記録」をテーマに、NHKが保存する膨大な番組や映像記録を放送することから始まった。過去の番組を“いま”の視点で見つめ直し、新たな発見を目指す。経年劣化した古い映像は、最新のデジタル技術で修復。タイトルやテロップも放送当時のままに復刻して放送した。総合（日）午後11時35分からの80分番組（初年度）。2017年度、『あの日 あの時 あの番組〜NHKアーカイブス〜』に改題。

あなたのアンコール　2000〜2010年度
視聴者の再放送希望に応えるとともに、視聴者の感動や感想など“生の声”を放送の中で紹介した。総合（日）午前10時5分からの54分番組（初年度）。2007年1月に、衛星第2に波を移して、『あなたのアンコール　サタデー/サンデー』と改題。（土）午後に主として衛星波の番組を、（日）午前に主として地上波番組を放送した。2010年度に『あなたのアンコール』とタイトルを戻し、（日）のみの放送となった。

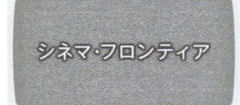

シネマ・フロンティア　2000〜2001年度
教育テレビ（日）午後の映画番組。ふだん目にする機会の少ない国々の映画を厳選し、新しい映画の世界を紹介した。「ガジュマルの丘へ」（1997年製作　以下同様・中国）、「運動靴と赤い金魚」（1997・イラン）、「願い、空を舞う」（1996・デンマーク）など、2年間でチェコ、ベトナム、ロシア、フィンランド、韓国、中国、イラン、スイス、トルコ、シンガポール、香港、デンマークなどの24作品を放送。教育（第3・日）午後3時からの2時間枠。

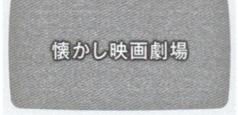

懐かし映画劇場　2000〜2005年度
平日午後の在宅率が高いシルバー層に向けた映画番組。原節子やハロルド・ロイドなど、懐かしのスターの主演作をシリーズで放送。2003年度からは邦画専門の映画枠として、時代劇を中心にラインナップ。最終年度の2005年度は洋画専門枠として、西部劇をはじめとする欧米の名作、旧作110本を編成した。衛星第2（月〜金）午後4時30分からの90分番組（初年度）。

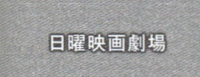

日曜映画劇場　2000〜2001・2003〜2005年度
『土曜映画劇場』（1993〜1999年度）を日曜に移設して改題。日曜のゴールデンタイムにふさわしい世界的な名作を中心にラインナップ。「セントラル・ステーション」「ムトゥ 踊るマハラジャ」「ロッキー」「ライムライト」「未知との遭遇」ほかの話題作を、衛星第2（日）午後7時20分から放送した。2003年度に枠が新たに復活、2005年5月には「ロード・オブ・ザ・リング　二つの塔　特別編」を午後7時30分から4時間枠で放送。

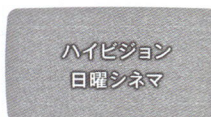

ハイビジョン日曜シネマ　2001〜2008年度

ハイビジョンの高画質・高音質・大迫力にふさわしい大作・話題作・名作を中心に編成。初年度は「ブレイブハート」「モンタナの風に抱かれて」「フェノミナン」「シン・レッド・ライン」「ポストマン」「スーパーマンII」などを放送。ハイビジョン(日)午後7時20分からの160分枠(初年度)。

NHK名作劇場　2002〜2003年度

過去に放送して再放送希望の多かった番組を放送するアンコール枠。午後の在宅視聴者を対象に、時代劇や現代劇のドラマシリーズを編成したほか、海外ドラマや生活情報番組も組み込んだ。2003年度(前期)はドラマのアンコールゾーンとしてドラマDモード「陰陽師」(2001年度)、時代劇ロマン「一絃の琴」(2000年度)、金曜時代劇「腕におぼえあり」(1992年度)などを再放送した。総合(月〜金)午後2時5分からの44分番組。

午後の招待席　2003年度

定時番組のアンコール放送枠。『新・クイズ日本人の質問』『ためしてガッテン』『生きもの地球紀行』などファミリー向け番組を編成した。総合(月〜金)午後3時10分からの110分枠。2003年度前期放送。

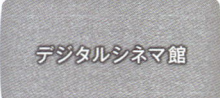

デジタルシネマ館　2003年度

同じ映画を同じ時間帯で連日または毎週放送するという、将来のデジタル時代の視聴スタイルを先取りする試み。サンダンス・NHK国際映像作家賞受賞の「ランドリー」、アジア・フィルム・フェスティバルで国際共同制作した「ペパーミント・キャンディー」の2作品を4月に連続放送した。また9月には「アメリ」の毎週放送を実施した。ハイビジョン午後11時からの110分番組。2003年前期随時放送。

CATVネットワーク〜すばらしき私の街　2004〜2012年度

全国700局に及ぶケーブルテレビ各局が制作した地域限定の自主制作番組を通して、日本各地の魅力を紹介。地域密着のCATVならではのアプローチでとらえた地元の珍しい話題や、コミュニティーの活動を伝えた。司会：さとう珠緒ほか。衛星第2(最終・日)午後5時からの59分番組(初年度)。2014年度からは特集番組として全国のケーブルテレビのコンテンツを随時、紹介した。

BSこだわり館　2004年度

『BSマンガ夜話』『スーパーライブ』などの人気シリーズのほか、『メトロポリタン美術館』『世紀を刻んだ歌』『トレッキングエッセイ紀行』など見ごたえのあるハイビジョン特集のシリーズ、『藤山直美と素敵な仲間たち』『大当たり勘九郎劇場』などのトークスペシャルを随時放送した。衛星第2(月〜水)午後11時からの55分番組。

シネマの窓　2004〜2009年度

衛星第2の『衛星映画劇場』(1989〜2010年度)で放送する作品をPRする3分番組。当日放送する映画作品や、近日放送予定の話題作を紹介した。衛星第2(月〜金)午前8時台ほかで放送。

ハイビジョンステージ　2005〜2009年度

歌舞伎などの古典芸能、華やかな宝塚歌劇団の公演、注目の商業演劇や現代演劇など、話題の舞台を厳選して放送する劇場中継番組。ハイビジョンで放送する2時間30分〜3時間の長時間枠。

BS早起き館　2005年度

地上波との差異感のある編成を目指し、早朝5時台に設けたアンコール放送枠。海外ドラマやクラシック音楽番組、自然・紀行番組、アニメ番組などのさまざまなジャンルの番組を編成し、早朝時間帯での新たな放送サービスを実施した。衛星第2(月〜金)午前5時からの55分番組。

お昼ですよ！愛・地球博　2005年度

愛知万博の開催期間に合わせて、会場内の特設オープンスタジオから生放送で、「愛・地球博」の人気パビリオンの展示やイベント情報を紹介した。総合(金)午後0時20分からの23分番組。2005年3月25日から9月23日まで放送。

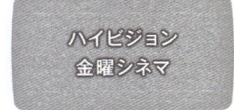

ハイビジョン金曜シネマ　2005〜2008年度

ハイビジョンの高画質、高音質を生かした大作・話題作を放送する映画番組。初年度放送の33本のうち、6本は5.1サラウンド放送を実施した。主な放送作品として「アラビアのロレンス」「エニイ・ギブン・サンデー」「スターリングラード」「大脱走」「許されざる者」「続　夕陽のガンマン　地獄の決斗」「パトリオット」など。ハイビジョン(金)午後10時からの2時間25分〜3時間枠。

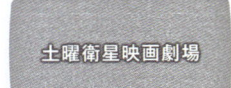

土曜衛星映画劇場　2005年度

衛星第2で放送する土曜の映画番組。『土曜映画劇場』(2003〜2005年度)が午後の放送だったのに対し、午後9時からの夜間に設定し、家族そろって楽しめる話題作やヒット作を中心にラインナップした。主な作品は、「初恋のきた道」「パーフェクト・ストーム」「ジュラシック・パーク」ほか。8月の「男はつらいよ」を皮切りに、寅さんシリーズ全作品48本の放送を開始。2005年度は『衛星映画劇場』(1989〜2010年度)と合わせて24本を放送した。

ウイークエンドシアター　2006〜2009年度

ハイビジョンの特性を生かし、高品位な映像と音声でクラシック音楽、古典芸能、演劇公演など多岐にわたる芸術作品を総合的に紹介する番組枠。2007年1月より放送をスタートし、年度内は「バレンボイム・ベートーベンプロジェクト」や「ヘレヴェッヘ指揮ロイヤル・フランダース・フィルハーモニー　ベートーベン・交響曲全集」ほかを放送した。ハイビジョン(土)午後10時からの4時間枠(初年度)。

ノンジャンル | 定時番組

ふるさとから、あなたへ 2008～2009年度

地域向けに放送されたハイビジョン番組を、全国に発信する地域番組アワー。紀行番組をはじめ、地域の文化・歴史や芸能に焦点を当てた番組などを紹介し、地域文化の多彩さや故郷の魅力を伝えた。2008年度は、北海道スペシャル「大雪山〜雪と高原の恵み」、関西もっといい旅「"エコ気分"で駆ける城下町〜滋賀 彦根 自転車の旅」ほかを放送。ハイビジョン(水・木)午後4時からの60分番組。2009年度は(月〜木)放送。

あなたが主役 50ボイス 2009～2012年度

一見、何気ないシンプルな質問を50人にひたすら尋ねていくと、意外にも今の日本人が抱くいろいろな夢や希望、不満や本音が浮かび上がってくる。50人のさまざまなコメントに思わずうなずいたり、感心したり、元気をもらったりできる番組。司会：春風亭昇太、小池栄子。総合(木)午後11時からの29分番組(初年度)。2013〜2015年度は特集番組として随時放送。

BS20周年ベストセレクション 2009年度

BS放送が始まって20年。この間に、特に注目を集めた番組をよりすぐり、スタジオのコメンテーターとともに新たな目線で番組を見つめる番組。2009年6月13日の初回放送は「詩のボクシング〜鳴り渡れ言葉、一億三千万の胸の奥に〜」を放送。谷川俊太郎とねじめ正一が対戦した第1回の放送を振り返り、当時の制作の様子や、その後の展開をゲストとともに振り返った。衛星第2(土)午後9時からの90分番組。

ワンセグとくせん 2009年度

美しい映像と音楽で一日の緊張を解きほぐす「ヒーリングTV」など、ワンセグ独自番組を教育テレビで紹介した。(火〜金)午前2時40分からの10分番組。

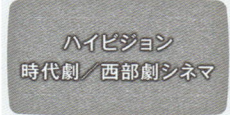

ハイビジョン時代劇／西部劇シネマ 2009年度

日曜の午後に放送する時代劇と西部劇に特化した映画番組。時代劇は「宮本武蔵5部作」「大菩薩峠3部作」「眠狂四郎シリーズ」、2009年10月に亡くなった南田洋子をしのび「幕末太陽傳」、また2010年2月に亡くなった藤田まことをしのび「必殺！III・裏か表か」など19本を放送。西部劇は「ワーロック」「血と怒りの河」「荒野の1ドル銀貨」「OK牧場の決斗」など21本を放送した。ハイビジョン(日)午後1時からの2時間枠。

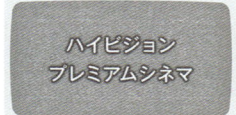

ハイビジョンプレミアムシネマ 2009年度

ハイビジョンで月1回放送する金曜夜の映画番組。「荒野の七人」「シービスケット」「マスター・アンド・コマンダー」「ビルマの竪琴」「ベン・ハー」「ニュー・シネマ・パラダイス 完全オリジナル版」「ラストエンペラー ディレクターズカット版」「未知との遭遇 ファイナル・カット版」「インサイド・マン」などを放送。ハイビジョン(金)午後9時からの3時間枠。

2010年代〜

Eテレ0655 2010年度〜

「テレビで生活のリズムを刻む」をコンセプトに始まった午前6時55分からの5分番組。「日めくりアニメ」「おはようソング」などの楽しいコーナーで1日の始まりを作り出す。初年度は教育(月〜木)放送で、2011年度から(月〜金)放送となる。

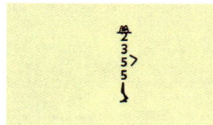

Eテレ2355 2010年度〜

「テレビで生活のリズムを刻む」をコンセプトに始まった午後11時55分からの5分番組。「今日のトビー」「おやすみソング」などのコーナーで、おやすみ前のリラックスタイムを提供する。初年度は教育(月〜木)午後11時55分からで、2012年度から(月〜金)放送となる。

BSアーカイブス 2011年度

BSならではの名作を長時間枠を生かして放送。テーマ別に5本シリーズで通しゲストを呼び、スタジオでのトークや解説も交えて、現在の視点から伝えた。『ハイビジョン特集』(2004〜2011年度)などのドキュメンタリーや教養・カルチャー・エンターテインメント系の番組など、年間150本を放送。BSプレミアム(月〜金)午前9時30分からの120分番組。

BSシネマ 2011年度

衛星第2で長く親しまれた『衛星映画劇場』(1989〜2010年度)が、BSプレミアムのスタートで『BSシネマ』に改題。(月〜金)の午後1時 と、(月〜水)の午後10時から定時放送した。(土)は午後8時より随時放送。(月〜金)は、午後の在宅率の高い高齢視聴者層に向けて、邦画・洋画の思い出の名画を中心に編成。(月〜水)は家族で楽しめる話題作やヒット作を中心にラインナップした。

シネマDO！ 2011年度

とある街角の映画館を舞台に、映画監督の山本晋也と関根麻里がBSプレミアムの『BSシネマ』で放送予定のおすすめ作品を紹介する5分番組。BSプレミアム(月)午後7時50分ほかで放送。

プレミアムアーカイブス 2012〜2014年度

BSプレミアムの(月〜金)午前9時からの2時間番組。長時間枠を生かし、ハイビジョン特集などのドキュメンタリーや総合テレビの名作を放送。テーマ別に3本シリーズで通しゲストを招き、スタジオでのトークや解説を交えて、現在の視点から伝えた。テレビ60年を機に「テレビ史を彩る番組から」をテーマに据え、天野祐吉、浅井愼平、山本晋也、中村メイコがそれぞれ選んだ名作5本を紹介するなど、年間120本を放送した。

プレミアムシネマ　2012年度〜
『BSシネマ』（2011年度）を改題し、曜日別に午後、夜間、深夜の3つの時間帯を中心に放送枠を設定。（月〜金）は午後1時から3時まで、（月）は午後9時から（土）は午後7時台に放送。そのほか（金・土）の深夜帯にも放送。2020年度からはBS4Kで『プレミアムシネマ4K』の放送も始まった。

Eテレアーカイブス　2012年度
過去に放送したEテレ・教育テレビの番組の中から、今も輝きを失わない名作や、知の最前線で発信を続けてきた人たちの至言を記録した作品をアンコール放送する番組。『ETV特集』『日曜美術館』『国宝探訪』『福祉ネットワーク』『N響アワー』『芸術劇場』『NHK人間講座』『NHK教養セミナー』など69本を放送した。Eテレ（土）午前0時から。

Eテレセレクション　2013〜2015年度
『Eテレアーカイブス』（2012年度）を改題。Eテレの過去の名作をアンコール放送する番組。NHKホームページ「お願い！編集長」に視聴者から寄せられた再放送のリクエストに応える回も設けた。Eテレ（土）午前0時からの90分枠。2014年度からはEテレ（日）午前0時から2時までを「フリーゾーン」として、Eテレのアンコール放送が継続されている。

プレミアムカフェ　2015年度〜
視聴者からのリクエストを基に、BSならではの名作をキャスターによる見どころ解説を加えて紹介する番組。毎回、特定のテーマに沿った番組を集め、ゲストトークを交えながら、名作の魅力を多角的に伝える。初年度のテーマとゲストは「宝塚」（紫吹淳）、「ヨーロッパアルプス」（荻原次晴）、「スローな旅を楽しむ〜バス旅篇〜」（平岳大）などを放送。BSプレミアム（月〜金）午前9時からの90分番組（2021年度）。

ぐるっと　にっぽん　2017年度
全国各地のNHKの放送局が制作した地域の魅力や課題を伝えるローカル番組の中から、よりすぐりのソフトを全国に向けて発信した。総合（土）午後3時5分からの45分番組。

4Kでよみがえるあの番組　2018年度〜
1963〜1981年度に放送され、人気を博した紀行ドキュメンタリー『新日本紀行』の中からよりすぐりの番組を、最新のデジタル技術で4K化。今はもう見ることのできない全国津々浦々の風景や人々の営みを、鮮やかな4K映像で改めて放送した。番組では『新日本紀行』の舞台となった土地の今も併せて紹介し、地域に流れた時間を見つめる。語り：森田美由紀アナウンサー。BS4K（土）午前8時からの43分番組。

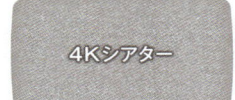
4Kシアター　2018〜2020年度
洋画・邦画の名作を4K版で放送。2018年12月の放送開始から1月にかけては、黒澤明監督の「羅生門　4Kデジタル修復版」、溝口健二監督の「雨月物語　4Kデジタル修復版」、小津安二郎監督の「浮草　4Kデジタル修復版」を放送。そのほか「戦場にかける橋」「アラビアのロレンス　完全版」「スパルタカス」「太陽がいっぱい」などを放送した。BS4K（土）午後9時から11時30分ほか。

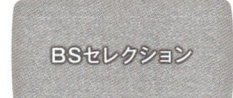
BSセレクション　2019〜2020年度
視聴者に好評だった、衛星放送ならではのスケールの大きい見応えのある自然・紀行・歴史・ドラマ・ドキュメンタリーなどを総合テレビの深夜に放送した。総合（木）午前1〜3時台ほか。

金曜スペシャル　2020年度〜
日本の名城や鉄道、こだわりの旅など、さまざまな趣味の世界を通して日本の多様な表情を紹介した。2022年度は「不滅の名城シリーズ」「中井精也のてつたび！」「六角精児の呑み鉄シリーズ」"いけず"な京都旅」「マエストロたちの晩餐会」「さがせ！幻の絶版車」「最後の○○〜日本のレッドデータ〜」のほか、新番組「ワールドトラックロード〜俺の助手席に乗らないか〜」も放送した。BSプレミアム（金）午後10時からの59分番組。

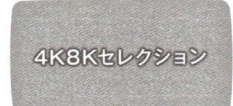
4K8Kセレクション　2020年度
視聴者に好評だった、BS4K、8Kならではのスケールの大きい見応えのある自然・紀行・歴史・ドラマ・ドキュメンタリーなどを放送した。総合（第1・日）午後1〜3時ほか。

○○推し！　2020〜2022年度
全国のNHK各放送局が制作した、『北海道推し！』『東北推し！』などの番組を、地域ごとにまとめて放送。地域の魅力を伝える番組や、そこに暮らす人々の姿・直面する課題について考える番組など、えりすぐりの番組を全国に発信した。BS1（前期・金〜日）、（後期・火〜木）の午前0時からの50分番組。

レギュラー番組への道　2020年度〜
ジャンルを問わず、金曜夜の時間を楽しく過ごしてもらうための新企画番組枠。1〜2本放送し視聴者からの評価の高い番組は、レギュラー番組に昇格する。「魂のタキ火」「今夜は絵顔で眠りたい！」「再生できないホームビデオありませんか？」などを放送。BSプレミアム（金）午後11時15分からの29分番組。

NHK地域局発　2020年度〜
地域局が制作した番組を、全国向けに放送する枠。地域の課題に向き合う情報番組や、独特の文化や風土を取り上げる特集番組など、地域に根ざした放送局ならではの視点や長期密着取材を通じて、列島の"今"を伝える。総合（月〜金）午前10時15分からの30分番組。ほか随時放送。

ノンジャンル | 定時番組

天然素材NHK　2023年度〜
NHKが保管する膨大な過去の映像資料（＝天然素材）の中から、ユニークな名場面やとっておきのアーカイブス映像を、時空を超えて一挙に蔵出し。笑いあり、驚きあり、感動ありの天然素材がめじろ押し。総合(水)午後11時からの29分番組。第1期（2023年4〜6月）、第2期（2024年1〜3月）に放送。

水曜スペシャル　2024年度
総合(水)午後7時57分から8時42分までの45分枠（4月3日は午後8時〜）。新たな定時人気番組を目指し、開発番組を中心に放送。香港のオークションで高値で落札された中国陶磁器・チキンカップを紹介した「ステータス」、香取慎吾のMCでワンダフルな文明の謎を解明した「古代王国バラエティー　なんだフル!?」、ペンギンの体のフシギを徹底調査した「アニマルドック」などを放送。

時をかけるテレビ〜今こそみたい！この1本〜　2024年度
アーカイブス活用番組。社会、文化、政治、経済、国際、スポーツ、紀行、芸能など、NHKの歴史に残るさまざまなジャンルの番組から、今見ても色あせない珠玉の名作をセレクション。放送当時の社会情勢、今にいたる世の中の流れ、そして、時代を超えたメッセージを各回のゲストとともにわかりやすく伝える。ナビゲーターは元NHK記者でジャーナリストの池上彰。総合(金)午後10時30分からの1時間番組。

みるラジオ　2024年度
NHKラジオの人気番組の放送風景を撮影し、そのままEテレで放送する初めてのコラボ番組。リラックスした雰囲気の中で、ついついこぼれ出る本音や熱い思いを聴くことができる、個性豊かで多様なラジオ番組から、月に1回、番組をセレクトして届ける。

土曜の夜は、もっとEテレ。　2024年度
多彩なジャンル、レギュラー化を目指す新番組や過去の話題作など、Eテレが土曜の夜におすすめしたい数々の番組をラインナップ。Eテレらしい“学び”が得られるのはもちろん、家族・友人・パートナーなど、誰かと話題を共有したくなる番組。Eテレ(土)午後9時からの30分番組。

NHKフォトストーリー ㉜

P911 ← ㉛

『天才てれびくん』収録風景(1993年)

『おはよう日本』(1993年)

『おはよう日本』(1993年)

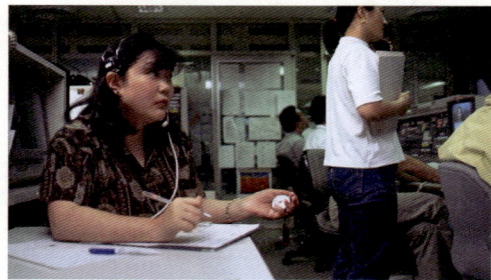

『おはよう日本』(1993年)

『おはよう日本』(1993年)

『おはよう日本』(1993年)

01.ドラマ　02.クイズ・バラエティー　03.音楽　04.伝統芸能　05.ニュース　06.報道ドキュメンタリー　07.紀行　08.教養・情報　09.自然・科学　10.こども教育　11.人形劇・アニメ　12.趣味・実用　13.大型特集番組等

『NHKスペシャル　チョモランマ遥か』ロケ風景 (1995年)

『NHKスペシャル　チョモランマ遥か』ロケ風景 (1995年)

『NHKスペシャル　チョモランマ遥か』ロケ風景 (1996年)

にんげんドキュメント「ノッポさん　72歳の詩」(2007年)

大河ドラマ『龍馬伝』ロケ風景 (2009年)

大河ドラマ『龍馬伝』ロケ風景 (2010年)

連続テレビ小説『純と愛』宮古島ロケ風景 (2012年)

連続テレビ小説『カーネーション』ヒロイン尾野真千子、二宮星、夏木マリ (2012年)

連続テレビ小説『純と愛』『梅ちゃん先生』バトンタッチセレモニー (2012年)

連続テレビ小説『ごちそうさん』クランクアップ (2014年)

広報 ｜ 定時番組

1950年代

番組予告　1953年度～

テレビ本放送開局の年、1953年9月1日から番組予告放送が始まる。初年度は昼間の放送開始前5分間のみだったが、翌年には昼の部、夜の部、さらに1日の放送が終了する前にも放送。その後、総合、教育2波でより積極的に番組予告、告知放送を行うため、時間帯の新設や延長を行った。1954年度からは『番組のおしらせ』『おしらせ』と時刻表には表記した。初年度は(月～土)午前11時55分から放送。

NHKだより　1959～1972年度

番組の周知のほかNHKの事業計画、放送技術、受信料制度など、NHK全般をわかりやすく紹介する5分の企業広報番組。視聴者からの投書による質問に答えるコーナーと、さまざまなトピックで構成した。

1960年代

今晩の番組から　1961～1974年度

毎日のNHKの番組を多角的に紹介し、さらに難視聴対策としてテレビ・FM中継局の開局を周知するとともに、NHKの重点的な行事、活動も合わせてPRした。初年度は総合(月～日)午後6時台の5分番組。

今週の番組だより　1963年度

1週間のテレビ・ラジオ番組から重点的にとりあげる番組を、ロケ風景などもおりまぜて紹介する広報番組。総合(日)午前6時35分から放送の10分番組。

今週のNHK　1964～1965年度

『今週の番組だより』の後継番組。番組の制作状況、ロケ風景、内外著名人のNHK来訪、主要行事など、NHKの動きをニュース的に取材し、フィルム構成でタイムリーに紹介する企業広報と番組広報を兼ねた番組。総合(日)午前6時45分からの10分番組。(月)午後4時から再放送。

おたずねに答えて　1966～1972年度

総合(日)午前8時台に放送していた5分番組『NHKだより』を20分番組に拡大。視聴者の質問に答えながら、番組の企画、制作、経営一般、受信機器についてなど、NHKの事業を紹介し、NHKと視聴者の相互理解を深める広報番組。総合(日)午前8時10分から放送の20分番組。

NHKハイライト　1966～1972年度

NHKの動き、番組制作ニュース、主な番組のねらいを紹介し、視聴者の親近感を高める広報番組。総合(土)午後6時30分から放送の15分番組。

受信相談　1966～1975年度

一般家庭の主婦を対象に、ラジオ・テレビの「わかりやすい原理」「受信システム」「簡単な故障の修理・調整法」などを、軽妙なコントをはさみながら解説する。NHKと視聴者の結びつきを深めることに重点をおいた5分番組。総合(月～金)午後4時5分ほか。

NHKに望む　1968～1971年度

月1回、NHKの放送・事業計画を周知し、視聴者との結びつきを強化することを目的に編成した番組。初年度の放送内容は「NHK全般について」「新番組について」「報道番組について」「婦人番組について」「アナウンスについて」「スポーツ放送について」「みなさんとNHKを結ぶ月間」「ドラマ番組について」「地域全般について」「教養番組について」「NHKの仕事全般について」。放送は総合・第1で随時。

1970年代

みなさんとNHK　1972～1977年度

『NHKに望む』を改題。視聴者の意向をより十分に吸収できるよう話し合いの場として設定。全国各地の各世代の人々とNHKの予算や仕事、番組など、さまざまなテーマについて語り合い、批判や希望などに率直かつ具体的に答えるようにつとめた。また、NHK内の専門家集団の業務や大河ドラマの撮影、NHK技術研究所の紹介なども行った。放送回数は年間7～12回。総合・第1で随時放送。

ネットワークNHK　1973～1976年度

広範囲にわたるNHKの企業活動を幅広く紹介するフィルム構成の広報番組。番組制作から難視聴対策、催し物などの営業・事業活動などを紹介。初年度は特に「NHKの知られざる部分」や「ニュース性のある話題」に重点をおいて取り上げた。総合の5分番組。

スタジオからこんにちは　1973～1982年度

NHKの番組や企業活動について、視聴者の関心をより高めるために、実用性と娯楽性を兼ね備えた新しい形式の広報番組を目指した。毎回、対象番組の出演者や作家など関係者をゲストに招き、番組の内容やねらいに関連した予備知識や裏話を紹介し、バラエティー風に構成した。初年度の司会は山川静夫アナウンサー。総合(日)午前8時10分からの20分番組。

NHKガイド　1975～1984年度

『今晩の番組から』（1961～1974年度）の後継番組。NHKの企業活動の紹介や番組制作ニュースなどをおり込み、協会業務の積極的なPRを行う3～5分の広報番組。特に基本問題調査会の動きや受信料改定に関するPRについては、シリーズを組んで実施した。初年度は「新人アナウンサーの研修」「国際放送40周年」「技研公開」「ニュースの学習利用」などの活動や話題を紹介。初年度は総合(月～日)の午後6時台に放送。

NHKの窓　1976～1984年度

視聴者の意向吸収を図る新しい経営広報番組。視聴者からの質問や投書に答える形で、NHKの企業活動や営業活動を多角的に取り上げた。特に「受信料の公平負担」「放送番組審議会」「視聴者会議」については、きめ細かい広報を行った。放送にかかわりのある著名人による「私と放送」を随時取り入れ、放送の有用性を周知した。総合(最終・水)午後10時45分からの15分番組（初年度）。

1980年代

チャンネルNHK　1983～1984年度

5波にわたるNHKの番組や、番組にまつわる話題をテンポよく数多く紹介する週間総合番宣番組。ロケ先、スタジオ、番組ゆかりの地などへのVTRロケ、スタジオへのゲスト招待など、多角的でホットな情報をもり込み、バラエティー形式で構成。初年度の司会は松田輝雄アナウンサーと池田裕子アナウンサー。総合(日)午前8時10分から放送の20分番組。

てれび自由席　1985～1990年度

『NHKの窓』（1976～1984年度）を改題。リポーターをアナウンサーから視聴者代表に交代し、視聴者の立場でリポートする形式とした。リポートのテーマは「大型番組」「報道姿勢」「放送反響」「ニューメディア」「視聴者対応」など多岐にわたった。毎月第3週は著名人による『わたしの番組批評』を放送。テレビによるテレビ批評として定着した。総合・衛星(日)午後9時45分からの10分番組。1990年度は15分番組。

チャンネルフラッシュ　1985～1990年度

経営広報に軸足を置いた『てれび自由席』に対し、番組そのものを紹介するウイークリーの広報番組。その週に放送する総合・教育・衛星放送から主な番組をピックアップし、その見どころを紹介。スタジオやロケ先などの制作現場のリポートや、番組出演者や制作担当者へのインタビューもまじえて、見て楽しめる番組広報を目指した。総合(日)午前7時15分からの15分番組（初年度）。

テレマップ　1985～2007年度

『NHKガイド』（1975～1984年度）の後継番組。ステーションイメージを強調したテーマ音楽（作曲：ミッキー吉野）とともに、若々しく躍動的な広報を目指した。番組制作情報、経営情報、地域局の取り組みなどをリポーターの目を通して伝えた。総合の2～3分番組。

わたしのテレビタイム　1986～1989年度

著名人が「好きな番組」「放送への意見・感想」を語る2分番組。初年度は20本を制作し、48回を放送。

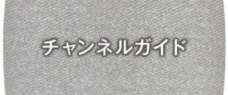

チャンネルガイド　1987～1991年度

衛星第1の番組内容を週単位で紹介する広報番組。番組出演者や担当ディレクターなどのトークやVTRをまじえ、多彩な演出で伝えた。衛星第1(日)午前7時50分からの10分番組（初年度）。

1990年代

番組ガイド　1991～1993年度

『チャンネルフラッシュ』（1985～1990年度）の後継番組。それまで15分だった放送時間を10分に短縮。その週の総合テレビの番組情報を中心に、ドラマや『NHKスペシャル』、大型企画番組などを中心におすすめ番組を取り上げ、制作情報や番組関係者の制作裏話などもまじえて、楽しく見られる内容とした。衛星放送については、毎回コーナーを設けて重点的に紹介した。総合(日)午前7時50分からの10分番組。

広報 ｜ 定時番組

あなたのチャンネル 1991〜1992年度

『てれび自由席』（1985〜1990年度）を改題。NHKの課題と取り組み、事業内容、番組の企画・制作状況などをタイムリーに紹介した。「批評・提言 NHK」では識者によるきたんのない意見を伝え、「視聴者ボックス」では、受信料や公開番組のあり方など、視聴者が関心を持つ事項に担当者が答えた。総合（土）午後1時50分からの10分番組。

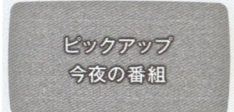

ピックアップ今夜の番組 1992〜1999年度

1992年9月から始まった1分から1分30秒で当日夜間の主な番組をコンパクトに紹介した番組。1994年度までは、総合（月〜金）、その後は総合（月〜土）夜7時のニュース前に放送した。

テレビ自由席 1993〜1996年度

『あなたのチャンネル』（1991〜1992年度）を改題。NHKの経営課題、事業活動などをタイムリーに伝える「NHKの今」、視聴者の意見や疑問に答える「そこが知りたい」、各界の有識者にNHKの番組と経営について率直な意見を聞く「批評・提言NHK」の3つの枠によって、視聴者の理解促進に努めた。総合（日）午後9時50分からの10分番組。

ピックアップきょうの番組 1993〜2007年度

朝7時のニュース前に、その日の主な番組をコンパクトに紹介。前年にスタートした『ピックアップ今夜の番組』とともに、当日の番組視聴に役立つ情報を届けた。2005年度までは総合（月〜金）午前6時59分から、その後は午前6時29分からの1分番組。

金曜プラザ 1994年度

NHKと視聴者との交流の広場を目指す広報番組。NHKの放送を視聴者により理解し、親しんでもらうために、視聴者からの素朴な疑問をもとに番組を構成。「放送センターの屋上アンテナはどうなっているの」「こうして伝える手話ニュース」「やさしいニュースってむずかしい」「カメラマン潜水研修」「地震報道の10日間」などのテーマを取り上げた。総合（金）午後10時20分からの20分番組。

NHK日曜プラザ 1995〜1996年度

『金曜プラザ』（1994年度）後継番組。「NHKの見たいこと・聞きたいこと・知りたいことがわかる」をキャッチフレーズに、視聴者からの疑問に答えた。ポイントは「素朴な疑問に答える」「NHKの舞台裏を描く」「放送に携わる人の魅力を伝える」の3つ。「決定的瞬間！その時スタッフは―選抜高校野球」「インタビュアーは聞き上手―ラジオ談話室」などのテーマを取り上げた。総合（日）午前7時45分からの15分番組。

NHKフレッシュガイド 1995〜1996年度

早朝5時台に新設された情報番組『おはよう5』の中で、その日の主な番組などを紹介した3分のミニ番組。総合（月〜金）午前5時50分から放送。

NHK土曜プラザ 1996年度

スタジオパークの450スタジオからの生放送。NHKの番組制作者やアナウンサーなどが番組制作の舞台裏を紹介し、番組にかける意気込みや情熱を伝えた。司会は柳沢慎吾、小林綾子。コメンテーターは今井通子、島森路子ほか。総合（土）午前11時からの30分番組。

BSピックアップ 1996〜2005年度

ウイークデーの早朝、総合テレビで当日の衛星放送のおすすめ番組を60秒で紹介したほか、衛星第1、衛星第2でも放送した。総合（月〜金）午前5時59分からの1分番組。衛星第1（月〜金）午後5時25分から2分番組、衛星第2（月〜木）午前9時58分、（火〜金）午後1時39分から1分番組で放送した。

BSガイド 1996年度

衛星第1（月〜金）午後5時27分、衛星第2（月〜金）午後7時57分、（土）午後7時27分からの3分番組。

BSトゥデー 1996年度

衛星第2（月〜金）午後6時55分からの5分番組。

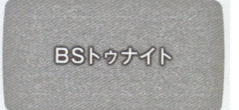

BSトゥナイト 1996〜2002年度

衛星第2（月〜金）午後6時58分からの2分番組。

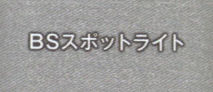

BSスポットライト 1996〜1997年度

初年度は、衛星第2（月〜金）午後8時57分、（土）午後9時57分からの3分番組。

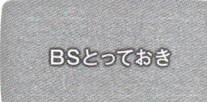

BSとっておき　1996～1998年度

『1000万投票　BS20世紀　日本のうた』『立体生中継・日本悠々』『世界・わが心の旅』などの大型特集や、「映画」といった衛星第2の看板番組を重点的にPRする5分番組。衛星第2で初年度は(月～土)午前8時、(月～金)午後7時40分に放送。

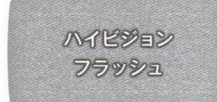

ハイビジョンフラッシュ　1996～2000年度

ハイビジョンおすすめ番組を紹介する5分間の広報番組。ハイビジョンの"ショーウインドー"として、ハイビジョンだけでなく、衛星第1、衛星第2でも放送。

あなたの声に答えます　1997～1998年度

視聴者の声に誠実に向き合い、現場から積極的に答えていく対話型の経営広報番組。視聴者の関心を集めるテーマについては、随時特集を編成した。総合(日)午前10時5分からの25分番組。

週刊たまご ～ NHK番組ガイド　1997～1998年度

週末の目玉となるおすすめ番組を中心に、その後1週間の総合、教育、衛星、音声波の中から番組を選び、アップテンポな演出で紹介した。総合(木)午後10時45分からの10分番組。

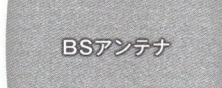

BSアンテナ　1997年度

衛星放送(衛星第1、衛星第2、ハイビジョン)番組と視聴者がどのように結びついているか、全国各地に取材して紹介する広報番組。はがきやファックス、インターネットで視聴者とアクセスを図り、衛星放送を生活に役立て利用している例を紹介した。また衛星放送のイベントなど、放送事業全般にわたる情報を発信した。衛星第2(日)午後8時50分からの10分番組。

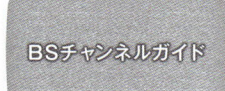

BSチャンネルガイド　1997年度

衛星第1(日)午後5時40分、衛星第2(土)午後10時50分、(日)午前7時40分、午前11時45分から放送の10分番組。

きょうのミッドナイトチャンネル　1997年度

総合(月～土)午後10時44分、午前0時9分からの1分番組。

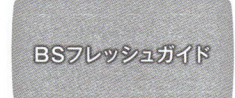

BSフレッシュガイド　1997年度

衛星第2(月～日)午前11時57分からの3分番組。

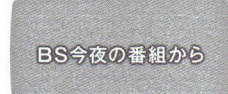

BS今夜の番組から　1997～2002年度

衛星第2(月～金)午後7時45分からの5分番組。

こんやのミッドナイトチャンネル　1998～2001年度

総合(月～金)午後10時44分、(土)午後10時49分、(月～土)午前0時9分からの1分番組。

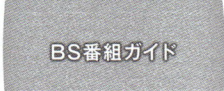

BS番組ガイド　1998～2003年度

衛星第2(月～金)午前11時57分からの3分番組。

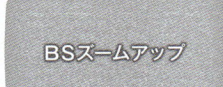

BSズームアップ　1998～2000年度

衛星放送の目玉番組である『立体生中継・世界悠々』などのメーキング映像を、総合、衛星第1・第2で月に10回程度、また深夜時間帯にも月2回放送した。

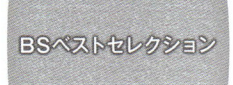

BSベストセレクション　1998～2000年度

衛星第1・第2、総合で月に10回程度、深夜時間帯に月2回放送。

土曜スタジオパーク～あなたの声に答えます 1999～2022年度

NHKの「経営」「番組」「イベント」の広報と理解促進をはかる生放送の広報番組。『スタジオパークからこんにちは』(1995～2016年度)の金曜コーナー「ぴかいち倶楽部」と、『あなたの声に答えます』(1997～1998年度)を統合。NHK「スタジオパーク」内の450スタジオから、視聴者を招いての公開と参加型番組。総合(土)午後1時50分からの70分番組(初年度)。2010年度に『土曜スタジオパーク』に改題。

NHKプレマップ 1999～2011年度

経営広報の視点を交えて、NHKの番組や特集編成、キャンペーン情報などを紹介するミニ番組。総合・教育(月～金)午前、午後、夜間に随時放送の5分番組。2012年度以降も随時放送。

2000年代

ピックアップこんや 2000年度

総合(月～土)午後6時58分から放送の2分番組。

サンデーピックアップ 2000～2001年度

週末の主要番組のPR枠を補強するために新設。日曜の総合テレビの中から、『大河ドラマ』『NHKスペシャル』など、主要番組をVTR構成で紹介。初年度は総合(日)午前6時50分からの3分、2001年度は午前8時55分からの2分で放送。

これがおすすめ BS・ハイビジョン 2000～2005年度

衛星放送とハイビジョンのおすすめ番組を、総合で伝える3分番組。放送翌日の月曜から1週間の、衛星第1、衛星第2、ハイビジョンの見どころを紹介。BS・ハイビジョンの普及につながる番組を重点的に取り上げた。総合(日)午後10時47分ほかで放送。

ピックアップNHK 2000～2001年度

当日の総合テレビと翌日の衛星放送番組の中から、主要番組をスタジオ構成で紹介する2分番組。番組の大幅改定を受けて、新番組の内容と放送時間帯の定着に努めた。またBS普及に資するため、ハイビジョン番組に重点をおいたPRを実施。総合(月～金)午後8時43分に放送。

あすからのベストセレクション 2001年度

総合(土)午後8時40分からの5分番組。

ETVガイド 2001～2003年度

教育(土)午後7時40分からの5分番組。

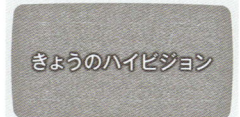

きょうのハイビジョン 2001～2002年度

ハイビジョン(月～金)午前11時45分、(土)午後0時55分からの5分番組。

今夜もデジタルハイビジョン 2001～2005年度

ハイビジョン(月～金)午後6時55分からの5分番組。

ハイビジョンプレマップ 2001～2002年度

ハイビジョン、衛星第1、衛星第2、総合、教育(月～日)に随時放送。

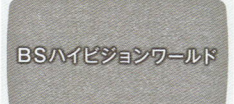

BSハイビジョンワールド 2001～2004年度

ハイビジョン(土)午後6時55分からの5分番組。衛星第1、衛星第2でも随時放送。

ちょっとdタイム　2001～2002年度

NHKハイビジョンの双方向番組で必要な氏名や電話番号などの入力をうながす5分番組。デジタルハイビジョンの新しいサービスを、リモコン説明役の「リモ子」がやさしく説明する。クイズも出題しじっさいに連動番組を体験してもらいながら、個人情報の登録を進める。ハイビジョン(土)午後9時55分ほかで放送。

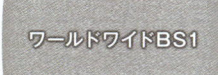

ワールドワイドBS1　2002～2004年度

ワールドニュース、ドキュメンタリー、スポーツなどを中心に放送している衛星第1のコンセプトイメージを明快に伝える広報番組。ドキュメンタリーやスポーツ情報などを臨機応変に構成して紹介した。衛星第1(土)午後10時50分からの10分番組（2003年度）。

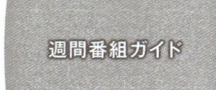

週間番組ガイド　2002年度

総合(土)午前9時55分からの5分番組。

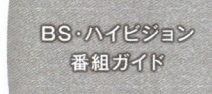

BS・ハイビジョン番組ガイド　2003～2007年度

衛星第2(月～日)、ハイビジョン(月～土)午前11時57分からの3分番組。

BSファン倶楽部　2004～2007年度

衛星第1・衛星第2・ハイビジョンの衛星3波の週末のおすすめ番組を紹介する10分番組。同名のBSホームページとの連動もはかりながら、視聴者からのメールや要望にも応えた。初年度は衛星第2(水)午後7時50分、(木)午後7時50分からのそれぞれ10分番組。

永井多惠子のあなたとNHK　2005～2006年度

NHKの活動の最新情報や経営課題を伝える番組として、2005年度後期にスタート。元アナウンサー・解説委員で副会長を務めていた永井多惠子が、視聴者の意見・質問に答えるほか、各界の識者の提言を聞く経営広報番組。総合(第1・日)午前11時からの30分番組。

BSスタイル　2005～2009年度

女優の佐藤藍子を案内役に起用した10分の広報番組。毎回、1つの番組やイベントをピックアップし、おしゃれな演出で紹介した。ハイビジョン、衛星第1、衛星第2で随時放送。2008年度に衛星第2(月)午前8時5分、衛星第1(土)午前11時40分ほかで定時放送。

シネマ堂本舗　2006～2010年度

放送日翌週に放送予定の『衛星映画劇場』（1989～2010年度）などからお薦めの作品をピックアップして、その見どころと情報をコンパクトに紹介するミニ番組。レトロな雰囲気の映画グッズの店「シネマ堂本舗」を舞台に、ちょっと頑固だが映画のことならなんでも知っている通称「カントク」（山本晋也）と近所の映画好きのマリちゃん（関根麻里）の2人が作品の魅力を紹介する。衛星第2の10分番組。

あなたとNHK　2006年度

NHKの「経営」「番組」「イベント」の広報と理解促進を図る番組。公共放送だからこそできるNHKのさまざまな取り組みを紹介した。総合(第2・日)午前11時からの15分番組。

見どころNHK　2006～2009年度

総合テレビの新番組や週末の看板番組を中心に、見どころを伝える番組ガイド。視聴者との双方向性も重視し、疑問や質問に答えながら反響のあった番組を紹介した。司会は小田切千アナウンサー、加藤夏希。総合(金)午後10時50分からの10分番組（初年度）。

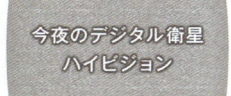

今夜のデジタル衛星ハイビジョン　2006年度

ハイビジョン(月～土)午前6時55分、午後6時55分からの5分番組。

デジタル放送なんでも相談室　2007年度

視聴者からコールセンターなどに寄せられるデジタル放送に関する初歩的な疑問や相談にていねいに答える番組。司会：島津有理子アナウンサー、大津茜。総合(日)午後1時50分からの5分番組。

広報 ｜ 定時番組

ビタミンETV　2007〜2008年度

教育テレビの魅力的な番組を紹介する教育テレビ初の広報番組。土曜は主として当日の番組を、日曜は主として翌週の番組を5分間で紹介した。初年度は教育（土）午後6時25分、（日）午後5時50分に放送。

とくせん　2008年度

教育テレビや衛星放送の番組の中から、若年層にも評判を呼びそうなものを選び紹介する、NHK各波のショーウインドー的な番組。番組の前後には、NHK技術研究所が独自に開発したTVML（テレビ番組制作言語）により女性アナウンサーとCGで作った彼女のアバターとが会話するという新機軸の演出を取り入れた。出演：神田愛花アナウンサー。総合（土）午前0時10分からの30分番組ほか。

デジタルQ　2008〜2011年度

コールセンターなどに寄せられる、デジタル放送に関する視聴者の疑問や相談にわかりやすく答える広報番組。総合（日）午前6時50分からの3分番組。

BSティーンズ倶楽部　2008〜2009年度

女性2人の人気お笑いコンビ"北陽"が、衛星第1、衛星第2、ハイビジョンからティーンズ向け番組を徹底紹介。2人の突撃体験やティーンズの視聴者参加など、タイムリーな演出で番組の魅力をPRした。衛星第2（日）午後5時50分、ハイビジョン（月）午後11時45分ほか随時放送の10分番組（2009年度の放送時間）。

もうすぐ8時プレマップ　2008〜2016年度

NHKの番組の見どころやイベントの楽しみ方から経営関連情報まで幅広く伝える2分の広報番組。随時放送している『プレマップ』をゴールデンタイムで定時化した。2008年度は『もうすぐ8時　プレマップ』と題して総合（月〜木）午後7時56分から放送。2009年度以降は『もうすぐ9時　プレマップ』として、総合（月〜木）午後8時43分から放送した。

週末プレマップ　2008〜2015年度

3分間の広報番組。番組のコンセプトは『もうすぐ9時　プレマップ』と基本的に同じだが、取り扱い内容を土・日曜の番組に限定。幅広い層がテレビを見ている時間帯に、番組と連動する週末のイベントなども積極的に伝えた。総合（土）午後6時42分ほかで放送。

とくせんETV　2009年度

教育テレビの魅力や役割を総合テレビで伝える広報番組。趣味・実用、語学ほか教育テレビの各ジャンルから、新シリーズや注目番組を中心に1回2番組を月替わりのゲストが紹介。また新作を繰り返し放送することで、視聴者の教育波への誘導を図った。総合（金）午前10時5分からの49分番組。

ワンセグ劇場　2009年度

「ケータイ劇場」「ミニ時代劇」「ドラマ8プチ」などの、ワンセグ独自番組を紹介する5分番組。総合（火〜木）午前0時40分から放送。

2010年代〜

歌うコンシェルジュ　2010〜2011年度

教育テレビや衛星波で放送されている番組を広く紹介する広報番組。ターゲットは生活の質の改善や心豊かに暮らすことを願う、好奇心の強い50代以上の在宅シニア層。中高年主婦の「半径5メートルの世界」を歌って人気の音楽家・秦万里子さんが、即興の歌とピアノで暮らしのニーズに応える番組を"コンシェルジュ"となって紹介した。司会：秦万里子。総合（月〜金）午前10時5分からの54分番組（初年度）。

デジタルテレビライフがやってきた！　2010〜2011年度

デジタル化されると街や暮らしはどう変わるのか？　メリットはあるのか？　デジタル化に関連するさまざまな現場を取材して、視聴者の関心や疑問に答える番組。司会：渡辺いっけい、村上由利子アナウンサー。放送は毎月1回、総合ほかで随時。

BSアートへの招待　2010年度

クラシック音楽、バレエ、演劇、美術などアートを扱った番組に特化して、その魅力を紹介する大人世代に向けた広報番組。特集する番組の名演奏、名演、名作をふんだんに見せながら、そのアートの神髄を専門家のインタビューを交えて解説する。衛星第2とハイビジョンで放送する5分番組。

NHKとっておきサンデー　2011〜2015年度

総合と衛星第2で放送していた『あなたのアンコール』（2000〜2010年度）と、経営広報番組『三つのたまご』（2007〜2010年度）が合体した新たな経営広報番組。再放送希望が多かった番組のアンコール放送、放送中の連続テレビ小説の週間ダイジェスト、NHKの経営情報や地域放送の取り組みなどを紹介し、視聴者への「窓」としての役割を担った。総合（日）午前10時5分からの49分番組（初年度）。

BSコンシェルジュ　2011〜2021年度

2011年度にBS1とBSプレミアムの2波に生まれ変わったNHK BSの番組の魅力を総合テレビで紹介する番組。月曜の朝にその週のBSの一押しをピックアップ。番組ゆかりのゲストを迎えて、番組の裏話やプライベートの話もまじえて番組情報を楽しく提供するトーク・バラエティー。番組後半はその他の見どころ番組をコンパクトに紹介する。総合(火)午前11時5分からの23分番組（2021年度）。

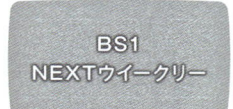

BS1 NEXTウイークリー　2011年度

衛星第1で翌週放送されるスポーツ、ドキュメンタリー番組の見どころを男女のナビゲーターがスタジオでテンポよく紹介する5分間の広報番組。BS1(土)午後9時45分から放送。

BSプレミアム　黄金の扉　2011年度

BSプレミアムで翌週放送される番組の中からおすすめ番組をクローズアップ。番組のテーマに関連したナビゲーターたちのおすすめポイントを、視聴者になじみのある俳優やタレントがナレーションで紹介する。出演：大杉漣、志賀廣太郎、鶴田真由、森高千里。BSプレミアム(土)午前7時25分、午前11時45分、(日)午前8時45分からの5分番組。

知ってる!? デジタル　2012年度

『デジタルQ』（2008〜2011年度）の後継番組。デジタル放送の魅力や実生活での活用例を紹介する2分の広報番組。出演：鈴木奈穂子アナウンサー。総合(日)午前6時50分に放送。

わたし流デジタルライフ　2013年度

『知ってる!? デジタル』（2012年度）の後継番組。デジタル放送の魅力や実生活での活用例を紹介する2分番組。出演：鈴木奈穂子アナウンサー。総合(日)午前6時50分に放送。

テレビ大好き　2014〜2016年度

日曜の朝、総合テレビを中心におすすめ番組の見どころをPRするとともに、4K・8K、ハイブリッドキャスト、NHKオンデマンド、NHKの番組やウェブサイトなどを紹介する広報番組。キャスター：高橋さとみアナウンサー。総合(日)午前6時50分からの3分番組。

どーも、NHK　2016年度〜

『NHKとっておきサンデー』（2011〜2015年度）を改題し、リニューアルした。「見たい」番組と「知りたい」情報を、日曜午前に生放送で伝える。1週間のおすすめ番組「週刊どーもナビ」、NHKの経営情報「もっとNHK」、地域放送局の取り組み「あなたの街のNHK」などのコーナーで構成し、視聴者への「窓」の役割を担う。総合(日)午前11時からの25分番組（2024年度）。

オシばん　2017〜2021年度

NHKが視聴者に「推す番組」の情報を伝える2分の広報番組。当日と翌日の番組（金曜は週末も）の中から、おすすめ番組4〜5本程度をコンパクトに紹介する。大型連休や夏期には、特集番組をまとめて紹介する「特別編」を放送。総合(月〜金)午後8時43分に放送。

デジなび　2017〜2020年度

総合(土)午後0時40分から放送の2分番組。＊第1と最終土曜日を除く。

スーパーハイビジョンなび　2017〜2018年度

総合(第1・最終土曜)午後0時40分から放送の2分番組。

8Kなび　2018〜2020年度

ファッションモデルの蛯原友里が、BS8Kの魅力と注目番組をナビゲートするミニ番組。高精細、高音質など、今までのテレビにはない魅力的な番組を紹介。総合(第1・第3土曜)午後0時40分から放送の2分番組。

＃NHK　2021年度〜

『オシばん』の後継番組として2021年11月1日にスタート。"公共メディアNHKの窓"の役割を果たすミニ番組。"＃"はハッシュタグと読む。NHKの番組やイベント、ネットサービスなど、公共メディアとしてのさまざまな取り組みを紹介し、公共的価値への共感・納得を目指した。フィッシング詐欺への注意喚起や住所変更の手続き方法なども伝えた。総合(月〜金)午後8時42分からの3分番組。出演：高瀬耕造アナウンサーほか。

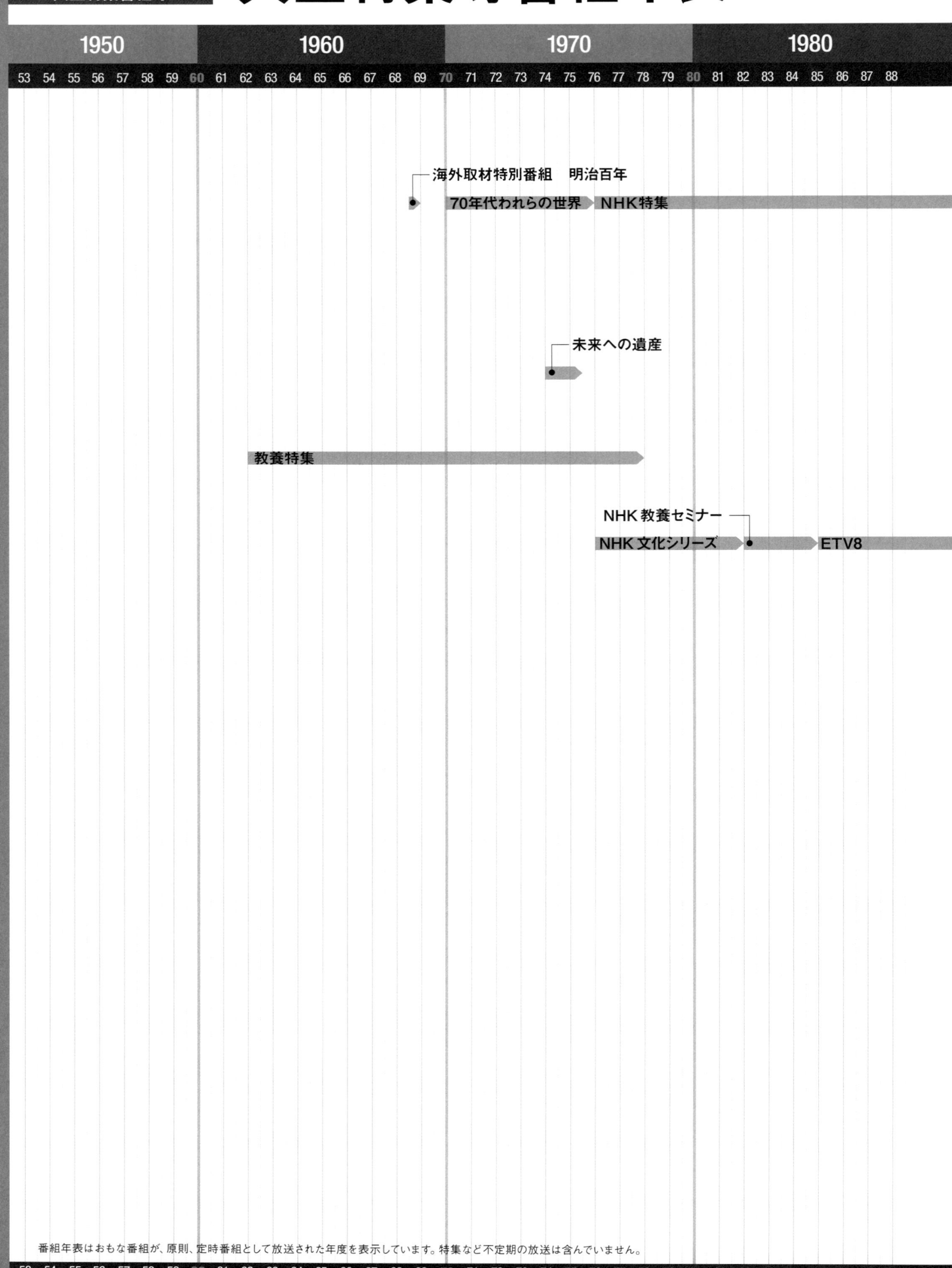

	1950										1960										1970										1980								

53 54 55 56 57 58 59 60 61 62 63 64 65 66 67 68 69 70 71 72 73 74 75 76 77 78 79 80 81 82 83 84 85 86 87 88

海外取材特別番組　明治百年

70年代われらの世界　NHK特集

未来への遺産

教養特集

NHK 教養セミナー

NHK 文化シリーズ　ETV8

01.ドラマ　02.クイズ・バラエティー　03.音楽　04.伝統芸能　05.ニュース　06.報道・ドキュメンタリー　07.紀行　08.教養・情報　09.自然・科学　10.こども・教育　11.人形劇・アニメ　12.趣味・実用　13.大型特集番組等

	1990	2000	2010	2020	
89 90 91 92 93 94 95 96 97 98 99	00 01 02 03 04 05 06 07 08 09	10 11 12 13 14 15 16 17 18 19	20 21 22 23 24	年度

NHKスペシャル

NHK スペシャル・セレクション

NHK セレクション

Nスペ5min.

NHKセミナー

現代ジャーナル

ETV2000

ETV特集

ETV特集

教育テレビスペシャル

ETVスペシャル

ＥＴＶカルチャースペシャル

プレミアム10

プレミアム8

BSスペシャル

BS特集

BS1スペシャル

ハイビジョンスペシャル

スーパープレミアム

ハイビジョン特集

ザ・プレミアム

蔵出しハイビジョン

フロンティア

フロンティアで会いましょう！

ノンジャンル番組年表

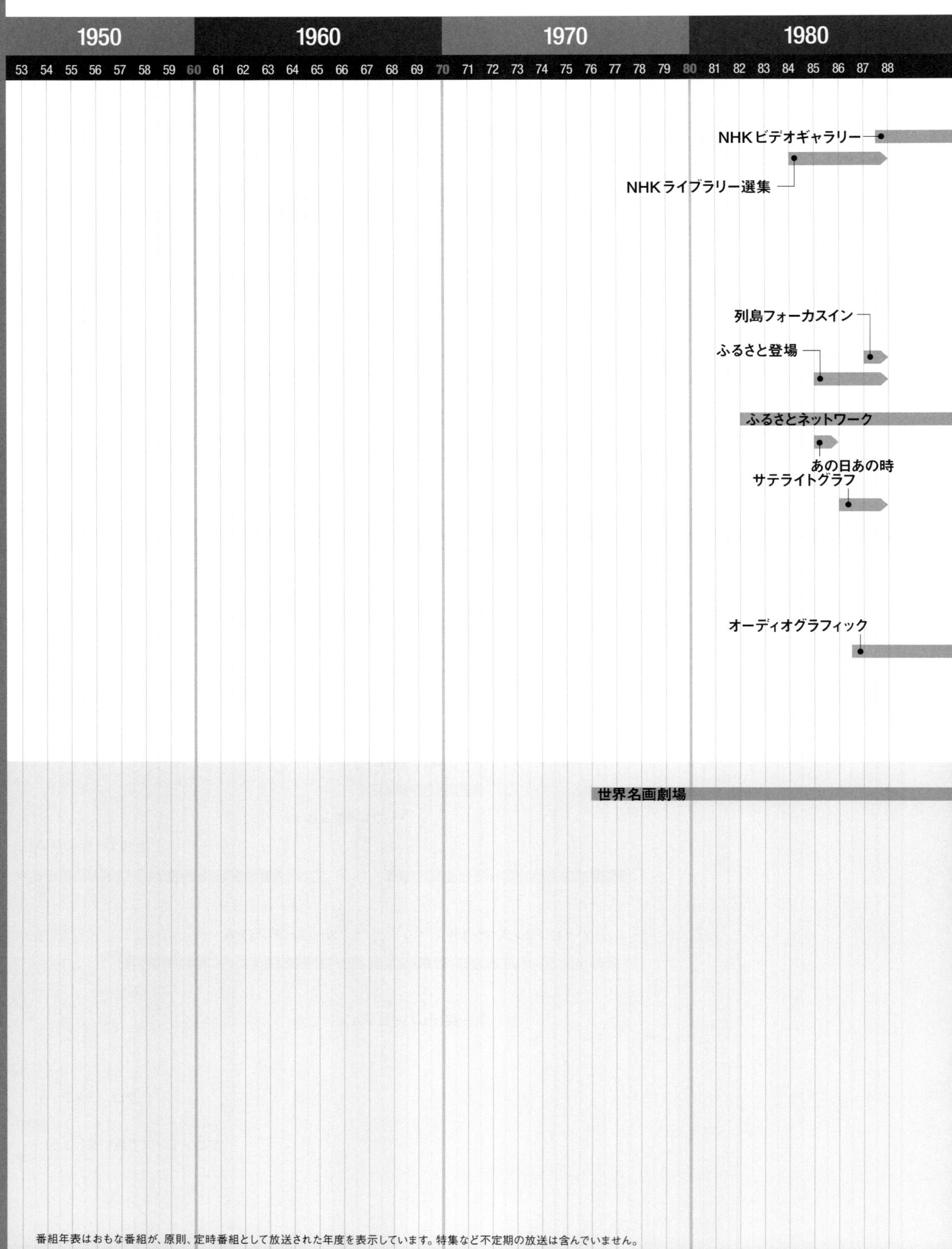

	1950							1960										1970										1980								
53	54	55	56	57	58	59	60	61	62	63	64	65	66	67	68	69	70	71	72	73	74	75	76	77	78	79	80	81	82	83	84	85	86	87	88

NHKビデオギャラリー

NHKライブラリー選集

列島フォーカスイン

ふるさと登場

ふるさとネットワーク

あの日あの時

サテライトグラフ

オーディオグラフィック

世界名画劇場

番組年表はおもな番組が、原則、定時番組として放送された年度を表示しています。特集など不定期の放送は含んでいません。

53	54	55	56	57	58	59	60	61	62	63	64	65	66	67	68	69	70	71	72	73	74	75	76	77	78	79	80	81	82	83	84	85	86	87	88

1990 **2000** **2010** **2020**

89 90 91 92 93 94 95 96 97 98 99 00 01 02 03 04 05 06 07 08 09 10 11 12 13 14 15 16 17 18 19 20 21 22 23 24 年度

ナイトセレクション→

午後の招待席

4Kでよみがえるあの番組

あの日 あの時 あの番組
～NHKアーカイブス～

NHK名作劇場→

NHKアーカイブス

Eテレアーカイブス→　時をかけるテレビ～今こそみたい！この1本～

くつろぎテレビ館　あなたのアンコール

Eテレセレクション　　土曜の夜は、もっとEテレ。

プレミアムカフェ

プレミアムアーカイブス

ミッドナイトチャンネル

BSアーカイブス

あなたが主役 50ボイス

ワンセグとくせん→

ぐるっと　にっぽん

〇〇推し！

ぐるり　にっぽん

ふるさとから、あなたへ

NHK地域局発

BSなんでもかんでもテレビ

ＢＳアンコール館

4K8Kセレクション→

BSリクエスト館→　　　BS早起き館

BSセレクション

BSこだわり館　　BS20周年ベストセレクション

青春ＴＶタイムトラベル

Ｅテレ0655

なつかしのテレビ

Ｅテレ2355

ＢＳイベントホール

地域イベントアワー

ＢＳ地域イベント
スペシャル

ハイビジョンステージ　ウイークエンドシアター

天然素材NHK→

CATVネットワーク～すばらしき私の街

みるラジオ

金曜スペシャル

モーニングサテライト（環境映像）　さわやかウインドー

水曜スペシャル→

お昼ですよ！愛・地球博

レギュラー番組への道→

衛星映画劇場　　プレミアムシネマ

BSシネマ

ミッドナイト映画劇場

夜更かしシネマ缶

BS映画セレクション→　土曜衛星映画劇場→

懐かし映画劇場

ティータイム映画劇場　シネマDO！

日曜映画劇場

土曜映画劇場

ハイビジョン金曜シネマ

4Kシアター

デジタルシネマ館　　ハイビジョンプレミアムシネマ

ハイビジョン日曜シネマ　ハイビジョン時代劇／
西部劇シネマ

アジア映画劇場　シネマ・フロンティア

89 90 91 92 93 94 95 96 97 98 99 00 01 02 03 04 05 06 07 08 09 10 11 12 13 14 15 16 17 18 19 20 21 22 23 24

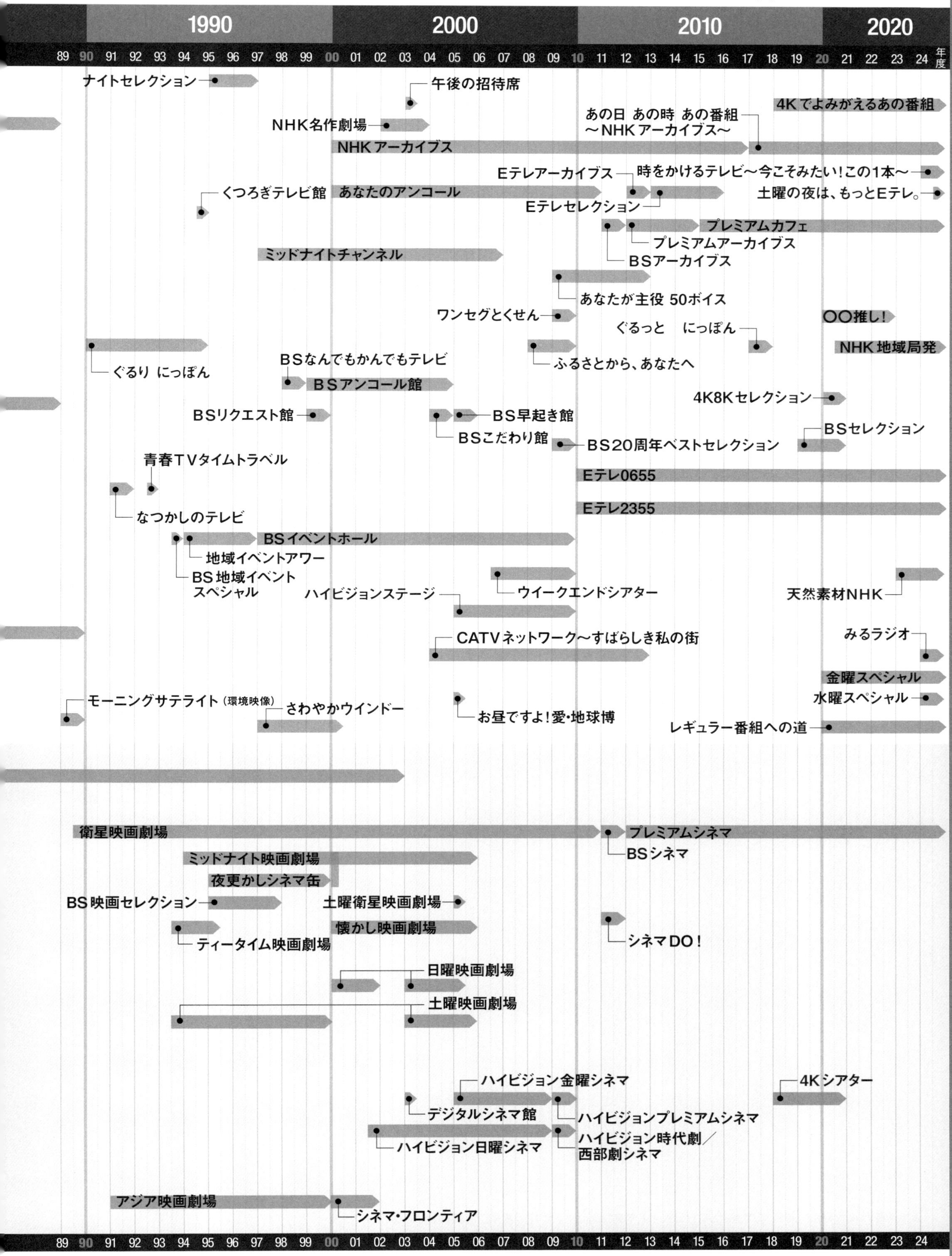

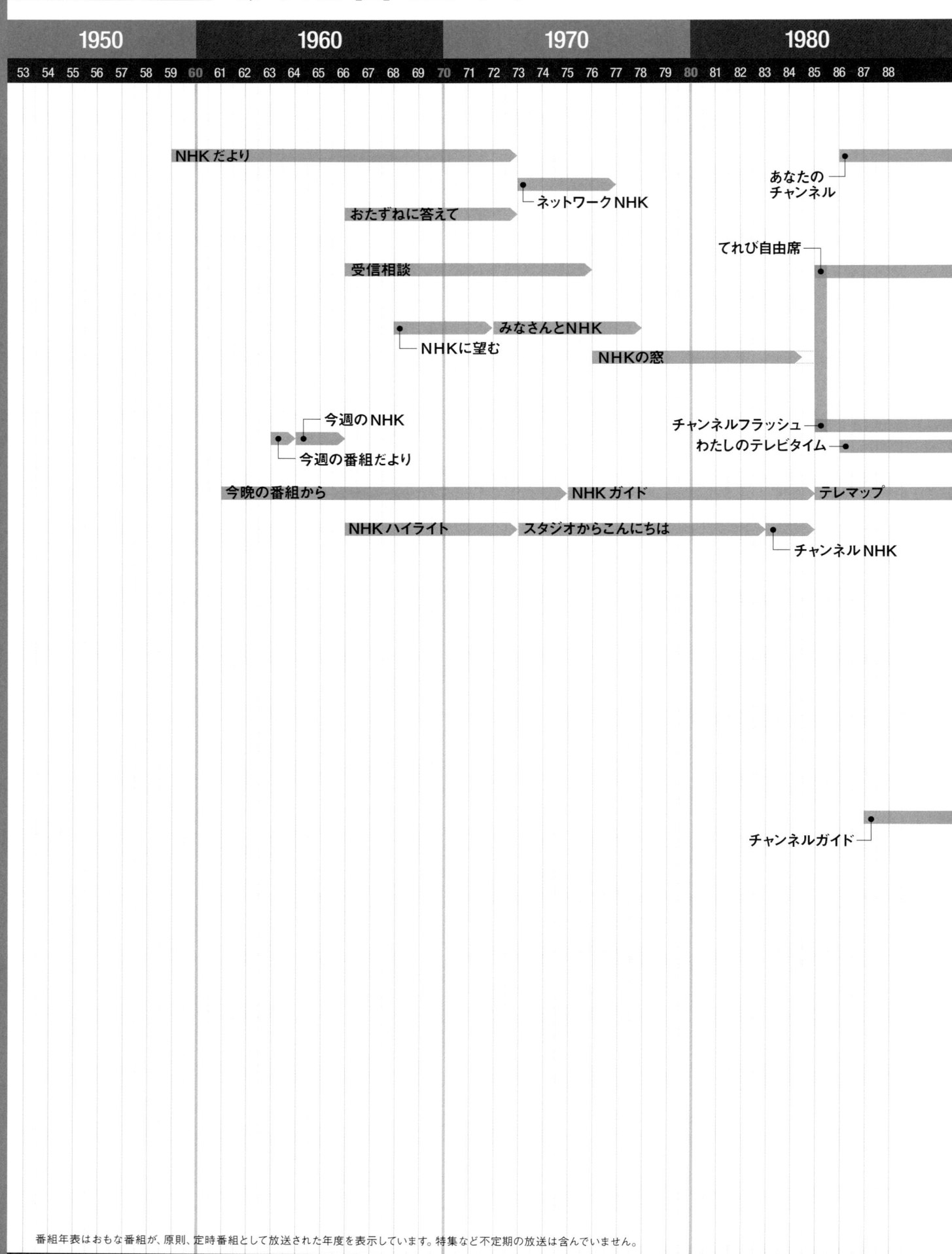

1990　　　**2000**　　　**2010**　　　**2020**

89 90 91 92 93 94 95 96 97 98 99 00 01 02 03 04 05 06 07 08 09 10 11 12 13 14 15 16 17 18 19 20 21 22 23 24 年度

見どころNHK

テレビ大好き

あなたのチャンネル

NHK日曜プラザ

NHKとっておきサンデー

金曜プラザ

あなたの声に答えます

三つのたまご

どーも、NHK

永井多惠子のあなたとNHK

あなたとNHK

テレビ自由席

ピックアップきょうの番組

ピックアップ今夜の番組

ピックアップこんや

サンデーピックアップ

週間番組ガイド

NHKフレッシュガイド

番組ガイド

あすからのベストセレクション

週刊たまご～NHK番組ガイド

NHKプレマップ

#NHK

もうすぐ8時　プレマップ

もうすぐ9時　プレマップ

オシばん

週末プレマップ

NHK土曜プラザ

土曜スタジオパーク～あなたの声に答えます

NHK金曜プラザ

きょうのミッドナイトチャンネル

こんやのミッドナイトチャンネル

ETVガイド

とくせんETV

ビタミンETV

シネマ堂本舗

BSプレミアム黄金の扉

BSとっておき

ピックアップNHK

BS1　NEXTウイークリー

歌うコンシェルジュ

知ってる!?デジタル

BSトゥデー

ちょっとdタイム

デジタルQ

デジなび

わたし流デジタルライフ

BSトゥナイト

デジタル放送なんでも相談室

BSスポットライト

今夜もデジタル衛星ハイビジョン

BSコンシェルジュ

今夜のデジタルハイビジョン

BSアンテナ

デジタルテレビライフがやってきた!

BSピックアップ

BSスタイル

BSチャンネルガイド

BSガイド

これがおすすめ　BS・ハイビジョン

BSフレッシュガイド

BS番組ガイド

ハイビジョンフラッシュ

きょうのハイビジョン

BS・ハイビジョン番組ガイド

BSファン倶楽部

スーパーハイビジョンなび

BS今夜の番組から

とくせん

8Kなび

BSハイビジョンワールド

BSティーンズ倶楽部

BSズームアップ

BSアートへの招待

BSベストセレクション

ワールドワイドBS1

ワンセグ劇場

89 90 91 92 93 94 95 96 97 98 99 00 01 02 03 04 05 06 07 08 09 10 11 12 13 14 15 16 17 18 19 20 21 22 23 24

おもな
特集番組

テレビ編

1950年代

1953〜1954年度のおもな特集番組

この他の番組はこちら
 1953年 1954年

NHK制作映画　NHK東京テレビジョン開局記念行事の記録　1953年度

1953年2月1日、日本初のテレビ局、NHK東京テレビジョン開局にあたって行われた、式典と各種記念行事の様子を伝える。開局記念式典（古垣鉄郎会長のあいさつ）、舞台劇「道行初音旅」吉野山の場（尾上梅幸、尾上松緑ほか）、日比谷公会堂の開局記念公開番組「今週の明星」（笠置シヅ子ほか）など。

NHK10大ニュース　1953　1953年度

1953（昭和28）年の10大ニュースを回顧し、紹介。解説・宮田輝。①エリザベス2世女王戴冠式にご出席の皇太子殿下が欧米外遊を終え半年ぶりにご帰国。②第五次吉田内閣成立。衆議院議員選挙の様子。③北九州・和歌山県内・京都府綴喜郡などの風水害。④各地から日本人帰還。⑤秩父宮ご逝去。⑥李承晩ラインをめぐる問題。⑦冷害と凶作。⑧MSA（日米間の相互安全保障法）と日本の防衛問題。⑨基地問題。⑩奄美大島復帰。

NHK短編映画　皇太子殿下御外遊記録　1953年度

皇太子殿下（現在の上皇陛下、当時19歳）は天皇陛下の名代として英国のエリザベス女王の戴冠式（たいかんしき）に出席。横浜港大桟橋からの出発の模様がNHKのテレビ放送で中継された。ハワイ、サンフランシスコ、ナイアガラの滝、ニューヨークを経てイギリスへ。帰国途上にはハワイを再訪し、相撲を笑顔で観戦された。帰国した際には「使命を果たしたことは私の大きな喜び」との旨のメッセージを出された。

NHK短編映画　若き力の祭典　第8回国民体育大会　1953年度

四国4県を会場に行われた「第8回国民体育大会」の記録。開会式には昭和天皇も出席され、挨拶をされた。当時、アメリカ施政権下にあった沖縄も参加。国体は日本体育協会、文部省（当時）、開催都道府県（持ち回り）の共催で、1946年に始まった。

新春放談　安倍能成・笠信太郎　1953年度

年始に各界の著名人2人が自由に対談する番組。実験放送として1953年1月に作家・平林たい子、画家・三岸節子、歌手・佐藤美子が出演、翌1954年1月には、「財界人大いに語る」と題して、三井銀行社長・佐藤喜一郎、日本郵船社長・浅尾新甫、秩父セメント社長・諸井貫一（いずれも当時）が出演。この番組は映像が現存する最も古い放送回で、1954年1月に哲学者・安倍能成とジャーナリスト・笠信太郎が対談した。

NHK10大ニュース　1954　1954年度

1954（昭和29）年の10大ニュースを回顧し、紹介。解説・宮田輝。①洞爺丸の遭難。②第五福竜丸の被災と、放射能の測定調査、被災者について。③造船疑獄事件と指揮権の発動。犬養健法相が佐藤栄作幹事長の逮捕請求延期を発表。④吉田首相の外遊。⑤国会乱闘事件。⑥近江絹糸紡績で起きた大規模な労働争議。⑦二重橋事件。⑧相模湖で起きたボート遭難事故。⑨中国紅十字会代表団の来日。⑩自由党の分裂と新党の結成。

NHK短編映画　東京の24時間　1954年度

日の出にはじまり、始発電車、魚市場、仕事を求める日雇い労働者たち、出勤風景、国電、荷馬車、都バス、小学生の登校、パチンコ屋、競馬、デパート、団地、野球応援、帰路につく会社員、雀荘、酒宴、キャバレー、易者など、早朝から深夜までの大都市の光と影、急激に膨張しつつあった東京の暮らしや風俗を描いた。フィルムカメラが捉えた東京の懐かしい光景が登場する。

NHK短編映画　私たちの学校　1954年度

東京の都心にある京橋小学校では、自分たちの生活を自分たちの手で切り開くため、校内に児童たちが運営する「放送局」「新聞社」「銀行」などが設けられ、よりよき社会人になるための活動が行われていた。校内では上履きに履き替えなくてはならないかどうかが、最高議決機関である「全校児童会」で決められるなど、戦後民主主義に沿った先進的な教育を紹介した。

ドラマ　居留地ランプ　1954年度

慶応元年、横浜の街道で江戸を目指す男2人が腹をすかせていた。そこへ身なりのよい若い女性が強盗から逃れてきた。男たちは強盗から女性を救い、そのお礼にと女性の家で食事をもてなしてもらう。女性の暮らしぶりは西洋風で、男たちにはすべてが珍しい。ピアノが奏でる子守唄が聞こえてくると、無性に故郷の親に会いたくなってしまうのだった。昭和29年度芸術祭参加番組。作・長谷川伸。出演：山形勲、久松保夫ほか。

ドラマ　風光る　1954年度

兄の結婚が決まったが、家が小さいので両親との同居は無理。しかし、借家もなかなか見つからない。そこで大学は怠けてばかりだが、手先が器用で、人との交渉事も得意な弟が一肌脱ぐことに。まず車の修理をしてあげた先で資金提供の話をまとめ、次に大工の元に図面を持ち込み、さらに材木屋の親父にも話をつける。昭和29年度芸術祭参加番組。作・今日出海。音楽：團伊玖磨。出演：石黒達也、日高ゆりえ、高橋昌也ほか。

1955～1956年度のおもな特集番組

この他の番組はこちら
 1955年
 1956年

ドラマ　追跡　1955年度

東京、大阪に暗躍する密輸団の犯人を追う物語。東京（スタジオおよび月島桟橋）、大阪（スタジオおよび道頓堀太左衛門橋）を結ぶ1時間の4元生放送ドラマ。テレビ開局2年目に放送技術の可能性に挑戦。テレビカメラ11台、マイク26、出演者を含め300名を動員し、映画でも演劇でもない独自のテレビドラマをめざした。テレビ作品初の芸術祭賞受賞。作：内村直也。出演：二本柳寛、広岡三栄子、芦田伸介ほか。

伝統の美　武者小路実篤・亀井勝一郎　1955年度

作家活動だけでなく、人道主義的活動の一環として「新しき村」を創設した武者小路実篤氏と、若いころはプロレタリア文学を志すが、やがて日本文化へ回帰した評論家・亀井勝一郎氏が対談。戦後、日本に入ってきた外国の文化におもねるのは好ましいとはいえず、日本の伝統を振り返るのはよい傾向であるなどと、文化芸能について議論する。

芸術対談　横山大観・吉川英治　1955年度

米寿を迎えた日本画の大家・横山大観が、作家の吉川英治を相手に四方山話をする。酒好きの大観は、「番茶」と言いながら土瓶に酒を入れて茶碗でぐいぐい飲み、いい気分で「谷中うぐいす」を歌う。「88になってもまだ業績が上がらない」と言う大観に対し、ほろ酔い気分の吉川英治は、「筋を曲げないのは絵を通してよく分かる」「あなたは幸運だ」と、意気の合ったところを見せる。美術界でも語り草になっている貴重な対談番組。

ドラマ　おふくろ　1955年度

常に息子をそばに置きたい母、自立を目指す息子、明るい妹が、肩を寄せ合って暮らす小さな家では、何気ない日常のおしゃべりやいさかいが繰り広げられてきた。ある夜、不意に訪れた客は息子が家庭教師をしていた生徒だった。さらに息子は就職先も家族に相談なしで決めていた。母は今まで気付きもしなかった息子の別の顔を知りがく然とする。作：田中千禾夫。出演：田村秋子、西田昭市、里見京子、賀原夏子ほか。

NHK短編映画　ラジオとテレビジョン　1955年度

1925年、日本初のラジオ放送は社団法人東京放送局（JOAK、現在のNHK東京放送局）が行った。以来、30年間のラジオ放送と、テレビ放送の歴史をコンパクトにまとめた番組。ラジオでは学校放送、婦人の時間、清元（浄瑠璃の一種）などを紹介。テレビでは国会中継やスポーツ中継、天皇皇后両陛下（昭和天皇・香淳皇后）が参加されての植樹祭、1954年のマリリン・モンローの来日などを紹介した。

NHK短編映画　昼も夜も　1955年度

森繁久彌出演のミュージカル・ショーの収録が終わったシーンから始まり、スタジオの撤収後も、ドラマの読み合わせ、出演者の衣装合わせ、美術スタッフによるセットの立て込み、リハーサル、そして翌日の中継の準備と、NHKでは昼も夜も24時間作業が続く様子を紹介。事件事故現場の取材、フィルムの運搬、編集、人形劇の舞台裏、人気クイズ番組『ジェスチャー』の収録風景など、テレビ初期の興味深い様子を収録。

テレビドラマ　どたんば　1956年度

福岡県の中小炭坑で起きた落盤事故の現場が舞台。事故現場に取り残されたカナリヤと4人の炭鉱労働者の極限状態での葛藤や、安否を心配して駆けつける家族や愛人、事業主とのやりとり、必死の救助作業で3人が救出されるまでを描く。テレビ草創期の迫真の生放送スタジオ・ドラマ。三國連太郎のテレビドラマデビュー作、第11回芸術祭文部大臣賞を受賞。作：菊島隆三。出演：加東大介、三國連太郎、津島恵子、藤間紫ほか。

新春放談　小林一三・松下幸之助　1956年度

年始に各界の著名人2人が自由に対談する番組。NHK大阪局制作。沿線住宅開発やターミナルデパートで阪急電鉄を築き上げ、宝塚歌劇団や東宝、温泉・遊園地・野球場などの娯楽施設や大学誘致なども含めた私鉄経営を成功させ、商工大臣、国務大臣などを歴任した小林一三。電球ソケットや自転車用電池ランプの考案で松下電器産業（現パナソニック）を創業した松下幸之助。この2人の経済人が語り合う貴重な映像。

ドラマ　私はだまさない　1956年度

殺人罪で10年服役し、出所した男（森繁久彌）が思いを寄せていた女を捜す中で、殺した男が生きているのを見つける。主演の森繁久彌は、当時すでに円熟期を迎えたスターで、NHKにも「森繁ショー」と呼ばれるミュージカル中心の枠番組があった。元宝塚の宮城野由美子を迎えた本作は、特に好評を得たドラマ。作：菊田一夫。音楽：石川皓也。出演：森繁久彌、宮城野由美子、清水将夫、中原ひとみ、芦田伸介ほか。

ドラマ　五文叩き　1956年度

じいさんとばあさんが構える剣道場は貧しくて門下生が一人もいない。そこに、腹をすかせた浪人風の男がやってきた。その男の知恵で、「竹刀一たたき五文」という商売を始めて剣道場は繁盛、やがて「五文たたき」の客が門下生になって、さらに繁盛する。そこへ道場破りがやってくるが、たたかれてばかりの男がたたきのめしてしまう。テレビ放送開始3周年記念のドラマ番組。作：長谷川伸。出演：田崎潤、伊達信ほか。

1957～1958年度のおもな特集番組

この他の番組はこちら
 1957年 1958年

ここに鐘は鳴る　澤田美喜 1957年度

時の話題の人をスタジオに招き、ゆかりの人々に再会する番組。第1回のゲストは、戦後まもなく生まれた多くの混血孤児のために、養育施設「エリザベス・サンダースホーム」を創設した澤田美喜。澤田は財閥の家に生まれ、外交官の妻になって海外生活を送り、イギリスで孤児救済活動に目覚めた。スタジオにはホーム設立時の関係者や、アメリカ人の養父母、成長した子どもたちが多数集まり、苦しかった時代を語り合った。

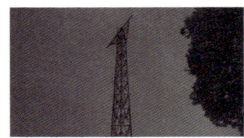

NHK短編映画　電波の歩み 1957年度

1925年のラジオ放送開始から1953年のテレビ放送開始を経た30年余りの放送の歴史を、写真と映像を用いてコンパクトにまとめた。浜口雄幸首相の演説、満州事変を伝えるニュース、二・二六事件の際に原隊復帰を命じる「兵に告ぐ」の放送、ベルリンオリンピック女子200メートル平泳ぎでの「前畑がんばれ！」とアナウンサーが絶叫する実況など、歴史に残る放送を紹介した。

NHK短編映画　青函連絡船 1957年度

青森と函館を結ぶ青函連絡船は1908年に就航した。1957年当時、まだ蒸気タービンで動いていた連絡船は真っ黒な煙を噴き上げながら海峡を渡っていた。船の常連客は東北から函館に食料を運ぶ「カツギ屋」と呼ばれる人たちだった。

ドラマ　獣の行方 1957年度

戸田鉄夫（平幹二朗）は、「グズ鉄」とあだ名されるおとなしい青年。兄は1年前、疑獄事件で上役の責を負って検挙され、不可解な死を遂げた。一周忌の夜、鉄夫は兄の遺品の手帳を開き、「この三人が俺を殺した」という書き込みを見つけ、人が変わったように復讐心に燃える。第12回芸術祭奨励賞を受賞。作：三好十郎。音楽：乗松明広。出演：平幹二朗、園井啓介、岩崎綾子、杉浦直樹ほか。

ドラマ　石の庭 1957年度

室町時代、応仁の乱後の京都を舞台に、龍安寺の石庭にまつわる兄弟愛と封建社会の階級制をえぐり出したドラマ。久米明が庭師兄弟の兄を演じる。1時間の生放送でカメラが2台のみという限られた条件での制作。演出は和田勉、NHK大阪放送局制作。第12回芸術祭奨励賞を受賞。作：有吉佐和子。音楽：古川太郎。出演：久米明、石田茂樹、高森和子、鳳八千代、松岡与志雄、関本勝、武周暢、内田朝雄。

新春対談　時代と良識　和辻哲郎・安倍能成 1958年度

年始に各界の著名人2人が自由に対談する番組。西洋哲学研究から次第に日本の古美術・古代文明に目を向け、和辻倫理学を構築するとともに、旅行記「古寺巡礼」の著者でもある哲学者・和辻哲郎。夏目漱石に師事し、「カントの実践哲学」「西洋近世哲学史」などを著わし、文部大臣、学習院院長を歴任した哲学者・安倍能成。日本を代表する哲学者2人が「時代と良識」をめぐって語り合った。

ここに鐘は鳴る　時津風定次 1958年度

何らかの意味で日本を代表し、その生涯の業績が社会に貢献した人物を招き、ゆかりの人々との感動的な再会を通して、本人の人となりを紹介する番組。今回は、無類の強さを誇り、戦後の角界をけん引した第35代横綱双葉山、（日本相撲協会理事長・当時）時津風定次。出演：八木治郎アナウンサー、時津風定次、安芸ノ海節男。

ドラマ　卒塔婆小町 1958年度

貧しい老婆やほろ酔いの詩人が公園で出会う。老婆は昔、鹿鳴館でならし、参謀本部少将が通ってきた小町と呼ばれる女だったと語る。公園は鹿鳴館の舞台となり、人々は小町の美貌を褒めそやし、やがて詩人は小町とワルツを踊り恋に落ちるが……。第13回芸術祭参加のドラマ作品、深い陰影と詩的ムードあふれる演出で梅本重信が演出賞を受賞。作：三島由紀夫。音楽：入野義郎。出演：三島由紀夫、東山千栄子、高橋昌也。

NHK映画　大東京の顔 1958年度

人、車で混雑する東京。神経をすり減らす人が増え、精神安定剤が好調な売れ行きを示し、精神科の患者も増大。ロカビリーに熱中する若者、夜の街で一杯飲んでストレスを解消する人たち。大東京のさまざまな顔を描いた。ロカビリーブームに火をつけた平尾昌晃ら「ロカビリー三人男」が出演した1958年2月8日の音楽フェスティバル「日劇ウエスタンカーニバル」に、大勢の熱狂的な観客が詰めかけた様子も収録されている。30分のフィルム番組。

NHK映画　灯台の人々 1958年度

『NHK映画』は16ミリカメラとフィルムの特性を活用して制作するもので、テレビ記録映画の分野の開拓に力を注ぎ、数々の好評を博した作品がある。「灯台の人々」もそのような作品の一つ。灯台に働く人々の使命と生活を描いた。ちなみに2006年に長崎県五島列島の女島（めしま）灯台が無人化され、この番組で描かれた有人灯台は姿を消した。

1959年度のおもな特集番組

この他の番組はこちら

皇太子殿下ご結婚　皇太子殿下馬車列沿道実況
皇太子御結婚特別放送。皇居宮内庁正面玄関前から、皇居外苑、警視庁、半蔵門付近、四谷駅付近、四谷三丁目付近、信濃町付近、明治神宮外苑、青山六丁目付近、青山東宮仮御所まで8.9キロに及ぶ沿道パレードの実況。出演：緒方安雄、岡本愛裕、池田弥三郎、神津善行、中村メイコ、A・T・ベルバード夫妻、三宅艶子。

NHK映画　寿ぐ御成婚
1950年代のテレビ史最大の出来事といえば、1959年4月10日、当時の皇太子殿下と正田美智子さんのご成婚である。NHKと民放はテレビカメラ100台、放送要員1000人を動員してご成婚パレードの中継に当たった。テレビ中継を見た人は1500万人に上った。白黒で放送されたが、カラーテレビが普及した1965年にはカラーでも放送された。

NHKテレビ映画　山の分校の記録
栃木県栗山村（現在の日光市）の分校に、初めてテレビがやってくる。31人の子どもたちは、テレビが映し出すそれまで見たこともない外の世界に瞳を輝かせる。番組は1年にわたり、テレビが子どもたちの生活をどう変えるかを追うとともに、山村の暮らしを克明に記録。テレビが学校教育の場でどう生かされるのか、その可能性を模索した。イタリア賞テレビドキュメンタリー部門第2位、トリエステ市観光協会賞受賞。

科学の話題　テレビジョン
5回シリーズでテレビジョンの科学について伝える。テレビジョンの録画技術、ビデオテープの原理やNHK放送技術研究所が開発した「電子蓄積管」などを紹介、また、テレビジョンのさまざまな面白い特殊効果技術について解説する。出演：高柳健次郎、松山喜八郎、相島敏夫、林実、山口清、野村達治、堀江正雄。

NHK制作映画　放送記念日特集　NHKの24時間
当時の人気クイズ番組『私の秘密』の収録準備、メーキャップ風景、犯罪現場での取材、RADIO JAPANの外国人アナウンサー、家庭でテレビを見る視聴者や受信料の集金風景、テレビ視聴調査員、東京・内幸町にあったNHKを見学する中学生、昼夜休みなしで営まれるNHKの活動を紹介した広報番組。山の小学校にテレビを送るシーンもあり、時代を感じさせる。

海外取材番組　アフリカ大陸を行く　シュバイツァー博士をたずねて
NHK初の海外取材番組。アフリカの新しい息吹を現地取材し、ガーナのエンクルマ大統領のインタビューや、シュバイツァー博士の撮影も行った。日本人の海外渡航が年間5万人足らずだった1959年、取材班は22か国を回った。第1集の「アラブ連合を訪ねて」は、取材班が出発してから27日目に放送。当時としては驚異的な早さだった。

ドラマ　日本の日蝕
1945年2月、雪深い東北の小さな村に、近くで耐寒演習をやっていた小隊からの脱走兵が現れた。憲兵隊から連絡を受けた駐在巡査・大貫忠太は、村長の家へ急いだ。村人は恐怖と不安に陥る。その脱走兵が村の巡査の息子だと分かり…。ラジオドラマとして放送された作品を、テレビドラマ化した。作：安部公房。音楽：小倉博。出演：伊藤雄之助、山田巳之助、伊東亮英、加藤精一、美杉てい子、津島道子、高森和子ほか。

ドラマ　ある町のある出来事
生徒の転落死をめぐり、級友、教師、家族の責任問題が追及される。PTAが議論していく中で、大人たちすべての無関心や虚栄心が生徒を殺したことに気づく。第14回芸術祭奨励賞受賞。原作：レジナルド・ローズ。訳・翻案：江上照彦。音楽：別宮貞雄。出演：殿山泰司、下條正巳、丹阿弥谷津子、小山源喜、林佐知子、柳永二郎、花井蘭子、夏川大二郎、平松淑美、楠侑子、長浜藤夫、河野秋武、永井百合子ほか。

氷雨
N開発公団の汚職事件の取調べを受けていた会計課長が自殺。社の上層部や政治家への捜査を防ぐために追い込まれたのだ。会社は課長と約束した妻子の世話に、わずかな金しか支払わない。復讐を誓う課長の妻は料亭の女将となり……。芸術祭奨励賞受賞。作：松本清張、西川清之。音楽：平井哲三郎。出演：佐分利信、西村晃、久米明、小林重四郎、稲野和子、高橋正夫、村上冬樹、藤山竜一、小沢昭一、山岡久乃ほか。

新しい動画　3つのはなし
中村メイコが色々な声を使い分けて、司会だけでなく語りや声優を務め、アニメ化した3本の童話を紹介したNHK最初のテレビアニメ番組。クロマキー合成技術も初めて使われる。「第三の皿」（原作：浜田広介、絵：小薗江圭子、音楽：前田憲男）、「眠い町」（原作：小川未明、絵：中原収一、音楽：山屋清）、「オッベルと象」（原作：宮沢賢治、絵：和田誠、音楽：三保敬太郎）。出演：中村メイコ。

1960年度のおもな特集番組

この他の番組はこちら

ここに鐘は鳴る　長谷川如是閑

何らかの意味で日本を代表し、その生涯の業績が社会に貢献した人物を招き、ゆかりの人々との感動的な再会を通して、本人の人となりを紹介する。出演は、大正デモクラシー期の代表的論客の一人で、ジャーナリスト、評論家、作家としても活躍する長谷川如是閑。司会は八木治郎アナウンサー。

ドラマ　敦煌

舞台は11世紀の中国、宗の西には西夏が独立して建国。官吏登用の試験を受けるため上京した趙行徳は、市場で助けた女から西夏文字が書かれた布を渡され西方へと向かう。テレビのスタジオドラマとしては空前の大作として制作された2時間ドラマ。1960年イタリア賞参加作品。原作：井上靖。脚本：菊田一夫。音楽：古関裕而。出演：仲谷昇、八千草薫、北村和夫、杉浦直樹、神山繁ほか。

ここに鐘は鳴る　吉川英治

何らかの意味で日本を代表し、その生涯の業績が社会に貢献した人物を招き、ゆかりの人々との感動的な再会を通して、本人の人となりを紹介する。出演は、「宮本武蔵」「新・平家物語」などの歴史ものの大衆小説が大ヒットし、「国民文学作家」といわれる吉川英治。司会は八木治郎アナウンサー。

あすのNHK

NHK36年を記念して制作、開局間もないテレビはどんな番組が放送され、社会にどう受け入れられていたのかが分かる広報番組。テレビドラマの制作風景、番組撮影や放送の様子、放送を視聴者に届けるためのサテライトの保守、テレビを教材として使った授業や商店街振興の試み、海外放送やさまざまな事業、各地の中継や視聴風景などを紹介。ラジオやテレビを通じた、NHKと日本人の生活の変化と歩みを振り返る。

ケネディ米大統領と会見

1960年1月に新たに就任したケネディ米大統領と、NHKの前田義徳特派員が、1960年3月25日にホワイトハウスで行った会見の模様を放送。日米修好100周年を迎えたが日米関係は今後どうなるのか、ケネディ大統領の新しいフロンティア精神とはどのようなものか、原子爆弾や宇宙開発をどのように進めていくのか等、新大統領の考えを聞いた。出演：ジョン・F・ケネディ、前田義徳。

NHK短編映画　街の女性の服と色と・・・

戦時中はすべての色が失われるが、平和な時代に色はよみがえる。街を彩る女性の服を色の視点から捉えた番組。衣類や小物に使われる色、その年の流行色はどのように決められていくのか。色と売り上げの関係を調べているデパートの流行色研究室の試みや、年齢や職業によって好みが左右される色の科学などを、昭和30年代のファッションと共に紹介。1960年9月のカラーテレビ本放送に先立ち、2月に実験放送として流れた。

第8回NHKテレビ赤ちゃんコンクール

1954年2月の東京テレビジョン開局1周年記念に始まったコンクールで、以降、「放送記念日」特集として放送された。放送1年前の2月に生まれた赤ちゃんが対象で、全国から応募された中から健康で立派な赤ちゃん男女1名を選ぶ最終審査の模様を放送。出演：古井喜実（厚生大臣）、太田園（東京都副知事）、阿部真之助（NHK会長）、葦原邦子（インタビューアー）、後藤美代子アナウンサー。

チャンネル結んで　災害地を行く

1960年5月22日に発生したチリ地震による被害を受けた三陸の被災地を記録。空から見た志津川町、がれきを撤去する人、津波が来た時の状況についてのインタビュー、防疫対策本部や医療班の活動、被災地に入るNHK医療防疫サービスカー、NHKの受信サービスカーやテレビ・ラジオ修理相談所の修理受付に訪れた子ども、ラジオやテレビを修理する人、募金活動をする石巻女子高の生徒などが撮影されている。

梅原龍三郎　人とその作品

洋画家で文化勲章を受章した梅原龍三郎の人物像と作品を紹介する特集番組。浅間山のアトリエで女優・高峰秀子をモデルに制作中の様子や、若き日の写真、ルノワールからの手紙など、貴重な映像が記録されている。ブリヂストン美術館で収録した作品は「横臥裸婦」「ボンネットの婦人」「坐裸婦」「カンヌ港」「ベスビオとナポリの街」「裸婦脱衣立図」「雲中天壇」「北京秋天」「パリスの審判」ほか。

学校放送25年

1935年4月15日の学校向けラジオ体操から数えて25年目の記念番組。この年、1日6時間40分、ラジオ番組約70本、テレビ番組約40本を、全国約6万の学校向けに放送。この前年までにNHKは、まだ学校放送が利用できない学校に970台のトランジスターラジオの配布を完了した。当初は朗読が標準語の普及に役立ち、終戦直後は新しい教科書が行き渡らない中、より豊かな教材として普及した歴史を振り返る。

1961年度のおもな特集番組

この他の番組はこちら

特集　ある日本人　八郎潟に生きる
戦後の食糧難を背景に立案された八郎潟干拓は、どのように進められていったのか？　1952年、農林省は食糧増産計画を策定し干拓事業を推進、八郎潟干拓計画が検討された。周辺の漁民は反対運動を展開したが、漁業補償を受けることで妥結、1957年には工事着工となった。秋田県の男鹿半島の中央に広がる八郎潟で半農半漁を営む、ある漁民家族の生活を紹介する。

科学と人間
各界を代表する4人によって行われた年頭の新春特別座談会。ノーベル物理学賞を受賞した湯川秀樹、臨済宗禅僧・朝比奈宗源、近代経済学を日本に導入し初代一橋大学学長を務めた中山伊知郎、金属物理学の権威で東京大学総長を務めた茅誠司が「科学と人間」について語り合う。出演：湯川秀樹（京都大学教授）、朝比奈宗源（鎌倉円覚寺管長）、中山伊知郎（一橋大学教授）、茅誠司（東京大学学長）。

ドラマ　フライング・スポット
1961年、スイスで開催された「第1回国際テレビ祭典」において、全世界から6人のテレビ研究家が表彰された。その中で、ただ1人の日本人、"日本のテレビの父"高柳健次郎をモデルにしたテレビ放送開始9周年記念ドラマ。作：西沢実。出演：緒形拳、岸旗江、戸浦六宏、山本耕一、夏川静枝ほか。

私はカメラ
「カメラ」を主人公にした擬人法を使い、1人称「私」で表現した語りで進行していく。番組では、これまでカメラが捉えてきた映像や写真、それにダゲレオタイプなどのカメラの種類や超高速度カメラなどの撮影技法や、子ども達による映画や校内放送の自主制作風景などを紹介した。語り：渥美清。総合テレビ放送開始9周年記念特集番組。

NHK 1962
雪深い山村で教材になっているテレビ番組、NHKの番組を見て励まされる集団就職の若者たち、英会話番組の公開収録、ポリオ撲滅キャンペーン、無人カメラ、無人サテライトなどをフィルム構成で紹介。日本全国どこでも放送が見られることを目指すNHKの意気込みを伝えた広報番組。1925年のラジオ放送開始以来37年、あらためてNHK放送の現状と今後の放送計画を伝えた。

ここに鐘は鳴る　柳田国男
何らかの意味で日本を代表し、その生涯の業績が社会に貢献した人物を招き、ゆかりの人々との感動的な再会を通して、本人の人となりを紹介する。出演は、「日本民俗学」の創始者で、近代日本を代表する思想家でもあった柳田国男。出演はほかに、今和次郎、渡辺晋一、荒垣秀雄。司会は八木治郎アナウンサー。

カンテラ学級の卒業式
埼玉県秩父の山奥にある鉱山で働く人たちの中に、通信制高校で学ぶ生徒たちがいる。仕事後に毎週開いている勉強会「カンテラ学級」から、初めての卒業生が出た。卒業式の生中継をはさみながら、彼らのひたむきな向学心や、彼らを支えた家族や教師たちの苦労を伝える。

総理と語る
1960年のアメリカ大統領選で、ケネディが逆転勝利をおさめるきっかけとなったのはテレビ討論会だったという。その影響を受け、総理大臣の素顔に迫るという試みで池田勇人首相が出演する対談番組が始まった。1962年以降はNHKと民放が交替で放送。1964年には佐藤栄作首相が出演。スタジオでは大学教授や文化人が聞き手を務めた。

特別番組　一千万人の東京
1962年、東京の夜間人口は1000万人を突破。番組では満員電車、デパートに勤める女性たちやサラリーマンの姿、夜の酒席、ジャズクラブにたむろする若者たちなどの新しい風俗を描くとともに、下町・佃島の変化や消えゆく「方角師」など、急激に進む都市化を文明批評的なナレーションで描いた。イタリア賞参加作品。

特別番組　NHK教育テレビ番組紹介
『テレビでおけいこ　楽しい人形劇』『そろばん教室』『職業技能講座』『テレビ自動車学校』『テレビ実験室』『人間の科学』『自然科学入門』『数のふしぎ』『絵画教室』『テレビ美術館』『君も考える』『青年の歩み』『高等学校講座』『今日の課題』『現在の世界』『やさしい経済教室』『英語会話』『村のくらし』『農業教室』『栄える商店』『経営ゼミナール』『大きくなる子』『母親から教師から』『音楽夜話』『芸術劇場』を紹介。

1962年度のおもな特集番組

この他の番組はこちら▶

教養特集　日本回顧録
近代日本の歴史を証言や映像で構成したシリーズ。1962年度は、「婦人参政運動のあゆみ」「京大事件のころ」「築地小劇場のころ」「日華事変のころ」「終戦」「荒畑寒村　わが無産運動史」「長谷川如是閑　言論60年」「大谷竹次郎　演劇70年」「昭和財界史　渋沢敬三」「二・二六事件」「山田耕筰　楽壇生活60年」を放送。1966年度まで放送。

アホウドリの記録
気象庁離島課、文化財保護委員会の協力のもと、国際保護鳥、特別天然記念物であるアホウドリの鳥島での生態を記録した番組。以降『自然のアルバム〜鳥島のアホウドリ』（1965）、『日本の自然〜アホウドリ』（1977）、『NHK特集〜悲劇の巨鳥』（1980）、『生きもの地球紀行〜太平洋の孤島・鳥島』（2003）、『NHKスペシャル〜小笠原の海にはばたけ〜アホウドリ移住計画〜』（2018）などにつながる。

テレビドラマ　おはなはん一代記
明治、大正、昭和と、時代と共に生き希望を失わずに常に明るく周りの人々に生きる喜びを与えた一人の女性。その平凡だが美しい人生を描く単発ドラマ。ヒロインは森光子。第17回芸術祭奨励賞受賞、第1回NHKテレビドラマ脚本賞を受賞（審査員は小津安二郎ほか）。1966年に、NHK連続テレビ小説の第6作『おはなはん』として1年間放送された。作：小野田勇。出演：森光子、北沢彪、神山繁、北村和夫、加藤武、沢村貞子ほか。

テレビドラマ　汽車は夜9時に着く
紡績工場の女子工員が自殺した原因は何か。現代の組織と個人の問題を、討論形式の早い場面転換とサスペンスタッチで描いた。映像や音声の特殊効果など最新のテレビ手法を駆使し、新しい表現形式に挑戦した名古屋局制作のドラマ。第17回芸術祭奨励賞を受賞。作：城山三郎。出演：渡辺文雄、山田昌、岸輝子、山崎左度子、小林昭二ほか。

特集　禅
大都会東京。そこでの享楽的で慌ただしい生活を一新させようと、福井県の山間にある永平寺の門をたたく元秘密探偵社勤めの若者。道元によって13世紀半ばに設立された曹洞宗の大本山・永平寺。そこは、僧侶たちの厳しい修行の場である。都会生活を捨てて、この寺で他の雲水たちに交じって禅問答などの厳しい修行を続ける若者のくらしを追う。語り：伊東正和。

テレビドラマ　瀛
水害で孤児となったひとりの少年の作文を通して、日本人と自然との関わりに迫るドキュメンタリータッチのドラマ。「なぎ」とは、集中豪雨などが山肌を崩すように土砂を押し流すことをいう中部山岳地帯の方言。現地ロケのフィルムを多用し、水害シーンを大規模に再現。第17回芸術祭奨励賞を受賞。作：水木洋子。音楽：大木正夫。出演：田村達也、宮口精二、中村芝鶴、三木のり平、桂小金治、久米明、殿山泰司ほか。

祭りと仮面
日本人の顔・表情の豊かさを表す、舞楽や能、狂言などにみられる日本独特の面の世界を大岡信の構成で特集。舞楽（静岡県・小国神社、奈良県・春日神社）、鬼来迎（千葉県・広済寺）、二十五菩薩来迎会（東京都・浄真寺）、鬼剣舞（岩手県・岩崎）、延年舞（岩手県・毛越寺）、狂言（岐阜県・能郷）を紹介する。語り：高橋昌也。

放送記念祭特集　世界をむすぶ放送
世界各国からの放送を受信する報道局外国放送受信部や、日本から送出しているNHK国際放送「ラジオジャパン」などを紹介。将来の問題として、人工衛星によるテレビの世界中継問題などについての科学的な未来図を描く。千葉県横芝分室で受信した世界各国からの放送が、報道局外国放送受信部でどのように利用されるか、国際局のスタジオからどのように「ラジオジャパン」英語放送が発信されるかなどを紹介。

ドラマ　青春放課後
放送記念日特集ドラマ。夫を早くに失い京都で小料理屋を開いているせいのひとり娘・千鶴が主人公。適齢期を過ぎようとするひとり娘の結婚に対する母の心情の変化を描く。1963年12月12日に亡くなった小津安二郎が、作家の里見弴と共にテレビ用に書き下ろした唯一の作品。作：里見弴、小津安二郎。音楽：斎藤高順。出演：小林千登勢、佐田啓二、宮口精二、杉村春子、高橋幸治、北竜二ほか。

農家にとつぐ
農家の後継者の結婚問題が深刻化する中、誇りをもって農民の妻となった埼玉県比企郡菅谷村の長島克枝さんを主人公とするドキュメンタリー。農家に生まれた克枝さんは、農業労働の厳しさと村に生きることの難しさを知っており、農家にだけは嫁ぐまいと思っていた。だが、農業を継ぐ青年・長島君と出会い、その思いが変わっていく。カメラは、新しい農業に生きる喜びを知った若い2人の姿を、美しい村の風景の中に追う。語り：山岡久乃。

1963年度のおもな特集番組

この他の番組はこちら

特別番組　黒四完成
当時世界で第4位の貯水量を誇る黒部第四発電所完成式の日、東京、大阪、名古屋、富山、金沢の5局体制で、ヘリコプター、立山連峰大汝山、ダムサイト、発電所など大がかりなカメラ配置でナマ中継を実施。当時まだ貧弱だった放送技術の限界に挑んだ中継は、視聴者に黒部ダムのスケールの大きさと、技術者の偉業を伝えることに成功した。出演：鈴木健二アナウンサー、村野賢哉、太田垣士郎、野瀬正儀。

東京オリンピックを世界の人々に
1964年の東京オリンピック開催に向けて、衛星中継が可能になりテレビオリンピックになると言われた東京大会。番組ではNHKが開発した超小型テレビカメラ、接話マイクロフォン、多元同期結合装置などの放送機器をはじめ茨城県高萩の宇宙中継実験所、海底ケーブル、放送センターなどの放送施設を技術的側面から紹介。海外放送局との放送体制の構築や海外取材番組などを多角的に紹介するカラー番組。出演：与謝野秀。

TOKYO
1964年の東京オリンピックを翌年に控えて、急激に変貌する大都市のさまざまな表情を描く。両親を捜し求めて歩く女性と一人称のモノローグを通して、「東京」を映し出す心象ドキュメンタリー。オリンピック開催地である東京を海外に紹介する目的で制作され、タイトルが「TOKYO」とローマ字表記されている。英語版のフィルムもNHKに保存されている。演出は吉田直哉。

芸術祭参加ドラマ　天からもらった場所で
名古屋近郊の中小企業に働く農村出身で集団就職した若い男女工員たちの苦悩と、それを乗り越えていくエネルギーを描いた作品。貧しい村から家族の期待を背負って都会に出てきたが、工場で大けがをして意識を失ってしまう男子工員の回想からはじまる。NHK名古屋局制作。芸術祭参加作品。作：岩間芳樹。音楽：熊谷賢一。出演：山本喜代彦、杉山佳寿子、菅井きん、島かおりほか。

芸術祭参加ドラマ　鋳型
職を求めて上京した主人公の東京での生活を中心に、上野に降り立った青年、欧州へ旅立つ女性、離婚した夫婦、刑期を終えたスリ…、それぞれの生活、そして人間模様を通して、現代日本人の大叙事詩を描く野心作。第18回芸術祭奨励賞・第3回日本テレフィルム技術賞（撮影、録音）受賞。作：須川栄三。出演：太田正孝、淡路恵子、中谷一郎、武内亨、阿部寿美子、加藤嘉ほか。

ドラマ　縮尺9,800万分の1
廃墟と化したような東北のある港町を舞台に、日本の縮図を風刺的に描いたドラマ。シジミを採って生計をたてる女たちのもとに、10年ぶりに亭主が出稼ぎから戻ってくる。そこに東京の雑誌社から取材の男が訪れる。駄菓子屋に泊まり込み、若者たちの生き方を聞く。そこに見知らぬ男が現われる。芸術祭参加作品。作：茂木草介。音楽：芥川也寸志。出演：磯村みどり、下元勉、原泉、穂積隆信、森塚敏、山岡久乃、山本勝ほか。

日米テレビ宇宙中継はじまる
11月23日、リレー衛星による日米テレビ宇宙中継の第1回実験の映像が受信され、ウエップNASA長官らのメッセージが鮮明に送られてきた。この日、ケネディ大統領が暗殺され、第2回は番組を変更し、ライシャワー駐日大使のくやみの言葉が述べられ、大統領暗殺を伝えるNBC TVニュースが送られた。11月26日「ケネディ大統領の死を悼む」では、ワシントンでの国葬の模様、容疑者が射殺された瞬間が送信された。

芸術祭参加ドラマ　長い悪路
白人、黒人、日本人の交流によって、人種を超えた人間愛を描く異色ドラマ。ウィスキーの横流しに手を染めて、育った孤児院の修繕費を稼ごうとする少年たちに同情した在留米軍のクリスは、少年が10日間で東京から広島まで徒歩でウィスキーを届けられたら孤児院に1万ドルを寄付するという賭けをする。作：山内久。音楽：真鍋理一郎。出演：トム・S・ゼイノーラ、リカルド・ヘルモッサ、小山田宗徳、長谷川明男、山内明ほか。

芸術祭参加ドキュメンタリー　影の名優
歌舞伎の舞台で大見得を切る立役者のうしろで黒い衣装をまとい、顔をかくして立役者の演技を助ける黒衣。番付やプログラムに名前の出ない名題下の筆頭で、「影の名優」のひとりである坂東八重之助をクローズアップするドキュメンタリー。語り：平光淳之助。出演：坂東八重之助、市村羽左衛門、市川左団次、尾上松緑、尾上梅幸ほか。

教育テレビ放送開始5周年記念　教養特集
1964年1月7日から3夜にわたって、教育テレビ放送開始5周年記念番組を放送。第1夜「科学の未来像」は、京大の湯川秀樹教授が科学の未来について語る。第2夜「思想と文明」は、鈴木大拙と谷川徹三の対談。第3夜「安田靫彦　美の心」は、画家、能書家である安田靫彦に美について話を聞く。出演：（第1夜）湯川秀樹、田中慎次郎、（第2夜）鈴木大拙、谷川徹三、（第3夜）安田靫彦、河北倫明。

1964年度のおもな特集番組

この他の番組はこちら

実況中継　東海道新幹線
新幹線開通に先駆けて、実際のダイヤと同じように運行された試運転の様子について、生中継と事前制作フィルムで紹介した番組。　東京駅〜相模川〜天竜川〜浜名湖〜彦根〜京都〜大山崎、ビュッフェの様子、速度計など。音声なし。

オリンピック放送とNHK
1か月後に迫ったオリンピック東京大会の放送に向けて、宇宙中継を含むテレビ中継の準備状況を設備とともに紹介する。内容は、音声スイッチングセンター 、TV操縦室、フィルム録画現像室、分離輝度二撮像管カラーカメラ、接話マイク、2分の1ビジコンカメラ、スローモーションVTR装置、カラー化電子記録装置、宇宙中継、ヘリコプター用アンテナ自動追尾装置、多元同期結合装置、迅速現像機など。出演：春日由三。

より速く　より高く　より強く　東京オリンピック1964ダイジェスト
第18回オリンピック東京大会の模様を、開会式から閉会式まで競技を中心にダイジェストした2時間番組。内容は、オリンピック聖火リレー、開会式、入場行進、聖火入場、競技場の中継カメラ、宇宙中継送出室、各種競技、国立競技場（空中撮影）、バレーボール（女子）日本一ソ連決勝戦、マラソン1位のアベベ（エチオピア）、ヒートリー（イギリス）と円谷のデッドヒート、閉会式の選手団入場、消えゆく聖火。

文化の日特集　縄文・弥生の世界
戦後の研究によって明らかにされた日本の先史時代の新しい事実を実証的にとらえ、日本人の先祖が生きてきた世界を紹介しようとする番組。まず古代日本の精神的権威であった伊勢神宮と天皇中心の政治権力の象徴である仁徳陵からときおこし、弥生時代の稲作の生活をしのばせる登呂遺跡を紹介。そして縄文時代では日本考古学協会の手で発掘がすすめられていた千葉県の加曽利貝塚をとりあげた。

文化の日特集　手斧と古代建築
古代建築の実例として薬師寺東塔、法隆寺金堂、法隆寺講堂、法隆寺綱封蔵、興福寺北円堂、法華寺金堂、妙喜庵待庵（みょうきあんたいあん）、能勢の民家、十輪院本堂などを取り上げるとともに、絵巻物に描かれたたくみたちを紹介する。監修は大阪市立大学教授・浅野清。音楽：田中正史。語り：相川浩アナウンサー。教育テレビの30分番組。

放送記念祭特集　世界を結ぶNHK
国内のみならず世界に向けた放送局として、NHKの放送事業が世界と結ばれていることを描く広報番組。海外からの中継や海外取材番組、そしてヨーロッパからの楽団や歌劇団の招へい、東京オリンピックを放送する準備、大河ドラマ『赤穂浪士』などの収録風景、山村での学校放送番組の利用や、通信制高校であるNHK学園を利用して学ぶ人の姿などを紹介。1964年3月22日放送。

教養特集　日本回顧録　太平洋戦争開戦前夜
近代日本の歴史を証言や映像で構成したシリーズ。1964年度は「国際連盟脱退」「学童疎開」「ノモンハン事件」「沖縄戦記」「昭和初期世相史」「引揚船　興安丸」「日・独・伊三国同盟」「戦後インフレ」「満州事変前夜」「大正デモクラシー」「シベリア派兵」「大政翼賛会」などを取り上げた。出演：初見弘、賀屋興宣、星野直樹、加瀬俊一、村岡花子。「太平洋戦争開戦前夜」は1964年12月7日放送。教育の59分番組。

NHK1965
放送記念祭特集。山形県新庄テレビ中継放送所の保守風景、大河ドラマ『太閤記』ロケ風景、障害児向け『テレビろう学校』『テレビ特殊学級－たのしいきょうしつ』利用風景、通信講座利用風景、学校放送利用風景、新潟地震取材風景と被災者聴取風景、海外取材、海外優秀番組紹介、東京オリンピック宇宙中継送出・受信風景、下田テレビ中継放送所建設風景ほか。1965年3月21日、総合テレビで放送。

ドキュメンタリードラマ　遭難
1963年1月、大学の山岳部の13人のパーティは、北アルプスの薬師岳を目指すが、「38（さんぱち）豪雪」の猛吹雪で登頂を断念。下山途中にルートを誤って全員が遭難死した。番組では、遺体が発見されない息子を捜して独力で捜索を続けた父親の姿を再現した。演出は岡崎栄。脚本：たなべまもる。音楽：桑原研郎。放送記念祭特集番組として放送。

日欧テレビ宇宙中継　朝の日本から
日米テレビ衛星中継に次いで、ヨーロッパ向けの送信実験が1964（昭和39）年4月17日に行われ成功した。「東海道新幹線の走行テスト」「国立競技場」「世界学校放送会議」などの映像が、KDD茨城実験所からパキスタン上空のテルスター2号衛星を経由し、フランス地球局で受信、欧州24か国に放送された。

1965年度のおもな特集番組

この他の番組はこちら

わが外交を語る　吉田茂

終戦20年を迎え、吉田茂元首相の話を聞く。聞き手は政治評論家・萩原延寿と京都大学助教授・高坂正堯。1965年8月22日、神奈川県大磯の吉田邸にて収録。右手に葉巻を、左手にステッキを持ち、着物姿で、くつろいだ雰囲気の中で日本外交の来し方行く末を笑顔で語った。出演：吉田茂、萩原延寿、高坂正堯。

ドキュメンタリー　交通戦争

日本の交通問題を深刻にしている4つの要因、交通医療、交通道徳、命の評価、道路交通から分析し、交通戦争の現状と未来を考えたドキュメンタリー番組。身近なエピソードをオムニバス形式で描いた。交通戦争の実態を解明する。第20回芸術祭奨励賞受賞作品。

日本の稲作

冬の客土にはじまり、秋の収穫までの稲作労働を中心に、稲の生育、季節の移り変わりなどをつぶさに記録。米作農耕がわれわれの労働観や生活意識に、どのような影響を与えてきたかをさぐり、転換期の日本の稲作の現状を伝える。1965年11月23日の勤労感謝の日特集で放送。追加取材を加え、1966年度に放送記念日特集として放送、ベルリン国際テレビ農事番組コンクール黄金の穂賞受賞作品。フィルム構成、カラー作品。

ドキュメンタリー　耳鳴り　ある被爆者の20年

34歳の時に広島で被爆した歌人・正田篠枝さん。以来20年、耳鳴りに悩まされ続け、乳がんを発症するなどの原爆の影響と闘いながら、歌集「さんげ」「耳鳴り」を創作。被爆の苦しみを訴え続け、54歳でがんで亡くなった。被爆者の辛酸と原爆の悲惨さを短歌で訴え、犠牲者の鎮魂を祈り続けた、歌人であり、母であり、祖母である一人の被爆者の長い闘病を記録。4月25日放送の『ある人生』より。昭和40年度芸術祭参加作品。

NHK学校放送30周年記念　のびゆく学校放送

1935年にNHKの学校放送が始まって、30年。ラジオとテレビを合わせて1週間に180もの番組が放送され、全国の学校で利用されている現状を紹介した。生放送の理科番組が送出されるまで、岡山市で開かれた放送教育研究会全国大会と公開授業、学校放送の歴史、山の分校や障害がある子どもの学校での利用、教育番組国際コンクール日本賞の様子などが紹介された。

南極観測再開の記録

日本の南極観測は観測船「宗谷」によって1957年から始まったが、船舶の老朽化などにより1962年に中断、昭和基地を閉鎖していた。そして、日本初の本格的な極地用砕氷艦として建造された2代目観測船「ふじ」によって南極観測が再開、その様子を記録した番組。第1回「氷海を越えて」、第2回「よみがえる昭和基地」の全2回。カラー作品。

テレビと生活時間

放送記念祭特集。日常の生活に深く結びつくようになったテレビ。その影響、変化を全国に実施された調査をもとに紹介する。番組では1941年、1960年、1965年の国民生活時間調査データの移り変わりを電子計算機を使って分析。テレビを見るために夜更かしする家庭が増えている、子どもたちの就寝時刻が遅くなっている、一家団らんの会話がテレビでなくなった、などの問題提起があった。

ミュージカル　わが心のかもめ

ミュージカル初挑戦の加藤剛と20歳の吉永小百合が主演、翌年に劇団天井桟敷を旗揚げすることになる寺山修司が脚本を担当。音楽・山本直純、演出・岡崎栄で放送記念祭特集として放送されたミュージカル・ドラマ。のちに劣化した部分のセリフを、吉永小百合と加藤剛があらためて吹き込んで修復・復元された。原作：曽野綾子。脚本：寺山修司。音楽：山本直純。出演：吉永小百合、加藤剛、浜田寅彦、山崎直衛、山本学、芦田伸介ほか。

日本の四つの昔話

昔話を4話連続で扱った精巧な人形劇。孫に祖母が話し聞かせる形式で進む。人間の子どもたちと仲良くなれたのに雪の国に帰ることになった雪の娘の話、若返りの泉を見つけた夫婦が飲み過ぎて妻が赤子になる話、かぶらを勢いよく抜いて空を飛び、最後は雷さまに会う話、そして、浦島太郎の話。最後は玉手箱から、これまでの3つの話の主人公が現われ、浦島太郎は若返りの泉で元の青年に戻る。イタリア賞参加番組。

放送記念祭特集　日本の自然ー北海道・原野

釧路湿原など北海道に残る日本の原野を記録した番組。放牧されたウマの群れが原野を走り、釧路湿原のヤブをエゾシカが走り、原野に野火が起こる。ベニヒワやノスリの親鳥がヒナに餌をやり、エゾライチョウが営巣をする。季節は冬になり、渡り鳥の大群が草の実を食べ、しだいに湖は凍結する。降雪、そして、地吹雪。冬の原野に枯木が拡がる。音声なし。

1966年度のおもな特集番組

この他の番組はこちら

特別番組　日本とアメリカ
ハーバード大学の東洋史研究者で、日本人女性と再婚し、1961年から1966年まで駐日アメリカ合衆国大使を務めたエドウィン・O・ライシャワー。辞任を発表したライシャワー駐日大使が帰国を前に、吉田茂元首相に別れの挨拶に訪れた際の対談。1966年8月5日、大磯・吉田邸にて収録。出演：吉田茂、エドウィン・O・ライシャワー。司会：小林利光アナウンサー。

人間国宝　フィルムと座談会
人間国宝ー重要無形文化財に指定された人々は、現在、芸能、工芸あわせて56人いる。このなかには、芸術家のほかに、浄瑠璃の一中節の名人や、型紙職人など異色の人々もまじっている。人間国宝と呼ばれる人々のルポとインタビューを通して、その生き方や悩み、後継者養成の問題などを取り上げ、座談会で話し合う。出演：池田弥三郎、谷口吉郎、松下隆章。

日本の鷹狩り
文化の日特集。明治以降も連綿と続く日本の鷹狩りを紹介する。愛知県春日井郡旭町にある日本鷹狩りクラブにカメラを据え、オオタカのメス「中新田」（1歳）の訓練に密着。エサ入れの餌合子（えごうし）に飛んで餌をついばむ「渡り仕込み」から、鳩を放して捕まえさせる訓練、そして鷹部屋から屋外に出た「中新田」が、ついに雪の中のキジを捕まえるまでを追う。カラー作品。英語版のみ現存。

ドキュメンタリー　謎の一瞬
1966年2月に起きた全日空機羽田沖墜落事故。千歳発全日空60便ボーイング727型機が羽田沖で墜落、乗客乗員全員が死亡した。全日空機に何が起こったのか。事故の調査団を追いながら墜落事故原因を科学的な側面から追究し、特殊フィルムを使って事故発生の一瞬を再現した。第18回イタリア賞テレビドキュメンタリー部門グランプリ受賞作品。語り：鈴木健二アナウンサー。

あすは君たちのもの　汗と笑顔　ーわたしたちは働くー
毎週水曜日午後6時から子どもたち向けに放送されていた定時番組の勤労感謝の日特集。松下幸之助をゲストに迎え、スタジオの少年少女たちと、「働く」ということを考える。松下幸之助は子どもたちに「人間というものは働くということ自体が喜びなんです。ずっと遊んでいなさい、お金をあげますからという立場になっても決して楽しいものではない」と語る。出演：松下幸之助、阿部喜充アナウンサー。

ドキュメンタリー　坑道　片すみの百年
筑豊のある閉山炭鉱で行われている危険な坑道解体作業の模様をフィルムで追いながら、同時にスチール写真の数々で、炭鉱に生きた人々の姿を回想的に描く。明治以降の日本の産業を支えた、筑豊炭田100年の歴史をたどる。第21回芸術祭テレビ部門奨励賞受賞作品。音楽：間宮芳生。語り：平光淳之助アナウンサー。

ゆく年くる年
年越しと前後して、日本各地で行われている年越し行事をリレー中継で放送する年末恒例番組。厳島神社（広島）、最後の路面電車（金沢）、太宰府観世音寺（福岡）、明治神宮（東京）、マンハッタン・ロックフェラーセンター（ニューヨーク・宇宙中継）など。

ドラマ　空ゆく雲
師匠の妻を奪って破門にされた浪曲師は、どの高座にも上がらせてもらえず流しにでる。泊まった宿でやっと声がかかり、妻の三味線で「ねずみ小僧」を熱演し花代が集まる。惚れ込んだ宿のおやじは、旧知の名古屋の芝居小屋を紹介してくれる。しかし、その向かいでかつての師匠が舞台に出ることに…。三波春夫の浪花節が随所に挿入されている。作：阿木翁助。音楽：藤家虹二。出演：三波春夫、淡島千景、山茶花究、高田敏江、三波豊和ほか。

ドラマ　時間の影
かつて親友だった2人が、麻薬に絡む連続殺人事件の刑事と容疑者として再会する。ライフル狙撃殺人事件の被害者は行方不明の元特務機関の軍人、その男の家に出入りしていたバーの女が麻薬中毒だとわかる。そのバーに麻薬捜査官が現われ、被害者がおとりの麻薬取締官だったとわかる。原作：多賀祥介、野村芳太郎。脚本：多賀祥介。音楽：渡辺宙明。出演：大坂志郎、岡田英次、佐々木愛、岩本多代、久米明、蜷川幸雄ほか。

ドキュメンタリー　子牛誕生
北海道の根釧原野のきびしい風土のなかで、わずか3頭の乳牛に生計のすべてをかけて苦闘する母親と4人の子どもの一家を1年間にわたって追った長期取材のドキュメンタリー番組。第22回芸術祭大賞受賞作品。1967年3月19日に放送したものを芸術祭参加作品として再編集したもの。語り：野崎康夫アナウンサー。

1967年度のおもな特集番組

この他の番組はこちら

白夜の大陸　第8次南極観測隊の記録

日本初の本格的な極地用砕氷艦として建造された2代目観測船「ふじ」による南極観測の記録。暴風圏を通り抜けた「ふじ」は、氷海に進路をとざされ4日間立ち往生する。ようやく昭和基地に到着した「ふじ」からは、大型雪上車が陸揚げされる。隊員たちは生物採集、基地の建設や観測機械の設置、内陸での氷河調査、地質調査に忙しい日々を送り、激しいブリザードの中で冬を越す。カラー作品。

ドキュメンタリー特集　開眼

小学1年の時に栄養障害からくる角膜実質炎で両眼を失明した、22歳の女性に行われた角膜移植手術を記録したドキュメンタリー。角膜手術をすれば視力回復の可能性があるが、なかなか順番がまわってこない。手術前の手探りに生きる姿から、手術後、半年で0.4の視力を得て退院するまでの姿を追う。第3回ABU賞グランプリ受賞作品。語り：中里欣一アナウンサー。

黒い画面ーBOAC機事故追跡ー

1966年3月、富士山付近で墜落、乗客乗員全員が死亡したBOAC機事故。その現場に偶然残されていた、乗客の8ミリカメラのフィルムには、離陸から墜落の瞬間までが映っていた。フィルムの解析、特に墜落の一瞬を示す黒い画面の解析によって、事故原因を乱気流と結論するまでの推理と実証の過程を克明に描く。第1回放送批評懇談会賞受賞作品。語り：池沢和夫アナウンサー。

宇宙中継　われらの世界

英国BBCの提唱で、フィルムや録画を一切使わず、世界各地の"その瞬間"を宇宙中継でそのままブラウン管に映し出した史上初の世界同時生中継番組。参加14か国、31の中継地点を設け、24か国4億人に視聴された。アジア地域唯一の参加局NHKからは、札幌の「赤ちゃん誕生」、東京の「地下鉄工事」ほかを中継。出演：宮田輝アナウンサー。6月26日午前3時55分から6時まで放送。

ドキュメンタリー　和賀郡和賀町ー1967年夏

岩手県和賀郡和賀町は岩手県の穀倉地帯にある人口1万6000人の農村。出かせぎが恒常化し、海外移住者が県内で最も多いこの町に、お盆の時期だけ人々が一斉に帰省してくる。現代社会の縮図のような農村を舞台に、高度成長期の農業や農村が抱える問題を描く。第7回日本テレフィルムコンクールで撮影、録音技術賞受賞作品。語り：中西龍アナウンサー。企画・構成：工藤敏樹。

ドキュメンタリー　新住宅難時代

終戦後の焼け野原で家がない状況は過ぎたが、都市の過密がもたらしたのは6畳一間に一家9人が暮らすといった東京の生活である。住まいの質、とりわけ「広さと住人の数」が社会問題になっている。厚生省の「住居と健康」研究班の調査を軸に、居住空間と人間のかかわりあいの問題を科学的に検証する。語り：及川甲子男アナウンサー。

詩をつくる工場ー働く仲間のうたー

勤労感謝の日特集。2年前に愛知県の働く若ものたちの手で生まれたガリ版刷りの小さな詩集"詩をつくる工場"は、今では仲間が100人を超すほどふくらんだ。小さな詩集に込められた働く若ものの叫び、喜び、そして怒りを構成詩ふうにつづる。語り：奈良岡朋子、米倉斉加年。

日本賞　日本教育番組国際コンクール受賞作品　なにしてあそぼう

軽快なステップと、豊かな表情としぐさで子どもたちに人気の"ノッポさん"。テレビに初めて登場したのは『できるかな』（1970〜1990）の前身番組『なにしてあそぼう』で、当時のパートナーは、後の人気者"ゴン太くん"ではなく、赤い熊の子"ムウくん"。第3回日本賞テレビ学校放送番組初等教育部門賞受賞作品。カラー作品。

音楽は世界をめぐる　しあわせの空に手を

とある教室で「手のひらに太陽を」を歌う先生と生徒から番組は始まる。外国人の子どもとたこ揚げをしたり、ゴーカートで宇宙を走るなど、ナレーションなどはなくミュージックビデオのように音楽と映像で構成される子ども向け音楽番組。当時の最新技術を駆使したさまざまな映像合成も試みられている。現存する映像はコンクール参加用映像のため、外国語で歌詞が表示されている。モントルー・ゴールデンローズ国際テレビ祭参加作品。

海外取材番組　教育の時代

大学の大衆化、受験戦争の激化、OECDからの硬直化した日本の教育制度への批判。こうした日本の高等教育の問題を、世界各国の教育制度を取材することで考えるシリーズ。8月10日の「6歳ではおそすぎる」から始まり、「ひとりひとりを生かす」「働きながら学ぶ」「進学への道」「大学の理想を求めて」「市民大学」「あすをめざす教育」まで7回にわたって放送。

1968年度のおもな特集番組

この他の番組はこちら

特別番組　小笠原諸島　自然と住民たち

戦後23年間、アメリカの統治下にあった小笠原諸島が1968年6月26日に日本に復帰。現住民と旧島民との権利関係の調整、荒廃した農地、学校などの整備、米軍に依存してきた島民の生活など、小笠原には多くの問題が横たわっていた。美しいサンゴ礁、7月に日本人学校として生まれ変わる小中学校の卒業式などを紹介する。カラー作品。

よみがえる金色堂

秋分の日特集。岩手県平泉町にある中尊寺は、奥州藤原三代の栄華とそのはかない没落の歴史をとどめる寺である。6年間にわたる中尊寺金色堂の解体修理工事の中から、最後の組み立て内装工事の過程を1年間にわたって長期取材し、文化財の修理はどうあるべきかを考える。カラー作品。

日本の漁法　フィルムドキュメンタリー

一本釣り漁、網漁、長良川の鵜飼い、捕鯨、九十九里の地曳き網漁、佐渡の定置網漁、糸満の追い込み網、瀬戸内のたこ壺漁、オホーツクのカニ漁、道東の昆布漁、金華山沖のかつお釣り、夜のさんま漁、トロール底曳き網漁、庄内浜の岩のり採り、小豆島のはまちの養殖、巻き網漁など日本のさまざまな漁法を、水中撮影や空中撮影を交えて紹介する。

特別番組　川端康成氏を囲んで

1968年10月17日、川端康成のノーベル文学賞受賞が決定。その翌日、川端康成を生涯師と仰いだ三島由紀夫と文芸評論家でもあった伊藤整が、鎌倉の川端邸を訪れ日本文学や川端の作品について語り合った模様を中継した番組。翌年、伊藤整はがんで亡くなり、さらにその翌年、三島由紀夫が自決。そして川端康成も1972年自ら命を絶った。出演：川端康成、伊藤整、三島由紀夫。

歌まつり明治百年

明治100年にちなみ、明治初期から現在までの大衆流行歌を中心に、各時代の風俗・話題などを入れ、踊り、コントを交えた歌謡ショーで構成。渋谷公会堂からの中継録画放送。「明治百年賛歌」、水前寺清子「婦人従軍歌」、和泉雅子「カチューシャの唄」、フランク永井「ゴンドラの唄」、藤山一郎「青春日記」、ボニー・ジャックス「鐘の鳴る丘」、千昌夫「星影のワルツ」、三波春夫「百年音頭」ほか。司会：宮田輝アナウンサー。

ドキュメンタリー　ここに継ぐもの

文化の日特集。野村万蔵（71歳・当時）は、日本でたった1人の人間国宝狂言師である。彼と息子の悟郎（28歳・当時）が、芸の伝承のために山の中で送る厳しい修業の生活や、老若2人の世界の対決を中心に現代に生きる狂言師の心を追求する。カラー作品。出演：野村万蔵、野村万之丞、野村万作、野村悟郎。語り：斎藤季夫アナウンサー。

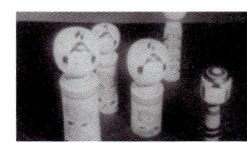

理科教室　小学校5年生　もののすわり

第4回「日本賞」教育番組国際コンクール・テレビ学校放送番組・初等教育部門・郵政大臣賞受賞作品。小学校5年で児童が学習した"てんびん"と中学で学習する"重心"との関連を考え、系統的に構成されたテレビ教材番組。いろいろな直方体を傾けながら、等質なものであれば対角線が垂直になったときに釣り合いがとれて左右の重さが同じになること、等質でない場合にはどうなるかなどについて、実験の積み重ねで理解させる。

芸術祭参加　ドキュメンタリー　高速

NHK交通問題研究班制作。東名高速道路が開通し、本格的なハイウェイ時代が到来したが、ドライバーはまだ高速に慣れていなかった。東名高速道路開通後の連続追突事故の発生を契機に、高速運転がはらむ落とし穴を、科学的な実験を駆使して検証、高速走行への対策の必要性を提起する。第23回明治百年記念芸術祭奨励賞、第8回日本テレフィルムコンクール技術賞（色彩撮影、録音）受賞作品。カラー作品。語り：梶原四郎アナウンサー。

ドラマ　迷子の天使

新春ドラマ。念海家にはネコ十数匹、犬2匹がすみついてにぎやかな毎日が続く。いつの頃からか捨てネコが集まり、今では遠くからわざわざ捨てにくる者さえいる。夫人は家の中で右往左往している十数匹の飼いネコの世話で大忙し。カラー作品。原作：石井桃子。脚本：八住利雄。出演：芥川比呂志、八千草薫、金子光伸、渥美国泰、柳川慶子ほか。

放送ーきのう・きょう・あすー

放送記念日特集。初期のラジオ時代からテレビ放送の時代へと進化する放送の姿を伝え、これからの放送の可能性を探る。カラー作品。「第17回技研公開」（モノクロ・音声なし）の様子も紹介する。出演：今福祝アナウンサー、十朱幸代、加賀まりこ、津田京子。

1969年度のおもな特集番組

この他の番組はこちら

ドラマ　時のなかの風景
戦没学生の手記を中心に、戦後25年目を迎えていまだに何かを感ぜずにはいられない遺族の問題を描く。演出は吉田直哉。1969年度芸術祭優秀賞受賞作品。作：茂木草介。音楽：三宅榛名。出演：香川京子、杉村春子、芥川比呂志、辰巳柳太郎、細川ちか子、乙羽信子、大出俊、坂本スミ子、河原崎建三、高林由紀子、三國一朗、寺田路恵ほか。総合の90分番組。

ドキュメンタリー　富谷国民学校
東京・渋谷の富谷小学校の倉庫から、学童疎開を記録したカビだらけのフィルムが出てきた。フィルムを修復すると、そこに映されていたのは、「学童疎開」という戦争が生み出した、特別な状況で育った子どもたちの姿だった。両親との別れ、飢えの記憶…。彼らは当時、この戦争をどう受け止めていたのか。学童疎開における子どもたちの日常を映し出した貴重な映像とともに、子どもたちの戦争を描いた。芸術祭参加作品。

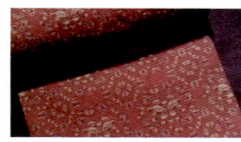

文化の日特集　幻の錦
文化の日特集。20世紀初頭に大谷探検隊がシルクロードの墓から発掘してきたミイラの顔は、朽ちた錦の仮面に覆われていた。京都の織物研究家竜村平蔵が、断片を手がかりに十数世紀前の華麗な錦の姿を復元していく推理の中で、古来法隆寺に伝わる「四天王獅子狩文錦」の由来の秘密が解き明かされていくフィルムドキュメンタリー。語り：鈴木瑞穂。第10回モンテカルロ国際テレビ祭特別賞受賞作品。

ドキュメンタリー　ある湖の物語
長野県の山岳地帯、天竜川の上流にある諏訪湖は、かつて清澄な水を誇り、信仰の対象であった。戦後は生糸にかわり精密機械工業が進出し、「東洋のスイス」とうたわれる。工業の目覚しい発展により、湖は汚れアオコが大量に発生し、水資源としての価値も失われようとしている。明治、大正、昭和にかけて、諏訪湖とその周辺の地域の歴史をたどり、自然と人間の関わりをみつめる。語り：小高昌夫アナウンサー。第24回芸術祭優秀賞受賞。

ドラマ　走れ玩具
ミニカーで人形を轢（ひ）いて遊ぶ心を閉ざした少女が、テスト・ドライバーの青年との交流によって、次第に心を開いていく。芸術祭優秀賞、プラハ国際テレビ祭カメラワーク賞受賞。作：岡本克己。音楽：間宮芳生。出演：村野武範、飯田文、佐藤耀子、村松英子、村上冬樹、勝部演之ほか。

ドキュメンタリー　ふたりのひとり
一卵性双生児の天野要ちゃん・要吉ちゃんの5年間にわたる成長を記録したドキュメンタリー。これまで放送した5回分の内容を交えての総集編。昭和37年7月22日に山梨県南都留郡秋山村で生まれた2人が、四季の変化に富む村での生活の中で、遊び、泣き、笑い、けんかをしながらたくましく育ち、小学校に入学するまでの日々を追っていく。語り：篠原大作。

ドキュメンタリー　沖縄の勲章
戦後24年がたち、琉球政府援護課では、軍人・軍属以外に「一般戦闘協力者」の戦没者に勲章を与えるため調査を始めた。それは沖縄戦の傷痕を確認する作業となった。一家が全滅し一人生き残った少年、日本兵に避難場所から追われた老人、泣く子を捨てさせられた光景を目撃した女性…。叙勲を手がかりに、本土復帰前の沖縄で戦争体験を掘り起こした貴重な記録。

第1回　思い出のメロディー
1969年『NHK紅白歌合戦』が第20回を迎えるにあたり、これに対応する夏の特集として始まった公開番組。その後、「夏の紅白」として親しまれている。終戦後の焼け野原、激動の昭和、そして大震災…。歌は人々を励まし、背中を押し、明日への一歩を踏み出す勇気を与えてくれる。そんな時代をつなぐ歌の数々を届けてきた。出演：藤山一郎、霧島昇、森繁久彌、美空ひばり、ダーク・ダックス、デューク・エイセスほか。司会：宮田輝アナウンサー。

特別番組　月に立つ宇宙飛行士
アポロ11号による人類初の月面着陸を伝える衛星生中継の特別番組。銀座に設置されたテレビを見る人々や福井県三国港でのインタビューを交えながら伝える。直前のニュースでは、ヒューストンから勝部領樹特派員が電話報告。出演：高木健太郎（名古屋大学教授）、久野久（東京大学教授）、岩城宏之（指揮者）、森英恵（デザイナー）、高田好胤（宗教家）、西山千（同時通訳）ほか。司会：鈴木健二アナウンサー。解説：村野賢哉解説委員。

放送記念祭特集　板画まんだら　棟方志功の芸術
ゴッホに心酔して油絵画家を目指して上京した棟方志功は、浮世絵以来伝わる日本独自の芸術である版画に目覚めた。「板からわいてくる命を彫る」として、自らの作品を「板画」と呼ぶようになった。棟方が描き出す世界の根底にあるのは、故郷・青森のねぶたや凧絵の色彩、そして厳しい環境で生き抜く青森の人々への思いといった土着愛である。青森の版画家が、世界の「ムナカタ」となった姿を描いた番組。語り：籠野博嗣アナウンサー。

1970年度のおもな特集番組

この他の番組はこちら

エベレストへの道

NHK取材班が、1970年、エベレスト南壁からの登頂とサウスコルを基地とした東南稜からの登頂を目指す日本エベレスト登山隊に同行した海外取材番組。隊員やポーターの死を乗り越えて、サウスコル隊7名の隊員、南壁隊6名の隊員は、事故による10日の遅れを取り戻さなければならない中、ついに松浦輝夫と植村直己が日本人で初めてエベレスト登頂に成功した。初登頂までを追った1回29分全3回のフィルムドキュメンタリー。

ドキュメンタリー　Uボートの遺書

第二次大戦末期、北大西洋上のUボートで自決した海軍技術大佐・庄司元三の遺書をもとに、悲劇の関係者を国内や海外に求め、戦争と平和、世代の断絶、インテリとテクノロジーなどの問題を世に問う異色のドキュメンタリー。1970年度芸術祭大賞、放送作家協会優秀番組賞受賞作品。語り：鈴木健二アナウンサー。朗読：金内吉男。

日曜特集　ドキュメンタリー　92枚のカルテ

長野県佐久市で発見され、その後全国的に類似症例が報告されるに至った、子どもを主とする目の奇病の原因を、東大眼科の医師たちが有機リン農薬による慢性中毒と診断し、日本神経学会で発表。その調査研究を中心に、佐久地方で東大眼科が集団検診を開始してからの約1年半にわたる奇病追跡の記録とその社会的波紋を追う。語り：平光淳之助アナウンサー。出演：石川哲（東京大学眼科講師）、若月俊一（佐久総合病院院長）。

特集番組　キラキラ星変奏曲　鈴木鎮一と子どもたち

幼児教育の指導者であり、バイオリンの才能教育の実践者として知られている鈴木鎮一の思想と実践を紹介するドキュメンタリー。移り変わる信州・松本の美しい自然を背景に、鈴木のバイオリン教室に入った3歳児の才能の開花を克明に描く。語り：杉沢陽太郎アナウンサー。

海外コンクール参加作品　マザー

捨てられたのか亡くなったのか、母親のいない少年ケン。神戸を一人さまようケンが偶然出会った人々との会話や交流を通して、人のぬくもりや母親のイメージを求める少年の姿を詩情豊かに描いた。構成・演出は佐々木昭一郎。出演者は全員素人で、主人公の設定と独白（ナレーション）以外、台本のないドキュメンタリー風ドラマである。第12回モンテカルロ国際テレビ祭ゴールデンニンフ賞を受賞。音楽：織田晃之祐。出演：横倉健児ほか。

ドキュメンタリー　けやきの証言

汚れていく都会の空の下に息づくけやきの1年間の記録。1970年、日本で最初の光化学スモッグによる被害の報告があった。目やのどの痛み、呼吸困難などの光化学スモッグ特有の症状を訴えた人は、全国で4万8000人。汚れた東京の空の下、樹齢100年のけやきは、硫黄酸化物など有害物質による汚染にじっと耐えていた。もの言わぬけやきの異常落葉を通して自然環境の破壊の恐ろしさを訴える。

ドキュメンタリー　新宿

さまざまな連想の響きをもち、世代や考え方によっていくつもの顔を示す"まち"、新宿。47階建てホテルの建設と新副都心計画の進行を軸に、新宿の戦後史を交え、"まちづくり"とは何か、そこに関わる人間と建造物の関係を記録した。

ドキュメンタリー　沖縄の7人

本土復帰を前に、戦後初めての国会議員選挙が行われた沖縄を舞台に、選挙戦から国会初登壇までを追うドキュメンタリー。28年ぶりに国政参加に沸く沖縄で、7人の国会議員が選出された。収容所を経験した候補、地元紙で基地問題に取り組んだ候補、弁護士活動をしていた候補、那覇市長を務めた候補…。沖縄の苦悩の歴史、本土への訴え、議員たちの半生などを多角的に描く。

ドラマ　ナタを追え〜朝日新聞東京版"捜査員"より〜

1966年東京・杉並で起きた警官殺害拳銃強奪事件を素材に、唯一の物的証拠のナタをもとに、岩手、新潟と捜査する捜査員の姿をドキュメンタリー風に描いた。プラハ国際テレビ祭演出賞。作：橋本忍。音楽：大野雄二。出演：小野寺昭、内田稔、織本順吉、佐野哲也、陶隆、新井和夫、飯田和平、大塚周夫ほか。（90分）

ドラマ　雪国

ノーベル賞作家、川端康成の長編小説「雪国」をドラマ化。閉ざされた厳しい雪の風土の中で、燃え上がる男女の愛の虚しさを描く。新潟県大潟付近での雪のロケーションを織り込み、原作独特のエロチシズムと美の世界を忠実に表現した。原作：川端康成。脚本：北条誠。出演：中村玉緒、田村高廣、亀井光代ほか。サンフランシスコ国際フィルム祭参加作品。（90分）

1971年度のおもな特集番組

この他の番組はこちら

日曜特集　田子の浦300日

ヘドロ公害で全国の関心を集めた富士市田子の浦港のフィルムルポルタージュ。田子の浦港のヘドロ処理は二転三転しながら1年を超えた。ヘドロの原因は田子の浦付近にあるおよそ150の製紙工場から処理されない水が流れ込み、100万トンといわれるヘドロが溜まった。前年8月の漁民のデモから5月まで、海と空から汚染される富士市をめぐる現状を克明に報告した。定時番組『日曜特集』枠で5月23日に放送。

特別番組　沖縄返還協定調印

東京の総理官邸〜ワシントンの国務省で同時に行われた調印式の模様を衛星中継で放送。沖縄返還は1972年7月までに実現する見通しとなったが、沖縄本島の4分の1を占める米軍基地は、返還後もほとんど残る。第2部では、沖縄からの屋良主席の記者会見や、保利茂内閣官房長官、寺沢一、高坂正堯、緒方彰（司会）の座談会で、その意義と問題点を明らかにする。1971年6月17日、午後9〜11時に放送。

特集　透明の美　日本人とガラス工芸

ガラス工芸は、従来日本の正統的な伝統工芸からは異端視されてきた。しかし正倉院御物や古墳の出土品などから、古代の日本から細々ではあるがガラス製造の技術が伝えられていたのではないかと考えられる。さまざまな推理を交えながら日本のガラス工芸の系譜をたどるフィルム構成番組。

ドキュメンタリー　リトル・トーキョー

日本人がアメリカに移住してから100年余。日系3世は今、大きな悩みを抱えている。アメリカ社会に根付く有色人種蔑視だ。ロサンゼルスのリトル・トーキョーで、病気に倒れた貧しい1世と、彼を助けるキャロル・ハタナカから3世の活動を通して、日系人を取り囲む問題を捉えた。第26回芸術祭優秀賞受賞。

ドラマ　さすらい

教会の孤児院を出て東京の看板屋で働き始めた青年。現実に喪失感を抱く青年は、職場の先輩の失そうをきっかけに旅に出る。各地で出会う人々は彼の失われた家族なのか…。不確かな存在としての自己を見つめ、アイデンティティーを求めてさまよう青春像をドキュメンタリー風に描く。第26回芸術祭大賞、第21回芸術選奨新人賞ほか。構成：佐々木昭一郎。出演：安仁ひろし、友川かずき、遠藤賢司、笠井紀美子ほか。（90分）

特別番組　償いのない歳月〜横井庄一さんの28年〜

敗戦から丸26年が経ち、前年には沖縄の返還も調印され戦後もやっと終わりを告げたというムードが漂う日本に、突然グアムのジャングルから、やせ細った姿で現れた元陸軍軍曹の存在は、清算されていない戦争の悲劇を鋭く問いかけた。番組は横井さんの生い立ちからグアムで潜伏生活を送るまでの経緯、そして戦争に翻弄された悲劇の島グアムを描く。番組は発見されたわずか5日後、帰国に先立つ特別番組として放送された。

軽井沢の連合赤軍事件　浅間山荘ナマ中継

連合赤軍のメンバー5人が2月19日、軽井沢のあさま山荘に押し入り、管理人の妻を人質にとって立てこもった。28日朝から始まった警察の制圧作戦に、犯人側もライフルや拳銃で応戦し、機動隊員2人が殉職した。結局、午後6時過ぎ、機動隊が山荘に突入して犯人全員を逮捕し、人質を救出した。この事件の捜査の中で、連合赤軍は別の山岳アジトで仲間に対するリンチ事件をおこし、多くの人命を奪ったことが明らかになった。

水俣の17年

水俣病発生当時からの患者の一人で、ドキュメンタリー番組『日本の素顔』で反響が大きかった「奇病のかげに」に登場する女性・村野タマノさんの半生に焦点を当てる。村野さんの証言を通して、水俣病の発生から、わずかな金額での「水俣病は終わった」とされる見舞い金契約と患者たちの沈黙、そして政府による公害認定と裁判をはじめとする闘いへと続く患者たちの苦難の歴史を描く。

ドラマ　幻化

過去の体験から精神を病んだ男が、機内で一緒になった営業マンと、原体験を求めて海軍基地だった鹿児島を放浪する。その舞台は特攻隊の基地があった知覧、主人公の戦友が溺死した坊津、本土決戦の場といわれた吹上浜。耳元では「お前たちは戦後25年何をしてきたのか」という幻聴が響く。原作：梅崎春生。脚本：早坂暁。出演：高橋幸治、伊丹十三、渡辺美佐子、三谷昇、瀬川菊之丞、太地喜和子、名古屋章、佐々木すみ江ほか。

特集　ヤング・ミュージック・ショー

海外のロック・ミュージシャンのライブ演奏を紹介する番組。登場したのは、ローリング・ストーンズ、イエス、クイーン、ポリス、ロッド・スチュワート、カルチャー・クラブ、ハワード・ジョーンズ、エリック・クラプトンなど。海外で収録された映像だけでなく、キッス、TOTOなど、来日公演を収録して放送することもあった。こうしたトップアーティストらを見ることができる貴重な番組として当時の若者たちから絶大な支持を得た。

1972年度のおもな特集番組

この他の番組はこちら

国境のない伝記〜クーデンホーフ家の人びと

オーストリア・ハンガリー帝国の駐日代理公使クーデンホーフ・カレルギー伯爵が、店先でけがをして介抱したのが縁で結婚した東京の骨とう屋の娘・青山光子と、7人の子どもたちの伝記を描いた。国境を越えた愛と思想をドラマとドキュメンタリーでつづる。作：茂木草介。音楽：冨田勲。構成：吉田直哉。語り：和田篤アナ。出演：吉永小百合、ミヒャエル・ミュンツァー、加東大介、奈良岡朋子ほか。テレビ放送開始20周年記念番組。

特別番組　沖縄還る〜東京・沖縄を結んで〜

1972年5月15日、沖縄の本土復帰が戦後27年ぶりに実現、東京武道館と沖縄那覇市民会館で沖縄返還式典が同時に行われた。番組では、式典の模様を同時中継し、沖縄からの集団就職者の意見や県民の感想を交えながらスタジオ座談会を行った。出演：都留重人（一橋大学学長）、岡村和夫（NHK解説委員）、林健太郎（東京大学教授）、大塚利兵衛ほか。

ドラマ　北越誌

村々を巡り三味線を弾き、はやり唄を披露する盲目の女性旅芸人、瞽女（ごぜ）たちの悲しくも切ない恋物語。親方が弟子を養女とする瞽女社会は厳しい掟で保たれ、男性関係は厳しく禁じられ、旅先での誘惑に負けた者は「瞽女くずれ」とよばれ追放されてしまう。昭和47年度芸術祭参加番組。作：秋元松代。音楽：湯浅譲二。出演：奈良岡朋子、三田佳子、関根恵子、佐藤慶、岡田裕介、辻萬長、北条文栄、田中筆子、吉本選江ほか。

芸術祭参加テレビドキュメンタリー　鎖国

1934年生まれ、いわゆる"国民学校世代"である"私"を主人公に、半生を振り返り、戦中戦後の日本のさまざまな事象と"私"とのかかわりを見つめ直すことによって、日本人の中にある「閉ざされた部分」を考えるフィルムドキュメンタリー。昭和47年度芸術祭参加番組。

ある生の記録

原因も治療法もわからない難病といわれる筋ジストロフィー患者の少年の1年間の闘病記。成長するに従い筋肉が萎縮していく進行性筋ジストロフィーを病む少年は、「生きることは、全力投球することだ」と言いきる。第12回日本テレフィルム技術賞奨励賞（撮影）、第13回 モンテカルロ国際テレビ祭ゴールデンニンフ賞・キリスト教会賞受賞作品。

ひらいずみ―その文化と芸能―

藤原三代をまつる中尊寺の山内に住む僧たちや付近の住民の生活を通して、平泉地方の文化と芸能を描く。中尊寺の能「秀衡」、毛越寺の「延年の舞」、衣川に伝わる「衣川剣舞」などの文化遺産とその伝承の姿を力強く表現したフィルムドキュメンタリー。第7回ダブリン国際民俗文化テレビ番組コンクール審査員特別賞受賞作品。

ニュース特集　ベトナム戦争とアメリカ

ベトナムの和平合意を機に、第1次インドシナ戦争以後、ソンミ事件にはじまり、米軍の北爆、パリ会談、アメリカのベトナム反戦集会、ベトナムの難民たち、米軍撤兵、傷病兵の様子、アメリカがベトナムに介入してきた19年間の戦争の記録を振り返る。

巨大開発

1971年、青森県上北郡六ヶ所村に、全国最大規模の"むつ小川原開発"の計画が持ち上がった。計画が発表され、用地買収が始まっていた六ヶ所村のある2家族を追いながら、反対派と推進派に分裂して揺れる村を1年間にわたって長期取材したドキュメンタリー。むつ小川原開発計画に揺れ動く青森県六ヶ所村の1年を、村の四季と行事を縦軸に、開発計画をめぐる賛成反対両派の攻防を横軸に描く。

ドキュメンタリー　三人の未帰還兵

「未帰還兵」とは、第2次世界大戦終結後も現地に居残った元日本兵を言う。大戦末期、タイの泰緬（たいめん）鉄道建設に従事して記憶喪失となり地元の人からミスター・ノー（沈黙の男）と呼ばれてきた元兵士。タイの農村で病床に伏し望郷の思いに駆られている日本人。ラオス政府軍の現役将校となって今も戦場にいる元日本兵。数奇な人生を歩んだ未帰還兵を訪ね、戦争が日本人の心の中に残した傷痕を見つめる。語り：和田篤アナウンサー。

ドラマ　らっこの金さん

死んだと思って葬式まで出した出稼ぎ中の夫が帰ってきた。出稼ぎ農家の夫婦と家族のつながりを農村生活を通じて描いた喜劇。芸術祭優秀賞受賞。ギャラクシー賞受賞（北林谷栄）。作：水木洋子。音楽：三枝成章。出演：森雅之、北林谷栄、長内美那子、下条アトム、菅井一郎、長岡輝子、亀谷雅彦、渡辺富美子、青柳美枝子、山谷初男、鈴木光枝ほか。（70分）

1973年度のおもな特集番組

この他の番組はこちら

星空の散歩

SIT（ASA6万の撮像管）が日本で開発され、その1号機に京都大学飛騨天文台の天体望遠鏡のレンズを組み合わせて、夏の夜空に輝く火星、木星、金星、土星をテレビの画面に鮮やかに映し出す。京都大学理学部飛騨天文台で録画。出演：宮本正太郎（京都大学教授）、松任谷国子（画家）。

河を渡ったあの夏の日々

東京・佃島が舞台。魚河岸で働く頑固な老人と、その家に間借りしたヒッピー風の若者との行き違いと心の機微を描いた。昭和48年度芸術祭テレビドラマ部門優秀賞、ギャラクシー賞第27回期間選奨（山田太一）、プラハ国際テレビ祭最優秀男優賞（西村晃）。作：山田太一。音楽：星勝。出演：西村晃、萩原健一、石立鉄男、鈴木ヒロミツ、小鹿ミキ、滝花久子、原知佐子、石井均。

ドキュメンタリー　阿智村　ある山村の昭和史

かつて、養蚕と柿と段々畑の村・長野県下伊那郡阿智村は、激動の昭和に翻弄された村でもあった。戦時中の中国への開拓移民、最前線への出征、そして、戦後引揚者の再入植と挫折。そうした村の歴史を、当時小学校の先生だった写真家・熊谷元一さんが撮り続けた、9万枚の写真をもとにたどるドキュメンタリー。昭和48年度芸術祭参加番組。

出会い

農家にあずけられた耳が不自由な男の子・英と、農家の娘・ルリとの長年にわたる心の交流を描く。この作品でルリを演じた真野響子がテレビドラマデビュー。イタリア賞出品作品。作：水木洋子。音楽：湯浅譲二。出演：真野響子、池田秀一、冨士眞奈美、村田正雄、桜むつ子、川久保潔ほか。

大地の舞

山形県櫛引町（現・鶴岡市）黒川に伝わる「黒川能」は、米作りの農民たちが400年余りにわたって守り続けてきた伝統の芸能である。その櫛引町では4年前から総工費約50億円を投じて「農業の近代化」「農村の工業化」が進められている。番組では、古い伝統芸能「黒川能」を守り続けた農民意識と新しい「農村改革」に挑む意欲とはどこで結びつくのかを探る。語り：児玉士誠アナウンサー。

ドキュメンタリー　ホー・ティ・キュー

ベトナム戦争が激化する南ベトナムから、13歳の少女ホー・ティ・キューが、福島県原町市に住む住職一家の里子となって来日した。お互いに言葉が分からない中、キューは日本語をゼロから習得していく。ベトナムの戦災孤児ホー・ティ・キューの来日から5年間の成長の記録をつづったフィルムドキュメンタリー。ABU賞テレビドキュメンタリー部門受賞作品。

江崎玲於奈博士と語る

ノーベル物理学賞受賞者江崎玲於奈博士が1974年3月に日本に一時帰国したのを機に、受賞の連絡を受けたときの感想や授賞式の様子、外国からみた日本の科学技術、日本における科学者の研究環境、技術の進歩と人間としての課題などをテーマに、江崎博士に座談会形式で話を聞いた。出演：森山欽司（科学技術庁長官）、植村泰忠（東京大学教授）、江藤淳（文芸評論家）。

友好の土俵　訪中大相撲の記録

日中国交回復を機に、大相撲の一行が中国を訪れ、1973（昭和48）年4月5日から8日の4日間北京場所、14日には上海場所を行った。土俵づくりから稽古、取り組みの模様を見学する中国の人たちの反応や、市内見物でふれあう友好の様子などを取材した。

海外取材番組　食糧危機と日本

西アフリカ、インドなどの異常気象による食糧危機、飼料用穀物などの高騰によるアメリカの輸出規制といった様々な情勢を世界各地7か国に取材。その原因や影響、世界的な食糧需要の増加傾向と食料安定確保のための日本の今後の対策などを探る3回シリーズ。第1集「飢える世界」、第2集「輸出規制の背景〜アメリカの悩み〜」、第3集「安定確保への道」。

太陽と人間

世界各地を取材し、「太陽と人間」の密接な関係を描いた番組。太陽信仰のあった古代インカ帝国の人々や、時計の歴史を通して明らかになる人間の体や生活と太陽の動きとの密接な関係、さらに太陽に新しいエネルギー源を求める研究の実情などを伝えて、太陽と人間の関係の歴史と変化をつづった。

1974年度のおもな特集番組

この他の番組はこちら

37億人の食糧
この人口増加に対してこのままの食糧増産の伸びでは、人類は今世紀最大の食糧危機をかかえるといわれている。世界的な異常気象による農産物生産の伸び悩みと人口爆発によって、近い将来食糧危機の恐れがあるという予想のもと、問題が深刻化する開発途上国を中心に取材。東南アジア、アフリカなどの食糧不足、増産対策、人口急増の現状と対策について探る。国連FAOとの共同制作。語り：青木淳アナウンサー。

百合若
こどもの日特集。沖縄、鹿児島地方に伝わる「百合若」伝説を素材に、生と死を超える試練の中で、たくましく自分自身を変身させていったひとりの若者の物語を描く幼児向け人形劇。作：宮本研。音楽：山下毅雄。人形美術：竹田喜之助。人形：竹田人形座（竹田扇之助、竹田喜之助）。語り：茂山千五郎。

特撮昆虫記
紙で作った昆虫を舞台回しに、昆虫の生態、とくにアリとアリマキ、テントウムシの天敵関係など、自然界の輪廻を高速度撮影を交えて紹介する。特撮のレンズで探った昆虫の興味深い生態と人間とのかかわりを青少年向けに楽しく構成。第1回放送文化基金賞。出演：岩田久二雄（神戸大学名誉教授）、岡田一次（玉川大学教授）、廣岡正勅（ペーパーアーティスト）。

ドキュメンタリー　メッシュマップ東京
膨張し続ける首都圏を、方眼で区切ってデータを表示する「メッシュマップ」で刻み、さまざまな指標を当てはめ、現状を浮かび上がらせていくことで、日々変貌する都市・東京の断面が見えてくる。新しい手法で東京の実情を描いたドキュメンタリー番組。

放送とあなた
放送開始50周年記念番組。生活に不可欠となったテレビを中心に、NHK放送世論調査所が「日本人とテレビ文化」の全国調査を実施した。テレビと日常生活の関わり合いを探り、「あなたにとってテレビとは何か」のインタビューなどを交えて、スタジオでの討論で、今後の放送のあるべき姿について考えた。出演：森本哲郎、中山千夏、サミュエル・ジェームソンほか。司会：鈴木健二アナウンサー。

あの歌・この人・半世紀
放送開始50周年記念番組。この50年、日本人の心情とともに大きく成長した放送と歌謡曲という昭和の2大大衆文化の足跡を振り返り、激動の半世紀のドラマとしてつづったインフォメーション・バラエティー。第1景「昭和の幕開き」～ラジオ放送の開始と昭和初期の歌～。第2景「ひとつの青春」～古賀メロディー物語～ほか。司会：相川浩アナウンサー、由紀さおり。出演：森繁久彌、ディック・ミネ、近江俊郎、荒井恵子、西田佐知子ほか。

ドキュメンタリー特集　土呂部・ある山村の15年
1960年、ドキュメンタリー『山の分校の記録』で紹介された栃木県の山奥の村「土呂部（どろぶ）」を舞台に、高度経済成長下の15年の間に、この村が何を失い何を残してきたかを探るフィルムドキュメンタリー番組。周辺地域の都市化と急激な変化の中で、「労働」「幸福」「ふるさと」とは何かを問う作品。

ドラマ　夢の島少女
川のほとりで少年が意識不明の少女を助ける。少女は目覚めるが2人の間にほとんど会話はなく、少女の記憶として過去が浮かび上がる。心に傷を負った少女と孤独な少年。少年は少女への思いを募らせ、交錯する少女の記憶の中に迷い込む。あるいは、少年の記憶なのか。時間や空間の概念を超えて、感覚的に映像化した異色ドラマ。作：佐々木昭一郎、鈴木志郎康。音楽：池辺晋一郎。出演：中尾幸世、横倉健児、友川かずきほか。（75分）

ドラマ　夢に吹く風
署長の娘と見合いをした刑事は、公園の工事現場で見つかった白骨死体が、自分が昔つきあっていて行方不明になった女性ではないかと怯えはじめる。刑事と死んだ女の間にどのような過去があったのか。作：市川森一。音楽：大野雄二。出演：津坂匡章、石橋蓮司、清水紘治、荒砂ゆき、名古屋章、岸部シローほか。（54分）

ドラマ　ユタとふしぎな仲間たち
父親を事故で失った都会育ちの少年ユタは、母親の故郷がある東北地方の山村の温泉地、湯の花村にやってくる。ひ弱なユタは村の子どもたちとなかなかうち解けられないが、夢の中で出会った伝説の「座敷わらし」たちとの奇妙な交流が次第にユタをたくましく成長させていく…。原作：三浦哲郎。脚本：早坂暁。音楽：渋谷毅。芸術祭参加作品。出演：熊谷俊哉、伊藤幸子、殿山泰司、佐藤蛾次郎、桂小かんほか。（60分）

1975年度のおもな特集番組

この他の番組はこちら

友だち100人できるかな

1975年4月、未熟児網膜症で失明した全盲の少女が公立小学校へ全国ではじめて入学した。番組では幼稚園時代から入学までを取材。盲学校ではなく公立小学校を選んだ母と子の闘いの記録を通して、障害児教育への理解を訴える。語り：石野倬アナウンサー。第11回ABU賞テレビドキュメンタリー部門受賞作品。

生中継　エリザベス英女王来日　NHKご訪問

1975年5月、英国君主として初めて、エリザベス女王がわが国を訪問され、天皇皇后両陛下とのご歓談のほか、国会、NHK、京都などを訪問された。NHK訪問では、大河ドラマ『元禄太平記』や『芸能百選』の歌舞伎「車引」のリハーサル、コントロールルームなどを見学されて、出演者と歓談された。

唐招提寺障壁画・海と山～東山魁夷制作の記録

1960年に東宮御所、1968年に皇居宮殿の障壁画を手がけた東山魁夷。1970年代には約10年の歳月をかけて唐招提寺御影堂の障壁画68面を制作、生涯の代表作とされる。御影堂は、唐招提寺を開いた唐の僧・鑑真和上の像を祀る堂。魁夷は、中国から渡る際に失明した和上に日本の風景を捧げたいと考え、日本各地の海と山を写生して回った。番組は、障壁画のうち「山雲（さんうん）」「濤声（とうせい）」の制作過程に密着。

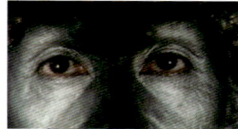

魚が消えたとき愛はよみがえる

「万物を動かす者の栄光は　宇宙をつらぬいて光り輝く…」というダンテの言葉から始まる幻想的な音楽作品。年老いた漁師が、美しく豊かな海と開発による環境破壊とのはざまで苦悩する。その姿を映像と言葉と音楽と舞踏で描き、現代社会へのメッセージとした。第27回イタリア賞テレビ部門テレビ音楽の部「イタリア賞」受賞作品。作：木村嘉長。音楽：佐藤真。振付：石井かほる。出演：佐野浅夫、市地洋子、西村晃。

ドキュメンタリー　完走

1975年9月15日、富士山麓山中湖畔に各国から集まった老人が繰り広げる高齢者マラソン大会を記録しながら、25キロの長距離に挑戦する老人たちの「生きがい」をみつめるヒューマンドキュメント。芸術祭参加作品。語り：中西龍アナウンサー。

北壁・わが愛

成人の日特集。東京下町の登山グループ「山学同志会」の若者たちが、この春、"恐怖の峰"と呼ばれるヒマラヤのジャヌーの北壁2000メートルの直登ルートに挑む。谷川岳や三ッ峠でのロッククライミングや日常生活など8か月にわたり取材。職工同志会とも呼ばれる異色の山岳会のメンバーを紹介し、"北壁"への挑戦を追う。

第1回　ヤング歌の祭典

若者向け歌謡曲全盛時代を反映し、『NHK紅白歌合戦』『思い出のメロディー』に次ぐ大型歌謡番組としてアイドルや若手シンガー、ニューミュージック系アーティストなどが出演する番組をNHKホールから放送。出演：西城秀樹、郷ひろみ、フィンガー5、山口百恵、桜田淳子、森昌子、アグネス・チャン、小坂明子、あいざき進也、城みちる、片平なぎさ、伊藤咲子、西川峰子、林寛子、太田裕美、甲斐バンドほか。司会：山川静夫アナウンサー。

第1回　日本民謡の祭典

三橋美智也、村田英雄、春日八郎らのスター歌手が出演する民謡の特集番組（1975～1980年度）の第1回。3部構成の2時間番組を、NHKホールからの中継録画で放送。演奏：NHK交響楽団。指揮：外山雄三。司会：飯窪長彦アナウンサー、水前寺清子。出演：五木ひろし、桜田淳子、南沙織、ちあきなおみ、都はるみ、原田直之、葵ひろ子、浅利みき、光本佳し子、後藤清子、佐々木基晴、熊谷一夫、斎藤京子、鎌田英一、藤堂輝明ほか。

ドキュメンタリー　警世　松下幸之助と日本経済

1973年のオイルショックで大きく落ち込んだ日本経済は、1975年になっても深刻な不況が続いていた。戦後、常に日本経済界をリードしてきた松下電器産業の創業者・松下幸之助が、経済危機を乗り切るため日本人に今、何が求められているかについて語り、日本人に警鐘を鳴らした番組。

ドラマ　わが美わしの友

都会で生きる孤独な老人と、知らず知らずのうちに老人を傷つけていく若者との葛藤を描く。雑誌でペンフレンドを募集した愛子は、17歳と名乗る老人から、愛子が好きなビートルズを聴いて気に入ったと返事をもらう。その老人は、家で年寄り扱いされ、孫からも疎んじられていた。第30回芸術祭優秀賞。作：中島丈博。音楽：鈴木一清。出演：宇野重吉、佐久間宏則、木村理恵、名古屋章、清水郁子、佐々木すみ江、赤木春恵ほか。（60分）

1976年度のおもな特集番組

この他の番組はこちら ▶

チロンヌップの詩　総集編〜キタキツネの記録〜

美しいオホーツクの自然の中で展開されるキタキツネの豊富な生態記録を中心に、そこに住む獣医師一家の動物たちに寄せる愛情を描いたドキュメンタリー。野生動物と人間の共存ははたしてあり得るのだろうか。その愛くるしい姿とは裏腹に、キタキツネと人間の現実をフィルムは記録している。北の大地に生きる人間とキタキツネとの関わりを1年間にわたって追い続けた作品。語り：黒沢良。放送文化基金賞奨励賞受賞。

ドラマ　紅い花

独特な作風で知られる漫画家つげ義春の世界を佐々木昭一郎の演出でドラマ化。短編「紅い花」に加え、他のつげ義春の作品「ねじ式」「沼」「古本と少女」などのエッセンスをひとつのストーリーにまとめ上げたもの。『土曜ドラマ』の"劇画シリーズ"で放送された中の1作。第31回芸術祭大賞。原作：つげ義春。脚本：大野靖子。音楽：池辺晋一郎。出演：草野大悟、沢井桃子、渡部克浩、宝生あやこ、嵐寛寿郎、藤原釜足ほか。（70分）

天皇陛下在位50年式典

1976年11月10日に日本武道館で行われた政府主催による記念式典を中継。国会議員、地方自治体議員などおよそ7500人が参加。世論の賛否が分かれる中、過激派などの妨害を警戒して、およそ500人の警察官が警護。過激派学生らは「祝典粉砕」を年間の最大目標に掲げてデモを行ったが、大きな混乱はなかった。番組は、天皇陛下の戦前・戦後の歩みをたどる映像の後、会場からの中継を紹介した。

特集・バラエティー　おとうさん

勤労感謝の日特集。おとうさんの一日を追い、歌やアニメーションや実写フィルムなどを使って、子どもたちの知らない"働く"父親の姿を紹介するバラエティー番組。「パパの背広」「おとうさんのしたく」「おとうさんのあしあと」「パパがこどものとき」「おとうさんあそぼう」「すてきなおとうさん」などの歌、スタジオの寸劇やダンス、アニメーションで構成する。出演：宍戸錠、田中星児、笠井弘子ほか。

海底トンネルの男たち〜青森県津軽半島竜飛崎〜

津軽海峡を横断し、本州と北海道を結ぶ延長53.85キロ（海底部23.3キロ）の世界最長の海底トンネル「青函トンネル」。強風の竜飛岬から、海底下100メートルを超える先進導抗、作業抗、本抗など、青函トンネルの工事現場にVTRとハンディーカメラを持ち込み、海底下で難工事に挑む男たちの生活を描いた。リポーター：鈴木健二アナウンサー。

特集ドキュメンタリー　埋もれた報告〜熊本県公文書の語る水俣病〜

1956年水俣病の公式確認から原因調査が行われ、チッソの工場排水が疑われていたにもかかわらず、3年後の見舞金契約で水俣病は終わったとされ、高度経済成長の波に乗って、工場はフル操業を続けた。なぜ水俣病の被害は拡大していったのか。埋もれていた熊本県の公文書をもとに、国や熊本県の担当者を徹底的に取材し責任を明らかにする。第32回芸術祭大賞、第16回日本テレフィルム技術賞（撮影）。語り：名取将。

放送記念日特集　大河ドラマの15年〜『花の生涯』から『花神』まで〜

1963年から始まった大河ドラマ、『花の生涯』『赤穂浪士』『太閤記』『源義経』『三姉妹』『竜馬がゆく』『天と地と』『樅ノ木は残った』『春の坂道』『新・平家物語』『国盗り物語』『勝海舟』『元禄太平記』『風と雲と虹と』『花神』の各名場面を紹介し、出演者のエピソードをまじえ回顧する。出演：楠本憲吉、冨田勲、石坂浩二、竹脇無我、緒形拳、栗原小巻、吉永小百合、平光淳之助アナウンサー。

ドラマ　毛糸の指輪

結婚35年、子どもがいない宇治原は、娘くらいの年の清子と知り合い、何度も会うようになった。それを知った妻のさつきまで清子を実の娘のように思うようになる。作：向田邦子。音楽：井上堯之。出演：森繁久彌、乙羽信子、大竹しのぶ、岡本富士太、三條美紀、森本レオ、夏桂子ほか。（59分）

第23回NHK青年の主張全国コンクール全国大会

成人式を迎える若者がその年度のテーマに沿ったスピーチをする、青年を対象とした特集番組。1955年度から始まり、1988年度まで続いた。第23回では、「わが郷土を見つめて」「学歴社会への提言」「わたしの選んだ道」「わたしの父親・母親論」「海外体験におもう」のテーマで、高校生、短大生、大学生、幼稚園教諭助手、菓子職人の10人が発表した。ゲスト：中村雅俊、岩崎宏美、ハイファイセット。司会：川上裕之アナウンサー。

第1回郷土芸能の祭典

日本各地の郷土芸能を守る人たちが、NHKホールに集まって郷土芸能の神髄を披露。全国各地から17団体・565人が出演。弘前ねぷた祭りの太鼓、日本三大夜祭りの1つ秩父祭りの屋台も会場に運び込まれた。第1部「北から南から」、第2部「ふるさと賛歌」、第3部「豊年祈願」の3部構成。司会：相川浩アナウンサー、十朱幸代。出演：ちあきなおみ、千昌夫、桜田淳子、細川たかし。1977年3月21日（総合）午後7時30分からの2時間番組。

1977年度のおもな特集番組

この他の番組はこちら

想定ドキュメント　地震警報発令の日
防災の日特集。地震や台風などの被害が今までとは違ってはかり知れない規模で影響を及ぼすようになった昨今、警報はどのようなシステムで出され、日常生活の中でどのように伝達され、どのような反応を引き起こしていくものかをドラマ形式で訴えるドキュメンタリー。リポーター：勝部領樹。出演：萩原尊礼（地震予知連絡会会長）、山本敬三郎（静岡県知事）ほか。

女　舞い　かたち
邦楽界の長老で、荻江節の復興と発展に貢献した荻江露友、1932年に女性初の院展同人となり芸術院会員・院展評議員を務める日本画の小倉遊亀、動きの少ない関西独自の地唄舞を舞台芸術として発展させた武原はんの3人が、秋日の古都・鎌倉市長谷の庭園でそれぞれつみ上げてきた芸と表現と人生について心ゆくまで語り合う。聞き手：後藤美代子アナウンサー。

特集　王貞治
1977年9月3日、王貞治選手はハンク・アーロンの記録を抜く756号のホームラン世界新記録を樹立した。この新記録達成に合わせて長期取材を試み、開幕から756号を打ったその日まで、王選手の心の動きをつづった自身の日記を軸に、その栄光と苦悩の記録を映像化したドキュメンタリー番組。早実時代の甲子園での活躍からプロ野球20年間のフィルムを挿入して、人間"王貞治"を描いた。

特集　日本の海日本のさかな―200海里の1年
日ソ200海里の二重線引き水域の北方四島周辺海域では、ソ連の監視体制下、日本漁船の厳しい操業が続いている。二重線引き水域に最も近い漁業基地、根室の重苦しい表情、拿捕された漁民の留守家族たち、ソ連、韓国漁船の日本の200海里内での操業、日本の輸入業者による、アメリカ、カナダでの魚の買いつけなどを紹介し、200海里問題のさまざまな波紋を中心に、日本漁業の現状をリポートし、その将来を展望する。

東西漫才大会
東西ベテランコンビが得意の持ちネタを競う秋の恒例番組。朝日生命ホールで録画。出演：「秋です問答」東けんじ・宮城けんじ、「トラック野郎」大空みつる・大空ひろし、「日本酒物語」内海桂子・内海好江、「花嫁の父」夢路いとし・喜味こいし、「自動販売機」春日三球・春日照代。司会：吉田広アナウンサー。

たらふくまんまの愉快な冒険
漫画家・馬場のぼる作のユーモラスな山男の物語を、NHK開発のニューアニマビジョンと特撮とで、新しいスタイルのアニメーション番組に構成し、1回15分で3回連続で放送。第18回日本テレフィルム技術賞受賞（アニメーション技術）作品。声の出演：馬場のぼる、熊倉一雄、小原乃梨子。年始特集番組で1978年1月1〜3日放送。

第2回母と子のスキー教室
初心者の母と子がスキーを一から5回連続で学ぶ。1日目は「50メートルすべろう」。山形県・蔵王スキー場で録画。スキーとビンディングのチェック、足踏みからはじめコーチについて歩く練習ほか。指導：岸英三（全日本スキー連盟）。出演：仙台市・山形市内小学校児童と母親。司会：田辺礼一アナウンサー。

ドラマ　塚本次郎の夏
工場の合理化でクビになった塚本次郎は、母と兄夫婦が暮らす宮城県七ヶ浜にUターンすることになった。家族には内緒で、地元で仕事を探そうと同級生を訪ねるが……。次郎の行動をリリカルに描く中に"故郷"とは何かを見つめ直す。オールVTRロケで制作。昭和52年度芸術祭テレビドラマ部門優秀賞。脚本：服部佳。出演：赤塚真人、水沢アキ、地井武男、賀原夏子ほか。（54分）

変身旅行
大女優・三鈴八千代（山田五十鈴）が、大入り舞台の合間、年の瀬にひとり旅に出ると言い張る。心配なマネージャーは、万年大部屋俳優・市川蝶六（三木のり平）に密かに後をつけさせる。作：小野田勇。音楽：坂田晃一。出演：山田五十鈴、三木のり平、愛川欽也、芦田伸介、桜田淳子、正司歌江、藤村有弘、清水郁子ほか。年始特集ドラマとして1月1日放送。（55分）

ニュースショー　時差25年の世界
テレビジョン放送開始25周年記念番組。「マッカーシーの赤狩り」「混血児入学せまる」「モンローの墓」「内灘の25年」「戦艦陸奥の遺体引揚げ」ほか。出演：北出清五郎アナウンサー、平光淳之助アナウンサー、滝沢京子アナウンサー。司会：磯村尚徳。

1978年度のおもな特集番組

この他の番組はこちら

ドキュメンタリー　北転船ー第68大勢丸の記録ー
200海里規制の嵐の中で漁場を奪われ、減船を余儀なくされる日本漁業。2隻の北転船とその乗組員たちの運命にもてあそばれた1年間の軌跡を描く。語り：横山義恭アナウンサー。

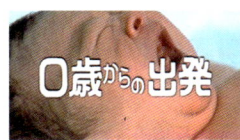

0歳からの出発
文化の日特集。近年、0歳から3歳という時期が教育的に極めて重要だという考え方が広まってきている。番組では、この分野の先進国であるアメリカのバートン・ホワイト博士の実践例や理論を紹介し、わが国の乳幼児教育の新しい方向を探る。出演：バートン・ホワイト（ハーバード大学教授）、室岡一（日本医科大学教授）ほか。

バラエティー・ゆかいな仲間
台本のない自然な会話から思わず笑いを誘う「トークコメディー」「NHKのど自慢・熱演賞受賞者2組の再演」の2コーナーを、正月から暇を持て余している4人の若者を中心にコメディーとヒット曲で送る、新形式のスタジオバラエティー。出演：日色ともゑ、沢田研二、野口五郎、宇崎竜童、ダウンタウン・ブギウギ・バンド、岡崎友紀ほか。司会：金子辰雄アナウンサー。

雲岡石窟　黄土に刻まれた美の群像
北京から西へ300キロ余り、黄河流域特有の黄土層の台地に5世紀はじめに開かれた雲岡石窟（山西省大同市）は、敦煌、洛陽竜門と並ぶ中国3大石窟の一つ。今回初めて外国の取材班が撮影。シルクロードを通って日本に至る東西文化交流の証でもある雲岡石窟の美を、周辺の風土、生活とともに描く。語り：穴水重雄アナウンサー。1979年1月6日放送の新春特集番組。

生中継スペシャル　南極
昭和基地に中継用パラボラアンテナを設置し、衛星によって南極からのテレビ生中継が世界で初めて成功。1年間を基地で過ごした19次隊の平沢威男隊長以下総員30人がいる南極と、東京のスタジオに集まった家族との映像による対面の様子と基地の全ぼうを紹介した。1979年1月30日から5夜にわたる南極生中継シリーズのオープニング。司会：酒井広アナウンサーほか。

人形万華鏡　辻村ジュサブローの世界
新しい泉鏡花人形劇の制作、ギリシャ悲劇「メディア」のアート・ディレクター、猿之助歌舞伎への出演など、その世界を広げつつある創作人形師・辻村ジュサブローの生活と美意識を追求したドキュメント。芝居が好きで役者を志し、中学時代に河原崎国太郎に出会って旅廻り一座に入るが、役者には向かないとほのめかされ、小さい頃から作っていた人形作りの道に進む。1973年度のNHK連続人形劇『新八犬伝』の人形美術を担当し注目される。

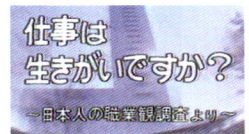

NHKリポート　仕事は生きがいですか？　ー日本人の職業観調査よりー
勤労感謝の日に、NHK放送文化研究所「日本人の職業観調査」をもとに、大学生がどのような企業に入りたいと考えているのか、一般の人が職業を選ぶときの基準は何か、隣の人は何を考えて働いているのかをスタジオのゲストとともに考える。出演：ティアック社長・谷勝馬、作家・堺屋太一、社会工学研究所・松浦敬紀、森本毅郎アナウンサー、永井多恵子アナウンサーほか。

ドラマ　極楽家族
浪速の人情あふれる大阪・通天閣界わい、事故で次男を亡くし悲しみに暮れる老夫婦と息子にうり二つの若者が偶然出会う。若者はやがて老夫婦を「お父ちゃん、お母ちゃん」と呼び、一緒に暮らすようになる。仲の悪い本物の家族と仲の良い偽の家族、どちらが本当に幸せなのかを問いかける。昭和53年度文化庁芸術祭優秀賞。作：中島丈博。音楽：岸田智史。出演：ミヤコ蝶々、国広富之、大竹しのぶ、若宮大祐、林美智子ほか。（80分）

ドラマ　ただいま誕生
終戦直後、シベリアにいた100万の日本軍捕虜の中から使いものにならなくなった傷病兵数万が選び出され、厳冬の中、着の身着のままの夏服で日本に送還されることになった。凍傷で両足を切り落とされた主人公を待ち受けていたのは…。原作：小沢道雄。脚本：山内久。音楽：柳沢剛。出演：加藤剛、久我美子、名取裕子、緑魔子、井川比佐志、森本レオ、加藤治子ほか。（90分）

ドラマ　宴のあと
出稼ぎに行ったまま戻らない夫を捜しに、山形の雪深い村から東京に出てきた女性が、さまざまな事件に遭遇する中で、本当の幸せの意味を探す物語。キャバレーで「小川真由美」という源氏名で働く、その女性をとおして、庶民の生き方を悲しくもコミカルに描く。昭和53年度文化庁芸術祭参加作品。作：早坂暁。音楽：山本直純。出演：小川真由美、前田吟、岸部一徳、山本紀彦、二木てるみ、三上真一郎、楠トシエほか。（80分）

1979年度のおもな特集番組

この他の番組はこちら

幾山河は越えたれどー昭和のこころ・古賀政男

昭和の大作曲家・古賀政男の半生を、渥美清がリポーターと古賀政男の二役を演じて紹介するNHK初の3時間ドキュメンタリードラマ。作：早坂暁、たなべまもる。音楽：山本丈晴。出演：渥美清、水谷良重、中北千枝子、山内賢、柳生博、山田はるみ、森進一、藤山一郎、森光子、ハナ肇、八神純子、原田真二、ツイスト、さとう宗幸、矢野顕子、霧島昇、ディック・ミネ、村田英雄、近江俊郎、島倉千代子、美空ひばりほか。

ドラマ　四季　ユートピアノ

ピアノ調律師・栄子の音の記憶をたどる映像詩。栄子は幼いころ雪の夜に兄と学校に忍び込んで弾いたピアノの音が忘れられない。それは兄との別れの音……。雪国から都会に出て、ピアノ調律師となった若い女性の心象を、さまざまな音や美しい四季の自然と共に描く。第32回イタリア賞RAI賞、第7回放送文化基金賞、国際エミー賞優秀作品賞ほか、多くの賞を受賞。構成：佐々木昭一郎。出演：中尾幸世。（90分）

ドラマ　あめりか物語

明治末、アメリカに渡った日系移民の姉弟とその家族3代が、人種差別などさまざまな迫害に苦しみながら、次第に新天地に根を下ろしていく姿を各回80分4夜連続で描いた。芸術祭優秀賞。作：山田太一。音楽：池辺晋一郎。出演：北大路欣也、十朱幸代、若山富三郎、八千草薫、西田敏行、宝生あやこ、梶芽衣子、長門裕之、宇津宮雅代、榊原郁恵、倍賞美津子、永島敏行、中村雅俊、池上季実子、山内明ほか。

よみがえる平城京ー天平の生活白書

太安万侶から38代目の直系子孫にあたる多忠昭（バイオリニスト）が、平城京の発掘現場を訪れ、太安万侶がどんな暮らしをしていたかを探るところから始まり、華やかな貴族の生活のかげにうずもれた当時の庶民の生活を掘りおこしていく。平城京跡の発掘状況を現地から中継で伝えるとともに、坪井清足（奈良国立文化財研究所長）をはじめとする専門家たちが、当時の庶民の生活の実態について討論した。

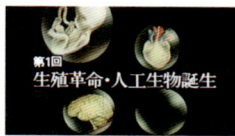

教育テレビスペシャル　生命科学の驚異

試験管ベビー誕生、サルの脳移植実験、各種臓器移植などのかつての空想物語が、最前線の研究者によって現実に試みられている。番組では、生殖、脳、寿命に関して、生命科学の最前線を紹介し、今後起こりえる法律的、倫理的な問題を含めて、これにどう対処するかをフィルムとスタジオ構成で描く。①「生殖革命・人工生物誕生」、②「大脳操作・ここまできた人間制御」、③「臓器移植・限りなき延命計画」の全3回。

教育テレビスペシャル　人間は何をつくってきたかー交通博物館の世界

教育テレビ開局20年を記念した大型企画として、蒸気機関車、自動車、船、飛行機、ロケットなど、乗り物の技術史を取り上げた10回シリーズ。「だれがSLをつくったか」「時速200キロへの挑戦」「ガソリン自動車の誕生」「名車たちの遺産」「帆船サンタマリアの秘密」「栄光の蒸気船」「たった36メートルの初飛行」「とべ！より速く」「地球からの脱出」「宇宙船への招待」。1980年3月に前編として6回を放送。

NHKゴルフレッスン・青木功のゴルフ

1978年に「世界マッチプレー選手権」で海外ツアー初優勝を飾り、世界のトップゴルファーの仲間入りをした青木功。そのゴルフ理論を紹介するゴルフのレッスン番組。アマチュアゴルファーに対するゴルフクリニックの形で「スイング」「バンカー・ショット」「アプローチ・ショット」「パッティング」の全4回のレッスン。滋賀県日野ゴルフ倶楽部で録画。

教育テレビスペシャル　テレビ評伝

1979年度に発足した『教育テレビスペシャル』の第1弾は、近代日本が生んだ"巨人"の評伝3本シリーズ。その第1回「夏目漱石」は、関係者の証言や、脳の解剖所見をまじえ、遺稿や蔵書に残された書き込みなどから、漱石の足跡とその時々の心境などを紹介する。出演：野上弥生子（作家）、大岡信（詩人）、松岡筆子（夏目漱石の長女）、千谷七郎（東京女子医科大学名誉教授）ほか。語り：平光淳之助アナウンサー。

ドラマ　修羅の旅して

日本の旧弊な社会の中で、新たな価値観を持って生きようとする女性を描く。アメリカ兵による暴行事件をきっかけに夫と別れ、世間から冷たい視線を浴びる主人公・日輪子は、強い意志で人生を選び取っていく。第20回モンテカルロ国際テレビ祭ゴールデンニンフ賞、国際批評家賞受賞。作：早坂暁。音楽：間宮芳生。出演：岸惠子、中村翫右衛門、長岡輝子、中条静夫、檀ふみほか。

訪問インタビュー　80年代への対話

1980年1月1日からの3回連続シリーズ。第1回「日本人の国際性と創造性」のゲストは、フランス文学・文化研究者で、評論家でもある京都大学名誉教授・桑原武夫と、ユニークな古代史を展開する京都市立芸術大学学長・梅原猛が、東西文明を見すえながら1980年代を語り合う。京都市上京区にある桑原の自宅で録画。

1980年度のおもな特集番組

この他の番組はこちら

ドラマ　夏の光に…

原爆投下から32年を経た広島が舞台。原爆白内障で失明の不安に苦しみながら精いっぱい明るく生きる妻と、辛抱強く支え続けた夫の姿を通して、原爆が落としたかげを描いた。妻が光を失う前に見てもらいたいものがある、と夫は妻を連れて旅に出る。（69分）。モンテカルロ国際テレビ祭金賞（最優秀脚本賞）。脚本：杉山義法。音楽：三枝成章。出演：小林桂樹、倍賞千恵子、結城美栄子、鈴木瑞穂、中村俊一ほか。

教育テレビスペシャル　日本人の宗教観－信教の自由を考える

日本人の宗教観の特質を、「信教の自由」の誕生から戦後35年の歩みを当時の資料や関係者の証言でたどり、日本の風土に即した「信教の自由」とは何かを討論する。第1回「憲法20条"信教の自由"誕生」、第2回「戦後35年の軌跡－信仰と習俗」、第3回「戦後35年の軌跡－信仰と国家」、第4回「信教の自由とは」の全4回シリーズ。司会：小高昌夫アナウンサー。

ドラマスペシャル　ザ・商社

世界を舞台に石油代理店獲得を目指す日本の総合商社の苦闘と崩壊を描いた経済ドラマ。構想3年、制作期間6か月、4か国でのロケなど、当時のテレビドラマでは空前のスケールであった。第10回テレビ大賞優秀賞受賞作品。演出の和田勉はプロデューサー協会賞を受賞。全4回（70～80分）。原作：松本清張。脚本：大野靖子。出演：山崎努、夏目雅子、片岡仁左衛門、中村玉緒、ケン・フランケル、勝野洋、水沢アキ、茂山千五郎。

砂漠の自然人　ブッシュマンとの出会い

アフリカ大陸南部のボツワナ共和国カラハリ砂漠にVTRカメラを持ち込み、今日なお狩猟採集生活を営んでいるブッシュマンと、彼らを研究している京都大学霊長類研究所・田中二郎助教授一家との交流を追う。出演：田中二郎、田中憲子、田中広樹、田中敦子。

二重放送発信ス～ラジオ第2放送50年の歩み

1981年4月6日は、ラジオ第2放送が本放送を開始してからちょうど50年になる。広く親しまれてきたその足跡をたどるとともに、生涯教育になくてはならないラジオ第2放送の将来をフィルム構成でつづる。語り：和田篤アナウンサー。出演：西本三十二（日本放送教育協会理事長）、春日由三（NHKインターナショナル理事長）、ウイルソン道子（ヴァージニア大学助教授）。

ドラマ　男子の本懐

ライオン宰相と呼ばれた首相・浜口雄幸と日銀総裁を経験した蔵相・井上準之助は、第一次世界大戦後の不況を乗り越えるため金解禁と緊縮財政政策を断行するが、それは軍縮を伴うものだったため、軍の一部から反発を買う。第36回芸術祭優秀賞受賞作品。原作：城山三郎。脚本：山内久。音楽：湯浅譲二。出演：北大路欣也、近藤正臣、檀ふみ、藤真利子、勝野洋、森下愛子、佐野浅夫、伊東四朗、吉田日出子ほか。

ドラマ　オホーツクへ

ニュースキャスターの島崎文子のもとに、樺太からの引き揚げで生き別れになった父親が生きているという知らせが入る。しかし文子には父親に捨てられたという思いがあり、会いたいとは思えなかった。そんな時、三十数年前に彼女の元を去った同じ樺太引き揚げ者だった夫の居場所を知り、会いに行く。文子の旅を通して、重い過去を背負った男たちの姿を描く。作：布施博一。出演：乙羽信子、辰巳柳太郎、ディック・ミネ、加藤健一ほか。（80分）

ドラマ　折鶴

金沢藩士柴山大四郎は、下級武士の四男坊。剣術より古書好きの彼は、本屋通いの道すがら一人の娘と出会い、恋をする。しかし、相手が婿とり娘でないかぎり、結婚は不可能。ところが、娘も実は大四郎に思いを寄せており、毎日鶴ばかりを折って暮らしていた。そんなある日、大四郎のもとに縁談が舞い込む。原作は山本周五郎の「ひやめし物語」。脚本：柴英三郎。出演：国広富之、友里千賀子、丹阿弥谷津子、牟田悌三、尾藤イサオほか。

新春綱引き大会

全国8ブロックから代表選手を東京に集め、初めて全国規模の大会を催し、NHK放送センター正面コンコース広場から生中継した。出演：鈴木文弥（実況）、帯淳子、鹿野浩四郎、輪島直幸、瀬戸口清文、はかま満緒、岡本信人、サンデーズ、石井喜八（審判長）、東京都豊島区吹奏楽団（演奏）。司会：山川静夫アナウンサー、桜井洋子アナウンサー。

第21回外国人による日本語弁論大会

日本語を学ぶ外国人が日本人、そして日本社会について感じたことを熱く語る、毎年恒例の在日外国人の日本語スピーチコンテスト。外国人にとって不思議な国ニッポンに対する驚き、恐れ、疑問が率直に表現され、笑いと感動に包まれたステージで、「都会と地方」「日本の女性差別について」「日本人のお世辞について」など、ユニークなニッポン人論が繰り広げられた。

1981年度のおもな特集番組

この他の番組はこちら →

ドキュメンタリー　爆心地のカルテ

1981年夏、広島日赤病院で被爆後の数万枚に及ぶ古びたカルテが発見された。当時の惨状や医療活動、さらに、カルテによって結ばれた医者と患者の関係を追うなかで、えたいの知れなかった症状が、やがて原爆症という名で呼ばれるようになっていく恐ろしさを、当時の医師の証言で伝えた。原爆医療の現状を描くとともに、被爆から36年たった今も、原爆の苦しみは過去のものではなく、現在、未来へと続くものであることを訴えた。

ドラマ　マリコ

日米開戦前夜、外交官寺崎英成とアメリカ婦人グエンドレンとの間に生まれた一人娘マリコの少女時代から現在までの数奇な運命と、親子2代にわたる日米の架け橋としての人生を日米外交秘史を背景にして感動的に描いた3時間ドラマ。放送文化基金賞大賞受賞作品。原作：柳田邦男。脚本：岩間芳樹。音楽：山本直純。語り：栗原小巻。出演：滝田栄、キャロライン洋子、小林桂樹、仲谷昇、永島敏行ほか。

ドラマ　おとうと

継母と、まるで家庭的でない文筆業の父を持つ姉弟の物語で、原作者の自伝的小説を前後編各40分でドラマ化。姉弟の愛、弟の死を通して、人間の痛苦とそれを乗り越えようとする人間としての責任を描く。原作：幸田文。脚本：関功。音楽：池辺晋一郎。出演：秋吉久美子、高野浩幸、鈴木瑞穂、岸田今日子ほか。総合テレビ午後6時からの「少年ドラマシリーズ」。

ドラマ　星の牧場

NHK初のステレオ・テレビドラマ。戦争の暗い記憶を失った青年が、大自然の中でかいまみた美しくも哀しい幻想の世界を、メルヘンタッチで描いた「少年ドラマシリーズ」。四季の日光ロケを中心に、バイオリニストの千住真理子をキャスティングするなど、映像、音の世界とも広がりのあるファンタジックな作品。前・後編各40分。原作：庄野英二。脚本：別役実。音楽：林光。出演：福田勝洋、千住真理子、川津祐介、高田敏江、犬塚弘ほか。

ドラマスペシャル　ポーツマスの旗

1905年の小村寿太郎を全権とする日露講和会議を軸に、国内やポーツマス市などに壮大なドラマを展開しながら、外交の意義、個人と国家の関係などを現代的テーマとしてとらえ、新たな視点で近代日本史を描く。原作：吉村昭。脚本：大野靖子。音楽：宇崎竜童、千野秀一。語り：日下武史。出演：石坂浩二、原田芳雄、大原麗子、秋吉久美子、川谷拓三、佐藤浩市ほか。全4回（1回85分または90分）を2週にわたって放送。

ふれあいのきずな―私たちの国際障害者年

国連総会は1981年を国際障害者年と宣言し、世界の人びとの関心を、障害者が社会に完全に参加し、融和する権利と機会を享受することに向けることを目的とした。「国際障害者年」は障害者にとってどんな年だったのか。全国各地の障害のある人たちが、さまざまな心理的・肉体的条件をのりこえて自らの人生を切り開いている様子を紹介する。出演：宮尾修（国際障害者年特別委員会委員）、村田稔（弁護士）。聞き手：松田輝雄アナウンサー。

ドラマ　あんずよ燃えよ

室生犀星が自身の若い日々（17歳）を描いた自伝小説「性に眼覚める頃」を、現代の若い世代に共感と憧憬をよぶ作品としてドラマ化した「少年ドラマシリーズ」。金沢犀川のほとりの寺の養子となった人一倍多感な若い詩人が、若い女性に抱く秘めやかな憧れとおう悩を詩的に描く。前・後編各40分。原作：室生犀星。脚本：佐々木守。音楽：南安雄。出演：宮廻夏穂、長谷川諭、奈良岡江里、中村伸郎ほか。

4か国共同制作　十代の反乱

同一テーマで4か国の放送局が取材を分担して5本のシリーズ番組を共同制作するというNHK初の試み。NHKとアメリカ、西ドイツ、イギリスの各放送局がそれぞれの国の10代を取材し、ドキュメンタリー番組を制作。「日本編」は学校生活から落ちこぼれて、右翼や暴走族に流れていった少年少女の心情を伝えた。4夜連続で総合テレビで放送したあと、『国際シンポジウム　十代の反乱』を教育テレビで放送した。

サイエンスロマン　青い惑星

宇宙のなかのガスやちりから地球が生まれ、長い歳月をかけて、やがて人間が誕生するまでの地球史の謎に、世界各国の最新の研究成果をもとに制作したアニメーションと映像で迫る。各回30分で①「地球誕生」、②「生命の起源」、③「大陸と大洋」、④「恐竜の時代」、⑤「人類への道」を5夜連続で放送。出演：松井孝典（東京大学助手）。

雄気堂々～若き日の渋沢栄一～

農家に生まれた渋沢栄一は、やがて一橋慶喜に仕え、明治政府にとりたてられて日本経済の基盤を作り上げていく。明治期に近代日本の経済界の最高指導者となった渋沢栄一の若き日々を、幕末から明治維新へと転換する時代とともにダイナミックに描く。原作：城山三郎。脚本：岩間芳樹。音楽：山本直純。出演：滝田栄、檀ふみ、藤村志保、田中裕子、柴俊夫、藤岡弘、田中健、地井武男、細川俊之、児玉清、岡本信人、竜崎勝ほか。

1982年度のおもな特集番組

この他の番組はこちら

ドラマ　芙蓉の人

明治28年に世界に前例のない高所気象観測をめざして、富士山頂での冬期気象観測を試みた熱血気象官野中到の物語。今日の科学気象が生まれる80年前、早くも科学気象に情熱を傾けた男の感動の実話をドラマ化した「少年ドラマシリーズ」。前・後編各40分。原作：新田次郎。脚本：新藤兼人。音楽：ベーラ・バルトーク。出演：滝田栄、藤真利子、下元勉、たしろ之芙子、山谷初男、長塚京三ほか。

ドラマスペシャル　ビゴーを知っていますか

NHKと仏アンテナ2との日仏共同制作。100年前の1882年、日本に憧れて浮世絵を学びに来日したフランスの若き画家ジョルジュ・ビゴーの名は、日本でも本国フランスでもほとんど知られていない。明治維新後の急激な発展期の日本で、日本の美を求めて漂泊の生活を送った彼は、結局帰国せざるを得なかった…。作：岩間芳樹。音楽：冨田勲。出演：イヴ・ベネトン、島田陽子、菅原文太、矢崎滋、花沢徳衛、水沢アキほか。（120分）

日本列島　動く大地の物語

日本列島の成り立ちや将来を新しい地球科学の成果を取り入れて考えるサイエンス番組。第1回は1年間に10センチ動く海底地盤（プレート）によって、フィリピン沖からきた島が日本列島と衝突し、いまの伊豆半島を形成したことを明らかにする。全5回。続編としてさらに5回を制作。これらの番組が後に『NHK特集　地球大紀行』につながる。出演：奈須紀幸（東京大学海洋研究所所長）。司会：石坂浩二。

ドラマスペシャル　勇者は語らず

テレビ放送開始30周年記念ドラマ。大自動車メーカーのアメリカ現地生産工場進出をめぐるさまざまな対立や、産業の一端を担うカーレーサーの華麗な愛と死など、世界経済戦争の矢面に立つ自動車産業に真正面から取り組んだ大作ドラマ。全4回。「世界の三船」のNHKのドラマ初出演作。原案：城山三郎。脚本：岩間芳樹。音楽：湯浅譲二。出演：三船敏郎、丹波哲郎、鶴田浩二、寺島純子、二谷英明、山崎努、柴田恭兵ほか。

日本語を決めたのはだれだ

2回シリーズの第1回「戦後国語改革」は、戦後の日本語の出発点となった当用漢字表、新かなづかいはどのように制定されたのか、GHQのローマ字化の要求に抗した山本有三をめぐる秘話、表音派と表意派の確執などを貴重な証言と資料でたどっていく。また、第2回「漢字のゆくえ」では、ワープロなどが登場するなか、日本語において漢字はどのような役割を担うのか、美しく豊かな日本語をどのようにつくりあげていくのかについて討論する。

ドラマ　みちしるべ

ワゴン車を住まいにして全国を旅する老夫婦。秋の九州路。毎年のように別府で定期検診を受け、2人だけの気ままな旅を続ける。ゆきずりの少年との2日間のだんらんの後に訪れる妻の死…。プラハ国際テレビ祭金賞（グランプリ）、第23回日本テレビ技術賞（録音）受賞作品。作：井沢満。出演：鈴木清順、加藤治子、早川保、小磯勝弥、根本律子、岡本麗ほか。（75分）

ドラマ　アンダルシアの虹　川（リバー）・スペイン編

佐々木昭一郎作・演出の音を探して旅するドラマ、「川」3部作の第2作。ピアノ調律師・栄子はスペイン・アンダルシア地方、グアダルキビル川のほとりの町を訪れる。まぶしい光の中で、ギターの名工、洞窟掘り職人、フラメンコの天才少女らアンダルシアの人々と触れあい、彼らの奏でる音に包まれてひと夏を送る。第38回芸術祭大賞、プラハ国際テレビ祭最優秀演出賞を受賞。出演：中尾幸世。（80分）

特集・ひるのプレゼント　ひるのいこいのプレゼント

1952年に放送を開始した午後0時台のラジオ番組『ひるのいこい』の1万回記念の特集番組として、テレビ『ひるのいこいのプレゼント』とラジオ『ひるのいこい』をドッキング。3日連続で同時生放送した。『ひるのいこい』の農林水産産業部と『ひるのプレゼント』の演芸部が共同制作。出演：三波春夫、古関裕而ほか。

ドラマ　ながらえば

隆吉は息子の転勤に伴って名古屋から富山へと移り住むことになったが、隆吉の妻・もとは入院中のため名古屋に残ることに。富山に引っ越した翌日、隆吉は名古屋に行くと言いだし、ほとんど金も持たず家を飛び出す。笠智衆と宇野重吉が共演した唯一のドラマ。第23回モンテカルロ国際テレビ祭ゴールデンニンフ賞を受賞。作：山田太一。音楽：湯浅譲二。出演：笠智衆、堀越節子、宇野重吉、長山藍子ほか。（65分）

ドキュメンタリー　ブラウン管の一万日〜テレビは何を映してきたか〜

テレビ放送開始30周年を記念して、NHKと民放が今まで制作してきた番組の名作を数多く紹介。この番組の制作の過程で放送史上に残る有名な番組が保存されていないことが分かった。テレビ番組が戦後日本を記録してきた時代の証言者であるという認識が放送界に広まり、番組保存の必要性が論じられるきっかけとなった番組。第1部（49分）、第2部（60分）の2部構成。語り：加賀美幸子アナウンサー。出演：松本清張。

1983年度のおもな特集番組

この他の番組はこちら

黒い太陽を追う　インドネシア皆既日食のすべて

1983年6月11日、インドネシアで皆既時間5分12秒という、20世紀最大級の皆既日食が観測された。NHKでは、3か所を中継点に選び、3台の中継車と13台のカメラで、30分にわたり黒い太陽を追跡、2つの通信衛星を使った世界初の多元衛星生中継に成功。NHKが独自に取材したVTR素材も加え、皆既日食のすべてを"科学の目"でとらえ、壮大な天体ショーを茶の間に届ける。ABU賞受賞作品。司会：中田薫アナウンサーほか。

ドラマ　約束の地　無きが如きより

1983年8月9日、被爆38年目の長崎平和祈念式典の中にドラマを組み入れ、放送当日（8月9日）の中継録画と、放送時刻（後7:30〜8:49）の生中継を織り込む新しいスタイルのドラマ。今なお闘い続ける被爆者の姿と次世代の人々を描き、核廃絶と平和を願う。原作：林京子。脚本：中島丈博。音楽：渡辺俊幸。出演：香川京子、南田洋子、久我美子、高橋昌也、佐々木すみ江、宅麻伸、安藤一夫、中村久美、下元勉ほか。

特集　絵巻切断　秘宝36歌仙の流転

秋田・佐竹家に伝わる鎌倉時代の名品「三十六歌仙絵巻」。この国宝級の絵巻物が、文字通り切り売りされた。1919年、絵巻物は三井の大番頭・益田鈍翁の邸宅で切断され、それぞれのコレクターの手に渡っていった。この時から60年余り、それぞれの歌仙たちは今どこにいったのか。秘宝・佐竹本三十六歌仙の流転を追って、大正・昭和と激動の時代の社会経済史を浮かび上がらせた追跡ドキュメント。

ドラマ　野のきよら山のきよらに光さす

妻は、病気で歩くことができなくなった長女に夫が異常な愛情を注ぐことを憎み夫を殺してしまう。刑務所を出た妻は、2人の娘と四国八十八ヶ所の巡礼に出る。母娘が背負った人間的な苦悩が、めぐり来る四季の美しさと生命力の中で、浄化されていく姿を描く。第24回モンテカルロ国際テレビ祭ゴールデンニンフ賞、国際批評家賞受賞。脚本：中島丈博。音楽：深町純。出演：左幸子、吉田日出子、杉田かおる、田村高廣ほか。

ドラマ　かけおち'83

ヤスオという婚約者がいながら、義理でしたお見合いの相手を好きになってしまったセツ子は、両親公認の、展望のない"かけおち"を決行してしまう……。愛に対する確信すら希薄になりつつある現代の若者に贈る、つかこうへいのオリジナルシナリオによる、古典的にしてモダンなラブロマンス。作：つかこうへい。出演：大竹しのぶ、長谷川康夫、北村和夫、沖雅也、平田満、小林克也ほか。（80分）

NHK24時間・放送現場の素顔

視聴者に正確で迅速なニュース番組を送るために、放送の現場はどのように取り組んでいるのかなど、「放送」に従事するNHKスタッフの仕事を追うインサイド・ドキュメンタリー。特集「三宅島大噴火」制作過程、大韓航空機報道の内幕、『おしん』はこうして作られたなど、放送局の裏側を紹介する。語り：相川浩アナウンサー。

みる人・でる人・つくる人ー教育テレビ25歳の素顔

教育テレビ放送開始25周年記念番組。1959年1月10日に日本で初めてとなる教育放送を専門に扱うテレビジョン放送局が開局。1984年1月10日、開局25周年を迎えた教育テレビとのさまざまな出会い、結びつきを、視聴者・出演者・制作者の3者交流のエピソードでつづるドキュメンタリー。出演：清水圭子アナウンサー、古屋和雄アナウンサー。

時代劇スペシャル　風の墓標

時代劇スペシャル第1回作品。江戸時代の初頭、海外の文化・文明に興味を抱き、外国との交易・交流を強く求めた海の男・新太郎を主人公に、彼のまわりに現れる3人の女性の愛の姿を描きながら、鎖国へと進む悲劇的な時の流れに生きる人々をダイナミックに描いた。原作：平岩弓枝。脚本：大西信行。音楽：山本直純。出演：滝田栄、山本陽子、松あきら、中井貴惠、田村亮、三田村邦彦ほか。

ヤング・ミュージック・フェスティバル全国大会

1983年3月、NHKはFM本放送開始15周年を記念して、全国54局参加による一大イベント「NHKヤング・ミュージック・フェスティバル全国大会」を開催。全国から寄せられたアマチュアミュージシャンの2926曲の応募の中から、最終的に10曲を選ぶ。1984年3月4日にNHKホールで行われた全国大会の模様を放送。司会：千田正穂アナウンサー、飯島真理。審査員：細野晴臣、矢野顕子、伊藤銀次、渋谷陽一。ゲスト：EPO。

ドラマスペシャル　日本の面影

明治時代、古きよき日本を愛し、日本を理解しようとしたひとりの西洋人ラフカディオ・ハーン（小泉八雲）の生涯と、彼の作品を通して、明治以降の物質優先の近代化の中で、失われた心の豊かさを掘り起こし、次代に伝えるべき精神文化とは何かを問いかける。1回80分の4回シリーズ。作：山田太一。音楽：池辺晋一郎。出演：ジョージ・チャキリス、檀ふみ、津川雅彦、小林薫、樋口可南子、加藤治子ほか。

1984年度のおもな特集番組

ドラマスペシャル　炎熱商人

戦争の傷跡を残すフィリピンで、日本人商社マンは悪戦苦闘の末、徐々に地元の人たちの信頼を獲得。商売上の成果もあげていった。しかし、日本経済の悪化は、フィリピンを大不況に巻き込む。戦後の経済成長期に、東南アジアで生きた日本人にスポットをあて国際化社会における相互理解の困難さとすばらしさを、感動的に描いた。原作：深田祐介。脚本：大野靖子。出演：緒形拳、中条きよし、松平健、梶芽衣子ほか。

ユニセフ大使　黒柳徹子の見たアフリカ

世界で4人目のユニセフ（国連児童基金）親善大使に任命された女優黒柳徹子が、1984年夏、飢餓に苦しむアフリカのタンザニアを訪問。その魅力的な語り口、現地の写真、小学生50人のリアクション、アフリカ料理の試食など、遠い国アフリカの現実を無理なく茶の間で感じてもらえるよう工夫を凝らした番組。出演：黒柳徹子。司会：山川静夫アナウンサー。

ドラマスペシャル　雨ふりお月さんー私に日本語下さい

戦争のために中国に残されてしまった「中国残留孤児」。帰国して日本で生きる道を選んだ彼らを待ち受けていたのは、ことばや生活習慣や考え方の違う「祖国」だった。東京下町の夜間中学で日本語を学ぶ帰還者の生活、その喜びと哀しみを、1人の日本語教師の目を通して描いた。原作：太田知恵子。脚本：小山内美江子。音楽：小椋佳。出演：大竹しのぶ、奈良岡朋子、花沢徳衛、松村達雄、汪天介、潘小菊ほか。

教育テレビスペシャル　人間は何を食べてきたか〜食と文明の世界像〜

食べ物はどこで生まれ、どんな物語を経て、私たちの食卓に上るようになったのであろうか。取材班は食のルーツを求めて、地球一周5万キロの旅に出た。タイの山岳民族の米、ドイツのソーセージ、砂漠の遊牧民のチーズ、アンデスのジャガイモなど、人々と風土が育んだ食文化に出会い、現代人の食生活のあり方を問う5本シリーズ。『NHK特集』でプロローグ「人間は何を食べてきたか〜食のルーツ・5万キロの旅〜」を放送。

ニュー・メディア時代のテレビ

ニュー・メディア時代のテレビの課題を2部構成で伝える。第1部では、これまでハード面からのみ語られてきたニュー・メディア時代を、ソフト面からとらえ、"情報獲得戦略"という角度からテレビ界の現状を描く。第2部では、各種番組のあり方を考え、ニュー・メディア時代のテレビの将来について放送関係者が議論する。司会：草柳大蔵。出演：植田豊、磯村尚徳、石田弘、岡田晋吉、木村太郎、和田勉、山田太一、川口幹夫、沢地久枝。

ドラマスペシャル　忍の一字

江戸・享保のころは、それまでの経済成長から低成長に転じた時期。この時代の社会、経済を現代のアナロジーとしてとらえ、東北・白河藩の一武士の京都「転勤」によるカルチャーショック、子弟の教育問題、藩（会社）と武士（サラリーマン）の関係など、現代に共通するさまざまな問題を描く。作：橋田壽賀子。音楽：三枝成章。出演：西田敏行、桜田淳子、丹波哲郎、中田喜子、花沢徳衛、宅麻伸ほか。（105分）

ドラマ　すみれさんが行く

これまでの人生、苦労を越えてたくましくなった世代である69歳のつっぱりばあさん「すみれさん」と、危なっかしい甘ったれた17歳の現代っ子「守」。2人の交流を通して、人の心のやさしさや思いやり、社会の厳しさや冷酷さを浮かび上がらせる。第9回創作テレビドラマ脚本懸賞入選作品。作：斎藤紀美子。出演：乙羽信子、石黒賢、日下由美、吉行和子、西村淳二、原ひさ子ほか。（75分）

ドラマスペシャル　冬構え

年老いた老人は全財産を現金化して、晩秋の東北地方へと旅に出る。途中、死の床にある友人を見舞ったり、上品な老女にほのかな愛情を抱いたりするが、旅の目的は実は死に場所探し。貧しいが将来に夢を持つ若い板前のカップルに高額の現金を渡して、海に身投げしようとする。妻に先立たれた老人の孤独を描いた。作：山田太一。音楽：毛利蔵人。出演：笠智衆、岸本加世子、金田賢一、沢村貞子ほか。（100分）

ドラマスペシャル　女殺油地獄

大阪の油屋の次男・与兵衛は放とう三昧の日々で、借金まみれとなった彼を両親は勘当。金に困った与兵衛は借金を申し込もうと、隣家の女房・お吉を訪ねるが、口論となり殺してしまう。殺人シーンではもみ合ううちに油壺が倒れ、お吉が逃げ惑っては滑り、追いかけてと、油まみれの印象深い場面が展開される。原作：近松門左衛門。脚本：富岡多恵子。出演：松田優作、小川知子、山崎努、加藤治子、中村又五郎ほか。（90分）

ドラマスペシャル　心中宵庚申

近松もの唯一の夫婦心中劇。大坂の八百伊の養子・半兵衛と嫁のお千代は、人も羨む夫婦仲。しかし、姑のおつやはお千代が気に入らず実家へ帰してしまうが、半兵衛はこっそりお千代を連れ帰る。愛妻と義母の間で悩む半兵衛、そして宵庚申の日に…。第39回芸術祭大賞を受賞。原作：近松門左衛門。脚本：秋元松代。音楽：鶴澤清治。出演：太地喜和子、滝田栄、乙羽信子、辰巳柳太郎、吉行和子ほか。（90分）

1985年度のおもな特集番組

この他の番組はこちら

ドラマスペシャル　しあわせの国　青い鳥ぱたぱた？
大都会・神戸を舞台に、孤独な、それだけに他の人とのきずなを求める人たちの、かりそめの共同生活"疑似家族"の営みを通して、現代における家族のありようを問い、自由、幸せとは何かを考える。第26回モンテカルロ国際テレビ祭シルバーニンフ賞受賞。脚本：井沢満。音楽：池辺晋一郎。出演：田中裕子、蟹江敬三ほか。（100分）

宇宙船地球号の若者たち
国際青年年にあたって、ユネスコが呼びかけた共同制作番組。12か国の放送機関が、自国の若者の生き方をドキュメンタリー形式で描くフィルム番組を制作し、互いに交換しあった。NHKは、その中からNHK制作分の日本編「ガボンから来た留学生の日々」を含め5か国の番組を日本版に改めて8月26日から5日連続で教育テレビで放送。出演：木村治美（千葉工業大学教授）。

サヨナラつくば　EXPO'85ハイライト
1985年3月17日から9月16日までの184日間にわたって、主に筑波研究学園都市で行われた国際科学技術博覧会、通称・科学万博。「人間・居住・環境と科学技術」をテーマに掲げた科学万博は、予想を上回る2033万人の入場者数を記録して無事終了した。番組は終了の夜にあたり、参加各国の催事や展示を振り返りながら、その魅力と今後への課題を考える。リポーター：松平定知アナウンサー、豊田惇司、山之内滋美。

クイズ　名探偵の実験室
日常生活の中で経験する意外な科学的事実、理屈では分かっていてもなかなか納得できない事柄、動植物の不思議な習性など、われわれの周辺のさまざまな出来事を親しみやすく分かりやすく推理形式で構成する新形式のファミリーサイエンスクイズ。第1回は9月23日（39分）、第2回は1986年1月3日（44分）に放送。出演：谷幹一、春風亭小朝、小川真由美、アントニオ猪木、江守徹、小松方正。

ドラマスペシャル　好色一代男　おらんだ西鶴
"しょせん、この世は色と欲"というテーマを一生かけて追求した井原西鶴と、西鶴が自らの理想として創作した「好色一代男」の主人公・世之介を重ね合わせ、俳人・松尾芭蕉との対比を通して、波乱にとんだ西鶴の生涯を描く。脚本：早坂暁。音楽：千野秀一。出演：片岡孝夫、真野響子、林隆三、風吹ジュン、桂枝雀、奥田瑛二ほか。（90分）

第1回ABUポピュラーソング・コンテスト
アジア太平洋地域での国際相互理解と番組制作の交流を、音楽を通じて促進することを目的としたABU（アジア太平洋放送連合）主催の音楽コンテスト。シンガポールで開催された第1回大会の模様を放送。アジア太平洋地域の14か国が競い合い、プロの審査員によって勝者が選ばれた。審査員：中村泰士。ゲスト：岩崎宏美。司会：伊集院礼子アナウンサー。

ドラマスペシャル　谷崎・その愛、我という人の心は
79歳で生涯を閉じるまでの主要な33年間を関西で過ごし、「吉野葛」「春琴抄」「細雪」などの名作を生んだ谷崎潤一郎。谷崎誕生100年を機に、作家の創作最盛期を過ごした関西時代にスポットを当て、日本文化の耽美の世界を追求した作家の内面と生活に迫る。原作：大谷晃一。脚本：杉山義法。音楽：武満徹。語り：奈良岡朋子。出演：江守徹、古手川祐子、清水紘治、萩尾みどり、あおい輝彦、桂小米朝ほか。（90分）

昭和の歌　歌は電波にのって（昭和20～30年）
放送の歴史を支えてきた歌謡曲にスポットを当て、戦後の放送において、歌謡曲がどのような役割を果たしてきたかを、数々の証言を交えて構成するNHKホールでの大型ステージショー。出演：美空ひばり、春日八郎、織井茂子、藤山一郎、並木路子、島倉千代子、岡本敦郎、二葉あき子、若原一郎、池真理子、藤島桓夫、高橋圭三、遠藤実、川田正子、楠トシエ。司会：千田正穂アナウンサー。

テレビの国のアリス　夢と冒険の不思議な旅　CGファンタジー
現代版「不思議の国のアリス」ともいえるこの番組は、アリス役を演じる少女と、最新のCGによって創造されたウサギとの不思議な冒険の旅を描いたファミリー向け映像ファンタジー。アリス役に12歳の新人、後藤久美子を起用。ウサギの声を笑福亭鶴瓶がユーモラスに演じた。脚本：山本清多。音楽：大貫妙子。出演：後藤久美子、笑福亭鶴瓶ほか。

ドラマスペシャル　破獄
戦中から戦後にかけて、犯罪史上に残る4回もの脱獄を繰り返した無期懲役囚がいた。この実在の囚人をモデルにした吉村昭の同名小説を、佐藤幹夫の演出でドラマ化。囚人と看守との関係を通して、人間の尊厳とは何かを問いかける。1985年第1回文化庁芸術祭作品賞を受賞。原作：吉村昭。脚本：山内久。出演：緒形拳、津川雅彦、中井貴惠、佐野浅夫、趙方豪、織本順吉、なべおさみ、玉川良一、田武謙三、綿引勝彦ほか。（90分）

1986年度のおもな特集番組

この他の番組はこちら

ドラマ　ふたたびの街

広島市中区在住の77歳の視聴者から、熱でゆがんで錆びついた1台の三輪車がNHKに届けられた。当時5歳だった長男が乗っていたものだった。ドラマはこの三輪車をモチーフに、平凡な家族の姿を描きながら、被爆40年のいま、人々の中にある忘れえぬ出来事を浮き彫りにする。脚本：重森孝子。音楽：池辺晋一郎。出演：宮本信子、井川比佐志、田村知丈、大滝秀治、殿山泰司、木田三千雄、野村昭子、仲本工事ほか。（60分）

鶴瓶のおしゃべり家族

どこの家庭にも起こりうる家族間のもめごと、悩みごと、そして家族ならではのほのぼのとした出来事をVTRで取材。家族の中の微妙な問題を、当事者たちのユーモラスな討論をベースに展開するファミリー向け番組。第1回「親父と娘の激突45分」（8月放送）では、スタジオに女子大生・OL40人と、その父親40人を招き、スタジオトークを展開。第2回は「夫婦げんかは犬も食う」（1987年1月放送）。出演：笑福亭鶴瓶。

大航海2500キロ　北前船・栄光の日々

1986年5月から6月にかけて、かつての北前船を模した「辰悦丸」が、淡路島から北海道江差まで2500キロを航海した。全国で100万人の人々が寄港地に足を運び、特に日本海側の港では熱狂的な歓迎が連日繰り広げられた。全航程に同乗取材、北前船が海の民・日本人に何を残したのかを描く。

特ダネたべもの編集局

「飽食の時代」から食を選別して楽しむ「楽食の時代」へ。コンピューターでブレンドされ、光センサーで品質が揃えられる米、赤身の肉と肉の間に脂身をはさみプレス成型して作られる霜降り肉など、新しい食料事情と食べ物に投影された現代日本の姿を探る4回シリーズ。出演：相川浩アナウンサー、三宅裕司、三田寛子。

教育テレビスペシャル　日本解剖・経済大国の源泉

円高、経済構造の大転換など、日本経済は大きな時代の変わり目に立たされている。戦後の日本の経済的繁栄を可能にしたものは何だったのかを多面的かつ実証的に分析するとともに、そうした今までの経済大国の源泉が、来るべき新しい時代にも果たして有効なのかという視点から、日本の今後の進路を探る大型シリーズ。全10回。キャスター：ジョージ・フィールズ（企業コンサルタント会社社長）。

第1回国民文化祭総合フェスティバル

日本文化の活性化と新しい芸能・文化の創造をめざして始まった文化の祭典「国民文化祭」（文化庁、東京都主催）の模様を2回にわたって放送。第1回「総合フェスティバル」（11月放送）はNHKホールからの中継録画。第2回「ハイライト」（12月放送）は、国立劇場で行われたグランドフィナーレを中心に構成。出演：金田一春彦、阿木燿子。司会：吉川精一アナウンサー。

生きているっていってみろー野田秀樹の世界

若者たちに人気の劇団「夢の遊眠社」主宰者で劇作家・役者の野田秀樹の素顔とその世界をVTR構成で描き出し、迷い悩み、生き方を模索している若者たちへのメッセージとした。語り：手塚理美。出演：野田秀樹。

’87　青春自画像ーNHK“青年の意識”調査から

現代の青年たちの意識と実態を、NHK世論調査部の最新データと、ビジネスカルチャー、宗教、各々の場でダイナミックに動いている若者たちのドキュメントで構成。出演：筑紫哲也（朝日ジャーナル編集長）、小山内美江子（シナリオライター）、利重剛（俳優）、千倉真理（ラジオ番組DJ）ほか。

こころの旅人　五木寛之・出雲隠岐冬紀行

神々の集う神話の国、出雲には古代の神話に代わって、現代につながる国護りの神話がある。それは、明治維新前後、中央からは「隠岐騒動」と呼ばれてきた島民自治政府への決起事件である。真冬の日本海の孤島に渡った作家が、中央に翻弄されながらも熱い思いに生きる島民の生活に触れ、憤怒の大黒天像に出会う心の紀行番組。

ドラマスペシャル　父の詫び状

作家・向田邦子が自分の少女時代の思い出をつづった随筆集をドラマ化。ドラマをのちに小説化した「あ・うん」の原点ともいえる作品で、戦前の懐かしい風俗と共に、庶民の家族の絆や哀感をしみじみと描いている。第13回放送文化基金賞本賞、第24回プラハ国際テレビ祭金賞ほか。原作：向田邦子。脚本：ジェームス三木。語り：岸本加世子。出演：杉浦直樹、吉村実子、沢村貞子、長谷川真弓ほか。（90分）

1987年度のおもな特集番組

この他の番組はこちら

菜の花畑にジンタがきこえた　中山晋平生誕100年

中山晋平の劇的なデビュー曲「カチューシャ」は流行歌の始まり、「船頭小唄」は演歌の始まりといわれる。永遠に歌い継がれるであろう「証城寺の狸ばやし」「シャボン玉」などの童謡、流行歌、民謡など、日本人の心の歌を作曲し続けた中山晋平の生誕100年にあたって、大衆の心をつかんだ一人の男の創造の秘密に迫る音楽ドキュメンタリー。音楽：若松正司。出演：湯浅実、白坂道子。

特集　経済でこんばんは

円高をきっかけに大きな転換点に立たされた日本経済について、私たちの暮らしとの関係でメスを入れ、分かりやすい解析を試みる3回シリーズ（年2回放送）。7月放送は第1夜「カネ余りニッポンというけれど」、第2夜「強くなった"円"その力をなぜ生かせない？」、第3夜「本当の豊かさに向かって何を選択するか」。1988年3月に「マネー社会がやってきた」3回シリーズも放送。出演：田中直毅、盛田昭夫、真藤恒、牛尾治朗。

クイズ・どきゅめんと

ごく普通の庶民の暮らしの中から心温まる人間のふれあいや感動を伝えるドキュメントにクイズとトークショーの要素を加えた新しいタイプのファミリー向け教養エンターテインメント番組。第1回は「海の大物マグロ」、第2回は「幸せさがし・家さがし」、第3回は「いい秋みつけた・運動会」。出演：三宅裕司、中尾ミエ、大林宣彦、山崎洋子。

星空紀行・超新星との遭遇

1987年2月、南半球で超新星が400年ぶりに観測された。これは17万年前に我々の隣の銀河で起きたひとつの星の消滅を意味する。超新星とはいったい何なのか。NHK開発の特殊カメラがとらえた鮮明な星空映像と、超新星の姿、奈良時代の遺跡や古文書にみられる超新星など、最先端科学の情報を織り交ぜながら、夏の夜空の魅力に迫る。出演：森本雅樹（東京大学・野辺山宇宙電波観測所所長）。

これが金環食だ

1987年9月23日、沖縄本島で、日本では29年ぶりという金環食が継続時間3分5秒、太陽高度62度の好条件のもと観測された。番組は、沖縄の万座にオープンスタジオを特設、地上6000メートル上空から航空機による生中継を行い、さらにCCDカメラと特殊フィルターも駆使して、金環食を多角的に紹介した。

コンピューターの時代　教育テレビスペシャル

ビジネスマンを対象に、コンピューターの初歩的知識から内外の最先端情報まで、40年の歴史を背景に紹介し、コンピューター時代の知的好奇心にこたえる全8回シリーズ。第1回「それは夢から始まった」、第2回「限りなく速く、そして」、第3回「思考の架け橋」、第4回「トロン誕生」、第5回「食卓の中のコンピューター」、第6回「メディアの変貌」、第7回「拡がる創造の世界」、第8回「未知の社会へ」。キャスター：坂村健。

日本　その心とかたち－教育テレビスペシャル

本格的な国際化時代を迎えた現在、日本人が永い歴史を通じて生み出してきた「かたち」とそれを育んできた「心」を、第一級の素材と豊富な国際比較で解明する大型企画番組。番組の案内役は、国際的知識人として知られる評論家の加藤周一。前後期各5回、合計10回シリーズ。出演：加藤周一。

ドラマスペシャル　雨月の使者

「雨月物語」の幻想世界から派遣されてきたようなナイーブな青年が、モンスターのような都会に立ち向かっていく。都会と地方の構図の中で、若い不器用な男女の純愛と悲劇を描く。地下鉄のトンネルにスカーフが不気味に浮かんでいる風景が印象的。第28回モンテカルロ国際テレビ祭シルバーニンフ賞を受賞。作：唐十郎。音楽：三枝成章、中島みゆき。出演：杉本哲太、伊武雅刀、横山めぐみ、有森也実ほか。（90分）

ドラマスペシャル　今朝の秋

蓼科で隠居生活を送る男は、50代の息子ががんで余命3か月と知らされ、息子に会うために上京。そこで20年以上前に別れた妻と図らずも再会する。息子夫婦も離婚の危機にあった。今、親として何をすべきなのか。第14回放送文化基金賞本賞、毎日芸術賞ほか受賞。作：山田太一。音楽：武満徹。出演：笠智衆、杉村春子、倍賞美津子、樹木希林、杉浦直樹ほか。（90分）

ドラマスペシャル　翼をください

学校格差から生じるコンプレックスを乗り越えていく高校生の姿を、ある地方都市にある二つの高校を舞台にリアルに描き、大きな反響を呼ぶ。ドラマ収録の約束事を最小限にとどめ、ドキュメンタリー的手法を用い、リアリティーを重視したカメラワーク、ライティングに徹した。脚本：ジェームス三木。音楽：坂田晃一。出演：片岡鶴太郎、江口洋介、倍賞美津子、橋爪功ほか。（120分）

1988年度のおもな特集番組

この他の番組はこちら

実験ドキュメント　長さ100メートル・泳げ巨大こいのぼり

長さ100メートル、重さ600キロという巨大なこいのぼりが、市民の熱意と科学者グループの協力でついに空を泳ぐまでを追ったドキュメント。科学技術奨励賞受賞作品。第2弾「凧タコあがれ富士より高く」は、タコを富士より高くあげるという途方もない夢に挑戦した男たちのドキュメント。自動車メーカーの風洞を使ってのテスト、糸の強度分析など、科学の力で夢の実現を目指す。

経済千夜一夜

大きな経済の仕組み、流れを日常の暮らしとの関係で分かりやすく興味深く描く。第1シリーズ「がんばるお父さんの経済学」3本は、働きすぎといわれる日本のサラリーマンの実態を通して豊かさの質を問う。第2シリーズ「消費ブームにせまる」2本は、円高以降の日本経済の構造を、流通、消費の側面から解き明かす試み。司会：三宅民夫アナ、小林美樹。出演：竹内宏（日本長期信用銀行専務取締役）、山崎時男（モービル石油副社長）ほか。

アイデア対決・独創コンテスト　乾電池カー　スピードレース

長年続いているアイデア対決ロボットコンテストの始まりとなる番組。高等専門学校の学生たちが、総製作費5万円以内、単一乾電池2個を動力源として、体重60キロの人間を乗せて走る車を作り、そのスピードを競うコンテスト。個性豊かな創造力によって実現されるアイデアの意外性、対決の楽しさとともに、独創の喜びを十分に伝える科学エンターテインメント。出演：森政弘（東京工業大学名誉教授）、唐津一（東海大学教授）。司会：徳田章アナ。

漫画でたのしむ「枕草子」

歴史もの、経済書から哲学書までが漫画化され、読書離れした若者たちの間で人気を博している。この番組は、橋本治の「桃尻語訳・枕草子」をもとに、ショートドラマと漫画の映像を組み合わせた、若者向けの古典講座とした。4本シリーズで、漫画キャラクターは赤星たみこが担当。原作：橋本治。出演：鳥越マリ、高見知佳。

下北自然紀行　立花隆と北限のサル

青森県下北半島のニホンザルは、世界でも最北端に生息するサルである。天然記念物のこのサルの社会行動に興味を持つ立花隆が下北を訪ね、その生態や環境、保護にかかわる人々の活動に触れ、自然と人間のあり方を探るドキュメンタリー。語り：畑恵アナウンサー。出演：立花隆。

五木寛之・エルミタージュ幻想

旧ソ連レニングラード市にあるエルミタージュ美術館は、ロマノフ王朝の宮廷がおかれた冬宮でバロック建築の傑作であり、ここにはロシアが西欧から集めた美術コレクション270万点以上の美術品が収納されている。23年ぶりにレニングラードを訪れた五木寛之が華麗な美の世界へいざなう。出演：五木寛之、千足伸行、前橋汀子、中沢新一、池田理代子、木村浩、森瑤子、松永伍一、絹谷幸二ほか。

対論・昭和と日本人

昭和という時代は、日本人にとってどういう時代だったのか。また、平成という時代に残された課題は何か。著名人の対談で、それらの問題点を考察する5回シリーズ。第1回は「家族の肖像」山田太一、小浜逸郎。第2回は「そして経済大国に」吉野俊彦、正村公宏。第3回は「科学の進歩と生命倫理」高久史麿、村上陽一郎。第4回は「時代を見つめる精神」堀田善衞、大江健三郎。第5回は「平和への選択」高坂正堯、田中直毅。

子どもの未来・大人の生きがいー生涯学習時代とテレビ

1989年1月、放送開始30年を迎えた教育テレビ。番組では、30年の歩みを軸に、本格的な生涯学習時代の中でテレビが果たしうる役割や可能性を探る。子どもとニューメディアや、テレビ放送による教育が始まったころの様子を記録した『山の分校の記録』の現在の様子、心への関心と生涯学習の高まりなどを取り上げる。出演：大江健三郎、河合隼雄、中野収。

ドラマスペシャル　海の群星

昭和20年代まで、沖縄には海ンチュと呼ばれる漁師たちがいた。海ンチュには10歳の少年を、わずかな契約金で年季奉公させる「雇い子」と呼ばれる制度があった。貧しさゆえに売られた少年たちは、親方の下で厳しく漁を仕込まれた。沖縄・石垣島を舞台に、親方と雇い子の少年たちの愛と憎しみ、自然との格闘を描いた。原作：谷川健一。脚本：池端俊策。出演：緒形拳、石田ゆり子ほか。（90分）

ドラマスペシャル　うさぎの休日

金あまり、地価狂乱で、まじめに働くサラリーマンが家一軒持てない現実の中で、マイホームを持ちたいと願う若い夫婦の愛情と悲しみを描く。夫婦とは、親子の絆とは何かを改めて問う。作：黒土三男。音楽：池辺晋一郎。出演：長渕剛、伊藤蘭、大滝秀治、浅野ゆう子、植木等、小坂一也ほか。

1989年度のおもな特集番組

この他の番組はこちら

海王星大接近　ボイジャー最後の挑戦

1989年8月25日、惑星探査機「ボイジャー2号」は、12年間の大航海を終えて、最終目的地である海王星に最接近した。地球から45億キロ、未知の惑星に到達したボイジャー2号が間近で捉えた鮮明な映像を中心に、海王星表面の巨大な渦巻き、衛星トリトンの「氷の活火山」など世界中を驚かせた新発見の数々を伝える。出演：目加田頼子アナウンサー、松井孝典（東京大学助手）。

音楽ファンタジー　カルメン

メリメ作、ビゼー作曲「カルメン」の舞台を日本に置き換え、音楽と実験的な映像でつづった音楽ファンタジー。第41回イタリア賞国際コンクール・テレビ音楽部門特別賞（ウンブリア州知事賞）、エミー賞国際コンクール優秀賞、第10回国際芸術フィルムフェスティバル国際コンクール最優秀脚色賞受賞作品。作：佐藤信。音楽：池辺晋一郎。出演：山口小夜子、坂東八十助、イズマエル・イヴォ。

昭和の歌　心に残るベスト200曲

「昭和」が終わった。戦争、混乱、経済復興と激動の昭和を人々がどのような思いで生きてきたのか。人々が愛唱した昭和を彩る歌の中から視聴者アンケートで200曲を選び、NHKに残る数多くの映像資料を中心に、感動の名唱、熱唱を紹介。200〜131位を9月15日、130〜61位を9月23日、60〜1位を10月10日の3回に分けて、それぞれ放送した。司会：吉川精一アナウンサー。

日本のうたふるさとのうた　65万通のメッセージ

明治、大正、昭和と歌い継がれ、あすへと伝えたい心の歌100曲を選び出す視聴者の応募はがきが、全国から65万通も寄せられた。これらを基に「日本の四季」「世界の中の日本の名曲」「はがきによるドキュメント」などで構成し、人気歌手、オーケストラの演奏でメッセージとともに送る。NHKホールでの公開番組。出演：森進一、佐藤しのぶ、益田喜頓、川田正子、島田歌穂ほか。司会：山川静夫アナウンサー。

生命を書く

古今の名僧、傑僧の書は見る者に強い衝撃を与える。生命の輝きと人生の深い味わいを語る書の名作を、著名なゲストの言葉とともに紹介し、書の持つ奥深い魅力を伝える。全3回。第1回は「虚空、牙を咬む〜大燈・一休〜」勅使河原宏、柳田聖山。第2回は「人・人となる〜慈雲〜」寿岳文章、前田弘範、三浦康廣、清水公照。第3回は「福を得ること限りなし〜白隠・仙厓〜」須田剋太、松岡正剛、山岸善来。

ザ・ボイス　主婦'90　わたしの大事件

全国の主婦から公募した「わたしの大事件」3000通の投書＝ボイスをもとに展開する新形式の視聴者参加番組。主婦が日常の暮らしの中で感じている疑問や悩み、怒りの声を集め、VTRを交えてスタジオの主婦100人が本音で語り合う。出演：秋元康、安藤和津、高田繁、森川由加里。司会：山根基世アナウンサー、徳田章アナウンサー。

浄土憧憬　美しき彼岸に結ぶ夢

古く私たちの先祖は、生と死を、あの世とこの世に分けて考えていた。苦しい現実の生活の中で、「なむあみだぶつ」を唱え、極楽浄土に憧れた。浄土の思想と信仰は、京都・宇治の平等院鳳凰堂、兵庫県の浄土寺阿弥陀堂、阿弥陀来迎図など多くの建築・美術品を世に残した。それらを紹介しながら日本人の死生観を考える。

アイデア対決ロボットコンテスト

1988年度に放送した高等専門学校による「アイデア対決・独創コンテスト」が大きな反響を呼び、この年から『アイデア対決ロボットコンテスト』として開催。テーマはリモコン操作のロボットで、ラグビーボールを目標の円筒に相手より早く入れる「オクトパスフットボール」。1990年度に大学国際部門、1991年度に大学部門が追加された。

NHK青春メッセージ'90 全国コンクール

1955年度から35年間続いた「NHK青年の主張全国コンクール」に代わって、新しく登場した若者によるスピーチコンクール。テーマ設定を自由にし、年齢制限も満20歳を迎える新成人だけでなく15〜25歳に広げ、ビデオやカセットでの投稿も受け付けた。番組では、地区予選を勝ち抜いた全国12人の若者の熱く楽しい青春メッセージをNHKホールから中継した。出演：大林宣彦、柴門ふみ。司会：宮本隆治アナウンサー。

ドラマスペシャル　山頭火

大正から昭和初期にかけて、漂泊と放浪に生きた自由律俳句の巨人・種田山頭火。酒に溺れ、妻子と別れ、日々死を見つめる放浪の生活。句作に懸ける情熱と自由への憧れ、苦悩を、珠玉の俳句をちりばめて描く映像詩。第30回モンテカルロ国際テレビ祭シルバーニンフ賞（最優秀男優賞）をフランキー堺が受賞。作：早坂暁。音楽：武満徹。出演：フランキー堺、桃井かおり、林美智子、イッセー尾形ほか。（90分）

1990年度のおもな特集番組

この他の番組はこちら▶

とまとくらぶ
小学生の生の声を聞きながら、今の子どもたちの「意識」を浮き彫りにする子どもが主役の番組。春と夏の2回放送。第1回は自信満々の小学生140人が、両親、友達、そして自分たちの将来について話す。出演：松居直美、ガッツ石松、福田繁雄、森公美子、伊奈かっぺいほか。第2回は、片岡鶴太郎が元気な小学生200人の家族写真にビックリ、ものまね対決に冷や汗、将来の夢に感激。出演：片岡鶴太郎、今井森男ほか。司会：徳田章アナ。

裁判所へ行こう！
学校生活、友人関係など、子どもたちが抱えるさまざまな問題や悩みを、弁護側と検察側に分かれて裁判形式で解決していく新しい手法の番組。「授業中に騒ぐ子」「新しいアイドル」など大人は気が付かない子どもの悩みを解決する。2日連続で第1回は「三角関係のゆくえ」、第2回は「ぼくらの放課後戦争」の全2回。

世界が見える　経済が見える
大型景気に酔っていた1990年の日本経済が、春先に起きた円安・株安・債券安のトリプル安で陰りを見せ、湾岸危機と原油価格の高騰で一気に先行き不透明感を高めた。予測、世論調査などで1990年代の日本経済の姿を占う2回シリーズ。第1夜は「エモットVSボーゲル　光と影・2つの日本論」、第2夜は「日米欧600社アンケート　世界はどう予測する」。出演：竹中平蔵（慶應義塾大学助教授）、桜井洋子アナウンサー。

ヒーローばんざい！
記録だけではなく、人間の内面にまで踏み込んで知られざる事実を掘り起こし、スポーツの魅力を描く人間賛歌の新しいスポーツエンターテインメント番組。第1回（10月放送）は「豪球物語」、第2回（1991年3月放送）は「マラソン物語　史上最強のランナーはだれか」。出演：逸見政孝、梨田昌孝、大島智子、伊東一雄、山藤章二、長田渚左、山田久志、篠田正浩、宇佐美彰朗ほか。

大地に緑を　心に輝きを
第41回放送教育研究会全国大会記念番組としてNHKホールで公開録画された。「地球環境」をテーマに、ハイビジョンとNHK初のマルチメディア教材「人と森林」などの近未来メディアを使った授業を行い、全国から集まった教員に新しい時代の放送教育を提示する。司会：古屋和雄アナウンサー、山田敦子アナウンサーほか。

宮沢りえをめぐる5人の人々
タレント宮沢りえが平成の時代にマッチしているのはなぜだろう。番組では、宮沢りえと彼女を取り巻く5人の当代一級のクリエイターが、30秒の「NHKのイメージアップCM」を制作する過程を追いながら、りえの魅力と広告という文化に取り組む人々の発想の秘密を探る。出演：宮沢りえ、糸井重里、斉藤洋久、宇恵和昭、伊藤佐智子、酒井政利ほか。

こちら、ことば探偵局　追跡！20歳の言葉
成人の日特集。生きた日本語の不思議さ、不可解など、言葉に関する疑問を事件に見立て、アナウンサーが探偵となって解明するスタジオバラエティー番組。番組ではとかく批判の多い若者言葉を追跡する。出演：山藤章二、俵万智、広瀬久美子、内山俊哉、道傳愛子、渡部英美ほか。

人間ばんざい
今世紀、人類は数多くの夢を実現させてきた。そうした汗と涙の人間の営みにスポットを当て、夢に挑戦する人間のすばらしさを過去から未来に向けて感動的に伝える。全3回の年始特集番組。第1回は「より速く　より高く　より強く～オリンピックのドラマ～」、第2回は「果てしない未知へのときめき～冒険物語～」、第3回は「謎の発明家ステラ、今世紀発明ベストテン～発明物語～」。

国会100年　検証・日本の政党
日本の議会制度発足100年にちなみ、国会史上の大激動期であった戦時議会から1955年の自由民主党誕生までに焦点を絞って検証する。11月26日から3夜連続の全3回。第1回は「戦時議会と戦後政党人」、第2回は「戦後連合の時代」、第3回は「保守合同への道」。

のびのび描こうぼくの絵わたしの絵　全国教育美術展から
枠にとらわれない自由な表現にあふれる児童画の展覧会「全国教育美術展」から入選作品の紹介、文部大臣賞を受賞した愛媛県伊予三島市立中之庄小学校の授業風景などを通して、のびやかな子どもたちの絵の世界に触れる。出演：城戸真亜子（画家）、山本文彦（筑波大学教授）、ヒサ・クニヒコ（漫画家）。司会：黒沢保裕アナウンサー。

1991年度のおもな特集番組

この他の番組はこちら

アジア・塗り変わる経済圏

タイ通貨バーツが流れ込むタイ・ラオス、タイ・ミャンマー国境。シンガポール・インドネシア・マレーシア3国共同開発が進む国境の島バタム。国境貿易でにぎわう中越国境の町ドンダン。流動化する国境地帯を取材、塗り変わるアジアの経済地図を描く。第1回「拡大するタイ通貨圏」、第2回「ドイモイ・ベトナムの新しい風」、第3回「成長の三角地帯・ASEANの挑戦」。出演：田中直毅、田中優子ほか。

さよなら常盤座・浅草芸能グラフィティー

日本の大衆芸能の歴史をきざむ浅草の芸能の大きな舞台となってきた浅草六区の常盤座が、1991年9月に閉館される。常盤座の105年間の歴史を軸に、かつての芸能のメッカ浅草と日本人のかかわりをたどる。4月に行われた常盤座さよなら公演に集まった芸能人の舞台を紹介しながら浅草の歴史、そこで活躍した多くの芸能人をしのぶ。語り：渥美清。出演：萩本欽一、ビートたけしほか。

夏休みバラエティー・親子三代物語

第1夜「世にもビッグな床屋さん一家」では、7人の子どもと、その孫合わせて24人が理容師か美容師の免許を持つ「床屋さん一家」の親子三代の歩みを描く。第2夜「クイズ・三つの家訓」は、司会の古舘伊知郎もあぜんとするスタジオに誰もいない出前クイズ。第3夜のドラマ「魔法の夏のありさ」は14歳の観月ありさが演じるちょっと不思議な夏物語。第4夜「手紙はラブレター」では古今東西の親子の手紙の名文を紹介する。出演：永六輔ほか。

バラエティー・眠れぬ夜はミステリー

名探偵の活躍と視聴者の推理力を、コメディータッチのドラマと、マジック、ゲームの3つのコーナーで楽しむバラエティーショー。名探偵明智小五郎の推理を中心にしてミステリー・ゲームが展開する。沢田研二が明智小五郎に挑戦！ 出演：沢田研二、佐藤B作、松本典子、SAKOH、磯貝芳郎ほか。

伝説の女形　花柳章太郎

人間国宝・花柳章太郎が、1942年から亡くなる1965年の正月までの23年間書き続けた日記が発見された。 番組では、この日記を中心に、遺された多数の随筆や舞台映像を紹介しながら、人生の達人と呼ばれた新派不世出の名女形「花柳章太郎」の世界を2夜連続で探る。1回目の前編は「華のお役者日記」、2回目の後編は「女形は呪術師」。出演：坂東玉三郎、池田昌子ほか。

私は虫である～昆虫画家の小さな世界

結婚して40年間、一度も外泊したこともなく、半径1キロ以内の自宅周辺からほとんど出かけることがないという老画家の世界を描く。モノ、カネこそすべてというバブル全盛の時代に、人間の本当の生き方を問う。登場人物は3人だけ、取材は自宅周辺のみという異色のドキュメンタリー。語り：牟田悌三。出演：熊田千佳慕（昆虫画家）。

マコトノハナシ

日常のなにげない風景、会話を新しい感覚で映像化、10分間という短い時間の中で不思議な雰囲気で表現する実験的ショートドラマ。4夜連続。第1話「初詣」。出演：工藤夕貴、榊原利彦、円城寺あや、新井由美子、桂米朝。第2話「事始め」。出演：秋吉満ちる、斎藤晴彦、ルー大柴、山海塾。第3話「新巻きジャケ」。出演：水島かおり、松本伊代、羽田美智子、江夏豊。第4話「初笑い」。出演：唐沢寿明、太田光、田中裕二、篠原勝之。

笑わぬ王様・爆笑バラエティー

本物の笑いがわかる男・堺正章が、「めったなことでは笑わぬ頑固親父の管理人」に扮し、多彩なゲストたちが扮する「マンション住人」たちが笑いの渦を巻き起こす大型爆笑バラエティー。笑わないと誓った"笑わぬ王様"を誰が笑わせるのか…、それぞれのゲストが練りに練った笑いのパフォーマンスで真剣勝負。出演：堺正章、市川右太衛門、間寛平、宮川大助・花子、ルー大柴、SMAPほか。

特集・農業どうすれば強くなれるか

農村の高齢化、後継者不足、農地の荒廃など、事態が深刻化する日本の農業の状況に、農民は生産意欲をなくし、農村の活力は失せてきた。どうすれば日本の農業を活性化できるのか。第21回日本農業賞受賞者、農家の代表、消費者を交えて、具体的な打開策を討論する。出演：山下惣一（作家）、小松光一（農学者）、小島慶三（エコノミスト）、野添憲治（ノンフィクション作家）。

伝統文化のイキな楽しみ方・トラッド宣言！

伝統文化にスポットを当て、おもしろく分かりやすく遊び感覚あふれる手法で、若者たちが求める「知」を提供する全3回の情報エンターテインメント番組。第1夜「究極のラブストーリー　歌舞伎」、第2夜「不思議の国のハイパースポーツ　相撲」、第3夜「幸せのスーパーコスモス　仏」。

1992年度のおもな特集番組

この他の番組はこちら

救え！かけがえのない地球　空気と水の値段

地球環境年関連の特集番組。温暖化など地球環境の急速な悪化は、人類に、環境にやさしい生き方を求めている。1人の人間が必要な酸素をとるには、何本の樹木が必要か、それに値段をつけるとどうなるのだろうか。空気と水に値段をつけることによって、地球環境に対する誤解や、常識のウソ、暮らしのあり方を問い直し、地球に対するやさしい生き方、考え方を提言する。出演：北野大、内海愛子、田中義剛、森田恒幸。司会：徳田章アナウンサー。

アース'92・東京コンサート　地球・この星の未来のために

"地球サミット"（環境と開発に関する国連会議）がブラジルで開催されるのに先立ち、国連環境計画（UNEP）の協力の下で行われた「アース'92・東京コンサート」をNHKホールでの中継録画で放送。地球環境を守るために、歌のメッセージをとおして地球の尊さを語りかける。さらにオリビア・ニュートンジョンなどから寄せられたメッセージも紹介する。出演：西田ひかる、森中直樹、レイ・チャールズ、都はるみ、ハウンド・ドッグほか。

ハプスブルク家の秘宝

中世末期から700年にわたってヨーロッパに君臨したハプスブルク家。その権勢は絶大で、ヨーロッパの政治、社会、文化に強い影響を与えてきた。ハプスブルク家の遺産の中でも名品中の名品を集めたのが、ウィーン美術史美術館である。ハプスブルク家の生み出した豊かな芸術文化を、2回にわたってその歴史とともに紹介する。第1回は「皇帝たちの夢」、第2回は「帝国の黄昏」。語り：石坂浩二。

ドラマ　冬の魔術師

自分の過去を捨てるため、そして満たされぬ心をいやすために、女は自分の生まれ育った小さな島から新天地へと渡る。女は一人の魔術師と出会い、一緒に過ごすうちに虚構の世界へと迷い込んでいく。自己の本能の赴くままに自由に生きる女の姿を描いた幻想的、寓話的作品。脚本：市川森一。音楽：三枝成彰。出演：樋口可南子、役所広司、冨士眞奈美、金守珍ほか。（89分）

ドラマ　むしの居どころ

福島の海辺の町。亮太は虫好きの小学3年生。突然、東京から離婚した母が訪ねてきて、亮太を引き取ると言い出す…。人間の心の揺らめきを、小さな虫たちの一生に重ねて、短編連作形式で描く。1992年度芸術作品賞、第33回モンテカルロ国際テレビ祭特別賞受賞作品。脚本：井上由美子。出演：原田美枝子、石井寧、川谷拓三、赤木春恵、佐藤B作、金沢碧ほか。（89分）

ドラマ　株価（ゼロ）!!証券マンの熱い夏

"神様は日本経済"という信念に基づき、日本の経済を支えた一サラリーマンの悲哀と人生の選択を、最先端で働き続けた証券マンを主人公に描くドラマ。バブルがはじけた闇の中で、次の祭を待ち受ける証券マンの熱い胸の内を描く。第19回放送文化基金賞優秀賞受賞。脚本：竹山洋。出演：古谷一行、大竹まこと、中条静夫、范文雀、原日出子、本郷功次郎ほか。（94分）

正月ドラマ　乳の虎・良寛ひとり遊び

江戸時代、越後の名家に生まれながらも乞食僧となり、漢詩や歌を作り無一文の生涯を送った禅僧良寛の姿を、40歳の年の差を越え良寛に恋する貞心尼の目を通して描く。良寛の「清貧」の思想を通して現代に生きる日本人の心のあり方を問う。彼女の目に映じた良寛とは。作：早坂暁。音楽：溝口肇。出演：桂枝雀、樋口可南子、真野響子、高橋長英、岸部一徳、小磯勝弥ほか。（119分）

国際共同制作ドラマ　ザ・ラストUボート

NHK、ドイツ、アメリカ、オーストリアの4か国による国際共同制作。1945年4月ベルリン陥落の直前、秘密指令で日本に向かうドイツ潜水艦Uボート。艦内には2人の日本人将校と戦局を左右する極秘資料を積んでいた…。35ミリフィルム作品。作：クヌート・ベーザー、岩間芳樹。音楽：オスカー・サラ。出演：小林薫、大橋吾郎ほか。（104分）

テレビ40年の自画像　ブラウン管・その可能性に挑んだ日々

1953年、NHKと日本テレビが日本で初めてテレビ放送を開始した。番組では、テレビ誕生以来40年間にわたる技術革新を縦軸に、テレビ40年の軌跡をそれぞれの節目を象徴する番組・ニュースとテレビ関係者たちの証言、またNHK世論調査の結果などを基に構成し、テレビの現在と今後の可能性を考える。語り：神谷明。出演：桂文珍、小野文惠。

とっておきナイト！　第一部・ヒーロー列伝

各界の著名人を取り上げ、深く掘り下げて紹介する特別番組。1992年度は第1回「佐野元春・ロックンロールポエトリー」（1993年3月29日）、第2回「本木雅弘・駆け抜ける群像」（1993年4月1日）、第3回「武豊・しなやかな天才ジョッキー」（1993年4月4日）の3本を放送。引き続き1993年度も赤井英和、高城剛、森高千里ほかが登場した。

1993年度のおもな特集番組

この他の番組はこちら

ドラマ　パラダイス・オブ・パラダイス〜母の声
曲が作れなくなった作曲家が母の声に導かれて過去に立ち返る。過去の世界で少年となった彼は、野武士や山林王などさまざまな人物と出会いながら、パラダイス・オブ・パラダイスにたどりつく。作：佐々木昭一郎。音楽：池辺晋一郎。出演：毬谷友子、池辺晋一郎、橋本光成、野崎海太郎、鈴木瑞穂ほか。（59分）

田中直毅の新地球経済学
経済評論家の田中直毅が冷戦終了後の激動する世界経済の動きを紹介し、展望する3回シリーズ。第1回「変わるアメリカ・動く世界」は、軍需のしがらみから解放されたアメリカが急速に活力を取り戻してゆく姿を描く。第2回「繁栄への二つの道〜アルゼンチンとタイ〜」は、市場経済に即した新しい発展を遂げた2国を描く。第3回「中国が世界市場を動かす日」は、社会主義市場経済を打ち出した中国を描く。

ドラマ　青春牡丹燈籠
武家の娘お露と浪人新三郎は、ある事件を通じて恋仲になるが、お露は殺されてしまう。それでも恋路を遂げたいお露は幽霊となって、新三郎の前に現れる……。死の予感とエロティシズムのかおりが漂うラブストーリー。作：唐十郎。音楽：三枝成彰。出演：宮沢りえ、豊川悦司、石橋蓮司、朝丘雪路、六平直政、柴俊夫ほか。（84分）

ドラマ　チンチン電車
認知症の症状が出始めた妻と大阪の下町で喫茶店を営む宇土三郎のもとに、三男死亡の報が飛び込んできた。三男の葬式は、残された3人の兄弟のうち、老夫婦を誰が引き取るかという家族会議の場と化す……。懸命に生きてきた老夫婦を通して「しあわせ」とは何かを見つめ直すドラマ。脚本：黒土三男。音楽：藤田大土。出演：村瀬幸子、浜村純、樹木希林、役所広司、平田満、松田美由紀ほか。（74分）

見つめよう！　自分のからだ
ストレス時代に生きる私たちが、今本当に知っておきたい健康情報をじっくり紹介しながら、健康に対する新しい見方、考え方を展開する特別番組。主な6番組を生放送でつなぎ、1日の番組の流れの中で健康の大切さを伝える。主な番組は、『こどものシグナル見えてますか』『こどもスポーツクリニック』『特集テレビ電話相談ーストレスとがん』『テレビ人間ドックー自分の体知ってますか？』。

日英共同制作ドラマ　山田が街にやって来た
NHKと英国ピクチャーパレスの共同制作ドラマ。ロンドンの名門大学に派遣された日本語講師山田義則は、大変な西欧人コンプレックスを抱いている。卑屈と傲慢、その涙と笑いの奮闘ぶりを通して、国際化の波に悩む日本人の内面を描く。作：一色伸幸。音楽：中富雅之。出演：中村久美、西田敏行、今井和子、久米明、ピーター・セリエ、クロエ・アネットほか。（90分）

正月ドラマ　雪
大正の初め、東北の小さな村での出来事。赤ん坊の時に吹雪のため両親を失った16歳の娘ユキは、村一番の富豪に望まれ嫁入りする。嫁入り行列は猛烈な吹雪に阻まれ、農家に避難するが雪はいくら待っても降りやまない。厳しい自然の中で運命にもてあそばれながらもたくましく生きる女性を描く。原作：武田麟太郎。脚本：山内久。音楽：近藤譲。出演：中島ひろ子、香川照之、フランキー堺、乙羽信子、塩見三省、谷村昌彦ほか。（99分）

ドラマ　なんだか人が恋しくて
己に課した戒律を守り、校則の番人と指さされてもひるまない、反時代的な中年教師の孤独と、その胸の内に封印されたあこがれにスポットを当てるドラマ。高校教師の井口は、生活指導が厳しくて生徒から嫌われている。彼は北陸へ秘密の旅に出るが、列車で教え子と偶然出会い能登まで同行する。作：山田太一。音楽：渡辺俊幸。出演：平田満、石野真子、佐藤友紀、毛利賢一、新井康弘ほか。（89分）

にっぽんの夫婦
国際家族年にあたる1994年の関連で春期特別編成で放送されたドキュメンタリー4本シリーズ。第1回「前略・女房殿〜岡本喜八・みね子」は、映画監督の岡本喜八夫妻。第2回「旅は道づれチンドン稼業」は、林幸次郎・真理子夫妻。第3回「わが家は土俵の上〜田中英寿・征子」は、日大相撲部監督の田中英寿夫妻。第4回「ツーショット〜ふたりで咲かせる人生の桜」は、京都府美山町に桜を植える50組の夫婦。

鳥のように虫のように　歩いてつくった日本地図
わが国初の全国地図といわれる伊能忠敬の「大日本沿海輿地全図」は、どのようにして作られたのか。その時代背景も含め、同時代に生きた浮世絵師葛飾北斎とその娘お栄を語り部に、ハイビジョンの映像合成技術を駆使して、ドラマ仕立てで描く歴史教育番組。教育テレビの20分番組。脚本：水谷龍二。音楽：中冨雅之。語り：石橋蓮司。出演：黒沢年男、川越美和、三波伸一、大久保了ほか。

1994年度のおもな特集番組

この他の番組はこちら▶

撮影協力／NASA/JAXA

向井千秋さん　生命の惑星・地球を見る
1994年7月9日、スペースシャトル・コロンビア号で日本初の女性宇宙飛行士・向井千秋が、宇宙へ飛び立った。飛行中の向井と東京、アマゾン、オーストラリアを生中継で結び、生命の惑星・地球の豊かさ、貴さについて語り合う。出演：向井千秋、毛利衛、フィリップ・プレイフォード、マルシオ・アイレスほか。

国際共同制作ドラマ　冒険ファミリー　木星脱出作戦
NHKとフィルムオーストラリアとの共同制作。未来世界で、崩壊の危機に見舞われた木星のコロニーから地球に向けての脱出劇。宇宙生まれの少年マイケルと日本人少女クミコを中心に繰り広げられる夢と希望とユーモアにあふれるSF冒険ドラマ。全12回。第1回を総合で40分で放送。その後、教育テレビで第2〜12回を25分番組で放送した。出演：ダニエル・テイラー、スティーブ・ビズレー、蔡アンナ、アーサー・ディグナム、室山和廣ほか。

堺屋太一のスーパートーク〜21世紀世界経済はこう変わる
世界では国際経済のブロック化が急激に進み、一方でアジア諸国が急速な経済発展の中で日本から離別する動きを見せている。堺屋太一の世界経済に対する独自の視点を軸に、それぞれの経済ブロックを代表するエコノミストや財界人と4回シリーズで議論を積み重ねる。各回タイトルは「アメリカは"普通の大国"をめざす」「ヨーロッパがアジア市場をのみこむ」「アジアに新しい資本主義が誕生する」「日本は孤立を回避できるか」。

ドラマ　まばたきの海に
幼い時母を亡くした心の傷から、生きることに臆病になっている16歳の少女、葵が数年ぶりに故郷の島へ帰ることで、ありのままの自分を取り戻す心の旅。35ミリフィルム撮影。作：竹内銃一郎。出演：早勢美里、蟹江敬三、中村久美、中村栄美子、浅野忠信、鈴木光枝ほか。（49分）

日本のいちばん長い年　昭和20年・敗戦日記
戦前と戦後に二分された昭和20年。この特別な年に同じ空の下、同じ日、多くの人が日記をつけていた。作家・山田風太郎の「戦中派不戦日記」を軸に、さまざまな日記を重ね、この年の日本人を浮き彫りにする。出演：山田風太郎。

にっぽん音紀行　カジカガエルはどこへ行った
渓流の流れの中で、かん高くさえた声で美しい音を奏でるカジカガエル。都市化の中で、幻の声となりつつあるカジカガエルの美声を追いながら、日本の自然の変貌ぶりを考える。鳥取県・三朝町、佐賀県・富士町、岐阜県・徳山村など、日本各地の音と自然の風景や人々の営みを描く。

シリーズ　官僚
「優秀」といわれる日本の官僚は、国際的にはどのように評価されているのか、またどのような役割を果たしてきたのかを3回シリーズで検証する。各回タイトルは、第1回「湾岸戦争・1兆7千億円の攻防〜大蔵省と危機管理〜」、第2回「半導体摩擦の落とし穴〜通産省とアメリカ通商戦略〜」、第3回「"官僚主導"はこうして生まれた〜昭和22年・連立政権の挑戦〜」。出演：竹中平蔵（慶應義塾大学助教授）。司会：国井雅比古アナウンサー。

森繁久彌　王道対談
人間に対しての深い洞察力を合わせ持つ俳優・森繁久彌が、自らインタビュアーとなって各界の第一人者と極め付きのいい話を語り合う。森繁だからこそ聞き出せる本音にあふれ、ストレートに心に迫る対談番組。第一夜「台本のない俳優人生で見つけたもの」、ゲスト：高倉健。第二夜「"非情"に生きた野球監督の真情」、ゲスト：森祇晶。第三夜「海が教えてくれたわが人生航路」、ゲスト：永六輔。

正月時代劇　清左衛門残日録　仇討ち！播磨屋の決闘
隠居した武士の「老いゆく日々の命の輝き」を清れつに描く『金曜時代劇　清左衛門残日録』の新作スペシャル。人生のある時に失った友情を取り戻すため、三屋清左衛門は藩の陰謀に立ち向かう。原作：藤沢周平。脚本：竹山洋。音楽：三枝成彰。出演：仲代達矢、森繁久彌、浅丘ルリ子、南果歩、財津一郎、かたせ梨乃ほか。（119分）

テレビ42歳の春　笑いと涙と情熱と
テレビが誕生して42年。テレビは常に「お茶の間の娯楽」という新しい文化を送り続けてきた。放送70周年にあたり、懐かしいドラマ、アニメ、歌番組などを楽しみながら、テレビの歩みと未来をスタジオ参加の200人の視聴者とともに語り合う。出演：古舘伊知郎、井上ひさし、和田アキ子、石坂浩二、布勢博一、黒柳徹子ほか。

1995年度のおもな特集番組

この他の番組はこちら

ドラマ　龍（RON）

人気劇画「龍」のドラマ化。昭和初期、京都を舞台に剣の修行に励む青年の恋と冒険の物語。財閥押小路家の一人息子、龍はやがて自分の母が中国人であることを知り、時代の嵐に巻き込まれていく。第1部「道の為来たれ」、第2部「父の国・母の国」の全2回。原作：村上もとか。脚本：香取真理。出演：市川染五郎、藤竜也、千堂あきほ、持田真樹、黒木瞳、萬屋錦之介ほか。（各回86分）

初めて戦争を知った～'95若者たちの旅

戦争を知らない日本の若者たちが、戦争を体験した人々と出会うことを通して、戦争の真実を伝えていく2回シリーズ。第1回「毒ガス兵器がつくられた島～広島・大久野島の証言～」、第2回「私は731部隊員だった～人体実験・50年目の告白～」。出演：池端俊策（脚本家）。

BS夏休みスペシャル　立体生中継・尾瀬

景観とともに、高山植物や野生動物の宝庫として日本人に愛されてきた尾瀬。7月の梅雨明けの緑輝く尾瀬を、自然保護の問題を含めて多角的に、リアルタイムで味わう夏休みスペシャル。観光か、保護か。日本で一番ホットな自然保護問題の場所から、はるかな尾瀬の魅力と抱える問題を伝える295分。全長6キロの大湿原・尾瀬が原縦断を完全生中継。

竹中平蔵のスーパーセミナー　新地球経済への挑戦

世界各地で進められる自由貿易圏構想。しかし、新しい経済圏は急速な貿易量の増大をもたらす半面、弊害も指摘され始めている。慶應義塾大学総合政策学部助教授・竹中平蔵の案内で、今後日本がとるべき道を探る4回シリーズ。第1回「アメリカが世界市場をねらう～NAFTA」、第2回「アジアの成長は加速するか～APEC」、第3回「ヨーロッパの巨大市場が膨張する～EU」、第4回「日本経済は21世紀に生き残れるか」。

小澤征爾と世界の仲間たち

1995年9月1日に60歳の誕生日を迎えた小澤征爾を祝い、チェリストの巨匠ロストロポーヴィチらの要望で、親交の深い音楽家が世界から駆けつけて行ったチャリティーコンサートの模様を東京・サントリーホールでの中継録画で伝えた。出演：小澤征爾、西田ひかる、林英哲、秋山和慶ほか。

ドラマ　ビジネスマン空手道・お父さんの逆襲！

夢破れて力尽きた企業戦士が、たまたま巡りあった空手道で、再び男の熱い血を呼び覚まされ立ち直る。空手道に集まった人間たちの人生の哀歓を交えて、人間同士のつながりや人生に立ち向かう力を描く物語。原作：夢枕獏。脚本：松原敏春。音楽：OTO。出演：奥田瑛二、原田美枝子、藤岡弘、、大和武士、趙方豪、高松英郎ほか。（89分）

写楽ー200年の旅路

200年前の短期間に大量の浮世絵を残し、忽然と姿を消した写楽。ロートレック、エゴン・シーレなど人間の内面を描こうとする画家たちや、ソ連の映画監督エイゼンシュタインのクローズアップの手法に直接的な影響を与えた。欧米の芸術家に衝撃とインスピレーションを与え続けた写楽の絵の魅力を、映画監督アンジェイ・ワイダの案内で探る。語り：幸田弘子。

ドラマ　あなたの中で生きる・CG青年の孤独と愛

現実とバーチャルリアリティーとの見境がつかなくなったコンピューターゲームのプログラマーの青年が、一人の女性と出会い死別を体験することによって、人間の深い孤独と真の愛を発見するまでを寓意的に描いたドラマ。作：市川森一。音楽：田村洋。出演：堤真一、滝沢涼子、樹木希林、根津甚八、風間杜夫、柳沢慎吾ほか。（89分）

アネハヅル　謎のヒマラヤ越えー飛行ルート5000キロを追う

世界の屋根ヒマラヤ山脈。その8000メートル級の山々を越えて飛ぶツル。世界最小のツルであるアネハヅルは、シベリアやモンゴルの草原で子育てをし、秋にインドへと渡っていく。そのルートは謎に包まれていたが、今回、科学的探究を交えて、氷河におおわれた真っ白な峰々を越えていく美しい感動的なツルの姿を紹介する。出演：鴻上尚史、鈴木蘭々、今井通子、樋口広芳ほか。司会：柿沼郭アナウンサー、滝島雅子アナウンサー。

20世紀　美の冒険者たち　パリ・ポンピドゥーセンター

パリにあるポンピドゥー芸術文化センター・フランス国立近代美術館の名品をもとに、20世紀美術のダイナミックな展開を見つめる3回シリーズ。第1回はフォビスム、キュビスム、エコール・ド・パリ、第2回はダダ、シュールレアリスム、第3回は、現代美術を取り上げる。出演：日比野克彦ほか。

1996年度のおもな特集番組

この他の番組はこちら

ドラマ　鳥帰る

混沌とした時代。人々は、新世紀への控えめな期待はあるものの、不安は隠しきれない。都会の暮らしに疲れた主婦と、たまたま同行することになった男との故郷・倉吉への旅。母との再会を通して、人間が生きていくことの喜び、そして悲しみを描く。作：山田太一。音楽：福井峻。出演：杉浦直樹、田中好子、香川京子、村上淳、原知佐子、平田満ほか。（89分）

87歳のアメリカデビュー　朝比奈隆・シカゴ響を振る

世界最高齢、87歳の現役指揮者・朝比奈隆。日本のクラシック音楽を育て、文化勲章を受章、大阪フィルハーモニー交響楽団の音楽総監督でもある彼が、世界最高峰のオーケストラ・シカゴ交響楽団との初共演に挑む姿を描いたドキュメンタリー。出演：朝比奈隆、外山雄三、檀ふみ。

銀河鉄道への旅　畑山博・我が心の賢治

「銀河鉄道の夜」は、宮沢賢治が最愛の妹の死という悲嘆のどん底で書いたといわれている。芥川賞作家・畑山博もまた最愛の母親を亡くしたが、賢治の「銀河鉄道の夜」を語ってあげることによって安らかな眠りについたという。賢治が作品を書く前に訪れた樺太を旅し、銀河鉄道に託した賢治の思いを、畑山が推理する。第24回伊藤熹朔賞（日本舞台テレビ美術家協会）テレビ部門本賞受賞。語り：檀ふみ。出演：畑山博、寺田農。

ドラマ　飛べない羽根

開発に失敗した新興住宅地。そこに住む征治と十夢は2人きりの幼なじみである。荒廃した家庭と荒涼とした風景。その中でくじけることなく生きようとする、思春期の少年少女の"愛"を詩情あふれるハイビジョンの映像で描く。1995年度創作テレビドラマ脚本懸賞公募入選作。作：山口セツ。音楽：小林靖宏。出演：佐藤広純、石橋けい、松田美由紀、役所広司、加勢大周、長谷川初範ほか。（59分）

哲学ファンタジー　知恵ちゃんの不思議な手紙

ベストセラー「ソフィーの世界」を下敷きに、さまざまなテレビの手法を駆使して、人類3000年の思索の歩みを描くドキュメンタリードラマ。交通事故にあい、臨死体験の中で"死神"と"哲学のセールスマン"に出会った少女が、自分とは何かを探しに旅に出る…。出演：大河内奈々子、荻野目慶子、六平直政、小倉久寛、阿知波悟美、石丸謙二郎ほか。（89分）

正月時代劇　風光る剣　八嶽党秘聞

藤沢周平原作「闇の傀儡師」のドラマ化。正月にふさわしく、花あり、つやあり、若々しいエネルギーに彩られたスケールの大きな物語を、ハイビジョン映像で描く本格時代劇。原作：藤沢周平。脚本：大野靖子。音楽：冨田勲。語り：石坂浩二。出演：中井貴一、渡辺徹、高岡早紀、津川雅彦、鶴田真由、神田正輝ほか。（134分）

箱舟ノア号の物語

地上に存在した最大の哺乳類といわれるインドリコテリウム。すでに絶滅したと信じられていたシーラカンス。そしてその最後さえはっきりしないニホンオオカミ。これらの動物の姿をCG映像で再現するとともに、その絶滅と発見の物語を描くオムニバス形式のサイエンス・ストーリー。出演：大地康雄ほか。

小倉遊亀・百二歳の画室

1895年生まれの現代日本画壇の最長老、小倉遊亀。1992年の入院後、作品を発表できずにいた彼女が、ついに4年越しのマンゴウの静物画を完成させる姿に密着。画室での孫娘たち家族との交流を軸に、1997年春に102歳の誕生日を迎えるまでを描く。語り：山谷初男、白坂道子。

部落問題解決をめざして　同和行政の転換期に

長年続いてきた同和地区への特別政策が、1997年3月末で終了し、今後は一般施策で対応することになった。この転換期に、今までの同和行政の検証と今後の課題を考える番組。出演：福田雅子（NHK解説委員）、寺澤亮一（全国同和教育研究議会委員長）、菱山謙二（筑波大学教授）。

宮沢賢治生誕100年特集

5月3～4日の2日間、衛星第2で宮沢賢治生誕100年を記念した特集番組を編成。1日目が午前9時30分～午後7時で『立体生中継・イーハトーブへの招待』（出演：三宅民夫、樹木希林、篠原勝之ほか）とアニメ「セロ弾きのゴーシュ」を、2日目は午後0時10分～6時59分で賢治関連のアニメ作品と『テレビ文学館』ほかを放送。

1997年度のおもな特集番組

この他の番組はこちら

国際共同制作ドラマ　リンコ

1930年代の北カリフォルニアを舞台にした、12歳の少女・リンコのひと夏の経験と成長を描く。全編カナダロケで撮影される。日本・アメリカ・カナダ3か国共同制作。原作：ヨシコ・ウチダ。脚本：デビッド・プレストン。音楽：ジミー・タナカ。出演：樹木希林、ラナ・マッキサック、ジョージ・タケイほか。（89分）

ドラマ　恋愛キャリア活用会社

55歳のリストラ男が、わらにもすがる思いでついた仕事は、恋愛相談のカウンセラーだった。他人の"恋愛"と向き合う中で、男は家族のきずな、夫婦の愛情、人生の誇りを取り戻していく。作：石井信之。音楽：高浪敬太郎。出演：原田芳雄、森山良子、さとう珠緒、松岡俊介、丹波哲郎ほか。（44分）

金融ビッグバンがやってくる

日本の個人金融資産1200兆円を有効活用するために始まった金融改革、ビッグバン。先進地イギリスの変貌やアメリカの投資信託などの動きなど、日本の金融構造改革への道筋を2日連続で探る。第1回は「個人資産1200兆円のゆくえ」、第2回は「誰が資産を守るのか」。出演：ジョージ・フィールズ（ビジネスコンサルタント）、竹中平蔵ほか。

宇宙生中継　立花隆が迫る土井さんの宇宙体験

毛利衛、向井千秋、若田光一に続いて、スペースシャトルの日本人宇宙飛行士4人目となった土井隆雄。宇宙空間を飛行中のスペースシャトルとNHKのスタジオを、20分にわたって生中継で結び、立花隆がスペースシャトル内の土井隆雄に宇宙遊泳時の体験談などをじっくり聞く。出演：立花隆、土井隆雄、道傳愛子アナウンサー。

正月時代劇　上杉鷹山　二百年前の行政改革

江戸時代、歳入の3倍にも膨れ上がった赤字を抱え、ひん死の状態にあった藩をよみがえらせた米沢藩主・上杉鷹山。保守派の重臣たちの厳しい反発にさらされながらも、下級武士や領民と共に次々と改革を行う生涯を描く。原作：童門冬二。脚本：大野靖子。音楽：牟岐礼。語り：葛西聖司アナウンサー。出演：筒井道隆、宍戸開、黒木瞳、菊池麻衣子、中村梅雀、宇津井健ほか。（119分）

弁護士　中坊公平

1997年10月に4夜にわたって放送された『ETV特集　弁護士　中坊公平』シリーズは、連日多くの反響を呼んだ。番組では、放送後に起きた拓銀・山一などの不良債権がらみの金融破綻が続出する状況をふまえ、新たにインタビューとロケを行い、発想の転換を迫られる日本への提言とする。

伊丹十三が見た医療廃棄物の闇

1997年12月20日に亡くなった映画監督・伊丹十三が、死の直前まで取材し、追っていたのは「医療廃棄物」の問題であった。構造的な問題の核心に迫り、廃棄物の側から日本の医療をとらえ直そうとするこの番組が、伊丹の最後の仕事となった。出演：伊丹十三ほか。

1000万投票　BS20世紀　日本のうた

視聴者からの投稿・ファックス・インターネットなどを通じて、日本人を最も感動させた曲を選出する年間特別企画。1997年4月にスタートした投票の総曲数は1775万曲。衛星第2ではこのイベントの一環として、「わたしが選んだ20世紀　日本のうた」（4月19日放送）、「グランドステージ」（7月25日放送）、「グランドフィナーレ」（1月19日放送）の3本の特集番組を放送。そのトップ100をNHKホールからの生放送で発表した。

ドラマ　ラスト・イニング

怪情報や選手の不審死、プロ野球界の裏側に潜む「謀略」に、かつてのスター選手が挑む。野球に夢をかける男たちの栄光と挫折、再生を描いたサスペンス・ドラマ。原作：吉田直樹。脚本：土屋斗紀雄。出演：仲村トオル、芳本美代子、高島礼子、平幹二朗、佐藤允ほか。（89分）

ドラマ　水の中の八月

高校最後の夏休み、大人の入り口の世界に立ったひとりの少年が体験する青春ドラマ。ハイビジョン撮影。『ハイビジョンドラマシアター』で放送。スペイン・サンセバスチャン国際映画祭新人監督賞。原作：関川夏央。脚本：加藤正人。音楽：都留教博。出演：水橋研二、林隆三、伊藤歩、ギリヤーク尼ヶ崎、塩見三省ほか。（89分）

1998年度のおもな特集番組

この他の番組はこちら

ヴァスコ・ダ・ガマ航海500年　インド洋・3万キロを行く

ガマの通った海の道をたどり、そこに生きる人々の息吹を伝える大型紀行番組。8月10日に前・後編115分で放送。前編は、ポルトガルのリスボンから、南アフリカ、マダガスカル、モザンビーク、ケニアと5か国を取材。南アフリカで人種の壁を越えて新しい未来を模索するカップルの姿などを描く。後編は、イエメン・ソコトラ島からモルジブ諸島、インドのカリカットまでの3か国を取材。「風の島」・ソコトラ島の神秘の自然と暮らしなどを描く。

宇宙スペシャル　夜空のミステリー・しし座流星群～32年ぶりの天体ショーを航空機で追う

1998年11月18日、32年ぶりに姿を現した「しし座流星群」。番組では、NHKが開発した超高感度ハイビジョンカメラで撮影した映像を振り返りながら、流星群がもたらした宇宙の不思議に迫る。出演:山本和之アナウンサー、緒川たまき、高柳雄一ほか。

ドラマ　青い花火

他人と交わるわずらわしさを捨てた40代の女性、自分の居場所のなさにもがく19歳の女性。2人の女性を通して、今生きることの「疎外感」を浮き彫りにする。1998年度文化庁芸術祭参加作品。作:鎌田敏夫。出演:桃井かおり、松尾れい子、岸部一徳ほか。(59分)

新春NHKドラマ館　春燈

昭和10年代の高知を舞台に「芸妓紹介業」を営む父と、その愛人の娘として生まれた多感な少女の葛藤を軸とした成長物語。第1部「三人の母」、第2部「父からの旅立ち」の2部作。原作:宮尾登美子。脚本:中島丈博。音楽:深草アキ。出演:松たか子、藤竜也、真野響子、江波杏子ほか。(各回74分)

正月ドラマ　いい旅　いい夢　いい女

かつてアイドルだった女性3人組が20年ぶりに再会、新曲キャンペーンのために函館から知床まで北海道を横断する。笑いと涙のロマンティック・コメディー。作:市川森一。出演:竹下景子、一路真輝、熊谷真実、樹木希林、香田晋、佐藤B作ほか。(89分)

正月時代劇　加賀百万石　母と子の戦国サバイバル

秀吉の死から関ヶ原に至る激動の2年間を、前田利家の妻・おまつを中心に描く。秀吉の死後、家康は五大老の中で力を持ち始め、前田利家が亡くなると後継者の前田利長に謀反の嫌疑をかける。おまつは戦を避けて加賀百万石を守るべく、人質として江戸に向かう。原作:津本陽。脚本:大野靖子。音楽:羽田健太郎。語り:葛西聖司アナウンサー。出演:松坂慶子、原田芳雄、高嶋政宏、加藤晴彦、松嶋菜々子ほか。(119分)

巻頭言　ETVをめぐるA to Z

ETV40周年特集番組。『ETV特集』などに出演した現代日本を代表する知性から講座番組の名物講師まで、ETVの歴史を支えてきた46人に徹底インタビュー。そのメッセージをAからZまでの26のキーワードにまとめながらテンポよく紹介する。出演:猪瀬直樹、石川好、井上ひさし、飯田深雪ほか。

ETV40周年　テレビが記録した知性たち

ETV40周年特集番組。現代のわが国を代表する3人の識者(中村雄二郎、関川夏央、佐高信)が、放送で蓄積した40年間の様々なインタビューを読み解き、私たちが抱える知の課題を探る3回シリーズ。ETV40周年特集はこの他に、「ETVをめぐるA to Z」「ワールドインタビュー～世界の知性　次世代へのメッセージ」「そして一瞬は記憶された～写真が語る戦争の世紀」「巨匠たちのアトリエ」「20世紀の名演奏」「20世紀の名舞台」など。

石光真清の生涯

明治から昭和に至る70年を記録した石光真清の手記と、その中に描かれたアジアと日本人の歴史を4部構成のドラマで描く。①「城下の人」、②「曠野の花」、③「望郷の歌」、④「誰のために」を4夜連続で衛星第2で放送。原作:関川夏央。脚本:加藤正人。音楽:都留教博。出演:仲村トオル、天海祐希、中村嘉葎雄、岸恵子ほか。(各回44分)

ハイビジョンドラマスペシャル　坊さんが、ゆく

僧侶になりそこなった男が「人を幸福にしたい」と思い立ち、逆に周囲を混乱に陥れてゆく。「日本人の心の風景」を描き出すハートフル・コメディー。「一念発起」「色即是空」「七転八起」の3回シリーズ。(各回74分)。作:竹山洋。音楽:三枝成彰。出演:竹中直人、沢口靖子、香川照之、長嶋一茂、中村メイコ、蟹江敬三ほか。

1999年度のおもな特集番組

この他の番組はこちら

アジア　知られざる大自然

人間と自然が共生する姿を紹介する3回シリーズ。第1回は、今回初めて撮影に成功した、東南アジアの熱帯雨林で野生のオランウータンが道具を使う様子など、第2回は、アジア大陸とオーストラリアの間を島々が点々と続く「多島海」を舞台に様々な生きものたちの進化の不思議、第3回は、アジアの熱帯から寒帯まで海岸線に生きる動物たちを紹介する。出演：紺野美沙子、今森光彦ほか。

バイキング・ロード

およそ1000年前にヨーロッパの海を駆けめぐった冒険の民、バイキング。現代ヨーロッパの暮らしの基礎ともなった、その9000キロにも及ぶ海の道をたどりながら、「統合」に向けて模索を始めた欧州の現実を見つめる前後編120分の紀行番組。ハイビジョン撮影。前編は「太陽の国をめざして〜デンマークからフランス、地中海へ〜」、後編は「白夜の海を越えて〜ノルウェーからアイスランドへ〜」。語り：古谷一行。

ドキュメント・ノモンハン事件　60年目の真実

情報公開が進むロシアで、1998年以来、2万ファイルにも及ぶ膨大な事件の電文・戦闘詳報・捕虜尋問調書などが発見された。それらの資料から後の自決玉砕の悲劇を生む軍人教育の端緒となった日本軍の国際戦略なき戦いや、スターリンによるモンゴル衛星国家化のための大粛清の事実などが明らかになった。新資料と証言を織り交ぜて事件の実相を描く。語り：濱中博久アナウンサー。

ドラマ　天使のマラソンシューズ

起死回生のスポーツ記事を書こうと、北海道縦断マラソンに参加した新聞記者と参加した人々の交流を描く。襟裳岬と宗谷岬の間を一週間で走るレースに、59歳になる往年の五輪名選手を名乗って出場した男が、レース中盤で死亡する。五輪選手の再挑戦を記事にしようとレースを取材する新聞記者は…。脚本：塩田千種。音楽：笠松泰洋。出演：筒井道隆、山崎努、いしだあゆみ、山本未來、平田満ほか。（89分）

映像詩　四季・八ヶ岳

長野県から山梨県にかけて、主峰赤岳（2899メートル）を中心に南北30キロにわたって連なる八ヶ岳連峰は、日本のほぼ中央に位置する。八ヶ岳の四季の移ろいをハイビジョンで撮影。通称"北八ツ"と呼ばれる八ヶ岳の森を、「北八ツ彷徨」の朗読を交えて紹介。原生林、湿地や池で営まれるひそやかな生命のドラマと四季折々の表情を描く。語り：柴田祐規子アナウンサー、上條恒彦。

正月時代劇　蒼天の夢　松蔭と晋作・新世紀への挑戦

幕末、新しい時代をつくるため、嵐の中を駆け抜けた2人の師弟、吉田松蔭と高杉晋作の友情を軸に描く青春群像。吉田松蔭は、海外渡航を試みて伊豆下田に再来日した黒船に乗り込み、松蔭の遺志を継いだ高杉晋作は奇兵隊を率いて幕府軍を破り、長州を倒幕へ向かわせる。原作：司馬遼太郎。脚本：下川博。音楽：服部隆之。出演：中村橋之助、野村萬斎、高橋英樹、十朱幸代、高嶋政伸、天海祐希ほか。（119分）

声なき声に耳かたむけて　"NHKチャイルドライン"が映した子どもの危機

教育テレビ（ETV）40周年記念番組（1998年度）の放送とあわせて実施した、子ども専用電話「NHKチャイルドライン」には、1919件もの子どもたちからの悩みや相談の電話が寄せられた。スタジオにはゲストを迎え、相談内容に合わせたイメージ映像を使って、解決のための考えを話し合う。出演：河合隼雄（臨床心理学者）、神谷信行（弁護士）、待鳥浩司（精神科医）ほか。司会：後藤繁榮アナウンサー。

あなたが選ぶ　世界の20世紀・10大ニュース

激動の20世紀をふりかえる衛星放送10周年企画。心に残るニュースや出来事を「投票」募集形式で集計、ランキングを決める。1999年1月にプロローグを放送、2月1日から11月30日まで投票を募集。4・6・8・10月に中間集計を発表。12月30日に衛星第1で6時間の生放送で最終結果をまとめ、第1部「今夜発表　あなたが選んだ20世紀」で1位から100位までを発表した。そのあと第2部「世界が見つめた20世紀」を放送。

遺跡発　古代ロマン

古代史ブームを受け、話題の遺跡発掘現場を紹介。第1回は、復元された大型建物と弥生大環濠集落の全貌。第2回は、中世の町がそのまま埋もれていた北の国際港湾都市と、海の領主安藤氏の素顔にせまる。第3回は、弥生時代の聖地の山と三重の環濠の謎を取り上げる。第4回は、大和政権の謎を秘めた遺跡群と卑弥呼・邪馬台国との関係にせまる。出演：タケカワユキヒデほか。

ハイビジョンドラマ　日輪の翼

ふるさとを喪失した老婆たちが、新たな住みかを求めて様々な土地を訪ねる。老婆を連れ歩く同郷の青年との交流、老婆同士の感情のぶつかりを描く奇妙なロードムービー。原作：中上健次。脚本：田中晶子。音楽：栗山和樹。出演：本木雅弘、藤竜也、清川虹子、加藤治子、千石規子、三條美紀、坂本スミ子ほか。（89分）

2000年度のおもな特集番組

この他の番組はこちら

ドラマ　おいね　父の名はシーボルト
1827（文政10）年、長崎の商館医・シーボルトとお滝の間に生まれた、おいね。彼女が、好奇と差別の中で多感な少女時代を過ごし、父の幻影から離れて、新しい人生を切り開いていくさまを情感豊かに描く。作：市川森一。音楽：堀井勝美。出演：宮沢りえ、樋口可南子、奥田瑛二、西村雅彦、石橋蓮司、中村扇雀ほか。衛星第2とハイビジョンで4月に、総合で8月に放送。（69分）

長崎の鐘は鳴り続ける
医師・永井隆（1908～1951）は被爆後の長崎で、白血病に冒されながらも自らの被爆体験をもとに平和へのメッセージを書き続けた。永井博士の50回忌にあたる2000年、相次いで未発表の書簡や原稿が見つかった。新たに発見された書簡をもとに、「平和の聖者」といわれた博士の苦悩や、平和への強い思いを明らかにする。2000年度芸術祭優秀賞受賞。語り：堤真一。

世紀越えトーク　いのち・21世紀を見つめて
21世紀を迎える最初の年。将来への夢や希望が見えにくい時代にあって、多くの人が自分の生き方を見いだす必要性を感じ取っている。ジャーナリストの江川紹子が、社会の第一線に立ち信念をもって時代を切り聞こうとしている5人を訪ね、対話を通して夢を持つことの大切さ、生きていくことの意味を考える。出演：江川紹子、大平光代、貫戸朋子、堀口敏宏、若田光一、天満敦子。2001年1月1日、総合テレビ放送の102分番組。

正月時代劇　四千万歩の男～伊能忠敬
BSデジタル放送開局記念特別番組。日本地図の原形を作り上げた伊能忠敬。彼は49歳で隠居した後、いわば定年後の17年を費やして日本全土を測量して歩いた。情熱を新たに燃やして第2の人生を生き抜いた忠敬の姿を通して、新世紀を生きる日本人へのエールとした。原作：井上ひさし。脚本：尾西兼一。音楽：川崎真弘。出演：橋爪功、高島礼子、新山千春、宍戸開、風間杜夫、片岡仁左衛門ほか。（119分）

いつもラジオが教えてくれた～私と生涯学習
ラジオ第2放送開始70周年関連番組。1931年4月6日に放送を開始し、2001年で70周年を迎えるラジオ第2放送が、この70年間にどのような変遷を経て、どのような役割を果たしてきたのかを振り返る。出演：阿久悠、落合恵子ほか。司会：濱中博久アナウンサー、柘植恵水アナウンサー。2001年3月31日、教育テレビで放送。

BS新世紀スペシャル　21世紀の日本人へ
21世紀初頭の年、衛星第1の情報番組の巻頭言的な番組として企画、制作された特集。日本を代表する知識人がキャスターをつとめ、日本人が21世紀を生きるヒントを示唆する。第1回は田中直毅「経済変革のDNAはあるか」、第2回は西澤潤一「独創教育で知の再生を」、第3回は安藤忠雄「世界に放つ才能は育つのか」。

BSデジタル放送　開局記念特別番組
2000年12月1日午前11時、BSデジタル放送の開始を記念して、デジタルハイビジョンの魅力と可能性を満載した、ハイビジョンと衛星第2の生放送特番。第1部は、デジタル化とともに劇的に変わる放送現場や、各地のイベントを中継で結び、新しいメディアの息吹を伝える。第2部では、ハイビジョンの最大の魅力・臨場感や、映像表現の新しい可能性を、第3部では、デジタル双方向システムなどの新しい世界を伝える。

BS正月特集　写真家　白川義員　世界百名山に挑む
山岳写真家・白川義員が取り組む「世界百名山プロジェクト」の撮影現場に、ハイビジョンカメラが密着したドキュメンタリー。空撮では、酸素ボンベなしで意識がもうろうとする高度から、ヒマラヤの高峰の神々しく人を寄せつけぬ姿を描く。第1章は「エベレスト」、第2章は、「パキスタン・カラコルム」。語り：寺島しのぶ。

祇園・継承のとき　井上八千代から三千子へ
京都・祇園の女たちに200年の間受け継がれてきた京舞・井上流。四世家元で人間国宝の井上八千代さんは、家元を孫の三千子さんに継がせることにした。冬、人生の全てを舞に捧げてきた八千代さんが、三千子さんに伝えるけいこが始まった。師から弟子へと、世代を越えて息づいてきた日本の伝統文化が継承されていく瞬間をとらえる。語り：倉野章子。

菜の花の沖
江戸時代、北前船で命をかけて海に生きた男のロマン。司馬遼太郎の名著「菜の花の沖」を原作に、たった1人で大国ロシアと外交を繰り広げ、波乱万丈の生涯を送った大商人、高田屋嘉兵衛の物語を、ハイビジョンによる壮大なスケールで描く。1回70分で全5回。ハイビジョンと総合で放送。原作：司馬遼太郎。脚本：竹山洋。音楽：小六禮次郎。出演：竹中直人、鶴田真由、江守徹ほか。

2001年度のおもな特集番組

この他の番組はこちら

ふるさとの食　にっぽんの食「春　列島を彩る旬の味覚」

NHKは全国の地方自治体や生産者団体と協力して「食料プロジェクト」を展開した。その第1弾の長時間生放送番組、テーマは「地域の風土がはぐくんだ食料と料理を見直す」「旬の大切さを取り戻す」。札幌、仙台、長崎、宮崎各局の生中継を入れながら、日本の食の多様性と豊かさを見つめた。出演：小林綾子、服部幸應、林家こぶ平ほか。司会：桜井洋子アナウンサー。

カンジ　お話ししようよ〜日本の子供たちと類人猿ボノボの愉快な交流

アメリカ、ジョージア州立大学の研究所にいるボノボ（類人猿）のカンジは英語を理解し、音の出るキーボードを使って人と会話ができる。そのカンジと東京のスタジオの中学生を衛星中継で結び、英語で会話する様子を紹介。初対面の人と動物がことばを交わすのは世界で初めての試み。

ノンフィクションドラマ　遭難

1964年1月、青森県の岩木山で高校生が遭難した。冬山遭難など想像すらできなかった当時、手探りで捜索にあたった人々の模様と、かばいあいながら生きることを最後まであきらめなかった高校生たちの姿を証言とドラマで再現する。ニュースをはさんでの2部構成で各43分。原作：田澤拓也。音楽：吉野裕司。語り：小寺康雄アナウンサー、上川隆也ほか。

NHK大阪新放送会館完成記念　ドラマ　聖徳太子

「日本」とはどんな国であるべきか。現代人が直面している課題に、1400年前に取り組んだ聖徳太子。太子は仏教の影響を受けながら、歩むべき国家像を初めて示した。生涯に謎の多い聖徳太子に、最新の研究成果を盛り込んで壮大なスケールで描いた大型ドラマ。ニュースをはさんでの2部構成で各90分。作：池端俊策。音楽：冨田勲。語り：長谷川勝彦アナウンサー。出演：本木雅弘、ソル・ギョング、中谷美紀、宝田明、松坂慶子、緒形拳ほか。

特集ドラマ　僕はあした十八になる

仙台の進学校に通う17歳の斎木アキラは他人の子どもを産んだ同級生の少女と東京へ駆け落ちする。少年はそこで電気工の仕事を得、少女とその赤ん坊を養いながら、自活する。東京で少年は仕事を通じてさまざまな人々と出会い、一人の大人として成長していく。平成13年度文化庁芸術祭大賞受賞作品。原作：佐伯一麦。脚本：鄭義信。音楽：ゴンチチ。出演：伊藤淳史、前田亜季、佐野史郎、岸部一徳、丹波哲郎ほか。（69分）

正月ドラマ　韓国のおばちゃんはえらい

東京でイラストレーターをしながら2人の娘を育てる主婦が、夫の転勤で韓国ソウルの下町に移り住むことで起こる奮闘記。世話やきおばさんや訪ねて来た老母との触れ合いでたくましく成長する家族の姿を描く。原作：渡邉真弓。脚本：塩田千種。出演：西田ひかる、池内淳子、勝村政信、大森うたえもんほか。（89分）

特集ドラマ　つま恋

間宮陶子47歳。私立大学の文学部教授。数年前から物忘れがひどく、時には自分がどこにいるのかさえわからなくなったりする。若年性アルツハイマー病を患者の視点から描き、家族の再生ときずなを問う。作：井沢満。音楽：本多俊之。出演：松坂慶子、かたせ梨乃、大杉漣、筒井道隆、加藤武、加藤晴彦、田畑智子ほか。（89分）

正月時代劇　おらが春〜小林一茶〜

ほのぼのとした作風とは裏腹に波乱の生涯を送った俳人・小林一茶。3歳で母と死別し、15歳で江戸に奉公に出された弥太郎は、やがて型破りの俳諧師となる。逆境にも負けず2万句の俳句を残した一茶の、涙と笑いと哀感にあふれるヒューマンドラマ。原作：田辺聖子。脚本：市川森一。音楽：池辺晋一郎。語り：市原悦子。出演：西田敏行、石田ゆり子、かたせ梨乃、財津一郎、田辺誠一、三林京子ほか。（119分）

国際共同制作ドキュメンタリー　“クロサワ”

NHKが、イギリスBBC・アメリカWNETとの共同制作で、世界に向けて発信する、映画監督・黒澤明の生涯と作品を追求したドキュメンタリー。彼の映画づくりにかかわった多くの人々や、彼を尊敬する海外の映画人の証言を交え、日本と海外の両方の視点から、世界の映画界における黒澤の重要性について考えた。出演：市川崑、京マチ子、黒澤久雄、黒澤和子、篠田正浩、仲代達矢ほか。

わが心の大阪メロディー

2001年11月3日（土）、「NHK大阪新放送会館完成記念」と銘打って放送された90分枠の大型歌謡ステージショー。新しくオープンしたNHK大阪ホールからの生中継。司会は上沼恵美子と宮本隆治アナウンサー。「雨の御堂筋」「月の法善寺横丁」「大阪で生まれた女」など、大阪ゆかりの歌を人気歌手たちが歌った。翌年度より「大阪にちなんだ歌」「関西のお笑い」「大阪発の朝ドラ」などで構成する毎年恒例の番組となる。

2002年度のおもな特集番組

この他の番組はこちら

スローライフへ、ようこそ　至福の散歩　してみませんか

「スローライフ」とは、忙しい日々の中でも、ちょっとしたゆとりや遊びの時間を大切にし、人生を自分の「速度」で楽しもうという新しいライフスタイル。番組では、国民の半数が「散歩愛好者」といわれるイギリスを紹介したほか、散歩を愛する棋士の羽生善治と女優・川原亜矢子のトークで散歩の楽しみ方の神髄に迫った。語り：天海祐希。出演：糸井重里、島津有理子アナウンサー、羽生善治、川原亜矢子。

王家の指輪物語〜ドイツ・北欧神話紀行

イギリスが世界に誇る大長編「指輪物語」。あらゆる力を与える「黄金の指輪」を巡って戦う神、魔物、そして人間。しかし、それを手に入れた者は、みな滅んでいく。日本でも映画が大ヒットした。この物語は、なぜここまで欧米の人々の心をとらえたのか。そこには、ヨーロッパに脈々と伝わる指輪伝説があった。女優・荻野目慶子がドイツ・北欧の指輪伝説の地を旅し、指輪からヨーロッパ文化の深層を読み解いた。出演：荻野目慶子ほか。

土曜特集　激突！アジア太平洋20大学　夢のロボット頂上決戦

2002年8月31日、ABU（アジア太平洋放送連合）が主催するロボットコンテストの第1回大会が、東京で開催された。アジア・太平洋19の国や地域の代表が参加、ユニークなアイデアと技術を競った。初代アジア・太平洋王者をめぐる、大学生たちの熱い戦いを描いた。出演：清水圭、山田まりあほか。司会：阿部渉アナウンサー、久保純子アナウンサー。

クイズ　TVタイムカプセル

NHKが長年にわたって蓄積してきた豊富な映像素材を活用し、過去の出来事を懐かしく振り返りながら得点を競うクイズ番組。スタジオには幅広い年齢層の解答者が出演し、正解するかどうかを予想して相手チームの得点を設定するゲーム性や、世代間の違いが浮き彫りになるトークを楽しむ。出演：関根勤、藤村俊二ほか。司会：三宅裕司、小野文惠アナウンサー。

おかしなおかしなノーベル賞

その年最もナンセンスかつオリジナリティーあふれる科学研究をたたえる賞がある。その名も「イグノーベル賞」。物理・化学・平和など、選ばれるのは10部門。番組では、ノーベル賞受賞者も参加するユーモラスな授賞式の模様を織り込みながら、「ビールの泡の減少と宇宙生成の関係」や「象の体表面積を求める公式」、日本人が平和賞に輝いた「犬語翻訳機」などユニークな研究とその背景を、アニメやCGを駆使して紹介。出演：佐野史郎ほか。

正月時代劇　またも辞めたか亭主殿〜幕末の名奉行・小栗上野介〜

幕末動乱期に、勘定奉行や軍艦奉行を歴任、徳川幕府を支え、横須賀造船所の建設に力を注いで日本の近代化を推進するも、非業の死をとげた最後の名奉行・小栗上野介の波乱の人生を、ライバル勝海舟との対立や妻道子との夫婦愛を軸に情感豊かに描いたドラマ。原作：大島昌宏。脚本：鄭義信。音楽：栗山和樹。出演：岸谷五朗、稲森いずみ、西村雅彦、石田えり、松重豊、中原ひとみほか。（89分）

ドラマ　窓を開けたら

第26回創作テレビドラマ脚本懸賞募集入選作。東京の女子高校生・山本うさぎは、恋人の事故死のきっかけを作ったことで罪悪感に苦しみながら暮らしていた。雪国で暮らす伯父に預けられたうさぎは、森の写真を撮り続ける地元の中学教師と出会い、"マザーツリー"と呼ばれるブナの巨木を探す中で、自分の人生を歩み始める。作：藤岡麻美。音楽：堀井勝美。出演：石原さとみ、筒井道隆、小林稔侍ほか。（42分）

友だちがいて学びがあった　定時制・通信制高校生のメッセージ

2002年で50回目を迎えた全国定時制通信制生徒生活体験発表大会。全国の定時制・通信制高等学校に学ぶ生徒が、学校生活を通して、感じ、学んだ貴重な体験を発表し、多くの人々に感動と励ましを与えることを目的とする。この大会を取材。発表者の生活や過去の参加者を紹介し、定時制・通信制高校が果たしてきた役割を見つめ直した。第1回は「もうひとつの高校生活」、第2回は「学びがかえた私の人生」。語り：中川緑アナウンサー。

ちこんきー普久原〜島唄を愛し続けたレコード屋

100年ほど前に沖縄に生まれ、その後大阪に出稼ぎに出た普久原朝喜。故郷を懐かしんで沖縄音楽専門のレコード屋となって数百枚のSPレコードを残した彼の生涯を、「蓄音機」を主人公にすべてVTRロケ構成で描いたユニークな音楽番組。語り：平良とみ。

至極の話芸は永遠に　人間国宝・柳家小さん

2002年5月16日に亡くなった五代目柳家小さんを偲び、在りし日の高座「猫の災難」「親子三代落語会より口上」「宿屋の富」（いずれも過去に『衛星落語特選』で放送）の模様を紹介。

2003年度のおもな特集番組

この他の番組はこちら

南極授業 ～越冬隊員になんでも質問！
『南極授業』では、南極ハイビジョン放送センターとスタジオを生中継で結んで、小学生向けに特別授業を開く。3回シリーズで、南極を覆う雪氷と生態系、オゾンホールや地球温暖化との関係、オーロラや南極でたくさん見つかる隕石、南極大陸にすんでいた恐竜、昭和基地での研究や極地での生活などを多彩な演出で紹介。第1回は「雪と氷のふしぎな世界」、第2回は「地球と宇宙のふしぎ」、第3回は「めざせ！南極」。

神秘の光　オーロラ　南極・北極同時生中継
NHK南極ハイビジョン放送センターと北極圏のスウェーデン・アビスコから、オーロラの世界初同時ハイビジョン生中継に挑戦。オーロラは、専門家の間では北極・南極で同時に出現することが知られており、放送では直前に世界で初めて撮影に成功していた南極・北極同時出現の様子を鮮明なハイビジョン画像で伝える。

南極　皆既日食中継 ～白い大地の黒い太陽
日本時間2003年11月24日朝、太陽高度2度・白夜の南極で皆既日食が起きた。昭和基地のNHK南極ハイビジョン放送センター、ロシア観測隊ノボラザレフスカヤ基地、そして高度1万メートルの航空機から3元生中継で、その一部始終を鮮明なハイビジョン映像でとらえることに成功する。

地上デジタル放送開始記念番組　いよいよ始まる！デジタルテレビ新時代 ～世界遺産からのメッセージ
2003年12月1日午前11時、東京・大阪・名古屋での地上デジタル放送が開始。記念番組として、国内外合わせて6つの「世界遺産」をハイビジョン生中継で結びながら、デジタルテレビ新時代の可能性や未来へのビジョンを伝える。

テレビ放送50年記念ドラマ　川、いつか海へ ～6つの愛の物語
最初のひとしずくが、大河となって海に注ぐまでの一本の川。失ってはならない大切なものを心に呼び起こす不思議な力を持つ浮き玉が、6つの物語をつなぐ。全6回。出演：（第1・5話）深津絵里、ユースケ・サンタマリア、浅丘ルリ子ほか、（第2話）渡辺謙、小林聡美、西田敏行ほか、（第3話）小泉今日子、柳葉敏郎、椎名桔平ほか、（第4話）観月ありさ、香川照之ほか、（第6話）浅丘ルリ子、森本レオ、奥田瑛二ほか。

にんげん広場
NHKでは、「テレビ放送50年」事業として「ひきこもりサポートキャンペーン」を展開。ネットアンケートの結果や実例をもとに、専門家とひきこもり体験者がスタジオで話し合う。第1回は「ひきこもり～一歩出たい！働きたい！」、第2回は「ひきこもり～人とのつながりを求めて」。

"きらめき" を伝えたい ～ティーンズの映した50年
「放送部の甲子園」ともいわれるNHK杯全国放送コンテスト。校内放送活動をメディアリテラシーの実践として位置づけ、情報発信としての放送活動の発展をはかるために開催され、アナウンスや朗読、テレビ・ラジオ番組の制作を競う。その第50回記念として、過去50回の歩みを参加者の声や参加作品を紹介しつつ振り返る。出演：大月隆寛、ピーター・バラカン。司会：岩槻里子アナウンサー。

メディアがひらく教育の未来
「NHK教育フェア2003」の開催に合わせ、メディアを効果的に教育に取り入れた授業を4つ紹介する。第1回は「みんなで作ろう！子どもシネマ」、第2回は「情報を読み解く力を鍛える」、第3回は「教室にアーティストがやってきた」、第4回は「育てよう "話す力" "聞く力"」。

未来への航海・グランドフィナーレ　42人の地球航海記
アジアの放送局が協力して、各国の若い世代が半年間にわたって環境学習に取り組むテレビ放送50年企画番組。7か国42人の子どもたちが、地球環境の未来を考える10日間の沖縄からの航海を終えて横浜に到着する。出演：黒柳徹子、レスター・ブラウン、綾戸智恵、りんけんバンド、道傳愛子。

正月時代劇　大友宗麟 ～心の王国を求めて
戦国時代の九州で、謀反で父母や弟を殺害され、近隣諸国の毛利や島津との戦いに明け暮れながら、宣教師フランシスコ・ザビエルに出会い、心の平和を求めて「神の国」を実現しようとしたキリシタン大名・大友宗麟の生涯をダイナミックに描く。原作：遠藤周作。脚本：古田求。音楽：千住明。語り：平野啓子。出演：松平健、財前直見、佐藤慶ほか。（89分）

2004年度のおもな特集番組

この他の番組はこちら

ドラマ　シェエラザード ～海底に眠る永遠の愛

あの「タイタニック沈没」を超える謎の海難事故が戦時中の日本に存在した。大型客船・弥勒丸の沈没直前まで流れていた「シェエラザード」の旋律に乗せて、2300人の犠牲者たちと海の藻くずと消えた"愛の形"を壮大なスケールで描く感動巨編ドラマ。原作：浅田次郎。脚本：鄭義信。音楽：栗山和樹。出演：反町隆史、小澤征悦、長谷川京子、仲村トオル、石田ゆり子、平幹二朗ほか。前・後編（各74分）

ドラマ　輝く湖にて

邦題「黄昏」として映画化されヒットした、アメリカの戯曲"ON GOLDEN POND"を原作に、舞台を現代の日本に置き換えてのドラマ化。高度成長時代を生き抜いてきた70歳世代が死を目前に感じる、どの老夫婦も抱えている日常のさまざまな思いを描く。原作：アーネスト・トンプソン。脚本：長川千佳子。出演：八千草薫、杉浦直樹、真矢みき、西村雅彦、坂上忍、村田将平ほか。（74分）

ドラマ　サンタが降りた滑走路

東京都新島の飛行場を舞台に、パイロットの夢をあきらめた若者と、パイロットになりたい少年の心の触れ合いを描くハートウォーミングなクリスマスドラマ。作：寺田敏雄。音楽：岸部眞明。出演：吉沢悠、麻生祐未、須賀健太、うじきつよし、木内みどりほか。（59分）

古代史ドラマスペシャル　大化改新

2001年度の『聖徳太子』に次ぐ大阪放送局制作の「古代史ドラマ」第2弾。日本の国のあるべき姿が定まらぬ時代に、ユートピアを求めて改革に燃えた中臣鎌足と蘇我入鹿。2人の若者の姿を通して、史実の陰に隠れ、語られることがなかった飛鳥時代の人間群像を壮大なスケールで描く。前編（74分）は「青春の飛鳥」、後編（74分）は「友への誓い」。作：池端俊策。音楽：大島ミチル。出演：岡田准一、渡部篤郎、伊武雅刀、吹越満、小栗旬ほか。

森を支える生き物たち

土の中にすむ森の生き物たちが落ち葉を土に変え、その養分が再び根から吸い上げられて樹木は新たな葉を茂らせる。子どもに親しみ深いダンゴムシを主人公にして、ハイビジョンによる特殊撮影で、子どもたちにとって抽象的に見えるこうした生態系の循環を映像化した。バーゼル・カールスルーエ・フェスティバル学校放送番組最優秀賞、国際野生生物フィルムフェスティバル優秀賞受賞。

今さら聞けない！オトナのための教養事典

「今さら人に聞いたり、改めて学んだりするのは…」という中高年のオトナたちに向けて、今まで気づかなかった新たな魅力や、誰も知らない意外な楽しみ方を紹介する。全5回。第1回は「ワインでおいしく乾杯したい」、第2回は「やきものを暮らしにいかしたい」、第3回は「仏の顔は何度でも見たい」、第4回は「歌舞伎を気軽に楽しみたい」、第5回は「蕎麦を粋に食したい」。

待ってました！中村屋！～ 十八代目中村勘三郎　ここに誕生

2005年3月3日、歌舞伎俳優・中村勘九郎が十八代目中村勘三郎を襲名。「平家女護島」「連獅子」「鏡獅子」、コクーン歌舞伎の最高峰「三人吉三」、ニューヨーク公演「夏祭浪花鑑」など、勘九郎時代の代表的な演目をダイジェストで放送。また、勘九郎にゆかりの深い人々を迎えて、これまでの勘九郎とこれからの勘九郎を大いに語る。

ハイビジョン特集　十一代目　市川海老蔵誕生 ～ 飛翔の時　26歳の成田屋

19年ぶりに誕生した「市川海老蔵」。襲名に向けた新之助の晴れ姿や、その陰に隠された素顔と本音、歌舞伎界に残る伝統としきたりなどを描いた半年間のドキュメント。華やかな出演者で彩られた海老蔵襲名演目「暫」の舞台中継も放送。出演：市川海老蔵、中村芝翫、中村富十郎、市川團十郎ほか。

七子と七生 ～ 姉と弟になれる日

人と交わることを拒み続けている多感な高校生の少女・七子が、父の違う弟との出会いとかっとう、そして母親との永遠の別れを通して、大人へと成長していく姿を詩情豊かに描く。平成16年度文化庁芸術祭優秀賞受賞作品。『ハイビジョンドラマ館』枠で放送。原作：瀬尾まいこ。脚本：相良敦子。音楽：久石譲。出演：蒼井優、知念侑李、石田えり、野村真美ほか。（74分）

絶壁

富山県警山岳警備隊で救助活動を行う主人公が、人命を救うという任務を通し、逆に自らの苦悩からも救われる魂の旅を描く。親子のつながり、そして家族のあり方を問うドラマ。平成16年度文化庁芸術祭参加作品。『ハイビジョンドラマ館』枠で放送。作：井上由美子。音楽：おかもとだいすけ。出演：杉本哲太、寺島しのぶ、室井滋、宍戸開、本田博太郎、近藤公園ほか。（74分）

2005年度のおもな特集番組

この他の番組はこちら

特集ドラマ　生き残れ

日本へ海上輸送される石油のおよそ80%が通る最小幅600メートルのマラッカ海峡は、海洋国家・日本のライフラインである。そのマラッカ海峡での海賊による日本船への襲撃・監禁、そして漂流。男たちの過酷な運命が、不安定な世界情勢下の日本の現実を浮き彫りにする。作：井上由美子。音楽：川崎真弘。出演：阿部寛、塩谷瞬、山野史人、ナオコ・シーナ、佐藤寛子ほか。（74分）

特集スペースシャトル・野口飛行士　宇宙を語る

毛利衛、向井千秋、若田光一、土井隆雄に続いて、スペースシャトルの日本人宇宙飛行士5人目となった野口聡一さんが、初の宇宙体験の中で何を感じたのか。シャトル内の野口飛行士との単独交信のインタビューを基に、野口さんの宇宙での活躍ぶりを伝える。司会：村上由利子アナウンサー、毛利衛。

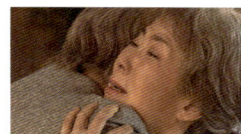

放送80周年記念ドラマ　ハルとナツ ～ 届かなかった手紙

1934（昭和9）年、北海道からブラジル・サンパウロ州への移民となった姉ハルとその家族。一方、出発の地・神戸で眼病のため1人日本へ残された妹ナツは日本で戦争と復興を経て、経済成長の中を1人で生きた。70年間引き裂かれた姉妹。その人生の歳月を、スケール豊かに浮き彫りにする全5回の壮大な大河ロマン。原作・脚本：橋田壽賀子。出演：森光子、野際陽子、今井翼、米倉涼子、仲間由紀恵ほか。

ドラマ　クライマーズ・ハイ

1985年8月12日の日航ジャンボ機123便墜落事故が起こった地元群馬県の地方新聞社の興奮と混乱に満ちた1週間を描く。群馬の北関東新聞に「ジャンボが消えた。場所は群馬・長野県境」の一報。悠木は、日航機墜落事故の記事を任される全権デスク。長い夏が始まった。原作：横山秀夫。脚本：大森寿美男。音楽：大友良英。出演：佐藤浩市、岸部一徳、岸本加世子、杉浦直樹、高橋一生、石原さとみほか。前・後編（各75分）

ドラマ　名探偵赤富士鷹

アガサ・クリスティーの代表作の一つ「ABC殺人事件」と「ゴルフ場殺人事件」のドラマ化。事件の時代設定は、「ABC殺人事件」が出版された1936年の日本。その時代状況を存分に生かして、複雑にからみあった難事件の糸を、名探偵・赤富士鷹（たかし）が解きほぐしていく。原作：アガサ・クリスティー。脚本：藤本有紀。音楽：服部隆之。出演：伊東四朗、塚本高史、益岡徹、大杉漣、杉本哲太、山崎一ほか。全2回（各89分）

ドラマ　きみの知らないところで世界は動く

「世界の中心で、愛をさけぶ」の著者で、愛媛県宇和島市出身の小説家・片山恭一の長編デビュー作を岡田惠和が脚本化。1970年代後半、宇和島市で高校生活を送った3人の若者たちの夢と挫折を通して、青春のはかなさと美しさを描く。ハイビジョン、総合、衛星第2で放送。原作：片山恭一。脚本：岡田惠和。出演：前田亜季、細田よしひこ、奥貫薫、鶴見辰吾、三浦浩一、大沢逸美ほか。（74分）

正月時代劇 ～ 新選組!! 土方歳三　最期の一日

近藤勇の死で終わった2004年大河ドラマ『新選組！』のいわば「続編」として、その盟友である土方歳三の新政府軍との戦いを、その最期の一日に焦点を絞って、三谷幸喜がオリジナルで描く。近藤勇の死から1年、新政府軍と戦いつづけた新選組副長・土方歳三の最後の思いとは？　作：三谷幸喜。音楽：服部隆之。出演：山本耕史、片岡愛之助、吹越満、佐藤B作、照英、熊面鯉ほか。（89分）

ドラマ　かあちゃんが来た

第29回創作テレビドラマ脚本懸賞公募最優秀作「曲がれない川（旧題）」のドラマ化。山形の農家に若いベトナム人女性・リンが後妻として嫁いでくる。新しい家族を作ろうと模索する人々の姿を、少年の目を通して情感豊かに描いたひと夏の物語。作：阿部美佳。出演：福島一樹、吉川史樹、甲本雅裕、ブイ・ティ・フェンほか。（43分）

福岡発地域ドラマ　いつか逢う街

畳職人として働いている野田岳史の息子の徹が、近所にある古い芝居小屋「嘉穂劇場」で幽霊を見たと騒ぎ出す。恐怖の中に不思議な懐かしさを覚えた岳史が、やがてその幽霊が幼い頃、落盤で亡くなった父親であることに気づき、幽霊と岳史の不思議で温かい交流が始まる。作：中園健司。音楽：おかもとだいすけ。出演：永島敏行、イッセー尾形、藤吉久美子、玄海竜二ほか。（59分）

ハイビジョン特集 ～ 世界を駆ける日本料理

空前のブームを迎えている日本料理。その人気の秘密を社会的、経済的、科学的側面から描いた2回シリーズ。第1回「和のテイストを盛りこめ　世界のシェフの挑戦」では、日本料理が世界を席けんしていくさまを多角的に紹介する。第2回「第5の味覚"うま味"」では、日本料理で世界に先駆け認知されていたグルタミン酸などの「umami」について検証する。

2006年度のおもな特集番組

この他の番組はこちら

世界遺産からのSOS

アジアを襲う近代化の波により危機にさらされている世界遺産の現状と、遺跡を守ろうと立ち上がった若者たちの姿を伝える3回シリーズ。第1回は「天国への階段」と呼ばれるフィリピンのコルディエラの美しい棚田を、第2回は2003年12月の大地震で倒壊したイランのバム遺跡を、第3回は紛争による破壊から再生を目指すバーミヤンとアンコールを取り上げる。

特集ドラマ　介護エトワール

タレント・遙洋子さんが、自身の介護体験を小説にした「介護と恋愛」のドラマ化。介護当事者の本音の部分を大阪を舞台にコミカルに綴りながら、介護の現実を通して家族の愛を描く。原作・脚本：遙洋子。音楽：BANANA。出演：原沙知絵、細川茂樹、甲本雅裕、西川貴教、菊池麻衣子、井ノ上チャルほか。（73分）

史上初！ハイビジョン生中継　LIVE宇宙ステーション

2006年11月16日午前0時7分過ぎから約20分間、NHKとNASAが共同開発したハイビジョン伝送装置を使用して、史上初となる宇宙からのハイビジョン生中継を実施。地上350キロを飛行する国際宇宙ステーションから、無重力の空間での不思議な現象や、宇宙からの美しい地球の姿を紹介する。出演：マイケル・ロペズアレグリア、山崎直子、米村でんじろうほか。司会：住吉美紀アナウンサー。

撮影協力　NASA/JAXA

ミニドラマ〜その5分前

人生にはかけがえのない大切な一瞬が何度か訪れる。その一瞬を迎える直前のドラマチックな5分間を、臨場感たっぷりに描くスリリングでライブ感覚あふれるミニドラマ。5夜シリーズ。出演：（第1夜）原田知世、松山ケンイチほか、（第2夜）木村祐一、泉澤祐希ほか、（第3夜）岩沼佑亮、鈴木達也ほか、（第4夜）小林聡美、多部未華子ほか、（第5夜）夏八木勲、福田麻由子ほか。

正月時代劇　堀部安兵衛

高田馬場の決闘と忠臣蔵の2大事件を奔（はし）り抜けた義士のスーパースター、堀部安兵衛の半生を描く痛快活劇。2007年1月1日に前・後編をインターバルをはさんで続けて放送。原作：池波正太郎。脚本：古田求。音楽：桑原研郎。出演：小澤征悦、松方弘樹、宇梶剛士、勝野洋、大滝秀治、早乙女太一、松尾れい子、新妻聖子、北村和夫、勝村政信ほか。

風の来た道〜第30回創作テレビドラマ脚本懸賞公募　最優秀作

日本放送作家協会主催の第30回創作テレビドラマ脚本懸賞公募受賞作「風の息」の番組化。自立への足掛かりを必死につかみ取ろうとする少女と、娘とぶつかりながらも彼女の旅立ちを受け入れる母親。2人それぞれの成長を、四国の郷土の風景のなかに清々しく描く。作：林一臣。音楽：山下康介。出演：黒川芽以、石田えり、宮﨑将、光石研、河合美智子、中島ひろ子ほか。（43分）

特集ドラマ　グッジョブ〜Good Job

かたおかみさお原作の同名コミックのドラマ化。建設会社で営業補助をしているOLたち。彼女たちは単にノルマを片付けるだけでなく、相手の心の痒いところに手が届く仕事のプロなのだ。NHKらしさを取り払った、カリスマ音楽プロデューサー・山田勝也コーディネートのスタイリッシュなドラマ。原作：かたおかみさお。脚本：大森美香。出演：松下奈緒、市川実日子、田中美里、サエコほか。全5回（各30分）

福岡発地域ドラマ〜飛ばまし、今

福岡県のさまざまな市町村が抱える問題と、そこで生きる人々の姿を描き、地域の「今」を伝える『福岡発地域ドラマ』の5作目。舞台は北原白秋の故郷、「水郷」柳川。4人の男女が夢や仕事を見つめ直していく。作：金子成人。音楽：おかもとだいすけ。出演：中村俊介、入江雅人、板谷由夏、瑞木りかほか。（73分）

生誕250年　まるごと入門！モーツァルト

天才作曲家・モーツァルトの生誕250年を記念し、一連のモーツァルト関連番組のプロローグともなる「これを見れば誰でもモーツァルトの基本がまるごとわかる入門番組」を、誕生日当日に放送。出演：池内紀、清水ミチコ、柳家花緑、服部幸應ほか。司会：飯森範親、中川緑アナウンサー。

すみれの花咲く頃

18歳までしか入学資格を持たない「宝塚音楽学校」を目指して、福島県磐梯山麓に暮らす1人の少女の切実な思いとささやかな抵抗が、日常に小さな波紋を巻き起こす…。現代社会に小さな希望を見出そうと懸命に生きる地方都市の高校生たちの心の揺れをリリカルに描く。原作：松本剛。脚本：鄭義信。出演：多部未華子、秋野暢子、宇梶剛士、濱田岳、笑福亭松之助、柄本時生ほか。（74分）

2007年度のおもな特集番組

この他の番組はこちら

地域発ドラマ〜先生の秘密 "青い目の人形" 秘話

島根の小さな漁村にある分校で教員をする承之介は、ある日ひょんなことから校舎の天井裏に隠されていた "青い目の人形" を発見する…。松江局が開局75周年を記念して制作した単発の地域ドラマ。作：美崎理恵。出演：青山草太、戸田菜穂、織本順吉ほか。（47分）

探査機 "かぐや" 月の謎に迫る〜史上初！「地球の出」をとらえた

日本が誇る月探査機 "かぐや" に搭載されたNHK開発の宇宙用ハイビジョンカメラが、直径数百キロの巨大クレーター、月の海、地球からは見えない月の裏側などの迫力あるハイビジョン映像を届ける。さらに、月の地平線から地球が現れる「地球の出」「地球の入り」の撮影にも成功。月から見た美しい地球の姿を紹介する。出演：渡部潤一、稲垣吾郎、眞鍋かをり、市川森一ほか。司会：桂文珍、與芝由三栄アナウンサー。

スペシャルドラマ　海峡

日本人女性と韓国人男性の海峡を越えた愛と生の軌跡を描く大型ドラマ。1945年、終戦を迎えた韓国・釜山で出会った2人はそれぞれの祖国で生きるため別れる。作：ジェームス三木。音楽：渡辺俊幸。出演：長谷川京子、眞島秀和、津川雅彦、辺見えみり、中村敦夫、豊原功補、美保純、コ・ドゥシム、小山明子、上川隆也、橋爪功ほか。全3回（各回73分）

探訪　日本美のルーツ〜公家の頂点・近衛家の名宝

藤原鎌足や藤原道長の直系に当たる公家、近衛家は千年にわたり天皇家を補佐し、朝廷文化を担ってきた。京都・陽明文庫に所蔵される近衛家の名宝の数々を通して、「かな」「仏教美術」「茶の湯」など、日本独特の "美" がいかに育まれてきたかを探る。2008年1月1日の放送。出演：春風亭小朝ほか。

正月時代劇　雪之丞変化

痛快な仇討ち劇と絢爛美の世界で、時代劇好きには馴染みの深い一大娯楽作「雪之丞変化」のドラマ化。謀略にはめられ非業の死を遂げた親の敵を討つため、大坂から江戸へと、芝居の一座の花形女形としてやってきた美貌の青年・雪之丞の活躍を描く。原作：三上於菟吉。脚本：中島丈博。音楽：住友紀人。出演：滝沢秀明、戸田恵梨香、高岡早紀、市川左團次、泉谷しげる、中尾彬ほか。（105分）

正月ドラマスペシャル　ファイブ

廃部・リストラの危機を乗り越え、2003年にリーグ優勝した実業団チーム（アイシンシーホース）の活躍を書いたノンフィクション小説を原作に、日本初の本格派バスケットボールドラマに挑んだ意欲作。原作：平山譲。脚本：君塚良一。音楽：押尾コータロー。出演：岸谷五朗、高島礼子、筧利夫、柳沢慎吾、相島一之、パパイヤ鈴木ほか。（89分）

おシャシャのシャン！　第31回創作テレビドラマ大賞　最優秀作

第31回創作テレビドラマ大賞（日本放送作家協会主催、NHK・NHKエンタープライズ後援）受賞作「おシャシャのシャン！」のドラマ化。長野県・伊那谷の小さな山村の観光課職員・朋代は、伝統の村歌舞伎の公演に、東京の若手歌舞伎スター・坂本鮫志郎を招くことになるのだが…。作：坂口理子。音楽：池頼広。出演：田畑智子、尾上松也、原田芳雄、藤村俊二ほか。（43分）

ドラマ　GOTAISETSU

山口放送局が初めて制作した地域ドラマ。故郷山口のサビエル教会に着任した新米神父の赤木楓には、幼いころ母親に捨てられたという苦い記憶があった。ある日、楓は告解（こっかい）室で、かつて自分を捨てた母親の口から真実を語られる…。原作：水橋文美江。脚本：江口美喜男。出演：柏原崇、松田美由紀、平泉成ほか。（38分）

ドラマ　夕陽ヶ丘の探偵団

架空の町・夕陽ヶ丘町で子どもたちの中だけに代々受け継がれてきた秘密組織「夕陽ヶ丘探偵団」。塾や習い事でメンバーが不足し、探偵団解散の危機が噂される中、学校で不可解な事件が次々と発生。犯人として姿を現したのは、サブマリン博士と名乗る謎の男…。作：岡田茂。音楽：めいなCo.。出演：伊藤大翔、田中美里、鰐淵晴子、寺田農、小池彩夢、佐野史郎ほか。全3話（各話30分）

ようこそ！"赤毛のアン" の世界へ

「赤毛のアン」が米ボストンで出版されて、2008年で100年を迎える。番組では、アンの熱狂的なファンである松坂慶子が、作品の舞台であるプリンスエドワード島に旅し、そのリポートを通して、アンの世界の魅力を探る。出演：松坂慶子、茂木健一郎、山瀬まみ、松本侑子、牧野哲大、渡邊あゆみアナウンサーほか。

2008年度のおもな特集番組

この他の番組はこちら

記憶の扉
アーカイブスに保管されている昭和の原風景を映す番組を再編集することで、さまざまな絆を見つめ直す。番組を見ながら、俳優の藤村俊二と漫談家の牧伸二が昭和のセットに囲まれた舞台で絆の大切さを語る。第1回は「家族の絆」、第2回は「地域の絆」、第3回は「師弟の絆」。関連番組として「NHKアーカイブス特集　記憶の扉」を放送。出演：藤村俊二、牧伸二。

拝啓　十五の君へ　アンジェラ・アキと中学生たち
NHK全国学校音楽コンクールの課題曲「手紙」。作詞・作曲をしたアンジェラ・アキがこの歌を歌う中学生たちを全国に訪ね、歌を通して生まれた心の交流を描く。廃部の危機を乗り越えてたった2人でコンクールに挑む合唱部や、この曲で歌の素晴らしさを知った合唱部など…アンジェラ・アキが彼らの出場する地方大会を訪問。さまざまな物語を抱える中学生たちと出会い、彼らの歌への思いを受け止めていく。出演：アンジェラ・アキ。

広島発特集ドラマ　帽子
広島の港町・呉に戦前から続く帽子店の職人・春平は、物忘れが多く、「ハサミが見当たらない」と警備員の吾朗を呼びつける毎日を送っていた。春平はかつて吾朗を捨てた母親が幼なじみの世津であり、胎内被爆を負った世津ががんの末期にあることを知る。春平は吾朗を世津の暮らしている東京に強引に連れていくが…。作：池端俊策。音楽：めいなCo.。出演：緒形拳、玉山鉄二、田中裕子、山本晋也、山本龍二ほか。（88分）

時代劇スペシャル　母恋ひの記
谷崎潤一郎の名作「少将滋幹の母」を、本格時代劇としてドラマ化。華麗なる平安王朝を舞台に、理不尽に引き裂かれてしまった母子が40年後に再会を果たすまでの軌跡を感動的に描き出す。原作：谷崎潤一郎。脚本：中島丈博。音楽：窪田ミナ。出演：黒木瞳、劇団ひとり、内山理名、川久保拓司、大滝秀治、長塚京三ほか。（74分）

時代劇スペシャル　花の誇り
田鶴の兄・新十郎は田鶴の幼なじみ・三弥にふられて自害していた。十数年後、田鶴の婿と三弥の夫が、家老の座を競うことになる。三弥にだけは負けたくないと思う田鶴。そんな折、田鶴は刺客に襲われた江戸の密使を救うが、そこには筆頭家老のわなが待ち構えていた。原作：藤沢周平。脚本：宮村優子。音楽：遠藤幹雄。出演：瀬戸朝香、酒井美紀、田辺誠一、葛山信吾、山口馬木也、遠藤憲一、松金よね子ほか。（87分）

正月ドラマ　福家警部補の挨拶
年齢不詳、社会性ゼロ、しかし検挙率はナンバーワンの女性警部補が主役の推理サスペンス。ある大学の准教授が殺害され、福家警部補は、科警研で復顔法のエキスパートと言われた同僚の教授に疑いを持つ。彼女は部下を振り回し、上司ににらまれながらも、抜群の推理能力で真相を突き止める。原作：大倉崇裕。脚本：福原充則。出演：永作博美、草刈正雄、小泉孝太郎、野間口徹、池田成志、大杉漣ほか。（88分）

特集ドラマ　お買い物
福島の農村から東京・渋谷へ老夫婦が「お買い物」に出かける。それだけなのに2人にとっては大冒険。そんな日常的な風景を、独特のユーモアと歯切れの良い会話で描くロードムービー。平成19年度岸田國士戯曲賞を32歳の若さで受賞した前田司郎が、初めて本格的にテレビに脚本を書き下ろした。作：前田司郎。音楽：BANANA。出演：久米明、渡辺美佐子、市川実日子、山口美也子、山中聡、宗近晴見ほか。（73分）

ドラマスペシャル　白洲次郎
終戦後、敗戦国日本の終戦連絡事務局次長として、流暢な英語を武器にGHQと渡り合い、「従順ならざる唯一の日本人」と呼ばれた白洲次郎を主人公とした初の映像作品。全3回で2009年2月、3月に第1・2回を、9月に第3回を放送。原作：牧山桂子、北康利。脚本：大友啓史、近衛はな。出演：伊勢谷友介、中谷美紀、奥田瑛二、原田美枝子、大蔵基誠、石丸幹二、市川亀治郎、田中哲司、高橋克実、草村礼子、眞島秀和ほか。

ETV50
2009年1月10日は、教育テレビが放送を開始して50年。これを記念して2009年1月6日から5日間にわたって各回2時間で、この50年の教育番組を分野別に振り返る。6日「教育テレビの逆襲～よみがえる巨匠のコトバ」、7日「こどものきもち24じ」、8日「青春集合！アラハタのすべて」、9日「クラシック・アーカイブ～和洋名演名舞台」、10日「子どもサポートネット　親と子を支えるために」をそれぞれ放送。

SAVE THE FUTURE
地球温暖化問題をはじめとする環境問題をとりあげるNHK地球エコキャンペーンの中心となる特集番組。「京都議定書」の地・京都から東京・NHKをめざし、6月6日の「プロローグ」に始まり、6月7日～8日の2日間にわたって飛行船が日本上空を旅し、「温暖化…日本列島移動健康診断」をキーワードに地上からの中継を交えながら、日本の今を立体的に伝える。出演：藤原紀香、ペナルティ、氷川きよし、ルー大柴、alan、糸井重里ほか。

2009年度のおもな特集番組

この他の番組はこちら

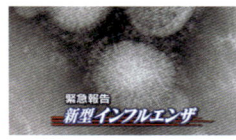

緊急報告　新型インフルエンザ
2009年3月、メキシコで発生した新型インフルエンザ。ウイルスは国境を越え、感染は世界に広がっていった。なぜ新型インフルエンザは発生したのか。どのように感染は広がり、どんな影響が出るのか。各地の最新リポートから感染の実態に多面的に迫り、対策について考える。出演：押谷仁。

おめでとう森光子さん～「放浪記」2000回記念特集
2009年5月9日、森光子主演の名作舞台「放浪記」が2000回を迎え、森光子は一人の主役としては前人未到の偉業を達成した。また、この日は89歳の誕生日でもあった。公演終了後にスタジオに駆けつけてもらい、豪華なゲストとともに生放送でその偉業をたたえながら、48年続く「放浪記」と日本人の歴史を振り返った。出演：森光子、王貞治、黒柳徹子、萩本欽一。司会：三宅民夫アナウンサー。

沖縄　慰霊の日特番　"集団自決"　戦後64年の告白～沖縄・渡嘉敷島
太平洋戦争末期の1945年3月、沖縄県渡嘉敷島で起こった"集団自決"において、自らの家族を手にかけた兄弟が、その時のことや戦後も引きずってきた思いを告白。島が特攻基地として軍民一体の様相を呈していく様、戦陣訓の唱和を通じて「生きて虜囚の辱めを受けず」という教えにとらわれていった歴史的背景などを描く。2009年地方の時代映像祭優秀賞受賞。

地球エコ2009　体感生中継！46年ぶりの皆既日食
日本で起こった46年ぶりの皆既日食を、硫黄島や太平洋上の船からの生中継で伝える。刻一刻と姿を変える美しい太陽の映像と、現場の人々の感動の声により、視聴者に皆既日食を追体験してもらう番組。出演：宮本亞門、西田ひかる、常田佐久（国立天文台教授）ほか。司会：三宅民夫アナウンサー、小林千恵アナウンサー。

広島発ドラマ　火の魚
瀬戸内の島に住む老作家のもとに、原稿を受け取るため東京の出版社から女性編集者が通ってくる。あるとき小説の装丁を、燃えるような金魚の「魚拓」にしたいと思いついた老作家と、そのために殺される金魚の小さな命を巡って、女性編集者との間にさざ波が立つ……。原作：室生犀星。脚本：渡辺あや。音楽：和田貴史。出演：原田芳雄、尾野真千子、岩松了、高田聖子、笠松伴助、藤山喜子ほか。（53分）

松本清張ドラマスペシャル　顔
松本清張生誕100年に当たり、清張の原点ともいうべき傑作短編をドラマ化。戦後の復興期、売れない劇団俳優だった男は、ある大作映画の準主役に抜擢され、一躍スターへの道を歩み始める。しかし、男にはひた隠しにしてきた殺人の過去があった…。原作：松本清張。脚本：中園健司。音楽：佐橋俊彦。出演：谷原章介、原田夏希、高橋和也、大地康雄、中本賢、塩野谷正幸ほか。（73分）

阪神・淡路大震災15年　特集ドラマ　その街のこども
神戸の街を舞台に、幼いころに実際に震災を体験した森山未來（みらい）と佐藤江梨子がリアルな感情で挑んだロードムービー。1月17日の震災の日を、15年ぶりに故郷神戸で迎える若い男女の一晩の会話劇を軸にして、彼らの等身大の心の震災を見つめる。作：渡辺あや。音楽：大友良英。出演：森山未來、佐藤江梨子、津田寛治ほか。（73分）

BS20年　テレビ、こう見ると世界がわかる
BS20年記念番組を2週にわたって2部構成で放送。6月6日放送は第1部「おはよう世界スペシャル」（ゲスト：デーブ・スペクター）と第2部「国際政治　テレビ公開ゼミ」（出演：中山俊宏・津田塾大学准教授）、13日放送は第1部「きょうの世界スペシャル」（ゲスト：ピーター・フランクル）と第2部「音楽は時代の叫び」（ゲスト：ピーター・バラカン）。

BS特集　シリーズ立花隆　思索紀行　人類はがんを克服できるのか
膀胱がんを発病した評論家の立花隆が、がんの正体を根源的に突き止めようと、自ら世界の研究者を訪ね歩きながら思索したシリーズ。私たちはこの病とどう向き合えばいいのか、立花隆自身の選択を手がかりに考える全3回。第1回は「"がん戦争"100年の苦闘」、第2回は「生命の進化ががんを生んだ」、第3回は「生と死を越えて」。出演：立花隆。

落語家　桂枝雀の世界
落語家・桂枝雀没後10年・生誕70年にあたり、師が残した絶品の高座の数々を今一度堪能しようという企画番組。枝雀のアーカイブス映像と関係者のインタビュー、そして枝雀の落語を愛する人たちのスタジオトークでつづるハイビジョン放送の5時間番組。出演：國村隼、松尾貴史、小佐田定雄、春風亭小朝、林家正蔵、春風亭昇太、立川談春、桂南光、桂雀三郎ほか。

2010年度のおもな特集番組

この他の番組はこちら

古代史ドラマスペシャル　大仏開眼

平城京遷都1300年に当たる2010年、大阪放送局が『聖徳太子』『大化改新』に続く古代史ドラマ第3弾を制作。唐から帰国した吉備真備、大仏造立を命じた父・聖武帝の背中を見つめ続けてきた阿倍内親王、そして2人の最大のライバル藤原仲麻呂の3人を軸に、愛と憎しみ、野望と挫折の人間模様をダイナミックに描く。前・後編各89分。作：池端俊策。音楽：千住明。出演：吉岡秀隆、石原さとみ、高橋克典、市川亀治郎ほか。

NHKアーカイブス特集　みんな豊かになりたかった～1960年代の日本

1960年代の日本は、「きっと豊かになれる」と誰もが信じて懸命に生きていた。そんな時代を映したドキュメンタリーの映像を手がかりに、あのころ手にしようとしていた大切な夢を見つめ直す。出演：萩本欽一、市川森一、山田邦子。司会：桜井洋子アナウンサー。

吉永小百合　被爆65年の広島・長崎

原爆詩の朗読会を続けてきた女優の吉永小百合。2010年に行われた大規模な朗読コンサートと共に、自ら原爆詩に関係する人々に会いに行き、今の広島・長崎の状況を伝えたドキュメンタリー。出演：吉永小百合、渡哲也、坂本龍一、村治佳織。

色つきの悪夢～カラーでよみがえる第二次世界大戦

人類史上最悪の"悪夢"、第二次世界大戦の悲劇を二度と繰り返さないために、今回、NHKとフランスとの国際共同制作で、大戦を記録した膨大な白黒映像を最新のデジタル技術を駆使してカラー化。戦争を意識せずに暮らしている若い世代に向けて戦争の現実を伝え、問題を提起する。出演：斎藤工、溝端淳平、中尾明慶、中山エミリほか。司会：首藤奈知子アナウンサー、柳澤秀夫解説委員。

ドラマスペシャル　てのひらのメモ

専業主婦・折川福実は補充裁判員に選ばれる。裁かれる事件は、シングルマザー千晶が保護責任者遺棄致死罪に問われているものだった。裁判が1日伸びたことで、正式な裁判員となった福実があることに気づき、それが裁判の行方を左右することになる…。原作：夏樹静子。脚本：梶本惠美。音楽：宮野幸子。出演：田中好子、板谷由夏、佐野史郎、本田博太郎、風間トオル、あき竹城ほか。（73分）

ドラマスペシャル　心の糸

高校3年の明人は母・玲子と2人暮らし。"ろう者"として生まれた玲子は、息子を一流のピアニストにすることを夢見ていた。ある日、明人は路上ライブをするいずみに出会いひかれるが、彼女もまたろう者だった。玲子がいずみを拒否することで、強い絆で結ばれた親子は激しく対立。やがて明人は語られることのなかった母の過去を知ることになる。作：龍居由佳里。音楽：千住明。出演：松雪泰子、神木隆之介、谷村美月ほか。

ドラマ　続・遠野物語

「遠野物語」発刊100周年を記念して制作、現代を舞台に不思議な民話の世界を描く。「遠野物語」のエピソードを基に、もののけが住む異世界を表現。過去と現在の時空を超えて、私たちが失いかけた日本人の魂の根元を見つめる。作：近衛はな。音楽：周防義和。出演：田畑智子、山崎樹範、篠井英介、田中泯、宮本信子ほか。（48分）

正月時代劇　隠密秘帖

江戸中期、幕府が財政破綻の危機を迎え、武士がどう在るべきかを問う老中・田沼意次から松平定信への交代があった。そのきっかけとなった意次の嫡男・意知の刃傷事件の謎を探る密命を受けた主人公・神谷庄左衛門の活躍と生きざまを背景に、武士として、人として、親として、絆の物語を描く。作：金子成人。音楽：小六禮次郎。出演：舘ひろし、南原清隆、塩見三省、苅谷俊介、水野真紀、神山繁ほか。（74分）

特集ドラマ　風をあつめて

「NHK障害福祉賞」の過去の受賞作（障害にまつわる手記）をドラマ化する企画。待望の初めての子どもが福山型筋ジストロフィーだったことにショックを受けた主人公は、両親の遺伝子の組み合わせゆえに第2子も同じ病気で生まれる可能性が高いことを知りながら、2人目を作ろうと決意する……。原案：浦上誠。脚本：荒井修子。音楽：羽岡佳。出演：安田顕、中越典子、吉田羊、佐伯新、平田満、上田耕一ほか。（59分）

世界のマエストロ・小澤征爾　入魂の一曲

2010年のサイトウ・キネン・フェスティバルでの小澤征爾入魂の「弦楽セレナード」。ガンからの完全復帰を目指した小澤の音楽への飽くなき情熱を描く。また、小澤が近年最も力を注いでいる子どもたちへのクラシック音楽普及のための活動を紹介する。出演：小澤征爾、サイトウ・キネン・オーケストラ。

2011年度のおもな特集番組

この他の番組はこちら →

また仲間たちと歌いたい 〜 中学生をつなぐ"証"〜 被災地　再起への記録
「前を向きなよ　振り返ってちゃ　うまく歩けない」─そんな詞ではじまるNコンの課題曲「証（あかし）」。東日本大震災の被災地で、この曲が中学生たちの再出発の力になろうとしている。予期せぬ震災で「あたりまえの温もり」を失い「仲間の証」をさがす中学生の今を見つめる。曲を作ったflumpoolも現地を訪ね中学生の心に寄り添い、歌を贈る。語り：高橋みなみ。出演：flumpool。

誰もが中学生だった 〜 中学生日記50年クロニクル
『中学生日記』の放送開始50年を記念した特集番組。制服、告白、先生などのテーマにそって、各時代の中学校生活を描いた懐かしい映像を紹介。MCは、『中学生日記』出身の加藤晴彦さん。各世代を代表するゲストが登場し中学生時代を語る。また、スキマスイッチによる主題歌制作の舞台裏ドキュメントもあわせて紹介する。出演：尾木直樹、江川達也、渡辺美奈代、益若つばさほか。司会：杉浦友紀アナウンサー、加藤晴彦。

ドラマ　やさしい花
大阪放送局が展開する「子どもを守れ！」キャンペーンの一環として「児童虐待」をテーマに制作したドラマ。若いころに娘を虐待した過去を持つ主婦・友子のマンションの下の階に、幼い男の子を連れた若い母親・ユカが引っ越してくる。ある事件をきっかけに、友子は勇気を奮い、若い親子を助ける行動に出るのだが…。作：安田真奈。出演：石野真子、谷村美月、西川忠志、早織、木咲直人ほか。（43分）

マイケル・サンデル　究極の選択
『ハーバード白熱教室』でおなじみのマイケル・サンデル教授が、今、日本が置かれた状況に対して世界の若者たちと意見を述べ合い、「私たちは何をすべきか」を考える全5回シリーズ。第1回は「大震災特別講義〜私たちはどう生きるべきか」、第2回は「震災復興　誰が金を払うのか」、第3回は「ビンラディン殺害に正義はあるか」、第4回は「お金で買えるもの　買えないもの」、第5回は「許せる格差　許せない格差」。

マルチチャンネルドラマ　朝ドラ殺人事件
NHK初のマルチ編成ドラマ。朝ドラのADに若くして抜擢された新見美穂は、ある日スタジオで奇妙なものを見つける。優秀だが、協調性のなかった美穂が、幽霊退治を通して、人と協力することの大事さに気づくコメディードラマ。サブでは、美穂の脳内世界をミュージカル仕立てで演出。作：保木本真也。音楽：鈴木慶一。出演：秋元才加、桐山漣、六角精児、相島一之、クリス・ペプラー、国生さゆりほか。前・後編の各28分。

連続テレビ小説50年！〜日本の朝を彩るヒロインたち
1961年の放送開始以来、『連続テレビ小説』は50年にわたってさまざまな女性の生き方を描いてきた。そんな過去の全83タイトルを一挙に紹介、ヒロインたちのインタビューを交え、今だから話せる誕生秘話や撮影の裏話も紹介しながら当時を振り返る。語り：窪田等。出演：井上真央、斉藤由貴、小林綾子、樫山文枝、紺野美沙子、石田ひかりほか。

土曜ドラマスペシャル　蝶々さん〜最後の武士の娘
武士の娘・蝶々は祖母・みわ、母・やえの急死で、長崎丸山の老舗・水月楼の養女になるが、養母・マツの死により舞妓の道を歩むことになる。舞妓となった蝶々はアメリカ海軍士官フランクリンと出会う。フランクリンの中に日本の武士に通じる心を感じた蝶々は、心引かれるが…。作：市川森一。出演：宮﨑あおい、伊藤淳史、イーサン・ランドリー、野田秀樹、藤村志保、西田敏行ほか。（73分）

21人の輪〜震災のなかの6年生と先生の日々〜
地震・津波そして原発事故によって大きな被害を受けた、福島県相馬市立磯部小学校の6年生を主人公にしたドキュメンタリー。彼らの小学校卒業までの1年間の記録を通して、普通の子どもたちの普通の生活が、東日本大震災によっていかに変わり、それをどう受け止めているのかを彼らの目線で追った。全10回。語り：相葉雅紀。

開拓者たち
戦前、旧満州（中国東北地方）へ渡り、ソ連軍の侵攻後、過酷な逃避行と避難生活を体験した末に帰国、戦後の日本で新たな農地の開拓にたくましく挑んだ人々の物語。開拓者たちの証言をもとに創作した大型ドキュメンタリードラマ。第1回は「新天地へ」、第2回は「逃避行」、第3回は「帰国」、第4回は「夢」。出演：満島ひかり、石田卓也、綾野剛、山下リオ、新井浩文、田中哲司ほか。全4回（各74〜89分）をBSプレミアムで放送。

世界初・生中継特番　宇宙の渚に立つ
国際宇宙ステーションにNHKが開発した宇宙用超高感度ハイビジョンカメラを持ち込み、古川聡宇宙飛行士が、高度400キロの"宇宙の渚"から生中継。世界で初めて宇宙から撮影された鮮明なオーロラや大気光、地上の夜景、宇宙の日の出など、夜の地球の絶景の数々を伝える。出演：香取慎吾、仲間由紀恵、毛利衛、カンニング竹山ほか。司会：有働由美子アナウンサー。

2012年度のおもな特集番組

この他の番組はこちら

NHK×日テレ　60番勝負

テレビ開局60年を迎えるNHKと日本テレビが共同制作した2夜連続生放送。1夜目はNHK、2夜目は日テレのスタジオから放送。互いの秘蔵VTRを出し合う"アーカイブス対決"、両局の若手ディレクターが『NHKのど自慢』や『全日本仮装大賞』の制作現場で働く"交換留学"などの数々の企画を通して競う。明石家さんまの28年ぶりのNHK出演も話題。テレビの新たな可能性を示したとしてギャラクシー月間賞を受賞。

正月時代劇　御鑓拝借　酔いどれ小籐次留書

初老の下級武士、赤目小籐次は代々仕えていた豊後九重名留島藩から奉公を解かれ浪人となり、参勤交代の大名行列を次々と襲って、その大名家の象徴とも言える御鑓を奪う。御鑓奪還を命じられた若生藩の古田寿三郎は、小籐次を追い、ようやく小籐次の大胆な行動の真相にたどり着く。原作：佐伯泰英。脚本：櫻井武晴。音楽：濱田貴司。出演：竹中直人、藤木直人、国仲涼子、辻本祐樹、高橋英樹、津川雅彦ほか。（88分）

1000人が考える　テレビ　ミライ

テレビにはどんなミライが待ち受けているのか……。1000人の視聴者とスタジオをネットでつなぎ、テレビの見方はどう変わってきたのか、今後テレビに何を期待するのかといった意見を抽出。テレビはそれにどう応えていくべきかを徹底討論する。出演：土屋敏男、山鹿達也、柳澤秀夫、北川悦吏子ほか。司会：糸井重里、伊東敏恵アナウンサー。

大河ドラマ大作戦

『マルチチャンネルドラマ　朝ドラ殺人事件』（2012年3回）の続編。舞台を「朝ドラ」から「大河」に変えて、主人公の敏腕AD・新見美穂が、NHKの看板番組『大河ドラマ』を幽霊から守るため、孤軍奮闘するスピーディーでドライブ感たっぷりのアクションドラマ。全てNHK放送センター内ロケ。作：保木本真也。音楽：鈴木慶一。出演：秋元才加、加治将樹、六角精児、相島一之、鳥肌実、国生さゆりほか。（43分）

テレビ60年記念ドラマ　メイドインジャパン

倒産の危機に陥った巨大電機メーカーを舞台に、会社再建を秘密裏に託された7人の社員と中国企業に渡った元技術者との運命の闘いを描く。戦後の日本を支えてきた物づくりの意義を見つめ直し、逆境を乗り切ろうとする日本人の姿から、「メイドインジャパン」とは何かを正面から描く。作：井上由美子。音楽：蔦島邦明。出演：唐沢寿明、高橋克実、吉岡秀隆、國村隼、大塚寧々、マイコほか。全3回（各回73分）

テレビ60年　マルチチャンネルドラマ　放送博物館危機一髪

テレビ60年の企画展の準備が進むNHK放送博物館に幽霊が出現！　博物館からの生中継を任された女性新人ディレクターが、幽霊退治に奔走しながら中継を成功させるまでを、テレビ放送の歴史や放送の仕事を紹介しながらコミカルに描く。番組中、シーンの一部を選択視聴できるマルチ編成で放送。脚本：保木本真也。音楽：大橋恵。出演：松井玲奈、秋元才加、藤本隆宏、南圭介、国生さゆり、野際陽子ほか。（43分）

テレビ60年　連続テレビ小説　"あなたの朝ドラって何！"

テレビ放送が開始されてから60年。その中で、50年の歴史を持つ『連続テレビ小説』、通称「朝ドラ」。番組ではスタジオゲストの自分史を「朝ドラ」を通して聞き、朝のお茶の間にいつも流れていた「朝ドラ」の軌跡を伝える。また、テレビ開始60年の節目にふさわしく、テレビが伝えてきた意味と、これからの可能性についても考える。出演：山本晋也、山田五郎、宇野常寛、秋元才加ほか。司会：有働由美子アナ、松田利仁亜アナ。

特集ドラマ　極北ラプソディ

北海道の海沿いにある極北市。財政難で、医師が今中ひとりになった極北市民病院に、債権請負人・世良が院長として赴任。赤字削減のため入院病棟の閉鎖、救急患者受け入れ拒否の方針を打ち出す。今中は恋人・梢の祖父・彰吾の退院を促す役目を押し付けられるが、梢が世良の娘であったことを知る。原作：海堂尊。脚本：宮村優子。音楽：吉俣良。出演：瑛太、加藤あい、小林薫、徳井優、りりィ、松坂慶子ほか。全2回（各回73分）

特集ドラマ　ラジオ

東日本大震災の被災地・宮城県女川町。震災の1か月後に地元の人たちの手で作られたラジオ局「女川さいがいFM」に集まる高校生や地元の人々をモデルにしたドラマ。原作はアナウンサーとして参加した女子高生のブログ。ブログとラジオを通じ、自分自身を取り戻していく女子高生と仲間たちの物語。作：一色伸幸。出演：刈谷友衣子、豊原功補、西田尚美、リリー・フランキー、吉田栄作、安藤サクラほか。（73分）

スペシャルドラマ　償い

エリート医師からホームレスに転落した男。心に闇を抱えたまま、連続殺人事件に巻き込まれていく。「人の肉体を殺したら罰せられるのに、人の心を殺しても罰せられないのか？」。他人の心を傷つけた者は、どうやって償うべきなのか？　どうこくと鎮魂のミステリードラマ。原作：矢口敦子。脚本：旺季志ずか、源孝志。音楽：溝口肇。出演：谷原章介、木村多江、芦名星、今井悠貴、中原丈雄、甲本雅裕ほか。全3回（各回49分）

2013年度のおもな特集番組

この他の番組はこちら

秋の夜長の "あまちゃん" ライブ～大友良英と仲間たち大音楽会

テーマ曲や劇中歌が大きな話題を呼ぶなど、物語のみならず音楽も注目の朝ドラ『あまちゃん』。ドラマ全体の音楽を担当する作曲家・大友良英と「あまちゃんスペシャルビッグバンド」による一夜限りの音楽会。大友による音作りの裏話や、能年玲奈や古田新太が撮影時のエピソードを紹介するなど、一味違う『あまちゃん』の楽しみ方が満載。語り：宮本信子。出演：宮藤官九郎、能年玲奈、古田新太、大友良英ほか。司会：久保田祐佳アナウンサー。

クリスマスドラマ　天使とジャンプ

人気アイドルグループ「ももいろクローバーZ」を主演に迎えた、クリスマスにふさわしいファンタジックでちょっぴり切ない物語。リーダーの脱退により解散した5人組アイドルユニット「Twinkle 5」の4人のメンバーは、不思議な少女・カナエに出会う……。劇中で彼女たちの新曲も披露された、話題の2夜連続ドラマ。作：今井雅子。音楽：横山克。出演：百田夏菜子、玉井詩織、佐々木彩夏、有安杏果、高城れに、斉藤由貴ほか。（各38分）

正月時代劇　桜ほうさら

賄賂を受け取ったという、身に覚えの無い罪を着せられ切腹した父の汚名をそそぐため、江戸深川で長屋暮らしを始めた若侍・古橋笙之介。田舎者のお人よしで、からきし剣の弱い笙之介が、個性は強いが情に厚い江戸の人々に助けられながら犯人捜しに奔走する。原作：宮部みゆき。脚本：大森美香。音楽：佐藤直紀。語り：檀ふみ。出演：玉木宏、貫地谷しほり、橋本さとし、萬田久子、六角精児、市毛良枝ほか。（88分）

特集ドラマ　生きたい　たすけたい

東日本大震災から3年。実際に起こった出来事を取材し、脚色・再構成したドラマ。宮城県気仙沼市で、母が公民館に閉じ込められているのをメールで知った息子が、ロンドンからそのことをツイッターに投稿。その小さな声は、人々の善意によって世界中を駆け巡り、ついには、一機のヘリが公民館の上空に現れる。作：藤本有紀。音楽：梅林茂。出演：原田美枝子、余貴美子、上地雄輔、青木崇高、山本裕典ほか。（73分）

特集ドラマ　はじまりの歌

Nコン開催80回を記念した特集ドラマ。『NHK紅白歌合戦』で「嵐」が3年連続で歌った小学校の課題曲「ふるさと」（作詞：小山薫堂）の詞をモチーフに、故郷の温かさ、絆の大切さを、小学生と主人公の男性との交流を通して描いていく。作：荒井修子。音楽：白石めぐみ。出演：松本潤、榮倉奈々、戸田菜穂、尾上寛之、石田卓也、徳永えりほか。（73分）

夢であいましょう〈2013〉

目で楽しめる音楽を目指し、曲ごとにセットを変え、コントやギャグも交えた音楽・バラエティショー『夢であいましょう』。NHKの名物番組が一夜限りの復活。良質のエンターテインメントを選りすぐり、歌と音楽、コントで構成。かつての『夢であいましょう』に特別な思いを抱くバラエティー豊かな出演者が集結。出演：さだまさし、永六輔、黒柳徹子、坂本スミ子、天海祐希、立川談春、加山雄三、伊東四朗ほか。

戦後史証言プロジェクト　日本人は何をめざしてきたのか

証言取材を基に、日本人にとっての戦後の軌跡を追う。第1回「沖縄～"焦土の島"から"基地の島"へ～」、第2回「水俣～戦後復興から公害へ～」、第3回「釧路湿原・鶴居村～開拓の村から国立公園へ～」、第4回「猪飼野～在日コリアンの軌跡～」、第5回「福島・浜通り　原発と生きた町」、第6回「三陸・田老　大津波と"万里の長城"」、第7回「下北半島　浜は核燃に揺れた」、第8回「山形　高畠　日本一の米作りをめざして」。

零戦　搭乗員たちが見つめた太平洋戦争

太平洋戦争直前に完成し、終戦まで最前線に立ち続けた「零式艦上戦闘機」、通称「零戦（ゼロ戦）」。元零戦搭乗員の証言、設計者・堀越二郎の手記、超精細CGでの空戦の再現、最初の特攻隊員・大黒繁男と家族のドラマなどから、零戦の悲劇の全体像に迫る。出演：染谷将太、奥田瑛二、山下容莉枝、松本花奈、斎藤歩、藤川俊生ほか。

特集ドラマ　下町ボブスレー

東京・大田区で暮らす町工場の職人たちが、国産のボブスレーのソリ「下町ボブスレー」を作って、オリンピック出場を目指す。実話を題材に、モノづくりに誇りをもつ職人たちと、職人の心意気が詰まったボブスレーで戦う女性選手の情熱と奮闘を描く「希望」のドラマ。全3回（各55分）。作：尾崎将也。音楽：川井憲次。出演：青柳翔、南沢奈央、蟹江敬三、鶴見辰吾、柳沢慎吾ほか。

短編ドラマシリーズ　あなたに似た誰か

写真家・藤原新也の短編小説を原作に、町の片隅で懸命に暮らす人々の、ミステリーに満ちた人生の1コマを描く連作短編ドラマ。母の墓前で離婚した妻の面影を見つける男の話、事故で記憶喪失となった青年と恋人の女性の話、通勤電車の車窓から離婚した妻の姿を見つけた男の話の全3話（各29分）。原作：藤原新也。脚本：田中晶子。音楽：住友紀人。出演：（第1話）大杉漣、（第2話）山本耕史、（第3話）宅間孝行ほか。

2014年度のおもな特集番組

この他の番組はこちら

特集　明日へ～支えあおう～いつか来る日のために「証言記録スペシャル　高齢者の避難」
東日本大震災被災者の証言を『あの日　わたしは』と題して2012年1月より放送。その貴重な証言から導かれる教訓を半年に1度、特集番組『いつか来る日のために』として放送している。今回のテーマは「高齢者避難」。東日本大震災で亡くなった人の半数以上の57%が、65歳以上の高齢者だった。大きな災害が起きたとき、お年寄りの命をどう守るのか、また救助のための犠牲を無くす対策はあるか、防災の専門家とともに考えた。

君が僕の息子について教えてくれたこと
1人の日本人の若者が書いた1冊の本「自閉症の僕が飛び跳ねる理由」が、世界20か国以上で翻訳され、ベストセラーになった。英訳したアイルランドの作家デイヴィッド・ミッチェル氏にも自閉症の息子がいて、まるで息子が自分に語りかけているようだと感じたという。日本の自閉症の若者と外国人作家との出会いから生まれた希望の物語。文化庁芸術祭テレビ・ドキュメンタリー部門大賞などを受賞。朗読：濱田岳。

シリーズ被爆70年　ヒロシマ　復興を支えた市民たち
被爆から70年。「草木も生えぬ」と言われた焼け野原から現在へと至る、ヒロシマの復興を支えた市民たちを描くドキュメンタリードラマ。全2回（各73分）。第1回は、復興の象徴として期待された広島カープ。その創設を支えた、監督、選手、市民たちの群像劇。出演：イッセー尾形、富田靖子ほか。第2回は市民のために安価で屈強な貨物車である三輪トラックの製造を決意した親子の熱い物語。出演：伊武雅刀、高橋和也ほか。

スペシャルドラマ　妻たちの新幹線
新幹線をつくった男と呼ばれる技術者・島秀雄。そして、島を技師長に選んだ第4代国鉄総裁・十河信二。この2人なくして東海道新幹線は実現できなかった。空前絶後の国家的プロジェクトである新幹線開発に挑む鉄道マンの熾烈な闘いと、"鉄道技術に生きた家族"の涙と感動の物語。原案：髙橋団吉。脚本：大森美香。音楽：村松崇継。出演：中村雅俊、南果歩、溝端淳平、真野恵里菜、伊東四朗、加賀まりこほか。（73分）

特集ドラマ　LIVE！LOVE！SING！　生きて愛して歌うこと
東日本大震災で被災し神戸で暮らす少女が、仲間とともにふるさと福島へと旅をする。それは過去の幸せだった時代へのタイムトラベルだった……。傷ついた2つの街を結んで旅する少年少女の視線を通して、いまだ消えない哀しみや喪失感と、それを乗り越えていこうとする若者の力強さを描く。作：一色伸幸。音楽：大友良英、SachikoM。出演：石井杏奈、渡辺大知、木下百花、南果歩、ともさかりえ、中村獅童ほか。（74分）

特集ドラマ　ナイフの行方
妻を亡くし、独り暮らしをしていた老人が、通り魔事件を起こそうとした青年を取り押さえ、脚の骨を折った上で自宅に連れ帰る。奇妙な共同生活の中、二つの孤独な魂は交わるのか？　山田太一が矛盾だらけの人間を描いた現代のファンタジー。作：山田太一。音楽：住友紀人。出演：松本幸四郎、今井翼、相武紗季、石橋凌、松坂慶子、津川雅彦ほか。前・後編（73分）

認知症キャンペーン「認知症　わたしたちにできること」
放送90年NHK認知症キャンペーンの特集番組の第1弾。テーマは「認知症を自分のこととして考える」。認知症についての疑問や質問に答える認知症カフェ「どーも」を舞台に、視聴者からFAX・メール・ツイッターを募集。認知症のイロハ、介護の相談窓口、地域で支える工夫や知恵などを認知症の家族の介護経験のあるゲストと専門家の分かりやすい解説で伝える。第2弾以降は認知症の予防、在宅介護、アルツハイマー病などを取り上げる。

阪神・淡路大震災20年ドラマ　二十歳と一匹
災害救助犬・キューとの運命の出会いで、19歳の理人は災害救助犬のハンドラーを目指すことになる。震災で両親を失った幼子が、20年後に切り開く未来とは？　いろいろな人の思いを背負って、「命」を守りたいと小さくても力強い一歩を踏み出す青年の姿を描く。震災から20年という節目の年を迎える人と街への応援歌。作：岡本貴也。音楽：松永貴志。出演：菅田将暉、本田博太郎、桐山照史、足立梨花、高橋努、風吹ジュンほか。（73分）

放送90年ドラマ　紅白が生まれた日
放送90年ドラマの第1弾。終戦からわずか4か月後の大みそかに放送された『紅白音楽試合』。『NHK紅白歌合戦』の前身となったその番組の誕生秘話を4Kでドラマ化。NHK内の資料や当時を知る人々への取材を基に、GHQの占領下、傷ついた人々に歌声を届けようと奮闘するスタッフや歌手たちの悲喜こもごもの人間模様を描く物語。作：尾崎将也。音楽：遠藤浩二。出演：松山ケンイチ、本田翼、miwa、小林隆、星野源、高橋克実ほか。（73分）

岩井俊二のMOVIEラボ
映画監督の岩井俊二を主宰に迎え、新旧洋邦の名作を題材に、映画の魅力を伝えた特集番組。「特撮」「ドラマ」など毎回テーマを設定して、6回に分けて放送。監督や俳優など内容にふさわしい豪華ゲストとともに、名作の名作たるゆえんをひもとく。SF編、特撮編、ラブストーリー編、ホラー編、ドラマ編など全6回。語り：高橋さとみアナウンサー。出演：岩井俊二、樋口尚文、岸野雄一、庵野秀明、樋口真嗣。

2015年度のおもな特集番組

この他の番組はこちら

高校野球100年　レジェンドが語る名勝負の秘密

1915年夏に高校野球全国大会が始まって100年。興奮と感動を呼んだ名勝負の知られざる秘密に迫る。名勝負を演じたレジェンドを招き、元野球少年の亀梨和也らが秘話を掘り起こす4回シリーズ。第1回「激闘の延長戦」ゲスト：太田幸司、第2回「敗北こそが、わが思い出」ゲスト：桑田真澄、第3回「初々しさの快進撃」ゲスト：荒木大輔、第4回「奇跡の逆転劇」ゲスト：金村義明。出演：亀梨和也、伊集院光ほか。

新春スペシャルドラマ　富士ファミリー

富士山のふもとにあるレトロなコンビニを舞台に、美人三姉妹と彼女たちをとりまく面々のちょっと変わった大家族の物語。人気脚本家・木皿泉が手がける、豪華出演者による笑って泣けるホームドラマ。作：木皿泉。音楽：阿南亮子。出演：薬師丸ひろ子、小泉今日子、ミムラ、吉岡秀隆、高橋克実、片桐はいりほか。（88分）

戦後70年　一番電車が走った

1945年、広島では戦地に赴いた男性に代わり、少女たちが路面電車を運転していた。雨田豊子は16歳、電鉄会社の家政女学校で学びながら乗務していた。前年、軍需省から引き抜かれた電気課長の松浦明孝44歳は、上司と部下の間で板挟みに悩んでいた。8月6日、広島に原爆が投下され、2人は生き残ったが、路面電車は壊滅状態に。脚本：岡下慶仁、岸善幸。出演：黒島結菜、清水くるみ、秋月成美、中村蒼、新井浩文、阿部寛ほか。（73分）

特集ドラマ　海底の君へ

茂雄は万引きを強要された少年・瞬をかばい、その姉、真帆に出会う。ある日、パニックを起こした茂雄は真帆に救われ、中学で受けたいじめの後遺症で苦しんでいることを告白する。2人が関係を深める中、瞬がいじめを苦に自殺未遂を起こしショックを受ける茂雄に、かつてのいじめ首謀者・立花が「いじめがなくなることはない」と言い放つ。作：櫻井剛。音楽：大友良英。出演：藤原竜也、成海璃子、水崎綾女、忍成修吾ほか。（73分）

特集ドラマ　2030 かなたの家族

2030年、東京。シェアハウスで暮らす板倉カケルは、地方に移住することになったシェアメイトの美冴から、「子作りに協力して欲しい」と突然持ちかけられる。これまで家族を持つなど考えたこともなかったカケルだが、15年前にばらばらになった両親、祖父母、妹、ひとりひとりと向き合い、「家族」とは何か考え始める…。作：井上由美子。音楽：井上鑑。出演：瑛太、蓮佛美沙子、小林聡美、松重豊、相武紗季、小日向文世ほか。（89分）

放送90年ドラマ　経世済民の男

放送90年を記念して、近代日本を作り上げた経済人を描くシリーズ。第1回は、日銀総裁を経て大蔵大臣を何代も歴任した高橋是清。作：ジェームス三木。出演：オダギリジョー、谷原章介、ミムラほか。第2回は、阪急電鉄、阪急百貨店や宝塚歌劇団を創設した小林一三。作：森下佳子。出演：阿部サダヲ、瀧本美織、草刈正雄ほか。第3回は「電力王・電力の鬼」松永安左ェ門。作：池端俊策。出演：吉田鋼太郎、伊藤蘭、萩原聖人ほか。

特集ドラマ　恋の三陸　列車コンで行こう！

岩手県大船渡市を舞台に、恋に仕事に力強く生き抜く人々の姿を、ハートフルに、ロマンチックに、そして、ちょっとコミカルに描く、三陸の新たな魅力満載のドラマ。男女の出会いの場を提供するイベント「列車コン」担当者のひとり、西大船渡市職員の岩渕由香里を中心とした被災地だからこそのラブストーリー。作：清水有生。語り：黒島結菜。出演：松下奈緒、安藤政信、塩見三省、小倉久寛、山崎静代、黒島結菜ほか。全3回（各44分）

昔話法廷

なじみ深い昔話をモチーフにした、これまでになかった法廷ドラマで描く学校放送番組。検察官、弁護人、被告人、証人のやり取りを一人の裁判員の目線で描く。番組の特徴は、最後に"判決"が出ないこと。判決を下すのは、番組を見た子どもたちである。一人一人が裁判員となって、法廷でのやり取りをもとに自分なりの判決を考えていく。各回の内容は、"三匹のこぶた"裁判、"カチカチ山"裁判、"白雪姫"裁判など。脚本：今井雅子ほか。

スペシャルドラマ　洞窟おじさん

衝撃の実話をドラマ化。わずか13歳で家出、山奥の洞窟に隠れ住み、43年後に発見された男の人生を描く。自力でイノシシを狩ることを覚えた少年は、成長とともに山菜やランを売って金を稼ぐ知恵を身につけ、ホームレスから文字を学び、50歳を過ぎて初恋を経験する。平成27年度文化庁芸術祭賞テレビ・ドラマ部門優秀賞受賞作。原作：加村一馬。脚本：児島秀樹、吉田照幸。出演：リリー・フランキー、中村蒼、生瀬勝久、尾野真千子ほか。

特集ドラマ　クロスロード

架空の西東京の街を舞台に、仕事人生の最終段階を迎えようとする男2人が火花を散らす。25年前、「ある事件」を担当した警察官・尾関辰郎の捜査を、新聞記者・板垣公平が記事にした。時代のすう勢、年齢とともに前線を離れ、長年にわたる因縁があった2人が再会する……。作：金子成人。音楽：中野雅子。出演：舘ひろし、北乃きい、徳重聡、西村雅彦、神田正輝、中村玉緒ほか。全6回（各49分）

2016年度のおもな特集番組

この他の番組はこちら

NHK音楽祭特別企画　NHK交響楽団創立90周年記念　N響クラシック×ポップス with スペシャル・アーティスツ
NHK交響楽団創立90周年記念の公開収録。バーチャルシンガー・初音ミクやポップスのアーティストとの共演を交え、オーケストラの名曲と共にクラシックの多彩な魅力を届ける。出演：黒柳徹子、茂木健一郎、椎名林檎、初音ミクほか。司会：市村正親、小野文惠アナウンサー。

音楽と旅して「名曲アルバム40周年」
2016年に放送開始40周年を迎えたミニ番組『名曲アルバム』の記念特番。倍賞千恵子、加藤登紀子、ダークダックス、中村紘子などが登場する初期の貴重な映像を紹介するとともに、盛岡局新人ディレクターによる「星めぐりの歌」の制作舞台裏を紹介する。出演：上柴はじめ、東京少年少女合唱隊、田中祐子、東京フィルハーモニー交響楽団ほか。

空想大河ドラマ　小田信夫　ネプチューン主演新感覚時代劇コメディー
舞台は戦国時代。架空の小大名・小田信夫は、似た名の織田信長を意識しつつ、こぢんまりと生きている。重臣も柴田勝夫に明智充とどこかで聞いたことのある名前だが本物の迫力はかけらもない。そんな小田家の面々は襲いかかるどうでもいい試練にどう立ち向かうのか？　本格的な時代劇の装いで届ける新感覚コメディー！　作：前田司郎。音楽：上野耕路。出演：堀内健、原田泰造、名倉潤、小西真奈美ほか。全4回（各15分）

終戦スペシャルドラマ　百合子さんの絵本〜陸軍武官・小野寺夫婦の戦争〜
「ムーミン」など児童文学の翻訳者として知られる小野寺百合子。絵本をこよなく愛し平和を求め続けた彼女の原点には過酷な戦争体験があった。百合子の夫は「諜報の神様」と言われた陸軍武官・小野寺信。北欧・スウェーデンを舞台に繰り広げられる命懸けの情報争奪戦。その最前線を生きた女性の姿を通し、夫婦の愛と絆を描く。作：池端俊策。音楽：千住明。出演：薬師丸ひろ子、香川照之、吉田鋼太郎、加藤剛ほか。（90分）

特集ドラマ　絆　〜走れ奇跡の子馬〜
東日本大震災で息子を失った家族が、残された1頭の子馬を競走馬として育てる夢を実現させていく。福島の厳しい現実に立ち向かう家族が、子馬の成長を通して、家族や地域との絆を回復していく感動の物語。原作：島田明宏。脚本：金子ありさ。音楽：富貴晴美。出演：役所広司、新垣結衣、岡田将生、勝地涼、金田明夫、田中裕子ほか。前・後編（各73分）

こんな使い方あったのか！　NHK for School アワード
いつでもどこでも教育番組や教材動画を楽しむことができるNHK for Schoolのウェブサイト。国内外から寄せられた面白い使い方や、役に立つ学び方を紹介し、特に優れたものを表彰する。2016年度から年に一度開催されている。

特集ドラマ　スリル！〜赤の章・黒の章〜
舞台設定はそのままに総合とBSプレミアムで主人公を変えて描く連動企画のミステリー。「赤の章」（総合）では警視庁の庶務係で働く主人公が、詐欺師の父親から仕込まれた犯罪知識を駆使して難事件を解決する。「黒の章」（BSプレミアム）では腹黒弁護士が、金に目がくらんで危ない依頼を引き受けてはピンチになる姿をコミカルに描く。作：蒔田光治、徳尾浩司。音楽：橘麻美。出演：小松菜奈、山本耕史、小出恵介ほか。全4回（各49分）

特集ドラマ　最後の贈り物
愛する人を亡くしたとき、人工知能でその人格をよみがえらせることができたら……。ゲーム会社の同僚、沙奈と遥貴は、共に幼い頃家族を亡くし、心に空いた穴を埋めあう存在だった。しかし、遥貴の突然の死。もう一度彼に会いたい沙奈は、亡き婚約者をヴァーチャル世界で再生させようとする。映画監督・落合正幸が描く近未来SFドラマ。出演：田中麗奈、速水もこみち、南野陽子、石田ひかり、板尾創路、足立梨花ほか。（73分）

おやすみ王子
仕事・家事・育児に日々奮闘する女性たちに向けた、4夜連続（各7分）の"読み聞かせ"番組。吉沢亮ふんする"おやすみ王子"が「眠りに誘う」というテーマで、人気女性作家が書き下ろした物語を毎夜読み聞かせる。第1夜は山田詠美、第2夜は森絵都、第3夜は村田沙耶香、第4夜は宮下奈都の作を取り上げる。出演：吉沢亮。

アオゾラカット〜大阪発地域ドラマ〜
翔太はパリで母の死を知り、故郷の大阪市西成区へ戻ってくる。父・吾郎とぶつかりながら、翔太は店員の遥と実家の美容院の経営再建に取り組み始めるが、ふと思いついたあるアイデアが店に変化をもたらしていく……。BSプレミアムで放送。脚本：土橋章宏。音楽：田辺玄。出演：林遣都、吉田鋼太郎、川栄李奈、宮嶋麻衣、野添義弘、山崎静代、蟷螂襲、腹筋善之介、床嶋佳子、島村晶子ほか。（59分）

2017年度のおもな特集番組

この他の番組はこちら
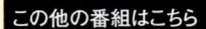

正月時代劇　風雲児たち～蘭学革命篇～

史上初の西洋医学書の和訳に、一心同体で取り組んだ前野良沢と杉田玄白。しかし刊行された「解体新書」にはなぜか良沢の名は載らず、名声は玄白だけのものとなった。2人の間に一体何が起きたのか……。三谷幸喜が大河ドラマ『真田丸』から1年ぶりに送るエンターテインメント時代劇。原作：みなもと太郎。脚本：三谷幸喜。音楽：荻野清子。語り：有働由美子アナウンサー。出演：片岡愛之助、新納慎也、村上新悟、迫田孝也ほか。（89分）

特集ドラマ　眩（くらら）～北斎の娘

葛飾北斎の中期以降の絵の共同制作者であり、最後には独自の画風にたどりついた北斎の娘・お栄の後半生を描く。人生たった一度の恋に悩み、父・北斎に振り回されながらも画業に打ち込むお栄の姿は、今日の働く女性の喜びや悲しみに大きく深くクロスしていく。原作：朝井まかて。脚本：大森美香。音楽：稲本響。語り：宮崎あおい。出演：宮崎あおい、松田龍平、三宅弘城、西村まさ彦、野田秀樹、余貴美子ほか。（73分）

特集ドラマ　どこにもない国

1945年。ソ連占領下の満州（現・中国東北部）で150万人以上の在留邦人が、飢えと寒さにさらされ、多くの命が失われていった。早期引き揚げ実現のため、丸山邦雄は、新甫八朗、武蔵正道とともに祖国日本に惨状を訴えるため命を懸けた脱出行を決意するのだが……。作：大森寿美男。音楽：川井憲次。語り：柴田恭平。出演：内野聖陽、木村佳乃、原田泰造、蓮佛美沙子、満島真之介、萩原健一ほか。前・後編（各73分）

土曜ドラマスペシャル　1942年のプレイボール

戦前から戦後にかけて、日本のプロ野球で活躍した4人の兄弟の物語。野口明、二郎、昇、渉。中でも、次男の野口二郎は、打って投げる"二刀流"として活躍。野球を通して絆を強め、青春を燃やした4兄弟の姿を感動的に描く。作：八津弘幸。音楽：渡邊崇。出演：太賀、勝地涼、忽那汐里、斎藤嘉樹、福山康平、須田亜香里ほか。（73分）

放送記念日特集　フェイクニュースとどう向き合うか～"事実"をめぐる闘い～

事実がねじ曲げられ、インターネットで拡散する「フェイクニュース」。アメリカ大統領選挙をきっかけに、その脅威が世界中で注目され、問題化している。事実に基づく情報を提供してきたマスメディアはどのような役割を果たせばいいのか。フェイクニュースの一大発信地となったマケドニアの村や、国が規制を始めたドイツなどのルポとスタジオ討論を基に考える。出演：津田大介、藤代裕之、森達也、奥村倫弘。

おげんさんといっしょ

俳優・歌手の星野源がホストを務める音楽バラエティー番組。星野源扮する"おげんさん"と愉快な家族たちが、音楽を語り、歌う。2017年5月に放送した第1弾に続き、第2弾では新たなファミリーを迎えて更にパワーアップ、放送時間も拡大して音楽を遊びつくす生放送とした。出演：星野源、高畑充希、宮野真守、藤井隆、三浦大知ほか。

祝60歳　きょうの料理伝説60

1957年の放送開始からちょうど60歳の誕生日となる2017年11月4日、番組の歴史を支えた多彩なレシピや、名講師のエピソードなど番組にまつわる60の"伝説"を生放送で紹介。スタジオには番組初期のセットも再現。60年間変わらない収録スタイル"一気撮り"を可能にする制作舞台裏の秘密なども公開。出演：藤井隆、小倉優子、土井善晴、平野レミ。司会：後藤繁榮アナウンサー、柘植恵水アナウンサー。

趣味の園芸50周年記念番組　育てて、飾って、撮って～新・園芸生活スタート～

『趣味の園芸』放送開始50周年を記念した特別番組。全国都市緑化よこはまフェアの会場であり、番組50年企画として作った「遊ガーデン」がある港の見える丘公園から生中継。バラを題材に、植物の育て方や飾り方、写真に撮る楽しみを紹介する。出演：三上真史、平泉成、篠田麻里子、河合伸志、川瀬良子、杉浦太陽ほか。

スペシャルドラマ　荒神

BSプレミアムの『スーパープレミアム』枠で放送。関ヶ原の戦いから100年。太平の世に、怪物は突然現れ、村を焼き尽くした。怪物はなぜ現れたのか？　どうすれば倒すことができるのか？　怪物と人間たちの死闘を最新のVFXを駆使して描く、宮部みゆき原作のスケールの大きなエンターテインメント時代劇。原作：宮部みゆき。脚本：山岡潤平。音楽：羽岡佳。出演：内田有紀、平岳大、平岡祐太、柳沢慎吾、大地康雄ほか。（110分）

スペシャルドラマ　返還交渉人～いつか、沖縄を取り戻す～

1972年5月15日、アメリカから日本に返還された沖縄。この時、日本のプライドを懸け、アメリカと闘った1人の外交官がいた。外務省北米第一課長・千葉一夫。そんな千葉の原点には、壮絶な戦争体験があった……。日本のため、沖縄のためを貫いた知られざる沖縄返還交渉の裏側を描く。作：西岡琢也。音楽：大友良英。出演：井浦新、戸田菜穂、尾美としのり、中島歩、佐野史郎、大杉漣ほか。（89分）

2018年度のおもな特集番組

この他の番組はこちら

オーレリアンの庭　今森光彦　里山の四季を楽しむ

里山の写真家・今森光彦さんは30年ほど前、滋賀県大津市郊外にアトリエを建て、その周りに雑木林や畑、ため池などのある里山のような庭を作ってきた。名付けて「オーレリアンの庭」。オーレリアンとはラテン語に由来する「チョウを愛する人」を指す言葉で、その庭を1年にわたって4K撮影、2016年度からBSプレミアムで随時放送。2018年5月3日、総合で1時間の特集番組として放送。語り：中越典子。出演：今森光彦。

植物に学ぶ生存戦略

私たちが何気なく目にしている道端の草花たちは、驚くべき生存戦略を秘めている。あるものは自らの命をつなぐため美しく装い、虫たちに罠をしかける。あるものは生きる場所を求めて未開の地に活路を見いだす。そしてまたあるものは、自分を守るため、わざと嫌われるように変身する。そんな植物たちの、したたかでたくましい生存戦略を俳優・山田孝之が読み解く。「シュールな演出」と「本格的な生態解説」の不思議なマッチングが話題となる。

ガンダム誕生秘話

2019年に初回放送から40周年となる『機動戦士ガンダム』。1979年の初回放送時に打ち切られたにもかかわらず、その後劇的な復活を遂げて大ヒット作となった。これまで断片的に語られてきた「惨敗からの奇跡の復活」にまつわる数々のエピソードを、関係者の証言と当時の企画書や設定など豊富な資料で再現する。語り：田辺誠一。出演：富野由悠季、安彦良和、大河原邦男、板野一郎、古谷徹、池田秀一ほか。

コントの日

番組内で、勝手に発足した「日本コント協会」。会長：ビートたけし、会員：劇団ひとり、サンドウィッチマン、新川優愛、東京03、ロッチ、渡辺直美。テーマは「平成」、この30年に起きたトピックスをネタに、すべてオリジナルの新作でスペシャルコントを披露する。11月3日に午後7時30分から10分間のニュースをはさんで午後10時まで放送。出演：ビートたけし、劇団ひとり、サンドウィッチマン、新川優愛、東京03、ロッチほか。

正月時代劇　家康、江戸を建てる

BS4K開局記念ドラマ。一代で大都市・江戸を築いた徳川家康と、彼の夢に半生を懸けた無名の男たちの物語。家康は優れた都市プランナーであり、偉大なドリーマーであった。その両面があったからこそ、各部門を家康に託された男たちはしゃにむに、江戸づくりに打ち込んでいった……。原作：門井慶喜。脚本：八津弘幸。音楽：林ゆうき。語り：石坂浩二。出演：佐々木蔵之介、生瀬勝久、市村正親、千葉雄大、優香、マギーほか。

天皇　運命の物語

昭和から平成へ。2019年4月30日の天皇陛下退位を前に、激動の歳月を、NHKの秘蔵映像、発掘資料、側近や学友の貴重な証言からひもとく一代記の決定版を4回シリーズで伝える。第1話「敗戦国の皇太子」（12月23日）、第2話「いつもふたりで」（12月24日）、第3話「象徴　果てなき道」（2019年3月23日）、第4話「皇后　美智子さま」（2019年3月30日）。語り：山根基世アナウンサー。

特集ドラマ　夕凪の街　桜の国2018

NHK広島放送局が開局90年の節目におくる特集ドラマ。原爆に人生を翻弄されながらも、ひたむきに生きる女性と、現代に生きる一人の女性。60年のときを経て、二人をつなぐ糸とは？　「この世界の片隅に」で知られる漫画家・こうの史代のベストセラーをドラマ化。原作：こうの史代。脚本：森下直。音楽：小林洋平。出演：常盤貴子、川栄李奈、小芝風花、平祐奈、谷原章介、橋爪功ほか。（73分）

土曜ドラマスペシャル　炎上弁護人

自宅で事務所を構える弁護士・渡会美帆はネットを巡る案件を主に担当している。ある日SNSで炎上した主婦・朋美が依頼人として現れたのだが…。依頼人と弁護士という立場を越えて二人の女が固い絆で結ばれていくヒューマンドラマ。作：井上由美子。音楽：未知瑠。出演：真木よう子、仲里依紗、岩田剛典、岡山天音、小柳ルミ子、片桐はいり、宇崎竜童、小澤征悦ほか。（73分）

スペシャルドラマ　遙かなる山の呼び声

日本映画史に輝く名作が38年の年月を経てリメーク。風見民子は数年前に夫を亡くし、義父の吉雄と息子と共に酪農を営んでいる。ある嵐の日、吉雄が見知らぬ男・田島耕作を連れて帰ってきた。北海道の大自然を舞台に、悲運な宿命を負った男との出会いと別れを描く切ない大人のラブストーリー。BSプレミアムの『スーパープレミアム』枠で放送。脚本：山田洋次、坂口理子。音楽：沢田完。出演：阿部寛、高畑淳子、常盤貴子ほか。

Eテレ放送開始60年！「Eうた♪ココロの大冒険」

Eテレの放送開始60年を記念して、Eテレ（教育テレビ）の番組で放送されてきた歌、「Eうた」を豪華アーティストがカバー。子どもや番組を見て育った大人たちに向けて、寺田心くん演じる主人公が失われた「うた」を取り戻すため、ファンタジーの世界を大冒険！　Eテレで長年親しまれてきたキャラクター、人形劇などを盛り込んだエンターテインメント番組。出演：寺田心、清野菜名、藤井隆、上白石萌歌、木村カエラほか。

2019年度のおもな特集番組

この他の番組はこちら

AI美空ひばり　あなたはどう思いますか

『NHKスペシャル』や『NHK紅白歌合戦』に登場し、議論百出の「AI美空ひばり」についてじっくり語り合う番組。AIという存在が目の前に現れたとき、私たちは何を受け入れ、何に違和感を持つのか？　AIとアートの融合が進む今の時代、AIとどうつきあっていけばいいのかを考える。出演：松尾豊、ミッツ・マングローブ、藤井隆、ビートたけし、つんく♂ほか。司会：杉浦友紀アナウンサー。

永遠のニシパ　北海道と名付けた男　松浦武四郎

北海道150年記念ドラマ。幕末から明治初期にかけて蝦夷地を探査・記録した探検家・松浦武四郎。武四郎はこの地を「北海道」と名付けたその人でもあった。彼の歩んだ波乱に富んだ生涯や、先住民アイヌとの交流を描いた大型歴史ドラマ。作：大石静。音楽：梶浦由記。語り：中島みゆき。出演：松本潤、深田恭子、宇梶剛士、石倉三郎、小日向文世、江口洋介ほか。（81分）

スペシャルドラマ　黄色い煉瓦 〜フランク・ロイド・ライトを騙した男

大正時代、愛知県・常滑に実在した煉瓦職人・久田吉之助の波乱に満ちた生涯を描く物語。帝国ホテル建設に際し、世界的建築家のフランク・ロイド・ライトは"黄色い煉瓦"で飾ることにこだわったが、当時の日本では久田以外に作ることはできなかった。しかしその久田は片腕を病気で無くしていた。名もなき職人が命を懸けて残した真実を描く。作：新云隅子。出演：安田顕、村上佳菜子、平田満、佐野岳、小林豊、杉浦太陽ほか。（72分）

特集ドラマ　ピュア！〜一日アイドル署長の事件簿〜

主人公は売れない腹黒アイドル・黒薔薇純子。交通安全や防犯啓発のため「一日署長」として赴いた小さな警察署で、なぜか必ず殺人事件に遭遇する。警視庁捜査一課の東堂刑事からは邪険に扱われながらも、この凸凹コンビがたった「一日」で難事件を解決してしまう3夜連続放送の推理エンターテインメント・ドラマ。作：蒔田光治。音楽：辻陽。出演：浜辺美波、東出昌大、六角精児、長村航希、忍成修吾、大塚千弘ほか。

特集ドラマ　マンゴーの樹の下で〜ルソン島、戦火の約束〜

太平洋戦争の中で最も凄惨を極めたフィリピン攻防戦の渦中に、6000人以上の民間の日本人女性がいた。1944年、米軍の猛攻が開始されると、彼女らは軍の指示に従い、ルソン島内を北へと向かうが、多くはその旅の途中で命を落とす。辛くも生き残った女性たちが書き残した手記を基にしたドラマ。作：長田育恵。音楽：清水靖晃。出演：岸惠子、清原果耶、渡辺美佐子、山口まゆ、林遣都、伊東四朗ほか。（73分）

特集ドラマ　夢食堂の料理人〜1964東京オリンピック選手村物語

1964東京オリンピック成功の舞台裏で、大会を支えた選手村の若き料理人たちにスポットを当てた特集ドラマ。世界の国々からやってくる選手団の総数は約7000人。全国から集まった約300人の料理人たちの奮闘と、選手村での食を通じた異文化交流を描いて、日本人が誇るおもてなしの原点を探る。作：鈴木聡。音楽：川村竜。出演：高良健吾、松本穂香、宮舘涼太、渋谷謙人、市川猿之助、徳光和夫ほか。（72分）

パプリカ「Let's　PLAY！〜みんなで作ったFoorin楽団〜」

NHK2020応援ソングプロジェクト「パプリカ」の特集番組。子どもユニットFoorinと病気や障害のある子たち10人が楽団を結成。視覚障害、聴覚障害、肢体不自由、発達障害、ダウン症、小児がんの子たちとFoorinが、お互いを理解し、それぞれの特性を活かした演奏やダンスで、この楽団にしか表現できない「パプリカ」を合奏していく姿を追う。出演：Foorin楽団。

＃もしかしてしんどい？

2019年度の公共メディアキャンペーン「＃もしかして…虐待を考えるキャンペーン」の特集番組。「虐待はひとごとではない」と思い悩む親は少なくない。なぜ、親たちはそこまで追い詰められるのか、虐待が起きる背景に視点を向け、子育てを家庭という閉鎖した空間から社会に開いていくことの重要性を伝える。親が子育てで追い詰められる過程を会社の仕事に例えたドラマも制作。出演：横山裕（関ジャニ∞）、眞鍋かをりほか。

家族になろうよ「犬と猫と私たちの未来」

保護犬や保護猫たちと、新しい家族との出会いをお手伝いする番組。スタジオには数十匹の保護犬、全国の保護施設と結んだ中継では保護猫も登場。警察犬になったトイプードルの捜査映像や、兄弟で引き取られた秋田犬など、家族を見つけて幸せいっぱいの動物たちの映像も。2018年から随時放送している番組の第3弾。出演：馬場典子、瀬田宙大、糸井重里、大野拓朗、浜島直子、真壁刀義ほか。

即位の礼　晩さん会　密着・ホテルマンの1か月

即位の礼の翌日、世界の国家元首級VIP600人が出席した晩さん会の裏側に密着。料理のテーマは「日本を伝える」。最高の国産食材にこだわって和洋中を融合した究極のフルコース、特注した有田焼の皿、全国から集結したホテルマンの至高のサービス。しかし、前代未聞の晩さん会には想定外の難題が次々と立ちはだかる…。語り：上白石萌音。

2020年度のおもな特集番組

この他の番組はこちら ▶

ライジング若冲　天才かく覚醒せり

岩次郎が奉公する店に美しき僧侶・大典が現れ、謎めいた絵に心をつかまれる。描いたのは青物問屋の源左衛門。いい年をして絵にはまっているという。彼は路上で謎の仙人と出会い「若冲」という名を譲ってもらう。そして大典と運命的な出会いを果たし絵の修業へ。作：源孝志。音楽：阿部海太郎。出演：中村七之助、永山瑛太、中川大志、大東駿介、門脇麦、渡辺大、市川猿弥、木村祐一、加藤虎ノ介、永島敏行、石橋蓮司ほか。

7年ごとの記録　35歳になりました

「7年ぶりに会いに行こう。35歳になった君に」。1992年、バブル経済の名残がある日本各地で始まった7歳の子どもたちの取材。その後、7年ごとに訪れ、家族や生活、そして将来の夢について話を聞いてきた。長期シリーズ第5弾「35歳」。新型コロナウイルスが猛威を振るう激動の年に、彼らは何を語ってくれるのか。その成長と現在（いま）の記録。

特集ドラマ　あなたのそばで明日が笑う

宮城県石巻市を舞台に行方不明の夫を待ち続ける女性が震災を知らない建築士と出会い、心を通わせていく。ふたりの想い、願い、それを見守る人々の優しい心に包まれて、前を向き、歩み始める愛の物語。過去と現在のふたつの時間を生きる女性が居場所を求めて移住して来た建築士と出会い、もう一度、笑顔を取り戻すまでの物語。作：三浦直之。音楽：菅野よう子。出演：綾瀬はるか、池松壮亮、土村芳、二宮慶多、阿川佐和子、高良健吾ほか。

光秀のスマホ

"もしも明智光秀がスマホを持っていたら…"。史上初！　スマホ画面＝光秀目線だけで描く1回5分の戦国SF時代劇（全6話）。信長と〈SNSで〉出会い、秀吉と〈フォロワー数で〉しのぎを削り、歴史に名を残すべく、戦国時代を〈エゴサしながら〉駆け抜ける！　大河ドラマ『麒麟がくる』とは全然ちがう、イラつくけれどなんか親しみ感じちゃう光秀を、きっとフォローしたくなる。出演：山田孝之、和田正人ほか。

みんなで筋肉体操

目標は「生放送の間、なるべく多くの人たちと一緒に同時に筋トレをすること」という5分間の筋トレミニ番組。種目は腕立て伏せ、腹筋、スクワット、背筋、そしてサーキットのフルコース。さらに武田真治のサックスと筋肉のコラボもある。

ライブ・エール

「NHKウィズ・コロナプロジェクト　みんなでエール」の一環で、8月8日にNHKホールから生放送した総合テレビの音楽番組。「今こそ音楽でエールを！」をテーマに、21組のアーティストが集い、2部構成で2時間25分で放送した。司会：内村光良、桑子真帆アナウンサー。出演：GReeeeN、松任谷由実、今井美樹、さだまさし、Little Glee Monster、氷川きよし、平原綾香、MISIA、いきものがかり、山崎育三郎ほか。

スペシャル時代劇　十三人の刺客

島田新左衛門は、暴君・松平斉継を暗殺することに。しかし斉継を守るのは無二の親友・鬼頭半兵衛だった。砦に改造された宿場町で、十三人の刺客たちと半兵衛たちの死闘が始まった。原作：池宮彰一郎。脚本：土橋章宏。音楽：沢田完。出演：中村芝翫、里見浩太朗、福士誠治、大島優子、渡辺大、神尾佑、岡本玲、片山萌美、飯田基祐、山口翔悟、中村福之助、鶴田忍、渡部豪太、勝野洋、西村まさ彦、石橋蓮司、高橋克典。

リモートドラマ　Living

新型コロナによる緊急事態宣言下に企画、放送されたリモートドラマ。姉妹、兄弟、夫婦として実際に日常を共にする俳優陣の自室などを舞台に、脚本家・坂元裕二が書き下ろしたスペシャル・ファンタジー。永山瑛太と永山絢斗、中尾明慶と仲里依紗、青木崇高と優香らが出演。第1話では、広瀬アリス・広瀬すず姉妹が初共演。仲良し姉妹が抱えるひそかな悩みとは…？　CGも交えて描かれる4つの家族のオムニバスストーリー。全4話。

岸辺露伴は動かない

大ヒット漫画「ジョジョの奇妙な冒険」からスピンオフした傑作漫画を初めて映像化したドラマ「岸辺露伴は動かない」。相手を「本」にしてその生い立ちや秘密を知り、書き込んで指示を与えることができる"ヘブンズドアー"。この特殊な能力を持つ漫画家の岸辺露伴が遭遇する奇妙な事件に立ち向かう。原作：荒木飛呂彦。脚本：小林靖子。音楽：菊地成孔／新音楽制作工房。出演：高橋一生、飯豊まりえほか。

ドラマ&ドキュメント　不要不急の銀河

自粛の"延長"が叫ばれた5月上旬。スナックを営む家族が岐路に立たされる。父・河原満と母・秋はスナックを続けるかやめるかで対立し、息子の慧は彼女と近づきたい思いにかられ…。スナックを始めた八郎と千代の思いは…。スタジオのホームドラマのセットを使って撮影。作：又吉直樹。音楽：大友良英。出演：リリー・フランキー、夏帆、小林勝也、りり花、茅島みずき、鈴木福、安藤玉恵、梶原善、でんでん、片桐はいりほか。

2021年度のおもな特集番組

この他の番組はこちら

映像全記録　TOKYO2020　私たちの夏

パンデミック下で開催された東京オリンピック・パラリンピック。異例の夏を日本各地のさまざまな場所にカメラを据えて記録した。アスリート、医療関係者、飲食店、被災地。人びとは何を感じ、どう行動したのか。そしてTOKYO2020が映し出した日本とは…。500時間を超える膨大な映像とインタビューから浮き彫りにする。声の出演：田中泯。

正月時代劇　幕末相棒伝

坂本龍馬は幕府方と倒幕派の戦争を避けようと、大政奉還を画策していた。だが将軍・慶喜襲撃事件が起き、龍馬はなぜか新選組の土方歳三と組んで事件を捜査するハメになる。敵同士の2人は対立しながらも、薩摩の西郷隆盛や長州の桂小五郎らを相手に京の都で命がけの大捜査を始める。原作：五十嵐貴久。脚本：土橋章宏。出演：永山瑛太、向井理、杉本哲太、中村梅雀ほか。2022年1月3日総合午後9時からの89分番組。

太平洋戦争80年・特集ドラマ　倫敦（ロンドン）ノ山本五十六

太平洋戦争が始まる7年前、海軍軍人・山本五十六はロンドンで、英米との軍縮交渉に臨もうとしていた。アメリカの国力を知り、戦争を避けるべきと考える山本は、妥協点を探ろうとするが、軍拡を目指す本国からは結論ありきの交渉を命じられる。NHKの独自取材で明らかになった海軍の極秘資料に基づく開戦秘話。脚本：古川健。出演：香取慎吾、高良健吾、國村隼ほか。12月30日総合午後10時からの73分番組。

NHKだめ自慢～みんながでるテレビ～

面白い失敗話さえあれば、子どもからお年寄りまで、誰もが出場できる視聴者参加型の番組。手話キャスターやパラリンピアンなど、多様な人々の失敗談を笑い合う、新感覚バラエティー。面白ければ、『のど自慢』でおなじみの、"あの鐘"が鳴り響く。2021年度は10回放送。司会をつとめるのは村上信五と東野幸治。語りは小田切千アナウンサー。

ロッパグラム　転生したら戦時中の喜劇王だった件

俳優・満島真之介が太平洋戦争の時代にタイムスリップ。昭和の喜劇王・古川ロッパに転生し、見たこと感じたことを現代に向けて発信する。開戦に興奮する人々、喜劇演目の台本の検閲、近しい人々の出征、そして大空襲。戦争の不条理と向き合いながらも、人々を励ます娯楽の大切さを痛感。満島はロッパを通してあの時代を追体験していく。出演：満島真之介、藤原しおりほか。12月28日総合午後10時50分からの30分番組。

みんなのうた60フィナーレ～みんなと共にこれからも～

2021年4月3日に放送開始60年を迎えた『みんなのうた』。「みんなのうた60」イヤーのフィナーレを飾る特集番組。司会：井ノ原快彦、林田理沙アナウンサー。ゲスト：荻野目洋子、ヒャダイン、百田夏菜子ほか。VTR出演：小田和正、谷山浩子、Perfume、ボニージャックス。スペシャルゲスト・芹洋子が「おもいでのアルバム」を歌う。2022年3月5日（Eテレ）午後7時からの55分番組。

特集ドラマ　流行感冒

小説家の私は、妻の春子と4歳の娘・左枝子、2人の女中とともに暮らしており、娘の健康に対して臆病なほど神経質である。時は大正7年秋。流行感冒（スペイン風邪）がはやり感染者が増え始めるなか、女中の石が村人が大勢集まる旅役者の芝居興行に行ったのではないかという疑惑が浮上する。原作：志賀直哉。脚本：長田育恵。音楽：清水靖晃。出演：本木雅弘、安藤サクラ、仲野太賀、古川琴音、秋野太作、石橋蓮司ほか。

特集ドラマ　旅屋おかえり

旅の代行を生業としたレポーター「おかえり」こと、丘えりか（安藤サクラ）による、全国行脚の珍道中。「あるひとの思い」を背負って各地の旅先に出向く「おかえり」を、どんな風景や出会いが待っているのか。視聴者がともに追体験する新しいタイプの「旅ドラマ」。原作：原田マハ。脚本：長田育恵。出演：安藤サクラ、武田鉄矢、美保純ほか。2022年1月25日から28日までBSプレミアムで全4回（1回30分）を放送。

特集ドラマ　裕さんの女房

昭和を代表するスーパースター・石原裕次郎の夢を守るために、トップ女優の座を捨て「裕さんの女房」となった石原まき子。映画製作というとてつもない夫の夢を支え、日々を輝かせ続けると誓った女房だけが知る夫婦の愛の物語を描く。原作：村松友視。脚本：神山由美子。音楽：吉俣良。出演：松下奈緒、徳重聡、麻生祐未、浅田美代子ほか。2021年4月17日BSプレミアム午後9時からの2時間番組。

特集ドラマ　混声の森

松本清張の長編小説の舞台を現代に置き換えてドラマ化。私立女子校グループの専務理事にのし上がった石田には更なる野望があった。理事長のスキャンダルを暴き、その座を奪うこと…。学校経営権をめぐる攻防を重厚な人間ドラマで描いた。原作：松本清張。脚本：吉本昌弘。音楽：羽毛田丈史。出演：沢村一樹、夏川結衣、長谷川京子、筧美和子ほか。2022年3月26日と27日にBS4Kで、7月にはBSプレミアムで放送。

2022年度のおもな特集番組

この他の番組はこちら

NHK×日テレ　TV70年特番「テレビとは、〇〇だ」

NHK・日本テレビ両局が、テレビ放送を開始した1953年から70年を迎えることを記念した生放送の大型コラボ特番。テレビが何を伝えてきたのか、両局が保管してきたさまざまなアーカイブ映像で振り返りながら、テレビの新たな可能性について考えた。MCの有吉弘行と両局のアナウンサーが中心となり、日本テレビとNHKのスタジオからリレー形式で伝えた。出演：有吉弘行、平野レミ、武田真治ほか。

TV70年！蔵出し映像まつり

テレビ放送開始70年の記念特集番組。NHKアーカイブスに残る100万本超の膨大な番組の中から、今こそ見てほしい映像を蔵出しし、忘れられない決定的瞬間、あの有名人の若かりし頃の姿、さらには今では考えられない演出まで、それぞれキャッチコピーをつけながら紹介した。MCはNHKアーカイブス職員に扮して映像を紹介する六角精児、井上咲楽。2023年2月4日（総合）午後4時45分からの1時間13分番組。

真剣10代しゃべり場　リターンズ!!

『真剣10代しゃべり場』（2000〜2005年度）が「君の声が聴きたいプロジェクト」の一環として復活。全国の10代の若者たちが集結し、恋愛・教育・死生観など、さまざまなテーマでトークを展開。コロナの影響で制限ばかりの思春期を送る彼らは今どんな思いを抱えているのか。「好きなことを仕事にしようという風潮はおかしい！」「本音を言い合わないと社会がよくならない！」などをテーマに熱い議論が交わされた。

テレビ70年記念ドラマ「大河ドラマが生まれた日」

後に「大河ドラマ」第1作と呼ばれることになるテレビ初の大型時代劇『花の生涯』が放送されるまでを実話をもとに描いた。れい明期のテレビマンたちのテレビにかける情熱と悪戦苦闘のエピソードをハートウォーミングコメディーに仕立てた。脚本はNHK初執筆の金子茂樹。音楽：金子隆博。出演：生田斗真、阿部サダヲ、中井貴一、松本穂香、中村七之助、伊東四朗ほか。2023年2月4日（総合）午後7時30分からの75分番組。

特集ドラマ　アイドル

昭和初期から終戦間際まで1日も休まず営業を続けた劇場「ムーラン・ルージュ新宿座」。昭和11年、小野寺とし子は、あるきっかけから劇場のアイドルとして脚光を浴びる。一方で、戦争の影響は劇場にも及んでくる。当時実在した登場人物や劇場をベースに、"戦時下のエンターテインメント"を描く。作：八津弘幸。音楽：宮川彬良。出演：古川琴音、山崎育三郎、愛希れいかほか。8月11日（総合）午後7時30分から8時43分まで放送。

特集ドラマ　ももさんと7人のパパゲーノ

"パパゲーノ"とは「死にたい気持ちを抱えながら、その人なりの理由や考え方で"死ぬ以外"の選択をしている人」のこと。「死にたい」気持ちを誰にも言えずに過ごす"ももさん"が、それぞれに生きづらさと折り合う7人の"パパゲーノ"たちと出会っていく過程を描く1週間の物語。伊藤沙莉のNHK初主演ドラマ。作：加藤拓也。音楽：田中文久。出演：伊藤沙莉、染谷将太、山崎紘菜ほか。8月20日（総合）午後11時からの59分番組。

TAROMAN　岡本太郎式特撮活劇

「展覧会　岡本太郎」関連番組。岡本太郎が世に送った唯一無二の〈作品〉群、そして心を鼓舞する〈ことば〉たち。両者ががっぷりと組み合い、超感覚的に岡本太郎の世界に誘う特撮テレビドラマ。1話5分全10話で、各回タイトルは「芸術は！爆発だ」「真剣に、そして命がけで遊べ」など太郎のことばから取っている。2022年7月19日（前0:30〜0:35）から7月30日までEテレで放送。出演：山口一郎（サカナクション）。

テレビ70年「おかあさんといっしょ」から見るこども番組

1959年に始まって以来、人形劇、歌、体操の3本柱を軸に続く『おかあさんといっしょ』。番組は「こどもに最高のものを届ける」「時代のニーズを感じながら新しいものを生み出す」という制作者たちの思いに支えられてきた。さまざまなこども番組の開発に影響を与えてきた歴史を、証言やエピソードを織り交ぜながら伝えた。出演：黒柳徹子、はいだしょうこ、山口智充ほか。2023年2月11日（Eテレ）午後8時からの59分番組。

玉鋼の十二人　奇跡の鉄を生み出せるのか

世界中で、島根県の奥出雲にしかないものづくり・たたら製鉄。粘土の釜、砂鉄、木炭の炎から、日本刀の原料となる奇跡の鉄・玉鋼（たまはがね）を生み出すべく、12人のスーパー職人が集結した。しかし、コロナ感染の拡大で、作るチャンスはただ一度限りに。果たして、玉鋼を無事生み出すことができるのか。日本のものづくりの神髄に迫る群像ドキュメンタリー。6月26日（BS1）午後7時からの49分番組。

テレビが映したスポーツ70年

テレビ70年が伝えたスポーツ名場面、名選手を振り返る。第1回は王・長嶋、大鵬、レスリングの伊調・吉田ら「時代を創ったヒーローヒロイン」、第2回はメジャーリーガーや「なでしこジャパン」を追う「世界の頂点に挑んだアスリートたち」、第3回はスポーツブームの舞台裏に迫る「テレビとともにブームが生まれた」。出演：徳光和夫、川淵三郎ほか。2023年2月28日から3月2日まで（BS1）午後8時からの49分番組。

2023年度のおもな特集番組

この他の番組はこちら

言の葉 映像ファイル ～あの人からのメッセージ～

NHKの膨大な映像が集められている「言の葉 映像ファイル研究所」。研究員・満島真之介がゲスト・村重杏奈の要望に応えて、人生の先輩たちの珠玉の言葉を紹介。テーマは「心が折れそうなときに聞きたい言葉」。ファッションデザイナー・森英恵がたどりついた言葉とは。美術家・篠田桃紅が102歳で発した言葉とは。瀬戸内寂聴、つかこうへい、宇野千代らの言葉も紹介した。6月19日（Eテレ）午後10時50分からの29分番組。

ドキュメンタリードラマ　ケーキの切れない非行少年たち

都内の女子高校生が人知れず赤ちゃんを産み、捨てた。女子少年院に勤務する精神科医が、少女のある特徴を発見する。「ケーキを3等分できない」。衝撃の事件から1年、少年院を出た彼女は小さな命と向き合おうと決意する。シリーズ累計150万部のベストセラーをドラマ化、ドキュメンタリーを交えて描く。全2話。原作・監修：宮口幸治。原作（漫画）：鈴木マサカズ。脚本：山口智之。6月20日（BS1）午後8時から一挙放送。

上白石萌音のはるかなる古代文明　マヤ

古代メキシコに花開いたマヤ文明は、謎多き文明とされてきた。先端技術を駆使した考古学がその実像の解明に挑む。石造りの建築群を調査することで見えてきた独特の死生観。姿を現した巨大遺跡には、常識を覆す文明の起源が隠されていた。読解が進むマヤ文字から判明した戦争の実態など、ダイナミックな文明の興亡を探る。ナビゲーターは俳優・上白石萌音。8月10日（総合）午後7時30分からの72分番組。

特集ドラマ　軍港の子 ～よこすかクリーニング1946～

戦後の神奈川県横須賀。自分たちの力だけで生き抜くしかない戦争孤児たちは米兵の靴磨きやたばこ拾い、時に犯罪に手を染めていた。が、あるきっかけでクリーニングの仕事に出会う。"生きていてもよい"と思える経験によって、笑顔を取り戻し始める孤児たち。しかし、過酷な現実に襲われることも…。1回完結。原作：西田彩夏。脚本：大森寿美男。音楽：渡邊崇。8月10日（総合）午後7時30分からの72分番組。

ハルカカナタ

30代半ばごろから徐々に「自分は何をして生きていきたいのか」と考えるようになったという俳優・綾瀬はるかが、世界を旅してその土地に住む人々の暮らしを見つめる。2023年8月26日放送の第1回「フランス マダムの幸せレシピ」（BSプレミアム）では、"人生を豊かにするヒント"を探る。2024年1月14日放送の第2回「幸せはこぶアロハの風」（BS）では自然と調和した伝統の手仕事、ハワイの食文化に出会い、アロハの心にふれる。

生中継　古都の春　光る君へ千年の桜　極上の夜桜と平安文化を堪能する2時間

大河ドラマ『光る君へ』や「源氏物語」ゆかりの桜の名所、京都・大覚寺、大津・三井寺、奈良・長谷寺から、夜桜を生中継。吉高由里子、町田啓太、ファーストサマーウイカ、井上咲楽ら、大河ドラマ『光る君へ』のキャストとともに、「けまり」「雅楽」「食文化」「装束」など平安貴族の暮らしや遊びを体感しながら、極上の夜桜を伝える。

6000曲の"パレード"　作曲家　梶浦由記

映画「鬼滅の刃」の主題歌「炎（ほむら）」の大ヒットでも知られる作曲家・梶浦由記。「魔法少女まどか☆マギカ」などのアニメ作品をはじめ、連続テレビ小説『花子とアン』などテレビドラマや映画などの劇伴を数多く手掛け、世界中に熱烈なファンを持つ。梶浦が2023年、初の武道館公演に挑んだ。映像作品を際立たせる独特のメロディーはどのように生まれるのか。1年以上の密着取材で、創作の秘密を家族への思いとともに描く。

超体感！四国 お遍路の旅

「本物のニッポンが、そこにはある」。今、外国人がこぞって訪れる「四国八十八か所・お遍路」の魅力を、「超体感」をキーワードにおくる紀行番組。お遍路を経験した先輩からの"ガイドブックにのっていないオススメ情報"をもとに、1400キロの道のりを主観目線の映像で旅する。グルメ、歴史、文化とともに、新年の幕開け（2024年1月1日放送）にふさわしいご利益情報も紹介。ナビゲーターは俳優の堤真一と上白石萌音。

岩田剛典が見つめた戦争　小泉信三 若者たちに言えなかったことば

戦後、明仁皇太子（現上皇陛下）の教育責任者として、新たな「象徴」天皇像を摸索した小泉信三。太平洋戦争中、慶應義塾の塾長として多くの学生を戦地に送り出し、また自らの長男も出征していた。小泉は父として教育者として激動の時代にどのように若者と向き合い、どんな言葉を投げかけていたのか。パフォーマーで三代目 J SOUL BROTHERS from EXILE TRIBEの岩田剛典が、小泉が残した日記を手掛かりに戦争を追体験する旅に出る。

だから、私は平野レミ

予定調和なしの奔放なトークと、奇想天外な時短レシピの数々が人気の料理愛好家・平野レミ。彼女はいったい何者なのか。読み解くカギは、フランス文学者である父・威馬雄（いまお）さんが書き溜めた50年分の日記にあった。そこには若き日の苦悩や挫折の日々、夫・和田誠さんとの運命の出会いなどが克明につづられていた。半年間の密着取材と未公開資料、関係者への取材を通して、人々をひきつけてやまないその素顔に迫る。

2024年度のおもな特集番組

この他の番組はこちら

特集ドラマ　広重ぶるう

浮世絵師・歌川広重が、のちにゴッホをも魅了する "世界の広重" になるまでの意地と涙の人生を描く。売れない絵師だった広重は、家業の火消しで生計を立てる下級武士。妻・加代に支えられながら、もがき苦しむ日々を送っていた。あるとき舶来絵具「ベロ藍」に出会い、その美しさに衝撃を受ける。そして「名所江戸百景」を描くことに。原作：梶よう子。脚本：吉澤智子。音楽：遠藤浩二。語り：檀ふみ。出演：阿部サダヲ、優香ほか。

特集ドラマ　むこう岸

もと優等生の落ちこぼれ少年がヤングケアラーの少女とともに、再び未来への希望を見出してゆく。話題を呼んだ小説「むこう岸」（第59回日本児童文学者協会賞受賞作品）をドラマ化。病気の母と幼い妹を抱え、生活保護を受けて暮らす樹希（いつき）は、転校生の和真と出会う。2人が手にしたのは生活保護手帳。大人でも難解な内容を、和真は果敢に読解を試みる。そして発見した起死回生の一手。原作：安田夏菜。脚本：澤井香織。

エッフェル塔に恋して　花の都　100年の物語

その美しいたたずまいから世界中の人々に愛されているパリのシンボル、エッフェル塔。その誕生までには幾度もの危機があった。世界一の鉄塔を建てるのは難工事の連続。さらにパリの芸術家たちが、パリの街に鉄塔は似合わないと建設に大反対。不可能と言われたプロジェクトはいかにして成し遂げられたのか。そして、なぜ今、人々に愛されるようになったのか。エッフェル塔をめぐる100年の物語をフランスとの国際共同制作で描く。

大追跡グローバルヒストリー

世界史と日本史をつなぐグローバルな視点で、歴史に秘められた謎に迫る番組。7月8日放送回では、戦国時代の日本からメキシコに渡った「謎の日本人」を追った。誘拐され、奴隷として売られた少年。恋に落ち、商人に転職したサムライを、異国の地で待ち受けていた運命とは。冒険とロマンに彩られた知られざる歴史秘話をひもとく。MCはNHKの歴史番組で初MCを担当する上田晋也（くりぃむしちゅー）。

経済バックヤード

経済ニュースの裏側を徹底取材して、「気になるけど難しい」と思われがちな経済をぐっと身近に引き寄せる。初回のテーマは、菓子業界の舞台裏で繰り広げられる攻防。50年以上にわたって消費者に親しまれた "ロングセラーお菓子" が販売を終了するという。このニュースの裏に、いったい何があるのか。スタジオに集結した企業のキーパーソンと有馬嘉男記者とのクロストークで、企業の戦略を深掘りする。

シゴトえらび

将来どんな仕事に就こうか悩んでいるあなたへ。決断の理由やそのための条件、悩みの乗り越え方をアドバイスするキャリアデザイン番組。番組では実際の転職体験をドキュメンタリーとドラマで描き、さらに「仕事を決めた」プロセスを脳科学と心理学で分析。7月23日放送回のテーマは「看護師」。ドラマパートを演じたのは富田望生と結木滉星。ナレーターは諏訪部順一。Eテレ午後7時30分からの30分番組。

新型国産H3ロケット　エンジニアたち10年のたたかい

2024年2月、日本が30年ぶりに開発したH3ロケットが打ち上げに成功した。NHKはロケットの開発を行ったJAXAの開発現場に密着。打ち上げコストの削減とハイパワーの実現という、一見相反する目標に立ち向かうエンジニアたちの創意工夫のエピソードを紹介。当初の計画から2度の延期、最初の打ち上げ失敗など、困難に直面する中で粘り強く課題に向き合う姿を追った。7月28日（BS8K）午後7時からの1時間29分。

特集ドラマ　昔はおれと同い年だった田中さんとの友情

スケボー好きの小学校6年生小沢拓人（中須翔真）は、ある日、神社の管理人をしている老人田中喜市（岸部一徳）と出会う。拓人は田中と交流を深めていく中で、田中の戦争体験を聞き…。小学6年生と81歳との友情を描く心温まる物語。原作は第69回小学館児童出版文化賞を受賞した椰月美智子の同名小説、脚本は『連続テレビ小説　ブギウギ』の櫻井剛が担当。8月15日（総合）午後10時からの73分番組。

特集ドラマ　ダーウィンが行く!?

番組制作会社の社員たちが自然番組制作にかける情熱を描く "お仕事ヒューマンコメディ"。新入社員の恩田はるか（富田望生）は幻と言われている野生のニホンノウサギの撮影を担当することに。生きものオタクの先輩ディレクター漆原（本郷奏多）らとともに現地に向かうが…。NHKの自然番組『ダーウィンが来た！』の制作スタッフへの取材をもとに描く、生きものの魅力に取りつかれた人間たちの物語。作：衛藤凜。音楽：宮崎誠。

未病息災を願います

とある家のキッチンに集う、個性豊かな "かしまし3姉弟"（キムラ緑子・田中直樹・安藤玉恵）。3人の願いは「未病息災」。多少の不調はあっても、病気にならずに息災に暮らしたい！ "予防" につながる最新医療情報を、愛すべき3人のかしましいトークにのせて届ける。「物忘れ」「姿勢」などをテーマに取り上げる。8月25日ほか（Eテレ）午後7時からの45分番組。

NHKニュース

フィルムからビデオ、そして、インターネットへと、伝える手段は変化しながらも、
NHKニュースはその時代を絶え間なく映像で記録し続けてきた。
このページでは、テレビ放送が始まった1953年以降の毎年を象徴するおもな出来事を、
NHKニュースの映像をとおして紹介する。

1953年
昭和28年

「バカヤロー解散」を受けた衆院選で勝利し第5次吉田内閣。参院選で市川房江らが当選。

NHKテレビ放送開始
2月1日、東京・内幸町で日本初のテレビ放送始まる。

奄美大島 本土復帰へ
米軍政に入って7年11か月目。施政権が返還される。

エリザベス女王戴冠式
式の模様は当時の最新メディア・テレビで世界に伝えられた。

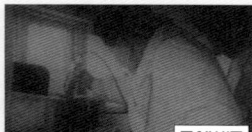
外地から日本人の帰国続く
中国に残されていた日本人を乗せた船が相次いで舞鶴に入港。

1954年
昭和29年

皇居一般参賀で死傷者多数「二重橋事件」。若い女性を中心にショートカットが大流行。

第五福竜丸 ビキニで被ばく
核実験による死の灰を乗組員23人が浴び、無線長が死亡。

洞爺丸が沈没 最悪の海難事故
悪天候で出航した青函連絡船が転覆。死者1000人超。

造船疑獄で法相が指揮権発動
検事総長に対し、自由党幹事長逮捕の許諾請求を延期。

マリリン・モンロー来日
羽田空港からオープンカーを連ねて帝国ホテル入り。

1955年
昭和30年

霧の瀬戸内海で国鉄連絡船「紫雲丸」が沈没。修学旅行生らが海にのまれた。

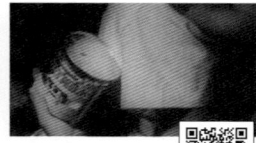
保守合同と社会党統一
自由党と日本民主党が自民党に。左右社会党も再統一へ。

森永ヒ素ミルク中毒事件
各地で人工栄養児の中毒患者が発生。大きな衝撃を与えた。

第1回原水禁世界大会
原爆投下から10年たった広島市で8月6日に開催。

新潟大火 1200戸が全焼
台風が北上する強風の中で、市の中心部が火災。

1956年
昭和31年

二大政党体制成立後初の参院選は、革新勢力が議席の3分の1を確保した。

日ソ国交回復 共同宣言調印
11年ぶりに日ソが国交回復、戦争状態を終結させた。

日本登山隊 マナスル初登頂
戦後日本の登山隊がヒマラヤで8000m級の登山に初成功。

新潟 弥彦神社初詣で大惨事
餅まきに殺到し将棋倒しに。124人が死亡。

石橋湛山が首相に
鳩山首相の引退を受け組閣。病気で短命政権に。

1957年
昭和32年

石橋内閣が退陣し岸信介が首相に。ソビエト共産党中央委員会がスターリン派を追放。

世界初の人工衛星打ち上げ
ソビエトのスプートニク1号成功は世界に衝撃を与えた。

研究用原子炉に原子の火
茨城県東海村で日本初の原子の火をともす歴史的な作業。

南極観測 昭和基地で開始
白瀬中尉以来45年ぶりに南極大陸に日章旗を掲げた。

日本が国連非常任理事国に
国連加盟1年足らずで安全保障理事会の議席を獲得。

1958年
昭和33年

鍋底景気で繊維業界に打撃。ロカビリー、フラフープが大流行する。

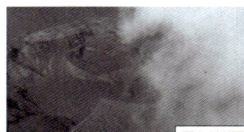
阿蘇山が大爆発
死者12人、24人が重軽傷。昭和8年の大爆発に匹敵。

戦後初の2大政党総選挙
投票率は77％と戦後最高。自民・岸信介が首相に指名。

全日空機が伊豆下田沖に墜落
30人の乗客と3人の搭乗員全員が死亡。

関門国道トンネルが開通
上は自動車、下は人に分かれた世界初の2段式トンネル。

1959年
昭和34年

北朝鮮への帰還事業始まる。日本人の児島明子が「ミス・ユニバース」に。

皇太子さま　ご成婚
7月には美智子さまのおめでたの発表も。

伊勢湾台風 犠牲者5000人
満潮と重なったため高潮を引き起こし、伊勢湾一帯に被害。

南極に残された2頭の犬生存
15頭のカラフト犬のうちタローとジローの2頭生存。
NHK・国立極地研究所

プロ野球初の天覧試合
天皇・皇后両陛下が後楽園球場の巨人ー阪神戦を観戦。

1960年
昭和35年

新安保条約の強行採決後岸内閣は総辞職。美智子さまが男子をご出産。「ダッコちゃん」ブーム。

60年安保闘争
全学連は国会構内になだれ込み、樺美智子さんが死亡。

社会党浅沼委員長刺殺事件
日比谷公会堂で演説中、17歳の右翼少年に刺殺された。

チリ地震津波東北を襲う
最大6メートルの津波。全国の被害は死者109人。

三井三池労働争議
組合員の指名解雇に端を発し、半年以上の争議となる。

1961年
昭和36年

池田勇人首相の「所得倍増計画」。一方で生活物資や公共料金が相次いで値上がり。

ソ連 初の有人宇宙飛行
この年以降、アメリカとソ連の宇宙開発競争が激化。

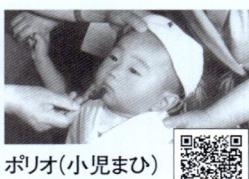
ポリオ(小児まひ)大流行
厚生省の生ワクチンの緊急輸入で患者は急減へ。

所得倍増計画で高度成長
冷蔵庫やクーラーなど大型消費財の売れ行き好調。

初の日米貿易経済委員会
箱根にアメリカ政府の閣僚を招き、個別会談も。

1962年
昭和37年

7月の参院選は、高度経済成長を目指す自由民主党が革新勢力を振り切って議席を増やす。

三河島駅で列車事故
駅構内で二重衝突事故発生。死者160人に上った。

堀江さんヨットで太平洋横断
6m弱の小型ヨットに乗り90日余でサンフランシスコ到着。

三宅島の大爆発と地震
小中学生や老人など約1000人が千葉県の館山に疎開。

「若戸大橋」が完成
北九州の若松市と戸畑市を結ぶ東洋一のつり橋となる。

1963年
昭和38年

日米初のテレビ衛星中継として、ケネディ大統領暗殺のニュースが伝えられた。

ケネディ大統領暗殺
大統領選に向けた遊説で訪れていたダラスで銃撃される。

死者458人 三井三池炭鉱爆発
福岡県大牟田市の炭鉱で炭塵爆発。一酸化炭素中毒も。

鶴見列車事故 161人死亡
国鉄東海道本線鶴見駅と新子安駅の間で複合的な事故。

38豪雪　積雪4メートルも
日本海側は積雪2〜4mと気象台始まって以来の豪雪に。

1964年
昭和39年

東京でアジア初のオリンピック開催。史上初の衛星中継で世界に発信。佐藤栄作が首相就任。

東海道新幹線が開通
五輪開幕を前に東京・新大阪間を4時間で結んだ。

新潟地震 31万人が被災
石油コンビナートではタンクが火を噴き大きな被害。

中国が初の核実験
中国の核保有は、米、ソ、英、仏に次いで5か国目。
写真:中国通信社

海外渡航自由化 人気はハワイ
仕事や留学に限られていた渡航が、観光目的も自由化。

1965年
昭和40年

熊本県と鹿児島県などが台風と集中豪雨の被害に。東北や北海道では異常低温に見舞われた。

山野鉱業所でガス爆発事故
福岡県の山野鉱業所の坑内で働いていた237人が死亡。

日韓基本条約を批准
戦後20年間の空白を埋めて、友好親善の新時代に。

マリアナ沖で漁船団 遭難
静岡県のカツオ漁船団が台風に巻き込まれ209人不明。

朝永博士 ノーベル物理学賞
日本人のノーベル賞受賞は湯川秀樹さんに次いで2人目。

1966年
昭和41年

値上がりムードが続き、公共料金が次々値上げ。世界中でブームを巻き起こしたビートルズが来日。

全日空機 松山で墜落
新婚旅行の11組など乗客・乗員50人全員が死亡。

全日空機 羽田沖に墜落
133人を乗せ羽田に着陸寸前、管制塔との連絡を絶つ。

群発地震の長野県で地滑り
松代町で250mにわたり住宅11棟を押しつぶす。

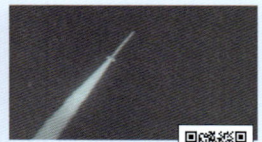

国産ロケット打ち上げ続く
東大宇宙航空研のロケットが鹿児島県から打ち上げ。

1967年
昭和42年

都会での住宅建設の遅れが深刻化し、悪質な不動産業者が横行。新宿に「フーテン族」出現。

ベトナム反戦運動で学生死亡
学生約2000人が羽田空港周辺で警官隊と激しく衝突。

美濃部革新都政誕生
社会・共産推薦の美濃部亮吉が都知事選で初当選。

自動車ラッシュと交通事故激増
台数は1千万台を超え、交通事故死者数は1万3000人超。

受験戦争 激化
全国の大学受験生が76万人と史上最高の入学難に。

1968年
昭和43年

患者の公式確認から12年を経て、国が水俣病を「公害病」と認定。小笠原諸島が日本復帰。

府中市で3億円強奪事件
現金輸送車がバイクに乗った警察官を装った男に奪われる。

国際反戦デー 新宿騒乱事件
東口広場に集結した学生に対し16年ぶりに騒乱罪適用。

エンタープライズ反対闘争
原子力空母の佐世保入港に反対する団体や学生が続々集結。

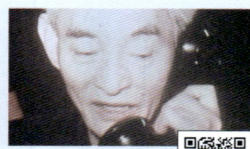
ノーベル文学賞に川端康成
作家の川端康成が日本人で初のノーベル文学賞。

1969年
昭和44年

政府は米の売買制度を改め、自主流通米を導入。衆院選でテレビ政見放送を開始。

大学紛争 東大安田講堂事件
全共闘の学生たちによる占拠を警視庁が封鎖解除。

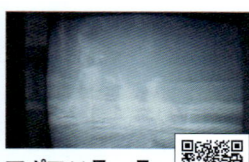
アポロ11号 月面着陸
史上初の月面着陸の模様は全世界にテレビ中継された。

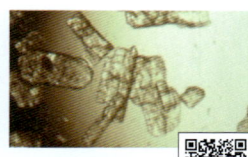
人工甘味料チクロ 使用禁止
発がん性の疑い。清涼飲料水や加工食品などに使用。

金田投手 400勝を達成
通算20年間で943試合に登板。このシーズン後に引退。

1970年
昭和45年

光化学スモッグなど大気汚染が深刻化。東京・銀座に歩行者天国が登場。

大阪で万国博覧会開催
183日間にわたって6400万人が訪れた高度成長期の象徴。

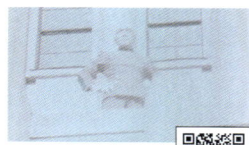
三島由紀夫 割腹自殺
自衛隊員に決起を促した後命を絶つ。社会に大きな衝撃。

よど号 ハイジャック事件
日本航空機が赤軍派に乗っ取られ北朝鮮に着陸。

田子の浦など 汚染深刻化
製紙工場で処理されない水が流れ込みヘドロが溜まる。

1971年
昭和46年

環境庁が発足し、尾瀬で進められていた道路建設が中止に。

全日空機 雫石衝突事故
自衛隊訓練機と衝突。乗客・乗員162人が全員死亡。

成田空港強制代執行始まる
農民に加え支援の学生らが機動隊と激しく衝突した。

ニクソン・ショック
経済成長を支えた1ドル＝360円の時代は終わった。

ボウリングブーム到来
豪華な施設が続々誕生。年2000万人が楽しむ。

1972年
昭和47年度

札幌冬季オリンピックが開催。長期政権築いた佐藤栄作首相が退任。田中角栄が首相に。

連合赤軍 あさま山荘事件
過激派5人が管理人の妻を人質に立てこもる。

沖縄返還
米軍基地問題は返還後も大きな政治課題に。

日中国交正常化
田中角栄首相と周恩来首相が日中共同声明に調印。

上野動物園 パンダ大人気
中国から贈られた「カンカン」「ランラン」を公開。

1973年
昭和48年

江崎玲於奈さんがノーベル物理学賞を受賞。競馬界ではハイセイコーブームの到来。

第1次石油危機 日本を直撃
原油価格は約3倍に値上がり、インフレの引き金に。

トイレットペーパー騒ぎ
関西で始まった行列買いは瞬く間に全国へ。

金大中拉致事件
韓国の元大統領候補が東京のホテルから拉致された。

熊本・大洋デパート火災
犠牲者103人。デパート火災としては最悪の惨事に。

1974年
昭和49年

「狂乱物価」が国民生活を直撃。佐藤前首相にノーベル平和賞。「モナ・リザ」展がにぎわう。

三菱重工ビル 過激派が爆破
死者8人、重軽傷385人、白昼の無差別テロだった。

原子力船「むつ」放射線漏れ
世界で4番目の原子力船誕生から4日後に発見された。

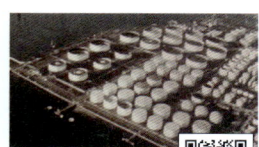
コンビナートで石油流出事故
水島臨海コンビナートでドラム缶22万本分の重油流出。

巨人・長嶋茂雄選手 引退
17年間にわたって日本のプロ野球を支えてきた。

1975年
昭和50年

「3億円事件」が時効に。インフレと不況は深刻な状況で、企業倒産も相次ぐ。

ベトナム戦争が終結
首都サイゴンが陥落し、南ベトナム政府は無条件降伏。

沖縄海洋博開催
皇太子ご夫妻が出席のため沖縄訪問。

天皇・皇后両陛下 初のご訪米
天皇陛下のご訪米は日米修好史上初めて。

SL 103年の歴史に幕
室蘭本線で「C57 135」がさよなら運転を行った。

1976年
昭和51年

衆院選で自民党は初の単独過半数割れに。進学熱が高まるにつれ、学習塾が大はやり。

田中角栄前首相を逮捕
戦後最大の疑獄といわれるロッキード事件の捜査核心へ。

ミグ25 函館に強行着陸
パイロットは、アメリカへの亡命を希望した。

酒田で大火 1200戸焼失
市の繁華街は4分の1が焼け、焼失面積は史上4番目に。

鹿児島で 五つ子誕生
NHKの山下頼充記者夫妻に日本初の五つ子。

1977年
昭和52年

成田空港反対運動が激化し、年度内の開港予定が延期に。円高が止まらず、長引く不況に追い打ち。

日本赤軍 日航機ハイジャック
日本政府は超法規的措置として拘留中の6人を釈放。

有珠山が噴火
昭和新山誕生以来32年ぶりの噴火。観光に打撃。

200カイリ水域が設定
米ソが設定、日本漁業は大きな方針転換を迫られる。

王選手 ホームラン世界新記録
巨人・王貞治選手が通算756本のホームランを放った。

1978年
昭和53年

自民党初の総裁公選は、大平正芳が現職の福田赳夫を破り首相の座に。

成田市の新東京国際空港 開港
過激派が管制室を一時占拠し2か月遅れの開港。

宮城県沖地震
M7.5の地震が発生。宮城、福島両県で28人が死亡。

日中平和友好条約 調印
共同声明をふまえ、両国の友好関係を発展へ。

プレハブ住宅大手の永大産業 倒産
負債総額は1800億円という大型倒産に。

1979年
昭和54年

2度目の石油ショックで「省エネルック」登場。東京の代々木公園に「竹の子族」。

初の東京サミット
石油輸入量抑制目標や新エネルギー開発などで一致。

三菱銀行 猟銃・人質事件
大阪の北畠支店に男が押し入り4名が射殺された。

東名高速日本坂トンネル火災
7人死亡173台焼失。防災施設の不備が指摘された。

インベーダーゲーム大流行
ゲームに熱中して半日を喫茶店で過ごす人も。

1980年
昭和55年

大平首相の急死を受け、鈴木善幸が首相に。韓国「光州事件」で戒厳軍が市民を鎮圧。

初の衆参同日選挙 自民圧勝
選挙戦最中の6月12日、大平首相が急死して情勢一変。

静岡駅前ガス爆発事故
6人死亡、223人けが。現場の上にあった雑居ビル炎上。

新宿西口バス放火事件 6人死亡
火のついた新聞紙とガソリンが投げ込まれる。重軽傷14人。

日米経済摩擦
小型車の分野でアメリカ自動車業界に打撃を与えた。

1981年
昭和56年

ローマ法王ヨハネ・パウロ2世が来日。ルービック・キューブが大流行。

北炭夕張炭鉱で事故
増産を図る態勢の中で発生。犠牲者は93人に上った。

中国残留孤児が初来日
終戦前後の混乱の中で中国に取り残された。

スペースシャトル初打ち上げ
2人の宇宙飛行士が乗り組み、3日後に地球に帰還。

英皇太子とダイアナ妃結婚
イギリスのチャールズ皇太子とダイアナさんが結婚。

1982年
昭和57年

東北・上越新幹線が開業。鈴木内閣が退陣を表明し、中曽根康弘が首相に。

長崎豪雨水害 299人死亡
市内各所で土石流発生。重要文化財の眼鏡橋も崩壊。

日航機が羽田沖に墜落
着陸直前、機長が逆噴射装置を作動。乗客24人死亡。

ホテルニュージャパン火災
千代田区永田町のホテルで死者33人の大惨事に。

フォークランド紛争
アルゼンチン軍の占領から72日でイギリス軍が再占領。

1983年
昭和58年

総選挙で自民が敗北し連立政権に。行革推進審議会の会長に土光敏夫が就任。

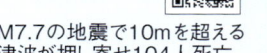
日本海中部地震
M7.7の地震で10mを超える津波が押し寄せ104人死亡。

免田栄さん 再審無罪
発生から34年6か月、死刑囚に対し初の再審無罪判決。

ラングーンで爆弾テロ事件
ビルマ（現ミャンマー）で韓国閣僚4人含む21人死亡
映像：NHK・MBC

大韓航空機 撃墜事件
ソ連機による撃墜が自衛隊の無線傍受で明らかに。

1984年
昭和59年

国鉄の赤字ローカル線、岩手県の三陸鉄道が、全国で初めての第3セクターに。

グリコ・森永事件
「かい人21面相」を名乗り脅迫、青酸混入菓子をばらまく。

長野県西部地震 29人犠牲
王滝村を震源とするM6.8。各所で大規模な土砂崩れ。

電電公社 通信ケーブル火災
東京で加入電話約8万9000回線が不通に。

エリマキトカゲ人気
ユーモラスな走りと大きな"エリ"を開く姿が話題に。

1985年
昭和60年

長野市の地附山で大規模な地滑りが発生。東シナ海の海底で旧日本海軍の戦艦「大和」を確認。

日航ジャンボ機墜落事故
群馬県の御巣鷹の尾根に墜落。生存者4人、死者520人。

豊田商事 詐欺的商法で被害
会長は自宅マンションで自称右翼の男2人に刺殺された。

つくば市で科学万博開催
「人間・居住・環境と科学技術」をメインテーマに開催。

電電公社民営化 NTT発足
従業員32万人という日本一の巨大企業が誕生した。

1986年
昭和61年

衆参同日選で自民が圧勝、中曽根総裁の任期も延長された。ハレーすい星が地球接近。

チェルノブイリ原発事故
ソビエトは当初公表せず、周辺住民は放射性物質を浴びた。

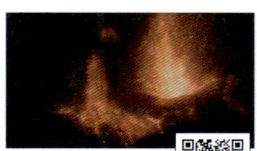
三原山大噴火 全住民島外避難
209年ぶりの大噴火。約1万人が船で島外に脱出。

撮影協力　NASA
スペースシャトルが爆発事故
7人を乗せた「チャレンジャー」は打ち上げ73秒後に爆発。

男女雇用機会均等法 施行
企業に採用、昇進などで男性と均等に取り扱う努力義務。

1987年
昭和62年

ニューヨーク株式が大暴落。ゴッホの「ひまわり」日本の保険会社が落札。竹下内閣が発足。

115人を乗せた大韓航空機 爆破
日本人名義の偽造旅券を持っていた北朝鮮の女を逮捕。

朝日新聞阪神支局襲撃事件
記者1人死亡、1人大けが。犯人逮捕に至らず時効。
写真：朝日新聞社

国鉄分割民営化 JR発足
115年の歴史に幕を閉じ、JR7社発足。経営再建へ。

地価暴騰 地上げ屋横行
バブル景気に拍車。住民を立ち退かせるための嫌がらせも。

1988年
昭和63年

桜島噴火で観測史上最高の降灰量。十勝岳が26年ぶりに噴火。「財テク」犯罪が増加。

リクルート事件 政財界に波及
未公開株が首相など閣僚や自民党領袖、財界人に渡る。

潜水艦なだしお 釣り船と衝突
沈没した釣り船の乗客・乗員30人が死亡、16人が負傷。

青函トンネル・瀬戸大橋 開業
本州と北海道、本州と四国が結ばれる。

カネ余りで高級化指向強まる
1台500万円もする国産高級車がブームを呼んだ。

1989年
平成元年

民主化弾圧「天安門事件」。ベルリンの壁崩壊。「昭和の歌姫」美空ひばり死去。

昭和天皇 崩御
1988年9月19日に吐血されて以来、111日目だった。

「昭和」から「平成」へ
小渕官房長官が新元号を「平成」と発表した。

首都圏幼女連続殺害事件
前年から相次いだ誘拐殺害事件で容疑者を逮捕。

消費税導入
すべての商品・サービスに初めて3%の課税。

1990年
平成2年

イラクがクウェートに侵攻、湾岸の緊張高まる。東西ドイツが統一。

バブル経済崩壊
株価は2万円を割り込み時価総額で270兆円が消えた。

本島長崎市長 銃撃され重傷
「天皇にも戦争責任ある」と発言、右翼団体の男に。

天皇陛下 即位の礼
即位されたことを宣言するお言葉を述べられる。

秋篠宮さまと紀子さま ご結婚
6月29日秋篠宮さまと紀子さまの結婚の儀が執り行われた。

1991年
平成3年

宮沢喜一内閣が成立。多国籍軍がイラク攻撃「湾岸戦争」勃発。大相撲に「若・貴」ブーム。

雲仙・普賢岳 火砕流災害
消防団員と警察官、報道関係者、火山学者ら43人死亡。

信楽高原鐵道 列車衝突事故
列車の正面衝突事故で42人死亡、614人が重軽傷。

ソビエト連邦 崩壊
ゴルバチョフ大統領が辞任し、構成する各共和国が独立。

きんさんぎんさん 双子の100歳
名古屋市の明治25年生まれの双子の姉妹が人気に。

1992年
平成4年

バルセロナ五輪競泳で岩崎恭子選手が金メダル。バブル崩壊で金融機関の不良債権が膨らむ。

東京佐川急便政治献金事件
自民党の竹下派会長の金丸前副総裁が議員辞職。

カンボジアPKO自衛隊派遣
国連平和維持活動の一環で、拳銃と小銃のみの軽装備。

撮影協力 NASA/JAXA
毛利衛さん 宇宙飛行
日本人2人目の宇宙飛行士。地上の子どもに宇宙授業も。

インドネシア東部で地震
大津波も発生し死者行方不明者は2000人に。

1993年
平成5年

記録的な大凶作、コメの緊急輸入、コメの部分開放と農政の大激動の年になった。

初の非自民 細川連立内閣発足
1955年以来政権を担当した自民党は初めて野党に転落。

北海道南西沖地震
奥尻島に大津波が押し寄せ、死者行方不明者230人。

皇太子さま・雅子さまご結婚
東宮仮御所までパレードし、人々の祝福を受けられた。

東京で「矢ガモ」騒ぎ
弓矢が体に刺さったまま泳いでいるカモが見つかる。

1994年
平成6年度

日本人初の女性宇宙飛行士、向井千秋さんが宇宙へ。東京・芝浦の「ジュリアナ東京」が閉店。

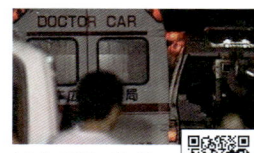
松本サリン事件
長野県松本市内の住宅街を有毒の神経ガスが襲った。

名古屋空港で中華航空機墜落
エアバスが着陸に失敗して炎上。乗員乗客264人が死亡。

自社さ連立　村山内閣発足
社会党委員長を首相とする内閣は46年ぶり。

大江健三郎ノーベル文学賞
核時代の現代人の生き方を追求した作品が高い評価に。

1995年
平成7年度

大リーグで野茂投手が活躍。ウィンドウズ95が日本に上陸しパソコンブーム到来。

阪神・淡路大震災
死者不明者6400人余、住宅全半壊は約24万棟。

地下鉄サリン事件
猛毒サリン使用のテロ事件。乗客・乗員ら13人が死亡。

青島知事・ノック知事誕生
無所属の候補者が既成政党の推す候補者を破って当選。

沖縄　米兵暴行事件に怒り爆発
大田知事も出席して、大規模な県民総決起集会。

1996年
平成8年

村山内閣退陣で自民党の橋本龍太郎が首相に。将棋の羽生善治が初の7冠制覇。

堺でO-157集団食中毒
小学校47校で家族含め5700人余りが感染。給食が原因。

ペルー日本大使公邸人質事件
ペルー軍がトンネルを掘り翌年公邸に突入し人質救出。

豊浜トンネル岩盤崩落事故
路線バスと乗用車が直撃を受け、20人全員の死亡を確認。

薬害エイズ　厚相が患者に謝罪
厚生省が危険性を知っていたと示すファイルが明らかに。

1997年
平成9年

消費税率を3%から5%に引き上げ。茨城県東海村で37人被ばく事故。

山一証券・拓銀経営破たん
バブル崩壊による収入減や不良債権処理が原因に。

神戸小学生殺害で中学生逮捕
「酒鬼薔薇聖斗」と名乗り犯行をほのめかす声明文も。

地球温暖化防止京都会議
二酸化炭素などの削減計画に数値目標設定で合意。

日本海でタンカー重油流出
のべ28万人のボランティアがドラム缶21万本回収。

1998年
平成10年

長野オリンピック開催で日本勢活躍。サッカーW杯フランス大会に日本代表初出場。

日本長期信用銀行　経営破たん
経営破たんの金融機関を一時国有化する法律を初適用。

参院選惨敗で橋本首相辞任
非改選議席を含めても過半数下回る。小渕恵三が首相に。

しし座流星群各地で観測
32年ぶりの大規模な出現が期待され天文ファンは歓喜。

"金融ビッグバン"で提携進む
日本の金融機関が相次いで業務提携に踏み切った。

1999年
平成11年

自民・自由両党の連立政権に公明党が参加。日産自動車の最高執行責任者にカルロス・ゴーン。

東海村工場で臨界事故
住民160人が避難。バケツを使った違法な作業明らかに。

初の脳死判定臓器移植
40歳代の女性から提供された心臓・肝臓などを移植。

新幹線トンネルコンクリ塊落下
走行中の山陽新幹線「ひかり」に重さ200キロの塊が落下。

金融再編　メガバンク誕生
第一勧業など3行経営統合。旧財閥の垣根超え合併も。

2000年
平成12年

小渕首相が倒れ森喜朗が首相に。携帯契約数が固定電話を上回る。

雪印乳業食中毒事件
被害者は大阪、兵庫、和歌山で1万3000人に上った。

三宅島噴火で全島民避難
3800人の避難は2005年2月の避難指示解除まで続いた。

そごう　経営破たん
バブルに乗り店舗を増やし平成4年度に売上高日本一。

九州・沖縄サミット開催
首脳会議では、IT＝情報通信技術の普及が主な議題に。

2001年
平成13年

小泉純一郎が首相に。皇太子ご夫妻に愛子さまご誕生。野依良治さんにノーベル化学賞。

9・11米国同時多発テロ
旅客機4機が乗っ取られ2機はニューヨークの高層ビルに。

大阪池田小　児童殺傷事件
男が学校に侵入し次々と児童を襲った。児童8人死亡。

新宿歌舞伎町ビル火災
雑居ビルの3階から出火。客と従業員44人が死亡。

明石　花火大会で歩道橋事故
「群衆雪崩」で子どもら11人が死亡、重軽傷247人。

2002年
平成14年

日韓共催となったサッカーW杯で日本は16強入り。東京電力の原発トラブル隠しが発覚。

北朝鮮拉致被害者　5人帰国
小泉首相がピョンヤンで日朝首脳会談。24年ぶりの帰国。

牛肉偽装事件
国のBSE対策を悪用。雪印食品は50年余の歴史に幕。

小柴さん・田中さんノーベル賞
小柴昌俊さんが物理学賞、田中耕一さんが化学賞を受賞。

「たまちゃん」が人気
アゴヒゲアザラシが多摩川や鶴見川に出現し人気者に。

2003年
平成15年

薄型テレビ、DVDレコーダー、デジタルカメラを中心にデジタル家電が売れ行き好調に。

オレオレ詐欺の被害続発
10月までに3800件余り、被害額22億6000万円に上った。

政権選択問うマニフェスト選挙
各党の政策の中身がこれまで以上に注目を集めた。

カメラ付き携帯登場
自分で自分を撮って喜ぶ人たちが日本で続出した。

地上デジタル放送開始
双方向、高画質、高音質が売り。三大都市圏で開始。

2004年
平成16年

IT企業の台頭でプロ野球への参入も。韓国ドラマ「冬のソナタ」がブームに。

新潟県中越地震
被害が大きかった山古志村では住民全員が村外に避難。

台風23号　全国で被害
近畿・中部地方を横断し関東へ。死者・不明者は98人。

鳥インフルエンザが発生
山口県阿東町で1月、国内では79年ぶりに発生。

旭山動物園ペンギン大人気
ユニークな動物展示で、北海道を代表する観光地に。

2005年
平成17年

ディープインパクトがシンボリルドルフ以来28年ぶりの「無敗の三冠馬」に。

郵政解散　自民圧勝
参議院の郵政民営化関連法案否決を受け小泉首相が解散。

JR福知山線　脱線事故
107人死亡というJR発足以来最悪の惨事に。

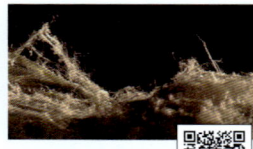

アスベスト被害拡大
国は危険性を認識していたが規制が遅れていた。

「愛・地球博」開催
愛知県で21世紀初の国際博覧会。テーマ「自然の叡智」。

2006年
平成18年

長期政権だった小泉首相が退任し安倍晋三が首相に。オウム真理教事件で元代表の死刑確定。

シンドラーエレベーター事故
突然急上昇し、降りようとした高校生が挟まれて死亡。

宮崎・北海道で竜巻被害相次ぐ
北海道では9人死亡。戦後の竜巻被害では最悪に。

紀子さま 悠仁さまをご出産
皇族41年ぶりの男子で、皇位継承の順位は第3位となる。

ワンセグ放送始まる
携帯電話やカーナビで地デジ放送を受信可能に。

2007年
平成19年

参院選で自民惨敗。続投した安倍首相が突然の辞任表明。福田康夫が後継首相に。

新潟県中越沖地震
M6.8の地震で長岡市や柏崎市で震度6強、15人が死亡。

食品偽装 相次ぎ発覚
洋菓子店や食肉加工会社、老舗料亭などで表示偽装。

長崎市長 銃殺される
遊説を終え選挙事務所に向かっていたところを撃たれる。

ひこにゃん 大人気
彦根城築城400年のイメージキャラクターだった。

2008年
平成20年

福田首相が辞任し、麻生太郎が首相に。日本人4人がノーベル賞を同時に受賞。

リーマン・ショック
米大手証券会社倒産で100年に一度といわれる金融危機。

秋葉原 通り魔殺人事件
日曜の歩行者天国での惨事。7人が死亡、10人が重軽傷。

アメリカ大統領選オバマ当選
アメリカ史上初のアフリカ系の大統領が誕生。

年越し派遣村
日比谷公園で仕事や住む場所を失った非正規労働者支援。

2009年
平成21年

西太平洋を中心に世界各地で皆既日食が観測された。民主党政権が「事業仕分け」導入。

民主党が勝利 政権交代
鳩山由紀夫が首相に。自民は初めて第一党の座失う。

新型インフルエンザ感染拡大
国内の患者は推計1500万人以上、約130人が死亡。

足利事件 菅家さん釈放
逮捕から17年。DNA再鑑定でえん罪が明らかになった。

裁判員裁判スタート
「判決に迷い、難しさを感じた」という声も。

2010年
平成22年

鳩山首相が辞任し菅直人が首相に。民主党の参院選大敗で国会は「ねじれ」状態に。

中国漁船 尖閣で巡視艇に衝突
船長は逮捕されたが「日中関係を考慮した」として釈放。

「はやぶさ」 奇跡の帰還
60億キロの旅を終えて小惑星のサンプルを持ち帰る。

宮崎で口蹄疫深刻に
牛、豚、水牛29万頭処分。県試算で損害は2350億円。

普天間基地問題 鳩山政権迷走
「最低でも県外」実現せず。内閣支持率は急落。

2011年
平成23年

サッカーの女子W杯で「なでしこジャパン」が優勝。被災地の人々を勇気づけた。

東日本大震災
国内観測史上最大M9.0。津波が東日本太平洋沿岸を襲う。

福島第一原発事故
震災の津波により世界の原子力史上最悪レベルの事故。

天皇陛下のおことば放送
東日本大震災に関するおことばがテレビ放送された。

菅首相退陣 野田内閣へ
震災や原発事故の対応を迫られ求心力低下。

2012年
平成24年

日本政府は尖閣諸島を国有化し中国は激しく反発。自然界で36年ぶりにトキのヒナ誕生。

総選挙自民圧勝 安倍内閣発足
自民党は第一党に返り咲き3年ぶりに政権を奪還。

中央道トンネルで崩落事故
笹子トンネルで天井板が崩落し9人死亡。

山中伸弥教授にノーベル賞
体細胞から様々な細胞になりうるiPS細胞の開発に成功。

東京スカイツリー開業
高さ634mと世界一高い電波塔。下町の新名所に。

2013年
平成25年

安倍首相が3つの柱を軸にした経済対策「アベノミクス」を打ち出す。

特定秘密保護法成立
外交や防衛などで秘密の漏えいを防ぐための法整備。

異常気象で猛暑や大雨
熱中症の死者が300人超え。大雨で初の特別警報も。

中国防空識別圏で緊張高まる
尖閣諸島を含む東シナ海で航空機に指示に従うよう要求。

福島原発 冷凍の壁で対策
地下水が汚染水となって海へ流出するのを防ぐ計画。

2014年
平成26年

青色LEDの開発で赤崎勇、天野浩、中村修二の3教授にノーベル物理学賞。

集団的自衛権の行使容認
安倍内閣は憲法解釈を変更して限定的な容認を決めた。

御嶽山噴火 死者・不明者63人
紅葉シーズンで登山客が多く戦後最悪の火山災害に。

広島土砂災害
山沿いまで開発された住宅地に土石流が流れ込む。

消費税率8%へ引き上げ
4月以降は買い控えによって消費支出が減少。

2015年
平成27年

ラグビーW杯で日本が強豪南アフリカ破る大金星。北陸新幹線が開業。

安保関連法案が成立
戦後日本の安全保障政策が大きく転換した。

TPP大筋合意
世界最大規模の自由貿易圏が誕生することに。

口永良部島が噴火 全住民避難
鹿児島県の口永良部島の新岳で爆発的な噴火が発生。

大村さんと梶田さんノーベル賞
大村智さんに医学・生理学賞、梶田隆章さんに物理学賞。

2016年
平成28年

イギリス国民投票で「EU離脱」選択。北海道新幹線が開業。

陛下お気持ち表明 退位の意向
翌年に退位の日が2019年4月30日と決定される。

障害者施設で殺傷事件19人死亡
相模原市で46人刺される。元施設職員を逮捕。

アメリカ大統領選トランプ当選
事前の大方の予想を覆し、熱狂的な支持を集めた。

熊本地震 2度の震度7
重文指定の熊本城で戦後最大級の「文化財被害」。

2017年
平成29年

将棋の羽生善治前人未到の「永世七冠」。77万年前の地層「チバニアン」と命名へ。

衆院選 自公が3分の2上回る
立憲民主党は選挙前の3倍を超える議席で野党第一党に。

小池都知事が「希望の党」結成
民主党は事実上合流したが衆院選では議席伸ばせず。

九州北部で集中豪雨
線状降水帯が形成され、福岡・大分県で甚大な被害。

「シャンシャン」が人気
上野動物園の赤ちゃんパンダ。初日は46倍の抽せん。

2018年
平成30年

トランプ大統領　キム委員長と歴史的な米朝首脳会談。東京の築地市場が豊洲に移転。

西日本豪雨 土砂災害や河川氾濫
死者・不明者は300人を超えた（災害関連死含む）。

北海道胆振東部地震
厚真町で震度7を観測。道内全域が一時停電に。

「はやぶさ2」小惑星に到着
地球から3億キロ離れた小惑星「リュウグウ」に。

羽生結弦選手に国民栄誉賞
ピョンチャン五輪で2大会連続金メダルの快挙。

2019年
令和元年

消費税率10％引き上げ、軽減税率導入。日本開催のラグビーW杯で日本8強進出。

新元号「令和」皇太子さま即位
平成に代わる新元号発表。皇太子さまが天皇に即位。

京都アニメーション放火事件
社員36人が死亡。平成以降で最多の犠牲者に。

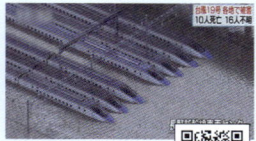

東日本台風　記録的豪雨に
長野市の新幹線車両センターが水没し120両浸水。

沖縄県の首里城が焼失
世界遺産の首里城跡に復元された正殿などが全焼。

2020年
令和2年

開催予定だった東京オリンピックは新型コロナの影響で延期に。菅義偉が首相就任。

新型コロナウイルス感染拡大
一時緊急事態宣言も。経済や社会に大きな影響。

センバツと夏の甲子園　開催中止に
コロナ感染拡大を受けて。夏の大会は戦後初の中止。

安倍首相が辞任を表明
持病の再発理由に。連続在任期間2822日は歴代最長。

九州各地中心に豪雨被害
線状降水帯発生。熊本県の老人ホームで14人死亡。

2021年
令和3年

「東京オリンピック」1年延期で開催。大相撲　横綱・白鵬が引退。

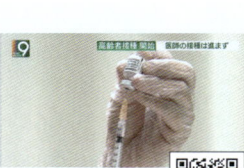

新型コロナ　ワクチン接種始まる
1年で国民の8割が接種。緊急事態宣言も相次ぐ。

クリニックに放火26人死亡　大阪
死亡した61歳の男書類送検。詳しい動機解明されず。

「黒い雨」訴訟政府上告見送り
原告全員「被爆者」と認める判決。政府は救済策検討。

デジタル庁発足
職員の3分の1は民間出身の人材で占められた。

2022年
令和4年

サッカーW杯で日本はスペイン、ドイツを破り16強入り。西九州新幹線開通。

安倍元首相が銃撃され死亡
奈良市で選挙応援の演説中、至近距離から撃たれる。

ロシアがウクライナに侵攻
ウクライナ軍も応戦。戦闘は長期化。

福島県沖震源で震度6強　新幹線脱線
福島駅と仙台駅の間が1か月にわたって不通に。

成人年齢18歳に引き下げ
少年法も改正される。消費者トラブルの増加も懸念。

2023年
令和5年

イスラエル、ガザ地区の空爆を開始。野球のWBCで日本3回目優勝。

G7　広島サミット開幕
ウクライナのゼレンスキー大統領が原爆慰霊碑に献花。

新型コロナ　5類移行
法的な外出自粛要請なくなり、感染対策は個人判断に。

岸田首相　爆発物投げ込まれる
和歌山市で選挙演説直前、首相は避難して無事。

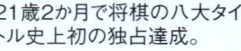

将棋の藤井聡太初の八冠
21歳2か月で将棋の八大タイトル史上初の独占達成。

あ

し

な行

な

に

そのほか

本書を利用される方に

●本書の目的について

　「NHK放送100年史」は、2025年3月22日のラジオ放送開始100年を記念して発行するものです。NHK（日本放送協会）とその前身が、この100年間に放送してきた番組を網羅的に記録するとともに、放送番組が時代とともにどのように姿を変えてきたのかを系統立ててまとめる初めての試みです。

　本書は、毎年の放送記録として発行してきた「ラジオ年鑑」「NHK年鑑」、放送開始から毎日の放送番組を記録している放送番組表確定情報、過去に編纂されたNHK編集による放送史や各種放送関連資料を手がかりに、NHKのほぼすべての定時番組が一覧できるように調査しました。また過去の番組の記録にとどまらず、将来に向けてアーカイブス番組を再活用できるように、活字とデジタルデータを並行して編集しています。冊子上の二次元バーコードでNHKアーカイブスのウェブサイトと連動し、短い番組動画を閲覧でき、冊子には掲載しきれない情報や最新情報もご覧いただけます。

　本書が、100年の歴史の中で培われた放送文化を次世代に残し、活用され続ける一助になることを、制作スタッフ一同、願っております。

●本書の内容について

　本書は100年間の番組の歴史を、「ラジオ編」「テレビ編」の2部構成でまとめています。それぞれ番組の系譜をたどった放送史から始まり、ほぼすべての定時番組の概要一覧、年表を中心に構成しました。

　本書に取り上げた番組名表記、放送年度、番組内容は、原則として「NHK年鑑」に準拠しています。取り上げた番組は、定期的に同時刻に放送される「定時番組」を原則として、「NHK年鑑」に記載されている全国放送の番組から抽出しました。地域放送、国際放送、スポーツなどの中継番組、不定期のミニ番組、放送枠を調整する風景等のフィラー番組、8K放送等は割愛しています。『NHK高校講座』など個別の番組数が多い場合は、主な番組のみを掲載しています。一方、テレビ・ラジオともワイド番組の枠内で放送されているコーナーにつきましては、その一部を取り上げました。

　「テレビ編」には単発の番組や不定期に放送される特集番組のうち、「NHK年鑑」に掲載されている番組の中から、誌面の都合上、各年度10番組を「おもな特集番組」として掲載しました。それ以外の特集番組はリスト化し、ウェブサイトで閲覧できます。また『NHKスペシャル』や『土曜ドラマ』など、特定の放送枠の中で独立したシリーズ番組・単発番組が放送される、いわゆる「枠番組」については一部を抜粋して掲載しました。

　戦前のラジオ放送につきましては、記録が必ずしも十分ではなく資料間の不整合も見られます。また、基礎資料となる「ラヂオ年鑑」（1942年版より「ラジオ年鑑」）は必ずしも番組を網羅的に記録していないため、番組の確認が十分できない場合があります。特に放送初期においては、個別番組名、放送種目、放送対象などが明確に分けられることなく記録されていることから、「番組名」を特定できないケースもあります。そのため、比較的放送頻度が高く"定時"に近い形で放送されていたと思われる番組について、不明確な情報の中で定時番組としてリスト化しています。

また、テレビ放送開始当初や衛星放送初期には実験的な放送枠も多いため、番組名や放送時間が不明確な場合があります。そのため、一部の放送番組が欠落する場合や、番組名までは特定できても放送内容がわからないために掲載を断念した番組があります。

　放送初期の番組の中には同じ読み方でも文字表記が変化している場合がありますが、本書では社会に定着したと考えられる最終年の表記を原則として記載しています。また、『日曜美術館』『新日曜美術館』など、出演者や演出が変わりながらも継続している番組については、最初の番組名を項目として立て、その後の番組名の変遷につきましては説明文の中で紹介しています。海外ドラマやアニメーション番組などの第2、第3シリーズ（シーズン）についても初回シリーズにまとめて記載しました。番組名の中には、現在ではふさわしくない言葉が含まれている場合がありますが、本書では放送史の記録としてそのまま掲載しています。

　同一の番組名がある場合は、番組名の後ろの〈　〉内に放送年度などを付記して識別できるようにしました。また、例外的に掲載した地域放送やラジオの特集番組等も同様に付記しています。

　番組の曜日・時間・放送波については、その番組の性格を示す情報として、原則は初年度について説明文に記載し、必要に応じてその後の変遷を追記しています。現在の放送日時とは異なる場合があります。

　なお、出演者名については、敬称を省略させていただいています。旧字・新字表記、改名により複数のお名前がある場合には、ご本人の意思や社会的浸透度に沿って、本書内では統一して表記しています。

　番組のジャンル分類につきましては、従来の番組分類を踏襲していますが、複数のジャンルにまたがる要素をもつクロスジャンルの番組が増えているため、明快な分類が難しくなっています。お探しの番組がジャンル内に見当たらない場合は、巻末の索引、または、ウェブサイトの検索をご利用ください。

　番組の「放送期間」には様々な考え方がありますが、本書では、原則、定時番組として放送された期間としています。しかし再放送やアンコール放送の扱い、試作的なパイロット番組で始まる場合、最終回が明記されず不定期に放送が続く番組、一旦休止してから再開される番組、番組終了後に新たなワイド番組枠内コーナーとして継続放送される場合など様々なケースがあるため、できるかぎり説明文の中で補足するようにしました。

　なお、放送年度は月曜日から切り替わり、4月1日とは限らず前後して新年度が始まることがあるため、一般の年度とは異なる場合があります。

　以上、放送史として整備するにはまだ多くの課題がありますが、今後も情報の修正、更新を継続し、改善に努めてまいります。

NHKメディア総局・知財センター（アーカイブス部）
2025年3月22日

NHKアーカイブス　ウェブサイト
https://www.nhk.or.jp/archives/history

＊アドレスや掲載内容は本書発行後、変更になる場合があります。

協力

下記のみなさまにご協力をいただきました（敬称・所属略、五十音順）。

浅田一富、足立博幸、天川恵美子、荒木雅恵、居駒千穂、石井太郎、石村俊二郎、出田恵三、伊豆浩、市村佑一、市村喜朗、出田幸彦、井上律、猪瀬泰美、入江真、岩佐芳明、鵜川陽一、鵜沢寿信、宇治橋祐之、遠藤利男、遠藤理史、大岡義也、大木圭之介、大隅直樹、太田真由理、大竹岳史、大谷聡、大本秀一、岡和子、岡本朋子、荻野昌樹、小野寺広倫、嘉悦登、勝間田智之、加藤善正、加納民夫、亀田光司、亀谷精一、亀村哲郎、亀山保、川上広文、川端啓之、北山章之助、朽見行雄、熊谷岳志、隈部紀生、倉森京子、河野憲治、甲本仁志、後藤克彦、小嶺良輔、坂上浩子、坂田淳、佐藤稔彦、塩塚圭輔、篠原朋子、柴田愛、島田源領、首藤圭子、菅野高至、杉山賢治、杉山茂、鈴木彩美、鈴木健次、鈴崎卓哉、高島肇久、高野俊一、田口京実、竜山典子、田中敦晴、棚谷克巳、千野博彦、千代木太郎、津川明久、坪郷佳英子、鶴谷邦顕、寺沢康世、内藤美穂、永迫英敏、中野信子、中村季恵、長屋龍人、長山節子、奈良禎子、西川尚之、西松典宏、丹羽一成、長谷知記、畠中邦雄、花村芳輝、浜田豊秀、林貴子、原千佳子、原田由香里、平尾浩一、広川裕、広瀬玲、深水道敬、伏見周祐、藤森康江、二谷裕真、古屋光昭、堀井良殷、本道礼奈、増山久明、松尾貴久江、松田彩、松本進、光井正人、水野憲一、宮崎晋一、村上聖一、望月雅文、茂手木秀樹、森田正人、森本健成、守屋博之、矢野あかね、山川静夫、山口美喜子、山崎健治、山下毅、山田淳、吉國勲、吉崎仁智、六本良多、渡辺由裕

引用・参考資料

NHK年鑑、日本放送史、放送五十年史、20世紀放送史、放送研究と調査、NHK放送文化アーカイブス、放送の20世紀〜ラジオからテレビ、そして多メディアへ（2002/NHK放送文化研究所・監修）、NHKアニメワールド、アナウンサーたちの70年（1992/NHKアナウンサー史編集委員会）、放送の五十年〜昭和とともに（1977/NHK編）、NHKは何を伝えてきたか「NHKアーカイブスカタログ」「NHK特集」「NHKスペシャル」「新日本紀行」「NHKテレビドラマカタログ」、テレビドラマ番組記録、伝統芸能放送85年史、放送教育50年〜その歩みと展望（1986/日本放送教育協会）、教育放送75年の軌跡（2012/日本放送教育協会）、テレビ50年〜あの日あの時、そして未来へ（2003/NHKサービスセンター）、放送80年〜それはラジオからはじまった（2005/NHKサービスセンター）、ラジオ深夜便完全読本〜ふれあいと感動の15年（2005/NHKサービスセンター）、NHK大河ドラマ50作（2010/NHKサービスセンター）、NHK時代劇の世界（2006/NHKサービスセンター）、NHK紅白60」（2009/NHKサービスセンター）、NHK少年ドラマシリーズのすべて（2001/増山久明）、初期テレビ人形劇（1984/（財）劇団すぎのこ）、NHK連続人形劇のすべて（2003/アスキー）、人形劇の映像-スタジオ・ノーヴァ35年記念誌（2004/スタジオ・ノーヴァ）、人形劇人・川尻泰司―人と仕事―（1996/人形劇団プーク）、ラジオの時代〜ラジオは茶の間の主役だった（2002/竹山昭子）、ラジオの昭和（2012/丸山鐵雄）、ラジオドラマの黄金時代（2002/西澤實）、「日曜娯楽版」時代〜ニッポン・ラジオ・デイズ（1992/井上保）、君は玉音放送を聞いたか〜ラジオと戦争（2018/秋山久）、「国民歌」を唱和した時代〜昭和の大衆歌謡（2010/戸ノ下達也）、英語講座の誕生〜メディアと教養が出会う近代日本（2001/山口誠）、ラジオ体操の誕生（1999/黒田勇）

「NHK放送100年史」制作スタッフ

執筆　谷口俊彦

執筆補　石井直人、青木修、吉川直樹、小林香寿美、川村育代、山中朋子、藤波由香、齋藤規子、
　　　　阪清和、髙橋育子、森智美、佐藤和重、角田佳奈、山本千歳、伊藤由美、吉野邦彦、野村淳、
　　　　品川洋行、佐藤苗美、宮沢真紀

校正　紀内かよ子、澤木裕子、藤岡浩子、根岸千鶴、反町弘子、石川清人、柴田明子

デザイン　磯部尚弘、岡山育子、菊地若菜、齋藤裕美、大郷有紀、筒井淳、寺田志織、前里祐樹、川端啓之

外函・表紙装幀　磯部尚弘

映像編集　榎戸裕穂、中井聖満、村山辰寛、甲斐元将、佐藤公昭、上本昌弘、秋山世梨奈、森ゆきか、
　　　　　タン・ザオソン、濱修一、前川秀樹、飯塚恭子、後藤智美

画像収集　佐藤公昭、岡晶子

アーカイブス写真　国井宏幸、蛭田淳子

作画・イラスト制作進行　出口由美子、橋本匡司

作画（マンガで読むNHKヒストリー）　荒関善哲

イラスト（海外ドラマ）　久保田邦仁、山﨑裕、小須田聡志、荒関善哲、阿部香織、久保田恵美、堀正芳、
　　　　　　　　　　　　増田優李

データ編集　橋本容佳、市川奈央子、小野里頼子、宮脇愛、山岸真澄、中野ゆき

権利処理　角田恵子、水島道代、北島純美、桑本加奈子、陶山有沙、羽田綾、我妻潤子、四條未奈、
　　　　　神宮寺美貴、中村憲司、水上裕之、安達凌雅、寺田遊

冊子・サイト制作　株式会社ブレイン、株式会社三修社

冊子・サイト制作進行　小川伸一

サイト制作　佐藤昌彦、近澤槙哉、小島彩香

冊子制作協力　坂手陽介、合原紀子、上山直寛

冊子発行　高原敦

編集委員補　萩原淳、漆間郁夫、植村徹、真鍋智仁

編集委員　山岸清之進、菅野俊朗、小林秀幸、小村知久、川合知徳

編集長　菊江賢治

NHK放送100年史

NHK: 100 years of broadcasting

2025年3月22日　第1刷発行

編　者　　日本放送協会
　　　　　©NHK 2025
　　　　　〒150-8001
　　　　　東京都渋谷区神南2-2-1
　　　　　NHK放送センター
　　　　　Tel.0570-066-066
　　　　　　　（NHKふれあいセンター（放送））

発行者　　江口貴之

発行所　　NHK出版
　　　　　〒150-0042
　　　　　東京都渋谷区宇田川町10-3
　　　　　Tel. 0570-009-321（問い合わせ）
　　　　　　　0570-000-321（注文）
　　　　　ホームページ https://www.nhk-book.co.jp

印　刷　　大熊整美堂
製　本　　ブックアート

編集事務局　　NHK知財センター（アーカイブス部）
　　　　　　　菊江賢治,山岸清之進,菅野俊朗
　　　　　　　小林秀幸,小村知久,川合知徳

落丁・乱丁本はお取り替えいたします。
定価はケースに表示してあります。
本書の無断複写（コピー、スキャン、デジタル化など）は、
著作権法上の例外を除き、著作権侵害となります。

Printed in Japan
ISBN978-4-14-007285-1 C3065